Gesamtverzeichnis des deutschsprachigen Schrifttums (GV) 1700 – 1910

Bearbeitet unter der Leitung von
Hilmar Schmuck und Willi Gorzny
Bibliographische und redaktionelle Beratung:
Hans Popst und Rainer Schöller

19

Boro - Brau

K · G · Saur München · New York · London · Paris 1980

Redaktion:

Monika Eichler, Ursula Geier, Robert Mittelstaedt, Sabine Nebinger,
Hildegard Roßberg, Hermann Schrott, Brigitte Semmler,
Eva von Troschke, Helga Werner, Gabriele Winter

CIP-Kurztitelaufnahme der Deutschen Bibliothek

Gesamtverzeichnis des deutschsprachigen Schrifttums :
(GV). – München, New York, London, Paris : Saur.
Bd. 1 – 6 bearb. unter d. Leitung von Peter Geils
u. Willi Gorzny.
ISBN 3-598-30000-X

1700 - 1910 / bearb. unter d. Leitung von Hilmar
Schmuck u. Willi Gorzny. Bibliograph. u. red.
Beratung: Hans Popst u. Rainer Schöller

NE: Schmuck, Hilmar [Bearb.]

19. Boro – Brau. – 1980.

Techn. Realisierung und Druck: Norbert Gärtner, Mainz-Kastel
Binden: Karl Schaumann, Darmstadt
Printed in the Federal Republic of Germany
ISBN 3-598-30000-X (Gesamtwerk)

Boero, Jos., kurzer Bericht über das Leben und den glorreichen Tod der heil. japanesischen Martyrer Paulus Michi, Johannes Soan v. Goto u. Jakobus Chisai aus der Gesellschaft Jesu. Nach d. Italien. Paderborn 863. Junfermann. 8. (51 S. u. 1 Stahlst.) n. 4 ngr.

Boero, Jos., Leben der seligen Jungfrau Marianna von Jesu de Paredes e Flores genannt „die Lilie von Quito." Aus dem Italien. übersetzt von Frz. Conrad. Würzburg 869. Staudinger. 8. (XII, 214 S.) 18 ngr.

Boero, Jos., S. J., Leben u. Wirken des sel. Bernardino Realino, S. J. übers. v. Matthias Grubner, S. J. 8. (XII, 204 S. m. 1 Farbendr.) Regensburg 896. Nationale Verlagsanstalt. n. 2. —

Boero, J: Leben u. Wirken d. sel. P. Bernardino Realino, S. J. Übers. v. M Grubner. 8° (204 m. 1 Farbdr.) Rgnsbg 96, Verl.-Anst. vorm. GJ Manz. 2 —

Borochowitsch, Semjon, aus Odessa (Rußland): Über papilläre Ovarialkystome nebst Mitteilung über zwei Fälle, in welchen nur das kranke Ovarium exstirpiert war und später Schwangerschaft eintrat. Berlin (1905): G. Schade. (29 S.) 8°
Berlin, Med. Fak., Ref. Bumm, Diss. v. 23. Febr. 1905
[Geb. 23. Dez. 79 Odessa; Heimatsort: Odessa; Staatsangeh.: Rußland; Vorbildung: Richelieu-Gymn. Odessa Reife Juni 00; Studium: Berlin 10 S.; Rig. 20. Febr. 05.]

Borodin, D.: Heilanstalten für Trinker. St. Petersburg. 1898.

Borodin, J., Untersuchungen über die Pflanzenathmung, s.: Mémoires de l'académie impériale des sciences de St.-Pétersbourg.

Borodin (J.). Wirkung des Lichtes auf einige hoeherer Kryptogamen. Petersb. 1868. 8°.

——— Wirkung des Lichtes auf der Vertheilung der Chlorophyllkoerner. Petersb. 1869. 8°.

Borodin, J. P.: Kurze Übersicht über die Mykologie (russisch). Petersburg. 1897.

Borodino, s. Bippus

Borodkin, M: Die finnländ. Grenzmark im Bestande d. russ. Reiches. (133) gr8° Berl., E Ebering '11. 3 —

Boroianu, Dimitrie G. [aus Rumänien]: Die Schulen in Rumänien ... Leipzig-R., Druck v. O. Schmidt, 1897; 63 S. 8.
Leipzig, Phil. Fak., Inaug.-Diss. v. [10. Juli] 1897

Boromäus, Karl, Cardinal u. Erzbischof v. Mailand, (v. J. J. Stolz). 8. Zürich 781. Ziegler u. S. 18 gr.

— Derselbe. Ein Handbüchlein f. d. Klerus, verfaßt v. e. Ungenannten. gr. 8. Augsb. 796. Aufs Neue herausg. von J. M. Sailer. gr. 8. Ebd. 824. Wolff. 16 gr.

Boromaeus, S. Carol., monitiones et instruction. quas in Cleri sui usum Archiepiscop. Vienn. reducendas mandavit, epistola pastorali ornata. II Pte. 8maj. Wien 760. Trattner. 16 gr. id. Laibach 773. 16 gr.

— — id. l. Labac. (Mayr, S.) 773.

Boromaeus, monitiones et instruction. 2 part. 8. maj. Wien, Gerold. 775.

Boromäus, Karl, eine Skizze. gr. 8. Augsb. Wolf. 796.

— v. Stolz. 8. Zürich, Ziegler. 781.

Boronow, Julius (geb. Oppeln 3. 6. 1839): De vomitu. Berolini (1862). (32 S.) 8°
Berlin, Med. Diss. v. 31. März 1862

Borooszky, Sam., s.: Regestrum Varadinense.

Bororquia, Cornelia, oder die Inquisition, s. Wlh. Zimmermann, Fürstenliebe.

Boros, Gabr. v., u. Stef. Székely, neuestes Handbuch d. ungarischen u. deutschen Umgangssprache. E. prakt. Leitfaden sow. f. d. Schulgebr. als auch zum Selbstunterr. u. f. Reisende. 12. (VI, 258 S.) Hermannstadt 896. G. A. Seraphin.
Geb. in Leinw. n. 3. —

— neuestes Taschenbuch ungarischer u. deutscher Gespräche. Prakt. Leitfaden sow. f. d. Schulgebr. als z. Selbstunterr. u. f. Reisende. 12. (VI, 173 S.) Ebd. 896. n. 1. 60

Borosch, Alois (Red.), s. Wochenblatt der Land-, ...

v. Boros-Jenö, siehe: Muslay v. Boros Jenö.

Borosini, A v.: Die Essucht, s: Fletcher, Horace.
Neue Afl. u. d. T.:

— Die Essucht u. ihre Bekämpfg durch Horace Fletcher A.M. 4. Afl. (18, 263 m. 1 Bildn. u. 15 Taf.) 8° Dresd., Holze & P. ('12). 4 —; geb. 5 —d

Borosini, Auguste von [de Dresde]: Über die Einwirkung von Benzylchlorid, Benzalchlorid und Benzotrichlorid sowie von Trichloressigsäureäthylester auf Phenylhydrazin. Zürich 1899. 44 p. 8°.
Lausanne. Thèse sc. 1898/99.

Borosini von Hohenstern, Victor Ritter, a. Wiener Neustadt: Wirtschaftliche Zustände im Mesabi-Gebiet in Minnesota unter besonderer Berücksichtigung der Stadt Eveleth und der Bergarbeiter. (Berlin 1905: G. Schade.) (143 S.) 8°
Berlin, Phil. Fak., Ref. Sering, Schmoller, Diss. v. 12. Aug. 1905
[Geb. 5. Febr. 72 Wiener Neustadt; Heimatsort: Berlin; Staatsangeh.: Sachsen; Vorbildung: Gymn. Dresden-Neustadt Reife O. 92; Studium: Zürich, Berlin 9 S.; Rig. 13. Juli 05.]

Borosini v. Hohenstern, Vikt. Ritter, Wirtschaftliche Zustände im Mesabi-Gebiet in Minnesota unt. besond. Berücksicht. der Stadt Eveleth u. der Bergarbeiter. (143 S.) gr. 8. Berlin 906. Puttkammer & Mühlbrecht. n. 3. --

Borosz, Wilh. v., Kaiserin Elisabeth. Oesterreich's u. Ungarn's geliebte Herrscherin. Zeitgeschichtl. Roman (In 100 Hftn.) 1. Hft. gr. 8. (S. 1-24 m. 1 Vollbild.) Berlin 898. A. Weichert. — 10

Borosz, Wilh. v., Kaiserin Elisabeth. Oesterreich's u. Ungarn's geliebte Herrscherin. Zeitgeschichtlicher Roman. 2.—100. (Schluß-)Hft. gr. 8. (S. 25—2400 m. je 1 Vollbild.) Berlin (899). A. Weichert. à — 10

Borossky, F. A., kurzgefasster Führer durch Prag und Umgebung 2. verb. Aufl. 8°. (63 S.) Prag, Řivnač. fl. —.80.
1886

Borostyani, s. Troll-Borostyani

Borostyani, Marie

RECHT, Das, der Frau. Das Vermächtnis einer Unglücklichen (von *Marie Borostyáni*, geb. *v. Troll*). Zürich 1885.
Anon.-Lex. V. p. 241 (Eigenbericht).

Kaiserin Elisabeth, Oesterreichs und Ungarns geliebte Herrscherin. Zeitgeschichtl. Roman von Wilhelm v. Borosz. (In 100 Hftn.) *Berlin: A. Weichert [1899].* (2400 S.) 8° [Umschlagt. 8.]

Borott, Carol. Theoph., enchiridion memoriale, cont. proverbia, sententias morales, versiculos jocosos et ludicra aenigmata in gratiam studiosae adolescentiae editum. Bernstadt 867. (Dresden, Burdach.) 16. (21 S.) n. 2 ngr.

Borott, C., der Löbauer Berg u. der Friedrich-August-Thurm. Nach wissenschaftlichen Quellen bearbeitet. Löbau 854. Dümmler in Comm. 16. (70 S. u. 1 Lithogr.) n. 5 ngr.

Borott, Johann B.

Borott, Jh. B., Acroama über Dr. Galls Schädellehre, mit nützl. unterhalt. Reflexionen f. gebild. Leser. 8. Zittau 825. (Schöps). 4 gr

Borott, Joh. B., s. Aufschlüsse üb. Mysterien

Borott, Joh. B., Betrachtungen üb. Natur rc., s. Betrachtungen.

— Erklärung über d. heil. Abendmahl. 8. Prag 785.

— Leben d. Feldmarschalls Fürsten Blücher. Zittau 819. (Schöps).

— vorläufige Nachricht von d. protestant. Gemeinde in Haaber rc. 8. 787.

— einige d. Zeitumständen angemess. geistl. Predigten. 8. Zitt. 814.

Borott, Joh. B., s. Regententafel, Europ.

Borott, Joh. B., s. Rudolph II. Majestätsbrief

— **Synopsis** theologiae pastoralis candidator. theolog. et munus pastorale ineuntium usibus adornata. 8. Dresd. 822. Arnold. 16 gr

Borott, Joh. B. s. a. Tagebuch im Muskauer Herrmannsbade

— Tagebuch im Muskauer Herrmannsbade, mit e. vollständ. Beschreibung d. russischen Dampf- u. Schwitzbades, nebst dess. wohlthät. Wirkungen. 12. Zittau 825. Schöps.

Borott, K. Thph.

— kurzer histor.-geograph. Abriß d. Europ. Staaten. 8. Zitt. 821.

Borott, K. Thph., Herrnhut u. d. evangel. Brüdergemeinde, zur Feier d. 100jähr. Jubelfeier. 8. Zittau 822. (Leipz., Fr. Fleischer). 2 gr

Borough, W., s.: **Magnetica, rara.**

Borough, William: A Discours of the Variation (1581). *Berlin 1897.* in: Rara magnetica 1269—1599
= Neudrucke v. Schriften u. Karten üb. Meteorologie u. Erdmagnetismus. No 10.

Boroević, Svetozar, durch Bosnien. Illustrirter Führer auf der k. k. Bosna-Bahn und der bosnisch-hercegovin. Staatsbahn Doboj-Siminhan. 8. (103 S. mit 1 Karte, 1 Plan und 20 Ansichten.) Wien 887, (Seidel und Sohn.) geb. *

Borovička, Jos.: Das Archiv zu Simancas. Beitrag z. Kritik d. Berichte d. span. Gesandten. [Aus: „Mitteilgn a. d. Landesarchive d. Kgr. Böhmen".] (87) gr8° Prag, (F Řivnáč) '10. 2 —

BOROVICZENY, Ferdinandus: De aestimatione laboris. — (1897) 117 S. 4° (Handschr.) Diss. Wien Univ.

Borovský, F. A., Bucheinbände vom XVIII. Jahrh. bis in die neueste Zeit, s.: **Chytil, Karl.**

Borovský, F. A., u. Zd. Wirth, Bücher-Katalog der Bibliothek des kunstgewerbl. Museums der Handels- u. Gewerbekammer in Prag. (XVI, 515 u. LXXVI S.) gr. 8. Prag 907. (F. Řivnáč.) 8. —

— — ausführlicher Führer durch Prag und Umgebung. Nebst einer Beschreibung weiterer Ausflüge und interessanter Touren durch ganz Böhmen. Mit 1 (chromolithogr.) Plan der Stadt und Umgebung und 4 Ansichten von Prag in photogr. Druck. 8. (XIX, 254 S. mit 1 Tab.) Ebendas. 884. 3 60

Borovský, F. A., Führer durch den Böhmerwald. Ausführliche Beschreibung des ganzen Böhmerwaldes, seines Geländes, der nahen wichtigen Städte und Gegenden und des Gratzener Gebirges. Durchges. und ergänzt von J. Krejči. Mit 1 (lithogr.) Karte des Böhmerwaldes und 1 (chromolithogr.) Plan von Pilsen. 8. (VIII, 235 S.) Prag 883, Rziwnatz. geb. 3 20

Borovský, A., kurzgefasster Führer durch Prag und Umgebung, s. a. **Řivnáč.**

Borovský, FA, kurzgef. Führer durch Prag u. Umgebg. Mit e. Anh. „Alphabet. Verzeichnis sämmtl. Gassen, öffentl. Gebäude etc. Prags" m. d. Tramway-Tarif u. d. Droschken- u. Fiaker-Taxe. 2. Afl. 8. (93 m. 1 Karte u. 2 Pl.) Prag 86, Řivnáč. *n.* 1. 60; cart. *n.* 1. 80

Wenzel Hollar. Ergänzungen zu G[ustav] Parthey's beschreib. Verzeichniss seiner Kupferstiche. Als Ergebniss der m. Unterstützg d. hoh. Landtages d. Kgr. Böhmen i. J. 1897 ... unternomm. Studienreise vorgelegt v. F. A. Borovský, Custos d. kunstgewerbl. Museums ... SA. d. Landtags-Berichtes. *Prag: (Dr. r. J. Otto) 1898.* (IV, 74 S., 1 Bl.) 1 Bd 8.

Borovsky, F. A., Wenzel Hollar. Ergänzgn. z. G. Parthey's beschreib. Verzeichniss s. Kupferstiche. Als Ergebniss d. m. Unterstützg. d. hohen Landtages d. Königr. Böhmen im J. 1897 u. London u. Windsor unternomm. Studienreise vorgelegt. [Aus: „Landtags-Bericht".] gr. 8. (IV, 75 S.) Prag 898. (F. Řivnáč.) n.n. 4. —

Borovský, FA: Der polit. Bez. Klattau, s.: Vaněk, Ferd.

Kunstgewerbliches Museum d. Handels- u. Gewerbekammer in Prag. Bibliothek. Katalog der Vorbilder-Sammlung. Vf. v. F. A. Borovský, Custos d. kunstgew. Museums. *Prag: Dr. r. J. Otto 1897.* (XV, 94 S.) 1 Bd 8.

Borový, Clem., libri erectionum archidioecesis Pragensis saeculo XIV. et XV. Liber I. [1358—1376.] Lex.-8. (VIII, 123 S.) Prag 875. Calve. n. 4. —

Borový, Clem., libri erectionum archidioecesis Pragensis saeculo XIV et XV. Liber II. [1375—1388.] Lex.-8. (VI u. S. 125—259.) Prag 877. Calve. n. 4. —

— dasselbe. Liber III. [1385—1390.] Lex.-8. (VI u. S. 261—344. Ebend. 879. n. 2. 40 (I—III.: n. 10. 40)

Borový, Clemens, libri erectionum archidioecesis Pragensis saeculo XIV et XV. Liber IV. [1390—1397.] Lex.-8. (VI u. S. 345—489.) Prag 883. (Calve.) n. 4. — (I—IV.: n. 14. 40)

Borový, Clem., libri erectionum archidioecesis Pragensis saeculo XIV et XV. Liber V. [1398—1407.] Lex.-8. (III u. S. 491—781.) Prag 889. (Calve.) n. 5. 60 (I—V.: n. 20. —)

Borový, Clem., die Utraquisten in Böhmen. Quellenmässig dargestellt. [Aus d. Archiv für Kunde österreich. Geschichtsquellen.] Wien 866. Gerold's Sohn in Comm. gr. 8. (51 S.) n. 6 ngr.

Borowicz, Thdr., theologia moral. contracta. II Tom. 8. Bresl. 790. J. F. Korn. 1 ℛß 16 ℛß

Borowiecki, Steph.: Vergleichend-anatom. u. experimentelle Untersuchgn üb. d. Brückengrau u. d. wichtigsten Verbindgn d. Brücke, s: Arbeiten a. d. hirnanatom. Instit. in Zürich.

Borowska, Martha

Niederschlesische und posener Kulturskizzen aus dem späteren Mittelalter und dem Beginn der Neuzeit. Zugl. e. Familiengeschichte. Von Martha Borowska. *(Rawitsch [1903]: R. F. Frank.)* (39 S.) 8°

Borowska-Libkind, Wanda. Über die in den Jahren 1874—1893 im Zürcher Kinder-Spital beobachteten acuten Pneumonien bei Kindern. Diss. Med. Univ. Zürich. *Kopftitel:* Aus dem Zürcher Kinderspital. 63 S. 8. Freiburg ⟨Schweiz⟩, St. Paulus-Druckerei, 1906.

Borowski, die Aushebung. Ein Rathgeber für die Ober-Ersatz- u. Ersatzkommissionen. gr. 8. (VIII, 68 S. m. 1 Tab.) Berlin 890. Liebmann. n. 2. 30

Borowski, Handbuch f. den Adjutantendienst bei Truppen u. Behörden. gr. 8. (XI, 260 S.) Berlin 891. E. S. Mittler & Sohn. n. 5. 50

Borowski, [Friedrich], Prof.: **Katalog** der Lehrerbibliothek des Königlichen Gymnasiums zu Culm. *Danzig 1901: A. Müller.* (110 S.) 8°
Culm, k. kath. G, P 1901 (25)

Borowski, *Friedrich* **Wilhelm** [Oberl.]: Fragen zur Erklärung der deutschen Gedichte unseres Kanons. II. Teil: Gedichte für Unter- und Obertertia. (Forts. d. P-Beil. 1889.) Danzig, A. Muller vorm. Wedel'sche Hofbuchdr., 1890; 16 S. 4°
Culm, k. kath. G, OP 1890 (28)

Borowski G.: Plan u. Ankündigung einer privaten theoret. u. prakt. oekonom. Lehr-Anstalt f. Landwirthe d. höhern Klasse ... zu *Frankfurt an der Oder* ... Berl. 1795. 30 S. P.

Borowski, Georg Heinrich

G. H. Borowski, Abriß des praktischen Cameral- und Finanz-Wesens nach den Grundsätzen, Landes-Verfassungen und Landes-Gesetzen in den Königl. Preuß. Staaten, oder Preuß. Cameral- und Finanz-Praxis. (Berlin, 1795.) 2. Ausg. Berlin, 1799. 2 Bde. 3 Ausg. Berlin, 1805. 2 Bde.

Borowski, Geo. Hnr. Abriss des prakt. Kameral- und Finanzwesens nach Preussischen Landesgesetzen. 2 Bde. gr. 8°. Berlin 1797. 2. Ausg. 1799, 3. Ausg. 1805.

— Abriß d. prakt. Kameral- u. Finanzwesens nach Preuß. Landesgesetzen. 2 Bde. gr. 8. Berl.... 2e A. 799. 3e A. 805. (Reimer). 3 rß

Borowsky, G. H., Abriß d. pract. Cameral- u. Finanzwes. u. d. Preuß. Landesgesetz. 2 Bde: gr. 8. Berl. Pauli d. jüng. 805.

— Abriß e. Naturgesch. d. Elementarreichs. 8. Mannh. Akad. 779.

— Abriß e. Naturgesch. d. Elementarreichs. 8. Manh. u. Berl. 779. (Löffler). 12 gr

Borowski, Geo. Hnr., († d. 26. Juli 1801.) Almanach f. deutsche Landwirthe, f. d. J. 1783. 8. Frkf. a. d. O. 782. Kunze. 20 gr

Borowsky, G. H.: „Almanach für Deutsche Landwirthe aufs Jahr 1783", Frankfurt a. d. O. 1783.

— über d. Anpflanzung ausländ. Holzarten. 8. Berl. 787. Schöne. 6 gr

— der Eremit u. d. Wanderer; e. Erzählung. 4. Königsb. 769.

— d. best. inn- u. ausländ. Getreidearten rc. 8. Berlin, Hesse, (Müller.) 789.

— d. besten in- u. ausländ. Getreidearten, Futtergewächse rc. beschrieben. 8. Berl. ... 2e A. 789. Hesse. (Petsch, a. Stuhr). 4 gr

— über d. Hinfälligkeit, e. Lehrgedicht. 8. Königsb. 770.

— Ideal e. Landesacademie.

— Ideal e. prakt. öconom. Landesakademie. 8. Berlin, Hesse, (Muller.) 789.

— Menalk u. Chloris; e. Idylle. 8. Königsb. 771.

Borowski, G. H., gemeinnütz. Naturgeschichte des Thierreichs. Mit 454 schw. Kpfrtaf. 10 Bde. Berl. u. Strals. 1780—89. cart. gr. 8. 12. —

Borowski, Georg Heinrich. Gemeinnützige Naturgeschichte des Thierreichs. Bd. 1—10. Berlin 1780—90. V: (Bd. 6—10): *Herbst, Johann Friedrich Wilhelm.* (Ky)

— gemeinnütz. Naturgesch. d. Thierreichs. 10 Bde. gr. 8. Berl. Lange. 780—90. (1r 1 Rthlr. 2r 13 gr. 3r 18 gr. 4r 14 gr. 5r 17 gr. 6r 22 gr. 7r 18 gr. 8r 20 gr. 9r 16 gr. 10r 14 gr.)
dasselbe m. schw. K. 3
dasselbe m. illum. K. 6

— gemeinnütz. Naturgeschichte d. Thierreichs. 10 Bde. (6r—10r v. J. F. W. Herbst). gr. 8. Berl. 780—90. (Reimer). 7 rß 8 gr mit schw. Kpf. 35 rß 20 gr ill. 64 rß 8 gr

— gemeinnütz. Naturgesch. d. sämmtl. Wallfischarten; mit Kpf. gr. 8. Berl. 780.

Borowsky, G. H.: „Plan und Ankündigung einer privaten theoretischen und praktischen Lehranstalt für Landwirthe der höhern Klasse", Berlin 1795 (Pauli).

— Plan e. Lehranstalt f. Landwirthe d. höhern Klasse. gr. 8. Berl. 795. Pauli. 3 gr

— systemat. Tabellen über d. allgem. u. besond. Naturgeschichte. 2 Thle. 8. Berl. 775. Rottmann. 12 gr

Borowski, Heinrich (Hrsg.), s. Almanach für deutsche Landwirthe.

Borowski, Ludwig Ernst

Borowski, Ldw. E., s. Mendelssohn u. Küpke, Aufsätze

— Moses Mendelsohns u. Kypke's Aufs. üb. jüdische Gebete. 8. Ebend. 791.

Hippel, Theod. Gottlieb v.: Ueber das Autorschiksal [!] des Verf. des Buchs: Ueber die Ehe — der Lebensläufe nach aufsteigender Linie u. a. m. [d. i. Theod. Gottlieb v. Hippel]. Eine Beil. zu den benannten Schriften. [Von Ludw. Ernst **Borowski.**] Königsberg: Hartung 1797. 72 S. 8°
Kl. 4067. Enth. auch Referate üb. Hippels frmrische Schriften. — Üb. Hippel s. Allgem. Deutsche Biographie Bd 12 1880 S. 463—466 (Brenning).

Borowski, Ldw. E., s. W. H. Beckher, Kirchenregistratur

— Beytr. z. neuern Gesch. d. Juden im Preuß. 8. Ebend. 791.

Borowski, Ldw. E., s. Cagliastro

Cagliostro, einer der merkwürdigsten Abentheurer unsres Jahrhunderts. Seine Geschichte nebst Raisonnement über ihn und den schwärmerischen Unfug unsrer Zeit überhaupt. [Von Ludw. Ernst Borowsky.] 2. Aufl. Königsberg: Hartung 1790. VI, 190 S. 8°
Kl. 3368 gibt 1. Aufl. aus demselben Jahre an.

v. Borowsky, Ldw. Er., († d. 10. Nov. 1831) über d. liturg. Formulare, besond. d. luther. Gemeinden in Preußen. 4. Königsb. 790. Unzer. 6 gr

— über d. allmähl. Fortschritte d. gelehrten Kultur im Preuß. bis zur Epoche Kants. 8. Königsb. 793. Unzer. 3 gr

Der freudige Geist. Von der Königlichen deutschen Gesellschaft ihrem verehrungswürdigen Präsidenten bey dem von der Königsbergischen Universität ihm übertragenen Purpur in zärtlichen Wünschen gewidmet durch LUDWIG ERNST BOROWSKI. Den dritten des Weinmonaths 1756. ib. — 4°.

— über d. Geist u. Styl M. Luthers. 8. Königsb. 793. Hartung. 3 ℛ

Borowski, LE, RB Jachmann u. A Ch. Wasianski: Immanuel Kant, s. a. Bibliothek, Deutsche.

Borowski, Ludw. Ernst, Immanuel Kant, s.a. **Jachmann, Rhold. Bernh.**

Ueber Immanuel Kant. Erster Band. Darstellung des Lebens und Charakters Immanuel Kant's von Ludwig Ernst Borowski. ... Königsberg, 1804. — Zweyter Band. Immanuel Kant geschildert in Briefen an einen Freund von Reinhold Bernhard Jachmann. ... — Dritter Band. Immanuel Kant in seinen letzten Lebensjahren ... von E. A. Ch. Wasianski. ... 8°.

Ueb. Im. Kant. 1r Bd. L. E. **Borowski's** Darstell. d. Lebens u. Char. Im. Kant's. 2r Bd. Im. Kant geschildert in Briefen an e. Freund v. Rhld. Bh. **Jachmann.** *Königsb.*, Nicolovius. 804. 8°

Borowski, Ludw. Ernst, Rhold. Bernh. Jachmann, C. A. Ch. **Wasianski, Immanuel Kant.** Ein Lebensbild nach Darstellg. der Zeitgenossen B., J., W. 2. Aufl. m. e. Vor- u. Schlusswort, enth. das Wichtigste aus Kant's Lehre v. Herm. Schwarz. (XXVIII, 407 S.) 8. Halle 907. H. Peter Verl. 2.—; geb. 2. 80
Die 1. Aufl. erschien u. d. T.: Jachmann, Rhold. Bernh. Ludw. Ernst Borowski, C. A. Ch. Wasianski, Kant.

— neue Preuß. Kirchenagende u. Schulenregistratur; nebst einigen zur Kirchengesch. Preußens gehör. Aufsätzen. 4. Königsb. 788. Unzer. 20 ℛ

— Preußische Kirchenagende. 4. Königsb. 789. Hartung.

Borowsky, Lud. Ernst., fortges. Beckersche preußische Kirchenregistratur. 4. Königsb. Unzer. 773.

— neue preuß. Kirchen- u. Schulenregistratur. 4. Ebend. 788.

— Leben u. Charakter Imm. Kants, von Kant selbst berichtigt. 8. Königsb. 805. (Leipz., J. Müller). 20 ℛ Schrbp. 1 ℛ

— Leben u. Character Imm. Kants, v. Kant selbst bericht. 8. Königsb. Nicolovius. 805.
Schreibp.

Borowski, Ldw. E., s. M. Luthers Briefe an Albrecht v. Pr.

— Morgen- u. Abendgedanken. 8. Königsb. 762.

— biograph. Nachr. v. Preuß. Theolog. Jh. Jak. Quandt; nebst Beilagen. 8. Königsb. 794. Unzer. 9 ℛ

Borowski, Ldw. E., s. G. Chr. Pisansky, Literaturgeschichte

v. Borowsky, Ldw. Er., ausgewählte Predigten und Reden, in den Jahren 1762—1831 gehalten. Nach dessen Tode herausg. v. Karl Ldw. Volkmann. Nebst e. kurzen Lebensabrisse: (Zum Andenken an L. E. von Borowsky, vom Pred. Jh. Aug. Ed. Oesterreich) und einer Charakteristik des Verewigten als Pred.: (v. Borowsky als Prediger. Versuch e. Schilderung von E. G. Kahle). Königsberg 833. Bon. 2 ℛ

— zwey Predigten üb. evang. Texte. 8. Ebend. 764.

— zwei Predigten über evangel. Texte. 8. Königsb. 793. Hartung. 2 ℛ

— über d. schnelle Verbreitung d. Lutherthums in Preußen. 8. Königsb. 792. Hartung. 3 ℛ

— über d. Zufriedenheit. 4. Königsb. 762.

Borowski W. v.: Die westsibirische Milchwirtschaft mit. besond. Berücks. d. Molkereigenossenschaften. Diss. (Leipzig). Langensalza 1910. 73 S. 4°.

Borowski, E. Snosko- s. **Snosko-**Borowski.

Borowsky, G. H., s. Borowski, Georg Heinrich

Borowsky, Ludwig Ernst, s. Borowski, Ludwig Ernst

Borowsky, M. Luftwärme, Niederschlag u. Schneeverhältnisse von Pörtschach (u.) Millstatt 1896—1902. Klgft., Leon, 1903. Folio. 2 Tabellen.

Borowsky, Schmul: Aus d. med. Universitätsklinik zu Breslau. Die Perforationsrichtung der Aneurysmen der Aorta thoracica. Breslau 1910: Finger. 30 S. 8°
Breslau, Med. Diss. v. 14. März 1910, Ref. Minkowski
[Geb. 31. (18.) Okt. 81 Schawli; Wohnort: Karatschew; Staatsangeh.: Rußland; Vorbildung: Gymn. Minsk Reife Juni 03; Studium: Breslau 10 S.; Rig. 17. Febr.–5. März 10.] [U 10. 559

Borrasch, V., Generatianismus oder Creatianismus? Thorn, 1870. 4°. 12 S., Progr. des Gymnasiums.

BORRASCH, Victor (Danzig): Der Mönch Gottschalk von Orbais. Sein Leben und seine Lehre. Eine historisch-dogmatische Abhandlung.- Thorn: Buszczynski 1868. 109 S., 1 Bl. 13.1.1864 - Urk (Titel: De Gotteschalco monacho Orbacensi.); F 44
Diss. Ingolst.-Landsh.-Mchn.

Borrasch, Vict., der Mönch Gottschalk von Orbais. Sein Leben u. seine Lehre. Eine historisch-dogmat. Abhandlung. Thorn 868. (Danzig, Weber.) gr. 8. (109 S.) n. 12 ngr.

Borr-ass, Emil

Relative Bestimmungen der Intensität der Schwerkraft auf den Stationen Bukarest, Tiglina bei Galatz, Wien, Charlottenburg und Pulkowa, im Anschluß an Potsdam. Ausgeführt u. bearb. von E[mil] **Borrass**. Berlin 1905: P. Stankiewicz. (67 S.) 8°
— **Veröffentlichung** d. k. Preuß. geodät. Institutes. N. F. No 23.

Borre, Jean Léonh., Elemens de la grammaire et de la prononciation française. 8. Giessen 814. Heyer. 6 ℛ

— prakt. französ. Grammatik f. Deutsche, od. Anweis., d. französ. Sprache auf e. leichte Weise zu erlernen etc. 1e Abtheil. A. u. d. T.: Unterr. im Lesen u. in d. richtigen Aussprache etc. 822. 6 ℛ 2e Abthl. 822. 3e Abthl. A. u. d. T.: kleine französ. Sprachlehre. 823. 4e Abthl. A. u. d. T.: kurze Uebungsaufgaben für Anfänger, zum Uebersetzen aus d. Deutschen ins Französische. 823. 5e Abthl. A. u. d. T.: Auszug aus d. französ. Classikern, zur Lektüre f. geübtere Schüler etc. 823. 6e Abthl. A. u. d. T.: kleine französ. Gespräche z. Auswendiglernen etc. 823. 7e Abthl. A. u. d. T.: kleines französ. Wörterbuch f. Anfänger etc. 824. 8. Gießen 822—24. Müller.

Borre, Jean Leon., Modèle d'une Education noble et chrétienne. (Mit dem Anh.:) Entretiens d'une vraie mère avec sa fille; d'autres entre deux amies. gr. in-8. Francfort l. M. 838. Küchler. n. $1^1/_4$ ℛ

Borré, P., s. Stock, der, im Eisen. (Erklär. Text.)

Borre, S. L., Considérations philosophiques et morales sur les événemens malheureux du siècle. A la France 1833 et aux autres Empires. gr. in-12. Offenbach 834. (Giessen, Ricker.) $^1/_2$ ℛ

Borrée, Alb.: Die Wunschzettel, s: Bloch's, Ludw., Kinder-Theater.

Borrée, Carl, Die Olmützer Kunstuhr. Festschrift zur fünften Wiederherstellung im Jahre 1898. Gr.-8. (31 S.) —.30
Olmütz: Kullil 1898?

Borrego, A., der National-Reichthum, die Finanzen u. d. Staatsschuld d. Königreichs Spanien. A. d. Span. ins Deutsche übertr. v. Kottenkamp. gr. 8. ($8^1/_4$ B.) Mannheim 834, Hoff.

Borrego, A., der National-Reichthum, die Finanzen und die Staatsschuld d. Königr. Spanien. Aus d. Span. ins Deutsche übertr. v. Dr. Kottenkamp. gr.8. Mannheim 835. Hoff. ²/₃ nð

Borrel, Jac. Henr. (geb. Colombier in d. Schweiz 18. 12. 1812): De abortus aetiologia. Berolini (1837). (20 S.) 8°
Berlin, Med. Diss. v. 2. Sept. 1837

Borrero, Vicente [aus Cali, Republik Columbien]: Ueber postdiphtherische Myocarditis ... Berlin, Buchdr. v. G. Schade, *1893*; 28 S., 2 Bl. 8.
Berlin, Med. Fak., Inaug.-Diss. v. 15. Aug. 1893

Borret, E, Auf d. Festung, s.a. **Thalia.**

[F.] Auf der Festung. Lustspiel in 1 Aufz. v. E. **Borret.** *Mühlhausen i. Th.: G. Danner [1897].* (29 S.) 1 Bd 8.
= **Thalja.** [No] 32. [illegible]

Borreux. Kurze philosophisch-geographische und militärische Uebersicht über die Geschichte der ganzen Welt. m. Krt. Pl. fol. Leipzig 1813.

Borri, Sixtigrillius

Ein köstlich und trefflich probat-befundenes Mittel für den Frantzösischen Schnuppen, Womit beynahe gantz Teutschland angestekket, und eine Zeithero behafftet gewesen, ... an Tag gegeben von Sixtigrillio Borri, Leib-Medico der Interessirten. 4°. 8 Bl.

Borrichius, Olaus

Borrichii, Ol., de causis diversitatis linguarum diss. Hafn. 675. 4. Jen. 704. 8.

Borries, Graf, und seine Partei. Rotterdam 860. Baedeker. gr. 8. (88 S.) n. 10 *ngr.*

Borries, Graf, u. s. Partei. 8. (88) Rotterd. 60, Petri. *n.* — 10

Borries, der, Trachten u. Dräu'n, d. deut. Sache Gedeih'n. 8. (15) Oldenb. 60, Schulze. *n.* — 4

Borries, Graf von. Bemerkungen zur preuss. Gesetzgebung über Grund- und Gebäude-Steuer, sowie über Klassen- und klassificirte Einkommensteuer. 8°. Berlin 1878.

Borries, v., s.: **Eisenbahn-Technik,** die, d. Gegenwart.

— Fahrzeuge f. Schmalspur-, Förder- u. Strassenbahnen, s.: **Rimrott,** F.

Borries, v: Ueber die kontinuirliche Friktionsschnellbremse, System Heberlein Vortrag. Berlin 1881

Borries, v. Der Gemeindevorsteher in der Prov. Hannover. Anleitung zur Amtsführg. f. ländl. Gemeindebeamte. gr. 8. (VI, 192 S.) Hannov. 892, Meyer. geb. in Leinw. * 3 —

Borries, Graf v., Hannover und Deutschland. Aus dem Holländ. übers. gr. 8. (81 S.) Hannover 861, Lohse. *

Borries, Graf v., Hannover u. Deutschl. A. d. Holl. 8. (31) Hann. 61, Schulze. *n.* — 5

Borries, v., die Operationen Mac Mahons von Châlons bis Sedan, s. Militär-Wochenblatt. 1910. 3. Beiheft.

Borries, v. Die Operationen Mac Mahons von Châlons bis Sedan. (Berlin 1910.) 8°. (Aus: Bh. z. M. W. B.)

— s.: **Organ** f. d. Fortschritte d. Eisenbahnwesens.

— Stadtbahnen, s.: **Blum,** O.

Borries, (Hrsg.), s. Unterhaltung u. Betrieb der Eisenbahnen

Borries, A. v., die Amtsführung der Gemeinde-, Guts- u. Amtsvorsteher in den östlichen Provinzen der Preußischen Monarchie. gr. 8. (VI, 239 S.) Berlin 893. C. Heymanns Verl. Geb. in Leinw. n. 4. —

Borries, A. v., d. Amtsführg. d. Gemeinde-, Guts- u. Amtsvorsteher i. d. östl. Provinzen d. Preußischen Monarchie. 2., verm. u. verb. Aufl. gr. 8. (VI, 262 S.) Berlin 896. C. Heymann's Verl. Geb. in Leinw. n. 4. —

Borries, A. v: Ueber Compound-Lokomotiven. Berlin 1885

Borries, A. v: Ueber Compound-Lokomotiven. 2. Ausg. Berlin 1885

Borries, A. v: Ueber Compound-Lokomotiven. 3. Ausg. Berlin 1886

— die nordamerikanischen **Eisenbahnen** in technischer Beziehung, s. **Büte,** Th.

— Fahrzeuge f. Schmalspur-, Förder- u. Strassenb., s.: Rimrott, F.

Borries, A. v., die Invaliditäts- u. Alters-Versicherung. 1. u. 2. Aufl. gr. 8. (22 S.) Hannover 891. C. Meyer. n. — 25

— Theoret. Lehrb. d. Lokomotivbaues, s: Leitzmann. F.

Borries, A. v., der Locomotivbau, s. **Handbuch** für specielle Eisenbahn-Technik.

s.: Organ f. d. Fortschritte d. Eisenb.-Wesens usw.

Borries, Albert von, Kgl. Preuss. Hauptmann a. D. u. Gerichtsref. aus Danzig: Die **Erwerbsbeschränkungen** der manus mortua in Preußen bis zur Durchführung der Bestimmungen des B.G.B. *Borna-Leipzig 1904: R. Noske.* (VI, 60 S.) 8°
Leipzig, Jur. Diss. v. 1904

v. **Borries,** *Emil* [Dr., Oberl.]: Die Alamannenschlacht des Jahres 357 n. Chr. und ihre Örtlichkeit ... Strassburg, Druck v. M. Du Mont-Schauberg, 1892; 3—28 S., 1 Kt. 4.
Strassburg, neue R, MP 1892 (527)

Geschichte der Stadt Straßburg von E[mil] v. **Borries.** Straßburg: J. H. E. Heitz 1905. (81 S.) 8°
Aus: Das Reichsland Elsaß-Lothringen.
— Städte u. Burgen in Elsaß-Lothringen. No 5. [illegible]

Borries, Emil v., Geschichte der Stadt Straßburg. Mit 154 Bildern, 6 Taf. u. 7 Karten. (XII, 348 S.) 8. Straßburg 909. K. J. Trübner. 7. —; geb. in Leinw. 8.50; in Halbperg. 10. —

Borries, E. v., s.: **Pfeifer's** Lehrbuch der Geschichte f. höhere Lehranstalten.

von **Borries,** Emil: Das erste Stadium des i-Umlauts im Germanischen .... Strassburg, Univ.-Buchdr. v. J. H. Ed. Heitz (Heitz u. Mündel), 1887; 2 Bl. + 82 S. 8°.
Strassburg, Phil. Fak., Inaug.-Diss. v. 1887.

Die Zerstörung der Straßburger Bibliothek im Jahre 1870. Von E[mil] v. **Borries.** Straßburg: J. H. E. Heitz 1900. (40 S.) 8° [illegible]

Borries, F. v., Stammbaum des Geschlechts derer von Borries. Als Manuscript gedruckt. Hannover 1884. 8.

Borries, Georg, aus Zwickau: Beiträge zur Kenntnis des Trocknens von Ölen. *Zwickau 1902: Förster & Borries.* (51 S.) 8°
Leipzig, Phil. Diss. v. [10. Mai] 1902

Borries, H v., s.: Alterthümer, vorgeschichtl., d. Prov. Sachsen u. angrenz. Gebiete.

Borries, Hans

Vorgeschichtliche Gräber bei Rössen (Kr. Merseburg) und Kuckenburg (Kr. Querfurt). Berichte über Ausgrabungen, unternommen von H. v. Borries, Oberst a. D. Mit Taf. u. Abb. Halle a. d. S.: O. Hendel 1886. (11 S.) 2° [Umschlagt.]
— Altertümer, Vorgeschichtl., d. Prov. Sachsen u. angrenz. Gebiete. Abt. 1, H. 3. 4. [[illegible]

Untersuchung eines Grabhügels auf dem Dachsberge bei Hohen im Saalkreise von Oberst a. D. H. v. Borries. Halle a. d. S.: O. Hendel 1888. (S. 11–14.) 2° [Umschlagt.]
— Altertümer, Vorgeschichtl., d. Prov. Sachsen u. angrenz. Gebiete. Abt. 1, H. 0, [2.] [[illegible]

Borries, Johann Friedrich (Eimbeck), Diss. de justo naturali ludorum in pecuniam. Von Geld- und Glück-Spielen. Präs. Joh. Wilhelm Engelbrecht. Helmstedt (G. W. Hamm) Aug. 1704. 42 S. (5.—) 3585

Borrieß, Otto

Ehrung des scheidenden Gymnasialdirektors Dr. Böhmer durch einen Fackelzug und Kommers, veranst. von d. Vereinigung ehemaliger Lötzener Schüler 1905. Bericht von O. Borrieß, [Ober-Postassist.]. Lötzen (1905): P. Kühnel. (8 S.) 8° [F.] [[illegible] 10

Jubiläum des Progymnasiums und Geburtstag des Gymnasiums zu Lötzen. 30. Juni bis 2. Juli 1004. Festbericht von O. Borrieß, [Ober-Postassist.]. (Lötzen [1905]: J. van Riesens Nachf.) (21 S.) 8° [F.] [[illegible] 10

de Borries, Rud. (Joan. Phil. Franc. Georg.) (geb. Steinlacke 12. 8. 1843): De cautione usufructuaria. Berolini (1866). (55 S.) 8°
Berlin, Jur. Diss. v. 21. Nov. 1866

v. Borries, Rud., de cautione usufructuaria. Dissert. inaug. Berlin 866. (Puttkammer & Mühlbrecht.) 8. (56 S.) n. 6 ngr.

Zu den drei Sternen: **Trauerrede auf v. Sch.... Mitgl. der ger. und vollk. Loge zu den drey Sternen. Gehalten von J[oh.] G[eorg] B[örrie]s. o. O. 1776. 14 S. 4° [Umschlagtit.]**
Kl. 1336. Klage u. Trost am Grabe des Verstorbenen.

Borris, Willy, Volontärarzt an d. Kgl. Chirurg. Univ.-Klinik zu Königsberg i. Pr.: Zur Behandlung der knöchernen Hüftgelenksankylosen. *Königsberg i. Pr. 1903: H. Jaeger.* (26 S.) 8°
Königsberg, Med. Diss. v. 5. Mai 1903

Borries-Einbeck, v., Die Invaliditäts- u. Altersversicherung. 8°. Hannover 1891.

Borrmann s: Ansprachen, geh. bei Gründg d. Ortsgruppe Bremen d. Bundes f. Schulreform.

Borrmann, s.: Beiträge z. Geschwulstlehre.

Borrmann, ..., Erzähll. aus d. Geschichte d. christl. Kirche u. Religion. Für d. Jugend reifern Alters. Mit 1 Christuskopf. Berl., Hasselberg. 1 ℛ 12 𝒦

— Ermland u. d. Reformation (1523—1772), s: Schriften d. Synodalkommission f. ostpreuss. Kirchengesch.

— Die Kraftquellen f. d. Arbeit im Jungfrauenverein. Vortr. (8) 8° Königsbg, Ev. Bh. ('12). nn — 10 d

— Das Lepraheim in Memel, s: Blüten u. Früchte v. Baume d. inneren Mission in Ostpreussen.

Borrmann, August

Bethanien. Bibelstunden über den Philipperbrief z. Gebrauche insbesondere f. Diakonissenanstalten, kirchl. Gemeinschaften u. d. christl. Haus von Pfarrer (August) Borrmann. Gütersloh: Bertelsmann 1910. 236 S. 8° [[illegible]

Festschrift zur Einweihung des masurischen Diakonissen-Mutterhauses Bethanien in Lötzen Ostpr. (Verf.: [August] Borrmann.) Königsberg i. Pr. 1910: Rautenberg. 26 S. 4° [[illegible] 10

Borrmann, Ernst

Borrmann, E., Berechnung v. Damm- u. Einschnitts-querprofilen f. Strassen-, Wasser- u. Eisenbahnbau. Ein unentbehrl. Hilfsmittel f. jeden Techniker bei Aufstellg. v. Erdmassenberechngn. Berechnet u. zusammengestellt. (III, 93 S. m. Fig.) kl. 8. Berlin 908. Mayer & Müller. 1. 80

Borrmann, E., Flächeninhalte v. Querprofilen zur Aufstellung v. Erdmassenberechnungen f. Kleinbahnen. gr. 8. (4 S. m. Fig. u. 12 Tab. in qu. 4.) Berlin 894. Polytechn. Buchh. Geb. in Leinw. n. 2. —

Borrmann, E, Flächeninhalte v. Querprofilen z. Aufstellg v. Erdmassenberechngn f. Kleinbahnen. 8° (4 m. Fig. u. 12 Tab. in 4°) Berl. 94. Polyt. Bh. A Seydel. Geb. in Lnw. 2 —

Borrmann, Ed., neuester Liebes-Briefsteller, s.: Volksbibliothek, deutsche.

Borrmann, Franz

Borrmann, Frz., im Lande der Schwarzflaggen. Reiseerlebnisse u. Beobachtgn. während e. achtmonatl. Aufenthaltes in Tonkin. (IV, 83 S.) gr. 8. Bremen 905. M. Nössler. n. 2. —

Borrmann, Hugo

Die Kunst des Ruderns. Von Hugo Borrmann. Berlin: Wedekind & Co. 1907. (221 S.) 8° [[illegible]

Borrmann, Hugo, die Kunst des Ruderns. 2. Aufl. (IV, 222 S. m. Abb.) 8. Berlin 907. Verlag Dr. Wedekind & Co. Geb. in Leinw. 4. —

Borrmann, Hugo Car. Joseph. (geb. Rippin bei Poln.-Wartenberg 17. 5. 1837): De morbis internorum organorum acutis cum graviditate complicatis, additis quatuor morborum historiis. Berolini (1866). (32 S.) 8°
Berlin, Med. Diss. v. 14. März 1866

Borrmann, Johannes [aus Bernburg]: Ruhe und Richtung in den gotischen Verbalbegriffen ... Halle a. S., Bernburg. O. Dornblüth, 1892; 39 S. 8.
Halle, Phil. Fak., Inaug.-Diss. v. [5. Apr.] 1892

Borrmann, Karl. Protokolle der zur Berathung über Lehrerbildung auf Veranlassung des Ministers von Ladenberg vom 15. bis 26. Januar 1849 in Berlin versammelten Conferenz. Berlin. Schultze 1849. 82 S. 8.

Borrmann, Otto, a. Spremberg (Lausitz): Das kurze Reimpaar bei Crestien von Troyes mit besonderer Berücksichtigung des Wilhelm von England. Erlangen 1907: Junge & Sohn. [Übergeklebt: Marburg 1908.] (47 S.) 8° ¶ (Aus: Romanische Forschungen Bd 25.)
Marburg, Phil. Fak., Ref. Wechßler, Diss. v. 4. Febr. 1908
[Geb. 23. Nov. 83 Spremberg; Wohnort: Spremberg; Staatsangeh.: Preußen; Vorbildung: Realprogymn. Spremberg. Realgymn. Frankfurt a. O. Reife O. 02; Studium: Berlin 1, Marburg 7 S.; Rig. 17. Juli 07.]

Borrmann, R. s.: Beiträge z. Geschwulstlehre.

Borrmann, Richard

Die Alhambra zu Granada von Richard Borrmann. *Berlin & Stuttgart: W. Spemann [1900].* (18 S., 6 Taf.) 2°
— Baukunst. Die. Ser. 2, H. 3. [[illegible]

Borrmann, Rich., Aufnahmen mittelalterl. Wand- u. Deckenmalereien in Deutschland. Unt. Mitwirkg. v. H. Kolb u. O. Vorlaender hrsg. (In 10 Lfgn.) 1.—3. Lfg. Fol. (à 8 Farbdr. m. 19 S. Text.) Berlin 897/98. E. Wasmuth. In Mappe à n. 20. —

— Aufnahmen mittelalterlicher Wand- u. Deckenmalereien in Deutschland. Unter Mitwirkg. v. H. Kolb u. O. Vorlaender hrsg. 4.—10. (Schluss-)Lfg. gr. Fol. (49 [7 doppelte] farb. Taf. m. 40 S. illustr. Text.) Berlin 899—902. E. Wasmuth. à n. 20. —

Borrmann, Rich., Aufnahmen mittelalterlicher Wand- u. Deckenmalereien in Deutschland. Unter Mitwirkg. v. H. Kolb u. O. Vorlaender hrsg. II. Bd. 1. Lfg. (7 [1 doppelte] farb. Taf. m. 6 S. illustr. Text.) gr. Fol. Berlin 906. E. Wasmuth. n. 20. —

Borrmann, Rich., Aufnahmen mittelalterlicher Wand- u. Deckenmalereien in Deutschland. Unter Mitwirkg. v. H. Kolb u. O. Vorlaender hrsg. II. Bd. 2.—4. Lfg. (19 [5 Doppel-] farb. Taf. m. 6, 5 u. 4 S. illustr. Text.) 49×32,5 cm. Berlin (907—10). E. Wasmuth. à Lfg. 20. —

Borrmann, Rich.: Aufnahmen mittelalterl. Wand- u. Deckenmalereien in Deutschld. II. Bd 4. u. 5. Lfg. (11 farb. [5 Doppel-]Taf. m. 14 S. illustr. Text.) 49×32,5 cm. Berl., E Wasmuth ('10'11). je 20 — (I—II, 5: 300 —)

— d. Bau- u. Kunstdenkmäler v. Berlin. Mit e. geschichtl. Einleitg v. P Clauswitz. 4° (436 m. Abbildgn, 28 Taf. u. 8 Pl.) Berl. 93. J Springer. Geb. in Lnw. 30 —

Borrmann, Rich., die Baudenkmäler v. Olympia, s.: Olympia.

— s.: Baukunst, die.

Die Bauschule von Berlin. Rede z. Feier d. Geburtstages S. M. d. Kaisers u. Königs Wilhelm II. in d. Kgl. Techn. Hochschule zu Berlin 1900 geh. von d. zeit. Rektor R[ichard] Borrmann. Berlin (1900): Denter & Nicolas. 18 S. 4° [00. 5677

— u. Jos. Neuwirth, Geschichte der Baukunst. I u. II. Lex.-8. Leipzig 904. E. A. Seemann. à n. 9. —; geb. in Leinw. à n. 10. —
I. Die Baukunst des Altertums u. des Islam im Mittelalter. Von Rich. Borrmann. Mit 236 Abb. (VIII, 386 S.)
II. Die Baukunst des Mittelalters. Von Jos. Neuwirth. Mit 303 Abbildgn. (VII, 407 S.)

— geschnittene Gläser des 17. u. 18. Jahrh., s.: Vorbilder-Hefte aus dem kgl. Kunstgewerbe-Museum zu Berlin. 27. Hft.

Die Keramik in der Baukunst. Von Richard Borrmann, Reg.-Baumeister … zu Berlin. M. 85 in d. Text gedr. Abb. *Stuttgart: A. Bergsträsser 1897.* (3 Bl., 152 S.) 1 Bd 4.(8.)
— Handbuch d. Architektur. Tl I. Bd 4. [97 4111

Borrmann R. die Keramik in der Baukunst. 2. Auflage. (191 S) (Handbuch der Architektur I. 4) Leipzig 1908

Moderne Keramik von Richard Borrmann. Mit 110 Abb. *Leipzig: H. Seemann Nachf. [1902].* (121 S.) 4°(8°)
— Monographien d. Kunstgewerbes. 5. [03. 3764 6

— Leitfaden der Entwickelungsgeschichte Berlins von seiner Gründung bis in die Neuzeit m. 1 Plane in Farbendr. zur Darstellung der wichtigsten Entwickelungsperioden, sowie 2 Fksms. des ältesten Grundrisses u. der ältesten Ansicht der Stadt. gr. 8. (24 S.) Berlin 893. D. Reimer. n. — 40

— s.: Olympia.

— d. architekton. Ordnungen d. Griechen u. Römer, s.a. Mauch, J. M. v.

Die architektonischen Ordnungen der Griechen und Römer. Hrsg. v. J[oh.] M[atthäus] v. Mauch … Ergänzgsheft zu den früheren Auflagen nach d. Text d. 8. Aufl. zsgest. v. R[ichard] Borrmann, Reg.-Baumstr. M. v neuen Taf. … *Berlin: W. Ernst & Sohn 1896.* (1 Bl., 8 S., 5 Taf.) 1 Bd 4. [98. 1507

— Plan d. Entwickelungsgeschichte Berlin's auf Grund d. Sineck'schen Planes gezeichnet. 1:10,000. 4 Bl. à 51—69,5 cm. Farbendr. Ebd. 93. 12 —; auf Lnw. in Mappe od. m. St. 14 —

— Die geschlossenen Platzanlagen im Altertum u. in neuerer Zeit. s: Vorträge, Städtebauliche.

Der dorische Tempel der Griechen von Richard Borrmann. *Berlin & Stuttgart: W. Spemann [1900].* (14 S., 0 Taf.) 2°
— Baukunst, Die. Ser. 2, H. 4. [00. 1723

Borrmann, R., über die Verwendung von Terrakotten am Geison u. Dache griechischer Bauwerke, s.: Dörpfeld, W.

-- kunstgeschichtliche Wanderungen durch Berlin s.a. Hach, Otto.

Kunstgeschichtliche Wanderungen durch Berlin. Beschreibung d. hervorragendsten Sehenswürdigkeiten d. Reichshauptstadt. In 13 Wanderungen vorgeführt von Otto Hach. 2. verm. u. mit vielen Abb. vers. Aufl., durchges. u. mit e. Geleitwort vers. von Richard Borrmann, Prof., Berlin. *Berlin: W. Prausnitz (1903).* (XII, 188 S.) 8° [03. 6444

Monumentale Wasserkunstanlagen im Städtebau des Altertums und der neueren Zeit. Von R[ichard] Borrmann, Prof. Mit 25 Abb. Berlin: Ernst 1910. 28 S. 4°(8°)
(Städtebauliche Vorträge. Bd 3, H. 5.) [10. 4840

Borrmann, Robert [aus Göttingen]: Beiträge zur Kenntniss der Lungeninduration … Göttingen, Druck d. Dieterichschen Univ.-Buchdr., 1896; 38 S. 8.
Göttingen, Med. Fak., Inaug.-Diss. v. [11. Dez.] 1895

Borrmann, Rob., Beiträge z. Kenntniss d. Lungeninduration. Diss. gr. 8. (38 S.) Göttingen 896. (Vandenhoeck & Ruprecht.) n. 1. 20

Borrmann, Rob., zur Frage der cystischen Entartung der Leber, s.a. Bibliotheca medica. C. 13.

Aus d. pathol. anatom. Inst. d. Univ. Breslau. Zur Frage der cystischen Entartung der Leber. Ein Beitr. z. Kenntnis d. Gallengangscystadenome von Dr. med. Robert Borrmann, Assist. in Breslau. Mit 2 Taf. *Stuttgart: E. Nägele 1900.* (33 S.) 4°
— Bibliotheca medica. Abth. C. H. 13. [00. 1016

Borrmann, Robert, Dr. med. 1. Assist. am pathol.-anat. Inst.: Aus d. chirurg. Klinik in Breslau u. d. pathol.-anat. Institut in Marburg. Das Wachstum und die Verbreitungswege des Magencarcinoms vom anatomischen und klinischen Standpunkt. *Jena: G. Fischer 1901.* (205 S.) 8° ¶ (= Mitteil. a. d. Grenzgebieten d. Medizin u. Chirurgie, Supplbd 1.)
Marburg, Med. Hab.-Schr. v. [25. Juni] 1901

Borre, Beschr. e. Ackermessers. 4. Leipz.

Borroin, Karl: Ein gefährl. Weib, s: Roman-Bibliothek „Mein Ideal".

Borromäus, Karl, Cardinal und Erzbischof von Mailand. Zürich 1781. V: Stolz, Johann Jacob. (Ky) (TH)

— — der heil. Kardinal der röm. Kirche u. Erzbischof v. Mailand. Verfaßt v. einem Ungenannten u. neu herausg. von J. M. Sailer. Mit Portrait. gr. 8. Augsburg 1823, Wolff. 18 ggr. — 1 fl. 12 kr.

Borromäus, Carl. Von dem frommen u. segensreichen Wirken d. hlg. C. Borromäus. Festgabe z. 300j. Todesfeier von J. J. v. Th. Gr. in-8°, Einsiedeln, Gebr. Benziger. br. 6 25
1885 In engl. Lwd. eleg. geb. 8 75

Borromäus, der hl. Karl, u. das Rundschreiben Pius X. vom 26. V. 1910. Zur Aufklärg. des kathol. Volkes. Von Clericus Rhenanus. (88 S.) 8. Mainz 910. Kirchheim & Co. — 50

Borromäus, Karl, s. Borromeo, Carlo

Borromäus-Blätter. Zeitschrift f. Bibliotheks- u. Bücherwesen. Hrsg. v. Ver. v. hl. Karl Borromäus in Bonn. Jg. 1–3. (Köln: J. P. Bachem in Komm. 1903–06.) 3 Bde 4°(8°) [Z.]
Forts. s. u. d. T.: Die Bücherwelt. 1906. [06. 10670

Borromäusvereins-Blatt (unter d. Redaktion des Prof. u. Semin.-Regens Dieringer in Bonn). Köln, Bonn, Aachen, München u. Regensburg rc. 1846—47, im Vereinsverlag.

Borromeo, Carlo

Borromäus, Cardinal Erzbisch. Karl, Gedenkblätter für christliche Familien. 32. (62 S.) Regensburg 872, Pustet.

— Homiliae et alia, praefat. et annotat. A. J. Saxil. II Tomi. Fol. Aug. Vind. 1758. (Armbruster in L.) Butsch. 8 Thlr. — 14 fl.

— — instructiones pastorum ad concionandum, confessionisq. etc. utilissimae. Editio nova. 8. maj. Aug. V. 1758. (L. Stahel in W.) ⅔ Thlr. — 54 kr.

— — instructiones etc. (seu Bibliotheca pastoralis Vol. II.) 12 maj. Oeniponti 1816, Wagner. 12 Ngr. — 36 kr.

Borromaeus, Carol., Pastorum instructiones atque epistolae. Textum recognov. notisque illustravit E. W. Westhoff. 8. (21 B.) Münster 846, Deiters. •
Vgl. Bibliotheca pastoralis, Vol. II.

Borromaei, S. Caroli, pastorum instructiones, monitiones ad clerum atque epistolae. Textum recognovit, notisque illustravit E. W. Westhoff. Editio II. Münster 860. Aschendorff. 12. (XII, 348 S.) n. 15 ngr

Borromaei, Carol. S., archiep. Mediol., Saluberrimae instructiones, quas pro Confessionis didit etc. S. D. N. Innocentius XII. velut Aegulam auream commentavit. 12. Augustae V. 767. 1/12 rf

— — Monitiones et instructiones in usum cleri. 8. maj. Vindobon. 1760. (Ludw. Stahel in Würzb.) 12 ggr. — 48 kr.

Borromäus, d. hl. Karl, Satzungen u. Regeln der Gesellschaft der Schulen christlicher Lehre, s.a. Sammlung der bedeutendsten pädagogischen Schriften aus alter u. neuer Zeit.

Borromäus, d. hl. Karl, Satzungen u. Regeln d. Gesellschaft d. Schulen christl. Lehre. A. d. Italien. z. erstenmal übers., erläut. u. m. e. Einleitg. vers. v. Jos. Ant. Keller. Neue (Titel-)Ausg. 8. (VI, 284 S.) Paderborn (893) 895. F. Schöningh. n. 2. —

— Urteil üb. den Jesuitenorden, s.: Aktenstücke, kirchliche.

Borroni, B., grammatica novissima della lingua tedesca etc. gr. 8. Wien 798. Trattner. 16 Kr

— s.a. B. Baron.

(A. BORROSCH), Vorläufiger Bericht des Prüfungs-Ausschusses betreffs der Abrechnungs-Verlegung von der Jubilate- auf die Michaelis-Messe. Zum Privatgebrauche für die deutschen Buchhändler. (Prag.) 1847. Buchdruckerei von K. Geržabek. 4o.

Borrosch, Alois (Red.), s. Centralblatt für die gesammte Landeskultur

Borrosch, Alois (Red.), s. Wochenblatt der Land- u. Hauswirthschaft ...

Borrosch & Eichmann, Prag. Illustriertes Preisverzeichnis von landwirtschaftlichen Maschinen. 4° Prag (1864)

Aufschluss über Mysterien oder Geheimnisse, zur Beruhigung forschbegieriger Vernunft- und Religionsfreunde. [Von Borroth.] Zittau u. Leipzig: Schöps in Comm. 1816. 173 S. 8°
Kl. 3852. 44 Abhandl., darunter solche über Cagliostro, Schrepffer, Rosenkreuzer, Tempelherren, Frmr, Illuminaten usw.

Borrow, George, fünf Jahre in Spanien. (1835—39.) Nach d. 3. Aufl. a. d. Engl. übersetzt. 3 Bde. 8. (70⅓ B.) Breslau 844, Max u. Komp.

Bors, Alfred Friedrich. 1909 [Pseud.]
s.a. **Riemer**, Alfred.

Bors, Alfr. Frdr., deutsche Jugend. Ein Schauspiel in 3 Aufzügen. (95 S.) 8. Hannover (Georgstr. 4) (909). G. Severien. 1.50

— Herzog Magnus. Eine alte Geschichte aus Niedersachsen. (262 S.) 8. Hannover (908). A. Sponholtz. 2.80; geb. 3.80

v. **Bors**, J. J. Neue und vollständige Postkarte durch ganz Deutschland. Nürnberg. 1 Bl. c. K. v.
Desgl. Ausgabe von 1786. 1 Bl. c. K. v.

Bors, Joh. Jak. von, Neue und vollständige Postkarte durch ganz Deutschland ... und nach s. Ableben übersehen von F. J. Heger. Nouvelle Carte géographique des postes d'Allemagne ... Nürnberg, Homannische Erben, 1764. 4. . . (Br. Mus.; D.)

Bors von Borsod, August, s. Borsod, August

Bors de Borsod, August [wirkl. Name], s. Sziglávy, Paul [Pseud.]

Boers, **F. G., specimen philos. anthropologiae ICtorum Romanorum, quatenus stoica est. 8. Leyd. 768.**

Boers, Karl, oratio de difficultatibus disciplinae theologicae professionem prementibus et de earum potissimum levamentis. 4. Leyd. 779.

Boers, W. C. (Catvico ad Rhenum), De pactis conjugum successoriis. Dissert. jur. Rector Gisbert Bonnet. Utrecht (Joh. Broedelet) 28. XI. 1764. 27 S. (2.50) 3342

— **Wilhelm Sebastian** (Catvico-Batavus), De voluntaria heredis institutione. Disp. jur. Rector Franz Fabricius. Leyden (Conr. Wishoff) 14. VIII. 1724. 32 S. (5.—) 3343
Widm. v.: J. v. Monchy, J. D. L. Bassecour, L. Voogd.

Borsari, L., Le Forum Romain selon les dernières Fouilles. Oel. 1900. 5 ... m. 1 Ktc.

Borsbach, Ernst. 1. Ueber die Verbindungen des Chinolins mit Metallsalzen. 2. Ueber Mercuri-Kobaltammonium-Verbindungen. Köln, 1890. Diss. G. S., S. I.

Borsch, Georg. Ueber einige Zersetzungsproducte des Acetons und dessen Ueberführung in Allylen. Göttingen, 1864.

Börsch: Hat die lat. Sprache ..., s. Börsch, Fr. A. Haubold

Börsch A. Ueber einige analyt.-geom. Maxima- u. Minima-Probleme. 1896. 1.
Math. Diss. Marburg

Börsch, Anton

Geodätische Linien südlich der Europäischen Längengradmessung in 52 Grad Breite von A[nton] Börsch u. L[ouis] Krüger. Mit 3 Taf. *Berlin: P. Stankiewicz 1902.* (IX, 204 S.) 4°
= Lotabweichungen. H. 2.
= Veröffentlichung d. k. Preuss. geodät. Institutes. N. F. No 10.

Astronomisch-geodätisches Netz 1. Ordnung nördlich der europäischen Längengradmessung in 52 Grad Breite von A[nton] **Börsch**. Mit 1 Taf. Berlin: P. Stankiewicz 1906. (VI, 164 S.) 4°
— Lotabweichungen. H. 3.
— **Veröffentlichung** d. K. Preuß. Geodät. Institutes. N. F. No 28.

Verbindung der russisch-skandinavischen Breitengradmessung mit dem astronomisch-geodätischen Netz in Norddeutschland von A[nton] Börsch. Berlin: Stankiewicz 1909. VI, 102 S. 4°.
(Lotabweichungen. H. 4.)
(Veröffentlichung d. Kgl. Preuss. geodät. Institutes .N.F. Nr.39.)

Boersch, Carl: (I.) Beitrag zur Kenntnis der Bakterien des Weines. (II.) Beitrag zur Kenntnis der Hefen. Edenkoben: Mietens 1893. 32 S., 1 Bl., 1 Taf. Erlangen. Phil. Diss. 1893.

Börsch, O. O., Die Nivellirinstrumente des mathem.-mechan. Instituts von F. W. Breithaupt u. Sohn in Cassel, ihre Beschreibung, Prüfung u. Berichtigung sowie Anwendung. Mit 11 Tfln. Cassel 1871. 4°.

Börsch, F., wie der Herr jederzeit bei Stürmen, welche über seine Kirche kommen, sich verhält. Predigt am 18. Sept. 1815 gehalten. gr. 8. Speyer 815, Neidhard. n. 1/12 ℳ

Börsch, F., drei Worte von der Saat, von dem Wachsthum u. von der Ernte im Reiche Gottes. Predigt am 16. Oktbr. 1848 zur gottesdienstl. Eröffnung der außerordentl. General-Synode der verein. protestant. Kirche in der Pfalz gehalten. gr.8. (14 S.) Speyer 848, Neidhard. 2 ngr

Börsch, F., drei Worte von der Saat, von dem Wachsthum und von der Ernte im Reiche Gottes. Predigt am 16. Oktbr 1848 zur gottesdienstl. Eröffnung der außerordentl. General Synode der verein. protestant. Kirche in der Pfalz gehalten gr. 8. (14 S.) Speyer 849, Neidhard'sche Buchh.

Börsch, Fr. A. Haubold

Börsch, Fr., Progr.: Hat die latein. Sprache einen Optativus. Marb. und Cassel 820. 4. 4 gr.

Börsch, Fr. A. Haubold, hat d. latein. Sprache einen Optativus? 8. Marb. 820. Krieger. 4 gr

— Pr. von dem Untergange d. Thüring. Königreichs. Eine histor. Untersuch. 1e Abthl. 8. Marb. 821.

— üb. d. Studium d. Antiquitäten d. Mittelalters, nebst e. Erklärung einiger Flußnamen im rheinischen Francien, bei d. Anonymus Ravenas. 4. (Marb. u. Cassel 820. Krieger). 6 gr

— Tempelbilder. 8. Manh. 832. Löffler. 21 gr

Börsch, F. Von dem Untergange des Thüringischen Königreichs. Histor. Untersuchung. 4. Marburg 1821.

Börsch, J. Ueber Metrik und Poetik der altenglischen Dichtung The Owl and the Nightingale. Diss. Münster 1883. 78 S.

Börsch. Joseph [aus Junkerdierdorf (Rheinpr.)]: Ueber Amputationsneuralgieen. . . . Bonn, Buchdr. Jos. Bach Wwe., 1888: 2 Bl. + 22 S. + 1 Bl. 8°
Bonn, Med. Fak., Inaug.-Diss. v. 16. Aug. 1888

Börsch, Joseph (Hrsg.), s. F i n c k , Des Priesters

— u. Karl Philipps, Heil Wilhelm d. Siegreichen! Lieder u. Vorträge f. d. 100jähr. Geburtstagsfeier d. Kaisers Wilhelm I. a. 22. III. 1897. (1. u. 2 Taus.) gr. 8. (32 S.) Köln 897. Hübscher & Teufel. n. — 60

Börsch, Joseph, Dr.: Das neue Jahrhundert. (Gedicht.) *Köln 1900: J. B. Heimann.* (S. 4 6.) 4°
Köln, R, OP 1900 (533)

Börsch, Josef, Dr.: Preussens Königskrone. (Gedicht, bei d. Feier d. 200jähr. Jubiläums d. Kgr. Preussen vorgetragen.) *Köln 1901: J. B. Heimann.* (S. 3—4.) 4°
Köln, R, OP 1901 (541)

Börsch, Jos., d. Kreuz am Wege. Trauersp. i. 5 Aufzgn. 8. (99 S.) Bonn 896. P. Hanstein. n. 1.—

— Wieland d. Schmied. Drama i. 5 Aufzgn. 8. (117 S.) Ebd. 895. n. 1.—

Börsch, Karl [aus Edenkoben (Rheinpfalz)]: [I.] Beitrag zur Kenntnis der Bakterien des Weines. [II.] Beitrag zur Kenntnis der Hefen ... Edenkoben, Druck v. H. Mietens. *1893:* 32 S., 1 Bl., 1 Taf. 8.
Erlangen, Phil. Fak., Inaug.-Diss. v. 1893

Börsch, Ludwig: Das Bandenspektrum des Bariums und Untersuchungen über die Struktur der Banden in den Verbindungsspektren von Barium-Haloid-Verbindungen. Leipzig: Barth 1900. 36 S. 8°
Bonn, Phil. Diss. v. 20. Jan. 1909, Ref. Kayser
[Geb. 8. Juli 84 Andernach; Wohnort: Andernach; Staatsangeh.: Preußen; Vorbildung: Gymn. Andernach Reife O. 04; Studium: München 1, Bonn 8 S.; Rig. 16. Dez. 08.] [U 09. 383

Börsch, O, Anl. z. Berechng geodät. Coordinaten. 2. Afl. 8. (107 m. 2 L.) Cass. 85. Freyschmidt. n. 6. —

Börsch, O, Anl. z. Berechng d. rechtswinkl. sphär. Coordinaten d. Dreieckspunkte etc. 8. (48 m. 1 L.) Cass. 69, Württemberger. n. — 15

Börsch O. Bestimmung der Genauigkeit von Winkel- und Linien-Messungen, aus Beobachtungen abgeleitet. 1863. S. Math. Diss. Marburg

Boersch, O: Jnternationale Erdmessung. Geodätische Literatur. Berlin 1889

Boersch ,O. s.a. Literatur ,geodätische

Boersch, O., geodätische Literatur, auf Wunsch der permanenten Commission im Centralbureau der internationalen Erdmessg. zusammengestellt. gr. 4. (VII, 227 S.) Berlin 889. (G. Reimer.) n. 10. —

Börsch, O., die Nivellir-Instrumente, s. B r e i t h a u p t , F.W. und Sohn, Magazin der neuesten mathemat. Instrumente.

— Theodolite, astronomische Instrumente und Bussolen-Apparate, s. B r e i t h a u p t , F. W. und Sohn, Magazin der neuesten mathemat. Instrumente.

Börsch, O. Die Nivellir-Instrumente von Breithaupt in Cassel. Cassel 1871. 4.

Börsch, O., Positions-Verzeichniss aus der topographischen Aufnahme vom Kurfürstenthum Hessen. Als Ms. gedr. Kassel 1857.

Börsch (O.), Theodolithe, astronomische Instrumente und Bussolen-Apparate des math.-mechan. Institutes von F. W. Breithaupt & Sohn in Cassel (Breithaupt, Magazin, Heft 6). 4°. Cassel 1876.

Börsch, Otto, Anleitung zur Berechnung der rechtwinkligen sphärischen Coordinaten der Dreieckspunkte, sowie der Dreiecksseiten u. ihrer Richtungen aus den gegebenen geograph. Breiten u. Längen der Dreieckspunkte mit besond. Berücksicht. d. trigonometr. Landesaufnahme d. vormal. Kurfürstenth. Hessen als Grundlage für Gemarkungs-, Forst- u. dergl. Vermessungen. Cassel 869. Württenberger. gr. 8. (48 S. u. 1 lith. Taf. in 4.) n. 15 ngr

Börsch, Otto, Anleitung zur Berechnung geodätischer Coordinaten. 2. vollständ. umgearb. und verm. Aufl. gr. 8. (VIII, 167 S. mit 2 lithogr. Fig.-Taf.) Cassel 885, Freyschmidt. *

Borsche. üb. einige Zersetzungsproducte d. Acetons. Götting. 34 p.
Schul-/Univ.-Schrift 1864

Borsche, Walther: Ueber Cyklopentanone. *Göttingen 1898: Dieterich.* (66 S.) 8°
Göttingen, Phil. Diss. v. [20. Juli] 1898

Boerschel, Ernst: Joseph Victor v. Scheffel, s: Velhagen & Klasing's Volksbb.

Boerschel, Ernst. Josef Viktor von Scheffel und Emma Heim. Eine Dichterliebe. Mit Briefen und Erinnerungen. (Mit Abbildungen und Beilagen:) Drei Lichtdrucke, neun ganzseitige Autotypien, eine Strichätzung, ein Gedicht- und ein Brieffaksimile, Autogramme und mehrere Skizzen von des Dichters Hand im Text. XVI + 384 S. 8. Berlin, Ernst Hofmann & Co., 1906. [M. 7. —]

Börschinger, Karl, a. Ludwigshöhe ⟨Rheinhessen⟩: Vorgeschichte und Bedeutung des Bundes zwischen den Söhnen Ludwigs des Bayern, dem Bischof von Augsburg und 22 schwäbischen Reichsstädten vom 20. November 1331. Ein Beitrag zur Geschichte Kaiser Ludwigs des Bayern. Stuttgart 1905: W. Kohlhammer. (51 S.) 8° [F.] ¶(Erschien in: Württembergische Vierteljahrshefte f. Landesgeschichte N.F. 14.)
Gießen, Phil. Fak., Ref. Oncken, Diss. v. 20. Sept. 1905
[Geb. 2. Okt. 81 Ludwigshöhe b. Oppenheim; Wohnort: Frankenthal; Staatsangeh.: Hessen; Vorbildung: Gymn. Worms Reife O. 00; Studium: Straßburg 2, Gießen 6 S.; Rig. 1. Aug. 04.]

Borschitzky, F. (Hrsg.), s. Lehrerinnenzeitung, Oesterreichische.

Borschitzky, Fanni, für das gute Recht. Ein Beitrag zur Lehrerinnenfrage. gr. 8. (24 S.) Wien 885. (Sallmayer.) n.n. — 40

Borschitzki, Fanni, Für d. gute Recht. Ein Beitrag z. Lehrerinnen-Frage. 8. (24 S.) Wien, *Sallmayer'sche Buchh. (Julius Schellbach). 20 kr. N. b. 1891

Borschizky, J.: Handb. d. österreich. Gesetzes üb. Verbrechen v. 3. Sept. 1803., mit allen auf dieses Fach Bezug habenden Verordnungen, Erläuterungen u. sonstigen Hülfsquellen. *Prag*, Schall. 815. 8. (2 Thl.)

Borschizky, J., Handbuch d. östreich. Gesetze über Verbrechen. gr. 8. Prag 815. Verf. 2 ℔

Borschitzky, Joh., Handbuch d. österreich. Strafgesetzes über schwere Polizeiübertretungen vom 3. Sept. 1803. Mit den hiezu bis 1843 erschienenen u. den hierauf Bezug nehmenden aus andern Zweigen d. österr. Gesetzgebung entlehnten gesetzl. Bestimmungen. gr. 8. (49½ B.) Prag 844. (Credner.) *

Borschke, A.: Aeschylus und Sophokles. Eine dramatische Studie. 69 S. 8°.
Progr. Wien Sch. OG. 1872.

Borschke Dr. A.: John Locke im Lichte der Kantischen Philosophie. 81. Wien Schott. 77. Progr.

Borschke, Andr., Lehrbuch der empirischen Psychologie zunächst für Gymnasien. Mit einem Anh., enth. die Einleitung in die Philosophie. 2., verb. Aufl. gr. 8. (VIII, 228 S.) Wien 881. Hölder. n. 2. 48

Boerschmann: Die mechan. Erklärg d. Eintritts v. Luft ins Gefässsystem. Vortr. 1. Beitrag z. mathemat. Behandlg medizin. Probleme. [Aus: „Vierteljahrsschr. f. gerichtl. Med. u. öff. Sanitätswesen".] (32 m. Abb.) gr8° Berl., A Hirschwald '11. — 80

Boerschmann, Ernst: Die Baukunst u. relig. Kultur d. Chinesen. Einzeldarstellgn auf Grund eigener Aufnahmen während 3jähr. Reisen in China. 1. Bd. P'u t'o shan, d. hl. Insel d. Kuan yin, d. Göttin d. Barmherzigk. (19, 203 m. Abb. u. 33 z. Tl farb. Taf.) 32,5×23 cm. Berl., G Reimer '11. 30 —; L 35 —

*Boerschmann, F: Üb. d. Mückenplage. Lpzg, FOW Vogel. ca 2 —

Boerschmann, Friedrich, Arzt: Ueber die eitrige **Entzündung** der Nierenfettkapsel, Paranephritis purulenta. *Königsberg i. Pr. 1903: O. Kümmel.* (208 S.) 8°
Königsberg, Med. Diss. v. 30. Juli 1903

Borscht: Bauordnung ..., s. Borscht, Wilhelm

Borscht, Hubert, Rechtspraktikant a. Kitzingen: Ersitzung beweglicher Sachen nach dem Bürgerlichen Gesetzbuche. Borna-Leipzig 1908: R. Noske. (VI, 63 S.) 8° [F.]
Würzburg, Jur. Fak., Ref. Mendelssohn-Bartholdy, Diss. v. 9. Juli 1908
[Geb. 16. April 83 Kitzingen; Wohnort: München; Staatsangeh.: Bayern; Vorbildung: Gymn. München Reife Juli 02; Studium: München 6, Würzburg 2 S.; Rig. 27. Mai 08.]

Borscht, J., Anna oder kindliche Liebe, s. Bibliothek für die reifere christliche Jugend.

Borscht, J., Odo, der Sohn d. armen Wittwe, s. Bibliothek f. d. reifere christl. Jugend.

Borscht, J., ein Schmerz. Die grünen Jalousien, s.: Bibliothek ausgewählter Novellen, 3. Bd.

Borscht, Joseph: Das zweite Buch der Metamorphosen des Publius Ovidius Naso metrisch übersetzt von Joseph Borscht. S. 1-22. Progr. Speier 1850.

Borscht, Jos., Christoph Kolumbus, od.: Die Entdeckung Amerikas, s. a. Bibliothek f. die reifere christl. Jugend. 21. Bd.

Borscht, Jos., Christoph Columbus oder die Entdeckung von Amerika. Nach dem Französ. des Celliez. 2. Aufl. 8. (332 S. mit 1 Stahlst.) Regensburg 873, Manz.

Borscht, Josephus: De Xenophontis pietate, Deorum fiducia atque ratione historiae scribendae dissertatio, quam ... S. 3-21. Progr. Speier 1861.

Borscht, Wilh. v., Bauordnung f. d. k. Haupt- u. Residenzstadt München v. 29. Juli 1895. M. Erläutergn. u. e. Anh. hrsg. gr. 8. (XIV, 498 S. m. 60 Abb.) München 896. C. H. Beck. n. 6. —; in Leinw. geb. n. 6. 50

Borsdorf [Schlagwort]

Borsdorf, s.: Geologische Karten. Spezialkarte. (Sachsen.)

Borsdorf [Verf.]

Borsdorf, W. [aus Potsdam]: Die Burg im „Claris und Laris" und im „Escanor". . . . Berlin, *Druck: George Chasté.* 1890: 101 + 1 S. + 3 Bl. 8°
Berlin. Phil. Fak., Inaug.-Diss. v. 11. Jan. 1890

Börse, die, s. a. Miniatur-Bibliothek.

Börse, die. Zeitgemäße Parodie auf Schiller's „Glocke". Von Emil K...g. gr. 16. (16 S.) Berlin 876. Allgem. deutsche Associations-Buchdr. — 10

Börse, die. Wochenblatt f. Kapitalisten u. Börsen-Interessenten. Red.: Alfr. Neumann. April—Dezbr. 1909. 39 Nrn. (à 16 S.) 32×23,5 cm. Berlin, Finanzverlag A. Neumann. 7. 50
Erscheint nicht mehr.

— die, u. ihre volkswirthschaftl. **Bedeutung,** v. Spectator, s.: Fragen d. öffentl. Lebens.

Börse, die, die Börseoperationen u. Täuschungen, die Stellung der Aktionäre u. des Gesammt-Publikums. Ein Handbüchlein für Papierspekulanten u. Nichtspekulanten. Auf Grundlage von Proudhon's Manuel du Spéculateur de la Bourse für deutsche Leser frei bearb. Zürich 857. Meyer u. Zeller. gr. 8. (VIII, 100 S.) 18 ngl

Börse und Landwirtschaft in Russland und Deutschland. Betrachtungen eines russischen Deutschen. Leipzig: Beyer (um 1896). 48 S. 8°
III, 18966

— u. **Landwirtschaft** in Rußland u. Deutschland. Betrachtgn. e. russ. Deutschen. 8. (48 S.) Leipzig 897. H. Beyer. — 60

— u. **Landwirtschaft** in Russl. u. Deutschl. Betrachtgn e. russ. Deutschen. 8° (48) Lpzg 97. Berl., Deutsch-nationale Bh. u. Verl.-Anst. — 60

Börse, landwirthschaftliche. Organ f. Angebot u. Nachfrage. Red.: Fzdr. Ramhorst. 3. Jahrg. 1892. 52 Nrn. (1½ Bog. m. Abbildgn.) Nebst humorist. Gratis-Beilage: Zick-Zack. (½ Bog. m. Abbildgn.) gr. Fol. Berlin, H. Mamroth. n. 2. —

Börse, landwirtschaftl. Organ f. Angebot u. Nachfrage. Red.: F Ramhorst. 3—6. Jahrg. 1892—1895 à 52 Nrn. (1½ B. m. Abbildgn.) Nebst humorist. Gratis-Beilage: Zick-Zack. (1½ B. m. Abbildgn.) Fol. Halberst. Berl., J Briest à Jahrg. 2 —

— landwirthschaftliche. Organ f. Angebot u. Nachfrage. Red.: Joh. Briest. 7. u. 8. Jahrg. 1896—1897. à 52 Nrn. (Bog.) Fol. Berlin, J. Briest. à Jahrg n. 2. —
Erscheint nicht mehr.

Börse, die, in ihrem wahren Lichte. 8. (III, 76 S.) Wien 895. Verlag d. Reichspost (A. Opitz). n.n. — 35

— d., in ihrem wahren Lichte. 8° (76) Wien 95. (Warnsdf, A Opitz.) — 40

„Neue Börse" in Hamburg. Zur Erinnerung an die Eröffnung der — am 2. Dezember 1841. Gedenkblatt, den Mitgliedern Eines Ehrbaren Kaufmanns überreicht von der Handelskammer. Hamburg 1891.

Börse, die, mit ihren Schattenseiten u. Gründer-Schwindel. 5. verm. Aufl. 8. (16 S.) Nordhausen 873. Haacke. n. — 50

Börse-Buch, neues Wiener, s. Rubrom, Moritz.

Börse-Gesetz, das, vom 1. April 1875, das Gesetz betr. die Handelsmakler od. Sensale vom 4. April 1875 u. die Ministerial-Verordng. f. die Börsen in Wien, Triest u. Prag, vom 19. April 1875. 8. (28 S.) Wien 875. Manz. n. — 40

Börsen — Bourses
v. Schweizerische Eisenbahn- und Handels-Zeitung.

Börsen-Adressbuch, Hamburger. Enthaltend Firma, Inhaber derselben, Bank-Conto, Fernsprecher, Telegramm-Adresse, Mitglieder der Handelskammer, Mitglieder „Eines Ehrbaren Kaufmannes", Comptoire und Geschäftsbranche der Börsenbesucher, nebst einem Plan der Börse. Hrsgbr.: Hinr. Quast. gr. 8. (IV, 348 S.) Hamburg 885, (Jenichen.) geb. **

Börsen-Almanach für die J. 1855 — 1857. Ein Geschäfts-Taschenbuch für die Handelswelt. Hrsg. von Otto Michaelis. 1—3. Jahrg. 8. Berlin, Hofmann und Comp. [1. (CIV und 100 S. mit 1 lithogr. Karte in 4. und 3 Tab. in Fol.) 851., 2. (XCVI und 51 S. mit 1 lithogr. Karte in 4. und 1 Tab. in qu. Fol.) 855., 3. (CXCV und 61 S. mit 1 lithogr. Karte in 4 und 1 Tab. in qu. Fol. 856.) à Jahrg. * 1 Thlr.] *

Börsen-Almanach für das J. 1858. Ein Geschäfts-Taschenbuch für die Handelswelt. Hrsg. von Otto Michaelis. 4. Jahrg. gr. 16. (CXCII und 71 S.) Berlin 858, Hofmann und Comp. geb. *
1—3. Jahrg. Ebendas. 1855—57. à Jahrg. * 1 Thlr.
Ist nicht fortgesetzt worden.

Börsen-Archiv. Finanzielle Wochenschrift. Hrsg. u. Red.: Erich Falk. 1.—3. Jahrg. 1908—1910. 51, 53 u. 52 Nrn. (420, 498 u. 640 S.) 31×22,5 cm. Berlin, Deutscher Börsenverlag. à Jhrg. 10. —

Börsen Archiv. Finanzielle Wochenschrift. Hrsg. v. E. Falk. Jg. 1. Berlin 1908: E. Scholem. 4° [illegible]

Börsen-Archiv. Finanz.Wochenschr. Hrsg. u. Red.: Erich Falk, seit '12 Red.: Curt Frhr v. Wangenheim. 1. u. 2. J. '08 u. '09. 51 bezw. 53 Nrn. (420 u. 498) 31×22,5 cm. Berl., Deut. Börsen-Verl. viertelj. 2 — ‖ 3—5. J. '10—12 je 52 Nrn. viertelj. 3 —

Duisburg-Ruhrorter Börsenbedingungen und Gutachten der Handelskammer in Duisburg d. Vorstandes d. Schifferbörse in Duisburg-Ruhrort über Handelsgebräuche in d. Rheinschiffahrt. Duisburg-Ruhrort: 'Rhein' (1908). 10 S. 8° [illegible] 5

Börsenbedingungen, Duisburg-Ruhrorter, u. Gutachten der Handelskammer in Duisburg u. des Vorstandes der Schifferbörse in Duisburg-Ruhrort üb. Handelsgebräuche in der Rheinschiffahrt. 2. verm. Aufl. (28 S.) gr. 8. Duisburg-Ruhrort 909. „Rhein". — 60

Börsenbedingungen, Duisburg-Ruhrorter, u. Gutachten d. Handelskammer in Duisburg u. d. Vorstandes d. Schifferbörse in Duisburg-Ruhrort üb. Handelsgebräuche in d. Rheinschiffahrt. 3. Afl. (56) 8° Duisbg, „Rhein" '12. 1 —

Börsenblatt

— Organ f. Handel, Industrie u. Verkehr m. dem Exportblatt „Commission u. Export". Red.: J. Stettenheim. 6. Jahrg. 1888. 52 Nrn. (2 B.) gr. 4. Berlin, S. Fischer Verl. n. 8. —
Erschien nicht weiter. — 1.—5. Jahrg. s.: Commission u. Export.

— allg. literar. [„Büchermarkt".] Gemeinschaftl. Organ f. d. Buchhandel, die Schriftstellerwelt u. d. Publikum. 1. Jahrg. 1882. 104 Nrn. (B.) 4. Ebd. n. 10. —

— allgemeines literarisches. [„Büchermarkt."] Gemeinschaftliches Organ f. den Buchhandel, die Schriftstellerwelt u. das Publikum. 2. Jahrg. 1882. 104 Nrn. (B.) gr. 4. Leipzig, Gruner. n. 10. —

— allgemeines literarisches [„Büchermarkt"]. Gemeinschaftliches Organ für den Buchhandel, die Schriftstellerwelt und das Publikum. 2. Jahrg. Jan.—Juni 1882. 82 Nrn. (Bog.) gr. 4. Ebendas. * 5 —
Nicht weiter erschienen.

Börsen- u. Handelsblatt, bayerisches, (Ratgeber f. Kapitalisten) m. Verlosungskalender u. Ziehungsliste aller verlosbaren Wertpapiere. Red.: Herm. Seeber. Jahrg. 1893. 4. Quartal. 13 Nrn. (Bog.) gr. 4. Nürnberg, Expedition. n. 1. —

— dasselbe. Jahrg. 1894. 52 Nrn. (Bog.) gr. 4. Ebd. n. 4. —

Börsen- u. Handelsblatt, bayerisches (Ratgeber für Kapitalisten) m. Verlosungskalender u. Ziehungsliste aller verlosbaren Wertpapiere. Techn.-industrielle Rundschau. Org. f. Volkswirtschaft, Handel, Industrie u. Gewerbe. Red.: Herm. Seeber. 3.—6. Jahrg. 1895—1898. à 52 Nrn. (à ca. 1 Bog. u. Verlosungstabelle.) gr. 4. Nürnberg, Verlag d. bayer. Börsen- u. Handelsblatt. à Jahrg. n. 4. —
Kann auch vierteljährlich bezogen werden.

Börsen- u. Handelsblatt, bayerisches, (Ratgeber f. Kapitalisten) m. Verlosungskalender u. Ziehungsliste aller verlosbaren Wertpapiere. Technisch-industrielle Rundschau. Organ f. Volkswirtschaft, Handel, Industrie u. Gewerbe. Red.: Herm. Seeber. 7. Jahrg. 1899. 52 Nrn. gr. 4. (à ca. 8 S. u. Verlosungstabellen.) Nürnberg, Expedition des bayer. Börsen- u. Handelsblatt. n.n.n. 4. —
Nicht durch den Buchhandel zu beziehen.

Börsenblatt, das, f. den deutschen Buchhandel s.a. Flugschriften-Sammlung, allgemeine. x. litt.

Börsenblatt f. d. deutschen Buchhandel u. f. die mit ihm verwandten Geschäftszweige, hrsg. v. d. Deputirten d. Vereins d. Buchhändler zu Leipzig. 1. Jahrg. 1834. (Begründet u. v. No. 1—26. redig. v. Otto Aug. Schulz, No. 27—44. redig. v. Joh. Adm. Bergk, No. 45—52 redig. unt. d. Verantwortlichk. d. Hrsgebr. [v. A. v. Binzer].) gr. 4. Leipzig, Verlag d. Vereins d. Buchhändler. (Frohberger.)

Börsenblatt für d. deutschen Buchhandel u. f. d. mit ihm verwandten Geschäftszweige. Hrsg. von d. Deputirten d. Vereins d. Buchhändler zu Leipzig. Amtl. Blatt d. Börsenvereins. 2 — 9. Jahrg. 1835 — 42. (in Nrn. à 1 — 3 Bog.) Nebst Register. gr. 4. Leipzig, (Frohberger.) à J. *
Jahrg. 1835. (No. 1—39.) redig. v. A. v. Binzer u. (No. 40—62.) v. C. F. Dörffling. 1836. (53 Nrn.), 1837. (104 Nrn.), 1838. (112 Nrn.) redig. v. Letzterem. — J. 1839. (No. 1—72.) redig. v. G. Wuttig u. (No. 73—113.) v. J. C. Stadler. — J. 1840. (No. 1—51.) redig. v. dems. u. (No. 52—112.) v. Geo. Wigand. — J. 1841. (No. 1—60.) redig. v. dems. u. (No. 61—113.) v. J. de Marle. — J. 1842. (112 Nrn.) redig. v. dems.
1. Jahrg. 1834. Ebendas. * 2 Thlr.

Börsenblatt für d. deutschen Buchhandel u. für die mit ihm verwandten Geschäftszweige. Hrsg. v. den Deputirten d. Vereins der Buchhändler zu Leipzig. Amtl. Blatt d. Börsenvereins. Verantwortl. Redact.: J. de Marle. 10—14. Jahrg. 1843—47. (Mit Verzeichnissen der im deutschen u. ausländ. Buch- u. Musikhandel erschien. Neuigkeiten.) cra. 116 Nrn. (à 1—3 B.) gr. 4. Leipzig. (Frohberger.) à J. *
1—9. Jahrg. Ebendas. 1834—42. * 28 Thlr. 20 Ngr.

Börsenblatt für den Deutschen Buchhandel u. die mit ihm verwandten Geschäftszweige. Eigenthum des Börsenvereins der deutschen Buchhändler. (Mit monatl. alphabet. Verzeichniß der im Deutschen Buchhandel erschienenen Neuigkeiten. Eine Beilage zum Börsenblatt u. nur für Abnehmer desselben bestimmt.) Red.: J. de Marle. Jahrg. 1847 u. 1848. à ca 116 Nrn. gr. 4. (à 1—3 Bog.) Leipzig, Kirchner in Comm. — Red.: G. Remmelmann. Jahrg. 1849—1852. à ca 112 Nrn. gr. 4. (à 1—3 Bog.) Ebd. in Comm. à Jahrg. baar $3\frac{1}{3}$ ℛ

Börsenblatt für den deutschen Buchhandel und die mit ihm verwandten Geschäftszweige. Eigenthum des Börsenvereins der deutschen Buchhändler. 15—19. Jahrg. 1848—52. ca. 110 Nrn. (à 1—3 Bog.) gr. 4. Leipzig, (Kirchner.) à Jahrg. Thlr. *
Der 15. Jahrg. wurde von J. de Marle, die späteren von G. Remmelmann redigirt.

Börsenblatt für den deutschen Buchhandel und die mit ihm verwandten Geschäftszweige. Eigenthum des Börsenvereins der deutschen Buchhändler. Redakt.: Gust. Remmelmann. 20—22. Jahrg. 1853—55. à 162 Nrn. (à 1—3 Bog.) gr. 4. Leipzig, (Kirchner.) à Jahrg. Thlr. **

Börsenblatt für den deutschen Buchhandel und die mit ihm verwandten Geschäftszweige rc. Redig. von Jul. Krauß. 23. Jahrg. 1856. 162 Nrn. (à 1—3 Bog.) gr. 4. Ebds. **
Vgl. 11. Bd. 1. Abthl. S. 127.

Börsenblatt für den deutschen Buchhandel und die mit ihm verwandten Geschäftszweige. Eigenthum des Börsenvereins der deutschen Buchhändler. Redig. von Jul. Krauß. 24—29. Jahrg. 1857—61. à Jahrg. 162 Nrn. (à 1—3 Bog.) gr. 4. Leipzig, (Kirchner.) à Jahrg. **

—— dass. — General-Register. 1834—1858. Eine Festgabe zum 25jähr. Bestehen des Börsenblattes. (Von Ed. Wengler.) gr. 4. (VII und 64 S.) Leipzig 859, (Wengler.) **

Börsenblatt für den deutschen Buchhandel und die mit ihm verwandten Geschäftszweige. Eigenthum des Börsenvereins der deutschen Buchhändler. Redig. von Jul. Krauß. 29.—34. Jahrg. 1862—67. à Jahrg. ca. 160 Nrn. (à 1—3 Bog.) gr. 4. Leipzig, (Kirchner.) à Jahrg. *
Von Jahrg. 1867 ab bei täglichem Erscheinen ca. 300 Nrn.

Börsenblatt für den deutschen Buchhandel u. die mit ihm verwandten Geschäftszweige. Red.: Jul. Krauß. 32—37. Jahrg. 1865—1870 à ca. 300 Nrn. (à 1—3 Bgn.). Leipzig, Kirchner in Comm. gr. 4. n. 3 ℛ 10 ngr.

—— dass. — General-Register 1859—1868. (Von Adph. Büchting.) gr. 4. (VIII, 80 S.) Leipzig 869, Expedition des Börsenblattes.

Börsenblatt, f. den deutschen Buchhandel u. die m. ihm verwandten Geschäftszweige. Red.: Jul. Krauß. 38—41. Jahrg. 1871—1874. à ca. 300 Nrn. à 1—$2\frac{1}{2}$ B.) gr. 4. Leipzig, Kirchner in Comm. à Jahrg. n. 10. —

Börsenblatt für den deutschen Buchhandel und die mit ihm verwandten Geschäftszweige. Redact.: Jul. Krauß. 42.—46. Jahrg. 1875—1879. à Jahrg. ca. 300 Nrn. (à 1—3 Bog.) gr. 4. Leipzig, Expedition des Börsenblattes. à Jahrg. *

Börsenblatt für den deutschen Buchhandel u. die mit ihm verwandten Geschäftszweige. Red.: Jul. Krauß. 44—48. Jahrg. 1877—1881. à ca. 300 Nrn. (à 1—$2\frac{1}{2}$ B.) gr. 4. Leipzig, Fries' Verl. à Jahrg. n. 16. —

Börsenblatt für den deutschen Buchhandel und die mit ihm verwandten Geschäftszweige. Redact.: Jul. Krauß. 47.—49. Jahrg. 1880—1882. à Jahrg. ca. 300 Nrn. (à Nr. 1—3 Bog.) gr. 4. Leipzig, (Kirchner.) Jahrg. 1880 und 1881 à * 16 —
Jahrg. 1882 * 20 —

Börsenblatt für den deutschen Buchhandel und die mit ihm verwandten Geschäftszweige. Redact.: Jul. Krauß. 50. Jahrg. 1883. ca. 300 Nrn. (à Nr. 1—3 Bog.) gr. 4. Leipzig, (F. Fleischer.) * 20 —

—— dass. — Redact.: Max Evers. 51. Jahrg. 1884. ca. 300 Nrn. (à Nr. 1—3 Bog.) gr. 4. (Ebendas.) * 20 —

Börsenblatt für den deutschen Buchhandel und die mit ihm verwandten Geschäftszweige. Redact.: Max Evers. 52.—54. Jahrg. 1885—1887. à Jahrg. ca. 300 Nrn. (à Nr. 1—3 Bog.) gr. 4. Leipzig, (Carl Fr. Fleischer.) à Jahrg. *

Börsenblatt f. den deutschen Buchhandel u. die m. ihm verwandten Geschäftszweige. Red.: Max Evers. 54.—57. Jahrg. 1887—1890. à ca. 300 Nrn. (à 1—3 B.) gr. 4. Leipzig, Geschäftsstelle des Börsenvereins der deutschen Buchhändler. à Jahrg. n.n. 20. —; für Mitglieder n.n. 10. —

Börsenblatt f. d. deutschen Buchhandel u. die m. ihm verwandten Geschäftszweige. Redact.: Max Evers. 56.—59. Jahrg. à Jahrg. ca. 300 Nrn. (à Nr. 1—3 Bog.) gr. 4. Lpz., Geschäftsstelle des Börsenvereins d. Deutschen Buchhändler.
à Jahrg. ** 20 —; für Mitglieder d. B.-V. ** 10 —

Börsenblatt f. d. Deutschen Buchhandel u. d. verw. Geschäftszweige. Hrsg. v. Börsenverein d. deutschen Buchhändler. Jahrg. 1895—1898. gr. 4. Leipzig, Geschäftsstelle d. Börsenvereins d. d. Buchhändler.
à Jahrg. n. 20. —; für d. Mitglieder n.n. 10. —
Erscheint täglich mit Ausnahme d. Sonn- u. Feiertage.

BÖRSENBLATT FÜR DEN DEUTSCHEN BUCHHANDEL.
Redigiert von MAX EVERS.
Jahrg. 70—78. 1903—1911. ib. —

Boersenblatt für den deutschen Buchhandel. Red. von Max Evers. Jg 71 ff. Leipzig 1904 ff. 4°.
71, 1904 — 78 1909.

—— Frankfurter. 2. verm. Aufl. Hrsgbr. Otto Puls. 8. (268 S. mit 1 lithogr. Grundriss.) Frankfurt a. M. 884, (Neumann.) cart. ** 2 —

—— Hamburgisches. Sammlung von den Hamburg. Handel betr. Usanzen, gesetzl. Bestimmungen, Verordnungen, Statuten, Regulativen, Tarifen etc., hrsg. von A. C. Jürgens. 8. (VIII, 185 S.) Berlin 882, Haude und Spener'sche Buchh. geb. * 3 —

— für den deutschen Colportage-Buchhandel u. Mittheilungen der Centralbuchhandlung f. Colportage in Berlin [Aug. Bolm.] Jahrg. 1871. April—Dezbr. 9 Nrn. (B.) gr. 4. Berlin 871. Bolm. n. 3. —

—— dass. — 2. Jahrg. 1872. 12 Nrn. (Bog.) gr. 4. Ebendas. *

—— dass. — Mit Wahlzettel für den deutschen Colportage-Buch- und Kunsthandel. 3. und 4. Jahrg. 1873 und 1874. à Jahrg. 12 Nrn. (Bog.) gr. 4. Ebendas. à Jahrg. **

—— für den deutschen Colportage-Buchhandel. 5. und 6. Jahrg. 1875 und 1876. à Jahrg. 12 Nrn. (à ½—1 Bog.) gr. 4. Berlin, Bolm. à Jahrg. *
Fortsetzung erschien u. d. T.: Bolm's Börsenblatt.

—— öffentliches, oder der Büchermarkt. Verzeichnis sämtl. im Buchhandel erscheinenden Bücher, Karten, Musikalien etc. 1. Jahrg. Mai — Decbr. 1881. 44 Nrn. (à Nr. ½ Bog.) gr. 4. Leipzig, Gruner. * 3 —
Die Fortsetzung bildet:
Allgemeines literarisches Börsenblatt

— philatelistisches. Offertenblatt f. Philatelisten. 1. Jahrg. 1896. 12 Nrn. (Bog.) gr. 8. Kottbus, A. Petersdorf. — 50

— dasselbe. Internat. Offertenblatt f. alle Händler u. Sammler v. Briefmarken-, Ansichtskarten- u. Liebig-Bildern. 2. Jahrg. 1897. 24 Nrn. gr. 8. (à ca. 12 S.) Ebd. — 50

— dasselbe. Fortsetzg., s.: **Offertenblatt**, internat., f. Philatelie.

Börsen- u. Handelsblatt, sächs. Wochenschrift f. finanz. u. industr. Angelegenheiten. 1. Jahrg. 1887. 52 Nrn. (3 B. m. Beilage: Allg. Verlosungs-Tabelle.) Fol. Lpzg, Wiesenthal. n. 12.— Erscheint nicht mehr.

—— für den **Sortiments-, Colportage- und Eisenbahn-Buchhandel**, s. Bolm.

Börsen-Circular, Berliner. Wochenschrift f. alle finanziellen Angelegenheiten. Hrsg.: P. Wolke. Red.: A. Hamscher. 3. Jahrg. 1890. 52 Nrn. (2 B.) Fol. Berlin, (W. T. Bruer). n. 10. —

Börsencompaß beim An- u. Verkauf v. Anlage- u. Speculationspapieren. Erläuterung der an der Berliner u. Frankfurter Börse gehandelten Effekten. gr. 4. (16 S.) Stuttgart 872. Maier. n. 1. —

Minoprio's **Börsen-Compass**. Rathgeber f. Geschäftsleute u. Capitalisten bei Capitalanlage u. Spekulation in Börsen-Papieren. Berlin, R. Hanow, 1882. 12°. 24 S. Expl. auf Grosspapier. Cart.

Börsen - Courier, Berliner. – Berlin: 1. X. 1868 - 31. XII. 1933.

Börsen-Courier, philatelist. Red.: CCSauer. 1—6. Jahrg. 1886—1890. à 12 Nrn. (1½ B.) 4. Mähr.-Ostr., Kittl. à Jahrg. n. 2. —

Börsen-Courier, philatelistischer. Vereinsorgan der „Philatelia, Privatverein junger Philatelisten" zu Sondershausen und des Philatelisten-Club zu Czernowitz. Redact.: Carl Cl. Sauer. 1. und 2. Jahrg. 1886 und 1887. à Jahrg. 12 Nrn. (à Nr. 1½ Bog.) hoch 4. Mähr.-Ostrau, Prokisch. à Jahrg. *

Börsen-Courier, philatelistischer. Red.: C. Cl. Sauer. 1.—3. Jahrg. 1886—1888. à 12 Nrn. (1½ B.) hoch 4. Mähr.-Ostrau, Prokisch. à Jahrg. n. 2. —

Börsen-Courier, Philatelistischer. Vereinsorgan der „Philatelia", Privatverein junger Philatelisten zu Sondershausen und des Philatelisten-Club zu Czernowitz. Red.: Carl Cl. Sauer. 4. Jahrg. 1889. 12 Nrn. (1½ B.) Hoch-4. *1.20

Mähr.-Ostrau: Administration Börsen-Courir 1889

— dasselbe. 4. u. 5. Jahrg. 1889. 1890. à 12 Nrn. (1½ B.) hoch 4. Mähr.-Ostrau, Kittl. à Jahrg. n. 2. —

Börsen-Courier, philatelistischer. Verbandsorgan d. Internationalen Philatelisten-Verbandes etc. Redact.: Karl Cl. Sauer. 4.—7. Jahrg. 1889—1892. à Jahrg. 12 Nrn. (à Nr. ¾—1½ Bog.) gr. 8. Mähr.-Ostrau, Kittl. à Jahrg. * 2 —
4. u. 5. Jahrg. sind in Fractur gedruckt und erschienen gleich d. 6. Jahrg. in hoch 4.

Börsen-Courier, philatelistischer. Verbandsorgan des Internationalen Philatelisten-Verbandes etc. Red.: Karl Cl. Sauer. 6.—9. Jahrg. 1891—1894. à 12 Nrn. (à ca. 1 Bog.) gr. 8. Mähr.-Ostrau, J. Kittl. à Jahrg. n. 2. —

Zürcher Börsen-Courier
v Zürcher Volksblatt.

Börsen-Crisis, Die, und das Gold. Frankf. a. M. 1856. V: *Heyder, C. F.* (CBH)

Börsen-Enquete-Kommission. (Amtliche Drucksachen.) A. Commissionsberichte. 9 Thle. Berlin 892—93.

Börsen-Enquete-Kommission. Berlin. 9 Bde fol.
[B4 1 — 4] Stenographische Berichte. Verhandlungstag 1 — 36. Nebst e. Anh. [enth. 2 Gutachten über Terminhandel, insbes. in Kammzug und Baumwolle]. 1893.
[„ 5] Statistische Anlagen. 1893.
[„ 6] Bericht der Börsen-Enquete-Kommission. 1893.
[„ 7] [1 Sammelband aus 1893, enth.:]
Uebersicht der abgelehnten od. zurückgezogenen Anträge nebst Abstimmungen.
Zusammenstellung der Vorschläge der Börsen-Enquete-Kommission.
Systematische Darstellung der Geschäftsbedingungen von 21 Bankfirmen.
Die Rechtsprechung des Reichsgerichts. betr. den Einwand des Differenzgeschäfts.
[„ 8.] Die hauptsächlichsten Börsen Deutschlands und des Auslandes, ihre Organisationen, Einrichtungen, Gebräuche. 1892.
[„ 9] Sitzungs-Protokolle. 1. bis 93. Sitzung. 1893.

— — — — B. Stenographische Berichte über die Sachverständigenvernehmungen. 6 Theile. Berlin 892—93.

Börsen-Enquête-Kommission, Berichte und Beschlüsse. Aus dem Reichs- und Staatsanzeiger besonders abgedruckt. Berlin 1894.

Börsenfirmen, Hamburger. (1905/06.) Nach amtl. Unterlagen, e. genauen Umfrage u. den Aufzeichngn. der Auskunftei, wie des Delcredere-Contors v. Eitzen & Co. zusammengestellt unter der Oberleitg. v. F. W. Eitzen. 7. Aufl. Abgeschlossen Mitte 1905. (XXIV, 587 S.) 8. Hamburg (8, Dovenhof 84—87) 905. Eitzen & Co. Geb. n. 5. —

Börsenfirmen, Hamburger. (05/6.) Zusammengest. unter d. Oberleitg v. FW Eitzen. 7. Afl. Abgeschl. Mitte'05. (24, 587) 8° Hambg (I, Bieberhaus), Ohlfest & Lilienthal'05. Geb. 5 -

Börsenfirmen, Hamburger. 11. Aufl. 1910—11. Abgeschlossen im April 1910. (XVI, 733 S.) 8. Hamburg (I, Biberhaus) 910. Ohlfest & Lilienthal. Geb. 5. —

„**Börsenfirmen, Hamburger**". 12. Afl. '11—12. Abgeschlossen im Mai '11. (18, 774) 8° Hambg (I, Bieberhaus), Ohlfest & L. '11. HL 5 —

Börsengebräuche der Börse für die Stadt Essen [und der] Börse zu Düsseldorf. Gültig vom 1. Oktober 1907. [Essen-Ruhr, 1907.] 7 S.

Das **Börsengesetz**. Textausg. mit Einl., Anm. u. Sachreg. von Dr. Max Apt, Ger. Assess. Berlin: R. v. Decker 1896. (117 S.) 8° [F.] [96. 1996 11

[F.] Das **Börsengesetz**. Textausg. m. Einl., Anm. u. Sachreg. v. Dr. Max Apt, Gerichtsassess. ... 2. Aufl. *Berlin: R. v. Decker 1896.* (117 S.) 1 Bd 8. [96. 5951

Börsengesetz. Nebst Ausführungsbestimmungen. Text-Ausg. mit Anm. u. Sachreg. Ursprüngl. hrsg. v. A[dolf] Wermuth u. H[ugo] Brendel. 2., völlig neu bearb. Aufl. von Th[eodor] Hemptenmacher, Wirkl. Geh. Ober-Reg. Rat. Berlin: J. Guttentag 1908. (203 S.) 8° [F.]
— Sammlung, Guttentag'sche, Deutscher Reichsgesetze. No 41. [08. 11319

Börsengesetz. Erl. unter Mitarb. von ... von Prof. Dr. Max Apt, Berlin. 4. neubearb. Aufl. Berlin: Heymann 1908. LVI, 324 S. 8°
(Taschen-Gesetzsammlung. 69.) [09. 5425

Börsengesetz. Erl. unter Mitw. von ... von Prof. Dr. Max Apt. 5. verm. u. verb. Aufl. [Nebst] Nachtr. Berlin: Heymann 1909—10. 8°
Nachtr. [u. d. T.:] Die Zulassung von Wertpapieren z. Börsenhandel. Bekanntmachung v. 4 Juli 1910. Erl. von Dr. J. Weißbart. 1910
(Taschen-Gesetzsammlung. 69.) [11. 11660

[F.] Das **Börsengesetz** mit Ausführungsbestimmungen. Textausg. m. Einl., Anm. u. Sachreg. v. Dr. Max Apt, Gerichtsass. ... 3. umgearb. Aufl. *Berlin: R. v. Decker 1897.* (172 S.) 1 Bd 8. [97. 3791

Börsengesetz vom 22.6.96. · Aufbewahrung fremder Gelder vom 5.7.96. (Garels, Reichsgesetze 203-4) Giessen 1896

Börsengesetz. V. 22. Juni 1896. gr. 8. (19 S.) Königsberg 896. Hartung. n. — 20

— dasselbe nebst Depotgesetz (Gesetz betr. Aufbewahrg. v. Werthpapieren) v. 15. Juli 1896. [Aus: „Hannov. Tageblatt."] 12. (25 S.) Hannover 896. A. Sponholtz. n. — 50

Börsengesetz. Vom 22. Juni 1896. Nebst d. dazu erlassenen Ausführungsbestimmungen. Text-Ausg. mit Anm. u. Sachreg. Unter Mitw. d. Geh. Oberreg.R. A[dolf] Wermuth bearb. von H[ugo] Brendel, Ger.Ass. [Neue Ausg.] *Berlin: J. Guttentag 1897 [1903].* (246 S.) 8° [F.]
— Sammlung, Guttentag'sche, Deutscher Reichsgesetze. No 41. [03.

— d., v. 22. VI. 1896 m. d. Ausführungsbestimmgn. u. d. Börsen- u. Maklerordnung. Nebst e. Anh., enth.: D. Depotgesetz v. 5. VII. 1896. 8. (III, 88 S.) Berlin 897. C. Heymann's Verl. Kart. n. 1. —

[F.] Das **Börsengesetz** v. 22. Juni 1896 u. d. Ges. betr. d. Pflichten d. Kaufleute bei Aufbewahrg fremder Werthpapiere v. 5. Juli 1896. *Berlin: C. Heymanns 1896.* (38 S.) 1 Bd 8. [97. 1717

[F.] **Börsengesetz** vom 22. Juni 1896 u. Gesetz, betr. d. Pflichten d. Kaufleute bei Aufbewahrg fremder Werthpapiere. Vom 5. Juli 1896. M. Anm. u. Sachreg. hrsg. v. Dr. jur. Heinrich Kunreuther, Rechtsanw. *Berlin: Siemenroth & Troschel 1896.* (XII, 139 S.) 1 Bd 8.
— **Gesetzsammlung.** Bd 16. [96. 881

Börsengesetz vom 22. Juni 1896 und Gesetz betr. die Pflichten der Kaufleute bei Aufbewahrung fremder Werthpapiere (sog. Depotgesetz) vom 5. Juli 1896. *Berlin: Deutscher Verl. 1902.* (24 S.) 8° [F.]
— **Kroon**, S.: Deutsches Bürgerl. u. Gewerberecht. No 27. 28. [02. 1369

Das Börsengesetz vom 22. Juni 1896 und der Getreidehandel. Referate, gehalten am 16. Februar 1898 in der XXIII. General-Versammlung der Vereinigung der Steuer- und Wirthschafts-Reformer von GRAF von ARNIM-Muskau, Mitglied des Reichstages und GRAF von SCHWERIN-LÖWITZ, Vorsitzender der Pommerschen Landwirthschaftskammer, Mitglied des Reichstages und des Hauses der Abgeordneten. ib. 1898. — 8°.

Börsengesetz für das Deutsche Reich vom 22. Juni 1896. Erl. u. mit Ausführungsbestimmungen hrsg. von Julius Kahn. *München: C.H. Beck 1897.* (IV, 333 S.) 8° [F.] [03. 1481 6

Börsengesetz für das Deutsche Reich vom 22. Juni 1896 / 8. Mai 1908. Erl. u. m. Ausführungsbestimmungen hrsg. von Dr. Julius Kahn. 2. völlig neu bearb. Aufl. München: C. H. Beck 1909. VII, 484 S. 8° [11. 17939 11

Börsengesetz, Reichsstempelgesetz und Nebengesetze. Textausgabe mit Sachregister. (Sammlung deutscher Gesetze, herausgegeben von H. Wimpfheimer. Mannheim und Leipzig 1909.

Der **Börsengesetzentwurf**. M. Bemerkgn v. Ed. Tiessen, Stettin. *Berlin: L. Simion 1895.* (46 S.) 8.
— **Zeitfragen**, Volkswirthschaftliche. H. 134. '(Jg. 17. H. 6.)' [96. 973

Börsenglocke, die. Frei nach Schiller v. Julius. 16. (16 S.) Berlin 872. Grosser. n. — 50

Börsenhalle, s. a. Blätter.

Börsen-Halle. – Hamburg : 15.XI.1805 - 2.I.1806.
Vorh. u.d.T.: Liste der Börsenhalle.
Fortges. u.d.T.: Liste, Privilegirte der Börsen-Halle.

„Börsenhalle. Hamburgische Abend-Zeitung für Handel, Schiffahrt und Politik", Hamburg 1805—1863. fol. — Vorh.: Com. Bibl. Hamburg.

Börsen-Halle. – Hamburg : 2.VII.1827 - 31.XII.1868.
Vorh. u.d.T.: Liste der Börsenhalle.
Fortges. u.d.T.: Börsen-Halle, Hamburgische.

Börsen-Halle. — Literar. u. krit. Blätter. Hrsg. v. Gerhard v. Hosstrup u. Sohn. 17. u. 18. Jahrg. 1841 u. 42. à 156 Nrn. (Bog.) gr. 4. Hamburg, (Herold'sche Buchh.) à *
Vgl. Blätter, literar. u. krit., d. Börsen-Halle.

Börsenhalle, Die, in Hamburg im Jahr 1804. Hamb. 1804. V: *Hosstrup, Gerhard von.* (Ky) (MGT)

Börsenhalle, d., in Hamburg. gr. 8. Lüneb. 804. Herold u. W. 6 *K*

Börsen-Halle, Hamburgische. – Hamburg : 2.I.1869 - 31.XII.1902.
Vorh. u.d.T.: Börsen-Halle. – Hamburg.
Fortges. u.d.T.: Börsen-Halle, Neue Hamburgische.

Hamburgische Börsen-Halle, Zeitung für Handel und Schiffahrt. 1890–93. Hamburg. Fol.

Börsenhalle, Leipziger. Red.: T Saski. Jahrg. 1865. März—Decbr. 39 Nrn. (à 1½ B.) Fol. Lpzg, A Fritsch. quart. 1. 10

Börsenhalle, Leipziger. Organ für Handel u. Geldverkehr, Industrie, Transport u. Versicherungswesen. Red.: Thdr. Saski. Jahrg. 1865. März—Dezbr. 39 Nrn. (à 1½ Bgn.). Leipzig. Lorck. Fol. Vierteljährlich 1 *ℛ* 10 *ngr.*

Börsen-Halle, Neue Hamburgische. – Hamburg: 1.I.1903 - 31.XI.1904.
Vorh. u.d.T.: Börsen-Halle, Hamburgische.

Börsen-Handbuch (1895:) **Handbuch** der Berliner Fonds-Börse, hrsg. durch die Sachverständigen-Commission der Fonds-Börse von Berlin. Für 1877. 1879. 1881. 1883. 1886. 1890. 1892. 1895. Berlin. 8 Bde

Börsen-Handbuch. Hrsg. durch die Sachverständigen-Kommission der Fonds-Börse v. Berlin. 1892. 12. (155 S.) Berl. 892, (Puttkammer u. Mühlbrecht). * 1 60

Börsen-Handbuch für 1882. Hrsgbr. Otto Puls. 8. (VI, 160 S. mit 1 lithogr. Plan.) Frankfurt a. M., (Jaeger'sche Buchh.) geb. * 2 —

Börsen-Handbuch, Bremer, f. Handel u. Industrie. Jahrb. f. d. Ex- u. Import Bremens '12. (180 u. 35 m. Abb., 1 farb. Kte u. Plänen.) gr8° Brem., H Drewes. Hl. 5 —

*Börsen-Handbuch, deut., f. Handel u. Industrie, sowie Im- u. Export. Bremen, H Sahlmann & Co. (Nur dir.) Einsendg wurde verweigert.

Frankfurter Börsenhandbuch. Frankfurt a. M. Herausgegeben von O. Puls. 1882. — 3 Auflage. 1888. — 4. Auflage. I. Theil: Börsenusancen. 1892. — 5. Auflage, im Auftrage der Handelskammer zu Frankfurt a. M. herausgegeben von H. Hatschek. 1897.

Börsen-Handbuch, Frankfurter. 2. verm. Aufl. Hrsg. v. Otto Puls. 8. (268 S. m. 1 lith. Grundriss.) Frankfurt a/M. 885. (Neumann.) cart. n.n. 2. —

Börsen-Handbuch, Frankfurter. 5. Aufl. Im Auftr. d. Handelskammer z. Frankfurt a/M. hrsg. v. Hans Hatschek. 12. (VIII, 268 S. m. 1 Plan.) Frankfurt a/M. 897. C. Koenitzers Bh. In Leinw. kart. n. 2. —

Börsen-Handbuch, Frankfurter. 5. Afl. Hrsg. v. H Hatschek. 12° (268 m. 1 Pl.) Frankf. a/M. 97, Reitz & Koehler. Kart. 2 —
Die 4. Afl. erschien u. d. T.: Puls, O, Frankfurter Börsen-Hdb.

— **hamburg.**, s. a. Jürgens. AO.

Hamburgisches Börsenhandbuch. Sammlung von den Hamburgischen Handel betreffenden Usancen, gesetzlichen Bestimmungen, Verordnungen, Statuten, Regulativen, Tarifen etc. Herausgegeben von A. C. Jürgens Berlin und Hamburg. 1882. — 4. Auflage. 1893. — 5. Auflage. 1898 — 6. Auflage. 1900. — 7. Auflage. 1906. — 8. Auflage herausgegeben von G Leuckfeld. 1910.

Börsen-Handbuch, Hamburgisches. Sammlung von den Hamburger Handel betreff. Usanzen, gesetzl. Bestimmungen, Verordnungen, Statuten, Regulativen, Tarifen etc., hrsg. von A. C. Jürgens. 8. (VIII, 185 S.) Berlin 882. Haude & Spener. geb. n. 3. —

Börsen-Handbuch, Hamburgisches. Sammlung von den Hamburg. Handel betr. Usanzen, gesetzl. Bestimmungen, Verordnungen, Statuten, Regulativen, Tarifen etc., hrsg. von A. C. Jürgens. 2. verm. Aufl. 12. (VIII, 196 S.) Hamburg 887, O. Meissner's Verlag. cart. in Leinw. *

Börsen-Handbuch, Hamburgisches. Sammlung v. den Hamburg. Handel betr. Usanzen, gesetzl. Bestimmgn., Verordngn., Statuten, Regulativen, Tarifen etc., hrsg. v. A. C. Jürgens. 3., verm. Aufl. 12. (VII, 268 S.) Hamburg 890. O. Meissner's Verl. In Leinw. cart. n. 3. —

Börsen-Handbuch, hamburgisches. Sammlung v. den hamburg. Handel betr. Usanzen, gesetzl. Bestimmgn., Verordngn., Regulativen, Tarifen etc. Gegründet v. A. C. Jürgens, hrsg. v. G. Leuckfeld. 8. umgearb. Aufl. (VII, 298 S.) kl. 8. Hamburg 910. O. Meissner Verl. h 4. —
Bis zur 7. Aufl. unter A. C. Jürgens aufgenommen.

— f. Hannover u. Braunschweig 1892/93. 2. Jahrg. Hrsg. v. Jul. Blanck. gr. 8. (VIII, 288 S.) Hannover, (Schmorl & v. Seefeld Nachf.). n. 5. —

— f. Hannover u. Braunschweig 1895/96. 3. Jahrg. Hrsg. v. Julius Blanck. gr. 8. (VIII, 308 S.) Hannover (Schmorl & v. Seefeld Nachf.). n. 5. —

—— Hannoversches, f. 1891. Hrsg. v. Jul. Blanck u. Alfr. Levy. gr. 8. (VIII, 222 S.) Hannov. 891, (Schmorl u. v. Seefeld Nachf.). * 5 —

Börsen-Handbuch. Hannoversches, f. Hannover u. Braunschweig 1892/93. 2. Jahrg. Hrsg. v. Jul. Blanck. gr. 8. (VIII, 288 S.) Hannov. 892, (Schmorl u. v. Seefeld Nachf.) * 5 —

Hannoversches Börsenhandbuch für 1891. Herausgegeben von J. Blanck und A. Levy. Hannover. 2. Jahrgang 1892/93. — 4. Jahrgang 1898/99. — 5. Jahrgang 1902/03. — 6. Jahrgang 1907/08.

Börsenhandels-Zeitung. Organ f. d. Interessen d. Börse, d. Handels ... Hrsg.: Franz Krupke. [1.] 1902, No 1. Berlin: Börsenhandels-Zeitung 1902. 2° [03. 4603]

Börsenhandels-Zeitung. Organ f. die Interessen der Börse, des Handels, der Industrie, des Hypotheken- u. Versicherungswesens. Hrsg.: Frz. Krupke. Jahrg. 1902. 52 Nrn. Fol. (à ca. 8 S.) Berlin, F. Krupke & Co. n. 8. —; vierteljährlich n. 2. —

Börsenhandels-Zeitung. Organ f. die Interessen der Börse, des Handels, der Industrie, des Hypotheken- u. Versicherungswesens. Hrsg.: Frz. Krupke. Jahrg. 1903—1905. à 52 Nrn. (à ca. 4 S.) gr. 4. Berlin, F. Krupke & Co. à Jhrg. n. 8. —

Börsen-Kalender auf 1870. 16. (122) Berl., Burmester & St. geb. n. — 15; in Led. geb. n. — 20

Börsen-Kalender auf 1872. Hrsg. v. H v. Holdt. 16. (78) Hamb. (Grüning.) n. — 75 ‖ 2. Jahrg. 1875. (112) n. 1. 50

Börsen-Kalender, deutscher, und Effekten-Handbuch. 12.—16. Jahrg. 1875—1879. qu. gr. 4. (à ca. 128 S.) Frankfurt a. M., (Becholb.) à Jahrg. *

—— dass. — 17. Jahrg. 1880. qu. gr. 4. (127 S.) Frankfurt a. M., (Rommel.) *

Börsen-Kalender, deutscher, und Effekten-Handbuch. 18.—22. Jahrg. 1881—1885. qu. 4. (à Jahrg. ca. 120—130 S.) Frankfurt a. M.. Rommel. à Jahrg. * 2 —

Börsen-Kalender, deutscher, und Effekten-Handbuch 1886—1889. 23.—26. Jahrg. qu. 4. (144; 147; 150; 152 S.) Frankfurt a. M., (Rommel.) à Jahrg. *

Börsen-Kalender, deutscher, u. Effekten-Handbuch 1890. 27. Jahrg. Beilage zur Frankfurter Zeitung. 4. (112 S.) Frankfurt a/M., (Rommel). n. 2. —

Börsen-Kalender, deutscher, u. Effekten-Handbuch. XXVII.—XXIX. Jahrg. 1890—1892. Beilage zur „Frankfurter Zeitg." 4. (à Jahrg. ca. 120 S.) Frankf. a. M. 892, (Rommel). à Jahrg. * 2 —

Börsen-Kalender, deut., u. Effekten-Handbuch. 29—32. Jahrg. 1892—1895. Beilage z. „Frankfurter Zeitg." 4° (1895. 1[illegible]) Frankf. a/M., (W Rommel). à 2 —

Deutscher Börsen-Kalender und Effekten-Handbuch. Beilage zur »Frankfurter Zeitung«. Frankfurt a. M.
Jahrgang 33 (1896) ff.

Börsen-Kalender, deutscher, u. Effekten-Handbuch 1898. 35. Jahrg. Beilage z. „Frankfurter Zeitg." 4. (II, 127 S.) Frankfurt a/M. (W. Rommel). n. 2. —

Börsen-Kalender, deut., u. Effekten-Hdb. 1900. 37. Jahrg. 8° (142) Frankf. a/M., Exp. d. Frankf. Zeitg. Postfrei nn 2.20

Börsenkalender, deutscher, u Effekten-Handb. 1901-05 4° Frankfurt a. M. 1901-05

Börsen-Kalender, deutscher, u. Effekten-Handbuch 1902. 39. Jahrg. Beilage z. „Frankfurter Zeitg." Lex.-8. (145 S.) Frankfurt a/M. (W. Rommel.) n. 2. —

Börsen-Kalender, deut., u. Effekten-Hdb. 1905. 42. Jahrg. Beil. z. „Frankfurter Zeitg". (160) 8° Frankf. a/M., (W Rommel). 2 —

Börsen-Kalender, deutscher, u. Effekten-Handbuch 1906. 43. Jahrg. Beilage zur „Frankfurter Zeitg." (168 S.) Lex.-8. Frankfurt a/M. (W. Rommel). n. 2. —

Börsenkalender, Deutscher, u Effekten-Handbuch. 1907-13. Frankfurt a. M. 1907-13

Börsen- und Handels-Kalender, deutscher, für das J. 1873. 1. Jahrg. Hrsg. von Fr. Wallmann. 8. (218 S.) Berlin, (Grieben.) geb. *

— Frankfurter, 1865—1869. Herausg. unter Mitwirkung der Redaction der Frankfurter Zeitung von G. Eichelberg. Frankfurt a. M., Boselli in Comm. Fol. (à 16 S.) n. 10 ngr

Börsen-Kalender auf das Jahr 1869 u. 1870. Zum practischen Gebrauche auf Börse u. Comtoir. Mit einem alphabet. Verzeichniss der Gerichtsstellen des preussischen Staates nebst Angabe eines Vertreters in Rechtsfällen. Berlin, Burmester & Stempell. 16. (2 Bll., 94 S.; 2 Bll., 122 S.) Jeder Jahrg. n. 15 ngr; Lederbd. n. 20 ngr

—— für das J. 1875. Ein Notiz- und Nachschlagebuch für den Handels- und Gewerbestand, hrsg. von H. v. Holdt. 2. Jahrg. 16. (112 S.) Hamburg, Grüning. geb. *

Börsen-Kalender für Kaufleute und Privat-Kapitalisten, hrsg. von F. H. Schlössing und Paul Moser. 1887/88. 1. Jahrg. gr. 16. (XXIII, 216 S.) Berlin, Berliner Lithogr. Institut. geb. *
Nicht weiter erschienen.

Börsen- und Handelskalender, österreichischer, s. Handels- und Börsenkalender.

Börsen-Kalender auf d. Schaltj. 1872. Notiz- u. Nachschlagebuch f. den Handels- u. Gewerbestand. Nach zuverläss. Quellen u. amtl. Mittheilgn. zusammengestellt u. hrsg. v. H. v. Holdt. 16. (XVI, 78 S.) Hamburg. (Grüning.) cart. n. — 75

Börsenkurier, Wiener. – Wien : (o.J.).

Börsenlaterne. Redact.: Adf. Bergschmidt. 1. Jahrg. 1882. 1.—4. Heft. (à Heft 2—2½ Bog.) gr. 8. Berlin, Pohl. à Heft * 50 Pf. * 2 —
Nicht weiter erschienen.

Börsen-Nachrichten. – Stettin: 14.VIII.1835 - 2.IV.1848. Fortges. u.d. T.: Ostsee-Zeitung.

Börsen-Nachrichten, Berliner. Unabhängiges Organ der Kapitals- u. Handelswelt. Hrsg.: Otto v. Huth. 2.—5. Jahr. 1903—1906. à 52 Nrn. (à ca. 4 S.) gr. 4. Berlin (W. 30, Barbarossastr. 79), O. v. Huth. à Jhrg. n.n. 10. —

— neueste. Wochenschrift f. Börse, Industrie u. Handel. Red.: H. Lohmann. 1. Jahrg. April—Dezbr. 1904. 39 Nrn. (396 S.) gr. 4. Leipzig. Berlin, Verlag f. Börsen- u. Finanzliteratur. n. 4. 50

— dasselbe. 2. u. 3. Jahrg. 1905 u. 1906. à 52 Nrn. (à ca. 10 S.) gr. 4. Ebd. à Jhrg. n. 6. —

Börsen-Nachrichten, neueste. Wochenschrift f. Börse, Industrie u. Handel. Red.: H. Lohmann. 4.—6. Jahrg. 1907—1909. à 52 Nrn. (à ca. 8 S.) 39×27,5 cm. Berlin, Verlag f. Börsen- u. Finanzliteratur. à Jhrg. 8. —

Börsen-Nachrichten, Neueste. Wochenschr. f. Börse, Industrie u. Handel. Mit Gratisbeil.: Allg. Verlosgs-Liste. Für Jahresabonnenten: Neumanns Kurstabellen od. (seit '11) Salings Bilanztabellen. Red.: H Lehmann. 7—9. J. '10—12 je 52 Nrn. ('12, Nr 1: 12) 39×27,5 cm. Berl., Verl. f. Börsen- u. Finanzlit. viertelj. 2.50

Neumann's Börsen-Nachrichten. Hrsg.: Alfred Neumann, Berlin. Jg. 1, No 1. Berlin: A. Neumann 1902. 2° [Kopft.] [07. 6910]

Börsen-Nachrichten der Ost-See. Allgem. Journal für Schifffahrt, Handel u. Industrie jeder Art. Redig. v. Ad. Altvater. 1r Jahrg. 1835. 26 Numm. Mit Steintaf. Fol. Stettin 835. (Leipzig, Weber.) 3 1/3 ₰

„Börsen-Nachrichten von der Ostsee. Allgemeines Journal für Handel, Schiffahrt und Industrie", 1.—12. Jahrgang, redigiert von A. Altvater, 13.—15. Jahrgang redigiert von A. Altvater, H. Maron und E. Tiessen, 16.—18. Jahrgang herausgegeben von H. Grieben, Stettin 1835—1852. Fortsetzung u. d. T.: „Ostsee-Zeitung und Börsen-Nachrichten von der Ostsee", herausgegeben von O. Wolff, Stettin 1853—1863.

Börsen-Ordnung für Berlin. [Dat.:] Berlin, d. 7. 23. Dez. 1908. Berlin: Liebheit & Thiesen (1909).

Börsenordnung v. 24. Dez. 1896 u. Maklerordnung v. 30. Dez. 1896 für **Danzig**. *(Danzig 1897: E. Groening.)* (22 S.) 8° [F.] (03. 3943 10

Börsenordnung, Frankfurter. Frankfurt a. M. 1843

Hamburgische Börsenordnung, gültig vom 1. Juni 1908. (Amts-Blatt der freien und Hansestadt Hamburg Nr. 101 v. 11. Juli 1908.)

Börsenordnung, die, f. Königsberg i. Pr., nebst d. f. d. Königsberger Börse gelt. Vorschriften üb. Zulassg. v. Werthpapieren, Kursmaklern u. ehrengerichtl. Verfahren. Zusammengest. v. d. Vorsteheramte d. Kaufmannschaft z. Königsberg i. Pr. 8. (35 S.) Königsberg 897. Hartung. n. — 50

Die **Börsenordnung** für Königsberg i. Pr. nebst den f. d. Königsberger Börse geltenden Vorschriften über Zulassung von Wertpapieren, Kursmakler u. ehrengerichtl. Verfahren. Zsgest. von d. Vorsteheramte d. Kaufmannschaft zu Königsberg i. Pr. Königsberg i. Pr. 1910: Hartung. 35 S. 8° (10. 15139 10

— **f. Leipzig.** Giltig v. 1. I. 1897 an. Nebst 8 Nachträgen: I. Ordng. f. d. Notirg. d. Wechsel-, Geldsorten- u. Werthpapier-Curse. (Zu § 19 d. Börsen-Ordng.) II. Ordng. f. d. Umlegg. d. Jahresbeiträge d. a. d. Börse vertret. Firmen u. Personen. (Zu §§ 12 u. 13 d. Börsen-Ordng.) III. Ordng. f. d. Börsen-Schiedsgericht z. Leipzig. (Zu § 15 d. Börsen-Ordng.) gr. 8. (16, 6, 2 u. 3 S.) Leipzig 897. (J. C. Hinrichs' Verl.) n.n. — 50

— für Leipzig vom 28. März 1870. Leipzig 1870

Börsen-Ordnung f. Leipzig vom 25. Septbr. 1886, giltig vom 1. Octbr. 1886 an. gr. 8. (8 S.) Leipzig 886. (Hinrichs' Verl.) n. — 40

Börsen- u. Maklerordnung f. Berlin. [Aus: „Apt's Börsengesetz".] 16. (34 S.) Berlin 897. R. v. Decker. Kart. n. — 50

Börsenordnung, Maklerordnung und Makler-Syndikatsordnung für Frankfurt a. M. 8. (15 S.) Stuttgart 875, Maier. *

Börsen- und Makler-Ordnung für die Stadt Stuttgart. Stuttgart 1877

Revidirte Börsenordnung für Berlin vom 15. Juli 1884.

Börsen-Ordnung, Revidirte. für Berlin. 886.

Börsenordnung u Satzung. f. d. Landesprod.-Börse in Stuttg. (17 S) Stuttgart 1902

Börsenorganisationen. Die Börsenorganisationen und Börsengesetze der aussordeutschen Länder: 1. Frankreich; 2. Belgien; 3. Spanien. Von Max Wittner-Berlin; — 4. Schweiz. Von ... Dr. Arthur Curti-Zürich; — 5. Oesterreich. Von Dr. G[ustav] von Weiss-Wellenstein-Wien. (23 S.) 4.

In: Bank-Archiv. Zeitschrift für Bank- und Börsenwesen. Organ des Centralverbands des Deutschen Bank- und Bankiergewerbes.... Jahrg. 1, 1901/02. Frankfurt a. M., Reinhold Mahlau, 1902. (Jahrg. von etwa 12 Heften M. 10. —.) Nummer 7—11, April—August 1902.

Börsen-Papiere, die. 1. Thl. Die Börse u. d. Börsengeschäfte. s. a. Saling, A, Börsen-Papiere.

Börsen-Papiere, die. 1. Thl. Die Börse u. die Börsengeschäfte. 3. gänzlich umgearb. u. verm. Aufl. Hrsg. v. R. Siegfried. gr. 16. (X, 649 S.) Berlin 874. Haude & Spener. geb. n. 8. —

Christians' Deutsche Börsenpapiere. Darstellung der Personal- und Finanz-Verhältnisse der deutschen und ausländischen Bank-, Versicherungs-, Industrie- und Eisenbahn-Gesellschaften auf Actien. 2 Theile. Herausgegeben von W. Christians. Berlin 1880.

Börsenpapiere, Salings. Dritter (finanzieller) Teil. Salings Börsenjahrbuch für 1900/1901. Ein Handbuch für Bankiers und Kapitalisten. Bearbeitet von Otto Hartberg. Berlin 1900(—1913). V: *Thieme, Robert Clemens.* (Börsenbl. f. d. dtschn. Buchh., Jg. 81, Nr. 113, v. 18. V. 1914) (Hdschr. Mitth. von Friedrich Müller, München.)

Saling's Börsenpapiere II. Bearbeitet v. O Hartberg 1903/04-06/07 Berlin 1903-06

Saling's Börsenpapiere. II. (finanzieller) Teil: Börsenjahrbuch. Bearbeitet von O Hartberg für 1903-07 Leipzig 1903-07

— — III. Bearbeitet von O Hartberg 1903/04-06/07 Berlin 1903-06

— III. (finanzieller) Teil: Börsenjahrbuch. Bearbeitet von O Hartberg für 1900/01. 1903/04. 05/06. 06/07. Berlin. Leipzig 1900-06

— die **Stettiner**. Zusammenstellung u. Commentar der v. den in Stettin domicilir. Actien-Gesellschaften sowie v. Behörden, Corporationen u. Genossenschaften ausgegebenen Werthpapiere. gr. 16. (VIII, 92 S.) Stettin 873. v. der Nahmer. geb. n. 2. —

—— d. **Zwickauer**. v. E D. 8. (161) Stott. 74, Dominik. n. 3. —

Die Zwickauer Börsenpapiere. Zusammenstellung und Commentar aller an der Zwickauer Börse gehandelter Steinkohlen-, Braunkohlen- und Industrieactien. Auf Grund offizieller Nachrichten bearbeitet von E. D. Zwickau und Leipzig 1874.

— die **Zwickauer**. Zusammenstellung u. Commentar aller an der Zwickauer Börse gehandelten Steinkohlen-, Braunkohlen- u. Industrie-Actien auf Grund offizieller Nachrichten bearb. v. E. D. 8. (VIII, 161 S.) Zwickau 874. Dominik. n. 3. —

Börsenreglement für den Verein der Buchhändler zu Leipzig. Entworfen in Folge des Paragraph 69 der Statuten, angenommen durch Beschluss der Generalversammlung vom 23. Januar 1837 und von dem Rathe der Stadt Leipzig unterm 9. Februar 1837 genehmigt. s. l. & a. 4°.

Börsenrevue, allgemeine, d. gesammten Bank- u. Actienverkehrs. Wochenschrift f. Banquiers u. Actienbesitzer. 1. Jahrg. 1872. 52 Nrn. (B.) hoch 4. Leipzig 872. M. Schäfer. n. 7. —

Börsenrundschau
v. Schweizerische Eisenbahn- und Handels-Zeitung.

Börsenschwindel, neuer. Von Germanicus. 1. Hft. 2. Aufl. gr. 8. (31 S.) Frankfurt a/M. 880. Germanicus' Verl. n. — 50

Börsenschwindel, neuer. Von Germanicus. 1. Heft. gr. 8. (31 S.) Leipzig 880, (Glaser und Garte.) * — 50

—— dass. — 1. Heft. 2. Aufl. gr. 8. (31 S.) Leipzig 880. (Frankfurt a. M., Germanicus-Verlag.) * — 50

—— dass. — 2. Heft: Der neueste Raub am deutschen Nationalwohlstand. 2. Anhang zu „Die Frankfurter Juden und die Aufsaugung des Volkswohlstandes". gr. 8. (42 S.) Frankfurt a. M. 881, Germanicus-Verlag. * — 60

Börsen-Silhouetten v. Chevalier. [Aus: „Börsen-Wochenblatt".] gr. 8. (52 S.) Berlin 880. Kühl. n. 1. 20

Börsen-Speculant, der, in der Westentasche. Berlin 854. Hofmann u. Co. 16. (2 Bl., 56 S.) n. 5 ngr

Börsenstatut, Stuttgarter. Stuttgart 1860

Börsensteuer, die. Reichsgesetz vom 1. Juli 1881, betr. die Erhebung von Reichsstempelabgaben, nebst den Ausführungs=Bestimmungen u. sämtl. Anmeldungs=Formularen, sowie einer Übersicht der französ., englisch., holländ. u. italien. stempelgesetzlichen Bestimmungen. Neueste, m. Anmerkungen versehene Ausg. 12. (IV, 91 S.) Neuwied 882. Heuser's Verl. cart. 1. —

Börsensteuer, die. Von e. Juristen. 8. (28 S.) Berlin 884. (Heinicke.) n. — 30

[5.] Die **Börsensteuer.** Gesetz betr. d. Erhebung der Reichsstempelabgaben in d. Fassg d. Gesetzes v. 29. Mai 1885. Mit d. Ausführgsvorschriften u. Instruktionen d. Bundesraths, Kommissions- u. Reichstagsverhandlgn, Beschlüssen d. Handelskammern, sowie sämmtl. amtl. Entscheidgn bis z. 1. Sept. 1891. u. Th. d. Frankfurter Börsenhandbuchs. Hrsg. v. Otto Puls. 3. verb. u. verm. Aufl. *Frankfurt a. M.: Jager i. Comm. 1892.* (1 Bl., 235 S.) 1 Bd 8. [illegible] 11

Börsensteuergesetz, das. Reichsgesetz vom 29. Mai 1885, betreffend die Erhebung von Reichsstempelabgaben, nebst den Ausführungsvorschriften und sämtl. Anmeldungsformularen. 2. mit vielen Anmerkungen verseh. Aufl. 8. (96 S.) [Neuwied 886, Heuser's Verlag.] Berlin, Siemenroth und Worms. cart.

Börsensteuer- (Reichsstempel-) Gesetz vom 27. 4. 91.

Textausgaben u. Erläuterungen von:

Becker. Mainz 900. 2 50
Decker. Berlin 891. — 50
Eschenbach. Berlin 891. 1 —
Gaupp u. Löck. 7. Aufl. Berlin 900. 3 30
Heymann. Berlin 891. 1 50
Jastrow. Leipzig 891. 1 —
Kleinloff. Berlin 891. 3 50
Landgraff. Berlin 891. 2 40
Puls. 4. Aufl. Frkf. a. M. 891. 2 —
Rossberg. Leipzig. 4. Aufl. 895.
Reisenegger. München 891.
Schlag. Berlin 893.
Sonntag. Breslau 891.
Trempenau. 3. Aufl. Leipzig 894.
Bericht der Reichstagskomm. üb. d. Gesetzentwurf. 894.

Stempelsteuergesetz v. 31. 7. 95 nebst Ausführ. Bestmgn.

Textausgaben u. Erläuterungen von:

Berlin. 896. 3 50
Böhm. 2. Aufl. Berlin 896. 4 —
Christiansen u. Engler. Kiel 896. 3 —
Decker. Berlin 895. — 60
Drewitz. Berlin 896. 1 35
Ehnert. Berlin 897. 1 —
Eichhorn. Berlin 896. 3 —
Gaupp u. Löck. 1. Aufl. Berlin 900. 3 30
Helmitz. 2. Aufl. Berlin 900. 21 —
Heymann. Berlin 895. — 60
Höinghaus. 2. Aufl. Berl. 896. 1 —
Hoyer. 5. Aufl. Berlin 895. 21 —
Hummel u. Specht. Berlin 900. Lfg. 1. 2.
Keerl. 2. Aufl. Wiesbad. 896.
Köhler u. Hess. Wiesbaden 896.
Kühnemann. Hannover 896.
Labus. Breslau 896.
Lehmann u. Reh. Berlin 899.
Mittler. Berlin 896.
Nölle. Berlin 896.
Quednau. 10. Aufl. Berlin 896.
Tessmer. Greifswald 897.
Zander. 895.
— gr. Ausgabe Berlin 895.

Börsen-Tabellen. Fortlaufende Uebersicht der Tages-Course der Berliner Fonds-Börse auf Grund d. amtl. Notirgn. Jahrg. 1893. 24 Hfte. (à ca. 5 Bog.) qu. schmal gr. 8. Berlin, J. C. Krüger. n.n. 20. —

Börsentage, die schwarzen, od.: Wie gewinne ich mein Geld wieder v. Cölestin Ar. gr. 8. (54 S.) Berlin 890. Friedrichs & Co. n. 1. —

Börsen-Taschenbuch. Neue tabellar. Zusammenstellg d. Abschlüsse sämtl. Aktien-Gesellsch., deren Aktien an d. Berliner Börse gehandelt werden. Hrsg.: Max Hirsch. J. '11/12. 1. Ausg. (105) kl8° Berl. (W. 30, Neue Winterfeldstr. 17), Wissenschaftl.-commerzieller Verl. ('11). nn 1.50

Börsen-Taschenbuch, prakt., f. 1900. Mit d. Commentar z. amtl. Kurszettel üb. alle an d. Berliner Börse geh. u. im Laufe d. Jahres neu eingeführten Werthpapiere. Hrsg. v. F Krupke. 16° (138) Berl., F Krupke. 1.50; m. monatl. Nachtr. 2.50

Börsen-Taschenbuch, prakt., f. 1901. Mit d. neuesten Commentaren z. Börsenges., Hypothekenbank-Ges. u. amtl. Kurszettel d. Berliner Fondsbörse. Hrsg. v. F Krupke. (141 m. 1 Tab.) 16° Berl., F Krupke & Co. Geb. 2.50 ‖ 1902. 2. Afl. (190 u. 40) Geb. nn 4.50
Die 4. Afl. s. u. d. T.: Krupke's Konversations-Lexikon d. Börse u. d. Handels.

Börsen-Taschenbuch, praktisches, f. 1902. 8., gänzlich neubearb. Aufl. Neues Börsen-Lexikon der Fonds- u. Produktenbörse u. encyklopäd. Darstellg. sämmtl. Börsen-Usancen. Neuer Führer f. Kapitalisten. Kommentar zum amtl. Kurszettel. Die Berliner Zahlstellen etc. Hrsg. v. Frz. Krupke. 12. (120 u. 40 S.) Berlin, F. Krupke & Co. Geb. in Leinw. n.n. 4. 50

Börsen-Taschenbuch, praktisches, 4. Aufl., s.: Krupke's Konversations-Lexikon der Börse u. des Handels.

— Praktisches. 10. Afl. Mit d. Kommentar z. amtl. Kursbl. üb. alle Werte d. Berliner Börse. Beigabe zu Bd III Krupkes Konversations-Lexikon d. Börse u. d. Handels. 6. Afl. (53) 8° Berl., F Krupke & Co. ('12). 1 —

Börsenverein d. dtsch. Buchhändl. zu Leipzig u s. Heim. (16 S 3 T) 4° Leipzig 1895

Börsen-Werthe. Tabellarische Darstellg. der Finanzlage aller Staaten, Städte u. Actien-Gesellschaften, deren Werthe an der Berliner Börse gehandelt werden, nebst Verzeichniss der Directoren, Aufsichtsraths-Mitglieder u. Zahlstellen der Actien-Gesellschaften. Jahrg. 1894/95. Hrsg. v. H. Arends & Curt Mossner. 12. (141 S.) Berlin, Correspondenz Gelb (Arends & Mossner). Geb. in Leinw. n. 3. —

Börsen-Werthe. Tabellar. Darstellg. d. Finanzlage aller deutschen, sow. d. wichtigsten ausländ. Staaten, aller bedeut. deutschen u. d. d. Berliner Börse interessir. ausländ. Städte, aller deutschen Noten- u. Pfandbrief-Banken u. derj. sonst. deutschen u. ausländ. Action-Gesellschaften, deren Actien oder Obligationen a. d Berliner Börse gehandelt werden, nebst Verzeichniss d. Directoren, Aufsichtsrathsmitglieder u. Zahlstellen dieser Actien-Gesellschaften. Jahrg. 1897/98. Hrsg. v. H. Arends & Curt Mossner. gr. 8. (VI, XVIII, 238 S.) Berlin, Verl. d. Correspondenz Gelb. Geb. in Leinw. n. 5. —

Börsen-Werthe. Tabellar. Darstellg d. Finanzlage aller deut., sowie d. wichtigsten ausländ. Staaten, aller bedeut. deut. u. der d. Berliner Börse interessir. ausländ. Städte etc., nebst Verzeichniss d. Directoren, Aufsichtsrathsmitglieder u. Zahlstellen dieser Actien-Gesellschaften. Jahrg. 1898/99. Hrsg. v. H Arends & C Mossner. 8° (280) Berl. 98, Correspondenz Gelb. Geb. 5 —
Fortsetzg s. u. d. T.: Handbuch Börsen-Werthe.

Börsen-Werthe. Tabellarische Darstellg. der Finanzlage aller deutschen, sowie der wichtigsten ausländ. Staaten, aller bedeut. deutschen u. der die Berliner Börse interessir. ausländ. Städte, aller deutschen Noten- u. Pfandbrief-Banken u. derjenigen sonst. deutschen u. ausländ. Action-Gesellschaften, deren Actien oder Obligationen an der Berliner Börse gehandelt werden, nebst Verzeichniss der Directoren, Aufsichtsrathsmitglieder u. Zahlstellen dieser Action-Gesellschaften. Jahrg. 1898/99. Hrsg. v. H. Arends u. Curt Mossner. 8. (VI, 280 S.) Berlin 898. Finanz-Verlag. Geb. in Leinw. n. 5. —
Fortsetzung s.: Handbuch Börsen-Werthe.

Börsen - Zeitung, Berliner. – Berlin: 1. VII. 1855 - 31. VIII. 1944.

Die Berliner Börsen-Zeitung und die amerikanischen Lebensversicherungs-Gesellschaften. Berlin 1888.

Börsenzeitung, Frankfurter. – Frankfurt: 1836 - 1837.

Börsen - und Handelszeitung, Frankfurter. – Frankfurt: (?) - (?). 1. - 32. Jg.

Börsen-Zeitung für den Kolportage- und Eisenbahnbuchhandel. Spezial-Organ und Anzeiger für den Buch- und Kunsthandel, Buchbindereien, Papier- und Schreibwaren-Handlungen. Amtl. Organ des Zentral-Vereins deutscher Kolportagebuchhändler und sämtlicher Lokalvereine. 6.—9. Jahrg. 1885—1888. à Jahrg. 24 Nrn. Fol. (à Nr. 16 S.) Berlin, Malzahn. à Jahrg. **

Börsen-Zeitung für den Kolportage- und Eisenbahnbuchhandel. 7.—10. Jahrg. 1886—1889. à Jahrg. 24 Nrn. Fol. (à Nr. 16 S.) Berlin, Malzahn. à Jahrg. n.n. 2. —
f.: Colportage-Zeitung, deutsche.

New Yorker **Börsen-Zeitung**: 1878?—1879?
Weekly trade journal. Edited by Dr. Otto Günther & Ludwig Frank, & published by Günther & Co.

Börsen-Circular, Berliner. Wochenschrift f. alle financiellen Angelegenheiten. Hrsg.: P Polke. Red.: A Hamscher. 3. Jahrg 1890. 52 Nrn. (2 B.) Fol. Berl., (WT Bruer). n. 10. —

Borsieri, Giovanni Battista

— Anleit. zur Kenntniß u. Heilung d. Fieber. 2 Bde. Aus d. Latein. gr. 8. Marb. 783—85. Krieger. 2 ₰ (2r Thl. A. u. d. T.: Anleit. zur Kenntniß u. Heilung d. Petechen. 20 ₰)

Burserius von Kanilfeld, J. B. (= Borsieri, Giovanni Battista). Anleitung zur Kenntniss und Heilung der fieberischen Ausschlagskrankheiten; a. d. Lat. übers. Frankf. u. Leipz. [Giessen] 1789—90. Ü: *Hinderer, Gg Conr.* (BrMm) (MI.)

– – Th. 1. Frankfurt & Leipzig: Krieger 1789.

Burserius v. Kanilfeld, Jh. Bapt., Anleit. z. Kenntniß u. Heilung d. Ausschlagskrankheiten. 2 Thle. Aus d. Latein. 8. Marb. 789. Krieger. 1 ₰ 18 ₰

Burserius de Kanilfeld, Jh. Bapt., institutiones medicinae, s. Bibliothek class. Schriften d. Medicin, 1. Bd.

Borsieri, Giovanni Battista: Institutionum medicinae practicae quas auditoribus suis praelegebat Io[annes] Bapt[ista] Burserius de Kanilfeld [Giovanni Battista Borsieri]. Ed. nova. Vol. 1–4. Lipsiae: Fritsch 1787–90. 4 Bde 8°

Vol. 1, P. 1.2.: De febribus, praemittitur commentariolum de inflammatione. 1787.
Vol. 2: De morbis exanthematicis febrilibus. 1787.
Vol. 3: De praecipuis singularum corporis partium morbis ac primum de iis, quae ad caput pertinent. 1787.
Vol. 4: Opus posthumum, in 2 p. divisum. P. 1.2. 1790.
P. 1: Horbos pectoris complectens.
P. 2: De morbis imi ventris.

— institutiones medicinae pract. 4 Vol. 8. maj. Lips. Fritsch. 798.

— institutiones medicinae pract. IV Voll. 8maj. Leipz. ... Ed. n. 798. (Hahn). 5 ₰

— institutionum medicinae practicae IV Voll. Recud. cur., praefatus est, auctoris vitam adj. J. Fr. C. Hecker. 8maj. Leipz. 825. Fr. Fleischer. 6 ₰ 16 ₰ Holl. P. 10 ₰

Borsieri, Giovanni Battista: Institutionum medicinae practicae quas auditoribus suis praelegebat Io(annes) Bapt(ista) Burserius de Kanilfeld. Recudi curavit Just[us] Frid[ericus] Car[olus] Hecker. Vol. 1–4. Lipsiae: Fleischer 1826. 4 Bde 8°

— Opera posthuma, quae ex scriptis ejusdem collegit et ed. J. G. Berti. III Tomi. 8 maj. Veronae 822. (Viennae, Gerold.)

Borsig, A: Eis- und Kälte-Maschinen nach dem Schwefligsäure-Kompressions-System eigner verbesserter Konstruktion.
Ausg. 1898/99. Berlin 1898—1899
Ausg. 1900. (Tegel) 1900

Borsig, A: Lokomotiven. Berlin (1901 ?)

Borsig's, Aug., Lebensbild, s.: Vogt, H.

Börsing, Wigbert Leo, Ingebronnen. (VII, 197 S.) 8. Paderborn 907. F. Schöningh. 2.80; geb. 4. —

Borsinger, F. X.: Verzeichniss ausgegrabener Antiquitäten. Baden 1877.

Borsinno u. Horn, die Praxis des Heilgehilfen. gr. 16. (XI, 137 S. m. 39 Abbildgn.) Berlin 894. [S. Frankl.] Neufeld & Henius. Kart. n. 1. 50

— die Praxis der Krankenpflege in u. außer dem Hause. (Titel-)Ausg. v. B. u. H., „die Praxis des Heilgehilfen" u. „der Samariter".) gr. 16. (XI, 137 S. m. 39 Abbildgn.) Wien 894. M. Breitenstein. Kart. n. 1. —

— der Samariter. Ein Handbuch f. die erste Hilfe bei Krankheit u. Unglücksfällen. Nebst Anleitg. f. häusl. Krankenpflege. gr. 16. (XI, 137 S. m. 39 Abbildgn.) Ebd. 894. Kart. n. 1. 50
Der Inhalt beider Bücher ist genau derselbe.

Boerseken, Ernst: Soziale Mittelstandspolitik. Lösung d. soz. Frage. 2. Aufl. (Düsseldorf-Obercassel 1905.) 8°

Börsmann, M., mehr Glück as Verstand. En letje dröllige Geschichte. 2. Aufl. gr. 8. (10 S.) Hannover 881. Kniep'sche Buchhandlung in Comm. n. — 40

Borsky, Franz, Hauptm.-Rechnungsführer. Vorschrift für Transportführer. kl. 8. Neuhaus 1869.

BORSOD, Aug. Baron (d. i. *August* Frhr. *Bors v. Borsod*). Fatum-Nebelbilder aus dem nervösen Zeitalter. Wien 1890, Brockhausen & Bräuer (Commissionsverlag).
Verboten v. L.-G. Wien, 28. November 1889. § 516.

— Henriette. Nebelbilder aus der vornehmen Gesellschaft. 8. (288 S.) Wien 889, [Brockhausen u. Bräuer.] Mor. Stern. 4 —

Borsod, August Baron, Revolver. Roman aus der Gegenwart. 8. (244 S.) 2.—

Wien: Brockhausen 1890

Borsodi, Wilh., s. Adressbuch, landwirthschaftliches, der Grossgrundbesitzer etc. von Oesterreich-Ungarn.

Borsodi, Wilhelm (Hrsg.), s. Feierabend.

Borst, Dr. A. Die Grund- und Einkommensteuer des Grossherzogthums Sachsen-Weimar. gr. 8°. Jena 1879. Sammlung national-ökon. u. stat. Abhandlung des staatsw. Seminars zu Halle, Bd. 2, Heft 3.

— die Nothwendigkeit der Konkurrenzbeschränkung im Handwerk u. die Organisation desselben. Ueber die Progressivbesteuerung des Vermögens u. Einkommens. 2 Vorträge, geh. am 11. März 1881 im Halleschen Handwerkermeisterverein. gr. 8. (32 S.) Halle 881. Knapp. n. — 60

Borst, E., u. R. Anger, Gleis-Verbindung (Weichen u. Kreuzungen, Drehscheiben u. Schiebebühnen), s.: Handbuch der Ingenieurwissenschaften.

Borst, Eugen

Die Gradadverbien im Englischen von Eugen Borst. *Heidelberg: C. Winter 1902.* (VII, 170 S.) 8°
= Forschungen, Anglistische. H. 10. [03. 8336

Borst, F.

Hundert Sprüche fürs Stammbuch. Gesammelt von F. Borst. *Bitterfeld: W. Meissner [1900].* (27 S.) 8° [Umschlagt. F.] [00. 6349 3

Borst, Ferdinand

Borst, Ferd., die hohenstaufische Politik, s.: Zur Fortbildung des Lehrers. 15. Heft.

Die hohenstaufische Politik, ihr Ziel, ihr Höhepunkt, ihr Niedergang und seine Ursachen. Richtlinien f. d. Weiterbildung z. 2. Lehrerprüfung u. z. Mittelschullehrerexamen. Von Ferdinand **Borst,** Rektor. Berlin: Gerdes & Hödel 1909. 50 S. 8°
(Zur Fortbildung d. Lehrers. H. 15.) [10. 12181

Borst, Ferd., die Rundschrift u. ihre Anwendung. Systematische Anleitung zum Selbstunterricht u. zum Gebrauche in Schulen, mit Anfügung diverser Zierschriften. qu. 4. (24 lith. S.) Würzburg 879. Staudinger. n. — 80

Borst, Ferd., die Rundschrift und ihre Anwendung. Systematische Anleitung zum Selbstunterricht und zum Gebrauche an Schulen mit Anfügung diverser Zierschriften. 3. Aufl. qu. 4. (24 S.) Würzburg 886, Staudinger'sche Buchh. *

Borst, Franz Aloys

Borst, FA, Taschenb. f. Conditoren. 2. Asg. 12. (6 m. 52 L.) Gotha 56. Conrad. — 15

Borst, Frz. Aloys, Taschenbuch für Conditoren u. Mundköche, enthalt. Arabesken-Verzierungen in 48 geschmackv. Rosetten, prakt. ausgearb. 16. (48 lith. Bl.) Gotha 840. Müller. 1/2 ß

Borst, F. A., Taschenbuch für Conditoren u. Mundköche, enthalt. Arabesken-Verzierungen in 48 geschmackvollen Rosetten. Gotha 841, J. G. Müller. 1/2 ß

Borst, Frz. Aloys, Taschenbuch für Conditoren, deren Gehülfen und Lehrlinge, enthltd. Arabesken-Verzierungen in 52 geschmackvollen Rosetten, praktisch ausgearb. 2. verm. Ausg. Gotha 856. Müller. 12. (6 S. Text u. 52 lith. Taf.) 15 ngr

Borst, F. A., neue Vorlagen zu Torten-Verzierungen in gewöhnlich anzufertigender Tortengrösse f. Konditoren, deren Gehülfen u. Lehrlinge. 3 Lfgn. qu. 4. (à 10 Steintaf. in Fol.) Weimar 872. B. F. Voigt. à 2. 40

Borst FA, neue Vorlagen zu Torten-Verzierungen. (30 T) 4° Weimar 1873

Borst, F. A., Vorlagen zu Torten-Verzierungen in gewöhnlich anzufertigender Tortengrösse für Konditoren, deren Gehülfen u. Lehrlinge. Entworfen u. hrsg. 30 (lith.) Taf. 2. Aufl. Fol. Weimar 880. B. F. Voigt. 4. —

Borst, Friedrich August]: • Die Grund- und Einkommensteuer des Grossherzogthums Sachsen-Weimar-Eisenach. (Th. 1. 2.) 162 u. 96 ⟨258⟩ S. 4° (2°)

Halle-Wittenberg, Phil. Diss. v. 10. Juni 1875

Geb. [Mühlhausen (Thür.) 24. 10. 1850]

Ersch. umgearb. im Buchhandel Jena: Fischer 1879. VIII, 74 S. 8° (Sammlung nationalökonomischer und statistischer Abhandlungen des staatswissenschaftlichen Seminars zu Halle. Bd. 2 H. 3.)

Borst, G., das verbundene Kopf- u. Zifferrechnen, s.: Guth, Fr.

Borst, Johann Nepomuk

Borst, J. N., über die Anwendung neuer Gesetze auf früher entstand. Rechtsverhältnisse. gr. 8. Bamb. 814. (Dresch.) 1/2 ß

Borst, Jh. Nep., über d. Anwendung neuer Gesetze auf früher entstandene Rechtsverhältnisse. gr. 8. Bamb. 814. Kunz. 12 gr

— üb. d. Beweislast in Civilprocessen. Mit e. Vorrede von A. v. Feuerbach. gr. 8. Bamb. 816. Kunz. 1 ß 2e A. gr. 8. Lpz. 824. Brockhaus. Hbg. Pr. 18 gr

— über d. Erstattung d. Proceßkosten als Schadenersatz nach Vernunftprinzipien u. röm. Rechtsgrundsätzen. gr. 8. Nürnb. 812. Campe. 16 gr

Borst, Joh. Nep.: Ueber d. Erstatt. d. Processkosten als Schadenersatz nach Vernunftprincipien u. röm. Rechtsgrundsätzen. *Nürnb.*, (Campe) Recknagel. 818. gr. 8. (1 Thl. 8 Gr.)

— einige Grundlinien f. e. vernünft. Gesetzgebung d. Civilprocesses. gr. 8. Nürnb. 810. Campe. 16 gr

— über d. Naturrecht u. dessen Uebereinstimmung mit d. Moral im höchsten Vernunftgesetze. gr. 8. Nürnb. 818. Monath u. K. 1 ß 8 gr

— Versuch e. neuen, reinrechtl. Darstell. d. Strafrechts u. d. Strafbarkeit, als Probe e. neuen rechtl. Darstell. d. Völkerrechts. gr. 8. Nürnb. 811. Campe. 12 gr

Borst, Max, Berichte üb. Arbeiten a. d. pathologisch-anatomischen Institut d. Universität Würzburg. 1. Folge. (Sommersem. 1897.) [Aus: „Verhandlgn. d. phys.-med. Gesellsch. z. Würzburg".] gr. 8. (47 S.) Würzburg 897. Stahel. n. — 80

— dasselbe. 2. Folge. (Wintersem. 1897/98 u. Sommersem. 1898.) M. e. Verzeichn. d. referirten Arbeiten d. 1. u. 2. Folge. [Aus: „Verhandlgn. d. phys.-med. Gesellsch. z. Würzburg".] gr. 8. (99 S.) Ebd. 898. n. 1. 40

Borst, Max, Berichte üb. Arbeiten aus dem pathologischen Institut der Universität Würzburg. 3. Folge. (Wintersem. 1898/99.) Mit Inhaltsverzeichnis. gr. 8. (88 S.) Würzburg 899. Stahel's Verl. n. 1. 25

— dasselbe. 4. Folge. gr. 8. (84 S.) Ebd. 901. n. 2. 50
Sonderabdruck aus: „Verhandlungen der phys.-med. Gesellschaft zu Würzburg".
1 u. 2. Ebd. 897. 898. n. 2. 20.

Borst, Max, Berichte üb. Arbeiten aus dem patholog. Institut der Universität Würzburg. 5. Folge. (136 S.) gr. 8. Würzburg 903. A. Stuber's Verl. n. 5. —
Sonderabdruck aus: „Verhandlgn. d. phys.-med. Gesellsch. zu Würzburg".

Borst, Max, s.: Festschrift f. Georg Eduard v. Rindfleisch.

— Gedächtnisrede auf Georg Eduard v. Rindfleisch. (28 S. m. 1 Bildn.) gr. 8. Würzbg. 909. C. Kabitzsch. 1. 50
Sonderabdruck aus „Verhandlgn. der physikal.-medicin. Gesellschaft zu Würzburg".

Borst, Max [aus Würzburg]: Die congenitale Hüftgelenksluxation ... Würzburg, Köhl & Hecker'sche Buchdr., 1892; 58 S., 2 Taf. 8.
Würzburg, Med. Fak., Inaug.-Diss. v. 1892

Borst, Max, die Lehre v. den Geschwülsten. Mit e. mikroskop. Atlas (63 Taf. m. 296 farb. Abbildgn.). 2 Bde. Lex.-8. (XXXIII, 998 S. m. 63 Bl. Erklärgn.) Wiesbaden 902. J. F. Bergmann. n. 50. —

Das Verhalten der 'Endothelien' bei der acuten und chronischen Entzündung sowie bei dem Wachstum der Geschwülste. Von Dr Max Borst, 1. Assistenzarzt am Path. Inst. d. Univ. Würzburg. M. 2 lith. Doppeltaf. *Würzburg: Stahel 1897.* (99 S., 2 Taf.) 8.
— Verhandlungen d. physikal.-medic. Gesellschaft zu Würzburg. N. F. Bd 31. No 1. [illegible]

— über Wesen u. Ursachen der Geschwülste, s.: Abhandlungen, Würzburger, aus dem Gesamtgebiet der prakt. Medizin. VI, 8, 9.

Borst, Np.: Ueb. d. Beweislast im Civilprocess; mit Vorr. v. Feuerbach. *Bamb.*, Kunz. 1816. 8. (1 Thl.)

Borst, (N.,) über d. Beweislast im Civil-Proceß. Mit Vorr. von A. Ritter v. Feuerbach. 2e Aufl. gr. 8. Leipzig 824. Brockhaus.

Borst, W., Führer durchs Brenzthal, s.: Wagner, J., die Charlottenhöhle bei Hürben.

Boerst, Fritz, appr. Arzt: Aus d. Univ.-Augenklinik zu Giessen. Zwei seltene Fälle von Hornhautentzündung. Giessen 1909: v. Münchow. 26 S. 8°
Gießen, Med. Diss. v. 8. Dez. 1909, Ref. Vossius
[Geb. 21. April 81 Frankfurt a. M.; Wohnort: Salmünster; Staatsangeh.: Preußen; Vorbildung: Gymn. Offenbach Reife O. 02; Studium: Gießen 5, Kiel 2, München 1, Kiel 2 S.; Coll. 3. Aug. 09; Approb. 4. Sept. 08.]
[U 10. 1132

Borstell. Alte u. neue Regeln, nebst Wörterverzeichnis f. die deutsche Rechtschreibung zum Schulgebrauch. 8. (47 S.) Osterburg 892, Danehl. — 40

Nicolaische Buchhandl. Borstell & Reimarus. Hauptverzeichniss von Fritz **Borstells** Lesezirkel. Unterhaltungsschriften u. Werke wissenschaftl. Richtung. *Berlin: Nicolai 1900.* (XXIV, 558 S.) 8° [F.] [illegible]

Nicolaische Buchhandlung, Borstell & Reimarus. Hauptverzeichnis von Fritz **Borstells** Lesezirkel. Unterhaltungsschriften u. Werke wissenschaftl. Richtung in deutscher, franz., engl. u. italien. Sprache. (Vorr.: Julius Rodenberg.) Berlin: Nicolai 1907. (XXV, 741 S.) 8° [F.] [illegible]

† Borstell, Fritz, s. Scharbusch, F.

Borstell, Gust.

Borstell, G., der innere Ausbau von Wohngebäuden, s.a. Strack, H.

Borstell, Gust., der innere Ausbau von Wohngebäuden. Eine Sammlung ausgeführter Arbeiten der Maurer, Tischler, Schlosser, Töpfer etc. Unter Leitung von H. Strack und F. Hitzig bearb. In zwanglosen Heften. 1—6. Heft. gr. Fol. (34 Kpfr.- und Stnt. mit 9 Bl. Text.) Berlin 855—56, Ernst und Korn. *

Borstell G. der innere Ausbau von Wohngebäuden. 14 Hefte mit 84 Tafeln und Text in 3 Bdn fol Berlin 1856-60

Borstell, Gust., der innere Ausbau von Wohngebäuden. Eine Sammlung ausgeführter Arbeiten der Maurer, Tischler, Schlosser, Töpfer etc. Unter Leitung von H. Strack und F. Hitzig bearb. 7—9. Heft. gr. Fol. (19 Kpfr.- und Stnt. in gr. Fol. und Imp.-Fol. mit 12 S. Text.) Berlin 857. 58, Ernst und Korn. [7. und 8. Heft à * 25 Ngr.; 9. Heft * 28 Ngr.] Thlr. *
1—6. Heft. Ebendas. 1855,56. * 4 Thlr. 10 Ngr.

Borstell, Otto

Borstell, O, Diktatstoffe f. d. Unterricht in d. deut. Rechtschreibg. Für d. Unterklassen höh. Unterrichts-Anstalten, sowie f. d. Mittel- u. Oberstufe v. Volksschulen zusammengestellt. 8° (70) Mgdbg 92, CE Klotz. 1 —

Borstell, Otto, Diktatstoffe f. den Unterricht in der deutschen Rechtschreibung. Für die Unterklassen höherer Unterrichts-Anstalten, sowie f. die Mittel- u. Oberstufe von Volksschulen zusammengestellt. gr. 8. (VI, 70 S.) Magdeburg 892. E. Baensch. n. 1. —

Borstell, O., Diktatstoffe f. den Unterricht in der deutschen Rechtschreibung, methodisch bearb. Für die Unterklassen höherer Unterrichts-Anstalten, sowie f. die Mittel- u. Oberstufe v. Volksschulen. 2. veränd. u. verm. Aufl. (VI, 72 S.) gr. 8. Magdeburg 903. C. E. Klotz. n. 1. 20

— alte u. neue **Regeln**, nebst Wörterverzeichnis f. die deutsche Rechtschreibung zum Schulgebrauch. 8. (47 S.) Osterburg 892. R. Danehl. n. — 40

Borstelmann, Percy, aus Riga (Livland): Ueber zwei isomere Aethylcrotonsäuren. *Strassburg i. E. 1898: C. & J. Goeller.* (52 S.) 8°
Strassburg, Math.-naturw. Diss. v. 1898

Borštner V.: Zur Theorie der Potenzen von Kreisen und Kugeln. 6. Klagenfurt 75. Progr.

Borstnik, Johann, Wandatlas zum Gebrauche des Lehrers beim Unterrichte in der gewerblichen Buchführung. Zu beziehen beim Verfasser, Director der steiermärkischen Landes-Bürgerschule und Leiter der gewerblichen Fortbildungsschule in Hartberg. 10.—. (Min.-Erl. vom 10. November 1889. Z. 20241.) 1889

Borsum, Carl, Geschichte der freien und Hansastadt Hamburg. In kurzen Umrissen für Schule und Haus bearb. 2 Hälften. gr. 8. Hamburg, Jenichen. [1. Hälfte. (IV, S. 1—32.) 887. * 60 Pf.; 2. Hälfte. (S. 33—70.) 888. * 90 Pf.] *
geb. *

Borsum, J. F. J., Reise nach Konstantinopel, Palästina u. Aegypten, od.: Lebendiger Beweis, wie gnädig Gott dem durchhilft, der seine Hoffnung auf ihn setzet. Umgearb. von Tr. Kopf. 2e Aufl. gr. 8. Berl. 826. Boicke. 1 ₰

Borsums, J. F. J., Reise nach Constantinopel, Palästina u. Egypten, od.: lebendiger Beweis, wie gnädig Gott dem durchhilft, der seine Hoffnung auf ihn setzt. Ueberarbeitet v. David Traug. Kopf. Auf eigene Kosten des Verfass. hrsg. 3., verb. u. erweit. Aufl. 12. (1 B.) Berlin 843. (Oehmigke's Buchh.) *

Borsum's, J. F. J., Reise nach Constantinopel, Palästina u. Egypten, oder: Lebendiger Beweis, wie gnädig Gott dem durchhilft, der seine Hoffnung auf ihn setzet. Ueberarb. von **Dav. Traug. Kopf.** 4. erweiterte wohlf. Ausg. 12. (XVI u. 284 S.) Berlin 850, J. A. Wohlgemuth. ½ ₰

Borszczow, E., die aralo-caspischen Calligoneen, s. Mémoires de l'académie imp. des sciences de St. Pétersbourg.

Borszczow, E,
— d. pharmac.- wicht. Ferulaceen d. Aralo-Casp. Wüste. s.: Mémoires de l'acad.deSt.-Pétersb.

Borszczow (E.). Suesswasser-Bacillarien des suedw. Russlands. Kiew, 1873. 4°.

Borszczow, Elias

—— Enumeratio Muscorum Ingriae. (Beiträge zur Pflanzenkunde etc. Lieferung 10.) Petersburg (Leipzig, Voss.) 1857. 52 p.

Borszczow, *Elias*.
— Fungi ingrici novi aut minus cogniti iconibus illustrati. (Beiträge zur Pflanzenkunde, Heft 10.) Petersburg (Leipzig, Voss.) 1857. 8. p. 53—64, tab. col. 1—8.

Bortfeld, Jul., Taschen-Buch f. Schiffs-Offiziere. Unentbehrlicher Begleiter im Dienst f. alle Schiffs-Kapitäne, Offiziere, Steuerleute. 12. (XII, 124 S. u. Schreibkalender m. 1 farb. Flaggentaf.) Bremen 892. M. Heinsius Nachf. Geb. in Leinw. n. 2. 50

Bortfeldt, Carl, die **Hutmacherkunst**. Ein Handbuch f. den Klein- u. Großbetrieb. Auf Grund 50jähr. Erfahrgn. bearb. gr. 8. (VI, 226 S. m. 81 Abbildgn.) Leipzig 902. B. F. Voigt. 6. —

— das **Steifen** der Filzhüte. gr. 8. (24 S. m. 1 Taf.) Berlin (888). Deutsche Hutmacher-Zeitung. n.n. 3. —

Bortfeldt, Jul., **Azimuthe** circumpolarer Sterne. 1. Thl.: Nord-Breite nebst Sternkarte. 4. (V, 33 S.) Leipzig 898. M. Heinsius Nachf. Kart. n. 3. —

Bortfeldt, Jul., **Azimuthe** circumpolarer Sterne. 2. Thl.: Süd-Breite nebst Sternkarte. 4. (VI, 29 S.) Leipzig 899. M. Heinsius Nachf. Kart. n. 3. —
Thl. 1. Ebd. 898. n. 3. —.

— **Schiffs-Taschenbuch**. Unentbehrl. Begleiter im Schiffsdienst. 2., verm. Aufl. 12. (XII, 177 S. m. Abb. u. 2 farb. Taf.) Ebd. 897. Geb. in Leinw. n. 2. 50

— Schiffs-Taschenbuch. unentbehrlicher Begleiter im Schiffsdienst. 2. Aufl. Bremen 1898.

— **Schiffs-Taschenbuch**. Unentbehrlicher Begleiter im Schiffsdienst. 3. Aufl. 12. (XII, 185 S. u. Notizblätter m. Fig. u. 1 farb. Taf.) Ebd. 902. Geb. in Leinw. n. 3. —

Bortfeldt, Jul., Schiffs-Taschenbuch. Unentbehrlicher Begleiter im Schiffsdienst. 4., verm. Aufl. (XVI, 191 S. u. Notizblätter m. Fig. u. 2 farb. Taf.) kl. 8. Leipzig 905. M. Heinsius Nachf. Geb. in Leinw. n. 3. —

Bortfeldt, Jul., Schiffs-Taschenbuch. Unentbehrlicher Begleiter im Schiffsdienst. 5., verm. Aufl. (XVI, 224 S.) kl. 8. Leipzig 908. M. Heinsius Nachf. Geb. in Leinw. 3. —

Stern-Karten (für Seeleute und Reisende sowie alle Freunde d. Sternhimmels). J(ulius) Bortfeldt, Offizier. *Bremerhaven: L. v. Vangerow 1899.* (1 Kartenbl. 67 × 43 cm.) 8° [kol.] [93. 7833]

Bortfeldt, Jul.: Stern-Ktn nebst Sternfinder f. Seeleute u. Reisende, sowie alle Freunde d. Sternenhimmels. 2. Afl. (4 m. 2 farb. Taf.) 8° Brem., L v. Vangerow ('06). 1.50

Bortfeldt, Wilhelm: Die mittelhochdeutsche Lyrik. Zusammenfassender Überblick über ihre Entwickelung und ihre Haupterscheinungen. Harburg 1905: G. Lühmann. (19 S.) 4° [F.]
Harburg, RG u. R P 1905 (383)

Bortfeldt, Wilhelm: Vorwort über die Vorgeschichte der Anstalt. Brake 1908: Auffurth. S. 3—7. 4°
Brake i. O., R i. E. P 1908 (873) [S 08. 39

Borth, E. F., die geometrischen Konstruktionsaufgaben, für den Schulgebrauch methodisch geordnet und mit einer Anleitung zum Auflösen derselben versehen. gr. 8. (XI, 164 S. mit Holzschn. im Text und 1 Fig.-Taf.) Leipzig 884, Fues's Verlag. cart. *

Borth, E. F., die geometrischen Konstruktionsaufgaben, für den Schulgebrauch methodisch geordnet und mit einer Anleitung zum Auflösen derselben versehen. 2.—4. verb. Aufl. gr. 8. (XII, 164 S. mit Holzschn. im Text und 1 Fig.-Taf.) Leipzig 885—87, Fues's Verlag. geb. *

Borth, E. F. Die geometrischen Konstruktionsaufgaben f. den Schulgebrauch, methodisch geordnet u. m. e. Anleitg. zum Auflösen derselben versehen. 5.—7. verb. Aufl. gr. 8. (VIII, 167 S. m. Holzschn. u. 1 Fig.-Taf.) Lpz. 889—92. Reisland. 1 60; geb. * 1 80

Borth, E. F., die geometrischen Konstruktionsaufgaben f. den Schulgebrauch methodisch geordnet u. m. e. Anleitung zum Auflösen derselben versehen. 7. u. 8., verb. Aufl. gr. 8. (VIII, 167 S. m. Holzschn. u. 1 Taf.) Leipzig 894. O. R. Reisland. Geb. n.n. 1. 80

Borth, E. F., die geometrischen Konstruktionsaufgaben f. den Schulgebrauch methodisch geordnet u. m. e. Anleitg. zum Auflösen derselben versehen. 10. u. 11. Aufl. gr. 8. (à XI, 167 S. m. Holzschn. u. 2 Fig.-Taf.) Leipzig 899. 900. O. R. Reisland. Geb. n.n. 1. 80

Borth, EF: Die geometr. Konstruktionsaufg. f. d. Schulgebr. methodisch geordnet u. m. e. Anl. z. Auflösen derselben versehen. 12. Afl. (167 m. H. u. 2 Taf.) 8° Lpzg, OR Reisland 03. Geb. nn 1.80 ‖ 13. Afl. (167 m. H. u. 2 Taf.) '04. Geb. 2 — d

Borth, E. F., die geometrischen Konstruktionsaufgaben, f. den Schulgebrauch methodisch geordnet u. m. e. Anleitung zum Auflösen derselben versehen. 15. Aufl. (XII, 167 S. m. Holzschn. u. 2 Fig.-Taf.) 8. Leipzig 908. O. R. Reisland. Geb. 2. —

Borth, Emil Eine methodische Behandlung der Konstruktionsaufgaben von Dreiecken und Vierecken, sowie sie ohne Anwendung von Proportionen lösbar sind. 42 S. u. 1 Taf. Rg. *Elbing* 1882. Prcgr.

Borth, Walther: Untersuchungen über den Verbrennungsvorgang in einem Körting-Leuchtgas-Motor. Diss. Danzig. Berlin 1907

Borth W. Untersuchungen über den Verbrennungsvorgang in der Gasmaschine. (42 S 1 T) (Mitteilungen über Forschungsarbeiten 55) Berlin 1908

Börth, S. E. v., Über die Natur, Beschaffenheit und Heilung des Kotes oder fliegenden Brandes beim Vieh. gr. 8. Chur 783. Otto. M. —.75

Borthen, Lyder, die Lepra des Auges. Klinische Studien. Mit pathologisch-anatom. Untersuchgn. v. H. P. Lie. Mit 17 Textfig., 15 Lichtdr.- u. 9 chromolith. Taf. 4. (XIII, 195 S.) Leipzig 899. W. Engelmann. In Mappe n. 24. —

Bortkewitsch, Ladislaus von

Das Gesetz der kleinen Zahlen v. Dr. L[adislaus] v. Bortkewitsch, Privatd. in Strassburg. *Leipzig: B. G. Teubner 1898.* (VI S., 1 Bl., 52 S.) 1 Bd 8. [98. 1461

von Bortkewitsch, Ladislaus [aus St. Petersburg]: Die Mittlere Lebensdauer. Die Methoden ihrer Bestimmg u. ihr Verhältnis z. Sterblichkeitsmessg ... [= Staatswiss. Studien hrsg. v. Elster, Bd IV, 6.] Jena, G. Fischer, *1893*; VI, 117 S. 8. Göttingen, Phil. Fak., Inaug.-Diss. v. [6. Febr.] 1893

Bortkiewicz, L. v.: Anwendung der Wahrscheinlichkeitsrechnung auf Statistik. S. A. 1900.

Bortkiewicz, L. v., s.: Festgaben f. Wilhelm Lexis.

Bortkiewicz, L. v., Wie Leibniz die Diskontierungsformel begründete. Jena, 1907. 60 S.

Internat. statist. Institut. Ueber die Methode der 'standard populatation' [!]. Von Dr. L[adislaus] v. Bortkiewicz. Prof. Berlin 1903: J. Sittenfeld. (24 S.) 8° [03. 3590

Ueber die Sterblichkeit der Empfänger von Invalidenrenten vom statistischen und versicherungstechnischen Standpunkte. Von Dr. L[adislaus] v. Bortkiewicz. Straßburg i. E.: E. Baumgartner 1900. (S. 563–605.) 8° [Umschlagt.]
Aus: Zeitschrift f. Versicherungs-Recht u. -Wissenschaft. [07. 8443 II

Bortolazzi, B.

—Anweis., d. Mandoline selbst zu lernen. 4. Leipz. 805. Breitkopf u. H. 16 gr

Bortolazzi, B., neue theoret. u. prakt. Guitarre-Schule, oder: gründl. u. vollständ. Unterricht, die Guitarre nach einer leichten u. faßlichen Methode gut u. richtig spielen zu lernen. 7e verb. u. u. verm. Ausg. (deutsch u. italien.) Fol. Wien 830. Haslinger. 1 rh

Bortolazzi, B., neue theoret.-prakt. Guitarren-Schule etc. 8e verb. u. verm. Aufl. Fol. Wien 833. Haslinger. 1 rh Vergl. Thl. I. S. 319.

Maurer Lied zum Gebrauch der Pilger Loge in London 1807. Die Worte vom Br. Giese. In Musick [!] gesetzt vom Br. Bortolazzi. [London 1807]: Dowall. 2 Bl. 8° [Umschlagtit.]
[Dasselbe.] [London 1807]: Whiting. 2 Bl. 8°
Ohne Noten: „Willkommen hier zum Pilgermahle, . . ."

Bortolazzi, Jb., Abhandl. über e. seltene Art von angebornem Staare bei e. blindgewordenen Weibsperson. Aus d. Italien. 8. Leipz. 784. Weygand. 5 gr

Bortoletti, italienische u. deutsche Gespräche. 8. Jena, Melchior. 785.

de Bortoli: Die Pendelbewegung zum Nachweise der Umdrehung der Erde. 3 S. (Ital.)
Progr. Ragusa 1851.

Bortolotti, C.: Piano di Construzioni Rurali, s. Cipcic, G.

Bortscheller, Frz., Konstruktionslehre f. Tischler. Handbuch zum Gebrauche an Fortbildungsschulen, an Fachschulen u. in der Werkstätte. (Lehrtexte f. Fachschulen.) (IV, 200 S. m. 200 Abb.) gr. 8. Wien 909. A. Hölder. Kart. 3. 20

Borttscheller, Hermann, approb. Arzt aus Frankenthal (Pfalz): 'Peniscarcinom'. *München 1901: C. Wolf & Sohn.* (48 S.) 8° München, Med. Diss. v. 1902

Bortz, Georg Heinrich

— — De die festi paschatos anni 1778. Lpz. (Langenheim). 16 S. (3.—) 3596

Bortz, G. H., de die festi paschatos ex chronologiae principiis constituendo. Lips. 1775. 4.

— — De forma radicum ex aequationibus quadraticis ei simili, quam cubicae per methodum cardani obtinent diss. Lpz. (Langenheim) 6. XI. 1771. 12 S. (3.—) 3593
Joh. Traug. Schoen (Leschnitz/Laus.), C. Ludw. Lohde (Grunberga/Misn.), Joh. Chn. Thilisch (Teschinio/Schles.).

* De mechanica dissertatio, ac ad audiendam orationem qua munus publice docendi matheseos elementissime sibi demandatum die XXX. Mensis Augusti cIɔIɔCCLXIX. auspicabitur, in qua par sest observantia, invitat *Georg. Henric. Bortz* Mathes. P. P. O. et Coll. B. Mar. Virg. Collegiatus. gr. 4. 16 S. 1769.

— — De mechanica disserit. Lpz. (Langenheim) 30. VIII. 1769. 16 S. (3.50) 3591

Bortz, G. H., num ratio existentiam alicujus miraculi cognoscat? Lips. 1744. 4.

— — De paschate anni 1778 Judaico diss. Lpz. (Langenheim) 20. I. 1776. 12 S. (3—) 3595
Chn. Gottfr. Haubold (Grimma), Joh. Gottfr. Stamnitz (Schles.), Chn. Gottlob Mart. Trautner (Dtsch.-Ossig/Laus.).

— — Praecipua astronomiae physicae principia ad motus lunae una cum inaequalitatibus ejus explicandos necessaria exponit. Lpz. (Klaubarth) 1783. 19 S. u. 1 Tfl. Abb. (3.—) 3597

— — Rationes methodi, qua elementa calculi integralis conscripta sunt, uberius exponit. Lpz. (Langenheim) 1771. 16 S. (3.—) 3592

1769. * De Rationibus Regularum, quas calculus differentialis in conſtituendis Punctis curvarum multiplicibus, et ſubtangentibus in iis ad haec Puncta ducendis offert, diſputabit *Georgius Henricus Bortz* Prof. Math. P. O. ac Coll. B. Mariae Virg. Collegiatus Reſpondente *Carolo Friderico Hindenburgio* Dresdenſi. Lipſiae ex officina Langenhemia. 4. 25 S. 1769.

Bortz, Georg Heinrich, De insigni semioticae matheseos usu in geometria et physica disserit. Lpz. (Langenheim) 31. VIII. 1763. 24 S. u. 1 Tfl. Abb. (3.—) 3590

— — De visione et inprimis de ideis, quas per eam anima consequitur diss. Lpz. (Langenheim) 11. II. 1775. 15 S. (3.—) 3594
Nathan Gottfr. Leske, Joh. Gg. Berndt (Ekkersdorf/Schles.).

Bortz, Lasar: Aus d. Univ.-Frauenklinik zu Königsberg i. P. Spätresultate der Wendungen. Königsberg i. P. 1907: Kümmel. 42 S. 8°
Königsberg, Med. Diss. v. 1. Okt. 1908, Ref. Winter
[Geb. 1. Nov. 83 Libau; Wohnort: Königsberg i. P.; Staatsangeh.: Preußen; Vorbildung: Altstädt. Gymn. Königsberg Reife O. 02; Studium: Königsberg, Freiburg i. B., zus. 10 S.; Coll. 20. Dez. 07; Approb. 31. Aug. 08.] [U 09. 2365

Börtzler, D. (Red.), s. Lehrerzeitung, Pfälzische.

Börtzler, Fr., Geschichte der griechischen Philosophie, s.: Lehmann's Volkshochschule, 6. Bdchn.

Börtzler, Friedrich, aus Kaiserslautern: Porphyrius' Schrift von den Götterbildern. *Erlangen 1903: Junge & Sohn.* (71 S.) 8°
Erlangen, Phil. Diss. v. 12. Febr. 1903

Borucki L, die trocknenden Öle und deren Eigenschaften. Prüfung und Verwendung in der Malerei. 4° München (1889)

Borucki. Leon [aus Posen]: Ueber den Optisch aktiven Amylalkohol .... Berlin, Buchdr. v. Gustav Schade (Otto Francke) (1886); 47+1 S. 8°.
Berlin, Phil. Fak., Inaug.-Diss. v. 11. Dez. 1886

Borucki, Leon, ueber den optisch aktiven Amylalkohol. Diss. Berlin 1886, Mayer & Müller. 8°. 47 S.

Borulawsky, Jos. (des Zwergs); Leben. Aus d. Engl. mit seinem Bildn. 8. Leipz. 789. Weygand. 16 gr

Borus, Salomon, sollen u. dürfen die Juden zum Christentum übertreten? Ein Beitrag zur Lösg. der Judenfrage. (13 S.) 8. Straßburg 906. Wolstein & Teilhaber. n. — 60

Borussia. –

Borussia. Ein Unterhaltungsblatt für gebildete Leser. Gumbinnen 1806. H: *Leman, Chn Carl* (?). (GGr VIII, 16)

— Museum für preuß. Vaterlandskunde. Vollständig in 3 Bdn. mit 216 lithogr. Beil. (Jeder Band, in 24 Lfrg. mit 72 lithogr. Beil., bildet ein für sich besteh. Ganzes und wird einzeln abgelassen.) gr. 4. Dresden 838—40. Ed. Pietzsch u Comp. (à 4 gr) n. 12 ß

– 3. Bd. Dresden: Adler 1842.

Borussia. Erinnerungen an den Aufruf Sr. Maj. des Königs an sein Volk im J. 1813. Gezeichn. u. erfunden von W. Wach, Berlin 1838, modellirt v. K. Fischer, radirt durch F. G. Wagner jun. mittelst seiner Relief-Copir-Maschine. Roy.-Fol. Berlin 839. (Schröder.) n. 2 ß

Borussia. Eine Sammlung deutscher Gedichte aus d. Gebiete d. Geschichte Preußens. Für Schule u. Haus. Hrsg. u. mit Anmerkungen begleitet v. Joh. Aug. D. L. Lehmann. 2 Thle. (1. Thl. bis z. Jahre 1740 u. 2. Thl. seit dem Jahre 1740.) gr. 8. Marienwerder, Baumann. [1. (27 B.) 843., 2. (33½ B.) 44. à * 1 Thlr.]

Borussia. 45 Lieder mit ein-, zwei- u. dreistimm. Melodieen. Allen Vaterlandsfreunden, dem tapfern Heere, den Preußen-Vereinen, besonders aber Preußens Jugend gewidmet v. P. J. Beumer. [Des wohlfeilsten Liederbuches 2. Hft.] 3. verb. Aufl. gr. 16. (34 S.) Wesel 850, Bagel. 1½ ngr
Borussia, s.a. Beumer, P. J.

Borussia, Das Corps, in Halle a. d. S. Nordhausen 1865. V: *Berndt.* (Erman & Horn, Bibliogr. d. dtsch. Universitäten. 2. Leipz. u. Berl. 1904.)

Borussia [Schlagwort]

Borussiae — Regnum — etc. Cura et sumtibus Matth. Seutteri etc. Aug. Vind. 1 : 740,000. 1 Bl.

Borussiae — Regnum — Gloriosis auspiciis etc. Geographice cum vicinis Regionibus adumbratum a Joh. Baptista Homanno. Norimbergae. 1 : 740,000. 1 Bl.

Borussiae — Regnum — Episcopatus Warmiensis Palatinatus Mariaeburgensis et Culmensis cum Territorio Dantiscano et Ichnographia urbis Regismontis. Ausp. Acad. Reg. Scient. Berol. 1765. 1 : 500,000. Plan v. Königsberg. 1 : 8,000. 6 Bl.

Borussiam — Tabula Geographica Totam — ut et Districtum Noteccensem exhibens. Edita ab Homannianis Haeredibus. 1 : 740,000. Auf demselben Blatte: Charte, welche den Netzdistrict vorstellet. 1 : 740,000. 1 Bl.

Borussiae — Tabula Regni — Borussiam Orientalem exhibens 1775. F. L. Güssefeld. Norimbergae impensis Homannianorum Heredum. 1 : 600,000. 1 Bl.

Borussia-Prozess. Verhandlungen d. Strafkammer Dortmund v. 23. bis 26. Juli 1906 in d. Strafverfahren gegen d. Betriebsführer Rüter von Zeche Borussia. Nach stenogr. Aufnahme von O[tto] Saak, Essen. Essen: Ver. f. d. bergbaul. Interessen im Oberbergamtsbez. Dortmund 1906. (169 S.) 4° [07. 10955

Borussias, (Gedicht.) 2 Bde. 8. Berl. Himburg. 794.

Borussias in 12 Gesängen. Berlin 1794. V: *Jenisch, Daniel.* (BrMm) (EE) (GGr) (Ky)

Borussias. (Gedicht) in 12 Gesängen, (v. D. Jenisch). 2 Bde. 8. Berl. 794. (Reimer; a. W. Rauck in Leipz.) 2 ß

Boruttau, C. (Hrsg.), s. Gesundheitspflege, Die, des Volkes.

Boruttau, Dr. C., Religion u. Sozialismus. Eine nachgelassene Schrift aus d. Jahre 1869. Den deutschen Arbeitern gewidmet. Leipzig, Exped. des „Volksstaat", o. J. (187*). Kl. 8°. Cart.*)
IV—64 S. — Verboten von d. kgl. preuss. Reg. zu Liegnitz, d. 30. Dezbr. 1878.

— Dasselbe. 2. Aufl. Leipzig, R. F. Höhme, o. J. (187*). 8°. 64 S. Cart.*)
Verboten von d. kgl. preuss. Reg. zu Liegnitz, d. 30. Dezbr. 1878.

Boruttau, C. Religion und Socialismus. Eine nachgelassene Schrift aus dem J. 1869. 8°. Leipzig, Thiele u. Frese, s. a.

Boruttau, Carl

Boruttau, C., Gedanken über Gewissens-Freiheit. Königsb. XII u. 83 p.
Schul-/Univ.-Schrift 1867

Boruttau, Carl, Gedanken über Gewissens-Freiheit. Königsberg 867. (Berlin, Grieben.) 8. (XII, 83 S.) n. 10 ngr.

— der Impfzwang u. die Naturheilkunde. Ein Beitrag zur Verständigung über den Inhalt der socialen Frage. Leipzig 869. Brüder. gr. 8. (78 S.) n. 10 ngr.

Boruttau, H: Die Actionsströme u. d. Theorie d. Nervenleitg. [S.-A.] (153 m. Abb. u. 2 Taf.) 8° Bonn, M Hager '02. 5 —

Boruttau, H., die Actionsströme u. die Theorie der Nervenleitung. Eine elektrophysiolog. Studie. gr. 8. (153 S. m. Abbildgn. u. 2 Taf.) Bonn 902. E. Strauss. n. 5.—
Sonderabdruck aus: „Archiv f. d. ges. Physiologie".

Boruttau, H., zum Andenken an Georg Meissner. (S. 351—399 m. 1 Bildnis.) gr. 8. Bonn 905. M. Hager. n. 1.20
Sonderabdruck aus: „Archiv f. d. ges. Physiologie".

Boruttau, H., s., Elektrizität u. Licht in der Medizin.

— die Elektrizität in der Medizin u. Biologie. Eine zusammenfass. Darstellg. f. Mediziner, Naturforscher u. Techniker. (XI, 194 S. m. 127 Abbildgn.) Lex.-8 Wiesbaden 906. J. F. Bergmann. n. 6.—

Boruttau, H, s: Handbuch d. gesamten medizin. Anwendgn d. Elektrizität.

Boruttau, H: Leib u. Seele, s: Wissenschaft u. Bildung 92.

Kurzes Lehrbuch der Physiologie für Mediciner. Von Dr. med. H[einrich] Boruttau, Privatdoc. a. d. Univ. Göttingen. M. 70 Abb. *Leipzig & Wien: F. Deuticke 1898.* (VII, 423 S.) 1 Bd 4.(8.) [98. 7968 Be]

Lehrbuch der medizinischen Physik für Studierende u. Ärzte z. Ergänzung jedes Lehrbuchs d. Experimentalphysik von Prof. Dr. med. H[einrich] Boruttau. Mit 127 Abb. Leipzig: J. A. Barth 1908. (VIII, 282 S.) 8° [08. 4908 ll]

— Lehrbuch der medizinischen Physik f. Studierende u. Ärzte zur Ergänzung jedes Lehrbuchs der Experimentalphysik. (VIII, 282 S. m. 127 Abbild.) gr. 8. Leipzig 909. J. A. Barth. 8.—; geb. in Leinw. 9.

— Taschenbuch der Physiologie, s.: Klinkhardt's, Dr. Wern., Kollegheft.

Boruttau, Heinrich *Johannes* [aus Leipzig]: Über das Verhalten der Di- und Trihydroxylbenzole im Tierkörper ... Berlin, Druck v. H. S. Hermann, *1892;* 32 S. 8.
Berlin, Med. Fak., Inaug.-Diss. v. 12. März 1892

Borutto, Helene, wilde Ranken. Lieder u. Gedichte. gr. 8. (120 S.) Diessen (902). J. C. Huber. n. 2.50; geb. n. 3.50

Borzutzki, C., Rechenknecht, vollständigster, zuverlässigster Schnell-Rechner f. ganz Deutschland. Ein unentbehrl. Hülfsbuch f. alle Geschäfte u. alle Haushaltgn. gr. 16. (111 S.) Kattowitz 875. (Breslau, Aderholz.) n. 1.—

Bory, s. Bori.

Bory de Saint-Vincent, J. B. G. M.

Bory de St. Vincent, Annales des Sciences Physiques, voyez Annales.

Bory de St. Vincent, Beitr. zur Naturgeschichte d. Maskarenen-Inseln, s.a. Bibliothek d. n. u. wicht. Reisebeschreibb. 26r Bd.

Bory de St-Vincent, Jean Baptiste G. Marcellin: Beiträge zur Naturgeschichte der Maskarenischen Inseln, die beiden organischen Naturreiche, und mehrere neue Entdeckungen in denselben betreffend. Aus der Reise desselben nach den Maskarenischen Inseln zusammengetragen und geordnet von D. Bidermann. Ein Anhang zu der teutschen Uebersetzung dieser Reise. Weimar 1805. IV, 196 S. in: Bibliothek der neuesten und wichtigsten Reisebeschreibungen. Bd. 26. 8°.

Bory de St. Vincent., Beytr. z. Naturgesch. der Maskarenischen Inseln, a. dess. Reis. zus. getr. v. Wiedermann. gr. 8. Wien, Ind. Comt. 805. (a. d. Biblioth. d. Reiseb. 26r Bd.)

Bory de St. Vincent. Gemälde der Iberischen Halbinsel; aus dem Franz. Heidelberg 1826. Ü: *Mone, Franz Joseph.* (Ky)

— Gemälde der iberischen Halbinsel. kl. 8. Heidelb. 826. Engelmann. 2 rℓ, jetzt nur 1 rℓ

Gemälde der Iberischen Halbinsel oder Abriss der alten und neuen physischen, historischen und politischen Geographie von Spanien und Portugal. Zugleich als Handbuch für Reisende in beyden Ländern. Von J. B. G. M. Bory de Saint-Vincent. Nebst 1 Karte. Mit einer Vorrede und Bemerkungen v. Franz Joseph Mone. Heidelberg. 1827. = Sammlung geographischer Gemälde. Hrgg. v. J. B. G. M. Bory de Saint-Vincent. Bd. 1. 16°.

— Gesch. u. Beschreib. d. Kanarien-Inseln, s.a. Bibliothek d. n. u. wicht. Reisebeschreibb. 12r Bd.

Bory de St. Vincent, Geschichte und Beschreibung der Kanarien. Aus dem Französischen. Weimar 1804. 8.

— Gesch. u. Beschr. der Kanarien-Inseln, a. d. Fr. m. Zus. v. Ehrmann. gr. 8. Ebend. 804. (a. d. Biblioth. d. Reisen. 12r Bd.)

Bory de Saint-Vincent, J. B. G. M., der Mensch (Homo). Ein zoolog. Versuch über die Menschengattung. Nach der 3. Ausg. des franz. Originals übers. gr. 12. Weimar 837. Landes-Industrie-Compt. 1 1/8 rℓ

Bory de St.-Vincent, Jean Baptiste G. Marcellin: Reise nach den Maskarenischen oder französisch-afrikanischen Inseln Ile de France und Bourbon, in den Jahren 1801 und 1802. Nebst Beschreibung seiner Reisen nach dem Vulkan auf der Insel Bourbon. Aus dem Französischen auszugsweise übersetzt von T. F. Ehrmann. Weimar 1805. X, 676 S., 2 Krt.
= Bibliothek der neuesten und wichtigsten Reisebeschreibungen. Bd. 25. 8°.

— Reise nach den vier vornehmsten Inseln d. Afrikan. Meere rc. 1r Thl., mit 8 Kpf. u. 1 Karte. gr. 8. Leipz. 805. Gr. Fleischer. 1 rℓ 16 gr

— Relation du voyage de la commission scientifique de Morée dans le Péloponnèse, les Cyclades et l'Attique. IV Tom. gr in-8. (Mit 16 Steindr. u. 4 Atlassen von 34 sauber lithogr. Bl.) Paris et Strasbourg 836—39. Levrault. n. 18 rℓ

— s.a. Samml. geograph. Gemälde.

Sammlung geographischer Gemälde, oder compendiöse Bibliothek der alten und neuen physischen, historischen und politischen Geographie. Hrgg. v. J. B. G. M. Bory de Saint-Vincent. Aus dem Französischen. Mit Karten. Bd. 1 Gemälde der Iberischen Halbinsel. Heidelberg. 1827. 16°.

Borysiekiewicz, Michael

BORYSIEKIEWICZ, M.
Beiträge zum feineren Baue der Netzhaut des Chamaeleo vulgaris von Dr. M. Borysiekiewicz. Mit 36 Photogrammen. Leipzig und Wien. 1899. Deuticke. Lex.-8°. 47 S. fl. 3.—

Borysiekiewicz, Doc. Dr. M., Untersuchungen über den feineren Bau der Netzhaut. (Aus dem Institute für allgemeine u. experimentelle Pathologie in Wien.) Mit 91 in den Text gedruckten Abbildgn. gr. 8°. (70 S.) Wien, Toeplitz & Deuticke. fl. 2.40.
1887

Borysiekiewicz, M., weitere Untersuchungen üb. den feineren Bau der Netzhaut. gr. 8. (III, 64 S. m. 65 Abbildgn.) Wien 894. F. Deuticke. n. 4. —

Borysiewicz, Ignace. Dissertatio psychologica ad lauream doctoratus obtinendam, conscripta ab Ignatio B', lic. litt. Friburgi (Helvetiorum).... 103 p. 8. Fribourg, A. Galley, 1910.

Boryslawski, Michael (Hrsg.), s.a. Handbuch betreffend die Dienst-, Personalverhältnisse und die Rechnungsablage...

Boryslawski, Mich., Handbuch betr. die Dienst-, Personalverhältnisse u. die Rechnungsablage bei den nichtärarischen Post- u. Telegraphenämtern. gr. 8. (III, 243 S.) Wien 901. R. v. Waldheim. Kart. n. 4. —

Boryslawski, Michael (Hrsg.), s.a. Katechismus zur Amtsleiterprüfung und Behelf für.... Telegraphenbeamte,

— **Katechismus zur Amtsleiterprüfung u. Behelf f. leitende ärarische u. nicht ärarische Post- u. Telegraphenbeamte, m. e. Anh. betr. die Angelegenheiten der nichtärar. Ämter. Eine Sammlung der wichtigsten Vorschriften, betr. den administrativen u. ökonom., Kasse- u. Rechnungs-, Post-, Telegraphen- u. Telephondienst, in Form v. 761 Fragen u. Antworten, unter Citierg. der bezügl. Verordngn. u. Erlässe. 2. durchgeseh. u. ergänzte Aufl.** gr. 8. (IV, 253 S.) Wien 900. M. Perles. n. 3.80

Borz, Georg Heinrich: De Die festi paschatos anni 1778. (Lipsiae 1775: Langenheim.) XVI S. 8°. Leipzig, Phil. Univ.-Schr. 1775

Borzieky: Ueber die Anordnung mineral. Musterstücke nach der typischen Uebersicht d. gegenw. Chemie. 9 S. (Böhm.) Progr. Prag RG. 1869.

Borzuchowski, *Waclaw Mateusz:* Der Zusammenhang der Menge der im gesamten Ackerboden und in den abschlämmbaren Bestandteilen enthaltenen Pflanzennährstoffe mit der Fruchtbarkeit dieses Bodens ... Leipzig, Druck v. H. Springer, 1893; 42 S., 2 Bl. 8.
Leipzig, Phil. Fak., Inaug.-Diss. v. [13. Juni] 1893

Borzutzki, C., Rechenknecht, vollständigster, zuverlässigster Schnell-Rechner für ganz Deutschland. Ein unentbehrl. Hülfsbuch für alle Geschäfte und alle Haushaltungen. gr. 16. (111 S.) Kattowitz 875. (Breslau, Aderholz' Buchh.) *

Borzystowski, Felix v., Assistenzarzt am St. Elisabeth-Krankenh. zu Königsberg i. Pr.: Aus d. Kgl. pathol.-anat. Universitäts-Institut zu Königsberg in Pr. Ueber den Schwangerschaftskropf; ein Beitrag zur Funktion d. Schilddrüse. *Königsberg i. Pr. 1902: R. Leupold.* (36 S.) 8°
Königsberg, Med. Diss. v. 17. Jan. 1902

du Bos s.a. *Dubos.*

— krit. Betr. üb. d. Poesie u. Mahlerey, a. d. Franz. 3 Thle. 8. Kopenh. Schubothe. 760. 61.

— — dasselbe. 3 Thle. 8. Breslau, Meyer. 768.

Bos, van den, de Medulla spinali, dissertatio etc., s. V. Bd. Horn, Henr. van der.

Bos, du, Réflexions sur la Poésie et sur la Peinture. 3 Tom. 8. Dresd. Walther. 760.

Bos, J., s.: Handelskorrespondenz, allgemeine, in fünfzehn Sprachen.

Bos, J., s.: Handels-Correspondenz in vier Sprachen.

Bos. Wörterbuch d. Handels- u. Geschäftssprache, s. Bibliothek d. ges. Handelswissenschaften

— s. Wörterbuch der Handels- und Geschäftssprache.

Bos, J. J., s. Bose, Johann Jacob

Bos, Jan Ritzema

Bos, J. Ritzema: Der Brand der Narzissenblätter. 1903. [Rostr. Saml.].

Bos, J. Ritzema. Tierische Schädlinge u. Nützlinge f. Ackerbau, Viehzucht, Wald- u. Gartenbau; Lebensformen, Vorkommen, Einfluß u. die Maßregeln zu Vertilgg. u. Schutz. 18 Lfgn. gr. 8. (XVI, 876 S. m. 477 eingedr. Abbildgn.) Berl. 891, Parey.
à Lfg. 1 —; 18 —; geb. * 20 —

Bos, J. Ritzema, 12 grosse Wandtafeln der f. den Ackerbau schädlichen Tiere, s.: **Schreiber.**

Bos, J. Ritzema, Zoologie für Landwirte, s.a. **Thaer-Bibliothek.**

Bos, Ritzema, Zoologie für Landwirte. [Thaer-Bibl.] Berlin 92. Parey. Geb. M. 2.50

[F.] Zoologie für Landwirte v. Dr. J[an] Ritzema Bos, Prof. ... in Amsterdam. 2., verb. Aufl. M. 182 Textabb. *Berlin: P. Parey 1896.* (VIII, 226 S.) 1 Bd 8.
— **Thaer-Bibliothek.** Bd 78. [97. 3184

Zoologie für Landwirte von Dr. J. Ritzema Bos, Dir. in Amsterdam. 3., verb. Aufl. Mit 194 Textabb. *Berlin: P. Parey 1900.* (VI, 234 S.) 8° [F.]
— **Thaer-Bibliothek.** Bd 78. [03. 8036

Zoologie für Landwirte von Dr. J[an] Ritzema Bos, Prof., Amsterdam. 4., verb. Aufl. Mit 202 Textabb. Berlin: P. Parey 1905. (XIII, 240 S.) 8° [F.]
— **Thaer-Bibliothek.** Bd 78. [05. 6038

Zoologie für Landwirte. Von Prof. Dr. J[an] Ritzema Bos, Dir. d. Phytopathol. Inst. in Wageningen. 5. verb. Aufl. Mit 201 Textabb. Berlin: Parey 1910. VIII, 227 S. 8°
(Thaer-Bibliothek. 75.) [10. 5626

Bos, Jean Baptiste. Ausschweifung von den theatralischen Vorstellungen der Alten. (Lessings Theatralische Bibliothek. 3. Stück.) Berlin 1755.

Bos, Lambertus. Antiquitatum graecarum, praecipue atticarum descriptio brevis. Editio secunda. Bernae et Francofurti 1716. 8°.

Bos, Lambertus. Antiquitatum graecarum, praecipue Atticarum, descriptio brevis ... Editio nova auctior et emendatior. 1767. H: *Schönknecht.* (ErschDL)

Bos, Lamb. de, Antiquitatum graecar descr. c. n. Leisner et Zeun. 8. Leips. Fritsch. 787.

de Bos, **Lamb., antiquitatum graecar. descript. c. not. J. F. Leisneri. Ed. n. auct. et emend. c. J. C. Zeunii. 8. Leipz. 787. (Hahn). 10 gr**

Bos, Lamb., Ellipses graecae. Lips. 728. 12. 6 gr. Cum notis variorum et suis ed. Schwebel. Norimb. 763. 8. 2 rthlr. Cum notis ed. Michaelis. Hal. 766. 8. 14 gr. Cum priorum editorum suisq. notis ed. Schäfer. Lips. 808. 8. 3 rthlr.

— ellipses graecae; cur. N. Schwebel. 8maj. Nürnb. 763. Felssecker. 2 ß

de Bos, **Lamb., ellipses graecae. Ed. VIII. secund. Schöttgeni, Bernholdi et Leisneri curas et observatt. C. C. B. Michaelis aucta. 8. Halle 765. Waisenh.-B. 14 gr**

— **ellipses graecae ed. G. H. Schäfer. 8maj. Leipz. 808. Weidmann. 3 ß Weiss Drckp. 3 ß 12 gr Schrbp. 4 ß 12 gr Velinp. 6 ß 16 gr**

— Exercitationes philologicae in N. T. loca. Ed. 2. Franc. 713. 8.

Bos, Lamb., Observationes miscellaneae ad loca quaed. N. T. Francof. 707. 8.

— s. Ruth.

— L., Ruth ex versione LXX interpretum secundum exemplar Vaticanum recognitum. Acc. periocha in qua Josephus de Ruthae historia exponit. In usum scholar. Jena (C. H. Cunos Erb.) 1788. 24 S. griech. Text. (3.50) 3599

Bos, Ritzema J., s. Bos, J. Ritzema

Boes, A.

—— achte u. neunte Abendunterhaltung, oder Erwiderung auf „Licht u. Recht" eines protestant. Nichtgeistlichen. 12. (1 B.) Duisburg. (Crefeld 844, Funcke'sche Buchh.) *

Boes, A., 7 Abendunterhaltungen zur Beleuchtung u. Widerlegung des von der Kreis-Synode Duisburg herausgeg. Katechismus über die Unterscheidungslehren ꝛc. 8. (4½ B.) Duisburg, Crefeld 841, Funcke'sche Buchh. *

Boes, A., katholischer Katechismus. gr. 16. (120 S.) Duisburg 851, Hamel. 2¾ ngr

Boes, Friedrich [cand. med. aus Burgdorf i. H.]: Über einen Fall von Aufsteigender tuberkulöser Meningo-Myelitis und Sepsis ... München, Buchdr. Kastner & Lossen, 1895; 37 S. 8. München, Med. Fak., Inaug.-Diss. v. 1895

Boes, Johannes, aus Worringen (Rheinl.): Über einige homologe Theercumarone sowie die Darstellung zweier neuer Homologen des Cumarons. *Rostock 1899: C. Hinstorff.* (74 S.) 8° Rostock, Phil. Diss. v. [13. Nov.] 1899

Bósa-Rímur, die, hrsg. v. Otto L. Jiriczek, s.: Abhandlungen, germanistische.

Bósa-Saga, die, in zwei Fassungen, nebst Proben aus den Bósa-Rímur. Hrsg. v. Otto Luitp. Jiriczek. 8. (LXXX, 164 S.) Strassburg 893. K. J. Trübner Verl. n. 7.—

Bosanquet, B. (tr and ed). See Lotze, Hermann.

Bosányi, Andreas, Gesetzartikel XXXV. vom Jahre 1888 über die staatlichen Schankgefälle, mit dem Erlaß des Finanzministers zur Vollziehung der gesetzlichen Bestimmungen, betreffend das staatliche Schankgefälle. 8. (420 S.)
Budapest: Grill 1889? 1.50

Bosányi, Andreas: Die ungarischen Steuergesetze. 2. Bd. 8°. 139 S. Budapest: C. Grill 1910

Bosart Jr., Louis W(illiam): Ueber einige neue Hydrazone der Zuckerarten. *Berlin (1898): E. Ebering.* (27 S.) 8° Berlin, Phil. Diss. v. 21. Mai 1898

Bösbauer, Hans, s.: Beiträge zur Schwachsinnigen-Fürsorge.

— Fibel f. abnorme Kinder (Hilfsschulenfibel), s.: Schiner, Hans.

Bösbauer, H., Miklas, L., Schiner, H., Handbuch der Schwachsinnigenfürsorge. Gr.-8°. (173 S.) geb. K 3.20
Wien: Carl Grässer 1904

— Leop. Miklas, Hans Schiner, Handbuch d. Schwachsinnigenfürsorge. (173 S. m. 1 Taf.) 8. Leipzig 905. B. G. Teubner. — Wien, K. Graeser & Co. Geb. in Leinw. n. 3.20

Bösbauer, Hans, Leop. Miklas, Hans Schiner, Handbuch der Schwachsinnigenfürsorge m. Berücksicht. des Hilfsschulwesens. 2., verb. u. verm. Aufl. (VIII, 303 S.) 8. Leipzig 909. B. G. Teubner. — Wien, K. Graeser & Co. 4.—; geb. in Leinw. 4.80

Bösbauer, Hans, u. Ferd. Nemec, Die christlich-sociale Partei u. d. Lehrerschaft. — D. Umsturz i. d. Schule, s.a. Flugschriften, christlich-soziale, zur Schulfrage.

Flugschriften, Christlich-sociale, zur Schulfrage. Heft 2. Inhalt: Hans Bösbauer und Ferdinand Nemec. Der Umsturz in der Schule, veranschaulicht an Lehrern und Schülern. 16. (18 S.) —.07
Wien: Vlg.d. "Reichspost" 1898 ?

Basboom-Toussaint, A. L. G.: Erzählungen, s. Unterhaltungsbibliothek

—— Major Franz. Roman. Deutsch von Steph. Born. 8. (272 S.) Leipzig 880, Schulze und Comp. *

Bosboom-Toussaint, Almagro; eine Krone Karls d. Kühnen. s.: Unterhaltungs-Bibliothek.

Bosboom-Toussaint, A. L. G., E. Nacht i. Lehnstuhl u. einig. and. Erzählgn. Aus d. Holl. 8. (120 S.) Leipzig 898. E. Sonnenhol. n. 1.20; geb. n. 1.60

—— der Delfter Wunderdoctor. Autoris. Uebersetzung von M. Karstens. 2 Thle. 8. (IV, 292; 360 S.) Hamburg 880, Agentur des Rauhen Hauses. à Thl. *M 3,50. *

— der Delfter Wunderdoctor. Autoris. Uebersetzung v. M. Karstens. 2 Thle. 8. (IV, 292 u. 360 S.) Hamburg 881. Agentur des Rauhen Hauses. à n. 3.50

BOSC, Jean. Seemanns Sünden [Le Vice marin]. Bekenntnisse eines Matrosen. Budapest, Schneider & Kunert, o. J. (um 1900). 8°. XIV, 311 S.

Bosc, Jean: Seemanns Sünden. Bekenntnisse e. Matrosen. Deutsch v. B's „Le vice marin". (311) 8° Budap. (07). Triest, Buchverl. (Komm.: Kessler.) 8 —

Bosc, Jean, Seemanns Sünden. Bekenntnisse e. Matrosen. Einzige berecht. Übersetzg. ins Deutsche v. B's „Le vice marin". (XIV, 311 S.) 8. Budapest (907.) Schneider & Kunert. 8.—

Bosc, Louis

Zollallianzen und Zollunionen in ihrer Bedeutung für die Handelspolitik der Vergangenheit und Zukunft (Unions Douanières et Projets d'Unions Douanières) von L[ouis] Bosc. Aus d. Franz. ins Deutsche übertr. von Dr. S[iegmund] Schilder. Mit e. Vorw. von Geh. Reg.R. Dr. H[ermann] Paasche. Berlin: E. Staude 1907. (365, VIII S.) 8° [illegible]

Boscamp, Carl Friedr. v. (Hrsg.), s. Ecker, Hans Carl v.

Boscarolli, Joh., die Finanzen Oesterreichs. Ein Vorschlag zur vollständigen Regelung derselben und zur dauernden Herstellung der Valuta. Leipzig 859. Brockhaus. gr. 8. (30 S.) n. 4 ngr

— Vorschlag zur vollständigen Herstellung unserer Silberwährung und zur Regelung der österreichischen Finanzen. Wien 861. Braumüller. gr. 8. (43 S.) n. 10 ngr

Boscarolli, Joh. Nachträgliche Vorschläge zur Beseitigung des Zwangsanlehens. 8°. Wien 1861.

Boscarolli, Matteo. Il codice penale generale del 27 Maggio 1852. s. Raccolta di leggi ed ordinanze della Monarchia Austriaca.

Boscarolli, M., Il Codice penale generale del 27 maggio 1852 B. L. J. N. 117. 3. Edit. [Raccolta di Leggi ed Ordinanze. Vol. XIX.] XXXVII, 925 S.) Innsbruck: Wagner 1906 K 8.—

Boscarolli, M., manuale del codice penale generale austriaco, s.: Raccolta di leggi ed ordinanze della monarchia austriaca.

Bosch: Elemente der Wahrscheinlichkeitsrechnung. Schul-/Univ.-Schrift Rottweil 1864.

Bosch, zur Hebung des Zeichenunterrichts. (27 S 2 T) 4° Ravensburg 1895

Bosch, die Krätze. Ein neues, ganz einfaches, unter allen Verhältnissen leicht anwendbares Mittel, dieses wirklich so allgemein verbreitete Uebel in kurzer Zeit ohne alle nachtheiligen Folgen zu heilen. Allen daran Leidenden, mit einer beigefügten Belehrung über Erkenntniß u. Ursache der Krätze, zur Selbsthülfe mitgetheilt. Ulm 853. Fr. Ebner. gr. 12. (12 S.) 4 ngr

—— die Luftröhrenentzündung, die häutige Bräune, der Croup. Eine genaue Schilderung dieser Krankheit nebst Angabe von Mitteln, dieselbe nicht nur im Keime zu ersticken, sondern auch selbst in vorgeschrittenen Stadien noch zu bekämpfen. Allen Familien zur Beruhigung und zur Selbsthülfe ꝛc. mitgetheilt. gr. 12. (24 S.) Ulm 853, Fr. Ebner.

Bosch, Don Pedro Nuñez, wahrhafter Bericht über d. Bild der unbefleckten Empfängniß Mariä, welches in d. Zwiebel einer Lilie in den Thälern des Eichwald-Berges bei Alcoy im Königreiche Valencia aufgefunden wurde. Aus d. Span. übers. 12. (½ B.) Stadtamhof 843. (Regensburg, Manz.)

Bosch, Predigt zum Gedächtniß d. am 25. Dec. 1836 zu Kirchberg verstorb. Durchl. Fürsten u. Herrn Georg Ludwig Moriz, Fürsten zu Hohenlohe, Grafen v. Gleichen, Herrn zu Langenburg u. Cranichfeld ꝛc. ꝛc. 4. (1½ B.) Schwäb. Hall 838, Haspel'sche Buchh. Thlr.

Bosch, Taal. 2. Aufl. 16. (16 S.) Barmen 876. Wiemann. n. — 8

Bosch, Bernardin [aus Ursendorf in Württemb.]: Über das Schicksal der Hasenschartenkinder ... Erlangen, k. b. Hofbuchdr. v. A. Vollrath, 1892; 55 S. 8.
Erlangen, Med. Fak., Inaug.-Diss. v. 7. März 1892

Bosch, Bernh., in verhängnisvollen Banden. Ein Epos. (VII, 51 S.) 8. Dresden 905. E. Pierson. n. 1. —; geb. n. 2. —

— Flittergold. Ein Epos. (VII, 60 S.) 8. Ebd. 905. n. 1. —; geb. n. 2. —

— erkämpftes Glück. Ein Epos. (VII, 54 S.) 8. Ebd. 904. n. 1. —; geb. n. 2. —

— moderne Liebestreue. Ein Epos. (VII, 69 S.) 8. Ebd. 905. n. 1. 50; geb. n. 2. 50

— der Liebe Macht. Ein dramat. Gedicht in 5 Akten (teilweise nach e. bereits vorhandenen Stoff bearb.). (III, 118 S.) 8. Ebd. 906. n. 2. —; geb. n. 3. —

— eine Vernunft-Heirat. Ein Epos. (VII, 55 S.) 8. Ebd. 906. n. 1. —; geb. n. 2. —

Bosch, E.

—— s. Diezel's Niederjagd.

Bosch, E. v. d., Fährten- u. Spurenkunde. Mit 62 in den Text gedr. Holzschn. gr. 16. (VIII, 180 S.) Berlin 879. Parey. geb. n. 3. —

Bosch, E. v. der, Fährten- und Spurenkunde. gr. 16. (VIII, 130 S. mit 62 in den Text gedr. Holzschn.) Berlin 879, Wiegandt, Hempel und Parey. geb. *

Bosch, E. v. d., Fährten- und Spurenkunde. 2. verb. Aufl. 12. (VIII, 144 S. mit 62 in den Text gedr. Holzschn.) Berlin 886, Parey geb. *

— Fang des einheimischen Raubzeuges u. Naturgeschichte des Haarraubwildes. Mit 100 in den Text gedr. Holzschn. gr. 8. (X, 275 S.) Ebend. 879. n. 7. —

Bosch, E., Sybilla. Erzählung aus Kairo. Mit 1 Farbendr.-Bilde, 3 schwarzen Vollbildern u. Text-Illustr. 8. (III, 169 S.) Gotha 895. F. A. Perthes. Geb. in Leinw. n. 3. —

Bosch E.: Untersuchungen üb. die Ursache d. Haarwirbelbildung bei den Haustieren m. besond. Berücks. d. Gesichtswirbels u. dessen Bedeutung f. Beurteilung, Leistung u. Zucht d. Haustiere. Diss. (Bern). Hann. 1910. 55 S. Fig. P.

Bosch, Eberhard

Bosch, E: Zur Kenntnis des Aethylbenzylanilins. Diss. München 1903

Bosch, Eberhard: Zur Kenntnis des Aethylbenzylanilins. 1904. 48 S. 8°
¶ Vgl. J. Liebig's Annalen d. Chemie. Bd 334.
München, Dr.-Ing.-Diss. v. 21. 12. 1903

van den Bosch, Eduard [aus Steele]: Die Behandlung der Syphilis mit intramuskulären Injektionen von Thymolquecksilber ... Würzburg, P. Scheiner's Buchdr., 1890; 30 S. 8.
Würzburg, Med. Fak., Inaug.-Diss. v. 1890

Bosch, Eduard (geb. am 14 Jan. 1846 in Laasphe Westf.): Ueber Gesichtslagen mit besonderer Berücksichtigung der Aetiologie ... Bonn, Druck v. J. F. Carthaus [1871]. 28 S., 1 Bl. 8.
Bonn, Med. Fak., nachträgl. erschienene Diss. v. 22 Juli 1870

Bosch, Ed(uard): Über Osteotomie. *Bonn 1898: C. Georgi.* (31 S.) 8°
Bonn, Med. Diss. v. [9.] März 1898

Bosch, Eugen, prakt. Tierarzt aus Wesel am Rhein: Untersuchungen über die Ursache der Haarwirbelbildung bei den Haustieren mit besonderer Berücksichtigung des Gesichtswirbels und dessen praktische Bedeutung für Beurteilung, Leistung und Zucht der Haustiere. (Aus dem Zootechnischen Institut der Universität Bern. Professor Duerst.) [Mit vier Illustrationen im Text.] Hannover 1910. 55 S. 8°. [28. V. 09.]
Bern. Vet.-med. Diss. 1909/10.

Bosch, Frz., aus der Geschichte der Zellenlehre. Festschrift zum 100 jähr. Geburtstage (7. XII. 1910) ihres Begründers Theodor Schwann. (52 S. m. 1 Abbildg. u. 1 Bildnis.) gr. 8. Düsseldorf 910. L. Schwann. 1. 20

Bosch, Franz, Kandidat d. höh. Schulamts, Crefeld: Über die Perception beim tropistischen Reizprozess der Pflanzen. Bonn 1907: S. Foppen. (48 S.) 8°
Bonn, Phil. Fak., Ref. Strasburger, Diss. v. 6. Aug. 1907
[Geb. 14. Okt. 82 Goch; Wohnort: Crefeld; Staatsangeh.: Preußen; Vorbildung: Marzellen-Gymn. Cöln Reife O. 02; Studium: Heidelberg 3, Bonn 6 S.; Rig. 24. Juli 07.]

de Bosch, (H.,) Observationum et notarum in Anthologiam graecam. Vol. II. gr. 4. Utrecht 823. (Weigel in Leipzig.)

van den Bosch, Hans [aus Steele a. d. Ruhr]: Über einige Fälle von Meningitis spinalis epidemica. . . . Würzburg. P. Scheiner's Buchdr., 1890; 28 S. 8°
Würzburg. Med. Fak., Inaug.-Diss. v. 1890

Bosch, Hermann, Arzt a. Hagen i. Westfalen: Ein Fall von Glioma cerebri. Beitrag zur Differential-Diagnose des Hirnabszesses. Rostock 1905: Adlers Erben. (48 S.) 8°
Rostock, Med. Fak., Ref. Martius, Diss. v. 25. März 1905
[Geb. 19. Febr. 81 Hagen: Wohnort: Hagen; Staatsangeh.: Preußen; Vorbildung: Gymn. Hagen Reife O. 00; Studium: Bonn 3, Würzburg 1, Bonn 3, Berlin 1, Rostock 1 S.; Coll. 20. Dez. 04; Approb. 17. Dez. 04.]

Bosch, Hieronymus van den

— s. Anthologia graeca.

— Anthologia graeca. III Tomi. 4. Ultraj. (Gleditsch, Leipz.) 795.

van den Bosch, Hnr., theoret. u. prakt. Bemerkk. über d. Muskelvermögen d. Haargefäßchen. 8. Münster 780. Coppenrath. 20 K

Bosch, Hieronymus van den: Theoretische und praktische Bemerkungen über das Muskelvermögen der Haargefäschen nebst einigen Anwendungen desselben zur Erklärung einiger Erscheinungen in dem gesunden und kranken thierischen Körper. Münster & Osnabrück: Perrenonische Buchh. 1786. 383 S. 8°.

Bosch, Hior. de, carm. de aequalitate homin. 4. maj. Amst. (Fritsch, L.) 793.

de Bosch, Hier., curae secundae in Horatii epistolam ad Pisones de arte poetica e schedis beati auctoris nunc primum ed. H. K. A. Eichstädt. Fol. S. l. et a. (812.)

de Bosch, J., über Homer's Ilias. 2 Thle. Aus d. Holländ. v. C. H. Mutzenbecher. gr. 8. Züllich. 788. Frommann in Jena. 1 ℛ 6 𝒢 Schrbp. 1 ℛ 12 𝒢

— observationum et notarum in anthologiam graecam II Voll. 4maj. Utrecht 822. (Weigel in Leipz.) 6 ℛ

— Poëmata. 4. maj. Lips. Weidmann. 803.

— Poëmata. Editio altera et auct. 4maj Utrecht 808. (Lpz., Weidmann). 6 ℛ Appendix. 4maj. Ibid. 808.

Bosch, Hieronymus van den: Theoretisch-praktischer Versuch über die Entzündungen, ihren Endigungen; und mancherley andere Krankheiten des menschlichen Leibes; wobey die Muskelkraft der Haargefäßchen zum Grunde gelegt wird. Münster & Osnabrück: Perrenonische Buchh. 1786. 383 S. 8°

Bosch, Hnr. van den: Theoret. u. praktische Bemerkungen über d. Muskelvermögen ..., s. Bosch, Hieronymus van den

Bosch, J: Über Homer's Ilias, s. Bosch, Hieronymus van den

Bosch, J., deutsche Schulvorschriften für den ersten Unterricht im Schönschreib. 4. (9 lithogr. Bl.) Wesel 837. Bagel. 1/4 ℛ

—— dies. f. d. zweiten Unterr. 4. (9 lith. Bl.) Ebds. 837.

— engl. Schulvorschriften mit deutschem Texte, für den ersten Unterricht im Schönschreiben. qu. 4. (9 lithogr. Bl.) Wesel 838. Bagel. 1/3 ℛ

Bosch, Iac., Symbolographia etc. Fol. Augsb. Wolf.

de Bosch, Jér. Laudes Bonapartii et elogia cum primi consulis vita. 8. Utrecht 1801. (auch französisch, deutsch und holländisch. 8. ib. 1801.)

Bosch, Immanuel Jakob van den

— Abhandl. über d. wahre Beschaffenheit d. Kinderpocken. 8. Stend. 792. Franzen u. Gr. 8 𝒢

van den Bosch, Imm. Jak., Historia constitutionis epidemiae verminosae, quae annis 1760—63. grassata fuit etc. 8. Leyd. 769. Ed. nova cur. J. C. G. Ackermann. 8maj. Nürnb. 779. (Eichhorn; u. Lauffer in Leipz.) 1 ℛ 8 𝒢 Schrbp. 2 ℛ

Bosch, I. I. van den, hist. constitutionis epidem. verminosae 1760—63. per insul. Overflaque etc. grassat. ed. Ackermann. 8. maj. Nrnb. Grattenauer. 779.

Bosch, I[man] I[acob] van den: Historia constitutionis epidemicae verminosae, quae annis 1760, 1761, 1762 et initio anni 1763 per insulam Overflacque et contiguam Goedereede grassata fuit cum perpetuis fere commentariis in praecipuos verminantium morbos ac... ind. Ed. nova curante Io[annes] Christ[ianus] Gottl[ieb] Ackermann. Norimbergae: Lochner 1779. 426 S. 8°

Bosch, Joh[ann] Bapt[ist], städt. Bauamtmann i. München: Berechnung der gekreuzt armierten Eisenbetonplatte und deren Aufnahmeträger unter Berücksichtigung der Kraftwirkungen nach zwei Richtungen. [1908.] 50 S. 4° ¶ Auch als: Forscherarbeiten auf d. Gebiete d. Eisenbetons. H. 9; Abschnitt 1 auch in: Beton u. Eisen. Jg. 4. 1905.
Darmstadt, Dr.-Ing.-Diss. v. 25. 9. 1908

Berechnung der gekreuzt armierten Eisenbetonplatte und deren Aufnahmeträger unter Berücks. d. Kraftwirkungen nach zwei Richtungen von Dr.-Ing. Joh. Bapt. Bosch. Mit 32 Textabb. Berlin: Ernst 1908. 50 S. 4°(8°)
(Forscherarbeiten a. d. Geb. d. Eisenbetons. H. 9) Iog. 11144

— Die Wasserkraftanlage im Süden der Stadt München. (31 S. m. 25 Abbildgn. u. 1 Taf.) Lex. 8. Berlin 910. W. Ernst & Sohn. 1. —
Sonderabdruck aus „Beton u. Eisen".

Bosch, Jos. van den, S. J., die zwölf Verheißungen des göttlichen Herzens Jesu, s.: Hesse, Adf.

Bosch, Karl

Bosch. Carl [aus Hechingen in Hohenzollern]: Die Behandlung tuberkulöser Gelenkentzündungen .... Berlin, Buchdr. v. Gustav Schade (Otto Francke) (1868): 29 + 1 S. + 1 Bl. 8°
Berlin. Med. Fak., Inaug.-Diss. v. 28. Jul. 1868

BOSCH, Carl (Geisingen): Beiträge zur Statistik der Typhusmortalität in München von Jahre 1857/58 bis 1868 incl.- München: Mühlthaler 1869. 20 S.
4.8.1868 - Urk (Titel: Additamenta quibus numerus hominum typhi morbo inde ab anno 1857 usque ad annum 1868 Monachii extinctorum declaretur.); F 72; Chr 1868/69,14
Diss. Ingolst.-Landsh.-Mchn.

Bosch, Carl: Uber [!] die Kondensation von Dinatriumacetondicarbonsäurediäthylester mit Bromacetophenon. *Leipzig 1898: Metzger & Wittig.* (39 S.) 8°
S. Leipzig, Phil. Diss. v. [9. Aug.] 1898

Bosch, Karl, Gerichtsreferendar in Cöln: Die Reform des kirchlichen Eheschließungsrechts durch Papst Pius X. ‹Mit besonderer Berücksichtigung d. Rechtslage im Deutschen Reiche.› Borna-Leipzig 1907: R. Noske. (XI, 69 S.) 8°
Leipzig, Jur. Fak., Diss. v. 21. Nov. 1907
[Geb. 14. Okt. 82 Goch. Kr. Cleve; Wohnort: Cöln-Ehrenfeld; Staatsangeh.: Preußen; Vorbildung: Gymn. an Marzellen Cöln Reife O. 02; Studium: Bonn 1, Heidelberg 3. Bonn 2 S.; Rig. 23. Juni 06.]

Bosch, L., Leitershofen u. Leonor Franz v. Tournely's Gesellschaft des hl. Herzens. Geschichtliche Erinnergn. zum Centenarium der Gründg. genannter Gesellschaft 1794. (Nach dem Pfarrurbarium, Spell, L. Fr. v. Tournely, zusammengestellt.) 8. (13 S. m. 1 Ansicht u. Bildnis.) Augsburg 894. Literar. Institut v. Dr. M. Huttler. n. — 10

Bosch, Robert: Bosch-Abreiß-Zündung für Automobil-Motoren und schnell laufende stationäre Motoren mit mechanisch gesteuerter Abreiß-Vorrichtung. Stuttgart (1908?)

Bosch, Robert: Bosch-Doppel-Zündung. Stuttgart (1908?)

Bosch, Robert: Neue Bosch-Doppel-Zündung. Stuttgart (1908?)

Bosch, Robert: Magnetelektrische Bosch-Lichtbogen-Zündung für langsam laufende, ortsfeste 1 Zylinder-Motoren mit nicht mehr als 250 Zündungen in der Minute. Stuttgart (1908?)

Bosch, Robert: [Veröffentlichungen betr.] Neue Bosch-Magnetkerzen-Zündung System Honold. Stuttgart (1908?)

Bosch, Robert: Bosch-Zylinder-Kontrollapparate, Stromverteiler, Ausschalter für Automobilmotoren. Stuttgart (1908?)

Bosch, R: Elektrischer Wasserstands-Fernmelder. Stuttgart (1908?)

Bosch, Robert: [Veröffentlichungen betr.] Zündungen. D. 46 (1909?) ff. Stuttgart

Bosch, Roeloef Benjamin van den

Bosch, R. B. van den, Hymenophyllaceae Javanicae, sive descriptio Hymenophyllacearum Archipelagi Indici, iconibus illustrata. Edidit Academia Regia Scientiarum. Cum tabb. LII (lith.). Amsterdam 861. (Leipzig, Fr. Fleischer.) gr. 4. (67 S.) nn. 3 ℛ 22 ngr.

Die drei Grade der Freimaurerei des Frauenzimmers, mit allen Gebräuchen und Ceremonien, und einem vollständigen Katechismus vom [Br] [Simon] Bosch. Prag u. Wien: v. Schönfeld 1783. 35 [recte 57] S. 8°

[Dasselbe.] Ebendas. 57 S. 1 Taf. 8°
Kl. 2117. Mit Antiqualettern gedruckt. Bearb. von Bd 2 Nr 43209.

[Andere Ausg. u. d. Tit.:]
Die drei Grade der Freimaurerei des Frauenzimmers mit allen nöthigen Gebräuchen und Zeremonien die bei jeder Aufnahme beobachtet werden. Nebst einem vollständigen Katechismus zu einem jeden Grade. Hrsg. von Simon Bosch. Wien u. Prag: v. Schönfeld 1783. 36 S. 8°
Kl. 2117. Selten. Mit Frakturlettern gedruckt.

Bosch, Walther, aus Bochum, Westf.: Organische Quecksilber-Verbindungen. *Heidelberg 1901: Hörning & Berkenbusch.* (46 S.) 8°
Heidelberg, Naturw.-math. Diss. v. 1901

Bosch, Wilhelm [app. Arzt aus Jungingen, '(Württemb.)']: Über einen Fall von Prostata-Hypertrophie ... Würzburg, Etlinger's Buchdr., 1892; 24 S. 8.
Würzburg, Med. Fak., Inaug.-Diss. v. 1892

Bosch-Ido, Ida, s. a.: Ido.

— allerlei Bekannte, s.: Kocher, Jul.

— Gedankenflug. Gedankenspäne u. Gedankensplitter. (78 S. m. Bildnis.) kl. 8. Stuttgart 904. Strecker & Schröder. n. 1.20; geb. n. 2.—

Bosch-Ido, Ida, bunte Gesellschaft. s.: Kocher, Jul.

Bosch-Ido, Ida, Hans im Glück. Ein Märchen. In Reime gebracht. (12 farb. Bildertaf. m. untergedr. Text.) qu. gr. 4. Stuttgart (903). G. Weise. n. —50; auf Pappe 1.—

— das goldene Jahr, s.: Kocher, Jul.

— Kinderlust, s.: Kocher, Jul.

Bosch-Ido, Ida, wie's im Sprichwort heißt. s.: Kubel, Otto.

Bosch-Lichtbogenentzündung, magnetelektr., Type D4² f. 4-Cylinder-Automobilmotoren. (18 m. farb. Abb.) Lex 8° Berl., RC Schmidt & Co. (08). 3 —

Bösch, A., s. Die europ. Längengradmessung ...

Boesch, Heinrich I. u. Otto I., s.a. Sammlung gemeinverständlicher wissenschaftlicher Vorträge.

Bösch, Heinrich I u Otto I. (Slg w. Vortr. 432) Berlin 1884

Boesch, Ant., Glück d. Daseins. Lieder in 2 Büchern. 16. (48 S.) Freiburg i/B. 890. (Stoll & Bader.) n. 1.—

Boesch, Ant., Lese- u. Uebersetzungsübungen zu den wichtigsten englischen Paronymen oder gleichlautenden Wörtern, nach Lautgruppen geordnet u. für die oberen Classen der Realschulen sowohl als den Selbstunterricht bestimmt. 8. (VI, 76 S.) Wiesbaden 880. Bischkopff. n. — 80

Chr. Bösch, Bruggen (St. Gallen), Bienengeschäft. Preisliste 1902. Bienengeräthe: System Bösch. [Illustriert.] 8 S. 8. (Aarau, Sauerländer.)
Beilage zur schweizerischen Bienenzeitung.

Boesch, Eugen. Ueber Traumatische Neurosen, nach Beobachtungen der medizinischen Klinik in Zürich. Diss. Med. Univ. Zürich. (*Kopftitel:* Aus der Zürcher med' Universitäts-Klinik. Direktor: Prof. Dr. Hermann Eichhorst.) 86 S. 8. Luzern, H. Keller, 1907.

Bösch, Franz Arthur, a. Altona a. d. E.: Über einen Fall von Osteosarkommetastasen der Lunge. Würzburg 1899: Köhl u. Hecker. (23 S.) 8°
Würzburg, Med. Fak., Ref. v. Rindfleisch, Diss. v. 18. Juli 1907
[Geb. 26. März 71 Altona; Wohnort: Charlottenburg; Staatsangeh.: Preußen; Vorbildung: Gymn. Altona, Clausthal Reife M. 90; Studium: Würzburg 5, München 2, Würzburg 5 S.; Coll. 22. Febr. 99; Approb. 19. Nov. 96.]

Boesch, Frdr., de XII tabularum lege a Graecis petita. Quaestiones philologae. Diss. gr. 8. (V, 89 S.) Göttingen 893. Dieterich's Verl. n. 2.60

Boesch, Georgius: De Apollonii Rhodii elocutione. (Göttingen 1908: Dieterich.) 75 S. 8°
Berlin, Phil. Diss. v. 23. Sept. 1908, Ref. v. Wilamowitz-Möllendorff
[Geb. 5. Juni 85 Ilfeld; Wohnort: Ilfeld; Staatsangeh.: Preußen; Vorbildung: Klosterschule Ilfeld Reife O. 04; Studium: Göttingen 2, Straßburg 1, Berlin 5 S.; Rig. 18. Juni 08.] [U 09. 149

Bösch, Hans, s.: Bilder- u. Spiegel-Rahmen.

— Die Bronceepitaphien der Friedhöfe zu Nürnberg, s.: Gerlach, Mart.

— geschmiedete Gitter d. XVI.—XVIII Jahrh. a. Süddeutschland, s.: Roeper, Adb.

Katalog der im germanischen Museum befindlichen Bronzeepitaphien des 15.—18. Jahrhunderts. (Von Hans Bösch.) Mit Abbildungen. Nürnberg. 1891. 4°.

Katalog der im germanischen Museum vorhandenen zum Abdrucke bestimmten geschnittenen Holzstöcke vom XV.—XVIII. Jh. M. Abdrücken v. solchen. (Vf.: Hans Bösch.) Tl 1. 2. Atlas. *Nürnberg: German. Museum 1892—96.* 2 Bde 4. 1 Bd gr. 2.
1. XV. u. XVI. Jh. (Vorr.: A[ugust] v. Essenwein.) 1892. (130 S.)
2. XVII. u. XVIII. Jh 1894. (152 S., 2 Bl.)
Atlas. XII Taf. 1896. (12 Taf.) [97. 6814

Hans Boosch, Kinderleben in der deutschen Vergangenheit. Mit 149 Abb. u. Beil. nach den Orig. aus d. 15.-18. Jh. *Leipzig: E. Diederichs 1900.* (131 S.) 4°(8°) [F.]
— Monographien z. deutschen Kulturgeschichte. Altertüml. Ausg. Bd 5. [00. 9334

Boesch, Hans: Möbel aller Stilarten, s: Roeper, Adalb.

— s.: Ornament-Schnitzwerke, ausgewählte des XV.—XVIII. Jahrh.

Bösch, Hans, ausgewählte Ornament-Schnitzwerke des XV.—XVIII. Jahrh., s.: Roeper, Adalb.

— Sammlung von Öfen, s. Röper, Adb.

— Deut. Schmiedearbeiten a. 5 Jahrh., s. Roeper, A.

— Deut. Schmiedearbeiten a. 5 Jahrh. 50 Taf. in Lichtdr. n. photograph. Orig.-Aufnahmen. 2. Afl. (8) 45×33,5 cm. Lpzg, Baumgärtner ('11). in M 24 —

— s.: Schotte, Ed., aus Nürnbergs Mauern.

— Todtenschilder u. Grabsteine, s.: Gerlach, Mart.

Boesch, Heinrich. Der Aquaeductus vestibuli als Infektionsweg. Diss. Med. Basel. [Sep.-Abdr. aus: Zeitschrift für Ohrenheilkunde, Band 50.] *Kopftitel:* Arbeit aus der oto-laryngolog. Univ.-Klinik in Basel ⟨Prof. [Friedrich] Siebenmann⟩. 58 S. 8. Wiesbaden, J. F. Bergmann, 1905.

Boesch, J., Schulwandkarte der Grossherzogthümer Mecklenburg-Schwerin und Strelitz. 1:200,000. 4 Bl. Chromolithogr. Imp.-Fol. Parchim 879, Wehdemann's Buchh. *

Boesch, J, Schul-Wandkarte v. Mecklenburg-Schwerin u. Mecklenburg-Strelitz. 1:200,000. 2. Afl. 4 Bl. à 58,5×59 cm. Farbendr. Parch. 95, H Wehdemann. 6—; auf Lnw. m. St. 9

Boesch, J: Schul-Wandk. v. Mecklenburg-Schw. u. Mecklenburg-Str. 1:200,000. 3. Afl. 4 Bl. je 58,5×59,5 cm. Farbdr. Parch., H Wehdemann (04). 6—; auf L. m. St. 9—

Bösch, J. M., Friedrich Albert Lange u. sein „Standpunkt d. Ideals". gr. 8. (94 S.) Frauenfeld 890. Huber. n. 2.—

Boesch, J. M., der Materialismus u. das Verhältniß v. Leib u. Seele. Habilitationsrede. 8. (29 S.) Zürich 886. Schmidt. n. - 80

Bösch, J.M.: Robert Owen, der menschenfreundliche Fabrikherr und kommunistische Weltverbesserer. Basel: Verband schweiz. Konsumvereine 1905.

Bösch, J.M.: Produktivgenossenschaft oder produzierende Konsumgenossenschaft. Winterthur 1900.

Bösch, J. M. (Pfarrer). Die Wahlreform im Sinne der proportionellen Vertretung aller Wähler. In-8⁰, 26 S. Lausanne, G. Bridel. — 20
1880

Boesch, Johann

Boesch, Giovanni. Skizzen. II + 65 S. 8. Zürich, Boesch-Spalinger, 1902. [fr. 1.—]
Feuilletonistische Schilderungen aus Heimat und Fremde.

Boesch, Joh. Lucas (Hamburg), De renunciatione tertio praejudicante. Diss. jur. Rector Pet. Wesseling. Utrecht (Joh. Broedelet) 13. III. 1750. 36 S. (5.—) 3346
Gew.: Heinr. v. Meurer (Crummendick, Campen u. Rhade).

Die entwicklungstheoretische Idee socialer Gerechtigkeit. E. Kritik u. Ergänzg d. Socialtheorie Herbert Spencers. Von J[ohann] M[elchior] Bösch, Doc. ... an d. Hochschule Zürich. *Zürich-Oberstrass: E. Speidel 1896.* (IV, 247 S.) 1 Bd 8.

Bösch, J[ohann] M[elchior], Privatdozent am eidgenössischen Polytechnikum: Das menschliche Mitgefühl. Ein Beitrag zur Grundlegung der wissenschaftlichen Ethik. Winterthur M. Kieschke 1891. 76 S., 1 Bl. 8⁰.
[Zürich, Phil. Fac., Habilitationsschrift].

— Joh. Valentin (Nesslau-Toggenburg), De emesia. Diss. med. Präs. Wilh. Gottfr. Ploucquet. Tübingen (Schramm) Juli 1791. 24 S. (4.60) 3347

Bösch, Karl [Prof.]: Zur Erklärung von Römer 2, 14—16. Nordhausen, Druck v. C. Kirchner's Buchdr., 1894; 1—38 S. 4. Ilfeld, k. Kloster-S, OP 1894 (311)

Boesch, Carl, Gedichte. (IV, 41 S.) 8. Dresden 907. E. Pierson. 1.—; geb. n 2.—

— Am Waldrande. Gedichte. (48 S.) 8. Leipzig 909. F. Eckardt. 2.—

Boesch, Nina. Seelenklänge. Gedichte von [Frau] Nina [Bindschedler-] Boesch. ⟨Als Manuskript gedruckt für Freunde und Bekannte.⟩ [Mit Porträt-Tafel.] 238 S. 8. Ebnat ⟨Toggenburg⟩, Selbstverlag der Verfasserin; Druck A. Mäder, Lichtensteig, (1902). [fr. 2. 50, geb. 4. —]

Boesch, Nina. Seelenklänge. Gedichte. 2. Aufl. 1902—1904. (202 S. m. Bildnis.) 8. Ebnat 904. (St. Gallen, W. Hausknecht & Co.)
Geb. in Leinw. m. Goldschn. n.n. 3.20

Boesch, Nina. Seelenklänge. Gedichte von [Frau] Nina [Bindschedler-] Boesch. 2. Aufl. 1902-1904. [Mit 1 Ansicht und 1 Porträt-Tafel.] 210 S. 8. Ebnat ⟨Toggenburg⟩, Verfasserin; Druck J. Rutz, Wattwil, 1904. [geb. fr. 4. —]

Bösch, Otto, Beiträge zur Eklampsia puerperalis. Inaugural-Dissertation. gr. 8. (93 S.) Basel 882. Riehm. n. 1. 60

Θεωρός. Untersuchung z. Epangelie griechischer Feste. Von Paul Boesch. Berlin: Mayer & Müller 1908. x, 141 S. 8°
[Erschien auch als Inaug.-Diss. Zürich 1908.] 09. 3670

Boesch, Rudolf. Ueber die Bleivergiftungen, welche in den Jahren 1884—1905 auf der Züricher medizinischen Klinik beobachtet wurden. Diss. Med. Univ. Zürich. *Kopftitel:* Aus der medizinischen Universitätsklinik Zürich. Direktion: Prof. Dr. H[ermann] Eichhorst. 60 S. 8. Zürich, Gebr. Leemann & Co., 1905.

Bösch, W., meine Erfahrungen über Heilung, Erziehung und Unterricht von Schwerhörenden, Sprachlosen trotz Gehörs, Stotternden, Blöd- und Schwachsinnigen. Ein Rathgeber für Eltern u. Angehörige solcher Kinder. Berlin 858. (J. Springer.) Lex.-8. (32 S.) 5 ngl

— Unterrichts- und Beschäftigungs-Plan der verschiedenen Stufen der Idioten-Anstalt (des Verf.) in Berlin. Lex.-8, (31 S.) Berlin 858, (Springer's Verlag.)

Boesch, Wilhelm [aus Obermendig]: Aus d. chirurg. Klinik zu Bonn. Ueber Gastrostomie. . . . Bonn, Druck v. J. Trapp, 1890; 27 S., 1 Bl. 8⁰
Bonn, Med. Fak., Inaug.-Diss. v. 12. Dez. 1890

Boesch-Bommer, A. (Red.), s. Coiffeur-Zeitung, Schweizerische.

Boscha, P., selecta principum poëtar. recentior. e diversis popul. atque aetatibus carmina latina. Collegit et de vitis poëtar. pauca monuit. 8maj. (10 B.) Amstel. 837, van der Vinne. (Lipsiae, libr. Weidmann.) *

Boschan: Eltern- u. Vormundschaftsrecht ..., s. Boschan, Wilhelm

Boschan, Friedrich

Boschan, Frédér., Conseils diététiques pour les baigneurs à Franzensbad. 2. Édit. gr. 8. (28 S.) Wien 865, Gerold's Sohn. *

Boschan, Friedr., die salinischen Eisenmoorbäder zu Franzensbad und ihre Heilwirkungen. Monographie. gr. 8. (XVI und 160 S.) Wien 850, (Gerold, Verlag.) *

— Essai sur les bains de boue ferrugineuse et saline de Franzensbad et sur leurs effets thérapeutiques. Monographie. Traduit de l'Allemand. gr. 8. (XII und 105 S.) Leipzig 851 (52,) Michelsen. *

— essai s. les bains de boue ferrug. et sal. de Franzensbad. 8. (105) Lpzg 52, Naundorf. (?) n. 1. —

Boschan, Fred., Hints to Invalids at Franzensbad. Information regarding its baths; rules of diet etc. gr. 8. (36 S.) Wien 869, Seidel und Sohn. *

Boschan, Frid., Tractatus inauguralis de Scopolina Atropoide. 8. (2¾ B. u. 2 Stnt.) Vindobonae 844. (Gerold, Verlag.) *

Boschan, *Friedrich.*
— De Scopolina atropoide. D. Vindobonae, typ. Ueberreiter. 1844. 8. 2 tab.

Boschan, Dr. Friedrich —. Diätetische Winke für Kurgäste in Franzensbd.-b. Von — —. Zweite Auflage. 8. (28 pag.) Eger. Druck von J. Kobrtsch und Gschihay. 1854.

Boschan, Friedr., diätetische Winke für Kurgäste in Franzensbad. 3. Aufl. 8. (44 S.) Wien 857, (Gerold's Sohn.)

Boschan, Friedr., diätetische Winke für Kurgäste in Franzensbad. 9. Aufl. 8. (23 S.) Wien 879, (Seidel und Sohn.) *
1.—8. Aufl. erschienen im Selbstverlag.

—— Wskazówka dyetetyczna dla pacyentów przybywających do Franzensbad. Przetłomaczona na język polski. (Diätetischer Wegweiser für Kurgäste in Franzensbad.) 8. (55 S.) Leipzig 858, Librairie étrangère.

Boschan, Richard

— Gesch. d. Stadt Potsdam, s: Haeckel, Jul.

Boschan, Richard, a. Potsdam: Der Handel Hamburgs mit der Mark Brandenburg bis zum Ausgang des 14. Jahrhunderts. (Berlin 1907: E. Ebering.) (104 S.) 8°
Berlin, Phil. Fak., Ref. Schäfer, Diss. v. 2. März 1907
[Geb. 23. April 84 Potsdam; Wohnort: Potsdam; Staatsangeh.: Preußen; Vorbildung: Victoria-Gymn. Potsdam Reife O. 03; Studium: Jena 1, Leipzig 2, Berlin 5 S.; Rig. 17. Dez. 06.]

Boschan, Wilhelm

Das Eltern- und Vormundschaftsrecht in der gerichtlichen Praxis. Von Wilhelm Boschan, Amtsrichter in Berlin. *Berlin: O. Häring 1900.* (XVIII, 401 S.) 8° [F.]
= Hilfsbücher f. d. gerichtliche Praxis. 2. Jur. 10559

— die Geschäftsordng. f. die Gerichtsschreibereien d. preuß. Amtsgerichte, s.: Peters, Wilh.

Die Nachlaßsachen in der gerichtlichen Praxis. Von Wilhelm Boschan, Amtsrichter. T. 1. 2. *Berlin: O. Häring 1903–05.* 2 Bde 8° [F.]
1. Der Erbschein u. d. Recht d. Erbfolge 1903.
2. Die gesamte Tätigkeit d. Nachlaßgerichts. 1905.
= Hülfsbücher f. d. gerichtliche Praxis. 7. 8. Jur. 10559 8

— Das Reichsgesetz üb. die Beurkundung des Personenstandes u. die Eheschließung, s.: Hinschius, Paul.

Bosche, Joh. Heinrich (Hamburg), De peregrinatione docta rite instituenda. Präs. Joh. Christ. Senstius. Rostock (J. Weppling) Juli 1706. 8 Bl. (4.—) 3600

Bösche u. Hahn, vierstimmige Männerchöre für höhere Unterrichtsanstalten [Seminare, Oberklassen der Gymnasien etc.] bearb. u. hrsg. Lex.-8. (II, 54 S.) Stade 880. Schaumburg. n. 1. —

Boesche, Albert Wilhelm: Sprachliche Untersuchungen zu Dietrichs Flucht und Rabenschlacht. München 1905: C. Wolf. (71 S.) 8°
München, Phil. Fak., Ref. Paul, Diss. v. 19. Juli 1905
[Geb. 3. Nov. 74 Leer, Prov. Hannover; Wohnort: Cambridge, Mass.; Staatsangeh.: Vereinigte Staaten; Vorbildung: Gymn. Leer Reife O. 92; Studium: Hamilton College i. Clinton, N.-Y. 2, Harvard Univ. 2, München 4 S.; Rig. 19. Juli 05.]

Bösche, Eduard Theodor

Bösche, Ed. Thdr., allgemeine Beschreibung der Erde u. ihrer Bewohner, nebst einer kurzen Darstellung der Himmelskörper. Mit vielen Abbildgn. (in eingedr. Holzschn.) u. einer (in Stahl gest.) color. Weltkarte (in Fol.) Bearb. nach den neuesten u. besten Quellen. gr. 8. (IV u. 794 S.) Philadelphia 851. (Schäfer & Koradi.) n. 1 ℛ

Boesche, Ed. Theod., Dialogos portuguezes e alemães para o uso de ambas as nações. — A. u. d. T.: Portugies. u. deutsche Gespräche z. Gebr. beider Völker. gr. 12. (8 B.) Hamburg 836, Hoffmann u. Campe.

Bösche, Ed. Thdr., portugiesisch-brasilianischer Dolmetscher oder kurze und leichtfaßliche Anleitung zur schnellen Erlernung der portugiesischen Sprache. Mit genauer Angabe der Aussprache. Für Auswanderer nach Brasilien u. zum Selbstunterricht. Nebst einem Wörterbuche, Formularen zu Briefen, Rechnungen etc.; Vergleichungen der Münzen, Maße, Gewichte etc. Hamburg 853. Kittler. 8. (IV, 257 S.) n. 24 ngr

Bösche, Ed. Thdr., portugiesisch-brasilianischer Dolmetscher, od. kurze u. leichtfaßl. Anleitg. zur schnellen Erlerng. der portugies. Sprache. Mit genauer Angabe der Aussprache. Nebst e. Wörterbuche, Formularen zu Briefen, Rechngn., Quittgn., Wechseln etc. Vergleichungen der Münzen, Maße, Gewichte etc. 2. Aufl., verm. u. verb. v. A. Dammann. gr. 8. (VI, 259 S.) Hamburg 892. Leipzig, R. Kittler's Verl. n. 3. —

— neues vollständiges Handwörterbuch der portugiesischen und deutschen Sprache. Mit besonderer Rücksicht auf Wissenschaften, Künste, Industrie, Handel, Schifffahrt etc. bearb. — Novo diccionario geral das linguas portugueza e allemã. 2 Thle. Hamburg (858). Kittler. gr. 16. (3 Bl., 847; 2 Bl., 806 S.) n. 4 ℛ 24 ngr

Bösche, Ed. Thdr., neues vollständiges Handwörterbuch der portugiesischen und deutschen Sprache. Mit besond. Rücksicht auf Wissenschaften, Künste, Industrie, Handel, Schifffahrt etc. — Novo diccionario geral das linguas portugueza e allemã. 2 Thle. 8. (VIII und 1662 S.) Hamburg 859, Kittler. *

—— Normal-Alphabete aller Sprachen, s. a. Normal-Alphabete.

Boesche, Th., Normal-Alphabete aller Sprachen. Eine Zusammenstellung aller Schriftzüge lebender und todter Sprachen, ihrer Accente, Zahl- und Lesezeichen, sowie anwendbarer calligraph. Verzierungen. Für die höhere Calligraphie, Typographie und Zeichnenlehre herausg. 5. u. 6. Aufl. Berlin 861. Retemeyer. qu. 8. (30 lith. Bl.) 1 ℛ

— der kleine Portugiese oder kurzer, leichtfaßlicher Leitfaden zur Erlernung der portugiesischen Sprache. Für den Unterricht und Auswanderer nach Brasilien. Hamburg 853. Kittler. 8. (IV, 58 S.) n. 12 ngr

— neue portugiesische Sprachlehre oder gründliche Anweisung zur praktischen Erlernung der portugiesischen Sprache. Zum Schulgebrauch und Selbstunterricht. Hamburg 853. Kittler. 8. (VIII, 269 S.) n. 1 ℛ

Bösche, Ed. Thdr., neue portugiesische Sprachlehre od. gründl. Anweisg. zur prakt. Erlerng. der portugies. Sprache. Zum Schulgebrauch u. Selbstunterricht. 2. verm. u. verb. Aufl. 8. (VIII., 285 S.) Hamburg 876. Kittler. n. 3. —

Bösche, Ed. Thdr., neues vollständiges Taschenwörterbuch der portugiesischen u. deutschen Sprache. Mit besonderer Rücksicht auf Wissenschaften, Künste, Industrie etc. bearb. 2 Thle. Hamburg 868. Kittler. 16. (682; 644 S.) n. 3 ℛ 20 ngr

— neues vollständiges Taschenwörterbuch der portugiesischen u deutschen Sprache. Mit besond. Rücksicht auf Wissenschaften, Künste, Industrie, Handel, Schifffahrt etc. 2 Thle. 2. Aufl. gr. 16. (682 u. 644 S.) Ebend. 876. n. 11. —

Bösche, Ed. Thdr., neues vollständiges Taschenwörterbuch der portugiesischen u. deutschen Sprache. Mit besond. Rücksicht auf Wissenschaften, Künste, Industrie, Handel, Schifffahrt etc. bearb. 2 Thle 3. Aufl. 12. (682 u. 644 S.) Hamburg 884. Kittler's Verl. n. 11. —

Bösche, E. Th., neues vollständiges Taschenwörterbuch der portugiesischen u. deutschen Sprache. 2 Thle. 4. Aufl. 12. (682 u. 645 S.) Hamburg 888. Kittler's Verl. n. 11. —

— neues vollständiges Taschenwörterbuch der portugiesischen u. deutschen Sprache. Mit besond. Rücksicht auf Wissenschaften, Künste, Industrie, Handel, Schifffahrt etc. bearb. 2 Thle. 5. Aufl. 12. (682 u. 644 S.) Leipzig 894. R. Kittler's Verl. n. 11. —

Neues vollständiges Taschenwörterbuch der portugiesischen und deutschen Sprache ... bearb. von Eduard Theodor Bösche. 6. Aufl. vollst. umgearb. u. stark verm. von A. Dammann. T. 1. 2. *Leipzig: R. Kittler 1897.* 2 Bde 8° [F. u. Ant.]
[Nebent.: Novo Diccionario portatil das linguas Portugueza e Allemã
1. Portugiesisch-Deutsch. 2. Deutsch-Portugiesisch [illegible]

Bösche, Ed. Thdr., Wechselbilder von Land- u. Seereisen, Abentheuern, Begebenheiten, Staatsereignissen, Volks- u. Sittenschilderungen während e. Fahrt nach Brasilien und e. 10jähr. Aufenthalts daselbst, in den J. 1825—34. Mit Berücksichtig. des Schicksals der nach Brasilien ausgewand. Deutschen. 8. Hamburg 836. Hoffmann u. Campe. 1 1/2 ß

Bösche, Gustav

Boesche, (Gustav, Dir.): Fünfzigjährige Jubelfeier der Anstalt am 22. und 23. Mai 1901. Erinnerungsblätter. 1. Vor dem Fest. Inh.: ... Zeittafeln. Statistisches. Lehrer u. Schüler d. Anstalt. *Lippstadt 1901: (Bär & Hermann in Leipzig).* (S. 41—92.) 8°
Lippstadt, RG u. R, Festschr. 1901 **

Boesche, [Gustav], (Dir.): Fünfzigjährige Jubelfeier der Anstalt am 22. und 23. Mai 1901. Erinnerungsblätter. 2. Nach dem Fest. Inh.: Der Verlauf d. Jubelfeier ... *Lippstadt 1901: (E. Hegener).* (S. 1—52, 63—70.) 8°
Lippstadt, RG u. R, Festschr. 1901 **

Boesche, (Th. J. Gustav): Die Feier der Einführung des zeitigen Direktors am 23. September 1897. *Lippstadt (1898): A. Staats.* (3—9 S.) 4° [5.]
Lippstadt, RG, OP 1898 (389)

Boesche, *Gustav* [Dir.]: Rückblick auf die 25jährige Geschichte der städtischen höheren Reallehranstalt zu Eisleben u. die ihre Entwicklg bedingenden Verhältnisse. Michaelis 1870—1895. Eisleben, Druck v. E. Schneider, 1896; 34 S. 4.
Eisleben, st. RPG, OP 1896 (264)

Bösche, Karl, u. Rob. Linnarz, Auswahl v. Liedern f. deutsche Schulen. In 4 Hftn. hrsg. 1.—3. Hft. 8. Hannover Norddeutsche Verlagsanstalt O. Goedel. n. 1. 10
1. 40 Lieder f. d. Unterstufe u. 14 Spiellieder. 5. Aufl. (32 S.) 896. n. — 25
2. 59 Lieder u. 10 Kanons f. d. Mittelstufe. 7. Aufl. (52 S.) 898. n. — 35
3. 90 Lieder u. 10 Kanons f. d. Oberstufe. 6. Aufl. (96 S.) 898. n. — 50

[5.] Auswahl von Liedern für deutsche Schulen. In 4 Heften hrsg. v. d. Seminar-Musiklehrern Karl Bösche u. Robert Linnarz. 5. Aufl. Heft 1—3. *Hannover: O. Goedel 1894—96.* 8.

Bösche, Karl, u. Rob. Linnarz, Auswahl v. Liedern f. deutsche Schulen. In 4 Hftn. hrsg. 8. Hannover, Norddeutsche Verlagsanstalt O. Goedel. n. 2. 40
1. 40 Lieder f. die Unterstufe u. 14 Spiellieder. 7. Aufl. (32 S.) n. — 25
2. 59 Lieder u. 10 Kanons f. die Mittelstufe. 10. Aufl. (52 S.) 902. n. — 35
3. 90 Lieder u. 10 Kanons f. die Oberstufe. 9. Aufl. (96 S.) 902. n. — 50
4. Für gehobene u. höhere Schulen. 2., verm. Aufl. (184 S.) 900. n.n. 1. 50

Bösche, Karl, u. Rob. Linnarz, Auswahl v. Liedern f. deutsche Schulen. In 4 Heften hrsg. 8. Hannover, Norddeutsche Verlagsanstalt O. Goedel. n. 2. 15
I. 40 Lieder f. die Unterstufe u. 21 Spiellieder. 9. Aufl. (38 S.) 905. n. — 30
II. 59 Lieder u. 10 Kanons f. die Mittelstufe. 14. Aufl. (52 S.) 906. n. — 35
III. 90 Lieder u. 10 Kanons f. die Oberstufe. 11. Aufl. (96 S.) 905. n. — 50
IV. Für gehobene u. höhere Schulen. 3. Aufl. (184 S.) 905. n. 1. —

Bösche, Karl, u. Rob. Linnarz, Auswahl v. Liedern f. deutsche Schulen. In 4 Heften hrsg. 8. Hannover, Norddeutsche Verlagsanstalt O. Goedel. 2. 15
I. 40 Lieder f. die Unterstufe u. 21 Spiellieder. 11. Aufl. (38 S.) 909. — 30
II. 59 Lieder u. 10 Kanons f. die Mittelstufe. 17. Aufl. (52 S.) 910. — 35
III. 90 Lieder u. 10 Kanons f. die Oberstufe. 14. Aufl. (96 S.) 910. — 50
IV. Für gehobene u. höhere Schulen. 4. Aufl. (184 S.) 908. 1. —

Bösche, Karl, u. Rob. Linnarz: Ausw. v. Liedern f. deut. Schulen. In 4 Heften hrsg. 1—III. Heft. 8° Hann., Norddeut. Verl.-Anst. O Goedel.
I: 40 Lieder f. d. Unterst. u. 21 Spiellieder. 11. Afl. (38) '09. — 30
II: 59 Lieder u. 10 Kanons f. d. Mittelst. 18. Afl. (52) '11. — 35
III: 90 Lieder u. 10 Kanons f. d. Oberst. 15. Afl. (96) '11. — 50

— — Ausw. v. Liedern f. einklass. Schulen. In 1 Hft hrsg. Die schönsten u. beliebtesten Schullieder u. 5 Kanons. 2. Afl. 8° (72) Ebd. 06. — 50

Bösche, Karl, u. Rob. Linnarz, Auswahl v. Volksliedern f. deutsche Schulen. 3 Hfte. 8. Leipzig 884. Dürr'sche Buchh. n. 1. —
1. 40 Lieder f. die Unterstufe. (21 S.) n. — 20
2. 50 Lieder u. 10 Kanons f. die Mittelstufe. (45 S.) n. — 30
3. 80 Lieder u. 10 Kanons f. die Oberstufe. (84 S.) n. — 60

— — **Auswahl von Volksliedern für einklassige Schulen. In 1 Heft hrsg. 70 der schönsten und beliebtesten Schul- und Volkslieder und 5 Kanons. 8. (IV, 61 S.) Ebendas. 885.** *

Bösche, K., u. R. Linnarz, Auswahl v. Volksliedern für deutsche Schulen. 4 Hfte. 8. Hannover, Norddeutsche Verlagsanstalt. n. 2. 20
1. 40 Lieder f. die Unterstufe. 2. Aufl. (24 S.) 887. n. — 20
2. 54 Lieder u. 10 Kanons f. die Mittelstufe. 3. Aufl. (48 S. 889). n. — 30
3. 84 Lieder u. 10 Kanons f. die Oberstufe. 3. Aufl. (88 S. 890. n. — 50
4. Für gehobene u. höhere Schulen. (168 S.) 889. n. 1. 20

Bösche, Karl, und Rob. Linnarz, Auswahl von Volksliedern für deutsche Schulen. 3 Hefte. 2. Aufl. 8. Leipzig, Dürr'sche Buchh. *

Inhalt:
Heft 1. 40 Lieder für die Unterstufe. (24 S.) 887. * 20 Pf.
" 2. 54 Lieder und 10 Kanons für die Mittelstufe. (48 S.) 888. * 30 Pf.
" 3. 84 Lieder und 10 Kanons für die Oberstufe. (88 S.) 886. * 50 Pf.

Bösche, Karl u. Rob. Linnarz. Auswahl v. Volksliedern f. deutsche Schulen. 4 Hefte. 8. Hannov., Norddeutsche Verlagsanstalt. * 2 25
1. 40 Lieder f. die Unterstufe u. 14 Spiellieder. 3. Aufl. (32 S.) 891. * — 25.
2. 54 Lieder u. 10 Kanons f. die Mittelstufe. 3. u. 4. Aufl. (48 S.) 889,91. * — 30.
3. 84 Lieder u. 10 Kanons f. die Oberstufe. 3. Aufl. (88 S.) 890. * — 50.
4. Für gehobene u. höhere Schulen. (168 S.) 889. * 1 20.

Bösche, Karl, u. Rob. Linnarz, Auswahl v. Volksliedern f. deutsche Schulen. In 4 Hftn. 1.—3. Hft. 8. Hannover, Norddeutsche Verlagsanstalt. n. 1. 5
1. 40 Lieder f. die Unterstufe u. 14 Spiellieder. 4. Aufl. (32 S.) 894. n. — 25
2. 54 Lieder u. 10 Kanons f. die Mittelstufe. 5. Aufl. (48 S.) 894. n. — 30
3. 84 Lieder u. 10 Kanons f. die Oberstufe. 4. Aufl. (90 S.) 895. n. — 50

Bösche, Karl, u. Rob. Linnarz, neue praktische Orgelschule z. gründlichen Erlernung d. kirchlichen Orgelspiels f. Lehrerbildungsanstalten u. Musikschulen. 3 Tle. qu. hoch 4. Hannover (900). Lehne & Co. n. 6. —; Kartonnagen à n.n. 1. 50
I. (35 S.) n. 1. 50
II. Orgel-Präludien. (84 S.) n. 2. —
III. Orgel-Album. II. Aufl. (119 S.) n. 2. 50

— — und A. Reinbrecht, Polyhymnia. Auswahl von mehrstimm. Männerchören für Seminare und höhere Lehranstalten in 3 Heften. 2. und 3. Heft. 8. Leipzig 885. [Dürr'sche Buchh.] Leuckardt. **
Inhalt:
Heft 2. Volks- und volkstümliche Lieder. (VI, 92 S.) ** 50 Pf.
" 3. Kunstlieder. (VIII, 256 S.) ** ℳ 1.—.
1. Heft. Geistliche Gesänge. Ebendas. 884. ** ℳ 1.—.

— — u. A. Reinbrecht, Polyhymnia. Auswahl v. Männerchören f. Seminare u. höhere Lehranstalten. 3 Bde. gr. 8. Lpz. 892, Leuckart. * 3 —
1. Geistliche Lieder. 3. verm. u. verb. Aufl. (IV, 223 S.) 891. ** 1 —; geb. ** 1 50.
2. Volks- u. volkstüml. Lieder. 5. verm. Aufl. (VI, 120 S.) ** — 60; Anh. zur 4. Aufl., enth. 14 Volkslieder. (S. 99—120.) * — 20.
3. Kunstlieder. 4. verm. u. verb. Aufl. (VI, 309 S.) ** 1 40; geb. ** 2 —.

Bösche, Karl, Rob. Linnarz u. A. Reinbrecht, Polyhymnia. Auswahl v. Männerchören f. Seminare u. höhere Lehranstalten. 3 Bde. gr. 8. Leipzig, F. E. C. Leuckart. n.n. 3. —
1. Geistliche Lieder. 3., verm. u. verb. Aufl. (IV, 223 S.) 891. n.n. 1. —; geb. n.n. 1. 50
2. Volks- u. volkstüml. Lieder. 6., verm. Aufl. (VI, 120 S.) 894. n.n. — 60; Anh. zur 4. Aufl., enth. 14 Volkslieder. (S. 99—120.) n. — 20
3. Kunstlieder. 5., verm. u. verb. Aufl. (VI, 309 S.) 894. n.n. 1. 40; geb. n.n. 2. —

— u. A. Reinbrecht, Polyhymnia. Auswahl v. Männerchören f. Seminare u. höhere Lehranst. 3 Bde. gr. 8. Leipzig 897. F. E. C. Leuckart. n.n. 3. —
1. Geistl. Lieder. 5., verm. u. verb. Aufl. (VI, 223 S.) n.n. 1. —
2. Volks- u. volkstüml. Lieder. 7. Aufl. (VI, 120 S.) n.n. — 60
3. Kunstlieder. 6., verm. Aufl. (VI, 311 S.) n.n. 1. 40

— — u. A. Reinbrecht, Polyhymnia. Auswahl v. Männerchören f. Seminare u. höh. Lehranstalten. (In 3 Bdn.) gr. 8. Leipzig, F. E. C. Leuckart. n.n. 3. —; geb. in Leinw. n.n. 4. 60
1. Geistliche Lieder. 6. verm. u. verb. Aufl. (VI, 223 S.) 899. n.n. 1. —; geb. n.n. 1. 50
2. Volks- u. volkstüml. Lieder. 9. Aufl. (VII, 120 S.) 900. n.n. — 60; geb. n.n. 1. 10
3. Kunstlieder. 8. Aufl. (VII, 311 S.) 901. n.n. 1. 40; geb. n.n. 2. —

— — A Reinbrecht: Polyhymni.. Ausw. v. Männerchören f. Seminare u. höh. Lehranst. 2. u. 3. (Schl.-)Bd. 8° Lpzg, FEC Leuckart.
2. Bd. 150 Volks- u. volkstüml. Lieder. 13—15. Afl. (7, 232) '12. nn 2.80; daraus allein: Anh. 66 Volkslieder. (4 u. 121—232) '11. nn — 60 ‖ 3. Bd. Kunstlieder. 12. Afl. (7, 397) '11. nn 2.80

Bösche, Th.: Normal-Alphabete ..., s. B ö s c h e, Eduard Theodor

Bösche, Theodor Johannes Gustav, s. B ö s c h e, Gustav

Boschem, Gustav

Es werde Licht! Neues über d. Wesenheit d. Natur u. des Menschen. Enth.: d. Lösung d. Schwindsuchtsheilproblems von Gustav Boschem, Erdmannsdorf i. R. Breslau: Selbstverl. 1904. (187 S.) 8° [F.] [07. 4039 2

Zum Heil für Alle (enth. d. unwiderlegbare Lösung der f. d. gesamte Menschheit wichtigsten Probleme) von Gustav Boschem. Breslau: Selbstverl. 1906. (84 S.) 8° [F.] [07. 4040 2

Kraft und Stoff in ihrer Einwirkung auf das Wesen der Nerven und den Geist des Menschen. Eine unwiderlegbare Lösung d. Rätsels aller Lebenserscheinungen von Gustav Boschem, Breslau. 2. Aufl. *Breslau: C. Lehmann [1903].* (142 S.) 8° [F.] [03. 18,6 2

Neues über das Wesen der Schwindsucht und deren Heilung. Von Gustav Boschem. Erdmannsdorf im Rsgb.: Selbstverl. [um 1904]. (39 S.) 8° [F.] [06. 10673

Boschen, G., Kriegserinnerungen e. Einundneunzigers. 1870/71. Mit 1 Lichtdr. d. Dorfes Marange b. Metz. gr. 8. (VI, 265 S) Oldenburg 897. Büttmann & Gerriets. Geb. in Leinw. n. 3. —

Boschen, Günther

Boschen, G. Oldenburgische Truppenteile 1870—71 in franz. Beleuchtung. Oldenburg i. Gr. (1908). 8°.

Boschen, Günth., oldenburgische Truppenteile 1870—71 in französischer Beleuchtung. Nebst 4 Abbildgn. nach Orig.-Zeichngn. sowie 11 Kartenskizzen. (VII, 292 S.) 8. Oldenburg (909.) G. Stalling's Verl. nn 2.50; geb. nn 3. 50

Boschen, H., die Renaissance-Decke im Schlosse v. Jever. 25 Taf. in Lichtdr. Mit Text von Frdr. v. Alten. 5 Lfgn. Fol. (1 Bl. Text m. je 5 Taf.) Leipzig 883. Seemann. à n. 7. —

Böschen, Arnold [cand. med. aus Beverstedt (Hann.)]: Ueber den Verschluss von Knochenlücken, bes. am Schädel ... München, Buchdr. v. M. Ernst, 1896; 35 S., 1 Taf. 8.
München, Med. Fak., Inaug.-Diss. v. 1896

Böschen, Johann, aus New-York: Über diffuse puerperal-septische Peritonitis. (Aus d. Kgl. Universitäts-Frauenklinik zu Berlin.) *Berlin (1898): G. Schade.* (34 S.) 8°
Berlin, Med. Diss. v. 21. Okt. 1868

Boeschen, Karl Franz

— — De pactorum ambiguorum interpretatione. Diss. jur. civ. Romani. Lpz. (Langenheim) 9. II. 1775. 38 S. (5.—) 3349

Böschen, Karl Frz., über d. jurist. Schreibart. 4. Halle 777. Renger. 2 gr

Boeschen, Carl Franz (Merseburg), Diss. de vi legum civilium in subditos temporarios. Präs. Aug. Friedrich Schott. Lpz. (Langenheim) 7. V. 1772. 48 S. (4.80) 3348

Böschenstein, E, fort m. d. Steuerzettel! Ein steuerpolit. Vorschlag. gr. 8. (34 S.) Zürich 895. A. Müller. n. — 50

Böschenstein, E[duard]. Alt- und Neu-Zürich. Gedenkschrift zur Vereinigung der Stadt Zürich mit den Ausgemeinden, 1. Januar 1893. Hrg. von E. B'. [Mit Textabbildungen und illustriertem Umschlag.] 8. Zürich 1892.

Böschenstein, E. Nach sechs Jahrhunderten. 1291—1891. Festschrift zur eidg. Bundesfeier hrsg. Mit 26 Illustr. In-8°. 68 S. Zürich, Selbstverlag des Herausgebers. 1891 1 —

Böschenstein, Johann Jacob

Böschenstein, J., Johannes Büel, Diakonus, Schulinspektor, Hofrath. [geb. 1761; gest. 1830.] Ein Lebensbild, nach Briefen entworfen. gr. 8. (55 S.) Schaffhausen 872, Hurter'sche Buchh. [Regensburg, Manz.] *

Böschenstein, J[ohann Jacob]. Rede zur Begrüssung des Historischen Vereins vom Bodensee und seinen Umgebungen; Uebersicht der Geschichte von Stein und Hohenklingen, vorgetragen den 23. Sept. 1883 in Stein. [SA.] 8. Stein a. Rh. [1883].

Böschenstein, Carl. Der Reduktionsfaktor in der Theorie der Krankenversicherung und die Besselschen Funktionen. Diss. Phil. Bern ... von K' B'.... [Mit Figuren.] Separatabdruck aus der «Zeitschrift für schweiz. Statistik», Jahrg. 43, 1907. 40 S. 8. Bern, Stämpfli & Cie., 1907.

Boscher, J. S. Ant. (Hrsg.), s. Z e i t s c h r i f t für die freiwillige Gerichtsbarkeit und die Gemeindeverwaltung.

Boschetti, Ambr., le domeniche e feste colle principali istituzioni della chiesa cattolica esposte alla gioventù delle scuole reali e ginnasiali. 8. (167 S.) Triest 863, Coen. *

Boschetti, Ambr., Epistolario ad uso delle fanciulle e delle donne colte e gentili con brevi ammaestramenti sul comporre lettere. 8. (148 S.) Triest 868, Coen. *

—— Evangeliario delle domeniche e feste spiegato alle famiglie e alle scuole. 3. Ediz. gr. 8. (349 S.) Triest 864, Coen. *

—— Fiore di letture e di componimenti ad uso delle scuole reali. 8. (IV und 282 S.) Triest 864, Coen. *

Boschetti, Ambr., fiore di poesia declamatoria e brevi ammaestramenti sulla declamazione ad uso delle scuole femminili. Triest 868. Coen. 8. (164 S.) n. 6 ngr

Boschetti, Ambrogio, grammatica tripartita della lingua italiana proposta in tavole. Parte I. Elementi etimologici per la I. classe. Trieste 854. Coen. gr. 4. (28 S.) n. 10 ngr

—— La letteratura italiana ad uso delle fanciulle con saggi dei più illustri scrittori e brevi ammaestramenti per declamarli. 8. (487 S.) Triest 868, Coen. *

—— Letture italiane ad uso della gioventù tratte dai più celebri autori Botta, Gozzi, Cesari ecc. 8. (IV und 282 S.) Triest 864, Coen. *

Boschetti, Ambr., letture italiane ad uso della gioventù tratte dai più celebri autori Bartoli, Botta, Gozzi etc. Triest 867. Coen. 8. (IV, 392 S.) n. 15 ngr

—— Letture ad uso delle scuole reali. 8. (IV und 318 S.) Triest 868, Coen. *

—— dell' onomatopea frammento dell' opera ritmica poetica o storia dell' italiana poesia libri tre. gr. 8. (48 S.) Triest 866, Coen. *

— ufficio di devozione per la gioventù delle scuole popolari normali e reali. Trieste 856. (Coen.) 16. (464 S.) 15 ngr

Boschetti, Barth., de salivatione mercuriali etc. 4. Francf. 756.

Boschheidgen, H., Urstromtäler am Niederrhein. Ostwesttalbildungen von Düsseldorf bis Clevo. Beobachtungen üb. die Oberflächen-Gestaltg. zur Eiszeit, mit 1 Karte. (26 S.) gr. 8. Crefeld 904. J. Greven. n. 2. —

Boschheidgen, Ioan. (geb. Neukirchen b. Mörs 26. 2. 1832): De varicocele. Berolini (1858). (32 S.) 8°
Berlin, Med. Diss. v. 18. Aug. 1858

Boschi, Angelus Theorie der Maxima und Minima von Functionen von beliebig vielen Veränderlichen ohne oder mit Nebenbedingungen. 8 (S. 3—33). K. k. Ober-G. der Franciscaner *Hall* 1886. Progr.

Bösching, Fr., d. Genius veredelt. Naturscen. in Anhalt-Dessau, e. Gallerie v. Landschaften rc., herausg. v. J. G. Böttger. in Thln ar Heft. m. K. gr. 4. Leipzig, Joachim. 801.

Bösching, Frz., s.: Böttcher, J. G., d. Gärten v. Anhalt-Dessau. — Triumph d. schönen Gartenkunst.

Boschkowitsch, Stanoje, theoretisch-praktisches Lehrbuch zur Erlernung der serbischen Sprache. Pest 864. Gebr. Lauffer. gr. 8. (VIII, 245 S.) n. 28 ngr

Bosch-Lichtbogenentzündung, magnetelektrische. Type D 4[a] f. 4-Cylinder-Automobilmotoren. (18 S. m. farb. Abbildgn.) Lex. 8. Berlin (908.) R. C. Schmidt & Co. 3. —

Boschulte, Georg Rudolph Pet. (Bielefeld), De carcinomate uteri. Diss. med. Halle (C. Grunert) 3. X. 1838. 40 S. m. Biogr. (M.: F. H. Hoffbauer.) (3.50) 3601
Oppon.: Fried. Jul. Reinecke, A. F. E. Krukenberg. — Gew.: Farthmann, Alemann.

Boschulte, Ludwig: Zur Charakteristik der Poesie Matthissons, insbesondere über ihr Verhältnis zur Poesie Höltys und Klopstocks. *Jena 1899: A. Kämpfe.* (31 S.) 8°
Jena, Phil. Diss. v. (21. Jan.) 1899

Boschulte, Ludwig, Dr.: Friedrich Matthisson, seine Anhänger und Nachahmer. (J. G. von Salis, Friederike Brun, geb. Münter.) Ein Beitrag zur Geschichte d. Empfindsamkeit. *Elberfeld 1900: A. Martini & Grüttefien.* (41 S.) 4° [J.]
* (Ergänzung d. phil. Diss. Jena 1899: Zur Charakteristik der Poesie Matthissons ...)
Elberfeld, R in d. Nordstadt, P 1900 (528)

Boschulte, W., und G. W. v. Honstedt, die Melioration des Wietzebruchs. Gutachten über die zweckmäßigste Einrichtung und den landwirthschaftlichen Nutzen der Leinebewässerung des Wietzebruchs. Mit 11 Anlagen. Hannover 858. Schmorl u. v. Seefeld. gr. 8. (VIII, 116 S. u. 6 lith. Karten in Fol.) n. 1 ₰ 10 ngr

Boschung's, J. G., Anweis. zum Rechnen und Messen, in welcher d. Rechnungskunst nach Reesisch. Rechnung u. d. Meßkunst nach prakt. Regeln und Grundsätzen abgehandelt wird. 8. Bern. (Erlangen, Palm u. E. in E.) 818.

Boschung, J. G., Anweisung z. Rechnen u. Messen, in welcher d. Rechenkunst nach reesischer Rechnung u. d. Meßk. nach pract. Regeln u. Grundsätzen abgeh. u. vorgetr. wird. 2. Aufl. 8. ... Bern 829, [Jenni, Sohn.]

Boschwitz, Ernst, pr. Arzt: Ein Beitrag zur Hornhauteiterung bei Basedow'scher Krankheit. Leipzig 1908: Georgi. 20 S. 8°
Leipzig, Med. Diss. v. 1. Nov. 1908, Ref. Sattler
Geb. 13. Dez. 82 Oberglogau; Wohnort: München; Staatsangeh.: Preußen; Vorbildung: Gymn. Leobschütz Reife O. 02; Studium: Freiburg i. B. 4, Kiel 1, Breslau 3, Berlin 2 S.; Coll. 11. Nov. 08; Approb. 15. Aug. 08.]
[U 09. 2760

Bosco, Don. Seine socialen Schöpfungen, s. Mehler, J. B.

Bosco, Don, ein Apostel der Jugend im 19. Jahrhundert. Muri (Aaargau) 1901. V: *Mederlet, Eugen.* (EB)

Bosco, Don, und seine Salesianischen Werke. Turin 1905. V: *Minguzzi, Giovanni.* (EB)

Bosco, Don, s. Bosco, Giovanni

Bosco, Jean, s. Bosco, Giovanni

Bosco, Bartolomeo

Bosco, B., il nuovo Bosco ossia il diavolo color di rosa. Tesoro di nuovi e straordinari giuochi di prestigio, cartomanzia, magia bianca ecc. con figure intercalate nel testo. Opera che comprende ogni sorta imaginabile di giuochi da eseguirsi colla massima facilità da se soli. Coll' aggiunta delle meraviglie magiche. 16. (VII und 247 S. mit 1 Holzschntaf.) Triest 862, Coen. *

—— il nuovo. 16. (255 m. H.) Triest 66, Coen. n. — 12

— il nuovo, ossia il diavolo color di rosa. Tesoro di nuovi estraordinari giuochi di prestigio, cartomanzia, magia bianca ecc. Triest 868. Coen. 16. (255 S. m. Holzschn.) n 12 ngr

Bosco, Carlo

—— s.a. Bellachini, Carlo.

Bosco, Carlo: (Carlo) Bosco.

—— oder die 1001 Taschenspieler-Stückchen. Reichhaltigste Sammlung der überraschendsten und interessantesten Kunststücke aus der natürl. Magie zur Unterhaltung in gesell. Kreisen. 1.—8. verb. und verm. Aufl. mit (eingedr. Holzschn.-)Illustr. 16. (136 S.) Harburg 873—76, Elkan.

Bosco od. die 1001 Taschenspieler-Stückchen. Reichhaltigste Sammlg. der überraschendsten u. interessantesten Kunststücke aus der natürl. Magie zur Unterhaltg. in gesell. Kreisen. 9., verm. Aufl. m. Illustr. 32. (136 S.) Harburg 893. G. Elkan. — 50

— od. d. 1001 Taschenspieler-Stückchen. Jetzt: Stuttg., 8 Lutz-Steinweg. 91/95

Bosko, der Hexenmeister. gr. 16. (80 S.) Berlin 896. A. Weichert. — 30

Bosco, der kleine Hexenmeister. Eine Auswahl der neuesten ... Kunststücke .... Reutlingen: Enßlin & Laiblin o. J. [1867]. 64 S. (=Reutlinger Volksbücher. 69.)

Bosco, der kleine Hexenmeister. Eine Auswahl der neuesten, interessantesten u. unterhaltendsten Kunststücke, welche ohne große Vorbereitungen leicht ausgeführt werden können. Zur Unterhaltung in geselligen Kreisen für Jung u. Alt. 868. 3 ngr — (Neue Ausg.) Reutlingen 870. Enßlin & Laiblin. 16. (64 S.) 2 ngr

Bosco, der kleine Hexenmeister. Eine Auswahl der neuesten, interessantesten und unterhaltendsten Kunststücke, welche ohne große Vorbereitungen leicht ausgeführt werden können. Zur Unterhaltung in gesell. Kreisen für Jung und Alt. 2.—4. Aufl. 8. (64 S.) Reutlingen 869—75, Enßlin und Laiblin's Verlagsb.

— — 5. Aufl. 1877.

Bosco, der unübertreffliche Hexenmeister, oder die Kunst, binnen 10 Minuten ein Zauberer zu werden. In-12°. Bern, Jenni. 1883 — 50

Bosco als Kartenkünstler, s. a. Carter.

— als Kartenkünstler. Leichtfaßliche Anweisung, ohne alle Apparate die überraschendsten Karten-Kunststücke zu machen; nebst Mlle. Lenormand's Wahrsagerei aus den Karten und einem humoristischen Frage- u. Antwortspiel mit Karten. 5. Aufl. 860. — 7. mit zahlreichen Abbildungen verm. Aufl. Ebend. 864. 32. (XVI, 128 S. u. 4 Holzschnitttaf. in 4.) 7½ ngr.

Bosco als Kartenkünstler. Leichtfaßliche Anweisung, ohne alle Apparate die überraschendsten Karten-Kunststücke zu machen; nebst Mlle. Lenormand's Wahrsagerei aus den Karten und einem humoristischen Frage- und Antwortspiel mit Karten. 5., mit zahlreichen Abbild. verm. Aufl. 32. (XVI und 128 S. mit 4 Stnt. in 4.) Hamburg 861, B. S. Berendsohn.

—— als Kartenkünstler. Leichtfaßliche Anweisung, ohne alle Apparate die überraschendsten Karten-Kunststücke zu machen; nebst Mlle. Lenormand's Wahrsagerei aus den Karten und einem humorist. Frage- und Antwortspiel mit Karten. 6.—9., mit zahlreichen Abbild. verm. Aufl. 32. (XVI und 128 S. mit 4 Holzschntaf. in 4.) Hamburg 864—67, B. S. Berendsohn.

— der Kartenkünstler, oder höchst interessante Kunststücke, mit der deutschen Karte leicht ausführbar. Zur angenehmen Unterhaltung. Mügeln 865. (Leipzig, Senf.) 32. (80 S.) 5 ngr.

— der Kartenkünstler, od.: höchst interessante Kunststücke, m. der deutschen Karte leicht ausführbar. Zur angenehmen Unterhaltg. 16. (71 S.) Mügeln 872. (Leipzig, G. Senf.) — 50

— der kleine Taschenkünstler, od. Anleitg. zur Erlerng. v. mehr als 200 der interessantesten Kunst- u. Zauberstücke, welche ohne Instrumente auf leichte Art ausgeführt werden können u. durch ihren schönen Erfolg allgemein überraschen. Zur angenehmen Unterhaltg. f. Jung u. Alt. 22. Aufl. 8. (64 S.) Reutlingen 883. Bardtenschlager. — 25

— der kleine Taschenkünstler od. Anleitg. zur Erlerng. v. mehr als 200 der interessantesten Kunst- u. Zauberstücke, welche ohne Instrumente auf leichte Art ausgeführt werden können u. durch ihren schönen Erfolg allgemein überraschen. Zur angenehmen Unterhaltg. f. Jung u. Alt. 32. Aufl. 12. (64 S.) Reutlingen (902). R. Bardtenschlager. n. —20; m. farb Umschlag —30

Bosco der unübertreffliche Tausendkünstler. Eine reiche Sammlung der besten Kunst-Zauberstücke, welche mit geringen Kosten und ohne Instrumente leicht ausgeführt werden können. 1. Aufl. (64 S.) 1874; 2. verb. und verm. Aufl. 16. (71 S.) Teschen 875, Feitzinger. *

Bosco, der unübertreffliche Tausendkünstler. Eine Sammlung der besten Kunst- und Zauberstücke. 2. Aufl. 12. (89 S.) geh. 25 kr. Neutitschein: L.v. Enders 1881

-- der unübertreffliche Tausendkünstler. Eine reiche Sammlung d. besten Kunstzauberstücke. 3. Aufl. 12. (89 S.) Brünn, C. Winkler's Buchh. u. Wien, Herm. Winkler. 26 kr. 1884

-- der unübertreffliche Tausendkünstler. Eine reiche Sammlg. der besten Kunst-Zauberstücke, welche m. geringen Kosten leicht ausgeführt werden können. 3. Aufl. 16. (93 S.) Wien 884. Daberkow. n. — 60

— der unübertreffliche Tausendkünstler. Eine reiche Sammlg. der besten Kunst-Zauberstücke, welche m. geringen Kosten u. nur wenigen einfachen Apparaten leicht ausgeführt werden können. 4. Aufl. 8. (IX, 101 S.) Thorn 886. E. Lambeck. — 75

Bosco der unübertreffliche Tausendkünstler. Eine reiche Sammlg. der besten Kunst-Zauberstücke, welche m. geringen Kosten leicht ausgeführt werden können. 4. Aufl. gr. 16. (93 S.) Wien (901). C. Daberkow. n. —40

Bosco in d. Westentasche od. die entdeckten Geheimnisse aller Magier, Zauberer u. Hexenmstr. Enth. 200 d. überraschendsten Kunststücke, welche sämmtl. von Dilettanten ohne Instrumente ausgeführt werden können. Hrsg. v. J. A. Philadelph-nein. 1—3. Aufl. 32. (4 B.) Hamburg 846, Berendsohn. à

— in der Westentasche, od. die entdeckten Geheimnisse aller Magier, Zauberer u. Hexenmeister. Enthaltend 200 der überraschendsten Kunststücke aus dem Gebiete der Taschenspielerei, der Magie, des Magnetismus, der Optik u.s.w., welche sämmtlich v. Dilettanten ohne Instrumente ausgeführt werden können. Hrsg. v. J. A. Philadelph-nein. 4—8. Aufl. 32. (à XII u. 112 S.) Hamburg 848—51, Berendsohn. — 9. Aufl. 32. (XVI u. 112 S.) Ebd. 852. ⅛ n$

Bosco in der Westentasche oder die entdeckten Geheimnisse aller Magier, Zauberer und Hexenmeister. Enthaltend 200 der überraschendsten Kunststücke aus den Gebieten der Taschenspielerei, der Magie, des Magnetismus ɪc. Hrsg. von J. A. Philadelphnein. 9. und 10. Aufl. 1852—53., 12. Aufl. 1855. und 13. Aufl. 32. (XII und 112 S.) Hamburg 856, B. S. Berendsohn.

Bosco in der Westentasche oder die entdeckten Geheimnisse aller Magier, Zauberer und Hexenmeister. Enthaltend 200 der überraschendsten Kunststücke aus den Gebieten der Taschenspielerei, der Magie, des Magnetismus u. s. w., welche sämmtlich von Dilettanten ohne Instrumente ausgeführt werden können. Herausg. von J. A. Philadelph-nein. 10—16. Aufl. Hamburg 853—58. B. S. Berendsohn. 32. (XII, 112 S.) 3⅓ n$

Bosco in der Westentasche oder die entdeckten Geheimnisse aller Magier, Zauberer und Hexenmeister. Enth.: 200 der überraschendsten Kunststücke aus den Gebieten der Taschenspielerei, der Magie, des Magnetismus ɪc., welche sämmtlich von Dilettanten ohne Instrumente ausgeführt werden können. Herausg. von J. A. Philadelph-nein. 17—25. Aufl. Hamburg 859—64. B. S. Berendson. 32. (XVI, 91 S.) 3¾ ngr.

—— in der Westentasche oder die entdeckten Geheimnisse aller Magier, Zauberer und Hexenmeister. Enthaltend 200 der überraschendsten Kunststücke aus den Gebieten der Taschenspielerei, der Magie, des Magnetismus ɪc., welche sämmtlich von Dilettanten ohne Instrumente ausgeführt werden können. Hrsg. von J. A. Philadelph-nein. 21.—31. Aufl. 32. (XVI und 91 S.) Hamburg 862—66, B. S. Berendsohn.

— in der Westentasche oder die entdeckten Geheimnisse aller Magier, Zauberer u. Hexenmeister. Enthltd.: 200 der überraschendsten Kunststücke aus den Gebieten der Taschenspielerei, der Magie, des Magnetismus ɪc., welche sämmtlich von Dilettanten ohne Instrumente ausgeführt werden können. Hrsg. von J. A. Philadelph-nein. 29—35. Aufl. Hamburg 866—68. Berendsohn. 32. (XVI, 91 S.) 4½ ngr.

—— in der Westentasche oder die entdeckten Geheimnisse aller Magier, Zauberer und Hexenmeister. Enth.: 200 der überraschendsten Kunststücke aus den Gebieten der Magie, des Magnetismus, der Optik ɪc., welche sämmtlich von Dilettanten ohne Instrumente ausgeführt werden können. Hrsg. von J. A. Philadelph-nein. 32.—40. Aufl. 32. (XVI, 91 S.) Hamburg 867—70, Berendsohn.

—— in der Westentasche oder die entdeckten Geheimnisse aller Magier, Zauberer und Hexenmeister. Enthaltend: 200 der überraschendsten Kunststücke aus den Gebieten der Magie, des Magnetismus, der Optik ɪc., welche sämmtlich von Dilettanten ohne Instrumente ausgeführt werden können. 41.—45. Aufl. 32. (XVI, 91 S.) Hamburg 871—82, Berendsohn.

— in der Westentasche. Eine Sammlg. v. Karten- u. Zauberkunststückchen, welche auch Kinder leicht ausführen können. 16. (24 S.) Berlin 891. Gebr. Radetzki. — 10

—— der Zauberer und Hexenmeister. Eine Sammlung der neuesten, interessantesten, unterhaltendsten und überraschendsten Kunststücke, welche ohne Gehülfen und kostspielige Apparate leicht ausgeführt werden können. Von Bosco dem Zweiten. 16. (128 S.) Dresden 865, Breyer. [Ad. Wolf.]

—— d. Zauberer u. Hexenmeister. 16. (128) Dresd. 65, Tittel. — 5

—— der **Zauberer** und Hexenmeister. Eine Sammlung der neuesten, interessantesten, unterhaltendsten und überraschendsten Kunststücke, welche ohne Gehilfen und kostspiel. Apparate leicht ausgeführt werden können. Zur Selbstbelehrung, sowie zur Unterhaltung in fröhlichen Kreisen für Jung und Alt zusammengestellt von Bosko II. 1.—4. Aufl. gr. 16. (128 S.) Dresden 868—75, A. Wolf.

— der unübertroffene **Zauberer** u. Hexenmeister. Eine Sammlung leicht ausführbarer überraschender Zaubereien u. Hexereien, Kartenkunststücke, Scherze 2c., sowie Bosco's berühmten Zauberkarten, mit denen man jede von einer anderen Person gedachte Zahl, jedes Alter 2c. sofort errathen kann. Hrsg. von einem Schüler Bosco's. 8. (64 S.) Hamburg 877. Kramer. n. — 50

Bosko, Carlo, der unübertroffene **Zauberer** und Hexenmeister. 101 auserlesene und überraschende Taschenspieler-Künste und Scherzaufgaben. 12. (64 S.) Oberhausen 882, Spaarmann.

Bosco, Carlo, der unübertroffene **Zauberer** u. Hexenmeister. 101 auserlesene u. überrasch. Taschenspieler-Künste u. Scherzaufgaben. 5. Aufl. 12. (64 S.) Oberhausen 885. Spaarmann. — 40

Bosco, der einzig ächte und wahre oder der perfecte Zauberkünstler. 9., verb. Aufl. 16. (130 S. m. Illustr.) Harburg 887. Elkan. — 50

Bosko, Carlo, der weltberühmte Zauberkünstler u. Taschenspieler. Leicht ausführbare, interessante Kunststücke m. Karten, Würfeln, Kugeln, Ringen, Geldstücken u. anderen Gegenständen v. verblüff. Wirkg. zur Unterhaltg. u. Belustigg. 21. verb. u. verm. Aufl. (XII, 181 S. m. 1 Taf.) 8. Leipzig (909.) Ernst. 2. —

Bosco, der Jüng., Carlo, das Ganze der Taschenspielerkunst, od. d. Zauber-Kabinet 2c. Herausg. von Kerndörfer. 8. Quedlinb. 838. Ernst. $^{7}/_{12}$ ß — 2e Ausg. gr. 12. Ebd. 840. $^{2}/_{3}$ ß

Bosco's enthüllte **Geheimnisse** der modernen Zauberei. Ein untrügl. Rathgeber, die überraschendsten Taschenspielerkünste m. Eleganz, Leichtigkeit u. ohne Apparate v. Dilettanten auszuführen. Hrsg. v. e. Schüler u. chemal. Gehülfen Bosco's. 46. Aufl. 12. (XV, 120 S. m. 2 Tab.) Hamburg 884. Berendsohn. — 60

Bosco. **Handbuch** der Taschenspielerei. Enhaltend die überraschendsten Kunst- u. Zauberstücke, welche v. Jedermann ohne Instrumente ausgeführt werden können. 32. (64 S.) Chemnitz 871. Hager. — 25

Bosco. **Handbuch** der Taschenspielerei. Enth. die überraschendsten Kunst- und Zauberstücke, welche von Jedermann ohne Instrumente ausgeführt werden können. Zur angenehmen Unterhaltung in Gesellschaften. 2.—4. Aufl. 16. (64 S.) Chemnitz 880, 81, Hager.

Bosco's, Carl, **Kartenkünste** oder 112 der interessantesten Kartenkunststücke nebst arithmet. u. anderen Belustigungen zur Unterhaltung in heiteren Kreisen. Mit Abbildungen (Holzschn. im Text.). Berlin 866. Mode. 8. (VIII, 119 S.) n. 10 ngr

—— **Kartenkünste** oder 184 der interessantesten Kartenkunststücke, arithmet. und anderen Belustigungen zur Unterhaltung in heiteren Kreisen. Mit (Holzschn.-)Abbild. 1.—9. verm. Aufl. 8. (VIII, 120 S.) Berlin 869—79, Mode's Verlag. *

Bosco's, Carl, **Kartenkünste** od. 184 der interessantesten Kartenkunststücke, arithmet. u. anderen Belustiggn. zur Unterhaltg. in heiteren Kreisen. Mit Abbildgn. 13., verm. Aufl. 8. (VIII, 120 S.) Berlin 888. Mode's Verl. n. 1. —

Bosco's, Carl, **Kartenkünste** od. 184 der interessantesten Kartenkunststücke, arithmet. u. anderen Belustiggn. zur Unterhaltg. in heiteren Kreisen. 16., verm. Aufl. 8. (VIII, 120 S. m. Abbildgn.) Berlin 892. S. Mode's Verl. n. 1. —

— Carl, **Kartenkünste** od. 184 d. interessantesten Kartenkunststücke, arithmet. u. and. Belustigg. z. Unterhaltg. i. heit. Kreisen. 18., verm. Aufl. 8. (VIII, 120 S. m. Abb.) Berlin 896. S. Mode's Verl. n. 1. —

Bosco's, Carl, Kartenkünste oder 184 der interessantesten Kartenkunststücke, arithmet. u. anderen Belustiggn. zur Unterhaltg. in heiteren Kreisen. 20. Aufl. (VIII, 120 S. m. Abbildgn.) 8. Berlin (903). S. Mode. n. 1. —

Bosco's, Carl, Kartenkünste od. 184 der interessantesten Kartenkunststücke, arithmet. u. anderen Belustiggn. zur Unterhaltg. in heiteren Kreisen. 22. verm. Aufl. (VIII, 120 S. m. Abbildgn.) 8. Berlin (907.) S. Mode. 1. —

—— **Taschenspielerkunst**, oder: der belustigende Tausendkünstler für Dilettanten, welcher auf eine leicht faßliche Weise ausführen lehrt: 102 lustige Kunststückchen, 88 Kartenkunststücke, 57 verfängliche Rechenkunststücke, — und dann 154 belustigende Räthselfragen, und 79 Räthsel 2c. aufstellt und beantwortet. 32. (112 S.) Crefeld 857, Klein.

— u. **Frickel's** Wunder über Wunder, oder die enthüllten Geheimnisse aller Zauberer, Magier u. Hexenmeister 2c. Hrsg. u. allen Freunden d. Heiterkeit gewidmet v. **Hilarius Pfiffikus**. 3. Aufl. (Titelausg. v.: **H. Pfiffikus**, Wunder über Wunder 2c.) 12. (VIII u. 76 S.) Bautzen (839) 851, Reichel. $^{1}/_{2}$ ß

Bosco d. Zweiten Zauberbuch, enth. e. Samml. d. schönsten u. überraschendsten Kunststücke, welche größtentheils ohne Kostenaufwand u. mit geringer Mühe ausgeführt werden können. 1—4. Aufl. 8. (à 3 B.) Weißenfels 843—46, Sueß. à *

Bosco's, Carlo, **Zauber-Buch**. Enth.: Die wunderbarsten Geheimnisse der natürl. Magie, sowie Karten-Kunststücke u. arithmet. Belustiggn. 12. (15 S. m. Fig.) Berlin (899). (Berolina-Versand-Buchh.). — 10

—— **Zauber-Geheimnisse** oder Enthüllungen der interessantesten Taschenspieler-Künste. Enthaltend gegen 500 von den berühmtesten Künstlern ausgeführte Kunststücke der Magie. Nebst vielen Karten-Kunststücken, arithmet. und anderen Belustigungen. Nach den neuesten Erfahrungen von Bosco, Belachini, Döbler, Robin, Philadelphia, Prof. Herrmann u. A. 1.—4. Aufl. 8. (VI, 160 S. mit 36 erläut. Abbild.) Berlin 877—84, Mode's Verlag.

— **Zauber-Geheimnisse** od. Enthüllgn. der interessantesten Taschenspieler-Künste. Enth. gegen 500 v. den berühmtesten Künstlern ausgeführte Kunststücke der Magie. Nebst vielen Karten-Kunststücken, arithmet. u. anderen Belustiggn. Nach den neuesten Erfahrgn. v. Bosco, Bellachini, Döbler, Robin, Philadelphia, Herrmann u. A. Mit 36 erläut. Abbildgn. 6. Aufl. 8. (XVI, 160 S.) Berlin 888. Mode's Verl. 3. —

— **Zauber-Geheimnisse** od. Enthüllungen der interessantesten Taschenspieler-Künste. Enth. gegen 500 v. d. berühmtesten Künstlern ausgeführte Kunststücke der Magie. Nebst vielen Karten-Kunststücken, arithmet. u. anderen Belustiggn. Nach den neuesten Erfahrgn. von Bosco, Bellachini, Döbler, Robin, Philadelphia, Herrmann u. A. Mit 86 erläut. Abbildgn. 9. Aufl. 8. (XVI, 160 S.) Berlin (900). S. Mode's Verl. 3. —

Bosco's, C., Zauber-Kabinet, s. a. **Kerndörffer**.

Bosco d. Jüng., Carlo, das **Zauber-Kabinet**, od. d. Ganze d. Taschenspielerkunst. Hrsg. v. Kerndörffer. 1. Aufl. 8. ($10^{1}/_{2}$ B.) 838. $^{7}/_{12}$ Thlr., 2. Ausg. gr. 12. ($9^{1}/_{2}$ B.) 840., 3. Ausg. 842, 4., verb. Aufl. gr. 12. ($8^{1}/_{2}$ B.) Quedlinburg 842, Ernst'sche Bh. à

Bosco's, Carlo, Zauberkabinet, od.: Das Ganze der Taschenspielerkunst, enthaltend: 110 Wunder erregende Kunststücke 2c. Zur gesellschaftl. Unterhaltung u. Belehrg. Hrsg. v. **Kerndörffer**. 6. verb. u. sehr verm. Aufl. Mit 24 Abbildgn. (auf 2 lith. Taf.) gr. 12. (XII u. 177 S.) Quedlinburg 851, Ernst. $^{2}/_{3}$ ß

Bosco's, Carlo, Zauber-Kabinet, oder: Das Ganze der Taschenspielerkunst, enthaltend: 138 Wunder erregende Kunststücke aus der natürlichen Magie mit Karten, Würfeln, Kugeln rc. nebst 32 Kunststücken mit Spielkarten, ferner 47 der interessantesten arithmet. Belustigungen. Zur gesellschaftlichen Unterhaltung und Belehrung hrsg. von Kerndörffer. 7. Aufl. 1853. und 8., verb. und verm. Aufl. Mit 24 Abbild. gr. 12. (XII und 180 S. mit 2 Stnt.) Quedlinburg 854, Ernst'sche Buchh.

Bosco, Carlo, Zauber-Cabinet oder das Ganze der Taschenspielerkunst, enth. 154 Wunder erregende Kunststücke, aus der natürl. Magie mit Karten, Würfeln, Kugeln, Geldstücken, Ringen rc. nebst 46 Kunststücken mit Spielkarten, ferner 13 der interessantesten arithmet. Belustigungen. Zur gesellschaftl. Unterhaltung und Belehrung hrsg. vom Prof. Kerndörfer. 12.—14. verb. und verm. Aufl. 8. (XII, 196 S. mit 24 Abbild. in eingedr. Holzschn. und auf 2 Stnt.) Quedlinburg 870—74, Ernst'sche Buchh.

Bosko's, Carl, Zauber-Cabinet od. das Ganze der Taschenspielerkunst, enth. 154 Wunder erregende Kunststücke aus der natürl. Magie m. Karten, Würfeln, Kugeln rc. nebst 46 Kunststücken m. Spielkarten, ferner 13 der interessantesten arithmet. Belustiggn. Zur gesellschaftl. Unterhaltg. u. Belehrg. hrsg. v. Kerndörffer 14. verb. u. verm. Aufl. Mit 24 Abbildgn. (auf 2 Steintaf.) 8. (XII, 196 S.) Quedlinburg 876. Ernst. 2. —

—— Zauber-Cabinet oder das Ganze der Taschenspielerkunst, enth. 154 Wunder erregende Kunststücke aus der natürl. Magie mit Karten, Würfeln, Kugeln, Geldstücken, Ringen rc., nebst 46 Kunststücken mit Spielkarten, ferner 13 der interessantesten arithmet. Belustigungen zur gesellschaftl. Unterhaltung und Belehrung. Hrsg. von Kerndorffer. 15. und 16. verb. Aufl. 8. (XII, 196 S. mit 24 Abbild. auf 12 Stnt.) Quedlinburg 876,78, Ernst'sche Buchh.

— Zauber-Cabinet od. das Ganze der Taschenspielerkunst. Enth. 154 Wunder erreg. Kunststücke aus der natürl. Magie, m. Karten, Würfeln, Kugeln, Geldstücken, Ringen rc. u. 46 Kunststücke m. Spielkarten, ferner 13 der interessantesten arithmet. Belustiggn. Zur gesellschaftl. Unterhaltg. u. Belehrg. hrsg. v. Kerndörffer. 17. Aufl. Mit 24 Abbildgn. 8. (XII, 196 S.) Quedlinburg 885. Ernst. 2. —

—— Zauber-Cabinet oder das Ganze der Taschenspielerkunst. Hrsg. v. Kerndörffer. 18. Aufl. 8. (XII. 194 S. m. 2 Taf.) [Quedlinb. 890] Halberstadt Ernst. 2 —

— Zauber-Cabinet od. das Ganze d. Taschenspielerkunst. Enthaltend 214 Kunststücke m. Karten, Würfeln, Kugeln, Ringen, Geldstücken u. and. Gegenständen. Zur gesellschaftl. Unterhaltung hrsg. v. Kerndörffer. 19., verb. u. verm. Aufl. 8. (XIII, 192 S. m. Abb.) Halberstadt 896. Ernst. 2. —

— dasselbe. E. reichhalt. Sammlg. v. leicht ausführbaren, höchst interess. u. überrasch. Taschenspieler- u. Kartenkunststücken u. Scherzen z. heit. Unterhaltg. 12. (62 S.) Mülheim a/R. 898. J. Bagel. — 30

— Zauber-Cabinet, od. das Ganze der Taschenspielerkunst. Enth. 216 Kunststücke m. Karten, Würfeln, Kugeln, Ringen, Geldstücken u. anderen Gegenständen. Zur gesellschaftl. Unterhaltg. hrsg. v. Kerndörffer. 20. verb. u. verm. Aufl. 8. (XI, 181 S. m. Abbildgn.) Leipzig (899). Ernst. 2. —

—— Zauber-Karten, ein untrüglicher Wahrsager, jede gedachte Zahl zu errathen, jeder Person zu sagen, wie viel Geld sie in der Tasche hat, wie alt sie ist u. s. w. Zur Unterhaltung in geselligen Kreisen. 32. (8 Taf.) Reutlingen 874, Enßlin und Laiblin. In Umschlag

—— Zauber-Karten. Ein untrügl. Wahrsager, jede gedachte Zahl zu errathen, jeder Person zu sagen, wie viel sie Geld in der Tasche hat, wie alt sie ist rc. Zur Unterhaltung in gesell. Kreisen. 32. (8 Bl.) Reutlingen 876, Enßlin und Laiblin's Verlagsh. In Futteral

—— Zauberkünste oder die Taschenspielerkunst in ihrem ganzen Umfange. Eine Sammlung von 253 der interessantesten Kunststücke aus der natürl. Magie, nebst vielen Karten-Kunststücken, arithmet. und anderen Belustigungen rc. 1.—4. Aufl. 8. (263 S. mit 86 erläut. Abbild. in eingedr. Holzschn. und 1 Holzschntaf.) Berlin 865—67, Mode's Verlag.

—— Zauberkünste oder die Taschenspielerkunst in ihrem ganzen Umfange. Eine Sammlung von 370 der interessantesten Kunststücke aus der natürl. Magie, welche in Gesellschaften die überraschendsten Wirkungen hervorbringen, nebst vielen Karten-Kunststücken, arithmet. und anderen Belustigungen zur Unterhaltung in gesell. Kreisen. 1.—7. verm. Aufl. 8. (XII, 220 S. mit 36 erläut. Holzschn.-Abbild.) Berlin 869—77, Mode's Verlag.

—— Zauberkünste oder die Taschenspielerkunst in ihrem ganzen Umfange. Eine Sammlung von 370 der interessantesten Kunststücke aus der natürl. Magie, welche in Gesellschaften die überraschendsten Wirkungen hervorbringen, nebst vielen Karten-Kunststücken, arithmet. und anderen Belustigungen zur Unterhaltung in gesell. Kreisen. 8.—10. verm. und verb. Aufl. 8. (XII, 200 S. mit 36 erläut. Abbild.) Ebendas. 880—84.

Bosco's, Carl, Zauberkünste od. Wunder über Wunder. Enthüllte Geheimnisse aller Zauberer, Magier u. Hexenmeister, nebst vielen Karten-Kunststücken. 8. (64 S.) Landsberg a/W. 887. Volger & Klein. n. — 50

— Zauberkünste od. d. Taschenspielerkunst in ihrem ganzen Umfange. Eine Sammlg. v. 370 der interessantesten Kunststücke aus der natürl. Magie, welche in Gesellschaften die überraschendsten Wirkgn. hervorbringen, nebst vielen Kartenkunststücken, arithmet. u. anderen Belustiggn. Mit 36 Abbildgn. 12., verm. Aufl. 8. (XII, 200 S.) Ebd. 888. 2. —

— Zauberkünste od. die Taschenspielerkunst in ihrem ganzen Umfange. Eine Sammlg. v. 370 der interessantesten Kunststücke aus der natürl. Magie, welche in Gesellschaften die überraschendsten Wirkgn. hervorbringen, nebst vielen Kartenkunststücken, arithmet. u. anderen Belustiggn. zur Unterhaltg. in gesell. Kreisen. Mit 36 erläut. Abbildgn. 15., verm. Aufl. 8 (XII, 200 S.) Ebd. 893. 2. —

— dasselbe od. Wunder üb. Wunder. Enthüllte Geheimnisse aller Zauberer, Magier u. Hexenmeister, nebst vielen Karten-Kunststücken. (2. Aufl.) 12. (64 S.) Landsberg a/W. 893. Volger & Klein. n. — 50

—— Zauber-Salon für gesellschaftliche Zirkel. 85 sogleich ausführbare Zaubereien und wundererregende Kartenkunststücke. 4. Aufl. 16. (VIII, 56 S.) Leipzig 871, Fr. Voigt. *

Bosco, Giovanni

Bosco, Joh., 7 Betrachtungen f. jeden Tag der Woche. Autoris. Uebersetzg. aus dem Franz. Mit dem Portr. Don Bosco's. 32. (48 S.) Donauwörth 887. Auer. — 30

— Biographie d. jungen Ludwig Florian Anton Colle. Eine Anleitg. zur Kindererziehg., veranschaulicht an dem tugendhaften Leben e. musterhaft erzogenen Knaben. Autoris. Uebersetzg. aus dem Franz. 12. (80 S. m. 1 Bild.) Ebd. 888. n. — 45

Bosco, Jean, Einführung der Jugend in's Tugendleben. Autoris. Uebersetzung aus dem Französ. 16. (48 S.) Wien 884, Kirsch.

— Leben d. jungen Dominikus Savio, s.: Jugend-Bibliothek.

— Peter od. die Macht e. guten Erziehung. Angela, die Waise v. den Apenninen. 2 Erzählgn. Autoris. Uebersetzg. aus dem Ital. 12. (84 u. 46 S.) Amberg 888. Regensburg, Habbel. — 75

Bosco, Johannes, s. Bosco, Giovanni

Boscovich, Roger Joseph

Boscowich, Roger Joseph. Abhandlung von den verbesserten Fernröhren, aus der Sammlung des Instituts zu Bologna... Wien 1765. H: *Scherffer, Carl.* (ML) (so) (Jes)

Roger Joseph Boſcovich der Geſ. J. Prieſt. und öffentl. Lehrer der Mathem. auf der hohen Schule zu Pavia, Abhandlung von den verbeſſerten dioptriſchen Fernröhren, aus den Sammlungen des Inſtituts zu Bologna, ſammt einem Anhange des Ueberſetzers C. S. S. J. Wien b. v. Trattner. gr. 8. ½ Alph. 2 Kpft. (8 Gr.) 1765.

Boscowich, Rog. Joſ., Abriß d. Aſtronomie. Aus d. Franzöſ. v. H. C. W. Eſchenbach. gr. 8. Leipz. 787. Kummer. 8 gl.

— lunae atmosphaera. 4. Leips. Gleditsch. 754.

— Diss. de lunae atmosphaera, c. fig. 4maj. Wien 776. Trattner. 12 gl.

— Dissertat. V ad dioptricam pertin. 4maj. Wien 767. Trattner. 1 ß 8 gl.

* Diſſertationes quinque ad dioptricam pertinentes. *P. Rogerii Joſephi Boſcowich* S. J. publ. matheſeos profeſſoris in regia Ticinenſi Academia. Vindobonae, typis Joannis Thomae Nob. de Trattner Sac. Caeſ. Reg. aulae typog. et bibl. 290 S. 4. 1768.
Vgl. Journ. des ſçav. 1769. Decbr.
Allg. Deutſ. Bibl. B. 11. St. 2. S. 288.

— elegia. 4maj. Wien... Trattner. 4 gl.

Boscowich, R. I., de inaequalitatibus Saturni et Iovis. 8. maj. Rom. (Wien, Trattner.) 756. Rthlr. -

— Diss. de lumine. C. fig. 4maj. Wien 766. Trattner. 12 gl.

— opera ad opticam et astronom. pert. V Voll. 4. Bass. 785, 86. König. 27 ß

— Physica. 4.

—: Reise von Konstantinopel durch Rumänien, Bulgarien und die Moldau nach Lemberg in Polen. Aus dem Französischen. Leipzig: Breitkopf 1779

— philosophiae naturalis theoria. 4. Wien 759. (Beck) 1 ß 4 gl.

— — ibid. 4. Wien. Gerold. 759.

Boscovits, F[riedrich] jun. Malerische Winkel in Zürich. Originallithographieen von F. B'. jun. [Liefg. 1—4.] *je* 3 Bl., *in Umschlag*, 4. Zürich, Selbstverlag, Lith. Kunstanstalt Künzli A. G., [1904]. [*je* fr. 3. —]

Boscovits, F[riedrich] jun. Malerische Winkel in Zürich. Originallithographieen von F. B'. jun. [Liefg. 5—7.] *je* 3 Bl., *in Umschlag*, 4. Zürich, Selbstverlag, Lith. Kunstanstalt Künzli A. G., [1905]. [*je* fr. 3. —]

Boscovits, F[riedrich] jun. Malerische Winkel in Zürich. 36 Original-Lithographien von: F. B'. jun. [12 Lieferungen.] 36 Bl., *in Mappe*, 4. Zürich, Selbstverlag (Lith. Kunstanstalt Künzli A. G.), 1905. [fr. 39. —]
Ersch. in 12 Liefg., zu je 3 Bl. in Umschlag, [1904—1905]. [*je* fr. 3. —; Mappe 3. —]

Boscovitz-Trausner Friedrich: Studien zu Hecate und ihren Typen. Diss. Wien, Univ.
H. 1910 PN 2807

Boscowich, s. Boscovich

Boscowits, J. F. (Hrsg.), s. Der Nebelspalter.

Boscowitz, F. Landammann Augustin Keller. Portrait in Tondruck. In-fol. Aarau, H. R. Sauerländer. 1889 — 50

Bosdorf, Erich, a. Potsdam: Entstehungsgeschichte von Fieldings 'Joseph Andrews'. (Weimar 1908: R. Wagner Sohn.) (82 S.) 8°
Berlin, Phil. Fak., Ref. Brandl, Diss. v. 8. Febr. 1908
[Geb. 8. Jan. 83 Potsdam; Wohnort: Potsdam; Staatsangeh.: Preußen; Vorbildung: Friedrichs-Werdersche Oberrealsch. Berlin Reife O. 02, Ergänzungsprüfung Realgymn. M. 05; Studium: Berlin 2, Genf 1, Berlin 7 S.; Rig. 7. Nov. 07.]

Bosdorff, Ernst [app. Arzt aus Artern (Prov. Sachsen)]: Aus d. patholog. Institut zu Kiel. Ueber Häufigkeit und Vorkommen der Aneurysmen nach den Ergebnissen von 3108 Sektionen. . . . Kiel. Druck v. Carl Böckel, 1889; 33 + 1 S. + 1 Bl. 8°
Kiel, Med. Fak., Inaug.-Diss. v. 6. Aug. 1889

Bosdorff, Ernst. Ueber Häufigkeit u. Vorkommen der Aneurysmen nach den Ergebnissen v. 3108 Sektionen. Diss. gr. 8. (33 S.) Kiel 889, (Lipsius u. Tischer). * 2 —

Bosdorff, Günth., s.a. Bernard v. Rouvenac, e. provenzalischer Dichter des XIII. Jahrh.

Bosdorff, Günther, a. Halberstadt: Bernard von Rouvenac ein provenzalischer Trobador des XIII. Jahrhunderts. Kritische Ausgabe mit Einleitung, Übersetzung, Kommentar und Glossar. Erlangen 1907: Junge u. Sohn. (73 S.) 8°
¶ (Aus: Romanische Forschungen Bd 22.)
Rostock, Phil. Fak., Ref. Zenker, Diss. v. 30. Juni 1906
[Geb. 3. Mai 82 Halberstadt; Wohnort: Warnemünde; Staatsangeh.: Preußen; Vorbildung: Königl. Domgymn. Halberstadt Reife O. 02; Studium: Berlin 2, Kiel 1, Rostock 4 S.; Rig. 26. Juni 06.]

Bosdorff, Herm. (geb. Caputh bei Potsdam 23. 9. 1832): De ulcere ventriculi rotundo. Berolini (1857). (31 S.) 8°
Berlin, Med. Diss. v. 20. März 1857

Bose, Der alte. O. O. u. J. V: *Weichmann, Chn Frdr.* (Cat. d. Stadtbibl. Zürich. Zürich 1864—97.)

Boſe, u. Renner, Gutachten üb. das Project e. Waſſerverſorgung Darmſtadts aus dem Beerbachthale u. von dem Frankenſtein. gr. 8. (18 S.) Darmſtadt 874. Jonghaus. n. — 20

Bose: Die Hochzeit zu Kana Ev. Joh. 2, 1—11. Predigt. (7) gr8° Eisen., Hofbdr. Eisenach, H Kahle ('11). — 30 d

Bose, *Adolf Julian*, Professor der Medicin zu Leipzig, * Wittenberg 1742, † Leipzig 1. Sept. 1770.
Jöcher-Adelung I. p. 2097.
—— De disquirendo charactere plantarum essentiali singulari. D. Lipsiae, typ. Langenheim. 1763. 4. 40 p.

—— De motu humorum in plantis vernali tempore vividiore. D. Lipsiae 1764. 4. 8 p.

Bose, Ad. Jul. (Resp.): De paraplegia...,
s. Ludwig, Chr. Gttl. (Praes.)

Bose, August Carl Graf, De meritis Augusti ducis electoris Saxoniae observationes. Präs. August Ludwig Diemer. Lpz. (Gottfr. Bruder) 5. IX. 1809. 48, XXVIII (dtsch.) S. (4.80) 3602
Gew.: Fried. Wilh. Aug. Carl Grf. Bose (Vater). — Cammer-Ordnung. Licht-Ordnung.
Ordinarius senior facult. jur. Lipsiensis examen comes **August Carl Bose.** Lpz. (Dürr) 24. XI. 1809. 16 S. m. Biogr. (M.: W. Ch. v. d. Schulenburg-Wolfsburg.) (3.—) 3603
Praem. quaestio XVI.

Bose, C. A. H., s. Bose, Karl Adm. Hnr.

Bose, C. W., de Andronico et Junio, a Paulo commemoratis. Lips. 1742. 4.

Bose, C. W., *ἐνθρονισμὸς* Christi in fabulis Apollinis et Minervae frustra quaesitus. Lips. 1741. 4.

Bose, Carl (Ortenberg)
Ueber das Ganglion maxillare des Menschen.
Giessen: Brühl 1859. 13 S. u. 1 Taf., 2 Bl. Thesen.
Diss. med. 5.1.1860. vorh. 7. 26. Δ.

Bose, Carl Emil v., die Familie v. Bose. Beiträge zu e. Familiengeschichte, gesammelt u. bearb. (IX, 246 S. m. 1 Taf.) 8. Nebst: Stammtafeln. Entworfen u. dem am 8. X. 1898 gegründeten Bose'schen Familienverbande gewidmet. Als Mscr. gedr. 1902. (4 Taf mit III S. Text.) gr. Fol. Dresden (904). (v. Zahn & Jaensch.) Geb. u. kart. n.n. 10.

— **Das Vereinsrecht d. neuen BGB.**, s. a. **Handbibliothek, (Leipz.) Jurist.**

Bose, Carl Emil v.: Das V e r e i n s r e c h t des neuen BGB. Ein Leitfaden für Juristen und Laien, zugleich ein Hilfsbuch für Vereinsvorstände. Leipzig 1901.
(Jur. Handbibliothek. Hrsg. von Hallbauer. Bd. 136.)

Bose, C[arl] E[mil] v., Das Vereinsrecht des Deutschen Bürgerlichen Gesetzbuchs. E. Leitf. durch d. Vereinsrecht u. e. Hilfsbuch f. Vereinsvorstände. 2. verm. Aufl. nach d. Verf. Tode hrsg. von Max *Hallbauer*. Leipzig 1909. 8°.
(Jurist. Handbibliothek, hrsg. von Max *Hallbauer* u. W. *Schücher*. 136)

Bose, Caspar

— — **Calycem Tournefortii explicat simulque ad orat, inaug. de iis, quae in botanico studio... Lpz. (Jo. Chn. Langenheim) 27. II. 1733. 32 S. (5.—)** 3608

— — — — **De obstetricum erroribus a medico forensi pervestigandis. Lpz. (Breitkopf) 30. IX. 1729. 40 S. (5.—)** 3607

— **Caspar** (Leipzig) u. **Georg Matthias Bose** (Lpz.), De motu plantarum sensus aemulo. Diss. botan.-philos. Lpz. (Breitkopf) 7. II. 1728. 56 Seiten. (5.50) 3606

Bose, Christian Gottlob

— — **De revocandis donationibus. Diss. jur. Lpz. (Langenheim) 10. II. 1752. 32 S. (4.80)** 3610
Gew.: Joh. Flor. Rivinus.

— **Christian Gottlob** (Leipzig), Problema juris Saxonici an vitricus privignis geradam in legitimam imputure possit, nec ne. Präs. Johann Florent. Rivinus. Lpz. (Langenheim) 29. VII. 1749. 34 S. (4.80) 3609

Bose, Christian Wilhelm

— — De reis ampliatis circa illustr. Livii loca. Ad virum Georg Zacharias Winckler summis in philos. hon. Lpz. (Gg. Saalbach) 1743. 20 S. (4.—) 3612

— Schediasma de Tito Livio superstitiosae antiquitati diffidente. Lips. 739. 4.

— **Christian Wilhelm** (Leipzig), T. Livium Patavinum superstitiose antiquitati diffidentem sistit contra Joannem Tolandum Hibernum, simulque amico suo Johann Gottlieb Bosseck (Leipzig) summos in philos. honor. gratul. Lpz. (J. Ch. Langenheim) Febr. 1739. 12 S. (4.—) 3611

v. **Bose, Curt.**, Wend.-deutsches Handwörterbuch nach d. oberlausitzer Dialekte. Nebst e. grammat. Vorworte, mit besond. Rücksicht auf Aussprache u. Wortbildg. gr. 8. Grimma 840. Gebhardt. n. 1 ₰

v. Bose, Curt, pomologische Hefte. 1. Heft. Stuttgart 870. E. Schweizerbart. gr. 8. (104 S.) n. 16 ngr.

— über Arab.-Byzantin. Münzen. Sendschreiben an Herrn F. de Saulcy in Metz. (Mit Titelvign.) gr. 8. Grimma 840. Gebhardt. n. 1/3 ₰

Bose, E., Beiträge zur Frage des Unterrichts in Physik u. Astronomie, s.: **Behrendsen, O.**

Bose, E., dictionnaire raisonné d' architecture et des sciences et arts qui s' y rattachant. 1. Livr. gr. 4. (S. 1—112 m. 1. Chromol.) Paris 875. Didot & Co. n. 4. 80

Bose, Em. Gtts., resp. **Schindler**, De nervorum actione ex collisione. 16 pp. Lps. 4°. *Ludwig*, II. 251-65 Lpz. Zt. u. 9. 1763. Erl. Beitr. 10. W. 1763. (Wider *Camper*.) 1762

Bose, Emil, Dr., Assist. am physikal. Institut d. Univ. Breslau: **Experimentelle Beiträge zur Kenntniss der Grove'schen Gaskette.** *Breslau 1900: R. Galle.* (32 S.) 8°
Breslau, Phil. Hab.-Schr. v. 23. Juli 1900

Böse, Emil, die Erdbeben, s.: **Natur, die. VII.**

Bose, Emil, Grundzüge der Elektrochemie, s.: **Löpke, Rob.**

Bose, Emil, aus Nordhausen: **Studien über Zersetzungsspannungen.** *Halle a. S. 1898: W. Knapp.* (54 S.) 8°
Göttingen, Phil. Diss. v. [1. Nov.] 1898

— s.: **Zeitschrift, physikalische.**

Bose, Ernst Gottlob: A d v e r s a r i a de apostematibus. [Resp.:] Carolus Frey [1775]. Lipsiae (1775:) Langenheim. 32 S. 8°
Leipzig, Med. Diss. v. 14. Juli 1775

— — **De contagii natura animadversiones. Lpz. (Sommer) 16. VI. 1786. 12 S. m. Biogr. v. Johann August Friedrich Lamprecht (Ortrand. M.: Ch. E. Moeller). (3.—)** 3654

— — **Viri cadaver. Lpz. (Langenheim) 22. XII. 1774. 10 S. (3.—)** 3628

— — Caussae sanitatem publicam impedientes. Lpz. 11. IV. 1783. 16 S. m. Biogr. v. Ernst Benjam. Gottlieb Hebenstreit (Leipzig. M.: Ch. E. Bossek) (3.—) 3644

— — De mutato per morbum colore corporis humani. Lpz. (Klaubarth(4. XI. 1785. 12 S. m. Biogr. v. Christoph Conrad Steinmetz (Graudenz. M.: R. E. Schoenwald). (3.—) 3652

— — De sanguine splenico conjecturae. Lpz. 27. III. 1778. 15 S. m. Biogr. v. Johann Christian Hoffmann (Merseburg. M.: J. Ch. Fischer) (3.—) 3636

— — **De seri sanguinis consideratione in medicina clinica et forensi diss. Lpz. 22. IV. 1774. 20 S. m. Biogr. v. Christian Ludwig (Leipzig. M.: R. S. Reichel). (3.—)** 3626

— — **De herniae inguinalis diagnose. Lpz. (Langenheim) 9. I. 1778. 15 S. m. Biogr. v. Georg Wilhelm Liebe (Freiberg. M.: D. H. Leube) (3.—)** 3635

— — **De diagnosi veneni ingesti et sponte in corpore geniti. Lpz. (Breitkopf) 30. IX. 1774. 16 S. m. Biogr. v. Ernst Samuel Reiniger (Großenhain. M.: S. E. Crusius) (3.—)** 3627

Bose, Ernst Gottlob: De anastomoseos vasorum corporis humani d i g n i t a t e. [Resp.:] Gottlob Fridericus Fischer. Lipsiae (1761:) Langenheim. 31 S. 8°
Leipzig, Med. Diss. v. 10. Apr. 1761

Bose, Ernst Gottlob: De diverticulis intestinorum. [Resp.:] Fridericus Gottlob Martinus Trautner. Lipsiae (1779:) Klauberth. 30 S. 8°
Leipzig, Med. Diss. v. 3. Dez. 1779

— — De enterocele ischiatica. Lpz. (Langenheim) 10. IV. 1772. 16 S. m. Biogr. v. Justus Wilhelm Günz (Leipzig. M.: J. Ch. Hochheimer). (3.—) 3620

— — De erysipelate intestinorum praefatus. Lpz. (Klaubarth) 21. I. 1785. 15 S. m. Biogr. v. August Ferdinand Wittke (Schoendorf/Laus. M.: J. E. Boltz). (3.—) 3649

— — Gibbosae ex rhachitide exemplum. Lpz. (Klaubarth) 21. VI. 1781. 16 S. m. Biogr. v. Carl Andreas Kasten (Schoeneck/Vogtl. M.: Ch. W. Wiedemann) (3.—) 3643

— — Uteri per morbum bifidi exemplum. Lpz. (Holl) 10. IX. 1779. 16. S. m. Biogr. v. Justus Gottfried Apel (Leipzig. M.: Ch. E. Rabner) (3.—) 3640

— — De fabrica vasculosa vegetabili et animali. Lpz. (Klaubarth) 20. VI. 1783. 18 S m. Biogr. v. Christian Gotthold Eschenbach. (M.: J. D. Böhme.) (3.—) 3644

— — De suturarum cranii humani fabricatione et usu. Lpz. (Langenheim) 13. IV. 1763. 16 Seiten. (3.—) 3617

Boso, Ern. Gttl., De suturarum cranii humani fabricatione et usu. 16 pp. Lps. 4°. Gött. gel. Ztg. n. 50. 1763.

Bose, E. G., Diss. de febre λοιμικῇ Graecis epidomica. Lips. 778. 4.

— — De generatione hybrida. Lpz. (Langenheim) 14. II. 1777. 16 S. m. Biogr. v. Johann Paul Langguth (Suhl. M.: J. C. Stoll) (3.—) 3632

— — Dasselbe II. Lpz. (Langenheim) 28. II. 1777. 16 S. m. Biogr. v. Johann Levi Benjamin Kergel (Wallhausen/Sangerhausen. M.: M. M. Cronberg) (3.—) 3633

— — Dasselbe III. Lpz. (Langenheim) 30. V. 1777. 16 S. m. Biogr. v. Ferdinand Ernst Schulz (Heldrungen/Th. M.: Ch. E. Bauer) (3.—) 3634

— — De hepate rupto. Lpz. (Jacobäer) 2. VIII. 1776. 16 S. m. Biogr. v. Johann Gottfried Flemming (Oberröblingen/Sangerhausen. M.: M. E. Heinroth) (3.—) 3629

— — Coalitus viscerum ventris historiam tradit. Lpz. (Langenheim) 6. IX. 1776. 12 S. m. Biogr. v. Joh. Christian Neider (Meißen. M.: J. Ch. Strauß) (3.—) 3631

— — Cordis villosi historiam. Lpz. (Langenheim) 15. III. 1771. 16 S. m. Biogr. v. Christoph Gottfried John (Leipzig. M.: M. D. Brendel). 3618

— — De judicio suffocati in partu foetus in foro adhibendo. Lpz. 1. V. 1778. 12 S. m. Biogr. v. Gottlob Leberecht Haertling (Dresden. M.: A. E. Huttenrauch) (3.—) 3637

— — Dasselbe II. Lpz. (Breitkopf) 27. VIII. 1779. 14 S. m. Biogr. v. Christian Friedrich Ludwig (Leipzig. M.: S. R. Reichel) (3.—) 3638

— — De lacte oberrante. Lpz. (Langenheim) 19. VI. 1772. 16 S. m. Biogr. v. Andreas Mürcke Moskau. M.: E. Reinck) (3.50) 3621

— — Dasselbe. II. Lpz. (Langenheim) 10. VII. 1772. 12 S. m. Biogr. v. Adolph Gotthelf Stoeckhardt (Lauterbach / Stolpen. M.: J. E. Mai) (3.—) 3622

Bose, Er. G., s. Chr. Gll. *Ludewig*, institutiones medicinae.

— — Memoriam viri Anton Wilhelm Plaz. Lpz. 26. II. 1785. 28 S. m. Bio- u. Bibliographie. (6.—) 3650

— — De miasmate morboso in corpore oberrante. Lpz. (Langenheim) 26. II. 1774. 16 S. m. Biogr. v. Friedrich Gotthelf Jaessing (Großenhain. M.: J. S. Behnisch) (3.—) 3625

— — De gibbosorum ex rhachitide molestiis. Lpz. 15. VI. 1781. 16 S. m. Biogr. v. Benjam. Gotthelf Knothe. (3.—) 3642

Bose, Ern. Gttl., resp. God. Deutrich, De morbis mentis delicta excusantibus. 31 pp. Lps. 4°. *Frank*, Del. opusc. med. Ticiu. 1790, IX, 93—132. 1774

— — De morbis necessariis. Lpz. 28. IX. 1784. 14 S. m. Biogr. v. Joh. Christ. Friedr. Krieger (Sangerhausen. M.: M. F. Stief). (3.—) 3648

—— Motum humorum in plantis cum motu humorum in animalibus comparat. D. Lipsiae 1763. 4. 24 p.

Bose, E. Gl., resp. Ans. Breuel, De veneni animalium rabidorum natura ejusque medela. 16 pp. Lps. 4°. *Doering*, I, 165.
1788

Bose, *Ernst Gottlob*, **Professor der Medicin in Leipzig**, * Leipzig 30. April 1723, † Leipzig 22. Sept. 1788.
—— De nodis plantarum. D. Lipsiae, typ. Langenheim. 1747. 4. 24 p.

E. Glo. Bose progr. de Scytharum νόσῳ θηλείᾳ ad illustrandum locum Herodoti. Lips 1778. 4. (H. locum lib. I. p. 105, ed. Wesseling, corporis et animi debilitatem designare cum impotentia coeundi; cfr. Chr. Heyne de maribus inter Scythas morbo effeminatis et de hermaphroditis Floridae in Comment. soc. Gotting. 1779. Vol. I. p. 28.)

— — De Scytharum νόσῳ θηλεία ad illustrandum locum HERODOTI. Lpz. (Sommer) 5. VI. 1778. 18 S. m. Biogr. v. Joh. Georg Friedrich Franz (Lpz. M.: A. E. Graf) (3.—) 3639

— — Omnia propter hominem facta esse exponitur. Lpz. 16. IV. 1784. 16 S. m. Biogr. v. Christian August Peschek (Zittau. M.: Ch. R. Bürger). (3.—) 3647

— **Ernst Gottlob** u. (Respond.) **Christoph Gottlieb Trautmann** (Lauban/Laus.), De radicum in plantis ortu et directione. Lpz. (Langenheim) 20. IX. 1754. 35 S. (4.80) 3615
Gew.: Joh. Georg Grf. v. Einsiedel (Seidenberg..)

—— De radicum in plantis ortu et directione. D. Lipsiae, typ Langenheim. 1756. 4. 35 p.

* Viſus phaenomena quaedam explicat, ſimulque viro clariſſimo doctiſſimo *Erneſto Samueli Reinigero* Hayuenſi . . . ſummos in arte ſalutari honores . . . . . . ſub praeſidio *Erneſti Gottlob Boſe* . . . . gratulatur *Chriſtianus Erneſtus Wünſch* Hohenſteina - Schoenburgicus. Lipſiae. Ex officina Langenhemia. 4. 12 S. m. 1 Kupfert. 1784.

— — De phantasia laesa, gravium morborum matre. Lpz. (Sommer) 11. IV. 1788. 14 S. m. Biogr. v. Johann Gottfried Jancke (Leipzig. M.: E. Ch. Mewes). (3.—) 3658

— — De praeternaturali pilorum proventu. Lpz. (Langenheim) 30. VIII. 1776. 15 S. m. Biogr. v. Pet. Johann Andreas Daries (Parchim/Meckl. M.: A. D. Ohrtmann) (3.—) 3630

— — De rene per hydatidem penitus destructo. Lpz. (Holl) 22. IX. 1780. 16 S. m. Biogr. v. Carl Friedrich Happ (Marienberg. M.: J. S. Birckner). (3.—) 3641

— — De scrophulis uteri, sterilitatis feminarum caussa. Lpz. 20. VII. 1787. 15 S. m. Biogr. v. Joh. Carl Heinrich Ackermann (Zeitz. M.: W. Ch. Hecker). (3.—) 3657

— — De secretione humorum in plantis. Lpz. (Langenheim) 19. IV. 1755. 20 S. (—.80) 3616

— — De stasi humorum a medico clinico et forensi dijudicanda. Lpz. (Ww. Buschel) 6. VI. 1783. 18 S. m. Biogr. v. Christian Adolph Hartwig (Meißen. M.: M. E. Scanau) (3.—) 3645

— — De structura corporis humani sanitatis diversae caussa diss. Lpz. (Langenheim) 9. 7. 1773. 16 S. m. Biogr. v. Carl Gottlieb August Hyttig (Leipa/Laus. M.: J. R. Schulz) (3.—) 3624

— — De suctione, infido calculum extrahendi auxilio. Lpz. (Sommer) 22. VI. 1787. 15 S. m. Biogr. v. August Lebrecht Schneider (Mittweida. M.: J. E. Hauff). (3.—) 3656

— — De sugillatione in foro caute dijudicanda. Lpz. (Langenheim) 21. V. 1773. 16 S. m. Biogr. v. Christian Traugott Heffter (Löbau/Laus. M.: J. Ch. Müller) (3.—) 3623

— — Ustionem in rheumatismo et arthritide. Lpz. 17. V. 1771. 20 S. m. Biogr. v. Christian Gottlieb Altenburg (Mühlhausen / Th. M.: M. E. Reichel). (3.20) 3619

— — De cauto remediorum diureticorum usu. Lpz. (Sommer) 6. II. 1787. 19 S. m. Biogr. v. Joh. Wilh. Lincke (Leipzig. M.: F. A. V. Hill). (3.—) 3655

Bose, Ernst Gottlob: De v e s i c a t o r i i s recte utendis. [Resp.:] Beniamin Ferdinandus Quaas. (Leipzig 1776:) Langenheim. 30 S. 8°
Leipzig, Med. Diss. v. 19. Apr. 1776

— — De vita foetus post mortem matris superstite. Lpz. (Klaubarth) 2. VI. 1786. 16 S. m. Biogr. v. Pet. Frh. v. Bellinghausen (Waydo/Riga. M.: J. G. v. Zimmermann). (3.—) 3653

— — De vulneribus cordis in foro absolute lethalibus. Lpz. (Klaubarth) 6. V. 1785. 8 S. m. Biogr. v. Abraham Benjamin Krueger (Danzig. M.: R. Maeck). (3.—) 3651

Bose, Ernst Heinrich

— — De tribus jurisjurandi comitibus. Diss. jur. Lpz. (Joh. Heinr. Richter) Nov. 1731. 39 Seiten. (5.—) 3660

— **Ernst Heinrich** (Leipzig), De compensatione inter cohaeredes. Diss. jur. Präs. Joh. Florent. Rivinus. Lpz. (Imman. Titius) 22. I. 1728. 32 S. (5.—) 3659
Gew.: Georg Heinrich Bose (Vater).

Bose, Ewald, bacc. iur., Referendar in Döbeln i. S.: Die Stellung des Kommanditisten zur Vertretung und Geschäftsführung der Kommanditgesellschaft. Borna-Leipzig 1907: R. Noske. (IX, 59 S.) 8°
Leipzig, Jur. Fak., Diss. v. 24. Nov. 1907
[Geb. 10. Juli 80 Waldheim; Wohnort: Döbeln; Staatsangeh.: Sachsen; Vorbildung: Realgymn. Döbeln bis O. 01, Erg.-Prüfung Berlin Okt. 03; Studium: Berlin 3, Leipzig 4 S.; Rig. 26. Jan. 06.]

— **Georg Heinrich** (Leipzig), De fidejussore inficiante. Diss. jur. Präs. Johann Florent. Rivinus. Lpz. (J. G. I. Breitkopf) 29. II. 1748. 48 S. (5.—) 3661

— **Georg Matthias,** De attractione et electricitate. Wittbg. (E. G. Eichsfeld) 17. III. 1738. 4 Bl., 38 S. (5.50) 3662
Widm.-Bild: C. F. Boetius delin. et sc.

— — De Osymandyae circulo aureo diss. Lpz. (Breitkopf) 1749. 8 S. (3.—) 3664

Bosii, G. M., Commercium epistolarum de Sesostridis, Augusti et Benedicti XIV obelisco. Obiter Plinius et Diodorus Siculus emendatur. S. l. (Gryphisw.) 751. 4. 12 gr.

Bose, G. M. In eclipsin terrae 1733 Maji 12. Lipsiae 1733. 4.

Bose, G. M., De electricitate. Comm. II. 28 pp. Witenb. 4°. 1 7 4 3

Bose, G. M., Comment. de electricitate inflammante et beatificante. Lps. 4°. 1 7 4 4

Bose, G. M., († d. 17. Sept. 1761.) electricité, son origine et ses progrès. Poëme en deux livres, trad. de l'allemand. 8. Leipz. 754. Gleditsch. 4 ℛ

Bose, G. M. Sur la lumière des diamants. Göttingue 1745. 4.

— — Memoriam Philippi Melanchthonis alterum post saeculum indicit filiique Adolphi Juliani Bose in templo academico ... orationem .. Wittbg. (E. G. Eichsfeld) 5. V. 1760 4 Bl. — Cantate welche bey d. z. Gedächtniss d. vor 200 Jahren allhier verstorbenen Philippi Melanchthonis v. M. Adolph Julian Bosen in d. acad. Kirche a. 5. V. 1760 gehaltenen feyerlich. Rede musicalisch aufgeführet worden. 4 Bl. (3.50) 3665

Bose, G. M. Observation du dernier passage de Mercure par le soleil. Wittemberg 1745. 4.

Bosius, G. M., Observ. in Eclipsin terrae 1733. II mai. sect. II. 4. Lips. 734.

Bose, Georg Matthias: Prima corporis physici p r i n c i p i a. [Resp.:] Josephus Martinus Mürling. Wittebergae (1754): Tzschidrich. 16 S. 8°
Wittenberg, Phil. Disp. v. 8. Okt. 1754

Bose, G. M., Recherches sur la cause et sur la veritable theorie de l'électricité. Witth. 4°. 1 7 4 5

* Schediasma literarium, quo contenta Elementorum Euclidis enunciat, simul de variis horum Editionibus post Fabricium nonnulla disserit M. *George Matthias Bose*, Lipf. Med. Bac. Fac. Th. Ass. Lipf. e Typographia Breitkopfiana. 4. 4 Bogen. 1731.

(*Bose* führt hier aus seiner sehr ansehnlichen Bibliothek noch 28 Ausgaben und Uebersetzungen der Euklidischen Elemente an, deren *Fabricius* nicht erwähnt. Ferner aus *Wolffs* Nachr. von math. Schrift. im 4. Th. der Anfangsgr. 15, 7 aus einer Leipziger öffentlichen Bibl., 5 aus den Leipz. gelehrten Zeitungen und ein Paar aus *Maittaire* und *Maffei* traduttori italiani d'antichi scrittori latini e greci. Venedig 1720.)

— — Secularia Torricelliana indicit. Wittbg. (J. Ch. Tzschiedrich) 2. V. 1743. 16 S. (4.50) 3663

—, Tentamina electrica in Academiis regiis Londinensi et Parisina primum habita omni studio repetita quae novis aliquot accessionibus locupletavit. 96 pp. Wittb. 4°. 1744

Bose, G. M., Tentamina electrica tandem aliquando hydraulicae chymiae et vegetabilibus utilia. Pars posterior. 48 pp. Vitemb. 4°. 1747

— Gottfried Christian (Leipzig), Unicum Jesu Christi evangelium a Paulo apostolo, adversus destruentes & deserentes anathemate defensum in cap. I. epist. ad Gal. v. 6. 7. 8. 9. Lpz. (Chn. Kirchner/Ww. Henning Coler) 9. u. 10. IX. 1663. 48 Bl. (5.—) 3666
Gew.: Johann Ernst Bose, Andreas Winckler. — Widm. v.: Martin Geier, Dan. Heinrici, Hieron. Kronmeyer, Samuel Lange.

— — Dasselbe. So auch wir oder ein Engel vom Himmel etc. der sey verflucht etc. Lpz. 1709. 46 Bl. o. Widm. (5.—) 3667

Bose, H. L., die Centesimalverdünnung der Homöopathie, mathematisch erläut. 8. (22 S.) Stuttgart 887. Union. n. — 80

Bose, Heinr., d. Behring'sche Diphtherie-Heilserum u. d. Erfolge, welche m. dems i. d. chirurg. Klinik in Giessen erzielt worden sind. gr. 8. (73 u. XXIX S.) Giessen 895. C. v. Münchow. n. 2.40

Bose, Heinrich (Darmstadt)
Die Verengerung und Verschließung des Kehlkopfes, als Complication weiter abwärts gelegener Luftfisteln.
Giessen: W. Keller 1865. 160 S. u. 2 Taf. (in Δ mit Thesen)
Diss. med. 23.8.1865. vorh. 26. Δ

Bose, Heinr. Ludw., Beiträge zur Waldwerthberechnung in Verbindung mit einer Kritik des rationellen Waldwirthes von Max Rob. Preßler. Mit 1 lith. Taf. und 1 Zinseszinstabelle. Darmstadt 863. Jonghaus. gr. 8. (VIII, 234 S.) 1 ₰ 9 ngr.

—— Beschreibung zweier Instrumente zum Nivelliren der Waldwege und Messen der Baumhöhen. gr. 8. (16 S. mit 4 Tab. und 2 Stnt.) Darmstadt 863, Jonghaus. *

Bose, Heinr. Ludw. Das forstliche Weiserprozent. gr. 8. (IV, 64 S.) Berl. 889, Parey. * 2 —

v. Bose, Herrm., Handbuch für die Königl. Sächs. Dorfgerichts-Personen u. Landgemeindevorstände. Zur Instruction bei Verwaltung ihres Amtes systematisch bearb. 2. bis auf die neueste Zeit vervollständ. Aufl. Glauchau 865. Moritz. gr. 8. (VIII, 232 S) n. 15 ngr.

Bose, Herm. v., Handbuch der Jagd- und Forstgesetzkunde des Königreichs Sachsen, namentlich für den practischen Wald- u. Forstmann systematisch bearb. Waldheim 857. (Leipzig, Hinrichs.) 8. (X, 466 S.) n. 1 ₰ 10 ngr.

— — Nachträge bis Monat Februar 1869, betr. die §§. 20, 99, 100, 108, 143, 183, 207, 208, 232, 245, 271, 334, 335, 360—368. Ebend. 869. gr. 8. (8 S.) 1½ ngr.

Bose, Herm. v., Handbuch d. Militärrechtskunde f. d. kgl. sächs. Truppen, mit besond. Beziehung auf die neuesten organischen Militärgesetze u. zugleich zum Handgebr. für die Civilbehörden systematisch bearbeitet. 4 Lfgn. gr. 8. (29 B.) Mügeln 846. [Dresden, Antiq. Janssen.] *1⅔ Thlr. Hrbgef. Pr.

v. Bose, Herrm., Handbuch der Militärrechtskunde für die K. S. Truppen, mit besonderer Beziehung auf die neuesten organischen Militärgesetze u. zugleich zum Handgebrauch für die Civilbehörden systematisch bearbeitet. 4 Liefgen. gr. 8. Mügeln 846. (Leipzig, Klinkhardt.) n. 1⅔ ₰

v. Bose, Herrm., Handbuch des im Königr. Sachsen geltenden Unterthanen- u. Heimathsrechts mit besond. Berücksichtigung der sämmtl. deshalb neuerdings erlassenen Gesetze. Zum allgemeinen Gebrauche, namentlich f. die Gemeinde-Beamten v. Stadt u. Land. 8. (VIII u. 289 S.) Colditz 852. (Leipzig, Matthes.) n. ⅓ ₰

— Handbuch des im Königreich Sachsen geltenden Unterthanen- u. Heimathsrechts mit besonderer Berücksichtigung der sämmtlichen deshalb neuerdings erlassenen Gesetze. Zum allgemeinen Gebrauche, namentlich für die Gemeinde-Beamten von Stadt u. Land. 2. unveränd. (Titel-)Aufl. Colditz (852.) 854. (Leipzig, Matthes.) 8. (2 Bl., 289 S.) n. 15 ngr.

—— sächs. Jahrbuch f. vaterl. Gesch., Geogr., Statist. u. Topogr. Jahrg. 1850. 8. (179) Freib. 51, Craz u. G. n. — 15

v. Bose, Hugo, allgemein-geographische u. hydrotechnische Beschreibung der Elbe m. ihren Zuflüssen. Nebst Mittheilung der schifffahrts- u. strompolizeil. Gesetze, Verordnungen u. Bekanntmachungen, ferner einer Statistik des Hamburger Handels, der Schifffahrts-Verhältnisse auf der Elbe u. einer Beschreibung der neuen Elbbrücke bei Dresden. Nebst einer (lith.) Karte der Elbe m. ihren Zuflüssen (in Fol.) u. einer (lith.) Karte der Elbe bei Hamburg (in gr. 4.) gr. 8. (XIV u. 110 S.) Annaberg 852, Rudolph & Dieterici. n. 16 ngr.

— feuer- u. baupolizeiliche Bestimmungen, so wie das Brandversicherungswesen. Ein f. Jederm. brauchbares Handbuch. 8. (VI u. 202 S.) Oschatz 849, Oldecop's Erben. 18 ngr.

v. Bose, Hugo, gewerbspolizeiliche Bestimmungen hinsichtlich der Braunahrung, Branntweinbrennerei, Gast- u. Schanknahrung, so wie die das Vereins- u. Versammlungsrecht betreffenden Verordnungen. br. 8. (VIII u. 172 S.) Oschatz 851, Oldecop's Erben. 12 ngr.

—— Eisenbahn-Reise-Handbuch für Europa und Hand-Atlas der Eisenbahn-, Post- und Dampfschiff-Verbindungen in Europa. Ein geographisch-statistisch-histor. Reise- und Geschäftshandbuch. A. u. d. T.: Allgemeiner Reise- und Eisenbahn-Atlas oder specieller Wegweiser durch ganz Europa. 8. (XXI und 375 S. mit 40 lithogr. Karten in 8. und 4. und 1 Tab. in qu. 4.) Leipzig 854, Schäfer. *

— die Erfüllung der Militairpflicht. [Gesetz vom 9. Novbr. 1848.] Allen militairpflichtigen Sachsen gewidmet. gr. 8. (16 S.) Dresden 849. (Leipzig, Arnold.) n. 2 ngr.

Bose, Hugo v., die zeichnende Geometrie, als Vorschule f. d. Studium d. Geometrie, für d. Projectionslehre, f. das techn. Zeichnen u. für d. Feldmeßkunst. Nebst 250 lith. Figuren (auf 43 Taf.) Für alle Schulen Deutschlands. 8. (7 B.) Dresden 846, Adler u. Dietze. Thlr. *

Bose, Hugo v., die zeichnende Geometrie, als Vorschule für das Studium der Geometrie, für die Projectionslehre, für das technische Zeichnen und für die Feldmeßkunst. Sammlung von ca. 300 geometr. Aufgaben mit ihren Auflösungen und 250 lith. Fig. Für alle Schulen Deutschlands und zwar für die Hand aller Schüler, sowie zum Selbstunterricht für alle Gewerbtreibenden. 2., neu durchges. Aufl. Dresden 856. Adler u. Dietze. 8. (XX, 90 S. u. 86 lith. Taf.) n. 20 ngr.

v. Bose, Hugo, Handbuch der Geographie, Statistik u. Topographie des Königreichs Sachsen. Nebst 1 lith. Karte. gr. 8. Dresden 845, Adler u. Dietze. n. $2/3$ ʄ – 2. völlig neu bearb. u. verm. Aufl., nebst einem neuen Ortsverzeichnisse u. einer neuen Karte. gr. 8. Ebd. (846) 847. n. $1^{1}/_{6}$ ʄ geb. n. 1 ʄ 8 ngr

Bose, Hugo v. (Hrsg.), s.a. Jahrbuch, Sächsisches, für vaterländische Geschichte, Geographie, Statistik u. Topographie.

— Sächsisches Jahrbuch f. vaterländ. Geschichte, Geographie, Statistik u. Topographie. Jahrg. 849. gr. 8. (VIII u. 197 S.) Dresden, Naumann. n. $1/2$ ʄ

— dass. Jahrg. 1850. Nebst einem neuen vollständ. Verzeichniß der sämmtl. Städte, Marktflecken, Dörfer rc. im Königreich Sachsen u. im Herzogth. Sachsen-Altenburg unter Beifügung der neuen Angabe der Entfernung jedes Ortes von der zunächst gelegenen Stadt. gr. 8. (VIII u. 179 S.) Freiberg, Craz & Gerlach. n. $1/2$ ʄ

—— sächsisches Jahrbuch für vaterländische Geschichte, Geographie, Statistik und Topographie. Jahrg. 1849 und 1850. gr. 8. (VIII und 197 S.) Dresden 850—51, Naumann. à Jahrg. *

— Karte der Elbe mit ihren Zuflüssen. Fol. Lith. Annaberg 852, Rudolph & Dieterici. 3 ngr

— Karte vom Königreich Sachsen. (Nach den Wahlbezirken.) qu. gr. 4. Lith. u. col. Dresden 848, Adler & Dietze. n. $1/6$ ʄ

Bose, Hugo v., und Friedr. Rolle, Karte der zum deutschen Zoll- und Handels-Vereine gehörenden Staaten und der durch Handels- und Zoll-Verträge damit verbundenen österreich. Monarchie. Nebst Angabe der Eisenbahnen, der Hauptstrassen etc. Lithogr. und ill. qu. gr. Fol. Mit: Orientirungs-Register dazu. br. 8. (23 S.) Riga 855, v. Boetticher. Thlr. **

— Orientirungs-Ortsverzeichnisse und statistische Angaben über die neueste politische Eintheilung jedes Kronlandes der österreich. Monarchie. (Text aus Special-Atlas der österreich. Monarchie in 20 Karten.) Leipzig 850. Hunger. qu. Fol. (46 S.) 2 ʄ

—— Ortverzeichniß des Königr. Sachsen, mit Angabe der betreff. Kreisdirection, der Amtshauptmannschaft u. d. Amtsbezirkes, sowie d. Anzahl der Einwohner u. d. Wohngebäude jedes Ortes rc. 1. Aufl. ($5^{3}/_{4}$ B.) 845. * 8 Ngr. u. 2. Aufl. gr. 8. ($5^{1}/_{4}$ B.) Dresden 847, Adler u. Dietze. *
Aus: Dessen Handbuch d. Geographie rc. besond. abgedruckt.

Bose, H. v. Ortsverzeichniss des Königreichs Sachsen. 2. A. Dresden 1846.

— allgemeiner Reise- und Eisenbahnatlas oder specieller Wegweiser durch ganz Europa. Ein geograph.-statist.-histor. Reise- und Geschäftshandbuch. A. u. d. T.: Eisenbahn-Reise-Handbuch für Europa und Hand-Atlas der Eisenbahn-, Post- und Dampfschiff-Verbindungen in Europa. Ein geograph.-statist.-histor. Reise- und Geschäftshandbuch mit 48 (lith.) Karten (in 8. u. 4.). Leipzig 854. Schäfer. (Hunger.) 8. (XXI, 375 S. u. 1 Tab. in 4.) n. 4 ʄ

—— Repertorium I. und II. der Bevölkerung und der Organisation des deutschen Zoll- und Handelsvereins als solchen und der durch Handels- und Zollverträge damit verbundenen österreich. Monarchie nebst den Herzogth. Parma und Modena. Nach amtl. Quellen bearb. 8. (IX und 177, XII und 120 S. mit 1 lithogr. und ill. deutschen Zoll- und Steuerorts-Karte in Fol. und einem Orientirungs-Register.) Riga 855, v. Boetticher.

— Sammlung der wichtigsten Landescultur- od. Ackerbaugesetze des Königr. Sachsen nebst den von Behörden u. Vereinen erlassenen Bekanntmachungen. Ein f. Jedermann stets brauchbares Handbuch. gr. 8. (XII u. 256 S.) Dresden 850, Meinhold & Söhne. n. 24 ngr

—— vollständiger Special-Atlas der österreichischen Monarchie nebst den dazu gehörigen statist. Tabellen und Ortsverzeichnissen. 1—5. Lfg. Fol. (10 lithogr. und ill. Karten und 6 Bl. Text.) Leipzig 854—55, Schäfer. à Lfg. * 10 Ngr. einzelne Karten *

—— dass. — in 20 lithogr. und ill. Karten. Nebst statist. Angaben über die neueste polit. Eintheilung jedes Kronlandes und kartograph. Orientirungs-Ortsverzeichnissen. 6—10. Lfg. Fol. (10 Karten und 14 Bl. Text.) Leipzig 855. 56, Hunger. à Lfg. * 10 Ngr. *

—— dass. — (Ohne Text) für den Gebrauch in Schulen. Fol. (20 lithogr. und ill. Karten.) Ebds. 856.

—— Special-Karte der Umgegend von Dresden nebst einem Orientirungs-Ortsverzeichniß. (16 S. in 8.) Lithogr. Fol. Dresden 855, Meysel. *

— Taschenbuch f. das Abstecken u. Messen der Linien, Winkel u. Figuren. Nebst einer Sammlung fortificator. Aufgaben. Ein für Real-, Gewerbe-, Kriegs- u. Compagnie-Schulen brauchbares Handbuch. Mit 130 Fig. in Holzschn. u. 16 S. Lith. 16. (VIII u. 144 S.) Freiberg 852, Frotscher & Wolf. n. $2/3$ ʄ

— Unterhaltungsbuch. Dresden 856. Adler u. Dietze. gr. 8. (VII, 166 S.) n. 15 ngr

— alphabet. Verzeichniß derjenigen Orte im Königr. Sachsen, f. welche in Gemäßheit d. Gesetzes v. 6. Nov. 1843 die Grund- u. Hypothekenbüch. zu Stande gekommen sind. 1. Hft. gr. 8. (3 B.) Dresden 846, Adler u. Dietze. *
Soll in circa 3—4 Hftn. erscheinen.

— Wandkarte vom Königreich Sachsen u. den angrenzenden Ländern. 4 lith. u. color. Bl. in gr. Fol. Dresden 848, Adler u. Dietze. n. $1^{1}/_{3}$ ʄ

v. Bose, Hugo, Wandkarte vom Königreich Sachsen u. den angrenzenden Ländern. Neue Ausg. Dresden 868. G. Dietze. gr. Fol. (4 lith. u. color. Bll.) n. 1 ʄ 10 ngr.

Bosius, I. A., Indroduct. in notitiam scriptor. eccles. 8. Jenae. 723.

Boso, J. Lud., De monte humana ejusque origine. Jen. 4°. 1712

— Johann Georg (Leipzig), Selecta capita fideicommissorum familiae. Diss. jur. Präs. Jo. Gottfried Sieber. Lpz. (Gg. Saalbach) 14. III. 1743. 26 S. (4.50) 3673
Gew.: Jacob Born.

Bose, Johann Jacob

— — (Leipzig), De culta dei in silentio ad psal. 65 com. 2. illustr. Lpz. (Langenheim) 22./23. IX. 1756. 43 S. (4.50) 3682

— — De gestatione veterum Romanorum dissertatio epistolica viro Georg Matthias Bose prof. phys. in acad. Vitemberg. gratulat. Lpz. (Gg. Saalbach) Mai 1738. 24 S. (4.—) 3680

— — De jure repraesentationis collateralium in feudo. Diss. jur. Altdorf (H. Meyer) 4. III. 1706. 36 S. (4.80) 3676
Gew.: Heinr. Born.

— — De vera notione verbi ΟΚΤΑΛΩ ejusque in locis n. f. sensu ad Marc. V, 35 Luc. VII, 6 et cap. VIII, 49. Diss. philol. Präs. Sigismund Friedrich Dresig. Lpz. (Jo. Chn. Langenheim) 30. XII. 1734. 50 S. (5.—) 3677
Gew.: Urban Gottfr. Siber.

— — u. Christian Wilhelm Bose (Brüder), Paullus in tertium coelum raptus a sententia viri Georg Lud. Oeder vindicatus ad II. Corinth. XII com. 1—4. Lpz. (Langenheim) 17. II. 1740. 52 S. (4.80) 3681

— — De Phoebammone rhetore eisque *ΠΕΡΙ ΣΧΗΜΑΤΩΝ ΡΗΤΟΡΙΚΩΝ* libello. Viro Johann Erhard Kapp nuptias cum virgine Dorothea Sophia nata Weisia gratulat. Lpz. (Langenheim) 6. IV. 1738. 20 S. (4.50) 3679

Bose, Johann Jakob: De P o t i o n i b u s mortiferis ad illustrandos varios s. scripturae locos in primis Marc. XVI, 18. Dissertatio 1.2. ([Leipzig] 1736–37:) Langenheim. 1 Bd. 8°
Dissertatio 1: [Resp.:] Io[annes] Dietericus Hickmann. 1736. Leipzig, Phil. Diss. v. 27.Sept. 1736.
Dissertatio 2: 1737. Leipzig, Univ. -Schr. v. 26. Okt. 1737.

— Johann Jacob (Leipzig), De tutore et curatore ad usuras ex suo debito usurarum obligato. Disp. jur. Präs. Lüder Mencken. Lpz. (Imm. Titius) März 1703. 40 S. (4.80) 3674
Gew.: Jacob Born.

— — Dasselbe. Lpz. (Christian Emmerich). 13 Bl. o. Widm. (4.50) 3675

v. Bose, Johanna Chr., Samml. kleiner Gedichte. 8. Leipz. 815. Fr. Fleischer. 6 ggr

Bose, Karl Adam Heinrich

v. Bose, Karl Adm. Hnr., Aufruf an d. höchste Gewalt d. Königr. Westphalen, d. Verbesserung d. Schafzucht betreff., mit 1 Kpf. 8. Leipz. 810. Rein. 1 ℛ

— das Ganze d. Fischerei. Mit 1 Kpf. gr. 8. Leipz. 803. 2e A. 812. (W. Nauck). 1 ℛ 6 ggr

— d. Ganze d. Fischerey. m. K. gr. 8. Leipz. Sommer. 803.

Bose, K. A. H. v., das Ganze d. Fischerey od. d. Geschäft Fische zu fangen, mit 1 K. gr. 8. Leipz. Sommer. 812.

— das Ganze d. Torfwissenschaft. Mit 3 Kpf. 8. Leipz. 802. Gr. Fleischer. 1 ℛ 12 ggr

v. Bose, Karl Adm. Hnr., über d. Gewinn. d. Oels aus inländ. Pflanzen rc. 8. Leipz. 798. Rein. 4 ggr

— Handb. d. prakt. Landwirthschaft. 6 Bde. gr. 8. Lpz. 797–809. Rein. 7 ℛ 20 ggr (1r Bd. A. u. d. T.: Uebersicht d. prakt. Feldbaues. 797. 2e A. 809. 1 ℛ 8 ggr 2r Bd. A. u. d. T.: Uebersicht d. prakt. Wiesenbehandl. u. Viehzucht. 799. 1 ℛ 3r Bd. A. u. d. T.: Uebersicht d. prakt. Gartenbaues, d. Fischerei, Bienenzucht rc. 799. 1 ℛ 4r Bd. 1e Abthl.: Uebersicht d. prakt. Holzbehandl. 799. 1 ℛ 4r Bd. 2e Abthl.: die große u. kleine Jagd, prakt. behandelt. 799. 12 ggr 5r Bd. Uebersicht d. prakt. Betreibung d. landwirthschaftl. Handlungszweige. 801. 1 ℛ 12 ggr 6r Bd.: Uebersicht d. prakt. Landbaukunst rc. 804. 1 ℛ 12 ggr)

— prakt. Handbüchlein f. Landleute, Pächter u. Verwalter, oder Uebersicht d. ganzen Landwirthschaft. 2 Thle, mit Holzschn. 8. Leipz. 804. u. 810. Hinrichs. 18 ggr

Bose C. A. H.: Die grosse u. kleine Jagd praktisch behandelt. Leipz. 1799. 202 S. 1 Tvl.
(=: Hand-Buch d. prakt. Landwirthschaft ... Bd. 4. Abth. 2). 337.

— neues pract. Landwirthschafts-Lexicon. 2 Bde. gr. 8. Leipz. Hinrichs. 808.
Schreibp.
Velinp.

— Lehrbuch d. Landwirthschaft f. Anfänger. 2 Bde. gr. 8. Leipz. 800, 801. 3e A. 811. (W. Nauck). 1 ℛ 18 ggr

— Lehrbuch d. Landwirthsch. f. Anfäng. 2 Bde. gr. 8. Leipz. Sommer. 811. (1r 1 Rthlr. 2r 18 gr.)

Bose C. A. H.: Übersicht d. praktischen Betreibung d. landwirthschaftlichen Handlungs-Zweige. Leipz. 1801. 458 S. 6 Tvl.
(=: Hand-Buch d. prakt. Landwirthschaft ... Bd. 5). 337.

Bose C. A. H.: Übersicht d. praktischen Feldbaues. Leipz. 1797. 316 S.
(=: Hand-Buch d. prakt. Landwirthschaft ... Bd. 1). 337.

Bose, K. Ad. Heinr. v., Uebersicht d. praktischen Gartenbaues, d. Fischerei, d. Bienenzucht u. d. Seidenbaues. (3. Bd. d. Handb. d. prakt. Landwirthschaft). 8. Leipzig, 1799. Rein. 1. —

Bose C. A. H.: Übersicht d. praktischen Holzbehandlung. Leipz. 1799. (306) S.
(=: Hand-Buch d. prakt. Landwirthschaft ... Bd. 4 Abth. 1). 337.

— über d. Verbesser. d. Schafzucht u. Veredlung d. Wolle. Mit Kpf. 8. Leipz. 810. Rein. 1 ℛ

— neues allgem. prakt. Wörterbuch d. Forst- u. Jagdwissenschaft, nebst Fischerei. Für Forstmänner, Jäger, Jagdliebhaber rc. Herausg., berichtigt u. vervollkommnet v. J. G. Leonhardi. 1r Thl. (A. u. d. T.: neues allgem. prakt. Wörterb. d. Forstwissenschaft, f. Forstmänner, Jäger rc. Herausg. v. F. G. Leonhardi. 807.) Mit Kpf. gr. 8. Leipz. 810. Hinrichs. 1 ℛ 12 ggr Schrbp. 2 ℛ Velinp. 2 ℛ 16 ggr 2r Thl. in 2 Bden. (A. u. d. T.: neues allgem. prakt. Wörterb. d. Jagdwissenschaft, f. Jäger und Förster, 2Tle, Ebd. 1810

— — dessells. Wörterb. 3r Thl. (a. u. d. Tit. neu. allgem. pract. Wörterb. der Fischerei rc.) gr. 8. Ebend. 810.
Schreibp.
Velinp.
(complett 6 Rthlr. 20 gr. Schreibp. 8 Rthlr. 20 gr. Velinp. 11 Rthlr. 4 gr.)

— neues prakt. Wörterbuch d. Landwirthschaft. Neue mit Kpf. verm. Ausg. 2 Thle. gr. 8. Leipz. 808. Hinrichs 2 ℛ Schrbp. 3 ℛ Velinp. 4 ℛ

Bose, Kurt v. (Hrsg.), s. H e f t e , Pomologische.

Ordinarius senior facult. jur. Lipsiensis examen comitis **Malthe Gustav Carl Bose.** — Inest meditat. VI circa ordinat. proc. Sax. recogn. notandorum. Lpz. (Saalbach) 1806. 24 S. m. Biogr. (M.: Ch. W. v. Schulenburg). (3.—) 3684

— **Malthe Gustav Carl Graf,** De arbitrio judicis observationes. Präs. August. Ludwig Diemer. Lpz. (G. Bruder) 18. III. 1806. 67 S. (4.50) 3683
Gew.: Fried. Wilh. August Carl Grf. Bose (Vater).

Böse's, Hauptmann, Lebensbild, s.: A l l m e r s , H.

Böse, das, dessen Ursachen und Heilmittel. (Aus dem christlichen Hausfreund.) Frankfurt a. M. (854). Brönner. 32. (47 S.) 3 ngr

Böse, das, dessen Ursachen u. Heilmittel. 32. Frankf. 54, Winter. — 3

Böse: Anleitung ..., s. B ö s e , Jobst

Böse: Verbesserte Beschreibung ..., s. B ö s e , Jobst

Böse, Hauptm., ..., Gedanken eines Hannoveraners am Ende d. Jahres 1830. Mit besond. Rücksicht auf d. Gegend von Bederkesa. gr. 8. Bremen 831. (Heyse). 6 ggr

Boese: Material f. Electric, s. A l b a n u s

Boese (Red.), s. S c h u l b l a t t , Pommersches.

Boese (Red.), s. S c h u l b l a t t , Preussisches.

Böse, Sendschreiben an die Bauern der Bremisch-Verdenschen Geest. Juni 1848. gr. 8. (36 S.) Hannover 848, Gebr. Jänecke. 1/6 ℛ

Böse, die aktive Torpedoboots-Division, s.: Mixius.

Böse, Verzeichniß der im Jahre 1885 in den königl. Schullehrer- und Lehrerinnen-Seminaren sowie in den königl. Präparanden-Anstalten in Preußen eingeführten, bezw. im Gebrauch befindlichen Schulbücher. Unter Benutzung amtl. Quellen zusammengestellt. gr. 8. (III, 56 S.) Berlin 886, Hertz. *
Aus: Centralblatt für die Unterrichts-Verwaltung in Preußen, besonders abgedruckt.

Böse, C. G., s. Böse, K. G.

Böse, Chr., († d. 8. Juli 1760.) Generalhaushalt-Principia vom Berg-, Hütten-, Salz-, auch Forstwesen. Fol. Kopenh. 753. Proft. 16 ℳ

Böse, Chr. H., († d. 15. Jan. 1811.), s. Materialien f. Ecklektiker.

Böse, Christian: „Generale Haushalts-Principia vom Berg-, Hütten-, Salz- und Forstwesen, in specie vom Harz", Kopenhagen 1753 (Proft).

Böse, C. B., zwei Predigten als eine Weihnachtsgabe seinen lieben Gemeinden und als Liebesscherflein den armen Ueberschwemmten dargebracht. Schwiebus 854. Wagner. 8. (1 Bl., 23 S.) n. 4 ngl

Boese, Eduard Julius (geb. am 24 Nov. 1851 in Amsterdam): Ueber acute gelbe Leberatrophie ... Bonn, Druck v. C. Georgi 1873. 29 S., 1 Bl. 8.
Bonn, Med. Fak., Diss. v. 19 Juli 1873

Böse, Emil

Böse, Emil, Die mittelliasische Brachiopodenfauna d. östl. Nordalpen. Nebst e. Anh. üb. d. Fauna des unt. Dogger im bayer. Innthale. Mit 6 Taf. [Aus: „Palaeontographica".] gr. 4. (91 S. m. 6 Bl. Erklärgn.) Stuttgart 897. E. Schweizerbart. n. 16. —

Böse, Emil, u. Max Schlosser, üb. die mittelliasische Brachiopodenfauna v. Südtyrol. gr. 4. (S. 175—212 m. 2 Taf. u. 2 Bl. Erklärgn.) Stuttgart 900. E. Schweizerbart. n. 10. —
Sonderabdruck aus: „Palaeontographica".

Die Erdbeben. Von Dr. Emil Böse. Mexico. Mit 7 Taf. u. 55 Textabb. Osterwieck-Harz: Zickfeldt [1910]. 140 S. 8°
(Die Natur. Eine Sammlung naturwiss. Monographien. Bd 7.) [10. 4740

Böse, Emil: Geologische Monographie der Hohenschwangauer Alpen ... (Aus: Geognost. Jahreshefte. — Der hierzu gehörige paläontolog. Th. erschien in: Palaeontographica, Bd. 41, und: Zeitschr. d. Deutsch. geol. Ges.) Cassel, Th. Fischer, 1894; 2 Bl., 48 S. 4.(8.)
München, Phil. Fak., Inaug.-Diss. v. 1894

Böse, Emil, Monographie des Genus Rhynchonellina Gemm. [Aus: „Palaeontographica".] gr. 4. (32 S. m. Abbildgn., 2 Taf. u. 2 Bl. Erklärgn.) Stuttgart 894. E. Schweizerbart. n. 6. —

— das Wandern in den Alpen. [Aus: „Alpenfreund".] gr. 16. (IV, 48 S. m. Abbildgn.) München 892. J. Lindauer. n. — 40

Böse, Ernst [app. Arzt aus Crossen a. O.]: Über die paroxysmale Hämoglobinurie u. e. besonderen Fall dieser Krankheit ... Leipzig, Buchdr. v. M. Hoffmann, 1895; 2 Bl., VIII, 45 S. 8.
Leipzig, Med. Fak., Inaug.-Diss. v. [27. März] 1895

Boese, Ernst Bernh., das Himmelreich. Ein episch-didact. Gedicht. 3 Bde. gr. 16. (VIII, 256; 224; 308 S. mit je 1 Stahlst.) Berlin 870, Langmann und Comp. [Vereinsbuchh. für Volksliteratur.] geb.
geb. mit Goldschn. *

Böse, G., die Elemente der Psychologie und Logik. Kurzgefasster Leitfaden für den Unterricht in Lehrerbildungsanstalten und für vorbereitendes Selbststudium. 8. (VIII, 92 S.) Leipzig 884, Braudstetter. *

—— achtzig Erzählungen aus der deutschen und preußischen Geschichte. Geschichtliches Lehr- und Lesebuch für die evangel. Jugend. 2 Kurse. [Mit Tab.] 1. und 2. Aufl. gr. 8. Ebendas. 881,83. cart. *
Inhalt:
Kurs 1. Für Mittelklassen und Volksschulen von einfacherer Gestaltung. (IV, 84 S.) cart. * 60 Pf.
„ 2. Für Oberklassen von mehrklass. Volksschulen. (IV, 127 S.) * 80 Pf.; cart * ℳ 1.

— über Fortbildung des Lehrers im Amte. Vortrag auf der 1. Seminar-Konferenz in Soest am 3. Oktbr. 1881. Nebst einleit. Vorwort von W. Fix. Hrsg. vom Vorstande der Soester Kreis-Lehrerwitwenkasse. 8. (35 S.) Lippstadt 881. Rempel in Comm. n. — 50

Geschichte der Loge zur Bundeskette im Or. Soest vom 2. Nov. 1808 bis dahin 1883. Festschrift zur Feier der 75jährigen Erinnerung ihrer Stiftung als Ms. f. ihre Mitglieder gedr. Von G. Böse. Soest [1883]: Rocholl. 25 S. 8° [Umschlagtit.]
Tt. 477. Nebst Verzeichn. der M. v. St. u. der zug. Mstr.

Böse, G., deutsche Kaisergeschichte in Biographien. In chronolog. Reihenfolge dargestellt. 6 Lfgn. gr. 8. (394 S. mit 1 Holzschntaf.) Braunschweig 872, Bruhn. à Lfg. * 90 Pf. *
[Neue Ausg.] 1873. *

—— dass. — Für das deutsche Volk namentlich für die reifere Jugend desselben dargestellt. gr. 8. (VI, 394 S. mit 5 Orig.-Illustr. von Ludw. Burger, Holzschntaf.) Ebendas. 872. *

Böse, G: Deut. Kaisergesch. Jetzt: Brnschw., E Appelhans & Co. 1.50

— zur Seminarreformfrage. Ein Beitrag zur Lösg. derselben unter specieller Rücksicht u. Beziehg. auf die Einrichtgn. d. evangel. Volksschullehrerseminars zu Oldenburg. gr. 8. (43 S.) Oldenburg 872. Bültmann & Gerriets. n. 1. —

—— z. Seminarreformfrage. 8. (43) Oldenb. 72, Bültmann u. G. n. 1. — || 2. Beitr. (42) 73. — 75

—— Sprachanschauungsunterricht. Ein Versuch die Methodik des Sprachunterrichts neu zu gestalten. gr. 8. (XX, 360 S.) Oldenburg 874, Bültmann und Gerriets. *

—— das evangelische Volksschullehrerseminar zu Oldenburg. 2. Beitrag zur Lösung der Seminarreformfrage. Nebst officiellen Actenstücken. gr. 8. (42 S.) Oldenburg 873, Bültmann und Gerriets.

Böse, Georg

—— Walthers von der Vogelweide patriotische Dichtungen. An den Faden der Geschichte seiner Tage gereiht. 1. und 2. (Titel-) Aufl. gr. 8. (115 S.) Oldenburg 875,79, Bültmann und Gerriets.

Böse, G[eorg], die Reform der religiösen Jugenderziehung. gr. 8. (40 S.) Jena 877, Fischer. *
Aus: Allgemeine Schulzeitung, besonders abgedruckt.

Boese, Gust., de fide et auctoritate codicis Sallustiani Vat. 3864. Dissertatio inauguralis. 8. (39 S.) Göttingen 874. (Vandenhoeck & Ruprecht's Verl.) n. — 80

Boese, Heinr., S. J., die Glaubwürdigkeit uns. Evangelien, s.a. Stimmen aus Maria-Laach.

Böse, H., Die Glaubwürdigkeit unserer Evangelien. Ein Beitrag zur Apologetik. Freiburg, Herder 1895, gr. 8°, 140 S., 1,80 Mk.

Böse, J. H., s.: Lesebuch.

Boese, Jenny, Lieder auf der G- u. E-Saite. (Buchschmuck von Thea Schleusner). (62 S.) gr. 8. Stuttgart (906). A. Juncker. n. 3.—

— Vestalieder. (68 S. m. Bildnis.) 16. Ebd. 905. n. 1. 50; geb. n. 3.—

Böse, Jobst, Anleit. zum Wasserbaue. 2 Thle. Mit Kpf. gr. 8. Götting. 757. N. A. 769, 75. (Götting., Vandenhöck u. R.) 12 gr

— Beschreib. u. Abbild. e. erfund. Hebmaschine rc. 8. Hannov. 771. Hahn. (Götting., Vandenhöck u. R.) 6 gr

Böse, Jobst, verbesserte, deutl. beschriebene u. gezeichnete Hebmaschine, so Pet. Simon in d. Schweiz 1759 erfunden, womit man Bäume mit ihrer Wurzel aus d. Erde heben kann. Mit 2 Kpf. 8. Hannover, 1771. Göttingen, Vandenhoeck u. Ruprecht. — 6¼

— Tabellen, wie d. französ. Laubthaler gegen Pistolen zu 4 rℓ 24 Mgr zu berechnen. Fol. Hannov. 763. (Götting., Vandenhöck u. R.) 4 gr

Boese, Karl, gezwungene Reise nach Afrika, in lustigen Versen erzählt. Mit (lith.) Illustr. von Fr. Weiß. 8. (XXIV, 143 S.) Straßburg 882. Noiriel. n.n. 1. 60

— d'Westhöffler Bolanzreis unn d' Reis iwwer de Scharrachberry. Ynladungsepischdel zum Akkerbaufescht v. Alsche. Im Apr. 1881. 8. (22 S.) Ebend. 882. n.n. —40

Böse, Karl Georg

Böse, K. G., Grundriß der Geographie des Herzogthums Oldenburg. Nebst einem Anh.: die Fürstenthümer Lübeck und Birkenfeld und einer (lith.) Karte vom Großherzogthum (in Fol.). Oldenburg 861. Stalling. 8. (IV, 68 S.) n. 8 ngr

Böse, K. G., Karte vom Herzogth. Oldenburg und dem Umlande. Zum Schulgebrauch nach den v. Schrenck'schen, Papen'schen und Reymann'schen Specialkarten entworfen und gezeichnet. 1 : 133,333. 4 Bl. 2. revid. Aufl. Chromolithogr. Imp.-Fol. Oldenburg 885, Stalling's Sortiment. **

Böse, K. G., s.: Lesebuch.

Böse, K. G., das Großherzogthum Oldenburg. Topographisch-statistische Beschreibung desselben. Oldenburg 863. Stalling. gr. 8. (VIII, 810 S. u. 1 Tab. in Fol.) n. 2 rℓ 15 ngr

Böse, K. G., Rechenaufgaben f. die untern Klassen der Volksschule. gr. 8. (IV u. 150 S.) Oldenburg 851, Schulze. n. 8 ngr

Böse, Karl Geo., Rechenaufgaben für die untern Klassen der Volksschule. 2. durchges. u. verm. Aufl. Oldenburg 858. Schulze. gr. 8. (VIII, 156 S.) n. 8 ngr

Böse, K. G., kleine Schulgeographie. Heimatskunde des Großherzogth. Oldenburg. Nebst einer (chromolithogr.) Spezialkarte (in qu. 4.). gr. 8. (32 S.) Schleswig 869, Schulbuchh. [Halle, Buchh. des Waisenhauses.] *

Böse, K. G., üb. Sinneswahrnehmung u. deren Entwickelung zur Intelligenz. Ein psychologisch-pädagog. Versuch. gr. 8. (IV, 47 S.) Braunschweig 872. Schwetschke & Sohn. n. — 80

Böse, O. F., Nachricht über die Lehr- und Erziehungsanstalt zu Sondershausen. 8. Sondershausen, Voigt, 820.

Boese, Ricardus: Superstitiones Arelatenses e Caesario collectae. Marpurgi 1909: Koch. 88 S. 8°
Marburg, Phil. Diss. v. 29. Juni 1909, Ref. Maaß
[Geb. 6. Dez. 84 Albrechtsbruch; Wohnort: Landsberg a. W.; Staatsangeh.: Preußen; Vorbildung: Gymn. Landsberg Reife O. 04; Studium: Marburg 3, Leipzig 1, Marburg 6 S.; Rig. 10. Febr. 09.] [U 09. 3163

Böse, Richard, pract. Arzt aus Minden: **Ueber den Heilungsvorgang bei Verletzungen der hinteren Linsenkapsel.** *Marburg 1903.* (24 S.) 8° ¶ (Aus: Zeitschr. f. Augenheilkunde, Bd 9.)
Marburg, Med. Diss. v. 9. Apr. 1903

Böse, Rudolf, Rechtsanw.: Die Grenzklagen des Bürgerlichen Gesetzbuches. §§ 910, 920. Haspe 1909: Kannengiesser. 86 S. 8°
Marburg, Jur. Diss. v. 2. Nov. 1909, Ref. Leonhard
[Geb. 30. Dez. 80 Minden; Wohnort: Haspe; Staatsangeh.: Preußen; Vorbildung: Gymn. Minden Reife M. 00; Studium: Berlin 1, Freiburg i. B 3, Marburg 2 S.; Rig. 7. Dez. 03.] [U 10. 3294

Böse, Walter, Referendar: Die Königliche Hausgesetzgebung in Preußen, insbesondere ihr Verhältnis zu der Staatsgesetzgebung. Borna-Leipzig 1909: Noske. IX, 67 S. 8°
Breslau, Jur. Diss. v. 15. Sept. 1909, Ref. Brie, Dahn
[Geb. 8. Okt. 84 Breslau; Wohnort: Breslau; Staatsangeh.: Preußen; Vorbildung: Gymn. Züllichau Reife M. 04; Studium: Breslau 2, Berlin 3, Breslau 2 S.; Rig. 25. Juni 08.] [U 10. 470

Böse, Wilhelm

Boese, W: Lieder e. Alltagsseele. (95 m. Abb.) 8° Berl., Verein. Verl.-Anst. Golda & Co. '08. (?) (Lpzg. L Fernau.) 3 — d

— Sinnen u. Sagen. Gedichte. (103 S.) 8. Berlin (905). Harmonie. n. 2. —

Boesebeck, George: Über den Dammschutz bei normalen Schädellagen ... Berlin, Mayer & Müller, 1897; 2 Bl., 28 S., 2 Bl. 8.
Berlin, Med. Fak., Inaug.-Diss. v. 7. Mai 1897

Boseck, Karl [aus Stolp in Pomm.]: Aus d. physiol. Institut d. Univ. Würzburg. Über den Einfluss der Temperatur und der Belastung auf die Zuckung des Muskels ... Würzburg, P. Scheiner's Buchdr., 1896; 24 S. 8.
Würzburg, Med. Fak., Inaug.-Diss. v. 1896

Boesefleisch, Georg: Diss. in auguralis medica exhibens ..., s. Müller, Gerhard Andreas [Praes.]

Bosel, Graf Ernst von, Schsp. 8. Lpz. Schmidt. 807.

Bosel, A. Kurze Anleitung zur Behandlung der Phosphorsäure-, der Kali- und Stickstoffsubstanzen als Pflanzenursprungsmittel. Den praktischen Landwirthen gewidmet. Vierte vermehrte Auflage. In-8⁰. 146 S. Bern, K. J. Wyss Verlag. 1894? 2 —

Bösel, A., Leitfaden für den Unterricht in der Geometrie für Stadt- u. Landschulen. Eisleben 867. Kuhnt. 8. (61 S.) n. 4 ngr

Bösel, A., der naturgeschichtliche Unterricht in Mittel- und mehrklassigen Volksschulen, s. Sammelmappe, pädagogische.

Bösel, A., der naturgeschichtliche Unterricht in Mittel- u. mehrklassigen Volksschulen. Ein spezifizierter Lehrplan, nach unterrichtlichen Grundsätzen, Auswahl u. Vertheilung des Stoffes u. prakt. Gestaltung dargestellt. 2. verm. u. umgearb. Aufl. gr. 8. (304 S.) Leipzig 879. Siegismund & Volkening. n. 2. —

— der naturgeschichtliche Unterricht in der Volksschule. Ein specifizirter Lehrplan für eine vierklassige Volksschule. Nach unterrichtlichen Grundsätzen u. Vertheilung des Stoffes u. prakt. Gestaltung dargestellt. Minden 871. Volkening. 8. (VII, 128 S.) n. 12 ngr

Boesel, Edm., Anthologie lyrischer und epigrammatischer Dichtungen der alten Griechen, s. Universal-Bibliothek Nr. 1921—1924.

— Repetitorium der Weltgeschichte u. der historischen Geographie. 4 Tle. Leipzig, Roßberg. à n. 1. 20
1. Das Altertum (IX, 96 S. m. 1 Tab.) 881.
2. Das Mittelalter. (V, 91 S.) 881.
3. Neuere Zeit. (III, 114 S.) 885.
4. Brandenburgisch-preußische Geschichte. Frankreich am Ende d. 18. Jahrh. bis auf unsere Zeit. (III, 118 S.) 886.

Boselli, Aug. de, Beiträge aus der Praxis zur Beurtheilung des öffentlichen und mündlichen Verfahrens in bürgerlichen Rechtssachen. Frankfurt a. M. 850. Boselli. gr. 8. (12 S.) $2^3/_4$ ngr

— das Executions-Verfahren in der freien Stadt Frankfurt und deren Landgebiete. Weitere Beiträge aus der Praxis. Frankfurt a. M. 856. Boselli. gr. 8. (16 S.) n. $2^3/_4$ ngr

—— d. Executions-Verf. in Frankfurt. 8. (16) Ebd. 57. n. — $2^3/_4$

Boselli, Aug. de, das Transscriptions- und Hypotheken-Wesen in den zu der freien Stadt Frankfurt gehörigen Ortschaften und deren Gemarkungen. Zum Gebrauche, für Immobilien-Besitzer, Insatz-Schuldner und Gläubiger, sowie deren Anwälte. Als Anschluß an Franck's städtisches Hypotheken-Wesen. gr. 8. (66 S.) Frankfurt a. M. 857, Boselli. *

Bösemann, F. A., Deutschlands verbreitetste Pilze, s.a. Lösecke, A. v.

Bösemann, Fr. Aug., Deutschlands Gehölze im Winterkleibe. 8. (III, 91 S. mit 10 Stnt.) Hildburghausen 884, Gadow und Sohn. *

Bösemeier, H., Die Arbeiter im 19. Jahrhundert. 8°. Berlin 1900.

Bosen, v., Erkenntn. v. d. Wahrh. Jesu. 2 Thle. 8. Dresden, Gerlach. 744. —

Bosen, Ch. H., die heil. Elisabeth v. Ungarn, siehe: Leben, das, der Heiligen, 2. Lfg.

Bosen, Christian Hermann

—— Der Katholicismus und die Einsprüche seiner Gegner. Dargestellt für jeden Gebildeten. Dritte Auflage, besorgt durch Heinrich Brüll. Ebendas. 1885, gr. 8°, XVI, 744 S., 7 Mk. (1. Aufl. 1866).

Boesen, A. W., Christiania. Drammen. Balestrand. Gallerne. Fire norske Prospekter. qu. Fol. (4 lith. Bl.) Christiania 849, Feilberg & Landmark. n. $1^1/_2$ ߧ

BOESEN, Chr.: Generale Haushalts-Principia von Berg-, Hütten-, Saltz- u. Forstwesen, inspecie vom Hartz. - Leipzig, Franckfurt 1753. 180 S.

*, *Jobst Bösens* Hochadel. Hardenbergischen Verwalters zu Geismar ohnweit Göttingen, verbesserte, deutlich beschriebene und gezeichnete Heb-Maschine, so *Peter Sommer* in der Schweitz 1759 erfunden, womit man Bäume mit ihrer Wurzel auch Stöcke von abgehauenen Bäumen aus der Erde heben kann. Nebst Anweisung und Zeichnung, wie eine Saug-Pumpe von Bley zu verfertigen. Göttingen, bey Joh. Albrecht Barmeier. 8. 71 S. m. 2 Kupf. 1771.
Beytr. z. d. Erlang. gel. Anmerk. 1771 S. 719.

Bösenberg, dramat. Beitr. f. d. Hoftheat. in Dresden. 8. Dresden, Richter. (Hinrichs, Leipz.) 791. Rthlr.

Bösenberg, Fel., die königl. u. städtischen Baubehörden u. Baubeamten des Königr. Bayern. (156 S.) kl. 8. München (906). E. Bösenberg. Kart. n. 4. —

Bösenberg, Fel., die königl. u. städtischen Baubehörden u. Baubeamten des Königr. Bayern. 1909/1910. 5. Ausg. (174 S.) kl. 8. München (909.) E. Bösenberg. Kart. 4. —

Bösenberg, Friedrich

Bösenberg, Frdr.: Harmoniegefühl u. gold. Schnitt. Die Analyse d. Klangfarbe. 2 musikpsycholog. Abhandlgn. Zugl. Mitteilg e. neuen Naturgesetzes u. Aufstellg e. Elementendualismus. (10, 109 m. 2 Fig.) 8° Lpzg, CF Kahnt Nf. '11. 2 —

Bösenberg, Hans, Zahnarzt a. Hamburg: Beiträge zur Kenntnis der Spermatogenese bei den Arachnoiden. Marburg 1905: (Lippert & Co., Naumburg a. S.) (52 S.) 8° ¶ (Mit Taf. ersch. in den Zoolog. Jahrbüchern Bd 21, Abt. f. Anatomie.)
Marburg, Phil. Fak., Ref. Korschelt, Diss. v. 19. Mai 1905
[Geb. 9. Mai 75 Hamburg; Wohnort: Hamburg; Staatsangeh.: Hamburg; Vorbildung: Realgymn. Wandsbeck, Realanstalt Pforzheim, Oberrealsch. Stuttgart, Oberrealsch. Heilbronn, Nachexamen v. d. Großh. Oberschulrat zu Karlsruhe; Studium: Erlangen u. Heidelberg 1895/99, Marburg 1902/03; Rig. 11. Juni 04.]

BÖSENBERG, Johann Heinrich 1745 - 1829
Dramatischer Beytrag für das Hoftheater in Dresden, von J. H. Bösenberg.
Dresden-Leipzig: Richter. 1791. 16, 336 S. 8°.
Universitätsbibliothek Greifswald
Darin enthalten:
Johann Heinrich BÖSENBERG, Die amerikanische Waise. Ein Lustspiel in einem Aufzuge. Von Bösenberg. 1791. [auf S. 289-336]
Weitere Ausg. 1793 [unselbständig], s. Nr. 644.

Bösenberg, Karl, cand. med.: Ein Beitrag zur Kenntnis des Abdominaltyphus. Mitteilungen aus d. Epidemie zu Pforzheim 1897. *München 1898: Kastner & Lossen.* (45 S.) 8°
München, Med. Diss. v. 1898

Bösenberg, W., Beitrag z. Kenntnis d. Arachniden-Fauna v. Madeira u. d. Canar. Inseln. [Aus: „Abhandlgn. a. d. Gebiete d. Naturwiss."] gr. 4. (18 S. m. 1 Taf.) Hamburg 895. L. Friederichsen & Co. n. 1. 20

Die Spinnen Deutschlands. Von W[ilhelm] **Bösenberg**. (Hrsg.: Dr. [Kurt] Lampert.) Mit 43 Taf. (In 6 Lfgen.) Stuttgart: E. Nägele 19(01–)03. (VI, 465 S.) 4°
= **Zoologica**. Bd 14. [03. 2370

— Die echten Spinnen d. Umgebg. Hamburgs, s.: Mitteilungen aus dem naturhistorischen Museum in Hamburg.

Japanische Spinnen von W(ilh.) **Bösenberg** u. Embr(ik) Strand. Hierzu Taf. 3–16. (Frankfurt a. M.: M. Diesterweg in Komm. 1906.) (S. 98–422.) 4°
= **Abhandlungen** hrsg. von d. Senckenbergischen naturforschenden Gesellschaft. Bd 30, H. 2. [06. 9635

— u. H. Lenz, ostafrikanische Spinnen ges. v. F. Stuhlmann i. d. J. 1888 u. 1889. [Aus: „Beiheft z. Jahrb. d. hamburg. wiss. Anstalten. XII".] Lex.-8. (27 S. m. 2 Taf.) Hamburg 895. (L. Gräfe & Sillem.) n. 2. —

Ostafrikanische Spinnen, gesammelt von Herrn Dr. F. Stuhlmann in d. J. 1888 u. 1889, bearb. von W[ilhelm] Bösenberg, Pforzheim, u. Dr. H[einrich] Lenz, Lübeck. Mit 2 Taf. Abb. *Hamburg 1895; (Berlin: D. Reimer 1901).* (27 S.) 4° (8°)
Aus: Beiheft z. Jahrbuch d. Hamburg. Wiss. Anstalten. 12.
= **Ergebnisse**, Zoolog., einer ... in d. Küstengebiete von Ost-Afrika unternomm. Reise. Bd 2, No 6. [01. 14776

Bösendahl, C.

Gedichte von Nenndorfer Kurgästen, gesammelt u. hrsg. von C. **Bösendahl** jun., Buchhandl. in Rinteln. *(Rinteln: C. Bösendahl 1902.)* (8 S.) 8° [Umschlagt.] [03. 3306 4

Bösenick, f.: Buchführung f. d. Fischereibetrieb.

Bösenick, historische Nachrichten der Elbinsel Altenwerder, s.: Breckwoldt, J. J.

Bosenick, Alfred

Bosenick, Alfred: Über die Arbeitsleistung beim Steinkohlenbergbau in Preußen. Eine Studie aus der Betriebsgeschichte eines kapitalistischen Unternehmungszweigs. Stuttgart 1906: Union. (VI, 170 S.) 8° ¶ (= Münchener volkswirtsch. Studien, Stück 75.)
München, Staatswirtsch. Fak., Ref. Brentano, Diss. v. 17. Juli 1905
[Geb. 27. Mai 80 Blomberg, Lippe; Wohnort: Hildesheim; Staatsangeh.: Preußen; Vorbildung: Gymn. Andreanum Hildesheim Reife O. 00; Studium: Göttingen 2, München 5 S.; Rig. 17. Juli 05.]

Über die Arbeitsleistung beim Steinkohlenbergbau in Preussen. Eine Studie aus d. Betriebsgeschichte e. kapitalist. Unternehmungszweigs von Alfred **Bosenick**. Stuttgart & Berlin: J. G. Cotta Nachf. 1906. (VIII, 170 S.) 8°
= **Studien**, Münchener Volkswirtschaftliche. Stück 75. [06. 13460

Bosenick, Alfr.: Neudeut. gemischte Bankwirtschaft. Versuch z. Grundlegg d. Bankwesens. 1. Bd. Grundlegende Tatsachen: Die entwicklgsgeschichtl. Analyse d. grossen Aktienbanken in Berlin. (10, 366) Lex8° Münch., J Schweitzer V. '12. 12 —

Der Steinkohlenbergbau in Preußen und das Gesetz des abnehmenden Ertrages. Von Dr. Alfred **Bosenick**. Tübingen: H. Laupp 1906. (VII, 114 S.) 8°
= **Zeitschrift** f. d. gesamte Staatswissenschaft. Erg.H. 19. [06. 3141

Boesensell, Theod. (geb. Ahaus in Westf. 12. 5. 1847): Ueber Perichondritis laryngea. Berlin (1872). (34 S.) 8°
Berlin, Med. Diss. v. 8. Aug. 1872

B o s e r, analyse de l'esprit des lois de Montesquieu. Progr. des Gymn. Ehingen 1848.

Boser, F. W., Mai-Monat zur Förderung unserer Liebe u. Andacht zur hl. jungfräulichen Gottesmutter, sowie auch zur Nachahmg. ihres Tugendlebens. In 31 Abendvorträgen, nebst e. Einleitungs-Vortrage f. den Vorabend der Mai-Andachten. 8. (VIII, 246 S.) Graz 893. Styria. n. 1. 70

Boser, F. W., Maimonat z. Förderung uns. Liebe u. Andacht zur hl. jungfräul. Gottesmutter, sow. auch zur Nachahmg. ihres Tugendlebens. In 31 Abendvorträgen, nebst e. Einleitungsvortrage f. den Vorabend der Maiandachten. 2., verb. u. verm. Aufl. gr. 8. (VIII, 298 S.) Regensburg 895. Nationale Verlagsanstalt. 2. —

Boser, FW: Maimonat z. Förderg uns. Liebe u. Andacht z. hl. jungfräul. Gottesmutter, sowie auch z. Nachahmg ihres Tugendlebens. 32 Vortr. 3. Afl. v. Geo. Böhm. (11, 295) gr8° Regensbg, Verl.-Anst. vorm. GJ Manz '12. 3.60 d

Böser, Fidelis, O. S. B., am Grabe des hl. Ludger. Festgabe zum Jubelj. 1909. (XII, 214 S.) m. Abbildgn. u. 25 Taf.) 8. Münster i/W. 909. Westfäl. Vereinsdruckerei. (Nur direkt.) 2.50; geb. in Leinw. 3. —

Der rhythmische Vortrag des gregorianischen Chorals. Zum Gebr. bei Instruktionskursen ... von P. Fidelis **Böser**, Benediktiner. 2., verb. u. erw. Aufl. Düsseldorf: Schwann 1910. 52 S. 8° [11. 3271

Boeser, Pieter Adriaan Aart

Boeser, P. A. A., s.: Beschreibung der ägypt. Sammlung des niederländ. Reichsmuseums der Altertümer in Leiden.

Die Denkmäler der Zeit zwischen dem alten und mittleren Reich und des mittleren Reiches. Von Dr. P[ieter] A[driaan] A[art] **Boeser**. Abt. 1. Haag: Nijhoff 1909. 2°
(Beschreibung d. ägypt. Sammlung d. Niederländ. Reichsmuseums d. Altertümer in Leiden [2.]) [09. 12571

Boeser, P. A. A., Manuscrits coptes, s.: Pleyte, W.

v. Böser, J., Edler, der Wechselkontrakt nach seiner histor., teleologischen u. philosoph. Ansicht. 8. Prag, Enders. 20 Kr

Bosetti, E., neues pharmaceutisches Manual, s.: Dieterich, Eug.

BOSETTI, EMIL. Studien über das Veratrin. (Freiburg in Baden) Halle a. S., 1882. Diss.

Bösewetter, A. G., s. Briefe von Auswärtigen u. Ausgewanderten.

Boesewetter, Otto Ernst (Wiesena/Montanus), De dysenteria. Diss. med. Präs. Christian Gotthold Eschenbach. Lpz. (Staritz) 10. III. 1820. 31 S. (4.50) 3350
Gewid.: Johann Gotthold Boesewetter (Vater).

Der | vormalige ruchlose Bösewicht | und | nachherige arme reuige Sünder | Johannes Thomaß, | vor Gericht und auf dem Scheiterhaufen. | (Fig.: *Delinquent betritt den Scheiterhaufen*, 72 × 89); Wie die Thaten, so der Lohn | (*Text*).
o. O., o. J., 4 S., 206 × 170.
LBO Bänkelsängerlit. V, 24.

Boshafte, der, Lustsp. in Versen. 8. Brünn, Gastl.

Boshafte, Der. Lustspiel in 5 Aufz. Brünn 1765. V: *Kopp, Carl Theod.* (GGr)

Boshafte

— der, Lustsp. v. Kopp. 8. Bautzen, Deinzer. 766.

Boshaftes von der Gattin u. Schwiegermutter. Eine Sammlung von Sprüchen, Scherzreimen u. Anekdoten. 12. (VIII, 92 S.) Leipzig 882. Thiel. 1. —

Böshagen, Alfred, approb. Arzt aus Elberfeld: Aus d. chirurg. Klinik zu Bonn. Ein Fall von Hypertrophie der linken Kopfhälfte. *Bonn 1903.* (25 S.) 8°
Bonn, Med. Diss. v. 4. Nov. 1903

Boshamer C., die wichtigsten preußischen u. Reichsgesetze nebst ergänz. Ministerial-Erlassen f. den im tägl. Leben vorkomm. bürgerl. u. geschäftl. Verkehr m. den Kommunal- u. Staatsbehörden. Ein prakt. Handbuch f. jeden Bürger, namentlich f. den Kaufmann, Fabrikanten, Rentner 2c. Mit e. Anzahl Formulare u. Muster zu Eingaben, Gesuchen u. Reklamationen. gr. 8. (VIII, 379 S.) Mühlheim a. d. R. 872. Bagel. 2. 50

Boshamer, Paul [aus Westfalen]: Über die fäulniswidrige **Kraft** concentrierter Salzlösungen .... Greifswald, Druck v. Julius **Abel**, 1888: 33 S. 8°
Greifswald, Med. Fak., Inaug.-Diss. v. 2. Aug. 1888

Boshart: Mittheilungen über Stanley's Expedition am Congo. Rapport an Seine Majestät den König der Belgier. München 1885. 98 S., 1 Kat. 8°.

Boshart, August

Eisenbahnbau und -Betrieb. Unter Mitw. d. Vereines f. Eisenbahnkunde zu Berlin ... bearb. von Dipl.-Ing. August **Boshart**. Mit über 1900 Abb. u. zahlr. Formeln. München & Berlin: R. Oldenbourg 1909. XIV, 870 S. 8°
(Illustrierte Technische Wörterbücher. Bd 5.) [10. 4319

Eisenbahnmaschinenwesen. Unter Mitw. d. Vereines für Eisenbahnkunde zu Berlin von Dipl.Ing. August **Boshart**. Mit über 2100 Abb. u. zahlr. Formeln. München & Berlin: R. Oldenbourg 1909. XIII, 700 S. 8°
(Illustrierte Technische Wörterbücher. Bd 6.) [10. 3139

Zehn Jahre afrikanischen Lebens. Von August **Boshart**, Capit. ... à l'État Indép. du Congo. *Leipzig: O. Wigand 1898.* (2 Bl., 151 S.) 1 Bd 8. [98. 5970

Boshart, Aug.: Schmalspurbahnen (Klein-, Arbeits- u. Feldbahnen). — Strassenbahnen, s: Sammlung Göschen 524. 559.

Bosheck, W: Die Florgewebe. Teppich, Plüsch, Samt, Frottierstoffe. Wien und Leipzig 1905. (Hartlebens mech.-techn. Bibliothek Bd 13)

Bosheck, Wilh., die Florgewebe. Teppich, Plüsch, Samt, Frottierstoffe usw. Ihre Theorie u. Praxis in der mechan. Weberei. (VIII, 143 S. m. 222 Abbildgn.) gr. 8. Wien 905. A. Hartleben. n. 4. —; geb. n. 5. —

Bosheit, Scheinheilige, durch einen Gar Bekannten Schlesier. O. O. 1728. V: *Schultes, Georg Bernhard.* (Myl)

[J.] **Bosheit** und **Unverstand**. *Paderborn: F. Schöningh 1898.* (65—80 S.) 8.
= **Broschüren-Cyclus** f. d. kathol. **Deutschland**. Jg 33. H. 5. [98. 7015

Boshesinsky: Krankheiten der Leber. Kiew. 1842.

Bösigk, F. L., s. Festbilder, die Transparents der Festhalle etc.

Bösigk, Franz Louis, Über die Wahrzeichen deutscher Städte. Einleitung und Beiträge zu einer Profankunstsymbolik des Mittelalters. Vortrag im k. sächs. Alterthumsverein 12. Nov. 1853. (Dresden 1855.) 8. . . . .

Boesigk, (Franc.) Ludov. (geb. Dresden 19. 6. 1830): De baetyliis. Berolini (1854). (66 S.) 8°
Berlin, Phil. Diss. v. 14. Aug. 1854

Bosin, Hugo, prakt. Arzt: **Aus d. Kgl. pathol.-anat. Universitäts-Institut zu Königsberg i. Pr. Beitrag zur Aspergillusmycose der menschlichen Lunge.** *Königsberg i. Pr. 1902: H. Jaeger.* (34 S.) 8°
Königsberg, Med. Diss. v. 10. Apr. 1902

Bosing, Fr. W., s. Cicero, Rede f. T. A. Milo u. f. T. Annius.

Bosing, Joh. Frz. Die alten Drucke der Gymnasialbibliothek. S. 21 der Schulnachr. Progr. G. *Hersfeld* 1877.

Bosio, Eduard, (von Scanfs), kleine Sammlung deutscher Gedichte. 12. Chur. 1871?

Bosio v. Klarenbrunn, Caj., leichtfaßl. Darstellung einer zweckmäßigen Gemeindeordnung. gr. 8. (59 S.) Wien 848, Wolke. n. 5/12 ℛ

Bosius, s. B o s

Bosius, s. B o s e

Bosizio, Athanas., die Geologie u. die Sündfluth. Eine Studie über die Urgeschichte der Erde. Mit 4 Taf. (1 Lith., 2 Chromolith. u. 1 Tab.) gr. 8. (XVI, 284 S.) Mainz 877. Kirchheim. n. 9. —

Bosizio, Athanas., das Hexaemeron u. die Geologie. Briefe über die Anwendung der geolog. Forschungen bei der Auslegung der heil. Schöpfungsgeschichte. Mainz 865. Kirchheim. gr. 8. (XVIII, 480 S.) 2 ℛ 10 ngr.

v. **Boskamp,** C. F., (J. J. J. C. Ecker v. Eckhofen), werden u. können Israeliten zu Freimaurern aufgenommen werden? 8. Hamb. 788. Hoffmann. 6 ℊ

Boskamp, *Friedrich* Paul [aus Crefeld]: Aus d. medicin. Klinik d. Univ. Bonn. Ein Fall von doppelseitiger Ophthalmoplegie mit eigentümlichem Verlauf ... Poppelsdorf, Buchdr. J. Paffenholz, 1895; 25 S. 8.
Bonn, Med. Fak., Inaug.-Diss. v. [22. März] 1895

Bösken, Ed., D. prakt. Stellensucher. E. Handbuch z. Bewerbg. um off. Stellen, nebst vielen Mustern z. Bewerbungsbriefen 2c. 12. (110 S.) Mülheim a/R. 897. J. Bagel. 1. —

Bösken, Ed., der praktische Stellensucher. Ein Handbuch zur Bewerbg. um offene Stellen, nebst vielen Mustern zu Bewerbungsbriefen 2c. 2. [Umschlag-]Aufl. 12. (124 S.) Mülheim a/R. (900). J. Bagel. 1. —

Bösken, Franz Geo. Edu., Predigten, zur Erinner. an ihn f. seine Freunde in ein. Auswahl nach sein. Tode hrsg. (v. J. G. Schirmer). Nebst e. kurzen Biographie d. Verstorb. gr. 8. (12 B.) Saarbrücken 840, Arnold.

Bösken, W., s.a. A l p e n in der Franzosenzeit.

Alpen in der Franzosenzeit. (Vortrag, geh. zu Geldern 1900 von W. Bösken-Alpen.) *Geldern [1901]: Ch. E. Müller.* (21 S.) 8° [F.]
— Veröffentlichung d. Histor. Vereins f. Geldern. No 5. (*** ***) 5

Bösken, Walth.: Die französ. Gemeinde zu Cleve, s: Geschichtsblätter d. deut. Hugenotten-Vereins.

Bösken, Walth., Geschichte d evangel. Gemeinde zu Xanten im 1. Jahrhundert ihres Bestehens. 2 Hfte. gr. 8. (65 u. 109 S.) Wesel 899. 900. (W. Schmithals). n. 3. 50

Bosklej, Matki, medalik cudowny 1832 go roku w Paryzu wybity etc. 8. (3 B. u. 1 Messingmedaille.) Thorn 843, Lambeck.

Boesking, J. C. H., zur Reform der einfachen Wohnungs-Einrichtung. Mit 2 Taf. nach Entwürfen von H. van de Velde. (86 S.) gr. 8. Bremen 903. G. Winter. n. 1. —

Bosko, s. B o s c o

Bosko, Carl, s. B o s c o Carl

Boškowić, Stanoje, theoretisch praktisches Lehrbuch der serbischen Sprache. 2. Aufl., durchgeseh. u. verb. v. Joh. Bošković. gr. 8. (XI, 260 S.) Budapest 871. Lauffer. n. 2. 80

Bošković, Stanoje, theoretisch-praktisches Lehrbuch der serbischen Sprache. 3. Aufl. Durchgesehen u. verm. von Joh. Bošković. gr. 8. (XII, 263 S.) Budapest 878. Lauffer. n. 2. 80

Bošković, Stanoje, Theoret.-prakt. Lehrbuch d. serbisch. Sprache. 4. Aufl. 8. (XII u. 263 S.) Budapest. Wilh. Lauffer. 1 fl. 40 kr. 1883.

Boskowich, der Rumelier; Gesch. eines Nomaden u. Saumdiebs. 2 Thle. 8. Weißenf. 798. Leipz. 811. Hinrichs. 2 ℛ

Boskowitz [Schlagwort]

Boskowitz, s.: G e o l o g i s c h e K a r t e n, Specialkarte (Oesterr.-Ung.)

Boskowski, Sigm.: Leitf. üb. d. Transport- usw. Wesen. Jetzt: Wien, Mor. Stern.

Bosl, G., u. W. **Köppl,** Handbuch f. den Geschichts-Unterricht in der Volksschule. Mit besond. Berücksicht. der neuen Kreislehrpläne. I. Tl.: Ältere Zeit u. Mittelalter. (139 S.) 8. Landshut 910. J. Hochneder. Geb. in Leinw. 2. 50

Bösl, Anton [app. Arzt aus München]: Über Geburtserschwerung durch Ascites der Frucht ... München, kgl. Hof- u. Univ.-Buchdr. v. Dr. C. Wolf & Sohn, 1894; 55 S. 8.
München, Med. Fak., Inaug.-Diss. v. 1894

Boesl, Clemens: Ein Fall von Angiom der Conjunctiva. *München 1898: Kastner & Lossen.* (21 S.) 8°
München, Med. Diss. v. 1898

v. **Boslarn,** Jos., († ... 1791.) Abhandl. v. Glockenläuten bei Gewittern. 8. Amberg 775.

— über d. Erfindung d. Biers. gr. 4. Münch. 783. (G. Franz). 5 ℊ

— Kritik über d. Wetterläuter. 8. Amberg 775.

Bosler, Otto [Justiz-Ref. aus Stuttgart]: Zur Unterscheidung von Raub und Erpressung ... *Stuttgart, Druck d. Süddeutsch. Verl.-Inst., 1896;* 1 Bl., 31 S. 8.
Göttingen, Jur. Fak., Inaug.-Diss. v. [5. Dez.] 1896

BÖSLER, MAGNUS. Ueber das Cuminoin und Anisoin. (Freiburg) München, 1881. Diss. S. I.

Bosma, H., nervöse Kinder. Medizinische, pädagog. u. allgemeine Bemerkgn. Aus dem Holl. übers. (100 S.) 8. Giessen 904. A. Töpelmann. n. 1. 60; geb. in Leinw. n. 2. 80

Bosman, H. J. B. [aus Stellenbosch (Kapland)]: Eine Zusammenstellung in der Erlanger Frauenklinik vorgekommener enger Becken.... Würzburg, Druck d. Ferdinand Röhrl'schen Buchdr., 1889; 40 S. 8°
Erlangen, Med. Fak., Inaug.-Diss. v. 29. Nov. 1889

Bosmann, Willem, Nauwkeurige beschryving van de Guinese Goud Tand en slavenkust. Amst. 1704. 1709. 4°. Franz. 1737. Engl. Lond. 1721. 8°. Deutsch. Hamb. 1708. 8°. (p. 369 Amaurosis causa serpentis virus in faciem missum.)

Bosna-Bahn, Die k. k., in ihrer Entwicklung 1879—1889. (Mit 1 Porträt.) Sarajevo, am 10. September 1889.

Bösner, Hnr. Jh. Thom., s. D o n a u b r ü c k e die steinerne

– s. J. Ph. O s t e r t a g , Auswahl

— d. Prebrunn bei Regensburg. Ein Beitrag zur Geschichte dieser Stadt. gr. 8. Sulzb. 831. v. Seidel. 3 ℊ

Bösner, Hnr. Jh. Thom., Regensburg unter Kaiser Ludwig d. Baier. Aus u. nach Gemeiners Regensb. Chronik. 8. Sulzb. 825. v. Seidel. 3 K

Bösner, Regensburg unter Kaiser Ludwig d. Baier. Aus u. nach Gemeiners Regensburger Chronik. 8. Sulzbach 826, v. Seidel.

– s. Übersicht d. Gründe d. Strafbaren d. Büchernachdrucks.

Boesner, J. S. et A. D. Steger, Antiquissima tropaea populi Romani. 1738. 28 S. 4°. 1.20

Boesner, Joh. Ulrich (Colmar)
Disputatio juridica inauguralis de acquisitione feudi per praescriptionem.
Glssae Okt. 1703: Joh. Reinh. Vulpius. (4), 38 S. 4°
pro obtinendis summis in utroque jure honoribus ac privilegiis doctoralibus.

Bösner, Th. H. J. Regensburg unter Ludwig dem Bayer. Nach Gemeiner's Chronik. 8. Sulzbach 1826. 0,40.

Bosnia (Schlagwort)

Bosniae, Bulgariae, Moldaviae, Valachiae etc. Regiones etc. S. Hungaria Universalis von Valk. g. g. G. R. von Ungarn im Allgemeinen. 1: 3,600,000.

Bosniae et Serviae — Regnum — cum finitimis Croatiae, Dalmatiae, Slavoniae, Hung. et Serviae, Valachiae et Bulgariae partibus adjuncta praecipuorum in his regionibus munimentorum ichnographia curantibus Homannianis Heredibus Norib. 1: 850,000. 2 Bl.

BOSNJAK, Carolus: Unde explicatur differentia inter hodiernum canonem Judaeorum et canonem ecclesiae? — (1898) 86 S. 4° (Handschr.) Diss. Wien Univ.

Bošnjak, Peter, Zažablje in der Hercegovina, dem alten Hum, s.: Ruvarac, Hilarion.

Bosnie-Herzégovine, la, à l'exposition internationale universelle de 1900 à Paris. Avec 2 chromotyp., 1 planche en noir et 60 illustr. intercalées dans le texte. qu. gr. 8. (136 S.) Wien 900. A. Holzhausen. n. 2. 60

Bosnien [sachl. OW]

Bosnien in Bild und Wort. 20 Federzeichnungen von J. J. Kirchner mit erklärendem Texte von Amand v. Schweiger-Lerchenfeld. 8. Wien 1879.

Bosniens Gegenwart und nächste Zukunft. gr. 8. (VI, 94 S.) Leipzig 886, Brockhaus. *

Bosnien und die Herzogovina (Rama) — Das Königreich — samt den angrenzenden Provinzen von Croatien etc. Nach den militärischen Handkarten des Prinzen Eugen, der Grafen Khevenhüller, Marsigli und Pallavicini geogr. aufgetragen etc., berichtigt im Jahre 1783 von Herrn Maximilian Schirneck, herausgegeben von Herrn Fr. A. Schraembl, zu finden im eigenen Verlage in Wien. J. Alberti sculp. F. Müller scrip. 1: 700,000. 2 Bl.

Bosnien als Neuösterreich. Vom Verf. von „Bosniens Gegenwart und nächste Zukunft". gr. 8. (X, 94 S.) Leipzig 886, Brockhaus. *

Bosnien, Servien, Bulgarien, Romanien etc., Ober- und Nieder-Ungarn, verlegt durch J. J. Eidl S. g. g. G. R. von Ungarn im Allgemeinen. 1: 1,400,000.

— unter österreichisch-ungarischer Verwaltung. gr. 8. (68 S.) Leipzig 886. Duncker & Humblot. n. 1. 40

Bosnien [Schlagwort]

— s. a.: Dalmatien.

— s.a. Eisenbahnkarten.

— s.a. Generalkarten. Flemming.

— s. a.: Geolog. Karten, Hauer, F. v.

– s.a. Hand- u. Reisekarten 73.

— s.a. Karstländer.

– s.a. Oesterreich-Ungarn.

Bosnien. General-Karte v. Bosnien u. d. Herzegowina.
1:150,000. Blatt 1–17 u. 19. Photolith. Fol. Wien 85, Lechner's S. a n. 2.–

– – dass. Blatt 28. Uebersichtsbl. Lith. Fol. Ebd. 85. n –. 60

– – d. ges. Insurrections-Gebietes in Bosnien, d. Hercegovina u. Süd-Dalmatien, nebst d. angrenz. Ländern Montenegro, Novi-Bazar u. Serbien. 1: 450,000. Chromol. Fol. Wien 82, Hartleben. –.60

Bosnien. Handtke, F., General-Karte v. Bosnien, der Herzegowina, Montenegro u. Dalmatien. 1 : 600,000. Nach den neuesten Materialien rev. u. ergänzt im kartograph. Institut der Verlagshandlg. 4. Aufl. Chromolith. Imp.-Fol. Glogau 890. Flemming. n. 1. —

Bosnien. Handtke, F., General-Karte von Bosnien, d. Herzegowina, Montenegro u. Dalmatien. 1 : 600,000. 7. Aufl. 64 × 81,5 cm. Glogau 894. C. Flemming. n. 1. —

Bosnien. Handtke. F. Special-Karte v. südl. Bosnien u. Dalmatien, sowie v. Fürstenth. Montenegro. 1:600,000. Chromol. Fol. Glog. 82, Flemming. 1,20

Bosnien. Karte von, der Herzegowina und des Paschaliks v. Novibazar. Von Haupt'm. Roskiewicz des k. k. Generalstabes entworfen und gezeichnet, und in 4 Bl. lithogr. ausgeführt. Wien, k. k. milit. Geogr. Institut. (Debit wie oben). Compl. 1869 4 fl.
Einzeln das Blatt 1 fl.

Bosnien — Karte von —, der Herzegowina und des Paschalik's Novibazar. 400,000. Von Hptm. Roskiewicz des K. K. G. Stb. Wien im milit.-geogr. Inst. 1868. 4 Bl.

Bosnien. Karte von Bosnien, Serbien u. Montenegro nebst anschliessenden Ländern. 1 : 1,000,000. 56 × 84 cm. Farbdr. Wien (909). R. Lechner's Sort. 2. —

Bosnien, Servien — Charte von — und dem grössten Theile von Illirien. Bearbeitet und als Fortsetzung der Charte des Herrn Obristen Lipszky von Szedlic'sna in 4 Sect., gezeichnet von J. Riedl. Wien 1810. S. Moldau, Walachey und Servien. g. g. G. Karten. 1 : 500,000.

Bosnien. Karte d. Insurrections-Schauplatzes von Bosnien und der Hercegovina. 1: 325,000. Chromol. Fol. Wien: Hartleben 1882.

Bosnien. Oransz, M., Distanzkarte v. Bosnien und Hercegovina. 19 × 18,5 cm. Lith. Wien (906). (L. Steckler.) n. — 20

— Scheda, Jos. v., Generalkarte v. Bosnien u. der Hercegovina nebst Dalmatien. Mit Tabellen d. polit. u. gerichtl. Einteilg. sowie m. Geschichtstabelle f. Bosnien. Revision, polit. Einteilg. u. Verkehrsnetz inkl. d. wicht. Bahnbauten u. Projekte v. Karl Peucker. [Aus: „Sch.'s Balkankarte".] 1 : 864,000. 2., erweit. Ausg. 64,5 × 61 cm. Farbdr. Wien 909. Artaria & Co. In Karton 2. 50

Bosnien. Steinhauser, A. Generalkarte v. Bosnien, d. Herzegovina u. d. Sandschak Novi Bazar, sammt Dalmatien, Montenegro u. Serbien. 1.: 864.000. Mit e. Special-Beikarte d. Krivosije, d. Bocche di Cattaro u.d. montenegrinisch-herzegovin. Grenzgebietes. 1:288,000. Chromol. Fol. Wien 82, Artaria & Co. n. 1. 80

— **Uebersichts-Karte** v. Bosnien u. der Hercegovina. 1 : 750,000. 51×50 cm. Farbdr. Wien (906). A. Hartleben. In Leinw.-Decke n. 1. 80

— **Wandkarte** v. Bosnien u. der Hercegovina, zum Gebrauch f. Schulen. 6 Blatt. 1 : 300,000. (In bosnischer Sprache.) Chromolith. qu. gr. Fol. Wien 889. Hölzel's Verl. n. 10. —; auf Leinw. in Mappe n. 17. —; m. Stäben n. 20. —

Bosnyák, Zoltan de, et L. Edelsheim-Gyulai, le droit de l'enfant abandonné et le système hongrois de protection de l'enfance. Ouvrage publié sous les auspices du ministère royal de l'intérieur de Hongrie. Avec une préface de Comte Jules Andrássy. (XVI, 511 S.) gr. 8. Budapest 909. (C. Grill.) 12. —

Bosone, Cäsar August [aus Pieve del Cairo Lomellina. '(Ital.)']: Der Aufsatz „De regimine principum“ von Thomas von Aquino. E. Beitr. z. Kenntn. d. Staatsphilosophie im Mittelalter ... Bonn, Hauptmann'sche Buchdr., 1894; 68 S., 1 Bl. 8.
Bonn, Phil. Fak., Inaug.-Diss. v. [9.] Aug. 1894

Bosphorus [sachl. OW]

Bosphorvs Thracicvs. Der Kanal des schwarzen Meers oder die Meer-Enge bey Constantinopel sambt denen an beiden Ufern desselben gelegenen Stätten etc. geometrisch aufgenommen durch Johann Baptist von Reben, Kayserl. Königl. Ungar. Ingenieur-Hauptmann, herausgegeben durch die Homänn. Erben zu Nürnberg. 1764?
1 : 70,000 circa. 1 Bl.

Bosphorus [Schlagwort]

Bosphorus — Der — 1:100,000. S. Geogr. Sp. K. der Türkey. „Karte der niedern Donau bis Constantinopel, vom K. Preuss. Generalstab.“

Bosphorus — Karte des nördlichen befestigten Theils des — von den Hissaren bis zu den Leuchtthürmen am schwarzen Meer im Auftr. S. H. Sultan Mahmud II. mit dem Messtisch in 25,000 aufgenommen 1836—37 durch Freih. v. Moltke, Hauptm. etc. Berlin bei Schropp 1849. 1 Bl.

Bosporus [Sachl. OW]

Bosporus. Organ (Mittlgn) d. Deut. Ausflugs-Ver. G Albert (vorm. Mitteilgn d. deut. Excursions-Clubs). Hrsg. v. Fachgelehrten. N. F. 1—5. Heft. 8° Constant., O Keil. nn 8.05
1. Constantinopel z. Z. S. Süleiman d. Grossen nach e. Bilde v. Melchior Lorichs. Anmerkgn u. Erinnergn e. Einspänners (Fritz Braun). (44) 06. nn 1.25
2. Braun, Fritz: Oriental. Landschaften. I. Landschaftsbilder v. Bosporus. (70 m. Abb.) 06. 2 —
3. Mordtmann, AD: Histor. Bilder v. Bosporus. 1. Urzeit. 2. Die Phönikier am Bosporus. — Wiegand, Th.: Hannibals Grab. (84 m. Abb.) 07. nn 2 —
4. Gottwald, J: Die Stadtmauern v. Galata. — Mordtmann, AD: Histor. Bilder v. Bosporus. III. Deut. Erinnergn v. Bosporus. (111 m. Abb. u. Pl.) 07. nn 2 —
5. Braun, Fritz: Zur Kenntnis d. Konstantinopeler Vogelwelt. (31) 09. nn — 80
Bisher u. d. T.: Mitteilungen d. deut. Exkursions-Klubs in Konstantinopel.

Bosporus. Mitteilgn d. deut. Ausflugsver. „G Albert“. N. F. 6. Heft. 8° Konstant., O Keil. (1—6: nn 10.05)
Bosporus christianus. P. II. Golf v. Nicomedien u. asiat. Ufer. (94 m. Abb.) '11 (6) nn 2 —

Bosporus [Schlagwort]

Bosporus, s. a. **Mytilini.**

Bosporus. Fitzner, Rud., Karte des Bosporus u. der bythynischen Halbinsel nach älteren Quellen (von Moltke, Heinr. Kiepert, brit. Admiralitätskarten, v. d. Goltz, v. Diest u. a.) u. eigenen Aufnahmen im J. 1900 gezeichnet. (Umschlag: Konstantinopel u. Umgebg.) 1 : 150,000. 48,5×88 cm. Farbdr. Rostock (903). C. J. E. Volckmann Nachf. n. 4. 50

Bosporos — Karte des — und der Umgebungen. 1: 80,000. 1 Bl. a. d. W. J. von Hamers Constantinopolis und der Bosporos von 1822.

Bosquet, Emile, Louise Meunier. Suivi de une passion en province. gr. 12. (355 S.) Leipzig 861, A. Dürr. *

—— une passion en province. Suivi de „Maria.“ 16. (228 S.) Leipzig 858, A. Dürr.

Bosquet, Emile, moderne Technik der Klaviervirtuosen. (In französ., deutscher u. engl. Sprache.) (II, 80 S.) 8. Brüssel (904). Schott Frères. n. 6. —

Bosquet, Jean, üb. 3 neue fossile Arten der Gattung Emarginula, siehe: **Palaeontographica.** I. Bd.

Bosroger, M. le Roy, principe de l'art de la guerre, avec planch. II Tom. gr. 12. Leipz. 779. (W. Vogel).

Boss, die interne **Behandlung** der Gonorrhoe. (19 S.) gr. 8. Leipzig 904. Verlag der Monatsschrift f. Harnkrankh. n. — 80

— Ueber **Massage** der Harnröhre. (7 S. m. 8 Abbildgn.) gr. 8. Ebd. 905. n. — 60
2 Sonderabdrucke aus: „Monatsschr. für Harnkrankh. u. sex. Hygiene“.

Boss, Ferdinandus *(geb. Leobschütz [18. 8.] 1821)*: Specimen singulare miliarium. Vratislaviae (1843). (30 S.) 8°
Breslau, Med. Diss. v. [31.] Okt. 1843

Boss, Johann Georg

Boss, JG, Erfahrgn e. bayer. Bierbrauers. 3. Afl. 8. (95) Ansb. 52. (Münch., Beck.) — 15

Boß, Joh. Geo., Erfahrungen eines bayerischen Bierbrauers üb. die Art u. Weise, stets gleichmäßig kräftiges, wohlschmeckendes u. helles Bier zu erzeugen. 2. (Titel-) Aufl. 12. (108 S.) Ansbach 852, Gummi. — 3. Aufl. 8. (95 S.) Ebd. 852. 1/2 ℔

Boß, Jul., die häusliche Erziehung der Kinder. 2. Aufl. gr. 8. (VIII, 62 S.) Kattowitz 877. (Leipzig, Siegismund und Volkening.) *
1. Aufl. erschien im Selbstverlag.

Boss, Jul., die Erziehungskunst in der Familie für Eltern, Erzieherinnen und Erzieher. Hrsg. von einem prakt. Schulmanne. 2. unveränd. Aufl. gr. 8. (366 S.) Wien 882. (Leipzig, Siegismund und Volkening.) + 4 —

Boss, Karl: Die Erfahrungen der Strassburger Universitäts-Frauenklinik über Pubitomie. Strassburg 1908: Müh. 118 S. 8°
Straßburg, Med. Diss. v. 19. Dez. 1908, Ref. Fehling
[Geb. 5. Jan. 79 Straßburg; Wohnort: Straßburg; Staatsangeh.: Elsaß-Lothringen; Vorbildung: Gymn. Landau Reife Juli 97; Studium: Straßburg 12 S.; Coll. 12. Dez. 08; Approb. 19. Jan. 05.] [U 09. 3794

Boss, Lewis, catalogue of 8241 stars etc., s.: **Catalog** der astronomischen Gesellschaft.

Boß, Markus, Trauerlied auf Dr. Herm. Jellinek, geb. am 22. Jan. 1822, zum Tode verurtheilt am 22. u. erschossen am 23. Novbr. 1848, begraben auf d. Währinger Kirchhofe im Grabe Nr. 26. Hebräisch. Deutsch v. Emil Lehmann. gr. 8. (7 S.) Leipzig 849. (C. L. Fritzsche.) n. 2 ngr.

Boss, Max [pr. Arzt in Falkenberg O/S.]: Ueber die einfache und complicierte dorsale Luxation des Daumens. ... Breslau. Th. Schatzky. Buchdr. (1889): 37 + 1 S. + 1 Bl. 8°
Breslau. Med. Fak., Inaug.-Diss. v. 4. März 1889

Boss, Max. Ueber die einfache u. complicierte dorsale Luxation d. Daumens. Diss. gr. 8. (37 S.) Bresl. 889, (Köhler). * 1 —

Boss, Mauritius *(geb. Zülz in Oberschles. [9. 7.] 1811)*: De asthmate Koppii. Vratislaviae (1836). (53 S.) 8°
Breslau, Med. Diss. v. 8. Okt. 1836

Boss, Moritz [Arzt]: Über placenta praevia. '(Aus d. Univ.-Frauenklinik zu Breslau.)' ... Breslau, Druck v. Th. Schatzky, 1894; 75 S., 1 Bl. 8.
Breslau, Med. Fak., Inaug.-Diss. v. 5. Nov. 1894

Boss, S: Ueb. Gonosan-Ersatz, s: Klinik, Berliner.

Boss, Siegfried [aus Zülz Schlesien)]: Ueber Veränderungen des Hornhautradius unter dem Einflusse von Atropin, Homatropin, Physostigmin und Cocain. . . . Strassburg, Univ.-Buchdr. v. J. H. Ed. Heitz (Heitz & Mündel), 1890; 50 S. 8°
Strassburg, Med. Fak., Inaug.-Diss. v. 1890

Boss, Wilhelm: Ultramontanismus ..., s. Rehe, Karl

Böß, Hermann, approb. Arzt aus Ludwigsburg: Zur Kenntnis der Stirnhirntumoren mit psychischen Störungen. *Tübingen: F. Pietzcker 1903.* (27 S.) 8°
Tübingen, Med. Diss. v. 1903

Bossard, s. a. Bossart.

Bossard, Aloys, bacc. iur.: Über die Haftpflicht für die durch Kraftfahrzeuge verursachten schädlichen Erfolge gemäß dem Entwurfe des deutschen Bundesrates vom Jahre 1906 und gemäß demjenigen vom Jahre 1908. Leipzig: Wigand 1909. 84 S. 8°
Leipzig, Jur. Diss. v. 21. April 1909
[Geb. 1. Febr. 81 Neuilly-sur-Seine; Wohnort: Cham, Schweiz; Staatsangeh.: Schweiz; Vorbildung: Collège de Genève Reife Juli 00; Studium: Leipzig 7, München 1 S.; Rig. 27. Juli 05.] [U 09. 2459

Bossard, C., und F. Waagen, Bei was für Prinzipien und unter welchen Verhältnissen kann sich ein gesunder Handel entwickeln? 126 Stn. gr. 8. Gekrönte Preisschrift des Kaufmännischen Vereins in Zürich. 1871?

Bossard. C[onrad]. Ammann (Joseph Anton) Schumacher und seine Zeit, oder der Handel der sogenannten Linden und Harten in Zug. (1728–1736.) SA. 8. Einsiedeln 1856.

Bossard, Damian C[onrad Friedrich]. Das Verhältnis zwischen Bundesversammlung und Bundesrat. Eine Studie über das Prinzip der Gewaltentrennung im schweizerischen Bundesstaatsrecht. Diss. Jur. Univ. Zürich ... von D' K. B'.... XII + 182 S. 8. Zürich-Selnau, Gebr. Leemann & Cie., 1909.

Boßard, Felix, der Priester am Altare Gottes. Eine Predigt auf die Primizfeier des V. P. Frz. Maria, gehalten in der Klosterkirche Mariä Opferung in Zug den 22. Christmonat 1862. gr. 8. (16 S.) Luzern 863, Gebr. Räber.

Bossard und Weibel. Sammlung der Luzerner Civil- und Civilprozessgesetze. In-8°. Luzern, Doleschal's Buchhandlung.
I. Luzerner Civilgesetze. XVI u. 420 S. 4 50
Geb. in Lwdbd. 5 80
II. Luzerner Civilprozessgesetze. XI u. 216 S. 3 —
Geb. in Lwdbd. 4 —
Beide Theile in 1 Halblederbd. geb. 9 50
1883

Bossard, G. J., und J. L. Weibel, Sammlung der Luzerner Civilgesetze in Verbindung mit einschlägigen Bundesgesetzen, besonders dem schweizer. Obligationenrechte. 3 Lfgn. 8. (XVI, 420 S.) Luzern 883,84, Doleschal's Buchh. à Lfg. *c# 1,50. *

Bossardt, G. J. et Weibel, J. L. Sammlung der Luzerner Civil-Gesetze (Bürgerl. Gesetzbuch), in Verbindung mit dem vollst. schweizer. Obligationenrechte nebst ausführl. Sach-Register. 1. Lieferung. In-8°, XVI u. 144 S. Luzern, Doleschal. 1885? 1 50
*** Vollständig in 3 Lieferungen à Fr. 1. 50.

Bossard u. Weibel: Sammlg d. Luzerner Zivil- u. Zivilprozessges. in Verbindg m. d. gebräuchlichsten Bundesges. bes. üb. d. Obligationen-, d. Beitreibgs- u. Konkursrecht. 2. Afl. v. JL Weibel. 8° (724) Luz. 96, (A Gebhardt). nn 7.50; geb. nn 9—

Bossard, Geo., die Arbeiterfrage. Bericht über die Arbeiter-Anstalt im Hageborn in Verbindung mit der Spinnerei im Hageborn in Cham. Luzern 869. Räber. 8. (36 S.) 5 ngr

Bossard. G[eorg] J[oseph]. Der Angriff auf die eidgenössischen Kriegs-Gelder in Luzern; oder die Angelegenheit der Herren Rudolf Rüttimann. Const(antin) Siegwart-Müller.... Med. Dr. Joseph Scherer, gewesener (* *Umschlag:* oder die Angelegenheit der gewesenen) Mitglieder des Regierungsrathes des Kantons Luzern. Eine historisch-rechtliche Darstellung. 8. Luzern 1848.

Bossard. Georg Jos[eph]. Meine Beschwerde an die hohe schweizerische Bundesversammlung gegen das luzernerische Contributionsdecret vom 3. Februar 1848. (Luzern, den 8. Dezember 1848.) 8. Luzern 1848.

Bossard. Georg Jos[eph]. Der Kampf zwischen Radikalismus und Sonderbund. Ein Wort an das Luzernervolk und seine Verbündeten. (Luzern, den 8. März 1847.) 8. Luzern 1847.

Bossard, G. J. Kampf zwischen „Sonderbund" u. Radikalismus. 8. (Luzern) 1847. (ad Rubr. Luzern.)

Bossard. Georg Jos[eph]. Eine Stimme für St. Urban und Rathhausen. 8. Luzern 1848.

Bossard, Gustav, pract. Arzt von Zug: (Aus der medic. Klinik des Herrn Prof. Dr. Eichhorst in Zürich.)'. Über seltene Formen der Quecksilbervergiftung mit besonderer Berücksichtigung der Exantheme nach innerlicher Anwendung. Zür. Orell Füssli Dr. 1896. 94 S., 1 Bl. 8°.
Zürich, Med. Diss. [v. 12. Febr. 1896].

Bossard, Gustav. Schweizer Zinnkannen. Kulturgeschichtliche Studie. Beilage zum Jahrbuch [des] S[chweizer] A[lpen-]C[lub]. Band 43. [Illustriert.] 22 S. 8. (Bümpliz-Bern, A. Benteli & Co., [1908].)

Bossard, Heinr., Erkenntnisse und Lebensgesetze der Wahrheit und Liebe. gr. 8. (64 S. mit lithogr. Portr.) Magdeburg [und Leipzig] 852, Gebr. Baensch. **

Bossard, H, Erkenntnisse u. Lebensges. d. Wahrh. u. Liebe. 8. (64) Magdeb. 52. (Lpzg, Gräbner.) n. — 10

Boſſard, J. J., über d. vierte Einheit im Epos u. Drama. Eine leere Nische. 8. St. Gallen 813. (Huber u. C.) 4 K

— d. Glaube an die Eine, heil. kathol. Kirche. 8. Zug 819.

Bossard, J(ohann). Decorative Malereien von J. Bossard. Entwürfe und Ideen zur Schmückung und farbigen Ausgestaltung der Fläche. Mit einer Einleitung von Aemil[ius] Fendler... [und 2 Abbildungen im Text]. 14 Licht- und Farbendrucktafeln. VI S. + 14 Tafeln. fol. Berlin [und] NewYork, Bruno Hessling, (1901). [*In illustr. Mappe* M. 24. —]

Bossard. Joh., decorative Malereien. Entwürfe u. Ideen zur Schmückg. u. farb. Ausgestaltg. der Fläche. 14 Licht- u. Farbendr.-Taf. Mit e. Einleitg. v. Aemil. Fendler. gr. Fol. (5 S.) Berlin (902). B. Hessling. In Mappe n. 24.—

Bossard. Johann Conrad. Kristliche Anrede an die zum Schutze und zur Rettung des Vaterlandes abziehende zugerische Mannschaft. Gehalten den 4ten Weinmonat 1802. bey der feyerlichen Fahnenweihe in der Kirche zum heiligen Oswald in Zug. von J' Konrad B'.... 8. Zug.

Bossard. Johann Conrad s. Beschreibung. Kurze B' der Zugerschen Truppensendung nach Basel. Zug 1792.

Bossard, Robert [med. pract. aus Zug]: Ein Fall von Lymphangioma cysticum der rechten Nebenniere. Zürich 1900. 22 S. 8°.
Zürich. Med. Diss. 1899/1900.

Bossard, Robert, von Zug: Ueber die Verschwärung und Durchbohrung des Wurmfortsatzes. Zür. Zürcher u. Furrer Dr. 1869. 122 S., 1 Bl. Thesen. 8°.
Zürich. Med. Diss. [v. 5. Aug. 1869].

Bossardt, G. J., s. Bossard, G.J.

Bossart *s. auch* Bossard.

Boſſart A., zur Reform d. Systems der direkten Steuern in Preußen u. Deutschland. gr. 8. (157 S.) Hannover 872. Schmorl & v. Seefeld. n. 2. 40

Bossart, Arthur. Zur Chemie der Verfettung in krankhaften Neubildungen und im tuberculösen Gewebe. Diss. Med. Basel. 43 S. 8. Aarau, G. Keller, 1902.

— s. C. G. A. Oldendorp, Gesch. d. Mission ꝛc. s. F. A. Scholler, Flora Barbiensis.

Boſſart, G., ſ. Cyprianus, Einheit, die, d. kathol. Kirche ꝛc.

Boſſart, J., Umriſſe zu einer Wiſſenſchaft der Dichtung. II. 8. Zürich 846, Meyer. ¼ ℔
ſ. Zuſammenhang, der, der heil. Geſchichte.

Boſſart, Jh. Jak., († d. 13. Nov. 1789.) Anweiſ., wie Naturalien zu ſammeln u. zu verſchicken ſind. gr. 8. Barby 774. (Leipz., Kummer). 1 ℊ

Bossart, Jos. Al., von J. Bucher. Luzern 1881. Progr.-Schw.

Bossart, Thomas. P. Bernhard Christen von Andermatt, Titular-erzbischof von Stauropolis, gewesener General des Kapuzinerordens, † 11. März 1909. Worte der Erinnerung, gesprochen bei der Beerdigungsfeierlichkeit ... zu Ingenbohl, 15. März, von Dr. Th' Bossart O. S. B. .... [Mit 1 Porträt-Tafel.] 58 S. 8. Einsiedeln ..., Benziger & Co. A. G., 1909. [fr. —.75]

Bossart, Louis, med. prakt. aus St. Gallen, z. Z. Assistenzarzt am Kantonsspital in St. Gallen: Ueber den Einfluss der Hochfrequenzströme (Arsonvalisation) auf den arteriellen Blutdruck speziell bei Arteriosclerose. St. Gallen 1910. 84 S. 8°. [8. II. 10.]
Zürich. Univ. Med. Diss. 1909/10.

Bossart, Xav., u. Joh. Jac. Müller, zur Geschichte des Kaisers Antoninus Pius. [Aus den „Untersuchungen zur röm. Kaisergeschichte."] Leipzig 868. Teubner. gr. 8. (38 S.) n. 10 ngr

Bosscha, Herm., Poëmata. Edit. curavit Petr. Bosscha, filius. 8maj. Daventriae 820. (Lpz., Weigel). 1 ℔ 20 ℊ

Bosscha, J., Christian Huygens. Redo, a. 200. Gedächtnistage s. Lebensendes geh. M erläut. Anmerkgn. v. Verf. A. d. Holl. übers. v. Th. W. Engelmann. gr. 8. (77 S.) Leipzig 895. W. Engelmann. n. 1.60; auf holländ Büttonpap. n. 2.—

Bosscha, Joa. (Hrsg.) s. A p u l e i u s Madaurensis: Opera omnia. T. II, III.

Bosscha, Petr., Selecta principum poëtarum recentiorum e diversis populis atque aetatibus Carmina Latina. Collegit et de vitis poëtarum pauca monuit. 8maj. Amstelodami 837. van der Vinne. (Lipsiae, Weidmann.) n. 1⅓ ℔

— Vindiciae Horatianae, adversus nuperam censuram a Viro Petro Hofman Peerlkamp editam. 8 maj. Daventriae 836. (Leipzig. Weidmann.) n. 1⅝ ℔

Bosschère, Jean de: Der Zeichenunterr. in Belgien, s.: Taeye, Ed. L. de.

Boſſe. Arbr., ſ. a.: Friedrich, Heinr.

Bosse, Auszug ..., s. B o s s e , H. A.

Bosse. Beiträge zur Aesthetik der Sprache. I. Sondershausen, G., 1888. 18 S. 4.

Bosse, Darstellung ..., s. B o s s e , Rudolf Heinrich Bernhard

Bosse, Gewissensfreiheit, s. B o s s e , Friedrich

Bosse, Kultur ..., s. B o s s e , J.F.W.

Bosse: Lexikon d. Sexualkrankh., s: Birnbaum, Max.

Bosse, Rechenbuch ..., s. B o s s e , F. W.

Bosse: Klopstockische Studien, s. B o s s e , W. L.

Bosse, Verbreitung der Juden im Deut. Reiche auf Grundlage der Volkszählung vom 1. Dezbr. 1880. Berlin 885.

Bosse, A., s. a. B o s s e , Alfred

[J.] Alles schief. Humorist. Ocean-Novelle v. A. Bosse. M. Ill. v. A. v. Schrötter. *Berlin. Eisenach. Leipzig: H. Hillger [1898].* (120 S.) 1 Bd 8.
— Bücherschatz, Kürschners. No 85. 199. 330

Bosse, A., Arbeiterwohnungswesen, s. Abhandlgn. d. staatswiss. Seminars.

Bosse, Abraham

— Anweiſ. zur Radir- u. Aetzkunſt, nebſt Anhang v. d. Malerei. 8. Nürnb. 766. (Monath u. K.) 12 ℊ

Boſſe, Abr., geſchickter u. wohlerfahrener Baumeiſter; mit vielen Kpf. 4. Nürnb. 767. Monath u. K. 1 ℔ 8 ℊ

Bosse, Abraham. Die Kunst in Kupfer zu stechen, sowohl vermittelst des Aetzwassers als mit dem Grabstichel; ingleichen die sogenannte schwarze Kunst, und wie die Drucker-Presse nach jetziger Art zu bauen und die Kupfer abzudrucken sind, ehemals durch Abraham Bosse. Jetzo aber aufs neue durchgesehen, verbessert und um die Hälfte vermehret, mit 19 Kupfertafeln versehen. Aus dem Französischen ins Deutsche übersetzt. Dresden 1765. 8°.

— Kunſt in Kupfer zu ſtechen. Mit Kpf. 8. Dresd. 766. Richter. 1 ℔ 4 ℊ N. A., ſ. Jh. Konr. Gütle.

Bosse, Alexandra v.: Katherina Weroschin. Roman a. d. internat. Rom. (348) 8° Lpzg, Schäfer & Sch. ('11). 3 —; geb. 4 — d

Die chronologischen Systeme im Alten Testament und bei Josephus. Von A[lfred] Bosse. Berlin: W. Peiser (1908). (76 S.) 8°
— Mitteilungen d. Vorderasiat. Gesellschaft. 1908, 2. 08. 11698

Bosse, A[lfred]: Untersuchungen zum chronologischen Schema des Alten Testaments. Cöthen 1906: P. Schettlers Erben. (S. 3—26.) 4°
Cöthen, herz. Ludwigs-G OP 1906 (849)

Bosse, Alwin, a. Groß-Biewende (Herzogtum Braunschweig): Die Förderung des Arbeiterwohnungswesens durch die Landesversicherungsanstalten. Jena 1907: G. Fischer. (52 S.) 8° ¶(Erscheint vollst. als: Abhandlungen des staatswiss. Seminars Bd 4 H. 1.)
Jena, Phil. Fak., Ref. Pierstorff, Diss. v. 4. Juli 1907
[Geb. 30. März 82 Börsum; Wohnort: Hannover; Staatsangeh.: Preußen; Vorbildung: Realsch. Wolfenbüttel Einjähr.-Freiwilligenzeugnis O. 01; Studium: Bonn 2, Jena 6 S.; Rig. 24. Nov. 06.]

Bosse, Aug.

Weltkarte zur Bestimmung der Zeitunterschiede im Depeschenverkehr mit überseeischen Ländern von Aug. Bosse. [Maßst. 1:90 Millionen.] [Mit 3 Nebenkarten.] *(Berlin: D. Reimer [1904].)* (1 Kartenbl. 43 × 24 cm.) [lith.] [kol.]

Bosse, Auguste von

Eglantine. Von H. von Schönau [d.i. Auguste von Bosse]. Stuttgart 1860.

In: Hausblätter. Bd 3.

Bosse, Auguste von

Cavalier und Jüdin. Roman. Von H. von Schönau [d.i. Auguste von Bosse]. Berlin 1868.

In: Roman-Zeitung, Deutsche. Bd 2.

Bosse, Auguste von

Verfehlte Liebe - verfehltes Leben. Von H. von Schönau [d.i. Auguste von Bosse]. Stuttgart 1858.

In: Hausblätter. Bd 2.

Bosse, Bruno

Der Dämmerschlaf oder die Skopolaminmorphin-Mischnarkose in ihrer Anwendung bei Entbindungen und Operationen. Von Dr. med. Bruno Bosse u. cand. med. Wladimir Eliasberg. Leipzig: J. A. Barth 1910. 75 S. 8° [Umschlagt.]
(Sammlung Klinischer Vorträge. N. F. Nr 599/601.) 10. 17184

Bosse, Bruno: Entbindgn u. Operationen im Dämmerschlaf, s: Klinik, Berliner.

Bosse, Bruno *Jürgen Andreas* [aus Berlin]: Über die interstitielle Keratitis hereditär-luetischer Natur und ihren Zusammenhang mit Gelenksaffektionen ... Potsdam, Druck v. A. W. Hayn's Erben, *1895;* 54 S., 1 Bl. 8.
Berlin, Med. Fak., Inaug.-Diss. v. 9. Aug. 1895

Bosse, Bruno, Leitfaden f. den Unterricht in der Kranken- u. Wochenpflege. gr. 8. (XII, 219 S. m. 148 Abbildgn.) Leipzig 901. S. Hirzel. n. 5. 50; geb. n. 6. 50

Die Lumbalanästhesie. Von Dr. med. Bruno **Bosse**, Berlin. Berlin & Wien: Urban & Schwarzenberg 1907. (S. 128–202.) 8°
— **Klinik,** Wiener. 1907, H. 5. 6. 107. 9180

— u. Kurt **Spangenberg:** Üb. Stridor laryngis et tracheae. [Aus: „Reichs-Med.-Anz."] (14) Lex8° Lpzg, B Konegen '11. 1 —

Bosse, C.

— Dei Hexenmester Berkefeld. Plattdeutscher Vortrag. 8. (8 S.) Ebd. 897. — 15

— De Borg Dankwarderobe. Halfspanner Lupperjahn. 2 plattdeutsche Vorträge. 8. (11 S.) Ebd. 897. — 15

B(osse), C. v. General Faidherbe und seine Gegner im Feldzuge 1870—71. Leipzig 1873. 8°.

Bosse, C., Hei well't afstäuwen. Ne Gemeinerathssitzunge in Flöte. 2 plattdeutsche Vorträge. 8. (7 S.) Braunschweig 897. F. Dessau. — 15

Der **deutsch-französische** Krieg 1870 71 und das Generalstabswerk: von C. von Bosse). Mit Krt. Berlin 1874. 1876. 522 S.
1. Weißenburg. Wörth. Spicheren.
2. Von der Saar bis zur Mosel. Colombey-Nouilly u. Mars la Tour.
3. Die Entscheidung an der Mosel. Gravelotte St. Privat.
4. Von der Mosel bis zur Maas. Beaumont—Sedan.
5. Die Ereignisse bei Metz, Straßburg u. a. d. deutschen Küsten.

B(osse), C. v. Der deutsch-franz. Krieg und das Generalstabswerk. H. 1—5. Berlin (1874—81). 8°.

— Dei Pater lut Hilmßen un dei ole Hogrefe. Plattdeutscher Vortrag. 8 (7 S.) Ebd. 897. — 15

— Ein Schöppenstedt'scher Streich. Plattdeutscher Vortrag. 8. (7 S.) Ebd. 897. — 15

— Bronswelksche Stückschen. Dat Sedansfest in Bronswelk. 2 plattdeutsche Vorträge. 8. (8 S.) Ebd. 897. — 15

— Ut der olen Bronswikschen Tid. Dei Lebenstehschen. 2 plattdeutsche Vorträge. 8. (8 S.) Ebd. 897. — 15

— Hans Boggelnest un worumme hei jümmer hinke. Unkel Heinrich sin Pech un wo em dortau vorhulpen word. 2 plattdeutsche Vorträge. 8. (7 S.) Ebd. 897. — 15

— Wei dei ole Timmermester in grote Verlegenheit kamm. Plattdeutscher Vortrag. 8. (7 S.) Ebd. 897. — 15

Bosse, Carl Heinrich, De gangliorum spinalium vi in nutriendas radices posteriores nervorum spinalium. Diss. Dorpat. 60 pp. mit einer lithographirten Tafel. 1859

Bosse, Christoph Jacob (Braunschweig), De testamento publico quod fit apud acta. Präs. Franz Carl Conradi. Helmstedt (Joh. Drimborn) 18. III. 1741. 52 S. (4.80) 3686
Widm. v.: Präs., A. W. v. Campen, Johann Friedrich Elsenhart (Speyer).

Bosse, Const. Frhr. v. Der Boulanger-Schwindel u. die Patrioten Liga. Ein offenes Wort zur Widerlegg. franz. Legenden u. Illusionen. 8. (V, 160 S.) Wiesb. 889, Bechtold u. Comp. * 1 50

Bosse, Erich

Bosse, *Heinrich* Erich *August Berthold* [pr. Arzt. aus Esbeck im Herzogt. Braunschw.]: Zur Casuistik der Atresia ani ... Greifswald, Druck v. J. Abel, 1896; 23 S., 3 Taf. 8.
Greifswald, Med. Fak., Inaug.-Diss. v. 24. Juli 1896

Bosse, Erich v., Referendar am Amtsgericht Pyritz: Welche Einwirkung hat ein Vertragsverhältnis auf den § 833 B.G.B.? Kritik der Reichsgerichtsentscheidungen. Greifswald 1907: J. Abel. (52 S.) 8° [F.]
Greifswald, Jur. Fak., Ref. Stampe, Diss. v. 5. Okt. 1907
[Geb. 15. Juni 80 Berlin; Wohnort: Pyritz (Pommern); Staatsangeh.: Preußen; Vorbildung: Gymn. Neubrandenburg Reife M. 03; Studium: Berlin 1, München 1, Berlin 2, Greifswald 3 S.; Rig. 6. Juni 07.]

Bosse, F., u. Arth. Wulf, Anleitung zur einträglichen Hühnerzucht, s. Grethlein's praktische Hausbibliothek. 22. Bd.

Bosse, F., s.: Guthe, H., die Lande Braunschweig und Hannover.

Bosse, F, illustr. Wörterbuch d. gebräuchlichsten Kunst-Ausdrücke a. d. Gebiete d. Architektur, Chromatik, Malerei, Mythologie, Ornamentik, Symbolik etc. f. d. Buchdruck u. verwandte Zweige. 8. (180) Lpzg 88, Waldow. n. 5. —; geb. n. 6. 50

Bosse, F. W., prakt. Anleitung z. Kopfrechnen. Ein Handb. f. Lehrer in Volksschulen. 8. (18⅛ B. u. 1 Stnt.) Gütersloh 844, Bertelsmann.

Bosse, F. W., practische Anleitung zum Kopfrechnen. Ein Handbuch für Lehrer in Volksschulen. Mit 1 Steindrucktaf. 2. Aufl. Gütersloh 852. (854.) Bertelsmann. 8. (296 S.) 22½ ngr

—— Aufgaben zum Kopfrechnen f. die Volksschule. 1—3. Bdchn. 8. (6¾ B.) Gütersloh 845, Bertelsmann. à

—— Beantwortungen der Aufgaben in Bosse-Hollenbergs Rechenbuch. 2., 3. und 4. Abtl. 8. (40 S.) Ebendas. 887. *
—— dass. — 5. und 6. Abtl. 8. (74 S.) Ebendas. 887. *

Bosse, F. W., Beantwortung der Aufgaben zum Rechenbuch für die Volksschule. Neu hrsg. von Ed. Langenberg. 2., 3. und 4. Abthl. 8. (40 S.) Gütersloh 874, Bertelsmann. *
—— dass. — 5. und 6. Abthl. 8. (48 S.) Ebendas. 875. *
1. Abthl. nicht erschienen.

Bosse, F. W., Rechenbuch, Ausg. C, s.: Behrens, W., u. Fr. Witte, Rechenbuch f. die Volksschule.

Bosse's Rechenbuch, Resultate u. Auflösungen dazu, s.: Langenberg, E.

Bosse: Rechenb. f. einfache Schulverhältn., Neubearbeitg, s: Trockels, H, u. L Wolter, Rechenb. f. d. Volkssch.

Bosse, F. W., Rechenbuch f. d. Volksschule. 4 Hfte. 8. (30 B.) Gütersloh 837, 40, 41, Bertelsmann.
Hft. 1. Die vier Species in ganzen unbenannten, so wie in benannten Zahlen. 2. Ausg. 2 Gr.
„ 2. Die vier Species in Brüchen, so wie die Regel de Tri. 2. Ausg. 2 Gr.
„ 3. Die zusammengesetzt. Rechnungsarten. 4 Gr.
„ 4. Auflösungen. 2 Abthl. 2. Ausg. 8 Gr.

— Rechenbuch für die Volksschule. Ebend. 854. 8.
1. Heft. Die vier Species in ganzen unbenannten, so wie in benannten Zahlen. 8. Aufl., mit Stereotypen. (61 S.) 2½ ngr
3. Heft. Die zusammengesetzten Rechnungsarten. Mit 2 Taf. geometr. Figuren (in Holzschn.). 5. Aufl., in Stereotypen. (109 S.) 5 ngr
2. Heft. 5. Aufl. 2½ ngr; 4. Heft. 1. 2. Abth. 3. Aufl. à 5 ngr. Ebend.

Bosse's, F. W., Rechenbuch für die Volksschule. Neu hrsg. von Fr. Ed. Keller. 1. Heft. 1. und 2. Abthl. 8. Gütersloh 867, Bertelsmann. *
Inhalt:
Heft 1. Abthl. 1. Rechenfibel, umfassend die Zahlen von 1—100. (32 S.) 1½ Ngr.
„ 1. „ 2. Die 4 Species in ganzen Zahlen. (80 S.) * 3 Ngr.

Bosse's, F. W., Rechenbuch für die Volksschule. Neu hrsg. von Fr. Ed. Keller. 1. Heft. 1. 2. u. 4. Abth. Gütersloh 868, 69. Bertelsmann. 8. n. 6½ ngr.
I. 1.: (32 S.) 1½ ngr.; 2.: (50 S.) n. 2 ngr. — IV. (88 S.) n. 3 ngr.

Bosse's, F. W., Rechenbuch für die Volksschule. Neu hrsg. von Fr. Ed. Keller und E. Langenberg. 6 Abthlgn. 8. Gütersloh 870, Bertelsmann's Verlag. *
Abthl. 1. (32 S.) * 15 Pf.
" 2. Nach den neuen Maß- und Gewichtsbestimmungen veränd. Ausg. (48 S.) * 20 Pf.
" 3. Neue, nach dem für den norddeutschen Bund gültigen Maß- und Gewichts-System eingerichtete Ausg. (64 S.) * 25 Pf.
" 4. (88 S.) * 30 Pf.
" 5. Mit alleiniger Berücksichtigung des metrischen Systems neu hrsg. von E. Langenberg. (80 S.) * 40 Pf.
" 6. (120 S.) * 60 Pf.

Bosse's, F. W., Rechenbuch für die Volksschule. Auflösungen zur 6. Abth. Neu hrsg. v. E. Langenberg. 8. (127 S.) Ebend. 871. n. — 75 (1—6.: n. 2. 30)

—— dass. — Neu hrsg. von Ed. Langenberg. 6 Abthlgn. 8. Ebendas. 874,75. *
Inhalt:
Abthl. 1. Rechenfibel, umfassend die Zahlen von 1—100. (32 S.) * 20 Pf.
" 2. Die vier Species in ganzen Zahlen. (32 S.) * 20 Pf.
" 3. Die vier Species in benannten ganzen Zahlen. (40 S.) * 20 Pf.
" 4. Bruchrechnung und Regel de tri. (72 S.) * 30 Pf.
" 5. Die Decimalbruchrechnung, Gesellschafts-, Zins-, Gewinn- und Verlustrechnung. Geometrische Aufgaben. Vermischte Aufgaben. Geometrische Zeichnungen. (88 S. mit eingedr. Holzschn.) * 40 Pf.
" 6. Umgekehrte, zusammengesetzte [gerade und umgekehrte] Regeldetri, Zins-, Rabatt- und Discontorechnung, Zinseszins- und zusammengesetzte Zinseszins- und Rabattrechnung etc. (112 S.) * 60 Pf.

Bosse's F. W., Rechenbuch f. die Volksschule. Neu hrsg. u. nach dem neuen Münz-, Maaß- u. Gewichtssystem eingerichtet v. Ed. Langenberg. 1—6. Abth. 8. Gütersloh 875. Bertelsmann. n. 1. 90
1. Rechenfibel, umfassend die Zahlen von 1—100. (32 S.) n. — 20
2. Die 4 Species in ganzen Zahlen. (32 S.) n. — 20
3. Die 4 Species in benannten ganzen Zahlen. (40 S.) n. — 20
4. Bruchrechnung u. Regel de tri. (72 S.) n. — 30
5. Die Decimalbruchrechnung, Gesellschafts-, Zins-, Gewinn- u. Verlustrechnung. Geometrische Aufgaben. Vermischte Aufgaben. Geometrische Zeichnungen. (88 S. m. eingedr. Holzschn.) n. — 40
6. Umgekehrte, zusammengesetzte [gerade u. umgekehrte] Regeldetri Zins-, Rabatt- u. Discontorechg., Zinseszins- u. zusammengesetzte, Zinseszins- u. Rabattrechg. etc. (112 S.) n. — 60

Bosse's, F. W., Rechenbuch f. die Volksschule. In abermals neuer Bearbeitg. v. A. Hollenberg. 1—4. Abtlg. 8. Gütersloh 886. Bertelsmann. n. — 90
1—3. (32, 32 u. 40 S.) à n. — 20. — 4. (64 S). n. — 30.

—— dass. — Ausg. für Halbtagsschulen. 4 Abtlgn. 8. Ebendas. 887. *
Inhalt:
Abtl. 1. Rechenfibel, umfassend die Zahlen 1—100. (32 S.) * 20 Pf.
" 2. Die vier Species in ganzen Zahlen. (32 S.) * 20 Pf.
" 3. Die vier Species in benannten ganzen Zahlen, Bruchrechnung, Regel de tri. (40 S.) * 20 Pf.
" 4. Decimalbruchrechnung, Gesellschafts-, Zins-, Gewinn- und Verlustrechnung. Geometrische Aufgaben. Vermischte Aufgaben. (40 S.) * 20 Pf.

Bosse, F. W., Rechenbuch für die Volksschule. In abermals neuer Bearbeitung von A. Hollenberg. 6 Abtlgn. 8. Gütersloh 887, Bertelsmann. *
Inhalt:
Abtl. 1. Rechenfibel, umfassend die Zahlen 1—100. (32 S.) * 20 Pf.
" 2. Die vier Species in ganzen Zahlen. (32 S.) * 20 Pf.
" 3. Die vier Species in benannten ganzen Zahlen. (40 S.) * 20 Pf.
" 4. Bruchrechnung und Regel de tri. (64 S.) * 30 Pf.
" 5. Die Decimalbruchrechnung, Gesellschafts-, Zins-, Gewinn- und Verlustrechnung. Geometrische Aufgaben. Vermischte Aufgaben. Geometrische Zeichnungen. (88 S.) * 40 Pf.
" 6. Umgekehrte und zusammengesetzte Regel de tri, Zins-, Rabatt- und Diskontorechnung, Zinseszins- und Rabattrechnung, Gesellschafts-, Ketten-, Mischungs-, Münz-, Wasser-, Effekten- und Warenrechnung. Vermischte Aufgaben. (104 S.) * 60 Pf.

Bosse's, F. W., Rechenbuch f. die Volksschule. In vollständig neuer Bearbeitg. v. Fr. Witte. 1. u. 2. Abtlg. 8. Gütersloh, C. Bertelsmann. à n. — 20
1. Rechenfibel, umfassend die Zahlen von 1—100. (54. Aufl.) (32 S. m. Fig.) (899.)
2. Die vier Species in ganzen Zahlen. 56. Aufl. (40 S.) 899.

Bosse's, F. W., Rechenbuch f. die Volksschule. In vollständig neuer Bearbeitg. v. Fr. Witte. 3.—5. Abtlg. Ausg. A. 8. Gütersloh (900). C. Bertelsmann. n. — 95
3. Die 4 Grundrechnungen in benannten ganzen Zahlen in Verbindung m. den wichtigsten Übungen aus der Decimalbruchrechnung. 54. Aufl. (48 S.) n. — 25
4. Bruchrechnung u. angewandte Aufgaben. 55. Aufl. (56 S.) n. — 30
5. Die bürgerl. Rechnungsarten. Aufgaben aus der Raumlehre. 29. Aufl. (84 S.) n. — 40

— dasselbe. 3. u. 4. Abtlg. Ausg. B. 8. Ebd. (900). n. — 60
3. Bruchrechng. u. angewandte Aufgaben. 55. Aufl. (64 S.) 900. n. — 30
4. Die bürgerl. Rechnungsarten u. Aufgaben aus der Raumlehre. 55. Aufl. (64 S.) n. — 30

— dasselbe. Beantwortungen der Aufgaben. 2. Abtlg.; 3. u. 4. Abtlg. Ausg. A u. B u. 5. Abtlg. Ausg. A. 8. Ebd. (901). n. 2. 80
2. (96 S.) n. — 70. — 3. A. (47 Doppelf. u. S. 48.) n. — 50
3. B. (64 Doppelf.) n. — 50. — 4. A. (56 Doppelf.) n. — 50
4. B. (64 Doppelf.) n. — 50. — 5. A. (84 Doppelf.) n. — 60
Zur 1. Abtlg. sind Beantwortungen nicht erschienen.

Bosse, Frdr., s. a.: Friedrich, Heinr.

Bosse, Friedrich

Bosse, Frdr., Anleitung zum Ornamentieren im Buchdruckgewerbe. gr. 8. (VI, 110 S.) Leipzig 884. Waldow. n. 4. 50

Bosse, Friedrich (Wilhelm Immanuel) [Dr. aus Roßla a./H.]: Der präexistente Christus des Justinus Martyr, eine Episode aus der Geschichte des christologischen Dogmas. . . . Greifswald, Druck v. J. Abel, 1891; 2 Bl., 56 S. 8°
Greifswald, Theol. Fak., Inaug.-Diss. v. 23. Apr. 1891

Bosse, Frdr., die Entstehung des herzogl. Lehrerseminars zu Braunschweig u. seine Entwickelung von 1751—1801. Festschrift zur Einweihg. des neuen Seminargebäudes am 17. Oktbr. 1894. gr. 8. (IV, 150 S.) Braunschweig 894. H. Wollermann. n. 2. —

Bosse, Frdr., Gewissensfreiheit, s.: Arbeiterbühne. Nr. 14.

Bosse, Fr., kleine braunschweigische Landeskunde. Für den Schulgebrauch bearb. gr. 8. (32 S.) Braunschweig 883. Wollermann. n.n. — 30

Bosse, F. Kleine braunschweigische Landeskunde. Für den Schulgebrauch bearb. 2. umgearb. Aufl. gr. 8. (48 S. m. Abbildgn.) Braunschw. 892, Wollermann. ** — 30
Mit farb. Karte v. Braunschweig * — 40

Bosse, Fr., kleine braunschweigische Landeskunde. F. d. Schulgebr. bearb. 3., verb. Aufl. gr. 8. (56 S. m. 12 Abb.) Braunschweig 896. H. Wollermann. n. — 30; m. farb. Karte v. Braunschweig n. — 40

Bosse, Fr., kleine braunschweigische Landeskunde. Für den Schulgebrauch bearb. 4. Aufl. gr. 8. (56 S. m. 12 Abb.) Braunschweig 899. H. Wollermann. n. — 30; m. farb. Karte v. Braunschweig n. — 40

Bosse, Fr., kleine braunschweigische Landeskunde. Für den Schulgebrauch bearb. 5. Aufl. (56 S. mit Abbildgn.) gr. 8. Braunschweig 904. H. Wollermann. n. — 30; m. farb. Karte n. — 40

Bosse's, Frdr., kleine braunschweigische Landeskunde. Für Schule u. Haus. 6. Aufl. Neu bearb. u. hrsg. v. Gust. Hecke. (IV, 88 S. m. 36 Abbildgn.) 8. Braunschweig 907. H. Wollermann. — 60; m. farb. Karte — 70

Bosse, Frdr., Prolegomena zu e. Geschichte d. Begriffes „Nachfolge Christi". gr. 8. (VIII, 131 S.) Berlin 895. G. Reimer. n. 2. —

— die Sozialdemokraten kommen, s.: Arbeiterbühne. Nr. 13.

Bosse, Frdr., die Verbreitung der Juden im Deutschen Reiche auf Grundlage der Volkszählung vom 1. Dezbr. 1880. Nach amtl. Materialien zusammengestellt. gr. 8. (136 S. m. 1 Karte.) Berlin 885. Puttkammer & Mühlbrecht. n. 3. —

Bosse, Friedrich [aus Rossla a. H.]: Zur diplomatischen Vorgeschichte des Königsberger Vertrages, auf Grund einer kritischen Vergleichung von Samuel Pufendorfs schwedischem und brandenburgischem Berichte unter einander und mit den Acten .... Berlin, gedr. i. d. Reichsdr., 1887; 2 Bl. + 39 S. 8°.
Berlin, Phil. Fak., Inaug.-Diss. v. 11. Aug. 1887.

Bosse, F., illustrirtes Wörterbuch der gebräuchlichsten Kunst-Ausdrücke aus dem Gebiete der Architektur, Chromatik, Malerei, Mythologie, Ornamentik, Symbolik etc. f. den Buchdruck u. verwandte Zweige. Gesammelt u. erklärt. gr. 8. (VII, 136 S.) Leipzig 888. Waldow. n. 5. —; geb. n. 6. 50

Bosse, Frid. Christian. (geb. Bisdorf bei Magdeburg 8. 3. 1827): De trichiasi. Berolini (1858). (32 S.) 8°
Berlin, Med. Diss. v. 13. Okt. 1858

Bosse, Friedrich Wilhelm Hermann, s. Bosse, Hermann

Bosse, G., biblische Geschichten des alten und neuen Testaments, für den Gebrauch der Lehrer und Schüler beim Unterrichte in den unteren und mittleren Classen der Bürger- und Landschulen. Braunschweig 858. Leibrock. 8. (VII, 143 S.) n. 5 ngr

Bosse, G, bibl. Geschichten d. a. u. n. Testam. 8. (143) Brschw. 58, Wreden. n. — 5

Bosse, G., biblische Geschichten des alten und neuen Testaments, für den Gebrauch der Lehrer und Schüler beim Unterrichte in den unteren und mittleren Classen der Bürger- und Landschulen. 2., verb. und mit Hinweisungen auf den Landeskatechismus versehene Aufl. Braunschweig 861. Leibrock. 8. (VIII, 144 S.) n. 5 ngr

Bosse, G., biblische Geschichten des alten u. neuen Testaments für den Gebrauch der Lehrer u. Schüler beim Unterrichte in den unteren u. mittleren Classen der Bürger- u. Landschulen bearb. 3., verb. Aufl. Braunschweig 866. Leibrock. (Wreden.) 8. (VIII, 144 S.) n. 5 ngr

Bosse, G., biblische Geschichten des Alten und Neuen Testaments. Zum Gebrauch beim Unterrichte in den unteren und mittleren Klassen der Bürger- und Landschulen. 4. verb. Aufl. 8. (IV, 144 S.) Braunschweig 869. Wreden. *

Bosse, G., biblische Geschichten d. Alten u. Neuen Testaments, f. den Gebrauch der Lehrer u. Schüler beim Unterrichte in den unteren u. mittleren Klassen der Bürger- u. Landschulen bearb. Neu hrsg. v. L. Heinemann. 12. Aufl. 8. (X, 132 S.) Braunschweig 891. Appelhans & Pfenningstorff. n. — 60; geb. n.n. — 75

Bosse, G, bibl. Geschichten d. Alten u. Neuen Test. f. d. unt. u. mittl. Klassen d. Bürger- u. Landschulen. Neu hrsg. v. L Heinemann. 13. Afl. 8° (132) Brnschw. 93, E Appelhans & Co. — 50; geb. n.n. — 75

Bosse, G., biblische Geschichten des Alten u. Neuen Testaments für den Gebrauch der Lehrer u. Schüler beim Unterrichte in den unteren u. mittleren Klassen der Bürger- u. Landschulen. Neu hrsg. v. L. Heinemann 17. Aufl. (VIII, 151 S.) gr. 8. Braunschweig 908. E. Appelhans & Co. Geb. n. — 75

Bosse, Georg, von

Bosse, Georg v. 1853-1903. Fest-buchlein zum 50 jhr Jub der deutschen Ev-Luth St Paulus Gemeinde zu Liverpool, Onondaga Co, NY. Syracuse, NY, 1903.

Das heutige Deutschtum in den Vereinigten Staaten von Amerika. Von Georg v. Bosse, Pastor in Liverpool. *Stuttgart: Ch. Belser 1904.* (50 S.) 8° [F.]
= Zeitfragen d. christlichen Volkslebens. Bd 29, H. 4. [04. 575]

Bosse, Geo. v., das deutsche Element in den Vereinigten Staaten unter besond. Berücksicht. seines politischen, ethischen, sozialen u. erzieherischen Einflusses. Preisgekrönte Schrift. (XIII, 480 S. m. Abbildgn. u. 20 Taf.) gr. 8. Stuttgart 908. Ch. Belser. 7.80; geb. in Leinw. 9. —

— aus der alten u. neuen Heimat. Erlebtes u. Empfundenes. (96 S.) 8. Wolfenbüttel 903. J. Zwißler. n. — 75

Karl Schurz. Deutschlands beste Gabe an Amerika. Von Georg v. Bosse, Pastor. Stuttgart: Ch. Belser 1908. (48 S.) 8° [F.]
= Zeitfragen d. christlichen Volkslebens. Bd 33, H. 1. [08. 2642]

Die kirchlichen Verhältnisse in den Vereinigten Staaten von Amerika. Von Georg v. Bosse, Pastor. Stuttgart: Ch. Belser 1905. (61 S.) 8° [F.]
= Zeitfragen d. christlichen Volkslebens. Bd 30, H. 1. [05. 3391]

Bosse, Georgius Fridericus (Eilenstadiensis)
De Cancro Faciei. Dissertatio inaug. medico-chirurgica. Giessae 1826. 32 S.
Diss. med. 11.8.1826. vorh. 7.

Bosse, Grete: Erzähl' mir was! NeueKindermärchen. (7, 86) 8° Stuttg., Loewe ('12). HL 1.20 d

Bosse, Gust., Führer durch die Hausmusik, s.: Grethlein's praktische Hausbibliothek. 25. Bd.

Bosse, H., De asyndeto Demosthenico. Pr. 1875. 22 S. 4°.

Bosse, H., Quaestiones Terentianae. I. De tempore quo Terentii Adelphoe acta sit. II. De personarum inter actores distributione in fabulis Terentianis. Diss. 1874. 51 S. 2.—

Bosse, H. A. W., üb. Hochverrath beleid. Majestät rc. 8. Gött. Dieterich. 802.

Bosse, Hans Alex. v.

—— Auszug aus den im Königr. Sachsen geltenden Gesetzen u. Verordnungen, die v. den Polizeiorganen zu beachtenden Bestimmungen enthaltend. Im Auftrage d. königl. Ministerium d. Innern hrsg. 12. (VIII, 186 S.) Dresd. 889. Warnatz u. Lehmann. * 1 50

Bosse, H. A. v., Formularbuch f. Gemeindevorstände. 8. (VI, 122 S.) Leipzig 885. Roßberg. n. 1. 50; Einbd. n.n. — 25

Bosse, H. A. v., über Gemeindebesteuerung. Vortrag, gehalten in der Oekonomischen Gesellschaft im Königr. Sachsen, Dresden am 17. Novbr. 1882. gr. 8. (11 S.) Dresden 883, Schönfeld's Verlagsh. * *
Aus: Mittheilungen der Oekonomischen Gesellschaft im Königr. Sachsen, besonders abgedruckt.

Bosse, H. A. v., die Gemeindebesteuerung im Königr. Sachsen. 8. (III, 56 S.) Leipzig 890. Roßberg. n. 1. —

Bosse, HA v.: Gemeindebesteuerg. — Selbstverwaltg. Jetzt: Lpzg, Fritzsche & Schmidt.

— Landgemeindeordnung. 8. Aufl. Leipzig 898.

— sächsische Landgemeindeordnung vom 24. Apr. 1873. 6. Aufl. Leipz. 886.

Bosse, v., u. E. Michel, kgl. sächs. revidierte Landgemeindeordnung, s.a. Handbibliothek, juristische. 320 Bd.

Bosse, Hans Alex. v., königl. sächsische revidirte Landgemeindeordnung unter Berücksicht. der Landtagsverhandlungen erläut., nebst einer Einleitung und einem Anh. 1.—5. Aufl. 8. (XVI, 112 S.) Leipzig 873—75, Roßberg'sche Buchh. *

— königl. sächsische revidirte Landgemeindeordnung vom 24. Apr. 1873. 6. verm. Aufl. 8. (VII, 177 S.) Leipzig 886. Roßberg. n. 1. 50; Einbd. n.n. — 30

—— Königlich Sächsische Revidirte Landgemeindeordnung vom 24. April 1873. 7. verm. Aufl. 8. (VI, 220 S.) Ebd. 892. * 2 —; cart. * 2 30

Bosse, H. A. v., Kgl. sächs. revid. Landgemeindeordnung v. 24. IV. 1873. 8., verm. Aufl. 8. (VI, 221 S.) Leipzig 898. Roßberg. Geb. in Leinw. n. 2. 60

Bosse, H. A., Leitfaden f. d. Gemeindevorstände rc., Ersatz, s.a. Naundorff, E., Handbuch f. die Gemeindevorstände des Königr. Sachsen.

—— Leitfaden für die Gemeindevorstände des Königreichs Sachsen. Im Auftrage des königl. Ministeriums des Innern bearb. und mit einem ausführl. Sachregister versehen. 1.—3. Aufl. 8. (VIII, 164 S.) Leipzig 874,75, Roßberg'sche Buchh. *

Bosse, Hans Alex. v., Leitfaden für die Gemeindevorstände des Königr. Sachsen. Im Auftrage des königl. Ministeriums des Innern bearb. 4. umgearb. u. verm. Aufl. 8. (VIII, 223 S.) Leipzig 880. Roßberg. n. 2. —; cart. n. 2. 25

— Leitfaden f. die Gemeindevorstände u. Gutsvorsteher d. Königr. Sachsen. Im Auftrage d. königl. Ministeriums d. Innern bearb. 5. verm. Aufl. 8. (VIII, 336 S.) Dresden 884. G. Schönfeld's Verl. n. 3. —; Einbd. n.n. — 50

Bosse, HA v., Leitf. f. d. Gemeindevorstände u. Gutsvorsteher d. Kgr. Sachsen. 6. Afl. 8° (315) Lpzg 95, Rossberg. 3 — geb. 3.60

— die Medizinal-Gesetze u. Verordnungen d. Königr. Sachsen, s.: Reinhard.

— die Selbstverwaltung in den Landgemeinden u. die damit gemachten Erfahrungen. Vortrag in der Oekonom. Gesellschaft im Königr. Sachsen, Dresden, am 8. Febr. 1878. gr. 8. (16 S.) Dresden 878. Schönfeld. n.n. — 80

— königlich sächsische revidirte Städteordnung u. Städteordnung f. mittlere u. kleine Städte unter Berücksicht. der Landtagshandlg. erläutert, nebst e. Einleitg. u. e. Anh. die Organisationsgesetze enth. Mit e. Sachregister. 2. Aufl. 8. (VIII, 191 S.) Leipzig 874. Roßberg. n. 1. 50

—— königl. sächsische revidirte Städteordnung und Städteordnung für mittlere und kleine Städte, unter Berücksicht. der Landtagsverhandlungen erläutert, nebst einer Einleitung und einem Anhang, die Organisationsgesetze enth. Mit einem Sachregister. 3. Aufl. 8. (VIII, 193 S.) Leipzig 878, Roßberg'sche Buchh. *

— königl. sächsische revidirte Städteordnung u. Städteordnung für mittlere u. kleine Städte, unter Berücksichtigung der Landtagsverhandlungen erläutert, nebst einer Einleitung u. einem Anhang, die Organisationsgesetze enthaltend. Mit einem Sachregister. 8. Aufl. 8. (VIII, 193 S.) Leipzig 879. Roßberg. n. 1. 50

—— Königl. sächsische revidirte Städteordnung u. Städteordnung f. mittlere u. kleine Städte vom 24. April 1873. 4. verm. Aufl. 8. (VIII, 257 S.) Lpz. 890, Roßberg. * 2 50; geb. ** 2 80

— Kgl. sächs. revid. Städteordnung u. Städteordnung f. mittl. u. kl. Städte v. 24. IV. 1873. 5., verm. Aufl. 8. (VIII, 280 S.) Ebd. 898. Geb. in Leinw. n. 3. 20

Bosse, Harald [Adolf] von: Einzelstaat und Bundesstaat in der Nordamerikanischen Union und im Deutschen Reich. Heidelberg 1907: J. Hörning. (47 S.) 8°
Heidelberg, Jur. Fak., Ref. Anschütz, Diss. v. 1907
[Geb. 29. Aug. 72 Petersburg; Wohnort: Dresden; Staatsangeh.: Sachsen; Vorbildung: Gymn. Dresden Reife O. 92; Studium: Leipzig 2, Straßburg 1, München 2, Heidelberg 2 S.; Rig. 23. Juli 07.]

Bosse, Heinr., s.: Taschenkalender, medicinischer, für praktische Aerzte.

Über die therapeutische Wirksamkeit des Digitalisdialysats. Von Dr. Heinrich Bosse, Volontärarzt. Leipzig 1899: Breitkopf & Härtel. (14 S.) 8° [Umschlagt.]
Aus: Centralblatt f. Innere Medicin. 1899, No 27. [05-1577 8

Bosse, Heinr. Chrph. Frdr., s.: Friedrich, Heinr.

Bosse, Heinrich Erich August Berthold, s. Bosse, Erich

Bosse, Heinr. Vict., über den Einfluss von Arzneimitteln auf die Ausscheidung der Harnsäure. Abhandlung. Dorpat 862. (Gläser.) gr. 8. (2 Bl., 44 S.) (Diss.) n. 8 ngr

Bosse, *Hermann* Beiträge zur Ästhetik der Sprache. I. 4 (18 S.).
Progr. G. *Sondershausen* 1888

Bosse, *Friedrich Wilhelm Hermann*: Festrede und eine Anzahl von Gedichten des Prof. Dr. *Louis Emil Johannes* Bärwinkel, welche bei der Centenarfeier am 22. März v. J. zum Vortrage gekommen sind. 4 (S. 3—17).
Progr. Fürstl. Schwarzb. G. *Sondershausen* 1898

Bosse, [Hermann]: Festrede bei der Centenarfeier am 22. März v. J. *Sondershausen 1898: F. A. Eupel.* (3—11 S.) 4° [Umschlagt.] [F.]
Sondershausen, fürstl. G, OP 1898 (760)

Bosse, H[ermann], Prof. Dr.: Fürstliches Gymnasium zu Sondershausen. Katalog der Lehrerbibliothek. T. 1. *Sondershausen 1901: F. A. Eupel.* (32 S.) 8°
Sondershausen, fürstl. G, OP 1901 (786)**

Bosse, H[ermann]: Katalog der Lehrerbibliothek.
I. Teil. 32 S. 8. II. Teil. 29 S. 8.
Progr. Fürstl. Gymn. *Sondershausen* 1901 1903

Bosse, Hermann Hugo, aus Riga. Beiträge zur Lehre von der Resection des Oberkiefers. Diss. Dorpat. 8°. 99 pp. 1865.

Bosse, J., Karte von den Mündungen der Weser, Elbe, Jade u. Eider. Mit Ortsbestimmungen, auf die Hannov. Gradmessung u. die Oldenb. Triangulation basirt u. nach eigenen trigonometr. u. nautischen Messungen etc. entworfen u. bearb. v. H. Thätjenhorst. Imp. Fol. Lith. [Mit Leitfaden zu der Karte etc., als Anleitung für Schiffsführer, welche genöthigt sind, ohne Lootsen in die Weser oder Jade einzulaufen, nebst einigen Bemerkungen üb. Eisgang, Helgoland etc. u. einer Beschreibung des Fahrwassers nach u. in der Mündung der Elbe. gr. 8. (44 S.)]. Bremen 847. (Kühtmann & Co.) baar 2 11/12 ₰

Bosse, J., Karte von den Mündungen der Weser, Elbe, Jade und Eider. Maasstab 1 : 125000. Lithogr. Imp.-Fol. Mit Text (64 S. in 8.) Bremen 857, (Kühtmann und Comp.) * * :

Bosse, I. C. L., Canonis trigonometrici dilucidatio. 4. Helmst. 750.

Bosse, J. F. W., der Blumenfreund, od. faßl., auf vieljähr., eigene Erfahr. gegründ. Anleit. z. Behandl. d. Zierpflanzen, sowohl in Zimmern, Gewächshäusern, Behältern rc., als auch im Freien, nebst deutl. Beschreib. e. großen Anzahl d. beliebt. u. schönsten, theils auch d. neuesten Zierpflanzen, welche minder wohlhab. Blumenfreunde leicht zu cultiv. im Stande sind. gr. 8. (21½ B.) Hannover 831, Hahn.

Bosse, J. F. W., der Blumenfreund od. faßliche, auf vieljährige, eigene Erfahrung gegründete Anleitung zur Behandlung der Zierpflanzen, sowohl in Zimmern, Gewächshäusern, Behältern rc., als auch im Freien, nebst deutl. Beschreibung einer großen Anzahl der beliebtesten u. schönsten ältern u. neuen Zierpflanzen, welche leicht zu cultiviren sind. 2. verb., stark verm. Aufl. gr. 8. (X u. 542 S.) Hannover 850, Hahn. 2 ₰

—— vollständ. Handbuch d. Blumen-Gärtnerei, od. genaue Beschreib. von mehr als 4060 wahren Zierpflanzen-Arten mit Angabe d. Vaterlandes, d. Blüthezeit, d. vorzügl. Synonyme, d. bekannt geword. Pflanzenpreise, u. d. Orte, an welchen die beschrieb. Pflanzen zu finden od. käufl. u. geg. Tausch zu haben sind. Alphabet. geord. u. mit deutl., auf vieljähr. Erfahr. gegründ. Cultur-Anweisn. rc. Für Blumenfreunde u. angeh. Gärtner mit besond. Rücksicht auf d. norddeutsche Clima u. auf Zimmer-Blumenzucht bearb. 2 Thle. gr. 8. Hannover 829, Hahn. [1. (33 B.) 1 Thlr. 16 Gr., 2. (40¼ B.) 2 Thlr. 8 Gr.]

— vollständ. Handb. d. Blumengärtnerei, oder genaue Beschreib. von mehr als 4060 wahren Zierpflanzenarten, mit Angabe des Vaterlandes, d. Blüthezeit, d. vorzügl. Synonyme rc. 1r u. 2r Abtheil. gr. 8. Hannov. 829, 30. Hahn. 4 ₰

Boſſe, J. F. W., vollſtänd. Handbuch d. Blumengärtnerei ꝛc. Mit beſond. Rückſicht auf Zimmer-Blumenzucht, theils nach eigenen vieljähr. Erfahrn., theils nach d. Angaben d. ausgezeichn. Pflanzencultivatoren bearb. 3 Thle. 2., verm. u. verb. Aufl. gr. 8. Hannover, Hahn'ſche Hofbuchh.
Thl. 1. Abies — Dyckia. (46⅝ B.) 840. 2 Thlr. 16 Gr.
„ 2. Eballium — Oxyura. (44½ B.) 841. 2 Thlr. 12 Gr.
„ 3. Pachypodium — Zygophyllum. (42⅝ B.) 842. 2 Thlr. 12 Gr.

—— vollſtändiges Handbuch der Blumengärtnerei. Mit beſond. Rückſicht auf Zimmer-Blumenzucht ꝛc. 4. Thl. A. u. d. T.: Neuere Zierpflanzen, welche größtentheils in den letzten 6 Jahren auch in den deutſchen Gärten eingeführt ſind. Beſchreibung derſelben und Anweiſung zu ihrer Cultur. gr. 8. (VIII und 776 S.) Hannover 849, Hahn'ſche Hofbuchh.
1–3. Thl. Ebendaſ. 1840–42. 7 Thlr. 20 Ngr.

Boſſe, J. F. W., vollſtändiges Handbuch der Blumengärtnerei, oder genaue Beſchreibung faſt aller in Deutſchland bekannt gewordenen Zierpflanzen, mit Einſchluß derjenigen Sträucher und vorzüglichern Zierbäume, welche zu Luſt-Anlagen dienen, nebſt gründlicher Anleitung zu deren Cultur, u. einer Einleitung über alle Zweige der Blumengärtnerei. Mit beſonderer Rückſicht auf Zimmer-Blumenzucht ꝛc. bearbeitet. 5. (letzter) Thl. A. u. d. T.: Die neueſten Zierpflanzen, welche in den letzten fünf Jahren eingeführt ſind u. größtentheils ſchon in deutſchen Gärten cultivirt werden. Als zweiter Nachtrag oder 5. Thl. zum vollſtänd. Handbuche der Blumengärtnerei ꝛc. Hannover 854. Hahn. gr. 8. (X, 502 S.)
2 ₰ 10 ngr

Boſſe, J. F. W., **vollſtändiges Handbuch der Blumengärtnerei** oder genaue Beſchreibung faſt aller in Deutſchland bekannt gewordenen Zierpflanzen, mit Einſchluß der Palmen und der vorzüglichſten Sträuche und Bäume, welche zu Luſtanlagen benutzt werden, nebſt gründlicher Anleitung zu deren Cultur, und einer Einleitung über alle Zweige der Blumengärtnerei. Mit beſonderer Rückſicht auf Zimmer-Blumenzucht, theils nach eigenen vieljährigen Erfahrungen, theils nach den Angaben der ausgezeichnetſten Pflanzen-Cultivatoren bearb. 3., ſehr verm. u. verb. Aufl. 3 Bde. Hannover 859–61. Hahn. gr. 8. (1. Bd.: XVI, 991 S.; 2. Bd.: 965 S.; 3. Bd.: 972 S.) 11 ₰ 20 ngr

Boſſe, J. F. W., die Cultur d. Orchideen. Vorzügl. nach John Henſhall dargeſtellt. Mit e. Einleit. u. einem alphabet. Verzeichniſſe faſt aller exotiſchen Orchideen, welche in England, Belgien u. Deutſchland cultivirt werden ꝛc. gr. 12. (6⅔ B.) Hannover 846, Hahn'ſche Hofbuchh.

Boſſe, J. G., neu erfundene Säge-Maſchine zum Fornierſchneiden. gr. 8. Jena 809. Academ. B. 1 ₰ 8 gr

Bosse, Jo. Christian Ludwig: Historica et dogmatica canonis trigonometrici d i l u c i d a t i o , s. F r o b e s i u s , Johann Nikolaus [Praes.]

— **Johann Gerh. Heinrich** (Mettingen/Westf.), De dysenteria. Diss. med. Bln. (A. Petsch) 28. I. 1826. 32 S. m. Biogr. (M.: A. M. E. Busemeyer). (4.20) 3687
Oppon.: Fr. Depping, H. Boedecker, F. A. Vering. — Gew.: Frh. v. Vincke.

v. Boſſe, Karl, ſ. Jh. Alb. M i t t e r s Gartenbuch.

Bosse Karl: Über den Stellungsnachweis im Monomethyläther des Dimethylphloroglucins. 8. 100 Hb. 92 . . . . vgr.
Separatabdruck.

Bosse, L.

Algebra. Hrsg. von Dir. Prof. L. **Bosse** ⟨Dahme in der Mark⟩ u. Prof. H[einrich] Müller ⟨Eldena in Pommern⟩. Mit Aufgaben u. fünfstell. Logarithmentafel. *Berlin: P. Parey 1900.* (124, 24 S.) 8° [F.]
— **Unterrichtsbücher**, Landwirtschaftliche. [38.]

[F.] Geometrie der Ebene für Landwirtschaftsschulen. Von L. **Bosse** '(Dahme in d. Mark)' u. H. Müller '(Eldena i. Pomm.)'. M. 200 Textabb. *Berlin: P. Parey 1896.* (2 Bl., 118 S.) 1 Bd 8.
— **Unterrichtsbücher**, Landwirtschaftliche. [Bd 20.]

Geometrie der Ebene für Landwirtschaftsschulen. Von Dir. Prof. L[udwig] **Bosse** ⟨Dahme in d. Mark⟩ u. Prof. H. Müller ⟨Friedrichshagen⟩. 2. Aufl. Mit 200 Textabb. *Berlin: P. Parey 1902.* (118 S.) 8° [F.]
— **Unterrichtsbücher**, Landwirtschaftliche. [20].

[F.] Stereometrie (f. höhere Schulen). Von Prof. L. **Bosse** '(Dahme in d. Mark)' u. Prof. H. Müller '(Eldena i. Pomm.)'. M. 30 Textabb. *Berlin: P. Parey 1897.* (2 Bl., 40 S.) 1 Bd 8.

Bosse, Otto [app. Arzt aus Domnan '(Ostpr.)']: **Ueber das primäre Carcinom der Urethra beim Manne und beim Weibe** ... Göttingen, Druck d. Dieterich'schen Univ.-Buchdr., 1897; 66 S. 8.
Göttingen, Med. Fak., Inaug.-Diss. v. [20. Mai] 1896

Bosse, Otto, Ueb. d. primäre Carcinom der Urethra b. Manne u. b. Weibe. Diss. gr. 8. (66 S.) Göttingen 897. (Vandenhoeck & Ruprecht.) n. 2. —

Bosse, Paul, appr. Arzt a. Wittenberg: **Über interstitielle Gravidität.** Stuttgart 1904: Union Deutsche Verlagsgesellschaft. (20 S.) 8°
Freiburg i. B., Med. Fak., Ref. Hegar, Diss. v. 1904
[Geb. 8. März 81 Wittenberg; Wohnort: Freiburg; Staatsangeh.: Preußen; Vorbildung: Melanchthongymn. Wittenberg Reife März 99; Studium: Genf 1, Freiburg 4, Berlin 3, Freiburg 2 S.; Coll. 4. März 04; Approb. 30. Dez. 03.]

(Neue) Karte der Umgebung von Jena bearb. u. gez. von P(aul) **Bosse**. Masst. 1:50,000. *Weimar: L. Thelemann in Comm. 1900.* (1 Kartenbl. 23 × 23 cm.) 8°

Boße, R., Darſtellung des ſtaatswirthſchaftl. Zuſtandes, ſ. a. **Darſtellung.**

Darstellung des staatswirthschaftlichen Zustandes in den deutschen Bundesstaaten auf seinen geschichtlichen Grundlagen und nach seiner Beurkundung bei der Bundesversammlung und den Landtagen (von R. v. Bosse). gr. 8°. Braunschweig, Vieweg, 1820.

Bosse, R. (Red.), s. M o n a t s s c h r i f t für deutsche Beamte.

Boſſe, R., u. E. v. **Woedtke, das Reichsgeſetz,** betr. die Invaliditäts- u. Altersverſicherung. Vom 22. Juni 1889. Erläutert nach amtl. Quellen. 1.—9. Lfg. gr. 8. (1. Tl. VII u. S. 1—304 u. 2. Tl. S. 1—320.) Leipzig 890. Duncker & Humblot. à n. 1. 60

Boſſe, R., u. E. v. Woedtke, das Reichsgeſetz, betr. die Invaliditäts- u. Altersverſicherung. Vom 22. Juni 1889. Erläutert nach amtl. Quellen. 10.—13. (Schluß-)Lfg. gr. 8. (1. Tl. VII—XIV, S. 305—371 u. 2. Tl. S. 321—479.) Leipzig 891. Duncker & Humblot. à n. 1.60 (kplt. geb.: n. 22. —)

Boſſe, R., u. E. v. Woedtke, das Reichsgeſetz, betr. die Invaliditäts- u. Altersverſicherung. Vom 22. Juni 1889. Erläutert nach amtl. Quellen. 2., unveränd. Abdr. 13 Lfgn. gr. 8. (1. Bd. XIV, 371 u. 2. Bd. 479 S.) Leipzig 891. Duncker & Humblot. à n. 1. 60 (kplt. geb.: n. 22. —)

Boſſe, R. u. E. von Woedtke. Das Reichsgeſetz, betreffend die Invaliditäts- u. Altersverſicherung v. 22. Juni 1889, erläutert. Nach amtl. Quellen. 3. durch weitere Anlagen verm. Abdruck. gr. 8. (XIV, 371, 485 S.) Lpz. 891, Duncker u. Humblot.
* 20 60; geb. * 22 —
Der erſte u. d. zweite unveränderte Abdruck (XIV, 371, 479 S.) erſchienen 1890—91 in 13 Lieferungen zum gleichen Geſamtpreiſe.

— — dasſelbe. Nachtrag zur 1. bis 3. Aufl., bearb. v. E. v. Woedtke. Mit e. Sachregiſter. gr. 8. (IV, 174 S.) Ebd. 893. Geb. in Halbleinw. n. 4. —

Boſſe, R., ſ. Wirthſchaftsbuch für deutſche Beamte.

Bosse, Richard

Bunge, Emil: **Ein Ehrenabend in der Loge Alexius zur Beständigkeit in Bernburg. Von Richard Bosse [Leipzig 1901: Zechel.] 8 S. 8°. [Kopftit.]**
aus: L. 24 (1901) Nr. 7. S. 49ff.
Huldigungsfeier für Br. Emil Bunge

Ein Erinnerungsblatt an Emil Bunge. Von Rich. Bosse. [Berlin 1906: Denter & Nicolas.] 6 S. 8° [Kopftit.]
Aus: Bbl. 20 (1906) S. 48—54.

Hottelmann, Friedr.: Ein Erinnerungsblatt an die am 14. März in der Loge Alexius zur Beständigkeit im Or. Bernburg abgehaltene Sonder-Trauerloge. Von Rich. Bosse. [Berlin 1906: Denter & Nicolas.] 2 Bl. 8° [Kopftit.]
Aus: Bbl. 20 (1906) S. 222—225.
Gedächtnisrede auf F. Hottelmann.

Bosse, Richard, aus Braunschweig: Ein besonderer Fall von Magenverätzung durch Schwefelsäure. *Würzburg 1899: A. Boegler.* (29 S.) 8°
Würzburg, Med. Diss. v. 1899

Bunge, Emil: Die Feier des goldenen Maurerjubiläums des Br. Emil Bunge in der Loge, „Alexius zur Beständigkeit", im Or. Bernburg. Von Rich. Bosse. [Berlin 1904: Denter & Nicolas.] 7 S. 8° [Kopftit.]
Aus: Bbl. 18 (1904) S. 413—419.

Bosse, Rich., Festmusik z. 100jähr. Jubelf. d. Erziehungsanstalt Schnepfenthal 4.—5. 6. 1884, Gedicht v. Edm. Böhme, Schnepfenthal 1885, als Hs. gedr., 27 S., 4°.

Stiftungsfest und Denkmalsweihe in der Loge Alexius zur Beständigkeit in Bernburg. Von Rich. Bosse. [Berlin 1902: Denter & Nicolas.] 7 S. 8° [Kopftit.]
Aus: Bbl. 16 (1902) S. 518—524.
Der Denkstein wurde für E. Bunge im Logengarten errichtet. Weiherede von R. Köhler.

Die neugegründete Witwen- und Waisenkasse der Loge „Alexius zur Beständigkeit" im Or. Bernburg. Von Rich. Bosse. [Berlin 1903: Denter & Nicolas.] 5 S. 8° [Kopftit.]

Aus: Bbl. 17 (1903) S. 101—106.
Mitteilung üb. Gründung (1902) u. Entwickelung der Kasse.

Bosse, Robert

[F.] Bosse-Büchlein. Aussprüche u. Ausführgn d. Kultusministers ([Robert] Bosse) über und für Schule u. Lehrerstand ... *Halle a. S.: H. Schroedel 1896.* (2 Bl., 51 S.) 1 Bd 8. [97. 3716

Bosse, Rob., eine Dienstreise nach dem Orient. Erinnerungen. 8. (V, 208 S.) Leipzig 900. F. W. Grunow. Geb. in Leinw. n. 8.50

Die Hohenzollern als Volkserzieher. Von D. Dr. Robert Bosse. *Berlin: (Christl. Zeitschriftenver.) 1901.* (22 S.) 8° [Ant. u. F.]
— Zeitfragen. Vaterlands-Verein. No 10. [01. 9033

— dasselbe, s.: Zeitfragen, hrsg. vom Vaterlands-Verein.

Bosse, Rob., aus der Jugendzeit. Erinnerungen. Mit e. Silhouette. (338 S.) gr. 8. Leipzig 904. F. W. Grunow. n. 5. — ; geb. in Leinw. n.n. 6.50; in Halbfrz. n.n. 7.50

Bosse, R: Jugendzeit. Jetzt: Berl., G Reimer.

— über die Ordnung der Hauswirthschaft m. besond. Berücksicht. auf d. Haushalt der Beamten, s.: Wirtschaftsbuch f. deutsche Beamte.

Bosse, Rudolf, s. a. Bosse, Rud. Heinr. Bernh.

Bosse, R., das Familienwesen, od. Forschungen üb. seine Natur, Geschichte u. Rechtsverhältnisse. 8. (12¾ B.) Stuttgart u. Tübingen 835, Cotta'sche Buchh.

Bosse, R v., d. Familienwesen u. d. allgilt. Ges. f. s. einf. u. Gemeinegestalte. 8. (63) Brschw. 54. (Berl., Ebeling u. P.) — 15

Bosse, Rud. v., das Familienwesen und die allgiltigen Gesetze für seine einfache und Gemeinegestaltung. 8. (63 S.) Braunschweig 854, Leibrock.

Bosse, Rudolf Heinrich Bernhard

— esquisse de la statistique du royaume de Westphalie. 8. Braunschw. 809. Vieweg. 1 rß 8 gr

Bosse, Rud. Heinr. Bernh., Gesch. Frankreichs rc., s. Geschichte.

v. Bosse, Rud. Hnr. Bhd., Grundzüge des Finanzwesens im röm. Staate. 2 Bde. 8. Braunschw. 805. (Leibrock.) 2 rß

v. Bosse, Rud. Hnr. Bhd., Grundzüge des Finanzwesens im röm. Staate. 2 Bde. gr. 8. Braunschw. 805. Plüchart. 2 rß

— über Hochverrath, beleidigte Majestät u. verletzte Ehrerbietung gegen den Landesherrn. 8. Götting. 802. Dieterich. 8 gr

— topograph. Tafel d. Ocker-Departements, s. Tafel.

— Uebersicht d. französ. Staatswirthschaft. 2 Thle. gr. 8. Braunschw. 806. Vieweg. 1 rß 16 gr

Bosse

— Samuel (Wittenberg), De investitura abusiva. Diss. jur. feudalis. Präs. Gottfried Strauß. Wittbg. (Joh. Borckard) Aug. 1685. 20 Bl. (5.—) 3688
Widm. v.: Präs., Joh. Pelsker.

— — Dasselbe. Jena (Heller) 1760. 48 S. (4.80) 3689

Bosse, Ulrich, prakt. Arzt: Aus d. Kgl. anat. Institut zu Königsberg Pr. No 33. Beiträge zur Anatomie des menschlichen Unterkiefers: 1. Ueber einige Maass- und Zahlenverhältnisse des Unterkiefers: 2. Ueber den Processus lemurinicus (Sandifortii). (Mit 1 Abb.) *Königsberg i. Pr. 1901: O. Kümmel.* (38 S.) 8°
Königsberg, Med. Diss. v. 20. Juli 1901

Bosse, W. L.: Erläuterung der Klopstockischen Ode: Friedr. V. Köthen. 1867. Schul-/Univ.-Schrift.

Bosse, W. L.: Klopstockische Studien. I. Klopstock und Bodmer. Cöthen. 4. 23 p. 1864. Schl-/Univ. Schrift.

Bosse, W. L.: Chronologische Uebersicht über Klopstock's Leben und Schriften. Köthen. 1867. Schul- / Univ.Schrift

Bosse, Wilh., zur Klärung der Flugfrage. gr. 8. (13 S.) Wien 883, Verlag der Allgemeinen Sport-Zeitung. * — 80
Aus: Allgemeine Sport-Zeitung, besonders abgedruckt.

Bosse, Wlh. Ldw., tabellar. Uebersicht der anomalen Verba des attischen Dialects der griech. Sprache. Behufs e. leichtern Auswendiglernen. erläut. gr. 4. Leipzig 840. Lehnhold'sche B. ¼ rß

Bosse, Wilh. Ludw., tabellar. Uebersicht d. anomalen Verba d. attischen Dialects d. griech. Sprache. Behufs eines leicht. Auswendiglernens erläut. gr. 4. (3½ B.) Leipzig 840, [Wöller.]

Bosse-Büchlein. Aussprüche u. Ausführgn. d. Kultusministers üb. u. für Schule u. Lehrerstand. 8. (IV, 51 S.) Halle 896. H. Schroedel. n. — 60

Memoria viri **Benjamin Gottlieb Bosseck** 7. II. placide mortui ... Lpz. (Langenheim) 1758. folio 8 S. (4.—) 3699

Bosseck, Benjamin Gottlieb

— — De donationibus quae fiunt inter conjuges honoris causa, occas. leg. 42. ff. d. donat. int. vir. & ux. Disp. jur. Lpz. 24. V. 1703. 32 Bl. (5.—) 3691

Bosseck, *Heinrich Otto*, M. D. in Leipzig, * Leipzig 27. Oct. 1726, † Leipzig 30. Jan. 1776.
—— De antheris florum. D. Lipsiae 1750. 4. 48 p.
vide *Boee*, Plaz.

Bosseck, Johann Gottlieb

— — Ancarium Martiali L. XI. epigr. XCV restituens. Viris Joh. Benedict Carpzov et Christian Wilhelm Bose philos. baccal. summos in philos. honores gratulat. Lpz. (Langenheim) 25. II. 1740. 20 S. (4.—) 3695

— **Joh. Gottlieb,** De Casparo Crucigero theologo Wittebergensi et reformatore Lipsiensi disserit et viris . . Joh. Chn. Koerner u. Mor. Doroth. Engel . . gratul. Lpz. (Breitkopf) Mai 1739. 16 S. (4.—) 3693

— — (Leipzig) u. **Hero Anton Ibbeken** (Oldenburg), Cultum fluminum ad Esa. LVII. comm. VI. Lpz. (Langenheim) 6. IV. 1740. 36 Seiten. (4.80) 3696

— — Cultum fluminum apud Graecos. Lpz. (Langenheim) 7. XII. 1740. (S. 37—68.) (3.50) 3697
Gew.: Benjamin Gottlieb Bosseck (Vater).

— — De חכמים professoribus extraordinariis in academiis Judaeorum disserit. Lpz. (Langenheim) 8. IX. 1745. 28 S. (4.80) 3698

— — (Leipzig), Friderici Myconii superintendentis Gothani eccles. et academiae Lipsiensis reformatoris memoriam ipso hujus reformationis hic coeptae anno ducentesimo repetit et viro Christian Weisio licent. in theol. gradum gratul. Lpz. (Langenheim) 26. VIII. 1739. 24 S. m. Bibliographie. (4.80) 3694

Bossek, Jh. Gli., († d. 7. Juni 1798.), s. Hor. B. *Starke*, lux grammat.

Bossek, Johann Gottlieb, s. B o s s e c k .

Bossel, Gustav N[ikolaus]: Zur Kenntnis der o-Amidosalicylsäure. 1909. 15 S. 8°
Dresden, Dr.-Ing.-Diss. v. 24. 11. 1909

Boessel, Georg Daniel: G r u n d l e g u n g zur Hebammenkunst vor die Wehmütter, u. vor Frauen, die Wehmütter werden, ... wie auch vor die schwangere, gebärende u. entbundene Frauen, ... Nebst e. Anh. vom Hebammen-Eyde (Vom Leben und Wandel, Pflicht und Schuldigkeit der Wehmütter, worauf sie zu beeydigen). Flensburg: Verf.: Altona 1753: Burmester. XXIV, 190 S. 8°
Beigeb.: Bössel: Von der Wendung. Flensburg 1764.

— — dass. v. Sontag. 8. Leipz. Müller. 776.

Bössel, G. D., Grundl. z. Hebammenkunst. 8. Flensb. (Christiani, Schlesw.) 793.

Bössel, Geo. Dn., († . . .) Grundlegung zur Hebammenkunst, f. Wehmütter u. Frauen, d. Wehmütter werden wollen. 8. Alt. 753. N. A. 8. Flensb. u. Leipz. 793. (Hammerich). 12 gr.

Boessel, Georg Daniel: G r u n d l e g u n g zur Hebammenkunst für Wehmütter, und für Frauen, die Wehmütter werden wollen. Neue Aufl. Flensburg & Leipzig: Kortensche Buchh. 1793. XXXII, 216 S. 8°
Beigeb.: Boessel: Von der Wendung. Flensburg & Leipzig 1793.

— das Hauptwerk in d. Hebammenkunst. 8. Flensb. 763.

— kurzer Unterricht f. d. Wehmütter. 8. Flensb. 770. 2e A. 8. Ebd. 776.

Boessel, Georg Daniel: Von der W e n d u n g . Ob die Wehmütter, bey gefährlichen Geburten, dem Kopf zuerst zur Welt zu helfen versuchen, oder, ohne solchen Versuch, das Kind, sobald das Wasser springfertig ist, wenden, u. bey den Füssen herausziehen sollen? Flensburg 1764: Serringhausen. 56 S. 8°
Angeb. an: Boessel: Grundlegung der Hebammenkunst vor die Wehmütter. Flensburg 1753.

Boessel, Georg Daniel: Von der W e n d u n g . Ob die Wehmütter, bey gefährlichen Geburten, dem Kopf zuerst zur Welt zu helfen versuchen, oder, ohne solchen Versuch, das Kind, sobald das Wasser springfertig ist, wenden, und bey den Füßen herausziehen sollen? Flensburg & Leipzig: Kortensche Buchh. 1793. 88 S. 8°.
Angeb. an: Bössel: Grundlegung zur Hebammenkunst für die Wehmütter. Flensburg & Leipzig 1793.

— v. d. Wendung f. Wehmütter. 8. Schlesw. Christiani. 793

— ob d. Wehmütter d. Kinder wenden sollen? 8. Flensb. 764. 2e Aufl. 795. (Hammerich in Alt.) 5 gr.

Bössel, Tobias (Suhl), De eloqentia Apollonis viri apostolici. Diss. critico-philologica altera in ill. gymnasio Saxo-Hennebergico. Präs. Lorenz Müller (Meiningen). Schleusingen (G. W. Goebel) 9. XI. 1718. 28 S. (5.—) 3351
Gew.: Chn. Polycarp Thomasius, Joh. Christian Schmidt, Joh. Heinr. Kellner, Joh. Jahn. — Widm. v.: Carl Salomon Limpert (Thüngen, dtsch.), Jo. Ludwig Schubert (Leipzig), Jo. Georg Graeff (Leipzig), Johann Michael Melchior (deutsch), Präs.

Bosseljoon, Wilhelm, approb. Arzt aus Goch ⟨Rheinpr.⟩: Aus d. pathol. Institut zu Gießen. Über **Echinokokken** im Herzen. *Gießen 1904: r. Münchow.* (37 S.) 8°
Gießen, Med. Diss. v. 1904

Boßelmann, Hugo: Jodderivate der N-Alkylaldoxime. Weida i. Th. 1910: Thomas & Hubert. 63 S. 8°
Leipzig, Phil. Diss. v. 30. Juni 1910, Ref. Beckmann, Hantzsch
[Geb. 19. April 87 Darmstadt; Wohnort: Darmstadt; Staatsangeh.: Hessen; Vorbildung: Ludwig-Georg-Gymn. Darmstadt Reife O. 05; Studium: Genf 1, Heidelberg 1, Gießen 2, München 1, Darmstadt Techn. Hochsch. 1, Leipzig 4 S.; Rig. 26. Mai 10.] [U 10. 3105

Die Entlöhnungsmethoden in der südwestdeutsch-luxemburgischen Eisenindustrie. Von Otto **Bosselmann**. Berlin: L. Simion Nf. 1906. (XII, 268 S.) 8°
= **Untersuchungen** über d. Entlöhnungsmethoden in d. deutschen Eisen- u. Maschinenindustrie. H. 1. [06. 3073

— Thdr. Vogelstein, Fel. Kuh, die Störungen in der deutschen Montan- u. Eisenindustrie während der J. 1900 ff., s.: Schriften des Vereins für Socialpolitik. 106. Bd.

Bosselmann, Walther

Heimatklänge. Lieder u. Balladen e. Deutschen im Auslande von Walther **Bosselmann**. Berlin-Leipzig: C. Wigand 1907. (58 S.) 8° [08. 3733

Bosselmann, Walth., Heimatklänge. Lieder u. Balladen eines Deutschen im Auslande. (59 S.) 8. Leipzig 907. Modernes Verlagsbureau. 1. —

Bosselt, Rud., über die Kunst der Medaille. Mit 18 Abbildgn. nach ausgeführten Arbeiten des Verf. (39 S.) Lex.-8. Darmstadt 905. Wiesbaden, Hauskunst-Verlag v. J. Köstler. n.n. 1. 50

Bosselt: Üb. d. Kunst d. Medaille. Jetzt: Hambg, FW Thaden.

Bösser: Die Theorie ..., s. B ö s s e r , F.

Bösser, E., Commentarius ad Aristotelis Ethicorum Nicomach. libb. VIII et IX. Pr. 1878. 24 S. 4°. 1.—

Bösser E, Kaiser Friedrich II. (Sammlung gemeinverständlicher wissenschaftlicher Vorträge 383) Berlin 1882

Bösser E, Heinrich der Löwe. (Sammlung gemeinverständlicher wissenschaftlicher Vorträge 349) Berlin 1880

Boesser, Ernst

Boesser, E., Erziehung u. Unterricht im königl. preußischen Kadettenkorps. [Aus: „Pädagog. Archiv".] gr. 8. (32 S.) Berlin 894. E. S. Mittler & Sohn. n. — 60

— **u. Frz. Lindner, vaterländisches Lesebuch f. untere u. mittlere Klassen höherer Lehranstalten.** gr. 8. (XIV, 506 S.) Ebd. 892. n. 3. 50; geb. n.n. 4. —

— **u. Frz. Lindner, vaterländisches Lesebuch f. untere u. mittl. Klassen höh. Lehranstalten.** 1. Stufe. Ausg. f. Sexta. 2. Aufl. gr. 8. (VIII, 80 S.) Berlin 899. E. S. Mittler & Sohn. n. 1 —

Vaterländisches **Lesebuch** für untere und mittlere Klassen höherer Lehranstalten. Hrsg. von Dr. **Ernst Boessor**, Prof. in Karlsruhe, u. Dr. Franz Lindner, Prof. d. Kgl. Kadetten-Korps. 2. Aufl. (Ausg. f. Quinta.) Stufe 1. 2 (in 1 Bde). *Berlin: E. S. Mittler & Sohn 1899.* 8° [F.] (oo. 555

Vaterländisches **Lesebuch** für untere und mittlere Klassen höherer Lehranstalten. Hrsg. von Dr. **Ernst Boesser**, Prof. in Karlsruhe, u. Dr. Franz Lindner, Prof. d. Kgl. Kadetten-Korps. 2. Aufl. (Ausg. f. Quarta.) Stufe 1–3 (in 1 Bde). *Berlin: E. S. Mittler & Sohn 1899.* 8° [F.] (oo. 556

Vaterländisches **Lesebuch** für untere und mittlere Klassen höherer Lehranstalten. Hrsg. von Dr. **Ernst Boesser**, Prof. in Karlsruhe, u. Dr. Franz Lindner, Prof. d. Kgl. Kadetten-Korps. 2. Aufl. (Ausg. f. Unter-Tertia.) Stufe 1–4 (in 1 Bde). *Berlin: E. S. Mittler & Sohn 1899.* 8° [F.] (oo. 557

Vaterländisches **Lesebuch** für untere und mittlere Klassen höherer Lehranstalten. Hrsg. von Dr. **Ernst Boesser**. Prof. in Karlsruhe, u. Dr. Franz Lindner, Prof. d. Kgl. Kadetten-Korps. 2. Aufl. (Ausg. f. Ober-Tertia.) Stufe 1–5 (in 1 Bde). *Berlin: E. S. Mittler & Sohn 1899.* 8° [F.] (oo. 558

— **u. Frz. Lindner, vaterländisches Lesebuch für untere u. mittlere Klassen höherer Lehranstalten.** 1. Bd. Ausg. f. Sexta. 3. Aufl. (VI, III, 111 u. XXI S.) gr. 8. Berlin 906. E. S. Mittler & Sohn. n. 2. —; geb. n. 2. 50

— — **dasselbe.** 1. Bd. Ausg. für Quinta. 3. Aufl. (VI, III, 111; III, 162, XXI u. II S.) gr. 8. Ebd. 906. n. — 4; geb. n. 4. 50

— — **dasselbe.** 1. Bd. Ausg. f. Quarta. 3. Aufl. (VI, III, 111; III, 162; III, 184, XXI, II u. IV S.) gr. 8. Ebd. 906. n. 6 —; geb. n. 6. 50

Boesser, Ernst u. Frz. Lindner, vaterländisches Lesebuch f. untere u. mittlere Klassen höherer Lehranstalten. Ausg. f. Unter-Tertia, Ober-Tertia u. Unter-Sekunda. gr. 8. Berlin, E. S. Mittler & Sohn 24. —; geb. 26. 40
Unter-Tertia. 3. Aufl. (III, III, 111; III, 162; III, 184 u. XXI, II, IV, IV, 108 S.) 907. 8. —; geb. 8. 80
Ober-Tertia. 3. Aufl. (III, III, 111; III, 162; III, 184; XXI, II, IV, IV, 168; V, 232 u. XIX S.) 907. 11. —; geb. 12. —
Unter-Sekunda. (V, 314 S.) 5. —; geb. 5. 00

Boesser. Ernst, Übersicht der Weltgeschichte, s.: Holtze, F.

Versuch einer objektiven Stellungnahme zum Knabenhandfertigkeits-Unterricht. Vortrag in e. Lehrerver., geh. von **Ernst Boesser** 1899. *Neuwied & Leipzig: Heuser 1900.* (31 S.) 8° [F.]
— **Schule**, Aus der, für die **Schule**. II. 86. (C. 1566

Bösser, *Ferdinand Ansprache bei der Trauerfeierlichkeit für den am 14. Juni 1892 verstorbenen Direktor Johannes Theodor Werther.* 4 (S. 14 – 15). Grofsh. Oldenburg. G. *Eutin* 1893
Progr.

Bösser, F., Klima v. Corfu, Janina u. Smyrna, s.: Jahreszeiten, griechische.

Bösser, Ferdinand Die Temperaturverhältnisse von Eutin nach den meteorologischen Beobachtungen vom 1. August 1856 bis 31. Juli 1886 dargestellt. 4 (52 S.).
Progr. G. *Eutin* 1887

Bösser. Die Theorie der caustischen Linien und Flächen in ihrer geschichtlichen Entwicklung. Eutin 1869. Math. Diss. Kiel

Bösser, *Ferdinand Direktor Johannes Theodor Werther, † 14. Juni 1892.* 4 (S. 13—14). Grofsherz. Oldenburg. G. *Eutin* 1893
Progr.

Bösser, Friedrich

Bösser, Frdr., s: Falke, Dor.

Boesser, Frdr., die chronischen Krankheiten. Ihre Entstehg., Verhütg. u. Heilg. Entwurf zu e. biologisch-pharmakolog. Cellulartherapie unter besond. Berücksicht. der Lehre v. der Infektion u. Immunität. (104 S. m. 6 Abbildgn.) gr. 8. Leipzig 909. P. Schimmelwitz. 3. —

Bösser, Reinhard, a. Frankfurt a. M.: Shakespeare's Romeo and Juliet in französischer Bearbeitung. Frankfurt a. M. 1907: Voigt u. Gleiber. (132 S.) 8°
Rostock, Phil. Fak., Ref. Lindner, Diss. v. 29. Juli 1907
[Geb. 13. Nov. 77 Frankfurt a. M.; Wohnort: Wiesbaden; Staatsangeh.: Preußen; Vorbildung: Gymn. Frankfurt a. M. Reife M. 96; Studium: Marburg 5, Berlin 2 S.; Rig. 26. Juli 07.]

Bossers, Adriaan Jan [Arzt zu 's Gravendeel]: Die Geschichte der Influenza und Ihre Nervösen und Psychischen Nachkrankheiten ... Leiden, E. Ijdo, 1894; 5 Bl., 151 S. 8.
Freiburg i. B., Med. Fak., Inaug.-Diss. v. 1894

BOSSERT, D a s n e u a n g e h e n d e n E h e l e u t e n a u s G O t t e s W o r t e r k l ä r t e u. g e w ä h r t e v e r e h r t e B r a u t - B e t t e. (Predigt.) (17**.) 4°.
Ohne Angabe von Ort u. Jahr in einem alten Cat. von Haude & Spener in Berlin (c. 1760), p. 114. — Sehr rar!

Bossert, Leitfaden f. d. Ausbildg. d. Unterführer u. d. Mannschaft z. Feuergefecht, s.: Lambert.

Bossert (Red.), s. Z e i t s c h r i f t für Pferdekunde und Pferdezucht.

Bossert, A., de Rodolpho Agricola Frisio litterarum in Germania restitutore. Paris 865. Franck. 8. (2 Bll., 64 S.) n. 15 ngr.

Bossert, Adolf, aus Bellheim ⟨Pfalz⟩: **Beiträge** zur Frage der Wasserverunreinigung. *Würzburg 1901: Memminger.* (34 S.) 8°
Würzburg, Med. Diss. v. 1901

Bossert, Adolphe

Bossert, A., Johann Calvin. Deutsche Ausg., besorgt von Herm. Krollick. Mit dem Bilde des Reformators. (176 S.) gr. 8. Gießen 908. A. Töpelmann. 3. 60; in Lw. n 4. 50

Schopenhauer als Mensch und Philosoph [Schopenhauer l'homme et le philosophe]. Von A[dolphe] **Bossert**. Autor. deutsche Bearb. besorgt von Dr. Friedrich Norden. *Dresden: C. Reißner 1905.* (XI, 383 S.) 8° [F.] (o4. 13780

Bossert, E., die Stolgebührenfrage in der evangelischen Landeskirche Württembergs. 8. (78 S.) Stuttgart 890. Greiner & Pfeiffer. n. — 75

Bossert, Eduard [pr. Arzt aus Barr]: Über Mastdarmpolypen bei Kindern ... Strassburg, Buchdr. C. Göller, 1892; 25 S. 8.
Strassburg, Med. Fak., Inaug.-Diss. v. 1892

Bossert, G., Beispiele zum Zwangsversteigerungs- u. Zwangsverwaltungsverfahren. 2. unveränd. Aufl. (III, 57 S.) 8. Stuttgart, J. B. Metzler. 1905.

Boßert, G., Beispiele z. Zwangsversteigerungs- u. Zwangsverwaltungsverfahren. 2. unveränd. Aufl. (III, 57 S.) 8. Stuttgart 906. J. B. Metzler. n. 1. —

— das geistliche Schauspiel v. den zehn Jungfrauen, s.: Sammlung v. Vorträgen.

Bossert, G., Johannes Stegmaier, Schultheiß in Magenheim. Ein Beitrag zur Sitten- u. Rechts-Geschichte d. schwäb. Volkes. 2., verm. Aufl. Eigenthum d. württemberg. Volksschriften-Vereins. 8. (8½ B.) Ulm 844. (Heerbrandt u. Thämel.)

Bossert, G., das Wanderbüchlein nach Nordamerika, oder Schilderung der Auswanderung nach Nordamerika. Verfaßt nach ungedruckten Briefen ausgewanderter Würtemberger. 12. Rotweil 812, Herder. ¼ ₰

—— das Wanderbüchlein nach Nordamerika, od. Schilderung d. Auswanderung nach Nordamerika. Verfaßt nach ungedruckten Briefen ausgewanderter Württemberger. 12. (2 B.) Rotweil 812. [Setzer'sche Verl.- u. Sortmtsbuchh.]

Bossert, G. F., goldene Aepfel in silberner Schale. Eine Samml. interessanter u. lehrr. Erzähln. f. Jung u. Alt. 1. Bdchn. gr. 12. (11 B.) Eßlingen 841, Dannheimer'sche Buchh.

Bossert, G. F., goldene Aepfel in silberner Schale. Eine Sammlung interessanter u. lehrreicher Erzählungen für Jung u. Alt. 2. (Titel-) Ausg. 12. (VI u. 258 S.) Eßlingen 849, Weychardt. 9 ngr — 3. Aufl. Mit (lith.) Titelbild (in Tondr.) 8. (IV u. 232 S. m. lith. Titel in Tondr.) Ebd. 851. ½ ₰

Bossert, GF, gold. Aepfel in silb. Schale. 3. Afl. 8. (232) Essl. 51. (Stuttg., Kirn.) — 15

Bossert, G. F., goldene Aepfel in silberner Schale. 4. Aufl. gr. 8. Eßlingen 870. Leipzig, Hirt und Sohn. cart.

Bossert, G. F., goldene Aepfel in silberner Schale. Eine Sammlung interessanter u. lehrreicher Erzählungen für Jung u. Alt. 4. Aufl. Eßlingen 870. Weychardt. 8. (VIII. 228 S.) 15 ngr

Bossert, G. F., 500 Räthsel und Charaden für Kinder von 10—14 Jahren. Zu erheiternden Denkübungen in Schulen und zu angenehmer und nützlicher Unterhaltung in häuslichen Kreisen. Nebst einem Anh. von 60 für denselben Zweck passenden Rechnungs-Beispielen. 3. verm. Aufl. Eßlingen 863. Weychardt. 8. (VII, 168 S.) n. 10 ngr

Bossert, G. F., 500 Räthsel und Charaden für Kinder von 10—14 Jahren. Zu erheiternden Denkübungen in Schulen und zu angenehmer und nützl. Unterhaltung in häusl. Kreisen. Nebst einem Anh. von 60 für denselben Zweck passenden Rechnungs-Beispielen. 3., verm. Aufl. 8. (VII und 168 S.) Eßlingen 864, Weychardt. cart. *

—— 500 Räthsel und Charaden für Kinder von 8—14 Jahren. 4. Aufl. gr. 8. Stuttgart 873. Leipzig, Hirt und Sohn. geb.

—— 500 Räthsel und Charaden für Kinder von 8—10 Jahren. Zum Gebrauch in Schule und Haus. Nebst einem Anh. von 40 lehrreichen Zahlenräthseln. 4., neu bearb. Aufl. gr. 8. (VI, 152 S.) Stuttgart 873, Kirn. geb.

Bossert, G. F., 500 Räthsel u. Charaden f. Kinder von 8—14 Jahren. Zum Gebrauch in Schule u. Haus. Nebst e. Anh. v. 40 lehrreichen Zahlenräthseln. 4., neubearb. Aufl. 8. (VI, 152 S.) Stuttgart 876. Leipzig, Hirt & Sohn. 1. 50

Bossert, GF, 500 Räthsel u. Charaden f. Kinder von 8—14 Jahren. 4. Afl. 8. (152) Stuttg. 76. Kirn. 1 50

—— 400 Räthsel u. Charaden f. Kinder v. 10—14 Jahren. Zu erheit. Denkübungen in Schulen u. zu angenehmer u. nützl. Unterhalt. in häusl. Kreisen. Nebst e. Anh. v. 60 f. dens. Zweck pass. Rechnungs-Beisp. 2., verm. Aufl. gr. 12. (6½ B.) Eßlingen 841, Dannheimer'sche Buchh.

—— vierhundert Räthsel und Charaden für Kinder von 10 bis 14 Jahren. Zu erheiternden Denkübungen in Schulen und zu angenehmer und nützl. Unterhaltung in häusl. Kreisen. Nebst einem Anh. von 60 für denselben Zweck passenden Rechnungs-Beispielen. 2., verm. Aufl. gr. 12. (VIII und 148 S.) Eßlingen 850, Weychardt.

Bossert, Gustav

Bossert, G., die Anfänge d. Christentums in Württemberg. Erweiterter Abdr. aus den „Blättern f. württemb. Kirchengeschichte". 8. (35 S.) Stuttgart 888. Greiner & Pfeiffer. n. — 50

Bossert, Gustav: Das Blutgericht in Rottenburg am Neckar, s. Für die Feste und Freunde des Gustav-Adolf-Vereins.

Bossert G, Eberhard im Bart. (Neujahrsblätter, Württembergische 1) Stuttgart 1884

Bossert, G., Bürg. Gesetzbuch, siehe Kommentar.

GUSTAV BOSSERT, Die Gründung des Klosters Ellwangen. Sonderabdruck aus dem Ellwanger Jahrbuch, Jahrg. I—III. 8°.

Bossert, Gustav. Die Hofkantorei unter Herzog Christoph. Die Hofkantorei unter Herzog Ludwig. „Württembergische Vierteljahrshefte für Landesgeschichte". Neue Folge. Jahrgang VII. IX. Stuttgart 1898. 1900.

— Johann Hofmeister, e. deutscher Francesco Spiera, s. für die Feste und Freunde des Gustav-Adolf Vereins

[F.] Das Interim in Württemberg. Von Dr. Gustav **Bossert**, Pfarrer in Nabern bei Kirchheim u. T. (Württemberg). *Halle: Ver. f. Reformationsgesch.; (Commr. v. M. Niemeyer) 1895.* (2 Bl., 204 S., 1 Bl.) 8.
= Schriften d. Vereins f. Reformationsgeschichte. No 46/47.

— s.: Kommentar zum bürgerlichen Gesetzbuche u. seinen Nebengesetzen.

Bossert, G, d. Konkurs-Ordng f. d. Deut. Reich, s. Sarwey, v.

Bossert, G., Sebastian Lotzer u. seine Schriften. (64 S.) gr. 8. Memmingen 906. (Th. Otto.) n. 1. —

Bossert, G., Luther und Württemberg. Ein Beitrag zum Luther-Jubiläum 1833. gr. 8. (80 S.) Ludwigsburg 883, Neubert'sche Buchh. *
Aus: Theologische Studien aus Württemberg, besonders abgedruckt.

— Die Ortsschulaufsicht. E. Synodalaufsatz u. Beitrag z. heut. Schulgesetzgebg. M. e. Schulidyll. gr. 8. (78 S.) Leipzig 897. Dörffling & Franke. n. 1. —

Bossert, Gustav (Bearb.), s. Sarwey, Otto von: Die Konkursordnung für das Deutsche Reich.

—— E. Paulus und R. Schmid, Schönthal. Beschreibung und Geschichte des Klosters und Seminars. Hrsg. von dem k. statistisch-topograph. Bureau. 8. (III, 96 S. mit 2 Abbild.) Stuttgart 884, Kohlhammer. *

— s.: Sendschreiben, offenes, e. „dummen Prädikanten" ꝛc. an Joh. Bapt. Röhm.

— der Reutlinger Sieg v. 1524, s.: Für die Feste u. Freunde des Gustav-Adolf-Vereins.

Bossert, Gust., die historischen Vereine vor dem Tribunal der Wissenschaft. 8. (40 S.) Heilbronn 883. Henninger. n. — 60

Bossert, G. Die historischen Vereine vor dem Tribunal d. Wissenschaft. 8. Heilbr. 883. Ulm, Kerler. * — 60

Bossert, G., Das Wesen d. Servitutenbesitzes n. röm. R. Diss. Tübgn. 1882.

Bossert, Gust., das Wesen d. Servitutenbesitzes nach römischem Recht. Tübinger jurist. Inaugural-Dissertation. gr. 8. (VIII, 79 S.) Freiburg i/Br. 883. Mohr. n. 2. 50

—— Württemberg und Janssen, s. Schriften des Vereins für Reformationsgeschichte.

Bossert, Otto. Über Hyperplasie der Hüllen an den Nerven der Haustiere. Diss. Vet.-Med. Bern. [Mit Figuren.] 17 S. 8. Berlin, Georg Reimer, 1910.

Bosstetti, v., Abhandl. üb. alle Theile d. polit. Gesetze in philos. Uebers. 8. Klagenf. Wallister. 791.

Boßhammer, R., Anstands- u. Tanzlehre. Ein Lehrbüchlein, enth. die notwendigsten Regeln d. Anstandes u. der Etiquette, sowie e. gründl. u. leicht faßl. Methode, die beliebtesten u. modernsten Tänze zu erlernen. 2., verb. Aufl. 12. (VII, 77 S.) Essen 891. H. L. Geck. n. 1.25

Bosshard. Heinrich B'.... Zürich 1861 s.a.[Keller, Carl].

Bosshard, H. Heinrich, von Pfäffikon ... Zürich 1861. V: *Keller, Carl.* (Cat. d. Stadtbibl. Zürich. Zürich 1864—97.)

Bosshard, s.a. Bosshardt
— s.a. Bosshart

Boßhard, Ab., u. A. Kraft, Auswahl der besten Obstsorten, die in der Schweiz als Tafel- u. Mostobst zu empfehlen sind, u. die in der Schweiz anerkannten besten Trauben f. Tafel- u. Weintrauben. Hrsg. vom schweizer. Obst- u. Weinbauverein. gr. 8. (88 S.) Bern 891. K. J. Wyß. n. —80; kart. n. —90

Bosshard, A. d. Kultur d. Zwergobstbäume u. d. Beerenobstes, s.: Kraft, A.

Bosshard, Albert

Bosshard, Alb., Panorama vom Aussichtsturm auf dem Eschenberg. 12,2×819 cm. Farbdr. Winterthur 895. (Bern, Geograph. Kartenverlag.) n. 1.20

Bosshard, Albert. Panoramen von Gruben 902 M. ü. M. ([und] vom) Köbelisberg 1055 M. ü. M. [bei] Lichtensteig (Toggenburg). Aufgenommen von Albert Bosshard in Winterthur. Hrg. vom Verkehrsverein Lichtensteig. 2 Bl. quer-fol., *in Umschlag.* 4. Zürich, Polygraphisches Institut A.-G., [1901]. fr. 3. —

Boßhard, Anna, s. a.: Kündig-Boßhard, Frau Anna.

Boßhard, Anna, bürgerliches Kochbuch. 8. (220 S.) Zürich 900. Schultheß & Co. Kart. n. 2.—

Bosshard, Anna. Bürgerliches Kochbuch. Von Anna Bosshard, (Frau Anna Kündig-Bosshard, Pfäffikon, Kt. Zürich).... 2. verbesserte Aufl. IV + 223 S. 8. Zürich, Schulthess & Co., 1902. [geb. fr. 2.50]

— bürgerliches Kochbuch. 3. verb. Aufl. (IV, 229 S.) ll 8. Zürich 904. Schultheß & Co. Kart. n 2.50

Bosshard, Anna. Bürgerliches Kochbuch. Von A' B' (Frau A' Kündig-B', Pfäffikon, Kt. Zürich).... 8. Zürich, Schulthess & Co. [geb. fr. 2.50]
4., durchgesehene Aufl. IV + 229 S. 1907.
5., durchgesehene Aufl. IV + 229 S. 1909.

Boßhard, Anna, (Frau Anna Kündig-Boßhard), bürgerliches Kochbuch. 6., verb. Aufl. (VII, 232 S.) ll. 8 Zürich 910. Schultheß & Co. Geb. 2.—

Bosshard, Anna. Grosses Schweizerisches Kochbuch. Von A' B', (Frau A' Kündig-B', Pfäffikon, Kt. Zürich).... Mit [Figuren,] einer Nährstoffgehalt-Tabelle und über 1500 Rezepten. VIII + 596 S. 8. Zürich, Schulthess & Co., 1910. [geb. fr. 8. —]

Bosshard, E: Die Berninabahn. [Aus: „Schweiz. Bauztg".] (32 m. Abb.) 32×24 cm. Zür., Rascher & Co. '12. 2 —

Bosshard, Emil

Die Freimaurerloge Akazia in Winterthur 1820—1904. Festschrift zur Weihe des neuen Logenhauses „Akazia" am 6. Nov. 1904. [Unterz.:] E[mil] Bosshard. o. O. [1904]. 64 S. 8⁰
[Umschlagtit.:] Loge Akazia in Winterthur 1820—1904.
Recens: Al. 31 (1905) S. 9.
cf. L. 27 (1904) S. 200 (R. Fischer); Z. 35 (1904—1905) S. 112 (H. Glücksmann); S. 12 (1905) S. 5 (J. G. Findel).

Die Loge „Akazia" in Winterthur an die Bauhütten des schweizerischen Logenbundes Alpina. [Unterz.: Emil] Bosshard. [Winterthur 1904.] 1 Bl. 8⁰
Betr. eine Motion der Loge Akazia an den Verwaltungsrat der Alpina, eine Beschränkung der Zahl der mrischen Festanlässe bezweckend

Ansprache des Grossredners [d. Gr.□ Alpina, d. i. Emil Bosshard] am Grosslogenfest in Genf 1908. [Genf 1908.] 7 S. 8⁰ [Kopftit.]
Abgedr. in: Bh. 51 (1908) S. 261—263; FZ. 63 (1909) S. 298—301.
Thema: In welchem Sinne u. auf welchem Wege können u. sollen die Logen Einfluss auf die Volkserziehung ausüben?

Ansprache des Brs Grossredners [der Grossloge Alpina, d. i. Emil Bosshard] in der feierlichen Sitzung der Grossloge am 17. Juni 1906. o. O. [1906]. 7 S. 8⁰ [Kopftit.]
Üb. Tätigkeitsgebiete der Loge nach innen u. aussen.

Der a[llmächtige] B[aumeister] d[er] W[elten]. Aus einer Johannisfest-Ansprache von E[mil] Bosshard. [Winterthur 1907.] 4 S. 8⁰ [Kopftit.]
Abgedr. in: Al. 33 (1907) S. 42—48; S. 14 (1907) S. 50—52.
Behandelt den Monismus und die monistische Weltanschauung.

Bosshard, E[mil]. Beiträge zur Kenntniss bündnerischer Trinkwasser. [Mit Tabelle. A.] S. [Chur 1890.]

Der freimaurerischen Organisation nachgebildete moderne Genossenschaften. Von E[mil] Bosshard. o. O. [ca 1903]. 6 S. 8⁰ [Kopftit.]

Der freimaurerischen Organisation nachgebildete moderne Genossenschaften. Von E[mil] Bosshard. o. O. [ca. 1905]. 6 S. 8⁰. [Kopftit.]

Bosshard, Emil, aus Zürich: Zur Kenntniss des Glutamins. — Ueber Ammoniakbestimmung in Pflanzensäften & Pflanzenextracten. Zür. F. Lohbauer Dr. 1883. 44 S. 8⁰.
Zürich, Phil. Diss. [v. 19. Juli 1883].

Kettenspruch zur Weihe des neuen Logenhauses der „Akazia“ in Winterthur. [Unterz.:] E[mil] **Bosshard.** [Winterthur: 1904.] 1 Bl. 8° [Kopftit.]
In Versen: „Lasst uns den neuen Tempel begrüssen, . . .“

Rede an einem Schwesternfeste. Von E[mil] Bosshard. [Winterthur 1905.] 7 S. 8° [Kopftit.]
Aus: Al. 31 (1905) S. 5—6, 15—16, 23—24. Wesen, Zweck u. Formen d. Frmrei.

Bosshard, G.

— Im Kriege gegen d. Elend d. Grossstadt. Bilder a. London. (68) 8° Zür., Gebr. Leemann & Co. '12. 1.20

Bosshard, Gottfried

Ist die Forderung der Einehe in unserer Zeit berechtigt? Ehehindernisse. 2 Abhandlungen von G. **Bosshard**, Pfarrer, Zürich. Berlin: Wunder [1910]. 10 S. 8° [Umschlagt.]
Aus: Herold.

Bosshard, G., Kinderschutzbestrebungen. (20 S.) 8. Zürich '07, Verlag: Aktuariat der Kinderschutzvereinigung.

Bosshard, G[ottfried]. Schutz der Jugend vor schlechter Literatur. Vortrag, gehalten am Schulkapitel Zürich in Höngg am 4. September 1909. II + 16 S. 8. Zürich, Aschmann & Scheller, [1909]. fr. —.20

(Bosshard, G[ottfried].) Die Winkelwirtschaften in der Stadt Zürich. II + 16 S. 8. Zürich, Aschmann & Scheller, [1909]. fr. —.20

Bosshard, Hans Jakob

Bosshard, Hs. J., Anschauungs-, Denk- und Sprechübungen für die erste Elementarklasse. (Beschreibender Thl.) Zürich 863. Meyer & Zeller. 8. (XVI, 128 S.) n. 15 ngr.

Bosshard, Hs. J., Anschauungs-, Denk- u. Sprechübungen für die dritte Elementarklasse. 2. u. 3. beschreib. Thl. Zürich 865. Meyer & Zeller. 8. (XII, 186 S.; X, 104 S.) 2.: n. 20 ngr.; 3.: n. 12 ngr.

Bosshard, H. J., Anschauungs-, Denk- und Sprechübungen für die erste Elementarklasse. 1. (beschreibender) Theil. 2. Auflage. 128 Stn. 8. Zürich, Meyer & Zeller (A. Reimmann). 1874 !

Bosshard, Hs. J., Anschauungs-, Denk- u. Sprechübungen. 1—3. beschreib. Thl. gr. 8. Zürich 879. 82. Meyer & Zeller. n. 6. —
1. Für die 1. Elementarklasse. 8. Aufl. (VIII, 128 S.) n. 2. —
2. Für die 2. Elementarklasse. 2. Aufl. (XI, 186 S.) n. 2. 40
3. Für die 3. Elementarklasse. 2. Aufl. (VIII, 104 S.) n. 1. 60

Bosshard, Hs. J., Anschauungs-, Denk- und Sprechübungen für die erste Elementarklasse. [1. beschreib. Thl.] 3. Aufl. gr. 8. (VIII, 128 S.) Zürich 881, Meyer und Zeller. * 2 —

Bosshardt, Hs. J., Anschauungs-, Denk- u. Sprechübungen f. die 3. Elementarklasse. [3. beschreib. Thl.] 3. Aufl. gr. 8. (VIII, 104 S.) Zürich 883. Meyer & Zeller. n. 1. 60

Bosshard, Hs. J., Anschauungs-, Denk- und Sprechübungen f. d. 2. Elementarklasse. 2., beschreib. Thl. 3. Aufl. gr. 8. (XI, 186 S.) Zürich 887. Meyer & Zeller. n. 2. 40

— Schicksal eines Spielers. Ein Bild aus dem Leben. Zürich 866. Herzog. 8. (2 Bll., 80 S.) 6 ngr.

Bosshard, Hans Jakob: Was brave Kinder gern haben, s. a. Bibliothek des Familien-Wochenblatt.

— was brave Kinder gern haben. Illustrirtes Kinderbuch. 8. (IV, 96 S.) Zürich 888. Schröter & Meyer. n. —80; cart. n. 1. —

Bosshard, Heinrich

Bosshardt, H., Anschauungen u. Erfahrungen in Nordamerika. Eine Monatsschrift. Zürich 1853—55. br. 8. (10 fr. 50 cts.) 5. —

Bosshard, H[einrich]. Beiträge zur Kenntnis der Beckmann'schen Umlagerung. Diss. Phil. [II.] Univ. Zürich. 146 S. 8. Zürich, J. J. Meier, 1907.

Bosshard, Heinrich [aus Hittnau]: Zur Kenntnis der Verbindungsweise der Skelettstücke der Arme und Ranken von Antedon rosacea Linck (Comatula mediterranea Lam.) Jena 1900. 48 S. 6 Taf. 8°. (S.-A. aus Jena'sche Zeitschrift, für Naturwissenschaft. Bd. 34.)
Zürich. Phil. Diss. II. S. 1900/1901.
Die Tafeln fehlen in den Tauschexemplaren.

Bosshard, Heinrich. Heinrich Bosshard, eines schweizerischen Landmannes, Lebensgeschichte, von ihm selbst beschrieben. [Mit Porträt-Tafel.] 2 Teile.
[Theil 1.] Hrg. von Johann Georg Müller. Winterthur 1804.
Teil 2. " " 1810

— e. Schweizer. Landmanns Lebensgeschichte, von ihm selbst beschrieben, herausg. v. J. G. Müller. 8. Winterth. 805. Steiner. 18 gr. 2r Thl. 8. St. Gallen 810. Huber u. C. 1 ₰

Bosshard, H., zweite Reise. Schilderungen aus Amerika. 2 Jahrg. Zürich 1859—60. (7 fr.) 2. 50

Bosshard, H. Schilderungen aus Amerika. Zürich 1859—60. 2 Bde.

— s. a. Schreiben e. Schweiz. Landmanns.

— e. schweizer. Landmanns Schr. an s. lieb. Landesleute. gr. 8. Zürich, Orell. 789.

Bosshard, Heinr., Vermischte Schriften. 1814. 8.

— vermischte Schriften theolog. Inhalts. 2 Hefte. 8. 816. (Lpz., Schiegg). 1 ₰ 3 gr.

Bosshard, Hnr., († d. 7. od. 15. Nov. 1815.) ein freimüth. Wort an d. Geistlichkeit. Herausg. (mit e. Vorrede) v. J. J. Hess. gr. 8. Zürich 798.

Bosshard, Otto

Bosshard O, d. mechan. Baumwollzwirnerei. M. Atl. (Schaupl. d. K. 259) Weimar 1891

Bosshard, Otto, die mechanische Baumwoll-Zwirnerei m. ihren neuesten Maschinen u. Apparaten. Handbuch f. Zwirnerei-Techniker u. Fabrikanten. Mit 1 Atlas v. 21 Foliotaf., enth. 172 Abbildgn. gr. 8. (X, 136 S.) Weimar 891. B. F. Voigt. 7. 50

Bosshard, O: Die Verarbeitg d. Faserstoffe in d. Spinnerei, s: Uhland's, Wilh. Heinr., Handb. f. d. prakt. Maschinenkonstrukteur.

Bosshard, W., schweizer. Ringbüchlein, s.: Zschokke, E.

Bosshardt, s. a. Bosshard
—, s. a. Bosshart

Bosshardt, A[rnold]. Die Errichtung von Rechtsauskunftsstellen für Minderbemittelte, unter besonderer Berücksichtigung der Stadt Zürich. [Sep.-Abdr. aus: Schweizerische Zeitschrift für Gemeinnützigkeit.... Jahrg. 45, 1906, Heft 4/5.] II + 30 S. 8. Zürich-Selnau, Gebr. Leemann & Co., 1906.

Bosshardt, Arnold, aus Zürich: Das Frauengut im Konkurse des Ehemannes nach schweizerischem Recht. (Zür. Schröter & Cie Dr. 1896.) 3 Bl., 98 S., 1 Bl. 8°.
Zürich, Jur. Diss. [v. 4. Dez. 1896].

Bosshardt, A[rnold]. Die Fürsorge für arme Kantonsfremde im Kanton Zürich. Referat in der Winterversammlung der Gemeinnützigen Gesellschaft des Kantons Zürich vom 8. November 1903. Separat-Abdruck aus dem «Zürcher Jahrbuch für Gemeinnützigkeit» 1903/04. II + 27 S. 8. Zürich-Selnau, Gebr. Leemann & Co., 1904.

(Bosshardt, A[rnold, und] Kübler, H[ermann].) Handbüchlein für Gemeindegutsverwalter. Eine Anleitung zur Buchführung und Rechnungsstellung für zürcherische G' und Rechnungsprüfungskommissionen. Hrg. von der Kanzlei der Direktion des Innern des Kantons Zürich. 26 S. 8. Zürich, Meyer & Hendess, 1904. fr. —.50

Bosshardt, A, s.: Verwaltung, d., d. Stadt Zürich.

Bosshardt, A., s. Zentralblatt, schweizerisches, f. Staats- u. Gemeindeverwaltung.

Bosshardt, E. Th. Von Polen zum Ararat. Reiseskizzen. In-8°. VI, 84 S. Basel, Fel. Schneider (Ad. Geering). 1889? 1 20

Boßhardt, E. Th., von Polen zum Ararat. Reiseskizzen. 8. (VI, 84 S.) Basel 890. Geering. n. 1.—

Bosshardt, Hans Jakob, s. B o s s h a r d , Hans Jakob.

Bosshardt, Heinrich, s. B o s s h a r d , Heinrich

Grundzüge für die ökonomische Anordnung des Verkehrsdienstes. Von V. G. Boßhardt. Mit 3 Taf. *Wien: A. Hölder 1903.* (71 S.) 8°
— Schriften über Verkehrswesen. Reihe 1, H. 4.

Bosshart, s.a. B o s s h a r d
— s.a. B o s s h a r d t

Bosshart, E[mil]. Das väterliche Zürcher Regiment, eine positive Form des Polizeistaates. Diss. Jur. Univ. Zürich. 93 S. 8. Zürich, Gebr. Leemann & Co., 1910.

Bosshart, Heinrich: Anschauungen ..., s. B o s s h a r d , Heinrich

Bosshart, Jacob. Die Barettlitochter. Novelle von Jakob Bosshart. IV + 235 S. 8. Leipzig, H. Haessel, 1902. [br. M. 2.80, geb. M. 3.75]

— das Bergdorf. Erzählung. 8. (216 S.) Ebd. 900. n. 3.—; geb. n. 4.—

Boßhart, Jak., durch Schmerzen empor. Novellen. (V, 267 S.) 8. Leipzig 903. H. Haessel Verl. n. 2.80

Bosshart, Jak.: Erdschollen. Novellen u. Skizzen. (325) 8° Lpzg, H Haessel V. '13. 4 —; geb. 5 — d

Bosshart, Jakob, aus Embrach '([Kt.] Zürich)': Die flexionsendungen des schweizerdeutschen verbums und damit zusammenhängende erscheinungen. Frauenfeld J. Huber Dr. [u. Verl.] 1888. 3 Bl., 57 S. 8°.
Zürich. Phil. Diss. I. S. [v. 17. Dec. 1887].

Bosshart, Jacob. Vom Golde. Eine Erzählung von Jakob B'. 1. bis 20. Tausend. 100 S. 8. Wiesbaden, Verlag des Volksbildungsvereins, Buchh. Heinrich Staadt, 1907. (M. —.25)
Wiesbadener Volksbücher Nr. 94.

— Von Jagdlust, Krieg u. Ubermut, s: Verein f. Verbreitg guter Schriften.

Boßhart, J., Im Nebel. Erzählgn. a. d. Schweizer Bergen. 8. (III, 403 S.) Leipzig 898. H. Haessel. n. 4.—; geb. n. 5.—

Bosshart, J[acob]. Die Nervosität unter der Schuljugend. Rede bei Eröffnung des Schulkurses 1907/08 gehalten von Rektor Dr. J. B'. Auf Wunsch des Lehrerkonventes des Gymnasiums gedruckt. Beilage zum Programm des Gymn' [der Kantonsschule in Zürich] für das Schuljahr 1907/08. 11 S. 4. Zürich, Zürcher & Furrer, 1907.

Bosshart, J[acob]. Aus einer Rektoratsrede, bei Eröffnung des Schulkurses 1901/1902 gehalten von Dr. J. B'. ⟨Auf Wunsch des Lehrerkonventes des Gymnasiums gedruckt.⟩ 2. Beilage zum Programm der Kantonsschule Zürich für das Jahr 1901. 15 S. 8. Zürich, Zürcher & Furrer, 1901.

Bosshart, Jacob. Die alte Salome. Ein Sittenbild aus dem Bauernleben von Jakob B'. 76 S. 8. Bern, Haller, (Juni) 1907. fr. —.15
Verein für Verbreitung guter Schriften (Verein Bern). Nr. 65.

Boßhart, Jak., früh vollendet. Novellen. (V, 234 S.) 11. 8. Leipzig 910. H. Haessel Verl. 2.80; geb. n 3.75

Bosshart, Laurenz. Die Chronik des Laurencius B' von Winterthur 1185—1532. Hrg. von Kaspar Hauser. ([Mit 1 Facsimile, Anmerkungen,] Einleitung, Beilagen [und] Exkurse[n].) XXVIII + 403 S. 8. Basel, Basler Buch- und Antiquariatsh., 1905 (*Umschlag: 1906*). [fr. 10. —]
Quellen zur Schweizerischen Reformationsgeschichte. Hrg. vom Zwingliverein in Zürich.... (Band) 3....

Bossi. Antwort der technischen Leitung der Unternehmung des grossen Gotthard-Tunnels auf die Broschüre des Obering. Bridel (Tunnel mit maschineller Richtstollenbohrung). Bern 1884. 4.

Bossi, Arnaldo L. Zur Kenntniss der Oxazinfarbstoffe. Basel, 1893. **Diss.**

Bossi, Emilio, s. M i l e s b o [Autorname].

Bossi, Johann [lic. jur.]: Vermögensrechtliche Anstände bei der Trennung von Religionsgenossenschaften. Chur 1901. 126 S. 8°.
Freiburg i. Schw. Jur. Diss. 1901/1902

Bossi, Joh., vermögensrechtl. Anstände bei der Trennung v. Religionsgenossenschaften. Diss. gr. 8. (IV, 126 S.) Chur 901. (Hitz Nachf.) n. 2.—

Bossi, J: Vermögensrechtl. Anstände bei d. Trenng v. Relig.-Genossensch. (126) 8° Chur, (F Schuler)'01. 2 —

Bossi, L. Ritter v.

— ältere u. neuere Gesch. Spaniens. Aus d. Italien. übers. v. E. G. Henning. 2 Thle, mit 1 Karte u. 8 Steintaf. gr. 8. Ronneb. 825—26. Fr. Schumann. 2 ℛ 16 gℊ

Bossi, Ritter L., Geschichte Italiens vor Erbauung der Stadt Rom. Aus dem Italienischen übers. von C. Fl. Leidenfrost. Mit einer Karte und fünf Kupfertafeln. gr. 8. Weimar, Industrie-Compt. 820.

Bossi, Luigi (früher Theolog † 1835), üb. da Vincis Abendmahl: delle opinione di Leonardo da Vinci intorno alla simetria dei corpi umani etc. etc. Folio. Milano 1811, Volke in W. 1⅓ Thlr. — 3 fl.

Bossi, Luigi Maria

Über meine Methode der schnellen, mechanisch-instrumentellen Erweiterung des Uterushalses in der Geburtshilfe. Von Prof. Dr. L[uigi] M[aria] Bossi in Genua. Berlin: Fischer 1905. (20 S.) 8°
— Klinik, Berliner. H. 199.

Bossi, LM: Die gynäkolog. Prophylaxe bei Wahnsinn. (137) gr8° Berl., O Coblentz '12. 3 —

Bossler, E., Icones Euphorbiarum ou figures de 122 espèces, du genre Euphorbia. Dessinées et gravées par Hoyland. Avec des considérations sur la classification et la distribution géographique des plantes de ce genre. Basel 866. Georg. Fol. (24 S. u. 120 lith. Taff.) n. 18 ℛ 20 ngr.

Bossler, Carl *August Friedrich Wilhelm* [aus Darmstadt]: Ueber Fremdkörper-Perioesophagitis ... Berlin, C. Vogts Buchdr., *1896*; 27 S., 2 Bl. 8.
Berlin, Med. Fak., Inaug.-Diss. v. 23. Okt. 1896

Bossler, Carolus (Darmstadinus)
De praepositionum usu apud pindarum.
Darmstadii: Leske 1862. 86 S.
Diss. phil. Giessen 2.9.1862. vorh. 26

Bossler, Car., de praepositionum usu apud Pindarum. Dissertatio inaug. Darmstadt 862. (Zernin.) gr. 8. (87 S.) n. 12 ngr.

Bossler, Christian, s.a. B o s s l e r , Christian Ludwig.

Boßler, (Chrn.), die Römerstätte bei Vilbel und der im Jahre 1849 daselbst entdeckte Mosaikboden. (Aus dem Archiv für hessische Geschichte und Alterthumskunde abgedr.) Darmstadt 852. Jonghaus. gr. 8. (35 S. u. 4 lith. Taf. in 8. u. 4.) n. 16 ngr.

Bossler, Christian Ludwig

— s. Eclogae veter. poëtarum latinorum.

Boßler, Chr. Ldw., kleine latein. Formlehre für Anfänger. 8. Darmstadt 841, Jonghaus Hofbuchh. n. 1/6 ℛ

Bossler, Christianus Ludovicus (Darmstadinus)
De gentibus et familiis Atticae sacerdotalibus.
Darmstadii: Leske 1833. 53 S.
Diss. phil. Giessen 30.12.1832. vorh. 4. Δ.

Boßler, Christ., Metrik in Beispielen, ein Leseb. z. Einübung d. gebräuchl. antiken Rhythmen u. Versmaße in griech., latein. u. deutscher Sprache, f. obere Gymnasialclassen u. zum Privatstudium. 8. (17 B.) Darmstadt 843, Jonghaus.

—— die Perfecta u. Supina d. lateinischen Conjugation, nach d. Analogieen ihrer Bildung zusammengest. 8. (1 B.) Darmstadt 842, Jonghaus.

Bossler, Heinrich Philipp Karl

Bossler, H. P. [Hrsg.]: Praktische Beispiele zu dem Elementarbuch der Tonkunst. Speier, 1782. In-4, 80 p.

Boßler, H.Ph.C. (Hrsg.), s. Bibliothek der Grazien.

Boßler, H.Ph.C. (Hrsg.), s. Blumenlese für Klavierliebhaber.

Bossler, H.Ph.C. (Hrsg.), s. Elementarbuch der Tonkunst zum Unterricht beim Klavier...

Boßler, H.Phil.Carl (Hrsg.), s. Korrespondenz, Musikalische, der teutschen Filarmonischen Gesellschaft.

Boßler, H. Phil. Carl (Hrsg.), s. Realzeitung, Musikalische.

Bossler, K., Beiträge z. Erklär. von Vergils Georgica Pr. 187?. 18 S. 4°. 2.—

Boſsler, L. Voltaire's Glaubwürdigkeit in seiner Histoire de Charles XII. Gera, G., 1870. 35 S. 4.

Bossler, L. (Hrsg.), s. Thierschutz-Zeitschrift, Allgemeine.

Bossler, Ludwig

Boßler, Ludw., Flora der Gefäßpflanzen in Elsaß-Lothringen. Als Taschenbuch für botan. Excursionen bearb. 8. (385 S.) Straßburg 877, Aſtmann. *

Boßler, Ludw., Flora der Gefäßpflanzen in Elsaß-Lothringen. Als Taschenbuch für botan. Excursionen bearb. 8. (385 S.) Straßburg 882. Aſtmann. n. 5. —

Bößler, E. (Red.), s. Coiffeur, Der.

Boßmann, Reise nach Guinea. 8. Hamb. 708.

BOSSMANN, Hermann (Isselburg): Ueber die Einwirkung der Metallstaubinhalation auf die Gesundheit.- Nürnberg: Bieling (1884). 1 Bl.,16 S.
1.5.1884 - Urk (Titel: De pulmonium siderosi.); Chr 1883/84,14
Diss. Ingolst.-Landsh.-Mchn.

Bossmann, Johannes

Vollständ. Gebet- u. Erbauungsbuch f. kath. Christen. Gott sei mir Sünder gnädig! Vornehml. aus d. Gebeten d. Kirche u. d. Schriften d. Heiligen zsgetr. von Johannes Bossmann, weil. Weihbischof von Münster. 7. Aufl. Dülmen: A. Laumann 1901. (XVI, 616 S.) 8° [F.]

Boßmann, Johs. Gott sei mir Sünder gnädig! Vollständiges Gebet- u. Erbauungsbuch f. kathol. Christen. 5. Aufl. 32. (XXIV, 584 S.) [Münst. 890. Mitsdörffer.] — Dülmen, Laumann. * 1 20

— dasselbe. Ausg. II. 16. (XVI, 624 S. m. farb. Titel u. 1 Stahlst.) Ebd. 889. 1. 20

[F. u. Ant.] Gott sei mir Sünder gnädig! Vollständ. Gebet- u. Erbauungsbuch f. kathol. Christen ... v. Johannes Bossmann, weil. Weihbischof v. Münster ... 5. Aufl. Dülmen: A. Laumann [1895?]. (XXIV, 584 S., 1 Taf., 1 Bildert.) 1 Bd 8.

Boßmann, Johs., Gott sei mir Sünder gnädig! [Grobdr.] 16. (XVI, 616 S. m. farb. Titel u. 1 Farbdr.) Dülmen 896. A. Laumann. Geb. n. 1. 50

Boßmann, Johs., Gott sei mir Sünder gnädig! Vollst. Gebet- u. Erbauungsbuch f. kathol. Christen. Vornehml. a. d. Gebeten d. Kirche u. d. Schriften d. Heiligen zusammengetr. 6. Aufl. gr. 16. (XVI, 610 S. m. farb. Titel u. 1 Stahlst.) Dülmen 896. A. Laumann. Geb. in Leinw. n. 1. 50

Gott sei mir Sünder gnädig! Vollst. Gebet- u. Erbauungsbuch f. kath. Christen. Vornehml. aus d. Gebeten d. Kirche u. d. Schriften d. Heiligen zusammengetr. von Johannes Bossmann, weil. Weihbischof. 8. Aufl. Dülmen: A. Laumann 1903. (XVI, 560 S.) 8° [F.]

Gott sei mir Sünder gnädig! Vollständ. Gebet- u. Erbauungsbuch f. kath. Christen. Aus d. Gebeten d. Kirche ... zusammengetragen von Johannes Boßmann. 8. Aufl. Dülmen: A. Laumann 1907. (XV, 624 S.) 8° [F.]

Boßmann, Johs., Gott sei mir Sünder gnädig! Vollständiges Gebet- u. Erbauungsbuch f. kathol. Christen. Vornehmlich aus den Gebeten der Kirche u. den Schriften der Heiligen zusammentragen. 9. Aufl. Ausg. III. (XV, 512 S. m. farb. Titel u. Titelbild.) 16. Dülmen 908. A. Laumann. Geb. in Leinw. 1. 50

Bossmann, Peter: Ein Fall von Hæmatoma uteri inveteratum. Würzburg 1897: Göb & C. (19 S.) 8°
Würzburg, Med. Diss. v. 1897

Boßmann, Rud., Hülfs-Tabellen zur Berechn. d. runden Holzes nach sein. kub. Inhalte. Für Forstbediente, Holzhändler, Zimmerleute ꝛc. 8. (3½ B.) Quedlinburg 841, Basse.

Boßmann, Rud., Hülfs-Tabellen zur Berechnung des runden und viereckigen Holzes, sowie der Borke eines Baumstammes, und der Körper, welche die Form eines Kegels, eines abgekürzten Kegels, eines schief abgekürzten geraden Cylinders, eines Prisma's und einer Pyramide haben, nach dem kubischen Inhalte derselben. Nebst einer Tabelle über das Gewicht der verschiedenen Holzarten, und einigen Regeln über die Decimal- und Buchstabenrechnung. Für Mühlenbesitzer, Holzhändler, Forstbeamte. 2., verb. und verm. Aufl. 8. (128 S.) Quedlinburg 853, Basse.

Boßmann, Rud., Hülfs-Tabellen zur Berechnung des runden und viereckigen Holzes, sowie der Borke eines Baumstammes, und der Körper, welche die Form eines Kegels, eines abgekürzten Kegels, eines schief abgekürzten geraden Cylinders, eines Prisma's und einer Pyramide haben, nach dem kubischen Inhalte derselben. Nebst einer Tabelle über das Gewicht der verschiedenen Holzarten, und einigen Regeln über die Decimal- und Buchstabenrechnung. Für Mühlenbesitzer, Holzhändler, Forstbeamte u. s. w. 3., verb. und verm. Aufl. gr. 8. (128 S.) Quedlinburg 858, Basse.

Boßmann, Rud., Holz-Tabellen. Hülfs-Tabellen zur Berechnung des runden u. viereckigen Holzes, sowie der Borke e. Baumstammes, u. der Körper, welche die Form e. Kegels ꝛc. haben nach dem kubischen Inhalte derselben. 4., gänzlich umgearb. u. verm. Aufl. Quedlinburg 866. Basse. 8. (XV, 104 S.) 15 ngr.

Boessneck, Paul (Ernst) (geb. Glauchau 27. 2. 1862): Zur Kenntniss der α-Naphtoësäure: Das α-Naphtoylcyanid und seine Umwandlungen. Berlin 1883. (33 S.) 8°
Berlin, Phil. Diss. v. 15. Aug. 1883

Bössner, Franz

Bössner, F.
Die Verwerthung der ausgebrauchten Gasreinigungsmassen auf Blutlaugensalz, Ammoniak- und Rhodanverbindungen. Nebst Anhang: Die neuen Methoden der nassen Cyangewinnung aus Leuchtgas. Wien, 1901. 8vo.

BÖSSNER, Franz

Die Verwerthung der ausgebrauchten Gasreinigungsmassen auf Blutlaugensalz, Ammoniak- und Rhodanverbindungen. Nebst einem Anhang enthlatend die neuen Methoden der nassen Cyangewinnung aus Leuchtgas. Von Franz Bössner. Mit 11 Figuren im Text. Leipzig und Wien. 1902. Deuticke. Gr.-8°. VIII, 93 S. K 4.80

(Boeßner, Heinr. Joh. Th.,) die steinerne Donau-Brücke zu Regensburg. Ein Beytr. z. Gesch. dies. Stadt. (M. 1 Abbild. d. Brücke.) gr. 8. (1½ B.) Sulzbach 830, v. Seidel.

Bössner, Hnr. Jb. Th., der Prebrunn bei Regensburg. Ein Beitrag zur Geschichte dieser Stadt. gr. 8. Sulzbach 831. v. Seidel. 1/6 ℳ

Bossong's kunsttechn. Bibliothek für Dilettanten. Bd 1-12. Wiesbaden 1891-94

Bossong's kunsttechnische Bibliothek f. Dilettanten. 1.—12. Bd. gr. 8. Wiesbaden, J. Bossong. n. 19.—
1. Anleitung zur Aquarell-Malerei v. Herm. Bouffier. (VIII, 107 S.) 891. n. 2.—
2. Anleitung zur Pastellmalerei v. Herm. Bouffier. (VIII, 30 S.) 891. n. 1.—
3. Grundriss der architektonischen Formenlehre. Für gewerbl. Fortbildungsschüler, sowie zum Selbststudium f. Bauhandwerker u. Dilettanten v. Herm. Bouffier. (VIII, 64 S. m. 128 Fig.) 891. n. 2.—
4. Schule der Oel-Malerei v. Herm. Bouffier. (VI, 121 S.) 891. n. 2.—
5. Lehre der malerischen Perspektive v. Herm. Bouffier. (VIII, 52 S. m. Illustr.) 892. n. 1.50.
6. Kleines Handbuch der Liebhaberkünste. 30 verschiedene leicht ausführbare Manieren m. 30 Illustr. Zusammengestellt v. Herm. Bouffier. (2. Aufl. der Kunsttechnik f. Dilettanten.) (VIII, 82 S.) 892. n. 1.60
7. Anleitung zur Majolikamalerei v. Herm. Bouffier. (37 S. m. 25 Illustr.) 892. n. 1.—
8. Anleitung zur Porzellanmalerei v. Jos. Krekel. (VII, 69 S. m. Illustr.) 892. n. 1.60
9. Anleitung z. m Lederschnitt u. zur leichten Behandlung desselben m. Farbe u. Gold v. Maria Zinn. Mit 18 Illustr., 1 Vollbilde nach dem Entwurfe v. Frl. A. Rust u. 2 Vorlagen v. Ferd. Nitzsche. (V, 32 S.) 893. n. 1.50
10. Lehre der geometrischen u. perspektivischen Schattenkonstruktion v. Herm. Bouffier. (VII, 37 S. m. 54 Illustr.) 893. n. 1.60
11. Anleitung zum Kerbschnitt v. C. Müller. (VIII, 53 S. m. 22 Fig.) 894. n. 2.—
12. Anleitung zu Klein-Eisenarbeiten. Mit 27 Illustr. Von Herm. Bouffier. (VII, 35 S. m. Bildnis.) 893. n. 1.60

Bossong's kunsttechnische Bibliothek f. Dilettanten. II. u. V. Bd. gr. 8. Wiesbaden, F. Bossong. n. 2.50
II. Anleitung zur Pastell-Malerei. Von Herm. Bouffier. 2. Aufl. (VIII, 30. S.) 905. n. 1.—
V. Lehre der malerischen Perspektive. Von Herm. Bouffier. 2. Aufl. (VIII 52 S. m. Abbildgn.) 905. n. 1.50

Bossong, Franz

Bossong, Frz., d. Ahrthal m. s. Burgen u. Orten: Bleidenstadt, Langenschwalbach, Adolfseck, Hohenstein, Kemel, Gronau, Michelbach, Zollhaus, Burgschwalbach, Hohlenfels, Katzenelnbogen, Kloster Arnstein, Oberneisen u. Ardeck in Vergangenheit u. Gegenwart. Zugl. e. Führer f. Diez u. s. Umgebg. E. Wanderbuch f. Einheim. u. Fremde. M. Ansichten v. Ferd. Nitzsche, 1 Karte d. Ahrthales b. Zollhaus u. 1 Karte d. v. Touristen-Verein Diez markirten Wege i. d. Orig.-Farben. 8. (VIII, 78 S.) Wiesbaden 895. F. Bossong. Kart. n.n. 1.50

Bossong, Frz., illustr. Fremden-Führer durch Wiesbaden u. Umgebung, unter Mitwirkg. v. C. Spielmann, C. Meineke, Florschütz, W. Caspari II., Ch. Leonhard, M. Ripper, Emil Rosenthal u. V. Beck hrsg. Mit ca. 60 Illustr. v. Ferd. Nitzsche u. 10 Extrabeilagen: Stadtplan nach dem amtl. Plane der Stadt, Panorama v. Wiesbaden, Karte der Umgebg., Ansicht des alten u. neuen Theaters, Tabelle der vom Wiesbadener Rhein- u. Taunus-Club markirten Wege in den Orig.-Farben, Ansicht der Marktstrasse m. dem Uhrturm, Bild der Stadt im J. 1630, die Gigantensäule, das Bodenstedt-Denkmal u. das Kurhaus. 2., bedeutend verm. u. verb. Aufl. 8. (VI, 174 S.) Wiesbaden 894. Keppel & Müller. n. —60

— Ill. Fremden-Führer durch Wiesbaden u. Umgebg. unt. Mitwirkg. v. C. Spielmann, C. Meineke, Florschütz, W. Caspari II, Ch. Leonhardt, M. Ripper, Emil Rosenthal u. V. Bock hrsg. M. ca. 60 Ill. v. Ferd. Nitzsche, sow. Stadtplan n. d. amtl. Plane d. Stadt, Panorama v. Wiesbaden, Karte d. Umgebg., Ansicht d. alten u. neuen Theaters, Ansicht d. Marktstrasse m. d. Uhrthurm, Bild d. Stadt i. J. 1630 u. Rheinpanorama. 4., bedeutend verm. u. verb. Aufl. (13.—16. Taus.) 8. (160 S.) Ebd. 897. —50

— Gedichte in Wiesbadener Mundart. 12. (VIII, 71 S.) Ebd. 895. Kart. n. 1.—

[F. u. Ant.] Gedichte in Wiesbadener Mundart v. Franz Bossong. 2. verm. Aufl. *Wiesbaden: F. Bossong 1898.* (60 S., 1 Bl.) 1 Bd 8. [98. 4076

Gedichte in Wiesbadener Mundart von Franz Bossong. 3., verm. Aufl. Bd 1. Leipzig, Wiesbaden, Paris: Bossong 1909. 8° [11. 10138

Bossong, Frz., gelunge Gescherr. Eine Sammlg. heiterer Gedichte u. Geschichten in wiesbadener, frankfurter, pfälzer, westerwälder u. hess. Mundart. 8. (86 S. m. 1 Titelbild.) Wiesbaden 894. Keppel & Müller. n. 1.50

— Hohenstein einst u. jetzt. [Aus: „B., Arthal".] Bilder v. Ferd. Nitzsche. Mit 1 Karte. 8. (19 S.) Ebd. 895. n. —50

— der Kampf der Taubstummen um die Laut- u. Gebärdensprache. gr. 8. (28 S.) Wiesbaden 892. J. Bossong. n. —50

— Schloss Schaumburg a. d. Lahn einst u. jetzt. Bilder v. Ferd. Nitzsche. M. 1 Karte d. v. Taunusklub Diez markirten Wege. 8. (14 S.) Ebd. 895. n. —60

— Touristenkarte d. Umgebg v. Ems, d. Einrich m. d. Jammer-Mühlbachthal, d. Lahnthales v. Diez bis Coblenz u. d. unt. Westerwaldes. Relief v. Woldermann. 1:62,500. 52×42,5 cm. Photolith. Ebd. 04. Auf Lnw. 1.50

— 's Birreche in Berlin unn uff de berliner Gewerbeausstellg. E eepsch Gedicht in wiesbad. Mundart. gr. 8. (8 S.) Ebd. 896. n. —20

Bossu, Charles

— u. Edmond Delavigne, Die Dragoner. Schwank in 3 Acten. 16. (120 S.) München (898). Rubinverlag. n. 2.—

Bössu, Charles, Die fliegende Holländerin, s.: Pohl, Rob.

BOSSU, Jean Bernard 1720 - 1792
Neue Reise nach Nordamerika
s. Johann Ernst Fabri, Sammlung von Stadt- Land- und Reisebeschreibungen, Bd. 2 [1786], S. 99-262,

BOSSU, Jean Bernard 1720 - 1792
Neue Reisen nach West-Indien Darinnen Nachrichten von der Religion, der Regierungsart, den Sitten, der Handlung und den Kriegen der Völker enthalten, die an dem großen Flusse Saint Louis, der gemeiniglich der Mississippi genannt wird, wohnen.
Herausgegeben von M. Bossü ...
Erster [- Zweyter] Theil.
Aus dem Französischen übersetzt.
Frankfurt-Leipzig [- Helmstedt: Kühnlin]. 1771 [- 1774].
8°.
John Carter Brown Library Providence, R. I.
2. Aufl. 1776-1774, unselbständige Ausg. 1786
Ausg. Magdeburg: Hechteln. 1771 [Frankfurt-Leipziger Meßkatalog, Ostermesse 1771, S. 159] konnte nicht gefunden werden.
Sabin 6468; Palmer.

BOSSU, Jean Bernard 1720 - 1792
Neue Reisen nach West-Indien Darinnen Nachrichten von der Religion, der Regierungsart, den Sitten, der Handlung und den Kriegen der Völker enthalten, die an dem grossen Flusse Saint Louis, der gemeiniglich der Mißißippi genannt wird, wohnen.
Herausgegeben von M. Bossü ...
Erster [- Zweyter] Theil.
Neue von dem Verfasser durchsehen und verbesserte Auflage.
Aus dem Französischen übersetzt.
Helmstedt: Kühnlin. 1776 [- 1774]. 8°.
Harvard University Library Cambridge, Mass.
Nur Tl. 1 in 2. Aufl.
1. Aufl. 1771-1774, unselbständige Ausg. 1786,
Ausg. Voyage de Mr. Bossu de Westinde, 2 Bde., Frankfurt: J. Christoph Hechtel, 1775 [Frankfurt-Leipziger Meßkatalog, Ostermesse 1775, S. 890] und Nouveaux voyages dans l'Amérique septentrionale, Amsterdam-Leipzig: H. Merkus, 1779 [ebd., Ostermesse 1779, S. 708] konnten nicht gefunden werden.
Sabin 6469. Palmer.

de Bossü, Ren., Abhandl. vom Heldengedicht; aus d. Französ. v. G. F. Meyer. gr. 8. Halle 753. Franke. (Graffé in Lpz.) 18 kr

Bossuet, Carl, s. Bossut, Charles

Bossuet, Jacques-Bénigne

Bossuet, Jak. Benj., Abhandl. v. Abendmahl; aus d. Französ. v. Besange. gr. 8. Wien 779. Trattner. 16 kr

— Abhandl. v. heil. Abendmahl. Aus d. Frz. gr. 8. Wien 1778 (fehlt bei Tendler). 1/2 Thlr. — 1 fl. 12 kr.

Bossuet, J. B., Abhandlung über die Kommunion unter beiderlei Gestalten. Aus dem Franz. übers., mit einer histor. Einleitung, verschiedenen Anmerkungen u. einem Anhange über die Kommunion der Orientalen verm. von P. Franz Regel. Bamberg u. Würzburg 1780, gr. 8°, 84 S.
Traité de la communion sous les deux espèces. Paris 1683.

— Abhandl. üb. d. Kommunion unter beiderlei Gestalten; mit Anmerkgn. von Fr. Regel. gr. 8. Bamberg 1780. Wesche in Frkft. 1/2 Thlr. — 1 fl.

— Abhandl. üb. d. Communion unt. beid. Gestalt. a. d. Franz. v. Regel gr. 8. Würzb. Göbhard. 780.

— an vere sit autor libri: defensio Gallicanae declarationis? 4. Ingolst. 789. Krüll. 9 kr

— Auslegung d. Christenlehre. 8. Köln 787. Fabricius. 5 kr

Bossuet, Jak. Benignus, Auslegung christlicher katholischer Glaubenslehren über die streitigen Glaubenspunkte. Wien 1742, 8°.
Spätere deutsche Übertragungen: Auslegung d. Lehre d. kath. Kirche. Wien, Trattner, 1758, 8°; das. Heubner 1771, 8°. — Auslegung d. Lehre d. kath. K. über d. streitigen Punkte d. Glaubens; aus d. Franz. übers. u. verm. von J. B. Wilkowitz. Münster, Aschendorff, 1787, 8°. Dazu Nova biblioth. Frib. I, 121—2. — Auslegung d. Christenlehre. Köln, Fabricius, 1787, 8°. — Darstellung d. Lehre d. kath. K. in Hinsicht auf die v. d. Reformierten angestrittenen Lehrsätze. Aus d. Franz. v. Schneider. Luzern, Anich, 1823, gr. 8°. Dazu Katholik 1823, Bd. 7 S. 76—85. — Unter dems. Titel. Aus d. Franz. frei v. F. G. A. Schneidawind. Bamberg, Dresch, 1829, gr. 8°. Dazu Katholik 1829, Bd. 32 S. 103—5 — Darstellung etc. Straßburg, Le Roux, 1832, 16°, 140 S. Katholik 1834, Bd. 51 S. 113—4. — Darstellung der Lehre d. k. K. in Bezug auf d. Unterscheidungslehren. Aus d. Franz. v. Wilh. Lothmann. Aachen, Hensen, 1844, 16°; 2. Aufl. das. 1852, 12°, 113 S., 50 Pf. Das Original erschien in 1. Aufl. u. d. T.: Exposition de la doctrine de l'Eglise catholique sur les matières de controverse. Paris 1671

— Ausleg. christk. cathol. Kirchenlehr. üb. d. streit. Glaubenspuncte. 8. Wien. 742.

— Ausleg. d. Lehre v. hl. Abendm. 8. Wien 1771, Heubner. 1/3 Thlr. — 36 kr.

— Auslegung d. Lehre d. kathol. Kirche. 8. Wien 758. Trattner. 4 kr Dass. Ebd. 771. (Heubner.) 8 kr

— Ausleg. d. Lehre d. cathol. Kirche. 8. Wien, Camesina. 772.

— Auslegung d. Lehre d. kathol. Kirche über d. streitigen Punkte d. Glaubens; aus d. Französ. übers. u. verm. v. J. B. Wilkowitz. 8. Münster 787. Aschendorff. 6 kr

Bossuet, Jak. Benignus, Beherzigungen über die Geschichte der alt- und neutestamentl. Religion, herausgegeben von A. Erthel. Frankfurt, a. M., Vandliren, 1787, neue Aufl., 8°, 1 Mk.
Ein Auszug aus Bossuets discours sur l'histoire universelle. Paris, 1681?

— Beherzigungen üb. die Gesch. d. Alt- u. Neutestamentl. Religion. N. Aufl. gr. 8. Fulda 1788, L. Stahel in Würzb. 8 ggr. — 36 kr.

— die Bergpredigt (Jesu Christi) erklärt u. übers. von J. M. Jllmensee. gr. 8. Rottweil 1824, Jenni in B. (Scheitlin u. Z.) auch Mäken. 1/2 Thlr. — 48 kr.

Bossuet, Jak. Benign., Betrachtungen üb. d. Evangelium. A. d. Franz. übers. v. Jos. v. Orsbach. 4 Bde. 1. Aufl. 836. 2 1/2 Thlr., 2., wohlf. Ausg. gr. 12. (à 48 1/2 B.) Aachen 840, Hensen u. Comp. Thlr.

— geistl. Betrachtt. über Vergebung d. Sünden zur Zeit e. Jubeljahres; aus d. Französ. übers. 8. Wien 758. Trattner. 4 kr

— Betrachtungen über d. Jubiläum (päpstl. Jubeljahr). 2e Aufl. gr. 8. Würzburg 1826. Stahel. 6 ggr. — 24 kr.

— Betrachtungen über Religion u. Kirche, s. Fenelon u. B., Bruchstücke.

— Betrachtt. über d. Zeit d. Jubiläums. Aus d. Französ. übers. gr. 8. Würzb. 825. Stahel. 8 kr

Bossuet, Bruchstücke ..., s. Fenelon

Bossuet, J. B., Ein Buch über die Apokalypsin. Aus dem Franz. mit Erklärungen und Bemerkungen von Jos. Stöcklein. Augsburg, 1718, 4°.
Original: L'Apocalypse. Paris, 1689. Bossuet faßt d. Apok. ebenso wie Holzhauser (s. o), als eine detaillierte prophetische Schilderung aller die Kirche betreffenden Schicksale auf.

Darstellung der Lehre der katholischen Kirche in den angestrittenen Glaubenssätzen [Exposition de la doctrine de l'Église catholique] von J[acques] B[énigne] Bossuet. Aus d. Franz. übers. von Eugen Scheuer. Mit e. Vorr. von Max Vincenz Sattler. (München 1806: Wild). 50 S. 8°
Xenium d. größeren latein. Kongregation f. d. J. 1806. [illegible]

Bossuet, J. B., Darstellung der Lehre der katholischen Kirche in den angestrittenen Glaubenssätzen. Aus dem Franz. übers. v. Eug. Scheuer. Mit e. Vorrede v. Max Vincenz Sattler. 2. rev. Aufl. (61 S.) 8. St. Johann a. d. Saar 907. (Aibling, J. N. Cortolezis.) — 60

— Darstell. d. Lehre von d. kathol. Kirche, in Hinsicht auf d. von d. Reformatoren angestrittenen Lehrsätze; aus d. Französ. gr. 8. Luzern 823. Anich. 9 kr

Bossuet, Jak. Benj., Darstellung d. Lehre d. kathol. Kirche in Hinsicht auf die v. d. Reformirten angekämpften Lehrsätze. Frei a. d. Franz. v. Frz. G. J. Ad. Schneidawind. gr. 8. (5 1/2 B.) Bamberg 828, Dresch.

— Dasselbe: Darstellung der Lehre etc. Frei übersetzt von Prof. F. G. A. Schneidawind. gr. 8. Bamberg 1829, Dresch. 1/4 Thlr. — 27 kr.

Bossuet, J(ak.) B(enign.), Darstellung d. Lehre der kathol. Kirche in Bezug auf die Unterscheidungslehren. Aus d. Franz. v. Wilh. Lothmann. 16. (6 5/8 B.) Aachen 844, Hensen u. Comp.

Bossuet, J. B., Darstellung der Lehre der katholischen Kirche in Bezug auf die Unterscheidungslehren. Aus dem Französ. von Wilh. Lothmann. 2. Aufl. 12. (113 S.) Aachen 852, Hensen und Comp.

Bossuet, JB, Darst. d. Lehre d. kath. Kirche in Bez. auf d. Unterscheidgslehren. A. d. Franz. v. W Lothmann. 2. Afl. 12. (113) Aachen 52, Jacobi u. Co. — 5

— defensio declarationis conventus cleri Gall. 1682. de ecclesiastica potestate. II Tom. 4. Bern 767. Typogr. Soc. 5 Rthl. id. lib. 4maj. Mainz 788. (Wesché in Frankf.) 2 Rthl.

— — idem liber. 4. maj. Mainz, (Goebhard, B.) 788.

—— Dasselbe. Mainz (Frankfurt a. M., Wesché) 1788, 4°.
Der volle Titel des von Bossuet 1683 u. 1684 verfaßten Werkes lautet: Defensio declarationis celeberrimae, quam de ecclesiastica potestate sanxit clerus Gallicanus anno 1682., ex speciali iussu Ludovici Magni scripta et elaborata, nunc primum in lucem edita summoque studio ad fidem autographi codicis exacta. Luxemburgi 1730, in 4°, 2 voll.

Bossuet, Discours sur l'histoire univ. 4 Vol. Stereot. Leipz. Fr. Fleischer.

Bossuet. Discours etc. Continuation sepr. le même. Fr. Fleischer. Rthlr.

— Einleit. in d. allgem. Gesch. d. Welt bis auf Karl d. Gr. Fortgesetzt u. mit Anmerkk. v. Jh. Andr. Cramer II. 7 Thle in 8 Bden. gr. 8. Leipz. 752—86. Breitkopf u. H. 8 ꝛf 2 gl Hbg. Pr. 3 ꝛf

— Einleitung in die allgem. Weltgeschichte bis auf Carl den Grossen. A. d. Französ. übersetzt und fortg. von Cramer. Leipzig 748-86. 7 Bde. 8. 8 rthl. 2 gr.

Bossuet, (J. B.,) Erklär. d. Bergpredigt. Uebersetzt von J. M. Ilmensee. 8. Bern 824. Jenni. (Leipzig, Hartmann.)

— Erklär. d. Bergpredigt. Uebersetzt von J. M. Ilmensee. 8. Bern 824. Jenni. (Leipz., Volckmar). 10 gl

— gründl. und schriftmäßige Erklärungen (Exposition) über das allerheil. Sakrament u. d. Meßopfer. Uebers. v. J. M. Ilmensee. gr. 8. Augsburg 1807, Veith u. R. 45 kr. Lampart jetzt 9 ggr. — 36 kr.

— Erläuterungen einiger Schwierigkeiten, welche a. d. Gebeten d. heil. Messe hergenommen werden. Uebers. v. L. A. Mayer. gr. 8. Bamb. 827. Dresch. 9 gl

Bossuet, Jacques-Bénigne: Doctrinae catholicae e x p o s i t i o.

— doctrinae catholicae etc. 8. Wien. Gerold.

— doctrinae catholicae expositio. 4. Gœtt. Vandenhök. 756.

— expositio doctrinae catholicae etc. 12. Wien 753. Trattner. 8 gl

*Bossuet, J a c q u e s. Doctrinae catholicae expositio. Clagenf., 1771.

— expositio doctrinae catholicae, d. d. sodalibus academ. congregat. majoris Molshemianae etc. 12. Strassb. 774. Levrault. 12 gl

— Expositio doctrinae catholicae etc. 8. Viennae 1783. Coloniae 1788. 6—8 ggr. — 30—36 kr.

Bossuet, Jak. Benj., doctrinae catholicae expositio ex interpretat. Cl. Fleury. 8. Köln 787. Rommerskirchen. 4 gl Schrbp. 6 gl

Bossuet's Fastenpredigten. Nach dem neuesten französ. Originale hrsg. v. Jos. Drammer. I. Tl. (VIII, 464 S.) 8. Salzburg (908). A. Pustet. n. 4. —; geb. in Halbfrz. n. 5. —

Bossuet's Fastenpredigten. Nach dem neuesten französ. Originale hrsg. v. Jos. Drammer. II. u. III. Tl. 8. Salzburg, A. Pustet. 6. 40; geb. 8. 40
II. (III, 268 S.) (908.) 2. 40; geb. 3. 40
III. (IV, 431 S.) (908.) 4 —; geb. 5. —
Bd. I. Ebd. 908. 4. —; geb. 5. —

Bossuet's Geist, od. auserles. Gedanken aus seinen Werken; aus d. Französ. v. A. Stribel. 8. Augsb. 772. u. 783. Wolff. 9 gl

Bossuet, Jak. Benignus, Geschichte der Veränderungen der protestant. Kirchen. Aus dem Franz. übers. von Franz Steininger. Augsburg, Klett, 1769, gr. 8°.

— Geschichte d. Veränderungen d. protestant. Kirche. Uebers. von L. A. Mayer. 4 Bde. gr. 8. München 823—25. Giel.

—— Dasselbe. In das Deutsche übers. von Ludw. Ant. Mayer. München, Giel (jetzt Regensburg, Verlagsanst.), 1825, gr. 8°, 2 Bde, XXIV, 502 u. VIII, 499 S., 8 Mk.

—— Dass. Bd. 3 u. 4, XIV, 342 u. XXII, 309 S., 6 Mk. Auch u. d. T.: Vorstellungen an die Protestanten über die vom Minister Jurieu gegen die Geschichte der Veränderungen herausgegebenen Briefe.

Das Original: Histoire des variations des églises protestantes. Paris 1688, 2 Bde. Beste Ausg. Paris 1689, 4 Bde.

— (dass. deutsch:) Gesch. der Veränd. in der protestant. Kirche; übers. vom Pr. L. A. Mayer (in Würzburg). Nebst zusätzl. Bemerkungen Bossuet's wider die Gegenschriften *Jurieu's. 4 Bde. gr. 8. München 1825—26. Giel. 4⅔ Thlr. — 7 fl. 12 kr. Ohne die Bemerkungen wider Jurieu. 2⅔ Thlr. — 4 fl.

— die Grundlehren der Religion Jesu Christi u. d. kathol. Kirche; nebst Betrachtungen über d. Cultus, Sitten ꝛc. (Neueste) sorgfältige u. mit Ergänzgn. verm. Bearbeit. v. M. Sinner. 8. Heilbronn 1845, Landherr. 8 ggr. — 36 kr.

Bossuet, Histoire universelle, 2 Vol. in 18. Stéreot (Leips. Barth). Pap. ord. broché 18 Gr. Pap fin, Rthlr. 1. Pap. vélin, Rthlr. 2. Format in-12, pap. vél. Rthlr. 2 16 Gr.

— Histoire des variations des églises protestantes — (Lateinisch:) Historia doctrinae protestantium, in religionis materia. Ex gallico. 2 Tomi. 12. Herbipoli 1718. Viennae 1753. Antiquarisch ½ Thlr.

— historia doctrinae protestant. 8. Wien 753. 16 gl

Bossuet, Jac. Ben., Historia univers. 2 Vol. gr. 12. Basle, Schweighäuser. 772. Rthlr.

Bossuet, Jak. Benignus, Katechismus v. den Festen, den heil. Zeiten u. den kirchl. Gebr. Uebersetzt, nach Bedürfniß erweit. u. m. besondr. Rücksicht auf die Festordng. der Diöcese Paderborn umgearb. v. Adph. Röttcher. 8. (XVI, 144 S.) Paderborn 872. Junfermann in Comm. n. — 60

— Catechism. f. Kinder. 8. Münch. Lentner. 875.

— Klosterreden. Aus dem Franz. v. Ludw. Wahl. gr. 8. (140 S.) Regensburg 873. Manz. 1. 80

— Lebensgeschichte, s. a. L. F. A. v. Bausset.

Bossuet, J. B., Lebensgeschichte nach Originalhandschriften von F. L. v. Bausset. In einer deutsch. Uebers. herausg. v. M. Feder. 4 Bde. gr. 8. Sulzbach, Seidel. 820-21. à 1 Rtlr

— Lehrbegr. d. Hydrodynamik. 1r Bd. a. d. Frz. v. Langsdorf. 2 Thle. m. K. gr. 8. Frankf. Andreä. 791. 92. (I. 2 Rthlr. 16 gr., II. 2 Rthlr. 8 gr.)

(F) Bossuet's Marienpredigten auf die Feste der allerseligsten Jungfrau Maria. Nach dem neuesten französischen Originale herausgegeben von Dr. Josef Drammer. Mit einer Vorrede von Domprobst Dr. Berlage. Salzburg. [1899.] Pustet. 8°. VI, 502 S. fl. 2.40, geb. fl. 3.—

— Offenbarung d. heil. Johannes samt d. Erklär. 4. Augsburg, Wolf. 718.

Bossuet, Oraison funèbre de Louis de Bourbon, s. Bibliothek gediegener und interessanter französischer Werke.

— Oraisons funèbr., 1 vol. in 18. Stéreot. (Leips. Barth). Pap. ord. broché, 9 Gr. Papier fin, 12 Gr. Papier vélin, Rthlr. 1. Format in-12, pap. vél., Rthlr. 1 8 Gr.

Bossuet, oraisons funèbres. Ausgew. u. erklärt v. E Pfundheller. (147) Berl. 86, Weidmann. n. 1. —

Bossuet, J. B., ausgewählte oraisons funèbres. Für den Schulgebrauch erklärt von G. Völcker. gr. 8. (IV, 115 S.) Leipzig 877. Teubner. 1. 20

Bossuet, Jacques Bénigne, ausgewählte Predigten u. Trauerreden, s.: Predigt, die, der Kirche.

Bossuet's Predigten auf die Feste der allerseligsten Jungfrau Maria. Nach dem neuesten französ. Originale hrsg. v. Jos. Drammer. Mit e. Vorrede von Berlage. 8. (VII, 502 S.) Salzburg (899). A. Pustet. n. 4. —; geb. in Halbfrz. n. 5. —

— gesammelte Predigten; übers. von Jan. Wurz u. W. Holzmeyer. 13 Thle. gr. 8. Steyer 1778—84 (fehlt bei Rieger in A.) zulezt Haslinger in Linz. 12 Thlr. — 18 fl.

— gesamm. Predigten. 1r—7r Bd. übers. v. W. Holzmeyer. 8r u. ff. v. Wurz. 15 Thle. gr. 8. Steyr 778—84. (Rieger in Augsb.) 12 ꝛf 20 gl

Bossuet, Jak. Benignus, Rede von der Einigkeit (Einheit) der Kirche. Augsburg, Rieger, 1782, 8°.

Sermon prêché à l'ouverture de l'assemblée du clergé (9 Novembre 1681). Paris 1682. Die vielbewunderte, leider in ihrem 2. Teile durch d. Verteidigung der Versammlung entstellte Rede über die Einheit der Kirche.

— Rede v. d. Einigkeit d. Kirche. 8. Augsb. Rieger. 783.

— tractat. super reunione protestant. c. eccles. cathol. 4maj. Wien 782. Al. Doll. 1 rß

Bossuet, Iac. B., Tractatus super reunione Protestantium cum ecclesia catholica. Wien, Doll, 1783, gr. 4°, 3 Mk. (Nachdruck.)

Bossuet, Jacques Benigne.
Sammlung einiger Trauerreden. Aus dem Französischen. Züllichau 1764. Ü: *Teubern, Hans Ernst von.* (Ky) (MGT)

— merkwürdige, in d. Samml. seiner kleinern Werke vorkommende Schriften. A. d. Französ. v. L. A. Mayer. 2 Bde. gr. 8. Bamb. 827, 28. Dresch. 2 rß 16 gl 2e unveränd. Ausg. gr. 8. Ebd. 832. Hbg. Pr. 1 rß 12 gl

Boſſuet, Jak. Benignus, Staatskunſt aus der heil: Schrift gezogen. Augsburg, Wolff, 1774, 8°, 3 Mk.
Politique tirée des propres paroles de l'Ecriture sainte. Paris, 1709.

— Trauerrede auf Ludw. v. Bourbon Prinzen v. Condé. (Oraison funèbre de L. de Bourbon.) Wortgetreu aus dem Franz. ins Deutſche überſetzt nach H. R. Mecklenburg's Grundſätzen von N. L. 1. u. 2. Hft. 32. (103 S.) Berlin 878. 80. H. R. Mecklenburg. à n. — 25

— s. a. Trauerreden.

— Trauerreden. 8. Wien 763. Krauß. 12 gl

BOSSUET, J. B. DE. Trauerreden Aus dem Französischen übersetzt [von F. C.]. Wien, J. P. Kraus, 1764. Kl. 8°. 12 Bl. 432 S. HLd. d. Z. 22.—
Fromm I. 310 (gibt irrtümlich das Datum 1763). Erste deutsche Ausg.

— Dieſ. aus d. Französ. (v. H. E. v. Teubern). gr. 8. Züllich. 764. Frommann in Jena. 12 gl

— u. Flechier's ꝛc. — Trauerreden, mit biograph. Notizen und einer Abhandl. über d. Trauerrede. Von * Villemain u. Duſſault. Aus dem Französ. 1r Bd. (Boſſuet). gr. 8. Frankfurt 1840, Andreä. 1⅓ Thlr. — 2 fl. 24 kr.

— Universal-Geschichte vom Anfange d. Welt bis auf d. Kaiſerreich Karls d. Großen. Aus d. Französ. neu überſ. von L. A. Mayer. Mit 1 Kupf. gr. 8. Würzburg 826, Etlinger.

—— Universal-Geſchichte v. Anfange d. Welt bis auf d. Kaiſerreich Karl's d. Großen. In Vorträgen gehalt. vor d. Dauphin v. Frankreich, um d. ſtete Fortdauer d. Religion unt. d. ſteten Veränderungen d. Weltreiche in's Licht zu ſetzen. A. d. Franz. neu überſ. v. Ludw. Ant. Mayer. 2., wohlf. Ausg. Mit Titkpfr. gr. 8. (33 B.) Würzburg 832, Etlinger'ſche Vrlshdlg.

— Universalgeſchichte bis zu Karl dem Gr., worin die ſtete Fortdauer der Religion unter den ſteten Veränd. der Weltreiche ins Licht geſetzt iſt. 2e wohlf. Ausgabe. gr. 8. Würzburg 1832. (Manz in R.) 1 Thlr. — 1 fl. 30 kr.

— Vorſtellungen an die Proteſtanten über die Briefe * Jurieus gegen ſ. Geſch. d. Veränd. ꝛc. 2 Bde. gr. 8. München 1826, Giel. 2 Thlr. — 3 fl. 12 kr.

Bossung, Eugen [aus Diedesfeld (Rheinpfalz)]: Beiträge zur Kenntnis substituierter Isochinoline. . . . Freiburg i. B., Buchdr. v. Chr. Ströcker, 1891; 44 S., 1 Bl. 8°
Freiburg i. B., Phil. Fak., Inaug.-Diss. v. 1891

Bossung (Eugen). Ueber das Erdöl von Montechino. Karlsruhe 1892. 34 S.
Karlsruhe, Techn. Hochsch., Diss. z. Erlang. d. Dipl. f. techn. Chemie. 1892.

Bossut, C.

Bossut, ..., the french and english Primer, or an essay vocabulary of fifetine hundred common words, for the childern. 12. Kopenh. 822. Bonnier. (Leipz., Wienbrack). 6 gl

Bossut, Charles

Boſſut u. Viallet, üb. d. beſte Conſtruct. d. Teiche. a. d. Frz. v. Kroncke. m. K. gr. 4. Frankf. Jäger u. Körner. 798.

— u. Viallet, über d. beſte Conſtruktion d. Teiche; aus d. Französ. v. Cl. Kröncke. Mit 7 Kpf. gr. 4. Frankf. a. M. 798. Jäger; a. Streng. 1 rß

Boſſüt, Abt, Lehrbegriff d. Hydrodynamik, nach Theorie u. Erfahrung; aus d. Französ. überſ. u. mit Anmerkk. herausg. v. K. Chr. v. Langsdorf. 2 Bde, mit 23 Kpft. gr. 8. Frankf. a. M. 791, 92. Andreä. 5 rß

* *Carl Boſſüt's* Lehrbegriff der Hydrodynamik nach Theorie und Erfahrung, vorzüglich für ſolche, welche zur Ausübung dieſer Wiſſenſchaft beſtimmt ſind; aus dem Franzöſiſchen überſetzt, mit Anmerkungen und Zuſätzen von *Carl Chriſtian Langsdorf.* Frankfurt in der Andräiſchen Buchhandlung. 8. m. Kupf. 1792
I. B. 637 S.
II. B. (welcher die Experimental-Hydraulik enthält) 510 S.
Gött. gel. Anz. 1792. B. III. S. 1740–42.
N. Allg. d. Bibl. 1. B. I. St. S. 285. u. f.
(Der geſchickte Ueberſetzer hat eine Menge Erläuterungen, Zuſätze und Anwendungen beigefügt.)

— Saggio sulla storia generale delle matematiche etc. II Vol. 8. Milano. (Tourneysen, Cassel.) 802.

Bossut und Viallet: Untersuchungen über die beste Construction der Deiche. Deutsch von C. Kröncke. Frankfurt a. M. 1798

— Verſuch e. allgem. Geſch. d. Mathematik; aus d. Französ. mit Anmerkk. v. N. Th. Reimer. 2 Thle. gr. 8. Hamb. 804. (A. Campe). 3 rß 6 gl

Boſſut, C., Verſ. e. allgem. Geſch. d. Mathem. a. d. Franz. m. Anm. v. Reimer. 2 Thle. gr. 8. Hamb. Hoffmann. 804.

Bossuyt, Johann (Lichtervelde/Westflandern), De inflammatione. Diss. med. Rector Johann van Voorst. Leyden (Ww. M. Cyfueer, J. fil.) 7. VIII. 1816. 20 S. (4,50) 3700
Gew.: Anth. Richerand.

Boſſy, M., neue Reiſen nach Weſtindien; aus d. Französ. 2 Thle. 8. Helmſt. 776. Fleckeiſen. 16 gl

Bost, Diss. sistens historiam asthmatis. Erf. 4°. 1774

Boſt, A., über einige Erſcheinungen unſerer Natur, unabhängig von aller Offenbarung betrachtet, als Andeutungen d. urſprüngl. Größe, des gegenwärt. Elendes u. d. zukünft. Beſtimmung des Menſchen. Aus d. Französ. gr. 8. Hamb. 829. Perthes u. Beſſer. 4 gl

Boſt, Frdr., „Schwerhörig!" od. Der richt. Schwiegerſohn. Schwank in 1 Aufzuge. (24 S.) 8. Warendorf (909). F. Wulf. p — 75

Boſt, Louiſe, Cäcilia. Betrachtungen üb. Kunſt u. Kunſt. o. (IV u. 261 S.) Würzburg 851, Stahel in Comm. n. 1 rß

Bostel F.: Die Piotrkower Constitution v. J. 1525. (Ein Beitrag zur Geschichte des polnischen Handels). 20. Lemberg II. 90.
Brog.

Bostel, Luc. And. v. Dissertatio de contributione propter jactum maritimum vulgo avaria. 4°. Argentorati 1737.

§ * **BOSTEL**, Nicolai von. Stad: Brem: Poëtische Neben-Wercke, bestehend In Teutschen u. Lateinischen, Geistlichen, Moral-Trauer-Vermischten- und Ubersetzten Gedichten, Nach des Seel. Autoris Tode († 1707) aus dessen hinterlassen (sic!) Schrifften coligirt. Hamburg, Heyl u. Liebezeit, 1708. 8°. (In Göttingen: P. 3176; auch in Breslau, Kgl. u. Univ.-Bibl., u. in Zürich.)

TKpf., 15 Bll. Vorst., 355 SS. u. 5 Bll. Reg. u. Err. — Darin nebst galanten Sachen auch Uebersetzung von Heroiden Ovids, S. 189—240, u. von Pietro Michiele, S. 241—250. Enthält auch niederdeutsche u. lateinische Gedichte.

Nic. v. Bostel, Prätor- u. Rathsherr in Stade, geb. daselbst 6. Oct. 1670 als Sohn eines angesehenen Kaufmanns, † 13. Jan. 1707.

Bostell, Fr. Jakob v.

— prakt. Abhandl. von den pråoccupator. Vorstellungen beim Kammergericht. 8. Lemgo 779. Meyer. 2 gr

v. Bostell, Fr. Jak., kurzer Abriß d. neuesten kammergerichtl. Verfassung. 8. Lemgo 787. Meyer. 4 gr

— prakt. Anleit., den kammergerichtl. Proceß zu erlernen. gr. 8. Lemgo 774. Meyer. 3 gr

Bostell, F. Jac. v., Beyträge z. kammergerichtl. Literat. u. Praxis. 3 Thle. 8. Lemgo, Meyer. 780—87. (1r 12 gr., 2r 2 Stck. à 8 gr., 3r 16 Stck. 8 gr., 2s Stck. 6 gr.)

— Grundsätze d. kammergerichtl. Praxis. 1r Thl. gr. 8. Lemgo 784. Meyer. 6 gr

— neue Methode, d. reichsgerichtl. Rechtsgelahrh. z. studiren. 4. Wetzlar, Winkler. 790.

— von der Methode, d. reichskammergerichtl. Rechtsgelehrtheit zu studiren. 4. Wetzl. 776. Winkler. 4 gr

— Nachr. von e. Collegio theoretico-practico üb. d. Kammergerichtsproceß. 4. Wetzlar 769. Winkler.

— d. kammergerichtl. Praxis. gr. 8. Ebend. 784.

Bostell, Friedrich Jakob Dietrich (Wetzlar) [Auctor]
Dissertatio inauguralis juridica de origine renunciationum filiarum illustrium ex diplomatibus medii aevi eruta.
Gissae 30. Dez. 1766: Braun. (4), 58, 24 S. 4°
pro dignitate doctorali rite consequenda.

Bostell, Lucas Andreas von (Hamburg), De usu hodierno patriae potestatis Romanae in foris Germaniae. Diss. jur. Präs. Ferdinand August Hommel. Lpz. (Joh. Chn. Langenheim) 11. I. 1732. 92 S. (5.30) 3702

Gew.: Joh. Albert Fabricius, Mich. Richey (beide Hamburg).

Bostelmann, Fredy, kurzer Abriß der Schiffsartillerie. Eine leicht faßl. Darstellg. der Grundlagen dieser Wissenschaft. 8. (VIII u. 63 S. m. 1 Tab. in 4.) Stade 851. (Hannover, Hahn.) n. 1/2 Thlr

Bosten, Josef, approb. Arzt aus Rheydt: Aus d. Kgl. Frauenklinik zu Leipzig. Über einen Fall von Äqualer Doppelmissbildung mit vollständiger Bauchspalte. *Leipzig: G. Fock 1899.* (32 S.) 8°
Leipzig, Med. Diss. v. 14. Juli 1899

Boster, G., die Passagier- u. Schleppdampfschifffahrt auf der Elbe. Handbuch f. Führer auf Elbdampfschiffen. gr. 8. (VII, 92 S. m. 1 farb. Karte.) Hamburg 892. Eckardt & Messtorff. Kart. n. 2. 60

— dasselbe. Nachtrag. Enth. die während d. J. 1892 neu hrsg. polizeil. Verordngn. ꝛc. f. die Unterelbe. gr. 8. (VI, 44 S.) Ebd. 893. n. — 80

— dasselbe. Nachtrag 1893. Enth. die während des J. 1893 neu hrsg. polizeil. Verordngn. ꝛc. f. die Unter-Elbe. gr. 8. (VI, 51 S.) Ebd. 894. n. — 80

Boster, G., Die Passagier- u. Schleppdampfschifffahrt a. d. Elbe. Handbuch f. Führer a. Elbdampfschiffen. 2, verb. Aufl. 8. (VII, 106 S.) Hamburg 898. (Eckardt & Messtorff.) Kart. n. 2. 70

Böster: Lehrpl. d. gewerbl. Fortbildgssch. zu Lüneburg. (35) gr8° Hann., O Meyer '12. 1 — d

Bostetter, A: Geschichtl. Notizen üb. d. Stadt Brumath. 8° (183 m. 6 Ansichten u. 1 Karte.) Strassbg 96, E van Hauten. 2.40

Bostetter, A., geschichtl. Notizen üb. d. Stadt Brumath. gr. 8. (VII, 183 S. m. 6 Ansichten u. 1 Karte.) Straßburg 896. C. F. Schmidt. n. 2. 40

Bostetter, August, a. Brumath i. E.: Zur Kasuistik der Missbildungen der weiblichen Genitalien. Straßburg i. E. 1904: C. Müh & Cie. (49 S.) 8°
Straßburg, Med. Fak., Ref. Fehling, Diss. v. 6. Okt. 1904
[Geb. 14. Okt. 79 Brumath, U.-Els.; Wohnort: Brumath; Staatsangeh.: Elsaß-Lothringen; Vorbildung: Gymn. Straßburg Reife S. 98; Studium: Straßburg 4, München 2, Berlin 1, Straßburg 3 S.; Coll. 28. Juli 04; Approb. 24. Juni 03.]

Bostock, Jh., Versuch e. Lehre vom Athemholen; aus d. Engl., mit Anmerkk. v. A. N. Nolde. Mit 1 Kpf. gr. 8. Erfurt 809. 2e A. 817. Müller. (Leipz., Weygand). 1 Thlr 4 gr

Boston, wie es jetzt gespielt wird, oder gründl. Anweisung im Boston-Whist, Boston à deux u. Boston à trois, nebst Erklär. der neuesten, in diesem Spiele gebräuchl. Variationen. Wobei 1 lackirte Tab., wonach die Spiele bezahlt werden. 32. Bremen 834. (Geisler.) 3/8 Thlr

Boston Anzeiger: May 16, 1874-? Boston, MA
Weekly supplement to Das Fancast. The issue for May 16, 1874 announces that it will soon become semi-weekly.

Boston Courier: 1846?–1892. Boston, MA

Boston Hebrew Observer: 1881-? New York, NY
Established in English and German by S. Friedländer as a weekly.

Boston Hebrew Observer: V. 1-14, Jan. 5, 1883—Jan. 29, 1886.
Weekly. English and German. Edited by Solomon Schindler and A. Wise. Printed by Friedlander Co. in German.
Boston, MA

Boston Merkur: Nov. 21, 1846-1848? Boston, MA
Democratic weekly.

Boston Nachrichten: 1903?–1908? Boston, MA
Republican weekly. Edited & published by Otto Ernst Wilde, 1903–08.

Boston-Spiel, das, neue Aufl. mit Tri-Boston u. Boston-Whist verm. 12. Leipz., Centr.-Compt. 4 gr

— das neuverbesserte. 12. Wien 803. Wallishauser. 6 gr

Bostonspiel, das Hamb., mit allen Spielregeln und allen dazu gehör. (5) Berechnungs-Tabb. 16. Hamburg 835. Herold. 1/12 Thlr, die Tabellen apart 1/8 Thlr

— das. 8. Hamburg, Nestler.

Boston-Spiel, d. Läneb., mit Tri-Boston u. Boston-Whist. 8.
Lüneburg.... 3.A.1809 Herold u.W.
— d. dazu gehörigen 3 Zahlungstabellen ꝛc.

Boston-Spieler, s.a. Whist- und Boston-Spieler.

Boston-Spieler, der, wie er seyn soll, od.: Gründl. Anweis., d. Boston nebst dess. Abarten, n. d. best. Regeln zu lernen, nebst 26 belust. Kartenkunststücken u. 3 Tab. zu Boston-Whist v. F. v. H. 2., verb. Aufl. 8. (3 1/4 B.) Quedlinburg 830, Ernst.

Boston-Spieler, der, wie er sein soll, oder gründl. Anweisung, das Boston nebst dessen Abarten nach d. besten Regeln zu lernen, nebst 26 belustig. Kartenkunstst. u. 3 Tabb. zu Boston-Whist. Von F. v. H. 2e verb. Ausg. 8. Quedlinb. 836. Ernst. [illegible]

Boston-Tabelle, (f. gest.) nebst Erklär. d. Boston-Spiels, wie es in Berlin gespielt wird. 32. (24 Seit.) (Berlin 829, Wagenführ.)

Boston-Tabelle. Lithogr. qu. 8. Breslau 833. Hentze. 1/8 Rthlr
— 2e Aufl. 16. Ebd. 833. 1/12 Rthlr

—— (2. Aufl.) Lithogr. 16. Breslau 838. [Berlin, Hentze.]

— Nebst Erklärung des Boston-Spiels. qu. gr. 8. Düren 838. Fallenstein. Auf Pappe 1/6 Rthlr

— Lithogr. 32. Bonn 840. Dunst. Das Dutzend 1 Rthlr

Boston-Tabelle. Lithogr. 4. Stettin 842. Müller u. Co. 1/8 Rthlr

Boston-Tabelle. gr. 4. Brandenburg 843, Müller.

—— 8. Neu-Ruppin 844, Oehmigke u. Riemschneider.

— Die zweckmäßigste. Leipzig, Henke. 1/12 Rthlr

Boston- und Boston-Whist-Tabelle. Lithogr. qu. 16. Cöln 834. Renard. 5 gGr

Boston-Tabellen

— auf Pappe geklebt. Berl., Nauck. 8 gGr ill. 12 gGr

Boston-Tabellen. 8. Stralf., Struck. 4 gGr

— in eleganter Form, die Parthie in 4 Blättern. Taschenform. Magdeb. 811. Creutz. 2 gGr auf Pappe 4 gGr auf Atlas gezogen 12 gGr

— lithographirt. 16. Hamb. u. Itzehoe 831. Schubert u. N. 2 gGr

— u. Berechn. e. jeden Spiels. Frberg, Craz u. G. 2 gGr

— nebst Erklärung d. Boston-Spiels, wie es in Berlin gespielt wird. 32. Berl. 829. Wagenführ. 7½ gGr

— Hamburger, mit Whist, u. revidirte Boston-Tabelle, mit Whist. Lithograph. 12. Hamb. 829. Herold. 2 gGr

— (neue). gr. 4. Berl., Gropius. Schreibeling. 2 gGr auf Pappe gezogen 4 gGr; auch Prenzl., Ragoczy. 4 gGr Desgl. in 8. 832. (Stettin, Hessenland). 4 gGr

Bostontafeln in eleganter Form, die Partie in 4. Blättern, Taschenform. Magdeb. Creutz. 811.
Dieselben auf Pappe gezogen

Der Boston Telegraph: Mar. 16, 1885–Dec. 18, 1901. Boston, MA
Independent daily, evening except Sunday. Circulation: 1887, 2000; 1901, 2100. Edited & published by P. L. Schriftgießer & Co., 1885–99; by German Newspaper Co., 1900–01; by Telegraph Publishing Co., 1901.

Boston-Whist-Tabelle. Auf Pappe gezogen. 12. Leipzig ... (Dörffling.) 1/12 Rthlr

Boston-Whist-Tabelle. 16. Nordh. 828. Landgraf. auf Pappe 2 gGr

Boström, das geheilte Aneurysma dissecans, s. Beiträge zur pathologischen Anatomie, experimentellen Pathologie und prakischen Medicin. Festschrift für F. A. v. Zenker.

Der menschliche Körper und die Bakterien. Akademische Festrede zur Feier des Stiftungsfestes der Großh. Hessischen Ludewigs-Universität am 1. Juli 1889 gehalten von dem derz. Rektor Dr. Bostroem ord. Prof. d. allg. Pathol. u. patholog. Anat. Gießen, C. v. Münchow, Univ.-Buch- u. Steindr., 1889; 35 S. 4°

Bostroem: Untersuchungen über die Actinomykose des Menschen. Jena 1890. 240 S., 10 Taf.

Bostroem, August, appr. Arzt: Aus d. Klinik f. psych. u. nerv. Krankh. d. Univ. Gießen. Die Benennung optischer Eindrücke. Halle a. S.: Marhold 1910. 68 S. 8° ¶(Aus: Klinik f. psych. u. nerv. Krankh. Bd 4, H. 1.)
Gießen, Med. Diss. v. 7. April 1910, Ref. Sommer
[Geb. 17. Juli 86 Gießen; Wohnort: Gießen; Staatsangeh.: Hessen; Vorbildung: Gymn. Gießen Reife O. 04; Studium: Freiburg i. B. 4, Gießen 6 S.; Coll. 14. Mai 09; Approb. 5. April 10.] [U 10. 1133

Bostroem, E., De vocabulis Graecis apud Plautum. Diss. 1902. 87 S.

Bostroem, Eug., Beiträge zur pathologischen Anatomie der Nieren. 1. Hft. Mit 4 (lith.) Taf. gr. 4. (48 S.) Freiburg i/Br. 884. Mohr. n. 3. —

Bostroem, Eugen, Dr., Prof. d. allgem. Pathol. u. pathol. Anat. an d. Landesuniv.: **Traumaticismus und Parasitismus als Ursachen der Geschwülste.** *Gießen 1902: v. Münchow.* (62 S.) 4°
Gießen, Progr. zum Ludwigstage 1902

Boström, Harald [aus Fellin in Livl.]: Aus d. Univ.-Augenklinik in Giessen. Casuistische Beiträge zur Kenntnis der epibulbären Neubildungen ... Giessen, grossh. Hof- u. Univ.-Dr. C. v. Münchow, 1897; 34 S., 1 Bl. 8.
Giessen, Med. Fak., Inaug.-Diss. v. 1897

Boström, Knut, Jedermann Hypnotiseur! Gemeinverständl. Anleitg. z. fachmänn. Ausübg. hypnot. Experimente u. Einweihg. i. d. Geheimnisse d. Suggestion, d. Magnetismus, Mesmerismus etc. 8. (80 S.) Leipzig 898. A. F. Schlöffel. n. 1. —

Boström, Knut, jedermann Hypnotiseur! Gemeinverständliche Anleitg. zur fachmänn. Ausübung hypnot. Experimente u. Einführung in das Verständnis der hypnot. Suggestion. 14—19. Tauf. (80 S.) 8. Leipzig (905). A. F. Schlöffel. n. 1. 20

Bosulka, Sava, Natalie, Serbiens verstoßene Königin od. die Geheimnisse d. Residenz-Schlosses v. Belgrad. Sensations-Roman. 100 Hfte. gr. 8. (2400 S. m. 98 Taf.) Berlin 891. A. Weichert. 10. —

Bosulka, S, Natalie, Serbiens verstossene Königin od. d. Geheimnisse d. Residenz-Schlosses v. Belgrad. Sensations-Roman. 1—5. Hft. 8° (120 m. je 1 Taf.) Berl. 92, A Weichert. à — 10

Boswell, Jacob, s. Boswell, James

Boswell, James. Historisch-geographische Beschreibung von Corsica... Aus dem Engl.... Leipzig 1768. Ü: *Klausing, Anton Ernst.* (EngG) (Ky) (MGT) (Adel)

Boswell, Jam., Beschreib. von Korsika. Aus d. Engl. (v. A. E. Klausing). Mit 1 Karte. gr. 8. Leipz. 769. 2e A. 770. 3e A. 789. (Hahn). 22 gGr

Boswell, James. Auszug aus [dessen] Beschreibung von Korsika; aus dem Engl. ... Augsburg 1769. V: *Mertens, Hieronymus Andreas.* (ML) (Ky) (BB)

— Denkwürdigkeiten aus Johnson's Leben; aus d. Engl. (v. D. M. Liebeskind). 1r Thl. 8. Königsb. 797. Nicolovius. 1 Rthlr 12 gGr Holländ. P. 1 Rthlr 20 gGr

— Tagebuch e. Reise nach d. Hebridischen Inseln mit Dr. Johnson; aus d. Engl. (v. A. Wittenberg). 8. Lübeck 786. Donatius. 12 gGr

— Tagebuch e. Reise n. d. hebridisch. Inseln m. Johnson. a. d. Engl. 8. Lüb. Niemann u. C. 786.

Boswell, James. Tagebuch einer Reise nach den Hebridischen Inseln ... aus dem Engl.... Lübeck 1787. Ü: *Wittenberg, Albrecht.* (MGT) (BrMm) (EngG) (Ky)

Boswell, John M. Beschreibung und Abbildung einer Blasmaschine... Leipzig 1801. Ü: *Hoffmann, Johann Chr.* (EngMt)

Boswell, Beschreibung und Abbildung einer Blasmaschine, durch welche das Rauchen der Schornsteine leicht und sicher verhütet und die verdorbene Luft aus den tiefsten Gruben und Behältnissen in kurzer Zeit herausgebracht werden kann. Leipzig 1801. 4.

Boswell, Jh. W., Beschreib. u. Abbild. e. Blasmaschine, wodurch d. Rauchen d. Schornsteine verhütet werden kann. Aus d. Engl. v. J. C. H. Mit 1 Kpf. gr. 4. Leipz. 801. Gr. Fleischer. 8 gr.

Bocswillwald, Th., die doppelte Buchführung u. ihre zweckmässige Verwendung in kaufmännischen Geschäften theoretisch entwickelt u. mit einem Beispiele vollständig praktisch durchgeführt. gr. 8. (VII, 178 S.) Mittweida 877. Polytechn. Buchhandlung. n. 3. —

Bocswillwald, Th., prononciation française. Ueber die Aussprache u. das Lesen des Französischen, insbesondere Erklärung u. Anwendung der Accente u. Interpunctionszeichen gemäss den Gesetzen der französ. Academie bearb. 16. (39 S.) Mittweida 877. Polytechn. Buchhandlung. cart. n. — 60

Bosworth, Anne Lucy, aus Woonsocket, Rhode Island, U.S.A.: Begründung einer vom Parallelenaxiome unabhängigen Streckenrechnung. *Göttingen 1900: Dieterich.* (57 S.) 8°
Göttingen, Phil. Diss. v. [18. Okt.] 1900

Bosworth, Anne Lucy, Begründung e. vom Parallelenaxiome unabhängigen Streckenrechnung. Diss. Lex.-8. (V. 57 S. m. 80 Fig.) Göttingen 900. (Vandenhoeck & Ruprecht.) n. 1. 60

Bosz, Johann Ernst: Ueber die Pyrine des 1-Benzyl-3-Methyl-5-Pyrazolons. Rostock 1909: Hinstorff. 59 S. 8°
Rostock, Phil. Diss. v. 16. Febr. 1909, Ref. Michaelis
[Geb. 16. Mai 82 Amsterdam; Wohnort: Rostock; Staatsangeh.: Niederlande; Vorbildung: Oberrealsch. Amsterdam Reife M. 01; Studium: Amsterdam 8, Rostock 3 S.; Rig. 10. Febr. 09.] [U 09. 3740

Boszkowski, G. O Konwenciy Genewskiy. (Die Genfer Convention.) In-8°, XV et 340 p. Lemberg, Gubrynowicz. 10 60

Boeszoermeny, Rulemann Der Bau des Rathauses zu Danzig. Zur Erinnerung an das 500jährige Bestehen desselben. 13 S. Progr. Rg. Pet. *Danzig* 1879.

Boeszoermeny, der Bau des Rathhauses zu Danzig. Zur Erinnerung an das 500jähr. Bestehen desselben. gr. 4. (13 S.) Danzig 879. (Saunier.) n. 1. 20

Böszörmeny, Beitrag z. Kritik des platon. Systems. Pr. 1854. 17 S. 4°. 1.—

Boeszoermeny, R. Danzigs Theilnahme an dem Kriege der Hanse gegen Christian II. von Dänemark. 2 Th. 4. Danzig 1860—72.

Danzig's Theilnahme an dem Kriege der Hanse gegen Christian II. von Dänemark v. **R. Boeszoermeny.** Danzig. 1864. 4°
Realsch.-Progr.

Bot, J. C. G., Observat. crit. ad M. Tullii Ciceronis epistolas. Akad. 1880. 67 S. 4°.

Curioser Botanicus, oder: Sonderbahres Kraeuterbuch. . . . Dresd. 1743. 8°. (Bibl. Kew.)

Botanicus, curiöser, od. sonderb. Kräuterbuch. 8. Bresl. 781.

Botanik oder Pflanzenkunde f. d. Jugend M. 1 Kupf. 12. Nürnb. Campe. 820.

Botanik, oder Pflanzenkunde für d. Jugend. Mit 1 Kpf. 12. Nürnb. 821. Campe. 6 gr.

Botanik, d., in ihrer prakt. Anwend. auf Gewerbkunde, Pharmacie, Toxicologie, Oekonomie, Forstkultur u. Gartenbau. Nach d. Französ. v. Theod. Thon. 8. Ilmenau, 1828. 2. Aufl. Weimar, 1843. Voigt. (1. 20) — 12⅓

Botanik. Etwas B' für Kinder ... s. A[ppenzeller], C[aroline].

Botanik von Ost-Afrika. Bearb. von P. Ascherson, O. Böckeler, F. W. Klatt, M. Kuhn, P. G. Lorentz, W. Sonder. Mit 5 (lith.) Taf. [Aus: „v. der Decken's Reisen"]. Lex.-8. (91 S.) Leipzig 879. C. F. Winter. n. 7. 60

Botanik und Zoologie in Österreich in den Jahren 1850 bis 1900. Hrsg. von d. k. k. zool.-botan. Gesellschaft in Wien anlässlich d. Feier ihres 50j. Bestandes. Mit 38 Taf. u. 9 Abb. im Texte. (Vorr.: A[nton] Handlirsch u. R[ichard] v. Wettstein.) *Wien: A. Hölder 1901.* (IX, 620 S.) 4°(8°) [01. 4457

Botaniker, der, 1r Bd., Bibliothek, compend.

— — 2r Bd. Helms deutsche Flora.

Der Botaniker, oder compendioese Bibliothek alles Wissenswuerdigen aus dem Gebiete der Botanik. Gotha, 1793–5. 8°.

Botaniker, der, od. Aurora Fortuna im Pflanzenreiche. 8. Altenb. 804. Petersen. (Joachim in Leipz.) 18 gr.

— — dasselbe, mit Fortunens Portrait. Ebend.

Botaniker, der, Lstsp. in 2 Akt. nach Dupaty, v. Sonnleithner. 8. Wien, Wichler. 806.

Botaniker, Der, oder die seltenste Blume. [Wien 1821.] V: *Kviatovska, Josephine von geb. Gerster von Gerstorf.* (schl)

Botaniker, der junge. 8 Hefte. (Je 5 Bl. m. gummierten u. perforierten Pflanzenetiketten.) 12×20 cm. Naumburg (909). E. Schöler. à — 50
1. März u. April. (Mit: Kurze Anleitg. zum Pflanzensammeln u. zur Anlegg. e. Herbariums. 1 Bl.) — 2. 3. Mai (1. u. 2. Monatshälfte.) — Juni. — 5. 6. Juli. (1. u. 2. Monatshälfte.) — 7. August. — 8. September.

Botaniker-Adressbuch. Sammlg. v. Namen u. Adressen d. leb. Botaniker aller Länder, d. botan. Gärten u. d. d. Botanik pfleg. Institute, Gesellschaften u. period. Publicationen. Hrsg. v. J. Dörfler. — Botanist's directory. — Almanach d. Botanistes. gr. 8. (XII, 292 S.) Wien (III, Barichgasse 36) 896. J. Dörfler. Geb. in Leinw. postfrei n. 10. —

Botaniker-Adressbuch. Sammlung v. Namen u. Adressen der leb. Botaniker aller Länder, der botan. Gärten u. der die Botanik pfleg. Institute, Gesellschaften u. period. Publicationen. Hrsg. v. I. Dörfler. — Botanist's directory. — Almanach des Botanistes. 2., neu bearb. u. verm. Aufl. gr. 8. (X. 356 S.) Wien (III, Barichgasse 36) 902. I. Dörfler. Geb. in Leinw. n. 10. —

Botaniker-Kalender 1886. Hrsg. v. P Sydow u. C. Mylius. 2 Thle. 1. Jahrg. 16. (314) Berl., Springer. geb. in Leinw. u. geh. *n.* 3. —; in Ldr. u. geh. *n.* 3. 50

Botaniker-Kalender 1887. Hrsg. v. P Sydow u. C Mylius. 2 Thle in 1 Bde. 2. Jahrg. 16. (306) Berl., Springer. geb. in Leinw. *n.* 3. —; in Ldr. *n.* 3. 50
Erscheint nicht mehr.

Botaniker-Kalender, deutscher, f. 1899, hrsg. v. P. Sydow. 12. (IV, 198 S.) Berlin, Gebr. Borntraeger. Geb. in Leinw. n. 3. —

Botanique pratique Suisse et Savoie. Choix de 319 planches alpines, dessinées d'après nature et imprimées en couleur. 2 séries. 2 vol. In-8°. Genève, Bâle, H. Georg. 1885?
Toile angl., richement dor. en cart. 25 —

Botanist's directory, s.: Botaniker-Adressbuch.

Botanologiae juvenilis mantissa. 8. Ulmae, Bartholom.

†Botanophilos, (J. F. W. Koch,) Taschenbuch d. Botanik ꝛc., s.a. Richter, K. S. A.

Botanophilos, (J. F. W. Koch,) Taschenbuch d. Botanik, als Leitfaden f. Schüler entworfen. Mit 1 Steindr. gr. 12. Leipz. 829. 2e A., bearb. v. K. S. A. Richter. Mit 1 Steindr. Magdeb., Creuz. 12 gr

Botár, Jul. Geologischer Bau d. Alt-Antoni-Stollner Eduard-Hoffnungsschlages, s. Mittheilungen aus dem Jahrbuch der königl. ungarischen geologischen Anstalt.

Botazzi, Gius., Neue theoret.-prakt. Grammatik d. italienischen Sprache f. deutsche Schulen u. z. Selbstunterr. gr. 8. (XIV, 217 S.) Stuttgart 898. Strecker & Moser. n. 2. 40; geb. in Leinw. n. 3. —

Bötcher, Elmar: Goethes Singspiele „Erwin u. Elmire" u. „Claudine v. Villa Bella" u. d. „opera buffa". (154) gr8° Marbg, NG Elwert's V. '12. 3 —

Bötcker, Wilh., neuester Rätselschatz. Reichhaltigste Rätselsammlg. f. jung u. alt. gr. 8. (V, 464 S.) Hamburg 891. Verlagsanstalt u. Druckerei, A.-G. n. 4. —; geb. n. 5. —

Bote, s.a. Albis-Bote

Bote, s.a. Albisrieder-Bott

Bote, s.a. Altstadt-Bote

Bote, s.a. Arbonerbote

Bote, s.a. Birsigtal-Bote

Bote, s.a. Bothe

Bote, s.a. Bott

Bote, s.a. Erguel-Bote

Bote, s.a. Fricktal-Bote

Bote, s.a. Jura-Bote

Bote, s.a. Lägern-Bote

Bote, s.a. Landesbote

Bote, s.a. Luzerner-Bote

Bote, s.a. Malteser-Bote

Bote, s.a. Marchbote

Bote, s.a. Neumünster-Bote

Bote, s.a. Schweizerbote

Bote, s.a. Seethaler-Bote

Bote, s.a. Sihltaler-Bote

Bote, s.a. Stadt-Bote

Bote, s.a. Stadt-u. Landbote

Bote, s.a. Thur-Bote

Bote, s.a. Usterbote

Bote, s.a. Volks-Bote

Bote, s.a. Waldstätter-Bote

Bote, Der, s. a. Wanderer, Der kleine.

— der. Ein Volkskalender für alle Stände auf d. J. 1835—1841. 1.—7. Jahrg. (7. Jahrg. mit der Kunstbeilage: Das wohlgel. Portrait Friedrich d. Großen.) 8. Glogau 835—41, Flemming. à n. 1/3 ₰

Bote, der. Ein Volkskalender f. alle Stände auf d. J. 1842—1849. 8—15. Jahrg. (à ca. 240 S. m. Lithogr.) Glogau, Flemming. à n. 1/3 ₰

Bote, der. Ein Volkskalender für alle Stände auf das J. 1850—1853. 16—19. Jahrg. Glogau, Flemming. 8. Jeder Jahrg. n. 10 ngr

Bote, der. Volkskalender f. alle Stände auf das Jahr 1874. 40. Jahrg. Mit 8 Bildern. (Holzschntaf.) v. R. Hirth, C. Hübner, C. Lasch ꝛc. 8. (174 S.) Glogau, Flemming. n. — 80

— dasselbe, auf d. J. 1875. 41. Jahrg. Mit 8 Bildern (Holzschntaf.) v. C. Hoff, Kretschmer, G. Surbland ꝛc. 8. (185 S.) Ebend. n. 1. —

Bote, der. Volkskalender für alle Stände auf die J. 1876—1880. 42.—46. Jahrg. 8. (à ca. 228 S. mit Holzschn.-Bildern.) Glogau, Flemming. à Jahrg. *

Bote, der. Volkskalender f. alle Stände auf d. J. 1880. 52. Jahrg. Mit 8 Bildern v. Th. Blätterbauer, F. Defregger, H. Kauffmann, J. Scholz u. A. 8. (220 S.) Glogau, Flemming. n. 1. —

Bote, der. Volkskalender f. alle Stände auf d. J. 1887. 8. (ca. 220 S. mit Bildern.) Glogau, Flemming. n. 1. —
Erschien nicht weiter.

Der Bote: 1860–1861.
Weekly supplement to the Pacific Messenger, a weekly Jewish paper. Edited by H. Bien.
San Franzisko CA

Bote, Der. – Guben: 1.X.1869 - 31.XII.1869.
Fortges. u.d. T.: Zeitung, Gubener.

Bote: 1900–?
Monatliche Kirchenzeitung; published by Gutenberg Co.
Indianapolis IN

— Aachener, f. Bürger u. Bauersmann f. 1896. 21. Jahrg. Hrsg. v. J Hubertus. 16° (45 m. Bildern.) Aach., I Schweitzer. — 10

Bote, Aachener, f. Bürger u. Bauersmann a. d. J. 1899. 24. Jahrg. M. schönen Bild. u. e. Rösselsprung. Hrsg. v. Jos. Hubertus. gr. 16. (50 S.) Aachen, J. Schweitzer. — 10

Bote, Aachener, f. Bürger u. Bauersmann auf das J. 1901. 26. Jahrg. Mit schönen Bildern u. 1 Rösselsprung. Hrsg. von Jos. Hubertus. gr. 16. (50 S.) Aachen, J. Schweitzer. — 10

—— der Aachener hinkende, für Rheinland und Westfalen [nebst Kalender]. Für die J. 1875—1877. 16. (à 48 S.) Aachen, Schweitzer. à Jahrg. *

—— dass. — Auf die J. 1878—1880. 16. (47; 55; 64 S. mit eingedr. Holzschn.) Ebendas. à Jahrg. *

—— Aachener hinkende, auf das J. 1881. 6. Jahrg. 16. (64 S. mit eingedr. Holzschn.-Illustr.) Aachen, Schweitzer. * — 10

—— dass. — auf die J. 1882—1885. 7.—10. Jahrg. Hrsg. von Jos. Hubertus. 16. (à Jahrg. 64 S. mit eingedr. Illustr.) Ebendas. à Jahrg. * — 10

—— Aachener hinkender, f. Bürger u. Bauersmann auf d. J. 1890—1893. 15.—18. Jahrg. Hrsg. v. Jos. Hubertus. 16. (48 S.) Aachen, Schweitzer. à Jahrg. * — 10

— Aachener hink., f. Bürger- u. Bauersmann f. 1896. 21. Jahrg. Hrsg. v. J Hubertus. 16° (45 m. Bildern.) Ebd. — 10

— Aachener hinkender, f. Bürger u. Bauersmann a. d. J. 1899. 24. Jahrg. M. schönen Bild. u. 1 Rösselsprung. Hrsg. v. Jos. Hubertus. gr. 16. (51 S.) Ebd. — 10

— Aachener hinkender, auf das Jahr 1883. 8. Jahrg. Hrsg. von Jos. Hubertus. Mit (eingedr.) Illustr. 16. (64 S.) Aachen, Schweitzer. n. — 10

—— Aachener hinkender, auf die J. 1886—1889. 11.—14. Jahrg. Hrsg. von Jos. Hubertus. 16. (à Jahrg. 55 S. mit Illustr.) Aachen, Schweitzer. à Jahrg.

— Aachener hinkender, auf d. J. 1903. 28. Jahrg. gr. 16. (50 S.) Ebd. —10

Bote, Aachener hinkender, auf d. J. 1906. 31. Jahrg. (57 S.) kl. 8. Aachen, J. Schweitzer. —10

Bote, Aachener hinkender, auf d. J. 1911. 36. Jahrg. (47 S.) 16. Aachen. J. Schweitzer. —10

Bote, Aachener hink. '12. 37. J. (55) 16° Aach., I Schweitzer. —10 d

— Aachener, auf d. J. 1895. 20. Jahrg. Mit schönen Bildern u. e. Rösselsprung. Hrsg. v. Jos. Hubertus. gr. 16. (48 S.) Aachen 894. J. Schweitzer. —10

Bote, Der von Aalen. – Aalen: 29. I. 1837 - 2. I. 1850.
Fortges. u. d. T.: V e r k ü n d i g e r , Der von Kocher und Leintal.

Bote, Der Acher. – Bühl (Achern) : 1867-1898.
Fortges. u. d. T.: B o t e , Acher und Bühler.

Bote, Acher und Bühler. – Bühl : 1899-1930 ff.
Vorh. u.d. T.: B o t e , Der Acher.

Bote, der, aus Alaska u. v. Jukon. Hrsg.: Joach. van Möller. Red.: Fr. Thiel. 1. Jahrg. Oktbr. b. Dezbr. 1897. 10 Nrn. (à ca. 16 S. m. Abb.) gr. 4. Charlottenburg, F. Thiel. Gr. Ausg., m. Karten u. Beilage je 1 Bogens v. J. van Möller, Auf n. Alaska. n 4.— ; einz. Nrn. —75; kl. Ausg., ohne Beilagen 2. —; einz. Nrn. —40

— dasselbe. 2. Jahrg. 1898. 12 Nrn. (à ca. 4 S. u. Alaska-Falz [ca. 12 S.] m. Abb. u. eingedr. Karten). gr. 4. Ebd. n. 12.—; einz. Nrn. n. 1.—
Kann auch vierteljährlich bezogen werden.

Bote für Alb - und Schwarzwald. – Stuttgart : 1849.

— Allgäuer. Ill. Volkskalender a. d. J. 1897. 4. (74 S.) Passau (M. Waldbauer). n. —20

Bote: Der Bote aus den Alpen
② Der Alpen-Bote (ab 3. 5. 1825) ⑤ 3. 4. 1823—25. 12. 1827 ⑥ 8° ⑦ Wochenblatt ⑧ Ebnat: Abraham Keller ⑩ Abraham Keller ⑫ demokratisch ⑬ BGSZ: 1045—1047, 1049 ⑭ Zh: Z (unvollst.); Be: L; Lu: Z (1823—1825).

Bote, der, aus dem Alsterthal, ein Sonntagsblatt für die christl. Gemeinde. Herausg. von H. Sengelmann. 3—5. Jahrg. des Hamburger Monatsboten. 1862—64. à 52 Nrn. (à ½ Bgn.) Hamburg, Oncken. 8.
2. u. 3.: à n. 1 ℛ 18 ngr.; 4.: n. 1 ℛ

Bote, der, aus dem Alsterthal, ein Sonntagsblatt für Stadt u. Land. Hersg. von H. Sengelmann. 6—11. Jahrg. 1865—1870. à 52 Nrn. (à ½ Bgn.). Hamburg. (W. Oncken.) 4. Jeder Jahrg. n. 1 ℛ 18 ngr.

—— dass. — 8. Jahrg. 1867. 52 Nrn. (½ Bog.) gr. 4. Hamburg, Verlag der Alsterdorfer Anstalten.

Bote, der, aus dem Alsterthal, ein Sonntagsblatt für Stadt und Land. Hrsg. von H. Sengelmann. 9.—13. Jahrg. 1868—1872. à Jahrg. 52 Nrn. (½ Bog.) gr. 4. Hamburg, (W. Oncken.) à Jahrg. *

—— dass. — Monatsblatt zum Besten der Alsterdorfer Anstalten. Hrsg. von H. Sengelmann. 14. und 15. Jahrg. 1873 und 1874. à Jahrg. 12 Nrn. (Bog.) gr. 8. Hamburg, (Nolte.) à Jahrg. *

Bote von Altdorf und Umgebung. – Altdorf : 1834-1930 ff.

—— altkatholischer. Organ der bad. Altkatholiken. Hrsg. von Johs. Rieks. 1. und 2. Jahrg. 1875 und 1876. à Jahrg. 52 Nrn. (Bog.) Fol. Heidelberg. (Straßburg, Schneider.) à Jahrg. *

—— altkath. Organ d. bad. Altkatholiken. Hsrg. v. J Rieks. Jahrg. 1876. 53 Nrn. (B.) Fol. Heidelb. (Mannh., Schneider.) n. 4. —

— altkatholischer. Red. u. hrsg. v. Johs. Rieks. Jahrg. 1875 u. 1876. à 52 Nrn. (B.) hoch 4. Schwetzingen. (Straßburg, Schneider.) à Jahrg. n. 4. —

—— dass. — 3.—5. Jahrg. 1877—1879. à Jahrg. 52 Nrn. (Bog.) Fol. Heidelberg, G. Mohr. à Jahrg. *

— altkatholischer. Hrsg. von Johs. Rieks. 3. Jahrg. 1877. 52 Nrn. (B.) Fol. Heidelberg. (Straßburg, Schneider.) n. 4. —

Bote: Der Bote aus Amerika
⑤ Neujahr 1854—1857 ⑥ 2° ⑦ Wochenblatt ⑧ Bern: Rudolf Stettler, K. J. Wyß (ab 1855) ⑩ Rud. Stettler ⑪ redigiert «von mehreren, theils in Amerika gewesenen theils noch dort weilenden ... Auswanderungsfreunden»; als verantwortlicher Redaktor zeichnet: G. E. Großniklaus, Lehrer, Schloßhalde Bern ⑫ politisch neutral ⑬ BGSZ: 973; Der Kolonist Nr. 52, 31. 12. 1853 ⑭ Be: L.

Bote, A r b o n e r , s. A r b o n e r b o t e .

Der Argentinische Bote: Jahrgang I, Apr. 28, 1874 ?
Weekly. Established by Johann Alemann, as reported in the Jubiläums Ausgabe, December 9, 1965, of the Argentinisches Tageblatt, Teil I, p. 1. Editor and Publisher K.M. Reinhardt.
Esperanza de Santa Fe (Argentina)

—— Arnsberger hinkender, für die J. 1873 und 1874. 16. (à 40 S.) Werl, Stein. à Jahrg. *

—— dass. — s.a. Taschenkalender, Arnsberger.

—— der Arnsberger hinkende, für die J. 1875—1880. 16. (à 64 S. mit eingedr. Holzschn.) Werl, Stein'sche Buchh. à Jahrg.

—— Arnsberger hinkende, auf die J. 1881—1885. 16. (à Jahrg. 64 S. mit eingedr. Holzschn.) Werl, Stein'sche Buchh. à Jahrg. — 15

—— Arnsberger hinkender, für die J. 1886—1888. 16. (à Jahrg. 64 S. mit Illustr.) Werl, Stein. à Jahrg.
Nicht weiter erschienen.

—— Arnsberger hinkende, f. d. J. 1890 u. 1891. 16. (à Jahrg. ca. 68 S. m. Abbildgn.) Werl, Stein. à Jahrg. — 15

Bote, Badischer. – Bruchsal : 1883-1891.
Vorh. u. d. T.: W o c h e n b l a t t , Bruchsaler.
Fortges. u. d. T.: B o t e , Bruchsaler.

Balsthaler Bote
① Publikationsmittel für die Amtsbezirke Balsthal, Dorneck und Thierstein (Probenummer: Publikationsmittel für die Gemeinden der Amteien Balsthal und Dorneck-Thierstein). Ab 2. Jahrgang: Publikationsmittel für Balsthal-Thal und Balsthal-Gäu, nebst angrenzenden Gemeinden. Ab 2. 1. 1876: Publikationsmittel für die Amtei Balsthal und angrenzende Gemeinden. Ab 31. 1. 1878 ohne Zusatz ④ Jura Bote ⑤ 2. 7. 1871 (mit Probenummer vom 18. 6. 1871) — 30. 12. 1888 (Nr. 105) ⑥ 4°. 2° (ab 2. 1. 1876), neue Formatvergrößerung (ab 20. 3. 1879) ⑦ wöchentlich 2× ⑧ Balsthal: Othmar Baumann (1844—1925) ⑩ Othmar Baumann ⑪ Joseph Joachim (1834—1904), Volksschriftsteller (20. 3. 1879—5. 3. 1882) ⑫ freisinnig ⑬ BGSZ: 1060; Oltner Geschichtsblätter 1950, Nr. 7 ⑭ So: Z (ab 1883); So: St.

Basler hinkende Bote. 1871. Mit Holzschn. 66 Seiten. 4. Basel, Schweighauser. —. 40

Basler hinkende Bote f. 1872. Basel, Schweighauser'sche Vlgshdlg. . 40

— Basler Hinkender Bote auf d. J. 1874. 66 Stn. 4. Basel, Schweighauser. —. 40

Bote, Basler hinkender. 1889. In-4°, 64 S. Basel, Schweighauserische Buchhandlung. — 30

Bote, der basler hinkende. 1897. Mit zahlr. Abb. In-4°. 66 S. Basel, Schweighauserische Verlagsbuchh. — 30

Des Basler hinkenden Boten neuer Haus- u. Wirthschaftskalender auf das J. 1891. Mit Illustr. In-4°. 62 S. Basel, Schweighauserische Verlagsbuchh. — 30

Basler Bote für die christlichen Jünglingsvereine
v. Christlicher Volksbote aus Basel.

Bote, Bauländer. – Adelsheim : 1875-1930 ff.

Bote: Der Bote für Berg und Tal
① Freisinniges Organ für das Freiamt und Anzeigeblatt für den Aargau und die angrenzenden Kantone (? 1915—1. 1. 1948) ② Der Bote (nach 1866) ③ Freiämter Wochenblatt ④ Freiämter Zeitung ⑤ 1862—1. 1. 1948 ⑥ 2° ⑦ wöchentlich 2× ⑧ Sarmenstorf: Josef Bernhard Keller (1862); Muri: Josef Bernhard Keller (1863—1891), A. Schibli-Keller (?—1896 ?), A. Schibli-Kellers Erben (? 1915—2. 10. 1915), Gebrüder Steinmann (6. 10. 1915—1925 ?); Wohlen (Ag): Freiämter Zeitung (? 1930—1. 1. 1948) ⑨ Der Erzähler - Unterhaltungsblatt für Alle und Jeden (? 1865—1866 ?, 8°, alle 14 Tage); Der Hausiererfranz (? 1865—1866 ?, 4°, alle 14 Tage): Illustri(e)rtes Sonntagsblatt (? 1892—1896 ?, 4°, Stuttgart: W. Kohlhammer) ⑩ die Drucker ⑪ Brüder Keller (um 1896) ⑫ freisinnig ⑬ BGSZ: 941 (p. 1001): G. Wiederkehr: Die älteste Freiämter Presse. «Freiämter Zeitung» Nr. 64, 19. 8. 1949 ⑭ Be: L (einzelne Nummern von 1897 und 1898, 1915—1918, 11. 2. 1930) ⑮ Nach der Übersicht «Die Publicistik der Gegenwart» (Heft 3, Würzburg) wäre das Freiämter Wochenblatt (sub 3) als Wochenausgabe noch neben dem Boten erschienen. — Seit 1930 Kopfblatt der Freiämter Zeitung.

Bote: Der Bote von Berg und Thal
⑮ BGSZ: 12 (p. 33). — v. Der Bote für Berg und Tal.

— der, vom Berge od. der Führer nach Hierosolyma. gr. 8. (32 S.) Dresden. Leipzig 871. Werner. n. — 40

Bote, Bergedorfer. – Hamburg-Bergedorf: 1.IX.1830 - 31.XII.1830.
Vorh. u.d. T.: S o n n t a g s z e i t u n g , Bergedorfer.
Fortges. u.d. T.: W o c h e n b l a t t , Bergedorfer.

Bote, der B e r g e d o r f e r, herausg. v. Cand. Brauer. Jahrg. 1835—37. à 52 Numm. gr. 4. Hamb. 835—37. (Herold.) (J. 1835 1 3/4 ℛ, J. 1836 1 5/6 ℛ, J. 1837 5/6 ℛ) — ders., herausg. v. e. Vereine christl. Freunde zum Besten des Rauhen Hauses in Horn bei Hamburg. Redakt. J. H. Meldau. Jahrg. 1838 u. 1839. gr. 4. Ebd. (Herold, auch Perthes, Besser u. Mauke.) à 1 ℛ (Der 1e—4e Jahrg. kostet bei Perthes, Besser u. Mauke auch nur jeder 1 ℛ)

—— ders., hrsg. von ein. Verein christl. Freunde. Redact.: J. H. Meldau. Jahrg. 1838—42. à 52 Nrn. (½ Bog.) gr. 4. Hamburg, Perthes-Besser u. Mauke. à J. *

Bote, der Bergedorfer, herausgeg. von einem Verein christl. Freunde. Redacteur: J. H. Meldau. Jahrg. 1840 1846 à 52 Numm. (½ Bogen) gr. 4. Hamburg, Perthes Besser u. Mauke. (Auch künftig.) à n. 1 ℛ

Bote, d. b e r g e d o r f e r. Hrsg. von ein. Verein christl. Freunde. Redact.: J. H. Meldau. Jahrg. 1843—47 à 52 Nrn. (½ B.) 4. Hamburg, Perthes-Besser u. Mauke. à J. *
Jahrg. 1835—42. Ebendas. à J. * 1 Thlr.

—— Berliner h i n k e n d e. Kalender f. Stadt u. Land. 13. u. 14. Jahrg. 1892 u. 1893. Mit vielen Illustr. 8. (à Jahrg. ca. 150 S.) Berl., Weichert. à Jahrg. — 50

— B e r l i n e r hinkende, Kalender f. Stadt u. Land. 20. Jahrg. 1899. 8 (121 u. 24 S. m. Abb. u. 1 Farbdr.) Berlin, A. Weichert. — 50

— B e r l i n e r hinkende. Kalender f. Stadt u. Land. 24. Jahrg. 1903. 8. (116 u. 19 S. m. Abbildgn. u. 1 Farbdr.) Berlin, A. Weichert. — 50

— B e r l i n e r hinkende. Kalender für Stadt u. Land. 28. Jahrg. 1907. (99 u. 28 S. m. Abbildgn. u. 1 Farbdr.) 8. Berlin, A. Weichert. — 50

— B e r l i n e r hinkende. Kalender f. Stadt u. Land. 32. Jahrg. 1911. (100 u. 28 S. m. Abbildgn. u. 1 Farbdr.) 8. Berlin, A. Weichert. — 50

— Berliner hink. Kaldr f. Stadt u. Land. '13. (131 u. 30 m. Abb. u. 1 Farbdr.) 8° Berl., A Weichert. — 50 d

Bote, B e r n e r , s.a. B e r n e r b o t e .

Berner Bote (I)
① Organ der bernischen Volkspartei (ab 1886) ② Der Berner Bote (1854), Berner Bote und Bauernzeitung (1890) ④ Bauernzeitung ⑤ Anfang 1852—Juni 1890; 1883—1886 wurde das Blatt durch den Neuen Berner Boten ersetzt; 14. 12. 1889—18. 12. 1889 zufolge Setzerausstand ersetzt durch die gemeinsam von Bund, Berner Tagblatt (III) und Winterthurer Nachrichten herausgegebene Normal-Zeitung ⑥ 4°, 2° (ab 1880) ⑦ Wochenblatt, halbwöchentlich (ab Neujahr 1858) ⑧ Bern: Hallersche Buchdruckerei, Buchdruckerei des Berner Boten (Geschäftsführer: E. Stadlin) ⑨ Schweizerblätter (v. dieses Stichwort!) ⑩ Bernhard Friedrich Haller (auch Gründer) ⑪ B. F. Haller, Fr. Niklaus, E. Manuel, E. Joneli, K. M. Mann ⑫ konservativ ⑬ BGSZ: 660, 973; Oberländer Anzeiger Nr. 117, 29. 9. 1852 u. a. ⑭ Be: L, S, St ⑮ Im Zeitungskopf: ein geharnischter Bär mit einem Zweihänderschwert, darunter die Devise: «Vorwärts!»

Berner Bote (II)
① Organ für die Gemeinden Albligen, Bolligen, Bümpliz, Bremgarten, Frauenkappelen, Kirchlindach, Köniz, Laupen, Meikirch, Muri, Mühleberg, Neuenegg, Oberbalm, Schwarzenburg, Stettlen, Vechigen, Wohlen, Zollikofen und die Stadt Bern (bis 15. 4. 1905) ⑤ 2. 11. 1904—30. 6. 1906 ⑥ 2° ⑦ halbwöchentlich ⑧ Bern: A. Benteli ⑩ A. Benteli ⑪ C. A. Loosli ⑫ politisch unabhängig ⑬ BGSZ: 973; Zweck des Blattes v. Nr. 1, 2. 1.. 1904 ⑭ Be: L.

— von Bethel. Jahrg. 1895—1898. à 4 Nrn. (à 1—2 Bog. m. Abb.) 8. Bielefeld-Gadderbaum. Bethel bei Bielefeld, Buchh. d. Anst. Bethel. à Jahrg. — 80; einz. Nrn. n. — 10

— v. Bethel. Jahrg. 1899—1902. à 4 Nrn. 12. (à ca. 16 S.) Bethel, Buchh. d. Anstalt Bethel. à Jahrg. n. — 80

— v. Bethel. Jahrg. 1903—1906 à 4 Nrn. (à ca. 16 S.) kl. 8. Bethel, Buchh. der Anstalt Bethel. à Jhrg. n. — 80

— von B e t h e l. Jahrg. 1907—1910. à 4 Nrn. (à 16 S. m. Abbildgn.) kl. 8. Bethel b. Bielefeld. [Verlagshandlg. der Anstalt Bethel.] Pfennigsverein. (Nur direkt.) à Jahrg. nn — 85

— v. Bethel. J. '11. 4 Nrn. (Nr 64: 16 m. Abb.) kl8° Beth. b/Bielef., Pfennigverein. (Nur dir.) nnn — 35; einz. Nrn nnn — 10 dII

Bote: Der Bote aus den Bezirken von Uster, Hinweil und Pfäffikon
① von Chiridonius Bittersüß (17. 1. 1845—2. 5. 1845) ② Vaterländischer Usterbote oder: Die demokratische Freitagszeitung (29. 3. 1844—8. 8. 1844); Republikanischer Amt-, See-, Thur- und Uster-Bote oder: Die demokratische Freitagszeitung (16. 8. 1844—20. 12. 1844): Der Bote von Uster (I) (3. 1. 1845—24. 10. 1845, Probenummer 27. 12. 1845) ③ Thur-Bote (Fusion: 16. 8. 1844) ④ Allgemeines Noth- und Hülfsblatt (seit 31. 10. 1845, Red. J. J. Treichler), Anzeiger von Uster (seit 9. 1. 1846, Red. Johannees Weilemann) ⑤ Probenummern: 8. 12. 1843, 27. 12. 1843; 5. 1. 1844—24. 10. 1845 ⑥ 4° (Vergrößerung 15. 3. 1844, Verkleinerung 27. 12. 1844) ⑦ Wochenblatt ⑧ Winterthur: Ulrich Heinrich Hegner (8. 12. 1843—12. 1. 1844); Uster: Johannes Weilenmann (19. 1. 1844—24. 10. 1845) ⑩ Johannes Weilenmann (8. 12. 1843—10. 1. 1845), Johann Jakob Treichler (17. 1. 1845—24. 10. 1845) ⑪ Hoin, Winterthur (8. 12. 1843—2. 2. 1844), Johannes Weilenmann (19. 1. 1843—22. 3. 1844, 15. 11. 1844—27. 12. 1844), Jakob Heinrich Meyer («Zottelmeyer», 29. 3. 1844—8. 11. 1844), Johannes Jakob Treichler («Chiridonius Bittersüß», 3. 1. 1845—24. 10. 1845); Mitarbeiter: Gottfried Keller (Artikel und Gedichte, Redaktion einzelner Nummern), Robert Blum, August Becker («der rote August») ⑫ ursprünglich liberal, wendet sich dem Radikalismus zu. Beiträge kommunistischer Tendenz von August Becker ⑬ BGSZ: 209 a; Neue Zürcher Zeitung Nr. 298 ff., 10. 11. 1906; (Eugen) W(eilemann): Vor 100 Jahren. «Anzeiger von Uster» Nr. 288, 8. 12. 1843: F. Schwerz: Uster vor 100 Jahren und seine Zeitungen, «Zürcher Monats-Chronik» 1944, 1945; Ernst Nobs: Der Vorläufer des Volksrechts, «Aus der Geschichte der Zürcher Arbeiterbewegung 1898—1948», p. 9—15; Paul Leeman-von Elck: Druck Verlag und Buchhandel im Kanton Zürich ⑭ Zh: Z.

Bote: Der Bote vom Bodensee
① Ein Volksblatt für den Ober-Thurgau ④ Schweizerische Bodensee-Zeitung ⑤ Januar 1856—August 1864 ⑥ 4° ⑦ wöchentlich 2× ⑧ Romanshorn: A. Lubrecht, Gustav Zingg (ab Juli 1862) ⑨ Der Erzähler ⑩ der Drucker ⑪ der Drucker ⑬ Schweiz. Bodensee-Zeitung, Jubiläumsnummer v. 15. 7. 1949 ⑭ Ff: K (1859—1862) ⑮ Die Schweiz. Bodensee-Zeitung nimmt in ihrer Jubiläumsnummer das Jahr 1850 als Gründungsjahr des «Boten» an.

Bote aus Böhmen. [illegible] Kalender für Haus, Stadt und Land auf das Schaltjahr 18[illegible], welches [illegible] Tage hat. 2. Jahrgang. Mit einem Titelbilde und [illegible] in den Text gedruckten Abbildungen. 4. (96 S.) [illegible] 10 kr.

— b o s n i s c h e r. Universal-Hand- u. Adreßbuch, n. Kalender f. alle Confessionen f. Bosnien-Hercegovina. Hrsg. u. m. Benützg. amtl. Quellen zusammengest. v. Adf. Walny. 2. Jahrg. 1898. gr. 8. (X, 192 S. m. Abb.) Sarajevo. Lukavac (Bosn.), Adf. Walny. Kart. n. 2. —

Bosnischer Bote. Bosanski glasnik. Universal-Hand- und Adressbuch für Bosnien-Hercegovina, herausgegeben und redigirt von Adolf W a l n y. IV. Jahrgang 1900. S a r a j e v o. 1900. Selbstverlag. In Comm. W i e n. Fromme. B u d a p e s t. Grill. S a r a j a v o. Thier, Studnička & Co., Buchwald & Co. M o s t a r. Pacher & Kisič. Gr.-8°. XIV, 352, LXV S. K 2.80
Für Bosnien K 2.—.

B o s n i s c h e r Bote pro 1901. V. Jahrgang. Universal-Hand- und Adressbuch für Bosnien und Hercegovina. Redigirt von Adolf W a l n y. S a r a j e v o. 1901. W i e n. In Comm. Fromme. Gr.-8°. 841, LXXIX S. mit 1 Karte. Cart. K 2.80

— bosnischer. Universal-Hand- u. Adressbuch für Bosnien-Hercegovina. (Oeffentlicher Verkehr, Volkswirthschaft, Schematismus, Adressen, Ortsverzeichniss, Geschichtliches, Touristik.) Red. v. Adf. Walny. 6. Jahrg. 1902. gr. 8. (XII, 337 S. m. Abbildgn. u. 1 farb. Karte.) Sarajevo. (Budapest, C. Grill. — Wien, C. Fromme.) Kart. n. 3. —

Bote, Bosnischer, für das Jahr 1903. Bosanski glasnik. Universal-Hand- und Adressbuch für Bosnien-Herzegowina. (Öffentlicher Verkehr, Volkswirtschaft, Schematismus, Adressen, Ortsverzeichnis. Geschichtliches, Touristik.) Redigiert von Adolf Walny. VII. Jahrgang. 8. Sarajewo 1903.

— bosn., f. 1905. Universal-Hand- u. Adressb. f. Bosnien-Hercegovina. IX. Jahrg. (867 m. 1 Karte.) 8° Sarajevo. (Wien, G Szelinski.) Kart. nn 3.85

Bosnischer Bote. Bosanski glasnik pro 1906. Universalhand- und Adreßbuch für Bosnien und Herzegowina. X. Jahrg. Gr.-8°. (888, LXXXIII S.) K 4.—
Wien: Bosnischer Bote

— bosnischer, f. 1907. (Universal-Hand- u. Adressbuch f. Bosnien-Hercegovina.) 11. Jahrg. (IV, 412 S. m. Abbildgn. u. 1 Karte.) gr. 8. Sarajevo. Wien (IV, Wanggasse 5), Bosnischer Bote. Kart. n. 4. —

— bosn., pro '10. (Univ.-Hd- u. Adressb. f. Bosnien-Hercegovina.) Red. v. Adf Walny. 14. J. (462 m. 1 Karte.) gr8° Sarajevo. (Wien, M Perles.) Kart. 4 · ·

— bosnischer, pro 1911. (Universal-Hand- u. Adressbuch f. Bosnien Hercegovina.) Red. v. Adf. Walny. 15. Jahrg. (VIII, 486 S. m. 1 farb. Karte.) gr. 8. Sarajevo. (Wien, Hof- u. Staatsdruckerei.) Kart. 4. —

— Bosnischer. Universal-Hand- u. Adressb. f. Bosnien u. d. Hercegovina. '13. 17. J. (10, 607 m. 1 farb. Kte.) gr8° Sarajevo. (Wien, Hof- u. Staatsdr.) HL 4 —

Bote, Breisgauer. – Freiburg i. Br.: 1. XI. 1849 - 31. XII. 1852.
Vorh. u. d. T.: Amts- und Wochenblatt, Breisgauer.
Fortges. u. d. T.: Zeitung, Breisgauer.

— Der, a. Bremen. Organ f. Verbreitg guter Lit. u. volkstüml. Wissens, sowie Prämien-Monatsschr. im Interesse d. Kundenkreises deut. Drogerien. Hrsg. v. Karl Fr. Töllner. Schriftleitg: Jos. Riedner u. A Dietz. 1. u. 2. J. '11 u. '12 je 12 Hefte. ('11: 150 u. '12, 1. Heft: 12) gr8° Brem., KF Töllner. (Nur dir.) jährl. 2 — d

— Breslauer. Bresl. Blätter für heitere u. ernste Unterhalt. Redig. v. Moritz Bauschke. 1r — 8r Jahrg. 1833 — 40. Mit Abbildd. 4. Breslau, Verl.-Compt. 1r—3r J. à 1 7/12 ℛ, 4r J. 1836. n. 1 3/4 ℛ, 5r J. n. 1 3/4 ℛ, 6r J. n. 2 ℛ, 7r u. 8r J. 1839. à n. 2 2/3 ℛ

Bote, Bruchsaler. – Bruchsal : 1892 - 1930 ff.
Vorh. u. d. T.: Bote, Badischer.

Bote, Bruhrainer. – Philippsburg : 1909-1930 ff.

Buchsgauer Bote
v. Buchsgauer Anzeiger (sub 15).

Bote, Bühler s. Bote, Acher und Bühler.

Bote, Chemnitzer. – Chemnitz: 1.VII.1848.
Fortges. u.d.T.: Tageblatt, Chemnitzer.

— der christliche, f. Gendarme. Hrsg. v. Friedrichsen u. F. W. Brepohl. April—Dezbr. 1910. 24 Nrn. (Je 4 S.) 8. Wiesbaden. (Falkenhagen-Seegefeld, Verlag „Das Havelland".) — 90

— christlicher, f. Feldwebel u. Unteroffiziere. Hrsg. v. Friedrichsen u. F. W. Brepohl. April—Dezbr. 1910. 24 Nrn. (à 4 S.) 8. Wiesbaden. (Falkenhagen-Seegefeld, Verlag „Das Havelland".) — 90

— dass. J. '11. 12 Nrn. (Nr 1: 4) 8° Wiesb., Exp. d. ev.-luth. Soldatenfreund. (Nur dir.) — 35 d

— christlicher, für Stadt und Land. Red.: H. J. Seemann. 1—4. Jahrg. 1852—55. — Red.: Gottschlich. 5—7. Jahrg. 1856—58. à 10 Nrn. (à 2 Bgn.) Neiße, Graveur. gr. 4. Jeder Jahrg. n. 20 ℊℓ

—— christlicher, für Stadt und Land. Redakt.: H. J. Seemann und fortgesetzt von Gotschlich. (3—5.) Jahrg. 1854—56. à 10 Nrn. (à 2 Bog.) gr. 4. Neiße, Burckhardt's Buchh. à Jahrg. **

—— christl., f. Stadt u. Land. Red.: Gotschlich. 4—10. Jahrg. à 10 Nrn. (à 2 B.) 4. Neisse 55—61, Graveur's V. à n. — 20

Der Cincinnati Hinkende Bote : 1836?—1927?
Title varies: Der Hinkende Bote in Amerika. Published by Benzinger Gebrüder. Also published in other American cities.
Cincinnati OH

Der Denver Bote : Oct. 1907—?
Monthly. Illustrated, quarto, each 4 pages. Sub-title: Beilage zum Kinderfreund. Published by Evangelisch-Lutherisches Sanitarium bei Denver.
Denver, CO

(F) Bote aus Deutsch-Böhmen. Ein Haus-, Stadt- und Landmannskalender. 1904. (ill. 143 S.) K —.50
Brünn: Karafiat.

Bote aus Deutschböhmen für 1910. Gr.-8°. K 1.--
Brünn: Karafiat.

Bote, d. deutsche. Jahrg. 1814. 13 Heft. 4. Leipz., Joachim. 4 ℛ

Der Deutsche Bote : 1888?— ?

Bote, Der deutsche hinkende

—— deutscher hinkender, für das J. 1880. (1. Jahrg.) 16. (64 S. mit eingedr. Holzschn.) Aachen, Schweitzer.

—— der deutsche hinkende, auf die J. 1881—1885. 16. (à Jahrg. ca. 64 S. mit eingedr. Holzschn.-Illustr.) Aachen, Schweitzer. à Jahrg. * — 10

—— der deutsche hinkende, auf die J. 1886 und 1887. 11. und 12. Jahrg. Hrsg. von Jos. Hubertus. 16. (64; 55 S. mit Illustr.) Aachen, Schweitzer. à Jahrg.

—— dass. — für Bürger und Bauersmann auf die J. 1888 und 1889. 13. und 14. Jahrg. Hrsg. von Jos. Hubertus. gr. 16. (55; 54 S. mit Illustr.) Ebendas. à Jahrg.

— der deutsche hinkende, f. Bürger u. Bauersmann auf d. J. 1890. 15. Jahrg. Hrsg. v. J. Hubertus. 16. (54 S. m. Illustr.) Aachen, Schweitzer. — 10

— d. deut. hink., f. Bürger u. Bauersmann f. 1896. 21. Jahrg. Hrsg. v. J Hubertus. 16° (45 m. Bildern.) Aach., I Schweitzer. — 10

— der deutsche hinkende, f. Bürger u. Bauersmann auf d. J. 1899. 24. Jahrg. M. schönen Bild. u. e. Rösselsprung. Hrsg. v. Jos. Hubertus. gr. 16. (60 S.) Aachen, J. Schweitzer. — 10

— der deutsche hinkende, auf das J. 1903. 28. Jahrg. gr. 16. (60 S.) Aachen, J. Schweitzer. — 10

— der deutsche hinkende, auf d. J. 1906. 31. Jahrg. (67 S.) kl. 8. Aachen, J. Schweitzer. — 10

— der deutsche hinkende, auf d. J. 1911. 36. Jahrg. (47 S.) 16. Aachen. J. Schweitzer. — 10

— Der deutsche hink. '12. 37. J. (55) 16° Aach., I Schweitzer. — 10 d

Bote, Der deutsche aus der Schweiz. – Zuoz : 1842.

Deutsche Bote: Der deutsche Bote aus der Schweiz (I)
④ Der deutsche Bote aus der Schweiz (II) ⑤ 5. 1. 1842—1. 10. 1842 ⑥ 4° ⑦ wöchentlich 2× ⑧ Zürich: Zürcher & Furrer ⑩ Verlag des Literarischen Comptoirs Zürich und Winterthur ⑪ Karl Fröbel, Julius Fröbel ⑬ BGSZ: 1111, 1125, 1126, 1128, 1130 ⑭ Zh. Z.

Deutsche Bote: Der deutsche Bote aus der Schweiz (II)
③ Der deutsche Bote aus der Schweiz (I) ⑤ sollte 1842 erscheinen ⑦ Monatsblatt ⑪ Georg Herwegh ⑫ die Zeitschrift sollte »ein Asyl gegen deutsche Zensur bieten« ⑬ BGSZ: 1128 und »Der deutsche Bote aus der Schweiz« (I) 1842, Nr. 76 (Veränderung des Plans und der Redaktion); Houben Deutsche Zensurflüchtlinge in der Schweiz. »Neue Zürcher Zeitung« 1930, Nrn. 561, 568, 578 ⑮ Diese Zeitschrift, um deren Erscheinen willen Herwegh seine berühmt gewordene Reise nach Deutschland unternahm (Herbst 1842), konnte nicht publiziert werden. Die für die ersten Hefte bestimmten Aufsätze erschienen 1843 unter dem Titel »Einundzwanzig Bogen aus der Schweiz«.

Deutsch-Ungarischer Bote: 1905?–1918?

Weekly, 1905–09; semi-weekly, 1910–13; weekly, 1914–18. Circulation: 1909, 5500; 1910, 7000; 1915, 9400; 1918, 630. Edited & published by Alexander von Dessewffy, 1905–13; published by Deutsch-Ungarischer Bote Co., 1914–18.

Cincinnati OH

— aus dem Mitauer Diakonissenhause. Red.: L. Katterfeld. 1. Jahrg. 1881/82. 6 Nrn. (1/2 B.) gr. 4. Mitau, Besthorn in Comm. n. 1. —

—— dass. — Jahrg. 1883 und 1884. à Jahrg. 12 Nrn. (à Nr. 1/2 Bog.) gr. 4. (Ebendas.) à Jahrg. * 2 —

Bote aus dem Mitauer Diakonissenhause. Redact.: L. Katterfeld. 9.—12. Jahrg. 1889—1892. à Jahrg. 12 Nrn. (à Nr. 1/2—1 Bog.) gr. 4. Mitau, (Besthorn). à Jahrg. * 2 —

— a. d. Mitauer Diakonissenhause. Hrsg. u. Red.: L Katterfeld. 11—15. Jahrg. 1891—1895 à 12 Nrn. 4° (1894. Nr. 1—4. 20) Mit., (F Besthorn). à Jahrg. 2 —

— a. d. Mitauer Diakonissenhause. Hrsg. u. Red.: L. Katterfeld. 15.—18. Jahrg. 1895 - 1898. à 12 Nrn. (à ca. 8 S.) 4. Mitau (F. Besthorn). à Jahrg. postfrei n. 2.—

— aus dem Mitauer Diakonissenhause. Hrsg. u. Red.: L. Katterfeld. 19.—22. Jahrg. 1899—1902. à 12 Nrn. gr. 4. (à ca. 4 S.) Mitau (F. Besthorn). à Jahrg. n. 2. —

— aus dem Mitauer Diakonissenhause. Hrsg. u. Red.: L. Katterfeld. 23. u. 24. Jahrg. 1903 u. 1904 à 12 Nrn. (à ca. 4 S.) Lex.-8. Mitau (F. Besthorn). à Jhrg. n. 2. — Fortsetzung, s.: Thabor-Bote.

— a. d. Mitauer Diakonissenhause, Fortsetzg, s.: Thabor-Bote.

Dithmarscher Bote für Jedermann aus dem Volke. [Jg. 1.] Wesselburen. 1865. Fol.

Bote, Der Ditmarser und Eidenstedter. Friedrichstadt 1802—05. H (Jhg. 1—3): *Lempelius, Gerhard Wilhelm Amandus & Christian Andresen.* H (Jhg. 4): *Lempelius, G. W. A.* (NN) (GGr)

Bote, Der Ditmarser und Eiderstedter. – Friedrichstadt: Bade & Fischer. 1802-1815.

Bote — der — von der Eger und Biela. Druck und Verlag von Ferd. Ritter v. Schönfelds Witwe und Komp. in Brüx. Redakteur: Ant. Wolff. Erscheint Mittwoch und Samstag.

Bote von der Eger und Biela, Redakteur A. Wolff, Verleger und Drucker F. Ritter von Schönfeld et Comp. 6. Jahrgang, 4. 2spaltig. Wöchentlich 2mal, 2 fl. 24 kr. jährlich. 1854.

Bote von der Eger und der Biela, Der —. (7. Jahrgang.) Redakteur Anton Wolff. Gedruckt und herausgegeben von Ferd. Ritter von Schönfeld und Komp. 4. 2spaltig. Mittwoch und Samstag 1 fl. 12 kr. und 1 fl. 56 kr halbjährig. 1854

Bote von der Eger und Biala. VIII. Jahrgang. Verantwortlicher Redakteur: Anton Wolff. Herausgegeben und Druck von Ferdinand Ritter v. Schönfeld's Wwe. und Komp. 4. 2spaltig. Wochentlich zweimal. 2 fl. 24 kr. und 3 fl. 52 kr. jährlich. 1855

Bote, der — von der Eger und Biela. (IX. Jahrg.) Verantwortl. Redakteur: Anton Wolff. Druck und Verlag von Ferd. Rit. von Schönfelds Witwe und Komp. 4. 2spaltig. Erscheint Mittw. u. Samstag. 1856

Bote, Der, aus Eimsbüttel. O. O. 1785. V: *Kühl, G. Timotheus M.* (MGT) (Arch. f. Litt. VIII, 212.) (Hamburg)?

Der Bote aus Emmaus: 1907–1911.

Published by Eden Publishing House.

St.Louis MO

Emmenthaler Bote: Der Emmenthaler Bote
① Intelligenzblatt für Stadt und Land ③ Berner Volkszeitung (I) ④ Berner Volksfreund (Be) ⑤ Januar 1847—Mai 1875 ⑥ 4°, 2° (ab März 1858) ⑦ halbwöchentlich ⑧ Burgdorf: Wilhelm Langlois ⑨ Wochentliche Mittheilungen (Ab Neujahr 1864 an Stelle der von 1832—1863 im Verlag von C. Langlois in Burgdorf selbständig erschienenen belletristischen Zeitschrift gleichen Namens. — v. Berner Zeitung (V) Nr. 297. 16. 12. 1856.) ⑩ Carl Langlois ⑪ Wilhelm Langlois; Mitarbeiter: Wynistorf, Fürsprecher, Stadtschreiber von Burgdorf, wichtiger Leitartikler ⑫ zuerst parteilos, dann freisinnig ⑬ BGSZ: 215, 239, 973 ⑭ Be: L, St.

— d. Erzgebirgische, 1r—5r Jahrg. 1809—12. à 4 Hefte, jedes mit 1 Kpf. 4. Zwickau, Schumann. (à J. 1 rthl 12 gr) 7 rthl 12 gr

Der Bote der Allerheiligsten Familie: 1872–? NEW YORK, NY

Roman Catholic semi-monthly. Title varies: DER BOTE DER HEILIGSTEN FAMILIE. Quarto, each issue 16 pages; illustrated. A German family paper.

Farnisberger Bote
⑮ In der Schrift »Die Publicistik der Gegenwart«, (III. Heft, Würzburg 1879), wird unter diesem Titel eine Zeitung von Gelterkinden erwähnt. Es handelt sich aber um den »Farnsburger-Bote«. — v. dieses Stichwort!

Bote, Der Farnsburger, s. Farnsburger-Bote, Der.

Der Fliegende Bote.

Sub-title: Illustrierter Volks-Kalender für 1878. Verlag H. Enderis.

Chicago IL

—— der flinke, für die J. 1883—1885 für die Provinzen Brandenburg, Pommern, Ost- und West-Preußen, Posen, Schlesien, Sachsen, nebst den angrenzenden Landestheilen: Altenburg, Anhalt, Bremen, Hamburg, Koburg-Gotha, Lübeck, Mecklenburg rc. 1.—3. Jahrg. 8. (à Jahrg. 160 S. mit 1 chromolithogr. Titelbilde und zahlreichen Illustr.) Landsberg a. d. W., Volger und Klein. à Jahrg. — 50

—— der flinke, für das J. 1886. 12. (160 S. mit 1 chromolithogr. Titelbilde und zahlreichen Illustr.) Landsberg a. W., Volger und Klein. * Nicht weiter erschienen.

Bote vom Frankenwald. – Hof: 1894 (?).

Bote der Frauenhülfe. Jg. 1. Potsdam: Stiftungsverl. (1903). 4° [J.]

— der Frauenhülfe. Im Auftrage des evangelisch-kirchl. Hülfsvereins hrsg. v. Cremer u. Schmökel. Red.: Cremer. Mit den monatl. Beilagen: „Für die Arbeitsstube u. f. die Kinderstube". Jahrg. 1904. à 52 Nrn. (VI, 528 S. m. 45 Abbildgn.) gr. 4. Potsdam, Stiftungsverlag. n. 3. — Fortsetzung u. d. T.:

— der, für die christliche Frauenwelt. Hrsg. im Auftrage des evangelisch-kirchl. Hülfsvereins. Organ f. die evangel. Frauenhülfe. Red.: Schmökel. Mit den monatl. Beilagen: „Für die Arbeitsstube" u. „Für die Kinderstube". 2. u. 3. Jahrg. 1905 u. 1906. à 52 Nrn. (IV, 538 u. IV, 528 m. Abbildgn.) 4. Ebd. à Jhrg. n. 3. —

— der, f. die christliche Frauenwelt. Hrsg. im Auftrage des evangelisch-kirchl. Hülfsvereins. Organ f. die evang. Frauenhülfe. Red.: Hoppe. Mit der monatl. Beilage: „Für die Kinderstube". Red.: Marie Goslich. 4.—7. Jahrg. 1907—1910. à 52 Nrn. (588, 578, 590 u. 576 S. m. Abbildgn.) 32×23,5 cm. Potsdam, Stiftungsverlag. à Jahrg. 3. —

— Der, f. d. christl. Frauenwelt. Red.: Hoppe. Nebst: „Für d. Arbeitsstube". Red.: Marie Kuhls. 7—9. J. '10 —12 je 52 Nrn. ('12, Nr 1: 12 m. Abb.) 31×23 cm. Potsd., Stiftgsverl. viertelj. — 75 d
Von '11 ab auch in Ausg. f. Brandenburg, Posen, Ost u. Westpreussen, Rheinlande, Sachsen, Schlesien u. Westfalen. (Je Nr 1: 11)

Bote, Der Freiburger, für 1855. Freiburg i. Br. H: *Oertel, Wilh.* (Ky)

— der freiburger, für 1855 und 1856. (Hrsg. von W. O. v. Horn.) 4. (56 und 72 S. mit eingedr. Holzschn.) Freiburg im Br., Wagner'sche Buchh. à Jahrg.

Bote, der freiburger, für 1857—61. 4. (ca. 72 S. mit eingedr. Holzschn. und Holzschnt.) Freiburg im Br., Wagner. à Jahrg. Thlr. *

Bote, Freiburger. – Freiburg i. Br.: 3. V. 1865 - 31. XII. 1921.

— der, für Freunde der Pflanzenkost. Hrsg. v. der „Vegetarian society" in England. gr. 8. (IV u. 62 S.) Berlin 850, Schneider & Co in Comm. n. 1/12 ß

Bote, der, des Friedens. Eine Monatsschrift f. das deutsche Volk. Red. v. C. F. Lohse 4. Bd. [Jahrg. 1851.] 12 Lfgn. gr. 4. (à 2 B. m. 2 Lith.) Mit Beilage: „Geschichte der Schweiz." gr. 8. u. 2 Stahlst.-Prämien. Dresden. (Schönfeld.) (à Lfg. n. 2 ngr) n. 24 ngr

— d. Friedens. E. Wochenblatt f. Stadt u. Land. Hrsg.: F. Fries. 6.—8. Jahrg. 1895—1897. à 52 Nrn. (à ca. 1/2 Bog. m. Abb.) 4. Witten, Buchh. d. Stadtmission. à Jahrg. n. 1. 20
Früher u. d. T.: Evangelist, der märkische. — Der Jahrg. 1897 ist von Rich. Schmitz redigiert.

— dasselbe. Red.: Rich. Schmitz. 9. Jahrg. 1898. 52 Nrn. (à ca. 1/2 Bog.) 4. Ebd. n. 1. —
Kann auch halbjährlich bezogen werden.

— des Friedens. Ein Wochenblatt für Stadt u. Land. Hrsg.: F. Fries. 10.—13. Jahrg. 1899—1902. à 52 Nrn. 4. (à ca. 4 S. m. Abbildgn.) Witten, Buchh. der Stadtmission. à Jahrg. n. 1. —

— des Friedens. Ein Wochenblatt f. Jedermann. Hrsg.: F. Fries. 14.—16. Jahrg. 1903—1905 à 52 Nrn. (à 4 S. m. Abbildgn.) Lex.-8. Witten, Buchh. der Stadtmission. à Jhrg. n. 1. 60

— dasselbe. 17. Jahrg. 1906. 52 Nrn. (à 4 S. m. Abbildgn.) Lex.-8. Ebd. n. 1. 60

Bote des Friedens. Ein Wochenblatt f. Jedermann. Hrsg.: F. Fries. 18.—21. Jahrg. 1907—1910. à 52 Nrn. (à Jahrg. 208 S. m. Abb.) Lex. 8. Bonn, J. Schergens. à Jahrg. 1. 60

— d. Friedens. Wochenbl. f. Jedermann. Hrsg.: F Fries. 21—23. J. '10—12 je 52 Nrn. ('12, Nr 1: 4) Lex8° Witten, Buchh. d. Stadtmission. viertelj. — 20 d
Der 21. J. erschien in Bonn.

— Der, d. Friedens. Christl. Abreisskaldr m. tägl. Betrachtgn, Erzählgn u. Gedichten; m. Bibelsprüchen nach d. „Elberfelder Uebersetzg" f. '13. (14. J.) Hrsg. v. E Dönges. 16° Dillenbg, Geschw. Dönges. — 75 d

— der, vom Gardasee, m. der Fremdenliste. Red.: Mart. Birnbaum. Hrsg.: Ottom. Piltz. 5. Jahrg. 1904. Etwa 35 Nrn. (à ca. 8 S.) Fol. Salò. Berlin, Touristen-Magazin H. Muos. à Nr. n. — 10

— der gemeinnützige, f. Stadt- u. Landleute. 8. Gieß. 793. Krieger. 16 gl.

— unser, f. die Gemeinschaftskreise der evangel. Gesellschaft f. Deutschland in Elberfeld-Barmen. Hrsg. v. den Inspektoren der Gesellschaft Gauger, Becker, Buddeberg. Verantwortlich: Gauger. 9.—12. Jahrg. 1907 bis 1910. à 52 Nrn. (à Jahrg. 412 S.) 8. Elberfeld, Buchh. der ev. Gesellschaft f. Deutschland. à Jahrg. nn 1. 20

— d. gemütl. hink. '10. Gr., ill. Haus- u. Familien-Kldr. (128, 20 u. 3 m. z. Tl farb. Abb. u. 3 [2 farb.] Taf.) gr8° Winterbg, J Steinbrenner. — 60 d

— der gemütliche hinkende. 1911. Großer, ill. Haus- u. Familien-Kalender f. Stadt u. Land. (128, VIII, 20 u. II S. m. z. Tl. farb. Abbildgn. u. 3 [2farb.] Taf. u. Wandkalender.) gr. 8. Winterberg, J. Steinbrener. — 60

— Der gemütliche hink. '13. Grosser, illustr. Haus- u. Familien-Kaldr f. Stadt u. Land. (128, 8, 20 u. 2 m. z. Tl farb. Abb. u. 4 [2 farb.] Taf.) gr8° Winterbg, J Steinbrener. — 60 d

Bote, Glanthaler. Illustrirter Kalender. St. Veit a. d. Gl., Schlick, 1889—90. 2 Jgg.

Bote, Göttinger. – Hannover: 1903 - 1905.
(Auch u. d. T.: Bote, Göttinger Deutsche).

— der große Koblenzer hinkende. Ein Kalender für kathol. u. evangel. Christen a. d. J. 1841. 4. Kobl. 840. Hergt. n. 1/4 ß

— der große Straßburger hinkende. Ein Kalender für Römisch-Katholische und Protestanten auf die J. 1888 und 1889. Zum 81. und 82. Mal hrsg. 4. (à Jahrg. 72 S. mit Illustr.) Straßburg, L. Roux und Comp. à Jahrg. **

— der große Straßburger hinkende. Ein Kalender f. Römisch-Katholische u. Protestanten auf d. J. 1890 — 1893. Zum 83. — 86. Male hrsg. 4. (à Jahrg. 72 S. m. Illustr.) Straßb. i. E., Le Roux u. Comp. à Jahrg. * — 24

— der große Straßburger hinkende. Ein Kalender f. Römisch-Katholische u. Protestanten auf d. J. 1895. Zum 88. Male hrsg. 4. (72 S. m. Bildern.) Straßburg, F. X. Le Roux & Co. n.n. — 24

— d. grosse Strassburger hink. Kalender f. Römisch-Katholische u. Protestanten f. 1896. Zum 89. Male hrsg. 4° (72 m. Bildern.) Strassb., FX Le Roux & Co. n.n. — 24

— der große Straßburger hinkende. Ein Kalender f. Römisch-Katholische u. Protestanten a. d. J. 1899. Zum 92. Male hrsg. 4. (72 S. m. Bild.) Straßburg, F. X. Le Roux & Co. n.n. — 24

— der große Straßburger hinkende. Ein Kalender für Römisch-Katholische u. Protestanten auf d. J. 1903. Zum 96. Male hrsg. 4. (71 S. m. Abbildgn.) Straßburg, F. X. Le Roux & Co. n.n. — 24

— der große Straßburger hinkende. Ein Kalender für Römisch-Katholische u. Protestanten auf das J. 1907. Zum 100. Male hrsg. (78 S. m. Abbildgn.) 8. Straßburg, F. X. Le Roux & Co. n.n. — 24

— der große Straßburger hinkende. Ein Kalender f. Römisch-Katholische u. Protestanten auf d. J. 1911. Zum 103. (richtig 104.) Male hrsg. (80 S. m. Abbildgn.) 8. Straßburg, F. X. Le Roux & Co. nn — 24

— Der gr. Strassburger hink. Kaldr f. '13. Zum 106. Male hrsg. (80) 8° Strassbg. FX Le Roux & Co. nn — 24 d

Bote des Gustav-Adolf-Vereins für die Provinz Sachsen. Hersgbr.: Steinhart u. Riese. 1. Jahrg. 1870. 12 Nrn. (à 1/2—1 Bgn.). Halle, Schwabe. gr. 8. n. 6 ngr

— des Gustav-Adolf-Vereins f. die Provinz Sachsen. Organ f. den Haupt-Verein der Provinz Sachsen. Hrsg.: Steinhart u. Riese. 2—5. Jahrg. 1871—1874. à 12 Nrn. (à 1/2—1 B.) gr. 8. Halle, Schwabe. à Jahrg. n. — 60

—— des Gustav-Adolf-Vereins für die Prov. Sachsen. Organ für den Haupt-Verein der Prov. Sachsen. 6.—9. Jahrg. 1875—1878. à Jahrg. 12 Nrn. (Bog.) gr. 8. Halle, Schwabe. à Jahrg. *

— des Gustav-Adolf-Vereins für die Prov. Sachsen. Organ für den Haupt-Verein der Prov. Sachsen. 8—10. Jahrg. 1877—1879. à 12 Nrn. (B.) gr. 8. Halle, Schwabe. à Jahrg. n. 1. 20
cf.: Monatsblatt des Gustav-Adolf-Vereins für die Provinz Sachsen.

—— dass. — für die Prov. Sachsen, das Herzogth. Anhalt und die Thüringischen Staaten. 10. Jahrg. 1879. 12 Nrn. (Bog.) gr. 8. Halle, Koeftler. *

— des Gustav-Adolf-Vereins aus Thüringen. Hauptvereinsblatt für die Provinz Sachsen. Herausg. von Ed. Schmid. 7—9. Jahrg. 1854—56. à 12 Nrn. (à 1 Bgn.) Apolda. (Leipzig, Mittler in Comm.) Lex.-8. Jeder Jahrg. n. 6 ngr

—— des Gustav-Adolf-Vereins aus Thüringen. Organ des Hauptvereins im Großherzogth. Sachsen-Weimar und des Landesvereins im Herzogth. Sachsen-Gotha. Hrsg. von G. Tröbst. 33.—37. Jahrg. 1880—1884. à Jahrg. 12 Nrn. (à Nr. 1/2 Bog.) Lex.-8. Weimar, (Zuckschwerdt.) à Jahrg. * — 60

— des Gustav-Adolf-Vereins aus Thüringen. Organ d. Hauptvereins im Großherzogth. Sachsen-Weimar u. d. Landesvereins im Herzogth. Sachsen-Gotha. Hrsg. v. G. Tröbst u. H. Jacobi. 36—39. Jahrg. 1883—1886. à 12 Nrn. (1/2 B.) Lex.-8. Weimar, (Zuckschwerdt). à Jahrg. n. — 60

— des Gustav-Adolf-Vereins aus Thüringen. Organ d. Hauptvereins im Großherzogth. Sachsen-Weimar u. im Herzogth. Sachsen-Meiningen u. d. Landesvereins im Herzogth. Sachsen-Gotha. Hrsg. v. H. Jacobi. 40.—43. Jahrg. 1887—1890. à 12 Nrn. (à 1/2—1 B.) Lex.-8. Weimar, (Zuckschwerdt). à Jahrg. n. — 60

— des Gustav-Adolf-Vereins aus Thüringen. Organ des Hauptvereins im Großherzogt. Sachsen-Weimar u. im Herzogt. Sachsen-Meiningen u. des Landesvereins im Herzogt. Sachsen-Gotha. Hrsg. von Hans Jacobi. 44.—47. Jahrg. 1891—1894. à 12 Nrn. (à ca. 1 Bog.) Lex.-8. Weimar, (L. Thelemann). à Jahrg. n. — 60

— des Gustav-Adolf-Vereins aus Thüringen. Organ d. Hauptvereins i. Großherzogt. Sachsen-Weimar u. i. Herzogt. Sachsen-Meiningen u. d. Landesvereins i. Herzogt. Sachsen-Gotha. Hrsg. v. Hans Jacobi. 48.—50. Jahrg. 1895—1897. 12 Nrn. (à ca. 1 1/2 Bog. m. Abb.) Lex.-8. Weimar (L. Thelemann). à Jahrg. n. — 60

— d. Gustav-Adolf-Ver. f. Thüringen u. d. Hessen-Casseler Hauptver. Red.: H Jacobi. 51—53. Jahrg. 1898—1900 à 12 Nrn. 8° (Nr. 1. 16 m. Abb.) Ebd. à Jahrg. — 80

— des Gustav-Adolf-Vereins f. Thüringen u. den Hessen-Casseler Hauptverein. Begründet 1847 durch C. Günth. Schmid, hrsg. 1853—1866 v. Ed. Schmid, 1867—1884 v. Tröbst, 1884—1904 v. Jacobi. Red.: Sommer. 56.—59. Jahrg. 1903—1906 à 12 Nrn. (à ca. 16 S. m. Abbildgn.) gr. 8. Weimar (L. Thelemann.) à Jhrg. n. — 80

— des Gustav-Adolf-Vereins f. Thüringen u. den Hessen-Casseler Hauptverein. Begründet 1847 durch C. Günth. Schmid, hrsg. 1853—1866 v. Ed. Schmid, 1867 bis 1884 v. Tröbst, 1884—1904 v. Jacobi. Red.: Sommer. 60.—63. Jahrg. 1907—1910. à 12 Nrn. (à ca. 16 S.) gr. 8. Weimar, Ludw. Thelemann. à Jahrg. — 80

— d. Gustav-Adolf-Vereins f. Thüringen u. d. Hessen-Casseler Hauptverein. Begründet durch C Günth. Schmid. Red.: Sommer. 63—65. J. '10—12 je 12 Nrn. ('12, Nr 1: 16) gr8° Weim., Ludw. Thelemann. je — 80; einz. Nrn — 10 d

—— der gute, für das Jahr der Gnade (1.—5. Jahrg.) 1836—1840. — 6.—11. Jahrg. 1841—1847. Ein vollständiger kirchlicher, astronom., bürgerl. u. ökonom. Kalender; ein Kalender für Juden; nebst Anhang von histor. u. a. liebl. Erzählungen, Gedichten u. Anekdoten zur Freude u. Erbauung. Ferner ein Verzeichniß von Behörden und Beamten 2c. zunächst für das Elsaß. (Mit vielen Holzschnitten.) 4. Straßburg, Wwe. Levrault. à J. 1/8 ℛ

— der gute. 12—17. Jahrg. 1848—1852. 4. (à 64—66 S. m. Lith. u. Karten in 4. u. Fol.) Straßburg, Wwe. Berger-Levrault & Sohn. à 3 ngr

— der gute, für das Jahr der Gnade 1853—58. Ein vollständiger, kirchl. astronom. u. s. w. Kalender zunächst für das Elsaß. 17—22. Jahrg. Straßburg, Berger-Levrault. 4. (à 64 S. m. Holzschn. u. lith. Taf.) Jeder Jahrg. 3 ngr

—— der gute. 23—26. Jahrg. 1859—62. 4. Straßburg, Wwe. Berger-Levrault und Sohn. [23. Jahrg. (72 S. mit eingedr. Holzschn. und 1 lithogr. Karte in Fol.) 24. (68 S. mit eingedr. Holzschn. und 1 lithogr. Karte.) 25. und 26. (à 72 S. mit eingedr. Holzschn.)] à Jahrg.

—— der gute. 26.—31. Jahrg. 1862—67. 4. (à Jahrg. ca. 72 S. mit eingedr. Holzschn. und 1 Karte in Holzschn. in qu. Fol.) Straßburg, Wwe. Berger-Levrault und Sohn. à Jahrg.

—— der gute. 1868—1872. Ein vollständ. kirchl., astronom., bürgerl. und ökonom. Kalender; ein Kalender für Juden, nebst Anhang von histor. und andern lieblichen Erzählungen, Gedichten und Anekdoten zur Freude und Erbauung; ferner ein Verzeichniß von Behörden und Beamten, von Märkten, Posten, Boten und dergl. zunächst für das Elsaß. 32.—36. Jahrg. 4. (à Jahrg. 60—72 S. mit eingedr. Holzschn.) Straßburg, Berger-Levrault und Sohn. à Jahrg.

—— der gute. 1873—1875. 37.—39. Jahrg. 4. (à 72 S. mit eingedr. Holzschn. und 1 Stnt.) Straßburg, Schultz und Comp. à Jahrg. *

—— der gute. 1878—1880. 4. (à 72 S. mit eingedr. Holzschn. und 1 Stnt.) Straßburg, Schultz und Comp. à Jahrg. *
Jahrg. 1876 und 1877 nicht erschienen.

—— der gute. 1881—1885. 4. (à Jahrg. 16 S. mit eingedr. Holzschn. und 1 Holzschntaf.) Straßburg, (Schultz und Comp. — Vomhoff.) à Jahrg. *

Bote, der gute. 48.–51. Jahrg. 1886-1889. 4. (à Jahrg. 80 S. mit Holzschn.) Straßburg, (Vomhoff.) à Jahrg. **

—— der gute. 1890—1893. Ein vollständ. kirchl., astronom., bürgerl. u. ökonom. Kalender u. s. w. zunächst f. das Elsaß. 52.—55. Jahrg. 4. (à Jahrg. 80 S. m. Bildern.) Straßb. i. E., (Vomhoff). à Jahrg. ** — 25

— der gute. 1894. Ein vollständ. kirchl., astronom., bürgerl. u. ökonom. Kalender u. s. w. zunächst f. das Elsaß. 56. Jahrg. 4. (80 S. m. Bildern.) Straßburg, (C. A. Vomhoff). n.n. — 25

— d. gute. 1896. Kalender, zunächst f. d. Elsass. 58. Jahrg. 4° (80 m. Bildern.) Strassb., (CA Vomhoff.) n.n. — 25

— der gute, f. d. J. 1899. 61. Jahrg. 4. (78 S. m. Abb.) Straßburg, Buchh. d. Ev. Gesellschaft. n.n. — 25

— d. gute, f. 1900. 63. Jahrg. 4° (78 m. Abb.) Strassbg, Bh. d. ev. Gesellsch. nn — 25

der gute, f. d. J. 1903. 65. Jahrg. 4. (86 S. m. Abb.) Straßburg, Buchh. der ev. Gesellschaft. n.n. — 25

— d. gute, f. 1906. 68. Jahrg. (88 m. Abb.) 8° Strassbg, Bh. d. ev. Gesellsch. nn — 25 d

— der gute, f. d. J. 1907. 69. Jahrg. (94 S. m. Abbildgn.) 8. Straßburg, Buchh. der ev. Gesellschaft. n.n. — 25

— d. gute, f. '10. 72. J. (84 m. Abb.) 8° Strassbg, Bh. d. ev. Gesellsch. nn — 25 d

— der gute, f. d. J. 1911. 78. Jahrg. (78 S. m. Abb.) 8. Straßburg, Buchh. der ev. Gesellschaft. nn — 25

— Der gute, f. '13. 75. J. (82 m. Abb.) 8° Strassbg, Buchh. d. ev. Gesellsch. nn — 25 d

Bote, Haager. – Haag : 1894-1929.

— der, vom Haardtgebirge, für das Jahr 1838. (Mit 1 ill. Karte u. 4 Steindr.) 4. Neustadt a. d. Haardt 838. Gottschick. 1/4 ₰ — ders., ein neuer Kalender auf das Jahr 1839, welches ein gemeines Jahr von 365 Tagen ist. (Mit 1 Karte u. 4 Steindr.) 4. Ebd. 839. 1/4 ₰

Der Halleiner Bote. 4 Hfte. 8. Salzburg 1805. 4,00.

—— der hamburger, e. Volksblatt ernst. u. heit. Inhalts. 1—4. Jahrg. 1838—41. à 52 Nrn. (1/2 Bog.) gr. 4. Hamburg, Berendsohn. à J. *

Bote, Hardter. – Beiertheim : 1904-1914.

—— für Haus und Schule. Erziehungsschrift für Aeltern, Lehrer und Schulfreunde in Oesterreich. Redact.: W. Schwab. Unter Mitwirkung von F. J. Herrmann. 3. und 4. Jahrg. 1869 und 1870. à Jahrg. 52 Nrn. (Bog.) gr. 8. Karlsbad, Pohlenz. à Jahrg. *
1. und 2. Jahrg. 1849 und 1850. Elbogen, Selbstverlag von W. Schwab.

— f. Haus u. Schule im Königr. Böhmen. Eine Monatschrift f. Erziehung u. Unterricht. Hrsg. vom Elbogner pädagog. Vereine unter Leitg. des W. Schwab u. Fr. Herrmann. 1. Jahrg. 12 Hfte. gr. 8. (à 3 B.) Mit Kunst-Beilagen. Karlsbad 849, Gebr. Franieck. n. 1 ₰

Bote, der hessische. Zum 84. Mal hrsg. für d. J. 1906. (204 Sp. m. Abbildgn.) 8. Darmstadt. C. F. Winter'sche Buchdr. — 25
A. u. d. T.: Bote, der rheinische.

Bote. Hinkende, s.a. *Kalender, Histor.*

— d. hinkende. gr. 8. Straubingen ... 2t X. 804. Helzl. (Schorner). 5 ℛ

— Über die Zerlegungen einer Mischgruppe nach einer Untermischgruppe. — Berlin [usw.]: de Gruyter 1928. 31 S. 8° (Sitzungsberichte d. Heidelberger Akademie d. Wissenschaften. Math.-nat. Kl. 1928, 5.)
1: Ab 1718-Math.-nat. Kl. 1928,5. 2→11. 12: Acad. 41 dd-Math.-nat. Kl. 1928. 14→21. 24→31. 38. 39. 46. 82→85. 87. 90. 91. 92. 107. 210. 300: 508.194-B. Per. Math.-nat. Kl. 1928. 302. 303.
9.8921

Der Hinkende Bote : Nov.? 1835–?
Weekly. Follows Generale Staatszeitung.
Sunbury PA

—— d. hinkende. 1865. 4. (48) Frankf., Jaeger. n. — 2

Hinkende Bote oder Historisch. Kalender für 1879. 152. Jahrg. In-4°, 50 S. M. Illustrat. Bern, Stämpfli.

— der hinkende, e. lust. Kalender f. Jedermann auf d. J. 1890. 8. (80 S. m. Illustr.) Stuttgart, Braunbeck. n. — 10

Hinkende Bote in Amerika, Der. Ill Familienkalender für Stadt und Land. Cincinnati, n. d.

Der Hinkende Bote am Mississippi : no. 1, 1855?—1922.
Roman Catholic almanac. Published by F. J. Saler & Franz Aug. Ostrop, 1855–94; then by B. Herder. St. Louis, MO

—— der hinkende, am Mississippi. Volkskalender für 1881—1883. 4. (à Jahrg. 80 S.) St. Louis [Mo.]. (Freiburg i. Br., Herder'sche Verlagsh.) à Jahrg. *

—— dass. — für 1884 und 1885. 4. (à Jahrg. 102 S.) (Ebendas.) à Jahrg. *

— der hinkende, am Rhein f. d. J. 1889. Zum 101. Male hrsg. 4. (104 S. m. Illustr.) Straßburg, (Vomhoff). n.n. — 25

Bote, der hinkende, für Rheinland, Westfalen und den Reg.-Bez. Wiesbaden. Enth.: die Sonn- und Festtage der Evangelischen, Katholiken und Juden, das Verzeichniß der Jahrmärkte, Witterungsbeobachtungen rc. Für die J. 1869—1878. 16. (à 48 S. mit eingedr. Holzschn.) Elberfeld, Lucas. à Jahrg.

—— der hinkende, für Rheinland und Westfalen [nebst Kalender]. Für die J. 1875—1880. 16. (à 56 S.) Elberfeld, Lucas. à Jahrg.

—— der hinkende, für Rheinland und Westfalen [nebst Kalender]. Für die J. 1881—1885. 16. (à Jahrg. ca. 64 S.) Elberfeld, Lucas. à Jahrg.

—— der hinkende, für Rheinland und Westfalen [nebst Kalender]. Für die J. 1886—1889. 16. (à Jahrg. ca. 64 S.) Elberfeld, Lucas. à Jahrg.

— d. hinkende, f. Rheinland, Westfalen, Reg.-Bez. Wiesbaden, Kassel u. Fürstenth. Birkenfeld. F. d. J. 1896. 16. (56 S. m. Abb.) Elberfeld 895. S. Lucas. — 10

—— der hinkende, von St. Louis. Kalender für 1875—1880. 4. (à 36 S.) St. Louis [Mo.]. (Freiburg i. Br., Herder'sche Verlagsh.) à Jahrg. *

— der hinkende u. stolpernde, doch eilfertig fliegende u. laufende. Evangelisch verbesserter u. katholisch neuer Geschichts-Kalender auf das J. 1875, welches e. gemeines Jahr v. 365 Tagen ist. (60 S.) Frankfurt a/M, Jäger. n. — 25

— hinkender, v. Elsaß-Lothringen auf d. J. 1895. Ein Kalender f. Stadt u. Land. Zum 3. Male hrsg. 4. (87 S. m. Abbildgn.) Zabern, H. Fuchs. — 30

— hink., v. Elsass-Lothringen f. 1896. Zum 4. Male hrsg. 4° (88 m. Abbildgn.) Zab., A Fuchs. — 30
Preis bis 1894 — 24.

— hinkender, von Elsaß-Lothringen auf d. J. 1899. E. Kalender f. Stadt u. Land. Z. 7. Male hrsg. 4. (89 S. m. Abb. u. Wandkal.) Zabern, A. Fuchs. — 30

— hinkender, v. Elsaß-Lothringen auf das J. 1903. Ein Kalender f. Stadt u. Land. Zum 11. Male hrsg. 4. (68 S. m. Abbildgn.) Zabern, A. Fuchs. — 30

— hinkender v. Elsaß-Lothringen auf das J. 1904. Ein Kalender f. Stadt u. Land. Zum 12. Male hrsg. (83 S. m. Abbildgn.) 4. Zabern, A. Fuchs. — 30
Erscheint nicht mehr.

Bote, Hinterländer, s. Hinterländer-Bote.

Bote, Hochberger. – Emmendingen : 1866-1900.
Fortges. u. d. T.: Nachrichten, Breisgauer.

Bote, Hohenloher. – Öhringen : 1848-1930 ff.
Vorh. u. d. T.: Amts- und Intelligenzblatt.

Bote, Der, aus Jenseits. Zürich 184?. V: *Zürcher, Johann.* (Cat. d. Stadtbibl. Zürich. Zürich 1864—97.)

—der, von Jericho, s. J. Veith.

Bote, der, von Jerusalem; e. Ritterroman, (von Charl. v. Ahlefeld), 8. Altona 823. Hammerich. 1 ₰ 4 ℛ

Karafiat's

— Kleiner Bote aus Mähren und Schlesien. Ein Haus-, Stadt- und Landmannskalender für alle Provinzen Oesterreichs auf das Jahr 1891. 7. Jahrg. Gr.-8. (50 S. mit Illustrationen) Brünn:Karafiat 1890. —.20

— kleiner Bote aus Mähren und Schlesien. Ein Haus-, Stadt- und Landmannskalender für alle Provinzen Oesterreichs auf das Jahr 1893. 9. Jahrg. Gr.-8 (56 S. mit Illustr.) —.20 Brünn: Karafiat 1892

— Kleiner Bote aus Mähren und Schlesien. Ein Haus-, Stadt- und Landmanns-Kalender für alle Provinzen Oesterreichs auf das Jahr 1894. 10. Jahrg. Gr.-8. (58 S. mit Illustr.) —.20 Brünn: Karafiat 1893.

(F) Karafiat's Kleiner Bote aus Mähren und Schlesien. Ein Haus-, Stadt- und Landmanns-Kalender pro 1903. 19. Jahrg. 8°. (51 S.) Brünn: Karafiat 1902. K —.40

(F) Karafiats kleiner Bote aus Mähren und Schlesien. Ein Haus-, Stadt- und Landmannskalender für alle Provinzen Österreichs. 1904. 20. Jahrg. Gr.-8°. (51 S.) K —.40 Brünn: Karafiat 1903

(F) Karafiats Kleiner Bote aus Mähren und Schlesien. 21. Jahrg. 1905. 8°. (ill. 52 S.) K —.40 Brünn: Karafiat 1904.

(F) Karafiats Kleiner Bote aus Mähren und Schlesien. 22. Jahrg. 1906. Gr.-8°. (ill. 50 S.) K —.40 Brünn: Karafiat 1905

(F) Karafiat's Kleiner Bote aus Mähren und Schlesien für 1907. XXIII. Jahrg. 8°. (50 S.) K —.40 Brünn: Karafiat 1906

(F) Karafiat's Kleiner Bote aus Mähren und Schlesien. Kalender für das Jahr 1908. XXIV. Jahrg. 8°. (53 S.) K —.40 Brünn: Karafiat 1907

(F) Karafiats kleiner Bote aus Mähren und Schlesien. Ein Haus-, Stadt- und Landmannskalender für 1909. XXV. Jahrgang. 8°. (52 S.) K —.40 Brünn: Karafiat 1908

059. (F) Karafiats kleiner Bote aus Mähren und Schlesien für 1910. XXVI. Jahrg. 8°. (55 S.) K —.40 Brünn: Karafiat 1909.

Bote aus Böhmen, Mähren u. Schlesien, Karafiats neuer. Ein Haus-, Stadt- u. Landmanns-Kalender f. 1882. 4. 15. Jahrg. (116 S.) cart. 45 kr. Brünn: Karafiat 1881.

— — Neuer Bote aus Böhmen, Mähren und Schlesien. Ein Haus-, Stadt- und Landmannskalender pro 1883. 16. Jahrgang. Mit 2 Titelbildern und vielen in den Text gedruckten Illustrationen. 4. (116 S.) cart. 45 kr. Brünn: Karafiat 1882.

Karafiat's Neuer Bote aus Böhmen, Mähren und Schlesien. Ein Haus-, Stadt- und Landmannskalender für alle Provinzen des österreichischen Gesammt-Reiches auf das Jahr 1891. 24. Jahrg. Mit einem Titelbilde (in Holzschnitt) und vielen in den Text gedruckten Illustrationen (in Holzschnitt). 4. (124 S.) Cart. Brünn: Karafiat 1890 —.45

Karafiat's neuer Bote aus Böhmen, Mähren und Schlesien. Ein Haus-, Stadt- und Landmannskalender für alle Provinzen d. österreichischen Gesammtreiches auf das Jahr 1893. 26. Jahrg. Mit 2 Vollbildern u. vielen in den Text gedruckten Illustrationen (in Holzschn.). 4. (140 S.) Cart. —.45 Brünn: Karafiat 1892.

Karafiat's Neuer Bote aus Deutsch-Böhmen. Ein Haus-, Stadt- und Landmanns-Kalender pro 1903. 36. Jahrg. 4°. (ill. 148 S.) Brünn: Karafiat 1902 kart. K 1.—

59. (F) Karafiats Neuer Bote aus Deutsch-Böhmen. 38. Jahrg. 1905. Lex.-8°. (ill. 148 S.) K 1.— Brünn: Karafiat 1904

(F) Karafiats Neuer Bote aus Deutsch-Böhmen. 39. Jahrg. 1906 4°. (ill. 148 S.) K 1.— Brünn: Karafiat 1905

Karafiat's Neuer Bote aus Deutschböhmen. Ein Haus-, Stadt- und Landmannskalender für 1907. 40. Jahrg. Gr.-8°. (148 S.) Brünn: Karafiat 1906 K 1.—

(F) Karafiat's Neuer Bote aus Deutsch-Böhmen. Kalender für das Jahr 1908. 41. Jahrg. Lex.-8°. (148 S.) K. 1.— Brünn: Karafiat 1907.

(F) Karafiats neuer Bote aus Deutschböhmen. Ein Haus-, Stadt- und Landmannskalender für 1909. 42. Jahrg. Lex.-8°. (148 S.) Brünn: Karafiat 1908 K 1.—

— aus Mähren u. Schlesien, Karafiats vorm. Gastl's neuer, Ein Haus-, Stadt- und Landmanns-Kalender f. 1882. 4. 92. Jahrg. (116 S.) cart. 45 kr. Brünn: Karafiat 1881.

Karafiat's, vormals Gastl's Neuer Bote aus Mähren u. Schlesien. Ein Haus-, Stadt- und Landmannskalender für alle Provinzen des österreichischen Gesammtreiches pro 1883. 93. Jahrgang. Mit zwei Titelbildern und vielen in den Text gedruckten Illustrationen. 4. (116 S.) cart. 45 kr. Brünn: Karafiat 1882.

— Neuer Bote aus Mähren und Schlesien. Ein Haus-, Stadt- und Landmannskalender für alle Provinzen des österreichischen Gesammt-Reiches, auf das Jahr 1891. 100. Jahrgang. Mit einem Titelbilde (in Holzschnitt) und vielen in den Text gedruckten Illustrationen (in Holzschnitt). 4. (124 S.) Cart. —.45 Brünn: Karafiat 1890

— neuer Bote aus Mähren und Schlesien. Ein Haus-, Stadt- und Landmannskalender für alle Provinzen d. österr. Gesammtreiches auf das Jahr 1893. 103. Jahrg Mit 2 Vollbildern und vielen in den Text gedruckten Illustr. (in Holzschn.). 4. (140 S) Cart. —.45 Brünn: Karafiat 1892

— Neuer Bote aus Mähren und Schlesien. Ein Haus-, Stadt- und Landmanns-Kalender für alle Provinzen des österreichischen Gesammtreiches, auf das Jahr 1894. 104. Jahrg. Mit 2 Vollbildern und vielen in den Text gedruckten Illustrationen (in Holzschnitt). 4. (140 S.) Cart. —.45 Brünn: Karafiat 1893.

(F) Karafiat's Neuer Bote aus Mähren und Schlesien. Ein Haus-, Stadt- und Landmanns-Kalender pro 1903. 113. Jahrg. 4°. (ill. 148 S.) kart. K —.90 Brünn: Karafiat 1902

059. (F) Karafiats neuer Bote aus Mähren und Schlesien. Ein Haus-, Stadt- und Landmannskalender für alle Provinzen Österreichs. 1904. 114. Jahrg. (ill. 148 S.) K —.90 Brünn, Karafiat 1903.

(F) **Karafiats Neuer Bote** aus Mähren und Schlesien. 116. Jahrg. 1905. Lex.-8°. (ill. 148 S.) K —.90
Brünn: Karafiat 1904

(F) **Karafiats Neuer Bote aus Mähren und Schlesien.** 1906. 116. Jahrg. Lex.-8°. (ill. 148 S.) K —.90
Brünn: Karafiat 1905

Karafiat's Neuer Bote aus Mähren und Schlesien für das Jahr 1907. 117. Jahrg. Gr.-8°. (148 S.) K —.90
Brünn: Karafiat 1906

(F) **Karafiat's Neuer Bote aus Mähren und Schlesien.** Kalender für das Jahr 1908. 118. Jahrg. Lex.-8°. (148 S.)
Brünn: Karafiat 1907 K —.90

(F) **Karafiats neuer Bote aus Mähren und Schlesien.** Ein Haus-, Stadt- und Landmannskalender für 1909. 119. Jahrg. Lex.-8°. (148 S.) Brünn: Karafiat 1908 K —.90

059. (F) **Karafiats neuer Bote aus Mähren und Schlesien.** 1910. 120. Jahrg. Brünn: Karafiat 1909. K —.90

Bote für Kärnten. Red. v. J. Seeliger. Klgft., v. Kleinmayr, 1862. Folio.

Bote, Kärntner. Volkskalender für Haus u. Familie. Klgft., Bertschinger & Heyn, Gutenberghaus, 1874—. (Später: Südmark-Kalender.)

Kärntner Bote für 1874—1896. Jg 1—23. — Klagenfurt: Heyn (1873—1895). Forts. s.: Dt. Kalender für Kärnten.

—— **Kärntner, für 1874 und 1875. Volkskalender für Haus und Familie. 1. und 2. Jahrg. gr. 8. (LXIV, 116; LXIII, 112 S.) Klagenfurt, Bertschinger und Heyn. cart.**
1. Jahrg. **
2. Jahrg. *

—— Kärntner, für 1876—1880. Volkskalender fur Haus und Familie. 3.—7. Jahrg. Lex.-8. (LXIV, 128; LXIV, 113; XVIII, 96; 120; XVIII, 138 S. je mit eingedr. Holzschn.) Klagenfurt, Bertschinger und Heyn. cart. à Jahrg. *

—— **Kärntner, für 1881—1885. Volkskalender für Haus und Familie. 8.—12. Jahrg. 4. (à Jahrg. ca. 150—160 S. mit eingedr. Holzschn. und 1 Taf.) Klagenfurt, Heyn's Buchh. cart. à Jahrg.**

—— **Kärntner, für 1886—1889. Volkskalender für Haus und Familie. 13.—16. Jahrg. 4. (à Jahrg. ca. 150 S. mit eingedr. Holzschn. und 1 Chromolithogr.) Klagenfurt, Heyn's Buchh. cart. à Jahrg. ****

—— **Kärntner, f. d. J. 1890—1893. Volkskalender f. Haus u. Familie. 17.—20. Jahrg. 4. (à Jahrg. ca. 112, XXIII S. m. Textbildern u. 1 Farbendr.) Klagenf., Heyn.
cart. à Jahrg. ** — 84**

- Kärntner, f. d. J. 1895. Volkskalender f. Haus u. Familie. 22. Jahrg. 4. (112 u. XXVIII S. m. Abbildgn.) Klagenfurt, J. Heyn. Kart. n.n. — 84

Bote, Kärntner, für das Gemeinjahr 1896. Volks-Kalender für Haus und Familie. XXXI. Jahrgang. Mit einem Titelbilde. 4. (27, XXXII u. 80 S.) Cart. Klagenfurt: Heyn 1895. —.42

— Kärntner, Fortsetzung, s.: Kalender, deutscher, f. Kärnten.

Bote, Der, aus Cassel; eine Zeitung für den Bürger und Landmann. Cassel und Marburg 1814. H: *Niemeyer, Gottlieb Anton Christian.* (GGr) (MGT)

Bote aus Cassel. – Kassel: 1814 - 1863.

Bote, Kastelberger. – Sulzburg : 1892-1930 ff.

(5.) **Bote,** der katholische, aus Wien. Illustrirter Kalender für 1866. Herausgegeben von Sebastian Brunner. 2. Jahrg. 8. (134 S.) Wien, Mayer & Comp. Mit Kalendarium 40 kr., ohne Kalendarium 34 kr.

— **der katholische, aus Wien. Illustrirter Kalender für 1865. 1. Jahrg. Wien, Mayer & Co. 8. (VI, 112 S. m.** Holzschn. u. 1 Holzschntaf.) 9 ngr.

— **der katholische, aus Wien. Illustrirter Kalender für 1866. Herausg. von Sebast. Brunner. 2. Jahrg. Wien, Mayer & Co. 8. (122 S. u. 4 Holzschn.) n. 9 ngr.; ohne Kalendarium n. 7½ ngr.**

Katholischer Bote: 1879? 1880?
Roman Catholic weekly. Merged with Der Westbote(?). Edited & published by Caspar Pächter.
Chicago, IL

—— **der, aus d. Katzbachthale. 1845 u. 46. à 12 Nrn. (Bog.) gr. 8. Liegnitz. (Leipzig, Orthaus.)** Denck à

Bote der Neuen Kirche: 1854 1880?
Allentown, PA

Bote der Neuen Kirche: Jahrgang 1–72, no. 7/8, 1855 Mar./Apr. 1927.
Semi-monthly, 1855 1904; monthly, 1905 27. Organ of New Jerusalem Church in the U.S., German Synod. Sub-title: Organ für Mittheilungen der äußeren und inneren Missionen der deutschen Synode der Neuen Kirche. Place of publication varies: Allentown, Pa., 1855 82; Baltimore, 1882? 1885; Vineland, N.J., 1886 96; St. Louis, 1897 1927; Wellsville. Size varies from small folio to large quarto, each issue 8 pages. Circulation: 1878, 800 (est.); 1900, 1000; 1920, 650. Edited by Pastor Arthur O. Brickmann, 1855 1885, by Pastor Adolph Roeder, 1886 96; by Carl A. Nussbau, 1897 1915; by Pastor L. G. Landenberger, 1916 Sept. 1925; by Pastor Dirk Diephuis, Oct. 1, 1925 1927. Published by the Synod.
St. Louis, MO

Bote der Neuen Kirche: 1856—1883?
Edited published by Arthur O. Brickmann. A Swedenborgian church-news and educational journal. Semi-monthly. March 1, 1874 starts heading at Allentown, Pa., but still printed in Baltimore. Baltimore, MD

—— **der neuen Kirche. 18. Jahrg. 1868. 24 Nrn. (Bog.) Fol. Baltimore. (Philadelphia, Schäfer und Koradi.)** *

— **der kleine, aus der Heimat. Rheinischer Taschen-Kalender auf d. J. 1850. 16. (65 S.) Kreuznach, Voigtländer. n. 2 ngr.**

—— **der kleine hinkende, für die Provinz Hessen, auf das J. 1868. (68 S.) Hersfeld, (Maier.)** **

— **der kleine Koblenzer. a. d. J. 1841. 4. Ebd. 840. n. 1/6 ß**

—— der kleine Kölner hinkende, auf die J. 1880—1885. 16. (à Jahrg. 62 S. mit eingedr. Holzschn.) Köln, Theissing. à Jahrg. — 10

—— **der kleine Kölner hinkende, auf die J. 1886—1889. 16. (à Jahrg. 62 S. mit Bildern.) Köln, Theissing. à Jahrg.**

—— **der kleine Kölner hinkende, auf d. J. 1890—1893. 16. (à Jahrg. ca. 64 S. m. Illustr.) Köln, Theissing. à Jahrg. * — 10**

Bote, der kleine Kölner hinkende, auf d. J. 1895. 12. (124 Sp. m. 10 Bildern.) Köln, H. Theissing. n. — 10

— d. kleine Kölner hink., f. 1898. 16° (132 m. Bildern.) Ebd. — 10

Bote, der kleine Kölner hinkende, auf d. J. 1899. 12. (124 Sp. m. 12 Abb.) Köln, H. Theissing. — 10

— der kleine Kölner hinkende, auf d. J. 1903. 12. (126 Sp. m. 15 Abbildgn.) Ebd. — 10

— der kleine Kölner hinkende, auf d. J. 1907. (126 Sp. m. 18 Abbildgn.) kl. 8. Ebd. — 10

— der kleine Kölner hinkende, auf d. J. 1911. (128 Sp. m. 16 Abbildgn.) kl. 8. Köln, H. Theissing. — 10

— Der kl. Kölner hink., auf '13. (126 Sp.) kl8° Ebd. — 10 d

— **der kleine rheinische, Taschen-Kalender f. den rhein. Bürger- u. Bauersmann auf d. J. 1851 u. 1852. 16. (à 60 S.) Kreuznach, Voigtländer. à n. 2 ngr.**

— **der kleine rheinische. Taschen-Kalender für den Bürger- und Bauersmann auf das Jahr 1853 u. 54. Kreuznach, Voigtländer. 16. (32 Bl., 36 Bl.) Jeder Jahrg. n. 2 ngr.**

— — auf das Jahr 1855. Ebend. 16. (33 Bl.) 2½ ngl

—— der kleine rheinische. Taschen-Kalender für den Bürger's- und Bauersmann auf die J. 1860 und 61. 32. (71 S. und 81 S.) Kreuznach, Voigtländer. à Jahrg. *

— der kleine, aus dem Riesengebirge. Illustrirter Familien-Kalender f. 1873. 16. (139 S.) Hirschberg, Petzoldt. n. — 50

— Der kleine schlesische. Kalender für das Jahr 1895. Mit einem Titelbilde und vielen Illustrationen. 8. (80 S.) Teschen: Feitzinger.

— d. kleine unterhaltende hinkende, Kalender f. 1833. 16. Neuwied 832. Lichtfers. 2 gl (Erscheint f. jedes Jahr).

— der kleine unterhalt. hinkende, Kalender für d. J. 1837—40. 16. Neuwied, Lichtfers. à J. 1/12 ℛ — ders. auf d. Jahr 1841. 16. Coblenz 840. Hergt. No. I. 2½ gl, No. II. 1½ gl

—— der kleine unterhaltende u. hinkende auf d. J. viermal 11 u. darüber. Gemeines Jahr v. 365 Tagen. Zwooter Jahrg. mit Holzschn. f. alle Confusionen, sowie ergänzter Genealogie, beschränkter Zeitrechnung u. Aderlaßresultaten. 16. (1⅜ B.) Cöln 840, Renard.

— der kleine unterhaltende hinkende, auf das Jahr nach Christi Geburt 1872. 32. (64 S.) Neuwied, Strüder. n. — 25

— der kleine unterhaltende u. hinkende, auf d. J. 1890. 51. Jahrg. 16. (78 S. m. Illustr.) Neuwied, Heuser's Sort. — 15

— der kleine unterhaltende u. hinkende, auf d. J. 1895. 56. Jahrg. 16. (91 S. m. Bildern.) Neuwied, J. H. Heuser's Sort. n. — 10

— d. kleine unterhalt. u. hink., f. 1896. 57. Jahrg. 16° (115 m. Abbildgn.) Neuw., JH Heuser's S. — 10
Preis bis 1894 — 15.

— der kleine unterhaltende u. hinkende, auf d. J. 1899. 60. Jahrg. 16. (102 S. m. Abb.) Neuwied, J. H. Heuser's Sort. n. 10

— der kleine unterhaltende u. hinkende, auf d. J. 1902. 63. Jhrg. 16. (129 S. m. Abb.) Neuwied, F. Gützkow. n. — 10

— der kleine unterhaltende u. hinkende, auf d. J. 1907. 68. Jahrg. (116 S. m. Abbildgn.) 16. Neuwied, F. Gützkow. — 10

— der kleine unterhaltende u. hinkende, auf d. J. 1910. 71. Jahrg. (120 S. m. Abbildgn.) 16. Neuwied, J. H. Heuser. — 15

— Der kl. unterhaltende u. hink., '11. 72. J. (118 m. Abb.) 16° Neuw., JH Heuser. — 15 d

Bote, der kleine unterhaltende und Hunsrücker, auf die J. 1875—1880. 16. (à 68 S. mit eingedr. Holzschn.) Neuwied, Heuser'sche Verlagsh. à Jahrg.

—— der kleine unterhaltende und Hunsrücker, auf die J. 1881—1885. 16. (à Jahrg. ca. 75 S.) Neuwied, Heuser's Verlag. à Jahrg.

—— der kleine unterhaltende und Hunsrücker auf die J. 1886—1889. 16. (à Jahrg. ca. 80 S.) Neuwied, Heuser's Verlag. à Jahrg.
Erscheint auch u. d. T.: Bote, der kleine unterhaltende und hinkende.

—— der kleine unterhaltende u. Hunsrücker, auf d. J. 1890—1893. 51.—54. Jahrg. 16. (à Jahrg. ca. 125 S. m. Abbildgn.) Neuwied, Heuser's Sort. à Jahrg. — 15
Erscheint auch u. d. T.: Bote, der kleine unterhaltende u. hinkende.

— der kleine unterhaltende u. Hunsrücker, auf d. J. 1895. 56. Jahrg. 16. (91 S. m. Bildern.) Ebd. n. — 10

— d. kleine unterhalt. u. Hunsrücker, f. 1896. 57. Jahrg. 16° (115 m. Abbildgn.) Neuw., JH Heuser's S. — 10
Preis bis 1894 — 15.

— der kleine unterhaltende u. Hunsrücker, auf d. J. 1899. 60. Jahrg. 16. (102 S. m. Abb.) Neuwied, J. H. Heuser's Sort. n. — 10

— der kleine unterhaltende u. Hunsrücker, auf d. J. 1902. 63. Jahrg. 16. (129 S. m. Abbildgn.) Neuwied, F. Gützkow. n. — 10

— der kleine unterhaltende u. Hunsrücker, auf d. J. 1907. 68. Jahrg. (116 S. m. Abbildgn.) 16. Neuwied, F. Gützkow. — 10

— der kleine unterhaltende u. Hunsrücker, auf d. J. 1910. 71. Jahrg. (120 S. m. Abbildgn.) 16. Neuwied, J. H. Heuser. — 15

— Der kl. unterhaltende u. Hunsrücker, '11. 72. J. (118 m. Abb.) 16° Ebd. — 15 d

—— der Kölner. Illustrierter Familien-Kalender für 1883—1885. 1.—3. Jahrg. 12. (à Jahrg. ca. 94 S. mit eingedr. Holzschn.) Köln, Theissing. à Jahrg.

—— der Kölner. Illustrirter Familien-Kalender für 1886—1888. 4.—6. Jahrg. 16. (à Jahrg. ca. 94 S.) Köln, Theissing. à Jahrg.

—— dass. — 1889. 7. Jahrg. 12. (160 S.) Ebendas. *

—— der Kölner. Illustrirter Familien-Kalender f. 1890—1893. 8.—11. Jahrg. 16. (à Jahrg. ca. 160 S. m. Illustr.) Köln, Theissing. à Jahrg. * — 20

— der Kölner. Illustr. Familien-Kalender f. 1895. 13. Jahrg. 12. (252 Sp.) Köln, H. Theissing. n. — 20

Bote, d. Kölner. Illustr. Familien-Kalender f. 1896. 14. Jahrg. 12° (252 Sp.) Köln, H Theissing. — 20

— der Kölner. Illustr. Familien-Kalender f. d. J. 1899. 17. Jahrg. 12. (248 Sp.) Köln, H. Theissing. — 25

— der Kölner. Illustrierter Familien-Kalender f. d. J. 1903. 21. Jahrg. 8. (246 Sp.) Köln, H. Theissing. — 25

— der Kölner. Illustrierter Familien-Kalender f. d. J. 1907. 25. Jahrg. (246 Sp.) 8. Köln, H. Theissing. — 25

— der Kölner. Illustrierter Familien-Kalender f. d. J. 1911. 29. Jahrg. (250 Sp.) 8. Köln, H. Theissing. — 25

— Der Kölner. Illustr. Familien-Kaldr f. '13. 31. J. (250 Sp. m. Titelbild.) 8° Köln, H Theissing. — 25 d

— des Kreuzes. Ein Sonntagsblatt f. Stadt u. Land. Hrsg. v. der christl. Traktatgesellschaft zu Kassel. Red.: J. G. Lehmann. 47. Jahrg. 1907. 52 Nrn. (à 4 S. m. Abbildgn.) Lex. 8. Kassel, (J. G. Oncken Nachf.). 2. —
Erscheint nicht mehr.

Bote, Kreuznacher. – Bad Kreuznach: 25.IV.1848 - 30.IX.1867.
Fortges. u.d. T.: A n z e i g e r , Öffentlicher. – Bad Kreuznach.

—— der, vom Kriegsschauplatze. Eine wahrheitsgetreue Schilderung der Ereignisse seit dem Gasteiner Vertrag und der Kriegsereignisse in Deutschland und Italien. 12 Hefte. 8. (402 S.) Leipzig 866,67, G. Pönicke. à Heft 2 Ngr.

— der Kropper. Kalender f. d. J. 1894. Ausgesandt v. Johs. Paulsen. 12. (151 S. m. Bildern.) Kropp, Buchh. „Eben-Ezer". n. — 40

— der Kropper. Kalender f. d. J. 1898. Ausges. v. Johs. Paulsen. 12. (40 S. m. Abb.) Kropp, Buchh. „Eben-Ezer". — 10

— der Lahrer hinkende, auf dem Kriegsschauplatze. Illustrirte Geschichte des Krieges von 1870. Illustrirte Dorfzeitung des Lahrer hink. Boten. 1. Hft. 1. Hälfte. Lahr 871. Schauenburg. 4. (S. 1—20.) n. 1¼ ngr.

—— des Lahrer hinkenden, illustrirter Familienkalender auf die J. 1869—1874. 69.—74. Jahrg. 4. (à ca. 80 S. mit eingedr. Holzschn.) Lahr, Geiger. à Jahrg. *

—— des Lahrer hinkenden, illustrirter Familien-Kalender auf die J. 1875—1880. 16. (à ca. 176—192 S. mit eingedr. Holzschn.) Lahr, Schauenburg. à Jahrg. *

—— des Lahrer hinkenden, neuer historischer Kalender für den Bürger und Landmann auf die J. 1876—1880. 76.—80. Jahrg. 4. Mit eingedr. Holzschn. Lahr, Geiger.
Ausg. für Norddeutschland (à ca. 80 S.) à Jahrg. *
Ausg. für Süddeutschland (à ca. 48—56 S.) à Jahrg. *

—— des Lahrer hinkenden, neuer histor. Kalender für den Bürger und Landmann auf die J. 1881—1885. 81.—85. Jahrg. 4. (à Jahrg. ca. 80 S. mit eingedr. Holzschn.) Ebendas.
Ausg. für Norddeutschland à Jahrg. * — 40
Ausg. für Süddeutschland à Jahrg. * — 30

—— des Lahrer hinkenden, illustr. Familien-Kalender auf die J. 1881—1885. 16. (à Jahrg. ca. 210 S. mit eingedr. Holzschn.) Lahr, Schauenburg. à Jahrg. * — 50

Bote, des Lahrer hinkenden, großer Volkskalender auf die J. 1883 und 1884. 4. (à Jahrg. 140 S.) Lahr, Schauenburg. à Jahrg. *

—— des Lahrer hinkenden, Vetter in Amerika. Neuer Kalender für Stadt und Land auf die J. 1880—1885. 4. (à Jahrg. ca. 75 S. mit eingedr. Holzschn.-Illustr.) Philadelphia, Schäfer und Koradi. à Jahrg.

—— Lahrer hinkender, s. Boten, des Lahrer hinkenden, Familienkalender, — neuer histor. Kalender, — großer Volkskalender.

— der, f. Land u. Stadt. Humorist. Volkskalender f. 1899. 8. (54 u. 14 S. m. Abb.) Berlin, A. Weichert. — 25

— der, f. Land u. Stadt. Illustrierter Volkskalender f. 1903. 8. (36 u. 10 S.) Berlin, A. Weichert. — 30

— der, f. Land u. Stadt. Humoristischer Volkskalender für 1904. (38 u. 10 S. m. Abbildgn.) 8. Berlin, A. Weichert. — 30
Erscheint nicht mehr.

Bote, Landauer. – Landau : 1860-1929.

Bote, Lausnitzer. – Breslau: (?) - (?).

Bote, Lavantthaler. Wolfsberg, Ploetz, 1887—. Folio. (Von 1905 an: Unterkärntnerische Nachrichten.)

Bote, Der Lindauer, für Stadt und Land. – Lindau : 15.I.1849 – 27.XII.1850.

Bote: Der Bote von der Linth
① Wochenschrift für Polemik, Politik und Volksbildung ⑤ 3. 1. 1837—27. 6. 1837 ⑥ 4° ⑦ Wochenblatt ⑧ Glarus: Cosmus Freuler ⑩ Cosmus Freuler ⑪ Cosmus Freuler ⑫ konservativ ⑬ BGSZ: 997 ⑭ Gl: L.

(F) Linzer Bote. Illustrierter Kalender für Stadt- und Landleute für das Jahr 1905. Gr.-8°. (112 S.) K —.80
Linz : Oberösterreichische Buchdruckerei- u. Verlagsgesellschaft 1904

— Linzer. Illustrierter Kalender f. Stadt- u. Landleute f. d. J. 1906. (L, XVI, 112 S.) gr. 8. Linz, Ob.-öst. Buchdruckerei- u. Verlagsgesellschaft. n. — 80

— der, f. deutsche Litteratur, ausges. a. d. Deutschen d. Erde. 1. u. 2. Jahrg. Oktbr. 1897 b. Septbr. 1899. à 12 Nrn. (à 2—3 Bog.) gr. 8. Leipzig, G. H. Meyer. à Jahrg. n. 2.40; einz. Nrn. n.n. — 30
Kann auch vierteljährlich bezogen werden.

— der, f. deutsche Litteratur, ausgesandt an die Deutschen der Erde. 2. Jahrg. 5. Quartal. Oktbr.—Dezbr. 1899. 3 Nrn. gr. 8. (à ca. 32 S.) Berlin, G. H. Meyer. — 60; einzelne Nrn. n.n. — 30
Fortsetzung s.: Heimat.

—— der luxemburger, für Stadt und Land. Ein Kalender auf die J. 1857—60. (1—4. Jahrg.) Hrsg. zum Nutz und Fromm für Jedermann. 4. Luxemburg, Gebr. Heintze's Verlag. [1. Jahrg. (60 S. mit 1 Stmt. in qu. Fol.) 2. (60 S. mit eingedr. Holzschn.) 3. (57 S.) 4. (50 S.)] à Jahrg. *

Bote, Luzerner, s. Luzerner-Bote.

— aus Mähren s.a. Bothe.

„Der Bote aus Mähren . . .", Brünn seit 1791 (Gastl).

— der, aus Mähren, oder neuer mährisch-schlesischer Stadt- u. Landmanns-Kalender f. d. Jahre 1815—21. 4. Brünn, Gastl. à 9 Kr

Bote aus Mähren und Schlesien. Kalender für Haus, Stadt und Land auf das Schaltjahr 1868, welches 366 Tage hat. 2. Jahrgang. Mit einem Titelbilde und noch vielen in den Text gedruckten Abbildungen. 4. (96 S.) Troppau, Feld. cart. 1867. 40 kr.

Bote vom Main. – Würzburg : 1851.

— d. märkische, e. vaterl. Wochenblatt. gr. 4. Berl. 819, 20, 21. Krause. (Leipz., Lauffer). à J. 2 ₰

— d. märk. Illustr. Kldr f. '10. Hrsg. v. Wilh. Möller. (20, 60) gr8° Oranienbg, W Möller. — 25 d

— der märkische. Illustrierter Kalender f. d. J. 1911. Unter Mitarbeit bewährter Freunde der Mark Brandenburg hrsg. v. Wilh. Möller. (60 S. m. Wandkalender.) gr. 8. Oranienburg, W. Möller. — 25

— Der märkische. Illustr. Kaldr f. '13. Hrsg. v. Wilh. Möller. (60 m. Abb.) gr8° Oranienbg, W Möller. — 25 d

— der Märkische, d. evangelischen Gustav-Adolf-Vereins. Hrsg.: Bellermann. 1. u. 2. Jahrg. 1851 u. 1852. à 8 Nrn. gr. 8. (½ B.) Berlin. (Geelhaar.) à Jahrg. baar n. n. ⅙ ₰

—— der märkische, des evangelischen Gustav-Adolf-Vereins. Hrsg. von Bellermann. 3—6. Jahrg. 1853—56. 8 Nrn. (à 1—1½ Bog.) gr. 8. Berlin, (Geelhaar.) à Jahrg. **
1. und 2. Jahrg. 1851 und 1852. Ebendas. à Jahrg. ** 5 Ngr.

—— der märkische, des evangelischen Gustav-Adolf-Vereins. Hrsg. von Chr. Fr. Bellermann. 7—9. Jahrg. 1857—59. à Jahrg. 12 Nrn. (½ Bog.) gr. 8. Berlin, (Geelhaar.) à Jahrg. **

— der Märkische, des evangelischen Gustav-Adolf-Vereins. 9. Jahrg. 1859. Herausg. Chr. Fr. Bellermann. — 10—14. Jahrg. 1860—64. Herausg.: Schweder. à 12 Nrn. (à ½ Bgn.) Berlin, Geelhaar in Comm. 8. Jeder Jahrg. n. 5 ngr.

—— der märkische, des evangelischen Gustav-Adolf-Vereins. Organ für die Haupt-Vereine der Provinzen Brandenburg und Sachsen. Hrsgbr.: Schweder. 12.—17. Jahrg. 1862—67. à Jahrg. 12 Nrn. (Bog.) gr. 8. Berlin, (Geelhaar.) à Jahrg. **

—— der märkische, des evangelischen Gustav-Adolf-Vereins. Organ für die Haupt-Vereine der Provinzen Brandenburg und Sachsen. Hrsgbr.: Schweder. 18. und 19. Jahrg. 1868 und 1869. à Jahrg. 12 Nrn. (Bog.) gr. 8. Berlin, (Geelhaar.) à Jahrg. **

—— dass. — Hrsgbr.: Hentschel. 20. Jahrg. 1870. 12 Nrn. (Bog.) gr. 8. (Ebendas.) **

Bote, der märkische, d. evangel. Gustav-Adolfs-Vereins. Organ f. den Haupt-Verein der Provinz Brandenburg. Hrsg.: Hentschel. 21. Jahrg. 1871. 12 Nrn. (B.) gr. 8. Berlin, Geelhaar in Comm. n.n. — 50

—— dass. — 22.—24. Jahrg. 1872—1874 à Jahrg. 12 Nrn. (Bog.) gr. 8. (Ebendas.) à Jahrg. *

—— der märkische, des evangelischen Gustav-Adolf-Vereins. Organ für den Haupt-Verein der Provinz Brandenburg. Hrsgbr.: Kießling. 25. und 26. Jahrg. 1875 und 1876. à Jahrg. 12 Nrn. (Bog.) gr. 8. Berlin, (Geelhaar's Buchh.) à Jahrg. *

— der märkische, des evangelischen Gustav-Adolf-Vereins. Organ für den Haupt-Verein der Prov. Brandenburg. Hrsg.: Rogge. 27-32. Jahrg. 1877—1882. à 12 Nrn. (B.) gr. 8. Berlin, Münnich in Comm. à Jahrg. n. 1. —

—— der märkische, des evangelischen Gustav-Adolf-Vereins. Organ für den Haupt-Verein der Provinz Brandenburg. Hrsgbr.: Rogge. 30.—34. Jahrg. 1880—1884. à Jahrg. 12 Nrn. (Bog.) gr. 8. Berlin, (Geelhaar.) à Jahrg. * 1 —

— der märkische, d. evangelischen Gustav-Adolf-Vereins. Organ f. den Haupt-Verein der Prov. Brandenburg. Hrsg.: Rogge. 33-36. Jahrg. 1883—1886. à 12 Nrn. (B.) gr. 8. Berlin, (Münnich). à Jahrg. n. 1. —

— d. märkische, d. evangelischen Gustav-Adolf-Vereins Organ f. den Haupt-Verein der Prov. Brandenburg Hrsg.: Rogge. 37.—40. Jahrg. 1887—1890. à 12 Nrn (B.) gr. 8. Berlin, (Münnich). à Jahrg. n. 1. —

— der märkische, d. evangelischen Gustav-Adolf-Vereins. Organ f. den Haupt-Verein der Prov. Brandenburg. Hrsg. u. Red.: Rogge. 41.—44. Jahrg. 1891—1894. à 12 Nrn. (Bog.) gr. 8. Berlin, (J. Münnich). à Jahrg. n. 1. —

— der märkische, d. evang. Gustav-Adolf-Vereins. Organ f. d. Haupt-Verein d. Prov. Brandenburg. Red.: Rogge. 45.—48. Jahrg. 1895—1898. à 12 Nrn. (à ca. 1 Bog.) gr. 8. Berlin (J. Münnich). à Jahrg. n. 1. —

— der märkische, des evangel. Gustav-Adolf-Vereins. Organ f. den Hauptverein der Prov. Brandenburg. Red.: Rogge. 49. u. 50. Jahrg. 1899 u. 1900. à 12 Nrn. gr. 8. (à ca. 16 S.) Berlin, (J. Münnich). à Jahrg. n. 1. —

— Der märkische, d. evangel. Gustav-Adolf-Vereins. Red.: Rogge. 60—62. J. '10—12 je 12 Nrn. ('12, Nr 1 u. 2: 32) 8° Potsd., (Stiftgsverl.). je 1 — d

Bote, Märkischer. – Straussberg: 1879 - 1880.

Bote am Mauersee. – Angerberg: 1842 - 1930 ff.

(F) Der Mödlinger Bote. Geschäfts- und Unterhaltungskalender 1899 für den politischen Bezirk Mödling (Mit einer ausführlichen Statistik der Gemeinden, Aemter, Behörden und Anstalten etc. der Bezirkshauptmannschaft Mödling.) Mödling. Perchtoldsdorf. Thomas. Lex.-8°. 144 S. mit 1 Tafel. fl. —.40, geb. fl. —.60

— der Mödlinger. Illustrierter Geschäfts-, Unterhaltungs- u. Familien-Kalender f. d. J. 1901. Mit genauer Personal-Statistik aller Behörden u. Ämter des polit. Bezirkes, sowie vieler Erzählgn. 5. Jahrg. gr. 8. (32, 144 u. 34 S.) Mödling, J. Thomas. n. —60; geb. n. —75

— Muldenthaler. Ein Blatt f. die Bewohner d. Muldenthales u. darüber hinaus. 1. Jahrg. 1848. April—Decbr. 39 Nrn. 4. (B.) Rochlitz, Ulbricht. (Leipzig, Joachim.) 27 ngr

Bote, Münchner. – München: 2. XI. 1852 31. III. 1901.
Vorh. u. d. T.: Eilbote, Der Bayrische.

Bote, Münchener, für Stadt und Land. – München : 1853.

Bote in Muri
(15) Von BGSZ 12 zitierte Zeitung. wohl identisch mit dem »Boten für Berg und Thal«.

Bote: Der Bote von Mutzenheim
(15) Die von Frau de Watteville (Alville) in ihrem Werke »La Vie en Suisse de … Anna Feodorovna« (Berne & Lausanne 1943, p. 275) zitierte Wochenschrift dieses Namens, fällt für die Biobliographie außer Betracht, da es sich um das Tagebuch von Armand von Struve, des Sekretärs der russischen Gesandtschaft in Bern für die Jahre 1841—1843 handelt.

Bote, Nassauer. – Limburg: 1.IV.1870 - 31.III.1943 und 1.X.1949 - 30.VI.1963.

Bote, Der vom Neckar. – Heidelberg (zuerst in Mosbach): 1.X.1836–2.I.1840.
Fortges. u.d.T.: Neckar-Bote, Der.

—— der, vom Neckar. Wochenblatt f. Mosbach u. seine Umgebung. Hrsg. v. Aug. Oßwald. 1836. Oct.—Dez. 14 Nrn. u. 1837. 52 Nrn. (½ Bog.) gr. 4. Heidelberg. [Mannheim, Bensheimer.] [J. 836. * 7/24 Thlr., 37. * 1⅓ Thlr.] *

— der, vom Neckar. Wochenblatt für Mosbach u. seine Umgeb. Herausg. vom Universitäts-Buchhändler Aug. Oßwald. 1836. Oct. — Dec. 14 Numm. Mit Titelvign. gr. 4. Heidelberg, Oßwald. n. 7 gr — ders. 1837. 52 Numm. Mit Beilagen. gr. 4. Ebd. n. 1¼ ℛ

— der, v. Neckar u. Rhein, herausg. v. Th. Fr. Dittenberger. Jahrg. 1822. Jan.—Juni. (Vom 1. Juli ist diese Zeitschr. mit d. „Charis" verbunden.) gr. 4. Heidelb., Groos. 1 ℛ 8 gr

Bote, Nellenburger. – Stockach : 1802-1906.
Fortges. u.d. T.: Tagblatt, Stockacher.

— der neue. 1910. Ein Volkskalender. Hrsg. v. der liberalen Landespartei in Elsaß-Lothringen. Mit Titelbild u. 12 Monatsbildern v. Ph. Kamm, sowie Abbildgn. im Text. (86 S.) 8. Straßburg (Judengasse 15) Liberales Parteibureau. — 20

— d. neue. '10. Volkskldr. Hrsg. v. d. liberalen Landespartei in Elsass-L. (86 m. Abb.) 8° Strassbg, Strassb. Druckerei u. Verl.-Anst. — 20 d

— der neue hinkende. Ein illustrirtes Volksblatt f. Alt u. Jung im deutschen Vaterlande. 1. Jahrg. 1884. 12 Hfte. (B. m. Beilagen.) gr. 8. Chemnitz, (Hoffmann). n. 2. —; einzelne Hfte. à n. — 20

Linzer-Bote, der neue — Kalender für das gemeine Jahr nach Christi Geburt 1858. Linz. Gedruckt und zu haben bei Josef Wimmer. (16 Bl. 12.)

— d. neue Wandsbecker, Asmus Omnia sua secum portans d. Zweite. Redig. v. W. A. Herrmann. 1r Jahrg. 1828. 104 Nrn. Nebst d. Beiblatte: d. Teufelszeitung, redig. v. Satanas. Herausg. v. W. A. Herrmann. 52 Nrn. gr. 4. Hamb. (Focke in Leipz.) 6 ℛ

Bote: Der Bote von Neuenburg — Messager de Neuchâtel
(1) Allgemeines Mittheilungs- und Geschäftsblatt - Feuille d'avis générale
(5) 1858—1859 (6) 4° (8) Boudry (13) BGSZ: 12, p. 69.

— neuer Berliner hinkender. Kalender für Haus u. Familie 1907. (XVI, 16, 16 u. 8 S. m. Abbildgn.) 8. Weißensee, E. Bartels. — 10

— neuer Berliner hinkender. Kalender f. Haus u. Familie 1909. 29. Jahrg. (XVI, 16, 5 u. 10 S. m. Abbildgn.) 8. Weißensee, E. Bartels. — 10

— Neuer Berliner hink. Kaldr f. Haus u. Familie. '13. 33. J. (96 m. Abb.) 8° Weissensee b. Berl., E Bartels. — 20 d

Berner Bote: Neuer Berner Bote
(1) Unabhängiges Volksblatt für Politik, Gewerbe, Handel und Landwirtschaft (3) Berner Bote (I) (4) Berner Bote (I) (5) 1883—1886 (6) 2° (7) halbwöchentlich (8) Bern: B. F. Haller (9) Alpenrosen (v. Alpenrosen II) (10) Verein der Unabhängigen (11) J. J. Obrecht (1883—1885), U. Zulliger (1885—1886) (12) »liberal-konservativ«, entsprechend der Richtung des Vereins der Unabhängigen (13) BGSZ: 194 (50 Jahre Berner Tagblatt), 660, 973 (14) Be: L.

Bote, Neuer Budapester. Illustrirter Universal Kalender für Stadt- und Landleute auf das Schaltjahr 1892. Gr.-8. (96 S.) —.40
Wien: Dittmarsch' Selbstverl. 1891

Bote aus Mähren, neuer. Ein Kalender. Brünn und Olmütz bei Frz. Gastl u. Neugebauer. 4.

— neuer, aus Mähren. Ein Haus-, Stadt- u. Landmannskalender für alle Provinzen des österr. Gesammtreichs a. d. J. 1846. 56. Jahrgang. Mit 1 Stahlst. und 8 in den Text gedr. Abbild. 4. Brünn 846, Gastl. 1/4 ℛ

— ders. böhmisch. 4. Ebend. n. 6 1/4 ngl

—— neuer, aus Mähren. Ein Haus-, Stadt- und Landmanns-Kalender für alle Provinzen des österr. Gesammtreiches auf das J. 1847. (57. Jahrg.) 4. (72 S. mit 1 Stahlst. und 12 Holzschn.) Brünn, [Hauptmann.] *

— neuer, aus Mähren. Ein Haus-, Stadt- und Landmanns-Kalender für alle Provinzen des österreichischen Gesammtreiches, auf das Jahr 1854 u. 1855. 64 u. 65. Jahrg. Mit 1 Stahlst. Brünn. (Karaflat.) 4. (72; 74 S.) Jeder Jahrg. n. 8 ngl

Bote, Neuer — aus Mähren. Ein Haus-, Stadt- und Landmanns-Kalender für alle Provinzen des österreichischen Gesammtreiches, auf das Jahr nach Christi Geburt 1856, welches ein Schaltjahr von 366 Tagen ist. Sechs und sechzigster Jahrgang. Mit dem Porträte des Verlegers dieses Jahrbuches. Brünn. Gedruckt und verlegt bei Fr. Gastl. (88 S. und 8 Blätt. 4.)
Inhalt: Erzählungen, Anekdoten, Varia.

Bote aus Mähren, neuer — Ein Haus-, Stadt- und Landmanns-Kalender, für alle Provinzen des österreichischen Gesammtreiches, auf das Jahr nach Christi Geburt 1857, welches ein Gemeinjahr von 365 Tagen ist. Mit vollständiger Verbesserung des jüdischen Kalenders von Emil Wiltschek. 67. Jahrgang. Mit Abbild. Brünn, gedruckt und verlegt bei Fr. Gastl. (88 S. 7 Bl. 4.)

Bote aus Mähren, neuer — Ein Haus-, Stadt- und Landmannskalender, für alle Provinzen des österr. Gesammtreiches auf das Jahr nach Christi Geburt 1858, welches ein Gemeinjahr von 365 Tagen ist. Mit vollständiger Verbesserung des jüdischen Kalenders von Emanuel Wiltschek. 68. Jahrgang. Brünn. Gedr. und verlegt bei Franz Gastl. (88 S. 4 Bl. 4.)

Bote aus Mähren, neuer —. Ein Haus-, Stadt- u. Landmanns-Kalender. 69. Jhrg. Mit dem Titelb.: Die Gnadenkirche zu Maria Zell. *Brünn.* Druck und Verlag von *Georg Gastl* u. s. w. *Olmüz*, zu haben bei *J. Neugebauer* und *Eduard Hölzel.* 88 S., 10 Bl. 4°.
INHALT. Geschichte des Wallfahrtsortes Maria Zell in Steiermark. — Erzählungen. — Anecdoten.

Bote, neuer, aus Mähren. Ein Haus-, Stadt- und Landmanns-Kalender für alle Provinzen des österr. Gesammtreiches, auf das Gemein-Jahr 1862. 72. Jahrg. Mit einem Titelbilde u. 31 in den Text gedr. Abbildgn. 4. (86 S.) Brünn. Gastl. *1861* 40 kr.

Bote, Neuer Wiener. Illustr. Universal-Kalender für Stadt- und Landleute auf das Jahr 1890. 14. Jahrg. 8. (96 S.) —.40

Wien: Dittmarsch 1889.

— neuer Wiener. Illustr. Kalender f. Stadt- u. Landleute auf d. J. 1895. Hrsg. v. F. Menk-Dittmarsch. 19. Jahrg. gr. 8. (51, 96, XVI, 12 u. 8 S.) Wien. (Leipzig, Literar. Anstalt, A. Schulze.) n. —80

—— neuester, aus Böhmen. Kalender für Haus, Stadt und Land auf die J. 1867 und 1868. 1. und 2. Jahrg. 4. (à 96 S. mit 1 Titelbilde in Holzschn. in gr. 4. und noch vielen in den Text gedr. Abbild. in Holzschn.) Troppau, Kolck. cart. à Jahrg.

—— neuester, aus Mähren und Schlesien. Kalender für Haus, Stadt und Land auf das J. 1866—68. 1.—3. Jahrg. 4. (à 96 S. mit 1 Titelbilde in Holzschn. in gr. 4. und noch vielen in den Text gedr. Abbild. in Holzschn.) Troppau, Kolck. cart. à Jahrg.

Bote von Neufahrwasser. (Red.: Johannes Buchholz in Danzig.) 1901. (In 42 Num.) (Danzig: A. W. Kafemann 1901.) (84 Bl.) 2° [Kopft. F.] fog. 7102 10

— der, für d. Neumark u. Nieder-Lausitz. Eine Monatschrift f. alle Stände. Zur Entwickelung u. Vertretg. sowohl der geistigen, als auch der materiellen Interessen beider Landestheile. Red. v. Ed. Ludw. Wedekind. (1. Jahrg.) 1848. 12 Hfte. 4. (à 3 B.) Krossen, Range. n. 1 ℛ 8 ngl

Nidwaldner Bote
④ Unterwaldner ⑤ 23. 12. 1905—Ende Juni 1909 ⑥ 2° ⑦ Wochenblatt ⑧ Stans: Karl Engelberger ⑨ Bergblumen ⑩ Karl Engelberger ⑪ Karl Engelberger ⑫ freisinnig ⑬ BGSZ: 604; Unterwaldner 1945, Nr. 92 ⑭ Stans: Buchdruckerei Ed. Engelberger (unvollständig) ⑮ Am 3. 7. 1909 wurde der «Nidwaldner Bote» mit dem «Unterwaldner» vereinigt.

— nordböhmischer. Illustr. Kalender f. d. J. 1899. M. e. Anh.: Landwirthschaftliches. gr. 8. (XXXIV, 96, 16, 16 u. 17 S.) Warnsdorf, E. Strache (durch A. Hartleben in Wien). n. —65

— nordböhmischer. Illustrirter deutscher Haus-Kalender f. d. J. 1902. Mit e. Anh.: Haus- u. Landwirthschaftliches. Mit e. Beilage: Bilderkarte vom Riesengebirge. gr. 8. (XXXIV, 96, 16, 16, u. 16 S.) Warnsdorf, E. Strache (durch A. Hartleben in Wien). n. —65

Der Norristowner Bote: 1802?
Edited & published by David Sower [son of Christoph Saur II].
Norristown, PA

Bote aus Oberkärnten. Villach, Hoffmann, 1865—66. Folio. 2 Bde.

Bote, Oberkircher. – Oberkirch : 1907-1909.

Bote, Oberländer. – Lörrach : 1837-1930 ff.

— d. Obernigker, e. Wochenschr., herausg. v. K. v. Holtei. Jahrg. 1827. 4. Bresl.

Bote, Odenwälder. – Mosbach : 1873.

Oltner Bote
⑤ Probe-Nummer: 25. 12. 1857; 1. 1. 1858—16. 4. 1859 ⑥ 4° ⑦ wöchentlich 2× ⑧ Olten: Marrer & Michel, A. Marrer (ab 1859) ⑩ der Drucker, in Verbindung mit einem Komitee ⑪ Regierungsrat Friedrich Schenker ⑫ altliberal ⑬ Oltner Geschichtsblätter 1949, Nr. 6, 7; Oltner Neujahrsblätter 1954 ⑭ O: S ⑮ Im Oltner Kalender 1858 wird die neue Zeitung unter dem Titel «Oltner Blatt» angekündigt. Jakob Benedikt Schmid, Amtsschreiber und späterer Stadtammann, stand dem Blatte, das Organ der grauen Partei war, zu Gevatter.

Bote, Ortenauer. – Lahr : 1850-1866.

Bote, Der Ortenauer. – Offenburg: 3.I.1851 - 30.IX.1913.
Vorh. u.d. T.: W o c h e n b l a t t . – Offenburg.

Bote, Osterländischer. – Gera : 1878 (Nr. 1-38).

Bote, Der Pesther — Großer gemeinnütziger Kalender für Stadt und Land, auf das Schaltjahr 1856, mit einem umfassenden Amts-Schematismus von Karl Galgóczi. Zweiter Jahrgang. Pesth. Gedruckt und zu haben bei Landerer und Heckenast. (7 Bl. 272 S. 4.) Mit Holzschnitten.

Pesther Bote der — Großer gemeinnütziger Kalender für Stadt und Land auf das gemeine Jahr 1857. Mit einem umfassenden Amtsschematismus von Karl Galgóczi. 3ter Jahrg. Pesth, Druck und Verlag von Landerer und Heckenast. (1 Bogen 295 S. 4.)

Bote, Pfälzer, für Stadt und Land. – Heidelberg : 1.XI. 1865-7.VII.1933.

Pilsner Bote. Wochenblatt für Unterhaltung, Belehrung und gemeinnützige Interessen. II. Jahrg. Herausg. und verantw. Red. *J. M. Schmid.* Mitarbeiter *M. A. Reitler.* Druck von *J. M. Schmid* in *Pilsen.*

Erscheint in **Pilsen**, Sonntag und Donnerstag, 1 Bogen in Fol. 2-spalt. Prän.-Pr. jährl. 4 fl.; pr. Post bei 1mal. Versendung um 52 kr., bei 2mal. um 1 fl. 40 kr. mehr.

Pilsener Bote, der —. Wochenblatt für Unterhaltung, Belehrung und gemeinnützige Interessen. Verantwortlicher Redakteur und Verleger: J. M. Schmid. Buchdruckerei des J. M. Schmid in Pilsen. 4. 2spaltig. Jeden Sonntag und Donnerstag 1/2 Bogen. 4 fl. und 5 fl. 4 kr. jährlich. 1855.

— Pilsner. Wochenblatt für Unterhaltung, Belehrung und gemeinnützige Interessen. 5. Jahrg. 1861. Verantwortl. Redacteur: J. M. Schmid. 52 Nrn. (à 1 Bg.) Pilsen, Schmid. 5 fl.

—— Pilsner. Wochenschrift für Belehrung und Unterhaltung. 6. Jahrg. 1862. Verantwortl. Redact.: J. Schiebel. 104 Nrn. Fol. (à 1 Bog.) Pilsen, Schiebel.

Bote, Prager. Illustr. Volkskalender für 1882. 6. Jahrg. redig. v. P. Schulz. gr. 8. (144 S.) geh. 30 kr., cart. 50 kr.
Prag: Hynek 1881.

— der, für Preußen. Ein Volkskalender für alle Stände auf d. Jahr 1835. 1r Jahrg. Mit 1 Stahlstich. 8. Glogau 835. Flemming. 3/8 Thlr

— der, aus Preußen. Zeitschrift für gesellige u. heitere Unterhaltung, Mittheilung u. Nachricht. Redakt. u. Herausg.: C. L. Rautenberg. 1r—4r Jahrg. 1837—40. 4. Mohrungen u. Braunsb. 840. Rautenberg. 1r J. 1 2/3 Thlr, 2r—4r J. à 2 Thlr

Pusterthaler Bote. Redakteur, Verleger und Drucker J. G. Mahl, Folio, 2spaltig. Wöchentlich 1mal, 42 kr. 1/2 Jahr. 1853.

Pusterthaler Bote. Neuigkeits- und Unterhaltungs-Wochenblatt. Redaktion, Druck und Verlag von J. G. Mahl. Fol. 2spaltig. Wöchentlich 1mal, 49 kr. und 1 fl. 6 kr. halbjährig. 1854.

Pusterthaler Bote. V. Jahrgang. Neuigkeits-, Unterhaltungs- und landwirthschaftliches Wochenblatt. Redaktion, Druck, Verlag: J. G. Mahl. Fol. 2spaltig. Jeden Freitag. 1 fl. 24 kr. und 2 fl. 24 kr. jährlich. 1855.

Pusterthaler Bote. (VI. Jahrg.) (Mit den „Unterhaltungsblättern" und dem „christlichen Hausfreund.") Redaktion, Druck und Verlag von J. G. Mahl in Bruneck. kl. 4. 2spaltig. Erscheint jeden Freitag. 1856.

Bote vom Rehbach. – Schifferstadt : 1905-1930 ff.

Der Reitende Bote des Mississippi Thals.

Sub-title: Oder der lustige, illustrirte Kalender. Perhaps related to Ch. G. Sauer's almanacs of Philadelphia. Published by Witter's Kalender-Anstalt [C. Witter].
PHi: 1857, 1859. St. Louis, MO

Bote, Der, vom Remsthale. – Schwäbisch-Gmünd: 1838 - 31.XII.1863.
Vorh. u.d. T.: W o c h e n b l a t t , Gemeinnütziges.
Fortges. u.d. T.: R e m s t h a l b o t e , Der.

Bote: Der Bote am Rhein

③ Der Oberländer Wächter; Rheintaler Bote ④ Der Rheintaler ⑤ 8. 10. 1846 —7. 7. 1870 ⑥ 2° ⑦ Wochenblatt ⑧ Altstätten: Rudolf Unteregger ⑨ Unterhaltungsblatt ⑩ Rudolf Unteregger ⑪ Karl Völker ⑫ freisinnig ⑬ BGSZ: 1045—1047 ⑭ Zh: Z; SG: Va (einzelne Jgg.).

Bote am Rhein und Untersee

① früher Gränzbote und Anzeiger am Untersee für Stein und Steckborn ② Bote am Rhein (seit 22. 9. 1870 für kurze Zeit) ③ Der Gränzbote, Der Anzeiger am Untersee ⑤ 1854—24. 3. 1871 ⑥ 2° (bis 21. 9. 1870), dann 4° ⑦ wöchentlich 2× (bis 21. 9. 1870), dann wöchentlich 3× ⑧ Stein a. Rh.: Meyer'sche Buchdruckerei (bis 22. 5. 1869), J. Konrad Graf (26. 5. 1869—21. 9. 1870), Wilhelm Meyer (für kurze Zeit), F. E. Leutenegger (bis 24. 3. 1871) ⑨ Feierstunden (3. 7. 1869—24. 3. 1871) ⑩ R. Ribi, Buchbinder, Steckborn (bis 30. 12. 1868), dann die Drucker ⑫ freisinnig ⑬ BGSZ: 1052, 1053, 1068 ⑭ Sh: St; Ff: K.

—— der rheinische, s.a. Hausfreund, der hessische.

— d. Rheinische, s.a. J. F. Schlez.

— d. rheinische, Jahrg. 1808. 4. Heidelberg, Mohr und Zimmer.

— der rheinische. Ein Hausfreund für Rheinhessen für das Jahr 1841. Darmstadt: Leske 1840.

— der Rheinische. Ein Hausfreund für Rheinhessen für das Jahr 1854—58. Darmstadt, Leske. 4. Jeder Jahrg. n. 2 Sgr
Erscheint auch mit dem Titel: Der hessische Hausfreund &c.

— der rheinische. Ein Hausfreund f. Rheinhessen. Zum 70. Male hrsg. f. d. J. 1892. 4. (168 S. m. Bildern.) Darmstadt, C. F. Winter'sche Buchdr. n.n. — 25

— der rheinische. E. Hausfreund f. Rheinhessen. Zum 77. Mal hrsg. f. d. J. 1899. 4. (190 Sp. m. Abb.) Darmstadt, C. F. Winter'sche Buchdruckerei. n. — 25
A. u. d. T.: Hausfreund, der hessische.

— der rheinische. Ein Hausfreund f. Rheinhessen. Zum 81. Mal hrsg. f. d. J. 1903. 4. (186 Sp. m. Abb.) Darmstadt, C. F. Winter'sche Buchdr. n. — 25
Auch u. d. T.: Hausfreund, der hessische.

— der rheinische. Zum 85. Mal hrsg. f. d. J. 1907. (204 Sp. m. Abbildgn.) 8. Darmstadt, C. F. Winter'sche Buchdr. — 25
A. u. d. T.: Hausfreund, der hessische.

— der rheinische. Zum 88. Mal hrsg. f. d. J. 1910. (208 Sp. m. Abbildgn.) 8. Darmstadt, C. F. Winter'sche Buchdr. — 25
A. u. d. T.: Hausfreund. der hessische.

Bote, Rheinischer. – Karlsruhe : 1849-1850.

—— rheinisch-westfälischer hinkender, auf die J. 1880—1885. 16. (à Jahrg. 56 S. mit eingedr. Holzschn.) Düsseldorf, F. Bagel's Verlag. à Jahrg.

—— rheinisch-westfälischer hinkender, auf die J. 1886—1889. 16. (à Jahrg. 56 S. mit Illustr.) Düsseldorf, F. Bagel. à Jahrg.

—— rheinisch-westfälischer hinkender. Auf d. J. 1890—1893. 16. (à Jahrg. 56 S. m. Bildern.) Düsseld., F. Bagel. à Jahrg. — 10

—— dass. — s. a. u. d. T.: Taschenkalender, rheinisch-westfälischer.

— rheinisch-westfälischer hinkender. Auf d. J. 1895. 16. (56 S. m. Bildern.) Düsseldorf, A. Bagel. — 10

— rheinisch-westfäl. hink. 1896. 16° (56 m. Bildern.) Düsseld., A Bagel. — 10
Auch u. d. T.: Taschenkalender, rheinisch-westfäl.

— rheinisch-westfälischer hinkender. Auf d. J. 1899. 16. (56 S. m. Abb.) Düsseldorf, A. Bagel. — 10

— rheinisch-westfälischer hinkender. Auf d. J. 1903. 16. (56 S. m. Abbildgn.) Düsseldorf, A. Bagel. — 10

— rheinisch-westfälischer hinkender. Auf d. J. 1907. (56 S. m. Abbildgn.) 16. Düsseldorf, A. Bagel. — 10

— rheinisch-westfälischer hinkender. Für d. J. 1911. (56 S. m. Abbildgn.) 16. Düsseldorf, A. Bagel. — 10

— Rheinisch-westfäl. Für '13. (56) 16° Düsseld., A Bagel. — 10 d

Bote im Rheintal
① Ein Blatt für das Volk zur Belehrung und Unterhaltung ⑤ 2. 7. 1836—Ende 1836 ⑦ Wochenblatt ⑧ Altstätten: J. Rohner ⑩ J. Rohner ⑫ freisinnig ⑬ BGSZ: 1046, 1047.

Rheinthaler Bote: Der Rheinthaler Bote
② Rheinthalerbote (I) (ab 2. Hälfte 1839 ?) ⑤ 6. 4. 1837—27. 6. 1840 ⑥ 4° ⑦ Wochenblatt ⑧ St. Gallen oder Altstätten ⑩ J. Ritter (Altstätten) ⑪ August Wilhelm Näff ⑫ freisinnig ⑬ BGSZ: 1045—1047 ⑭ SG: Va (einzelne Nummern) ⑮ Vielleicht ist dieser «Rheinthaler Bote» identisch mit dem von BGSZ: 1047 genannten Blatt «Bote im Rheintal». Peter Wegelin schreibt nämlich 1840 (Geschichte der Buchdruckereien im Kanton St. Gallen, p. 96): «Noch ist eines in Altstädten von 1836 bis Ende 1839 bestandenen kleinen Druckapparates zu erwähnen, mit welchem Joh. Rohner, von Wolfhalden, früher in Heiden sich aufhaltend, im Juli 1836 sich niederließ. Ein ‚Neuer historischer Appenzeller-Kalender', zu welchem er als Modellstecher die Holzschnitte selbst fertigte, und der ‚Rheinthaler-Bote' (früher ‚Hochwächter am Säntis' betitelt), beide von ihm selbst redigiert, waren das Bedeutendste, was seine Presse lieferte.» Somit wäre Altstätten der Druckort und nicht, wie Fäßler vermutete, St. Gallen.

Rheinthaler Bote (II)
③ Rheinthaler Wochenblatt ④ Der Bote am Rhein ⑤ 5. 1. 1843—1. 10. 1846 ⑥ 4° ⑦ Wochenblatt ⑧ Altstätten ⑩ J. Ritter ⑪ Karl Völker ⑫ freisinnig ⑬ BGSZ: 1046—1047 ⑭ SG: Va (unvollst.) ⑮ Am 8. 10. 1846 wurden der «Rheinthaler Bote» und «Der Oberländer Wächter» unter dem neuen Titel «Der Bote am Rhein» vereinigt.

— der richtige hinkende Hunsrücker, f. d. Rheinprovinz auf d. J. 1898. (Meridian v. Köln.) N. d. Materialien d. kgl. preuß statist. Bureaus in Berlin aufgest. 16. (122 S. m. Abb.) Kirn 897. R. Schleich. — 20

Bote, der richtige hinkende Hunsrücker, f. die Rheinprovinz auf d. J. 1903. (Meridian v. Köln.) Nach den Materialien des königl. preuß. statist. Bureaus in Berlin aufgestellt. gr. 16. (79 S. m. Abbildgn.) Kirn, R. Schleich. n. — 10

— der richtige hinkende Hunsrücker, f. die Rheinprovinz auf das J. 1907. (Meridian v. Köln.) Nach den Materialien des königl. preuß. statist. Bureaus in Berlin aufgestellt. (82 S. m. Abb.) 16. Kirn (R. Schleich). — 20

— der, aus dem Riesengebirge rc. 1r – 15r Jahrg. 1811 — 26. 4. Hirschberg, Krahn; so ist d. Titel Thl. I. S. 322 zu ändern.

Bote, Der aus dem Riesengebürge. – Hirschberg i. Rsg.: 20.VIII.1812–21.IV.1813.
Fortges. u.d.T.: Bote, Der aus dem Riesengebirge.

Bote, Der aus dem Riesengebirge. – Hirschberg i. Rsg.: 22.IV.1813 – 30.VI. 1933.
Vorh. u.d.T.: Bote, Der aus dem Riesengebürge.

— der, aus d. Riesengebirge, eine Wochenschrift in 4. M. Kupf. 1826. Hirschberg, Krahn.

Bote, Der, aus dem Riesengebirge. – Hirschberg : 1812-1930.

Rorschacher Bote: Der Rorschacher Bote für die östliche Schweiz
① Anzeigeblatt für die östliche Schweiz. Amtliches Publikationsorgan der Gemeinden Rorschach, Rorschacherberg, Goldach, Untereggen, Eggersriet, Thal (Staad, Buchen, Altenrhein) (8. 11. 1913) ② Rorschacher Bote für die östliche Schweiz (seit 4. 3. 1882), Rorschacher Bote (seit 8. 11. 1913) ⑤ 21. 1. 1873—10. 3. 1917 ⑥ 4°, dann 2° ⑦ wöchentlich 3×, ab 8. 11. 1913 wöchentlich 4× ⑧ Rorschach: Katholisches Kasino Rorschach (Petermann?) (21. 1. 1873—November 1873), Wädenswiler'sche Offizin (November 1873—29. 6. 1878), V. Wädenschwiler (2. 7. 1878—27. 11. 1890), Wädenschwiler'sche Buchdruckerei (29. 11. 1890—6. 11. 1913), Rieben & Oettli (8. 11. 1913—10. 3. 1917) ⑨ Unterhaltungsblatt, Illustriertes Sonntagsblatt ⑩ Katholisches Kasino Rorschach, dann die Drucker (seit 2. 7. 1878) ⑪ V. Wädenschwiler ⑫ katholisch-konservativ, dann demokratisch, demokratisch-fortschrittlich, endlich freisinnig ⑬ BGSZ: 1045—1047 ⑭ Rorschach: Stadtbibliothek (1874—1913).

Der Russisch-Deutsche Bote. Wochenschrift für Iudustrie, Handel und alle russisch-deutschen Beziehungen. Русско-Немецкий Вестник. Jg. 1—VIII. [Nebst] Monatsbeil «Technische Nachrichten für Deutschland u. Russland.» Berlin. 1899—1906.

— der russisch-deutsche. Wochenschrift f. Industrie, Handel u. alle russisch-deutschen Beziehgn. Red.: Otto Ehlers, Heinr. Fränkel, Sergius L. Golda. (In russ. u. deutscher Sprache.) 1. u. 2. Jahrg. 1899 u. 1900. à 52 Nrn. gr. 4. (à ca. 24 S.) Nebst: Techn. Nachrichten f. Deutschland u. Russland. Fach-Organ für Maschinen-, Beleuchtungs-, elektr. u. verwandte Industrien, sowie f. den gesamten Engros- u. Export-Handel. 12 Nrn. Berlin, Vereinig. Verlagsanstalten Golda & Co. à Jahrg. n. 12. —

— d. russisch-deut. Wochenschrift f. Industrie, Handel u. alle russisch-deut. Beziehgn. Red.: O Ehlers, H Fränkel, SL Golda. Verantwortl. Red.: A Gruhn. (In russ. u. deut. Sprache.) 1. u. 2. Jahrg. 1899 u. 1900 à 52 Nrn. 4° (1899. Nr. 1—42. 1040) Nebst: Techn. Nachrichten f. Deutschl. u. Russl. à 12 Nrn. (Nr. 10. 16) Berl., Der russisch-deut. Bote. à Jahrg. 12 —

Bote für das Saalthal. – Halle/Saale: 1867-1876 (?).
Fortges. u.d. T.: Saale-Zeitung.

— der, aus Sachsen. Ein Unterhaltungsbuch in freien Stunden. Nebst: Der Kindergarten für unsere liebe Jugend. Mit Beiträgen von Fr. Altmann, Gust. Billig, A. Cosmar rc. 1. Bd. 15 Liefgn. (à 4 Bgn. m. Holzschn. u. 1 Lithogr.) Dresden 866. Lohse. 4. Jede Liefg. 3 ngr.

Bote vom Salemerthal. – Heiligenberg 1899 ff.

Bote, Der St. Galler, s.a. St. Galler-Bote, Der.

St. Galler Bote (II)
⑤ 1889 ⑧ St. Gallen ⑬ BGSZ: 1047.

Der Bote von Sao Leopoldo: Jahrgang I, no. 1, July 4, 1867 1875
Sub-title: Anzeige-Blatt für St. Leopoldo und die Colonien. Twice weekly, once with supplement. Local and world news with Feuilleton. Edited and published by Julius Curtius, Buchdruckerei, St. Leopoldo. Editor: Dr. Rotermund (1875) Sao Leopoldo (Rio Grande do Sul)

Der Bote von Sao Lourenco: Jahrgang I, 1892 1912
Irregular. Sao Lourenco do Sul (Rio Grande do Sul)

Schaffhauser Bote
Schaffhauser Bote: Der Schaffhauser Bote
s.a. Schleitheimer Bote.

—— der Schaffhauser. Schweizerischer Hauskalender auf die J. 1869—1874. 4. (à 66—76 S. mit eingedr. Holzschn.) Schaffhausen, Brodtmann'sche Buchh. à Jahrg.

—— der Schaffhauser. Schweizerischer Hauskalender auf die J. 1875—1880. 4. (69; 83; 71; 68; 69; 69 S. je mit eingedr. Holzschn.) Schaffhausen, Brodtmann'sche Buchh. Jahrg. 1875—1878 à 30 Pf.; Jahrg. 1879 und 1880

—— der Schaffhauser. Schweizerischer Hauskalender auf die J. 1881—1885. 4. (à Jahrg. ca. 70 S. mit eingedr. Holzschn.) Schaffhausen, Brodtmann'sche Verlagsh. à Jahrg. *

—— der schaffhauser. Schweizerischer Hauskalender auf die J. 1886 und 1887. 4. (à Jahrg. ca. 70 S.) Schaffhausen, Kober. à Jahrg. *

Bote, der Schaffhauser. Schweizerischer Hauskalender auf das Schaltjahr 1888. In-4°, 72 S. mit Holzschn. Bern, Rud. Jennis Buchhandlung (H. Köhler). 1887 — 40

—— dass. — auf die J. 1888 und 1889. 4. (à Jahrg. ca. 70 S. mit Illustr.) (Bern, Jenni.) à Jahrg. *

Bote, der Schaffhauser. Schweizerischer Hauskalender auf das Jahr 1889. In-4°, 96 S. m. Illustr. Schaffhausen, Brodtmann'sche Buchdr. — 40

Bote, Der Schaffhauser. Schweizer. Hauskalender auf d. J. 1890. Mit Illustr. In-4°. 81 S. Schaffhausen, Brodtmann'sche Buchdruckerei. — 40
1889

—— d. schaffhauser. Schweiz. Hauskalender f. 1890. 4. (69) Schaffh. (Bern, Koehler.) n. — 40

— d. Schaffhauser. Schweiz. Hauskalender f. 1891. 4° (83 m. Abbildgn.) Schaffh. (Bern, Goepper & L.) — 40

— der Schaffhauser. Schweizerischer Hauskalender auf d. J. 1891. 4. (83 S. m. Abbildgn.) Schaffhausen. (Bern, Koehler.) n. — 40

— der, aus Schlesien. Haus-, Geschäfts- u. Unterhaltungs-Kalender f. Stadt u. Land f. d. J. 1895. 4. (128 S. m. Ill. u. 1 Farbendr.) Teschen, C. Feitzinger. 1894. Kart. n. — 75

Bote, Der, aus Schlesien und Mähren. Auskunfts-, Unterhaltungs- und Haushaltungs-Kalender für Stadt- und Landleute für das Jahr 1890. Mit schönem Titelbild und vielen Illustrationen. Kl. 4. (128 S.) Cart. —.45
Teschen: Feitzinger 1889.

Bote, Der, aus Schlesien und Mähren. Auskunfts-, Unterhaltungs- und Haushaltungs-Kalender für Stadt- und Landleute für das Jahr 1891. Mit schönem Titelbild und vielen Illustrationen. 4. (132 S.) Cart. —.45
Teschen: Feitzinger 1890.

Bote, Der, aus Schlesien und Mähren. Auskunfts-, Unterhaltungs- und Haushaltungs-Kalender für Stadt- und Landleute für das Schaltjahr 1892. Mit schönem Titelbild und vielen Illustrationen. 4. (128 S.) Cart. —.45
Teschen: Feitzinger 1891.

— d. schnelle, aus d. Rheinpfalz. Landwirthschafts- u. Geschichts-Kalender. Jahrg. 1817—24. 4. Heidelb., Oswald. à 2 1/4

— der schwäbische, anno 1910. (7. Jahrg.) Gratisbeil. zum „Memminger Volksblatt", „Ottobeurer Tageblatt" u. „Schwäbischer General-Anzeiger". Red. v. Leo Feiner. (180 S. m. Abbildgn. u. 1 Farbdr.) Lex. 8. Memmingen, J. Feiner. — 25

Bote, Der schwäbische. '12. Gratisbeil. z. „Memminger Volksbl.", „Ottobeurer Tagbl.", „Schwäb. General-Anz." u. „Legauer Tagebl." Red. v. Leo. Feiner. (104 m. Abb. u. 1 Taf.) 8° Memm., J Feiner & Co. — 25 d

Bote, Schwarzwälder. – Oberndorf : 1835-1930 ff.

Bote, Schweizer, s. a. Schweizerbote.

Bote, Schweizer. – Aarau : 1798-1842.

Schwyzer Bote: Der Schwyzer Bote
⑮ Im Juni 1858 plante man für die «Wochenzeitung der Urschweiz» einen neuen Titel und wollte zuerst den Titel «Der Schwyzer Bote» wählen, doch nannte sich die Zeitung ab 1. 7. 1858 «Der Bote aus der Urschweiz».

Seeländer Bote
① 1. Untertitel: Intelligenzblatt für das Seeland - Feuille d'avis de Bienne et des environs (ab 1859) ② Bieler Tagblatt und Seeländer Bote (7. 6. 1904—31. 1. 1919). Seeländer Bote - Bieler Tagblatt (die Stadtauflage geht unter dem umgestellten Titel: Bieler Tagblatt - Seeländer Bote) (ab 1. 2. 1919) ⑤ 1. 1. 1850 (cont.) ⑥ 2° ⑦ wöchentlich 3×; wöchentlich 6× (ab 7. 6. 1904) ⑧ Biel: Franz Josef Gaßmann, Moritz Gaßmann (11. 6. 1850—Frühjahr 1861), Wilhelm Gaßmann (Frühjahr 1681—1892), Wwe. Rosalie Gaßmann (1892—2. 5. 1896). Wilhelm Gaßmann (5. 5. 1896—31. 12. 1926). Wilhelm und Charles Gaßmann (3. 1. 1927—15. 4. 1936). Charles Gaßmann (16. 4. 1936—14. 5. 1946). Chs. und W. Gaßmann (ab 15. 5. 1946) ⑨ Sonntags-Blatt (belegt 1871—1877). Illustriertes Sonntagsblatt (inhaltlich identisch mit der Beilage zum Frickthaler), Samstags-Beilage ⑩ die Buchdrucker ⑪ J. Kull. Wilhelm Gaßmann, A. Rudolf, Fürsprecher (1. 10 1907—30. 7. 1913), Dr. G. A. Frey, vor und nach seiner Tätigkeit am Seeländer Boten Redaktor der Neuen Glarner Zeitung (16. 9. 1913—28. 1. 1916). O. Husy (7. 12. 1915—17. 1. 1931), O. Zinniker (Anfang—Ende 1931), Eduard Gygax (2. 2. 1931—1933), Werner Bourquin (1932 — Ende 1944), Albert Tanner (ab 1932). Dr. Robert Bauder (9. 2. 1943—28. 2. 1947). Dr. J. Streuli (ab 1. 3. 1947). Dr. H. E. Herrmann. Dr. P. Schaffroth ⑫ lt. Berner Zeitung (IV) Nr. 353. 23. 12. 1852 in der ersten Zeit ein Vertreter der konservativen («schwarzen») Richtung, später Verfechter des liberal-konservativen Programms, darauf freisinniges Blatt, schließlich neutral ⑬ BGSZ: 1 (Nr. 6430). 641. 642. 688. 959—961. 973. Seeländer Bote 1. 2. 1949 (Sondernummer) ⑭ Be: L. S. St ⑮ 1904 geht das Verlagsrecht des «Tagblattes der Stadt Biel» von Louis Heer an W. Gaßmann über. Die beiden Blätter fusionieren und W. Gaßmann gibt von nun an den «Seeländer Boten» täglich unter dem Titel «Bieler Tagblatt und Seeländer Bote» heraus. Mit 1. 7. 1924 geht auch das Verlagsrecht der «Seeländer Nachrichten» von der Firma Würsten & Schurter an W. Gaßmann über. Die «Seeländer Nachrichten» fusionieren mit dem «Bieler Tagblatt und Seeländer Boten», das seinen Namen weiterführt. Mit 1. 1. 1920 ging der Verlag des «Seeländer Tagblatt» an denjenigen des «Bieler Tagblatt und Seeländer Boten» über.

Bote von Seen
④ Winterthurer Bezirks-Anzeiger und Anzeiger von Töß (Verschmelzung 1. 1. 1902) ⑤ 1896 (?)—Dezember 1901 ⑩ Winterthur-Seen: J. J. Nigg ⑮ Winterthurer Arbeiterzeitung 1947, Nr. 267.

—— der sickinger. Ein christlicher Volkskalender auf das J. 1850—52. Hrsg. von Schiller. 4. (64, 48 und 52 S. mit eingedr. Holzschn.) Frankfurt a. M., Zimmer'sche Buchh. à Jahrg. **.

— der Sickinger. Ein christl. Volkskalender auf d. J. 1851—1853. Hrsg. v. Schiller. 4. (64. 48 u. 32 S. m. eingedr. Holzschn.) Frankfurt a. M., Zimmersche Sort.-B. (Völcker.) à n. n. 1/12 ß

— der Sickinger. Ein christlicher Volkskalender auf das Jahr 1854—58. Herausg. von Schiller. Neustadt a/H. (Frankfurt a. M., Völker.) 4. Jeder Jahrg. nn. 2 1/2 ngl

—— der sickinger. Ein christl. Volkskalender auf die J. 1857—61. Hrsg. von Schiller. 4. (à Jahrg. ca. 48 S. mit eingedr. Holzschn.) Neustadt a. d. H. (Frankfurt a. M., Völker.) [1857. 58. à * 2 1/2 Ngr., 1859. 60. à ** 3 Ngr., 1861. ** 4 Ngr.] **

—— der Sickinger. Volks-Kalender für die J. 1862—67. Hrsg. vom evangel. Verein der protest. Pfalz. 4. (à Jahrg. ca. 48 S.) Neustadt a. d. H. (Frankfurt a. M., Völcker.) à Jahrg.

Bote, Der Siebenbürger. – Hermannstadt : 1849.

Siebenbürger Bote. Redakteur Dr. Seuz. Schnellpressendruck von Theodor Steinhauser. 4. 2spaltig. Wöchentlich 4mal. 2 fl. und 2 fl. 40 kr. vierteljährig.
Hermannstadt 1854.

*Siebenbürger Bote. Verantwortlicher Redakteur: Dr. Senz. Druck von Theodor Steinhaußen. 4. 2spaltig. Wöchentlich fünfmal. 4 fl. und 5 fl. 20 kr. halbjährig. 1855.

Siebenbürger Bote. Verantwortl. Redakteur: Dr. Senz. Schnellpressendr. von Theodor Steinhaußen. 4. 3 und 2spaltig. Erscheint wöchentlich fünfmal. 1856.

Bote, Siebenburger —. Verantw. Redakteur: Dr. Senz, Druck von Theod. Steinhaußer. Erscheint 5mal in der Woche, kl. Fol. 3spaltig. 1857.

Siebenbürgisch-Amerikanischer Bote: 1908? –1923?
Weekly [Ayer lists as Republican]. Published in English and German. Circulation: 1917, 3961; 1920, 3500. Edited & published by George Schuster. Youngstown, OH

Bote an der Sitter
⑤ 1888 ⑦ wöchentlich 2× ⑧ St. Gallen (Bruggen) ⑬ BGSZ: 1045, 1047.

Bote für Stadt und Land. – Kaiserslautern : 1838 - 31.XII.1849.

— der, f. Stadt u. Land. Humoristischer Volkskalender f. 1894. 8. (64 u. 16 S. m. Illustr.) Berlin, Friedrichs & Co. — 20

— d., f. Stadt u. Land. Humorist. Volkskalender f. 1894. 8° (80 m. Illustr.) Berl., A Weichert. — 20

—— stenographischer, für das Sachsenland. Organ der stenogr. Vereine in den sächs. Landen. Redig. von G. Schütz. 1.—6. Jahrg. 1862—67. à Jahrg. 12 Nrn. (à 1/2 lithogr. Bog.) 8. Magdeburg, (Schäfer.) à Jahrg. **

—— stenographischer, für das Sachsenland. Organ des sächsischen und des norddeutschen Stenographen-Verbandes. Redact.: G. Schütz. 7.—11. Jahrg. 1868—1872. à Jahrg. 12 Nrn. [68—115.] (à 1/2—1 lithogr. Bog.) 8. Magdeburg, (Schäfer.) à Jahrg. **

—— dass. — 12. Jahrg. 1873. 12 Nrn. [Nr. 116—127.] (à 1/2—1 Bog.) 8. Magdeburg, (E. Baensch.) *

—— stralsunder hinkender. Kalender für Neu-Vorpommern und Rügen auf das J. 1860. 16. (81 S.) Stralsund, Schmidt. **

Bote von Straubenzell
① Obligatorisches Publikationsorgan des Gemeinderathes von Straubenzell und Anzeigeblatt der angrenzenden Gemeinden (1886) ⑤ 1884—1889 ⑦ wöchentlich 2× ⑧ St. Gallen (Bruggen): H. Kellenberger ⑩ H. Kellenberger ⑫ demokratisch ⑬ BGSZ: 1045, 1047.

Suhrentaler Bote
⑤ 1867—1918 ⑥ 2° ⑦ wöchentlich 2× ⑧ Aarau: G. Keller & Sohn, Eugen Keller ⑨ Unterhaltungsblatt; Wochenblatt (1872); Der Feierabend (1896) ⑩ G. Keller & Sohn, Eugen Keller ⑪ die Drucker ⑫ freisinnig-demokratisch ⑬ BGSZ: 701, 941 ⑮ Kopfblatt des «Aargauischen Anzeigers» geht 1918 im «Aargauer Volksfreund» auf. Nach BGSZ 12, p. 34 wären auch Schöftland und Menziken noch als Druckorte zu erwähnen.

— der, d. Thales. Wupperthaler Volkskalender auf d. J. 1892 u. 1893. 4. (à Jahrg. ca. 48 S. m. Bildern u. 1 Wandkalend.) Barmen, Wupperthaler Tractat-Gesellschaft.
Jahrg. 1892 * — 20; Jahrg. 1893 * — 25

— der, des Thales, Wupperthaler Volkskalender auf d. J. 1895. 4. (53 S. m. Abbildgn., 1 Farbendr. u. 1 Wandkalender.) Barmen, Wupperthaler Traktat-Gesellschaft. n. — 25

— d., d. Thales, Wupperthaler Volkskalender f. 1896. Hrsg. v. G Fischer. 4° (58 m. Abbildgn u. 1 Farbendr.) Barm., Wupperthaler Traktat-Gesellsch. n.n. — 25

— der, d. Thales, Wupperthaler Volkskalender a. d. J. 1898. Hrsg. v G. Fischer. 4. (64 S. m. Abb. u. 1 Wandkalender.) Barmen, Wupperthaler Traktat-Gesellschaft. n.n. — 25

— d., d. Thales. Wupperthaler Volkskalender f. 1901. 4° (62 m. Abb.) Barm., Wupperthaler Traktat-Gesellsch. nn — 25

— der, des Thales. Wupperthaler Ausg. des Kalender des evangelisch-kirchl. Hilfsvereins auf d. J. 1902. 8. (164 S. m. Abbildgn. u. 1 Wandkalender.) Barmen, Wupperthaler Traktat-Gesellschaft. n. — 30
Erscheint nicht mehr.

Bote, technischer, der Städte-, Gemeinde- u. sonstigen Verwaltungen. Schriftleiter: Heffter. 1. Jahrg. 1902. 9 Hefte. gr. 4. Berlin, Dierig & Siemens. Vierteljährl. —. 60.

— technischer, der Städte-, Gemeinde- u. sonstigen Verwaltungen für deren technische, technisch-wirtschaftliche, technisch-juristische u. hygienische Angelegenheiten. Mit dem Beiblatte: Wo errichten wir unsere Fabrik? Schriftleiter: Werner Heffter. 1. Jahrg. 1902. 9. Hefte. (86 S. m. Abbildgn.) gr. 4. Berlin [Technisch-gewerbl. Verlag]. Leipzig, C. A. Fischer. n. 2. 40

Technischer Bote der Städte-, Gemeinde- und sonstigen Verwaltungen für deren techn., techn.-wirtschaftl., techn.-jurist. u. hygien. Angelegenheiten. Mit d. zwanglos erscheinenden Beiblatte: Wo errichten wir unsere Fabrik? Monatsblatt. Hrsg. von Dr. Werner Heffter. Jg. 1. 2. 1902–1903. Berlin: W. Heffter 1902–03. 2 Bde 4° [F.]
Forts. s. u. d. T.: Technisch-Gewerbliche Zeitschrift. 1904

Bote: Der Bote von Thalweil
① Wochenblatt für die Gemeinden des untern linken Ufers ④ Anzeiger des Wahlkreises Thalweil ⑤ 24. 11. 1866—1871 ⑦ Wochenblatt, wöchentlich 3× ⑧ Thalwil: Müllersche Buchdruckerei, C. Günther (1869—1872) ⑬ Anzeiger des Wahlkreises Thalwil 1941, Nr. 1.

Thurgauer Bote: Der Thurgauer Bote
④ Thurgauer Nachrichten (I) ⑤ 1. 7. 1868—1. 4. 1869 ⑥ 4° ⑦ wöchentlich 2× ⑧ Weinfelden: J. J. Brugger; Kreuzlingen: J. J. Brugger (bis 10. 2. 1869). P. Zürcher ⑬ BGSZ: 12, p. 87.

— d., aus Thüringen. s. a. Salzmann.

Bote, Der, aus Thüringen, Schnepfenthal 1788—1816. H: *Salzmann, Christian Gotthilf & John Wilh. Ausfeld.* (KY) (BrMm)

— der, aus Thüringen, herausg. v. Chr. Ghf. Salzmann (u. J. W. Ausfeld.) Jahrg. 1788—1816. 8. Schnepfenth., Erzieh.-Anst. à Jahrg. 18 gr (Von 1793 bis 1816, 24 Jahrgg. 8 ß)

— der, aus Thüringen und vom Harz. Eine Monatsschrift. 1841. 12 Hefte. Mit Titelvign. 8. Sangerhausen 841. (Halle, Colditz'sche Buchh.) n. 1 ß

— der, aus Thüringen u. vom Harz. Eine Monatsschr. 1841. 12 Hfte. 8. Sangerhausen 841, Rohland. *

— dass. Halle: Colditz 1841.

— der thüringer, ein Volksblatt. Hrsg. v. Ludw. Storch. 1. u. 2. Jahrg. 1842 u. 43. à 208 Nrn. (½ Bog.) Mit der Beilage: Felleisen. gr. Lex.-8. Gotha, Verlags-Comptoir. [1. J. * 1½ Thlr., 2. J. * 2 Thlr.] *
Fortsetzung, s. Volksbote.

— der Thüringer. Kalender für Stadt und Land auf das J. 1888. 8. (64 S.) Langensalza, Wendt und Klauwell.
Nicht weiter erschienen.

— Thüringer. Illustr. Haus- u. Familien-Kalender f. 1894. 4. (8, 80 u. VI S. m. 1 Wandkalender.) Jena, E. L. Walther. n.n. — 50

Bote, Der, von Tirol s. Bote für Tirol und Voralberg.

Bote für Tirol und Voralberg. – Innsbruck : 1813-1920.

Bote für Tirol und Vorarlberg. Redakteur H. Wassermann. Verlag der Wagner'schen Buchhandlung. Druck der Wagner'schen Buchdruckerei. Fol. 3spaltig. Täglich excl. Sonn- und Feiertage. 2 fl. 30 kr. und 3 fl. 15 kr. vierteljährig. 1854.

*Bote für Tirol und Vorarlberg. Verantwortlicher Redakteur: B. Wassermann. Druck und Verlag von Wagner. Fol. 3spaltig. Täglich mit Ausnahme der Sonn- und Feiertage. 5 fl. und 6 fl. 30 kr. halbjährig. 1855.

Bote für Tirol und Vorarlberg. Verantw. Redakteur: B. Wassermann. Druck und Verlag von Wagner. Fol. 3spaltig. Erscheint täglich mit Ausnahme der Sonn- und Feiertage. 1856.

Bote für Tirol und Vorarlberg. 43. Jahrg. Redakteur: B. Wassermann. Verleger und Drucker: Wagner. Erscheint täglich (außer den Sonn- und Festtagen) kl. Fol. 3spaltig. 1857.

Toggenburger Bote: Der Toggenburger Bote
① Amtliches obligatorisches Publikationsmittel für die Gemeinden: Lichtensteig, Wattwil, Krinau, Oberhelfenswil, Brunnadern, Peterzell und Hemberg (3. 1. 1885). Freisinnig-demokratisches Volksblatt für das Toggenburg, sowie allgemeines Anzeigeblatt (30. 1. 1942) ② Toggenburger Bote (ab 4. 1. 1845) ③ Toggenburger Wochenblatt (I) ④ Der Toggenburger (II) ⑤ 5. 7. 1830—30. 1. 1942 ⑥ 8°, dann 4°, 2° (ab 1845) ⑦ Wochenblatt; wöchentlich 2× (ab 30. 11. 1872); wöchentlich 3× (ab 13. 12. 1893) ⑧ Lichtensteig (zuerst im Bundt; Gemeinde Wattwil): N. Kappler (5. 7. 1830—26. 6. 1843), Kappler'sche Buchdruckerei (3. 7. 1843—30. 12. 1844), J. M. Wälle (4. 1. 1845—25. 9. 1865), V. Wädenschwiler (2. 10. 1865—12. 6. 1869), Dr. A. Steger (19. 6. 1869—30. 3. 1872), J. A. Furrer (6. 4. 1872—9. 3. 1886), Furrer'sche Buchdruckerei: S. Meyer-Würth (12. 3. 1886—29. 10. 1886), A. Mäder (2. 11. 1886—1. 10. 1918), A. Mäder Söhne (3. 10. 1918—30. 1. 1942) ⑨ Heimatklänge, Toggenburgerblätter für Heimatkunde (seit 1938) ⑩ die Drucker ⑪ J. M. Wälle, Matthias Hungerbühler ⑫ freisinnig ⑬ BGSZ: 430, 1045—1047, 1049 ⑭ SG: Va; Lichtensteig: Toggenburger Heimatmuseum; A. Mäder Söhne (alle unvollst.); Be: L (unvollständig) ⑮ Der «Toggenburger Bote» und der «Toggenburger Anzeiger» wurden am 1. 2. 1942 zusammengelegt.

Bote, Triberger. – Triberg: 1893-1930.

Bote von Trifels. – Annweiler : 1878-1880.
Fortges. u.d. T.: Wochenblatt, Annweiler.

— der unterhaltende u. belehrende hinkende, v. Ober- u. Niederrhein f. d. J. 1896. 16. (40 u. 22 S.) M.-Gladbach, A. Riffarth. n. — 10

Bote: Der Bote vom Untersee
⑤ 1. 1. 1900 (cont.) ⑥ 4° ⑦ wöchentlich 2× ⑧ Steckborn: Keller-Steffen, L. Keller, Sohn (seit 1936) ⑩ die Drucker ⑬ BGSZ: 1068; Hagen: Buchdruck- und Zeitungswesen im Thurgau ⑭ Ff: K.

Bote der Urschweiz
v. Wochenzeitung der Urschweiz.

Bote: Der Bote aus der Urschweiz (I)
③ Der Waldstätterbote (Lu) ⑤ 4. 10. 1844—Juni 1846 ⑥ 4° ⑦ wöchentlich 2× ⑧ Schwyz: Joseph Thomas Kälin ⑫ katholisch-konservativ ⑬ BGSZ: 1058 ⑭ Ei: Sb (unvollst.).

Bote: Der Bote aus der Urschweiz (II)
v. Wochenzeitung der Urschweiz.

Bote: Der Bote von Uster (I)
v. Der Bote aus den Bezirken von Uster, Hinweil und Pfäffikon.

Bote: Der Bote von Uster (II)
① Obligatorisches Publikationsmittel der Bezirks- und Gemeindebehörden ② Bote von Uster ⑤ 1882—1917 (?) ⑥ 2° ⑦ wöchentlich 3×, wöchentlich 4× (?—1916), Tagblatt (1917) ⑧ Uster: A. Diggelmann (um 1890), A. Gull (um 1896), Gschwend & Karl Didierjean (1902), Didierjean (?—1916); Wetzikon: Aktiendruckerei Wetzikon (1917) ⑨ Heimatklänge vom Greifensee. Sonntagsblatt des Boten von Uster (1890—?, 4°, Wochenblatt); Illustriertes Unterhaltungsblatt (um 1896—um 1913, Wochenblatt); Illustriertes Unterhaltungsblatt und Echo vom Pfannenstiel (um 1916, Wochenblatt) ⑩ A. Diggelmann (um 1890), A. Gull (um 1896), Karl Didierjean (um 1909—1917 ?) ⑪ die Herausgeber (1882—1916), Ed. Gubler (1917) ⑫ freisinnig ⑭ Zh: Z (1885, Beilage: 1890, 1891).

—— der, des evangel. Vereins d. Gustav-Adolf-Stiftung, ausgesendet durch Karl Zimmermann. 1—5. Jahrg. 1843—47 (à circa 26 B.) gr. 8. Darmstadt, Leske. à J. *

Bote, der, des evangelischen Vereins der Gustav-Adolf-Stiftung, ausgesendet durch Carl Großmann und Carl Zimmermann. 6—10. Jahrg. 1848—52. à 12 Nrn. (ca. 20 Bog.) gr. 8. Darmstadt, Leske. à Jahrg. Thlr. *
1—6. Jahrg. Ebendas. 1843—47. à Jahrg. * 15 Ngr.

—— der, des evangel. Vereins der Gustav-Adolf-Stiftung, ausgesendet durch Carl Großmann und Carl Zimmermann. 11—14. Jahrg. 1853—56. à Jahrg. wenigstens 12 Nrn. (ca. 20 Bog.) gr. 8. Darmstadt, Leske. à Jahrg. *
Vgl. II. Bd. I. Abthl. S. 128.

—— der, des evangelischen Vereins der Gustav-Adolf-Stiftung, ausgesendet durch Carl Großmann und Carl Zimmermann. 15—19. Jahrg. 1857—61. à Jahrg. 12 Nrn. (ca. 26 Bog.) gr. 8. Darmstadt, Leske. à Jahrg. *

— der, des evangelischen Vereins der Gustav-Adolf-Stiftung, ausgesendet durch Karl Großmann und Karl Zimmermann. 17—22. Jahrg. 1859—64. à 12 Nrn. (à ca. 26 Bgn.) Darmstadt, Zernin. gr. 8. Jeder Jahrg. n. 20 ngr.

—— des evangelischen Vereins der Gustav-Adolf-Stiftung, ausgesendet durch Karl Großmann und Karl Zimmermann. 20.—25. Jahrg. 1862—67. à Jahrg. 12 Nrn. (ca. 26 Bog.) gr. 8. Darmstadt, Zernin. à Jahrg. *

—— der, des evangelischen Vereins der Gustav-Adolf-Stiftung, ausgesendet von Karl Großmann und Karl Zimmermann. 26. und 27. Jahrg. 1868 und 1869. à Jahrg. 12 Nrn. (ca. 26 Bog.) gr. 8. Darmstadt, Zernin. à Jahrg. *

— — 28. Jahrg. 1870. 24 Nrn. (à 1 Bgn.) Ebend. gr. 8. n. 20 ngr.

— der, d. evangelischen Vereins der Gustav-Adolf-Stiftung ausgesendet v. Karl Großmann u. Karl Zimmermann. 29. u. 30. Jahrg. 1871 u. 1872. à 24 Nrn. (B.) gr. 8. Darmstadt, Zernin. à Jahrg. n. 2. —

—— dass. — ausgesendet von Karl Zimmermann. 31. und 32. Jahrg. 1873 und 1874. à Jahrg. 24 Nrn. (Bog.) gr. 8. Ebendas. à Jahrg. *

—— der, des evangelischen Vereins der Gustav-Adolf-Stiftung ausgesendet von Karl Zimmermann. 33.—36. Jahrg. 1875—1878. à Jahrg. 24 Nrn. (Bog.) gr. 8. Darmstadt, Zernin. Jahrg. 1875 * M 2,50.; Jahrg. 1876—1878 à *

Bote, der, des evangelischen Vereins der Gustav-Adolf-Stiftung, ausgesendet von Wilh. Zimmermann und Friedr. Ritsert. 37. Jahrg. 1879. 24 Nrn. (Bog.) gr. 8. Darmstadt, Zernin. *

—— der, des evangelischen Vereins der Gustav-Adolf-Stiftung, ausgesendet von Wilh. Zimmermann und Friedr. Ritsert. 38.—40. Jahrg. 1880—1882. à Jahrg. 24 Nrn. (Bog.) gr. 8. Darmstadt, Zernin. à Jahrg. * 8 —

— dass. — von F. Ritsert und Wilh. Zimmermann. 41. und 42. Jahrg. 1883 und 1884. à Jahrg. 24 Nrn. (Bog.) gr. 8. Ebendas. à Jahrg. * 3 —

—— der, des evangelischen Vereins der Gustav-Adolf-Stiftung, ausgesendet von F. Ritsert und Wilh. Zimmermann. 43.—46. Jahrg. 1885—1888. à Jahrg. 24 Nrn. (Bog.) gr. 8. Darmstadt, Zernin. à Jahrg. *

—— der, d. evangelischen Vereins der Gustav-Adolf-Stiftung, ausgesendet v. Wilh. Zimmermann. 47.—50. Jahrg. 1889—1892. à Jahrg. 24 Nrn. (Bog.) gr. 8. Darmst., Zernin. à Jahrg. * 3 —

— der, des evangelischen Vereins der Gustav-Adolf-Stiftung, ausgesendet v. Wilh. Zimmermann. 49. bis 52. Jahrg. 1891—1894. à 24 Nrn. (Bog.) gr. 8. Darmstadt, E. Zernin. à Jahrg. n. 3. —

— der, d. evang. Vereins d. Gustav-Adolfs-Stiftung, ausgesf v. Wilh. Zimmermann. 53. Jahrg. 1895. 24 Nrn. (à ca. 1 Bog.) gr. 8. Darmstadt, E. Zernin. à Jahrg. n. 3.—

— der, des evangelischen Vereins der Gustav-Adolf-Stiftung, ausgesendet v. Wilh. Zimmermann. 54.—60. Jahrg. 1896—1902. à 24 Nrn. gr. 8. (à ca. 16 S.) Darmstadt, E. Zernin. à Jahrg. n. 3. —

Bote, Der verhüllte. Magdeburg 1831. V: *Ribbeck, Wilhelm.* (GGr)

Bote, der verhüllte, aus der Heimath, oder das unsichtbare Gängelband. Eine biogr. Skizze von B. v. Blüthröder. 2 Thle. 8. Sondershausen, Voigt. 821.

Bote aus den Vogesen. – Speyer: III.1849-1850.
Fortges. u.d. T.: Z e i t u n g , Pfälzer.

—— des Volkskalenders für alle Stände. 1881—1885. 8. (à Jahrg. ca. 280 S. mit Illustr.) Glogau, Flemming. à Jahrg.

— der wahre u. ächte, 1887. 260. Jahrg. 4. (41 S. m. Illustr. u. 1 Wandkalender.) Frankfurt a/M., Jaeger. — 25

Bote, Der wahre und hinkende, für 1850 und 1851 ... Frankf. a. M. H: *Hofmann, Heinrich.* (Ky)

—— der wahre und ächte hinkende, für 1850 und 1851, jetzt hrsg. vom Verf. des Struwwelpeter (Heinr. Hoffmann.) 4. (48 und 24 S. mit Holzschn.) Frankfurt a. M. 849—50, Jaeger'sche Buchh. à Jahrg. *

—— der wahre und ächte hinkende, 1865. 4. (48 S. mit eingedr. Holzschn.) Frankfurt a. M., Jäger'sche Buchh. *

—— der wahre und ächte hinkende, für 1875—1880. 238.—243. Jahrg. 4. (à ca. 72 S. mit eingedr. Holzschn.) Frankfurt a. M., Jaeger'sche Buchh. à Jahrg. *

—— der wahre und ächte hinkende. 1881—1885. 244.—248. Jahrg. 4. (à Jahrg. 48 S. mit eingedr. Holzschn.) Frankfurt a. M., Jaeger'sche Buchh. à Jahrg. * — 25

—— der wahre und ächte hinkende, 1886—1888. 249.—251. Jahrg. 4. (à Jahrg. ca. 40 S. mit Illustr. und 1 Wandkalender.) Frankfurt a. M., Jaeger'sche Buchh. à Jahrg. *

Bote, der wahre u. ächte hinkende, 1889—1893. 252.—256. Jahrg. 4. (à Jahrg. ca. 48 S. m. Abbildgn. u. 1 Wandkalender.) Frankf. a. M., Jaeger's Verlag. 252.—255. Jahrg. à * — 25
256. Jahrg. * — 40

— der wahre u. ächte hinkende, 1895. 258. Jahrg. 4. (48 S. m. Abbildgn. u. 1 Wandkalender.) Frankfurt a/M., Jaeger's Verl. — 25

— der wahre u. ächte hink., f. 1896. 259. Jahrg. 4° (56 m. Abbildgn u. 1 Farbendr.) Frankf. a/M., Jaeger's V. • — 25

— d. wahre u. ächte hinkende, f. d. J. 1899. 262. Jahrg. 4. (40 u. 8 S. m. Abb., 1 Farbdr. u. 1 Wandkal.) Frankfurt a/M., Jaeger's Verl. — 25

— der wahre u. ächte hinkende, f. d. J. 1903. 266. Jahrg. 4. (44 u. 8 S. m. Abbildgn., 1 Farbdr. u. Wandkalender.) Leipzig, Jaeger. — 25

— der wahre u. ächte hinkende, für d. J. 1900. 269. Jahrg. (40 u. 8 S. m. Abbildgn., 1 Farbdr. u. Wandkalender.) gr. 8. Leipzig, Jaeger. — 25

Bote, der, der Wahrheit, der Freiheit und der Liebe. Monatsschrift für die gesammten geistigen und materiellen Interessen des Volkes. Herausgeber und verantwortlicher Redacteur: Dr. Hippolyt Tauschinski. 1. Jahrgang. Neue Folge. 1.—2. Heft. August, September 1869. 8. (96 S.) Wien, Dirnböck's V. (Georg Traudt.) à 29 kr.

Bote: Der Bote aus den Waldstätten

① Politisches, Unterhaltungs- u. Anzeigen-Blatt ⑤ Juli (?) 1883—8. 3. 1884 ⑥ 2° ⑦ Wochenblatt ⑧ Hergiswil (Nw): Adolf Düby; Ebikon: Adolf Düby ⑩ Adolf Düby ⑫ neutral ⑬ BGSZ: 1028, 1070 ⑭ Lu: Z (Nummern 22, 24 v. 1883 und Nummern 1—10 v. 1884).

Bote, Der Waldstätter, s.a. Waldstätter-Bote, Der.

Waldstätter Bote

① Wöchentlicher Anzeiger der Kantone Uri, Schwyz und Unterwalden ④ Rütli (Küßnacht a. R.) ⑤ 7. 6. 1873—27. 12. 1873 ⑥ 4° ⑦ Wochenblatt ⑧ Gersau: J. J. Nigg ⑩ der Drucker ⑪ der Drucker ⑬ BGSZ: 1058 ⑭ Sz: K. A.

Bote am Wallensee

① Obligatorisches Publikationsmittel der politischen Gemeinde Wallenstadt (1868). Obligatorisches Publikationsmittel der politischen Gemeinde Wallenstadt und Flums und amtliches Publikationsmittel der politischen Gemeinde Quarten (30. 6. 1906). Freisinnig-demokratisches Organ für den Bezirk Sargans und Umgebung. Allgemeines und amtliches Publikationsmittel für sämtliche Gemeinden des Bezirkes Sargans sowie die angrenzenden Gemeinden (seit 2. 7. 1906) ② Sarganserländische Volkszeitung (seit 2. 7. 1906) ⑤ 1863 (cont.) ⑥ 4°, dann 2° ⑦ wöchentlich 2×, wöchentlich 3× (ab 17. 12. 1889) ⑧ Wallenstadt: J. Kuhn (1863—Ende November 1869), F. B. Linder (Dezember 1869—1880), A. Wildhaber (1881—15. 4. 1897), Gebr. Wildhaber (17. 4. 1897—1912); Ragaz: Buchdruckerei Ragaz AG (seit 1912) ⑨ Sonntagsblätter; Schweizer. Unterhaltungsblatt; Illustriertes Sonntagsblatt ⑩ die Drucker, seit 1. 7. 1906 freisinnig-demokratischer Verein des Bezirks Sargans ⑪ F. Lendi-Marty ⑫ demokratisch ⑬ BGSZ: 207, 460, 1045—1047 ⑭ SG: Va (unvollst.); Wallenstadt: Archiv der politischen Gemeinde (unvollst.) ⑮ Am 1. 7. 1912 verschmolzen der «Oberländer Anzeiger» und die «Sarganserländische Volkszeitung». Diese ist seither ein Kopfblatt des «Oberländer Anzeiger».

Walliser Bote: Der Walliser Bote

① Eine Wochenschrift für Bürger und Landleute ② Walliser-Bote - Messager du Valais (?) ③ Der Nachläufer ④ indirekt: Walliser-Bote (I) ⑤ 1. 9. 1840—? (BGSZ: 12 für 1841 belegt) ⑥ 4° ⑦ Wochenblatt ⑧ Sitten: Schmid & Murmann ⑪ Alois v. Riedmatten ⑫ katholisch-konservativ ⑬ BGSZ: 1087 ⑭ Si: C (unvollständig) ⑮ Meyer (BGSZ: 1087) schreibt über die Zeitung: «...Die Nr. 16 hieß Messager du Valais; in mehreren Nummern ist der Text auf die deutsche und französische Sprache gleichmäßig verteilt...»

Walliser Bote (I)

③ indirekt: Der Walliser-Bote ④ Walliser Wochenblatt ⑤ 1. 1. 1851—? ⑥ 4° ⑦ Wochenblatt ⑧ Sitten: Calpini-Albertazzi ⑫ katholisch-konservativ ⑬ BGSZ: 1087; Walliser Bote (II) vom 1. 1. 1907 und 1. 1. 1922 ⑭ Si: C (unvollständig).

Walliser Bote (II)

① Konservatives Organ für Oberwallis (?—1895—1919). Katholisch-Konservatives Volksblatt (19. 6. 1945 cont.) ③ Walliser Wochenblatt ⑤ 3. 7. 1869 (cont.) ⑥ 2° ⑦ wöchentlich 2× ⑧ Sitten: L. Schmid (1869—1884), Karl Geßler (1885—1902), Beeger (1903—1918), Félix Aymon (1919—Januar 1932); Visp: K. Mengis (1. 2. 1932 cont.) ⑨ Amtsblatt (1869—1900—?), Illustriert(es) Sonntagsblatt (1902—1916), Sonntagsfeier, Der Walliser Landwirt (1925—1932; 8°; Monatsblatt), Sankt Jodern-Glocken (1927—1945; 4°; Monatsblatt) ⑩ Oberwalliser Preßverein AG ⑪ Leo Luzian von Roten (1869—1875), Johann Bapt. Henzen (1875?—1881), Moritz Mangisch (1881—1885), Aug. Gentinetta (1885—1901), Theodor Arnold (1901—1917), Joseph Schaller (1918—?), Alex Mengis (1914—1951), Dr. Peter von Roten (1934 cont.) ⑫ katholisch-konservativ ⑬ BGSZ: 465, 733; Walliser Bote vom 1. 1. 1907 und 1. 1. 1922 ⑭ Si: C; Be: L (1881, 1895 cont.).

— der Wandsbecker, s.a. Claudius, Matthias.

— der Wandsbecker. Ein Volksbuch u. Kalender für 1845 u. 1846. Mit vielen Holzschn. Herausgeg. von Ludw. Lenz. 8. Hamburg 844—46, Verlags-Comptoir. n. 1/3 ℛ

—— der wandsbecker. Ein Volksbuch. 1845, 46 u. 47. Mit viel. Holzschn. Hrsg. v. Ludw. Lenz. 8. Hamburg, Verlags-Comptoir. [1845. (9⅞ B.) 46. (10¼ B. u. 1 Stnt.) 47. (9 B.) à * ⅓ Thlr.] *

Bote, Warnsdorfer. Illustrirter Kalender für das Gemeinjahr 1893. Mit einem Anhange: Landwirthschaftliches. Gr.-8. (72 u. 32 S.) --.40

Warnsdorfer Bote. Illustrirter Kalender für das Gemeinjahr 1894. Mit einem Anhange: Landwirthschaftliches und Adreßbuch von Warnsdorf. Gr.-8. (95, 32 und 45 S.) - .40

Warnsdorf: Strache 1893.

— Warnsdorfer. Illustr. Kalender f. 1896. Mit e. Anh.: Landwirtschaftliches u. Adressbuch v. Warnsdorf. 8° (202) Warnsd., E Strache (durch A Hartleben in Wien). — 65

— Warnsdorfer. Illustr. Kalender f. d. J. 1899. M. e. Anh.: „Landwirthschaftliches" u. Adreßbuch v. Warnsdorf. gr. 8. (XXXIV, 96, 16, 16 u. 57 S.) Warnsdorf, E. Strache (durch A. Hartleben in Wien). n. — 65

— Warnsdorfer. Illustrirter deutscher Haus-Kalender f. d. J. 1902. Mit e. Anh.: Haus- u. Landwirthschaftliches u. Adreß-Buch v. Warnsdorf. Mit e. Beilage: Bilderkarte vom Riesengebirge. gr. 8. (XXXIV, 96, 16, 16, 16 u. 42 S.) Warnsdorf, E. Strache (durch A. Hartleben in Wien). n. — 65

— Warnsdorfer. Illustrierter deutscher Haus-Kalender, f. d. J. 1905. Mit e. Anh.: Haus- u. Landwirtschaftliches u. Adreßbuch v. Warnsdorf m. neuem Stadtplan. (L, 96, 16 u. 95 S.) gr. 8. Warnsdorf, E. Strache (durch A. Hartleben in Wien). n. — 60

Bote, Der weltkundige Oberländer, s. Oberländer-Bote, Der weltkundige.

Bote, Wendischer. – Neustrelitz: 1844 - 5.I.1849.
Fortges. u.d. T.: Volkszeitung, Neue Mecklenburgische.

Bote, Werksträsser. – Weinheim : 1849-1856.

Bote an der Weser. – Minden: 28.III. 1907 - 31.V. 1941.
(NA von: Tageblatt, Mindener. 1856).
Vorh. u.d. T.: Weserzeitung, Neue.

Bote, Der, aus dem Westen. – Zweibrücken : 1831.

— ein, aus Westfalen für das J. 1870. Paderborn 870. Kleine. 32. (166 S. m. Holzschn.) 3⅓ ngr.

— d. Wiener, e. Volksbuch f. Oesterr. Staaten. 4 Hefte, mit Kpf. 8. Wien 786, 87. Ghelen. 1 ℛ 14 gr.

— der Wiener. Illustrirter Volkskalender für Stadt- u. Landleute auf das J. 1871. Wien, v. Waldheim. 4. (87 S.) n. 5 ngr.

—— der Wiener. Illustrirter Kalender für Stadt- und Landleute auf die J. 1875—1880. 6.—11. Jahrg. Von Carl Elmar. gr. 8. (160; XXVIII, 96; XXVIII, 99; XXVIII, 111; XVIII, 122 S. je mit eingedr. Holzschn.) Wien, v. Waldheim. Jahrg. 1876 und 1877 à Jahrg. 1878—1880 à

—— der Wiener. Illustrirter Kalender für Stadt- und Landleute auf die J. 1881—1885. 12.—16. Jahrg. Von Carl Elmar. gr. 8. (à Jahrg. ca. 190 S. mit eingedr. Holzschn.) Wien, v. Waldheim. à Jahrg. *

—— der Wiener. Illustrirter Kalender für Stadt- und Landleute auf die J. 1886—1888 von Carl Elmar. 17.—19. Jahrg. gr. 8. (à Jahrg. ca. 200 S. mit eingedr. Abbild.) Wien, v. Waldheim. à Jahrg.

—— dass. — auf das J. 1889 von Carl Elmar. 20. Jahrg. gr. 8. (XXXV, 181 S.) Ebendas. 70 Pf.; geb.

—— der Wiener. Illustrirter Kalender f. Stadt- u. Landleute auf d. J. 1890—1893. Begründet von Rud. v. Waldheim u. Carl Elmar. 21.—24. Jahrg. gr. 8. (à Jahrg. ca. XXII, 128 S.) Wien, v. Waldheim. 21. Jahrg. — 50, geb. 1 20; 22. Jahrg. — 50, geb. 1 50; 23. u. 24. Jahrg. à * — 40; Salon-Ausg. geb. 1 50.

— der Wiener. Illustr. Kalender f. Stadt- u. Landleute auf d. J. 1895. Begründet v. Rud. v. Waldheim u. Carl Elmar. 26. Jahrg. gr. 8. (XXXVI, 128 S.) Wien, R. v. Waldheim. n. — 40; Salon-Ausg. geb. n. 1. 50

— d. Wiener. Illustr. Kalender f. Stadt u. Landleute f. 1896. Begründet v. R v. Waldheim u. C Elmar. 27. Jahrg. 8° (212) Wien, R v. Waldheim. — 80; Salon-Asg. geb. 1.50

Bote, Der Wiener. Illustrirter Kalender für Stadt- und Landleute auf das Jahr 1898. Begründet von Rudolf von Waldheim und Karl Elmar. 29. Jahrgang. Mit zahlreichen Illustrationen. Gr.-8. (XXXVI, 176 S.) —.40 Gebunden —.75

— der Wiener. Illustr. Kalender f. Stadt- u. Landleute a. d. J. 1899. Begr. von Rud. v. Waldheim u. Carl Elmar. 30. Jahrg. gr. 8. (XXXVI, 127 S.) Wien, R. v. Waldheim. — 50; Salon-Ausg. geb. in Leinw. 1. 50

(F) Der Wiener Bote. Illustrirter Kalender für Stadt- und Landleute auf das Jahr 1900. Begründet von Rudolf von Waldheim und Carl Elmar. XXXI. Jahrgang. Wien. Waldheim. Gr.-8°. 176 S. fl. —.40, geb. fl. —.75

(F) Der Wiener Bote. Illustrirter Kalender auf das Jahr 1901. Begründet von Rudolf von Waldheim und Carl Elmar. XXXII. Jahrgang. Wien. Waldheim. Gr.-8°. 174 S. K —.70, geb. K 1.50

(F) Der Wiener Bote. Illustrirter Kalender für Stadt- und Landleute auf das Jahr 1902. Begründet von Rudolf von Waldheim und Carl Elmar. XXXIII. Jahrgang. Wien. Waldheim. Gr.-8°. 74 S. K —.70, geb. K 1.50

Der Wiener Bote. Illustrierter Kalender auf das Jahr 1903. 34. Jahrg. Gr.-8°. (176 S.) K —.70, geb. K 1.50

(F) Der Wiener Bote. Illustr. Kalender für 1904. 35. Jahrg. Gr.-8°. (ill. 176 S.) K —.70, geb. K 1.50

(F) Der Wiener Bote. Illustr. Kalender für Stadt- und Landleute auf das Jahr 1905. 36. Jahrg. Gr. 8°. (176 S.) K —.70, geb. K 1.50

(F) Der Wiener Bote. Illustrierter Kalender für Stadt- und Landleute auf das Jahr 1906. 37. Jahrg. Gr.-8°. (176, 68 S.) K —.70, geb. K 1.50

— der Wiener. Illustrirter Kalender f. Stadt- u. Landleute auf d. J. 1907. Begründet von Rud. v. Waldheim u. Carl Elmar. 38. Jahrg. (XXXVI, 128 S.) 8. Wien, Druckerei- u. Verlagsaktiengesellschaft, vorm. R. v. Waldheim. n. — 50; Salon-Ausg., geb. in Leinw. n. 1. 50

(F) Der Wiener Bote. Illustrierter Kalender für Stadt- und Landleute für 1908. 39. Jahrg. Gr.-8°. (ill. 176 S.) K —.70, geb. K 1.50

(F) Der Wiener Bote. Illustrierter Kalender für Stadt- und Landleute auf das Jahr 1909. 40. Jahrg. Gr.-8°. (176, 64 S.) K —.70, geb. K 1.50

(F) Der Wiener Bote. Illustrierter Kalender auf das Jahr 1910. 41. Jahrg. Gr.-8°. (176 S.) K —.70, Salonausgabe geb. K 1.50

— der Wiener. Illustrirter Kalender f. Stadt- u. Landleute auf d. J. 1911. Begründet von Rud. v. Waldheim u. Carl Elmer. 42. Jahrg. (XXXVI, 128 S. m. 1 Taf.) 8. Wien, Druckerei- u. Verlagsaktiengesellschaft, vorm. R. v. Waldheim. — 50; Salon-Ausg., geb. in Leinw. 1. 50

— Der Wiener. Illustr. Kaldr f. Stadt- u. Landleute f. '13. Begründet v. Rud. v. Waldheim u. Carl Elmar. 44. J. (36, 128 m. 1 Farbdr.) 8° Wien, Druckerei- u. Verl.-Aktiengesellsch., vorm. R v. Waldheim. † — 50 d

Willisauer Bote

① heute: Allgemeines Volksblatt für das Amt Willisau und den Kanton Luzern ⑤ Mai 1887 (cont.) ⑥ zuerst 4°, dann 2° ⑦ zuerst Wochenblatt, dann wöchentlich 2×, heute 3× ⑧ Willisau: Adolf Kuhn, Vater (1887—1916), Adolf Kuhn, Sohn (1916—1922), Buchdruckerei Willisauer Bote (seit 1922) ⑨ Der Willisauer Bote führte eine ganze Reihe von Beilagen, z. B. Praktische Mitteilungen für Fabrik und Werkstatt, sowie Land- u. Hauswirtschaft, Praktische Mitteilungen für Gewerbe und Handel, Land- und Hauswirtschaft, Für die Familie, Mode und Heim, Die Familie ⑩ die Drucker ⑪ Großrat Jos. Fischer († 1952); Mitarbeiter: Prof. Raphael Reinhard ⑫ katholisch-konservativ ⑬ BGSZ: 470, 1028, 1032 ⑭ Lu: Z (unvollständig); Be: L (1896, Nr. 51, 1898—1901, 1915—1918, 1952 cont.) ⑮ Ursprünglich vorgesehener Titel: Hinterländer-Bote.

Wyler Bote

① Publikationsorgan des Bezirkes Wyl und dessen Umgebung Wyl, Bronschhofen, Zuzwil, Oberbüren, Niederbüren, Niederhelfenswil, Henau, Jonschwil, Kirchberg, Wuppenau, Rickenbach, Tobel, Sirnach (1898); Wiler Tagblatt. Amtliches Publikationsorgan: Wil, Bronschhofen, Zuzwil, Niederhelfenschwil, Oberbüren, Rickenbach, Wilen. Tagesanzeiger für das Fürstenland, Toggenburg und angrenzende Gemeinden des Thurgaus (1. 1. 1952) ② Wiler Bote (seit 1905) ③ Wyler Anzeiger (II) ⑤ 10. 10. 1896 (cont.) ⑥ 2° ⑦ wöchentlich 3×; wöchentlich 2× (ab 1926); wöchentlich 4× (ab 1928); wöchentlich 3× (ab 1941); Tagblatt (ab 25. 6. 1947) ⑧ Wil: Keller, Müller & Co. (1896?—5. 12. 1898), Müller'sche Buchdruckerei (7. 12. 1898—28. 9. 1901), Müller & Frey (1. 10. 1901—25. 11. 1902), A. Frey-Fischer (27. 11. 1902—26. 11. 1951), A. Frey-Fischer's Erben (seit 27. 11. 1951) ⑨ Die Heimat; Der praktische Ratgeber; Illustriertes Familienblatt; Der Turmwart von St. Nikolaus; Heimatchronik für Wil und die umliegenden Landschaften (1946 cont.) ⑩ die Drucker ⑪ Walter Klingler, Nationalrat ⑫ katholisch-konservativ ⑬ BGSZ: 1045—1047 ⑭ Wil: Buchdruckerei A. Frey-Fischer's Erben (unvollständig); Be: L (September 1953 cont.) ⑮ Am 3. 1. 1906 ging der «Wyler Anzeiger» im «Wiler Boten» auf. Der «Wiler Bote» rechnet sich den «Wyler Anzeiger» als Vorgänger hinzu, zählt also seine Jahrgänge von 1872 an. Ab 25. 6. 1947 erscheint der «Wiler Bote» als Tagblatt, organisatorisch und technisch mit dem Verlag und der Redaktion der «Thurgauischen Volkszeitung» verbunden.

Bote: Der Bote des Internationalen Central-Comitee's der Christlichen Jünglings-Vereine

⑤ ?—Dez. 1891—April 1905 ⑥ 8° ⑦ unregelmäßig (vor Dez. 1891); Quartalschrift (Dez. 1892—April 1905) ⑧ Genf: Fr. Weber, Atar (April 1905) ⑩ v. Titel ⑭ Be: L (Dez. 1891—1905) ⑮ Englische Ausgabe: The Messenger of the International Central Committee of the Young Men's Christian Associations; französische Ausgabe: Le Messager du comité central international des Unions Chrétiennes de jeunes gens.

Zolliker Bote

① Anzeigeblatt für die Gemeinde Zollikon (4. 12. 1909—29. 7. 1910 = 1. Untertitel) ⑤ 4. 12. 1909 (cont.) ⑥ 4° (1909—25. 11. 1910); 2° (2. 12. 1910 cont.); ⑦ Wochenblatt ⑧ Zollikon: Buchdruckerei Zollikon, D. Kocherhans (& Co.) (2. 9. 1910—3. 3. 1911), D. Kocherhans (10. 3. 1911—27. 10. 1911), Rudolf Seger (3. 11. 1911—?); Zürich: Jean Frey (um 1909—26. 8. 1910), G. Huber (um 1915—28. 12. 1917), H. Roth (vormals Leemann) (4. 1. 1918—um Ende 1918), Feldegg AG (um 1942), von Ostheim ⑩ die Drucker, Anny Schnorf, Zollikon (1942), Frau E. Imbaumgarten ⑪ die Drucker, Anny Schnorf, Zollikon (1942), Frau E. Imbaumgarten ⑫ Anzeigeblatt mit Lokalnachrichten und Feuilleton ⑬ BGSZ: 491 ⑭ Be: L (unvollständig); Binningen: SW; Zh: Z (1909—1911).

Bote, Der Zuger, s. Zuger-Bote, Der.

Bote vom Zürichsee (I)

④ Volksblatt des Bezirkes Meilen ⑥ 2° ⑦ wöchentlich 2× ⑧ Meilen: J. C. Hirzel, Hermann Ebner ⑩ die Drucker ⑪ die Drucker ⑫ demokratisch ⑭ Zh: Z.

Bote vom Zürichsee (I)

Ergänzen: ⑤ 1866—1868.

Bote vom Zürichsee (II)

① Publikationsmittel für den Bezirk Horgen und die Gemeinden am Zürichsee ④ Horger Zeitung ⑤ 1890—1891 ⑦ wöchentlich 3× ⑧ Horgen: H. Knecht ⑪ H. Knecht ⑬ Anzeiger des Bezirkes Horgen, Jub. Nr. Mai 1950.

Boto u. Bock's Musiker-Kalender f. d. J. 1878. Unter Red. v. Herm. Krigar. 16. (189 S.) Berlin, Behr's B. geb. n. 2. 25

Bote's, F. H., Probe einer Verdeutschung von Popens Versuch über den Menschen. Nebst einer Übersetzung der Kriegslieder des Tyrtaeus. Berlin 793. 8.

Bote, Joh. Gottlieb: Friedrich I. v. Hohenzollern. Schausp. (127) 8° Lpzg-Raschw., B Volger '12. 2.50 d

Bote, Louis

Das Kübel-Abfuhr-System und die Verwertung der Fäkalstoffe durch Kompostierung und Poudrettierung. Mit e. Anh.: Die Kadaver-Vernichtung u. -Verwertung. Von L[ouis] Bote, Dir. in Kiel. *Leipzig: F. Leineweber 1903.* (36 S.) 8°
— Sammlung von Abhandlungen, Gutachten u. Vorträgen über Städtereinigung. H. 5. [illegible]

Bote, W., deutsche Aufsätze im Anschluß an den beschreibenden Theil des Unterrichts. Für Volksschulen und untere Klassen anderer Lehranstalten. 8. (208 S.) Potsdam 879, Rentel's Buchh.

Botek, Frz., u. A. Kleiber, Facta loquuntur od. Reflexionen üb. e. Decennium bischöflicher Amtstätigkeit. gr. 8. (V, 176 S. m. Abbildgn. u. Taf.) Olmütz 903. E. Hölzel. Geb. n. 6. —

Der Reichillustrierte Grosse Lustige Bote Kalender: 1903?–1904.

Issued as "Beilage" zur Nr. ? der NEU-BRAUNFELSER ZEITUNG." Edited & published by Georg Frederick Oheim. Octavo, each 64 pages; illustrated.
New Braunfels, TX

Boetel, *Friedrich* [Kgl. Baurat], und **Bueck**, *Richard* [Kgl. Regierungs-Baumeister]: Beschreibung der Bauanlage. '(Hierzu 2 Bl. Zeichngn)'. Erfurt, Druck v. F. Bartholomäus, 1896; 1—4 S., 1 Taf., 1 Pl. 8.
Erfurt, k. G, Festschr. 1896**

Boten, deutsche. Illustrirte Zeitschrift zur Unterhaltung und Belehrung. Redact.: Ad. Söndermann. 1. und 2. Jahrg. 1876 und 1877. à Jahrg. 20 Hefte. gr. 4. (à Heft 3 Bog. mit eingedr. Holzschn. und 1 Chromolithogr.) Dresden, A. Wolf. à Heft 40 Pf.; à Jahrg.

Boten, deutsche. Illustrirtes Wochenblatt. 3. u. 4. Jahrg. 1878 u. 1879. à 52 Nrn. (2 B. m. eingedr. Holzschn.) gr. 4. Dresden, A. Wolf. à Jahrg. 5. 40
Seit 1880 mit der Zeitschrift: „Weltspiegel" vereinigt.

Boten, Fliegende. Zwanzig Briefblätter von H. v. R. Berlin [1905]. V: *Redern, Hedwig v.* (Berl)

Boten, fliegende. 20 Briefblätter von H. v. R. (à 2 S.) kl. 8. Berlin (905). Deutsche ev. Buch- u. Traktat-Gesellschaft. n. — 20

— des Frühlings. 32. (6 Chromolith.) Leipzig 880. Baldamus. n. — 60

Boten, D. Lahrer hinkenden, s. a. Familien-Kalender

Boten, D. Lahrer hinkenden, s. a. Volkskalender, großer.

Boten, des Lahrer hinkenden, neuer histor. Kalender f. den Bürger u. Landmann zum 50—53. Male hrsg. auf d. J. 1850—1853. 4. (1850: 80 S. 1851—1853 à 72 S. mit eingedr. Holzschn.) Lahr, Geiger. 50. n. 2 1/4 ngr 51—53 à n. 1/12 ℛ

Boten, des lahrer hinkenden, neuer historischer Kalender für den Bürger und Landmann, nun zum 53. bis 56. Male hrsg. auf die J. 1853—56. 4. (à Jahrg. 70—80 S. mit eingedr. Holzschn.) Lahr, Geiger. à Jahrg. *

Boten, des lahrer hinkenden, neuer, historischer Kalender für den Bürger und Landmann nun zum 57. bis 61. Male hrsg. auf die Jahre 1857—61. 4. (à Jahrg. ca. 80 S. mit eingedr. Holzschn.) Lahr, Geiger. à Jahrg. *

—— des Lahrer hinkenden, neuer historischer Kalender für den Bürger und Landmann nun zum 62.—67. Male hrsg. auf die J. 1862—67. 4. (à Jahrg. 80 S. mit eingedr. Holzschn.) Lahr, Geiger. à Jahrg.

Boten, des Lahrer hinkenden, illustrirte Dorfzeitung. 1.—5. Jahrg. 1863—67. à Jahrg. 52 Nrn. (Bog. mit eingedr. Holzschn.) 4. Lahr, Geiger. à Jahrg. *

Boten, des Lahrer hinkenden, illustrirter Familien-Kalender auf das J. 1868. 16. (XXXII und 185 S. mit eingedr. Holzschn.) Lahr, Geiger. (Berlin, Lemke.) *

—— d. Lahrer hinkenden, neuer histor. Kalender f. d. Bürger u. Landmann f. 1881. 81. Jahrg. 4. (53 m. Ill.) Lahr, Schauenburg. n. — 40; cart. n. — 60

— des Lahrer hinkenden, neuer historischer Kalender für den Bürger u. Landmann auf das Jahr 1883. 83. Jahrg. 4. (84 S. m. eingedr. Holzschn.) Lahr, Schauenburg. n. — 30; bessere Ausg. m. 2 (chromolith.) Prämienbildern n. — 40

—— des Lahrer hinkenden, großer Volkskalender auf die J. 1885—1889. 4. (à Jahrg. 140 S.) Ebendas. à Jahrg. *

—— des Lahrer hinkenden, neuer histor. Kalender für den Bürger und Landmann auf die J. 1886—1889. 86.—89. Jahrg. 4. (à Jahrg. ca. 80 S. mit eingedr. Holzschn.) Ebendas. à Jahrg. *
Ausg. auf besserem Papier à Jahrg. *

Boten, des Lahrer hinkenden, illustr. Familien-Kalender auf die J. 1886—1889. 16. (à Jahrg. ca. 210 S. mit eingedr. Holzschn.) Lahr, Schauenburg. à Jahrg. *

Boten, d. Lahrer hinkenden, neuer historischer Kalender f. den Bürger u. Landmann auf d. J. 1890—1893. 90.—93. Jahrg. 4. (à Jahrg. ca. 96 u. 5 S. m. Abbildgn. u. 1 farb. Wandkalender.) Lahr, Schauenburg. à Jahrg. * — 30; bessere Ausg. (à Jahrg. ca. 112 u. 5 S. m. Abbildgn. u. 1 farb. Wandkalender.) à Jahrg. * — 40

—— dass. — Kleine (norddeutsche) Ausg. 22.—25. Jahrg. 1890—1893. 16. (à Jahrg. ca. 232 S. m. farb. Wandkalender.) Ebd. à Jahrg. — 50

Boten, des Lahrer hinkenden, neuer historischer Kalender f. den Bürger u. Landmann auf d. J. 1895. 95. Jahrg. 4. (96 u. 4 S. m. Abbildgn. u. 1 farb. Wandkalender.) Lahr, M. Schauenburg. n. — 30; bessere Ausg. (112 u. 9 S. m. Abbildgn. u. 1 farb. Wandkalender.) n. — 40

Boten, d. Lahrer hink., neuer histor. Kalender f. d. Bürger u. Landmann f. 1896. 96. Jahrg. 4° (102 m. Abbildgn.) Lahr, M Schauenburg. — 30; bessere Asg. (118 m Abbildgn.) — 40

Boten, des Lahrer hinkenden, neuer histor. Kalender f. d. Bürger u. Landmann auf d. J. 1899. 99. Jahrg. 4. (96 S. m. Abb. u. 1 farb. Wandkalender.) Lahr, M. Schauenburg. Ausg. f. d. Ausland (96 S.) — 30; bess. Ausg. (112 S.) — 40
Auch in Ausg. f. Baden, Bayern, Elsaß-Lothringen, Großherzogt. Hessen, Pfalz, Rheinland, Thüringen, Westfalen, Sachsen u. Württemberg; ferner in 2 Ausgaben f. d. Osten (I. Ost- u. Westpreußen, Posen u. Schlesien; II. Brandenburg, Pommern, Mecklenburg u. Prov. Sachsen.)

Boten, d. Lahrer hink., neuer histor. Kalender f. d. Bürger u. Landmann f. 1901. 101. Jahrg. 4° (96 m. Abb.) Lahr, M Schauenburg. — 30; erweit. Asg. (128 m. Abb. u. 1 Taf.) — 50

Boten, des Lahrer hinkenden, neuer historischer Kalender f. den Bürger u. Landmann auf d. J. 1903. 103. Jahrg. 4. (98 S. m. Abbildgn. u. 1 farb. Wandkalender.) Lahr, M. Schauenburg. — 30; erweit. Ausg. (128 S. m. Abbildgn., 1 Taf. u. 1 farb. Wandkalender.) — 50

— d. Lahrer hink., neuer histor. Kalender f. 1906. 106. Jahrg. (96 m. Abb.) 4° Lahr, M Schauenburg. — 30; erweit. Ausg. (128 m. Abb. u. 1 Taf.) — 50 d

— des Lahrer hinkenden, neuer historischer Kalender f. den Bürger u. Landmann auf d. J. 1907. 107. Jahrg. (96 u. IV S. m. Abbildgn. u. farb. Wandkalender.) 8. Lahr, M. Schauenburg. — 30; erweit. Ausg. (128 u. IV S. m. Abbildgn., 1 Taf. u. farb. Wandkalender) — 50

Boten, d. Lahrer hink., neuer histor. Kldr f. '10. 110. J. (97 u. 4 m. Abb.) 8° Lahr, M Schauenburg. — 30; erweit. Ausg. (128 u. 4 m. Abb. u. 1 Taf.) — 50 d

Boten, das Lahrer hinkenden, neuer histor. Kalender f. den Bürger u. Landmann auf d. J. 1911. 111. Jahrg. (100 u. IV S. m. Abbildgn. u. farb. Wandkalender.) 8. Lahr, M. Schauenburg. — 30; erweit. Ausg. (129 u. IV S. m. Abb., 1. Taf. u. farb. Wandkalender.) — 50

— des Lahrer hinkenden, Vetter in Amerika. Neuer Kalender für Stadt u. Land auf das Jahr 1883. Mit 125 (eingedr. Holzschn.) Illustr. 4. (75 S.) Philadelphia, Schäfer & Koradi. — 75

— der Natur. Ein Postkarten-Malbuch. (8 [4 farb.] perforierte Bl.) kl. 8. Nürnberg (908). Th. Stroefer. — 50

—— des, für das Saalthal Anekdoten- und Historien-Kalender auf die J. 1875—1880. 4. (à ca. 60 S. mit eingedr. Holzschn.) Halle, Hendel. à Jahrg.

—— dass. — illustrirter Haus-Kalender für das J. 1875—1880. Mit zahlreichen Abbild. (eingedr. Holzschn. und 1 Chromolithogr.). Des „verbesserten Haus-Kalenders" 37.—42. Jahrg. gr. 16. (à ca. 148 S.) Ebendas. à Jahrg.

—— dass. — Haus-, Garten- und Wirthschafts-Kalender auf die J. 1875—1880. 4. (à ca. 64—72 S. mit eingedr. Holzschn.) Ebendas. à Jahrg.

Boten, die Wiener. Deutsche Wochenschrift f. Politik u. Literatur. Hrsg. unter Mitwirkg. mehr. Publicisten v. Kolisch, Gritzner, Franck u. Engländer. 1. Jahrg. 1849. 52 Nrn. Lex. 8. (à 2 1/2 B.) Leipzig, O. Wigand. n. 8 ℛ

Botendienst. 8 Briefblättchen in altdeutscher Ausstattg. von H. v. R. I. Serie. 2. Aufl. u. II. Serie. (à 4 S.) 16. Striegau (904). Th. Urban. à n. — 20

Botenfrau, d., v. Harz. Witzblättl. f. Stenogr. 1. Jahrg. 1863. 24 Nrn. (1/4 B.) 8. Wernig., (Finkbein.) n.n. 1. 5

Botenfrau, die, vom Harz. Witzblättlein für Stenographen und alle, die es nicht werden wollen. 1. Jahrg. 1863. 24 Nrn. (à 1/4 lith. Bgn.) Wernigerode, (Förstemann.) gr. 8. nn. 1 ℛ 5 ngr.

Botenhofer, W. B., die Religion im Allgemeinen. 8. München, Fleischmann. 819.

Botenlauben, Otto v., Gedichte, s. Geschichte u. Gedichte.

v. **Botenlauben**, Otto, s. Geschichte u. Gedichte d. Minnesängers O. v. Botenlauben.

Boeters: Bodenreform ..., s. Boeters, Oskar

Boeters: Geschichte ..., s. Boeters, Otto

Boeters, Ernst: Ueber Necrose des Gehörlabyrinthes. Halle 1875: Lipke. 69 S., 1 Taf. 8°
Halle-Wittenberg, Med. Diss. v. 26. Mai 1875
Geb. Wernigerode am Harz 14. 5. 1850. V.

Boeters, Gustav [app. Arzt aus Chemnitz]: Über den primären Gallenblasenkrebs und seine Beziehungen zu Gallensteinen ... Frauenstein, Druck v. C. L. Geissler, 1894; 45 S. 8.
Leipzig, Med. Fak., Inaug.-Diss. v. 11. Juni 1894

Boeters, O., üb. Deviation auf Panzer-Schiffen. gr. 8. (29 S. m. 1 Steintaf. in Fol.) Kiel 874. Universitäts-Buchh. n. 1. —

Boeters, Oskar

Bodenreform und Kolonialpolitik. Referat, erstattet dem 14. Bundestag d. Deutschen Bodenreformer. Darmstadt 1904. Von Dr. ing. [Oskar] **Boeters**, Kontreadmiral z. D. Berlin: 'Bodenreform' [1905]. (21 S.) 8° [J. u. Ant.]
— **Zeitfragen**, Soziale. 20. 104. 5400

Boeters, Oskar, Kontreadmiral z. D.: Ueber Reaktionen der Dihalogenthymochinone. 1902. 46 S. 8° ¶ Vgl. Berichte d. Deutschen Chem. Gesellschaft. Jg. 35.
Berlin, Dr.-Ing.-Diss. v. 10. 10. 1902

Boeters, Otto

[J.] Geschichte des 3. Magdeburgischen Infanterie-Regiments Nr. 66. Auf Befehl des Regim. bearb. v. [Otto] **Boeters**, Hauptm. ... M. 4 Abb., 5 Kt. u. Pl. *Berlin: E. S. Mittler & Sohn 1897.* (VI, 242 S., 4 Taf., 5 Kt. bezw. Pl.) 1 Bd 8. 97. 4530

Botesato, Constantinus (Georg.) (geb. Jassy 11. 2. 1841): De carcinomate pulmonum et pleurae. Berolini (1863). (32 S.) 8°
Berlin, Med. Diss. v. 19. Aug. 1863

Boetger, Gottfried, Liberae imperii civitatis Mulhusae gymnasii natalem 18. IX. 1740. 4 Bl. mit Namen. (3.—) Über Buchdruck. 3353

Bötger, P. (Hrsg.), s. Correspondenzblatt für Kataster-Beamte, geodätische Techniker, Ingenieure, etc.

Botgorschek, F., u. F. v. **Wiedersperg**, lustige Jagdgeschichten, s. v. Wiedersperg, F.

Der Nürnberger Both. Eine Volks-Legend. 1792. 4°.

Der Rastatter Hinkende Both. Oder: Großherzoglich=Badischer Landkalender auf das Jahr ... Nebst dem Juden=Kalender. [Mit Holzschn.]
Rastatt: J. B. Birks [1828—1829]. 4°
1829: [1828.] 20 ungez. Bl.
1830: [1829.] 22 ungez. Bl.

Both: Rechte und Pflichten der Darlehnskassen, ihre landwirtschaftlichen Konsumartikel gemeinsam durch die eigenen Geschäftsstellen zu beziehen. Neuwied 1895.

(v. **Both.**) Relation der Schlacht bei Friedland d. 14. Juny 1807. [Franz. u. deutsch.] (19.) 4. M. Pl. Berlin s. a. (1808).

(v. **Both.**) Relation der Schlacht von Heilsberg 10. Juny 1807. [Franz. u. deutsch.] (18.) 4. M. Pl. Berlin 1808.

Both, v., königl. preuss. Major, etc. Relation der Schlacht bei Preussisch-Eylau den 7. und 8. Februar 1807. Nebst einem Plane. 4. Berlin.

(v. **Both.**) Relation der Schlacht bei Pultusk 26. Dec. 1806 (deutsch u. franz.) (23.) 4. M. Pl. Berlin (1807).

Both, Adolph Carl (Schaumburg-Nassau), Diss. de commentitia apanagii et paragii distinctione in Rom. Germ. Imperii principatibus profanis et comitatibus. Präs. Jo. Nicol. Herte. Gießen (H. Müller) Okt. 1709. 48 S. z. g. Tl. dtsch. (5.—) 3704

Both, Arth.: Handb. d. Gusstechnik. s: Robaschik. Rich.

(Both, C. v.,) urkundliche Nachrichten über die in Mecklenburg vorhandenen Stipendien, s. Nachrichten.

v. **Both**, C. F., s. Löscheimer.

Both, C. F. v., s. Samml. d. Gesetze f. Mecklenburg-Schwerin.

— **Friedr. Jac.** (Jugenheim/Nassau), Onus laudemii depositum quod sanctione imperatoria Carolus VII. Caesar A. F. F. P. P. .. Präs. J. Gg. Estore. Jena (Ritter) 2. VI. 1742. 54 S. z. Tl. dtsch. (4.80) 3705
Widm. v.: Hartmann Samuel Both, Wilh. Henrich August Ströhlein (Wiesbaden, dtsch.), Jo. Paul Gabler (Frkft./M.).

Both, Günther von: Zur Geschichte der Detmolder Schützengesellschaft. Detmold, 1886, 8 S.

Both, H v., s: Aus Natur u. Geisteswelt. Ostmark. 351.

von **Both**, Hans [app. Arzt aus Marburg]: Aus d. medizin. Poliklinik zu Kiel. Statistische Beiträge über die Frequenz einiger akuter Infektionskrankheiten im Kindesalter m. bes. Berücks. d. ersten Lebensjahres ... Marburg i. H., O. Ehrhardt's Buchdr., 1897; 41 S. 8.
Kiel, Med. Fak., Inaug.-Diss. v. [11. Apr.] 1897

Both, Jul. Über die Bewegung eines Pendels, dessen Aufhängepunkt beweglich ist. 13 S. Progr. Jever 1884.

[J.] **Both**, *Julius:* Einführung in die Planimetrie. Jever, Druck v. C. L. Mettcker & Söhne, 1891; 19 S., 1 Taf. 4°
Jever, grossh. Marien-G, P 1891 (660)

Both's, L. W., Bühnen-Repertoir des Auslandes s. a. Bühnen-Repertoir.

Voth's, L. W., Bühnen-Repertoir des Auslandes. Nr. 161—194. (21—25. Bd.) Berlin 854—58. Hayn. gr. 8. Jeder Bd. von 8 Nrn. 1 ℛ 15 ngr

161. Ein edles Weib. Schauspiel in 1 Akt nach Moreau und Delacour von A. Theobald. (28 S.) 5 ngr
162. Man sucht einen Erzieher. Lustspiel in 2 Akten nach A. Decourcelle und Jaime fils von F. Jünger. (38 S.) 7½ ngr
163. Freude macht Angst. Lustspiel in 1 Aufz. Nach dem Französ. von Frau Em. de Girardin bearb. v. Mx. Ring. (26 S.) 5 ngr
164. Ein Zündhölzchen zwischen zwei Feuern. Schwank in 1 Aufz. Nach dem Französ. des M. Honoré von G. Hiltl. (16 S.) 5 ngr
165. Mein Herr Schwiegersohn. Lustspiel in 3 Akten. Nach E. Augier und Jules Sandeau frei bearb. von Mx. Ring. (41 S.) 10 ngr
166. Am Fenster. Schwank in 1 Aufz. Frei nach A. Achard von Stein. (16 S.) 5 ngr
167. Königin Margot und Die Hugenotten. Dramat. Gemälde in 2 Abthlgn. u. 5 Akten. Der „Reine Margot" des A. Dumas frei nachgebildet von F. Adami. (72 S.) 15 ngr
168. Bertha am Klavier. Lustspiel in 1 Akt, nach Barrière und Lorin, von A. Theobald. (25 S.) n. 5 ngr
169. Eine Spiel-Parthie. Lustspiel in 1 Akt. Frei nach dem Französ. bearb. von F. Denecke. (20 S.) n. 5 ngr
170. Die Jagd nach der Wittwe. Posse in 1 Akt. Nach dem Französ. von G. Hiltl. (20 S.) n. 5 ngr
171. Vier Advokaten. Lustspiel in 3 Akten, nach Dumanoir und Clairville, frei bearb. von J. Heymann. (29 S.) 7½ ngr
172. Eine Italienische Nacht, oder: Der Wasser-Doctor wider Willen. Posse in 2 Akten, frei nach Bayard, von J. Heiter. (28 S.) 7½ ngr
173. Wie man Raben fängt! Posse mit Gesang in 3 Akten, nach Labiche u. Marc-Michel, von Rdph. Hahn. (38 S.) 7½ ngr
174. Der Droschkenkutscher. Schauspiel in 2 Abthlgn. u. 5 Akten. Nach dem Französ. bearb. von J. Heymann. (60 S.) 12½ ngr
175. Magister Bläckstadius, oder das Heirathsgesuch. Posse in 2 Akten, nach dem Schwed. des A. Blanche von A. v. Winterfeld. (22 S.) 5 ngr
176. Valerie. Schauspiel in 3 Akten von Scribe und Melesville. Deutsch von A. v. Winterfeld. (24 S.) 5 ngr
177. Ich esse bei meiner Mutter. Lustspiel in 1 Aufzug. Frei nach Decourcelle und Thiboust von A. v. Winterfeld. (16 S.) 5 ngr
178. Der Freiwillige. Lustspiel in 3 Akten. Nach Bayard bearb. von Mx. Ring. (56 S.) 12½ ngr
179. Athos, Porthos und d'Artagnan, oder: Die drei Musketiere. Histor. Schauspiel in 4 Akten und mit einem Vorspiele: Der Mönch. Dem Französ.: „Vingt ans après" des Alex. Dumas frei nachgebildet von A. Theobald. (67 S.) 15 ngr
180. Eine Frau nach der neuesten Mode. Lustspiel in 1 Akt von L. Lurine u. Raym. Deslandes. Deutsch von A. v. Winterfeld. (19 S.) n. 5 ngr
181. Die Geldfrage. Sittenbild in 4 Akten, nach: „la question d'argent" von Alex. Dumas (Sohn), bearb. von W. Friedrich. (55 S.) 10 ngr
182. Nur diplomatisch! Lustspiel in 5 Aufzügen, frei nach dem Französ. des Alex. Dumas von Fr. Tietz. (56 S.) 10 ngr
183. Das hohe C. Posse in 1 Akt, frei nach Labiche und Lefranc von A. v. Winterfeld. (22 S.) 5 ngr
184. Auch ein Speculant! Posse in 1 Akt, mit Gesang, frei nach dem Französ. von A. Frischer. (21 S.) 5 ngr
185. Ein verreister Ehemann. Posse in 1 Aufzug, frei nach dem Französ. von Th. Rose. (17 S.) 5 ngr
186. Ich bin Marquis! Lustspiel in 1 Aufzug, frei nach dem Französ. von W. Herrmann. (19 S.) 5 ngr
187. Ein Sonntagskind, oder: Wie man in den Bädern badet. Lustspiel in 4 Aufzügen, nach Félicien Mallefille frei bearb. von A. v. Winterfeld. (54 S.) 10 ngr
188. Biedermann und Consorten. (Die Biedermänner.) Lustspiel in 4 Akten, nach dem Französ. des Th. Barrière und E. Capendu frei bearb. von J. Neumann. (69 S.) 15 ngr
189. Der politische Koch. Lustspiel in 1 Akt, nach Xavier und Varin von F. Lichterfeld. (20 S.) 5 ngr
190. Oskar's Regenschirm. Schwank in 1 Akt, frei nach dem Französ. von Emilius. (19 S.) 5 ngr
191. Die Aufforderung zum Tanz. Lustspiel in 1 Akt von Alex. Dumas. Deutsch von R. Moritz. (27 S.) 5 ngr
192. Ein Stündchen Verwirrung. Lustspiel in 2 Akten, nach der Idee von Goldsmith's: „The mistakes of a night," frei bearb. von F. Lichterfeld. (29 S.) 7½ ngr
193. Ein kleines Zipfelchen vom Ohr. Lustspiel in 1 Akt, nach dem Französ. des Léon Gozlan von A. v. Winterfeld. (20 S.) 5 ngr
194. Numero Sicher. Posse in 1 Akt frei nach dem Französ. von L. Julius. (11 S.) 5 ngr

Vergl. Bühnen-Repertoir des Auslandes.

Voth's, L. W., Bühnen-Repertoir des Auslandes. Nr. 195—237. Berlin 859—64. Hayn. gr. 8. Jeder Bd. von 8 Nrn. 1 ℛ 15 ngr.

195. Eine Nacht in Salzbrunn. Posse in 1 Akt, nach dem Französ. von L. Julius. (15 S.) 5 ngr.
196. Die zerbrochene Tasse. Lustspiel in 1 Akt, nach Paul Vermond und Lubize, von F. Lichterfeld. (24 S.) 5 ngr.
197. Junge Leute. Lustspiel in 3 Akten, nach dem Französ. frei bearb. von H. Wollmann. (36 S.) 10 ngr.
198. Feenhände. Lustspiel in 5 Akten, nach dem Französ. des Scribe bearb. von Ch. v. Graven. (70 S.) 15 ngr.
199. Der verhängnißvolle Zweikampf. Lustspiel in 3 Akten, nach dem Französ. des Paul de Musset, von Fr. Lichterfeld. (34 S.) 7½ ngr.
200. Närrische Leute. Vaudeville-Burleske in 1 Akt, mit theilweiser Benutzung eines alten französ. Stoffes, von F. Tietz. (16 S.) 5 ngr.
201. Hochzeitsfreuden, oder: Ein Königreich für einen Strohhut! Posse in 5 Akten. Frei nach dem Französ. von Fr. Tietz. (52 S.) 10 ngr.
202. Der Ritter der Damen. Scherz in 1 Akt, nach Michel und Labiche von Geo. Hiltl. (20 S.) 5 ngr.
203. Verrechnet! Lustspiel in 1 Akt, nach dem Französ. von Emil. (14 S.) 5 ngr.
204. Vetter Christoph. Genrebild in 1 Akt nach dem Französ. von Th. Oswald. (23 S.) 5 ngr.
205. Das Testament des Oheims. Lustspiel in 3 Akten, nach dem Französ. des Ad. Belot und Edm. Villetard von F. Lichterfeld. (43 S.) 10 ngr.
206. Das gelobte Land. Lustspiel in 3 Akten nach Dauraudin und Delaudes von Geo. Hiltl. (35 S.) 7½ ngr.
207. Hänfling und Rococo. Posse in 1 Akt nach dem Französ. des Dumanoir von Fr. Tietz. (25 S.) 5 ngr.
208. Nur Spekulanten. Lustspiel in 4 Akten, nach „Le duc Job" des Léon Laya von A. v. Winterfeld. (54 S.) 10 ngr.
209. Das Urtheil der Welt. Schauspiel in 5 Akten frei nach Serret von A. v. Winterfeld. (63 S.) 12½ ngr.
210. Haß aus Liebe. Schauspiel in 1 Akt, nach dem Französ. der Frau v. Girardin von G. Hiltl. (19 S.) 5 ngr.
211. Der letzte Liebesbrief. Lustspiel in 3 Akten; nach Victorien Sardou von F. Lichterfeld. (51 S.) 10 ngr.
212. Die verbotene Frucht. Lustspiel in 3 Akten von Camille Doucet. Deutsch von B. Liebig. (34 S.) 7½ ngr.
213. Nur Feinde. Lustspiel in 1 Akt, nach dem Französ. von Fr. Tietz. (21 S.) 5 ngr.
214. Beerbt und versiegelt. Schwank in 1 Akt, nach dem Französ.: „Trois gobe-mouches" des M. Honoré, von Fr. Tietz. (19 S.) 5 ngr.

215. Frauen-Stärke. Lustspiel in 3 Akten, nach dem Französ. von Förster. (40 S.) 7½ ngr.
216. Der Blöde und der Schüchterne. Lustspiel in 1 Akt, nach dem Französ. von C. Merzer. (19 S.) 5 ngr.
217. Ein armer Graf. Lustspiel in 2 Akten, nach dem Französ. von Förster. (32 S.) 7½ ngr.
218. Die falschen guten Freunde. Lustspiel in 4 Akten von Victorien Sardou. Deutsch von F. Lichterfeld. (74 S.) 15 ngr.
219. Ich liebe Sie! Lustspiel in 1 Akt, nach dem Französ. von Förster. (16 S.) 5 ngr.
220. Aus der komischen Oper. Lustspiel in 1 Akt, nach dem Französ. von Förster. (15 S.) 5 ngr.
221. Die Invaliden der Ehe. Lustspiel in 3 Akten, nach dem Französ. von Förster. (35 S.) 7½ ngr.
222. Wurst wider Wurst, oder: Die Braunschweiger in Berlin. Schwank in 1 Akt mit Benutzung eines Stoffes des Paul de Kock, von F. W. Korn. (23 S.) 7½ ngr.
223. Dunkle Wolken. Dramatische Kleinigkeit in 1 Akt, nach einer Idee des Fournier von F. Tietz. (13 S.) 5 ngr.
224. Im Asyl. Lustspiel in 1 Akt, frei nach dem Französ. von F. Tietz. (17 S.) 5 ngr.
225. Banquier Müller auf dem Lande. Dramatischer Scherz zu lebenden Bildern in 1 Akt nach einer französischen Idee von A. Theobald. (19 S.) 5 ngr.
226. Generalissimus und Adjutant. Lustspiel in 2 Akten nach Ancelot und Duport. von J. Heiter. (32 S.) 7½ ngr.
227. Die Pläne meiner Tante. Lustspiel in 1 Akt, nach dem Französ. des H. Nicelle von A. Mühler. (21 S.) 5 ngr.
228. Wen liebt Moritz? Lustspiel in 1 Akt, von Labiche und Delacour. Deutsch von Förster. (19 S.) 5 ngr.
229. Sand in die Augen. Lustspiel in 2 Akten, frei nach dem Französ. von Fr. Arn. Hirsch. (38 S.) 10 ngr.
230. Die Touristen. Lustspiel in 3 Akten, frei nach Serret von A. v. Winterfeld. (34 S.) 10 ngr.
231. Schlechtes Wetter. Lustspiel in 1 Akt, nach dem Französ. von Förster. (15 S.) 5 ngr.
232. Jean Baudry. Schauspiel in 4 Akten, nach dem Französ. von Förster. (41 S.) 10 ngr.
233. Eine Geächtete. Schauspiel in 2 Akten nach Paul Foucher von M. P. (28 S.) 7½ ngr.
234. Er heirathet seine Frau. Lustspiel in 3 Akten, nach dem Französ. von F. Förster. (39 S.) 7½ ngr.
235. Zwischen zwei Liedern. Schwank in 1 Akt, nach dem Französ. von Fr. Tietz. (17 S.) 5 ngr.
236. Nur Mutter! Lustspiel in 2 Akten nach einem fremden Stoff von P. B. Wichmann. (27 S.) 7½ ngr.
237. Eine kluge Dame. Lustspiel in 2 Akten, frei nach dem Französ. von A. Wages. (30 S.) 7½ ngr.

Both's, L. W., Bühnen-Repertoir des Auslandes. Berlin 864—70. Hayn. gr. 8.

238. Förster, F., die lachende Anna u. die weinende Anna. Schauspiel in 4 Akten, nach dem Französ. (87 S.) 12½ ngr.
239. Lichterfeld, F., Erlauben Sie, Madame! Lustspiel in 1 Akt, nach dem Französ. (17 S.) 5 ngr.
240. Hiltl, G., die Kelter. Schauspiel in 3 Akten, nach Geo. Sand. (47 S.) 10 ngr.
241. Dibo, Paul, eine blinde Frau. Lustspiel in 1 Akt, frei nach e. französ. Stoff. (20 S.) 5 ngr.
242. Henrion, Poly, Geheirathet. Schwank in 1 Aufzuge, mit freier Benutzung e. französ. Stoffes. (17 S.) 5 ngr.
243. Förster, ein schwarzer Menschenbruder. Burleske in 1 Akt, frei nach dem Französ. (16 S.) 5 ngr.
244. — Nachbars Aepfel. Schwank in 4 Bildern, nach Sardou's: „Les pommes du voisin". (44 S.) 10 ngr.
245. Henrion, P., in der Bastille. Dramolet in 1 Aufzuge [die Grund-Idee nach Anicet Bourgeois]. (13 S.) 5 ngr.
246. Förster, er hat einen Fehler. Lustspiel in 1 Akt, nach dem Französ. (18 S.) 5 ngr.
247. — die Neugierigen. Lustspiel in 1 Akt nach dem Französ. (22 S.) 5 ngr.
248. Lichterfeld, F., Schuldbewußt. Schauspiel in 3 Akten, nach Emile de Girardin's: „Le supplice d'une femme". (24 S.) 7½ ngr.
249. Förster, die alten Junggesellen oder: die Tage der Erkenntniß. Pariser Sittenbild in 5 Akten, nach Vict. Sardou's: „Les vieux garçons". (70 S.) 12½ ngr.
250. Frieder, A. W., die Rückkehr vom Ball. Lustspiel in 1 Akt, nach dem Französ. frei bearb. (22 S.) 5 ngr.
251. — das Orakel. Lustspiel in 1 Akt, nach Scribe frei bearbeitet. (30 S.) 7½ ngr.
252. Ludwig, König von Bayern, Recept gegen Schwiegermütter. Lustspiel in 1 Aufzuge, nach dem Spanischen des Don Manuel Juan Diana, bearb. (22 S.) 5 ngr.
253. Förster, eine musikalische Tochter. Schwank in 1 Akt nach dem Französ. des Labiche u. Delacour. (24 S.) 5 ngr.
254. Ring, Max, eine neue Magdalena oder: die Dame mit den Camelien. Pariser Sittenbild in 5 Akten, nach „La dame aux camélias" des Alex. Dumas [Sohn] für die Bühne bearb. (66 S.) 12½ ngr.
255. Tietz, Fr., er ist kurirt. Schwank in 1 Akt, nach dem Französ.: „Un mari dans du coton". (14 S.) 5 ngr.
256. — Großmütterchen u. Enkel. Lustspiel in 1 Akt mit Gesang nach dem Französ. (18 S.) 5 ngr.
257. Förster, nicht fluchen. Dramatische Kleinigkeit in 1 Akt nach dem Französ. (16 S.) 5 ngr.
258. — die Ordre ist: Schnarchen. Schwank in 1 Akt nach dem Französ. (16 S.) 5 ngr.
259. — Flattergeister. Lustspiel in 3 Akten nach dem Französ. (52 S.) 10 ngr.
260. v. Winterfeld, A., nur recht verstehn. Lustspiel in 1 Akt, nach dem Französ. des C. Duveyrier. (36 S.) 7½ ngr.
261. — Bäßchen's Erben. Lustspiel in 3 Akten, nach dem Französ. des Th. Barrière u. E. Capendu. (90 S.) 15 ngr.
262. Korn, F. W., die Stellen-Jäger. Schwank in 2 Akten, nach Scribe u. Bayard frei bearb. (41 S.) 7½ ngr.
263. Dumas Sohn, Alex., Pariser Sitten. [Le demi-monde.] Schauspiel in 5 Akten. Deutsch von A. Friedrich. (98 S.) 15 ngr.
264. Man kann doch nicht an Alles denken. Lustspiel in 1 Akt nach Alfr. de Musset. (24 S.) 5 ngr.
265. Tietz, Fr., ein Verschwörer. Intriguenstück in 4 Aufzügen, nebst e. Vorspiel, nach dem Französ. des Alex. Dumas. (76 S.) 12½ ngr.
266. Friedrich, A., ein Mädchenjäger. Lustspiel in 2 Akten nach dem Französ. frei bearb. (52 S.) 7½ ngr.
267. Förster, Gelegenheit macht Diebe. Lustspiel in 1 Akt, nach e. französ. Proverbe. (12 S.) 5 ngr.
268. Tietz, Fr., drei Arrestanten. Intriguen-Lustspiel in 5 Aufzügen, nach Dupaty bearb. (83 S.) 12½ ngr.
269. Friedrich, A., eine Million in Aussicht. Lustspiel in 3 Aufzügen nach der Idee e. Comödie von Scribe frei bearb. (66 S.) 7½ ngr.
270. — eine Erbschaftsreise. Lustspiel in 3 Akten, nach A. Royer. (73 S.) 10 ngr.
271. v. Winterfeld, A., der Spiegel des Teufels. Lustspiel in 1 Akt nach dem Französ. (21 S.) 5 ngr.
272. Theobald, A., Schuld u. Sühne. Pariser Sittenbild in 5 Akten, nach Eug. Sue bearb. (66 S.) 10 ngr.
273. Frischer, W., das kommt davon. Schwank in 1 Akt, frei nach dem Französ. bearb. (28 S.) 5 ngr.
274. Ancelot, heimlich vermählt. Lebensbild in 2 Akten. Deutsch von Th. Rose. (52 S.) 7½ ngr.
275. Adami, Fr., der Doppelgänger. Lustspiel in 3 Akten, nach Bayard frei bearb. (69 S.) 7½ ngr.
276. — ein deutscher Leinweber. Historisches Volksschauspiel in 4 Akten [der Stoff theilweise nach dem Romane von L. Storch]. Neue bühnengemäße Bearbeitung. (76 S.) 22½ ngr.

Both's, L. W., Bühnen-Repertoir d. In- u. Auslandes. Nr. 277—288. gr. 8. Berlin 871—75. Hayns Erben. 12. —

277. Ulane u. Tambour. Genrebild m. Gesang in 1 Akt v. A. F. Hugo. (38 S.) 1. 25
278. Provinzial-Unruhen. Posse m. Gesang in 3 Akten v. Frhr. Adami. (82 S.) 2. 25
279. Eine Fee. Schauspiel in 1 Akt v. Octave Feuillet. Deutsch v. A. Winter. (28 S.) — 50
280. Fenster zu vermiethen! Genrebild in 1 Akt v. Frhr. Adami. (28 S.) — 75
281. Ein Geheimmittel. Posse in 1 Akt, nach dem Franz. frei bearb. v. J. Heiter. (32 S.) — 50
282. Die Welt ist ehrlich! Lustspiel in 3 Akten frei nach dem Franz. v. A. Winter. (44 S.) 1. —
283. Ueber's Ohr gehauen. Historischer Schwank in 1 Akt. Von A. Theobald. (28 S.) 1. —
284. Schön, lieber Joseph! Schwank in 1 Akt, nach dem Franz. d. Theod. Barrière. Deutsch v. A. Winter. (32 S.) — 75
285. Die Memoiren der Frau v. Krilwitz. Lustspiel in 1 Akt nach e. älteren Stoffe von A. v. Winterfeld. (28 S.) — 75

286. Verheirathet aus Rache. Lustspiel in 3 Akten nach dem Franz. v. Th. Rose. (60 S.) 1. 25
287. Das bewußte Wort. Lustspiel in 1 Akt nach dem Franz. Deutsch v. Th. Rose. (26 S.) — 75
288. Weibliche Gründer od. freie Concurrenz um e. Millionär. Lustspiel in 4 Akten nach dem Franz. v. W. Frischer. (83 S.) 1. 25

Both's, L. W., Bühnen-Repertoir des In- u. Auslandes. Nr. 289. gr. 8. Berlin, Hayn's Erben. 1. 50
Das heißt eine Vergnügungs-Reise! Posse in 5 Akten, nach dem Franz. bearb. von Th. Rose. (95 S.)

Both's, L. W., Bühnen-Repertoir d. In- u. Auslandes. Nr. 290 u. 291. gr. 8. Berlin 884. Hayn's Erben. 2. —
290. Liebe u. Liebelei. Dramatisches Lebensbild in 3 Aufzügen, nach Bayard v. A. G. Paul. (64 S.) 1. 25
291. Großmuttersöhnchen. Lustspiel in 1 Aufzuge, frei nach Bayard v. A. G. Paul. (30 S.) — 75

Both, Martin: Die konsonantischen Suffixe altenglischer Konkreta und Kollektiva. Kiel 1909: Schmidt & Klaunig. XII, 99 S. 8°
Kiel, Phil. Diss. v. 13. März 1909, Ref. Holthausen
[Geb. 5. Nov. 83 Hamburg; Wohnort: Hamburg; Staatsangeh.: Hamburg; Vorbildung: Gelehrtensch. d. Johanneums Hamburg Reife O. 02; Studium: Freiburg i. B. 2, Berlin 2, Paris 1, London 1, Kiel 4 S.; Rig. 14. Nov. 08.] [U 09. 2303

Both, Max, Motivenschatz f. Schildermaler. 1. Serie. (18 farb. Taf. m. Titelbl. u. 1 Bl. Text.) 48×82,5 cm. Leipzig (910). Gilbers. In Halbleinw.-Mappe 15. —

Both, Otto

Die Bandweberei (Bandwirkerei). Von Otto **Both**. Mit 218 Abb. Hannover: M. Jänecke 1907. (240 S.) 8°
— **Bibliothek** d. gesamten Technik. Bd 54. [illegible]

Both, Phil. Festrede zur Feier des 400jährigen Geburtstages Dr. M. Luthers am 10. Nov. 1883. 12 S. K. Wi. G. *Hannover* 1884. Progr.

Both, Ph., De Antiphontis et Thucydidis genere dicendi. Diss. 1875. 66 S.

Both, Phil. De duodecim oratiunculis, quae sub tetralogiarum nomine Antiphonti oratori tribuuntur. 17 S. G. *Oldenburg* 1876. Progr.

— De Antiphontis Rhamnusii tetralogiis. Pr. 1876. 17 S. 4°.

Both, Samuel (Hrsg.), s.a. B i l d e r aus d. deutschen Lit.-Geschichte.

Both, Sam., Bilder aus der deutschen Litteraturgeschichte. Für den Gebrauch in Bürgerschulen zusammengestellt. gr. 8. (46 S.) Hermannstadt 900. W. Krafft. — 51

— s.: Lehr- u. Lesebuch f. Gewerbe-Lehrlingsschulen.

Both, Sam., s.a. Wege zur Kunst.

(F) Both, S. und Roth, V., Wege zur Kunst. Sieben Vorträge zur künstlerischen Erziehung in der Volksschule. 8°. (VIII, 63 S) Hermannstadt: Krafft 1906. K —.80

Both, Valentin: Des christlichen Dichters Prudentius Schrift gegen Symmachus. 32 S.
Progr. Rastatt 1882.

Die Buren-General e Botha, de Wet, de la Rey in der deutschen Reichshauptstadt. Im Namen d. Vereinigten Gesammt-Ausschusses hrsg. von dessen Vorsitzenden L[ouis] Lückhoff. *Berlin: J. Harrwitz Nachf. [1902].* (81 S.) 8° [F.] [illegible]

Botha, Paul M., von Boer an Boer u. Engländer. Aus dem Holl. ins Engl. übertr. durch dessen Sohn C. L. Botha. 5. Aufl. Autoris. deutsche Uebersetzg. von E. v. St. gr. 8. (46 S.) Bern 901. K. J. Wyss. n. — 50

Bothas, Ludw., Massen-Destillation v. Wasser insbesondere zur Erzeugung v. Trinkwasser u. Lokomotiv-Speisewasser. (60 S. m. 8 Abbildgn. u. 1 Tab.) 8. Berlin 908. J. Springer. 2. —

Böthcke, E. S. H., Beytr. z. Lehre m. Holzersparniß die Landgeb. fest u. feuersicher zu bauen. m. K. gr. 8. Berlin, Himburg. 795.

Böthcke E. S. H.: Beyträge z. Lehre, wie man mit möglichster Schonung d. Holzes alle Landgebäude wohlfeil, dauerhaft u. feuersicher bauen kann. Berl. 1795. 72 S. 2 Tvl.

Bothe, s.a. B o t e

Doylestauner Bothe: 1820--?
Edited & published by Simeon Siegfried.
Doylestown, PA

Bot(h)e, der, von Jericho, s. Beith u. Silbert.

—— der neue Wandsbecker, Asmus Omnia sua secum portans d. Zweite. Redig. v. B. A. Herrmann. 1. Jahrg. 1828. 104 Nrn. mit Vign. Nebst d. Beibl.: Die Teufels-Zeitung, redig. v. Satanas, d. Fürsten d. Finsterniß. Hrsg. v. Herrmann. 52 Nrn. Mit Vign. u. Stndr. gr. 4. Hamburg. (Leipzig, Focke.)

Bothe, neuer, aus Mähren, s.a. Bote.

Bothe, neuer, aus Mähren. Ein Haus-, Stadt-, u. Landmanns-kalender f. alle Provinzen d. österr. Gesammtreichs auf d. J. 1846. 56. Jahrg. 4. (1 B. u. 1 Stahlst.) Brünn, Gastl. *

—— dass., böhmisch. 4. (8 B.) Ebds. 846. *

Bothe, neuer, aus Mähren. E. Haus-, Stadt- u. Landmanns-Kalender f. alle Provinzen des österr. Gesammtreiches auf d. Jahr 1847. 57. Jahrg. Mit 1 Stahlst. u. 12 Holzschn. 4. (72 S.) Brünn, Wimmer. n. 7 ngl

B o t h e, Neuer — aus Mähren. Ein Haus-, Stadt- und Landmanns-Kalender für alle Provinzen des österreichischen Gesammtreiches, auf das Jahr nach Christi Geburt 1854, welches ein Gemeinjahr von 365 Tagen ist. 64. Jahrgang. Mit einem Stahlstiche. 4. Brünn. Gedruckt und Verlegt bei Franz Gastl. Olmütz, zu haben bei Johann Neugebauer und Ed. Hölzel.

Neuer Unpartheyische Eastoner Bothe, und Northamptoner Kundschafter: Aug. 1, 1793 - Feb. 6, 1805.
Weekly. Followed by DER EASTONER DEUTSCHE PATRIOT, UND LANDMANNS WOCHENBLATT. Reported to have had a circulation of 300 in 1793. Large quarto, each issue 4 pages. Edited & published by Jacob Weygandt & Sohn [Cornelius Nowland Weygandt].
Easton, PA

Pusterthaler Bothe. Mit den *„Unterhaltungsblättern“* und dem *„Hausfreund.“* VIII. Jahrg. Redaktion, Druck und Verlag von *J. G. Mahl* in *Bruneck*.
Erscheint in **Bruneck**, jed. Freitag, 1/2 Bog. in 4°. 2-sp. Prän.-Pr. 1/2-jähr. 1 fl.; pr. Post 1 fl. 20 kr. Ganzj. Pränumeranten erhalten Prämien.

* Bothe für Tirol und Vorarlberg. XLIV. Jahrg. Verantw. Redakt. *V. Wassermann*. Verl. u. Druck der *Wagner'schen* Buchdruckerei.
Erscheint in **Innsbruck**, tägl. mit Ausnahme der Sonn- und Festtage, mit Amts- und Intelligenzblatt. 1—2 Bog. in Fol., 3-spalt. Prän.-Pr. 1/4-jähr. 2 fl. 30 kr.; pr. Post 3 fl. 15 kr. Inserate: Die 3-spalt. Petitzeile 1mal 3 kr., 3mal 6 kr.

Bothe, Wandsbecker, s. B o t e , Wandsbecker

Bothe [Verfasser]

Bothe, d. Aufgabe d. Gewerbeschule. Saarbrücken. 14 p. 1864.
Schul-/Univ.-Schrift

Bothe, Beiträge zur Kenntniss der Spiralen. Dresden. 29 p. u. Tf. 1867
Schul-/Univ. Schrift

Bothe, Besteuerung, s. Forschgn., staats- u. sozialw.

Bothe und v. Ebart, Rittmstr., Geschichte des Ulanen-Regiments Kaiser Alexander von Rußland [1. Brandenburgisches] Nr. 3. 2. Thl.: Vom J. 1859—1879. Auf Wunsch des Regiments bearb. gr. 8. (V, 166 S.) Berlin 879, Mittler und Sohn. *
1. Thl. vgl. Guretzky-Cornitz, H. v.

Bothe: Preuss. Militär-Strafproceß, s. Bothe, Tr.

Plan der Gefechtsfelder von Podol am 26. Juni, und der 7. und 8. Division bei Münchengrätz am 28. Juni 1866. Aufgen. u. gez. v. Bothe. 1 : 25000. Berlin. o. J. Heliographie. 1 Bl. Fol., 60.2 60.2 cm.

Bothe: Währungsreform, s. Bothe, M.

Bothe, A., Entwürfe zu Trauer-Monumenten in deutschem (goth.) Styl, f. Architecten, Bildhauer, Ornamentisten etc. u. überh. f. Jeden, d. sich mit d. Ausführ. solcher Gegenstände beschäftigt. 1. Hft. Fol. (4 Stnt. u. 1 B. Text.) München 833, Franz.

— Grab-Denkmäler im deutschen (goth.) Styl, f. Architekten, Baumeister etc., u. überh. Jeden, d. sich mit d. Ausführ. solcher Gegenstände beschäftigt. Fol (4 Stnt. u. ½ B. Text.) München 834, Fleischmann.

Die Veredlung der Sinnlichkeit. Von A. Bothe. *Berlin: A. Bartsch 1903.* (28 S.) 8° [J.]

Bothe, A., die Veredlung der Sinnlichkeit. (28 S.) 8. Berlin 903. (Leipzig, H. G. Wallmann.) n. —20

Botho, Adf., s.: Adressbuch v. bild. Künstlern der Gegenwart.

Bothe, Alb. Rechenaufgaben f. höhere Schulen. Auflösungen. 3 Hefte. (3. Aufl.) gr. 8. Annab. 892, Graser's Verlag. [1. 2. (67 S.) à Heft * — 75; 3. (42 S.) * 1 —.] * 2 50

— Resultate der Rechenaufgaben für höhere Schulen. 1.—3. Heft. gr. 8. Dresden, Kubel. [1. und 2. Heft. (53 S.) 873. * ℳ 1,25.; 3. Heft. (39 S.) 874. * ℳ 1.] *

— Resultate der Rechenaufgaben für höhere Schulen. 3 Hefte. 8. Ebendas. 879. [1. Heft. (S. 1—28.) * 75 Pf.; 2. Heft. (S. 29—63.) * 75 Pf.; 3. Heft. (42 S.) * ℳ 1.] *

Bothe, Alb., Sammlung v. Rechenaufgaben f. höhere Schulen. 1—3. Hft. Die 4 Species im ganzen Zahlen. 8. (52 S.) Dresden 873. Kubel. n. 2. 85
1. Die 4 Species in ganzen Zahlen. (82 S.) n. — 60
2. Die 4 Species in gebrochenen Zahlen, einschließlich die Decimalbrüche. (58 S.) n. — 75
3. Die Verhältnisse, Proportionen u. deren Anwendg. (108 S.) n. 1. 50

— dasselbe. Resultate. 1—2. Hft. gr. 8. (53 S.) Ebend. 873. n. 1. 25

— dasselbe. 3. Hft. gr. 8. (39 S.) Ebend. 874. n. 1. —

Bothe, Alb., Sammlung von Rechenaufgaben für höhere Schulen. 1—3. Hft. gr. 8. Annaberg 879—82. Graser. cart. n. 3. 25
1. Die 4 Species in ganzen Zahlen. 4. umgearb. Aufl. (84 S.) n. — 75
2. Die 4 Species in gebrochenen Zahlen einschl. der Decimalbrüche. 4. umgearb. Aufl. (76 S.) n. 1. —
3. Die Verhältnisse, Proportionen u. deren Anwendungen. 5. umgearb. Aufl. (IV, 118 S.) n. 1. 50

— dasselbe, Resultate. 1—3. Hft. 8. Ebend. 879. n. 2. 50
1. (28 S.) n. — 75. — 2. (S. 29—63.) n. — 75. — 3. (42 S.) n. 1. —

Bothe, Alb., Sammlung v. Rechenaufgaben f. höhere Schulen. 3. Hft. Die Verhältnisse, Proportionen u. deren Anwendgn. 6. Aufl. gr. 8. (VI, 118 S.) Annaberg 886. Graser. cart. n. 1. 50

— Sammlung v. Rechenaufgaben f. höhere Schulen. 3 Hefte. 7. Aufl. gr. 8. Ebd. cart. * 3 50
1. Die 4 Species in ganzen Zahlen. (89 S.) 890. * 1 —.
2. Die 4 Species in gebrochenen Zahlen, einschl. der Decimalbrüche. (77 S.) 889. * 1 —.
3. Die Verhältnisse, Proportionen u. deren Anwendgn. (IV, 118 S.) 892. * 1 50.

Bothe, Alb., Sammlung v. Rechenaufgaben f. höhere Schulen. 3 Hfte. gr. 8. Annaberg, H. Graser. Kart. n. 3. 50
1. Die 4 Species in ganzen Zahlen. 7. Aufl. (89 S.) 890. n. 1. —
2. 8. Aufl. (78 S.) 894. n. 1. —
3. Die Verhältnisse, Proportionen u. deren Anwendgn. 7. Aufl. (IV, 118 S.) 892. n. 1. 50

Bothe, Alb., Sammlg. v. Rechenaufgaben f. höhere Schulen. 1. u. 3 Hft. 8. Aufl. 8. Annaberg 895. H. Graser's Verl. Geb. in Leinw. n. 2. 50 (1.—3., kplt.: n. 3. 50)
1. D. 4 Species in ganzen Zahlen. (90 S.) n. 1. —
3. D. Verhältnisse, Proportionen u. deren Anwendgn. Umgearb. Aufl. (VIII, 118 S.) n. 1. 50

Bothe, Alb., Sammlung v. Rechenaufgaben f. höh. Schulen. 3 Hfte. 8. Annaberg, Graser. Geb. n. 3. 50
1. Die 4 Species in ganzen Zahlen. 9. Aufl. (91 S.) 900. n. 1. —
2. Die 4 Species in gebrochenen Zahlen, einschl. der Decimalbrüche. 9. Aufl. (91 S.) 899. n. 1. —
3. Die Verhältnisse, Proportionen u. deren Anwendgn. 9., umgearb. Aufl. (VIII, 118 S.) 902. n. 1. 50

— dasselbe. Auflösungen. 3 Hfte. 3. verm. Aufl. gr. 8. Ebd. 892. n. 2. 50
1. (32 S.) n. —75. — 2. (S. 33—67.) n. —75. — 3. (42 S.) n. 1. —.

Bothe, Alb., Sammlg. v. Rechenaufgaben f. höhere Schulen. 2. Hft. 8. Annaberg 905. Graser. Kart. n. 1. —
Die Dezimalbrüche u. die gewöhnl. Brüche. 10. Aufl. (92 S.)

Bothe, Alb., Sammlung v. Rechenaufgaben f. höhere Schulen. I. u. III. Heft. 8. Annaberg, Graser's Verl. Geb. 2. 70
I. Die 4 Spezies in ganzen Zahlen. 10. Aufl., bearb. v. W. Raschke. (VIII, 98 S.) 908. Geb. 1. 20
III. Einfache u. zusammengesetzte Regeldetri, Prozent-, Zins-, Diskont-, Teilungs- u. Mischungsrechnung. 10. Aufl., bearb. v. W. Raschke. (III, 87 S.) 908. Geb. 1. 50

Bothe, Alfr., die familiale Verpflegung Geisteskranker (System der Irren-Colonie Gheel) der Irren-Anstalt der Stadt Berlin zu Dalldorf in den J. 1885—1893. gr. 8. (VIII, 154 S.) Berlin 893. J. Springer. n. 4. —

BOTHE, August Ernst Friedrich (Ludwigslust/Meckl.): De agricultura megalopolitana. (Titel nach der Urkunde)
4.11.1834 - Urk; F 46 Diss. Ingolst.-Landsh.-Mchn.

Bothe, Aug. Ernst Friedr., üb. d. Staats-Verwaltung d. Königr. beider Sicilien, nach d. betreff. Gesetzen u. Verordn. gr. 8. (3½ B.) Hamburg 837. (Neu-Ruppin, Oehmigke u. Riemschneider.) *

Bothe, August. Rud. Ludov.: Theses nonnullae varii argumenti dissertationi de graviditate extrauterina praemissae. Berolini (1811). (2 Bl.) 4°
Berlin, Med. Thes. v. 25. Mai 1811

Bothe, Chr. Gttl. (Resp.): De daemoniacis ... percuratis breviter commentatus, s. Gruner, Chr. Gttfr. (Praes.)

Bothe, Erich [app. Arzt aus Braunschweig]: Die Amputationen und Exartikulationen der Erlanger chirurgischen Klinik für die Jahre 1884 bis Mitte 1892 ... Würzburg. J. M. Richter's Buch- u. Kunstdr., 1892; 75 S. 8.
Erlangen, Med. Fak., Inaug.-Diss. v. Dez. 1892

Bothe, Ernst, Referendar: Begriff, Zweck und Wirkung der Bedingungen nach dem bürgerlichen Gesetzbuch des deutschen Reiches. *Güstrow 1899: C. Michaal.* (55 S.) 8°
Rostock, Jur. Diss. v. [13. Dez.] 1899

Bothe, (F. H.,) Schauspiele. (Daraus einzeln: der Oedipiden Fall oder die Brüder; dramat. Gemälde der Griechenwelt in 5 Abtheilungen. 20 gr. — Die Männerschule; Lustsp. in 3 Abtheilungen, nach Molière bearb. 10 gr. — Monimia; Trauersp. in 5 Abtheilungen, nach Otway bearb. 16 gr.) 8. Manh. 822, Löffler.

— neuere Schauspiele u. Kantaten. 2 Bde. 8. Halberstadt 824, Vogler.

Bothe, Ferd., physikalisches Repetitorium oder die wichtigsten Sätze der elementaren Physik. Zum Zwecke erleichterter Wiederholung übersichtlich zusammengestellt. Braunschweig 860. Vieweg & Sohn. gr. 8. (XI, 120 S.) n. 15 ngr.

Bothe, Ferd., physikalisches Repertorium od. die wichtigsten Sätze der elementaren Physik. Zum Zwecke erleichterter Wiederholg. übersichtlich zusammengestellt. 2. umgearb. u. vervollständ. Aufl. gr. 8. (XIV, 170 S.) Braunschweig 871. Vieweg & Sohn. n. 2. —

Bothe F, physikalisches Repertorium. 3. Auflage. Braunschweig 1874

Bothe, Ferd., physikalisches Repetitorium oder die wichtigsten Sätze der elementaren Physik. Zum Zwecke erleichterter Wiederholung übersichtlich zusammengestellt. 3. umgearb. u. vervollständ. Aufl. gr. 8. (XV, 202 S. m. 1 Tab. in Fol.) Braunschweig 877. Vieweg & Sohn. n. 3. 40

Bothe, Frz., „Emol-As" (Salome). Parodistisches Spiel in 1 Aufzug. Musik v. Fr. Th. Cursch-Bühren. (Textbuch.) (24 S.) 8. Frankfurt a/M. 907. H. Schlemüller. — 75

Bothe, Friedrich

Bothe, Frdr., Gustav Adolfs u. seines Kanzlers wirtschaftspolitische Absichten auf Deutschland, s.a. Forschungen, Frankfurter historische. 4. Heft.

Gustav Adolfs und seines Kanzlers wirtschaftspolitische Absichten auf Deutschland. Von Prof. Dr. Friedrich Bothe. Frankfurt a. M.: Baer 1910. IX, 254 S. 8°
(Frankfurter Historische Forschungen. H. 4.) [illegible]

Bothe, F., Beiträge zur Wirtschafts- u. Sozialgeschichte der Reichsstadt Frankfurt. (IX, 172 S.) gr. 8. Leipzig, Duncker & Humblot. 4. 60.
1905.

Bothe, Friedrich, Dr.: Beiträge zur Wirtschafts- und Sozialgeschichte der Reichsstadt Frankfurt. Altenburg 1906: Pierer. (IX, 172 S.) 8°
Frankfurt a. M., Liebig-R OP 1906 (511)

Bothe, Friedrich: Beiträge zur Wirtschafts- und Sozialgeschichte der Reichsstadt Frankfurt. IX, 172 S. 8.
Liebig-Realschule (früher Bockenheimer Realschule) *Frankfurt a. M.* 1906
A. Text. I. Aus Frankfurts alten Rechenbüchern. a) Zur Charakteristik der Rechenbücher. b) Zur Entwickelung der Stadtwirtschaft im 16. Jahrhundert. II. Zur wirtschaftlichen und sozialen Lage der Frankfurter Bevölkerung im 16. und zu Beginn des 17. Jahrhunderts. B. Beilagen.

Bothe, Frdr., Beiträge zur Wirtschafts- u. Sozialgeschichte der Reichsstadt Frankfurt. (IX, 172 S.) gr. 8. Leipzig 906. Duncker & Humblot. n. 4. 60

Die Entwickelung der direkten Besteuerung in der Reichsstadt Frankfurt bis zur Revolution 1612–1614. Von Dr. Friedrich Bothe. Leipzig: Duncker & Humblot 1906. (XLIII, 304, 215 S.) 8°
— Forschungen, Staats- u. sozialwissenschaftl. Bd 26, H. 2. [illegible]

Frankfurter Patriziervermögen im 16. Jahrhundert. Ein Beitrag z. Charakteristik d. bürgerl. Vermögen u. d. bürgerl. Kultur. Von Dr. Friedrich Bothe. Mit 2 Bild. u. 1 Autotyp. Berlin: A. Duncker 1908. (XII, 189 S.) 8°
— Archiv f. Kultur-Geschichte. Erg.H. 2. [illegible]

Bothe, Friedr.: Aus Frankfurts Sage u. Gesch. 2 Tle in 5 Heften. gr8° Frankf.M., M Diesterweg '11. 6.40; L 7 —; in 1 L-Bd 6.50 d
I,1. Frankfurter Sagen. (19, 47 u. 4 m. Abb.) — 80 ‖ 2. Aus Frankfurts Gesch. (48 u. 12 m. Abb., 2 [1 farb.] Ktn u. 1 Pl.) 1.20; I. Tl in 1 L-Bd geb. 2.40 ‖ II. Die Gesch. d. Stadt Frankf. a. M. 1. Bis z. Ausgange d. MAlters. (55 u. 23 m. Abb., 2 [1 Fksm.]Taf. u. Beil. 18.) 1.40 ‖ 2. Von d. Reformation bis z. Verfassgsreform (1732). (36 u. 13 m. Abb., 1 Pl. u. Beil. 5 S.) 1.20 ‖ 3. Von d. Verfassgsreform (1732) bis z. Gegenwart. (87 u. 34 m. Abb., 4 Taf. u. Beil. 2 S.) 1.80; II. Tl in 1 L-Bd geb. 4.60

— Das Testament des Frankfurter Grosskaufmanns Jakob Heller vom J. 1519. Ein Beitrag zur Charakteristik der bürgerl. Vermögen u. der bürgerl. Kultur am Ausgange des Mittelalters. (IV, 61 S. m. 1 Taf.) Lex. 8. Berlin 907. A. Duncker. 2. 50
Sonderabdr. aus „Arch. f. Frankfurts Geschichte u. Kunst".

Bothe, Friedrich: War die Rejektion Ferdinands II. von Böhmen (1619) berechtigt? *Halle a. S. 1898: C. A. Kaemmerer & C.* (47 S.) 8° ¶ (Enthält nur Kapitel 1.)
Halle, Phil. Diss. v. [17. Mai] 1898

Bothe, Friedrich Heinrich

— s. Anacreontica.

Bothe, Fr. Hnr., annotationes ad Horatium a Car. Fea edit. Acced. J. G. Graevii Schol. in Horatii odarum lib. II. fasc. I et II. 8maj. Heidelb. 820. Osswald. 1 Rthl 16 gr

— s. Aeschyli dramata. — Persae. — Prometheus. — Supplices. — Tragoediae.

— s. Auctores classici Latini, Vol. XVIII.

— Bemerkk. üb. Pindars Werke, s. Pindar, olymp. Oden. 2r Thl.

Bothe, Friedrich Heinrich, s. Curtius Rufus.

— s. Emma, Rosaurens Schwester.

— s. Euripides: Hecuba.

— s. Euripides: Werke.

Bothe, Fr. Hnr., Frühlings-Almanach. Mit Kpfrn. von Fr. Catel u. Jügel. gr. 16. Berlin ... (A. Förstner.) 1 1/2 Rthl

— Frühlings-Almanach. Mit Kpf. gr. 16. Berl. 804. Schüppel. 1 Rthl 12 gr

— antikgemessene Gedichte, eine ächtdeutsche Erfindung. 8. Berl. 812, Nicolai. 20 gr

— Geschichte d. Dichtkunst, s. Altes u. Neues f. Geschichte.

— Grundzüge d. Metrik, nebst e. Beurtheilung d. Seidlerischen Schrift: de versibus dochmiacis. gr. 8. Berl. 816. Maurers B. 16 gr

Bothe, F. H., Grundzüge der Metrik. Nebst einer Beurtheilung der Seidlerischen Schrift: De versibus dochmiacis. Berlin 817. 8. 16 gr.

— s. Homeri Carmina.

— s. Horatii Opera.

— s. L. Hotibii.

Bothe, Friedr. Heinr., Janus rc., s. Janus.

— s. Janus, Geschichte, Literat...

— s. a. Komiker, die griechischen.

— die griechischen Komiker. Eine Beurtheil. d. neuesten Ausgabe ihrer Fragmente. gr. 8. (7 1/4 B.) Leipzig 844, Hinrichssche Buchh.

— opuscula critica et poëtica, in his Philoctetis Euripideae principium ex Dione Chrysostomo restitutum. 8maj. Berl. 816. Maurers B. 1 Rthl

Bothii, F. H., Opuscula critica et poëtica. Berol. 817. 8. 1 rthl.

— s. Phaedri fab. aesop.

— Pindar; 1r Theil, auch unter dem Titel: Pindars olympisch. Oden, in ihr Sylbenmaas verdeutscht. Ferner:

— Pindar; 2r Thl. auch unter d. Titel: Bemerkung. über Pindars Werke. 8. Berl. Braun. 808. (1r 1 Thlr., 2r 1 Thlr. 8 gr.)

– s. Pindar's Oden.

Bothe, Friedrich Heinrich, s. Plautus: Comoediae.

– s. Poetae scenici Graecorum etc.

– s.a. Polybiana.

—— Polybiana. 8maj. (4⅓ B.) Leipzig 844, Hinrichssche Bh. -

– s. Al. Pope, Versuch.

— Probe e. Verdeutschung von Pope's Versuch über d. Menschen, nebst e. Uebersicht d. Kriegslieder des Tyrtaeus. gr. 8. Berl. 793. Mylius. 4 gr.

— kurze Prosodie, s. Mich. Desaga, deutsche Sprachlehre.

– Rosaura. Berlin: A. Forstner 1807. 8°

Bothe, Fr. Hnr., Rosaura. 8. Berl. 807. Schöppel. 1 Thlr. 4 gr.

– s. Sallust.

— vermischte satyrische Schriften. 8. Leipz. 803. Dyck. 18 gr.

– s. Sophoclis Ajax. – Electra.

– s. Sophoclis dramat. fragmenta.

— specimen novae editionis Plauti criticae et exegeticae. 8maj Berl. 797. Vieweg in Braunschw. 2 gr.

– s. Terentius, Comoed.

– s. Vargas, über Epigramme.

Bothii, F. H., Varietas potior lectionis in Metamorphoseon Cod. Palatino, argumentum ejus carminis metricum. Götting. 817. 8. 3 gr.

— Varietas potior lectionis in metamorphoseon codice palatino argumentum ejus carminis metricum, 8maj. Götting. 818. Dieterich. 3 gr.

– s. Vellejus Paterculus.

— Vindiciae Ovidianae, sive annotationes in P. Ovidii Nas. metamorphos. libr. XV, in quibus annotatt. rec. lect. cod. Ms. acad. reg. Berolin. Acced. J. Hnr. Vossii, viri celeberrimi, lect. et notae. C. appendice. 8maj. Gött. 817. Dieterich 21 gr die Vindiciae Ovid. apart 18 gr Der Appendix: Varietas potior lect. in metamorphos. cod. palatino apart 3 gr

Bothe, F. H., Vindiciae Ovidianae sive annotationes in P. Ovidii Nasonis metamorph. libros XV. Gel 1818. 169 S. 8.—

– s. Virgilii opera.

— Virgilius Virgilianus sive quaestio de Virgilii locis quibusdam dubiis aut corruptis; accedit index, in quo poëtae omnis cum rerum tum verborum antiquitas et propriet. breviter explic. 8. Heidelb. 820. Osswald. 15 gr

* BOTHE, Friedr. Heinr., Volkslieder, nebst untermischten andern Stücken. (Uebersetzungen.) Von —. Berlin, 1795. Bey Christian Friedr. Himburg. 8°. 6 Bll. u. 452 S. (1⅓ Rthl.) (In Berlin, Magistratsbibl.)

Nur dem Titel nach hierher gehörig. Wenig bekannte Sammlung, „Vater Gleim gewidmet." Enthält 55 Volksballaden u. -lieder, meist englischen, irischen und schottischen Ursprungs (fast sämmtlich aus Percy's Sammlung), mit reichen Anmerkungen u. als *Anhang:* Four Ballads, translated from the German (of Dr. Jung-Stilling's „Jugend" u. „Jünglingsjahren"). Von neueren Dichtern u. a. Stücke nach Thomas Moore und Rob. Burns. — Einiges etwas freien Inhalts.

— Volkslieder, nebst andern Stücken. 8. Berl. 795. (Reimer). 1 Thlr. 8 gr.

– s. Xenophon, Anabasis.

– s. Xenophon's Feldzug des Kyros.

Bothe, H.

Bücher-Verzeichnis des Gewerbe-Vereins zu Erfurt. Okt. 1903. (Verf.: H. **Bothe**.) [Nebst] Nachtrag. Okt. 1908. Erfurt: Conrad (1903–08). X, 162, 20 S. 8° [09. 13431]

Bothe, H. G., histor. Beschr. d. ehemal. Augustinerklosters auf d. Petersberg. 8. Halle. 748.

Bothe, Heinrich

Bothe, H. Geschichte des Thüring. Ulan.-Reg. Nr. 6. Berlin 1865. 275 S.

Bothe, Heinr. u. Carl v. Klatte, Geschichte d. Thüringischen Ulanen-Regiments Nr. 6. Auf Befehl d. Regiments bearb. Mit 5 Portraits, 1 Farbendr.-Taf. u. 2 Marschkarten. 2 Thle. in 1 Bd. Lex.-8. (VIII, 423 S.) Berl. 890, Peters. geb. ** 13 50

Bothe, Heinrich Joachim

Bothe, H. Joach., Beschr. d. ganz entdeckt. Herrnhuther Ehegeheimnisses. 2 Thle. 8. Frankfurt, Eßlinger. 751.

Bothe, Hnr. Joach., (†...) Beschreib. d. entdeckten Herrnhuth. Ehegeheimnisses, nebst d. 17 Grundartikeln, wonach sie unterrichtet werden, mit mehrern merkwürd., d. Lehre, Lebensart u. Absichten d. Mährischen Brüdergemeine betreff. Umständen 2c. 2 Thle. 8. Berl. 751 u. 52. (Frankf., Schäfer) 9 gr

Bothe, Heinr. Joach., Zuverlässige Beschreibung des nunmehro ganz entdeckten Herrenhutischen Ehe-Geheimnisses, nebst dessen 17 Grund-Artickeln .... (Der Titel ist sehr lang.) 2 Thle. Franckfurt u. Berlin 1751—52, zu finden bey dem Verfasser, auf dem Werder in der Wallstrasse. 8°. (12 Mk. 50 Pfg. Friedr. Klüber, 1904, mit Beiband; 15 Mk. Max Harrwitz.)

(Th. 1 in München.) Skandalschrift. Der Verfasser bezeichnet sich in der Zuschrift als ehemaligen Herrnhuter, jetzigen Bürger u. Schneider zu Berlin. — 12 Bll. Vorst., 216 u. 296 S.

— — Dasselbe. 2 Thle. Ibid. 1752. 8°.

— — Dasselbe. 2 Thle. Frankfurt a. M., Knoch u. Esslinger. 8°. O. M. V. 1752.

Bothe, Moritz

Die indische Währungsreform seit 1893. Von Dr. M[oriz] Bothe. *Stuttgart & Berlin: J. G. Cotta 1904.* (XII, 291 S.) 8°
— = Studien, Münchener Volkswirtschaftliche. St. 67. [04. 11400 3]

Bothe, M[oritz]: Die indische Währungsreform von 1893—1898. Stuttgart 1904: Union. (116 S.) 8° ¶(Erschien vollst. als: Münchener volkswirtsch. Studien, Stück 67.)

München, Staatswirtsch. Fak., Ref. Lotz, Diss. v. 28. Sept. 1904

[Geb. 28. Okt. 77 Hameln a. W.; Wohnort: Osnabrück; Staatsangeh.: Preußen; Vorbildung: Ratsgymn. Osnabrück Reife O. 96; Studium: München 8 S. (jur. u. staatsw.); Rig. 1. Juni 04.]

Bothe, Tr., der preußische Militair-Strafproceß u. die Reform des Militair-Strafverfahrens. 1. u. 2. Aufl. gr. 8. (96 S.) Hannover 874. 78. Helwing's Verl. n. 1. 60

Bothe, d. preuss. Militairstrafprozess. Hannov. 877.

Bothe, Waldemar: Über einige neue Biphenylenoxyd- und Carbazolderivate. Hildesheim 1908: Lax. 47 S. 8°
Göttingen, Phil. Diss. v. 24. Aug. 1908, Ref. Wallach
[Geb. 22. Juni 84 Barop; Wohnort: Barop; Staatsangeh.: Preußen; Vorbildung: Realgymn. Witten Reife O. 03; Studium: Darmstadt Techn. Hochsch. 4, Göttingen 6 S.; Rig. 6. Mai 08.] [U 09. 1334

Bothe, Wilhelm, aus Grunewald: Kongenitale **Defekte** am Vorderarm. *Berlin (1899): E. Ebering.* (46 S.) 8°
Berlin, Med. Diss. v. 2. Juni 1899

Bothe, Wilhelm: Kanon der Geschichtszahlen. Für die Realschule zu Elmshorn zusammengestellt. 16 S. 8.
Progr. Städt. Realschule *Elmshorn* 1904.

Böthelt, Friedr. Wilh., constitutioneller Morgenstern, das ist der Vorschlag einer gerechteren und mehr als genügenden Besteuerung des preuß. Landes. Dem constitutionellen preuß. Landtage gewidmet. 8. (16 S.) Glogau 848, Flemming's Verlag.

BOTHEN-Läuffer, Poetischer. Partie 1—2. Leipzig, b. Joh. Gli. Bauch. O. J. (c. 1720). 4°. (In Leipzig, Univbibl.)
Rar! 2 Bog. Enth. frivole Klatschereien in Prosa u. Versen. Näheres in: Flossmann, Paul, Picander. (Diss.) 1899.

Böther. de tinea. Brl. **Schul-/Univ.-Schrift** *1863*.

Boether, Car. Frid. Ludov. (geb. Strasburg in Westpr. 4. 8. 1838): De tinea. Berolini (1863). (32 S.) 8°
Berlin, Med. Diss. v. 25. März 1863

Boether, Curt, Ueb. bösartige Herzgeschwülste. Diss. gr. 8. (37 S.) Berlin 897. (C. Skopnik.) n. — 50

Boether, Curt *Friedrich Carl* [aus Thorn W/Pr.]: Ueber bösartige Herzgeschwülste ... Berlin, C. Vogts Buchdr., *1897*; 35 S., 2 Bl. 8.
Berlin, Med. Fak., Inaug.-Diss. v. 2. Febr. 1897

Bothfeld, Jul., Dachwig im 30jährigen Kriege. Historisches Volksstück in 5 Aufzügen. Nach den Aufzeichngn. der Chronik des Past. Dan. Ludwig aus d. J. 1637 bis 1645 verf. gr. 8. (71 S.) Langensalza (900). Deutsches Druck- u. Versandthaus. — 75

Böthführ, H. J., die Livländer auf auswärtigen Universitäten in vergangenen Jahrhunderten. 1. Serie: Prag. Köln. Erfurt. Rostock. Heidelberg. Wittenberg. Marburg. Leyden. Erlangen. Festschrift der Gesellschaft f. Geschichte u. Alterthumskunde der Ostseeprovinzen Russlands zur Feier ihres 50jähr. Bestehens am 6. XII. 1884. gr. 8. (III, XXXII, 226 S.) Riga 884. [A. Stieda.] Jonck & Poliewsky. n. 3 —

Böthführ, H. J.: Die Rigische Rathslinie von 1226 bis 1876 nebst einem Anhang: Verzeichnis der Aeltermänner, Aeltesten und Dockmänner der großen Gilde in Riga von 1844 bis 1876. 2., vollst. umgearb. Aufl. — Riga, Moskau: Deubner 1877. 320 S. [1. Aufl. 1857.]

Böthke, E. H. S., Handbuch f. Kameralisten, Oekonomen u. Güter-Veranschlagungs-Commissarien, um principmäßig den Werth vorhand. landwirthschaftl. Gebäude ohne Hülfe eines Baumeisters abzuschätzen, durch Tabellen u. Zeichnungen erläutert ꝛc. Mit 4 Kupfert. 4. Bresl. W. G. Korn. 813.

Bothius, Fr. H., s. Bothe, Friedrich Heinrich

Boethke: Der Ausbau d. städt. Kaiser- u. Kaiserin-Friedrich-Kinderkrankenhauses in Berlin, s: Baginsky, Adf.

— **Der Neubau d. 3. Landes-Heil- u. Pflegeanst. d. Bez.-Verb. Wiesbaden zu Herborn a. d. Dill. [Aus: „Ztschr. f. Krankenanst."] (68 m. Abb.) 8° Lpzg, F Leineweber '12. 2 —**

Boethke, die Verkehrstruppen in Südwestafrika, s.: **Militär-Wochenblatt. 1906. 2. Beiheft.**

Boethke, C. A., englische Grammatik zunächst f. Realschulen. gr. 8. (VI, 138 S.) Thorn 873. E. Lambeck. n. 1. 60

Boethke, C. A., englische **Grammatik** zunächst für Realschulen. 2. Ausg. gr. 8. (VI, 188 S.) Thorn 878. E. Lambeck. n. 1. 60

— englisches **Uebungsbuch** zunächst für Realschulen. Cursus für Tertia. gr. 8. (VI, 114 S.) Ebend. 878. n. 1. 20

Boethke, E. H. S., s. a. Boethke, F. H. S.

Böthke, E. H. S., Anweis. zum Bau mit getrockneten Lehmziegeln, nebst Beschreib. des gestreckten Winkelbodens u. d. besten Art Dächer. 8. Bresl. (o. Jahrz.) W. G. Korn. 2 gr.

— Beitrr. zur Lehre, mit Holzersparniß die Landgebäude fest u. feuersicher zu bauen. Mit Kpf. gr. 8. Berl. 795. Himburg. 16 gr.

Boethke, E. H. S. Handbuch für Cameralisten, Oekonomen und Güter-Veranschlagungs-Commissarien, um principmässig den Werth vorhandener landwirthschaftlicher Gebäude ohne Hülfe eines Baumeisters abzuschätzen, durch Tabellen und Zeichnungen erläutert. Mit 4 Kpf. 4°. Breslau, W. G. Korn, 1813.

Boethke, Erich, approb. Arzt aus Leipzig: Ueber das **Auftreten** von Gumma im Rückenmark. *Leipzig 1901: B. Georgi.* (26 S.) 8°
Leipzig, Med. Diss. v. (18. März) 1901

Boethke, F. H. S., s. a. Boethke, E. H. S.

Böthke, F. H. S.: „Handbuch für Kameralisten, Oekonomen und Güterveranschlagungs-Commissarien, um prinzipmäßig den Werth vorhandener landwirthschaftlicher Gebäude ohne Hülfe eines Baumeisters abzuschätzen; durch Tabellen und Zeichnungen erläutert", Breslau 1813 (Korn).

Böthke, K. Der Gebrauch der Pronomina im Englischen. Thorn, G., 1868. 17 S. 4.

Boethke, K., Geschichte des Coppernicus-Vereins f. Wissenschaft u. Kunst zu Thorn in dem ersten halben Jahrhundert seines Bestehens. Festschrift zur Feier seines 50jähr. Jubelfestes am 19. II. 1904. Im Auftrage des Vereins bearb. (VIII, 232 S. m. 1 Bildnistaf.) gr. 8. Thorn 904. (E. Lambeck.) n. 8. —

Boethke, K., Ueber das Wesen des Janus. Pr. 1868. 32 S. 4°. *Thorn.* 1.25

Boethke, Karl, Fortschritte des Unterrichts in den Leibesübungen (Neues Jbuch. f. d. klassische Altertum, S. 370—378), Leipzig 1898, 9 S., 8°.

Geschichte des Coppernicus-Vereins für Wissenschaft und Kunst zu Thorn in dem ersten halben Jahrhundert seines Bestehens. Festschrift z. Feier s. 50j. Jubelfestes 1904. Im Auftr. d. Ver. bearb. von K(arl) **Boethke**, Prof. *Thorn: E. Lambeck in Komm. 1904.* (VI, 232 S.) 8° [c4. 4020 9

Boethke, Karl (Hrsg.), s. Irving, Washington

Boethke, Karl A., Gedichte. (XI, 248 S.) 8. Dresden 904. E. Pierson. n. 3. —

— **Steinort. Ein Lied aus Preußens Vorzeit. (IV, 268 S.) 8. Ebd. 903. n. 3. —; geb. n. 4. —**

Boethke, R.

Die Verkehrstruppen in Südwestafrika. Vortrag geh. zu Berlin 1905 von [R.] **Boethke**, Hauptm. im Eisenbahnreg. Nr. 1. Mit 5 Skizzen. Berlin: E. S. Mittler & Sohn (1906). (S. 40–56.) 8° [Umschlagt. J.]
— **Militär-Wochenblatt**. 1906, Beiheft 2. [c6. 3979

Böthlingk, A. Napoleon Bonaparte, seine Jugend und sein Emporkommen. [bis 18. Brumaire, 9. November 1799.] 2 Bde. (XX. 338, XVII. 483) 8. Jena 1877—80. 13,00.

Boethlingk, Arth., Bismarck als Nationalökonom, Wirtschafts- u. Sozialpolitiker. Leipzig [1908]. 8°.

Böthlingk, Dr. Arthur, o. ö. Professor an der techn. Hochschule Karlsruhe. Zum Rastatter Gesandtenmord. Über eine Akten-Publikation der Badischen Histor. Kommission oder ein Vademecum für den Archivrath Dr. Karl Obser und Wen es sonst angeht.
8. Heidelberg 1895.

Böthlingk, Arth., die beiden ersten deutschen Kaiser. Eine akadem. Gedächtnißrede, gehalten an der techn. Hochschule in Karlsruhe am 26. Juni 1888. gr. 8. (23 S.) Karlsruhe 888, Bielefeld's Hofbuchh. *

Böthlingk, Arth. Die holländische Revolution 1787 u. der deutsche Fürstenbund. (64.) 8. Bonn 1874. 1,20.

Boethlingk, Otto, Bemerkungen zur zweiten Ausgabe von Franz Bopp's Kritischer Grammatik der Sanskrita-Sprache in kürzerer Fassung. (Aus dem Bulletin historico-philologique, Tome III.) I. Artikel. St. Petersburg 1845.

Boethlingk, Otto, die Unâdi-Affixe, s. Unâdi-Affixe.

Bothmann, H.

Geschichte unserer Missionsstation Salur. Von Missionar [H.] **Bothmann.** Breklum: Missionshaus 1905. (56 S.) 8° [F.] [06. 1909]

Die Gründung unserer Missionsstation Gunipur. Von Missionar H. **Bothmann.** Breklum: Missionshaus 1905. (16 S.) 8° [F.] [06. 1909]

Bothmar. – Bothmar zu Magdeburg, Johann von, s. Zur Auslegung der Testamentsstiftung des Domherrn Joh. v. Bothmar zu Magdeburg.

Bothmer: Oryctolog. Abhandlungen, s. Bothmer, Karl

Bothmer, königl. bayer. Oberstlieutenant, Graf. Antheil des königl. bayer. 13. Infanterie-Regiments an der Belagerung Danzigs im Jahre 1813. — Siehe: „Jahrbuch der Milit. Gesellschaft München.“ Gruppe A b. München 1896—1897.

Bothmer: Antwort…, s. Bothmer, Béla

Bothmer, Frhr. v., Einiges aus der Geschichte der Kur-Hannoverschen leichten Truppen während des 7jährigen Krieges, s.a. Beiheft zum Militär-Wochenblatt.

Bothmer, Frhr v. Einiges aus der Geschichte der Kur-hannov. leichten Truppen während des siebenjährigen Krieges. Berlin 1893. 8°. (Bh. z. M. W. B.)

Bothmer: Über und gegen die Fernhaltung…, s. Bothmer, Bernhard

Bothmer: Fragmente…, s. Bothmer, C. F. E. A.

— der Kavallerie-Unterführer vor dem Feinde. Schilderungen aus dem tägl. Leben im Kriege. 8. (IV, 160 S.) Berlin 893. Liebel. n. 2. —; kart. n. 2. 25; geb. in Leinw. n.n. 2. 60

Bothmer II, Graf v. Der russ. Krieg 1853—1856. Berlin 1877. 8°. (Bh. z. M. W. B.)

Bothmer: Die Reform…, s. Bothmer, H.

Bothmer: Die Verhältnisse…, s. Bothmer, C. F. E. A.

Bothmer, A. v., d. Begriff d. Strafe. 8. Berlin, Realschulbuchh. 808.

Oberst Béla B[n] **Bothmer.** Antwort auf 'Über Versuche mit neuen Kornformen' in d. 'Mitteilungen d. k. u. k. Armeeschießschule' 1909, Nr 1 und 'Streffleurs Militär. Zeitschrift' 1909, Märzheft. Warasdin: Seidel in Wien in Komm. 1909. 81 S. 8°
(Streffleurs militär. Zeitschrift 1909, Juni, Beigabe.) [09. 10/00]

Bothmer, Bernh. Frhr. v. Ueber u. gegen die Fernhaltung d. Adels vom Justiz-Dienst. gr. 8. (19 S.) Berl. 892, Goedecke u. Gallinek. — 75
Aus: Deutsches Adelsblatt, besonders abgedruckt.

Bothmer, Bernh. Frhr. v., üb. u. gegen die Fernhaltung des Adels vom Justiz-Dienst. [Aus: „Deutsches Adelsblatt“.] gr. 8. (19 S.) Berlin 893. „Pionier“ A.-G. n. — 40

Bothmer, Bernh. Frhr. v., hic Wolf u. Waiblingen m. vereinten Kräften. Ein Wort zur Versöhng. aus Anlass der braunschweig. Erbfolgefrage. gr. 8. (22 S.) Hannover 884. (Wolff & Hohorst.) n.n. — 30

Bothmer, B. Frhr. v., die Organisation der Bildung wider die Beherrschung der Gesellschaft durch das Geld, s.: Fragen, sociale, u. Bildungs-Fragen aus höheren Ständen.

v. Bothmer, C. F. E. A., s.a. Erörterungen u. Abhandlungen.

v. Bothmer, C. F. E. A., Erörterungen und Abhandlungen aus dem Gebiete des Hannoverschen Criminal-Rechts u. Criminal-Processes. 1. Bd. 4 Hefte u. 2. Bd. 1.—3. Heft. gr. 8. Hannover 842, 43, Hahn'sche Hofbuchh. 1. 1/3 ₰ 2. 3. 5/6 ₰ 4. 5/12 ₰ — 2. Bd. 1.—3. à 1/2 ₰

v. Bothmer, Erörterungen rc. S. 131, muß die Jahrzahl heißen: 1842—1846.

Bothmer, C. F. E. A. v., Erörterungen u. Abhandlungen aus d. Gebiete des hannoverschen Criminal-Rechts u. Criminal-Processes. 1. u. 2. Bd. à 4 Hfte. gr. 8. Hannover 842—46, Hahn'sche Hofbuchh. [1. Bd. (21 3/4 B.) 1 Thlr. 17 1/2 Ngr., 2. (22 3/4 B.) 1 1/2 Thlr.]

Bothmer, C. F. E. A. v., Erörterungen und Abhandlungen aus dem Gebiete des hannov. Criminalrechts und Criminal-Processes. 3. Bd. 1. und 2. Heft. gr. 8. (S. 1—248.) Hannover 847, Hahn'sche Hofbuchh. à Heft 15 Ngr.
1. und 2. Bd. Ebendas. 1842—46. 3 Thlr. 2 1/2 Ngr.

Bothmer, (C. F. E. A.) v., Fragmente zur bürgerlichen Proceß-Ordnung für das Königr. Hannover. 1. und 2. Lfg. gr. 8. Hannover 854, Rümpler. [1. (54 S.) 2. (71 S.) à * 10 Ngr.] *

—— die Verhältnisse der durch Ablösung frei gewordenen Bauerhöfe in Hinsicht auf deren Zusammenhaltung und auf die Erbfolge. gr. 8. (61 S.) Hannover 855, Rümpler. *

Bothmer, Carl, s. Bothmer, Karl

Bothmer, Ernst v., politische u. unpolitische Dichtungen. 16. (III, 139 S.) Hannover 872. Schulze. 2. 25

Bothmer, Felix von

Bothmer, F. Grf v. über das Gefecht kombinierter Waffen. München 1885 26 S.

Bothmer, Felix Graf v., Premierlieut. im k. Inft.-Leibreg. Ueber das Gefecht combinirter Waffen. Vortrag, gehalten in der milit. Gesellschaft München am 10. December 1884. Als Manuscript gedruckt. (Aus: „Jahrbuch der Milit. Gesellschaft“ 1884/85.) 8. München 1886.

Bothmer, H. (Red.), s. Echo, Das deutsche.

Bothmer, Graf H. v., die Reform des adeligen Erbrechts. Ein Beitrag zur nothwend. Ergänzung des neuen bürgerl. Gesetzbuchs. gr. 8. (32 S.) Dresden 888, Bertling. *

Bothmer, Heinr., das Schweizerland im Liede, s. a. Bibliothek der Gesamtlitteratur d. In- u. Auslandes.

Das Schweizerland im Liede. Eine Anthologie. Zusammengestellt von *H. Bothmer.* In-8°. VI, 190 S. Halle, O. Hendel. Mk. — 75
Lwd. m. G. Mk. 1 —
⁂ Bibl. d. Gesammtlitteratur des In- u. Auslandes N° 636–638.

1892

Bothmer, Heinz

Buntes Allerlei. Ernste u. heitere Erzählungen von Heinz **Bothmer.** Berlin: A. Sarganek [1906]. (S. 34–64.) 8° [Umschlagt. F.] — Hütte, Für. u. Schloss. No 2. [07. 110]

Bothmer, Heinz, das deutsche Dorf. Lieder zum Preise v. Dorf u. Flur. Mit Abbildgn. deutscher Bauernhäuser (auf Taf.) (252 S.) 8. Leipzig 909. F. W. Grunow. Kart. 2. 75

Hans Hasenbalg. Eine romanhafte Geschichte von Heinz Bothmer. Berlin: Sarganek [1907]. 32 S. 8° [Umschlagt.]
(Für Hütte u. Schloss. Nr 5.) [11. 1079]

Das Heidebuch. Lieder z. Ruhme u. Preise d. Heide. Gesammelt von Heinz Bothmer. *Halle a. d. S.: O. Hendel (1902).* (71 S.) 8° [J.]
(Bibliothek d. Gesamtlitteratur d. In- u. Auslandes. No 1580.)

Bothmer, Heinz, Krota i. Vergangenheit u. Gegenwart. Hrsg. v. Leo Woerl. M. 80 Ill. nach Orig.-Aufn. v. Rich. G. Krüger. 8. (104 S. m. 1 farb. Karte.) Leipzig 899. Woerl's Reisebücherverl. n. 2. —

Bothmer, Heinz, s.: Orient, der.

Serbien unter König Peter I. Von Konsul Heinz Bothmer. Berlin-Charlottenburg: Zentrale d. Deutsch-Österr. Orientklubs (1905). (140 S.) 8°
— Orient, Der. Jahrbuch d. Deutsch-Österr. Orientklubs. Jg. 7.

Bothmer, Graf Hippolyt v., deutsche Theaterschulen, deren Werth und Nothwendigkeit. Braunschweig 861. (Westermann.) gr. 8. (16 S.) n. 4 ngr.

v. Bothmer, Frhr. Karl, († d. 2. Nov. 1803.) oryktolog. Abhandll. 3e Abthl. enth. d. Gesch. d. Goldcronacher Goldbergwerks. 8. Leipz. u. Dess. 786. (NB. 1e u. 2e Abthl. sind nicht erschienen).

Bothmer (Bodmer,) Graf Karl v., Beschreibung d. Stadt Baden mit ihren Umgebungen. (M. 20 eingedr. Vign.) gr. 12. (4½ B.) Karlsruhe 831, Marx.

— s. Betracht. über Bauart.

—— Geschichte von Baden, s. Cabinets-Bibliothek, 3. Abthl. 2. Bd.

—— Gesch. von Hessen, s. Cabinets-Bibliothek, 3. Abthl. 8. Bd.

—— Gesch. v. Polen, 2 Bde., s.a. Cabinets-Bibliothek, 3. Abthl. 4. u. 5. Bd.

v. Bothmer, Graf Karl, Geschichte von Polen. 2 Bdchn. Erfurt 833. Hennings u. Hopf. 1/3 ₰

—— Gesch. v. Würtemberg, s. Cabinets-Bibliothek, 3. Abthl. 1. Bd.

Bothmer, K.v. (Hrsg.), s.a. Der Trotzkopf.

TROTZKOPF, Der, eine Wochenschrift (von *Carl* Frhrn. *v. Bothmer*). Quedlinburg, Reussner, 1766. 8°. Lat. Lett. Selten!
Cath. Monath IV. Nürnb. 1785. 8°. p. 232. Anon.-Lex. IV. p. 195 (nach Kayser).

Bothmer, Graf Max v., Prinz Arnulf v. Bayern. Ein Lebensbild. (77 S. m. Abbildgn., 1 Skizze u. 6 Vollbildern.) Lex. 8. München 908. (M. Kellerer). Geb. in Leinw. 8. —

v. Bothmer, Max Graf, Rede gesprochen in dem für d. Beseler-Sammlung veranstalt. Concerte der Münchner Liedertafel am 22. Nov. 1847. (Gedicht.) gr. 8. (8 S.) München 847, Kaiser. 3 ngr

Bothmer, Moritz

— M. Grf v. Gedanken über das rauchschwache Pulver. München 1890. 10 S.

Bothmer, Moritz Graf v., Oberstlieut. und etatmässiger Stabsofficier im k. 2. Inft.-Reg. Gedanken über das rauchschwache Pulver. Vortrag, gehalten in der militärischen Gesellschaft München am 31. Januar 1890. Als Manuscript gedruckt. 8. München (1891).

Bothmer, Moriz, Graf v., Hauptm. im k. General-Stab. Die Schlachten von Colombey-Nouilly und Noisseville. (Vergleiche auch Plan 4 und 12 des deutschen Generalstabs-Werkes.) Vortrag, gehalten in der militärischen Gesellschaft München am 19. December 1883. Als Manuscript gedruckt. (Separat-Ausgabe des „Jahrbuch der militärischen Gesellschaft München", 1883.) 8. München 1883.

Bothmer, Rob. Graf v.: Jugend u. Wehrkraft, s: Sammlung Kupferschmid.

Bothof, H. Zur Kenntnis der Amido-Phenylsulfide. In-8°. 27 S. Basel. These. 1896

Bothwell, Die Grafen. [Berlin 1830.] V: *Bernstein, Caroline.* (GGr)

Bothwell, Julie v., geb. Loewe, Thomas der Rhymer. Loewe'sche Ballade aus dem Altschottischen. Studie. Mit e. Vorwort v. Max Runze. 8. (36 S.) Berlin 885. C. Duncker. n. — 60

Botin, annuaires politiques et économiques, du département du Bas-Rhin. pour les années 1798. 99. 800. III Vol. 18. Strasb. (Tourneysen. Cass.)

Botin, Andr., Geschichte d. Schwedischen Nation im Grundriß. Aus d. Schwed. übers. v. H. L. C. Bacmeister. 2 Thle. 8. Riga 767. Hartknoch in Leipz 1 ₰

Bötin
v. Die Waldstätter-Bötin.

Boetius, A., die unbegrenzten Möglichkeiten organisierter Volkswirtschaft. (IX, 95 S.) gr. 8. Dresden 903. E. Pierson. n. 2. 50

Das Wilhelminen-Seebad auf Föhr. J. A. Boetius delin. Steindruck v. H. P. Behrens in Flensburg. o. J. 1 Bl. 8°

Botkin, Mich., Alexander Andrejewitsch Iwanoff. 1806—1858. Biographische Skizze. (Russisch u. deutsch.) Fol. (66 S.) Berlin 880. Asher & Co. n.n. 10. —

— dasselbe. s.a. Iwanoff, A.

Botkin, S., medicinische Klinik in demonstrativen Vorträgen. 1. Heft.: Zur Diagnostik, Entwicklungsgeschichte und Therapie der Herzkrankheiten. gr. 8. (III und 135 S.) Berlin 867, A. Hirschwald. *

—— medicinische Klinik in demonstrativen Vorträgen. 2. Heft. Ueber das Fieber im Allgemeinen. — Flecktyphus. gr. 8. (IV, S. 137—289.) Berlin 869, Hirschwald. *
1. Heft. Ebendas. 1867. * ℳ 3.

Botkin, S., die Contractilität der Milz u. die Beziehung der Infectionsprocesse zur Milz, Leber, den Nieren u. dem Herzen. gr. 8. (79 S,) Berlin 874. Hirschwald. n. 2. —

Botkowski, Sigm., Leitfaden üb. das Transport-, Tarif- u. Zollwesen, bearb. als Lernbehelf f. Handelslehranstalten, Eisenbahn-Akademien u. verwandte Lehranstalten, sowie f. Angestellte aller Transportanstalten, zugleich Handbuch f. Handels- u. Gewerbetreibende. (III, 110 S.) gr. 8. Wien (II, Ausstellungsstr. 41) 906. Handelsschullehrer S. Botkowski. n.n. 3. —

Bots, Aug., Schäden. Ein Mahnwort an unsere Regierg. m. Vorschlägen zum Schutze d. selbständ. Mittelstandes. 2. Aufl. gr. 8. (14 S.) Berlin 893. F. Schlosser. n. — 20

Bots, Hermann [diplomierter Chemiker von Basel]: Ueber Aminooxydiphenylamine. Zürich-Oberstrass 1903. 96 S. 8°. [12. IX. 03.]
Zürich. Phil. Diss. II. S. 1903/1904.

Bots, Hermann. Ueber Aminoxydiphenylamine. Diss. Phil. [II.] Univ. Zürich. 96 S. 8. Zürich-Oberstrass, Hans Fischer, 1903.

Botsack, Joh., Edel Herz-Pulver, für Angefochtene, Arme, Betrübte, Kranke ꝛc. aus der Apotheke göttlichen Worts besonders zugerichtet u. mit herzlichen Gebeten vermischt. Zur Ehre Gottes u. Nutzen seiner heil. Gemeine, auch allen Hausvätern u. Müttern in Abwesenheit der Seelsorger zur Uebung wahrer Gottseligkeit. Schneidemühl 857. Eichstädt. 12. (XI, 311 S.) 7 ½ ngl

Botsch, Waldemar, Referendar in Hamburg: **Die Teilbarkeit der Leistungen nach gemeinem Rechte und BGB.** *Rostock 1903: C. Hinstorff.* (91 S.) 8°
Rostock, Jur. Diss. v. [3. Dez.] 1903

Bötsch, Arno: Blumen a. d. kathol. Kindergarten, s: Hattler, Frz Ser.

Bötsch, Arno, s. a. Geheimnis, das, der Erziehung.

(F) **Bötsch,** A., Das Geheimnis der Erziehung. Ausgabe *A*: Für Erzieher und Lehrer. 4. Aufl. Ausgabe *B*: Für Erzieherinnen und Lehrerinnen. 5. Aufl. 8°. (48 S.) à K —.20
Innsbruck: F. Rauch 1910.

— s.: Hattler, Frz. Ser., Herz-Jesu-Ehrenpreis.

— Das Haus d. Herzens Jesu. — Herz-Jesu-Ehrenpreis. — Herz-Jesu-Monat. — Das hochheil. Messopfer, s: Hattler, Frz Ser.

— Pädagogische Winke f. die Präfekten u. Professoren an katholischen Lehr- u. Erziehungsanstalten, s.: Barrelle u. Huber.

Bötsch, K.

– Zur Kenntnis der Saligeninderivate. S. 82. II. 491 . . . . vgr.
Separatabdruck

Bötsch K.: Über das Verhalten einiger Harze bei der Destillation über Zinkstaub. S. 82. II. 479 . . . . vgr.
Separatabdruck

BÖTSCH, KONRAD. Unvollständige Verbrennung von Gasen. Tübingen, 1881. Diss. G. S., S. I.

Bötsch, Konr., unvollständige Verbrennung von Gasen. Inaugural-Dissertation. gr. 8. (54 S. m. 1 Holzschn.) Tübingen 881. (Fues.) n.n. — 90

Botschaft
v. auch Bottschaft.

Botschaft: Die Botschaft
① Aargauische Wochenzeitung. Wöchentliche dreimalige Ausgabe (? 1859—28. 12. 1908). Wochen-Ausgabe (? 1859—28. 12. 1908). Allgemeines Anzeigeblatt für den Bezirk Zurzach und Umgebung (4. 10. 1947 cont.) ③ Badener Zeitung ⑤ 5. 4. 1856 (cont.) ⑥ 4° (April 1856 ?—1859 ?), 2° (? 1862 cont.) ⑦ Wochenblatt (April 1856—?, Wochenausgabe der 3× wöchentlich erscheinenden Zeitung bis 1908), wöchentlich 3× (? 1859 cont.) ⑧ Baden: Josef Huwyler (April 1856 16. 8. 1856), Klingnau: J. N. Schleuniger (ab 23. 8. 1856), Ferdinand Bürli (1859—5. 1. 1918). Karl Bürli (7. 1. 1918 cont.) ⑨ Unterhaltungsblatt der Botschaft (1859—4. 9. 1937): Heimat und Fremde (24. 6. 1925—1935 ?, 4°, alle 14 Tage); Erb und Eigen. Blätter für Lokalgeschichte und Volkskunde des Bez. Zurzach (Januar/Februar 1936—1943, 1945, 1947—1949 Nr. 1—2, 8°, Monatsblatt); Sonntagsbeilage zur »Botschaft« Klingnau (11. 9. 1937 cont., 4°, Wochenbeilage) ⑩ Johann Nepomuk Schleuninger (April 1856—9. 10. 1874), Ferdinand Bürli (1874—5. 1. 1918), Carl Bürli (7. 1. 1918 cont.) ⑪ die Herausgeber und ein Redaktionskomitee. Mitarbeiter: Dekan Josef Anton Rohn, Nationalrat Karl von Schmid, Dekan Gisler, Regierungsrat Conrad ⑫ katholisch-konservativ ⑬ BGSZ: 822. 941 (p. 1019—1020); Jubiläum der »Botschaft« 1856—1906. »Die Botschaft« Nr. 1. 3. 1. 1906; Am Grabe von Buchdrucker und Redaktor Ferdinand Bürli. »Die Botschaft« v. 7. 1. 1918; W. Keller-Höchli: Johann Nepomuk Schleuniger und sein Lebenswerk. »Erb und Eigen« Nr. 1—8, Januar—August 1943; Haberbosch: Badener Zeitungen (1950) ⑭ Be: L (1859, 9. 5. 1862, 1895 cont.).

Botschaft des katholischen Administrationsrathes, den Verkauf der Wälder und die Primarlehrergehalte betreffend. St. Gallen 1857. 4

Allerhöchste Botschaft vom 7. Januar 1850 betreffend die Verfassungs-Revision, nebst den vorgeschlagenen Abänderungen und Ergänzungen der Verfassung vom 5. Dezember 1848, einschließlich der Motive dazu. Berlin, Decker 1850. 16 S. 8.

— Allerhöchste, Se. Majestät Kaiser Wilhelm I. Vom 17. Novbr. 1881. 8. (4 S. m. Bildnis.) Berlin 893. R. v. Decker. n. -- 15

Botschaft und Bericht über die Wahlunruhen in Genf. a. Botschaft des Bundesrathes an die h. Bundesversammlung. ⟨Vom 23. September 1864.⟩ – (b. Bericht des schweizerischen Kommissariats in Genf an den h. Bundesrath. Vom 14. September 1864. – [Mit] Beilagen ....) [SA.] 8. [Bern 1864.]

Botschaft und Beschlusses-Vorschlag des kl. Rathes St. Gallen betreff. die Organisation der Irrenanstalt. 1846.

Botschaft und Beschlussesvorschlag des Regierungsrathes (des Kantons St. Gallen), nebst Programm betreffend Verkauf der Bäder Pfäfers und Ragatz sammt Zugehörden. Vom 14. November 1863. 4. (St. Gallen.)

Botschaft des Bundesrats betr. die Alkoholfrage. Bern 1884

Botschaft des Bundesrathes in der Angelegenheit des Kts. Neuenburg. 23. Sept. und 26. Dez. 1856, 13. Jan. 1857.

Ausbau der freiwilligen Sanitätshülfe zu Kriegszwecken. Botschaft des Bundesrates. ⟨Vom 4. Dezember 1902.⟩ 43 S. 8. [Bern, Stämpfli & Cie.,] 1902.

(Schweiz. Eidgenossenschaft.) Botschaft des Bundesrates ... betreffend das Budget für das Jahr 1901. Vom 19. Oktober 1900. II + 357 S. 8. ([Bern, Stämpfli & Cie.,] 1900.)

(Schweiz. Eidgenossenschaft.) Botschaft des Bundesrates ... betreffend das Budget für das Jahr 1902. Vom 21. Oktober 1901. II + 371 S. 8. ([Bern, Stämpfli & Cie.,] 1901.)

(Schweiz. Eidgenossenschaft.) Botschaft des Bundesrates ... betreffend das Budget für das Jahr 1903. Vom 18. Oktober 1902. II + 373 S. 8. ([Bern, Stämpfli & Cie.,] 1902.)

Botschaft des Bundesrates an die Bundesversammlung betreffend die Ausführung der Artikel 31, 32, 32 bis und Übergangsbestimmung 6 der Bundesverfassung. (Erlaß eines Bundesgesetzes über die Herstellung und Besteuerung von Branntwein. Vom 8. October 1886.) 8°. 74 S. Bern. 1886. (Von S. 65 an Bundesgesetz-Entwurf.)

· des Bundesrates an die Bundesversammlung betreffend Auslegung von Artikel 32 bis der Bundesverfassung. (Von 5. Dezember 1887.) 8°. Bern. 1887.

Botschaft des Bundesrates an die Bundesversammlung, betreffend die Ausscheidung der Geschäfte der schweizerischen Nationalbank. (Vom 25. September 1906.)

Botschaft des Bundesrathes an die Bundesversammlung betreffend ein Bundesgesetz über die Militärstrafgerichtsordnung. (Vom 10. April 1888.) Aus: Bundesblatt der schweizerischen Eidgenossenschaft. (Bern 1888.)

— des Bundesrates an die Bundesversammlung zum Bundesgesetz, enth. das schweizerische Zivilgesetzbuch. (Vom 28. V. 1904.) (459 S. m. Fig.) 8. Bern 904. (A. Francke.) n. 3. —; französ. Ausg. (463 S.) n. 3. —

Botschaft des Bundesrates an die Bundesversammlung zum Bundesgesetz enthaltend das schweizerische Zivilgesetzbuch. ⟨Vom 28. Mai 1904.⟩ [Mit Figuren.] II + 459 S. ([Bern, Buchdr. Stämpfli & Cie.,] 1904.)
(Redaktor des Entwurfes des Schweizer. Zivilgesetzbuches: Prof. E[ugen] Huber.)
Ausg. A: 4.
Ausg. B: 8. [Bern, Komm. A. Francke.] [fr. 3. —]

— dasselbe, zu e. Gesetzesentwurf betr. die Ergänzung des Entwurfes e. schweizerischen Zivilgesetzbuches durch Anfügung des Obligationenrechtes u. d. Einführungsbestimmungen. (Vom 3. III. 1905.) (342 S.) 8. Ebd. (905). n. 3. —; französ. Ausg. (332 S.) n. 3. —

Botschaft des Bundesrates an die Bundesversammlung zu dem Entwurf eines Bundesgesetzes betreffend die Kranken- und Unfallversicherung. Vom 10. Dezember 1906. 220 S. 8. Bern '06, Stämpfli & Cie.

Botschaft des Bundesrates an die Bundesversammlung zu dem Entwurfe eines Bundesgesetzes über den Versicherungsvertrag. (Vom 2. Februar 1904.) 119 S. 8. Bern, '04. Stämpfli & Cie.

Botschaft des Bundesrates an die Bundesversammlung, betreffend den Entwurf einer neuen Militärorganisation. ⟨Vom 10. März 1906.⟩ 93 S. 8. [Bern, Stämpfli & Cie.,] 1906.

Botschaft des Bundesrates an die Bundesversammlung, betreffend den Erlass eines Ausführungsgesetzes zu Art. 39 der Bundesverfassung (Banknotenmonopol.) (Vom 23. October 1894.) Nebst Entwurf eines Bundesgesetzes über die Errichtung der Schweizerischen Bundesbank. Bern 1894.

Botschaft des Bundesrathes an die Bundesversammlung, betreffend den Gesetzentwurf über die Erfindungspatente. Vom 20. Januar 1888. Bern (1888)

Botschaft des Bundesrates an die Bundesversammlung zu einem Gesetzesentwurf betr. die Ergänzung des Entwurfes eines schweizerischen Zivilgesetzbuches durch Anfügung des Obligationenrechtes und der Einführungsbestimmungen. ⟨Vom 3. März 1905.⟩ ([Bern: A. Francke] 1905.) (342 S.) 8° [Umschlagt.]

Botschaft des Bundesrates an die Bundesversammlung zu einem Gesetzesentwurf betreffend die Ergänzung des Entwurfes eines schweizerischen Zivilgesetzbuches durch Anfügung des Obligationenrechtes und der Einführungsbestimmungen. ⟨Vom 3. März 1905.⟩ II + 344 S. 4. ([Bern, Stämpfli & Cie.,] 1905.)
S. 77—344: [Entwurf eines sch' Z',] Teil 5: Das Obligationenrecht ([mit] Schlusstitel).

Botschaft d. (schweiz.) Bundesrathes an d. Bundesverslg. betr. d. Gesetzentw. üb. Fabrikarbeit nebst 2 Commissionsber. Bern 875.

Botschaft des Bundesrates an die Bundesversammlung zu einem Gesetzentwurf enthaltend das schweizerische Zivilgesetzbuch. ⟨Vom 28. Mai 1904.⟩ *(Bern: A. Francke 1904.)* (459 S.) 8° [Kopft.] (04. 5733

Botschaft des Bundesrates an die Bundesversammlung, betreffend die am 20. Oktober 1906 zwischen der Schweiz und Frankreich abgeschlossene Handelsübereinkunft. ⟨Vom 5. November 1906.⟩ 112 S. 8. [Bern, Stämpfli & Cie.,] 1906.

Botschaft des Bundesrates an die Bundesversammlung, betreffend den am 28. Februar 1907 zwischen der Schweiz und Serbien abgeschlossenen Handelsvertrag. ⟨Vom 30. März 1907.⟩ 48 S. 8. [Bern, Stämpfli & Cie.,] 1907.

Botschaft des Bundesrates an die Bundesversammlung, betreffend den am 13. Juli 1904 abgeschlossenen Handelsvertrag mit Italien. II+184 S. 8. Bern '04, Stämpfli & Cie.

Botschaft des Bundesrates an die Bundesversammlung betreffend den mit Österreich-Ungarn am 9. März 1906 abgeschlossenen Handelsvertrag und die mit diesem Lande am gleichen Tage abgeschlossenen Übereinkommen über die Zollabfertigung im Eisenbahnverkehr und die Viehseuchenpolizei. ⟨Vom 26. März 1906.⟩ 34 S. 8. [Bern, Stämpfli & Cie.,] 1906.

Botschaft des Bundesrates an die Bundesversammlung betreffend den am 1. September 1906 zwischen der Schweiz und Spanien abgeschlossenen Handelsvertrag. ⟨Vom 2. November 1906.⟩ 56 S. 8. [Bern, Stämpfli & Cie.,] 1906.

Botschaft des Bundesrathes an die hohe Bundesversammlung, betreffend die Revision des Bundesgesetzes über die Ausgabe und die Einlösung von Banknoten vom 8. März 1881. (Vom 23. Juni 1890.) Bern.

Botschaft des Bundesrathes an die hohe Bundesversammlung, betr. die Wahrung der Neutralität der Schweiz während des Krieges zwischen Frankreich und Deutschland. (Vom 8. 12. 1870.) (Bern 1870.) 8°. (Schweizerisches Bundesblatt. Jg 22, 3.) — Angeb.: 1. Bericht des Bundesrathes . . . (wie vor). (Vom 28. 6. 1871.) (Bern 1871.) — (Schweiz. Bundesbl. Jg 23, 2.) — 2. (Paravicini, R.) Schweizerische Truppenaufstellungen 1870 und 71. Berichte des Chefs des Generalstabs . . . Basel 1871. — 3. (Herzog, H.) Bericht über die Truppenaufstellung im Juli und August 1870. (Vom 22. 11. 1870.) o. O. u. J. — 4. (Herzog, H.) Bericht über die Grenzbesetzung im Januar und Februar 1871. (Vom 19. 6. 1871.) o. O. u. J.

Botschaft des Bundesrathes an die Bundesversammlung, betr. die eidgenössische Oberaufsicht des Bundes über die Forstpolizei. (Vom 1. Juni 1898). Nebst den stenographischen Berichten über die Bundesversammlung. - o. O. 1898

Botschaft des Bundesrathes an die Bundesversammlung, betreffend Ratifikation verschiedener Vereinbarungen zwischen den Staaten, welche der Union zum Schutze des gewerblichen Eigenthums angehören. Vom 1. Juni 1891. Bern 1891

Botschaft des Bundesrathes an die Bundesversammlung, betreffend die Ratification von Zusätzen zur internationalen Konvention über den Schutz des gewerblichen Eigenthums. Vom 5. November 1886. Bern (1886)

Botschaft des Bundesrates an die Bundesversammlung über die Revision des Bundesgesetzes betreffend die Erteilung des Schweizerbürgerrechtes und den Verzicht auf dasselbe. ⟨Vom 20. März 1901.⟩ 119 S. 8. [Bern, Stämpfli & Cie., 1901.]

Botschaft des Bundesrates an die Bundesversammlung betreffend Revision des (schweizerischen) Zolltarifgesetzes. (Vom 12. Februar 1902.) 143 S. 8. Bern, Stämpfli & Cie., '02.

Botschaft des Bundesrats betr. Einführ. d. Unfall- u Krankenversich. Bern 1889

Botschaft des Bundesrathes betreff. die Eisenbahnlinien Bern-Morsee. 1856.

Botschaft des Bundesrathes betreff. Erhöhung des Kredites für die schweiz. meteorolog. Centralanstalt. 1891.

Organisation des Festungswesens. Botschaft des Bundesrates betreffend Erlass eines Bundesgesetzes ([nebst] Entwurf). ⟨Vom 6. Oktober 1902.⟩ 27 S. 8. [Bern, Stämpfli & Cie.,] 1902.

Botschaft des Bundesrathes betreff. Errichtung eines eidg. Forstinspektorates. 2. Dez. 1874.

Botschaft des Bundesrathes betreff. die Erstellung von Eisenbahnen. Apr. 1851.

Botschaft des Bundesraths . . . über die Frage der leichtern Rekrutirung der Kavallerie. (Bern 1860.) 8°.

Botschaft des Bundesrathes über die Juragewässerkorrektion. 8. Apr. 1857.

Drahtseilbahn von Meiringen auf den Hasliberg. Botschaft des Bundesrates, betreffend Konzession. ⟨Vom 11. Januar 1901.⟩ 12 S. 8. [Bern, Stämpfli & Cie.,] 1901.

Botschaft des Bundesrathes betreff. metrisches Maass und Gewicht. 26. Nov. 1874.

Eidgenössische polytechnische Schule [in Zürich]. Botschaft des Bundesrates, betreffend Revision des Bundesbeschlusses vom 4. April 1895 ... und Beitragszusicherung an die von der Lehrerschaft zu errichtende Witwen- und Waisenkasse. ⟨Vom 5. März 1901.⟩ 25 S. 8. [Bern, Stämpfli & Cie.,] 1901.
Nebst: Bundesbeschluss betreffend die Unterstützung einer Witwen- und Waisenkasse.... ⟨Vom 27. Juni 1901.⟩ 2 S.

Botschaft des Bundesrathes betreff. die Rhone-Korrektion, nebst Expertenberichten, Commissionsberichten und Bundesbeschluss. Juli 1863

Botschaft des (schweiz[erischen]) Bundesrates an die Bundesversammlung, betreffend Bewilligung eines Bundesbeitrages an den Kanton Tessin für Sicherungsarbeiten gegen Nachstürze vom Sasso rosso oberhalb dem Dorfe Airolo. ⟨Vom 31. Mai 1899.⟩ [Mit Karte. SA.] 8. ([Bern] 1899.)

Botschaft des (schweiz[erischen]) Bundesrates an die Bundesversammlung, betreffend Bewilligung eines ausserordentlichen Kredites für Erwerbung des hauptsächlichsten Teils der Herrn Dr. (J[acob]) Nüesch in Schaffhausen zustehenden Fundgegenstände aus der prähistorischen Niederlassung beim Schweizersbild ⟨Schaffhausen⟩. ⟨Vom 10. April 1894.⟩ [SA.] 8. ([Bern] 1894.)

Botschaft des (schweizerischen) Bundesrates an die Bundesversammlung zu dem in Ausführung von Artikel 39 der Bundesverfassung vorgelegten Entwurf eines Bundesgesetzes, betreffend die Errichtung einer zentralen Notenbank. (Vom 13. Juni 1904)

Botschaft des schweizerischen Bundesrates an die Bundesversammlung über den Entwurf dieses Gesetzes vom 13. I. 1885.

Botschaft des (schweiz[erischen]) Bundesrates an die Bundesversammlung, betreffend die Erstellung eines Reliefs der Schweiz im Massstabe 1 : 100,000. ⟨Vom 4. Dezember 1896.⟩ [SA.] 8. ([Bern] 1896.)

Botschaft des (schweiz[erischen]) Bundesrates an die Bundesversammlung, betreffend die Erstellung einer Schulwandkarte der Schweiz. ⟨Vom 20. März 1893.⟩ [SA.] 8. ([Bern] 1893.)

Botschaft d. schweiz. Bundesrathes an d. Bundesverslg. betr. d. Gesetzentw. üb. Fabrikarbeit . . . , s. Botschaft des Bundesrathes . . .

Botschaft des (schweiz[erischen]) Bundesrathes an die h. Bundesversammlung, betreffend die Anwendung der ausserordentlich ertheilten politischen Vollmachten. ⟨Vom 28. November 1866.⟩ [SA.] 8. [Bern 1866.]

Botschaft des (schweiz[erischen]) Bundesrathes an die h. Bundesversammlung, betreffend die Anwerbungen für fremden Kriegsdienst. ⟨Vom 13. Juli 1859.⟩ [SA.] 8. [Bern 1859.]

Botschaft des (schweizerischen) Bundesrathes an die h. Bundesversammlung, betreffend Fortsezung der topographischen Aufnahmen und Publikation der topographischen Aufnahmsblätter. ⟨Vom 28. November 1868.⟩ [SA.] 8. [Bern 1868.]

Botschaft des (schweiz[erischen]) Bundesrathes an die hohe Bundesversammlung, betreffend die Handhabung des eidg. Werbverbotes für ausländischen Militärdienst. ⟨Vom 13. Juli 1855.⟩ [SA.] 8. [Bern 1855.]

Botschaft des [schweizerischen] Bundesrathes an die h. Bundesversammlung, betreffend die Militärkapitulationen. ⟨Vom 13. November 1850⟩. [SA.] 8. [Bern 1850.]

Botschaft des (schweizerischen) Bundesrathes an die hohe Bundesversammlung, betreffend die Petition von Posieux. ⟨Vom 30. Juli 1852.⟩ [SA.] 8. [Bern 1852.]

Botschaft des (schweizerischen) Bundesrathes an die h. Bundesversammlung, betreffend die freiburgischen Petitionen. ⟨Vom 30. November 1850.⟩ [SA.] 8. [Bern 1850.]

Botschaft. Zweite B' des (schweiz[erischen]) Bundesrathes an die h. Bundesversammlung, betreffend die Savoyerfrage. ⟨Vom 25. Juni 1860.⟩ [SA.] 8. [Bern 1860.]

Botschaft des (schweiz[erischen]) Bundesrathes an die h. Bundesversammlung, betreffend die Stellung der Eidgenossenschaft bei der gegenwärtigen europäischen Weltlage. ⟨Vom 29. April 1859.⟩ [SA.] 8. [Bern 1859.]

Botschaft des (schweiz[erischen]) Bundesrathes an die h. Bundesversammlung, betreffend die Stellung der Eidgenossenschaft bei der gegenwärtigen europäischen Weltlage. ⟨Vom 4. Juli 1866.⟩ [SA.] 8. [Bern 1866.]

Botschaft des (schweiz[erischen]) Bundesrathes an die Bundesversammlung, betreffend eine Subvention für Wiederherstellungs- und Sicherungs-Arbeiten in der Vorstadt von Zug. ⟨Vom 7. Juni 1888.⟩ [SA.] 8. [Bern 1888.]

Botschaft des (schweiz[erischen]) Bundesrathes an die Bundesversammlung, betreffend das eidgenössische Wappen. ⟨Vom 12. November 1889.⟩ [Mit Wappenvignette. SA.] 8. [Bern 1889.]

Botschaft des schweizerischen Bundesrathes an die h. gesezgebenden Räthe der Eidgenossenschaft, betreffend die Savoyerfrage. ⟨Vom 28. März 1860.⟩ [SA.] 8. [Bern 1860.]

Botschaft (des schweiz. Bundesrates) betreffend die am 12. Juni 1902 im Haag unterzeichneten internationalen Übereinkünfte: 1. zur Regelung des Geltungsbereiches auf dem Gebiete der Eheschliessung; 2. zur R' des Gelt' der Gesetze und der Gerichtsbarkeit auf dem Gebiete der Ehescheidung und der Trennung von Tisch und Bett; 3. zur R' der Vormundschaft über Minderjährige. ⟨Vom 18. November 1904.⟩ [Mit den Vertragstexten.] 66 S. 8. [Bern, Stämpfli & Cie.,] 1904.

Botschaft des Bundesrathes betreff. Taxerhöhung für Eisenbahnstrecken mit grössern Steigungen. 1872.

Botschaft des Bundesrathes betreff. Uebernahme der meteorolog. Station auf dem Säntis durch den Bund. 1885.

Botschaft des Bundesrates betr. die eidgenöss. Volkszählung v. 1. Dez. 1870. Bern 1871

Schweizerische Bundesbahnen. Botschaft des Bundesrates betreffend den Voranschlag.... 8. [Bern, Stämpfli & Cie.]
... für das Jahr 1901. ⟨Vom 26. Februar 1901.⟩ 12 S. 1901.
... für das Jahr 1902. ⟨Vom 26. November 1901.⟩ 55 S. 1901.
... für das Jahr 1903. ⟨Vom 3. November 1902.⟩ 3 S. 1902.

Botschaft, d., d. Königs v. Dänemark u. d. Wegener'sche Attentat. 8. (70) Alt. 53. (Hamb., Haendcke u. L.) n. — 12

Botschaft und Decretsvorschlag des aargauischen Regierungsrathes betreffend die Errichtung einer landwirthschaftlichen Musterschule. Gr. in-8°, 12 S. Aarau, H. R. Sauerländer. 1886?

Botschaft und Dekretsvorschlag des Regierungsrathes betreffend die Organisation der kantonalen Krankenanstalt in Aarau. Gr.-In 8°. 18 S. Aarau, H. R. Sauerländer. 1886? 18 —

Botschaft, Die, aus Elysium.... Göttingen 1837. V: *Heidelberg, Friedr.* (GGr)

Botschaft, frohe, s. a. Botschaft d. Heils.

Botschaft, die frohe. 2. Aufl. 8. (40 S.) Elberfeld 877. (Langewiesche.) n. — 40

Botschaft, Frohe. Wahre Lösung der Judenfrage. Wien 1880—81. V: *Treter R. v. Lubomir, Mieczysl.* (EB)

Botschaft!, Frohe, Wahre Lösung der Judenfrage. Concurspreisschrift. 8. (110 S.) geb. 1 fl. Wien: Ficht 1882.

Botschaft, frohe. 16. (12 S. mit Illustr.) Leipzig 888, Baldamus, Sep.-Conto. *

Botschaft, die frohe. 4. Aufl. 8. (40 S.) Elberfeld 889. (Faßbender.) n. — 20

— frohe. 16. (12 Lith. m. eingedr. Text.) Leipzig 889. Baldamus, Sep.-Cto. cart. m. Goldschn. n. — 75

— frohe. 32. (64 S. m. farb. Illustr.) [München. 1889.] Nürnb. Stroefer. geb. * 1 —

— — Sonntägl. Predigt. Hrsg in Gemeinschaft m. S. Keller, Dammann, Michaelis, Wittekindt u. a. v. Michaelis. 1.—3. Jahrg. Decbr. 1895—Decbr. 1898. à 52 Nrn. (Bog.) gr. 8. Kassel, E. Röttger à Nr. n.n.n — 01; à Jahrg. kplt. geb. in Leinw. n. 2. 50

Botschaft, frohe. (Sonntägliche Predigt.) In Gemeinschaft m. Dammann, Schrenk, Wittekindt u. A. hrsg. von Michaelis. 4.—8. Jahrg. Novbr. 1898—Novbr. 1903. à 52 Nrn. gr. 8. (à 8 S.) Kassel, E. Röttger. à Nr. n.n.n. — 01; geb. in Leinw. à Jahrg. n. 2. 50

Botschaft, frohe. E. Jahrg. v. Predigten üb d. v. d. XXII. deutschen evang. Kirchenkonferenz z. Eisenach ausgew. Perikopenreihe d. Evangelien, hrsg. unt. Mitwirkg. v. Dieffenbach, Faber, Hansen u. vielen and namhaften Geistlichen v. W. Rathmann. 1.—5. Lfg. gr. 8. (S. 1—240.) Leipzig 898. G. Strübig. à n. — 60

Die frohe Botschaft. 5. Aufl. *Elberfeld: R. Brockhaus 1900.* (40 S.) 8° [J.] — [Schriften z. Erbauung u. Befestigung d. Gläubigen.] No 178.

— d. frohe. (Frei n. d. Engl.) 5. Afl. (40) 8° Elberf., R Brockhaus (durch J Fassbender) 1900. — 15 d

Botschaft, frohe. (Sonntägliche Predigt.) In Gemeinschaft m. Dammann, Schrenk, Wittekindt u. A. hrsg. v. Michaelis. 9.—12. Jahrg. Dezbr. 1903—Novbr. 1907. à 52 Nrn. (à ca. 8 S.) gr. 8. Kassel, E. Röttger. à Nr. n.n.n. — 01; geb. in Leinw. à Jhrg. n. 2. 50

Botschaft, frohe. In Gemeinschaft m. Schrenk, Wittekindt u. A. hrsg. v. Michaelis. 13.—15. Jahrg. Dezbr. 1907 —Novbr. 1910. à 52 Nrn. (à Jhrg. IV, 416 S.) gr. 8. Kassel, E. Röttger. à Nr. nnn — 01; geb. in Leinw. à Jhrg. 2. 50

— dass. Hrsg. v. Michaelis. 16—18. J. Dez. '10—Nov. '13 je 52 Nrn. (17. J., Nr 1: 8) gr8° Ebd. d. Nr nnn — 01 (vollst., L d. J. 2.50) d

Botschaft, Frohe. Ein Jahrg. Predigten f. '09/10, '10/11 u. '11/12. Verf.: Conrad, Culemann, Eichhorn u. a. (4, 416; 424, 4, 416) gr8° Kass., E Röttger ('11). L je 2.50 d

Botschaft, frohe, an die lieben Kranken. Zeugnisse von dem, was der Herr an den Kranken auf das Gebet des Glaubens thut. Gesammelt von einer, auch allein durch des Herrn Gnade aus schwerem Leiden aufgerichteten Schwester. (135 S.) 1883. ℳ 1.; 2. gesichtete und verm. Aufl. 12. (148 S.) Rheydt 884, Langewiesche. *

— die frohe, des Leidens v. M. D— — — —; Verfasserin v. Durch Leid zur Freud'. 8. (87 S.) Halle 893. J. Krause. — 75

Botschaft, die frohe, der Liebe Gottes. gr. 16. (16 S.) Barmen 874. Wiemann in Comm. — 30

Botschaft, frohe, in Liedern. Meist aus englischen Quellen ins Deutsche übertragen von *Ernst Gebhardt.* (Mit Noten.) 48. Aufl. Gr. in-8°. VIII, 122 S. Basel, Jäger & Kober. brosch. 1 40 1896? cart. 1 75; Leinw. 2 — in Goldschn.-Band 3 —

— frohe, f. Lungenkranke. I. Theoretischer Tl., II. prakt. Tl. (Rev. v. Rich. Buck.) (Hiller's Bibliothek „Menschl. Glück".) (71 S.) 8. Hannover (905). Gebr. Hiller. n. 1.50

— die frohe, vom Reich Gottes od. dem Millennium. Die Lösg. aller sozialen, polit. u. religiösen Fragen unserer Zeit nach dem Wort Gottes. 12. (83 S.) Eßlingen 893. (W. Langguth.) — 40

— die frohe, vom Reiche der Vernunft. (In russ. Sprache.) gr. 8. (X, 158 S.) Berlin 892. Bibliograph. Bureau. n. 4. —

— die froho, v. Reiche d. Vernunft. (In russ. Sprache.) (Neue [Titel-] Ausg.) gr. 8. (X, 158 S.) Berlin (892) 896. A. Deubner. 1.50

Botschaft (Die fröhliche). Monatsschrift. Hrsg. von Aug. Becker. Lausanne 1845 (April-Sept.). 8 Nrn. Michod.

Botschaft und Gesetzentwurf, betreffend eine neue Militärorganisation der Schweizer Eidgenossenschaft. (Vom 13. Juni 1874). Bern 1874. 8.

Botschaft und Gesetzes-Entwurf über die Organisation der Spital-Anstalten. Freiburg 1869.

Interkantonale Versuchsstation mit Obst-, Wein- und Gartenbauschule in Wädensweil. Botschaft betr. die künftige Gestaltung [erlassen vom] Regierungsrat des Kantons Thurgau an den Grossen Rat. 1901 September 6. 6 S. 8. [Frauenfeld, Huber & Co.]

— die, Gottes. Colosser 1, 12—14. Notizen e. Ansprache, in Kasernen geh. [Aus dem Engl. übers.] 16. (15 S.) Barmen 883. Wiemann. n. — 10

— eine gute. Des Menschen Sohn ist gekommen, zu suchen u. selig zu machen, was verloren ist. gr. 8. (15 S.) Elberfeld 870. (Barmen, Klein.) n. — 30

— gute. Hrsg. v. der Wupperthaler Traktat-Gesellschaft. gr. 16. (31 S.) Ebend. 875. n. — 20

— gute. gr. 16. (8 S.) Barmen 875, Wiemann. *

— gute. 8. (8 S.) Ebend. 881. n. 4. —

Botschaft, die gute. Missionstraktate der Brüdergemeine. Nr. 1—4. 12. Stuttg., R. Roth. * 2 10

1. Kaisa! Nach schriftl. u. mündl. Mitteilgn. Missionar Siebörger's v. G. H. Schneider. 1. u. 2. Aufl. (IV, 77 S. m. 1 Karte. 889,92. * — 40.
2. Ein Junger, ein Alter. Zwei Sittenbilder v. der Mission in Suriname. Nach den Aufzeichngn. zweier Missionare hrsg. v. H. G. Schneider. (65 S.) 891. * — 30.
3. Schneider, H. G. Ein Besuch in Paramaribo. (IV, 260 u. IV S. m. 1 Bild u. 1 Karte.) 891. * 1 —.
4. Schneider, H. G. Eine Weihnachtsfeier in Labrador. Nach mündl. u. schriftl. Mitteilungen Missionar Wirth's. (IV, 72 S.) 892. * — 40.

— die gute. Missionstraktate der Brüdergemeine. Nr. 1. 12. Stuttgart 890. Roth. n. — 40
Kaisa! Nach schriftl. u. mündl. Mitteilgn. Siebörger's von G. H. Schneider. (IV, 77 S. m. 1 Karte.)

— die gute. Missionstraktate der Brüdergemeine. Nr. 1—7. Stuttgart, R. Roth. n. 3. 85

1. Kaisa! Nach schriftl. u. mündl. Mitteilgn. Missionar Siebörger's v. G. H. Schneider. 2., fast unveränd. Aufl. (IV, 78 S. m. 1 Karte.) 892. n. — 40
2. Ein Junger, e. Alter. Zwei Sittenbilder v. der Mission in Suriname. Nach den Aufzeichngn. zweier Missionare hrsg. v. H. G. Schneider. (65 S.) 891. n. — 30
3. Ein Besuch in Paramaribo. Von H. G. Schneider. (IV, 260 u. IV S. m. 1 Bild u. 1 Karte.) 891. n. 1. —
4. Eine Weihnachtsfeier in Labrador. Nach mündl. u. schriftl. Mitteilgn. Wirth's hrsg. v. H. G. Schneider. (IV, 72 S.) 893. n. — 30
5. Gnadenthal, die erste evangelische Missionsstation in Afrika. Von H. G. Schneider. 1. Tl. (IV, 191 S.) 893. n. — 75
6. Sopai, e. indischer Kuli in Suriname. Von H. G. Schneider. (IV, 38 S.) 894. n. — 20
7. Ein Missionar als Feldprediger. Aufzeichnungen aus den ersten Zeiten südafrikan. Missionsarbeit. Von H. G. Schneider. (IV, 77 S.) 894. n. — 40

— Missionstraktate d. Brüdergemeinde. Nr. 2, 4, 8 u. 9. 8. Herrnhut, Missionsbuchh. n. 1. 50 (1.—9.: n. 4. 25)

2. E. Junger, e. Alter. Zwei Sittenbilder v. d. Mission in Suriname. N. d. Aufzeichngn. zweier Missionare hrsg. v. H. G. Schneider. 2. Aufl. (74 S.) 898. n. — 30
4. E. Weihnachtsfeier in Labrador. Nach mündl. u. schriftl. Mittheilgn. Missionar Wirth's verf. von H. G. Schneider. 2. Aufl. (IV, 72 S.) 897. n. — 30
8. Dom Fani. E. Gestalt a. d. heidenchristl. Gemeinleben Südafrikas. Von H. G. Schneider. (V, 55 S.) 898. n. — 30
9. E. Magd d. Herrn. Eingerahmt. Lebensbild Hansine Hinz-Fogdal's. Von H. G. Schneider. (151 S. m. 1 Abb. u. 1 Bildn.) 898. n. — 60

— d. gute. Missionstraktate d. Brüdergemeine. Nr. 2, 4 u. 8—10. 8° Herrnh., Missionsbh. 2.10 (1—10.: 4.85)
Schneider, HG: Om Fani. Eine Gestalt a. d. heidenchristl. Gemeinleben Südafrikas. 2. Afl. (55 m. 1 Taf.) 1900. [8.] — 30
— Ein Junger, e. Alter. Zwei Sittenbilder v. d. Mission in Suriname. 2. Afl. (74) 98. [2.] — 30
— Eine Magd d. Herrn. Eingerahmtes Lebensbild Hansine Hinz-Fogdal's. (151 m. 1 Abb. u. 1 Bildnis.) 98. [9.] — 60
— Eine Weihnachtsfeier in Labrador. Nach Mitteilgn Wirth's verf. 2. Afl. (72) Stuttg. 97. [4.] — 30
— Am Xentu. Aus d. Missionsleben Kaffraria's in Süd-Afrika. (108 m. Abb. u. 1 Bildnis.) 1900. [10.] — 60; kart. — 80

— die gute. Missionstraktate aus der Brüdergemeine. Nr. 11 u. 12. 8. Herrnhut, Missionsbuchh. n. 1. 80; kart. n. 2. 25

11. Ihrer Vier. Leben u. Ende einiger junger Missionskaufleute. Von H. G. Schneider. (VIII, 202 S. m. 5 Taf.) (903.) 1. 20; kart. 1. 50
12. Leh in Kaschmir. Eine Missionsstation der Brüdergemeine Von H. G. Schneider. (IV, 104 S. m Abbildgn. u. 1 Karte.) (905.) n. — 60; kart. n. — 75

— d. gute. Missionstraktate a. d. Brüdergemeine. Nr. 11 u. 12. 8° Herrnh., Missionsbh. 1.80; kart. 2.25 (1—12.: 6.65) d
Schneider, HG: Leh in Kaschmir. Eine Missionsstation d. Brüdergemeine. 104 m. Abb. u. 1 Karte.) (05.) [12.] — 60; kart. — 75
— Ihrer Vier. Leben u. Ende ein. junger Missionskaufleute. (202 m. 5 Taf.) (03.) [11.] 1.20; kart. 1.50

— Die gute. Missionstraktate a. d. Brüdergemeine. Nr 13. 8° Herrnh., Missionsbh. (1—13: 7.15) d
Schneider, HG: Sie opfern d. Teufeln. Aus d. Arbeit unter d. Buschnegern Surinames. (36 m. Abb.) '11 [13] — 20

— gute. Christl. Blatt f. Jedermann. Red.: B Beck. Jahrg. 1892—1895 à 26 Nrn. (½ B.) 4° Stuttg., Christl. Verlagshaus. à Jahrg. — 75

Botschaft, gute. Christl. Blatt f. Jedermann. Red.: B. Beck. Jahrg. 1895. 26 Nrn. (½ Bog.) 4. Stuttgart, Christl. Verlagshaus. — 75

— gute. Christl. Blatt f. Jedermann. Red.: G Füssle. Jahrg. 1896—1900 à 26 Nrn. 4° (Nr. 219. 4) Stuttg., Christl. Verlagshaus. à Jahrg. — 26

— gute. Christliches Blatt f. jedermann. Red.: G. Füßle. Jahrg. 1899—1902. à 26 Nrn. 4. (à 4 S.) Stuttgart, Christl. Verlagshaus. à Jahrg. n. — 26

— gute. Christl. Blatt f. jedermann. Red.: G Füssle. Jahrg. 1901—5 je 26 Nrn. (Je 4) 4° Stuttg., Christl. Verl.-Haus. Je — 26 d

— gute. Christliches Blatt f. jedermann. Red.: G. Füßle. Jahrg. 1903—1906. à 26 Nrn. (à 4 S.) Lex.-8. Stuttgart, Christl. Verlagshaus. à Jhrg. n. — 26

— gute. Christliches Blatt f. jedermann. Red.: G. Füßle. Jahrg. 1907—1910. à 26 Nrn. (à 4 S. m. Abbildgn.) Lex. 8. Stuttgart, Christl. Verlagshaus. à Jhrg. — 26

— Gute. Christl. Blatt f. jedermann. Red.: G Füssle. J. '11. 26 Nrn. (Nr 600: 4) Lex8° Stuttg., Christl. Verlagshs. — 27 ‖ J. '12. — 26 d

— gute, f. die Jugend. Red. u. Hrsg.: J. Harbeck. 2. Jahrg. 1888. 12 Nrn. (½ B.) gr. 8. Kellinghusen, Harbeck. n. — 60

— gute, f. die lieben Kranken. Zeugnisse von dem, was der HErr an den Kranken auf das Gebet d. Glaubens thut. Gesammelt v. einer, auch allein durch d. HErrn Gnade aus schwerem Leiden aufgerichteten Schwester. 3., verm. Aufl. 12. (224 S.) Basel 887. Spittler. n. 1. —

Botschaft, gute, für die lieben Kranken. 3. Aufl. In-8°, 224 S. Basel, C. F. Spittler. 1 25
1888? geb. 2 25

— gute f. d. lieben Kranken. Zeugnisse v. dem, was d. HErr an d. Kranken auf d. Gebet d. Glaubens thut. Ges. v. e., auch all. durch d. HErrn Gnade a. schwerem Leiden aufgericht. Schwester. 4. Aufl. 8. (172 S.) Basel 897. P. Kober. n. 1.—; geb. in Leinw. n. 1.80

— gute, f. die lieben Kranken. Zeugnisse v. dem, was der HErr an den Kranken auf das Gebet des Glaubens thut. Gesammelt v. e., auch allein durch des HErrn Gnade aus schwerem Leiden aufgerichteten Schwester. 5. Aufl. 8. (184 S.) Basel 902. Kober. n. 1.—; kart. n. 1.20; geb. in Leinw. n. 1.80

— des Heils. Drei Jahrgänge v. Predigten üb. die neukirchl. Eisenacher Perikopen: I. Frohe Botschaft (Evangelienreihe). II. Selige Botschaft (Epistelreihe). III. Gute Botschaft (Alttestamentl. Reihe.) Hrsg. v. W. Rathmann. I. 6.—10. (Schluß-)Lfg. gr. 8. Leipzig, G. Strübig. à n. —60; (kplt. n. 6.—; geb. n. 7.—)
Frohe Botschaft. Evangelien-Predigten üb. die neukirchl. Perikopen, nebst e. Anh. von Predigten f. verschiedene Festtage. (VIII u. S. 241—472.) 899.
1.—5. Lfg. u. d. T.: Botschaft, frohe. Ebd. 898. à n. —60.

— dasselbe. I. Evangelienreihe. Frohe Botschaft. Ein Jahrgang v. Predigten üb. die v. der XXII. deutschen evangel. Kirchenkonferenz zu Eisenach ausgewählte Perikopenreihe der Evangelien, hrsg. unter Mitwirkg. v. Diessenbach, Faber, Hansen u. vielen and. namhaften Geistlichen v. W. Rathmann. 2. Aufl. gr. 8. (VIII, 455 S.) Ebd. 900. n. 5.50; geb. n. 6.50
Erschien auch in 9 Lfgn. à n. —60.

— dasselbe. II. Selige Botschaft. Ein Jahrgang v. Predigten üb. die v. der XXII. deutschen evangel. Kirchenkonferenz zu Eisenach ausgewählte Perikopenreihe der Episteln, hrsg. unter Mitwirkung v. Diessenbach, Faber, Hansen u. vielen and. namhaften Geistlichen v. W. Rathmann. gr. 8. (VIII, 325 S.) Ebd. 899. 900. n. 4.—; geb. n.n. 4.75
Erschien auch in 7 Lfgn. à n. —60.

— dasselbe. III. Gute Botschaft (Nahum 1,15). Hrsg. v. W. Rathmann. gr. 8. (VIII, 324 S.) Ebd. 901. n. 4.—; geb. n.n. 4.75
Erschien auch in 7 Lfgn. à —60.

— des Heils. 8 Jahrgänge v. Predigten üb. die neuen (Eisenacher) Perikopen: I. Frohe Botschaft (Evangelienreihe). II. Selige Botschaft (Epistelreihe). III. Gute Botschaft (alttestamentl. Reihe). Hrsg. unter Mitwirkg. v. Diessenbach, Faber, Hansen u. vielen anderen namhaften Geistlichen v. Wilh. Rathmann. II u. III. gr. 8. Leipzig, G. Strübig. à n. 4.—; geb. à n.n. 4.75
II. Selige Botschaft. (Röm. 1,16.) Epistelpredigten 2. Aufl. (VIII, 325 S.) 903.
III. Gute Botschaft. (Nahum 1, 15.) Predigten üb. die alttestamentl. Reihe der neuen (Eisenacher) Perikopen. 2. Aufl. (VIII, 319 S.) 905.

Botschaft aus Heimat und Fremde
Ⓢ 1869 Ⓩ Wochenblatt Ⓑ Altstätten Ⓓ BGSZ: 1045—1047 Ⓛ Lt. Ankündigung in der St. Galler Zeitung (II) 1861, Nr. 183 und 184, bereits auf jenes Jahr geplant.

— himmlische. E. Polterabend-(Hochzeits-)Komödie in 1 Act. 12. (8 S.) Berlin (895). M. Böhm. 1.—

—— kleine. Unpärt., vaterländ. Sonntagsblatt f. Sachsen u. d. sächsisch-thüring. Lande. Jahrg. 1886 u. 1887. à 52 Nrn. (B. m. Illustr.) 4. Chemn., Wiede. à Jahrg. 2. 60; nebst „sächs. Allerlei" u. „Sächs. Gerichts-Zeitung" 3. 60

— kleine. Wochenblatt f. Stadt u. Land. Mit Beiblatt: Sächsischer Erzähler. Jahrg. 1887—1889. à 52 Nrn. (B. m. Illustr.) gr. 4. Chemnitz, Wiede. à Jahrg. n. 2.60; m. „Erzähler", „Gerichtszeitung" u. „Allerlei" à Jahrg. n. 3.60

—— dass. Wochenblatt f. Stadt u. Land: Mit Beiblatt: Sächs. Erzähler. Jahrg. 1888—1890. à 52 Nrn. (B. m. Illustr.) 4. Ebd. 2. 60; m. „Erzähler", „Gerichtszeitung" u. „Allerlei" 3. 60

(Königl. Botschaft über die Verlegung der National-Versammlung nach Brandenburg.) Wir Friedrich Wilhelm, von Gottes Gnaden — Gegeben Sanssouci, gez. Friedrich Wilhelm. Deckersche Geh. Ober-Hofbuchdruckerei. 1 Bl. Fol.
Flugblatt. Berlin, 8. Nov. 1848.

—— die, für Landwirte, Forstmänner und Gärtner. Organ der Gesellschaft für Landwirtschaft, Forstwesen und Gartencultur in Mähr.-Schönberg. Redact.: Wilh. Beselý. 1.—8. Jahrg. 1882—1884. à Jahrg. 10 Nrn. (Bog.) gr. 4. Mähr.-Schönberg, Verlag der Gesellschaft. à Jahrg. *

Botschaft, die, Sr. Majestät des Königs von Dänemark und das Wegener'sche Attentat. Vorwort, Beilagen u. Anmerkungen, nebst deutscher Uebersetzung des „Manuscripts". Altona 853. Lehmkuhl u. Co. gr. 8. (VIII, 70 S.) n. 12 ngr

Botschaft Seiner Excellenz Herren Marschall Floriano Peixoto, Vice-Präsidenten der Republik der Vereinigten Staaten von Brasilien, dem National-Kongresse eingereicht bei Gelegenheit der Eröffnung der 1. gewöhnlichen Sitzung der 2. Legislatur. 8. Rio de Janeiro 1894.

Botschaft des Präsidenten der Republik bei Eröffnung der Sitzungen des argentinischen Congresses 1889. Buenos Aires 1889. V: *Celman, M. Juarez.* (Zuwachsverz. d. Bibliotheken in Zürich 1898 ff.)

Botschaft des Grossen Rathes des Kantons Bern an das Berner-Volk. 16 Stn. 4. 1872.

[C] Kanton Bern. Botschaft des Grossen Rates an das Berner Volk: Zur Volksabstimmung vom 5. Mai 1901. Beschluss betreffend die Bern-Köniz-Schwarzenburg-Bahn.... 4 S. 8.

Kanton Bern. Botschaft des Grossen Rates an das Berner Volk: Zur Volksabstimmung vom 16. März 1902. Gesetz über die Erhaltung der Kunstaltertümer und Urkunden. 6 S. 8.

Kanton Bern. Botschaft des Grossen Rates an das Bernervolk. Zur Volksabstimmung vom 4. Mai 1902: I. Gesetz betreffend Beteiligung des Staates am Bau und Betrieb von Eisenbahnen. II. Abänderungsgesetz betreffend die Erbschafts- und Schenkungssteuer. 19 S. 8.

(Kanton Bern. Botschaft des Grossen Rates an das Bernervolk:) Zur Volksabstimmung vom 17. Mai 1903. Gesetz über die Viehversicherung. Vom Grossen Rate angenommen den 18. Februar 1903. 16 S. 8. Bern, Haller, 1903.

Botschaft des Kleinen Rathes des Kantons Luzern an den Grossen Rath und Antwort darauf, in der Suspensionsangelegenheit des ersten Staatsschreibers C(onstantin) Siegwart-Müller. ([Hrg. von] C. Siegwart-Müller.) 8. Luzern 1840.

Botschaft des Kleinen Rates an den Hochlöblichen Grossen Rat (des Kantons Graubünden) betreffend Revision der Forst-Ordnung. (1904 August 19. [Mit] Entwurf [der] Forstordnung, Vom Januar 1905.) II + 17 S. 8. Chur, A.-G. Bündner Tagblatt, 1904.
[Botschaften des Kleinen Rates.... 1904. Nachtrag V.]

Botschaft des Kleinen Rates an den Hochlöblichen Grossen Rat [des Kantons Graubünden] betreffend Revision der Statuten der Kantonalbank. (1907 Oktober 29. — [Mit] Antrag....) 7 + 18 S. 8. [Chur 1907.]
[Botschaften des Kleinen Rates.... 1907. Nachtrag IV.]

Botschaft des Kleinen Rates an den Hochlöbl. Grossen Rat (des Kantons Graubünden) betreffend Revision der Zivilprozess-Ordnung und der Artikel 34, 48, 49 und 50 der Kantons-Verfassung vom 2. Oktober 1892. (1904 Juni 28. [Mit Beilage:]... Entwurf....) 28 + *Beilage* 93 S. 8. Chur, Manatschal Ebner & Cie., 1904.
Beilage u. d. T.: Gesetz über das Verfahren in bürgerlichen Rechtssachen. Entwurf des Kleinen Rates auf Grund der zweiten Lesung. Chur, M' E' & Cie., 1904.
[Botschaften des Kleinen Rates.... 1904. Nachtrag IV.]

Botschaft des Kleinen Rates an den hochlöblichen Grossen Rat [des Kantons Graubünden] betreffend Revision der Zivilprozessordnung und der Artikel 34, 48, 49 und 50 der Kantonsverfassung vom 2. Oktbr. 1892. (1905 April 11. [Mit Beilage:]... Entwurf....) II + 24 + *Beilage* 97 S. 8. Chur, Manatschal, Ebner & Cie., 1905.

Beilage u. d. T.: Gesetz über das Verfahren in bürgerlichen Rechtssachen. Entwurf auf Grund der Grossrätlichen Verhandlungen in der Herbstsession 1904. Chur, M' E' & Cie., 1905.
[Botschaften des Kleinen Rates.... 1905. Nachtrag IV.]

Botschaft des Kleinen Rates an den Hochlöblichen Grossen Rat [des Kantons Graubünden] betreffend die Schamserbergstrasse. Chur, den 22. September 1903. ([Nebst den] Akten des Rekurses betr. Sch', 1903 April 21–September 10.) 44 S. 8. [Chur 1903.]
[Botschaften des Kleinen Rates.... 1903. Nachtrag III.]

Botschaft des Kleinen Rathes des Kantons St. Gallen an den Grossen Rath desselben. betreffend die Instruktion in Angelegenheiten des Sonderbundes. (St. Gallen, den 10. Oktober 1847.) 8. *o. O.*

Botschaft des Kleinen Raths des Kantons St. Gallen über die dermaligen Anstände mit Frankreich, nebst Instruktionsantrag auf die am 1. Oktober l. J. (1838) sich wieder versammelnde Tagsatzung. Zur Beherzigung der Grossrathsglieder der Republik Bern, wieder abgedruckt auf Veranstaltung einiger schweizerisch gesinnter Berner Grossräthe. 4. *o. O.*

Botschaft des Regierungsrates des Kantons Aargau über die Erweiterung der Heil- und Pflegeanstalt Königsfelden und die Erstellung eines chirurgischen Pavillons in der kantonalen Krankenanstalt in Aarau, sowie über die staatliche Unterstützung der Spitäler und Pflegeanstalten in den Bezirken nebst bezüglichem Dekretsentwurf vom 21. August 1902. 29 S. 8. Aarau, H. R. Sauerländer & Co.

— des Regierungsrathes zum neuen Decretsentwurf betreffend die Verwendung des Vermögens der aufgehobenen Frauenklöster und des Chorherrenstiftes Zurzach. In-8°, 12 S. Aarau, H. R. Sauerländer. 1886?

Botschaft d. Regierungsrathes an d. Grossen Rath d. Cts. Aargau, nebst Decretvorschlag betr. die Tilgung der Nationalbahngarantieschuld. In-8°, 20 S. Aarau, H. R. Sauerländer. 1884?

Elektr. Strassenbahn von Schaffhausen nach Schleitheim-Oberwiesen. Botschaft des Reg.-Rates an den h. Grossen Rat betr. den Bau und Betrieb. (1901 Mai 8.) II + 52 S. 4. [Schaffhausen, H. Meier & Cie.]

Botschaft des Regierungsrates des Kantons St. Gallen, betreffend die Versorgung von Gewohnheitstrinkern. Vom 12. Novbr. 1890. St. Gallen 1890.

Einwohnergemeinde Biel. Botschaft des Stadtrates ... zur Abstimmung vom 23. Februar 1902 über das Gemeinde-Budget für das Jahr 1902. — (Message du Grand Conseil de ville ... pour la Votation du 23 février 1902.) [4 S.] 4.

[Einwohner-]Gemeinde Biel. Botschaft des Stadtrates ...[zur] Gemeindeabstimmung vom 23. Februar 1902, betreffend: I. Die Besoldungserhöhungen für die Primar-Lehrer und einige Gemeindebeamte. II. Das Initiativbegehren um Wiedereinführung der abgeschafften 6 Krämermärkte. — (Message du grand Conseil de ville ... [pour la] Votation du 23 février 1902....) 15 S. 8.

Einwohnergemeinde Biel. Botschaft des Stadtrates von Biel ... zur Gemeindeabstimmung vom 13. Januar 1900 [*d. i.* 1901] betreffend Das Gemeindebudget pro 1901. (1900 Dezember 28.) 4 S. 8.

(Einwohnergemeinde) Biel. Botschaft des Stadtrates ... [zur] Gemeindeabstimmung vom 2. Juni 1901, betreffend Erwerbung der Pferde-Eisenbahn Biel-Bözingen-Nidau. — (Message du Grand Conseil de Ville ... [pour la] Votation communale du 2 Juin 1901, concernant l'acquisition du tramway Boujean-Bienne-Nidau.) 8 + 7 S. 8.

Einwohnergemeinde Biel. Botschaft des Stadtrates ... betreffend Neuanlage eines Friedhofes [zur] Gemeindeabstimmung vom 1. Dezember 1901. — (Message du Grand Conseil de ville ... [pour la] Votation municipale du 1er décembre 1901. — 1901 November 1.) 14 S. 8.

Botschaft, Die, der Vernunft. Meiningen 1858. V: *Eye, August von.* (ADB 48, 461)

Botschaft, die, der Vernunft. 8. (219 S.) Meiningen 858, (v. Eye.)

Botschaften des Kleinen Rates an den hochlöbl. Grossen Rat (des Kantons Graubünden). 1901. 180 + II S. 8. Chur, A.-G. Bündner Tagblatt. 1901.

Botschaften des Kleinen Rates an den hochlöbl. Grossen Rat (des Kantons Graubünden). 8. Chur, A.-G. Bündner Tagblatt (**1902:* Hermann Fiebig).

1902. ([Mit] Nachtrag I-II. 1902 Januar 3—Mai 20.) 99 + II S. 1902.
1903. ([Mit] Nachtrag I-II. 1902 Mai 20—1903 September 13.) II + 172 S. 1903. – *Mit Nachtrag III* s. Botschaft des Kl' Rates... betreffend die Schamserbergstrasse.
1904. ([Mit] Nachtrag I-III. 1903 Dezember 12—1904 Oktober 26.) II + 186 S. + S. 84a-d. 1904. — *Mit Nachträgen IV u. V* s. Botschaft des Kl' Rates... betreffend Revision der Zivilprozess-Ordnung... *u.* Botschaft des Kl' Rates... betr' Rev' der Forst-Ordnung.
1905. ([Mit] Nachtrag I-III. 1904 November 22—1905 November 4.) [Mit 1 Tabelle.] II + 204 S. 1905. — *Mit Nachtrag IV* s. Botschaft des Kleinen Rates... betreffend Revision der Zivilprozessordnung....
1906. ([Mit] Nachtrag I-IV. 1905 Dezember 9—1906 November 2.) II + 288 S. 1906.

Botschaften des Kleinen Rates an den hochlöbl. Grossen Rat (des Kantons Graubünden). 8. Chur, A.-G. Bündner Tagblatt.
1907. ([Mit] Nachtrag I—III. 1907 Mai 7—Oktober 25.) II + 268 S. 1907. — *Mit Nachtrag IV* s. Botschaft des Kleinen Rates ... betreffend Revision der Statuten der Kantonalbank.
1908. ([Mit] Nachtrag I—IV. 1908 Mai 5—November 3.) II + 318 + II S. 1908.

Botschaften der Regierungen der Schweiz, Deutschlands und Italiens an ihre Parlamente über den zwischen der Sch', Deutschland und Italien unterm 13. Oktober 1909 abgeschlossenen Staatsvertrag, sowie das zwischen der Sch' und I' unterm gleichen Datum abgeschlossene Übereinkommen betreffend die Gotthardbahn. [Mit 1 Kartenskizze.] IV + 117 S. 8. (Bern, [Stämpfli & Cie.,] 1910.)

Gemeinde (Bern). Botschaften des Stadtrates an die Gemeinde... 1901. S. 1—78. 8.

Botschafter: Der Botschafter
Ⓢ ? 31. 1. 1849—3. 2. 1849 ? Ⓑ Hallau: J. J. Gasser, Buchbinder Ⓠ BGSZ: 1052, 1053 Ⓢ Der Buchdrucker und Verleger Gasser empfiehlt sich im »Anzeiger für den Kanton Schaffhausen« (31. 1. 1849—3. 2. 1849).

Botschafter, der. (Polit. Journal.) Jahrg. 3—4 (vom 1. Jänner 1864 bis 31. Juli 1865, Schluss d. Blattes). Gr. Fol. In 3 sehr starken Ppbdn. m. Goldtit. auf roth. Rückenschild.

Der Botschafter : Jg. 1–20, Jan. 1894–1914.
Roman Catholic Monthly, published by priests at Collegeville, Ind.
Carthagena, OH

Der Botschafter : 1897?–1917?
Independent weekly. Only paper published in Schlesingerville, 1897–1917. Edited & published by H. Kramer, 1897–98; by Sandmeyer, 1899; by Gustav Melster [or, Meister], 1900–17.
Schlesingerville (now Slinger) WI

Der Botschafter : Jahrgang 1, July 1901–?
Fortnightly. Sub-title: Eine Zeitschrift zur Förderung des Werkes in der Gemeinde, in der Sabbathschule und in allgemeinem Missionsfelde, 1901–37; Halbmonatliches Gemeindeblatt der Siebenten Tag-Adventisten, 1938–? Organ of the Siebenten Tag-Adventisten. Quarto, each 8 pages. Illustrated. Title varies: Deutscher Arbeiter, July 1901–1928? Place of publication varies: Battle Creek, Mich., July 1901?–?; College View, Nebr.; Brookfield, Ill. Edited by O. E. Schwedrot, 1901?–?; by C. Valentiner, ?; G. W. Erfurth, ?; by G. W. Erfurth & K. A. Ollermann, Apr. 18–Feb. 28, 1919; by J. F. Huenergardt & K. A. Ollermann, ?; by R. Ruheim, ?; by J. B. Penner, 1928–? Published by Internationale Verlagsgesellschaft, 1901?–?; by Verlag der Pacific Press Publishing Association.
Brookfield, IL

„Der Botschafter". Wochenschrift, hrsg. v. D. Epp. Jakob Kröker. 1905—1914

Der Botschafter : 1909?
Monthly, religious in character.
Fort Wayne, IN

Amerikanischer Botschafter : Band 1–72, 1847–1918?
Monthly. Non-sectarian religious journal. German edition of American Messenger. Title varies: Amerikanischer Botschafter und Deutscher Volksfreund, 1908–18. Dated also at Chicago; Boston. Folio, 1847?–95; then quarto; each issue 4–12 pages; illustrated. Absorbed Deutscher Volksfreund. Circulation: 1896, 15,000; 1915, 12,000. Edited by A. Rauschenbusch, 1847–?; by Hermann Garlichs; by George C. Seibert, 1873–?; by Arnold W. Eisner; by Dr. Ferd. O. Zesch, Jan. 1907–Dec. 1910. Published by Die Amerikanische Traktat-Gesellschaft, 1847–1918 to counteract the rationalistic and atheistic German literature of its day. Very wide circulation.
New York, NY

Botschafter, Amerikanischer. Hrsg. v. der Amerikan. Tractat-Gesellschaft. Jahrg. 1847—1852 od. 1—6. Bd. à 12 Nrn. Imp.-Fol. (B.) New-York. (Philadelphia, Schäfer & Koradi.) à Jahrg. n. ⅔ ℳ

Botschafter, amerikanischer. Hrsg. von der amerikan. Tractat-Gesellschaft. Jahrg. 1852. und 1853. oder 6. und 7. Bd. à 12 Nrn. (Bog.) Imp.-Fol. New-York. (Philadelphia, Schäfer und Koradi.) à Jahrg. *

Botschafter, amerikanischer. Hrsg. von der amerikan. Traktat-Gesellschaft. 8—13. Bd. oder Jahrg. 1854—59. à Bd. 12 Nrn. (Bog.) Imp.-Fol. New-York. (Philadelphia, Schäfer und Koradi.) à Bd. *

—— dass. — 14. und 15. Bd. Jahrg. 1860 und 61. à Jahrg. 12 Nrn. (Bog.) Imp.-Fol. New-York. (Hamburg Oncken.) à Jahrg. *

Botschafter, amerikanischer. Hrsg. von der Amerikan. Traktat-Gesellschaft. 16.—21. Bd. Jahrg. 1862—67. à Jahrg. 12 Nrn. (Bog.) Imp.-Fol. New-York. (Hamburg, Onken.) à Jahrg. *

Botschafter, amerikanischer. Hrsg. von der amerikan. Traktat-Gesellschaft. 22.—28. Bd. Jahrg. 1868—1874. à Jahrg. 12 Nrn. (Bog.) gr. Fol. New-York. (Hamburg, J. G. Oncken.) à Jahrg. *

Botschafter, amerikanischer. 29.—33. Bd. oder Jahrg. 1875—1879. à Jahrg. 12 Nrn. (à 1—2 Bog.) Fol. New-York. (Hamburg, Oncken.) à Jahrg. *

Botschafter, amerikanischer. 34.—38. Bd. oder Jahrg. 1880—1884. à Jahrg. 12 Nrn. (à Nr. 1—2 Bog.) Fol. New-York. (Hamburg, Oncken Nachf.) à Jahrg. *

Der Brüder Botschafter: Band 1—34, Apr. 19, 1866—Dec. 28, 1898.

Semi-monthly, Apr. 19, 1866—Sept. 1873, weekly, Oct. 1873—1898. Sub-title: Wöchentliches Blatt der amerikanischen Brüder-Kirche. Organ of the Amerikanische Brüder-Kirche. Continued as DER BRÜDER BOTSCHAFTER (Watertown, Wis.). Small folio, each issue 4—8 pages. Circulation: 1870, 1000 (est.), 1875, 680, 1880, 800; 1898, 850. Edited & published by A. C. & Henry T. Clauder, Apr. 19, 1866—1868; edited by the Rev. H. A. Brickenstein, 1869—73; by J. Blickensferfer, 1874—76; by the Rev. E. T. Kluge, 1877—79; by the Rev. A. L. Oerter, 1880—81; by the Rev. August Schultze, 1882—83; by the Rev. Edwin G. Klose, 1883—94; published by Henry T. Clauder, 1869—Sept. 19, 1894; by Moravian Publication Concern, 1894—98.
Bethlehem, PA

Der Brüder Botschafter: 1899—1941?

Weekly, 1899—1934; fortnightly, 1935—41. Organ of Amerikanische Brüder-Kirche. Dated also at Berne, Ind., 1931—33. Continued from DER BRÜDER BOTSCHAFTER (Bethlehem, Pa.). Large quarto, each issue 8 pages. Circulation: 1900, 850; 1910, 900; 1920, 875; 1930, 750; 1940, 500. Edited & published by the Rev. Albert Haupert, 1899—1900; by the Rev. Karl A. Mueller, 1901—41. Watertown

Der Christliche Botschafter: 1835—?
New Berlin, PA

Der Christliche Botschafter: Jan. 1836—1947?

Monthly, 1836—39; semi-monthly, 1840—Oct. 1861; weekly, Nov. 1861—1943; semi-monthly, 1944—47. Sub-title: Evangelisches Kirchen- und Familienblatt. Organ of the Evangelische Gemeinschaft; then, of Evangelische und Reformierte Kirche. English edition bears title: MISSIONARY MESSENGER, 1886?—1923? Place of publication varies: New Berlin, Pa., Jan. 1836—Mar. 1854, Cleveland, Ohio, Apr. 1854—1936; Harrisburg, 1937—47. Large quarto, with slight variations; each issue 8—32 pages. Circulation: 1836, 700; 1837, 1100; 1841, 2070; 1850, 4000; 1870, 15,000; 1885, 22,000; 1891, 24,000; 1910, 16,000; 1920, 14,000; 1935, 7000; 1944, 2200. Subscription held by Harmony Society, for many years.

Edited by Adam Ettinger, 1836; by Wilhelm W. Orwig, Jan. 1840—1843; by Adam Ettinger, 1843—47; by Wilhelm W. Orwig, June 1849—1853 [with the following as alternate editor: Nikolaus Gehr, 1847—48; J. G. Zinser, 1848—June 1849]; by Carl G. Koch, 1853—63; by Wilhelm W. Orwig, 1863—67 [with, as associate editor?: Rudolph Dubs, 1863—67]; by Rudolph Dubs, 1867—75; by Martin Lauer, 1875—79; by Wilhelm Horn, 1879—91; by G. Heinmiller, 1891—1915, by L. C. Meckel, 1915—34, by S. J. Umbreit, 1934—Feb. 1945; by Roy H. Stetler, 1945—47. Associate editors: W. Bersch, 1847—49; S. J. Umbreit; E. E. Klein, 1923—26; Robert Matt, Richard Lehmann, Reuben Jäckel, 1879—86?; T. C. Meckel, 1887—91. Published by Adam Ettinger & Georg Muller [for the Evangelische Gemeinschaft], Jan. 1836—Mar. 1837; by Wilhelm W. Orwig [for the Evangelische Gemeinschaft], Apr. 1837—Dec. 1839; by C. Hammer [for the Evangelische Gemeinschaft], Jan. 1840—?; by W. F. Schneider, by Lauer & Yost, by Lauer & Mattill, 1888—94; by Thomas & Matt, 1895—1902; by Matt & Lamb, 1903—04, by J. H. Lamb, 1905—11; by C. Hauser, 1912—32; by Roy H. Stetler, 1933—45; by The Evangelical Publishing House, 1946—47. Harrisburg, PA

— der christliche. Hrsg: W. W. Orwig. 15—17. Jahrg. 1850—1852. à 20 Nrn. Fol. (Bog.) Neu-Berlin. (Philadelphia, Schäfer & Koradi.) 15: n. 2 ℳ 16 u. 17: à n. 2⅓ ℳ

—— der christliche. Hrsgbr.: W. W. Orwig und J. G. Zinser. 17—19. Bd. oder Jahrg. 1852—54. à Jahrg. 20 Nrn. (Bog.) Imp.-4. Neu-Berlin. (Philadelphia, Schäfer und Koradi.) à Bd. *

—— der christliche. Hrsg. von C. G. Koch. 20—25. Bd. oder Jahrg. 1855—60. à Jahrg. 26 Nrn. (2 Bog.) gr. Fol. Cleveland. (Philadelphia, Schäfer und Koradi.) à Jahrg. *

—— der christliche. Hrsgbr.: C. G. Koch. 26.—32. Bd. Jahrg. 1861—67. à Jahrg. 26 Nrn. (à 2 Bog.) gr. Fol. Cleveland, Ohio. (Philadelphia, Schäfer und Koradi.) à Bd. *

—— der christliche. Evangelisches Kirchen- und Familienblatt. Hrsg. von R. Dubs. 33. Jahrg. 1868. 52 Nrn. (Bog.) gr. Fol. Cleveland, Ohio. (Philadelphia, Schäfer und Koradi.) *

Der Christliche Botschafter: 1866—1932?

Weekly. Edited by Herr Schneider & published by Evangelische Gemeinschaft, according to DAJfB, May 15, 1875 and DABZ of Nov. 1, 1900. Cleveland, OH

Botschafter, christlicher. Eine Zeitschrift f. Gemeinde u. Haus. Berichte aus dem In- u. Ausland. 14. u. 15. Jahrg. 1907 u. 1908. à 52 Nrn. (à 8 S.) 34,5×28,5 cm. Kassel, (J. G. Oncken Nachf.) à Jhrg. 5.—

Der Evangelische Botschafter: no. 1, July 1, 1836.

Established as a monthly, but only one issue published. Mennonite paper. Sub-title: Eine monatliche Erbauungs-Schrift für den christlichen Landmann. Large quarto; 16 pages. Edited by Heinrich Bertolet, & published by C. A. Pulte. Skippack, PA

Botschafter, evangelischer. Red.: G. Füßle. 28.—31. Jahrg. 1890—1894. à 52 Nrn. (Bog.) gr. 4. Stuttgart, Christl. Verlagshaus. à Jahrg. n.n. 2.—

Botschafter, evangelischer. Redact.: G. Füßler. 29. Jahrg. 1892. 52 Nrn. (Bog.) gr. 4. Stuttg., Verlag der Evangel. Gemeinschaft. ** 2 —

Botschafter, evangelischer. Red.: G. Füßle. 32.—35. Jahrg. 1895—1898. à 52 Nrn. (Bog.) gr. 4. Stuttgart, Christl. Verlagshaus. à Jahrg. n.n. 2.—

Botschafter, evangelischer. Red.: G. Füßle. 36.—39. Jahrg. 1899—1902. à 52 Nrn. gr. 4. (à 8 S.) Stuttgart, Christl. Verlagshaus. à Jahrg. n. 2.—

Botschafter, evangelischer. Red.: G. Füßle. 40.—43. Jahrg. 1903—1906. à 52 Nrn. (à 8 S.) 4. Stuttgart, Christl. Verlagshaus. à Jhrg. n. 2.—

— evangelischer. Red.: G. Füßle. 44.—47. Jahrg. 1907—1910. à 52 Nrn. (à 8 S.) 32×22,5 cm. Stuttgart, Christl. Verlagshaus. à Jhrg. 2.—

Botschafter, Evangelischer. Red.: G Füssle. 47—49. J. '10—12 je 52 Nrn. ('12. Nr 1: 8) 32×23 cm. Stuttg., Christl. Verlagshs. je 2 — d

— des Friedens. Christl. Familienkalender 1899. Hrsg.: E. Dönges. 4. (64 S. m. Abb.) Frankfurt a/M., J. Schergens. n. — 25; Ausg. m. norddeutschem Marktverzeichnis. (56 u. 20 S. m. Abb.) — 25

— d. Friedens. Christl. Familienkalender 1900. Hrsg.: E Dönges. 4° (64 m. Abb.) Frankf. a/M., J Schergens. — 25

— des Friedens. Christlicher Familienkalender 1903. Hrsg.: E. Dönges. 4. (64 S. m. Abbildgn.) Frankfurt a/M., J. Schergens. n. — 25; m. Marktverzeichnissen. (56 u. 16 S. m. Abb.) n. — 25

— d. Friedens. Christl. Familienkalender 1906. 16. Jahrg. Hrsg.: E Dönges. (64 u. 16 m. Abb.) 8° Bonn, J Schergens. — 25 d

Botschafter des Friedens. Christlicher Familienkalender 1907. 17. Jahrg. Hrsg.: E. Dönges. (64 u. 16 S. m. Abbildgn.) gr. 8. Bonn, J. Schergens. — 25

- d. Friedens. Christl. Familienkldr '10. 20. J. Hrsg.: E Dönges. (64 m. Abb.) gr8° Dillenbg, Geschw. Dönges. — 25 d
Auch in Ausg. m. Marktverzeichnissen f. Nord- u. Süddeutschl.

— des Friedens. Christlicher Familienkalender 1911. 21. Jahrg. Hrsg.: E. Dönges. (64 S. m. Abbildgn.) gr. 8. Dillenburg, Geschw. Dönges. — 25
Auch in Ausgaben mit Marktverzeichnissen f. Nord- u. Süddeutschland.

— d. Friedens. Christl. Familienkaldr '13. 23. J. Hrsg.: E Dönges. (64 u. 16 m. Abb.) gr8° Dillenbg, Geschw. Dönges. — 25 d
Auch in Ausg. mit Marktverz. f. Nord- u. Süddeutschld.

Der Fröhliche Botschafter: May 1829—*t*
Universalist magazine. Lancaster, PA

Fröhliche Botschafter, Der. V1 and 2. Lancaster, 1829-31.

Der Froehliche Botschafter: 1846–1869?
Weekly. Lebanon, PA

Der Fröhliche Botschafter: 1846—1915*t*

Semi-monthly; then, weekly. Organ of Die Vereinigte Brüder in Christo. Place of publication varies: Circleville, Ohio, 1846—53.
Title varies: 1) Der Deutsche Teleskop, 1846—49; 2) Die Geschäftige Martha, 1849—51. English title: The Religious Telescope. Preceded by Die Geschäftige Martha (Baltimore, Md.). Size varies from small folio to large quarto, each issue 4—16 pages. Circulation: 1870, 1300; 1880, 1200; 1898, *1000*; 1910, 600; 1915, 600. Edited by the Rev. Nehemiah Altman, 1846—47; by the Rev. D. Strickler, 1847—51; by the Rev. Henry Staub, 1851—55; by the Rev. Julius Degmeier, 1855—58; by the Rev. Solomon Vonnieda, 1858—66; by the Rev. Ezekiel Licht, 1866—69; by the Rev. Wilhelm Mittendorf, 1869—85; by the Rev. Exekiel Licht, 1885—89; by the Rev. Wilhelm Mittendorf, 1889—93; by the Rev. Exekial Licht, 1893; by the Rev. Wilhelm Mittendorf, 1893—95; by the Rev. Eduard Lorenz, 1895—1900; by the Rev. A. Schmidt, 1901—15.
Published by the Publishing House of the United Brethren in Christ, 1846—1915 [by the Rev. William J. Shuey, 1870—97; by the Rev. W. R. Funk, 1898—1904; by Eugen Schaeffer, 1905—15].
Dayton, OH

—— d. fröhl. Verl. f. d. Kirche d. Verein. Brüder in Christo. 7—17. Bd. à 26 Nrn. (B.) Fol. Dayton 53—63. (Philad., Schäfer u. K.) à n. 2. 10

—— der fröhliche, der vereinigten Brüder in Christo. Redakt.: H. Staub. 6—9. Bd. Jahrg. 1852—55. à Jahrg. 26 Nrn. (Bog.) gr. Fol. Circleville. (Philadelphia, Schäfer und Koradi.) à Bd. * 2 Thlr. *

Botschafter, der fröhliche, der Vereinigten Brüder in Christo. Hrsg. von J. Degmeier. 10—12. Bd. oder Jahrg. 1856—58. à Bd. 52 Nrn. (Bog.) Imp.-Fol. Dayton, Oh. (Philadelphia, Schäfer und Koradi.) à Bd. Thlr. *
Die Fortsetzung erschien unter dem Titel:
Der fröhliche Botschafter.

Der Fröhliche Botschafter und Vertheidiger der Allgemeinen oder Universal-Erlösung: Band 1—*t*, May 1829—1838.
Universalist monthly. Sub-title: Wächter der Gewissensfreyheit. Place of publication varies: Lancaster, Pa., 1834—38. Octavo, each issue 16 pages. Edited & published by Georg Grosch & Jacob Meyers. Marietta, PA

— der gute. Ein christl. Missions- u. Familienkalender f. d. J. 1893. 4. (62 S. m. Abbildgn. u. 1 Wandkalender.) Witten a/R., F. Fries & Co. n. — 25

— d. gute. Christl. Missions- u. Familienkalender f. 1896. 8° (96 m. Abbildgn.) Witt., Bh. d. Stadtmission. — 25

— der gute. E. christl. Missions- u. Familienkalender f. d. J. 1899. 8. (XVI, 56 u. 26 S. m. Abb. u. Wandkalender.) Witten, Buchh. d. Stadtmission. — 25

— d. gute. Christl. Familienkalender f. 1900. 8° (55 u. 20 m. Abb.) Witt., Bh. d. Stadtmiss. — 25

— der gute. Ein christl. Familienkalender f. d. J. 1903. 8. (92 u. 28 S. m. Abbildgn. u. Wandkalender.) Witten, Buchh. der Stadtmission. — 30

— der gute. Ein christl. Familienkalender f. d. J. 1906. (82 u. 17 S. m. Abbildgn. u. Wandkalender.) 8. Witten, Buchh. der Stadtmission. — 30

— d. gute. Christl. Familienkldr f. '10. 18. J. Hrsg. v. F Fries. (16, 80 u. 16 m. Abb.) 8° Bonn, J Schergens. — 30; Ausg. f. Ostdeutschl. — 30 d

Botschafter, der gute. Ein christl. Familienkalender f. d. J. 1911. 19. Jahrg. Hrsg. v. F. Fries. (XVI, 80 u. 16 S. m. Abbildgn.) 8. Bonn, J. Schergens. — 80; Ausg. f. Ostdeutschland (m. 1 illustr. Wandkalender.) — 80

— Der gute. Christl. Familienkaldr '13. 21. J. Hrsg. v. F Fries. (96 m. Abb.) 8° Witt., Buchh. d. Stadtmission. — 30 d

Botschafter des Heils in Christo. 7—9. Jahrg. 1859—61. à 10 Nrn. (à 1½ Bgn.) Elberfeld, Hassel in Comm. gr. 8. Jeder Jahrg. n. 16 *ngr*

—— d. Heils in Christo. 8. u. 9. Jahrg. à 10 Nrn. (à 1½ B.) 8. Elberf., (Langewiesche.) à *n.* — 16

— des Heils in Christo. 10—18. Jahrg. 1862—1870. à 10 Nrn. (à 2 Bgn.) Elberfeld, Langewiesche in Comm. gr. 8. Jeder Jahrg. n. 16 *ngr*

— des Heils in Christo. 19. Jahrg. 1871. 10 Nrn. (à 2 B.) gr. 8. Leipzig, Langewiesche in Comm. n.n. 1. 60

—— des Heils in Christo. 37.—40. Jahrg. 1889—1892. à Jahrg. 12 Hefte. (à Heft 2 Bog.) 8. Elberf., (Faßbender). à Jahrg. * 1 50; geb. * 2 —

— d. Heils in Christo. 39—43. Jahrg. 1891—1895 à 12 Hfte. (2 B.) 8° Elberf., R Brockhaus (durch J Fassbender). à Jahrg. 2 —

— des Heils in Christo. 44.—46. Jahrg. 1896—1898. à 12 Nrn. (à ca. 28 S.) 8. Elberfeld 896. R. Brockhaus (durch J. Faßbender). à Jahrg. n. 2. —

— des Heils in Christo. 47.—50. Jahrg. 1899—1902. à 12 Nrn. 8. (à ca. 28 S.) Elberfeld, R. Brockhaus (durch J. Faßbender). à Jahrg. n. 2. —

— des Heils in Christo. 51.—54. Jahrg. 1903—1906, à 12 Nrn. (à IV, 336 S.) 8. Elberfeld, R. Brockhaus (durch J. Faßbender). à Jhrg. n. 2. —

— des Heils in Christo. 55.—58. Jahrg. 1907—1910. à 12 Nrn. (à Jhrg. IV, 336 S.) 8. Elberfeld, R. Brockhaus. à Jhrg. 2. —

— d. Heils in Christo. 58—60. J. '10—12 je 12 Nrn. ('12: 336) 8° Elberf., R Brockhaus. L je 2 — d

Botschafter des Heils in Christo: Jahrgang 1—*t*, Jan. 1902—*t*
Monthly. Organ of Die Allgemeine Conferenz der Mennoniten von Nord-Amerika. Sub-title: Zur Förderung der äußeren und inneren Mission. Follows Die Gemeinde unterm Kreuz, oder: Botschafter des Heils in Christo (Quakertown, Pa.). Quarto, each issue 8 pages, paged continuously. Edited by William Egle. Berne, IN

Botschafter des Heils in Christo und „Zeichen der Zeit": Jahrgang 1—3, Jan. 1889—Sept. 1891*t*
Bi-monthly. Organ of Die Allgemeine Conferenz der Mennoniten von Nord-Amerika. Continued from Die Kirche Unterm Kreuz. Octavo, each issue 16 pages; Jahrgang 1—3, paged continuously. Edited & published by John G. Stauffer. Quakertown, PA

Lutherische Botschafter: 1847 ?
Canton, OH

Lutherischer Botschafter: 1884*t*—1895*t*
Monthly. Organ of Die Deutsche Evangelisch-Lutherische Synode von Missouri, Ohio und anderen Staaten. Edited & published by M. J. Bühler & J. H. Theiss.
San Francisco, CA

— der monatliche. Jahrg. 1872—1876. à 12 Nrn. (½ B.) 4. Bremen, Verl. d. Tractathauses. à Jahrg. n. — 30

Botschafter, der monatliche. Jahrg. 1877—1882. à 12 Nrn. (à ¼—½ B.) Lex.-8. Bremen, Verlag des Tractathauses. pro 10 Exemplare n. — 80

Botschafter, der monatliche. Jahrg. 1883—1886. à 12 Nrn. (à ¼—½ B.) Lex.-8. Bremen, Verl. d. Tractathauses. pro 10 Explre. n. — 80

— der monatliche. Jahrg. 1887—1890. à 12 Nrn. (à ¼—½ B.) Lex.-8. Bremen, Verl. d. Tractathauses. à Jahrg. pro 10 Explre. n. — 80

— der monatliche. Jahrg. 1891—1893. à 12 Nrn. (¼ Bog. m. Abbildg.) Lex.-8. Bremen, Verl. d. Tractathauses. à Jahrg. für 10 Explre. n. 1. —
Fortsetzung s.: Friedensglocke.

Der Religiöse Botschafter: Aug. 23, 1852—Dec. 31, 1855.
Bi-weekly. Date of establishment uncertain: may be June 9, 1852. Organ of Die Allgemeine Conferenz der Mennoniten von Nord-Amerika. Followed by Das Christliche Volks-Blatt. Edited by the Rev. John H. Oberholtzer, & published by Der Mennonitische Druck-Verein, 1852—55. Milford Square, PA

— der religioese. Ein Blatt zur Beförderung wahrer Religion. Hrsg. von J. H. Oberholtzer. 1—3. Bd. oder Jahrg. 1853—55. à 26 Nrn. (Bog.) Imp.-4. Milford. (Philadelphia, Schäfer und Koradi.) à Bd. * 1 Thlr. 20 Ngr. *

Der Botschafter der Wahrheit: Jg. 1—37, no 24, June 7, 1887—Dec. 15, 1936.
Monthly, 1887—1919; semi-monthly, 1920—36. Organ of Gemeinde Gottes in Christo (Mennonite). Octavo, each issue 8 pages. Edited by John Holdemann. 1887—1900; by J. D. Dück, 1900—12; by Wilhelm Giesbrecht, Aug. 1912—July 1917; by Jacob T. Wiebe, Aug. 1917—Dec. 1919; by A. G. Ensz, Jan. 1920—36. Hillsboro, KS

Botschafter der Wahrheit: June 1897-
Semi-Montly. Official German organ of the Church of God in Christ, Mennonite. Circulation: 750, in 1949. Octavo, each issue 8 pages. Founded by John Holdeman. Editors: John I. Penner; John Holdeman; John Dueck, Wilhelm Giesbrecht; Jacob T. Wiebe; A.G. Ensz; and P.P. Wohlgemuth, associate editor. Printed by Derksen Printers, Ltd. Steinbach, Man.

Der Botschafter des Geistlichen Wohltätigkeits-Vereins: Jahrgang 1—20?, 1895—1914?
Roman Catholic monthly. Sub-title: Eine Monatsschrift zur Verehrung des kostbaren Blutes, zum Troste der armen Seelen und zur Belehrung der Gläubigen. Herausgegeben von den Priestern der Versammlung vom Kostbaren Blute zu Collegeville, Indiana. Title varies: DER BOTSCHAFTER. Quarto, each issue 32—40 pages; religious illustration. Collegeville, IN

Botschaftslieder, gute, vom Heil u. Frieden in Christo. Z. Gebrauch b. d. Verkündgg. d. Evangeliums. 12. (82 S.) Dillenburg 897. (Frankfurt a/M., J. Schergens.) — 12

Botschen-Horst, Clemens (Süchteln/Düsseldorf), De hepatis abscessu. Diss. med.-chir. Bln. (Nietack) 5. IX. 1835. 36 S. m. Biogr. (M.: C. Hueppges.) (4.—) **3707**
Oppon.: J. H. Becker, Th. Glasmacher, J. V. Schoeller.

Botsky, Katarina, vor den Gittern des Lebens. (147 S.) 8. Berlin (905). H. Seemann Nachf. n. 2. —

Vor den Gittern des Lebens von Katarina **Botsky**. 3. Aufl. Berlin & Leipzig: H. Seemann Nachf. [um 1906]. (146 S.) 8° [F.] [08. 10045 11

Das verbotene Paradies von Katarina **Botsky**. Berlin & Leipzig: Schuster & Loeffler 1908. (235 S.) 8° [F.] [08. 14514

Botsky, Katar.: Der Trinker. Roman. (150) 8° Münch., A Langen ('11). 2 —; geb. 3 — d

Ludwig van **Beethoven**. **Christus am Oelberge**. Oratorium. Erl. von Dr. Hugo **Botstiber**. *Leipzig: H. Seemann Nachf. [1903].* (20 S.) 8° [F.]
— **Musikführer**. No 277. [03. 1496

Anton Bruckner. Der 150. Psalm für Sopran-Solo, Chor u. Orchester. Erl. von Dr. Hugo **Botstiber**. Berlin: Schlesinger [1907]. (13 S.) 8°
= **Musikführer**, Der. No 352.
(Schlesingersche Musik-Bibliothek.) [08. 10326

Anton **Dvořák**. Zweite Symphonie ⟨D moll⟩ Op. 70. Erl. von Dr. Hugo **Botstiber**. *Leipzig: H. Seemann Nachf. [1902].* (15 S.) 8° [F.]
— **Musikführer**. No 272. [03. 1994

Botstiber, Hugo, Joseph Haydn u. das Verlagshaus Artaria, s.: Artaria, Frz.

Botstiber, Hugo, s: Meisterführer, Schumann.

— s.: Musikbuch aus Österreich.

Botstiber Hugo Dr.: Johann Pachelbel. **Diss. Wien, Univ.**
D: Wien, 1901. Denkmäler der Tonkunst in Oesterreich. Jg. 8. 2. Teil.
1901 PN 1360 2119

Robert Schumann. Musik zu Byrons Manfred. ⟨Op. 115.⟩ Erl. von Dr. Hugo **Botstibor**. *Leipzig: H. Seemann Nachf. [1901].* (20 S.) 8°
— **Musikführer**. No 217/18. [01. 0076

Botstiber, Hugo. Robert Volkmann's Violoncell-Konzert A moll, s.: Musikführer, der.

Botstiber, J., s.: Tagebuch e. bösen Buben.

Bott, Herr, e. kom. Roman, a. d. Franz. d. Pigault le Brün. 4 Bde. 8. Tübing. Cotta. 806.

— — e. and. Uebersetz. s. Puff, Herr.

Bott, der Onkel. Lustsp. in 4 Akt. v. Griesheim. 8. Magdeburg, Heinrichshofen. 805.
Schreibp.

Altstetter Bott
ⓢ Dem Bulletin des Schweiz. Zeitungsverlegerverbandes (Nr. 298, v. 31. 3. 1950) ist zu entnehmen, daß für das Jahr 1949 eine Zeitung unter diesem Titel geplant war.

v. Bott, A., geograph.-statist. u. naturhistor. Darstellung d. Oesterr. Kaiserstaates. Ein Unterrichtsbuch in Fragen u. Antworten. Wien 826. Mayer. 16 gl.

Bott, Amandus, aus Unterafferbach: Über einen durch Knospung sich vermehrenden **Cysticercus** aus dem Maulwurf. *Leipzig: W. Engelmann 1897.* (29 S.) 8° ¶ (Aus: Zeitschrift f. wissensch. Zoologie, Bd 63, H. 1.)
Würzburg, Med. Diss. v. 1897

Bott, August [aus Erfurt (Prov. Sachsen)]: **Ueber das 4-Phenylthiosemicarbazid** ... **Berlin, Buchdr. v. G. Schade,** *1896;* 31 S. 8.
Berlin, Phil. Fak., Inaug.-Diss. v. 14. Nov. 1896

Vor dreissig Jahren. Erinnerungen e. ev. Feld- u. Lazarett-Pfarrers aus s. Thätigkeit in Frankreich i. J. 1870 von C. **Bott**, Pfarrer zu Nohfelden. *Oldenburg & Leipzig: Schulze [1901].* (48 S.) 8° [F.] [01. 4037

Bott, (Carl Hermann) Rudolf [aus Bernburg]: Die Kriegszüge der englisch-französischen Soldkompagnien nach dem Elsaß und der Schweiz unter der Regierung Kaiser Karls IV. ... Halle a. S., Druck v. Gundlach & Eggers, 1891; 2 Bl., 64 S., 1 Bl. 8°
Halle, Phil. Fak., Inaug.-Diss. v. [20. Jul.] 1891

Über den Bau der Schlehkrüppel von Dr. Fridolin **Bott**. *Würzburg: A. Stuber 1904.* (S. 248—275.) 8°
— Pflanzenwelt, Aus der, Unterfrankens. 2.
— **Verhandlungen** d. physikal.-medic. Gesellschaft zu Würzburg. N. F. Bd 36, No 4. [04. 4059

Bott, Heinr., u. Rob. Reuthe: Montieren. Für d. Unterr. an Fortbildgssch. bearb. Ausg. f. Metallarbeiter. (57 m. Fig. u. 4 Taf.) 8° Wittenbg, R Herrosé '11. 2 — d

Bott, Jacob

Bott, J., der angebliche Bund von Vazerol vom Jahre 1471. gr. 8. (IV, 88 S.) Chur 880. (Gsell.—Hitz.) n. 1. 20

Bott, J., die Einführung des neuen Kalenders in Graubünden. Ein Beitrag zur Kulturgeschichte dieses Landes. Leipzig 863. Engelmann. 8. (54 S.) n. 10 ngr.

— die ehemalige Herrschaft Haldenstein. Ein Beitrag zur Geschichte der rhätischen Bünde. Chur 864. Hitz. gr. 8. (IV, 119 S.) 15 ngr.

Bott, J[acob]. Losreissung des Gerichts Untercalven und der Gemeinde Taufers von dem Freistaat der drei Bünde. Eine historische Untersuchung, vorgelesen in dem litterarischen Verein zu Chur, den 18. Januar und 18. April 1860. 8. Chur 1860.

Bott, J. (Rektor), Dr. Joh. Planta, Freiherr zu Rhäzüns und seine Zeit. Eine kirchenpolit. Scene a. d. 16. Jahrh. rhätischer Geschichte. 31 Stn. 4. Chur, Druck v. F. Gengel. 1873?

Bott, K. Vor 30 Jahren. Erinnerungen eines evang. Feld- u. Lazarett-Pfarrers aus seiner Tätigkeit i. Frankreich i. J. 1870.
Oldenburg 1901. 48 S.

Bott, Karl, a. Hanau, Preußen: Über die Fortpflanzung von Pelomyxa palustris nebst Mitteilungen über ihren Bau. Marburg 1906: (Lippert & Co., Naumburg a. S.) (39 S.) 8° ¶ (Erscheint gleichzeitig im: Archiv f. Protistenk. Bd 8 H. 1 m. 2 Tafeln.)
Marburg, Phil. Fak., Ref. Korschelt, Diss. v. 21. Sept. 1906
[Geb. 14. Jan. 84 Hanau a. M.; Wohnort: Marburg; Staatsangeh.: Preußen; Vorbildung: Oberrealsch. Hanau Reife O. 02; Studium: Marburg 8 S.; Rig. 28. Apr. 06.]

Bott, K, z. Lehre v. d. Religionsvergehen, m. bes. Berücks. v. § 166 d. Reichs-Strafgesetzbuchs. 8. (49) Tübing. 80, (Fues). n. 1.—

Bott, Karl [Accessist zu Nohfelden an d. Nahe]: Zur Lehre von den Religionsvergehen, mit besonderer Berücksichtigung von § 166 des Reichs-Strafgesetzbuchs.... Tübingen, L. Fr. Fues'sche Buchdr. (W. Armbruster & O. Riecker), 1890; 49 S. 8°
Tübingen, Jur. Fak., Inaug.-Diss. v. 1890

Bott, Karl: Wirkgsvolle Reklame. 1. Tl. Wie Zeitgsanzeigen aussehen sollen, s: Moment-Bücherei.

Bott, Ludwig, aus dem patholog. Institut zu Giessen. Ueber das quergestreifte Muskelsarcom der Niere. Diss. Giessen 1887, J. Rickersche Buchh. 8°. 36 S.

Bott, Ludwig [approb. Arzt aus Höchst i. O.]: Aus dem patholog. Institut zu Giessen. Ueber das quergestreifte Muskelsarcom der Niere.... Giessen, C. v. Münchow, Univ.-Buch- & Steindr., 1887; 36 S. 8°.
Giessen, Med. Fak., Inaug.-Diss. v. 1887.

Bott, Paul: Graphische Darstellung elektrischer Wechselströme. *Berlin: R. Gaertner 1898.* (35 S.) 4°
Berlin, Leibniz-G, OP 1898 (60)

BOTTA, Balthasar: Quo iure suprema iurisdictionis potestas ecclesiastica coniuncta sit cum Sede Romana? — (1902) 115 S. 4° (Handschr.)
Diss. Wien Univ.

Botta, Carl, s. Botta, Karl

Botta, Karl, Gesch. Italiens v. J. 1789 bis 1814. Aus d. Ital. v. L. G. Förster. 8 Bde. gr. 8. Quedlinb. 827—31. Basse. 10 Thlr 16 gGr Velinp. 13 Thlr 8 gGr

— Gesch. Italiens v. Jahre 1789—1814. Aus d. Italien. v. K. G. Adler. 4 Bde. gr. 8. Ronneb. 827—29. (Fr. Schumann). 6 Thlr

—— dass. (übers. v. K. G. Adler.) 4 Bde. gr. 8. (127¾ B.) Ronneburg 828, 29, Weber. à 1 Thlr. 12 Gr.

—— Geschichte d. Krieges f. d. Unabhängigkeit d. Verein. Staaten Amerika's. N. d. 3. Orig.-Ausg. a. d. Ital. übers. v. J. D. H. Schaum. 1. Bd. gr. 8. (13½ B.) Quedlinburg 827, Basse.

Bottagiso, Joh[ann] Baptista. Einlage des Joh. Baptista B'... [an] die Ehrsamen Räthe und Gemeinden evangelischer Religion ([betreffend die] Verwaltung der Güter der ehemaligen evangelischen Kirche zu Klefen). (Castasegna den 19ten Dezbr. 1793.) fol. *o. O.*

Bottani, Joseph

Bottani, Jos., Bemerkungen über vier aus d. Harnblase eines 29 Monate alten Knaben herausgezogene Körper. Mit 1 col. Tafel. gr. 8. Bergamo 843. (Wien, Mörschner; Leipzig, Weygand'sche Buchh.) n. ⅜ Thlr

BOTTAZZI, Philipp
Physiologische Chemie für studierende Ärzte. Von Dr. Philipp Bottazzi. Deutsch von Dr. H. Borruttau. Leipzig und Wien. 1900. Deuticke. Gr.-8°. erscheint in 8—10 Lieferungen à K 2.40

Bottazzi, P: Physiolog. Chemie. Deutsch v. H Boruttau. (In 8—10 Lfgn.) 1. u. 2. Lfg. 8° (1—160) Wien 1900, F Deuticke. à 2 —

Bottazzi, P: Physiolog. Chemie. Deutsch v. H Boruttau. 3—8. (Schl.-)Lfg. (161—810 u. 850 m. Abb. u. 1 farb. Taf.) 8° Wien, F Deuticke '01-'04. Je 2 —; in Bdn zu 8 —

Physiologische Chemie für Studierende und Ärzte [Chimica fisiologica]. Von Dr. Philipp Bottazzi, Priv.Doc. in Florenz. Deutsch von Prof. H[einrich] Boruttau, Priv.Doc. in Göttingen. Mit Abb. u. 1 Spektraltaf. Bd 1. 2. *Leipzig & Wien: F. Deuticke 1902–04.* 2 Bde 4°(8°) [illegible]

Böttcher, der, oder was Traktate wirken. Berlin 855. (Wohlgemuth.) 8. (28 S. u. 1 Holzschn.) 3 ngr

Böttcher u. Göttens, Stifter d. Hamburg. Schullehrer-Seminars, Lebensbeschreibung. 8. Hannover, Hahn. 802.

Böttcher, der praktische. Eine Abhandlg. üb. vorkomm. Risse u. Berechngn. der Gefäße. (77 S. m. Fig.) 8. Bremen 904. (Buchh. der Bremer Bürger-Zeitg.) n. 1. —

Böttcher, s. a. Böttger

Böttcher, s. a. Bötticher

Bottcher, Berechnung chemischer Aufgaben Konigsb. Schul-/Univ.-Schrift 1863.

Böttcher, liberale Bestrebungen. Zur politischen Lage. Über Alters- u. Invaliditätsversicherung, s.: Flugschriften der nationalliberalen Partei.

Böttcher, Beweise f. die Heronsformel aus zwei Jahrtausenden. Progr. (24 S. m. Fig. u. 1 Doppeltaf.) Lex. 8. Leipzig 909. J. C. Hinrichs' Verl. 1. —

Böttcher: Über den Branntweingenuß, s. Böttcher, J. H.

Böttcher. Richelieu's Einfluss auf die französische Literatur und Sprache. Spremberg, R., 1872.

Böttcher u. Ambrassat. Deutsche Fibel u. erstes Lesebuch. gr. 8. (XVI, 86 S. m. Abb.) Berlin 898. L. Oehmigke's Verl. n. — 40; geb. n.n. — 50

Böttcher, über Fürsorgeerziehung m. Rücksicht auf das königl. sächs. Gesetz üb. die Fürsorgeerziehung vom 1. II. 1909. Ein Vortrag. (20 S.) gr. 8. Leipzig 910. (Fritzsche & Schmidt). — 75

Böttcher: Der Gebrauch..., s. Böttcher, Hermann

Böttcher, General-Bericht über den Zustand der Mäßigkeits-Reform im Jahr 1854. Abgestattet in der Landes-Versammlung der „Vereine gegen das Branntweintrinken im Königreich Hannover". Denkschrift zur Erörterung der Frage über die Einführung des Maine-Gesetzes. Den hohen Regierungen u. deutschen Stände-Kammern vorgelegt. Leipzig (855.) Weber in Comm. 4. (VIII, 96 S.) n. 10 ngr

— Geschichte des Kirchspiels Kirchrode und der Umgegend. 1. Heft: Gründung u. Dotirung der Kirche zu Rode. Hannover 858. (Schmorl u. v. Seefeld.) gr. 8. (96 S. m. Holzschn. im Text.) n. 10 ngr

Böttcher, Geschichte des Kirchspiels Kirchrode. 2. Heft: Geschichte von Bemerode und Umgegend enth. Bei Gelegenheit der Einweihung der neuen Johannis-Capelle zu Bemerode 1867 gemeinfaßlich erzählt. gr. 8. (VII und 211 S. mit 6 eingedr. Holzschn.) Hannover 867, Schmorl und v. Seefeld. * *
1. Heft. Ebendas. 1858. * * 10 Ngr.

Böttcher, Geschichte des Kirchspiels Kirchrode. 2. Heft. Geschichte von Bemeroda u. Umgegend enthaltend. Mit 6 Holzschn. (im Text). Bei Gelegenheit der Einweihung der neuen Johannis-Capelle zu Bemerode 1867 gemeinfaßlich erzählt. Hannover 868. Schmorl & v. Seefeld. gr. 8. (VII, 211 S.) n. 15 ngr

Böttcher, neuere Gletscherforschung. Vortrag, geh. in der General-Versammlg. des nassauischen Vereins f. Naturkunde am 14. XII. 1902. (S. XXI—XXXIX.) gr. 8. Wiesbaden 903. J. F. Bergmann. n. — 80
Sonderabdruck aus: „Jahrbb. d. nass. Ver. f. Naturkde."

Böttcher: Karte d. Kreises Ober-Barnim, s.: Höfer.

Böttcher. Die Kolonne Ihrer Majestät. Briefe eines Arztes aus dem fernen Osten. — Riga 1904.

Böttcher: Über Quellen..., s. Böttcher, H.

Böttcher, geographisch. Reise d. Deutschland. 2 Thle. (1r Thl. enth. d. östliche Deutschl. 2r Thl. d. westl. Deutschl.) 8. Leipzig, Schwickert. 783. (1r 12 gr., 2r 16 gr.)

Boettcher, geometrische Seh-Proben zur Bestimmung der Sehschärfe bei Functions-Prüfungen des Auges. Mit besonderer Berücksichtigung der Untersuchung Militairpflichtiger. Berlin 870. H. Peters. 8. (10 S. u. 8 Taff.) n. 10 ngr

— s. Studien, Münchener volkswirtschaftliche.

Böttcher, Verhaftungen u. vorläufige Festnahmen durch das Militär u. der Waffengebrauch des Militärs, übersichtlich geordnet, f. Unterrichtszwecke erläutert u. m. zahlr. Beispielen versehen. (77 S.) kl. 8. Berlin 907. Liebel. — 60

Böttcher, ..., Vorlagen zum Freihand-Zeichnen, besonders für Gewerbe-Schulen. — Geräthschaften. gr. 4. (12 lithogr. Bl.) Stuttgart 838. Ebner'sche Kunsth. 1/2 ₰

(——) Vorlagen zum Ornamenten-Zeichnen f. Gewerbe- u. Real-Schulen. gr. 4. (12 lith. Bl.) Stuttgart 838, Ebner'sche Kunsth.

Böttcher. Vorschläge z. einer möglichst billigen u. gesunden Mundverpflegg d. Militärs i. Garnisonen. (S.-A.) Berlin 1862.

Böttcher (H.), Was fordern wir von Frankreich? Eine Kriegesund Friedensschrift. Geschrieben, als die Deutschen zum dritten Male vor Paris lagen. gr. 8. (16 S.) Hannover 870, Schmorl und v. Seefeld.

Böttcher und Ohnesorge: Das Wasserwerk der freien Hansestadt Bremen. Berlin 1876. Fol.

Böttcher, Frau A, s. a. Friesen, E.

Boettcher, A., Mittheilung über einen bisher noch unbekannten Blasenwurm. Mit 1 lith. Taf. (Aus dem Archiv für die Naturkunde Liv-, Ehst- und Kurlands abgedr.) Dorpat 862. (Gläser.) gr. 8. (12 S.) n. 6 ngr.

Böttcher, A., Universal-Tabelle zur Berechnung v. Trägheitsmomenten genieteter Profile von 0—200 cm, von 0,2 zu 0,2 cm steigend. Rechnungsgang nur Addition u. Subtraktion m. nur 20 S. Tabellen-Umfang im Interesse möglichster Handlichkeit u. Zeitersparnis. (Ausrechnung der Zahlenwerte mittels der Thomasschen Rechenmaschine durch G. Frasch.) (28 S. m. Fig.) gr. 8. Hamburg 905. Boysen & Maasch. n. 1. 50

Böttcher, A., Was können die deutschen Unterrichtsverwaltungen schon heute tun, um die Bestrebungen des Wehrausschusses zu unterstützen? Leipzig 1901, 40 S., 8°.

Böttcher, A. (Red.), s. Wochenschrift, St. Petersburg medicinische.

Böttcher, A. (Red.), s. Zeitschrift für die Glasinstrumenten-Industrie.

Böttcher, A. M., s. a. Böttcher, Alfred

Böttcher, A. M., die Seitwärtskrümmungen der Wirbelsäule in ihren Entstehungsursachen, von den Formen, in welchen dieselben vorkommen, und über deren Heilung. Ein Rathgeber für alle Eltern. Görlitz 853. Heyn in Comm. 8. (2 Bl., 65 S.) 5 ngr.

Böttcher, A. M., die reine, deutsche Stoßfechtschule nach C. W. B. Eiselen, ausführlich bearb. Mit 25 Abbildgn. 8. (VIII u. 60 S. m. 7 lith. Taf.) Görlitz 849, Heinze & Co. n. 1/2 ₰

—— die reine, deutsche Stoßfechtschule nach C. W. B. Eiselen. Ausführlich bearb. 2., unveränd. Aufl. Mit 25 Abbild. 8. (VIII und 60 S. mit 7 Stnt.) Görlitz 855, (Heyn'sche Buchh.)

—— sämmtliche Turnübungen mit Bezug auf die 2. Aufl. der deutschen Turnkunst von F. L. Jahn, in stufenmäßiger Entwickelung. 18. (XXIV u. 204 S.) Görlitz 848, Heinze und Comp.

— sämmtliche Turnübungen mit Bezug auf die 2. Aufl. der deutschen Turnkunst von F. L. Jahn in stufenmäßiger Entwickelung. 2. Aufl. Görlitz 855. Heyn. 16. (XXIV, 200 S.) 7 1/2 ngr.

Böttcher, A. M., der Turnunterricht für Gymnasien und Realschulen. In Klassenzielen aufgestellt. Mit 105 lithogr. Abbild. von Turnübungen. 16. (IV und 140 S. mit 18 Stnt.) Görlitz 861, (Remer.)

Böttcher, A. M., der Turnunterricht für Gymnasien u. Realschulen. In Klassenzielen aufgestellt. Mit 105 lith. Abbildungen von Turnübungen (auf 12 Taff.). 2. verb. Aufl. Görlitz 868. Remer. 8. (VI, 154 S.) n. 10 ngr.

Böttcher, A. M., der Turnunterricht für Gymnasien u. Realschulen. In Klassenzielen aufgestellt. Mit 105 lith. Abbildungen von Turnübungen (auf 12 Taf.). 3. verb. Aufl. gr. 16. (VIII, 163 S.) Görlitz 877. Remer. n. 1. 20

Böttcher, A. M., der Turn-Unterricht für die Volksschule. Mit 28 lith. Taf. Görlitz 861. Remer in Comm. 8. (XII, 120 S.) n. 20 ngr.

Böttcher, A. M., der Turn-Unterricht für die Volksschule. Amtlicher Leitfaden für den Turn-Unterricht in den großh. badischen Volksschulen. Mit 28 lith. Taff., worauf 77 Abbildungen von Turnübungen. 1—3. unveränd. Aufl. Lahr 868, 69. Schauenburg. 8. (VI, 114 S.) n. 20 ngr.

—— dass. — Amtlicher Leitfaden für den Turn-Unterricht in den großherzogl. badischen Volksschulen. Mit 28 lithogr. Taf., worauf 77 Abbildungen von Turnübungen. 3. unveränd. Aufl. 8. (VI, 114 S.) Ebendas. 870. *

—— der Turn-Unterricht für die Volksschule. 3. und 4. umgearb. und verb. Aufl. 8. (VIII, 153 S. mit 28 eingedr. Holzschn.-Abbild.) Lahr 870, 77, Schauenburg. *

—— die Uebungen mit dem Eisenstabe in Wort und Bild dargestellt. 8. (IV, 4 S. mit 16 Stnt.) Görlitz 870, (Remer.)

— Unterrichtsbuch f. das Mädchen-Turnen. 8. (XVI u. 278 S.) Görlitz 851, Heyn. 1 ₰

—— Vorturnern zu Rath und That! Eine Beispielsammlung von Ordnungs-, Frei-, Stab- und Geräthübungen, für ein geregeltes Vereinsturnen, in 3 Stufen aufgestellt und im Anschlusse an den Leitfaden für Ordnungs- und Freiübungen von J. C. Lion und das Merkbüchlein für Vorturner von L. Puritz bearb. gr. 8. (VIII, 87 S.) Bremen 879, Heinsius. *

— Vorturnern zu Rat u. That. Eine Beispielsammlg. v. Ordnungs-, Frei-, Stab- u. Gerätübgn. f. e. geregeltes Vereinsturnen in 3 Stufen aufgestellt. 2., verm. Aufl. gr. 8. (XII, 195 S.) Bremen 888. Heinsius. n. 1. 80; geb. n. 2. 25

Böttcher, Adele [wirkl. Name], s. Friesen, Erich [Pseud.]

Böttcher, Adf.

—— Goethe's Jugendliebe. Gedicht. gr. 16. (V und 182 S. mit 1 Stahlst.) Leipzig 862, Purfürst. [Haynel.] geb. mit Goldschn.

—— Lieder-Chronik deutscher Helden. Für die reifere Jugend und zum Gebrauche in Schulen. Aus vaterländ. Dichtern zusammengestellt. 4. Aufl. 16. (VI und 406 S.) Leipzig 862, Grunow. cart. *

—— heilige Tage. Gedichte. 16. (96 S.) Wien 865, Schönewerk. cart. *

—— die Tochter des Kain. Dichtung. 16. (96 S.) Wien 865. (Troppau, Kolck.) cart. *

Böttcher, Adf., gesammelte Werke. 6 Bde. gr. 16. (XXVIII und 1784 S.) Leipzig 865, Dürr'sche Buchh. Subscr.-Pr. à Bd. * 20 Ngr. *
geb. à Bd. * 1 Thlr. *

Böttcher, Albert (geb. Usedom 2. 5. 1851): Ueber Dioptrik des Auges. Berlin (1876). (32 S.) 8°
Berlin, Med. Diss. v. 11. März 1876

Böttcher, Albr., Ueber den Gang der Eispunkts-Depression. (Mittheilung aus der Physikal.-Technischen Reichs-Anstalt.) (Sonder-Abdr. aus der „Zeitschr. für Instrumenten-Kunde". VIII. 1888.) Berlin 1888.

Böttcher, Alexander, Referendar aus Bochum: Der Begriff des Gastwirtes und die Voraussetzungen für die Haftung des Gastwirtes nach § 701 des Bürgerlichen Gesetzbuches. *Marburg 1903: R. Friedrich.* (75 S.) 8°
Marburg, Jur. Diss. v. [28. Aug.] 1903

Boettcher, Alfred, s. a. B o e t t c h e r , A. M.

Böttcher, Alfred, Arzt a. Düsseldorf: Ein Beitrag zur forensen Medizin. I. Muttermord. II. Mord des Kindes vom Dienstherrn. Berlin o. J.: H. Büttner. (41 S.) 8°
Rostock, Med. Fak., Ref. Schuchardt, Diss. v. 25. Jan. 1907
[Geb. 21. Apr. 78 Düsseldorf; Wohnort: Düsseldorf; Staatsangeh.: Preußen; Vorbildung: Gymn. Baden-Baden Reife 00; Studium: Heidelberg 6, Greifswald 3, Berlin 1, Rostock 1 S.; Coll. 22. Dez. 04; Approb. 17. Febr. 06.]

B ö t t c h e r, Alfred, Bericht über den Turnbetrieb an den Schulen der Königl. Haupt- und Residenzstadt Hannover, Schulj. 1890/91—1894/95, 1895/96—1899/00, 1900/01—1904/05, 1905/06—1909/10, Hannover, 8°. 4 Bde.

B ö t t c h e r, Alfred, Die Entwickelung des Schulturnens in Hannover seit 1890 (S. Abdr. a. d. Monatsschr. f. d. Turnwes., Jg. 1900, H. 12), Berlin 1900, 11 S., 8°.

Böttcher, Alfred, Festschrift zum 50jährigen Bestehen des Turn-Klubbs zu H a n n o v e r 1858—1908, Hannover 1908, 110 S., 8°.

Böttcher, A.: Jahresbericht über den Turnbetrieb an den Schulen der Kgl. Haupt- u. Residenzstadt Hannover. Hannover 1891—1910. Ea 238

Böttcher, Alfr., Lehrgang f. das Knabenturnen in Volksschulen. Ausführungen zum Lehrplane f. den Turnunterricht an den Bürgerschulen der königl. Haupt- u. Residenzstadt Hannover. Den Turnlehrern an Volksschulen vorgelegt. Mit 111 Abbildgn. gr. 8. (VI, 143 S.) Hannover 892. C. Meyer. Geb. in Leinw. n. 1.80

Böttcher, Alfr., Lehrg. f. d. Knabenturnen in Volksschulen. Ausführgn. zu e. 6 stuf. Lehrplan. D Turnlehrern an d. Volksschulen vorgelegt. 2. Aufl. gr. 8. (VI, 143 S. m. 111 Abb.) Hannover 895. C. Meyer. n. 1.50; geb. in Leinw. n. 1.80

B ö t t c h e r, Alfred, u. K u n a t h, Arno, Lehrgang für das Mädchenturnen, Hannover u. Berlin 1897, 8°. 4 Bde.
— — 2. wesentl. geänd. u. erweit. Aufl., besorgt v. A. Böttcher, 1904.
— — 3. durchges. u. veränd. Aufl. u. e. Anh.: Dauerübungen — 1906.
— — 4. durchges. u. verb. Aufl., 1908.

[F.] Lehrgang für das Mädchenturnen. Turnlehrern u. Turnlehrerinnen vorgelegt v. Alfred **Böttcher,** Stadt-Turninsp., Hannover, u. Arno K u n a t h, Turnlehrer des Allg. Bremer Turnver. M. 90 Abb. *Hannover [&] Berlin: C. Meyer 1897.* (VII, 230 S.) 1 Bd 8. 97. 5484

Böttcher, A, u. A **Kunath:** Lehrg. f. d. Mädchenturnen. 2. Afl., v. A Böttcher. (270 m. Abb.) 8° Hannov., C Meyer '04. 2.70; geb. 3.30 d

— u. Arno Kunath, Lehrgang f. das Mädchenturnen. Turnlehrern u. Turnlehrerinnen vorgelegt. 3., veränd. u. erweit. Aufl., m. e. Anh. „Dauerübgn.", besorgt v. Alfr. Böttcher. (VIII, 301 S. m. 108 Abbildgn.) 8. Hannover 906. C. Meyer. n. 2.80; geb. in Leinw. n. 3.40
2. Aufl. (VIII, 270 S. m. 103 Abb.) 904, 2.70; geb. 3.30.

Lehrgang für das Mädchenturnen. Turnlehrern u. Turnlehrerinnen vorgelegt von Alfred **Böttcher** u. Arno K u n a t h. 4. durchges. u. verb. Aufl., mit e. Anh. 'Dauerübungen' besorgt von A. Böttcher. 116 Abb. Hannover-List & Berlin: Meyer 1908. VIII, 312 S. 8° 1908. 11313 7

Böttcher, Alfr., u. Arno **Kunath:** Lehrg. f. d. Mädchenturnen. 5. Afl. v. Alfr. Böttcher. (8, 312 m. Abb.) 8° Hann., C Meyer '11. 3 —; L 3.60 d

Böttcher, Alfr., Lieder für die rüstige Jugend. 32. (96 S.) Bremen 886, (Dierdsen und Wichlein.) * geb. **

— s.: Ravenstein's Volksturnbuch.

Böttcher, Alfr., Spielbuch f. Mädchen, s.: R e t s c h, A.

B ö t t c h e r, Alfred, Übungs-Verzeichnis für das Musterriegenturnen zum 11. Turnfest des V. Kreises der D. T. zu Leer 16. 7. 1882, Bremen 1882, — zu Jever 11. 7. 1886, Bremen 1886, 18 u. 11 S., 8°. 2 Bde.

— s.: Verhandlungen, die, d. 18. deutschen Turnlehrer-Versammlg.

Boettcher, Alfr., Vorturnern zu Rath u. That! Eine Beispielsammlung von Ordnungs-, Frei-, Stab- u. Geräthübungen, für ein geregeltes Vereinsturnen, in 3 Stufen aufgestellt u. im Anschlusse an den Leitfaden für Ordnungs- u. Freiübungen von J. C. Lion u. das Merkbüchlein für Vorturner v. L. Puritz bearb. gr. 8. (VIII, 87 S.) Bremen 879. Heinsius. n. 1. —

—— Vorturnern zu Rat und That. Eine Beispielsammlung von Ordnungs-, Frei-, Stab- und Gerätübungen für ein geregeltes Vereinsturnen in 3 Stufen aufgestellt und bearb. im Anschlusse an den Leitfaden für den Betrieb der Ordnungs- und Freiübungen von J. C. Lion und das Merkbüchlein für Vorturner von L. Puritz, nebst Übungsbeispielen aus Schauturnordnungen des Allgemeinen Bremer Turnvereins. 2. verb. und sehr verm. Aufl. gr. 8. (XII, 195 S.) Bremen 888, Heinsius. * geb. *

Boettcher, Alfred William (Leipzig), De herniotomia potissimum respectu hernietomiae inguinalis et cruralis habito. Diss. med. Lpz. (Frdr. Andraei) 25. IX. 1840. 44 S. (4.—) 3354
Gew.: Christian Adolph Boettcher u. Julius Gebhard Ranft.

Böttcher, Anton

Boettcher, Ant.: Berechng u. Konstruktion d. Schiffsmaschinen u. -Kessel, s.: Bauer, G.

Krane. Ihr allgem. Aufbau nebst maschineller Ausrüstung, Eigenschaften ihrer Betriebsmittel, einschlägige Maschinen-Elemente u. Trägerkonstruktionen. Ein Handbuch ... Von Anton **Böttcher.** Unter Mitw. von G. F r a s c h. Mit 402 Textfig., 48 Taf. u. 41 Tab. (Textbd. Tafelbd.) München & Berlin: Oldenbourg 1906. 8° 06. 1066

Boettcher, Arminius *(geb. Leipzig 7. 5. 1834)*: De febri puerperali epidemica et endemica. Vratislaviae (1857). (44 S.) 8°
Breslau, Med. Diss. v. 3. Apr. 1857

Böttcher, Art., Bilder u. **Erzählungen aus der allgem. u. deutschen Geschichte, s.: H o l d e r m a n n, Karl, u. Rich. S o t z e p f a n d t.**

B o e t t c h e r, Arthur, kritische Bemerkungen und neue Beiträge zur Literatur des Gehörlabyrinths. gr. 8. (88 S. mit 2 lithogr. Taf.) Dorpat 872, Gläser's Verlag. [Schnakenburg.] *

Boettcher, A, krit. Bemerkgn u. neue Beiträge z. Literatur d. Gehörlabyrinths. 8. (88) Dorp. 72, Schnakenburg. n. 2. —

—— über Entwickelung und Bau des Gehörlabyrinths nach Untersuchungen an Säugethieren. 1. Thl. gr. 4. (IV, 203 S. mit 12 Kpfrt. in gr. 4. und qu. gr. 4.) Leipzig 870, Engelmann. *

— über E n t w i c k e l u n g u. Bau d. Gehörlabyrinths nach Untersuchgn. an Säugethieren. 1. Thl. Mit 12 Kpfrtaf. (in gr. 4. u. qu. gr. 4.) gr. 4. (IV, 203 S.) Leipzig 871. Engelmann. n. 16. —

Boettcher, Arth., observationes microscopicae de ratione, qua nervus cochleae mammalium terminatur. Dissert. inaug. Accedit tabula lith. (in 4.). Dorpati Livon. 856. (Mitau, Reyher.) gr. 8. (1 Bl., 93 S.) 18 ngr

— neue U n t e r s u c h u n g e n üb. die rothen Blutkörperchen, s.: Mémoires de l'académie imperiale des sciences de St.-Pétersburg.

Boettcher, Arthur (Hrsg.), s. Z e i t s c h r i f t , Dorpater medicinische.

Böttcher, Bernh.

Die Kolonne Ihrer Majestät. Briefe e. Arztes aus d. fernen Osten. Von Dr. med. Bernh. **Böttcher** †. (Hrsg.: Dr. Ernst Seraphim.) *Riga; Jonck & Poliewsky 1904.* (164 S.) 8° [F.] 04. 4886

— — [u. d. T.:] Mit dem Roten Kreuz im fernen Osten. '04. 164 S.

Böttcher Bruno, Dr., und Horowitz Stephanie: Über die Umlagerung von Chinin durch Schwefelsäure. 1. Mitteilung. S. 120. IIb. 605 . . . . vgr.
— — — 2. Mitteilung. S. 121. IIb. 945 . . . . vgr.
Separatabdruck

Böttcher, C., die Entwicklung des Wendeltreppenbaues bei eingehender Behandlung der altsächsischen Wendeltreppe. (XV, 184 S. m. 184 Abbildgn.) Lex.8. Dresden 909. G. Kühtmann. 8. —

Böttcher, C., Znave Lehmann, s. **Bloch's, E.**, Dilettanten-Bühne.

Boettcher, O. Die Organisation der Oberrealschule. Königsberg, O. R., 1893. 13 S. 4. Progr.

Boettcher, C., quaestiones criticae de Titi Livii libri XXI et XXII fontibus. Regimonti Pr. 39 p. 1867.
Schul-/Univ.-Schrift

Böttcher, C. E., aus dem Kinderleben. Ein schönes Bilderbuch f. art. Kinder. 12 Orig.-Zeichngn. (in Buntdr.) Mit hübschen Versen v. G. Mandel. qu. 4. Stuttgart 872. G. Weise. geb. 1. 80

Böttcher, C. Ed.

Böttcher, CE, Zeitpredigt. 8. (15) Herzb. 51. (Wittenb., Herrosé.) — 2½

Böttcher, C. Ed., Zeitpredigt üb. die Epistel am XIV. Sonnt. nach Trinitatis. 8. (15 S.) Herzberg 851, Mohr. 1/12 ₰

Böttcher, C. F., kurze Nachricht über d. 2c. Provinzial-Taubstummenschule in Stettin, s. Graßmann, F. H. G.

Böttcher, C. F., Nachricht üb. d. Taubstummenschule in Stettin, s. Graßmann, F. H. G.

— Reallenb., s: Kahnmeyer, L.

Böttcher, C. F. W.

— kurze Entwürfe gehalt. Predigten. 8. Cöthen, Aue. 806.

Böttcher, C. F. W., die Jugend ist die beste Zeit des Sammelns, eine Predigt. 8. Dessau. Tänzer. 806.

Böttcher, C. H.: Geschichte der Mäßigkeitsgesellschaften in den norddeutschen Bundesstaaten und Hannover. 8°. 1 Bd. 688 S. Hahn. Hannover. 1841.

Böttcher, **Charlotte, die Einmache-Kunst, 127 neue Recepte über das Einkochen von Früchten, Fruchtsäften, Fruchtgelees, Marmeladen und allen Arten von Gemüsen. 1. und 2. Aufl. gr. 8. (VIII, 86 S.) Hamburg 878, J. F. Richter. ***

Böttcher, Charlotte, die Einmache-Kunst. 127 neue Recepte über das Einkochen von Früchten, Fruchtsäften, Fruchtgelees, Marmeladen u. allen Arten Gemüsen. 3. Aufl. gr. 8. (VIII, 86 S.) Hamburg 883. J. F. Richter. n. — 60

Böttcher, Charlotte, die Feinbäckerei. Praktische Anleitg., Torten, Kuchen, Puffer, sowie größeres u. kleineres Backwerk auf bestem u. billigstem Wege herzustellen. (2. Aufl.) Lex.-8. (IX, 84 S. m. Abbildgn.) Hamburg 892. Verlagsanstalt u. Druckerei. n. 1. —

Böttcher, Charlotte, die vier Jahreszeiten in der Küche. gr. 8. (46 S.) Hamburg 868, J. F. Richter. *

Böttcher, Charlotte, Kraft und Stoff oder deutsches Universal-Kochbuch, umfassend die ganze Praxis der Küche sowohl für die feinste Tafel, wie den einfachsten bürgerlichen Hausstand in den sorgfältigsten Unterweisungen und mehreren 1000 ausgeprüfter Recepte. Ein gründl. Lehr-, vollständiges Hand- und unentbehrliches Hülfsbuch 2c. 1. u. 2. Aufl. Hamburg 863. Richter. gr. 8. (XII, 1230 S. mit Holzschn. im Text.) n. 2 ₰ 18 ngr; geb. n. 3 ₰

Böttcher, C, Kraft u. Stoff od. deut. Univers.-Kochb. 2. Afl. 8. (1230 m. H.) Hamb. 64, Richter. n. 2. 18; cart. 2. 18; geb. n. 3. — || 3. Afl. 1. Lfg. (64) 65. n. — 3

Böttcher, Charlotte, Kraft und Stoff oder deutsches Universal-Kochbuch, umfassend die ganze Praxis der Küche sowohl für die feinste Tafel, wie den einfachsten bürgerl. Hausstand in den sorgfältigsten Unterweisungen und mehreren 1000 ausgeprüfter Recepte. Nebst Anh. 2. Aufl. 1864. und 3., verb. und verm. Aufl. 19 Lfgn. gr. 8. (XLIV und 1214 S. mit eingedr. Holzschn.) Hamburg 866, J. P. F. E. Richter. à Lfg. * 3 Ngr. *

—— Kraft und Stoff oder deutsches Universal-Kochbuch, umfassend die ganze Praxis der Küche sowohl für die feinste Tafel, wie den einfachsten bürgerl. Hausstand in den sorgfältigsten Unterweisungen und mehreren Tausenden ausgeprüfter Recepte. Mit Leitfaden zur Berechnung der neuen Maaße und Gewichte. Ein gründl. Lehr-, vollständ. Hand- und unentbehrl. Hülfsbuch für **die werdende und schon ausgebildete Köchin oder Hausfrau. 4. Aufl. in 15 Lfgn. à 40 Pf., 1868, und 5. Aufl. in 20 Lfgn. gr. 8. (LXVIII, 896 S.) Hamburg 871,72, Richter. à Lfg. 30 Pf.**

—— Kraft und Stoff. Deutsches Universal-Kochbuch. Umfassend die ganze Praxis der Küche sowohl für die feinste Tafel, wie für den einfachsten bürgerl. Hausstand in den sorgfältigsten Unterweisungen und mehreren Tausend ausgeprüften Recepten. Mit vielen den Text erläut. Illustr. 7. gänzlich umgearb. Aufl. gr. 8. (LXIII, 1013 S.) Ebendas. 884. cart. geb.

Böttcher, **Ch.**, Kraft und Stoff. Deutsches Universal-Kochbuch. Umfassend die ganze Praxis der Küche sowohl für die feinste Tafel, wie für den einfachsten bürgerl. Hausstand in den sorgfältigsten Unterweisungen und mehreren Tausend ausgeprüften Recepten. 9. Aufl. gr. 8. (LXIII, 1013 S. mit vielen den Text erläut. Illustr.) Hamburg 888, Verlagsanstalt und Druckerei, A.-G. cart. ℳ 6.50.; geb.

Böttcher, Charlotte, Kraft u. Stoff. Deutsches Universal-Kochbuch. Umfassend die ganze Praxis der Küche, sowohl f. die feinste Tafel, wie f. den einfachsten bürgerl. Hausstand. Mit vielen den Text erläut. Illustr. 9. Aufl. gr. 8. (LXIII, 1013 S.) Hamburg 889. Verlagsanstalt u. Druckerei, A.-G. cart. n. 6. 50; geb. n. 7. 50; in 16 Lfgn. à n. — 40

Böttcher, Charlotte, Kraft u. Stoff. Deutsches Universal-Kochbuch. Umfassend die ganze Praxis der Küche, sowohl f. die feinste Tafel, wie f. den einfachsten bürgerl. Hausstand in den sorgfältigsten Unterweisgn. u. mehreren tausend ausgeprüften Recepten. Mit vielen den Text erläut. Illustr. 10. Aufl. gr. 8. (LXIII, 1013 S.) Hamburg 893. Verlagsanstalt u. Druckerei. Geb. in Leinw. n. 6. —

Böttcher, Charlotte, die kleine, oder der bürgerl. Mittagstisch. Prakt. Anleitung zum Kochen, Braten und Einmachen. Eine vollständ. Sammlung der besten Recepte auf Erfahrung begründet und für Hausfrauen und Köchinnen nach dem neuesten Maaß und Gewicht berechnet und hrsg. von der Verf. von „Kraft und Stoff". 1. Aufl. 1878. * ℳ 2,40., und 2. Aufl. 16. (XVI, 814 S.) Hamburg 874, Richter. cart. *
A. u. d. T.: Kleines Hamburger Kochbuch.

Böttcher's, Charlotte, deutsches Universal-Kochbuch Kraft u. Stoff, umfassend die ganze Praxis der Küche, feinste sowohl für die Tafel, wie den einfachsten bürgerl. Hausstand in den sorgfältigsten Unterweisgn. u. mehreren Tausenden ausgeprüfter Recepte. Mit Leitfaden zur Berechng. der neuen Maaße u. Gewichte. Ein gründl. Lehr-, vollständ. Hand- u. unentbehrl. Hülfsbuch f. die werdende u. schon ausgebildete Köchin od. Hausfrau. 5. Aufl. 1. u. 2. Lfg. gr. 8. (LXVIII u. S. 1—47.) Hamburg 871. Richter. à — 30

— deutsches Universal-Kochbuch: Kraft u. Stoff, umfassend die ganze Praxis der Küche, sowohl für die feinste Tafel, wie den einfachsten Hausstand, in den sorgfältigsten Unterweisungen u. mehreren Tausenden ausgeprüfter Recepte. Mit vielen den Text erläut. Illustr. Ein gründl. Lehr-, vollständ. Hand- u. unentbehrl. Hülfsbuch für die werdende u. schon ausgebildete Köchin oder Hausfrau. 6. Aufl. 25 Liefgn. gr. 8. (1—8. Lfg. S. 1—144.) Ebend. 877. à — 30

Böttcher, Chr. H., Beschr. d. Bäume u. Staud. in den Park des Weißensteins. 2 Stck. 4. Cassel, Cramer. 777.

— Beschr. d. botan. Gartens in Cassel. m. K. 4. Cassel. 777.

— Beschr. d. Gesundbr. u. Bäder in Hofgeismar. m. K. gr. 8. Cassel, Cramer. 772.

Boettcher, Dorothea, Deutsche Klänge in Amerika. Gedichte. 12. (304 S.) Chicago (895). (Koelling & Klappenbach.) Geb. m. Goldschn. n. 6. —

Böttcher, E.: B a u t e n ..., s. B ö t t c h e r , Emil

Böttcher's, C., Calculations-Tabellen f. Stettin. In 2 Abthlgn. 1. Abthl. 8. (VI u. 106 S.) Stettin 847. (Müller & Co.) n. 4 ℳ

Böttcher, E.: O r o g r a p h i e , s. B ö t t c h e r , Ernst.

Böttcher, Eduard, s. a. B ö t t c h e r , Johannes Eduard

Böttcher, *Johannes Eduard*: Auskünfte über das Städtische Realgymnasium zu Leipzig. 4 (1 S.). **Progr.** Städt. Rg. *Leipzig* 1897

Böttcher, Johannes Eduard [Prof. Dr., Rekt.]: *Bericht über seine Einführung als Rector*. Leipzig, in Komm. d. J. C. Hinrichsschen Buchh., 1893; 31—33 S. 4.
Leipzig, st. RG, OP 1893 (554)

Böttcher, [Eduard]: [Bericht über die 75jährige Gedenkfeier der Schule.] S. 3—12. 4. Petrischule. Städt. Realgymn. *Leipzig* 1910 **Progr.**

Böttcher, Johannes Eduard [Prof. Dr., Rekt.]: Rede zum Antritt des Rektorates, Dienst. d. 24. Mai 1892. Leipzig, in Komm. d. J. C. Hinrichsschen Buchh., 1893; 36—41 S. 4.
Leipzig, st. RG, OP 1893 (554)

Böttcher, *Johannes Eduard*: *Worte des Abschieds an den aus dem Schulvorstande scheidenden Stadtrat Dürr und Worte der Begrüßung an den an seine Stelle tretenden Dr. Goehring.* 4 (S. 3—4). **Progr.** Städt. Rg. *Leipzig* 1900

Böttcher, Emil

Böttcher E, Baurecht u Baupolizeirecht nebst Bauordnung f. Bremen. Bremen 1884

Böttcher, Emil, Bauten und Denkmale des Staatsgebiets der freien und Hansestadt Bremen. 2. wesentlich umgearb. und verb. Aufl. des „Technischen Führers". gr. 8. (IV, 79 S. mit 26 Taf. Zeichnungen und 1 Plan der Stadt Bremen, nebst Uebersichtskarte des Staatsgebiets.) Bremen 887, Diercksen und Wichlein. *

Böttcher, Emil, technischer Führer durch das Staatsgebiet der freien und Hansestadt Bremen. 8. (III, 41 S. mit 16 autogr. Taf.) Bremen 882, (Heinsius.) * *

Boettcher, (Car.) Aemil. (geb. Profen b. Zeitz 7. 12. 1832): De gangraena nosocomiali. Berolini (1855). (20 S.) 8°
Berlin, Med. Diss. v. 10. Aug. 1855

—— Mittheilungen über Pferdebahn-Anlagen in verschiedenen Städten. 8. (76 S.) Siegen 882, Montanus. *

Boettcher, Erich [aus Curland]: Aus d. Hygien. Institut d. Univ. Würzburg. Studien über Bacillus implexus und mycoides m. bes. Berücks. ihrer Beweglichkeit ... Würzburg, P. Scheiner's Buchdr., 1897; 26 S. 8.
Würzburg, Med. Fak., Inaug.-Diss. v. 1897

Böttcher, Erich, a. Malkendorf: Der englische Ursprung des Comte de Boursoufle. Rostock 1906: Adler. (87 S.) 8°
Rostock, Phil. Fak., Ref. Lindner, Diss. v. 7. März 1906
[Geb. 26. Okt. 79 Magdeburg; Wohnort: Rostock; Staatsangeh.: Preußen; Vorbildung: Dom-Gymn. Magdeburg Reife M. 99; Studium: Berlin 8, Rostock 2 S.; Rig. 26. Febr. 06.]

Böttcher, Ernst, Dr.: Die geographischen Bedingungen für das Werden und Wachsen von Kottbus. Festrede zur Kaisergeburtstagsfeier 1905. Kottbus 1905: Alb. Heine. (S. 3—6.) 4°
Kottbus, k. Friedrich-Wilhelms-G OP 1905 (85)

Böttcher, Ernst, Französisch f. Postanwärter u. Postgehilfen. Mit 200 Adressen hrsg. 8. (62 S.) Leipzig 902. F. A. Berger. Kart. n. — 80

Böttcher, E: Französisch f. Postanwärter u. Postgehilfen. 1—3. Afl. (62) 8° Lpzg. FA Berger '02'04. Kart. — 80 d

Böttcher, Ernst, Französisch f. Postanwärter u. Postgehilfen. Mit 200 Adressen hrsg. 6. Aufl. (62 S.) kl. 8. Leipzig (906). F. A. Berger. Kart. n. — 80

Böttcher, Ernst: Französisch f. Postanwärter u. Postgehilfen. Mit 200 Adressen. 13. Afl. Mit e. Beil. (80) kl8° Lpzg, FA Berger ('11). geb. 1 — d

Böttcher, Ernst, Geographie und Hydrographie des Kongobeckens. Berlin 1887.

— Geographie f. Militäranwärter (Lademeister-, Bahn- u. Postassistenten-, Intendantur- u. Proviantamtslaufbahn). 8. Aufl. (64 S.) 8. Königsberg 908. (Leipzig, F. A. Berger.) Kart. n. — 80

— Geogr. f. Militäranwärter (Lademeister-, Bahn- u. Postassistenten-, Intendantur- u. Proviantamtslaufbahn). 8. Afl. (64) 8° Kögsbg i/Pr., Lehr. Ernst Böttcher '08. Kart. — 80 d

Böttcher, E, populäre Harmonielehre in Unterrichtsbriefen. 8° (210) Lpzg 93. Dresd., CA Koch. 1.80; geb. 2.40

Böttcher, Ernst, populäre Harmonielehre i. Unterr.-Briefen. 8. (VI, 210 S.) Leipzig 893. [C. A. Koch.] H. Seemann Nachf. n. 1. 80; geb. n. 2. 40

Böttcher, Ernst [aus Berlin]: Orographie und Hydrographie des Kongobeckens .... Halle a. S., Buchdr. v. Albert Naucke, 1887; 1 Bl. + 41 + 1 S. 8°.
Halle, Phil. Fak., Inaug.-Diss. v. [30. Jun.] 1887.

Böttcher, Ernst, Orographie und Hydrographie des Kongobeckens. gr. 8. (IV, 100 S. mit 3 autogr. Taf.) Berlin 887, Haude und Spener'sche Buchh. *

Böttcher, Ernst [app. Arzt]: Pyromanie oder Schwachsinn? München, Druck v. B. Heller, 1893; 2 Bl., 44 S. 8.
München, Med. Fak., Inaug.-Diss. v. 1893

Böttcher, Ernst A., neue u. ewig bekannte Arctiiden aus Turkestan. (8 S. m. Abbildgn.) Lex. 8. Berlin (906). E. A. Böttcher. — 50
Sonderabdruck aus „Entomol. Ztschr."

Böttcher, Ernst A: Preisliste über paläarctische Schmetterlinge. Berlin (1909 ?)

Schmetterlings-Etiketten. 500 Etiketten d. wichtigsten Schmetterlinge Europas ⟨insbes. Deutschlands⟩ ... Anordnung u. Nomenklatur nach d. neuesten System ... Ernst A. **Böttcher**. Berlin: E. A. Böttcher 1907. (1 Bl.) gr. 2° [07. 4790

Böttcher, Ernst A: Preisliste Utensilien für Naturaliensammler. Berlin 1908

Böttcher, F., unseres Alphabetes Ursprünge, gemeinfasslich dargelegt. gr. 8. (85 S.) Dresden 860, Kuntze.

Böttcher, F. A. G., s. Tarantola, Darstellung.

Böttcher, F. W., Uebersicht der den Regierungen und landwirthschaftlichen Vereinen Deutschlands zur Förderung d. Landes-Culturzwecke jährlich zur Verfügung stehenden Geldmittel und deren Verwendung. Berlin 853. Wiegandt u. Grieben. gr. 8. (8 Bl., 77 S.) n. 15 ngr

Böttcher, F. W., die landwirthschaftl. Vereine in d. K. Preuß. Staaten. Eine tabellar.-statist. Nachweisung ihrer gegenwärt. Verhältnisse, Centralisation rc., mit Angabe der Namen u. Wohnorte ihrer zeitherigen Vorsteher, Secretaire rc u. der im Bereiche der Vereine bestehenden landwirthschaftl. Lehranstalten, Ackerbauschulen u. sonstigen Institute. Nach den eigenen Mittheilungen der Vereine u. mit Benutzung amtl. Quellen zusammengetragen. 4. (IV u. 120 S.) Berlin 848, Bessers Verlag [Fr. Duncker.] 27 ngr

— die landwirthschaftl. Vereine in d. K. Preuß. Staaten, nebst den Fürstenth. Hohenzollern-Hechingen u. Sigmaringen. Mit einem Anh., enth. die landwirthschaftl. Vereine in den übrigen deutschen Staaten. Supplement der im J. 1848 erschienenen tabellarisch-statist. Nachweisung der landwirthschaftl. Vereine in den K. Preuß. Staaten rc. Nach den eigenen Mittheilungen der Vereine u. mit Benutzg. amtl Quellen zusammengetragen. 4. (IV u. 56 S.) Berlin 850, Bessers Verlag [Fr. Duncker]. n. 2/3 ßf (cmplt. n. 1 ßf)

—— die landwirthschaftlichen Vereine in den königl. preußischen Staaten. Eine tabellarisch-statist. Nachweisung ihrer gegenwärtigen Verhältnisse, Centralisation rc., mit Angabe der Namen und Wohnorte ihrer zeitigen Vorsteher, Secretaire rc., und der im Bereiche der Vereine bestehenden landwirthschaftl. Lehr-Anstalten, Ackerbauschulen rc. Mit einem Anhang, enthaltend die landwirthschaftl. Vereine der übrigen deutschen Staaten. Im Auftrage des k. Landes-Oeconomie-Collegiums zusammengetragen. 2. Aufl. (IV und 144 S.) 853. * 1 Thlr. 10 Ngr. und 3., ganz neu bearb. Aufl. 4. (VI und 178 S.) Berlin 850, Besser's Vrlgsh. *

— — 3. ganz neu bearb. Aufl. Berlin 850. Bosselmann. gr. 4. (VI, 178 S.) n. 1 ßf 20 ngr

Böttcher, Friedrich

— exegetisch-krit. Aehrenlese zum alten Testament. gr. 8. (IV u. 108 S.) Leipzig 849, Vogel. n. 2/3 ßf

— Neue exegetisch-kritische Aehrenlese zum Alten Testamente. Nach dem Tode des Verfassers herausgegeben von Ferdinand Mühlau (2 und 3). 1.—3. Abtheilung Leipzig 1863—1865.

Böttcher, Frdr., neue exegetisch-kritische Aehrenlese zum Alten Testamente. 1. Abth. Genesis — 2 Samuelis. Leipzig 863. Barth. gr. 8. (VIII, 268 S.) n. 1 ßf 22 ngr.

— — 2. Abth. 1 Regum—Psalmi. Nach dem Tode des Verf. herausg. von Ferd. Mühlau. Ebend. 864. gr. 8. (306 S.) n. 1 ßf 22 ngr.

— neue exegetisch-kritische Aehrenlese zum Alten Testamente 3. (letzte) Abth. Proverbia—Chronica. Nach dem Tode des Verf. herag. u. mit e. dreifachen Register über alle 3 Abtheilungen versehen von Ferd. Mühlau. Ebend. 865. gr. 8. (VI, 258 S.) n. 1 ßf 22 ngr.

Böttcher, Frdr., Aehrenlese zur Homerisch-Hesiodischen Wortforschung, dem diessjähr. Programm der Kreuzschule zu Dresden beigegeben. gr. 8. (27 S.) Dresden 848, Adler & Dietze. n. 1/6 ßf

— die ältesten Bühnendichtungen. Der Debora-Gesang u. das Hohe Lied dramatisch hergestellt u. neu übers. gr. 8. (XXIV u. 54 S.) Leipzig 850, Barth. 12 ngr

Boettcher, Frid., collectanea hebraica ad grammatici studii repetitionem moderationemque. Cum IV tabulis etymolog. (In Imp.-Fol.) Lex.-8. (12½ B. u. 1 Tab.) Dresdae 844, Gottschalck. *

—— de inferis rebusque post mortem futuris ex hebraeor. et graecorum opinionibus libri duo. Lib. I, grammatici, in quo de verb. locisque ad inferos etc. pertinentibus explicatur. Vol. I. Hebraica complectens. Lex.-8. (20⅝ B.) Dresden 846, Gottschalck. *

—— d. deutsche Kirchenbund zum Christenthum d. Eintracht, im 3. Jubeljahre d. Beginnens deutscher Glaubenskriege m. 4 Friedensworten z. Besprechung gegeben. 1. Wort: an die getrennten deutschen Christen. gr. 8. (4 B.) Dresden 846, Adler u. Dietze. *

—— ausführliches Lehrbuch der hebräischen Sprache. Nach dem Tode des Verf. hrsg. und mit ausführl. Registern versehen von Ferd. Mühlau. 2 Bde. à 2 Hälften. Lex.-8. (1. Bd. (VII und 655 S.), 2. Bd. (XII und 699 S.) Leipzig 866—68, J. A. Barth. à Hälfte * 2 Thlr. 20 Ngr. *

— offene Mittheilungen auf Anlaß d. neuesten Gymnasial-Verordnungen eines Hohen Ministeriums des Cultus u. öffentl. Unterrichts im Königreich Sachsen. gr. 8. (65 S.) Dresden 848, Adler & Dietze. n. 1/3 ßf

Boettcher, Friedr. Ora et labora! Roman. 8. (540 S.) Lpz. 889. Keil's Nachf. 5 —; geb. * 6 —

Böttcher, F., das Staatsrecht d. Fürstenth. Waldeck, s.a. Handbuch d. öffentlichen Rechts der Gegenwart.

Böttcher, F. Das Staatsrecht des Fürstentums Waldeck. (§ 9. Das Finanzwesen.) Marquardsen, Handbuch des öffentl. Rechts, III 2/1. gr. 8°. Freiburg i. Br., J. C. B. Mohr, 1884.

Boettcher, Friedr., Eduard Stephani. Ein Beitrag zur Zeitgeschichte, insbesondere zur Geschichte der nationalliberalen Partei. gr. 8. (IX, 299 S.) Leipzig 887, Brockhaus. *
geb. *

Böttcher, Friedrich Wilhelm

— Abhandl. über d. Anlage u. Ausführung gesunder u. fester Gefangen- u. Pforthäuser auf d. Lande, mit 8 Kpf, gr. 8. Götting. 815. Vandenhöck u. R. 1 ßf 16 ggr

Böttcher, F. W., Abhandlungen über die Anlage und Ausführung gesunder und fester Gefangen- und Pforthäuser auf dem Lande, mit 8 Kupf. gr. 8. Göttingen, Vandenhök u. R. 816.

Böttcher, Friedr. Wilh. 3 Abhandluugen über Holzersparungen beym Bauwesen, vorzuglich des Eichenholzes. Göttingen 1815. 8.

— Abhandl. über Holzersparungen beim Bauwesen. gr. 8. Götting. 815. Vandenhöck u. R. 8 ggr

— Nachtrag zu d. Abhandl. üb. Holzersparungen beim Bauwesen, vorzügl. d. Eichenholzes. gr. 8. Götting. 815. Vandenhöck u. R. 4 ggr

Böttcher, Fr. Wlh., Abhandl. über d. Construktion d. Dächer u. deren Bedeckung auf d. ländl. Gebäuden. gr. 8. Götting. 815. Vandenhöck u. R. 3 ggr

Böttcher, Fritz, Rechtsanw.: Die rechtliche Bedeutung der cautela Socini nach gemeinem Recht und nach dem Recht des Bürgerlichen Gesetzbuches. Borna-Leipzig 1909: Noske. VIII, 51 S. 8°

Leipzig, Jur. Diss. v. 19. Aug. 1909

[Geb. 14. Nov. 74 Kl.-Klecken; Wohnort: Stadthagen; Staatsangeh.: Preußen; Vorbildung: Gymn. Salzwedel Reife M. 96; Studium: Halle 4, Berlin 1, Göttingen 2 S.; Rig. 25. Juli 06.] [U 10. 2068

Böttcher, Fritz, Referendar: Zur Lehre vom Erlöschen der Vollmacht nach dem Rechte des Bürgerlichen Gesetzbuchs. Bremen 1908: H. M. Hauschild. (76 S.) 8° [F.]
Leipzig, Jur. Fak., Diss. v. 25. Juli 1908
[Geb. 10. Febr. 84 Magdeburg; Wohnort: Bremen; Staatsangeh.: Preußen; Vorbildung: Realgymn. Magdeburg Reife M. 03; Studium: Halle 6 S.; Rig. 19. Jan. 07.]

Böttcher, G., über die histologischen Vorgänge und das Verhalten des Blutes in doppelt unterbundenen Gefässen, s. Beiträge zur pathologischen Anatomie und Physiologie.

Boettcher, Georg, Kammergerichtsreferendar in Berlin: Die Haftung von Miterben für Nachlaßverbindlichkeiten nach dem mittelalterlichen deutschen Recht und nach dem BGB. Borna-Leipzig 1906: R. Noske. (VIII, 90 S.) 8° [F.]
Würzburg, Jur. Fak., Ref. Mayer, Diss. v. 2. April 1906
[Geb. 29. Jan. 79 Berlin; Wohnort: Berlin; Staatsangeh.: Preußen; Vorbildung: Luisengymn. Berlin Reife M. 97; Studium: München 2, Berlin 6 S.; Rig. 31. Jan. 06.]

Böttcher, Georg [prakt. Arzt]: Untersuchungen über die histologischen Vorgänge und das Verhalten des Blutes in doppelt unterbundenen Gefässen ... Jena, Gustav Fischer, 1887; 2 Bl. + 19 + 1 S. + 1 Bl. 8°.
Königsberg, Med. Fak., Inaug.-Diss. v. 9. Aug. 1887.

Böttcher, Geo., Wiesbaden. Eine m. dem 2. Preise der Stadt Wiesbaden ausgezeichnete Schrift. Mit e. Stadtplan, e. Plane der Umgebg. u. 8 Illustr. (VI, 266 S.) gr. 8. Wiesbaden 908. J. F. Bergmann. Geb. in Leinw. 2.40

— Wiesbaden and her thermal springs. Translated into English by L. J. Allen. (VII, 99 S. m. 1 farb. Plan, 1 farb. Karte u. 8 Taf.) 8. Ebd. 910. 1.60

Boettcher, Gertrud: Untersuchungen über Bakteriotropine des Serums bei Pneumokokkeninfektionen von Kaninchen und Menschen. Leipzig 1909: Lehmann. 47 S. 8°
Leipzig, Med. Diss. v. 12. Juli 1909, Ref. Curschmann
[Geb. 18. Juni 74 Altona; Wohnort: Leipzig; Staatsangeh.: Sachsen; Vorbildung: Kgl. Gymn. Dresden-N. Reife M. 03; Studium: Leipzig 8, München 1, Freiburg i. B. 1 S.; Coll. 20. Juli 09.] [U 09. 2758

Böttcher, Gottfried Conrad, s. Böttger

Boettcher, Gottfried Heinrich

— poetische Blätter. 8. Hannov. 800. Hahn. 4 gr

— **Gottfried Heinrich** (Hannover), Viro Carl Traugott Gottlob Schoenemann summos utr. juris honores .. gratul. — Proponitur interpretatio legis 63 § 7, 8, 9 d. ad sctum Trebell. Göttingen (J. G. Rosenbusch) 1797. 12 Seiten. (4.—) 3355

Böttcher, Gf. Hnr., commentatio, quae sunt origines et fundam distinctionis in jurisdictionem contentiosam et voluntarium. 8maj. Hannov 799. Hahn. 4 gr

— specimen historiae juris civilis, in quo origines et fata doctrinae de pupillari substitutione enarrantur. 8. Götting. 797. Dieterich. 2 gr

Boettcher, H., Berechnung u. Konstruktion der Schiffsmaschinen u. -Kessel, s.: Bauer, G.

Boettcher, H. [Oberl. Dr.]: Shakespeares „Julius Caesar". Graudenz, Druck v. G. Röthe, 1889; S. 3—26; 4°
Graudenz, k. ev. G, OP 1889 (32)

—— General-Ber. üb. d. Zustand d. Mässigkeits-Ref. im J. 1854. 4. (96) Luzern 55. Weber. n. — 10

Böttcher, H.: Ueber die Quellen des Cassius Dio in seiner Darstellung des Bürgerkrieges zwischen Caesar und Pompeius. 20 S. Progr. Halberstatt 1872.

Böttcher. H., De ellipseos apud Xenophontem usu. Diss. 1875. 86 S.

Böttcher, H., Zeichen-Schreib-Lese-Fibel. Ein neuer Weg f. den ersten Unterricht im Lesen u. Schreiben. Mit (z. Tl. farb.) Orig.-Zeichngn. v. Eug. Hanetzog. (II, 118 S.) gr. 8. Berlin 909. R. Gahl. Geb. nn — 90

— dass. 2. Afl. (4, 112 m. Abb.) gr8° Bresl., F Hirt '12. geb. — 70 d

Böttcher, H[ans]: Über die Dissociationstemperaturen der Kohlensäure und des Schwefelsäureanhydrites. 1900. 65 S., 4 Taf. 8°
Dresden, Dr.-Ing.-Diss. v. 19. 12. 1900

Böttcher, Heinrich (Hrsg.), s. Actenstücke, Drei, in Sachen der Mässigkeits-Reform.

Anleitung zu den Übungen der Vorschule für das freie Zeichnen von H[einrich] Böttcher, Zeichenlehrer zu Magdeburg. *Magdeburg: J. Neumann (1900).* (25 S.) 8° [F.] [oc. 1963

Böttcher, Heinr., Aufgaben aus dem bürgerlichen Geschäftsleben, s.: Richter, Herm.

Böttcher, (Heinr.), Böttcher u. seine Stiftungen. Eine Festgabe zur Jubelfeier der hundertjähr. Gründung des Schullehrer-Seminars u. dessen Freischule. [Hannover den 16. u. 17. Septbr. 1851.] Den Mitbürgern u. Zöglingen des Stifters dargeboten. Aus dem schriftl. Nachlasse d. Stifters zusammengestellt. [Mit einem (lith.) Bildnisse, dem Siegel u. der Handschrift Böttchers.] gr. 8. (160 S.) Hannover 851, Rümpler. n. 1/3 Rthlr

Böttger, Heinr., Diöcesan- und Gau-Grenzen Norddeutschlands zwischen Oder, Main, jenseit des Rheins, der Nord- und Ostsee von Ort zu Ort schreitend festgestellt, nebst 1 Gau- und 1 dieselbe begründ. Diöcesankarte. Abth. 1—4. Hannover 1874—76. Mit 3 Gau- und 3 Diöcesankarten. . . . . (D.)

Böttcher, Heinr., das Urchristenthum aus dem Heiden- u. Judenthum durch Christi, d. ersehnten Messias, Lehre, Leben, Wirken, Sterben u. Auferstehen entwickelt u. begründet. Aus den Urquellen, wie nie zuvor, bewiesen. gr. 8. (X, 172 S.) Leipzig 882. (Rechel.) 3. —

Böttcher, Hellmuth: Verteilung der Elektrizität auf einem aus zwei verschiedenen Halbkugeln zusammengesetzten Konduktor. *Leipzig 1904: B. G. Teubner.* (IV, 62 S.) 8°
Leipzig, Phil. Diss. v. 1904

Boettcher, Hermann [app. Arzt aus Cannstatt]: Ueber die prognostische Bedeutung der Grösse des Infiltrates bei der crupösen Pneumonie m. bes. Berücks. d. Infiltrationsmaximums ... Stuttgart, Hofbuchdr. Greiner & Pfeiffer, 1893; 48 S. 8.
Strassburg, Med. Fak., Inaug.-Diss. v. 1893

Boettcher, Hermann: Quedlinburgs Beziehungen zu Halberstadt im Mittelalter. Halberstadt (1908): Doelle. S. 3—24. 4°
Halberstadt, k. Dom-G OP 1908 (308) [S 08. 32

Böttcher, Herm. Der Gebrauch der Kasus bei Herodot. 24 S.
Progr. G. *Halberstadt* 1885.

Boettcher, Herm., was muß man bei der Errichtung u. als Teilnehmer e. Gesellschaft m. beschränkter Haftpflicht wissen? Errichtung u. Rechtsverhältnisse der Gesellschaft, Vertretg. u. Geschäftsführg., Gesellschaftsvertrag, Auflösg. der Gesellschaft, Steuerpflicht u. Schlußbestimmgn. nach dem Reichsgesetze in der Fassg. der Bekanntmachg. vom 20. V. 1898. (100 S.) 8. Berlin (907). H. Steinitz. 2. —

Boettcher J., u. A. **Bernewitz**, Ein Beitrag z. Bau des Hauses Gottes. 2 Predigten. gr. 8. (25 S.) Riga 897. L. Hoerschelmann. n. — 40

Boettcher, J., Synodal-Predigt, geh. bei Eröffng. der kurländ. Provinzial-Synode am 3. Septbr. 1892. 8. (16 S.) Mitau 893. F. Besthorn n. — 60

Boettcher, J., worauf ist bei dem Bau u. der Einrichtung von Schulhäusern zu achten? 8. (18 S. m. 1 Steintaf. in qu. Fol.) Mitau 878. Behre. n. — 80

Boettcher, J. A. G., Specimen semiologiae med. criticae de sapore interdum periculi vacuo, quin imo salutari. 118 pp. Rost. 4°. Salzb. med. chir. Zt. 1794, IV, 296. 1794

Böttcher, J. Ant. Eph., Leitfaden beim ersten Unterricht im Französischen, nebst e. erleicht. Lesebuche. 8. Magdeb. . . 2e A. 804, 3e A. 810. Creutz. 6 gl.

Böttcher J. E. Ueber die Bewegung eines Punktes auf einer Kugel unter Einwirkung von Kräften in einer Meridian-Ebene mit dem Potential $Ax_1^2 + Bx_2^2 + Bx_3^2$. 1875. 8. Math. Diss. Leipzig

Böttcher, J. E., die Bewegungen eines Kreis-Pendels auf rotirender Pendel-Ebene. 4. (25 S. mit 1 Stnt.) Leipzig 877, (Hinrichs'sche Buchh.) *

— u. E. Hasse, ist e. Festlegung d. Ostersonntags wünschenswerth u. ausführbar? Einleitende Berichte, zu den Verhandlgn. der gemeinnütz. Gesellschaft zu Leipzig vom 24. März 1890 erstattet. gr. 8. (22 S.) Leipzig 890. (Hinrichs' Verl.) n. — 40

Böttcher, J. E., Nationalzeit, örtliche od. Weltzeit? Vortrag. [Aus: „Grenzboten".] gr. 8. (16 S.) Leipzig 890. Grunow. n. — 50

Böttcher, J. E., der Seebade-Ort Zoppot bei Danzig in geschichtl., topograph., statist., naturwissenschaftl. u. socialer Hinsicht; sein Sagenkreis und seine Wirksamkeit als Sanitäts-Anstalt. Mit Karte u. (4 Taf.) Zeichnungen. 8. Danzig 842, Gerhard. 5/6 Rthlr.

Böttcher, J. Gli., s. Bötticher, Jakob Gottlieb Isaak

Böttcher, J. H., Der Branntwein, ein sicherer Zerstörer des Wohlstandes, der Gesundheit, des häuslichen Glückes und der Zufriedenheit. Ein Warnungsbüchlein für Alle, denen diese Güter theuer sind, verbunden mit der Geschichte der Mässigkeits-Gesellschaften. Gemeinf. dargestellt. 8°. Hildesheim, Gerstenberg, 1839.

– Ueber den Branntwein-Genuss, dessen Grösse, Ursachen, Folgen u. Heilung. Ein Handbuch für Vorsteher u. Freunde der Mässigkeits-Gesellschaften. Mit besond. Beziehung auf die vaterländ. Verhältnisse dargestellt. gr. 8°. Hannover. Hahn. 1839.

— s. Branntwein-Schrecknisse, die.

Böttcher, J. H., Geschichte der Mäßigkeits-Gesellschaften in den norddeutschen Bundes-Staaten, oder General-Bericht über den Zustand der Mäßigkeits-Reform bis zum Jahre 1840. Erster Jahres-Bericht für Deutschland. Mit jurid. und medicin. Gutachten u. andern Documenten, statist. u. tabellar. Zugaben u. e. literar. Anhange. gr. 8. Hannover 841, Hahn'sche Hofbuchh. n. 1⅔ Rthlr.

—— das Hauskreuz, od.: Was vom Branntweintrinken zu halten sei? Kurz u. erbaul. zusammengefaßt in Ein Gespräch, so auf e. Dorfe in uns. Lande vorigen Winter wirklich gehalten ist. Zur Lehr u. Warnung f. Jung u. Alt, f. Reich u. Arm, u. zu Nutz u. Frommen f. Jedermann an's Licht gestellt. Wohlf. Ausg. (1½ B.) 839., 13. u. 14., verb. Aufl. gr. 8. (à 4 B. u. Titvign.) Hannover 841, Hahn'sche Hofbuchh. à

Böttcher, J. H., das Hauskreuz, oder Was vom Branntweintrinken zu halten sei? Kurz und erbaulich zusammengefaßt in Ein Gespräch, so auf einem Dorfe in unserem Lande vorigen Winter wirklich gehalten ist. Zur Lehr und Warnung für Jung und Alt rc. 13. verb. Aufl. gr. 8. Hannover 841, Hahn'sche Hofbuchh. 1/8 Rthlr. — 14. Aufl. Mit Genehmigung des Verfassers für Süddeutschland bearbeitet vom Pfarrer Ritter. gr. 8. Darmstadt 841, Pabst. 1/8 Rthlr. — 15. verb. Aufl. gr. 8. Hannover 843, Hahn'sche Hofbuchh. 1/8 Rthlr. — 20. verb. Aufl. gr. 8. Ebend. 844. 1/8 Rthlr.

– Der Patriot. Eine vorurtheilsfreie und gründliche Untersuchung über die Mässigkeits-Angelegenheit. 2. Aufl. gr. 8°. Hannover, Hahn, 1840. 3. verb. Aufl. gr. 8°. Ebd. 1841. 5. verb. Aufl. gr. 8°. Ebd. 1845.

Der Patriot. Eine vorurtheilsfreie und gründliche Untersuchung über die Mässigkeits-Angelegenheit. Allen gebildeten Bürgern Norddeutschlands, welche Sinn und Herz haben für Vaterlands- und Menschenwohl gewidmet v. [J. H.] Böttcher. 4. Aufl. Hannover. 1841. 8°.

— Sendschreiben an Deutschlands Aerzte. Ein Vorwort zu einer demnächst erscheinenden Sammlung von Gutachten deutscher Aerzte gegen den Branntwein-Genuß: gr. 8. Posen 844. (Berlin, Wohlgemuth.) 1/4 Rthlr.

Böttcher, J. H. P., das kalte Fieber, od. gründl. Erkenn. u. Heilung dess.; f. Aerzte u. alle, d. sich mit Heil. dess. befassen. 8. (7½ B.) Hamburg 831, Herold.

Böttcher, J. K., Auswahl des chirurgischen Verbandes für angehende Wundärzte. m. 15 Kupf. gr. 8. Berlin, Oehmigke d. jüng. 795.

Böttcher, J. L., kleiner mytholog. Hausbedarf, oder alphabet. Darstell. d. griech., röm. u. nordischen Götterlehre. gr. 8. Wien 824. Armbruster. 10 kr.

Böttcher, Joh., hat der Mensch e. freien Willen? od. Der wissenschaftl. Beweis v. der Existenz der Seele. (94 S.) kl. 8. Weimar (909). Panse. Kart. 1.80

Böttcher, Joh., Tägl. Hausandachten. Kurze Schriftworte, Liederverse u. Gebete f. d. gemeins. Morgen- u. Abendandachten. gr. 8. (376 S.) Dresden 898. Niederlage z. Verbreitg. christl. Schriften. Geb. in Halbfrz. n. 4. —

Böttcher, Johann Friedrich: Abhandlung von den Krankheiten der Knochen, Knorpel und Sehnen. Th. 1-3. Dessau: Buchh. d. Gelehrten: (2: Königsberg: 3: Königsberg u. Leipzig: Hartung) 1781-93. 8°.
Th. 1: 1781.
Th. 2: 1789.
Th. 3, Hälfte 1.2: 1793.
[Titelbl. z. Bd. 3. ist fälschlich im 2. Bd. nach S. 200 eingebunden. Ausserdem ist in Bd. 2. e. Abhandlung von der Milch e. unbekannten Verf. angebunden.]

Böttcher, Jh. Fr., Abhandl. von d. Krankheiten d. Knochen, Knorpel u. Sehnen. 1r Thl., mit Kpf. Dessau 782. Mit n. T.: Königsb. 787. N. A. 789. u. 2r u. 3r Thl. 1e u. 2e Hälfte. gr. 8. Königsb. 789—93. (Unzer). 4 Rthlr.

Böttcher, Johann Friederich: Abhandlung von den Krankheiten der Knochen, Knorpel und Sehnen. Thl 1. 2. Mit Kupfern. Königsberg u. Leipzig 1789 –96.
1. 2. verm. Aufl. 1796 2. 1789

Böttcher, Johann Friedrich: A b h a n d l u n g von den Krankheiten der Knochen, Knorpel und Sehnen. Mit Kupfern. Th. 1-3. Königsberg u. Leipzig (2.3,1: Königsberg:) Hartung 1789-93. 1 Bd. 8°.
Th. 1: 2., verm. Aufl. 1790.
Th. 2: 1789.
Th. 3, Hälfte 1.2: 1792-93.

— Auswahl d. chirurg. Verbandes, f. angehende Wundärzte. Mit 15 Kpft. gr. 8. Berl. 795. (Sander). 2 ß 4 gl

Boettcher, Johann Friedrich: B e m e r k u n g e n über Medicinalverfassung, Hospitäler und Kurarten. H. 1. 2. Königsberg: Goebbels u. Unzer 1800. 1 Bd. 8°.

— **Johann Friedrich** (Berlin), De non nullis ad suffusionem ingenere et crystallinam veram in specie pertinentibus. Präs. Philipp Adolph Boehmer. Halle (Stephan) 6. XI. 1779. 33 S. (4.80) 3356

— vermischte medicin.-chirurg. Schriften. 1s, 2s Heft. 8. Königsb 791, 92. Unzer. 18 gl

— Vorschlag zu Verbesserung d. doppelten Leistenbruchbandes u. Angabe zu e. bequemen Verbande bei d. Zerreißung d. Ligaments d. Kniescheibe. Mit 1 Kpf. gr. 8. Berl. 796. (Sander). 2 gl

Elegie beym frühen Grabe Friedr. Aug. [recte: Andr.] Gallisch von Joh. Gottlieb Jos. **Böttcher.** Im Monat Febr. 1783. Leipzig [1783]: Büttner. 2 Bl. 4° [Umschlagtit.]
„Sing' den Klaggesang, sing' ihn am Grabe des Aedeln [!], . . ."

— **Johann Martin** (Alt-Hertzberg/Saxo.), Causas, quae maritum ab usufructu bonorum uxoris excludunt. Diss. jur. Rector Hermann Paul Juch. Präs. Conr. Wilhelm Strecker. Erfurt (Hering) 31. VIII. 1735. 16 S. (5.—) 3357
Gew.: Ludwig Adolph Frh. v. Zech (Bündorff . .).

Böttcher, Johs., zehn geistliche L i e d e r auf verschiedene Zeiten des Kirchenjahres, zum gottesdienstl. Gebrauche f. gemischten Chor komp. (Op. 8.) gr. 8. (16 S.) Leipzig 902. Böschel & Trepte. n. — 40

— zwölf kirchliche M ä n n e r c h ö r e nach den Worten der hl. Schrift, zum Gebrauche beim Gottesdienste. 8. (32 S.) Ebd. 900. n. — 50

Böttcher, Johannes Eduard, s. a. B ö t t c h e r , Eduard

Böttcher, J[ohannes] E(duard), Prof. Dr., Rekt.: [**Ansprache** an Herrn Stadtrat Dürr bei seinem Ausscheiden aus dem Amte eines Deputierten des Rates.] *Leipzig: J. C. Hinrichs in Komm. 1900.* (S. 3—4.) 4°
Leipzig, st. RG, OP 1900 (593)

Böttcher, J[ohannes] E(duard): Beweise für die Heronsformel aus zwei Jahrtausenden. Festschr. Leipzig 1909: Teubner. 22 S., 2 Taf. 4°
Leipzig, Petri-S, st. RG OP 1909 (753) [S 09. 33

Boettcher, Julius Friedrich

— T. Livii de rebus Syracusanis capita ad fidem Puteanei maxime cod. denuo collati et Editoris passim conjecturas emendata cum brevi annotatione critica. 8 maj. Dresdae et Lipsiae 839. (Arnold.) n. 3/8 ß

Böttcher, Jul. Fr., hebräisches Elementarbuch f. Schulen. 2r Bd. A. u. d. T.: Hebräisches Uebungsbuch f. Schulen. 1r Cursus. gr. 8. Dresden 826. Wagner. 1 ß

— hebr. Paradigmen, tabellar. zusammengestellt. Fol. Dresd. 825. Wagner. 12 gl

Böttcher, Julius Friedrich (Dresden), De paronomasia finitimisque ei figuris Paulo apostolo frequentatis. Diss. rhetor.-exeget. pars prior rhetorice-historica. Lpz. (C. H. Reclam) 1823. 70 Seiten. (3.50) 3358
Gew.: Georg Bened. Winer.

— — Dasselbe. II, hermeneutico-critica. Lpz. (C. H. Reclam) 1824. (S. 71—144.) (3.50) 3359
Gew.: Carl Theoph. Beyer (Dobrilugk). Christ. Moritz Heymann (Schneeberg), Adolph Aug. Kober (Berlin).

Böttcher, Julius Friedrich, Proben alttestamentlicher Schrifterklärung nach wissenschaftlicher Sprachforschung, mit kritischen Versuchen über bisherige Exegese und Beiträgen zu Grammatik und Lexicon. Mit zwei Kupfertafeln. Leipzig 1833

Böttcher, Jul. Fr., Proben alttestamentl. Schrifterklärg. nach wissenschaftl. Sprachforschung, mit krit. Versuchen über bish. Exegese u. Beiträgen zu Grammatik u. Lexic. Mit 2 Kpfrtaf. gr. 8. Leipzig 834. Weidmann. 2 1/2 ß

Böttcher, Karl

— Karlsbador Album. Neue deutsche Lyrik. gr. 16. (VI, 112 S.) Leipzig 886. Lingke n. 2. —; Einbd. n. 1. —

Böttcher, K, Amoretten-Gekicher. Eine Skat-Humoreske. 8. (51) Berl. 87, Lederer. n. 1. —

Böttcher, Karl, A m o r e t t e n - G e k i c h e r. Eine Skat-Humoreske. 8. (51 S.) Berlin 887. Zenker. n. 1. —

Böttcher, Karl, A u s g e w i e s e n ! Drama aus den achtziger Jahren in 4 Aufzügen. Regie- u. Souffleurbuch m. vollständ. Scenarium. 2. Aufl. 8. (106 S.) Zürich 901. C. Schmidt. n. 1. —

Böttcher, Karl, A u s g e w i e s e n ! Soziales Drama aus den achtziger Jahren in 4 Aufzügen. Regie- u. Souffleurbuch m. vollständ. Szenarium. 3. Aufl. (98 S.) 8. München (906). Seitz & Schauer. n. 1. —

— im B a n n der Engländerei. Betrachtungen üb. das Liebesverhältnis zwischen Deutschland u. England. (50 S.) gr. 8. Leipzig 904. S. Schnurpfeil. n. 1. —

Böttcher, Karl: Beiträge zur Geschichte der Landesschule Pforta in den Jahren 1630—1672. Naumburg a. S. 1909: Sieling. 34 S. 4°
Pforta, k. Landes-S P 1909 (336) [S 09. 34

Böttcher, Karl, das pädagogische B e s c h w e r d e b u c h. Unter Mitwirkg. der deutschen Lehrerwelt hrsg. 2. Aufl. 8. (64 S.) Leipzig 886. Lingke. n. 1. —

Boettcher, Carl [Dr., Dir.]: Die Bildung der Zeiten in der französischen Konjugation. Für d. Elementarunterr. Königsberg, Hartungsche Buchdr., *1893;* 69 S. 8.
Königsberg i. Pr., k. RG auf d. Burg. OP 1893 (19)

Böttcher, Karl, Blicke in die Natur. Ermittell. und Wahrnehmungen über d. Bild. der Kohle aus der Kohlensäure, Forterzeugung der Erdkohlen, Andeut. über das Leben der Erde u. Schlüsse, die Cholera betreff. gr. 8. Altenb. 840. Pierer. 1/3 ß

— lustige B r i e f e. Streifzüge durch eine deutsche Schule im Auslande. 12. (81 S.) Leipzig 880, Siegismund und Volkening. *

— B r u n n e n g e i s t e r. Marienbader Saisonbilder. 8. (141 S.) Karlsbad 885. Feller. n. 3. —; geb. n. 4. —

Böttcher, Karl, C h i c a g o ! Weltausstellungsbriefe. 12. (XII, 190 S.) Leipzig 893. W. Friedrich. n. 1. 50; geb. n. 2. —

Böttcher, Carl. Ausgewählte deutsche Dichtungen zum Auswendiglernen u. Vortragen. Für höhere Lehranstalten als Kanon hrsg. 8. (X, 158 S.) Lpz. 890, Teubner. geb. 1 60

Böttcher, Karl, der Dorfkönig, s.: Weber's moderne Bibliothek.

Über die versuchsweise Einführung des hauswirtschaftlichen Unterrichts in der ersten Klasse einer Mädchen-Volksschule zu Köngsberg i. Pr. Im Auftr. d. Stadtschuldeput. von ihrem Mitgl. Dr. Carl Boettcher. Dr. *Königsberg 1892: A. Hausbrands Nachf.* (42 S.) 8° [F. u. Ant.] ... 10

— über die sogenannte Einheitsschule. Ein Beitrag zur Lösung der Realschulfrage. Rede, geh. am 14. Mai 1878. 8. (31 S.) Düsseldorf 878. Schaub. n. 1. —

— der Erbschleicher. Roman. Nach d. Franz. Roman-Beilage z. „Preßburger Zeitung". gr. 8. (256 S.) Preßburg 882. (G. Heckenast's Nachf.) 1. 20

Böttcher, Carl *Richard Hugo* [aus Eberswalde]: Über die in der Greifswalder chirurgischen Klinik im Etatsjahre 1890/91 vorgekommenen Fälle von Herniotomie ... Greifswald, Druck v. J. Abel, 1892; 56 S. 8.
Greifswald, Med. Fak., Inaug.-Diss. v. 16. Jan. 1892

— Freiheit. Politisches Schauspiel in 4 Aufzügen. (102 S.) 8. Berlin 908. Kühling & Güttner. 2. —

—— Führer durch d. internationale Ausstellg in Nizza. 8. (53) Karlsb. 81, Feller. n. 1. —

Böttcher, K., Germania im Ausland. Ungemütliche Wahrheiten. (VI, 81 S.) 8. Gera, P. Stötzner. 1905. 1. 20.

— Germania im Ausland. Ungemütliche Wahrheiten. (VI, 81 S.) 8. Gera (906). P. Stötzner. n. 1. 20

— Germania im Ausland. Ungemütliche Wahrheiten. (Neue [Titel-]Ausg.) (VI, 81 S.) 8. W.-Jena [906] (907). Hildburghausen, Thüringer Verlags-Anstalt. 1. 20

— Germania im Ausld. Ungemütl. Wahrheiten. 1. Afl. u. (Neue [Tit.-]Ausg.) (81) 8° W.-Jena [06] (07). Kahla, Thüringer Verl.-Anst. 1.20 d
Die 1. Afl. erschien in Gera.

— Germania — daheim. Neue ungemütl. Wahrheiten. (Fortsetzung v. „Germania im Ausland".) (VIII, 91 S.) gr. 8. Leipzig-Stötteritz (907). M. Zieger. 1. 60

Böttcher, Karl, Krit. Glossen z. Palästinafahrt. 3. Aufl. 8. (39 S.) Berlin 898. H. Bermühler. — 50
Aus d. Handel gezogen.

Boettcher, Carl, u. Adf. Freytag. Handkarte v. Mitteleuropa. Für den Unterricht in der mittleren u. neueren Geschichte. 1 : 5,320,000. Chromolithogr. qu. Fol. Lpz. 889, Wagner u. Debes. * — 80

— allerhand Herzenssachen. Eindrücke u. Erinnergn. 8. (VII, 240 S.) Leipzig 884. Bergmann. n. 5. —; geb. n. 6. —

Juchhei, am Rhein! Humorist. Roman von Karl Böttcher. Mit Ill. von W. Roegge. *Berlin, Eisenach, Leipzig: H. Hillger [1900].* (128 S.) 8° [F.] — Bücherschatz, Kürschner's. No 171.

—— vier neue Capitel zur pädagogischen Carrière der Gegenwart. Kritische Plaudereien. 8. (61 S.) Leipzig 885, [Frohberg.] Baldamus. *

— v. sonnigen Küsten. Mittelmeer-Briefe. 8. (XII, 223 S.) Leipzig 894. B. Elischer Nachf. n. 2. —; geb. n. 3. —

— Aus geweihten Landen. Studienfahrten d. Palästina, Syrien u. d. Sinai-Halbinsel. 1. u. 2. Aufl. gr. 8. (X, 212 S.) Leipzig 898. B. Franke. n. 3. —; geb. in Leinw. n. 3. 75

— zügelloses Leben. Roman, frei n. d. Franz. Roman-Beilage z. „Preßburger Zeitung". gr. 8. (204 S.) Preßburg 883. (G. Heckenast's Nachf.) 1. 20

Boettcher, Carl, Dr., Dir.: Die **Lehrpensa** der Oberrealschulklassen II B, II A und I. Nach den auf den Vorschlägen d. Fachlehrer beruhenden Beschlüssen d. Fachkonferenzen. ([Kopft.:] Verteilung der Lehrpensa d. Oberrealschulklassen Untersekunda, Obersekunda, Prima im Französischen, Englischen, in d. Mathematik, Physik, Chemie u. Mineralogie.) *Königsberg i. Pr. 1899: Hartung.* (S. 1–5.) 4°
Königsberg i. Pr., k. RG auf d. Burg, OP 1899 (19)

Böttcher, Karl Lehrplan des Realgymnasiums auf der Burg zu Königsberg Pr. und der damit verbundenen Vorschule. Nach Mafsgabe der neuen Lehrpläne vom 31 März 1882 und der Prüfungsordnung vom 27. Mai 1882 und unter Mitwirkung des Lehrerkollegiums veröffentlicht. 68 S. 8 Rg. Burg *Königsberg Pr.* 1885. Progr.

Böttcher, Carl, Lehrplan d. Realgymnasiums auf der Burg zu Königsberg, Pr., u. der m. demselben verbundenen Vorschule. Nach Massgabe der neuen Lehrpläne vom 31. März 1882 u. der Prüfungsordng. vom 27. Mai 1882 durch Konferenzberatgn. festgestellt u. unter Mitwirkg. d. Lehrerkollegiums veröffentlicht. 8. (68 S.) Königsberg 885. Akadem. Buchh. v. Schubert & Seidel. n. 1. —

Böttcher, Karl Der Lehrplan der Realschule unter Mitwirkung des Lehrerkollegiums veröffentlicht. 27 S. Progr. Rg. *Düsseldorf* 1882.

— Marianne Lenore, s.: Weber's moderne Bibliothek.

— Liebeswogen. Silhouetten aus dem Herzensleben. Mit einem Vorwort von Hieron. Lorm. 8. (142 S.) Wien 879. Wallishausser. n. 2. —

—— die Methode des geographischen Unterrichts. Lex.-8. (VI, 146 S.) Berlin 886, Weidmann'sche Buchh. *
Aus: Verhandlungen der 11. Direktoren-Versammlung der vereinigten Prov. Ost- und Westpreussen, besonders abgedruckt.

— der Nabob auf Capri. Roman. (III, 303 S.) 8. Bremerhaven (904). L. v. Vangerow. n. 3. —

Böttcher, Carl, Nordhausen während des deutsch-französischen Krieges im J. 1870 nebst den wichtigsten Denkwürdigkeiten vom Kriegsschauplatze gesammelt. Nordhausen 870. (Eick.) 8. (64 S.) 5 ngr.

Böttcher, Carl (I.), Nordhausen während des deutsch-französischen Krieges im J. 1870 nebst den wichtigsten Denkwürdigkeiten vom Kriegeschauplatze gesammelt. 5 Lfgn. 8. (375 S.) Nordhausen 871, (Eick.)

— Karlsbader Novellen u. Anderes. (67 S.) kl. 8. Chemnitz (906). R. Thümmler. n. — 85

Boettcher, Carl, die Ordnung der Abschlußprüfungen nach dem 6. Jahrgange der neunstufigen höheren Schulen m. den angezogenen Bestimmungen aus der Ordnung der Reifeprüfungen u. den bis Ende 1893 erlassenen Erläuterungen u. Ausführungsbestimmungen, im Auftrage der Königsberger Direktoren zu handl. Gebrauch zusammengestellt. gr. 8. (18 S.) Königsberg 894. Gräfe & Unzer's Sort. n. — 50

— wegen „Pressvergehen!" Gefängniss-Studien. 8. (91 S.) Berlin 895. Bibliograph. Bureau. n. — 75

— wegen „Pressvergehen!" Gefängniss-Studien. 8° (91) Berl. 95, E. Ebering. — 75

— Prosit! Ein rheinweinfeuchtes Lustspiel in 4 Aufzügen. (2. [Umschlag-]Aufl. 8. (117 S.) Leipzig (901). Zürich, Th. Schröter. n. 1. —

Böttcher, Karl (Hrsg.), s. Reichslaterne, Deutsche.

— rund um Afrika. Land- u. Seebilder. 2. [Titel-]Aufl. 8. (XI, 209 S.) Leipzig (897.) 899. B. Elischer Nachf. n. 3. —; geb. n. 4. —

—— Schauspieler-Eitelkeit. Ungeschminkte Plaudereien. gr. 8. (62 S.) Berlin 887, Zenker. *

—— Karlsbader Schlendertage. Bilder a. d. Saisonleben. 8. (146) Karlsb. 84, Feller. n. 3. —; geb. n. 4. —

— bunte Skizzen. Federzeichnungen. 1. u. 2. Aufl. gr. 16. (92 S.) Königsberg 877. Merkel. n. 1. —; geb. m. Goldschn. n. 1. 80

— auf Studienpfaden. Gefängnisstudien. — Landstreicherstudien. — Trinkstudien. — Irrenhausstudien. Mit 82 Illustr. v. Willy Wunderwald. 8. (IV, 211 S.) Zürich (900). Th. Schröter. n. 2.—

— Auf Studienpfaden. Gefängnisstudien. — Landstreicherstudien. — Trinkerstudien. — Irrenhausstudien. 8° (211 m. Abb.) Zür. 1900. Lpzg. T Schröter. 2 —

— Sünden unserer Zeit. Soziale Sittenbilder. 1.—4. Aufl. 8. (96 S.) Dresden 888. Pierson. n. 1. 50

— Sünden uns. Zeit. Jetzt: Berl., Verl. Berlin-Wien. 86/90

— drei menschliche Tragikomödien. Einakterzyklus. (Wegen Preßvergehen. Dämonen. Die berühmte Tragödin.) (149 S.) 8. Leipzig-Stötteritz (906). M. Zieger. n. 1. 25; geb. in Leinw. n. 2. —

Die berühmte Tragödin. Ein Künstlerroman von Karl Böttcher. Mit Ill. von A. Lewin. *Berlin, Eisenach, Leipzig: H. Hillger [1903].* (111 S.) 8° [F.]
= Bücherschatz, Kürschner's. No 376. [04. 1000

—— Uebungsheft zum Construiren von Verbalformen. Für die untern Klassen höherer Schulen. 1. und 2. Aufl. 4. (8 S.) Hamburg 877,78, Boysen.

Boettcher, Carl [Dr., Dir.]: Die Umwandlung des Realgymnasiums in eine Oberrealschule. Königsberg i. Pr., Hartungsche Buchdr., 1893; 21—24 S. 4.
Königsberg i. Pr., k. RG auf d. Burg, OP 1893 (19)

Boettcher, Carl [Dr., Dir.]: Die Umwandlung des Realgymnasiums in eine Oberrealschule. (Vgl. P 1893 S. 21—24.) Königsberg i. Pr., Hartungsche Buchdr., 1894; 10—11 S. 4.
Königsberg i. Pr., k. RG auf d. Burg, OP 1894 (19)

Boettcher, Carl [Dr. Dir.]: Die Umwandlung des Realgymnasiums in eine Oberrealschule. [Vgl. Jg. 5 No 63.] Königsberg i. Pr., Hartungsche Buchdr., 1895; 10—12 S. 4.
Königsberg i. Pr., k. RG auf d. Burg, OP 1895 (19)

Böttcher, Karl, aus Bochum: Untersuchungen über Derivate des Tetrabrom-p-kresolpseudobromids. *Marburg 1903: R. Friedrich.* (62 S.) 8°
Marburg, Phil. Diss. v. [23. Apr.] 1903

Böttcher, Carl, kritische Untersuchungen, über die Quellen des Livius im 21. u. 22. Buch. [Aus den Jahrb. für class. Philologie.] Leipzig 869. Teubner. gr. 8. (93 S.) n. 20 *ngr.*

Böttcher, Carl (II.), kritische Untersuchungen über die Quelle des Livius im 21. und 22. Buch. gr. 8. (93 S.) Leipzig 870, Teubner. *
Aus: Jahrbücher für classische Philologie, besonders abgedruckt.

— vereinfacht. u. leichtes Verfahren, d. Zucker aus d. Runkelrübe zu fertigen. gr. 8. Altenb. 836. (Schnuphase'sche B.) n. 1 *ß*
— 2e umgearb. u. verm. Aufl. (Nebst e. Nachtrage, bloß mit Braunkohle oder Grubentorf u. Thon den Rübensaft sogleich farblos u. hell zu reinigen, die Bildg. d. Schmelzzuckers zu vermeiden u. folglich den meisten Crystallzucker zu gewinnen; mit Hinweis. auf das Wie u. Warum der reinig. Kraft d. Kohlen.) gr. 8. Ebd. 838, 40. Pierer. 1 *ß*

— d. Verleumdungs-Seuche. Kritische Plaudereien üb. e. soziale Krankheit. 1. u. 2. Aufl. 8. (78 S.) Berlin 890. (Zoberbier.) n. 1. —

: Verteilung der Lehrpensa der Oberrealschulklassen Untersekunda, Obersekunda, Prima im Französischen, Englischen, in der Mathematik, Physik, Chemie und Mineralogie. (Umschlagtitel: Die Lehrpensa der Oberrealschulklassen IIB, IIA und I. Nach den auf den Vorschlägen der Fachlehrer beruhenden Beschlüssen der Fachkonferenzen.) 4 (S. 1—5 d. Schuln.) **Progr.** Kgl. Rg. auf d. Burg *Königsberg i. Pr.* 1899

Boettcher, Carl [Dr., Dir.]: Verzeichnis der seit 1837 veröffentlichten Programm-Abhandlungen. [Vgl. P-Beil. 1895.] Königsberg i. Pr., Hartungsche Buchdr., 1896; 2 S. 4.
Königsberg in Pr., k. RG auf d. Burg, OP 1896 (18)

Boettcher, Carl [Dr. Dir.]: Verzeichnis der seit 1837 veröffentlichten Programm-Abhandlungen. [Vgl. P-Beil. 1895.96.] Königsberg i. Pr., Hartungsche Buchdr., 1897; 2 S. 4.
Königsberg in Pr., k. RG auf d. Burg, OP 1897 (19)

Boettcher, Carl: Verzeichnis der seit 1837 veröffentlichten Programm-Abhandlungen. *Königsberg i. Pr. 1898: Hartung.* (2 S.) 4° ¶ [Vgl. P-Beilagen 1895. 96. 97.]
Königsberg in Pr., k. RG auf d. Burg, OP 1898 (19)

Boettcher, Carl, Dr., Dir.: Verzeichnis der seit 1837 veröffentlichten Programm-Abhandlungen. *Königsberg i. Pr. 1899: Hartung.* (2 ungez. S.) 4° ¶ [Vgl. Progr. 1895–98.]
Königsberg i. Pr., k. RG auf d. Burg, OP 1899 (19)

Böttcher, Karl Vorschläge zur Methodik des geographischen Unterrichts mit Beispielen aus der Schulpraxis. 24 S. Burg Rg. *Königsberg* 1884.
Vergl. des Verf. Die Methode des geograph. Unterrichts. (V, 146 SS.) 8. Berlin 1886, Weidmann. 2 Mk. 40 Pf. Progr.

— Vorschläge zur Methodik d. geographischen Unterrichts m. Beispielen aus der Schulpraxis. gr. 4. (24 S.) Königsberg 884. (Leipzig, Teubner.) n. — 80

— aus meiner Wandermappe. Novellistische Herzens- und Länderstudien. 8. (VII, 306 S.) Dresden 882. v. Grumbkow. n. 5. —

(B) Böttcher, Karl, aus meiner Wandermappe. 882. (LBL 21.) Jetzt: Dresden-Blasewitz, E. Leonhardt. Erm. Pr. 3. —

Boettcher, Karl, u. Adlf Freytag, Wandkarte von Mittel-Europa. Für den Unterricht in der mittleren u. neueren Geschichte. 1 : 1000000. Wiesbaden 1889. Imp.-Fol. 9 Bll. Chromolith. (M. 13,50.)

Boettcher, C, u. A Freytag: Wandk. v. Mittel-Europa. Für d. Unterr. in d. mittl. u. neueren Gesch., Litt. u. Pädagogik. 1:1,000,000. 3. Afl. 9 Bl. à 51,5×67 cm. Farbdr. Nebst Text. 8° (8) Lpzg 1900, H Wagner & E Debes. 13,50; auf L. m. St. nn 22 —

Boettcher, C, u. A Freytag: Wandk. v. Mittel-Europa. Für d. Unterr. in d. mittl. u. neueren Gesch., Litt. u. Pädagogik. 1:1,060,000. 4. Afl. 9 Bl. je 51,5×67 cm. Farbdr. Lpzg, H Wagner & E Debes ('05). 13.50; auf L. m. St. nn 22 —

Böttcher, Karl: War einst e. Klingen u. Singen, s: Bücherei fürs deut. Haus.

— geschichtlich-geographischer Wegweiser f. das Mittelalter u. die neuere Zeit. Für die mittleren u. oberen Klassen höherer Lehranstalten jeder Art, f. Seminaristen u. Studierende, sowie für Lehrer u. f. den Privatgebrauch. gr. 8. (XII, 372 S.) Leipzig 891. B. G. Teubner. Geb. n. 4. —

Böttcher, Karl. Weltausstellungs-Glossen. Kritisches Geplauder über die Pariser Weltausstellung, besonders im Vergleich mit der Chicagoer. Gr. 8°. II, 57 S. Zürich, Th. Schröter's Verlag. 1 25
1900.

Böttcher, C[arl]: Altsächsische Wendeltreppen nebst einem Überblick über die Entwicklung des Wendeltreppenbaues im allgemeinen. Dresden: Kühtmann 1909. XV, 134 S. 4° ¶ Auch u. d. T.: Die Entwicklung des Wendeltreppenbaues bei eingehender Behandlung der altsächsischen Wendeltreppe.
Dresden, Dr.-Ing.-Diss. v. 25. 11. 1908

Böttcher, Carl Jul., Abschiedspredigt bei Niederlegung d. Pfarramtes zu Riesa nebst e. kurzen Bericht üb. die kirchl. Vorgänge daselbst. gr. 8. (23 S.) Leipzig 872. J. Naumann. — 30

Böttcher, C. Jul., tägliche Fürbittordnung. (Gebetbuch f. evangelisch-luther. Hausgemeinden, den Hausvätern dargereicht. Hrsg. v. der niedererzgebirg. Predigerkonferenz. 8. (XXIII, 520 S.) Leipzig 893. [J. Naumann.] A. Deichert Nachf. Geb. in Leinw. n.n. 2. 50

Böttcher, CJ, tägl. Fürbittordng. Gebetbuch f. ev.-luther. Hausgemeinden, d. Hausvätern dargereicht. 8° (548) Lpzg 93, (HG Wallmann). Geb. in Lnw. n.n. 2.50

Böttcher, Carl Jul., Germania sacra. Ein topographischer Führer durch die Kirchen- und Schulgeschichte deutscher Lande. Zugleich e. Hilfsbuch für kirchengeschichtliche Ortskunde. Leipzig 18(73)–75. 8. (D.)

—— Germania sacra. Ein topograph. Führer durch die Kirchen- und Schulgeschichte deutscher Lande. Zugleich ein Hilfsbuch für kirchengeschichtl. Ortskunde. 2 Hälften. 8. Leipzig, J. Naumann. [1. Hälfte. (XVI, S. 1—560.) 874. *M 4.; 2. Hälfte. (S. 561—1531.) 875. *M 6,50.] * geb. *

Böttcher, Karl Jul., Glaubenslieder. Nachgelass. Dichtgn. 12. (56 S.) Dresden 898. J. Naumann. Geb. in Leinw. n. 1. —

Böttcher, Carl Jul., das Leben Dr. Johann Gerhard's für christl. Leser insgemein erzählt. Mit Joh. Gerhard's Bildniß. 8. (IV und 152 S. nebst 1 Stahlst.) Leipzig und Dresden 858, Naumann. *

—— das Leben Dr. Joh. Gerhard's erzählt. 2. Ausg. 16. (154 S. mit Joh. Gerhard's Bildniß in Stahlst.) Leipzig 872, J. Naumann. cart. (75 Pf.)

Böttcher, C. J., Liederlust der Zionspilger, s. Liederlust.

Böttcher, Carl Jul., Predigt bei der 47. Jahresfeier des sächsischen evangelisch-lutherischen Haupt-Missionsvereins zu Dresden den 26. Septbr. 1866. Text: Jesaiä Cap. 12. gr. 8. (16 S.) Dresden 866, Naumann. *

Böttcher, Karl Richard Hugo, s. Böttcher, Karl

Böttcher, Curt: Photometrische Messungen an der gefärbten Bunsenflamme. Weida i. Th. 1909: Thomas & Hubert. 92 S. 8°
Leipzig, Phil. Diss. v. 3. Febr. 1910, Ref. Beckmann, Hantzsch
[Geb. 18. April 83 Angelroda; Wohnort: Chemnitz i. S.; Staatsangeh.: Schwarzburg-Rudolstadt; Vorbildung: Realgymn. Nordhausen bis 00; Pharmaz. Staatspr. Leipzig W. 06/07; Studium: Leipzig 10 S.; Rig. 17. Dez. 09.] [U 10. 3103

Böttcher, L: Plan v. Zoppot. 30,5×42 cm. Farbdr. Mit Strassenverz. auf d. Rücks. Danz., AW Kafemann (01). (— 40) — 80

Plan von Zoppot (von L. Böttcher). [Maßst. ca 1:4,600.] *Danzig: A. W. Kafemann [1903].* (1 Kartenbl. 41×29 cm mit Legende.) 8° [kol.] [04. 13:19]10

Waldkarte von Zoppot und Oliva von L. Böttcher. (Maasst. 1:35 000.). *Danzig: A. W. Kafemann [1901].* (1 Kartenbl. 42 × 51 cm.) 8° [01. 779]10

Böttcher, Lucyan Emil, aus Warschau: **Beiträge zu der Theorie der Iterationsrechnung.** *Leipzig-R. 1898: O. Schmidt.* (VII, 78 S.) 8°
Leipzig, Phil. Diss. v. [11. Okt.] 1898

Böttcher, Lucyan, Emil, Beiträge zu der Theorie der Iterationsrechnung. Diss. gr. 8. (VII, 78 S.) Leipzig-R. 898. (Lomberg, H. Altenberg). n. 2. —

Böttcher, Ludw., Beiträge zur Erläuterung des Forstrechts. 8. Gießen, Heyer. 802.

Boetticher, Ludovicus [= Louis]: De empyemate. Halae (1865): Ploetz. 27 S. 8°
Halle-Wittenberg, Med. Diss. v. 16 Dez 1865
Geb. Raunitz (Saalkr.) 12. 8. 1840. V.
Verf. erlebte die Diplomerneuerung 1915 als Sanitätsrat und praktischer Arzt in Sangerhausen,

— Dissertatio inauguralis juridica de natura et indole testamenti correspectivi etc. 4. ibid. 794.

Böttcher, M., Bilder aus der brandenburgisch-preußischen u. deutschen Geschichte f. Volksschulen. (IV, 118 S.) 8. Langensalza (908). Schulbuchh. 1. —

Boettcher, M.: Das Schulturnwesen und die Einweihung des neuen Turnplatzes in Görlitz. Breslau 1867 12 S. Sonderdr. aus: Schles. Prov.-Blätter. N.F. Jg. 6. H. 8 u. 9.

Böttcher, M. A., kurze Betrachtungen u. Gebete auf alle Sonn- u. Festtage des ganzen Jahres. 8. Quedlinb. Biesterfeld. 781.

Böttcher, Mart., Handreichung f. die Bibellesestunden in der Volks- u. Mittelschule. I. u. II. Tl. gr. 8. Bielefeld 894. Velhagen & Klasing. à n. 2. 20
I. Altes Testament. (XIX, 196 S.) — II. Neues Testament. (X, 211 S.)

Böttcher, Mart., lebt d. Kindern. Prakt. Ratgeber f. Eltern u. Erzieher. gr. 8. (VII, 200 S.) Gütersloh 897. C. Bertelsmann. n. 2. 40; geb. n. 3. —

Böttcher, Martin: Über die Verflüssigung des Tones durch Alkali. 1908. 74 S., 3 Taf. 8° ¶ Auch in: Sprechsaal. Jg. 42. 1909, Halbj. 1.
Dresden, Dr.-Ing.-Diss. v. 17. 7. 1908

Boettcher, Mathilde (Tante Alice), Sommerfreuden in Strandhof. Für Kinder u. Kinderfreunde. (128 S.) 8. Riga 910. G. Löffler. Geb. 2. 80

Böttcher, Max Karl, eine Heldin, s.: Engelin's Roman- u. Novellenschatz.

— Der Kanzelleutnant. Roman. (176 S.) 8. Chemnitz 911. H. Thümmler. 3.—; geb. in Leinw. 4. —

— Kriegsgeschichten (f. d. reif. Jug.). (165 m. Abb.) gr8° Straub., C Attenkofer's V. ('12). L 3 — d

— Der Schnürschuhmarsch u. and. Humoresken, s: Kürschner's Bücherschatz 823.

Böttcher, Maximilian

Böttcher, Max.: Im Banne d. Goldes. — Die Blankenburgs, s.: Sunlicht-Roman-Bibliothek.

— Viktors Duell u. andere Humoresken, s.: Engelin's Roman- u. Novellenschatz 95 Bd.

Böttcher, Max, Eid um Eid. Roman. 2 Tle. (547 S.) 8. Berlin (904). C. Duncker. n. 5. —

— dasselbe. 2., billige [Titel-]Ausg. 547 S.) 8. Ebd. [904] (905). n. 3. —

Maximilian Böttcher. Eid um Eid. Roman. T. 1. 2 [in 1 Bd]. (2., billige Ausg.) Berlin: C. Duncker [1905]. (547 S.) 8° [F.] [04. 1906

Böttcher, Max, Heim zur Scholle. Roman. (510 S.) 8. Leipzig (909). Grethlein & Co. 4.—; geb. 5. —

Die Jagd nach dem Mann. Roman von Maximilian Böttcher. Mit Ill. von W. Roegge. Berlin, Leipzig: H. Hillger [1908]. (127 S.) 8° [F.]
= Bücherschatz, Kürschners. No 600. [08. 1007]

Böttcher, Max, Jagdgeschichten. Mit Illustr. v. A. Greiner. 8. (109 S.) Stuttgart (902). K. Daser. n. 1. 50; geb. in Leinw. 2. 50

— Jugendfreunde, s.: Sunlicht-Roman-Bibliothek.

Künstlerehe. Roman von Maximilian Böttcher. Leipzig: Reclam [1909]. 222 S. 8°
(Universal-Bibliothek 5094. 5095.) [09. 1126]

— Die Rache der Geister u. andere humorist. Erzählungen, s.: Engelin's Roman- u. Novellenschatz.

Böttcher, Max, der Vater Rhein. Melodramatisch-patriot. Fest-Spiel m. Benutzg. geeigneter Volkslieder u. Dichtgn., bearb. f. Vereine, höhere Schul- u. Lehranstalten. 12. (16 S.) Chemnitz 894. C. Strauß. —20

— Schuld auf Schuld, s.: Enßlin's interessante Bibliothek.

— Schuldig, s.: Sunlicht-Roman-Bibliothek.

— Sie leben getrennt u. andere Humoresken. Mit Illustr. v. O. Lagemann, H. Leiter, M. Raenicke u. A. 2. [Titel-] Aufl. (174 S.) 8. Stuttgart [893] (903). K. Daser. n. 1.50

Böttcher, Max, Sie leben getrennt u. and. Humoresken. Mit Illustr. v. O. Lagemann, H. Leiter, M. Raenicke u. A. 8. (174 S) Höchst 899. [W. Graf.] Stuttgart, K. Daser. n. 1.50

Böttcher, M: Kleine deut. Sprachlehre f. landw. Schulen u. z. Selbstunterr. 8° (84) Lpzg 96, Landw. Schulbh. Geh. od. kart. 1 —

Böttcher, Max, kleine deutsche Sprachlehre f. landwirtschaftl. Schulen u. z. Selbstunterr. (Deutsche landwirtschaftl. Lehrbücher, Nr. 9.) 8. (VIII, 84 S.) Leipzig 897. Landwirthschaftl. Schulbuchh. (R. Schultze). Geh. od. kart. n. 1. —

Böttcher, Max, kleine deutsche Sprachlehre f. landwirtschaftliche Schulen u. zum Selbstunterricht. 2. verm. u. verb. Aufl. Neue Rechtschreibg. (VIII, 96 S.) gr. 8. Leipzig 904. Landwirtschaftl. Schulbuchh. Kart. n. 1. —

Böttcher, Max, kleine deutsche Sprachlehre f. landwirtschaftliche Schulen, ländliche Fortbildungsschulen u. zum Selbstunterricht. 3. verm. u. verb. Aufl. Neue Rechtschreibg. (VIII, 97 S.) 8. Berlin 908. Landwirtschaftl. Schulbuchh. Kart. 1.20

— Sünden! Moderne Novellen u. Satiren. 2. [Titel-Aufl. (156 S.) 8. Ebd. [899] (903). n. 2. —

— Wer war's? Kriminalroman. 8. (375 S.) Berlin 899. Willkommen-Verlag. (Leipzig, Ed. Schmidt.) n. 3. —

— dasselbe. 2. Aufl. 8. (285 S.) Stuttgart (902). K. Daser. n. 2. —

— schlagende Wetter. Soziales Drama in 4 Akten. (152 S.) gr. 8. Berlin 906. Kühling & Güttner. n. 2. —

Böttcher, Max: Willst Du Richter sein? Roman. (396) 8° Lpzg., Grethlein & Co. ('11). 5 —; geb. 6 — d

Eine Wohnung zu vermiethen. Lustspiel in 1 Akt von Maximilian Böttcher. *Berlin: Kühling & Güttner [1895].* (26 S.) 8° [F.]
— Album f. Liebhaber-Bühnen. No 305. 109. 1·63

— Erwachende Zeit. Sozial. Roman. (371 S.) 8. Berlin (908). C. Duncker. 3.50

Böttcher, Michael

Böttcher, M., vaterländische Geschichte u. Kulturgeschichte nebst dem Wichtigsten aus der Bürgerkunde, s. a. Greßler's, F. G. L., Lehr- u. Lernbücher f. den realistischen Unterricht.

Vaterländische Geschichte und Kulturgeschichte ... nebst d. Wichtigsten aus d. Bürgerkunde bearb. von M[ichael] Böttcher, Sem.Lehrer. [Evang. Ausg.] Langensalza: F. G. L. Greßler 1906. (VIII, 219 S.) 8° [F.]
— Lehr- u. Lernbücher, Greßler's, f. d. realist. Unterricht. 4. 07. 7183

Böttcher, Moritz *Die Feier des 75jährigen Bestehens der Anstalt.* 4 (S. 17—19).
Progr. Friedrich-Wilhelms-G. *Königsberg i. d. Neumark* 1893

Böttcher, Osc., Beiträge zur Anatomie von Chioglossa lusitanica [Barboza du Bocage]. Inaugural-Dissertation. gr. 8. (46 S.) Nordhausen 883. (Göttingen, Vandenhoeck und Ruprecht's Verlag.)

Böttcher, Oscar, Reptilien v. Marocco u. v. den Canarischen Inseln. Mit 1 (lith.) Taf. [Aus: „Abhandlgn. d. Senckenb. naturf. Gesellsch."] gr. 4. (71 S.) Frankfurt a/M. 874. Winter. n. 4.

Böttcher, Otto [aus Pommern]: Ueber die Anwendung des Antipyrin mit besonderer Berücksichtigung des Gelenkrheumatismus.... Greifswald, Druck v. Julius Abel, 1887; 36 S. 8°.
Greifswald, Med. Fak., Inaug.-Diss. v. 28. Febr. 1887.

Boettcher, Otto, D. Leben in Gottes Wort die Grundbedingung e. gesegn. Führung d. geistl. Amtes. Vortrag, geh. a. d. Berliner Pastoralkonferenz. 8. (24 S.) Gütersloh 897. C. Bertelsmann. n. — 40

Böttcher, P., dunkle Bilder aus dem Leben deutscher Verbrecher. Nach den Aufzeichngn. e. Zuchthausdirektors. 8. (III, 240 S.) Rawitsch 892. Birkenstock. n. 1.50

Böttcher, Paul, Spielbuch f. die arbeitende Jugend. (2. stark verm. Aufl.) (112 S. m. Fig.) kl. 8. Leipzig 909. Leipziger Buchdruckerei. 1. —

Böttcher, Paul, Spielbuch für die arbeitende Jugend, 2. stark verm. Aufl., 8°.
Anh. z. —, hrsg. v. Bezirks-Jugendaussch., Leipzig 1909 u. 1915. 2 Bde.

Böttcher, R. Der Lehrplan der Realschule unter Mitwirkung des Lehrerkollegiums veröffentlicht. Düsseldorf, Rg., 1882. 27 S. Progr.

Böttcher, R., Rechenbuch f. Lehrerbildungsanstalten, s.: Elsner, A.

Böttcher, Richard

Boettcher, R., De hymno in Mercurium Hemerico. Pars I. Diss. 1903. 48 S.

Boettcher, Ricardus, Hernensis: De hymno in Mercurium homerico. Pars prima. Halis Sax. 1905: E. Karras. (48 S.) 8° ¶ (Erscheint vollst. bei Eckard Müller, [Halle].)
Halle, Phil. Fak., Ref. Dittenberger, Diss. v. 3. Jan. 1906
[Geb. 29. April 78 Herne. Westf.; Wohnort: Dresden; Staatsangeh.: Sachsen; Vorbildung: Neues Gymn. Nürnberg Reife M. 96; Studium: München 2, Göttingen 5, Halle 5 S.; Rig. 14. Aug. 05.]

Boettcher, Ricardus, de hymno in Mercurium Homerico. (IV, 144 S.) gr. 8. Halle 906. (J. E. Mueller). 4. —

— u. R. Sendler: Raumlehre f. Lehrerseminare. 2 Tle. 8° Bresl., H Handel. Je 1 —; kart. je 1.20 d
1. Planimetrie. (98 m. Abb.) '03. ‖ 2. Stereometrie u. Trigonometrie. (105 m. Abb.) '04. 1.20; Resultate. (15) ('05.) — 25.

— u. R. Sendler, Raumlehre für Lehrerseminare. Nach dem Lehrplan vom 1. VII. 1901 bearb. 1. u. 2. Tl. gr. 8. Breslau, H. Handel. Geh. u. geb. n. 2.25
1. Planimetrie. 2. Aufl. (IV, 106 S. m. 91 Abbildgn. 907. Geb. n. 1.25
2. Stereometrie u. Trigonometrie. (IV, 105 S. m. 48 Abb.) 904. n. 1. —; kart. n. 1.20; Resultate (15 S.) (905.) n. — 25

— u. R. Sendler, Raumlehre f. Lehrerseminare. Nach dem Lehrplan v. 1. VII. 1901 bearb. 2 Tle. gr. 8. Breslau, H. Handel. Geb. 2.75
1. Planimetrie. 3. Aufl. (IV, 108 S. m. 91 Abb. 908. Geb. 1.35
2. Stereometrie u. Trigonometrie. 2. verm. Aufl. (IV, 112 S. m. 48 Fig.) 908. Geb. 1.40; Resultate. 2. Aufl. (16 S.) (910.) — 25

— u. R. Sendler: Raumlehre f. Lehrerseminare. 2. Tl. Stereometrie u. Trigonometrie. 3. Afl. (4, 112 m. Fig.) gr8° Bresl., H Handel '11. geb. 1.40 ‖ Resultate. 2. Afl. (16) ('10) — 25 d

Böttcher, Rob., Sammlung weltlicher u. geistlicher Chorgesänge, s.: Überlée, Adalb.

Böttcher, Rob., Chamisso. 8. (XXVII S.) Berlin (902). A. Weichert. 1. —
Sonderabdruck aus: „Chamissos sämtl. Werke".

Böttcher, Rud., Abendmahlslehre u. Abendmahlszucht. gr. 8. (17 S.) Hannover 881. Feesche. n. — 25

Böttcher, Rud., „Lasset euch nicht mit mancherlei und fremden Lehren umtreiben." Zur Aufklärung und Mahnung in die hannov. Christenheit hineingerufen. gr. 8. (16 S.) Hannover 881, Feesche. * — 25

— wie stehst Du zu Hermannsburg? Eine Erörterg. zum Frieden. gr. 8. Ebend. 881. n.n. — 25

Böttcher, Theodor, Beiträge zur pathologischen Anatomie des Gefässsystems. Diss. Dorpat. 8°. 89 pp. 1873.

Boettcher, Theodor: Aus der Kgl. chirurgischen Klinik zu Breslau (Direktor: Geh. Med.-Rat Prof. Dr. Garrè). Die Prognose der Operation der Spina bifida. Tübingen 1907: H. Laupp jr. (47 S.) 8° (Aus: Beiträge zur klinischen Chirurgie Bd 53 H. 3.)
Breslau, Med. Fak., Ref. Garrè, Diss. v. 30. April 1907
[Geb. 16. Juli 78 Pastorat Blieden in Kurland; Wohnort: Mitau in Kurland; Staatsangeh.: Rußland; Vorbildung: Stadtgymn. Riga Reife Mai 97; Studium: Dorpat 7. Breslau 3 S.; Rig. 26. Febr. 07.]

Böttcher, A., Hast du mich lieb? Betrachtung über Ev. Joh. 21, 15—17. Barmen 867. (Berlin, C. Beck.) 8. (16 S.) n. ⅓ ngr

Böttcher, A., die Haustafel, ausgelegt für Jung und Alt. Eisleben 864. Christl. Verein. 8. (20 S.) ¾ ngr

— M. Luther's kleiner Katechismus, s. Luther.

— der Sonntag. Ein Wort zur Beherzigung für die Christen in allen Ständen. Barmen 868. (Buchh. d. evangel. Gesellsch.) 16. (28 S.) n. 2 ngr

—— d. Sonntag. 16. (28) Barm. 68. (Klein.) n. — 2

Böttcher, Victor, Referendar: Die Bestattungspflicht nach bürgerlichem Recht. Berlin 1906: W. Pilz. (X, 63 S.) 8°
Rostock, Jur. Fak., Ref. Matthiaß, Diss. v. 10. Aug. 1906
[Geb. 26. Nov. 80 Zoppot; Wohnort: Baldenburg; Staatsangeh.: Preußen; Vorbildung: Gymn. Wiesbaden Reife O. 01; Studium: Straßburg 4, Greifswald 2 S.; Rig. 13. Juni 06.]

Böttcher, Vict., Evangelienlieder für die Fest- u. Sonntage d. Kirchenjahres. Leipzig 865. Teubner. 8. (VIII, 137 S.) 21 ngr

Böttcher, Vikt., das Buch Hiob nach Luther und der Probebibel, aus dem Grundtext bearb. und mit Bemerkungen versehen. gr. 8. (IV, 72 S.) Leipzig 885, [Lehmann.] Fr. Richter. *

— Kirchenverfassung der evangelischen Deutschen, s.: Lehmann's grüne Hefte.

Südöstliche Reise-Eindrücke. 1894. Gesammelt von V[iktor] Böttcher, Pastor. Frankenberg [i. S.] 1894: Roßberg. 38 S. 8°
Aus: Frankenberger Tageblatt. [10. 1911]

Böttcher, Vikt., Jesajas Weissagungen, das Buch e. einzigen Propheten, aus den ursprüngl. Bestandteilen der Grundsprache im Anschluß an die durchgesehene Lutherbibel übers. u. m. Erläutergn. versehen. gr. 8. (IV, 179 S.) Frankenberg i/S. 893. Roßberg. n. 2. 40

Böttcher, W. (Red.): s. Concertina-Zeitung. Allgemeine Concertina- und Baudonion-Zeitung.

Böttcher, W., was muß man von der Vererbungs-Lehre wissen? Allgemeinverständlich beantwortet. gr. 8. (77 S.) Berlin (900). H. Steinitz. n. 1. —

Böttcher, W. E., Lese- und Lernstoff für die allerersten französ. Lehrstunden zum Gebrauche in zahlreichen Schülerclassen zusammengestellt. 2., verb. Aufl. Dresden 855. Adler u. Dietze. 8. (47 S.) n. 4 ngr

Böttcher, W. E., Lese- und Lernstoff für die allerersten französischen Lehrstunden zum Gebrauche in zahlreichen Schülerklassen zusammengestellt. 3. Aufl. 859. — 4. unveränd. Aufl. Dresden 863. Dietze. 8. (47 S.) n. 5 ngr

Böttcher, W. E., Lese- u. Lernstoff für die allerersten französischen Lehrstunden zum Gebrauche in zahlreichen Schülerklassen zusammengestellt. 5. unveränd. Aufl. Dresden 867. G. Dietze. 8. (47 S.) n. 5 ngr

Böttcher, W. E., Lese- u. Lernstoff f. die allerersten französischen Lehrstunden zum Gebrauche in zahlreichen Schülerklassen zusammengestellt. 6., unveränderte Aufl. 8. (47 S.) Dresden 872. G. Dietze. geb. n. — 50

Böttcher, W. F., Weihe des Gottesackers für die Gemeinde Gräfenstuhl. Dom. Estomihi, den 22. Febr. 1852. 8. (14 S.) Eisleben 852, Reichardt in Comm. n. 2 ngr

Böttcher, Wilhelm, a. Wustermark: Ueber je einen Fall von isolierter Fraktur des Tuberculum minus und majus humeri. München 1904: Kastner & Callwey. (25 S.) 8°
München, Med. Fak., Ref. v. Angerer, Diss. v. 11. Okt. 1904
[Geb. 21. April 80 Wustermark; Wohnort: Wustermark; Staatsangeh.: Preußen; Vorbildung: Gymn. Spandau Reife O. 99; Studium: Berlin 5, München 4 S.; Coll. 30. Juli 04; Approb. 30. Juni 04.]

Böttcher, Wilhelm, aus Harburg (Elbe): Aus d. Kgl. chirurg. Universitätsklinik zu Kiel. Zur Casuistik der Darminvagination (ein durch Darmresektion geheilter Fall). *Kiel 1902: L. Handorff.* (13 S.) 8°
Kiel, Med. Diss. v. [29. Dez.] 1902

Böttcher, Willy, a. Bromberg: Der feste gelbe Phosphorwasserstoff und seine Reaktion mit flüssigem Ammoniak. (Berlin 1908: G. Schade.) (42 S.) 8°
Berlin, Phil. Fak., Ref. Fischer, Diss. v. 18. Jan. 1908
[Geb. 28. Aug. 79 Bromberg; Wohnort: Friedenau; Staatsangeh.: Preußen; Vorbildung: Oberrealsch. Charlottenburg Reife O. 05; Studium: Straßburg 3, Berlin 7 S.; Rig. 5. Dez. 07.]

Böttcher, Willy (Karl Johann) (geb. Berlin 26. 12. 1861 (vielmehr 1860)): Ueber Umlagerungen in der Orthoreihe der Biderivate des Benzols. Berlin (1884). (54 S.) 8°
Berlin, Phil. Diss. v. 26. Juni 1884

Böttcher-Zeitung, deutsche. Organ zur Vertretung der gewerbl. Interessen der Böttcher, Küfer, Küper, Büttner, Schäffler und Faßbinder. Zugleich Publikations-Organ der Central- und Lokal-Kranken-Kassen derselben Gewerke. Redact.: Fr. Holtmann. 1. Jahrg. 1888. 52 Nrn. (à Nr. ½ Bog.) 4. München, M. Ernst. **

Böttcher-, Küper- u. Schäffler-Zeitung, deutsche. Centralblatt f. die Interessen der gesammten Böttcherei u. verwandten Gewerbe. Organ d. Innungs-Verbandes „Bund deutscher Böttcher-Innungen." Red.: C. Knüppel. 7. Jahrg. 1893. 24 Nrn. (à 1—1½ Bog.) gr. 4. Berlin, Pionier A.-G. n. 6. —

— dasselbe. 8. Jahrg. 1894. 24 Nrn. (à 1—1½ Bog.) gr. 4. Ebd. n. 6. —

Böttcher-, Küper- u. Schäffler-Zeitung, deutsche. Deutsche Holz-Industrie-Zeitg. Centralblatt f. die Interessen der ges. Böttcherei u. verw. Gewerbe. Publikations-Organ d. Deutschen Böttcher-Innungn. Red.: C. Knüppel. 9. u. 10. Jahrg. 1895—1896. à 24 Nrn. gr. 4. (à ca. 1½ Bog. m. Abb.) Berlin, A.-G. Pionier. à Jahrg. n. 6. —

Bötte, Werner

Aus einer vergessenen Ecke. Beiträge z. deutschen Volkskunde von Dr. Ludw. Friedr. Werner [d. i. Werner Bötte]. 2. Aufl. Langensalza: Beyer 1910. VIII, 208 S. 8° [11. 09]

Bötte, Werner, Pfarrer in Friedewald i. Hessen: Immanuel Kants Erziehungslehre dargestellt auf Grund von Kants authentischen Schriften. *Langensalza 1899: H. Beyer & Söhne.* (IV, 99 S.) 8°
Jena, Phil. Diss. v. (22. Juli) 1899

— **Immanuel Kants Erziehungslehre, dargestellt auf Grund v. Kants authent. Schriften. gr. 8. (VIII, 90 S.) Langensalza 900. H. Beyer & Söhne. n. 1. 50**

Die Gerechtigkeit des Lehrers gegen seine Schüler. Von Werner Bötte. *Langensalza: H. Beyer & Söhne 1902.* (27 S.) 8°
= Magazin, Pädagogisches. H. 186. [ca. 1902] 3

Boette, Ludw. Frdr. Wern.: Für Kirche u. Schule. 7 Aufsätze. (4, 110) gr8° Langens., H Beyer & S. '12. 2 —

Boette, Wern., Rom u. der Papst. Skizzen aus Schule, Haus u. Kirche der ewigen Stadt. (VIII, 225 S.) gr. 8. Langensalza 907. H. Beyer & Söhne. n. 3. —

Wert und Schranken der Anwendung der Formalstufen. Von Werner Bötte. *Langensalza: H. Beyer & Söhne 1902.* (27 S.) 8°
— Magazin, Pädagogisches. H. 180. [ca. 1902] 3

Bottée und Riffault: Anweisung das Schiespulver zu bereiten. Aus d. Franz. übers. v. Fr. Wolf. gr. 8. Verl. Realschulbuchh. 813.

Bottée u. Riffault, Anweis., d. Schießpulver zu bereiten rc. Aus d. Französ. übers. v. Fr. Wolff. Mit 19 Kpft. gr. 8. Berl. 816. Reimer. 4 Rthlr

Botten-See [Schlagwort]

Botten-See, s.: Seekarten.

BOTTEK, Eduard 47.5
Die ursprüngliche Bedeutung des Conjunctivs in lateinischen Nebensätzen. I. Theil: Ut—, Ne—, Quo—, Quominus—, Quin—, Relativ— und Cum— Sätze. Von Eduard Bottek. Wien. 1899. [In Comm.] Hölder. Gr.-8°. 94 S. fl. 1.—

Bottek, Eduard: Die feierliche Eröffnung des k. k. Kronprinz Rudolf-Gymnasiums am 18. Oktober 1903. S. 5—15. 8.
Progr. K. k. Kronprinz Rudolf-Gymn. *Friedek* 1904.

Bottek, Ed., dispositive Inhalts-Uebersicht zu Demosthenes' acht Staatsreden. gr. 8. (46 S.) Wien 894. A. Hölder. n. 1. —

Bottek, Eduard, Ausgewählte Reden des Demosthenes. Für den Schul-Gebrauch herausgegeben. Mit einer Karte. 8. (XLIII, 117 S.) Wien: Hölder 1897 —.55, geb. —.70

Bottek, Eduard Den acht Staatsreden des Demosthenes, die an Gymnasien gelesen werden, ist ein einheitlicher Plan zugrunde gelegt. 8 (31 S.). Progr.
K. k. (vereinigtes) Staats-G. *Teschen* 1895.
Erläuterungen und Begründung der im Verlage von A. Hölder in Wien 1894 von demselben Verfasser veröffentlichten Dispositionen zu Demosthenes' acht Staatsreden.

Bottenhofer, W. B., Ahnungen über d. Schöpfung. 8. Münch. 813. (Nürnb., Stein). 9 gr.

— die Religion im Allgemeinen. 8. Münch. 819. Fleischmann. 12 gr.

Botteri: Ueber Torquato Tasso. Ein populärer Vortrag. 15 S. Progr. Graz OR. 1867.

Bottermann, August Otto Walther, s. Bottermann, Walther

Bottermann, Jos., Beitr. zur Kunst d. Schlossers: aus d. Holländ. ins Französ. übers. v. Feutry. Aus d. Französ. ins Deutsche übers. v. J. S. Halle. Mit Kpf. gr. 4. Berl. 790. W. Oehmigke. (Sander). 1 Rthlr 12 gr.

Bottermann, Walther

Bottermann, *August Otto* Walther: Die Beziehungen des Dramatikers Achim von Arnim zur altdeutschen Litteratur ... Göttingen, Druck d. Dieterich'schen Univ.-Buchdr., 1895; 88 S. 8.
Göttingen, Phil. Fak., Inaug.-Diss. v. [24. Dez.] 1895

Bottermann, Walth., die Beziehgn. des Dramatikers Achim v. Arnim z. altdeutschen Litteratur. Diss. gr. 8. (87 S.) Göttingen (895). (R. Poppmüller.) n. 1. 20

Bottermann, W[alther]: [Rede bei seiner Einführung als Direktor der Anstalt.] S. 14—17. 4.
Progr. Lauenburgische Gelehrtenschule. Gymn. *Ratzeburg* 1907

Bottermund, Wilhelm

Bottermund, W., Ueb. d. ärztl. Behandlung v. Störungen d. Singstimme. Vortrag, geh. bei der 69. Versammlg. deutscher Naturforscher u. Aerzte. [Aus: „Archiv f. Laryngologie".] gr. 8. (14 S.) Berlin 898. A. Hirschwald. n. — 40

Die Gesundheitspflege der Stimme, des Gesanges und der Sprache. Hygien. Grundsätze u. Erfahrungen aus ärztl. Praxis gemeinverständl. mitgeteilt von W[ilhelm] Bottermund, Dr., Spezialarzt in Dresden. *Leipzig: C. F. W. Siegel [1904].* (114 S.) 8° [ca. 1904]

Bottermund, Guilelmus: De republica Rhodiorum. Halis Saxonum 1882: Gebauer-Schwetschke. 46 S. 8°
Halle-Wittenberg, Phil. Diss. v. [26. Okt.] 1882
Geb. Borstel b. Achim (Hannover) 31. 7. 1858. V.

Die Singstimme und ihre krankhaften Störungen. Allg. verständl. Abhandlg f. Sänger u. Gesanglehrer v. W. Bottermund, Dr. med. ... *Leipzig: F. C. W. Vogel 1896.* (IV, 48 S.) 1 Bd. 8. [96. 181]

— das hysterische Weib in Familie u. Gesellschaft. Sozialpsycholog. Studie. 11. veränd. Aufl. (III, 87 S.) gr. 8. Dresden 903. E. Pierson. n. — 75
Die früheren Aufl. erschienen anonym.

!— Das hyster. Weib. Jetzt: Berl., Verl. Berlin-Wien. 01/05

Bottex, Alexandre: Praktische Abhandlungen über Sinnestäuschungen, psychisch gerichtliche Medicin und Syphilis. Aus dem Französischen (übers.) mit Anmerkungen, Erläuterungen und Ergänzungen von August Droste. Wohlfeile Ausg. Insges. 348 S., gbd.

Osnabrück: Rackhorst 1844

— prakt. Beiträge zur psychisch-gerichtl. Medicin. Aus d. Franz. mit e. Nachtrage von Dr. Aug. Droste. gr. 8. Osnabrück 839. Rackhorst'sche Buchh. 7/8 Rthlr

Bottex, Alex., über die durch subjective Zustände der Sinne begründ. Täuschungen des Bewußtseins. Aus d. Franz. übers. u. mit e. Vorberichte vers. von Dr. Aug. Droste. gr. 8. Osnabrück 838. Rackhorst'sche Buchh. 1/2 Rthlr

—— über das Wesen u. d. Behandl d. syphilit. Krankheiten. A. d. Franz. übers. u. mit e. Nachschrift begleitet v. Aug. Droste. gr. 8. (8¼ B.) Osnabrück 838, Rackhorst'sche Buchh.

Böttger, s.a. Böttcher

Böttger: Ein Beitrag ..., s. Böttger, Hugo

Böttger: Bemerkungen über Zweck und Methode des Geschichtsunterrichtes. 14 S. Progr. Halle R. Sch. 1841.

Böttger, Beschreibung d. botan. Gartens, s. Böttger, Johann Gottlieb

Böttger, Die reichsgesetzl. Bestimmungen ..., s. Böttger, Herrmann

Böttger, s. Bücherei, burschenschaftl.

Böttger: A complete dictionary, s. Böttger, F. A.

Böttger, kurze Geschichte der Reformation. 8. Halle, Hemmerde und Schw. 818.

Böttger, Zur Geschichte der römischen Mathematik. Pr. 1848. 14 S. 4°. 1.2

Böttger, Handwörterbuch ..., s. Böttger, Rudolf

Böttger, Der Militärpharmazeut, s. Böttger, H.

Böttger (Hrsg.), s. Notizblatt, polytechnisches

Böttger, das Programm der Handwerker. Eine gewerbepolit. Studie. Braunschweig 893.

Böttger: Ferdinand von Soto, s. Böttger, Gottfried Conrad

Böttger, die Sozialdemokratie auf dem Lande. Beitrag zur deut. Agrarpolitik. Leipzig 899.

Böttger: Steuertarif ..., s. Böttger, R.

Böttger: Was der Kaufmann ..., s. Böttger, Franz

Boettger, A., über Blutkrystalle. (Haematokrystallin.) Eine physiologisch-chemische Abhandlung. Dorpat 862. Gläser. gr. 8. (39 S.) n. 8 ngr

Böttger, Adolf, Albion. Perlen britischer Lyrik, s. a. Albion.

Böttger, Adf., Albion. Perlen britischer Lyrik in ausgewählten deutschen Uebertragungen gesammelt. 2. Aufl. 853. — 3. Aufl. Leipzig 857. Thomas. 16. (1 Bl., 378 S.) 1 ₰ 25 ngr

Böttger, Ad., Agnes Bernauer. Trauerspiel in 5 Aufzügen. gr. 8. Leipzig 845. (O. Klemm.) 1/2 ₰

Böttger, Ad(olf), Agnes Bernauer. Trauersp. in 5 Aufz. gr. 8. (10⅞ B.) Leipzig 846, O. Klemm.

Böttger, Adolf, Agnes Bernauer. Dramatisches Gedicht. 2. Aufl. (120 S.) 847. 15 Ngr. und 3. Aufl. 16. (III und 120 S.) Leipzig 850, O. Klemm.

—— Buch deutscher Lyrik, s. a. Buch deutscher Lyrik.

— Buch der Sachsen. Originaldichtungen aus der sächsischen Geschichte. Mit Titelbild nach Kretschmar gest. von Lämmel. Leipzig 858. Giesecke u. Devrient. (Steinacker.) Lex.-8. (XII, 362 S.) n. 5 ₰; geb. n. 5 ₰ 20 ngr

Böttger, Adf., Buch der Sachsen. Originaldichtungen aus der sächsischen Geschichte. Wohlfeile Schul- und Volks-Ausgabe. Leipzig 859. Giesecke & Devrient. 8. (X, 264 S.) 10 ngr

– s. Byron: Ritter Harold.

– Byron's sämmtl. Werke.

—— Cameen. Poetische Erzählungen. gr. 16. (III und 240 S.) Leipzig 855(56.) Falke und Rößler.

—— Cameen. Sechs erzählende Gedichte. 2. (Titel-)Aufl. gr. 16. (III und 240 S.) Leipzig (856)61, Dehme. 20 Ngr.; cart. *

—— Cameen. 2. Afl. 16. (240) Lpzg 61, Haynel. geb. 1. —

— Cameen. Sechs erzählende Gedichte. 2. Aufl. Leipzig 861. (G. J. Purfürst.) 16. (2 Bl., 240 S.) 1 ₰

— Dämon u. Engel. Gedicht. 16. (VIII u. 104 S.) Leipzig 850, O. Klemm. —. 2. Aufl. 16. (VI u. 104 S.) Ebd. 850. 1/2 ₰ In Engl. Einb. m. Goldschn. 3/4 ₰

—— Dichtergarben vom Felde deutscher Lyrik, s. a. Dichtergarben.

— Dichtergarben vom Felde deutscher Lyrik. 2. umgearb. u. stark verm. Aufl. Mit 1 Titelkpfr. Braunschweig 857. Westermann. 16. (XVI, 479 S.) n. 2 ₰

Böttger, Adf., gesammelte Dichtungen. 6 Bde. 2. Aufl. 12. (VIII, 412; III, 341; VI, 334; V, 297; VIII, 355 u. VI, 328 S.) Leipzig 889. Knaur. In einfachem Leinw.-Bd. n. 10. —; in Leinw. m. Goldschn. n. 15. —; in Halbfrz. n. 18. —; in 3 einf. Leinw.-Bdn. n. 8. —

Böttger, A., u. A. Fischer, Eichenblätter, s. Eichenblätter.

— Erinnerungen an Christian Fürchtegott Gellert, zum hundertjähr. Todestage, den 13. Decbr. Mit 1 (lith.) Ansicht von Gellerts Monument. Leipzig 870. Ruhl. 8. (39 S.) 7½ ngr

—— Till Eulenspiegel. Modernes Heldengedicht. 1. und 2. Aufl. 10. (à VI und 120 S.) Leipzig 850, O. Klemm. -

— der Fall von Babylon. Ein Gedicht. Leipzig 855. Herbig. gr. 16. (6 Bl., 196 S.) 1 ₰ 15 ngr

Böttger, Adolf, ein Frühlingsmärchen. Gedicht. 1. und 2. Aufl. (108 S.) 840. 18 Ngr. und 3. Aufl. 16. (III und 108 S.) Leipzig 850, O. Klemm. Thlr.-

Böttger, Adf., das Galgenmännchen. Dramatische Märchendichtung. br. 8. (VII, 163 S.) Leipzig 870, Kormann. *

—— dass. — 2. und 3. Ausg. br. 8. (VII, 163 S.) Leipzig 878, Webel. cart. *

— Zu Goethe's hundertjähr. Geburtsfeier, am 28. Aug. 1849. Gedicht. hoch 4. (15 S.) Leipzig 849, Kretzschmar. n. 1/6 ₰

—— Gedichte. Mit 1 Zeichn. v. E. Bendemann u. Composition v. Mendelssohn-Bartholdy. 2. Aufl. 16. (9⅞ B.) Leipzig 846, O. Klemm.

— Gedichte (mit Portrait in Stahlst.) 3. verm. Aufl. 16. (VIII u. 344 S.) Ebd. 847. — 4. verm. Aufl. 16. (XVI u. 344 S.) Ebd. 849. — 5. Aufl. 16. (XVI u. 344 S.) Ebd. 849. — 6. Aufl. 16. (VIII u. 344 S.) Ebd. 850. — 7. Aufl. 16. (VIII u. 344 S.) Ebd. 851. 2 ₰; in Engl. Einb. m. Goldschn. 2¼ ₰

—— Gedichte. 7. Afl. 16. (344) Lpzg 51. (Berl., Ehle.) 2. —; geb. 2. 7½ || N. Sammlg. 16. (208) Lpzg 54, Dürr's Bh. geb. n.n. 1. 16

—— Gedichte. 3—7. Aufl. 16. Leipzig 851, O. Klemm. [Mit des Verf. Portr. in Stahlst. 3. Aufl. (VIII und 344 S.) 847., 4. und 5. (à XVI und 344 S.) 849., 6. und 7. (à VIII und 344 S.) 850,51.]

—— lyrische und epische Gedichte. 12. (VIII, 341 S.) Ebd. 889, geb. m. Goldschn. * 3 —

Böttger, A, d. ebene Geometrie. Für d. Unterricht an d. Realschule bearb. 8° (137 m. Fig.) Lpzg 95, Dürr'sche Bh. Geb. n.n. 1.80

Böttger, Adf., D. ebene Geometrie. F. d. Unterr. an d. Realschule bearb. 2. Aufl. M. 138 Textfig. gr. 8. (152 S.) Leipzig 899. Dürr'sche Buchh. Geb. n.n. 1. 80

Böttger, Adf., die ebene Geometrie. Für den Unterricht an der Realschule bearb. 4. nach den neuesten Lehrplänen bearb. Aufl. (160 S. m. 142 Fig.) gr. 8 Leipzig 905. Dürr'sche Buchh. Geb. n. 1. 80

Böttger, Adf: Die ebene Geometrie. Für d. Unterr. an d. Realsch. bearb. 7. Afl. (160 m. Fig.) gr8° Lpzg, OR Reisland '11. geb. 1.80

– Goldsmith, O.: Gedichte.

— Habana. Lyrisch-epische Dichtung. 853. — 2. Aufl. Leipzig 854. Costenoble. 16. (X, 1 Bl., 210 S.) n. 1 ₰ 10 ngr

—— für's Herz der Frauen. Album-Sprüche aus den poet. Werken. 8. (III, 112 S.) Leipzig 870, Kormann. geb. mit Goldschn. *

—— dass. — 2. Aufl. br. 8. (112 S.) Leipzig 872, Gnobloch. [Halle, Gesenius.] M 2,25.; geb. mit Goldschn.

—— Hiazinth u. Lilialide. 4. Afl. 16. (168) Lpzg 52. (Berl., Ehle.) geb. 1. —

—— Hiazinth und Lilialide, ein Frühlingsmärchen. 4. Aufl. 16. (III und 168 S.) Leipzig 852, O. Klemm.

— Historien der Liebe. Gedichte. Leipzig 860. Baumgärtner. 16. (VII, 220 S. u. 1 Stahlst.) 24 ngr; geb. 1 ℛ

—— Johannis-Lieder. 8. (15 S.) Leipzig 847, O. Klemm. *

— Goethe's Jugendliebe. Gedicht. Mit 1 Stahlst. Leipzig 862. G. J. Kurfürst. 16. (3 Bl., 182 S.) 1 ℛ 10 ngr.

— Goethe's Jugendliebe. Gedicht. 3. neu durchges. Aufl. Mit 1 Stahlst. Leipzig 870. Haynel. 16. (2 Bll., 154 S.) 22½ ngr; geb. 1 ℛ

Böttger, Adolf, teutsche Kriegslieder, gesammelt. gr. 12. (12 B.) Leipzig 841, T. O. Weigel.

—— deutsche Kunst in Bild und Lied, s. Kunst, deutsche.

—— Lied und Leben. Dichtergrüße an Deutschlands Frauen. Mit 4 Illustr. gezeichnet von Prof. Thon, in Holzschn. ausgeführt von J. G. Flegel. 16. (XVII, 288 S.) Leipzig 871, Fr. Voigt. geb. mit Goldschn.

—— dass. — 2. Aufl. 16. (XVII, 288 S.) Leipzig 878, Knobloch. [Halle, Gesenius.] geb. mit Goldschn.

Böttger, Adf., Lieb u. Leben. Dichtergrüße an Deutschlands Frauen. Gewählt u. hrsg. v. A. B. 8., verm. Aufl., besorgt v. Max Bern. 12. (III, 308 S.) Halle a/S. 892. H. Gesenius. Geb. in Leinw. m. Goldschn. n. 2. 50

— neue Lieder u. Dichtungen. Troppau 868. Kolck. 16. (139 S.) 22½ ngr.

—— Liederchronik deutscher Helden, s.a. Liederchronik.

— Liederchronik deutscher Helden. Aus vaterländischen Dichtern zusammengestellt. 3. billige (Titel-) Ausg. Leipzig (853) 855. Herbig. 16. (VI, 406 S.) 1 ℛ

— Lieder-Chronik deutscher Helden. Für die reifere Jugend und zum Gebrauche in Schulen. Aus vaterländischen Dichtern zusammengestellt. 4. Aufl. Leipzig 862. Grunow. 16. (VI, 406 S.) n. 24 ngr.

– Milton's sämmtliche Werke.

– O'Connell: Über Irland u. d. Irländer.

– Ossian.

—— die Pilgerfahrt der Blumengeister. (6 Hefte.) Lex.-8. (XV und 292 S. mit 30 ill. Stahlst.) Leipzig 850,51., Fr. Fleischer. (à Heft * 1 Thlr.) *

— die Pilgerfahrt der Blumengeister. Mit 36 color. Bildern (Stahlst.) nach Grandville. 2. umgearb. rc. Aufl. 854. — 3. umgearb. rc. Aufl. Leipzig 857. Fr. Fleischer. gr. 8. (4 Bl., 296 S.) n. 6 ℛ; geb. n. 8 ℛ 15 ngr

—— die Pilgerfahrt der Blumengeister. 3., umgearb. und verb. Aufl. Lex.-8. (VI und 296 S. mit 36 ill. Bildern in Stahlst. nach Grandville.) Leipzig 858, Fr. Fleischer. *

– Pope, A.: poet. Werke.

— Robert der Teufel. Romant. Gedicht. 8. Leipzig 841, Bösenberg. 5/6 ℛ

—— Rosengarten, s. Rosengarten.

—— Sammlung alter deutsch. Romanzen rc., s. Eichenblätter.

Böttger, Ad., Samml. alter deutscher Romanzen, s. Shakspeare's sämmtliche Werke.

— Schönheiten aus Byron's Werken. Mit dess. Bildn. kl. 16. Leipzig 841, O. Wigand. n. 2/3 ℛ

— Die Stereometrie. F. d. Unterr. a. d. Realschule bearb. gr. 8. (III, 48 S. m. 87 Fig.) Leipzig 897. Dürr'sche Buchh. Kart. n. — 60; m. d. Ebenen Geometrie zus. u. d. T.: Grundzüge der Geometrie, geb. in Halbleinw. n. 2. 40

— die Stereometrie. Für den Unterricht an der Realschule bearb. 2., verm. Aufl. (48 S. m. 87 Fig.) gr. 8. Ebd. 903. Kart. n. — 60

Böttger, Adf., die Stereometrie. Für den Unterricht an der Realschule bearb. 3. Aufl. (48 S. m. 87 Fig.) gr. 8. Leipzig 908. [Dürr'sche Buchh.] O. R. Reisland. Kart. — 60
Auch dess. Verf. „Ebene Geometrie", „Grundzüge d. Geometrie" u. „Trigonometrie" gingen in obigen Verlag über.

—— düstere Sterne. Neue Dichtungen. 16. (V und 209 S. mit gest. Titel.) Leipzig 852, Fr. Fleischer. *

—— heil. Tage. Gedichte. 16. (96) Wien 65. (Tropp., Kolck.) n. — 20

— heilige Tage. Gedichte. Wien 865. Schönewerk. 16. (96 S.) 20 ngr.

— die Tochter des Kain. Dichtung. Wien 865. (Troppau, Kolck.) 16. (96 S.) n. 20 ngr.

— u. H. Hartenstein, die Trigonometrie. Für den Unterricht an Realschulen bearb. (35 S. m. Fig.) gr. 8. Ebd. 906. n. — 60

— u. H Hartenstein: Die Trigonometrie. Für d. Unterr. an Realsch. bearb. 2. Afl. (35 m. Fig.) gr8° Lpzg, OR Reisland '11. — 60

— Der mathemat. Unterr. in d. Gymn. u. Realanst. d. Hansestädte Mecklenburgs u. Oldenburgs, s: Abhandlungen üb. d. mathemat. Unterr. in Deutschld, Thaer.

Böttger, Adolf (Hrsg.), s. Vaterlandskunde, Deutsche, in Bild und Wort.

– Wang Keaou Lwan Pis Neen Chan Hau.

— Auf der Wartburg. Dichtungen. 16. (77 S. u. Titel in Stahlst.) Leipzig 848, Lorck. 7/12 ℛ In Engl. Einb. m. Goldschn. n. 5/6 ℛ

Böttger, Adf., gesammelte Werke. 6 Bde. Leipzig 865, 66. Dürr'sche Buchhdlg. 16. (XXXIV, 2068 S.) n. 4 ℛ; geb. n. 6 ℛ

Böttger, Alb., der Mißerfolg unsers Religionsunterrichts in religionswissenschaftlicher Beleuchtung I. Unser Religionsunterricht u. die moderne Religionswissenschaft. II. Pädagogische Folgergn. (VI, 200 S.) 8. Leipzig 906. A. Hahn. n. 2. —; geb. in Leinw. n 2. 50

Böttger, Anton Wilhelm (Magdeburg), Nonnulla de cholera orientali. Diss. med. Halle (Gebauer) 19. V. 1832. 52 S., mit Biogr. (M.: M. M. Müller.) (4.—) Gew.: Ludwig Hermann Friedländer.

Böttger, C., einige wichtige Ansiedelungsgebiete in Texas, nach Original-Aufnahmen etc. entworfen. [Beilage zur Allgem. Auswanderungs-Zeitung.] Fol. Lith. u. color. Rudolstadt 848, Fröbel. 4 ngr

Boettger, C [Übers.]
s. Disraeli, Benjamin: Endymion. 1881.

Böttger, C. A., die Arbeiten d. Schlossers, s.: Graef sen., A., u. M. Graef jun.

Boettger, Chr. (Resp.): Nonnulla de somno et vigilia, s. Rivinus, A. F. (Praes.)

Zur vorläufigen Erkenntniss des Zweckes und der Nothwendigkeit einer Vortheidigung der Freimaurerei gegen die, wenn auch scheinbare Gefahr derselben, insbesondere den Laien gegenüber. Von [Christian Adam] Heinr. Böttger. Breslau: Freund in Comm. 1891. 12 S. 8°
Abwehr der Angriffe eines „deutschen Patrioten" in seiner Schrift „Frmrei u. Sozialdemokratie".

Boettger, Christian Friedrich: De thermarum Caroliniarum usu in arthritide... Diss. 63 S, gbd.

Lipsiae: Brandenburger 1709
an: Stein, Georg Wilhelm: Kurze Beschreibung einer Brust= oder Milchpumpe... Cassel: 1773

Böttger, Clementine, s. Meluec, S.

Böttger, Christoph Heinrich

Böttger, Chr. Heinr., Beschreib. d. fremden u. einheim. Bäume u. Stauden in d. Park d. Weissensteins. 2 Stcke. 4. Cassel, 1777. (Krieger.) — 7½

— Beschreib. d. Bäume u. Stauden in d. Park des Weissensteins. 2 Stcke. 4. Cassel 777. Cramer. 6 gl

Böttger, Cph. Hnr., († d. 3. Sept. 1781.) Beschreib. d. Gesundbrunnen u. Bäder bei Hofgeismar. 8. Cassel 772. Cramer. 1 gl 4 gl

Böttger, Cph. Hnr., Beschreib. des botan. Gartens in Cassel, mit Kpf. Cassel 777. Cramer. 4

— Verzeichniss der Bäume und Stauden im Park zu ...stein. Zwei Programme. Kassel, typ. Schmiedt. 1777. 76 p. (⅓ th.)

Böttger, Ernst, aus Dunst z. Kunst. Freilichtbilder. gr. 8. (VII, 87 S.) Jena 901. O. Rassmann. n.n. 2.25

Böttger, Ernst, Sonnenwende. Eine soziale Novelle der Gegenwart. Preisgekrönt am 29. VIII. 1903. von der „Lit. Gesellschaft" zu Jena. (48 S.) 8. Weimar (904). H. Große. n. 1.—

Böttger, F. W.

Böttger, F. W., s. Boettcher, Friedrich Wilhelm

Böttger, Fr., Beiträge zur Orthopaedik. Die natürl. Dynamik bei der Behandlg. d. Pes valgus, Genu valgum u. Pes varus als Heilmittel angewandt. Mit 23 Abbildgn. (theils eingedr. theils lith. auf 5 Steintaf.) Lex.-8. (58 S.) Leipzig 871. Hinrichs' Verl. n. 2.40

Böttger, Fr., Berechnungstabelle zur Feststellung der bei Ausführung der Gesetze vom 2. März 1850 über Ablösung der Reallasten u. Errichtung von Rentenbanken Seitens der Verpflichteten pro rata temporis zu leistenden Rente-Nachzahlungen. Für sämmtl. Commissarien in Ablösungs-Sachen zur Erleichterung des Geschäftsbetriebes aufgestellt. Halle 853. Schmidt. Fol. (2 Bl., 55 S.) n. 24 ngl

Böttger, Fr., Berechnungs-Tabelle zur Feststellung der bei Ausführung der Gesetze vom 2. März 1850 über Ablösung der Reallasten u. Errichtung von Rentenbanken seitens der Verpflichteten pro rata temporis zu leistenden Rente-Nachzahlungen. Für sämmtl. Commissarien in Ablösungs-Sachen zur Erleichterung des Geschäftsbetriebes aufgestellt. 2. Ausg. Halle 869. Schmidt. Fol. (55 S.) n. 15 ngr

Böttger, Franz

Böttger, Frz., s.a. Voigtländer, A.

Böttger, Frz: Geldanlage u. Vermögensverwaltg. Ratgeber f. alle Kaufleute, Sparer, Rentner u. Kapitalisten üb. dauernde u. vorübergeh. Anlage v. Geldern m. ausführl. Erläuterg v. Kurszettel u. Bilanz u. Angaben üb. zweckmäss. Auswahl, Aufbewahrg u. Verwaltg v. Wertpapieren. (8, 197) 8° Lpzg, Verl. d. modernen kaufmänn. Bibliothek ('12). L 2.75

Böttger, Frz., Geld-, Bank- u. Börsenwesen, s.: Rotholz, W.

Böttger, Frz., Scheithauer's Reklamen im Lichte der Wahrheit. gr. 8. (8 S. m. 1 Taf.) Berlin 898. (Leipzig, J. H. Robolsky.) n.n. — 10

Scheithauer's Reklamen im Lichte der Wahrheit. Von Franz Böttger. *Berlin: H. Roller [1898].* (8 S., 1 Beil.) 1 Bd 8.

Böttger, Frz (Albr. Voigtländer): Berliner Vereins-Nulpen, a. d. Spassvogel-Perspektive beobachtet. Mit neuen Vortrags-Stücken d. Verf. (126) 8° Berl., C Marschner '13. 2 — d

Böttger, was der Kaufmann vom neuen Handelsgesetzbuch wissen muss. Gemeinverständl. Darstellung. Berlin 897.

Böttger, Frz., was der Kaufmann im Verkehr m. der Reichsbank wissen muss. Kurzgefasste Erläutergn. der Einrichtgn. der Reichsbank u. ihrer Vorschriften üb. den Geschäftsverkehr zur Orientierg. f. das Publikum, insbesondere f. die m. der Bank im Verkehr steh. Personen, Firmen, Institute u. Behörden, nebst e. Anh.: Die Formulare der Reichsbank u. ihre Verwendg. (Dr. Ludw. Huberti's moderne kaufmänn. Bibliothek.) (VIII, 106 S.) gr. 8. Leipzig (903). Verlag d. mod. kaufmänn. Bibliothek. Geb. in Leinw. n. 2.75

Böttger, Frz., internat. Wechselpraxis. Die Wechselgesetze u. die Wechselstempeltarife sämtl. Staaten Europas u. die Vorschriften derselben üb. die Versteuerg. der Wechsel. Für den prakt. Gebrauch bearb. (Ludw. Huberti's moderne kaufmänn. Bibliothek.) gr. 8. (VIII, 128 S.) Leipzig (901). Dr. L. Huberti. Geb. in Leinw. n. 2.75

Böttger, Friedrich August

Böttger, F. A., and J. Sporschil, a complete dictionary of the English and German languages, s. Sporschil, J.

Boettger, F(riedr.) A(ug.), a new and compl. Dictionary of the english and german languages. Vol. I. Cont. all the english words and phrases in general use up to the present time, the designation of the pronunciation and accentuation after the most approved principles. Compiled from the best authorities. Stereotype edit. gr. 8. (36 B.) Leipsic 839, Fest.

— a new complete Dictionary of the english and german languages. Containing all the english words and phrases in general use up to the present time, the designation of the pronunciation, etc. — Vollständiges Wörterbuch der deutschen und englischen Sprache. Enthaltend: Alle allgemein gebräuchlichen Wörter bis auf die neueste Zeit, erläut. Beispiele zur Verständlichkeit ihrer verschiedenen Bedeutungen rc. N. Ausg. 2 Thle. gr. 8. Leipzig 840, Fest. 2 ₰

Böttger, F(riedr.) A(ug.), Elementar-Lehrbuch der englischen Sprache für Deutsche. (2 Abthlgn.) gr. 8. (X und 224 S. mit 1 Tab. in qu. gr. Fol.) Leipzig 850, Thomas.

— a complete Pocket-Dictionary of the english and german and english languages, s. Sporschil, J.

— vollständ. Engl.-Deutsches u. Deutsch-Engl. Taschen-Wörterbuch, s. J. Sporschil.

Böttger, F(riedr.) A(ug.), vollständ. Wörterbuch d. Deutschen u. Englischen Sprache. Thl. II. Enthalt.: Alle allgemein gebräuchl. Wörter bis auf die neueste Zeit, erläuternde Beispiele zur Verständlichkeit ihrer verschiedenen Bedeutungen, Sprüchwörter u. sprüchwörtl. Redensarten; ferner: einen Reichthum an Phraseologie, Terminologie u. an Ausdrücken der niedern Volksklassen. Stereotyp-Ausg. gr. 8. (37¾ B.) Leipzig 843, Fest'sche Verlsbuchh.

1. Thl. Ebendas. 1839. 2 Thlr.

—— dass. Englisch-deutsch u. deutsch-engl. (Neuer Abdr.) 2 Thle. gr. 8. (73⅓ B.) Leipzig 846, Fest'sche Verlsbuchh.

Böttger, F. A., vollständiges Wörterbuch der Deutschen und Englischen Sprache. Enth.: Alle allgemein gebräuchlichen Wörter bis auf die neueste Zeit, erläuterte Beispiele zur Verständlichkeit ihrer verschiedenen Bedeutungen, Sprüchwörter und sprüchwörtlichen Redensarten. Nach den besten Quellen bearb. — A new and complete dictionary of the English and German languages. 5. Stereot.-Aufl. Leipzig 860. Deckmann. gr. 8. (XXI, 1153 S.) 2 ₰

—— vollst. Wörterb. d. deut. u. engl. Sprache. 5. Afl. 8. (1153) Lpzg 60. (Berl., Mode's V.) 2. —

Böttger, Friedrich Wilhelm

Böttger, Friedr. Wilh., der schnelle Ausrechner beim Ein- u. Verkauf, in d. drei gangbar. Währungen Deutschlands. Ein bequemes Hülfsbuch f. Haushaltn. u. Kaufleute. 8. (14 B.) Quedlinburg 829, Basse. Thlr.

—— der allezeit fertige Meß- u. Markthelfer beim Ein- u. Verkauf. 4. Aufl. 8. (14 B.) Quedlinburg 830, Basse.
Letzteres hat mit dem Vorhergehenden gleichen Inhalt.

—— der geschwinde Procent-Rechner, od. Interessen-Tabn. zu 3—8 Proc. Zinsen, nebst Rabatt-Tabn. zu ¼—33⅓ Proc. Rab., in d. 3 gangbarsten Währungen Deutschlands. 8. (10½ B.) Quedlinburg 828, Basse.

Böttger, Fr. Wlh., der geschwinde Procent-Rechner. Oder Interessen-Tabellen von 1 Thlr. oder Gulden bis 9000 Thlr. oder Gulden Capital für 1 Woche bis zu 1 Jahr, zu 3 bis 8% Zinsen; nebst Rabatt-Tabellen von 1 Thlr. oder Gulden bis zu 3000 Thlr. oder Gulden, zu ¼ bis 33⅓ % Rabatt in den drei gangbarsten Währungen Deutschlands. 2. Aufl. 8. Quedlinburg 844, Basse. ⅔ ₰

Böttger, Fritz: Zur Kenntnis der Cyanine der Naphthalinreihe und zur Konstitution des Äthylrots. Jena 1910: Vopelius. 27 S. 8°

Jena, Phil. Diss. v. 8. Mai 1910, Ref. Vongerichten

[Geb. 2. Juni 81 Dessau; Wohnort: Dessau; Staatsangeb.: Anhalt; Vorbildung: Gymn. Dessau Reife O. 01; Studium: Marburg 3, München 3, Jena 3 S.; Rig. 11. Dez. 09.] [U 10. 2325

Böttger sen., G., s.: Innenräume, die, der königl. alten Residenz in München.

Böttger, Georg

Boettger, Geo., d. chalkographische Gesellschaft z. Dessau. E. Erinnerungsschrift a. d. 100jähr. Gründg. a. 1. Oktbr. 1796. 8. (32 S. m. 1 Abb.) Dessau 896. P. Baumann. n. — 50

Boettger, Geo.: Pfadfinder z. Belebg militär. Denkens. Kriegs-Denk-Spiele „Hurra" (Infant.-Manöver im Gelände). (47 m. Fig.) gr8° Münch., Vereinigte Kunstanst. ('12). — 50

Böttger, Gottfried Conrad

Böttger, Gfr. Conr., Abbildung der Begebenheiten des römischen Volks, von Erbauung der Stadt Rom, bis auf d. Cäsar Augustus, nach dem Entwurf des Florus ausgearbeit. 8. Leipz. Fritsch. (Hahns v. Hannov.) 782.

Böttger, Gfr. Conr., s. Aunoy, Nachricht u. dessen Reise.

Böttger, Gottfried Conrad, s. Christine, od. Vorzüge der guten Sitten.

— Geschichte der Ynkas, Könige von Peru. 2 Thle. 8. Nordhausen, Groß. (Mitzsche.) 787—88.

- Hannchen,

oder das getreue Ehepaar (von *Gottfr. Conrad Böttger*). Zweyte Aufl. Nordhausen, bey Karl Gottfried Groß. 1791. 8°. 128 S. Zahm.

Zuerst gedr. ebd. 1779. — Anon.-Lex. II. p. 263 (nach Meusel).

Böttger, Gfr. Conr., s. Mich. Kühn, Wallfischfang.

MASCHE, Die tausend und eine —, ein blaues Märchen in Versen .... (von *Gottfr. Conr. Böttger*). O. O. (17??).

Anon.-Lex. III. p. 119 (nach Meusel).

Böttger, Gottfried Conrad, s.a. Monat. – Der angenehme Monat.

MONAT, Der angenehme, Oder Begebenheiten auf dem Lustschlosse zu B. (von *Gottfr. Conrad Böttger*).

5 Thle. Nordhausen, bey Carl Gottfr. Groß. 1778—81. 8°. (In Leipzig, Univ.-Bibl.) Höchst selten!

I: 8 Bll., 261 Seiten. Vorr. unterz.: St. II: 4 Bll., 328 S. III: 8 Bll., 286 S. IV: 7 Bll., 286 S. Vorr. dat. Brüssel 19. Sept. 1780. *K. Starke.* V: 334 S.
Anon.-Lex. III. p. 156 (nach Kayser u. Meusel).

Böttger, Gfr. Conr., s. Reise, geograph.

Böttger, Ferdinand v. Soto oder der erste Feldzug der Spanier in Florida. 2 T. 8. Nordhausen 1785. 3,50.

Boettger, Gottfried Konrad [Übers.]

s. Vega, Garcilaso de la: Ferdinand von Soto. 1796.

Böttger, Gustav

Böttger, Gust., über Bibelauszüge und deren Berechtigung. Vortrag, gehalt. im Leipziger Lehrerverein. gr. 8. (32 S.) Leipzig 880. Klinkhardt. n. — 40

Böttger, Gust., die Geschichte der Annenkirche in Dresden. Eine Säcularschrift aus den Quellen bearb. und hrsg. gr. 8. (VIII und 71 S. mit 1 Stnt. in Tondr.) Dresden 860, Adler und Dietze. Thlr. *

Böttger, Gust., Gethsemane. Passionspredigten im J. 1842 in der Annenkirche zu Dresden beim Vormittagsgottesdienste gehalten, nebst einem Anhange religiöser Gedichte zur häusl. Erbauung. gr. 8. Dresden 843, Arnoldische Buchh. ⅔ ₰

— das bedeutungsvolle Ja des sterbenden Luthers! Eine Predigt an der 300jähr. Gedächtnißfeier des Todestages Dr. M. Luthers gehalten. 8. Leipzig 846, Arnold'sche B. n. 2 ngl

Böttger, Gust., die Jubelfeier des Augsburger Religionsfriedens in den Jahren 1655 und 1755 im Churfürstenth. Sachsen, besonders in Dresden, nebst kirchengeschichtlichen Erläuterungen. Aus den Quellen bearb. u. herausgegeben. Dresden 855. Adler u. Dietze. gr. 8. (2 Bl., 71 S.) n. 8 ngl

Böttger, Gust., das Leben des Christen im Glauben u. in der Liebe! Eine Sammlung gehaltener Predigten über die im Königr. Sachsen vorgeschrieb. Texte auf alle Sonn- u. Festtage des Kirchenjahres, zur häusl. Erbauung. 4 Abthlgn. gr. 8. (X u. 686 S.) Bischofswerda 847. Dresden, Arnold in Comm. n. 1 ₰ 18 ngl

Boettger, Gust., topographisch-historisches Lexicon zu den Schriften d. Flavius Josephus. Compilatorisch zusammengestellt u. hrsg. gr. 8. (XIV, 286 S.) Leipzig 879. Fernau. n. 8. —

Boettger, G., topographisch-historisches Lexicon zu den Schriften des Flavius Josephus. gr. 8. Leipzig 879. Frankfurt a. M., Völcker's Verlag.

1869 den 28. Febr. [Lieder.] Zum Stiftungsfeste der Loge Isis gewidmet von G[ust.] Böttger. [Lauban 1869: Baumeister.] 2 Bl. 8⁰ [Kopftit.]
3 Lieder ohne Noten.

***Lauban:* Trinklied zur Tafel-Loge St. Johannis 5850. Ged. v. B. Comp. v. [Gust.] B[öttger]. Lauban [1850]: Baumeister. 1 Bl. 4⁰ [Kopftit.]**
Ohne Noten: „Der Maurer der profanen Welt . . .“ 188.

Böttger, G., Zeugnisse des Flavius Josephus von Johannes d. Täufer, v. Jesu Christo u. von Jacobus, d. Bruder d. Herrn. Gel. 1863. 80 S. 1.—

— die Zeugnisse des Flavius Josephus von Johannes dem Täufer, von Jesu Christo und von Jacobus, dem Bruder des Herrn. Eine kirchengeschichtl. Abhandlg. Dresden 863. (Adler.) gr. 8. (32 S.) n. 10 ngr.

Böttger, H., das Buch der Natur, s.: Schoedler, Frdr.

Böttger, H., Giftverkaufbuch für Apotheker und Drogisten. 4. Berlin 880, Springer. *

Böttger, H. J., Gesangbuch für Schulen enthaltend die 80 Kirchenlieder der 3 preuß. Regulative nebst einem Anhang anderer, meist älterer Lieder im Urtext. 8. (VI und 104 S.) Zeitz 850, Webel. *

— de natura et indole testamenti correspectivi etc. 4. ibid. 791.

Böttger, Heinrich

— Beiträge zur histor. krit. Einleit. in d. paulin. Briefe. 1—5. Abthl. nebst Supplem. gr. 8. Göttingen, Vandenhoeck u. Ruprecht. Thlr.
A. u. d. Titln.:
Abthl. 1. Schauplatz d. Wirksamkeit d. Apostels Paulus, od. Vorderasien zur Zeit Nero's. Ein geograph. Beitr. Mt. 1 Karte. (2 B.) 837. 6 Gr.
" 2. Befreiung d. Apostels Paulus aus seiner so genannten ersten röm. Gefangenschaft. Mt. 2 Tab. (6¼ B.) 837. 12 Gr.
" 3. Beiträge zur histor. krit. Einleit. in d. paulin. Briefe, deren Authentie noch feststeht. (5½ B.) 837. 6 Gr.
" 4. Die Hirtenbriefe d. Apostels Paulus auf ihren histor. Standpunkt zurückgeführt. (5½ B. u. 1 Stnt.) 837. 8 Gr.
" 5. Die Gnosis d. Pastoralbriefe ist nicht die d. Gnostiker d. zweiten Jahrh. (Gegen die s. g. Pastoralbriefe d. Ap. P. v. Baur.) (15¼ B.) 838. 16 Gr.
Supplemente z. 1—5. Abthl. u. d. Titl.: Nachträge, Verbesserungen u. Zusätze. (6 B.) 838. 6 Gr.

Böttger, H., die Brunonen, Vorfahren u. Nachkommen des Herzogs Ludolf in Sachsen, von 775 bis 9. Decbr. 1117, nebst den Voreltern desselben überhaupt von ca. 450 an, aus den vorhandenen, mit abgedr. Quellen, unter Beurtheilung der bisherigen Ansichten insbes. von Leibniz an, historisch, genealogisch u. hauptsächlich aus ihrem Erbbesitze nachgewiesen. Hannover 865. Klindworth. Lex.-8. (XV, 767 S., 5 Tabb. u. 3 lith. u. color. Karten in 4. u. Fol.) n. 10 ₰ 24 ngr.

Böttger, H.: Chemie. Braunschw. 1899. 594 S. Fig. 1 Tvl.
(Schoedler F.: Das Buch d. Natur. 23. Aufl. 2. T. 1. Abt.). 12.

Böttger, Heinr., Diöcesan- u. Gau-Grenzen Norddeutschlands zwischen Oder, Main, jenseit d. Rheins, der Nord- u. Ostsee, v. Ort zu Ort schreitend festgestellt, nebst e. Gau- u. e. dieselbe begründ. Diöcesankarte. 1—4. Abth. gr. 8. Halle 874—76. Buchh. d. Waisenh. n. 26. 50
1. Von Ort zu Ort schreit. Begrenzg. v. 31 Gauen u. 10 Untergauen in 7 Bisthümern u. 108 geistl. Bezirken in Franken. (XIII, 274 S.) n. 6. —
2. Von Ort zu Ort schreit. Begrenzg. v. 40 Gauen u. 39 Untergauen in 6 Bisthümern u. 130 geistl. Bezirken im Umfange der Prov. Hannover nebst e. Gau- u. e. dieselbe begründ. Diöcesankarte. (XII, 414 S.) n. 7. 50
3. Von Ort zu Ort schreit. Begrenzg. v. 43 Gauen u. 21 Untergauen in 5 Bisthümern u. 110 geistl. Bezirken in Altsachsen u. Friesland. (376 S.) n. 6. —
4. Von Ort zu Ort schreit. Begrenzg. v. 60 Gauen u. 11 Untergauen in 7 Bisthümern u. 148 geistlichen Bezirken im Umfange d. Slavenlandes. (456 S.) n. 7. 50

Böttger, Heinr., die Einführung des Christenthums in Sachsen durch den Frankenkönig Karl von 775 bis 786, insbesondere zur Vertheidigung der Aechtheit der Urkunde desselben über Vergrößerung und Begrenzung der Diöcese Bremen vom 14. Juli 788. Hannover 859. Klindworth. gr. 8. (100 S.) n. 20 ngr.

Böttger, Dr. Heinr., Einführung in des Verfassers „Der ersten Christen Glaube und des jüdischen Gesetzes Werke“ nebst Einladung zur Subscription. Cannstadt 1881. 8. 15 S.

Böttger, Heinr., die allmähliche Entstehung der jetzigen welfischen Lande: des Königr. Hannover und Herzogth. Braunschweig. Zur Erläuterung der Stammtafel der regierenden Fürsten aus dem Welfenhause und ihrer Vorfahren dargestellt. 2. Aufl. Hannover 858. Klindworth. gr. 8. (86 S.) n. 6 ngr.

— die allmählige Entstehung der jetzigen welfischen Lande: des Königr. Hannover und Herzogth. Braunschweig. Zur Erläuterung der Stammtafel der regierenden Fürsten aus dem Welfenhause und ihrer Vorfahren dargestellt. 2. Aufl. gr. 8. (86 S.) Hannover 859, Klindworth. *

Böttger, Heinrich [Dr.]: Über Naturwissenschaftliche Exkursionen. ([Umschlagt.:] Über wissenschaftliche und technische Excursionen an höheren Lehranstalten.) Berlin, R. Gaertner, 1897; 24 S. 4.
Berlin, Dorotheenstädt. RG, OP 1897 (93)

— Gaukarte und eine dieselbe begründende Diöcesankarte zu den Diöcesan- und Gau-Grenzen Norddeutschlands. 1 : 1050000. 2 Blatt lith. Farbendruck. Halle, Waisenhaus, 1876. . . . .

Böttger, Heinr., Geschichte der Brunonen-Welfen vom Urbeginne derselben in Hochasien, der Wiege des Menschengeschlechts, bis Herzog Heinrich den Löwen, mit einer color. Völkerkarte, das Gebiet der Germania des Tacitus, unser großes Vaterland in drei Fünftel Deutschlands umfassend. gr. 8. (XXIX, 278 S. m. 4 genealog. Tab.) Hannover 880. (Schulbuchhandlung.) n.n. 6. —

Böttger, Dr. Heinr., Der Glaube der ersten Christen bis Kaiser Konstantin d. Gr. Aus den Urquellen des Christenthums geschöpft. Cannstadt, Druck v. Rapp. 1881. 8. 23 S.

— Grundriß d Chemie, s.: Hosaeus, A.

Böttger, H., Grundriß der Chemie, s.: Rüdorff, Fr.

Böttger, H.: Grundriss der Chemie für Lehrer- und Lehrerinnen-Seminarien..., s. Kraus, Konrad

— Grundriß der Physik, s.: Kraus, Konr.

Böttger, Heinr., Hermann, der Cheruskerfürst und Befreier Deutschlands vom röm. Joche durch die varian. Niederlage. Mit besond. Rücksicht auf den Zug des Germanicus in das Teutoburgergebirge aus den betreff. Geschichtsschreibern erwiesen zu einem sicheren Führer durch das Gebiet der am zweiten Tage end. Schlacht zur Vernichtung des röm. Heeres im J. 9 nach Chr. 1. und 2. Abthl. gr. 8. Mit 1 Karte und sonst. Zeichnungen (Stnt. in qu. 4.) Hannover 874, Helwing'sche Hofbuchh. *
Inhalt:
Abthl. 1. Ein sicherer Führer durch das Gebiet der am zweiten Tage endigenden Schlacht zur Vernichtung des römischen Heeres im J. 9 nach Chr. durch den Cheruskerfürsten Hermann den Befreier Deutschlands vom röm. Joche und die ihm untergebenen Hülfsvölker in der varian. Niederlage. (VI, S. 1—91.) *M 2,25.
2. Kritik über vierzig Gegner unter der Leitung von Chr. Gottl. Clostermeier, Ed. v. Wietersheim, W. E. Giefers, Herm. Middendorf. (VII, S. 92—289.) *M 2,75.

Böttger, Heinr., Baur's histor. Kritik in ihrer Consequenz. Ein Beitr. zur Religionsgesch. d. ersten Jahrhunderte uns. Zeitrechn. 1—3. Abthl. gr. 8. Braunschweig, Leibrock.
A. u. d. Titln.:
Abthl. 1. Paulus in Rom, e. Sage. Unächtheit u. Unglaubwürdigkeit d. Apostelgeschichte, resp. d. Lukasevangeliums. Paulus e. Nachbild d. Apollonius. Petrinismus, Ebionismus, Paulinismus in Rom. Ein Beitr. z. Förderung d. Glaubens u. d. Wissenschaft (vgl. Baur tüb. Zeitschr. 1836, III, 217 f.) (11½ B.) 840. 22 Gr.

Böttger, Hnr., Baur's historische Kritik in ihrer Consequenz. 2. Abtheil. – A.u.d.T.: Unächtheit der sogen. Briefe des Apostels Paulus an die Römer, Korinther u. Galater, resp. aller paulinischen und neutestamentl. Briefe. gr. 8. Braunschweig 841, Leibrock. (a) 11/12 – 3. Abtheil. A.u.d.T.: Quellen d. Urchristenthums u. Paulinismus resp. d. Evangeliensage im Pythagoreismus, Piatonismus u. dem höh. Oriente. Christus e. Sonnengott. Ein Beitr. z.Förderung d. Glaubens u.d. Wissenschaft. (6 3/4 B.) 14 Gr. Braunschweig: Leibrock 1841.

Böttger, [Heinrich], Prof. (Dr.): [**Lebensbild** des verstorbenen Oberlehrers Prof. Emil Wetzel.] *Berlin 1903: O. Lange.* (S. 21—25.) 4°
Berlin, Dorotheenstädt. RG, OP 1903 (106)

Lehrbuch der Chemie zum Gebrauch bei chemischen Vorlesungen, beim Unterricht in höheren Lehranstalten, sowie zum Selbstunterricht. Von Prof. Dr. H[einrich] **Böttger**, Oberl. zu Berlin. Mit 85 Abb. u. 1 Taf. *Braunschweig: F. Vieweg & Sohn 1902.* (XIV, 703 S.) 8° [15.] [02. 4617

Böttger, Dr. **Heinr.**, Die Lehre der Vernunft und der Offenbarung über die Auferstehung am jüngsten Tage. Predigt über die Epistel im 1. Brief Petri. Kap. 1. Vers 3 u. 4. Stuttgart. Oetinger. 1880. 8. 18 S. 1 Bl.

Boettger, Heinr. (L.), die Nahrungsverweigerung der Irren. Eine psychiatr. Studie. gr. 8. (88 S.) Leipzig 876, Zangenberg und Himly.

Boettger, Heinr., die Nahrungsverweigerung der Irren. Eine psychiatr. Studie. gr. 8. (88 S.) Leipzig 878. Zangenberg & Himly. — 75

— Physik. 1. Bd. Mechanik, Wärmelehre, Akustik. (13, 983 m. Abb. u. 2 Taf.) gr8° Braunschw., F Vieweg & S. '12. 15 —: L n 16.50 d

— dass., s.a.Schoedler, Frdr.: Buch d. Natur.

Böttger, [Heinrich]: [Rede bei der Trauerfeier für den am 13. Juni 1902 verstorbenen Professor Emil Wetzel.] S. 21—25 der Schuln. 4. **Progr.** Dorotheenstädtisches Realgymn. *Berlin* 1903

Böttger, Heinr., Sonnencult der Indogermanen [Indoeuropäer], insbesondere der Indoteutonen, aus 125 hebr., griech., latein. u. altnord. Orig.- u. 278 sonst. Quellen geschöpft u. erwiesen. gr. 8. (XXXII, 167 S.) Breslau 891. Leipzig, [L. Freund] H. Paul. n. 3. 60

—— Stammtafel der regierenden Fürsten aus dem Welfenhause und ihre Vorfahren. 1 Bog. in Imp.-Fol. Hannover 858, Klindworth. *
in Farbendr. *

Das Urchristenthum aus dem Heiden- und Judenthum durch Christi, des ersehnten Messias, Lehre, Leben, Wirken, Sterben und Auferstehen entwickelt und begründet. Aus den Urquellen, wie nie zuvor, bewiesen von Heinr. Böttger. Leipzig: Zechel in Comm. 1882. X, 172 S. 8°
Tt. 2701. Berührt auch stellenweise (so S. 167 bis 168) die Frmrei u. ihre Stellung zum Christentum.

Böttger, H, d. Urchristenthum, a. d. Heiden- u. Judenthum durch Christi, d. ersehnten Messias, Lehre, Leben, Wirken, Sterben u. Auferstehen entwickelt u. begründet. 2. Afl. 8° (163) Bresl. 01. Lpzg, H Paul. 3 —

—— das braunschweig-lüneburgische Wappen. Fol. (18 S. mit 1 Chromolithogr.) Hannover 861(62), Klindworth. *

— **Wohnsitze** der Deutschen in dem von Tacitus in seiner Germania beschriebenen Lande, aus den Orig.-Quellen des Julius Cäsar, Strabo, Vellejus u. A., auf Grundlage seiner Diöcesan- u. Gaugrenzen Norddeutschlands erwiesen, nebst einer Gau-, einer dieselbe begründ. Diöcesankarte u. einer daraus entworfenen Völkerkarte (lith. u. color.). gr. 8. (XX, 78 S.) Stuttgart 877. Grüninger. n. 10. —

Böttger, Heinr., s.: Central-Organ f. d. Interessen d. Realschulwesens.

Böttger, Heinrich Ferdinand

Böttger, Hnr. Ferd., die Kunst des Metalldruckens, oder prakt. Anweis., verschied. Metallarten auf der Drehbank eine belieb. Façon zu geben und allerlei Arten Gefäße u. Geräthe daraus zu fertigen. Nebst deutl. Erklär. der hierzu nöthigen Einricht. der Drehbank u. ausführl. Beschreibung der erforderl. Instrumente u. Muster. Auf eigene Erfahr. gegründet u. durch Zeichnungen erläut. Mit 2 Taf. Abbildd. 8. Leipzig 840. Lehnhold'sche Buchh. 3/8 ₰

Böttger, Heinr. Ferd., die Kunst d. Metalldrückens, od. prakt. Anweis. verschied. Metallarten auf d. Drehbank e. belieb. Façon zu geben u. allerlei Arten Gefäße u. Geräthe daraus zu fertigen. Nebst deutl. Erklär. d. hierzu nöth. Einricht. d. Drehbank u. ausführl. Beschreib. d. erforderl. Instrumente u. Muster. Auf eigne Erfahr. gegründ. u. durch Zeichnn. erläut. M. 2 Taf. Abbild. 8. (2 B.) Leipzig 840, [Möller.]

Böttger, Heinrich Ludwig Chr.

Böttger, Hnr. Ldw. Chr., († d. 31. März 1815.) Analekten aus d. Nassauischen u. Sächsischen Rechten. 8. Herborn 804. Krieger in Cassel. 20 gr.

Böttger, H. L. Ch.: **Analekten a. d. Nassauischen u. Solms. Rechten.** *Herborn*, **Krieger. 805. gr. 8. (20 Gr.)**

— Beitrr. z. Erläutrr. d. Forstrechts. 8. Gießen 802. Heyer. 14 gr.

Böttger, Heinr. Ludw. Chr. (Hrsg.), s.a. Bibliothek für Rechtsgelehrte und Geschichtsfreunde.

— Bibliothek f. Rechtsgelehrte u. Geschäftsfreunde. 3 Hefte. 8. Marb. 795, 96. Krieger. 18 gr.

— **Diss. inaug. de natura et indole testamenti correspectivi etc. 4. Giessen 793. Krieger. 4 gr. bei Heyer. 6 gr.**

Boettger, Herm., sieh: Ed. Volz, Eisenbahnkarte von Deutschland. 1861.

Böttger, Hermann Heinrich (Leipzig), Nonnulla de vinctura gypsea. Diss. chirurg. Präs. Carl August Wunderlich. Lpz. (A. Edelmann) 28. VI. 1860. 39 S., meist deutsch, mit Biogr. (M.: H. Roth.) (4.—)
Oppon.: Th. Uhle, E. Güntz, B. Meding.

Böttger, Hermann Julius

Böttger, H., die preussischen **Apothekengesetze** m. Einschluss der reichsgesetzlichen Bestimmungen üb. den Betrieb d. Apothekergewerbes. gr. 8. (VIII, 285 S.) Berlin 894. J. Springer. Geb. in Leinw. n. 5. —

Die Preussischen **Apothekengesetze** m. Einschluss der reichsgesetzlichen Bestimmgn üb. d. Betrieb d. Apothekergewerbes. Hrsg. u. erläut. v. Dr. H[erm.] **Böttger,** Redakt. d. Pharmaceut. Zeitg 2. neubearb. u. vervollständ. Aufl. *Berlin: J. Springer 1898.* (1 Bl., X, 418 S.) 1 Bd 8. [98. 9481

Die Preußischen **Apothekengesetze** mit Einschluß der reichsgesetzlichen Bestimmungen über den Betrieb des Apothekergewerbes. Unter Mitw. von Red. E[rnst] Urban hrsg. u. erl. von Dr. H[ermann Julius] **Böttger,** Red. 3., neubearb. u. vervollst. Aufl. Berlin: J. Springer 1907. (XII, 348 S.) 8° [07. 10473

Die preußischen Apothekengesetze mit Einschluß d. reichsgesetzl. Bestimmungen über d. Betrieb d. Apothekergewerbes. Unter Mitw. von Red. E. Urban hrsg. u. erl. von Dr. H[ermann] **Böttger**, Red. 4. neubearb. u. vervollst. Aufl. Berlin: Springer 1910. XII, 400 S. 8° [10. 6403

Böttger, H., die Apotheken-Gesetzgebung des deutschen Reiches und der Einzelstaaten auf der Grundlage der allgemeinen politischen, Handels- und Gewerbegesetzgebung dargestellt. Hrsg. und mit ausführl. Erläuterungen versehen. 2 Bde. gr. 8. Berlin 880, Springer. à Bd. *M 7. * 14 —
geb. à Bd. *M 8. * 16 —

Inhalt:
Bd. 1. Reichsgesetzgebung. (X, 368 S.)
» 2. Landesgesetzgebung. (VIII, 268 S.)

Boettger, Herm. Jul., die deutsche Apothekenreformbewegung der letzten Jahrzehnte, in ihrem Zusammenhange mit der Entwickelung der volkswirthschaftl. Theorien der Neuzeit historisch-kritisch dargestellt. (Inaugural-)Abhandlung. Lex.-8. (IV, 70 S.) Bunzlau 876. (Göttingen, Vandenhoeck & Ruprecht.) n. 1. 40

Böttger, die preussischen Apothekergesetze m. Einschluss der reichsgesetzlichen Bestimmungen üb. den Betrieb des Apothekergewerb. 2. Aufl. Berlin 898.

Böttger, H., Die Apothekergesetzgbg. d. deutschen Reiches und d. Einzelstaaten als Grundlage der allgem. polit. Handels- u. Gewerbegesetzgebung dargestellt. 2 Bde. 1880.
I. Reichsgesetzgebung. 4.20
II. Landesgesetzgebung. 4.20

– d. deutsche Apothekerreformbewegung in Deutschland v. Jahre 1862-1882. 1882.

Boettger, Hermann: Ueber die Behandlung der Eclampsie. Halle 1874: Lipke. 30 S. 8°
Halle-Wittenberg, Med. Diss. v. 17. Aug. 1874
Geb. Eisleben 1. 10. 1848. V.

Böttger, H. (I.), die gesetzlichen Bestimmungen über die Rechte und Pflichten der deutschen Apothekergehülfen. gr. 8. (52 S.) Berlin 886, Springer. cart. *
Aus: Elsner, Leitfaden zur Vorbereitung auf die Apotheker-Gehülfen-Prüfung, besonders abgedruckt.

Böttger, H., die reichsgesetzlichen Bestimmungen über den Verkehr mit Arzneimitteln. [Kaiserl. Verordnung vom 4. Jan. 1875.] Unter Benutzung der Entscheidungen der deutschen Gerichtshöfe erläutert. 8. (V, 110 S.) Berlin 882. Springer. cart. n. 2. —

Böttger, H., die reichsgesetzlichen Bestimmungen üb. den Verkehr m. Arzneimitteln. [Kaiserl. Verordng. vom 27. Jan. 1890.] Unter Benutzg. der Entscheidgn. der deutschen Gerichtshöfe erläutert. 2., verm. Aufl. 8. (V, 144 S.) Berlin 890. Springer. cart. n. 2. —

-- d. reichsgesetzl. Bestimmgn. über den Verkehr m. **Arzneimitteln** (kaiserl. Verordng. v. 27. Jan. 1890) u. d. Handel m. Giften. Unter Benutzg. d. Entscheidgn. d. deutschen Gerichtshöfe erläutert. 3., verm. Aufl. 8. (IV, 191 S.) Berlin 895. J. Springer. Kart. n. 2. 60

Die reichsgesetzlichen Bestimmungen über den Verkehr mit Arzneimitteln ausserhalb der Apotheken (Kais. Verordn. v. 22. Okt. 1901). Nebst e. Anh., enth. d. Vorschriften über d. Handel mit Giften u. über d. Abgabe starkwirkender Arzneimittel in d. Apotheken. Unter Benutzung d. Entscheidungen d. deutschen Gerichtshöfe erl. von Dr. H[ermann] **Böttger**, Red. d. Pharmac. Zeitung. 4. verm. Aufl. *Berlin: J. Springer 1902.* (VIII, 240 S.) 8° [02. 7,37

—— s. **Elsner, Fr., Leitfaden zur Vorbereitung auf die deutsche Apotheker-Gehülfen-Prüfung.**

Böttger, H., die Ereignisse von Leipzig im Herbst 1642, s.a. **Abhandlungen**, Halle'sche, zur neueren Geschichte.

Boettger, Herm., die Ereignisse um Leipzig im Herbst 1642. gr. 8. (93 S.) Halle 882. Niemeyer. n. 2. 40

—— **Geschichte d. Apothekenreformbewegg in Deutschland v. 1862—1882.** 8. (200) Ebd. 82. n. 3. —

— **Giftverkauf-Buch** für Apotheker u. Drogisten. Sammlung der reichsgesetzlichen, sowie der in den Königreichen Preussen, Bayern, Württemberg u. Sachsen für den Verkehr mit Giften u. stark wirk. Medicamenten erlassenen Verordnungen, nebst dem vorschriftsmässigen Schema zu dem von Apothekern u. den zum Giftverkaufe koncessionirten Kaufleuten [Drogisten] zu führenden Giftverkauf-Buche. Hrsg. u. m. kurzen Erläuterungen versehen. 8. (VIII, 68 S.) Berlin 880. Enslin. n. 2. —; geb. m. 100 S. Formularen n. 4. 50

—— Giftverkauf-Buch für Apotheker und Drogisten. Sammlung der reichsgesetzlichen, sowie der in den Königreichen Preussen, Bayern, Württemberg und Sachsen für den Verkehr mit Giften und stark wirkenden Medikamenten erlassenen Verordnungen, nebst dem vorschriftsmäss. Schema zu dem von Apothekern und den zum Giftverkaufe konoession. Kaufleuten (Drogisten) zu führenden Giftverkauf-Buche. Mit kurzen Erläuterungen versehen. Nebst einem Nachtrage, enth. die seit Erscheinen des Giftverkauf-Buches (1880) bis zum 15. Febr. 1886 in den deutschen Bundesstaaten bezügl. des Giftverkehrs erlassenen Verordnungen. 4. (VIII, 84 S.) Berlin 886, [Th. Chr. Fr. Enslin.] Springer.
geb. mit 100 pag. Seiten des vorschriftsmäss. Schema zum Eintragen der verkauften Gifte *

— **Giftverkauf-Buch** f. Apotheker u. Drogisten. Enth. die vom Bundesrath erlassenen Vorschriften üb. den Handel m. Giften u. die seitens der Einzelstaaten dazu hrsg. Einführungsverordngn., nebst dem vorschriftmäss. Formular zum Eintragen der verkauften Gifte. Zusammengestellt u. m. kurzen Erläutergn. versehen. 2. Aufl. 4. (38 S. u. 50 Doppels.) Ebd. 895. Geb. n.n. 3. —

Böttger, H., Giftverkauf-Buch f. Apotheker u. Drogisten. Enth. die vom Bundesrat beschlossenen Vorschriften üb. den Handel m. Giften u. die Einführungsverordngn. der Einzelstaaten, nebst dem vorschriftsmäss. Formular zum Eintragen der verkauften Gifte. Zusammengestellt u. m. kurzen Erläutergn. versehen. 3., neubearb. Aufl. (40 S. u. 50 Doppels.) gr. 8. Berlin 906. J. Springer. Geb. n.n. 3. —

— s.: **Kalender**, pharmaceutischer.

Boettger, Hermann: Leipzig im Herbst 1642. Halle a/S. 1881: Karras. 29 S. 8°
Halle-Wittenberg, Phil. Diss. v. 4. Nov. 1881
Geb. Rabe b. Zeitz 2. 12. 1854. V.
Ersch. vollst. im Buchhandel u. d. T.: Die Ereignisse um Leipzig im Herbst 1642. Halle: Niemeyer 1882. 93 S. (Hallesche Abhandlungen zur neueren Geschichte. H. 15.) — Im Diplom fälschlich mit dem Vornamen Julius.

Boettger, Hermannus: De laryngitide exsudativa vulgo „croup" vocata. Halis Saxonum 1849: Ploetz. 31 S. 8°
Halle-Wittenberg, Med. Diss. v. 13. Okt. 1849
Geb. Ermsleben (Harz) 13. 5. 1826. V.

— der **Militair-Pharmaceut.** Eine Zusammenstellung der wichtigsten, für das Militair-Apothekerwesen im deutschen Reichsheere geltenden Bestimmungen. gr. 16. (VIII, 92 S.) Berlin 879. Springer. cart. n. 1. 40

Böttger, Hermann [Dr.]: Das Subconrektorat der Wriezener Schule 1700—1793. Nach Akten d. hiesigen Rathauses. Wriezen, Druck v. A. Settekorn, *1891;* 8. III–X; 4°
Wriezen, RPG, OP 1891 (126)

— **Vorschriften, betr. die Abgabe starkwirkender Arzneimittel im Deutschen Reich. Mit Erläutergn. 12. (21 S.) Berlin 892. J. Springer. n.n. — 80**

— **Vorschriften üb. d. Handel m. Giften u. d. seitens d. Einzelstaaten dazu herausgegeb. Einführungsverordngn. Zusammengest. u. m. kurzen Erläutergn. vers. 4. (37 S.) Berlin 895. J. Springer. n. — 60**

— Vorschriften über den Handel m. Giften u. die seitens der Einzelstaaten dazu hrsg. Einführungsverordnungen. Zusammengestellt u. m. kurz. Erläutergn. versehen. 2. Aufl. 4. (88 S.) Ebd. 898. n. — 60

Böttger, H., Vorschriften üb. den Handel m. Giften im Deutschen Reiche. Beschlüsse des Bundesrats u. Einführungsverordngn. der Einzelstaaten. Zusammengestellt u. m. kurzen Erläutergn. versehen. 8., neubearb. Aufl. (40 S.) gr. 8. Berlin 906. J. Springer. n. 1. —

Böttger, Hugo

Die neue Aera der deutschen Kolonialpolitik. Von Dr. Hugo Böttger. Berlin: Heymann 1907. 90 S. 8° [Umschlagt.]
(Burschenschaftliche Bücherei. Bd 3, H. 4.) [10. 4731

Böttger, Hugo: Deut. Auswanderg u. Auswandergspolitik, s: Bücherei, Burschenschaftliche.

Böttger, Hugo, der Bauschwindel u. das Pfandvorrecht der Bauhandwerker, Lieferanten u. s. w. gr. 8. (48 S.) Braunschweig 894. A. Limbach. n. 1. —

Boettger, Hugo, Beamtenrecht und Beamtenbesoldung. Köln 1907. 8°. [Umschlagtit.]

Böttger, ein Beitrag zur Bekämpfung des unlauteren Wettbewerbs. Braunschweig 895.

Böttger, Hugo: Beiträge zur Behandlung des chronischen Gelenkrheumatismus mit Electricität. Halle 1884: Karras. 38 S. 8°
Halle-Wittenberg, Med. Diss. v. 15. Aug. 1884
Geb. Mutschau (Kr. Weissenfels) 3. 8. 1858. V.
Verf. erlebte die Diplomerneuerung 1934 als Sanitätsrat in Plauen, vgl. Anh. Nr. 488.

— z. Bekämpfung d. unlaut. Wettbewerbs. E. Beitrag z. Geschichte u. Kritik d. neuern deutschen Gewerbepolitik. gr. 8. (63 S.) Braunschweig 895. A. Limbach. n. 1. 20

Böttger, Hugo (Hrsg.), s. Blätter, Burschenschaftliche.

Böttger, Hugo, s.: Bücherei, burschenschaftliche.

Böttger, Hugo, Christenthum u. Atheismus? Ein Beitrag zur Geschichte u. Kritik der preuß. Volksschulgesetzgebg. gr. 8. (47 S.) Hildesheim 892. J. Gude. n. — 60

[F.] Geschichte und Kritik des Neuen Handwerkergesetzes v. 26. Juli 1897 v. Hugo Böttger. M. 19 Tab. u. e. Anl.: Vergleich. Gegenüberstellg d. Regiergsentwurfs u. d. endgiltigen Gesetzes. *Florenz & Leipzig: E. Diederichs 1898.* (XII, 408 S.) 1 Bd 8. [98. 3734

— Handbuch f. den deutschen Burschenschafter. (III, 316 S. m. 8 farb. Taf.) gr. 8. Berlin 909. C. Heymann. Geb. in Leinw. 8. —

— Handb. f. d. deut. Burschenschafter. (5, 408 m. 3 farb. Taf.) gr8° Berl., C Heymann '12. L 3 — d

— f. das Handwerk. Eine Besprechg. d. Entwurfs d. preuß. Handelsministers Frhrn. v. Berlepsch zur Organisation d. Handwerks u. zur Regelg. d. Lehrlingswesens. gr. 8. (III, 81 S.) Braunschweig 894. A. Limbach. n. 1. —

— s.: Jahrbuch der deutschen Burschenschaft.

— Die Industrie u. der Staat. (VIII, 241 S.) 8. Tübingen 910. J. C. B. Mohr. 8.20; geb. 4. —

Vom alten und neuen Mittelstand. Von Dr. Hugo Böttger. *Berlin: C. Heymann 1901.* (56 S.) 8° [F.]
— Bücherei, Burschenschaftliche. Bd 1, H. 8.

Mittelstandspolitik von Dr. Hugo Böttger, M. d. R. Referat erstattet auf d. Vertreterversamml. d. Reichsverbandes d. Vereine d. nationallib. Jugend in Stuttgart 1905. Köln: Ver. d. nationallib. Jugend 1905. (32 S.) 8° [Umschlagt. F.]
— Schriften, Jungliberale. H. 5. [07. 13304 2

Böttger, H., offen gestanden — — Epigramme. 8. (IV, 97 S.) Braunschweig 889. Goeritz' Verl. n. 1. 50

— Das Programm der Handwerker. Eine gewerbepolitische Studie. gr. 8°. Braunschweig, A. Limbach, 1893.

— die Sozialdemokratie auf dem Lande. Ein Beitrag zur deutschen Agrarpolitik. gr. 8. (155 S.) Leipzig 900. E. Diederichs. n. 2. —; geb. n. 3. —

— s.a. Verzeichnis der alten Burschenschafter.

Verzeichnis der Alten Burschenschafter nach d. Stande d. Wintersemesters 1906/07. (4. Aufl.) Im Auftr. d. Vororts Dortmund d. Vereinigung Alter Burschenschafter gesammelt u. hrsg. von Dr. Hugo Böttger. Berlin: C. Heymann 1907. (344 S.) 8° [08. 4899

— die preußische Volksschule kein Kompromißgegenstand! (67 S.) 8. Berlin 904. G. Reimer. n. — 60

[F.] Was der Kaufmann vom neuen Handelsgesetzbuch wissen muss. E. gemeinverständl. Darstellg u. Erläuterg d. wichtigen Vorschriften d. neuen Handelsgesetzbuchs. Von Hugo Böttger. *Berlin: Th. Schoenfeldt 1897.* (VII, 88 S.) 1 Bd 8. [97. 3978

[F.] Was ist dem Konkurrenten verboten und erlaubt? E. gemeinverständl. Erläut. d. Gesetzes z. Bekämpfg d. unlaut. Wettbewerbes v. 27. Mai 1896. Von Hugo Böttger. *Berlin: Th. Schoenfeldt 1896.* (68 S.) 1 Bd 8.

Böttger, Hugo (Red.), s. Werft- und Hafenbote, Der.

— Zolltarif u. Weltmarktssorgen. gr. 8. (III, 62 S.) Berlin 901. C. Heymann. n. 1. —

Böttger, J. A. C., Leitfaden beim ersten Unterricht im Französischen, nebst einem erleichterten Lesebuche für Anfänger. 8. Magdeb. Creutz. 810.

Böttger, (J. L.) kleiner mytholog. Hausbedarf, oder: alphabet. Darstellung d. griech., röm. u. nordischen Götterlehre. gr. 8. Wien 824. Armbruster.

Böttger, Johann Gottlieb

Böttger, J. G., d. Gärten v. Anhalt-Dessau, e. Reihe v. Gemälden etc. Deutsch u. französ. (Aus: Triumph d. Gartenkunst). 1. Hft. Mit Kpf. gr. 4. Leipzig, 1800. Joachim. 4. —

Böttger's, Landschaften und Gartenpartien. 1ste Liefer. 4. Lpzg. Centralcptt. 817.

— d. Maitag in d. engl. Garten z. Altnaundorf, s.: Triumph d. schönen Gartenkunst.

Böttger, J. G. s.a. Triumph d. schönen Gartenkunst.

Böttger, (Joh. Gottlieb). Triumph der schönen Gartenkunst oder mahlerische Ansichten von neuen musterhaften Gartenparthien. Leipzig (1801). 4.

Böttger, Johann Sebastian

Boettger, Joan. Sebast. (geb. Hoym 2. 2. 1795): De hydrope cerebri. Berolini (1819). (31 [vielmehr 32] S.) 8°
Berlin, Med. Diss. v. 4. Sept. 1819

Boettger, Karl, appr. Arzt: Ein Fall von Tränendrüsentumor. Berlin: Trenkel 1910. 22 S. 8°
Berlin, Med. Diss. v. 9. Aug. 1910, Ref. v. Michel
[Geb. 16. Jan. 86 Wittenberg a. E.; Wohnort: Wittenberg; Staatsangeh.: Preußen; Vorbildung: Gymn. Wittenberg Reife O. 04; Studium: Freiburg i. B. 3, Kiel 2, München 1, Berlin 4 S.; Coll. 5. Juli 10; Approb. 1. Aug. 10.] [U 10. 19

Böttger, Carl: Fremdwörterb., s: Heyse, Joh. Christ. Aug.

Böttger, Carl, s. Heyse's, Joh. Christ. Aug., Fremdwörterbuch.

Böttger, K., Culturgeschichte Indiens, s. Orlich, L. v., Indien und seine Regierung.

—— das Mittelmeer. Eine Darstellung seiner physischen Geographie nebst andern geograph., histor. und nautischen Untersuchungen mit Benutzung von Smyth's Mediterranean. 8 Lfgn. Lex.-8. (XV und 611 S. mit eingedr. Holzschn. und 6 lithogr. Karten in gr. 4., Fol. und qu. gr. Fol.) Leipzig 858. 59, G. Mayer. à Lfg. 12 Ngr. *

—— d. Mittelmeer. Darst. s. phys. Geogr. 8. (611 m. 6 K.) Lpzg 59, Klinkhardt. n. 3. 6

Böttger, Karl, Robinson Crusoe. Nach dem Engl. des Daniel de Foe frei bearbeitet. Mit 111 Holzschn. (im Text). Leipzig 855. G. Wigand. 16. (VIII, 384 S.) n. 20 ngr; geb. n. 1 ₰

Böttger, K., Sprache u. Schrift, s. Jugend- u. Hausbibliothek, illustrirte.

Böttger, Carl: Thesen, an Stelle der später zu veröffentlichenden Dissertation: Die Behandlung der Chorea durch Beschränkung der Motilität. (Nebst Lebenslauf.) Halle (1870): Plötz. 2 Bl. 8°

Halle-Wittenberg, Med. Thesen v. 23. Juli 1870

Geb. Dessau 4. 7. 1846. V.

Die Diss. ist nicht ersch.

Böttger, C., tabellarische Uebersichten zur astronomischen ꝛc. Geographie, s.a. **Daniel, H. A.,** Handbuch der Geographie.

Böttger, Dr. C., tabellarische Uebersichten der astron., physischen und politischen Geographie. Leipzig 1868. 8.

Böttger K. tabellarische Übersichten der astronomischen, physischen und politischen, Geographie. 2. Auflage. Leipzig 1872

Böttger, Carl, tabellarische Uebersichten zur astronomischen, physischen und politischen Geographie. 2. Aufl. 1872, und 3. verb. Aufl. gr. 8. (IV, 71 S.) Leipzig 875, Fues's Verlag. *

Boettger, Karl Christian: Dissertatio de diebus intercalaribus cum adversariis nonnullis physico-medicis. 24 S., gbd.

Erlangae: (Walther) 1784
(Adversaria argumenti physico-medici, Fasc. 4,17)

Böttger, Karl Friedrich Wilhelm

Böttger, K. F. W., († d. 1. März 1819.) kurze Entwürfe gehaltener Predigten. 8. (Köthen) 805. Aue. 9 gl.

— kurze Geschichte d. Reformation. 8. Halle 818. Hemmerde u. Schw. 2 gl.

— die Jugend ist die beste Zeit des Sammelns; eine Predigt. 8. Dessau 804. Tänzer. 2 gl.

— chronolog. Uebersicht d. deutschen Geschichte. Nach dessen Tode vollendet u. herausg. v. G. A. H. Stenzel. gr. 4. Dessau 820. Ackermann. 8 gl. Schrbp. 12 gl.

Böttger, C. F. W., chronologische Uebersicht d. deutschen Geschichte. gr. 4. Dessau, Ackermann. 820. Schrbp.

— was hat die protestant. Kirche mehr Ursache, das dritte Fest d. Kirchenverbess. zu feiern? 8. Dessau 817. Ackermann. 9 gl.

Böttger, Kurt: Aus d. Psychiatr. u. Nerven-Klinik zu Kiel. Zur Kasuistik der Cerebrospinalmeningitis. Kiel 1908: Fiencke. 21 S. 8°

Kiel, Med. Diss. v. 28. Aug. 1909, Ref. Siemerling

[Geb. 7. März 85 Chemnitz i. S.; Wohnort: Gera R.; Staatsangeh.: Preußen; Vorbildung: Realgymn. Gera Reife O. 03; Studium: Göttingen 5, München 2, Kiel 3 S.; Coll. 4. Juni 08; Approb. 17. Aug. 09.] [U 10. 2435

Böttger, Curt, Medizinalprakt.: Ueber Lymphosarkomatose der cervicalen Lymphdrüsen. München 1908: Wolf. 22 S. 8°

München, Med. Diss. v. 25. Jan. 1909, Ref. v. Bollinger

[Geb. 27. Nov. 79 Reichenbach i. Schl.; Wohnort: Reichenbach; Staatsangeh.: Preußen; Vorbildung: Realgymn. Reichenbach Reife O. 99; Studium: München 5, Berlin 3, München 3 S.; Coll. 25. Jan. 09; Approb. 31. Dez. 08.] [U 09. 3292

Boettger, L., de iurisprudentia Horatii. Herborn. 801. 4.

Böttger, Leopold *Oskar* [aus Moritzburg]: Geschichtliche Darstellung unserer Kenntnisse und Meinungen von den Korallenbauten.... Leipzig, 1890; 1 Bl., 64 S., 1 Bl. 8°

Leipzig, Phil. Fak.. Inaug.-Diss. v. [1. Okt.] 1890

Böttger, Leop., geschichtliche Darstellung unserer Kenntnisse u. Meinungen v. den Korallenbauten. Diss. gr. 8. (64 S.) Leipzig 890. (G. Fock.) n. 1. —

Böttger, L, geschichtl. Darstellg uns. Kenntnisse u. Meingn v. d. Korallenbauten. 8° (64) Lpzg 91, (G Fock). 1 —

Böttger, Ludwig

Böttger, Ludw., die Bau- u. Kunstdenkmäler d. Reg.-Bez. Köslin, s.a. Baudenkmäler, die, der Prov. Pommern.

Böttger, L., die Bau- u. Kunstdenkmäler d. Reg.-Bez. Köslin. Hrsg. v. der Gesellschaft f. pommersche Geschichte u. Alterthumskunde. 1. u. 2. Hft. gr. 8. Stettin 889. (Saunier's Buchhandlg.) n. 6. —

1. Die Kreise Köslin und Colberg-Körlin. (IX, 123 S. m. Illustr.) 889. n. 4. —
2. Kreis Belgard u. Nachträge zum Kreise Colberg-Körlin. (V, 68 S. m. Abbildgn.) 890. n. 2. —

Die Bau- und Kunstdenkmäler des Regierungs-Bezirkes Köslin Hrgg. v. der Gesellschaft für Pommersche Geschichte und Alterthumskunde. Bearb. v. Ludwig Böttger. 8° m.

(Bd. 1), Heft 2: Kreis Belgard und Nachträge zum Kreise Colberg-Köslin. Stettin. 1890.

Bd. 2, Heft 1: Kreis Stolp. ebd. 1894.

— die Kirche Wang bei Brückenberg im Riesengebirge, nebst Beiträgen zur Kenntniss d. altnorweg. Holzbaues. [Aus: „Zeitschr. f. Bauwesen".] gr. Fol. (6 S. m. Holzschn. u. 2 Kpfrtaf.) Berlin 891. W. Ernst & Sohn. Kart. n. 6. —

Böttger, Ludwig Christian

Boettger, Ludw. Chr.: „Beyträge zur Erläuterung des Forstrechts", Gießen 1802 (Heyer). —

Böttger, M. De singulari quadam verbi periphrasi apud Sophoclem oblata. 25 S. Progr. *Königsberg N.-M.* 1879.

Böttger, Max

Böttger, M, d. ration. Betrieb d. Milchwirthschaft. 8. (268 m. H.) Stuttg. 67, Cohen & R. 1. 7½

Böttger, Max, der rationelle Betrieb der Milchwirthschaft mit Einschluß der Butter- und Käse-Fabrikation. Praktische Anleitung aus dem Viehstande die höchsten und nachhaltigsten Erträge zu erzielen. gr. 8. (III, 268 S. mit 22 in den Text gedr. Abbild. in Holzschn.) Stuttgart 868, [Hannover], Cohen und Risch.

— s. Bibliothek der Viehzucht.

Böttger, M, d. Dachdecker auf d. Lande. 2. Abdr. 8. (43) Berl. 62. (Stuttg., Johannessen.) n. — 5

Böttger, Max, der Dachdecker auf dem Lande. Eine praktische Anleitung, wie man billig, haltbar und feuerfest alle neuen so wie schadhaften Wohn-, Stall- und Wirthschafts-Gebäude deckt. Nebst einer ausführlichen Anweisung zur Anfertigung der Dachpappe. Mit 19 in den Text gedr. Abbildgn. (Holzschn. im Text.) 2. Abdr. Berlin 862. Schotte & Co. 8. (2 Bl., 42 S.) n. 5 ngr

Böttger M.: Das Ganze d. Oelgewächsbaues. M. e. Vorw. v. W. Löbe. Leipz. 1865. 102 S. (Landwirtschaftliche Bibliothek. 21).

—— Handbuch der rationellen Viehmästung, s.a. Bibliothek der Viehzucht. 13. Bdchn.

Böttger, Max, Handbuch der rationellen Viehmästung. Vollständige Anleitung zur erfolgreichen Mästung der Rinder, Kälber, Schweine ꝛc. Auf Grund der bewährtesten Erfahrungen und unter steter Berücksicht. der belangreichsten wissenschaftl. Forschungen der Neuzeit bearb. und hrsg. 8. (VI und 201 S.) Berlin 861(62), Schotte und Comp. *

—— der Landwirth als Dachdecker. Anleitung zur wohlfeilen, haltbaren und feuersicheren Bedeckung der Dächer für den Landwirth. Nebst Anweisung zur Anfertigung der Dachpappe. 8. (III und 43 S. mit 19 in den Text gedr. Holzschn.) Berlin 861, Schotte und Comp.

—— d. Landwirth als Draineur. 8. (22) Berl. 61. (Stuttg., Johannssen.) n. — 5

Böttger, Max: Malebranche's Occasionalismus und seine Beziehung auf die Lehre vom Schauen der Dinge in Gott. Gartz a. O.: Fiebelkorn (1910). 23 S. 8°
Gartz a. O., st. G OP 1910 (109) [S 10. 39

Boettger, Max: Ueber Tumoren, insbesondere über epitheliale Ovarialtumoren. Halle a. S. 1882: Plötz. 49 S. 8°
Halle-Wittenberg, Med. Diss. v. 27. Mai 1882
Geb. Beuditz bei Schkeuditz 4. 9. 1853. V.
Verf. erlebte die Diplomerneuerung 1932 als Sanitätsrat in Halle a. d. S., vgl. Anh. Nr. 484.

Böttger, Moritz [Prorekt. Dr.]: Beiträge zur Syntax der griechischen Sprache für den Gebrauch beim Übersetzen ins Deutsche. Königsberg Nm., Druck v. J. G. Striese, 1891; 68 S. 8°
Königsberg i. d. N., Friedrich-Wilhelms-G, OP 1891 (80)

Böttger, Moritz [Prof. Dr., Dir.]: *Bericht über die Feier des 75jährigen Bestehens der Anstalt.* Königsberg Nm., Druck v. J. G. Striese, 1893; 17—19 S. 4.
Königsberg i. d. N., Friedrich-Wilhelms-G, OP 1893 (80)

Böttger, Moritz: Kurze Geschichte des Gymnasiums zu Königsberg in der Neumark. T. 1. Von den Anfängen bis zum Jahre 1871. Königsberg Nm. 1908: Striese. 32 S. 4°
Königsberg Nm., Friedrich-Wilhelms-G OP 1908 (91) [S 08. 33

Boettger, M[auritius]: • De Sophocleo usu structurae ad intellectum. 69 S. 4° (2°)
Halle-Wittenberg, Phil. Diss. v. 2. Aug. 1873
Geb. [Nedissen b. Zeitz 9. 12. 1847]
Vom Verf. verwendet in seiner Arbeit:
De singulari quadam verbi periphrasi apud Sophoclem oblata. Königsberg i. N. 1879: Striese. 25 S. 4° Gymn.-Progr.

Böttger, Mor. Gwalt., Briefwechsel mit den Irvingianern. Geführt und hrsg. gr. 8. (VII und 144 S.) Leipzig 858, (Bredt.) *

Böttger, Moritz G., Briefwechsel mit den Irvingianern. Lpzg. 1858 mit: Böhner, Aug. M., die freiforschende Bibeltheologie u. ihre Gegner. Zür. 1859. 8.

Böttger, Mor. Gwalt., Briefwechsel mit den Irvingianern. 2., durch die Schlußliefg. verm. Ausg. Leipzig 863. Bredt. gr. 8. (V, 156 S.) n. 10 ngr.

Böttger, Mor. Gottw., unfehlb. Mittel wider den Biß toller Hunde, durch mehr als 1000fache Erfahrung bewährt u. durch ärztl. Zeugn. bestät. 8. (Dresd.) 834. (Walther.) Berkl. 1/2 rf

Böttger, Oskar

Boettger, O., Beitrag z. herpetologischen Kenntniss d. Calamianen, Philippin. Inseln. [Aus: „Abhandlgn. u. Berichte d. k. zoolog. u. anthropolog.-ethnograph. Museums z. Dresden".] gr. 4. (5 S.) Berlin 895. R. Friedländer & Sohn. n. 1. 50

Boettger, Osk., Beitrag zur palaeontolog. und geolog. Kenntniss der Tertiärformation in Hessen. Inaugural-Dissertation der philosoph. Fakultät zu Würzburg vorgelegt. 4. (83 S. mit 2 lithogr. Taf.) Offenbach 869, (Steinmetz.) **

Boettger, Osk., Beiträge zur Kenntniss der Reptilien und Amphibien Spaniens und der Balearen. gr. 4. (51 S. mit 1 lithogr. Taf.) [Frankfurt a. M. 881, Winter.] Basel, Schwabe. * 3 —

— **Clausilienstudien.** Mit 4 (lith.) Taf. Abbildungen. [Aus: „Palaeontographica. Suppl. III."] gr. 4. (122 S. m. 4 Bl. Tafel-Erklärgn.) Kassel 877. Fischer. n. 30. —

! Boettger, O: Clausilienstudien. Jetzt: Stuttg., E Schweizerbart. Vergr. 76/80

Boettger, O., e. neue Eidechse aus Südwest-Afrika. [Aus: „Abhandlgn. u. Berichte d. zool. u. anthrop.-ethnogr. Museums zu Dresden".] Imp.-4. (3 S.) Berlin 894. R. Friedländer & Sohn. n. 1. —

Boettger, Osk. Die Entwicklung der Pupa-Arten des Mittelrheingebietes in Zeit u. Raum. gr. 8. (103 S. m. 2 Taf.) Wiesbaden 889, Bergmann. * 3 —
Aus: Jahrbb. d. Nass. Ver. f. Naturkunde, besonders abgedruckt.

Böttger, O, s.: Eocänformationen, d., v. Borneo, u. ihre Versteinergn.

— **s.: Garten, d. zoologische.**

———— Ueber die Gliederung der Cyrenenmergelgruppe im Mainzer Becken. (Ber. Senckenberg. naturf. Ges. 1873—74.) Frankfurt a. M. 1875. 8.

O. BOETTGER, Katalog der Batrachier-Sammlung im Museum der Senckenbergischen Naturforschenden Gesellschaft in Frankfurt am Main. Abgeschlossen Mitte August 1892. Frankfurt a. M. Druck von Gebrüder Knauer. 8°.

— Katalog der Batrachier-Sammlung im Museum der Senckenbergischen Naturforschenden Gesellschaft in Frankfurt a/M. Abgeschlossen Mitte Aug. 1892. gr. 8. (X, 73 S.) Frankfurt a/M. 893. (M. Diesterweg.) n. 1. —

!– Katalog d. Batrachier-Sammlg. Jetzt: Frankf. a/Main, Senckenberg. naturforsch. Gesellsch.

Katalog der Reptilien-Sammlung im Museum der Senckenbergischen Naturforschenden Gesellschaft in Frankfurt am Main. Von Prof. Dr. O[skar] **Boettger**. T. 1. 2. Frankfurt a. M. 1893–1898: Knauer. 8°
1. (Rhynchocephalen, Schildkröten, Krokodile, Eidechsen, Chamäleons. Abgeschlossen August 1893. 1893
2. (Schlangen.) Abgeschlossen Mai 1898. 1898

— **Katalog d. Reptilien-Sammlung i. Museum d. Senckenberg. naturforsch. Gesellsch. i. Frankfurt a/M. II. Tl. (Schlangen). Abgeschlossen Mitte Mai 1898. gr. 8. (IX, 160 S.) Frankfurt a/M. 898. (M. Diesterweg.) n. 1. 50**

!– Katalog d. Reptiliensammlg. Jetzt: Frankf. a/Main, Senckenberg. naturforsch. Gesellsch.

Boettger (O.). Zur Kenntniss der Fauna der Mittelmiocänen-Schichten von Kostej im Krassó-Szörényer Komitat. (Sep.-Abdr. a. d. Verhandl. u. Mitteil. d. Siebenbürg. V. f. Naturw. zu Hermannstadt. Bd. 51.) Hermannstadt 1901. 8. Mit 1 Abb.

Boettger, O., Liste von Reptilien und Batrachiern aus Paraguay. gr. 8. (36 S.) Halle 885, Tausch und Grosse. *
Aus: Zeitschrift für Naturwissenschaft, besonders abgedruckt.

— Lurche (Batrachia) u. Schlangen aus Australien u. dem malayischen Archipel, s.: Denkschriften der medicinisch-naturwissenschaftlichen Gesellschaft zu Jena.

Böttger (O.), Ueber den Mergel von Gokwe in Südafrika und seine Fossilien. (Sep.-Abdr. XI. Ber. d. Offenbacher Verein f. Naturk.) (Ohne Druckjahr.) 8.

—— fossile Mollusken, s. Eocanformationen, die, von Borneo, und ihre Versteinerungen.

—— Monographie der Clausiliensection Albinaria von Vest. gr. 4. (135 S. mit 4 lithogr., zum Theil farb. Taf. Abbild.) Kassel 878, Fischer. *
Aus: Pfeiffer, Ludw., Novitates conchologicae, besonders abgedruckt.

— **die Reptilien u. Amphibien von Madagascar. Mit 1 (lith.) Taf. gr. 4. (54 S.) Frankfurt a/M. 877. Winter. n. 4. —**

— dasselbe. 1—3. Nachtrag. [Aus: „Abhandlgn. d. Senckenberg. Gesellsch."] gr. 4. Ebend. 878—81. n. 13. 90
1. Mit 1 (lith.) Taf. (15 S.) n. 1. 50
2. (41 S. m. 1 Steintaf.) n. 2. 40
3. (126 S. m. 5 z. Thl. farb. Steintaf.) n. 10. —

—— die Reptilien und Amphibien von Marocco. II. gr. 4. (54 S. mit 1 lithogr. Taf.) Frankfurt a. M. 883, (Diesterweg.) * 2 50
Vorstehende vier Schriften sind aus: Abhandlungen der Senckenbergischen naturforschenden Gesellschaft, besonders abgedruckt.

!– Reptilien u. Amphibien v. Marokko II. Jetzt: Frankf. a/M., Senckenberg, naturforsch. Gesellsch.

— Reptilien u. Batrachier a. Deutsch-Neu-Guinea. [Aus: „Abhandl. u. Berichte d. k. zoolog. u. anthropolog.-ethnograph. Museums zu Dresden".] Imp.-4. (3 S.) Ebd. 897. n. 1. —

— Reptilien u. Batrachier a. Deutsch-Neu-Guinea. 4° (3) Berl. 97, R Friedländer & S. 1 —

Boettger, O., die Reptilien u. Batrachier. gr. 4. (S. 323—402 m. 3 Taf.) Frankfurt a/M. 900. (M. Diesterweg.) n. 6. —
Sonderabdruck aus: „Abhandlgn. d. Senckenberg. naturforsch. Gesellsch. Kükenthal, Ergebnisse e. zoolog. Forschungsreise in den Molukken u. Borneo".

Die Reptilien und Batrachier [d. Forschungsreise W. Kükenthals nach d. Molukken]. Von Prof. Dr. O[skar] Boettger in Frankfurt (M.). Mit 3 Taf. (Frankfurt a. M.: M. Diesterweg in Komm. 1901.) (S. 323–402.) 4°
— Ergebnisse e. zool. Forschungsreise in d. Molukken u. Borneo. T. 2, Bd 3, H. 2, [3.]
— Abhandlungen hrsg. v. d. Senckenbergischen naturforschenden Gesellschaft. Bd 25, H. 2, [3.] [illegible]

!– Reptilien u. Batrachier. Jetzt: Frankf. a/M., Senckenberg, naturforsch. Gesellsch.

Böttcher, Oscar, Reptilien von Marocco und von den Canarischen Inseln. gr. 4. (71 S. mit 1 lithogr. Taf.) Frankfurt a. M. 874, Winter. *
Aus: Abhandlungen der Senckenbergischen naturforschenden Gesellschaft, besonders abgedruckt.

— Rhacophorus rizali, e. neuer Baumfrosch v. Mindanao, nebst Fundortnotizen v. d. Philippinen überhaupt. [Aus: „Abhandlgn. u. Berichte d. k. zool. etc. Museums zu Dresden".] Imp.-4. (3 S.) Berlin 897. R. Friedländer & Sohn. n. 1. 50

Böttger (O.), Spermophilus citillus var. superciliosus Kaup, ein riesiger fossiler Ziesel von Bad Weilbach. (Sep.-Abdr. Offenbacher Ver. f. Naturk., 14. Ber.) (Offenbach.) 8. (Die Tafel fehlt.)

—— die Tertiärformation von Sumatra und ihre Thierreste, s. Verbeek, R. D. M.

— die Tertiärformen von Sumatra u. ihre Thierreste, s.: Palaeontographica.

Boettger, Osc., s: Verzeichnis d. v. Prof. Dr. Oscar Boettger hrsg. Schriften.

Boettger, O., Verzeichnis d. v. E. v. Oertzen a. Griechenland u. a. Kleinasien mitgebrachten Vertreter d. Landschneckengattung Clausilia Drp. gr. 4. (42 S. m. 1 farb. Taf.) Frankfurt a/M. 889. (Berlin, R. Friedländer & Sohn). n. 3. —; herabges. Pr. n.n. 2. —
Sonderabdruck aus: „Abhandlgn. der Senckenberg. naturforsch. Gesellschaft"

!– Verz. d. von v. Oertzen mitgebr. Clausilia. Jetzt: Frankf. a/M., Senckenberg, naturforsch. Gesellschaft.

Böttger, Oswin, a. Thum i. S.: Der Satzbau der erzgebirgischen Mundart. Leipzig 1904: H. John, Halle a. S. (178 S.) 8°
Leipzig, Phil. Fak., Ref. Sievers u. Köster, Diss. v. 22. Febr. 1905
[Geb. 9. Febr. 80 Thum i. Erzgeb.; Wohnort: Thum; Staatsangeh.: Sachsen; Vorbildung: Realgymn. Annaberg Reife O. 00; Studium: Leipzig 5, Paris 1, Leipzig 2 S.; Rig. 7. Juli 04.]

Boettger, Otto [Saxo-Borussus]: De ‚dum' particulae usu apud Terentium et in reliquiis tragicorum et comicorum ... Halis Sax., form. Hendeliis, 1887; 26 S. + 1 Bl. 8°
Halle, Phil. Fak., Inaug.-Diss. v. [14. Dez.] 1887

Boettger, Otto, de ‚dum' particulae usu apud Terentium et in reliquiis tragicorum et comicorum. Diss. Halle 1887, Lippertsche Buchh. 8°. 26 S.

Böttger, P., die Canalisation v. Zoppot. Imp.-4. (8 S. m. 2 Taf.) Berlin 899. W. Ernst & Sohn. n. 3.—
Sonderabdruck aus: „Zeitschrift f. Bauwesen".

Böttger, P. (Hrsg.), s. Correspondenzblatt für Kataster-Beamte, geodätische Techniker, Ingenieure etc.

Böttger, Paul, Grundsätze f. den Bau v. Krankenhäusern. Vortrag, geh. in Strassburg i/E. am 28. Aug. 1894. [Aus: „Contralbl. d. Bauverwaltg."] gr. 8. (39 S. m. 13 Abbildgn.) Berlin 894. W. Ernst & Sohn. n. 1. 20

Institut für Infektions-Krankheiten zu Berlin. 15 Bl. Zeichnungen. (Unterz.: P[aul] Böttger, Reg.- u. Baurat.) (Berlin 1892: Gisevius.) 15 Bl. quer-gr. 2° [Umschlagt.] [illegible]

Böttger, P. Das Koch'sche Institut für Infectionskrankheiten in Berlin. Lex.-8. (20 S. m. 11 Holzschn.) Berl. 891, Ernst u. Sohn. * 1 50
Aus: Centralbl. d. Bauverwaltg., besonders abgedruckt.

Böttger, Paul, Markus Stemmler. Eine Erzählung für die Jugend. 2. Aufl. 8. (78 S.) Dresden 881, (Tittmann.) * 1 —
Die 1. Aufl. war nicht im Handel.

Boettger, Paul, Referendar in Naumburg a. S.: Voraussetzungen und Begriff des Rechtes auf Duldung des Grenzüberbaues nach dem Bürgerlichen Gesetzbuche. *Borna-Leipzig 1903: R. Noske.* (IX, 32 S.) 8°
Leipzig, Jur. Diss. v. 1903

Böttger, Paul: Ueber die physiologische Wirkung der Abführmittel. Halle (1874): Plötz. 33 S. 8°
Halle-Wittenberg, Med. Diss. v. 14. Aug. 1874
Geb. Dessau (Anhalt) 12. 8. 1851. V.

Böttger, R., Steuertarif zum Einkommensteuergesetze vom 24. Juni 1891 (Gesetz-Sammlg. S. 183), verbunden m. e. Tabelle zur Berechng. der im Laufe d. Steuerjahres eingetretenen Einkommensteuer-Zu- u. -Abgänge u. -Ausfälle. 5. Aufl. schmal Fol. (6 S.) Hannover 893. Wiesenstr. 57, R. Böttger's Selbstverl. — 75

Böttger, R., Steuertarif z. Einkommensteuergesetze v. 24. Juni 1891 (Gesetz-Sammlg. S. 183), verb. m. e. Tabelle z. Berechng. d. i. Laufe d. Steuerjahres eingetret. Einkommensteuer-Zu- u. Abgänge u -Ausfälle 7. Aufl. (9. Tauf.) schmal Fol. (6 S.) Hannover (Wiesenstr. 57, p.) 895. Selbstverlag. n.n. — 90

Böttger, R., Steuertarif zum Einkommensteuergesetze vom 24. VI. 1891 (Gesetz-Sammlg. S. 183), verbunden m. e. Tabelle zur Berechng. der im Laufe des Steuerjahres eingetretenen Einkommensteuer-Zu- u. -Abgänge u. -Ausfälle. 9. Aufl. (10. Tauf.) schmal Fol. (6 S.) Hannover (Wiesenstr. 57 p.) 901. Reg.-Sekret. R. Böttger. n.n. — 90

— Steuertarif z. Ergänzungssteuergesetze v. 14. Juli 1893 (Gesetz-Sammlg. S. 134) u. z. fgl. Verordng v. 25. Juni 1895, verb. m. e. Tabelle z. Berechng. d. i. Laufe d. Steuerjahres eingetret. Ergänzungssteuer-Zu- u. Abgänge u. -Ausfälle. Anh.: Berechng d. Kapitalwertes period. Nutzgn. u. Leistgn. 4. Aufl. schmal Fol. (6 S.) Ebd. 895. n.n. — 90

— Steuertarif zum Ergänzungssteuergesetze vom 14. VII. 1898 (Gesetz-Sammlg. S. 134) u. zur königl. Verordnung vom 25. VI. 1895, verbunden m. e. Tabelle zur Berechng. der im Laufe des Steuerjahres eingetret. Ergänzungssteuer- Zu- u. -Abgänge u. -Ausfälle. Anh.: Berechnung des Kapitalwertes period. Nutzgn. u. Leistgn. 6. Aufl. schmal Fol. (6 S.) Ebd. 901. n.n. — 90

Böttger, Richard

Die politische Bedeutung der Philosophie von Dr. Richard **Böttger**, Doz., Dresden. Dresden: v. Zahn & Jaensch 1909. 53 S. 8°
(Neue Zeit- u. Streit-Fragen, hrsg. von d. Gehe-Stiftung. Jg 5, Nr 8 u. 9.) 09. 3971

Böttger, Richard: Das Grundproblem der Schopenhauerschen Philosophie. *Greifswald 1897: J. Abel.* (44 S.) 8°
Greifswald, Phil. Diss. v. 22. Dez. 1897

Böttger, R: Das Grundproblem d. Schopenhauerschen Philosophie. 8° (42) Greifsw. 98, J Abel. — 90

Wesen und Zweck des Staates. 2 Vorträge geh. in Dresden 1906 von Dr. Richard **Böttger**. (Dresden): Sächs. Landesverb. Evang. Arbeitervereine (1906). 48 S. 8°

Beiträge zur Geschichte und Methode des chemischen Unterrichts in der Volksschule. Von Rudolf **Böttger** in Penig. Leipzig & Berlin: B. G. Teubner 1906. (VI, 78 S.) 4°(8°)
— **Sammlung** naturwiss.-pädag. Abhandlungen. Bd 2, H. 5.

Böttger, Rudolf, a. Burgstädt: Beiträge zur Geschichte und Methode des chemischen Unterrichts in der Volksschule. Leipzig 1906: B. G. Teubner. (VI, 78 S.) 8°
Leipzig, Phil. Fak., Ref. Volkelt, Ostwald, Diss. v. 22. Jan. 1906
Geb. 15. März 79 Burgstädt, Sachsen; Wohnort: Penig; Staatsangeh.: Sachsen; Vorbildung: Seminar Zschopau Wahlfähigkeitszeugnis 1b Okt. 01; Studium: Leipzig 6 S.; Rig. 18. Juli 05.]

Böttger, R. Neuere Beiträge zur Physik und Chemie. Frankfurt 1841.

Böttger, Rud., Beiträge zur Physik u. Chemie. Eine Samml. eigener Erfahrn., Versuche u. Beobachtn. (1. Hft.) Nebst 1 Stnt. gr. 8. (8½ B.) Frankfurt a. M. 838. Brönner.

Böttger, Rud., Beiträge zur Physik u. Chemie. Eine Sammlung eigener Erfahrungen, Versuche u. Beobachtungen. 2. Heft. A. u. d. T.: Neuere Beiträge ꝛc. Mit 1 Steindrucktaf. gr. 8. Frankfurt a/M. 841, Sauerländer. ⅝ ℛ︀ (1. Heft bei Brönner ¾ ℛ︀)

— dass. 3. Hft. A. u. d. T.: Materialien zu Versuchen für chemische u. physikal. Vorlesungen. Mit in den Text eingedr. Holzschn. gr. 8. Ebend. 846. n. 24 ngl

—— das Calciumsulfhydrat. Ein neues, vollkommen unschädl., außerordentl. schnell wirkendes u. v. Jedermann leicht darzustell. Haarvertilgungsmittel. Gerbern, Pergamenterr, Thierärzten ꝛc. auf's angelegentlichste empfohlen. M. 1 Stnt. 8. (1¾ B.) Frankfurt a. M. 839, Sauerländer.
Abgedruckt aus: Frankfurter Gewerbfreund, 1. Jahrg. No. 19.

— über die Einricht. u. Behandl. der Döbereiner'schen Platina-Zündmaschinen, nebst e. allgemeinfaßl. Anleit., überaus leicht zündende Platinaschwämme darzustellen. Mit 1 Abbildung. 8. Sondershausen 835. Eupel. $1/12$ ℛ︀

Böttger, Rudolph.
Ueber die Einrichtung und Behandlung der Döbereinerschen Zündmaschine. Sondershausen. Zweite Auflage, 1838.

—— frankfurter Gewerbfreund, s. Gewerbfreund.

Böttger, Rud., u. R. **Gräger**, Handwörterbuch der technischen Chemie für Fabrikanten, Gewerbtreibende, Künstler, Droguisten ꝛc. Weimar 867. B. F. Voigt. gr. 8. (VIII, 580 S.) 2 ℛ︀ 22½ ngr.

Böttger, Rud., und R. **Gräger**, Handwörterbuch der technischen Chemie für Fabrikanten, Gewerbtreibende, Künstler, Droguisten ꝛc. 2. verm. Aufl. gr. 8. (X, 684 S.) Weimar 872, B. F. Voigt.

Böttger, R., Materialien zu Versuchen für chem. u. physikalische Vorlesungen. Frankfurt a/M. 1846. 8°.

— Mittheilung neuer, auf dem Gebiete der praktischen Chemie gemachten Erfahrungen und Beobachtungen. (Abhandl. einer Beglückwünschungsschrift.) Frankfurt a. M. 1863.

— **Notizblatt, polytechnisches.**

Böttger, Rud., allgemeines Sachregister zu den ersten 10 Jahrgängen des Polytechnischen Notizblattes für Gewerbtreibende, Fabrikanten und Künstler. Mainz 856. Kunze. gr. 8. (2 Bl., 99 S.) n. 15 ngl

—— **tabellar. Uebersicht d. specif. Gewichte d. Körper.** Ein alphabet. geord. Handb. f. Freunde d. Naturwissenschaften, insbesond. f. Chemiker, Physiker, Techniker u. Mineralogen. Schmal gr. 4. (24½ B.) Frankfurt a. M. 837, Brönner.

Böttger, R. Tabellarische Uebersicht der specifischen Gewichte der Körper. Frankfurt a/M., 1851.

Böttger, Rudolf, a. Zellendorf ⟨Prov. Sachsen⟩: Die Wirtschaftsgeschichte zweier Rittergüter im Regierungsbezirk Merseburg ⟨Prov. Sachsen⟩. Halle a. S. 1907: C. A. Kaemmerer & Co. (VIII, 117 S.) 8°
Tübingen, Staatsw. Fak., Ref. v. Seemann, Diss. v. 17. Juli 1907
(Nicht für den Austausch)
[Geb. 5. Juni 73 Zellendorf (Prov. Sachsen); Wohnort: Halle a. S.; Staatsangeh.: Preußen; Vorbildung: Gymn. Wittenberg Obersekunda 91; Studium: Landwirtsch. Institut Halle 6, Univ. Tübingen 5 S.]

— **Rudolph Maximilian** (Gassenreuth/Vogtl.), De omphalorrhagia idiopathica. Diss. med. Präs. Justus Radius. Lpz. (A. Edelmann) 12. IV. 1859. 23 S., mit Biogr. (M.: Ch. Alc.) (4—) 3363
Oppon.: M. Querl, A. V. R. Lubensky, G. H. Meissner.

Böttger, Walter, Referendar: Die qualifizierte Gründung der Aktiengesellschaft nach dem Handelsgesetzbuch für das Deutsche Reich vom 10. Mai 1897. Borna-Leipzig 1909: Noske. VIII, 88 S. 8°
Leipzig, Jur. Diss. v. 12. Juli 1909
[Geb. 18. März 83 Deutzen; Wohnort: Hartmannsdorf b. Borna; Staatsangeh.: Sachsen; Vorbildung: Nikolaisch. Leipzig Reife O. 03; Studium: Leipzig 8 S.; Rig. 9. Febr. 07.] [U 09. 2457

Böttger, Wilhelm

Böttger, Wilh., qualitative Analyse v. Standpunkte der Ionenlehre. 2., umgearb. u. stark erweit. Aufl. Mit 24 Fig. im Text, 1 Spektraltafel u. besond. Tabellen zum Gebrauche im Laboratorium. (XVI, 524 u. 21 S.) gr. 8. Leipzig 908. W. Engelmann. 10.—; geb. in Leinw. 11.20; Tabellen allein — 80

Böttger, Wilhelm: Die Anwendung des Elektrometers als Indikator beim Titrieren von Säuren und Basen. M. 10 Fig. im Text. *Leipzig: W. Engelmann 1897.* (53 S.) 8°
(Aus: Zeitschrift für physikalische Chemie, Bd 24.)
Leipzig, Phil. Diss. v. [25. Sept.] 1897

— Ausbildung des jungen Pharmazeuten, s.: **Schlickum.**

Böttger, Wilhelm, approb. Arzt aus Leipzig: Aus d. Universitätsfrauenklinik in Leipzig. Ueber einen Fall von wiederholter Extrauterinschwangerschaft bei derselben Frau. *Leipzig 1902: B. Georgi.* (29 S.) 8°
Leipzig, Med. Diss. v. (27. Mai) 1902

Böttger, Wilh., Grundriss der qualitativen Analyse v. Standpunkte der Lehre v. den Ionen. Mit 10 Fig., 8 Tab. u. 1 (farb.) Spektraltaf. gr. 8. (XII, 249 u. 15 S.) Leipzig 902. W. Engelmann. Geb in Leinw. u. geh. n. 7. —

Amerikanisches Hochschulwesen. Eindrücke u. Betrachtungen von Dr. Wilh.) **Böttger**, Privatd. Leipzig: W. Engelmann 1906. (70 S.) 8°

Böttger, Wilh.: Amerikan. Hochschulwesen. Jetzt: Lpzg, F Meiner. 06/09

Böttger, Wilhelm, Dr.: Löslichkeitsstudien an schwer löslichen Stoffen. *Leipzig: W. Engelmann 1903.* (101 S.) 8° ¶ (Aus: Zeitschr. f. physik. Chemie, Bd 46.)
Leipzig, Phil. Hab.-Schr. v. 17. Dez. 1903

— Stand u. Wege d. analyt. Chemie, s: Analyse, Die chem.

Böttger, Willy [Red.]: s. D t. H a r m o n i k a - Z e i t u n g .

Botti, G. Ramleh, s.: Woerl's Reisehandbücher.

Botti, J., Ramleh, s.: Woerl's handbooks of travel.

Botticelli's, Sandro, Biographie u. Charakteristik, s.: W o e r m a n n , K.

Botticelli, Sandro

Botticelli, der Frühling, s.: Meisterbilder. 154. Bl.

Botticelli, die Geburt der Venus, s.: Meisterbilder. 188.

— die Krönung der Maria, s.: Meisterbilder. 124. Bl.

Die Meisterbilder von [Sandro] Botticelli (1440–1510). Eine Auswahl von 60 Reprod. nach Orig.-Aufnahmen. Berlin & Leipzig: Weicher 1908. 60 S. 8°
(Weichers Kunstbücher. Nr 20.) [08. 17663]

Botticelli, Sandro, Zeichnungen zu Dante's Göttlicher Komödie, nach den Originalen im k. Kupferstichkabinet zu Berlin hrsg. im Auftrage der Generalverwaltung der k. Museen von Friedr. Lippmann. 1. Abthl. qu. gr. Fol. (80 Lichtdr.-Taf.) Berlin 884, Grote'sche Verlagsh. In Leinw.-Mappe * 90 —

Botticelli, Sandro, Zeichnungen zu Dante's Göttlicher Komödie, nach den Originalen im k. Kupferstichkabinet zu Berlin hrsg. im Auftrage der Generalverwaltung der k. Museen von Friedr. Lippmann. 2. und 3. (Schluss-)Abthl. Berlin, Grote'sche Verlagsh. [2. Abthl. qu. gr. Fol. (29 Lichtdr.-Taf.) 885; 3. Abthl. 25 Lichtdr.-Taf.) Mit erklär. Beschreibungen. Fol. (54 S. mit 20 Taf.) 887.]
In Mappe à Abthl. * M 90.—. * 1

Botticelli, S., Zeichnungen zu Dante's Göttlicher Komödie, nach den Orig. im k. Kupferstichkabinet zu Berlin hrsg. im Auftrage der Generalverwaltung der k. Museen v. F. Lippmann. 3. (Schluss-)Abthlg. qu. gr. Fol. (25 Lichtdr.-Taf.) Mit erklär. Beschreibg. Fol. (54 S. m. 20 Taf.) Berlin 887. Grote.
n. 90. — (3 Abthlgn.: n. 270. —)

—— dass. — Suppl.: Die 8 Handzeichnungen des S. B. zu Dante's göttl. Komödie im Vatikan, hrsg. von Jos. Strzygowski. Lichtdr. qu. gr. Fol. Mit Text. Fol. (30 S.) Ebendas. 887. *
1. Abthl. Ebendas. 1884. * M 90.—.

Botticelli Sandro, Zeichngn. z. Dantes göttl. Komödie. Verklein. Nachbildgn. d. Originale i. k. Kupferstich-Kabinet z. Berlin u. i. d. Bibliothek d. Vatikans, m. e. Einleitg. u. d. Erklärg. d. Darstellgn. hrsg. v. F. Lippmann. gr. 4. (92 Taf. m. VI, 74 S. ill. Text.) Berlin 896. G. Grote. Geb. in Leinw. n. 80. —

Bottich, Johann Gottfried (Belgern), De resignatione judiciali fundorum mere allodialium in ultimis voluntatibus cessante. Präs. Mich. Gottfr. Werner. Wittbg. (Schlomach) Mai 1760. 38 S. (4.80) 3708
Gew.: Joh. Benjam. Tzschirich.

Bötticher, s.a. B ö t t c h e r

Bötticher, s.a. B ö t t i g e r

Bötticher, v.: 1803–1903. Ein Gedenkbl. z. 100jahrfeier d. Feldartill.-Regts v. Scharnhorst (1. Hannov.) Nr 10. (128 m. 9 Taf.) 8° Oldenbg, G Stalling's V. (03). Geb. 1.50

Bötticher, s.: Rabfart's himmlisches Jerusalem.

v. Bötticher, Reitsystem für Lehrer der Kavallerie und Artillerie zur Ausbildung von Rekruten zu Pferde und zur Dressur der Remonten. Berlin 861. Mittler & Sohn. gr. 8. (X, 71 S.) 15 ngr

Bötticher. Theilnahme des 1. Thüring. Inf. R. Nr. 31 am Kriege 1866. Berlin 1881. 8°.

Boetticher, A. C., Casus de cardialgia. Vom Herzgespann od. Magenschmerzen. 32 pp. Erf. 4°. 1725

Bötticher, Adolf, s. a. B ö t t i c h e r , Karl

Bötticher, Adolf

Boetticher, A., die Akropolis v. Athen. Nach den Berichten der Alten u. den neuesten Erforschgn. Mit 132 Textfig. u. 36 Taf. Lex.-8. (XV, 295 S.) Berlin 888. Springer. geb. in Leinw. n. 20. —;
in Liebhaber-Halbfrzbd. n. 25. —

[F.] Anleitung für die Pflege und Erhaltung der Denkmäler in der Provinz Ostpreussen. Von Adolf Boetticher, Provinzial-Konservator. Ausgearb. im Auftr. d. Prov.-Komm. z. Erforschg u. z. Schutze d. Denkmäler in d. Prov. Ostpreussen. *Königsberg i. Pr.: Dr. v. E. Rautenberg 1898.* (1 Bl., 103 S.) 1 Bd 8. [99. 1035

Boetticher, A: Anl. f. d. Pflege u. Erhaltg d. Denkmäler in d. Prov. Ostpreussen. 12° (103) Köngsbg 98, (B Teichert).
Kart. nn — 75

Boetticher, A., Die Ausgrabungen der Franzosen auf Delos. S.-A. s. a. 16 S. —.60

Boetticher, A., die neuesten Ausgrabungen der griechischen archäologischen Gesellschaft, s.: Bücherei, deutsche.

[F.] Die Bau- und Kunstdenkmäler in Königsberg. M. zahlr. Abb. ... (bearb. v. Adolf Boetticher). *Königsberg: Kommr. v. B. Teichert; Dr. v. E. Rautenberg 1897.* (4 Bl., 395 S., 1 Bl., 5 Taf., 1 Pl.) 1 Bd 4.(8.)
— Boetticher, A.: Die Bau- u. Kunstdenkmäler d. Prov. Ostpreussen. H. VII. [97. 7413

Die Bau- und Kunstdenkmäler des Oberlandes. (Bearb. von Adolf Boetticher.) (2. durchges. u. erw. Aufl.) *Königsberg: B. Teichert in Comm. 1898.* (135 S.) 4°(8°) [F.]
— Boetticher: Die Bau- u. Kunstdenkmäler d. Prov. Ostpreussen. H. 3. [98. 12907

Die Bau- und Kunstdenkmäler der Provinz Ostpreussen. Im Auftr. d. Ostpreuss. Prov.-Landtages bearb. v. Adolf Boetticher. Heft 1–9. *Königsberg: B. Teichert in Komm. 1891–99.* 9 Bde 4°(8°) [F.]
1. Das Samland. 1891. 2. Natangen. 1892. 3. Das Oberland. 1893. 4. Das Ermland. 1894. 5. Litauen. 1895. 6. Masuren. 1896. 7. Königsberg. 1897. 8. Aus der Kulturgesch. Ostpreussens. Nachträge. 1898. 9. Namens- u. Ortsverzeichnis (aufgest. v. (Walther) v. Schimmelfennig). 1899. [99. 9537

— Die Bau- u. Kunstdenkmäler d. Prov. Ostpreussen. I., II. u. V–IX. Hft. 8° Ebd. Kart. 20 — (I–IX.: nn 27 —)
I. Samland. 2. Afl. (170 m. Abb. u. 4 Taf.) 98. 3 — | II. Natangen. 2. Afl. (209 m. Abb. u. 5 Taf.) 98. nn 3 — | V. Litauen. (158 m. Abb. u. 7 Taf.) 95. nn 3 — | VI. Masuren. (124 m. Abb. u. 1 Karte.) 96. nn 3 — | VII. Königsberg. (395 m. Abb., 4 Taf. u. 2 Pl.) 97. nn 4 — | VIII. Aus d. Kulturgesch. Ostpreussens. Nachträge. (126 u. 81 m. Abb. u. Taf.) 98. nn 3 — | IX. Namens- u. Ortsverzeichnis, aufgest. durch v. Schimmelfennig. (90) 99. nn 1 —

Die Bau- u. Kunstdenkmäler der Prov. Ostpreussen. Im Auftr. d. Ostpreuss. Prov. Landtages bearb. v. Adolf Boetticher. 2. durchges. u. erweit. Aufl. H. 1–III. *Königsberg: Kommr. v. B. Teichert 1898.* 4.(8.) [99. 2737 10

— die Bau- u. Kunstdenkmäler d. Prov. Ostpreußen. Im Auftrage des ostpreuß. Prov.-Landtages bearb. 2., 8. u. 9. Hft. Lex.-8. Ebd. Kart. n.n. 7. —
2. Natangen. 2., durchgeseh. u. erweit. Aufl. (VII, 209 S. m. Abbildgn. u. 5 Taf.) 898. n. 3. —
3. Oberland. 2., durchgeseh. u. erweit. Aufl. (VII, 135 S. m. Abbildgn. u. 1 Taf.) 898. n.n. 3. —
9. Namens- u. Ortsverzeichnis, aufgestellt durch v. Schimmelfennig. (99 S.) 899. n.n. 1. —

Boetticher, A., Die Erwerbungen d. Berliner Museums aus Pergamon. S.-A. 1880. 18 S. —.80

— Der Helm des Athena-Parthenonbildes im Parthenon. S.-A. 1854. 10 S. 1.—

[F.] Aus der Kulturgeschichte Ostpreussens. Nachträge (zu H. I–VII). (Von Adolf Boetticher.) M. zahlr. Abb. *Königsberg: Kommr. v. B. Teichert; Dr. v. E. Rautenberg 1898.* (4 Bl., 126 S., 1 Bl., 81 S.) 1 Bd 4.(8.)
= Bau- u. Kunstdenkmäler d. Prov. Ostpreussen. H. VIII. [98. 13860

— Auf griechischen Landstrassen. S.-A. 1877. 8 S. —.60

Boettcher, Adf., auf griechischen Landstraßen. gr. 8. (III, 256 S.) Berlin 883. Paetel. n. 6. —

— In Messenien. S.-A. 1878. 17 S.

Boetticher, Adolf. Olympia, das Fest und seine Stätte. Mit vielen Holzschnitten und 15 Tafeln in Kupferradirung, Lithographie etc. Berlin 1883. 8°.

—— Olympia, d. Fest u. s. Stätte. Nach d. Berichten d. Alten u. d. Ergebnissen d. deut. Ausgrabgn. 2. Afl. 8. (420 m. Illustr.) Berl. 85, Springer. geb. in Leinw. n. 20. —; in Liebhaberhalbfrzbd. n. 25. —

— Olympia, das Fest u. seine Stätte. Nach den Berichten der Alten u. den Ergebnissen der deutschen Ausgrabgn. Mit 95 Holzschn. u. 21 Taf. in Kpfr-Radirg., Lichtdr., Lith. etc. 2. durchgesch. u. erweit. Aufl. Lex.-8. (XII, 420 S.) Berlin 886. Springer. geb. in Leinw. n. 20. – ; in Liebhaberhalbfrzbd. n. 25. —

Boetticher, Adolf (Hrsg.), s. W o c h e n b l a t t für Architekten und Ingenieure.

Bötticher, Andreas Julius

Andr. Jul. B ö t t i c h e r de fatis medicorum. Helmestad. 1701. 4.

Boetticher, Andreas Julius: M e t h o d u s medendi generalis. [Resp.:] Ludolf Schilling. Helmstadii (1715:) Hammius. 20 S. 8°. Helmstedt, Med. Diss. v. Dez. 1715.

Boetticher, Andreas Julius: De cranii O s s i b u s [Resp.:] Daniel Eberhard Baring, Helmstadii (1719:) Hammius. 28 S. 8°

Boetticher, Andreas Julius: P r o g r am m a lectionibus publicis praemissum in Academia Julia. Helmstadii (1701:) Hammius. 4 Bl. 8°.

Boetticher, Andreas Julius: P r o g r a m m a Andreae Julii Bötticher quo ad praxin clinicam audiendam medicae artis studiosos peramanter invitat. Helmstadii (1710:) Hammius. 4 Bl. 8°.

Boetticher, Andreas Julius: De P u r p u r a rubra vulgo den rothen Friesel. [Resp.:] Ioannes Andreas Schmidt [1697–1728]. Helmstadii [1718:] Hammius. 31 S. 8°.
Helmstedt, Med. Diss. v. 1718

Julius Pintsch ⟨Berlin 1815–1884⟩, s. berlin-lausitzischen Vorfahren u. s. Abkömmlinge. Eine Familien- u. Fabrikgeschichte. Von Arno Boetticher, Amtsger.R. Als Hs. gedr. Görlitz 1908: Starke. 104 S. 8° (11. 6511

Bötticher, Arno: Uebersicht über Verbreitung der Zuckschwerdt nach Zehen und Ländern. Görlitz: Starke 1909. 4°. Kaps.

Boetticher, Bernhard(us) Aemilius: De pericarditide. Halis Saxonum (1860): Ploetz. 29 S. 8°
Halle-Wittenberg. Med. Diss. v. 21. Juli 1860
Geb. Sachsa (Kr. Grfsch. Hohenstein) 16. 5. 1836. V.

Boetticher, C. W. Esaias Tegnér's Leben. Deutsch von Gottfr. v. Leinburg. gr. 8. (116 S.) Lpz. 885, Dürselen. * 1 50
Aus: Esaias Tegnér's Werken, Auswahl in 7 Bdn., besonders abgedruckt.

Boetticher, Clarissa, s.: Lohde, Clarissa.

Bötticher, D. F., Reiten und Dressiren. Anleitung zur Ausbildung des Reitpferdes. Hrsg. von A. v. Reuß. 8. (VII, 123 S. mit 5 in den Text gedr. Holzschn.) Berlin 878, Wiegandt, Hempel und Parey. geb. *

Bötticher,

— E., Die Cultusmaske u. d. Hochsitz d. Ohres an ägypt. assyr. u. griech.-röm. Bildwerken. S.-A. 1884. 6 S. 4°. 1.—

Boetticher, E., Riga, s. Carlberg.

Bötticher, Eduard [app. Arzt aus Giessen]: Aus d. med. Klinik des Herrn Prof. Riegel zu Giessen. Ueber Bradycardie. . . . Giessen, C. v. Münchow, Univ.-Druckerei, 1888: 35 S. 8°
Giessen, Med. Fak., Inaug.-Diss. v. 1888

Boetticher, Eduardus: De hydrocephalo acuto.
Halle-Wittenberg, Med. Diss., nachgeliefert von dem am 15. Okt. 1831 auf Thesen promovierten Verf.
Ein Exemplar nicht nachweisbar. — Auf dem Titel von des Dekans Dzondi Progr. zu dieser Promotion steht zwar: dissertationem de hydrocephalo acuto a. d. 22. mens. Septb. 1831 publice propositam summosque honores indicit, aber das vom Dekan hier angegebene Datum ist bestimmt falsch, da Bötticher erst am 28. Sept. das rigorosum bestand. Die Nachlieferung der Diss. durch B. hätte m. E., da er Preuße war, nur durch seinen Tod in Wegfall kommen können.

Boetticher, Eduardus Ferdinandus: Theses loco dissertationis de hydrocephalo acuto.
Halle-Wittenberg, Med. Thesen vom 13. Okt. 1831
Geb. [Pützlingen (Kr. Grafsch. Hohenstein) 24. 12. 1810]
Ein Exemplar nicht nachweisbar. Dzondi's Progr. - Verf. wurde mit den Kandidaten Feiber und Schiess auf Thesen promoviert, damit sie schnell als Choleraärzte eintreten konnten. Das betr. Gesuch unterschrieb er: Bötticher.

Bötticher, Emil: Über Struma maligna. *Halberstadt (1894): C. Doelle & Sohn.* (21 S.) 8°
Würzburg, Med. Diss. v. 1894

Boetticher, Ernst. Hissarlik, wie es ist. Fünftes Sendschreiben über Schliemann's Troja. Auf Grund der Untersuchgn. vom 1. bis 6. Dezbr. 1889 u. im Frühjahr u. Sommer 1890. (Nebst Protokoll der Zeugen.) Mit 14 Plänen u. 21 Abbildgn. 4. (III, 115 S.) Berl. 890, (Trautwein). * 3 —

— Der trojan. Humbug. (33, 258 m. Abb. u. Plänen.) gr8° Ebd. '11. 5 —

Boetticher, Ernst, Troja i. J. 1894. Enthüllgn. gegenüber d. Phantasiestück i. Deutschen Reichs-Anzeiger No. 222. gr. 8. (III, 34 S.) Schwerin 894. Berlin (W., Genthinerstr. 14, III), Selbstverlag. 1. 50

—— La Troie de Schliemann, une nécropole à incinération à la manière assyro-babylonienne. Avec préface par C. de Harlez. gr. 8. (VII, 115 S. m. 12 Taf.) Louvain, 889. (Lpz., Hiersemann.) * 6 —
Aus: Muséon, besonders abgedruckt.

Boetticher, Ernst Karl Aug., Englands Politik d. Heuchelei u. Perfidie. Ein Beitrag zur Kennzeichng. der Politik des „engl. Vetters“ u. ein Warnungsruf an das deutsche Volk zugleich! (62 S.) 8. Leipzig-Gohlis 909. B. Volger. 1.—; geb. 1. 80

! Bötticher, Ernst Karl Aug.: Eglds Politik. Jetzt: Berl.-Lichterf. (West, Victoriastr. 13), Hauptm. a. D. Bötticher. — 50; geb. — 75 06/09

Bötticher, Ernst Zacharias (Frankenhausen), De absoluto per sententiam injustam, ad effectus civiles non obligato. Diss. jur. Präs. Jo. Samuel Stryk. Halle (Ch. Henckel) 25. VI. 1710. 32 S. (5.—) 3367

Boetticher, Eugen [aus Crone an der Brahe]: Ueber den Herpes zoster mit besonderer Rücksicht auf sein bilaterales Auftreten . . . . Berlin, Buchdr. v. Georg Klemm (1887); 28 S. + 1 Bl. 8°.
Berlin. Med. Fak., Inaug.-Diss. v. 29. Jan. 1887.

Boetticher, Friedrich

Boetticher, Friedr. v., der dresdner Bilderraub im J. 1788. Ein Actenstück, als Beitrag zur Geschichte der dresdner Gemälde-Gallerie. gr. 8. (VIII und 32 S.) Riga 859. [Dresden], v. Boetticher's Verlag. *

Malerwerke des neunzehnten Jahrhunderts. Beitrag z. Kunstgeschichte von Friedrich v. Boetticher. Bd 1. 2. *Dresden: F. v. Boetticher 1891–1901.* 4 Bde 8°
1, Hälfte 1. Aagaard–Heideck. 1891. 2. Heideck–Mayer. 1893.
2, Hälfte 1. Mayer–Rybkowski. 1898. 2. Saal–Zwengauer. 1901. (03. 3944

Boettlcher, Frdr. v., Malerwerke d. 19. Jahrh. Beiträge z. Kunstgeschichte. 1. Bd. (2. Hälfte.) Heideck—Mayer. gr. 8. (S. 481—980.) Dresden 895. F. v. Boettioher. n. 10. —

Boettlcher, Frdr. v., Malerwerke des 19. Jahrh. Beitrag zur Kunstgeschichte. 2. Bd. (2. Hälfte.) Saal—Zwengauer. gr. 8. (S. 513—1067.) Dresden 901. [F. v. Boettlcher.] Leipzig, K. F. Köhler. n. 10 —; (kplt.: n. 40. —; geb. i. Halbfrz. n. 46. —)

! Boettlcher, F v.: Malerwerke d. 19. Jahrh. Restvorräte jetzt: Wien, J Deibler. 91/05

Boetticher, Fr(id.) C(ar.) H(enr.) (geb. Berlin 2. 3. 1830): De febri puerperali. Berolini (1854). (26 S.) 8°
Berlin, Med. Diss. v. 21. März 1854

Bötticher, Friedrich Robert Willy, s. Bötticher, Willy

Bötticher, G.

Bötticher, G. (Hrsg.), s. Goethe, Wolfgang von: Kleinere Schriften ...

Bötticher, G. (Hrsg.), s. Schiller's Briefe

Bötticher, G. Fr., Herm., der kleine Katechismus Dr. Martin Luthers nach der Originalausg. letzter Hand aus der h. Schrift erwiesen und aus sich selbst sowie mit den eigenen Worten der übrigen evangel.-lutherischen Bekenntnißschriften, insonderheit des großen Katechismus erklärt. Rogasen 857. Alexander in Comm. 8. (132 S.) 6 ngr.

—— d. kl. Katech. Luthers aus d. h. Schrift erwiesen. (N. Asg.) 8. (132) Ebd. 61. geb. n.n. — 5

Bötticher, G. Fr. Herm., der kleine Katechismus Dr. Martin Luthers erklärt. (Kleine Ausg.) Eisleben 861. Kuhnt. 8. (62 S.) n. 3 ngr.

Bötticher, G. Fr. Herm., der kleine Katechismus Dr. Martin Luthers nach der Orig.-Ausg. letzter Hand aus der heil. Schrift erwiesen u. aus sich selbst, sowie m. den eigenen Worten der übr. evangelisch-luther. Bekenntnißschriften, insonderheit d. großen Katechismus erklärt. 3. Aufl. 8. (IV, 118 S.) Rogasen 876. Alexander. geb. n. — 60

Böttlcher, GFH, d. kl. Katechismus Dr. M Luthers nach d. Orig.-Ausg. letzter Hand a. d. heil. Schrift erwiesen u. aus sich selbst, sowie mit d. eig. Worten d. übr. ev.-luth. Bekenntnisschriften, insonderh. d. gr. Katechismus erklärt. 3. Afl. 8. (118) Rogas. 77, Alexander. geb. n. — 60

Bötticher, Georg

Bötticher, Geo., Alfanzereien, s.: Reclam's Unterhaltungs-Bibliothek.

— dasselbe, s.: Universal-Bibliothek.

Bötticher, Geo., Allotria, s.: Universal-Bibliothek.

Bötticher, Geo., neue Allotria, s.: Universal-Bibliothek.

Bötticher, Geo. (Hrsg.), s. Auerbach's deutscher Kinder-Kalender.

— Balladen, Legenden u. Schwänke. 12. (132 S.) Leipzig 898. R. Maeder. n. 2. 50; geb. in Leinw. n. 3. 50; in Ldr. m. Goldschn. n. 4. —

— Bismarck als Zensor. Eigenhändige, bisher noch unveröffentlichte Randbemerkgn. des ersten Reichskanzlers zu Moritz Buschs Werk „Graf Bismarck u. seine Leute". In Fksm.-Druck hrsg. (25 Bl. m. 11 S. Text.) Lex. 8. Leipzig 907. F. W. Grunow. 2. —

Bötticher, G., das chinesische Buch. Illustr. v. R. A. Jaumann. 4. (32 Chromolith. m. eingedr. Text.) Leipzig 889. Leipziger Kunstdruck- u. Verlags-Anstalt vorm. Karrer. geb. n. 4. 50

Bötticher, G. *Das chinesische Buch* von Georg Boetticher, illustr. v. R. A. Jaumann. Verlag v. Franz Karrer, Leipzig (c. 1896). 16 doppelseitig bedruckte Bl. auf starkem Papier mit vielen Illustrationen in Farbenlithogr. Gr.-4°. Reichillustr. chromolith. Or.-Karton m. Leinenrücken. 33.—
Eins der reizendsten u. phantasievollsten Kinderbücher des ausgeh. 19. Jahrh. Sehr selten. — Einband ein wenig bestoßen.

— Herrn Dietchen's Erzählungen u. andere Dialekthumoresken. Illustrirt v. J. Kleinmichel. gr. 8. (56 S. m. farb. Abbildgn.) Leipzig 890. Leipziger Kunstdr.- u. Verlags-Anstalt. n. 2. 20; geb. n. 3. —
Vergriffen.

Bötticher, Geo., humoristische Erzählungen, s. Hausschatz, humoristischer, für's deutsche Volk.

— Fritz u. Klas, e. Nordpolspaß, s.: Schmidhammer, Arpad.

— Der späte Gast. Lustspiel in e. Akt. (Nach der gleichnam. Novellette v. G. Ganghofer.) 8. (III, 27 S.) Leipzig (898). R. Maeder. n. — 75

— Der späte Gast. Lustspiel in 1 Akt. (Nach der gleichnam. Novellette v. L. Ganghofer.) (27 S.) 8. Leipzig (906). R. Maeder. — 75

Bötticher, Geo. (II.), absonderliche Geschichten. gr. 16. (IV, 89 S.) Leipzig 878, [Hartknoch.] Wartig's Verlag. *

— weiteres Heiteres, s.: Universal-Bibliothek.

— d. lustige Jena. Bilder a. d. Studentenleben, illustr. v. O. Gerlach. 8. (47 S.) Leipzig 895. G. Wigand. Geb. in Leinw. n. 3. —

Bötticher, Geo., schnurrige Kerle! Humoresken, illustr. v. J. Kleinmichel. gr. 8. (64 S. m. farb. Abbildgn.) Leipzig 890. Leipziger Kunstdr.- u. Verlags-Anstalt. n. 2. 70; geb. n. 3. 50
Vergriffen.

— dasselbe, s.a. Universal-Bibliothek.

— s.: Kleinen, die „lieben".

— die Landpartie, e. lust. Bilderbuch f. kleine u. große Leute. Illustr. v. R. A. Jaumann. gr. 8. (32 S. m. farb. Abbildgn.) Leipzig 890. Leipziger Kunstdr.- u. Verlags-Anstalt. Geb. n. 3. 60
Vergriffen.

— meine Lieben. Plaudereien. 2. Aufl. 8. (95 S.) Leipzig 898. R. Maeder. n. 1. —

Georg **Bötticher.** Lieder eines Landstreifers. Leipzig: R. Maeder [1900]. (VII, 71 S.) 8° [Fr.] [07. 6446]

— der deutsche Michel. Randzeichnungen v. Fedor Flinzer. 1.—3. Aufl. 8. (53 S.) Leipzig 892. C. Jacobsen. Mit Goldschn. n. 1. 50

— o diese Kinder! Lustige Bubenstreiche. Mit Illustr. v. Th. Gräß, A. Hengeler, A. Oberländer, E. Reinecke, H. Schließmann u. Knittelreimen v. G. B. gr. 8. (111 S.) München 894. Braun & Schneider. n. 1. —

Bötticher, Geo. (I.), Original-Compositionen zu Flachmustern [Tapeten, Gewebe, Intarsien etc.]. 12 Lfgn. Fol. (à 4 Bl. in Lichtdr.) Dresden 877,78, Gilbers. à Lfg. * M. 5. *

Bötticher, Geo., Papiertapete u. Linoleum in ästhetischer u. gesundheitlicher Beziehung. Nebst einleit. Aufsatz: Poesie in der Wohnung v. Jak. v. Falke. gr. 16. (29 S. m. 1 Abbildg.) Darmstadt 892. A. Koch. n. — 50

— dasselbe, s.a. Adreßbuch der europäischen Tapetenfabriken rc.

— bunte Reihe, s.: Universal-Bibliothek.

—— Schilda. Verse eines Kleinstädters. Illustr. v. J. Kleinmichel. gr. 8. (VIII, 66 S.) Lpz. 889, Leipziger Kunstdruck- u. Verlags-Anstalt vorm. Karrer. * 2 40

— allerlei Schnick-Schnack, s.: Universal-Biblioth.

—— Schulerinnergn, s.a. Schüler-Novellen.

— Schulerinnerungen. Humoresken. 1—3. Aufl. 8. (III, 103 S.) Leipzig 877. 78. Wölfert. n. 1. —

— Sophia Dorothea. Schauspiel in 5 Akten. (Nach der gleichnam. Novelle des E. M. Vacano). 8. (III, 89 S.) Leipzig (898). R. Maeder. n. 1. 50

— Spatz, Ente u. Has', s.: Flinzer, Fed.

— s: Streiche, Lustige.

— Heitere Stunden. Aus d. Papieren d. Leutnants v. Versewitz, s.: Hesse's, Max, Volksbücherei 531.32.

— das lyrische Tagebuch des Leutnants v. Versewitz. 12. (62 S.) Ebd. 901. n. 1. —

— das lyrische Tagebuch des Leutnants v. Versewitz. 2. Tl. (63 S.) kl. 8. Leipzig (904). R. Maeder. n. 1. —

— vom Über-Weiblichen. Heitere Glossen zur Frauenfrage. Unter Mitwirkg. v. J. Bahr, Max. Bern, Vict. Blüthgen u. a. hrsg. Mit Illustr. v. J. Bahr, Max Brösel, Arth. Lewin, Arpad Schmidhammer u. Gust. Suhr sowie e. mehrfarb. Umschlagbild v. Fritz Koch. (III, 153 S.) gr. 8. Erlangen (906). Palm & Enke. n. 1. 80

— d. Verwandlungskünstler, s.: Meggendorf., Loth.

— leichte Ware, s.: Universal-Bibliothek.

— wie die Tiere Soldaten werden wollten, s.a. Flinzer, Fed.

BÖTTICHER. *Wie die Tiere Soldaten werden wollten*. Ein Bilderbuch von FEDOR FLINZER mit Versen von Georg Bötticher. Leipzig, A. Fischer [c. 1890]. Mit vielen reizenden farbigen u. schwarzen Bildern. Gr.-4°. Leicht benutzter farbig ill. Or.-Karton mit Leinenrücken. * 1. Ausg. 20.—

—— Wunderhold. Sechs heitere Märchen, den Gebrüdern Grimm nacherzählt u. in Reime gebracht. Aquarelle v. Eug. Klimsch. 4. (32 S.) Berl. 892, Meidinger. cart. * 4 —

Bötticher, Gerh., das Hohelied vom Rittertum, e. Beleuchtg. d. Parzival nach Wolframs eigenen Andeutgn. gr. 8. (VII, 87 S.) Berlin 886. Mayer & Müller. n. 2. 40

Boetticher, G[otthold]: [Ansprache bei seiner Einführung als Direktor der Anstalt.] S. 21—23. 4.
Progr. Königstädtisches Realgymn. *Berlin* 1905

Boetticher, G[otthold]: [Ansprache bei der Trauerfeier für den am 21. Juni 1908 verstorbenen Professor Dr. Karl Schrader.] S. 22—26 der Schuln. 4. Progr. Königstädtisches Realgymn. *Berlin* 1909

Boetticher, Gotthold: Mit der großen Armee, s. Als Deutschland erwachte.

Boetticher, G[otthold]: [Bericht über die Feier des 75jähr. Jubiläums der Anstalt.] S. 22—25. 4.
Progr. Königstädtisches Realgymn. *Berlin* 1908

Bötticher, Ghold., s.a. Denkmäler der älteren deutschen Litteratur u. s. w.

— u. K. Kinzel, Denkmäler der älteren deutschen Litteratur, f. den litteraturgeschichtl. Unterricht an höheren Lehranstalten im Sinne der amtl. Bestimmngn. vom 31. März 1882 hrsg. I, 1, II, 1 u. III, 1. u. 2. 8. Halle, Buchhandlg. d. Waisenhauses. n. 4. 20

I. Die deutsche Heldensage. 1. Hildebrands- u. Waltharilied nebst den „Zaubersprüchen" u. „Muspilli" als Beigaben, übers. u. erläutert v. G. Bötticher. (VIII, VII, 59 S.) 889. n. — 60

II. Die höfische Dichtung d. Mittelalters. 1. Walther v. der Vogelweide u. d. Minnesangs Frühling, ausgewählt, übers. u. erläutert v. K. Kinzel. (VIII, 115 S.) 890. n. — 90

III. 1. Die Reformationszeit. 1. Hans Sachs, ausgewählt u. erläutert v. K. Kinzel. (VIII, VII, 112 S.) 889. n. — 90

III. 2. Martin Luther, ausgewählt, bearb. u. erläutert v. Rich. Neubauer. 1. Tl. Schriften zur Reformationsgeschichte u. verwandten Inhalts. Mit e. Holzschn. nach Lukas Cranach. (IX, 187 S.) 890. n. 1. 80

Böttlcher, Ghold., über die Eigenthümlichkeiten der Sprache Wolframs. Inaugural-Dissertation. gr. 8. (80 S.) Wien 876. (Jena, Deistung.) n. 2. —

Boetticher, Gotthold [Dr., Oberl.]: Die Erfüllung der alttestamentlichen Weissagung in Christo als Gesichtspunkt für die Behandlung des Matthäusevangeliums auf der Oberstufe. Berlin, R. Gaertners Verlagsbuchh., 1890; 28 S. 4°
Berlin, Lessing-G, OP 1890 (63)

Die Geschichte der Gesellschaft für deutsche Philologie [in Berlin] in den 25 Jahren ihres Bestehens. Bericht d. Vorsitzenden (Gotthold Boetticher) in d. Festsitzung d. 25jähr. Stiftungsfestes am 4. Jan. 1902. *[Berlin] (1902)*. (12 S.) 8° [Kopft.] [02. 7573

— u. Karl Kinzel, Geschichte der deutschen Litteratur, m. e. Abriß der Geschichte der deutschen Sprache u. Metrik. (Anh. zu den Denkmälern der älteren deutschen Litteratur.) 8. (X, 174 S.) Halle 894. Buchh. des Waisenhauses. Geb. in Leinw. n. 1. 80

[F.] Geschichte der deutschen Litteratur m. e. Abriss d. Gesch. d. deutschen Sprache u. Metrik bearb. v. G(otthold) Bötticher & K(arl) Kinzel. 2., verb. Aufl. *Halle a. S.: Waisenhaus 1896*. (XII, 178 S.) 1 Bd 8.
= Denkmäler d. Älteren deutschen Litteratur f. d. litteraturgeschichtl. Unterr. an höh. Lehranst. Anhang. [96. 789

[F.] Geschichte der deutschen Litteratur m. e. Abriss d. Gesch. d. deutschen Sprache u. Metrik bearb. v. G[otthold] Bötticher u. K[arl] Kinzel. 3., verb. Aufl. *Halle a. S.: Waisenhaus 1898*. (XII, 178 S.) 1 Bd 8.
— Denkmäler d. Älteren deutschen Litteratur f. d. litteraturgeschichtl. Unterricht an höh. Lehranst. Anh. [98. 7013

Geschichte der deutschen Litteratur mit einem Abriss d. Gesch. d. deutschen Sprache u. Metrik bearb. von G(otthold) Bötticher u. K(arl) Kinzel. 5. verb. Aufl. *Halle a. S.: Waisenhaus 1901*. (XII, 180 S.) 8° [F.]
— Denkmäler d. Älteren deutschen Litteratur f. d. litteraturgesch. Unterr. an höh. Lehranst. Anhang. [01. 9471

Geschichte der deutschen Literatur mit e. Abriß d. Geschichte d. deutschen Sprache u. Metrik, bearb. von G[otthold] Bötticher u. K[arl] Kinzel. 8. verb. Aufl. *Halle a. S.: Waisenhaus 1903*. (XII, 182 S.) 8° [F.]
— Denkmäler d. älteren deutschen Literatur. Anh. [04. 14133

— u. Karl Kinzel, Geschichte der deutschen Literatur, m. e. Abriß der Geschichte der deutschen Sprache u. Metrik. (Anh. zu den Denkmälern der älteren deutschen Literatur.) 10. verb. Aufl. (XII, 184 S.) 8. Halle 906. Buchh. d. Waisenhauses. Geb. n. 1. 80

Geschichte der deutschen Literatur mit e. Abriß d. Geschichte d. deutschen Sprache u. Metrik bearb. von G[otthold] Bötticher u. K[arl] Kinzel. 11., verb. Aufl. Halle a. S.: Waisenhaus 1907. (XII, 184 S.) 8° [F.]
— Denkmäler d. Älteren deutschen Litteratur f. d. litteraturgeschichtl. Unterr. an höh. Lehranst. Anh. [2.] [06. 11834

Geschichte der deutschen Litteratur mit e. Abriss d. Geschichte d. deutschen Sprache u. Metrik bearb. von G(otthold) Boetticher u. K(arl) Kinzel. 12.–15. verb. Aufl. Halle: Waisenhaus 1907. (XII, 202 S.) 8° [F.]
— Denkmäler d. älteren deutschen Litteratur f. d. litteraturgesch. Unterr. an höh. Lehranst. Anh. [2.] [07. 15779 3

Geschichte der deutschen Literatur m. e. Abriß der Geschichte d. deutschen Sprache u. Metrik bearb. von G(otthold) Bötticher u. K(arl) Kinzel. 16.–20., verb. Aufl. Halle a. d. S.: Waisenhaus 1910. XII, 200 S. 8°
(Denkmäler d. älteren deutschen Literatur. Anh. [2.]) [11. 6752 3

— biblische Geschichten, s.a. Fürbringer.

[F.] Fürbringer-Bertrams Biblische Geschichten. Bearb. u. zu e. Hilfsb. f. d. evangel. Religionsunterr. an Realschulen u. d. entsprechenden Klassend. Vollanst. ergänzt v. Prof. Dr. Gotthold **Boetticher**, Oberl. ... in Berlin. *Berlin: A. Prausnitz 1895.* (XIII S., 1 Bl., 297 S., 1 Kt.) 1 Bd 8. [98. 8046

Fürbringer-Bertrams Biblische Geschichten. Bearb. u. zu e. Hilfsb. f. d. evangel. Religionsunterr. an Realschulen ... ergänzt von Prof. Dr. Gotthold **Böttichor**, Oberl. in Berlin. 2., wesentl. verb. u. z. Teil umgearb. Aufl. *Berlin: W. Prausnitz 1899.* (XIII, 319 S.) 8° [F.] [99. ...

Fürbringer-Bertrams Biblische Geschichten. Bearb. u. zu e. Hilfsbuch f. d. ev. Religionsunterr. an Realschulen u. d. entsprech. Klassen d. Vollanstalten erg. von Prof. Dr. Gotthold **Bötticher**, Oberl. in Berlin. 3. verb. Aufl. *Berlin: A. Prausnitz 1901.* (X, 307 S.) 8° [F.] [02. 13087

— biblische Geschichten f. die Vorschulen höh. Lehranstalten. gr. 8. (VIII, 64 S.) Berlin 908. W. Prausnitz. Geb. n. — 60

— — dasselbe für die Vorschulen höherer Lehranstalten. Mit Bilderschmuck von Schnorr v. Carolsfeld. 2. Aufl. (VIII, 72 S.) 8. Berlin 904. W. Prausnitz. Geb. n.n. — 75

Bötticher, Ghold, biblische Geschichten f. die Vorschulen höherer Lehranstalten. Mit Bilderschmuck von Schnorr v. Carolsfeld. 3. Aufl. (VIII, 72 S.) 8. Berlin 907. W. Prausnitz. Geb. nn — 80

— — dass. f. d. Vorsch. höh. Lehranst. 4. Afl. (8, 74) 8° Berl., W Prausnitz '10. geb. nn — 80 d

— f.: Hildebrandlied u. Waltharilied.

— Hildebrandlied u. Waltharilied, nebst den „Zaubersprüchen" u. „Muspilli", f.: Denkmäler d. alt. deutschen Litteratur.

Bötticher, G, d. Hohelied v. Rittertum, e. Beleuchtg d. Parzival nach Wolframs eigenen Andeutgn. 8. (87) Berl. 80, Mayer & M. n. 2. 40

Boetticher, Gotthold: Mit L e i e r und Schwert, s.a. A l s Deutschland erwachte.

Mit Leier und Schwert. Von Gotthold **Boetticher**. Mit 9 Abb. Hamburg: Schloeßmann 1910. 91 S. 8°
(Als Deutschland erwachte. H. 11.) [10. 12876

Altdeutsches Lesebuch von Gotthold **Bötticher** u. Karl Kinzel. *Halle a. S.: Waisenhaus 1903.* (VI, 192 S.) 8° [F.] [03. 18400 3

— — Altdeut. Leseb. 4. Afl. (6, 202) gr8° Halle, Buchh. d Waisenhs '12. L 2.20 d

Die Literatur des achtzehnten Jahrhunderts vor Klopstock. Ausgew. u. erl. von Gotthold **Bötticher**. 3. Aufl. Halle a. S.: Waisenhaus 1903. (VIII, 136 S.) 8° [F.]
= **Denkmäler** d. älteren deutschen Literatur. 4, 2. [03. 18394 3

Die Literatur des siebzehnten Jahrhunderts. Ausgewählt u. erl. von Gotthold **Bötticher**. 2., verb. Aufl. *Halle a. S.: Waisenhaus 1902.* (X, 130 S.) 8° [F.]
= **Denkmäler** d. Älteren deutschen Literatur. IV, 1. [02. 8,55 3

Die Literatur des siebzehnten Jahrhunderts. Ausgewählt u. erl. von Gotthold **Bötticher**. 3. verb. u. vervollst. Aufl. Halle a. S.: Waisenhaus 1907. (X, 144 S.) 8° [F.]
= **Denkmäler** d. älteren deutschen Literatur f. d. literaturgesch. Unterr. an höh. Lehranst. 4, 1. [07. 13923

Deutsche Litteraturgeschichte. Von Prof. Dr. Gotthold **Boetticher**. Mit 141 Abb. Hamburg: G. Schloeßmann 1906. (VIII, 544 S.) 8° [F.]
= **Bücherei**, Schloeßmann's, f. d. christl. Haus. Bd 7/8. [06. 11236

— f.: Nibelungenlied, das, im Auszuge nach d. Urtext.

— Parzival, f.: Wolfram v. Eschenbach.

Hermann Sudermann: Heimat. Schauspiel in 4 Akten. Von Prof. Dr. [Gotthold] **Boetticher**, Berlin. *Leipzig & Berlin: B. G. Teubner 1904.* (42 S.) 8° [F.]
— **Dichter**, Deutsche, d. neunzehnten Jahrhunderts. Bdch. 14. [04. 8393

Hermann Sudermann. Frau Sorge von Prof. Dr. G[otthold] **Boetticher** in Berlin. *Leipzig & Berlin: B. G. Teubner 1903.* (47 S.) 8° [F.]
— **Dichter**, Deutsche, des neunzehnten Jahrhunderts. Bdch. 3. [03. 11464

— Übungen z. deutschen Grammatik m. e. Abriß d. deutschen Sprachlehre f. d. unt. Klassen höh. Schulen, insbes. f. Realschulen u. verw. Anst. gr. 8. (VIII, 108 S.) Leipzig 896. G. Freytag. Geb. in Leinw. n. 1. 20

Bötticher, Prof. Dr. Gotthold, Uebungen zur deutschen Grammatik mit einem Abriß der deutschen Sprachlehre für die unteren Classen höherer Schulen, insbesondere für Realschulen und verwandte Anstalten. Gr.-8. (VIII, 108 S.) In Lnwd. geb. Prag: Tempsky 1896 —.70

— Übgn z. deut. Grammatik m. e. Abr. d. deut. Sprachlehre, n. d. Lehraufg. geordnet f. Sexta—Tertia höh. Schulen, insbes. d. Realsch. u. verwandten Anst. 2. u. 3. Afl. (176 bezw. 158) 8° Wien, F Tempsky. — Lpzg, G Freytag '07.09. Geb. 2 — d

— die Wolfram-Literatur seit Lachmann mit kritischen Anmerkungen. Eine Einführung in das Studium Wolframs. gr. 8. (VI, 62 S.) Berlin 880. Weber. n. 1. 60

Bötticher, Gustav Adolph

Bötticher, Gust. Adph., Aus (seinem) Nachlasse, f. Aus dem Nachlasse.

(Bötticher). — Aus dem Nachlasse von Gust. Adph. Bötticher, Cand. theol. geb. am 20. Novbr. 1827, gest. am 27. Juli 1852. Als Manuscript gedr. Magdeburg 853. (Creutz.) 8. (VIII, 166 S.) nn. 20 ngr

Bötticher, H. A., das Büchlein von der inneren Mission. Die geistl. Noth in der evangel. Kirche, u. was in unseren Tagen zu ihrer Abhülfe geschieht. Ein Wort an alle Christenherzen zu Stadt u. Land. gr. 8. (53 S.) Berlin 850, J. A. Wohlgemuth. ⅓ ℛ

Bötticher, H.A. (Hrsg.), s. D o r f - K i r c h e n - Z e i t u n g.

Bötticher, Hans, Gedichte. (56 S.) 8. München 910. Hans Sachs-Verlag. 1. 50

— u. RJM **Seewald**: Die Schnupftabakdose, Stumpfsinn in Versen u. (farb.) Bildern. (49 Bl.) 8° Münch., R Piper & Co. ('12). 2 —; Pappbd 3 —

Boetticher, Hans, aus Waltershausen i. Thür.: Neue Synthesen aromatischer und hydroaromatischer Verbindungen. *Hildesheim 1902: A. Lax.* (60 S.) 8°
Göttingen, Phil. Diss. v. [23. Aug.] 1902

Boetticher, Hans, neue Synthesen aromatischer u. hydroaromatischer Verbindungen. Diss. (60 S.) gr. 8. Hildesheim 902. (Göttingen, Vandenhoeck & Ruprecht.) n. 1 40

— Was e. Schiffsjungen-Tagebuch erzählt, f.: Bücher, die, der Lese.

— Kleine Wesen. Text v. B. (14 m. farb. Abb.) 29×21 cm. Essl., JF Schreiber ('12). geb. 1 — d

Boetticher, Heinr. Mich. Huldreich, De jure principis in regno electivo circa prospiciendum reipubl. successorem. Diss. jur. natur. et gentium. Präs. Carl Gottlieb Weidlich. Lpz. (Breitkopf) 18. V. 1729. 23 S. (4.80) 3370
Gew.: Ernst Christoph Grf. v. Manteufel, Gottlob Hieronymus v. Leipziger, Heinr. v. Bünau.

Bötticher, J. G. de: De universali humorum dyscrasia scorbutica, gravissimis et plane insolitis symptomatibus stipata, ex abusu potulentorum spirituosorum feculentorum pregnata. Act. Acad. nat. curios. VIII. 10. Norimbergae. 1748.

Bötticher, Jakob Gottlieb Isaak

Böttcher, J. Gli., Beitrag zur Bildung der Schullehrer auf dem Lande, mit 2 Tabellen, Preußen betreffend. 8. Königsb. Hartung. (Unzer.) 788.

Bötticher, Jak. Gli. Isaak, († d. 21. Febr. 1792.) Beitrr. z. Bildung d. Schullehrer auf d. Lande. Mit 2 Tabb., Preußen betreffend. 8. Königsb. 788. (Unzer). 6 gl

— f. Bemerkk. auf e. Reise in Briefen.

— der belohnte Fleiß, ein Gespräch für seine kleinen Freunde; mit Musik. 8. Halle, Hendel. 778.

— 7 Gespräche, Eltern u. Kinderfreunden gewidmet, z. e. Anleit., Kindern ernste Materien begreiflich zu machen rc. Mit 1 Kpf. 8. Königsb. 785. N. Aufl. Ebd. 788. (Unzer). 5 gr.

— 7 Gespräche, Eltern und Kinderfreunden gewidmet, zu einer Anleitung Kindern ernste Materien begreiflich zu machen rc. mit 1 K. 8. Königsberg, Hartung. (Unzer.) 788.

— der Liebenswürdige, nebst einig. Bemerkungen. 8. Halle, Hendel. 778.

— der Liebenswürdige; nebst einigen Bemerkungen. 8. Halle 782. Hendel. 8 gr.

— 3 Tabellen üb. d. preuß. Staat, welche das Wichtigste aus der Statistik, der Geographie rc. enthalten. gr. Fol. Ebend. 790.

— 5 Tabellen in 6 Blatt, über d. Russischen Staat, welche d. Wissenswürdigste aus d. Statistik rc. enthalten. gr. Fol. Königsb. 791. (Unzer). 12 gr.

— 4 Tabellen über d. kurfürstl. u. herzogl. = sächsischen Besitzungen, welche das Wissenswürdigste aus d. Statistik, der Geographie, d. Geschichte rc. enthalten. gr. Fol. Königsb. 791. (Unzer). 10 gr.

– s. a. Ü b e r s i c h t s t a b e l l e n.

(B ö t t i c h e r, J. G. J.): „Statistische Uebersichts-Tabellen aller europäischen Staaten; nebst deren Münzen, Maasse und Gewichte", Königsberg und Leipzig 1789. — Vorh.: Com. Bibliothek Hamburg.

— Winke f. Eltern, Erzieher u. Jünglinge, das Laster zerstörender Selbstbefleckung betreff. 8. Königsb. 787. 2e verm. Aufl. 791. (Unzer). 5 gr.

Boetticher, Jakob Gottlieb: W i n k e für Eltern, Erzieher und Jünglinge die Selbstbefleckung betr. Königsberg & Leipzig: Hartung 1791. 80 S. 8°

Böttlcher, Jo. Christian (Hettstedt), De testamentis corpore vitiatorum. Vom letzten Willen derer, die ein Leibes-Gebrechen haben. Disp. jur. Präs. Samuel Stryk. März 1702. Wittenberg 1740. 72 S. (5.—)

Böttlcher, Joh. v., die Ansprüche der Kirchengemeinden u. geistlichen Stellen an die Allmend in Niedersachsen. gr. 8. (V, 98 S.) Hannover 894. C. Meyer. n. 3. —

Bötticher, Jh. Ehrfrd., de verbis auro dignis. 4. Wittenb. 753. Zimmermann. 2 gr.

Boetticher, J[ohann] F[riedrich] W[ilhelm]: • De Sapphus ingenio carminumque ejus indole scripsit, Odaeque in Venerem interpretationem addidit. 18 Bl. 8° (4°)
Halle-Wittenberg, Phil. Diss. v. 4. Okt. 1820
Geb. Wormsdorf (Kr. Neuhaldensleben) 6. 7. 1798. V.

Bötticher, Johann Gottlieb von: Kurtze, doch gründliche B e t r a c h t u n g und Erwegung über die in denen Königl. sowol dänischen als teutschen Provinzien bishero und noch continuirenden grausamen Pest-Horn-Vieh-Seuche . . . Frankfurt 1747. 109 S.

Boetticher, Johann Gottlieb von: Dissertatio epistolica physiologico-medica de vera fludißimi nervei seu succi nervosi e x i s t e n t i a ejusque genuino usu, nervorum cavitate & mercurialium effectu in machina humana. Berolini 1721. 8 Bl. 8°.

Boetticher, Johann Gottlieb von: Morborum malignorum in genere, in specie vero pestis et pestilentiae tam semiotica, pathologica, quam therapeutica genuina E x p l i c a t i o, sanis principiis et propriis indefessis superstructa observationibus cui pestis horrenda, calamitosa, per nonnullos menses ann. 1711 et 12. Hauniae immaniter saevientis ... historica descriptio ... adjuncta et distincte descripta est. Hauniae & Lipsiae: Megel 1744. 200 S. 8°.

— **Justus Heinrich** (Wolfenbüttel), Casuum aliquot juris selectiorum resolutiones. Diss. jur. Präs. Johann Wilhelm Engelbrecht. Helmstedt (G. W. Hamm) 22. III. 1715. 36 S., teilw. deutsch. (5.—)

— **Justus Peter** (Frankenhausen), De die tricesimo, vulgo Vom Dreyssigsten. Disp. jur. Präs. Casp. Heinr. Horn. Wittbg. (Goderitsch) 16. IV. 1695. 28 Bl. (5.—)

— — Dasselbe. Wittenberg (Gerdes) 1706. 64 S. (5.—)

— — Dasselbe. Ed. III. Wittbg. (Ww. Gerdes) 1719. 64 S., tlws. dtsch. (5.—)

— — Dasselbe. Wittenberg (Hak). 1753. 54 S. (4.50)

Boetticher, Karl, s. a. B l a n k e n s t e i n, H.

Bötticher, Karl, s. a. B ö t t i c h e r, Adolf

Boetticher, Karl, s. a. L o h d e – B o e t t i c h e r, Clarissa.

Boetticher, Karl, s. a. T i e d e, Aug.

Bötticher, Karl, A d l e r f l u g vom Hohenzollern ins Reichspanier. Erinnerungen vor dem Denkmal auf dem Niederwalde. gr. 8. (24 S.) Berlin 885. Hertz. n. — 60

— Andeutungen üb. das Heilige u. Profane in der Baukunst der Helenen. Gel. 184[illegible] 84 S. 4°. 1.8[illegible]

Boetticher, Carl (G. W.), Andeutungen üb. das Heilige u. Profane in der Baukunst d. Hellenen. Eine Gedächtnissschrift z. Geburtsfeier Schinkels am 13. März. gr. 4. (4⅓ B.) Berlin 846, Gropius'sche Buchh. •

— A n d e u t u n g e n über das Heilige u. Profane in der Baukunst der Hellenen. Eine Gedächtnißschrift zur Geburtsfeier Schinkels am 13. März. gr. 4. Berlin 846, Reimarus. n. 12 ngl

Böttlcher, Carl, der B a u m k u l t u s der Hellenen nach den gottesdienstlichen Gebräuchen und den überlieferten Bildwerken dargestellt. Mit 22 (lith.) Bildtaf. Berlin 856. Weidmann. gr. 8. (XV, 544 S.) n. 5 Rthl 10 ngl

Böttlcher, C, d. Baumkultus d. Hellenen. 8. (544 m. 22 L.) Berl. 57, Weidmann. geb. n. 5. 10

Bötticher, Carl [aus Sachsa a. Harz]: Beitrag zur Lehre der Extraction der Geschosse .... Berlin, Buchdr. v. Gustav Schade (Otto Francke) (1888); 30 S. + 1 Bl. 8°
Berlin, Med. Fak., Inaug.-Diss. v. 4. Aug. 1888

Boetticher, (Carl), Dir. Dr.: [Bericht über seine Einführung als Direktor der Anstalt.] *Waldenburg i. Schl. 1901: P. Schmidt.* (S. 10—12.) 4°
Waldenburg i. Schl., st. ev. G, OP 1901 (220)

Boetticher, Carl, B e r i c h t über die Untersuchungen auf der Akropolis von Athen im Frühjahre 1862. Im Auftrage des Unterrichtsministers ausgeführt. Mit 12 Taf. (in Kpfrst., u. lith. in 4. u. Fol.) Separat.-Ausg. Berlin 863. Ernst & Korn. gr. 8. (VIII, 232 S.) n. 2 Rthl 20 ngr

Böttcher, C. (G. W.), Dessinateur-Schule. Ein Lehr-Cursus der Dessination der gewebten Stoffe; als Handbuch für Lehrer, so wie als Leitfaden für den Selbstunterricht. Auf Veranlass. des Minister. der Finanzen u. des Handels bearb. u. herausg. gr. 4. (Mit 14 lithogr. Patronentaf., wovon 13 in Farbedr., u. 5 Taf. mit 18 eingekl. Seidenstoff-Proben.) Berlin 838, 40. (Eichler.) n. 10⅔ ℛ

Böttcher, C. G. W., Dessinateur-Schule. Ein Lehrkursus d. Dessination d. gewebten Stoffe; als Handb. f. Lehrer, so wie als Leitfaden f. d. Selbstunterr. Auf Veranlass. d. Ministeriums d. Finanzen u. d. Handels bearb. u. hrsg. gr. 4. (20¾ B. u. 14 lith. Patronentaf., wovon 13 in Farbendruck u. davon 2 in doppelter Größe, u. 5 Taf. mit 18 eingeklebten Seidenstoff-Proben.) Berlin 839, (Eichler.) *

Boetticher, C., Dirke als Quelle u. Heroine. Berlin 1864. 4. 27 S. u. 1 Tafel.
Schul-/Univ.-Schrift

Bötticher, Carl, Dirke als Quelle u. Heroine. 24. Programm zum Winckelmannsfest der archäolog. Gesellschaft zu Berlin. Nebst 1 (lith.) Bildtaf. Berlin 864. Hertz in Comm. gr. 4. (21 S.) n. 15 ngr

Boetticher, Carl: Eros und Erkenntnis bei Plato in ihrer gegenseitigen Förderung und Ergänzung. Berlin, R. Gaertner, 1894; 24 S. 4.
Berlin, Luisenstädt. G, OP 1894 (64)

— Evangelisch! Zum 400. Geburtstage Luthers. gr. 8. (15 S.) Berlin 883. Mittler & Sohn. n.n. – 50

– athenischer Festkalender in Bildern. Göttingen. 4. 8 S. u. 3 T. Schul-/Univ. Schrift. 1865

— Athenischer Festkalender in Bildern. [Bildtaff. aus Philologus Bd. 22, nebst Uebersicht des daselbst erklärten Inhaltes der Darstellungen.] Göttingen 865. Dieterich. qu. 4. (8 S. u. 3 lith. Taff. in 4. u. Fol.) n. 16 ngr

— C., Ueber agonale Festtempel und Thesauren, deren Bilder und Ausstattung. S.-A. s. a. 23, 27, 54, 82, 28 u. 74 S. u. 2 Taf. 6 Thle. 5.—

Bötticher, Carl (G. W.), architektonische Formen-Schule in Ornament-Erfindungen, als Vorbilder zum Unterrichte für technische Institute, Kunst- und Bau-Schulen, Architekten, Bau-Handwerker. 2 Lfgn. gr. Fol. (10 Stnt. und 4 Bl. Text) Potsdam 847, Riegel's Verlag. à Lfg. *

—— architekt. Formenschule in Ornamenterfindgn. N. Ausg. Fol. (10 Bl.) Potsd. 54. (Berl., Ernst u. K.) n. 4. —; jetzt n. 5. 10

— architektonische Formenschule in Ornamenterfindungen. Vorlegeblätter zum Unterricht für technische Institute, Kunst- u. Bauschulen, Architekten etc. Neue Ausg. in 10 (lith.) Bl. Potsdam (Berlin) 854. Riegel's Verlag. gr. Fol. n. 4 ℛ

Boetticher, Carl, das Grab des Dionysos an der Marmorbasis zu Dresden. Nebst Nachschrift des Hrsgbrs. 18. Programm zum Winckelmannsfest der archäolog. Gesellschaft zu Berlin. gr. 4. (12 S. und 1 Stnt. in qu. gr. Fol.) Berlin 858, (Hertz.) * –

Bötticher, Carl, Dr., Assistenzarzt d. chirurg. Universitätsklinik zu Giessen: ⟨Aus d. chirurg. Universitätsklinik zu Giessen.⟩ Über Hepatopexie. Mit 3 Fig. im Text. *Leipzig 1900: J. B. Hirschfeld.* (87 S.) 8°
Giessen, Med. Hab.-Schr. v. 1900

— die Holzarchitektur des Mittelalters. Mit Anschl. der schönsten in dieser Epoche entwickelten der gewerbl. Industrie, in Reisestudien gesamm. u. auf Stein gezeichn. (1r u. 2r Thl.) gr. Fol. Berlin 835, 36. (Leipzig, Voß.) (à 2½ ℛ) 5 ℛ — 3s Hft. Ebd. 837. 3½ ℛ (1s—3s n. 8½ ℛ, Pracht-Ausg. n. 13 ℛ

Bötticher, Carl, die Holzarchitectur des Mittelalters. Mit Anschluß der schönsten in dieser Epoche entwickelten Produkte der gewerblichen Industrie. In Reisestudien gesammelt und auf Stein gezeichnet. 4. Heft. ½ Imp.-Fol. (6 Taf. u. Text.) Berlin 841, Schenk u. Gerstäcker. (Leipzig, Voß.) n. 3½ ℛ (1—4: n. 12 ℛ) Beste Ausg. n. 4 ℛ (1—4: n. 17 ℛ)

— Die Holzarchitektur des Mittelalters. Mit Anschluss der schönsten in dieser Epoche entwickelten Produkte der gewerblichen Industrie. 4 Hefte mit 26 Tfln. in 1 Band. Berlin 1842. Fol.

— die Holzarchitektur des Mittelalters. Mit Anschluß der schönsten in dieser Epoche entwickelten Produkte der gewerblichen Industrie. In Reisestudien gesammelt und auf Stein gez. (Neue Ausg.) 26 (lith. u. in Kpfr. gest.) Taf. (u. 1 Bl. Text). Berlin 856. Ernst u. Korn. gr. Fol. n. 6 ℛ 20 ngr

Bötticher, C., Der Hypäthraltempel, auf Grund des vitruvischen Zeugnisses gegen Prof. Dr. L. Ross erwiesen. Berlin (Ernst u. Korn). 4°. 1846. 77 S. 4°.

—— der Hypäthraltempel, auf Grund des Vitruvischen Zeugnisses gegen Prof. Dr. L. Roß erwiesen. gr. 4. (77 S.) Potsdam 847, Riegel's Verlag. *

Zur Kenntnis antiker Gottesverehrung. Aufsätze von Karl **Boetticher.** Eine Gabe z. 100. Wiederkehr s. Geburtstages. Berlin: H. Neelmeyer [1906]. (96 S.) 8° [F.]
= **Bücherei,** Deutsche. Bd 62. [06. 7087

- **Boetticher,** Carl. Königl. Museen. Erklarendes Verzeichniss d. Abgüsse antiker Werke. Berlin 1871. 8. — 2. Aufl. 1872. 8. [2. Aufl. in 2 Ex.]

Boetticher, Karl, von dem Berliner Museum. Eine Berichtigg. an A. Conze in Wien. 16. (22 S.) Berlin 872. Ernst & Korn. — 60

— Der Omphalos des Zeus zu Dolphi. Pr. 1859. 18 S. u. 1 Taf. 4°. 8.—

Boetticher, Carl, der Omphalos des Zeus zu Delphi. 19. Programm zum Winckelmannsfest der archäolog. Gesellschaft zu Berlin. Nebst Nachschrift des Herausgebers und 1 Steintaf. Berlin 859. Hertz in Comm. gr. 4. (18 S.) n. 15 ngr

– Ornamenten – Buch, zum prakt. Gebrauch für Architekten, Decorations- u. Stubenmaler, Tapetenfabrikant, etc. 1e–3e Lfrg. u. 4e Lfrg. oder n. Folge 1s Heft (Lithogr. u. mit Farben gedr. Blätt.) qu. Roy.-Fol. Berlin 834-37. 1e–4e Lfrg. Gropius. 3e u. 4e Lfrg., der neuen Folge 1s u. 2s Hft. Ebd. 836,37. Schenk u. Gerstäcker. (Leipzig, Voß.)

—— Ornamenten-Buch. Zum prakt. Gebr. f. Architekten, Decorations- u. Stubenmaler, Tapeten-Fabrikanten etc. V. Lfg. Der neuen Folge III. Hft. (Schluss.) qu. Roy.-Fol. (4 Bl. in Farbendr. u. 1 Bl. Text.) Berlin 841, Schenck u. Gerstaecker. (Leipzig, Voss.) *
1—4. Lfg. Ebendas. 1834—37. * 10 Thlr. 20 Ngr.

— Ornamenten-Buch. Zum praktischen Gebrauche für Architekten, Decorations- u. Stubenmaler, Tapeten-Fabrikanten, Seiden-, Woll- u. Damast-Weber etc. Erfunden u. auf Stein gez. Neue Folge. (Neue Ausg.) 12 (lith.) Bl. Berlin 856. Ernst u. Korn. gr. Fol. n. 4 ℛ 10 ngr

— Ornamenten-Schule. Ein Studien-Cursus für die Zeichnung u. Erfind. des Ornamentes, nach dem von der antiken Kunst gegebenen Charakterisirungsprincipe architekton. Formen. Als Lehrwerk f. Kunst- u. Gewerbe-Schulen, wie auch f. d. Selbststudium bearb. 1s Hft. Enth. 8 (farbig gedr.) Bl. Imp.-Fol. Berlin 838. Reimer. n. 3 ℛ

— Ornamentenvorbilder. Erfunden und gezeichnet. 1.—4. Heft. gr. Imp. Fol. Ebendas. 1858—61. à n. 1⅓ Rth.

— Neuestes Ornamentenwerk. Als Vorbilder zum Unterricht für technische Institute, Kunst- und Bauschulen, Architekten, Bauhandwerker. In schönstem Ton- und Kreidedruck. 1e und 2e. Lieferung. Potsdam. 1847. Fol. 5¼ Thlr.

—— Ornament-Vorbilder. Erfunden und gez. (In 4 Heften.) 1—8. Heft. qu. Imp.-Fol. (15 lithogr. Blatt, wovon 1 in Buntdr.) Berlin 858. 60, Ernst und Korn. à Heft * 1 Thlr. 20 Ngr. *

— Ornamentzeichnen. Cursus für Baumeister. [6 Blatt, in je 3 Ex.] Fol.

—— der Poliastempel als Wohnhaus des Königs Erechtheus nach der Annahme von Fr. Thiersch, beleuchtet. Nebst einem Grundrisse dieses Gebäudes. Lex.-8. (34 S. und 1 Stnt. in 4.) Berlin 851, (Gebauer'sche Buchh.) *

—— d. Poliastempel als Wohnhaus d. Königs Erechtheus. 8. (34) Berl. 51, Streerath. n. — 10

—— C. F. Schinkel und sein baukünstlerisches Vermächtniss. Eine Mahnung an seine Nachfolge in der Zeit in 8 Reden und 8 Toasten an den Tagen der Geburtstagsfeier des Verewigten gesprochen. gr. 8. (III und 90 S.) Berlin 857, Ernst und Korn. *

Karl Friedrich Schinkel und sein baukünstlerisches Vermächtnis. Eine Mahnung an s. Nachfolge in d. Zeit in 3 Reden mit e. Anh.: Aesthet. Sentenzen u. Kleinere Gedichte von Carl **Boetticher**. 2. Aufl. Zur 100. Wiederkehr s. Geburtstages neu hrsg. von s. Wittwe Clarissa [Lohde d. i.] Boetticher, geb. Leyden. Mit e. Einl. von W. P. Tuckermann. Berlin: H. Neelmeyer [1906]. (106 S.) 8° [F.]
— **Bücherei**, Deutsche. Bd 61. [ed. 1884

— die Tektonik der Hellenen. 1. Bd. Architektur. Dorischer Bau. gr. 4. (Mit 21 Kupfertaf.) Potsdam 843, 44, Riegel. In Mappe n. $7\frac{5}{6}$ ℛ. — 1. Bd. geb. n. $8\frac{1}{4}$ ℛ

Bötticher, Carl G. W., die Tektonik der Hellenen. 2. Bd. 2 Abtheilgn. Der Hellenische Tempel in seiner Raumanlage für Zwecke des Kultes. Jonika mit Einschluß der Attisch-Jonischen Wiese. Korinthiaka. gr. 4. (541 S.) Potsdam 849. 52, Riegels Verl. 1: n. $2\frac{2}{3}$ ℛ 2: n. $9\frac{1}{3}$ ℛ (cmplt. n. 18 ℛ)

Boetticher, Karl. Die Tektonik der Hellenen. Potsdam 1852. 2 Bde. Text 4. Atl. Fol. — 2. Aufl. Berlin 1874/81. 2 Bde. Text 4 u. 1 Bd. Tfln. Fol. [1. u. 2. Aufl. in je 3 Ex.]

—— d. Tektonik d. Hellenen. 2. Bd. 2. Abth. 4. (324 m. 24 K.) Potsd. 52. (Berl., Ernst u. K.) n. 9. 10 (cplt.: n. 18. —)

—— die Tektonik der Hellenen. 2. Bd. 2. Abthl. (Schluß.) gr. 4. (2. und 3. Buch: Jonika mit Einschluß der attisch-ionischen Weise. Korinthiaka. 128 S.; 4. Buch: Der hellenische Tempel in seiner Raumanlage für Zwecke des Kultus. S. 217—413 mit 24 Kpfrt. in gr. Fol.) Potsdam 852, Riegel's Verlag.
1. Bd. und 2. Bd. 1. Abthl. Ebendas. 1843—49. * 8 Thlr. 20 Ngr.

— Die Tektonik der Hellenen. Neue Ausg. 2 Thle. gr. 4. Ebendas. 1861.

Bötticher K, Tektonik der Hellenen. (45 T) (Text fehlt) fol Berlin 1862

—— die Tektonik der Hellenen. 2. neu bearb. Aufl. 8 Lfgn. Lex.-8. Berlin, Ernst und Korn. (Subscr.-Pr. * M 32.) *
Inhalt:
Lfg. 1. Die Lehre der tekton. Kunstformen. (S. 1—152 und Atlas Taf. 1—14 in Kpfrst. in gr. Fol.) 869. Subscr.-Pr. * M 10.
» 2. Dorika. (S. 153—267 mit 2 Kpfrt. und Atlas Taf. 15—25 in Kpfrst. in gr. Fol.) 872. Subscr.-Pr. * M 10.
» 3. Ionika und Korinthiaka. (S. 268—364 und Atlas Taf. 26—45 in Kpfrst. in gr. Fol.) 873. Subscr.-Pr. * M 12.

Boetticher, Karl, die Tektonik der Hellenen. 3. Lfg. u. 2. Bd. 2 Abthlgn. [Schluss]. 2., neu bearb. Ausg. Lex.-8. (XVI u. S. 269--627 m. 21 Kpfrtaf. in Fol.) Berlin 873. 77. 81. Ernst & Korn. n. 20. — (cplt.: n. 40. —)

—— zur Thronbesteigung Kaiser Wilhelms II. Lex.-8. (6 S.) Berlin 888, Mittler und Sohn. **

— die Thymele der Athena-Nike auf der Akropolis von Athen, in ihrem heutigen Zustande. Nach der tekton. Untersuchung im Frühlinge 1878. Mit 3 Kpfrtaf. [Aus: „Ztschr. f. Bauwesen".] gr. 8. (76 S.) Ebend. 880. n. 4. —

— Die Thymele der Athena-Nike auf der Akropolis von Athen in ihrem heutigen Zustande. Nach der tektonischen Untersuchung im Frühjahre 1878. Mit 3 Kpfrtfln. Berlin 1880. 8°. Halbsars. (56 S.)

Boetticher, K, d. Thymele d. Athena-Nike auf d. Akropolis v. Athen, in ihrem heut. Zustande. Nach d. tekton. Untersuchg im Frühlinge 1878. 8. (76 m. 3 K.) Berl. 81, Ernst u. K. n. 4. —

Boetticher, Carl. Verzeichniss der Sammlung der Abgüsse. Abth. I. Nachtrag. Abth. 2. **Bildwerke des Mittelalters und der neueren Zeit.** Berlin 1866. 8°.

Boetticher, Car. (Aemil. Franziscus) (geb. Gerbstädt in d. Prov. Sachs. 21. 10. 1858): De alliterationis apud Romanos vi et usu. Berolini: Meyer [!] et Mueller (1884). (60 S.) 8°
Berlin, Phil. Diss. v. 15. Juli 1884

— Vorbilder im Ornamentzeichnen. [Bl. 1-7, 9, 11, 14-19 in je 3 Ex.; Bl. 10, 12 u. 13 in je 2 Ex.; Bl. 8 in einem Ex.] Fol.

Boetticher, Carl: Das Wesen des religiösen Glaubens im Neuen Testament. Berlin, R. Gaertner, 1895; 27 S. 4.
Berlin, Luisenstädt. G, OP 1895 (64)

Boetticher, Karl, der Zophorus am Parthenon hinsichtlich der Streitfrage über seinen Inhalt und dessen Beziehung auf dieses Gebäude. hoch 4. (132 S.) Berlin 875, Ernst und Korn. *

Bötticher, Karl Fr., Beschreib. d. Residenzstadt Sondershausen. 8. Sondersh. 798.

Bötticher, Karl G. W., s. Bötticher, Karl

Boetticher, Carol(us) Leopold(us): De pulsatione epigastrica. Halae (1825): Schimmelpfennig. 22 S. 8°
Halle-Wittenberg, Med. Diss. v. 14. Dez. 1825
Geb. Mackenrode (Kr. Grafsch. Hohenstein) [29. 7.] 1803. V.

Boetticher, Klarissa [Frauenname]
s. Lohde, Klarissa [Mädchenname]

Boetticher, Maria v.: Büchlein f. deut. Knaben. (36) gr8° Berl., Borussia '12. — 50 d

Boetticher, Max (geb. Paulshorst bei Rheinsberg 5. 8. 1858): Ueber das gleichzeitige Vorkommen von Fibromyom und Carcinom am Uterus. Berlin (1884). (47 S.) 8°
Berlin, Med. Diss. v. 21. März 1884

Bötticher, Otto, teutoburgisches Lied in 12 Gesängen. 8. (III, 415 S.) Berlin 871. München, Th. Ackermann. n. 4. —

Bötticher, Otto, das Verhältnis des Deuteronomiums zu 2. Kön. 22. 23 u. zur Prophetie Jeremia. (88 S.) gr. 8. Bonn 906. H. Behrendt. n. 1. 20

Bötticher, Otto, a. Hagen i. W.: Das Verhältnis des Deuteronomiums zu 2. Kön. 22. 23. und zur Prophetie Jeremia. Bonn a. Rh. 1906: E. Eisele. (92 [vielm. 90] S.) 8°
Erlangen, Phil. Fak., Ref. Jacob, Diss. v. 2. Juli 1906
[Geb. 29. Juni 82 Hagen i. W.; Wohnort: Hagen i. W.; Staatsangeh.: Preußen: Vorbildung: Gymn. Hagen Reife O. 01; Studium: Berlin 2, Marburg 3, Bonn 5 S.; Rig. 2. Mai 06.]

Boetticher, Paul, s. a. Lagarde, Paul de.

— siehe: Acta apostolorum Coptice.

[Ant. u. F.] **Boetticher**, Paul [aus Crone a. d. Brahe]: Die Anfänge der Reformation in den preussischen Landen ehemals polnischen Anteils bis zum Krakauer Frieden, 8. April 1525 . . . Ober-Glogau, Druck v. E. Radek, 1894; 2 Bl., IX, 44 S., 1 Bl. 8.
Königsberg, Phil. Fak., Inaug.-Diss. v. 7. Apr. 1894

Boetticher, Paul, die Anfänge der Reformation in den preußischen Landen ehemals polnischen Anteils bis zum Krakauer Frieden, 8. April 1525. Diss. gr. 8. (IX, 44 S.) Ober-Glogau 894. (Königsberg, W. Koch.) n. 1. —

Boetticher, Paulus: Arica. Halae (1831: Trowitzsch in Berlin). 29 S. 8°
Halle-Wittenberg, Phil. Hab.-Schr. v. 20. Mai 1831
[Zwischent.:] Glossae veterum Aricae. — Ersch. vollst. im Buchhandel Halae: Lippert 1851. IV, 115 S. — Verf. hiess seit 1854 de Lagarde.

Bötticher, Paul, Arica. gr. 8. (IV u. 115 S.) Halae 851, Lippert. n. 1 ℛ

— [Entgegnung auf zwei Recensionen des Herrn Spiegel.] (Halle 1852.

Bötticher, Paul (Hrsg.), s. Epistulae ....

— horae Aramaicae. gr. 8. (46 S.) Berlin 847, Grobe. n. $\frac{2}{3}$ Thlr.

Boetticher, Paul. (August. Ern. Emmericus) (geb. Bromberg [1. 1.] 1841): De hydrope ovarii. Berolini (1864). (32 S.) 8°
Berlin, Med. Diss. v. 19. Aug. 1864

Bötticher, Paul, s. Hymns.

Boetticher, Paulus (Anton.) (geb. Berlin 2. 11. 1827): Initia chromatologiae Arabicae. Berolini (1849). (30 S.) 8° * Verf. nannte sich später de Lagarde.
Berlin, Phil. Diss. v. 23. Juni 1849

— Rudimenta mythologiae Semiticae; supplementa lexici Aramaici. gr. 8. (59 S.) Berolini 848, Thome. n. $\frac{1}{2}$ Thlr.

— Wurzelforschungen. Lex. 8. (IV u. 48 S.) Halle 852, Lippert. n. $\frac{1}{2}$ Thlr.

Boetticher, Richard, approb. Arzt aus Mühlhausen i. Thür.: **Ueber Bronchiektasie und ihre Folgen.** *München 1899: Kastner & Lossen.* (37 S.) 8°
München, Med. Diss. v. 1899

Boetticher, Theodor von, approb. Arzt aus Kurland: **Ein Beitrag zur Amyotrophischen Lateralsklerose.** *Erlangen 1899: E. Th. Jacob.* (40 S.) 8°
Erlangen, Med. Diss. v. 6. März 1899

Boetticher, Walt. v.: Gesch. d. oberlausitz. Adels u. sr Güter. 1635—1815. 1. Bd. (961) gr8° Görl., Verl.-Anst. Görlitzer Nachrichten '12. 20 — d

Boetticher, W. v., über Reflexhemmung, s.: Sammlung physiologischer Abhandlungen.

Bötticher, Wilhelm

Bötticher, W., die unter uns missionirenden Englischen Apostel; Wahrheit u. Irrthum in der Lehre derselben u. in ihrem Streben, die ganze Christenheit auf die nahe bevorsteh. Wiederkunft Christi vorzubereiten. Blicke in die Zukunft d. Kirche. gr. 8. (118 S.) Berlin 848, Thome in Comm. n. $\frac{1}{2}$ Thlr.

Bötticher, Wilh., Johann Amos Comenius, s. Lindner, Gust. Adf.

Bötticher, Wilh., s. Comenius-Studien, Heft 3

— s. Chrestomathie aus Cicero und Livius.

Bötticher, Wilhelm Des Johann Amos Comenius Didactica magna und deren neueste Uebersetzungen. 4 (16 S.).
Progr. Rg. u. G. *Hagen* 1886

— die innere Einheit des christl. Lebens u. der Naturwissenschaft, der Kirche u. der Realschulen. Auf Veranlassung der Feier des 100jähr. Bestehens der K. Realschule zu Berlin nachgewiesen aus dem Leben u. den Schriften Joh. Ej. Silberschlags. gr. 8. (59 S.) Berlin 847, J. A. Wohlgemuth. n. $\frac{1}{6}$ Thlr.

Bötticher, Wlh., Erinnerung an die tausendjährige Dauer des Vertrags v. Verdün in Beziehung auf d. deutsche Kirche unserer Zeit. gr. 8. Berlin 843, Wohlgemuth. $\frac{1}{8}$ Thlr.

— Erntesegen für Kirche, Schule und Haus aus den letzten Jahresberichten der Preuß. Haupt-Bibelgesellschaft. gr. 8. Hamburg 840, Agentur des Rauhen Hauses. n. $6\frac{1}{4}$ Ngr.

Die Erziehung des Kindes in seinen ersten sechs Jahren nach Pestalozzi und nach Comenius. Vortrag von **Wilhelm Bötticher**, Oberl. zu Hagen. Aussprüche des [Joh. Amos] Comenius zu Gunsten d. Handfertigkeits-Unterr. Aus Anlass d. 300j. Comenius-Feier zsgest. ... *Znaim: Fournier & Haberler 1892.* (22 S.) 8° [Umschlagt.]
— Comenius-Studien. H. 3. 11

Bötticher, Wlh., Geschichte der Carthager, nach d. Quellen bearbeitet. Mit 1 Karte. gr. 8. Berl. 827. Rücker. 2 Thlr.

— s. Glaubensstärkung wider das Gift des Zeitgeistes.

— Gustav Adolph, König von Schweden. Ein Buch für Fürst und Volk. gr. 8. (Mit 3 Lithogr.) Kaiserswerth 845. (Berlin, Grobe.) $\frac{1}{2}$ Thlr.

Bötticher, Wlh., Historiae antiquae epitome. Adjuncta orbis veteribus noti brevi descriptione, scholarum in usum edidit. 8 maj. Berlin 836. Dümmler. 1 Thlr.

— Luther's kleiner Katechismus. In einer mit der Lehre der ersten christlichen Jahrhunderte übereinstimmenderen, schrift- u. zeitgemäß veränd. Gestalt der ganzen nach Union strebenden Christenheit dargeboten. gr. 8. (16 S.) Berlin 847, Thome. n. 2 Ngr.

— Leitfaden zur Geschichte des Reiches Gottes von d. Schöpfung bis zum Weltgericht. Als zeitgemäße Ergänzung jedes evang. Landes-Katechismus u. als allgem. Uebersicht der Welt- u. Kirchengeschichte zur Belehrung f. Jedermann. gr. 8. (87 S.) Berlin 847, Thome in Comm. n. $\frac{1}{4}$ Thlr.

— Lexicon Taciteum sive de stilo Cornelii Taciti, praemissis de Taciti vita, scriptis ac scribendi genere prolegomenis. gr. 8. Berl 830. Nauck. 3 Thlr. 12 Sgr. Schrbp. 5 Thlr.

— Lichtblicke durch das Helldunkel in d. evangel. Kirche des 19. Jahrh., oder d. Schule Schleiermacher's u. die Samariterin am Jakobsbrunnen. gr. 8. Berlin 846. (Grobe.) n. $\frac{2}{3}$ Thlr.

Bötticher, Wilh., los vom Ultramontanismus! An Hrn. Dr. Albert Fritsch auf seine Schrift: „66 Preis-Aufgaben f. Protestanten in öffentl. Briefen an meinen Freund Max, protestant. Pfarrer zu X." Eine offene Antwort. gr. 8. (149 S.) Wetter a. d. R. 899. C. Edelhoff Wwe. n. 1.60

Los vom Ultramontanismus! Zweiter Brief an Dr. Albert Fritsch, Kaplan in Siegen, Antwort auf s. Schrift: 'Unter dem Zeichen d. Los-von-Rom-Bewegung!' von **Wilhelm Bötticher**, Prof. zu Hagen i. W. *Gütersloh: C. Bertelsmann 1901.* (100 S.) 8° [F.]

— Oratio in tertiis sacris saecularibus receptae a Marchiis Brandenburgicis reformatae per M. Lutherum religion. Berlini in gymnasio Friderico Guilelmino habita. 8 maj. (2 B.) Berolini 830, Herm. Schultze.

— das alleinige Panier der nach wahrer Einheit strebend. Kirche Deutschlands. Andeutungen zu gründl. Erwägung der allerwichtigsten Frage unserer Zeit. 8. (44 S.) Berlin 847, J. A. Wohlgemuth. $\frac{1}{12}$ Thlr.

— das alleinige Panier der nach wahrer Einheit strebenden Kirche Deutschlands. Andeutungen zu gründlicher Erwägung der allerwichtigsten Frage unserer Zeit. 8. (44 S.) Berlin 848, J. A. Wohlgemuth.

— Goldene Regeln des Comenius, s. Lindner, Gust. Adf.

— das Reich Gottes, oder zusammenhängende Darstell. des christl. Glaubens u. Lebens. Zum Gebrauch für die obern Klassen höherer Unterrichtsanstalten, so wie z. Belehr. u. Erbauung e. jeden rc. Christen. gr. 8. Berl. 830. Th. Enslin. 12 Sgr.

— die heilige Schrift Fundament u. Richtschnur aller zum Heil führenden Unionsbestrebungen. Einladungsschrift der Preuß. Haupt-Bibel-Gesellschaft rc. 4. (28 S.) Berlin 847. (J. A. Wohlgemuth.) $\frac{1}{4}$ Thlr.

— kleine Schriften archäolog. u. antiquar. Inhalts, gesammelt u. hrsg. v. Jul. Sillig. 3 Bde. Mit Kpfrtafn. gr. 8. Dresden u. Leipzig, Arnoldische Buchh. [1. ($29\frac{3}{4}$ B. u. 6 Kpfrt.) 837. $3\frac{1}{6}$ Thlr., 2. (24 B. u. 7 Kpfrt.) $2\frac{2}{3}$ Thlr., 3. ($31\frac{1}{4}$ B. u. 4 Kpfrt.) 838. $2\frac{5}{6}$ Thlr.]

— prophet. Stimmen aus Rom, oder d. Christliche im Tacitus und der typisch prophetische Charakter seiner Werke in Beziehung auf Rom's Verhältniß zu Deutschland. Ein Beitrag zur Philosophie der Geschichte und zur tieferen Würdigung des römischen Geschichtsschreibers. 2. Thl. gr. 8. Hamburg u. Gotha 840, Fr. u. Andr. Perthes. (à) n. $1\frac{2}{3}$ Thlr.

— Stimmen der Schrift u. der Kirche über die dringende Nothwendigkeit einer baldigen Reform des Katechismus in d. Lehre von den 10 Geboten. gr. 8. (X u. 122 S.) Berlin 847, Thome. n. 12 ngl

Bötticher, W.: De linguae latinae Romanarumque litterarum studio ad augendam illustrandamque in iuvenili institutione Christianam fidem ac doctrinam aptissimo. 50 S.
Progr. Berlin F.W. 1841.

— u. Prof. Wigand, tabellar. Uebersicht der alten, mittlern u. neuen Geschichte. Zum Schulgebrauch. gr. 4. Berlin 835. Dümmler. 3/4 ₰

— s. Tacitus, Agricola.

— s. Tacitus, sämmtl. Werke

Boetticher, W., De θείῳ Herodoteo sive de Herodoti in componendis rerum monumentis pietate. Pr. 1830. 19 S. 4°. 1.50

— de vita, scriptis ac stilo Cornelii Taciti, adjecta emendatione recensionis Bekkerianae perpetua, scholar. maxime in usum scripsit. 8. Berlin 834. Nauck. 3/8 ₰

—— noch ein Wort der Warnung, s. Wort.

— s.a. Worte eines Laien über die Christl. Sonntagsfeier

(Bötticher, Wilhelm Karl). Worte eines Laien über die christliche Sonntagsfeier an ihre Gegner und Verächter. Berlin, Wohlgemuth 1842. 48 S. 8.

— prophet. Zeugnisse Dr. M. Luthers wider die Verächter des göttl. Wortes in der evangel. u. kathol. Kirche Deutschlands. 8. Hamburg 845, Agentur d. Rauhen Hauses. n. 5/12 ₰

— die Zukunft Israels u. der Christenheit, oder die Erfüllung der bibl. Weissagungen über Israels Bekehrung u. die daraus folgende Verpflichtung aller evangel. Christen, vornehml. der deutschen, jetzt schon dazu mitzuwirken. gr. 8. (XIV u. 466 S.) Berlin 848, Thome in Comm. n. 1 1/3 ₰

—— Zuruf Dr. M. Luthers an die Kirchenversammlungen des 19. Jahrh. Ein Beitrag z. richtigen Würdigung geistl. Synoden. gr. 8. (2 B.) Berlin 848. (Grobe.)

—— literar. Zustände ꝛc., s. Böttiger, K. W.

Bötticher, Wilhelm Karl, s. Bötticher, Wilhelm

Bötticher, Willy

Bötticher, *Friedrich Robert* Willy [aus Spremberg i. L.]: Beiträge zur vergleichenden Anatomie der Gentianaceen ... Erlangen, k. b. Hofbuchdr. v. A. Vollrath, 1895; 61 S., 1 Bl. 8.
Erlangen, Phil. Fak., Inaug.-Diss. v. 22. Mai 1895

Boetticher-Kuckschen, R v.: Wirtschafts-Erfahrgn. Aus d. Praxis e. balt. Landwirts. (70) Lex8° Riga, Jonck & P. '10. 1.60 d

Böttiger, s.a. Bötticher

Böttiger: Erklärungen der Muskeln ..., s. Seiler

Böttiger

— Gustav Sellner. 8. Gieß. 805. (Ferber). 1 ₰ 12 Kr

[Vortrag gehalten in einer Versammlung von Brüdern der Hamburger Tochterlogen der Grossen Landes-Loge von Deutschland betreffend die Schrift des Br. Ernst Grotkass: „Ein solcher Mensch und Freimaurer richtet sich selbst!“ Unterz.:] **Boettiger.** [Dat.:] Hamburg 1902. 4 Bl. 4°

Böttiger, A., über Kammergüter u. Domänen in den Sächsischen Landen, mit besond. Beziehung auf das Herzogl. Haus Sachsen-Meiningen. gr. 8. Leipzig 840, O. Wigand. n. 1/3 ₰

Boettiger, Alfred [app. Arzt aus Erfurt]: Beitrag zur Lehre von den chronischen progressiven Augenmuskellähmungen und zur feineren Hirnanatomie. . . . (Aus: Arch. f. Psychiatrie etc. Bd. XXI.) Berlin, gedr. bei L. Schumacher, 1889; 1 Bl. + 50 S. u. 1 Taf. 8°
Halle, Med. Fak., Inaug.-Diss. v. 23. Nov. [handschr.] 1889

Böttiger, August [aus Kirchenlamitz]: Beiträge zur Kenntniss der Granite des Fichtelgebirges und ihrer Umwandlungsproducte. . . . München. M. Rieger'sche Univ.-Buchh. (Gustav Himmer). 1889: 1 Bl. + 44 S. 8°
Erlangen. Phil. Fak., Inaug.-Diss. v. 1889

Böttiger, Bruno, persische Helden-Sagen. I. Feridun u. seine Söhne. II. Rustems Heldenthaten. III. Rustem u. Sohrab. Für die reifere deutsche Jugend erzählt. 8. (XIV, 146 S.) Eppendorf (900). H. A. Schlesinger. Geb. n. 1.20

Böttiger, Bruno, die Jesuitengefahr. Das Wichtigste, was jeder evangel. Christ üb. den Orden der Jesuiten wissen sollte. (16 S. m. 1 Abbildg.) 8. Dresden 904. F. Sturm & Co. n. — 15

— allgemeine Religionsgeschichte. Eine kurzgefaßte Darstellg. der wichtigsten außerchristl. Religionen. 8. (VII, 55 S.) Frankfurt a/M. (901). Kesselring. n. — 80

Böttiger, Eduard [aus Crimmitschau i. S.]: Ueber die Einwirkung von Chlorkalk auf Benzidin und Homologe. . . . Jena, Frommannsche Buchdr., 1891; 30 S., 1 Bl. 8°
Jena, Phil. Fak., Inaug.-Diss. v. 1891

Böttiger, F., 55 selbst erprobte Mittel u. Recepte für Bierbrauer, Oekonomen, Gastwirthe ꝛc., gesammelt auf seinen Reisen in England u. Deutschland. gr. 12. Wesel 841. (Prinz.) verklebt. n. 1 ₰

Böttiger (? Bötticher), F. W., Meißen mit seinen merkwürd. öffentl. Gebäuden u. Umgebungen. In 16 Ansichten dargest. u. mit kurzem, erläut. Text begleit. 8. Meißen 837. Klinkicht u. Sohn. n. 1 1/3 ₰

Böttiger, G. K., Abbildung der Begebenheiten des röm. Volks bis auf August. Leipzig 784. 8.

— **Jacob Friedrich** (Ohrdruff/Th.), De jure naturaliter absentium et civiliter praesentium. Tractatus jurid. Jena (C. D. Werther) 1717. 76 Seiten. (3.80) 3397
Gew.: Chn. Crato, Friedr. Eberhard, Joh. Friedrich, Ludwig Grfen. v. Hohenlohe und Gleichen, Langenburg, Cranichfeld. — Widm. v.: Friedr. Gottlieb Struve.

— **Jo. Gottfried** (Naumburg), De dubiis regni Germanici finibus modernis. Diss. jur. Präs. Jo. Jacob Moser. Frankfurt/O. (Phil. Schwartz) 14. I. 1737. 38 S. (5.—)

— — Dasselbe. Editio auctior. Leipzig (Langenheim) 1738. 48 S. (4.80)

Böttiger, Joach. Ferd., erleichterte Gnomonica, od. deutliche Anweisung zu den gebräuchlichsten Sonnenuhren ꝛc. gr. 8. Lemgo, Meyer. 748.

Böttiger, Joh. Christoph

— — (Dammensis), Aristoteles utrum fuerit Judaeus? Präs. Lorenz David Bollhagen (Stargard). Greifswald (Dan. Benj. Starck) 18. X. 1704. 19 S. (4.80)
Gew.: Hermann Witte, Joh. Christoph Cramer.

— **Joh. Christoph,** De jurisdictione communi. Von gesamten Gerichten. Diss. jur. Präs. Wilhelm Hieronymus Bruckner. Jena (Werther) Mai 1697. 52 S. (4.80)

— — Dasselbe. Wenn sowol viele eine Gerichts-Stube halten, als auch von allerhand über einer Gerichtsbarkeit vorkommenden Streit-Händeln. Jena (J. B. Heller) 1756. 72 S. (4.20)

Böttiger, Ioh. Gottl., morborum malignorum inprimis pestis et pestilentiae genuina descriptio et explicatio. 4. Copenhag. 746.

Böttiger, Johann Justus

— De jure primogeniturae et majoratus. Von Rechte der Erstgeburt. Disp. jur. Präs. Jo. Philipp Slevogt. Oktober 1694. Wittenbg. (Hak) 1746. 40 S. (4.80) 3404
Widm. v.: Friedrich Philipp, Stephan Anton Juncker.

Böttiger, John, Philipp Hainhofer u. der Kunstschrank Gustav Adolfs in Upsala. Übersetzung v. Ernst A. Meyer. (In 4 Bdn.) (VII, 74, VI, 99, IX, 111 u. 24 u. X, 81 S. m. Abbild. u. 118 Taf.) 41×30,5 cm. Stockholm (910). Lith. Anstalt des Generalstabs. Subskr.-Pr. bis Ende 1910 300.—; spät. Pr. 400. —

Böttiger, Karl August

— s. Abendzeitung.

Böttiger, Karl A., Abschiedsrede im großen Hörsaale des Weimarischen Gymnasiums den 23 März 1804. gr. 8. Weimar, Hoffmann. Ntbll.

Böttiger, Karl Aug., Abschiedsrede in d. letzten Lehrstunden im Budissiner Gymnasio. 8. Baugen 791.

— Prolusio de actoribus primarum, secundarum et tertiarum partium in fabulis graecis. Vimar. 797. 4. (14 S.)

Böttiger, Karl A., archäologische Aehrenlese. Sammlungen, mit Kupfern. Fol. Dresd. Walther. 811–812.

— Amalthea, oder Museum der Kunstmythologie u. bildl. Alterthumskunde. In Verein mit mehrern Freunden des Alterthums herausgeg. 3 Bde. Mit 18 Kpft. u. 1 Steindr. gr. 8. Leipz. 820—25. Göschen. 8 ꝶ 8 ℳ

Andenken an vierzehn zur grossen Kette in Osten versammelte Brüder in der Trauerloge am 30. Dec. 1828, gefeiert von den Bbr. des goldenen Apfels im Or. Dresden. [Hrsg. von Karl Aug. Böttiger.] [Dresden 1828: Rösch.] 20 S. 8⁰ [Kopftit.]
Gedächtnis der Verstorbenen.

Zum Andenken des 5ten und 6ten Jan. 1821, i. d. □ z. g[oldnen] A[pfel] Or. Dresden. [Hrsg. von Karl Aug. Böttiger. Dresden 1821.] 14 S. 8⁰ [Umschlagtit.]
Kl. 1224. Rede zu Neujahr, von B...ff (J. N. Bischoff?), Maurertoast von Böttiger, Rede üb. des Mrs Vaterfreuden von K. Vogel.

— Andeutungen am Grabe Gerhard von Kügelgens. gr. 8. Dresden 820. Arnold. 2 ℳ

Böttiger, Carl Aug., Andeutungen zu Shakspeare's Hamlet u. Macbeth, s. Retzsch, Mor.

— Andeutungen zu Shakspeare's Macbeth, s. M. Retzsch, Outlines to Shakspeare.

Böttiger, C. A. Andeutungen zu vierundzwanzig Vorträgen über die Archäologie im Winter 1806. Erste Abtheilung. Dresden 1806. 8⁰.

— Andeutungen zu 24 Vorlesungen über Archäologie. 1e Abtheil. 8. Dresden 807. Arnold. 1 ꝶ

Anregungen am Jubelfeste Bischoff's am 7. April 1832 gesprochen vom Br. [Karl Aug.] Boettiger. Der Sehr Ehrw. Ger. u. Vollk. □ Zum Goldnen Apfel im Or. Dresden aus inniger Dankbarkeit, den Brüdern dieser □ gewidmet von Teubner. [Leipzig 1832: Teubner.] 16 S. 8⁰ [Umschlagtit.]
Kl. 8008 b, Tt. 1967. Enth. 2 Gedichte u. einen Toast in Versen auf den Jubilar von L. Breuer.

— üb. d. Dresd. Antiken-Gallerie. 4. Dresden 814. Walther. 8 ℳ

— üb. die Dresdn. Antiken-Gallerie, m. K. 4. Dresden Walther. 815.

—— Archäologie und Kunst, s. Archäologie.

— Aristophanes impunitus deorum gentil. irrisor. 8 maj Leipz. 790. Hilscher. 4 ℳ

— — Quatuor aetates rei scenicae apud veteres primis lineis designatae. Prolusio ad orationes decem juvenum. Weimar (Glüsing) 19. IV. 1798. 23 S., mit Namen. (4.—)

— Quatuor aetates rei scenicae apud veteres primis lineis designatae. Vimar. 798. 4. (14 S.)

— s. Bentleii Commentarii.

— Herzog Bernhard von Weimar, zur Erläuterung e. aufgefund., gleichzeitig geschnitzten Kunsttafel von seinem Bilde. Mit 1 Kpf. 8. Weimar 806. Ind.-Cpt. 6 ℳ

— s. Beschaffenheit d. Schulpforte.

— Beschreib. des, d. General v. Christiani, von Pettrich gefertigten ꝛc. Denkmals. 8. ... 806.

Böttiger, Karl Aug., u. Geo. Joach. Göschen im Briefwechsel, v. L Gerhardt. (Schriftsteller u. Buchhändler vor 100 Jahren.) (7, 291 m. 2 Fksms u. 2 Bildn.) 8⁰ Lpzg, H Haessel V. '11. 5 —; Pappbd 6.50 d

— s. Fr. Brun: Briefe.

[Carmen.] Diis manibus Chr. Mart. Wilandi. Quem, cum in vivis esset, semper parentis loco habuit, a. d. XII. Kalend. Febr. MDCCCXIII ad beatorum insulas transmittenti propempticon C[arl] A[ug.] Boettiger. [Dresden 1813.] 2 Bl. 8⁰ [Umschlagtit.]
Kl. 1441.

Böttiger, K. A., s. Clevland. Handurang, Hdrl.

— — P. Terentii Afri comoediae. Novae editionis spec. Lpz. (S. L. Crusius, Druck: Pezold) 1795. XX, 68 S. (5.50)

– s.a. Denkschrift auf Bode.

Denkschrift auf Bode. Dem Freunde von Freunden gewidmet. [Von Karl Aug. Böttiger.] Weimar: Industrie-Comptoir 1796. 13 S. 1 Kpfr. 2°
Kl. 4061. Eine Abrechnung üb. Einnahme u. Ausgabe dieser Denkschrift, unterz.: F. J. Bertuch erschien: [Weimar 1796.] 2 Bl. 4° (in 193.)

– s. Denkschrift über Elgin's Erwerbungen.

— — Prolusione deum ex machina in re scenica veterum illustrante. Orationes novem juvenum. Weimar (Gaedick) 3. X. 1800. 18 S., mit Namen. (3.—) 3390

— Prolusio, Deum ex machina in re scenica veterum illustrans. Vimar. 800. 4. (14 S.)

— prolusio Deum ex machina in re scenica illustrans. 4. Weimar 804.

— über Aechtheit u. Vaterland d. Antiken Onyxcameen von außerordentl. Größe; e. antiquar. Abhandl. gr. 8. Lpz. 796. Dyck. 4 gr.

– s. Encyclopädie, bibl. exeget.

— Entwickell. des Iffland'schen Spiels in 14 Darstell. auf d. Weimar. Hoftheater 1796. 8. Leipz. 796. Göschen. 1 rthl 6 gr. Schrbp. 1 rthl 12 gr.

— Erklär. d. Umrisse zu v. Schillers Fridolin rc., s. M. Retsch.

— kosmograph. Erläuterungen aus d. griech. Vorwelt. 1s Heft. Mit 4 Vasengemälden u. 2 Hülfstafeln. 8. Altenb. u. Lpz. 818. (Wohl nicht erschienen?)

— Erzähll. u. Mährchen, aus d. Französ. übersetzt. 2 Thle. 8. Berl. 811. (Rücker). 1 rthl 20 gr

— Explicatio antiqui Anaglyphi in Museo Napoleone, c. fig. 8. Leipz., Weigel. 6 gr Velinp. 10 gr

— — Friderico Guilielmo Doeringio post quinta decennalia in cathedra rectrice peracta gratulatur. Dresden (Gaertner) 15. I. 1833. 7 Blatt. (4.80)

— die Furienmaske im Trauerspiel u. auf d. Bildwerken d. alten Griechen. Eine archäolog. Untersuchung. Mit 3 Kpft. gr. 8. Weimar 801. Hoffmann. 1 rthl 6 gr

Böttiger, C. A., s. Gerhard, Wlh., Anakreon und Sappho.

Böttiger, gen. v. Reichmeister, K. A., Gethsemane u. Golgatha, od. Jesus d. Hohepriester. 8. (28 B. u. 2 Vign.) Leipzig 829, Kummer.

Der Glühwurm. [Von Karl Aug. Böttiger.] Am Johannis-Feste 1812. [Dresden 1812.] 2 Bl. 8° [Kopftit.]
[Beigedr.:] Das Kleinod. [Von Adolf v. Nostitz u. Jänckendorf.]
Kl. 1173. Gedicht u. Lied ohne Noten.

[Dasselbe u. d. Tit.:]
Der Glühwurm v. [Karl Aug.] Böttiger am Joh. Feste 1812 dargebracht und zum zweiten Male an demselben Feste 1830 v. d. gel. Br. Pauli mit allgemeinem Beifall vorgetragen. [Dresden 1830.] 1 Bl. 8° [Kopftit.]

— Grundrisse zu Vorlesungen über die Mythologie. Dresd. 808. 8.

— der Händezoll, an die dramat. Muse bezahlt. 8. Leipz. 822.

Das Haupt Johannis. Eine Heiligen-Sage. Am Johannisfeste in der □ z. gold. Apfel [in Dresden] 5811. [Von Karl Aug. Böttiger.] [Dresden 1811: Meinhold.] 2 Bl. 8° [Kopftit.]
Abgedr. in Stuve, J.: Abhandlung über d. Einfluss geheim. Gesellschaften. 1811 S. 348 bis 351.
Kl. 2070. Verspottung der Brr Mossdorf u. Krause. „Das Haupt Johannis, das der Tänzerin . . .“

Das Haupt des Täufers, gesprochen von C[arl] A[ug.] Böttiger. [Dresden] o. J. 2 Bl. 8° [Kopftit.]
Abgedr. in: Am Johannisfeste. [1823] Bl. 3. 4. Gedicht: „Brüder, die das Fest vereint . . .“

Böttiger, C. Aug. (Hrsg.) s.a. Hefte, Archäologische.

— archäologische Hefte, od. Abbildungen z. Erläuterung des classischen Alterthums, aus alten zum Theil noch unbekannten Denkmälern für Studirende u. Kunstfreunde 1r Thl. gr. 4. Weimar, Land. Ind. Comt. 801.

Böttiger, C. W. Heinrich der Löwe, Herzog von Sachsen und Baiern. 8. Hannover 1818.

Boettiger, C. W. Dissertatio de Henrico Leone, reipublicae christianae per Germaniam septentrionalem statore et propagatore a contumeliis et iniuriis sacerdotum vindicato. 4. Lipsiae 1817.

Boettiger, Carl August, Hercules in bivio e prodici fabula et monumentis priscae artis illustratus. Argumentum epistolae ad Christian Daniel Beck . . quinta decennalia doctoris academici . . — Adjecta est tabula aenea imaginem picturae antiquae referens. Lpz. (C. Tauchnitz) 1829. 54 S. (5.—)

— — Prolusione de Herodoti historia ad carminis epici indolem propius accedente. Ad orat. quatuor juvenum. Weimar (Glüsing) 4. X. 1792. 12 Seiten. (3.—) 3382
W. Ch. G. Herder, F. G. Hufeland, F. B. Biedermann, J. G. Mehlhose, F. Ch. Tripplin.

— — Dasselbe. II, sive de Nemesi Herodotea. Orationes duorum juvenum. Weimar (Glüsing) 22. IV. 1793. 16 S. (2.—) 3383
F. Ch. Tripplin, C. E. Schmid, G. Ch. Schwabe.

— die Aldobrandinische Hochzeit; eine archäologische Ausdeutung. Mit 1 Kpf. 4. Dresd. 810. Walther. 2 Thlr. color. 6 Thlr. Das ausgemalte Kpf. einzeln. 4 Thlr.

— Ideen zur Archäologie d. Malerei. 1r Thl. (Nach Maßgabe d. Wintervorles. im J. 1810 u. 11. entworfen). gr. 8. Dresd. 811. Walther. 1 Thlr. 20 gr. Schrbp. 2 Thlr. 4 gr.

Böttiger, C. A. Ideen zur Kunst-Mythologie. Mit Kupfertafeln. 2 Bde. Dresden und Leipzig 1826. 8°.

— Ideen z. Kunst-Mythologie. 1r Cursus: Stammbaum d. Religionen d. Alterthums, Einleitung zur vor-homerischen Mythologie d. Griechen. Aus d. für seine Zuhörer bestimmten Blättern herausgeg. Mit 5 Kpft. gr. 8. Dresden 826. Arnold. 3 Thlr.

Böttiger, Karl Aug., (✝ ...) Ideen z. Kunst-Mythologie. (2r Bd.) 2r—4r Cursus. Jupiter, Juno u. Neptunus, Amor u. Psyche. Aus Böttiger's hinterlass. Papieren herausg. von J. Sillig. Nebst 2 Kpfrtaf. gr. 8. Dresden u. Leipzig 836. Arnold. 3¼ Thlr. (Vergl. Thl. I. S. 324.)

Böttiger, C. A., Ideen zur Kunst-Mythologie. 2 Bde. 2. (Titel-)Ausg. gr. 8. I. 1. Cursus. Stammbaum der Religionen d. Alterthums. Einleitung zur vorhomer. Mythologie der Griechen. Aus den für seine Zuhörer bestimmten Blättern hrsg. Mit 5 Kpfrtaf. (LIV u. 425 S.) II. 2., 3. u. 4. Cursus. Jupiter, Juno u. Neptunus, Amor u. Psyche. Aus seinen hinterlassenen Papieren hrsg. v. Jul. Sillig. Mit 2 Kpfrtaf. (XXII u. 552 S.) Leipzig (826. 36.) 850, Arnold. 1½ Thlr.

Carl Aug. Böttiger Ilithyia oder die Hexe, ein archaeologisches Fragment nach Lessing. Weimar 1799. 8. — *Redit in* Ejusd. Kleine Schriften antiquarischen u. philologischen Inhalts herausg. v. Jul. Sillig. Dresden 1837. 1838. 8. I. Bd. S. 61—92. (Ad lapidem antiquum incisum ap. Maffei Vol. I. tav. 19. Ilithyiam referens Alcmenes partum complexis super genua manibus magice impedientem; multa simul docte exposita circa Ilithyiam.)

Böttiger, C. A., Ilithyia oder die Hexe, ein archäologisches Fragment nach Lessing. Als Einladung zu einer Schulfeierlichkeit 4. X. Weimar (Hoffmann) 1799. 54 S., mit Tit.-Bild. (5.—) 3389
Kurze Notizen über: Fr. Wilh. Schwabe, H. C. F. Peucer, W. L. M. v. Wette, F. W. Müller (Zeulenrode), F. A. Werzner, F. A. Frenzel (Osmanstädt).

Boettiger, Carl August, Ad audiendas orationes in schola Gubenensi a Carl August Boettiger et Johann Friedrich Schaarschmidt. — De interpretatione epistolarum Ciceronis ad diversos et lectione stataria. Lpz. (Sommer) 8. III. 1785. 27 S. (4.50)

— d. Moskauer Kanonensäule, od. d. Siegesobelisk; mit e. Commentar. Mit 1 Abbild. 8. Altenb. u. (Lpz.) 814. Brockhaus. 4 gr.

– s. K. W. K r a f f t : Aul. L. Millin.

Böttiger, mein Leben im romant. Gewande s. a. C. August, Oswald., od. das Häuschen im Schwarzwalde.

Böttiger, C. A., mein Leben im romant. Gewande. 2 Thle. 8. Gießen 805. (Ferber). 2 Thlr. 8 gr.

Böttiger, C. A., mein Leben im romant. Gewand. 2 Thle. 8. Gießen, Tasché u. Müller. 805.

— allgem. mytholog. Lexikon s. a. Fr. Majer.

— u. Meyer, allgem. mytholog. Lexicon ꝛc. 2 Bde. m. K. gr. 8. Weimar, Land. Ind. Compt. 803. 804. (1r 3 Rthlr. 18 gr., 2r 3 Rthlr.)

Mossdorf, Friedr.: Das wahre Licht. Den 7. Sept. 1809 in der □ z. goldn. A[pfel in Dresden] vorgetragen von [Karl Aug.] Böttiger. [Dresden 1809.] 2 Bl. 8° [Kopftit.]
Abgedr. in: S t u v e, J.: Abhandlung üb. d. Einfluss geheim. Gesellschaften. 1811 S. 280 bis 284; R. 22 (1805) S. 93—95; S. 3 (1806) S. 7—8.
Kl. 2968. Vom Wesen der Frmrei; gegen Mossdorf u. Krause gerichtet. Üb. die Streitigkeiten gegen Mossdorf, s. auch: K r a u s e, Karl Christian Friedr.

— Prolusio ad locum Ciceronis in Catilin. III. 8. 9. Budiss. 791. 4. (20 S.)

Böttiger, C. A., Prolusio ad locum Plutarchi Cat. Maj. p. 347. Progr. Budiss. 790. 4. (22 S.)

Böttiger, C. A., Prolusio in locum Virgilii Aeneid. VIII, 288. 303. Guben. 789. 4.

Bottiger, Carl August (Hrsg.), s. L o n d o n und Paris

— de Medea Euripidea cum priscae artis operibus comparata. Prolusio I. II. 4. Weimar 802, 3.

Böttiger, Karl Aug. (Hrsg.), s. M e r k u r , Der neue teutsche.

— über den Mißbrauch der deutschen Lektüre auf Schulen. gr. 8. Guben 787. (Leipz., Hilscher). 3 gr.

— über die besten Mittel, die Studirsucht derer, die zu studiren keinen Beruf haben, zu hemmen od. unschädlich zu machen. 8. Lpz. 789. Hilscher. 6 gr.

— la mode. Conte. 12. Braunschw., Pluchart. 12 gr.

— über Museen- u. Antikensammlungen; eine archäolog. Vorlesung. gr. 8. Leipz. 808. Dyck. 4 gr.

Böttiger, C. Aug. (Hrsg.), s. a. M u s e u m , Archäologisches.

— archäologisches Museum, z. Erläuterung d. Abbildd. aus d. class. Alterthum, f. Studirende u. Kunstfreunde. 1r Thl. gr. 8. Weimar 801. Ind.-Compt. 9 gr.

— — De interpretatione Terentii nonnulla praefatus ad orationes octo juvenum. Guben (Benek) 25. IV. 1786. 15 S., mit Namen. (4.—)

— artistisches Notizenblatt s. a. Abend-Zeitung.

Böttiger, C. A. Artistisches Notizenblatt. Jahrg. 1832—1835. 1 Bd. Dresden. 4°.

—— Opuscula et Carmina latina. Coll. et ed. Jul. Sillig. Acced. effig. et spec. autographi B. auctor. figuraeque aeri incisae. 8maj. (30 B., 2 Kpfrt. u. 1 Facsim. gr. 4.) Dresdae 837. [Lipsiae, Einhorn.]

– Dass. [nach Kayser] Dresden 1836.

— — Prolusione de originibus tirocinii apud Romanos. Ad orationes quatuor juvenum. Weimar (Glüsing) 2. V. 1794. 16 S. (3.—) 3384
G. Ch. F. E. Schwabe, A. F. G. Eysert, J. H. Rausche, C. Ch. H. Krüger, W. S. A. Herder.

Orpheus und Sanct Johannis Haupt. Am Johannisfeste 1821 in der □ zum goldnen Apfel [in Dresden]. [Unterz.:] [Karl Aug.] B[öttige]r. [Dresden: 1821.] 2 Bl. 8° [Kopftit.]
Gedicht: „Brüder, die Johannes heut geladen, . . ."

— de l'oeuvres de charité, conte Nouv. 12. Braunschw. Pluchart. 12 gl.

— — Prolusione de personis scenicis, vulgo larvis, ad locum Terentii phorm. I, 4. 32. Orationes quatuor juvenum. Weimar (Glüsing) 8. X. 1794. 16 S. (3.—) 3385
L. F. R. Kuhn, J. G. A. Cholnan, J. C. Grosse, H. Ch. F. Fischer.

— über Preisaufgaben, s. J. G. v. Quandt.

Böttiger, C. A., Progr Quam vim ad religionis cultum habuerit Homeri lectio apud Graecos. Gorlic. 789. 4.

— — Ad panegyrin scholasticam. — Prolus. loco quaeritur, quam vim ad religionis cultum habuerit Homeri lectio apud Graecos, puerorum institutionem ab hoc poeta auspicari solitos. Görlitz (Fickelscherer) 11. II. 1790. 18 S., mit Namen. (3.50)

— Prolusio I et II. Quid sit docere fabulam? Vimar. 794. 95. 4. (28 S.)

— — Prolusione quid sit, docere fabulam, docere conatur, ad orationes quinque juvenum. Weimar (Glüsing) 24. IV. 1795. 16 S. (3.—) 3387
J. Ch. F. Treuber, Ch. L. Neuber, J. G. Wunder, C. L. Wirsing, Ch. F. Starke, Ch. H. Wiesenburg.

Böttiger, C. A., Progr. I et II. Quid sit docere fabulam. Vimar. 795. 96. 4.

Böttiger, C. A., Quid sit docere fabulam, e monumentis antiquae artis docere conatur. Pr. 1796. 15 S. 4°. 1.—

— über den Raub der Cassandra auf einem alten Gefäße von gebrannter Erde. 2 Abhandll., mit 3 Kpft. (v. H. Meyer), gr. 8. Weimar 794. Ind.: Gempt. 2 Rthl.

– s. Chr. L. K. v. d. Recke: Tagebuch.

— Rede beim feierl. Antritt des Rectorats an d. Schule zu Guben, gehalten d. 7. März 1785. gr. 8. Leipz. 785.

— Rede zur Einweihung des Augustus-Obelisk auf dem Keulenberge am 18. Sept. 1818. gr. 8. Dresden 818. Arnold. 4 gl.

Böttiger, Karl Aug., Rede üb. die Erwartungen, die sich das Publikum von e. Schulmann beim Antritte seines Amts machte. gr. 8. Bautzen 790.

— Rede an dem Grabe des Frhrn. v. Racknitz. gr. 8. Dresd. 819. Arnold. 2 gl.

— Franz Volkmar Reinhard, literarisch gezeichnet. Mit 2 Kpft. 4. Dresden 813. 2e Aufl. 816. Arnold. 1 Rthl.

Ruf in der Kette. [Am Schlusse der Trauerloge in der Loge zum goldnen Apfel in Dresden am 30. Dec. 1807 gesprochen von Karl Aug. Böttiger.] [Dresden: 1807.] 1 Bl. 8° [Kopftit.]
„Ew'ger Meister . . ."

§ BÖTTIGER, Carl Aug. (1760—1835), Sabina oder Morgenszenen im Putz-Zimmer einer reichen Römerin. Mit 13 feinen Kpfrn. u. 1 reizenden Vignette. Leipzig, G. J. Göschen, 1803. 8°. (In München: Ant. 58.) (10 Mk. A. Bielefeld, vor 1885; 12 Mk. Isaak St. Goar., Frf. a. M., 1908; 12 Mk. Scheible, c. 1905.)
Hautpflege u. Schminke. Haarcultur. Kränze. Pflege der Nägel. Behandlung der Sklavinnen. Frühstück. Der Hausphilosoph. Gewänder u. Schuhe. Schmucksachen. Haarputz u. Haarnadeln. Blick in eine Barbierstube. Wachsbildnerei. Fächer u. Sonnenschirme. — Sehr interessantes culturgeschichtl. Buch über das Privatleben der Römer in Schilderungen üppiger Grausamkeit und frecher Prunksucht.

§ — — Dasselbe, tit.: Sabina oder Morgenscenen im Putzzimmer einer reichen Römerin. Ein Beytrag zur richtigen Beurtheilung des Privatlebens der Römer und zum bessern Verständniss der römischen Schriftsteller. 2 Thle. Neue verbess. u. vermehrte Auflage. Mit 13 Kpfrn. (Frontisp. u. Umrisse nach Antiken, Fried. Kaiser del. et sc. Weimar.) Ebd. 1806. 8°. (In München: Ant. 59: 1 vol.)
1: TKpf. u. 326 S. Mit 7 Kpfrn. 2: Tit. u. 283 S. (incl. Reg.). Mit 5 Kpfrn. Nebst 1 Bl. „Anweisung f. d. Buchbinder wegen der Kpftaf." Lat. Lett. Der verw. Kaiserin Maria Feodorowna v. Russland gewidmet. Renommirtes u. noch jetzt gesuchtes Werk! Cfr. Jenaische Allg. Lit.-Zeitg. Th. II. S. 152, u. Leipziger Lit.-Zeitg., Th. I. S. 196.
Wurde in's Französische übersetzt: Böttiger, C. A., Sabine ou matinée d'une Dame romaine à sa toilette à la fin du premier siècle de l'ère chrétienne. Pour servir à l'histoire de la vie des Romains; traduit de l'allemand (par Clapier). Avec 13 planches. Paris, Maradan, 1813. Gr. in-8°. VIII, 406 pp. Ouvrage rare et recherché. (16 Mk. H. Streisand, Berlin, 1908.) Bibl. de l'amour 4e éd. III, col. 1059. Thesaurus libror. Phil. Pfister, ed. H. Hayn. München 1888.
— — Dasselbe. (Titel-Aufl.) Mit 9 Abbildgn. Ebd. 1811. 8°.
— — Dasselbe. In dritter Ausgabe bearbeitet von Karl Fischer. Mit 3 Tafeln. München-Gladbach 1878. 8°. VIII u. 169 S. (Mk. 3,60.) (2 Mk. L. Liepmannssohn, Berlin, 1906.)

Böttiger, C. A., Sabina oder Morgenscenen im Putzzimmer einer reichen Römerin. In 3. Ausg. bearb. von Karl Fischer. Mit 3 (lith.) Taf. 8. (VIII, 169 S.) M. Gladbach 878. Schollmann. n. 3. 60

Böttiger's, Karl Aug., kleine Schriften archäolog. u. antiquarischen Inhalts, gesamm. u. herausg. von Jul. Sillig. 3 Bde. Mit 17 Kpfrtaf. gr. 8. Dresden u. Leipzig 837, 38. Arnoldische Buchh. 8⅔ Rthl.

—— kleine Schriften archäologischen und antiquarischen Inhalts, gesammelt und hrsg. von Jul. Sillig. 3 Bde. 2. (Titel-) Ausg. gr. 8. (LXXXVIII und 1200 S. mit 17 Kpfrt.) Leipzig 850, Arnoldische Buchh.

– s. B. W. Seiler: Erklärung.

— Ueb. die Siegesgöttin als Bild u. Reichskleinod. S.-A. 1803. 8 S. u. 1 Taf. 4°. 1.—

— Sitten und Kulturgemälde von Rom (von *Carl August Böttiger*, d. Vf. der „Sabina"; s. Moden u. Trachten). Mit Portrait des Kardinals Ruffo und 9 andern Kpfrn. Gotha 1802. 16°. 42+292 S. Selten! (5 Mk. Leihbibl.-Expl., Max Harrwitz, 1906.)
Fehlt im Anon.-Lex.

— — Prolusione de Somnio Annibalis apud Liv. XXI, 22. ad orationes trium juvenum. Weimar (Glüsing) 17. IV. 1792. 12 S. (3.—) 3381
F. W. Hausknecht, J. Ch. Haage, G. F. W. Voigt, W. Ch. G. Herder.

— griechische Vasengemälde mit archäolog. u. artist. Erläuterr. der Originalkupfer. 1r Bd. 1s, 2s Heft. gr. 8. Weimar 797, 98. Ind.: Gpt. 1 Rthl. 15 gl. 1r Bd. 3s Heft. gr. 8. Magdeb. 800. Heinrichshofen. 1 Rthl. 4 gl. Originalkpf. dazu. unt. d. T.: Umrisse griech. Gemälde auf antiken, in d. J. 1789 u. 90 in Campanien u. Sicilien ausgegrab. Vasen, jetzt im Besitze d. Ritters W. Hamilton, herausgeg. von W. Tischbein zu Neapel. 1r Bd. 1s — 3s Heft. gr. Fol. Weim. 797—800. Ind.: Gpt. 5 Rthl. 8 gl.

— über Verzierung gymnast. Uebungsplätze u. Kunstwerke im antiken Geschmack. Mit Kpf. gr. 8. Weim. 795. Ind.: Gpt. 6 gl.

— scholarum in vicinitate acad. constitutarum vindiciae. Orat. in munere direct. gymnas. Vimariens. habita. 8 maj. Weim. 791. Hoffmann. 3 gl.

— Vorlesungen über die Kunstmythologie. Dresden 809. 10. 2 Abth. 8.

Die drei Wahrzeichen am Feste Johannes des Täufers! Gesprochen in der Loge zum goldenen Apfel am Johannisfest 1830. [Unterz.:] [Karl Aug.] Böttiger. o. O. [1830]. 1 Bl. 8° [Kopftit.]

– s. Wanfey: Tagebuch.

***Racknitz, Jos. Friedr. Frh. v.:* Worte der Bruderliebe am Sarge des [Br.] Frh. zu Racknitz, in der siebenten Morgenstunde am Grabe gesprochen [von Karl Aug. Boettiger], den 13. April 1818. [Dresden 1818.] 4 Bl. 4° [Umschlagtit.]**
Selten. Nachruf.

— Worte an Werners Sarge gesprochen. gr. 8. Dresden 817. Arnold. 3 gr

— Zustand der neuesten Literatur der Künste u. Wissenschaften in Frankr., in Auszz. u. Erläuterr. 2 Bdchn. 8. Berlin 795, 96. (Leipzig, Fr. Fleischer.) (16 $^1/_2$ ℛ, 26 $^7/_{12}$ ℛ) 1 $^1/_{12}$ ℛ

— Zustand d. neuesten Literatur, d. Künste u. Wissenschaften in Frankreich, in Auszügen u. Erläuterungen. 2 Thle. 8. Berl. 795, 96. Lagarde. (Köchly.) 1 ℛ 2 gr

— literarische Zustände, s. K. W. Böttiger.

Böttiger, Karl Wilhelm

Böttiger, Karl Wlh., Karl Aug. Böttiger, k. sächs. Hofr., Oberinspect. der k. Alterthumsmuseen in Dresden rc. Eine biograph. Skizze. Aus den „Zeitgenossen" besond. abgedruckt. Mit Bildniß. gr. 8. Leipzig 837. Brockhaus. $^2/_3$ ℛ

— de genio saeculi decimi sexti aetatis nostrae studiis et factionibus in memoriam revocata. 8. Erlang. 823.

Böttiger, Carl Wilh., die allgemeine Geschichte von 1815 bis 1850. Ein Buch fürs Haus und jeden Gebildeten. 8. (VIII und 207 S.) Frankfurt a. M. 854, Heyder und Zimmer. *-

— die allgem. Geschichte f. Schule u. Haus. 8. Erlang. 824. 2e Aufl. 826. 3e Aufl 827. 4e A. 830. 5e A. 832. Heyder. 8 gr

— dieselbe, f. kathol. Lehranstalten eingerichtet u. bearb. von Fr. W. Goldwitzer. 8. Erlang.... 2e Aufl. 826. Heyder. 8 gr

Böttiger, Carl Wilh., die allgem. Geschichte f. Schule u. Haus. 3., verm. Aufl. (16½ B.) 827., 4. A. (17 B.) 830., 5. A. (17½ B.) 832., 6. A. (18¼ B.) 8. Erlangen 834, Heyder. ü

— allgem. Geschichte für Schule u. Haus. 6e verm. Aufl. 8. Erlangen 834. Heyder. $^1/_3$ ℛ — 7e verm. Aufl. 8. Ebd. 836. $^1/_3$ ℛ — 8e Aufl. 8. Ebd. 839. $^1/_3$ ℛ

Die Allgemeine Geschichte für Schule und Haus. Von Carl Wilhelm Böttiger. 7. Aufl. Erlangen. 1836. 8°.

Böttiger, Karl Wilh., die Allgemeine Geschichte für Schule und Haus. 9. verm. Aufl. 8. Erlangen 842, Heyder. $^1/_3$ ℛ — 10. verb. u. verm. Aufl. 8. Ebend. 846. $^1/_3$ ℛ

Böttiger, Karl Wilh., die allgemeine Geschichte f. Schule u. Haus. 10., verb. u. verm. Aufl. 8. (35 B.) Erlangen 846, Heyder.

Böttiger, Carl Wilh., die allgemeine Geschichte für Schule und Haus. 11., verb. und verm. Aufl. 8. (583 S.) Erlangen 849. [Frankfurt a. M., Heyder und Zimmer.]

Böttiger, Karl Wilh., die allgemeine Geschichte für Schule u. Haus. 12. verb. Aufl. Frankfurt a. M. 856. Heyder u. Zimmer. 8. (468 S.) n. 10 ngr

— Geschichte Baierns nach seinen alten u. neuen Bestandtheilen. Für Gebildete des In- u. Auslandes, vor Allem für Baierns reifere Jugend. gr. 8. Erlang. 832. Heyder. 16 gr

— Geschichte Bayerns, nach seinen alten u. neuen Bestandtheilen rc. 2e unveränd. Aufl. in 4 Hftn. gr. 8. Erlangen 837. Heyder. $^1/_2$ ℛ

Böttiger, Karl Wlh., die deutsche Geschichte für Gymnasien u. Schulen. 8. Erlang 823. 2e A. 826. 3e A. 831. Heyder. 8 gr

— die Deutsche Geschichte für Gymnas. u. Schulen. 4e verm. u. verb. Aufl. 8. Erlangen 838. Heyder. $^1/_3$ ℛ

— die Deutsche Geschichte für Schule und Haus. 5. verm. rc. Aufl. Frankfurt a. M. 855. Heyder u. Zimmer. 8. (IV, 286 S.) 10 ngr

— Geschichte d. Carthager, nach d. Quellen bearbeitet. Mit 1 Charte. gr. 8. Berlin 827, Rücker.

—— kurzgefaßte Geschichte d. Kurstaates u. Königr. Sachsen f. Schule u. Haus. 8. (13½ B.) Meißen 836, Klinkicht u. Sohn.

Böttiger, C. W., Geschichte von Sachsen, s. Geschichte der europ. Staaten.

Böttiger, C. W., Geschichte des Kurstaates und Königr. Sachsen. 2. Aufl. 1. Bd., s. Heeren und Ukert, Geschichte der europäischen Staaten. 4. Lfg. 2. Abthl.

Böttiger, Dr. C. W., und Dr. Th. Flathe. Geschichte des Kurstaates und Königreichs Sachsen. 1.—3. Bd. und Register. (Aus: „Geschichte der europäischen Staaten von Heeren und Ukert") (4 Bde.) 8. Hamburg, Gotha 1830—1873.

—— Geschichte d. Kurstaates u. Königreiches Sachsen. 1. Bd. Von d. früh. Zeiten b. z. Mitte des 16. Jahrh. gr. 8. (35½ B.) Hamburg 830, Fr. Perthes.

—— dass. 2. (letzt.) Bd. Von d. Mitte d. 16. Jahrh. bis auf d. neueste Zeit, 1553—1831. gr. 8. (44¼ B.) Ebds. 831. Vgl. Geschichte d. europ. Staaten.

—— Geschichte d. Kurstaates Sachsen. rc. — Hierzu Register v. J. H. Möller. gr. 8. (2 B.) Hamburg 836, Fr. Perthes. *
Dess., Gesch. d. Kurstaates rc. Sachsen. Hamb. 830, 31, Fr. Perthes. * 5 Thlr. 20 Gr.

—— Geschichte d. deutschen Volkes u. d. deutschen Landes. Für Schule u. Haus, u. f. Gebildete überhaupt. 2 Bde. (8 Lfgn.) M. 8 Stahlst. gr. 8. (68¾ B.) Stuttgart 835, 36, [Literatur-Comptoir.]

— Geschichte des deutschen Volkes u. des deutschen Landes. Für Schule u. Haus u. für Gebildete überh. 1r Bd. 1e—4e u. 2r Bd. 1e—4e Lfrg. (2 Bde.) Mit 8 Stahlstich. gr. 8. Leipzig u. Stuttgart 835, 36. Scheible's Verlags-Expedit. (à Lfrg. $^3/_8$ ℛ) 3 ℛ — 2e wohlf. durchgeseh. u. verm. Pracht-Ausg. in 1 Bde., mit 12 Stahlst. Lex.-8. Ebd. (Literatur-Compt.) 839. 2 ℛ

—— Geschichte des deutschen Volkes u. d. deutschen Landes für Schule u. Haus u. für Gebildete überhaupt. 3., verb. Aufl., 8 Thle. Hrsg. von der „Gesellschaft zur Verbreitung guter u. wohlf. Bücher." 16. (101 B., B.'s Bildn. u. Facsim.) Stuttgart 845, 46, Scheible, Rieger u. Sattler. à 5 Ngr.

— Heinrich der Löwe, Herzog v. Sachsen. u. Baiern. Ein biogr. Versuch. gr. 8. Hannov. 819. Hahn. 1 ℛ 18 gr

— **Carl Wilhelm** (Bautzen) u. **Friedrich Ernst von Leutsch,** De Henrico Leone reipublicae christianae per Germaniam septentrionalem statore et propagatore a contumeliis et injuriis sacerdotum vindicato dissertatio. Lpz. (Friedr. Glück) 12. II. 1817. 58 S., mit Bibliographie. (5.—) 3393

— s. Joseph II., Briefe.

Böttiger, C. W., Esaias Tegnér's Leben. Aus d. Schwed. v. F. F. A. Wilken. 8. (VI u. 101 S.) Berlin 848, Morin. 5/12 Thlr.

Böttiger, C. W., Esaias Tegner's Leben. Deutsch v. Gottfr. v. Leinburg. gr. 8. (116 S. m. Bildn.) Leipzig 885. C. Jacobsen. n. 1. 50; geb. in Leinw. n. 2. —
Sonderabdruck aus: „Tegnér's Werken".

— — De opera historiae Germanicae recentissime navata disserit. Erlangen (Junge) 29. XII. 1821. 32 S. (4.80) 3394

Böttiger, Karl Wilh., die Weltgeschichte in Biographieen. 1—14. Lfg. od. 1—7. Bd. gr. 8. Berlin, Duncker u. Humblot. * Thlr.
Lfg. 1— 4. od. Bd. 1. u. 2. Die alte Gesch. in Biographien. 2 Thle. (62 B.) 839. * 3 Thlr.
" 5— 8. " " 3. u. 4. Die mittlere Gesch. in Biographien. 2 Thle. (77½ B.) 839, 40. * 3 Thlr. 6 Gr.
" 9—14. " " 5 — 7. Die neuere Gesch. in Biographien. 1—3. Thl. (94⅞ B.) 841, 42. * 4 Thlr. 12 Gr.

—— die Weltgeschichte in Biographieen. 15—18. Lfg. (Schluß.) gr. 8. Berlin, Duncker u. Humblot. *
Lfg. 15—18. od. Bd. 7., 8. Die neueste Geschichte in Biographieen. (67½ B.) 1843, 44.
Lfg. 1—14. Ebendas. 1839—42. * 10 Thlr. 22½ Ngr. — Einzeln Bd. 1—3. à * 1 Thlr. 15 Ngr., Bd. 4. * 1 Thlr. 22½ Ngr., Bd. 5. * 1 Thlr. 25 Ngr., Bd. 6. * 1 Thlr. 27½ Ngr., Bd. 7, 8. à * 2 Thlr.
Die 14. Lfg. enth. die neueste Geschichte in Biograph., was im 9. Bde. zu berichtigen.

Boettiger, C. W., De Wielando epist. Ciceronian. interprete. Pr. 1843. 82 S. 4°. 1.20

— s. A. Th. Rumpf, Versuch einer Völkergeschichte.

—— literar. Zustände u. Zeitgenossen. In Schilderungen aus Karl Aug. Böttiger's handschriftl. Nachlasse. 2 Bdchn. gr. 8. Leipzig 838, Brockhaus. [1. (18 B.) * 1½ Thlr., 2. (20 B.) * 1⅔ Thlr.] *
Vgl. Böttger.

Böttiger, Mch. Alb., kurze Betrachtt. u. Gebete auf alle Sonn- u. Festtage d. ganzen Jahres. 8. Quedlinb. 781. Biesterfeld. 14 gl.

— die süße Kreuzesruhe in Jesu, in Betrachtungen. 8. Quedlinb. 754. 8 gl.

Böttiger, Mich. Alb., 5 Predigten von der Seele. 8. Schneeberg. 750. Rthlr. -

Boettiger, S., praes. Abr. **Vater,** De visionis laesionibus, in specie in mydriasi et myosi. Witeb. 4°. 1706

Böttigheimer, Ch. J., Getreidepreis-Paritäts-Tabelle aller Hauptmärkte Europa's. qu. 8. (18 S.) Ulm 857, Krick'sche Buchh. *

Böttigheimer, Ch. J., Getreidepreis-Paritäts-Tabelle aller Hauptmärkte Europa's. Ulm (858). (Krick.) gr. 8. (18 S.) n. 11 ngr.

Bottiglia di Salvour, Ludw., Leben der ehrwürdigen Maria Clotilde, Königin von Sardinien. Aus d. Italien. 2 Thle. Wien 865. Mechithar.-Congreg.-Buchhdlg. (Kirsch.) 8. (X, 351 S. u. 1 Holzschn.) n. 24 ngr.

Böttinger, Heinrich W (Heilbronn)
Analyse der Aschen einiger Hölzer.
[In: Annalen der Chemie und Pharmazie, Bd 50 (1844) S. 406.)
Dr. phil. Giessen 16.8.1844.

Böttinger, Heinz von, Kammergerichtsreferendar: Die exceptio rei iudicatae im römischen und heutigen Recht mit besonderer Berücksichtigung ihrer Bedeutung für das Verhältnis der Erbschaftsklage zu den erbschaftlichen Singularklagen, behandelt im Anschluss an die l. 7. §§ 4. 5 D. 44,2. Borna-Leipzig 1907: R. Noske. (X, 74 S.) 8° [F. u. Ant.]
Heidelberg, Jur. Fak., Ref. Bekker, Diss. v. 25. Juli 1907
[Geb. 13. Juli 82 Würzburg; Wohnort: Berlin; Staatsangeh.: Preußen; Vorbildung: Gymn. Elberfeld Reife O. 01; Studium: München 3. Berlin 8 S.; Rig. 14. Mai 07.]

Boettinger, Justus Carl, Referendar in Darmstadt: Das vertragliche Veräußerungsverbot im früheren und jetzigen Recht. Gießen 1908: v. Münchow. (108 S.) 8° [F.]
Gießen, Jur. Fak., Ref. Biermann, Diss. v. 1. Mai 1908
[Geb. 10. Okt. 84 Worms; Wohnort: Darmstadt: Staatsangeh.: Hessen; Vorbildung: Ludwig-Georgs-Gymn. Darmstadt Reife M. 02; Studium: Lausanne 2, Berlin 1, Gießen 3 S.; Rig. 29. Jan. 08.]

Böttinger, Karl

Boettinger, Carl, üb. Kekulé u. seine Bedeutung in der Chemie. Ein Vortrag, hervorgegangen aus e. Brief d. Herrn Geh.-R. Kekulé. gr. 8. (25 S.) Darmstadt 892. A. Bergsträsser, Verl. n. — 60

Böttinger, Carl, Theorien über aromatische Verbindungen. Rede, geh. zur Erwerbung der venia legendi für Chemie an der Technischen Hochschule Carolo-Wilhelmina zu Braunschweig. gr. 8. (19 S. m. eingedr. Holzschn.) Braunschweig 878. (Schulbuchhandlung.) n. 1. —

BOETTINGER, CARL. Ueber die Zersetzung der Brenztraubensäure. Tübingen, 1873. Diss. G. S.

Böttinger, Otto

Die Dorfhexe. Volksstück in 4 Akten von Otto **Böttinger.** Mühlhausen i. Th.: G. Danner [1906]. (51 S.) 8° [F.]
— **Mehrakter.** No 24. [07. 6673 3

Böttinger, Otto: Durchlaucht kommt!, s: Mehrakter.

Der alte Schmuggler. Volksstück mit Gesang in 3 Akten von Otto **Böttinger.** Musik von Franz Hugo. [Textbuch.] Mühlhausen i. Th.: Danner [1908]. 50 S. 8°
(Mehrakter Nr 32.) [09. 11205

Der Wildschütz. Volksstück mit Gesang in 2 Akten von Otto **Böttinger.** Musik von Schlam. *Mühlhausen i. Th.: G. Danner [1904].* (40 S.) 8°
— **Mehrakter.** No 16. [04. 16159 3

Böttingerhof [Schlagwort]

Böttingerhof, s.: Württemberg. Höhenkurvenkarte.

Böttinger-Studienhaus, Das, (Deut. Instit. f. Ausländer) in Berlin. Bureau: Berlin NW. 7, Universitätsstr. 8. Bericht üb. d. 1. Kursus v. Wilh. Paszkowski. (36) gr8° Berl., Weidmann '11. nn — 50

Bottini, Heinr., d. Chirurgie d. Halses. E. klin. Studie. Deutsche Uebersetzg. v. Sigm. Arkel. M. 62 Abb. gr. 8. (VII, 281 S.) Leipzig 898. S. Hirzel. n. 8. —

Bottlenberg, Egon Frhr v. dem: Die deut. Welthandelsstelle Berlin, ihre Ziele u. Einrichtgn. (15) 8° Berl., A Unger ('12). — 60

BOTTLER, Joseph Eugen (Augsburg): De metrorrhagia.- Monachii: Roesl 1836. 24 S.
29.8.1835 - Urk; F 62
Diss. Ingolst.-Landsh.-Mchn.

Bottler, Jos. Eugen, die Stimme des Glaubens und der Andacht. Ein Erbauungsbuch für gebildete Katholiken in Gesängen und Gebeten. (Mit 4 Stahlst.) kl. 8. Würzburg 841, Etlinger'sche Verlagshandl. ⅔ Thlr. — 3. verb. u. verm. Aufl. Mit 3 Stahlst. 8. Ebend. 844. ⅚ Thlr.

Bottler, Jos. Eugen, die Stimme d. Glaubens u. d. Andacht. Ein Erbauungsb. f. gebildete Katholiken in Gesängen u. Gebeten. 3., verb. u. verm. Aufl. 8. (22 B., 3 Stahlst. u. gestoch. Ttl.) Würzburg 844, Etlinger'sche Vrlsh.

Bottler, Jos. Eugen, die Stimme des Glaubens und der Andacht. Ein Erbauungsbuch in Gesängen und Gebeten für fromme Katholiken. 6., verb. und verm. Aufl. 8. (VIII und 308 S. mit 1 Stahlst.) Würzburg 851, Etlinger'sche Vrlgsh. fein Pap. mit 3 Stahlst. und gest. Titel

— — dasselbe. 8. verb. Aufl. Min.-Ausg. 16. (XX, 432 S. m. e. Stahlst.) Ebend. 875. 2. —

Bottler, Jos. Eug., die Stimme des Glaubens u. der Andacht. Ein Erbauungsbuch in Gesängen u. Gebeten f. fromme Katholiken. 8. verb. Aufl. Ausg. m. grobem Druck. gr. 16. (XVI. 623 S. m. e. Stahlst.) München 875. Stahl. 2. —

Bottler, Max: Die Appretur- und Imprägniermittel. Berlin 1906

Bottler, Max: Ueber abnorme Bildungen, welche durch Insekten an den Pflanzen erzeugt werden. pg. 3 - 23. 8°. T.A. Schachenmayer. Progr. Kissingen 1885/86.

Bottler, Max, Bleich- u. Detachiermittel der Neuzeit. (XII, 160 S. m. 16 Abb.) gr. 8. Wittenberg 908. A. Ziemsen. 5.—; geb. in Leinw. 6. —

Bottler, Max, graphische Darstellungen zur Vergleichung der Mineralquellen deutscher u. deutsch-österreichischer Kurorte gr. 8. (VIII S. u. 14 farb. Taf. m. eingedr. Text.) Kissingen 891. F. Weinberger. Geb. in Leinw. n. 6. —

Bottler, Max, Exkursions-Flora v Unterfranken. Ein Taschenbuch zum leichten Bestimmen der in Unterfranken, auf dem Steigerwalde u. in der Rhön wildwachs Phanerogamen. gr. 8. (VI, 208 S.) Kissingen 883. Hailmann n. 2. 40; cart. n. 3. 20

— **Färbemethoden der Neuzeit.** (XI, 296 S.) gr. 8. Halle 910. W. Knapp. 12. —

Bottler M, die animalischen Faserstoffe. (215 S) (Bibliothek Chemisch-technische 253) Wien 1901

BOTTLER, M.
Animalischen (Die) Faserstoffe. Vorkommen und Gewinnung, Eigenschaften und technische Verwendung, Bleichen und Färben derselben. Wien, 1901 8vo. Ill.

Bottler, Max: Die animalischen Faserstoffe. Wien, Pest und Leipzig 1902

Bottler, Max, die animalischen Faserstoffe. Ein Hilfs- u. Handbuch f. die Praxis, umfass. Vorkommen, Gewinng., Eigenschaften u. techn. Verwendg., sowie Bleichen u. Färben thier. Faserstoffe. Nach dem gegenwärt. Standpunkte der Wissenschaft bearb. 8. (VIII, 216 S. m. 16 Abb.) Wien 902. A. Hartleben. n. 4. —; geb. n. 4. 80

BOTTLER, Max
(F) Die Vegetabilischen Faserstoffe. Ein Hilfs- und Handbuch für die Praxis, umfassend Vorkommen, Gewinnung, Eigenschaften und technische Verwerthung, sowie Bleichen und Färben pflanzlicher Faserstoffe. Von Max Bottler. Mit 21 Abbildungen. (Chemisch-technische Bibliothek. Bd. 238.) Wien. Pest. Leipzig. 1900. Hartleben. 8°. VIII, 200 S. K 4.40, geb. K 5.30

Harze und Harzindustrie. Von Max **Bottler**. Mit 33 Abb. Hannover: M. Jänecke 1907. (291 S.) 8°
— **Bibliothek** d. gesamten Technik. Bd 45. [08. 11042 7

Bottler M, Klärung und Filtration alkoholhaltiger Flüssigkeiten. (197 S) (Bibliothek Chemisch-technische 289) Wien 1906

Bottler, M: Klärung und Filtration alkoholhaltiger Flüssigkeiten. Wien und Leipzig 1906

Bottler, Max, Klärung u. Filtration alkoholhaltiger Flüssigkeiten. Populäres Handbuch f. Weinproduzenten, Bierbrauer, Likörfabrikanten, Wirte, Kellermeister u. Weinhändler. (VII, 197 S. m. 25 Abbildgn.) 8. Wien 906. A. Hartleben. n. 3. —; geb. n. 3. 80

Die Lack- und Firnisfabrikation. Von Prof. Max **Bottler**. Mit 29 Abb. Halle a. S.: W. Knapp 1908. (IX, 130 S.) 8°
— **Monographien** über chem.-techn. Fabrikationsmethoden. Bd 16. [08. 13303

— Lehre der Obstkultur u. Obstverwertung. Nach prakt. Erfahrgn. bearb. [In 3 Tln.] 1. u. 2. Tl. gr. 8. Ebend. 885. n. 6 50; geb. n. 8. 50
1. Die Obstkultur. Mit 71 Abbildgn. u. 3 Gartenplänen. (VIII, 263 S.) n. 3. 50; geb. n. 4. 50
2. Die Obstverwertung. Mit 63 Abbildgn. (VIII, 251 S.) n. 3. —; geb. n. 4. —

— die Liebe Jesu Christi im allerheiligsten Sakramente d. Altares. Ein Gebet- u. Betrachtungsbuch f. heilsbeflissene Christen, insbesondere f. Liebhaber d. hochwürdigsten Gutes. Mit e. Stahlst. 12. (224 S.) Ebend. 883. 1. 40

— die Obstweinbereitung. Anleitung zur rationellen Kultur der Johannisbeeren, Stachelbeeren, Himbeeren, Brombeeren u. zur Herstellg e. vorzügl. Weines aus ihren Früchten. Nach prakt. Erfahrg. 3. Aufl. 8. (45 S.) Ebend. 886. n. 1. —

Bottler, Max: Naturwissenschaftliche Rundschau von Bad Kissingen. 2 Bl. und pg. 1 - 50. 8°. T.A. Schachenmayer. Progr. Kissingen 1895/96.

Bottler, Max, naturwissenschaftl. Rundschau v. Bad Kissingen. gr. 8. (VI, 50 S.) Kissingen 896. F. Weinberger. n. 1. —

Bottler, Philipp: **Beiträge** zur Methodik des lateinischen Unterrichts, hauptsächlich auf der Unterstufe. *Mülhausen 1900: J. Brinkmann.* (34 S.) 4°
Mülhausen i. E., G, MP 1900 (550)

Böttlin, Richard [Dr. med. aus Constanz (Grossh. Baden)]: Ueber Zahnentwickelung in Dermoidcysten des Ovariums. . . . (Aus: Virchow's Archiv . . . 115. Bd. 1889.) Berlin, *Druck u. Verl. v. Georg Reimer,* 1889; 16 S. u. 1 Taf. 8°
Würzburg, Med. Fak., Inaug.-Diss. v. 1889

Boettner, Christian (Frid. Lus.), De quaestione: an et quatenus sabbathum lege naturae praecipiatur? Disp. tertia et ultima. Präs. Gottfried Boettner (Bruder). Lpz. (Brandenburger) 21. XII. 1709. 28 S. (4.50)
Teil 1 siehe Nr. 3407.

Boettner, Fridericus: De Quintiliano grammatico. Part. 1. Quintiliani de accentu et de nominum verborumque declinatione praecepta. Halis Saxonum (1877): Karras. 36 S. 8°
Halle-Wittenberg, Phil. Diss. v. 16. Juni 1877
Geb. Seehausen (Altmark) 12. 10. 1852. V.
Hall. gekrönte phil. Preisschrift v. 1877; Teildr.

Boettner, G., an et quatenus sabbatum lege naturae praecipiatur. I—III. Lips. 1707—9. 4.

Boettner, Gottfr. (Frid. Lus.), De quaestione: an et quatenus sabbathum lege naturae praecipiatur? Disp. I. Lpz. (Brandenburger's Erb.) 10. IX. 1707. 28 S. (3.—)
Teil 3 s. Nr. 3405.

Böttner, H, s: Thüringen in Wort u. Bild.

Böttner, Hartmann, der Bienenfreund. Ein einfacher leicht verständl. Unterricht in der Bienenzucht. Durch 92 in den Text gedr. (Holzschn.-) Abbildgn. erläutert. gr. 8. (VII, 386 S.) Halle 875. Hendel. 4. —

Böttner, Hartmann, der Bienenfreund. Ein einfacher, leicht verständl. Unterricht in der Bienenzucht. Durch 92 in den Text gedr. Abbildgn. erläutert. 2. verb. Aufl. gr. 8. (VIII, 384 S.) Halle 880. Hendel. cart. 4. —

Böttner, Heinr., Schreib- u. Lesefibel, s.: Hessel, Karl.

Böttner, J., Geld verdienen. 12. (108 S.) Düsseldorf 890. F. Bagel. In Leinw. cart. n. 1. —

Böttner, J. Geld verdienen. 12. Düsseld. 890. Frankf. a. M., Jaeger'd Verlag. * 1 —

Boettner, J. C., gärtnerische Betriebslehre. Praktische Winke, im Gärtnereigeschäft unter den jetzigen Verhältnissen den höchsten Reingewinn zu erzielen. Nebst Anh.: Die zweckmässigste u. billigste Einrichtg. e. Handelsgärtnerei Mit e. (phototyp.) Situationsplan. Nach langjähr. Erfahrgn. hrsg. 8. (VIII, 120 S.) Oranienburg 884. Froyhoff. n. 2. —

Böttner, Johann Christoph: Choralbuch zum Hannoverschen und Lüneburgschen Kirchengesangbuche. Hannover: 1800.

Böttner's, J. C., Choralbuch zum Hannöver. u. Lüneburg. Kirchengesangbuche. Durchgsf. von H. Wegener. gr. 4. Hannov. 818. Hahn. 1 ₰ 12 ₰

Böttner, Johannes

Böttner, Johs., Anleitung zum lohnenden Kartoffelbau. gr. 8. (VI, 49 S.) Frankfurt a/O. 893. Trowitzsch & Sohn. n. 1. —

Böttner, Johs., Anleitung zum lohnenden Kartoffelbau. 4., verb. u. verm. Aufl. (IV, 47 S.) gr. 8. Frankfurt a/O. 905. Trowitzsch & Sohn. n. 1. —

Anleitung zum lohnenden Kartoffelbau. Von Johannes Böttner, Chefred. 5. verb. u. verm. Aufl. Frankfurt a. d. O.: Trowitzsch & Sohn 1907. (47 S.) 8° [F.] [07. 13893

Böttner, Johs: Anleitg z. lohn. Kartoffelbau. 6. Afl. (4, 48) gr8° Frankf.O., Trowitzsch & S. '12. 1 — d

Balkongärtnerei und Vorgärten. Von Johannes Böttner. Mit 120 Abb. Frankfurt a. d. O.: Trowitzsch & Sohn 1904. (100 S.) 8° [F.] [05. 3183

Balkongärtnerei und Vorgärten von Johannes Böttner, Chefred. (2. Aufl.) Mit 125 Abb. Frankfurt a. d. Oder: Trowitzsch & Sohn 1907. (117 S.) 8° [F.] [07. 13894

— Balkongärtnerei u. Vorgärten. 3. verb. Aufl. (III, 112 S. m. 120 Abbild.) gr. 8. Ebd. 910. 1.80

[F.] Das Buschobst. Schnell lohnende Obstzucht nach vereinf. Verfahren v. Johannes Böttner, Chefred. . . . M. 59 Abb. *Frankfurt a. O.: Trowitzsch & Sohn 1899.* (1 Bl., IV, 123 S.) 1 Bd 8. [99. 3199

Böttner J.: Das Buschobst . . . Frankf. a. d. O. 1899. 2. verb. Aufl. 122 S. Fig.

Böttner, Johs., das Buschobst. Schnell lohn. Obstzucht nach vereinfachtem Verfahren. 3. verb. Aufl. gr. 8. (IV, 119 S. m. 77 Abbildgn.) Frankfurt a/Oder 902. Trowitzsch & Sohn. n. 1. 80
1. Aufl. (IV, 123 S.) Ebd. 899. n. 1. 60.

Das Buschobst. Schnell lohnende Obstzucht nach vereinfachtem Verfahren von Johannes Böttner, Chefred. Mit 80 Abb. 4. verb. Aufl. Frankfurt a. d. O.: Trowitzsch & Sohn 1906. (VIII, 119 S.) 8° [F.] [07. 13361

— Das Buschobst. Schnell lohn. Obstzucht nach vereinfachtem Verfahren. 5. verm. u. verb. Aufl. (VII, 120 S. m. 78 Abbildgn.) gr. 8. Ebd. 910. 1.80

— die Frühbeettreiberei der Gemüse, auch Gurken, Salat, Radies. gr. 8. (III, 112 S. m. 84 Abbildgn.) Ebd. (900). n. 2. —

Die Frühbeettreiberei der Gemüse, auch Gurken, Salat, Radies von Johannes Böttner, Chefred. Mit 84 Abb. *Frankfurt a. O.: Trowitzsch & Sohn 1901.* (112 S.) 8° [F.] [01. 13803

Böttner, Johs., die Frühbeettreiberei der Gemüse, auch Gurken, Salat, Radies. 2. verb. Aufl. (III, 112 S. m. 88 Abbildgn.) gr. 8. Frankfurt a/O. 905. Trowitzsch & Sohn. n. 2. —

Böttner, Johannes: Die Frühbeettreiberei der Gemüse. 3. Aufl. Frankfurt a. O. 1908

— Die Frühbeettreiberei d. Gemüse. 4. Afl. (118) gr8° Ebd. '11. 2 —

[F.] Gartenbuch für Anfänger. Unterweisg im Anlegen, Bepflanzen u. Pflegen d. Hausgartens, im Obstbau, Gemüsebau u. in d. Blumenzucht v. Johannes Böttner, Chefredakt. d. prakt. Ratgebers im Obst- u. Gartenbau. M. 459 Abb. *Frankfurt a. O.: Trowitzsch & Sohn 1895.* (2 Bl., 502 S.) 1 Bd 8. [96. 119

Böttner, Johs, Gartenbuch f. Anfänger. Unterweisg. i. Anlegen, Bepflanzen u. Pflegen d. Hausgartens, i. Obstbau, Gemüsebau u. i. d. Blumenzucht. M. 450 Abb. u. 6 Plänen. 2., verm. u. verb. Aufl. gr. 8. (IV, 551 S.) Frankfurt a/O. 897. Trowitzsch & Sohn. Geb. in Leinw. n. 6. —

Gartenbuch für Anfänger. Unterweisung im Anlegen, Bepflanzen u. Pflegen d. Hausgartens, im Obstbau, Gemüsebau u. in d. Blumenzucht von Johannes Böttner. Mit 468 Abb. u. 8 Pl. 3., verm. u. verb. Aufl. *Frankfurt a. O.: Trowitzsch & Sohn 1899.* (551 S.) 8° [F.] [00. 1046

Gartenbuch für Anfänger. Unterweisung im Anlegen, Bepflanzen u. Pflegen d. Hausgartens, im Obstbau, Gemüsebau u. in d. Blumenzucht von Johannes Böttner. Mit 504 Abb. u. 8 Pl. 4., verm. u. verb. Aufl. *Frankfurt a. O.: Trowitzsch & Sohn 1900.* (551 S.) 8° [F. u. Ant.] [00. 3887

Gartenbuch für Anfänger. Unterweisung im Anlegen, Bepflanzen u. Pflegen d. Hausgartens, im Obstbau, Gemüsebau u. in d. Blumenzucht von Johannes Böttner, Chefred. Mit 517 Abb. u. 20 Pl. 5., verm. u. verb. Aufl. *Frankfurt a. O.: Trowitzsch & Sohn 1902.* (IV, 552 S.) 8° [F.] [03. 13188

Gartenbuch für Anfänger. Unterweisung im Anlegen, Bepflanzen u. Pflegen d. Hausgartens, im Obstbau, Gemüsebau u. in d. Blumenzucht von Johannes Böttner. Mit 580 Abb. u. 20 Pl. 6. Aufl. Frankfurt a. d. Oder: Trowitzsch & Sohn 1904. (IV, 552 S.) 8° [F.] [05. 4979

Gartenbuch für Anfänger. Unterweisung im Anlegen, Bepflanzen u. Pflegen d. Hausgartens, im Obstbau, Gemüsebau, und in d. Blumenzucht von Johannes Böttner, Chefred. Mit 592 Abb. u. 15 Pl. 7. Aufl. Frankfurt a. O.: Trowitzsch & Sohn 1906. (IV, 558 S.) 8° [F.] [07. 13312

Bottner, Johannes: Gartenbuch für Anfänger. 8. Aufl. Frankfurt a. O. 1908

— Gartenb. f. Anfänger. 8. Afl. (587 m. Abb. u. 15 Pl.) gr8° Ebd. '09. L. 6 — d

— Gartenb. f. Anfänger. 9. Afl. (4, 560 m. Abb. u. Bildn.) gr8° Ebd. '11. L 6 — d

Gartenkulturen, die Geld einbringen. Einrichtung, Betrieb u. Gewinnberechnungen f. einträgl. Kultur aller Arten Obst u. Gemüse, ferner Maiblumen ... von Johannes Böttner. Mit 153 Abb. *Frankfurt a. O.: Trowitzsch & Sohn 1903.* (346 S.) 8° [F.] [03. 13189

Gartenkulturen, die Geld einbringen. Einrichtung, Betrieb u. Gewinn-Berechnungen f. einträgl. Kultur aller Arten Obst ... von Johannes Böttner. 2. verm. u. verb. Aufl. Mit 169 Abb. Frankfurt a. d. O.: Trowitzsch & Sohn 1905. (362 S.) 8° [F.] [06. 1346

Gartenkulturen, die Geld einbringen. Einrichtung, Betrieb u. Gewinnberechnungen f. einträgl. Kultur aller Arten Obst u. Gemüse... Von Johannes Böttner. Mit 188 Abb. 3., verm. u. verb. Aufl. Frankfurt a. O.: Trowitzsch 1909. 389 S. 8° [11. 3985

— Garten-Taschenbuch. Ein Hilfs- u. Nachschlagebuch bei den prakt. Arbeiten im Garten, nach Monaten geordnet. (VII, 176 S.) kl. 8. Ebd. 909. Geb. in Leinw. 1. 20

— Gemüsegärtnerei. 6. Afl. (4, 379 m. Abb.) gr8° Ebd. '11. L 4 — d

Böttner, Johs., praktische Gemüsegärtnerei. 8. (II, 220 S. mit Illustr.) Frankfurt a. O. 888, Trowitzsch und Sohn. *
geb. *

— praktische Gemüsegärtnerei. Mit 96 Textabbildgn. gr. 8. (II, 220 S.) Frankfurt a/O. 889. Trowitzsch & Sohn. n. 3. —; geb. n. 3. 50

Praktische Gemüsegärtnerei. Von Johannes Böttner. Mit 285 Abb. 2. gänzl. umgearb. u. verm. Aufl. *Frankfurt a. O.: Trowitzsch & Sohn 1898.* (352 S.) 8° [F. u. Ant.] [99. 11067

Praktische Gemüsegärtnerei. Von Johannes Böttner, Chefred. Mit 302 Abb. 3. verb. u. verm. Aufl. *Frankfurt a. O.: Trowitzsch & Sohn 1901.* (352 S.) 8° [F.] [01. 13604

Praktische Gemüsegärtnerei. Von Johannes Böttner. Mit 304 Abb. 4. verb. u. verm. Aufl. Frankfurt a. d. O.: Trowitzsch & Sohn 1904. (302 S.) 8° [F.] [04. 1367

Böttner, Johannes: Praktische Gemüsegärtnerei. 5. Aufl. Frankfurt a. O. 1907

— Lehrb. d. Obstbaues. 4. Afl. (8, 572 m. Abb.) gr8° Ebd. '10. L 6 — d

[F.] Johannes Böttners Praktisches Lehrbuch des Obstbaues. M. 557 Abb. *Frankfurt a. d. O.: Trowitzsch & Sohn 1898.* (V, 574 S.) 1 Bd 8. [98. 4073

Johannes Böttners Praktisches Lehrbuch des Obstbaues. Mit 570 Abb. 2. Aufl. *Frankfurt a. O.: Trowitzsch & Sohn 1901.* (VI, 575 S.) 8° [F.] [01. 13990

Johannes Böttners Praktisches Lehrbuch des Obstbaues. Mit 571 Abb. 3. A. Frankfurt a. O.: Trowitzsch & Sohn 1906. (VI, 571 S.) 8° [F.] [07. 13313

— Praktisches Lehrbuch des Obstbaues. 4. Aufl. (VIII, 572 S. m. 580 Abb.) gr. 8. Ebd. 910. Geb. in Leinw. 6. —

[F.] Praktisches Lehrbuch des Spargelbaus. Von Johannes Böttner ... Mit 40 Abb. *Frankfurt a. O.: Trowitzsch & Sohn 1897.* (2 Bl., 100 S.) 1 Bd 8. [97. 3780

Praktisches Lehrbuch des Spargelbaus. Von Johannes Böttner. Chefred. Mit 56 Abb. 2. verm. u. verb. Aufl. *Frankfurt a. O.: Trowitzsch & Sohn 1901.* (118 S.) 8° [F.] [01. 3991

Böttner, Johs., praktisches Lehrbuch des Spargelbaues. 4., verm. u. verb. Aufl. (IV, 130 S. m. 71 Abbildgn.) gr. 8. Frankfurt a/O. 910. Trowitzsch & Sohn. 1.50

—— Lehre der Obstkultur und Obstverwertung. Nach prakt. Erfahrungen bearb. 3 Tle. gr. 8. Oranienburg, Freyhoff. * geb. *

Inhalt:

Tl. 1. Die Obstkultur. Anleitung zur Pflege und Zucht der Obstbäume, zur zweckmäß. Einrichtung von Obst- und Baumgärten, sowie Mitteilung von Kulturverfahren, welche bei verhältnißmäßig geringen Kosten den höchsten Ertrag an wertvollen Früchten erzielen. Auswahl der besten und empfehlenswertesten Obstsorten für die verschiedensten Verhältnisse. Nebst einem Anhang: Die Topfobstbaumzucht. Nach prakt. Erfahrungen für Obstzüchter, Landwirte, Gärtner und Freunde einer rationellen Obstkultur bearb. (VIII, 263 S. mit 71 Abbild. und 3 Gartenplänen.) 885. *ℳ 3.50.; geb. *ℳ 4.50.

" 2. Die Obstverwertung. Gründliche Unterweisung in der Behandlung, Aufbewahrung und Benutzung von Kern- und Steinobst, wie Aepfel, Birnen, Quitten, Zwetschen, Kirschen 2c., Anleitung zur Einrichtung von Fabriken für Bereitung von Dörrobst, Obstpasten, Obstkonserven, Gelees, Obstwein 2c., Herstellung und Gebrauch von Obstprodukten für Küche und Haushaltung. Nebst Ratschlägen zur Organisation und Hebung des deutschen Obsthandels. (VIII, 251 S. mit 63 Abbild.) 885. *ℳ 3.—.; geb. *ℳ 4.—.

" 3. Die Beerenobstkultur und Verwertung des Beerenobstes zur Weinbereitung. Anleitung zur Pflanzung und Pflege der Johannisbeeren, Stachelbeeren, Himbeeren, Brombeeren und Erdbeeren im Hausgarten, wie zur Anlage und Behandlung größerer Beerenobst-Kulturfelder. Nebst Unterweisung zur nutzbringenden Verwendung der Früchte zur Beerenwein-, Fruchtsaft- und Geleebereitung 2c. Mit Anhang: Die Kultur des Weinstocks in Bergen, Gärten und an Spalierwänden. (VIII, 208 S. mit 51 Abbild.) 887. *ℳ 3.—.; geb. *ℳ 4.—.

— uns. besten Obstsorten. Anleitg. b. d. Auswahl v. Äpfeln, Birnen, Pflaumen, Pfirsichen, Aprikosen, Stachelbeeren, Johannisbeeren, Himbeeren, Erdbeeren, Haselnüssen, Quitten. M. 60 Abb. in natürl. Größe v. Johs. Mengelberg. gr. 8. (IV, 91 S.) Ebd. 896. Kart. n. 1. —

[F.] Unsere besten Obstsorten. Anleitg bei d. Auswahl von Äpfeln, Birnen, Pflaumen ... v. Johannes Böttner, Chefredakt. d. prakt. Ratgebers. M. 66 Abb. in natürl. Grösse v. Johannes Mengelberg. *Frankfurt a. d. Oder: Trowitzsch & Sohn 1896.* (2 Bl., 91 S.) 1 Bd 8. [96. 8765

— Unsere besten Obstsorten. Anleitung bei der Auswahl v. Äpfeln, Birnen, Kirschen, Pflaumen, Pfirsichen, Aprikosen, Stachelbeeren, Johannisbeeren, Weintrauben, Himbeeren, Erdbeeren, Haselnüssen, Quitten. 11. u. 12. Taus. (IV, 80 S. m. 44 Abbild.) gr. 8. Ebd. 910. 1. —

—— die Obstweinbereitung. Anleitung zur rationellen Kultur der Johannisbeeren, Stachelbeeren, Himbeeren, Brombeeren und zur Herstellung eines vorzüglichen Weines aus ihren Früchten. Nach prakt. Erfahrungen. 2. Aufl. 8. (44 S.) Ebendas. 884. 1 —

Die 1. Aufl. erschien im Selbstverlag des Verfassers.

Boettner, Joh[annes]: Die Obstweinbereitung. Anleitung zur rationellen Kultur der Johannisbeeren, Stachelbeeren, Himbeeren, Brombeeren und zur Herstellung eines vorzüglichen Weines aus ihren Früchten. 3. Aufl. Oranienburg: Freyhoff. 1886. 45 S.

—— die Obstweinbereitung. Anleitung zur rationellen Kultur der Johannisbeeren, Stachelbeeren, Himbeeren, Brombeeren und zur Herstellung eines vorzügl. Weines aus ihren Früchten. Nach prakt. Erfahrungen. 3. Aufl. (45 S.) 1886; 4. Aufl. 8. (VI, 84 S.) Ebendas. 888. *ℳ 1.—.; geb. *

— die Obstweinbereitung. Nebst Winken f. den Obstzüchter üb. Anzucht der Bäume u. Sträucher, wie Anlage der Obstgärten. Mit e. Schlußwort v. E. Pilarik. 4., neu bearb. Aufl. [Mit 33 Abbildgn.] 8. (VI, 83 S.) Ebd. 888. n. 1. —; geb. n. 1. 60

—— d. Obstweinbereitg. 4. Afl. 8. (83 m. Abbildgn.) Ebd. 89. n. 1. —; geb. n. 1. 60

— die Obstweinbereitung. Anleitung zur Herstellg. vorzügl. (auch moussier.) Weine, Fruchtsäfte, Gelees 2c. aus dem Kern-, Stein- u. Beerenobst im Klein- u. Großbetriebe. Unter besond. Berücksicht. der Apfelweinkelterei. Nach den neuesten Erfahrgn. 5., neu bearb. Aufl. 8. (132 S. m. 45 Abbildgn.) Oranienburg 894. E. Freyhoff. n. 1. 60

Die Obstweinbereitung. Anleitung z. Keltern d. Apfelweins u. d. anderen Obst- u. Beerenweine, sowie z. richtigen Pflege d. Weins auf d. Fasse u. in d. Flasche von Johannes Böttner. Mit 56 Abb. 6. Aufl. *Frankfurt a. O.: Trowitzsch & Sohn 1899.* (125 S.) 8° [F.] [99. 11064

Die Obstweinbereitung. Anleitung z. Keltern d. Apfelweines u. d. andern Obst- u. Beerenweine. Die Pflege d. Weines auf d. Fasse u. in d. Flasche. Die alkoholfreien Weine. Von Johannes Böttner. Mit 60 Abb. 7. Aufl. Frankfurt a. d. O.: Trowitzsch & Sohn 1904. (133 S.) 8° [F.] [05. 3384

— — Dass. 8. Aufl, Frankfurt (Oder): Trowitzsch 1907. 144 S., mit 57 Abb.

— Obstweinbereitung. Anleitung zum Keltern des Apfelweines u. der anderen Obst- u. Beerenweine, zur Pflege des Weines auf dem Fasse u. in der Flasche. Die alkoholfreien Weine. Preisgekrönte Rezepte f. Fruchtsäfte, Marmeladen usw. 9. Aufl. (IV, 120 S. m. 57 Abbildgn.) gr. 8. Ebd. 910. 1.50

Böttner, Johannes: Obstweinbereitung. 9. Aufl. Frankfurt a. O. 1910

Böttner, Johannes (Red.), s. Ratgeber, Der praktische, in Obst- und Gartenbau-Wochenschrift für Gärtner, Gartenliebhaber und Landwirthe.

Spalierobst und Feinobst. Anpflanzung, Schnitt u. Pflege. Von Johannes Böttner, Chefred. Frankfurt a. d. Oder: Trowitzsch & Sohn 1907. (342 S.) 8° [F.] [07. 13693

Böttner, Johannes: Tomatenbuch. Einfache Anleitung früh und reichlich reife Tomaten zu gewinnen sowie 50 ausgewählte Tomatenrezepte. Frankfurt a. O. 1910

Wie züchte ich Neuheiten und edle Rassen von Gartenpflanzen? Von Johannes Böttner. Mit 342 Abb. Frankfurt a. O.: Trowitzsch 1909. IV, 556 S. 8° [11. 5983

Böttner, Magda, u. Emma Vöhl, fröhlicher Unterricht. Eine Auferstehg. alter Grundsätze im Elementarschulwesen. Mit 16 farb. Taf. Kinderzeichngn. (96 S.) 17×24 cm. Leipzig (910). F. Brandstetter. Geb. in Halbleinw. 2. 70

Kurze Geschichte der Loge Ernst zum Compass im Or. Gotha und Bericht über die Feier der 100jährigen Zugehörigkeit dieser Loge zur Grossen National-Mutterloge „Zu den drei Weltkugeln" von R[ich.] **Böttner.** Berlin [1906]: Denter & Nicolas. 23 S. 8°
[Umschlagtit.]
Gesch. abgedr. in: Bbl. 20 (1906) S. 130—137. Der Bericht (S. 10—23) ist verf. von H. Keil u. abgedr. in: Bbl. 20 (1906) S. 98–111.

Böttner, Th., d. häusl. Unterricht u. d. häusl Erziehung. E. Buch f. Hauslehrer, Erzieherinnen u. Eltern. M. e. Nachwort a. d. Theologen. 8. (IX, 170 S.) Leipzig 897. G. Wigand. n. 2. 50

Deutsche Weihnachten im Urwald. Von Th[eodor] **Boettner,** Pastor, See-Buckow. Potsdam: Stiftungsverl. [1910]. 15 S. 8°
(Gut deutsch u. evangelisch allewege. 3.) [10. 14310

Bottnische Meerbusen [Schlagwort]

Bottnische Meerbusen, der, s.: Seekarten.

Bottomley, James Francis: Ueber das Verhalten der Di- und Tri-halogensubstitutionsprodukte des Benzols bei der Ketonsynthese nach Friedel-Crafts. *Heidelberg 1897: J. Hörning.* (33 S.) 8°
Heidelberg, Naturw.-math. Diss. v. [16. Dez.] 1897

Böttrich, Ernst [aus Hagen (Westfalen)]: Ein Fall von Situs transversus. . . . Würzburg, Scheiner's Buchdr., 1885; 48 S. 8°.
Würzburg, Med. Fak., Inaug.-Diss. v. 1885.

Böttrich, Ernst, ein Fall von Situs transversus. Diss. Würzburg 1885, Stahelsche Univ.-Buchh. 8°. 48 S.

Böttrich, Ludwig

Böttrich, Ludw., die westfälische Gütergemeinschaft nach dem Gesetze vom 16. IV. 1860 auf der Grundlage des bürgerlichen Gesetzbuchs. (VI, IV, 128 S.) gr. 8. Münster 905. Universitätsbuchh. F. Coppenrath. n. 2. 50

Böttrich, L., die westfälische Gütergemeinschaft nach dem Gesetze vom 16. IV. 1860 u. dem preuß. Ausführungsgesetze zum bürgerl. Gesetzbuche vom 20. IX. 1899. 2., neu bearb. Aufl. (XI, 148 S.) gr. 8. Münster 907. Universitäts-Buchh. F. Coppenrath. 3. —

Bottsaccius

— medulla theologiae moralis. 8. 702.

Bottsaccius, promptuar. allegoriar. sacrar. 4. 718.

Bottschaft: Die fröhliche Bottschaft von der religiösen und socialen Bewegung
⑤ April 1845—September 1845 ⑥ 8° ⑦ Monatsblatt ⑧ Lausanne: L.-A. Michod ⑨ Die Geißel (Juni 1845) ⑩ Sozialverein Lausanne ⑪ August Becker ⑫ kommunistisch ⑬ Christentum & Sozialismus VI (1932), p. 84, 110 ⑭ Be: L (1 Nummer und die Beilage).

Bottstein, Hugo: Zwei Fälle von Aortenaneurysma. *München 1898: Kastner & Lossen.* (28 S.) 8°
München, Med. Diss. v. 1898

Botty, Joseph, cand. med. aus Stuttgart: Ueber einen Fall von Wirbelfraktur mit sekundärer Rückenmarkslaesion. Mit 6 Abb. *München 1900 (Umschlagt. 1901): Kastner & Lossen.* (30 S.) 8° ¶ [Aus: Annalen d. städt. allgem. Krankenhäuser zu München, Bd 11.]
München, Med. Diss. v. 1901

Boß, Anna, d'Wöschermyber. Humoristisches Charakterbild in 1 Aufzuge. (16 S.) 8. Aarau 908. H. R. Sauerländer & Co. — 50

Botz, Richard, kgl. Oberarzt: Beitrag zur Lehre von der acuten Osteomyelitis. München 1904: Kastner & Callwey. (29 S.) 8°
München, Med. Fak., Ref. v. Angerer, Diss. v. 19. Juni 1905
[Geb. 28. Febr. 73 Schweinfurt; Wohnort: München; Staatsangeh.: Bayern; Vorbildung: Gymn. Passau Reife Juli 92; Studium: Erlangen 9 S.; Coll. 8. Juni 05; Approb. 1. Juli 98.]

Boetzel, A., Methode e. neuen Geheimschrift, Geheimtelegraphie, Geheimsprache, Geheimtelephonie u. Geheimdruck. gr. 8. (IV, 86 S.) Leipzig 900. F. A. Berger. n. 2. —; erm. Pr. n. 1. —

Boetzelen, Ernst, aus Viersen: Ueber das Hydrazid der Phenylessigsäure. *Heidelberg 1898: J. Hörning.* (34 S.) 8°
Heidelberg. Naturw.-math. Diss. v. [6. Jan.] 1899

Bötzelen, Hermann: Die Herabsetzung des Grundkapitals der Aktiengesellschaften. Göttingen 1910: Huth. 52 S. 8°
Göttingen, Jur. Diss. v. 10. Febr. 1910, Ref. Ehrenberg
[Geb. 8. März 85 Pleskau, Rußland; Wohnort: Pleskau; Staatsangeh.: Preußen; Vorbildung: Gymn. Pleskau Reife Juni 03; Studium: Berlin 3, Marburg 1, Göttingen 2 S.; Rig. 24. Jan. 10.] [U 10. 1327

Boetzeten, Ernst: Über das Hydrazid ... ,
s. Boetzelen, Ernst

v. Botzheim, Fr. Edw., († d. 20. März 1802.) s. Reichsadel, vom deutschen.

Botzian, Anton [Zahnarzt in Oppeln]: Einiges über Saprophyten der Freiburger Abzugskanäle im Winter. . . . Berlin, Druck: Marg. Jedeck (1889); 14 S. 8°
Freiburg i. B., Phil. Fak., Inaug.-Diss. v. 1889

Bötzkes, Wilhelm: Die Seidenwarenproduktion und der Seidenwarenhandel in Deutschland. Tübingen 1909: Laupp. VIII, 103 S. 8° ¶ (Ersch. vollst. als: Zeitschr. f. d. gesamte Staatswissensch. Erg.H. 31.)
Leipzig, Phil. Diss. v. 6. April 1909, Ref. Bücher, Schmid
[Geb. 19. Juli 83 Breyell; Wohnort: Breyell; Staatsangeh.: Preußen; Vorbildung: Gymn. Viersen Reife O. 04; Studium: Paris 1, Berlin 2, München 1, Leipzig 5 S.; Rig. 15. Dez. 08.] [U 09. 2927

Botson, Louis, sur le langage actuel de Paris. Essai linguistique. 4. (21 S.) Frankfurt a. O. 878, Harnecker und Comp. *

Botzon, Ludwig

Botzon: Sophroneorum mimorum reliquias conquisivit, disposuit, explanavit. 27 S.
Progr. Marienburg 1867.

Botzon, Ludw., Sophroneorum mimorum reliquias conquisivit, disposuit, explanavit. Marienburg 867. Hommpel. 4. (29 S.) n. 10 ngr.

Botzon: De Sophrone et Xenarcho mimographis. 42 S.
Progr. Lyck 1856.

Botzon, (Car. Ioan.) Ludov. (geb. Danzig 10. 6. 1828): Quaestionum mimicarum specimen. Berolini (1852). (38 S.) 8°
Berlin, Phil. Diss. v. 17. Febr. 1852

Botzong, Carl, approb. Arzt aus Lambrecht ⟨Rheinpfalz⟩: Über Bildung maligner Geschwülste an der Cervix uteri nach Amputatio uteri myomatosi supravaginalis. *Berlin (1902): G. Schade.* (30 S.) 8°
Berlin, Med. Diss. v. 19. Dez. 1902

Bötzow, Conrad

Bötzow C.: Der Einfluss d. Bodenbeschaffenheit auf Stand u. Entwickelung d. preussischen Viehhaltung in den Jahren 1819 bis 1873. Diss. (Tübingen). Berl. 1879. 32 S. 4°.

Bötzow, Conr., Grundriß der Reichs-Verfassg., sowie der hamburgischen Verfassg. u. Verwaltg. 1. u. 2. Aufl. 8. (à 68 S.) Hamburg 902. L. Boß. n. 1. —

Bötzow, Conrad, Die Wohnungsfrage in England. Schriften d. Ver. f. Sozialpol., Bd. 97. gr. 8°. Leipzig 1901.

Bötzow, Richard *Christian Hugo* [Referendar]: Sind nach gemeinem Recht die ädilicischen Rechtsmittel auch bei einem Genusskaufe zulässig? . . . Greifswald, Druck v. F. W. Kunike, 1891; 2 Bl., III, 60 S. 8°
Greifswald, Jur. Fak., Inaug.-Diss. v. 1891

Bouard, Baronne de, Prinz Alex. Roman. Autoris. Übersetzg. aus dem Franz. Von Wilma Wera. (281 S.) 8. Paderborn (907). F. Schöningh. 2.80; geb. 3.60

Bouard, Baronin S. de, die Katakomben v. Gaëta. Mit 5 Vollbild. v. Andr. Untersberger. (189 S.) 8. Heiligenstadt 909. F. W. Cordier. 2.—; geb. in Leinw. 3.—

Boubée, Jos.: Die tägl. Kommunion a. Liebe z. göttl. Herzen Jesu. s: Sendboten-Broschüren.

Boubée, N. Denkschrift über Akerbau-Geologie. Frei übersetzt und mit einem Nachwort versehen von A. Fr. Grafen Marschall. (Aus d. Jahrb. der k. geol. Reichsanst.) Wien. 1850. 4.

Boubée, N., Elemente d. Geologie, od. Grundzüge d. Zusammensetzung u. allmäl. Bildung d. Erdrinde; angewendet auf Ackerbau u. Gewerbe. Nebst e. klein. Wörterbuche d. Kunstausdrücke d. Geologie u. deren Hülfswissenschaften. A. d. Franz. Für Gymnasien, Schulen u. d. Privatunterr. M. 1 geolog. Uebersichts-Kärtchen. gr. 12. (11½ B.) Weimar 837, Landes-Ind.-Comptoir.

Boubier, M: Internaciona biologial lexiko en Ido, Germana, Angla, Franca, Italiana ed Hispana. Internat. biolog. Lexikon in Ido, Deutsch, Englisch, Französisch, Italienisch u. Spanisch. (Linguo internaciona di la delegitaro [sistemo Idol.) (5, 73) 8° Jena, G Fischer '11. 1.50

Boubrig, Jh. Sam. Fr., die heiligen Abende. Mit 1 Kpf. 16. Dorpat.

Boubrig, Jh. Sam. (Fr.), über zwei geistl. Liedersammlungen unserer Zeit, die man in den evangel. Gemeinen mit besond. Eifer verbreitet u. sogar zum Range kirchl. Bücher zu erheben versucht hat. gr. 8. Riga 835. (Frantzen.) ⅓ ℔

Boubrig, J(oh.). S(am.)., über zwei geistl. Liedersammln. uns. Zeit, die man in d. evangel. Gemeinen mit besond. Eifer verbreitet u. sogar zum Range kirchl. Bücher zu erheben versucht hat. gr. 8. (4¼ B.) Riga 835, (Kummel.) *

Boubrig O.: Einige Worte üb. die Seuchentilgung in den inneren Gouvernements Russlands. Dorpat 1860. 12 S. (Særtr.). P.

Bouc, Louise

Bouc, L., Abécédaire français illustré, s. Bibliothèque, nouvelle, illustrée.

Bouc, Mlle. Louise, le livre d'or I. Abécédaire français illustré pour les petits enfants. Nouvelle méthode de lecture propre à développer l'intelligence et la mémoire des enfants et à les instruire tout en les amusant. Avec préface de Ch. Vogel et F. Flügel. 5e et 6e édit., augmentée et corrigée. Ornée de 300 jolies gravures, d'un frontispice etc. Avec un supplément: la boîte typographique. gr. 8. (VI, 112 S.) Leipzig 1876,81, Spamer. * 1 50
cart. * 2 —

Bouc, Louise, de livre d'or I. Abécédaire français illustré pour les petits enfants. Nouvelle méthode de lecture propre à développer l'intelligence et la mémoire des enfants et à les instruire tout en les amusant. Avec préface de Ch. Vogel et F. Flügel. 7. éd., augmentée et corrigée. Ornée de 300 jolies gravures, d'un frontispice, etc. Avec un supplément: La boîte typographique. 8. (VI, 112 S.) Leipzig 885. Spamer. n. 1. 50; geb. n. 2. —

Bouc, Mlle. Louise, le livre d'or I. Abécédaire français illustré pour les petits enfants. Nouvelle méthode de lecture propre à développer l'intelligence et la mémoire des enfants et à les instruire tout en les amusant. Avec préface de Ch. Vogel et F. Flügel. 8. éd., augmentée et corrigée. 8. (VI, 112 S. m. farb. Titel u. 1 Farbendr.) Leipzig 893. O. Spamer. n. 1. 50; kart. n.n. 2. —

ABC. – Bouc, Mlle Louise. Le Livre D'Or I: *Abécédaire* français illustré pour les petits enfants ... 9me éd., augm. et corr. Ornée de 300 jolies gravures, d'un frontispice etc. Leipzig, Spamer [c. 1880]. 4 Bl. 112 S. Farb. Orlwd. 9.—

Bouc, Louise, le livre d'or I. Abécédaire français ill. pour les petits enfants. Nouvelle méthode de lecture propre à développer l'intelligence et la mémoire des enfants et à les instruire tout en les amusant. Avec préface par Ch. Vogel et F. Flügel. 10. éd., augmentée et corrigée. Ornée de 300 jolies gravures, d'un frontispice etc. gr. 8. (VI, 112 S.) Leipzig 898. O. Spamer. n. 1. 50; geb. in Leinw. n.n. 2. —

Bouc, Louise, le livre d'or I. Abécédaire français illustré pour les petits enfants. Nouvelle méthode de lecture propre à développer l'intelligence et la mémoire des enfants et à les instruire tout en les amusant. Avec préface de Ch. Vogel et F. Flügel. 11. éd., augmentée et corrigée. Ornée de 300 jolies gravures, d'un frontispice etc. gr. 8. (VI, 112 S.) Leipzig (900). O. Spamer. n. 1. 50; geb. in Leinw. n.n. 2. —

Bouc, Mlle. Louise, Le livre d'or I. Abécédaire français illustré pour les petits enfants. Nouvelle méthode de lecture propre à développer l'intelligence et la mémoire des enfants et à les instruire tout en les amusant. Avec préface de Ch. Vogel et F. Flügel. 12. et 13. éd. Ornée de 300 jolies gravures, d'un frontispice etc. (à VI, 112 S.) 8. Leipzig (904—906). O. Spamer. n. 1. 50; geb. in Leinw. n.n. 2. —

Bouc, Mlle. Louise, le livre d'or I. Abécédaire français illustré pour les petits enfants. Nouvelle méthode de lecture propre à développer l'intelligence et la mémoire des enfants et à les instruire tout en les amusant. Avec préface de Ch. Vogel et F. Flügel. 14. éd. [Titel-Aufl.] Ornée de 300 jolies gravures, d'un frontispice etc. (VI, 112 S.) 8. Leipzig [906] (910). O. Spamer. Geb. in Leinw. 2.—.

Boucek, Bohumil, die Cholera im Podobrader Bezirke. Eine epidemiolog. Studie. Aus dem Böhm. übers. v. K. Maade. Mit Plänen der Städte Podebrad, Sadska, Pecky u. 38 Gemeinden des Podobrader Bezirkes. gr. 8. (III, 48 S.) München 894. J. F. Lehmann's Verl. n. 2. —

Boucek, B. Die Cholera im Podebrader Bezirke, eine epidemiologische Studie, aus dem Böhmischen übersetzt von *K. Maade.* Mit Plänen der Städte Podebrad, Sadska und 38 Gemeinden des Podebrader Bezirkes. In-8°. 48 S. Zürich-Oberstrass, E. Speidel. **1894** 2 50

Bouchal Dr. A.: Entwickelung der wechselseitigen Beziehungen Österreichs zu Böhmen und Ungarn zur Zeit der Babenberger in pragmatischer Darstellung. 07. 89. 90. Znaim R. 02—04. Progr.

Bouchal, A.: Der schlesische Imker, s. Imker

Bouchard, Alfred, d. vollkommene Parfümeur. Nach d. Franz. 16. (8 B.) Nordhausen 843, Fürst.

Bouchard, Alfred, der vollkommene Parfümeur. Oder: gründliche und erprobte Anweisungen, alle vorzügl. Pomaden für die Haare, den Teint, die Lippen und die Hände; die feinsten Räuchermittel etc. und die besten Toilettenseifen im Großen und im Kleinen zu fabriciren. Nach dem Franz. 2. (Titel-)Ausg. 8. (127 S.) Quedlinburg 849, Ernst'sche Buchh.

Bouchard, Ch. Essai d'une théorie de l'infection. Maladie Guérison. Immunité. Virus. Vaccins. gr. 8. (19 S.) Berl. 890, Hirschwald. * — 60
Aus: Verhandlgn. d. X. internationalen med. Congress, besonders abgedruckt.

Bouchard, Ch., über die Methode in der Therapeutik. Mit Bewilligung des Verfassers ins Deutsche übertragen von Jul. Grosser. gr. 8. (III, 46 S.) Berlin 881, Grosser. * 1 —
Aus: Deutsche Medicinal-Zeitung, besonders abgedruckt.

Bouchard-Husard, L., s.: Chaptal, J. A.

BOUCHARDAT, APOLLINAIRE.
Die Chemie in ihrer Anwendung auf Künste und Gewerbe. Aus dem französischen übersetzt und mit vielen Zusätzen und Nachträgen bereichert von G. Kissling. Ludwigsburg, 1845. 8vo.

Bouchardat, A., die Chemie in ihrer Anwendung auf Künste und Gewerbe. Aus dem Französ. von G. Kißling. Mit 52 in den Text gedruckten Abbild. (In 4 Liefgn.) gr. 8. Ludwigsburg 845, Nast'sche B. (Leipzig, Herbig.) Subscr.-Pr. à n. 2/3 ℛ

Bouchardon, s. Boucher, François.

Bouchardy, Gaspardo d. Gondelier. Schausp. in 4 Aufz. nebst Vorsp. N. d. Franz. v. Aug. Gathy. gr. 12. (7 B.) Hamburg 837, (Hoffmann u. Campe.)

Boucharlat, (J. L.) Anfangsgründe d. Differential- u. Integral-Rechnung. A. d. Französ. von F. F. Göbel. Mit 6 Steintaf. gr. 8. Frankf. 823, Andreä.

Boucharlat, J. L., populaire Mechanik für Schule und Haus. In 4 Thln. Mit einer Menge von Abbild. Nach der 3. Aufl. aus d. Franz. von G. Kißling. 4 Thle. Mit 10 Taf. Abbild. Herausgeg. von der „Gesellschaft z. Verbreitung guter und wohlf. Bücher.“ 16. Stuttgart 846, Scheible, Rieger und Sattler. 24 n𝒳

Bouchaud, antiquités poétiques ou dissertat. sur les poëtes cycliques. 8. Leips. Wolf et Comp.

Bouché: Blumenzucht, s. Bouché, Peter Friedrich

Bouché: Handbuch des Gemüse- und Obstbaues, s. Bouché, E.

Bouché, C., s. Braun, A.: Ind. sem.

Bouché, C. B., s. a. Bouché, Karl Paul

Bouché, C. B., und Herm. Grothe, die Nessel als Textilpflanze. [Im Auftrage der Commission für den Nesselbau in Deutschland.] gr. 8. (28 S.) Berlin 877, Springer.

Bouché, CB, u. H Grothe, Ramie, Rheea, Chinagras u. Nesselfaser. Ihre Erzeugg. u. Bearbeitg als Material f. d. Textilindustrie. 2. Afl., bearb. v. H Grothe. 8. (156 m. H.) Berl. 84, Springer. 4. 4. —

Bouché, C. P., s. Bouché, Karl Paul

Bouché, Carl Dav., u. Jul. Bouché, Bau- u. Einrichtung der Gewächshäuser. Ein Handbuch f. Gärtner u. Baumeister. Mit Unterstützg. der königl. Ministerien f. Landwirthschaft, Domänen u. Forsten, u. der öffentl. Arbeiten. gr. 8. (IX, 362 S. m. 1 cart. Atlas v. 29 Steintaf. in qu. Fol. u. 53 S. Erklärgn.) Bonn 886. Strauß. n. 24. —

Bouché, Carl David, die Blumentreiberei, od. prakt. Anleit. z. Erziehung u. Pflege d. Gewächse, welche vom Herbst bis Frühling, sowohl in Treibhäusern, als auch im Zimmer, künstlich z. Blüthe gebracht werden können; nebst einer Uebers. der bei d. Treibgewächsen vorkomm. monatl. Arbeiten u. ein. Anleit. zur Aufstell. der Gewächse. Ein Handb. f. Gärtner u. Blumenfreunde rc. gr. 12. (16 B. u. 4 Kpfrt.) Berlin 842, Nicolaische Buchh.

Bouché jun., David, prakt. Anleitung zur Treiberei d. Zwiebel-Gewächse im Zimmer. gr. 12. (1 B.) Berlin 839, Bade.

Bouché, E., Handbuch des Gemüse- und Obstbaues. Für Landwirthe und besonders zum Gebrauche auf landwirthschaftl. Schulen. gr. 8. (XII, 165 S.) Leipzig 872, Quandt und Händel. *

Bouché, E. (Red.), s. Mittheilungen der Section für Gartenbau des Vereins für Land- und Forstwirthschaft im Herzogthum Braunschweig.

Bouché, Fr., gärtnerische Plankammer, s. a. Bertram, M.

Bouché, Fr. (Hrsg.), s. a. Plankammer, Gärtnerische.

Bouché, Friedrich, appr. Arzt: Gegenseitige Beeinflussung von Adrenalin und Verdauungslösungen. Freiburg i. B.: Hammerschlag & Kahle 1909. 27 S. 8°
Freiburg i. B., Med. Diss. v. 1909, Ref. Straub
[Geb. 9. Nov. 80 Dresden; Wohnort: Freiburg i. B.; Staatsangeh.: Sachsen; Vorbildung: Kreuzschule Dresden Reife O. 99; Studium: Halle 5, Berlin 2, Halle 3 S.; Coll. 15. Jan. 09; Approb. 1. Febr. 08.] [U 09. 908

Bouche, H. de la, Brief an Garson, d. Verbesser. d. Brevieres betr. 8. Frankf. Varrentrapp. 780.

Bouché, J., der Gemüsebau, s. a. Bibliothek, landwirthschaftliche.

Bouché, J., der Gemüsebau. Eine prakt. Anleitung zur Erziehung und Cultur sämmtl. Gemüse und Küchengewächse. 2. durchgeseh. und verb. Aufl. gr. 8. (VII, 167 S.) Leipzig 885, H. Voigt. *

Bouché, J., der Gemüsebau. Eine prakt. Anleitg. zur Erziehg. u. Cultur sämmtl. Gemüse u. Küchengewächse. 3. (Titel-)Aufl. 8. (VII, 167 S.) Leipzig 889. H. Voigt. n. 2. 40

Bouché, J. (Red.), s. Monatsschrift des Gartenbau-Vereins zu Bonn.

Bouche, Jul.: Die insectenfressenden Pflanzen. Bonn 1884

Bouché, Karl Paul, II. Beleuchtung d. bisher verfolgten Systems, d. Inhalt d. Preises zu bestimmen. Ein Anh. z. Quadratur d. Zirkels. Mit 1 Steindr. gr. 8. Berl. 824. Petri. 6 𝒳

— die Kugel. Dargestellt u. berichtigt. Mit 1 Steintaf. gr. 8. Berlin 825, Petri.

— die Kugel. Dargestellt u. berichtigt. Mit 1 Steintaf. gr. 8. Berl. 826. Petri. 8 𝒳

Bouché, Karl Paul: Die Quadratur des Zirkels. Berlin: Petri 1824. 32 S. 8°

Bouché, Carl Paul, d. Zimmer- u. Fenstergarten, od. kurze u. deutl. Anleit., d. beliebtesten Blumen- u. Zierpflanzen in Zimmern u. Fenstern ziehen, pflegen u. überwintern z. können. Nebst e. Anweis. z. Blumentreiberei u. z. e. f. alle Monate geordneten Behandl. d. in diesem Werke vorkomm. Gewächse. Vermehrt durch e. Anh.: Betracht. üb. d. Stadtgarten, od. Anweis. z. mögl. Benutz. d. Räume hinter u. zwischen Gebäuden in Städten. 8. Berlin, 1808. (Reutlingen, 1810). 2. Aufl. 1811. 3. Aufl. 1817 4. Aufl. 1820. 5. Aufl. 1822. Maurer. 1. — 6. Aufl. Leipzig, 1833. Nauck. 1. 5

—— der Zimmer- u. Fenstergarten, od. kurze u. deutl. Anleit., d. beliebt. Blumen u. Zierpflanzen in Zimmern u. Fenstern ziehen, pflegen u. überwintern zu können. Nebst e. Anweis. z. Blumentreiberei u. zu e. f. alle Monate geord. Behandl. d. in dies. Werke vorkomm. Gewächse. Verm. durch e. Anh.: Betrachtn. üb. d. Stadtgarten, od. Anweis. zur mögl. Benutz. d. Räume hinter u. zwischen Gebäuden in Städten. 6., verb. u. verm. Aufl. 8. (27 B.) Leipzig 833, Nauck.

— d. Zimmergarten im Grossen, namentl. d. Obst-Treiberei in ihrem ganzen Umfange, als letzter Anh. z. Zimmer- u. Fenstergarten. Mit e. Vorbericht in Bez. auf d. Preisfrage: »Welche Laubhölzer sind statt d. Pappeln u. Weiden anzuwenden«? Mit 3 Abb. in Steindr. 8. Berlin, 1825. (Hayn.) — 15

Bouché, Karl Paul, I. († d. 9. Sept. 1819.) d. Zimmergarten im Großen; namentlich d. Obst-Treiberei in ihrem ganzen Umfange, als letzter Anhang z. Zimmer- u. Fenstergarten. Mit e. Vorbericht in Bezieh. auf d. Preisfrage: „Welche Laubhölzer sind statt d. Pappeln u. Weiden anzuwenden?“ Von dems. Verf.: Mit 3 Steindr. 8. Berl. 825. Maurers B. 12 𝒳

Bouché, Carl Paul, d. Zimmergarten im Großen rc. jetzt (835.) Berlin, [Hayn.]

Bouché, Pet. Friedr., d. Behandl. d. Pflanzen im Zimmer u. in kleinen Gärten, od. Hülfsb. f. Gartenliebhaber, enth. e. vollständ. Verzeichniss aller Zierpflanzen, mit genauer Angabe ihrer Zucht u. Veredlung, nebst e. Anweis. z. zweckmäss. Benutzung aller Räume bei Anlegung d. Gärten, Lauben, Treibhäuser etc. gr. 8. Berlin, 1840. 2 T.-Ausg. 1855. Gärtner. 2. —

—— Blumen f. meine Freunde. (Gedichte.) gr. 12. (5½ B.) Berlin 837, Herbig

—— die Blumenzucht, s. Handbibliothek f. Gärtner, 4. Abthl.

— u. Bouché, C., d. Blumenzucht in ihrem ganzen Umfange. Eine prakt. Anleit. z. Erziehung u. Wartung d. Blumen im Freien, in Glas- u. Treibhäusern, wie auch im Zimmer. (Abth. d. Handbibliothek f. Gärtner etc.) 3 Thle. 8. Berlin, 1837 u. 38. 2. Aufl. 1854—56. Herbig. 6. 20

— und C. Bouché, die Blumenzucht in ihrem ganzen Umfange. Eine praktische Anleitung zur Erziehung und Wartung der Blumen im Freien, in Glas- und Treibhäusern, wie auch im Zimmer. Nach den neuesten Ansichten und eigner vieljähriger Erfahrung bearbeitet. 2. ganz umgearb. Aufl. 3 Bde. Berlin 854—56. Herbig. 8. (X, 700; 828; 964 S.) n. 6 ₰ 25 ngr

— s. auch Handbibliothek für Gärtner IV. Abthlg.

Bouché, P. Fr., Naturgeschichte d. schädl. u. nützlichen Garten-Insekten u. d. bewährt. Mittel z. Vertilgung d. ersteren. 8. (11½ B.) Berlin 833, Nicolai.

BOUCHÉ, P. Fr.: Naturgeschichte der Insekten, besonders in Hinsicht ihrer ersten Zustände als Larven und Puppen. 1. Lfg. - Berlin 1834. 215 S., 10 Taf.

Gottes Tempel. [Von Peter Friedrich Bouché.] o. O. u. J. 2 Bl. 8°. [Kopftit.]
„Was mühst du dich, um Tempel zu erbauen" ...

Bouché von Clügny, s. Bouché von Cluny

Bouché von Cluny, J. B.

Bouché v. Clügny, J. B., Christus u. d. Papst od. d. Evangelium u. seine Diener. Deutsch v. Ludw. Hain. gr. 8. (6½ B.) Leipzig 846, Naumburg. *

Bouché von Cluny, J. B., der Götzendienst im röm. Papstth. und Christi Triumph. Aus dem Franz. Mit einem einleit. Vorwort. 8. (226 S.) Leipzig 847, [Bibliopolische Anstalt.]

Bouché v. Cluny, J. B., d. Götzendienst im röm. Papstth. u. Christi Triumph. A. d. Franz. Mit e. einleitend. Vorwort. 8. (226 S.) Leipzig 847, Kori. 24 ngr

—— Sendschreiben an Papst Pius IX. Deutsch v. Ludw. Hain. gr. 8. (1½ B.) Leipzig 846, Brauns *

Bouché-Leclerq, A., Placita Graecorum de origine generis humani collecta, digesta et explanata. gr. 8. (VII, 83 S.) Paris 872, Franck. *

Boucheuröder, Freiherr v., Major. Signalkunst für Armeen als ein Beitrag zur Kriegskunst. Nebst einer Anzeige, wie Depeschen und mehrere Briefe zugleich geschwinder verschickt werden können, als wie durch Eilboten möglich ist. Desgleichen der Anzeige, wie Luftballons bei Armeen und Vestungen zu gebrauchen und zu dirigiren sind. (Mit 4 Tabellen.) 8. Hanau 1795.

Boucher, sichere Heilung des Rheumatismus! Eine allgemeinfaßliche Belehrung über den Rheumatismus und seine Heilung durch die Betty Behrens'schen electro-magnetischen Heilkissen. Querfurt 861. Burow. 8. (24 S.) n. 5 ngr

Boucher, sich. Heilg d. Rheumatismus! 8. (24) Querf. 61, Roetscher. n. — 5

Boucher, institutions commerciales, traitant de la jurisprudence marchande et des usages du négoce etc. 4. Paris, Schoell.

Boucher: Meisterbilder, s: Weicher's Kunstbb.

Boucher, Adolf, Erzählungen der Kindheit u. Jugend. Das Gewissen. Der kleine Brandstifter. Aus d. Franz. 8. (9 B. u. 4 Stnt.) Leipzig 846, Hinrichssche Buchh.

—— dramat. u. romant. Geschichte d. Jesuiten, s. Geschichte.

Boucher, Adolphe. Dramatische und romantische Geschichte der Jesuiten von der Gründung des Ordens bis auf unsere Tage. Nach dem Französischen. Tübingen 1846. Ü: *Friederich, Joh. Conrad.* (Ebrard, Fr. Cl. & L. Liebmann: Johann Konrad Friederich. Frankfurt a. M. 1918. S. 302)

— s. Geschichte d. Jesuiten.

Boucher, Adolphe. Geschichte der Jesuiten von der Gründung des Ordens bis auf unsere Tage. Neue wohlfeile Ausgabe. Tübingen 1852. Ü: *Friederich, Johann Conrad.* (Ebrard, Fr. Cl. & L. Liebmann: Joh. Konrad Friederich. Frankfurt a. M. 1918. S. 303)

Boucher, Arth.: Die französ. Offensive gegen Deutschld. Übers. m. e. Übersicht d. Korps-Einteilg v. Frankr. u. 3 Situationspl. 4—10. Taus. (8, 93) 8° Oldenbg, G Stalling's V. ('11). 1 — d

Boucher's, François, Biographie und Charakteristik, s. Dohme, R.

Boucher, François. Amoretten u. decorative Figuren. 7 Lfgn. Imp.-Fol. (50 Lichtdr.-Taf.) Berl. 890, [Claesen & Comp.] Hessling u. Spielmeyer. In Mappe à Lfg. * 5 —; * 35 — compl. in Mappe * 36 —

— amours et pastorales, reproduction en fac-simile par F Bellanger. I. et II. série. 8° (à 16 farb. Taf.) Paris 93. (Plauen, CStoll.) à 16 —

Boucher, François. 53 Bl. Lichtdr. n. Kupferstichen u. Originalen a. d. „Albertina". Fol. (1 Bl. Text.) Wien 895. Gerlach & Schenk. In Segeltuchmappe n. 25. —

— die Charakterköpfe der Trajanssäule. Motive zur Ausführg. in Stein, Stuck, Eisen, Bronze, Holz, Thon etc. 11 Taf. Fol. Ebd. 888. In Mappe. n. 12. —

— d. Characterköpfe d. Trajanssäule. Motive z. Ausführg. in Stein, Stuck, Eisen, Bronze, Holz, Thon etc. 2. [Titel-] Aufl. Fol. (11 Taf.) Berlin (888) 890. B. Hessling. In Mappe n. 12. —

—— Decorative Malereien, s. Soubise, Schloss.

Die Meisterbilder von [François] Boucher ⟨1703–1770⟩. Eine Auswahl von 60 Reprod. nach Orig.-Aufn. Berlin: Weicher 1910. 65 S. 8°
(Weichers Kunstbücher. Nr 39.)
[11. 10330

— Huet, Bouchardon u. A., photolithographische Reproductionen der interessantesten Stiche aus dem Kupferstichwerke des Gilles Demarteau. Ein Motivenwerk für Decorations-, Porzellan- u. Ledermaler, Zeichner, Lithographen, Bronzewaarenfabrikanten, Elfenbeinschnitzer, Bildhauer, Modelleure, sowie für alle, die sich des figürl. Ornaments bedienen. 5 Lfgn. (à Lfg. 5 Bl. Photolithogr.) Fol. Berlin 886. Claesen & Co. cplt. in Mappe: n. 25. —

—— Wandmalereien im Boudoir der Pompadour im Schlosse Crécy, s. Meister, alte.

Boucher, G. Le, Systematisches Wörterbuch der italienischen Umgangssprache. [Die Kunst der Polyglottie. 97. Teil.] 8°. (VIII, 181 S.) Wien: Hartleben 1909. geb. K 2.20

Boucher, Paul: Das Braugewerbe in Elsaß-Lothringen. Diss. Erlangen. Forbach i. Loth. 1910

Boucher, Raoul le. Roman v. Dolorosa. — Eckerndorf, Fritz: Theater-Karriere. Eine Liebes-Humoreske. (128) kl8° Berl., Weber-Haus'11. (Erloschen, Komm.: Volckmar.) 1 —; geb. 1.50 u. 2 — d
Zum Tl verramscht an Alfr. Richter, Halle a/S., Röpziger Str. 193 I.

Boucheron, Martial, un ut de poitrine. 2 Vols. (Suivi des Les aventures d'un panier de pêches par Philibert Audebrand.) 16. (315 S.) Paris 850(57.) (Leipzig, Gerhard.)

Boucheroni, Caroli, de Thoma Valperga Calusio. (Praemissa est vita Caroli Boucheroni a Thoma Vallaurio conscripta.) 8 maj. Tubingae 839. Osiander. $^5/_{12}$ ₰

Bouchéu, J. (Red.), s. Jahrbuch, Rheinisches, für Gartenkunde und Botanik.

Bouchholtz, Chr.: Das rote Buch. Purpurne Erzählgn. (148) 8° Strassbg, O Rasch ('11). 1.80; geb. 2.50 d

Buochholtz, Friedrich Georg August

Bouchholz: Vollständige Abhandlung üb. die Kuhpocken, das wahre Schutzmittel gegen Blatteransteckung ... Berl. 1802. (25) 507 S.

Bouchholz, Fr. Geo. Aug., († d. 26. Aug. 1802.) vollständ. Abhandl. über d. Kuhpocken. gr. 8. Berl. 802. (Kummer in Lpz.) 2 ₰

— Diss. inaug. Analecta de variolis. Spec. I. 8 maj. Gött. 791. Dieterich. 4 gr

— u. J. H. Becker, Auszüge aus d. neuesten medicin. Probe- u. Einlad.-Schriften. 1r Bd. 4 Hefte. gr. 8. Altona 796, 97. Hammerich. 1 ₰ 16 gr

Bouchholz, Cr. Fr., († d. 23. Jan. 1790.) Freiheit u. Eigenthum der Bauern in den Domainen rc. 3 Stcke. 8. Schwerin 787, 88. Bärensprung. 17 gr

Bouchmil, Ovschia-Eschil. Origines et création de la Banque nationale suisse ⟨1834—1905⟩. 279 p. 8. Montpellier, Gustave Firmin, Montane & Sicardi, 1906.
Ed. A: Université de Montpellier. Faculté de Droit. Thèse pour le Doctorat par O'-E' B'....
Ed. B: Par O[vschia-Eschil] B', docteur en droit.

Bouchot, Henri, Diplome u. Adressen französischer Künstler. Eine Sammlg. v. 104 Blättern, zusammengestellt auf 32 Lichtdr.-Taf. Fol. Stuttgart (901). J. Hoffmann. In Mappe n. 26. —

Bouchu: Abhandlung von den Eisenhammern ..., s. Courtivron, von

Bouchut, E., Handbuch der Kinderkrankheiten nebst einer Abhandlung über Diätetik und physische Erziehung. Nach der 2. französ. Originalaufl. deutsch bearb. u. reichlich mit Zusätzen versehen von B. Bischoff. Mit einem Vorwort von Fr. Rinecker. (Mit Abbildgn.) Würzburg 854. Stahel. Lex.-8. (XXXII, 914 S. u. 1 lith. Taf.) n. 3 ₰ 6 ngr

Bouchut, Ed., Handbuch der Kinderkrankheiten. Auf Grund der 3. Aufl. des traité pratique des maladies des nouveaux-nés et des enfants à la mamelle bearb. von B. Bischoff. 2 Lfgn. 2. Aufl. Lex.-8. (1. Lfg. 384 S.) Würzburg 860, Stahel'sche Buchh. *

Bouchut, theoretisch-practisches Handbuch der Kinderkrankheiten nebst einer Abhandlung über Diätetik und phys. Erziehung. Nach der 2., französ. Originalaufl. deutsch bearb. und reichlich mit Zusätzen versehen von B. Bischoff. 2 Abthlgn. Lex.-8. (XXXII und 914 S. mit 1 Stnt.) Würzburg 854, Stahel'sche Buchh. *

Bouchut, E., die Todeszeichen u. die Mittel, vorzeitige Beerdigungen zu verhüten. Vom Institut de France gekrönte Preisschrift. Aus d. Franz. übers. v. Fr. Dornblüth. Mit 1 lith. Taf. 8. (XX u. 344 S.) Erlangen 850, Palm & Enke. 1 ₰

(Bouchut, E.), die untrüglichsten Zeichen des Todes u. Scheintodes, oder: Sicherstellung, um nicht scheintodt begraben zu werden. Mit interessanten Fällen und Geschichten. Nach der französ. Preisschrift von Bouchut. Für Aerzte und Laien. Gratz 853. (Dirnböck u. Mühlfeith.) 8. (1 Bl., 27 S.) 9 ngr

Bouchwaldt [Buchwald], Detleff von: Die thränende Wehmuth ... [Trauergedicht auf Catrina von Bouchwaldten, geb. Reventlowen, † 9. April 1716, beigesetzt am 26. Juni 1716.] — Plön 1716: Reuss. 2 Bl. 4°

Boucicault, D, old head and young hearts, — London assurance, } s.: Theatro, engl.

Boucke, Ewald [aus Bremerhaven]: P. Augustin Dornblüths Observationes ... München, Druck v. Seitz & Schauer, 1895; 74 S., 1 Bl. 8.
Freiburg i. B., Phil. Fak., Inaug.-Diss. v. 1805

Goethes Weltanschauung auf historischer Grundlage. Ein Beitrag z. Geschichte d. dynamischen Denkrichtung u. Gegensatzlehre von Ewald A. **Boucke,** Prof. Stuttgart: F. Frommann 1907. (XXI, 459 S.) 8°

Wort und Bedeutung in Goethes Sprache. Von Ewald A. Boucke. *Berlin: E. Felber 1901.* (XV, 338 S.) 8°
— Forschungen, Litterarhistorische. H. 20.

Boucle, la, de cheveux. Opéra par Hoffmann, musique de Dalavrac. Brschw. et Petersb. Pluchart.

Boucomont, A: Scarabaeidae: Taurocerastinae, Geotrupinae, s: Coleopterorum catalogus.

Boucquoi, Georg von, s. a. Buquoi, Georg

Boucquoi, Georg Graf von: „Vorschlag, wie in jedem Staate ein auf ächten Nationalcredit fundirtes Geld geschaffen werden könnte . . . .", Leipzig 1819 (Breitkopf & Härtel). — Vorh.: Sächs. Staatsbibl. Dresden.

Bouczek Heinrich: De P. Ovidii Nasonis Fastorum, codicibus qui exstant in bibliotheca Vindobonensi Palatina.
II. 1900 PN 1294 Diss. Wien, Univ. 1566

Bouda, Friedrich, aus Zweibrücken: Über zwei Fälle von eigentümlicher angeborener Anomalie der Leberlappung. *Erlangen 1899: F. Junge.* (22 S.) 8°
Erlangen, Med. Diss. v. 5. Juli 1899

Bouda, A., die Pflanze in der decorativen Kunst. Eine Sammlg. v. Vorlagen pflanzl. Motive u. Anwendung deren Stilisation zur Ausfüllg. verschiedenartig begrenzter Flächen m. Rücksicht auf das Kunstgewerbe. 1. Thl. gr. Fol. (11 [10 farb.] Taf. m. III S. Text.) Prag (901). B. Kočí. n. 22. —

Bouda, A., die Pflanze in der dekorativen Kunst. Eine Sammlg. v. Vorlagen pflanzl. Motive u. Anwendg., deren Stilisation zur Ausfüllg. verschiedenartig begrenzter Flächen m. Rücksicht auf das Kunstgewerbe. 2. Tl. (12 farb. Taf. m. II S. Text.) gr. Fol. Prag (903). B. Kočí. n. 18. —
1. Tl. Ebd. 901. n. 22. —.

Bouda, Karl [aus Zweibrücken]: Über Massenwirkungen aromatischer Basen ... Erlangen, k. b. Hofbuchdr. v. A. Vollrath, 1893; 23 S. 8.
Erlangen, Phil. Fak., Inaug.-Diss. v. 1893

Boudard, Iconologie. 3 Ts. av. fig. gr. 8. Wien, Trattner. 766. (à 2 Rthlr.)

Bouderoy, Foug. de

— Kunst d. Schiefer aus Steinbrüch. z. brechen. m. K. gr. 4. Ebend. 763.

Bouderoy, Foug. de, Kunst d. vergoldet. u. versilb. Leder zu verfertigen. m. K. gr. 4. Glogau, Fr. Günther. 763.

Boudier, Emile, die Pilze in ökonomischer, chemischer und toxikologischer Hinsicht. Gekrönte Preisschrift. Mit Bewilligung des Verf. aus dem Französ. übertragen und mit Anmerkungen versehen von Th. Husemann. gr. 8. (X und 181 S. mit 2 Stnt. in qu. 4.) Berlin 867, G. Reimer.

Boudier, Emile, die Pilze in ökonomischer, chemischer u. toxikologischer Hinsicht. Gekrönte Preisschrift. Mit Bewilligung d. Verf. aus d. Französ. übertragen u. mit Anmerkungen versehen von Th. Husemann. Mit 2 lith. Taff. (in 4.) Berlin 868. G. Reimer. gr. 8. (X. 181 S.) 1 ℛ︎

Boudier de Villemert, P.J.

—— Boudoir. Eine Samml. intereſſ. Erzähln. u. Novellen berühmter Schriftſtellerinnen d. Auslandes. In freien Uebertragn. v. Frz. Joſ. Ad. Schneidawin. 1. u. 2. Bd. 8. (15 u. 12 B.) Neuhaldensleben 836, Eyraud. à 18 Gr.

Boudier de Villemer, Philoſophiſche Gedanken über die Natur, den Menſchen und die Religion. Aus dem Franzöſ. von Joſ. de Weldige, genannt Cremer. Münſter, Haſt u. Rieſe, 1841, 8°, 3 Mt.
Das Original erſchien 1789.

§ FRAUENZIMMER-FREUND, Der.
Le donne son venute in excellenza.
Di ciascum arte ove hanno
posto cura.
Ariost.
aus den Französischen (des *P. J. Boudier de Villemert*). Berlin, bey Johann Heinrich Rüdiger. 1759. (Dieser gestoch. Tit. von reizend ornamentirter Rokoko-Bordüre umgeben.) 8°. (In München: Rar. $^1/_{48}$ d.) (6 Mk. E. Frensdorff, c. 1904.)

Fehlt im Anon.-Lex. — Tit., 1 Bl. Widm. d. ungenannten Uebersetzers („An Madame C. F. M. C** g. B** in W***"), 2 Bll. „Vorerinnerung des Uebersetzers", 1 Bl. „Vorbericht" des ungenannten Verfassers, 2 weiße Bll., 1 Bl. Inh. der XII. Kap. 1. Von dem Zustande der Frauenzimmer in Absicht auf die Gesellschaft. 2. Von der Wissenschaft, welche sich vor das Frauenzimmer schickt. 3. Von den Beschäfftigungen des Frauenzimmers. 4. Von den Vergnügungen. 5. Von dem Aufwande des Frauenzimmers. 6. Von dem Putz des Frauenzimmers. 7. Von der Gemüthsart u. dem Charakter des Frauenzimmers. 8. Von der Liebe u. der Galanterie. 9. Von der Ehe. 10. Von der Kinderzucht. 11. Von den Tugenden des Frauenzimmers. 12. Beschluß.

Frühere Ausgabe: Ebd. 1756 (?). 8°. (Bibl. Martin. Berol. 1779. p. 98.) — Dritte Aufl. Ebd. 1761. 8°. 12 Bog. (Cat. Meissner I. p. 982.) (1 Mk. 25 Pfg. M. Edelmann, Nürnb. 1906.)

Französ. Orig.: L'ami des Femmes. A Paris, Quay des Augustins. 1758. 8°. 182 S. u. 1 Bl. (12 Mk., Ganzldrbd. a. d. Zt. mit Rückenpressung, E. Frensdorff, 1907.) Inhalt: Etudes des femmes dans la société. — Des occupations des femmes. — Des Plaisirs. — Du Luxe des Femmes. — De la parure des femmes. — Du caractère et de l'humeur des femmes. — De l'amour et de la galanterie. — Du mariage. — Education des enfans. — Vertus des femmes. — Conclusion. — Rep. ib. 1759 8°. (Gay I, 112: Seconde édition.) (1 Mk. 50 Pfg. Theod. Ackermann, Cat. 148.) — Genève 1759. pet. in-8°, vignette. (3 Kr. Bernh. Stern, Wien, 1901.) — Hambourg 1759. 12°. (Bibl. Dr. Gerritsen, Amsterd.), u. öfter.

Nicht zu verwechseln mit: Mädchenfreund (s. d.) .... 1762. (Uebers. von Bode des „L'ami des filles" des Gaillard de Graville.)

Boudin, Amédée, u. Felix Mouttet

Boudin, A., u. F. Mouttet, Geſchichte Ludwig Philipps I., ſ.a.: Geſchichte.

— — Geſchichte Ludwig Philipps I., Königs der Franzoſen. Aus d. Franz. überſ. v. A. Diezmann. 5–18. Lfg. 16. (1. Bd. S. 257–623. 2. Bd. 544 S.) Leipzig 847, Teubner. à $^1/_8$ ℛ︎ (cmplt. $2^1/_4$ ℛ︎)

Boudin, Amédée, u. Felix Mouttet, Geſchichte Louis Philipp I., Königs der Franzoſen, ſeine Jugend, ſeine Regierung u. ſein Fall. nach vertraulichen Mittheilungen des Königs verfaßt. Ueberſ. v. Karl Große. 4–20. Hft. M. 28 lith. Taf. (2 Bde. u. Suppl. 1: VI u. S. 193–626. 2: 570 S. — Suppl. 60 S.) Meißen 847. 48, Gödſche. à 7 ngℛ︎ (cmplt. $4^2/_3$ ℛ︎) — Mit e. Vorrede v. Fr. Steger. Neue vollſtänd. (Titel-)Ausg. 2 Bde. Mit (33) Illuſtrationen. 8. Ebd. 850. $1^5/_6$ ℛ︎

Boudin, Am. u Mouttet, Fel. Geschichte Ludwig Philipps, Königs der Franzosen. A. d. Französ. von A. Diezmann. 2 Bde. 8. Leipzig 1846–48. — A. d. Französ. von C. Grosse. M. Vorrede von Fr. Steger. 2 Bde. 8. Meissen u. Leipzig 1850.

—— —— Louis Philipp, ſeine Jugend, ſeine Regierung und ſein Fall, nach vertraulichen Mittheilungen des Königs verfaßt. Ueberſ. von Carl Große. Mit einer Vorrede von Fr. Steger. 2 Bde. Mit Illuſtrationen. Neue vollſtänd. (Titel-)Ausg. 8. (XII und 1250 S. mit 33 Stnt.) Meißen 847–48, Goedſche.

Boudin, J. Ch. M., Traité des fièvres intermittentes, rémittentes et continues, des pays chauds et des contrées marécageuses, suivi de recherches sur l'emploi thérapeutique des préparations arsénicales. gr. in-8. (23 B.) Leipzig 842, Brockhaus u. Avenarius. Thlr. *

—— Versuch ein. medicin. Geographie, od. Studien über die Gesetze d. geograph. Verbreitung der Krankheiten u. ihres gegenseitigen topograph. Verhaltens. Coïncidenz- u. Antagonismus-Gesetze. Deutsch nebst mehreren Bemerkungen v. A. Drey. gr. 8. ($8^1/_2$ B.) Erlangen 844, Palm u. Enke.

Das theoretische System von Karl Marx [Theoretical System of K. Marx in the light of recent criticism]. Von L. B[oudianoff] Boudin. Aus d. Engl. übers. von Luise Kautsky. Mit e. Vorw. z. deutschen Ausg. v. Karl Kautsky. Stuttgart: Dietz 1909. XX, 278 S. 8° (09. 3329

IM Boudoir kaiserlicher Hofdamen. Berlin, Verlag von Nelte, Böltje & Co., o. J. 8°. 48 S. (1 Mk. Raabe's Nachf., Königsb. i. Pr., 1885.)
Eigentlicher Titel: Galante Erlebnisse hochgestellter Damen. I: Im Boudoir.

Boudoir, eine Samml. intereſſ. Erzählungen u. Novellen berühmter Schriftſtellerinnen des Auslandes. In freien Uebertragungen v. Frz. Joſ. Ad. Schneidawin. 1r Bd. 8 Neuhaldensleben 836. Eyraud. $^3/_4$ ℛ︎ — 2r Bd. 8. Ebd. 837. $^3/_4$ ℛ︎ (1. 2.: $1^1/_2$ ℛ︎)

IM Boudoir. Geschichten schöner Weiber. Hamburg (c. 188*). 8°. (75 Pfg. Gust. Klötzsch, Lpz., 1885.)

BOUDOIR-Bibliothek für die galante Welt. 7 Bde. Altona, August Prinz (187*). Kl. 8°. (à Bd. 1 Rthl.)
I.: Liebesnächte. 3 Theile. — Bei verschlossenen Thüren.
II.: Eva im Beichtstuhl. 3 Theile. — 101 Liebhaber.
III.: Unverbesserlich. 2 Theile. — Therese! Liebesschwänke. 2 Theile.
IV.: Amanda, die gefällige Putzmacherin. — Cornelia, die hübsche Tingeltangel-Sängerin. — Bekenntnisse einer Tänzerin. — Leben und Lieben in Frankfurt a. M.
V.: Nur eine Biermamsell. — Nach dem Magdalenenstift.
VI.: Ballhauspflanzen, oder das rothe Teufelchen. — Hinter der Gardine. — Auf dem Bauernfängerfang. — Photographien ohne Retouche.
VII.: Liebes-Abenteuer einer Bühnenkönigin. — Berlin mit und ohne Gasbeleuchtung. — Nur eine Näherin.

BOUDOIR-Bibliothek für die ganlante Welt. 7 Bde. Altona, Verlags-Bureau (Aug. Prinz), o. J. (c. 1870 bis 1875). Kl. 8°. (à Bd. 1 Rthl.)
Auf Berlin bezüglich Bd. 6: Ballhauspflanzen, oder das rothe Teufelchen. — Hinter der Gardine. — Auf dem Bauernfängerfang. — Photographien ohne Retouche. — Ferner in Bd. 7: Berlin mit und ohne Gasbeleuchtung.

BOUDOIRGESCHICHTEN. Mit Illustrationen. Budapest, Grimm, o. J. 8°.
Mit illustriertem Umschlag.

Boudoirgeſchichten. 8. (98 S. mit Illuſtr.) Budapeſt 887. Grimm. n. 1. 50

BOUDOIRGESCHICHTEN. Heitere Erzählungen nach d. Ungarischen v. Asmodi. Budapest, Sam. Marcus, 1896. 8°. (Antiqu.-Pr. c. 2 Mk. 50 Pfg.)

Boudoir-Geſchichten, amüſante. 1. Bd.: Seltſame Geſchichten, fremd und eigen von Rud. Müldener. 8. (142 S.) Leipzig 874, O. Schulze. *

Boudoir-Geſchichten, amuſante. 2.–4. Bd. 8. Leipzig, O. Schulze. à Bd. * ℳ 1. *
Inhalt:
Bd. 2. Heinrich, Fr., von Nah und Fern. Novellen. (106 S.) 875.
" 3. Roſenberg, Heinr., Klein Liddy. Novelle. (136 S.) 875.
" 4. Herz, Manfr., Saltarella, die Königin des Ballets. (126 S.) 877.
1. Bd. Ebendaſ. 1874. * ℳ 1.

Boudoir-Kalender pro .... Wien: Perles.

Boudoir-Kalender pro 1893. I. Jahrgang. Feinste Ausstattung und hocheleganter Einband 1.25

Boudoir-Kalender pro 1894. II. Jahrgang. Feinste Ausstattung und hocheleganter Einband 1.25

Boudoir-Kalender pro 1895. III. Jahrgang. Feinste Ausstattung und hocheleganter Einband 1.25

Boudoir-Kalender pro 1896. IV. Jahrgang. Feinste Ausstattung und hocheleganter Einband 1.25

Boudoir-Kalender pro 1897. V. Jahrg. Feinste Ausstattung und hocheleganter Einband 1.25

Boudoir-Kalender für 1898, VI. Jahrg. 1.25

Boudoir-Kalender, Wiener, pro 1895. 3. Jahrg. gr. 16. (11 S.) Wien 894. M. Perles. In Prachtbd. m. Goldschn. n. 2.50

Boudoir-Kalender, Wiener, pro 1896. 4. Jahrg. 16° (11) Wien, M Perles. In Prachtbd m. G. 2.50

Boudoir-Kalender, Wiener, pro 1899. 7. Jahrg. 12. (11 S.) Wien, M. Perles. Mit Goldschn. n. 2.50

Boudoir-Lectüre für die fashionable Welt. Gesammt-Ausg. des Abbé Collbri. Herausgeg. v. E. M. Oettinger. gr. 16. Leipzig ..., R. O. Schulze. 1 ℛ 6 ngℛ — Vergl. Abbé Colibri.

Boudoir-Lectüre für die fashionable Welt. — Gesammtausgabe des Abbé Colibri. Hrsg. von E. M. Oettinger. gr. 16. (11⅚ B.) Leipzig 813, R. O. Schulze.

Boudon, Heinr. M., siehe a. Andacht, die, zu den neun Chören der hl. Engel.

Boudon, Heinr. Maria, die Andacht zu den neun Chören der heiligen Engel. Aus dem Französ. übers. und mit vielen Zusätzen bereichert von einem Priester der Erzdiöcese Köln. 12. (308 S. mit 1 Stahlst.) Regensburg 883, Manz.

Boudon, Hnr. Maria, die Andacht zur heil. Dreifaltigkeit. Aus d. Französ. von Rom. Chrismann. 4. ... 814.

Boudon, M. Heinr., unsere Heiligung rc., s. Weg, der, z. Himmel.

Boudon, Heinr., Maria, die Heilskraft des Kreuzes. Worte der Belehrung und des Trostes in Leiden, insbesondere in den Prüfungen und Versuchungen des inneren Lebens. In deutscher Sprache mit Zusätzen hrsg. von einem Curatpriester. 8. (VIII, 205 S.) Mainz 885, Kirchheim.

Boudon, Heinr. Maria v. (weiland Archidiac. zu Evreux), verborgenes Leben mit Christo. 8. Augsburg, Moy. 1 ggr. — 18 kr.

—— die Liebe Jesu im allerheil. Altars-Sakramente. A. d. Franz. übers. gr. 8. (10 B.) Luzern 830, Meyer. Thlr.

— die Liebe Jesu im allerheiligsten Altars-Sakramente. Aus d. Französ. übers. gr. 8. Luzern 830. Meyer. (Leipz., Schmidt). 832. 12 gℛ

— d. Liebe Jesu Christi im allerheiligsten Sakramente d. Altares. Ein Gebet- u. Betrachtungsbuch. 12. (224) Rgnsbg 83, Manz. 1. 40

— Martha od. die Fabrikarbeiterin. Frei aus dem Franz. übers. v. M. Hoffmann. 8. (VIII, 161 S.) Ebend. 883. 1. 40

Boudon, Hnr. Maria, Nur Gott allein! s. a. Blüthen u. Blumen heiliger Andacht 46 Bdchn.

— — Nur Gott allein! Uebs. v. Pfr. Buchfelner. 11. 8. Ldsh. 1831, Manz in R. 6 ggr. — 24 kr.

Boudon, Hnr. Maria, das Reich Gottes. Betrachtungen für Jene, denen die Erfüllung der zweiten Bitte im Gebete des Herrn am Herzen liegt. Frei nach d. Franz. 16. Wien 842, Mechitaristen-Congreg.-Buchh. ⅙ ℛ — s. auch Leitsterne auf d. Bahn d. Heils. 6. Supplem.-Bd.

Boudon, Heinr. Maria, das Reich Gottes im innern Gebethe, s. a. Leitsterne. 6. Supplementbd.

— — das Reich Gottes im innern Gebete. gr. 12. Regensburg 1844, Ebendas. 1 Thlr. — 1 fl. 36 kr.

— — (Weg z. Himmel) od. Anf. Heilig. durch Leiden. 12. Aach. 1843, Roschütz. 5 Ngr — 18 kr.

— die heil. Wege d. Kreuzes, worin v. mehreren innern u. äußern Leiden u. von d. Weise, sie wohl zu benützen, die Rede ist. Aus d. Französ. gr. 8. Luzern 827. Anich. 12 gℛ

— — die heil. Wege des Kreuzes. gr. 8. Ebdend. 1827, Anich (Meyer). ⅘ Thlr. — 48 kr.

Boudon, die heil. Wege des Kreuzes, worin von mehrern innern u. äußern Leiden u. von d. Weise, sie wohl zu benutzen, die Rede ist. Aus d. Französ. gr. 8. Luzern 827, (Leipz., Schmidt.)

Dasselbe. 12. Innsbruck 1841, Rauch. ⅘ Thlr. — 48 kr.

— dass. oder Abhandlungen von mehrern innern u. äußeren Leiden u. von der Weise, sie wohl zu benützen. Aus d. Franz. Mit Stahlstich. gr. 12. Innsbruck 841, Wagner. ½ ℛ

— die heiligen Wege d. Kreuzes. Nach d. Franz. v. Friedr. Dobler. 12. (14½ B. u. 1 Stahlst.) Dillingen 843, Kulinger'sche Brlsbuchh.

Boudon, Heinr., Wissenschaft d. Catechismus. 8. Augsb. Wolf. 733.

— Wissenschaft u. Lebensregel des wahren kathol. Christen. Aus d. Franz. 12. Einsiedel 832. (Augsburg, Rieger.) ⅓ ℛ

Boudon, Maria Heinrich, s. Boudon, Heinrich Maria

Boudreaux, F. J., die Seligkeit des Himmels. Aus dem Engl. gr. 16. (VIII, 221 S.) Mainz 874, Kirchheim.

Boudreaux, Fl. J., S. J., d. Seligkeit d. Himmels. N. d. 8. engl. Aufl. übers. v. G. P. gr. 8. (180 S. m. Titelbild.) Kevelaer 898. Butzon & Bercker. n. 1.80

Boudriot, G. (Red.), s. Baugewerkszeitung.

Boué, Ami

Boué, A., Dr., Ueber die Anhäufung erratischer Blöcke im Flötz und in tertiären Sandsteinen oder Conglomeraten. Wien 1870.

Boué Ami, Dr.: Über den Assoziationsgeist als Mittel zur Beförderung der Wissenschaften, der Künste und der Zivilisation. S. 2. 36 . . . . vgr.
Separatabdruck

Boué, Ami, über besondere Attractionsumstände bei Blitzschlägen. Lex.-8. (3 S.) Wien 874, (Gerold's Sohn.)
[Aus d. Sitzungsber. d. kais. Akad. d. Wiss.]

Boue, A. Autobiographie. Vienne 1870.

Boué, Ami: Autobiographie du docteur médecin Ami Boué, né à Hambourg le 16 mars 1794 et mort comme Autrichien à Vienne. Vienne 1879. 172 S. 8°.

Boué, A., über den Begriff u. die Bestandtheile e. Gebirgskette besonders üb. die sogenannten Urketten, sowie die Gebirgs-Systeme-Vergleichg. der Erd- u. Mondes-Oberfläche. [Aus: „Sitzungsber. d. k. Akad. d. Wiss."] Lex.-8. (64 S.) Wien 874. (Gerold's Sohn.) n. 1. —

Boué, A., Beiträge zur Erleichterung einer geographischen Aufnahme der europäischen Türkei. Mit 2 (lith.) Taff. (in 4.) [Aus d. Sitzungsber. d. kais. Akad. d. Wiss.] Wien 867. (Gerold's Sohn.) gr. 8. (44 S.) n. 15 ngr.

— — Beiträge zur Geographie Serbiens. (Aus d. Sitzungsb. d. k. Akad. Vol. XX.) Wien. 1855. 8.

Boué, A., einige Bemerkungen üb. das Alluvialgebiet. [Aus: „Sitzungsber. d. k. Akad. d. Wiss.“] Lex.-8. (23 S.) Wien 875. (Gerold's Sohn.) n. — 40

Boue, Dr. A. Einige Bemerkungen über amerikanisch-mexikanische Geographie und Geologie, sowie über die sogenannte Centralkette der europäischen Türkei. (Sonder-Abdr. a. d. Sitzungsber. d. k. Akad. d. Wiss.) gr. 8. (12 S.) Wien, Gerold in Comm. 1866 10 kr.

Boué, Ami: Einige Bemerkungen über die Physiognomik der Gebirgsketten, der Gebirge, der Berge, der Hügel, der Thäler, der Ebenen, so wie der verschiedenen Felsarten. ([S.-A.] Sitzungsberichte der kais. Akademie der Wissenschaften. Bd. 1. 1864.) Wien 1864. 27 S. 8°.

— Bemerkungen üb. die v. A. Wolfert erneuerte Theorie der Polarlichter durch Reflexion u. Brechungs-Phänomene der Sonnenstrahlen. [Aus: „Sitzungsber. d. k. Akad. d. Wiss.“] Lex.-8. (11 S.) Ebend. 873. n. — 20

— einige Berichtigungen zur Hahn'schen Karte der Flussgebiete des Drin u. des Vardar in Nord-Albanien u. Macedonien. [1869.] Mit 1 (lith.) Taf. [Aus d. Sitzungsber. d. k. Akad. d. Wiss.] Ebend. 870. gr. 8. (12 S.) n. 4 ngr.

— über die mineralogisch-paläontologische Bestimmung der geologischen Gebilde, sammt Beispiele ihrer Anwendung zur Feststellung der Geologie des Erdballes. [Aus d. Sitzungsber. d. kais. Akad. d. Wiss.] Ebend. 865. gr. 8. (40 S.) n. 6 ngr.

Boue, A. Bibliographie der künstlichen Mineralienerzeugung. Wien 1864.

Boué, A., Bibliographie der künstlichen Mineralienerzeugung. Methodisch-chronologisch zusammengestellt. [Aus d. Sitzungsber. d. kais. Akad. d. Wiss.] Wien 865. Gerold's Sohn. gr. 8. (67 S.) n. 10 ngr.

— über die verschiedenartige Bildung vereinzelter Berg- u. Felsenkegel od. Massen. [Aus dem Sitzungsber. d. k. Akad. d. Wiss.] Lex.-8. (17 S.) Ebend. 870. — 30

— über erratische Blöcke-Anhäufungen im Flötz u. tertiären Sandsteinen oder Conglomeraten. [Aus d. Sitzungsber. d. kais. Akad. d. Wiss.] Ebend. 870. gr. 8. (9 S.) 3 ngr.

— über die dolomitische Brekzie der Alpen u. besonders üb. die zu Gainfahrn in Nieder-Oesterreich. [Aus: „Sitzungsber. d. k. Akad. d. Wiss.“] Lex.-8. (6 S.) Ebend. 873. — 15

— Über Viquesnels neue „*Carte de la Thrace, d'une partie de la Macédoine et de la Moesie*“. S. 14. 28 . . . . vgr.
Separatabdruck

— über geologische Chronologie. [Aus „Sitzungsber. d. k. Akad. d. Wiss.“] Lex.-8. (18 S.) Ebend. 872. n. — 40

Boue, A. Synoptische Darstellung der die Erdrinde ausmachenden Formationen. (Aus Leonhard's Zeitschrift für Mineralogie.) Hanau. 1827. 8.

— mineralogisch-geognostisches Detail über einige meiner Reiserouten in der europäischen Türkei. Mit 3 (lith.) Karten. [Aus d. Sitzungsber. d. kais. Akad. d. Wiss.] Ebend. 870. gr. 8. (92 S.) n. 24 ngr.

— Über eine Detailkarte des Kraina-Knejina (Kraina-Kreises) Serbiens von Elias Pischelar, Belgrad 1856. 1 Blatt Folio. S. 22. 673 . . . . vgr.
Separatabdruck

— — Ueber eine Detailkarte des Kraina-Knejina (oder Kraina-Kreisia) Serbiens. (Aus d. Sitzungsb. d. k. Akad.) Wien. 1857. 8.

— Über die wunderbaren donnerartigen Detonationen, welche die heurigen Gewitter und ungeheuren Regengüsse zwischen dem 20. und 26. September 1851 zu Vöslau mehrmals begleiteten. S. 7. 453 . . . . vgr.
Separatabdruck

— — Ueber tertiäre Dolomit-Breccien, über Höhlen im Leitha-Conglomerate Vöslau's, und über Seen und Teiche in geologischer Beziehung. (Aus den Sitzungsb. d. k. Akad.) Wien. 1862. 8.

Boue, A. Ueber die Dolomite, die talkhaltigen Kalksteine, die Trümmerkalke, die Ruinen-Marmore, so wie über die Sandsteine mit Spaltennetzen oder von breccienartiger Zusammensetzung. (Aus d. Sitzungsb. d. k. Akad.) Wien. 1854. 8.

Boué, Ami: Der albanesische Drin und die Geologie Albaniens, besonders seines tertiären Beckens. ([S.-A.] Sitzungsberichte der kaiserl. Akademie der Wissenschaften in Wien. Bd. 49. 1864.) Wien 1864. 15 S. 8°.

— Einiges zur palaeo-geologischen Geographie. [Aus: „Sitzungsber. d. k. Akad. d. Wiss.“] Lex.-8. (121 S.) Ebend. 875. n. 2. —

— über türkische Eisenbahnen u. die Geologie der Central-Türkei. [Aus d. Sitzungsber. d. kais. Akad. d. Wiss.] Ebend. 870. gr. 8. (11 S.) n. 2 ngr.

— Über die türkischen Eisenbahnen und ihre große volkswirtschaftliche Wichtigkeit besonders für Österreich-Ungarn, namentlich über die direkte nach Konstantinopel und die nach Salonik von Wien oder Pest. S. 75. I. 436 . . . . —.24
Separatabdruck

— Entdeckung einiger Leithakalk-Petrefakten in den obersten Schichten der Kalkdolomit-Brekzien Gainfahrns. S. 46. II. 41 . . . . vgr.
Separatabdruck

— Über die wahrscheinlichste Entstehungsart des Olivin als Mineral und Felsart. S. 56. I. 254 . . . . vgr.
Separatabdruck

— — Ueber die Erdbeben im Dezember 1857, dann im Jänner und Februar 1858. (Aus den Sitzungsb. d. k. Akad.) Wien. 1858. 8.

— über die Erdbeben vom J. 1868 in der Mitte Ungarns. [Aus d. Sitzungsber. d. kais. Akad. d. Wiss.] Ebend. 869. gr. 8. (19 S.) n. 4 ngr.

— Über das Erdbeben, welches Mittel-Albanien im Oktober d. J. 1851 so schrecklich getroffen hat. S. 7. 776 . . . . —.20
Separatabdruck

— kurze Ergänzungs-Notiz über einige Wasserläufe des mittleren u. nördlichen Albanien. [Aus d. Sitzungsber. d. kais. Akad. d. Wiss.] Ebend. 866. gr. 8. (4 S.) 1½ ngr.

Boué, A., Erklärungen über einige bis jetzt nicht recht von Geographen aufgefasste orographische u. topographische Details der europäischen Türkei. [Mit 2 (eingedr.) Holzschn.] [Aus: „Sitzungsber. d. k. Akad. d. Wiss.“] Lex.-8. (8 S.) Wien 878. (Gerold's Sohn.) n. — 20.

— Erläuterungen über die von mir im Löß des Rheintales im Jahre 1823 aufgefundenen Menschenknochen. S. 8. 88 . . . . vgr.
Separatabdruck

Boué, Dr. A(mi), sur l'établissement de bonnes routes et surtout de chemins de fer dans la Turquie d'Europe. gr. 8. (VII u. 52 S.) Vienne, Braumüller. 1852.

— Etwas über Vulcanismus und Plutonismus in Verbindung mit Erdmagnetismus, sowie eines Aufzählungsversuches der submarinischen brennenden Vulcane. 8°. 39 S. Ibid. 1869. (Sitzungsberichte der mathem.-naturw. Cl. LIX, I.)

—— über die canalartige Form gewisser Thäler und Flussbette. Lex.-8. (6 S.) Wien 864, (Gerold's Sohn.)

— — Ueber die canalartige Form gewisser Thäler und Flussbette. (Sonder-Abdr. a. d. Sitzungsber. d. k. Akad. d. Wiss.) gr. 8. (6 S.) Ebds. in Comm. 1864. 5 kr.

— — Ueber die äusseren Formen der Erdoberfläche und ihre Ursachen. (Aus den Sitzungsb. d. k. Akad.) Wien. 1850. 8.

— über die geometrisch-symmetrischen Formen der Erdoberfläche. [Aus: „Sitzungsber. d. k. Akad. d. Wiss.“] Lex.-8. (14 S.) Ebend. 876. n.n. — 30

— über die Fortschritte d. Wissens durch Professoren u. Privatgelehrte, über die Lehre der geognost. Ländertypen u. die Methode der geolog. Muthmassungen a priori. [Aus: „Sitzungsber. d k. Akad. d. Wiss.“] Lex.-8. (25 S.) Ebend. 876. n. — 40

—— Die Gebirgsbildungen im Allgemeinen und im Besondern nach ihrem Vorkommen in Deutschland geognostisch betrachtet; aus dem Französ. von J. J. Nöggerath. Bonn 1823. 8.

— Die bedeutenderen Gebirgsrücken der Erde liegen in den Kanten eines mit derselben exzentrischen Tetrakontraoktaeders. S. 6. 117 . . . . vgr.
Separatabdruck

Boué, A. Die baumlosen Gegenden der Continente. (Aus d. Sitzungb. d. kais. Akad.) Wien. 1851. 8.

Boué, A.: „Geognostisches Gemälde von Deutschland. Mit Rücksicht auf die Gebirgsbeschaffenheit nachbarlicher Staaten“, herausgegeben von C. C. von Leonhard, Frankfurt a. M. 1829. — Vorh.: Preuß. Oberbergamt Dortmund — M. h. 49.

Boué, Ami, geognost. Gemälde v. Deutschland. Mit Rücksicht auf d. Gebirgs-Beschaffenheit nachbarlicher Staaten. Hrsg. v. C. C. v. Leonhard. M. 8 Stnt. (in gr. 4.) gr. 8. (40½ B.) Frankfurt a. M. 829, Hermann.

— über die Geogenie der Mandel-, Blatter- oder Schaalsteine, der Variolithen, der Serpentine und der kieseligen Puddingsteine. Ebend. 864. gr. 8. (15 S.) 3 ngr.

— — Ueber die Geogenie der Mandel-, Blatter- oder Schaalsteine der Variolithen, der Serpentine und der kieseligen Puddingsteine. (Sonder-Abdr. a. d. Sitzungsber. d. k. Akad. d. Wiss.) gr. 8. (1 Bg.) Ebds. in Comm. 1865. 15 kr.

— — Ueber die Geologie der Erdoberfläche in Rücksicht auf die Vertheilung der Temperatur, der Aërolithen und der Oceane. (Aus d. Sitzungsberichten der kais. Akad.) Wien. 1850. 8.

Boué, Ami: Ueber die ewigen Gesetze der Natur, die Einfachheit, die Einheit und das allmähliche Uebergehen besonders in der Mineralogie, Geologie und Paläontologie, mit Berücksichtigung des jetzigen Standes dieser Wissenschaften. ([S.-A.] Denkschriften der math.-naturw. Classe der kais. Akademie der Wissenschaften. Bd. 3.) Wien 1851. 46 S. Fol.

Boué, Ueber die säulenförmigen Gesteine, einige Porphyrdistrikte Schottlands, sowie über die vier Basaltgruppen des nördlichen Irlands und der Hebriden. (Sonder-Abdr. a. d. Sitzungsber. d. k. Akad. d. Wiss.) gr. 8. (16 S.) Wien, Gerold in Comm. 1864. 10 kr.

— Über ein heftiges Gewitter zu Vöslau am 6. Juni 1862. S. 46. II. . . . . . . vgr.
Separatabdruck

— — Ueber die Höhe, die Ausbreitung und die jetzt noch vorhandenen Merkmale des Miocen-Meeres in Ungarn und vorzüglich in der europäischen Türkei. (Aus d. Sitzungsb. d. k. Akad.) Wien. 1850. 8.

— über eine neuentdeckte Höhle im tertiären Conglomerate von Gainfahrn. [Aus d. Sitzungsber. d. kais. Akad. d. Wiss.] Ebend. 867. gr. 8. (3 S. m. Holzschn.) 1⅓ ngr.

— Über den rosenfarbigen, dichten, halbkristallinischen Kalk der hebridischen Insel Tyrie in Schottland. S. 54. I. . . . . vgr.
Separatabdruck

Boue, A. Ueber die Karst- und Trichterplastik im Allgemeinen. (Aus den Sitzungsb. d. k. Akad.) Wien 1861. 8.

— — Ueber die Karst- und Trichterplastik im Allgemeinen. (Aus d. Sitzungsb. d. k. Akad.) Wien. 1862. 8.

Boué, Ami: Die Karte der Herzegowina, des südlichen Bosniens und Montenegro's von Herrn de Beaumont. ([S.-A.] Sitzungsberichte der kaiserl. Akademie der Wissenschaften in Wien. Bd. 45. 1862. S. 647--659.) Wien 1862. 13 S. 8⁰.

— Über die Karten der Gebirge und Talerrichtungen. S. 9. 31 . . . . —.10
Separatabdruck

Boué, Ami. Ueber die geolog. Karten Europa's und über grosse geolog. Karten überhaupt. (Aus den Sitzungsb. d. k. Akad. Vol. XXII.) Wien. 1857. 8.

Boué, Ami: Ueber die neuen Karten der zwei serbischen Kreise von Uschitze (Užitze) von Steph. Obradovitsch und von Knjesevatz (ehemals Gorguschovatz) von K. Kiko. Mit 1 Tafel. ([S.-A.] Sitzungsberichte der kais. Akademie der Wissenschaften. Bd. 49. 1864.) Wien 1864. 26 S. 8⁰.

Boué, Ami: Chronologischer Katalog der Nordlichter bis zum Jahre 1856 sammt einer Bibliographie über diese Erscheinung. ([S.-A.] Sitzungsberichte der mathem.-naturw. Classe der kais. Akademie der Wissenschaften. Jahrg. 1856. Bd. 22. Octoberheft.) (Wien 1856.) 74 S. 8⁰.

Boué, Ami, chronologischer Katalog der Nordlichter bis zum Jahre 1856 sammt einer Bibliographie über diese Erscheinung. Lex.-8. (74 S.) Wien 857, (Gerold's Sohn.) *

— Nachtrag zu meinem Katalog der Nordlichter. S. 45. II. 65 . . . . vgr.
Separatabdruck

Boué. A. Ueber die wahre geognostische Lage gewisser in Wien als Reibsand gebrauchter dolomitischer Breccien-Sande. (Aus den Sitzungsb. d. k. Akad.) Wien. 1859. 8.

— — Ueber die umgekehrte Lagerung der Gebirgsmassen. (Aus d. Sitzungsb. der kais. Akad.) Wien. 1852. 8.

— über die Mächtigkeit der Formationen u. Gebilde. [Aus „Sitzungsber. d. k. Akad. d. Wiss."] Lex.-8. (14 S.) Ebend. 872. n. — 30

Boué, Ami. Ueber die sogenannten Menschenfüsse-Abdrücke auf Felsen. (Aus Sitzungsb. d. k. Akad.) Wien. 1850. 8.

— über die Methode in der Auseinandersetzung geologischer Theorien u. üb. die Eiszeit. [Aus „Sitzungsber. d. k. Akad. d. Wiss."] Lex.-8. (9 S.) Ebend. 875. n. — 20

— Vermischte Mitteilungen: *a)* Aus einem Briefe des Herrn de Verneuil über meteorologische Stationen und über geographische und geologische Arbeiten in Spanien. *b)* Über die Stellung der Geographie in der Akademie. *c)* Über einige Quellen in Gainfahren. S. 21. . . . . vgr.
Separatabdruck

— Über die physische Möglichkeit, leicht Fahr- und Eisenbahnwege in der europäischen Türkei anzulegen. S. 4. . . . . vgr.
Separatabdruck

— Notiz über die Dolomisation, Serpentin oder eigentlich über die Genesis der Bittererde oder Magnesia-Anhäufung in gewissen Felsarten. S. 74. I. . . . vgr.
Separatabdruck

Boué, A. Ueber die Nothwendigkeit, die Erdbeben und vulkanischen Erscheinungen genauer als bis jetzt beobachten zu lassen. (Aus den Sitzungsb. der k. Akad.) Wien. 1851. 8.

— über die Nothwendigkeit einer Reform des bergmännischen Unterrichtes in Österreich und über den vom grossen Publikum bis jetzt oft verkannten grossen prakt. Thätigkeitskreis der Geologie. gr. 8. (29 S.) Wien 869, Braumüller. *

— über die Ora-Potamo-Limno [Seen] u. Lekavegraphie [Becken] d. Tertiären der europäischen Türkei u. Winke zur Ausfüllung der Lücken unserer jetzigen geographischen u. geognostischen Kenntnisse dieser Halbinsel. [Mit 2 (lith.) Kartenskizzen.] [Aus: „Sitzungsber. d. k. Akad. d. Wiss."] Lex-8. (66 S.) Ebend. 879. n. 1.60.

Boué. A. Ueber die Paläo-Hydro- und Orographie der Erdoberfläche oder den wahrscheinlichen Platz des Wassers und des Landes, so wie über die wahrscheinliche Tiefe der Meere und die absolute Höhe der Länder und ihrer Gebirge während der verschiedenen geologischen Perioden. (Aus den Sitzungsb. d. k. Akad.) Wien. 1850. 8.

Boué. A. Ueber die jetzige Paläontologie und die Mittel, diese Wissenschaft zu heben. (Aus Sitzungsb. d. k. Akad.) Wien. 1850. 8.

— — Parallele der Erdbeben, der Nordlichter und des Erdmagnetismus, sammt ihrem Zusammenhang mit der Erdplastik sowohl als mit der Geologie. (Aus den Sitzungsb. d. k. Akad. Vol. XXII.) Wien. 1856. 8.

Boué, Ami: Parallele der Erdbeben, der Nordlichter und des Erdmagnetismus sammt ihrem Zusammenhang mit der Erdplastik sowohl als mit der Geologie. ([S.-A.] Sitzungsberichte der mathem.-naturw. Classe der kais. Akademie der Wissenschaften. Jahrg. 1856. Bd. 22. Novemberheft.) Wien 1857. 75 S. 8⁰.

— über die aus ihren Lagerstätten entfernten u. in anderen Formationen gefundenen Petrefacten. [Aus: „Sitzungsber. d. k. Akad. d. Wiss."] Lex.-8. (18 S.) Ebend. 873. — 40

Boué, A. Ueber die Quellen- und Brunnenwässer zu Vöslau und Gainfahren. (Aus den Sitzungsb. d. k. Akad. Vol. 17.) Wien. 1855. 8.

Boué. A. s. a. Récits bibliques.

Boué, A., l'abbé. Récits bibliques abrégés à l'usage des classes inférieures des Écoles catholiques. Mit 66 Holzschnitten u. 1 Karte. In-8⁰. 102 p. Einsiedeln, Benziger & Co. 1893. geb. — 50

Boué Ami —. Recueil d'itinéraires dans la Turquie d'Europe. Détails geographiques, topographiques et statistiques sur cet empire par — —. Tome I et II. (XIV, 354 S. VI, 346 S.) (Publié aux frais de l'accadémie impériale des sciences.) 8. Vienne. Imprimerie de Charles Gerold et fils. En Commission chez W. Braumüller. 1854.

— — Ueber die geometr. Regelmässigkeit des Erdballes im Allgemeinen, insbesondere diejenige seiner Wasserrinnen und die Abtheilungen dieser in symmetrische Gruppen. (Aus d. Sitzungsb. d. k. Akad.) Wien. 1857. 8.

— — Retrospective über die verschiedene Charakteristik der mechanischen Ablagerungen der Flüsse, der Süsswasserseen und der Meere, besonders in der Alluvialzeit. (Aus den Sitzungsb. d. k. Akad.) Wien. 1851. 8.

Boué, A. Ueber die Rolle der Veränderungen des unorganischen Festen im grossen Massstabe in der Natur. 1868. Mit Bibliographie des Salpeters.

— über die Rolle der Veränderungen d. unorganischen Festen im grossen Masstabe in der Natur. [Aus d. Sitzungsber. d. kais. Akad. d. Wiss.] Wien 868. (Gerold's Sohn.) gr. 8. (55 S.) 7½ ngr.

— über das gefärbte Seewasser u. dessen Phosphorescenz im Allgemeinen. [Aus d. Sitzungsber. d. kais. Akad. d. Wiss.] Ebend. 869. gr. 8. (12 S.) n. 2 ngr.

— über Solfataren und Krater erloschener Vulcane. Ebend. 861. gr. 8. (20 S.) 3 ngr.
(abgedruckt aus den Sitzungsberichten d. k. Akad. d. Wissensch.)

Boué, Ami, über den ehemaligen und jetzigen Stand der Geologie und Geogenie und die Untersuchungen und Methoden in diesen Richtungen. Lex.-8. (6 S.) Wien 880, (Gerold's Sohn.) *
Aus: Sitzungsberichte der k. Akademie der Wissenschaften, besonders abgedruckt.

— Über die Straße von Prisren nach Scutari in Ober-Albanien. S. 37. 128 . . . . vgr.
Separatabdruck

— über die jetzige Theilung der wissenschaftlichen Arbeit, so wie über Granit u. Metamorphismus-Theorien. [Aus d. Sitzungsber. d. kais. Akad. d. Wiss.] Ebend. 868. gr. 8. (26 S.) n. 4 ngr.

— über wenig berücksichtigte geologische Theorie zur Auffindung v. rentablen Bergwerken in weit entlegenen Erdgegenden. [Aus: „Sitzungsber. der k. Akad. d. Wiss."] Lex.-8. (10 S.) Ebend. 873. n. — 20

Boué, Ami, d. europäische Türkei. [La Turquie d'Europe par A. Boué, Paris, 1840.] Deutsch hrsg. v. der Boué-Stiftungs-Commission der kaiserl. Akademie der Wissenschaften in Wien. 2 Bde. Lex.-8. (X, 674 u. 564 S. m. rad. Portr. d. Verf.) Wien 889. (Tempsky.) n. 19. —; cart. n. 20. —

— Über sein Werk „La Turquie d'Europe etc. etc. Paris 1840". S. 5. 104 . . . . . —.30
Separatabdruck

— Über die mikroskopische Untersuchung der Gebirgsarten mit Hilfe ihrer mechanischen Zerreibung, partiellen Schleifung und Ätzung. S. 47. II. 437 . . . . . vgr.
Separatabdruck

— Über den wahrscheinlichen Ursprung des menschlichen Geschlechtes nach den jetzigen naturhistorischen Kenntnissen sowie auch über den paläontologischen Menschen. Mit einem Anhange: „Weitere Bibliographie über das Alter des menschlichen Geschlechtes". S. 51. I. 148 . . . . vgr.
Separatabdruck

— über den wahrscheinlichen Ursprung des menschlichen Geschlechtes, nach den jetzigen naturhistorischen Kenntnissen, so wie auch über den paläontologischen Menschen. [Aus d. Sitzungsber. d. kais. Akad. d. Wiss.] Ebend. 865. gr. 8. (47 S.) n. 6 ngr.

— über den wahrscheinlichen Ursprung der Salzlagerstätten. [Aus d. Sitzungsber. d. kais. Akad. d. Wiss.] Ebend. 869. gr. 8. (12 S.) n. 2 ngr.

— Vergleichung gewisser ehemaligen geologischen Phänomene mit einigen unserer Zeit. [Aus d. Sitzungsber. d. kais. Akad. d. Wiss.] Ebend. 865. gr. 8. (27 S.) n. 4 ngr.

— Versuch einer naturgemäßen Erklärung der ehemaligen Temperaturverhältnisse auf dem Erdballe, insbesondere während der älteren Steinkohlenperiode, sowie auch der Möglichkeit der Entstehung der Steinkohle in den Polargegenden. S. 12. 527 vgr.
Separatabdruck

Boué, A. Versuch einer naturgemässen Erklärung der ehemaligen Temperatur-Verhältnisse auf dem Erdballe, insbesondere während der älteren Steinkohlen-Periode. (Aus d. Sitzungsb. d. k. Akad. d. Wiss.) 1854. 8.

Boué, Ami: Verzeichniss von Höhen in der Türkei, welche vermittelst des Barometers gemessen oder annäherungsweise nach diesen bestimmt wurden. (Lüdde's Zeitschrift für vergleichende Erdkunde. Bd. 3. S. 193—230.) Magdeburg 1844. 38 S. 8°.

— Vortrag in der Sitzung der mathematisch-naturwissenschaftlichen Klasse am 30. Jänner 1851 . . . . —.20
Separatabdruck

— Was kann und muß für die Fortschritte der Wissenschaft die nützlichste Anwendungsweise der von der k. Akademie für naturhistorische oder nur für geologische Reisen oder Zwecke bestimmten Gelder sein? S. 3. 144 . . . . vgr.
Separatabdruck

— Drei Wasserhosen im Monate August 1838 auf dem See von Janina in Albanien. S. 6. 10 . —.20
Separatabdruck

—— über die unterirdischen grossen Wasserläufe und Behälter und die Reinheit sowie Durchsichtigkeit gewisser Seen, dann über die wahrscheinliche Bildung der Seen überhaupt. Lex.-8. (10 S.) (Ebendas.) 878. **
(aus: Sitzungsberichte der k. Akademie der Wissenschaften, besonders abgedruckt.

— — Werden der Menschheit immer, wie jetzt, Mineralschätze zu Gebote stehen? (Sonder-Abdr. a. d. Sitzungsber. d. k. Akad. d. Wiss.) gr. 8. (9 S.) Ebd., in Comm. 10 kr.

Boué, Ami: Ueber die wissenschaftliche und praktische Wichtigkeit einer genauen geognostischen Aufnahme aller grossen Durchbrüche, sowie aller Becken- und Länder-Trennungen. ([S.-A.] Sitzungsberichte der math.-naturw. Classe der kais. Akademie der Wissenschaften. Jahrg. 1852. Bd. 2. Juni-Heft.) (Wien 1852.) 14 S. 8°.

—— ein freies Wort über die kaiserliche Akademie der Wissenschaften sammt Vergleich der Akademie mit den freien gelehrten Vereinen. gr. 8. (80 S.) Wien 869, Braumüller. *

—— über das Zusammentreffen fossiler Ueberbleibsel aus mehreren Classen der organischen Natur. Lex.-8. (11 S.) Wien 865, (Gerold's Sohn.) **
aus: Sitzungsberichte der k. Akademie der Wissenschaften, besonders abgedruckt.

— — Der ganze Zweck und der hohe Nutzen der Geologie im Allgemeinen und in specieller Rücksicht auf die österr. Staaten und ihre Völker. (Aus d. Sitzungsb. d. kais. Akad.) Wien. 1851. 8.

Boué, Ami: Der ganze Zweck und der hohe Nutzen der Geologie, in allgemeiner und in specieller Rücksicht auf die Oesterreichischen Staaten und ihre Völker. Eine Erweiterung des am 15. Februar 1850 im Verein der Freunde der Naturwissenschaften zu Wien gehaltenen Vortrages. Wien 1851. VII, 128 S. 8°.

Boeuf à la mode. Neuhochdeutsche Poesieen v. e. immigrierten Franzosen. 12. (28 S.) Lahr 892. M. Schauenburg. — 30

Bœuf, Marie. Psychologie de la croyance. Diss. Phil. Berne. IV + 177 p. 8. Born (Imp. J. Thevenot, Saint-Dizier (Haute-Marne)) 1901.

Boeufve-Vincent, Caroline, Irene. Beschäftigungen in Erzählungen, ein Weihnachts- u. Geburtstags-Geschenk für angehende Jungfrauen. Mit 3 (lith. u.) color. Abbildgn. 8. (123 S. m. lith. Tit.) Berlin 848, A. v. Schröter. (Gurh.) 1 1/2 ℛ

Bouffier, Frz., Finishing Course. Methodischer Lehrgang für die Erlernung der Satzconstruktions- und etymologisch-syntakt. Verhältnisse und Eigenthümlichkeiten der engl. Sprache. Zum Gebrauche für die mittleren und oberen Classen höherer Bürger-, Töchter- und Realschulen. gr. 8. (156 S.) Wiesbaden 873, Feller und Gecks. *

Bouffier, Frz. Dichtergrüße in Freud und Leid am eigenen Herd. Ausgewählt v. F. B. 8. (XXIV, 475 S.) Lpz. 892, Ruhl.
geb. in Leinw. m. Goldschn. * 6 —

Bouffier, Frz., German Grammar at a glance. Concise tabulated rules for the pronunciation, declensions, conjugations, gender and syntax of the German language. A valuable auxiliary to every German grammar. A new, thoroughly revised and enlarged edition. Fol. (13 S.) Wiesbaden 875, Feller und Gecks. *

Bouffier, Frz., im Heiligthum der Familie. Dichtergrüße in Freud und Leid am eigenen Heerd, ausgewählt. 8. (XXIV, 475 S.) Leipzig 879. Ruhl. geb. m. Goldschn. n. 6. —

— Lebensweisheit in Dichterworten. Als e. Führer in d. Lebens labyrinthisch irrem Lauf. 12. (VIII, 185 S.) Ebd. 892. Geb. in Leinw. n. 2. —

— Lebensweisheit in Dichterworten. Als e. Führer in d. Lebens labyrinthisch irrem Lauf. 12° (185) Ebd. 93. Geb. in Lnw. 2 —

Bouffier, Fr., theoretisch-praktischer Lehrgang für den Unterricht in der französischen Sprache zum Gebrauche für Mittel-, Bürger- und Realschulen. Wiesbaden 860. Limbarth. 8. (VIII, 64 S.) 7½ ngr.

—— und H. Bouffier, das National-Denkmal auf dem Niederwald. Litterarisch-topograph. Führer. gr. 8. (76 S. mit eingedr. Holzschn.) [Wiesbaden 881.] Frankfurt a. M., Gestewitz Verlag. * 50 Pf.; cart. *
Pracht-Ausg. (mit 8 color. Stnt.) *
cart. * ℳ 1,80.; geb. *

Bouffier, Fr. u. H., das National-Denkmal auf dem Niederwald. Litterarisch-topograph. Führer. gr. 8. (76 S. mit eingedr. Holzschn.) Wiesbaden 882. Gestewitz. n. — 50; cart. n. — 70;
Pracht-Ausg. (m. 8 color. Steintaf.) n. 1. —; cart. n. 1.80; geb. n. 1.50

— u. H. Bouffier, das National-Denkmal auf dem Niederwald. Litterarisch-topograph. Führer. Mit farb. Titel-Umschlag, dem Situationsplan vom Niederwald-Denkmal m. der Zahnradbahn, allen Zugängen u. Wegen v. Rüdesheim u. Assmannshausen aus, sowie m. e. Abbildg. d. National-Denkmals. Prachtausg. m. 2 grossen farb. Vogelperspectiven, der grossen farb. Ansicht d. National-Denkmals m. Terrassen u. dem Grundriss d. Denkmals. gr. 8. (77 S.) Frankfurt a/M. 883. Gestewitz. cart. n. 1. 80; geb. n. 2. 40; Volksausg. n. - 50; cart. n. — 70; geb. n. 1. —

— — dasselbe. (Pracht-Ausg.) 2. Aufl. gr. 8. (100 S.) Ebend. 884. geb. n. 4. —

Bouffier, Fr. und **H.** Das Nationaldenkmal auf dem Niederwald, illustriert mit Holzschnitten. Nebst einer Karte in Buntdruck. Zweite Auflage. Wiesbaden 1884. 8°.

—— Polyhymnia. Eine Auswahl der schönsten und gefälligsten Männerchöre zum Gebrauche für Gesang-Vereine, bei Lehrer-Conferenzen und geselligen Zusammenkünften. 8. (VI, 106 S.) Wiesbaden 869, Limbarth. *

Bouffier, Frz., Polyhymnia. Eine Auswahl der schönsten und gefälligsten Männerchöre zum Gebrauche für Gesang-Vereine, bei Lehrer-Conferenzen und geselligen Zusammenkünften. 2. vielfach veränd. und erweiterte Aufl. 8. (VII, 188 S.) Wiesbaden 882, Limbarth. *

— Rubine aus dem Schmucke deutscher Lyrik. Eine Festgabe für Jünglinge u. Jungfrauen. 866. (XXVII, 355 S.) — 2. Aufl. Leipzig 869. Ruhl. 16. (XXVIII, 379 S.) n. 1 $\mathscr{A}$ 10 ngr

—— Rubine aus dem Schmucke deutscher Lyrik. Eine Festgabe für Jünglinge und Jungfrauen. 2. Aufl. 16. (XXVIII, 379 S) Leipzig 871, Ruhl. geb. *

— Rubine aus dem Schmucke deutscher Lyrik. Eine Festgabe f. Jünglinge u. Jungfrauen. 3. Aufl. 16. (XXXII, 404 S.) Leipzig 875. Ruhl. geb. m. Goldschn. n. 4. —

— Rubine aus dem Schmucke deutscher Lyrik. Eine Festgabe f. Jünglinge u. Jungfrauen. 4. Aufl. 16. (XXXV, 445 S. m. 1 Chromolith.) Leipzig 879. Ruhl. geb. mit Goldschn. n. 4. —

—— Rubine aus dem Schmucke deutscher Lyrik. Eine Festgabe für Jünglinge und Jungfrauen. 5. Aufl. 12. (XXXV, 445 S. mit chromolithogr. Widmungsblatt.) Leipzig 883, Ruhl. geb. mit Goldschn. *

— Rubine aus dem Schmucke deutscher Lyrik. Eine Festgabe f. Jünglinge u. Jungfrauen. 6. Aufl. 12. (XXXI, 445 S. m. 1 Lichtdr.) Ebd. 892. Geb. in Leinw. m. Goldschn. n. 4. —

— Trauergesänge f. Männerchor. [Aus: „Polyhymnia, 2. Aufl."] 8. (31 S.) Wiesbaden 881. Limbarth. n. — 80

Bouffier, F., die Violine u. ihre Virtuosen. Histor. Skizze. gr. 8. (30 S.) Berlin 890. Buchhandlg. der deutschen Lehrer-Zeitg. n. — 50

Bouffier, Gabriel. Leben des Ehrwürdigen Dieners Gottes P. Joseph Maria Pignatelli. A. d. Franz. . . . Paderborn 1873. Ü: *Blaner, Wenzel.* (SO) (Jes)

Bouffier, Gabriel, Leben d. ehrwürdigen Dieners Gottes P. Joseph Maria Pignatelli aus der Gesellschaft Jesu. Aus dem Franz. gr. 16. (328 S.) Paderborn 874. Junfermann. 1. 80

Bouffier, Hermann

Bouffier H, Anltg. z. Aquarellmalerei. (Bossong's Kunsttech. Bibl. 1) Wiesbaden 1891

Bouffier H, Anleitung zu Kleineisenarbeiten. (Bossong's kunsttechnische Bibliothek 12) Wiesbaden 1893

Bouffier H, Anleitung zur Majolikamalerei. (Bossongs kunsttechnische Bibliothek 7) Wiesbaden 1892

— **Anleitung zur Modellirkunst.** gr. 8. (III, 58 S. m. 41 Illustr.) Leipzig 892. M. Ruhl. n. 2. —; geb. n. 2. 50

Bouffier, Herm., Anleitung zur Pastell-Malerei, s. a. Bossong's kunsttechnische Bibliothek f. Dilettanten. II.

Bouffier H, Anleitung zur Pastellmalerei. (Bossong's kunsttechnische Bibliothek für Dilettanten 2) Wiesbaden 1891

Bouffier, Herm., Anleitung zum Porzellanmalen u. Einbrennen der Malereien f. Dilettanten. 8. (33 S. m. Illustr.) Wiesbaden 886. Limbarth. n. 1. —

Bouffier, H., Musiker Debbelmann. Humoreske m. 46 Illustr. gr. 8. (39 Blatt.) Leipzig (899). M. Ruhl. n. 1. 50

Die Dohlen. Humoreske von H[ermann] Bouffier. Mit 25 Ill. von demselben. *Wiesbaden: A. Jäger [nach 1899].* (24 S.) 8° [Fr.] [oa. 7575]

—— ornamentale Farbenstudien zum Gebrauche für Gewerbe-, Real- und Volksschulen, als auch Töchterschulen. Im Auftrage des Wiesbadener Gewerbevereins entworfen und gezeichnet. 1. und 2. Heft. Fol. (à Heft 10 Chromolithogr. mit 2 Bl. Text.) Wiesbaden 888, Bechtold und Comp. In Mappe *

— das Freundschafts-Bündniß. Humoreske m. 15 Illustr. gr. 8. (20 Blatt.) Ebd. (899). n. 1. —

Bouffier H, Grundriss der architektonischen Formenlehre. (Bossong's Kunsttechnische Bibliothek 3) Wiesbaden 1891

Bouffier H, kleines Handbuch der Liebhaberkünste. (Bossong's kunsttechnische Bibliothek 6) Wiesbaden 1892

— Bauer Jonas. Humoreske m. 28 Illustr. gr. 8. (80 Bl.) Ebd. (899). n. 1. —

— die **Kameeschneidekunst** f. Dilettanten. gr. 8. (38 S. m. 45 Illustr.) Leipzig 893. M. Ruhl. n. 1. 50; geb. n. 2. —

— **Kunsttechnik** f. Dilettanten. 14 verschiedene, leicht ausführbare Manieren. Mit 80 Illustr. 8. (42 S.) Wiesbaden 889. Bossong Verl. n. — 80

Bouffier, H: Lehrhefte f. d. Gewerbesch. zu Wiesbaden. Skizzen u. Motive f. Kunstschlosser. 4° (19) Wiesb. 1900, H Kraft. Durchsch. — 60

— **Lehre v. der malerischen Perspektive,** s. a. Bossong's kunsttechnische Bibliothek f. Dilettanten. V.

Bouffier H, Lehre von der malerischen Perspektive. (Bossong's kunsttechnische Bibliothek 5) Wiesbaden 1891

Bouffier H, Lehre der geometrischen und perspektivischen Schattenkonstruktion. (Bossong's kunsttechnische Bibliothek 10) Wiesbaden 1893

Bouffier, Herm., Lehrhefte f. die Gewerbeschule zu Wiesbaden. Skizzen u. Motive f. Kunstschlosser. qu. 4. (19 S.) Wiesbaden (900). H. Kraft. Durchsch. n. — 60

Bouffier, H., Motive f. schmückende Gewerbe, s.: Bohl, Th.

— schattirte Ornamente. Motive u. deren Anwendg. f. den Unterricht im Zeichnen, sowie zum Entwerfen. Fol. (16 lith. Taf.) Wiesbaden 890. Limbarth. In Mappe. n. 4. —

Bouffier, Herm., Projectionslehre, s. Lehrhefte f. d. Gewerbeschule z. Wiesbaden.

— Kunsttechn. Rathgeber. Recepte u. Winke z. Herstellg v. Zeichen- u. Mal-Utensilien, ferner erprobte Anleitgn z. Reinigen u. Bleichen v. Stoffen, Marmor-, Stein- u. Papierwaaren, Elfenbein, Gypsabgüssen, Glasgegenständen u. dergl., z. Malen, Färben u. Beizen v. Holz, z. Undurchdringlichmachen v. Papier u. Leinewand. 8° (113) Düsseldf 99, F Wolfrum. 1.60

Bouffier, Hermann: Schule der Aquarellmalerei, s. Bossong's kunsttechnische Bibliothek für Dilettanten

— **Schule d. Oelmalerei,** s. a. Bossong's kunsttechn. Bibliothek f. Dilettanten.

Bouffier H, Schule der Ölmalerei. (Bossong's kunsttechnische Bibliothek für Dilettanten 4) Wiesbaden 1891

— das Schwein. Humoreske m. 48 Illustr. gr. 8. (40 Bl.) Ebd. (899). n. 1. 50

— Skizzen u. Motive f. Kunstschlosser. 2. Aufl. qu. gr. 8. (19 Bl.) Wiesbaden (902). H. Kraft. n. — 60

— Der kluge Sokrates. Humoreske. 8° (26 Bl. m. Abb.) Ebd. 99. 1 —

— Taschenbuch f. Lehrer d. Freihandzeichnens an Volksschulen. Eine methodisch gegliederte Zusammenstellung v. Motiven f. Wandtafelzeichngn. zum Gebrauche f. Volksschulen, sowie auch f. Gewerbe- u. Baugewerksschulen u. zum Selbstunterricht, nebst e. Anh. f. konstruktives u. isometr. Zeichnen. In 3 Tln. 12. (20 S. m. 96 Taf.) Wiesbaden 886. [Bechtold & Co.] Langensalza, Schulbuchhdlg. v. Gressler. In 1 Bd. cart. n. 3. —; in Mappe n. 3. —

Boufflier, Herm., troß, troß, trill! Ein Bilderbuch m. bekannten Kinderstuben-Verschen f. die Kleinen, welche noch nicht selbst lesen können. gr. 4. (14 color. Steintaf. mit eingedr. Text.) Leipzig 881. Ruhl. geb. n. 2. 75

— Zeichen-Vorlagen f. Schulen u. zum Selbststudium in 3 Tln. 12. Ebd. 886. In Mappen. n. 4. 25
1. 22 Taf. m. 63 Fig. Vorschule des Zeichnens. Geradlinige Figuren. n. 1. —
2. 52 Taf. m. 130 Fig. Ornamentales Zeichnen. n. 2. —
3. 22 Taf. m. 88 Fig. Isometrie u. Konstruktionszeichnen. n. 1. 25

Boufflers, Stanislas Jean, s. Boufler s, Stanislas Jean

(Boufflonidor.) Jahrbücher Ludwigs XV. A. d. Französ. 8. Leipzig 1785.

Boufler, s. Boufler s

Boufler s, Stanislas Jean

de Boufler s, l'heureux Accident; Conte. 12. Braunschw., Pluchart. 18 gr

Bouflers, de; l'heureux Accident; Conte. 12. Braunschw. et Petersb. Pluchart. 809.

Bouflers, l'heureux Accident. Conte 12. Brunsv. Pluchart. 810.

Boufflers, Stanislas Jean Chev. de.

Antwort auf die Rede des Abbé Barthélemy. Aus dem Französischen. [Berlin 1790]. Ü: *Brunn, Friedrich Leopold.* (Hitzig)

— discours sur la vertu etc. 8. Strasb. Levrault. (Tourneysen Cass.)

— — la même. 8. Leips. Wolf et Comp.

BOUFLERS (Stanislas Jean Chev. de, 1737—1815), Erzählungen u. Mährchen. 2 Bdchn. Berlin 1811. Bei Friedr. Braunes. 8°. Zahm.

I: VIII—200 SS. Der Derwisch. — Tamara od. der Strom der Reue. Ein indisches Mährchen. II: 1 Bl. u. 198 SS. Ach wenn —! (Deutsche Novelle.) (2 Mk., Leihbiblexpl., Lehmann u. Lutz; jetzt theurer!)

Von Orig.-Ausgaben der B'schen Werke sind in Wolfenbüttel: Oeuvres du chevalier de Boufflers. Nouv. Ed. augm. (Aussi sous le titre: La reine de Golconde, conte.) Londres 1782. 12°; Oeuvres diverses, en vers et en prose, de M. le chev. de B**. Nouv. éd., Corr. & augm. Londres 1786. 12°. — In München: Oeuvres. Seule édition avouée et corr. par l'auteur. Paris, Huet, an XI (1803). 8°.

Boufflers's Erzählungen und Mährchen, 2 Thle. 8. 811. ist jetzt Verlag v. Rücker in Berl.

— la Mode. Conte. 12. Braunschw. et Petersb. Pluchart. 809.

NIKAS, ein Lustspiel, nebst ein paar launigten pikanten Erzählungen (aus d. Französ. des *Jean Stanislas* Chev. *de Boufters*, né en 1737, † en 1815). Bern, bey der typograph. Gesellschaft, 1781. 8°. 135 S. (6 Mk., unbeschn., Taussig, Prag, 1906.)

de Boufters, Chev., oeuvres. 8. Frankf. 780. Acad. Buchhandl. 12 gr

— de l'oeuvres de charite, conte nouveau. 12. la même. 810.

Bouflers, M. de, Victorin Fabre et L. de Sevelinges; Recueil de Contes moraux. II. Tom. 16. Berl. Kunst u. Industr. Comt.

— Vict. Fabre et L. de Sevelinges; recueil de contes moraux. II Tom. 16. Berl., (Schlesinger). 1 rthl 16 gr

Boufler, Kl. Schweizerreise. 8. Bern, Typograph. Ges. 788.

Boufler s, Des Ritters (Stanilas-Jean) von (1737—1815), kleine Schweizerreise und ein paar seiner romantischen Erzählungen. Nebst dem Fragment eines Briefes über die Altsitten der Schweizer in den Gebürgen. Geschrieben im J. 1751 im Geiste des Ritters von Boufflers. Genf 1789. 8°. (2 Mk. Jul. Neumann, Magdeb., 1906.) Selten!

Bougainville de

Bougainville, D., Calculus integralis v. Calculus.

— s. M. Hospital calculus.

Bougainville, Louis Antoine de

de Bougainville, Baron, Journal de la navigation autour du globe de la Frégate, la Thétis et de la Corvette l'Espérance pendant les années 1824, 1825 et 1826, publié par ordre du Roi sous les auspices du département de la marine. II Tomes. gr. in-4. (Mit mehreren Vign., 1 Atlas mit 13 lith. u. color. Taf. u. 10 Landkarten u. Ansichten.) Paris (et Leipsic) 837. (Brockhaus et Avenarius.) n. 60 rthl (Im Anhange: Observat. astron. et météorolog.)

de Bougainville, Louis Antoine: Reise um die Welt, welche mit der Fregatte La Boudeuse in den Jahren 1766, 1767, 1768 und 1769 gemacht worden. Aus dem Französischen. Leipzig 1772. XXVI, 330 S., 1 Krt. 8°.

— Reise um d. Welt m. d. Fregatte la Boudeuse 1766—69. a. d. Franz. gr. 8. Leipz. Fritsch. 783.

de Bougainville, Reise um die Welt mit d. Fregatte la Boudeuse 1766—69. Aus dem Französ. gr. 8. Leipz. ... 2e Aufl. 783. (Hahn). 1 rthl

Bougaud, Emil, Christentum u. Gegenwart. Autorisierte deutsche Ausgabe von Philipp Prinz von Arenberg. Mainz, Kirchheim, 1891—99. 8°, 5 Bde. 22,50 Mk.
Bd. 1: Religion und Irreligion. 1891, XVI, 475 S., 4,50 Mk.
Bd. 2: Jesus Christus. 1893, XII, 522 S., 5,25 Mk.
Bd. 3: Die Dogmen des Credo. 1895, X, 443 S., 5 Mk.
Bd. 4: Die Kirche Jesu Christi. 1897, XII, 470 S., 4,50 Mk.
Bd. 5: Das christliche Leben. 1900, XV, 324 S., 3 Mk.

Bougaud, Em., Geschichte der heil. Johanna Franziska von Chantal und des Ursprungs des Ordens von der Heimsuchung. Mit einem Brief des Bischof F. Dupanloup über die Art und Weise, das Leben der Heiligen zu beschreiben. Nach der 3. Ausg. aus dem Französ. ins Deutsche übersetzt. Mit dem Bildniß der Heiligen (in Stahlst.) 2 Bde. gr. 8. (VI, 555; V, 552 S.) Freiburg 869, Herder'sche Verlagsh.

Bougaud, Em., Geschichte der heiligen Johanna Franziska v. Chantal u. der Ursprung d. Ordens v. der Heimsuchung. Nach der 3. Aufl. aus dem Franz. übers. Volksausg. in 10 Lfgn. Mit dem Bildniß der Heiligen (in Stahlst.) gr. 8. (1. Bd. VI, 555 u. 2. Bd. VI, 552 S.) Freiburg i. B. 872. Herder. à — 60

— Geschichte der heiligen Monika. Autorisirte Uebersetzung von Mathilde v. Habermann. Mit 1 Stahlst. Mainz 870. Kirchheim. 8. (443 S.) 1 rthl

Bougaud, Em., Jesus Christus als Mensch ein Beweis seiner Gottheit. Aus dem Franz. von Anna Gräfin v. Görtz. 8. (IV, 172 S.) Mainz 879. Kirchheim. 1. 50

Bougaud, Emil, die hl. Johanna Franziska v. Chantal u. der Ursprung des Ordens v. der Heimsuchung. Deutsch bearb. 2., durchgeseh. Aufl. Mit dem Bildnis der Heiligen. 2 Bde. (LV, 475 u. VII, 547 S.) 8. Freiburg i/B. 910. Herder. 7.—; geb. in Leinw. 9.—

Bougeant, G. H., s. B o u g e a n t , Wilhelm Hyacinth

Bougeant, Wilhelm Hyacinth

Bougeant, W. Hyac., vollkommene Erklär. d. christl. Lehre d. Fragen u. Antw. 4. Augsb. 780. Rieger. 1 rß 8 gl

Bougeant, G. H. Historie des 30 jährigen Krieges. Aus d. Franz. v. F. E. Rambach. T. 1—4. Halle 1758—60. 8°. (Orig. 1751.)

— Historie des 30jähr. Kriegs u. des darauf erfolgten Westphäl. Friedens. Aus d. Französ., mit Zusätzen u. Anmerkk. von F. E. Rambach. 4 Thle. gr. 8. Halle 758—60. Gebauer. 5 rß 12 gl

Bougeant, S. J., Amusements philosophiques sur le langage des bêtes. Par. 1739. Amst. 1750. 8°. Genèv. 1757. 12°. 163 S. A. d. Franz. Frkf. u. Lpz. 1740. 12°. *Haller*, Bibl. an. II, 3220.

B o u g e a r d , Alfr., les moralistes oubliés. Recueil de réflexions et de maximes extraites de divers auteurs et précédées d'une appréciation littéraire. 16. (256 S.) Leipzig 858, A. Dürr.

Bouget, Jacob Friedrich (Odenkirchen), Diss. juris feudalis num filius feudum a patre alienatum revocare possit. Cum annexo responso in causa feudali praetense revocatoria circa castrum & subdynastiam Juliacensem Burgau feudalis camerae Heinsbergensis feudum. Präs. Gottfried Moll. Bonn (Joh. Fried. Abshoven) 25. VII. 1783. 110 S. (7.—) 3709
v. Elmpt, v. Wolff-Metternich.

Boughton-Wilby, T. W., English as it is spoken, s.: Crump, William Hanby.

Deutsche Übersetzung von English as it is spoken; being a series of familiar dialogues on various subjects by William Hanby Crump. Zum Rückübersetzen ins Engl. 9. Aufl. Durchges. u. neu bearb. von T. W. B o u g h t o n - W i l b y . Berlin: F. Dümmler 1905. (80 S.) 8° [F. u. Ant.]
[illegible]

Bougie, die Perle Nord-Afrikas. Prag 1899. V: *Ludwig Salvator Erzherzog v. Österreich.* (Berl)

Bouginé, Karl Jos., († d. 29. Mai 1797.) Adagia, (mit Anmerkk.). 8. Tübingen 762.

Karl Joseph Bouginé. Gedanken von den Schulen nebst einigen biographischen Nachrichten für die Jubelfeyer unserer Fürstenschule, entworfen von Karl Joseph Bouginé. Durlach bei J. G. Müller, älterem Hochfürstl. Markgräfl. Badischen Hof- und Canzley-Buchdrucker. 1787. 55 S

Progr. Karlsruhe 1787.

— s. J. M. G e s n e r , chrestomath. graeca.

B o u g i n e ' s , C. J., Handbuch der allgemeinen Litterärgeschichte. Zürich 1789-92. 5 B. 8. 10 rthl.

— Handbuch der allgem. Literaturgeschichte. 6 Bde. (der 6e oder Suppl.-Bd. von C. F. Bouginé, in 2 Thln.) gr. 8. Zürich 789—802. Orell. 13 rß 8 gl Hbg. Pr. 8 rß

Karl Joseph Bouginé. Quantum intersit principis ac reipublicae curam habere litterarum ludorumque litterariorum disquirit, et ad orationes in Auditorio die 2. April. Hora post meridiem secunda publice habendas, qua decet animi observantia invitat Carolus Josephus Bouginé, Illustris Gymnasii Collega. Carlsruhae typis Macklottianis 1762. 4°. 10 S., mit dem Programm der Redeübungen 22 S.

Ordo oratorum:

Oratores Iuvenes, quorum omnes ac singuli in thema illud suis declamationibus generalius, quod in tradendis specialioribus auctor disquisitionis propositum semper habuit, nempe, hominis sui ipsius curam sollicite respicient, sequentur hunc ordinem:

I. *Johann Lud. Gebhardius*, Hachburgico-Eichstaettensis Theologiae Cultor Creatorem optimum sapientem in homine fingendo artificem sistet, sermone latino.

II. *Joh. Frid. Lapp*, Emmendingensis, Theol. cult. hominem sui habere curam teneri, evincet, idiomate graeco.

III. *Wilh. Frh. Mylius*, Emmendingensis, Th. C. optime ordinatum sui amorem optimam sui curam habere suadere, docebit sermone vernaculo.

IV. *Joh. Jac. Eisenlohr*, Rusheimensis, Th. C. quid vel boni vel damni inde sequatur, si sui ipsius cura vel habeatur vel negligatur, ostendet latina lingua.

V. *Car. Lud. Theophil. Gyser*, Sulzburgicus, Th. C. quod homo non nisi prudenti institutione homo fingatur et suis officiis adsuescere discat, sermone vernaculo exponet.

VI. *Theophilus Eisenlohr*, Rusheimensis, Th. C. de sui cura Israëlitis a Deo in veteri quondam Testamento iniuncto, Ebrea dialecto aget.

VII. *Christianus Bernhardus Gockelius*, Koenigsbacensis, Theol. C. virtutes ac vitia curae nostri et utiles et noxia describet sermone vernaculo.

VIII. *Georgius Fridericus Kluse*, Carolsruhensis, Jurispr. Cult. Affectus animi non licitos modo esse, sed et maxime ad nostri curam pertinere oratione valedictoria persuadere conabitur, latine.

IX. *Nicol. Frid. Hess*, Hachburgico-Theningensis Theol. Cult., Deum et sapientissimum et optimum nostri curam habere, vernaculis significabit versibus, et simul abiturientem salvum semper esse iubebit.

Progr. Karlsruhe 1762.

Bouglé, C., Gewissensfreiheit. Autor. Übersetzg. a. d. Franz. v. Alphonse Tauxe. gr. 8. (162 S.) Leipzig 896. W. Friedrich. n. 2. —

Bouguer: Reisen, Neue, nach Guiana etc., s. B a r r e r e , Pierre

B o u g u e r i , D., Optica de divers. luminis gradib. dimetiendis. c. fig. 4. maj. Wien, Teudler. 762.

D. Bougueri Academiae Scientiarum Regiae Parisinae etc. Membri Optice de diversis Luminis Gradibus dimetiendis, Opus posthumum, in lucem editum a D. *de la Caille* ejusdem Academiae Parisiis et in latinum conversum a *Joachimo Richtenburg* Societat. Jesu. Viennae, Pragae et Tergesti. Typis Joannis Thomae Trattner, Caes. Reg. Aulae typographi et bibliopolae. 2 Bog. Titel etc. 195 S. 7 Kpft. gr. 4. 1762.

Bouguer, P., s.: Optik, meteorologische.

Bouguer, Pierre: Kurze Beschreibung der Reise nach Peru, welche von einigen Mitgliedern der Königl. Französischen Academie der Wissenschaften zu Ausmessung der Grade des Mittagzirkels in den Gegenden der Mittellinie verrichtet worden ist. Aus dem Französischen. (XX), 155 S., 1 Tf., 1 Krt.
in: S a m m l u n g neuer und merkwürdiger Reisen zu Wasser und zu Lande. Th. 3. S. 1—155. Göttingen 1751. 8°.

Bougy. Panorama du signal de Bougy près Aubonne, Suisse. Publié par la société du musée d'Aubonne. Farbendr. 12,5×90,5 cm. Zürich 892. Art. Institut Orell Füssli, Verl. n. 1. 50

Bouhélier, Saint-Georges de, Lucie, die Geschichte e. gefallenen u. zur Verbrecherin gewordenen Mädchens. Einzig autoris. Übersetzg. aus dem Franz. (354 S.) kl. 8. Wien 904. Wiener Verlag. n. 3. —; geb. n.n. 4. 50

Bouhélier, St. G., s. Propaganda des individualistischen Anarchismus in deutscher Sprache.

Bouhélier, Saint-Georges de, die Tyrannei der Sozialdemokratie, s.: P r o p a g a n d a des individualistischen Anarchismus in deutscher Sprache. 7. Hft.

Bouhon, Wilhelm, aus Mühlheim a. Rh.: **Studien über die** freiwillige Zersetzung fett- und eiweisshaltiger Bestandteile des tierischen Organismus. Ein Beitrag zur Beurteilung der im Verkehre befindl. Fleischwaren. *München 1900: G. Hafner.* (46 S.) 8° [Umschlagt.]
München, Phil. Diss. v. 1900

Bouhours, Dominique, S. J. Die Art in witzigen Schriften wohl zu denken. Aus dem Französischen des P. Bouhours übersetzt. Altenburg, P. Richter, 1747. 8°. 8 Bl. 552 S. 17 Bl. *Titelvignette (Astronom) von Sysang.* Etwas berieb. Ldbd. d. Z. m. Rv. und Rsch.
Erste deutsche Ausgabe. De B.-S. I. 1909. Fromm (3777) kennt nur die 2. Ausgabe von 1759; beiden Bibliographien ist der Name des Übersetzers unbekannt.

Bouhours, Dom., die Art, in witzigen Schriften wohl zu denken. 8. Altenb. 759. (Hennings in Neisse). 14 gl

Bouhours, D., christliche Betrachtungen für alle Tage des Monats. Aus dem Französ. 32. (63 S.) Münster 852, Aschendorff'sche Buchh.

Bouhours, Dominique. Circulus menstruus christianarum cogitationum. Monachii 1775. Ü: *Seccard, Louis.* (Jes)

—— christliche Gedanken auf alle Tage des Monats. Aus dem Französ. gr. 16. (78 S.) Wiesensteig 854, Schmid'sche Buchh.

Bouhours, Dom. Geschichte des Pierre d'Aubusson, Grossmeister von Rhodus. A. d. Französ. 8.

Bouhours, P., journée du Chretien, sanctifiée par la prière et la méditation. 8. Dresd. 797. Walther. 16 gl

Bouhours, Dominic., Kern d. Geistes u. d. Wahrheit. 8. Augsb. Wolf. 775.

Bouhours, P. Domin., das Leben d. heil. Ignatius, Stifters d. Gesellschaft Jesu. A. d. Franz. übers. v. Albert v. Haza-Radlitz. 8. (34¼ B.) Wien 835, Mechitaristen-Congreg.-Buchh.

Bouhours, Domin., das Leben des heil. Ignatius, Stifters der Gesellschaft Jesu. Aus dem Französ. übers. von Alb. von Haza-Radlitz. 2. verb. Aufl. Wien 861. Mechitharisten-Congreg.-Buchhdlg. gr. 8. (387 S.) 20 ngr.

Bouhours, P., Lebensgeschichte d. heil. Apostels v. Indien u. Japan Franz Xaver. Ins Deutsche übertr. Lex.-8. (35½ B.) Frankfurt a. M. 830, Andreä.

Bouhours, D., Lebensgeschichte des heil. Apostels von Indien und Japan Franz Xaver. Ins Deutsche übertr. 2. Aufl. 8. (404 S.) Münster 855, Coppenrath'sche Buchh.

Bouhours, Dominique: Methodus recte cogitandi. Augustae Vindelicorum 1717. 8°

Bouhours, Methodus in argutis operib. recte cogitandi. Wien, Gerold. 750.

—— Pensées chrétiennes pour tous les jours du mois. 8. (63 S.) Wiesensteig 854, Schmid'sche Buchh.

Bouhours, Dominique. Vita S. Fr. Xaverii . . . Monachii 1712. V: *Python, Pet.* (Jes)

Boujansky, Jos., die gewerblichen Genossenschaften Belgiens, s. a. Forschgn., staats- u. socialwiss. 18. III.

Die gewerblichen Genossenschaften Belgiens. Von Joseph Boujansky. *Leipzig: Duncker & Humblot 1900.* (VIII, 93 S.) 8°
= Forschungen, Staats- u. socialwissenschaftl. Bd 18, H. 3.

Bouillaud, J., medicin. Klinik. Deutsch bearb. v. Gust. Krupp. 1. Bd. Acute Magen- u. Darmentzündungen. 1. u. 2. Hft. gr. 8. Cassel 838, [Fischer.]
Hft. 1. Typhöses Fieber, wesentliche, anhalt. Fieber. (9 B.) 15 Gr.
- 2. Acute Peripneumonie. (6 B.) 9 Gr.

Bouillard, J., medicinische Klinik enthält acute Magen- u. Darmentzündungen. (Typhöses Fieber, wesentliche, anhaltende Fieber.) Deutsch bearb. v. Gust. Krupp. 2. Ausg. gr. 8. (15¼ B.) Quedlinburg 840, Ernst'sche Buchh.

—— die Krankheiten d. Herzens. N. d. Franz. deutsch bearb. u. mit Zusätzen hrsg. v. Alfr. Ferd. Becker. 2 Bde. gr. 8. (42¼ B.) Leipzig 836, 37, [Fest'sche Vrlsbuchh.]

— die Krankheiten des Herzens. Nach d. Franz. deutsch bearb. u. mit Zusätzen herausg. von Dr. Alfr. Ferd. Becker. 2 Bde. gr. 8. Leipzig 836, 37. Wuttig. 2⅔ ₰

—— neue Untersuchungen üb. d. acuten Rheumatismus d. Gelenke im Allgem., u. üb. d. Gesetz d. Coincidenz d. Pericarditis u. Endocarditis mit demselben im Besondern, so wie auch üb. d. Wirksamkeit d. rasch auf einander folgenden Blutentziehungen bei dess. Behandl. A. d. Franz. v. Kersten. gr. 8. (8 B.) Magdeburg 837, Bühler'sche Bh. *

de Bouillé, Marquis. Denkwürdigkeiten über die französische Revolution von ihrem Ursprunge bis zum Rückzuge des Herzogs von Braunschweig. A. d. Französ. 8. Hamburg 1798.

de Bouillé, Marq., Memoiren üb. d. französ. Revolution. Aus d. Engl. gr. 8. Hamb. 798. (A. Campe). 1 ₰ 8 gl

Bouillerie, de la, Betrachtungen über das allerheiligste Altarssacrament. Nach der 8. Aufl. aus dem Französ. übers. Schaffhausen 855. Hurter. 16. (VIII, 280 S.) 15 ngr

Bouillon, Gottfried von. Schausp. nach Tasso v. Neumann. 8. Halle, Curt. 788.

Bouillon, Gottfried von, oder die Eroberung des heiligen Grabes. Ein historisches Gemälde aus den Zeiten der Kreuzzüge. . . . Augsburg 1845. V: *Ambach, Ed. von.* (Ky)

Bouillon, Gottfr. v., erobert. Jerusalem. 2 Thle. 8. Stuttgart, Mag. f. Lit. 794.

Bibliothek Ferdinand von Quast zu Radensleben. [Verf.: Charles Otto Bouillon.] *(Neu-Ruppin 1901: Märk. Zeitung.)* (160 S.) 8°

(Bouillon, Gust.,) s. Longueville, Rich.

Bouillon-Lagrange, s. a. Lagrange.

Bouillon-Lagrange, E. J. B., Handb. f. Pharmaceutiker. a. d. Franz. m. K. gr. 8. Leipzig, Gerh. Fleischer. 802.

Bouillottenleuchter, d., e. Goldgrube der Pariser Damen von Ton. Mit 1 Kpf. Berl. 800. (W. Nauck in Leipz.) 8 gl

Der Bouillottenleuchter. Eine Goldgrube der Pariser Damen vom Ton. Skizze über die heutigen Sitten der Pariser, ihre Spielsucht, ihre hohe Wetten, ihre Spielfeste und privilegirte Lottohäuser, nebst Schilderung einer solchen Spielscene in einem Tripot . . . Berlin 1800. bey Karl August Nicolai, Sohn . . .
32 S.; 1 Taf. in Kupferst. 8°.
Aus: London und Paris. Jg. 2. Bd. 4.
Stich von *J. F. W. Schleuen nach Guerin.*

Bouillottenleuchter, d., e. Goldgrube d. Paris. Damen v. Ton. m. K. Berl. (Sommer, L.) 800.

Bouilly, Jean Nicolas

Bouilly, l'Abbé de l'Epée, s. a. Répertoire du Théâtre franç. No. 247.

Bouilly, L'abbé de l'Epée, siehe a. Theaterstücke, ausgewählte Französische.

Bouilly, J. N. L'abbé de l'épée, s. a. Théâtre français, II, 4.

Bouilly, J. N., l'Abbé de l'Epée, Comédie historique en 5 act. 16. (5¼ B.) Stuttgart 838. Erhard.

—— the abbé de l'Epée. A hist. comedy. Transl. fr. the french, a. suppl. w. notes by JSS Rothwell. 8. (104) Münch. 59, Grubert. — 7½

Bouilly, JN, l'abbé de l'Epée. Comédie. Pourvue de notes et de phraséol. angl. p. JSS Rothwell. 8. (103) Münch. 59, Grubert. — 7½

—— the Abbé de l'Épée. A historical comedy in 5 acts. Translated from the French, and supplied with idiomatic notes for the use of learners, desiring to retranslated it into the original, by J. S. S. Rothwell. 8. (IV und 104 S.) München 859, Palm's Hofbuchh.

Bouilly, J. N., l'Abbé de l'épée. Comédie-historique en 5 actes. Pourvue de notes et de phraséologie anglaises au bas de chaque page à l'usage de ceux qui désirent la traduire en anglais par J. S. S. Rothwell. München 859. Palm. 8. (IV, 103 S.) 7½ ngr.

Bouilly, J. N., der Abbé de l'Epée. Historisches Schauspiel in 5 Akten. Frankfurt a. M. 865. Bechhold. 16. (64 S.) 6 ngr

L'abbé de l'épée, comédie hist. en 5 actes. Par J(ean) N(icolas) Bouilly. Mit Anm. z. Schulgebr. hrsg. von Prof. Dr. O[tto] Schulze, Oberlehrer, Gera. [Nebst] Anh. Bielefeld & Leipzig: Velhagen & Klasing 1904. 2 Bde 8°

— choix des meilleurs contes à ma fille, s.: Prosateurs modernes.

Bouilly, J. N., Conseils à ma fille. II Vol. Brunsv. Pluchart. 814.

Bouilly, J. N., Conseils à ma fille. II Vols. 12. Braunschw. Ed. II. 814. Pluchart. 2 ₰ 6 gl

— le même. II Vols. av. fig. 8. Pesth 815. Hartleben. 20 gl

— le même, bearb. u. mit e. Wörterbuche versehen v. G. Kißling. 8. Ludwigsb. 832. Nast. 18 gl

—— le même. (Mit Wörterverzeichniss.) 16. (25 B.) Stuttgart 835, Erhard.

— la même. 16. Stuttgart 839. Erhard. 11 gl — la même. 2 Thle. 2e Ausg. 8. Braunschweig 814. (Leibrock.) (Mannheim, Bensheimer.) 1 ꝛf

Bouilly, J. N., Conseils à ma Fille. Bearb. u. mit e. Wörterbuche versehen vom Prof. Kißling. 2 Thle. gr. 12. Heidelb. 837. Oßwald. 1 ꝛf

—— le même. Mit e. vollständ. Wörterbuche. Zum Schul- u. Privatgebr. Hrsg. v. Schiebler. 8. (20⅛ B.) Leipzig 838, Volckmar.

—— le même. Mit erläut. Noten u. e. Wort-Register f. d. weibl. Jugend bearb. v. G. Kißling. 2., verb. Aufl. gr. 8. (19 B.) Ludwigsburg 838, Nast'sche Buchh.

Bouilly, J. N., Conseils à ma fille. Nouv. édit. 16. (18 B.) Stuttgart 840, Erhard. Thlr.

— Conseils à ma fille. Bearbeitet u. mit einem Wörterbuche versehen v. Haupt- u. Sprachlehrer, Prof. Kißling. 2 Thle. (Neue Ausg.) gr. 12. Mannheim 841, Bensheimer. ¾ ꝛf

Bouilly, J. N., conseils à ma fille. Mit ein. Wörterb. 8. (14 B.) Quedlinburg 844, Basse.

Bouilly, J. N., Conseils à ma fille. Mit einem Wörterbuche. 2. Aufl. 8. (VIII und 286 S.) Quedlinburg 855, Basse.

Bouilly, Jean Nicolas & Sophie Cottin. Contes choisis ... Breslau 1833. H: *Werner, C. geb. Brecht.* (Ky)

— Contes offerts aux enfans de France. 8. Berl. 827. Pirna, Friese. 14 gl Fein Pap., mit 1 Kpf. 1 ꝛf

Bouilly, Jean Nic., Contes offerts aux enfans de France. 8. (21¼ B.) Berlin 827. (Leipzig, Friese.) 14 Gr., f. P. m. 1 Kpfr.

— Contes offerts, aux enfans de France. 8. Berlin 827, Matthisson. 14 gr. Fein Pap. mit 1 Kupf.

—— le même. gr. 12. (7½ B.) Brunswick 828, Vieweg.

Bouilly, J. N., Contes offerts aux enfants de France. Nouvelle édition. 12. (IV und 173 S.) Brunsvic 851 (52,) Vieweg et fils.

Bouilly, J. N., Contes offerts aux enfans de France. Nouvelle édit. 12. (IV u. 173 S.) Brunsvig (828) 852, Vieweg & fils. ¼ ꝛf

Bouilly, Jean Nicolas: Contes à ma fille.

— la même, pour servir à son education. II Vol. 12. Brünsv. Pluchart. 813.

— Contes à ma fille. II Tomes. av. fig. 8. à Paris. (W. G. Korn à Bresl.) 815.

—— Contes à ma fille. Mit erläut. Noten u. e. Wortregister f. d. weibl. Jugend bearb. v. G. Kißling. 8. (29¼ B.) Ludwigsburg 833, Nast.

— Contes à ma Fille. ⅓ ꝛf (Mit Wörterverzeichniß.) 16. Stuttg. 835. Erhard. 13 gl — Nouv. édit. 16. Ebd. 840. 11 gl

— Contes à ma Fille. Mit e. vollständ. Wörterbuche. Zum Schul- u. Privatgebrauche. Herausg. von Dr. Schiebler. 8. Leipzig 838. Volckmar. ½ ꝛf

Bouilly, Contes à ma fille. Mit erläuternden Noten u. einem Wort-Register für die weibliche Jugend bearb. vom Hauptlehrer, Prof. G. Kißling. 2. verb. Aufl. gr. 8. Ludwigsburg 838, Nast'sche Buchh. ¾ ꝛf

—— contes à ma fille. Mit Wörterb. 8. (21 B.) Quedlinburg 842, Basse.

—— contes à ma fille. Mit ein. vollständ. Wörterb. Zum Schul- u. Privatgebr. hrsg. v. Schiebler. 2., verb. Aufl. 8. (20¼ B.) Leipzig 843. [Renger'sche Buchh.]

— Contes à ma fille. Mit einem vollständ. Wörterbuche. Zum Schul- u. Privatgebrauche, herausgeg. von Dr. Schiebler. 2. verb. Aufl. 8. Leipzig 843, Volckmar. ½ ꝛf

—— contes à ma fille. Nouv. édit. 16. (10½ B.) Stuttgart 843, Erhard.

—— dass. mit Wörterbuch. 16. (24⅞ B.) Ebdf. 843.

—— contes à ma fille. Edit. stéréot. enrichie des Notes grammatic. et d'un Vocabul. par Ernst J. Hauschild. 8. (18½ B.) Leipzig 846, Baumgärtners Buchh.

—— Contes à ma fille. 2. Édition stér. avec notes grammat. et vocabulaire par Ernest J. Hauschild. 8. (V und 289 S.) Leipzig 852, Baumgärtner's Buchh.

—— Contes à ma fille. Mit einem vollständigen Wörterbuche zum Schul- und Privatgebrauche hrsg. von Schiebler. 5., verb. Aufl. 8. (IV und 316 S.) Leipzig 854, Renger'sche Buchh.

—— Contes à ma fille. Mit grammat. Anmerkungen und einem Wörterbuche zum Schul- und Privatgebrauche hrsg. von Ed. Hoche. gr. 16. (VI, 218 und Vocabulaire 50 S.) Leipzig 855, E. Fleischer.

— contes à ma fille. Mit einem Wörterbuche versehen. 2. Aufl. Quedlinburg 855. Basse. 8. (332 S.) 20 ngr.

—— Contes à ma fille. Mit einem vollständ. Wörterbuche. Zum Schul- und Privatgebrauche hrsg. von Schiebler. 6. Aufl. gr. 16. (IV und 208 S. mit Wörterbuch 108 S.) Berlin 858, Renger'sche Buchh.

— contes à ma fille. 2. édition steréot. avec notes grammat. et vocabulaire par E. J. Hauschild. Leipzig 862. Baumgärtner. 8. (V, 289 S.) 15 ngr.

Bouilly, J. N., contes à ma fille. Mit grammat. Anmerkungen und einem Wörterbuche zum Schul- und Privatgebrauch herausg. von Ed. Hoche. 2. Aufl. Leipzig 863. E. Fleischer. 16. (VI, 268 S.) 15 ngr.

— — Mit erläuternden Noten, Wort-Register und einer Tabelle der unregelmäßigen Zeitwörter für die weibliche Jugend. 3., sorgfältig durchgeseh. Aufl. Basel 864. Balmer & Riehm. gr. 8. (XVI, 176 S.) n. 16 ngr.

-- contes à ma fille. Mit e. Wörterbuche versehen. 3. verb. Aufl. Quedlinburg 864. Basse. 8. (344 S.) 20 ngr.

Bouilly, JN, contes à ma fille. 3. éd. par J Hauschild. 8. (273) Lpzg 71, Baumgärtner. 1. 50

—— dass. Mit grammat. u. sachl. Anmerkgn u. e. vollständ. Wörterbuche hrsg. v. E Hoche. 3. Afl. 16. (260) Lpzg 71, E Fleischer. 1. 50

Bouilly, J. N., Contes à ma fille. 3e édit. 1869, et 4e édit. stér. avec notes grammaticales et vocabulaire par Ernest J. Hauschild. 8. (V, 273 S.) Leipzig 874, Baumgärtner's Buchh. (M 1,50.)

—— le même. — Mit grammat. und sachl. Anmerkungen und einem vollständ. Wörterbuche für den Schul- und Privatgebrauch hrsg. von Ed. Hoche. 3. verb. und erweit. Aufl. gr. 16. (VII, 260 S.) Leipzig 874, E. Fleischer.

—— dass. Mit Anmerkgn u. Wörterb. hrsg. v. E Hoche. 4. Afl. 16. (280) Berl. 76, Friedberg u. M. 1. 50

—— Contes à ma fille. Mit grammat. und sachl. Anmerkungen und einem vollständ. Wörterbuche für den Schul- und Privatgebrauch hrsg. von Ed. Hoche. 4. verb. Aufl. gr. 16. (VIII, 280 S.) [Leipzig 876, E. Fleischer.] Berlin, Friedberg und Mode.

Bouilly, J. N., Contes à ma fille. Mit Erläuterungen für den Schul- und Privatgebrauch und einem Wörterbuch. 5. Aufl., völlig neu revid. von M. v. Metzsch. 8. (IV, 312 S.) Leipzig 880, Baumgärtner's Buchh.

— Contes populaires. Nouvelle édition. Avec un vocabulaire. 8. (VIII u. 324 S.) Quedlinbourg 851, Basse. ½ ꝛf

— Encouragement de la jeunesse, avec fig. 8. Pesth 816. Hartleben. 10 gr

— encouragements de la jeunesse. — Zum Schul- u. Privat-Unterricht in der franz. Sprache. Mit e. vollst. Wörterb., hrsg. v. F. A. Menadier. 8. (VIII u. 304 S.) Ebd. 847. 2/3 Thlr

Bouilly, (J. N.,) Erzählungen. Zur Aufmunterung f. die Jugend. Nach d. Franz. v. K. Müchler. Mit 6 illum. Kupf. 8. Berlin 825. Hasselberg.

—— Erzählungen f. meine jungen Freundinnen, od. drei Monate in Touraine. Uebers. v. Ign. Heldmann. M. 4 Kpfrn. gr. 12. (10 B.) Leipzig 828, Ind.-Comptoir.

— Erzählungen f. d. Kinder v. Frankreich. Aus d. Französ. Mit Kupf. 12. Braunschweig 825, Vieweg.

— Erzählungen für Mütter, nach Beispielen aus d. wirkl. Welt. Nach d. Französ. v. Fr. Gleich. 2 Thle. 8. Leipz. 824. Brockhaus. 2 Thlr 8 gr

— neue Erzählungen f. das frühere Jugendalter. Frei nach dem Franz. bearbeit. v. W. A. Lindau. Mit 8 fein color. Kpf. 16. Leipz., Er. Fleischer. 2 Thlr 8 gr Hbg. Pr. 1 Thlr 8 gr ohne Kpf. 20 gr Hbg. Pr. 12 gr

— neue Erzählungen f. d. frühere Jugendalter. Frei nach d. Französ. bearbeit. von W. A. Lindau. Mit 8 fein col. Kupf. 16. Leipzig 826, E. Fleischer.

— sechs Erzählungen. Das Brustbild d. Urgroßvaters. Der rothe Muff. Die barmherzigen Schwestern. Die Schildwache. Die beiden Tauben. Die weiße Ziege. Mit 1 ill. Titelkpfr. 16. Hamburg … Niemeyer. 1/8 Thlr

— Erzählungen zum Unterricht u. zur Bildung meiner Tochter. Nach d. 2ten franz. Ausg. übersetzt. 2 Bde. 8. Basel, Flick. 811.

Bouilly, J. N., Erzählungen zum Unterricht u. z. Bildung meiner Tochter. Nach der 2ten französ. Ausg. übersetzt. 2 Bde. 8. Basel 811. (Neukirch). 1 Thlr

— vier Erzählungen. Die Schäferhütte. Die Mahlzeit im Freien. Dienertreue. Der arme Blinde. Mit ill. Titelkpfr. 16. Hamburg … Niemeyer. 1/8 Thlr

Bouilly, die jungen Frauen, 22 Erzähll. aus d. Französ. v. Aug. Kuhn. 2 Bde. 8. Berl. 820. Schlesinger. 2 Thlr 12 gr Mit 16 Kpf. 4 Thlr

Die Freimaurer. Aus J. N[ikolas] Bouilly Récapitulations zu Lehr und Kurzweil für Freund und Feind ins Deutsche übers. Cassel: Luckhardt 1856. 23 S. 8°

[Dasselbe.] 2. Aufl. Ebendas. 23 S. 8°
Tt. 1476.

Bouilly, Jean - Nicolas   Ott 45
Geschichten für junge Frauen. Aus d. Französ. von Karoline von Woltmann. 1 Kupferst. Th. 1.2.
Leipzig: Fleischer 1820. 8°

— Geschichten f. meine Töchter. Frei übers. von A. v. Kotzebue. 2 Bde. 8. Riga 811. 2 Thlr 12 gr Fein Pap. 2 Thlr 16 gr (Darmstadt, Leske). Hbg. Pr. 1 Thlr 12 gr

— Geschichten f. meine Töchter. Frey übers. v. Kotzebue. 2 Bde. 8. Riga, Hartmann, 811. Fein Pap. Ord. Schreibp.

—— Haß allen Weibern! Lustsp. in 1 Acte. Frei n. d. Franz. in Alexandrinern bearb. v. J. F. Castelli. N. Aufl. gr. 8. (3 B.) Wien 834, Wallishausser.

— Indemnités de gens de lettres, ou les encouragemens de la jeunesse. gr. 8. Braunsch. 817. Pluchart. 16 gr

— membre des plusieurs sociétés académiques. 2 Tom. 12. Wien 826, Schrämbl.

—— Plaudereien eines Greises. Aus dem Französ. frei bearb. von J. A. Luber. 12. (IV und 179 S.) Landshut 856(57,) Thomann'sche Buchh.

—— Racconti alle mie piccole amiche. 16. (111 S.) Triest 868, Coen. *

—— Racconti alle mie piccole amiche. 16. (112 S. mit 1 Holzschntaf.) Triest 868, Coen. *

—— Racconti per le giovinette. 1. Ediz. 1868. und 2. Ediz. 8. (279 S. mit 8 Stnt.) Triest 864, Coen. *

J. N. Bouilly's Rath an me. Tochter, in Beispp. a. d. wirkl. Welt; a. d. Franz. übers. v. L. Hain. *Lpz.*, Brockhaus. (814.) 2e A. 823. 2 Thle. 8° 1 Thlr 16 gr

— Rath an meine Tochter, in Beispielen aus d. wirklichen Welt, von Lud. Hain. neue Aufl. 2 Bdchen. 8. Leipzig, Brockhaus. 816.

— Rath an meine Tochter, in Beispielen aus d. wirklichen Welt, von Ldw. Hain. 2 Bdchn. 8. Leipz. 816. 2e Aufl. 823. Brockhaus. 1 Thlr 16 gr

- Rath an meine Tochter, in Beispielen aus d. wirkl. Welt; nach d. Französ. übers. von L. Hain. 2 Thle. 2e Aufl. 8. Leipzig 824, Brockhaus.

—— mes récapitulations, s. Théâtre français.

—— der Taubstumme oder der Abbé de l'Epée, s. a. Universal-Bibliothek Nr. 1020.

— dass. s. auch Bühnen-Repertoire. Bd. XIV.

—— der Taubstumme od. d. Abbé de l'Epée. Histor. Drama in 5 Akten z. Uebertr. ins Engl. mit Noten versehen von B. Thompson. 12. (6 B.) Leipzig 845, Baumgärtners Buchh.
Vgl. Bühnen-Repertoir.

— der Wasserträger, s. a. Cherubini, Luigi.

Bouilly, Jean Nicolas. Der Wasserträger. Oper in 3 Aufz. von Luigi Cherubini … Leipzig [1894]. Ü: *Schmieder, Hnr. Glieb.* (Berl)

—— die Zwillinge von Beausse oder Genovefa und Marzelin. Eine wahre Begebenheit. Nach dem Französ. 2. Aufl. 8. (48 S. mit 2 Holzschn.) Zürich 853. (Leipzig, H. Fritzsche.)

—— d. Zwillinge v. Beausse od. Genovefa u. Marzellin. N. d. Franz. 2. Afl. 8. (48) Zür. 53. (Lpzg, Kessler.) — 4

Bouisson, F., Galle, s. a. Handbibliothek.

Bouisson, F., die Galle im gesunden und krankhaften Zustande, mit besond. Berücksicht. der Gallensteine. Frei bearb. und mit Zusätzen verm. von E. A. Platner. Lex.-8. (IX und 276 S.) Wien 849, Kaulfuss Wwe., Prandel und Comp. *
Vgl. Handbibliothek des Auslandes. Nr. VI., VII.

Bouix, kanonisches Recht der Regularen. In einen deutschen Auszug gebracht und mit Zusätzen versehen von Rupert Mittermüller. Eine Beigabe zum ascet. Handbuch für Ordensleute. Landshut 861. Thomann. 8. (VIII, 268 S.) 16 ngr

Bouix, D., Tractatus de principiis juris canonici. 12. (VIII und 487 S.) Monasterii 853, Cazin.

(F) Boul, M., Aus Etschland und Inntal. [Volksbücherei. Nr. 178/179.] 8°. (160 S.) K .40, geb. K .90
Graz: Styria 1907.

Boulabert, Jules, Der Sohn des Enthaupteten. Roman. Aus dem Französischen. 3 Bde. 8. (175, 178 u. 168 S.) Wien, Laßt's Verlags-Exped. 1866 2 fl. 40 kr.

Boulabert, Jules, der Sohn des Enthaupteten. Roman. Aus d. Französ. 3 Bde. Leipzig 867. E. J. Günther. 8. (521 S.) n. 1 Thlr 15 ngr

v. Boulainvillier, Graf, Leben des Mahomets. Aus d. Französ. mit histor. Anmerkk. 8. Lemgo 769. Meyer. 12 gr

— Dass. mit Anmerkk. von J. A. Mebes. 8. Halle 786. Hendel. 16 gr

— — dasselbe m. Anmerk. v. Meles. 8. Halle, Hendel. 786.

de Boulainvilliers. Das Leben Muhammeds. Aus d. Französ. Lemgo 1747.

Boulan, Frdr., Lindau vor Altem u. Jetzt. Geschichtliches u. Topographisches. Neue Ausg. 16. (VII, 487 S.) Lindau 872. Stettner. n. 2. 10

Boulangé, T., Leben der ehrwürdigen Dienerin Gottes Margaretha Maria Alacoque, Profeßschwester von der Heimsuchung Mariä. Nach dem Französ. München 861. Lentner. 12. (VIII, 495 S. u. 1 Stahlst.) 1 Thlr 6 ngr

Boulangé, T., Studien über den heiligen Franz v. Sales. Sein Leben, sein Geist, sein Herz, seine Werke, seine Schriften und seine Lehre. Aus dem Französ. 1. Bd. gr. 8. (XI und 402 S.) München 861, Lentner'sche Buchh. Thlr.

Boulangé, T., Studien über den heiligen Franz v. Sales. Sein Leben, sein Geist, sein Herz, seine Werke, seine Schriften und seine Lehre. Aus dem Französ. 2. (Schluß-)Bd. gr. 8. (X und 484 S.) München 862, Lentner'sche Buchh.
1. Bd. Ebendas. 1861. 27 Ngr.

— dass. Jetzt: Rgnsbg, F Pustet. 8 — 61/65

Boulangé, T., Studien üb. d. hl. Franz v. Sales. S. Leben, s. Geist, s. Herz, s. Werke, s. Schriften u. s. Lehre. A. d. Franz. 2. (Titel-)Ausg. 2 Bde. gr. 8. (XI, 401 u. X, 434 S. m. Bildnis.) Stuttgart (862.) 892. München, J. Roth. n. 4. —

Boulangé: Studien üb. d. hl. Franz v. Sales. Jetzt: Mergenth., C Ohlinger. 91/95

Boulanger, General. Deutschlands Feldzug gegen Frankreich 1870—1871. Autorisirte Ausgabe mit 260 Illustrationen, Plänen und Karten. (2 Bde.) 8. Wien 1890—1893.

Boulanger, Deutschlands Feldzug geg. Frankreich 1870—71. 1—45. Lfg. 8. (I. Bd. 823 u. II. Bd. 1—608 m. Illustr.) Wien 88—90, O Frank's Nf. à — 40 (I. Bd. geb. n.n. 12. 50)

Boulanger, Deutschlands Feldzug gegen Frankreich 1870—71. Autoris. Ausg. 46.—62. (Schluß-)Lfg. Lex.-8. (2. Bd. VII u. S. 609—1144 m. Illustr. u. Karten.) Wien 891—893. O. Frank's Nachf. à — 40 (2. Bd. geb. in Leinw. n. 17. —; kplt. geb.: n. 29. 50)

Boulanger, Deutschlands Feldzug geg. Frankreich 1870—71. 46—62. Lfg. 8° (2. Bd 609—1144 m. Illustr. u. Kart.) Wien 91—93, R Friedländer. à — 40 (2. Bd geb. in Lnw. 17 —; kplt geb. 29.50

— die deutsche Invasion, s.: Broschüren, Leipziger.

Boulanger, ..., über d. Ursprung des Despotismus, besond. in d. Morgenlande. Aus d. Französ., herausgeg. von d. verstorb. Frhr. v. Knigge. 8. Altona 794. Hammerich. 1 Thlr

Bauschwindel und Schäden im Baugewerbe. Vorschläge z. Hebung d. Handwerks von B[ernhard] Boulanger. Essen-Ruhr: Hoeves & Oebbecke 1906. (51 S.) 8° [F.] [illegible]

Boulanger, Guillaume (Pseud.), s. a. Becker, Gottfried Wilhelm

Boulanger, G., Anweisung d. Gesundh. d. Augen zu erhalten, u. die Krankh. ders., so viel als möglich ist, selbst zu heilen. 8. Angsb. Bolling. 805.

Boulanger, Guill., (G. W. Becker,) Anweis., d. Gesundheit d. Augen zu erhalten, u. d. Krankhh. ders., so viel als möglich ist, selbst zu heilen. 8. Pirna 805. Friese. 10 gr R. A. s. G. W. Becker, die Gesundheit der Augen ꝛc.

Boulanger, Nik. Ant., das durch seine Gebräuche aufgedeckte Alterthum. Aus d. Französ. v. J. K. Dähnert. 4. Greifsw. 767. Rose (Gnobloch in Leipz.) 2 Thlr 12 gr

Boulanger's, General, Lebensbild, s. Ruhemann, A.

Boulard, ..., s. S. *Gesner*, Idylles.

(BOULARD S). Reisen und Begebenheiten Ferdinand Vertamonts und seines Onkels Moriz. Nebst einer Schilderung von den Sitten und Gebräuchen . . . der Peru-Mexikaner . . . (von -) Albrecht u. Compagnie, Prag und Leipzig 1793-1794
2 Bde. in 2 vol.

Boulay de la Meurthe. Bourienne und seine Irrtümer. A. d. Französ. 2 Bde. 8. Leipzig 1830.

Boulay de la Meurthe, über d. Ursachen d. Umsturzes d. ehemal. Republik in England ꝛc. 8. Wien 798. Degen. 9 gr

Boulen, Anna, Trauerspl. in 5 Aufz. v. Weldmann. 8. Wien, Wallishäußer.

Boulen, Anna. Ein deutsches Originaltrauerspiel in Versen. Von fünf Aufzügen. Wien 1771. V: *Weidmann, Paul.* (Jahrb. d. Grillp.-Ges. XIII.)

Boulet, Jak., († d. 17. Juny 1794.) Dictionnaire raisonné portatif de la langue française. (1e Aufl. u. d. T.: Legénie de la lanque française. 8. Ebd. 764.) 2e A. 8. Jena 773. Stahl. 2 Thlr

— nouv. Remarques sur les Germanismes. 8. Halle, Curt. 772.

— nouvelles remarques sur les germanismes. 8. Halle 772. (Berl., Laue). 12 gr

Rede des Br. [Gaston] Bouley am Stiftungsfest der Loge „Freimut und Wahrheit" Köln, am 27. Okt. 1907. Paris: Bureaux de l'Acacia 1908. 8 S. 8° [Umschlagtit.]
Abgedr. in: Acacia. (Paris) [10] (1907) S. 356 bis 361; SL. 27 (1907) S. 178—179, 184—186; DrL. 38 (1907—1908) S. 101—104; ML. 36 (1907—1908) S. 51—54; Bh. 51 (1908) S. 77 bis 79: BBurInt. 6 (1908) S. 116—118.

Bouley, H., über die Erkenntniss der Wuthkrankheit bei dem Hunde. Vortrag, gehalten in der Akademie der Medicin zu Paris im J. 1863. 8. (41 S.) München 864, Lentner'sche Buchh.

Boulgarine, s. a. Bulgarin.

Boulgarine, Thadée de, le faux Démétrius, ou l'Imposteur. Trad. du Russe par Victor Fleury. IV Ts. gr. in-12. (53¼ B.) St. Petersbourg 832, 33, Brieff.
Vgl. Bulgarin.

Boulgarow, P. Ilr. Leitfaden der französisch-bulgarisch-deutschen Conversationssprache. qu. 16. (XVI, 334 S.) Sophia 892, Leu. cart. * 3 20

Boullenois, Fréd. de, Rathgeber für Anfänger im Seidenbau, in Bezug auf Maulbeerzucht, Raupenzucht u. Haspeln der Kokons. Uebers. von W. Noeldechen, u. herausg. vom Pommerschen Verein zur Beförderung des Seidenbaues. Stettin 855. Graßmann. 8. (112 S. u. 1 lith. Taf. in Fol.) 15 ngr

Boulogne, St. A. de

v. Boulogne, Bischof, sämmtl. Predigten. A. d. Französ. übers. von Dr. Räß u. Dr. Weis. 1r, 2r Thl. gr. 8. Frankf. 830, 31. Andreä. 3 Thlr 8 gr

v. Boulogne, Erzbischof, sämmtl. Predigten. Aus d. Franz. übersetzt v. Räß u. Weis. 3r u. 4r Bd. gr. 8. Frankf. 834, 36. Andreä. à 1⅓ Thlr —

Boulogue, M. de (weil. Bisch. v. Troyes), sämmtliche Predigten. Uebers. von Domh. Räß u. Weis. 4 Thle. gr. 8. Frankfurt 1830—37, Gdd. (10 fl. 48 kr.) jetzt 5⅓ Thlr. — 9 fl. 36 kr.

v. Boulogne's, sämmtliche Predigten. Aus d. Franz. übers. v. Räß u. Weis. 2. (Titel-)Ausg. 4 Thle. gr. 8. (457. 454. 301 u. 349 S.) Leipzig (830—34) 850, Costenoble. n. 2 ₰ — 2. Aufl. 3. (Titel-)Ausg. 4 Thle. gr. 8. Ebd. (830—34) 852. n. 1½ ₰

Boulogne, SA v., sämmtl. Predigten. A. d. Franz. v. Räss u. Weis. 2. Afl. 3. Asg. 4 Thle. 8. (1620) Lpzg 52. (Pass., Waldbauer.) 1. 15

Bouly de Lesdain, die Ohren des Midas, s.: Dilettantenbühne, katholische.

Bouman, Herm., Chartae theologicae, librorum censuras et doctrinae sacrae miscella continentes. Auditorum imprimis, qui sibi fuerunt vel sunt, in usus edidit. Liber I. 8maj. (III und 102 S.) Trajecti ad Rh. 853, (Kemink et fil.) *

Bouman, Herm., Commentarius perpetuus in Jacobi epistolam, post mortem auctoris editus. gr. 8. (XIX und 275 S.) Utrecht 865, Kemink und Sohn. cart. *

Bouman, Herm., Memoria Joannis Clarisse, theologi. 8maj. (VIII und 355 S.) Trajecti ad Rh. 850, (Kemink et filius.) *

—— Narratio de Herm. Joh. Royaards Christi societatis historico. (Ex chartar. theoll. L. II. postmodum edendo, seorsim prodita.) 8maj. (2 und 90 S.) Trajecti ad Rh. 850, C. van der Post, Jr. *

Bouman, J. C., das Hammersystem Dr. Mezger. Eine Selbstheilmethode. Im Auftrage v. Mezger. Mit Genehmigg. des Verf. aus dem Holl. ins Deutsche übers. von Frdr. Frhr. v. Vittinghoff-Schell. gr. 8. (20 S. m. 1 Abbildg.) Essen 902. (Fredebeul & Koenen.) n. — 60

Bouman, R., Briefsteller für die Jugend in Volksschulen, enthalt. verschiedenart. Briefe u. sonstige Geschäftsaufsätze in mehrerlei Handschriften u. Aufgaben zu denselben, nebst e. kurzen Sprach- u. Rechtschreiblehre, so wie Erklärung vieler Fremdwörter u. e. Anleit. zum Schönschreiben. Auch Handbuch für Land- u. Handwerksleute. 2e verm. Aufl. 4. Emmerich; Leipzig 839. Hermann. (Münster, Deiters.) n. $^5/_{12}$ ₰

Bouman, R., Briefsteller f. d. Jugend in Volksschulen, enth. verschiedenart. Briefe u. sonstige Geschäftsaufsätze in mehrerlei Handschriften u. Aufgaben zu dens., nebst e. kurzen Sprach- u. Rechtschreiblehre, so wie Erklärn. vieler Fremdwörter u. e. Anleit. z. Schönschreiben. Auch Handb. f. Land- u. Handwerksleute. 2., verm. Aufl. 4. (9¾ gebr. u. 14¼ lith. B.) Emmerich 839. Romen. (Leipzig, Hermann.) *

Bouman, R., Briefsteller für die Jugend in Volksschulen, nebst einer kurzen Sprach- u. Rechtschreiblehre, so wie Erklärungen vieler Fremdwörter u. einer Anleitung z. Schönschreiben. 3. mit e. Anhang verm. Aufl. 4. Emmerich 842, Romen. (Leipzig, Hermann.) geb. n. $^5/_{12}$ ₰

Bouman, R., Briefsteller f. die Jugend in Volksschulen, enthaltend verschiedenart. Briefe u. sonstige Geschäftsaufsätze in mehrerlei Handschriften u. Aufgaben zu denselben, nebst e. kurzen Sprach- u. Rechtschreibelehre, so wie Erklärungen vieler Fremdwörter u. einer Anleitung zum Schönschreiben. Auch Handbuch f. Land- u. Handwerksleute. 4. Aufl. 4. (IV u. 76 S. u. 114 lith. S.) Emmerich 849, Romen. ½ ₰

Bouman, R., Briefsteller für die Jugend in Volksschulen, enthaltend verschiedenartige Briefe und sonstige Geschäftsaufsätze in mehrerlei Handschriften und Aufgaben zu denselben, nebst einer kurzen Sprach- und Rechtschreiblehre, sowie Erklärungen vieler Fremdwörter und einer Anleitung zum Schönschreiben. Auch Handbuch für Land- und Handwerks-Leute. 5. Aufl. Emmerich 853. Romen. 4. (2 Bl., VIII S., 114 lith. S. u. 76 S.) n. 12½ ngr

Bouman, R., Briefsteller für die Jugend in Volksschulen, enth. verschiedenartige Briefe und sonstige Geschäftsaufsätze in mehrerlei Handschriften und Aufgaben zu denselben, nebst einer kurzen Sprach- und Rechtschreiblehre, so wie Erklärungen vieler Fremdwörter und einer Anleitung zum Schönschreiben. Auch Handbuch für Land- und Handwerksleute. 6. verm. u. verb. Aufl. Emmerich 858. Romen. 4. (2 Bl., 80 S. u. 140 lith. S.) n. 12½ ngr

Boumann, R., Briefsteller f. die Jugend in Volksschulen, enth. verschiedenart. Briefe u. sonst. Geschäfts-Aufsätze in mehrerlei Handschriften u. Aufgaben zu denselben, nebst e. kurzen Sprach-Rechtschreiblehre sowie Erklärgn. vieler Fremdwörter u. e. Anleitg. zum Schönschreiben. Auch Handbuch f. Land- u. Handwerksleute. 8. Aufl. 4. (VIII, 204 S., wovon 124 lith.) Emmerich 873. Romen. geb. n. 1. 50

—— Fibel für d. Schreib-Leseunterricht, in 4 Abthl. 1. Abthl. 2., verb. Aufl. 8. (⅛ B.) Emmerich 844, Romen. *

—— dass. 2. u. 3. Abthl. 2., verb. Aufl. 8. (1 B. u. 1¼ B.) Ebds. 844. à *

—— für den Schreib-Leseunterricht, in 4 Abthlgn. 4. Abthl. 3. Aufl. 8. (58 S.) Emmerich 852, Romen. *

Bouman, R., Lasset die Kleinen zu mir kommen! Gebetbüchlein f. die katholische Schuljugend; enth. Gebete u. Lieder f. Kirche, Schule u. Haus. 32. (XII u. 144 S. m. 1 Holzschn.) Emmerich 851, Romen. n. 4 ngr

—— Lehr- u. Lesebuch für mittlere Klassen der kathol. Elementarschulen. Mit lith. Anh., enth.: Briefe, Rechnungen, Quittungen rc. 8. (9½ B. u. 6 Stnt.) Emmerich 845, Romen. *

—— Lehr- und Lesebuch für mittlere Klassen der kathol. Elementarschulen. 2., verb. und verm. Aufl., mit einem Anhang, enthaltend: Sprach- und Aufsatzübungen. 8. (IV und 188 S.) Emmerich 856, Romen. * 5 Ngr.; geb. *

—— kleine Sprachlehre f. d. Jugend in deutschen Schulen, enthalt.: Rechtschreiblehre, Wortlehre u Satzlehre. gr. 16. (4¼ B.) Emmerich 840, Romen. (Leipzig, Hermann.) *

—— Wandfibel. 1—5. Zur 1. Abthl. d. Fibel. Fol. (5 B.) Emmerich 845, Romen. *

— dies. 6—16. Zur 2. Abth. der Fibel. Fol. Ebend. 845. n. ½ ₰

Boumann, Dr., s. Leben u. Wirken J. Sinclair's.

Boumann, Armin (Hrsg.), s. Cyclus akademischer Broschuren.

Boumann, Ludwig (Berlin), Explicatio Spinozismi. Diss. philos. Bln. (Feister & Eisersdorff) 15. IX. 1828. 108 S. m. Biogr. (5.—) 3710
Oppon.: H. Roetscher, C. Michelet, E. Ilgen.

Boumann, Ldw., s. Hegel, G. W. Fr., Werke.

Boumann, R., s. Bouman, R.

Bouness, Elisab., s. a. Bré, Ruth.

Bouness, Elisabeth: Die Frau an der Jahrhundertwende. Dichtung. Aufgef. im Provinzial-Lehrerinnen-Verein am 17. April 1900, Breslau. — Breslau: Peterson 1900. 24 S. 8°

Auf dem Titelblatt: „Unseren verehrten Führerinnen in Dankbarkeit gewidmet."

Kaiserworte, Fürsorgegesetz und Lehrerschaft. Betrachtungen aus Liebe zum Vaterlande von Elisabeth **Bouness**. Leipzig: Frauen-Rundschau 1903. (62 S.) 8° [F.] [03. 9441

[Bouness, Elisabeth.] — Keine Alimentationsklage mehr! Schutz den Müttern! Ein Weckruf an alle, die eine Mutter hatten. Von Ruth Bré [d. i.: Elisabeth Bouness]. — Leipzig: Dietrich 1905. 31 S. 8°

— Liebe auf Erden. Ein Weihnachtsspiel in Bildern m. Gesang u. verbind. Deklamation f. Wohltätigkeitsvereine, Anstalten u. Schulen. (44 S.) 8. Breslau (905). (Warmbrunn, M. Leipelt.) n. — 80

[Bouness, Elisabeth.] — Nochmals das Recht auf die Mutterschaft. Ruth Bré [d. i.: Elisabeth Bouness] an Frau Loeper-Houselle [vielmehr: Housselle]. — Leipzig: Frauen-Rundschau 1903. 24 S. 8°

— — 2. Aufl. 1903.

[Bouness, Elisabeth.] — Das Recht auf die Mutterschaft, eine Forderung zur Bekämpfung der Prostitution, der Frauen- und Geschlechtskrankheiten. Von Ruth Bré [d. i. Elisabeth Bouness]. — Leipzig: Frauen-Rundschau 1903. 84 S. 8°

— Staatskinder oder Mutterrecht? Versuche zur Erlösung aus dem sexuellen u. wirtschaftl. Elend. Leipzig: Malende 1904. XII, 183 S. 8°

Bouness, Ernst (geb. Königsberg in d. Neum. 25. 9. 1847): Bauchfellentzündung nach Perforation innerer Organe. Berlin (1877). (31 S.) 8°

Berlin, Med. Diss. v. 15. Okt. 1877

Bouniakowsky, V., considérations sur quelques singularités qui se présentent dans les constructions de la géométrie non-Euclidienne, s.: Mémoires de l'académie impér. des sciences de St. Pétersbourg.

Bouniakowsky, V., Développements analytiques pour servir a compléter la théorie des Maxima et Minima des fonctions à plusieurs variables indépendantes. gr. 4. (24 S.) St.-Pétersbourg. Leipzig 857, Voss. **

Aus: Mémoires de l'académie impériale des sciences de St.-Pétersbourg. 6. Série: Sciences mathémat. et phys. Tome VII, besonders abgedruckt.

Bouniakowsky, V., sur les diviseurs numériques invariables des fonctions rationelles entières. gr. 4. (25 S.) St.-Pétersbourg 854. (Leipzig, Voss.) **

Aus: Mémoires de l'académie imp. des sciences de St. Pétersbourg besonders abgedruckt.

—— s. quelques inégalités conc. les intégrales ord., } s.: Mémoires de l'acad. de St. Pétersb.

Bouniakowsky, V., recherches sur quelques fonctions numériques, — sur quelques inégalités concernant les intégrales ordinaires, s. Mémoires de l'Acad. Imp. des Sciences de St. Pétersbourg.

Geschichte der Handelskrisen in England im Zusammenhang mit der Entwicklung des englischen Wirtschaftslebens, 1640–1840. Von Dr. Mentor **Bouniatian**. München: E. Reinhardt 1908. (312 S.) 8°
— **Bouniatian**: Studien z. Theorie u. Geschichte d. Wirtschaftskrisen. 2.

Bouniatian, Mentor: Die Handelskrisen in England 1640—1840. Ein Beitrag der Theorie und Geschichte der Wirtschaftskrisen. München: E. Reinhardt 1907. (126 S.) 8°

München, Staatswirtsch. Fak., Ref. Lotz, Diss. v. 4. Mai 1903

[Geb. 9/21. Jan. 77 Zigna b. Akulis, Gouv. Eriwan; Wohnort: Zigna; Staatsangeh.: Rußland; Vorbildung: III. hum. Gymn. Tiflis Reife Juni 95; Studium: Leipzig, Straßburg u. Berlin zus. 7, München 2 S.; Rig. 4. Mai 03.]

Bouniatian, Mentor, Studien zur Theorie u. Geschichte der Wirtschaftskrisen. I u. II. gr. 8. München 908. E. Reinhardt. 11. —
I. Wirtschaftskrisen u. Ueberkapitalisation. Eine Untersuchg. üb. die Erscheinungsformen u. Ursachen der period. Wirtschaftskrisen. (VII, 188 S.) 4. —
II. Geschichte der Handelskrisen in England im Zusammenhang m. der Entwicklg. des engl. Wirtschaftslebens 1640—1840. (III, 312 S.) 7. —

Wirtschaftskrisen und Ueberkapitalisation. Eine Untersuchung über d. Erscheinungsformen u. Ursachen d. period. Wirtschaftskrisen. Von Dr. Mentor **Bouniatian**. München: E. Reinhardt 1908. (VII, 188 S.) 8°
— **Bouniatian**: Studien z. Theorie u. Geschichte d. Wirtschaftskrisen. 1. [07. 17866

Bounin, G, la Soltane, s.: Ausgaben u. Abhandlungen a. d. Gebiete d. roman. Philologie.

Bouqué, E. F., du traitement des fistules urogénitales de la femme par la réunion secondaire. gr. 8. (261 S.) Gand 875. Clemm. n. 4. —

Bouquerel, E., Schwester Rosa. Entstehung u. Zweck der Sühnungsmesse. Uebers. aus dem Franz. v. F. Mersmann. 8. (80 S. m. 1 Bildnis.) Dülmen 901. A. Laumann. n. — 60

Bouquet, Le, une Comédie en trois Actes. O. O. 1791. V: *Scheler, Carl Ernst Friedrich von.* (GGr) (Ky) (MGT)

Bouquet d'amour et d'amitié. Almanac p. l'année 1828. p. F. H. Contée. Mit Kpf. 16. Wien 827. (Liebeskind in Leipz.) 1 ₰ 16 gr

Bouquet literar. Blumen. 8. Hamb. 796. Mutzenbecher. 8 gr

Bouquet spirituel, offert aux ames religieuses. Trad. et imité de l'allemand de Tersteegen. in-12. Strasbourg 841, Levrault. 1/3 ₰

Bouquet,..., Abhandl. v. Malen d. Getraides, s. Handbuch f. Müller u. Bäcker.

Bouquet. Les engrais chimiques et le fumier de la Ferme, études et instructions. In-12°, 146 p. Genève, Bâle, Lyon, H. Georg. 1882 2 —

Bouquets, gebunden aus solchen Gedichten, welche die Blumen und deren sinnvolles Bedeuten in mannichfachen Beziehungen zum Gegenstande haben. Leipzig 1822. V: *Kayser, Christian Gottlob.* (Ky)

Bouquets. Gebunden aus solchen Gedichten, welche d. Blumen u. deren sinnvolles Bedeuten in mannigfach. Beziehungen zum Gegenstande haben. 2e stark verm. Aufl. mit 4 Kpfrn. 12. Leipzig ... (W. A. Künzel.) 1/2 ₰

— gebunden aus solchen Gedichten, welche d. Blumen u. deren sinnvolles Bedeuten in mannichfachen Beziehungen z. Gegenstande haben, (von Chr. Glo. Kayser). 16. Leipz. 822. 2e Aufl. 823. 3e Aufl. 824. L. Schumann. 18 gl Fein color. 1 rß 4 gl

Bouquets de famille et compliments pour les enfans. Wien 816. Geistinger. 14 gl (Gerold). Hbg. Pr. 8 gl

Bouqueval, J.-G.

— Electro-homöopathische Heilmethode (neue Wissenschaft). Praktischer Leitfaden für Aerzte u. Laien. Deutsch von Dr. Regni. In-8°, 416 S. Genf, R. Burkhardt. **1886** 6 25

Bouquoi, Georg, s. Buquoi, Georg

Bour: Die Religionen d. Völker, s.: Reichenbach, A.

Bour, der Weg z. Erkenntnis. F. Gläubige u. Ungläubige. gr. 8. (88 S) Straßburg 890. Berlin, H. Bermühler. n. 2. —

Der Weg zur Erkenntnis. Für Gläubige u. Ungläubige. Von Dr. Bour. 3. Aufl. *Strassburg i. E.* (übergekl.: *Berlin*): *H. Bermühler 1899.* (88 S.) 8° [F.] (01. 8085

Bour, E., Einige Ergebnisse der experimentellen Vererbungslehre. [Beihefte zur medizinischen Klinik. IV. Jahrg. Heft 10.] Gr.-8°. (Pag. 266—292) Wien: Urban & Schwarzenberg 1908. K 1.20

Bourauel, Johs., zur Quellen- u. Verfasserfrage von Andreas, Crist u. Fata, s.: Beiträge, Bonner, zur Anglistik. 11.

Bourauel, Johannes Baptist, aus Eitorf: Zur Quellen- und Verfasserfrage von Andreas, Crist und Fata. T. 1. Zur Quellenfrage. *Darmstadt 1901: G. Otto.* (43 S.) 8° ¶(Erscheint vollst. in: Bonner Beiträge zur Anglistik, H. 11.)
Bonn, Phil. Diss. v. 5. Aug. 1901

Bourbon, Das Haus. Wien 1814. V: *Kittig von Flammenstern, Andreas.* (WBI.)

Bourbon, das Haus, von seinem Ursprung bis auf die neuesten Zeiten. Eine histor.-genealog. Darstellung von R***. 8. Wien 814. Gerold. 6 gl

Bourbon, Karl von, eine Tragödie in 5 Akten, s. Walter. 8. Riga, Hartmann. 823.

Bourbon, Armand de, prince de Conti, traité de la comedie et des spectacles, s.: Sammlung französischer Neudrucke.

Bourbon, Charles: Menuett, s.: Tanzschule, Wiener.

Bourbon, Isabelle de, Méditations chrétiennes. Publiées de nouveau par les soins de la Duchesse de Ratibor, née Princesse de Fürstenberg. gr. 16. (IV, 118 S.) Berlin 869, A. Duncker. [Gebr. Paetel.] (M 2,25.) * geb. mit Goldschn. (*M 3,50.) *

Bourbon der Aeltere, Nic., d. Eisenhammer. E. technolog. Gedicht d. 16. Jahrh. Uebers u. erläut., m. e. Leben d. Dichters u. d. latein. Original hrsg. v. Ludw. Harald Schütz. gr. 8. (VI, 40 S. m. 1 Bildn.) Göttingen 896. Dieterich's Verl. n. 1. —

de Bourbon-Conti, Steph. Louise, s. Tochter, die natürl.

Kongress zur Bekämpfung der Tuberkulose als Volkskrankheit Berlin, 1899. Landwirtschaftliche Colonie Sanatorium. Von Dr. Arthur Bourcart in Cannes. *Berlin (1899): J. Sittenfeld.* (4 S.) 8°

Bourcart, Edmund, aus Zürich: Ueber die **Ueberführung des Pyrazolin 3. 4. 5-Tricarbonsäure-Triäthylesters in Pyrazolin-3. 4. 5-Triamin.** *Heidelberg 1900: J. Hörning.* (54 S.) 8°
Heidelberg, Naturw.-math. Diss. v. 1900

Bourcart, Eman. Erklärung der Variation der Vogeleier. 8. (20 S.) Genf 889, Burkhardt. 1 —

Bourcart, Emile, s. Bedel, L., Traité du parage.

Bourcart, J. J., die Grundsätze der Industrie-Verwaltung. Ein prakt. Leitfaden. gr. 8. (120 S.) Zürich 874. Orell, Füssli & Co. 3. 60

Bourcart, J. J., Katechismus der Baumwoll-Spinnerei. Mit 2 graph. Tabellen (Stat. in qu. Fol.): der Baumwollfluctuationen und der Garnpreise. Lex.-8. (185 S.) Zürich 874, Orell, Füssli und Comp. *

Bourcart, J. J. Katechismus der Baumwollen-Spinnerei. Zürich 1878.

Bourcart, J. J. Notizen über Industrieverwaltung. 1873. Aufl. 4.

Bourcart, Maurice

Bourcart, M., d. Gymnastik i. d. Gynaekologie, s.: Jentzer, A.

Bourcart, M.: Gymnastique gynécologique et traitement, s. Jentzer, A.

Bourcet, de, lieutenant-général etc. Mémoires militaires sur les frontières de la France, du Piemont et de la Savoie, depuis l'embouchure du Var, jusqu'au lac de Genève. 8. Berlin 1801.

Bourcicault, Dion. L.

— **Old heads and young hearts**, s. Theatre, the modern english. III. No. 5. 6.

Bourcicault, Dion. L., London assurance, s. Theatre the british. No. 4.

Bourcicault, Dion L. London Assurance; a comedy. Stuttgart 1842. H: *Croll, Hermann.* (BrMm)

Bourcicault, D., Used up, s. Theatre, modern English comic.

Bourciez, E., De praepositione „ad" casuali in latinitate aevi Merovingici. Diss. 1886. 116 S. 4.—

Bourdai, Sébastien Frédéric, s. Bourdais, Sébastien Frédéric

Bourdais, Sébastien Frédéric

— **Portrait de Fréderic le Grand, tiré des anecdotes les plus interessantes et les plus certaines de sa vie militaire, philosophique et privée. Avec frontispice. 8. Berlin 788. (Leipzig, Fr. Kleischer.) $^3/_4$ rß**

— Portrait de Frédéric le Grand, tiré des anectodes etc. de sa vie militaire philosophique et privée. 8. Berl. u. Libau 788. Lagarde (Köchly). 18 gl

Bourdais, S. F., Schilderung Friedrich des Großen, nach den interessantest. u. glaubwürd. Anekdoten seines öffentl. u. Privatlebens entworfen. Mit 1 Titelkpfr. 8. Berlin 788. (Leipzig, Fr. Fleischer.) $^1/_2$ rß

Bourdais, Seb. F., († d. 10. Mai 1792.) Schilder. Friedrichs des Großen. Aus d. Französ. übers. (von S. H. Catel). Mit 1 Kpf. 8. Berl. 788. Lagarde, (Köchly). 18 gl Hbg. Pr. 12 gl

Bourdaloue, Louis

Bourdaloue, Ldw., zwei Abhandl. von d. wahren Andacht in d. Buße. Aus d. Französ. 8. Augsb., (Rieger). 8 gl

Bourdaloue, L., Ablass u. Jubiläum, s.: Flechier, E.

— auserlesene Advents- u. Fest-Predigten. Fol. Wien. 749.

— — von der wahren Andacht und Buße. 8. Augsburg 1789, Veith in Donauwörth. 8 ggr. — 30 kr.

—— über das Aergerniß. Predigt auf den 2. Sonntag im Advent. Aus dem Franz. übers. gr. 8. (32 S.) Mainz 847, [Kirchheim und Schott.]

Bourdalue, Ludw. Freiverdeutscher; Auswahl s. Predigten, von J. Hubbauer übers. 4 Bdchn. gr. 8. Augsb. 1785—89, Wolff. 2 Thlr. — 3 fl.

— — Christl. Betrachtungen für jeden Monatstag, nebst Anh.: Gebet des Herrn. 8. Straubing 1842, Schorner. 4 ggr. — 15 kr.

Bourdaloue, (Ludw.), christl. Betrachtungen f. jeden Tag d. Monats. Aus d. Franz. v. S. W. Nebst ein. Anh.: Das Gebet d. Herrn, od.: meine tägliche Andacht zu Jesus Christus. 8. (5½ B.) Straubing 842, Schorner.

Bourdaloue, christliche Betrachtungen für jeden Tag des Monats. Aus d. Französ. v. S. W. Nebst einem Anhange: Das Gebet des Herrn, oder: meine tägliche Andacht zu Jesus Christus. 8. Straubing 843, Schorner'sche Buchh. ⅙ ℛ

— erbaul. Betrachtt. in d. Einsamkeit. 8. Köln 787. (Fabricius). 10 gr

— — dasselbe. Münster, Platvoet (auch Wolf, Augsb.) 787.

Bourdaloue, [Ludw.], Betrachtungen und Unterricht für die geistlichen Uebungen. Neue verb. und verm. Aufl. 8. (XVI, 482 S.) Regensburg 876, Manz.

Bourdaloue, S. J., Betrachtgn. u. Unterrichte f. d. geistl. Uebungen. Neue, verb. u. verm. (Titel-)Aufl. 8. (XVI, 482 S.) Regensburg (876) 895. Nationale Verlagsanstalt. n. 1. 20

Bourdaloue, Ludw., achttägige geistl. Einsamkeit, besond. f. Ordenspersonen. A. d. Franz. v. Mich. Singel. M. e. Anh. u. 1 Titbild. 8. (34 B.) Augsburg 840, (Kollmann'sche Buchh.)

—— über d. unglückseel. Ewigkeit. A. d. Franz. neu übers. hrsg. von d. Versamml. d. allerheiligsten Erlösers. 32. (96 Seit.) Wien 837, (Mechitaristen-Congregat.-Buchh.)

—— und F. Neumayr, die heil. Frohnleichnamsoktave, s. Neumayr.

BOURDALOUE, LUDWIG: Das Gebet des Herrn für denkende Christen. Gezogen aus Ludwig Bourdaloue Schriften. Tyrnau 1806. Gedr. bei Wenzel Jelinek. 46 S. - 8°

Bourdaloue, Louis. Gedanken über verschiedene Gegenstände der Religion und Sittenlehre. Aus dem Franz. übers. ... Augsb. 1773. Ü: *Richtenburg, Joachim v.* (Jes)

Aus d. Französ. von J. v. Richtenburg. 3 Thle. gr. 8. Augsb. 773. Veith. 2 ℛ 20 gr

— Gedanken über versch. Gegenstände d. Religion u. Sittenlehre.

— Geist a. dessen Werk. gezog. 8. Augsburg, Wolf. 785.

Bourdaloue, Ldw., achttägige Geistesversamml. f. Ordensgeistliche. Aus d. Französ. 8. Bamb., (Wesché in Frankf.) 12 gr

Bourdaloue, L., der Jubiläums-Ablaß. Hrsg. von St. M. A. Franke. gr. 8. (16 S.) Berlin 852, (Stuhr'sche Buchh.) *

— der Jubiläumsablaß. Predigt vor dem König in Frankreich Ludwig XIV. gehalten. Aus d. Französ. übers. u. mit dem päpstl. Rundschreiben vom 8. Decbr. 1864 begleitet, herag. von M. A. Nickel. Mainz 865. Kupferberg. 8. (XVIII, 34 S.) n. 5 ngr.

— Jubiläumsrede neu übers., nebst e. kurzen Abhandlg. üb. das große Jubiläum überhaupt u. das gegenwärtige insbesondere v. Wilh. Schneider. gr. 8. (72 S.) Paderborn 875. Schöningh. n. — 80

— Lob- u. Feyertagspredigt. Fol. Wien. 746.

Bourdalone, Lud., Magazin f. Prediger in Städten und auf dem Lande. 4 Bde. gr. 8. Landsh. Kopp. 791. Rthlr.

— Magazin f. Prediger in Städten u. auf dem Lande. 4 Bde. gr. 8. Landsh. 791 — 97. (Storno). 2 ℛ 8 gr

— Eucharistischer Monat. 80 Betrachtgn. üb. d. allerheiligste Altarssakrament. A. d. Franz. übers., sow. m. Beispielen u. Andachtsübgn. vers. v. Joh. Jak. Hansen. gr. 16. (368 S. m. 1 Stahlst.) Paderborn 898. Bonifacius-Druckerei. n. 1. —; geb. n. 1. 40

— Predigten v. d. Advent. a. d. Franz. v. Lindenfeld. 4. Regensb. Montag u. W. 748.

— Predigten f. d. Fasten. Aus d. Französ. von Lindenfeld. 3 Bde. 4. Regensb. 752 — 55. Montag u. W. 2 ℛ 16 gr

— freye Uebers. gewählt. Predigten auf Sonn- u. Feyertage. v. Jos. Hubbauer. 4 Thle. gr. 8. Augsburg, Wolf. 785—89.

— sämmtl. Predigten, v. Ludw. d. 14. geh. a. d. Franz. 14 Thle. gr. 8. Dresd. Walther. 760—67.

Bourdaloue, Louis. Sämmtliche Predigten ... Aus dem Franz. übers. Prag und Dresden 1760—68. Ü: *Heyde, Johann Daniel.* (MI.)

— sämmtl. Predigten vor Ludwig d. XIV. gehalten. A. d. Französ. 14 Thle. gr. 8. Dresd. 760 — 67. Walther. 10 ℛ Dies. Aus d. Französ. 14 Thle. gr. 8. Wien 786, 87. Trattner. 9 ℛ 8 gr

— und Massillons Predigten-Auszüge. Bregenz, Brentano.

— Sonntags-Predigten. v. Ludw. d. 14. geh. Fol. Wien. 738.

Bourdaloue, Ludw., S. J., Sonntagspredigten. Nach der neuesten Ausg. des französ. Originals übers. u. hrsg. v. Ägid Dietl. 2 Tle. (IV, 282 u. IV, 280 S.) gr. 8. Regensburg 906. Verlagsanstalt vorm. G. J. Manz. n. 4. —

Bourdaloue, Ludw., sämmtliche Werke. Aus dem Franz. 1—6. Bd. gr. 8. Regensburg, Manz. à Bd.

Auch unter den Titeln:

Bd. 1., 2. Gedanken über verschied. Gegenstände der Religion und Sittenlehre. 1. und 2. Thl. [1. (XVI und 412 S.) 847, 2. (VIII und 403 S.) 848.]

„ 3. Adventspredigten. Nebst einer Beigabe: kurzer Inhalt der in diesem Theile enthaltenen Predigten. (403 S.) 848.

„ 4—6. Fastenpredigten. 1—3. Thl. Nebst einer Beigabe: Kurzer Inhalt der in diesen Theilen enthaltenen Predigten. [4. (412 S.) 849., 5. und 6. (712 S.) 850.]

Bourdaloue, Ludw., sämmtliche Werke. Nach der neuesten Ausg. d. französ. Orig. übers. u. herag. von Aegid Dietl. 7—14. Bd. Regensburg 866—69. Manz. gr. 8. 7 ℛ

7. 8. Bd.: Festpredigten. 2 Thle. Nebst e. Beigabe: Kurzer Inhalt der in diesen Theilen enth. Predigten. (751 S.) 2 ℛ

9—12. Bd.: Sonntagspredigten. 4 Thle. Nebst e. Beigabe: Kurzer Inhalt der in diesen Theilen enth. Predigten. (1130 S.) 3 ℛ

13. 14. Bd.: Lobreden. 1. u. 2. Thl. Nebst e. Beigabe: Kurzer Inhalt der in diesen Theilen enth. Reden. (735 S.) 2 ℛ

Bourdaloue, L., sämmtl. Werke. Aus d. Franz. 1—6. Bd. 2. Afl. 8. Regensb., Manz. à 3. —

1. 2. Betrachtgn üb. verschied. Gegenst. d. Religion u. Sittenlehre. 2 Bde. (788) 74.

3. Adventspredigten. (404) 71.

4—6. Fastenpredigten. 3 Thle. (1224) 69. 70.

Bourdaloue, Ludw., sämmtliche Werke. Aus dem Französ. 1.—6., 13. und 14. Bd. gr. 8. Regensburg, Manz.

Inhalt:

Bd. 1. 2. Betrachtungen über verschiedene Gegenstände der Religion und Sittenlehre. 2 Bde. (XVI, 396; 392 S.) 874. ℳ 6.

„ 3. Adventspredigten. Nebst einer Beigabe: Kurzer Inhalt der in diesem Theile enthalt. Predigten. 2. verb. Aufl. (404 S.) 873. ℳ 3.

„ 4—6. Fastenpredigten. 3 Thle. 2. verb. Aufl. (412; 368; 344 S.) 869,70. ℳ 9.

„ 13. 14. Lobreden. 1. und 2. Thl. Nebst einer Beigabe: Kurzer Inhalt der in diesen Theilen enthaltenen Reden. Nach der neuesten Ausg. des französ. Orig. übers. (314; 424 S.) 869. ℳ 6.

7.—12. Bd. Ebendas. 1866,67. ℳ 18.

Carte de la Côte d'ivoire dressée par Alex. J. Bourdariat, Chargé de Mission, d'après les Cartes de M. le Gouverneur Binger, du Lieut.-Col. Marchand [u. a.]. Échelle 1:600,000. *Paris: H. Barrère [1902]; Impr. A. Gentil.* (1 Kartenbl. 91 × 114 cm.) gr. 2° [kol.]

Bourdeaux, ..., s. Unger, Friederike, Naturkalender.

Bourdeille, Pierre de, s.: Brantôme.

(Bourdelon, L.), Histoire des imaginations extravagantes de Mr. Oufle, causées par la lecture des livres qui traitent de la magie, des démoniaques, sorciers etc. 2 pt. en 1 vol. Av. fig. 8°. Deutsch Danzig 1712. 8°. 1710

Bourdelot. Histoire de la musique. Tome I. II. III. IV. A la Haye & à Francfort sur Meyn 1743.

Bourdet, A.

— leichte Mittel, den Mund u. die Zähne rein zu erhalten. 8. Lpz. 762. (Brockhaus). 3 gr

— leichte Mittel den Mund u. d. Zähne rein zu erhalten. 8. Leipz. Gleditsch. 762.

Bourdet, A.: (Soins faciles pour la propreté de la bouche. Dt.:) Leichte Mittel, den Mund rein und die Zähne gesund zu erhalten. Leipzig: Lankisch 1762. 72 S. 8°

Bourdet, Moyens faciles de nettoyer la bouche et de conserver les dents. 8. Bern, Typ. 782.

Bourdet, A.: Portrait de Frédéric le Grand, s. Bourdais, Sébastien Frédéric

— soins pour la propreté de la bouche et p. l. conserv. des dents. 8. Bern 792. Typogr. Societ. 12 gr

— Traité des digues le long de fleuves et rivières. Berl. 771.

Le Patriotisme universel ou Les qualités réunies des nations, qui sont nécessaires à un franc-maçon, et celles, dont un profane doit se reconnaître possesseur avant que de se faire initier dans l'ordre par [Bartol. Rob.] Bourdet. Berlin 1777: Decker. XXVIII S. 8° (Sammlung neuer Frmr-Reden. [1, 10.]) cf. Frmr-Bibliothek. 1 (1778) S. 178; 2. Aufl. 1782; 3. Aufl. 1792.
Kl. 902.

BOURDETT, P. de. Lucette und ihre Freunde. Zwei Bücher in einem Bande. Lyon 1873. 8°. 125 S. [richtig: Leipzig 1925]. 300 numerierte Expl. 8 erot. Bilder.

Bourdie, Vict., eloge de montagne. 18. Leipz. 801. (Schmidt). 14 gr

Bourdie, Vict., Eloge de Montagne. 18. Leipz. Wolf et Comp. 801.

Bourdieu, s. Dubourdieu.

Bourdieu, F. du, Vorschläge zur Verbesserung d. Brückenbau-Wesens ꝛc. 4. Stade 823. (Lüneburg, Herold u. W.) 2/3 Thlr

Bourdil, Ferdinand: Führer des Winzers. Witterungseinflüsse und Krankheiten des Weinberges, Vorsichtsmaßregeln und Gegenmittel. Konstanz 1890: Muselik. 11 S.

Bourdilliat, E., Die Entfärbung und das Bleichen der Hadern. (Preisschrift gekrönt von der Société indust. de Mulhouse.) Deutsch von Keferstein u. Gröger. Mit 5 lith. Fig. Weimar 1867. 8°.

Bourdilliat, E., die Entfärbung u. das Bleichen der Hadern. Gekrönte Preisschrift. Unter Mitwirkung von L. Keferstein ins Deutsche übertragen von R. Gröger. Mit 5 lith. Figg. (auf 2 Taff. in 4. u. Fol.) Weimar 867. B. F. Voigt. 8. (VIII, 115 S.) 22½ ngr

Bourdillon, ..., der Kirchenzwist der Polen; histor.-krit. beleuchtet ꝛc. Aus d. Französ. v. e. deutschen Pollaken. 8. München 781. (J. Lindauer). 3 gr

Bourdillon, A. Cours de géométrie élémentaire. 2e édition revue et augmentée avec 304 fig. dans le texte. In-8°. 255 p. Genève et Bâle, Georg & Co. 1895 3 50
*** Ouvrage adopté pour l'école secondaire et supérieure des jeunes filles de Genève.

Bourdillon, F., am Krankenbette. Zum Trost in Krankheit und Trübsal. Aus dem Engl. übers. von Dina Krätzinger. Mit der Erlaubnis des Verf. und der Gesellschaft zur Beförderung christl. Erkenntnis. 8. (VI, 172 S.) Gotha 887, F. A. Perthes. *

Bourdin, Hnr., s. Dumas, A., Joseph Balsamo. —

— s. Dumas, A., der Chevalier v. Maison. — Rosen u. Vergißmeinnicht.

Bourdin, Heinrich [Übers.]
s. Dumas, A.: Johanna die Jungfrau von Orleans. 1847.

Bourdin, Heinrich [Übers.]
s. Dumas, A.: Der Pitaval. 1847.

Bourdin, Louis [Hrsg.]
s. Dumas, A.: Der Chevalier von Harmental. 1847.

Bourdin, Louis [Hrsg.]
s. Dumas, A.: Paul Jones. 1847.

— der Jesuit. Seitenstück zu dem ewigen Juden. Roman von Eugen Sue. Mit Kupf. 48 Bdchen. 16. Ebend. 845, 46. à n. 7 ngr — dass. 2. Aufl. 1. Bd. (1. 2. Lief.) Mit 1 Kpf. 16. Ebend. 840. à 7 ngr

Bourdin, Louis, die sieben Cardinaltugenden. Roman. M. 20 Compositionen v. W. Bäßler. 4 Thle. (17 Bdchn.) 16. (67½ B. u. 4 Stnt.) Leipzig 840, Berger's Buchh. à Bdchn. * 7 Ngr. *

Bourdin, Louis, die sieben Cardinaltugenden. Roman. Mit 20 Compositionen von W. Bäßler. 1. Bd. (1. u. 2. Lief.) 2. Aufl. 16. (Mit 2 Lithogr.) Leipzig 840, Berger'sche Buchh. à 7 ngr

Bourdin, Louis, die sieben Cardinaltugenden. Roman. 4 Thle. gr. 16. (254. 253. 255 u. 309 S. m. 4 Lithogr.) Leipzig 847, Berger. n. 4 Thlr; herabges. Pr. n. 1⅓ Thlr

BOURDIN, Louis. Die Sieben Cardinaltugenden. 4 Theile in 2 Bdn. Kl. 8°. Mit 8 Lithographien. Leipzig 1848.

— Menschen u. Stände. 3 Bde. 8. (368. 432 u. 325 S.) Leipzig 848, Thomas. 4 Thlr

Bourdin, Louis, Fürst Mitternacht. Roman aus den Papieren eines Verstorbenen. 2 Thle. gr. 16. (431 S.) Leipzig 848, Berger's Buchh.

—— die geheimen Plane der Jesuiten, s. Gioberti.

Bourdin, Louis, Rosen u. Vergißmeinnicht, s. Rosen.

Bourdinieres, J. de la, d. Freund guter, aber nicht aufgeklärter Menschen, od. neue ländl. Philosophie. a. d. Franz. 8. Leipz. Kummer. 795.

Bourdon (Generalstudieninspektor ꝛc.), ausführl. Lehrbuch der Algebra. Nach der 8. Orig.-Aufl. aus d. Französ. übers. u. m. Anmerk., Zusätzen u. Hinweisungen auf Meier-Hirsch's prakt. Beispielsammlung versehen von C. W. Müller. gr. 8. Quedlinburg 842, Basse. 1⅔ Thlr

Bourdon, (H.), üb. d. gesellschaftl. Zustand, s. Stimmen.

v. Bourdon, Jh. Eph., Geschenk f. die sämmtl. Hebammen d. Stadion'schen Herrschaft Warthausen. 8. o. O. (Ulm) 803. Stettin. 6 gr

Bourdon, J., die Ehescheidung, s. Bibliothek für christliche Leser.

Bourdon, Julie: Die Ehescheidg, s.: Braun's Novellen- u. Roman-Sammlg.

Bourdon, Julie, Portefeuille der neuesten Leipziger Muster zum Stricken, Sticken u. zur Tapezier-Arbeit in Seide, Garn, Wolle u. Perlen. Mit 6 Kpft. 4. Bresl., Max u. Comp. 1 ℛ 4 gℊ

Bourdon, L., Heldenthaten d. fränk. Republikaner. 5 Stcke. 8. Straßb. 795. (Levrault). 16 gℊ

Bourdon, Mathilde Froment

Bourdon, M., Agatha, oder die erste heil. Kommunion. Autoris. Uebersetzung aus dem Französ. von J. Klenk. 16. (IV, 219 S.) Amberg 872, Pustet. [Habbel.]

Bourdon, Mathilde, Agatha, oder die erste heilige Communion. Autoris. Uebersetzung aus dem Französ. von J. Klenk. 2. Aufl. gr. 16. (IV, 255 S. mit eingedr. Holzschn.) Amberg 879, Habbel.

Bourdon, M., Agatha, od.: Die erste hl. Communion. Autoris. Uebersetzg. aus dem Franz. v. J. Klenk. 3. Aufl. 8. (IV, 186 S.) Regensburg (899). J. Habbel. — 75; geb. in Leinw. n. 1. —

Bourdon, (Mathilde Froment), historische Erzählungen. Aus dem Französ. übersetzt von F. S. Soest 864. Nasse. 16. (190 S.) 10 ngr.

— das Leben, wie es ist. Nach der 11. Aufl. deutsch von Frz. Thalhaus. Aachen 864. Cremer. 8. (265 S.) 20 ngr.

— das Leben wie es ist. Aus dem Franz. übers. v. H. v. G. 8. (VIII, 219 S.) Freiburg i. Br. 879. Herder. 1. 80

Bourdon, Mathilde, das Leben wie es ist. Aus dem Französ. übers. von H. v. G. 2. durchges. Aufl. 8. (VI, 229 S.) Freiburg i. Br. 883, Herder'sche Verlagsh.

Bourdon, Mathilde, d. Leben wie es ist. A. d. Franz. übers. von H. v. G. 3. Aufl. 12. (VI, 217 S.) Freiburg i/Br. 895. Herder. n. 1. 20; geb. in Leinw. n. 2. —

Bourdon, Mathilde, das Leben wie es ist. Freie Bearbeitg. von H. v. G. 4., verb. Aufl. (VIII, 210 S.) 8. Freiburg i/B. 907. Herder. 1.80; geb. in Leinw. 3. —

—— Martha oder die Fabrikarbeiterin. Frei aus dem Französ. übers. von M. Hoffmann. 8. (VIII, 161 S.) Ebendas. 883.

—— und C. Guenot, Delphine von Neuville, s. Zeitbilder in Erzählungen.

—— Silvio Pellico. Ein Lebensbild. Nach dem Französ. Autoris. Uebersetzung von J. Kemen. 8. (VI, 189 S. mit dem Holzschn.-Portr. Silvio Pellico's.) Luxemburg 880, Brück. *

— Theklas Schicksale. Der Ring d. Polykrates, s.: Durch alle Lande.

—— eine ältere Schwester. Deutsch von Frz. Thalhaus. 8. (222 S.) Aachen 862, Cremer'sche Buchh.

— der christliche Tag. Ein Betrachtungsbuch f. die reifere weibl. Jugend. Nach der 2. Aufl. aus dem Franz. übers. v. Jakobine Klenk. 2 Bde. 8. (614 u. 634 S.) Paderborn 871. Schöningh. n. 7. —

—— Versöhnung mit dem Leben. Erzählung. — Ein alter Junggesell. Künstlernovelle. — Bekenntnisse einer alten Frau. Erzählung. 8. (186 S.) Aachen 864, Cremer'sche Buchh.

Bourdon, Mathilde, die arme Verwandte. Aus dem Französ. übers. von H. v. G. 8. (IV, 172 S.) Freiburg i. Br. 885, Herder'sche Verlagsh. ℳ 1.40.; geb. *

Bourdon, P., Vorlagen für Gold- und Silberarbeiter etc., s. Meister, alte.

Bourdons, Jh. Cph., s. Bourdon, Jh. Cph.

Bourdoukoff, N., Céramique de l'Asie centrale. Fol. (XVII S. Text in russ. u. franz. Sprache u. 22 Taf. in Chromodruck.) St. Petersbourg (904). (Leipzig, K. W. Hiersemann.) 12. —

§ **PIGMALION**, oder die belebte Statue (aus d. Französ. des *Andr. Franç. Boureau-Deslandes*, 16900—1757). (Erot. Prosa-Erzählung.) Hamburg, b. Joh. Ad. Martini. 1748. 12⁰. VIII u. 80 S. (Auch in Zürich.)

Orig. (in Berlin: Xy 2750): Pigmalion ou la Statue animée .... (Citat d'Ovide.) A Londres, chez Samuel Harding (Paris), M. DCC. XLII. (1742.) 8⁰. XVI pp. prél. (titre et dédicace a Mme. la Comtesse de G ....) et 125 pp. — Ci joint p. 126—205: L'Optique des Moeurs, opposée à l'Optique des Couleurs. (6 Mk. Adolf Weigel, 1904; 10 Mk. E. Frensdorff, 1907.) L'ouvrage fut condamné au feu, par arrêt du Parlement de Dijon du 14 mars 1742.

STATUE, Die redende. Ein (prosaisches) Gedichte, zur annehmlichen Ergötzlichkeit vorgestellet. (Aus d. Französ. des *André Franç. Boureau-Deslandes*). Hamburg, gedruckt u. verlegt von Johann Conrad Bene, im güldnen ABC, bey der Börse. 1751. 8⁰. (In Stuttgart.)

Tit., 1 Bl. Vorr. u. 88 S. Etwas freie Klostergeschichte, mit einigen Arien.

— — Dasselbe. Hamburg, in der Hertelischen Handlung. 8⁰. O. M. V. 1752. S. 264. — Wirklich neuer Druck?

Eine frühere Uebersetzg., ebenfalls in Prosa, s. unter Pigmalion .... 1748.

Orig.: Pigmalion ou la statue animée. Londres (Paris), Sam. Harding, 1741. 12⁰.

Bourel, F. A., s. 1) V. Collin, Untersuchung. 2) E. Regnault, das gerichtl. Urtheil.

Bourel, F(ranz) J(akob) (Übers.u.Hrsg.):

s.: Collin, V(ictor): Die Untersuchung der Brust mit dem Stethoskop zur Erkenntnis der Brustkrankheiten. (Des diverses Méthodes d'exploration de la poitrine et de leur application au diagnostic des maladies. Dt.) Reutlingen: 1832

JB 2.503

Bourel, Franciscus Iacobus (geb. am 11 Nov. 1801 [nicht 1802] in Köln): De mutua exanthematum complicatione . . . Bonnae, typ. P. Neusseri (1829). 2 Bl., 21 S., 1 Bl. 4.

Bonn, Med. Fak., Diss. v. 11 Apr. 1829

Bourens, J. B., Anleit. u. Rettung d. Ertrunkenen, Erstickten, Erhängten, vom Blitze Erschlagenen, Erfrornen, durch zu starke Hitze scheinbar Getödteten u. Vergifteten. 8. Cref. 822. (Köln, Bachem). 12 gℊ

Bourgelat: Essai théorique et pratique s. la ferrure ... Paris 1771. (14) 206 S.

du Bourg, s. Barbeu.

Bourg, Alfons de, wie ich in Monte-Carlo Millionär wurde. (III, 87 u. 18 S. m. 1 farb. Taf.) kl. 8. Freiburg i/B. (905). F. E. Fehsenfeld. n. 1. —

Bourg, Barbeu de, gemeinnütz. Arzneykunde. 8. Straßb. Akad. 788.

SAINT-EDME (d. i. *Edme Théod. Bourg*, 1785—1852), Liebschaften u. Galanterien der Könige von Frankreich, oder histor. Memoiren über die Konkubinen, Maitressen u. Favoritinnen dieser Fürsten. Vom Anfange der Monarchie bis zur Regierung Karls X. (Aus d. Französ. v. Joh. Sporschil.) 2 Bde. Schneeberg, gedruckt in der Schill'schen Buchdr. 1830. Gr. 8⁰. (4 Mk. 50 Pfg. O. Richter, Lpz., ca. 1885; 8 Mk. Max Harrwitz, 1906.)

1: VIII—328 S. 2: Tit. u. 387 S., nebst 1 S. Err. Selten u. gesucht! — Der Uebersetzer wendet sich in d. Vorr. zu Th. 1 gegen einen in Nr. 14 d. Zeitschrift „der Komet" (1830) befindl. Artikel m. d. Ueberschrift „Interessante Neuigkeit", lautend: „Ein bisher uns, leider! ganz unbekannt gebliebenes Licht, ein israelit. Bücherverkäufer, P**** (d. i. Gerhard Pappers in Cöln), will ein französ. Product in unser, dermalen an dergl. Contrebande leider schon überreiches Deutschland hineinschmuggeln, d. h. eine zuckersüssliche, aber zieml. giftige

Waare „Amours et Galanteries des Rois de France, mémoires historiques sur les Concubines, Maitresses, et Favorites de ces princes etc." (Paris, Amable Costes, 1829. II. 8°.) ganz dem Originale getreu, eben so saftig u. schmutzig übersetzen, damit auch jeder (bisher noch unverdorbene) deutsche Geschmack, u. alle (noch unverdorbenen) deutschen Sitten von der ausländischen, würzigen, aber im Kern gewiß sehr bitteren Frucht kosten können — und in seinem Verlage erscheinen lassen!" — etc. (Geschah auch: Cöln, Gerh. Pappers, 1830. II. Kl. 8°. 466 S. — 7 Mk., schönes Expl. im Orig.-Umschl., Frdr. Klüber, 1906.)
Orig.: S. oben. — Contrefaçon: Bruxelles, Coster et Cie, 1830. III. 8°.

Bourg, Klara v., e. wahre Gesch. im letzt. Zehntheil des abscheid. Jahrh. von Susanne v. Baudemer, geb. v. Franklin. 1r Thl. 8. Frankf. Keßler. (Diez). 798.

Bourg, Philipp, ein Geistesproletarier. Familiendrama in 4 Aufzügen. (94 S.) 8. Ath (Belgien) 902. Selbstverlag. n.n. 1.50

Papst und Fürst. Drama in 5 Akten von Philipp Bourg. Dresden & Leipzig: E. Pierson 1899. (179 S.) 8° [F.] 07. 6448

Bourgelat, [Claude]: Anfangsgründe der Vieharzneykunst, oder kurzer Begriff von d. Zergliederung d. Pferdes. Z. Behuf d. Lehrling in d. Königl. Vieharzneyschulen. Aus d. Franz. übers. (Nebst Suppl.) Danzig 1772-73.
Suppl. oder Zusatz zu d. kurzen Begriff von d. Zergliederung d. Pferdes, worinnen d. allermerkwürdigsten Unterschiede unter denen Eingeweiden dieses u. unter denen Eingeweiden derer wiederkauenden Thiere sich befinden ... Zerbst 1773.

Bourgelat, ..., Anfangsgründe d. Vieharzneikunst. Aus d. Französ. 8. Danzig 772. Flörke. 1 Rthl.

Bourgelat, [Claude]: Anweisung zur Kenntnis und Behandlung der Pferde. Aus d. Franz. übers. durch Johann Knobloch. Thl. 1.2. Prag u. Leipzig 1789-90.

— — Anweisung zur Kenntnis und Behandlung der Pferde. Aus d. Franz. von Joh. Knobloch. 2 Teile. Prag 780/90. Diesbach. M. 2.—

Bourgelat, Claude. Lehrbegriff der medicinischen Materie ... aus dem Französischen übersetzt. Leipzig 1766. Ü: *Schulze, Christian Friedrich.* (ML)

— Lehrbegriff d. medicin. Materie, oder Beschreib. d. Arzneien nach ihren Wirkungen. Aus d. Französ. 8. Leipz. 766. Weidmann. 14 Gr.

— Supplem. oder Zusatz zu d. Begriff von d. Zergliederung des Pferdes ꝛc. Aus dessen französ. Handschrift übersetzt. 8. Wittenb. 773. Zimmermann. 4 Gr.

Bourgelat: Supplement od. Zusatz zu dem kurzem Begriff v. der Zergliederung d. Pferdes, worinnen die allermerkwürdigsten Unterschiede unter denen Eingeweiden dieses u. unter denen Eingeweiden derer wiederkauenden Thiere sich befinden. Aus dessen franz. Handschrift übers. Zerbst 1773. 102 S.

Bourgelat, ..., Versuch über d. Bandagen, u. die bei den äußerl. Krankheiten der Pferde u. der vierfüßigen Thiere überh. schicklichsten chirurg. Vorrichtungen. Zum Gebrauch d. Vieharzneischulen u. für Liebhaber d. Thierarzneikunde. Mit 21 Kpfrtaf. gr. 8. Berlin 801. (Leipzig, Fr. Fleischer.) 1 1/2 Rthl.

Bourgelat, (Claude): Versuch über die Bandadagen, und die bei den äußerlichen Krankheiten der Pferde und der vierfüßigen Thiere überhaupt schicklichsten chirurgischen Vorrichtungen. Zum Gebrauch der Vieharzeneischulen und für Liebhaber der Thierarzeneikunde. (Essai sur les appareils et sur les bandages propres aux quadrupèdes. A l'usage des élèves des écoles royales vétérinaires. Dt.) 142 S., gbd., 21 Taf.

Berlin: Lagarde 1801

JB 5.894

— — Versuch über die Bandagen und die bei den äusserlichen Krankheiten der Pferde u. der vierfüss. Tiere überhaupt schicklichsten Verrichtungen. Aus dem Franz. Mit 21 Kpf. Leipzig 01. Köchly. M. 4.50

Bourgelat:
Zergliederung d. Pferdes. Neu verbess. Uebersetzung. 2 Bd. (1 Vol.). Marb. 1794-95. 638 S.
(Hovedtit. er: Bibliothek f. Thierärzte, Landwirthe u. Liebhaber d. Thierarzneikunde. Bd. 1-2).

Bourgeois, le, politique et impartial d'Amsterdam etc. 8. Leipz. Hartknoch. 771.

Bourgeois, Anicet

—— und G. Lemoine, die Auferstandene, s. Bühnen-Repertoir.

Bourgeois, A., et Dumanoir, le docteur noir, siehe: Repertoire du théâtre Français. No. 328.

Bourgeois, Anicet, und Michel Masson, die Geheimnisse des Carnevals. Drama in 5 Acten und 9 Tableaux. Nach dem Franz. Von Hedw. Hülle. 8. (174 S.) Bremen 847, Kühtmann und Comp.

Bourgeois, A, d. Mann d. Wittwe, s.: Dumas [Vater], A.

Bourgeois, A., la première ride, s. Lockroy.

Bourgeois, Anicet, la première ride, s. Répertoire du Théâtre franç. No. 234.

Bourgeois, A, a. verbotenen Wegen, s.: Theater, neues Wiener.

Collection (Caspar u. Stephan) Bourgeois frères. Versteigerung zu Köln ... bei J. M. Heberle (H. Lempertz' Söhne) ... Okt. 1904. [1. 2.] *Köln 1904: M. Dumont Schauberg.* 2 Bde 4°
[1.] Katalog d. Gemälde. Gemälde von Meistern d. 14. bis 18. Jh. Gemälde, Zeichnungen etc. neuzeitl. Meister. (Vorr.: Heinr. G. Lempertz.)
[2.] Katalog d. Kunstsachen u. Antiquitäten d. 6. bis 19. Jh. (Vorr.: Dr. Alexander Schnütgen.)

Bourgeois, C[onrad]. Forstwesen: a) Forstwirtschaft und Forstwirtschaftspolitik. Sonderabdruck [aus:] Handwörterbuch der Schweizerischen Volkswirtschaft, Socialpolitik und Verwaltung. Hrg. von Dr. jur. N[aum] Reichesberg.... Band 2. 11 + 17 S. 8. Bern, Verlag Encyklopädie, 1903.

Bourgeois, C. (Hrsg.), s. Mitteilungen der schweizerischen Centralanstalt für das forstliche Versuchswesen.

Bourgeois, Emile, Ludwig XIV. d. Sonnenkönig od. d. grosse Jahrhundert Frankreichs. D. Künste. D. geist. Richtg. N. Voltaire, Saint-Simon, Spanheim, Dangeau, Mad. de Sevigné, Choisy, La Bruyère, Laporte, „Le mercure de France", d. Pfalzgräfin Charlotte u. a. Übertr. von Osc. Marschall v. Bieberstein. M. ca. 550 Textill., Vollbildertaf., Karikaturen u. Autographen. N. d. berühmtest. Malern, Bildhauern u. Stechern damal. Zeit. 29 Lfgn. Lex.-8. (XII, 455 S.) Leipzig 896—897. H. Schmidt & C. Günther. à — 60 (kplt.: n. 18. —; geb. n. 22. —)

! Bourgeois. E: Ludwig XIV. Jetzt: Berl., Brandus. 96/00

Le Jargon ou Judéo-Allemand. Courte étude philol. suivie d'une chrestomathie. Par le Dr H. Bourgeois. Bruxelles & Leipzig: Misch & Thron 1909. 46 S. 8° 09. 16748

Bourgeois, Heinr.: Kurze prakt. Grammatik d. mitteleurop.-zigeuner. Sprache, s: Hefte f. Zigeunerkde.

Bourgeois, Léon., l'orpheline au pensionnat. Drame en 2 actes. Berlin 867. Stilke & van Muyden. 16. (35 S.) n. 4 Ngr.

Bourgeois, Marcel Le, deutsche u. französische sprichwörtl. Redensarten. 8. (III, 62 S.) Leipzig 891. W. Violet. n. — 75

[BOURGEOIS, Nicolas Louis] 1710 - 1776
Reisen durch einige französische, englische, holländische, spanische, Besizzungen, in der neuen Welt.
Mit eingestreuten historischen, statistischen, und andern Bemerkungen, welche die Sitten und Naturgeschichte dieser Länder betreffen.
[A. d. Franz. v. R.]
Leipzig: Weygand 1789. 4, 232 S. 8°.
Landesbibliothek Gotha
Teilübers. v. Voyages interessans dans differentes colonies françoises, espagnoles, angloises ..., London 1788.
Sabin 6897: mit Verfasser, 69144: ohne Verfasser. Palmer.

Bourgery

— u. Jacob, Anfangsgründe der Anatomie in 20 Steindrucktaf., von denen jede einen ganzen menschlichen Körper in halb natürl. Größe darstellt, mit beigefügt. erläut. Text, der für sich ein Handbuch der physiolog. Anatomie bildet; ein höchst nützl. Werk für Aerzte, Studir. der Medicin, Naturforscher, Zeichner, Maler, Bildhauer u. alle diejenigen, die sich in kurzer Zeit eine genaue Kenntniß von dem Baue des menschl. Körpers verschaffen wollen. Aus d. Franz. bearb. von Dr A. P. Wilhelmi. Taf. XII. gr. Imp.-Fol. Text in gr. Lex.-8. Leipz. 837. Belgische Buchh. 1 1/4 ß — Taf. II. u. III. gr. Imp.-Fol. Ebd. 837. Künzel. à 1 1/4 ß

—— und Jacob, Anfangsgründe d. Anatomie in 20 Steindrucktafeln, von denen jede einen ganzen menschl. Körper in halb natürl. Größe darst., mit beigefügtem erläut. Text, d. für sich e. Handb. d. physiolog. Anatomie bildet. A. d. Franz. bearb. v. A. P. Wilhelmi. — Taf. II. III u. XII. (gr. Imp.-Fol. u. 2 1/2 B. Text gr. Lex.-8.) Leipzig 837, Künzel. à 1 Thlr. 6 Gr.

Bourgery, Dr., die kleinern chirurg. Operationen u. Handgriffe, Handbuch für Wundärzte erster u. zweiter Klasse. In's Engl. übersetzt, mit Anmerkk. u. Anhang versehen von Will. C. Roberts u. Jam. W. Kissam. Deutsch bearb. von e. prakt. Arzte. gr. 8. Berlin 836. Plahn'sche Buchh. (Nitze.) 2 ß

Bourges [Schlagwort]

Bourges, s.: Europa. Liebenow.

Bourget, D. L., neueste Beschäftigung der Neufränk. Naturforscher. Den Liebhabern der Naturwissenschaft u. des Fabrikwesens mitgetheilt. 1s Hft. Mit Kpfrn. gr. 8. Berlin 797. (Leipzig, Fr. Fleischer.) 1/2 ß

Bourget, L., Handbuch d. Arzneimittellehre, s. Rabow, S.

Bourget, Louis, die Krankheiten des Magens u. ihre Behandlung. Klinische Vorträge f. Studierende u. Ärzte. Mit 2 (farb.) Taf., Abbildgn. im Text u. Tab. (IX, 187 S.) Lex.-8. Wiesbaden 906. J. F. Bergmann. n. 4.60

Paul Bourget. Psychologische Abhandlungen über zeitgenössische Schriftsteller [Essais de psychologie contemporaine]. Übers. von A. Köhler. *Minden: J. C. C. Bruns 1903.* (VI, 278 S.) 8° [F.]

Bourget, Paul, André Cornélis. Roman. A. d. Franz. v. Marie Lauer. Autor. Übersetzg. 8. (308 S.) Berlin 895. O. Janke. n. 2. —; erm. Pr. n. 1. —

— der Deckmantel, s.: Deva-Roman-Sammlung, 28. Bd.

— Ehescheidung. (Un divorce.) Roman. Übertragung v. Walth. Eggert-Windegg. (XI, 436 S.) 8. Mainz 905. Kirchheim & Co. n. 3.50; geb. n. 4.50

Bourget, Paul: Der Emigrant, s.: Engelhorn's allg. Roman-Bibliothek.

— Frauenherz, s.: Bibliothek berühmter Autoren 29. Bd.

— d. ehemalige Herr. Memoiren e. Cowboy, s.: Meisterwerke der zeitgenössischen Novellistik.

— Herz u. Handwerk, s.: Engelhorn's allgem. Roman-Bibliothek.

[F.] Paul Bourget. Jenseits des Oceans. Autoris. Übs. a. d. Französ. v. Lothar Schmidt u. Otto Dammann. Tl 1. 2. *Breslau, Leipzig, Wien: L. Frankenstein 1896.* 2 Bde 8.
1. (338 S., 1 Bl.) 2. (318 S., 1 Bl.)

— dasselbe. 2. Aufl. 2 Tle. 8 (339 u. 319 S.) Ebd. 898. n. 6. —; geb. n. 7.50

— Kosmopolis, s.: Engelhorn's allg. Romanbibliothek.

— das gelobte Land. Roman. Aus dem Franz. v. C. Hecker. 8. (376 S.) Stuttgart 894. J. G. Cotta Nachf. n. 3. —; geb. n. 4. —

— Herr Legrimaudet. Erzählg. A. d. Franz. v. Marie Lauer. Autor. Übersetzg. 8. (184 S.) Berlin 895. O. Janke. n. 1. —

Eine Liebestragödie. Von Paul Bourget. Autor. Uebers. *Berlin: R. Mosse 1899.* (439 S.) 8° [F.]

— Lügen. Roman. Autoris. Uebersetzg. aus dem Franz. v. A. Hanny. gr. 8. (III, 310 S.) Budapest 891. Grimm. n. 3. —

— Der Luxus d. Andern, s.: Universal-Bibliothek 4095.96.

— Monika, s. a. Seemann's kleine Unterhaltungsbibliothek. Nr. 8.

Bourget, Paul: Monika, s. a. Siesta.

Monika [Monique]. Roman von Paul Bourget. Einzig autor. Ausg. Aus d. Franz. von Adele Achard. 6. bis 10. Aufl. Berlin & Leipzig: Seemann [1910]. 109 S. 8°
(Siesta. 10.)

— Monique, hrsg v. Arnold Krause, s. a. Prosateurs français.

Monique. Par Paul Bourget. Mit Anm. [= Anhang] z. Schulgebr. hrsg. von Prof. Dr. Arnold Krause. [Nebst] Wörterbuch. *Bielefeld & Leipzig: Velhagen & Klasing 1903.* 3 Bde 8°
— Sammlung, Velhagen & Klasings, franz. u. engl. Schulausgaben. Prosateurs franç. Lfg 144 B.

— venetianische Nächte u. andere Novellen, s.: Bibliothek berühmter Autoren 10. Bd.

— Pastelle. Autor. Übersetzg. a. d. Franz. v. A. Johanny. 8. (389 S.) München 895. A. Langen. n. 3.50

— Physiologie d. modernen Liebe. Nachgelass. Fragmente e. Werkes v. Claude Larcher, ges. u. hrsg. v. s. Testamentsvollstrecker. Uebers. v. O Dittrich. 8° (390) Budap. 91, G Grimm. 3 —

— ein grausames Rätsel. Deutsch v. Walt. Eiohner. schmal 12. (212 S.) Leipzig 897. R. Lüders & Co. 1.50

[Ant. u. F.] Ein grausames Rätsel. Von Paul Bourget. Freie deutsche Uebs. Bd 1. 2. *Berlin: W. Herlet [1898].* 2 Bde 8.
1. (136 S.) 2. (152 S.)
— Bibliothek Gavarni. Bd 2. 3.

— dasselbe, s.: Gavarni's, Franç., Bibliothek.

— Ihr Schatten, s. a. Union-Sammlung moderner Romane.

Paul Bourget. Ihr Schatten (Le Fantôme). Aus d. Franz. von Charles Rocco. *Stuttgart, Berlin, Leipzig: Union [1902].* (207 S.) 8° [F.]
— Union-Sammlung moderner Romane. 28.

— Die Schuld, s: Universal-Bibliothek 5417.

—— Der Schüler. Roman. 8. (XV, 344 S.) Stuttg. 892, Deutsche Verlags-Anstalt. * 3 —; geb. * * 4 —

— Schwestern, s.: Engelhorn's allgem. Roman-Bibliothek.

— ein Skrupel. Novelle. A. d. Franz. v. Marie Lauer. Autor. Übersetzg. 8. (131 S.) Berlin 895. O. Janke. n. 1. —

— das Spitzenmäuschen u. andres, s.: Engelhorn's allgemeine Roman-Bibliothek. XVIII. 16.

Auf eigenen Spuren. 6 Novellen von Paul Bourget. Deutsch von Ludwig Wechsler. 2. Taus. Berlin: Continent [1905]. (240 S.) 8° [F.]

— der Talisman u. andere Novellen, s. a. Kürschner's, Jos., Bücherschatz.

Der Talisman u. andere Novellen. Von Paul Bourget. Autor. Übers. von A. Bruch. Mit Ill. von Bawarowski. Berlin, Eisenach, Leipzig: H. Hillger [1905]. (93 S.) 8° [F.]
— Bücherschatz, Kürschners. No 443.

— Unwiderbringlich, s.: Weber's moderne Bibliothek.

— Vererbung? s. a. Kürschner's, Jos., Bücherschatz.

Vererbung? Ipse est enim. Die Zeit d. Liebe. Der Andere. Saïda. Die Anbetung d. heil. drei Könige. Von Paul Bourget. Autor. Uebers. von A. Bruch. Mit Ill. von Martin Ränike. *Berlin, Eisenach, Leipzig: H. Hillger [1900].* (128 S.) 8° [F.]
— Bücherschatz, Kürschners. No 202.

Stille Wasser. Roman von Paul Bourget. Deutsch von Ludwig Wechsler. Berlin: Continent [1904]. (267 S.) 8° [F.]

Bourget, Paul s. Wochenbibliothek, Schweizer. Band 14.

Bourggraeve, monument a Edw. Jenner ou histoire générale de la vaccine a l'occasion du premier centenaire de son invention. Fol. (XVI, 377 S.) Bruxelles 875. Muquardt. n. 32. —

Bourgignon, Luise, ein dialogisirter Halbroman, 8. Frankfurth, (Helmstädt) 795. (Fleckeisen) 18 ggl.

Bourgignon, Luise, n. Heinr. v. Abosis; eine wahre Gesch. 8. Helmst. Fleckeisen. 899.

Bourgnon de Layre, prakt. Anweisung zur Dampfbeuche d. Leinenzeuges. A. d. Franz. Mit Abbildn. (auf 1 Bl. in qu. $^{1}/_{2}$ Fol.) 8. (4 B. u. 1 Tab.) Quedlinburg 839, Basse.

Bourgnon de Layre, Ueber Dampfbeuche des Linnenzeuges. Aus dem Franz. Quedlinburg etc. 1839. 8°.

Bourgnon de Layre, Bar., die Dampfwäsche. Aus d. Franz. übertr. von Dr. Ch. H. Schmidt. Mit 1 Taf. Abbildd. gr. 12. Weimar 838. Voigt. $^{1}/_{3}$ ℛ — 2e, mit Zusätzen des Uebersetz. verm. Aufl. Mit 2 Taf. Abbildd. gr. 12. Ebd. 840. $^{5}/_{12}$ ℛ

—— die Dampfwäsche. A. d. Franz. übertr. v. Ch. H. Schmidt. (1. Aufl. gr. 12. ($3^{1}/_{2}$ B. u. 1 Taf.) 838. $^{1}/_{3}$ Thlr.), 4., m. Zusätzen d. Uebersetz. verm. Aufl. Mit 3 Taf. Abbild. 12. ($5^{1}/_{2}$ B.) Weimar 842, Voigt.

Bourgnon de Layre, Baron, die Dampfwäsche, ein höchst einfaches Verfahren alle Arten der Leib-, Tisch- u. Bettwäsche ꝛc. blendend weiß zu waschen ꝛc. Aus d. Franz. übertr. v. Chr. H. Schmidt. 4. mit Zusätzen d. Uebersetzers verm. Aufl. Mit 4 (lith.) Taf. (in qu. 4.) 12. (XXVIII u. 120 S.) Weimar 848, Voigt. $^{5}/_{12}$ ℛ

Bourgnon de Layre, die Dampfwäsche, ein höchst einfaches Verfahren alle Arten der Leib-, Tisch- und Bettwäsche ꝛc. blendend weiß zu waschen ꝛc. Aus dem Franz. übertr. von Chr. H. Schmidt. 5., mit Zusätzen des Uebersetzers verm. Aufl. 12. (XXVIII und 120 S. mit 4 Stnt. in qu. 4.) Weimar 848, Voigt. —

Bourgogne, François, 1812—13. Kriegserlebnisse. Uebers. von H. v. Natzmer. (Memoiren-Bibliothek.) gr. 8. (363 S. m. 16 Vollbildern.) Stuttgart 900. R. Lutz. n. 6. —; geb. n. 7. 50

Bourgogne, François, 1812—13. Kriegserlebnisse. Uebers. von H. v. Natzmer. (Memoiren-Bibliothek.) 2. Aufl. (364 S. m. 16 Vollbildern.) gr. 8. Stuttgart 903. R. Lutz. n. 6. —; geb. n. 7. 50

Bourgogne, François: 1812. Kriegserlebn. Volksausg. Übers. v. H v. Natzmer. 1—3. Afl. (291 m. Ktnskizzen u. 16 Taf.) 8° Stuttg., R Lutz ('12). Pappbd 2 — d

— dass., s. Memoirenbibliothek.

Bourgoin, das Buch der Zeitwörter. 1. Bd. 4 Lfgn. gr. 8. (à Lfg. XII und 160 S.) Dresden 858, Ernst. à Lfg. 20 Ngr.

Inhalt:
Lfg. 1. Deutsch-Französisch.
" 2. Englisch-Französisch.
" 3. Deutsch-Englisch.
" 4. Französisch-Italienisch.

—— dass. — 2. und 3. Thl. Deutsch-Englisch-Französisch und Italienisch. gr. 8. (XXXI und 319 S.) Ebendas. 858. à Thl. 1 Thlr.

Bourgoin, das Buch der Zeitwörter. 4 Abthlgn. 2. (Titel-) Ausg. gr. 8. (à Abthl. XII und 160 S.) Leipzig (858)63 Schrag's Verlag. [Gebhardt's Verlag.] à Abthl. 15 Ngr.

Inhalt:
Abthl. 1. Deutsch-Französisch.
" 2. Deutsch-Englisch.
" 3. Englisch-Französisch.
" 4. Französisch-Italiänisch.

Bourgoin, J., les éléments de l'art arabe. Le trait des entrelacs. 4. (47 S. m. 190 L. u. 10 Chromolith.) Paris 879. Didot & Co. n. 40. —

Bourgoing, ..., französ. Vorschriften. 10 Blatt. Auch u. d. T.: l'Ecriture etc. qu. Fol. Leipz. 811. Mag. f. Ind. 1 ℛ 8 gr. Hbg. Pr. 16 gr.

(de Bourgoing, Jean Franç.) Bonapartes Jugendjahre bis zum Anfange seines Commandos in Italien. Deutsch von P. Engelhardt. 8. Leipzig 1800.

Bourgoing, J. F.,
— — P., die Missionaire in Amerika. Aus d. Französ. v. Dr. Renrohr. gr. 8. Wien 1831, Mayer. $^{3}/_{4}$ Thlr. — 1 fl. 21 kr.

Bourgoing (J. F.).
Neue Reise durch Spanien vom Jahre 1782 bis 1788. Aus dem Franz. Bd. 1. Jena 1789. 8.

Bourgoing, Jean François Baron de. Neue Reise durch Spanien vom Jahre 1782—93 ... Aus dem Franz. Jena 1790—1808. Ü: *Kayser, Albrecht Christoph & Justus Friedrich Bertuch.* (EngG) »auch *A. Fischer & Tychsen*« (Ky)

Bourgoing, v., n. Reise durch Spanien 4 Bde. m. K. a. d. Franz. gr. 8. Jena, Mauke. 789. 801 u. 808. (1r u. 2r 3 Rthlr., 3r 1 Rthlr. 8 gr., 4r 21 gr.)

v. Bourgoing, Ritter ..., neue Reisen durch Spanien, v. Jahre 1782—93. Aus d. Französ. (v. .. Bertuch, A. Chph. Kayser, Chr. A. Fischer u. Tychsen). 4 Bde. Mit Kpf. u. 1 Karte. gr. 8. Jena 790—808, Mauke. 5 ℛ

Bourgon, H., vollständ. Geschichte d. alten Roms u. seines Volkes, seit d. Gründung d. Stadt Rom. Ein nützl. Lese- u. Schulb. f. d. reif. Jugend. N. d. Franz. bearb. u. mit grammatikal. Noten zum Uebersetzen ins Französ. vers. v. Carl Courtin. 2 Bdchn. gr. 8. ($32^{1}/_{2}$ B.) Stuttgart 835, [Scheible, Rieger u. Sattler.)

Bourgon, H., vollständ. Geschichte des alten Roms u. seines Volkes, seit der Gründung der Stadt Rom. Ein nützl. Lese- u. Schulbuch für die reifere Jugend. Nach d. Franz. bearb. und mit grammatikal. Noten zum Uebersetzen in's Franz. versehen von Carl Courtin. 2 Bdchn. gr. 8. Stuttg. 835. Scheible's Buchh., (jetzt Gaul u. Tonger in Cöln). 1 ℛ — Ausg. mit 4 Abbildd. 2 Bdchn. gr. 8. Ebd. 837. $1^{1}/_{2}$ ℛ

Bourguet, David

— neueste Beschäftigungen d. neufränk. Naturforscher. 1r Heft. Mit Kpf. gr. 8. Berl. 797. Lagarde. (Köchly). 12 gr.

— Grundr. d. Naturlehre. m. 2 Kpfr. gr. 8. Berl. 798. (Steinacker in Leipz.) 1 ℛ

— s. Guyton-Morveau's Grundsätze.

Bourguet, Dav. Ldw., († 180..) chem. Handwörterbuch nach d. neuesten Entdeckungen entworf., mit S. F. Hermbstädts Vorr. 5 Bde, nebst Anh., vom 3n Bde. an fortges. von J. B. Richter. gr. 8 Berl. 798—805. Schüppel. (à 20 gr. u. d. Supplem. 12 gr.) 5 ℛ 12 gr.

Bourguet, David Ludwig, s. Prevost: Über die Wärme.

Bourguet, Ludwig, s. Bourguet, David Ludwig

Bourguignon, ..., Commentar üb. das Criminalgesetzbuch. Aus d. Französ. übers. von C. Zumbach. 2 Thle. gr. 8. Köln 812. Keil, (DuMont-Schauberg). 3 ℛ 12 gr.

Bourguignon, entomolog. u. patholog. Untersuchungen üb. die Krätze des Menschen. Aus d. Franz. übers. v. Henoch. gr. 8. (47 S.) Berlin 848, Förstner. $^{1}/_{3}$ ℛ

Bourguin, L. A., der rechte Weg. Eine Erzählung, übers. von H. W. v. Ehrenstein. Dresden 868. Zeh in Comm. 8. (22 S.) n. 2 ngr.

Bourguin, Maurice, die sozialistischen Systeme u. die wirtschaftliche Entwickelung. Mit Genehmigg. des Vorf. nach der 2. verb. u. erweit. Aufl. des Orig.-Works ins Deutsche übertr. v. Louis Katzenstein. (XXII, 508 S.) gr. 8. Tübingen 906. J. C. B. Mohr. n. 8. —; geb. n. 9. 60

Bouriant, U, s.: Catalogue des monuments et inscriptions de l'Egypte antique.

Bourienne, s. Bourrienne

Bourier, Abf. Gedanken über den Erstbeicht-Unterricht, s. Handbibliothek, katechetische.

Bourier, Adph., Rüstung zum geistlichen Stande u. Leben. Ein Betrachtungs- u. Andachtsbuch zunächst für Priester u. solche, die sich dem Priesterstande widmen wollen. Mit e. Vorw. von Joh. Evangelist Stadler. Augsburg 865. Kranzfelder. 8. (VI, 362 S.) 1 ℳ

Bourier, Felix, s. Amour et fidélité patriotiques

Bourier, Felix: Coup d'oeil sur l'origine et le développement de la langue et de la littérature française dans la première période, suivi de quelques observations sur l'enseignement de cette langue. pg. 3-26. 4°. Albr. Volkhart.
Progr. Augsburg 1859/60.

Bourier, Fel., der Einsiedler in Sicilien, od.: die Macht des Gewissens. Eine moral. Erzähl. aus d. Zeiten der sicilianischen Vesper, für d. reifere Jugend. gr. 8. (9½ B. u. 1 Stahlst.) Augsburg 842, Kollmann'sche Buchh.

Bourier, F., der Einsiedler in Sicilien, oder: Die Macht des Gewissens. Eine moralische Erzählung aus den Zeiten der sicilianischen Vesper, für die reifere Jugend. 2. Aufl. Mit 1 Stahlst. Augsburg 855. Kollmann. gr. 8. (1 Bl., 151 S.) 11¼ ngr

Bourier, F., der Einsiedler in Sicilien oder die Macht des Gewissens. Eine moral. Erzählung aus den Zeiten der sicilian. Vesper, für die reifere Jugend. 3. verb. Aufl. Mit 1 Stahlst. Augsburg 861. Kollmann. 8. (150 S.) 11¼ ngr

Bourier, F., der Einsiedler in Sicilien, oder: Die Macht d. Gewissens. Eine moral. Erzählung aus den Zeiten der sicilian. Vesper. Für die reifere Jugend. 4. verb. Aufl. Mit 1 Stahlst. 8. (165 S.) Regensburg 876. Volks- u. Jugendschriften-Verl. cart. 1 20

Bourier, Felix, s. Les enfants de la veuve.

Bourier, Felix, s. L'enfant-trouvé de Grenade.

—— die Familie Montval od. d. durch Unglück geprüfte Tugend. Eine moral. Erzähl. f. d. Jugend. 8. (10¼ B. u. 1 Stahlst.) Augsburg 841, Kollmann'sche Buchh.

— die Familie Montval oder die durch Unglück geprüfte Tugend. Eine moralische Erzählung für die Jugend. 2. Aufl. Mit 1 Stahlst. Ebend. 859. 8. (160 S.) 15 ngr

—— die Familie v. Montval, oder die durch Unglück geprüfte Tugend. Eine moral. Erzählung für christl. Jugend und christl. Volk. 3. verb. Aufl. 8. (161 S. mit 1 Stahlst.) Ebendas. 876. cart.

Bourier, Felix, s. Rose de Rom

Bourier, Felix, leichtfaßliche Stufenleiter zur schnellen und gründl Erlernung der franz. Sprache. Für den Schul- und Privat unterricht bearb. gr. 8. (IV und 314 S.) Augsburg 818 v. Jenisch und Stage'sche Buchh.

Bourier, F., die Waise aus Marseille. Eine Erzähl. f. d. reif. Jugend. M. 1 Stahlst. 8. (8 B.) Augsburg 841, Rieger'sche Bh.

— die Waise aus Marseille. Eine Erzählung für die reifere Jugend. Mit 1 Stahlst. 8. Augsburg 841, Matth. Rieger'sche Buchh. (Himmer.) ⅓ ℛ

Bourier, Hermann: Der Beweis bei allgemeinen Themen. 70 S., 8°. München 1909: Seitz.
Jahresbericht über das K. Progymnasium in Schäftlarn für 1908/09. Beil.

Bourier, Hermann, Dr.: Das produktive und rezeptive Moment beim Unterricht in den antiken Sprachen. Augsburg 1906: Ph. J. Pfeiffer. (39 S.) 8°
Augsburg, k. G St. Stephan P 1906*

Bourier, Hermann, Dr. P.: Über die Quellen der ersten vierzehn Bücher des Johannes Malalas. T. 1. *Augsburg 1899: Ph. J. Pfeiffer.* (47 S.) 8° [F.] ¶ [= Phil. Diss. München 1899.]
Augsburg, k. humanist. G St. Stephan, P 1899*

Bourier, Hermann, Dr. P.: Über die Quellen der ersten vierzehn Bücher des Johannes Malalas. T. 2. *Augsburg 1900: Ph. J. Pfeiffer.* (67 S.) 8° [F.] ¶ [Schluss d. P-Beil. 1899.]
Augsburg, k. humanist. G St. Stephan, P 1900*

Bourignon, Antoinette, Lebensbeschreibung. 8. Altona. 740.

Bourkard, choix des livres les plus estimés en allem. et françois. 8. Bern. Typogr. Soc.

Bourland Benjamin: La Oranica Remada del Cid. II. 1897 PN 1073 Diss. Wien, Univ.

BOURLESQUE, Eine Extralustige und mit den seltsamsten Intriguen versehene, betitelt: Colombine, der verstellte arglistige und doch redliche Advocat, und Hannswurst, der verzweifelte Recrout, voller Courage und Liebe; oder: die lächerlichen Thränen des trostlos-verliebten Frauenzimmers, bey dem fröhlichen Abmarsch der tapfern Martissöhne in die Campagne. Den 3. December 1766. zu Wienn aufgeführet auf der deutschen Schaubühne nächst dem Kärtnerthor. 1767 8°. 42 S.
Seltene Harlekinade in 3 Aufzügen. In Prosa. — Auf d. Rücks. des Titels die Namen der Comödianten, darunter 2 bekanntere: Stephanie und Prehauser. Letzterer ist vielleicht Verfasser.

Bourlet, C, s.: Goursat, E, Vorlesgn üb. d. Integration d. partiellen Differentialgleichgn 1. Ordng.

(Bourlin, Antoine-Jean)

Das Kind meines Vaters. Oder die Gebrechen der Erziehung und des Karakters. Frei bearb. nach Dumaniant [d.i. Antoine-Jean Bourlin]. Th. 1.2.
Stuttgart: Magazin für Litteratur 1803. 8°

Bourmeister, A.
s. **Burmejster, A. M.**

Bourmer, Franz Joseph, Tierarzt aus Coblenz-Moselweis (Rheinprovinz): Beiträge zur Nephrolithiasis und Untersuchung von Nephroliten einiger Haustiere. [Hannover.] 37 S. und sechs Tafeln. 8°. [8. V.208.]
Bern, Vet.-med. Diss. 1908/09.

Bourmoff, Theodor (a. Bulgarien): Die Blut-Beschaffenheit bei Lungentuberkulose. Berlin 1907: Berliner Druckerei- u. Verlagsgesellsch. (29 S.) 8°
Berlin, Med. Fak., Ref. Kraus, Diss. v. 30. Juli 1907
[Geb. 20. Juni 82 Nowa-Mochala bei Gabrovo, Bulgarien: Wohnort: Gabrovo; Staatsangeh.: Bulgarien: Vorbildung: Gymn. Rustschuk Reife O. 01; Studium: Moskau 1, München 8, Berlin 2 S.; Rig. 22. Juli 07.]

BOURN, SAMUEL, Geistliche Reden über einige auserlesene Parabeln unsers Heilandes. Aus dem Englischen. Hrsg. von Jo. Jac. Dusch. 1—2. Bd. Altona und Bremen. 1771—72. (U. B.).

Bourn, Sam., geistl. Reden u. Parabeln unsers Heilandes Aus d. Engl. (v. Fr. Eckard) u. J. J. Dusch: 2 Bde 8 Altona 771, 72. Cramer in Bremen. 16 ℋ

— Uebereinstimmung d. natürl. u. geoffenbarten Religion. Aus d. Engl. (v. Fr. Eckard u. J. J. Dusch). 4 Thle. 8. Altona 770.

Bourn , Samuel. Übereinstimmung der natürlichen und geoffenbarten Religion, aus dem Engl. Th. 1—4. Altona 1770—71. Ü: *Ekkard, Friedrich & Johann Jacob Dusch.* (Ky) (MGT)

Bourne, John, Katechismus der Dampfmaschinenlehre, oder Erläuterg. der wissenschaftl. Grundsätze, auf denen die Wirksamkeit der Dampfmaschinen beruht, der Einzelnheiten ihres Baues u. ihrer Anwendung auf Bergbau, Fabrikwesen, Schifffahrt u. Eisenbahnbetrieb. Nach der 3. Aufl. aus d. Engl. v. Carl Hartmann. 8. (VI u. 276 S.) Leipzig 850, Haendel. 1 ᵣₜ 6 ngr

Bourne, John., Katechismus der Dampfmaschinenlehre, od. Erläuterg. der wissenschaftl. Grundsätze, auf denen die Wirksamkeit der Dampfmaschinen beruht, der Einzelnheiten ihres Baues u. ihrer Anwendg. auf Bergbau, Fabrikwesen, Schifffahrt u. Eisenbahnbetrieb. Nach der 3. Aufl. aus dem Engl. v. Dr. Carl Hartmann. 2. Ausg. 8. Leipzig, Haendel. cart. 1854.

Bourne, Samuel, s. B o u r n , Samuel

Bourne, Wm. Oland, History of the public School Society of the City of New York with (7) portr. (in Stahlst.) of the Presidents of the Society. Lex.-8. (XXXII, 768 S.) New York 870. Berlin, Stilke und van Muyden. geb. **

Bournemouth. Eine Reise-Erzählung. [Wien 1901.] V: *Kielmannsegg, Erich Ludwig Friedrich Christian Graf von.* (EB)

Bournet, Vertheidig. d. natürl. u. geoff. Relig. od. Ausz. d. v. Rob. Boyle gestift. Reden; a. d. Engl. v. Schmidt. 7 Thle. 8. Hof, Grau. 738—746.

Bournon-Malarme, Mitbldg, der Räuberhauptmann; 2 Thle. 8. Greiz 801. Henning. 1 ᵣₜ 8 gr

Bournonville, Briefwechsel, s. Miranda.

Bournonville August —, Die Gazelle von Bassora. Ballet in drei Akten von — —. Musik von Holger Paulli. — Wien, 1855. Gedr. bei A. Pichlers Wwe. und Sohn. (16 S. 8.)

BOURNONVILLE, Aug., Der Tanz. (Im: Central-Organ für deutsche Bühnen. 1854. Nr. 11—12.)

Bournonville, August —. Der Toreador. Idyllisches Ballet in 2 Akten von — —. Musik komponirt und arrangirt von Eduard Helsted. 8. (14 S.) Wien. Gedruckt bei A. Pichler's Witwe und Sohn.

Bournot: Platonica Aristotelis opera. 17 S. Progr. Putbus 1853.

Bournot, F. E., réflexions sur le romantisme dans la littérature française et réfutation de quelques opinions erronées auxquelles il a donné lieu en Allemagne. Progr. der Ritterakademie Brandenburg 1835. 4°. 31 S.

Bournot, Mor., Meta. Episches Gedicht in 12 Gesängen. 16. (III und 189 S.) Berlin 865, Gsellius'sche Buchh. geb. mit Goldschn. *

Bournot, Mor., Meta. Episches Gedicht in 12 Gesängen. 2. (Titel-)Aufl. 16. (189 S.) Berlin (865), Plahn'sche Buchh geb. mit Goldschn.

Bournot, Mor., Meta. Episches Gedicht in 12 Gesängen. 865. — 2. Aufl. Berlin 867. Plahn. 16. (189 S.) 22¼ ngr

—— dass. — 16. (189 S.) Brandenburg 867, Wiesike. geb. *

Βουρος, Ιωαννης (Bouros, Joannes): De pharmacologia Graecorum veterum in genere. Halis Saxonum (1829): Gebauer. 80 S., 1 Taf. 8°
Halle-Wittenberg, Med. Diss. v. 31. Juli 1829
[Beigedr.:] Dzondi, Carolus Henricus: De faciliori et tutiori lithotomiae instituendae calculique extrahendi methodo. (1829).
Geb. Chios (Insel im Aegaeischen Meer) 1803. V.

Bourquard petite histoire de l'église illustrée, présentée sous une forme apologétique. Ouvrage revu et complété. Avec 106 gravures sur bois (intercalées dans le texte). 8. (XVI, 304 S.) Einsiedeln 881, Gebr. Benziger. cart. *

Bourquard, L. C., De A. M. Severino Boetio christiano viro philosopho ac theologo. Diss. 1877. 206 S. 4.50

Bourqui, Joseph.] Angriff und Flucht der Freischaaren im Kanton Freiburg, den 7. Januar 1847. Zweites Blatt zu dem „Radikalismus durch seine Handlungen gerichtet." 8. Freiburg in der Schweiz. Luzern, Solothurn 1847.

Bourquin, A.E., s. B o u r q u i n , E.A.

BOURQUIN, ALCIDE. Untersuchungen über die Rhodaninsäure und ihre Spaltungsprodukte. Bern, 1884. Diss. G. S., S. I.

Bourquin, E. A., Antworten zu den Aufgaben für den Unterricht im Rechnen in Elementar- und Kreisschulen. 2. Thl. 3. verm. Aufl. 1869, und 4. Aufl. 8. (46 S.) Dorpat 874, Gläser's Verlag. [Schnakenburg.]

Bourquin, E. A., der Agitator Ballohd und das Herrnhuterthum in Livland. Nebst einer Beilage von H. Plitt. Entgegnung auf Dr. Harleß „Geschichtsbilder", Abthl. II, Abschn. 8. gr. 8. (40 S.) Riesky 870. Dresden, (Naumann.) *

Bourquin, E. A., arithmetische Denkübungen mit erklären der Auflösung. Dorpat 859. Gläser. 12. (66 S.) 9 ngr

— **Rechenbuch für Elementar- u. Kreisschulen. 2. Thl. A. u. d. T.: Aufgaben für den Unterricht im Rechnen in Elementar- u. Kreisschulen. 4. Aufl. Dorpat 866. Gläser. 8. (VIII. 128 S.) n. 10 ngr**

—— **Rechenb. f. Element.- u. Kreissch. 2. Thl. Aufg. f. d. Unterr. im Rechnen. 4. Afl. 8. (128) Dorp. 66, Gläser. n. — 10 || Auflösgn. 8. Afl. (46) — 9**

— dasselbe. Antworten. 2. Thl. 4. Aufl. gr. 8. (46 S.) Ebend. 874. — 90

Bourquin, EA, Rechenbuch f. Elementar- u. Kreisschulen. 2. Thl. 6. Afl. 8. (128) Dorp. 71, Schnakenburg. geb. n. 1. 40 || 6. Afl. (135) 74. n. 1. 60 || Antw. 4. Afl. (46) 71. — 90

Bourquin, E[ugène], und Quervain, F[ritz] de. Beitrag zur Kenntnis der Herzklappenverletzungen durch plötzliche Ueberanstrengung. Von Dr. E. B' und Dr. F. de Q' in Chaux-de-Fonds. (Sonderabdruck aus der Monatsschrift für Unfallheilkunde und Invalidenwesen. [Jahrg. 9,] Nr. 5.) II + 4 S. 8. [Leipzig, F. C. W. Vogel, 1902.]

Ich will dir folgen! Predigt über Lukas 9, 57—62 geh. 1903. Ein Mahnwort f. unsere Zeit von L[eonhard] Bourquin. Pred. zu Berlin. Berlin: Vaterländ. Verl.- u. Kunstanst. 1903. (8 S.) 8° [Umschlagt. 5.]

Bourquin, Thdr. Grammatik der Eskimo-Sprache, wie sie im Bereich der Missions-Niederlassgn. der Brüdergemeine an der Labradorküste gesprochen wird. Auf Grundlage der Kleinschmidtschen Grammatik der grönländ. Sprache, sowie älterer Labrador-Grammatiken z. Gebrauch der Labrador-Missionare bearb. gr. 8. (XX, 415 S.) Gnadau 891, Unitäts-Buchh. geb. 27 —

Bourquin-Lindt, [Eugène]. Enquête sur le surmenage dans les écoles secondaires et particulièrement dans les écoles supérieures de la Suisse (Gymnases littéraires, scientifiques, sections pédagogiques ou séminaires, etc.). Rapport présenté à la Société suisse d'hygiène scolaire à Neuchâtel, en juin 1906. [Avec 1 tableau graphique.] (Extrait des Annales suisses d'Hygiène scolaire, 7e année 1906.) II p. + p. 226—319. 8. Zurich, Zurcher & Furrer, 1906.

Bourrellier, Henri: Le livre franç. à travers le monde, s: Federn, Rob.: Répertoire bibliograph. de la litt. franç.

Bourrienne u. seine freiwill. u. unfreiwilligen Irrthümer, od. Bemerkn. üb. seine Memoiren v. d. Hrn. General Belliard, General Gourgaud, Graf v. Aure, Graf v. Survilliers, Baron Meneval, Graf Bonacossi, Fürst v. Eckmühl, Bar. Massias, Graf Boulay de la Meurthe, d. Minister v. Stein, Cambacerès. Gesammelt v. A. B. Aus d. Franz. 2 Bde. 8. (34 B.) Leipzig 830, Kummer.

v. Bourrienne u. Sahla, Herr, (von Ritter Karl Frhrn. vom Stein.) gr. 8. Frankf. a. M. 830. Brönner. 3 ℛ

Bourienne, Herr von, und Dominik Ernst von Sahla. Frankfurt 1830. V: *Stein, C. von.* (PF) (CBH)

—— der Staatsminister. Od. geh. Memoiren üb. Napoleon, d. Directorium, d. Consulat, d. Kaiserreich u. d. Restauration. A. d. Franz. 10 Bde. gr. 8. (172 B.) Stuttgart 829, 30, [Brodhag.] à 1 Thlr.
Karl Frh. v. Stein's Vertheidigung ist d. 10. Bde. angedruckt. — Val. Stein, Karl Frh. vom.

—— dass. (in anderer Uebers.) 10 Thle. gr. 8. (147¼ B.) Leipzig 829, 30, Kummer. à 18 Gr.

Bourrienne, Louis Antoine Fauvelet de

v. Bourienne, L. Ant. Fauvelet. Memoiren über Napoleon, das Direktorium, das Consulat, das Kaiserreich und die Restauration. A. d. Französ. 10 Bde. (172 B.) 8. Stuttgart 1829—30 30,00. — 10 Bde. 8. Leipzig 1829. 30.

de Bourienne, Louis Antoine Fauvelet. Mémoires sur Napoléon, le directoire, le consulat, l'empire et la restauration. 10 v. 8. Paris 1829-30. 60 fr. — 11 v. (261 f.) 12. Stuttgart 1829. 30 24,50.

de Bourienne, Louis Antoine Fauvelet. Mémoires sur Napoléon, le directoire, le consulat, l'empire et la restauration. Rédigés par Ch. Maxime de Villemarest. 10 v. 8. Paris 1829—30. — 11 v. (261 f.) 16. Stuttgart 1829—30. 25,00.

Bourrienne, ..., Mémoires sur Napoléon. XI Vols. 16. Stuttg. 829 et 30. Hofmann. 8 ℛ 16 ℊ (Auch in d. Collection portat. par Mozin et Courtin.)

Bourrienne, (Louis Ant. Fauvelet de,) Mémoires sur Napoléon, le Directoire, le Consulat, l'Empire et la Restauration. XI Vol. 16. (260¼ B.) Stouttgart 829, 30, [Scheible.] 8 Thlr. 6 Gr., hrbgs. Pr.

Bourrier, André, die Geschichte e. Übertritts, s.: Wartburghefte. 15.

Bourrier, André, warum wir austraten? Bekenntnisse romfrei gewordener französ. Priester 1895—1904. (Ceux qui s'en vont.) Uebers. v. F. Sell. (235 S.) 8. München 905. J. F. Lehmann's Verl. n. 3.—

Bourrit, Marc Théodore. Beschreibung der Penninischen und Rhätischen Alpen. Aus dem Franz. übersetzt. Zürich 1782 [1781]. Ü: *Riesbeck, Casp.* (ML)

Bourrit (M. T.). — Beschreibung der Penninischen und Rhätischen Alpen. — *Zürich, Orell, Gessner, Füssli u. Comp.*, 1782, XII u. 385 pp., 2 ff. de tabl. n. ch. in-8°.
Une vignette de titre non signée, 4 pl. gravées par *Johann Hegi* et 1 carte gravée par *Schlenen.*

Bourrit. Marc-Théodore. Beschreibung der Penninischen und Rhätischen Alpen. Von Mark Theodor B'.... Neue. wohlfeilere Ausg. 2 Theile. 8. Zürich 1812. Orell
Theil 1. Mit Kupfern [4 Tafeln]. — Theil 2. welcher die Beschreibung der Savoyischen Eisgebürge enthält.

Bourrit. Marc-Théodore. Beschreibung der Savoyischen Eisgebürge. Zürich 1786 s.a. Bourrit. Marc-Théodore. B' der Penninischen... Alpen. Zürich.

— Beschreibung der Savoyischen Eisgebirge. Fortsetzung der Beschreibung der Penninischen und Rhätischen Alpen. — *Bey Orell Füssli et Comp.*, 1786, 1 f. de dédic., 2 ff. de tabl. et 245 pp. in-8°.
Une vignette de titre gravée (et signée à l'envers, par *(J. R.) Schellenberg.*

— l'Itinéraire de Génève. 12. Bern, Typograph. Soc. 791.

— Reise n. d. Savoyisch. Eisgebirg. 2 Thle. a. d. Franz. gr. 8. Gotha, Ettinger. 775.

— Schilderungen sr. Reise n. d. Savoyischen Eisgebirgen; aus d. Französ. (v. H. A. O. Reichard). gr. 8. Gotha 775. Ettinger. 12 ℊ

— Schilderung seiner Reise nach den Savoyischen Eisgebirgen. Aus dem französischen (von Heinrich August Ottokar Reichard). — *Gotha, C. W. Ettinger*, 1778, 2 Theile. In-8°.
2 vignettes de titre non signées.

— Schreiben üb. Saussure u. Beaufoix Reisen auf d. Montblanc; aus d. Französ, v. Ad. Tr. v. Gersdorf. gr. 8. Dresd. 788. Walther. 2 ℊ

Bourry, H. Sur la butylation du paraxylène. Sur quelques cétones aromatiques mixtes. In-8°. 47 p. Bâle. Thèse. 1898

Boursault, de, Oeuvres, 3 V. in 12. Stéréot. (Leipz. Barth.) pap. ord. brochés, 18 Gr. papier fin, Rthlr. 1, pap. vélin, Rthlr. 2 format in-12, pap. vél., Rthlr. 2 16 Gr.)

Boursault, Edme., s. Grawe, Ludwig.

Boursault, Edme. Äsop am Hofe. Schauspiel, aus dem Französischen. Leipzig 1770. Ü: *Steffens, Johann Heinrich.* (Ky)

Boursault, Edme. Aesop am Hofe. Ein her. Lustspiel in 5 Aufz. Wien 1775. Ü: *Kepner, Johann Frdr.* (GGr)

Boursault, Edme. Aesopus bey Hofe und Aesopus in der Stadt, zwei Comoedien von Mons. Boursault verfertiget, und wegen ihrer Treflichkeit aus dem Frantzösischen ins Teutsche übersetzet [v. Joh. H. Steffens]. 2 Teile in 1 Bde. Dresden & Leipzig 1723. Kl. 8°. 160 und 156 S. 1 Bl. *Mit 2 Titelkupfern.* Etwas benutzter Pbd. d. Z.
Fromm I, 3981. Vgl. Brunet I, 1182. Erste deutsche Ausgabe.

— — Der betrügliche Schein, oder Man muß nicht glauben was man sieht. Eine spanische Geschichte, aus d. Französ. übersetzt. Danzig, bey Johann v. Waasbergs Wwe. 1747. 8°.
Titel, 2 Bl. Zuschr. u. 186 S.
— — Dasselbe, Coburg 1751. 8°. 14 Bog.
* — — Dasselbe, tit.: Der betrügliche Schein, oder: Man muß nicht glauben, was man sieht. Eine alte spanische Geschichte zur Warnung für alle diejenigen, welche ihren Augen und ihrem Verstande trauen wollen. (Nach dem Französ. des *Boursault* von Ludw. Tieck.) Mit (unsign.) Titelvignette. Zweyte unveränderte (Titel-)Ausgabe. Berlin und Leipzig, bey Carl August Nicolai. 1796. Gr. 8°. (25 Mk. Adolf Weigel, 1907.)
323 S. (incl. Tit.), 1 weißes Bl.
Das Anon.-Lex. IV. p. 31 hat nur „1795" (nach Kayser u. Meusel).

Bourscheid, J. W. von

(Bourscheid, v.) Abhandlungen über alle Gegenstände der Kriegswissenschaft und allgemeine Grundsätze derselben. Zusammengetragen von einer Gesellschaft von Militäroffizieren.
8. Olmütz 1787.

Bourscheid, J. W. von (Hrsg.), s. Agriculturzeitung.

Bourscheid, J. W. v. Historische Darstellung der österr.-russ.-türk. Kriegsbegebenheiten. 1788. Brief 1—5. Grätz o. J. 8°.

— histor. Darstell. d. Oesterreich.-Russ.-Türk. Kriegsbegebenheiten d. J. 1788. 5 Stcke. 8. Grätz 789. (Mayr in Salzb.) 1 ℳ

Bourscheld, J. W. v. Der erste Feldzug im vierten preussischen Kriege. Im Gesichtspunkte der Strategie beschrieben. Mit Plänen. 4. Wien 1778.

— d. erste Feldzug im 4. Preuß. Kriege, im Gesichtspunkt d. Strategie beschrieben. 4 Stcke. 4. Wien 779.

Bourscheid, J. W. v. Der erste Feldzug im vierten preußischen Kriege. 2. Aufl. Stück 1. 2. 4. Mit Krt. Wien 1779.

Bourscheid, J. W. v. Geschichte des ersten Feldzuges der Russen gegen die Türken i. J. 1769. Mit Pl. Wien 1784. 350 S.

Bourscheld, J. W. v., Gesch. des ersten Feldzugs der Russen gegen die Türken 1769. m. Pl. gr. 8. Wien, Trattner. 784.

v. Bourscheid. J. W. Geschichte des ersten Feldzuges der Russen gegen die Türken 1769. (350) 8. M. 4 Pl. Wien 1789. 3,50.

v. Bourscheid, J. W. Ueber die österr., russischen u. türkischen Kriegsbegebenheiten. D. J. 1788. 5 St. 8. Grätz, Salzburg 1789. 3,00.

— üb. die österr., russ., türk. Kriegsbegebenheiten. 5 Stück. 8. Grätz. (Mayr, Salzb.). 789.

— Curs der Taktik und der Logistik etc. m. K. gr. 8. Wien, Trendler. 782.

v. Bourscheid, J. W., († ... 1792.) Curs d. Taktik u. der Logistik in allen dem Dienst d. Strategie schuldigen Pflichten. M. 42 Kpft. gr. 8. Wien 782. Trattner. 2 ℳ

— s. Leo, Kaiser, Strategie etc.

Bourscheld, J. W. von (Herausgeber): „Militairjournal", Wien 1780.

Bourscheid. Des Kaisers Leo Taktik und Strategie. Deutsch, mit Kupfern und Anmerkungen. 5 Bde. 8. Wien 1771—81.

Bourse, La, de Bâle. Bâle 1892. V: *Speiser, Wilhelm.* (Cat. d. Stadtbibl. Zürich. Zürich 1864—97.)

Bourset, Adolf, s. a. Lüders, C. E.

Bourset. GA: Die Abstinenzlerin, s: Szenen, Kurze.

Bourset, A., zwei Ansiedelungen. Eine Erzählung. 8. (64 S.) Hamburg 880, Kramer.

Bourset, A., die Bahn durch den Urwald. Eine Erzählung. 8. (64 S.) Hamburg 878, Kramer.

— zum Banditen geworden. Romantisches Gemälde. 8. (64 S.) Ebend. 879. — 25

Bourset, A., Belustigungen im Freien. Arrangements, Aufführgn., Gesellschaftsscherze, Solo-Piecen, Reden, Toaste u. Gesellschaftsspiele, Garten-, Kinder- u. Sommerfeste. Zur Unterhaltg. im Freien f. gesell. Vereine u. Privatkreise hrsg. (108 S.) 8. Mühlhausen i/Th. (908). G. Danner. 1.50

Bourset, A., der weiße Biber. Eine Erzählg. aus dem Ansiedlerleben. 8. (63 S.) Hamburg 883. Kramer. — 25

Lebende Bilder (a. d. Umschl.: Parodierende ...) für Herrenabende v. C. F. Lüders [d. i. Adolf Bourset]. *Marienburg Wpr.: G. Schoensee* (überklebt: *Berlin: E. Bloch) (1896).* (4 Bl.) 8° [F.]
= Fastnachts-Bühne. II. 63.

Bourset, A., Familie Bollmann, s.: Barthel's, Karl, Theaterbühne.

— Der Brief, s: Damen-Prosa-Vorträge u. Duo-Szenen.

— Ein Brief an meine Frau, s: Szenen, Kurze.

Das Buch der Parodien und Travestien. Orig.-Beiträge von ... Hrsg. von A[dolf] Bourset. Mühlhausen i. Th.: G. Danner [1907]. (189 S.) 8° [F.]

— ein Bündniß m. den Apachen. Indianer-Geschichte. 8. (64 S.) Ebend. 881. — 25

— Da capo. Heitere Vorträge f. Damen. Eine Sammlg. scherzhafter Deklamationsgedichte. (127 S.) 8. Reutlingen (908). R. Bardtenschlager. — 60

— räthselhafte Diebe. Eine Familiengeschichte. 8. (62 S.) Ebendas. 879.

— räthselhafte Diebe. Eine Familiengeschichte. 8. (62 S.) Ebend. 880. — 25

— sein Doppelgänger. Dramatischer Scherz in 1 Act. gr. 8. (18 S.) Ebendas. 880.

— eine Erbschaft in Afrika. Eine Erzählung. 8. (64 S.) Ebend. 881. — 25

Bourset, A., Ernst u. Scherz in leb. Bildern, s. a. Dilettanten-Theater.

Ernst und Scherz in lebenden Bildern. Mit e. Anleit. z. Darstell. lebender Bilder hrsg. von A[dolf] Bourset. *(Paderborn: F. Schöningh [1898].)* (40 S.) 8° [F.]
= Dilettanten-Theater. II. 50.

— aus der Ferne! 150 originelle Grüße f. Ansichts-Postkarten. 1.—3. Aufl. gr. 16. (à 27 S.) Hamburg (899—901). Kramer's Sort. — 10

Bourset, A., aus der Ferne! 150 originelle Grüße f. Ansichts-Postkarten. 4. Aufl. (24 S.) 16. Hamburg (904). Kramer's Sort. n. — 10

Bourset, A. (Red.), s. Fidelitas.

— baar Geld. Eine Dorf-Geschichte. 8. (61 S.) Ebendas. 880.

— s.: Gesangs-Komiker, d.

— in schlimmer Gesellschaft. Erzählung. 8. (63 S.) Ebendas. 880.

— neueste Gesellschafts-Spiele. Eine Sammlg. v. Gesellschaftsspielen u. anderen Belustiggn. im Zimmer u. im Freien. (96 S.) 8. Reutlingen (904). R. Bardtenschlager. — 50

Bourset, A, s.: Gigerlstreiche.

Bourset, G. A., Heirathen und Nichtheirathen. Erörterungen und Winke, d. gegenseit. Beziehungen d. Geschlechter betr. (95 S.) Hamburg 1877. Kramer. 1.20

Bourset, G. A., hier ist eine Wohnung zu vermieten od.: Überlistet, s.: Zentraltheater Nr. 15.

— Hinaus in d. Ferne!, s: Knabenbühne.

— auf Norwegen's Höhen. Eine Erzählung. 8. (64 S.) Ebend. 881. — 25

Bourset, A., zehn Jahre auf Neuguinea. Eine Erzählg. 8. (64 S.) Hamburg 889. Kramer. — 25

— in der Wildniß verirrt. Eine Erzählung. 8. (62 S.) Ebendas. 881.

In der Wildniss verirrt. Eine Erzählung von A[dolf] Bourset. *Berlin: A. Weichert [1900].* (62 S.) 8° [F.]
= Indianer- u. Volksbibliothek. 111.

— der Indianer-Prophet. Nach einer mündl. Ueberlieferung. 8. (64 S.) Ebend. 879. — 25

— unter türkischem Joch. Eine Erzählung aus der Geschichte Griechenlands. 8. (61 S.) Ebend. 881. —25

Unter türkischem Joch. Eine Erzählung aus d. Gesch. Griechenlands von A[dolf] Bourset. Berlin: A. Weichert [1900]. (61 S.) 8° [F.]
= Indianer- u. Volksbibliothek. 114.

— ein Cain der Steppe. Erzählung aus dem russ. Volksleben. 8. (64 S.) Ebend. 879. —25

— der Kampf am Erie-See. Eine Indianer-Geschichte. 8. (64 S.) Ebend. 878. —25

Das Karlchen. Lustige Verse von C. Lüders [d. i. Adolf **Bourset**]. Mit Zeichn. d. Autors. Umgezeichnet von Hans Stubenrauch. Berlin: R. Eckstein Nachf. [1907]. (63 S.) 8° [F.]

— fideler Karneval! Kom. Orig.-Vorträge u. Aufführungsscherze. Neue Ster.-Ausg. 8. (96 S.) Reutlingen 898. Enßlin & Laiblin. —60

— Die Landpartie, s: Mädchenbühne.

Bourset, A., Rentier Lehmann auf der Ausstellung in Hamburg. Humoristische Reiseskizzen mit Illustr. 8. (31 S.) Hamburg 889. Kramer. —30

— die drei Liebchen, s.a. Hochzeits-Album. 14. Heft.

Die drei Liebchen. Polterabend-Schwank f. 3 Damen von A[dolf] Bourset. Mühlhausen i. Th.: G. Danner [1905]. (8 S.) 8° [F.]
= Hochzeits-Album. H. 14.

—— Liu-hung-ting, Statthalter und Richter von Tengtscheu. Eine Chinesen-Geschichte. 8. (63 S.) Ebendas. 880.

— die Männer vom schwarzen Horn. Romantische Erzählung. 8. (63 S.) Ebend. 881. —25

— Napoleon I. u. seine Gefährten. Historische Skizzen. 8. (64 S.) Ebend. 879. —25

Das Opfer des Kalifen. Eine Erzählung von C. Lüders [d. i. Adolf Bourset]. Berlin: A. Weichert [1900]. (64 S.) 8° [F.]
= Indianer- u. Volksbibliothek. 107.

— zwei nette Pflanzen a. d. allgem. Gartenbau-Ausstellung in Hamburg. Ill. Humoreske. 8. (38 S.) Hamburg 897. H. Carly. —50

—— die Prairie-Jäger. Eine Erzählung. 8. (68 S.) Ebendas. 879.

— die Prairie-Jäger. Eine Erzählung. 8. (68 S.) Ebend. 880. —25

Die Prairie-Jäger. Eine Erzählung von A[dolf] Bourset. Berlin: A. Weichert [1900]. (63 S.) 8° [F.]
= Indianer- u. Volksbibliothek. 118.

— Prologe u. Eröffnungsreden f. festliche Gelegenheiten, s.a. Vergnügungseck, das. 1. Bd.

—— Prologe u. Eröffnungsreden f. festliche Gelegenheiten. 8. (IV, 88 S.) Lpz. 892, C. A. Koch. * 1 20

— im Reich der Japanesen. Erzählung. 8. (64 S.) Ebend. 879. —25

—— die Ritter vom Rheingau. Historisch-romant. Erzählung. 8. (63 S.) Ebendas. 879.

— die Ritter v. Rheingau. Historisch-romant. Erzählung. 8. (63 S.) Ebend. 880. —25

Die Sanitäts-Kolonnen. 5 lebende Bilder mit verbindendem Text von C. E. Lüders [d. i. Adolf **Bourset**]. Mühlhausen i. Th.: G. Danner [1906]. (12 S.) 8°
= Sammlung lebender Bilder. No 34.

— dramatische Scherze, s.: Unterhaltungs-Abend, der.

— Fröhl. Schlacht-Fest! Allerlei kom. Vorträge, lust. Deklamationen, ulk. Anekdoten u. Humoresken, gelungene Witze, fröhl. Lieder u. humorist. Reden u. dergl. f. fröhl. Schlachtfeste. (80) 8° Mühlhaus. i/Th., G Danner ('12). —60 d

— der Silberfelsen am Coquimbo. Eine Erzählung. 8. (64 S.) Ebend. 879. —25

— ein Stündchen auf d. Schöffengericht, s. Bloch's, Ludw., Herren-Bühne Nr. 61.

— ein Stündchen auf dem Schöffengericht, s. Vereinsfreund, der.

— komische Scenen (Pickhahn, der Privatturner. Die Nebenbuhler), s.a. Gut Heil!

Bourset, Komische Szenen, Pickhahn, der Privatturner, Komische Soloszene; Die Nebenbuhler, Komische Szene m. Gesang, Hamburg, 20 S., 8°.

— neun Tage in Vandiemensland. Eine Ansiedler-Geschichte. 8. (64 S.) Ebend. 879. —25

Der Tausendkünstler. Experimente ohne u. mit Apparaten. Kartenkunststücke ... Hrsg. von A[dolf] **Bourset**. Mühlhausen i. Th.: G. Danner [1905]. (96 S.) 8° [F.]

Bourset, A., der Türken-Jörgl. Eine Geschichte aus der Zeit der Belagerung Wien's 1683. 8. (64 S.) Hamburg 879, Kramer.

— fidele Turner, s.a. Gut Heil!

Bourset, A., Fidele Turner, Schwank m. Gesang in 1 Akt, Hamburg, 24 S., 8°.

— Turnerschwänke, s.a. Bloch's, Ed., Theater-Korrespondenz.

[F.] Turnerschwänke. Posse m. Gesang in 1 Akt v. A[dolf] Bourset. Berlin: E. Bloch [1896]. (35 S.) 1 Bd 8.
= Theater-Korrespondenz, Eduard Blochs. No 289.

— Unterhaltungen im Freien. Humorist. Festspiele, Intermezzi, Arrangements, Gesellschaftsscherze, Spiele u. Lieder z. Belustigg. i. Freien f. gesell. Vereine u. Privatkreise. 12. (VIII, 124 S.) Leipzig 898. R. Friese, Sep.-Cto. n. —80

— Unterhaltungen im Freien. Humoristische Festspiele, Intermezzi, Arrangements, Gesellschaftsscherze, Spiele u. Lieder zur Belustigg. im Freien f. gesell. Vereine u. Privatkreise. (2. [Umschlag-]Aufl.) 12. (VIII, 124 S.) Leipzig (898.) 899. [R. Friese, Sep.-Cto.] Gotha, R. Schmidt. n. —80

†— Unterhaltgn im Freien. Jetzt: Weissensee. E Bartels. 96/00

— heitere Vorträge f. Erwachsene. Eine Sammlg. humorist. Deklamationsgedichte. (96 S.) 8. Reutlingen (904). R. Bardtenschlager. —50

— Humorist. Vorträge in Prosa, s.: Theater, kleines.

— der Wachtmeister. Vaterländische Erzählg. 8. (64 S.) Ebend. 880. —25

— was wähl' ich für den Polterabend? Humoristische u. ernste Vortragsgedichte, dramat. Scherze u. leb. Bilder. (96 S.) 8. Reutlingen (903). R. Bardtenschlager. —50

—— auf verbotenen Wegen. Eine Familien-Geschichte. 8. (63 S.) Ebendas. 881.

— auf verbotenen Wegen. Eine Familien-Geschichte. 8. (63 S.) Ebend. 882. —25

— wenn man eigensinnig ist. Schwank in 1 Act. gr. 8. (15 S.) Ebend. 880. —60

— Wer hält d. Rede z. Sedanfest ?, s: Knabenbühne.

— durch die Wildniß. Eine Indianer-Geschichte. 8. (62 S.) Ebend. 880. —25

[F.] Wollen Sie wetten? E. Sammlg scherzhafter Wetten, die man unbedingt gewinnen muss. M. e. Anhang: Allerlei Scherze. Hrsg. v. A[dolf] Bourset. Paderborn: F. Schöningh 1896. (62 S.) 1 Bd 8. [96

— indische Würger. Eine Erzählung. 8. (64 S.) Ebend. 880. — 25

— der graue Zacharias od.: der Müller v. Canada. Eine Erzählung. 8. (64 S.) Ebend. 878. — 25

—— z. Banditen geworden. Romant. Gemälde. 8. (64) Ebd. 79. — 25

Zum Banditen geworden. Romant. Gemälde von A. Bourset. *Berlin: A. Weichert [1899].* (64 S.) 8° [F.]
= Indianer- u. Volksbibliothek. 83.

— der erste Zwist, s. a. Hochzeits-Album 10. Hft.

Der erste Zwist. Dramat. Polterabend-Scherz von A[dolf] Bourset. Mühlhausen i. Th.: G. Danner [1905]. (15 S.) 8° [F.]
= Hochzeits-Album. H. 10.

Bourset, G. A., s. Bourset, Adolf

Bourton, John, d. Landschaftsmaler. Mit ill. u. schwarz. Kpf. Leipz., Magazin f. Ind., 2 ₰ 12 gr. Hbg. Pr. 1 ₰ 12 gr. Dass. auch französisch, derselbe Preis.

Bourwieg, Bruno [Referendar, aus Stettin]: Über die Compensationsfähigkeit verjährter Forderungen .... Berlin, Druck v. Julius Feiertag, 1888; 49 S. 8°
Göttingen, Jur. Fak., Inaug.-Diss. v. 20. Jan. 1888

Bourwieg, Bruno, über die Compensationsfähigkeit verjährter Forderungen. Inaugural-Dissertation. gr. 8. (49 S.) Berlin 888. (Göttingen, Vandenhoeck und Ruprecht.) *

Bourwieg, C., die innere Mission in Westpreußen. 8. (IV, 224 S.) Elbing 875, Saunier's Buchh. *

Bourwieg, C. W., Jahrbuch d. Provinz Pommern, s. Jahrbuch.

Bourwieg, C. W., Abhandl. üb. d. Hausschwamm; nebst Beschreib. e. v. Castner zu Stepenitz erfundenen Mittels gegen denselben. Mit 2 lithogr. Abbildd. gr. 8. Stettin 827. (Morin). 12 gr. Hbg. Pr. 10 gr.

Bourwieg, C. W., Abhandlung üb. d. Hausschwamm, nebst Beschreib. e. v. d. Hrn. Oberamtm. Castner zu Stepenitz erfund. zuverläss. Mittels geg. dens. Im Auftr. d. Oberpräsidenten v. Pommern, D. Sack verfaßt u. hrsg. M. 2 Stnt. 2. Aufl. gr. 8. (4 B.) Stettin 827, Morin.

Bourwieg, C. W., s. Jahrbuch d. Provinz Pommern.

Bourwieg, Johannes, prakt. Arzt: Aus d. Kgl. Universitäts-frauenklinik zu Königsberg i. Pr. Ueber die Erfolge der künstlichen Frühgeburt für Mutter und Kind. *Königsberg i. Pr. 1899: M. Liedtke.* (70 S.) 8°
Königsberg, Med. Diss. v. 10. März 1899

Bourwieg, M., Ueber negotia claudicantia. Diss. Stettin 1876.

Bourwieg, R(ichard): Zur Laparomyomotomie. Bericht über 16 von Herrn Prof. Dr. E. Küster ausgeführte derartige Operationen. Halle a. S. 1883: Schlesinger. 43 S. 8°
Halle-Wittenberg, Med. Diss. v. 2. Juni 1883
Geb. Pyritz (Pommern) 19. 10. 1857. V.

Bourwieg, Walther, Referendar in Oranienburg: Die rechtliche Stellung von Nachlaßpfleger, Nachlaßverwalter und Testamentsvollstrecker und deren Aktiv- und Passivlegitimation für den Erbschaftsanspruch des § 2018 B.G.B. Borna-Leipzig 1908: R. Noske. (X, 61 S.) 8°
Leipzig, Jur. Fak., Diss. v. 26. März 1908
[Geb. 31. Jan. 83 Halle a. S.; Wohnort: Oranienburg b. Berlin; Staatsangeh.: Preußen; Vorbildung: Bismarck-Gymn. Deutsch-Wilmersdorf Reife O. 03; Studium: Lausanne 1, Leipzig 3, Berlin 2 S.; Rig. 18. Juli 06.]

Bourwing, s. Bourwieg, (C. W.)

Bourzutschky, Johann (Potsdam), Zur Histologie des carcinoma ventriculi. Diss. med.-chir. Halle (Plötz [R. Nietschmann]) 18. VII. 1883. 30 S. m. Biogr. (3.50) 3712
Ref.: Ackermann. — Oppon.: P. Hartwig, A. Michaelis. — Gew.: Gisevius.

Bourzutschky, Rob., Taschenbuch f. Liqueurfabrikanten. 32. (61 S.) Erfurt 849, Hennings & Hopf. ⅙ ₰

Bousanquet, Friedr. Pet. (St. Petersburg), De colluvie verminosa quatenus cacochymiae caussa. Disp. med. Präs. Andr. Elias Büchner. Halle (Curtius) 11. III. 1765. 40 S. (5.—) 3713
Widm. v.: Adam Nietzki, Jo. Nic. Weisser, Otto Friedr. Sproegel, M. A. Fronius (Corona Transylv. Saxo).

Bousardt, Heinr.: Der dramat. Dilettantismus, s: Radermacher's, J., Vereinsbühne.

Bouscek, Edm., Verfahren der Bezirksgerichte zur grundbücherl. Durchführg. der durch öffentl. Weg- u. Wasserbau-Anlagen herbeigeführten Besitzveränderg. (Gesetz vom 11. V. 1894, R. G. Bl. Nr. 126.) In Beispielen dargestellt. 8. (55 S. m. 1 Taf.) Wien 902. Manz. n. 1. —

Bousmard, de. Essai général de fortification et d'attaque et défense des places. T. 1—4. (Mit Atl.)
Berlin et Paris 1797—1804. 4° u. 2°
— — Dasselbe 1814. 8° u. 2°

— mémorial de Carmontaigne pour l'attaque des places etc. av. 17 planch. gr. 8. Berl. 803. Quien. 3 ₰

— — Allgemeiner Versuch über die Befestigungskunst u. über den Angriff u. die Verteidigung der Plätze. A. d. Franz. übs. von J. W. A. Kosmann. T. 1. 2. Mit 1 Krtbd.
Berlin 1800. 1801.
— — Neue unveränd. Ausg. T. 1. 2. Mit 1 Atl. Leipzig 1805. 8° u. 2°
— — Dass. T. 1—3.
Hof u. Heiligenstadt 1811. 1821.

Cormontaigne. Mémorial pour l'attaque des places. Ouvrage posth. publié par Mr. de Bousmard. (Mit Pl.) Berlin 1803. 304 S.

— — Allgemeiner Versuch über die Befestigungskunst und über den Angriff und die Vertheidigung der Plätze, in welchem diese beiden Wissenschaften wechselseitig durcheinander erklärt und allgemein verständlich gemacht werden. Aus dem Französischen übersetzt von J. W. A. Kosmann und C. Wenzell. Mit Kupfern. (3 Bde. Text und 1 Atlas.)
8. Berlin und Heiligenstadt 1800, 1801 und 1821

v. Bousmard, ..., Versuch üb. d. Befestigungskunst u. üb. d. Angriff u. d. Vertheidigung fester Plätze; aus d. Französ. v. J. W. A. Kosmann. 2 Bde. Mit 57 Plän. gr. 8. Hof 805. (Lpz., Herbig). Mit Jahrz. 811. 8 ₰ 3r Thl., oder allgem. Versuch d. Fortification, d. Angriffs u. d. Vertheidigung fester Plätze rc. Aus d. Französ. übers. v. C. Wenzell. Mit 6 Pl. Als Fortsetz. d. 1805 v. Kosmann herausg. Uebersetzung d. 3 ersten Thle d. Originalwerks in 2 Bänden; nebst e. Anh. üb. d. Beherrschung d. Werke, nach Noizet de St. Paul. gr. 8. Heiligenst. 821. (Berl., Mittler). 4 ₰

Bousmard, v., Vers. üb. d. Befestigungskunst u. üb. d. Angr. u. Vertheid. d. Plätze. a. d. Franz. von Kosmann. 2 Bde. gr. 8. Hof, Grau. 806.

Bousmard, v., Versuch über d. Befestigungskunst und üb. d. Angriff und die Vertheidigung der Plätze. Aus dem Franz. übers. 2 Thle. Neue unveränd. Ausg. m. 1 Band Kupfert. gr. 8. Leipzig, Herbig, 818.

Bousse, Ant., die Fabrikation nahtloser Stahlrohre m. e. Einleitung üb. die Fabrikation geschweisster Eisenrohre, s. a. Bibliothek der gesamten Technik.

Die Fabrikation nahtloser Stahlrohre mit e. Einleitung über d. Fabrikation geschweisster Eisenrohre. Von Anton Bousse. Mit 5 Taf. u. 158 Textabb. Hannover: Jänecke 1908. 352 S. 8°
(Bibliothek d. gesamten Technik. Bd 27.)

Zentralblatt der Eisen- und Metall-Röhrenindustrie. Hrsg. u. Schriftleiter A(nton) Bousse. Jg. 1, Nr 1. (Berlin: Zentralbl. d. Eisen- u. Metallröhrenindustrie) 1910. 4°

Bousse, Emil, die Gewichtsberechnung der Eisenkonstruktionen. Zum Gebrauch im Brücken-, Eisenhoch- u. Schiffbau, sowie im Hütten- u. Maschinenbaufach. gr. 8. (V, 104 S. m. 58 Abbildgn.) Leipzig (902). Th. Thomas. Geb. in Leinw. n. 6. —

Bousset, la guerre franco-allemande, hrsg. v. R. Foss, s.: Schulbibliothek französ. u. engl. Prosaschriften.

Bousset, Alice, Lebens- u. Charakterbilder deutscher Frauen, s. a. Bibliothek d. Vereins z. Reform d. Litteratur f. d. weibl. Jugend.

Bousset, Alice: Lebens- und Charakterbilder deutscher Frauen. Für reifere Mädchen. — Berlin: Oehmigke 1897. 179 S. 8⁰ (Bibliothek d. Vereins z. Reform d. Litteratur f. d. weibl. Jugend. Bd 2.)

Bousset, Alice, zwei Vorkämpferinnen f. Frauenbildung. Luise Büchner, Marie Calm, s. a. Sammlung gemeinverständlicher wissenschaftlicher Vorträge.

Bousset, Alice: Zwei Vorkämpferinnen für Frauenbildung. Luise Büchner, Marie Calm. — Hamburg: Verl.-Anst. u. Dr. A.G. 1893. 53 S. 8⁰ (Sammlung gemeinverständl. wiss. Vorträge. N. F. Ser. 7. H. 168.)

Albumblätter zum Kaisermanöver 1903. (Verf.: Hermann Bousset.) *Halle a. S.: Gebauer-Schwetschke (1903).* (30 Bl.) 8° [F.]

Bousset, W, d. Antichrist in d. Überliefrg d. Judentums, d. neuen Test. u. d. alten Kirche. Ein Beitr. z. Auslegg d. Apocalypse. 8° (186) Gött. 95, Vandenhoeck & R. 4.40

Die jüdische Apokalyptik, ihre religionsgeschichtl. Herkunft u. ihre Bedeutung f. d. neue Testament. Von D. W[ilhelm] Bousset. Prof. Göttingen. *Berlin: Reuther & Reichard 1903.* (67 S.) 8°

Bousset, Wilh., die Bedeutung der Person Jesu f. den Glauben. Historische u. rationale Grundlagen des Glaubens. Vortrag. (17 S.) gr. 8. Berlin-Schöneberg 910. Protestant. Schriftenvertrieb. — 60
Sonderabdruck aus „Protokoll d. 5. Weltkongr. f. freies Christent. u. relig. Fortschr."

Bousset, Wilh.: Die Bedeutg d. Person Jesu f. d. Glauben. Histor. u. rationale Grundlagen d. Glaubens. Vortr. [Aus: „Protokoll d. 5. Weltkongr. f. freies Christent."] 1. u. 2. Afl. (17) gr8° Berl.-Schönebg, Protestant. Schriftenvertr. '10. — 60

Bousset, Wilh.: Die Evangeliencitate Justins des Märtyrers.... (Vollst. ersch. im Verl. v. Vandenhoeck & Ruprecht in Göttingen, 1891; III, 128 S.) Göttingen, Druck d. Univ.-Buchdr. v. E. A. Huth, 1890; 1 Bl. 54 S. 8°
Göttingen, Theol. Fak., Inaug.-Diss. v. (15. Nov.) 1890

— Festpredigt, geh. beim Jahresfest des allgemeinen evangel.-protestant. Missionsvereins am 20. II. 1910 in der Katharinenkirche zu Braunschweig. (13 S.) gr. 8. Braunschweig 910. J. Neumeyer. nn — 25

— s. a. Forschungen zur Religion u. Literatur des Alten u. Neuen Testaments.

Forschungen zur Religion und Literatur des Alten und Neuen Testaments hrsg. von D. Wilhelm Bousset, Prof., Göttingen, u. D. Hermann Gunkel, Prof., Berlin. Bd 1, H. 1. *Göttingen: Vandenhoeck & Ruprecht 1903.* 8°

Forschungen zur Religion und Literatur des Alten und Neuen Testaments hrsg. von D. Wilhelm Bousset, Prof. in Göttingen, u. D. Hermann Gunkel, Prof. in Berlin. Bd 1, H. 2. *Göttingen: Vandenhoeck & Ruprecht 1903.* 8°

— s.: Fries, Jak. Frdr., Julius u. Evagoras.

— Unser Gottesglaube, s. a. Volksbücher, religionsgeschichtl. V, 6.

Unser Gottesglaube. Von Prof. D. W[ilhelm] Bousset-Göttingen. 1.–10. Taus. Tübingen: J. C. B. Mohr 1908. (63 S.) 8° [F.]
— Volksbücher, Religionsgeschichtliche, f. d. deutsche christl. Gegenwart. Reihe 5. H. 6.

— Hauptprobleme der Gnosis, s. a. Forschungen zur Religion u. Literatur d. Alten u. Neuen Testaments. 10. Heft.

Hauptprobleme der Gnosis von D. Wilhelm Bousset, Prof. Göttingen: Vandenhoeck & Ruprecht 1907. (VI, 398 S.) 8°
— Forschungen z. Religion u. Literatur d. A. u. N. Testaments. H. 10

— Jesus, s. a. Volksbücher, relig.-geschichtl.

Jesus. Von Prof. D. W(ilhelm) Bousset-Göttingen. 1.–10. Taus. Halle a. S.: Gebauer-Schwetschke 1904. (103 S.) 8° [F.]
— Volksbücher, Religionsgeschichtliche, f. d. deutsche christl. Gegenwart. R. 1, H. 2/3.

Jesus. Von Prof. D. W(ilhelm) Bousset. 3. Aufl. Tübingen: Mohr 1907. 100 S. 8°
(Religionsgeschichtliche Volksbücher. R. 1, H. 2/3.)

— Der religiöse Liberalismus, s.: Was ist liberal?

Die Mission und die sogenannte Religionsgeschichtliche Schule. Vortrag geh. auf d. 23. Jahresversamml. d. allgem. ev.-protest. Missionsver. von D. W[ilhelm] Bousset. Göttingen: Vandenhoeck & Ruprecht 1907. (36 S.) 8° [F.]

Bousset, W: Die Offenbarg Johannis, s. a. Kommentar, kritisch-exeget., üb. d. Neue Test. (Meyer).

Die Offenbarung Johannis. (5. Aufl.) Neu bearb. v. Lic. th. Wilhelm Bousset, a.-o. Prof. in Göttingen. *Göttingen: Vandenhoeck & Ruprecht 1896.* (VI, 527 S.) 1 Bd 8.
— Meyer, Heinr. Aug. Wilh.: Krit.-exeget. Kommentar üb. d. Neue Testament. Abth. 16. 5. Aufl.

Die Offenbarung Johannis. Von d. 5. Aufl. an bearb. von D. theol. Wilhelm Bousset. Göttingen: Vandenhoeck & Ruprecht 1906. (IV, 468 S.) 8° [F.]
1.–4. Aufl.: Düsterdieck, Friedrich: Krit.-exeget. Handbuch über d. Offenbarung Johannis.
— Meyer, Heinr. Aug. Wilh.: Krit.-exeget. Kommentar über d. Neue Testament. 6. Aufl. Abt. 16.

— der Apostel Paulus. (16 S.) 8. Halle (904). [Gebauer-Schwetschke.] Tübingen, J. C. B. Mohr. n. — 30; erh. Pr. n. — 35

Der Apostel Paulus. Von W[ilhelm] Bousset. ⟨Als Ms. gedr.⟩ Halle a. S.: Gebauer-Schwetschke; Tübingen: Mohr [in Komm.] 1900. 16 S. 8° [Umschlagt.]

—— Jesu Predigt in ihrem Gegensatz zum Judentum. Ein religionsgeschichtl. Vergleich. gr. 8. (130 S.) Ebd. 892. * 2 40

Bousset, Wilh., die Religion des Judentums im neutestamentl. Zeitalter. gr. 8. (XIV, 512 S.) Berlin 903. Reuther & Reichard. n. 10. —

Bousset, Wilh., die Religion des Judentums im neutestamentlichen Zeitalter. 2. Aufl. (XV, 618 S.) gr. 8. Berlin 906. Reuther & Reichard. n. 12. —; geb. n. 13.50

Bousset, W. (Hrsg.), s. a. Rundschau, Theologische.

Theologische Rundschau. In Verb. mit ... hrsg. von Lic. W[ilhelm] Bousset, Prof. (3ff.: u. W[ilhelm] Heitmüller). Jg. 1–12. Freiburg i. B., Leipzig & Tübingen: Mohr 1898–1909. 8°

— s.: Schriften, die, des Neuen Testaments.

— The significance of the personality of Jesus for belief. An address. [Aus: „5. internat. congress of free christianity".] (16) gr8° Berl.-Schönebg, Protestant. Schriftenvertrieb '11. — 50

— textkritische Studien zum Neuen Testament, s.: Texte u. Untersuchungen zur Geschichte der altchristlichen Literatur.

Volksfrömmigkeit und Schriftgelehrtentum. Antwort auf Herrn Perles' Kritik meiner 'Religion d. Judentums im N. T. Zeitalter'. Von D. Wilhelm Bousset. *Berlin: Reuther & Reichard 1903.* (46 S.) 8°

Bousset, W., s. Was ist liberal?

— was wissen wir v. Jesus? (1.—5. Taus.) (79 S.) 8. Halle 904. Gebauer-Schwetschke. n. 1. —

— dasselbe. 2. Aufl. 6. Taus. (79 S.) 8. Halle 906. Tübingen, J. C. B. Mohr. n. 1. —; kart. n. 1. 20

— das Wesen der Religion, dargestellt in ihrer Geschichte. (IX, 286 S.) gr. 8. Halle 903. [Gebauer-Schwetschke.] Tübingen, J. C. B. Mohr. n. 4. —; geb. n. 5. —

— dasselbe. Mit Bildern v. Arnold Busch. Volksausgabe. 3. Aufl., der Volksausg. 1.—6. Taus. (XI, 240 S.) 8. Ebd. 903. n. 3. —

Das Wesen der Religion dargest. an ihrer Geschichte von Prof. D. Wilhelm **Bousset**, Göttingen. 6. Taus. Halle a. S.: Gebauer-Schwetschke 1904. (IX, 280 S.) 8° [F.]

Das Wesen der Religion, dargestellt an ihrer Geschichte von Prof. D. Wilhelm **Bousset**-Göttingen. Mit Bildern von Arnold Busch-Breslau. Volksausg. 3. Aufl. Halle: Gebauer-Schwetschke 1906. (X 240 S.) 8° [F.]

BOUSSINGAULT, JEAN BAPTISTE JOSEPH DIEUDONNÉ.

Boussingault, J. B. Chimborazo-Besteigung, s.a. **Bibliothek** der Gesamt-Litteratur des In- u. Ausl., Nr. 388: **Humboldt**, Alex. v.

Boussingault, J. B., Chimborazo-Besteigung, s. a. **Humboldt**, A. v., über e. Versuch, den Gipfel d. Chimborazo zu besteigen.

Boussingault, J. B., die Landwirthschaft in ihren Beziehungen zur Chemie, Physik u. Meteorologie. Deutsch bearb. v. N. Graeger. 2 Bde. (9 Lfgn.) gr. 8. (58⅞ B.) Halle 811, 45, Graeger. à Lfg. 10 Ngr.

Boussingault, J. B., die Landwirthschaft in ihren Beziehungen zur Chemie, Physik u. Meteorologie. Deutsch bearb. v. N. **Graeger**. 2 Bde. 2. verb. Aufl. 8. (1: XII u. 399 S. 2: VI u. 412 S.) Halle 851, Gräger. 3 ₰

Boussingault, J. B., die Landwirthschaft in ihren Beziehungen zur Chemie, Physik und Meteorologie. Deutsch bearb. von N. Graeger. 3. Bd. (Schluß.) Die Zusätze und Verbesserungen der 2. Aufl. des Originals enthaltend. Für die Besitzer der 1. und 2. Aufl. der Uebersetzung. gr. 8. (IX und 325 S.) Halle 854, Graeger.

—— dass. — 4. oder Suppl.-Bd. A. u. d. T.: Beiträge zur Agricultur-Chemie und Physiologie. gr. 8. (VIII und 312 S. mit 2 Stnt. in qu. 4. und qu. Fol.) Ebds. 856
1. und 2. Bd. 2. Aufl. Ebendas. 1851. 3 Thlr.

Boussiron, üb. die Wirkung des Tabaks auf die Gesundheit, u. von dessen Einfluß auf d. Gesittung u. Genialität d. Menschen. Aus d. Franz. übers. u. erläut. v. J. M. Huber. gr. 8. (1½ B.) Innsbruck 840. (Wagner'sche Buchh.)

Boussole, morale et politique des hommes et des empires. gr. 8. Boston. Pfähler. 780.

— *la même.* 8. Lausan. Pott et C. 780.

Boussuge, Victor. Organisation judiciaire des villes dans l'Empire Romain et en France. In-8°, 250 p. Lyon et Bâle, H. Georg. 3 —
1879

Boustedt, Alexander, Esthonus, De resectione articuli manus. Diss. Dorpat. 8°. 56 pp.

Das russische Reich in Europa und Asien. Ein Handbuch über s. wirtschaftl. Verhältnisse. Hrsg. von Hofr. Dr. Axel v. **Boustedt** u. Davis Trietsch. Berlin, Leipzig, Hamburg: Verl. f. Börsen- u. Finanzlit. (1910). 440 Sp. 8°

Boustedt, Axel v., u. Davis *Trietsch*: Das Russische Reich in Europa und Asien. E. Handbuch üb. s. wirtschaftl. Verhältnisse. 2. Aufl. Berlin-Leipzig-Hamburg (1913). 8° [*1. Aufl. 1910.*]

Boutauld, Mich., der innere Verkehr mit Gott und der gute Gebrauch der Zeit nebst einem Anh. über das Gebet. Aus dem Französ. 16. (IV und 124 S.) Mainz 864, Kirchheim.

Boutauld, Mich., der innere Verkehr mit Gott u. der gute Gebrauch der Zeit nebst e. Anh. über das Gebet. 2. Aufl. Aus dem Französ. Mainz 868. Kirchheim. 16. (IV, 124 S.) n. 5 ngr.

Boutauld, Mich., der innere Verkehr mit Gott und der gute Gebrauch der Zeit nebst einem Anhang über das Gebet. 3. Aufl. Aus dem Französ. 16. (128 S.) Mainz 885, Kirchheim.

Boutemard, Arnold Suin de, s. a. S u i n de Boutemard.

– De e r y s i p e l a t e . ([Berlin] 1822:) Brueschke. 55 S. 8°
Berlin, Med. Diss. v. 25. Febr. 1822

Boutereau, C., d. Ganze d. Treppenbaues, s. **Schauplatz**, neuer, der Künste rc., 140. Bd.

Bouterweck, s. B o u t e r w e k

Bouterwek, C. G., s. B o u t e r w e k , Karl Wilhelm

Bouterwek, Friedrich

— Abriß akadem. Vorlesungen über die Philosophie d. Schreibart in deutscher Prosa. 8. Götting. 797. Dieterich. 1 gl.

— Abriß akadem. Vorlesungen über die Rechtsphilosophie. 8. Götting. 798. Dieterich. 2 gl.

— Abrisse s. **Vorlesungen**. 8. Gött. Dieterich. 799.

— Abrisse fr. akadem. Vorlesungen, zum Gebrauch fr. Zuhörer. 8. Götting. 799. Dieterich. 6 gl.

Bouterwek, Fr. (Mitarb.), s. A c a d e m i e d. schönen Redekünste.

Bouterweck, Fr., Almusa des Sultans Sohn. 8. Frankf. a. M. 801. Fr. Willmans. 1 ₰

— Anfangsgr. d. speculat. Philosophie. gr. 8. Götting. 802. Dieterich. 18 gl.

F. Bouterwek's Anleit. z. Philos. d. Naturwissensch. *Gött.*, **Dieterich. 803. 8° 16 gl**

— Anleit. zur Philosophie d. Naturwissenschaften. 8. Götting. 803. Vandenhöck u. R. 16 gl.

— Anzeige e. Vorlesung über die Kantische Philosophie. 8. Götting. 792.

Bouterweck, Fr., **Aphorismen**. Freunden d. Vernunftkrit. nach Kants Lehre vorgelegt. 8. Gött. Dieterich. 793.

— prakt. Aphorismen, od. Grundsätze zu e. neuen System d. moral. Wissenschaft. 8. Leipz. 808. (Cnobloch.) 1 ₰ 12 gl.

— **practische Aphorismen** od. Grundsätze z. einem neuen System der moral. Wissensch. 8. Leipz. Martini. 808.

— **Aesthetik**. 2 Thle. 8. Leipz. Martini. 806.

Bouterweck, Fr., **Aesthetik**, zweite in den Principien berichtigte und völlig umgearbeitete Aufl. 2 Thle. 8. Gött. Vandenhöck u. Ruprecht. 815.

Bouterwek, Friedr., Aesthetik. 2 Thle. 3., von neuem verb. Aufl. 8. (38 B.) Göttingen 824, 25, Vandenhoeck u. Ruprecht.

Bouterweck, Fr. (Hrsg.), s.a. B l ä t t e r , Literarische.

— literar. Blätter. 1r H. 8. Götting. 800. Dieterich. 2 gl.

Bouterweck's, Fr., Blicke ins Menschenleben. Aus dessen Schriften gezogen. 16. Pesth 816. Hartleben. 16 gl.

F. Bouterwek's fünf kosmopolit. Briefe. *Berl.*, **Hartmann. 794. 8° 10 gl**

Bouterweck, Fr., fünf kosmopolitische Briefe. 8. Berl. 794. (Steinacker in Lpz.) 10 gl.

Bouterweck, Friedrich, s. a. B r i e f e an Theokles.

(F. Bouterwek's) Briefe an Theokles (üb. Seelengrösse). *Berl.*, **Schöne. (789.) 792. 8° 16 gl**

— **Briefe an Theokles**. 1 Bdchn. 8. Berl. Schöne. 792.

Bouterwek, F., De primis philosophorum Graecorum decretis physicis. S.-A. 1811. 29 S. 4°. 1.20

— philosoph. Dialogen. 1e Samml. 8. Halle 798. Renger. 16 gr.

Bouterweck, Friedrich, s. D o n a m e r : Ramires Tagebuch.

— die Epochen d. Vernunft nach der Idee einer Apodiktik. gr. 8. Götting. 802. Dieterich. 6 gr.

Boutterwek, Friedrich (Goslar), **Commentat. de fundamento successionis Germanicae tam allodialis quam feudalis et ratione differentiae inter successionem Germanicam et Romanam. Götting. (Joh. Chn. Dieterich) 4. VI. 1786. 47 S. (4.80)** 3715

— comment. de fundamento succession. german. tam allodial. quam feudal etc. 4 maj. Götting. 786. Vandenhöck et R. (Dieterich). 6 gr.

— Gedichte. Mit 1 Kpf. (Herausg. v. Karl Reinhard.) 8. Götting. 802. Dieterich. 12 gr.

Bouterweck, Friedr., nachgelass. Gedichte. A. d. eigenhänd. Mspte d. Verewigt. hrsg. v. K. Werner. Mit e. Vorw. v. Solger in Weimar. gr. 8. (9½ B.) Quedlinburg 832, Basse.

— Gesch. d. Poesie u. Beredsamkeit seit d. Ende des 13n Jahrh. 12 Bde. gr. 8. Götting. 801—19. Röwer. 20 rthl 12 gr. (A. u. d. T.: Gesch. d. Künste u. W. 3e Abtheil.)

Bouterweck, Friedr., Geschichte der Poesie und Beredsamkeit seit dem Ende des 13. Jahrhunderts. Bis auf unsere Zeit fortges. von Ed. Brinckmeier. 3. Bd. 2. Abthl. A. u. d. T.: Die Nationalliteratur der Spanier seit dem Anfange des 19. Jahrhunderts. Von Ed. Brinckmeier. gr. 8. (368 S.) Göttingen 850, Vandenhoeck und Ruprecht.

Bouterweck's Geschichte der Poesie und Beredsamkeit erschien in 12 Bänden ebendas. 1801—1819.

— Grundriß akadem. Vorlesungen über die Aesthetik. 8. Götting. 797. Dieterich. 2 gr.

— Gustav u. seine Brüder. 2 Thle. 8. Halle 796 u. 797. Renger. 2 rthl 4 gr.

Bouterweck, Friedrich, s. H e y d e n r e i c h, K. H.: Vesta

— de historia generis humani, doctrinae morum artisque politicae adjutrice libellus. 8. Götting. 792. Dieterich. 2 gr.

Eb. Idee e. allgem. Apodiktik; e. Beitr. z. menschl. Selbstverständig. u. z. Entscheid. d. Streits üb. Metaphys., krit. Philos. u. Skepticismus. *Eb.* 799. 2 Bde. 8° 2 rthl 12 gr

— Ideen zu einer allgem. Apodiktik. 2 Bde. gr. 8. Halle, Renger. 799.

— Ideen z. Metaphysik des Schönen. Eine Zugabe zur Aesthetik. 8. Leipz. 807. (Cnobloch). 18 gr.

— Ideen z. Metaphysik d. Schönen. Eine Zugabe z. Aesthetik. 8. Leipz. Martini. 807.

— Immanuel Kant; e. Denkmal. 8. Hamb. 804. (A. Campe). 14 gr.

— Immanuel Kant. Ein Denkmal. 8. Hamb. Hoffmann. 804.

F. Bouterwek: Im. Kant; ein Denkmal. *Hamb.*, Hoffmann. 805. 8. 14 gr

— Lehrbuch d. philosoph. Vorkenntnisse. gr. 8. Götting. 810. 2e A. 820. Röwer. 18 gr.

F. **Bouterwek**'s Lehrb. d. philosoph. Wissensch. nach e. neuen System entworfen. 1r Th. Einleit.; Apodiktik; Metaphysik; Religionsphilos. 2r Th. Allgem. prakt. Philos.; philos. Moral; Naturrecht u. Anfangsgrr. d. Politik. *Gött.*, Röwer. (813.) 2e vm. u. vb. A. 820. gr 8° 2 rthl 12 gr

— Miszellaneen, oder Gedichte, Philosopheme u. Erzähll. 2 Bde. 8. Berl. 793, 94. (Steinacker in Leipz.) 1 rthl 16 gr.

Bouterwek, Fr. Ueber die Möglichkeit einer philosophischen Classifaction der Mineralien. Göttingen. 1808.

Bouterweck, Friedrich, s. a. M ö g l i c h k e i t , über die, einer philosophischen Klassifikation der Mineralkörper.

Bouterweck, Ueber die Möglichkeit einer philosophischen Klassification der Mineralkörper. Ein Gutachten. Göttingen 1808. 8.

Bouterwek, Fr. (Hrsg.), s. M u s e u m , Göttingisches Philosophisches.

Bouterwek, Fr. (Hrsg.), s. a. M u s e u m , Neues, der Philosophie und Litteratur.

— neues Museum d. Philosophie u. Literatur. 1r—3r Bd. 6 Hefte. gr. 8. Leipz. 803—5. (Cnobloch). 3 rthl 20 gr.

— neues Museum d. Philosophie u. Literat. 1r, 2r u. 3r Bd. 6 Hefte. gr. 8. Leipz. Martini. 803—805. (1s—5s Heft à 16 gr. 6s 12 gr.).

Bouterweck, Friedrich: Philosophisches Museum, s. B u h l e , J. Gli.

Bouterweck, Friedrich, s. N o v e l l e n und Reflexionen

— Parallelen vom griech. u. modernen Genius. 8. Gött. Dieterich. 791.

Paullus Septimius oder Das lezte [!] Geheimniss des eleusinischen Priesters. Hrsg. von Friedr. **Bouterwek.** Th. 1. 2. Halle: Renger 1795. 8°

1. VIII, 343 S. 1 Kpfr.; 2. 378 S.

[Dasselbe.] Nach den neuesten Orig. ausg. Reutlingen: Måcken d. J. 1801. 8°

1. VIII, 271 S.; 2. 285 S.
Kl. 3973, TB. 112.

Zehn Phantasien nebst einem Anhange von Friedrich Bouterweck. Berlin, 1792. im Verlage der königl. preuß. Akademischen Kunst- und Buchhandlung. 8°.

Fehlt bei G. G. 1122 Nr. 997.

— 10 Phantasien; n. e. Anhange. 8. Berl. 792. 9 gr. (Nauck). Hbg. Pr. 6 gr.

— Polydora, mancherley zur Unterhalt. 1r. 8. Hannover, Hahn. 795.

— die Religion d. Vernunft. Ideen z. Beschleunigung d. Fortschritte e. haltbaren Religionsphilosophie. gr. 8. Göttingen 824, Vandenhöck u. R.

F. **Bouterwek**'s kl. Schriften, philos., ästhet. u. literar. Inhalts. 1r Bd. *Gött.*, Röwer. 818. 8° 1 rthl 12 gr

Bouterweck, Friedrich, s. a. S c h w e i z e r - B r i e f e.

— Schweizerbriefe an Cäcilien. 8. Halle, Dreyßig. 801.

Bouterwek, Friedrich, De sensu veri libellus. Götting. (J. Chn. Dieterich) 1798. 43 S. (4.80) 3714

— neue Vesta; kleine Schriften z. Philosophie d. Lebens. 12 Bde. 8. Leipz. 803 — 11. (Knobloch). 12 ... 8 ...

— neue Vesta. 12 Bde. 8. Leipzig, Martini. 803 — 11. (1r 1 Thlr. 2r 1 Thlr. 8 gr. 3r — 12r à 1 Thlr.). 1

— Was ist Wahrheit? e. populaire für jedermann verständliche Auflösung nach Grundsätzen d. Vernunft erläut. 2 Thlr. 8. Basel, Holdenecker. 807.

Bouterwek, Karl Wilhelm

Bouterweck, C. W. Ueber Caedmon, den ältesten angelsächsischen Dichter und desselben metrische Paraphrase der heiligen Schrift. Elberfeld, G., 1845. 31 S. 4. Progr.

— De Cedmone poëta Anglo-Saxonum vetustissimo brevis dissertatio. Elberfeld, G., 1845. 23 S. Progr.

Bouterwek, Carol. Guil., de Cedmone poëta Anglo-Saxonum vetustissimo brevis dissertatio. 8 maj. (1 ½ B.) Elberfeldae 845, Baedeker. *

Bouterwek, C.G.: Monachi anonymi Scoti Chronicon Anglo-Scoticum, e cod. Durlacensi primum integrum ed. XVIpg. u. 48 S. 8°.
Progr. Elberfeld G. 1863.

Bouterweck, C. W., Caedmon's des Angelsachsens biblische Dichtungen. Erster Theil. Progr. des Gymn. Elberfeld 1847, 48. 2 Hefte. 8°. 192 S.

— Dasselbe. Zweiter Theil. Ein angelsächsisches Glossar. Progr. des Gymn. Elberfeld 1850, 51. 2 Abthlgn. 8°. 393 S.

Bouterwek, C. W., die vier Evangelien in alt-nordhumbrischer Sprache, s. Evangelien, die vier.

Bouterwek, K. W., Geschichte der lateinischen Schule zu Elberfeld und des aus dieser erwachsenen Gymnasiums. 2 Vorträge. gr. 8. (82 S.) Elberfeld 865. (Berlin, Calvary und Comp.) *

Bouterwek, K. W., Geschichte der lateinischen Schule zu Elberfeld u. des aus dieser erwachsenen Gymnasiums. Zwei Vorträge. Elberfeld 865. Langewiesche. gr. 8. (211 S.) n. 25 ngr.

Bouterwek, Carl Wilh., ein angelsächsisches Glossar, s. Cædmon.

Bouterweck, K.W.: Ein angelsächsisches Glossar. 1. Abth. S. 1-160 8°. Progr. Elberfeld 1850.

Bouterweck, K.W.: Ein angelsächsisches Glossar. 2. Abth. (Schluß). S. 161-393. 8°.
Progr. Elberfeld, 1851.

—— s. Heresbachii, Conr., Historia.

Bouterwek: Conradi Heresbachi historia factionis excidiique Monasteriensis. 63 S. 8°.
Progr. Elberfeld G. 1866.

—— Leben und Wirken Rudolf's v. Rodt, weil. Missionars der londoner Missionsgesellschaft in Indien. Nebst Erklärung und Uebersetzung einer zum ersten Male bekannt gemachten und in einem Facsimile beigegebenen indischen Litanei. (Beilage zum diesjähr. Gymn.-Programme.) gr. 8. (III und 98 S. mit 1 Stahlst. in qu. Fol.) Elberfeld 852, Friderichs. *

— zur Literatur und Geschichte der Wiedertäufer, besonders in den Rheinlanden. 1. Beitrag. Bonn 864. Marcus. gr. 8. (VII, 113 S.) n. 16 ngr.

Bouterwek, C. G. Screadunga. Anglosaxonica maximam partem inedita publicavit —. Elberfeld, G., 1858. IV u. 84 S. 4. Progr.

Bouterweck, K. W., Swidbert, der Apostel des bergischen Landes. Eine Vorlesung, gehalten am 30. März 1857. Elberfeld 859. Bädeker. gr. 8. (32 S.) n. 5 ngr.

— über den Unterricht in der Religionslehre auf evangelischen Gymnasien. Gütersloh 855. Bertelsmann. gr. 8. (1 Bl., 66 S.) 7 ½ ngr.

Bouterweck, K. W. Zur Wiedertäufer-Literatur. 8. Bonn 1863.

Bouterweck, K.W. (Hrsg.), s. Zeitschrift des Bergischen Geschichtsvereins.

Bouterwek, Rudolf: Adversaria latina. Handbuch des latein. Stils für die Schüler oberer Gymnasialklassen. gr. 8. (VIII, 233 S.) Berlin 876, Weidmann'sche Buchh. *

Bouterwek, R, Bericht v. Kloster Ilfeld, s.: Neander, M.

Bouterwek: De Lucretii codice Victoriano. 20 S.
Progr. Rossleben 1865.

Bouterwek, Rud., de Lucretii codice Victoriano. Halle 865. (Berlin, Calvary & Co.) 4. (20 S.) n. 10 ngr.

Bouterweck, Rud.: De Lucilio Satirico. 32 S.
Progr. Merseburg Dom. G. 1871.

Bouterwek, Rud., u. Aug. Tegge, die altsprachliche Orthoepie u. die Praxis. gr. 8. (VIII, 208 S.) Berlin 878. Weidmann. n. 4. —

Bouterwek, R.: Quaestiones Lucilianae. Commentatio prosodiaca metrica critica. 44 S. 8°.
Progr. Elberfeld G. 1867.

— quaestiones Lucilianae. Commentatio prosodiaca metrica critica. Elberfeld 867. (Berlin, Calvary & Co.) 8. (44 S.) n. 10 ngr.

Bouterwek, Rudolfus: Lucretianae quaestiones grammaticae et criticae. Halis Saxonum (1861): Ploetz. 46 S. 8°
Halle-Wittenberg, Phil. Diss. v. 18. März 1861
Geb. Wabern bei Bern (Schweiz) 8. 1. 1840. V.
Im Diplom fälschlich die Jahreszahl 1811. Als Forts. dieser Studien des Verf. ersch.: De Lucretii codice Victoriano. Rossleben 1865. 20 S. 4°
Klosterschule, Progr.

[F.] **Bouterwek,** *Rudolf* [Provinzialschulr. Dr.]: Rede zur Einführung des Direktors Haake. Treptow a. R., Druck v. R. Marg, *1894;* 1—3 S. 4.
Treptow a. R., k. Bugenhagen-G, P 1894 (148)

Bouterwek, *Rudolf* [Prov.-Schulr. Dr.]: Rede zur Einführung des Direktors Koppin. Stettin, Druck v. Herrcke & Lebeling, *1894;* 3—5 S. 4.
Stettin, König-Wilhelms-G, OP 1894 (145)

Bouterwek, *Rudolf* [Kgl. Prov.-Schulr. Dr.]: Rede gehalten bei der Einführung des Gymnasial-Direktors Dr. Schirlitz am 8. Jan. 1895. Stargard, Druck v. O. Straube, 1895; 1—4 S. 4.
Stargard i. P., k. u. Gröningsches G, OP 1895 (144)

Bouterwek, Rud. Kleine lateinische Stilistik u. Aufsatzlehre, als Anhang zu jeder latein. Grammatik bearb. gr. 8. (III, 64 S.) Berl. 889, Weidmann. cart. * 1 —

Boutet, Frédéric, Geschichten in der Nacht. Seltsamkeiten u. Grotesken. Deutsch v. Hanns Heinz Ewers. Mit e. Umschlagzeichng. v. Frau Ilna Ewers-Wunderwald. (IV, 303 S.) 8. München 909. G. Müller. 4.—; geb. 5.50

Frédéric **Boutet.** Der wilde Mann vom Tintenholzquai. Kapitän Fettgans. Übers. von Wilhelm Thal [d. i. Lilienthal]. *Minden: J. C. C. Bruns [1903].* (244 S.) 8° [F.]

BOUTET, J. F.
See Pasteur, L.

Bouthenot, Charles Christophe: Observationes juridicae. 15 S.-
Basel, Jur.Diss.v. 15.Okt.1779.

Bouthillier de Beaumont, Henri s. Beaumont, Henri Bouthillier de.

Bouthillier de Beaumont, Henri

— Geographisches Geduldspiel. Ebd. 1891 4 —

Bouthillier de Beaumont, H.
Planiglob. Stumme Karte zum Schulunterricht. 41 cm. Höhe zu 52 cm. Breite. Ebd. 1891 — 50

Boutigni, Vayer von. Abhandlung von der Macht des Königs in Absicht auf die Bestimmung des zur Ablegung der feyerlichen Ordensgelübde erforderlichen Alters seiner Unterthanen; aus dem Französischen. Wien 1771. Ü: *Greiner, Franz Sales von.* (ML)

v. Boutigni, Bayer, Abhandl. v. d. Macht d. Königs in Absicht auf die Ablegung zc. der Ordensgelübde; a. d. Französ. v. Frz. Sales v. Greiner. 8. Wien 771. Gamesina. 6 ggr.

Boutigny, M. G. H., Studien über die Körper in sphäroidalem Zustande. Neuer Zweig der Physik. Nach der 3. Aufl. des französ. Originals übers. von R. Arendt. Mit 27 Holzschn. (im Text). Leipzig 857. Brockhaus. gr. 8. (XII, 301 S.) n. 1 ₰ 20 ngr

Boutigny, M. G. H., Studien über die Körper im sphäroidalen Zustande. Neuer Zweig der Physik. Nach der 3. Aufl. des französ. Orig. übers. von R. Arendt. gr. 8. (XII und 301 S. mit 27 eingedr. Holzschn.) Leipzig 858, Brockhaus. *

Boutin, H., s. Wie ist ein Fortbestand.

Boutkowski, A. P., Recueil de curiosités inédites ou peu connues dans le champs de l'archéologie, de la numismatique et de l'épigraphie. 2me livraison. 36 pp. in-8. Genève et Bâle, libr. H. Georg. Ouvrage tiré à petit nombre. 4. —
1873

Boutkowski, Alex., s. Boutkowsky, Alex.

Boutkowski-Glinka, Alex. Petit Mionnet de poche, ou répertoire pratique à l'usage des numismatistes en voyage et collectionneurs des monnaies grecques, avec indication de leurs prix actuels et de leur degré de rareté. 2 vols. 8. (418 S.) Berl. 889. (Calvary u. Comp.). ‡ 18 — ; m. Portr. Mionnet's ‡ 20 —

Boutkowski-Glinka, A., petit Mionnet de poche, ou répertoire pratique à l'usage des numismatistes en voyage et collectionneurs des monnaies grecques, avec indication de leurs prix actuels et de leur degré de rareté. 2 vols. 8. (418 S.) Berlin 889. (Hahlo. — Koehler's Antiquarium.) n. 18. —; m. Portr. Mionnet's n. 20. —

Boutkowsky, Alex., dictionnaire numismatique pour servir de guide aux amateurs, experts et acheteurs des médailles romaines impériales et grecques coloniales, avec indication de leur degré de rareté et de leur prix actuel au XIXme siècle, suivi d'un résumé des ventes publiques de Paris et de Londres. [Fruit d'un travail de 14 ans.] Rédigé sur un plan entièrement nouveau, accompagné d'indices littéraires sur les récentes découvertes, et de notices historiques peu connues sur les poètes, écrivains, architectes, peintres, sculpteurs et graveurs sur pierres fines, qui illustrèrent chaque règne depuis Pompée le Grand jusqu' au 5me siècle de notre ère. 1—26. livr. Lex.-8. (IV u. Sp. 1—1664 mit eingedr. Holzschn.) Leipzig 877—82. T. O. Weigel. à n. 1. 20; auf holländ. Pap. à n. 2. 40

Boutkowsky, Alex., dictionnaire numismatique pour servir de guide aux amateurs, experts et acheteurs des médailles romaines impériales et grecques coloniales, avec indication de leur degré de rareté et de leur prix actuel au XIXme siècle, suivi d'un résumé des ventes publiques de Paris et de Londres. 27—30. livr. Lex.-8. (Sp. 1665—1792 m. eingedr. Holzschn. u. Register 62 S.) Leipzig 883. 84. T. O. Weigel. à n. 1. 20; auf holländ. Pap. à n. 2 40

Boutkowsky: Dictionnaire numismat. Jetzt: CH Tauchnitz. 36 — 76/85

Boutkowski, Alex., Supplément aux Recherches historiques sur la ville de Tium (en Bithynie) et monographie de plusieurs médailles inédites de cette ville. gr. 16. (64 S. mit eingedr. Holzschn.) Heidelberg 867, (C. Winter.) *
Die „Recherches" erschienen 1863 in Paris und kosten 20 Ngr.

Boutlerow, A., condensation des hydrocarbures de la série éthylènique, — sur l'isodibutylène, l'une des variétés isomériques de l'octylène, s.: Mémoires de l'académie impériale des sciences de St.-Pétersbourg.

Boutlerow, M. A., sur l'oxydation du triméthylcarbinol, — sur les propriétés de l'acide triméthylacétique et sur ses dérivés, s.: Mémoires de l'academie imperiale de St.-Pétersbourg.

Boutlerow, M. A., sur la structure chimique de quelques hydrocarbures non-saturés. [Aus den „Mémoires de l'Acad. Impér. des Sciences de St. Pétersbourg."] St. Pétersbourg 870. (Leipzig, Voss.) gr. 4. (16 S.) n. 8 ngr

Boutmy, Frz. Ldw. Karl, († 181..) Manuel grammatical; ou l'esprit des plus célèbres Grammairiens français etc. 8. Braunschw. 789.

Kapital und Schulden. Von Georg Boutmy, Grossgrundbesitzer, Pissarewka-Wolosska bei Jampol in Podolien (Süd-Russl.). Aus d. Russ. übers. v. Dr. Otto Walther, Odessa. M. e. Vorw. v. Wilhelm v. Kardorff-Wabnitz. *Berlin: H. Walther 1898.* (51 S.) 8° [S.]

— B. **Währungfrage. Betrachtgn. e. südruss. Landwirthes. (D. Geldkrisis. D. Entstehg. d. Krisis. Gold od. Silber?) (M. e. Vorw. v. Otto Arendt.) gr. 8. (66 S. m. eingedr. Diagr.) Ebd. 897.** n. — 60

Boutourlin, ..., Précis des évènemens militaires de la dernière guerre des Espagnols contre les Français. gr. 8. Braunschw. 818. Pluchart. 12 ggr.

Boutourlin, S., Carte du théâtre de la guerre dans les Pays Caucasiens, la Perse et la Turquie Asiatique, pour suivre les opérations des armées Russes dans ces contrées depuis Pierre-le-Grand, spécialement les campagnes contre la Perse et la Porte Ottomane en 1826—1829. Dressée sur les matériaux les plus authent. et les plus récens à l'échelle de 1: 1,680,000, en 1844. Revue et corrigée en 1846. 7 in Kpfr. gest. u. color. Bl. in Fol. u. 1 Bl. in 4. (Warschau, Natanson.) n. $6^2/_3$ ₰

Boutrais, Dom Cyprian Maria, der Karthäuser Landsberger, ein Vorläufer der seligen Maria Margaretha Alacoque im 16. Jahrhundert, und die Andacht zum göttlichen Herzen Jesu. Mit Erlaubniß des Verf. aus dem Französ. in's Deutsche übers. und mit vielen Zusätzen verm. von Bern. Hermes. (XVI, 128 S.) Mainz 880, Kirchheim.

Boutrolle, F. G., Der geschickte Viehhirte, oder Unterricht, die Känntniss der Ochsen und Kühe, ihres Alters, ihrer Krankheiten und der damit verbundenen Zufälle etc. Zwo kleine Abhandlungen vom Schaf- und Schweinevieh sind hinzugefüget. Desgleichen allerley bewährte und bisher noch nicht bekannt gemachte Arzneymittel für die Pferde. Aus dem Französischen. 8. Wittenberg u. Zerbst 771.

Boutrolle, F. G., geschickter Viehhirt; aus d. Französ. 8. Wittenb. 771. Zimmermann. 5 ggr.

Boutrolle, J. G., s. Boutrolle, F. G.

Émile **Boutroux**. Ueber den Begriff des Naturgesetzes in der Wissenschaft und in der Philosophie der Gegenwart [L'idée de la loi naturelle dans la science et la philosophie contemporaines]. Vorlesungen geh. an der Sorbonne 1892–1893. (Unter Mitw. d. Verf. uebers. von I[saac] Benrubi.) Jena: E. Diederichs 1907. (130 S.) 8°

— William James Mit e. Brief d. Verf. an d. Übersetzer u. 2 Abhandlgn d. Verf.: Die Bedeutg d. Gesch. d. Philos. f. d. Studium d. Philos. u. Gegenstand u. Methode d. Gesch. d. Philos. Deutsch v. Bruno Jordan. (133 m. Bildn.) 8° Ebd. '12. 3 —

Boutroux, Émile: Rudolf Euckens Kampf um e. neuen Idealismus. Übers. v. J Benrubi. (32 m. 1 Bildn.) gr8° Lpzg, Veit & Co. '11. — 40

— Die Kontingenz d. Naturgesetze. (Uebers. v. J Benrubi.) (7, 167) gr8° Jena, E Diederichs '11. 4 —; geb. 5.50

— Die Philosophie in Frankr. seit 1867, s: Liard, Louis, Wissensch. u. Metaphysik.

— Wissenschaft u. Religion in der Philosophie unserer Zeit, s. a. Wissenschaft u. Hypothese. X.

Émile **Boutroux**. Wissenschaft und Religion in der Philosophie unserer Zeit [Science et religion dans la philosophie contemporaine]. Mit Genehmigung d. Verf. ins Deutsche übertr. von Emilie Weber. Mit e. Einführungswort von Prof. H[einrich] Holtzmann. Leipzig & Berlin: Teubner 1910. X, 371 S. 8°
(Wissenschaft u. Hypothese. 10.)

Bouts — rimés pittoresques. Eine Sammlung in Oktaves Manier radirter satyrischer Blätter. 16. Leipzig, Sommer. 816.

Bouts, Dirk, der hl. Christophorus, s.: Meisterbilder fürs deutsche Haus. 36 Bl.

Bouttatz, Frz.

Bouttatz, F., Bemerkungen üb. den sich überall verbreitenden Holzmangel, u. üb. den zweckmäßig künstlichen Mist-Torf zur Feuerung. gr. 8. Braunschweig, Pluchart. 805.

— Diss. inaug. de abcessuum curatione. 4. Gütting. 798. Dieterich. 3 gr.

Bouttatz, Frz., über den Phosphor als Arzneimittel. gr. 8. Götting. 800. Röwer. 10 gr.

Boutterwek, s. Bouterwek

Bouveret, L., die Kaltwasserbehandlung des Typhus, s. Tripier, R.

Bouveret, L., die Neurasthenie (Nervenschwäche). Nach der 2. französ. Aufl. deutsch bearb. v. Otto Dornblüth. gr. 8. (VII, 292 S.) Wien 893. F. Deuticke. n. 6. —

Bouveret, L. Traité de l'empyème. In-8°, V et 891 p. Lyon, Bâle et Genève, H. Georg. 12 —
1888

Bouverot, Louis de

Bouverot, L v., Beitr. z. Beleuchtg d. Frage: ob d. öffentl. Ruhe Frankr. u. d. and. Länder Europa's durch d. Fortdauer d. obersten Staatsgew. d. Prinzen Ludwig Napoleon befestigt werden könne. 12. (70) Düsseld. 53, Delters. n. — 5

Bouverot, Ludw. v., Beitrag zur Beleuchtung der Frage: ob die öffentliche Ruhe Frankreichs und der anderen Länder Europa's durch die Fortdauer der obersten Staatsgewalt des Prinzen Ludwig Napoleon befestigt werden könne, nebst Worten des Rathes an den Grafen v. Chambord, an das französische Volk, an den Prinzen Ludwig Napoleon, an die Prinzen von Orleans ꝛc. betreffend die Mittel den französischen Staat so wie den übrigen Europäischen Welttheil vor ferneren politischen Erschütterungen zu bewahren. Eine Schutzschrift zu Gunsten Sr. K. Hoh. des Herrn Grafen v. Chambord. Düsseldorf 853. Engels u. Lensch. gr. 12. (70 S.) n. 5 ngr

Bouverot, Ludw. v., offener Brief an sämmtliche Einwohner Europa's oder Worte der Mahnung und Warnung. 8. (20 S.) Düsseldorf 866, (Kampmann.)

Bouverot, Ludw. v., offener Brief an Se. Maj. den jetzt regierenden König von Preußen Friedrich Wilhelm IV. und an alle Nichtkatholiken Europa's, in welchem dieselben an die nothwendige Einkehr in den Schooß der kathol. Kirche gemahnt werden, bei Gefahr furchtbarer Kriege, Hungersnoth, Krankheiten, schrecklicher Strafgerichte in der Zukunft, und bei Verheißung herrlicher Vortheile. Mit Bezug auf die Offenbarungen der heil. Hildegard, welche vom Papste Eugen III. im J. 1148 geprüft und auf dessen Befehl schriftlich aufgesetzt wurden. gr. 16. (23 S.) Düsseldorf 850, Kampmann.

de Bouverot, Louis, Essai d'une nouvelle méthode le discussion pour établir la parfaite légitimité, dans le for religieux, de tous les prêts à intérêt, équitablement modéré, qui ne sont point contraires à des obligations de miséricorde, dédié à M. M. les Archevêques et Evêques de France et de Belgique. 8. Liége 841. (Düsseldorf, Roschütz et Comp.) n. $^2/_3$ ß

Bouverot, L. de, die Prophezeihungen des Hermann v. Lehnin, Cisterziensermönchs ꝛc. erläutert, mit Beobachtungen, Nachrichten u. Rathschlägen versehen; nebst angehängten (wahnwitzigen) Briefen an die preuß. Minister, französischen u. belgischen Bischöfe und Auszug eines Briefes an den jetzigen König von Preußen selbst. Aus dem Französ. 12. Grimma 1846, Verlagscompt. (In Oesterreich damnatur.) 1⅓ Thlr. — 2 fl. 24 kr.

— Reclamation respectueuse d'un écrivain catholique contre une ligne de conduite suivie par Sa Sainteté le Pape et par Msgrs. les archevêques et évêques de Belgique à l'occasion de l'envoi qu'il leur avait fait d'un écrit de sa composition. gr. 8. (88 S.) Düsseldorf 840, Kampmann. *

— soll Glück und Wohlstand in Deutschland wiederhergestellt werden, so müssen die Protestanten zur kathol. Kirche zurückkehren, wonach dann Kaiser Ferdinand I. zum röm. Kaiser als lebenslänglich regierendes Oberhaupt des deutschen Bundes, König Friedrich Wilhelm IV. zum deutschen Kaiser als Mitoberhaupt desselben Bundes, mit Anwartschaft auf die röm. Kaiserwürde, und Erzherzog Johann zum König von Germanien als lebenslängl. Stellvertreter des römischen Kaisers erhoben werden. Aus den Weissagungen der Frater Hermann und des Spiel-Bähn nachgewiesen. 1. Aufl. (41 S.) 848. und 2. und 3., verm. Aufl. 8. (30 S.) Düsseldorf 849, Kampmann.

Bouvier, Handbuch der Ölmalerei, s. Bouvier, Pierre-Louis

Bouvier: Der Hitzschlag. Nach neuen Beobachtungen und ausgedehnten Versuchen. M. Cohen & Sohn. Bonn. 1867.

Bouvier, Auguste

Bouvier, A., voir: *Étrennes chrétiennes.*

Bouvier, A. (Prof. à l'Univ. de Genève). La faculté de théologie de Genève pendant le XIXme siècle, thèses, concours, étudiants, et Documents pour servir à l'histoire de l'Académie de Genève. In-8°, VIII, 96 p. Genève et Bâle, Georg. 2 —
1878

Bouvier, B., s. Bouvier, Joh. Bapt.

Bouvier, Cunibert (geb. am 27 Jan. 1845 in Bonn): Pharmakologische Studien über den Alkohol ... Bonn, Buchdr. v. P. Neusser 1870 [vielm. 1872]. 1 Bl., 60 S., 1 Bl. 8. ¶ Erschien 1872 (neu gedruckt) selbständig bei Hirschwald in Berlin.
Bonn, Med. Fak., Diss. v. 10 Mai 1872

Über die Wirkung des Alkohols auf die Körpertemperatur. 8°. 28 S. Bonn. 1869.

Bouvier, E.-L., Onychophora, s.: Fauna, die, Südwest-Australiens.

Bouvier, F. Jos., neue französ. Sprachlehre, od. erleichterte, vollständ. Anweis., d. franz. Sprache gründl. u. vollständig schreiben u. sprechen zu lernen, f. d. Unterr. an d. Gymnasien u. zum Privatunterr., bearb. nach d. Grammaire des Grammaires. gr. 8. (53½ B.) Bamberg 835, Lachmüller'sche Buchh.

Bouvier, F. Jos., französ. Sprachlehre, od. pract. u. theoret. Anweis. zum gründl. Unterr. in d. französ. Sprache, f. Schulen u. besond. f. d. Selbstunterr. bestimmt. Nach d. Grammaire des Grammaires bearb. 2. Ausg. gr. 8. (53⅓ B.) Erlangen 838, F. Enke. * Thlr.
Unterscheidet sich von dem vorhergeh. nur durch den neuen Titel.

Episoden aus den Kämpfen der k. k. Nord-Armee 1866. Gesamm. u. hrsg. v. Fr(anz) Arthur Bouvier, k. k. n. a. Lt. ..., u. Johann Krainz, Lt. ... *Graz: Selbstv.; In Comm. d. Verl.-Buchh. 'Styria' 1896.* (XVI, 306 S., 1 Taf.) 1 Bd 4.(8.)

Bouvier, Herib. Beitrag zur vergleichenden Erklärung der Schildepisoden in Homers Ilias und Vergils Aeneis. 24 S. 8.
Progr. *Oberhollabrunn* 1881.

Bouvier, Herib., s.a. Folgen, welche, hat d. Heranziehg. d. weibl. Geschlechtes z. Lehrberufe etc.

Folgen (Welche) hat die Heranziehung des weiblichen Geschlechtes zum Lehrberufe auf pädagogischem und socialem Gebiete? Zwei preisgekrönte Abhandlungen (von Prof. Herib. Bouvier und Lehrerin Elise Engelhard), veröffentlicht vom Curatorium der Wiener Pestalozzi-Stiftung. gr. 8⁰. Wien, Manz, 1896.

Bouvier, Heribert Die Götter in der Aeneide des Vergil. 8 (23 S.). Progr. K. k. Ober-G. *Krems* 1890.

Bouvier, Joh. Bapt. (Bischof v. Mans), über d. Ablaß, die Bruderschaften u. das Jubiläum. Aus d. Französ. übers. von einem Geistl. kl. 8. Aachen 1844, Cremer. 1 Thlr. — 1 fl. 48 kr.

Bouvier, J. B., der Ablaß, die Bruderschaften und das Jubiläum. Ein dogmatisch-praktisches Handbuch. Mit Beigabe der verschiedenen treffenden Andachtsübungen und Gebete der Kirche. Nach der 10. Ausg. des französ. Orig. bearb., verb. u. verm. von Carl Goldschmidt. Regensburg 859. Manz. 8. (295 S.) 25½ ngr.

Bouvier's, B., christlicher Krankenfreund. Aus dem Französ. von Carl Wyß. 2 Thle. (in 1 Bde.) 8. (XIII und 257 S.) Basel 860, Schneider. *
Hieraus einzeln:
—— kurze Gebete und Bibelabschnitte für Kranke. Aus dem Französ. übers. von Carl Wyß. Nebst Registern und einem bibl. Anhang. 8. (135 S.) Basel 860, Schneider. *

Le peintre Jacques Pilliard '(1811—1898)' p. Jules Bouvier, Avocat, [&] l'abbé Claude Bouvier, Prof. à l'École St. Maurice. Av. 1 portr. du peintre p. lui-même et 3 reprod. de ses tableaux, en photograv. *Vienne: E.-J. Savigné 1898.* (VII, 172 S., 2 Bl., 1 Portr., 3 Taf.) 1 Bd 8.

Bouvier, M. B. L., s. Bouvier, Pierre Louis

Bouvier, M. P. L., s. Bouvier, Pierre Louis

Bouvier, Pierre Louis

Bouvier, M. B. L., vollständ. Anweisung z. Oehlmahlerei f. Künstler u. Kunstfreunde. A. d. Franz. v. C. F. Prange. Nebst e. Anh. üb. d. geheimnißvolle Kunst, alte Gemählde zu restaur. M. 7 Kpfrt. gr. 8. (32 B.) Halle 828, Schwetschke u. S.

Bouvier, M. B. L., vollständ. Anweisung zur Oelmalerei f. Künstler u. Kunstfreunde. A. d. Franz. übers. v. C. F. Prange. Nebst e. Anh. üb. d. geheimnißvolle Kunst, alte Gemälde zu restauriren. 2. Aufl. M. 7 Kpfrt. gr. 8. (26 B.) Halle 838, Schwetschke u. Sohn.

Bouvier's, M. B. L., vollständige Anweisung zur Oelmahlerei f. Künstler u. Kunstfreunde. Aus d. Franz. übers. v. C. F. Prange. Nebst e. Anh. üb. die geheimnißvolle Kunst, alte Gemählde zu restauriren. 3. Aufl. Mit 7 Kpfrtaf. (in qu. gr. 4.) gr. 8. (VIII u. 408 S.) Halle 851, (Braunschweig) Schwetschke & Sohn. 2 ℛ

— s. auch Desmortier.

Bouvier's, P. L., Handbuch der Ölmalerei, s. a. Hiersemann's Handbücher. V. Bd.

Bouvier, M. P. L., Handbuch der Oelmalerei für Künstler und Kunstfreunde. 4. neu bearb. Aufl. von A. Ehrhardt. Nebst einem Anhang über Erhaltung und Herstellung alter Gemälde. Braunschweig 861. Schwetschke & Sohn. gr. 8. (XXXVII, 562 S. u. 7 Kpfrtaf. in 4.) n. 2 ℛ 20 ngr.

Bouvier's M. P. L., Handbuch der Oelmalerei für Künstler und Kunstfreunde. 5. Aufl. Nach der 4. Aufl. gänzlich neu bearb. von A. Ehrhardt. Nebst einem Anhang über Conservirung, Regeneration und Restauration alter Gemälde. gr. 8. (XXXI, 536 S. mit 7 Kpfrt. in qu. gr. 4.) Braunschweig 875, Schwetschke und Sohn. *

Bouvier's M. P. L., Handbuch der Ölmalerei für Künstler und Kunstfreunde. 6. Aufl. Nach der 5. Aufl. gänzlich neu bearb. von A. Ehrhardt. Nebst einem Anhang über Konservierung, Regeneration und Restauration alter Gemälde. gr. 8. (XXVIII, 476 S.) Braunschweig 882, Schwetschke und Sohn. *

Bouvier's, M. P. L., Handbuch der Ölmalerei f. Künstler u. Kunstfreunde. 7. Aufl. Nach der 6. Aufl. gänzlich neu bearb. v. Ad. Ehrhardt. Nebst e. Anh. üb. Konservierg., Regeneration u. Restauration alter Gemälde. gr. 8. (XVII, 419 S.) Braunschweig 895. C. A. Schwetschke & Sohn. n. 8.—

Bouvier, P(ierre-)L(ouis). P. L. Bouviers Handbuch der Ölmalerei für Künstler und Kunstfreunde. Nebst einem Anhang über Konservierung, Regeneration und Restauration alter Gemälde. 8. Aufl. Nach der Bearbeitung von Ad[olf] Ehrhardt revidiert und mit Einleitung versehen von Ernst Berger, Maler. Mit 31 Textabbildungen. XX + 462 S. 8. Leipzig, Karl W. Hiersemann, 1910. [geb. M. 10.—]
Hiersemanns Handbücher — Band 5.

Bouvier, P. L., Manuel des jeunes artistes et amateurs en peinture. 3. édit., suivie de l'art de restaurer les vieux tableaux. gr. in-8. (44½ B. u. 7 Kpfrt.) Strasbourg 844, Levrault'sche Buchh.

Bouvier, Rudolf, a. Bonn: Aus der Bonner Chirurgischen Klinik. Über die moderne chirurgische Behandlung der diffusen Peritonitis und einige einschlägige Experimente. Bonn 1906: C. Georgi. (35 S.) 8°
Bonn, Med. Fak., Ref. Bier, Diss. v. 12. Dez. 1906
[Geb. 12. Mai 81 Haßloch; Wohnort: Bonn; Staatsangeh.: Bayern; Vorbildung: Städt. Gymn. Bonn Reife O. 01; Studium: Bonn 5, Berlin 2, Bonn 2 S.; Coll. 12. Dez. 06; Approb. 14. April 06.]

Bouviere de la Mothe Guyon, Mme., christl. Mystik. Das innere Leben. Mit Anmerkgn. v. Frz. Hartmann. 8. (135 S.) Leipzig 901. Lotus-Verlag. n. 2.—

Bouvière de la Mothe Guyon, christliche Mystik. Das innere Leben. 901. (KBL 81.) Jetzt: Leipzig, Theosophisches Verlagshaus.

Bouviers Desmartiere', Unters. über Taubstumme etc. a. d. Franz. m. Anm. von Martens. 8. Leipz. Mittler. 801.

Bouvry, G. F. J., expositio rubricarum, breviarii, missalis et ritualis romani, cum adnotationibus de origine, ratione ac sensu mystico rubricarum, caeremoniarum et festorum in IV partes distributa. 2 Tomi. Weissenburg 860. — Regensburg, Manz. 8. (XXVI, 1108 S.) 2 ℛ 9 ngr.

Bouvry, G. F. J., Expositio rubricarum, breviarii, missalis et ritualis romani, cum adnotationibus de origine, ratione ac sensu mystico rubricarum, caeremoniarum et festorum, in quatuor partes distributa. 2 Tomi. 2. Editio emondata et aucta. gr. 8. (XXV und 1266 S.) Tournai 864, Casterman.

Bouvy, J., Begrüßungen des heil. Nährvaters Joseph für jeden Tag des Monats. Nach der 3. Aufl. übersetzt. 32. (36 S.) Paderborn 878, Kleine.

Bouvy, J. Begrüßungen d. heil. Nährvaters Joseph f. jeden Tag d. Monats. Nach der 3. Aufl. übers. 2. Aufl. 32. (32 S.) Paderborn 889, Kleine. * — 10

Bouvy, J., der Stern des 19. Jahrhunderts. Der heilige Joseph. Sein Leben, übersetzt aus dem Niederdeutschen mit einem Vorworte von Bischof J. Th. Laurent. 8. (VIII, 168 S. mit 1 Stahlst.) Aachen 869, Jacobi und Comp. *

—— die Tugenden des heiligen Joseph, nach den Schriften der Heiligen und Gottesgelehrten erklärt. Aus dem Holländ. 16. (XVI, 812 S. mit 1 Stahlst.) Regensburg 874, Manz.

Bouvy, Paul: Bauchbrüche nach Laparotomien. Strassburg 1009: Müh. 34 S. 8°

Straßburg, Med. Diss. v. 16. April 1900, Ref. Fehling

Geb. 23. Jan. 81 Saargemünd; Wohnort: Mülhausen i. E.; Staatsangeb.: Elsaß-Lothringen; Vorbildung: Gymn. Saargemünd Reife M. 03; Studium: Straßburg 5, München 1, Straßburg 4 S.; Coll. 4. März 09; Approb. 17. Dez. 08.]

Bouwinghausen, Frz. Max., s. Bouwinghausen von Wallmerode, Frz. Max.

Bouwinghausen v. Wallmerode, Frz. Max. Frhr. v., Abhandl. von dem Untersch. zwisch. d. Strengel u. d. Druse d. Pferde. 8. Stuttg. 777.

Bouwinghausen v. Wallmerode F. M. F.: Praktische Abhandlung v. dem Unterschied zwischen der Druse u. Strengel d. Pferde. Stuttg. 1776. 70 S.

— Anweis., die Pferde besser u. nützl. als bisher zu beschlagen; nebst d. Krankh. d. Hufe etc. Mit 5 Kpft. 8. Stuttg. 779. 2e A. 781. Metzler. 1 ℛ 8 ℊ

Bouwinghausen v. Wallmerode F. M. F.: Anweisung die Pferde besser u. nützlicher, als bisher, zu beschlagen, nebst den Krankheiten d. Hufs, u. der Art, solche zu heilen ... Stuttg. 1780. 322 S. 5 Tvl.

— Belehrung f. d. Landmann in Schwaben bei d. herrsch. Viehseuche. 8. Nördling. 790. Beck. 3 ℊ

— — Belehrung für den Landmann bei den unter Pferden und Rindvieh umgehenden tödlichen Seuche. 8. Nördlingen 790. Beck. M. —.30

— Beschreib. e. neuen Verfahrens, das angelaufne Vieh durch den Stich zu heilen. 8. Stuttg. 776. 2e A. 8. Nördling. 790. Beck. 4 ℊ

Bouwinghausen v. Wallmerode F. M. F.: Beschreibung eines neuen Verfahrens das aufgelaufene Vieh durch den Stich zu heilen. 2. u. verm. Aufl. Nördling. 1790. 44 S. 1 Tvl. P.

— Taschenb. f. Pferdeliebhaber f. d. J. 1792—1802. Mit Kpf. 12. Stuttg. 791—801. v. Cotta. (à 1 ℛ 8 ℊ) 14 ℛ 16 ℊ

— — Taschenbuch für Pferdeliebhaber, Reiter, Pferdezüchter u. Vorgesetzte grosser Marställe für 1792—1802. Mit Kpfrn. 16. Tübingen 791—801. Cotta. à Jahrg. M. 4.—. M. 44.

Boux, Bischof W., sämmtl. Predigten; aus d. Französ. v. J. v. Richtenburg. 2 Thle. 8. Augsb. 774. Veith. 20 ℊ

Bouys, A.

Bouys, le maître de français. 2 Thle. Mit: Vokabeln zu der Grammatik le maître de français. Zum 1. Thl. gr. 8. (1. Thl 193 u. 45 S. — 2. Thl. XII u. 96 S.) Altona 849. 50. (Hamburg, Perthes-Besser & Mauke.) (1: n. 1 ℛ 2: n. 2/3 ℛ) n. 1 1/3 ℛ

Bouys, A., le jeune maître de français. Essai d'une nouvelle méthode. Aide-Mémoire. Ouvrage destiné aux élèves des 1res classes et aux amateurs de la langue française. gr. 8. (III, 55 S.) Hamburg 879, Schönwandt. cart. *

Bouys, A., le bon pasteur. Maximes morales à l'usage des jeunes filles. gr. 8. (26 S.) Hamburg 878, (Gräfe.) *

Bouys, théorie des verbes français. Première et seconde conjugaison. 1. cahier. Hamburg (854). Nestler u. Melle. gr. 8. (1 Bl., 46 S.) n. 9 ngr

Bovelino, Carl Vict., Studien üb. die Reform der politischen Verwaltung der im Reichsrathe vertretenen Königreiche u. Länder der österr.-ungar. Monarchie. gr. 8. (63 S.) Prag 873. Mercy. n 1. 20

Bovenschen, Albert [aus Ostrowo, Pr. Posen]: Die Quellen für die Reisebeschreibung des Johann von Mandeville .... (Aus: Zeitschr. d. Ges. f. Erdkunde zu Berlin, 1888.) Berlin, Druck v. W. Pormetter, 1888; 105 S. + 1 Bl. 8°

Leipzig. Phil. Fak., Inaug.-Diss. v. 3. März 1888

Bovensiepen, Rudolf, Dr. jur., Amtsrichter: Die Kurhessische Gewerbepolitik und die wirtschaftliche Lage des zünftigen Handwerks in Kurhessen von 1816—1867. Halle a. S. 1909. 45 S. 8° ¶ (Ersch. vollst. b. Elwert, Marburg in Komm.)

Halle, Phil. Diss. v. 8. Febr. 1909, Ref. Waentig

[Geb. 31. Mai 77 Hilden; Wohnort: Löbau Wpr.; Staatsangeb.: Preußen; Vorbildung: Wilhelms-Gymn. Kassel Reife M. 95; Studium: Halle 3, Marburg 3 S.; Rig. 1. Aug. 08.]

Bovensiepen, Rud., die kurhessische Gewerbepolitik u. die wirtschaftliche Lage des zünftigen Handwerks in Kurhessen von 1816—1867. (208 S.) gr. 8. Marburg 909. N. G. Elwert's Verl. 4. —

Bovensiepen, Rudolf, Gerichtsassessor in Kassel: Der sich als Vollkaufmann gerierende Minderkaufmann. Halle a. S.: Waisenhaus 1905. (41 S.) 8° [J.] ¶ (Bildet einen Abschnitt der im gleichen Verlag erscheinenden Abhandlung 'Der Minderkaufmann und sein Recht.')

Halle. Jur. Fak., Ref. Lastig, Diss. v. 4. Nov. 1905

[Geb. 31. Mai 77 Hilden, Reg-Bez. Düsseldorf; Wohnort: Kassel; Staatsangeh.; Preußen; Vorbildung: Wilh.-Gymn. Kassel Reife M. 95; Studium: Halle 3, Marburg 3 S.; Rig. 29. Juli 05.]

Der Minderkaufmann und sein Recht. Von Dr. jur. Rudolf **Bovensiepen,** Ger.Ass. Halle a. S.: Waisenhaus 1905. (80 S.) 8° [J.]

Boventer, Carl: Wer will unter d. Soldaten ..., s: Hefte, Bunte, f. d. männl. Jugend.

Boventer, Jos.: Der neue Bürgermeister, s.: Heidelmann's, A, Theaterbibliothek.

Boventer, Jos.: Du trägst die Pfanne fort, s. Theater, Kleines.

Boventer, J., d. Gnadenbild i. Walde, s.: Kayser, Wilh.

Boventer, Jos.: Hansjörg, der Findling, s. Theater, Kleines.

Boventer, Jos.: De Hasepfeffer, s. Theater, Kleines.

Boventer, Jos.: Der geprellte Jude, s. Theater, Kleines.

Boventer, Jos.: Der verhängnisvolle Koffer, s. Theater, Kleines.

Boventer, Jos.: Im fremden Revier, s. Theater, Kleines.

Boventer, Jos.: Das verlorene Stichwort, s. Theater, Kleines.

Boventer, Jos.: Fünf Tage strengen Arrest, s. Theater, Kleines.

Boventer, Jos.: Träume sind Schäume, s. Theater, Kleines.

Boventer, Jos.: Sergeant Wupdich, s. Theater, Kleines.

Boventer, K., zwischen zwei Schrauben, s.: Theater, klein.

Boveri, Thdr., über die phylogenetische Bedeutung der Sehorgane des Amphioxus, s.: Jahrbücher, zoologische. VII. Suppl.-Bd.

Boveri, Theodor [aus Bamberg]: Beiträge zur Kenntniss der Nervenfasern .... München. Akad. Buchdr. v. F. Straub, 1885: 73 S. u. 2 Taf. 4°.

München, Phil. Fak., Inaug.-Diss. v. 1885.

Boveri, Thdr., Beiträge zur Kenntnis der Nervenfasern. [Aus dem histiolog. Laboratorium zu München.] gr. 4. (75 S. mit 2 chromolithogr. Taf.) München 885, (Franz' Verlag.) **
Aus: Abhandlungen der k. bayer. Akademie der Wissenschaften, besonders abgedruckt.

Boveri, Thdr., Anton Dohrn. Gedächtnisrede. Mit 1 Bildnis Dohrns u. dem Bronze-Relief v. Adf. Hildebrand. (43 S.) 8. Leipzig 910. S. Hirzel. 1.25

Boveri, Thdr., die Entwickelung v. Ascaris megalocephala m. besond. Rücksicht auf die Kernverhältnisse. Imp.-4. (48 S. m. 6 Textfig., 6 Taf. u. 6 Bl. Erklärgn.) Jena 899. G. Fischer. n.n. 12. —
Sonderabdruck aus: „Festschr. f. Carl v. Kupffer“.

Ergebnisse über die Konstitution der chromatischen Substanz des Zellkerns. Von Dr. Theodor Boveri, Prof., Würzburg. Mit 75 Abb. *Jena: G. Fischer 1904.* (IV, 130 S.) 8°
Erweit. aus: Verhandlungen d. Deutschen Zool. Ges. 13. Jahresvers. 1903

Über mehrpolige Mitosen als Mittel zur Analyse des Zellkerns. Von Th[eodor] Boveri. *Würzburg: A. Stuber 1902.* (S. 67–90.) 8°
— Verhandlungen d. physikal.-medic. Gesellschaft zu Würzburg. N. F. Bd 35, No 3.

Boveri, Theodor, Dr., o. ö. Prof. d. Zoologie u. vergl. Anatomie, z. Z. Rektor: Die Organismen als historische Wesen. (Enthält ausserdem: Chronik.) Würzburg 1906: H. Stürtz. (59 S.) 4°
Würzburg, Festrede zur Feier d. 324 j. Bestehens der Univ. 1906

— über die Polarität des Seeigel-Eies. gr. 8. (32 S. m. 4 Fig.) Ebd. 901. n. 1. 50
Sonderabdruck aus: „Verhandlgn. d. phys.-med. Gesellsch. zu Würzburg".

— Die Potenzen der Ascaris-Blastomeren bei abgeänderter Furchung. Zugleich ein Beitrag zur qualitativ-ungleicher Chromosomen-Teilg. (III, 82 S. m. 24 Fig. u. 6 farb. Doppel-Taf.) Lex. 8. Jena 910. G. Fischer. 15. —
Sonderabdruck aus „Festschr. z. 60. Geburtstag Rich. Hertwig's".

— das Problem der Befruchtung. gr. 8. (48 S. m. 19 Abbildgn.) Jena 902. G. Fischer. n. 1. 80

Ueber das Verhalten der Centrosomen bei der Befruchtung des Seeigel-Eies nebst allgem. Bemerkungen ueber Centrosomen u. Verwandtes. Von Prof. Dr. Th[eodor] Boveri. Mit 1 Text-Abb. Würzburg: Stahel 1895. (75 S.) 8°
— Verhandlungen d. physikal.-medic. Gesellschaft zu Würzburg. N. F. Bd 29, No 1.

— Üb. d. Verhalten d. Geschlechtschromosomen bei Hermaphroditismus. Beobachtgn an Rhabditis nigrovenosa. [Aus: „Verhandlgn d. phys.-med. Ges. zu Würzburg".] (15 m. Fig.) gr8° Würzbg. C Kabitzsch '11. 1 —

Boveri, Thdr., Zellen-Studien. 1.—3. Hft. gr. 8. Jena, Fischer. n. 16. —
1. Die Bildung der Richtungskörper bei Ascaris megalocephala u. Ascaris lumbricoides. Mit 4 lith. Taf. [Aus dem zoolog. Institut zu München.] (93 S.) 887. n. 4. 50
2. Die Befruchtung u. Teilung d. Eies v. Ascaris megalocephala. Mit 5 lith. Taf. [Aus dem zoolog. Institute zu München.] (III, 198 S.) 888. n. 7. 50
3. Über das Verhalten der chromatischen Kernsubstanz bei der Bildung der Richtungskörper u. bei der Befruchtung. [Aus: „Jenaische Zeitschr. f. Naturwissensch."] Mit 3 lith. Taf. (III, 88 S.) 890. n. 4. —

— Zellen-Studien. 4. Hft. Ueber die Natur der Centrosomen. Mit 8 lith. Taf. u. 3 Textfig. gr. 8. (III, 220 S.) Ebd. 900. n. 15. —
Hft. 1—3. Ebd. 887—890. n. 16. —.

— Zellen-Studien. 5. Hft. Ueber die Abhängigkeit der Kerngrösse u. Zellenzahl der Seeigel-Larven v. der Chromosomenzahl der Ausgangszellen. (III, 80 S. m. 7 Fig. u. 2 lith. Taf.) Lex.-8. Ebd. 905. n. 4. —
Hft. 1—4. Ebd. 887—900. n. 31. —.

— Zellen-Studien. 6. Heft. Die Entwicklg. dispermer Seeigel-Eier. Ein Beitrag zur Befruchtungslehre u. zur Theorie d. Kerns. (IV, 292 S. m. 78 Fig. u. 10 Taf.) Lex. 8. Jena 907. G. Fischer. 30. —
Sonderabdruck aus „Jenaische Zeitschr. f. Naturwiss." Heft 1—5. Ebd. 887—905. 35. —

Boverl, W: Erwiderung auf den Vortrag des Prof. Dr. A. Riedler: Über Dampfturbinen. Mannheim-Käferthal (1904)

Bovermann, Daniel (Schuelmis/Westf.), De peritonitide. Diss. med. Bln. (Friedlaender) 2. V. 1838. 32 S. m. Literatur u. Biogr. (M.: Dahl.) (4.—) 3717
Oppon.: D. Arndt, L. Breitzmann, F. Teutscher.

Boversiepen, Rud., s. Bovensiepen, Rudolf

Bovet s. G[odet], G[eorges].

Bovet, Arn., Heraus aus dem Wirtshaus! Ein Wort an christl. Volksfreunde. 8. (VI, 178 S.) Basel 892. Jaeger & Kober. n. 1. —

Bovet, A. Heraus aus dem Wirthshaus! In-8°. VI, 178 S. Basel, C. F. Spittler. 1892 1 25

Bovet, Arnold. Heraus aus dem Wirtshaus! Ein Wort an christliche Volksfreunde von A' B' [†]. 2. Aufl. 96 S. 8. Basel, Kober; Bern, Agentur des Blauen Kreuzes, 1905. [fr. —.60]

Bovet, Arthur. L'assurance populaire. Obligation ou liberté. Extrait du «Journal de statistique suisse», 87e année, 1901. 11 p. 4. [Berne, Stæmpfli & Cie., 1901.]

Bovet, Arthur. Les assurances ouvrières obligatoires et leur rôle social. Thèse Dr. Genève. VIII + 256 p. 8. Berne, Stæmpfli & Cie, 1901.

Bovet, Auguste, de Neuchatel: Mémoire sur le goitre enkysté et son traitement chirurgical suivi d'une observation sur la transformation du goitre parenchymateux en goitre enkysté par le déchirement souscutané. Zur. Zurcher & Furrer Impr. 1864. 52 S.. 2 Bl. 8°.
Zürich, Med. Diss. [v. 13. Aug. 1864].

Bovet, Ernest, d'Arnex s Orbe (canton de Vaud): Le peuple de Rome vers 1840 d'après les sonnets en dialecte transtévérin de Giuseppe-Gioachino Belli. Contribution à l'histoire des moeurs de la ville de Rome. Première partie. Neuchatel Attinger Impr. 1897. 1 Bl.. VIII, 164 S.. 2 Bl. 8°. [Vol. I erschien vollständig: VIII. 416 S. Neuchatel Attinger Fr., Rome Loescher et Cie. 1898].
Zürich, Phil. Diss. [v. 22. Mai 1897].

Bovet, Ernst, die Geliebte des Königs. Roman. Einzig autoris. Uebersetzg. aus dem Französ. v. Leontine Groß. (414 S.) 8. Wien 906. Wiener Verlag. n. 3. —; geb. n.n. 4. 50

— la préface de Chapelain à L'Adonis, s.: Aus romanischen Sprachen u. Literaturen.

Bovet, Félix, Paul-Louis-Auguste Coulon de Neuchâtel. Für die Schule bearb. von G. Geilfus. gr. 8. (30 S.) Zürich 880, Schultheß. * — 80

Bovet's, Fel., Reise ins gelobte Land. Aus dem Französ. nach der 4. Aufl. übers. Mit 2 (lith.) Karten. Zürich 866. Schultheß. gr. 8. (352 S.) 1 ⅔ 18 ngr

Bovet, Fritz, prakt. Arzt, aus Neuchâtel, Assistent am „Zieglerspital" zu Bern: Die Hedonal-Aether-narkose. Wiesbaden 1906. VI + 30 S. 8°. [24. I. 06.]
Bern, Med. Diss. 1905/1906.

Bovet, Fritz. Die Hedonal-Aethernarkose. Diss. Med. Bern. VI + 30 S. 8. Wiesbaden, Rud. Bechtold & Comp., 1906. V Bern

Bovet, L.

— Instructions pour les éleveurs de chevaux. In-8°, 28 p. Berne, librairie M. Fiala. — 70
1886

Bovet, L., Leitfaden f. Pferdezüchter. Hrsg. aus Auftrag d. schweiz. Landwirthschaftsdepartements. Text u. Zeichngn. v. L. B. 8. (34 S.) Bern 885. (Fiala.) n. — 70

Bovet, L., Leitfaden für Pferdezüchter. Hrsg. aus Auftrag des schweizer. Landwirthschaftsdepartements. Text und Zeichnungen von L. B. 8. (34 S.) Bern 885, (Kaeser und Comp.) *

Bovet, L., Oberstlieut. Leitfaden für Pferdezüchter. Hrsg. aus Auftrag des schweizer. Landwirthschafts-Departements. In-8°, 34 S., mit Holzschnitten u. 4 Beilag. Bern, Max Fiala's Buchhandlung. 1886 — 70

Bovet, Pierre-Canisius

Bovet, Pierre-Canisius: La vie et la mort de Saint Béat, s. Blanchet, Adolphe

Bovet, V., s.a.: *Bruns, P.*

Bovet V.: Über die chemische Zusammensetzung der Bazillen des *Erythema nodosum.*
S. 97. Hb. 97 . . . . vgr.
Separatabdruck

Bovl M. malerische Kinderakte. (40 I) 4° Stuttgart (1897)

Bovi, M., malerische Kinder-Akte. (8 Lfgn.) Fol. (à 5 Lichtdr.-Taf.) Stuttgart 1895/96. J. Hoffmann. à n. 2. 50 (kplt. in Mappe: n. 22. 50)

Bovillon, D. F., De lipothymia. 8 pp. Jen. 4°. (Syncope.)
1746

Böving, Adam Giede, natural history of the larvae of Donaciinae. (Mit deutschem Résumé.) (108 u. 4 S. m. 70 Abb. u. 7 Taf.) Lex. 8. Leipzig 911. Dr. W. Klinkhardt. 5. —
Sonderabdr. aus „Internat. Revue der ges. Hydrobiol. u. Hydrogr."

Boevius, Carl Daniel (Kitlitz/Laus.), Semiotices pathologicae Ridigerianae spec. Präs. Adam. Michael Birkholz. (Lpz. (Sommer) 3. II. 1792. 35 S. (4.80)

GENIALITÄTEN. Optimis placuisse sat est. (8 zahme Aufsätze und Gedichte von *Franz Bovos*, Edler *von Rákos*, 1783—1810.) Pannonien (Pesth, Eggenberger) 1808. 8°. 94 S. (3 Mk. Julius Neumann, Magdeb., 1906.)
Inh.-Angabe bei Goedeke VII, 124, 286, 2; Anon.-Lex. II. p. 176 (nach Kertbeny u. Petrick).

Bovula, James J., König Tod u. seine Diener, s.a. Flugblätter des deutschen Vereins gegen den Mißbrauch geistiger Getränke. Nr. 5.

Bovula, James J., der König Tod u. seine Diener, s.a. Missionsschriften, neue. Nr. 67.

Bovula, J. J. Der König Tod u. seine Diener. Rede gehalten von dem christlichen Kaffern B. in Tyumi im Kaffernlande am 25. Dezember 1885. Uebersetzt von A. Kropf, Missions-Sup. Berlin 1888. 8°. 8 S. Mk. —.05.

Der König Tod und seine Diener. Rede, geh. von d. christl. Kaffer James J. Bovula in Tyumi im Kafferlande 1885. Übers. von D. A[lbert] Kropf, Miss.Superint. *Berlin: Berl. ev. Missionsges. [1901].* (8 S.) 8° [5.]
= Missionsschriften, Neue. 67.

Bovy, Antoine. Sa vie et ses principales œuvres. Voir: *Henseler.*

Bovy, D. Baud- , s. Baud-Bovy

Bowden, Ernest M., die Nachfolge Buddhas. Perlen aus der buddhist. Literatur f. jeden Tag im Jahre. Mit e. Geleitwort v. weil. Sir Edwin Arnold. Nach der 4. engl. Aufl. ins Deutsche übertr. u. m. e. Anh. versehen v. Karl B. Seidenstücker. (VIII, 308 S m. 1 Taf.) 8. Leipzig (906). Buddhist. Verlag. n. 2.80; geb. n. 3.60; Prachtausg. geb. n.n. 4. 50

Bowdich, T. E., Geschichte der britt. Gesandtschaft an den König von Aschanten auf der Goldküste, im Jahre 1817. Eine Ausg. nach dem Engl. bearb. (Aus dem ethnogr. Archiv abgedruckt.) gr. 8. Jena 819. Bran. 1 ₰ 6 gr

— Mission der engl.-afrikan. Compagnie v. Cape Coast Castle nach Aschanten s.a. neue Bibliothek d. Reisebeschreibb. 21r Bd.

Bowdich (T. E.). Mission der englisch-afrikanischen Compagnie von Cape Coast Castle nach Ashantee. Aus dem Engl. von Leidenfrost. Weimar 1820. 8.

Boewe, Heinr., et Aug. Delauney, Manuel de lectures courantes. (116 S.) 8. Leipzig 910. Dürr'sche Buchh. Geb. 1. 40

Bowen, Anna Maude, Ph. B., The sources and text of Richard Wagner's opera „Die Meistersinger v. Nürnberg". Diss. gr. 8. (96 S.) München 897. Dr. H. Lüneburg. n. 2. 40

Bowen, C. E., Hans der Bezwinger. Deutsch v. Th. Kalchreuter. (96 S. m. 5 Vollbildern.) 8. Stuttgart 907. Buchh. der ev. Gesellschaft. Geb. in Leinw. n. 1. —

Bowen, K, u. CM **Schnell:** Engl. Sprachlehre, s.: Towers-Clark, Konversationsunterr. im Engl

— — A view of London. Lessons in English conversation after Hölzel's picture „London". (Konversationsunterr. i. Englischen v. E. Towers-Clark. 4. Bd. gr. 8. (44 S. m. 2 [1 farb.] Bild.) Giessen 897. E. Roth. n. — 80; geb. n.n. 1. —

Bowens, Ch. de, und F. M. Teumer, Rath für Auswanderer, s. Teumer.

Bower, Archib., unpartheiische Historie d. röm. Päpste, von d. Gründung d. röm. Stuhls bis auf gegenwärt. Zeit; aus d. Engl. übers. v. Fr. Eb. u. Jh. Jak. Rambach. 10 Bde. 4. Magdeb. 751 — 80. Scheidhauer. 22 ₰ (10r Bd. A. u. d. T.: Gesch. d. röm. Päpste, seit d. Reformation v. J. J. Rambach. 1r, 2r Thl. 4. Ebd. 779, 80. 3 ₰ 20 gr)

Bower, Marc Noble

Bower, Memoranda über wichtige Gegenstände der Anatomie etc., s. Burger.

Bower, Marc Noble, Memoranda über wichtige Gegenstände der Anatomie, Chirurgie und Physiologie zur Vorbereitung auf Prüfungen für junge Wundärzte und Studirende. Nach der 2. engl. Ausg. deutsch bearb. von C. G. Burger. 16. (VIII und 279 S.) Ulm 857, Höchel.

Bower, Marc Noble, Memoranda über wichtige Gegenstände der Anatomie, Chirurgie und Physiologie zur Vorbereitung auf Prüfungen für junge Wundärzte und Studirende. Nach der 2. engl. Ausg. deutsch bearb. von C. G. Burger. 2. (Titel-) Ausg. 16. (VIII und 278 S.) Stuttgart (857)65, Koch.

Bowers, A.: Bhamo-Expedition. Bericht über die Möglichkeit einer Wiedereröffnung der Handelsstrasse zwischen Birma und West-China. Ins Deutsche übersetzt von Merzdorf. Berlin 1871. IV, 80 S. 8°.

Bowers, A., Bhamo-Expedition. Bericht über die Möglichkeit einer Wiedereröffnung der Handelsstrasse zwischen Birma und West-China erstattet. Ins Deutsche übertragen von Merzdorf. gr. 8. (IV, 180 S.) Berlin 871, C. Heymann. [Imme's Verlag.] *

Bowers, Alb., Dorfidyllen. Sechs Studienblätter. Fol. Leipzig 888, Baldamus, Sep.-Conto. *
Einzeln à Bl.

Bowers, A, Dorfidyllen. 6 Studienblätter. Chromol. Fol. Lpzg 89. Baldamus, Sep.-Cto. In Mappe. n. 7. 50; einz. Bl. à 1. 80

—— die Jahreszeiten. Vier landschaftl. Studien. Chromolithogr. gr. Fol. Ebendas. 887. *
Einzeln à Bl. *

— dasselbe. Vier landschaftl. Studien in Tusch-Manier. Fol. Ebd. 889. In Mappe. n. 6. —; einzelne Blätter à 2. 25

— u. St. **Bowers,** Schlösser u. Burgen. 6 Studienblätter in Farbendr. qu. Fol. Ebd. 889. n. 7. 50; einzelne Blätter à 1. 80

Bowers, Alb., Sommerlandschaften. Fol. (6 Farbendr.) Leipzig 892. E. Baldamus, Sep.-Cto. n. 6. —; einzelne Blätter n. 1. —

—— landschaftl. Studien in Tusch-Manier. 1—8. Lfg. Fol. (à 6 Bl.) Ebd. 87. 89. à n. 5. —; einz. Bl. à 1. 20

—— vier landschaftliche Studien in Tuschmanier. Fol. Ebendas. 888. *
Einzeln à Bl.

— u. Stephen **Bowers,** an Waldeswässern. 6 Studien-Blätter (in Farbendr.). gr. 4. Ebd. 891. n. 7. 50; einzelne Blätter à 1. 80

—— Waldstudien. 6 Chromolithogr. gr. 4. Ebendas. 887. *
Einzeln à Bl.

— Winterstudien. qu. Fol. (6 farb. Taf.) Ebd. 898. n. 7. 50; einzelne Blätter 1. 80

Bowers, Alb., sechs Winterstudien. 6 Chromolith. qu. gr. 4. Leipzig 886. (Baldamus.) n. 6. —

—— dass. — Kleine Ausg. qu. 4. Ebendas. 888. *
Einzeln à Bl. *

— sechs Winterstudien. 6 Chromolith. Kleine Ausg. qu. gr. 4. Ebd. 889. n. 2. 50; einzelne Blätter à n. — 60

— 6 Winterstudien in Tusch-Manier. gr. 4. Ebd. 887. n. 4. —; einzelne Blätter à 1. —

Bowers, Stephen, Two sets of ten studies and landscapes 1. set. qu. schmal Fol. (10 Farbdr.) Leipzig (898). Wezel & Naumann. 7. 50

Bowers, St., an Waldeswässern. 4 Studienblätter in Farbendr. gr. Fol. Leipzig 889. Baldamus, Sep.-Cto. n. 10. —; einzelne Blätter à n. 3. 50

BOWIE, Hamilton C. (San Francisco): Ueber den Eiweissbedarf eines mittleren Arbeiters.- München: Oldenbourg 1879. 28 S.
17.5.1879 - Urk (Titel: De quantitate albuminis ovi qua operario opus sit.); Chr 1878/79,12
Diss. Ingolst.-Landsh.-Mchn.

BOWIE, Robert Ignaz (San Francisco): Ueber zwei Fälle von Missbildungen.- München: Wolf 1880. 18 S.
21.6.1880 - Urk (Titel: De duabus monstrorum speciebus.); Chr 1879/80,15
Diss. Ingolst.-Landsh.-Mchn.

Bowien, Johannes, pr. Arzt: Aus d. chir. Universitätsklinik zu Königsberg i. P. Zur Diagnose von Hüfterkrankungen im jugendlichen Alter. Königsberg i. P. 1909: Kümmel. 21 S. 8°
Königsberg, Med. Diss. v. 3. Juni 1909, Ref. Lexer
[Geb. 1. Juli 73 Löbau Wpr.; Wohnort: Königsberg i. P.; Staatsangeh.: Preußen: Vorbildung: Gymn. Marienwerder Reife O. 94; Studium: Theol. u. Phil. Königsberg, Halle, Kiel zus. 17, Med. Königsberg 10 S.; Coll. 6. Mai 09; Approb. 1. Febr. 09.]

Bowis, William John, aus Nottingham, England: Ueber Triamminkobaltiake. Zürich 1905. 82 S. 8°.
[22. VII. 05.]
Zürich. Phil. Diss. II. S. 1904/1905.

Bowitsch, Ludw., s. a. Album des befreiten Oesterreichs. —

Bowitsch, Ludw., Album des befreiten Oesterreichs. Verherrlichung der Märztage des J. 1848 in Poesie und Prosa. gr. 16. (127 S.) Wien 848, Dorfmeister. (Leipzig, Hunger.) Thlr. *

Bowitsch, Ludw. Buch der Laune. 16 (118 S.) Neutitschein, Enders. 50 kr.

Bowitsch, L., vom Donaustrande, s. a. Volks- u. Jugend-Bibliothek, österr.

Bowitsch, Ludw., vom Donaustrande. Mährlein u. Sagen. Wien 867. Pichler. 8. (95 S. u. 1 Holzschn.) 12 ngr.; cart. 15 ngr.

Bowitsch, Ludwig —. Epheuranken. Ein Cyclus neuer Balladen, Romanzen und Sagen. kl. 8. (92 S.) Wien. A. Dorfmeisters Verlag und Druck. 1854.

— Nach der Fluth, s. a. Nach der Fluth.

Bowitsch, L., nach d. Fluth. Dichter-Album. 8. (160) Wien 62, Pichler. — 10

—— Habsburgs-Chronik. Mit besond. Rücksicht auf die vaterländ. Jugend hrsg. 2. verm. Aufl. 8. (VI, 156 S.) Wien 879, Pichler's Wwe. und Sohn. cart. *

Bowitsch, Ludw., Heroiden. Ein Romanzenbuch. 3. verm. Aufl. 8. (208 S.) Neutitschein 881. (Wien, Daberkow.) geb. m. Goldschn. n. 4. —

—— Heroiden. Ein Romanzenbuch. 3. verm. Aufl. 8. (208 S.) Neutitschein 881. (Wien, Winkler.)
geb. mit Goldschn. * 4 —

— — Das fromme Kind. Ein Cyclus von Morgen-, Mittags-, Abend-, Schul- und anderen Gebeten. 16. (56 S.) Gbdj. 1864. 15 kr.

—— das fromme Kind. Ein Cyclus von Morgen-, Mittags-, Abend-, Schul- und anderen Gebeten. 16. (56 S.) Neutitschein 865, Enders. *

—— Legenden. 2., verm. Ausg. gr. 16. (80 S.) Wien 866, Pichler's Wwe. und Sohn.

—— Liederbuch. gr. 16. (VII und 207 S.) Wien 866, Pichler's Wwe. und Sohn. (Leipzig, Liebeskind.)

Bowitsch, Ludwig, Vollständiges Liederbuch. Eine Sammlung der beliebtesten Lieder und Gesänge für Handwerker, Krieger und Turner. 8. (160 S.) Neutitschein, Enders. 1867. 30 kr.

—— Vollständiges Liederbuch. Eine Sammlung der beliebtesten Lieder und Gesänge für Handwerker, Krieger und Turner. 8. (160 S.) Neutitschein 865, Enders. *

Bowitsch, Ludw., Mariensagen, s. a. Universal-Bibliothek.

Bowitsch, Ludwig. Marien-Sagen. *Neutitschein* 1858. Schnellpressendruck und Verlag v. *J. N. Enders.* 58 S., 2 Bl. kl. 8°. 30 kr.

Bowitsch, Ludwig: Naturbilder. Neutitschin: Enders 1870. 123 S. 8°

Bowitsch, L., Naturbilder. 8. (125 S.) Neutitschein 872. Enders. n. 1. 60

— Naturbilder. 2. Aufl. 8. (124 S.) Wien 878. Enders. n. 1. 60

—— Naturbilder. 2. Aufl. 8. (124 S.) [Wien.] Neutitschein 878, Enders. *

—— und C. Cerri, Phönix. Politische Lieder, s. Phönix.

Bowitsch, Ludwig (Hrsg.), s. Rosenblätter.

Bowitsch, Ludw., Rübezahl, s. a. Jessen's, A. Chr., Volks- u. Jugend-Bibliothek. 3. Bdchn.

Bowitsch, Ludw., Rübezahl, s. a. Pichler's Jugendbücherei. 25. Bdchn.

—— Rübezahl, s. a. Volks- und Jugend-Bibliothek, österreichische.

Bowitsch, Ludwig, Rübezahl. Märlein für Klein und Groß. 8. (95 S.) Wien, Pichler's Witwe & Sohn. 1868. 50 kr.

— Rübezahl. Märlein für Klein u. Groß. Ebend. 869. 8. (94 S. u. 1 Holzschn.) 10 ngr.

(F) **Bowitsch, L.,** Rübezahl. Märchen für Klein und Gross. 5. Aufl. [Volks- und Jugend-Bibliothek.] 8°. (67 S. mit 1 Tafel.) K —.70
Wien: Pichler 1902.

(F) **Bowitsch, L.,** Rübezahl. Märlein für klein und [illegible]. [Pichler's Jugendbücherei. Bd. 25.] 8°. (67 S.) geb. K 1
Wien: Pichler 1904.

— Sindibad, s. a. Universal-Bibliothek.

Bowitsch, Ludw., Sindibad. Orientalische Dichtungen. gr. 16. (96 S.) Wien 860, Pichler's Wwe. und Sohn. (Leipzig, Liebeskind.)

—— poetische Versuche. gr. 12. (4 B.) Wien 839, (Singer u. Goering.)

—— Volkslieder. gr. 16. (VIII und 128 S.) Wien 860, Pichler's Wwe. und Sohn. (Leipzig, Liebeskind.)

BOWITSCH, Ludw., Volkslieder. Wien 1861. 8°. (In Hannover, Stadtbibl.)

—— ein Walpurgistraum. 8. (16 S.) Fulda 859, Maier. **

—— der Wandersmann, s. a. Wandersmann, der.

—— Der Wandersmann. Ein Volkskalender für das Jahr 1862. Mit 1 Titelbilde. 8. (XXVI. 102 S.) Gbdj. 40 kr.

Bowitsch, Ludwig — Beim Wein! Trinklieder von — —. Neutitschein, 1857. Schnellpressendruck von J. N. Enders. (42 S. 8)

Bowitsch, Ludw. Bilthow, Nordlichter. (Gedichte.) 1. Lfg. gr. 12. (2½ B.) Wien 841, (Singer u. Goering.)

Bowle: Kunst, mit Wasser-, Oel- und Pastellfarben zu malen, s. Bowles.

Bowlen u. Pünsche. Ein Rezeptbüchlein zur Bereitg. von allerlei herzstärk. Getränken mit einigen Stücklein in Poesie u. Prosa, so f. durst. Seelen ergötzlich zu lesen sind. (Zeichnungen v. Paul Preißler.) 12. (XII, 164 S.) Leipzig (902). J. J. Weber. Geb. in Leinw. n. 3. —

Bowlen u. Pünsche. Ein Rezeptbüchlein zur Bereitung v. allerlei herzstärk. Getränken m. einigen Stücklein in Poesie u. Prosa, so f. durst. Seelen ergötzlich zu lesen sind, in 2. Aufl. (Bearb. u. reich vermehrt v. Rich. Gollmer. Zeichnungen v. Paul Preißler.) (XII, 186 S.) kl. 8. Leipzig (909). J. J. Weber. Geb. in Leinw. 3. —

Bowlen u. Pünsche zum Manöver- u. Feldgebrauch der deutschen Armee. Ein Rezeptbüchlein zur Bereitg. v. allerlei stärk. Getränken, gesammelt aus den Kursen der Feldartillerie-Schießschule zu Jüterbog. Mit e. Anh. gastronom. Inhalts. (VIII, 200 S. m. Abbildgn.) kl. 8. Leipzig (901). J. J. Weber. Geb. n. 3. —
Wird nur an Offiziere abgegeben.

Bowlenkunde, praktische. Bewährte Regeln u. Rezepte. (22 S.) kl. 8. Berlin (909). H. Dohrn. — 80

Bowlenkunde, Praktische. Bewährte Regeln u. Rezepte. (2. Afl.) (24) 8° Berlin, H Dohrn ('12). — 50

Bowles, Die Fabrikation des Glases nach den neuesten Erfindungen und Verbesserungen. Nach dem Englischen bearbeitet und mit Zusätzen vermehrt. Mit 2 Taf. Quedlinburg und Leipzig 1833. 8.

Bowles, die Fabrikation d. Glases nach d. neuest. Erfindn. u. Verbessern. M. 3 Taf. Abbild. (in qu. Fol. u. gr. 4.) 8. (8 B.) Quedlinburg 833, Basse.

Bowles. Kunst, mit Wasser-, Oel- und Pastellfarben zu mahlen ... aus dem Engl. Leipzig 1797. Ü: *Schulze.* (MGT)

Bowles Kunst mit Wasserfarben zu malen. a. d. Engl. 8. Leipz. Grieshammer. 797.

— Kunst, mit Wasser-, Oel- u. Pastellfarben zu malen. 8. Cob. ... 2e A. 800. Sinner; auch Meusel u. S. 20 gr

Bowles, Percy Edwart: Über Thiocarbohydrazid und die Einwirkung von Hydrazin auf Guanidin. Heidelberg 1909: Rößler & Herbert. 37 S. 8°
Heidelberg, Naturw.-math. Diss. v. 2. April 1909, Ref. Curtius
[Geb. 6. Dez. 82 Leicester; Wohnort: Heidelberg; Staatsangeh.: Großbritannien; Vorbildung: Central Foundation School London u. The City and Guilds of London Institute Technical College Reife 05; Studium: Heidelberg 8 S.; Rig. 10. Dez. 08.]

BOWLES, William Augustus 1764 - 1805
Glaubwürdige Nachrichten von W. A. Bowles, Gesandten der Creeks und Cherokees an den Hof von Grosbritannien.
[A. d. Engl.]
s. Paul Jakob BRUNS - Eberhard August Wilhelm ZIMMERMANN, Repositorium für die neueste Geographie, Statistik und Geschichte, 3 Bde. [Tübingen 1792-93], III, 127-158, Nr. 577.
Übers. v. Authentic Memoirs ... from the United Nations of Creeks and Cherokees to the Court of London, London 1791.

Bowling Green Post: 1889?–1890?
Weekly. Edited & published by H. Holtermann & P. Busch. Bowling Green, OH

Bowls, Samuel, von Ocean zu Ocean. Quer über das Festland der Vereinigten Staaten von Nord-Amerika u. die Landenge von Panama. Nach den Reisebriefen des Verf. frei bearb. von Rob. Schweichel. Leipzig 868. Schlicke. gr. 8. (VII, 231 S.) 1 rthlr. 5 ngr.

BOWMAN, A. *Die jungen Seefahrer* frei nach dem Englischen von A. Bowman. Verf. von Esperanza, Känguruhjäger etc. mit 8 colorirten Bildern. Wien, Rud. Lechner [ca 1845]. Titel (lithographiert m. farbigem Bilde), 330 S. Kl.-8°. Neuerer Halbleinenbd. 28.—
Rolfus 240 (m. ausführl. Inhaltsangabe). Flott erzählte Abenteuer zweier junger Engländer in Madagascar und China. Die sehr guten Bilder (im Hosemann-Stil) sind gezeichnet mit „W" (= Joh. Martin Wagner?). ★ 1. Ausgabe. — Hie und da Fleckchen, Riß in 3 Bll. verklebt. Vielleicht fehlt ein Vortitel.

Bowman, A, d. jungen Seefahrer, frei n. d. Engl. 8. (332 m. 8 L.) Wien 63. (Lpzg. Oehmigke.) 1. 15

Bowman, A., die jungen Seefahrer, frei nach dem Englischen. gr. 8. (332 S. mit 8 lithogr. und ill. Bildern.) Wien 863, Lechner's Universitäts-Buchh. cart.

Bowman, A., die jungen Seefahrer. 2. Aufl. gr. 8. (332 S. mit 8 Chromolithogr.) Leipzig 874, Oehmigke's Verlag. geb.

Bowman, Hervey M., B. A., aus Berlin, Canada: Die englisch-französische Friedensverhandlung December 1799 — Januar 1800. *Leipzig 1899: O. Schmidt.* (39 S.) 8° ¶ (Erscheint vollst. u. d. T.: 'Preliminary Stages of the Peace of Amiens' in d. Publicationen d. Univ. Toronto.)
Leipzig, Phil. Diss. v. [21. Dez.] 1899

Bowman, Jao. N., the protestant interest in Cromwell's foreign relations. gr. 8. (VIII, 98 S.) Heidelberg 900. C. Winter. n. 2. —

Bowman, Th.: Die Berichtigung der Aräometer, besonders der Alkoholometer. Berlin. 1865.

BOWMAN, WALKER. Ueber Reduktionsprodukte des Anthrachinons und dessen Derivate. Berlin, 1888. Diss.

Bowring, **J., Sketch of the language and literature of Holland. Being a sequal to his Batavian anthology. gr. 12. Mit des Verfassers Bildniss. Amsterd. 829. Gebr. Dietrichs. (Leipz., W. Vogel). 20 gr**

Bowring, John

— s. J. Bentham, Deontologie.

Bowring, John, Bericht an d. engl. Parlament üb. d. Handel, die Fabriken u. Gewerbe d. Schweiz. Nach d. offiz. Ausg. a. d. Engl. übers. v. H.....e. gr. 8. (17¾ B.) Zürich 837, Orell, Füßli u. Comp.

Bowring, J.: „Bericht über den deutschen Zollverband. Auf Befehl J. M. beiden Häusern (des englischen Parlaments) vorgelegt", aus dem Englischen übersetzt von F. G. Buek, Berlin 1840. — Vorh.: Preuß. Staatsbibl. Berlin und Büch. der Industrie- und Handelskammer Leipzig.

— Bericht üb. d. deutschen Zoll-Verband an Lord Viscount Palmerston, Ihrer großbrit. Majestät Staatssecretair d. auswärt. Angelegenheiten. A. d. Engl. übers. v. F. G. Buek. Lex.-8. (11¼ B.) Berlin 840, Besser. *

Bowstead, William, s: Laws, The commercial.

Bowyears, Th., Nachrr. v. Cochinchina, s. ... Rochon, Reise nach Madagaskar.

Bowyer, Wlh., Conjecturen über d. N. Test.; aus d. Engl. v. Jh. C. F. Schulz. 2 Thle. gr. 8. Leipz. 774. Weygand. 1 rthlr. 18 gr

— Kritische Vermuthungen und Bemerkungen über das N. T. Übersetzt aus dem Engl. von J. C. F. Schulz. Leipz. 774. 2 Theile. 8. 1 rthlr. 8 gr.

Box u. Cox. Posse in 1 Act. 8. (40 S.) Paderborn 875. Schöningh. n. — 35

Boxbarth, Johann

* Perspectivae pictorum atque architectorum I. Pars, qua facillima ac expeditissima methodus omne id quod ad architecturam attinet optica ratione dilineandi exhibetur, Inventa, designata et primum Romae aedita a Fr. *Andrea Puteo*, S. J. Nunc vero in gratiam et usum non admodum nummatorum studiosorum hujus artis, imminuto modulo contracta, atque commodior hâc forma concinnata à *Joanne Boxbarth* Chalcographo. Augustae Vindelicorum, Impensis Jeremiae Wolffii, technopolae. Der Mahler und Baumeister Perspectiv, Erster Theil, worinnen gezeiget wird, wie man auf das allergeschwindeste - und leichteste alles, was zur Achitectur und Bau-Kunst gehört, ins Perspective bringen solle, Inventiert, gezeichnet, und erstlich herausgegeben in Rom, von dem

votrefflichen *Andrea Pozzo*, der Soc. Jesu Fratri. Anjetzo aber dem ohnvermögenden Kunst-Liebhaber zu Nutz und Dienst verkleinert, und in diesen bequemen Format gebracht, von *Johann Boxbarth*, Kupferstechern in Augspurg, daselbst verlegts, Jeremias Wolff, Kunsthändler. fol. 1 Alph. 5 Bog. Deutsch und Lateinisch mit 100 Kupfertaf. 1706.

* — II. Pars, qua porro expeditissima methodus omnia, quae ad Architecturam pertinent, optica ratione delineandi exhibetur, a Georg. Conr. *Bodeneer*, ... Typis Detlefflii. fol. 1 Alph. 4 Bog. mit vielen Kupfern. 1709.

* Perspectivae Pictorum atque Architectorum I. Pars. Quâ facillima ac expeditissima Methodus omne id quod ad Architecturam attinet optica ratione delineandi exhibetur. Inventa, designata et primùm edita Romae à *Fr. Andrea Puteo* S. J. Nunc vero in gratiam et usum non admodum nummatorum studiosorum hujus Artis imminuto modulo contracta atque commodior hâc formâ concinnata à *Joanne Boxbarth* Chalcographo. Augustae Vindelicorum, Impensis Jeremiae Wolffii Techniopolae. Der Mahler und Baumeister Perspectiv. Erster Theil — von — *Andrea Pozzo* — Gedruckt bey Peter Detlefsen. 1 Titelkupfer, 1 Titelblatt, des Pozzo Portrait, 1 Bl. Erinnerung und Vorrede, 1 Bl. Abbildung der Werkzeuge, 100 Kpft. 55 Bl. latein. und deutscher Text, 1 Bl. Register. 1719.

Boxberger, Fragmente aus d. Gebiete d. Heilquellenlehre. 1. gr. 8. (3 B.) Frankfurt a. M. 845. (Jügel.) *–

Boxberger: Proben einer Übersetzung des Bhagvadgita. Erfurt. 1863. Schul-/ Univ. Schrift.

Boxberger, ..., Versuch über die organische Natur, als Einleit. zu e. neuen Theorie d. Erzeugung. gr. 8. Wien 806.

Boxberger, Emil v., Barkochba. Gesänge. (Schriften herausgegeben vom Institute zur Förderung der israelit. Literatur. Zweites Jahr: 1856 bis 1857.) Leipzig 1857.

Boxberger, Emil v., Prinz Eugenius v. Savoyen. Romanzenkranz. 16. (V und 64 S.) Fulda 855, Maier. *

—— Andreas Hofer. Balladencyclus. gr. 16. (IV und 104 S.) Fulda 856, Maier.

Boxberger, Emil v., Sturmesklänge. Nr. 1. und 2. Fulda 859, Maier. à Nr. ** 1 Ngr. **

Inhalt:
Nr. 1. Aufruf an Deutschlands Völker. 1. und 2. Aufl. gr. 8. (8 S.)
» 2. Oesterreichs Lerchenschlag. Eine Ostergabe an's deutsche Volk. 4. (4 S.)

— ein Walpurgistraum. Ebend. 859. 8. (16 S.) 1½ ngr.

Boxberger, Georg, approb. Arzt aus Bad Kissingen: **Aus d. med. Poliklinik d. Universität Kiel. Über die Beziehungen der hyperplasierten Thymusdrüse zum plötzlichen Tode bei Kindern.** *Würzburg 1903: F. Scheiner.* (20 S.) 8°
Kiel, Med. Diss. v. [9. März] 1903

Boxberger, L. C., media sine remediis etc. 8. Bamberg, Göbhard. 769.

Boxberger, Leo v., Referendar aus Schenklengsfeld: **Die rechtlichen Folgen der Beteiligung Minderjähriger an Vereinen des bürgerlichen Rechts.** *Berlin 1903: E. Ebering.* (83 S.) 8°
Marburg, Jur. Diss. v. [15. Aug.] 1903

Boxberger, Leo v., das deutsche Vogelschutzgesetz vom 30. V. 1908 nebst den das Flugwild betr. Bestimmungen der preuß. Jagdordnung vom 15. VII. 1907, s. a. Guttentag's Sammlg. deutscher Reichsgesetze.

Boxberger, Leo v., Das deutsche Vogelschutzgesetz vom 30. Mai 1908 nebst den d. Flugwild betr. Bestimm. d. Preuss. Jagdordn. vom 15. Juli 1907. Berlin 1909. 8°.
(Guttentag'sche Sammlung Deutscher Reichsgesetze. Nr 90.)

Boxberger, R. Butler's Hudibras ein ächtes Zeit- und Sittengemälde. Diss. Leipzig 1876. 58 S.

Boxberger, R., die Sprache der Bibel in Schiller's Räubern. Erfurt. Schul-/Univ. Schrift 1867.

Boxberger, Rich. v., Bonifacius, der Apostel der Deutschen. Ein Bild aus deutscher Vorzeit. Episches Gedicht. 12. (33 S. mit 2 Holzschn.) Steyl 881, Missionsdruckerei. * — 20

Boxberger, Rob., das Ahnungsvolle in Schillerschen Frauencharakteren. Vortrag, am 16. Febr. 1886 gehalten. gr. 8. (30 S.) Posen 886, Merzbach. *

Boxberger, Robert, zwei Erfurter Freunde des Dichters Friedrich Rückert. Vortrag im Vereine für die Geschichte und Alterthumskunde von Erfurt gehalten. Nebst einem Anh.: Beiträge zur Rückert-Bibliographie. gr. 8. (82 S.) Erfurt 874, Keyser'sche Buchh. *

—— s. Klopstock's Werke.

Boxberger, Rob., Immermann's Leben u. Werke, — Klopstock's Leben u. Werke, — Lenau's Leben u. Werke, } s.: Hempel's Klassiker-Bibliothek.

Boxberger, R. Wielands Leben u. Werke, s. Velhagen u. Klasing's Sammlung deutscher Schulausgaben.

Boxberger, Robert, s. Mahâbhârata.

Boxberger, Rob., Rückert-Studien. Ungedruckte, vereinzelte Gedichte, Briefe von u. Forschungen über Friedrich Rückert. gr. 8. (IX, 315 S.) Gotha 878. F. A. Perthes. n. 6. —

—— Schiller und Haller. Eine Abhandlung. gr. 4. (11 S.) Erfurt 869, Keyser'sche Buchh. **

Boxberger, Rud. Die Charakterzeichnung bei Dickens. 41 S. Progr. Havelberg 1882

Boxberger, *Rudolf: Direktor Heinrich John, gestorben am 7. Dezember 1899.* 4 (S. 14). Progr.
In Umwandlung zu ein. Rsch. begriff. Rprg. *Havelberg* 1900

Boxel, Frid. Guil. (geb. Wadersloh in Westf. 1823): De diagnosi tumorum mammae muliebris. Berolini (1853). (28 S.) 8°
Berlin, Med. Diss. v. 14. Okt. 1853

Boxel, J. Anweisung der Kriegsübung mit Musquet und Piquen. A. d. Niederländischen: mit Kpf. Jn's Graven-Haag 1675. 86 S.

Boxen, das, s. a. Miniatur-Bibliothek Nr. 723.

Das Boxen. 1903. Leipzig. 8°. 61 S. M. –.10

Boxen, das. Eine kurzgefaßte Anleitg. zur Erlerng. des engl. Faustkampfes. (36 S. m. Abbildgn.) 8. Leipzig (907). S. Schnurpfeil. — 25

Boxer, die chinesischen, u. die europäische Diplomatie. 1. bis 10. Tausd. 8. (16 S.) Leipzig 900. A. Baumert. — 30

Boxer-Aufstand in China. Kriegskarte I u. II. Farbdr. Berl., D. Reimer. 2 —
I. Richthofen, F v.: Karte d. weit. Umgebgn v. Peking u. Tientsin. Neudr. 1 : 750,000. 44,5×36 cm. 1900. 1 —
II. Möllendorf, Ott v.: Karte d. Prov. Tschi-Li, Tientsin u. Peking m. Umgebg. 1 : 333,000, nebst Übersichts-K. v. Ost-Asien. 1 : 12,000,000. 40,5×30,5 cm. 1900. 1 —

Boxer-Aufstand, der, u. der Christenmord in China im J. 1900. 8. (16 S. m. 10 Abbildgn.) Chemnitz (900). C. A. Hager. — 15

Boxer-Stammbuch, deutsches. (D. B. S. B.) I. Bd. Nr. 1—211. Hrsg. vom deutschen Boxer-Klub, Sitz München. (D. B. K.) Abgeschlossen am 15. VI. 1904. (III, VIII, 120 S. m. Abb. u. Taf.) gr. 8. München 904. (J. Schön). n. 4. 50

BOXHAIMER, Johann Georg (Abensberg): De lithiasi urinaria.- Landshut: Attenkofer 1835. 19 S. 18.8.1834 - Urk: F 61
Diss. Ingolst.-Landsh.-Münch.

Boxheimer, C: Kurzgefasste gemeinverständl. Darstellg d. Justizgefällordng (JGO.) f. d. Grundbuchhilfsbeamten. (15) gr8° Karlsr. UB. (Durlacher Allee 19 II), Justizsekr. Boxheimer '12. — 50 d

— Tabelle z. Reichsstempelabgabe f. Grundstücksübertragen usw. (11) Lex8° Ebd. '12. 1 — d

Boxhorn, M. Zacharias, Reise nach Lügenfeld. Mit 1 Kärtchen. 8. Augsb. 791. v. Jenisch u. Stage. 8 gl.

Boxhorn, Marc. Zuer.

— Selectae ex jure civili antiquitates et de adulteriis liber. Lugd. 558. 4. 1 rthl. 4 gr. Edit. V. Heidelb. 664. 8. Lips. 741. 4. 8 gr.

Boxleidner, Geo. Aloys L., vom Austreiben böser Geister; eine Predigt u. s. w. gr. 8. Sulzb. 812. v. Seidel. 3 gl.

Boxleidner, G. A. L., kathol. Gesangbuch z. öffentl. Gebrauche. 8. Anspach, Gassert. 815.

BOXLER, Andreas (Wildpoldsried): Die eingeklemmte Hernie.- Tübingen: Fues 1848. 34 S. 5.6.1848 - Ort (Titel: De hernia incarcerata.); F 67

Diss. Ingolst.-Landsh.-Mchn.

Boxler, Ferd., Aphorismen über die Paschafeier. (Würzb.) Chilianeum Bd. III (1863). Heft 2.

Boxler, Ferd., Geist des religiös-sittlichen Lebens in der katholischen Kirche. Ein Beitrag zur Wissenschaft des kathol. Kirchenjahres. Augsburg 864. Rieger. gr. 8. (XVI, 307 S.) 1 *ℬ* 3 ngr.

— Idee der Geschichte der katholischen Kirche. Ein Beitrag zur Wissenschaft des katholischen Kirchenjahres. Schaffhausen 859. Hurter. gr. 8. (XII, 212 S.) 27 ngr.

— System der katholischen Erlösungslehre. Ein Beitrag zur Wissenschaft des kathol. Kirchenjahrs. gr. 8. (VII und 228 S.) Augsburg 861, Kollmann'sche Buchh.

(*Boxler*, L., k. Landrichter in Schongau) Hohenschwangau's Denkwürdigkeiten u. Vorzüge d. ältern u. neuern Zeit. Von dem Sammler geschichtlicher Nachrichten des Landgerichts Schongau. Füssen, gedr. bei Jakob Winterhalter, 1837. 8°. (Fehlt Titel-Stahlst.) Ppb.*) 112 S. — Vergriffen u. selten!

Boxler, L., geschichtl. Nachrichten d. kgl. Landgerichts Schongau im Isarkreise. 2 Hfte. — I. Denkwürdigkeiten v. Epfach am Lechrain. — II. Die Beschreib. d. Hohenpeißenberges enth. M. 1 lith. Abbr. u. 1 Karte. gr. 8. (3½ u. ... B.) Augsburg 831, v. Jenisch u. Stage'sche Buchh.

Boxler, L., geschichtl. Nachrichten von Schongau-Altenstadt. 1838. Mit 4 Kpftaf. Kaufbeuren, gedr. bei J. B. Dorn. 4°. 2 Bll., 23 S. (à 2 Col.). Selten! Cat.

Boxler, L., Samml. d. merkwürd. Ereignisse in d. ehemal. fürstl. Reichsstifts Kempten, seit dessen Entstehung bis 1802. Mit angehängten topograph.-statistischen Notizen. 8. Kempt. 822. Kösel. 8 gl.

Boxspiel, e. kom. Spiel. 8. Nürnb. Bielina. 810.

Boy, the stupid. An instructive story. With illustrations. 4. (28 S. mit eingedr. ill. Holzschn.) Leipsic 852, Naumburg. *

Boy, B. Geistliches Liederbüchlein. Geistliche Lieder, f. christl. Häuser, Schulen, Vereine u. Anstalten hrsg. 2. verm. Aufl. 16. (63 S.) Wernigerode 891, Angerstein. * — 20

Boy, Fritz, aus Völpke: Die Stellung des Herzogtums Lothringen zu Deutschland und Frankreich während der Regierungszeit Herzog Johanns I. (1346—1390). *Halle a. S. 1904: C. A. Kaemmerer & Co.* (54 S.) 8°
Halle, Phil. Diss. v. 1904

Boy, Goswin [aus München]: Über das intrauterine Absterben der Frucht bei Nabelschnurumschlingung ... **München**, kgl. Hof- u. Univ.-Buchdr. v. Dr. C. Wolf & Sohn, 1896; 22 S., 1 Taf. 8.
Würzburg, Med. Fak., Inaug.-Diss. v. 1896

Boy, Hnr., (✝ d. 12. Juli 1814.) Lese-Elementarwerk, nach e. genauen Stufenfolge u. den Vorschlägen erfahr. Erzieher. 1r Thl. 8. Lübeck 801. (Leipz., Magazin f. Industr.) 16 gl. Hbg. Pr. 8 gl.

Boy, H., Lese-Elementarwerk rc. 1r. 8. Lüb. Niemann u. C. 801.

Boy, H., Lese-Elementarwerk nach einer genauen Stufenfolge: 1r Theil, ist jetzt Verlag des Industrie-Comt. in Leipz.

Boy, Johanna

Boy, Joh. Doktor Allwissend. Ein Schauspiel f. die Volksbühne in 3 Aufzügen. 8. (39 S.) Cöthen 892, Schriften-Niederlage d. Evangel. Vereinshauses. * — 45

[F.] Schöne Aussicht. E. Weihnachtsmärchen v. Joh[anna] Boy. ... *Wernigerode: Selbstv.; (gedr. bei B. Angerstein) 1897.* (50 S.) 1 Bd 8. (m. m.)

Boy, Joh., Die Erdbeeren waren schuld daran, s. a. Weihnachts-Rosen.

Die Erdbeeren waren schuld daran. Erzählung von Joh. Boy. *Cöthen: Ev. Vereinsh. [Berlin: Sonntagsschulbuchh. 1897].* (22 S.) 8° [F.]
= Weihnachts-Rosen. H. 16.

— das Fenster nach Jerusalem, s. Sonntags-Palmen.

Boy, Johanna. Das Fenster nach Jerusalem, s. Weihnachts Rosen.

Boy, Johanna, der Geschwister erste Ferienreise, s.: Kinderfreund, der.

Boy, Johanna, der Mutter Fluch. Eine Dorfgeschichte. (117 S.) 8. Leipzig 908. Sächs. Volksschriftenverl. — 80

— Ein Friedenskind. Erzählung. gr. 8. (16 S.) Anklam 889. (Lpz., Buchh. d. Vereinshauses.) * — 15

Boy, J., e. Friedenskind. Erzählg. 8. (16) Ankl. 89, Schmidt's V. n. — 15

Boy, Johanna: Friedenskind. Jetzt: Strieg., Hus-Verl. — 05 86/90

— Führungen. Vier Erzählgn. f. die christl. Frauenwelt. 8. (227 S.) Ebd. 892. Cöthen 892. Schriften-Niederlage d. Evangel. Vereinshauses. Geb. in Leinw. n. 3. 50

Boy, J., das Heidekräutchen, s. Schillingsbücher.

— d. Orgelmanns Kind, s.: Hausfreund, Hamburger.

Boy, J., Meister Lautenschläger, s.: Hausfreund, Hamburger.

Boy, Johanna: Das Mägdlein von Vierlanden, s. Schillingsbücher.

— s. Maria u. Martha.

Boy, Johanna: Pastors Mariechen, s. Schillingsbücher.

Boy, Johanna: Der Opferstock von Winfriedsborn, s. Schillingsbücher.

— gesegnete Pfingsten, s.: Sonntags-Palmen.

— ein Schulmeister v. Gottes Gnaden, s.: Schillingsbücher

— die Spiritisten. E. Schauspiel f. d. Volksbühne i. 1 Akt. 12. (31 S.) Cöthen 892. Stuttgart, Holland & Josenhans. n. — 40

— die Spiritisten. Ein Schauspiel f. die Volksbühne in 1 Akt. 12. (31 S.) Cöthen 892. Schriftenniederlage d. Evangel. Vereinshauses. n. — 40

— vergieb uns unsere Schuld,
— vergiß deinen Stand nicht. } s.: Schillingsbücher.

— 6 Weihnachtsgeschichten. gr. 16. (38 S.) Anklam 889. (Lpz., Buchh. d. Vereinshauses.) * — 15

— 6 Weihnachtsgeschichten. 16. (38) Ankl. 89, Schmidt's V. n. — 15

— Ein Weihnachtsröslein, s. a. Weihnachts-Rosen.

Ein Weihnachtsröslein. Weihnachts-Erzählung von Johanna Boy 3. Aufl. *Cöthen: Ev. Vereinsh. [Berlin: Sonntagsschulbuchh 1895].* (23 S.) 8° [F.]
= Weihnachts-Rosen. H. 2.

Boy, Johanna: Wilder Wein. 3 merkwürd. Gesch. (128) 8° Greiffenberg '11. (Lpzg. H G Wallmann.) L 2 — d

Boy, Martinus Friedericus: De philosophia in genere et de quibusdam philosophis.
Halle-Wittenberg, Phil. Diss. v. 10. April 1821
Geb. [Joachimsthal (Uckermark) 5. 3. 1772]
Ms. fehlt. Verf. wurde abwesend promoviert. Promot.-Datum nach der Matr. prom.

Boy, Mt. F., d. großen Nachtheile d. Accidenzienwesens in d. evang.-luther. Kirche rc. 8. Brandenb. 821. Wiesike. 6 gGr

— Predigten, von denen die meisten bei besonderen Veranlass. gehalten sind. 8. Brandenb. 819. Wiesike. 1 Thlr

Boy, Otto, aus Glanmünchweiler (Rheinpfalz): **Untersuchungen über die molekulare Concentration des mütterlichen und des kindlichen Blutes.** *Würzburg 1904: P. Scheiner.* (20 S.) 8°
Würzburg, Med. Diss. v. 1904

Boy's, (Thomas Shotter) the Picturesque Architecture in Paris, Ghent, Antwerp, Rouen etc., containing 29 Drawings from Nature, and on stone, and printed entirely in colours, by C. Hullmandel, folio handsomely bound. .. London... Black et Armstrong. 44¼ Thlr

— Mounted as separate Drawings, in a Portfolio, the same. 59 Thlr

Boy, Werner, über die Abbildung der projektiven Ebene auf e. im Endlichen geschlossene singularitätenfreie Fläche, s. a. **Abhandlungen, mathematische. N. F. 5.**

Ueber die Abbildung der projektiven Ebene auf eine im Endlichen geschloßene singularitätenfreie Fläche. Von Dr. phil. Werner Boy. Abhandlung zu d. Modellen d. Serie XXX, Nr. 1 u. 2. *Halle a. S.: M. Schilling 1902.* (14 S.) 8°
— **Abhandlungen, Mathematische.** N. F. No 5.

Boy, Werner, aus Barmen: Ueber die **Curvatura integra** u. d. Topologie geschlossener Flächen. *Göttingen 1901: Dieterich.* (52 S.) 8°
Göttingen, Phil. Diss. v. [29. Okt.] 1901

Boy, Werner, über die Curvatura integra u. d. Topologie geschlossener Flächen. Diss. gr. 8. (III, 52 S. m. 33 Fig.) Göttingen 901. (Vandenhoeck & Ruprecht.) n. 1. 80

Boy-Ed: Peking u. Umgegend, nebst e. kurzen Gesch. d. Belagerg d. Gesandtschaften (1900). (160 m. Abb. u. 8 Pl.) kl8° Wolfenb., Heckner '08. 3 .–

Boy-Ed, u. M. Krieger, Peking u. Umgegend nebst e. kurzen Geschichte d. Belagerung d. Gesandtschaften (1900). 2. Aufl. m. 8 (farb.) Karten u. 44 Abb. (VI, 182 S.) kl. 8. Wolfenbüttel 910. Heckner. 2. 50
1. Aufl. (VI, 160 S. m. Abb. u. 8 Plän.) 908. 3. —

Boy-Ed, Ida, das ABC des Lebens. Roman. 8. (384 S.) Bielefeld 903. Velhagen & Klasing. Geb. in Leinw. n. 6. —

Boy-Ed, Ida, das ABC des Lebens. Roman. 2. Aufl. (384 S.) 8. Bielefeld 906. Velhagen & Klasing. Geb. in Leinw. n. 6. —

Boy-Ed, Ida, Abgründe des Lebens. Novellen. 8. (186 S.) Leipzig 887, Reißner. * M 3.—.; geb. *

Boy-Ed, Ida, s: Als uns. gr. Dichterinnen noch kl. Mädchen waren.

— Ein Augenblick im Paradies. (Roman.) (466) 8° Berl., Ullstein & Co. ('12). L 3 — d

— Dornenkronen. Roman. gr. 8. (267 S.) Berlin 886. Dresden, E. Reißner. n 4. —

—— Dornenkronen. Roman. gr. 8. (267 S. mit Portr. in Holzschn.) Berlin 886, Waldern. *

— Ein Echo, s.: Engelhorn's allgem. Roman-Bibliothek.

— s: Eho?

Boy-Ed, Ida. Empor! Roman. 8. (308 S. m. Bildnis.) Berl. 892, Deutsches Verlagshaus, Bong u. Comp. * 6 —; geb. * 7 50

— Empor! Roman. 2. Aufl. (308 S.) 8. Berlin (908). Deutsches Verlagshaus Bong & Co. 5.—; geb. 6. 50

— Erdrückt. Eine Malergeschichte. (Neue [Titel-]Ausg. v.: „Zwei Novellen".) 8. (III, 102 S.) Berlin [898]. (899). F. Gnadenfeld & Co. 2.—

Boy-Ed, Ida, fast e. Adler. Roman. 1.—4. Taus. (416 S.) 8. Dresden 907. E. Reißner. 5.—; geb. 6. —

Der Festungsgarten. Roman von Ida Boy-Ed. Bielefeld & Leipzig: Velhagen & Klasing 1905. (418 S.) 8° [F.] (o3. 0575)

— der Festungsgarten. Roman. 2. Aufl. (418 S.) 8. Ebd. 905. Geb. in Leinw. n. 6. —

Boy-Ed., Ida, Die Flucht Roman. 2. Aufl. 8. (436 S.) Stuttgart 898. Deutsche Verlags-Anstalt. n. 5. —; geb. n.n. 6. —

Boy-Ed, I: Fanny Förster, s.a. Deva-Roman-Sammlung.

— Fanny Förster, s. a. Romansammlung „Deva".

—— Fanny Förster. Roman. 8. (356 S.) Stuttg. 889, Deutsche Verlags-Anstalt. * 4 —; geb. * 5 —

— Fanny Förster. Roman. (Neue Titel-Ausg.) 8. (356 S.) Stuttgart 893. Deutsche Verlags-Anstalt. n. 1. 50; geb. n. 1. 75

— Geschichten aus der Hansastadt. (260 S.) 8. Leipzig (909). F. Moeser Nachf. 3.—; geb. in Leinw. 4. —

— aus Tantalus Geschlecht, s. a. Universal-Bibliothek.

—— Aus Tantalus Geschlecht. Roman. 2 Bde. 8. (256; 228 S.) Berl. 891. [Dominik.] Fontane u. Comp. * 7 50
geb. in 1 Bd. * * 8 50

— Gesina. — Erdrückt. 2 Novellen. 2. Aufl. 8. (108 S.) Leipzig 903. H. Seemann Nachf. n. 2. —

Boy-Ed, getrübtes Glück. Zwei Novellen. 8. (VI, 294 S.) Hamburg 884, O. Meißner's Verlag. * M 3.; geb. * 4 —

— die sieende Hand. Roman. 1.—3. Aufl. 8. (à 366 S.) Stuttgart 902. J. G. Cotta Nachf. n. 3. 60; geb. in Leinw. n. 4. 60

— Die säende Hand. Roman. 4. Aufl. (366 S.) 8. Stuttgart 910. J. G. Cotta Nachf. 3.50; geb. 4. 50

— Heimkehrfieber, s.: Engelhorn's allgemeine Romanbibliothek.

— um Helena. Roman. 8. (364 S.) Ebd. 901. n. 3.60; geb. n. 4. 60

Um Helena. Roman von Ida Boy-Ed. 3. Aufl. Stuttgart & Berlin: Cotta 1909. 304 S. 8° (10. 3711)

— „Ich", s. a. Deva-Roman-Sammlung. 18. Bd.

— „Ich!" s. a. Romansammlung „Deva". Nr. 18.

—— „Ich". Roman. 8. (250 S.) Stuttgart 888, Deutsche Verlags-Anstalt. * M 4.—.; geb. *

—— „Ich!" Roman. (Neue Titel-Ausg.) 8. (250 S.) Ebd. 892. * 1 50; geb. * 1 75

Boy-Ed, Ida: Die Kadettenmutter u. and. Marine-Erzählgn, s. a. Kürschner's Bücherschatz 700.

Die Kadettenmutter und andere Marine-Erzählungen. Von Ida Boy-Ed. Mit Ill. von A. Lewin. Berlin, Leipzig: Hillger [1909]. 90 S. 8° (Kürschners Bücherschatz Nr 700.) (10. 7401)

— Charlotte v. Kalb. Eine psycholog. Studie. „Das heisst: Ich bin kein ausgeklügelt Buch, ich bin e. Mensch in s. Widerspruch". (123 m. 8 [5 Bildn.-]Taf.) 8° Jena, E Diederichs '12. 2.50; geb. 4 —

— Ein königl. Kaufmann. Hanseatischer Roman. 1.—5. Aufl. (Je 419 S.) gr. 8. Stuttgart 910. J. G. Cotta Nachf. 4.—; geb. in Leinw. 5. —

Ein königlicher Kaufmann. Hanseatischer Roman von Ida Boy-Ed. 8.–10. Aufl. Stuttgart & Berlin: Cotta 1910. 419 S. 8° [10. 12545

— Ein königl. Kaufmann. Hanseat. Roman. 1—15. Afl. (419) 8° Stuttg., JG Cotta Nf. '10'11. 4 —; L n 5 — d

Boy-Ed, Ida, die Ketten. Roman. (421 S.) 8. Bielefeld 904. Velhagen & Klasing. Geb. in Leinw. n. 6. —

—— Ein Kind. Novelle. 8. (122 S.) Lpz. 892, Reißner. * 2 — geb. * 3 —

— die Lampe der Psyche. Roman. 8. (299 S.) Stuttgart 896. J. G. Cotta Nachf n. 4 —; geb. n. 5. —

— die Lampe der Psyche. Roman. 2. Aufl. 8. (344 S.) Stuttgart 899. J. G. Cotta Nachf. n. 4. —; geb. n. 5. —

— Die Lampe der Psyche. Roman. 3. Aufl. (340 S.) 8. Ebd. 909. 3.50; geb. in Leinw. 4. 50

—— Lea u. Rahel. Roman. 8. (314 S.) Ebd. 892. * 4 — geb. * 5 —

— Hardy v. Arnbergs Leidensgang, s: Engelhorn's allg. Roman-Bibliothek.

—— e. Lüge? Roman. 8. (208) Lpzg 88, Reissner. n. 3.50; geb. n. 4.50

— eine Lüge? Roman. 8. (208 S.) Leipzig 889. Reißner. n. 3. 50; geb. n. 4. 50

Malergeschichten. Psychol. Studien von Ida Boy-Ed. Leipzig: Reissner 1892. 313 S. 8° [10. 9319

— Malergeschichten. Psychologische Studien. 2. [Titel-]Ausg. 8. (315 S.) Leipzig [892]. 900. Dresden, C. Reissner. n. 3. —; geb. in Leinw. n. 4. —; in Halbfrz. n. 5. —

—— Männer der Zeit. Roman aus der Gegenwart in 3 Bdn. 8. (202; 161; 144 S.) Leipzig 885, [Schloemp.] Freund.

— zwei Männer. 8. (408 S.) Bielefeld 900. Velhagen & Klasing. Geb. in Leinw. n. 6. —

— Masken, s. A. Goldschmidt's Bibliothek f. Haus u. Reise.

—— Masken. Roman. 12. (120) Berl. 87, A Goldschmidt. n. — 50

[F.] Masken. Roman v. I[da] Boy-Ed. *Berlin: A. Goldschmidt 1899.* (120 S.) 1 Bd 8.
= Bibliothek, Goldschmidts, f. Haus u. Reise. Bd 75.

[F.] Ein kritischer Moment. E. Kreuzträgerin. Von Ida Boy-Ed. *Breslau: S. Schottlaender (1897).* (127 S.) 1 Bd 8.
(Unterwegs u. Daheim.) [97. 6090

— nicht im Geleise. Roman. 2 Bde. 8. (208 u. 184 S.) Leipzig 890. Reißner. n. 6. —; geb. in 1 Bd. n. 7. —

— Nichts. Roman. 8. (381 S.) Bielefeld 897. Velhagen & Klasing. Geb. in Leinw. n. 5. 50

— Nichts üb. Mich! Roman. 2.—5. Aufl. (Je 318 S.) kl. 8. Stuttgart 910. J. Engelhorn Nachf. 4. —; geb. in Leinw. 5. —

— Hermine v. Preuschen u. Konr. Telmann, Ninfa. 3 Novellen. 8. (V, 216 S.) Dresden 895. C. Reißner. n. 3. —; geb. n. 4. —

[F.] Zwei Novellen v. Ida Boy-Ed. *Berlin [u.] Leipzig: W. Süsserott 1898.* (2 Bl., 102 S.) 1 Bd 8. [98. 1741

Boy-Ed, Ida, zwei Novellen. Verleger zu ändern in: J. Gnadenfeld & Co.

— nur e. Mensch. Roman. gr. 8. (462 S.) Dresden 900. C. Reißner. n. 6. —; geb. n. 7. —

— Nur wer d. Sehnsucht kennt . . . Roman. 1—7. Afl. (356) 8° Ebd. '11. 3.50: L 4.50 d

—— der alte Randolph, s. Novellenschatz, neuer deutscher.

—— seine Schuld. Roman. 2 Bde. 8. (181; 278 S.) Leipzig 885, Reißner. * geb. in 1 Bd. *

— Die Schuldnerin. Roman. 8. (431 S.) Bielefeld 899. Velhagen & Klasing. Geb. in Leinw. n. 6. —

— sieben Schwerter. Roman. 8. (415 S.) Bielefeld 894. Velhagen & Klasing. Geb. in Leinw. n. 6. —

— die Schwestern. Roman. 8. (376 S.) Stuttgart 894. Deutsche Verlags-Anstalt. n. 5. —

— die Schwestern. Roman. 2. u. 3. Aufl. (Je 296 S.) 8. Stuttgart 904. Deutsche Verlags-Anstalt. n. 3. —; geb. n. 4. —

— Eine reine Seele. Roman. gr. 8. (382 S.) Dresden 897. C. Reißner. n. 5. —; geb. n. 6. —

— eine reine Seele. Roman. 2. Aufl. gr. 8. (323 S.) Ebd. 902. n. 4. —; geb. n. 5. —

Die große Stimme. Novellen von Ida Boy-Ed. 2. Aufl. *Stuttgart & Berlin: J. G. Cotta Nachf. 1903.* (195 S.) 8° [F.] [03. 13934

— Die grosse Stimme. Novellen. 3. Afl. (196) 8° Stuttg., JG Cotta Nf. '08. 2 —; L. 3 — d

— Sturm. Novellen. 8° (269) Bresl. 94, Schles. Buchdr. etc. 4 —; geb. 5 —
Enthält auch d. u. d. T.: „Begraben" angezeigte Novelle.

— Sturm. Novellen. (Neue[Titel-]Ausg.) 8. (269 S.) Breslau (894) 898. Schles. Buchdruckerei ꝛc. n. 2. —

— Die gelbe Türin, s.: Engelhorn's allgem. Roman-Bibliothek.

Boy-Ed, J., ein Tropfen. 8. (VII, 148 S.) Hamburg 882. O. Meißner. n. 2. 50

— die Unversuchten. Roman. 8. (223 S.) Leipzig 887. Reißner. n. 3. —; geb. n. 4. —

Um ein Weib. Roman von Ida Boy-Ed. Berlin: A. Schall [1906]. (416 S.) 8° [F.]
= [Verein d. Bücherfreunde. Jg. 16, 1.] [07. 14930

— e. Weihnachtsröslein, s.: Weihnachtsrosen.

— werde zum Weib. Roman. 2 Bde. 8. (214 u. 259 S.) Dresden 894. C. Reißner. n. 7. —; in 1 Bd. geb. n. 8. —

— werde zum Weib. Roman. 2. Aufl. 8. (333 S.) Dresden 902. C. Reißner. n. 4. —; geb. n. 5. —

— werde zum Weib. Roman. 3. Aufl. (346 S.) 8. Dresden 906. C. Reißner. n. 4. —; geb. n. 5. —

— aus einer Wiege. Roman aus dem hanseat. Familienleben. 8. (412 S.) Bielefeld 901. Velhagen & Klasing. Geb. in Leinw. n. 6. —

Eine Wohlthat. Roman von Ida Boy-Ed. Bielefeld & Leipzig: Velhagen & Klasing 1906. (416 S.) 8° [F.] [06. 1883

— eine Wohltat. Roman. 2. Aufl. (416 S.) 8. Bielefeld 906. Velhagen & Klasing. Geb. in Leinw. n. 6. —

— X. Roman. 8. (829 S.) Bielefeld 896. Velhagen & Klasing. Geb. in Leinw. n. 6. —

Boy-Ed, Ida

Zuletzt gelacht. Skizze aus den Vierlanden. Und andere Novelletten.
Leipzig: Reißner 1893. 207 S. 8°

Boy & Rath: Spezial-Katalog über Desinfektions-Apparate. Duisburg a. Rh. 1903

Boey, Joan., Diss. inaug. sistens historiam vulneris tracheam et oesophagum totum perscindentis feliciter sanati, cum aliorum observationibus et epicrisi. Adjecta tabula æri incisa. Kiliæ. 1827. 4. P. (Tvl. mglr. i K. B.).

Boyár, Fr., de episcopalis dioecesis Jaurinensis in una generali et sex specialibus cum repertor. exhibita. Fol. Wien 821. Wimmer. 5 *fl* 16 *kr*

Boycott-"Post": no. 1, Mar. 6, 1886— Milwaukee, WI

Boyd, David Runciman [aus Glasgow (Schottl.)]: I. Ueber die Reduktion einiger Dimethylamido-azoverbindungen. II. Einige Versuche zur Bildung von Verbindungen mit asymmetrischen Kohlenstoffatomen ... Heidelberg, Univ.-Buchdr. v. J. Hörning, 1896; 50 S., 1 Bl. 8.
Heidelberg, Naturw.-math. Fak., Inaug.-Diss. v. [23. Mai] 1896

Boyd, Harold de Haven. Ueber Methylallylmilchsäure und ihre Umlagerung in Dimethylhydrofurancarbonsäure. Strassburg. 1898. Diss.

Boyd's, Hugh, Gesandtschaftsreise nach Ceylon von L. D. Campbell. a. d. Engl. 8. Hamb. Hoffmann. 802.

Hugh Boyd's Gesandtschaftsreise nach Ceylon. Mit historisch-statistischen Nachrichten von dieser Insel und dem Leben des Verfassers hrgg. v. Lawrence Dundas Campbell. A. d. Engl. (v. E. B). Hamburg. 1802. 8°.

Boyd, JOsc., s: Bibliotheca abessinica, Octateuch.

Boyd, J Osc., s.: Octateuch, the, in Ethiopic.

— The text of the Ethiopic version of the Octateuch, s.: Bibliotheca abessinica.

Boyd, William Falconer, M. A., B. D. a. Aberdeen (Schottland): John Stuart Mills Utilitarismus im Vergleich mit dem seiner Vorgänger. Borna-Leipzig 1906: R. Noske (VIII, 60 S.) 8°
Tübingen, Phil. Fak., Ref. Maier, Diss. v. 14. April 1906
[Geb. 10. Okt. 78 Drumlithie. Schottland; Wohnort: Aberdeen; Staatsangeh.: England; Vorbildung: Gymn. Stonehaven Reife M. 96; Studium: Aberdeen 11, Marburg 1, Halle 1, Berlin 1, Tübingen 2 S.; Coll. 3. März 06.]

Boyde, C: 3stimm. Choralb. f. Sopran u. Altstimmen. 52 Choräle n. d. Choralmelodienb. f. d. Prov. Sachsen z. Gebr. f. d. Oberkl. d. Volks- u. Mittelsch., sowie f. höh. Mädchensch., Lehrerinnen-Seminare u. Frauen-Chöre. (56) 8° Lpzg, C Merseburger '02. — 60 d

Boye, A., s. Boye, J. A.

Boye, Adolf [Dr. iur.. Rechtspraktikant]: Über das Commissivdelikt durch Unterlassung ... Kirchheimbolanden, Buchdr. v. C. Thieme, 1893; 25 S. 8.
Erlangen, Jur. Fak., Inaug.-Diss. v. 1893

Boye, Alwine, Anleitung zum Selbstunterricht in der Tüllstickerei. gr. 8. (17 S. mit eingedr. Fig.) Berlin 885, Steinthal. *

Boye, Anthon (Lübeck), De aestimatione rerum debitarum. Disp. jur. Präs. Georg Frantzki. Jena (Joh. Beithmann) Juni 1626. 14 Bl. (6.80) 3719
Gew.: Johann Scytte Frh. z. Dudero.

Boye, Bruno, approb. Arzt aus Querfurt: Aus d. pathol. Institute zu Kiel. Ein Fall von Carcinom des Pankreas. *Kiel 1900: H. Fiencke.* (16 S.) 8°
Kiel, Med. Diss. v. [1. Sept.] 1900

Boye, C. J., Udvalgte og samlede poetiske Skrifter. 4 Thle. 8. (262. 250. 282 u. 252 S.) Kjöbenhavn 851. (Leipzig, Lorck.) n. 4 *fl*

Boyde, Carl, dreistimmiges Choralbuch f. Sopran u. Altstimmen. 52 Choräle nach d. Choralmelodienbuche f. die Prov. Sachsen zum Gebr. f. d. Oberklassen der Volks- u. Mittelschulen, sowie f. höh. Mädchenschulen, Lehrerinnen-Seminare u. Frauen-Chöre. 8. (56 S.) Leipzig 902. C. Merseburger. n — 60

Boye, E. C., Album für rationellen Flachsbau. Meine 40jähr. Erfahrungen auf dem Gebiete der Flachskultur unter besond. Bekämpfung der veralteten und verwerfl. Systeme, den ackerbautreib. Nationen gewidmet. 8. (122 S.) Güstrow 881. (Chemnitz, Bülz.) * 1 —

Boye, Harald [aus Bodö in Norwegen]: Über die Bildung von Farbstoffen aus Tetrahydrochinolin. . . . Tübingen, L. Fr. Fues'sche Buchdr. (W. Armbruster & O. Riecker), 1890; 45 S. 8°
Tübingen, Naturw. Fak., Inaug.-Diss. v. 1890

Boye, Heinr., Briefe geschrieben aus Ostindien und auf der Reise dahin. Schleswig. 1832.

Boye, (J. A.,) Adelung u. Heyse in ihren Declinations-Theorien. Ein Beitrag zu mehrer Begründ. u. möglichster Vereinfachung d. deutschen Declinations-Systems. 8. Halberstadt 825 (Brüggemann.)

Boye, J. A., Adelung u. Heyse in ihren Declinationstheorien. Ein Beitr. zu mehrer. Begründung u. mögl. Vereinfachung d. deutsch. Declinationssyst. 2. Aufl. 8. ... Neuhaldensleben 832, Eyraud. Thlr.

Boye, A., Ideen zu Begründung u. Vereinfachung des deutschen Deklinationssystems. Ein Beitrag zur Erleichterung der deutschen Grammatik. 8. Berlin 823. (H. Schulze.) 1/12 *fl*

— Ideen zu Begründung u. Vereinfachung d. deutschen Declinations-Systems. 8. Rathenow 823, Flick.

Boye, Otto Carol[us] Lud(ov)[icus]: De stricturis urethrae. Halis Saxonum (1851): Gebauer-Schwetschke. 33 S. 8°
Halle-Wittenberg, Med. Diss. v. 30. Sept. [vielmehr: 1. Okt.] 1851
Geb. Magdeburg 24. 1. 1826. V.

Boyé, Karl, approb. Arzt aus Wattenheim: Ein Beitrag zur Lehre von der normalen Hauttemperatur des Menschen. *Leipzig 1901: A. Edelmann.* (65 S.) 8°
Leipzig, Med. Diss. v. (26. Juli) 1901

Boye, Mor., († d. 12. Juni 1792.) Beitrr. zur Statistik v. Rußland. 8. Bayr. 789. (Grau). 8 *gr*

Boye, Mor., Beytr. zur Statistik von Rußland. 8. Bayr. (Grau, Hof). 789.

Boye, P., s. 1) Formulare, pharmaceut. 2) Hausarzt, d. ein Freund.

Feldzug der Hanseaten in den Jahren 1813 und 14. Oder: Authentische Geschichte der von den freien Städten Hamburg, Lübeck und Bremen errichteten Legion. Von einem Augenzeugen (P[hilipp] Boye). Mit 1 Kupfer. — Hamburg: Bernhardt 1815. VIII, 222 S. 8°

— Rudolph (Osterweddingen), De ascite ac de novo casu quodam ascitae ex obliteratione venarum hepaticarum nato. Diss. med. Halle (Orphanotroph.) 1. XI. 1862. 31 S. m. Biogr. (M.: L. Ost.) (3.50) 3720
Oppon.: E. Witte, O. Krueger. — Gew.: Otto Boye (Bruder).

Boye, W. G. H., Luther auf dem Reichstage zu Worms; nebst Ansichten seiner Hin- u. Rückreise bis zum Schlosse Wartburg. 8. Halle 817. Waisenh.-B. 6 gGr 2e Aufl. 8. Berl. 824. L. Oehmigke. 8 gGr

Boyen, Hermann von

Boyen, H. v., Beiträge z. Kenntniß d. General v. Scharnhorst u. seiner amtl. Thätigkeit in d. J. 1808—13, mit besond. Beziehung auf d. üb. ihn in d. Biographie d. verstorb. Minister Grafen Dohna ausgesproch. Urtheile. gr. 8. (4 B.) Berlin 833, Dümmler.

(Boyen, H. v.) Darstellung der Grundsätze der alten und der gegenwärtigen preuß. Kriegsverfassung. Berlin 1817. 8°. (Lithogr.) (Verm. Jähns.)

Boyen, Herm. v., Denkwürdigkeiten u. Erinnerungen 1771—1813. Neue, bearb. Ausg. in 2 Bdn. gr. 8. (XVI, 378 u. X, 396 S. m. Bildnis.) Suttgart 899. R. Lutz. n. 9.—; geb. n. 11.—

Boyen, Herm. v., s. Erinnerungen aus dem Leben des General-Feldmarschalls H. v. B.

Boyen, H. v., Erinnerungen aus dem Leben d. General-Feldmarschalls H. v. B. Aus seinem Nachlaß im Auftrage der Familie hrsg. v. F. Nippold. 3 Thle. gr. 8. Leipzig, Hirzel. n. 36.—; geb. in Halbfrz. n.n. 42.50
1. Der Zeitraum von 1771—1809. (XXXVIII, 492 S. mit 1 Bildniß.) 889. n. 11.—; geb. n.n. 13.—
2. Der Zeitraum von Ende 1809 bis zum Bündniß v. Kalisch. (XX, 560 S.) 889. n. 10.—; geb. n.n. 12.—
3. Der Zeitraum vom Bündniß v. Kalisch bis zur Leipziger Schlacht. Mit Namenregister, Abdr. e. Denkmünze u. mehreren Karten. gr. 8. (XXVIII, 609 S.) 890. n. 15.—; geb. n.n. 17.50

—— Erinnerungen aus d. Leben d. Kgl. Preuß. General-Lieuten. Frh. v. Günther. 8. (5½ B.) Berlin 834, Duncker u. Humblot.

†Boyen, Marc [Tante Christine; — Math. von Kamecke], s.a. Briefe an meinen jungen Haushalt.

Boyen, M.: Briefe an meinen jungen Haushalt, v. Tante Christine, s.a. B i b l i o t h e k des Familien-Wochenblatt.

Boyen, Marc., von Gott gezeichnet. Roman. 8. (236 S.) Breslau 880, Schottländer. * 4 50

—— wie die Menschen lieben. Erzählungen aus unserer Zeit. 8. (263 S.) Stuttgart 880, Richter und Kappler. * 4 —

Boyens, E., s.: Zeitschrift f. d. gesamte Handels- u. Konkursrecht.

Boyens, Emil, D. deutsche Seerecht. Auf Gr. d. Kommentars v. Will. Lewis unt. Berücksicht. ausländ. Seerechte neu bearb. M. e. Einleitg. üb. örtl. Geltg. seerechtl. Gesetze. 1. Bd. gr. 8. (XX, 460 S.) Leipzig 897. Duncker & Humblot. n. 10.—; geb. n. 12.—

Boyens, Emil, das deutsche Seerecht. Auf Grund des Kommentars v. William Lewis unter Berücksicht. ausländ. Seerechte neu bearb. Mit e. Einleitg. üb. örtl. Geltung seerechtl. Gesetze. 2. Bd. gr. 8. (XXI, 579 S.) Leipzig 901. Duncker & Humblot. n. 13.20; geb. n. 15.20
Bd. 1. Ebd. 897. n. 10.—; geb. n. 12.—.

Boyens, J., die Krätze. Eine Volksschrift. 8. Friedrichstadt 845. (Kiel, Bünsow.) ⅓ Rthlr

Boyens, J., die Krätze. Eine Volksschrift. 8. (2 B.) Friedrichstadt. Kiel 845. (Naeck.)

Die Schweden in Deutschland zur Zeit des dreißigjährigen Krieges. Ein historischer Roman v. Johann Boyens. Friedrichstadt. 1845. 8°

—— die Schweden in Deutschland z. Zeit d. 30jährigen Krieges. Ein histor. Roman. gr. 8. (12¼ B.) Kiel 845. (Naeck.)

Charte von der Landschaft Elderstedt und einem Theile Amtes Husum. Nach grösstentheils eigenen Messungen entw. und gez. v. Knud Boyens. 1 : 40000. Kopenhagen. 1861. Kupferstich, kol. 2 Bl. Imp.-Fol., 86/70 cm.
—— Aufgez. a. Leinen in Futteral, 8°.
—— Schwarz.

Boyer und Azalier, Die, unter Kaiser Traian in Pannonien. [Wien 1858.] V: *Aschbach, Jos.* (Zuwachsverz. d. Bibliotheken in Zürich 1898 ff.)

Boyer & Co.: Patentirte Heizungs-Apparate mit feuchter Luft. Ludwigshafen a. Rh. 1859

Boyer, Rue de la lune, s. Répertoire du Théâtre fr.

Boyer, Abel

— Dictionnaire abrégé. II Vol. gr. 8. Lyon. (Walther, Dresd.) 808.

Boyer, Dictionaire abrégé franç. — anglais et anglais — français. 23. Edition, revue p. Salmon, II Vol. 8. Paris. Levrault in Strasburg. 815.

Boyer, A., Dictionn. royal français-angl. et angl.-franç. II Vols. gr. 4. Basel 769. Schweighäuser, 7 Rthlr

Boyer, A. Dictionnaire royal français-anglais et anglais-français. Tiré des meilleurs auteurs qui ont écrit dans ces deux langues ci-devant composé à l'usage de feu S. A. R. le duc de Glocester. Revu et augmenté d'un grand nombre de mots et de phrases, tant Angloises que Françoises, et d'une dissertation sur la prosodie. (2 Bde.) 4. Basle 1794.

— s. Fénélon, the adventures of Telemach.

Boyer, Alexis

Boyer, Baron, Abhandl. über die chirurg. Krankheiten u. die dabei indicirten Operationen; aus d. Französ. übersetzt, mit Anmerkk. von K. Textor. 11 Bde. gr. 8. Würzb. 817—27. Stahel. 22 Rthlr 16 gGr (3r u. 4r Thl. A. u. d. T.: Abhandl. über d. Knochenkrankheiten u. die dabei angezeigten Operationen. Aus dem Französ. übersetzt von K. Textor. 2 Bde. 819. 4 Rthlr 12 gGr)

Boyer, (Alexis): Abhandlung über die chirurgischen Krankheiten und über die dabey angezeigten Operationen. (Traité des maladies chirurgicales... Dt.) Übers. von Kajetan (von) Textor. Bd 1, 3, 5 - 11, gbd., Abb.

Würzburg: Stahel 1818 - 1827

JB 3.333

Boyer, Alexis, Abhandlung üb. d. chirurg. Krankheiten u. üb. d. dabey angezeigt. Operationen. A. d. Franz. übers. v. Kaj. Textor. 1. u. 2. Bd. (2., verb. u. stark verm. Aufl.) gr. 8. Würzburg, Stahel. [1. (26¼ B.), 2. (28½ B.) 833. à 1 Thlr. 16 Gr.]
3—11. Bd. Ebendas. 1818—27. 18 Thlr. 16 Gr. — Zusamm. genomm. daselbst Pr. 12 Thlr.

Boyer, Alexis, vollständ. Handbuch d. Chirurgie. A. d. Franz. übers. u. verm. v. Caj. Textor. — A. u. d. T.: Abhandln. üb. d. chirurg. Krankheiten u. die dabei angezeigten Operationen. 11 Bde. od. 43 Lfgn. gr. 8. (363 B. u. 7 Kpfrt.) Würzburg, Stahel'sche Buchh. Zusamm. genomm. *
Bd. 1. Lfg. 1— 3. Entzündungen, Abscesse, Brand, Verbrennungen, Quetschungen u. Wunden im Allgem. 3. Aufl. bericht. n. d. 5. d. Orig. 834. 1 Thlr. 16 Gr.
" 2. " 4— 6. Geschwülste, Geschwüre u. Fisteln. 3. Aufl. bericht. n. d. 5. d. Orig. 834. 1 Thlr. 16 Gr.
" 3. " 7—11. Knochenkrankheiten. 1. Thl. M. 7 Kpfrt. 2. Aufl. bericht. n. d. 5. d. Orig. 836. 2 Thlr. 12 Gr.
" 4. " 12—16. Knochenkrankheiten. 2. Thl. 2. Aufl. bericht. n. d. 5. d. Orig. 836. 2 Thlr.
" 5. " 17—21. Krankheiten d. Kopfes u. d. Augen. 2. Aufl. bericht. n. d. 3. d. Orig. 837. 2 Thlr. 4 Gr.
" 6. " 22—24. Krankheiten d. Ohren, d. Nase u. d. Mundes. 2. Aufl. bericht. n. d. 4. d. Orig. 838. 1 Thlr. 16 Gr.
" 7. " 25—28. Krankheiten d. Halses, der Brust u. d. Unterleibes.

2. Aufl. bericht. n. d. 4. d. Orig. 839. 2 Thlr.
" 8. " 29—32. Brüche, Wassersucht, Krankheiten d. Nieren u. d. Harnleiter. 2. Aufl. bericht. n. d. 4. d. Orig. 840. 2 Thlr. 8 Gr.
" 9. " 33—36. Krankheiten d. Blase u. d. Harnröhre. 2. Aufl. bericht. n. d. 4. d. Orig. 840. 2 Thlr. 8 Gr.
" 10. " 37—40. Krankheiten d. Afters, Mastdarmes u. d. Geschlechtstheile. 2. Aufl. bericht. n. d. 4. d. Orig. 841. 2 Thlr. 16 Gr.
" 11. " 41—43. Krankheiten d. Hand u. d. Fußes, Zerreißung d. Muskeln u. Sehnen, hornartige Auswüchse, Amputationen, Aderlässe, künstliche Geschwüre, Moxa, Blasen- u. Senfpflaster. 2. Aufl. bericht. n. d. 4. d. Orig. 841. 2 Thlr.

Boyer: Vorlesungen üb. die Krankheiten d. Knochen. Herausg. v. A. Richerand. Übers. u. m. Anmerk. begl. v. G. A. Spangenberg. Bd. 1: V. den Knochenbrüchen. Leipz. 1804. 252 S. 3 Tvl.

—Vorles. üb. d. Krankheiten d. Knochen; herausg. v. Richerand; übers. v. G. A. Spangenberg. 2 Thle. M. 3 Kpf. gr. 8. Leipz. 804. Kühn. 3 ₰ 4 gl

Boyer, Alexis: Vorlesungen über die Krankheiten der Knochen. (Leçons sur les maladies des os. Ed. par Anthelme (Balthasar de) Richerand. Dt.) Übers. und mit Anmerkungen begleitet von Georg August Spangenberg. Bd 1 - 2, gbd., Abb.

Leipzig: Schäfer 1804

JB 3.332

Boeyer, J. J. Über die Grösse und Figur der Erde. Berlin 1861.

Boyer (Jacques). Die synthetischen Edelsteine, ihre Geschichte, Herstellung und Eigenschaften. Autoris. deutsche Ausg. bearb. u. erg. von **Hermann Grossmann** und **Albert Neuburger**. M. 12 Abb. Berlin 1910. 57 S.

Boyer, Jacques, la synthèse des pierres précieuses, Bearbeitg., s.: Grossmann, Herm., u. Alb. Neuburger, die synthetischen Edelsteine.

Boyer, Jean Baptiste

***Boyer*, J. Bapt., codex medicamentor. s. Pharmacopoea Paris. 8. Frankf. a. M. 760. Varrentrapp. 20 gl**

de Boyer, Jean Bapt. Examen critique des différentes écoles de peinture. Berlin 1768. 8°.

SCHREIBEN eines Feldpriesters der österreich. Armee an den ehrwürd. Pater Prior des Franziskanerklosters zu Frankfurt a. Main, worinnen die Arglisten u. verruchten Mittel entdeckt werden, deren sich der König v. Preussen bedient hat, die Schlachten bey Lignitz (sic!) u. bey Torgau zu gewinnen. Aus d. französ. Orig. (des *Persifle*, d. i. *Jean Baptiste Boyer* Marquis *d'Argens*) übersetzt. O. O. 1760. 8°. (In Marburg, Univ.-Bibl.)
Seltene satyr. Schrift mit humoristischen u. stellenw. pikanten Anmerk. (vgl. S. 8—9), 16 SS., unterz.: Abt *Persifle*, Feldpriester d. Regiments von Neuperg. — Rar!

— — Dasselbe, tit.: Schreiben eines Feldpredigers bey der Österreichischen Armee .... Aus d. Französ. O. O. (Frankf. a. M.?) 1761. (Im British Museum.)
Anon.-Lex. IV. p. 46 (nach Cat. des genannten Museums).

Boyer, Jules, Heilung der Lungenschwindsucht u. der chronischen Peritonitis. Mit Hülfe eines neuen Heilverfahrens. Mit Autoris. des Verf. nach der 12. Aufl. aus dem Franz. übers. von Gust. Tuch. 8. (101 S.) Hamburg 877. O. Meißner. n. 1. 60

Bover. L. e. schlimmer Handel, s.: Fresenius, Aug.

Boyer, Otto, Fuegos Fatuos. Fragment aus d. Leben e. fantasier. Müssiggängers. (Roman.) (337 S.) 8. Düsseldorf 910. Schmitz & Olbertz. 4.—; geb. n 5.—

Boyer, X., un mot sur l'unité allemande. Jean d'Autriche et Frédéric-Guillaume de Prusse. gr. 8. (23 S.) Strasbourg 849, Treuttel & Würtz. 3 ngl

— Rodolphe de Habsbourg ou l'Alsace au XIII. siècle. gr. 8. (311 S. u. 1 Holzschn.) Colmar 847. (Strassburg, Treuttel & Würtz.) n. 1 ₰ 26 ngl

[F.] Die Jugend des Papstes Leo XIII. gemäss dessen bis jetzt unveröff. Briefen v. [**Auguste**] **Boyer** d'Agen. A. d. Französ. übs. u. bearb. v. Dr. Ceslaus M[aria] Schneider. M. 55 Ill. u. 6 Heliogr. *Regensburg: Nationale Verlagsanst. 1897.* (1 Bl., XVI, 440 S., 2 Bl., 5 Portr., 1 Taf.) 1 Bd 8. [96. 16]

Boyer d'Agen, die Prälatur des Papstes Leo XIII. gemäß dessen bis jetzt unveröffentlichten Briefen. Aus dem Franz. übers. u. bearb. v. Cesl. M. Schneider. Mit 1 Heliograv. u. 84 Illustr. gr. 8. (XLVIII, 266 S.) Regensburg 902. Verlagsanstalt vorm. G. J. Manz. n. 6.—; geb. in Leinw. n. 8.—

[Boyer de Prébandier, Pierre:]
[Les Abus de la saignee. Deutsch:] Die Missbräuche des Aderlassen, bewiesen aus Gründen, welche von der Natur u. dem Verfahren der berühmtesten Aerzte zu allen Zeiten hergenommen sind. Nebst e. Anh., über die Mittel, die Arzneykunst zu verbessern .... Aus d. Franz. übers. von Christ. Georg Wolfg. Behrisch.
Leipzig: Heinsiuß 1767. 310 S. 8°

Boyertown Demokrat: Aug. 1858 - 1909 **Boyertown, PA**

Democratic weekly. Published in English and German, 1876 - 96. Title varies. Boyertown Bauer, Aug. 1858 - 1868?; 2) Boyertown Demokrat, 1868 - 1875?; 3) Boyertown Bauer, 4) Berks County Bauer. Circulation: 1870, 800 (est.); 1875, 1000; 1885, 1300; 1890, 1350; 1908, 1350. Edited & published by Oliver Perry Zink, 1858 - 60?; by Samuel Leaver, 1860 - 68; by George Sassaman, 1868 - 70; by William B. Albright, 1870 - 71; by George Spatz, 1871 - 72; by Charles B. Spatz, 1872 - 1909.

Boyes, Francis. Gedichte. 16. (VIII, 101 S.) Linz 889, (Mareis). geb. * 2 —

Boyes, Francis, zur Kenntniss der Benzoylderivate der Xylidine. Inaugural-Dissertation. gr. 8. (30 S.) Göttingen 875. (Vandenhoeck & Ruprecht's Verl.) n. — 80

Boyes, Francis Bryan, das Jankó-Clavier in seiner vollkommenen Ausführung (Boyes-Construction, in Aluminium gefertigt) u. die Frage seiner Existenzberechtigung. Durch Illustr. erläut., nach Möglichkeit kurz gefasste u. zugleich erschöpf. Behandlg. dieses Gegenstandes. gr. 8. (40 S.) Wien 894. (Leipzig, Litterar. Anstalt, A. Schulze.) — 30

Boyes, John, Selected dialogues for young ladies colleges. gr. 8. (69 S.) Rostock 898. C. J. E. Volckmann. Kart. n. 1.—

Boyes, Jos. M., hilf Dir selbst! Ein Wegweiser durch's Leben. Nach dem Engl. d. Sam. Smiles bearb. 4. Aufl. gr. 8. (XVI, 440 S.) Hamburg 875. Hoffmann & Campe's Verl. 4. 50; geb. n. 5. 50

Boyes, Jos. M., Hilf Dir selbst! Ein Wegweiser durchs Leben. Nach dem Engl. des Samuel Smiles bearb. 5. Aufl. 8. (XVI, 454 S.) Hamburg 888, Hoffmann und Campe Verlag. geb. *

Boyes, Jos. M., die Selbsthülfe in Lebensbildern und Charakterzügen nach dem Engl. des Sam. Smiles bearb. 1. Aufl. 1866. * 1 Thlr. 10 Ngr. und 2. Aufl. 8. (XII und 387 S.) Hamburg 867, Hoffmann und Campe. * 18 Ngr.; cart. *

Boyes (J. M.), Die Selbsthülfe in Lebensbildern und Charakterzügen nach dem Englischen des Samuel **Smiles**. 3. Aufl. Hamburg 1868. 8.

Boyes, Jos. M., die Selbsthülfe in Lebensbildern und Charakterzügen nach dem Engl. des Samuel Smiles. 8. (Titel-)Aufl. 8. (XII, 387 S.) Hamburg (867)69, Hoffmann und Campe. * cart. *

Boyesen, Hjalmar Hjorth. Fiedelhans und seine Familie, s. Zehnpfennig-Bibliothek.

Boyesen, H. H., Fiedelhans u. Krüppelhans, s. a. Meyer's, Ulr., Bücherei Nr. 18.

Fiedelhans und Krüppelhans. 2 norweg. Erzählungen von H[jalmar] H[jorth] **Boyesen**. Berlin: U. Meyer [1905]. (80 S.) 8° [F.]
= **Bücherei**, Ulrich Meyer's. No 18. [08. 2294

Boyesen, H. H., unter dem Gletscher, — Gunar, } s. a. Universal-Bibliothek Nr. 2342 und 2343.

Boyesen, H. H., Gunnar. Eine Erzählung aus dem norweg. Leben. In autoris. Uebersetzung von Paul Jüngling. 8. (199 S.) Breslau 880, Schottländer. * 3 50

—— ein Kommentar zu Goethe's Faust, s. Universal-Bibliothek Nr. 1521 und 1522.

Boyesen, H. H. Ein Kommentar zu Goethes "Faust." Lpz. 1881.

Boyesen, H. H., Novellen, s.: Engelhorn's allgemeine Roman-Bibliothek.

Boyesen, H. H., Selbstbestimmung, s.: Engelhorn's allgem. Romanbibliothek.

— e. Tochter der Philister, s.: Engelhorn's allgemeine Romanbibliothek.

BOYGER, JOSEPH: Hoch-Zeitliches Ehren-Gepräng eines Wohl-Ehrwürdigen Herrn Primalianten (sic!) und geistlichen Hoch-Zeiters Joseph Wenzl Zeitlers . . . erst-hoch-geheiligten Mess-Opfer in . . . Oedenburg . . . den 29. September 1726 vorgetragen. Oedenburg 1727. Druckts Jos. Ant. Streibig. 32 S. - 4°

Boykinoff, Dimitri G., aus Stara-Zagora (Bulgarien): Die Bedeutung der Übungen bei Erkrankungen des Centralnervensystems. *Berlin (1899): G. Schade.* (43 S.) 8°
Berlin, Med. Diss. v. 4. Aug. 1899

Boykott, der, im Buchhandel, beurtheilt v. dem Reichsgericht und dem kgl. preuss. Kammergericht. Abdruck der Entscheidgn. des Reichsgerichts vom 5. Juli 1890 u. d. kgl. preuss. Kammergerichts vom 17. Febr. 1891. gr. 8. (17; 15 S.) Berl. 891, Mayer u. Müller. * — 80

Boyksen, Georg, aus Oldenburg i. Grh.: Aus d. chirurg. Universitätsklinik in Kiel. Ein Fall von Nekrosis patellae infolge technisch falscher Anwendung der Stauungshyperaemie nach Bier. *Kiel 1904: H. Fiencke.* (12 S.) 8°
Kiel, Med. Diss. v. [24. März] 1904

[F.] F[rederick] Boyle. Über Orchideen. Deutsche Original-Ausg. hrsg. v. Dr. F[ritz] Kränzlin, Prof. in Berlin. M. 8 Farbendrucktaf. *Berlin: P. Parey 1896.* (VI S., 1 Bl., 198 S., 8 Taf.) 1 Bd 8. (96. 4116)

Boyle, Geo., Aufgaben zum Übersetzen aus dem Deutschen ins Englische, s.: Herrig, Ludw.

Boyle, George, englische Aufsätze, nebst einer theoret. Anleitung und 170 Dispositionen zum Anfertigen derselben für die oberen Klassen der höheren Lehranstalten. — A Guide to English Composition. With supplement. gr. 8. (XV, 320; 32 S.) Wiesbaden 875, Gestewitz' Verlag. geb. *

Boyle, George, englische Aufsätze. Suppl. gr. 8. (32 S.) Wiesbaden 877. Gestewitz. — 60. (Hauptwerk u. Suppl.: 4. —)

· Elementarkursus der englischen Sprache u. Anleitg. zum Englisch-Sprechen. gr. 8. (VIII, 228 S.) Berlin 874. München, Th. Ackermann. n. 2. 40

Boyle, Geo., Elementarkursus der englischen Sprache und Anleitung zum Englisch-Sprechen. gr. 8. (VIII, 228 S.) Berlin 874, Henschel. [Verggold.] *

—— idiomatisches Englisch für Deutsche. Eine Sammlung der gebräuchlichsten Redensarten und Anglicismen. 8. (IV, 140 S.) Berlin 878, Herbig. *

Boyle, Geo., die Habe eines Habenichts! Hinterlassene Papiere des Herrn Hans Pfaffenberger. 8. (IV, 154 S.) Oranienburg 888, Freyhoff. geb. mit Goldschn. *

Boyle, G. The Spanish language. Berlin, Handelssch., 1870. 26 S. 4.

Boyle, George, English Lessons, original and translated, serving as a key to L. Herrig's „Aufgaben zum Übersetzen aus dem Deutschen ins Englische". 2d edit., carefully revised. 8. (VIII, 299 S.) Iserlohn 881, Bädeker. * 2 50
1. Aufl. vgl. Lessons, English.

Boyle, George, the English and American poets and dramatists of the Victorian age; with biographial notices. gr. 8. (X, 299 S.) Frankfurt a/M. 880. Gestewitz. n. 3. 60; geb. n. 4. 50

—— Englisch-deutsches Vokabularium. gr. 8. (IV, 62 S.) Berlin 874, Henschel. [Verggold.] *

—— William I., German emperor and king of Prussia. gr. 8. (V, 214 S.) Wiesbaden 879, Gestewitz' Verlag. *

—— William I., German Emperor and King of Prussia. 2d edit. gr. 8. (IV, 225 S.) [Ebendas. 887.] Göttingen, Vandenhoeck und Ruprecht. *
geb. *M 2.40.; Pracht-Ausg. *

— William I., German Emperor and King of Prussia. 2. ed. gr. 8. (IV, 225 S.) Frankfurt a/M. 888. [Gestewitz.] Göttingen, Vandenhoeck & Ruprecht's Verl. n. 2. —; cart. n. 2. 40; eleg. geb. n. 4. —

Boyle, Geo. William I., German emperor and king of Prussia. 3d edit. gr. 8. (IV, 176 S.) Gött. 891, Vandenhoeck u. Ruprecht's Verlag. * 1 80; geb. * 2 30

Boyle, Marie Louise, d. Förster. Ein Zeit- u. Sittengemälde aus d. Jahre 1688. Nach d. Engl. v. W. F. L. Petri. 3 Thle. 8. (65½ B.) Braunschweig 843, Leibrock.

Boyle, R. Beaumont, Fletcher and Massinger, s. Studien, englische. 9. Bd. 2. Heft u. 10. Bd. 3. Heft.

—— Lehrbuch der Mathematik f. Gymnasien, Realschulen u. andere höhere Lehranstalten. 3 Tle., besorgt v. Vering. gr. 8. Ebd. * 7 25
geb. ** 8 15
1. Geometrie der Ebene. 13. verb. Aufl. (VI, 206 S. m. 199 Fig.) 890. * 2 —; geb. ** 2 30.
2. Ebene Trigonometrie u. Geometrie des Raumes. 8. Aufl. (VI, 214 S. m. Fig.) 892. * 2 25; geb. ** 2 55.
3. Arithmetik. In genauer Übereinstimmg. m. d. 8 u. Heis' Sammlg. v. Beispielen u. Aufgaben aus der Arithmetik u. Algebra. 7. u. 8. Aufl. (XII, 284 S.) 890,92. * 3 —; geb. ** 3 30.

Boyle, Rob., und Arth. Brehme, Lehrbuch der englischen Sprache. 1. Tl.: Laut- und Wortlehre. 8. (V, 144 S.) St. Petersburg 881, Kranz. * 2 —

Boyle, Robert, des engl. Capitäns, Reis. u. Begeb. 2 Thle. 8. Breslau, Pietsch. 744.

Boyle, Rob., Reisen u. Begebenheiten; u. A. R. Castelmanns Reisen u. Nachrr. v. Pensylvanien. 8. Leipz. 793. Weygand. 18 gr.

Shakespeare, der Verfasser seiner Dramen. Von Robert Boyle, St. Petersburg. *Zittau: Pahl 1896.* (IV, 55 S.) 1 Bd 8. (96. 566)

Boyle, R: Shakespeare, d. Verfasser s. Dramen. 8° (55) Zitt. 96. Backnang, J Rath. 1 —

Boylesve, Maria v., kurze Geschichte der Päpste. Autoris. Uebersetzung. 8. (VIII, 280 S.) Mainz 886, Kirchheim.

Boylesve, Marin de, die Andacht zum Herzen Jesu in Todesangst und zum mitleidenden Herzen Mariä für alle Sterbenden und Betrübten. Handbüchlein der zu Jerusalem errichteten Erzbruderschaft. Ins Deutsche übertr. von J. B. Kempf. 16. (88 S.) Mainz 878, Kirchheim.

Boylesve, Marin de, Aufruf gegen den Zeitgeist. Nach der 2. Aufl. übersetzt. gr. 8. (IV, 60 S.) Wien 870, Mayer und Comp. *

— der Feuerofen, s.: Theater, kleines.

Boylesve, Marin de, die Kirche, deren Gründung und Fortdauer als Folge des darin obwaltenden Uebernatürlichen. Deutsch von F. L. W. Soest 863. Nasse. 8. (126 S.) 10 ngr.

Boylesve, Marin de, die Kirche, deren Gründung und Fortdauer als Folge des darin obwaltenden Uebernatürlichen. Deutsch von F. L. W. 8. (126 S.) Soest 864, Nasse's Verlag.

Boylesve, M. de, Ludwig IX., der Heilige, } s.: Theater,
— die Machabäer, } kleines.

—— Moses. Schauspiel in 3 Akten. Mit Genehmigung des Verf. aus dem Französ. übers. von L. A. B. Pr. 16. (56 S.) Paderborn 878, Kleine.

Boyman, Johann Robert

Boyman, Joh. Rob., Grundlehren der Astronomie und mathematischen Geographie für Gymnasien, Realschulen und andere höhere Lehranstalten. Anh. zur Physik des Verf. gr. 8. (86 S. mit eingedr. Holzschn.) Köln und Neuß 865, Schwann's Verlag. *

Boymann, Joh. Rob., Grundlehren der mathematischen Geographie und Uebersicht des Weltgebäudes für Gymnasien, Realschulen und andere höhere Lehranstalten. Anhang zur Physik des Verf. 2. verb. Aufl. gr. 8. (42 S.) Köln und Neuß 874, Schwann's Verlag. *

Boymann, J. R., Grundlehren der mathematischen Geographie und Uebersicht des Weltgebäudes für Gymnasien, Realschulen und andere höhere Lehranstalten. Anhang zur Physik des Verfassers. 3. Aufl. gr. 8. (48 S.) Düsseldorf 880, Schwann'sche Verlagsh. * — 75

Boyman, Joh. Rob., Grundlehren der mathematischen Geographie und Übersicht des Weltgebäudes für Gymnasien, Realschulen und andere höhere Lehranstalten. Anhang zur Physik des Verf. 4. verb. Aufl., besorgt von Karl Werr. gr. 8. (48 S. mit Fig.) Düsseldorf 886, Schwann. *

Boyman, Joh. Rob. Grundlehren der mathematischen Geographie u. Übersicht d. Weltgebäudes f. Gymnasien, Realschulen u. andere höhere Lehranstalten. Anh. zur Physik d. Verf. 5. verb. Aufl., besorgt v. Vering. gr. 8. (56 S. m. 18 Fig.) Düsseld. 890, Schwann. * — 75

Boyman, Joh. Rob., Grundlehren d. mathemat. Geographie u. Übersicht d. Weltgebäudes f. Gymnasien u. and. höh. Lehranst. Anh. z. Physik d. Verf. 6., verb. Aufl., besorgt v. G. Vering. gr. 8. (56 S. m. Fig.) Düsseldorf 895. L. Schwann. n. — 75

Boymann, Joh. Rob., Lehrbuch der Geometrie für Gymnasien und höhere Lehranstalten. 2 Thle. gr. 8. Köln und Neuß, Schwann'sche Verlagsh. *

Inhalt:

Thl. 1. Geometrie der Ebene. (VI und 133 S. mit eingedr. Holzschn.) 858. * 15 Ngr.
" 2. Ebene Trigonometrie und Geometrie des Raumes. (VII und 170 S. mit eingedr. Holzschn.) 859. * 22½ Ngr.
Diese beiden Theile bilden zugleich den 1. und 2. Thl. von des Verf. „Lehrbuch der Mathematik".

Boyman, Joh. Rob., Lehrbuch der Mathematik für Gymnasien und höhere Lehranstalten. 3 Thle. Köln, Schwann. gr. 8. n. 2 ℛ

1. Thl.: Geometrie der Ebene. 2. verb. Aufl. 861. (VIII, 159 S.) n. 17½ ngr — 3. verb. Aufl. 865. (VIII, 190 S. m. Holzschn.) n. 20 ngr
2. Thl.: Ebene Trigonometrie und Geometrie des Raumes. 859. (VII, 170 S. m. Holzschn.) n. 22½ ngr
3. Thl.: Arithmetik. 861. (VIII, 224 S.) n. 22½ ngr

—— Lehrbuch der Mathematik für Gymnasien und Realschulen. 1.—3. Thl. gr. 8. Köln und Neuß, Schwann's Verlag. *

Inhalt:

Thl. 1. Geometrie der Ebene. 3. Aufl. 1865. und 4., verb. Aufl. (VIII und 190 S. mit eingedr. Holzschn.) 867. * 20 Ngr.
" 2. Ebene Trigonometrie und Geometrie des Raumes. 2., verb. Aufl. (VIII und 192 S. mit eingedr. Holzschn.) 866. * 22½ Ngr.
" 3. Arithmetik. 2., verb. Aufl. (VIII und 263 S.) 866. * 25 Ngr.

—— dass. — 2. Thl.: Ebene Trigonometrie und Geometrie des Raumes. 3. verb. Aufl. gr. 8. (VI, 214 S.) Ebendas. 873. *

—— dass. — 3. Thl.: Arithmetik. In Uebereinstimmung mit Heis' Sammlung von Beispielen und Aufgaben aus der Arithmetik und Algebra. 3. verb. Aufl. gr. 8. (VIII, 267 S.) Ebendas. 872. *

— Lehrbuch der Mathematik f. Gymnasien, Realschulen u. andere höhere Lehranstalten. 1—3. Thl. gr. 8. Ebend. 872. 73. n. 6. 75

1. Geometrie der Ebene. 6. verm. Aufl. (VIII, 190 S.) n. 2. —
2. Ebene Trigonometrie u. Geometrie d. Raumes. 3. verb. Aufl. (VI, 214 S.) n. 2. 25
3. Arithmetik. In Uebereinstimmg. m. Heis' Sammlg. v. Beispielen u. Aufgaben aus der Arithmetik u. Algebra. 3. verb. Aufl. (VIII, 267 S.) n. 2. 50

Boyman, Joh. Rob., Lehrbuch der Mathematik für Gymnasien, Realschulen und andere Lehranstalten. 3 Thle. gr. 8. [Köln und Neuß.] Düsseldorf, Schwann. *

Inhalt:

Thl. 1. Geometrie der Ebene. 7. Aufl. (192 S.); 8. verb. Aufl. (VIII, 194 S. mit eingedr. Holzschn.) 878. * ℳ 2.
" 2. Ebene Trigonometrie und Geometrie des Raumes. 5. verb. Aufl. (220 S. mit eingedr. Holzschn.) 880. * ℳ 2,25.
" 3. Arithmetik. In Uebereinstimmung mit Heis' Sammlung von Beispielen und Aufgaben aus der Arithmetik und Algebra. 5. verb. Aufl. (206 S.) 877. * ℳ 3.

—— Lehrbuch der Mathematik für Gymnasien, Realschulen und andere höhere Lehranstalten. 1. und 3. Tl. gr. 8. Ebendas. * 5 —

Inhalt:

Tl. 1. Geometrie der Ebene. 9. verb. Aufl., besorgt von K. Werr. (VI, 191 S. mit eingedr. Holzschn.) 1880.; 10. verb. Aufl., besorgt von K. Werr. (IV, 191 S. mit eingedr. Holzschn.) 884. * ℳ 2.
" 3. Arithmetik. 6. Aufl. (306 S.) 882. * ℳ 3.
2. Tl. Ebendas. 1880. * ℳ 2,25.

Boymann, Joh. Rob., Lehrbuch der Mathematik für Gymnasien, Realschulen u. andere Lehranstalten. 1. u. 2. Thl. gr. 8. Düsseldorf 880. Schwann. n. 4. 25

1. Geometrie der Ebene. 9. verb. Aufl., besorgt v. K. Werr. (VI, 191 S. m. eingedr. Holzschn.) n. 2. —
2. Ebene Trigonometrie u. Geometrie des Raumes. 5. verb. Aufl., besorgt v. Carl Werr. (VI, 214 S. m. eingedr. Holzschn.) n. 2. 25

— Lehrbuch der Mathematik f. Gymnasien, Realschulen u. andere höhere Lehranstalten. 1. Tl.: Geometrie der Ebene. 10. verb. Aufl., besorgt v. Karl Werr. gr. 8. (IV, 191 S. m. eingedr. Fig.) Ebend. 884. n. 2. —

—— Lehrbuch der Mathematik für Gymnasien, Realschulen und andere höhere Lehranstalten. 1. und 2. Thl. gr. 8. Ebendas. *
geb. *

Inhalt:

Thl. 1. Geometrie der Ebene. 11. und 12. verb. Aufl., besorgt von Karl Werr. (IV, 191 S.) 887,88. * ℳ 2.—.; geb. * ℳ 2.30.
" 2. Ebene Trigonometrie und Geometrie des Raumes. 6. und 7. verb. Aufl. (VI, 214 S. mit eingedr. Holzschn.) 884,88. * ℳ 2.25.; geb. * ℳ 2.55.
3. Thl. Ebendas. 1881. * ℳ 3.—.; geb. * ℳ 3.30.

— Lehrbuch der Mathematik f. Gymnasien, Realschulen u. andere höhere Lehranstalten. 3 Thle. gr. 8. Düsseldorf, Schwann. n. 7. 25; geb. n. 8. 1[illegible]

1. Geometrie der Ebene. 12., verb. Aufl., besorgt v. K. Werr (IV, 191 S.) 888. n. 2. —; geb. n. 2. 3[illegible]
2. Ebene Trigonometrie u. Geometrie des Raumes. 7., verb Aufl. (VI, 214 S. m. eingedr. Holzschn.) 888. n. 2. 25 geb. n. 2. 5[illegible]
3. Arithmetik. In genauer Übereinstimmung. § f. § m. Heis Sammlg. v. Beispielen u. Aufgaben aus der Arithmetik u Algebra. 7., verb. Aufl., besorgt v. K. Werr. (VIII, 303 S.) 890. n. 3. —; geb. n. 3. 3[illegible]

— dasselbe. 1. Tl. Geometrie der Ebene. 13., verb. Aufl. besorgt v. Vering. gr. 8. (VI, 206 S. m. 199 Fig.) Ebd. 890. n. 2. —; geb. n.n. 2. 3[illegible]

Boyman, Joh. Rob., Lehrbuch der Mathematik f. Gymnasien, Realschulen u. andere höhere Lehranstalten. 3 Tle. Neue Aufl., besorgt v. Vering. gr. 8. Düsseldorf 894. L. Schwann. n. 7. 25; Einbde. à n.n. — 30

1. Geometrie der Ebene. 15. Aufl. (IV, 206 S. m. 199 Fig.) n. 2. —
2. Ebene Trigonometrie u. Geometrie des Raumes. 9. Aufl. (VI, 214 S. m. 86 Fig.) n. 2. 25
3. Arithmetik. In genauer Übereinstimmung § f. § m. Heis' Sammlg. v. Beispielen u. Aufgaben aus der Arithmetik u. Algebra. 9. verb. Aufl. (XII, 284 S.) 893. n. 3. —

Boyman, Joh. Rob., Lehrbuch der Mathematik f. Gymnasien, Realschulen u. andere höhere Lehranstalten. 2. u. 3. Tl. gr. 8. Düsseldorf. L. Schwann. n. 5. 25; geb. n.n. 5. 85
2. Ebene Trigonometrie u. Geometrie des Raumes. 18. Aufl., besorgt v. Vering. (VI, 214 S. m. Fig.) 903. n. 2. 25; geb. n. 2. 55
3. Arithmetik. In genauer Übereinstimmg. 3 für 3 m. Heis' Sammlg. v. Beispielen u. Aufgaben aus der Arithmetik u. Algebra. 11. Aufl., besorgt v. Vering. (XII, 284 S.) 904. n. 3. —; geb. n.n. 3. 30

Lehrbuch der Mathematik für Gymnasien, Realschulen u. andere höh. Lehranst. Von Dr. Johann Robert **Boyman**. 21. Aufl., bes. von Prof. Dr. [Gerh.] Vering. T. 1. *Düsseldorf: L. Schwann 1902.* 8° [F.] [03-4934 8

Lehrbuch der Mathematik für Gymnasien, Realschulen und andere höhere Lehranstalten. Von Dr. Johann Robert **Boyman**, Prof. zu Koblenz. 22. Aufl. besorgt von Prof. Dr. [Gerhard] Vering, Oberl. in Düsseldorf. T. 1. *Düsseldorf: L. Schwann 1902.* 8° [F.] : [04. 8763

Boyman, Joh. Rob., Lehrbuch der Mathematik f. Gymnasien, Realschulen u. andere höhere Lehranstalten. Besorgt v. Vering. 2 Tle. 8. Düsseldorf, L. Schwann. 4. 25; geb. n 4. 85
1. Geometrie der Ebene. 28. Aufl. (IV, 206 S. m. Fig.) 909. 2.—; geb. n 2. 30
2. Ebene Trigonometrie u. Geometrie des Raumes. 18. Aufl. (VI, 214 S. m. Fig.) 909. 2.25; geb. n 2. 55

Boymann, Joh. Rob.: Lehrb. d. Mathematik f. Gymn., Realsch. u. and. höh. Lehranst. 1. Tl: Geometrie d. Ebene. 27. Afl. v. Vering. (6, 206 m. Fig.) 8° Düsseld., L Schwann ('12). 2 — d

—— Lehrbuch der Physik, für Gymnasien, Realschulen und höhere Lehranstalten. gr. 8. (V und 412 S. mit 264 in den Text eingedr. Holzschn.) Köln und Neuß 868, Schwann's Verlag. *

—— Lehrbuch der Physik für Gymnasien, Realschulen und andere höhere Lehranstalten. 2. verm. und verb. Aufl. gr. 8. (IV, 399 S. mit 1 Chromolithogr. und 300 in den Text eingedr. Holzschn.) Köln und Neuß 871, Schwann's Verlag. *

— Lehrbuch der Physik f. Gymnasien, Realschulen u. andere höhere Lehranstalten. Mit 300 in den Text eingedr. Holzschn. 3. verm. u. verb. Aufl. gr. 8. (1. Hälfte 240 S.) Ebend. 871. n. 4. —

—— Lehrbuch der Physik für Gymnasien, Realschulen und andere höhere Lehranstalten. 3. Aufl. gr. 8. (418 S. mit 395 in den Text eingedr. Holzschn.) Ebendas. 877. *M 4.; geb. *

—— Lehrbuch der Physik für Gymnasien, Realschulen und andere höhere Lehranstalten. 4. verb. und verm. Aufl., besorgt von Karl Werr. gr. 8. (IV, 460 S. mit 310 in den Text eingedr. Holzschn. und 1 chromolithogr. Spektral-Taf.) Ebendas. 882. *M 4.; geb. * 5 —

— Lehrbuch der Physik für Gymnasien, Realschulen u. andere höhere Lehranstalten. 5., verb. Aufl. 8. (IV, 402 S. m. 310 eingedr. Holzschn. und 1 Spektraltaf.) Ebd. 887. n. 4. 20; geb. n. 4. 70

[F.] Lehrbuch der Physik für höhere Lehranstalten. Von Prof. Dr. Johann Robert **Boyman**. M. 334 in d. Text eingedr. Holzschn. u. 1 Spektral-Taf. 6. verb. u. verm. Aufl. besorgt v. Prof. Dr. G[erhard] Vering, Oberl. ... zu Düsseldorf. [Nebst] Anh. (u. d. T.: Grundlehren d. mathem. Geographie u. Uebersicht d. Weltgebäudes ... Von ... Boyman.) *Düsseldorf: L. Schwann 1895.* 2 Bde 8.
Lehrb. (VIII, 302 S., 1 Bl., 1 Taf.) Anh. (50 S.) [96. 3336

—— Lehrbuch der Planimetrie, s. Huberti, Pet. Frz.

— Lehrbuch der Planimetrie, Lösung der Aufgaben, s.: Füchtjohann, Heinr.

Boyman, Joan. Rob. (geb. Neuss 17. 12. 1815): De lineis loxodromicis in datis superficiebus imprimis de loxodromia sphaerica et sphaeroidica. Berolini (1839). (38 S.) 4°
Berlin, Phil. Diss. v. 20. Febr. 1839

Boymann, Joh. R.: Theorie der loxodromischen Linien auf den Rotationsflächen der 2. Ordnung, welche einen Mittelpunkt haben. (Erste Abtheilung.) 28 S.
Progr. Coblenz 1857.

Boymann, Johann Robert, s. Boyman, Johann Robert

Boyne, Recherches sur l'Indigénat helvétique. 8. Bern, Typogr. 778.

Boyneburg, s. a. Boyneburgk

Boyneburg, Klara v., ein histor. Gemälde der Vorzeit von Schaubrod. 2 Bde. 8. Gera, Rothe. 796.

Boyneburg, H. W. E. v., gründliche Anleitung zum Rechnen, für solche, die selbst denken und andern denken lehren. 8. Eisenach, Bärecke.

— gründl. Anleit. zum Rechnen, für solche, die selbst denken u. Andern denken lehren. 8. Eisenach 798. Bärecke. 4 gr

Boyneberg, H. W. E., Anleit. z. Rechnen. 8. Eisenach, (Ettinger, G.). 797.

— gründl. Anweis. zur Landwirthschaft. 8. Gotha 798. (Ettinger). 4 gr

Boyneburg, von, neue landwirthschaftl. Erfahrungen. Mit Kupf. 8. Marb. Krieger. 819.

v. Boyneburg, H. W. Ch., d. Nöthigste v. d. Bauwissenschaft in wenigen Stunden zu lernen. 8. Darmst. 821. Leske. 8 gr

Boyneburgk, s.a. Boyneburg

Boyneburgk, Clara von, ein historisches Gemählde der Vorzeit, von J. A. Schaubrod, 2 Theile, 8. Gera, 796. Rothe. 1 Rthl. 15 sgl.

Boys

— Picturesque architecture of Paris, Ghent, Antwerp, Rouen &c. &c. Consisting of Twenty-nine beautiful Drawings, executed in Oil Colours, by the new process of Chroma-lithography, by Hullmandel. Imperial fol. Elegantly half-bound morocco. Ebend. ... 22 £

Boys, London at it is. With 20 lithographed plates. Roy. fol. London 842. (Leipzig, T. O. Weigel.) 20 £

Boys, C. V., Seifenblasen. Vorlesungen üb. Capillarität. Autoris. deutsche Uebersetzg. v. G. Meyer. gr. 8. (VIII, 86 S. m. 56 Fig. u. 1 Taf.) Leipzig 893. J. A. Barth. n. 3. —

Boys, E., die Ehe des Christen. Ein Wort der Mahnung. 16. (16 S.) Basel 882, Spittler. * — 10

Boys, E., die Ehe des Christen. Ein Wort der Mahng. 2. Aufl. 12. (15 S.) Basel 894. Jaeger & Kober. n. — 8

Boys, Ernest

Boys, Ernst, M. A., meines Herrn Geld od. die Uebergabe der Talente. Deutsch v. C. F. 8. (144 S.) Gotha (899). Missionsbuchh. P. Ott. n. 1. —; geb. n. 1. 60

Boys, Ernest, M. A., d. feste Grund. Betrachtgn. üb. d. Erlösungsfrage. A. d. Engl. 8. (IV, 107 S.) Gütersloh 895. C. Bertelsmann. n. 1. 50; geb. n. 2. —

— der Kampf des Glaubens! Deutsch v. C. F. 8. (18 S.) Ebd. (899). n. — 20

— Selbstverleugnung u. Kreuztragen. Deutsch v. C. F. 8. (20 S.) Ebd. (899). n. — 20

— der Tempel des hl. Geistes. 8. (19 S.) Ebd. (899). n. — 20

— Uebergabe im täglichen Leben u. im Familienleben. Deutsch v. C. F. 8. (20 S.) Ebd. (899). n. — 20

Vergebung und Friede. Ein Wort f. die um ihr Seelenheil Bekümmerten von Rev. Ernest Boys. *Neukirchen-Moers: H. Mandel jr. [1899].* (14 S.) 8° [F.] [00. 4035 5

Boysen, Hans von, Haupt und geheimer Oberer des Preussischen Bundes; Dialogisierte Rittergeschichte aus dem 15ten Jahrhundert. Thorn u. Danzig 1795. V: *Baczko, Ludwig Adolph Franz Joseph von.* »Hamburg 1803« (Ky) (GGr) (MGT)

v. Boysen, Hans; Haupt u. geheimer Oberer d. preuß. Bundes. (v. L. v. Baczko). 2 Bde. 8. Hamb. 803. (Herold jun.) 1 ℛ 12 gℓ.

Boysen, Hans v., Haupt- u. geheimer Oberer d. preußischen Bundes. 2 Bde. 8. Hamb. Vollmer. 803. (à 18 gr.)

Boysen, Oberleutnant à la suite des 6. pommerschen Infanterie-Regiments Nr. 49, kommandirt bei der Königl. Unteroffizierschule in Weissenfels. Die Ausbildung des Infanteristen im Exerziren (einzeln und im Trupp). Turnen, Schiessen und Garnisonwachtdienst an der Hand der betreffenden Vorschriften. Nebst Anhang: Verzeichnis der Rüstübungen der III. bis I. Turnklasse, Übungen am Kasten, Lehrgang im Bajonnettiren (v. 1901) und Rekrutenwochenzettel. Für Offiziere, Unteroffiziere, Einjährig-Freiwillige etc. Mit Zeichnungen im Text. 8. Oldenburg 1901.

Boysen, die Ausbildung der Infanteristen im Exerziren (einzeln u. im Trupp), Turnen, Schießen u. Garnisonwachtdienst an der Hand der betreffenden Vorschriften. Nebst Anh.: Verzeichnis der Rüstübgn. der III. bis I. Turnklasse, Übgn. am Kasten, Lehrgang im Bajonettiren (v. 1901) u. Rekrutenwochenzettel. Für Offiziere, Unteroffiziere, Einjährig-Freiwillige rc. 12. (VIII, 208 S. m. Fig.) Oldenburg 901. G. Stallings Verl. n. 2. —; geb. n. 2. 40

Boysen, die Ausbildung des Infanteristen im Exerzieren (einzeln u. im Trupp), Gefechtsdienst u. Schießen an der Hand der betreffenden Vorschriften. Nebst Anh.: Rekrutenwochenzettel. Für Offiziere, Unteroffiziere, Einjährig-Freiwillige rc. 2. Aufl. (VII, 163 S. m. Fig.) kl. 8. Oldenburg (906). G. Stalling's Verl. n. 1. 25

Boysen, die Ausbildung des Infanteristen im Exerzieren (einzeln u. im Trupp), Gefechtsdienst u. Schießen an der Hand der betr. Vorschriften. Nebst Anh. Rekrutenwochenzettel. Für Offiziere, Unteroffiziere, Einjährig-Freiwillige rc. 4. (veränd.) Aufl. (VII, 163 S. m. Abbildgn.) kl. 8. Oldenburg (909). G. Stalling's Verl. p 1. 50

Boysen: Die Ausbildg d. Infanteristen im Exerzieren (einzeln u. im Trupp), Gefechtsdienst u. Schiessen an d. Hand d. betr. Vorschr. Anh.: Rekrutenwochenzettel. 5. Afl. (7, 155 m. Abb.) kl8° Oldenbg, G Stalling'sV. ('10). 1.50 d

— Auszug aus dem Exerzier-Reglement f. die Infanterie. Für Offiziere u. Unteroffiziere. 7. Aufl. (59 S.) kl. 8. Berlin 907. Zuckschwerdt & Co. n. — 40

— Auszug aus dem Exerzier-Reglement f. die Infanterie. Für Offiziere u. Unteroffiziere. 10. veränd. Aufl. auf Grund der Verändergn. des Exerz.-Reglts. vom August 1909. (62 S.) 16. Berlin 910. Zuckschwerdt & Co. — 40

— Auszug a. d. Exerzier-Regl. f. d. Infant. 11. Afl. (62) 16° Berl., Zuckschwerdt & Co. '12. — 40 (Pp.) d

— Meine Dienstzeit als badischer Infanterist. Ein Unterrichtsbuch f. meine Belehrg. in den verschiedensten Dienstobliegenheiten. (XV, 216 S. m. Abb. u. 7 [5 farb.] Taf.) 8. Ebd. (909). p nn — 45; kart. nn — 55

Meine Dienstzeit als deutscher Infanterist. Ein Unterrichtsbuch f. meine Belehrung in d. verschiedensten Dienstobliegenheiten bearb. von **Boysen,** Hauptm. im Inf.Regt No 72. Mit e. Bilde d. Kaisers ..., mit 4 farb. Bildertaf. u. zahlr. Abb. Berlin: Zuckschwerdt & Co. 1905. (VIII, 216 S.) 8° [F.] [08. 9416

— dass. als deut. Infanterist. (216 m. Abb. u. 6 [4 farb.] Taf.) 8° Ebd. ('09). nn — 45; kart. nn — 55 (Partiepreise) d

— dasselbe, als sächsischer Infanterist. (XXIII, 216 S. m. Abbildgn. u. 8 [6 farb.] Taf.) 8. Ebd. (909.) nn — 45; kart. p nn — 55

— dasselbe, als württemberg. Infanterist. (XVI, 216 S. m. Abbildgn. u. 7 [5 farb.] Taf.) 8. Ebd. (909.) p nn — 45; kart. nn — 55

— Erziehung des Unteroffiziers f. seinen Beruf, s.: Schaarschmidt.

— Festschrift zur 200jährigen Wiederkehr der Erhebung Preußens zum Königreich (1701—1901). 12. (54 S. m. 25 Abbildgn.) Ebd. 901. n. — 30

— Gefechtsausbildung der Schützen, der Rotte, Gruppe u. des Zuges. Nach den neuesten Vorschriften bearb. [Aus: „Die Ausbildg. d. Infanteristen".] 7. veränd. Aufl. (49 S.) kl. 8. Oldenburg (909). G. Stalling's Verl. — 35

— Gefechtsausbildung des Schützen, der Rotte, Gruppe u. des Zuges. Nach den neuesten Vorschriften bearb. 2. Aufl. (49 S. m. Fig.) kl. 8. Oldenburg (906). G. Stalling's Verl. n. — 40
Sonderabdruck aus: „Die Ausbildg. des Infanteristen im Exerzieren, Gefechtsdienst u. Schießen".

[F.] Vaterländische Geschichte bearb. als Lehr- bezw. Repetitionsb. v. **Boysen,** Premier-Lt. im 6. Pommerschen Inf.-Reg. Nr. 49 ... M. 4 Übersichtskt. *Berlin: Liebel 1897.* (68 S., 1 Kt.) 1 Bd 4. (F.) [98. 3080

— Ratschläge u. Mitteilgn f. Einj.-Freiw. d. deut. Heeres vor ihrem Diensteintritt. (109 m. 1 farb. Kte u. 4 Taf.) 1. u. 2. Afl. 8° Ebd. ('12). 1.50 d

[Umschlagt.:] Der Reservist. Mahnworte für die Zukunft! Erinnergn an d. aktive Dienstzeit! Hrsg. v. **Boyson,** Prem.-Lieut. ... *Weissenfels a. S.: Lehmstedt i. Komm. 1899.* (64 S.) 1 Bd 8. [99. 2408 3

— Der Reservist. Mahnworte f. d. Zukunft! Erinnergn an d. aktive Dienstzeit! 2. Afl. 12° (64) Weissenf. 99, (M Lehmstedt). — 30

Der Reservist. Mahnworte f. d. Zukunft! Erinnerungen an d. aktive Dienstzeit! Hrsg. von **Boysen,** Oberlt. 3. Aufl. *Berlin: E. S. Mittler & Sohn 1900.* (63 S.) 8° [Umschlagt. F.] [00. 8476

Der Reservist. Mahnworte f. d. Zukunft! Erinnerungen an d. aktive Dienstzeit! Hrsg. von **Boysen,** Oberlt. im Inf. Reg. No 52. 5. Aufl. *Berlin: E. S. Mittler & Sohn 1902.* (63 S.) 8° [Umschlagt. F.] [03. 1179

— der Reservist. Ratgeber f. die Zukunft! Erinnerungen an die aktive Dienstzeit! 8. Aufl. (63 S.) kl. 8. Berlin 905. E. S. Mittler u. Sohn. n. — 30

— Der Reservist. Ratgeber f. die Zukunft! Erinnerungen an die aktive Dienstzeit. 11. Aufl. (63 S.) kl. 8. Berlin 908. E. S. Mittler & Sohn. — 30

Boysen's Sammlg hamburger Gesetze. Textasg. Nr. 2 u. 3. 16° Hambg, C Boysen. Kart. 1.50 (1—3.: 4 —)
2. Ausführungsgesetze, hamburg., zu d. am 1.I.1900 in Kraft tret. Reichsges. 1. u. 2. Afl. (125—300) 1900. 1.50
(1 u. 2.: 2.50, in 1 L.-Bd 2.75)
3. Gerichtsvollzieherwesen, hamburg. (210) 1900. 1.50
Nr. 1 bildet: Ausführungsgesetze, hamburg., zu d. am 1.I.1900 in Kraft tret. Reichsges.

Boysen's Sammlung Hamburger Gesetze. Textausg. Nr. 4. gr. 16. Hamburg, C. Boysen. Kart. 1902. —. 30.
4. Dienstbotenordnung vom 7. XII. 1898 nebst Abänderungen vom 11. X. 1901 u. Ausführungsgesetz vom 27. III. 1899. Mit Anh.: Vorschriften f. den Geschäftsbetrieb der Gesindevermiether u. Stellenvermittler vom 30. IV. 1902. Textausg. (IV, 58 S.)

Boysen's Sammlung Hamburger Gesetze. Textausg. Nr. 5. gr. 16. Hamburg, C. Boysen. Kart. 1903. 1. 20.
6. Strassenordnung vom 7. VII. 1902 u. Nebengesetze. — Verordnung betr. den Fahrradverkehr vom 30. IX. 1898 nebst Ergänzgn. — Droschkenordnung vom 18. XII. 1902. — Verordnungen betr. den Karrenhandel, Verkehr m. Kraftfahrzeugen, das Feilbieten v. Ansichtskarten u. s. w. (VI, 184 S.)

Boysen's Sammlung Hamburger Gesetze. Nr. 6 u. 7. gr. 16. Hamburg, C. Boysen. Kart.
6. Geyer, J. V., Das hamburgische Erbschaftssteuergesetz vom 2. III. 1908, unter Benutzg. der Gesetzesmaterialien erläutert. (VI, 149 S.) '08. 2. —. — 7. Gesetz, betr. die Stempelabgabe vom 11. XII. 1908. Textausg. (48 S.) —. 40. 1909.

Boysen's Sammlung Hamburger Gesetze. Nr. 7 u. 8. 16. Hamburg, C. Boysen. 2. 10
7. Gesetz, betr. die Stempelabgabe vom 11. XII. 1908 u. Bekanntmachung, betr. die Entrichtung der Stempelabgabe durch Verwendung v. Stempelzeichen. Textausg. 2. Aufl. (IV, 54 S.) 909. — 60
8. Die hamburgischen Gesetze üb. die öffentliche Jugendfürsorge, m. Anmerkgn. versehen u. hrsg. von J. Petersen u. P. Vogt, nebst e. Anh., enth. das Gesetz üb. das Armenwesen vom 11. IX. 1907. (103 S.) 908. Geb. 1. 50

Boysen's Sammlg Hamburger Gesetze. Nr 7, 9, 10 u. 11. 16° Hamb, C Boysen. (1—4, 5a u. 6—11: HL 14.85) d
Nr 5 ist vergriffen.
Gerichtskostengesetz, Hamburgisches, v. 30. 6. '11 (Hamburg. Gesetzsammlg '11, I. Abt.) m. Anh.: Auszug a. d. Gebührenordng. f. Notare. Textausg. m. Sachreg. (87) '11 [9] HL 1.30
Gesetz, betr. d. Stempelabgabe v. 11. 12. '03/30. 6. '11 nebst Bekanntmachgn v. 11. 12. '03, 29. 10. '06 u. 11. 7. '11 u. Lustbarkeitssteuergesetz v. 8. 12. '11 nebst Bekanntmachgn v. 8. 12. '11 u. 13. 12. '11. Textausg. 3. Afl. (6, 79) '12 [7] 1 —
Lustbarkeitssteuergesetz in Hamburg v. 8. 12 '11 nebst Ausführgsbestimmgn. (22) '12 [10] — 40
Olshausen, A: Gesetz üb. d. Erhebg v. Beiträgen f. d. Bau d. Walddörferbahn. Mit kurzen Erläutergn versehen. (15) '12 [11] — 50

Boysen, moderne Schriften, s.: Brückmann.

— Der Unterführer d. Infant. als Lehrer im Exerzier- u. Gefechtsdienst. (83) 16° Ebd. '12. 1 — d

— der Unteroffizierschüler u. seine Verwendung bei der Truppe. Ein Beitrag f. die Erziehg. desselben in der Front. Nebst Anh.: Der Dienst bei den Unteroffizier- u. Unteroffizier-Vorschulen. 12. (27 S.) Oldenburg 900. G. Stalling's Verl. n. — 35

Wegweiser für den Dienst-Unterricht durch Unteroffiziere bearb. von Boysen, Hauptm. im Inf.Regt Nr. 72. Berlin: Zuckschwerdt & Co. 1907. (57 S.) 8° [J.]. [08. 11990]

— Wegweiser f. d. Dienst-Unterr. durch Unteroffiziere. 1—5. Afl. (57) kl8° Berl., Zuckschwerdt & Co. '07—10. nn — 60 (Partiepreise) d

— Wehrpflicht. Armee- u. Marineeinteilg. Wehrpflicht. Der Rekrut. Freiwill. Eintritt (Unteroff.-Schulen, Schiffsjungendivision). Der 2- u. mehrjähr. Freiwillige. Der Einj-Freiw. Der Kapitulant. Laufbahnen im deut. Heere. Unt. u. ob. Militärbeamte. Ergänzg d. Veterinär- u. Sanitäts-Offizierkorps u. d. Offiziere d. Friedensstandes. — Anh.: Verz. d. Zivilbeamten d. Militär-Verwaltg. Bezeichngn d. körperl. Fehler. Verz. d. geforderten Körpergrössen. Gehaltstab. u. Muster. Verz. d. Regter u. selbständ. Bataillone. (111 m. 3 farb. Taf. u. farb. Kte.) 8° Ebd. ('11). 1.50 d
2. Afl. u. d. T.:

— Wehrpflicht. Laufbahnen im deut. Heere. Anh.: Verz. d. Zivilbeamten d. Militär-Verwaltg. Bezeichngn d. körperl. Fehler. Verz. d. geforderten Körpergrössen. Gehaltstab. u. Muster. Verz. d. Regter u. selbständ. Bataillone. 2. Afl. (111 m. farb. Abb. u 1 farb. Kte.) 8° Ebd. ('12). 1.50 d

Blatt- und Blüthenknospen im Lenze meines Lebens v. A. Boysen. Tondern. 1828. 8°.

Griechenland vor und nach dem Kriege nebst Betrachtgn üb. d. griechisch-türk. Krieg des J. 1897. Gewidmet d. Verein Parnassos v. Adalbert Boysen ... *Halle a. S.: Tausch & Grosse 1898.* (4 Bl., 68 S., 3 Kt.) 1 Bd 8. [00. 5092 3]

Aus der Heldenzeit der Nordfriesen und Dithmarschen v. Adalbert Boysen. Leipzig. 1907. 8°

— Sammlung neugriechischer Gedichte u. Studie üb. den Hellenismus. gr. 8. (64 S.) Marburg 902. N. G. Elwert's Verl. Kart. n. 2. —

— Die Sulioten, s. a. Charakterbilder, militärische. 3. Hft.

Die Sulioten. Aus d. Geschichte e. Heldenvolkes. Von Oberst A[dalbert] Boysen. Mit d. Bild e. Suliotenkriegers. Leipzig: F. Engelmann 1907. (24 S.) 8° [J.]
— Charakterbilder, Militärische. II. 3. [07. 10738]

Boysen, Adolph Josias, Commentatio de commotione cerebri. Diss. inaug. Kiliae. 1822. 4. P.

Boysen, Andr., die Freundin, oder allgem. nützl. Handbuch, enth. vermischte Aufsätze zur Bildung des Herzens u. Verstandes f. d. weibl. Geschlecht. 2 Thle. Mit 1 Steindr. 8. Bresl. (819). Holäufer, 1 ₰

Boysen, Annie, die wir v. der Erde sind. Roman. (355 S.) 8. Berlin-Ch. (910). Vita. 4. —

Boysen, Broder (Husio/Holsat.), De fideicommissis. Disp. jur. Präs. Engelbert Wippermann. Rinteln (Wächter) 3./4. X. 1678. 32 S. (5.—) 3721

Boyen, C., s. Boysen, Karl

Boysen, Carl Andreas Georg, s. Boysen, Karl

Boysen, Dietr. (Hrsg.), s. a. Beiträge zur Verbesserung des Kirchen- und Schulwesens in protestantischen Ländern.

Boysen, Dietr. u. Jak. Boysen, Beitrr. z. Verbesser. d. Kirchen- u. Schulwesens in protestant. Ländern. 2 Bde. à 4 Stcke. gr. 8. Altona 797 — 99. Hammerich. 3 ₰ 8 gr

— s. Versuch e. Methode v. liturg. Verbesserungen rc.

[J. u. Ant.] Kaiser Wilhelm Gedenkmarsch für Pianoforte comp. v. F. Boysen ... *Leipzig: J. F. F. Paul [1897].* 2 Bl. 4. [99. 1139]

Boysen, Friedrich August

— gründl. Anweis. z. bürgerl. Rechenkunst. 8. Gotha 792. Ettinger. 10 gr

Boysen, Fr. Aug., († 1798.) fabulae centum, ex antiquis auctoribus delectae, et a Gabr. Faerno Cremonensi carminibus explicatae. In us. schol. edidit. 8. Leipz. 798. (Brockhaus). 8 gr

F. A. Boysen's anthropol. Fragmente, vorzügl. in moral. Hinsicht. *Lpz.*, Feind. 812. 8° 21 gr

Boysen, Fr. A., anthropologische Fragmente, vorzügl. in moral. Hinsicht. 8. Leipz. Franz. 812.

— anthropologische Fragmente, vorzügl. in moral. Hinsicht. 8. Leipz. 812. (Taubert). 21 gr

Boysen, Friedr. Aug., Gedächtnisspredigt auf den Tod des Königs v. Preussen Friedrich II. Quedlinburg 1786. 8.

— Predigten üb. verschied. Texte d. heil. Schrift. gr. 8. Leipz. 788. Schwickert. 1 ₰

— Preisschrift, s. Preisschrift.

— die selbstlehrende Rechenkunst. 2 Thle. gr. 8. Leipz. 796, 98. (Brockhaus). 2 ₰ 8 gr Mit n. T. 812. 1 ₰ 12 gr

Boysen, Fr. Aug.: „Selbstlehrende Rechenkunst; oder vollständige Anweisung zum Rechnen für alle Stände, insonderheit für Kaufleute, Oekonomen und andere Geschäftsmänner, die in ihren Verrichtungen und Aemtern mit Rechnen zu thun haben", 2 Teile, Leipzig 1796 (Feind). Neue wohlfeile Ausgabe, Leipzig 1812 (Gleditsch).

— Versuch e. Beantwort. d. Preisfr.: Wie weit darf die moral. Schätzung rc., s. Preisschriften, drei.

F. A. **Boysen's** Vers. e. Beantw. d. (Berl.) Preisfr.: wie weit, wenn anders überhaupt, darf d. moral. Schätzung e. Handl. bey d. Festsetz. e. Strafgesetzes u. bey d. Anwend. dess. in Anschlag kommen? *Berl.*, Unger. 804. gr 8° 1 Rthl.

— üb. d. Weltgebäude, od. die Werke Gottes im Großen, mit 3 Kpf. gr. 8. Frankf. a. M. 791. Hermann. 1 Rthl. 4 gr.

Boysen, Frid. Augustus Josias (geb. Schleswig 30. 4. 1834): De ferri candentis ad sanandas teleangiectasias haemorrhoidales applicatione. Berolini (1856). (30 S.) 8°
Berlin, Med. Diss. v. 15. März 1856

Boysen, Friedrich Eberhard

— Abriß d. Römischen Geschichte vom J. der Welt 3230 bis an d. Jesu Christi 1453. gr. 8. Halle 771. Gebauer. 4 gr.

Boysen, Fr. Eberh., († d. 4. Juni 1800.) Abriß des Lebens u. d. Thaten Jesu. 8. Quedlinb. 765. Bisterfeld. 6 gr.

— acta Cyprianica de baptizant. haeret. 4. Quedlinb. 762. Ernst. 6 gr.

— Ausz. a. d. Welthistorie. s. Welthistorie.

— Beitr. zu e. richtigen Systeme d. hebr. Philologie. 3 Thle. gr. 8. Chemn. 761 — 63. (Andrä in Leipz.) 2 Rthl. 18 gr.

— Beytr. z. e. System d. hebr. Philologie nach Michaelis. 3 Thle. gr. 8. Chemnitz, Sommer. (Bauer in Leipzig). 761 — 63.

Boysen, Fr. Eberhard (Hrsg.), s.a. B i b l i o t h e k, Philologische, für die niederen Schulen.

Boysen, Frz. Eb., philologische Bibliothek für niedrige Schulen. 3 Stück. 8. Quedlinb. Ernst. 765.

— Briefe an Gleim. 2 Bde. 8. Frankf. 772. Reußner. 12 gr.

Boysen, Friedr. Eberh. (Hrsg.), s.a. B r i e f e, Theologische.

— theolog. Briefe. 2 Bde. od. 18 Stück. 8. Quedlinburg, Ernst. 765 — 68.

— f. Elementarbuch für Kinder.

— Entwürfe fr. Predigten über d. Sonn- u. Festtage. 8. Quedlinb. 766. Ernst. 8 gr.

Boysen, Fr. Eberh., Entwürfe fr. moral. Reden üb. d. Episteln. 8. Magdeb. 757. 2e A. 759. Scheidhauer. 12 gr.

— Erklärun'g d. beyden Briefe Petri u. Judä. gr. 8. Halle, Gebauer. 775.

— prakt. Erklär. des Briefes Pauli an d. Kolosser. 3 Thle. 4. Quedlinb. 766 — 81. Ernst. 1 Rthl. 20 gr.

— prakt. Erklärung d. Epist. Pauli an d. Coloss. 3 Thle. 4. Quedlinb. Ernst. 766 — 781.

Boysen, Frz. Eb., Erläuterung des Grundtextes der heiligen Schrift N. Test. 3 Stück. 8. Quedlinburg, Ernst. 761. 62. Rthlr. -

— krit. Erläuter. d. Grundtext. d. Bibel Alt. Test. 10 Thle. 8. Halle, Hemmerde u. Schw. 760—64. (1r 6 gr. 2r 8 gr. 3r 8 gr. 4r 16 gr. 5r u. 6r à 10 gr. 7r u. 8r à 8 gr. 9r 10 gr. 10r 12 gr.).

— krit. Erläuter. d. Grundtext. d. heil. Schr. A. Test. 10 Thle. 8. Halle 760 — 64. Schwetschke u. S. 4 Rthl.

— Erläuterung des Magdeburg. Schöppencronicons. 4. Frankf. a. M. 760.

— vernünft. Gedanken von d. Zeit, dem Orte u. dem Raume. 8. Quedlinb. 763. Ernst.

— Gesangbuch. od. Samml. einig. Lieder u. Betracht. z. Privatandacht. 8. Quedlinb. 763. Ernst. 8 gr.

— Gesch. d. Römer vom Anf. ihres Staats bis z. Untergang. 3 Thle. gr. 8. Halle 771. Gebauer. 4 Rthl. 15 gr.

— eigene Lebensbeschreibung. 2 Thle. Mit dess. Bildn. 8. Quedlinb. 795. Ernst. 1 Rthl. 12 gr.

— Leitfaden zum Unterricht. in der christl. Religion rc. 8. Ebend. 808.

Boysen, Friedr. Eberhard, s. L u t h e r, Martin, Katechismus

Boysen, Friedr. Eberhard (Hrsg), s.a. M a g a z i n, Allgemeines historisches.

— allgem. histor. Magazin. 6 Stcke. 8. Halle 767 — 70. Gebauer. 4 Rthl. 15 gr.

— monumenta inedita rer. germanicar. praecipue Magdeburg. et Halberstadiensium. T. 1. 4. Quedlinb. 761. Ernst. 1 Rthl. 8 gr.

Boysen, Friedrich Eberhard, s. M o s h e i m, J. L.: Erklärung des Briefs Pauli.

— Sammlung einiger Lieder u. Betr. zur Privatandacht. 8. Ebend. 763.

— Samml. einiger moral. Reden rc. 8. Magdeb. 760. (Schütz). 10 gr.

B o y s e n, F. E., de significatione πορφύρεος. Magdeb. 1742. 4.

— Versuch e. Erklär. d. beiden Briefe Petri u. des Br. Juda. gr. 8. Halle 775. Gebauer. 21 gr.

— die allgem. Welthistorie im Ausz., s. Welthistorie. 10 Thle.

Boysen, Frz. Eberh., s. B o y s e n, Friedrich Eberhard

Über die Struktur und die Pathogenese der Gallensteine [Galdestenenes Struktur og Pathogenese]. Von Dr. med. J. **Boysen** in Kolding. Mit e. Vorw. von Prof. Dr. Th(orkild) R o v s i n g. Mit 2 Taf. Berlin: Karger 1909. IV, 127 S. 8° [illegible]

Boysen, Jacob, s.a. B o y s e n, Jasper

Boysen, Jak., († d. 26. Juli 1818.) Abriß d. christl. Glaubens- u. Sittenlehre. 8. Altona 797. Hammerich. 6 gr.

Boysen, Jacob. 95 Antithesen übersetzt und mit Anmerkungen versehen von zwei Ungelehrten. Im Decbr. 1817 Lübeck. Ü u. H: *Binzer, August von & Hnr. v. Reventlow.* (LS I, 49 f.)

Boysen, J., 95 Antithesen, übersetzt und mit Anmerkungen versehen von zwey Ungelehrten. gr. 4. Lübeck, v. Rohden. 818.

Boysen, Jakob (Hrsg.), s. B e i t r ä g e zur Verbesserung des Kirchen- und Schulwesens in protestantischen Ländern.

— kurzgefaßte Darstell. der Geschichte, des Zweckes u. Wesens u. der wohlthät. Folgen d. Reformation Luthers, mit besond. Rücksicht auf die Dän. Staaten. 8. Altona 818. Hammerich. 6 gr.

— Leitfaden z. Unterr. in d. christl. Religion rc. 8. Altona 808. Hammerich. 2 gr.

— Predigten, bei seiner Amtsveränderung gehalten. 8. Altona 818. (Hammerich). 6 ℳ

— zwei Reformationspredigten. gr. 8. Altona 818. Hammerich. 4 ℳ

Boysen, Jasper, s.a. B o y s e n , Jacob

Abriss der christlichen Lehre, mit Hinweisung auf den Schleswig-Holsteinischen Landeskatechismus und auf das Schleswig-Holsteinische Gesangbuch, zunächst für seine Konfirmanden entw. v. Jasper **Boysen.** Neue Ausg. Altona. 1814. 8°.

⊙ Des Consistorial-Raths Jasper **Boysen** 95 Antithesen übersetzt und mit Anmerkungen versehen von zwey Ungelehrten [d. sind: August von Binzer und Heinrich Graf Reventlow]. (Kiel.) 1817. 4° k.

⊙ Fünfundneunzig Sätze den fünfundneunzig Sätzen Harms entgegengesetzt v. Jasper **Boysen.** A. d. Latein. übers. für das Volk [v. Nikolaus Matthias Ludewig]. Hamburg. 1818. 8°.

⊙ 95 Theses, Harmsii 95 Thesibus oppositae a Jasper **Boysen.** Tychopoli. 1817. 4° k.

De veterum legationibus theoricis. Auctore Joann. **Boysen.** Schleswig. 1827. 4°. Gymn.-Progr.

Dichtungen v. Johannes Wilhelm **Boysen.** Hrgg. von seinem Bruder (Ernst Boysen). Itzehoe. 1878. 8°.

Leeder und Stückschen in Ditmarscher Platt v. [Johannes Wilhelm] **Boysen.** Leipzig. 1865. 8°

BOYSEN, J[ÜRG.] G[OTTL.] A[NT.], De aneurysmatibus diss. inaug. Kiliae. 1822. 4. P.

Boysen, Karl

Boysen, C., die landwirtschaftl. Ausstellung in Odense u. die Entwickelung der dänischen Landwirtschaft. gr. 8. (81 S.) Leipzig 900. M. Heinsius Nachf. n. — 50
Sonderabdruck aus: „Milch-Zeitung."

— u. M. Herter, e. Beleuchtung der Kunst- u. Milchbutter-Industrie. gr. 8. (81 S.) Kiel 887. (Biernatzki.) n.n. — 50

Boysen, C., und A. Wüst, Bericht über die Dampfpflug-Konkurrenz zu Banteln vom 2. bis 8. Septbr. 1881. Im Auftrage des land- und forstwirtschaftl. Hauptvereins Hildesheim hrsg. gr. 8. (III, 48 S. mit 13 in den Text gedr. Holzschn.) Berlin 882, Parey. * 1 —

Boysen, C., Bericht über die Molkerei-Ausstellung zu Frankfurt a. M., s. Bissering, B., G. Küster und H. v. der Hellen, das Molkereiwesen in Dänemark, Schweden und Schleswig-Holstein.

—— und C. Petersen, zur Einrichtung von Molkerei-Schulen. Gutachten, erstattet dem Central-Ausschuß der kgl. Landwirthschafts-Gesellschaft zu Celle. gr. 8. (24 S.) Hildesheim 877, Gerstenberg'sche Buchh. *

Boysen, Gräsung auf holsteinischen Weiden, s. A. Arbeiten der deutschen Landwirtschafts-Gesellschaft. 103. Hft.

Gräsung auf holsteinischen Weiden. Bericht über Gräsungs- u. Schlachtversuche mit ostpreuß. Ochsen, veranst. von d. Deutschen Landwirtsch.-Gesellsch., Sonderausschuß f. Schlachtbeobachtungen. Von Ökonomierat [Karl Andreas Georg] **Boysen**-Hamburg. Berlin: Deutsche Landw.-Gesellsch. 1905. (15 S.) 8° [F.]
= **Arbeiten** d. Deutschen Landwirtsch.-Gesellschaft. H. 103. [illegible]

Johann Gutenberg. Vortrag, geh. zu Königsberg i. Pr. 1900 von Dr. K[arl] **Boysen.** *Königsberg [1901]: Hartung.* (18 S.) 8° [F.] [illegible] 10

Boysen, Unsere Inlands-Produktion u. d. Einfuhr v. lebendem Vieh, Fleisch u. Fetten. 2 Aufsätze. (Schriften d. deutschen milchwirthschaftl. Vereins. Nr. 25.) gr. 8. (29 S.) Leipzig 898. M. Heinsius Nachf. n. — 60

Die Markt- und Absatzverhältnisse für schleswig-holsteinische Butter, mit besonderer Berücksichtigung Englands v. [Karl] **Boysen.** Kiel. 1888. 8°.

Landwirtschaftskammer f. d. Prov. Schleswig-Holstein.

— Mast- u. Schlachtversuche m. Schweinen, s. a. Arbeiten der deutschen Landwirtschafts-Gesellschaft.

[F.] Mast- und Schlachtversuche mit Schweinen, veranstaltet v. d. Deutschen Landwirtschafts-Gesellsch., Sonderausschuss f. Schlachtbeobachtgn. u. der Landwirtschaftskammer f. d. Prov. Schleswig-Holstein. Berichtet v. Ökonomierat [Carl Andreas Georg] **Boysen**-Hamburg. M. 10 Lichtdr.-Taf. u. 1 graph. Darstellg. *Berlin: Dr. v. Hempel & C. 1899.* (2 Bl., v, 45 S., 11 Taf.) 1 Bd 8.
= **Arbeiten** d. Deutschen Landwirtschafts-Gesellschaft. H. 39. [illegible]

Boysen. Die Molkerei-Produkte im Welthandel. Hrsg. v. der durch den milchwirthschaftl. Verein [begründet Bremen 1874], die Vereinigg. der deutschen landwirthschaftl. Genossenschaften u. die deutsche Landw. Gesellschaft ernannten Kommission f. den Absatz der Molkereiprodukte. [Schriften d. milchwirthschaftl. Vereins Nr. 19.] gr. 8. (57 S.) Kiel 890. (Brem., Heinsius Nachf.) * — 80

Boysen, Karl. Lexici Seguerian Συναγωγὴ λέξεων χρησίμων inscripti pars prima (a) ex cod. Coislin. No. 347. gr. 4. (XXIX S.) Marb. i. H. 891, Elwert's Verlag. * 1 50

Boysen, Carl, de Harpocrationis lexici fontibus quaestiones selectae. Accedunt fragmenta lexicorum rhetoricorum ex codd. Coisl. n. 347 et Paris. n. 2635 nunc primum excerpta. gr. 4. (105 S.) Kiel 876, Haeseler. Diss. *

— Hamburgs Schlachthof- u. Viehmarkt-Anlagen. Hrsg. i. Auftr. d. Schlachthof-Deputation. M. 85 Abb. u. 4 graph. Darstellgn. gr. 8. (IV, 101 S.) Hamburg 897. O. Meißner's Verl. Geb. n. 4. —

— D. augenblickl. Stand d. deutschen Butter-Exports. Referat, erstatt. i. d. Generalversammlg. d. deutschen milchwirthschaftl. Vereins am 17. II. 1897 i. Berlin. [Schriften des deutschen milchwirthschaftl. Vereins Nr. 24.] gr. 8 (24 S.) Bremen 897. Leipzig, M. Heinsius Nachf. n. — 60

—— Studien über das Molkereiwesen, s. Petersen, C.

— s.: Ueber die Gefahr der Verbreitung der Tuberkulose durch die Kuhmilch.

— Hamburgs Viehhandel, Viehmärkte u. Schlachthofanlagen. M. 1 Situationsplan, sow. 1 Zeichng. v. C. Schildt. [Aus: „Hamburgs Handel u. Verkehr".] gr. 8. (12 S.) Hamburg 897. A.-G. „Neue Börsen-Halle". n. — 60

Boysen C.: Wahrnehmungen auf einer landwirthschaftlichen Reise in Dänemark u. Schweden. Hildesheim 1882. 24 S. (Sætr.). P.

Boysen, Karl Andreas Georg, s. B o y s e n , Karl

Boysen, Lauritz, Schleswig: Der Vokalismus des Jydske Lov. Flensburg 1906: J. B. Meyer. (63 S.) 8°
Kiel, Phil. Fak., Ref. Gering, Diss. v. 27. März 1906
[Geb. 1. Nov. 79 Schleswig; Wohnort: Hadersleben; Staatsangeh.: Preußen; Vorbildung: Gymn. Hadersleben Reife M. 98; Studium: Straßburg 4, Kiel 7 S.; Rig. 17. Febr. 06.]

Der Abgabentarif für den Kaiser-Wilhelm-Kanal v. Lorenz **Boysen.** ⟨Sonderabdruck aus Nr. 24 der „Chemischen Industrie", Jg. 1896.⟩ Berlin. (1896.) 8°

Boysen, L., s. a. Ausstellung d. Prov. Schleswig-Holstein.

Ausstellung der Provinz Schleswig-Holstein verbunden mit Sonder-Ausstellungen und einer internationalen Schiffahrts-Ausstellung Kiel 1896. Hrgg. im Auftrage des Vorstandes v. Lorenz **Boysen.** Kiel 1897. 8°.

Lorenz **Boysen.** (1. Aufl.) Kiel und Leipzig. 1892. 8°.

Boysen, Lorenz [aus Wippendorf]: Schiffs-, Tonnen- und Personenfrequenz auf dem atlantischen Ozean. . . . Berlin, Druck d. Norddeutsch. Buchdr., 1890; 72 S. u. 1 Kart. 8°

Kiel, Phil. Fak., Inaug.-Diss. v. 5. Jul. 1890

Boysen, L. Statistische Uebersichten f. die Prov. Hannover. 1892. 12. (IV, 75 S.) Hannov.-Linden 892, Manz u. Lange. cart. * 2 —

Statistische Uebersichten für die Provinz Schleswig-Holstein. Von Dr. L[orenz] Boysen, Handelskammersekr. Kiel & Leipzig: Lipsius & Tischer 1892. (IV, 44 S.) 8° [F.]

Statistische Uebersichten für die Provinz Schleswig-Holstein. Von Dr. L[orenz] Boysen, Handelskammersekr. 2. verm. u. verb. Aufl. Kiel & Leipzig: Lipsius & Tischer 1894. (VI, 60 S.) 8° [F.]

— dasselbe. 3. Aufl. (49 S. m. Fig.) kl. 8. Ebd. (906). n. — 85

Büsum, eine Kirchspielschronik, nebst einem Anhang: Das Seebad in Büsum. Von Paul Johann Friedrich Boysen. Nach dem Tode des Verfassers hrgg. v. Walther Dührsen. Mit einer das alte Dithmarschen darstellenden Karte. Mölln i. Lbg. 1888. 8°.

Boysen, PJF: Büsum, e. Kirchspielschronik, nebst e. Anh.: Das Seebad in Büsum. Hrsg. v. W Dührsen. (289 m. 1 Karte.) 8° Mölln 1888. (Wesselb., R Schulz.) 1.25 d

— Lehrb. d. Planimetrie, Lösg d. Aufg., s.: Füchtjohann, H.

Schleswig-Holsteins Verbindung mit dem Preussischen Staat. Von Paul Johann Friedrich Boysen.] Kiel. 1867. 8°.

Vorschläge zur Erbauung eines neuen Haftgefängnisses und einer Zwangsarbeitsanstalt für die Landschaft Norderditmarschen (v. [Paul Johann Friedrich] Boysen). Heide. 1843. 8°.

[BOYSEN, PAUL JOH., FR., und CARL GEORG HEINR. LEMPFERT], Die Zollfreiheit Süder- und Norder-Dithmarschens. In 2 Abhandlungen. Heide. 1830.

Boysen, Peter Adolph (Hrsg.) s. a. A c e r r a, Neue, philologica.

[BOYSEN, P. A. B., u. a.] Neue Acerra philologica. Oder Gründliche Nachrichten Aus der Philologie, Und den Römischen und Griechischen Antiquitaeten, Darinn Die schwersten Stellen aller Autorum classicorum Der Studirenden Jugend . . . erkläret werden. (Nebst dreyfachem Verbal- u. Realregister). 12 Stücke in 2 Bdn. Halle/Magdeburg, Renger, 1715—33. 8°. Mit 12 separaten Titeln u. 9 *Frontispizen*.

Boysen, P.A.: De A s i a r c h i s. – Hal. 1716.

— — (Aschersleben), Eclogas archaeologicas ad dolum aleae veteris. Präs. Jo. Wilh. Berger. Wittbg. (Koberstein) 13. II. 1712. 40 S. (5.—) 3723

B o y s e n, P. A., eclogae archaeologicae ad difficile Pauli iter Act. 27. Hal. 1713. 4.

B o y s e n, P. A., de legione fulminatrice. Helmst. 1719. 4.

— Pet. Adolph, Schediasma epistolicum ad virum Levin Boysen (Aschersleben) patrem ad cineres colendum quo de viris eruditis qui sero ad literas admissi, magnos in studiis fecerunt progressus, commentatur, et simul de reditu diei natalis gratulatur. Wittbg. (J. L. Meisel) 3. I. 1711. 27 S. (5.20) 3722

Boysen, W: Das gewerbl. Lehrverhältnis u. d. Entscheidg d. Lehrlingsstreitigk. 1. u. 2. Afl. (85 bezw. 86) 16° Hambg, Boysen & M. 07.08. Kart. 1.25 d

Boysen, W., das gewerbliche Lehrverhältnis u. die Entscheidung der Lehrlingsstreitigkeiten. Ein Lehrbuch f. Praktiker. 2. Aufl. unter Berücksicht. des Gesetzes, betr. die Abänderg. der Gewerbeordng., vom 30. V. 1908. (X, 86 S.) 16. Hamburg 908. Boysen & Maasch. Kart. 1. 25

Boysen van Mienkarken, Leeder und Stückschen in Ditmarschen Platt. 8. (XII und 388 S.) Leipzig 865, Brockhaus. *
geb. *

Boytinck, Carl, aus Nieder-Marsberg (Westfalen): Zur Casuistik der Tumoren am Augenlid: Seltene Form von Papillom. *Würzburg 1897: A. Boegler.* (28 S.) 8°
Würzburg, Med. Diss. v. 1897

Boyve Recherches sur l'Hist. helvét. etc. 8. Bern, Typ. 795.

— Recherches sur l'histoire de Neuchatel. 8. ibid.

— Récherches sur l'indigénat helvétique. 8. Bern, Typ. 795.

B o y v e, Jonas. Annales historiques du Comté de Neuchâtel et Valangin, depuis Jules-César jusqu' en 1722 . . . . Par J' B' . . . . Publiées pour la première fois, avec quelques annotations d'après le manuscrit de l'auteur, revu (* *Tome 1–3, Umschläge:* refondu) et complété par son neveu J.-F. Boyve . . ., et précédées d'un avant-propos et d'une notice biographique sur l'auteur par Gonzalve Petitpierre . . . . [Avec 5 tableaux généalogiques.] 5 tomes. [Suivis d'un] Supplément. 8.

Tome 1. Berne et Neuchâtel (Leipzig. Paris), Bâle 1854–1855.
Tome 2–3. Berne et Neuchâtel, Leipzig. 1854–1855.
Tome 4–5. Berne & Neuchâtel, 1858–1859.
Supplément *u. d. T.:* Annales historiques . . . jusqu'en 1722 par J' B' . . et Jean-François B o y v e . . . . Publiées pour la première fois avec un avant-propos et quelques annotations par G' Petitpierre . . . . Supplément contenant quelques notes biographiques sur le pasteur (Jonas) Boyve et sa famille ainsi que la Table analytique des matières . . . . Berne 1861.

Über d i e p s y c h i s c h e n u n d m o r a l i s c h e n K r a n k h e i t e n d e s w e i b l i c h e n G e s c h l e c h t s . . . . (von *Boyveau-Laffecteur*). Leipzig 1801.
Anon.-Lex. IV. p. 226 (nach Callisen).

Boz [Pseud.]
s.a Dickens, Charles

Boz. Amerika. Aus dem Englischen von E. A. Moriarty. 2 Bde. Leipzig 1843. 8°.

— the battle of Life. gr. 16. Leipzig 847, B. Tauchnitz jun. n. 8 n$\mathscr{g}$

† Boz, (Charles Dickens,) Bilder aus Italien, s. a. Weltpanorama. 91—93. Bd.

— Bilder aus Italien. Aus d. Engl. von A. Kretzschmar. 8. Grimma 840, Verlags-Comptoir. n. 1/2 ß

— Bildergallerie zu dessen Werke, s. a. Bildergallerie.

(——) Bildergallerie zu Boz sämmtl. Werken. — A. u. d. T.: Barnaby Rudge v. Boz. Illustrirt v. G. Cattermole u. H. K. Browne. (74 Abbildn. auf farb. Papier u. 1/3 B. Inhaltsverzeichn.) 16. Leipzig 842, Weber. *

† Boz [Charles Dickens], Bleakhaus. Aus dem Engl. von Carl Kolb. 3. Aufl. Durchgesehen von Johs. Minckwitz. 2 Bde. 8. (536; 497 S.) Leipzig 879, Zieger.
geb.

— the Chimes. gr. 16. Ebend. 844. 6 n$\mathscr{g}$

Boz (Charl. Dickens), a Christmas Carol in prose. Being a ghost story of Christmas. With a col. etching. Edition sanctioned by the author. gr. 16. Leipzig 843, Bernh. Tauchnitz jun. 6 n$\mathscr{g}$

— dass. Schulausgabe mit einem vollständ. Wörterbuche von Aug. Andreae. gr. 16. Ebend. 847. 9 n$\mathscr{g}$

—— Martin Chuzzlewit, s. Collection.

—— Martin Chuzzlewit. Ein Weihnachtslobgef., s. Ausland.

— Master Humphrey's Clock, s. a. Bibliothek der neuesten ausländ. Classiker. I.

— Master Humphrey's Clock, s. a. Collection of the most eminent modern English Authors. 1-3

— Master Humphrey's Clock. 8 Vol. 12. Berlin 840, 41. Nordhausen, A. Büchting. 1 ℛ

— the Cricket on the Hearth. gr. 16. Ebend. 845. 8 ngr

—— Klein Dorrit. Roman. In 2 Büchern. Frei nach dem Engl. von W. 1. Bd. 1. und 2. Heft. 16. (S. 1—168.) Altona 856, Verlagsbureau. à Heft 3 Ngr.

—— die Geheimnisse Londons, Englands u. der Engländer. Aus seinen sämmtl. Werken von M. Lefrank. Mit Illustrat. nach Cruikshank u. Phiz. 2 Bde. 8. (30 B. u. 5 Abbild.) Berlin 844. [Leipzig, Schreck.]

— die Geheimnisse Londons, Englands und der Engländer. Aus seinen sämmtl. Werken von M. Lefrank. Mit Illustrat. 1. 2. Bd. à 4 Liefgen. Mit Abbild. 8. Berlin 844 (45), Meyer u. Hofmann. (à 1/6 ℛ) 1 1/3 ℛ

—— humorist. Genrebilder a. d. Londoner Alltagsleben. A. d. Engl. v. A. Diezmann. 2 Thle. M. 2 Federzeichn. n. Cruikshank. gr. 12. (14 B.) Braunschweig 838, 39, Westermann. à 21 Gr.

— das Glockenspiel. Eine spukhafte Geschichte von gewissen Glocken, welche ein altes Jahr aus- u. ein neues Jahr einläuteten. Neu aus d. Engl. übers. Elberfeld 867. Bädeker. 16. (208 S.) n. 16 ngr; geb. n. 24 ngr

Boz: Das Grillchen auf dem Heerde, s. Ausland. — Das belletristische Ausland. 579. 580.

— das Heimchen auf dem Heerde, s. a. Aula der schönen Literatur. 59. 60. Bd.

— das Heimchen auf dem Heerde. 1. Bdchen. 8. Stuttgart 846, Hallberger. 12 ngr

— das Heimchen auf dem Herde. Neu aus dem Engl. übers. Elberfeld 863. Bädeker. 16. (215 S.) geb. n. 24 ngr

—— das Heimchen auf dem Heerde. Aus dem Engl. übersetzt. 2. Aufl. 16. (169 S.) Elberfeld 874, Bädeker'sche Buchh. * geb. mit Carton *

—— Leben u. Abenteuer d. Nicolaus Nickleby. A. d. Engl. v. Karl Heinr. Hermes. Fortges. v. A. Diezmann. 20 Hfte. M. 30 Federzeichn. nach Phiz u. Portr. d. Verf. gr. 12. (76 2/3 B.) Braunschweig 838, 39, Westermann. à 8 Gr.

Boz (= Dickens, Charles). Leben und Abenteuer Nicholas Nicklebys. Halle a. d. S. [1892]. Ü: *Bauernfeld, Eduard v.* (Berl)

— Leben u. Schicksale Nikolas Nickelby's u. der Familie Nickelby. Aus d. Engl. v. H. Roberts. 6 Bdchen. Mit Federzeichnungen nach Phiz (auf farb. Papier,. 8. Leipzig 838, 39. Weber. (à 7/8 ℛ) 5 1/4 ℛ

— eine Liebesgeschichte. Neu aus d. Engl. übers. Ebend. 866. 16. (200 S.) n. 16 ngr; geb. n. 24 ngr

— — The life and adventures of Nicholas Nickleby. (2 Bde.) 8. Leipzig 1843.

— s. Marryats sämmtliche Werke. 57r—73r Bd.

BOZ (ps.), Mukkebold und Fridolin; Weltfahrten zweier Eisenbahnreisenden zwischen Dresden und Leipzig. Ein Geschenk für Eisenbahnreisende. Heft 1: Herr Mukkebold in Leipzig. Mit color. Titelkpf. (2 Costümfigg., die links stehende stark karikirt). Leipzig, E. Pönicke u. Sohn, o. J. (ca. 1840). 8⁰. Zahm.

40 S. (incl. Tit., 1 Bl. Vorw., 1 Bl. Inh.). Dramatisirt; 1. Mukkebold im Verhör zu Leipzig. 2. Intermezzo: Gespräch zweier Leipziger Seifensieder. 3. M. vor der neuen Buchhändlerbörse. 4. M. im Rosenthale. 5. M. auf Freiersfüssen. 6. M's erste Heimkehr. — Selten!

—— das Nachtlager in der Spielhöhle, s. Miniatur-Bibliothek, novellistische. Vgl.: Dickens.

— Nickleby, czyli panorama ruchoma społeczeństwa angielskiego, tłomaczył M. S. 4 Bde. 8. Warschau ..., Orgelbrand. 3 1/3 ℛ

—— Nicholas Nickleby, s. Collection.

—— the Pickwick Club, s. Collection.

Boz, (Dickens), d. Pickwicker. Neu übers. v. H Lobedan. 2 Bde. 8. (920 m. Illustr.) Berl. 89, Grote. geb. n. 8. —

Boz, (Charles Dickens) die Pickwickier, od. Hrn. Pickwick's u. der corresp. Mitglieder des Pickwick-Clubs Kreuz- u. Querzüge, Abentheuer u. Thaten. Nach den Ueberlieferr. des Pickwick-Clubs herausg. Aus d. Engl. v. H. Roberts. Mit Federzeichnungen nach Cruikshank. 5 Bdchen. Mit Titelbild. 8. Leipzig 837, 38. Weber. 7 ℛ

—— die Pickwickier. Aus dem Engl. von Carl Kolb. 4. Aufl. Durchgesehen von Johs. Minckwitz. 2 Bde. 8. (523; 563 S.) Ebendas. 878. ℳ 4.; geb.

† Boz [Dickens], die Pickwickier. Neu übers. von H. Lobedan. 2 Bde. 8. (VI, 414; VI, 920 S.) Berlin 888, Grote'sche Verlagsb. geb. *

— amerikanische Reisebemerkungen, s. Weltpanorama.

—— Barnaby Rudge. A. d. Engl. v. E. A. Moriarty. M. 75 Orig.-Abbildn. d. Londoner Ausg. n. Zeichnn. v. Cattermole u. Browne. 8 Bde. 8. (79 1/2 B.) Leipzig 841, Weber. à 18 Gr.

—— Meister Humphrey's Schlaguhr. Dem Engl. nachgebildet v. G. N. Bärmann. No. 1—4. Lex.-8. (à 1 B. Mit Holzschn.-Vign.) Brüssel 840, Meline, Cans u. Comp. *

— Sketches, hrsg. v. Ed. Paetsch, s.: Authors, English.

—— sketches, s. Collection.

—— Londoner Skizzen. A. d. Engl. v. H. Roberts. Mit Federzeichnn. n. Cruikshank. gr. 12. (12 1/2 B.) Leipzig 838, Weber.

— die Sylvesterglocken. Eine Koboldgeschichte v. Glocken, die das alte Jahr aus- und das neue einläuten. 16. Stuttgart 845, Becher. 5 1/2 ngr

—— Oliver Twist, s. Biblioteka. — Collection.

—— Oliver Twist. A. d. Engl. v. H. Roberts. 3 Bdchn. M. 12 Federzeichn. v. Cruikshank. gr. 12. (20 B.) Leipzig 838, 39, Weber. Vgl. Dickens.

— Oliver Twist, od. die Laufbahn eines Waisenknaben. Aus d. Engl. v. Dr. A. Diezmann. 3 Bde. Mit Federzeichnungen nach Cruikshank. gr. 12. Braunschw. 838, 39. Westermann. 3 1/[illegible] ℛ

—— Oliver Twist, od. d. Laufbahn eines Waisenknaben. A. d. Engl. v. A. Diezmann. 3 Bde. M. 10 Federzeichn. n. Cruikshank. gr. 12. (26 1/2 B.) Braunschweig 839, Westermann.

Boz (Charles Dickens). Oliver Twist; or the Parish Boy's progress. 8. Leipzig 1843.

— Oliver Twist, aneb mladictwj sirotka. Z Anglického zcestil M Flaika. Swazek I. 16. Prag 843. (Kronberger u. Rziwnatz.) n. 1/3 ℛ

— the villages coquettes, s. Theatre the modern english.

— Master Humphrey's Wanduhr. Humorist. Lebensgemälde. Aus d. Engl. v. E. A. Moriarty. 1r u. 2r Thl. Mit Portrait u. Federzeichnungen nach Cattermole u. Browne. 8. Leipzig 840. Weber. (à 1 1/4) 2 1/2 ℛ

— Master Humphrey's Wanduhr. Humoristisches Lebensgemälde. Aus dem Englischen von E. A. Moriarty. 3.—5. Theil. Mit Federzeichnungen 8. Leipzig 840, 41, Weber. à $1^{1}/_{4}$ ℛ

—— der Weihnachts-Abend. Aus dem Engl. von Jul. Seybt. Diamant-Ausg. Mit Zeichnungen nach J. G. Fuellhaas, in Holz geschn. von H. Kaeseberg. 32. (129 S.) Berlin 877, Grote'sche Verlagsh. geb. mit Goldschn. *

Boz: Ein Weihnachtsgesang in Prosa, s. Ausland. – Das belletristische Ausland. 92–98.

— eine Weihnachtsgeschichte. Deutsch v. A. Diezmann. Mit 2 Stahlstichen. Leipzig 844, O. Wigand. n. 8 ngr

† Boz [Dickens], fünf Weihnachtsgeschichten. Neu aus dem Engl. übers. von W. Wackernagel und M. Weyermann, mit einer biograph. Skizze nach Forster und 2 Portr. von Boz. (In 6 Heften.) 1. Heft: Charles Dickens [Boz]. Eine biograph. Skizze nach Forster von Mor. Weyermann. gr. 8. (S. 1—64.) Elberfeld 884, Bädeker'sche Buchh. * 50 Pf.; geb. * 1 —

—— vier Weihnachtsgeschichten. (Der Weihnachtsabend — Die Sylvesterglocken. — Das Heimchen auf dem Heerde. 2. Aufl. — Der Kampf des Lebens.) gr. 16. (510 S. und 20 Federzeichn. von D. Maclise und J. Leech.) Leipzig 848, Lorck. *

—— vier Weihnachtsgeschichten. (Uebers. von Carl Kolb.) Die Weihenacht. — Zauberglocken. — Das Heimchen. — Der Kampf des Lebens. (Neue Titel-Ausg.) 16. (575 S. und 3 lith. Illustrat.) Stuttgart 850, Krabbe.
Vgl.: Bibliothek, europäische. — Dickens. — Weltpanorama.

— ein Weihnachtslied in Prosa. Neu aus dem Engl. übers. Ebend. 864. 16. (199 S.) geb. n. 24 ngr
Vgl. auch Dickens.

—— ein Weihnachtslied in Prosa. Neu aus dem Engl. übersetzt. 2. Aufl 16. (157 S.) Elberfeld 874, Bädeker'sche Buchh. * geb. mit Carton *

—— Werke, Supplementband, s. Reynolds.

—— gesammelte Werke. 1—34. Bd. Uebers. v. O. v. Czarnowsky, A. Diezmann u. Amalie Winter, s. Bibliothek d. neuesten u. best. Romandichter, Engl., 57—65., 69—76., 94—105., 112—116. Bd.

— gesammelte Werke. Nocolaus Nickleby, s. Marryat.

—— gesammelte Werke. 21 Bde. 8. Leipzig 852—54, [Wiedemann.]. à Bd. $22^{1}/_{2}$ Ngr. 1!
Einzeln à Bd.

Inhalt:
Bd. 1., 2. David Copperfield. Aus dem Engl. von Jul. Seybt. 2 Bde. (934 S.)
„ 3., 4. Bleak-House. Aus dem Engl. von Jul. Seybt. 2 Bde. (… S.)
„ 5., 6. Die Pickwickier. Aus dem Engl. von H. Roberts. 2 Bde. (709 S.)
„ 7. Oliver Twist. Aus dem Engl. von H. Roberts. (334 S.)
„ 8., 9. Nikolas Nickelby. Aus dem Engl. von H. Roberts. 2 Bde. (817 S.)
„ 10., 11. Der Raritäten-Laden. Aus dem Engl. von E. A. Moriarty. 2 Bde. (610 S.)
„ 12., 13. Barnaby Rudge. Aus dem Engl. von E. A. Moriarty. 2 Bde. (716 S.)
„ 14., 15. Martin Chuzzlewit. Aus dem Engl. von E. A. Moriarty. 2 Bde. (950 S.)
„ 16., 17. Dombey und Sohn. Aus dem Engl. von Jul. Seybt. 2 Bde. (944 S.)
„ 18. Weihnachtsmärchen. Aus dem Engl. von E. A. Moriarty und Jul. Seybt. (V und 431 S.)
„ 19. Londoner Skizzen. Aus dem Engl. von H. Roberts. (458 S.)
„ 20. Reisebilder. Aus dem Engl. von E. A. Moriarty und Jul. Seybt. (V und 468 S.)
„ 21. Harte Zeiten. Aus dem Engl. von Jul. Seybt. (299 S.)

Boz (Dickens), gesammelte Werke. Leipzig 854—56. Wiedemann. gr. 16. Jeder Bd. Subscr.-Pr. $22^{1}/_{2}$ ngr; einzeln 1 ℛ
21. Bd. Harte Zeiten. Aus dem Engl. von Jul. Seybt. (296 S.)
22. 23. Bd. Klein Dorrit. Aus dem Engl. von Jul. Seybt. 2 Bde. (517; 520 S.)

—— dass. — Neu aus dem Engl. von Carl Kolb. 115 Lfgn. oder 17 Bde. gr. 16. Stuttgart 855, Hoffmann'sche Vrlgsh. à Lfg.
Vollständig in 17 Bdn.

Boz, (Charl. Dickens), gesammelte Werke. Neu aus dem Engl. von Carl Kolb. 115 Lfgn. oder 17 Bde. rc.

Inhalt:
Lfg. 1., 7. } „ 12., 13. } Schwere Zeiten. Ein Roman. Aus dem Engl. von Adph. Wanner. 4 Bdchn. (XII und 306 S.)
„ 2—6. } „ 8—11. } Die Pickwickier. Neu aus dem Engl. von Carl Kolb. 2. Aufl. 9 Bdchn. (VI und 861 S.)
„ 14—25. Lebensgeschichte und Erfahrungen David Copperfield's des Jüngern. 2 Bde. (1148 S.)
„ 26—38. Bleakhaus. 2 Bde. (VI und 1243 S.)
„ 39—45. Oliver Twist. Neu aus dem Engl. von Carl Kolb. (584 S.)
„ 46—58. Leben und Schicksale des Martin Chuzzlewit. Neu aus dem Engl. von Carl Kolb. 2 Bde. (1218 S.)
„ 59—72. Dombey und Sohn. Neu aus dem Engl. von Carl Kolb. 2 Bde. (1271 S.)
„ 73—82. Master Humphrey's Wanduhr. Neu aus dem Engl. von Carl Kolb. 2 Bde. (938 S.)
„ 83—96. Leben und Schicksale des Nicolaus Nickleby und seiner Familie. Neu aus dem Engl. von Carl Kolb. 3 Bde. (1207 S.)
„ 102—107. Barnaby Rudge. Neu aus dem Engl. von Carl Kolb. 2 Bde. (936 S.)
„ 108—115. Skizzen aus dem londoner Alltagsleben. Neu aus dem Engl. von Carl Kolb. (691 S.)

—— dass. — 116—123. Lfg. gr. 16. Ebds. 850. à Lfg. 3 Ngr. Thlr.

Inhalt:
Klein-Dorrit. 1—8. Lfg. (S. 1—576.)

— gesammelte Werke. (Wohlfeile Volks-Ausg.) 24 Bde. Leipzig 861, 62. Wiedemann. gr. 16. n. 4 ℛ

— sämmtliche Werke, s. auch: Bibliothek der neuesten u. besten Romane der engl. Literatur. 94.—129. Bd.

Boz, (Charles Dickens) sämmtl. Werke. Aus d. Engl. von H. Roberts. 1r—6r Bd. Die Pickwickier. 6 Bdchen. Mit 1 Federzeichnung nach Cruikshank. 16. Leipzig 839. Weber. 2 ℛ — 7r—9r Thl. A. u. d. T.: Oliver Twist. Aus d. Engl. von H. Roberts. Mit 3 Federzeichn. nach Cruikshank. 3 Bdchen. 16. Ebd. 839. n. 1 ℛ — 10r u. 11r Bd. Denkwürdigkeiten Joseph Grimaldi's. Aus d. Engl. v. H. Roberts. 2 Thle. Mit 2 Radirungen nach Cruikshank. 16. Ebd. 839. n. $^{2}/_{3}$ ℛ — 12r—15r Thl. Londoner Skizzen. 4 Thle. 16. Ebd. 839. n. $1^{1}/_{3}$ ℛ — 16r—22r Thl. Nikolas Nickelby. 16. Ebd. 839. n. $2^{1}/_{3}$ ℛ — 23r—26r Thl. A. u. d. T.: Master Humphrey's Wanduhr. Humorist Lebensgemälde. Aus d. Engl. v. E. A. Moriarty. Mit (4) Federzeichn. nach Cattermole u. Browne. 1r-4r Thl. 16. Ebd. 840. (à n. $^{1}/_{3}$ ℛ) $1^{1}/_{3}$ ℛ

—— sämmtl. Werke. 1—42. Thl. 16. Leipzig, Weber. à * 8 Gr. *
A. u. d. Titln.:
Thl. 1—6. Die Pickwickier, od. Herrn Pickwick's u. d. correspond. Mitglieder d. Pickwick-Clubs Kreuz- u. Querzüge, Abentheuer u. Thaten. Nach d. Ueberlieferungen d. Pickwick-Clubs. A. d. Engl. v. H. Roberts. 6 Thle. M. 6 Federzeichn. nach Phiz. 1. u. 2. Aufl. (à $75^{1}/_{2}$ B.) 839, 40., 3. A. (87 B.) 842. * 2 Thlr.
„ 7—9. Oliver Twist. A. d. Engl. v. H. Roberts. M. 3 Federzeichn. n. Cruikshank. 3 Thle. (30 B.) 839. * 1 Thlr.
„ 10., 11. Denkwürdigkeiten Joseph Grimaldi's. A. d. Engl. v. H. Roberts. 2 Thle. M. 2 Radirn. n. Cruikshank. (23 B.) 839. * 16 Gr.
„ 12—15. Londoner Skizzen. A. d. Engl. v. H. Roberts. 4 Thle. M. 4 Federzeichn. n. Cruikshank. ($40^{1}/_{2}$ B.) 839. * 1 Thlr 8 Gr.
„ 16—22. Leben u. Schicksale d. Nikolas Nickelby u. d. Familie Nickelby. A. d. Engl. v. H. Roberts. 7 Thle. M. 3 Federzeichn. n. Phiz. ($60^{1}/_{2}$ B.) 839. * 2 Thlr. 8 Gr.
„ 23—31. Master Humphrey's Wanduhr. Humorist. Lebensgemälde. A. d. Engl. v. E. A. Moriarty. 9 Thle. M. 9 Federzeichn. n. Cattermole u. Browne. ($81^{1}/_{4}$ B.) 840, 41. * 3 Thlr.
„ 32—39. Barnaby Rudge. A. d. Engl. v. E. A. Moriarty. 8 Thle. Mit 8 Federzeichn. ($77^{1}/_{4}$ B.) 841. * 2 Thlr. 16 Gr.
„ 40—42. Amerika. A. d. Engl. v. E. A. Moriarty. 3 Thle. ($30^{1}/_{2}$ B.) 842, 43. * 1 Thlr.

† Boz, (Charl. Dickens,) sämmtl. Werke. 43—62. Bd. 16. Leipzig. [Lorck.] à * 10 Ngr. *
Bd. 43—52. Leben u. Abentheuer Martin Chuzzlewit's. Aus d. Engl. von E. A. Moriarty. 10 Bde. M. 40 Stahlst. nach Originalzeichn. von Phiz. ($98^{1}/_{4}$ B.) 843, 44. * 3 Thlr. 10 Ngr.
„ 53. Der Weihnachtsabend. Eine Geistergeschichte. Aus d. Engl. v. E. A. Moriarty. M. 8 Federzeichn. v. J. C. Leech. (8 B.) 844. * 10 Ngr.
„ 54. Die Sylvester-Glocken. Eine Geistergeschichte. Aus d. Engl. v. E. A. Moriarty. M. 4 Federzeichn. v. J. C. Leech. (8 B.) 845. * 10 Ngr.
„ 55. Das Heimchen auf dem Heerde. Eine Elfengeschichte. Aus d. Engl. von Jul. Seybt. M. 4 Federzeichn. von J. C. Leech. ($8^{1}/_{4}$ B.) 846. * 10 Ngr.
Bd. 56., 57. Italien. Reisebilder. Aus d. Engl. von Jul. Seybt. 2 Bde. (17 B.) 846. * 20 Ngr.
„ 58—62. Dombey u. Sohn. Aus d. Engl. v. Jul. Seybt. 1—5. Thl. 847. * 1 Thlr. 20 Ngr.

† Boz, (Charl. Dickens,) sämmtliche Werke. 63—79. Bd. 16. Leipzig 847—50, [Weber.] à Bd. * 10 Ngr. *

Bd. 63—67. Dombey und Sohn. Aus dem Engl. von J. Seybt. 6—10. (letzter) Thl. (... S. mit Federzeichn.)
" 68. Der Kampf des Lebens. Eine Liebesgeschichte. Aus dem Engl. von J. Seybt. (125 S. und 4 Federzeichn.)
" 69. Der Verwünschte. Ein Märchen. Aus dem Engl. von Jul. Seybt. (142 S. und 8 lith. Illustrat. von Stanfield und Leech.)
" 70—79. Lebensgeschichte und Erfahrungen David Copperfield's des Jüngern. Aus dem Engl. von Jul. Seybt. 10 Thle. (XIV und 1177 S. mit 20 Federzeichn. von Hablot K. Browne.)
1—62. Bd. Ebendas. 839—47. * 20 Thlr. 20 Ngr.

— sämmtliche Werke. Neu aus dem Engl. von Carl Kolb. Mit Federzeichn. nach Cruikshank, Phiz u. Seymour. 1.—5. Bdchen. (Oliver Twist.) kl. 16. (Mit 5 Zeichn.) Stuttgart 811. Krabbe. à 1/6 ℛ

— dies. 6.—9. Bdchen. A. u. d. T.: Leben u. Schicksale des Nicolaus Nickleby u. seiner Familie. 1.—4. Bdchen. Mit 4 Federzeichn. kl. 16. Ebend. 841. à 1/6 ℛ

— dies. 10.—30. Bdchen. (Nickleby. — Pickwickier. — Londoner Skizzen.) Mit 16 Federzeichn. 16. Ebend. 841, 42. à 1/6 ℛ

— dies. 31.—51. Bdchen. (Lond. Skizzen. — Humphrey's Wanduhr. — Die Pic Nic-Papiere. — Barnaby Rudge.) Mit 21 Federzeichn. 16. Ebend. 842. à 1/6 ℛ

— dies. 52.—56. Bdchen. (Barnaby Rudge. — Reisenotizen über Amerika.) Mit 5 Federzeichn. 16. Ebend. 843. (à 1/6 ℛ) 5/6 ℛ

— dies. 57.—61. Bdchen. (Denkwürdigkeiten des Joseph Grimaldi.) Mit 3 Kupf. 16. Ebend. 843. (à 1/6 ℛ) 5/6 ℛ

— dies. 62.—73. Bdchen. (Martin Chuzzlewit.) 11 Bdchen. Mit Kupf. 16. Ebend. 843, 44. à 1/6 ℛ

— dies. 74. Bdchen. (Die Zauberglocken. Eine Phantasmagorie aus der Neujahrsnacht.) Mit 1 Illustration. 16. Ebend. 845. 1/6 ℛ

— dies. 75. Bdchen. (Das Heimchen. Ein Mährchen.) Mit 1 Illustrat. 16. Ebend. 846. 1/6 ℛ

— dies. 76. Bdchen. (Bilder aus Italien.) 16. Ebend. 846. 1/6 ℛ

— sämmtliche Werke. Neu aus dem Engl. von Carl Kolb. 77—85. Bdchn. 16. Stuttgart 848, Krabbe. à Bdchn. 5 Ngr.
Bdchn. 77—84. Dombey und Sohn. 8 Bdchn. (1319 S.)
" 85. Der Kampf des Lebens. (116 S.)

— sämmtliche Werke. 1.—6. Thl. A. u. d. T.: Die Pickwickier, oder Herrn Pickwick's u. der correspond. Mitglieder des Pickwick-Clubs Kreuz- u. Querzüge, Abentheuer u. Thaten. Nach den Ueberlieferungen des Pickwick-Clubs von Boz (Dickens). Aus dem Engl. von H. Roberts. Mit (6) Federzeichn. nach Phiz. 3. Aufl. 6 Thle. 16. Leipzig 842, Weber. n. 2 ℛ

— dies. 7.—9. Thl. Oliver Twist. Aus d. Engl. von H. Roberts. Mit 24 Federzeichn. nach Cruikshank. 3. Aufl. 3 Thle. 16. Ebend. 844. n. 1 ℛ

— dies. 10.—16. Thl. Leben u. Schicksale Nikolas Nickelby's u. der Familie Nickelby. Aus d. Engl. v. H. Roberts. Mit (30) Federzeichn. nach Phiz. 3. Aufl. 7 Thle. 16. Leipzig 845, Lorck. n. 2 1/3 ℛ

— dies. 17. u. 18. Thl. Denkwürdigkeiten Joseph Grimaldi's. Aus d. Engl. von H. Roberts. Mit (2) Federzeichnungen nach Cruikshank. 3. Aufl. 2 Thle. 16. Leipzig 844. Ebend. n. 2/3 ℛ

— dies. 19.—22. Thl. Londoner Skizzen. Aus d. Engl. von H. Roberts. Mit (24) Federzeichn. nach Cruikshank. 3. Aufl. 4 Thle. 16. Leipzig 845, Lorck. n. 1 1/3 ℛ

— dies. 23.—31. Thl. — A. u. d. T.: Master Humphrey's Wanduhr. Humoristisches Lebensgemälde. Aus dem Englischen von E. A. Moriarty. Mit (5) Federzeichnungen. 9 Theile. 16. Ebend. 840—42. 3. Aufl. Ebend. 845. à n. 1/3 ℛ 3 ℛ

— dies. 32.—39. Thl. — A. u. d. T.: Barnaby Rudge. Aus dem Engl. von E. A. Moriarty. 8 Thle. Mit (8) Federzeichn. 16. Ebend. à n. 1/3 ℛ

— dies. 40.—42. Thl. A. u. d. T.: Amerika. Aus dem Englischen von E. A. Moriarty. 1.—3. Thl. 16. Ebend. 843. à n. 1/3 ℛ

— dies. 43.—52. Thl. Leben u. Abentheuer Martin Chuzzlewit's. Aus d. Engl. von E. A. Moriarty. Mit 64 Stahlst. 20 Hefte oder 10 Thle. 16. Ebend. 843, 44. à 1/6 ℛ

— dies. 53. Thl. Der Weihnachtsabend. Eine Geistergesch. Aus d. Engl. von E. A. Moriarty. Mit 8 Federzeichnungen. gr. 16. Ebend. 844. n. 1/3 ℛ

Boz (Charl. Dickens), sämmtliche Werke. 54. Theil. A. u. d. T.: Die Sylvester-Glocken. Eine Geistergeschichte. Aus d. Engl. von E. A. Moriarty. Mit 4 Federzeichn. 16. Leipzig 845, Lorck. n. 1/3 ℛ

— dies. 55. Thl. A. u. d. T.: Das Heimchen auf dem Heerde. Eine Elfengeschichte. Aus d. Engl. von Jul. Seybt. Mit 4 Federzeichnungen von J. E. Leech. 16. Leipzig 846, Lorck. n. 1/3 ℛ

— dies. 56. Thl. A. u. d. T.: Italien. Reisebilder. Aus dem Englischen von Jul. Seybt. 1. Thl. 16. Ebend. 846. n. 2/3 ℛ

— sämmtliche Werke. 57. Thl. Italien. Reisebilder. Aus d. Engl. v. J. Seybt. gr. 16. Leipzig 847. (Weber.) n. 1/3 ℛ

— dies. 58—67. Thl. Dombey u. Sohn. Aus d. Engl. v. J. Seybt. 10 Thle. Mit 20 Federzeichnungen. gr. 16. (1485 S.) Ebd. 847. 48. n. 3 1/3 ℛ

— dies. 68. Thl. Der Kampf des Lebens. Eine Liebesgeschichte. Aus d. Engl. v. J. Seybt. Mit (4) Federzeichnungen. gr. 16. (125 S.) Ebd. 847. n. 1/3 ℛ

Boz, (Charles Dickens), sämmtliche Werke. 69. Thl. Der Verwünschte. Ein Märchen. Aus d. Engl. v. Jul. Seybt. Mit (8 lith.) Illustr. v. Stanfield u. Leech. gr. 16. (142 S.) Leipzig 849, Weber. n. 1/3 ℛ

— dies. 70—79. Thl. Lebensgeschichte u. Erfahrungen David Copperfield's d. J. Aus d. Engl. v. Jul. Seybt. Mit (20 lith.) Federzeichnungen v. Hablot K. Browne. 10 Thle. gr. 16. (295. 300. 458. XIV u. 424 S.) Ebd. 849. 50. n. 3 1/3 ℛ

† Boz, (Charl. Dickens), sämmtliche Werke. 80—97. Bd. gr. 16. Leipzig 852—56, Weber. à Bd. * 10 Ngr. *

Auch unter den Titeln:
Bd. 80—89. Bleakhaus. Aus dem Engl. von J. Seybt. Mit Illustr. von Hablot C. Browne. 10 Thle. [1. (160 S. mit 4 Holzschn.) 2. und 3. (317 S. mit 8 Holzschn.) 4—6. (484 S. mit 12 Holzschn.) 7. und 8. (319 S. mit 8 Holzschn.) 9. und 10. (280 S. mit 4 Holzschn.)] 852—54. * 3 Thlr. 10 Ngr.
" 90—92. Harte Zeiten. Aus dem Engl. von J. Seybt. Mit Illustr. von Ludw. Löffler. 3 Thle. [1. und 2. (308 S. mit 2 Holzschn.) 3. (176 S. mit 4 Holzschn.)] 854—55. * 1 Thlr.
" 93—97. Klein Dorrit. Roman in 2 Büchern. Aus dem Engl. von Mor. Busch. Mit 40 Illustr. von Hablot C. Browne. 1—5. Thl. [1. und 2. (317 S.) 3. (164 S.) 4. und 5. (320 S.)] 856. 1 Thlr. 20 Ngr.
1—79. Bd. Ebendas. 1842—50. * 26 Thlr. 10 Ngr.

93—102. Bd. Klein Dorrit. Roman von (Charles Dickens) Boz. In 2 Büchern. Aus d. Engl. von Mor. Busch. Mit 40 Illustr. (Holzschn.) von Hablot K. Browne. 10 Thle. 855, 56. (175; 172; 164; 163; 157; 160; 155; 153; 156; 118 S.)

Boz (Charles Dickens) sämmtliche Werke. 103—114. Bd. (à 2 Liefgn.) Leipzig 859—64. Weber. 16. Jeder Bd. n. 12 ngr.
103—106. Bd.: Zwei Städte. Eine Erzählung in drei Büchern. Mit 16 Illustr. (Holzschn.) von Hablot K. Browne. Aus dem Engl. von Jul. Seybt. 4 Thle. (VII, 611 S.)
107—112. Bd.: Große Erwartungen. Mit 12 Illustr. (Holzschn.) von K. Reinhardt. Aus dem Engl. von Marie Scott. 6 Thle. (VIII, 797 S.)
113. 114. Bd.: Unser gemeinschaftlicher Freund. Roman in 4 Büchern. Mit 40 Illustr. von Marcus Stone. Aus dem Engl. von Marie Scott. Deutsche vom Verf. autoris. Ausg. 1. u. 2. Thl. (322 u. 8 Holzschntaf.)

Boz, [Dickens], sämmtliche Werke. Deutsche vom Verf. autoris. Ausg. 115—124. Bd. Leipzig 865—70. Weber. 16. Jeder Bd. n. 12 ngr.
115—122. Bd.: Unser gemeinschaftlicher Freund. Roman in vier Büchern. Mit 40 Illustr. von Marcus Stone. Aus d. Engl. von Marie Scott. 3—10. Thl. (1235 S. u. 30 Holzschn.)
123. 124. Bd.: Edwin Drood. Eine geheimnißvolle Geschichte. Mit 24 Illustr. von S. L. Fildes. Aus d. Engl. von Emil Lehmann. 1. 2. Bd. (164; 108 S. u. 8 Holzschn.)

Boz [Charles Dickens], sämmtliche Werke. 123.—125. Bd. (à 2 Lfgn.) Edwin Drood. Eine geheimnißvolle Geschichte. Mit 12 Illustr. von S. L. Fildes. Aus dem Engl. von Emil Lehmann. Deutsche vom Verf. autoris. Ausg. 1.—3. Bd. gr. 16. (164; 168; 156 S., à Bd. 4 Holzschntaf.) Leipzig 870, Weber. à Lfg. 75 Pf.

Boz (Dickens), sämmtliche Werke. Stuttgart 855, 56. Hoffmann. gr. 16. Jede Liefg. 3 ngr.
83—96. Liefg. Leben und Schicksale des Nicolaus Nickleby und seiner Familie. Neu aus dem Engl. von C. Kolb. 3 Bde. (1207 S.)
97—107. Liefg. Barnaby Rudge. Neu aus d. Engl. von C. Kolb. 2 Bde. (936 S.)
108—115. Liefg. Skizzen aus dem Londoner Alltagsleben. Neu aus dem Engl. von C. Kolb. (691 S.)
116—125. Liefg. Klein Dorrit. Aus dem Engl. von Edm. Zoller. 1—10. Liefg. (1 Bd.: 618 S.; 2. Bd.: S. 1—96.)

— **sämmtliche Werke.** 126—144. Liefg. Stuttgart 857—64. Hoffmann. 16. Jede Liefg. 3 ngr.
126—130. [21. Bd.] Klein Dorrit. Aus d. Engl. von Edm. Zoller. (2. Bd. S. 97—578. Schluß.)
131—136. [22. Bd.] Eine Geschichte von zwei Städten. Neu aus d. Engl. von Kolb. (435 S.)
137—144. [23. Bd.] Große Erwartungen. Aus d. Engl. von L. Dubois. (629 S.)

Boz (Charles Dickens) sämmtliche Werke. Leipzig 860. Wiedemann. gr. 16. Jeder Bd. n. 1 ₰
24. Bd.: Zwei Städte. Aus dem Engl. von Jul. Seybt. (412 S.)

— — Weissenburg 862. Meyer. 16.
25. 26. Bd.: Große Erwartungen. Aus dem Engl. von Jul. Seybt. 2 Bde. (530 S.) 1 ₰ 10 ngr.

— — Ebend. 863, 64. 16. Jeder Bd. n. 10 ngr.
1—6. Bd.: Die Pickwickier oder Herrn Pickwick's und der correspondirenden Mitglieder des Pickwick Clubs Kreuz- und Querzüge, Abenteuer und Thaten. Nach den Ueberlieferungen des Pickwick-Clubs. Mit Federzeichnungen nach Phiz. Aus dem Engl. von H. Roberts. 6 Thle. 4. Aufl. (1190 S. u. 39 Holzschntaf.)
7—9. Bd.: Oliver Twist. Mit Federzeichnungen nach Cruikshank. Aus dem Engl. von H. Roberts. 3 Thle. 4. Aufl. (507 S. u. 24 Holzschntaf.)
53. Bd.: Der Weihnachtsabend. Eine Geistergeschichte. Aus dem Engl. von E. A. Moriarty. Mit 8 Federzeichnungen (Holzschn.) von J. C. Leech. 3. Aufl. (122 S.)
54. Bd.: Die Sylvester-Glocken. Eine Geistergeschichte. Aus dem Engl. von E. A. Moriarty. Mit 4 Federzeichnungen von J. C. L. Leech. 2. Aufl. (136 S. u. 4 Holzschntaf.)

Boz's [Dickens] sämmtliche Werke. Aus dem Engl. von Karl Kolb. 1., 2., 5. u. 6. Bd. Durchgesehen von Johs. Minckwitz. gr. 16. Leipzig 878. 79. C. Zieger. 8.—; geb. 10.—
1. 2. Die Pickwickier. 2 Bde. 4. Aufl. (523 u. 563 S.) 4.—; geb. 5.—
5. 6. Bleakhaus. 3. Aufl. 2 Bde. (536 u. 497 S.) 4.—; geb. 5.—

Boz (Charl. Dickens), Works. Vol. 1. 2. The Posthumous Papers of the Pickwick Club. — Vol. 3. American Notes. — Vol. 4. Oliver Twist. — Vol. 5 and 6. Nicholas Nickleby. 2 Vols. — Sketches. — Martin Chuzzlewit. 2 Vols. — Master Humphrey's Clock. 3 Vols. — Pictures from Italy. — A Christmas Carol. — The Chimes. — The Cricket, s. Collection of British Authors.

† **Boz, (Charles Dickens,) complete Works,** s. Dickens.

— complete Works. Vol. 7 and 8. — A. u. d. T.: Master Humphrey's Clock. Vol. 1 and 2. (Mit Portrait u. Facsimile.) gr. 12. Leipzig 841, Fr. Fleischer. à n. 1 ₰

— the same. Vol. 9. — A. u. d. T.: Master Humphrey's Clock. Vol. 3. (Barnaby Rudge.) gr. 12. Ebend. 842. (à) n. 1 ₰

— schlechte Zeiten, s. Roman- u. NovellenZeitung.

Bozanes, Branus: *Η καθ Ομηρον Παλλας Αθηνη. Μερος πρωτον.* Halis Saxonum (1873): Orphanotropheum. 59 S. 8°
Halle-Wittenberg, Phil. Diss. v. 11. [vielmehr: 15.] Aug. 1873
Geb. Grebenitz (Zagori, Nord-Epirus; Türkei) 10. 6. 1846. V.
Verf. heisst im Pers.-Verz.: Bosanys. Der Vater nach der Vita e gente Bacolae i. e. Nicolaides, die Mutter eine Bozanes. — Abhandlung in griechischer, Vita und Thesen in lateinischer Sprache.

Bozeck, J. R., s. Bozek, Jos. Romuald

Božek, Jos. Romuald, das falsche u. gefährliche System der gegenwärtigen Eisenbahnwagen u. ihre Verbesserung. gr. 8. (3 B.) Leipzig 846, Bamberg. *

Bozek, Das falsche und gefährliche System der gegenwärtigen Eisenbahnwagen und ihre Verbesserung erläutert. Neue Auflage. Nebst 1 lithograph. Tafel. Leipzig 1846. 8.

Bozen (Sachliches OW)

Bozen. Festgabe der Sektion Bozen zur 35 (31.) Generalversammlung des deutschen u. österreich. Alpenvereins in Bozen, 2. bis 5. IX. 1904. (39 S. m. Abbildgn. u. 4 farb. Taf.) Lex.-8. Bozen 904. (A. Auer & Co.) n. 2. 20

Bozen (Gries) und ihre Umgebung. Mit 27 Illustrationen, 1 Orientirungstafel, 2 Karten und 2 Plänen. 8. (VI, 59 S.) —.80

Bozen (Gries) und ihre Umgebung ... Wien 1893. V: *Erber, Othmar.* (MARGR)

Bozen (Gries) u. ihre Umgebung. Mit 27 Illustr., 1 Orientirungstaf., 2 Karten u. 2 Plänen. 8. (60 S.) Wien 893. A. Hartleben. n. 1. 50

Bozen, Gries und Umgebungen. Prakt. Reisehandbuch. 2. Aufl. neu bearb. von Cand. Ronketti. Mit 3 Kartenbeil. *Berlin: A. Goldschmidt 1901.* (IV, 67 S.) 8°
— Reisebücher, Griebens. Bd 50.

— u. Meran, s.: Grieben's Reisebibliothek.

Bozen (Schlagwort)

— s. a.: Alpen, Artaria.

— s. a. Woerl's Reisehandbücher.

Bozen-München, s.: Automobilkarten. Automobil-Tourenkarte.

Bozen. Exkursionskarte von Bozen u. Umgebung. 1 : 50,000. 32×52,5 cm. Farbdr. Bozen (902). Deutsche Buchh. n. 1. —

Bozen. Liebenow, W., Karte v. Bozen-Gries-Meran. 1 : 200,000. Ausg. 1898. 31,5 × 30 cm. Farbdr. Berlin 898. A. Goldschmidt — 30

— Plan von Bozen, Gries u. Umgebg. Aufgenommen u. gezeichnet v. R. Hölzl. 1 : 6450. 35×48 cm. Lith. Bozen (902). F. Moser. n. — 60

Bozen, Umgebungskarte von. Im Masse 1 : 75.000. Qu.-Folio. Aus 4 Specialkartenbl. zusammengesetzt. Herausgeg. v. k. k. milit.-geogr. Institut in Wien. General-Depot: R. Lechner's Hof.- u. Univ.-B. Gef. in gr. 8. 60 kr.

Bozen. Umgebungskarte v. Bozen. Ausgeführt im k. u. k. militär. geogr. Institut in Wien. 1 : 75,000. 53×73 cm. Lith. Wien (909). R. Lechner's Sort. nn 1.60; auf Leinw. nn 3.—; Farbdr. nn 2.40; auf Leinw. nn 3. 80

Bozen. Umgebungs-Karte v. Bozen u. Gries. Ausg. 1905. 1 : 80,000. 59,5×59,5 cm. Farbdr. Bozen, F. Moser. n. 1.—; auf Leinw. n. 2. 20

Bozenhard, Emanuel

BOZENHARD, E., Bemerkungen auf einer Reise von Kopenhagen nach Wien im Jahre 1793. Hamburg 1795. 8°.
Karajan's Bibl. II. no. 615. — Selten!

Bozenhard, E., († d. 24. Febr. 1799.) Bemerkk. a. e. Reise v. Kopenhagen nach Wien. 8. Hamb. 795. (A. Campe). 14 gl.

Bozenhard, E., Bemerk. a. e. Reise von Kopenh. n. Wien. 8. Hamb. Hoffmann. 795.

Tage-Buch einer Reise von Kopenhagen nach Wien v. Emanuel Bozenhard. Empfindung und Wahrheit. Kopenhagen 1794. 8°.

Bozenhardt, Carl: Über das Bis-acetessigester-⟨malonyl-dihydrazon⟩, seine Kondensations- und Spaltungsprodukte. Freiburg ⟨Schweiz⟩ 1910: St.-Paulus-Dr. 207 S. 8°
Tübingen, Naturwiss. Diss. v. 15. Nov. 1909, Ref. Wislicenus
[Geb. 11. Juni 83 Kalw; Wohnort: Berlin; Staatsangeh.: Württemberg; Vorbildung: Realgymn. Kalw. Pharmaz. Prüf.; Studium: Tübingen 9 S.; Coll. 15. Nov. 09.] [U 10. 4234

Božénka u Amalie, dwě nestegné sestry. Powjdka pro mládež. Od spisowatele Kraslic. 12. (66 S.) Prag 848, Haase Söhne. 6 ngl.

Bozi, Alfred

[F.] Die Angriffe gegen den Richterstand. Von A. Bozi, Landrichter. *Breslau: W. Koebner 1896.* (24 S.) 1 Bd 8.

Bozi, A., d. Angriffe geg. d. Richterstand. gr. 8. (24 S.) Breslau 896. (W. Koebner.) M. & H. Marcus. n. — 60

— Bekämpfg. d. Gewohnheitsverbrechens. gr. 8. (39 S.) Berlin 895. O. Liebmann. n. — 80

Bozi, Alfr.: Der Geschworene, s: Einführung in d. leb. Recht.

Bozi, A., die natürlichen Grundlagen des Strafrechts. Allgemein wissenschaftlich dargestellt. gr. 8. (V, 120 S.) Stuttgart 901. F. Enke. n. 3.20

[F.] Reform der Untersuchungshaft. Darstellg nebst Gesetzesvorschlag v. A. Bozi, Landrichter. *Breslau: M. & H. Marcus 1897.* (2 Bl., 77 S., 1 Bl.) 1 Bd 8.

Bozi, Alfr., die Schule der Jurisprudenz. Eine Einführg. in die Elemente der Rechtswissenschaft auf Grund der induktiven Methode. (XV, 4, 4, 4, 4, 393 u. 16 S.) gr. 8. Hannover 909. 10. Helwing. 10.—; geb. 11.—; auch in 5 Lfgn. à 2. —

— Vorträge üb. deut. Zivilprozess, s: Einführung in d. leb. Recht.

Die Weltanschauung der Jurisprudenz. Von Alfred Bozi, Oberlandesger.R. Hannover: Helwing (1907). (VIII, 227 S.) 8°

— Die Weltanschaug d. Jurisprudenz. 2. Afl. (12, 318) gr8° Hann., Helwing '11. L 8 — d

Bozič Gottfried: Die Willensfreiheit als psychologisches Problem. Diss. Wien, Univ.
1910 PN 2893 144

*Božidar, podučivna in kratkočasna povest za mladost in odraščene ljudi. V Celovcu, Leon, 1853. 113 S.

Božidar. Podučna in kratkočasna provest za slovensko mladino, kakor tudi za odraščene ljudi. Izdalo družtvo sv. Mohora. Klagenfurt 853. Leon. gr. 16. (2 Bl., 113 S.) n. 5 ngl.

Bozykowski, Roman, harte Hände, s. a. Bühnenwerke, verbotene. 2.

Harte Hände. Culturbild in 3 Acten von Roman Bozykowski. ⟨Autor. Uebers. aus d. Poln.⟩ 1. Taus. *Wien: F. Schalk [1902].* (99 S.) 8° [F.]
— Bühnenwerke, Verbotene. Stück 2.

Die Schande der deutschen Journalistik. Hrgg. v. H. Bozzarls. Leipzig. 1838. 8°.

Bozzi

— vgl. Konversations-Taschenbuch rc.

Bozzi, französisch-deutsches Konversations-Taschenbuch. Dreizehnte von Prof. J. Grüner vermehrte und sehr verbesserte Original-Auflage. Erste Lief. 8. (216 S.) Wien, Rud. Lechner, Druck von Ant. Benko, 1853.

Bozzi, F., Conversations-Taschenbuch der franz. Sprache mit deutscher Erklärung. Ein Mittel durch prakt. Anleitung Anfängern in beiden Sprachen d. Sprechen zu erleichtern. Nach S. Perrin, Mad. de Genlis u. Duvez. Von Roberto u. Julvécourt verb. u. ganz neu bearb. Nebst ein. Samml. besond. Redensarten, Briefen u. kleinen schriftl. Aufsätzen. N., verb. Orig.-Ausg. 12. (23½ B.) Wien 846, Lechner's Univ.-Buchh.

Bozzi's, (F.), Conversations-Taschenbuch der französischen Sprache, mit deutscher Erklärung. Ein Mittel durch prakt. Anleitung Anfängern in beiden Sprachen das Sprechen zu erleichtern. Nach J. Perrin, Mad. de Genlis und Duvez. Durchgesehen und mit Anmerkungen und Gesprächen erweitert von J. Grüner. (10. Aufl. 12. 847, 11. Aufl. 18. 849. à 16 Ngr. und) 12., verm. Orig.-Ausg. 18. (VIII und 472 S.) Wien 851(52,) Lechner's Universitäts-Buchh.

Bozzi's Conversations-Taschenbuch der französischen und deutschen Sprache. Ein Mittel durch praktische Anleitung Anfängern in beiden Sprachen das Sprechen zu erleichtern. Nach J. Perrin, Mad. de Genlis und Duvez. Durchgesf. u. mit Anmerkgn. u. Gesprächen rc. erweitert von J. Grüner. 13., mit einer geschichtlichen Novelle von Jules Janin u. mit einer bisher unentdeckten Zusammenstellung des Hauptmechanismus der französ. Sprache rc. verm. Original-Ausg. A. u. d. T.: Guide de la conversation française et allemande. (Méthode Bozzi.) 854. 24 ngl — 14. rc. Aufl. 855. n. 20 ngl — 16. rc. Aufl. Wien (857). Lechner. 16. (XXII, 436 S.) 24 ngl

Bozzi's Conversations-Taschenbuch der französischen und deutschen Sprache. Ein Mittel durch prakt. Anleitung Anfängern in beiden Sprachen das Sprechen zu erleichtern. Nach J. Perrin, Mad. de Genlis und Duvez. Durchgeseh. und mit Anmerkungen und Gesprächen rc. erweitert von J. Grüner. 16—20. Aufl. 12. (XXII und 436 S.) Wien 857—61, Lechner's Universitäts-Buchh.

Vgl.: Konversations-Taschenbuch der italienischen und deutschen Sprache.

Bozzi's Conversations-Taschenbuch der französischen und deutschen Sprache. Ein Mittel durch prakt. Anleitung Anfängern in beiden Sprachen das Sprechen zu erleichtern. Nach J. Perrin, Mad. de Genlis und Duvez. Durchgesehen und mit Anmerkungen und Gesprächen rc. erweitert von J. Grüner. 21.—25. Aufl. 16. (XXII und 436 S.) Wien 862—68, Lechner's Universitäts-Buchh. cart.

Bozzi's Conversations-Taschenbuch der französischen und deutschen Sprache. Ein Mittel durch prakt. Anleitung Anfängern in beiden Sprachen das Sprechen zu erleichtern. Nach J. Perrin, Mad. de Genlis und Duvez. Durchgesehen und mit Anmerkungen und Gesprächen rc. erweitert von J. Grüner. 26.—30. Aufl. 12. (XVI, 436 S.) Wien 869—74, Lechner's Verlag. cart.

Bozzi's Conversations-Taschenbuch der französischen und deutschen Sprache. Ein Mittel durch prakt. Anleitung Anfängern in beiden Sprachen das Sprechen zu erleichtern. Nach J. Perrin, Mad. de Genlis und Duvez. Durchgesehen und mit Anmerkungen und Gesprächen rc. erweitert von J. Grüner. 31.—33. Aufl. 16. (XVI, 436 S.) Wien 875—78, Lechner's Verlag. cart.

Bozzi's Conversations-Taschenbuch der französischen und deutschen Sprache. Ein Mittel, durch prakt. Anleitung Anfängern in beiden Sprachen das Sprechen zu erleichtern. Nach J. Perrin, Mad. de Genlis und Duvez. Durchgesehen und mit Anmerkungen und Gesprächen rc. erweitert von J. Grüner. 34. und 35. Aufl. 16. (XVI, 436 S.) Wien 880,82, Lechner's Verlag. geb. * 2 25

Bozzi's Conversations-Taschenbuch d. französ. u. deutsch. Sprache. Nach J. Perrin, Mad. de Genlis u. Duvez. Durchgesehen u. erweitert v. J. Grüner. 36. Aufl. Taschenf. (XVI u. 436 S.) Wien, Rudolf Lechner's Verlag. Geb. 1 fl. 25 kr. 1885.

Bozzi's Conversations-Taschenbuch der französischen u. deutschen Sprache. Ein Mittel, durch prakt. Anleitg. Anfängern in beiden Sprachen das Sprechen zu erleichtern. Nach J. Perrin, Mad. de Genlis u. Duvez. Durchgesehen u. m. Anmerkgn. u. Gesprächen rc. erweitert v. J. Grüner. 37. Aufl. 12. (XVI, 436 S.) Wien 895. R. Lechner & Sohn. Geb. in Leinw. n. 2. 25

— Conversations-Taschenbuch der ital. Sprache mit deutscher Erklärung. Zum Gebrauch für das gesellschaftl. Leben u. für den Unterricht. Nach J. Perrin, Romualdo Zotti, Mad. de Genlis u. Beauval. Von Giulio Radichi verb. u. ganz neu bearb. Nebst einer Sammlung besonderer Redensarten, Briefe u. kleiner schriftl. Aufsätze. 5. verb. Aufl. schm. hoch 12. (312 S.) Ebd. 847. 5/6 ₰ — 6. bedeutend verm. Aufl. 18. (368 S.) Ebd. 851. n. 16 ngl

Bozzi, Conversations-Taschenbuch d. italien. u. deutschen Sprache, s. a. Pavissich, Alois Cäsar Ritter v.

—— Conversations-Taschenbuch d. italienischen und deutschen Sprache. Von Dr. A. C. Pavissich, k. k. Schulrath rc. 10. durchgesehene und verbesserte Aufl. 12. (X und 360 S.) Ebd. cart. 1860 1 fl. 25 kr.

—— Conversations-Taschenbuch der italienischen und deutschen Sprache. Nach Bozzi von Alois Cäsar Dr. Pavissich. 11. durchges. und verb. Aufl. 12. (X. 364 S.) Ebds. cart. 1864 1 fl. 25 kr.

—— Konversations-Taschenbuch der italienischen und deutschen Sprache. Von Alois Cäsar Pavissich. 12.—14., durchgeseh. und verb. Aufl. gr. 16. (X und 364 S. mit 1 Tab. in qu. gr. Fol.) Wien 863—67, Lechner's Universitäts-Buchh. cart.

—— Conversations-Taschenbuch der italienischen und deutschen Sprache. Von Alois Cäsar Pavissich. 16. durchgeseh. und verb. Aufl. 12. (X, 364 S.) Wien 871, Lechner's Verlag. cart.

Vgl.: Pavissich, Alois Caes., Conversationsbuch.

(Bozzi.) Manuale di conversazione nelle due lingue Italiana e Tedesca. Giusta il metodo di Bozzi. (Conversations-Taschenbuch d. ital. u. deutschen Sprache nach Bozzi von Dr. A. C. R. v. Pavissich.) 23. Aufl. 8. (X. u. 364 S.) geb. 1 fl. 25 kr.

Bozzi, Taschenbuch der italienischen und deutschen Sprache. 24. genau durchgesehene Auflage von Dr. Alois Cäsar Ritter von Pavissich. 8°. (X, 364 S.) Wien, Rudolf Lechner. geb. fl. 1.25. 1886

Bozzini, Ph., d. Lichtleiter, od. Beschreib. e. einfachen Vorrichtung u. Anwend. z. Erleuchtung innerer Höhlen u. Zwischenräume der lebend. animal. Körper. M. Kpf. gr. Fol. Weim. 807. Ind.-Compt. 1 ₰ 6 gl

Bra, F(elix) de, appr. Arzt: Die Melaena neonatorum und ihre erfolgreiche Bekämpfung durch subkutane Gelatineinjektion. Berlin 1910: G. Schade. 35 S. 8°
Berlin, Med. Diss. v. 16. April 1910, Ref. Olshausen
[Geb. 10. März 79 Oberaula; Wohnort: Oberaula; Staatsangeh.: Preußen; Vorbildung: Gymn. Wolfenbüttel Reife O. 98; Studium: Berlin K. W. A. 10 S.; Coll. 15. April 10; Approb. 28. Juli 10.]

de Bra, Wilh. [geb. Cöln a. Rh. 25. 12. 1847]: Thesen. Berlin (1870). (2 Bl.) 8°
Berlin, Med. Thes. v. 29. Juli 1870

Braak, C., ein Frühlingskranz der Liebe u. Freundschaft. Gesammelt aus den Dichtungen der besten deutschen Lyriker. Stade 867. Pockwitz. 16. (VI, 114 S.) 7¼ ngr

Die Komposition des allgemeinen Weltraumes und seine negative Entwickelung. [Verf.: J. Braak, Ortelsburg.] Königsberg i. Pr. 1909: Ostpr. Dr. 31 S. 8° [10. 1.1] 10

ter Braake, G. J. Die Theilnahme des Böoter an dem peloponnesischen Kriege. Rostock 1874.

Braam, Aug., welche Anforderungen sind an e. lateinische Schulgrammatik zu stellen? Progr. gr. 4. (188.) Crefeld, (Hoffmann & van Acken). n. — 40

Braam, August [Dr.]: Welche Anforderungen sind an eine lateinische Schulgrammatik zu stellen? Crefeld, Druck v. Kramer & Baum, *1893;* 3—18 S. 4.
Crefeld, G, OP 1893 (435)

Braam, Henr. Gerh., Dissertatio theologica, exhibens Jo. Ludovici Vivis theologiam christianam. 8maj. (XVI und 182 S.) Groningae 853. (Lipsiae, G. E. Schulze.)

Braam, Theodor August (Bedburg b. Cleve), Malherbes Hiatusverbot und der Hiatus in der neufranzösischen Metrik. Diss. philos. Lpz. 1884. 63 S. m. Biogr. (M.: G. Janssen.) (4.—) 3724
Gew.: Prof. J. Giesen (Bonn).

Braam-Houkgeest, André Everard van. Reise der Gesandschaft der holländisch-ostindischen Gesellschaft an den Kaiser von China in den Jahren 1794 und 1795 ... aus dem Franz. ... Leipzig 1798. Ü: *Bergk, Johann Adam.* (MGT) (NN)

Braasch, Aug., Irrtüml. Ideale d. Socialdemokratie. gr. 8. (36 S.) Lübeck 898. (M. Schmidt.) — 50

[F.] Ein Kaiser-Wilhelm-Denkmal. Deutsche Nationalerziehung. Kaiser Wilhelm I. uns. Vorbild. D. pädagog. Verwertg d. hohengeistig. Vermächtnisses uns. unübertreffl. alten Kaisers. Von August Braasch, Dr. phil. *Lübeck: Selbstv.; Kommissionsr. b. M. Schmidt 1898.* (4 Bl., 191 S.) 1 Bd 8.

Die geognostischen Verhältnisse der Umgegend von Kiel und ihre Beziehungen zur Landwirtschaft. Ein Beitrag zur landwirtschaftlichen Bodenkunde v. August Braasch. Mit Taf. 4—6. Separatabdruck aus: Verhandlungen des Vereins für Naturwissenschaftliche Unterhaltung in Hamburg ⟨1876⟩. Bd. 3. Hamburg. März/April 1878. 8°

— Wie bringt man e. Schüler durchs Gymnasium, ohne daß er „sitzen bleibt" od. sich überanstrengt? E. unentbehrl. Ratgeber f. Eltern. gr. 8. (56 S.) Ebd. 897. 1. 50

Braasch, Aug., der rationelle Wiesenbau, sein Wesen u. seine Bedeutung, nebst einer Kritik der verschiedenen Wiesenbau-Methoden. Allgemein verständlich dargestellt. 8. (32 S.) Nortorf 880. (Kiel, v. Maack.) n. — 50

Braasch, Aug., die Petersen'sche Wiesenbau-Methode oder: Gesammelte Erfahrungen im Wiesenbau-Kursus zu Wittkiel bei Kappeln im Mai 1878. gr. 8. (70 S. mit 5 lithogr. Taf. in qu. Fol.) Leipzig 879, [Mentzel.] A. Krüger. *

Braasch, Aug. Heinr. Altkatholicismus u. Romanismus in Österreich. Reiseerlebnisse. 1. Aufl. (VII, 60 S.); 2. Aufl. gr. 8. (IV, 60 S.) Frankf. a. M. 890, Diesterweg. * — 60

Braasch, A. H., „durch den Glauben allein!" Predigt über Ev. Joh. 3, 16—21 gehalten. gr. 8. (15 S.) Jena 875, Gb. Frommann.

— „durch den Glauben allein!" Predigt über Ev. Joh. 3, 16—21 geh. gr. 8. (15 S.) Jena 877. Pohle. — 30

—— Gott hat dem Menschen die Ewigkeit in's Herz gelegt. Predigt, gehalten am Neujahrsfest 1878 über Pred. Sal. 3, 11. gr. 8. (15 S.) Jena 878, Doebereiner. *

—— ein Gottesgruß zum neuen Jahr. Predigt über Jes. 55, 8—13. gr. 8. (16 S.) Jena 884, Neuenhahn.

—— des Vaterlandes Heil. Predigt am Sedanfeste 1883. gr. 8. (15 S.) Ebendas. 883.

—— ist ein Zusammenwirken der verschiedenen Richtungen innerhalb unserer evangelisch-protestant. Kirche möglich, s. Zeit- und Streit-Fragen, deutsche.

Braasch, Aug. Heinr., Confirmationsrede über Joh. 21, 15—17. gr. 8. (16 S.) Jena 880, Neuenhahn. * — 20

—— das Conto zwischen der evangelischen und katholischen Kirche auf dem Gebiet der Mischehen in Deutschland. gr. 8. (V, 51 S.) Jena 883, Costenoble. * — 80

Braasch, A. H., der Mensch u. die Zeit. Neujahrspredigt. gr. 8. (14 S.) Jena 882. Neuenhahn. n. — 24

Ernst Häckel's Monismus. (Krit. beleuchtet) von August Heinrich Braasch. *Braunschweig: C. A. Schwetschke & Sohn 1894.* (IV, 50 S.) 8° [F.]
= Beiträge z. Kampf um d. Weltanschauung. H. 1.

—— Predigt über Offenb. 3, 14—22 am Buß- und Bettage 1884. gr. 8. (14 S.) Ebendas. 884. ** — 25

— Reform d. Religionsunterrichts in d. Volksschule. Mit 2 Anh.: enth. e. Lehrplan u. einige Präparationen z. Katechismusunterricht. 8° (89) Jena 91. Lpzg. H Haacke. — 75

—— Reform d. Religionsunterrichts in der Volksschule. Mit 2 Anhängen: enth. e. Lehrplan u. einige Präparationen zum Katechismusunterricht. gr. 8. (III, 39 S.) Jena 891, Mauke. * — 75
Vgl.: Polz, E. Zur Reform des Religionsunterrichts.

—— Der Rock in Trier nach eigenen Eindrücken. Mit e. Nachwort über den preuß. Volksschulgesetzentwurf. gr. 8. (33 S.) Ebd. 892. * — 50

[F.] Martin Luthers Stellung zum Sozialismus v. D. August Heinrich Braasch, Superint. in Jena. *Braunschweig: C. A. Schwetschke & Sohn 1897.* (VI S., 1 Bl., 180 S.) 1 Bd 8.
= Beiträge zum Kampf um d. Weltanschauung. Heft 2. 3.

Braasch, A. H., Stoffe u. Probleme des Religionsunterrichts. (V, 282 S.) 8. Leipzig 909. B. G. Teubner. 2.40; geb. 3. —

Braasch, Aug. Heinr., die religiösen Strömungen der Gegenwart, s. Aus Natur u. Geisteswelt.

Die religiösen Strömungen der Gegenwart von D. August Heinrich Braasch, Superint. Leipzig: B. G. Teubner 1905. (146 S.) 8° [F.]
= Natur, Aus, u. Geisteswelt. Bdch. 66.

Die religiösen Strömungen der Gegenwart. Von D. A[ugust] H[einrich] Braasch. 2. Aufl. Leipzig: Teubner 1909. 140 S. 8°
(Aus Natur u. Geisteswelt. Bdch. 66.)

—— die Synode in der Kirche. Ein Wort an die Gemeinde. gr. 8. (16 S.) Eckernförde 877, Heldt. *

Braasch, Aug. Heinr., die Wahrheit des Christenthums. gr. 8. (297 S.) Jena 887, Dabis. *

— der Wahrheitsgehalt des Darwinismus. gr. 8. (V, 182 S.) Weimar 902. H. Böhlau's Nachf. n. 2. —

— Was hat d. nichtultramontane deut. Volk v. d. Annahme d. Toleranzantrages zu erwarten? (86) 8° Lpzg, BG Teubner '05. — 80 d

—— Weihnachten auf Erden. Predigt, gehalten am ersten Weihnachtsfeiertage 1877 über Lucas 2, 1—14. gr. 8. (14 S.) Jena 877, Doebereiner. *

Ueber Ernst Haeckels Welträtsel. Zur Verständigung zwischen Christentum u. Naturwiss. von D. August Heinrich Braasch, Superint. in Jena. Nebst e. Anh. über Baumann's Schrift z. Haeckelkontroverse. *Tübingen, Freiburg i. B. & Leipzig: J. C. B. Mohr 1900.* (49 S.) 8° [F.]
— Hefte zur Christlichen Welt. No 46.

Braasch, CH, welche Fruchtfolge verdient d. Vorzug i. Holstein's Wirthschaften, je nachdem e. 5-, 6-, 7-schläg. Wirthschaft in Frage steht? 8. (30) Oldenb. 61, Fränckel. — 6

Braasch, C. H., welche Fruchtfolge verdient den Vorzug für Holstein's Wirthschaften, je nachdem eine 5-, 6-, 7-, 8-, 9-, 10-, 11-, oder 12-schlägige Wirthschaft in Frage steht? Eine Concurrenzschrift herausg. vom Wagrischen landwirthschaftlichen Vereine. Oldenburg 861. (Leipzig, Braun's.) gr. 8. (30 S.) 6 ngr.

Braasch, Carl, s. Braasch, Karl

Braasch, E., comparative Darstellung d. Religionsbegriffes in den verschiedenen Auflagen der Schleiermacher'schen „Reden". gr. 8. (69 S.) Kiel 883. Lipsius & Tischer. n. 1. 60

Braasch, Ernst Gethsemane. 4 (45 S.).
Progr. Päd. z. Kl. U. L. Fr. *Magdeburg* 1888

Braasch, Fritz, appr. Apotheker a. Jena: Zur Kenntnis der Umlagerung von Chinaalkaloiden in Chinatoxine. Jena 1907: G. Neuenhahn. (30 S.) 8°
Jena, Phil. Fak., Ref. Rabe, Diss. v. 5. Febr. 1908
[Geb. 21. Aug 78 Jena; Wohnort: Jena; Staatsangeh.: Sachsen-Weimar; Vorbildung: Realgymn. Weimar Reife O. 04; Studium: Jena 8 S.; Rig. 18. Jan. 08.]

Braasch, Heinr., Beitrag zur Statistik u. Anatomie d. Speiseröhrenkrebses. [Aus dem patholog Institute zu Kiel.] Inaugural-Dissertation. gr. 8. (19 S.) Kiel 886. (Lipsius & Tischer.) n. 1. —

Braasch, Heinrich [approb. Arzt aus Rendsburg]: Aus dem pathologischen Institute zu Kiel. Beitrag zur Statistik und Anatomie des Speiseröhrenkrebses .... Kiel, Druck v. Schmidt & Klaunig, 1886; 19 + 1 S. 8°.
Kiel. Med. Fak., Inaug.-Diss. v. 26. Febr. 1886.

Braasch, J. H. Determinanten höheren Ranges. 17 S. HB. *Hamburg* 1878. Progr.

Braasch, Johannes: Historisches über die Simpsonsche Regel und deren Anwendungen. Hamburg 1908: Lütcke & Wulff. 13 S. 4°
Hamburg, R vor d. Lübeckertore P 1908 (955)

Braasch, Johannes: Ueber pathologisches Wachstum der Extremitätenknochen im Gefolge von acuter Osteomyelitis. *Berlin (1897): E. Ebering.* (31 S.) 8°
Berlin, Med. Diss. v. 21. Dez. 1897

Braasch, Carl, Prof.: Der Kampf zwischen Slaventum und Germanentum. Rede z. Feier v. Kaisers Geburtstag am 27. Jan. 1905. Zeitz 1906: R. Jubelt. (S. 5—16.) 4° [F.]
Zeitz, k. Stifts-G P 1906 (313)

[F.] **Braasch**, Karl [Oberl.]: Lateinische Personennamen, nach ihrer Bedeutung zusammengestellt. Zeitz, Druck v. C. Brendel, 1892; 1—36 S. 4.
Zeitz, k. Stifts-G, P 1892 (257)

Braasch, M., die Philosophie der Gegenwart. Ihre Richtgn. u. ihre Hauptvertreter. Für die Gebildeten dargestellt. gr. 8. (XII, 732 S.) Leipzig 888. Greßner & Schramm. n. 10.—

Braasch, Wilh., praktisches Handbuch für Maurer- u. Zimmermeister. Berlin 866. Ernst & Korn. gr. 8. (VI, 122 S. mit Holzschn.) n. 1 ₰

Braat, Hendrik [app. Arzt, Geb. zu Delft]: Lappen-Plastik bei Urinfisteln der Vagina.... Arnheim, G. J. Thieme, 1890; 35 S., 1 Taf. 8°
Freiburg i. B., Med. Fak., Inaug.-Diss. v. 1890

Braatz, Carl, Referendar: Grundzüge der Lehre von den Verwendungen des Besitzers. Leipzig-Reudnitz 1904: A. Hoffmann. (132 S.) 8°
Rostock, Jur. Fak., Ref. Matthiass, Diss. v. 15. Febr. 1905
[Geb. 5. Juli 76 Cüstrin; Wohnort: Berlin; Staatsangeh.: Preußen; Vorbildung: Stadtgymn. Stettin Reife O. 95; Studium: Berlin 6 S.; Rig. 21. Sept. 04.]

... Lectiones cursorias, quas ... Egbertus **Braatz** Med. Dr. sub titulo „Allgemeinanästhesie und Localanästhesie" ad docendi facultatem rite impetrandam d. XVII. m. Junii ... habebit, indicit Hermannus Kuhnt Med. Dr. P. P. O. Ord. Med. h. t. Decanus. Regimonti Bor., typ. Liedtkianis, 1896; 1 Bl. 4.

Allgemeinanästhesie und Localanästhesie. Antrittsvorlesg, geh. am 17. Juni 1896 v. Dr. Egbert **Braatz**, Privatd. ... zu Königsberg. *Berlin: Fischer 1897.* (25 S.) 8.
= Klinik, Berliner. H. 103. 97. 300

— die Grundlagen der Aseptik u. praktische Anleitung zur aseptischen Wundbehandlung. gr. 8. (VIII, 159 S. m. 19 Holzschn.) Stuttgart 893. F. Enke. n. 4.—

Braatz, Egbert, kann man die Gefahren der Chloroformnarkose so verringern, dass wir den Aether in d. Chirurgie nicht brauchen?, s.: Klinik, Berliner.

— Ueb. d. falsche, gewöhnliche Schuhform u. üb. d. richt. Form d. Fußbekleidg. M. 4 Fig. im Text u. 8 Taf. gr. 8. (29 S.) Königsberg 897. F. Beyer. n.n. — 60

[F.] Ueber die falsche, gewöhnliche Schuhform und über die richtige Form der Fussbekleidung. Von Dr. med. Egbert **Braatz**, Privatdoc. ... zu Königsberg. M. 4 Fig. i. Text u. 3 Taf. ... *Königsberg i. Pr.: Thomas & Oppermann 1897.* (28 S., 1 Bl., 3 Taf.) 1 Bd 8. 98. 1368

Die Therapie infizierter Wunden. Vortrag, geh. am 23. Aug. in d. chirurg. Sektion d. XII. internat. medizin. Kongresses zu Moskau. Von Priv. Doz. Dr. Egbert **Braatz** in Königsberg i. Pr. *Berlin: Fischer 1897.* (24 S.) 8°
= Klinik, Berliner. H. 112. 01. 101

— Rudolph Virchow u. d. Bakteriologie. E. krit. Beleuchtg. d. Wechselbeziehg. zw. d. bakteriolog.-ätiolog. u. patholog.-anatom. Forschungsgebiete. [Aus: „Centralbl. f. Bakteriologie".] gr. 8. (21 S.) Jena 895. G. Fischer. n. — 75

Braatz, Gustav [aus Joachimsthal, Unterarzt im Kürassierreg. Königin '(Pommersches)' No. 2]: Ueber Verlauf dreier Fälle von traumatischer Psychose ... Berlin, C. Vogts Buchdr., *1896*; 31 S., 1 Bl. 8.
Berlin, Med. Fak., Inaug.-Diss. v. 3. Nov. 1896

Braatz, Jul. Der deutsche Reichstag in Wort u. Bild. Mit Genehmigg. des Präsidenten u. d. Mitglieder d. Reichstags unter Benutzg. amtl. Quellen hrsg. gr. 8. (57 S. m. 1 Titelbild u. 16 Taf. in Photogr.) Berl. 892, (Siemenroth u. Worms). geb. * 6 —

Das erlöste Braband und besiegte Spanische Flandern, das ist: Erzehlung von der Schlacht den 23. Maji 1706 bey Ramelies und was für Festungen darauf erobert worden. Frankfurt (1706). 8°.

Braband, Carl [Referendar zu Hamburg]: Die freiwillige Veräusserung deutscher Seeschiffe nach deutschem Seerecht ... Göttingen, Druck d. Dieterich'schen Univ.-Buchdr., 1894; 2 Bl., 62 S. 8.
Göttingen, Jur. Fak., Inaug.-Diss. v. [19. Dez.] 1894

Die [vom Br. Pinner verf.] Entgegnung der Ehrw. Grossen Loge des Staates New York auf die Denkschrift des Br. [Friedr.] Glitza über das Sprengelrecht, beleuchtet und beantwortet von [Eug. Jul. Theod.] **Braband.** [Hamburg 1874: Nobiling.] 33 S. 8°
Abgedr. in: Bh. 18 (1875) S. 3—4, 11—13, 19 bis 21, 28—30, 43—46.
Auszug in: Al. 1 (1875) S. 226—237.
cf. KfF. 16 (1876) S. 233.
Tt. 908. Die Schrift von Pinner war nicht nachzuweisen.

Brabaender: „Bergbaukunde", 1846. — Vorh.: Preuß. Oberbergamt Dortmund —

Brabaender, C., Quaestiones Xenophonteae. Diss. 1870. 81 S.

Brabandt, *Max* Arthur [app. Arzt aus Haynsburg]: Ein Fall von Monopodia et Hiatus abdominis mit Ektopie der Eingeweide nebst anderen Missbildungen und Defecten der Bauch- und Beckenorgane, sowie Defect des rechten Hüftbeins und Kyphoscoliose ... Wohlau, Buchdr. Dr. Schulze, 1896; 21 S., 1 Bl. 8.
Leipzig, Med. Fak., Inaug.-Diss. v. 24. Dez. 1895

Der vollwandige Zweigelenkbogen. Entwurf, bauliche Ausbildung u. Berechnung d. Zweigelenkbogens, seiner Fahrbahn u. Widerlager von K. **Brabandt**, Eisenbahnbauinsp. Mit 83 Textabb. Berlin: Ernst 1910. VI, 66 S. 8° 10. 14718

Brabant (Schlagwort), s. a. Brabantia.

Brabant — Charte über das zum Königreich Holland gehörige Departement — nebst den angränzenden Französisch. Besitzungen, gezeichnet von F. L. Güssefeld. Nürnberg bey Homanns Erben. Verbessert 1807. Auf demselben Blatte: Charte, den ehemals Holländischen Antheil an Flandern vorstellend, jetzt zu den Depart. der Lys und Schelde gehörig. 1 : 320,000. 1 Bl.

Brabant, Arthur (Hrsg.), s. Geschichtsblätter, Dresdner.

Joseph Friedrich, Herzog zu Sachsen-Hildburghausen, des Heiligen Römischen Reichs teutscher Nation Generalissimus. 1757. Von Dr. Artur **Brabant**. *Berlin: Gebr. Paetel 1904.* (394 S.) 8° [F.]
= **Brabant**: Das Heil. Röm. Reich teutscher Nation im Kampf mit Friedrich d. Großen. Bd 1.

Brabant, Art.: Kesselsdorf u. Maxen, s: Schlachtfelder, Deutsche.

Brabant, Art., das Heilige Römische Reich teutscher Nation im Kampf m. Friedrich dem Großen. 1. Bd. Joseph Friedrich, Herzog zu Sachsen-Hildburghausen, des Heiligen Römischen Reiches teutscher Nation Generalissimus. 1757. (894 S) gr. 8. Berlin 904. Gebr. Paetel. n. 7. —; geb. in Halbfrz. n. 9. —

— Das heut. röm. Reich teutscher Nation im Kampf m. Friedrich d. Gr. 2. Bd. Die Reichspolitik u. d. Feldzug in Kursachsen 1758. (8, 439) gr8° Berl., Gebr. Paetel '11. 8 —; HF 10 — (1 u. 2: 15 —; geb. 19 —) d

(Brabant, J G .) Offener Brief an die Prinzessin Louise von Toskana, ehemalige Kronprinzessin von Sachsen von einer deutschen Frau. 15 S. 8. Zürich, Caesar Schmidt, 1903. (M. —. 40)

Brabantia. — s. a. Brabant.

Brabantiae — Ducatus — Tabula etc. Per Joannem Dankerum 1: 250,000. 1 Bl.

Brabantiae — Ducatus — Nova Tabula in qua Lovanii etc. ostenduntur a Joh. Bapt. Homanno. Norimbergae. 1: 250,000. 1 Bl.

Brabantiae, Germaniae inferioris nobilissimae Provinciae Descriptio. Jacobo a Dauentria auct. 1: 450,000. 1 Bl.

Brabantia Ducatus. Petrus Kaerius caelavit. 1: 450,000. 1 Bl.

Brabantiae — Tabula Ducatus — continens Marchionatum S. J. et Dominium Mechliniense in lucem edita per Nicolaum J. Piscatorem (Visscher.) Gedruckt bey Claes. Janss. Visscher. 1: 300,000. 1 Bl.

Brabbée Ewald: Die Einigungsbestrebungen auf dem Gebiete der deutschen Stenographie. 22. Wien III. R. (Rainer). 02. Progr.

Brabbée, Ewald: Ausführl. Lehr- u. Übgsb. d. stenograph. Verkehrsschrift. Nach d. Gabelsb. Systeme auf Grund d. Beschlüsse d. Wiener Stenographentages bearb. (200) gr8° Wien, C Fromme '11. L 2.40

A lui, les enfants de la veuve! Ein Appell an edle Brüderherzen zu Gunsten eines Verfehmten. [Von Gust. Brabbée.] Aus der österreichischen Freimaurer-Zeitung. [Dat.:] Leipzig den 10. April 1880.] Pest: Wodianer. 2 Bl. 4°.

Sub Rosa.·. Vertrauliche Mittheilungen aus dem maurerischen Leben unserer Grossväter. Von Gust. Brabbée. Wien: Rosner 1879. IV, 205 S. 8°
Recens: Z. 8 (1878) S. 152, 168 (K. v. Gagern), letzteres abgedr. in: Bh. 22 (1879) S. 5—6; DrL. 8 (1878—1879) S. 568 (E. A. F. Rumpelt gen. Walther); Hn. 6 (1879) S. 9 bis 10.
cf. FZ. (Wien) 5 (1878) S. 105 (J. Goldenberg).
Tt. 368. Sammlung d. hauptsächlich in Latomia u. Zirkel erschienenen Aufsätze d. Verf.

Rückblicke auf die Pilgerschaft eines Vielgeprüften [d. i. Ludwig Lewis] Zur Feier seines zweiundachtzigsten Geburtstages. Entnommen aus der „Allgemeinen Freimaurer-Zeitung" Nr. 4. Wien 1. März 1880. [Unterz.:] [Gust.] B[ra]bb[ée]. Pest [1880]: Wodianer. 2 Bl. 4°. [Kopftit.]

Brabbee, Karl: Die Lüftungsanlagen beim Baue der großen Alpentunnels. 16 S., u. Anh. Aus: Zs. des Oesterr. Ing.-u.Arch.-Vereines.
Diss. TH Wien 1905.

Brabbée, K., s: Mitteilung d. Prüfgsanst. f. Heizgs- u. Lüftgseinrichtgn d. kgl. techn. Hochsch. zu Berlin.

— u. Alb. Brandt: Sonder-Katalog f. d. Gruppe Ventilation u. Heizg d. wissenschaftl. Abteilg d. internat. Hygiene-Ausstellg Dresden '11. Hrsg. v. Uber. (63 m. 1 Taf.) gr8° Dresd.(-N., Grossenhainer Str. 9), Centralstelle f. hygien. Lehrmittel '11. nn 2 —

Brabber, C., im Banne des Herzens. Erzählung. 12. (126 S.) Berlin 886. Goldschmidt. n. — 50

Brabec, Adf., im Bauernhof. Ländliches Drama in 3 Akten. (68 S) 8. Wien 904. C. W. Stern. n. 2. —

Brabec, Adf: Grundr. d. čech. Lit.-Gesch. (92) 8° Wien, (M Kuppitsch Wwe) 06. 1.50

v. Brabeck, Mor.; ob. der verfolgte Edle. Nach unterdrückten Actenstücken, d. d. Hildesheim, April 1799, dem gesammten Adel Deutschlands vorgelegt v. K. Baron v. S. 8. Berl. 799. Maurers W. 5 K

v. Brabeck, Frhrr. Mor., an Public. gr. 8. Helmst. 799. Fleckeisen. 5 K

— Dass. aus dem Französ. mit e. Vorrede d. Uebersetzers. gr. 8. ... 800.

Brabek, Dr. Ludwig, Ueber die Steuerreform in Oesterreich. 16 (63 S.) Lemberg, Selbstverlag. 1869 70 kr.

Brablch, Jürg., Devotion, als die Vor-Pommerschen Unterthanen den Erbhuldigungs-Eyd dem Fürsten Friederich Könige in Preussen, abstatteten — (von) d. sämmtl. 9. Hauptgewercke(n) zu Alten Stettin. Alten-Stettin 1740. fol.

Braby, Maud Ch.: Die moderne Ehe, u. wie man sie ertragen soll. (Übers. v. Clara Sokolowsky-Thoumann.) 1—3. Taus. (8, 239) kl8° Berl., E Reiss '11. 3 —; geb. 4 — d

Braccialini, Scipione, leichtfaßliche Methode zur Lösung ballistischer Aufgaben für flache Flugbahnen. Nach dem Italien. bearb. durch v. Scheve. 8. (91 S.) Berlin 884, Mittler und Sohn.

Braccioli: Orlando, s. Händel, Georg Friedrich

Bracco, Rob., die herbe Frucht. Lustspiel in 3 Akten. Deutsch v. Otto Eisenschitz. (87 S.) 8. Wien 905. P. Knepler. n. 2. —

Bracco, Roberto, Masken. Schausp. in 1 Akt. Deutsch v. Otto Eisenschitz. M. 9 Jll. 8. (54 S) Wien 896. C. M. Engel. n. 1. —

BRACCO, Roberto
(F) Roberto Bracco. Tragödien der Seele. Schauspiel in 3 Acten. Deutsch von Otto Eisenschitz. Umschlagzeichnung von Emil Orlik. Wien. 1901. Wiener Verlag (Rosner). 8°. 105 S. K 2.40

BRACCO, Roberto
(F) Untreu. Komödie in 3 Acten von Roberto Bracco. Aus dem Italienischen von Otto Eisenschitz. Wien. 1900. Wiener Verlag. (Rosner.) 8°. 86 S. K 2.40

Bracco, Roberto, Weiber. Interessante Geschichten. Frei nach dem Ital. v. Loth. Schmidt. 8. (137 S.) Berlin 894. H. Steinitz' Verl. n. 2. —

— Wirklichkeit u. Schein, s.: Novellen-Bibliothek, internationale.

Brace, De Witt Bristol (geb. Wilson, N.-Y. 5. 1. 1859): Ueber die magnetische Drehung der Polarisationsebene und einige besondere Fälle der Refraction. Berlin (1885). (34 S.) 8°
Berlin, Phil. Diss. v. 12. Aug. 1885

Bracevich, M [Übers.]
s. Scott, Karoline Lucy: Doverston. 1838.

Brach, preußisch-deutscher Gesetz-Codex, s.: Stoepel, Paul.

Brach, Alb., Nicola u. Giovanni Pisano u. die Plastik des XIV. Jahrh. in Siena, s.a.Zur Kunstgeschichte des Auslandes, 16. Hft.

Nicola und Giovanni Pisano und die Plastik des XIV. Jahrhunderts in Siena von Albert Brach, Dr. phil. Mit 28 Abb. *Straßburg: J. H. E. Heitz 1904.* (123 S.) 4°(8°)
= Kunstgeschichte, Zur, des Auslandes. H. 16. [04. 4.81]

Brach, Albert: Giottos Schule in der Romagna. *Strassburg 1902: J. H. E. Heitz.* (62 S.) 4°(8°) ¶[Erschien vollst. u. mit Abb. 1902 als: Zur Kunstgeschichte d. Auslandes, H. 9.]
Heidelberg, Phil. Diss. v. 1902

Brach, Alb., Giotto's Schule in der Romagna, s.: Zur Kunstgeschichte des Auslandes. IX.

Brach, B., Gedichte (vermischt. Inhalts.) 8. (12 B.) Berlin 826. (Leipzig, Central-Comptoir.)

Brach, Bernh., Chirurgia forensis generalis oder die forens. Lehre von den Verletzungen im Allgemeinen. gr. 8. (XVI und 203 S.) Köln 854, F. C. Eisen.

Brach, Bernhard: Chirurgia forensis specialis oder gerichtsärztliche Beurtheilung der an den verschiedenen Theilen des menschlichen Körpers vorkommenden Verletzungen. 444 S., gbd.

Köln: Eisen 1843

Brach, Bernh., über d. Einfluss d. Epilepsie auf d. Geisteskräfte d. damit Behafteten u. d. Grundsätze, nach welchen d. Zurechnungsfähigkeit derselb. zu beurtheilen ist. gr. 8. (4¼ B.) Köln 841, Eisen.

—— Lehrbuch der gerichtl. Medicin. gr. 8. (50 B.) Köln 846, Eisen. *

Brach, Bernh., Lehrbuch der gerichtlichen Medicin. 2. (Titel-) Ausg. gr. 8. (XVI u. 784 S.) Köln (846) 850, Eisen. n. 4⅓ ₰

—— Preußenlieder. 8. (5⅞ B.) Köln 843, Eisen.

Brach, Bernhard (Köln/Rh.), De coenaesthesi quaedam. Diss. med. Bln. (A. Petsch) 26. I. 1826. 64 S. m. Biogr. (M.: Heinen.) (4.50) 3726
Oppon.: v. Koehring, Donices, Blasius. — Gew.: Joh. Wilh. Schmitz.

Brach, Bernard. (geb. Neustadt im Rheinl. 5. 11. 1828): De psychica motionum dignitate quaedam. Berolini (1853). (31 S.) 8°
Berlin, Med. Diss. v. 9. Aug. 1853

Brach, Bernh., Rhein- und Weinlieder. 16. Köln 841, Eisen. n. ½ ₰

—— prakt. Untersuchungen üb. d. Verrichtungen d. Gangliennerven-Systemes u. üb. ihre Anwend. auf d. Pathologie. Uebers. v. H. C. Flies. gr. 8. (21¼ B.) Quedlinburg 836, Basse.

Brach, B(ernhard): Ueber den Wert der Bayerisch-Henke'schen Methode der Feststellung des Lethalitäts-Verhältnisses der Verletzungen, und ob es wünschenswerth sei, dass dieselbe nach ihrem ganzen Umfange auch in Preussen eingeführt werde? 56 S., gbd.

Köln: Eisen 1844

Brach, J. St., de organis vitae depuratoriis. 4. Heidelb. 816. Oswald. 9 gr.

Brach, Karl Heinrich, a. Mülheim a. Rh.: Die Reform des Gerichtswesens im Erzbistum Köln unter Maximilian Franz. T. 1. Die Reformen im prozessualischen Verfahren. Hildesheim 1910: Lax. 54 S. 8° ¶(Ersch. vollst. als: Beiträge f. d. Gesch. Niedersachsens u. Westf. H. 24.)
Münster, Phil. Diss. v. 16. Juli 1910, Ref. Erler
[Geb. 19. Mai 83 Siegburg; Wohnort: Münster i. W.; Staatsangeh.: Preußen; Vorbildung: Gymn. Kalk Reife O. 06; Studium: Bonn 2, Münster 6 S.; Rig. 12. Febr. 10.]

Brach, Karl Heinr., die Reform des Gerichtswesens im Erzbist. Köln unter Maximilian Franz, s.: Beiträge f. die Geschichte Niedersachsens u. Westfalens. 24. Heft.

Brach, Max, Kammergerichtsrefer.: Die Anfechtung der Ehe wegen Irrtums und arglistiger Täuschung. ⟨BGB. § 1332 bis 1334.⟩ Borna-Leipzig 1910: Noske. IX, 69 S. 8°
Heidelberg, Jur. Diss. v. 3. Febr. 1910, Ref. Schröder
[Geb. 26. Nov. 87 Berlin; Wohnort: Lindow i. M.; Staatsangeh.: Preußen; Vorbildung: Bismarck-Gymn. Wilmersdorf Reife M. 05; Studium: Berlin 6, Lausanne 1 S.; Rig. 21. Dez. 09.]

Bracharz, Ed., Repetier-Stutzen M. 95 in nat. Gr. Hrsg. m. Bewilligg. des k. u. k. Reichs-Kriegs-Ministeriums. Ausgeführt unter Leitung v. F. Schönauer. qu. Imp.-Fol. (1 farb. Taf.) Wien (901). L. W. Seidel & Sohn. n. 6. —

Brache, Curt, was müssen die Eltern wissen, bevor sie ihre Kinder zur Musikstunde schicken? Ein Schriftchen zur Hebg. der Volksmusik. (III, 28 S.) 8. Dresden 910. R. Linde. — 40

Brachel, W., Musterblätter f. das Fachzeichnen der Schlosser u. verwandten Gewerbe, bearb. unter Mitwirkg. v. Dieckmann. (9 Taf.) 50×84,5 cm. Wittenberg (909). R. Herrosé. In Mappe 5. 50

Brachelli, Hugo Franz

Brachelli, H. Fr., Abriß der Geographie. Ein Leitfaden für Mittelschulen. Brünn 862. Buschak & Irrgang. gr. 8. (XII, 372 S.) n. 1 ₰

—— d. deut. Bund, s.: Stein, CGD, Handb. d. Geogr.

Brachelli, Hugo Franz: Die schweizerische Eidgenossenschaft, s. Stein, C. G. D., u. F. Hörschelmann, Handbuch der Geographie.

—— und F. Migerka, Oesterreichs commercielle und industrielle Entwickelung in den letzten Jahrzehenten. Lex.-8. (121 S. mit 2 Stnt. in qu. Fol.) Wien 874, F. Meyer. *

Brachelli, Hugo Frz., Geographie u. Statistik der schweizerischen Eidgenossenschaft. [Aus „Stein's Handbuch der Geographie u. Statistik."] Lex.-8. (108 S.) Leipzig 870. Hinrichs' Verl. 1. 60

Brachelli, H. F., Geographie und Statistik der schweiz. Eidgenossenschaft. gr. 8. Leipzig, Hinrichs. 1871 2. 15.

— Geographie und Statistik des Königreich Preußen. (Abdr. aus der 7. Aufl. von Stein und Hörschelmann's Handbuch der Geographie und Statistik mit vollständ. Namenregister.) Leipzig 862. Hinrichs. gr. 8. (VI, 326 S.) 1 ₰ 12 ngr.

—— Geogr. u. Statist. d. Kön. Preussen. 8. (326) Lpzg 63, Hinrichs' V. 1. 12

— Geographie u. Statistik der Fürstenthümer Schwarzburg. (Revid. Abdr. aus der 7. Aufl. von Stein und Hörschelmann's Handbuch der Geographie und Statistik.) Ebend. 864. 8. (32 S.) 3 ngr.

Brachelli, H. F.: Handbuch der Geographie und Statistik des Kaiserthums Oesterreich. Nebst einer Einleitung. der Deutsche Bund im Allgemeinen. 7. Aufl. Leipzig 1861—1867. X, 676, 62 S.
= Handbuch der Geographie und Statistik. Bd. 4. Abth. 1. 8°.

Brachelli. H. F.: Handbuch der Geographie und Statistik des Königreichs Preussen und der deutschen Mittel- und Klein-Staaten. 7. Aufl. Leipzig 1864. XVIII, 1157 S.
= Handbuch der Geographie und Statistik. Bd. 4. Abth. 2. 8°.

Brachelli, H. Fr. (Hrsg.), s. Jahrbuch für Gesetzkunde und Statistik.

—— das Königreich Italien, s. Stein, C. G. D. und F. Hörschelmann, Handbuch der Geographie und Statistik.

Brachelli, Hugo Frz., Preussen und die deutschen Mittel- und Klein-Staaten, s. Stein, C. G. D., und F. Hörschelmann, Handbuch der Geographie

Brachelli, Hugo Franz: Das osman. Reich, s. Stein, C. G. D., Handbuch d. Geogr.

—— statistische Skizze des norddeutschen Bundes, der süddeutschen Staaten, des Großherzogth. Luxemburg und des deutschen Zoll- und Handelsvereins 1868, } s. Stein, C. G. D., und F. Hörschelmann, Handbuch der Geographie.

—— statistische Skizze der österreichisch-ungarischen Monarchie. 2. Aufl. 1871, und 3. verb. Aufl. [Ergänzung zu der 7. Aufl. von Stein und Hörschelmann's Handbuch der Geographie und Statistik.] Lex.-8. (III, 52 S.) Leipzig 871, Hinrichs' Verlag.

— dasselbe. 3. Aufl. gr. 8. (III, 52 S.) Ebend. 872. 1. —

— dasselbe. 4. vollständig umgearb. Aufl. gr. 8. (52 S.) Ebend. 874. n. 1. 20

— dasselbe. 5. verb. Aufl. gr. 8. (53 S.) Ebend. 875. n. 1. 20

—— statistische Skizze der österreichisch-ungarischen Monarchie nebst Liechtenstein 1874. [Ergänzung zu der 7. Aufl. von Stein und Wappäus' Handbuch der Geographie und Statistik.] 6. verb. Aufl. (Abgeschlossen am 30. April 1878.) gr. 8. (50 S.) Ebendas. 878. *

—— statistische Skizze der österreichisch-ungarischen Monarchie nebst Liechtenstein. Ergänzung zu der 7. Aufl. von Stein und Wappäus' Handbuch der Geographie und Statistik. 7. verb. Aufl. [Abgeschlossen Anfangs Febr. 1880.] gr. 8. (II, 50 S.) Ebendas. 880. * 1 20

—— statistische Skizze der österreichisch-ungarischen Monarchie, nebst den occupierten Ländern Bosnien und Herzegowina und dem zollvereinten Fürstent. Liechtenstein. Ergänzung zu der 7. Aufl. von Stein und Wappäus' Handbuch der Geographie und Statistik. 8. und 9. verb. Aufl. [Abgeschlossen Mitte Juli 1881.] gr. 8. (II, 54 S.) Ebendas. 881,83.

Brachelli, H. F. Ritter v., statistische Skizze der Oesterreichisch-Ungarischen Monarchie, nebst den okkupierten Ländern Bosnien und Herzegowina und dem zollvereinten Fürstent. Liechtenstein. Ergänzung zu der 7. Aufl. von Stein und Wappäus' Handbuch der Geographie und Statistik. 10. verb. Aufl. gr. 8. (II, 59 S.) Leipzig 885, Hinrichs'sche Buchh. *

— — 12. Auflage. 8. Leipzig 1889.

v. Brachelli, statistische Skizze der österreichisch-ungarischen Monarchie, nebst den okkupierten Ländern Bosnien u. Herzegowina u. dem zollvereinten Fürstent. Liechtenstein. 13. Aufl. Leipz. 892.

Brachelli, Hugo Frz.: Statistische Skizze des Kaiserth. Oesterreich 1867, s. Stein, C. G. D. und F. Hörschelmann, Handbuch der Geographie.

Brachelli, Hugo Frz., statistische Skizze des deutschen Reiches nebst Luxemburg und Liechtenstein. 2. vollständig umgearb. Aufl. [Ergänzung zu der 7. Aufl. von Stein und Hörschelmann's Handbuch der Geographie und Statistik.] gr. 8. (66 S.) Leipzig 872, Hinrichs' Verlag.

—— statist. Skizze d. deut. Reichs nebst Luxemburg u. Liechtenstein. 3. Afl. 8. (59) Lpzg 74, Hinrichs' V. n. 1. 50

Brachelli, Hugo Frz., statistische Skizze des deutschen Reiches und Luxemburg. Ergänzung zu der 7. Aufl. von Stein und Wappäus' Handbuch der Geographie und Statistik. 4. verb. Aufl. gr. 8. (54 S.) Leipzig 878, Hinrichs'sche Buchh. *

—— statistische Skizze der europäischen Staaten. [Ergänzung zu der 7. Aufl. von Stein und Wappäus' Handbuch der Geographie und Statistik.] gr. 8. (III, 224 S.) Leipzig 873, Hinrichs' Verlag.

—— dass. — 1874. [Ergänzung zu der 7. Aufl. von Stein und Wappäus' Handbuch der Geographie und Statistik.] Mit Nachträgen bis Mitte Novbr. 1874. gr. 8. (IV, 228 S.) Ebendas. 875. *
Nachträge apart (4 S.) *

—— dass. — 1. Heft. A. u. d. T.: Statistische Skizze der Oesterreichisch-Ungarischen Monarchie nebst Liechtenstein. 5. verb. Aufl. gr. 8. (53 S.) Ebendas. 875. *

Brachelli, Hugo Frz., statistische Skizze der Europäischen Staaten 1874. 2. Heft. A. u. d. T.. Statistische Skizze des deutschen Reiches nebst Luxemburg. 3. verb. Aufl. gr. 8. (64 S.) Ebendas. 874. *

—— dass. — 3. Heft. Die Staaten außer Oesterreich-Ungarn und dem Deutschen Reiche. Mit Nachträgen bis Mitte Juni 1874. gr. 8. (VI, 112 S.) Ebendas. 874.
Bilden auch Ergänzungen zu der 7. Aufl. von Stein und Wappäus' Handbuch der Geographie und Statistik.

Brachelli, Hugo Franz, statistische Skizze der Europäischen Staaten. 2. verb. Aufl. Ergänzung zu der 7. Aufl. von Stein u. Wappäus. Handbuch der Geographie u. Statistik. 4 Hfte. gr. 8. Leipzig 878. 79. Hinrichs' Verl. n. 4. —
1. Statistische Skizze der österreich.-ungarischen Monarchie nebst Lichtenstein. 6. verb. Aufl. Abgeschlossen am 30. April 1878. (50 S.) n. 1. 20
2. Statistische Skizze des Deutschen Reiches u. Luxemburg. 4. verb. Aufl. (54 S.) n. 1. 50
3. u. 4. Die übrigen europäischen Staaten, außer dem Deutschen Reiche u. Oesterreich. (IV u. S. 105—196.) n. 1. 30

Brachelli, Hugo Frz., statistische Skizze der Europäischen Staaten. 2. verb. Aufl. Mit Nachträgen bis Ende März 1880. Ergänzung zu der 7. Aufl. von Stein und Wappäus' Handbuch der Geographie und Statistik. gr. 8. (208 S.) Leipzig 880, Hinrichs'sche Buchh. * 4 —

— dasselbe. 2 Abtheilungen. gr. 8. Ebend. 881. 82. n. 4. —
1. Statistische Skizze der österreich.-ungarischen Monarchie, nebst den occupierten Ländern Bosnien u. Herzegowina u. dem zollvereinten Fürstent. Liechtenstein. 8. verb. Aufl. [Abgeschlossen Mitte Juli 1881.] (II, 54 S.) n. 1. 20
2. 5. verb. Aufl. (S. 55—204.) n. 2. 80

—— statistische Skizze der Ost- und Nord-Europäischen Staaten. [Ergänzungen zum 3. Bd. 1. Abthl. von Stein und Hörschelmann's Handbuch der Geographie und Statistik. 7. Aufl.] Lex.-8. (S. 115—178.) Leipzig 873, Hinrichs' Verlag.

—— statistische Skizze der West- und Süd-Europäischen Staaten. [Ergänzungen zum 3. Bd. 2. Abthl. von Stein und Wappäus' Handbuch der Geographie und Statistik. 7. Aufl.] Lex.-8. (S. 179—224.) Leipzig 873, Hinrichs' Verlag.

—— statistische Skizze der West- und Süd-Europäischen Staaten. 2. verb. Aufl. gr. 8. (40 S.) Ebendas. 878. *

—— statistische Skizzen der europäischen und amerikanischen Staaten, nebst den auswärtigen Besitzungen der ersteren. 1. Abtl. Ergänzung zu der 7. Aufl. von Stein und Wappäus' Handbuch der Geographie und Statistik: Statistische Skizze der Österreichisch-Ungarischen Monarchie, nebst den okkupierten Ländern Bosnien und Herzegowina und dem zollvereinten Fürstent. Liechtenstein. 11. verb. Aufl. gr. 8. (IV, 60 S.) Ebendas. 887. *

—— dass. — 2. Abtl. 6. verb. Aufl. Ergänzung zu der 7. Aufl. von Stein und Wappäus' Handbuch der Geographie und Statistik. gr. 8. (IV, S. 61—320.) Ebendas. 887. *

Brachelli, H. F. Ritter v. Statistische Skizzen der europäischen u. amerikanischen Staaten, nebst den auswärt. Besitzungen der ersteren. (In 3 Abtlgn.) 1. u. 2. Abtl. gr. 8. Lpz., Hinrichs' Verlag. à Abtl. * 1 50; * 3 —

1. Die österreichisch-ungarische Monarchie, nebst den okkupierten Ländern Bosnien u. Herzegowina u. dem zollvereinten Fürstent. Liechtenstein. 12. Aufl. (II, 60 S.) 1889; 13. verb. Aufl. (IV, 60 S.) 892.
2. Statistische Skizze des Deutschen Reiches, nebst seinen Schutzgebieten u. dem zollvereinten Großherzogt. Luxemburg. 7. verb. Aufl. (II, 58 S.) 892.
3. Abtl. (3. u. 4. Heft.) Ebd. 1879. * 1 30.

Brachelli, H. F., s.: Staaten, die, Europas.

Brachelli, Hugo Frz., die Staaten Europa's in kurzer statistischer Darstellung. Brünn 853. Buschak u. Irrgang. 8. (518 S.) n. 2 ℛ 8 ngr

— die Staaten Europas und die übrigen Länder der Erde. Vergleichende Statistik. 2., durchaus umgearb. Aufl. (In 5 Liefgn.) 1. Liefg. Brünn 864. Buschak & Irrgang. gr. 8. (S. 1—128.) n. 24 ngr

Brachelli, Hugo Frz., die Staaten Europa's. Vergleichende Statistik. 2. durchaus umgearb. Aufl. 2—6. (letzte) Liefg. Brünn 865—67. Buschak & Irrgang. gr. 8. (XIV, S. 129—782.) Jede Liefg. 24 ngr

—— die Staaten Europa's. Vergleichende Statistik. 3. umgearb., mit den neuesten statist. Veränderungen vervollständ. Aufl. 6 Hefte. gr. 8. Brünn 875,76, Buschak und Irrgang. à Heft * ℳ 2,40.

Inhalt:

Heft 1. Territorium und Bevölkerung. (S. 1—108.)
» 2. Urproduction. (S. 109—246.)
» 3. Gewerbliche Industrie. (S. 247—388.)
» 4. Handel und Verkehr. — Unterrichtswesen und Kirchenwesen. (S. 389—436.)
» 5. Staats-Verfassung. (S. 437—562.)
» 6. Staats-Verwaltung. — Kriegswesen. — Staats-Haushalt. (VIII, S. 563—672.)

—— d. Staaten Europa's. Vergleich. Statistik. 3. Afl. 3 – 6. (Schl.-)Hft. 8. (247—672) Brünn 76. 77, Buschak u. I. à n. 2. 40

Brachelli, H. F. Ritter v., die Staaten Europa's. Vergleichende Statistik. 4. neu bearb., bis auf die jüngste Zeit durchgeführte Aufl. 6 Lfgn. gr. 8. (X, 495 S.) Brünn 883. 84. Buschak & Irrgang. à n. 2. —

Die Staaten Europas. Statist. Darstellung begründet von Dr. H[ugo] F[ranz] **Brachelli**. 5. Aufl. Unter Mitw. von Fachmännern hrsg. von Dr. Franz v. Juraschek. Leipzig, Brünn, Wien: F. Irrgang 1907. (VI, 995 S.) 8° [07. 11333

— deutsche Staatenkunde. Ein Handbuch der Statistik des deutschen Bundes und seiner Staaten, mit Einschluss der nichtdeutschen Provinzen Oesterreichs und Preussens. Nach den besten u. neuesten Quellen bearb. 2 Bde. Wien 856, 57. Braumüller. Lex.-8. (XVI, 739 S. u. 7 Tab. in 4. u. Fol.; XVI, 924 S. u. 7 Tab. in Fol.) 6 ℛ 2 ngr

Brachelli, Dr. H. F., Staatsorganismus der österr.-ungarischen Monarchie. gr. 8. (16 S.) geh. 20 kr. Wien: A. Hölder 1881

—— gli stati d'Europa brevemente descritti in via statistica. Versione dal Tedesco in Italiano da Carlo nob. Tacchetti. Nuova edizione migliorata ed accresciuta dall 'autore. gr. 8. (V und 625 S.) Brünn 855(56,) Buschak und Irrgang. *

— 30 statistische Tabellen über alle Länder und Staaten der Erde. Unter Zugrundelegung der frühern Bearbeitungen von K. Th. Wagner. Leipzig 862. Hinrichs. gr. Fol. (28 S.) n. 1 ℛ

Vergl. Stein, C. G. D., und F. Hörschelmann, Handbuch der Geographie.

— 30 statistische Tabellen über alle Länder u. Staaten der Erde. Unter Zugrundelegung der früheren Bearbeitungen von K. Th. Wagner. Nachträge bis Ende 1866. Leipzig 867. Hinrichs. Fol. (2 S.) n. 2 ngr

—— 30 statistische Tabellen über alle Länder und Staaten der Erde. Unter Zugrundelegung der früheren Bearbeitung von K. Th. Wagner. Mit Nachträgen bis 1867. gr. Fol. (30 S.) Leipzig 868, Hinrichs' Verlag. *
Nachträge apart *

—— statistische Tabellen 1877. Fol. (2 S.) Leipzig 877, Hinrichs'sche Buchh. *

— tabellarisch-statistisches Uebersichts-Gemälde sämmtlicher Staaten und Länder der Erde. (In 2 Tabellen.) 1. Tab. Die Staaten Europa's. Brünn 854. Buschak u. Irrgang. (3 Bgn. in Imp.-Fol.) n. 12 ngr

Bracher, Fritz, Medizinalprakt.: Ueber Radiusköpfchenfrakturen. München 1909: Wolf. 38 S. 8°
München, Med. Diss. v. 13. Jan. 1910, Ref. v. Angerer
[Geb. 12. Sept. 85 Mannheim; Wohnort: München; Staatsangeh.: Baden; Vorbildung: Realgymn. Ettenheim Reife Juli 03; Studium: München 9, Berlin 1 S.; Coll. 13. Jan. 10; Approb. 31. Dez. 09.]

Bracher, Hans, Rahmenerzählg. u. Verwandtes bei G. Keller, C. F. Meyer u. Th. Storm, s.: Untersuchungen zur neueren Sprach- u. Literaturgeschichte. N. F. 3.

Bracher, Hans. Rahmenerzählung und Verwandtes bei G(ottfried) Keller, C[onrad] F[erdinand] Meyer und Th(eodor) Storm. Ein Beitrag zur Technik der Novelle. 8. Leipzig ... 1909.
Ausg. A (Teil-Ausg.): Diss. Phil. Bern IV + 68 + *Vita* 1 S. L', Spamersche Buchdr.
Ausg. B: Von H' B'. VIII + 132 S. L', H. Haessel Verlag. (M. 3. —.) — Untersuchungen zur neueren Sprach- und Literaturgeschichte. Hrg. von Professor Dr. Oskar F[ranz] Walzel. Neue Folge Heft 3.

Braches, vom Manne m. d. Loch in d. Backe, s.: Missions-Traktate, rheinische.

Braches, Fr. E., vom Manne mit dem Loch in der Backe. Für die Leser des „kleinen Missionsfreundes". gr. 16. Barmen 875, (Wiemann.) **

Brachet, J. L., über die Hypochondrie. Eine von der Acad. royale de médecine in Paris gekr. Preisschrift. Ins Deutsche übers. von G. Krupp. 2 Liefer. cpl. gr. 8. Leipzig 845, Kollmann. 2 ℛ

Brachet, J. L., üb. die Hypochondrie. Eine von d. Académie royale de médecine in Paris gekrönte Preisschrift. Ins Deutsche übers. unter Redact. v. G. Krupp. gr. 8. (31 B.) Leipzig 840. Kollmann. Thlr.

Brachet, J. L., über d. Convulsionen im kindlichen Alter. 2., verm. Aufl. A. d. Franz. v. K. Finckh. gr. 8. (22½ B.) Reutlingen 838, Enßlin u. Laiblin.

Brachet, J. L., prakt. Untersuchungen üb. die Verrichtungen des Ganglienнervеn-Systems u. über ihre Anwendung auf die Pathologie. Ein Werk, welches im Jahre 1826 den von dem Baron v. Montyon für Physiologie ausgesetzten Preis gewonnen hat. Uebersetzt v. H. E. Flies. gr. 8. Quedlinburg 836. Basse. $1\frac{2}{3}$ ℛ

BRACHFELD, Josephi Mauritii von, Curieuse und Wunder-volle (stellenw. verfängliche, in Paris spielende Liebes-) Begebenheiten, In den Unbekannten Sud-Ländern, Nemlich In der glückseligen Insul Jaketan, und dem unweit darvon entlegenen sehr grossen Reich Adama, auch andern geraumen Ländern, Wobey merckwürdig vorgestellet, auf was seltsame Art Er dahin gekommen .... (Titel sehr lang), auch mit vielen Kupffern versehen von Ihm selbst. 2 Thle. Franckfurt und Leipzig 1739. Verlegts Michael Gottlieb Grießbach, Hoch-Fürstl. Sächs. Eisenachs. privilegirter Buchhändler. 8°. (In Dresden, wo Titelbl. von Th. 1 defekt.) Rar! (10 Mk. J. Halle, München, c. 1905.)
Titelkpf., Tit. roth u. schwarz, 6 Bll. Vorr. u. Reg. (über beide Theile), 682 beziff. S. (Th. 2 beginnt mit S. 369 incl. Sondertitel, schwarz). (I, S. 313—314 merkw., höchst barbare Strafen für Ehebrecher beiderlei Geschlechts in Jaketan). Mit 7 + 5 Kpfrn. (Brühl del et sc. Lips.)
— — Dasselbe. Eisenach 1759. 8°.
Kippenberg, S. XV (nach Heinsius' B.-Lex.).

Brachmane, le, première publication. gr. in-8. (Paris et Strasbourg 837. Levrault.) ¾ ℛ

Brachmann: Der Brachmann
⑤ 2. 1. 1740—31. 12. 1740 ⑥ 8° ⑦ Wochenblatt ⑧ Zürich: Heidegger & Cie. ⑩ Johann Georg Altmann, Bern ⑫ moralische Wochenschrift ⑬ FGSZ: 99. 506 ⑭ Be: L; Lu: Z ⑮ Als »Brachmannen« bezeichnete Altmann die »heutigen morgenländischen Weltweisen«.

Brachmann, Der. [Zürich] 1741. H: *Altmann, Joh. Georg.* (Waniek, Gottsched. Leipzig 1897, S. 451.)

Brachmann: D. Wergeld n. d. leges barbar. Leipzig 1863.
Schul-/Univ. Schrift

(**Brachmann,** [August]): **Katalog** der Lehrer-Bibliotek ([hs. verb.:] Bibliothek) des königlichen evang. Gymnasiums zu Ratibor. Abt. 1. *Ratibor 1899: F. Lindner.* (40 S.) 8°
Ratibor, k. ev. G, P 1899 (213)

Brachmann, C. (Hrsg.), s. Anzeiger, Allgemeiner literar., f.d. evang. Deutschland. Jg. 1867-1870.

Brachmann, C. (Hrsg.), s. Anzeiger empfehlenswerter Bücher.

Brachmann, C., die Bedeutung des biblischen Schöpfungsberichts. Ein Beitrag zum Schriftverständniß. Vortrag gehalten im evangel. Vereinshause zu Osnabrück. 8. (40 S.) Barmen 871, Klein. *

—— s. Beiträge zum Schriftverständniß.

Brachmann, C. (Hrsg.), s. Beweis, Der, des Glaubens.

—— das Mittelalter Israels. Ein Beitrag zum Schrift-Verständniß. Vortrag gehalten im evangel. Vereinshause zu Osnabrück. 8. (36 S.) Barmen 873, Klein. *

—— die Stellung der Kirche im neuen deutschen Reiche. Vortrag gehalten im Curhause zu Bad Ems. 8. (22 S.) Dillenburg 873. (Berlin, Beck.) *

Brachmann, C., die Stellung der evangel. Landeskirche in Preußen zu den Provinzialkirchen der neuerworbenen Landestheile. Vortrag, gehalten auf der rhein. Pastoral-Conferenz. Gütersloh 867. Bertelsmann. 8. (36 S.) n. 5 ngr

—— die Zeit und Geschichte Josephs. Ein Beitrag zum Schrift-Verständniß. Vortrag gehalten im evangel. Vereinshause zu Osnabrück. 8. (34 S.) Barmen 872, Klein. *

Brachmann, Frdr., Johann Hübner, Johannei Rector 1711—1731. Ein Beitrag z. Geschichte der deutschen Litteratur. Progr. gr. 4. (32 S.) Hamburg 899. (Herold). n.n. 1. 80

Brachmann, Friedrich, Dr.: Johann **Hübner,** Johannei Rector 1711—1731. Ein Beitrag zur Geschichte der deutschen Litteratur. *Hamburg 1899: Lütcke & Wulff.* (32 S.) 4°
Hamburg, Gelehrten-S d. Johanneums, P 1899 (778)

Brachmann, Friedr., quaestiones Pseudo-Diogenianeae. gr. 8. (78 S.) Leipzig 885, Teubner. *
Aus: Jahrbücher für classische Philologie, besonders abgedruckt.

Brachmann, H., die Seelsorge in der Predigt. Brüderliche Handreichg. f. das prakt. Amt. (Vortrag, geh. auf der IX. Möllner Lehr-Konferenz.) (35 S.) gr. 8. Leipzig 907. Dörffling & Franke. — 80
Sonderabdruck aus „Allg. ev.-luth. Kirchenztg."

Brachmann, H. A., das bürgerliche Gesetzbuch für das Königreich Sachsen, s.: Wengler, F. A.

Brachmann, H. A., die Rechtsgeschäfte des Gemeinschuldners unter besond. Berücksicht. der §§ 15 bis 21, 14 und 44 der Reichskonkursordnung, systematisch dargestellt. gr. 8. (IV, 96 S.) Leipzig 883, Roßberg'sche Buchh. * 2 —

Brachmann, H. A., Repetitorium zu Privat-, Straf- u. Verwaltungsrecht, Civil- u. Strafprozess f. Studierende u. Referendare zur Vorbereitung auf das erste u. auf das Richter-Examen. 1. u. 2. Hft. gr. 8. Leipzig 893. O. R. Reisland. à n. 3. —
1. Das Civilprozessrecht. 1. Abtlg.: Der deutsche Civilprozess. (X, 167 S.)
2. Das Handels- u. Wechselrecht. (VII, 144 S.)

Brachmann, Hans [aus Köln am Rh.]: Nervöse Nachkrankheiten der Influenza. . . . Berlin, Buchdr. v. G. Schade, *1891;* 28 S., 2 Bl. 8°
Berlin, Med. Fak., Inaug.-Diss. v. 4. März 1891

Brachmann, Jo. Fr. (Resp.): Progr. quo paris, intercostalis... exhibet, s. Walther, Aug. Fr. (Praes.)

Brachmann, Karoline Louise, s. Brachmann, Louise

Brachmann, (Louise,) romantische Blätter, 2s Bdchn der romantischen Blüthen, mit 1 Titelkupfer. 12. Wien 823, Gerold.

— romant. Blüthen, 1r Bd. 12. Wien 817. Gerold.

Brachmann, Louise, († d. 17. Sept. 1822.) auserlesene Dichtungen, 1r u. 2r Bd. herausg. v. F. K. Jul. Schütz. gr. 8. Lpz. 824. Weygand. 3 ₰ 3r — 6r Bd. A. u. d. T.: Auserles. Erzählungen u. Novellen. 4 Bde. Herausg. v. K. L. Methus. Müller. gr. 8. Ebd. 826. 6 ₰

Brachmann, Louise, auserles. Dichtungen. Hrsg. u. mit e. Biographie u. Charakteristik d. Dichterin begl., v. Fr. Karl Jul. Schütz. 6 Bde. Neue wohlf. Ausg. gr. 8. (107⅝ B.) Leipzig 834, Weygand. [L. Gebhardt.]

Brachmann, Louise (Hrsg.), s. Eudora.

— lyrische Gedichte. 8. Leipz. 800. N. T. 808. Voß. 1 ₰ 4 gr

Brachmann, Luise, das Gottesurtheil, Rittergedicht in fünf Gesängen. Mit einem Nachwort von Adolf Müllner. kl. 8. Leipz., Hinrichs. auf engl. Druckp. Auf geglättet. Velinpapier. geb. 818.

— Novellen. 8. Nürnb. 822, Schrag.

— Novellen u. kleine Romane. 1r Thl. 8. Leipz. 819. Hinrichs. 1 ₰ 4 gr

Brachmann, (Karoline) Louise
Schilderungen aus der Wirklichkeit.
Leipzig: Voß 1820. 240 S. 8°

— Verirrungen, oder die Macht der Verhältnisse. 8. Leipzig 822, Lauffer.

Brachmann, Louise: Verirrungen, od. die Macht der Verhältnisse. 8. Leipz. 1823. Lauffer.

Brachmann, Otto, approb. Arzt aus Buchbrunn: Zur **Kasuistik** der Sorkome des Rektum. *Erlangen 1903: Junge & Sohn.* (33 S.) 8°
Erlangen, Med. Diss. v. 14. Juli 1903

Brachmann, Raimund Dietrich (Dresden). De praesagio e secundinis. Diss. med. Lpz. (Fischer) 30. IX. 1831. 28 S. (4.20) 3727
Gew.: Christian Friedrich Brachmann, Friedr. Aug. v. Ammon, Carl Haubold.

Brachmann, Raimund Dietrich (Übers.):

s.: Tanchou, S(tanislas): Über die Verengerungen der Harnröhre und des Mastdarmes nebst einer Beurtheilung der verschiedenen gegen diese Krankheiten angewendeten Behandlungsarten. (Traité des retrécissements du canal de l'urètre et de l'intestin rectum, contenant l'appréciation des divers moyens employés dans le traitement des maladies. Dt.) Leipzig: 1836

Brachmann, Richard, Referendar: Inwieweit darf der Staat nach heutigem deutschem Reichs- und sächsischem Landesrecht ohne gesetzliche Ermächtigung in die freie Rechtssphäre des Untertanen eingreifen? Borna-Leipzig 1909: Noske. VI, 40 S. 8°
Leipzig, Jur. Diss. v. 29. Jan. 1909
[Geb. 22. Aug. 84 Schneeberg i. S.; Wohnort: Löbau i. S.; Staatsangeh.: Sachsen; Vorbildung: Kgl. Gymn. Dresden-N. Reife O. 04; Studium: Freiburg i. B. 1, Leipzig 6 S.; Rig. 20. Juni 07.] [U 09. 2460

Brachmann, W., De Bacchidum Plautinae retractatione scaenica capita V. Diss. 1880 182 S. 4.—

Brachmann, Walther: Die Gebärde bei Homer. Proben aus d. Gesamtbearbeitung. Dresden 1908: Teubner. S. 3—21. 4°
Dresden-Neustadt, k. G OP 1908 (707)

Brachmann, Walt.: Kgl. sächs. Gesetz üb. d. Gerichtskosten, s: Kaden, Ernst.

Brachmann, Walther, a. Altona ⟨Schleswig-Holstein⟩: Zum Reimgebrauch Herborts von Fritzlar. Halle a. S. 1907: E. Karras. (94 S.) 8°
Leipzig, Phil. Fak., Ref. Sievers-Köster, Diss. v. 2. Sept. 1907
[Geb. 8. Okt. 84 Altona; Wohnort: Altona; Staatsangeb.: Preußen; Vorbildung: Gymn. Christianeum Altona Reife O. 03; Studium: Halle 3, Leipzig 5 S.: Rig. 11. Juni 07.]

Brachoth, s. Talmud.

Brachoth, der talmud. Tractat von den Lobsprüchen, als das erste Buch im ersten Theil, nach der hierosolymitan. u. babilon. Gemara; aus d. Hebr. übersetzt, mit Anmerkk. von J: J. Rabe. gr. 4. Halle 777. Gebauer. 2 ₰ 9 ¼

Brachs, Fel., der Brunnenmacher v. Zell. Ein Drama in 5 Akten. (III, 96 S.) 8. Dresden (907). E. Pierson. 2. —

Bracht, Anton. (Armin. Christoph.) (geb. Münster in Westf. 24. 12. 1837): De uteri inflexionibus. Berolini (1860). (31 S.) 8°
Berlin, Med. Diss. v. 7. Aug. 1860

Bracht, Carl (geb. Recklinghausen 28. 8. 1847): Zur Symptomatologie der Tabes dorsualis. Berlin (1869). (32 S.) 8°
Berlin, Med. Diss. v. 24. Juli 1869

Bracht, Edmund *Reinhard Franz* [aus Schwetz in Westpr.]: Ständische Verhandlungen in der Kurmark unter Joachim Friedrich '(1598—1608)'. Tl 1: Bis z. allgem. Landtage v. 1602 ... [Erschien vollst. 1896 im gl. Verl.] Hirschberg i. Schl., Tagebl.-Buchdr., 1895: 1 Bl., 40 S., 2 Bl. 8.
Berlin, Phil. Fak., Inaug.-Diss. v. 10. Okt. 1895

Bracht, Erich, Assistent am pathol. Inst. zu Freiburg i. B.: Ueber Rechtslagerung der Aorta. Ein Beitr. zu d. Missbildungen d. Aortenbogens. Freiburg i. B.: Speyer & Kaerner 1908. 16 S. 8°
Freiburg i. B., Med. Diss. v. 1908, Ref. Aschoff
[Geb. 5. Juli 82 Berlin; Wohnort: Freiburg i. B.; Staatsangeb.: Preußen; Vorbildung: Friedrich-Wilhelms-Gymn. Berlin Reife O. 01; Studium: Freiburg i. B. 4, Kiel 1. Berlin 5 S.: Coll. 30. Juli 08.] [U 09. 909

Bracht, Eugen: Die A u s g r a b u n g des Buchenlochs bei Gerolstein in der Eifel und die quaternären Bewohnungsspuren in demselben. Anhang. I. Gutachten des Herrn Oberberghauptmanns von Dechen in Bonn. II. Die Fossil-Reste aus dem Buchenloch von Dr. Alfr. Nehring, ... (Mit Tafeln.) Trier. 1883. Comm.-Verlag der Fr. Lintz'schen Buchhandlung. – (Vortitel: Festschrift zur Begrüssung der XIV. allgemeinen Versammlung der Deutschen Anthropologischen Gesellschaft. Überreicht von der Gesellschaft für nützliche Forschungen in Trier.) 4°.

Bracht, Franz Felix Friedr. (Recklinghausen/W.), De phthisi laryngea. Diss. med. Bln. (Nietack) 25. III. 1833. 84 S. m. Biogr. (M.: C. v. Dorsten.) (4.—) 3728
Oppon.: Fr. Schneider, M. Graeff, F. Boeger. — Gew.: J. v. Prochazka, Vincenz Bracht.

Bracht, H: Die Talentprobe, s: Damen-Prosa-Vorträge u. Duo-Szenen.

Bracht, Hermann [app. Arzt aus Nottuln in Westf.]: Aus d. geburtshülfl. Klinik zu Kiel. Beitrag zur Statistik der sectio caesarea unter bes. Berücks. der durch Beckengeschwülste bedingten Indikationen ... Kiel, Druck v. P. Peters, 1895; 30 S. 8.
Kiel, Med. Fak., Inaug.-Diss. v. [11. Sept.] 1895

Bracht, J., Dampfkessel-Überwachungs-Verein der Zechen im Oberbergamtsbezirk Dortmund zu Essen-Ruhr (e. V.): seine Entstehung, Geschichte und sein Wirken. Essen-Ruhr, 1906. 93 S. mit 58 Abb.

— Jacob Friedrich u. (Respond.) **Christian Gottlieb Hype** (Sangerhausen), Comment. de oratore bono viro. Jena (Ritter) Mai 1725. 32 S. (5.—) 3729

— Johann (Recklinghausen/W.), De rheumatismo. Diss. med. Bln. (Nietack) 8. VIII. 1835. 32 S. m. Biogr. (M.: C. Jeibmann.) (4.—) 3730
Oppon.: L. Kuerfgen, Fr. Schneider, F. Schultz. — Gew.: Vincenz Bracht.

Bracht, Johs., die Reinigung des Kesselspeisewassers, s.: Heldopriem, Eug.

— Joh. Gg. Gotthelf (Merseburg), Quaestionem utrum vidua portionem statutariam accipiens, mariti heres putanda. Exerc. jur. Präs. Friedr. Gottlieb Zoller. Lpz. (Loeper) 26. VIII. 1778. 14 S. (3.50) 3731

Bracht, Ioan. (Ludov.) Henr. (geb. Stettin): De vi vitali. Berolini (1819). (23 [vielmehr 32] S.) 8°
Berlin, Med. Diss. v. 2. Jan. 1819

Bracht, Lorenz, approb. Arzt aus Wiedenbrück ⟨Westf.⟩: Ein Fall von Barlow'scher Krankheit mit letalem Ausgange. *Greifswald 1903: J. Abel.* (28 S.) 8°
Greifswald, Med. Diss. v. 16. März 1903

Bracht, Prosper, die Ansprüche uns. Zeit an d. bürgerl. Gesetzgebung, in nächster Beziehung auf die bei d. Gesetz-Revision f. Rheinpreußen sich ergeb. Fragen. Ein Versuch. gr. 12. (13⅓ B.) Düsseldorf 834, Schreiner.

Bracht, Prosper, die Ansprüche unserer Zeit an die bürgerliche Gesetzgebung in nächster Beziehung auf die bei der Gesetz-Revision für Rheinpreußen sich ergebenden Fragen. Ein Versuch. (Neue wohlfeile Ausg.) gr. 12. Paderborn 841, Wesener. ½ ₰

Bracht, T. J. Der blutige Schauplatz, oder Martyrspiegel der Taufgesinnten oder wehrlosen Christen ... 2v in 1. Ephrata, Pa, 1748; ibid., Lanc, 1814.

Bracht, Thdr. Ernstes u. Heiteres aus dem Kriegsjahre 1870/71. Erlebnisse e. Studenten u. Einjährigen d. königl. sächs. 8. Infanterie-Regiments Nr. 107, namentl. während d. Belagerg. v. Paris. Im besonderen f. die Jugend unserer höheren Lehranstalten erzählt. 8. (VII, 239 S.) Halle a. S. 892, Buchh. d. Waisenhauses. * 2 40
geb. ** 3 —

Bracht, Theod., Ernstes u. Heiteres aus dem Kriegsj. 1870/71. Erlebnisse e. Hundertsiebeners, namentl. währ. der Belagerg. v. Paris. Jung u. alt erzählt. 2. Aufl. 8. (VII, 251 S.) Halle 899. Buchh. des Waisenhauses. n. 2. 40; geb. n. 3. 10

Ernstes und Heiteres aus dem Kriegsjahre 1870/71. Erlebnisse e. Hundertsiebeners namentl. während d. Belagerung von Paris. Jung u. alt erzählt von Theod. Bracht (d. i. Prof. Dr. August Teuber). 3. Aufl. Halle a. S.: Waisenhaus 1907. (216 S.) 8° [J.] (07. 1819

Bracht, Victor: Texas im Jahre 1848. Nach mehrjährigen Beobachtungen dargestellt. Mit verschiedenartigen Zugaben Auszügen aus Briefen. (Neueste Länderkunde mit besonderer Beziehung auf deutsche Auswanderung und Colonisation. Bd. 1.) Elberfeld u. Iserlohn 1849. XII, 322 S. 8°.

Bracht, W., Texas im J. 1848, s. a. Länderkunde, neueste. 1. Bd.

Brachvogel u. Frydrychowicz, Handbuch des Grundbuchrechts, enth. die auf das materielle u. formelle Grundbuchrecht sich bezieh. Gesetze, Verordngn. u. Ausführungsbestimmgn. m. Anmerkgn., f. die Praxis zusammengest. gr. 8. (XII, 609 S.) Berlin 901. F. Vahlen. n. 8. —; geb. n. n. 9. 50

Brachvogel, Albert Emil

—— Ritter Lupold v. Wedel's Abenteuer. Historischer Roman in 3 Bdn., mit freier Benutzung von Lupold's Selbstbiographie. 8. (XVI, 345; 360; 415 S.) Berlin 874, Janke. *

Brachvogel, A. E., Adelbert vom Babanberge. Ein Trauerspiel. 16. (VI und 172 S.) Leipzig 858, Costenoble. *
geb. *

Brachvogel, Albert Emil

Des großen Friedrich Adjutant. Historischer Roman. Berlin 1875.

In: Roman-Zeitung, Deutsche. Bd 2.3.

Brachvogel, A. E., des großen Friedrich Adjutant. Historischer Roman. 4 Bde. 8. (236; 304; 223; 271 S.) Berlin 875, Janke. *

—— Albert, Kronprinz von Sachsen, General-Feldmarschall. gr. 8. (75 S. mit 1 Holzschntaf.) Hannover 874, Rümpler.
Aus: Die Männer der neuen deutschen Zeit, besonders abgedruckt.

Brachvogel, A. E., Friedemann Bach. Ein Roman. 3 Bde. Berlin 858. Janke. 8. (VI, 365; 365; 264 S., 4 Bl. u. 1 Musikbeil. in 4.) 5 ₰

— Friedemann Bach. 3 Bde. 2. Aufl. Berlin 859. Janke. 16. (VII, 790 S.) 1 ₰

—— Friedemann Bach. Roman. 3. Aufl. 3 Thle. in 1 Bde. 8. (IV, 496 S.) Berlin 872, Janke. *

— Friedemann Bach. Roman. 3. Aufl. 3 Thle. in 1 Bde. 8. (IV, 496 S.) Berlin 879. Janke. n. 2. —

Brachvogel, A. E., Friedemann Bach. Roman. 4. Aufl. 3 Thle. in 1 Bde. 8. (IV, 484 S.) Berlin 887, Janke. *

Brachvogel, A. E., Friedemann Bach. Roman. 5. Aufl. 3 Tle. in 1 Bde. 8. (IV, 484 S.) Berlin 898. O. Janke. n. 4. —

Brachvogel, A. E., Friedemann Bach. Roman. 6. Aufl. 3 Tle. in 1 Bde. (VI, 484 S.) 8. Berlin 904. O. Janke. n. 4. —

Brachvogel, Alb. Emil, Friedemann Bach. Roman. 7. bill. Volks-Ausg. Mit dem Portr., der fksm. Unterschrift Fr. Bachs u. e. Vorwort hrsg. v. Erich Janke. (VIII, 484 S.) 8. Berlin 907. O. Janke. 2. —

Friedemann Bach. Ein hist. Roman von A(lbert) E(mil) Brachvogel. [Gekürzte Ausg.] Ill. von Strzoda. Berlin: Buchverlag fürs Deutsche Haus 1909. 304 S. 8°
(Die Bücher d. Deutschen Hauses. Bd 70.) [09. 11311

Friedemann Bach. Roman von A(lbert) E(mil) Brachvogel. Vollst. Ausg. mit Einl. von Arno Holst. Mit d. Bildn. u. Faks. d. Dichters. Berlin: Weichert [1900]. 451 S. 8° [10. 12313

Friedemann Bach. Roman von A[lbert] E[mil] Brachvogel. Mit d. Bilde Bachs u. e. Vorbemerkung von Paul Schaumburg. Halle a. S.: Hendel [1909]. VI, 570 S. 8°
(Bibliothek d. Gesamtlitteratur d. In- u. Auslandes. Nr 2100–2111.) [09. 7765

Friedemann Bach. Roman von A[lbert] E[mil] Brachvogel. Mit e. Einl. von Georg Richard Kruse, 2 Musikbeil. u. Friedemann Bachs Bildn. Bd 1. 2. Leipzig: Reclam jun. [1909]. 8°
(Universal-Bibliothek. [5138–43.]) [09. 17374

Brachvogel, A E: Friedemann Bach. (518) kl8° Berl., Th. Knaur Nf. ('12). (Ldr 6 —) d

— dass., s.: Bibliothek d. Gesamtlit. 2100—11. — Bücher, d., d. deut. Hauses. — Hesse's, Max, Volksbücherei 501—507. — Universal-Bibliothek 5138—43.

—— die Grafen Barfus. Historischer Roman. 4 Bde. 8. (VI, 224; 274; 277; 272 S.) Leipzig 869, Dürr'sche Buchh.

— Beaumarchais. Historischer Roman. 4 Bde. Jena 865. Costenoble. 8. (1074 S.) 5 ₰

— Beaumarchais. Historischer Roman. 2. Aufl. Wohlf. Volksausg. 8. (X, 636 S.) Ebend. 880. n. 5. —

—— Benoni. Ein Roman. 3 Bde. 8. (XIX und 1063 S.) Leipzig 860, Costenoble.

—— Benoni. Ein Roman. 3 Bde. 2. (Titel-)Aufl. Wohlfeile Ausg. 8. (XIX und 1063 S.) Jena (860)64, Costenoble.

— Benoni. Roman. 3. Aufl. Wohlf. Volksausg. 2 Thle. in 1 Bde. 8. (375 u. 302 S.) Jena 881. Costenoble. n. 5. —

—— Fürst Bismarck, deutscher Reichskanzler. gr. 8. (234 S. mit 1 Holzschntaf.) Hannover 873, Rümpler.
Aus: Die Männer der neuen deutschen Zeit, besonders abgedruckt.

[F.] Der Bruderstreit. Hist. Schausp. in 5 Akten v. A(lbert) E(mil) Brachvogel. 1875 ... (Vorr.: Helene Brachvogel u. Carl Gerold.) *Charlottenburg: In Komm. b. F. Kortkampf; (Berlin: Dr. d. Vaterländ. Verl.-Anst.) [1896].* (2 Bl., 131 S.) 1 Bd 8. [56. 7591

—— Bianca Cenci, s. Jahrbuch deutscher Bühnenspiele.

Brachvogel, A. E., Dichtungen. 2. verm. und verb. Aufl. gr. 16. (IV, 231 S.) Leipzig 869, Dürr'sche Buchh. geb. mit Goldschn. *

Brachvogel, Albert Emil

El Dorado. Historische Erzählung. Berlin 1879.

In: Roman-Zeitung, Deutsche. Bd 4.

— El Dorado. Historischer Roman. 2 Bde. 8. (240 u. 256 S.) Berlin 880. Janke. 9. —

— ein neuer Falstaff. Roman. 3 Bde. Ebend. 863. 8. (782 S.) 4 ₰ 15 ngr.

— ein neuer Falstaff. Roman. 2. Aufl. 8. (XI, 456 S.) Jena 882. Costenoble. n. 8. —

Brachvogel, Albert Emil

Der Fels von Erz. Roman. Berlin 1872.

In: Roman-Zeitung, Deutsche. Bd 2.3.

—— der Fels von Erz. Roman. 4 Bde. 8. (VII, 344; 230; III, 272; III, 218 S.) Berlin 872, Janke.

— der Fels v. Erz. Historischer Roman. Volks-Ausg. 8. (360 S.) Berlin 877. Janke. n. 3. —

[F.] Der Fels von Erz. Vaterländ. Roman v. A[lbert] E[mil] Brachvogel. 3. Aufl. ... *Berlin: O. Janke [1896].* (2 Bl., 427 S.) 1 Bd 8.
(Collection Otto Janke.) [97. 1378

— Friedrich Carl, Prinz v. Preußen u. General-Feldmarschall. [Aus: „Männer der neuen deutschen Zeit."] gr. 8. (58 S. m. 1 Holzschntaf.) Hannover 873. Rümpler. — 75

— Friedrich Wilhelm, Kronprinz d. deutschen Reichs u. v. Preußen, General-Feldmarschall. [Aus: „Männer der neuen deutschen Zeit."] gr. 8. (93 S. m. 1 Holzschntaf.) Ebend. 873. — 75

—— Geschichte des königl. Theaters zu Berlin. Nach Archivalien des königl. geh. Staats-Archivs und des königl. Theaters. 1. und 2. Bd. gr. 8. Ebendas. *

Inhalt:
Bd. 1. Das alte Berliner Theaterwesen bis zur ersten Blüthe des deutschen Dramas. Ein Beitrag zur Geschichte Berlins und des deutschen Theaters. Nach Originalquellen. (XVI, 356 S.) 877. *ℳ 7.
„ 2. Die königliche Oper unter Freiherrn v. der Reck und das National-Theater bis zu Iffland. Ein Beitrag zur Geschichte Berlins und des deutschen Theaters. Nach Orig.-Quellen. (XXII, 459 S.) 878. *ℳ 8.

[F.] Die Gesellschafterin. E. Schausp. in 5 Akten v. A(lbert) E(mil) Brachvogel. 1878 ... *Charlottenburg: In Komm. b. F. Kortkampf; (Berlin: Dr. d. Vaterländ. Verl.-Anst.) [1896].* (1 Bl., 95 S.) 1 Bd 8. [65. 7193

— Glancarty. Roman in 4 Bdn. 8. (III, 293; III, 292; III, 303 u. III, 322 S.) Ebend. 871. 18. —

—— Glancarty. Roman in 4 Bdn. 8. (III, 293; III, 292; III, 303; III, 322 S.) Hannover 873, Rümpler.

— Hamlet. Roman 3 Bde. Breslau 867. Trewendt. 8. (VII, 1003 S.) 4 ₰ 15 ngr.

— die Harfenschule u. andere dramatische Werke. Neue vom Verf. rev. Ausg. 8. (518 S.) Berlin 874. Janke. n. 4. —

Brachvogel, A. E., die Harfenschule u. andere dramatische Werke. Neue, vom Verf. rev. (Titel-)Ausg. 8. (518 S.) Berlin (1878) 879. Janke. 1. 50

Brachvogel, Albert Emil
William Hogarth. Roman. Berlin 1866.
In: Roman-Zeitung, Deutsche. Bd 1.2.

Brachvogel, A. E., William Hogarth. Roman. 3 Bde. Berlin 866. Janke. 8. (987 S.) 4 ß 15 ngr

Brachvogel, Albert Emil
Der fliegende Holländer. Roman. Berlin 1871.
In: Roman-Zeitung, Deutsche. Bd 1.

—— der fliegende Holländer. Roman. 4 Bde. 8. (335; 305; 277; 251 S.) Berlin 871, Janke.

Brachvogel, Alb. Emil: Der flieg. Holländer. Roman. (5—8. Taus.) (499) 8° Berl., O Janke (09). 2 — d

— — s. Jahrbuch deutscher Bühnenspiele.

—— aus drei Jahrhunderten. Historische Novellen in 2 Bdn. 8. (210; 207 S.) Schwerin 870, Hildebrand.

— Johann, König v. Sachsen. [Aus: „Männer der neuen deutschen Zeit".] gr. 8. (32 S. m. 1 Holzschntaf.) Hannover 874. Rümpler. — 60

Brachvogel, Albert Emil
Der Kampf der Dämonen. Roman. Aus Berlins alten Tagen. Berlin 1880.
In: Roman-Zeitung, Deutsche, Bd 2.3.

—— der Kampf der Dämonen. Historischer Roman. 4 Bde. 8. (294; 294; 291; 303 S.) Ebendas. 880. *

Brachvogel, AE, d. blaue Cavalier. Rom. 3 Bde. 8. (594) Bresl. 68, Trewendt. 3. 15

— Lieder und lyrische Dichtungen. Berlin 861. Vogel & Co. 16. (IV, 235 S.) n. 1 ß 10 ngr

Brachvogel, Albert Emil
Ludwig XIV. oder die Komödie des Lebens. Roman. Berlin 1869.
In: Roman-Zeitung, Deutsche. Bd 2.3.

— Ludwig der Vierzehnte oder die Komödie des Lebens. Roman. 4 Bde. Berlin 870. Janke. 8. (1282 S.) 6 ß

Ludwig der Vierzehnte oder Die Komödie des Lebens. Roman von A[lbert] E[mil] **Brachvogel**. Berlin: Janke [1909]. 506 S. 8°
(Kollektion Otto Janke.) 10. 14831

— Ludwig II. König v. Bayern. [Aus: „Männer der neuen deutschen Zeit."] gr. 8. (70 S. m. 1 Holzschntaf.) Ebend. 873. — 75

— die Männer der deutschen Zeit. Biographien deutscher Fürsten, Staatsmänner u. Helden. (In 25—30 Lfgn.) 20 Lfgn. gr. 8. (1. Bd. 477, 2. Bd. 498, 3. Bd. 454 u. 4. Bd. 340 S. m. Holzschntaf. auf Tonpap.) Ebend. 872—75. à — 75

— Maria Stuart. s.: Bibliothek d. Gesamtlit. 2180—82.

Brachvogel, A. E. Der dte Michel. Milw. n. d.

Brachvogel, Albert Emil
Der deutsche Michael. Historischer Roman. Berlin 1868.
In: Roman-Zeitung, Deutsche Bd 1.

—— der deutsche Michael. Historischer Roman. 4 Bde. 8. (XII und 1198 S.) Berlin 868, Janke. *

— der deutsche Michael. Historischer Roman. 2. Aufl. 4 Thle. in 1 Bde. 8. (590 S.) Berlin 874. Janke. n. 4. —

Brachvogel, A. E., der deutsche Michael. Historischer Roman. 3. Aufl. 8. (490 S.) Berlin 895. O. Janke. n. 4. —

Brachvogel, A. E., Aus dem Mittelalter. Historische Erinnerungen. 2 Bde. Jena 862. Costenoble. 8. (418 S.) 2 ß 7½ ngr

— Graf v. Moltke, General-Feldmarschall u. Chef d. großen Generalstabs der preuß. Armee. [Aus: „die Männer der neuen deutschen Zeit."] gr. 8. (71 S. m. 1 Holzschntaf.) Hannover 872. Rümpler. — 75

—— Graf v. Moltke, General-Feldmarschall u. Chef d. gr. Generalstabs d. preuss. Armee. 8. (71) Hann. 73. Rümpler. — 75

Das Mysterium des Todes fmr. erl. und den Manen des ermordeten Mitbruders Albert Schmidt geweiht am 21. Sept. 1874 von A[lbert] E[mil] **Brachvogel**. Als Ms. f. Mstr gedr. Berlin [1874]: Lindow. 15 S. 8° [Umschlagtit.]
Tt. 1970. Üb. das Geheimnis des Todes als Inhalt des 3. Grades.

— Narciß. Ein Trauerspiel. Leipzig 857. Costenoble. 16. (156 S.) n. 24 ngr

— Narciß. Ein Trauerspiel. 2. Aufl. Jena 860. Costenoble. 16. (158 S.) n. 24 ngr; geb. 1 ß 2 ngr

— Narciß. Ein Trauerspiel. 3. Aufl. 16. (158 S.) Jena 871. Costenoble. n. 2. 40; geb. n. 3. 20

— dasselbe. 4. Aufl. gr. 8. (XII, 70 S.) Ebend. 874. n. 1. 20; geb. m. Goldschn. n. 2. 25

—— Narciß. Ein Trauerspiel. 5. Aufl. 8. (XVI, 76 S.) Jena 878, Costenoble. *
geb. mit Goldschn. *

— Narciß. Ein Trauerspiel. 6. Aufl. 8. (XVI, 76 S.) Jena 882. Costenoble. n. 1. 20; geb. m. Goldschn. n. 2. 40

Brachvogel, A. E. Narciß. Ein Trauerspiel. 7. Aufl. 8. (XVI, 80 S.) Jena 891, Costenoble. * 1 20; geb. * 2 40

— Narciß. Ein Trauerspiel. 8. Aufl. (45.—49. Taus.), hrsg. u. m. Einleitg. versehen v. Rud. Schlösser. (XLIV, 92 S.) kl. 8. Jena 907. H. Costenoble. 1.50; geb. n 2. —

Narziß. Ein Trauerspiel in 5 Aufz. von A[lbert] E[mil] **Brachvogel**. Hrsg. u. eingel. von Dr. Herbert Hirschberg. Mit d. Bildnis Brachvogels, 5 Dekorationspl. u. 1 Musikbeilage. Leipzig: Reclam [1908]. 95 S. 8°
(Universal-Bibliothek 5068.) 09. 5175

Narziß. Ein Trauerspiel in 5 Akten von A(lbert) E(mil) **Brachvogel**. Mit e. Vorbemerkung von Paul Schaumburg. Halle a. S.: Hendel [1900]. VIII, 64 S. 8°
(Bibliothek d. Gesamtliteratur d. In- u. Auslandes. Nr 2121.) 09. 7771

— dass., s.: Bibliothek d. Gesamtlit. 2121. — Meyer's Volksbb. 1559.60. — Universal-Bibliothek 5068.

—— historische Novellen. 4 Bde. 8. (1251 S.) Leipzig (Jena) 863,64, Costenoble.

— historische Novellen. 2. Aufl. 2 Bde. 8. (364 u. 382 S.) Ebend. 882. à n. 3. —

— neue Novellen. 2 Bde. Breslau 867. Trewendt. 8. (592 S.) 3 ß

Brachvogel, Albert Emil
Des Mißtrauens Opfer. Roman. Berlin 1876.
In: Roman-Zeitung, Deutsche. Bd 2.3.

— des Mißtrauens Opfer. Roman. 3 Bde. 8. (208, 288 u. 192 S.) Ebend. 876. n. 15. —

Brachvogel, Albert Emil
Parcival. Roman. Berlin 1878.
In: Roman-Zeitung, Deutsche. Bd 1.2.

— Parcival. Roman. 3 Bde. 8. (V, 349; 307 u. 307 S.) Berlin 878. Janke. n. 15. —

— das Räthsel v. Hildburghausen. Roman aus der ersten Hälfte unsres Jahrh. 4 Bde. 8. (III, 240; III, 207; III, 277 u. III, 281 S.) Hannover 871. Rümpler. 18. —

— dasselbe. 2. Aufl. 4 Bde. 8. (240, 207, 277 u. 281 S.) Ebend. 873. 15. —

Brachvogel, A. E., gesammelte Romane, Novellen und Dramen. Volks- und Familien-Ausg. Mit Einleitung und Biographie von Max Ring. (In 10 Bdn. oder ca. 60 Lfgn.) 1.—8. Lfg. oder 1. und 2. Bd. 8. Jena 879, Costenoble. à Lfg. * 50 Pf. *

Inhalt:
Bd. 1. Der Trödler. Roman. Aus dem Mittelalter. Historische Erzählungen. 2. Aufl. (LXV, 465 S.)
" 2. Beaumarchais. Historischer Roman. 2. Aufl. (VI, 636 S.)

—— gesammelte Romane, Novellen und Dramen. Volks- und Familien-Ausg. Mit Einleitung und Biographie von Max Ring. 19.—65. (Schluß-)Lfg. oder 3.—10. Bd. 8. Ebendas. à Lfg. * 50 Pf. * compl. 10 Bde. *

Inhalt:
Bd. 3. 4. Benoni. Roman. 3. Aufl. 2 Thle. in 1 Bd. (375, 302 S.) 881. * ℳ 5.
" 5. Ein neuer Falstaff. Roman. 2. Aufl. (XI, 456 S.) 881. * ℳ 3.
" 6. Historische Novellen. 2. Aufl. 1. Bd.: Van Dyk's Rettung. — Die Pforte der Zukunft. — Salomon de Caus, der Physiker. (VI, 364 S.) 882. * ℳ 3.
" 7. —— dass. — 2. Aufl. 2. Bd.: Harold's letzte Fahrt. — Dschem-Mamad der Unstäte. — Der Commandant von Oldeslohe. — Jean Fort de Marconnay. — David Rizzio. (382 S.) 882. * ℳ 3.
" 8. Dramatische Schriften: Theatralische Studien. — Adelbert vom Babanberge. Ein Trauerspiel. — Der Usurpator. Dramatisches Gedicht. — Narciß. Ein Trauerspiel. (382 S.) 883. * ℳ 3.
" 9. 10. Schubart und seine Zeitgenossen. Historischer Roman. 2. Aufl. 2 Thle. in 1 Bd. (XI, 347, V, 365 S.) 883. * ℳ 5
1.—18. Lfg. oder 1. und 2. Bd. Ebendas. 1879. * ℳ 9.

—— Graf v. Roon, königl. preuß. Minister-Präsident und General-Feldmarschall. gr. 8. (70 S. mit 1 Holzschntaf.) Hannover 878, Rümpler.
Aus: Die Männer der neuen deutschen Zeit, besonders abgedruckt.

—— der Schlüssel. Roman. 3 Bde. 8. (311; 251; 320 S.) Hannover 875, Rümpler. (ℳ 18.) *

Brachvogel, A. E., dramatische Schriften. Volks- u. Familien-Ausg. 8. (382 S.) Jena 883. Costenoble. n. 3. —

Brachvogel, A. E., Schubart und seine Zeitgenossen. Historischer Roman. 4 Bde. Jena 864. Costenoble. 8. (1188 S.) 5 ℛ 15 ngr.

— Schubart u. seine Zeitgenossen. Historischer Roman. 2. Aufl. 2 Thle. in 1 Bd. 8. (XI, 347 u. V, 365 S.) Ebend. 883. n. 5. —

—— alte Schweden. Schauspiel in 5 Akten. [Den Bühnen gegenüber als Mscr. gedr.] 8. (116 S.) Berlin 875, Janke. *

Die bösen Schwestern. Die Grenzfeye. 2 Erzählungen von A[lbert] E[mil] Brachvogel. Berlin: O. Janke [1907]. (148 S.) 8° [F.]
(Kollektion Otto Janke.) [07. 13289

— Seelenwanderung. Episches Gedicht. Berlin 854. Lassar. 16. (1 Bl., 94 S.) n. 20 ngr.

Malcolm Sinclair. Hist. Erzählung von A[lbert] E[mil] Brachvogel. Berlin: O. Janke [1907]. (146 S.) 8° [F.]
(Kollektion Otto Janke.) [07. 10733

— der Sohn des Wucherers, s. Jahrbuch deutscher Bühnenspiele.

— Simon Spira u. s. Sohn, s: Hesse's Volksbücherei 594.95.
— Novellenschatz, Jüdischer.

— Simon Spira u. sein Sohn. Erzählung. 8. (238 S.) Ebend. 876. n. 4. —

Simon Spira und sein Sohn von A[lbert] E[mil] Brachvogel. Erzählung. 2. Aufl. Berlin: O. Janke [1907]. (140 S.) 8° [F.]
(Kollektion Otto Janke.) [07. 13300

— theatralische Studien. Jena 863. Costenoble. 8. (XII, 173 S.) n. 24 ngr.

—— ein Trödler, s. Jahrbuch deutscher Bühnenspiele.

— der Trödler. Ein Roman aus dem Alltagsleben. 2 Bde. Ebend. 862. 8. (VIII, 461 S.) 2 ℛ 7½ ngr.

— der Trödler. Roman. 2. Aufl. Aus dem Mittelalter. Historische Erinnerungen. 2. Aufl. Mit Einleitung u. Biographie v. Max Ring. 8. (LXV, 465 S.) Jena 879. Costenoble. n. 4. —

— der Usurpator. Dramatisches Gedicht in 5 Akten. Jena 860. Costenoble. 16. (178 S.) n. 27 ngr.; geb. n. 1 ℛ 5 ngr.

Brachvogel's, AE, ausgew. Werke. 1—22. Lfg. 8. (I. II.: 1013 III.: 1—96.) Berl. 73. 74, Janke. à n. — 30

Brachvogel's, A. E., ausgewählte Werke. (In 4 Bdn. in 40 Lfgn.) 1.—3. Bd. 8. Berlin 873, 74, Janke. à Lfg. * 30 Pf. *

Inhalt:
Bd. 1. Friedemann Bach. Roman. 3. Aufl. (495 S.)
" 2. Die Harfenschule und andere dramatische Werke. (518 S.)
" 3. Der deutsche Michael. 2. Aufl. (590 S.)
Der 4. Bd. wird enthalten: Gedichte und vermischte Schriften.

— Wilhelm I. deutscher Kaiser u. König v. Preußen. [Aus: „Männer der neuen deutschen Zeit."] gr. 8. (105 S. m. 1 Holzschntaf.) Hannover 873. Rümpler. — 75

Brachvogel, Carry, der Abtrünnige. Roman. (347 S.) 8. Berlin-Ch. (907). Vita. 4.—; geb. 5. —

Brachvogel, Carry, Alltagsmenschen. Roman. 8. (285 S.) Berlin 895. S Fischer, Verl. n. 3. 50; geb. n. 4. 50

— Ihr Dichter u. and. Novellen, s. a. Kürschner's Bücherschatz 487.

Ihr Dichter u. andere Novellen. Von Carry Brachvogel. Berlin, Eisenach, Leipzig: H. Hillger [1906]. (111 S.) 8° [F.]
— Bücherschatz, Kürschners. No 487. [07. 13305

Brachvogel, C: Die Erben. Roman a. Neu-Deutschl. (267) 8° Lpzg. Modernes Verl.-Bureau '04. 4 —; geb. 5 —

[F.] Carry Brachvogel. Der Erntetag und Anderes. Novellen. *Berlin: S. Fischer 1897.* (4 Bl., 225 S.) 1 Bd 8. [07. 4330

Brachvogel, Carry: Gesammelte Feuilletons. (5, 168) 8° Münch., Bayer. Verl.-Anst. '13. 2.50; geb. n 3.50 d

— Hebbel u. d. moderne Frau. Vortr. (39) 8° Münch., GC Steinicke '12. 1 — d

Brachvogel, Carry: Der Kampf um d. Mann, s. Engelhorn's allg. Roman-Bibliothek

— Katharina II. v. Rußland, s. a. Frau, die, 11. Bd.

Brachvogel, Carry: Katharina II. von Rußland. Lpz. ('06). 109 S. (Die Frau. 2, 11.)

Brachvogel, Carry: Komödianten, s. Engelhorn's allg. Roman - Bibliothek

— Die Könige u. die Kärrner. Roman. (320) 8° Stuttg., J Engelhorn's Nf. '12. 4 —; L 5 — d

— Maria Theresia, s: Frauenleben.

— Madame Mère (Lätitia Bonaparte), s. a. Frauenleben. XIII.

Madame Mère (Lätitia Bonaparte). Von Carry **Brachvogel**. Mit 5 Kunstdrucken. Bielefeld & Leipzig: Velhagen & Klasing 1909. 173 S. 8°
(Frauenleben. 13.) [10. 2691

Brachvogel, Carry, der Nachfolger. Ein Roman aus Byzanz. 8. (299 S.) Leipzig (902). H. Seemann Nachf. n. 4. —; geb. n. 5. 50

— Der Nachfolger. Roman a. Byzanz. (209) 8° Lpzg, F Rothbarth (02). 4 —; geb. 5.50 u

— die große Pagode. Roman. 8. (279 S.) Berlin 901. S. Fischer, Verl. n. 3. 50; geb. n.n. 4. 50

— die Marquise de Pompadour, s.: Frau, die. 2. Bd.

Brachvogel, C., Die Marquise de Pompadour. Mit 10 Abbildgn. Leipzig, o. J. (c. 1904). 8°. (Mk. 2,50.) (1 Mk. B. Seligsberg, 1906.)

Brachvogel, Carry. Die Marquiſe de Pompadour. Leipzig, Friedrich Rothbarth (ca. 1910). Kl. 8°. 79 S. 10 ganzſeitige Illuſtrationen.

Carry **Brachvogel**. Die Wiedererstandenen. Cäsaren-Legenden. *Berlin: S. Fischer 1900.* (222 S.) 8° [Ant. u. F.] [00. 8393

Brachvogel, Emil, Agap-Han, s. Agap-Han.

Brachvogel, Emil: Der sonntägliche Gottesdienst der evangelischen Landeskirche in Preussen, nach der revidierten Agende für Schulzwecke zusammengestellt und erläutert. *Pr. Stargard 1898: W. Dupont, Konitz Wpr.* (19 S.) 8° [F.]
Pr. Stargard, k. Friedrichs-G, OP 1898 (39)

Brachvogel, Emil, Prof.: Lessings Laokoon Abschnitt I—XV dem Gedankengange nach dargestellt. *Pr. Stargard 1900: E. Timm.* (S. 3—13.) 4°
Pr. Stargard, k. Friedrichs-G, OP 1900 (39)

Brachvogel, Emil, Prof.: Lessings Laokoon Abschnitt 16—25 dem Gedankengange nach dargestellt. *Pr. Stargard 1901: E. Timm.* (S. 3—16.) 4° ¶ [Forts. d. P-Beil. 1900. — Soll fortgesetzt werden.]
Pr. Stargard, k. Friedrichs-G, OP 1901 (39)

Brachvogel, Em.: Object und Methode der neutestamentlichen Schriftlectüre in dem evang. Religionsunterrichte der beiden oberen Gymnasialklassen. 10 S.
Progr. Deutsch-Crone 1872.

Brachvogel, Aemil. Gotthard.) (geb. Fürstenwalde bei Ortelsburg 13. 12. 1816): De plica Polonica. Berolini (1838). (26 S.) 8°
Berlin, Med. Diss. v. 12. Dez. 1838

Brachvogel, Feodorus *(geb. Danzig 25. 3. 1823)*: De morte. Vratislaviae (1847). (VI, 49 S.) 8°
Breslau, Med. Diss. v. 2. Okt. 1847

Brachvogel, J: Die Stempelsteuerpflicht bei Grundstücksübertraggn. Hilfsb. z. Berechng u. Einziehg d. Immobiliarstempels. (324) gr8° Berl., J Guttentag '12. 7 —; geb. 8 — d

Brachvogel, Kurt, Handbuch d. Behörden der Prov. Brandenburg u. des Stadtkreises Berlin. Verzeichnis d. Reichs-, Staats-, Provinzial- u. Kommunal-Behörden, der Geistlichkeit, Medizinal-Personen, Unterrichts- u. Bildungs-Anstalten, der öffentl. Institute, Vereine, sämmtl. Wohnorte u. deren Post-Anstalten. Nach amtl. Quellen bearb. gr. 8. (VI, XXII, 712 S.) Berlin 901. Nicolai's Verl. n. 18. —

Brachvogel, Moritz (Danzig. Cammin), De noma. Diss. med.-chir. Bln. (Nietack) 8. II. 1838. 32 S. m. Biogr. (M.: F. Jury) (4.—) 3732
Oppon.: J. Falk, D. Normann, Th. Richter.

Brachvogel, O., Die Kunkelstube in e. Vogesendorfe Ländl. Scene m. Gesang u. Tanz in 1 Aufz. Mit e. Lieder- u. Melodien-Anh. (Bühneneinrichtg. v. A. Boróc, Straßburg.) 8. (24 u. 19 S.) Straßburg 897. Schlesier & Schweikhardt. n. 1. —

Brachvogel, O., die Kunkelstube in e. Vogesendorfe. Ländliche Scene m. Gesang u. Tanz in 1 Aufzug. Mit e. Lieder- u. Melodien-Anh. (Bühneneinrichtung v. A. Boróc.) 12. (24 u. 19 autogr. S.) Straßburg 902. Schlesier & Schweikhardt. n. 1. —

Brachvogel, Udo, Gedichte. Wien 860. Gerold. 8. (X, 377 S.) n. 1 ₰ 20 ngr.

Brachvogel, Udo: Gedichte. (8, 286 m. Bildn.) 8° New York, B Westermann & Co. '12. L 6 — d

Brachvogel, Udo, Bret Harte, s. Bücherei, deutsche.

Brachvogel, Udo [Übers.]
s. Sheridan, Philip Henry: Von Gravelotte nach Paris. 1889.

—— das Theissland und sein Dichter, s. Vorträge, hrsg. vom deutschen gesellig-wissenschaftlichen Vereine von New York.

Brachvogel, W., Die christlichen Gewerkschaften in den Jahren 1906 und 1907. Leipzig, 1907. 8 S.

Brachvogel, Wilhelm, Referendar in Dresden: Begriff und Rechtsfolgen des zivilrechtlichen Wuchertatbestandes. Borna-Leipzig 1910: Noske. x, 110 S. 8°
Leipzig, Jur. Diss. v. 30. Juli 1910
[Geb. 8. Juni 83 Chemnitz i. S.; Wohnort: Radebeul-Oberlößnitz; Staatsangeh.: Sachsen; Vorbildung: Gymn. Chemnitz Reife O. 03; Studium: Lausanne 1, Berlin 2, Leipzig 5 S.; Rig. 13. Febr. 07.] [U 10. 2669

Brachvogel, Wolfgang, The Achensee. Railway and the Achensee. Illustrated by Tony Grubhofer. 8. (50 S.) Salzb.: Kerber 1890

Brachvogel, Wolfgang: Die Achenseebahn und der Achensee, s. Bergbahnen, Österreichische.

—— The Achensee railway and the Achensee, s. Mountain-Railways of Austria.

— an Etsch u. Eisack. Bilder aus Südtirol. Mit Illustr. v. T. Grubhofer. 12. (VIII, 178 S.) München 888. Knorr & Hirth. n. 2. —

Brack, Friedrich, oder Geschichte eines Unglücklichen ... Berlin 1793—95. V: *Müller, Johann Gottwerth.* (EE) (GGr) (Ky) (MGT)

Brack, Friedrich, od. Gesch. e. Unglücklichen, aus dess. eigenhänd. Papieren gezogen, vom Verf. d. Siegfr. v. Lindenberg. (J. G. Müller). 4 Bde. 8. Berlin, Nicolai. 793 — 95 (I. 20 gr. II. 1 Rthlr. III. IV. à 1 Rthlr. 4 gr.) Rthlr.

Brack, A., poet. Versuche. 8. Kempt. 814. Dannheimer. 6 gr.

Brack, Abraham (Frankf. a.M.) [Auctor]
Dissertatio inauguralis juridica de actione pignoratitia contra tertium pignoris possessorem competente et non competente.
Giessae [18.] Sept. 1786: Braun. 24 S. 4°
pro licentia summos in utroque jure honores ... capessendi.

Brack, Carl, approb. Arzt aus Göttingen: Aus d. chirurg.-poliklin.-Institut zu Leipzig. Direktor: Prof. Dr. med. Perthes. Die Sehnenüberpflanzung in der Behandlung der spinalen Kinderlähmung. *Leipzig 1903: B. Georgi.* (36 S.) 8°
Leipzig, Med. Diss. v. (4. Dez.) 1903

Brack, Christian [diplomierter Chemiker aus Basel]: Über Azinsynthesen in der Naphtalinreihe. Basel 1903. 43 S. 8°. [12. IX. 03.]
Zürich, Phil. Diss. II. S. 1903/1904.

Brack, Fr. de

— s. K. v. Decker, de la Tactique.

Brack, Fr. de, die Vorposten d. leichten Kavallerie. Erinnerungen. A. d. Franz. übers. v. W. T. gr. 12. (16⅜ B. u. 3 Stnt.) Glogau 838, Flemming. Thlr.

Brack, Fr. de, die Vorposten der leichten Kavallerie. Erinnerungen. Aus dem Französ. übersetzt von W. T. Mit 3 (lith.) Taf. Abbildgn. (in 8. u. 4.) 2. Aufl. Glogau 859. Flemming. gr. 8. (VIII, 335 S.) 1 ℛ

Brack, H[einrich]. Erklärungen zur anthropometrischen Signalementsaufnahme, soweit solche für den subalternen Polizeibeamten zum Verständnis eines Signalementes notwendig sind. Zusammengestellt von H. Brack... nach dem «anthropometrischen Signalement» von Alphons Bertillon ⟨deutsch von Prof. Dr. [Ernst] v. Sury⟩ und nach den Aufzeichnungen aus dem für Polizeibeamte abgehaltenen Kurs für Anthropometrie im Frühjahr 1900 in Bern. [Mit Figuren und 4 Beilagen.] 41 [+ 10] S. 8. Aarau, H. R. Sauerländer & Co., 1901. [geb. fr. 2.—]

Brack, Heinrich Joseph (Wetzlar)
Theses inaugurales theoretico-practicae ex jure civili, Romano, Germanico canonico et feudali.
Giessae 3. März 1750: Eb. Henr. Lammers u. J. J. Braun. 12 S. 4°
pro licentia summos in utroque jure rite capessendi honores.

Brack, Jacob Joseph (Wetzlar): Theses ex universo jure. Giessae 29. Juli 1763.

Brack, [Ludwig]: [Aus der Festrede zum Geburtstage S. M. des Kaisers 1900.] *Hamm i. W. 1900: E. Griebsch.* (S. 24—25.) 4° [J.]
Hamm, k. G, P 1900 (379)

Brack, Oskar, aus Aarau (Schweiz): Ueber komplexe basische Zinnsalze. Zürich 1910. 60 S. 8°. [22. III. 10.]
Zürich, Univ. Phil. Diss. II. S. 1909/10.

Bracke, Joachim Christoph

Bracke, Joach. Cph., († d. 8. Jan. 1801.) Abschiedspredigt zu Magdeburg gehalten. gr. 8. Magdeb. 785. Creutz. 3 ℋ

— Kommunionbuch. 8. Hamb. 786.

— Predigtentw. üb. d. evangel. Texte. 1r — 7r Jahrg. gr. 8. Hamb. 786 — 92. (Barth in Leipz.) 5 ℛ 20 ℋ 8r — 15r Jahrg. gr. 8. Hamb. 793 — 800. Gundermann. (à 1 ℛ) 8 ℛ

Bracke, Otto, Verbindungen mit u. in den deutschen Kolonien. Eine Verkehrsstudie. (82 S.) kl. 8. Osterwieck 907. A. W. Zickfeldt. — 50

Bracke, Toni, schlichte Klänge. 8. (99 S.) Leipzig 893. M. Ruhl. Geb. in Leinw. m. Goldschn. n. 3. 50

Bracke jr., W., der Braunschweiger Ausschuß der socialdemokratischen Arbeiter-Partei in Lötzen und vor dem Gericht. Mit einem photogr. Gruppenbilde. gr. 8. (VIII, 248 S.) Braunschweig 872, Bracke jr. *

Bracke, W., Hütet Euch vor den 300 Millionen neuen Steuern. Nebst einem Anhange: Die Reden Bracke's im deutschen Reichstage 1877 und 1878. 8°. Braunschweig 1878.

Bracke, Wilh., „Nieder mit den Sozialdemokraten!" 8. (80 S.) Braunschweig 876. Bracke jun.

Bracke, Wilh., „Nieder mit den Sozialdemokraten!" 8. (26 S.) Berlin 891. Buchhdlg. d. „Vorwärts". n. — 10

Bracke, W, „Nieder m. d. Sozialdemokraten!" (Neuer Abdr.) 8° (16) Berl. 94, Bh. Vorwärts. — 10

Bracke, Wilh., „Nieder m. den Sozialdemokraten". (16 S.) gr. 8. Berlin 904. Buchh. Vorwärts. — 10

Bracke, Wilh., nieder m. d. Sozialdemokraten. (Agitations-Ausg.) (16 S.) 8. Berlin 907. Buchh. Vorwärts. — 10

— Die Verzweiflung im liberalen Lager. Antwort auf die 7 Artikel der Magdeburger Zeitung und die Schmähschrift des Herrn von Unruh. 30 pp. 8°. Braunschweig, Bracke, 1876.

Bracke, Wilh., der *Lassalle'sche Vorschlag.* Ein Wort an den 4. Congress der social-demokrat. Arbeiterpartei. (Einberufen auf d. 23. Aug. 1873 nach Eisenach.) Braunschweig, W. Bracke jr., 1873. 8°. Cart.*)
78 S., 1 Bl. — Verboten von d. herzogl. Brnschw.-Lüneb. Polizeidirektion, d. 29. Octob. 1878.

Brackebusch, Ernst, d. preuss.-deutsche sogen. Apothekenreform. Beleuchtet v. B. gr. 8. (80 S.) Leipzig 897. Kössling. n. — 75

Brackebusch, Ernst, üb. Nitroderivate der Propylreihe. Inaugural-Dissertation. 8. (31 S.) Hamburg 875. (Göttingen, Vandenhoeck & Ruprecht's Verl.) n. — 60

Brackebusch, Fr., erstes Rechenbuch des Kindes. Eine für die Hand der Schüler eingerichtete Sammlung von Rechenübungen zu e. gründlichen Durcharbeitung der ersten Zahlenräume nebst Aufgaben aus den vier Species mit Zahlen bis zur Million. Braunschweig 868. Vieweg & S. 8. (XI, 116 S.) n. 5 ngr.

Brackebusch, Friedr., über die Verbindungen, welche durch Jodirung und Bromirung von sogenannten Orthonitrosulfophenol erhalten werden und einige andere Abkömmlinge des Phenols. Inaugural-Dissertation. 8. (88 S.) Göttingen 874, (Vandenhoeck und Ruprecht.) *

Brackebusch, Hans, über Bädersohwindel, Raubtierdiät u. Patentmedizin. (III, 52 S.) gr. 8. Rostock 905 C. J. E. Volckmann Nachf. n. 1. —

Brackebusch, Hans, Bedenken gegen das Nahrungsmittelgesetz. Vortrag. gr. 8. (19 S.) Berlin 879. (Lorentz.) n. — 75

Brackebusch, Hans, s.: Gross-Deutschland.

Brackebusch, Hans, der Gustav-Adolphs-Verein u. ähnl. Tendenz-Vereine zu christl. Zwecken, eine verkannte Gefahr d. protestant. Kirche. Sendschreiben an Dr. J. W. Hanne. 8. (2 B.) Braunschweig 844, Vieweg u. Sohn. *

Brackebusch, Hans: Die Neu-Karlsbader Hauskur u. ihre Anwendg. s: Monographien f. Ärzte u. gebildete Laien.

Brackebusch, H., die [Neu-] Karlsbader Haus-Kur nach H. B. u. ihre Anwendung bei: Fettleibigkeit, Neigung zum Fettansatz, Zuckerkrankheit, Magen-, Leber-, Nieren-, Blasen-Leiden, Fussgicht, Vollblütigkeit u. unreine Haut. gr. 8. (32 S.) Berlin 888. (Steinitz' Verl.) n. 1. —

Brackebusch, Hans, die (Neu-) Karlsbader Haus-Kur nach H. B. u. ihre Anwendung bei Fettleibigkeit, Neigung zum Fettansatz, Zuckerkrankheit, Magen-, Leber-, Nieren-, Blasen-Leiden, Fussgicht, Vollblütigkeit u. unreiner Haut. 4. Aufl. gr. 8. (44 S.) Berlin 893. (H. Steinitz' Verl.) n. 1. —

— die Neu-Karlsbader Hauskur u. ihre Anwendung. Abth. I.: Fettleibigkeit, Neigg. zum Fett-Ansatz, Magen-, Leber-, Nieren-, Blasen-Leiden, Gicht, Vollblütigkeit u. unreine Haut. — Abth. II: Zuckerkrankheit, Verdauungs-, Muskel- u. Nerven-Diabetes. (26. [Umschlag-]Taus.) gr. 8. (XVI, 73 S. m. Abbildgn.) Berlin 899. H. Th. Hoffmann. n. 2. —

Brackebusch, Hans, die Neu-Karlsbader Haus-Kur. 899. Jetzt: Leipzig, Rudolf Mojo.

Brackebusch, Hans, die Neu-Karlsbader Hauskur. Jetzt: Berlin, S. Mode's Verl. Erm. Pr. 1. —.

— vier geistliche Reden bei Schließung der alten, Grundsteinlegung und Einweihung der neuen Kirche und Vergrößerung des Kirchhofs zu Schwiechelt gehalten. gr. 8. Braunschweig 845, Meyer sen. 1/8 ₰

— Die Zuckerkrankheit e. Rechenexempel, Harnsäure-Diathese, klimatische Kurorte, Bäder. (61 S.) 8. Berlin 907. C. Berg. 1. 50

Brackebusch, Herbert, Armin. Trauersp. in 5 Aufz. 8. (123 S.) Braunschweig 897. (J. Neumeyer.) n. 1. 20

Brackebusch, Herb., Armin, neue Ausg., s.: Brackebusch, Herb.

Brackebusch, Herb., Gemeindenkirche, nicht Volkskirche! 6 Predigten. gr. 8. (à 8 S.) Braunschweig 902. J. Neumeyer. n. 1. —; einzeln à n.n. — 25

1. Die Kirche hat die Aufgabe, die Menschheit zu e. Gemeinschaft in Christus zu machen.
2. Die heutige Kirche erfüllt die ihr gesetzte Aufgabe nur in erschreckend geringem Maße.
3. Der Kirche mißlingt ihre Aufgabe, weil sie sich zu e. Volkskirche hat verschieben lassen, wodurch sie in e. Widerspruch m. sich selbst u. in e. Kampf m. den Geistern, die sie rief, geraten ist.
4. Will die Kirche ihrer Aufgabe, so, wie sie soll, genügen, dann muß sie werden, was sie war — e. Gemeindenkirche.
5. Die Herstellung wirklich lebendiger Gemeinden in der Kirche wird sich auch als e. vortrefflliches Salz der Erde erweisen, indem es sämtlichen Schädlingen, die bei uns am Werke sind, zugleich das Handwerk zu legen verspricht.

Brackebusch, Johann Georg Lorenz, s. a.
B r a k e b u s c h , Johann Georg Lorenz

Brackebusch, Jh. Geo. Lor., Briefe z. Sittencharakteristik uns. Jahrzehends. 8. Hannov. 791. Hahn. 8 gr

— s. Geist u. Herz gebildeter Menschen. 2 Bdchn. 8. Hannover, Hahn. 791.

— der Landpfarrer, aus d. Gesichtspunkte e. menschenfreundl. Politik betrachtet. 8. Hildesh. 808. Gerstenberg. 8 gr

— die Landschule, aus d. Gesichtspunkte d. Kirche u. der bürgerl. Gesellschaft, mit Beziehung auf die Morgenröthe von H. Hauer, betrachtet. 8. Hildesh. 816. Gerstenberg. 6 gr

— Tageb. e. Menschenbeobachters. 8. Hannov. 792. Hahn. 10 gr

Brackebusch, J. G. L., Vorschl. z. Sicherung d. Landesverfass. 8. Braunschw. Schulbuchhandl. 797.

Brackebusch, Karl, a. Córdoba (Argentinien): Die Australierschädel der Sammlung des anatomischen Instituts zu Göttingen. Göttingen 1905: L. Hofer. (32 S.) 8°
Göttingen, Med. Fak., Ref. Kallius, Diss. v. 22. Juli 1905
[Geb. 16. Juli 79 Córdoba, Argentinien; Heimatsort: Hannover; Staatsangeh.: Preußen; Vorbildung: Gymn. Linden Reife O. 99; Studium: Jena 1, München 4, Berlin 2, Göttingen 3 S.; Coll. 22. Mai 05; Approb. 5. Juli 04.]

Brackebusch, L., s. Franz Meyenberg.

MEYENBERGS, Franz, Geschichte, ein Roman (von *L. Brackebusch*). Hannover 1791. 8°. Selten!

Brackebusch, Ludw., die Bergwerksverhältnisse der Argentinischen Republik. [Aus: „Zeitschr. f. d. Berg-, Hütten- u. Salinenwesen".] gr. 4. (33 S. m. 1 Karte.) Berlin 893. W. Ernst & Sohn. n. 2. —

Brackebusch, Ludwig: Ueber die Bodenverhältnisse des nordwestlichen Teiles der Argentinischen Republik mit Bezugnahme auf die Vegetation. ([S.-A.] Petermanns Geographische Mitteilungen. 1893. Heft 7. S. 153—166.) (Gotha 1893.) 14 S., 2 Krt. 4°.

Brackebusch, Ludwig: Der Einfluss der geologischen Verhältnisse auf die Besiedlung Niedersachsens. Hannover 1899. 15 S. 8°.

Brackebusch, Ludw., Entwickelung der geognostischen Verhältnisse der Gegend zwischen dem Falkenstein u. Königerode am Unterharz. Inaugural-Dissertation. gr. 8. (44 S.) Hildesheim 875. (Göttingen, Vandenhoeck & Ruprecht's Verl.) n. 1. —

Brackebusch, L: Die techn. nutzbaren Gesteinsarten d. Herzogt. Braunschweig. (9, 50 m. 1 farb. Kte.) Lex8° Braunschw., F Vieweg & S. '12. 4 —

Brackebusch, L: Geolog. Karte d. Prov. Hannover u. d. angrenz. Landesteile. 1:500,000. 69,5×75 cm. Farbdr. Hannov. 99, Hahn. 8 —

Brackebusch, Ludwig: Eine neue Karte der Argentinischen Republik im Massstabe von 1:1000000. (Erweiterter Abdruck aus Petermanns Mitteilungen. 1892.) (Gotha 1892.) 18 S., 2 Krt. 4°.

B r a c k e b u s c h , D. Luis. Mapa de la República Argentina y de los paises limitrofes. Construido sobre los datos existentes y sus propios observaciones hechas en los años 1875—1888. 1 : 1,000,000. 13 Blatt. Farbendr. 79,5×60 cm. Gotha 891. (Hamb., L. Friederichsen u. Comp.) ** 60 —

— mapa geológico del interior de la República Argentina. 1:1,000,000 (In 2 Lfgn.) (1. Lfg.) 4 Bl. à 46×61,5 in Farbendr. u. Titelsection. Córdoba 94. (Brnschw., R Sattler.) 10 —

Mapa geológico del interior de la República Argentina. Constr. sobre l. datos exist., y sus proprias observaciones hechas durante l. años 1875 hasta 1888 p. el Dr. **Luis Brackebusch,** Catedrát. de la Univ. Nac. de Córdoba. Escala 1:1,000,000. [Bl.] 1 v. *Gotha: Inst. Geográf. de C. Hellfarth 1895.* quer-gr. 2. 19. 1380

B r a c k e b u s c h , Luis, mapa del Interior de la Republica Argentina. Construido sobre los datos oficiales y sus propias observaciones hechas en los años 1875—1883. 1:1,000,000. 6 Bl. Chromolithogr. gr. Fol. Córdoba 885. (Hamburg, Friederichsen und Comp.) *

Brackebusch, L. Die Nothwendigkeit der Herstellung e. Ordnung f. die Emeritierungen der mecklenburgischen Geistlichen. Ein Appell an alle, die es angeht. 8. (19 S.) Parchim 889, Wehdemann. * — 40

Brackebusch, Dr. L. Nordwestlicher Theil der argentinischen Republik. 1 : 3000000.
a. Höhenschichtenkarte.
b. Physiographische Karte.
Gotha 1893. 2 Bl. c. L.

Brackebusch, L., Übersichtskarte der Kaliunternehmungen in Nordwestdeutschland. 1:20000. Berlin, 1902.

Brackebusch, Ludw., zur Vorgeschichte der kirchlichen Conferenz in Bützow, sowie Gedanken u. Wünsche hinsichtlich ihrer ferneren Entwickelung dargeboten. gr. 8. (27 S.) Parchim 877. Wehdemann. n. — 40

Brackebusch, W. Is English destined to become the universal language of the world? Diss. Göttingen 1868. 48 S.

Brackel, Adolf Friedrich von

v. Brackel, A. F., s. Actenstücke, betreff. die Summe von 12 Millionen, welche das Bank-Institut in Altona rc. theils gezahlt hat rc.

Rendsburg-Schleswig-Flensburger Eisenbahn. Darlegung der Verkehrsverhältnisse dieser Eisenbahn-Anlage (v. Adolf Friedrich **Brackel.**) (Mit 1 Plan.) Schleswig. 1845. 8°.

Brackel, Zur Eisenbahn-Frage der Herzogth. Schleswig und Holstein. gr. 8. (28 S.) Altona 847, (Lehmkuhl.) *

Brackel, Alfred von

Brackel, A. v., ein Fall v. solitärer Nierencyste, s.: Sammlung klinischer Vorträge.

Brackel, Alfr. v., experimentelle Untersuchungen üb. venöse Stauung. Diss. gr. 8. (66 S. m. 1 Taf.) Jurjow (Dorpat) 893. (E. J Karow.) n. 1. 20

Brackel, Chrph. Wilh., fernere Erörterung der schleswig-holsteinischen Erbfolgefrage vom staatsrechtlichen Standpuncte; nebst Erörterung der Staatserbfolge in Lauenburg. gr. 8. (V, 50 S.) Kopenhagen 872, Höst und Sohn. *

Brackel, Ferdinande Freiin v., Prinzeß Ada. Novelle. 8. (284 S.) Köln 884. Bachem. 3. —; geb. n. 4. 50

Brackel, Ferdinande Freiin v., Prinzeß Ada. Novelle. 2. Aufl. 8. (284 S.) Köln 887. Bachem. 3. —; geb. m. Goldschn. n. 4. 50

Brackel, Ferdinande Freiin v., Prinzeß Ada Novelle. 3. Aufl. 8. (318 S.) Köln 897. J. P. Bachem. 3. —; geb. n. 4. 25

Brackel, Ferdinande Freiin v., Prinzeß Ada. Novelle. 5. Aufl. (318 S.) 8. Köln (904). J. P. Bachem. n. 3. — in Salonbd. n. 4. 50

Brackel, Ferdinande Freiin v., Prinzeß Ada. Novelle. 6. u. 7. Aufl. (8. u. 9. Tauf.) (266 S.) 8. Köln (909). J. P. Bachem. 3.—; geb. 4. 50

Brackel, Ferdinande Freiin v., Chio. 12. (124 S.) Köln (901). J. P. Bachem. n. 1. 50; geb. n. 2. 80

Brackel, Ferdinande Freiin v., Daniella. Roman. 2 Bde. 8. (378; 389 S.) Köln 879, Bachem. geb. in 2 Halbfrzbde. *M 11.; in 2 Prachtbde. *

—— Daniella. Roman. 2. Aufl. 8. (560 S. mit dem Lichtdr.-Portr. der Verf.) Köln 882, Bachem.

Brackel, Ferdinande Freiin v., Daniella. Roman 3. u. 4. Aufl. Mit dem Bildnis der Verf. 8. (560 S.) Köln 891. 894. J. P. Bachem. 6. — ; geb. n. 7. 50

-- Daniella. Roman. 5. Aufl. 8. (560 S. m. Bildn.) Ebd. 896. 6. —; geb. n. 7. 50

— Daniella. Roman. 10. Aufl. Mit dem Bildnis der Verf. (III, 560 S.) 8. Ebd. (904). n. 6. —; geb. n. 7. 50

— Daniella. Roman. 11. Aufl. (568 S. m. Bildnis.) 8. Ebd. (908). 6.—; geb. 7. 50

Die Enterbten. Nachgelassener Roman von Ferdinande F[rn] v. Brackel. 1.–3. Taus. Köln a. Rh.: J. P. Bachem [1906]. (415 S.) 8° [F.] [06. 110,6

— Die Enterbten. Nachgelassener Roman. 4. Tauf. (411 S.) 8. Ebd. (909). 4.50; geb. 6. —

—— Erinnerungen dreier Sommermonate auf Reisen. gr. 8. (243 S.) Hannover 882, Weichelt. *

Letzte Ernte. Fünf Novellen von Ferdinande Freiin v. Brackel. Köln: Bachem [1909]. 339 S. 8° [10. 1318

Letzte Ernte. Fünf Novellen von Ferdinande Freiin v. Brackel. 2. Aufl. Köln: Bachem [1909]. 339 S. 8° [10. 3121 5

Brackel, Ferdinande Freiin v.: Heinrich Findelkind, s: Bachem's Jugend-Erzählgn.

Brackel, Ferdinande Freiin v., Heinrich Findelkind. Eine Erzählg. f. Volk u. Jugend. Mit 4 Stahlst. 8. (157 S.) Regensburg 875. Manz. 1. —

— Frühlingsrausch u. Herbststürme. Nur eine kleine Erzählung, s.: Für Herz u. Haus! 21. Bd.

Brackel, Ferdinande Freiin v., Gedichte. 16. (246 S.) Paderborn 874, Junfermann'sche Buchh. geb. mit Goldschn.

— Gedichte. 16. (256 S.) Paderborn 875. Junfermann. 3. —; geb. m. Goldschn. 4. 50

— Gedichte. 2. Aufl. 12. (248 S.) Köln 880. Bachem. 3. —; geb. m. Goldschn. n. 4. 50

Brackel, Ferdinande Freiin v., Gedichte. 3. Aufl. 12. (VIII, 255 S.) Köln 888, Bachem. * geb. mit Goldschn. *

— Gedichte. 4. Afl. 12° (250 m. Bildnis.) Ebd. 95. Geb. in Lnw. m. G. 4.50

Gedichte von Ferdinande Freiin v. Brackel. 5. Aufl. *Köln: J. P. Bachem [1898].* (VIII, 252 S.) 8° [F.] [98. 1355 5

Gedichte von Ferdinande Freiin v. Brackel. 6. Aufl. Hrsg. von E[lisabeth] M[argarete] Hamann. Köln: Bachem (1908). 220 S. 8° [09. 7119 5

—— am Heidstock. Roman. (406 S.) 1881. *M 4,20., geb. *M 5,50.; 2. Aufl. 8. (384 S.) Ebendas. 884. * geb. *

— am Heidstock. Roman. 3. Aufl. 8. (349 S.) Ebd. 889. 4. 20

— am Heidstock. Roman. 5. Afl. 8° (349) Ebd. 95. 4.20; geb. 5.75

— am Heidstock. Roman 6. Aufl. 8. (349 S.) Ebd. 897. 4. 20; geb. n. 5. 75

— am Heidstock. Roman. 9. Aufl. (353 S.) 8. Köln (905). J. P. Bachem. n. 4. 20; geb. n. 5. 75

— Am Heidstock. Roman. 11—13. Taus. (351) 8° Köln, JP Bachem ('10). 4.20; geb. n 5.75 d

— La hija del director de circo, s.: Herder, las buenas novelas

— aus fernen Landen, s.: Bachem's Novellen-Sammlung.

Mein Leben. Von Ferdinande Freiin v. Brackel. Mit 12 Kunstdr.- u. 2 Handschriftbeilagen. 1.–3. Aufl. Köln: J. P. Bachem [1905]. (XII, 179 S.) 8° [F.] [05. 9174

— Der Lenz u. ich u. du. Herzensinstinkt, s.: Hausbücherei, rheinische. 34. Bd.

Eine Nähmamsell. Novelle von Ferdinande Freiin v. Brackel. *Köln: J. P. Bachem [1900].* (236 S.) 8° [00. 9973 5

—— nicht wie alle Andern, s. Bachem's Novellen-Sammlung.

—— Nicht wie alle Andern. Aus fernen Landen. 2 Novellen. 8. (292 S.) Köln 877, Bachem. geb. in Halbfrzbd. *M 4,80.; in Prachtbd. *

— Novellen. Frühlingsrausch u. Herbststürme. Nur e. kleine Erzählg. 12. (202 S.) Stuttgart 898. [J. Roth.] München, Allg. Verlags-Gesellsch. n. 2. —; geb. n. 2. 80

—— der Spinnlehrer von Carrara. Eine Künstler-Novelle. Der Wirklichkeit nacherzählt. 8. (312 S.) Ebendas. 887. geb. mit Goldschn. *

—— Der Spinnlehrer von Carrara. Eine Künstler-Novelle. 2. Aufl. 8. (316 S.) Ebd. 892. 3 —; geb. * 4 25

Der Spinnlehrer von Carrara. Eine Künstler-Novelle. Der Wirklichkeit nacherzählt von Ferdinande Freiin v. Brackel. 4. Aufl. Köln: J. P. Bachem [1904]. (320 S.) 8° [F.] [04. 47

—— Vom alten Stamm, s. Bachem's Novellen-Sammlung.

[F.] Im Streit der Zeit. Roman v. Ferdinande Freiin v. Brackel. Bd 1. 2. *Köln a. Rh.: J. P. Bachem [1897].* 2 Bde 8.
1. (3 Bl., 314 S.) 2. (2 Bl., 375 S.) [97. 7711

— im Streit d. Zeit. Roman. 2 Bde. 2. Aufl. 8. (319 u. 379 S.) Ebd. 898. n. 7. —; geb. n. 10. —

— Im Streit d. Zeit. Roman. 7. u. 8. Taus. (600) 8° Köln, JP Bachem ('10). 6 —; geb. 8 — d

—— die Tochter des Kunstreiters. Roman. 1.—3. Aufl. 8. (407 S.) Ebendas. 875—78. geb. in Halbfrzbd. * ℳ 5,25.; in Prachtbd. *

— die Tochter d. Kunstreiters. Roman aus der Gegenwart. 2. Aufl. 8. (407 S.) Köln 876. Bachem. 4. 20

—— die Tochter des Kunstreiters. Roman. 4. Aufl. 8. (407 S.) Köln 881, Bachem. * ℳ 4,20.; geb. *

— die Tochter d. Kunstreiters. Roman. 5. Aufl. 8. (396 S. m. autotyp. Portr. der Verf.) Köln 885. Bachem. 4. 20; geb. n. 5. 75

—— Die Tochter des Kunstreiters. 6. u. 7. Aufl. 8. (396 S. m. Bild der Verf.) Köln 889,91, Bachem. 4 20; geb. * 5 75

— d. Tochter d. Kunstreiters. Roman. 8. u. 9. Afl. 8° (396 m. Bildnis.) Ebd. 93. 4.20; geb. 5.50

Brackel, Ferdinande Freiin v., die Tochter des Kunstreiters Roman. 8. u. 9. Aufl. 8. (396 S. m. Bildnis.) Köln 894. J. P. Bachem. 4.20; geb. in Leinw. n. 5.50

[F.] Die Tochter des Kunstreiters. Roman v. Ferdinande Freiin v. Brackel. 11. Aufl. *Köln a. Rh.: J. P. Bachem.* (2 Bl., 396 S.) 1 Bd 8. [97. 119]

— die Tochter d. Kunstreiters. Roman. 12. Aufl. 8. (396 S. m. Bildn.) Ebd. 897. 4. 20; geb. n. 5. 75

— die Tochter des Kunstreiters. Roman. 14. Aufl. 8. (396 S. m. Bildnis.) Köln (899). J. P. Bachem. 4. 20; geb. n. 5. 75

Die Tochter des Kunstreiters. Roman von Ferdinande Freiin v. Brackel. 15. Aufl. *Köln a. Rh.: J. P. Bachem [1899].* (396 S.) 8° [F.] [00. 1337 5

— die Tochter des Kunstreiters. Roman. 21. Aufl. (400 S. m. Bildnis.) 8. Ebd. 904. n. 4. 20; in Salonbd. n. 5. 75

— Die Tochter d. Kunstreiters. Roman. 22. Afl. (404 m. Bildnis.) 8° Ebd. ('04). 4.20; in Salonbd 5.75 d

Die Tochter des Kunstreiters. Roman von Ferdinande Freiin v. Brackel. 22. Aufl. Köln: J. P. Bachem [1905]. (400 S.) 8° [F.] [06. 46

— Die Tochter des Kunstreiters. Roman. 25. (Jubiläums-)Aufl. Mit e. literar. Gedenkblatt v. E. M. Hamann, dem Bilde der Verf. u. 9 Einschaltbildern v. F. B. Doubek. (470 S.) 8. Köln (907). J. P. Bachem. 8.—; geb. in Leinw. 10. —

— Die Tochter d. Kunstreiters. Roman. 25. (Jubiläums-)Afl. Mit e. literar. Gedenkbl. v. EM Hamann. (470 m. Bildn. u. 9 Taf.) 8° Köln, JP Bachem ('07). 8 —; L. 10 — ‖ 30. Afl. (400 m. Bildn.) ('09.) 4.20; geb. 5.75 d

— dasselbe. 27. Aufl. (400 S. m. Bildnis.) 8. Ebd. (908). 4.20; geb. 5. 75

— Die Tochter d. Kunstreiters. Roman. 32—36. Afl. (400) 8° Ebd. ('11). 4.20; geb. 5.75 d

— wem gebührt die Palme? Talisman, s. a. Bachem's Jugend-Erzählungen.

Wem gebührt die Palme? Talisman. 2 Erzählungen f. d. Jugend von Ferdinande Freiin v. **Brackel**. Mit 4 Kunstdruckbild. von F. B. Doubek. Cöln: J. P. Bachem [1905]. (132 S.) 8° [F.]
— Jugend-Erzählungen, Bachem's. Bd 29. [06. 5919 8

Brackel, Frz. Karl Frhr. v., d. Diplomat od.: D. geschlag. Papa. Lustsp. in 3 Aufz. gr. 8. (59 S.) Kassel 896. Köln (Limburgstr. 5), Selbstverl. n. 2. —

Brackel, Georg Freiherr von, a. Welda ⟨Westfalen⟩: Die Rückwirkung der Strafgesetze hinsichtlich ihrer Verjährung. Heidelberg 1906: J. Hörning. (58 S.) 8°
Heidelberg, Jur. Fak., Ref. v. Lilienthal, Diss. v. 3. April 1906
[Geb. 29. Jan. 69 Welda, Westf.; Wohnort: Welda; Staatsangeh.: Preußen; Vorbildung: Gymn. Warburg in Westf. Reife O. 89; Studium: Bonn 4, Würzburg 3 S.; Rig. 6. März 06.]

v. Brackel, H., s. Bulgarin, Th., Rußland in histor., statist. rc. Beziehung dargestellt. — Marlinsky, A., russ. Geschichten u. Erzählungen. — Newerow, J., Blick auf die Geschichte d. russ. Literatur. — Ustrialow, N., Grundriß d. Geschichte Rußlands.

Brackel, Harald v., Gedichte. Mit e. Vorwort u. e. biograph. Skizze. Hrsg. v. Frdr. v. Brackel. gr. 8. (XXVI, 102 S.) Riga 890. Kymmel's Sort. n. 5. —

Brackel, Heinrich [aus Osnabrück]: Ueber Sehnenscheidenentzündungen. (Tendovaginitis musculi bicipitis cap. long.) . . . Osnabrück, Druck v. F. Nolte, 1886; 45 S. 8°.
Würzburg, Med. Fak., Inaug.-Diss. v. 1886.

Brackel, Herm. v., Ergebnisse der am 21./22. Juli 1878 v. dem temporairen Bau-Comité veranstalteten Volkszählung in Griwa-Semgallen u. die Geschichte dieser Ortschaft. Mit 1 (lith.) Plan v. Griwa-Semgallen (in 4.) u. 5 angehefteten Tab. gr. 8. (IV, 71 S.) Dorpat 880. Karow. n. 2. 80

Der dreißigjährige Petroleumkrieg. Eine handelswiss. Studie von Dr. Frh. Oswald v. **Brackel** u. Joseph Leis. *Berlin: J. Guttentag 1903.* (XVI, 464 S.) 8° [03. 13632

! **Brackel,** Frhr O v., u. J Leis: Petroleumkrieg. Jetzt: Berl., Verl. f. Fachlit. '01/05

Brackel, Frhr. Osw. v., Rumäniens Staats-Kredit in deutscher Beleuchtung. Eine finanzpolit. Studie. (VIII, 152 S.) gr. 8. München (902). J. F. Lehmann's Verl. n. 2. 40

Brackel, Oswald Frh. von: Aus d. chemischen Institut d. Universität Breslau. (1.) Ueber die Umwandlung von untersalpetriger Säure in Hydrazin. (2.) Einige Abkömmlinge des m-Cyanbenzylchlorids. *Breslau 1901: R. Galle.* (44 S.) 8°
Breslau, Phil. Diss. v. 1. Febr. 1901

Auch einmal Glashausgeschichten. Eine Studie über die cubanisch-amerikanische Frage von Otto Engelbert Frh. v. **Brackel**. Mit e Anh. Cassel 1898: Gotthelft. 78 S. 8° [99. 15012

Brackel, Theod. v., geistl. Leben u. d. Zust. eines Glaub. auf Erden. 8. Frankf. Guilhaumann. 752.

v. Brackel, Thdr., Staffeln d. geistlichen Lebens; aus d. Holländ. 8. Frankf. a. M. 754. Guilhaumann. 6 gr

Brackel, W. v., vernünft. Gottesdienst. 4. 717.

Bracken, D. H., s. a. Braken, H.

Bracken, D. H., verbess. Roßarzneykunst rc. a. d. Engl. gr. 8. Altenb. (Acad. Handl. in Jena). 757.

Bracken H.:
Verbesserte Rossarztneykunst . . . nebst verschiedenen Bemerkungen, welche die Wahl u. Wartung d. Pferde anbetreffen. Nach d. 7. Aufl. aus d. Engl. übers. Altenb. 1758. 376 S.

Brackenheim, s.: Württemberg. Bauser, W.

Brackenheim, Oberamt. Rübsamen, Wilh. C., Wandkarte des Oberamts Brackenheim. 1 : 25,000. 2 Blatt à 94×61,5 cm. Farbdr. Heilbronn (904). A. Scheurlen. n. 11. —; auf Leinw. m. Stäben n. 14. —

Brackenhofer, Joh. Jeremias

— Elementa trigonometriae sphaericae. 4.

Brackenhofer, Jh. Jerem., († d. 31. Aug. 1789.) sphaericor. formulare in us. auditor. digest. 4. Strassb. 770. Treuttel et W. 1 ₰ 4 ℊ

Brackenhoeft, Ed., die Beisetzung der Aschen-Überreste Feuerbestatteter. Ihre Berechtigg. u. Gestaltg. Ein Beitrag zur Theorie u. Praxis der Feuerbestattg. (38 S. m. 2 Lichtdr.-Taf.) gr. 8. Hamburg 904. (A. Frederking.) n. 1.20

Die Beisetzung der Aschen-Überreste Feuerbestatteter. Ihre Berechtigung u. Gestaltung. Ein Beitrag z. Theorie u. Praxis d. Feuerbestattung von Rechtsanw. Dr. Ed. **Brackenhoeft**. Mit 2 Lichtdruckbild. Hamburg 1904: Lütcke & Wulff. (37 S.) 8° 1-5. 704

— Beiträge zur Geschichte des Vereins für Feuerbestattung in Hamburg 1893—1903. Hamburg 1904.

Brackenhoeft, Ed., der Entwurf einer Dienstbotenordnung für Hamburg unter Vergleichung mit dem geltenden Recht und den wichtigeren deutschen Gesinde-Ordnungen. Ein Beitrag zum deutschen Gesinderecht. gr. 8. (IV, 76 S.) Hamburg 888. [J. F. Richter.] Verlags-Anstalt und Druckerei, A.-G. *

— Praktische Erörterungen aus dem Gebiete der Feuerbestattung. Wien 1910. Im Selbstverlag des Verfassers. Druck v. E. Kainz. (Auch in „Flamme"-Berlin und „Phoenix"-Wien erschienen.)

— Die Feuerbestattung. 8°. 23 S. mit 1 Abbild. 1901. Hamburg. A. Frederking.

Brackenhoeft, Ed., die Feuerbestattung in Hamburg. Eine kurze Zusammenstellg. der in Hamburg gelt., die Feuerbestattg. u. den Betrieb des Crematoriums in Ohlsdorf betr. Vorschriften. gr. 8. (8 S.) (Hamburg 894. (Gassmann's Sort.) n. — 20

— die Feuerbestattung in Hamburg. Eine Darstellg. der Einführg. der facultativen Feuerbestattg. in Hamburg, sowie der f. die Feuerbestattg. in Hamburg besteh. Einrichtgn. u. Vorschriften. gr. 8. (VII, 80 S. m. Titelbild.) Ebd. 894. n.n. 1. —

— Feuerbestattung und Pietät. Wien 1909. Im Selbstverlage. Druck v. E. Kainz. Sonderabdruck a. d. Wiener „Phoenix".

Brackenhoeft, Ed., das Crematorium in Hamburg. Eine Skizze. gr. 8. (14 S.) Hamburg 899. (A. Frederking). n. — 50; erhöht. Pr. n. 1. —

— Das Krematorium und der Urnenfriedhof in Hamburg usw. I. Aufl. 1896. II. Aufl. 1907. Druckerei Lütcke und Wulff.

Brackenhoeft, Ed.: Das Crematorium u. d. Urnen-Friedhof in Hamburg. Entstehg, Einrichtgn u. Betriebsvorschriften. 2. Afl. (123 m. 8 Taf.) Lex 8° Hambg, (A Frederking) '07. 3 —

Brackenhoeft, Ed. Polizeirath oder Regierungsrath? 2. Beitrag zu den Verhandlgn. über den Senatsantrag v. 21. Jan. u. 2. Novbr. 1891, betr. Abändergn. in der Organisation der Polizeibehörde. gr. 8. (50 S.) Hamb. 892, (Gaßmann's Sort.). * 1 50
Der 1. Beitrag kam nicht in den Handel.

Brackenhoeft, Ed., d. Verhältniß d. Civil-Rechtspflege z. Verwaltg. in Hamburg u. d. Verfahren in Gesindestreitigkeiten. gr. 8. (22 S.) Hamburg 898. (A. Frederking.) n. 1. —

[F.] Das Verhältniss der Civil-Rechtspflege zur Verwaltung in Hamburg und das Verfahren in Gesindestreitigkeiten v. R.-A. Dr. Ed. Brackenhoeft. *Hamburg: Dr. d. A. G. 'Neue Börsen-Halle' 1898.* (22 S.) 1 Bd 8. 198. 9048

Brackenhoeft, Dr. E. Die Zulassung der Feuerbestattung, eine Konsequenz des Rechts und ein Gebot der Toleranz. Wien. 2. u. 3. Aufl. 1894. Sonderabdruck aus d. „Wiener Phoenix".

Brackenhoeft, Theodor

Brackenhoeft, T., Erörterungen üb. die Materien d. allgem. Theils von Linde's Lehrb. d. deutschen gemeinen Civilprozesses. gr. 8. (34 B.) Leipzig 842, O. Wigand. *

Brackenhoeft, T., die Grundlagen des gemeinen deutschen Rechts. 1. Lfg. Enthaltend die allgem. Grundlagen und die geschichtl. Grundlagen der ältern Zeit. gr. 8. (IV und S. 1—138.) Würzburg 851, Stahel'sche Buchh. *

Brackenhoeft, T., die Identität u. materielle Connexität d. Rechtsverhältnisse, od. r der Umfang d. Wirkung d. Res judicata, die Concurrenz d. Klagen, u. d. Präjudicium. gr. 8. (30 B.) Göttingen 839, Vandenhoeck u. Ruprecht.

Brackenhöft, T., der fiscalische Prozeß gegen den ehemal. Hebungsbevollmächtigten Hartw. Friedr. Frahm zu Trittau im Herzogthum Holstein, dargestellt nach den Acten. Ein Beitrag zur Geschichte der Rechtspflege dieses Landes, mit e. Entwurfe einer Petition an die Holstein. Stände, betreff. Abhülfe der Mängel der richterl. Entscheidungsgründe. gr. 8. Kiel 839. Baurmeister u. Comp. n. 5/12 ₰

—— der fiscal. Proceß geg. d. ehemal. Hebungsgevollmächtigten Hartw. Friedr. Frahm zu Trittau im Hrzgth. Holstein, dargest. nach d. Acten. Ein Beitr. z. Gesch. d. Rechtspflege dies. Landes, mit e. Entwurfe ein. Petition an d. Holstein. Stände, betreff. Abhülfe d. Mängel d. richterl. Entscheidungsgründe. gr. 8. (6 B.) Kiel 839. [Hamburg, Schuberth u. Comp.] *

Brackenhoeft, Theodor: De ratione inter discipl. jur. civ. et rei judic. Hab.-Schr. Heidelbg. 1839.

— Reform v. Grundeigenthum u. Erbrecht. gr. 8. (27 S.) Heidelberg 848, Rieger. 6 ngr

—— Volk u. Recht, eine Betracht. üb. d. Kenntniß d. Rechtsvorschrift im Volke als Erforderniß d. Rechts. gr. 8. (3¾ B.) Altona 838. [Dessau, Aue.]

Brackenridge, H. M., Ansichten von Louisiana. Aus d. Engl. gr. 8. Weim. 819. Ind.-Compt. 12 ℊ

— — Histoire de la guerre entre les états unis d'Amérique et l'Angleterre pendant les années 1812, 13, 14, 15. traduite sur la 2. ed. par A. de Dalmas. avec une Carte. 2 Vol. 8. Paris 820.

— — Reise nach Südamerika, unternommen auf Befehl der amerikanischen Regierung in den Jahren 1817 und 18. auf der Fregatte Congreß. 2 Thle. Aus d. Engl. gr. 8. Leipzig, Göschen. 820.

— Reise nach Südamerika, unternommen auf Befehl der amerikanischen Regierung in den Jahren 1817 u. 18 auf der Fregatte Congreß. 2 Thle. Aus d. Engl. gr. 8. Leipz. 821. Göschen. 3 ₰ 12 ℊ

Brackenridge, Henry M. Rede über gleiche Rechte der Juden mit den Christen. Berlin [1820]. V (Vorwort): *Zunz, Leop.* (Hitzig) (Koner)

— Rede über gleiche Rechte der Juden mit den Christen. (Aus der Zeitschrift Amerika besonders abgedruckt.) gr. 8. Berl., Mittler. 4 ℊ

BRACKENRIDGE, Hugh Henry 1748 - 1816
Eine Lobrede auf diejenigen tapfern Männer, welche in dem Streit mit Groß-Brittannien gefallen: Gehalten am Montag den 5ten July, 1779. Vor einer zahlreichen und ansehnlichen Versammlung von Bürgern und Ausländern, in der Deutschen Reformirten Kirche zu Philadelphia.
Von Hugh M. Brackenridge ...
Philadelphia: Steiner und Cist. [1779]. 23 S. 8°.
Harvard University Library Cambridge, Mass.
Übers. v. An Eulogium of the Brave Men Who Have Fallen in the Contest with Great Britain: Delivered on Monday, July 5, 1779, Philadelphia 1779.
Evans 16214.

Bracker u. Held, v.: Reden bei am 9., 10. u. 11. August 1864 gefeierten 200-jährigen Stiftungsfest der K. Studienanstalt zu Bayreuth. Bayreuth. 1865. Schul-/Univ.-Schrift.

Bracker, C. H., Moses der Prophet auf den Trümmern der Zeit. Predigten. gr. 8. (III und 184 S.) Halle 851, Lippert.

Die Grenze zwischen Tod und Leben v. [Detlef] Bracker. Breklum. o. J. 8°

Bracker, Jeypur, Land u. Leute. Eine volkstüml. Schilderg. des Hauptgebietes der Breklumer Mission. gr. 8. (IV, 180 S. m. Abbildgn.) Breklum 902. (Christl. Buchh.) n. 1. —; geb. n. 1. 60

Bracker, D: Unsere Mission vor d. Entscheidg. (40) 8° Breckl., (Christl. Bh.) ('11). — 20 d

Bracker, Detlef (Red.), s. Missionsblatt, Schleswig-holsteinisches.

[F.] Ländliche Verhältnisse aus älterer und neuerer Zeit, veranschaulicht durch Bilder aus der Geschichte Brackels. Von Pfarrer Th. Bräcker ... *Dortmund: C. L. Krüger 1896.* (139 S.) 1 Bd 8. [illegible]

Braecker, Ulrich, s. Braeker, Ulrich

Brackett, D., Temporal clauses in Herodotus. S.-A. 1905. 61 S.

Brackett, E. A. Materialisierte Erscheinungen: Wenn sie nicht Wesen aus e. anderen Welt sind, was sind sie sonst? Aus dem Engl. ins Deutsche übers. v. Bernh. Forsboom u. Karl du Prel. 8. (XI, 115 S.) Münch. 889, (Oldenbourg). geb. * 2 40

Brackhahn, Adolf: [Ferienwanderung von Oberrealschülern zu Gelsenkirchen vom 8.—26. August 1908.] [Aus „Monatsschrift für Turnwesen" 27. Jahrg. Heft 12.] S. 12—15. 4.
Städt. Ober-Realschule i. E. *Gelsenkirchen* 1909

Brackhahn, Adolf: Von Hagen nach Konstanz. 2. Ferienwanderung von Schülern der Anstalt. Gelsenkirchen 1910: Stück & Lohde. 18 S. 8°
Gelsenkirchen, st. OR OP 1910 (515)

Braecklein, A., die Orchideen u. ihre Kultur im Zimmer. (III, 100 S. m. 60 Abbildgn.) gr. 8. Frankfurt a/O. 904. Trowitzsch & Sohn. Geb. in Leinw. n. 8. —

Braecklein, William, der gewerbl. Arbeitsvertrag, s.: Hillger's, Herm., illustrierte Volksbücher.

Bracklo, Christian Ludwig, approb. Arzt aus Werdum ⟨Ostfriesl.⟩: Aus d. Kgl. chirurg. Klinik zu Kiel. Fälle von Peritonitis progrediens bei Perityphlitis suppurativa. *Voorde bei Kiel 1904: O. Krohn.* (15 S.) 8°
Kiel, Med. Diss. v. [4. Juli] 1904

Bracklo, Enno, Referendar: Die Schuld mit Ersetzungsbefugnis ⟨facultas alternativa⟩ des Gläubigers im Prozeß. Borna-Leipzig 1909: Noske. X, 43 S. 8°
Heidelberg. Jur. Diss. v. 26. April 1909, Ref. Heinsheimer
[Geb. 17. Mai 80 Soest; Wohnort: Siegen; Staatsangeh.: Preußen; Vorbildung: Realgymn. Siegen Reife O. 04; Studium: Tübingen 4, Berlin 2, Münster 1 S.; Rig. 11. Dez. 08.] [U 09. 1755

Bracklo, O., Zusammenstellung einiger Notizen, betr. die Warfen u. ihre alten heidnischen Besitzer, od. Versuch einiger Blicke in die Urzeit unserer fries. Heimath. Conferenzvortrag m. Anmerkgn. gr. 8. (III, 66 S.) Emden 889. Haynel. n. 1. 50

Bracklow, Carl, Ovarialtumor bei Uterus duplex. Diss. gr. 8. (24 S.) Königsberg 897. (W. Koch.) n. — 80

Bracklow, *Franz* Carl [pr. Arzt]: Ovarialtumor bei Uterus duplex ... Königsberg i. Pr., Druck v. M. Liedtke, 1897; 2 Bl., 24 S., 2 Bl. 8.
Königsberg, Med. Fak., Inaug.-Diss. v. 4. Aug. 1897

Bracklow, Theodor

— s. Archiv, Schleswig-Holsteinisches.

Bracklow, Thdr., Geschichte Schleswig-Holsteins von 1848 bis 1852. Dargestellt zur Nutzanwendung für's Volk. gr. 12. (358 S.) Altona 852, (Verlagsbureau.) *

Bracklow, Theod., Schloß Gottorf und dessen Umgebung. 16. (175 S.) Hamburg 847, Berendsohn. *
Vgl.: Volksbibliothek, wohlfeilste. 35. und 36. Bdchn.

Politischer Katechismus für das Schleswig-Holsteinische Volk, v. Theodor Bracklow. Hamburg. 1846. 8°.

Bracklow, Th., das illustrirte Schleswig-Holstein. Eine Reihenfolge nach der Natur gez. u. von d. besten deutsch. u. engl. Künstlern in Stahl gestochner maler. u. romant. Ansichten. 1. u. 2. Liefg. gr. 8. (Mit 6 Stahlst.) Hamburg 846, Berendsohn. à 12 ngl

Das illustrierte Schleswig-Holstein. Eine Reihenfolge nach der Natur gezeichneter und in Stahl gestochener malerischer Ansichten. Mit erläuterndem Text v. Theodor Bracklow. Lief. 1—2. Hamburg. 1846. 8° m.
Mehr ist nicht erschienen.

—— Wahrheit ohne Hülle. 8. (347 S.) Leipzig 848, (Jurany.)

Germania pontificia sive repertorium privilegiorum et litterarum a Romanis pontificibus ante a. 1198 Germaniae ecclesiis, monasteriis, civitatibus singulisque personis concessorum ... congessit Albertus Brackmann. Vol. 1, p. 1. Berolini: Weidmann 1910. 4°(8°)
(Kehr, Paul Fridolin. Regesta pontificum Romanorum. [Ser. 2], Vol. 1.) [illegible]

Brackmann, Albert, aus Hannover: Urkundliche Geschichte des Halberstädter Domkapitels im Mittelalter. Ein Beitrag zur Verfassungs- u. Verwaltungsgeschichte d. deutschen Domkapitel. *Wernigerode 1898: B. Angerstein.* (147 S.) 8° [F.] ¶ [Aus: Zeitschrift d. Harzvereins f. Gesch. u. Altertumsk., Jg. 32, 1899, Hälfte 1.]
Göttingen, Phil. Diss. v. [2. Dez.] 1898

Brackmann, Alb. Otto I. und sein Bruder Heinrich bis z. J. 941. 8. Rostock 1872.

Brackmann, A[lbert]. Papsturkunden der Schweiz. Dritter Bericht der Wedekindschen Preisstiftung für Deutsche Geschichte. Mit kritischen Exkursen von P[aul] Kehr und A. B'. Aus den Nachrichten der K. Gesellschaft der Wissenschaften zu Göttingen, Philologisch-historische Klasse. 1904. Heft 5. II S. + S. 417—517. 8. [Göttingen, L. Horstmann.]

Brackmann, Alb., s: Regesta pontificum romanorum.

— Studien u. Vorarbeiten z. Germania pontificia. 1. Die Kurie u. d. Salzburger Kirchenprov. (14, 271) gr8° Berl., Weidmann '12. 8 —

Brackmann, August [aus Bernbeck Kr. Herford]: Aus d. medicin. Poliklinik zu Bonn. Ueber das Vorkommen und die diagnostische Bedeutung der Milchsäure im Mageninhalt ... Bonn, Buchdr. J. Bach Wwe, 1895; 35 S. 8.
Bonn, Med. Fak., Inaug.-Diss. v. [25. Apr.] 1895

Brackmann, August Fr.

Brackmann, A. F., Apologie d. theol. Systemsprache. 8. Hildesh. (Schröder, Braunschw.), 778.

Brackmann, C. [aus Stade]: Ueber tuberkulöse Perikarditis bei Kindern. ... Göttingen. Druck d. Dieterichschen Univ.-Buchdr. W. Fr. Kaestner, 1888: 24 S. 8°
Göttingen, Med. Fak., Inaug.-Diss. v. 29. Sept. 1888

Brackmann, C., üb. tuberkulöse Perikarditis bei Kindern. Inaug.-Diss. gr. 8. (24 S.) Göttingen 888. (Vandenhoeck & Ruprecht's Verl.) n. — 60

Brackmann, Frdr., wie stellt man sich auf dem einfachsten u. billigsten Wege Abgüsse von Clichés, Initialen, Schriften etc. her? 12. (15 S. m. Fig.) Düsseldorf 890. (Wald, F. W. Vossen.) n.n. 1. 50

Brackmann, Frdr., wie stellt man sich auf dem einfachsten u. billigsten Wege Abgüsse v. Cliché's, Initialen, Schriften etc. her? (Neue Ausg. m. Nachtrag.) 12. (15 u. 2 S. m. Abb.) Wald 891. F. W. Vossen & Söhne. n.n. 1. 50

Brackmann, Hermann [aus Herford]: Ueber die Wirkung verschiedener Gifte auf die Form der quergestreiften Muskelfaser. (Aus d. pharmakolog. Institut.) ... Herford, Buchdr. Gebr. Heidemann, 1886; 15 S. 8°.
Würzburg, Med. Fak., Inaug.-Diss. v. 1886.

Brackmann, M., Gottes mittelbare Selbstschließung der Ehen u. die ewig göttliche Ordnung des Modus derselben u. deren Zweck in Bezug auf die Civilehe sicher nachgewiesen, nebst dem Ehebegriffe u. der Ehescheidungsfrage. 8. (VI, 66 S.) Wismar 877. Hinstorff's Verl. n. 1.—

Braeckmann, J., traité de fortification passagère spécialement à l'usage des officiers et de sous-officiers d'infanterie. 2. éd. revue et augmentée. 8. (232 S. m. 6 Steintaf. in qu. gr. 4.) Bruxelles 873. Muquardt. n. 4. —

Braconnot, A. H., de toxicatione palustri. Jena. 1864
Schul-/Univ.-Schrift

Brada, Im Joch d. Liebe, s.: Engelhorn's allgem. Roman-Bibliothek.

Bradáč, Vinc., nešpory čili večerní pobožnost církevní o nedělích a slavnostech Páně, též o svátcích svatých a světic Božích. Prag 864. (Bellmann.) 4. (IV, 76 S.) n. 8 ngr.

— školní kancionálek. Ebend. 864. 16. (IV, 114 S. u. 1 Holzschntaf.) n. 5 ngr.

— výňatky z hodinek církevních připadajících na Boží hod vánoční, pak na zelený čtvrtek, velký pátek, bílou sobotu i na den dušiček. Pro soukromou pobožnost lidu křesťanského. Ebend. 864. 4. (72 S.) n. 12 ngr.

Bradaczek: Automobil-Kte v. Böhmen, s: Bayer, JL.

Bradaschka: Der Kampf des letzten Arpaden Andreas III. um seine Herrschaft namentlich mit dem Hause Anjou unter besonderer Berücksichtigung Kroatiens, Slavoniens, Dalmatiens. 1290-1301. 22 S.
Progr. Agram 1858.

Braddon, Mary Elizabeth

Braddon, M. E., in Acht u. Bann, s.: Engelhorn's allgemeine Roman-Bibliothek.

Braddon, M. E., Robert Ainsleigh, s.: Asher's collection of english authors.

—— Robert Ainsleigh. Roman. Aus dem Engl. Autoris. Ausg. 4 Bde. 8. (266; 288; 247; 246 S.) Berlin 878. Janke.

Braddon, M. E., Asphodel, s. Collection of British Authors.

— dasselbe. Roman. Aus dem Engl. 3 Bde. 8. (237, 245 u. 278 S.) Berlin 882. Janke. n. 10. —

Braddon, M. E., die Ausgestoßenen, s. Roman-Bibliothek, neue.

— — s. Ausland, das belletristische.

— the golden calf, s.: Collection of British authors.

The Christmas Hirelings. By M[ary] E[lizabeth] Braddon. Copyright ed. Leipzig: Tauchnitz 1895. 285 S. 8°
(Collection of British authors. Tauchnitz Ed. Vol. 3032.)

Braddon, M. E., the christmas hirelings. Für d. Schulgebrauch hrsg. v. Karl Erhardt. I. Tl.: Einleitung u. Text. II.: Tl. Anmerkgn. u. Wörterverzeichnis. 8. (VII, 240 S.) Leipzig 900. G. Freytag.
Geb. in Leinw. u. geh. n. 1. 80

BRADDON, M. E.
M. E. Braddon. The Christmas Hirelings. Für den Schulgebrauch herausgegeben von Dr. Karl Erhardt. I. Theil: Einleitung und Text. II. Theil: Anmerkungen und Wörterverzeichnis. (Freytags Sammlung französischer und englischer Schriftsteller.) Wien und Prag. 1900. Tempsky. Gr.-8°. 13, VII, 240 S.
Geb. K 2.20

Braddon, M. E., the christmas hirelings. Für den Schulgebrauch hrsg. v. Karl Erhardt. 2. Aufl. (V, 162 S.) 8. Leipzig 910. G. Freytag. — Wien, F. Tempsky. Geb. 1.50; Wörterbuch (77 S.) geb. — 60

Braddon, M. E., the conflict, s. Collection of British authors.

The Conflict. By M[ary] E[lizabeth] Braddon. Copyright ed. In 2 vol. Vol. 1. 2. Leipzig: Tauchnitz 1903. 8°
(Collection of British authors. Tauchnitz Ed. Vol. 3661/2.)

—— Out by the county, s. Collection of British Authors.

—— Milli Darrell und andere Erzählungen. Aus dem Engl. Autoris. Ausg. 3 Bde. 8. (260; 308; 304 S.) Berlin 878, Janke.

—— Milli Darrell and other Stories, s. Asher's Collection of English Authors.

— Joshua Haggard's daughter, s.: Collection of british authors.

—— Lucius Davoren, s. Collection of British Authors.

— Lucius Davoren od. Zöllner u. Sünder. Roman. Aus dem Engl. Autoris. Ausg. 4 Bde. 8. (VI, 231; IV, 228; IV, 211 u. IV, 224 S.) Leipzig 874. E. J. Günther. n. 12. —

Braddon, Mary Elizabeth: The day will come, s. Collection of British Authors.

— Dead love has chains, s. a. Collection of British authors.

Dead Love has chains. By M[ary] E[lizabeth] Braddon. Copyright ed. Leipzig: Tauchnitz 1907. 295 S. 8°
(Collection of British authors. Tauchnitz Ed. Vol. 3968.)

Braddon, ME, Dead-Sea Fruit, s.: Collect. of brit. auth.

— ein ungeschliffener Diamant, s. Romane, moderne, des Auslandes.

—— Frau Doctorin. Roman. Autoris. Ausg., nach der 3. Aufl. des engl. Orig. übers. von C. F. Baldwin. 4 Bde. 8. (924 S.) Berlin 865, Janke.

— du bist der Mann, s.: Bobach's illustr. Roman-Bibliothek. II. b.

Braddon, M. E., Henry Dunbar, s. Collection of British authors.

Braddon, Mary Elizabeth
Henry Dunbar. Geschichte eines Ausgestoßenen. Berlin 1865.
In: Roman-Zeitung, Deutsche. Bd 1.

— Henry Dunbar. Die Geschichte eines Ausgestoßenen. Aus dem Engl. Autoris. Ausg. 4 Bde. Berlin 865. Janke. 8. (770 S.) n. 2 ₰ 20 ngr

Henry Dunbar. Roman von M[ary] E[lizabeth] Braddon. Autor. Ausg. Berlin: Janke [1908]. 496 S. 8°
(Bibliothek August Scherl. Bd 34–36)

— to the bitter end, s.: Asher's collection of english authors.

—— an's bittere Ende. Rom. 3 Bde. 8. (1003) Berl. 73, Janke. 12. —

— an's bittere Ende. Roman. Aus dem Engl. Autoris. Ausg. 3 Bde. 8. (348, 327 u. 328 S.) Berlin 874. Janke. 12. —

—— Entlarvt. Roman. Aus dem Engl. von A. Kretzschmar. 4 Bde. 8. (219; 237; 218; 231 S.) Berlin 870. Janke. *

—— Charlottens Erbschaft. Roman. Aus dem Engl. übersetzt von Aug. Kretzschmar. 4 Bde. 8. (209; 203; 181; 248 S.) Berlin 869, Janke. *

—— unter der roten Fahne, s. Engelhorn's allgemeine Roman-Bibliothek.

Braddon, ME: Unter d. roten Fahne, s.: Kürschner's Bücherschatz 665.

— under the red flag, } s.: Collection of Brithish authors.
— flower and wood, }

—— Aurora Floyd, } s. Collection of British authors.

—— Aurora Floyd. Roman. Aus dem Engl. von F. Seybold. Autoris. Ausg. 4 Bde. 8. (839 S.) Leipzig 863, Günther. *
Vgl.: Roman-Bibliothek, neue.

Braddon, ME. the cloven foot, s.: Collection of brit. auth.

—— phantom fortune, s.: Collection of Brit. auth.

— Fremdlinge u. Pilger. Roman. Aus dem Engl. Autoris. Ausg. 4 Bde. 8. (248, 246, 240 u. 238 S.) Berlin 874. Janke. 12. —

—— zwei Freunde. Roman. Aus dem Engl. 3 Bde. 8. (240; 250; 272 S.) Berlin 872, Janke.

—— zwei Freunde oder Fenton's Forschungen. Roman. Aus dem Engl. 2. veränd. Aufl. 4 Bde. 8. (242; 211; 221; 246 S.) Berlin 872, Janke.

— bittere Früchte. Roman. Aus dem Engl. 3 Bde. Ebend. 869. 8. (649 S.) n. 2 ₰

Braddon, M. E., Lady Audley's Geheimniß. Roman. Aus dem Engl. Autorisirte Ausg. 3 Bde. 8. (685 S.) Leipzig 863, Günther. *
Vgl.: Ausland, das belletristische. - Roman-Bibliothek, neue.

Braddon, Mary Elizabeth
Lady Audley's Geheimniss. Aus d. Engl. von (C.) Büchele. Bd. 1 - 3.
Stuttgart: Franckh 1863. 8°

—— Geliebt und Verloren. Roman. Aus dem Engl. Autoris. Ausg. 3 Bde. 8. (248; 276; 238 S.) Berlin 876, Janke. *

Braddon, M. E., Gerard or the world, the flesh and the devil, } s.: Collection of British authors.

—— dem Glücke ein Pfand. Roman in 4 Bdn. Autoris. Uebersetzung. 8. (194; 179; 223 und 204 S.) Dresden 876, Baensch. *

— Robert Godwin, s. Romane, moderne, des Auslandes.

— Rupert Godwin, s. Collection of British Authors.

Braddon, Mary Elizabeth
Rupert Godwin. Roman. Aus dem Engl. von August Kretzschmar. Berlin 1868.
In: Roman-Magazin des Auslandes. Nr 1-3.4-6.

—— the dreaded Guest, s. Asher's Continental Library.

—— the dreaded Guest and other Tales, s. Asher's Collection of English Authors.

— Hanna, s.: Conring, Ida v., Tage der Not.

— enttäuschte Herzen, s. Romane, moderne, des Auslandes.

—— Hostages to Fortune, s. Collection of British Authors.

— the infidel, s. Collection of British authors.

The Infidel. A story of the Great Revival. By M[ary] E[lizabeth] Braddon. Copyright ed. In 2 vol. Vol. 1. 2. Leipzig: Tauchnitz 1900. 8°
(Collection of British authors. Tauchnitz Ed. Vol. 3460/1.)

—— Ishmael, } s. Collection of British Authors.
—— Just as I am, }

Rough Justice. By M[ary] E[lizabeth] Braddon. Copyright ed. In 2 vol. Vol. 1. 2. Leipzig: Tauchnitz 1898. 8°
(Collection of British authors. Tauchnitz Ed. Vol. 3266/7.)

—— das goldene Kalb. Roman. Aus dem Engl. von Th. Osterloh. 3 Bde. 8. (249; 258; 269 S.) Leipzig 884, Bergmann. * ℳ 12.; geb. *

—— der Capitän des Vultur. Roman aus dem vor. Jahrh. Frei nach dem Engl. 8. (III, 299 S.) Berlin 872. Janke.

—— ein seltsames Leben. [A strange world.] Aus dem Engl. Autoris. Ausg. 4 Bde. 8. (256; 262; 222; 190 S.) Berlin 876, Janke. *

—— John Marchmont's legacy, s.: Collect. of brit. auth.

Braddon, Mary Elizabeth: One life, one love, s.: Collection of British Authors.

—— Like and unlike, s. Collection of British Authors.

London Pride or When the world was younger. By M[ary] E[lizabeth] Braddon. Copyright ed. In 2 vol. Vol. 1. 2. Leipzig: Tauchnitz 1897. 8°
(Collection of British authors. Tauchnitz Ed. Vol. 3179/80.)

—— Lost for love, s. Collection of British Authors.

—— The Lovels of Arden, s. Collection of British Authors.

—— die Lovels auf Arden. Roman. Aus dem Engl. von Marie Scott. Autoris. Ausg. 4 Bde. 8. (248; 259; 216; 228 S.) Leipzig 878, C. J. Günther. *

— Herrn Jasper's Miethsmann, s. Romane, moderne, des Auslandes.

—— the lady's mile, } s. Collection of British authors.
—— Only a clod, }

In high Places. By M[ary] E[lizabeth] Braddon. Copyright ed. In 2 vol. Vol. 1. 2. Leipzig: Tauchnitz 1898. 8°
(Collection of British authors. Tauchnitz Ed. Vol. 3313/4.) [11. 8843

— During her Majesty's pleasure, s.a. Collection of British authors.

During Her Majesty's Pleasure. By M[ary] E[lizabeth] Braddon. Copyright ed. Leipzig: Tauchnitz 1908. 271 S. 8°
(Collection of British authors. Tauchnitz Ed. Vol. 4047.) [11. 8768

—— Fenton's Quest, s. Collection of British Authors.

—— Raubvögel. Roman. Aus dem Engl. von Aug. Kretzschmar. 4 Bde. 8. (202; 232; 208; 210 S.) Berlin 869, Janke. *

— — s. Roman-Bibliothek, neue.

All along the River. A novel. By M[ary] E[lizabeth] Braddon. Copyright ed. In 2 vol. Vol. 1. 2. Leipzig: Tauchnitz 1893. 8°
(Collection of British authors. Tauchnitz Ed. Vol. 2925/6.) [11. 7946

— the rose of life, s.a. Collection of British authors.

The Rose of life. By M[ary] E[lizabeth] Braddon. Copyright ed. In 2 vol. Vol. 1. 2. Leipzig: Tauchnitz 1905. 8°
(Collection of British authors. Tauchnitz Ed. Vol. 3826/7.) [11. 8848

—— Mount Royal, s. Collection of British Authors.

— Mount Royal. Roman. Aus dem Engl. 3 Bde. 8. (292, 259 u. 303 S.) Berlin 883. Janke. n. 10. —

— run to earth, s. Collection of British Authors.

Braddon, M. E., Der gebrochene Schwur s.a. [illegible] Weltgericht.

—— der gebrochene Schwur. [Lady Lisle.] Roman. 2 Bde. 8. (447 S.) Wien 868, Last. [Berlin, Magazin für Belletristik.]

— der gebrochene Schwur. [Lady Lisle.] Roman. 2 Bde. Wien 868. Last. (C. Müller.) 8. (447 S.) 1 ₰ 15 ngr

—— Lady Audley's secret, s. Collection of British authors.

—— le secret de Lady Audley. Traduction de Mme. Judith. 3 Vols. (Bibliothèque choisie. Vols. 638—640.) 16. (474 S.) Naumburg 863, Pätz.

—— le secret de mademoiselle Aurore. Traduction de Bern. Derosne. 3 Vols. (Bibliothèque choisie. Vols. 622—624.) 16. (507 S.) Naumburg 863, Pätz.

—— le secret du banquier. 5 Vols. (Bibliothèque choisie. Vols. 842—846.) 16. (745 S.) Naumburg 865, Pätz.

—— dead Men's Shoes, s. Collection of British Authors.

—— Eleanor's Sieg. Roman. Aus dem Engl. von Marie Scott. Autoris. Ausg. 4 Bde. 8. (787 S.) Leipzig 863, Günther. à Bd. * 20 Ngr. *
Vgl.: Ausland, das belletristische. — Roman-Bibliothek, neue.

— his darling sin, s.a. Collection of British authors.

His darling Sin. By M[ary] E[lizabeth] Braddon. Copyright ed. Leipzig: Tauchnitz 1899. 278 S. 8°
(Collection of British authors. Tauchnitz Ed. Vol. 3397.) [11. 8904

Sons of fire. A novel. By M[ary] E[lizabeth] Braddon. Copyright ed. In 2 vol. Vol. 1. 2. Leipzig: Tauchnitz 1895. 8°
(Collection of British authors. Tauchnitz Ed. Vol. 3089/90.) [11. 8088

Die Spur der Schlange ⟨The trail of the serpent⟩. Kriminal-Roman von M[ary] E[lizabeth] Braddon. Aus d. Engl. Deutsch von Robert Franz. *Berlin: R. Jacobsthal [1903].* (322 S.) 8° [F. u. Ant.]
— Kriminal- u. Detectiv-Romane, Moderne. 29 [04. 14579

— Stella, s.: Engelhorn's allgemeine Roman-Bibliothek.

Braddon, Mary Elizabeth: The Story of Barbara, s.: Collection of British Authors.

Braddon, M. E., Strangers and Pilgrims, s. Collection of British Authors.

— Die Sünden d. Väter. Der gefürchtete Gast. 2 Erzählgn. (91) 8° Berl., O Janke ('10). — 50 d

Braddon, Mary Elizabeth: Taken at the flood, s. Collection of British Authors.

— Sir Jasper's tenant, s. Collection of British Authors.

Braddon, Mary Elizabeth: One thing needful, s.: Collection of British Authors.

Thou art the man. A novel. By M[ary] E[lizabeth] Braddon. Copyright ed. In 2 vol. Vol. 1. 2. Leipzig: Tauchnitz 1894. 8°
(Collection of British authors. Tauchnitz Ed. Vol. 2997/8.) [11. 8013

—— three Times, s. Authors, English contemporary

—— Joshua Haggard's Tochter. Roman. Frei nach dem Engl. 4 Bde. 8. (282; 262; 280; 275 S.) Berlin 879, Janke.

Braddon, Mary Elizabeth: The fatal tree, s.: Collection of British Authors.

—— The Venetians, s.a. Collection of British authors.

The Venetians. A novel. By M[ary] E[lizabeth] Braddon. Copyright ed. In 2 vol. Vol. 1. 2. Leipzig: Tauchnitz 1892. 8°
(Collection of British authors. Tauchnitz Ed. Vol. 2836/7.) [11. 7897

—— Verbrechen und Liebe. Roman. Aus dem Engl. von A. v. Winterfeld. Autoris. Ausg. 3 Bde. 8. (235; 223; 240 S.) [Leipzig 876, C. J. Günther.] Berlin, Nicolai'sche Buchh. *

—— Verbrechen u. Liebe. Rom. Aus d. Engl. v. A v. Winterfeld. 3 Bde. 8. (698) Lpzg 76. Berl., Nicolai's Sort. n. 10. —

— im Verdacht, s.: Collection Hartleben. 7. Jahrg. 19. u. 20 Bd.

—— an open verdict, s.: Collection of brit. auth.

— ein offenes Verdikt. Roman. 3 Bde. Frei nach dem Englischen. 8. (242, 220 u. 231 S.) Berlin 880. Janke. n. 10. —

— Wyllard's Verhängniß. Roman. Aus dem Engl. Autoris. Uebersetzg. v. Clara Steinitz. 3 Bde. 8. (297, 224 u. 208 S.) Berlin 888. Janke. n. 10. —

—— Verloren und gefunden. Roman. Aus dem Engl. 8. (253 S.) Berlin 871, Janke.

—— John Marchmont's Vermächtniß. Roman. Aus dem Engl. von Helene v. Waldheim. 4 Bde. 8. (974 S.) Berlin 865, Janke.
Vgl.: Roman-Bibliothek, neue.

—— Eleanor's victory, s. Collection of British authors.

Braddon, M. E., Viola. [Vixen.] Roman. Frei nach dem Engl. 3 Bde. 8. (248; 258; 250 S.) Berlin 881, Janke. *

— Viola. [Vixen.] Roman. Frei nach dem Englischen. 3 Bde. 8. (248, 258 u. 250 S.) Ebend. 882. n. 10. —

Braddon, Mary Elizabeth: Vixen, s: Collection of British Authors.

—— Vom Schicksal verfolgt. [The fatal three.] Roman. Aus dem Engl. 3 Bde. 8. (248; 228; 215 S.) Berl. 889, Janke. n. 10 —

Braddon, M. E., — in great waters, — weavers and weft, } s.: Collection of british authors.

— Weber u. Gewebe. Roman. Frei nach dem Englischen. 2 Bde. 8. (229 u. 217 S.) Berlin 880. Janke. n. 7. —

—— Wyllard's weird, s. Collection of British Authors.

— wer war der Mörder? Roman in 2 Bdn. Autoris. Uebersetzg. aus dem Engl. v. Helene Mordaunt. 8. (251 u. 273 S.) Berlin 892. Bibliogr. Bureau. n. 7. 50

— wer war d. Mörder? Roman in 2 Bdn. Aus d. Engl. v. H Mordaunt. 8° (524) Berl. 92, E Ebering. 7.50

— Wer war d. Mörder? Roman. Uebers. v. Helene Mordaunt. (507) kl8° Berl., A Scherl ('11). L 1.20 d

— the Doctor's wife, s. Collection of British Authors.

— a strange world, s.: Collection of brit. authors.

Brade, Christian Ludwig (Resp.): De Fraternitate Hortensium, s. Liebknecht, Joh. Georg

Brade, Gust., üb. Huchown's Pistil of swete Susan. Diss. gr. 8. (62 S.) Breslau 892. (L. Köhler.) n. 1. —

Brade, *Oscar* Gustav [aus Schlesien]: Über Huchown's Pistil of swete Susan ... Trebnitz in Schles., Buchdr. Maretzke & Märtin, *1892*; 2 Bl., 62 S., 1 Bl. 8.
Breslau, Phil. Fak., Inaug.-Diss. v. 26. Sept. 1892

Brade, Ludwig

Brade, L., und E. Winckler, das illustrirte Buchbinderbuch, s. Bibliothek des Wissenswürdigsten aus der technischen Chemie.

Brade's, L., illustrirtes Buchbinderbuch. Vollständige Anleitung zu allen Arbeiten und Kunstfertigkeiten des Buchbinders auf Grund der neuesten deutschen, engl. und französ. Fortschritte in diesem Fache. Sowohl für Anfänger wie für geübtere Fachmänner. 2., verm. Aufl. Auf Grund langjähr. prakt. Erfahrungen allgemein faßl. umgearb. von J. R. Herzog. 9 Lfgn. gr. 8. (XII und 628 S. mit 120 in den Text gedr. Abbild. in Holzschn.) Leipzig 867,68, Spamer. à Lfg. * 5 Ngr. *

Brade's, L., illustrirtes Buchbinderbuch. 6 Lfgn. mit Atlas in qu. Fol. 8. Leipzig 867—69. Halle, Knapp. *M 5.; Atlas *

—— Atlas dazu. Ideen-Magazin und Vorlagen zu kunstfertigen und geschmackvollen Arbeiten des Buchbinders, vornehmlich im Fache der Einbandherstellung, der Cartonnage und Porteseuille-Arbeiten rc. (In 8 Lfgn.) 1. und 2. Lfg. qu. Fol. (8 Blatt mit aufgeklebten Mustern und Text.) Ebendas. 868. à Lfg. * 7½ Ngr. *

— — Atlas dazu. Ideen-Magazin u. Vorlagen zu kunstfertigen u. geschmackvollen Arbeiten des Buchbinders, vornehmlich im Fache der Einbandherstellung, der Cartonnage u. Portefeuille-Arbeiten rc. Ebend. 869. qu. Fol. (8 Holzschntaff., 11 Blatt mit Proben u. Mustern, 3 lith. Bll. Schriftproben u. 12 Bll. Text.) n. 1 Thlr 15 ngr; in Carton n. 2 Thlr

Brade's, L., illustrirtes Buchbinderbuch. Anleitung zu allen Arbeiten u. Kunstfertigkeiten des Buchbinders auf Grund der neuesten deutschen, englischen u. französischen Fortschritte in diesem Fache, sowie zur ordnungsgemäßen Geschäftsführung. Für Anfänger wie für geübtere Fachmänner. 3., gänzlich umgearb. Aufl., unter Mitwirkung mehrerer Sachverständigen, sowie auf Grund langjähriger eigner Erfahrungen allgemein faßlich umgearbeitet von Rob. Metz. Mit 150 (eingedr.) Holzschn., nebst einem Atlas von Stempel-, Schriften- u. Platten-Mustern, Buntpapier- u. Calico-Proben, von Vorlagen prämiirter Album-Prachteinbände rc. gr. 8. (VIII, 461 S.) Halle 882. Knapp. n. 7. —

Brade's, L., illustriertes Buchbinderbuch. Ein Lehr- u. Handbuch der gesammten Buchbinderei unter besond. Berücksicht. aller in das Buchbindereifach einschlag. Kunsttechniken. 4. vollst. neu bearb. Aufl. v. Hans Bauer. Mit vielen Textillustr. u. Orig.-Zeichngn., sowie 20 Orig.-Marmoriermustern. (In 14 Lfgn.) 1.—7. Lfg. gr. 8. (S. 1—224 m. 2 Taf.) Halle 902. W. Knapp. à n. — 50

Brade's, L., illustriertes Buchbinderbuch. Ein Lehr- u. Handbuch der gesammten Buchbinderei unter besond. Berücksicht. aller in das Buchbindereifach einschlag. Kunsttechniken. 4. vollständig neu bearb. Aufl. v. Hans Bauer. Mit vielen Textillustr. u. Orig.-Zeichngn., sowie 20 Orig.-Marmoriermustern. 8.—15. (Schluß-)Lfg. (XVIII u. S. 225—440 u. 24 S.) gr. 8. Halle 902—904. W. Knapp. à n. — 50. (Kplt., geb. in Leinw. n. 9. —)

Brade's, L., illustr. Buchbinderbuch. Ein Lehr- u. Handb. d. gesamten Buchbinderei u. aller in dieses Fach einschl. Kunsttechniken v. Hans Bauer. 5. neu verb. Aufl. Mit 224 Textillustr., 21 Taf. u. 20 Orig.-Marmoriermustern. (XVII, 465 u. 24 S.) gr. 8. Halle 907—09. W. Knapp. 8.—; auch in 10 Lfgn. à — 50

Brade, Paul Otto Max, appr. Arzt a. Dölitz b. Leipzig: Ueber Typhlitis und Perityphlitis während der Gravidität. Leipzig 1904: B. Georgi. (29 S.) 8°
Leipzig, Med. Fak., Ref. Zweifel, Diss. v. 2. Dez. 1904
[Geb. 1. Apr. 79 Dölitz b. Leipzig; Wohnort: Deuben b. Dresden; Staatsangeh.: Sachsen; Vorbildung: Thomasgymn. Leipzig Reife O. 99; Studium: Leipzig 4, Freiburg i. B. 1, Leipzig 5 S.; Coll. 10. Dez. 04; Approb. 16. Apr. 04.]

Brade, Richard, approb. Arzt aus Breslau: Gelenkerkrankungen bei Scarlatina. *Leipzig 1904: B. Georgi.* (20 S.) 8°
Leipzig, Med. Diss. v. (24. Mai) 1904

Bradel, Joh., üb. Staats-Creditesfecten, Münzen u. Wechsel, deren Berechng. u. Verrechng. bei den Finanzcassen in Österreich. Hilfsbuch zur Vorbereitg. auf die im Sinne d. h. Finanzministerial-Erlasses vom 14. Juni 1889, Z. 23006 ex 1878, abzuleg. Cassenprüfgn., sowie zum Amtsgebrauche f. Rechnungs-, Cassen- u. Steueramtsbeamte etc. gr. 8. (XXII, 213 S.) Wien 889. Hof- u. Staatsdruckerei. n. 4. —

(F) Bradel, J., Vorschriften über die Benutzung des Giroverkehrs durch Staatskassen. [Handausgabe der österr. Gesetze und Verordnungen. Heft 142.] 8°. (XXVI, 652 S.) K 6.—
Wien: Hof- u. Staatsdruckerei 1906

Bradel, Joh., Vorschriften üb. staatliche Geldverwaltung. — Vorschriften üb. die Benützung des Giroverkehrs durch Staatskassen, s.: Handausgabe der österreichischen Gesetze u. Verordnungen.

Vorschriften über staatliche Geldverwaltung. Im Auftr. d. k. k. Finanzminist. zsgest. u. mit erl. Anm. versehen von Johann Bradel, Oberrechn.R. Wien: K. k. Hof- u. Staatsdr. 1906. (XXXVI, 377 S.) 8° [F.]
= Handausgabe d. österr. Gesetze u. Verordnungen. H. 143. 1.0 11438

Braedel, (Paul Robert Otto), Kreistierarzt: Aus d. Abt. f. Tierhyg. d. Kaiser Wilhelms-Inst. f. Landw. z. Bromberg (Vorst. Mießner). Ein Beitrag zur Kenntnis der Leberkrankheiten des Schweines. Mit 4 Abb. auf 1 Taf. Berlin 1908: Schumacher. 26 S. 8° ¶ (Aus: Archiv f. wiss. u. prakt. Tierheilk. Bd 34.) [Nachträgl. geliefert]
Gießen, Veterinär-Med. Diss. v. 4. Sept. 1908, Ref. Olt
[Geb. 12. Dez. 71 Guben; Wohnort: Stuhm; Staatsangeh.: Preußen; Vorbildung: Realgymn. Guben Reife O. 91; Studium: Tierärztl. Hochschulen Berlin 4, Stuttgart 1, Berlin 2 S.; Coll. 6. März 08; Approb. 17. Dez. 94.]

Braden, H., D. prakt. Rebschnitt f. Mosel u. Saar. 12. (27 S. m. 7 Fig.) Trier 898. F. Lintz. n. — 50

Braden, Paul [aus Darmstadt]: Bromäthyl- und Bromäthyl-Aethernarkosen ... Jena, Frommannsche Hof-Buchdr., 1894; 2 Bl., 45 S., 1 Taf. 8.
Heidelberg, Med. Fak., Inaug.-Diss. v. [5. Juni] 1894

Braden, Paul, Bromäthyl- u. Bromäthyl-Aethernarkosen. gr. 8. (45 S. m. 1 Taf.) Jena 894. H. Pohle. n. 1. 50

Brader, David, a. Ichenhausen: Bonifaz von Montferrat bis zum Antritt der Kreuzfahrt (1202). (Teildruck). Berlin (1906): E. Ebering. (XV, 35 S. 8° (Erscheint vollständig in den „Historischen Studien" Berlin, E. Ebering.)
Erlangen, Phil. Fak., Ref. Fester, Diss. v. 3. April 1906
[Geb. 24. Okt. 70 Ichenhausen; Wohnort: Ansbach; Staatsangeh.: Bayern; Vorbildung: Luitpold-Gymn. München Reife Juli 99; Studium: Berlin 11 S.; Rig. 21. Dez. 05.]

Bonifaz von Montferrat bis zum Antritt der Kreuzfahrt (1202). Von Dr. David Brader. (Mit 5 Stammtaf. u. 1 Karte.) Berlin: E. Ebering 1907. (XV, 262 S.) 8°
[Ein T. erschien als Inaug.-Diss. Erlangen 1905.]
— Studien, Historische. H. 55.

Brader Emilian: De verbis frequentativis et intensivis, quae in M. Tulli Ciceronis epistulis exstant. H. 1910 PN 3059 Diss. Wien, Univ.

Brader, Heinr.: Gedichte. Hrsg. u. ausgewählt v. Margar. Reichardt-Brader. (48 m. Bildn.) kl8° Halle, JM Reichardt '12. 2 —; L 2.50 d

Brader, Heinr., Ben-Saba's Melodieen. 16. (VII und 99 S.) Oldenburg 857, Schmidt. *

Brader, M: Die Braut v. Flokensholt. Nach e. alten Chronik. (56 m. 1 Bildn.) kl8° Halle, JM Reichardt ('12). Pappbd 1.25 d

Brader, Wilh., Tabellen zur Berechnung d. Milchgeldes bei Bezahlung der Milch nach Fettgehalt u. pro Fettprozent 2; 2,1; 2,2; 2,3; 2,4; $2^1/_2$ u. 2,6 Pfennig, Heller etc. (II, 120; 19; 19; 19; 19; II, 41 u. 19 S.) Lex. 8. Hildesheim 906. 09. Selbstverlag. Geb. in Leinw. à nn 4.50

— dasselbe nach Kilo od. Liter n. e. Milchpreise v. 5, $5^1/_4$, $5^1/_2$, 6, $6^1/_4$, $6^1/_2$, $6^3/_4$, 7, $7^1/_4$, $7^1/_2$, 8, $8^1/_4$, $8^1/_2$, $8^3/_4$, 9, $9^1/_4$, $9^1/_2$, $9^3/_4$, 10, $10^1/_4$, $10^1/_2$, 11 u. $11^1/_4$ Pfennig. (II, 41 S.) Lex. 8. Aschersleben 909. Hildesheim, Selbstverlag. Geb. in Leinw. nn 4.50

— dasselbe nach e. Milchpreise von 6—6,9, 7—7,9, 8 bis 8,9, 9—9,9, 10,1—10,9 u. 11 Pfennig, Heller etc. (II, 122 S.) Lex. 8. Hildesheim (909). Selbstverlag. Geb. in Leinw. nn 4.50

Bradford, T. L., Dr. Lippe's charakteristische Symptome. Aus Deutsche übertr. v. Rich. Hähl. gr. 8. (IV, 68 S.) Stuttgart (898). (Holland & Josenhans.) n. 1.50
Sonderabdruck aus: „Homöopath. Monatsblätter".

Bradhering, Friedrich: Kurze Geschichte des Schiffskompasses. *Magdeburg 1902: E. Baensch jun.* (32 S.) 4°
Magdeburg, (st.) König Wilhelms-G, OP 1902 (266)

de Bradi, Mme la Comtesse, du Savoir-vivre en France au dix-neuvième siècle, ou instruction d'un père à ses enfants. 2e Edit. 12. Strasbourg 841, Ve. Levrault. $^1/_2$ ß — 3e Edit. 12. Ebend. 844. $^1/_2$ ß

Bradi, Mme. la Comtesse de, le Secrétaire du dix-neuvième siècle, faisant suite au savoir-vivre en France. gr. in-12. Strasbourg et Paris 840. Levrault. $^1/_2$ ß

— **le secrétaire du 19. siècle, faisant suite du savoir-vivre en France,** in-18. La même 841. $^1/_2$ ß — 2e édit. 12. 844. $^1/_2$ ß

Bradisteanu, St.: Die Beziehgn Russlds u. Frankr. z. Türkei in d. J. 1806 u. 1807. (318) gr8° Berl., E Ebering '12. 6.50

Bradke, Marie v., Gedichte. (VI, 222 S.) 8. München 908. E. Reinhardt. 3. —

Bradke, Marie von. Des Lectors Rüstkammer. Verse und Sprüche gesammelt von M' von B'. 36 S. 8. Basel, Friedrich Reinhardt, 1910. [fr. —.50]

Bradke, Peter von
Ahura Mazda und die Asuras. Ein Beitrag zur Kenntnis altindogermanischer Religionsgeschichte.
Giessen: Keller 1884. 45 S.
Diss. phil. Habil. 1.11.1884.

Bradke, P. v., üb. die arische Alterthumswissenschaft u. die Eigenart unseres Sprachstammes. Akademische Antrittsrede, am 14. Juli 1888 geh. 8. (52 S.) Giessen 888. Ricker. n. 1.20

Beiträge zur Kenntniss der vorhistorischen Entwickelung unseres Sprachstammes. — Festschrift der Philosophischen Facultät zu Giessen [zum 50. Doctorjubil. v. Otto Böhtlingk] verfasst von Dr. Peter von Bradke. a. o. Prof. Giessen, Curt v. Münchow, Univ.-Buch- & Steindr., 1888; VIII + 38 S. 4°

Bradke, Peter v. Einige Bemerkungen über die arische Urzeit, s. Festgruss an Otto v. Böhtlingk.

Bradke, P. v., Dyâus Asura, Ahura Mazdâ u. die Asuras. Studien u. Versuch auf dem Gebiete alt-indogerman. Religionsgeschichte. gr. 8. (XX, 128 S.) Halle 885. Niemeyer. n. 3. 60

—— Ueber Methode u. Ergebnisse der arischen [indogermanischen] Alterthumswissenschaft. Historisch-krit. Studien. gr. 8. (XXII, 349 S.) Giessen 890, Ricker. * 7 50

Bradley, A. C., die Staatslehre des Aristoteles. Ein Essay. Autoris. Uebersetzung von I. Imelmann. 8. (III, 83 S.) Berlin 884, Gaertner's Verlag. *

Bradley, A. C., die Staatslehre des Aristoteles. Ein Essay. Autoris. Übersetzung von J. Imelmann. 2. (Titel-)Ausg. gr. 8. (III, 83 S.) Berlin (1884) 886, Gaertner's Verlag. *

Bradley, Horace, s.: Gemälde, berühmte d. Welt.

Bradley, Walter P. [aus Lee, Massachusetts, U. S. A.]: I. Ueber die Thienylglyoxylsäure. II. Zur Kenntnis des Disalicylaldehydes.... Heidelberg, Univ.-Buchdr. v. J. Hörning, 1890; 37 + 1 S. 8°
Göttingen, Phil. Fak., Inaug.-Diss. v. 14. Mai 1889

Bradley, Walt. P. I. Ueber die Thienylglyoxylsäure. II. Zur Kenntniss d. Disalicylaldehydes. Diss. gr. 8. (37 S.) Heidelb. 890. (Gött., Vandenhoeck u. Ruprecht.) * 1 —

Bradshaw, B. B. Bradshaw's Dictionary of Bathing places, Climatic Health Resorts ... and Hydropathic Establishments (* *Umschlag* B. Bradshaw's Bathing Places and Climatic H' R')..... With a map shewing the stations named ... and several [plates,] smaller maps and plans. (Edition) 1899. 8. London, Leipzig ..., New-York.

Bradshaw. B. B. Bradshaw's Dictionary of Mineral Waters, Climatic Health Resorts ... and Hydropathic Establishments (* *Umschlag*. B. Bradshaw's Bathing Places and Climatic H' R')..... With a map Printed in 11 Colours, showing the stations named, ... and several [plates,] smaller maps and plans. (Edition for) 1893. 8. London, Berlin ..., Chicago.

Bradshaw, . Bradshaw's illustrated hand-book to Switzerland and the Tyrol; with [2] maps and engravings [4 plates]. New ed. 8. London ..., Geneva, Zurich ..., Baltimore 1897.

Bradshaw's ausführliches Verzeichnis v. englisch-deutschen Redensarten f. Reisende; nebst Angabe der nützlichsten Wörter im Englischen u. Deutschen, Titulaturen der Würdenträger Englands u. Deutschlands, Brief- u. Einladungsformen, Geld-, Gewichts- u. Masstabellen etc. 24. (99 S.) London (EC 59 Fleet Street) (899.) W. J. Adams & Sons. Geb. n. 1.—

Bradshaw, John William, a. Oberlin, Ohio, U. S. A.: Ueber die Flächendichtigkeit der Elektricität auf unendlich langen Cylindern. Straßburg i. E. 1904: C. & J. Goeller. (33 S.) 8°
Straßburg, Math.-naturwiss. Fak., Ref. Weber, Diss. v. 1904
[Geb. 14. Juni 78 Batavia, Illinois; Wohnort: Oberlin, Ohio; Staatsangeh.: Verein. Staaten; Vorbildung: Städt. Schule Ann Arbor, Michigan 95; Studium: Michigan 10, Harvard 4, Straßburg 4 S.; Rig. 12. Juli 04.]

Bradshaw, Lawrence, a. Newton-le-Willows, England: Über die Komplexität einiger Salze der Mohr'schen Salzreihe. Die Dissociation von Salzen des Typus $(M')_2M''(SO_4)_2 \cdot 6H_2O$ in wässeriger Lösung. Gießen 1906: v. Münchow. (39 S.) 8°
Gießen, Phil. Fak., Ref. Elbs, Diss. v. 15. Jan. 1906
[Geb. 28. Dez. 80 Newton-le-Willows; Wohnort: Newton-le-Willows; Staatsangeh.: England; Vorbildung; Cowley Schools. St. Helens; Studium: Manchester 6, Gießen 3 S.; Rig. 17. Okt. 05.]

Die vier vereinigten St. Johannis-Logen von Royal York in Lied und Bild gegeben von [Theod. Wenzel] Bradsky und [Karl Joh.] Arnold. Berlin [1873]: Moeser. 6 Bl. 4° [Umschlagtit.]
Festgabe zum 75jähr. Stiftungsfest. Enth. eine allegorische Darstellung einer jeden der 4 Logen nach Zeichnungen von Arnold nebst dazu komp. Liedern von Bradsky.

Bradsky v. Laboun, Vict. Ritter: Aus d. Meissner Hochlande. (62) 8° Dresd., E Pierson '10. 1.50; geb. n 2.50 d

Bradsky v. Laboun, Vikt. Ritter, die Liebe zur Heimat u. — die andere. (VI, 88 S.) 8. Dresden 909. E. Pierson. 2.—; geb. n 3.—

Bradt, Gustav [aus Rogasen (Posen)]: Über die Wärmebildung bei summierten Zuckungen des Muskels ... Würzburg, Etlinger's Buchdr., 1893; 40 S. 8.
Würzburg, Med. Fak., Inaug.-Diss. v. 1893

Monumenta Fredensburgica iussu Friderici V. erecta. ([Verf.:] Johannes Gotfred Bradt.) — o. O. u. J. [um 1760]. 37 Taf. gr. 2° [Kupfert.]

Bradt, Martin, Kammergerichtsref.: Entstehung und Untergang des vertragsmässigen Pfandrechts an beweglichen Sachen nach gemeinem Rechte und dem Bürgerl. Gesetzbuche. *Berlin [1901]: E. Ebering.* (72 S.) 8°
Rostock, Jur. Diss. v. [20. Juli] 1901

Bradt, P. de, Diss. sistens comparationem principiorum educationis apud Romanos et recentiores artis paedagogicae auctores. Halae 819. 8. (92 S.)

Braedt, Fel.: Das Sparkassenwesen im Kgr. Sachsen, s: Zeitschrift f. d. gesamte Staatswissensch.

Bradtke, Willy, Simon Johanna, hast du mich lieb? Eine Weihnachtserzählg. (8 S.) 8. Hainhausen (903). Lorch, K. Rohm. n. —10

Bradtke, W: Simon Johanna, hast du mich lieb? Weihnachtserzählg. (8).8° Haimh. (08). Ascona. O v. Schmidtz. —10

Bradwell, James P., Dynamo-Maschinen, ihre Berechnung u. Construktion, durch praktische Beispiele erläutert. gr. 8. (IV, 233 S. m. Abbildgn. u. 25 Taf.) Potsdam (900—902). A. Stein. n. 20.—
Erschien auch in 12 Lfgn. à 1.50.

Brady, Cheyne

Brady, Ch., Verloren und Gefunden. 8 Stn. 8. Basel. C. F. Spittler. 1876 —. 05

Brady, Cheyne. Was soll ich thun, daß ich selig werde? 12. (13 S.) Basel 892, [Spittler.] Jäger u. Kober. * — 8

Brady, Ch., die baldige Wiederkunft des HErrn. 12. (47 S.) Gernsbach 882, Christl. Colportage-Verein. *

Brady, Cyrus Townsend, der kleine Ingenieur, s.: Volksbücherei.

— Der Kaffee-Corner, s.a. Kürschner's Bücherschatz.

Der Kaffee-Corner [The corner in coffee]. Ein Roman aus d. Geschäftswelt Newyorks. Von Cyrus Townsend **Brady**. Übers. von Arthur Brehmer. Mit Ill. von H. Binde. Berlin, Leipzig: H. Hillger [1907]. (112 S.) 8° [F.]
— **Bücherschatz,** Kürschners. No 574. [07. 13390]

Brady. Friedrich [aus Ingrowitz (Österreich)]: Über die Einwirkung von Alkalien und Oxydantien auf β-Phenylhydroxylamin. Zur Kenntnis des Chemismus bei der Umlagerung von Arylhydroxylaminen im Amidophenole. Zürich 1900. 112 S. 8°.
Zürich. Phil. Diss. II. S. 1900/1901.

Brady, G., Stewardson, die marinen Copepoden d. deutschen Südpolar-Expedit. 1901—1903, s.: Südpolar-Expedition, deutsche. XI, 5.

Brady, Henry B., über einige arktische Tiefsee-Foraminiferen, gesammelt während der österreichisch-ungarischen Nordpol-Expedition in den Jahren 1872—1874. Mit 2 (lith.) Taf. [Aus: „Denkschr. d. k. Akad. der Wiss."] Imp.-4. (22 S.) Wien 881. Gerold's Sohn in Comm. n. 2. —

Brady, J. E., Die Lautveränderungen d. neugriech. Volkssprache u. Dialekte nach ihrer Entwickel. aus dem Altgriech. dargest. Diss. 1886. 128 S. 1.60

Brady, Ino. Everett, die Lautveränderungen der neugriechischen Volkssprache und Dialekte, nach ihrer Entwickelung aus dem Altgriechischen dargestellt. gr. 8. (128 S.) Göttingen 886, (Akadem. Buchhandlung.) *

Brady, Mor., der Chirurgen-Congress, dessen Entstehen, Verlauf u. Ausgang. Wien 867. Dirnböck. 8. (VII, 47 S.) n. 7 ngr.

Brady, Mor., der zweckmäßige Rathgeber an Mütter u. Erzieher üb. d. wesentlichsten Punkte d. ersten Ernährung, Pflege u. Erzieh. d. Kinder. 8. (6 B.) Wien 840, (Singer u. Goering.)

Brady, Mor., der zweckmäßige Rathgeber an Mütter u. Erzieher üb. die wesentlichsten Punkte d. ersten Ernähr., Pflege u. Erziehung d. Kinder in der ersten Lebensperiode. Nebst e. Anh. üb. Diätetik der Zähne bei Kindern u. Erwachsenen. 2., verm. u. verb. Aufl. 12. (6½ B.) Wien 844, Lechner's Univers.-Buchh. (Braumüller u. Seidel.) *

Brady, Moritz — Spende für den Toiletten-Tisch. Anweisungen zur Bereitung unschädlicher Schönheits und Parfumerien-Hausmittel und deren Anwendung. Von — —. Neutitschein, 1857. Schnellpressendruck und Verlag von J. N. Enders. (48 S. 8.)

Brady, W., der Kattanker, oder Handbuch für junge Seeleute. Eine Anweisung zur praktischen Ausführung von Takellagearbeiten, Seemanöver, Knoten, Splissungen rc. Mit vielen Abbildgn. u. einem Anh. von Tabellen über Takellage, laufendes Tauwerk, Spieren, Segel rc. für jede Gattung Schiffe. Nach dem Engl. bearb. von J. B. Stipperger. 1. Liefg. Hamburg 861. Salomon & Co. gr. 8. (48 S. m. Holzschn. im Text u. 4 lith. Taf.) n. 20 ngr.

Brady's, W., Kattanker. Handbuch für Seeleute. Eine Anweisung zur praktischen Ausführung von Takellagearbeiten, Seemanöver, Knoten, Splissungen rc. Mit vielen Abbildungen u. e. starken Anh. von Tabellen über Takellage, laufendes Tauwerk, Spieren, Segel rc. Aus dem Engl. bearb. von J. L. Stipperger. 2—7. (letzte) Liefg. Hamburg 863. Salomon & Co. gr. 8. (1. Thl.: S. 49—110; 2—4. Thl.: 235 S. u. 23 lith. Taff.) Jede Liefg. n. 20 ngr.

BRÁF, Albin
Der landwirtschaftliche Hypothekarcredit in Oesterreich während der letzten fünfzig Jahre. Von Dr. Albin Bráf. Separatabdruck aus dem zur Feier des Regierungs-Jubiläums Sr. Majestät des Kaisers Franz Joseph I. herausgegebenen Werke: „Geschichte der österreichischen Land- und Forstwirtschaft und ihrer Industrien 1848 bis 1898". Wien. 1899. In Comm. Perles. Lex.-8°. 101 S. fl. 1.50

Bráf, Albin, Studien über nordböhmische Arbeiterverhältnisse. gr. 8. (168 S.) Prag 881. Otto. n. 4. —

Braff, P., s. Tits, A., Schöpfungslehre.

Brag, Th., prakt. Lehrbuch der deutschen Sprache, sowohl für Schulen als zum Selbstunterricht. Mit Aufgaben zum Uebersetzen u. zur Anwendung der Regeln, auch zugleich als Anleitung zur Erlernung der dänischen Sprache zu benutzen. 2. Aufl. — Practisk Læreboq i det tydske Sprog etc. 8. Sonderburg 845. (Leipzig, Goetz.) n. 2/3 ℛ︎

Brag, Th., pract. Lehrbuch der deutschen Sprache, sowohl für Schulen als zum Selbstunterr. Mit Aufgaben z. Uebersetzen u. zur Anwend. der Regeln, auch zugleich als Anleit. zur Erlern. d. dänischen Sprache zu benutzen. 2. Aufl. 8. (10 B.) Sonderburg 845, La Motte. *

BRAGA. Sammlung deutscher, östreich., schweizer., französ., engl., schott., span., portug., brasil., holl., schwed., dän., russ., poln., lithauischer, finn. etc. Volkslieder in ihren ursprüngl. Melodien, mit Klavierbegleitung (Originaltext und deutsche Uebersetzung). 14 Hefte. Bonn bei Simrock. Gr. Lex.-8 (7 Thlr. 14 Sgr.) (2 1/3 Rthl. Heberle, Cöln, c. 1872.)

Braga. Vollst. Sammlung .... dt. Gedichte a. d. 18. u. 19. Jh., s. a. Dietrich, Anton (Hrsg.)

Braga. Vollständ. Sammlung klass. u. volksthüml. deutsch. Gedichte a. d. 18. u. 19. Jahrh., hrsg. v. Ant. Dietrich. Mit e. Einleit. v. Ludw. Tieck. 1—10. Bdchn. 8. (154 1/4 B.) Dresden 827, 28, Wagner. à 12 Gr., Vlnp. 1 Thlr.; hrbgs. Pr. à 8 Gr., Vlnp.
Inh.: 1—5. Bdchn. Balladen u. Romanzen. — 6. Legenden. — 7. Idyllen. — 8. u. 9. Erzählungen. — 10. Lyr. Gedichte.

Braga. Vaterland. Blätter f. Kunst u. Wissenschaft. 1r Jahrg. 1s—5s Hft. gr. 8. Heidelberg 838, 39. Winter. (à n. 2/3 ℛ︎) 3 1/3 ℛ︎

Braga. Eine Reihe erzählender Dichtungen. Aus d. Werken Deutschlands gefeiertster Sänger f. d. Jugend ausgew. gr. 16. (23 3/4 B. u. Ttlkpfr.) Coesfeld 845, Riese'sche Buchh.
Aus: Die Jugendbibliothek etc., besond. abgedruckt.

Braga und Hermode. – s. Bragur

Bragg, Alb., Dorfgeschichten, s.: Meyer's Volksbücher.

Bragard, Heinr.: Zur pathol. anat. Differential-Diagnose des tuberkulösen und des syphilitischen Granuloms. *Würzburg 1897: A. Boegler.* (28 S.) 8°
Würzburg, Med. Diss. v. 1897

Bragard, Henri, Guide pour Malmédy et les environs, avec 2 cartes et un grand nombre de vues de Malmédy et de la Vallée de la Warche. Edité par la société d'embellissement (Groupe local de l'Eifelverein) d'après l'allemand de C. Püschel. (38 S.) kl. 8. Aachen (908). J. Kessels. — 80

Bragard, Max [aus Berlin]: Beiträge zur Kenntniss der quantitativen Bestimmung des Zinks .... Berlin, Druck v. Julius Feiertag (1887); 2 Bl. + 62 S. 8°.
Berlin, Phil. Fak., Inaug.-Diss. v. 12. Febr. 1887.

Brägelmann, [Bernhard], Prof. Dr.: Die Entwickelung der Tonleiter in Europa, namentlich in Deutschland. Vechta 1904: Vechtaer Druckerei. (47 S.) 8°
Vechta, großh. kathol. G P 1904 (786)

Brägelmann. Die von dem Mittelalter zur Neuzeit überleitenden Ereignisse, betrachtet in ihren weiter umgestaltenden Wirkungen. Die Seeschiffahrt. gr. 8. (S. 5—158.) Vechta 891. (Lpz., Fock.) * 2 50

Brägelmann, *Bernhard* Die von dem Mittelalter zur Neuzeit überleitenden Ereignisse, betrachtet in ihren weiter umgestaltenden Wirkungen. II. Die Seeschiffahrt. 8 (S. 45—158). Die Geschichte der Seeschiffahrt. 3. Teil. (Ein Hülfsmittel beim Geschichtsunterricht.) (Umschlagtitel: Die vom Mittelalter zur Neuzeit überleitenden Ereignisse, betrachtet in ihren weiter umgestaltenden Wirkungen. II. Die Seeschiffahrt.) 8 (69 S.). Progr. G. *Vechta* 1891 (662). 1893

Brägelmann, *Bernhard* Die Geschichte der Seeschiffahrt. 1. Teil. (Umschlagtitel: ... Seeschiffahrt.) 8 (43 S.). G. *Vechta* 1890 Progr.
Fortsetzung der Abhandlung vom Jahre 1885: Die vom Mittelalter zur Neuzeit überleitenden Ereignisse in ihren weiteren umgestaltenden Wirkungen.

Braegelmann, Bernardus ⟨geb. am 24 März 1836 in Kloppenburg⟩: De scala musica imprimis organi et clavichordii ab Europaeis usurpata ... Bonnae, form. Carthausianis (1864). 1 Bl., 35 S., 1 Bl. 8.
Bonn, Phil. Fak., Diss. v. 17 März 1864

[Umschlagt.:] **Brägelmann**, *Bernhard* [Dr.]: Zur Trigonometrie am Gymnasium. Vechta, Buchdr. v. C. H. Fauvel, *1895*; 88 S. 8.
Vechta, G, P 1895 (697)

Braght, Thielem J. v., der blutige Schauplatz oder Märtyrer-Spiegel der Taufs-Gesinnten oder wehrlosen Christen, die um des Zeugnisses Jesu, ihres Seligmachers, willen gelitten haben und getödtet worden sind, von Christi Zeit an bis auf das J. 1660. Enthaltend, nebst ihrer Geschichte, die Reden, Briefe und Bekenntnisse der sel. Märtyrer, sowie auch die Geschichte der christl. Taufe, von der Apostel Zeit an bis auf das J. 1600. Früher aus verschiedenen glaubwürd. Chroniken, Nachrichten und Zeugnissen gesammelt, und in holländ. Sprache hrsg. Nun aber sorgfältig übers. und zum vierten Male ans Licht gebracht. gr. 4. (340 und XII, 635 S.) Elkhart, Ind. 870. (Philadelphia, Schäfer und Koradi.) geb. mit Schließen *

Die freireligiösen Strömungen im alten Judenthume. E. Beitr. z. jüd. Religionsphilos. v. Alexander **Bragin**, Dr. phil. *Berlin: S. Calvary & C. 1896.* (1 Bl., 70 S.) 1 Bd 8. [96. 1814

Bragstad, Ole Sivert

Bragstad, O. S., Beitrag zur Theorie u. Untersuchung v. mehrphasigen Asynchronmotoren. gr. 8. (III, 104 S. m. 85 Abbildgn.) Stuttgart 902. F. Enke. n. 2. 40
Sonderabdruck aus: „Sammlg. elektrotechn. Vorträge".

Konstruktionen und Schaltungen aus dem Gebiete der elektrischen Bahnen. Gesammelt u. bearb. von O[le] S[ivert] **Bragstad**, Prof. 31 Taf. mit erl. Text. Berlin: J. Springer 1907. (52 S.) quer-8° [07. 4411

Bragstad, O[le] S[ivert]: Theorie des rotierenden Feldes mit Anwendung auf die Bestimmung des Stromdiagrammes der asynchronen Maschinen. Mit 20 Textfig. u. 3 graph. Tab. 1902. 71 S. 8° ¶ Vollst. als: Sammlung elektrotechn. Vorträge. Bd 3, H. 8/9.
Karlsruhe Te. H., Hab.-Schr. v. 15. 7. 1902

Bragstad, OS: Theorie d. Wechselströme, s: la Cour, JL.

Bragur (Braga und Hermode), Bragur. // Ein // Litterarisches Magazin // der // Deutschen und Nordischen // Vorzeit. // Herausgegeben // von // Böckh und Gräter. // Erster Band // Leipzig, 1791. // in der Gräffschen Buchhandlung. - 8 Blatt (nicht paginiert) Titelblatt, Vorbericht und Inhalt. - 326 S. und noch 1 Blatt (nicht paginiert) Druckfehler.

2. Band:
Bragur. // Ein // Litterarisches Magazin // der // Deutsche und Nordischen // Vorzeit. // Herausgegeben // von // --- und Gräter. // Zweyter Band. // Leipzig, 1792. // in der Gräffschen Buchhandlung. - Mit Titelkupfer Böckhs. - 7 Blatt (nicht paginiert) Titelblatt, Vorrede und Inhal 476 S. und noch 2 Blatt (nicht paginiert) Druckfehler und Bücheranzeige.

3. Band:
Bragur. // Ein // Litterarisches Magazin // der // Deutschen und Nordischen // Vorzeit. // Herausgegeben // von // Haßlein und Gräter. // Dritter Band. // Mit einem Kupfer. // Leipzig, 1794. // Bey Johann Heinrich Gräff. - 9 Blatt (nicht paginiert) Titelblatt, Vorrede und Inhalt. - 526 S. und noch 1 Blatt (nicht paginiert) Druckfehler.

4. Band:
Bragur. // Ein // Literarisches Magazin // der // Deutschen und Nordischen // Vorzeit.// Vierter Band. // Erste Abtheilung. // Mit einem Titelkupfer von Daniel Chodowieki und // einem Notenblatte. // Leipzig, bey Heinrich Gräff. // 1796. -
Nebentitel:
Braga und Hermode // oder // Neues Magazin // für die // vaterländischen Alterthümer // der Sprache, Kunst und Sitten. // Erster Band. // Erste Abtheilung. // Mit einem Titelkupfer von Daniel Chodowieki und // einem Notenblatte. // Leipzig, // bey Heinrich Gräff. // 1796. -
XXXII Seiten Titelblätter, Subscribentenverzeichnis und Vorrede. - 2 Blatt (nicht paginiert) Inhalt. - 192 Seiten.
Angebunden:
Bragur. // Ein // Literarisches Magazin // der // Deutschen und Nordischen // Vorzeit. // Vierter Band. // Zweyte Abtheilung. // Mit einem Kupfer. // Leipzig, // bey Heinrich Gräff. // 1796. -
Nebentitel:
Braga und Hermode // oder // Neues Magazin // für die // vaterländischen Alterthümer // der Sprache, Kunst und Sitten. // Erster Band. // Zweyte Abtheilung. // Mit einem Kupfer. // Leipzig, // bey Heinrich Gräff. // 1796. -
VIII Seiten Titelblätter und Inhalt. - 2 Blatt (nicht paginiert) Erklärung des Umschlags-Kupfers. - 220 S. -

5. Band:
Bragur. // Ein // Literarisches Magazin // der // Deutschen und Nordischen // Vorzeit. // Herausgegeben // von // F. D. Gräter. // Fünfter Band. // Erste Abtheilung. // Mit Kupfern und Musik. // Leipzig, // bey Heinrich Gräff. // 1797.
Nebentitel:
Braga und Hermode // oder // Neues Magazin // für die // vaterländischen Alterthümer // der Sprache, Kunst und Sitten. // Herausgegeben // von // F. D. Gräter. // Zweyter Band. // Erste Abtheilung. // Mit Kupfern und Musik. // Leipzig, // bey Heinrich Gräff. // 1797. -
Grüner Umschlag und X Seiten Titelblätter, Subscribenten, Vorbericht und Inhalt. - 188 S. und noch 2 Blatt (nicht paginiert) Druckfehler und Anzeige.
Angebunden:
Bragur. // . . . Fünfter Band. // Zweyte Abtheilung. // Mit 12 Kupfern. // . . . 1797.
Nebentitel:
Braga und Hermode // . . . Zweyter Band. // Zweyte Abtheilung. // Mit 12 Kupfern. // . . . 1797. -
Grüner Umschlag und 4 Blatt (nicht paginiert) Titelblätter, Inhalt und Subscribenten. - 199 S. und noch 2 Blatt (nicht paginiert) Anzeigen.

6. Band:
Bragur. // . . . Sechster Band. // Erste Abtheilung. // Mit Kupfern und einem Notenblatte. // Leipzig, // bey Heinrich Gräff. // 1798.
Nebentitel:
Braga und Hermode // . . . Dritter Band. // Erste Abtheilung. // Mit Kupfern und einem Notenblatte. // Leipzig,// bey Heinrich Gräff. // 1798. -
5 Blatt (nicht paginiert) Titelblätter, Subscribenten und Inhalt. - 229 S.
Angebunden:
Bragur. // . . . Sechster Band. // Zweyte Abtheilung. // . . . 1800.
Nebentitel:
Braga und Hermode // . . . Dritter Band. // Zweyte Abtheilung. // . . . 1800.
XVI Seiten Titelblätter, Vorrede und Inhalt. - 276 S. und noch 1 Blatt (nicht paginiert) Druckfehler.

7. Band:
Bragur. // . . . Siebenter Band. // Erste Abtheilung. // . . . 1802.
Nebentitel:
Braga und Hermode // . . . Vierter Band. // Erste Abtheilung. // . . . 1802.
VIII Seiten Titelblätter, Vorrede und Inhalt. - 245 S. und noch 1 Blatt (nicht paginiert) Druckfehler.
Angebunden:
Bragur. // . . . Siebenter Band. // Zweyte Abtheilung. // . . . 1802.
Nebentitel:
Braga und Hermode // . . . Vierter Band. // Zweyte Abtheilung. // . . . 1802.
VIII Seiten Titelblätter und Inhalt. - 294 S. und noch 1 Blatt (nicht paginiert) Druckfehler.

8. Band:
Allgemeines // Repertorium // über // die sechs ersten Bände // von // Bragur // nebst einem // Versuch einer vollständigen Literatur // aller in den sechs letzten Jahren des 18. Jahrhunderts // über das vaterländische Alterthum erschienenen // inn- und ausländischen Schriften // ausgearbeitet // von // Karl Teuthold Heinze. // Leipzig, 1805 // bey Heinrich Gräff. -
6 Blatt (nicht paginiert) Titelblatt, Vorrede und Inhalt. - 392 S.

Bragur; ein literar. Magazin d. deutschen u. nordischen Vorzeit. 1r Bd. Herausg. v. F. D. Gräter (u. C. G. Böckh). 2r Bd. (allein v. Gr.) u. 3r Bd. mit Häßlein. 8. Leipz. 791—93. (Wienbrack). 3 ᴛℎ 16 gr 4r bis 7r Bd. à 2 Abtheill. A. u. d. T.: Braga u. Hermode. 1r bis 4r Bd. 8. Ebd. 796—802. 8 ᴛℎ 8r Bd. A. u. d. T.: Neues liter. Magazin d. deutschen u. nordischen Vorzeit, od. Braga u. Hermode. 5r Bd., od. Odina u. Teutona. 1r Bd. 8. Bresl. 812. Barth. 2 ᴛℎ 12 gr Allgem. Repertorium üb. d. 6 ersten Bde ꝛc. ausgearb. v. K. T. Heinze. 8. Leipz. 804. (Wienbrack). 1 ᴛℎ

Bragur. Forts. 1812 ff., s. Iduna und Hermode.

Bragvogel, Emil, s. Brachvogel, Emil

Brah-Müller, G. An der Weichsel. Erzählg. 12. (236 S.) Danzig 890, Hinstorff. * 3 —; geb. in Leinw. * 4 —

Braho, Tycho, brevissimum planimetriae compendium. Sua manu exaravit B. Nuno primum et F. J. Studnička. (14 S. m. Fig., 1 Taf. u. Bildnis.) gr. 8. Prag 903, F. Řivnáč. n. 3. 50

Brahei, Tychonis, et ad eum doctorum virorum epistolae, nunc primum collectae et editae a. F. R. Friis. (In ca. 10 fasc.) Fasc. 1. 4. (32 S.) Havniae. Leipzig 876. T. O. Weigel. n. 1. 60

Brahei, Tychonis, et ad eum doctorum virorum epistolae, nunc primum collectae et editae a F. R. Friis. Fasc. 2 et 3. 4. (S. 33—96.) Havniae. Leipzig 877. 78. T. O. Weigel. à n. 1. 60 (1—3.: n. 4. 80)

Brahe, T., Triangulorum planorum et sphaericorum praxis arithmetica (1591). Nunc primum edid. F. J. Studnička. 4. (IV S., 20 Bl.) Pragae 886. (Leipzig, K. F. Koehler's Antiquarium.) Pergamentbd. **
Photolithogr. Reproduction des im Besitze der Prager Universitäts-Bibliothek befindlichen Mscr.

Brahl, Th., s. 1) Briefwechsel zw. Friedrich II. u. d'Argens. 2)... Imbert, Erzähll. 3) Mirabeau, Samml. 4) Probe v. Gedichten.

Brahm, Alb., Deich- u. Wasserbaukunst. M. Kpf. 2 Thle. 4. Brem. 774. Cramer. Vgl. Brahms: Anfangsgründe d. Deich- u. Wasserbaukunst.

Brahm, C., s.: Bibliographie d. Biochemie u. Biophysik.

Brahm, C: Sonderkatalog d. Abteilg Sportausstellg d. intern. Hygieneausstellg Dresden '11, s: Zuntz, N.

Brahm, Carl. aus Wiesbaden: Über Oxychinoline und das Verhalten derselben im tierischen Organismus. *Rostock 1901: C. Hinstorff.* (59 S.) 8°
Rostock, Phil. Diss. v. [4. Febr.] 1901

Brahm, Hans, die Entschädigung unschuldig Verurteilter u. Untersuchungsgefangener, s.: Miniatur-Bibliothek.

Brahm, H: Die Kaufmannsgerichte, s.: Ginod, A.

Brahm, Hans, das Recht der Schuldverhältnisse des bürgerl. Gesetzbuches, s. a. Miniatur-Bibliothek.

Brahm, H., Das Recht der Schuldverhältnisse des bürgerlichen Gesetzbuches. Neue Bearbeitg. (88 S.) Leipzig, A. O. Paul. 1907 —. 20.
„Miniatur-Bibliothek". Nr. 749. 750.

— was kosten meine Prozesse?,
— wie führe ich meine Prozesse?, } s.: Miniatur-Bibliothek.

Brahm, Moritz von, s. H e l o i s e . – Die schwed. Heloise.

Brahm, Nik. Jos., Insektenkalender f. Sammler u. Oekonom. 1r u. 2r Thl. 1e Abtheil. (Letzt. a. u. d. T.: Handb. z. Insektengeschichte. 1 ℳ 4 𝒦) 8. Mainz 790, 91. (Andreä in Frankf. a. M.) 2 ℳ

Brahm, Otto (Hrsg.), s. B ü h n e , Freie, für modernes Leben.

Brahm, Otto, G o e t h e u. Berlin. Festschrift zur Enthüllg. des Berliner Goethe-Denkmals. gr. 8. (86 S.) Berlin 880. Weidmann. n. — 60

Brahm, Otto, Henrik I b s e n. Ein Essay. 8. (71 S.) Berlin 887. Freund & Jeckel. n. 1. —

Brahm, Otto, K a i n z. Gesehenes u. Gelebtes. (58 S.) 8. Berlin 910. E. Fleischel & Co. 1. —

Brahm, Otto. Gottfried Keller. Ein literarischer Essay. 8. Leipzig, Unflad (* Umschlag: Berlin, Auerbach, 1883).
(Charakterbilder aus der Weltliteratur des Neunzehnten Jahrhunderts Band I.)

—— Gottfried K e l l e r. Ein literar. Essay. 8. (150 S.) [Berlin 883, Auerbach.] Leipzig, Unflad. *

— Heinrich v. K l e i s t. Gekrönt m. dem ersten Preise d. Vereins f. deutsche Literatur. 2. Aufl. gr. 8. (VII, 391 S. m. 1 Holzschn.-Bildniß.) Berlin 885. Allgemeiner Verein f. deutsche Literatur. n. 5. —; geb. n. 6. —

Brahm, Otto, Heinrich v. K l e i s t. Gekrönt m. d. 1. Preise d. Vereins f. deutsche Literatur. 3. Aufl. 8. (XI, 359 S.) Berlin 892. F. Fontane & Co. n. 3. —

Heinrich von Kleist. Von Otto Brahm. Gekr. mit d. ersten Preise d. Vereins f. deutsche Literatur. 3. Aufl. Berlin: Fleischel 1903. 359 S. 8° (03. 9103 II

— Das Leben Heinrichs v. Kleist. Neue Ausg. (4. Afl.) (11, 450) 8° Ebd. '11. 6 —; geb. 7.50 d

— dasselbe, s.: V e r e i n, allgemeiner, f. deutsche Literatur.

— das deutsche Ritterdrama des 18. Jahrhunderts, s.: Quellen u. Forschungen zur Sprach- u. Culturgeschichte der germanischen Völker.

— S c h i l l e r. [In 2 Bdn.] 1. Bd. 8. (IX, 389 S.) Berlin 888. Hertz. n. 4. —; geb. n. 5. —

— S c h i l l e r. 2. Bd., 1. Hälfte. 8. (III, 311 S.) Berlin 892. Besser. n. 3. 60; geb. n. 4. 60 (I u. II, 1.: n. 7. 60; geb. n. 9. 60)

Brahm, Otto: Schiller. Bd. 1. 2. H. 1. [Alles Erschienene.] Berlin: Hertz 1888, 92.

— Karl S t a u f f e r - B e r n. Sein Leben. Seine Briefe. Seine Gedichte. Nebst e. Selbstportr. des Künstlers u. e. Brief v. Gust. Freytag. 1.—3. Aufl. 8. (VIII, 340 S.) Stuttgart 892. 893. G. J. Göschen. n. 4. 50; geb. in Leinw. n. 6. —

Brahm, Otto, Karl S t a u f f e r - B e r n. S. Leben. S. Briefe. S. Gedichte. Nebst e. Selbstportr. d. Künstlers u. e. Brief v. Gust. Freytag. 4. Aufl. 8. (VIII, 340 S.) Leipzig 896. G. J. Göschen. n. 4. 50; geb. in Leinw. n. 6 —

Brahm, Otto. Karl Stauffer-Bern. Sein Leben. Seine Briefe. Seine Gedichte. Dargestellt von Otto Brahm. Nebst einem Selbstporträt [Tafel] des Künstlers und einem Brief von Gustav Freytag. 5. Aufl. VIII + 340 S. 8. Leipzig, G. J. Göschen, 1903. [geb. M. 6. —]

— Karl S t a u f f e r - B e r n. Sein Leben. Seine Briefe. Seine Gedichte. Dargest. Nebst e. Selbstportr. d. Künstlers u. e. Brief v. Gust. Freytag. 6. Aufl. (VIII, 840 S.) 8. Leipzig 907. [G. J. Göschen.] Berlin, Meyer & Jessen. 4.50; geb. 6. —

— Karl Stauffer-Bern. Leben, Briefe, Gedichte. (10. Afl.) (7, 397 m. Bildn.) 8° Berl., Meyer & J. '12. 4 —; Ldr 5 — d

Brähm, Felix Martin (Hildburghausen), De fallacibus indiciis magiae. Disp. jur. Präs. Heinrich Bodin. Halle (Chn. Henckel) 22. X. 1701. 50 S., tlws. dtsch. (5.—) 3733

— — Dasselbe. 1709. 48 S. (5.—) 3734

Brahma Upanishad, Il primo capitolo della, coll' annessovi commento di Nārāyaṇa. Tradotto e criticamente discusso dal Carlo F o r m i c h i. Kiel e Lipsia 1897.

Brahmavaivarta - Purāṇa. Brahma - Vaivarta - Purani specimen. Textum . . . edidit interpretationem Latinam adiecit et commentationem mythologicam et criticam praemisit Adolphus Fridericus S t e n z l e r. [Diss.] Berolini 1829.

B r a h m a - V a i v a r t a - P u r a n i Spec. Textum e codice Mspto. Biblioth. Reg. Berolinensis edid., interpraetat. lat. adj. et comment. mytholog. et crit. praemissit Ad. Fr. Stenzler. 4. (7½ B.) Berolini 829, Dümmler.

Braehmer (Red.), s. C o r r e s p o n d e n z b l a t t der Ärztekammer und der Ärztevereine der Provinz Brandenburg und des Stadtkreises Berlin.

Braehmer, de favo. Gryph. Schul-/Univ.-Schrift 1863

Brähmer, Frdr.: Chemie d. Gase, s: Luftfahrzeugbau u. -Führung.

Braehmer, Fritz, a. Berlin: Beiträge zur Bildung des Ozons durch ultraviolettes Licht und hohe Temperatur. (Berlin-Wilmersdorf: C. Arnold 1906.) (60 S.) 8°
Berlin, Phil. Fak., Ref. Fischer, Diss. v. 16. Juni 1906
[Geb. 26. März 83 Berlin; Wohnort: Berlin; Staatsangeh.: Preußen; Vorbildung: Kaiserin Augusta-Gymn. Charlottenburg Reife M. 02; Studium: Berlin 7 S.; Rig. 21. Mai 06.]

Brähmer, Otto (Bearb.), s. B a u h y g i e n e , Spezielle

Eisenbahnhygiene. Bearb. v. Dr. Otto Braehmer, Sanitätsr. in Berlin. M. 13 Abb. im Text. *Jena: G. Fischer 1896.* (II, 77 S., 1 Taf.) 8.
== Handbuch d. Hygiene. Bd 6. Lfg 4. 96. 7033

Brähmer, Otto, Eisenbahnhygiene. 2. Aufl. Unter Mitwirkg. v. Bathmann, Bork u. Schumacher neu bearb. v. Ernst Schwechten. (VII, 312 S. m. 81 Abbildgn., 28 Taf. u. 1 Karte.) gr 8. Jena 904. G. Fischer. n. 10. —; geb. n. 11. 50

Brähmig, Bernh., A m p h i o n. Sammlung ausgewählter mehrstimmiger Lieder u. Gesänge für Männerchor. 1. 2. Heft. Eisleben 866. Kuhnt. qu. 8. (129 S.) Jedes Heft 6 ngr.

— A r c h i v für geistlichen Männergesang; enthltd.: Choräle, Hymnen, Motetten u. Cantaten aus alter u. neuer Zeit. Für Seminarien, höhere Gymnasialklassen u. Männer-Gesangvereine hrsg. 1. 2. Heft. Leipzig 867, 68. Merseburger. gr. 8. (2 Bll., 90 S.; 2 Bll., 84 S.) Jedes Heft 12 ngr.

— A r i o n. Sammlung 1- u. 2stimm. Lieder u. Gesänge mit leichter Pianofortebegleitung. 1. Heft. 2. Aufl. Ebend. 866. qu. 4. (IV. 44 S.) 10 ngr.

Brähmig, Bernh., kleine praktische Gesangschule, enth. die wichtigsten Elementarübungen für Gehör- u. Stimmbildung beim Schulgesang-Unterricht. Ein Beiheft zu des Verf. „Liederstrauß für Töchterschulen" sowie zu jedem andern Schulliederbuch. Leipzig 862. Merseburger. 16. (VIII, 24 S.) 3 ngr.

Brähmig, Bernh., kleine praktische Gesangschule, enthaltend die wichtigsten Elementarübungen für Gehör- und Stimmbildung beim Schulgesang-Unterricht. [Ein Beiheft zu des Verf. „Liederstrauß für Töchterschulen", sowie zu jedem andern Schulliederbuch.] 2. Aufl. 12. (VIII, 24 S.) Leipzig 886, Merseburger.

Brähmig, Bernh., Kirchen- und Haus-Choralbuch mit Texten; für Andachtsübungen, so wie auch für den unterrichtlichen Gebrauch, vierstimmig für Orgel oder Pianoforte. Nebst einem Anhange, enthaltend: Eine Anzahl einfacher und kurzer Tonsätze als Choraleinleitungen (in 14 verschiedenen Tonarten). Eine Auswahl leichter, besonders für geringspannende Hände angehender Choralspieler dreistimmig bearb. Choräle. hoch 4. (VI und 232 S.) Erfurt 859, Körner's Verlag.

Brähmig, Bernh., Kirchen- und Haus-Choralbuch mit Texten, für Andachtsübungen, sowie auch für den unterrichtl. Gebrauch, vierstimmig für Orgel oder Pianoforte. Nebst einem Anh. hoch 4. (VI und 232 S.) Erfurt 863, Körner's Verlag.

—— Lieder-Album für Schule und Haus, enth. 1- und 2stimm. Gesänge, Choräle 2c. mit einfacher Begleitung des Harmoniums oder der Physharmonika. 1. Heft. qu. 4. (IV, 44 S.) Leipzig 868, Merseburger.

—— Lieder-Album f. Schule u. Haus. 1. Hft. qu. 4. (44) Ebd. 69. — 10

Braehmig, Bernh., Liederstrauß. Auswahl heiterer und ernster Gesänge für Mädchenschulen. 1. Heft. gr. 16. (30 S.) Leipzig 854, Merseburger. Thlr.

— — Auswahl heiterer und ernster Gesänge für Töchterschulen. 2. Heft. Ebend. 858. 16. (IV, 84 S.) 4½ ngr.

—— Liederstrauß. Auswahl heiterer und ernster Gesänge für Töchterschulen. 2. Heft. 1. und 2. Aufl. und 3. Heft. gr. 16. (IV und 84 S.; IV und 99 S.) Leipzig 860, Merseburger. à Heft 4½ Ngr.
1. Heft. Ebendas. 1854. 1½ Ngr.

—— Liederstrauß. Auswahl heiterer und ernster Gesänge für Töchterschulen. 3 Hefte. 16. Leipzig 862—66, Merseburger. [1. Heft. 2. Aufl. (36 S.) 1½ Ngr., 2. Heft. 3.—5. Aufl. (IV und 84 S.) 4½ Ngr., 3. Heft. 2. und 3. Aufl. (IV und 99 S.) 4½ Ngr.]

—— Liederstrauß. Auswahl heiterer und ernster Gesänge für Töchterschulen. 1.—4. Heft. 16. Leipzig, Merseburger. [1. Heft. 5. und 6. Ster.-Aufl. (36 S.) 872,75. 15 Pf.; 2. Heft. 8.—10. Ster.-Aufl. (IV, 84 S.) 872—74. 45 Pf.; 3. Heft. 5.—7. Ster.-Aufl. (IV, 99 S.) 872—74. 45 Pf.; 4. Heft. (VIII, 112 S.) 869. 45 Pf.]

—— dass. — Fortgesetzt von Aug. Brandt. 5. Heft. gr. 16. (III, 84 S.) Ebendas. 875.

Brähmig, Bernh., Liederstrauß. Auswahl heiterer und ernster Gesänge für Töchterschulen. 1.—4. Heft. gr. 16. Leipzig, Merseburger. [1. Heft. 9. und 10. Ster.-Aufl. (36 S.) 877,78. 15 Pf.; 2. Heft. 12.—14. Aufl. (IV, 84 S.) 876—79. 45 Pf.; 3. Heft. 9.—11. Aufl. (IV, 99 S.) 876—79. 45 Pf.; 4. Heft. 3. und 4. Aufl. (VIII, 112 S.) 876,78. 45 Pf.]

—— dass. — 5. Heft. Fortgesetzt von Aug. Brandt. 2. Aufl. gr. 16. (III, 84 S.) Ebendas. 878.

Brähmig, Bernh., Liederstrauß. Auswahl heiterer und ernster Gesänge für Töchterschulen. 1.—4. und 6. Heft. 12. Leipzig 880—83, Merseburger. [1. Heft. 11.—13. Ster.-Aufl. (36 S.) 15 Pf.; 2. Heft. 15.—17. Ster.-Aufl. (IV, 92 S.) 45 Pf.; 3. Heft. 12. und 13. Aufl. (IV, 99 S.) 45 Pf.; 4. Heft. 5. Aufl. (VIII, 112 S.) 45 Pf.; 6. Heft. Fortgesetzt von Benedict W[illegible]mann. (88 S.) 45 Pf.]
5. Heft. Ebendas. 1878. 45 Pf.

—— Liederstrauß. Auswahl heiterer und ernster Gesänge für Töchterschulen. 1.—5. Heft. 12. Ebendas. [1. Heft. 14. Ster.-Aufl. (36 S.) 888. 15 Pf.; 2. Heft. 19. Ster.-Aufl. (IV, 92 S.) 886. 45 Pf.; 3. Heft. 15. Aufl. (IV, 99 S.) 886. 45 Pf.; 4. Heft. 7. Aufl. (VIII, 112 S.) 886. 45 Pf.; 5. Heft. 3. Aufl. (82 S.) 888. 45 Pf.]
6. Heft. Ebendas. 1883. 45 Pf.

Brähmig, Bernh. Liederstrauß. Auswahl heiterer u. ernster Gesänge f. Töchterschulen. 4 Hefte. 12. Lpz., Merseburger. [1. Heft. 15. Ster.-Aufl. (36 S.) 891. — 15; 2. Heft. 20. u. 21. Ster.-Aufl. (IV, 92 S.) 889,92. — 45; 3. Heft. 16. Aufl. (IV, 99 S.) 889. — 45; 4. Heft. (VI, 114 S.) 890. — 45.] 1 50
5. Heft. 1888; 6. Heft. Ebd. 1880. à Heft — 45.

Brähmig, Bernh., Liederstrauß. Auswahl heiterer u. ernster Gesänge f. Töchterschulen. 1.—4. Hft. 12. Leipzig, C. Merseburger. n. 1. 60
1. 15. Aufl. (36 S.) 891. n. — 15. — 2. 21. Aufl. (IV, 92 S.) 892. n. — 45. — 3. 17. Aufl. (IV, 99 S.) 893. n. — 45. — 4. 9. Aufl. (V, 114 S.) 894. n. — 45.

Brähmig, Bernh., Liederstrauß. Ausw. heit. u. ernster Gesänge f. Töchterschulen. 3 Hfte. 12. Leipzig 897. C. Merseburger. 1. 05
1. 16. Aufl. (II, 36 S.) 898. — 15
2. 22. Aufl. (IV, 92 S.) 897. — 45
3. 18. Aufl. (IV, 99 S.) 897. — 45

Brähmig, Bernh., Liederstrauß. Auswahl heiterer u. ernster Gesänge f. Töchterschulen. 1. u. 4. Heft. kl. 8. Leipzig, C. Merseburger. n. — 60
1. 17. Aufl. (36 S.) 906. n. — 15
4. 10. Aufl. (VI, 114 S.) 904. n. — 45

Brähmig, Bernh.: Liederstrauss. Ausw. heit. u. ernster Gesänge f. Töchtersch. I—III. Heft. kl8° Lpzg, C Merseburger. 1.05 d
I. 17. Afl. (36) '06. — 15 | II. 23. Afl. (92) '09. — 45 | III. 19. Afl. (99) '07. — 45.

— dass. Fortgesetzt v. Aug. Brandt. V. Heft. 4. Afl. (82) kl8° Ebd. '09. — 45 d

—— Rathgeber für Musiker und Freunde der Tonkunst bei der Wahl geeigneter Musikalien. Eine übersichtl., progressiv geordnete Zusammenstellung der wichtigsten und brauchbarsten Werke aus allen Fächern der Musik-Literatur. Nebst andern nützl. Bemerkungen. gr. 16. (VI und 138 S.) Leipzig 862, Merseburger.

— Ratgeber für Musiker u. Freunde der Tonkunst bei der Wahl geeigneter Musikalien. Eine übersichtliche, progressiv geordnete Zusammenstellung der wichtigsten u. brauchbarsten Werke aus allen Fächern d. Musik-Litteratur. Nebst anderen nützlichen Bemerkungen. 2. verm. u. verb. Aufl., umgearb. v. H. Kürbitz. 8. (X, 143 S.) Ebend. 882. n. 1. —

—— Turnliederbuch mit 1-, 2- und 3-stimmigen Tonweisen. Für die deutsche Jugend, insbesondere in Schulen hrsg. gr. 16. (IV und 92 S.) Leipzig 865, Merseburger.

Brähmig, Bernh., der Volkssänger. Eine Sammlung einfacher, zum Theil ganz leichter Männer-Lieder und Chöre für Volks-Gesangvereine in Stadt und Land. Nebst einer kurzgefaßten Anleitung zum Einführen der Sänger in die Elemente des Ton- u. Notenwesens. 3 Hefte. Erfurt 864. Körner's Verlag. hoch 4. 28 ngr.
1. Heft (31 S.) n. 8 ngr. — 2. Heft (36 S.) n. 8 ngr. — 3. Heft (52 S.) n. 12 ngr.

— Zionsklänge. Sammlung einfacher kirchlicher Festgesänge. Für 2- u. 3stimm. Chor bearb. u. mit leichter Orgelbegleitung versehen. Ebend. 866. qu. 4. (V, 66 S.) 12 ngr.

Brähmig, Camillo Beiträge zur Litteratur der Hugenottenkriege. I. Die menippeische Satire. 19 S. Progr. Vegesack 1879.

Brahms. —

Brahms, Johs., s.: Deiters, H.

Brahms, Johs., s. Krause, Emil. — Nagel, Willib.

—— s. Musikheroen der Neuzeit.

Brahms, Joh., Lebensgang und Würdigung seiner Werke, s. Vogel, B.

Johannes Brahms. Erläuterg s. bedeutendsten Werke v. C. Beyer, R. Heuberger, Prof. J. Knorr ... Nebst e. Darstellg s. Lebensganges m. bes. Berücks. s. Werke. Von A. Morin. *Frankfurt a. M.: H. Bechhold [1897].* (XLIV, 307 S.) 1 Bd 8.
(Musiker u. ihre Werke.)

Brahms, Johs. Erläuterg s. bedeutendsten Werke v. C Beyer, R Heuberger, J Knorr, H Riemann, J Sittard, K Söhle u. GH Witte. Nebst e. Darstellg s. Lebensganges m. bes. Berücks. s. Werke. Von A Morin. 8° (44, 307 m. Bildnis.) Frankf. a/M. 97. Lpzg, H Seemann Nf. Geb. in L. 5 —

Brahms, Johannes, Erläuterg. s. bedeutendst. Werke v. C. Beyer, R. Heuberger, J. Knorr, H. Riemann, J. Sittard, K. Söhle u. G. H. Witte. Nebst e. Darstellg. s. Lebensganges m. bes. Berücksicht. s. Werke. Von A. Morin. 8. (XLIV, 307 S. m. Bildn.) [Frankfurt a/M. 897. H. Bechhold.] Stuttgart, J. Schmitt Verlag. Geb. in Leinw. n. 5. —

Ⓑ **Brahms, Johannes.** Erläuterg. seiner Werke. 897. Jetzt: Berlin, Schlesinger.

Brahms, Johannes. Zürich [1898—99]. V: *Steiner, Ad.* (Berl) (Zuwachsverz. d. Bibliotheken in Zürich 1898 ff.)

[J.] Zur Abwehr. Johannes Brahms und Die 'Ungarischen Tänze'. *Berlin: N. Simrock 1897.* (13 S.) 1 Bd 8.

Brahms [Verfasser].

Brahms, Anfangsgründe der Deich- und Wasserbaukunst. 2. Aufl. Thl. 1. Aurich 1767. 4. Vgl. Brahm, Alb.

Brahms, Johs., Briefwechsel. I u. II. Im Briefwechsel m. Heinrich u. Elisabet v. Herzogenberg. Hrsg. v. Max Kalbeck. 2 Bde. (XXIX, 200 u. 286 S. m. 2 Bildnissen.) 8. Berlin 907. Deutsche Brahms-Gesellschaft. à n. 3. 50; geb. à n. 4. 50

Brahms', Johannes, Briefwechsel. I—VII. 8. Berlin, Deutsche Brahms-Gesellschaft. 26,50; geb. 33. 50
I. II. Johannes Brahms im Briefwechsel m. Heinrich u. Elisabeth v. Herzogenberg. Hrsg. v. Max Kalbeck. 2 Bde. 2., durchgeseh. Aufl. (XXIX, 200 u. 287 S. m. 3 Bildnissen.) 908. à 3.50; geb. à n 4.50
III. Johannes Brahms im Briefwechsel m. Karl Reinthaler, Max Bruch, Hermann Deiters, Friedr. Heimsoeth, Karl Reinecke, Ernst Rudorff, Bernhard u. Luise Scholz. Hrsg. v. Wilh. Altmann. (VII, 237 S. m. 2 Faksms.) 908. 3.50; geb. n 4.50
IV. Johannes Brahms im Briefwechsel m. J. O. Grimm. Hrsg. v. Rich. Barth. (XVI, 163 S. m. 2 Bildnissen.) 908. 3.—; geb. n 4.—
V. VI. Brahms, Johannes, im Briefwechsel m. Joseph Joachim. Hrsg. v. Andr. Moser. 2 Bde. (IV, 329 u. 300 S.) 908.

Brahms', Johs, Briefwechsel. VII. 8° Berl., Deut. Brahms-Gesellsch. (I—VII: 26.50; geb. 33.50) d VII. Im Briefwechsel m. Hermann Levi, Friedrich Gernsheim, sowie d. Familien Hecht u. Fellinger. Hrsg. v. Leop. Schmidt. (9, 324) '10. 4 — geb. 5 —

Des jungen Kreislers Schatzkästlein. Aussprüche von Dichtern, Philosophen u. Künstlern. Zusammengetr. durch Johannes **Brahms**. Hrsg. von Carl Krebs. Berlin: Deutsche Brahmsgesellsch. 1909. (XIII, 201 S.) 8° [J.]

— Symphonien u. andere Orchesterwerke, erläutert v. I. Knorr, H. Riemann, J. Sittard, s.: Meisterführer Nr. 3.

Brahms, Johs., s.: **Verzeichniss** der im Druck erschienenen Compositionen v. J. B.

Brahms, J., s.: **Verzeichniss,** thematisches, d. bisher im Druck erschienenen Werke v. J. B.

Vollständiges Verzeichnis aller im Druck erschienen Werke von Johannes Brahms nebst systemat. Verzeichnis u. Register aller Textanfänge. Berlin [usw.]: Simrock 1908. 42 S. 8°

Brahms, Wilhelm, aus Sande i. Oldbg.: Aus d. Universitäts-Frauenklinik zu Bonn. Über die mechanische Erweiterung der Cervix nach Bossi. *Bonn 1904: C. Georgi.* (44 S.) 8°
Bonn, Med. Diss. v. 23. März 1904

Brahms, Willy: Welche Rechte und Pflichten haben das uneheliche Kind und die Mutter? E. gemeinverständl. Darst. ihrer gegenseit. Rechtsbeziehungen nach d. Bestimmungen des BGB. u. Anleitung z. selbständ. Vertretung ihrer Rechte vor Gericht. — Berlin: Steinitz (1902). III, 72 S. 8°

Brahms-Bilderbuch, ein. Hrsg. von Wilt. v. Miller zu Aichholz. Mit erläut. Text v. Max Kalbeck. (III, 119 S.) 4. Wien (905). R. Lechner's Sort. Geb. in Leinw. n. 14.—

Brahms-Kalender auf d. J. 1909. Hrsg. v. der „Musik" (89 S. m. Abbildgn.) gr. 8. Berlin, Schuster & Loeffler. 1.—; geb. bar 1.60; Luxusausg. 8. —

Brahn, Benno, a. Laurahütte: Über den Einfluß von Substituenten auf die Umlagerungsgeschwindigkeit desmotroper Formen. Berlin 1906: Rosenthal. (47 S.) 8°
Tübingen, Naturw. Fak., Ref. Wislicenus, Diss. v. 5. März 1906
[Geb. 21. Juni 77 Laurahütte, Schlesien; Wohnort: Tübingen; Staatsangeh.: Preußen; Vorbildung: Pharmaz. Staatsprüfung mit 1; Studium: Leipzig 6, Tübingen 4 S.; Coll. 5. März 06.]

Brahn, K. (Red.) s. Glas-Industrie, Die.

Brahn, Ludw., Herodes der Grosse u. Kleopatra. Drama in 5 Akten. 12. (177 S.) Leipzig 900. [F. Fleischer. Verl.] Essen a/Ruhr, Bauinspektor Brandis. n. 2.50

Brahn, Max, s: Archiv f. Pädagogik.

Brahn, Max: Experimentelle Beiträge zur Gefühlslehre. T. 1: Die Richtungen des Gefühls. Mit 2 Taf. *Leipzig: W. Engelmann 1901.* (03 S.) 8° ¶ (Aus: Wundt's Philos. Studien, Bd 18, H. 1.)
Leipzig, Phil. Hab.-Schr. v. 17. Dez. 1901

Brahn, Max [aus Laurahütte '(Oberschles.)']: Die Entwicklung des Seelenbegriffes bei Kant ... Leipzig, Gebr. Gerhardt, Lith. Anst., Buch- u. Steindr., *1896*; 66 S. 8.
Heidelberg, Phil. Fak., Inaug.-Diss. v. [30. Juni] 1896

Brahn, Max, die Entwicklung des Seelenbegriffes bei Kant. Diss. gr 8. (66 S.) Leipzig 896. (G. Fock.) n. 1. —

Brahn, Max, s.: Jubelfeier, die, des 500jähr. Bestehens der Universität Leipzig.

— s.: Mettrie, de la, der Mensch e. Maschine.

Brahn, Max, s. Schopenhauer, Arth.: Briefwechsel.

Brahn, Max, s.: **Studien,** pädagogisch-psychologische.

Brahn, Max, s.: Veröffentlichungen d. Instit. f. experimentelle Pädagogik u. Psychol. d. Leipz. Lehrervereins

— s.: Zeitschrift f. pädagogische Psychologie.

Brahtz, Ernst

Brahtz, E., B. Kirsch, H. Kracht, Atlas zur Vorschule f. das Maschinenzeichnen. Hrsg. im Auftrage u. m. Unterstütz. des königl. preuss. Ministeriums f. Handel u. Gewerbe. gr. Fol. (60 z. Tl. farb. Taf.) Dortmund (901). Ruhfus'sche Kunst- u. Buchh. In Mappe n.n. 20. —

Auszug aus dem Atlas der Vorschule für das Maschinenzeichnen von d. Kgl. Maschinenbauschullehrern Prof. E. **Brahtz**, B[runo] Kirsch H[erman]n Kracht. Lehrgang f. Fortbildungsschulen. *Dortmund: Ruhfuss 1900.* (20 S.) quer 8° [04. 7086

Brahtz, E, B Kirsch u. H Kracht: Atlas z. Vorsch. f. d. Maschinenzeichnen. (Mappe: 2. Afl.) (60 Taf. m. Text auf d. Mappe.) 62,5×46 cm. Dortm., FW Ruhfus '12.
in HL-M 25 —

Programm der Abend- und Sonntagsschule für Maschinenbauer an der Königlichen Höheren Maschinenbauschule zu Stettin. [Verf.: Ernst **Brahtz**.] *Stettin 1904: L. Pasenow.* (23 S.) 8° [04. 7936 ●

Programm der Königlich Preußischen Höheren Maschinenbauschule zu Stettin. (Verf.: E[rnst] **Brahtz**.) *Stettin 1903: L. Pasenow.* (44 S.) 8° [04. 7937 ●

Braid, James

Braid, Abhandlung, s.: Preyer, W., der Hypnotismus.

Braid, J., Der Hypnotismus. Ausgew. Schriften von J. Braid. Deutsch herausg. von W. Preyer. gr. 8°. Berlin, Paetel. 1881. M. 10.—
(Original [englisch] erschien 1852.)

Braid, J., der Hypnotismus. Ausgewählte Schriften. Deutsch hrsg. von W. Preyer. gr. 8. (X, 287 S.) Berlin 882, Gebr. Paetel. *

***Braig*, August., conspectus metaphysicae et philosophiae morum; cum positionibus ex trigonometria plana et algebra. 8. Altd. et Vien. 793.**

— materies tentaminis publici, ex philosophia universa. 8. Altd. et Vien. 794.

Dem Andenken an Großherzog Friedrich I. von Baden. Rede bei d. Trauerfeier d. Univ. Freiburg im Br., geh. 1907 v. derzeit. Prorektor Karl **Braig**. Freiburg im Br.: Herder 1908. (22 S.) 4° [08. 3021

Braig, Karl, Christ u. Bürger. Rede bei der Feier des 450. Todestages des sel. Markgrafen Bernhard v. Baden, geh. in der städt. Festhalle zu Karlsruhe am 26. VII. 1908. (32 S.) 8. Freiburg i/B. 908. Herder. — 50

Modernstes Christentum und moderne Religionspsychologie. 2 akad. Arbeiten von Karl **Braig**, Prof., Freiburg i. Br. 2. Ausg. Freiburg im Br.: Herder 1907. (VI, 150 S.) 4°(8°) [07. 17533

Braig, Karl, zur Erinnerung an Franz Xaver Kraus. Im Namen der theolog. Fakultät an der Universität Freiburg i. Br. Mit dem Bildnis v. Franz Xaver Kraus u. e. Verzeichnis seiner Schriften. Lex.-8. (70 S.) Freiburg i/B. 902. Herder. n. 1. 50

Braig, Karl, Die Freiheit der philosophischen Forschung in kritischer und christlicher Fassung. Eine akademische Antrittsrede mit einer Vorbemerkung. Freiburg, Herder, 1894, 8°, XII, 64 S., 60 Pf.

—— Gottesbeweis oder Gottesbeweise? Würdigung neuer und neuester apologetischer Richtungen. In Briefen an den hochw. Herrn Prof. Dr. Konstantin Gutberlet in Fulda. Stuttgart, Metzler, 1888, 8°, 235 S., 3,40 Mk.

Braig, Carl, Grundzüge d. Philosophie (1. Buch.) Vom Denken. Abriß d. Logik. gr. 8. (VIII, 142 S.) Freiburg i/B. 896. Herder. n. 2. —; geb. in Halbleinw. n. 2. 50

Braig, C: Die Grundzüge d. Philosophie. 2—4. Buch. 8° Freibg i/B., Herder. 7.40; geb. 9 —
2. Vom Denken. Abriss d. Logik. (141) 96. 2 —; geb. 2.50
3. Vom Erkennen. Abriss d. Noetik. (255) 97. 3.40; geb. 4 —
4. Vom Sein. Abriss d. Ontol. (158) 96. 2 —; geb. 2.50

Braig, Karl, s: Jesus Christus.

— die Kunst d. Gedankenlesens, s. a. Broschüren, Frankfurter zeitgemäße.

Braig, Karl, Die Kunst des Gedankenlesens. Ein Gegenstück zum Spiritismus. Frankf. zeitgem. Broschüre Bd. 8, Heft 2. Fösser Nachf., 1886, gr. 8°, 36 S., 50 Pf.

Leibniz. Sein Leben u. d. Bedeutung s. Lehre. Von Prof. Dr. Carl **Braig**. Freiburg i. B. *Hamm i. W.: Breer & Thiemann 1901.* (29 S.) 8° [F.]
— **Broschüren**, Frankfurter zeitgemässe. N. F. Bd 20, H. 6. [01 ...

— Der Modernismus u. d. Freih. d. Wissensch. (7, 58) gr8° FreiburgB., Herder '11. — 75 d

Braig, Karl, der Papst u. die Freiheit. Rede zur Feier des 25jähr. Regierungsjubiläums Sr. Heil. Papst Leo XIII. Geh. in der Festhalle zu Freiburg i. Br. am 1. III. 1903. Beigabe: Päpstliche Aussprüche üb. die Freiheit. (89 S.) Lex.-8. Freiburg i/B. 903. Herder. n. 1. —

Braig, Karl, Prof. Dr., gegenwärtiger Prorektor: Der Ursprung der religiösen Vorstellungen und die Phantasie. Freiburg i. Br. 1907: C. A. Wagner. (100 S.) 4°
Freiburg i. Br., Progr. zum Geburtstag des Großherzogs 1907

Was soll der Gebildete von dem Modernismus wissen? Ein Vortrag von Prof. Dr. Karl **Braig**, Freiburg i. Br. Hamm: Breer & Thiemann 1908. (27 S.) 8° [Umschlagt. F.]
— **Broschüren**, Frankfurter zeitgemäße. Bd 28, H. 1. [08. 15995

Das Wesen des Christentums an einem Beispiel erläutert oder Adolf Harnack und die Messiasidee. Ein Vortrag von Carl **Braig**, Dr., Prof. *Freiburg i. Br.: Herder 1903.* (40 S.) 8° [F.] [03. 4071

Braig, Karl, Die Zukunftsreligion des Unbewußten u. das Princip des Subjektivismus. Ein apologetischer Versuch. Freiburg, Herder, 1882, 8°, XII, 333 S., 6 Mk.

Braig, Mich., kurze Geschichte d. ehemal. vorderösterreich. Benediktiner-Abtey Wiblingen in Schwaben. (Mit 1 lith. Ansicht dies. Klosters.) gr. 8. (26 B.) Jsni 834. (Ulm, Nübling.) *

Braijer, Lajos: Ungar. Dichtungen. In deut. Sprache übertr. (179) kl8° Lpzg '06. Konst., O Hirsch. 2 — d Vergr.

Brájjer, Lajos, ungarische Dichtungen. In deutsche Sprache übertr. (VIII, 179 S.) kl. 8. Leipzig 906. C. Kempe. n. 2. —

Braikoff, Nicolaus P. [aus Carlova, Bulgarien]: Synthese von Pyrrolderivaten. . . . München, J. A. Finsterlin, 1890; 3 Bl., 18 S. 8°
Erlangen, Phil. Fak., Inaug.-Diss. v. 1890

Braikowich, F., zur Wasserversorgung der niederösterreichischen Südbahngemeinden. Wiener-Neustädter „Tiefquellen"- od. Marientaler „Hochquellen"-Wasser? Tatsächliches zur Beantwortg. dieser Frage. (86 S.) gr. 8. Wien 905. Lehmann & Wentzel. n. 1. —

Brailowsky, Baruch, a. Konstantinograd (Rußland): Über totale doppelseitige Oberkieferresection. Eine neue Methode der künstlichen Schliessung der Mundhöhle. Freiburg i. B. 1906: E. A. Günther. (47 S.) 8°
Freiburg i. B., Med. Fak., Ref. Kraske, Diss. v. 1906
[Geb. 9. April 78 Konstantinograd; Wohnort: Jekaterinoslaw; Staatsangeh.: Rußland; Vorbildung: Gymn. Berdjansk Reife M. 00; Studium: Berlin 8, Freiburg i. B. 1 S.; Rig. 3. Aug. 06.]

Brainin, Ruben (Hrsg.), s. Mimisrach Umimaarabh.

Brainin, S., der Riga'sche Strand. Aerztlicher Führer an demselben. 8. (IV, 108 S.) Riga 885. (Bruhns.) 1. 75

Brainin, S[alman], Smolensk: Beiträge zur Pathogenese der congenitalen Sacraltumoren. Basel 1909. 24 S. 8°.
Basel. Med. Diss. 1909/10.

Brainin, Simon, aus Riga, und Dihrik, Arthur, aus Arensburg, Vergleichende Messung der Neigung des weiblichen Beckens bei verschiedenen Nationalitaten.
Preisschrift Dorpat 1880

Brainl, Karl Friedrich

***Brainl*, Karl Fr., jus germanicum privatum. T. I. 8 maj. Wien 781. Gerold. (Barth in Leipz.; auch Haslinger in Linz). 1 ... 4 K Tom. II — IV. Staatsrechtl. Begriffe vom römisch-deutschen Rechte. 8. Ebd. 784.**

— Lehrs. üb. d. Praktik d. beyden höchsten Reichsger. gr. 8. Wien, Camesina. 773.

Brainl, K. Fr.: Lehrsätze über die Praktik der beyden höchsten Reichsgerichte. *Wien*, (Heubner.) 773. gr. 8. (1 Thl.)

Brainl, Karl Friedr.: Lehrsätze über die Pracktick der beiden höchsten Reichsgerichte. Wien 1776.

— von der Nothwendigkeit, dem Nutzen u. d. Methode öffentl. Vorlesungen über die Reichspraxin. 8. Wien.

Braitenberg, Jos. v., s.: Jubilate des Reichsgerichts usw. in Sachen des Kultus.

Braitenberg, Rob. v. Die historischen Anspielungen in den Tragödien von Sophokles. 31 S. 8. Progr. Neust. G. *Prag* 1881

Braitenberg, Rob. v. Über das Verhältnis Catulls zu seiner Zeit. 22 S. 8. Progr. Kleins. *Prag* 1882.

Braithwaite, Allerneueste Maroccanische Staats-Veränderung. A. d. Engl. 4. Mit 1 Karte. Hamb. 1730.

Braitmaier, Friedrich Jakob

Braitmaier, Friedrich, Prof. Geschichte d. poetischen Theorie und Kritik von den Diskursen der Maler bis auf Lessing. I. Theil. Gr. in-8⁰, X u. 312 S. Frauenfeld, J. Huber's Verlag. 6 — 1888

Braitmaier, Fr. Geschichte der poetischen Theorie und Kritik von den Diskursen der Maler bis auf Lessing 2. Theil (Schluss). Gr. in-8⁰, 208 S. Frauenfeld, J. Huber's Verlag. 1889 6 —

Braitmaier, *Friedrich Jacob* [Prof. Dr.]: Göthekult und Göthephilologie. Tübingen, Druck v. H. Laupp jr., 1892; 2 Bl., 118 S., 1 Bl. 8.
Tübingen, k. G, P 1892 (587 [vielm. 590])

Braitmaier, Göthekult u. Göthephilologie. Eine Streitschrift. gr. 8. (IV, 118 S.) Tübingen 892. (Leipzig, G. Fock.) n. 2. 50

Braitmaier, über die Schätzung Homers und Virgils von C. Scaliger bis Herder. gr. 8. (72 S.) Tübingen 886, Fues' Verlag. *
Aus: Korrespondenzblatt für die württembergischen Gelehrten- und Realschulen, besonders abgedruckt.

Braitmaier, Friedr. Jak. Die poetische Theorie Gottscheds und der Schweizer. 51 S. Progr. *Tübingen* 1879.
Vgl. des Verf. Geschichte der poetischen Theorie und Kritik von den Diskursen der Maler bis auf Lessing. I. (X, 312 SS.) 8. Frauenfeld 1888, Huber. 5 Mk.

Braitmaier, die poetische Theorie Gottsched's u. der Schweizer. 4. (51 S.) Tübingen 879. (Fues.) n. 1. 50

Braitmaier, Heinrich, approb. Arzt aus Tübingen: Ein **Beitrag** zur Physiologie und Histologie der Verdauungsorgane bei Vögeln. *Tübingen: F. Pietzcker 1904.* (40 S.) 8°
Tübingen, Med. Diss. v. 1904

Braitmaier, Herm., Geschichte der Kirche Christi in übersichtlicher Darstellung. Ein Hilfsbuch bei der Fortbildg. evangel. Lehrer. gr. 8. (VIII, 383 S.) Minden 885. 86. Hufeland. n. 4. 80

Braitmaier, Herm. Lehrbuch der Kirchengeschichte in übersichtlicher Darstellung f. evangelische Lehrer. Insbesondere zur Vorbereitg. auf Religionsprüfgn. bearb. 2. wohlf. (Titel-)Ausg. gr. 8. (VIII, 383 S.) Minden i. W. 892, Hufeland. * 3 50; geb. * 4 50

— das evangelische Kirchenlied. Historische Entwicklg. u. method. Behandlg. in Fragen u. Antworten. Ein Wiederholungsbuch bei der Vorbereitg. zu den Lehrerprüfgn. gr. 8. (96 S.) Leipzig 884. Siegismund & Volkening. n. 1. —; cart. n. 1. 20

Braitwell, ein bürgerliches Trauerspiel. Giessen 1769. V: *Falcke, Ernst Friedrich Hector.* (HS) (Ky) (MGT)

Braitwell. Trauersp. 8. Frkft. (Krieger in Marburg.) 770.

Brake (Schlagwort)

Brake, s.: Deutschland. Karte. (Abt. Preussen.) — Preussen. Messtischblätter.

Brake. – Gier, H.: Plan d. Stadt Brake. Lith. Brem. 1881, V.

Brake [Verfasser]

Brake, Ernst: Die Reduktion des brandenburgischen Heeres im Sommer 1641. *Bonn 1898: K. Drolnig.* (67 S.) 8°
Bonn, Phil. Diss. v. 17. Febr. 1898

Brake, Geo., zur deutschen Judenfrage. Ein Wort zum Frieden. gr. 8. (100 S.) Gotha 880. F. A. Perthes. n. 1. 80

Brake, G., der Religionsunterricht u. die Kirche. Zugleich e. Antwort auf die Brochüre „Unser Seminar u. die Kirche." 8. (24 S.) Oldenburg 873. Schulze. n. - - 40

Brake, G., der christliche Socialismus des Pfarrers Todt. Eine theolog. Kritik. gr. 8. (III, 84 S.) Oldenburg 879, Schmidt's Buchh. *

— die Union der Confessionen und der kleine Katechismus Luther's. Ein offener Brief an Herrn Pastor Ramsauer. 8. (32 S.) Oldenburg 873, Schulze'sche Buchh.

Brake, Ludw.: Werkzeugmaschine u. Arbeitszerlegg. s. a. Schriften d. Verbandes deut. Diplom-Ingenieure.

Brake, L., Werkzeugmaschine und Arbeitszerlegung. Ein Versuch zur Ergänzung der national-ökonomischen Lehre von der Arbeitsvereinigung und Arbeitsteilung. Diss. Berlin, 1910. 69 S.

Brakebusch, Herb.: Armin. Trauersp. 2. [Tit.-]Ausg. (125) 8° Wolfenb., J Zwissler [1897]1909. 1.20 d
Bei d. 1. Afl. lautete d. Verf.-Name: Brackebusch.

Brakebusch, Herb., Armin. Trauerspiel in 5 Aufzügen. 2. zum 1900jähr. Gedächtnis der Schlacht im Teutoburger Walde veranstaltete [Titel-]Ausg. (125 S.) 8. Wolfenbüttel [897] 909. J. Zwißler. 1. 20

— Jesus. Theodie in e. Eröffnungsspiel u. 5 Offenbargn. nach dem Evangelium des Johannes. (Musik v. Thdr. Erler. Text-Ausg.) (72 S.) 8. Ebd. 909. 1. —

Brakebusch, Johann Georg Lorenz, s. a. Brackebusch, Johann Georg Lorenz

ELISA, kein Weib wie es seyn sollte. Ein hoechstnoethiges Wort zur richtigen Schätzung der (zahmen) Schrift (der Wilhelmine Caroline v. Wobeser, geb. v. Rebeux, geb. 1769, † 1807) Elisa, oder das Weib, wie es seyn sollte (von *Joh. Gg. Lor. Brakebusch*). 2 Bde. Hildesheim, Gerstenberg, 1800—1. 8⁰.
Anon.-Lex. II. p. 18 (nach v. Schindel). 2 Thle. hat auch Kayser p. 31. — Mit dem Nebentitel: „Musterkarte von Weibern, Männern, Jünglingen und Kindern, wie sie sind, sein können und sein sollen." (8 Mk., 374 S., ohne Theilesangabe, H. Streisand, Berlin, 1907.)
— — Dasselbe. 2 Bde. Ebd. 1817. 8⁰. (4 Mk. Südd. Antiqu., München, 1907.)

TRAUTMANN, Carl. Geschichte seines Lebens .... (Roman von *Joh. Georg Ludw. Brakebusch*). Hannover 1791.
Anon.-Lex. IV. p. 188 (nach Kayser). — Selten!

Brakel [Schlagwort]

Brakel, s.: Deutschland. Karte. (Abt. Preussen.) — Westfalen. Grundkarte.

Brakel [Verfasser]

Brakel, Clem. van, Sprachbüchlein für Volksschulen. Neu bearb. 4., verm. Aufl. 8. (II, 50 S.) M.-Gladbach 893. R. Hoster. n. — 35

Übungen zum Rechtschreiben für Schule und Haus. Zsgest. von Clemens van Brakel. Haupttl. *M. Gladbach: P. Holl; [F. Kerl. 1899].* (24 S.) 8° [F.] [illegible]

Brakel, Isr. Abr., s. Salomo's hohes Lied.

Brakelmann, F. W. J. Giovan Francesco Straparola da Caravaggio. Göttinger phil. Diss. 1867. 8°. 47 S.

Brakelmann, Jules, les plus anciens chansonniers français, s.: Ausgaben u. Abhandlungen aus d. Gebiete d. roman. Philologie.

Braken, H., s. a. Bracken, D. H.

Braken, H., Verbesserte Rossarzneikunst. 8. Altenburg 785. (Neisse, Hennings.) M. 1.75

Brakenhausen, F., für und wider den Entwurf e. Prozeß-Ordnung in bürgerlichen Rechtsstreitigkeiten für den norddeutschen Bund mit e. kurzen Darlegung seines Inhalts. Berlin 869. Weber. gr. 8. (2 Bll., 44 S.) n. 8 ngr.

Brakenhausen, F., Sammlung der zum Reichs-Stempelgesetz vom 1. Juli 1881 ergangenen preußischen Finanz-Ministerial-Rescripte. Nebst den Beschlüssen der Sachverständigen-Commission der Fondsbörse, der ständ. Deputation der Produktenbörse und der Delegirten-Conferenz, und einem Nachtrag. 8. (IV, 68 S.) Berlin 882, H. W. Müller. * 1 —

Brakenhausen, F., finanz- und social-polit. Vorschläge. gr. 8. (47 S.) Berlin 887, v. Decker's Verlag. *

Vortrag über die Verschönerung der modernen Münzen in der numismatischen Gesellschaft zu Berlin, gehalten von F. v. BRAKENHAUSEN. Als Manuscript gedruckt von Wilhelm Gronau in Berlin. 1891. 8°.

Brakenhausen, M v.: Ein Wegweiser f. d. Einrichtg v. Schulsparkassen, s.: Bericht, 16., d. deut. Ver. f. Jugendsparkassen.

Wegweiser für die Einrichtung von Schulsparkassen nebst e. Muster f. Satzungen u. d. Buchführung von Dr. M[aximilian] v. **Brakenhausen.** Berlin: C. Heymann 1907. (20 S.) 4° [F.] [illegible]

Brakenhof, H. A. L., Elementar-Unterricht im Kopfrechnen. 8. Eimbeck. (Hildesh., Gerstenberg). 6 gr.

Brakenhoff, A. H. L., theoret.-prakt. Hülfsbuch bei d. gem. Rechnen auf d. Tafel f. Kinder u. Erwachsene. 8. (13 B.) Osterode 837, Sorge.

— das Nöthigste z. Rechtsprechen u. Rechtschreib. d. deutsch. Sprache, auch kurze Anleitung zum Schreiben d. Briefe, Quittungen ꝛc. Nebst gebräuchl. Titulaturen. 2e Aufl. 8. 827. (Hannov., Hahn). 3 gr.

— das Nöthigste üb. Rechtsprechen u. Rechtschreiben d. deutschen Sprache; wie auch e. kurze Anleit. zum Schreiben d. Briefe, Quittungen, Scheine ꝛc.; nebst d. gebräuchl. Titulaturen. Für Stadt- u. Landschulen. 3., verb. u. verm. Aufl. 8. (6 B.) Hannover 830, Hahn'sche Hofbuchh.

— d. Tafelrechnen, s. Fr. Breuker.

Brakenhoff, H. L., schulmäßige Besprechung der Belehrung üb. Rechtschreiben der deutschen Sprache. 8. (37 S.) Goslar 873. Stoeckicht. n. — 40

Brakenhoff, Heinr. Ludw., Geschichte der Hannoverschen und Braunschweigischen Lande in sechzig Erzählungen. 1—7. Liefg. Einbeck 855. Ehlers. gr. 8. (S. 1—330.) Jede Liefg. n. 5 ngr.

Brakenhoff, H. L., Geschichte der Hannoverschen und Braunschweigischen Lande in sechzig Erzählungen. Mit dem Stahlst.-Portr. des Königs Georg V. von Hannover. 2. Aufl. Einbeck 860. Ehlers. gr. 8. (374 S. u. 1 Tab. in Fol.) n. 1 thl 10 ngr.

— neuer Kinderfreund, ein Lehr- und Lesebuch nebst einem angehängten Gesangbuche für Volksschulen. 9., oder 6. Stereot.-Aufl. 855. n. 5 ngr. — 10., oder 7. Stereot.-Aufl. Ebend. 858. 8. (VIII, 328 S.) n. 6½ ngr.

— Rechtschreibe-Schule der deutschen Sprache für Bürger- und Volksschulen; wie auch zur Selbstbelehrung für Erwachsene. 8. (44 S.) Goslar 873, Stoeckicht. *

— kurzer theoretisch-practischer Unterricht im Tafelrechnen. Zugleich auch ein Führer durch Krancke's arithmetisches Exempelbuch. 1. Heft. Hannover 863. Hahn. gr. 8. (V, 106 S.) 6 ngr.

Braeker, Hermann, aus Lüttringhausen: **Ein Fall von reinem Adenoma malignum des Fundus uteri im Anschluss an eine glanduläre Endometritis.** *Würzburg 1892 [vielm. 1901/02]: Etlinger.* (28 S.) 8°
Würzburg, Med. Diss. v. 1892

Bräker, J[acob]. Das Obligatorium der Lehrlingsprüfungen und gewerblichen Fortbildungsschulen. — St. gallischer kantonaler Gewerbeverband. Referat ... an der Delegiertenversammlung in Ebnat den 12. Mai 1901. II + 14 S. 8. Lichtensteig, Mäder.

Bräker, Ulr., s: Etwas üb. Shakespeares Schauspiele.

— s: Leben, Das, u. d. Abentheuer d. armen Mannes im Tockenburg.

Bräker, U., der arme Mann im Tockenburg, s. Mann.

[Bräker (Ulr.).] - Sämmtliche Schriften des Armen Mannes im Tockenburg. Gesammelt und herausgegeben von H. H. Füssli. - *Zürich, bei Orell, Gessner, Füssli et Co,* 1789-1792. In-8°.
Le vol. I contient 8 vignettes gravées à l'eau-forte et [illegible]

— Vom Geissbuben z. Rekruten Friedrichs d. Gr., s: Schaffstein's blaue Bändchen.

Brakl, Frz. Jos., Gedenkschrift anlässlich des 25jährigen Bestehens des Gärtnerplatztheaters. gr. 8. (63 S. m. Bildnissen u. Fksms.) München (890). (Rubinverlag.) n. — 50

Brakl, Frz. Jos., Hans Jürge. Romant. Oper in 1 Akt, nach Holtei's „Perlenschnur". 4. (50 autogr. S.) München (898). Rubinverlag. n 1. —

— Margit. Romant. Oper in 3 Akten (n. Henrik Ibsens „Fest auf Solhaug", Übersetzg. Emma Klingenfeld.) gr. 8. (68 S.) Ebd. (898) n. 1. —

Brakl, Frz. Jos., moderne Spieloper. Mit 12 Beilagen [Porträts und Handschriften]. 4. (V, 167 S.) München 886, Franz' Verlag. *

Brakl, Franz Jos. Moderne Spieloper. 2. Auflage. München und Leipzig 1886.

Brakman, J. F. C., Ammianea et Annaeana. (III, 38 S.) gr. 8. Leiden 909. Buchh. u. Druckerei vorm. E. J. Brill. nn 1. —

Brakman, J. F. C., Annaeana nova, Velleiana, ad scriptores hist. Aug., ad panegyricos latinos. (V, 86 S.) gr. 8. Leiden 910. Buchh. u. Druckerei vorm. E. J. Brill. 1. —

Brakman, J. F. C., Bobiensia. (89 S.) Lex.-8. Traiecti ad Rhenum 904. (Amsterdam, J. Müller.) n. 1. 50

— **Sidoniana et Boethiana.** (88 S.) gr. 8. Ebd. 904. n. 1. 50

Brakonnier, Eduard. Anwendung der Geographie auf die Geschichte. Für Deutsche bearbeitet von Franz Schwab. (2 Bde.) 8. Freiburg im Breisgau 1847

Brakonnier, Ed., Anwendung der Geographie auf die Geschichte. Für Deutsche bearb. von Frz. Schwab. 2 Bde. gr. 8. (X und 1342 S.) Freiburg im Br. 848, (Wagner'sche Buchh.) *

Brakonnier, Ed., Anwendung der Geographie auf die Geschichte. Für Deutsche bearb. von Frz. Schwab. 2 Bde. 2. (Titel-) Ausg. Freiburg im Br. (848) 854. Wagner in Comm. 8. (X, 668; 1 Bl., 676 S.) n. 1 ℔ 6 ngr

Brakordnung hrsg. von den Vorsteherämtern d. Kaufmannschaften zu Königsberg, Memel u. Tilsit. *(Königsberg i. Pr.: L. Beerwald 1900.)* (8 S.) 8° [Kopft.]
Aus: Deutsche Holz-Zeitung. [09. 10270 10

Bram, Franziska [wirkl. Name]
s.a. **Endeers**, L. van [Pseud.] [11. 3418

Bram, Franziska (L v. Endeers): Der Brandstifter, s: Aus Vergangenh. u. Gegenwart.

Bram, Franziska, Hengstenberg & Cie., s. a. **Aus** Vergangenheit u. Gegenwart. 68. Bdchn.

Hengstenberg & Cie. Novelle von Franziska **Bram**. Kevelaer: Butzon & Bercker [1906]. (96 S.) 8° [F.]
— **Vergangenheit**, Aus, u. Gegenwart. Bdch. 68. [06. 5663 5

Bram, Franziska, Bürgermeister Jorensens Töchter, s. a. **Aus** Vergangenheit u. Gegenwart.

Bürgermeister Jorensens Töchter. Erzählung von Franziska **Bram**. Kevelaer: Butzon & Bercker [1907]. (96 S.) 8° [F.]
— **Vergangenheit**, Aus, u. Gegenwart. Bdch. 80. [06. 6131 5

· Die Zelle d. Gerechtigkeit. 3 Novellen. (291) 8° Köln, JP Bachem ('12). 4 —: geb 5 — d

Bram, Kalman: Chronologia regum Hebraeorum a discessione decem tribuum usque ad reipublicae Israel interitum.
Halle-Wittenberg, Phil. Diss v. 27. Juli 1836
Geb. [Danzig 1806]
Ms. fehlt. Titel nach Umlauf des Dekans und Gutachten des Referenten.

Bräm, A., Andreas Bräm, der Vater der Erziehungsvereine, s.: **Für** Feste u. Freunde der inneren Mission.

Bräm, Andreas, weil. Pfarrer zu Neukirchen bei Moers, † 11. Jan. 1882. Blätter der Erinnerung an den Entschlafenen für seine Freunde. gr. 8. (24 S.) Barmen 882, (Klein.) ✝ — 40

Bräm, Andreas

—— Abschieds-Predigt und Pastor Ludw. Doll, Antritts-Predigt. Gehalten in der evangelisch-reformirten Kirche zu Neukirchen bei Moers. 8. (31 S.) Moers 873, Spaarmann. *

Bräm, A., Beiträge zum Schriftverständniß in Bezug auf Natur, Land, Geschichte, Volksleben. Eine Vierteljahrsschrift für Bibelleser. 1.—4. Jahrg. Juli 1875 — Juni 1879. à Jahrg. 4 Hefte (à 8 Bog.) gr. 8. Neukirchen bei Moers, (Barmen, Klein.) à Jahrg. *

Bräm, Andreas, Beiträge zum Schriftverständniß in Bezug auf Natur, Land, Geschichte, Volksleben. Eine Vierteljahrsschrift für Bibelleser. 5.—9. Jahrg. Juli 1879—Juni 1884. à Jahrg. 4 Hefte. (à Heft 3 Bog.) gr. 8. Neukirchen bei Moers. (Barmen, Klein.)

Bräm, Andr., Beschreibung d. heil. Landes. 2., verm. Aufl. (In Verbind. mit e. Wandkarte.) 8. (12½ B.) Meurs 838, Rhein. Schul-Buchh. * 12 Gr., m. 1 Wandkarte in 6 Bl. *

— s. **Biene, die.**

Bräm, Andr., Bilder aus dem Arbeiterleben. gr. 16. (32 S.) Barmen 869, (Buchh. der evangelischen Gesellschaft.)

—— Blicke in d. Weltgeschichte und ihren Plan. 8. (10½ B.) Strasburg 835, [Rhein.]

Bräm's, Andr., Briefe an Frauen und Jungfrauen über Fragen aus dem praktischen Leben. In 3 Reihen mit dem Bilde und einem kurzen Lebensabriß des sel. Verf. hrsg. von Gfr. Pott. 2. Aufl. 8. (XV, 199 S.) Neukirchen bei Mörs 888, Buchh. des Erziehungsvereins. *ℳ 1.80.: geb. * geb. mit Goldschn. *

[F.] Andreas **Bräm's** Briefe an Frauen und Jungfrauen über Fragen aus dem praktischen Leben. In 3 Reihen m. d. Bilde u. e. kurzen Lebensabr. d. sel. Vfs hrsg. v. Gottfried Pott, Insp. des Erziehgsver. 3. Aufl. *Neukirchen bei Moers: Buchh. des Erziehgsver. [1895].* (XVI, 196 S., 1 Bl., 1 Portr.) 1 Bd 8. [97. 754

Bräm's, Andr., Briefe an Frauen u. Jungfrauen üb. Fragen aus dem praktischen Leben. In 3 Reihen m. dem Bilde u. e. kurzen Lebensabriß des sel. Verf. hrsg. v. Gfr. Pott, nebst e. Vorwort v. Joh. Burckhardt. 4. Aufl. gr. 8. (XVI, 198 S.) Neukirchen 900. Buchh. des Erziehungsvereins. Geb. in Leinw. n. 2. 60

Bräm, Andreas. A' Bräms Briefe an Frauen und Jungfrauen über Fragen aus dem praktischen Leben. In drei Reihen, mit dem Bilde [Tafel] und einem kurzen Lebensabriss des sel. Verfassers hrg. von Gottfried Pott, ... nebst einem Vorwort von Pfarrer Joh[annes] Burckhardt, Berlin. 5. Aufl. [Mit illustriertem Umschlag.] XVI + 198 S. 8. Neukirchen bei Moers, Buchh. des Erziehungsvereins, 1903. [geb. M. 2. 60]
(A' Bräm, geb. zu Basel 1797, gest. zu Neukirchen 1882.)

Bräm's, Andr., Briefe an Frauen u. Jungfrauen über Fragen aus dem praktischen Leben. In 3 Reihen m. dem Bilde u. e. kurzen Lebensabriß des sel. Verf. hrsg. v. Gottfr. Pott, nebst e. Vorwort v. Joh. Burckhardt. 9. Taus. (XVI, 198 S.) 8. Neukirchen (907). Buchh. des Erziehungsvereins. Geb. in Leinw. 2. 60

— über häusliche Erziehung. 2. Aufl. Ebend. 865. (Berlin, E. Beck.) 8. (20 S.) n. 1 ngr

Bräm, A., Gedanken zur Orientirung und Selbstprüfung über die Aufgabe der deutsch-evangelischen Kirche, mit besonderer Beziehung auf den Artikel des Herrn Kirchenraths Dr. Rothe, über die Aufgabe der evangelischen Kirche in der Schenkelschen Zeitschrift. Elberfeld 862. Reinhardt in Comm. gr. 8. (52 S.) n. 5 ngr

— der **Orient** in seiner Bedeutung für die Christenheit unserer Tage. Vortrag gehalten in Moers am 15. Janr. 1867. Moers, Spaarmann in Comm. 8. (16 S.) 2¼ ngr

Bräm, A(ndr.), das Reich Gottes im alten Testamente. gr. 12. (VIII und 256 S.) Heidelberg 850, K. Winter. *

—— das Reich Gottes im Alten Testamente. 2. (Titel-)Ausg. 8. (VIII, 256 S.) Heidelberg (850)68, C. Winter's Universitäts-Buchh. *

Braem, Andreas: Der Gothaische Schulmethodus. Eine kritische Untersuchung über die ersten Spuren des Pietismus in der Pädagogik des siebzehnten Jahrhunderts. *Berlin 1897: Harrwitz Nachf.* (48 S.) 8°
Erlangen, Phil. Diss. v. 13. Nov. 1866

—— der Sündenfall. Beleuchtung von 1. Mose 3. gr. 8. (51 S.) Barmen 857, (Bertelsmann.) *

Bräm, A., der Sündenfall. Beleuchtung von 1. Mose 3. Barmen 857. Steinhaus in Comm. gr. 8. (1 Bl., 51 S.) n. 5 ngr

Bräm, A(ndr.), die Wahrheit zur Gottseligkeit nach dem Lehrgange der heil. Schrift. Ein Leitfaden beim Unterricht. 12. (2½ B.) Meurs 845, Dolle. *

— Israels Wanderung von Gosen bis zum Sinai. Elberfeld 859. Bädeker. gr. 8. (XVI, 484 S. u. 1 lith. Karte in 4.) n. 1 ℔ 20 ngr

—— über die Weise des Gottesdienstes nach biblischen Grundsätzen. Eine Denkschrift für unsere rheinisch-westphäl. Gemeinden und Vertreter. gr. 8. (64 S.) Düsseldorf 848, Buddeus'sche Buchh. *

Bräm, Andreas, über die Weise des Gottesdienstes nach biblischen Grundsätzen. Eine Denkschrift für unsere rheinisch-westphäl. Gemeinden u. deren Vertreter. gr. 8. (64 S.) Düsseldorf 849, Buddeus'sche B. [Schulte.] n. 1/6 ℛ

— ein Wort gegen französische Unsitte im deutschen Hause. Elberfeld 870. (Barmen, Klein.) gr. 8. (7 S.) n. 2 ngr.

Bräm, A(ndr.), Züge aus Abraham's Hausleben. gr. 12. (48 S.) Solingen 855, (Pfeiffer.) *

Bräm, A. Züge aus Abraham's Hausleben. Aufs neue hrsg. v. J. Hörnemann.. 8. (48 S.) Neukirchen b. Mörs 890, Buchh. d. Erziehungsvereins. * — 25

Bräm, A: Züge a. Abrahams Hausleben. Aufs neue hrsg. v. J Hörnemann. 8. Afl. (48) 8° Neukirch., Bh. d. Erziehgsver. (02). — 30 d

Braem, Curt [pr. Arzt]: Untersuchungen über die Degenerationserscheinungen pathogener Bakterien im destillirten Wasser. . . . Königsberg i. Pr., Druck v. M. Liedtke, 1889; 63 S. + 2 Bl. 8°
Königsberg, Med. Fak., Inaug.-Diss. v. 18. Jun. 1889

Braem, Fritz [Dr., Assist. am zool. Inst.]: Bemerkungen über die Gattung Apus ... (Aus: Zeitschr. f. wiss. Zool., Bd. LVI Heft 1.) Leipzig, W. Engelmann, 1893; 24 S. 8.
Breslau, Phil. Fak., Hab.-Schr. v. 10. Juni 1893

Braem, F., die geschlechtliche Entwickelung v. Fredericella sultana, s. a. Zoologica. 52. Hft.

Die geschlechtliche Entwickelung von Fredericella sultana nebst Beobachtungen über die weitere Lebensgeschichte der Kolonien. Von F[ritz] Braem. Mit 7 Taf. u. 1 Textfig. Stuttgart: E. Schweizerbart 1908. (37 S.) 4°
— Zoologica. Bd 20, Lfg 4. 08. 2644

Die geschlechtliche Entwickelung von Plumatella fungosa. Von Dr. F[ritz] Braem. M. 8 Taf. (In 2 Hälften.) *Stuttgart: E. Nägele 1897.* (2 Bl., 96 S., 8 Erl.-Bl., 8 Taf.) 1 Bd 4.
= Zoologica. H. 23. 99. 169

Braem, F., Register, s.: Zoologica.

Braem, Fritz: Zur Systematik und Entwickelungsgeschichte der Süsswasser-Bryozoen. . . . (Ersch. vollst. u. d. T.: „Untersuchungen über die Bryozoen des süssen Wassers" im VI. Bd. d. Bibliotheca Zool. ed. Leuckart-Chun.) *Cassel, Druck v. Gebr. Gotthelft, 1890;* 34 S., 1 Taf. 4°
Königsberg, Phil. Fak., Inaug.-Diss. v. 20. Aug. 1890

Braem, Fritz, Untersuchungen üb. die Bryozoen d. süssen Wassers, s.: Bibliotheca zoologica.

— was ist e. Keimblatt? [Aus: „Biolog. Centralbl."] gr. 8. (44 S. m. 3 Fig.) Leipzig 895. E. Besold. n. 1. 20

— e. Wort üb. Hrn. Prof. Karl Kraepelin u. seinen neuesten Beitrag zur Bryozoenkunde. gr. 4. (14 S.) Cassel 893. Th. G. Fisher & Co. n. — 80

Bräm, H., der Zeichnungs-Proportional-Zirkel u. d. Theilkreis. Zwei nützl. Instrumente zum Behuf d. geometr. u. prakt. Zeichnens, in neu erfund., zweckmäß. Gestalt. Beschrieben u. mit Gebrauchsanleit. vers. v. G. v. Escher. Zunächst f. techn. Lehranstalten, Zeichnungsschulen, Architekten 2c. Einzig rechtmäß. Origausg. gr. 4. (1⅓ B. u. 3 Stnt.) Zürich 840, Orell, Füßli u. Comp.

Bramacharin Bodhabhikshu (J. C. Chatterji), die Geheim-Philosophie der Indier. 2. Aufl. (VII, 186 S.) 8. Leipzig 906. M. Altmann. n. 2. —; geb. n. 3. —

Bramann, s. Illness, the, of the emperor Frederick III.

—— s. Krankheit, die, Kaiser Friedrich III.

Chirurgie des Beckens. Bearb. von Prof. Dr. F[ritz] v. Bramann in Halle [u. a.]. 3. umgearb. Aufl. Mit 176 Abb. Stuttgart: F. Enke 1907. (VIII, 677 S.) 8°
— Handbuch d. praktischen Chirurgie. Bd 4. 07. 7980

Bramann, F. v., s.: Chirurgie des Unterleibes.

Chirurgie des Unterleibes. Bearb. von Prof. Dr. [Fritz] v. Bramann [u. a.] 2. umgearb. Aufl. Mit 236 Abb. *Stuttgart: F. Enke 1903.* (X, 1286 S.) 8°
— Handbuch d. praktischen Chirurgie. Bd 3. 03. 8330

Bramante, Donato, Biographie und Charakteristik, s. Semper, H.

Brambach [Schlagwort]

Brambach, s.: Sachsen. Karte.

Brambach, s.: Sachsen. Messtischblätter.

Brambach, F. (Hrsg.), s. Mitteilungen, Touristische.

Brambach, Heinrich Wilhelm [Referendar]: Begriff und Wesen des Geschäftsanteils und Geschäftsguthabens in der eingetragenen Genossenschaft nach dem Reichsgesetz vom 1. Mai 1889 ... Dillenburg, Druck d. E. Weidenbach'schen Buchdr., 1897; 41 S., 2 Bl. 8.
Erlangen, Jur. Fak., Inaug.-Diss. v. 1897

Brambach, Wilh., Baden unter römischer Herrschaft. Freiburg 867. Diernfellner. 4. (31 S. u. 1 lith. Taf.) n. 15 ngr.

Brambach, W, Baden unt. röm. Herrschaft. 4. (31 m. 1 L.) Freib. 67. *Trömer.* n. — 15

Brambach, Wilh., Baden unt. römischer Herrschaft. (Neue [Umschlags-] Ausgabe. 4. (31 S. m. 1 Taf.) Freiburg i/B. (867) 896. Lorenz & Waetzel. n. — 80

Brambach, Wilh., über die Betonungsweise in der deutschen Lyrik. Der naturforschenden Gesellschaft zu Freiburg i. Br. bei Gelegenheit ihres 50jährigen Jubiläums den 12. Aug. 1871 gewidmet. gr. 8. (IV, 25 S.) Leipzig 871, Teubner. *

Brambach. W. Incriptionum in Germaniis repertarum censura. 1868. 18 S. u. 1 Taf.

—— inscriptionum in Germaniis repertarum censura. gr. 8. (18 S. mit 1 Stnt.) Bonn 864, Marcus. *

Index scholarvm qvae ... in vniversitate Fridericia Gvilelmia Rhenana per m. hib. a. 1865 et 66 ... habebvntvr. — Praecedit [Gulielmi Brambachii] de colvmnis miliariis ad Rhenvm repertis commentarivs [cvm Friderici Ritschelii praefatiuncula]. Bonnae, form. C. Georgi (1865). XX, 11 S., 3 Bl., 1 Karte. 4. ¶ D. Abh. erschien zugleich selbständig bei Friderichs in Elberfeld. — Ritschls Vorrede ist wieder abgedr. in s. Opusc. philol. I 1866 S. 834; d. Abh. z. Th. in des Verf. Corpus inscr. rhen. 1867 S. 344 ff.

— Corpus inscript. Rhenanarum, s. Corpus.

Brambach, W., die badischen Ehewappen auf Münzen u. Medaillen. Zum Andenken an den 20. IX. 1906. (S. 47—62 m. 1 Taf.) 39,5×31,5 cm. Aarau 906. H. R. Sauerländer & Co. nn 1. —
Sonderabdruck aus „Beschreibg. v. Münzen u. Medaillen d. Fürstenhauses u. Landes Baden".

—— das Ende der Bonner Philologenschule. 8. (14 S.) Köln 865, J. G. Schmitz'sche Buchh.

—— die Sophokleischen Gesänge. Für den Schulgebrauch metrisch erklärt. gr. 8. (XXII, 184 S.) Leipzig 870, Teubner.

Brambach, Wilh., die Sophokleischen Gesänge für den Schulgebrauch metrisch erklärt. 2. Aufl. gr. 8. (XXII, 184 S.) Leipzig 881, Teubner. 1 50

Brambach, W, Geschichte u. Bestand d. Sammlg, s.: Handschriften, d., d. grossherzogl. bad. Hof- u. Landesbibliothek in Karlsruhe.

Brambach, Wilh., Gregorianisch. Bibliographische Lösg. d. Streitfrage üb. d. Ursprung d. gregorian. Gesanges, s. a. Sammlung bibliothekswissenschaftl. Arbeiten.

— Gregorianisch. Bibliographische Lösung der Streitfrage über den Ursprung des gregorianischen Gesanges. (Sammlung bibliothekswissenschaftlicher Arbeiten. 7. Heft.) Leipzig 1895.

— oriental. Handschriften, s.: Handschriften, d., d. grossherzogl. bad. Hof- u. Landesbibliothek in Karlsruhe.

— Herrmanni Contracti Musica s. Hermannus.

—— Hülfsbüchlein für lateinische Rechtschreibung. gr. 8. (VIII, 70 S.) Leipzig 872, Teubner.

Brambach, Wilh., Hilfsbüchlein für lateinische Rechtschreibung. 2. Aufl. gr. 8. (VIII, 68 S.) Leipzig 876, Teubner.

Brambach, Wilh., Hülfsbüchlein f. lateinische Rechtschreibung. 3. Aufl. gr. 8. (VIII, 68 S.) Leipzig 884. Teubner. — 75

— die verloren geglaubte Historia de sancta Afra martyre u. das Salve Regina d. Hermannus Contractus. gr. Fol. (III, 17 S. m. 8 Lichtdr.-Taf.) Karlsruhe 892. Ch. Th. Groos. n. 15. —

Brambach, Wilh., u. Karl Zangemeister, Inschriften (aus Marc Rosenberg's badischer Sammlung), s.a.Rosenberg's, Marc, badische Sammlung. I. II.

Inschriften von Wilhelm Brambach und Karl Zangemeister. *Karlsruhe: A. Bielefeld 1898.* (6 S.) 4°(8°)
— Sammlung, Marc Rosenberg's badische. I.

— des Raimundus Lullus Leben u. Werke in Bildern des XIV. Jahrh. 12 Lichtdr.-Taf. aus der Hoflichtdruckanstalt v. J. Schober in Karlsruhe m. Erklärgn. Fol. (9 S.) Ebd. 893. n. 22. 50

Brambach, Wilh., Gottfried Wilhelm Leibniz, Verfasser der Histoire de Bileam. Mit vollständ. Abdr. der Histoire de Bileam in der von Leibniz gebilligten Form. gr. 8. (VII, 38 S.) Leipzig 887, Barth. *
Ausg. auf japan. Pap. *

— Münz- u. Medaillenkunst unter Grossh. Friedrich v. Baden. Mit e. Übersicht d. früh. Prägekunst in bad. Diensten. (Grossh. Sammlgn-Gebäude. Münzausstellg. Die bad. Münzen. Neue Folge.) (45 m. 17 Taf.) 12° Hdlbg, CWinter, V.902. 1—(1 u. 2.: 1.80)
Die 1. Folge s. u. d. T.: Sammlungen, grossh.

—— die Musiklitteratur des Mittelalters bis zur Blüthe der Reichenauer Sängerschule [500—1050 n. Chr.] gr. 4. (II, 27 S. mit 1 Taf.) Karlsruhe 883. (Leipzig, Teubner.) * 2 —

Brambach, Wilh., die Neugestaltung der lateinischen Orthographie in ihrem Verhältniss zur Schule. gr. 8. (X, 354 S.) Leipzig 868, Teubner. *

—— s. Notitia provinciarum Galliae.

—— Petri Abaelardi planctus virginum Israel super filia Ieptae Galaditae, s. Meyer, W.

Brambach, Gvilelmvs (geb. am 17 Dez. 1841 in Bonn): De consvlatvs Romani mvtata inde a Caesaris temporibvs ratione prolvsio ... Bonnae, typ. C. Georgi (1864). 22 S., 1 Bl. 8.
Bonn, Phil. Fak., Diss. v. 9 Juli 1864

—— Psalterium, bibliograph. Versuch über die liturg. Bücher des christl. Abendlandes, s.Sammlung bibliothekswissenschaftlicher Arbeiten.

— Psalterium. Bibliographischer Versuch über die liturgischen Bücher des christlichen Abendlandes. (Sammlung bibliothekswissenschaftlicher Arbeiten. 1. Heft.) Berlin 1887.

—— Friedrich Ritschl und die Philologie in Bonn. gr. 8. (44 S.) Leipzig 865, Teubner.

—— die Reichenauer Sängerschule, s. Centralblatt für Bibliothekswesen, Beihefte.

—— metrische Studien zu Sophokles. Mit einer Einleitung über die genet. Entwicklung der antiken Metrik und Rhythmik. gr. 8. (XL, 200 S.) Leipzig 870, Teubner. *

(Brambach, Wilhelm. Zähringer Symbole und Wappen auf Münzen) s. Beschreibung von Münzen und Medaillen des Fürstenhauses und Landes Baden.... Teil II.... Liefg. 2.

—— das Tonsystem und die Tonarten des christlichen Abendlandes im Mittelalter, ihre Beziehungen zur griechisch-röm. Musik und ihre Entwicklung bis auf die Schule Guido's v. Arezzo. Mit einer Wiederherstellung der Musiktheorie Benno's v. der Reichenau nach einer Karlsruher Handschrift. gr. 8. (IV, 53 S.) Leipzig 881, Teubner. * 1 60

— Trajan am Rhein u. die Inschriftenfälschung zu Trier. Offener Brief an Dr. L. J. F. Janssen. Elberfeld 867. Friderichs. Lex.-8. (16 S.) 6 ngr

—— rythmische und metrische Untersuchungen. gr. 8. (XI, 177 S.) Leipzig 871, Teubner. *

— das badische Wappen auf Münzen u. Medaillen. 12. (48 S. m. Illustr.) Karlsruhe 889. Groos. geb. n. 1. —

Brambilla, Prinzessin, ein Capriccio nach Jac. Callot von E. T. A. Hoffmann. Mit 8 Kupf. 8. Breslau, Max. 821.

Brambilla, Alexander von

s.: Brambilla, Giovanni Alessandro de

Catalog der reichhaltigen Sammlung von Kupferstichen u. Holzschnitten des Herrn Cavaliere *Camillo Brambilla* in Pavia .... Versteigerung am 19. Novbr. sq. in Montmorillon's Auctions-Locale .... durch *Geo. Gutekunst*, Kunsthandlung. München 1883. 8°. Cart.
2 Bll., 128 S. m. 1747 Nrn., wobei besonders schöne Bll. von Albrecht Dürer etc.

Brambilla, Giovanni Alessandro da

— chirurg.-pract. Abhandl. v. d. Phlegmone u. ihren Ausgängen; aus d. Italien. 2 Thle. M. Kpf. gr. 8. Wien 773, 75. Camesina. 1 ß

Brambilla, Giovanni Alessandro de: Chirurgisch-praktische Abhandlung von der Phlegmone und ihren Ausgängen. (Trattato chirurgico pratico sopra il flemmone ed il suo esito. Dt.) Übers. von J.G.P. Th.1 - 2, gbd.

Wien: Trattner 1775

Brambilla, Giovanni Alessandro (de): Zwey Abhandlungen über den nützlichen und schädlichen Gebrauch des Oxikrats, und der trockenen Karpey in der Wundarzney. (Riflessioni fisico-medico-chirurgiche: dell'uso ed abuso della posca e della spina secca nella chirurgia. Dt.) 99 S., gbd.

Wien: v.Trattnern 1777

— Abhandl. üb. d. Gebr. d. Oxikrats u. d. trockn. Karpey. gr. 8. Wien, Tendler. 779.

v. Brambilla, Jh. Alex., († d. 6. Aug. 1800.) zwei Abhandll. üb. den Gebrauch des Oxykrats u. d. trockn. Karpey. gr. 8. Wien 779. Trattner. 5 K

Brambilla, (Giovanni Alessandro de): Discorso per la morte dell'augusto Giuseppe II. recitato...nell'Imperiale e Reale Accademia medico-chirurgica...il II.Maggio MDCCXC. 30 S., gbd.

Vienna: typ.Alberti (1790)

Brambilla, J. Al., üb. d. Entzündungsgeschwulst u. ihre Ausg. a. d. Ital. 2 Thle. gr. 8. Wien. (Compt. f. Litt. in Leipz.). 786.

Brambilla, Giovanni Alessandro de: Über die Entzündungsgeschwulst und ihre Ausgänge. (Trattato chirurgico pratico sopra il flemmone ed il suo esito. Dt.) Übers. von Johann Adam Schmidt. Neue Ausg. Th.1 - 2, gbd.

Wien: Hörling 1786

— üb. d. Entzündungsschwulst u. ihren Ausg.; aus d. Italien. 1r Thl. v. Jh. A. Schmidt. 2r Thl. v. W. Schmitt. 2 Thle. gr. 8. Wien 786. Hörling. 1 rß 17 gr

— Gesch. der von ber. Männern gemachten Entdeckung in d. Physik, Medicin, Anatomie u. Chirurgie. Aus d. Latein. übers. (v. W. Helfenstein). 1r Thl. Mit Kpf. gr. 4. Wien 788. (Gräffer). 1 rß 18 gr

Brambilla, G(iovanni) A(lessandro) de: Geschichte der von den berühmtesten Männern Italiens gemachten Entdeckungen in der Phisik, Medizin, Anatomie und Chirurgie. (Storia delle scoperte fisico-medico-anatomico-chirurgiche fatte dagli uomini illustri italiani. Dt.) (Übers. von W. Helfenstein.) Bd 1, 315 S., gbd.

Wien: Graeffer 1789

— s. Instruktion f. d. Feldchirurgen.

Brambilla, G(iovanni) A(lessandro) de: Instruktion für das Kaiserl. Königl. Militärspital zu Wien. Wien: 1784

s.: Brambilla, G.A. de: Instruktion für die Professoren der K.K. chirurgischen Militärakademie. Th. 2: das Spital betreffend.

Instruction für die Professoren der k. k. chirurgischen Militär-Akademie. Auf Befehl Sr. k. k. apost. Majestät Joseph II. von J. A. v. Brambilla. 1. Th. Die Schule betreffend. 2. Th. Das Spital betreffend. (Mit 13 Tabellen und 1 Beilage.) 4. Wien 1784.

— Instruction f. d. Professor. d. k. k. chir. Militäracademie. 2 Thle. gr. 4. Wien, Tendler. 784.

— Instruktion f. die Professoren d. k. k. chirurg. Militäracademie. 2 Thle. gr. 4. Wien 784. Trattner. 1 rß 12 gr

Brambilla, Giovanni Alessandro da: Instrumentarium chirurgicum militare Austriacum. (Wien). 1782 (:Litteris Schmidianis). 160 S., LXVII Taf. 2°

— Instrumentarium chirurgicum Viennense, oder Wienerisches Instrumentensammlung. Fol. Wien 780. (Leipz., W. Vogel). 15 rß

Brambilla, Giov(anni) Alessandro (de): Instrumentarium chirurgicum Viennense oder Wiennerische Instrumenten-Sammlung. 159 S., gbd., 65 Taf.

(Wien: typ. Schmidt 1781)

Brambilla, G(iovanni) A(lessandro) de: Oratio habita Vindobonae cum nova Caesareo-Regia Academia medico-chirurgica Anno 1785. die 7. Mensis Novembris solemniter aperiretur. 53 S., gbd.

Viennae: Graeffer (1785)

Brambilla, G(iovanni) A(lessandro) de: Rede, die er bey der Eröfnung der neuen k.k. medizinisch-chirurgischen Akademie den 7. November 1785. gehalten hat. (Oratio habita Vindobonae cum nova Caesareo-Regia Academia medico-chirurgica... solemniter aperiretur. Dt.) 48 S., gbd.

Wien: Gräffer (1785)

— Rede bei d. Einweih. d. Josephin. Acad. 4. Wien 785. Blumauer. 6 gr

— Rede auf d. Tod K. Josephs II. 4. Wien 790. Blumauer. 6 gr

Brambilla, Giov(anni) Alessandro de: Rede auf den Tod des Kaisers Joseph II. gehalten in dem Versammlungssaale der k.k. Josephinischen medizinisch-chirurgischen Akademie im April MDCCXC. 39 S., gbd.

Wien: Gräffer (1790)

- Reglement für die Kaiserl. Königl. Feldchirurgen in Friedenszeiten. Auf Befehl Seiner kaiserl. königl. Apostol. Majestat Joseph des Zweyten. Von -. Trattner, Wien 2. Tle. in 2 vol. 1. Teil 1789, 2. Teil 1788.

— Reglement f. d. K. K. Feldchirurgen in Friedenszeiten. 2 Thle. gr. 4. Wien, Tendler. 794.

— Reglement für die k. k. Feld-Chirurgen in Kriegs- u. Friedenszeiten. 2 Thle. gr. 4. Wien 794. Trattner. 1 rß 16 gr

— Statuta ac Constitutiones Acad. Caes. Reg. Josephinae medico-chirurgicae, adjuncta simul norma in promotione Magistr. et Doctor. 4 maj. Wien 787. Trattner. 6 gr

Brambilla, Giov(anni) Alessandro de: Verfassung und Statuten der josephinischen medizinisch-chirurgischen Akademie sammt der Ordnung bei Beförderung zu Magistern und Doktoren der Chirurgie. 63 S., gbd.

Wien: typ. v. Trattnern 1786

Brambletye-House (Haus) Verf.: Horace Smith.

Brambletye-House o. der schwarze Geist. Roman: Darstellung aus den Zeiten Cromwell's. Nach d. 2n Ausg. aus den Engl. übers. von W. A. Michaelis. 4 Thle. 8. Leipz. 826, Wienbrack.

Brambs, Johann Georg

Brambs, J. G. De auctoritate tragoediae christianae, quae inscribi solet Χριστὸς πάσχων, Gregorio nazianzeno falso attributae. 72 S. 8. Progr. Eichstätt 1884.

Brambs, J. G., de auctoritate tragoediae Christianae, quae inscribi solet Χριστὸς πάσχων Gregorio Nazianzano falso attributae. 8. (72 S.) Eichstätt 884, (Stillkrauth.) * 1 60

Nekrolog auf Dr. Johann Nusser, G.-R. — Von Dr. Joh. Georg Brambs, G.-R. — Jahresbericht p. 42 u. 43.

Brambs, Johann Georg: Studien zu den Werken Julians des Apostaten. 1. Teil. 8 (58 S.). 2. Teil. 8 (37 S.) Progr. Kgl. humanist. G. Eichstätt 1897. 1899.
1. Kap. Einleitende Bemerkungen über Julians Sprache. 2. Kap. Über Dichterstellen in den Werken Julians. — Nachtrag zum 2. Kap. 3. Kap. Julian als Nachahmer des Demosthenes. 4. Kap. Julian als Nachahmer des Isokrates.

Studien zu den Werken Julians des Apostaten. I. Teil. — Von Dr. J. Georg Brambs, G.-P. — 1897, Eichstätt, Ph. Brönner. — P. 3—58.

Studien zu den Werken Julians des Apostaten. II. Teil. — Von Dr. J. Georg Brambs, G.-P. — 1899, Eichstätt, Ph. Brönner. — P. 3—37.

Brambs, Johann Georg Über Citate und Reminiszenzen aus Dichtern bei Lucian und einigen späteren Schriftstellern. 8 (83 S.). Progr. Studienanst. Eichstätt 1888.

Brambs, J. Geo., über Citate und Reminiszenzen aus Dichtern bei Lucian und einigen späteren Schriftstellern. gr. 8. (83 S.) Eichstätt 888, (Stillkrauth.) *

BRAME, C. M.
(F) Eine Heldin der Liebe. Roman von C. M. Brame. Mit 8 Vollbildern. (Weichert's Illustrirter Familienschatz Bd. 64.) Wien. [1899.] In Comm. Derflinger & Fischer. 8°. 96 S. fl. —.15

Brame, C. M., eine Heldin der Liebe, — die Namenlose, } s.: Weichert's Wochen-Bibliothek.

BRAME, C. M.
(F) Die Namenlose. Roman von C. M. Brame. Mit 8 Vollbildern. [Weichert's Illustrirter Familien-Schatz. Bd. 60.] Wien. [1899.] In Comm. Derflinger & Fischer. 8°. 94 S. fl. —.15

Brame, CM: Vergib uns uns. Schuld, s.: Weber's moderne Bibliothek.

Brame, Charlotte, Engelbesuche, s.: Zu Lehr u. Wehr.

Bramer, Jeannette, hessische Fürsten u. Fürstinnen. Durchgearbeitete u. ergänzte Vorträge der Verf. (VII, 204 S.) 8. Cassel 904. C. Vietor. n. 2. 50; geb. in Schulbd. n. 2.75 in Leinw. n. 3. —

Brämer, Unters. d. Dichtkunst. 8. Danzig.

Braemer, Gustav, appr. Arzt a. Augsdorf: Über die Erfahrungen bei placenta praevia in der Universitäts-Frauenklinik zu Halle a. S. Halle a. S. 1905: Wischan & Burkhardt. (29 S.) 8°

Halle, Med. Fak., Ref. Veit, Diss. v. 1. März 1905

[Geb. 12. Febr. 57 Augsdorf, Prov. Sachsen; Wohnort: Halle a. S.; Staatsangeh.: Preußen; Vorbildung: Gymn. Halle Reife O. 77; Studium: Halle 4, Leipzig 2, Berlin 3 S.; Coll. 22. Febr. 05; Approb. 30. April 92.]

Brämer, Hermann

Brämer, H.: Die öffentlichen Feuerversicherungs-Anstalten. s. Hülsen, von

Brämer, H., die öffentlichen Feuerversicherungs-Anstalten in Deutschland, s. Zeitschrift des königl. preuss. statistischen Bureaus.

—— statistische Uebersichten zu allen Atlanten der Erdbeschreibung. 8. (61 S.) Hildburghausen [Leipzig] 869, Bibliographisches Institut.

Brämer, Herm., u. **Karl Brämer**, das Versicherungswesen, s.: Hand- u. Lehrbuch der Staatswissenschaften.

—— das Versicherungswesen und seine gesetzliche Regelung etc., s. a. Zeitschrift des königl. preuss. statistischen Bureaus.

Braemer, H. Das Versicherungswesen und seine gesetzliche Regelung in den Vereinigten Staaten von Nordamerika, in England und Frankreich mit Hinblicken auf Deutschland. Ergänzungsheft zur Zeitschr. des Kgl. preuß. stat. Bureaus. Berlin 1871.

Brämer, J., von d. Schwachh. d. Glaubens. gr. 8. Leipz. Breitkopf. 774.

Brämer, Karl, s. Buch, das, vom deutschen Reich.

Brämer, K. Handbuch der Wirtschaftskunde Deutschlands. Bd. 4. Leipzig 1904.

Brämer, Karl: Über Häuserbau-Genossenschaften. o.O. 1864.

KARL BRÄMER, Genaues und systematisches Inhaltsverzeichniss über die ersten zehn Jahrgänge 1863—72 vom »Arbeiterfreund, Zeitschrift des Centralvereins für das Wohl der arbeitenden Klassen.« (Besonderer Abdruck aus dem »Arbeiterfreund«, X. Jahrg.) — Anhang. Inhaltsverzeichniss über die älteren periodischen Veröffentlichungen des Centralvereins in Preussen für das Wohl der arbeitenden Klassen 1848—62. Halle. 1873. Druck der Buchdruckerei des Waisenhauses. 8°.

(Braemer, K[arl].) — Wilhelm Adolf Lette, geb. 10. Mai 1799 zu Kienitz, gest. 3. Dez. 1868 in Berlin. — o. O. (1868). S. 358-364. 8° [Kopft.]

Aus: Der Arbeiterfreund. 1868.

Brämer, Karl: Nationalität und Sprache im Königreiche Belgien. Stuttgart 1887 128 S., 1 Krt.
= Forschungen zur deutschen Landes- und Volkskunde Bd. 2. Heft 2. 8°.

Brämer, Karl (Hrsg.), s. Reichsadler. — Der Reichsadler.

Braemer, Otto, die Tropen-Apotheke, s. a. Süsserott's Kolonialbibliothek. 17. Bd.

Die Tropenapotheke. Technischer Ratgeber u. Vademecum f. Kolonisten als Hausapothekenbesitzer. Von Otto **Braemer**. Berlin: Süsserott [1910]. 61 S. 8° [10. 4831

Bramerell, Fr., s. a. Brammerell, Fr.

Bramerell, Fr., Gesch. d. Kirchenreformat. in d. Grafschaft Hanau-Münzenberg vom J. 1523—1610. gr. 8. Leipzig, Gräff. 784.

Bramesfeld, Friedrich

Bramesfeld, Fr. (Ad.) zur Charakteristik der römisch-katholischen Polemik unserer Tage. Eine Antwort auf die Schriften des kathol. Pfarrers Becker zu Radevormwald, des Bischofs Dr. Martin zu Paderborn u. Genossen. Gütersloh 865. Bertelsmann. 8. (111 S.) 7¼ ngr.

Bramesfeld, Festpredigt, s. Einweihungs-Feier ꝛc.

Bramesfeld, F., die Fürsorge für die Kinder im vorschulpflichtigen Alter. Vortrag, gehalten zu Dortmund am 13. Jan. 1879 auf der IV. General-Versammlung des Vereins für innere Mission in der Grafschaft Mark. 8. (28 S.) Münster 879, Brunn's Verlag. *

Bramesfeld, F, d. Fürsorge f. d. Kinder im vorschulpflicht. Alter. Vortrag. 8. (28) Münst. 79. Lpzg, Lenz. n. — 30

Bramesfeld, F., kleines Gebet- u. Kommunionbuch. Eine Mitgabe fürs Leben. 6. Aufl. (27—29. Tausf.) (103 S. m. Titelbild.) 16. Barmen (908). Wuppertaler Traktat-Gesellschaft. —20; kart. —30; geb. — 60

Bramesfeld, Fr. (Ad), der alttestamentliche Gottesdienst in seiner sinnbildlichen und vorbildlichen Bedeutung für die Gemeinde dargestellt. Gütersloh 864. Bertelsmann. 8. (VIII, 172 S.) n. 18 ngr.

—— Gottesdienst-Ordng f. d. Sonn- u. Festtage d. Kirchenj. Asg. A. (m. Erläutergn u. Musik-Anh. f. d. Geistl. u. Organisten). 8. (183) Ebd. 76. n. — 75 ‖ Asg. B (ohne Erläutergn u. Musik-Anh., f. d. Hand d. Kinder). n. — 50

—— Gottesdienst-Ordnung für die Sonn- und Festtage des Kirchenjahres, zum Gebrauch in Jugend-Gottesdiensten, sowie zur Benutzung in Andachten für die Gemeinde. Mit einem Vorwort von Schöberlein. Ausg. A. (mit Erläuterungen und Musik-Anhang für die Geistlichen und Organisten.) 8. (VIII, 128 S. und Anhang 55 S.) Ebendas. 877. cart. *

—— dass. — Ausg. B. (ohne Erläuterungen und Musik-Anhang für die Hand der Kinder.) 8. (VIII, 128 S.) Ebendas. 877. cart. *

— Kirchen-Ordnung für die evangel. Gemeinden der Provinz Westphalen u. der Rheinprovinz vom 5. März 1835, mit den für die Rheinprovinz geltenden Zusätzen, Abänderungen, Verordnungen ꝛc. zusammengestellt. Ebend. 865. gr. 8. (VIII. 410 S.) n. 2 ngr. 7¼ ngr.

[B.] Von den heilsamen Ordnungen der Kirche. E. Zeugnis gegen allen selbsterwählten Gottesdienst v. Fr[iedrich] **Bramesfeld**, Superintend. in Münster i. W. ... *Gütersloh: C. Bertelsmann 1896.* (108 S.) 1 Bd 8. [96. 3300

Bramesfeld, Fritz [aus Elberfeld]: Über einige Fälle von Schulterexstirpation .... Berlin, Buchdr. v. Gustav Schade (Otto Francke) (1888); 29 + 1 S. + 1 Bl. 8°

Berlin, Med. Fak., Inaug.-Diss. v. 8. März 1888

Bramesfeld, H., 24 (lith.) Wand-Tafeln für Anfänger im Freihandzeichnen in systematisch geordneter Folge für Elementarschulen und höhere Lehranstalten. 860. — 2. Aufl. Elberfeld 861. Bädeker in Comm. gr. 4. (7 S. Text in 8.) n. 1 ℳ

Brameyer, Ph., Alfonsusbüchlein. Lesungen, Betrachtungen und Gebete für die Verehrer des heil. Ordensstifters, Bischofs und Kirchenlehrers Alfons Maria v. Liguori. Nebst einer Auswahl von Gebeten des Heiligen. 16. (272 S. mit 1 Stahlst.) Dülmen, 881, Laumann'sche Verlagsh. 80 Pf.; geb. * 1 —

Bräml, J. H., Vorles. üb. einige polit. Mater. m. Hinsicht auf d. Schweizer Revolut. 2 Hefte. 8. Zürich, Ziegler. 798.

Bramig: Vergleichung der Komödie Aulularia des Plautus und l'Avare des Molière. 35 S. Progr. Burgsteinfurt 1854.

Brämig, J. Stephan, Anleitung zum Gebete im Geiste und nach dem Beispiele Jesu Christi. gr. 8. Ehingen 836. Feger'sche B. (Leipzig, Herbig.) 7 gl

Bramigk, J.Fr., s.a. G e s ä n g e , Ländliche.

Bramigk, J. F., ländl. Gesänge deutsch. Dichter. 1e Sammlung. 12. Leipz. Gräff. 790.

Bramigk, J. Fr., Lieder u. Sinngedichte. 8. Magdeb. 810. 2e A. 811. Creutz. 10 gr

Bramine, der begeisterte, 8. Leipz. Fritsch. 775.

Bramine, der begeisterte, od. moral. Bildung d. Menschen. 8. Leipz. ... 2e Aufl. in 2 Thlen 775. (Hahn). 6 gr

— — dasselbe Buch a. d. Franz. von Edler. Dessau, Tänzer. 796.

— d. durch d. Bibel begeisterte, s. S t ü h n e r.

Bramine, Le, inspiré, traduit de l'Anglais par Mr. Lescallier. Berlin 1751. V: *Dodsley, Robert.* Ü: *Desormes, nicht Lescallier.* (BrMm)

Bramine, Der lasterhafte, oder Begebenheiten des Mouba; aus dem Franz. übersetzt. Ulm 1768. V: *Korn, Christoph Heinrich.* (Ky) (ML)

Bramine, der lasterhafte, od. d. Begeb. d. Mouba. 8. Ulm, Bartholomäi. (Korn d. ält. in Breslau). 771.

Bramino inspirato. 8. Berl. 753.

Bramis', Johs, historia regis Waldei, hrsg. v. Rud. Imelmann, s: Studien, Bonner, z. engl. Philol.

Braemius, H. (Resp.): De sensu vitali,
s. R a h n , Jo. Hen. (Praes.)

Bramkamp, August (geb. Haspe in Westf. 15. 8. 1845): Thesen. Berlin (1870) (2 Bl.) 8°
Berlin, Med. Thes. v. 2. Aug. 1870

Bramkamp, Heinrich, aus Frohnhausen (Rheinl.): Ein Beitrag zu den Deformitäten des Brustkorbes. ⟨Pectus obliquum.⟩ *Würzburg 1899: Memminger.* (20 S.) 8°
Würzburg, Med. Diss. v. 1899

Bramkamp, Wilhelm, aus Haspe: Ueber Naphtyl-Methyl-Halogenpyrazole. *Rostock 1901: C. Hinstorff.* (49 S.) 8°
Rostock, Phil. Diss. v. [29. Juli] 1901

Bramke, Emil, appr. Arzt a. Peitz: Beitrag zur Behandlung der chronischen Pelveoperitonitis mittelst Columnisation. Berlin 1906: F. Lenz. (32 S.) 8°
Leipzig, Med. Fak., Ref. Trendelenburg, Diss. v. 28. März 1906
[Geb. 18. Aug. 64 Peitz, N.-L.; Wohnort: Charlottenburg; Staatsangeh.: Preußen: Vorbildung: Gymn. Guben Reife O. 88; Studium: Berlin 9 S.; Coll. 28. März 06; Approb. 9. Dez. 05.]

Brammer, D., Ist es recht, daß die Kirche Hannoverschen Landes sich von der Hermannsburger Mission lossagt? Eine Frage, am Gedächtnißtage des sel. L. Harms an die Christengemeinden Hannovers gerichtet. 8. (47 S.) Leipzig 880, Böhme. * — 50

Brammer, G. P., Tale paa Joh. Heinr. Pestalozzi's hundredaarige Fødselsdag d. 12. Jan. 1846. 12. (23 S.) Kjøbenhavn 846, Høst. n. 6 ngr

Brammer, H: Grundz. d. mathemat. Geogr., s: Oberfeld.

— Literarischer W e g w e i s e r f. die wissenschaftliche Vorbereitung auf die zweite Lehrerprüfung. Unter Beirat v. mehr als 300 Fachlehrern an preuß. Seminaren hrsg. (63 S.) gr. 8. Lüneburg 907. (Herold & Wahlstab.) nn 1. —

Brammer, Heinrich
Brammer, H., neue Bahnen f. den Religionsunterricht. Einführung in die Reformbestrebgn. der Gegenwart auf dem Gebiete des Religionsunterrichtes der evangel. Volksschule, nebst Lehrplänen u. Lehrproben f. diesen Unterricht. (In 2 Tln.) 1. Tl.: Einführung. gr. 8. (VII, 206 S.) Braunschweig 900. H. Wollermann. n. 3. —

Brammer, Heinr., neue B a h n e n f. den Religionsunterricht. Einführung in die Reformbestrebgn. der Gegenwart auf dem Gebiete des Religionsunterrichtes der evangel. Volksschule, nebst Lehrplänen u. Lehrproben f. diesen Unterricht. 2. Tl.: Lehrpläne u. Lehrproben. (VI, 162 S.) gr. 8. Braunschweig 903. H. Wollermann.
n. 2. — (kplt. n. 5. —; in 1 Leinw.-Bd. n. 5. 60)

Brammer, H., H a n d r e i c h u n g zum Katechismusunterricht in der Volksschule. Unter Zugrundelegg. des im Auftrage des hannov. Landeskonsistoriums hrsg. Hülfsbuches f. den Schulgebrauch des kleinen Lutherschen Katechismus bearb. (111 S.) 8. Hannover 909. C. Meyer.
1.20; geb. n 1.50;
m. dem Hülfsbuch zusammen geb. 1. 80

— der K a t e c h i s m u s - U n t e r r i c h t als Abschluß der religiösen Unterweisung. Vortrag, geh. im kirchl. Verein zu Hamburg am 25. I. 1905. (16 S.) gr. 8. Hamburg 905. Ev. Buchh. n. — 30

— dasselbe, s.: V o r t r ä g e üb. Erziehung auf christl. Grundlage.

— Wandk. d. bibl. Länder. 1:2,000,000. 158×194 cm. Farbdr. Hermannsbg, (Missionshdlg) ('02).
Auf L. m. St., m. Kugelzeigestock nn 22 —

Brammer, K., u. A. Heumann, Wortgruppen zur deutschen Rechtschreibung. Ein Schülerheft. (40 S.) 8. Hannover 906. Hahn. n. — 20
Sonderabdruck aus: „Wortgruppen u. Diktatstoffe".

— — Wortgruppen u. Diktatstoffe zur deutschen Rechtschreibung. Für die Hand des Lehrers bearb. (VI, 123 S.) 8. Ebd. 906. n. 1. 40

Brammerell, Fr., s. a. B r a m e r e l l , Fr.

Brammerell, Fr., s. A b h a n d l u n g e n vo. d. Vergleichung d. Kegelschn.

Brammerell, Fr.,s. A n l e i t u n g , Kurze, d. Peripherie d. Zirkels geom. zu rektifizieren.

Brammerell, Fr., († d. 25. April 1792.) Gesch. d. Kirchenreformat. in der Grafsch. Hanau-Münzenberg v. Jahr 1523—1610. gr. 8. Hanau 781. (Leipz., Wienbrack). 10 gr Weitere Ausführung d. Gesch. ꝛc. 16 Stck. gr. 8. Hanau 782. (Hermann in Frankf.) 10 gr

Brammerz, W., die katholischen Bisthümer des Erdkreises. Eine geographisch-statist. Uebersicht. 8. (26 S.) Bergheim 861(62). (Leipzig, E. H. Mayer.)

Brammerz, W.: Uebersicht d. kathol. Bisthümer d. Erdkreises. Bedb. 1863. Schul-/Univ.-Schrift

Brampfenmeier der Antichrist. Komische Soloscene mit Gesang. Wien [1885]. V: *Merkt, Eduard.* (EB)

Bramsch, Walther: Ueber Condensationen von γ-Picolin, α-α'-Lutidin und α-γ-α'-Collidin mit Salicylaldehyd und Piperonal. Breslau: Fleischmann 1909. 39 S. 8°
Breslau, Phil. Diss. v. 11. Aug. 1909, Ref. Gadamer
[Geb. 28. Dez. 80 Kemnitz b. Dresden: Wohnort: Dresden; Staatsangeh.: Sachsen: Vorbildung: Wettiner Gymn. Dresden Reife O. 01; Studium: Breslau 5, Techn. Hochschulen Dresden 2, Berlin 6 S.; Rig. 21. Juli 09.]

Bramsen, Alfr., die Kunst zu essen. Eine wunderbare Entdeckg. Autoris. Übersetzg. aus dem Dän. v. Luise Wolf. (32 S.) gr. 8. Kopenhagen (907). Tillge. — 60

Bramsen, Alfr., die Zähne unserer Kinder während des Heranwachsens. Ein Ratgeber für Mütter. Mit einem Vorwort von C. Sauer. 12. (67 S. mit Fig.) Berlin 888, Hirschwald. *

Bramsen, Jens Andr.

Bramsen, J. A., Choräle u. Chöre in Zifferntonzeichnen, s. Heger, A. D.

Bramsen, (Jens, Andr.,) Lieder f. d. frühere u. reifere Alter, mit Melodien in Ziffern. 1e Samml. gr. 8. Kopenh. 824. Schubothe. 1 ℛ 16 ℊ

— — Promenades d'un voyageur Prussien en diverses parties de l'Europe de l'Asie et de l'Afrique en 1813, 14 et 15. en forme de lettres, contenant des observations et des anecdotes sur la Prusse, la Suède, l'Autriche, la Hongrie les iles Ioniennes, l'Egypte etc. 2 Vol. in 8. 818. Paris, Strasbourg et Londres chez Treuttel et Würtz.

— Reise durch die Jonischen Inseln, Aegypten, Syrien u. Palästina, in den J. 1814, 15. Aus d. Engl. gr. 8. Jena 819. Bran. 1 ℛ (Aus d. ethnogr. Archiv besond. abgedr.)

Bramson, K. L., die Tagfalter [Rhopalocera] Europas u. des Caucasus. Analytisch bearb. Lex.-8. (160 S. m. 1 Taf.) Kiew 890. (Berlin, Friedländer & Sohn.) n. 8. —

Bramson, Mendel (geb. Danzig): De diverticulo quodam a casibus descriptis abhorrente. Berolini (1841). (30 S.) 8°
Berlin, Med. Diss. v. 25. Okt. 1841

Bramstedt, (Hrsg.), s. J u n g, Für, und Alt.

Bramstedt, Paul: Das Problem der Beschaffung von Arbeit durch Staat und Gemeinde. Ein Beitr. z. Bekämpfung d. Arbeitslosigkeit. Kiel 1909: Schmidt & Klaunig. 96 S. 8°
Kiel, Phil. Diss. v. 1. Juni 1909, Ref. Bernhard
[Geb. 22. Jan. 84 Haarberg b. Abreasboek; Wohnort: Eutin; Staatsangeh.: Oldenburg; Vorbildung: Gymn. Eutin Reife O. 03; Studium: Kiel 1, Leipzig 2, Kiel 6 S.; Rig. 28. Juli 08.]

Bramston, M., Die Dornenfestung. Uebersetzg. a. d. Engl. v. Caroline v. Fellitzsch, genehm. v. d. engl. Gesellschaft zur Verbreitg. christl. Volkslitteratur. gr. 16. (114 S.) Basel 897. P. Kober. n. — 70; geb. in Leinw. n. 1. —

Bramwel, Byrom, die Krankheiten des Rückenmarkes. Deutsch bearb. u. m. Anmerkgn. versehen v. Nathan Weiss. Mit ca. 80 Illust. in Holzschn. u. 40 lith. Taf. 1. u. 2. Lfg. gr. 8. (S. 1—144.) Wien 882. Toeplitz u. Deuticke. à n. 2. 50

Bramwell, Byrom, die Krankheiten d. Rückenmarks, übers. u. m. Anmerkgn. versehen v. Nathan Weiss. Mit 79 (eingedr.) Holzschn. u. 40 lith. Taf. 3. u. 4. (Schluss-)Lfg. gr. 8. (VIII u. S. 145—297.) Wien 883. Toeplitz & Deuticke. à n. 2. 50

Bramwell, Byrom. Die Krankheiten des Rückenmarkes. Uebers. u. m. Anmerkgn. versehen v. Nathan Weiss. 2. Aufl., nach der 2. engl. Ausg. verm. u. verb. v. Max Weiss. Mit 102 Holzschn. u. 81 lithogr. Abbildgn. gr. 8. (X, 352 S.) Wien 885, Toeplitz u. Deuticke. * 12 —

Bran, Alex. (Hrsg.), s. K r o n o s.

Bran, Friedrich, aus Jena: Uber die Einwirkung der konc. Salpetersäure auf Phenylmethylpyrazolon. *Jena 1899: B. Vopelius.* (45 S.) 8°
Jena, Phil. Diss. v. (3. Dez.) 1898

Bran, F, d. Lebenversicherungs-Vertrag. 8. (27) Eisen. 72, Bacmeister. n. — 60

Bran, Friedr., der Lebensversicherungs-Vertrag. Insbesondere die Fahrlässigkeit [culpa] der Versicherten bei der Anzeige und hinsichtlich der Herbeiführung des Todes. gr. 8. (27 S.) Eisenach 872, Baerecke. *

Lettre au public ou Apologie des maçons attaqués par l'édit du magistrat de Dantzig publié le 3. oct. 1763 et inseré dans plusieurs gazettes. [Unterz.: Friedr.] de Bran. o. O. 1763. 13 S. 8°
Kl. 2911. Widerlegung von Vorwürfen gegen den Bund.

Schreiben an das Publicum, oder Vertheidigung des Freymaurerordens, wider das Edict des Magistrats zu Danzig, welches den 3. Oct. 1763 kund gemacht und in verschiedene Zeitungen ist eingerückt worden. [Unterz.: Friedr.] v. Bran. Aus dem Franz. übers. [Granada] 1764. 4 Bl. 4° [Umschlagtit.]
Sehr selten.

Bran, Friedrich Alexander (Hrsg.), s. A c t e n s t ü c k e, gesammelte, u. öffentliche Verhandlungen über die Verbesserung der Juden in Frankreich.

Bran, F. A., ethnographisches Archiv. s. Archiv.

Bran, Fr. (Hrsg.), s. M i n e r v a, ein Journal historischen und politischen Inhalts.

Bran, Fr. Alex (Hrsg.), s. M i s c e l l e n aus der neuesten ausländischen Literatur.

Bran, Friedr. Alexander (Hrsg.), s. M i s c e l l e n, Nordische.

(F) **Branasch**, G., Liederbuch für die Volksschulen der evang. Landeskirche A. B. in d. siebenb. Landesteilen Ungarns. II. Teil. Gr.-8°. (131 S.) Hermannstadt: Krafft 1903

Branberger, Joh.: Das Konservatorium f. Musik in Prag. Zur 100-Jahrfeier d. Gründg verf. Aus d. Böhm. v. Emil Bezecny. (400 m. 1 Pl.) gr8° Prag, (Taussig & T.) '11. 4 —

Branberger, Joh, Musikgeschichtliches aus Böhmen. I. (51 S.) 8. Prag 906. I. Taussig. n. 1. —

Branca, Frhr. v., die Uniformen des bayerischen Heeres. München 1878. fol.

Branca, J., Manuale di Architettura. c. fig. 12. Rom. 717.

Branca, Maximilian Frh. von

— Predigt bei d. Fahnenweihe am 11. Juni 1815. 8. Kempt., Kösel. 1 ℊ

v. Branca, Frhrr. Max., Predigt am Neujahrstage 1815. 8. Kempt., Kösel. 1 ℊ

Branca, Paul v., über den Wert der Gymnastik überhaupt und über ihre Bedeutung für militärische Zwecke. Vortr., München 1869, 24 S., 8°.

Branca, Wilhelm

Branca, W. s. a.: Branco, W.

— Vorläuf. Bericht üb. d. Ergebn. d. Trinil-Exp. d. akadem. Jubiläums-Stiftg d. Stadt Berlin. [SA] (18) Lex8° Berl., (G Reimer) '08. — 50

Fossile Flugtiere und Erwerb des Flugvermögens. Von W[ilhelm] **Branca**. Berlin: Akad. d. Wiss. 1908. (49 S.) 4°
Aus: Abhandlungen d. Kgl. Preuß. Akad. d. Wiss. v. J. 1908. (08. 3389

Die Lagerungsverhältnisse bunter Breccie an der Bahnlinie Donauwörth-Treuchtlingen und ihre Bedeutung für das Riesproblem. Von W[ilhelm] **Branca** u. Prof. Dr. E[berhard] Fraas, nebst e. Beitrage von Dr. W. ([vielm.] E[wald]) Schütze. Mit 1 Taf. Berlin: Akad. d. Wiss. 1907. (56 S.) 4°
Aus: Abhandlungen d. Kgl. Preuß. Akad. d. Wiss. 1907. (08. 1946

— u. E. Fraas, die Lagerungsverhältnisse bunter Breccie an der Bahnlinie Donauwörth—Treuchtlingen u. ihre Bedeutung f. das Riesproblem. Nebst e. Beitrage v. W. Schütze. (56 S. m. 1 Taf.) Lex. 8. Ebd. 909. Kart. 3. —
Sonderabdr. aus „Abhandlgn. d. preuss. Akad. d. Wiss."

Branca, Wilh.: Mussen Intrusionen notwendig m. Aufpressg verbunden sein? Mit kurzer Anwendg auf d. vulkan. Ries b. Nördlingen. [Aus: „Sitzgsber. d. preuss. Akad. d. Wiss."] (707—735) Lex8° Berl., G Reimer '12. 1 —

— Nachtrag zur Embryonenfrage bei Ichthyosaurus. (S. 892—896.) Lex. 8. Ebd. 908. — 50
Sonderabdr. a. „Sitzungsber. d. preuss. Akad. d. Wiss."

Sind alle im Innern von Ichthyosauren liegenden Jungen ausnahmslos Embryonen? Von W[ilhelm] Branca. Mit 1 Taf. Berlin: Akad. d. Wiss. 1908. (34 S.) 4°
Aus: Abhandlungen d. Kgl. Preuß. Akad. d. Wiss. v. J. 1907. [08. 3384

Branca, Wilh., der Stand unserer Kenntnisse vom fossilen Menschen. (VIII, 112 S. m. Abbildgn.) gr. 8. Leipzig 910. Veit & Co. 2. 50

Brancadoro, Leidensgesch. Pius VI. in e. Trauerrede. m. hist. Nachr. a. d. Franz. von Muth. 8. Erf. Gerling. 800. Holl. Pap.

Brancaglio, Joh. Ernst, s. Admiral, Der

Brancaglio, Joh. Ernst, s. Alida

ARCHIBALD'S Abenteuer, oder des Schicksals seltsame Fügungen. Vom Verfasser der Stimme des Unsichtbaren *(Brancaglio)*. 2 Bde. Leipzig 1825. 8°. (1 Mk. 50 Pfg. Franz Teubner, c. 1898.)
Zahm. — Das Anon.-Lex. I. p. 7 hat: „Braunschweig" 1825 (nach Meusel, Goedeke, Kayser).

Brancaglio, Joh. Ernst, s. Archibalds Abentheuer.

Der schwarze Bund. Vom Verf. der „Stimme des Unsichtbaren", „des wandelnden Gerippes". [d. i. Brancaglio.] Quedlinburg: Basse 1824. 8°
TB. 236.

Brancaglio, Joh. Ernst, s. Bund, Der schwarze

Brancaglio, Joh. Ernst, s. Centilles

Brancaglio, Joh. Ernst, s. Geheimnisse der Abtei v. Santa Columba.

Brancaglio, Joh. Ernst, s. Gerippe, Das wandernde.

BRANCAGLIO, Die Priorin. Frei nach dem Englischen der A. Radcliff. Braunschweig 1824. 8°.

Brancaglio, Joh. Ernst, s. Radcliff, die Erscheinung.

Brancaglio, Joh. Ernst, s. Rosaline, oder das Geheimniß.

(Brancaglio, Joh Ernst)
Der Spanische Seeräuber-Admiral Don Velasco da Gaston. Eine Geschichte voller Abentheuer und kühner Thaten. 3. Ausg. Th. 1-3.
Helmstedt: Fleckeisen 1830. 8°

Branchart, A., Herbarium van Oecher Blomme. Gedichte in Aachener Mundart. 6 Hefte. 2. verm. Aufl. (336 S.) 1869—75. * ℳ 3.; 3. verm. Aufl. 16. (408 S.) Aachen 878, (Cremer'sche Buchh.) *

Branchart, A., Herbarium van Oecher Blomme. 6 Hefte. 3. Aufl. 16. Aachen 878, Creutzer. *

Branchart, A., Herbarium von Oecher Blomme. 4. Aufl. 8. Aachen 884, Creutzer. [ℳ 4.—.] *

Branchart, A., Herbarium van Oecher Blomme. Gedichte in Aachener Mundart. 4. verm. Aufl. Jubiläums-Ausg. 8. (440 S.) Aachen 884, M. Jacobi. 4 —

Branchen-Adreßbücher, s. Starke, E. M.

Branchen-Lexikon der Bekleidungs-Industrie, Textil-Industrie u. verwandten Gebiete. Ein Adressbuch v. Fabrikanten u. Lieferanten als Nachschlagewerk u. zum prakt. Gebrauch f. Konfektions-Geschäfte, Manufaktur-, Modewaren- u. Tuchhandlgn. etc. etc., bearb. v. der Red. „Die Bekleidung", Fachzeitg. u. Offertenblatt f. Bekleidungs-Gewerbe-, -Industrie u. -Handel. (63 S.) 26,5×13,5 cm. Dresden (907). Expedition der Europ. Modenzeitg. 1. —

Branchen-Register der Hamburger Börsenfirmen. Auf Grund der Aufzeichngn. im Firmen-Archiv u. Delcredere-Contor v. Eitzen & Co. zusammengestellt unter der Leitg. v. F. W. Eitzen. (1381 S.) 8. Hamburg (8, Dovenhof 84 - 87) 905. Eitzen & Co. Geb. n. 2. 50

Branchen-Register (Fachverz.) d. Hamburger Börsenfirmen f. 08/'10. Zusammengest. v. Eitzen & Co., Hamburg. 2. Afl. (1152) 8° Hambg (I, Bieberhaus), Ohlfest & Lilienthal '08. Geb. 5 —

Branchen-Verzeichnis der Teilnehmer an dem Fernsprechnetze v. Dresden u. Umgegend, geordnet nach Erwerbs- u. Berufszweigen („Cito-Anschluss"). (76 S.) 8. Dresden (905). (O. Damm.) n. — 50

Branchen-Verzeichnis d. Teilnehmer an d. Fernsprechnetze v. Dresden u. Umgegend, geordnet n. Erwerbs- u. Berufszweigen („Cito-Anschluss"). (114) gr8° Dresd., (O Thurm) ('07). — 50

Branchen-Verzeichnis der Teilnehmer an dem Fernsprechnetze v. Dresden u. Umgegend, geordnet nach Erwerbs- u. Berufszweigen. VI. Ausg. 1910. (148 u. 4 S.) 8. Dresden (910). (O. Thurm.) — 50

Branchen-Verzeichnis d. Teilnehmer an d. Fernsprechnetze v. Dresden u. Umgeg., geordnet n. Erwerbs- u. Berufszweigen. 8. Ausg. '12. (168, 4 u. 15) 8° Dresd., (O Thurm). — 50

Branchetti, Prospero

— — AMOR an den Asiatischen Höfen, oder Helden- u. Liebes-Geschichte der Pontischen Printzeßin STATIRA, vorgestellt von *Zelotypo*. Coppenhagen, bey Otto Christoph Wentzeln. 1742. 8°. Zahm. (In Dresden: Lit. Germ. rec. C. 856, schönes Expl.)
Rar! Titel, 2 Bll. Vorber., 278 S. Empörend langweilig. — Cat. Meissner II. hat „1743". 18 Bogen.

ZELOTYPUS (nach Heberle's in Cöln Notiz in Cat. 111 [1904] Pseud. für *Prospero Branchetti;* von Weller nicht enthüllt). — Das Oracul der Venus in dem Tempel der Liebe, Oder der Durchlauchtigsten PARTHENISSA einer Orientalischen Pritzeßin (so!) Und des Großmüthigen ARTABBANES eines Parthischen Hertzogen Liebes- und Helden-Historie vorgestellet Von ZELOTYPO. (Druckerst.) Franckfurth und Leipzig. 1733. 8°. (In Berlin: Yv 2911; in Dresden: Litt. Germ. rec. C. 857.) Zahm. (8 Mk. mit Beibd. Heberle, 1904; 12 Mk., Titel beschäd., K. W. Hiersemann, Lpz., 1898; 15 Mk. Adolf Weigel, c. 1905; 22 Mk. Gust. Fock, Lpz., 1909.)
Ueberaus steifer und langweiliger Staatsroman. — Titel (roth und schwarz), 3 Bll. Vorber., 550 S.

Branchu. Mon histoire, voir: *Bibliothèque* de l'enfance, Nro. 32.

[S.] Camillo C. Branco. Wie Frauen handeln. J. Ventura. Das Weib des Verurteilten. Die barmherzige Schwester. Uebs. a. d. Portug. v. Helene Katz. *Zürich, Erfurt [S.] Leipzig: E. Moos 1897.* (4 Bl., 240 S.) 1 Bd 8.
= Collection Moos. Ser. 1. Bd 5. [97. 8170

Branco, Dilia Helena, geb. Rödlich, s. Dilia Helena.

Branco, Frid. Guil. (geb. Anklam 25. 1. 1798): De fractura mandibulae novaque ad eam sanandam adhibenda methodo. Berolini (1823). (51 S.) 8°
Berlin. Med. Diss. v. 16. Jan. 1823

Branco, Wilhelm

Branco, W: Die Anwendg d. Röntgenstrahlen in d. Paläontol. [SA] (55 m. Fig. u. 4 Taf.) Lex 8° Berl., (G Reimer) 06. Kart. 5 --
Seit 08 nennt sich d. Verf.: Branca. Vgl. diesen.

Branco, W., die Anwendung der Röntgenstrahlen in der Paläontologie. (55 S. m. 13 Fig. u. 4 Taf.) Lex.-8. Berlin 906. (G. Reimer.) Kart. n. 5. —
Sonderabdruck aus: „Abhandlgn. d. preuss. Akad. d. Wiss."

Das kryptovulcanische Becken von Steinheim. Von W[ilhelm] Branco u. Prof. Dr. E[berhard] Fraas. Mit 2 Taf. Berlin: Akad. d. Wiss. 1905. (64 S.) 4°
Aus: Abhandlungen d. Kgl. Preuß. Akad. d. Wissensch. 1905. [05. 13347

Branco, W., Beiträge zur Kenntniss der Gattung Lepidotus, s. Abhandlungen zur geologischen Specialkarte von Preussen und den Thüringischen Staaten.

Branco, W., u. E. Fraas, Beweis für die Richtigkeit unserer Erklärung des vulcanischen Ries bei Nördlingen. gr. 8. (24 S.) Berlin 901. (G. Reimer.) n. 1. —
Sonderabdruck aus: „Sitzungsberichte d. preuss. Akad. d. Wiss."

Branco, W., der untere Dogger Deutsch-Lothringens, s. Abhandlungen zur geologischen Specialkarte von Elsass-Lothringen.

Branco, W: Die Gries-Breccien d. Vorrieses als v. Spalten unabhäng., früheste Stadien embryonaler Vulcanbildg. [S.-A.] (9) 8° Berl., (G Reimer) '08. — 50

Das vulcanische Ries bei Nördlingen in seiner Bedeutung für Fragen der allgemeinen Geologie. Von W[ilhelm] Branco u. Prof. Dr. E[berhard] Fraas. Mit 2 Taf. *Berlin: Kgl. Akad. d. Wiss. 1901.* (169 S.) 4°
Aus: Abhandlungen d. kgl. preuss. Akad. d. Wiss. zu Berlin v. J. 1901. [01. 6384

Branco, W., das Salzlager bei Kochendorf am Kocher u. die Frage seiner Bedrohung durch Wasser. Mit e. Antwort an die Herren Endriss, Lueger u. Miller. gr. 8. (101 S. m. Abbildgn.) Stuttgart 899. (C. Grüninger.) 1. 50

Branco, W., über eine fossile Säugethier-Fauna von Punin bei Riobamba in Ecuador, s. Abhandlungen, paläontologische.

— Zur Spaltenfrage d. Vulcane. [S.-A.] (22) 8° Ebd. '08. 1 —

Einladung zur akademischen Feier des Geburtsfestes S. M. des Königs Wilhelm II. von Württemberg auf den 25. Febr. 1892 im Namen des Rektors und akademischen Senats ... — Beigefügt ist e. Abhandlg: Ein neuer Tertiär-Vulkan bei Stuttgart, zugleich e. Beweis, dass sich die Alb einst bis zur Landeshauptstadt hin ausdehnte. Von Dr. *Wilhelm* **Branco**, o. Prof. d. Geol. u. Min. in Tübingen. Tübingen. Druck v. W. Armbruster & O. Riecker, 1892; VI, 68 S., 1 Kte; 4.

— e. neuer Tertiär-Vulkan bei Stuttgart, zugleich e. Beweis, dass sich die Alb einst bis zur Landeshauptstadt hin ausdehnte. Progr. gr. 4. (VI, 68 S. m. 1 farb. Karte.) Tübingen 892. (F. Fues.) n. 2. 40

Das vulcanische Vorries und seine Beziehungen zum vulcanischen Riese bei Nördlingen. Von W[ilhelm] Branco. Mit 1 Taf. *Berlin: Akad. d. Wiss. 1903.* (131 S.) 4°
Aus: Abhandlungen d. k. Preuss. Akad. d. Wiss. v. J. 1902. [03. 4874

Branco, W., Schwabens 125 Vulkan-Embryonen u. deren tufferfüllte Ausbruchsröhren, das grösste Gebiet ehemal. Maare auf der Erde. [Aus: „Jahreshefte d. Vereins f. vaterländ. Naturkde. in Württ."] gr. 8. (XV, 816 S. m. 115 Fig. u. 2 geolog. Karten.) Stuttgart 894. E. Schweizerbart. n. 12. —

Branco, Wilhelm: Wirkungen und Ursachen der Erdbeben. *Berlin 1902: G. Schade.* (116 S.) 4°
Berlin, Rede am Geburtstage d. Kaisers 1902

Branco (W.), Die menschenähnlichen Zähne aus dem Bohnerz der schwäbischen Alb. Theil II: Art und Ursache der Reduction des Gebisses bei Säugern. (Programm Hohenheim.) Stuttgart 1897. 8. —

— die menschenähnlichen Zähne aus dem Bohnerz der schwäbischen Alb. I. u. II. Tl. gr. 8. (144 u. 128 S. m. Abb. u. 3 Taf.) Stuttgart 898. E. Schweizerbart. n. 4. —
aus: „Jahreshefte d. Ver. f. vaterl. Naturkde. in Württ." besonders abgedruckt.

Brancovich, J., Précis des évenemens les plus remarquables de la Moldavie et Valachie, pendant l'insurrection grecque du Prince Ypsilanti; avec un coup d'oeil sur les destinées futures de ces deux provinces, et sur la guerre actuelle entre la Russie et la Turquie. gr. in 8. Posen 828. Munk. 8 gGr.

Brancsik, Karl, s.: Fauna, die, d. Balatonsees.

Brand (Sachl. OW)

Brand! Zeitschrift f. egoist. revolution. Chefred.: Frz. v. Borgias Schmid. 1. Jahrg. 1902. 24 Hfte. gr. 8. (à ca. 16 S.) Stuttgart, Verlagsanstalt „Brand". à Hft. — 20
Erscheint nicht mehr; Firma erloschen.

Brand, der v. Aalesund am 23. I. 1904. 12,000 Menschen obdachlos! (13 S. m. 3 Abbildgn.) 8. Chemnitz. (904). C. A. Hager. — 15

Der Brand des Dampfschiffes AUSTRIA mit 538 Personen, von Hamburg nach Newyork bestimmt. (Fig.: *Raddampfer, 59* 34) Das Schiff gerieth durch Räuchern mit Theer im Zwischendeck, indem ein Gefäß umstürzte und Feuer fing, in Brand. Hamburg.
o. J., 4 Bl. n. n., 186 119.
LBO Bänkelsängerlit. I, 51 und Jahrmarktslit. R. c. 3, 91.

Der Brand des Dampfschiffes »Austria« am 13. September 1858, welches 538 Personen an Bord hatte, und von Hamburg nach New-York bestimmt war. (Fig.: *Schiff,* 43 57) Das Schiff wurde durch Räuchern mit Theer im Zwischendeck, indem das Gefäß umstürzte und Feuer fing, in Brand gesteckt. Verlag und Eigenthum von Heinrich Feuerhahn. Vor Nachdruck wird gewarnt.
Kol.: Druck von Büttner & Winter in Oldenburg
o. J., 4 Bl. n. n., 168 107.
LBO Jahrmarktslit. R. c. 3, 78.
Ein anderer Druck hat den gleichen Titel, aber den Verlagsvermerk »Druck von Büttner & Winter in Oldenburg« (LBO Jahrmarkt lit. R. c. 3, 83 und Bänkelsängerlit. I, 50).

Brand. Der B' von Bätterkinden, vom 21. auf den 22. August 1882. Bericht und Rechnung des Hülfskomité's für die Brandbeschädigten. 8. Burgdorf 1883.

(Brand. Der B' von Bern 1405.) Njbl. *s.* [Meyer, Ferdinand].

Brand. Der B' von Burgdorf am 21. Juli 1865. Bericht und Rechnung des Hülfs-Comite für die Brandbeschädigten. [Mit 1 Plan.] 4. Burgdorf 1866.
(*Mit 3 Anlagen:* Beilage I.... — Beilage II.... — General-Rechnung.)

Brand der Kirche »Campania« in Santiago, (Vignette: *Kirchenschiff, 59* 46) Chile, Südamerika.
Kol.: Druck von Fr. Xav. Wangler in Freiburg.
o. J. (1864), 1 Bl., zweiseitig bedruckt, 185 210.
Arch. Bas-Rhin, Strasbourg T. 211.

Brand v Chicago, Der, am 8. Oct, 1871; nebst einer kurzen Gesch u statistischen Angaben in Bezug auf die Größe und das Wachstum der Stadt von einem Augenzeugen. StL. 1871.

Brand. Der B' des Dorfes Cleibe in der Gemeinde Nendaz [*d. i.* Nendaz] ⟨im Kanton Wallis⟩ am 8. August 1904.... 12 S. 8. Birsfelden-Basel, M. Lauper, [1904]. fr. —. 20

Brand, der, d. Meißner Elbbrücke, am 12. März 1813. Ein Nachtstück mit Erklärung. Fol. Dresd. 814. Beger. 1 gGr.

Brand, ein, aus dem Feuer. Hrsg. von der Wupperthaler Traktat-Gesellschaft. gr. 16. (38 S.) Barmen 876, Wiemann. *

— ein, aus dem Feuer gerissen. Geschichte e. Scheerenschleifers, s.: Volksschriften des Arbeiterfreundes. Nr. 9.

Brand. Der B' in Frauenfeld, welcher sich den 19 Heumonat 1771. zugetragen. In einem Gedicht an einen Freund daselbst. 8. Schaffhausen.

— der furchtbare, in Hamburg in den Tagen vom 5.—8. Mai 1842. Eine treue Schilderung dieses schrecklichen Ereignisses nach Mittheilung eines Augenzeugen. Mit 1 Plan von Hamburg nach dem Brande. 8. Berlin 842, Athenaeum. (Scherf.) n. 1/6 Thlr

Brand. Der furchtbare B' von Rhäzüns, Graubünden (der vierte innert fünf Jahren), wobei zwei Kinder verbrannten und deren Eltern schwer verunglückten (17. März [1903]). Mit 4 Abbildungen: Rhäzüns vor, während und nach dem Brande. 16 S. 8. Wytikon-Zürich, E. Schilde, [1903]. fr. —.20

Brand, Der, im Getreide ... Hermannstadt 1791. V: *Filtsch, Daniel.* (Pk)

Brand, der, in Glarus in der Nacht vom 10. auf den 11. Mai 1861. gr. 8. (16 S. mit 1 lithogr. Plane in qu. gr. 4.) Zürich 861, Orell, Füßli und Comp.

Brand. Der B' von Glarus. Glarus 1862 s. (Tschudi, J[ohann] H[einrich]).

Brand, Der grosse, zu Bern im Jahre 1405. Bern 1829. V: *Stierlin, Emanuel.* (ZürKL)

Brand, der große, von Camenz in der Schreckensnacht d. 4. zum 5. Aug. 1842 von ein. camenzer Bürger. (Gedicht.) 8. (¼ B.) Dresden 843. (Leipzig, Friese.) ••

Brand, der große, d. Dorfes Grindelwald, s. Tagesereigniß, das, in Wort u. Bild.

Brand. Der Grosse B' des Dorfes Grindelwald (18. August 1892). Mit 3 Illustrationen und einem Plan. 8.
Das Tagesereigniss in Wort und Bild. No. 1. Zürich 1892. 30. August.

— der große, von Hamburg, oder treue Schilderung der verheerenden Feuersbrunst, welche vom 5. bis 8. Mai 1842 einen großen Theil von Hamburg in einen Schutthaufen verwandelt hat. Mit genauer Angabe aller vernichteten Straßen, Kirchen, Staatsgebäude u. Merkwürdigkeiten, wie auch der nöthigen histor., topograph. u. statist. Notizen ꝛc. Von einem Hamburger. 16. (Mit 1 Plan.) Hamburg 842, Niemeyer. 1/6 ₰

— der große, in Hamburg vom 5. bis 8. Mai 1842. Von einem Augenzeugen. Mit 1 Plan von Hamburg, nach dem Brande. gr. 8. Leipzig 842, Fort. n. 1/6 ₰

Der | große Brand | von Vreden, | im Kreise Ahaus am 4. August 1857, | sowie | die Beschreibung des großen und schrecklichen | Brandes zu Olfen, | im Kreise Lüdinghausen am 31. August 1857. | Diese beiden großen und schrecklichen Ereignisse, die in einem und | demselben Jahre und Monate geschehen, und wovon vorzüglich | das ganze Münsterland tief ergriffen wurde, werden nebst dem | auf das Unglück beider Städte sich beziehenden schönen und | rührenden Liede Jedermann zum Lesen empfohlen. | Sehr interessant und merkwürdig sind einige rührende Begeben- heiten in dieser Geschichte zu lesen.
Kol.: E. Tragmann's Druckerei in Torgau.
o. J. (1857), 4 Bl. n. n., 186 × 107.
LBO Bänkelsängerlit. I, 48 und Jahrmarktslit. R. c. 3. 89.

Brand, Der, von Hamburg am 5. bis 8. Mai 1842 ... Leipzig 1842. V: *Werner, G.* (EngG)

—— der, von Hamburg. Geschildert von einem Augenzeugen. Nebst 1 Plane, enthalt. den Grundriß d. Stadt mit genauer Bezeichn. d. abgebrannten Straßen u. demolirten Gebäude, so wie eine Ans. von fünf d. bedeutendsten vom Feuer verzehrten Gebäude. 8. (2 B.) Leipzig 842. (Meißen, Goedsche.)

—— der, von Hamburg am 5. bis 8. Mai 1842. Schilderung der Feuersbrunst mit d. nöthigen histor., topograph. u. statist. Nachweisungen üb. die vernichteten Straßen u. Staatsgebäude. Von G. W. Mit 1 Plane von Hamburg, worauf der Lauf d. Feuers besonders hervorgehoben ist, so wie auch 13 sauber radirten Ansichten. gr. 8. (3½ B.) Leipzig 842, Pönicke u. Sohn. *

Brand, der, von Klösterle oder der Kantor. Eine Erzählung aus den Zeiten Maria Theresia's und Josef II. Mit 1 Abbildung. gr. 8. (93 S.) Prag, Rohliček & Sievers. 1861 50 kr.
Die Abbildung separat 20 kr.

— der, v. Kranichfeld an der Ilm in Thüringen Sonntag, den 26. III. 1899. Gegen 400 Menschen obdachlos u. 2 todt! Mit 8 nach der Natur aufgenommenen photograph. Abbildgn. 8. (16 S.) Chemnitz (899). C. A. Hager. — 1k

Der Brand der Kreuzkirche zu Dresden am Tage der Melanchthonfeier 16. Februar 1897. M. 2 Abb. ... *Meissen: Hertwig (1897).* (16 S.) 1 Bd 8. [97. 7710 Ha

Brand. Der B' von Meiringen, Eisenbolgen und Hausen am 10. Februar 1879. Bericht und Rechnung des Hülfskomites für die Brandbeschädigten. 4. Interlaken 1880.

Brand. Der B' von Meiringen und der benachbarten Dörfer Stein, Eisenbolgen und Hausen. am 25. Oktober 1891. Bericht und Rechnung des Hülfscomites für die Brandbeschädigten. 8. Meiringen 1893.

Brand. Der B' von Merligen am 11. April 1898. Bericht und Rechnung des Hilfskomitee. 8. Thun 1899.

Brand, der, v. Merligen a. Thunersee, wobei 160 Personen abdachlos wurden u. sämtl. Habe verloren. E. Notschrei f. d. unglückl. Abgebrannten. gr. 8. (18 S.) Wytikon-Zürich 898. G. Schilde. — 15

Brand, Moritz, ein Halbroman. 8. Breslau, Meyer. 788.

Brand, Der, in Neuötting ... München 1797. V: *Sailer, Johann Michael.* (HThPP)

— der, in Neuötting ꝛc. 8. Münch. 797. Lentner. 5 kr

Brand, der, d. Dampfschiffes Nicolai I. auf seiner Reise v. St. Petersburg nach Lübeck am 31. Mai 1838. A. d. Munde v. Theilnehmern. gr. 8. (1 B.) Lübeck 838, Aschenfeldt.
Aus dem Bremer Blatte: Der Patriot, abgedruckt.

Brand. Der B' von Oberhofen am 26.–27. Juni 1864. Bericht und Rechnung des Hülfs-Comite für die Brandbeschädigten. 8. Thun (1867).

— der, v. Pappenberg a. 7. X. 1897, wobei in e. Stunde d. 30 Heimwesen abbrannten u. viel Vieh u. sämtl. Getreide- u. Futtervorräte verbrannte. gr. 8. (15 S. m. 8 Abb.) Ebd. 897. — 15

— der, v. Pelden i. Graubünden a. 11. XI. 1896. E. Notschrei f. d. unglückl. Abgebrannten. gr. 8. (16 S. m. 1 Abb.) Ebd. 897. — 15

— der, v. Randogne i. Kanton Wallis, wobei d. ganze Dorf abgebrannt u. 800 Personen obdachlos wurden. E. Notschrei f. d. unglückl. Abgebrannten. gr. 8. (14 S. m. 4 Abb.) Ebd. 898. — 15

Brand, der, des Ringtheaters. Eine genaue Darstellung der jüngsten Katastrophe am Schottenring. 8. (40 S.) Hernals: Fischer 1882

Brand, der, des Ringtheaters in Wien am 8. Dezbr. 1881. Eine wahrheitsgetreue Schilderung des traurigen Ereignisses. Am Schluß: Die Reden am Grabe. Mit der (Holzschn.-) Abbild.: Eine erstickte Menschengruppe. 8. (16 S.) Chemnitz 882, Hager. — 15

Brand, der, des Wiener Ringtheaters am 8. Dec. 1881 und seine Opfer. Ein ausf. Schilderung d. Katastrofe 8 (15 S.) Wien: Mossanetz 1881

Brand. Der Brand in Rüthi-Moos im St. Gall[ischen] Rheinthale, am Abend des eidgenössischen Bettages, den 21. September 1890. [Mit 1 Abbildung.] 8. Zürich 1890.

Brand, d., d. 5 deut. Dampfer „Saale", „Bremen", „Main", „Phönicia" u. „Kaiser Wilhelm d. Grosse" am 30. VI. 1900 im Hafen v. New-York. 8° (16 m. Abb.) Chemn. 1900, CA Hager. — 15

— der, von Salzburg. Ein poet. Versuch. Mit Kpf. 4. Wien, Haas. 6 gr.

— der, der Großen St. Michaeliskirche zu Hamburg am 8. VII. 1906. Ein Erinnerungsblatt. (48 S. m. Abbildgn.) gr. 8. Hamburg (Speersort 11), 906. Hermann's Erben. — 80

Der Brand des Schiffes die Sultanin; welches am 4. Januar 1844 zwischen Singapore und Manilla vom Blitz getroffen wurde, und die Gefangenschaft der auf diesem Schiffe befindlichen Personen. (Fig.: *Segelschiff*, 38 × 16) 1845. o. O., 8 S., 185 110.
LBO Bänkelsängerlit. I, 53

—— der, der Synagoge in Neustettin. Verhandlung vor dem Schwurgericht in Cöslin vom 18. bis 22. Oktbr. 1883. Redig. von dem Journalisten Hugo Friedländer zu Berlin nach den von demselben prima vista niedergeschriebenen Zeitungsberichten. 8. (51 S.) Cöslin 883, Hendeß.

—— dass. — II. Verhandlung vor dem Schwurgericht in Konitz vom 29. Febr. bis 7. März 1884. 8. (79 S.) Ebendas. 884. * — 60

Brand. Der B' in Travers ⟨Kanton Neuenburg. Schweiz⟩, in der Nacht vom 12. auf den 13. September 1865. Verfasst und hrg. vom Central-Hülfskomite für die Abgebrannten. Mit Zeichnung und Plan [2 Tafeln]. 8. Neuenburg, 14. Oktober 1865.

— der, im Waizen, dessen Ursache, Wirkung u. Verhütungsmittel. 8. Magdeb. 816. (Heinrichshofen). 10 ⁄⁄

Brand, über den, im Waizen u. dessen mögliche Verhütung, (v... Bunge. Nach dessen Tode) herausg. v. C. W. A. Steinkopf. gr. 8. Leipz. 816. 2e Aufl. 817. Lehnhold. 6 ⁄⁄

Brand. Der B' des grossen Wohlthätigkeits-Bazars in Paris (4. Mai [1897]).... [Illustriert.] 8. Wytikon-Zürich [1897].
(*Unterzeichnet:* Der Alte vom Berge.)

Brand. Der B' von Zizers in Graubünden. am 9. Januar 1897. Ein Notschrei für die unglücklichen Abgebrannten. [Illustriert.] 8. Wytikon-Zürich [1897].
(*Unterzeichnet:* Der Alte vom Berge.)

Brand [Schlagwort]

Brand, s.: Freiborg.

Brand, s.: Helios.

Brand, s.: Sachsen. Karte. Messtischblätter.

Brand-Oederan, s.: Geologische Karten. Spezialkarte. (Sachsen.)

Brand [Verfasser]

Brand's oenologische u. gastrosophische Bibliothek. 1. Bd. 12. Berlin 908. Ph. Brand & Co. n. 1. —
Austern, Hummern, Krebse, Kaviar. Von Johs. Trojan Luise Holle, L. Fürst. Mit Buchschmuck v. Edm. Edel. (77 S. m. Abbildgn. u. 4 Taf.)

Brand (Hrsg.), s. Kirchen-, Schul und Gemeindeblatt, Evangelisches, für die Fürstentümer Waldeck und Pyrmont.

Brand's Stenographie-Schreibheft m. System-Übersicht Stolze-Schrey (auf dem Umschlag). 11—20. Taus. (32 S.) 8. Berlin (909). F. Schrey. — 20

Brand's Stenogr.-Schreibheft m. System-Übersicht Stolze-Schrey (auf d. Umschl.). 21—30. Taus. (32) 8° Berl., F Schrey ('10). — 20

Brand, Tagebuch einer Reise nach Peru, im Winter 1827. A. d. Engl. (A. d. „ethnograph. Archiv" abgedr.) gr. 8. (11½ B.) Jena 828, Bran.

Brand, A, Monographie der Gattung Nigella, s.: Abhandlungen u. Vorträge a. d. Gesammtgebiete d. Naturwissenschaften.

Polemoniaceae mit 207 Einzelbild. in 39 Fig. von A. **Brand**. Leipzig: W. Engelmann 1907. (203 S.) 4°(8°)
= **Pflanzenreich**. Das. H. 27. (IV, 250.) [07. 1170

Symplocaceae mit 68 Einzelbild. in 9 Fig. von A. Brand. *Leipzig: W. Engelmann 1901.* (100 S.) 8°
= Pflanzenreich. H. 6. (IV, 242.) [01. 8843

— **Synopsis der deutschen u. schweizer Flora, s.: Koch, W. D. J.**

BRAND, Adalbert (München): De ulcere rotundo ventriculi. (Titel nach der Urkunde)
20.6.1866 - Urk; F 71
Diss. Ingolst.-Landsh.-Mchn.

Brand, Adam

Brand, Ad., Beschr. s. chines. Reise. 8. Lüb. 734.

Kaplan Dasbach und die Freundesliebe von Adolf **Brand**. 4., stark verm. Aufl., mit neuem Thatsachenmaterial über d. Herrn Kaplan u. e. Anh.: Der Tod d. Frh. v. Fürstenberg u. S. E. d. Herr Kardinal von Köln. Charlottenburg: A. Brand (1904). (29 S.) 8° [Umschlagt. F. u. Ant.]
— **Gemeinschaft**, Die, der Eigenen. Wochenbericht. 21—24. [04. 7384

Brand, Adf, s.: Eigene, d.

Brand, Adf, s: Extrapost d. Eigenen.

BRAND, Adolf. Infeln des Eros. **Herausgegeben von Edwin Bab. Buchfchmuck P. Kasberg Kraufe. (Berlin 1905.) Kl. 8°. 71 S. (Nur für die »Gemeinfchaft der Eigenen« gedruckt.)**

— **Ist e. Fall Dreyfus in Deutschl. unmöglich? Nach d. Broschüre „Klassen-Justiz u. Entmündiggs-Unfug" v. H Sternberg in off. Briefen an preuss. Justizbehörden, d. Kaiser, d. Staatsministerium u. d. Bundesrat beantwortet. 8° (13) Berl.-Neurahnsdf 09, A Brand.** — 20

Brand, Adf., ist e. Fall Dreyfus in Deutschland unmöglich? Nach der Broschüre „Klassen-Justiz u. Entmündigungs-Unfug" v. Herm. Sternberg in offenen Briefen an preuss. Justizbehörden, den Kaiser, das Staatsministerium u. den Bundesrat beantwortet. gr. 8. (13 S.) Berlin-Neurahnsdorf (909). A. Brand. — 20

Brand, Albano (geb. Ruhrort 23. 10. 1850): Einige Beiträge zur Kenntniss der Vorgänge bei Stahlschmelzprocessen in sauern und basischen Tiegeln. Berlin (1884). (46 S.) 8°
Berlin, Phil. Diss. v. 13. März 1884

Brand, Albano, Hüttenkunde, s.: Beckert, Th.

Müller von Itzehoe. Sein Leben u. s. Werke. Ein Beitrag z. Gesch. d. deutschen Romans im 18. Jh. von Albert Brand. *Berlin: E. Felber 1901.* (99 S.) 8°
= Forschungen, Litterarhistorische. H. 17. [01. 8909 10

Brand, Alexander [pr. Arzt aus Erbach]: Ueber Krebsentwicklung in der Unterlippe ... Würzburg, Druck d. J. Steib'schen Buchdr., 1892; 32 S. 8.
Würzburg, Med. Fak., Inaug.-Diss. v. 1892

Brand, Anton(ius) Robert(us): De septi narium restitutione chirurgica. Halis (1845): Ruff. 27 S. 8°
Halle-Wittenberg, Med. Diss. v. 29. [vielmehr: 30.] Aug. 1845
Geb. Prittitz bei Weissenfels [6. 10. 1818]. V.
Es gibt Exemplare mit beiden Promotionsdaten.

Brand, Arthur

Die Grundbuchsachen in der gerichtlichen Praxis. Von A. Brand, Amtsrichter. *Berlin: O. Häring 1904.* (XVI, 509 S.) 8° [F.]
— **Hülfsbücher** f. d. gerichtliche **Praxis**. 9. [04. 15091 8

Brand, Arth.: Das Handelsgesetzb. m. Ausschluss d. Seerechts. Erläutert. (8, 1091) Lex8° Berl., O Häring '11.
24 —; geb. 27 — d

Brand, Arth., die Reformbedürftigkeit der preuß. Disziplinargesetzgebung. (III, 80 S.) gr. 8. Berlin 909. D. Häring. 1. 50

Die Registersachen in der gerichtlichen Praxis. Von Dr. A[rthur] **Brand**, Amtsrichter. Berlin: O. Häring 1906. (XVI, 502 S.) 8° [F.]
— **Hülfsbücher** f. d. gerichtliche **Praxis**. 10. [07. 17070

— **Das Reichsbeamtengesetz vom 31. III. 1873, s.: Gesetze, die, des Deutschen Reiches in kurzgefaßten Kommentaren. I.**

Brand, August

Brand, A. Über die Ausdrücke der Zeit bei Homer. 15 S. *Dramburg* 1882. Prcgr.

[S.] **Brand,** August: Bericht über das fünfundzwanzigjährige Bestehen der Anstalt. '(Mich. 1867—1892.)' Dramburg, Druck v. W. Schade & C., 1893; 3—17 S. 4.
Dramburg, k. G, P 1893 (135)

Brand, Aug., vollkomm. Constabler. m. K. 8. 713.

Brand, Augustus (geb. Berlin 19. 8. 1863): De dialectis Aeolicis quae dicuntur particula I. Berolini 1885. (77 S.) 8° Fortsetzung bis 1899 nicht erschienen.
Berlin, Phil. Diss. v. 24. Juli 1885

Brand, Aug., De dialectis aeolicis quae dicuntur particula I. Dissertatio philologica. gr. 8. (77 S.) Berolini 885. (Leipzig, Fock.) *

Brand, B. H., das merkwürdige Jahr 1848 oder Blicke in eine sturmbewegte Gegenwart. In Wort u. Bild dargestellt. 12 Liefrgn. 8. (à 1 B. u. 1 lith. Taf.) Löbau 848, Breyer. — 1848 oder Schauplatz der merkwürd. Ereignisse dieses Jahres. In Wort u. Bild dargestellt. 2. Aufl. 12 Liefrgn. 8. (à 1 B. u. 1 lith. Taf.) Ebd. 850. (à 1½ ngr) 18 ngr

Brand, B. H., 1848 oder Schauplatz der merkwürd. Ereignisse dieses Jahres. In Wort und Bild dargestellt. 1. und 2. Aufl. 12 Lfgn. (à 1 Bog mit 1 Stnt.) 8. Löbau 849, Breyer. (à Lfg. 1½ Ngr.) Thlr.

—— 1849 oder Schauplatz der großen Ereignisse dieses Jahres. In Wort und Bild dargestellt. 12 Lfgn. (à 1 Bog. und 1 Stnt.) 8. Löbau 850, Breyer. à Lfg. 1½ Ngr.

—— 1850 oder Schauplatz der wichtigsten Ereignisse dieses Jahres. In Wort und Bild dargestellt. 8. (IV und 150 S. mit 8 Stnt.) Löbau 851, Breyer.

Brand, BH, 1850 od. Schaupl. d. wicht. Ereign. dieses Jahres. 8. (150 m. 8 L.) Löbau 51. (Dresd., Tittel.) — 15

—— Mittel zu einer glücklichen Ehe, oder die Kunst, Frauen und Mädchen treu zu machen. Ein unentbehrl. Handbuch für Ehemänner und Junggesellen. 1. und 2. Aufl. 848. und 3., unveränd. Aufl. 16. (32 S.) Löbau 849, Breyer.

Brand, B. H., Mittel zu einer glücklichen Ehe oder: Die Kunst, Frauen und Mädchen treu zu machen. Ein unentbehrl. Handbuch für Ehemänner und Junggesellen. 4. Aufl. 16. (32 S.) Dresden 863, Breyer. [Ad. Wolf.]

—— Mittel zu e. glückl. Ehe. 4. Afl. 16. (32) Dresd. 63, Tittel. — 2½

Brand, Bernh., Baudenkmäler, Bischöfe u. Landesherren, Künstler u. Wappen, welche f. die Bau- u. Kunstgeschichte Würzburgs besonders in Betracht kommen. (42 S. m. Abbildgn.) schmal 8. Würzburg (906). Rechtsr. B. Brand. n.n. — 50

— Kleiner Führer durch d. Festg Marienberg zu Würzburg. 2. Afl. (18 m. Abb. u. 1 Pl.) 8° Würzbg, H Stürtz '09. nn — 25

Brand, Bernh., Führer durch das Residenzschloss zu Würzburg. Nebst e. Lageplan u. e. Grundriss. (IV, 32 S.) 20,5×12 cm. Würzburg (907). Stahel's Verl. — 50

Brand, C.: Die Wiener Ausrufer, s. Brand, Johann Christian

Brand, C. v., praktische Darstellung des Ziegelverbandes nach einfachen, allgemeinen, bisher unbekannten Gesetzen. Mit 11 Kpfrtaf. Berlin 864. Ernst & Korn. gr. 8. (21 S.) n. 20 ngr

Brand, C. v., Grundriß der Differentialrechnung. 1. Thl. gr. 8. Berlin 875, Friedberg und Mode. *

Brand, C. v., Grundriß der Differentialrechnung. 1. Thl. gr. 8. (IV, 103 S.) Berlin 875, Königsmann. *

Brand, C. v., und C. Schwarz, über Gründung von Secundär-Bahnen nach den in Preußen dafür bestehenden Vorschriften. Ein Rathgeber allen Denen, die Secundär-Bahnen in's Leben rufen wollen. gr. 8. (V, 146 S. mit 1 Stnt.) Potsdam 880, (Rentel's Verlag.) * 2 80

Brand, C. v., und C. Schwarz, über Gründung von Secundär-Bahnen nach den in Preußen dafür bestehenden Vorschriften. Ein Rathgeber allen Denen, die Secundär-Bahnen in's Leben rufen wollen. 2. Aufl. gr. 8. (V, 146 S. mit 1 Stnt.) Berlin 881, (Schleiermacher.) * 2 80

Brand, C., Liedersammlung f. Volksschulen, s.: Kaulbach, A.

† Brand, C., aus meinem Skizzenbuch. Licht- und Schattenbilder. gr. 8. (140 S.) Wien 876, (Meyer.) *

Brand, C. (Red.), s. Stenographenzeitung, Ostdeutsche.

Brand, C. J., Aufgaben zum Kopfrechnen für die Mittelklassen [4. und 5. Schuljahr] der Volksschulen. Mit Rücksicht auf die neuen Maße und Gewichte, sowie auf die Münzordnung des deutschen Reiches bearb. 8. (52 S.) Augsburg 874, Kollmann'sche Buchh. [Regensburg, Manz.]

—— aus Schwaben zur Ostsee. Reiseeindrücke. gr. 8. (20 S.) Kempten 869, Dannheimer.

—— die Reform der Volksschule und der Schulgesetzentwurf. gr. 8. (IV, 80 S.) Kempten 868, Dannheimer. *

—— Streiflichter zur Schulreformfrage in Bayern. 2. Aufl. gr. 8. (66 S.) Kempten 869, Dannheimer. *

— **Carl August** (Calbe/Magdeburg), Morbum saturninum vulgo Die Hütten-Katze sanandi methodum. Diss. med. Präs. Andreas Elias Büchner. Halle (Chr. Fried. Nathan. Fürst) 10. IV. 1748. 30 S. (6.—) 3746
Gew.: Präs. — Widm. v.: Jo. Gottlob Krüger, Joach. Friedr. Brand (Bruder), Joh. Christ. Hildebrand (Halberstadt, dtsch.), Anton Friedr. Lerche (Nordhausen), Ernst Gottlob Gressel (Prenzlau, dtsch.), F. C. Lieberoth (dtsch.).

— **Carl Gottfried** (Leipzig), Observationes singulares ad pandectarum lib. I. tit. I et III. Exercit. jur. spec. I. Präs. Fried. Gottlieb Zoller. Lpz. (Langenheim) 5. IV. 1771. 12 S. (3.50) 3747

— **Christian Ludwig von,** De honore gentium ac principum philosophici juris schediasma. Frankfurt/O. (Joh. Chn. Winter) 27. II. 1748. 25 S. (5.—) 3748

Brand, Conrad Ferdinand Wilhelm, s. Brandt

BRAND, Eduard (Rottenbuch): Bericht aus der chirurgischen Klinik und Abteilung des Obermedicinalrathes Dr. v. Rothmund im allgemeinen Krankenhause zu München für das Etatsjahr 1864/65.- München: Stahl 1866. 18 S.
24.10.1865 - Urk (Titel: De casibus in clinico chirurgico Prof. de Rothmund observatis.); F 71
Diss. Ingolst.-Landsh.-Mchn.

Brand, Eduard: Über den Bildungswert des Griechischen. Gesprochen den 8. März 1902 im Festsaale des Bielitzer Staatsgymnasiums. S. 1—8. 8. **Progr.** K. k. Staatsgymn. *Bielitz* 1902.

Brand, Ed., Cicero. Ein populär-wissenschaftl. Vortrag. 8. (16 S.) Czernowitz 874, (Pardini.) *
Velinp. *

Brand, Ed., die Ueberbürdungsfrage auf der 34. Versammlung deutscher Philologen und Schulmänner zu Trier vom 23. bis zum 27. Septbr. 1879. gr. 8. (7 S.) Bielitz 880, (Fröhlich.) * — 40

Brand, Ed., aus der Werkstatt des Unterrichts. Eine Abhandlung. gr. 8. (16 S.) Bielitz 886, Caesmann. *

Brand, Emil, aus Regensburg, Rechtpraktikant am Kgl. Landgericht Nürnberg: Die rechtliche Natur des Offiziersdienstes nach deutschem Staatsrecht. Borna-Leipzig 1905: R. Noske. (VI, 115 S.) 8° [F.]
Erlangen, Jur. Fak., Ref. Rieker, Diss. v. 7. Juni 1905
[Geb. Regensburg; Wohnort: Nürnberg; Staatsangeh.: Bayern; Rig. 7. Juni 05.]

Brand, Ernst. Das Anfechtungsrecht der Gläubiger nach dem Bundesgesetz über Schuldbetreibung und Konkurs (Vom 11. April 1889). Mit einer historischen Einleitung. XII + 328 S. 8. Bern, Komm. A. Francke, 1902.
Ausg. A: Diss. Jur. Bern.
Ausg. B: Von Dr. Ernst Brand, Fürsprecher in Bern. [fr. 5. —]

Brand, Ernst, s.: Archiv f. Schuldbetreibung u. Konkurs.

Brand, Ernst, die Heilung des Typhus. Mit Anh.: Anweisung für die Krankenwärter bei der Behandlung des Typhus mit Bädern. gr. 8. (VIII, 88 und 15 S.) Berlin 868, Hirschwald. *

Brand, Ernst, die Hydrotherapie des Typhus. Stettin 861. Müller. (v. d. Nahmer.) gr. 8. (VIII, 309 S.) n. 1 ₰ 20 ngr

Brand, Ernst, zur Hydrotherapie des Typhus. Bericht über in St. Petersburg, Stettin und Luxemburg hydriatisch behandelte Fälle. gr. 8. (74 S.) Stettin 863, von der Nahmer. *

Brand, Ernst, und Wasem, Ed[uard]. Sammlung der kantonalen Einführungsgesetze zum Bundesgesetz über Schuldbetreibung und Konkurs, sowie der Bestimmungen über die öffentlich-rechtlichen Folgen der fruchtlosen Pfändung und des Konkurses, hrg. von Dr. E' B' ... in Bern und Ed. W'... in Lausanne = Recueil des lois cantonales concernant l'introduction de la loi fédérale sur la poursuite pour dettes et la faillite et des dispositions légales sur les conséquences civiques de la saisie infructueuse et de la faillite.... ([Mit] Vorwort Von Herrn Prof. Alexander Reichel in Bern.) VIII + 733 S. 8. Lausanne, J. Couchoud, (1904). [fr. 8. —]

— Verhaltungsmaßregeln während der Anwesenheit der Cholera-Epidemie u. Anweisung, wie im Nothfall sich selber zu helfen. 2. Aufl. Stettin 866. v. der Nahmer. gr. 8. (8 S.) 3 ngr.

— Die interkantonale Vollstreckung der gerichtl. Strafurteile in der Schweiz, s.: Verhandlungen des schweizer. Juristenvereins. 1908, III.

Brand, Ernst, die Wasserbehandlung der typhösen Fieber [Abdominal- und Flecktyphus]. 2. gänzlich umgearb. Aufl. gr. 8. (XI, 376 S. mit 3 eingedr. Holzschn. und 2 lithogr. Taf. in qu. Fol.) Tübingen 877, Laupp'sche Buchh. *
1. Aufl. erschien 1861 u. d. T.: Die Hydrotherapie des Typhus.

Brand, E[rnst Leopold]: Über Tetraëder, deren Kanten eine Fläche zweiter Ordnung berühren. Straßburg i. E. 1908: Müh & Cie. (51 S.) 8°
Straßburg, Math.-naturwiss. Fak., Ref. Reye, Diss. v. 13. Mai 1908
[Geb. 19. April 83 Luxdorf, Kr. Altkirch im Oberelsaß; Wohnort: Luxdorf; Staatsangeh.: Elsaß-Lothringen; Vorbildung: Gewerbesch. Mülhausen i. E., Realsch. Colmar, Oberrealsch. Straßburg i. E. Reife Sommer 03; Studium: Straßburg 9 S.]

Brand, Erwin, a. Wien: Zur Kenntnis des Diabetes mellitus im Kindesalter. Berlin (1906): G. Schade. (30 S.) 8°
Berlin, Med. Fak., Ref. Heubner, Diss. v. 16. März 1906
[Geb. 19. Febr. 81 Kladno in Böhmen; Wohnort: Berlin; Staatsangeh.: Österreich; Vorbildung: Gymn. Graz Reife M. 01; Studium: Wien 7, Bern 1, Berlin 3 S.; Rig. 15. März 06.]

Brand, Eug., die Entwicklung des Gymnasiallehrerstandes in Bayern von 1773—1904. (160 S.) gr. 8. München 904. J. Lindauer. n. 3. —

Brand, Eug., Repertorium, s.: Blätter f. das Gymnasial-Schulwesen.

Eugen Brand, Über Vorbildung und Prüfung der Lehrer an den bayerischen Mittelschulen seit 1773. Berlin: J. Harrwitz Nachf. 1901. (59 S.) 8°
= Beiträge z. Gesch. d. Erziehung in Bayern. 1, [1.]
= Texte u. Forschungen z. Geschichte d. Erziehung u. d. Unterr. in d. Ländern deutscher Zunge. 4, [1.] [05. 13617 4

Brand, F., Entwürfe f. moderne Kunstschlosser- u. Kunstschmiede-Arbeiten. 1. u. 2. Serie. Fol. Leipzig, Baumgärtner. In Mappe. à n. 6. —
1. (15 Taf. m. III, 7 S. Text.) 893.
2. Mit Beiträgen v. E. Häring, Br. Möhring, Konr. Hoffmann. (15 photolith. Taf. m. 8 S. Text.) 894.

Brand, F., Entwürfe f. mod. Kunstschlosser- u. Kunstschmiede-Arbeiten. (Neue [Titel-]Ausg.) (In 6 Lfgn.) 1. Lfg. gr. 4. (5 lith. Taf m. 11 S. Text.) Berlin (893/94) 898. W. & S. Loewenthal. n. 2. —

Brand, F., Entwürfe f. moderne Kunstschlosser- u. Kunstschmiede-Arbeiten. Mit Beiträgen v. E. Härring, Br. Möhring, Konr. Hoffmann. (Neue [Titel-]Ausg.) 2.—6. (Schluss-)Lfg. gr. 4. (25 photolith. Taf.) Berlin [893. 894]. (899. 900.) W. & S. Loewenthal. à n. 2. —

Brand, F., Kunstschmiedearbeiten. 40 Entwürfe auf 12 Lichtdr.-Taf. Fol. München 888, Fritsch. *

Brand, F. Chr.

— kurze u. deutl. Anfangsgründe d. Rechenkunst. 8. Paderb. 815. Wesener. 4 gr.

— 1000 Aufgaben über d. Rechenkunst, e. Zugabe zu den Anfangsgründen. 8. Paderb. 815.

Brand, F. Ch., Beiträge zur richtigen Beurtheilung des Harzes und seiner Bewohner. Zur Erinnerung an die musterhafte Vollendung des Ernst-August-Stollens am 22. Juni 1864 als das wichtigste Zeitereigniß für den Harz, u. an die darauf erfolgte Jubelfeier. Clausthal 864. Grosse. 8. (VIII, 56 S.) n. 5 ngr.

Brand, F. Ch., Beschäftigungen f. Schüler in den Rechnenstunden. 1r u. 2r Theil, nebst Ansichten f. Lehrer zu denselben. 8. Goslar. (Hann. Gebr. Hahn.) 812.

Brand, F. Ch., Beschäftigungen f. Schüler in den Rechnenstunden. 1r u. 2r Thl.; nebst Ansichten f. Lehrer zu denselben. 8. Goslar 812. 12 gr. 1r Thl. 2e Aufl. 8. Luneb. 821. Herold u. W. 3 gr. Resultate hierzu. 8. Ebd. 821. 2 gr.

Brand, F. C., Beschäftigungen für Schüler in den Rechenstunden, oder Exempelsammlung zum Gebrauch in Volksschulen, 1r Theil. zweite Aufl. 8. Lüneburg, Herold und Wahlstab. 820.
Resultate hiezu. 8. Ebendaselbst.

Brand, F. Ch., das erste Buch f. Kinder. Nach d. Lautier- u. Buchstabier-Methode eingerichtet. 1. Aufl. (3 B.) 835. 2 Gr., 2., verm. u. verb. Aufl. 8. (3½ B.) Clausthal 839, Schweigersche Buchh.

Brand, F. Ch., das erste Buch für Kinder. Nach der Lautir- und Buchstabir-Methode eingerichtet u. herausg. 6. unveränd. Aufl. Clausthal 857. Grosse. 8. (64 S.) 2½ ngr.

— das erste Buch für Kinder. Nach der Lautir- u. Buchstabir-Methode eingerichtet u. herausg. 7. Aufl. 860. — 8. Aufl. Ebend. 862. 8. (64 S.) nn. 2½ ngr.

Brand's, F. Ch., erstes Buch für Kinder. Nach der Lautir- u. Buchstabir-Methode eingerichtet u. herSg. von K. Koch. 9. Aufl. Clausthal 866. Grosse. 8. (64 S.) n. 2¼ ngr.

— Exempel-Samml. mit mehr als 1000 Rechnen-Beispielen, z. Gebrauch in Volksschulen. 1r Thl. 2e Aufl. 8. Hannover. (Helwingsche Hofbuchh.) Ohne Resultate 5 gr., mit denselb.

Brand, F. Chr., Lesebuch für die Mittelclassen evangel. Volksschulen. — A. u. d. T.: Leitfaden bei dem Religionsunterrichte 2c. 2. Aufl. gr. 8. Osterode 843, Sorge. ½ ₰ — cart. 7/12 ₰ — 3. Aufl. 8. Ebend. 846. ½ ₰

— Rechenbuch, zunächst f. d. mittl. u. niederen Schulen d. Harzes, z. Erlernen, Einüben u. Wiederholen f. Lehrer u. Lernende. Mit Vorr. v. Grotefend. 2r Thl. 2e Aufl. 8. Clausthal 826. (Lüneb., Herold u. W.) 1 ₰

Brand, J. Ch., Rechenbuch f. Volksschulen u. für d. unt. u. mittl. Gymnas.-Classen. 2 Thle., nebst Antworten. 3., verm. Aufl. gr. 8. Clausthal, Schweiger. [1. (3¼ B.) 6 Gr., Antw. dazu (1¼ B.) 833. 3 Gr., 2. (35 B. incl. Antw) 832. 18 Gr.]

— Rechenbuch f. Volksschulen u. f. die unteren u. mittl. Gymnasialklassen. 1. Thl. 4., verb. u. verm. Aufl. gr. 8. (3¾ B.) Clausthal 845, Schweigersche Buchh.

Brand, J. Ch., Rechenbuch für Volksschulen und für die unteren und mittleren Gymnasial-Classen. 1. Thl. 5., verb. und verm. Aufl. gr. 8. (IV und 56 S.) Clausthal 855, Grosse'sche Buchh.

— Resultate hierzu. 8. Ebend.

Brand, F. J., Archiv-Wissenschaft oder Anleitung zum Lesen alter lateinischer und deutscher Handschriften und Urkunden nebst einem Wörterbuche der deutschen Urkundensprache. Mit 30 Nachbildungen alter Schriften und Siegel. gr. 8. (79 S. mit 12 Stnt. in qu. gr. 4.) Paderborn 854, Junfermann'sche Buchh. *

— kirchliche Baukunst. Anleitung zur Kenntniß und Beurtheilung der Kirchengebäude und anderer Bauwerke des Mittelalters, nebst einer Zugabe, betreffend die für Erhaltung der Gemälde anzuordnenden Maßregeln. Mit 58 erläuternden lithogr. Zeichnungen. 1. Aufl. (70 S. mit 4 Stnt. in qu. gr. 4.) 1852. und 2., verm. Aufl. gr. 8. (83 S. mit 4 Stnt. in qu. gr. 4.) Paderborn 853, Junfermann'sche Buchh. *

Brand, F. J., der Dom zu Paderborn, in histor. u. artistischer Hinsicht dargestellt. 8. Lemgo 827. Meyer. 8 gl.

Brand, F. J., Handwörterbuch d. röm. Alterthümer, z. Erleichterung d. Lesens d. röm. Schriftsteller. gr. 8. (7 B.) Lemgo 828, Meyer.

Brand, Fr., Hirtenruf an meine Heerde z. willig. Folgsamkeit rc. 8. Hanau 804: 2e A. unt. d. T.: Der Pfarrer an seine Gemeinde; od. Hirtenruf rc. 816. Waisenh.=B. (Jäger in Frkf. a. M.) 18 gl.

Brand, Fr., Hirtenruf an m. Heerde z. willig. Folgsamk. rc. 8. Hanau, Waisenhausbuchh. (Jäger in Frankf.). 808.

Brand, Fr., Deutschlands Liederkone, s. Liederkrone.

Brand, Frz., die Zukunftslosen. Roman. (201 S.) 12. Leipzig 903. Berlin, H. Seemann Nachf. n. 2.50; geb. n. 3.50

— Friedlieb Gottfried (Cöthen), De mora judicis. Diss. jur. Präs. Jo. Samuel Stryk. Halle (Salfeld) 4. VII. 1710. 44 S. (5.—) 3750

Brand, Friedrich [aus Wiesbaden]: Ueber α-Nitrobenzyl-β-naphtylamin und α-Nitrobenzyl-β-naphtylamin und einige Derivate derselben ... Erlangen. Druck d. Univ.-Buchdr. v. E. Th. Jacob, 1893; 51 S. 8.
Erlangen, Phil. Fak., Inaug.-Diss. v. 1893

(Brand, F[riedrich].) Panorama von der Moos-Egg. ([Hrg. durch] Hotel & Pension) M'-Egg, Kurhaus bei Emmenmatt, 980 m. ü. M. 1 Bl. fol., *zus.-gefaltet in illustr. Umschlag*, 8. [1907.] fr. —.50
Titel auf dem Blatt: P' von der Moosegg bei Emmenmatt, 980 m über Meer. Aufg. und gezeichnet von F. B', Bern. [Bern, Zinkographie von] R. H[enzi &] Co, [1907]. — *2 Exemplare; Ex. B, Umschlag mit Aufdruck:* [Im Buchh. durch] Hans Körber. Bern.

Brand, Friedrich. Studien nach der Natur gezeichnet und geätzet. Wien. Fol.

Brand, Fred Albert (geb. Wesel 21. 11. 1833). De hepatis cirrhosi Berolini (1856). (26 S.) 8°
Berlin, Med. Diss. v. 7. Aug. 1856

Brand, Frdr. Jos., P. Emundus Augerius S. J. „Frankreichs Canisius" in seinem religiösen u. sozialen Wirken zur Zeit der Hugenotten. (III, 175 S. m. 1 Bildnis.) gr. 8. Cleve 903. F. Boss Wwe. n. 2.—; geb. in Leinw. n. 3.—

Brand, Fritz, & Wuffli, Emil. Pflanzenzeichnen in der Schule. [2 Teile.] *In Mappe*, 4. Bern, A. Francke, (1909). [fr. 2.—]
[Teil 1.] 25 Tafeln. 4.
[Teil 2,] *Textheft u. d. T.:* Pfl' in der Sch'. 25 Tafeln Naturstudien und Anwendungen im Ornament bekannter einheimischer Pflanzen, mit Kommentar von F' B' und E' W' ... 32 S. 8. Bern ... 1909.

Brand, Fritz. Spezialplan für den Zeichen-Unterricht. Hrg. von F' B'. [Teil 1:] I.—VI. Schuljahr, mit über 250 Motiven und Abbildungen [sowie illustriertem Umschlag]. 103 S. kl.-4. Bern, A. Francke, 1910. [geb. fr. 2.75]

Brand, Georg (Hrsg.), s. Brückner, August Gotthelf: Reise eines jg. Deutschen ...

Brand, Geo., Anton Klamroth. Ein Beitrag z. Geschichte d. Pastellmalerei. (Buchschmuck v. Nicol. Leff.) (68 S. m. 9 Taf.) gr. 8. Leipzig (908). G. Wigand. 2.—

Brand, Geo.: Die Wirtschaftsbb. zweier Pfarrhäuser d. Leipz. Kreises im vor. Jahrh. Versuch z. Frage n. d. Lebenskosten. (7, 125) gr8° Lpzg '11. Münch., Duncker & H. 3.50

Brand, Gf., von den Vorrecht. d. wahr. Adels u. Bildung dess. gr. 8. Wien, Trattner. 777.

Brand, Guido K: Von mir u. meinem Leben. (63) 8° Münch., Hans Sachs-Verl. '12. 1.50

Brand, Gust., Auswahl d. wichtigen Begebenheiten aus d. Gesch. u. Mittheiln. d. denkwürdigsten Ereignisse auf d. Erde. Ein Buch z. Unterhalt. u. Belehr. 2 Bde. gr. 8. (78 B.) Leipzig 840, Volckmar.

Brand, H [Pseud.]
s.a. Wigand, Johanna Elisabeth [Wirkl. Name]

Brand, H. (II.), Allzeit getreu. Histor. Erzählung aus dem 17. Jahrh. 8. (VIII, 487 S.) Kassel 887, Wigand Verlag. *
geb. *

Brand, H., allzeit getreu. Historische Erzählg. aus dem 17. Jahrh. 2. Aufl. 8. (VII, 487 S.) Cassel 889. Wigand. n. 5.—; geb. n. 6.—

Brand, H.: Als die **Brandt-** und Paul'sche eheliche Verbindung ... [Hochzeitsgedicht auf Brandt und Paul. 7. Febr. 1744.] — Flensburg (1744): Holwein. 2 Bl. 4°

Brand, H. (I.), der westfälische Blumentisch, eine Auswahl schöner in Westfalen wildwachsender Pflanzen, den Blumenfreunden empfohlen. gr. 16. (32 S.) Paderborn 885, Bonifacius-Druckerei.

Brand, H (Frau JE Wigand), Einst u. Jetzt. Eine Kasseler Weihnachtsgeschichte. 8° (66) Kass 83. Stuttg., P Neff V. Geb. in Lnw. 1.50

Brand, H., Einst und Jetzt. Eine Kasseler Weihnachtsgeschichte. 8. (66 S.) Kassel 883, Wigand. * 1 —

— Vor der Fremdherrschaft. Histor. Erzählg. aus dem 18. Jahrh. 8. (III, 496 S.) Ebd. 891. * 5 —; geb. * 6 —

Brand, H. (Frau Johanna Elisabeth Wigand), aus der Geschichte e. deutschen Volksstammes. Historische Erzählgn. 1., 4.—6. Bd. 8. Berlin 895. E. H. Moritz à n. 5. —; geb. in Leinw. à n. 6. —
1. Heinrich v. Brabant, das Kind v. Hessen. Erzählung aus d. 13. Jahrh. 4. Taus. (461 S.)
4. Gute Zeit im Lande. Erzählung aus der Zeit der Erbaug. v. Wilhelmshöhe. 3. Taus. (413 S.)
5. Vor der Fremdherrschaft. Erzählung aus dem Ende des 18. Jahrh. 2. Taus. (III, 496 S.)
6. Unter König Jerome. Erzählung aus der Zeit vor den Freiheitskriegen. 1. u. 2. Taus. (396 S.)
Den 2. u. 3. Bd. bilden: Der Lehensmann v. Liebenstein u. Allzeit getreu.

Brand, H. (Frau J. E. Wigand), aus der Geschichte e. deutschen Volksstammes. Historische Erzählgn. I. Heinrich v. Brabant, das Kind v. Hessen. Historische Erzählg. aus dem 13. Jahrh. 5.—7. Taus. 8. (462 S.) Stuttgart 900. P. Neff Verl. Geb. in Leinw n. 6.—

Brand, H., a. d. Geschichte e. deutschen Volksstammes. Histor. Erzählgn. (2. Bd.) 8. Stuttgart 896. Paul Neff Verl. n. 5. —; geb. in Leinw. n. 6. —
D. Lehnsmann v. Liebenstein. Histor. Erzählg. a. d. 16. Jahrh. 4. u. 5. Taus. (X, 518 S.)

—· dasselbe. 3. Bd. 8. Ebd. 896. Geb. in Leinw. n. 6.—
Allzeit getreu. Histor. Erzählg. a. d. 17. Jahrh. 4. u. 5. Taus. (VIII, 476 S.)

Brand, H. (Frau J. E. Wigand), aus der Geschichte e. deutschen Volksstammes. Historische Erzählgn. II u. IV—VI. 8. Eßlingen, P. Neff. Geb. in Leinw. à 3.50
II. Der Lehnsmann v. Liebenstein. Historische Erzählg. aus d. 16. Jahrh. 6.—8. Taus. (555 S.) 908.
IV. Gute Zeit im Lande. Historische Erzählg. aus d. 18. Jahrh. 4.—6. Taus. (413 S.) 908.
V. Vor der Fremdherrschaft. Historische Erzählg. a. d. 18. Jahrh. 3.—5. Taus. (506 S.) 908.
VI. Unter König Jérôme. Historische Erzählg. aus der Zeit vor den Freiheitskriegen. 3.—5. Taus. (396 S.) 907.

—— Heinrich v. Brabant, das Kind von Hessen. Eine Erzählung aus dem 13. Jahrh. 2 Thle. in 1 Bd. 8. (III, 484 S.) Ebendas. 883. * ℳ 5.; geb. * 6 —

—— Heinrich v. Brabant, das Kind von Hessen. Histor. Erzählung aus dem 13. Jahrh. 2. Aufl. (III, 484 S. mit 1 Titelbild in Holzschn.) 1885; 3. durchges. Aufl. 8. (VII, 461 S.) Ebendas. 888. * ℳ 5.—; geb. *

—— in Lehnspflicht. Historische Erzählung aus dem 16. Jahrh. 2 Bde. 8. (VIII, 271; 267 S.) Ebendas. 884. * 5 —
geb. * 6 —

—— in Lehnspflicht. Histor. Erzählung aus dem 16. Jahrh. 2. Aufl. 8. (VIII, 271, 267 S.) Ebendas. 887.

—— gute Zeit im Lande. Histor. Erzählung aus dem 18. Jahrh. 8. (VIII, 413 S.) Ebendas. 889.

— gute Zeit im Lande. Histor. Erzählg a. d. 18. Jahrh. 2. Afl. 8. (413) Ebd. 89. n. 5. —; geb. n. 6. —

Brand, H. C., Schattenrisse. 3 Samml. 8. Leipz. Sommer. (Korn d. ä. in Bresl.). 785.

Brand, H. C., Schattenrisse verschied. merkwürd. Personen. 2 Sammll. 8. Leipz. 785. (W. Rauck). 1 ꝛc

Brand, H. C. G. s. Flamma.

Brand, Hans, Erinnerungen an die Herbst-Manöver d. Kgl. Bayer. II. Armee-Corps in Mittel- u. Unterfranken im J. 1890, s.: Schmeußer, Heinr.

Brand, H., Erinnerungen an die Herbst-Manöver d. Kgl. Bayer. 3. Division in der Oberpfalz im J. 1889, s.: Schmeußer, H.

Brand, Hans, Messias. 4 Szenen; dramatisiert. (59 S.) 8. Plau 907. L. Hancke. 1. —

Brand, Hans W., integer vitae. Gedichte. 8. (89 S.) Bern 894. (Schmid & Francke.) n.n. 1. —

Brand, Hedw.: Das Gänsemädchen v. Dohrma. — König Ludwig u. s. Schützling. — Der Wildfang, s: Dietrich's Bibliothek f. d. reifere Jugend.

Brand, Heinrich

Brand, Interessengemeinschaft v. Eisen- u. Wasserstrassen, s.: Verbands-Schriften des deutsch-österreichisch-ungarischen Verbandes f. Binnenschiffahrt. N. F. 18.

Interessengemeinschaft von Eisen- und Wasserstraßen oder die gegenseit. Ergänzung u. d. Handinhandgehen dieser beiden Verkehrsmittel. Vom Reg.R. [Heinrich] Brand, Karlsruhe. *Berlin-Grunewald: A. Troschel 1903.* (15 S.) 8°

Brand, Heinr., Der niedere Kirchendienst. F. d. Unterr. a. d. Lehrerbildungsanst., sow. f. d. Selbststudium. gr. 8. (6 u. 98 S. m. Abb.) Leipzig 897. A. Deichert Nachf. n. 1. 50

Brand, Heinr., der niedere Kirchendienst. Für den Unterricht an den Lehrerbildungsanstalten, sowie f. das Selbststudium vers. 2. Aufl. (98 S. m. Abbildgn.) 8. Leipzig 906. A. Deichert Nachf. n. 1. 50; geb. n.n. 2. —

Brand, Heinr., der niedere Kirchendienst. Für den Unterricht an den Lehrerbildungsanstalten, sowie zum Selbststudium. 3. Aufl. (98 S. m. 34 Fig.) 8. Leipzig 911. A. Deichert Nachf. 1. 50

Brand, Henricus [Crucinacensis]: De Isocratis Panathenaico .... Monasterii Guestfalorum, ex typogr. Coppenrathiana, 1887; 2 Bl. + 66 S. + 2 Bl. 8°.
Münster, Phil. Fak., Inaug.-Diss. v. 30. Jul. 1887.

Brand, Henricus, de Isocratis Panathenaico. Diss. Münster 1887, H. Mitsdörffer. 8°. 66 S.

Brand, Heinrich Kaspar, appr. Arzt a. Paderborn: Aus d. Universitäts-Frauenklinik zu Gießen. Erfahrungen über Stieltorsion bei Ovarialtumoren und ihre Folgen. Gießen 1905: v. Münchow. (38 S.) 8°
Gießen, Med. Fak., Ref. Pfannenstiel, Diss. v. 25. Sept. 1905
[Geb. 14. April 79 Paderborn; Wohnort: Paderborn; Staatsangeh.: Preußen; Vorbildung: Gymn. Brilon Reife O. 98; Studium: Würzburg 2, Kiel 2, Würzburg 1, Berlin 1, Gießen 4 S.; Coll. 20. März 05; Approb. 8. Jan. 05.]

Brand, Herm.: Katechismus d. fachtechn. Gesellen-Prüfg f. Schlosser u. Mechaniker. (7, 230) 8° Karlsruhe ('11). ‖ 2. Afl. (8, 240) '12. (Rast., H Greiser.) HL 1.80

Brand, Hesso. Auf nach Afrika. Lustspiel in 5 Akten. 8. (XVI, 90 S.) Bonn 889. Behrendt. * 2 —

Brand, J. F., de publica lapsorum cum ecclesia reconciliatione. Regiom. 1723. 4.

Brand, J. P., Anleit. zum Gebr. des bei den Reformirten gebräucht. methodi concionandi. 8. Frankf. 766. Fleischer. 12 gr

Brand, Jak., Anfangsgründe d. Naturwissenschaft, s. a. J. Uihleins Anfangsgründe.

Brand, Jakob: Anfangsgründe der Naturwissenschaft. 5., verb. u. verm. Aufl. Frankfurt a. M.: Andreä 1825. II, 328 S. 8°.

Brand, Jak., Anfangsgründe d. Naturwissenschaft f. d. Jugend. 6., verb. u. verm. Aufl. M. 5 Kpfrn. gr. 8. (23 B.) Frankfurt a. M. 832, Andreä.

— Anrede bei d. Ausspendung d. heil. Firmung in Frankfurt a. M. d. 17. Jun. 1828. gr. 8. (1 B.) Frankfurt a. M., Andreä.

— der Christ in der Andacht; ein vollständ. Gebetbuch f. Katholiken. M. Kpf. 8. Frankf. a. M. 816. 2e A. 819. 3e A. m. 5 Kpf. 823. 6e A. mit 4 (neuen) Kpf. 830. 7e Aufl. 832. Andreä. 16 gr

Brand, (J.) der Christ in d. Andacht. Vollständ. Gebetbuch für Katholiken. 5e Aufl. mit 5 Kpfrtaf. u. 1 Vign. 8. Frankfurt 827. Andreä. 12 gr. Schreibpap.

Brand, Jak., (+ ...) der Christ in d. Andacht. Vollständ. Gebetbuch für Katholiken. 7e Aufl. 834. 8e verm. Aufl. Mit 4 Kpfr. 8. Frankf. a. M. 836. Andreä 2/3 ꝛc — 9e Aufl. 837. — 10e verb. Aufl. Mit 4 Kpfr. 8. Ebd. 838. 2/3 ꝛc — 11e verb. Aufl. Mit 4 Kpfr. 8. Ebd. 840. 2/3 ꝛc

Brand, Jac., der Christ in der Andacht. Vollständiges Gebetbuch für Katholiken. Neue wohlfeile Ausgabe mit 2 (3) Lithogr. kl. 8. Frankfurt a/M. 842, Andreäische Buchh. 1/4 ꝛc —14. verb. u. mit 3 Kpf. versehene Aufl. 8. Ebd. 843. 2/3 ꝛc

Brand, Jac., der Christ in der Andacht. Vollständiges Gebetbuch f. Katholiken. 15. verb. u. m. den in Oesterreich üblichen Gebeten u. Gesängen verm. Aufl. Hrsg. v. Sebast. Brunner. 8. (XVI u. 365 S. m. 1 Lith. u. lith. Titel.) Leipzig 851, Costenoble. n. 1/3 ꝛc; fein Pap. m. 3 Lith. u. lith. Titel n. 2/3 ꝛc; Velinp. m. 3 Lith. u. lith. Titel n. 1 1/3 ꝛc

Brand, Jac., der Christ in der Andacht. Vollständiges Gebetbuch für Katholiken. Herausg. von Sebast. Brunner. 16. Aufl. 860. — 17., verb. u. verm. Aufl. Passau 861. Elsässer & Waldbauer. 16. (XVI, 496 S. u. 3 Stahlst.) 10 ngr.

Brand, Jak., der Christ in der Andacht. Vollständiges Gebetbuch für Katholiken. Hrsg. von Seb. Brunner. 18. verb. und verm. Aufl. 16. (XVI, 496 S. mit 1 Stahlst.) Passau 869, Waldbauer's Buchh.
Velinp.

Brand, Jakob, s. Cornelius Nepos.

— Erklärung d. heil. Messe. 8. Frankf. a. M. 804. Varrentrapp. 3 gr

— kleines kathol. Gebetbuch f. Kinder. Mit 4 Bildn. 12. Frankf a. M. 820. 2e A. in 18. 827. Andreä. 4 gr Schrbp. m. ill. Kpf. 9 gr

— kleines Gebetbuch f. Kinder. 3., verb. Aufl. M. 4 Bild. kl. 18. (144 S.) Frankfurt a. M. 834, Andreä.

Brand, Jac., kleines Gebetbuch f. Kinder. 4., verb. Aufl. M. 4 Bildern. 18. (144 Seit.) Frankfurt a. M. 840, Andreäische Buchh. Thlr

— kleines Gebetbuch f. Kinder. 4. verb. (Titel-)Aufl. Mit 4 (lith.) Bildern. 18. (144 S.) Trier 850, Lintz. 1/8 ꝛc

BRAND, JACOB: Christkatholisches Gebetbüchlein für Kinder. Kaschau o. J.: Carl Werfer. 2, 194, 4 S. 1 t. - 12°

— Gebete für kathol. Christen. Auszug aus d. größern Gebetbuche: Der Christ in d. Andacht. Mit Titelkpfr. 24. Frankf. a. M. 833. Andreä. 5/12 ꝛc — 3e mit Bildern verseh. Ausg. 32. Ebd. 840. 5/12 ꝛc

— Gebete f. kathol. Christen. Auszug aus d. größ. Gebetbuche: der Christ in d. Andacht. 3. Aufl. (Mit 5 Stndr. u. verziert. Ttl.) 16. (408 Seit.) 840., 10 Gr., 4. A. (M. 4 Stnt.) 24. (456 Seit.) Frankfurt a. M. 842, Andreäische Buchh.

Brand, Jac., Gebete für katholische Christen. Auszug aus dem größern Gebetbuche: Der Christ in der Andacht. 5. (Titel-) Ausg. 24. (XII und 449 S. mit 3 Kpfrt.) Leipzig 852, Costenoble.

—— Gebete f. kath. Christen. 5. Asg. 24. (449) Lpzg 52. (Pass., Waldbauer.) — 12

— — Gedächtnißrede auf Friedrich Ludwig, Landgraten von Hessen, 4. Frankfurt a. M. Andreae. 821.

— Gott ist unser Vater, meine Andacht, mit 5 Kpf. 12. Frankf. a. M. 818. 2e A. m. 4 Kpf. 822. 3e A. 825. 4e A. 828. 5e A. 832. Andreä. 8 gr Schrbp. 12 gr

— — Gott ist unser Vater, meine Andacht, mit 5 Kupf 12. Frankfurt a. M., Andreä. 819. Schreibp.

— Gott ist unser Vater! Meine Andacht. 2e Aufl. M. 4 Kupf. 18. Frankfurt 823. Andreä. 8 gr. Schreibpap.

— Gott ist unser Vater. Meine Andacht. 6e verm. Aufl. Mit 4 Kpfr. 18. Frankf. a. M. 834. Andreä. 1/3 rthl — 7e Aufl. 838. 1/3 rthl

—— Gott ist unser Vater. Meine Andacht. 8., verm. Aufl. 18. (288 S. u. 3 Bild.) Frankfurt a. M. 842, Andreäische Buchh.

—— die öffentl. Gottesverehrung d. kathol. Christen; ein Gebet- u. Erbauungsbuch. M. 6 Kpfr. 8. (49 B.) Frankfurt a. M. 831, Andreä.

— die öffentl. Gottesverehrung d. kathol. Christen; e. Gebet- u. Erbauungsbuch. 2 Thle. Mit 6 Kpf. 8. Frankf. a. M. 832. Andreä. 1 rthl 16 gr

—— die öffentl. Gottesverehrung d. kathol. Christen. Ein vollständ. Gebet- u. Erbauungsb. 2. Ausg. M. 6 Kpfr. 8. (49 B.) Frankfurt a. M. 840, Andreäische Buchh.

Brand, J., Handbuch d. röm. Alterthümer. 8. Frankf. Varrentrapp u. W. 804.

—— Handbuch d. geistl. Beredsamkeit, nach sein. Tode hrsg. v. Casp. Halm, 2 Bde. gr. 8. (43 u. 42½ B.) Frankfurt a. M. 836. 39. Andreäische Buchh. à 2 Thlr. 12 Gr.

— Handbuch d. geistlichen Beredsamkeit, nach seinem Tode hrsg. v. Casp. Halm. 2 Bde. Neue wohlf. (Titel-)Ausg. gr. 8. (XXVI u. 1341 S.) Constanz (837) 850. Meck. 1 rthl

— Handbuch d. neuesten Erdbeschreibung f. Schulen. 1r Curs. 8. Frankf. a. M. 809. Hermannsche B. 16 gr

—— der Herr segne u. behüte dich. Ein Bet-Unterr. f. kathol. Christen, als Mitgabe f. d. ganze Leben. (Neue Ausg.) 8. (13¾ B. u. Titkpfr.) Frankfurt a. M. 838, Jäger'sche Buchh.

— Hirtenbrief bei d. Besitznahme d. bischöfl. Stuhles zu Limburg d. 11. Decbr. 1827. Frankf. a. M. 827. Andreä. 2 gr Hirtenbrief beim Anfange d. Fastenzeit. gr. 4. Ebd. 828. 2 gr

— Jesus in s. Leiden u. Sterben. 8. Frankf. a. M. 810. Andreä. 3 gr

— — Jesus in s. Leiden u. Sterben. Betrachtung nach Sailer. 8. Frankf. 1811, Andreä. ⅙ Thlr. — 12 kr.

Brand, Jakob, s. Greg. Köhler: Anleit.

— Lesebuch f. Anfäng. d. lat. Sprachstudiums. 8. Ebend. 800.

— Leseübungen f. Anfänger d. latein. Sprachstudiums. 8. Frankf. a. M. 800. 2e A. 818. Andreä. 8 gr

Brand, Jak., Perlen der wahren Andacht. Auszug aus dem größern Gebetbuch. 6. verm. Aufl. Mit 3 Kpfrn. Passau 858. Elsässer u. Waldbauer. 32. (VIII, 421 S. u. lith. Titel.) 10 ngr

— Perlen der wahren Andacht. Auszug aus dem größern Gebetbuche. 7. Aufl. 860. — 8. verm. Aufl. Mit 3 Kpfrn. Ebend. 862. 32. (VIII, 503 S. u. lith. Titel.) 10 ngr

Brand, Jakob, s. J. Th. F. Rambach: Anleit.

— Rede über den Werth der Sodalitätsandacht. 8. Frankf. a. M. 808.

—— 19 Reden bei d. Feier d. ersten heil. Communion d. Kinder. Gehalten während 19jähr. Pfarramtsführung. gr. 8. (15½ B.) Frankfurt a. M. 831, Andreä.

— neunzehn Reden bei der Feier der ersten h. Communion der Kinder. Gehalten während 19jähriger Pfarramtsführung. 2. Aufl. Trier 854. Lintz. 8. (VIII, 205 S.) 20 ngr

— — die Religion des Herzens. Erbauungsb. 8. Aschaffenburg bei Wailandt 1809.

Brand's, J., Deutsche und lateinische Sprachlehre für Schulen. Frankf. 801. 803. 2 Thle. 8. 1 rthlr.

— deutsche u. latein. Sprachlehre f. Schulen. 2 Thle. gr. 8. Frkf. a. M. 801, 4. Andreä. (1r Thl. 12 gr 2r Thl. 16 gr) 1 rthl 4 gr

Brand, Jakob, s. K. Ph. Ch. Stein: Abriß.

— erster Unterricht in d. Naturlehre. 8. Leipz. 820. Fr. Fleischer. 12 gr (vergl. Lehrmeister. 17r Thl.)

— erster Unterr. in d. Weltgeschichte. 8. Frankf. a. M. 822. Andreä. 16 gr

—— erster Unterr. in d. Weltgeschichte. 2., verb. u. verm. Aufl. 8. (18½ B.) Frankfurt a. M. 833, Andreä.

— Unterr. u. Gebete, f. kathol. Christen. 8. Offenb. 807. Brede. 9 gr Schrbp. 12 gr

— Unterricht in d. Geographie u. s. a. Uihlein.

—— Unterricht in d. Geographie. 5., nach d. neuest. polit. u. statist. Verhältnissen bericht. u. verm. Aufl. gr. 8. (20½ B. u. 1½ B. Tab.) Frankfurt a. M. 828, Andreä.

— Versuch eines Plans z. Organisation der Bürger- u. Landschulen, mit besond. Rücksicht auf Industrieschulen. 8. Frankf. a. M. 813. Andreä. 18 gr

Brand, Jak., allgem. Weltgeschichte z. Gebrauch öffentl. Vorles. 18 – 8s Hft. gr. 8. Frankf. a. M. 808 — 15. Andreä. 2 rthl 16 gr (1s enth.: Gesch. d. frühesten Staaten: Aegypter, Babylonier, Assyrer, Meder, Phönizier, Klein-Asiaten u. Perser. 808, 2e A. 820. 8 gr 2s, Gesch. d. Griechen von d. Entstehen d. griech. Staates bis z. d. macedon. Oberherrschaft unt. Alexander d. Großen. 808. 2e A. 820. 8 gr 3s, Gesch. d. Macedonier, u. d. aus d. macedon. Monarchie entstand. Reiche, bis zur röm. Oberherrschaft, 808, 2e A. 822. 8 gr 4s, von d. Verhältn. d. ält. Italiens, u. d. Entstehen d. röm. Staates, bis zu dessen Untergang. 808. 2e A. 822. 8 gr 5s, Gesch. d. ersten Hälfte d. Mittelalters; von d. großen Völkerwander. bis zu d. Kreuzzügen. 809. 2e A. 824. 8 gr 6s, Gesch. d. 2n Hälfte d. Mittelalters; von d. Kreuzzügen bis z. Entdeckung d. 4n Erdtheils. 811. 8 gr 7s, d. neuern Gesch. erste Hälfte, von d. Entdeckung d. 4n Erdtheils bis z. westphäl. Frieden. 812. 8 gr 8s, der neuern Gesch. 2e Hälfte, von d. westphäl. Frieden bis z. Errichtung d. französ. Kaiserthums u. d. darauf erfolgten Staatsveränderungen. 812. 8 gr)

— allgem. Weltgeschichte, nach ihren drei Hauptabtheill., in die ältere, mittlere u. neuere, in 3 Tabellen. gr. Fol. Frankf. a. M. 821. Andreä. 1 rthl

— allgem. Weltgesch. f. Realschulen. gr. 8. Frankf. a. M. 821. 2e A. 825. Andreä. 1 rthl 12 gr

—— allgem. Weltgeschichte f. Realschulen. 3., verb. u. mit ein. d. neueste Geschichte enthalt. Nachtr. verm. Aufl. gr. 8. (32 B. u. 4½ B. Tab.) Frankfurt a. M. 840, Andreäische Bh.

Brand, Jakob Hieronymus

— Albertus Magnus von den Geheimniss. der Weiber. 8. Wien, Gerold. 800.

Brand, Jac. Hier., vollst. Kräuter- u. Haus-Arzneybuch. 4. Nürnb. Raspe. 766.

Brand, Jakob Hieronymus: Sorgfältiger und gewissenhafter Land- und Bauern-Doktor; welcher GOTT zu Ehren und dem armen dürftigen Nächsten zu Nutz und denen nothleidenden Kranken mit guten arzeneyen und mehrentheils geringen Haus-Mitteln in allen vorfallenden Krankheiten getreulich an Handen gehet.
178 S., gbd., Abb.

Frankfurt u.Leipzig: Schüpfel 1770

Brand, Ignaz (Hrsg.), s. Glühlichter, Neue.

Brand, Ignaz (Hrsg.), s. Guckkasten, Politischer.

Jo. Georg. Brand diff. mathem. I. de definitione et objecto matheseos demonstrationibus. Rintelii. 4. 1750

— **Joachim Friedrich** (Calbe/Magdeburg), De successione in exspectativam feudalem. Diss. jur. Präs. Daniel Nettelbladt. Halle (Joh. Christ. Hendel) 16. X. 1750. 40 S. (5.—) 3751

Gew.: Samuel Baron v. Coccell (Wusecken, Kleist...). — Widm. v.: Gottlob Sam. Nicolai, Carl Aug. Brand (Bruder). — Sam. Tob. Dubendorff (Insp. d. kgl. Gymnas. Berlin; dtsch.). Chn. Luc. Werner (Marburg). — Gg. Sam. Madihn (Wolfenbüttel), Gg. Friedr. Muhd (Landsberg/Neumark). J. F. Weidemann (Schles., dtsch.) — Joh. Gottfr. Kayser (Magdeburg, dtsch.) Phil. Quad (Minden). — J. F. Knak.

— — Dasselbe. 30 S., nur mit Widm. v. Präs. u. G. S. Madihn. (4.—) 3752

— **Johann Andreas** (Univers.-Bibliothekar z. Würzburg), De jure Caesareo primariarum precum, in quo ejus origo, progressus, et fata ad medium sec. XVIII usque ex Germanae historiae monumentis recensentur... Tract. histor.-publ.-canon. Würzburg (Marcus Anton Engman) 1749. 212 S. (3.—) 3753

Brand, Joh. Arnhold v., Prof. etc. Reisen durch die Mark Brandenburg, Preussen, Churland, Liefland, Pleskovien, Gross-Naugardien, Tweerien und Moscovien; anbei eine seltsame Beschreibung von Sibirien. Alles nachgesehen und mit nöthigen Uebersetzungen etc. von Heinrich Christian Hennin.
8. Wesel 1702.

Brand, Johann Christian

BRAND, C., Prof., Die Wiener Ausrufer. 12 Bll. der Suite, geätzt u. gestoch. v. Cath. Brannddinn, C. Conti, J. Feigel, S. Mansfeld, G. Merk, C. Schütz. Wien 1775. Gr.-Fol. (60 Mk. L. Rosenthal, 1911: Vorzügliche Drucke, mit vollem Rande, unbedeutend gebräunt und fleckig.)

U. a.: 7. Mausfallen. 27. Hasenbälge. 28. Tagwerker. 32. Leinwand. 33. Zwiebel. 36. Hühner. 37. Seilerjunge 38. Die kl. Post. 40. Bierwirthsjunge etc.

Brand, [Johann] C[hristian]. Zeichnungen nach dem gemeinen Volke besonders Der Kaufruf in Wien. Etudes prises dans le bas peuple et principalement Les Cris de Vienne 1775. Nach dem Leben gezeichnet von C. Brand ...
Tit. u. 40 Taf. in Kupferst. von C. u. Fr. Brand, J. Feigel, C. Conti, J. E. u. S. Mansfeld, Quirin Mark, J. Mossmer u. C. Schytz. 2°

Brand, [Johann] C[hristian]. Dasselbe in anderer Reihenfolge.
Tit. u. 40 Taf. in Kupferst. 2°.

—. Dasselbe. ohne Tit., unvollständig.
27 Bl. in kol. Kupferst. 2°.
Mit fünf in den vorigen Nummern nicht enthaltenen Darstellungen, davon vier nach Zeichn. von V. G. Kininger. Stecher: Ponheimer, P. Brand, J. Mössmer, J. Feigel, L. Schulz [u. a.]

BRAND, L., Zeichnungen nach dem gemeinen Volke besonders der Kaufruf in Wien. In Wien bey T. Mollo & Comp., o. J. (ca. 1780). Imp.-Folio. (90 fl. Gilhofer & Ranschburg, 1891: 3 Bll. im Rande etwas kürzer.)

Titel u. 39 (statt 40) Blatt aus der berühmten Serie der Wiener Kaufrufe, in Kupfer gestochen von L. Brand, Obigem Expl. waren beigefügt 2 äusserst seltene Stiche nach Brand, u. zwar: Ajavv (!), ein Bootsknecht aus Canton u. Athah e. Bootsknecht aus Canton, d. allerh. Hofe d. 17. Hornung 1780 als e. Seltenheit gezeigt, gest. von Mansfeld u. prachtvoll mit d. Hand colorirt.

Brand, Joh. Christian Heinr. (Hrsg.), s. Schulzeitung, Schwabacher.

Brand, Joh. Ferdinand Wilhelm, s. Brandt

— **Joh. Friedrich** u. **Joh. Philipp Kieser**, De oratione vocali, mentali, et passiva. Diss. theol. Präs. Joh. Wolfg. Jaeger. Tübing. (Jos. Sigmund) Aug. 1714. 32 S. (5.—) 3754

Brand, Joh. Gottfried: „Grundsätze der Staatsrechnungswissenschaft", (1. Band erschien nicht) 2. und 3. Band: Wien 1785, 1786 (Trattner).

Brand, J. G., Grundſ. d. Staatsrechnungs-Wiſſenſchaft. 2r u. 3r Bd. gr. 8. Wien, Trendler. 785. 86.

Brand, Johann Gottfried: „Tabellarische Übersicht über die Grundsätze der Staatsrechnungswissenschaft", Wien 1790 (Trattner).

Brand, Joh. Henr., specimen historico-juridicium inaug. de senatus consultis et constitutionibus Hadriani, secundum eum ordinem, quo apud Gaium laudantur. 8 maj. (6¼ B.) Lugd.-Bat. 846. (S. et J. Luchtmans.) *

Brand, Josef

Brand, Joſ. (I.), die Huldigung der Zeiten. Ein Feſtſpiel zur Feier der ſilbernen Hochzeit Ihrer Majeſtäten, des Kaiſers Franz Joſeph I. und der Kaiſerin Eliſabeth. [24. April 1879.] Lex.-8. (17 S.) Wien 879, Seidel und Sohn.

Brand, Jos. (II.), über einige Salze und Abkömmlinge der Hydroxycaprylsäure. gr. 8. (28 S.) München 878, Th. Ackermann.

Brand, Joseph [aus Warburg]: Gegenwärtiger Stand der Hirnchirurgie bei der Rindenepilepsie ... Berlin, Buchdr. v. G. Schade, *1893*; 30 S., 1 Bl. 8.
Berlin, Med. Fak., Inaug.-Diss. v. 21. Juli 1893

Brand, Joseph [aus Büren]: Studien zur Geschichte von inlautendem qu in Nordfrankreich, im bes. z. Lautgeschichte v. nfr. suivre u. eau ... Münster i. W., Buchdr. J. Bredt, 1897; 63 S. 8.
Münster, Phil. Fak., Inaug.-Diss. v. [31. Mai] 1897

Brand, Julius

Brand, J., der Erlöſer. Trauerſpiel in 5 Akten. gr. 8. (VII, 155 S.) Bern 901. Neukomm & Zimmermann.
n. 2. 50; geb. n.n. 3. 50

Brand, Jul. [Jul. Hillebrand]. Mephiſtopheles. Ein ſatir. Gedicht. 8. (68 S.) Zür. 889. Verlags-Magazin. * 1 —

Brand, J., Thomas Münzer. Ein Drama. 8. (56 S.) München 888, M. Ernſt. *

—— Thomas Münzer. Drama. 8. (56) Münch. 89, Ernst. — 60

— Nero. Trauerſpiel in 5 Akten. 8. (112 S.) München 890. L. Finſterlin.
n. 1. 50

Brand, Jul. [Jul. Hillebrand]. Kaiſer Otto der Dritte. Drama. gr. 8. (IV, 43 S.) Münch. 891, L. Finſterlin. * — 60

Brand, Jul., technische Untersuchungsmethoden zur Betriebskontrolle, insbesondere zur Kontrolle des Dampfbetriebes. Zugleich e. Leitfaden f. die Übgn. in den Maschinenbaulaboratorien techn. Lehranstalten. (VIII, 269 S. m. 168 Fig. u. 2 lith. Taf.) 8. Berlin 904. J. Springer. Geb. in Leinw. n. 6. —

Brand, Jul., **technische Untersuchungsmethoden zur Betriebskontrolle, insbesondere z. Kontrolle d. Dampfbetriebes. Zugleich e. Leitfaden f. die Arbeiten in den Maschinenbaulaboratorien techn. Lehranstalten. 2., verm. u. verb. Aufl. Mit 301 Textfig., 2 lith. Taf. u. zahlr. Tabellen. (XII, 411 S.) gr. 8. Berlin 907. J. Springer. Geb. in Leinw. 8. —**

—— Venus Aſtaroth. Dichtgn. 12. (137 S.) Lpz. 891, W. Friedrich.
* 2 —

Brand, Jürgen, s. a.: Sonnemann, E.

Brand, Jürgen: Mit Rucksack u. Wanderstab. (16) 8° Berl., Buchh. Vorwärts '12. — 20 d

Ulenbrook. Briefe aus der Heide an meine jungen Freunde von Jürgen **Brand**. Berlin: Vorwärts [1907]. (79 S.) 8° [F.] [08. 624

Brand, Karl, Beitrag zur Aetiologie des Gelenkrheumatismus. Diss. München 1886, A. Buchholz. 8°. 34 S.

Brand, Karl: Dichten u. Trachten. Gedichte. (7, 77) kl8° Hochemmerich am Niederrh., Selbstverl. '11. (Nur dir.) 1.50; geb. 2.50 d

Brand, Karl: Einführung in d. Verständn. d. Landkte durch d. Volkssch. Neue Wege. (39 S. m. Abb., 12 Planrissen u. 6 farb. Taf.) gr. 8°. Lpzg. 1910. Hann., F. Kortkamp.

Brand, Karl, Festungs-Jeremiaden e. ehemaligen Feuerwerkers. Gedichte. (VIII, 100 S.) 8. Oberhausen (Rhld.) 908. Selbstverlag. 1.50

Brand, Karoline, das Pflegekind, s.: Erzählungen f. Schulkinder. V. 4.

Brand, Kurt, aus Briefen Justus v. Liebigs, s.: Giessen, die Universität, von 1607–1907.

Brand, Kurt, Dr. phil.: Die elektrochemische Oxydation aromatisch gebundener Methylgruppen. *Gießen 1903: v. Münchow.* (94 S.) 8°
Gießen, Phil. Hab.-Schr. v. 1903

Brand, Kurt, aus Lützen: Über die elektrochemische Reduktion von Ketonen. *Giessen 1901: v. Münchow.* (58 S.) 8°
Giessen, Phil. Diss. v. 1901

— Die elektrochemische Reduktion organischer Nitrokörper u. verwandter Verbindgn. (VI, 284 S) Lex. 8. Stuttgart 908. F. Enke. 8.40
Sonderabdr. a. „Sammlg. chem. u. chem.-techn. Vorträge".

Brand, L.: Zeichnungen nach d. gemeinen Volk ..., s. Brand, Johann Christian

Aufbauender Lehrplan und Stoffverteilung für den christlichen Unterricht in der evangelischen Volksschule, Konfirmandenstunde und Christenlehre. Von L. A[dam] **Brand**, Metropolitan. Cassel: Lometsch 1910. 54 S. 8° [10. 1,26 4

— Merkbüchlein f. Konfirmanden u. f. den Christenstand. (27 S.) 8. Ebd. 910. —20

Brand, M., Ein Dämon, s.: Weichert's Wochen-Bibliothek.

[F.] Ein Dämon. Roman v. M. **Brand**. M. 3 Vollb. *Berlin: A. Weichert [1897].* (96 S., 3 Taf.) 1 Bd 8.
— Wochen-Bibliothek, Weichert's. Bd 24. [97. 3459

Brand, M.E. [Pseud.], s. Elkan, Max

Brand, M.F. (Hrsg.), s. Papiere des Kleeblattes.

Brand, Max. Ueber Molybdate, Sulfomolybdate u. Phosphormolybdate des Lithiums. Diss. Phil. Bern. IV + 54 S. 8. Bern, Neukomm & Zimmermann, 1905.

Brand, Max: Nervenkranker, Neurastheniker, sei Dein eigener Arzt! (64) 8° Frankf. a/M., Gebr. Knauer ('07). 1.50 d

Brand, Max., s. a.: Brantl, Max.

Maximilian **Brand**. Liebesstrophen. Berlin-Wilmersdorf: A. R. Meyer 1910. 32 S. 8° [10. 8744

Versuch einer Geschichte der St. Johannisloge Ernst für Wahrheit, Freundschaft und Recht im Or. von Coburg. Vom Br.·. Mor. **Brand**, an ihrem Jubelfeste, den 26. Aug. 1866. [Leipzig 1866: Weber.] 31 S. 8° [Umschlagtit.]
Aus: L. 25 (1866) S. 224—253.
Tt. 478.

Brand, P. (I.), Prüfungstafel für Kommunikanten. gr. 16. (20 S.) Pittsburg Pa. 887. (Dresden, H. J. Naumann.) geb. **

Brand, Paul

Brand, P., Leitfaden zum Selbstunterricht in der Pferdekenntniß. gr. 8. (IV, 180 S. mit zahlreichen eingedr. Holzschn.) Frankfurt a. d. O. 882, Waldmann. *ℳ 1,60.; cart. * 1 80

Brand, P. (II.), Selbstunterricht in der Pferdekenntniß. 2. verm. und verb. Aufl. gr. 8. (VII, 216 S. mit 52 in den Text gedr. Holzschn.) Frankfurt a. O. 885, Waldmann's Buchh. cart. *

Brand, P., Ober-Rossarzt a. D., Vorstand der Lehrschmiede zu Charlottenburg. Selbstunterricht in der Pferdekenntniss. Mit 67 in den Text gedruckten Holzschnitten. 3. verm. und verbess. Auflage. 8. Frankfurt a. O. 1890.

Selbstunterricht in der Pferdekenntnis. Bearb. von P[aul] **Brand**, Ober-Rossarzt a. D. Mit 70 Holzschnitten. 4. verm. u. verb. Aufl. *Neudamm: J. Neumann 1901.* (V, 187 S.) 8° [F.]
(J. Neumanns Landwirtschaftl. Büchersammlung.) [01. 9900

Brand, Philibert [Diplom. Chemiker aus Lischnitz (Böhmen)]: Über Derivate des *v-m*-Xylidins. Prag 1899. 40 S. 8°.
Zürich. Phil. Diss. II. S. 1898/99.

Brand, Philipp

Der Grossmeister der Grossen Freimaurerloge zur Eintracht [in Darmstadt] als zur Zeit geschäftsführender Vorstand des deutschen Grosslogenbundes an die verbündeten Grosslogen. [Unterz.:] [Phil.] **Brand.** [Dat.:] Darmstadt, den 7. Sept. 1901. 2 Bl. 2° [Kopftit.]
Abgedr. in: BstF. 10 (1901) S. 198—200; Bbl. 15 (1901) S. 512—514; L. 24 (1901) S. 154—155; BayrBbl. 2 (1901—1902) S. 90 bis 93; Urkunden der GrNM. üb. die Krisis in der Frmrei. 1902 S. 40—42.
cf. S. 8 (1901) S. 77—79 (J. G. Findel); BayrBbl. 2 (1901—1902) S. 161—164.
Enth. das Protokoll üb. die in der Loge Apollo, Leipzig am 1. Sept. 1901 zsgetretene Konferenz der deutsch. Grmstr betr. die Streitfragen Berlin-Hamburg.

Der Grossmeister der Grossen Freimaurerloge zur Eintracht [in Darmstadt d. i. Phil. **Brand**] als zur Zeit geschäftsführender Vorstand des deutschen Grosslogenbundes an die verbündeten Grosslogen. [Dat.:] Darmstadt, den 7. Sept. 1901. 2 Bl. 4°. [Kopftit.]
W. 7261 gibt 2 als Format an.
Protokoll der Beratung über den Streitfall der Grossloge von Hamburg mit den 3 altpreuss. Grosslogen.]

Gutachten der Commission über den Antrag des Br. [Ludw.] Herrig auf Bildung einer deutschen National-Grossloge. [Unterz.: Phil.] **Brand**, [Friedr. Aug.] **Eckstein**, **Carl Gräff**. [Dat.:] Frankfurt a. M. 1878. 7 S. 8° [Kopftit.]
Abgedr. in: PtkD. 81 (1878) S. 47–52.

Vorschläge bezüglich des Antrags des rhein.-westfäl. Logenverbandes wegen Schaffung eines allgemeinen deutschen Maurertags. [Unterz.: Phil.] Brand. [Dat.:] Mainz, den 25. Oct. 1890.
in: Kreisschreiben d. deutsch. Grlogenbundes. 1890—1891 Nr 2, S. 5—9; Bbl. 5 (1891) S. 6—14.
cf. Kreisschreiben d. deutsch. Grlogenbundes. 1890—1891 Nr 2, S. 9—13; Bk. 10 (1891) No 28 (M. Corens); Bbl. 5 (1891) S. 14—22.
Enth. Brands Entwurf eines Statuts für den Mrtag, auch abgedr. in: Bk. 10 (1891) No 28.

Vorschläge bezüglich des Antrags des rheinisch-westfälischen Logenverbandes wegen Schaffung eines allgemeinen deutschen Maurertags. [Unterz.:] [Philipp] Brand. [Dat.:] Mainz, den 25. Oct. 1890. 7 Bl. 4°. [Kopftit.] [Lith.]
Enthält als Anhang zwei Gutachten über diese Vorschläge von Heinr. Prinz von Schoenaich-Carolath und Ed. Zinkeisen vom 30. Oktober und 9. November 1890.

Kaiser Wilhelm II. und die Freimaurerei. [Von Phil. Brand. Mainz 1888: Prickarts.] 16 S. 8° [Kopftit.]
Verteidigung von Ziel u. Zweck der Frmrei gegen Angriffe der ultrakonservativen u. ultramontanen Presse, veranlasst durch die Behauptung: Kaiser Wilhelm II. habe ein unbesiegbares Vorurteil gegen die Logen.

Brand R. Karten von dem Königlich württembergischen Oberamt Riedlingen. 1:50000 und 1:100000. auf Leinwand. Köln 1883

Wie kommt der kleine Mann auf einen grünen Zweig? Auf Wunsch d. Verbandsvorst. bearb. von Reinhold Brand. 5. verb. Aufl. *Köln 1896: Greven & Bechtold.* (32 S.) 8° [F.]

Brand, Sebastian, Dichter, 1457-1521, s. Brant, Sebastian.

Brand, Seb., Breslau wie es sein wird. Humoreske. 8. (2 B.) Breslau 835, Verlags-Comtoir.

—— Olivier, Eine Novelle. 8. (14 B.) Nordhausen 830, Fürst.

Brand Siegfried: Die Flexion in der Historia von D. J. Fausten.
H. 1910 PN 2971 Diss. Wien, Univ.

Brand, Silvia, für unsere Ehre. Drama in 1 Act [mit Benutzung der Reminiscenz an ein Gedicht]. 8. (47 S.) Dresden 882, Burbach. *ℳ 1,80.; geb. * 2 60

Brand, S, f. unsere Ehre. Drama. 8. (47) Dresd. 82, Warnatz & L. n. 1. 80; geb. n. 2. 60

Brand, Silvia, Herbstlaub. Dichtgn. z. Vortrag. 8. (72 S. m. Bildnis.) Dresden 897. A. Beyer. n. 1. 50; geb. in Leinw. n. 2. —

Brand, S: Herbstlaub. Dichtgn z. Vortrag. 8° (72 m. Bildnis.) Dresd. 97. Holze & Pahl. 1.50; geb. in L. 2 —

—— Tante Lottchen. Eine humorist. Declamation für Damen. 16. (14 S.) Dresden 884, Weiske. * 1 —

— Perlen im Sumpf. Schausp. i. 4 Akten. gr. 8. (III, 55 S.) Ebd. 896. n. 1. 50

Brand, Silvia, unter uns. Frauen-Gespräche u. Bekenntnisse. (96 S. m. Bildnis.) 8. Dresden (907). R. Kraut. 1. —

Brand, Silvia, wie es zugeht. Streiflichter aus der Redaktionsstube. 1. bis 5. Taus. (192 S.) 8. Dresden (906). (B. Sturm.) n. 3. —

— Wie es zugeht. Streiflichter aus d. Redaktionsstube. 1. bis 5. Taus. (Billige [Titel-]Ausg.) (192 S.) 8. Dresden [906] (907). (B. Sturm.) 1. 50

Brand, Silvia, König Zeit und Königin Ewigkeit. Ein Märchen für große und kleine Kinder. gr. 8. (27 S.) Dresden 887, Weiske. * —

Brand, Theodor, s. Amtsblatt-Extract.

Brand, Thdr., der Befreiungskrieg von 1813, 1814 und 1815. 2 Thle. 12. Aufl. 8. (1152 S.) Breslau 859, Kern. *

Brand, Thdr., der Befreiungskrieg von 1813, 1814 und 1815. 2 Thle. 12. Aufl. Breslau 860. Kern. 8. (1152 S.) n. 24 ngr.

Brand, Theodor (Hrsg.), s. Blätter, Neue Schlesische, für Unterhaltung, Kunst und Literatur.

Brand, Th. (Hrsg.), s. Blätter, Schlesische, für Unterhaltung, Kunst und Literatur.

Brand, Th.: „Das Dorfbuch; ein Noth- und Hülfsbüchlein für Jedermann, besonders für Gutsbesitzer, Dorfgemeinden, Dorfschulzen, Gerichtsschreiber, Dorfgeistliche und Schullehrer auf dem Lande", 3. Auflage, Breslau 1840 (Aderholz).

Brand, Theod., das Dorf-Buch. Ein Volks-, Noth- u. Hülfsbüchlein f. Jedermann, besond. aber f. Dorfgemeinden, Gutsbesitzer, Dorfschulzen, Gerichtsschreiber rc. 3. Ausg. gr. 8. (32¾ B. u. Titlvign.) Glogau 840, Flemming.

— Fackelzug für Johannes Ronge. Lex.-8. Breslau 845. (Fr. Aderholz.) n. 1/12 ℛ︀

Brand, Theod., Fackelzug für Johannes Ronge. Breslau, Aderholz, 1846, gr. 8°, 25 Pf.

— s. Gesinde-Ordnung, Preußische.

— Handbuch der Preuß. Gesetzsammlung v. 1806 bis einschließlich 1845. Ein Hülfsbuch für Juristen u. alle Verwaltungs- u. Communalbeamte rc. 1.—6. Hft. gr. 8. Breslau 846, Fr. Aderholz. Subscr.-Pr. à 1/3 ℛ︀

Brand, Thdr., Handbuch der Preuß. Gesetzsammlung v. 1806 bis einschließl. 1845. Ein Hülfsbuch für Juristen u. alle Verwaltungs- u. Communal-Beamte rc. 7—9. Hft. gr. 8. (2. Bd. S. 1—512.) Breslau 848, Fr. Aderholz. à 1/2 ℛ︀ (1—9: 4½ ℛ︀)

Brand, Theodor, s. Heller-Blatt.

—— die Judenfrage in Preußen, beleuchtet. Gegenwort auf d. Schrift: „Die gegenwärtig beabsichtigte Umgestaltung der bürgerl. Verhältnisse d. Juden in Preußen," von einem ungenannten Autor. gr. 8. (1¾ B.) Breslau 842, G. P. Aderholz.
Vgl. Brandt.

—— der Krieg mit Rußland, oder: Eh' ihr kriegt's Kanonenfieber, sei ein Stein am Hals' euch lieber! gr. 8. (3 S.) Breslau 848, (F. Aderholz.) *

Brand, Theod., schlesischer Musenalmanach, s. Musenalmanach.

—— volksthüml. Soldaten-Katechismus f. Preußen. 8. (5 B.) Breslau 830, (Aderholz.)

—— die Wassercuren d. Vincenz Prießnitz zu Gräfenberg im Oesterr.-Schlesien. Ein Trost- u. Handbuch f. Kranke. 1. Aufl. (3½ B.) 833., 2. A. (5¼ B.) 8. Breslau 835, Schulz u. Comp. à
Vgl. Brandt.

Brand, W., verloren — gewonnen. Eine Erzählung aus London. 8. (88 S.) Halle 877, Buchh. des Waisenhauses. * ℳ 1,50.; geb. *

BRAND, Werner, oder wie der Leser will. Eine Sammlung von Gemälden, deren Originale wirklich existiren. Köthen, bei Joh. August Aue. 1795. 8°. (9 ggr.)
165 S. Einiges frei. Vgl. Critik der Titel. Halle 1804. 8°. S. 167.

Brand, Wilh. F. Allerlei aus Albion. gr. 8. (III, 156 S.) Lpz. 891, Reißner. * 2 —

Brand, Wilh., F., Anstand bei Tisch. Wie sollen wir essen? (52 S.) 8. Stuttgart (903). Schwabacher. Kart. n. — 75

Brand, Wilh. F: Das verwöhnte Deutschld. Vergleich m. Engld. (28) 8° Dresd., C Reissner ('12). — 50 d

Brand, Wilh. F., England v. heute. (178 S.) 8. Dresden (907). C. Reißner. 2. —

Brand, Wilh. F., Reise um die Welt. 8. (XIII, 280 S.) Leipzig 899. B. Elischer Nachf. n. 4. —; geb. n. 5. —

Brand, W. F., Londoner Streifzüge, s. Bibliothek der Gesamt-Litteratur des In- und Auslandes.

Brand, von der Altmühl, P., das Recht zur Todesstrafe. Im Monat Mai 1831. 8. Dinkelsbühl 832. Walthr. (Leipz., Central-Compt.) 1¼ ℛ

Brand & Lhuillier: Dampf-Braupfannen für Maische und Wurze. Brünn (1904?)

Brand & Lhuillier: Dampfleitungsrohre. Brünn 1897

Brand & Lhuillier: Luftpumpen und Luftpresser Patent Koster für Riemen-, Dampf- und elektrischen Antrieb. Brünn (1904?)

Brand-Brabély, S. (Stephanie Gräfin Wurmbrand), Betrachtungen. 4., im Inhalt verm. Aufl. 8. (90 S. m. Bildn.) Dresden 897. E. Pierson. n. 1. 50; geb. n. 2. 50

Brand-Brabély, S. (Stephanie Gräfin Wurmbrand), neue Betrachtungen. 5., im Inhalt verm. Aufl. 8. (XXVIII, 90 S. m. Bildnis.) Dresden (901). E. Pierson. n. 2. —; geb. n. 3. —

Brand-Brabély, S. (Stéphanie Gräfin Wurmbrand-Stuppach), Gesammeltes. 3. im Inhalt verm. Aufl. (162 S. m. Bildnis.) 8. Dresden 904. E. Pierson. n. 2. —; geb. n. 3. —

Brandais, Max

Brandais, M: Kl. Geogr. f. österr. Volkssch. 2. u. 3. Heft. 8° (Klagenf., J Hoyn.) Je — 40 d
2. Die österr.-ungar. Monarchie. (2 Aufl.) (18) Mahrenbg 1900.
3. Europa. — Die Erde. — Das Weltall. (20) Graz 1899.
Das 4. Heft s. u. d. T.: Petuschnigg, M, u. M Brandais. — Das 1. Heft ist nicht bei Heyn erschienen.

Brandais, M: Prakt. Wochenb. f. d. ungetheilte einclass. Volkssch. (Auch f. getheilte einclass. u. f. zweiclass. Volkssch. verwendbar.) 8° (106) Gschmaier 97. (Wien, C Graeser & Co.) 2 —

Brandais, Max, Prakt. Wochenbuch f. d. ungetheilte einclass. Volksschule. (Auch f. getheilte einclass. u. f. zweiclass. Volksschulen verwendbar.) Zusammengest., erprobt u. m. zahlr. method. Vermerken vers. gr. 8. (106 S.) Gschmaier 897. (Wien, A. Reimann.) n. 2. —

Brandanlegende, anglonormannische, s. Wien, Max.

Von Brandassecuranzanstalten überhaupt, mit einem besonderen Entwurf zu einer Brandassecuranz für den Canton Bern. Zürich 1789.

Hessen-*Cassel*sche Brand-Asekuranz-Ordnung vom 27. April 1767.

Hochfürstlich *Leiningsche* Brand-Asekuranz-Ordnung vom 28. Nov. 1803.

Brandasekurations-Reglement für das Herzogthum *Sachsen-Hildburg* vom 8. Jan. 1776.

Brandau: Die Lektüre der lateinischen Prosaiker auf Gymnasien.
11 S.
Progr. Emden 1871.

Brandau, Adf., Fra Diavolo, der italienische Bandit oder das Gasthaus zu Terracina. Eine Erzählung. 8. (64 S.) [Elberfeld.] Köln 876, Püttmann.

Brandau, A, Fra Diavolo, d. ital. Bandit od. d. Gasthaus zu Terracina. Eine Erzählg. 8. (64) Köln 79, Püttmann. — 30

Brandau, Carl. Das Problem des Baues langer, tiefliegender Alpentunnels und die Erfahrungen beim Baue des Simplontunnels, von K' B'. (Mit 25 Abbildungen.) Sonder-Abdruck aus der «Schweizerischen Bauzeitung», Bd. 53 und 54. II + 30 S. 4. Zürich, Komm. Rascher & Cie., 1910. (fr. 2. —)

Brandau, Conrad Heinrich: Unterhaltende Aufsätze aus mehrern Theilen d. Arzneykunst . . .
Marburg: Akad. Bh. Krieger 1786. 112 S. 8°. (2 Stücke).

Brandau, C. H.: Sistens observationes quasdam de intemperantia et morbis ex ipsa oriundis. D. Marburgi. 1785.

Brandau, G., s.: Kalender f. die Konservenindustrie.

Hermann Brandau. Der Herr der Welt. Ein Zukunftsbild in 3 Aufz. Selbstverl. *Dresden: J. Pitschmann in Komm. [1901].* (71 S.) 8° [F.]
— Brandau: Der Versuch. Viertel 1. [01. 1189]

Brandau, Herm., der Herr der Welt. Ein Zukunftsbild in 3 Aufzügen. (71 S.) 8. Lorch 904. K. Rohm. n. 1. —

— Kreuz u. Halbmond. Ein Schauspiel in 4 Aufzügen. (75 S.) 8. Ebd. 904. n. 1. —

Hermann Brandau. Der Versuch. Erste dramat. Werke u. Gedichte. Viertel 1. Selbstverl. *Dresden: J. Pitschmann in Komm. [1901].* 8° [F.] [01. 1189]

Brandau, Herm.: Der Zukunftsstaat. Komödie. (7, 136) 8° Lpzg, OW Barth '12. 2 — d

Brandau, J. V., über die habituelle Hyperhidrosis pedum, s. Sonder-Abdrücke der „Deutschen Medizinal-Zeitung".

Brandau, Jo. St., Diss. chir. sistens . . . vulnus capitis, ubi sclopito non modo cranium fractum, sed et cerebri substantia . . . laesa partim effluxa . . . . absque trepanatione feliciter sanatum. Cassell. 4°. Auch in: Auss. 2c. I, 16. Marb. 1756. 1755

Brandau, Johann Georg

Neu verfertigtes Arithmetiſches Handbüchlein, darinnen allerhand nüzl. Ausrechnungen und reductiones ſowohl in Münzen, als auch Frucht, Ehlen, Gewichte und Maaſs alles in fürſtlichem Heſsiſchen Valor. Beneben der Wollen- Wein- Tranckſteur- Intereſſe- und Silber-Rechnungen ſamt der Fürſtl. Heſsiſchen Back-Ordnungen enthalten. So abgefaſſet von *Joh. George Brandauen.* Caſsell, gedruckt bey Joh. Wilh. Kürſsnern. In Verlegung des Authoris. lang 12. 1704.

Brandau, L., über obligatorische Schlachthausanlagen. Für Ortsverwaltungen, Techniker und Interessenten. 8. (37 S.) Kassel 883, Keßler.

Brandau, Ludw., Rechnenbuch zum Schulgebrauch. 8. (VIII und 119 S.) Herzberg 853. (Osterode, Sorge.)

Brandau, Max, Referendar aus Kiel: Der unregelmässige Verwahrungsvertrag. Die Berechtigung dieses Rechtsbegriffes, insbesondere seine Unterschiede vom Darlehen. *Schleswig 1899: J. Bergas.* (VI, 43 S.) 8° [F.]
Erlangen, Jur. Diss. v. 6. Febr. 1899

Brandauer, J. F., s. Anleitung zu naturgemäßen Verstandesübungen.

Brandauer, J. F., deutsches Sprach- u. Lesebuch f. d. Elementarklassen d. Gymnasien u. Realschulen. gr. 8. (19 B.) Stuttgart 813, Beck u. Fränkel.

Brandauer, J. F., deutsches Sprach- und Lesebuch für die Elementarklassen der Gymnasien und Realschulen. 2., verb. und verm. Aufl. gr. 8. (XXVI und 348 S.) Stuttgart 847, Beck und Fränkel.

Brandauer, J. F., deutsches Sprach- und Lesebuch für die Elementarklassen der Gymnasien und Realschulen. 3., verb. und verm. Aufl. gr. 8. (XXIV und 328 S.) Stuttgart 850, Beck.

Brandauer, J. F., deutsches Sprach- und Lesebuch für die Elementarklassen der Gymnasien und Realschulen. 4., verb. Aufl. gr. 8. (XXIV und 328 S.) Stuttgart 859, [Metzler'sche Buchh. Verlags-Conto.]

Brandauer, J. F., deutsches Sprach- und Lesebuch für die Elementarklassen der Gymnasien und Realschulen, für Mittelschulen und Töchterinstitute. 5. Aufl. 1864. und 6. Aufl. gr. 8. (XVI und 832 S.) Stuttgart 867, Metzler's Verlag. *

Brandauer, J. F., deutsches Sprach- und Lesebuch für die Elementarklassen der Gymnasien und Realschulen, für Mittelschulen und Töchterinstitute. 7. Aufl. 1871, und 8. Aufl. gr. 8. (XVI, 332 S.) Stuttgart 874, Metzler's Verlag. *

Brandauer, J. F., deutsches Sprach- und Lesebuch für die Elementarklassen der Gymnasien und Realschulen, für Mittelschulen und Töchterinstitute. 9. Aufl. gr. 8. (XVI, 332 S.) Stuttgart 877, Metzler'sche Buchh. *

Brandauer, J. F., deutsches Sprach- und Lesebuch für die Elementarklassen der Gymnasien und Realschulen, für Mittelschulen und Töchterinstitute. 10. Aufl. gr. 8. (VIII, 232 S.) Stuttgart 880, Metzler'sche Buchh. * 2 —

Brandcasse, die vereinigte landschaftliche, zu Hannover. Zusammenstellung der für dieselbe ergangenen gesetzl. und statutar. Bestimmungen. Zum Handgebrauch zunächst für die Organe der Anstalt. gr. 8. (IV, 72 S.) Hannover 872, Meyer. *

Brandcasse, die vereinigte landschaftliche, zu Hannover. Zusammenstellung der für dieselbe ergangenen gesetzl. und statutar. Bestimmungen. 2. Aufl. gr. 8. (94 S.) Hannover 878, Meyer. *

Brandcasse, Die vereinigte landschaftliche, in Hannover Rückblick auf ihre Geschichte und Entwicklung. Hann. 1884. V: *Du Bois.* (JStBbH)

Brande, A(ugust) E(berhard) (Übers.):

s.: Pringle, John, Sir: Beobachtungen über die Krankheiten der Armee. (Observations on the diseases of the army. Seventh edition. Dt.) (Th.1–3). Wien: 1787

Brandé, Fred., Stimmungen. (71 S) 8. Leipzig 905. Modernes Verlagsbureau. n. 1. —

Brande, Friedrich [aus Hannover]: Ueber Taxin das Alkaloid des Eibenbaums (Taxus baccata L.) . . . Erlangen, k. b. Hof- u. Univ.-Buchdr. v. Fr. Junge (Junge & Sohn), 1890; 20 S. 8°
Erlangen, Phil. Fak., Inaug.-Diss. v. 1890

Brande, William Thomas

Brande, W. T., Handbuch der Chemie für Liebhaber. Aus dem Engl. 2 Thle. M. 3 Kpft. gr. 8. Leipz. 820. Er. Fleischer. 4 ℳ

Brande, (W. T.) Handbuch d. Materia medica u. Pharmacie. Aus d. Engl. mit Anmerkk. von Fr. Wolff. 2 Abtheill. gr. 8. Leipzig 825. Fr. Fleischer.

— Handbuch d. Materia medica u. Pharmacie. Aus d. Engl. m. Anmerkk. v. Fr. Wolff. 2 Abtheill. gr. 8. Leipz. 826. Fr. Fleischer. 2 ℳ 16 ₰

Brände. Die furchtbaren B' der beiden Walliser Bergdörfchen Albenried und Agarn, am 7. und 10. März 1899 . . . . Ein Notschrei für die unglücklichen Abgebrannten. [Illustriert.] 8. Wytikon-Zürich [1899].
(*Unterzeichnet:* Der Alte vom Berge.)

Brände. Die B' von Grindelwald und St. Stephan, am 18. August 1892, von Adlemsried, am 24. August, und von Hirschhorn, am 3. September 1892. Berichte und Rechnungen der Hilfskomitees. 8. Bern 1895.

Großen Brände in Chi u dem Westen, Die; ihre Gesch . . . Verluste . . . u. s. w. von einem Chicagoer Geistlichen. NY. 1871.

Zwei Brände aus dem Feuer gerissen. (*Cassel: J. G. Oncken Nachf. [1902]*) (8 S.) 8° [Kopft. 3.]
— [Traktate d. Christl. Traktat-Gesellschaft.] Neue Serie. No 114.
[illegible] 4

Brandeck, Hans: Tannenzweige. Iu d. Forstend. Schwarzwaldes ges. u. d. Jugend dargeboten. (96) kl8° Bonndf, Spachholz & Ehrath (09). Geb. 1 — d

Brandeck, Hans: Waldreisig, s: Viktoria-Bibliothek.

Brandecker, Wilhelm (Hrsg.), s. Unterhaltungsblatt des Schwarzwälder Boten.

Brandegger, Belehrung über die Anwendung des Sextanten zur Stellung der Uhr nach der Sonne. 2. Abth., mit den Tafeln und der (lith.) Karte des 50. u. 51. Breitegrades. 4. Aufl. Ellwangen 853. Brandegger. (Leipzig, Brockhaus.) gr. 4. (1 Bl., 24 S.) nn. 18 ₰; mit dem Sextanten nn. 2 ℳ 10 ₰

— — 3. Abth., mit den Tafeln und der (lith.) Karte des 52. u. 53. Breitegrades. 4. Aufl. Ebend. 853. gr. 4. (1 Bl., 24 S.) nn. 18 ₰

Brandegger. J. A. u. Fr. Locher. Der Inductionsglobus. Ellwangen 1856. 12.

Brandegger, J. A., Sextant mit Zeiger nebst d. Tafeln des 48. u. 49. Breitegrades, Kärtchen v. Deutschland u. Text. 2. Aufl. gr. 4. Ellwangen 846, Brandegger. n. $1^1/_3$ ℳ

Brandegger, J. A., Sextant mit Zeiger, nebst den Tafeln des 48. und 49. Breite-Grades, Kärtchen von Deutschland und Text. 2. Aufl. gr. 4. (24 S.) Ellwangen 847, Brandegger. *

Brandeis, s.: Berichte üb. einzelne Gebiete d. physikal. Chemie.

Brandeis, der Karlsbader Kaffee, dessen Bereitung und dessen Gebrauch in Unterleibskrankheiten. Karlsruhe 854. (Kreuzbauer u. Viereck.) 16. (31 S.) n. 4 ₰

Brandeis, A., Materialien-Sammlung z. Vorbereitungs-Unterrichte. Ein Handb. z. ersten Erweck. u. Uebung d. Aufmerksamkeit, der Sprache u. des eigenen Nachdenkens von sinnl. u. moral. Gegenständen; nebst einem Leitfaden f. d. erste geistige Entwickelung d. zarteren Jugend. gr. 8. (8 B.) Prag 841. (Landau.) Kronberger u. Rziwnatz.

—— nützlicher Stoff zu Verstandes-Uebungen. Ein Leseb. für d. zartere israelit. Jugend. 8. ($11^1/_2$ B.) Prag 844. (Kretzschmar. * $17^1/_2$ Ngr.; Kronberger u. Rziwnatz.) *

Brandeis, A. — Erster Unterricht der Unmündigen. Ein methodisches Handbuch für Eltern und Erzieher, zunächst für Lehrer an Kleinkinderbewahr- und Elementarschulen, von — —. 8. (XII, 240 S. und 2 Blätter.) Wien. Gedruckt bei J. P. Sollinger's Witwe. 1854.

Brandeis, Antonie, geb. Ruete, Kochbuch f. die Tropen. Nach langjähr. Erfahrgn. in den Tropen u. Subtropen zusammengest. (IV, 316 S.) 8. Berlin 907. D. Reimer. Geb. in Leinw. 3. 75

Brandeis, Arnold, Beiträge zur Erziehungshygiene. (29 S.) gr. 8. Prag 905. G. Neugebauer. n. — 70

— über Körpererziehung u. Volksgesundheit. Vortrag, geh. auf der 74. Versammlg. deutscher Naturforscher u. Ärzte in Karlsbad. (22 S.) gr. 8. Leipzig 903. B. G. Teubner. n. — 60
Sonderabdruck aus: „Gesunde Jugend".

Brandeis Arthur: Die Alliteration in Aelfrics metrischen Homilien. Diss. Wien Univ.
D: Sep. Abdruck der k. k. Staatsrealschule in Wien VII.
1891 PN 674

Brandeis Dr. Artur: Über die Aufgaben der fremdsprachlichen Lektüre in den oberen Klassen der Realschule. 16. Wien VI. R. 01. Progr.

Brandeis, Art., Lehrbuch der engl. Sprache, s.: Swoboda, W.

Brandeis, Art., u. Thdr Reiterer: Lehrg. d. engl. Sprache f. österr. Realgymn. 1. u. 2. Tl. 8° Wien, F Deuticke. d
1. (Für d. 3. Kl.) A first Engl. primer. With a table of the Engl. coins. (7, 100) '10. L 1.80 ‖ 2. (Für d. 4. Kl.) A second Engl. primer. (7, 158 m. Abb. u. 1 Taf.) '12. L 2.40

Brandeis Dr. Arthur: Unteruchung über das genus verbi und die Rection im Erec des Chrestien de Troyes. 35. Görz. R. 01. [illegible]

Brandeis, E., die Türken vor Wien, s. Volks- und Jugend-Bibliothek.

Brandeis, Emil, u. Joh. Max Hinterwaldner, Geschichte, s.: Realienbücher f. österreichische allgem. Volksschulen. II.

Brandeis, Emil, u. Frz. Kopetzky, Geschichte, s.: Realienbuch, f. österreichische allgemeine Volksschulen.

Brandeis, Emil und Hinterwaldner, Johann Max, Geschichte mit einem Anhange „Gemeinnützliges" für österreichische allgemeine Volksschulen. Mit 16 Abbildungen. Wien 1903. F. Tempsky. Preis, gebunden 1 K.

Dies Lehrbuch wird zum Unterrichtsgebrauche an den Oberklassen höher organisierter allgemeiner Volksschulen mit deutscher Unterrichtssprache als zulässig erklärt.
(Min.-Erl. vom 26. Juni 1903, Z. 11890.)

Brandeis, Friedr., die moderne Gewehrfabrikation, s.a. Schauplatz, neuer, der Künste und Handwerke.

Brandeis, Frdr., die moderne Gewehrfabrikation. Praktisches Hand- u. Lehrbuch für Gewehrfabrikanten, Büchsenmacher, deren Gehilfen u. verwandte Arbeiter, behandelnd die Erzeugung aller Arten Handfeuerwaffen vom theoret. wie vom prakt. Standpunkte. Mit Berücksichtigung der modernen Systeme u. der neuesten u. vortheilhaftesten Hilfsmaschinen. Mit in den Text gedr. Holzschn. u. einem Atlas von 22 (lith.) Foliotaf., enth. ca. 430 Abbildungen (m. 4 S. Text). gr. 8. (XVI, 410 S.) Weimar 881. B. F. Voigt. 12. —

Brandeis, Frdr., die moderne Gewehrfabrikation. Praktisches Hand- u. Lehrbuch f. Gewehrfabrikanten, Büchsenmacher, deren Gehilfen u. verwandte Arbeiter, behandelnd die Erzeugg. aller Arten Handfeuerwaffen vom theoret. wie vom prakt. Standpunkte. Mit Berücksicht. der modernen Systeme u. der neuesten u. vortheilhaftesten Hilfsmaschinen. Mit in den Text gedr. Holzschn. u. e. Atlas v. 22 Foliotaf., enth. ca. 430 Abbildgn. 2. Aufl. gr. 8. (XVI, 401 S.) Weimar 886. B. F. Voigt. 7. 50

— Handbuch des Schiess-Sport. Mit 48 (eingedr. Holzschn.-) Abbildungen. 8. (VIII, 335 S.) Wien 881. Hartleben. geb. 5. 40

Brandeis, Friedr. Die amtl. Probe der Gewehr- u. Pistolenläufe rc., s. Gesetze, Sep.-Ausg. der neuen österreichischen, Nr. 72.

Brandeis, Frdr., die amtliche Probe der Gewehr- u. Pistolenläufe nach dem Gesetze vom 23. Juni 1891, sammt Durchführungs-Verordngn. vom 9. Novbr. 1891 u. 18. Febr. 1892 u. d. Dienstes-Instruction f. die k. k. Probir-Anstalten. Mit den Abbildgn. sämmtl. Probirstempel, Hilfstabellen u. Formularien. Ausführlich f. den allgemeinen Gebrauch u. die Bedürfnisse der Praxis erläutert. 8. (60 S.) Prag 892. Höfer & Klouček. n. — 88

Brandeis, Frdr., d. Schuss. Erklärg. aller d. Schusserfolg beeinfluss. Umstände u. Zufälligkeiten. A. Gr. eig. Erfahrgn. u. m. Berücksicht. d. neuesten Fortschritte u. Erfindgn. M. 45 Abb. u. vielen Tab. gr. 8. (VI, 280 S.) Wien 896. A. Hartleben. n. 4. —

Brandeis, F[riedrich] W[ilhelm], und Liechti, [Paul]. Jubiläumsbericht des Schweizerischen Vereins vom Blauen Kreuz, Sektion Zürich I .... 1883—1908. Hrg. auf die Gründungsfeier <4. Okt. 1908> von Herrn a. Stadtmissionar F. W. B' und Herrn Pfr. L'.... [Mit 4 Tafeln.] II + 26 S. 8. Zürich, Druck: Jacques Bollmann; Zu beziehen bei der kantonalen Agentur des Blauen Kreuzes ..., (1908). [fr. —. 30]

Brandeis, H.

— s. Alex. Puschkin's Novellen.

Brandeis, H. K., Mémoires et observations pour servir à l'étude et au traitement des maladies mentales. (1. Fasc.) gr. in-8. Paris et Strasbourg 840. Levrault. n. 3/4 ℔

Brandeis, Hirschmann

— s. 1) Azanam, medicin. Geschichte. 2) Hippokrates Schriften.

Brandeis, H., die Krankheit zu Athen nach Thucydides. Mit erläut. Anmerk. 8. (4¾ B.) Stuttgart 845, Cast'sche Buchh. -

Brandeis, Hm., medic. Wörterbuch, oder etymologische Erklärung d. im Gebiete d. Arzneikunde vorkommenden griechischen Wörter. 12. Götting. 818. 2e A. gr. 12. Tübing. 820. Laupp. 2 ℔

Brandeis, H., Medizinisches Wörterbuch oder Etymologische Erklärung der in der Arzneikunde vorkommenden griech. Wörter. Götting. 819. 8. 12 gr.

Brandeis, H(irschmann): Medizinisches Wörterbuch, enthaltend die etymologische Erklärung der im Gebiete der Arzneikunde vorkommenden griechischen Wörter, die pathognomischen Zeichen der Krankheiten und biographische Nachrichten von den bedeutendsten griechischen und römischen Aerzte. 2. verm. Aufl. 691 S., gbd.

Tübingen: Laupp 1820

Brandeis, H., medizinisches Wörterbuch, enth. d. etymolog. Erklärung d. im Gebiete d. Arzneikunde vorkomm. griech. Wörter, d. pathognom. Zeichen d. Krankheiten u. biograph. Nachrichten v. d. bedeutendsten griech. u. röm. Aerzten. 2., umgearb. u. verm. Aufl. 12. (29½ B.) Tübingen 839, Laupp'sche Buchh.

Brandeis, J., Ruth. Deutsches Gebet- u. Erbauungsbuch f. israelit. Mädchen, zur häusl. Andacht u. zum öffentl. Gottesdienste bearb. u. hrsg. Mit Festbetrachtgn. v. D. Feuchtwang u. M. Güdemann. Als Titelbild e. Wiedergabe der „Ruth" v. Henry Ryland in Lichtdr. (XVI, 197 S.) kl. 8. Prag 908. J. B. Brandeis.
Geb. in Leinw. 2.50; m. Goldschn. 3. —

— s.: Sippurim.

— Wünsche zum jüdischen Neujahr in Versen u. Prosa, f. Knaben u. Mädchen von 4—16 Jahren, sowie f. die reifere Jugend u. Erwachsene. (57 u. V S) 8. Prag 909. R. Brandeis. — 60

Brandeis, Jak. B., der kleine illustrirte Humorist. 12. (31 S. mit eingedr. Illustr.) Prag 881, Brandeis. * — 40

Brandeis, Jak. B., Königstreue u. Judentum, s.: Jubelworte.

Brandeis, Jak. B., Maawar Jakob. Gebet- u. Andachtsbuch bei Kranken, Sterbenden u. im Trauerhause. Nebst allen Gebräuchen u. Observanzen. 8. (122 S.) Prag 884. Brandeis. geb. n. — 80

—— Maawer Jakob und Mane Loschon. Vollständiges Gebet- und Andachtsbuch bei Kranken, Sterbenden, im Trauerhause und auf dem Friedhofe. Nebst allen Gebräuchen, Observanzen und Gebeten. 8. (218 S.) Ebendas. 884. geb. * 1 20

—— Mane Loschon. Hebräische Gebete auf dem Friedhofe. 8. (96 S.) Ebendas. 884. geb. * — 70

Brandeis, Jakob B.: Illustr. israel. Volkskalender, s.a. Volkskalender, Brandeis' ill. israel.

—— illustrirter israelitischer Volkskalender für das J. der Welt 5642 [1881]. 1. Jahrg. 16. (184 S. mit 2 Holzschntaf.) Ebendas. * — 60

—— dass. — für das J. der Welt 5643. 1882—1883. 2. Jahrg. 16. (214 S. mit 2 Portr., 1 Orig.-Abbild. und 1 Facs.) Ebendas. — 60

—— dass. — für das J. der Welt 5644. 3. Jahrg. 16. (242 S. mit 2 Holzschn.-Portr.) Ebendas. — 60

—— dass. — für das J. der Welt 5645 [1884—1885]. 4. Jahrg. 16. (132, 104 S. mit 8 Holzschn.-Portr.) Ebendas. — 60

Brandeis' illustrirter israel. Volkskalender für das J. der Welt 5646 [1885/86]. Hrsg. und redig. von Jak. B. Brandeis. 5. Jahrg. 16. (138, 106 S. mit 4 Abbild.) Prag, Brandeis.

—— dass. — für das J. der Welt 5647 [1886/87]. Hrsg. und redig. von Jak. B. Brandeis. 6. Jahrg. 16. (128, 96 S. mit 3 Portr.) Ebendas.

—— dass. — für das J. der Welt 5648 [1887/88]. Hrsg. und redig. von Jak. B. Brandeis. 7. Jahrg. 16. (128, 128 S. mit 2 Portr.) Ebendas.

—— für das J. der Welt 5649 [1888/89]. Jubiläumsausg. anläßlich des 40jähr. Regierungs-Jubiläums Sr. Maj. des Kaisers Franz Joseph I. am 2. Decbr. 1888. 8. Jahrg. 16. (256 S. mit dem Bildniß Sr. Maj. unseres Kaisers und 2 Abbild.) Ebendas.

Brandeis' illustrirter israelit. Volkskalender f. d. J. d. Welt 5650—5652 [1889/90—1891/92]. Hrsg. u. redig. v. Jakob B. Brandeis. 9.—11. Jahrg. 16. (à Jahrg. ca. 250 S. m. 1 Portr. u. 1 Abbild.) Prag, Brandeis. 9. Jahrg. — 60; 10. u. 11. Jahrg. à — 50

Brandeis, Jacob B., Illustrirter israelitischer Volkskalender für das Jahr der Welt 5653. Mit zwei Porträts. Herausgegeben und redigirt von Jakob B. Brandeis. XII. Jahrg. 16. (134, 89 und 55 S.) Prag: J.B. Brandeis 1892 —.30

Brandeis' illustr. isr. Volkskalender f. d. J. der Welt 5655 (1894—1895). Hrsg. u. red. v. Jak. B. Brandeis. 14. Jahrg. 16. (214 S. m. 3 Bildnissen.) Prag, J. B. Brandeis. — 60

Brandeis' illustr. isr. Volkskalender f. d. J. d. Welt 5656 (1895—1896). Hrsg. u. red. v. JB Brandeis. 15. Jahrg. 16° (280 m. 1 Bildnis u. 1 Abbildg.) Prag, JB Brandeis. — 50

Brandeis' illustr. isr. Volkskalender f. d. J. der Welt 5658 (1897—1898). Hrsg. u. red. v. Jak. B. Brandeis. 17. Jahrg. 16. (160 u. 107 S. m. 1 Bildn.) Prag 897. J. B. Brandeis. — 50

— Illustr. isr. Volkskalender f. d. J. d. Welt 5660 (1899—1900). Hrsg. u. red. v. JB Brandeis. 19. Jahrg. 16° (271 m. 2 Bildnissen.) Prag, JB Brandeis. — 50

Brandeis' illustr. isr. Volkskalender f. d. J. der Welt 5663 (1902—1903). Hrsg. u. red. v. Jak. B. Brandeis. 22. Jahrg. 16. (176 u. 116 S. m. 2 Bildn.) Prag, J. B. Brandeis. — 50

Brandeis, J., Illustrierter israelitischer Volkskalender für das Jahr der Welt 5664. 1903—1904. 23. Jahrg. 8°. (ill. 200 S.) Prag: J.B. Brandeis 1903 * K —.50

Brandeis' illustr. isr. Volkskalender f. d. J. der Welt 5665 (1904—1905). Hrsg. u. red. v. Jak. B. Brandeis. 24 Jahrg. (192 u. 108 S. m. 1 Bildnis.) 16. Prag, J. B. Brandeis. — 50

(F) Brandeis' Illustrierter israel. Volkskalender für das Jahr der Welt 5666 (1905—1906). 28. Jahrg. 16°. (198 S.) Prag: J.B. Brandeis 1909 K —.50

Brandeis' illustr. isr. Volkskalender f. d. J. der Welt 5670 (1909—1910). Hrsg. u. red. v. Jak. B. Brandeis. 29. Jhrg. (198 u. 178 S. m. 3 Bildnissen.) 16. Prag, J. B. Brandeis. nn — 50

Brandeis' Illustr. isr. Volkskaldr f. 5671 ('10—11). Hrsg. u. red. v. Jak. B Brandeis. 20. J. (186 u. 120 m. 4 [1 eingedr.] Bildn.) 16° Prag (Zeltnergasse 23), JB Brandeis. — 50; geb. — 60 d

Brandeis, R.: Ueber die Anwendung der Elektrolyse in der Industrie der anorganischen Produkte. Berlin 1904

Brandeis, R.F. (Red.), s. Jagd-Zeitung.

Brandeis, Rich., Aussig und Umgebung. Ein Führer für Fremde und Einheimische. Mit 1 Titelbilde: „Burgruine Schreckenstein" und 1 Plane der Stadt, entworfen von Karl Rehatschek. 8. (VIII, 94 S.) Aussig 884, Grohmann. * 1 20

Brandeimeier, August. Ist Preußen det Volk? — Oder aber is Deutschland det Volk? Doch von einen Dages-Schriftsteller, wenn ooch nich mit'n completten, doch mit'n ziemlichen Bart un ohne kahle Platte. Druck von C. Litfaß. 1 Bl. Fol.
Flugblatt. Berlin 1848/49.

Brandely, A., die Operationen der Electro-Chemie, s. Schauplatz, neuer, der Künste. 174. Bd.

Brandely, A.
Operationen (Die), Manipulationen und Geräthschaften der Electro-Chemie in ihrer Anwendung auf Gold-, Silver-, und Broncearbeiten, Galvanoplastik und andere Gewerbe. Aus dem französischen bearbeitet von Fr. Harzer. Weimar, 1849. 8vo. Ill.
Neuer Schauplatz der Künste und Handwerke.

Branden, Th. (Red.), s. Jünglingsblatt, Berliner.

Brandenberg. Zur Fürsorge f. die Schwachsinnigen, s. Sammlung pädagogischer Vorträge.

Brandenberg, Zur Fürsorge f. d. Schwachsinnigen. (14 S.) Bielefeld 1890. A. Helmich.

Brandenberg, Frz. Xav. Dom., Buchstabenkenntniß. 8. Zug 811.

— latein. Buchstabir- u. Lesebüchlein, mit lehrr. Sprüchen u. Erzähll. 8. Zug 807.

— Grundlehren d. deutschen Sprache im Stufengange v. d. leichten z. schweren Lehrstoffe, mit zweckmäß. Uebungsaufgaben rc. 8. Luzern 822. Anich. 10 gr.
——s. a. H. Braun, Grundlehren d. deutsch. Sprache.

— reiner kathol. Lehrbegriff von d. Anrufung d. Heiligen, vertheidigt. 8. Münch. 805.

— Lesebüchlein, mit lehrr. Erzählungen, zum Gebr. d. deutschen Schulen f. die 6e Klasse. 6e Aufl. 8. Zug 809.

— neu eingerichtetes Namen- u. Buchstabirbüchlein, für die 6e Klasse. 6e Aufl. 8. Zug 811.

Brandenberg, Xaver D. *Neueingerichtetes Namen- und Buchstabirbüchlein* zum Gebrauche in den deutschen Elementarschulen. Für die erste Klasse. 10., mit Holzschnitten vermehrte Ausgabe. Zug, J. M. A. Blunschi, 1817. 64 S. 12°. Benutzter Karton d. Z. 12.—
In Rot und Schwarz gedruckte Fibel. Mit 7 Holzschnitten zu den angehängten Fabeln. — Teilw. fleckig, benutzt.

— christl. Religionslehre f. d. studir. Jugend in d. obern Klassen rc. gr. 8. Augsb. 824. Rieger. 1 rf 20 gr 2e verb. Ausg. gr. 8. Luzern 832. Meyer. (Leipz., Schmidt). 14 gr

— Samml. der nothwend. u. nützl. Kenntnisse aus d. Naturlehre, Naturgeschichte rc. gr. 8. Zug 808.

Brandenberg, F[ritz]. Zur Diagnostik und Therapie der Dyspepsien im Kindesalter. Sonder-Abdruck aus dem Zentralblatt für Kinderheilkunde.... ⟨Jahrg.⟩ 1908. Heft 12.⟩ 6 S. 8. ⟨Leipzig, Johann Ambrosius Barth.⟩

Brandenberg, [Fritz]. Ein Fall von Spondylolisthesis mit Missbildung des Kreuzbeins bei einem 17jährigen Jüngling. (Mit 4 Abbildungen.) Sonderabdruck aus »Zeitschrift für orthopädische Chirurgie«. Bd. 21. III S. + S. 214—218. 8. [Stuttgart, F. Enke, 1908.]

Brandenberg, Fritz. Missbildung und Heredität. [Mit Figuren.] Sonderabdruck aus »Zeitschrift für orthopädische Chirurgie«. Bd. 21. III S. + S. 54—69. 8. [Stuttgart, F. Enke, 1908.]

Brandenberg, [Friedrich]. Ueber Stellungs- und Haltungsanomalien rhachitischer Kinder. Von Dr. med. B', Winterthur. Sonderabdruck aus »Zeitschrift für orthopädische Chirurgie«. Bd. 15. II S. + S. 114—117. 8. [Stuttgart, F. Enke, 1906.]

Brandenberg, L., Christus mein Vorbild. Gebetbuch für kath. Lehrer u. Lehrerinnen. 16. (VI, 368 S. m. 1 Stahlst.) M. Gladbach 894. A. Riffarth. Geb. in Callico. n. 1. 25; in Ldr. n. 2. —

Brandenberg, L. Kurze biblische Geschichte f. die unteren Klassen der katholischen Volksschule. Neue Bearbeitg. im Anschluß an den Wortlaut der bibl. Geschichte v. J. Schuster. Mit 1 Titelbild u. 46 Bildern. 12. (102 S.) Freib. i. Br. 890, Herder. * — 30
(Vgl. Brandenburg, L.) cart. * * — 35

Brandenberg, Ludger Heinr., die kleinen Tagezeiten v. der unbefleckten Empfängnis Mariä. Wortgetreu nach dem im J. 1838 v. der hl. Congregation des hl. Offiziums approbirten u. zu Rom in der Druckerei der apostol. Kammer erschienenen latein. Texte in Vers u. Reim übers. u. m. Anmerkgn. versehen. 16. (80 S.) Münster 894. Alphonsus-Buchh. n. — 10

Brandenberg, Paul

Brandenberg. Beiträge zur Geschichte d. Elementarschulen. A u. B. gr. 8. Köln 894. A. J. Tonger. à n. — 50
A. Israelitische Schule in Köln-Altstadt. (16 S.)
B. Die evangelischen Elementarschulen in Köln-Altstadt. (19 S.)

Brandenberg, die Kölner Ferien-Kolonien mit besond. Berücksicht. d. J. 1882. gr. 8. (IV, 37 S. mit 2 Stnt.) Köln 883, Du Mont-Schauberg'sche Buchh. * — 80

Brandenberg, Leitfaden f. d. geschichtl. Unterr. i. d. ob. Klassen d. Volksschule. 2 Tle. 8. Köln, M. Du Mont-Schauberg. n.n. 1. 25
1. Deutsche Geschichte b. z. J. 1648. (IV, 62 S.) 895. n.n. — 40
2. Brandenburg.-preuß. u. preuß.-deutsche Geschichte. (IV, 152 S.) 896. Kart. n.n. — 85

Brandenberg, Leitfaden f. den geschichtlichen Unterricht in den obern Klassen der Volksschule. 1. u. 2. Tl. 8. Cöln, M. Du Mont-Schauberg. n.n. — 90
1. Deutsche Geschichte bis zum J. 1806. 2. verb Aufl. (IV, 57 S.) 902. n.n. — 40
2. Brandenburgisch-preuß. u. preuß.-deutsche Geschichte. 2., verb. Aufl. (III, 79 S.) 901. n.n. — 50

Brandenberg, Leitfaden f. den geschichtlichen Unterricht in den obern Klassen der Volksschule. 1. Tl.: Deutsche Geschichte bis zum J. 1806. 3. Aufl. (V, 57 S.) kl. 8. Cöln 909. M. Du Mont-Schauberg. nn — 40

Brandenberg, Leitfaden f. den geschichtlichen Unterricht in den oberen Klassen der Volksschule. 2. Tl. Brandenburgisch-preuß. u. preuß.-deutsche Geschichte. 3., verb. Aufl. (IV, 79 S.) kl. 8. Cöln 906. M. Du Mont-Schauberg. n.n. — 50

Die Preussische Verfassung und die Verfassung des Deutschen Reichs in ihrer Entwickelung dargest. von Schulr. Dr. [Paul] Brandenberg. *Köln: M. Du Mont-Schauberg 1898.* (47 S.) 8° [J.] [...]

— das Wichtigste aus der Arbeiterschutz-Gesetzgebung. 8. (8 S.) Ebd. 901. n.n. — 05

Das Wichtigste aus der Arbeiter-Gesetzgebung. (Verf.: Schulrat Dr. [Paul] Brandenberg.) (Cöln: M. DuMont-Schauberg 1904.) (8 S.) 8° [Kopft. J.] [...]

Brandenberger, Edwin, üb. das weisse, ammoncarbonatlösliche Zinnoxysulfid. Diss. gr. 8. (48 S.) München 894. Dr. E. Wolff. n. 1. —

Brandenberger, H: Heit. Stunden e. Fabrikarbeiters. 4 Hfte. 4. Afl. 12° (à 48) Waldsh. 73. Grüning., J Wirz. à — 50

Brandenberger, Conrad [von Flaach (Kt. Zürich)]: Anwendung der elliptischen Funktionen auf durch algebraische Funktionen vermittelte konforme Abbildungen. Zürich 1899. 49 S. 4 Doppeltaf. 8°.
Zürich. Phil. Diss. II. S. 1898/99.

Brandenberger, Konr.: Der mathemat. Unterr. an d. schweiz. Gymn. u. Ind.-sch., s: Unterricht, Der mathemat., in d. Schweiz.

Brandenburg [Sachl. Ordnungswort]

Brandenburg, Das glückselige, ... Am 18. Jan. 1705. V: *Reuter, Christian.* (GGr)

—— die Kurmark, im Zusammenhang mit den Schicksalen des Gesammtstaats Preußen während der Zeit vom 22. Oktbr. 1806 bis zu Ende des J. 1808. Von einem ehemal. höhern Staatsbeamten (v. Bassewitz). 1. Bd. Nebst 10 Beilagen (in gr. 4. und qu. Fol.) gr. 8. (XXXVI und 847 S.) Leipzig 851, Brockhaus. *

Brandenburg, die Kurmark, im Zusammenhang mit den Schicksalen des Gesammtstaats Preußen während der Zeit vom 22. Oktbr. 1806 bis zu Ende des J. 1808. Von einem ehemaligen höhern Staatsbeamten (von Magnus F. Bassewitz). 2. (letzter) Bd. Nebst 9 Beilagen. gr. 8. (XXXII und 761 S. mit 13 Tab. in qu. gr. 4. und Fol.) Leipzig 852, Brockhaus. *
1. Bd. Ebendas. 1841. * 2 Thlr. 20 Ngr.

Brandenburg, Die Kurmark, ihr Zustand und ihre Verwaltung unmittelbar vor dem Ausbruche des französischen Krieges im Oktober 1806. Leipzig 1847. V: *Bassewitz, Magnus Friedrich von.* (KGBerlin II, 2542)

Brandenburg, die Kurmark, ihr Zustand und ihre Verwaltung unmittelbar vor dem Ausbruche des franz. Krieges im Oktober 1806. Von einem ehemal. Staatsbeamten. Mit 14 Beilagen (in 4.) gr. 8. (XXII und 554 S.) Leipzig 847, Brockhaus. *

Kurmark Brandenburg. Die, ihr Zustand und ihre Verwaltung unmittelbar vor dem Ausbruche des französischen Krieges im October 1806. Von einem ehemaligen Staatsbeamten. Nürnberg 1850. 4.

Brandenburg, Die Mark, in Farbenphotographie, hrsg. v. Frz Goerke, s: Deutschland in Farbenphotographie.

Brandenburg, die Mark, unter Kaiser Karl IV. bis zu ihrem ersten Hohenzollerschen Regenten, oder: die Quitzows u. ihre Zeit. (Von K. F. Klöden.) 3 Thle. Mit 2 Abbildd. u. d. Facsimile d. Handschriften Dietrichs v. Quitzow u. Hennings v. Stechow. gr. 8. Berlin 836 Lüderitz. $7^1/_2$ ₰

Brandenburg, Die Mark, unter Kaiser Karl IV. bis zu ihrem ersten hohenzollerschen Regenten ... Berlin 1836—37. V: *Klöden, Carl Friedrich.* (Ky) (Pr) (JStBbH)

Brandenburg, die Mark, unter Kaiser Karl IV. bis zu ihrem ersten Hohenzollerschen Regenten, od.: die Quitzows u. ihre Zeit. (v. K. F. Klöden.) 2. Aufl. 4 Thle. gr. 8. ($130^1/_4$ B., 3 Stnt. u. 1 Facsim.) Berlin 846, Lüderitz'sche Vrlsb.

Brandenburg, die Prov., in Wort u. Bild. Hrsg. v. dem Pestalozzi-Verein der Prov. Brandenburg. gr. 8. (IV, 475 S. m. Abbildgn.) Berlin 900. Leipzig, J. Klinkhardt. n. 4. 50; geb. in Leinw. n. 6. —

Brandenburg, die Prov., in Wort u. Bild. Hrsg. v. dem Pestalozzi-Verein der Prov. Brandenburg. 2. Aufl. (IV, 475 S. m. Abbildgn.) gr. 8. Leipzig 909. J. Klinkhardt. Geb. in Leinw. 4. —

— dass. Hrsg. v. Herm. Gallee. 2. Bd. (4, 460 m. Abb.) gr8° Ebd. '12. L 5 — d

Brandenburg. Provinz [Schlagwort]

— s.a. Eisenbahnkarten.

— s. a.: Fischereikarte.

— s. a.: Generalkarten. Flemming. –

— s. a.: Geolog. Karten (Preussen). —

— s. a.: Hand- u. Reisekarten. 15.

– s.a. Heimatskärtchen. 29. 30.

– s.a. Radfahrerkarten. Freytag. Junghans. Straube. Universal-Automobilkarte.

– s.a. Regenkarten.

– s.a. Verkehrskarten. Ebbecke.

Brandenburg und Sachsen — Topographischer Atlas der Provinz — mit Einschluss der Anhaltischen und Thüringischen Länder. Vom K. Preuss. Gen.-Stab. 100,000, 90 Bl.

Brandenburg — Topographisch-militärischer Atlas der Mark — nebst den Antheil an Magdeburg. In 25 Blättern herausgegeben von dem geographischen Institute. Weimar 1809. 1: 150,000. 23 Bl.

Brandenburg, Prov. Bamberg's, Karl, Heimatskarte der Prov. Brandenburg. 1 : 750,000. 40×50,5 cm. Farbdr. Berlin 899. C. Chun. n. — 15

Brandenburg. Bamberg's, K., Schul-Handkarte der Prov. Brandenburg. 1 : 1,000,000. Chromolith. qu. Fol. Berlin 889. Chun. n.n. — 25

Brandenburg (Provinz).– Bamberg, K.: Schul- Wandkarte v. d. Prov. Brandenburg. 1:180 000. 16 Bl. Chromol. Fol. Berl. 1885, Chun. 12°.

Brandenburg, Prov. Bamberg, K., Schulwandkarte der Prov. Brandenburg. 1 : 180,000. 5. Aufl. 16 Blatt à 34×47 cm. Farbendr. Berlin 893. C. Chun. 12. — ; auf Leinw. in Mappe n. 16. 50; m. Stäben n. 18. —

Brandenburg, Prov. Bamberg's, Karl, Schulwandkarte der Prov. Brandenburg. 1 : 180,000. 8., rev. Aufl. 16 Blatt à 38,5 × 46,5 cm. Farbdr. Berlin 898. C. Chun. 12. —; auf Leinw. in Mappe n. 16. 50; m. Stäben n. 18. —

Brandenburg, Provinz. Bamberg's, Karl, Schulwandkarte der Prov. Brandenburg. Neu bearb. von Frz. Bamberg. 1 : 180,000. 12., verb. Aufl. 9 Blatt à 50×63,5 cm. Farbdr. Berlin (906). C. Chun. n. 12. —; auf Leinw. in Mappe n. 16. 50; m. Stäben n. 18. —

— — **Wandkarte der Prov. Brandenburg. 1 : 180,000. 12 Blatt. 3. Aufl. Chromolith. qu. gr. Fol. Ebd. 889. n. 12.—; auf Leinw. in Mappe n. 16. —; m. Stäben n. 18. —**

— **Delius, Th., Kreis-Karte der Prov. Brandenburg. Farbendr. gr. 4. Potsdam 890. Rentel. n. — 10**

— Delius, Th., Kreis-Karte der Prov. Brandenburg. 11. Aufl. Farbendr. 21×27,5 cm. Potsdam 892. J. Rentel's Verl. n. — 10

Brandenburg, Provinz. Diercke, C., Schulwandkarte der Prov. Brandenburg. 1 :200,000. 4 Blatt à 68×88 cm Farbdr. Braunschweig (904). G. Westermann. n. 12. —; auf Leinw. m. Stäben n. 20. —

Brandenburg, Prov. Eckert, Max, Heimatskarte der Prov. Brandenburg. 1 :1,000,000. 25,5×41 cm. Farbdr. Halle (902). H. Schroedel. n.n. — 12

— **Gaebler, Eduard, Schul-Wandkarte der Provinz Brandenburg. 1 : 175,000. 4 Blatt à 78×95 cm. Farbdruck. Leipzig (906). G. Lang. n. 12. —; auf Leinw. m. Stäben n. 17. —**

Brandenburg — Charte der Königl. Preuss. Provinzen — und Pommern und des Antheils an Magdeburg, ingleichen Schwedisch Pommern mit Rügen. Entworfen im J. 1799 und dem dermaligen politischen Bestande gemäfs eingerichtet von F. L. Güssefeld. Weimar im Verlage des geogr. Instituts 1811. 1 : 840,000. 1 Bl.

Brandenburg — Der nördliche Theil des Obersächsischen Kreises oder die Mark — und das Herzogthum Pommern aufs neue entworfen durch F. L. Güssefeld. Nürnberg ans Licht gestellt von den Homann. Erben 1780 u. verbessert herausgegeben 1804. 1 : 875000. 1 Bl.

— **Handtke, F., General-Karte der Prov. Brandenburg. 1 : 500,000. 32. Aufl. Chromolith. Imp.-Fol. Glogau 890. Flemming. n. 1. —; auf Leinw. in Leinw.-Decke n. 2. 50**

— Handtke, F., General-Karte der Prov. Brandenburg. 1 : 500,000. 35. Aufl. Farbendr. 57×75,5 cm. Glogau 892. C. Flemming. n. 1. —

— **Handtke, F., General-Karte der Prov. Brandenburg. 1 : 500,000. 38. Aufl. 57 × 75,5 cm. Farbendr. Glogau 894. C. Flemming. n. 1. —**

Brandenburg — Karte der Provinz —, entw. u. gez. von F. Handtke. Verl. von Flemming in Glogau. 492,530. 1 Bl.

— — **Schulwandkarte der Prov. Brandenburg. 1 : 25,000. 6 Blatt. 5. Aufl. Farbendr. u. kolor. 50,5 × 42 cm. Ebd. 891. 1. 80; auf Leinw. in Mappe n. 4. 80; m. rohen Holzrollen n. 5. 80; m. polierten Holzrollen n. 6. 80**

Brandenburgici — Tabula Marchionatus — et Ducatus Pomeraniae quae sunt pars Septentrionalis Circuli Saxoniae Superioris novissime edita a Joh. Bapt. Homanno Noribergae. 1 : 1,100,000. 1 Bl.

Brandenburg — Karte von der Mark — nach den besten Specialkarten neu entworfen und herausgegeben im Jahre 1798 von der K. K. priv. Schneider - u. Weigelschen Kunst - und Buchhandlung. 1 : 500,000. 1 Bl.

Brandenburg (Provinz).– Karte d. Prov. Brandenburg. Lith. u. col. 4° Berl. 1881, Le Coutre.

— **Karte der Provinz Brandenburg. Lithogr. u. color. qu. 4. Berlin 888. Le Coutre. n. — 10**

Brandenburg, Prov. Karte der Prov. Brandenburg. Auf Veranlassg des Prov.-Verbandes v. Brandenburg hergestellt nach amtl. Material. 1 : 200,000. 4 Blatt. à 67×87,5 cm. Farbdr. Berlin (907). Pharus-Verlag. 6.—; einzelne Blatt 2. —

Brandenburg (Provinz).– Kiepert, H.: Provinzial-Schul-Wandkarten. Nr. 3. Prov. Brandenburg. 1:200 000. 9 Bl. 2. Afl. Chromol. Fol. Berl. 1885, D. Reimer.

— Kiepert, Heinr., (politische) Schulwandkarte der Prov. Brandenburg. Zeichnung v. R. Kiepert. 1 : 200,000. 9 Blatt. 3., bericht. Aufl. Farbendr. u. kolor. à 48,5× 64 cm. Berlin 892. D. Reimer. n. 9. —; auf Leinw. in Mappe n. 17. —; m. Stäben n. 19. —

— Kiessling's grosse Karte der Prov. Brandenburg, umfassend sämtl. Stadt- u. Landgemeinden, sowie sämtl. Wasserstrassen, Eisenbahnen, Chausseen u. gebesserten Wege. 1 : 432,690. Entworfen u. gest. v. Th. Delius, neu bearb. v. Th. Monde. 6. Aufl. 60× 77,5 cm. 3farbig. Berlin 894. A. Kiessling. n. 1. 25; 6farbig, nebst Ortschaften-Verzeichnis. 12. (17 S.) n. 2. —; auf Leinw. in Leinw.-Karton n. 4. —

— **Kiessling's grosse Karte (Umschlag Radfahrer-Karte) der Prov. Brandenburg. 8. Aufl. 1 : 432,690. Mit Kilometer-Einteilg. der Chausseen u. Pflasterwege. 60 × 77,5 cm. 7farbig mit Waldkolorit. Mit Ortsverzeichnis. 8. (17 S.) Berlin 898. A. Kiessling. n. 2. 25; 6farbig n. 2. —; 4farbig m. Waldkolorit n. 1. 50; 3farbig, ohne Ortsverzeichnis. 1. 25**

— **Kiessling's grosse Karte der Prov. Brandenburg. 1 : 432,690. 10. Aufl. 60× 78 cm. Mit Ortsverzeichnis. 8. (17 S.) Berlin (902). A. Kiessling. 3farbig 1. 25; 4farb. 1. 50; 6farb. n. 2. —; 7farb. m. Waldkolorit 2. 25**

— **Kreiskarte der Prov. Brandenburg. Farbendr. 4. Berlin 890. G. W. F. Müller, n.n. — 15**

— Kreis-Karte der Prov. Brandenburg. 1 : 1,250,000. (Neue Ausg. 1900.) 21,5×27,5 cm. Farbdr. Berlin, J. Rentel. n.n. — 10

Brandenburg. Lehmann, C., Verkehrs-Karte der Prov. Brandenburg. 1 : 600,000. Chromolith. gr. Fol. Nebst e. Verzeichniss, enth. sämmtl. Postorte u. wichtigste Angaben üb. dieselben, soweit solche nicht durch Zeichen auf der Karte dargestellt sind. Nach amtl. Quellen bearb. v. L. T. Schultz. gr. 8. (17 S.) Berlin 887. Berliner Lithogr. Institut. n. 2. —

Brandenburg (Provinz).– Liebenow, W.: Karte d. Prov. Brandenburg. 1:300 000. 2 Bl. Lith. Fol. Hannov. 1883, Oppermann.

— Liebenow, W., Karte der Prov. Brandenburg als besond. Abdr. aus der Karte v. Mitteleuropa. 1:300,000. Ausg. 1892. 91×120 cm. 2 Blatt. Steindr. Hannover, H. Oppermann. n. 6.—; politisch kolor. m. Landgerichtsgrenzen n. 6. 50; in Farbendr. in Karton n. 7.—; auf Leinw. n. 10.—; m. Stäben u. lackiert n. 14.—

— Liebenow, W., Karte der Prov. Brandenburg als besond. Abdruck aus der Karte von Mittel-Europa. 1:300,000. 80,5×109 cm. Farbdr. Frankfurt a/M. (902). L. Ravenstein. In Decke n. 6.—; auf Leinw. n. 9.—; m. Stäben n. 10.—

— Mittelbach, neueste Spezialkarte d. Prov. Brandenburg zum Hand- und Bureaugebrauch. 1:300,000. 86×114,5 cm. Farbdr. Leipzig (905). Mittelbach. n. 1. 75

Brandenburg (Provinz).– Nowack : Special-Karte d. Prov. Brandenburg. 1:300 000. 2 Bl. Lith. u. col. Fol. Berl. 1881, Schropp.

— Nowack, Special-Karte der Prov. Brandenburg, nach den besten Materialien entworfen u. zusammengetragen. 1:300,000. 2 Blatt. Lith. u. color. Imp.-Fol. Berlin 888. Schropp. n. 6.—

— Ohmann, C. L., Schulwandkarte der Prov. Brandenburg. 9 Blatt. Berlin, A. Wruck's Verl. 5. 50; auf Leinw. in Mappe od. m. Stäben 14.—

— Pharus-Karte von Brandenburg, umfassend das Gebiet von Rheinsberg (Norden) bis Cottbus (Süden), von Rathenow (Westen) bis Landsberg a. d. Warthe (Osten). Auf Veranlassg. des Prov.-Verbandes hergestellt nach amtl. Material. 1:200,000. 77,5×104 cm. Farbdr. Berlin (906). Pharus-Verlag. n. 2.—

— Richter, Gust., Wandkarte d. Prov. Brandenburg. 1:175,000. 6 Blatt à 84×71,5 cm. Farbdr. Essen (908). G. D. Baedeker. 12.—; auf Leinw. m. Stäben n 20.—

Brandenburgum Marchionatus cum Ducatibus Pomeraniae et Meklenburgi. Die ganze Mark Brandenburg sambt den Fürstenthümern Pomern und Meklenburg. Jacob Sandrart sc. et exc. Norimbergae. 1: 1,220,000. 1 Bl.

— Schade, Th., u. F. Handtke, Schul-Wandkarte der preussischen Prov. Brandenburg. 2. Aufl. 9 Blatt à 41×50 cm. Farbendr. Glogau 892. C. Flemming. n. 6.—; auf Leinw. in Mappe n. 10. 50; mit rohen Stäben n. 12.—; m. schwarz polierten Stäben n. 13. 50

Brandenburgensis — Electoratus sive Marchia — etc. opera et sumptibus Matthaei Seutteri. Aug. Vind. 1: 500,000. 1 Bl.

Brandenburgicus — Marchia sive Electoratus — nec non Ducatus Pomeraniae etc. Ad delineationem novissimam sculpsit et excudit Matth. Seutter. August. Vind. 1: 1 000,000. 1 Bl.

Brandenburgensis — Marchionatus — Ducatus Pomeraniae et Ducatus Mecklenburgicus etc. excusi et venales prostantes apud Matthaeum Seutter. Augustan. 1: 875,000. 1 Bl.

— Straube's, Jul., Karte des nord-östlichen Teiles der Prov. Brandenburg, Berlin-Stettin, e. Gebiet von 315 □-Meilen umfassend, m. Angabe der Entferngn. in Kilometern von Ort zu Ort. 1:300,000. 40,5×51,5 cm. Farbdr. Mit Text. 8. (16 S.) Berlin (901). J. Straube. n. 1.—; auf Leinw. n. 1. 50; Radfahrerausg. zu gleichen Preisen.

— Verkehrskarte, neue, v. der Prov. Brandenburg. [Aus: „W. Koch u. C. Opitz, Eisenb.- u. Verkehrs-Atlas".] 1:600,000. 39×54,5 cm. Farbdr. Berlin (899). O. Nahmmacher. n. — 30

— Woldermann, G., Kreiskarte der Prov. Brandenburg. 1:1,400,000. 19×25 cm. Farbdr. Berlin 898. H. Sala. — 10

Brandenburg. Stadt [Schlagwort]

— s. a.: Deutschland. Kürschner-Pelp.

Brandenburg, (Havel), s.a. Preussen. Messtischblätter.

Brandenburg a. d. H. Holzhauer, C., Karte der weiteren Umgegend v. Brandenburg a. d. H. 1:125,000. 61,5×55 cm. Farbdr. Brandenburg 898. (R. Koch.) n. 1.25

— — Plan v. Brandenburg (Havel). 1 : 7500. 48×51 cm. Farbdr. Ebd. 902. n.n. 1.—

Brandenburg a. d. H. Holzhauer, C. Plan von Brandenburg an der Havel. 1:3,600. Nachgetragen bis Septbr. 1905. 43,5×46 cm. Farbdr. Brandenburg (906). R. Koch. n. 1.—

Brandenburg (Stadt).– Karte d. Umgegend v. Brandenburg. 1:25 000. Königl. preuss. Landesaufnahme 1880. Hrsg. 1884. 6 Bl. Lith. u. col. Fol. Berl. 1884, (Schropp).

Brandenburg [Verfasser]

Brandenburg, s. Buhler zu Brandenburg.

Brandenburg: Beiträge z. kriegsgemässen Ausbildg, Besichtigg u. Verwendg d. Kompagnie (Eskadron) auf d. Exerzierplatz u. im Gelände. (8, 149 m. Abb.) 8° Berl., Liebel '12. 3.20 d

Brandenburg. Die Sperrgesetz-Novelle vom 24. Juli 1891. Ihre Geschichte u. Auslegg. 8. (81 S.) Köln 891, Bachem. cart. 1 20

Brandenburg, A., sicheres Mittel, das Ausfallen des Getreides auf dem Felde zu vermindern. 8. Leipzig, Wienbrak. 820.

Brandenburg, A. F. Otto [Bürgermeister]: Rede gehalten bei der Einführung des Gymnasialdirektors Dr. Rudolf Peppmuller am 25. April 1889. Stralsund, Druck d. k. Regier.-Buchdr., 1890; S. 1–5; 4°

Stralsund, G, OP 1890 (140)

Brandenburg, Arnold

Brandenburg: Beschreibung der zum Andenken an die vor 200 Jahren geschehene Befreiung der Stadt von der Wallensteinschen Belagerung im Juli 1828 veranstalteten Festlichkeiten. Nebst den Gelegenheitsgedichten. 32 S.
Progr. Stralsund 1828.

Brandenburg, A., Joh. Albr. Dinnies. Nachrichten v. seinem Leben u. sein. Schriften. 8. ... Stralsund 827, Löffler.

Brandenburg, Arnold, Geschichte d. Magistrates d. Stadt Stralsund, besond. in früh. Zeit; nebst e. Verzeichn. d. Mitglieder dess. M. 1 Ansicht d. Rathhauses v. J. 1316. gr. 4. (13 B.) Stralsund 837, Löffler'sche Buchh.

—— wo stand Stralsund vor 600 Jahren? Ein histor. Versuch, zugleich als Secularerinnerung an d. J. 1230. (A. d. „Sundine" abgedr., mit einig. Zusätzen.) 8. (1½ B.) Stralsund 830, Löffler.

Brandenburg, Bernh. v., s.: Baudissin, Eva Gräfin v.

Brandenburg, Carl, approb. Arzt aus Bergen a. Rügen: Zur Kenntnis der Hydrocele bilocularis abdominalis. *Rostock 1904: C. Hinstorff.* (36 S.) 8°
Rostock, Med. Diss. v. [15. Juli] 1904

Brandenburg, E., Dates principales de l'histoire de Constantinople et de ses monuments. 8. (20 S.) Einsiedeln 902. (Konstantinopel, O. Keil.) n.n. — 50

Brandenburg, Erich, s.: Abhandlungen, Leipziger historische.

Martin Luther's Anschauung vom Staate und der Gesellschaft von Erich Brandenburg. *Halle: Ver. f. Reformationsgesch. 1901.* (30 S.) 8° [ß.]
— Schriften d. Vereins f. Reformationsgesch. No 70, [...] [...]

— s.: Bibliothek der Geschichtswissenschaft.

— s.: Briefe u. Aktenstücke zur Geschichte der Gründung des deutschen Reiches (1870—1871).

Der Eintritt der süddeutschen Staaten in den Norddeutschen Bund. Von Erich **Brandenburg**. Berlin: Gebr. Paetel 1910. 115 S. 8°
Aus: Studien u. Versuche z. neueren Geschichte. Max Lenz gewidmet ... 1910. [10. 13830

— s.: Friedrich Wilhelm IV, König, Briefwechsel m. Ludwig Camphausen.

Brandenburg, Erich [Dr.]: Die Gefangennahme Herzog Heinrichs von Braunschweig durch den Schmalkaldischen Bund '(1545)' ... Leipzig, G. Fock, 1894; 74 S. 8.
Leipzig, Phil. Fak., Hab.-Schr. v. 5. Nov. 1894

Brandenburg, Erich, a. Danzig: Über praehistorische Grotten in Phrygien. Marburg 1906: (F. Straub, München.) (S. 652—667) 4° ¶ (Teil einer archäol. Arbeit „Untersuchungen im Gebiet der Phrygischen Felsfassaden", die in den Abhandlungen der Kgl. Bayer. Akad. d. Wissensch. erscheint.)
Marburg, Phil. Fak., Ref. v. Sybel, Diss. v. 20. März 1906
[Geb. 10. Sept. 77 Danzig; Wohnort: Berlin; Staatsangeh.: Preußen; Vorbildung: Gymn. Graudenz Reife O. 97; Studium: Berlin 1, München 1, Berlin 1, Genf 1, Marburg 2 S.; Rig. 24. Jan. 06.]

Brandenburg, Erich, Herzog Heinrich d. Fromme v. Sachsen u. d. Religionsparteien i. Reiche (1537—1541). [Aus: „Neues Archiv f. sächs. Gesch."] gr. 8. (142 S.) Dresden 896. W. Baensch. 3. —

Brandenburg, Erich, s.: **Korrespondenz**, politische, des Herzogs u. Kurfürsten Moritz v. Sachsen.

— Moritz v. Sachsen. 1. Bd.: B. z. Wittenberger Kapitulation (1547). M. Titelbild. gr. 8. (VIII, 557 S.) Leipzig 898. B. G. Teubner. n. 12. —

Brandenburg, Erich. Moritz von Sachsen. I. Bd. Bis zur Wittenberger Kapitulation 1547. Mit Titelbild. II. Bd. Politische Korrespondenz bis zum Ende des Jahres 1546. (2 Bde.) 8. Leipzig 1898—1904.

Brandenburg, Erich, Referendar: Die rechtliche Natur des Zeitungs-Abonnements. *Greifswald 1902: J. Abel.* (61 S.) 8° [F.]
Greifswald, Jur. Diss. v. [23. Mai] 1902

Die parlamentarische Obstruktion, ihre Geschichte und ihre Bedeutung. Vortrag geh. zu Dresden 1904 von Erich **Brandenburg**. *Dresden: v. Zahn & Jaensch 1904.* (46 S.) 8° [F.]
— **Zeit- u. Streit-Fragen, Neue**, hrsg. von d. Gehe-Stiftung. H. 7. [04. 7883

Phrygien und seine Stellung im kleinasiatischen Kulturkreis. Von Dr. Erich **Brandenburg**. Mit 15 Abb. Leipzig: J. C. Hinrichs 1907. (31 S.) 8° [F.]
— **Orient**, Der alte. Jg. 9, H. 2 [07. 13473

— Quellenkunde d. deutsch. Geschichte, s.: **Dahlmann u. Waitz.**

— s.: **Quellensammlungen zur deutschen Geschichte.**

— Die deut. Revolution 1848. s: **Wissenschaft u. Bildung 74.**

Brandenburg. Erich [aus Stralsund]: König Sigmund und Kurfürst Friedrich I. von Brandenburg. 1409—1426. . . . Berlin, Mayer & Müller, 1890; 2 Bl. + 34 S. + 1 Bl. 8°
Berlin. Phil. Fak., Inaug.-Diss. v. 9. Aug. 1890

Brandenburg, Erich. König Sigmund u. Kurfürst Friedrich I. v. Brandenburg. Ein Beitrag zur Geschichte des Deutschen Reiches im 15. Jahrh. gr. 8. (VIII, 220 S.) Berl. 891, Mayer u. Müller. 4 -

Neue Untersuchungen im Gebiet der Phrygischen Felsenfassaden. Von E. **Brandenburg**. (München: K. Akad. 1906.) (S. 633–716.) 4°
— **Abhandlungen** d. historischen Klasse d. kgl. Bayerischen Akad. d. Wiss. Bd 23, Abt. 3. [3.] [06. 8334 9

— s: **Wilhelm's I., Kaiser. Briefe.**

Brandenburg, Ernst, u. Carl Dunker, the English clerk. I. Elementarbuch des gesprochenen u. geschrieb. Englisch f. kaufmänn. Schulen. gr. 8. (VIII, 173 S.) Berlin 901. E. S. Mittler & Sohn. n. 1.80; geb. in Leinw. n.n. 2.25

The English Clerk. Von Ernst **Brandenburg**, Oberl. zu Berlin, u. Dr. Carl Dunker, Dir. zu Berlin. 2. Aufl. 1. *Berlin: E. S. Mittler & Sohn 1903.* 8° [Ant. u. F.] [03. 11411

— u. C **Dunker**: The Engl. clerk. I u. II. 8° Kbd. 4.80; geb. nn 5.25 d
I. Elementarb. d. gesproch. u. geschrieb. Engl. f. kaufmänn. Schulen. 1—3. Afl. (173) '01/04. 1.80; geb. nn 2.25 | II. Handelskorrespondenz u. Leseb. f. kaufmänn. Schulen. 1. u. 2. Afl. (226) '03/05. 2.50; geb. 3 —

Brandenburg und **Dunker**, The English Clerk. Berlin. E. Mittler und Sohn. I. Elementarbuch des gesprochenen und geschriebenen Englisch für kaufmännische Schulen. 4. Auflage 1905. Geb. M. 1.80, geb. M. 2.25. II. Handelskorrespondenz und Lesebuch. 2. Auflage 1905. Geb. M. 2.50, geb. M. 3.—. (Min.-Erl. vom 23. Februar 1907, Z. 5841.)

Brandenburg, Ernst, u. Carl **Dunker**: The Engl. clerk. I. Elementarb. d. gesproch. u. geschrieb. Englisch f. kaufm. Schulen. 5. Afl. (174) 8° Berl., ES Mittler & S. '07. 1.80; geb. 2.25 d

Brandenburg, Ernst u. Carl Dunker, the English clerk. I. Elementarbuch des gesprochenen u. geschriebenen Englisch f. kaufmänn. Schulen. 7. Aufl. (22.—27. Taus.) (X, 173 S.) 8. Berlin 910. E. S. Mittler & Sohn. Geb. in Leinw. 2. 25

Brandenburg Ernst und **Dunker, Dr. Karl**, The English Clerk. Berlin 1910. E. S. Mittler & Sohn. I. Teil. Elementarbuch. 7. Auflage. Geb. K 2.70. II. Teil. Handelskorrespondenz und Lesebuch. 3. Auflage. Geb. K 3.60. (Min.-Erl. vom 30. September 1910. Z. 39673.)

Brandenburg, Ernst, The correspondent's guide. Hilfsbuch der englisch-deutschen Handelskorrespondenz. (V, 91 S.) gr. 8. Berlin 904. E. S. Mittler & Sohn. n. 1. —; geb. n. 1. 50

Brandenburg, Ernst, aus Stavenhagen: ⟨Aus d. physiol. Institut d. Universität Rostock.⟩ Die Wirkung des lackfarbenen Blutes auf das isolierte Froschherz. *Rostock 1904: (C. Hinstorff).* (S. 625—639, 1 Bl.) 8° ¶ (Aus: Archiv f. Physiol., Bd 95.)
Rostock, Med. Diss. v. [25. Juli] 1904

Brandenburg, F. v., das Gebläse mit heißer Luft, s. Gebläse.

Brandenburg, F: Uns. Heer, Deutschlds grosse Volksch., s: Merkblätter, Landwirtschaftliche.

— der **Komet** ist da! od. unumstößl. Beweis, daß d. Halley'sche Komet zwischen Mond u. Erde schwebend schon seit zwei Jahren d. Erde sehr nahe, alltäglich sichtbar ist. gr. 8. (1 B.) Leipzig 835, (Drobisch.) *

— das unschädlichste, leichteste u. unfehlbarste **Mittel** d. Stubenfliegen zu vertreiben. 8. (1/4 B.) Leipzig 835, Pönicke u. Sohn. *

(—) **Mittel** zur Verbesserung d. **Weine**, s. **Mittel**.

Brandenburg, F. von: Vorzüglichstes Mittel dem jungen weißen Weine während der Gährung den angenehmsten Muscateller-Geschmack zu geben, so wie zu bewirken, daß der Wein überhaupt mehr Reife und Süßigkeit bekömmt. Auf Erfahrungen gegründet und veröffentlicht von einem praktischen Weinbauer [d. i.] F. v. Brandenburg. Leipzig: Pönicke 1835. -- [Zit. nach Kayser]

— **Sammlung** verschied., von mir gemachter, prakt. ausgeführter u. auf rein logisch-physikal. Grundsätzen beruhender Erfindungen. gr. 8. (1 B.) Leipzig 835, (Jackowitz.) *

v. **Brandenburg**, F., Samml. verschiedener, von mir gemachter, prakt. ausgeführter u. auf rein logisch-physikal. Grundsätzen beruhender **Erfindungen**. gr. 8. Leipzig 835. (Vetter u. Rostosky.) 1/4 rf

— Und es ward **Licht!** od. das neue von Brandenburgische Weltsystem. Gestiftet u. in dies. Werke beschrieben. gr. 8. (1 B.) Leipzig 835, (Drobisch.) *

— **Victoria!** Eine neue Welt! Freudevoller Ausruf in Bezug darauf, daß auf uns. Planeten, besond. auf der von uns bewohnten nördl. Halbkugel eine totale Temperatur-Veränderung hinsichtl. d. Vermehrung d. atmosphär. Wärme eingetreten ist. 2., verm. Aufl. 8. (4 3/4 B.) Berlin 835, L. Oehmigke.

Brandenburg, Ferdinand

Winke für das Heranarbeiten im Feldkriege und das Eingraben im Gefecht. 15 Abb. im Text. Hrsg. von [Ferdinand] **Brandenburg**, Hauptm. im Inf. Rgt Nr 132. 2. Aufl. 4. bis 6. Taus. Straßburg i. E.: Du Mont Schauberg 1907. 32 S. 8° [09. 1674]

Brandenburg, Winke f. das Heranarbeiten im Feldkriege u. das Eingraben im Gefecht. Mit Genehmigg. Sr. Exz. des kommandier. Generals des XV. Armeekorps, Hrn. General der Infanterie Ritter Hentschel v. Gilgenheimb, praktisch erprobt u. f. die Truppen des XV. Armeekorps zur nutzbaren Anwendg. empfohlen. 1. u. 2. Aufl. 1.—6. Tausend. (32 S. m. 15 Abbildgn.) kl. 8. Straßburg 907. (W. Heinrich.) — 30

Brandenburg, Frz.

Brandenburg, Fr.: „Handbuch zur praktischen Kenntniss des Zoll- und Verbrauchssteuerwesens im Königlich Preussischen Staate", Berlin 1819 (Lischke). — Vorh.: Büch. der Handelskammer Magdeburg. — 2. verb. und verm. Auflage, Berlin 1821. — Vorh.: Com. Bibl. Hamburg.

— Handbuch zur Kenntniß des Zoll- u. Verbrauchsteuerwesens im k. Preuß. Staate. gr. 8. Berl. 819. 2e A. 821. Hahn. 1 ₰ 8 g.

Fr. Brandenburg, Handbuch zur Kenntniß des Zoll- u. Verbrauchsteuerwesens im Preuß. Staate. Berlin 1822.

Brandenburg, (Fr.,) Handbuch z. Kenntniß d. Zoll- u. Verbrauchsteuerwesens im königl. Preuß. Staate. 2e Aufl. gr. 8. Berlin 825, Hahn.

Brandenburg, F.: „Handbuch zur praktischen Kenntniss des Zollwesens, der Zollverfassung und Zollgesetze von der Kurmark Brandenburg, in alph. Ordnung", Berlin 1800 (Nicolai). — Vorhanden: Com. Bibl. Hamburg.

Brandenburg, Georg

— ein Beitrag zu den Zündhütchen-Verletzungen des Auges, s.: Sammlung zwangl. Abhandlungen a. d. Gebiete der Augenheilkunde. III. 4.

Brandenburg, G., s.: Beiträge zur Augenheilkunde.

Brandenburg, G., die Basedow'sche Krankheit. gr. 8. (V, 136 S.) Leipzig 894. Verlag d. „Reichs-Medicinal-Anzeigers" B. Konegen. n. 3. 60

[Autogr.] Besuch des Kaisers von Deutschlands Wilhelm I. und Kronprinzen, in Metz in der Zeit vom 5. bis 9. Mai 1877. [Unterz.:] G[ust.] **Brandenburg**. [Dat.:] Metz, den 11. Mai 1877. 6 Bl. 4° [Umschlagtit.]
Abgedr. in: FZ. 31 (1877) S. 195—198; F. 2 (1877) S. 69—72.
Holländ. Übers. in: MW. Ser. 3 Jg. 2 (1877) No 28.
Tt. 479. Bericht.

Brandenburg, Hans, ästhetische Aufsätze. 1903—1907. (109 S.) 8. München-Schwabing (908). E. W. Bonsels & Co. 2. —

Brandenburg, H: Münchener Blätter. (28) 4° Münch., H Jaffe '03. 1 — d

— Chloe od. Die Liebenden. Roman. (224 S.) kl. 8. München 909. G. Müller. 3.—; geb. 4. 50

Brandenburg, Hans, Einsamkeiten. 1903. 1904. 1905. (69 S.) 8. München 906. E. W. Bonsels & Co. n. 2. —

Brandenburg, H: Die Erde, s.: Bonsels, EW.

Brandenburg, Hans: Gesang üb. d. Saaten. Gedichte. (79 m. Bildn.) 8° Münch., G Müller '12. Pappbd 2 —; Luxusausg. 16 — d

— Hymne an den Grafen Zeppelin. (21 S.) Lex. 8. Ebd. 910. 1. 50

— In Jugend u. Sonne. Gedichte. 1901 & 1902. (112 S.) 8. München(-Schwabing) 904. E. W. Bonsels & Co. n. 2. —

— s.: Krieg, der heilige.

Hans **Brandenburg**. Lieder eines Knaben. Berlin-Wilmersdorf: A. R. Meyer 1908. (4 Bl.) 8° [J.] [08. 6446]

Brandenburg, Hans, s.: Lyriker, vorgoethische.

— vom „neuen Weibe". (20 S.) gr. 8. München-Schwabing 904. E. W. Bonsels & Co. — 40

— Erich Westenkott. Roman e. Jugend. (440 S.) 8. München(-Schwabing) 907. E. W. Bonsels & Co. 4.—; geb. 5. —

Brandenburg, Heinrich [pr. Arzt aus Hamborn in d. Rheinprov.]: Über Cataracta congenita ... Greifswald, Druck v. J. Abel, 1893; 32 S. 8.
Greifswald, Med. Fak., Inaug.-Diss. v. 15. Apr. 1893

Brandenburg, Heinrich [aus Essen (Ruhr)]: Abnorme elektromotorische Kräfte des Quecksilbers ... (Aus: Zeitschr. f. physik. Chemie, Bd XI Heft 4.) Leipzig, W. Engelmann, 1893; 29 S. 8.
Leipzig, Phil. Fak., Inaug.-Diss. v. [10. Mai] 1893

Parodien, Plattdeutsche. Hrsg. von J. E. Brandenburg. Erstes (einz.?) Heft. Berlin, 1827. Bei C. H. Nortmann. (Dorotheenstrasse No. 12.) 8°. 31 S.
Darin je eine auf den „Gang nach dem Eisenhammer" und den „Ritter Toggenburg".
Jos. Beer & Co., Frkfrt./M. Novbr.-Auct. 1912, no. 1090, Beibd.

Brandenburg, J. E., Spaziergänge u. Wanderungen im Vaterlande, od. Beschreib. des Preuß. Staats in gereimten Versen. 2 Bde. 8. Berl. 827. Nortmann. 2 ₰

Brandenburg, Jh. Chr., Comment. jur. different. int. pupillos. 8 maj. Hannov. 793. Helwing. 8 gl

Brandenburg, I. C., Comm. jur. different. int. pupillos 8. maj. Hannov. Helwing. 794.

Brandenburg, Johann Christian (Parchim/Meckl.), De natura ac indole correalis obligationis in genere tam, quam in specie ex delictis, praecipue quoad expensas. Diss. jur. Präs. Hermann Becker. Rostock (Adler) 2. X. 1759. 56 Seiten. (5.—) 3755

Brandenburg, Konr., der Krieg gegen Frankreich, zur Erinnerung an 1870 u. 1871 in Versen erzählt. 8. (294 S.) Erlangen 880. Deichert. n. 2. —; geb. n. 2. 40

Die Auswahl der Kranken für die Lungenheilstätten und die frühzeitige Erkennung der Lungentuberkulose in der ärztlichen Praxis. Von Privatd. Dr. Kurt **Brandenburg** in Berlin. *Berlin: Fischer 1902.* (37 S.) 8°
= Klinik, Berliner. H. 169. [02. 7663]

Brandenburg, Kurt, s.: Klinik, medizinische.

— **Kurt** (Posen), Über die Wirkung des Aloins auf die Nieren. Diss. med.-chir. Bln. (G. Schade [O. Francke]) 24. III. 1893. 43 S. m. Literatur u. Biogr. (4.—) 3756
Oppon.: Dorn, Fernow, Yamagiva.

Brandenburg, L., kurze biblische Geschichte f. die unteren Klassen der kathol. Volksschule. Neue Bearbeitg. im Anschluß an den Wortlaut der bibl. Geschichte v. J. Schuster. Mit e. Titelbild u. 46 Bildern. 12. (102 S.) Freiburg i/B. 890. Herder. n. — 30; cart. n. n. — 35
(Vgl. Brandenberg, L.)

Brandenburg, Margarete, die harnsäurefreie Kost. Ihr Wert u. ihre Zubereitg. Mit e. Einführg. v. S. Möller. (X, 180 S.) gr. 8. Berlin 906. O. Salle. n. 2. —; geb. n. 2. 40

Brandenburg, Margar., die harnsäurefreie Kost. Ihr Wert u. ihre Zubereitg. Mit e. Einführg. v. S. Möller. 2. verb. Aufl. (XII, 184 S.) gr. 8. Berlin 909. O. Salle. 2.—; geb. 2. 40

Brandenburg, Margar.: Die harnsäurefreie Kost. Ihr Wert u. ihre Zubereitg. Mit e. Einführg v. Dr. S Möller. 3. Afl. (12, 184) gr8° Berl., O Salle '11. 2 —; geb. 2.40 d

Brandenburg, Max

Brandenburg, M. Die Geschäftsverwaltung des katholischen Pfarramtes im Gebiete d. preußischen Landrechts. gr. 8. (VIII, 240 S.) Berl. 891, Germania. 3 —

Brandenburg, M., d. Geschäfts-Verwaltg. d. kathol. Pfarramtes im Gebiete d. preuß. Landrechts. 2., verm. u. verb. Aufl. gr. 8. (XIII, 314 S) Berlin 895. Germania. n. 4. —

Brandenburg, M., die Geschäftsverwaltg. des katholischen Pfarramtes im Gebiete des preußischen Landrechts, unter Berücksicht. der Bestimmgn. des neuen bürgerl. Gesetzbuches. Mit Nachträgen f. das Gebiet des französ. u. gemeinen Rechts. 3., verm. u. verb. Aufl. gr. 8. (XV, 444, VIII u. 6 S.) Berlin 899. Germania. n. 6. —

Brandenburg, M: Die Geschäftsverwaltg d. kathol. Pfarramtes im Gebiete d. preuss. Landrechts. Mit Nachträgen f. d. Gebiet d. französ. u. gemeinen Rechts. 4. Afl. (11, 532 u. 10) gr8° Berl., Germania '11. 7 —; L 8.50 d

Neue Gesetze und Verordnungen betreffend die Geschäftsverwaltung des katholischen Pfarramtes im Gebiete des preußischen Landrechts. Zugleich Erg.Bd zu d. Hauptwerke 'Die Geschäftsverwaltung d. kath. Pfarramtes. (3. Aufl.)'. Von M[ax] **Brandenburg**, Pfarrer. Berlin: Germania 1907. (64 S.) 8° [J.] [07. 9785

Gottesdienst und Kirchenausstattung. Nachschlagebuch f. kath. Geistliche u. Kirchenbeamte, mit Berücks. d. Verhältnisse ohne feierl. Assistenz. Von M[ax] **Brandenburg**, Pfarrer. Berlin: Germania 1903. (VIII, 151, VII S.) 8° [J.] [06. 9796

Brandenburg, Max: Hauptkatalog, enthaltend Pumpen und Wasserversorgungsartikel. Ausg. 15. Berlin 1910

Brandenburg, Max: Kolonial-Pumpe. Ausg. 10. Berlin 1909

Brandenburg, Max: Nachschlagebuch über Pumpen usw. Berlin 1896

Brandenburg, Max, **Berliner Pumpenfabrik, A.-G.: Doppeltwirkende Saug-** und Druckpumpe. Berlin (1908?)

Brandenburg, Max: **Spezial-Katalog über Pumpen. Abt. A u. C. Berlin (1908?)**

Brandenburg, Max, a. Berlin: Die festen Strophengebilde und einige metrische Künsteleien des Mystère de Sainte Barbe, ihr weiteres Vorkommen und ihre verwandten Formen in anderen Mysterien. Greifswald 1907: F. W. Kunike. (100 S.) 8°

Greifswald, Phil. Fak., Ref. Stengel, Diss. v. 26. Sept. 1907

[Geb. 11. April 85 Berlin; Wohnort: Berlin; Staatsangeb.: Preußen; Vorbildung: Andreas-Realgymn. Berlin Reife O. 04; Studium: Berlin 2, Greifswald 3, Berlin 1 S.; Rig. 4. Mai 07.]

Brandenburg, Robert

Brandenburg I., das 3. Brandenburgische Infanterie-Regiment Nr. 20 in den Feldzügen 1866 u. 1870—71, s.: Kirchhof.

Brandenburg, Robert: Das Infanterie-Regiment Graf Tauentzien . . . s. Kirchhof, Georg Heinrich

Brandenburg, Theodosius (Aemil Albert.) (geb. Berlin 28. 8. 1828): De naevis maternis. Berolini (1851). (28 S.) 8°

Berlin, Med. Diss. v. 13. Okt. 1851

Brandenburg, Wilhelm, appr. Arzt: Aus d. Prosektur d. Kreis-Krankenh. d. Kr. Teltow zu Britz u. Gr.-Lichterfelde (Prosekt. Walkhoff). Ein Beitrag zur Lungensyphilis. Würzburg: Kabitzsch 1908. S. 183—223. 8° ¶(Aus: Beiträge z. Klinik d. Tuberkulose. Bd 10.)

Marburg, Med. Diss. v. 14. Aug. 1908, Ref. Beneke

[Geb. 8. Sept. 81 Brilon; Wohnort: Olsberg; Staatsangeb.: Preußen; Vorbildung: Gymn. Brilon Reife O. 02; Studium: Würzburg 1, Leipzig 4, Berlin 5 S.: Coll. 29. Juni 08; Approb. 1. Juli 08.] [U 09. 3133

Brandenburg-Schaeffer, Herm. Ioan. Chr. Fridr., de arte obstetricia Aul. Corn. Celsi. Commentat. histor.-obstetricia. 4maj. (9¼ B.) Gottingae 837, libr. Dieterich.

Brandenburger, die, in Ungarn, s. Soldaten-Freund, der.

Brandenburger, Clem.: Poln. Gesch., s.: Sammlung Göschen 338.

Brandenburger, Clemens: (Das Hauländer-Dorf **Goldau bei** Posen.) *Posen 1903: W. Decker & Co.* (49 S.) 8°

Heidelberg, Phil. Diss. v. 1903

Brandenburger, Clem., das Hauländer-Dorf Goldau bei Posen. Ein Beitrag zur Geschichte der deutschen Siedelg. u. zur Wirtschaftsgeschichte des Landes Posen während des 18. Jahrh. (IV, 49 S.) 8. Posen 906. (J. Jolowicz.) n. 1. 50

Sonderabdr. a.: „Ztschr. d. hist. Gesellsch. f. d. Prov Posen“

Ostbank für Handel und Gewerbe (Posen). 1857—1907. [Verf.: Clemens Brandenburger.] — (Posen 1907: Decker.) 55 S. 4°

Russisch-Asiatische Verkehrsprobleme. Studien z. russ. Kolonisationsarbeit von Dr. phil. Clemens **Brandenburger**, Posen. Mit 1 Kartenskizze. Halle: Gebauer-Schwetschke 1906. (32 S.) 8°
— **Geographie**, Angewandte. Ser. 2. H. 7. [06. 6187 3

Brandenburger, E.C.

Brandenburger, das Ganze der Getreide- und Kartoffel-Branntwein-Brennerei nach neuester Betriebs-Methode, mit besond. Berücksicht. der Hauptmanuale, als: Einmeischung 2c. nach neuesten Erfahrungen praktisch und ausführbar dargestellt. 8. (VIII und 181 S.) Quedlinburg 850, Ernst'sche Buchh.

Brandenburger, E. C., das ganze Wissen der Liqueur-Fabrikation auf kaltem Wege oder der sogenannten kalten Destillation, nebst einer großen Anzahl practisch erprobter und selbst erfundener „Orig.-Recepte“ zur Bereitung der Crêmes, Liqueure, Huiles, Branntweine, Rum, Arac und Cognac 2c. 8. (95 S.) Thorn 884, E. Lambeck. *

Brandenburger, J., Handbuch der Erziehung u. des Unterrichtes, s.: Kehrein, J. u. K. Keller.

Das Tierreich. Der Mensch u. seine Gesundheit. 4., verb. Aufl. hrsg. von **J. Brandenburger**, Kgl. Kreisschulinsp. Mit 140 Abb. *Paderborn: F. Schöningh 1899.* (VIII, 570 S.) 8° [J.]
— **Handbuch**, Theoret.-prakt., d. Realien. Bd 1, Abt. 2. [00. 1088

Brandenburger, Julius De Antiphontis Rhamnusii tetralogiis. 4 (20 S.). Progr. G. *Schneidemühl* 1888

Brandenburger, Jul., De Antiphontis Rhamnusii tetralogiis. gr. 4. (20 S.) **Schneidemühl 888. (Leipzig, Fock.)** * —

Brandenburger, Otto. Das Baurecht der Art. 675 und 779 des schweizerischen Zivilgesetzbuches. Insbesondere seine vertragliche Ausgestaltung in der kommunalen Boden- und Wohnungspolitik. 8. Aarau, H. R. Sauerländer & Co.

Ausg. A: Diss. Staatsw. Univ. Zürich. XVI + 150 S. 1910.
Ausg. B: Von Dr. O. B. XIV + 150 S. 1911. [fr. 2.80.] — Zürcher Beiträge zur Rechtswissenschaft.... (Heft) 34.

„**Brandenburgia**“, Monatsblatt der Gesellschaft f. Heimatkunde der Prov. Brandenburg zu Berlin. Unter Mitwirkg. d. Märk. Provinzial-Museums hrsg. vom Gesellschafts-Vorstande. Redact.: E. Zache. April 1892—März 1893. 12 Hefte. gr. 8. (à Heft ca. 16 S. m. 1 Taf.) Berl., Stankiewicz. 6 —

Nr. 1–3 erschienen ohne den Titel: „Brandenburgia“, als „Monatsblatt der Gesellsch. für Heimatkunde“ etc.

„Brandenburgia“. Monatsblatt der Gesellschaft für Heimatkunde d. Prov. Brandenburg zu Berlin. Unter Mitwirkg. des Märk. Provinzial-Museums hrsg. vom Gesellschafts-Vorstande. Red.: Ed. Zache. Apr. 1893 —März 1894. à 12 Nrn. (à ca. 1½ Bog.) gr. 8. Berlin, P. Stankiewicz. à Jahrg. n. 6. —

„Brandenburgia“. Monatsblatt d. Gesellsch. f. Heimatkunde d. Prov. Brandenburg z. Berlin. Unt. Mitwirkg d. Märk. Provinzial-Museums hrsg. v. Gesellschafts-Vorstande. Red.: Ed. Zache. Apr. 1894 b. März 1899. à 12 Nrn. (à $1^1/_2$—3 Bog. m. Abb. u. Taf.) gr. 8. Berlin, P. Stankiewicz. à Jahrg. n. 6.—

„Brandenburgia“. Monatsblatt der Gesellschaft für Heimatkunde der Prov. Brandenburg zu Berlin. Unter Mitwirkg. des Märk. Prov.-Museums hrsg. vom Gesellschafts-Vorstande. Red.: Eduard Zache. 8.—11. Jahrg. April 1899—März 1903. à 12 Nrn. gr. 8. (à ca. 40 S.) Berlin, P. Stankiewicz. à Jahrg. n. 6.—

„Brandenburgia“. Monatsblatt der Gesellschaft f. Heimatkunde der Prov. Brandenburg zu Berlin. Unter Mitwirkg. des märk. Prov.-Museums hrsg. vom Gesellschaftsvorstande. Red.: Eduard Zache. 12.—15. Jahrg. April 1903—März 1907. à 12 Nrn. (à ca. 32 S. m. Abbildgn.) gr. 8. Berlin, P. Stankiewicz. à Jhrg. n. 6.—

„Brandenburgia“. Monatsblatt der Gesellschaft f. Heimatkunde der Prov. Brandenburg zu Berlin. Unter Mitwirkg. des märk. Prov.-Museums hrsg. v. Gesellschafts-Vorstande. Red.: Eduard Zache. 16.—18. Jhrg. April 1907—März 1910. à 12 Nrn. (à ca. 32 S.) gr. 8. Berlin, P. Stankiewicz. à Jahrg. 6.—

„Brandenburgia“. Monatsbl. d. Gesellsch. f. Heimatkde d. Prov. Brandenburg zu Berlin. Red.: Eduard Zache. 19—21. J. Apr. '10—März '13 je 12 Nrn. (20. J., Nr 1: 48 m. Abb.) Lex8° Berl., P Stankiewicz. je 6—

Brandenburgisch-Preußische Staat, der, im 4n Jahr d. 19n Jahrh. ic. Berl. Dieterici. 804.

— des, neue Provinzen ic. Ebend. 804.

Brandenburg-Preußen u. der Hohenzollern Fürsorge f. das Volkswohl. Ein Wiederholungsbuch zur Unterstützg. des Geschichtsunterrichts auf der Oberstufe der Volksschulen, in Präparanden- u. Mittelschulen. 8. (47 S.) Dortmund 900. W. Crüwell. n.n. —25

Brandenburg-Preussen auf d. Westküste v. Afrika 1681—1721, s.a.: Voigtländers Quellenb.

Brandenburg-Preußen auf der Westküste von Afrika. 1681 bis 1721. Verf. vom Großen Generalstabe, Abtheilung für Kriegsgeschichte. gr. 8. (88 S. mit 1 Uebersichtskarte und 5 Skizzen.) Berlin 885, Mittler und Sohn. *
geb. **
Aus: Kriegsgeschichtliche Einzelschriften, besonders abgedruckt.

Brandenbusch, K., des Knaben deutsches Lesebuch, in geord. Folge f. d. unt. Klasse an Gymnas. u. höh. Bürgerschulen. gr. 12. (11 B.) Coblenz 832, Hölscher.

Brandenbusch, Karl, deutsches Lesebuch für gehobene Volksschulen, Bürgerschulen u. Gymnasien. 2. umgearb. u. verm. Aufl. 12. Coblenz 844, Hölscher. geb. n. $^2/_3$ ₰

—— naturgemäß geordneter Uebungsstoff d. deutschen Sprache. Ein Handb. f. Schüler in Volksschulen, unteren Klassen der Bürgerschulen u. Gymnasien. 1. u. 2. Abthl. 12. Coblenz, Blum. [1. (8 B.) 844. * 10 Ngr., 2. (7¼ B.) 45. * 15 Ngr.] *

Brandenbusch, Karl, Vorschule d. Geographie. I. Abthl. gr. 12. (6⅔ B.) Coblenz 836, Hölscher.

Die Fee von Rabendorf. Roman von Hanna Brandenfels. *Berlin, Leipzig, Wien, Stuttgart: Bong & Co. [1900].* (691 S.) 8° [F.] [00. 3160]

Brandenfels, Hanna, die Fee v. Rabendorf. Roman. 8. (691 S.) Berlin (901). Deutsches Verlagshaus Bong & Co. n. 6.—; geb. 7.50

Die Fee von Rabendorf. Roman von Hanna Brandenfels [d. i.: Eichmeyer]. *Berlin, Leipzig: Bong & Co. [1902].* (691 S.) 8° [F.] [02. 8663]

Brandenfels, Hanna, die Fee v. Rabendorf. Roman. 3. Aufl. (691 S.) 8. Berlin (909.) Deutsches Verlagshaus Bong & Co. 5.—; geb. in Leinw. 6.50

Tante Jette. (Forts. von Baroness Köchin.) Roman von Hanna Brandenfels. *Berlin, Leipzig, Wien, Stuttgart: Bong & Co. [1901].* (420 S.) 8° [F.] [01. ...]

— Tante Jette. Roman. 8. (420 S.) Ebd. (902). n. 4.—

— Tante Jette. (Fortsetzung v. Baroneß Köchin.) Roman. 2. Aufl. (420 S.) 8. Ebd. (909.) 4.—; geb. in Ldr. 5.50

Brandenfels, H: Baroness Köchin. Roman. 8° (420) Berl. 99, Deut. Verlagshaus Bong & Co. 4—; geb. 5.50

— Baroneß Köchin. Roman. 4. Aufl. (420 S.) 8. Ebd. (908.) 4.—

Brandenfels, Hanne (Frau Eichemeyer): Das Kuckucksei. Roman. 1—5. Taus. (388) 8° Berl., Deut. Verlagshs Bong & Co. ('12). 4—; 5—d

— Landmädelgeschichten. (145 S.) 20×11,5 cm. Bremerhaven (908.) L. v. Vangerow. 1.—

Brandenfels, Hanna, Ein Meteor. Roman. 8. (381 S.) Berlin 897. Deutsches Verlagshaus Bong & Co. n. 3.50; geb. 5.—

— Ein Meteor. Roman. 2. Aufl. (381 S.) 8. Berlin (909.) Deutsches Verlagshaus Bong & Co. 3.50; geb. in Leinw. 5.—

— Madame Nett. Roman. (458 S.) 8. Dresden 910. C. Reißner. 5.—; geb. 6.—

— Der dumme Peter u. andere Novellen. (197 S.) 8. Rostock (907.) Eichemeyer & Fett. 3.—; geb. 4.—

Hanna Brandenfels. Prinzessin ohne Land und Krone. Roman. (2. Aufl.) *Berlin: H. Costenoble 1902.* (277 S.) 8° [F.]
(Romane u. Novellen neuzeitl. Schriftsteller. Ausg. Costenoble.) [03. 1383]

— Prinzessin ohne Land u. Krone. Roman. 3. Afl. (5, 265) 8° Jena, H Costenoble '11. 2.50; geb. 3.50 d

Revanche. Roman von Hanna Brandenfels. *Berlin, Leipzig, Stuttgart, Wien: Bong & Co. [1900].* (381 S.) 8° [F.] [00. 3587]

— Revanche. Roman. 3. Aufl. (381 S.) 8. Berlin (909.) Deutsches Verlagshaus Bong & Co. 3.—; geb. in Leinw. 4.50

Brandenfels, Hanna, das Rosenhäuschen. Roman e. armen Offiziersstochter. (440 S.) 8. Dresden 905. C. Reißner. n. 5.—; geb. n. 6.—

— Schein. Roman. 8. (279 S.) Ebd. (899). n. 3.—; geb. n. 4.50

— Schein. Roman. 2. Aufl. (279 S.) 8. Ebd. (909.) 3.—; geb. in Leinw. 4.50

— Der Stallbaron. Roman. 1—8. Taus. (434) 8° Berl., Deut. Verlagshs Bong & Co. ('11). 4—; geb. 5—d

[F.] Rose Victoria. Roman v. Hanna Brandenfels. *Berlin: Bong & C. [1897].* (2 Bl., 311 S.) 1 Bd 8. [97. 9366]

— Rose Viktoria. Roman. 2. Aufl. (311 S.) 8. Ebd. (909.) 4.—; geb. in Leinw. 5.50

Brandenstein, Frhr v.: Handb. f. d. Verwaltgsdienst, s: Grosskopff, Jul.

Brandenstein, v. Die Kriegskunst nach den neuesten Erfahrungen und Ansichten dargestellt. Erfurt 1824. 266 S.

v. Brandenstein, ..., die Kriegskunst nach d. neuesten Erfahrungen u. Ansichten dargestellt u. zum encyklopäd. Lehrvortrage d. Wissenschaft d. Landkrieges in Militärschulen bearb. gr. 8. Gotha 824. Hennings. 1 rß

v. Brandenstein, (Regier.-Rath), s. Zeitung, landwirthschaftliche.

v. Brandenstein, Aug. Geo., noch etwas üb. Schiffbarmachung der Elbe. gr. 8. Schwerin 792. (Wienbrack in Leipz.) 12 gr

Brandenstein, v., noch Etwas üb. Schiffbarmach. d. Elbe. gr. 8. Schw. (Gräff, Leipz.). 795.

v. Brandenstein, C. L. Fr. H., Versuch e. Darstell. d. neuen Civilgerichts-Verfassung in dem mit dem französ. Kaiserreiche jetzt vereinigten nördl. Theile Deutschlands; zum Unterricht f. d. Bürger u. Landmann. 8. Brem. 812. Heyse. 8 gr

— Versuch e. Darstell. d. neuen Criminal-Gerichtsverfassung in dem mit dem französ. Kaiserreiche jetzt vereinigten nördlichen Theile Deutschlands; zum Unterricht f. d. Bürger u. Landmann. 8. Ebd. 813. 12 gr

v. Brandenstein, Carl, s. Producte d. rothen Erde.

Brandenstein, Conradin de, mouvement politique, religieux, litteraire, industrielle et sociale de l'Allemagne. Dédié aux princes souverains de la confédération germanique et aux députés des états constitutionels. 1. et 2. Livr. gr. in-8. (3 B.) Paris 810, Degetau. (Tübingen, Osiander'sche Buchh.) à *.

Brandenstein, Friedrich Wilhelm Ferdinand von, s. Almanach, Reichsritterschaftl.

BRANDENSTEIN, Friedrich v.: Beytrag zu den allgemeinen Grundsätzen der Forstökonomie. - Zwickau 1798. 36 S.

Brandenstein, Friedrich Wilhelm Ferdinand von, s. Beiträge z. Grunds. d. Forstökonomie.

v. Brandenstein, Fr. Wlh. Fd., Fauna oeconomica, oder Beschreib. u. Abbild. derjenigen Insekten u. Würmer, deren Kenntniß dem Landwirthe nützlich ist. 16 Hft. Mit ill. Kpf. 4. Nürnb. 800. Campe. 1 rß (NB. bis 1811 sollen 5 Hefte erschienen sein?)

Brandenstein, Fr. Wilh. Ferd. von. Fauna oeconomica, oder Beschreibung und Abbildung derjenigen Insekten und Würmer, deren Kenntniss dem Landwirthe nützlich ist. Heft 1. mit ill. Kupfern. Nürnberg 1811. 4.

— getreu aufgenommene Gebirgsgegenden u. Höhlen, um u. bei Muggendorf, für Freunde d. Natur- u. Gebirgskunde. 4 Hfte, mit 24 Kpft. 4. Nürnb. 811—16. (Schneider u. W.) 2 rß 12 gr

Brandenstein, Friedrich Wilhelm Ferdinand von, s. Versuch e. kameral. Entwürfe.

Brandenstein, J. H. v., Samml. einiger geistl. Reden. 8. Nürnb. Raspe. 747.

— Samml. heil. Reden. 8. Ebend. 749.

Brandenstein, J. W. B., († d. 12. Nov. 1786.) Veranlass. v. e. vernünft. u. schriftmäßig. Zeitvertreib. gr. 8. Leipz. 778. Georgi. 1 rß

Brandenstein, S(igmund), aus Querfurt ⟨Prov. Sachs.⟩: Über die Behandlung des Plattfußes. *Freiburg i. B. 1904: H. Epstein.* (26 S.) 8°
Freiburg i. B., Med. Diss. v. 1903

Geschichte der Familie von Brandenstein. Zsgest. von Wolf v. **Brandenstein,** Oberstlt z. D. Als Ms. gedr. H. (1) 4. Magdeburg 1895—1905: Baensch. 8°
(1.) 1895. 2. 1899. 3. 1901. 4. 1905. [11. 18737

Brander, Fürst der Brennen rc. 8. Magdeburg, Creutz. 816.

Brander, Georg Friedrich

Brander, Geo. Fr., († d. 1. April 1783.) Arithmetica binaria s. dyodica, d. i. Kunst mit 2 Zahlen alle Fälle zu rechnen. 8. Augsb. 767. 2e A. 775. Klett. 3 gr

Arithmetica Binaria sive Dyadica d. i. die Kunst nur mit 2 Zahlen in allen Fällen zu rechnen von G. Fr. Brander. Augsburg. 8. 1769

G. Fr. Branders neue Art Winkel zu messen, vermittelst eines neuen amphidioptrischen Goniometers, ingleichem Linie und Zirkel mit dem Glasnoniusmasstab scharf und richtig zu theilen. Augsburg, bey Kletts Witwe, 8. $6\frac{3}{4}$ Bog. 2. Kupf. (8 ggr.)
Allg. d. Bibl. 18. Band, 2 St. p. 578. 1772

Geo. Fr. Brander's Beschreibung dreyer Camer. obscur. desgleichen eines Microscopii solaris portat. mit Kpfr. Augsburg, Klett. (10 ggr.) 1792

— Beschreibung eines magnetischen Declinatorii und Inklinatorii, nebst der Anweisung, wie man sich dieser Instrumente bedienen soll, um aller Orten die Abweichung und Neigung der magnetischen Kräfte zu erfahren und zu bestimmen, sammt angehängter Beschreibung eines dioptrischen Sonnen-Quadranten zu genauer Bestimmung der Meridianlinie. Nebst 2 Kupfer-Tafeln. Augsburg 1779.

— Beschreib. d. magnet. declinatorii aut inclinatorii. Mit Kpf. 8. Augsb. 779. Klett. 6 gr

— Beschreib. e. neuerfund. Distanzmethers. M. Kpf. 8. Augsb. 781. Klett. (Haslinger in Linz). 6 gr

Georg Friedrich Brander's Beschreibung eines neuerfundenen Distanzenmessers aus einer Station für Ingenieurs und Artilleristen, welche von der Königl. Dänischen Akad. der Wissensch. im Jahr 1778 den Preiss erhalten. Kopenhaven. Verlegt von Gyldendal. mit Kupfern. 4.
S. Abhandl. die von d. Königl. Dänischen Gesellsch. den Preis erhalten haben. 15 Th. (Kopenhag. 4.)
1781

Beschreibung und Gebrauch eines geometrischen Instrument in Gestalt eines Proportional Cirkels, welches in allen practischen Fällen der Feldmesskunst leicht und gut zu gebrauchen; auch zu astronomischen Vergnügen dienet, und auf Reisen sehr bequem mit sich geführet werden kann: nebst angehängter Beschreibung eines Systems von Maasstäben zu Zeichnungen, von *Georg Friedrich Brander* Augsburg bey Kletts Witwe und Frank, in 8. 4 Bog. Text, 2 Kupfertafeln auf halben Bogen. (5 ggr.)
Allg. d. Bibl. 46 Band, 2. St. p. 455.
Gött. gel. Anz. 1780. B. 1. St. 97. S. 785.
(Zwey Schenkel mit Linien auf beiden Seiten, nebst einem Chordenlineal.) 1780

— Kurze Beschreibung zweyer besonderer und neuer Barometer, welche sich nicht nur verschliessen und sicher von einem Orte zu dem andern bringen lassen, sondern auch zu Höhen-Beobachtungen vorzüglich zu gebrauchen sind, als ein Zusatz zu des Herrn (Micheli) du Crest Sammlung kleiner Schriften von Thermometern und Barometern. (Mit einer Tafel Abbildungen.) Augsburg 1772. Klett.

Kurze Beschreibung einer ganz neuen Camerae obscurae, ingleichen eines Sonnen-Microscops, welches man bequem aller Orten hinstellen und ohne Verfinsterung des Zimmers gebrauchen kann, womit auch allerley Objecte auf eine sehr leichte Art in einer selbst beliebigen Grösse gezeichnet und aufgerissen werden können, von *Georg Friedrich Brander*, Mitglied der Churfürstl. Bayr. Acad. der Wissensch. und Mechanicus in Augsburg. Augsbourg, bey Eberhard Klett's seel. Wittib. 8. 27 S. m. 3 Kupfert.
Allg. D. Bibl. 8 B. 2 St. S. 294. 1767

— Beschreib. d. neu abgeänd. camera obscura. 8. Augsb. 767. N. A. 775. Klett. (Haslinger in Linz). 4 gr

— Kurze Beschreibung einer kleinen Luftpumpe oder Cabinet Antlia. Nebst einer Anweisung, wie man mit denjenigen Stücken, welche meistens dazu gegeben werden, verfahren, und die Versuche anstellen soll. Augsburg 1771. Klett.

— Beschreib. e. ganz neu verfertigten Libelle oder Nivellirwaage. Mit 1 Kpf. gr. 4. Münch. 768. (G. Franz). 4 ℛ

Beschreibung zweyer zusammengesetzten Microscope nach ihrer Theorie und Gebrauch von *G. Fr. Brander*. Augsburg, bey Klett's Wittwe. 8. 40 S. in 2 Kpft. (4 Gr.)

Vgl. Allg. Deut. Bibl. B. 13. St. 2. S. 543. 1769

Brander, G. F. Beschreib. eines Planisphaerii astrognostici aequatorialis. Augsb. 1775.

— Beschreib. sein. ganz neu verfert. u. bes. Planisphaerii astrognostici aequatorialis. M. Kpf. 8. Augsb. 770. Klett. 9 ℛ

— Beschreib. e. neu erfundenen dioptrischen Sectors, mit 1 Kpft. gr. 4. Münch. 768. (G. Franz). 4 ℛ

— Beschreibung des von ihm neu verfertigten Spiegel-Quadranten nach Hadleys Theorie mit einem Artificial-Horizonte zu geometrischem und astronomischen Gebrauche. (Als Anhang hierbei befindlich.) Beschreibung der Reduktionsscheibe, mit welcher man sehr leicht die wahre Zeit aus der mittleren und auch umgekehrt bestimmen kann. — Nachricht von einer neuen Art hydrostatischer Senkwagen zu Untersuchung der specifischen Schwere verschiedener Flüssigkeiten. — Kurzer Unterricht zu dem Gebrauche des neuen elektrischen Werkzeuges, Elektrophor genannt. Augsburg 1777.

— Beschreib. e. neuen Spiegelquadranten n. Hadley's Theorie. M. Kpf. 8. Augsb. 777. Klett. (Haslinger in Linz). 4 ℛ

G. F. Branders Beschreibung eines Spiegelsextanten, ingleichen einer neuen Abänderung des Messtisches, wie auch eines ganz neuen Messtisches, und des sogenannten Scheibeninstruments, als der zweyte Beytrag zu der Beschreibung des geometrischen Messtisches. Mit Kupfern. Augsburg, bei Eberhard Kletts seel. Wittib. 8. 5 Bog. 4 Kupfertaf. (8 Gr.) 1774.

— Beschreib. e. Systems v. Maaßstäben zu Zeichnungen. M. Kpf. 8. Augsb. 772. Klett. 3 ℛ

Beschreibung einer neuen Hydrostatischen Wage, nebst zweyen hiezu gehörigen Abhandlungen. Herausgegeben von *Georg Friedrich Brander*. Augsburg, bey Kletts sel. Witwe. 8. 6 Bogen. 2 Kupf. (7 gr.)

Allg. d. Bibl. 18 Band. 1 St. p. 233. 1771

— s. J. P. Muschenbröl, Beschr. e. Luftpumpe.

Brander, Georg Friedrich: P o l y m e t r o s c o p i u m dioptricum oder Beschreibung eines optischen Instrumentes, vermittelst dessen man die Gesichts-Winkel messen, ingleichen die Entfernung eines Objects . . . bestimmen . . . kan . . Augspurg: Lotter 1764. 8 Bl. 8°.

— Tabula chordarum vel subtensarum ad singulos Minutarum Gradus usque 100 Gradus ad Radium 5000.0. Augustae Vindelicorum 1772.

Der neue geometrische universal Messtisch, nach seiner Zusammensetzung uhd nach seinem Gebrauche kurz und deutlich beschrieben von *Georg Friedrich Brander*. Augsburg, bey Eberhard Kletts Witwe, 8. 4 B. 1 Kupfer.

Allg. d. Bibl. 10 Bänd, 2 St. p. 273. 1767

— neuer geometr. Universalmeßtisch. M. Kpf. 8. Augsb. 767. N. A. Ebd. 772. Klett. 4 ℛ

Brander, Georg Friedrich, Der neue geometrische Universal-Mess-Tisch nach seiner Zusammensetzung und nach seinem Gebrauch kurz und deutlich beschrieben. 2. vermehrte Auflage. Augsburg 1772.

Brander, J., Rede bei d. gewöhnl. Feier d. Schuljahrs 1819. gr. 8. Rotweil 819. Herder. 3 ℛ

Brander, Joh. v. (Hrsg.), s. J o u r n a l , Kritisches, für das katholische Deutschland.

Brander, Rob., der Schlaf und das Traumleben. gr. 8. (36 S.) Leipzig 884, Mutze. *

Brander, Vitus: Der naturalistische Monismus der Neuzeit oder Haeckel's Weltanschauung systematisch dargestellt und kritisch beleuchtet. Gekrönte Preisschrift. Paderborn 1907: F. Schöningh. (350 S.) 8°

Würzburg, Theol. Fak., Ref. Schell, Diss. v. 11. Juli 1907

(Nur in beschränkter Zahl für den Austausch)

[Geb. 2. Juni 80 Reistenhausen; Wohnort: Reistenhausen; Staatsangeh.: Bayern; Vorbildung: Gymn. Aschaffenburg Reife Juli 00; Studium: Würzburg 8 S.; Rig. 16. Juni 06.]

Hofprediger Friedrich H. **Brandes**, Dr. theol. Zur Erinnerung an s. Goldenes Amtsjubiläum. Für s. Freunde als Ms. gedr. *Berlin: L. Frobeen 1903.* (46 S.) 8° [F.] [03. 13580

Exsequias **Heinrich Wilhelm Brandes** physices prof. in summo magistratu academico fato functi . . . rector suffectus. Lpz. (Staritz) o. J. 20 S. (4.50) 3767

(Verf. G. Herrmann?)

Brandes, Ilsenburg als Sommer-Aufenthalt. 266 Mtr. über der Ostsee. Ein Führer durch Ilsenburg und Umgegend, nebst 1 (lithogr. und color.) Special-Karte mit Angabe der näheren Spaziergänge. Mit einer geschichtl. Uebersicht von Jacobs. 2. Aufl. 8. (36 S. mit 4 Taf.) Wernigerode 885, Angerstein. *

Brandes. Specialkarte von Ilsenburg und dessen nächster Umgebung m. Angabe der Hausnummern. Farbendruck. 42×26 cm. Wernigerode 891, Angerstein. — 50

Vgl. auch: Wernigerode.

Stimmen der Weisheit an Geweihte. [Von Brandes.] Lübeck: Michelsen in Comm. 1813. 150 S. 8°

Kl. 1170. Gedichte u. Aphorismen.

Brandes, Adolf: Die Stellung der Adverbien im französischen Satze. Aachen 1910: Urlichs. 28 S. 4°

Aachen, st. RG m. h. Handels-S OP 1910 (651)

Brandes, Albertus, Brunsvicensis: De formis dualis Homericis. Gottingae 1907: Dieterich. (66 S.) 8°

Göttingen, Phil. Fak., Ref. Schwartz-Wackernagel, Diss. v. 21. Nov. 1907

[Geb. 18. März 80 Woltwiesche; Wohnort: Woltwiesche; Staatsangeh.: Braunschweig; Vorbildung: Gymn. Martino-Katharineum Braunschweig Reife O. 01; Studium: Göttingen 2, Straßburg 2, Göttingen 6 S.; Rig. 10. Mai 07.]

Brandes, Andr. Just., Abhandl. von Regeln u. Grundsätzen des Kriegs, aus den letzten Feldzügen entlehnt. 1r Thl., mit Kpf. gr. 8. Hannov. 774. Hellwing. 2 ₰

Brandes, August, appr. Arzt a. Eitzum (Hannover): Ueber einen Fall von papillärem Epitheliom der Ausführungsgänge der Mamma. Leipzig: C. Milde 1908. (24 S., 1 Taf.) 8°

Leipzig, Med. Fak., Ref. Trendelenburg, Diss. v. 11. März 1908

[Geb. 25. Dez. 80 Eitzum (Hannover); Wohnort: Leipzig; Staatsangeh.: Preußen; Vorbildung: Gymn. Rinteln Reife O. 01; Studium: Göttingen 4, Leipzig 8 S.; Coll. 17. März 08; Approb. 25. Jan. 08.]

Brandes. C. s.: Brandes. K.

Brandes, C. W. H., s. H. W. Brandes Aufsätze.

Brandes, Clemens Graf zu, s. B r a n d i s , Clemens Graf zu.

Brandes, E., die Flora Teutschlands u. der angrenzenden Länder. Nach ein. neuen Systeme, durch welches auch d. Anfänger in d. Botanik das schnelle u. richtige Bestimmen aller aufgefundenen Pflanzen möglich wird. 8. (31⅓ B.) Stolberg 840, Schlegel. *

Brandes, Edward. Ein Besuch, s. Bibliothek, nordische.

Brandes, Ernst, s.a. B r a n d e s , Georg Friedrich

Brandes, Ernst [Dr.]: Beiträge zu Uhland. Marienburg, Druck v. L. Giesow, *1892;* 36 S. 8.
Marienburg, k. G, OP 1892 (35)

Brandes, E[rnst]: Betrachtungen üb. das weibliche Geschlecht und dessen Ausbildung in dem geselligen Leben. Th. 1-3. — Hannover: Hahn 1802. 8°
Neubearb. und Erweiterung der Schrift: „Über die Weiber"; 1787.

— polit. Betrachtt. über d. franzöſ. Revolution. gr. 8. Jena 790. Mauke. 9 gr

— Betrachtt. über den Zeitgeiſt in Deutſchland in d. letzten Decennien d. vorigen Jahrh. 8. Hannov. 808. Hahn. 1 ₰

— über den Einfluß u. die Wirkungen des Zeitgeiſtes ꝛc., als Fortſetz. d. vorigen. 2 Abtheill. 8. Hannov. 810. Hahn. 1 ₰ 20 gr

Brandes, Ernst, Über das Du und Du zwischen Eltern und Kindern. Hannover 1808. 8.

— über das Du u. Du zwiſchen Eltern u. Kind. 8. Hannov. 809. Hahn. 16 gr

Ueber einige bisherige Folgen der französischen Revolution, in Rücksicht auf Deutschland, von [Ernst] Brandes. Hannover: Ritscher 1792. 160 S. 8°
[Dasselbe.] 2. Ausg. Hannover u. Osnabrück: Ritscher 1793. XVI, 159 S. 8°
cf. D. neuesten Religionsbegebenheiten. 15 (1792) S. 677—682.
Sieht in den geheim. Gesellschaften auch eine Ursache der franz. Revolution.
2. Aufl. in KB.

Brandes, Ernst, Dr.: Aus Fritz Reuters Leben. *Strasburg 1899: A. Fuhrich.* (102 S.) 8° ¶ (Forts. u. Schluss sollen wenn möglich in Zeitschriften erscheinen.)
Strasburg W.-Pr., k. G, OP 1899 (40)

Brandes, Ernst, Dr.: Aus Fritz Reuters Leben. T. 2. *Strasburg Wpr. 1901: A. Fuhrich.* (70 S.) 8° [F.] ¶ Forts. u. Schluss d. P-Beil. 1899.
Strasburg W.-Pr., k. G, OP 1901 (40)

Brandes. Ernestus [Marchiensis]: Observationes criticae de comoediarum aliquot Atticarum temporibus .... Rostochii extat apud Hermannum Schmidtium, *form. acad. Adlerianis,* 1886; 70 S. 8°.
Rostock Phil. Fak., Inaug.-Diss. v. 4. Febr. 1886.

Brandes, Ernst, Prof. Dr.: Reuters Verhältnis zu W. Bornemanns Plattdeutschen Gedichten. (Demmin 1907: W. Gesellius.) (Festschrift T. 2. S. 59—69.) 8° [F.]
Demmin, k. G OP 1907 (168)

— ſ. Weiber, über die.

— über d. gegenwärt. Zuſtand d. Univerſität Göttingen. 8. Gött. 802. Röwer. 1 ₰ 8 gr

Brandes, F., Observationes in C. Taciti vitam Agricolae. Pr. 1838. 40 S. 4°.

Brandes, F. W., Gutachten üb. Beſtrafung d. Arbeitsvertragsbruches, ſ.: Schriften d. Vereins f. Socialpolitik.

Brandes, F. W., Ueber den Contractbruch des Arbeiters. Gutachten. (Schrift. d. Ver. f. Soz.-Pol., Bd. 7.) Leipzig 1874.

— Ueber Lehrlingswesen. (Schrift. d. Ver. f. Soz.-Pol., Bd. 10.) Leipzig 1875.

Brandes, Fr., das Kartoffeln- oder Kartoffeln-Malz-Bier, ſeine verſchiedene Bereitung, nebſt Beleuchtung ſeiner Wichtigkeit in ſtaatswirthſchaftlicher Hinſicht, ſowie für die Zwecke der Mäßigkeits-Angelegenheit. 8. Quedlinburg 840, Baſſe. 1/3 ₰

Brandes, Friedr., sachliche Auslegung des Neuen Testaments für Prediger, Lehrer und Hausväter. (In ca. 80 Lfgn.) 1. Lfg. (2. Abthl. Die Briefe des Apostels Paulus. 1. Bd.) Des Apostels Paulus Sendschreiben an die Römer, für die Gemeinde ausgelegt. gr. 8. (S. 1—64.) Göttingen 863, Gebr. Hofer. *

Brandes, Friedr. stud. theol. Zweite Enthüllung über den berliner Treubund zugleich als Antwort auf die Widerlegung der erſten Enthüllungen. (Berlin, L. Kolbe 1849) 8 S. 8.

Brandes, Friedr., Geſchichte der kirchlichen Politik des Hauſes Brandenburg. 1. Bd. 1. und 2. Thl. gr. 8. Gotha, F. A. Perthes. à Thl. * ℳ 9. *
Inhalt:
Bd. 1. Die Geſchichte der evangeliſchen Union in Preußen. 1. Thl.: Die Zeit des confeſſionellen Gegenſatzes. (XII, 599 S.) 872.
" 1. daſſ. — 2. Thl.: Die Zeit der Unionsſtiftungen. (XI, 611 S.) 873.

Brandes, Frdr., Katechismus der chriſtlichen Lehre. Nur aus Worten der Schrift für Schulen reformirter u. unirter Gemeinden zuſammengeſtellt. Göttingen 862. Vandenhoeck & Ruprecht. 8. (VIII, 176 S.) n. 10 ngr

— Katechismus der chriſtlichen Lehre. Nur aus Worten der Schrift für Schulen reformirter und unirter Gemeinden zuſammengeſtellt. 8. (VIII und 176 S.) Göttingen 865, Vandenhoeck und Ruprecht's Verlag. *

Brandes, Friedr., ſ. Kirchenkalender, reformirter, f. Deutſchland.

Brandes, Friedrich. John Knox, der Reformator Schottlands. 8. Elberfeld 1862.
Leben und ausgewählte Schriften der Vater ... der r formirten Kirche. Theil 10

— der Kanzler Krell, e. Opfer d. Orthodoxismus. gr. 8. (VIII, 109 S.) Leipzig 873. Barth. n. 2. 80

Brandes, Frdr., s.: Programm-Buch der Sinfonie-Concerte d. kgl. musikal. Kapelle.

Brandes, F., Rede bei der Einweihung des neuen Schulgebäudes zu Roſtock gehalten am 10. Octbr. 1864. Roſtock, Stiller. gr. 8. (15 S.) 3¾ ngr

— in Sachen Lengerich's. Abgezwungene Erklärung gegen eine Beilage des Hannoverſchen Couriers. Göttingen 863. Vandenhoeck & Ruprecht in Comm. gr. 8. (27 S.) n. 3 ngr

— des Apoſtels Paulus Sendſchreiben an die Galater. Ein Freiheitsbrief für die Chriſtenheit. 1. Aufl. 1869. * ℳ 3., und neue (Titel-)Ausg. gr. 8. (V, 239 S.) Wiesbaden 871, Kreidel's Verlag. *

— des Apoſtels Paulus Sendſchreiben an die Galater. Ein Freiheitsbrief f. die Chriſtenheit. Neue Ausg. gr. 8. (V. 239 S.) Wiesbaden 876. Kreidel. n. 2. —

Die Toteninsel (nach d. gleichnam. Werke von Arnold Böcklin). Sinfonische Dichtung von Heinrich Schulz-Beuthen. Erl. von Friedrich Brandes. Hannover: Oertel [1908]. 16 S. 8°
(Louis Oertels Musikführer. Nr 6.) [09. 10181

Brandes, Friedrich: Untersuchungen über Weicheiseninstrumente, insbesondere über den Einfluß der Hysteresis und der Wirbelströme. 1906. 55 S. 8°
Hannover, Dr.-Ing.-Diss. v. 10. 2. 1906

— die Verfassung der Kirche nach evangelischen Grundsätzen. 2 Bde. Elberfeld 867. Friderichs. gr. 8. (X, 850 S.) 3 ℳ

— zur Wiedervereinigung der beiden evangelischen Kirchen. Fünf Reden. Nebst e. Zuschrift an die evangel.-luther. Gemeinden in der Provinz Hannover. Göttingen 868. Dieterich. gr. 8. (239 S.) n. 1 ℳ

Brandes, Friedr., wir werden leben! Gespräch über Unsterblichkeit. gr. 8. (VI und 238 S.) Göttingen 858, Vandenhoeck und Ruprecht's Verlag. *

Brandes, Friedrich H. (Wirkl. Name), s.a. Friedrich, H. (Pseud.).

Brandes, Frdr. H., s.: Chronik, allgemeine kirchliche.

Brandes, Frdr. H., die Einigung der evangel. Kirchen, e. Befehl des Herrn. Ihre Notwendigkeit u. Möglichkeit im Deutschen Reich. gr. 8. (IV, 92 S.) Berlin (902). L. Frobeen. n. 1. 20

— Geschichte der reformirten Gemeinde zu Stadthagen. Aus den Akten dargestellt. gr. 8. (15 S.) Bückeburg 894. G. Frommhold. n. — 30

— zwei fürstliche Glaubensbekenntnisse. Hrsg. u. m. Einleitung u. Schlußwort versehen. [Aus: „Reform. Kirchenztg."] 8. (23 S.) Ebd. 894. n. — 30

Brandes, Frdr. H: 4 Grossmächte. Intrigensp. in 5 Aufz. (113) kl8° Sondersh., FA Eupel '12. 1.50

Brandes, Frdr. H. (H. Friedrich), Heinrich IV. König v. Frankreich. Ein Drama in 5 Aufzügen nebst e. Vorspiele Beim Nuntius. (VIII, 191 S.) 8. Dresden 906. E. Pierson. n. 2. —

Brandes, Friedrich H.: Die Hugenotten-Kolonie in Braunschweig, s. Geschichtsblätter des deutschen Hugenotten-Vereins.

Brandes, Friedrich H.: Die Hugenotten-Kolonien im Fürstenth. Lippe, s. Geschichtsblätter des deutschen Hugenotten-Vereins.

— unser Herr Jesus Christus. I. Seine Person. gr. 8. (III, 117 S.) Gütersloh 902. C. Bertelsmann. n. 1. 80; geb. n. 2. 40

Johann Friedrich, Kurfürst zu Sachsen. Schauspiel in 5 Aufz. von Friedrich H. Brandes (H. Friedrich). *Berlin: L. Frobeen 1903.* (126 S.) 8° [F.] [03. 13583

— Der Kampf um's Recht. Bauernkomödie. (103) 8° Ebd. '12. 1.50 d

— die reformirte Kirche in Göttingen, } s.: Geschichtsblätter d. deutschen Hugenotten-Vereins.
— die französische Kolonie in Bückeburg, }

Brandes, Friedrich H.: Die Konföderation reform. Kirchen in Niedersachsen, s. Geschichtsblätter des deutschen Hugenotten-Vereins.

— 3 Könige. Ein Sang v. Deutschlds Elend u. Errettg. (132) 8° Ebd. '12. 1.50 d

Brandes, Frdr. H., Heinrich Kruse als Dramatiker. 8. (104 S.) Hannover 898. H. Ahlfeld. n. 1 —

— Heinrich Kruse als Dramatiker. (Neue [Titel-]Ausg.) gr. 8. (104 S.) Berlin [898.] (901.) L. Frobeen. — 80

Brandes, Friedrich H.: Der Grosse Kurfürst u. die Hugenotten, s. Geschichtsblätter des deutschen Hugenotten-Vereins.

Aus dem synodalen Leben der Konföderation reformierter Kirchen in Niedersachsen. Von Dr. theol. [Friedrich H.] Brandes. 1–3. Magdeburg: Heinrichshofen 1907. 8°
(Geschichtsblätter d. Deutschen Hugenotten-Vereins. Bd 13, H 6) A 18. 14081

— s.: Nach zehn Jahren.

[F.] Nach zehn Jahren! Geschichte, Zweck u. Bedeutg d. Reform. Bundes f. Deutschland dargest. v. d. derzeit. Moderator d. Bundes ([Friedr. H.] Brandes). *Berlin: Verl. d. Reform. Kirchenztg 1894.* (14 S.) 1 Bd 8. [96. 5958

Die Rechtsverhältnisse der Konföderation reformierter Kirchen in Niedersachsen. Von Dr. theol. [Friedrich H.] Brandes. Magdeburg: Heinrichshofen 1906. 42 S. 8°
(Geschichtsblätter d. Deutschen Hugenotten-Vereins. Bd 13, H. 5.) A 18. 14080

Brandes, Friedrich H.: Henri Wilhelm Nathanael Tollin, s. Geschichtsblätter des deutschen Hugenotten-Vereins.

— s.: Zimmermann, der, v. Nazareth.

Brandes, G., Vademecum für den akademischen Turner [insbesondere für den V.-C.-Studenten]. 16. (56 S. mit eingedr. farb. Illustr.) Reudnitz-Leipzig 887, Max Hoffmann. *

—— Vademecum für den deutschen V.-C.-Studenten. 2. Aufl. 16. (78 S. mit eingedr. farb. Illustr.) Ebendas. 888. *

Brandes, Georg. Armenien und Europa. Vortrag gehalten zu Berlin am 2. Februar 1903. Hrg. von der Union des Étudiants Arméniens de l'Europe. 24 S. 8. Genf (Fr. Weber) 1903. (fr. —.40)

Brandes, G., das Autoritäts-Prinzip u. die Revolution v. 1789. [Aus: „B., Hauptströmgn. der Litteratur d. 19. Jahrh."] 8. (41 S.) Leipzig 893. H. Barsdorf. — 75

Brandes, Geo., moderne Bahnbrecher. Essays. Uebers. von A. v. d. Linden. gr. 8. (III, 240 S.) Leipzig 897. H. Barsdorf. n. 4. —
Vom Verleger zurückgezogen.

Brandes, Geo., Lord Beaconsfield [Benjamin Disraeli]. Ein Charakterbild. Mit einem Jugendbildniß (in Lichtdr.) Lord Beaconsfield's. gr. 8. (III, 362 S.) Berlin 879, Gebr. Paetel.

Brandes, Geo.: Björnson, s: Porträts.

Björnstjerne Björnson von Georg Brandes. Autor. Übers. von Ida Anders [d. i. Ida Jacob]. *Berlin: Gose & Tetzlaff 1901.* (73 S.) 8° [F.]
— Essays, Moderne, z. Kunst u. Litteratur. H. 11/12. [01. 918

[F.] Ludwig Börne und Heinrich Heine. Von Georg Brandes. 2., bedeutend verm. Aufl. M. 2 Portr. u. 1 Abb. *Leipzig: H. Barsdorf 1898.* (4 Bl., 190 S., 3 Portr.) 1 Bd 8. [98. 5337

— Armand Carrel. Übers. v. Erich Holm. (100) 8° Stuttg., J G Cotta Nf. '13. 2.50 d

— les grands courants littéraires au XIXe siècle. L'école romantique en France. Ouvrage traduit sur la 8e. éd. allemande par A. Topin. Précédé d'une introduction par Vict. Basch. gr. 8. (XXIV, 394 S.) Berlin 902. H. Barsdorf. n. 5. —; geb. in Leinw. n. 6. —

— Das junge Deutschland. Uebers. v. A. v. d. Linden. M. Namen- u. Sachreg. 4. Aufl. gr. 8. (III, 428 S.) Ebd. 899. n. 6. —; geb. 7. 50

Das junge Deutschland [Det unge Tyskland]. Von Georg Brandes. Übers. von A. v. d. Linden. Mit Namen- u. Sachreg. 9. Aufl. *Berlin: H. Barsdorf 1904.* (423 S.) 8° [F.]
— Brandes: Die Hauptströmungen d. Literatur d. 19. Jhs [Hovedstrømninger i det 19de Aarhundredes Litt.]. Bd 6. [04. 15867] 11

Brandes, Geo. F. W. Dostojewski, s. Volkshefte, deutsche litterarische.

G(eorg) Brandes ... L'école romantique en France [Die romantische Schule in Frankreich]. Ouvr. trad. sur la 8e éd. allemande par A. Topin, Prof., Blois. Précédé d'une Introd. par Victor Basch, Prof., Rennes. *Berlin: H. Barsdorf 1902.* (XXIV, 394 S.) 8°
(Brandes. Les grands courants littér. au XIXe siècle.) [02. 1183

[F.] Essays v. Georg Brandes. 2. Aufl. [Bd] 1. 2. *Leipzig: H. Barsdorf 1897.* 2 Bde 8.
1. [A. T.:] Moderne Bahnbrecher. Von G. Brandes. Uebs. v. A. v. d. Linden. ... (4 Bl., 241 S.)
2. [A. T.:] Menschen u. Werke aus Neuerer Europäischer Litter. Von G. Brandes. Uebs. v. A. v. d. Linden. ... (4 Bl., 290 S.) [96. 5337

Anatole France. Von Georg Brandes. Deutsch von Ida Anders. Mit 1 Lichtdr., 5 Vollbild. u. 1 Faks. Berlin: Bard, Marquardt & Co. [1905]. (72 S.) 8°
— Literatur, Die. Bd 20.

— moderne Geister. Literarische Bildnisse aus dem 19. Jahrh. gr. 8. (VIII, 436 S.) Frankfurt a/M. 882. Literar. Anstalt. geb. n. 9. —

Brandes, Geo., moderne Geister. Literarische Bildnisse aus dem 19. Jahrh. 2. Aufl. Mit dem Bildniss d. Verf. in Heliotypie. gr. 8. (VII, 465 S.) Frankfurt a/M. 887. Literar. Anstalt, Rütten & Loening. geb. n. 9. —

— moderne Geister. Literar. Bildn. a. dem 19. Jahrh. 3., durchgeseh. u. bedeutend verm. Aufl. M. 1 Gruppenbild i. Lichtdr. gr. 8. (VII, 542 S.) Frankfurt a/M. 897. Literar. Anstalt. Geb. in Leinw. n. 11. 50

— moderne Geister. Literarische Bildnisse aus dem 19. Jahrh. 4., v. neuem durchgeseh. u. verm. Aufl. gr. 8. (VII, 556 S. m. 1 Gruppenbild.) Frankfurt a/M. 901. Literar. Anstalt. Geb. in Leinw. n. 11. 50

Georg Brandes. Gestalten und Gedanken. Essays. *München: A. Langen 1903.* (VI, 527 S.) 8° [F.]

Brandes, G., die Hauptströmungen der Literatur d. 19. Jahrh. Vorlesungen geh. an der Kopenhagener Universität. Uebersetzt u. eingeleitet v. Adf. Strodtmann. 1—4. Bd. Einzig autoris. deutsche Ausg. gr. 8. Berlin 872—76. F. Duncker. n. 21. —
1. Die Emigrantenlitteratur. (XXIV, 200 S.) n. 4. 50
2. Die romantische Schule in Deutschland. (VI, 406 S.) n. 4. 50
3. Die Reaktion in Frankreich. (V, 304 S.) n. 4. 50
4. Der Naturalismus in England. Die Seeschule. Byron u. seine Gruppe. (V, 563 S.) n. 7. 50

Brandes, Geo., die Hauptströmungen der Literatur des 19. Jahrh. Vorlesungen, gehalten an der Kopenhagener Universität. Uebers. und eingeleitet von Adf. Strodtmann. 5. Bd.: Die romantische Schule in Frankreich. Uebers. von W. Rudow. 8. (II, 348 S.) Leipzig 886, Barsdorf. *
1.—4. Bd. [Berlin und Leipzig 1872—76.] Ebendas. *M 21.—.

—— dass. — 2. Aufl. Uebers. und hrsg. von Adf. Strodtmann und W. Rudow. 2. Aufl. 5 Bde. 8. Ebendas. 886,87. [M 29.—.] Ermäßigter Preis geb.
Inhalt:
Bd. 1. Die Emigrantenlitteratur. (XIX, 184 S.) M 3.—.; geb. M 4.—.
" 2. Die romantische Schule in Deutschland. (VIII, 261 S.) M 3—.; geb. M 4.—.
" 3. Die Reaction in Frankreich. (240 S.) M 3.—.; geb. M 4.—.
" 4. Der Naturalismus in England. Byron und die Seeschule. (275 S.) M 5.—.; geb. M 6.
" 5. Die romantische Schule in Frankreich. (II, 348 S.) M 6.—. geb. M 7.—.

— d. Hauptströmgn. d. Litteratur d. 19. Jahrh. Vorlesgn., geh. a. d. Kopenhagener Universität. Uebers. u. eingel v. Adf. Strodtmann. 1. u. 2. Aufl. 6. (Schluß-) Bd. gr. 8. Leipzig 896. H. Barsdorf. n. 6. —; geb. in Leinw. n. 7. — (kplt.: n. 25. —; geb. 30. —)
Das junge Deutschland. Uebers. v. A. v. d. Linden. Mit Namen- u. Sachregister. (IV, 422 S.)

—— Die Hauptströmungen der Litteratur des 19. Jahrh. Vorlesungen, gehalten an der Kopenhagener Universität. Uebers. u. eingeleitet v. Adf. Strodtmann. Einzig autoris. deutsche Ausg. 3. (Titel-) Aufl. 5 Bde. 8. Lpz. 892, Barsdorf. 20 — geb. * 25 —
1. Die Emigrantenlitteratur. (XIX, 184 S.) 3 —.
2. Die romantische Schule in Deutschland. (VIII, 261 S.) 3 50.
3. Die Reaktion in Frankreich. (VII, 240 S.) 3 50.
4. Der Naturalismus in England. Die Seeschule. Byron u. seine Gruppe. (VII, 375 S.) 4 50.
5. Die romantische Schule in Frankreich. Uebers. v. W. Rudow. (VI, 348 S.) 5 50.
Auch in 14 Lfgn. zu demselben Gesammtpreise erschienen.

— dasselbe. 4., verm. u. m. einem Generalregister versehene Aufl. 5 Bde. gr. 8. Ebd. 894. 20. —; geb. n. 25. —
1. Die Emigrantenlitteratur. (XVIII, 228 S.) n. 3. 50; geb. n. 4. 50
2. Die romantische Schule in Deutschland. (VI, 317 S.) n. 3. 50; geb. n. 4. 50
3. Die Reaktion in Frankreich. (VIII, 242 S.) 3. 50; geb. n. 4. 50
4. Der Naturalismus in England. Die Seeschule. Byron u. seine Gruppe. (VII, 380 S.) 4. 50; geb. n. 5. 50
5. Die romantische Schule in Frankreich. Uebers. v. W. Rudow. (V, 348 u. Generalreg. XV S.) 5. 50; geb. n. 6. 50

— dasselbe. Einz. autor. deutsche Ausg. 5., gänzl. umgearb., verm. u. mit e. Generalreg. vers. Aufl. Jubiläums-Ausg. 6 Bde. gr. 8. Leipzig 897. H. Barsdorf. n. 25. —; geb. in Leinw. n. 30. —; in Halbfrz. n. 34. —
1. D. Emigrantenlitteratur. (209 S.) n. 4. 50; geb. n. 5. 50 geb. in Halbfrz. n. 6. —
2. D. romant. Schule i. Deutschland. (IX, 302 S.) n. 4. 50; geb. n. 5. 50; geb. in Halbfrz. n. 6. —
3. D. Reaktion i. Frankreich. (IX, 308 S.) n. 4. 50; geb. n. 5. 50; geb. in Halbfrz. n. 6. —
4. D. Naturalismus i. England. D. Seeschule. Byron u. seine Gruppe. (VII, 395 S.) n. 6. —; geb. in Leinw. n. 7. —; in Halbfrz. n. 7. 50
5. D. romant. Schule i. Frankreich. Uebers. v. W. Rudow. (V, 394 S.) n. 6. —; geb. in Leinw. n. 7. —; in Halbfrz. n. 7. 50
6. D. junge Deutschland. Uebers. v. A. v. d. Linden. Mit Namen- u. Sachreg. 3. Aufl. (V, 422 S.) n. 6. —; geb. in Leinw. n. 7. —; in Halbfrz. n. 7. 50
Erschien auch in 25 Lfgn. à n. 1. —.

— die Hauptströmungen der Litteratur des 19. Jahrh. Vorlesungen, geh. a. d. Kopenhagener Universität. Uebers. u. eingeleitet v. Adf. Strodtmann. Einzig autoris. deutsche Ausg. 8., rev. u. m. e. Generalregister verseh. [Titel-] Aufl. 1.—3. Bd. gr. 8. Charlottenburg [897.] 900. Berlin, H. Barsdorf. à n. 4. 50; geb. in Leinw. à n. 5. 50; in Halbfrz. à n. 6. —
1. Die Emigrantenlitteratur. (XVIII, 260 S.)
2. Die romantische Schule in Deutschland. (V, 362 S.)
3. Die Reaktion in Frankreich. (VI, 308 S.)

— die Hauptströmungen der Litteratur des 19. Jahrh. VI. Das junge Deutschland. Übers. von A. v. d. Linden. Mit Namen- u. Sachregister. 9. Aufl. (423 S.) gr. 8. Berlin 904. H. Barsdorf. n. 6. —; geb. in Leinw. n. 7. 50

— Ludwig Holberg u. seine Zeitgenossen. Mit dem Bildnisse Ludwig Holberg's in Holzst. 8. (V, 254 S.) Berlin 885. Oppenheim. n. 4. 50; geb. n. 5. 50

Brandes, Geo. Ludwig Holberg u. seine Zeitgenossen. 8. Berl. 885. Straßb., Trübner's Verlag. * 4 50; geb. * 5 50

Henrik Ibsen. Von Georg Brandes. Mit 12 Briefen H. Ibsens, 15 Vollbild. u. 4 Faks. Berlin: Bard, Marquardt & Co. [1906]. (112 S.) 8°
— Literatur, Die. Bd 32.

Henrik Ibsen. Von Georg Brandes. Mit 12 Briefen H. Ibsens, 17 Vollbild. u. 4 Faks. 5. bis 8. Taus. Berlin: Bard, Marquardt & Co. [1906]. (125 S.) 8°
— Literatur, Die. Bd 32/33.

—— Sören Kierkegaard. Ein literar. Charakterbild. Autoris. deutsche Ausg. 8. (IV, 240 S.) Leipzig 879, Barth. *

[F.] Georg Brandes. Julius Lange. Uebs. v. Alfred Forster. *Leipzig: H. Barsdorf 1899.* (VIII, 268 S.) 1 Bd 8.

—— Ferdinand Lasalle. Ein literar. Charakterbild. Aus dem Dänischen. Autoris. Uebersetzung. gr. 8. (V, 266 S.) [Berlin 877.] Leipzig, F. Duncker. *

—— Ferdinand Lassalle. Ein literar. Charakterbild. 2. mit bisher unveröffentlichten Briefen und dem Portr. Lassalles verm. Aufl. Aus dem Dän. 8. (V, 190 S.) Leipzig 888, Barsdorf. M 2.50.; geb.

Brandes, G., Ferdinand Lassalle. Ein literar. Charakterbild. 3. Aufl. gr. 8. (VII, 190 S. m. Bildnis.) Leipzig 894. H. Barsdorf. n. 2. 50

— Ferdinand Lassalle. Eine krit. Darstellg. seines Lebens u. seiner Werke. Aus dem Dän. übers. v. Adf. Strodtmann. 4., gänzlich neu bearb. u. bedeut. verm. Aufl. Hrsg. von A. v. d. Linden. gr. 8. (VIII, 250 S. m. 1 Portr.) Ebd. 900. n. 2. 50; geb. in Leinw. n. 3. 50

Brandes, Geo., s.: Literatur, die.

—— die Litteratur des 19. Jahrh. in ihren Hauptströmungen dargestellt. 1. und 5. Bd. gr. 8. Leipzig, Veit und Comp. *
Inhalt:
Bd. 1. Die Emigrantenlitteratur. (VII, 242 S.) 882. *M 5.
" 5. Die romant. Schule in Frankreich. (V, 462 S.) 883. *M 8,60.
2.—4. Bd. noch nicht erschienen.

—— die Litteratur des 19. Jahrh., in ihren Hauptströmungen dargestellt. 2. Bd.: Die romant. Schule in Deutschland. gr. 8. (V, 400 S.) Leipzig 887, Veit und Comp. *
geb. *
1. und 3. Bd. Ebendas. 1882,83. * ℳ 13.60. [3. und 4. Bd noch nicht nicht erschienen.]

—— Die Litteratur des 19. Jahrh. in ihren Hauptströmungen dargestellt. 6. Bd.: Das junge Deutschland. gr. 8. (V, 462 S.) Lpz. 891, Veit u. Comp. * 8 60
1., 2. u. 3. Bd. Ebd. 1882—87. * 21 10.

— die Litteratur des 19. Jahrh. in ihren Hauptströmgn. dargestellt. 1.—4. Bd. gr. 8. Leipzig, Veit & Co. n. 27. 10; geb. in Leinw. n. 31. 10
1. Die Emigrantenlitteratur. 2., durchgeseh. Aufl. (VII, 248 S.) 900. n. 5. —; geb. n. 6. —
2. Die deutsche romant. Schule. 2. Aufl. (V, 400 S.) 901. n. 7. 50; geb. n. 8. 50
3. Die Reaktion in Frankreich. (V, 347 S.) 898. n. 6.60; geb. n. 7. 60
4. Der Naturalismus in England. (V, 434 S.) 900. n. 8. —; geb. n. 9. —

— Menschen u. Werke. Essays. Mit 1 Gruppenbild in Lichtdr. gr. 8. (V, 533 S.) Frankfurt a/M. 894. Literar. Anstalt. Geb. in Leinw. n.n. 10. 50

— dasselbe. 2. durchges. u. ergänzte Aufl. Mit 1 Gruppenbild in Lichtdr. gr. 8. (V, 549 S.) Ebd. 895. Geb. in Leinw. n. 11. —

— Menschen u. Werke. Essays. 3., von neuem durchgeseh. u. verm. Aufl. Mit e. Gruppenbild. gr. 8. (V, 560 S.) Frankfurt a/M. 900. Literar. Anstalt. Geb. in Leinw. n. 11. —

—— Generalfeldmarschall Graf v. Moltke. Krit. beleuchtet. Deutsch v. Emil Jonas. gr. 8. (31 S.) Guben 889, Sallis. — 75

—— s.: Morgen.

— Nationalgefühl. Vortrag, geh. bei der Einweihg. der neuen Räume des freisinn. Studenten-Vereins in Kopenhagen am 1. Febr. 1894. Autoris. Übersetzg. gr. 8. (38 S.) Köln u. Paris 894. A. Langen. n. — 50

Georg Brandes. Polen. Einzig autoris. Übs. aus d. Dän. v. Adele Neustädter. *Paris, Leipzig, München: A. Langen 1898.* (VII, 390 S., 1 Portr.) 1 Bd 8. [98. 5455

— Rahel, Bettina u. Charlotte Stieglitz. Drei litterar.-histor. Charakterbilder aus der Zeit d. „jungen Deutschland". (Uebers. v. A. v. d. Linden.) gr. 8. (31 S.) Leipzig 896. H. Barsdorf. n. — 60

[F.] Aus dem Reiche des Absolutismus. Charakterbilder aus Leben, Politik, Sitten, Kunst u. Litteratur Russlands. Von Georg Brandes. Übs. v. Alfred Forster. *Leipzig: Siegismund & Volkening 1896.* (2 Bl., 203 S.) 1 Bd 8. [98. 8998

[F.] Aus dem Reiche des Absolutismus. Charakterbilder aus Leben, Politik, Sitten, Kunst u. Litteratur Russlands. Von Georg Brandes. Übs. v. Alfred Forster. 2. Aufl. *Leipzig: Siegismund & Volkening 1897.* (2 Bl., 203 S.) 1 Bd 8. [98. 8316 Br

Brandes, Geo., ausgewählte Schriften. (In 40 Lfgn.) gr. 8. Leipzig. Berlin 900. H. Barsdorf. à 1. — (kplt. geb. in 5 Bdn. n. 45. —)
1. Bd. Aus der Jugendzeit. Ein Buch der Freundschaft (Julius Lange). Uebers. v. Alfr. Forster. (VIII, 270 S.)
2. Bd. Dissolving Views. Charakterbilder v. Land u. Leuten, aus Natur u. Kunst. Uebers. v. A. v. d. Linden. (V, 207 S.)
3. Bd. Die Hauptströmungen der Litteratur des 19. Jahrh. Uebers. v. Adf. Strodtmann, W. Rudow u. A. v. d. Linden. I. Die Emigrantenlitteratur. (XVIII, 209 S.)
4. Bd. Dasselbe. II. Die romant. Schule in Deutschland. (VI, 362 S.)
5. Bd. Dasselbe. III. Die Reaktion in Frankreich. (308 S.)
6. Bd. Dasselbe. IV. Der Naturalismus in England. Byron u. die Seeschule. (V, 395 S.)
7. Bd. Dasselbe. V. Romant. Schule in Frankreich. (III, 304 S.)
8. Bd. Dasselbe. VI. Das junge Deutschland. (423 S.)
9. Bd. Ferdinand Lasalle. Eine krit. Darstellg. seines Lebens u. seiner Werke. Aus dem Dän. übers. v. Adf. Strodtmann. 4., gänzlich neu bearb. u. bedeutend verm. Aufl. Hrsg. von A. v. d. Linden. Mit dem Portr. Lasalles. (VIII, 250 S.) — Aesthetische Studien. Uebers. v. Alfr. Forster. (X, 111 S.)

— gesammelte Schriften. Deutsche Orig.-Ausg. (In 60 Lfgn.) 1.—24. Lfg. gr. 8. München 902. A. Langen. à 1. — (I. u. II. Bd. vollständig n. 17. —; geb. n. 20. —)
I. Bd. Deutsche Persönlichkeiten. (478 S.)
II. Bd. Skandinavische Persönlichkeiten. (478 S. m. Bildnis.)
III. Bd. dasselbe. 2. Tl. (S. 1—336.)

Brandes, Geo., gesammelte Schriften. Deutsche Orig.-Ausg. 25.—64. Lfg. gr. 8. München, A. Langen. à n. 1. —; Einbände à n. 1. 50
III. Bd. Skandinavische Persönlichkeiten. 2. Tl. (S. 337—565.) 902. (III. Bd. kplt. n. 12. —; geb. n. 13. 50)
IV. Bd. Dasselbe. 3. Tl. — Französische Persönlichkeiten. (469 S.) 903. n. 10. —; geb. n. 11. 50
V. Bd. Englische Persönlichkeiten. Lord Beaconsfield. (292 S.) 903. n. 6. —; geb. n. 7. 50
VI. Bd. Dasselbe. 2. Tl. William Shakespeare. 1. Tl. 3. durchgeseh. Aufl. (311 S.) 904. n. 7. —; geb. n. 8. 50
VII. Bd. Dasselbe. 3. Tl. William Shakespeare. 2. Tl. 3. durchgeseh. Aufl. (306 S.) 904. n. 7. —; geb. n. 8. 50
VIII. Bd. Dasselbe. 4. Tl. William Shakespeare. 3 Tl. 3. durchgeseh. Aufl. (300 S.) 904. n. 7. —; geb. n. 8. 50

— dasselbe. 9. u. 20. Bd. gr. 8. Ebd. n. 20. 50; geb. in Halbfrz. n. 23. 50
9. Gegenden u. Menschen. (587 S.) 906. n. 12. —; geb. n. 13. 50
20. Erinnerungen. Kindheit u. Jugend. (367 S.) 907. n.n. 8. 50; geb. in Halbfrz. n. 10. —
Die Bände 10—19 sind noch nicht erschienen.

Brandes, Geo., William Shakespeare. gr. 8. (1007 S.) München 895/96. A. Langen. n. 21. —; geb. in Leinw. n. 22. 50; Halbfrz. n. 24. —
Erschien auch in 12 Lfgn. à n. 1, 75.

— dasselbe 2., verb. Aufl. gr. 8. (1000 S.) Ebd. 898. n. 21. —; geb. n. 22. 50

— Shelly u. Lord Byron. Zwei litterar. Charakterbilder. Mit besond. Berücksicht. der Frauengestalten in ihrem Leben. [Aus: „B., Hauptströmgn. d. Litt. d. 19. Jahrh."] gr. 8. (164 S.) Leipzig 893. H. Barsdorf. n. 2. —; geb. n. 3. —

— ästhetische Studien. Uebers. v. Alfr. Forster. gr. 8. (X, 111 S.) Charlottenburg 900. Berlin, H. Barsdorf. n. 2. 40

[F.] Dissolving Views. Charakterzeichngn v. Land u. Leuten, aus Natur u. Kunst. Von Georg Brandes. Uebs. v. A. v. d. Linden. *Leipzig: H. Barsdorf 1899.* (1 Bl., III S., 1 Bl., 207 S.) 1 Bd 8. [98. 8490

Brandes, Georg. Voltaire in seinem Verhältnis zu Friedrich dem Grossen und Jean Jacques Rousseau. [Mit 11 Tafeln.] 82 S. 8. Berlin, Marquardt & Co., (1909). [M. 3. —]

— Emile Zola, s.: Volkshefte, litterarische.

Brandes, Georg Friedrich, s.a. Brandes, Ernst

Brandes, Georg Friedrich

— s. Bemerkk. über d. London. Theater.

BETRACHTUNG über das weibliche Geschlecht und dessen Ausbildung in dem gesellschaftlichen Leben (von *Georg Friedr. Brandes*). Hannover 1802. 8°.
Anon.-Lex. I. p. 213 (nach Ersch.).

— politische Betrachtungen üb. die französische Revolution. gr. 8. Jena, Mauke. 790.

— Betracht. üb. den Zeitgeist in Deutschland ꝛc. 8. Ebend. 808.

— üb. den Einfluß u. die Wirkungen des Zeitgeistes ꝛc. als Forts. d. Vorigen. 2 Abtheil. 8. Ebend. 810.

Brandes, G. F., über das Du u. Du zwischen Eltern u. Kind. 8. Hannov. Hahn. 809.

— üb. einige bisher. Folgen d. franz. Revolution in Rücks. auf Deutschland. gr. 8. Hannov. Hahn. 792.

— **Georg Friedrich,** De jurejurando principis. Diss. polit. Präs. Ludw. Mart. Kahl. Götting. (Abr. Vandenhoeck) 8. IV. 1740. 56 S. (4.80) 3762

Brandes, Geo. Fr., gutachtl. Vorschläge, wie in Landes-Oekonomie-Angelegenheiten könne verfahren werden. 8. Hannov. 797. 2e A. 812. Hahn. 16 K

— — die Weiber (von *Georg Friedrich Brandes*). Leipzig, bey Weidmanns Erben und Reich, 1787. 8⁰. 300 S. (In Stuttgart.) (3 Mk. 50 Pfg. E. Frensdorff, 1903; 12 Mk. C. G. Boerner, Lpz., 1907.)
Interessante Schrift über die Frauen, welche streng, aber trefflich charakterisirt sind. Ueber das große Aufsehen, welches das Buch bei seinem Erscheinen erregte siehe Ernst Frensdorff: Die Berlinerinnen im 18ten Jahrhundert. S. 3—4. — Anon.-Lex. IV. p. 232 (nach Kayser, Meusel, Hayn, Ersch).

— — Dasselbe. (Nachdruck.) Wien, Trattner. 1788. 8⁰.

Brandes, Gust.(Hrsg.), s. Abhandlungen d. naturforschenden Gesellschaft in Halle.

Brandes, Gustav [Dr.]: Zum feineren Bau der Trematoden ... Halle a. S., Druck v. E. Karras, 1891; 30 S. 8.
Halle, Phil. Fak., Hab.-Schr. v. 21. Okt. 1891

— die Bogattung der Hirudineen. gr. 8. (20 S. m. 9 Fig., 1 Taf. u. 1 Bl. Erklärgn.) Stuttgart 901. E. Schweizerbart. n. — 90
Sonderabdruck aus: „Abhandlgn. d. naturforsch. Gesellsch. zu Halle".

— u. Walt. Schoenichen, die Brutpflege der schwanzlosen Batrachier. gr. 8. (69 S. m. 25 Fig., 8 Taf. u. 8 Bl. Erklärgn.) Stuttgart 901. E. Schweizerbart. n. 2. —
Sonderabdruck aus: „Abhandlgn. d. naturforsch. Gesellsch. zu Halle".

— teratologische Cestoden. gr. 8. (6 S. m. 1 Fig.) Ebd. 899. n. — 40
Sonderabdruck aus: „Zeitschr. f. Naturwiss."

— über Duftapparate bei Käfern. gr. 8. (8 S.) Ebd. 899. n. — 20
Sonderabdruck aus: „Zeitschr. f. Naturwiss."

Brandes, Gustav [aus Schöningen]: Die Familie der Holostomeae. Ein Prodromus zu einer Monographie derselben. . . . Reudnitz-Leipzig. Druck v. Max Hoffmann, 1888; 72 S. + 2 Bl. 8°
Leipzig, Phil. Fak., Inaug.-Diss. v. 21. Dez. 1888

Brandes, Gust., Fridericianella ovicola n. g. n. sp., e. neuer monogonot. Trematod. [Aus: „Abhandlgn. d. naturforsch. Gesellsch. zu Halle".] gr. 8. (8 S. m. 1 Taf. u. 1 Bl. Erklärgn.) Halle 894. M. Niemeyer. n. — 80

— Fridericianella ovicola. Jetzt: Stuttg., E Schweizerbart. 91/95

— Die Gattung Gastrothylax. [Aus: „Abhandlgn. d. naturforsch. Gesellschaft z. Halle".] gr. 8. (33 S. m. 2 Taf. u. 2 Bl. Erklärungen). Halle 898. M. Niemeyer. n. 2. —

— d. Gattung Gastrothylax. gr. 8. (33 S. m. 2 Taf.) Halle 898. [Niemeyer.] Stuttgart, E. Schweizerbart. n. 2. —

Brandes, Gust., der Idiotismus und die Idiotenanstalten mit besonderer Rücksicht auf die Verhältnisse im Königr. Hannover. gr. 8. (VIII und 142 S. mit 1 lithogr. Karte in Farbendr. in gr. Fol.) Hannover 862, C. Rümpler. *

— die Irrencolonien, in Zusammenhang mit den ähnl. Bestrebungen auf dem Gebiete der Armen- und Waisenpflege und mit besonderer Rücksicht auf die Verhältnisse im Königr. Hannover. gr. 8. (VIII und 160 S.) Hannover 865, C. Rümpler. *

— die Leuchtorgane der Tiefseefische Argyropelecus u. Chauliodus. gr. 8. (6 S.) Stuttgart 899. E. Schweizerbart. n. — 40
Sonderabdruck aus: „Zeitschr. f. Naturwiss."

Brandes, Gust., ein griechisches Liederbuch. Verdeutschungen aus griech. Dichtern. 8. (XIX, 175 S.) Hannover 881, Hahn'sche Buchh. *

Brandes, G: Das Mikroskop, s: Hager, Herm.

Brandes, G., die Nothwendigkeit e. Schlachthauses f. Hannover. gr. 8. (22 S.) Hannover 874. Meyer. n. — 25

— die Parasiten des Menschen, s.: Leuckart, Rud.

Brandes, G., Die Spermatozoen d. Dekapoden. [Aus: „Sitzungsber. d. Akad. d. Wiss. zu Berlin".] gr. 8. (8 S.) Berlin 897. (G. Reimer.) n. — 50

— s.: Zeitschrift f. Naturwissenschaften.

Anregungen zu vernünftigen Fortschritten zur Volkswohlfahrt. Bestehend in Bau- u. Sinnsprüchen ... Hrsg. von H. **Brandes**, Bildhauer, Holzminden. (Holzminden [1903]: J. H. Stock.) (208 S.) 8° [F.] [06. 1006, 6

Des Marschalls Ehrengruss. Eine Erinnerung an d. Schlacht von Vionville. ⟨16. Aug. 1870.⟩ Nach d. Mitteilungen e. alten Husaren verf. von H. **Brandes**, Bildhauer in Holzminden. o. O. [1904]. (3 S.) 8° [06. 1037 6

Des neuen Deutschen Reiches Morgenrot. Verf. von H. **Brandes**, Bildhauer in Holzminden ... Holzminden 1902: J.H. Stock. (23 S.) 8° [F.] [06. 1036 6

Brandes, H., Versuch einer Geschichte der Etats-généraux in Frankreich. I. Hälfte. Zur Habilitation in der philosoph. Facultät der Universität zu Leipzig verfaßt. gr. 8. (VI und 74 S.) Leipzig 850, (Schrey.) Thlr. *

— H., Versuch einer Geschichte der Etats-généraux in Frankreich. Erste Hälfte. Zur Habil. i. d. philos. Fak. Lpz. (Teubner) 10. VIII. 1850. 74 S. (4.50) 3763

Brandes, H.B.C., s. Brandes, Heinrich Bernhard Christian

Brandes, H.C., s. Brandes, Heinrich Karl

Brandes, H. J.: „Mädchenopfer". Die Schwesternpflege an Männern. E. Anklageschrift u. e. Mahnwort an Eltern u. Erzieher. — Berlin: Walther 1902. 77 S. 8⁰

BRANDES, H. J. Mädchenopfer. Mädchenpflege an Männern. 2. vermehrte Auflage. Berlin SW, Herm. Walther G. m. b. H., (um 1905). 8°.
Verb. d. Ldg. I Berlin 4 F. M. 4/06.

Brandes, H.W., s. Brandes, Heinrich Wilhelm

Brandes, Hans, a. Nordassel, Herzogtum Braunschweig: Über die axiomatische Einfachheit mit besonderer Berücksichtigung der auf Addition beruhenden Zerlegungsbeweise des Pythagoräischen Lehrsatzes. Braunschweig [übergekl.: Halle a. S. 1908: F. Vieweg & Sohn, Braunschweig]. (50 S., 1 Taf.) 8°
Halle, Phil. Fak., Ref. Gutzmer, Diss. v. 4. Mai 1908
[Geb. 6. Jan. 83 Nordassel; Wohnort: Braunschweig; Staatsangeh.: Braunschweig; Vorbildung: Andreas-Realgymn. Hildesheim Reife O. 02; Studium: Göttingen 4, Halle 5 S.; Rig. 28. Nov. 07.]

Brandes, Heinr., Abhandlungen zur Geschichte d. Orients im Alterthum. gr. 8. (VI, 150 S.) Halle 874. Lippert'sche Buchh. n. 4. —

Brandes, Heinrich: Ein Beitrag zur Kenntnis der Laugenvergiftung. *München 1898: Kastner & Lossen.* (35 S.) 8°
München, Med. Diss. v. 1898

Brandes, H., Das allmähliche Bekanntwerden des nördlichen Europa. S.-A. 1864. 18 S. —.75

Brandes, Heinr., neueste Geschäfts- und Reise-Karte von Europa. Mit Angabe aller Eisenbahnen, Hauptstationen und Dampfschifffahrsverbindungen. 1 : 5,000,000. Ausgaben für 1872—75. Fol. Wien, Perles. *

Brandes, Heinr., neueste Geschäfts- und Reise-Karte von Europa, mit Angabe aller Eisenbahnen, Hauptstationen und Dampfschiffahrtsverbindungen. 1 : 5,000,000. Ausg. 1876—1879. Chromolithogr. Imp.-Fol. Wien 876—79, Perles. *
— dass. — Chromolithogr. Imp.-Fol. Ebendas. 878. *

Brandes, Heinrich, Neueste Geschäfts- und Reisekarte Europa mit Angabe aller Eisenbahnen, Hauptstationen und Dampfschifffahrtsverbindungen. gr. Folio. Wien, M. Perles. gefalzt in gr. 8 1 fl. 20 kr. 1881

Brandes, H., neueste Geschäfts- und Reisekarte von Europa. Ausg. 1884. Chromolithogr. Imp.-Fol. Wien, Perles. *

Brandes, H., neueste Geschäfts- und Reisekarte von Europa. Ausg. 1885 und 1886. Chromolithogr. Imp.-Fol. Wien, Perles. *

Brandes, Geschäfts- u. Reisekarte vou Europa. Ausg. 1887, 1:5 Mill. Wien, Perles. Gefalzt fl. 1.20.

Brandes, H., Neueste Geschäfts- und Reise-Karte von Europa. 1:5,000.000. Ausgabe 1889. Imp.-Fol. Chromolith. Wien: Perles 1889 1.20

Brandes, H., Neueste Geschäfts- u. Reisekarte von Europa. Ausg. 1891. Qu.-Fol. Chromolith. Gef. in Umschlag Wien: Perles 1891 1.20

Brandes, Heinr. Neueste Geschäfts- u. Reise-Karte v. Europa m. Angabe aller Eisenbahnen, Hauptstationen u. Dampfschiffahrtsverbindungen. 1:5,000,000. Ausg. 1892. Farbendr. 61×87,5 cm. Wien 892, Perles. * 2 40

Brandes, H., Neueste Geschäfts- und Reisekarte von Europa. 1:5 Mill. Mit Angabe aller Eisenbahnen, Hauptstationen u. Dampfschiffahrts-Verbindungen. Ausg. 1893. Imp.-Qu.-Fol. Chromolith. Gef. Wien: Perles 1893

Brandes, H., Neueste Geschäfts- und Reisekarte von Europa. 1:5 Mill. Mit Angabe aller Eisenbahnen, Hauptstationen u. Dampfschifffahrts-Verbindungen. Ausg. 1894. Imp.-Qu.-Fol. Chromolith. Gef. in Umschlag 1.20 Wien: Perles 1894

Brandes, H, neueste Geschäfts- u. Reise-Karte v. Europa. 1:5,000,000. Asg. 1895. 61×87,5 cm. Farbendr. Wien, M Perles. 2.40

Brandes, H., Neueste Geschäfts- und Reisekarte von Europa. 1:5 Mill. Ausgabe 1896. Imp.-Quer-Folio. Chromolithogr. Gefalzt. In Umschlag Wien: Perles 1896 1.20

Brandes, H., Neueste Geschäfts- und Reisekarte von Europa. 1:5 Mill. Ausgabe 1897. Imp.-Quer-Folio. Chromolithogr. Gefalzt. In Umschlag Wien: Perles 1.20

Brandes, H: Neueste Geschäfts- u. Reise-K. v. Europa. 1:5,000,000. Asg. 1898. 61×87,5 cm. Farbdr. Wien, M Perles. 2.40

Brandes, H: Neueste Geschäfts- u. Reise-K. v. Europa. 1:5,000,000. Ausg. 1904. 60,5×88 cm. Farbdr. Wien, M Perles. 2.40

Brandes, H.: Neueste Geschäfts- u. Reise-K. v. Europa. 1:5,000,000. Ausg. '09. 60,5×87.5 cm. Farbdr. Wien, M Perles. 2.40

Brandes, H: Neueste Geschäfts- u. Reise-Kte v. Europa. 1:5,000,000. Ausg. '12. 60,5×88cm. Farbdr. Wien, M Perles.

Brandes. Heinrich: Ueber die geographischen Kenntnisse der alten Aegypter. [Jahresbericht des Vereins von Freunden der Erdkunde zu Leipzig. 9. 1869. S. 32—48.] [Leipzig 1869.] 17 S. 8°.

—— die Königsreihen von Juda und Israel nach den biblischen Berichten und den Keilinschriften. gr. 8. (33 S.) Leipzig 873, Dürr'sche Buchh.

Brandes, H. (I.), neuester Plan von ganz Wien. (Inclusive der Stadterweiterung.) Mit der neuen Bezirks-Eintheilung, der Benennung der neuen Strassen, Gassen und Plätze und versehen mit der neuen Häuser-Nummerirung. 1.—4. Aufl. Lithogr. und ill. Imp.-Fol. Wien 863—65, Wachter. In Carton *

Brandes, H., übersichtlicher Plan von Wien und seinen Vorstädten. Mit bildl. Darstellung der hervorragendsten Monumentalbauten. Zur leichteren Orientirung und Erinnerung an Wien. Fol. Wien 873, Perles. *

Brandes, Heinr., übersichtlicher Plan von Wien und seinen Vorstädten zur leichteren Orientirung und Erinnerung an Wien. Chromolithogr. gr. Fol. (Mit einem Strassenverzeichniss und kurzem Fremdenführer. 8 S.) Wien 878, Perles. *

Brandes, Heinr., neueste Reisekarte der oesterreichisch-ungarischen Monarchie und der angrenzenden Länder, mit Angabe sämmtl. Eisenbahn- und Dampfschiff-Stationen. 1:2,250,000. Ausg. 1878 und 1879. Chromolithogr. Imp.-Fol. Wien, Perles. *

— — Reisekarte d. österr.-ung. Monarchie u. d. angrenzenden Länder. 11. Aufl. gr. Folio. Maasstab 1:2,250.000, in gr. 8. Ebds. gefalzt 60 kr. 1881.

—— griechische Staatsalterthümer, s. Griechenland.

Brandes, H., Ueber das Zeitalter des Geographen Eudoxos und des Astronomen Geminos. Ueber die antiken Namen und die geographische Verbreitung der Baumwolle im Alterthum. Zwei geographisch-antiquarische Untersuchungen. Abgedruckt aus dem 4. und 5. Jahresbericht des Vereins von Freunden der Erdkunde in Leipzig. Leipzig 1866.

—— über das Zeitalter des Geographen Eudoxos und des Astronomen Geminos. Ueber die antiken Namen und die geograph. Verbreitung der Baumwolle im Alterthum. Zwei geographisch-antiquar. Untersuchungen. gr. 8. (99 S.) Leipzig 867, Hinrichs'sche Verlagsh. *

Aus: Jahresbericht des Vereins von Freunden der Erdkunde zu Leipzig, besonders abgedruckt.

Brandes, H., Ueber das Zeitalter einiger griechischer Geographen. S.-A. 1863. 10 S.

Brandes, H., Zur makedonisch-hellenischen Zeitrechnung. S.-A. 1867. 26 S.

Brandes, Heinrich Bernhard Christian

Brandes, H. B. Chr., Beiträge zur Charakteristik des Herzogs und Churfürsten Moritz und seiner Regierung. Bei Gelegenheit der Errichtung eines Denkmals für diesen Fürsten auf dem Schlachtfelde bei Sievershausen aus Urkunden und Handschriften hrsg. gr. 8. (VII und 69 S.) Leipzig 853, Teubner.

Brandes, H. B. Chr., erster Bericht über die germanistische Gesellschaft an der Universität Leipzig. Angefügt ist eine Abhandlung über die „Nobiles des Tacitus" von H. Brandes. Leipzig 863. Dürr'sche Buchh. in Comm. gr. 8. (44 S.) 7½ ngr.

— zweiter Bericht über die germanistische Gesellschaft an der Universität Leipzig. Angefügt sind drei Abhandlungen zur älteren deutschen Verfassungs- und Rechtsgeschichte. Ebend. 863. gr. 8. (52 S.) 9 ngr.

Brandes, H., dritter Bericht über die germanistische Gesellschaft an der Universität Leipzig. Angefügt sind drei Abhandlungen zur ältern deutschen Geschichte. Leipzig 864. Dürr'sche Buchhdlg. in Comm. gr. 8. (82 S.) 15 ngr.

— vierter Bericht über die germanistische Gesellschaft an der Universität Leipzig. Ebend. 866. gr. 8. (VIII, 52 S.) 9 ngr.

Brandes, H. B. C., die deutsche Geschichte in Bildern, s. Bülau, F.

Brandes, H. B. Chr., Geschichte Irlands, s. Taschenbibliothek, allgem. historische.

— Grundriß der sächsischen Geschichte. Zu Vorträgen u. zum Handgebrauche bearb. Leipzig 860. Günther. gr. 8. (VIII, 100 S.) n. 16 ngr.

Brandes, H. B. Chr., s. Taschenbibliothek, allgem. historische.

—— d. ethnogr. Verhältn. d. Kelten u. Germanen. 8. (358) Lpzg 57. (Frankf., L Goar.) n. 2. —; Her. Pr. n. — 10

Brandes, H. B. Chr., das ethnographische Verhältniss der Kelten und Germanen nach den Ansichten der Alten und den sprachlichen Ueberresten. gr. 8. (X und 358 S.) Leipzig 857, Voigt und Günther. *

Brandes, H. K., die Aa, Au und Ach. Progr. des Gymn. Lemgo 1846. 4°. 26 S.

Brandes, H. K., Annas und Pilatus oder: Ist es wahr, daß Annas unsern Herrn, Jesum Christum, verhört, und daß Pilatus ihn verspottet hat? Lemgo 860. Meyer. 8. (55 S.) n. 5 ngr.

Brandes, H. K., Ausflug nach Bombay u. Kairo im J. 1868. Detmold 870. Meyer. 8. (80 S.) n. 10 ngr.

Brandes, H. K., Ausflug nach England im Sommer 1851. Mit 1 (lith.) Karte (in 4.). Lemgo 855. Meyer. 8. (72 S.) n. 10 ngr.

—— Ausflug nach Griechenland im Sommer 1860. gr. 8. (172 S.) Lemgo und Detmold 861, Meyer'sche Hofbuchh. *

Brandes, H. K., Ausflug nach Mehadia, Konstantinopel, Brussa und der Stätte von Ilium im Sommer 1862. gr. 8. (142 S. mit 1 lithogr. Uebersichtskarte von Konstantinopel und einem Auszug aus dem Koran.) Detmold 863, Meyer'sche Hofbuchh. *

—— Ausflug von Memel nach Muskau im Sommer 1859. gr. 8. (123 S.) Lemgo und Detmold 860, Meyer'sche Hofbuchh.

—— Ausflug nach Neapel und dem Normannen-Archipel im Sommer 1867. 8. (88 S.) Detmold 868, Meyer'sche Hofbuchh. *

—— Ausflug nach Norwegen im Sommer 1866. 8. (112 S.) Detmold 867, Meyer'sche Hofbuchh. *

—— Ausflug nach Portugal im Sommer 1863. Mit einer Abhandlung über die portugies. Sprache. gr. 8. (182 S.) Detmold 864, Meyer'sche Hofbuchh. *

—— Ausflug in die Pyrenäen und Ersteigung des Montperdu im Sommer 1854. 8. (78 S. mit 1 lithogr. Karte in qu. Fol.) Lemgo 855, Meyersche Hofbuchh. *

—— Ausflug nach Rom im Sommer 1857. 8. (120 S. mit 1 lithogr. Uebersichts-Karte von Rom in qu. gr. 4.) Lemgo 858, Meyer'sche Hofbuchh. *

—— Ausflug durch das Salzkammergut und die Gastein nach Venedig im Sommer 1856. 8. (IV und 110 S. mit 1 lithogr. Karte in 4.) Lemgo 857, Meyer'sche Hofbuchh. *

—— Ausflug nach Schottland im Sommer 1850. 8. (82 S. mit 1 lithogr. Karte in qu. 4.) Lemgo 855, Meyersche Hofbuchh. *

—— Ausflug nach Schweden im Sommer 1858. gr. 8. (186 S. mit 1 lithogr. Uebersichts-Karte von Stockholm in qu. gr. 4.) Lemgo 859, Meyer'sche Hofbuchh.

Brandes, H. K., Ausflug nach Spanien im Sommer 1864. Detmold 865. Meyer. 8. (96 S.) n. 10 ngr.

Brandes, Duero u. Nidda mit e. Wanderung durch d. Auvergner Gebirge. Lemgo 4. 23 p. 1864
Schul-/Univ.-Schrift

Brandes, H. K., Geographie v. Europa f. Lehrer an den oberen Gymnasialklassen, aber auch f. Alle, welche sich über die verschied. Formen der Oberfläche Europas u. üb. die wichtigsten Gegenstände auf derselben sorgfältig u. im Zusammenhang unterrichten wollen. 2 Bde. gr. 8. (XVIII u. 950 S.) Lemgo 852, Meyer. n. 3 ℛ

—— Register nebst Ergänzungen zu der Geographie von Europa. gr. 8. (III und S. 509—599.) Lemgo 854, Meyer'sche Hofbuchh. *

Brandes, H. K., Die Heiligen und der Teufel mit Himmel u. Hölle in den geographischen Namen. Progr. des Gymnas. zu Lemgo 1866. gr. 4. . . . .

—— Die weltlichen und geistlichen Herrn mit ihrem Gefolge in den geographischen Namen. Lemgo 1868. gr. 4.
Progr.

—— der Name des Badeortes Pyrmont erklärt. 8. (23 S.) Detmold 870, Meyer'sche Hofbuchh. *

Brandes, Hnr. Karl, Über die Namen auf aa, au und ach. Lemgo 1864. 4.
Progr. Gymn. Lemgo. . . . .

Brandes, H. K., der Pilatus. 4. Lemgo 841, Meyer. n. 1/6 ℛ

Brandes, H. K. Ueber die Redensart: Plus de spectacles und über den Gebrauch der Verneinungswörter in unserer und in anderen Sprachen. Lemgo, G., 1859. 24 S. 4.

Brandes, H. K., Der Reim in d. griechischen Poesie. Pr. 1867. 31 S. 4°.

—— die neugriechische Sprache und die Verwandtschaft der griechischen Sprache mit der deutschen. gr. 8. (240 S.) Detmold 862, Meyer'sche Hofbuchh. *

—— 707 Themata zu deut. Aufs. f. Schüler d. ersten Gymnasialkl. 8. (134) Ebd. 68. n. — 20

—— 707 Themata zu deutschen Aufsätzen den Schülern der ersten Gymnasialklasse ertheilt. gr. 8. (134 S.) Detmold 870, Meyer'sche Hofbuchh. *

Brandes, Heinrich Karl: Tiflis u. Töplitz. Lemgo Schul-/Univ.-Schrift. 1865.

—— Über das Wörtlein Wik. Lemgo 1858. gr. 8.

—— die deutschen Wörter aus der Fremde zusammengestellt. 8. (98 S.) Detmold 868, Meyer'sche Hofbuchh. *

Brandes, H. K., die Wörter deutschen Stammes in der französischen Sprache zusammengestellt. 8. (76 S.) Detmold 867, Meyer'sche Hofbuchh. *

Brandes, Heinr. Wilh., Aufsätze üb. Gegenstände d. Astronomie u. Physik, f. Leser aus allen Ständen. Aus d. Verf. hinterlass. Papieren hrsg. v. C. W. H. Brandes. M. 1 Kpfrt. gr. 8. (8½ B.) Leipzig 835, Göschensche Vrlsbuchh.

Brandes, Dr., Ueber Beobachtung eines merkwürdigen Meteors. 1804.

— Beobachtt. u. theoret. Untersuchungen über d. Strahlenbrechung. 1r Bd., mit 11 Tabb. u. 2 Kpf. gr. 4. Oldenb. 807. Schulze. 2 ℛ 12 gl

— s. D. Brewster, Newtons Leben.

— De cometarum caudis. Disqu. mathem. Tl. I. Lpz. (E. B. Schwickert) 1830. 20 S. u. 2 Lithogr. (3.50) 3766

Brandes, Heinrich Wilhelm, s. Euler: Gesetze d. Gleichgewichts.

Brandes, Heinrich Wilhelm, s. Gehler: Physik. Wörterbuch.

— die Hauptlehren d. Geometrie u. Trigonometrie. Mit 9 Kpf. 8. Oldenb. 816. Schulze. 16 gl

Brandes, H. W., Dr., Ueber Hehrrauch und späte Abendröthe. (Aus: Archiv für Chemie und Meteorologie, Bd. 4, H. 3.) 1831.

— Lehrbuch d. Arithmetik, Geometrie u. Trigonometrie ꝛc. 2 Thle. (1r, Arithmetik. 14 gl 2r, Geometrie u. Trigonometrie, mit 8 Kpft. 1 ℛ 12 gl) 8. Oldenb. 808, 810. Schulze. 2 ℛ 2 gl Nachtrag, mit Kpf. 8. Ebd. 812. 3 gl

— Lehrbuch d. höhern Geometrie in analyt. Darstellung. 2 Thle, mit 16 Kpft. gr. 4. Leipz. 822. Kummer. 8 gl

Brandes, H. Lehrbuch der höheren Geometrie. Theil I, II. Mit Atlas. Leipzig, 1822—1824.

— Lehrbuch d. Gesetze d. Gleichgewichts in d. Bewegung fester u. flüssiger Körper. 1r u. 2r Thl. Mit 10 Kpft. gr. 8. Leipz. 817 u. 18. Kummer. 3 ℛ 12 gl

— die vornehmsten Lehren d. Astronomie deutl. dargestellt in Briefen an e. Freundin. 4 Thle, mit 19 Kpf. 8. Leipz. 811—16. Göschen. 6 ℛ 12 gl Schrbp. 7 ℛ 12 gl (3r u. 4r Thl. A. u. d. T.: die wichtigsten Beobachtt. über d. Beschaffenheit entfernter Weltkörper. 2 Thle. Mit 9 Kpf. 8. Ebd. 814, 16. 4 ℛ 12 gl)

Brandes, H. W., Die vornehmsten Lehren der Astronomie. Th. I [2. Aufl.], III, IV. Leipzig 1816, 1813, 1816.

Brandes, Heinrich Wilhelm, s. Leslie: Bericht.

— meteorologisches Tagebuch, s. Tagebuch.

—Unterhaltungen für Freunde d. Physik u. Astronomie. 1s Heft. A. u. d. T.: Beobachtt. über d. Sternschnuppen, angestellt von mehrern Naturforschern u. mit Untersuchungen über d. Resultate derselben. gr. 8.) Leipz. 825. Barth. 9 gr 2s Heft. A. u. d. T.: über d. Gestalt d. Kometenschweife u. über d. Kräfte, welche ihr Entstehen bewirken. Herschels letzte Untersuchung üb. d. Weltgebäude. Mit 2 Steindr. gr. 8. Ebd. 826. 12 gr 3s Heft. A. u. d. T.: über d. Sturmfluthen d. Winters 1824 u. 25 in Petersburg u. an den Ufern d. Nordsee. Mit 2 Steindr. gr. 8. Ebd. 829. 12 gr

—— Unterhaltungen f. Freunde d. Physik u. Astronomie. 1. Thl. 3. Hft. — A. u. d. T.: Ueber d. Sturmfluthen d. Winters 1824—25 in Petersburg u. an d. Ufern d. Nordsee. — Ueber einige optische Lufterscheinungen. M. 2 lith Taf. gr. 8. (6 B.) Leipzig 829, Barth.
1. Thl. 1. u. 2. Hft. Ebendas. 1825, 26. 22 Gr.

—Untersuchungen über den mittlern Gang d. Wärmeänderungen durchs ganze Jahr rc. Mit 2 Kpft. u. 7 Tabb. A. u. d. T.: Beitrr. zur Witterungskunde. gr. 8. Leipz. 820. Barth. 2 Rthlr 15 gr

— Diss. de repentinis variationibus in pressione atmosphaerae observatis. Cum IV tabb. lithogr. 4maj. Lpz. 826. (Schwickert). 18 gr

— **Heinrich Wilhelm u. Friedrich Wilhelm Aßmann** (Leipzig). De repentinis variationibus in pressione atmosphaerae observatis. Diss. phys. Sectio I/II. Lpz. (Staritz) 8. u. 12. IV. 1826. 66 S. (4.80) 3764

— — — — Dasselbe. Tl. I. 44 S. (4.—) 3765

—Versuche, die Entfernung u. d. Bahnen d. Sternschnuppen zu bestimmen, s. Benzenberg.

Brandes, Hnr. Wlh., Vorbereitt. zur höhern Analysis. A. u. d. T.: der polynomische Lehrsatz u. leichte Anwendung desselben. gr. 8. Leipz. 820. Barth. 21 gr

—— Vorlesungen üb. d. Astronomie, z. Belehrung derjen., denen es an mathem. Vorkenntn. fehlt. 2 Thle. M. 22 Kpfrt. (in gr. 4.) gr. 8. (34½ B.) Leipzig 827, Göschen.
Ist eine neue, gänzl. umgearb. Aufl. v. dess. „Lehren d. Astronomie in Briefen an e. Freundin." 4 Thle. 8. 1811—16.

—— Vorlesungen üb. d. Naturlehre, z. Belehr. derer, denen es an mathemat. Vorkenntnissen fehlt. 3 Thle. gr. 8. (80¼ B. u. 15 Kpfrt. gr. 4.) Leipzig 830—32, Göschen. 9 Thlr., Schrbp.

Brandes, Hnr. Wlh., Vorlesungen über die Naturlehre für Leser, denen es an mathemat. Vorkenntnissen fehlt. 2. verm. u. verb. Aufl. v. C. W. H. Brandes u. W. J. H. Michaelis. Mit 10 Kpf. u. lith. Taf. Lex.-8. Leipzig 844, Göschen. 4 Liefg. (à n. 1 Rthlr) 4 Rthlr

Brandes, Herman

Brandes, Herm., Glossar, s.: Urkundenbuch d. Stadt Hildesheim.

Brandes, Herm. Die jüngere Glosse zum Reinke de Vos. gr. 8. (LXI, 314 S.) Halle a. S. 891, Niemeyer. * 10 —

Brandes, Herm., Cajus Gracchus. Trauerspiel in 5 Akten. Braunschweig 860. G. C. E. Meyer sen. gr. 8. (128 S.) n. 20 ngr

Brandes, Herman [!]: Über die Quellen der mittelenglischen Paulus-Vision. Halle 1883: (Pierer in Altenburg). 36 S. 8°
Halle-Wittenberg, Phil. Diss. v. 18. Juli 1883
Geb. Braunschweig 19. 8. 1859. V.
Auch in: Englische Studien. Bd 7. Heilbronn 1884. S. 34—65, aber unterzeichnet: A. Brandes. — Vom Verf. ersch. ferner: Visio S. Pauli. Ein Beitrag zur Visionslitteratur m. e. deutschen u. zwei latein. Texten. Halle: Niemeyer 1885. VI, 102 S. 8°

Brandes, Herman: Zur Visio Fulberti. Mitteilungen aus Berliner und Wernigeröder Handschriften. 8 (IV, 46 S.) **Progr.** Städt. Rsch. *Potsdam* 1897
I Die lateinische metrische Bearbeitung der Visio Fulberti. II. De mundi miseria. III. Dit buech seit von dem entpridden mann.

Brandes, Herm., Visio S. Pauli. Ein Beitrag zur Visionslitteratur mit einem deutschen und zwei latein. Texten. gr. 8. (VI, 102 S.) Halle 885, Niemeyer.

Brandes, Hermann, approb. Arzt aus Veltheim a. Fallstein: Aus d. Universitäts-Augenklinik zu Giessen. **Beitrag zur Casuistik der Thränensackexstirpation.** *Giessen 1900: v. Münchow.* (64 S.) 8°
Giessen, Med. Diss. v. 1900

Brandes, [Wilhelm Karl] Hermann, a. Großbülten i. Hann.: Über die Dämpfung und Energieausnutzung einiger Senderanordnungen der drahtlosen Telegraphie. Leipzig: J. A. Barth 1906. (23 S.) 8°
Straßburg, Math.-naturw. Fak., Ref. Braun, Diss. v. 1906
[Geb. 10. Aug. 70 Großbülten in Hannover; Wohnort: Straßburg i. E.; Staatsangeh.: Preußen; Vorbildung: Realgymn. Harburg a. d. E. Reife O. 91; Studium: München 1, Heidelberg 2, Berlin 7 S.]

Brandes, Hermann, a. Handorf: Über die radioaktive Emanation der Bodenluft und der Atmosphäre. Kiel 1905: Lüdtke & Martens. (45 S.) 8°
Kiel, Phil. Fak., Ref. Weber, Diss. v. 9. Juni 1905
[Geb. 4. Okt. 79 Handorf, Kr. Peine; Wohnort: Handorf; Staatsangeh.: Preußen; Vorbildung: Gymn. Martino-Katharineum Braunschweig Reife O. 99; Studium: Göttingen 2, München 2, Berlin 1, Göttingen 2, Kiel 4 S.; Rig. 6. Mai 05.]

Brandes, J. D., s. A. Th. Brück, Beiträge.

Brandes, Johann Christian

Ariadne auf Naxos. Ein Duodrama mit Musick. Gotha, 1775. 8°.
Verf. Joh. Christ. Brandes.

Brandes, Jh. Chr., s. Folgen der Großmuth.

Der Gasthoff; oder: Trau', schau' wem! Ein Lstsp. in 5 A. von Joh. Christ. Brandes. Leipzig, in der Dyckischen Buchhandlung. 1775. 8°.

Brandes, Jh. Chr., († d. 10. Nov. 1799.) meine Lebensgeschichte. 3 Thle, mit 9 Kpf. 8. Berl. 799—800. 2e A. 802—6. Maurers B. 4 Rthlr

— Lustspiele. 2 Thle. 8. Leipz. Dyk. 773. 74.

Olivie. Ein Trsp. in 5 A. von Joh. Christ. Brandes. Leipzig, in der Dyckischen Buchhandlung. 1774. 8°.

— sämmtl. dramat. Werke. 8 Thle. 8. Hamb. (Dyk, Lpz.) 790. 91.
Holl. Pap.

Brandes, Johann Georg (Resp.): Theses ... ad Ph. R. Vitriarii Institut. juris ..., s. Leutner, Gg. Ludw.

Brandes, Johann Martin (Hannover). De contractibus innominatis. Diss. jur. Präs. Heinrich Hahn. Helmstedt (H. Müller) 26. VIII. 1643. 16 Bl. (4.50) 3768
Gew.: Joach. Weck, Henn. Lüdeke, Melch. Reichhard, Georg Türcke.

— — Dasselbe. Von außerordentlichen Contracten, als Tausch-, Wechsel- und allerhand Bedingnüss-Handlungen, und was dessfalss Rechtens. 2. A. Jena (Jo. Bernh. Heller) 1735. 40 S. o. Widm. (4.50) 3769

Brandes, Karl

Brandes, Carolus: *Animadversiones in Xenophontis Convivium. 21 S. 8° (4°)
Halle-Wittenberg. Phil. Diss. v. 19. Sept. 1821
Geb. [Salzuflen (Lippe) 10.2.1798]

Brandes, C., der Aufsatz in der größeren Volksschule mit einem Lehrer. Eine Sammlung von Erzählungen und Beschreibungen, vorzugsweise den Unterrichtsgegenständen der Volksschule entnommen. Bearb. und zusammengestellt. gr. 8. (71 S.) Hannover 888, Helwing's Verlag. *

Brandes, Karl, s. R. Baird, Kirchengeschichte.

Brandes, Karl, Benediktiner-Bibliothek, s. Leben und Regel des heiligen Benedikt.

Brandes, P. Carl, Ueber die Benutzung der Ferienzeit. Einsiedeln 1856. **Progr.-Schr.**

Brandes, Carolus: De editione utriusque libri satirarum Horatii. Halis Saxonum 1885: Schlesinger. 34 S. 8°
Halle-Wittenberg. Phil. Diss. v. [16. Febr.] 1885
Geb. Schmiedeberg (Kr. Wittenberg) 19. 10. 1861. V.

(Brandes, K.,) italien. Elementarbuch, s. Elementarbuch.

Brandes, Karl: Erklärung der Regel d. hl. Benedikt, s. Leben und Regel d. hl. Vaters Benedikt.

Brandes, Karl, die Feier des 1000jährigen Bestehens von Maria Einsiedeln im Festjahre 1861. Mit den Festpredigten der hochw. Bischöfe von Basel u. Straßburg, des Abtes Bonifaz. Haneberg, des Gen.-Vikar Le Rebours, des P. Gall Morel ꝛc. Eine Denkschrift über die Festlichkeiten des Millenariums. Mit 1 Stahlst. Einsiedeln 862. Gebr. Benziger. Lex. 8. (VI, 206 S.) n. 25 ngr.

Brandes, [Karl]: [Festrede zur Feier des Geburtstages Sr. Maj. des Kaisers.] S. 14—16. 4. Kgl. Gymn. *Hamm* (*Westf.*) 1909 **Progr.**

Brandes, Karl: Sir J. Franklin ..., s. Brandes, Karl Heinrich.

Brandes, Karl, über den Geist der Zucht. Vortrag an die Zöglinge der Lehranstalt v. Einsiedeln bei Anlaß der geistl. Uebungen. gr. 18. (34 S.) Einsiedeln 852, Gebr. Benziger. 3 ngr.

—— die Kirchen auf der Ufenau ein Denkmal des Glaubens. Anrede gehalten am St. Adelrichsfeste 1859 zur 900jähr. Feier der St. Reginlinden-Kapelle und neuen Weihung derselben durch Sr. Hochw. und Gnaden, Herrn Abt Heinrich. gr. 8. (21 S.) Einsiedeln 859, Gebr. Benziger.

Brandes, Karl, Kirchengesch. d. Vereinigten Staaten, s. Bairo.

Brandes, Karl: Leben des heil. Vater Benedikt, s. Leben und Regel d. hl. Vaters Benedikt.

—— Leben und Regel des heil. Vaters Benedikt, Patriarchen der Mönche des Abendlandes. 3. Bdchn.: Erklärung der Regel des heil. Vaters Benedikt. 2., revid. Aufl. 24. (688 S.) Einsiedeln 863, Gebr. Benziger.

[Brandes, P. Carl, und Schmid, P. Heinrich.] Leben und Wirken des heiligen Meinrad für seine Zeit und für die Nachwelt. Eine Festschrift zur tausendjährigen Jubelfeier des Benediktiner-Klosters Maria-Einsiedeln. [Mit Illustrationen. 10 Tafeln und illustriertem Umschlag.] 8. Einsiedeln ... 1861.

— Lehrsatz und Dogma der unbefleckten Empfängniß Mariä. Zur Feier des 8. Dezbr. 1854. Einsiedeln 855. Benziger. 8. (90 S. u. 1 Stahlst.) 8 ngr.

— über das Lesen schlechter Bücher. Vortrag an die Zöglinge der Lehranstalt v. Einsiedeln, bei Anlaß der geistl. Uebungen während der Jubiläumsfeier v. 1851. gr. 8. (29 S.) Ebd. 851. 3 ngr.

Brandes, Karl, der heilige Meinrad und die Wallfahrt von Einsiedeln, die heilige Gnadenkapelle, ihre Wunder und ihre Pilger seit einem Jahrtausend. Einsiedeln 861. Gebr. Benziger. 16. (VIII, 158 S. m. Holzschn., 11 Stein- u. 1 Holzschntaf.) 14 ngr.

Brandes, Karl, der heilige Meinrad u. die Wallfahrt v. Einsiedeln, die Gnadencapelle, ihre Wunder u. ihre Pilger. Mit 1 Farbendr. u. 8 Tondr.-Bildern. 3. verb. u. verm. Aufl. 16. (159 S.) Einsiedeln 885. Benziger. cart. 1. 20; geb. in Leinw. m. Goldschn. 1. 80
Französische Ausg. zu gleichen Preisen.

Brandes, Dr. K. (Benediktiner), über Mönchthum im 19en Jahrhundert. Festrede an Novizen. (2 Bogen.) 8. Einsiedeln 1843. —

Brandes, P. Karl, von Gall Morel. Einsiedeln 1868. **Progr.-Schr.**

—— der Papst als Fürst des Kirchenstaates. Ein histor.-polit. Versuch. gr. 8. (VIII und 62 S.) Einsiedeln 849, Gebr. Benziger.

Brandes, Karl, der heilige Petrus in Rom u. Rom ohne Petrus. Zur 1800jähr. Jubelfeier des Apostelfürsten. 867. 27 ngr. — 2. billigere Aufl. Einsiedeln 867. Benziger. 8. (165 S. m. Holzschn. u. 1 Holzschntaf.) 9¼ ngr.

Brandes, Carl, Predigt vom letzten Gerichte, geh. in Basel am 1. Adventssonntage 1842. gr. 8. (1½ B.) Basel 843, Neukirch. *.

Brandes, Karl, s.: Regel des hl. (Vaters) Benedikt.

Brandes, Karl: Regel des heil. Benedikt, s. Leben und Regel d. hl. Vaters Benedikt.

Brandes, Karl, das ehemalige fürstl. Lustschloß Salzdahlum u. seine Ueberreste. Geschichtsabriß u. Beschreibung. Mit 9 Holzschn. Hrsg. von dem Ortsvereine für Geschichte u. Alterthumskunde zu Braunschweig u. Wolfenbüttel. gr. 4. (IV, 84 S.) Wolfenbüttel 880. Zwißler. n. 2. —

Brandes, Carl. Deutsche Sprachlehre in der einklassigen Volksschule. Als Handbuch f. Schüler in 40 Paragraphen bearb. Ausg. A. 1.—3. verm. u. verb. Aufl. 8. (40 S.) Lpz. 889—91, E. Peter. * — 16

Brandes, Carl, Deutsche Sprachlehre in der einklass. Volksschule. Als Handbuch f. Schüler i. 40 Paragraphen bearb. Ausg. A. 5. Aufl. 8. (40 S.) Leipzig 898. E. Peter. n. — 16

Brandes, Carl, deutsche Sprachlehre in d. einklassigen Volksschule. Als Handbuch f. Schüler in 40 Paragraphen bearb. Ausg. A. 6. Aufl. 8. (40 S.) Leipzig 901. E. Peter. n. — 20

Brandes, Karl, Deutsche Sprachlehre in der einklassigen Volksschule. Als Handbuch f. Schüler in 40 Paragraphen bearb. Ausg. A. 7. Aufl. 8. (40 S.) Leipzig 903. E. Peter. n. — 20

Brandes, Karl, deutsche Sprachlehre der einklassigen Volksschule. Als Handbuch f. Schüler in 40 Paragraphen bearb. Ausg. A. 8. Aufl. Neue Rechtschreibg. (40 S.) kl. 8. Leipzig 905. [E. Peter.] Dürr'sche Buchh. n. — 20

— dasselbe. Lehrerheft: Ausg. A u. Diktatstoffe. (71 S.) 8. Ebd. 906. n. — 60

Brandes, Karl, deutsche Sprachlehre in der einklassigen Volksschule. Als Handbuch f. Schüler, in 40 Paragraphen bearb. Ausg. A. 10. Aufl. (II, 42 S.) 8. Leipzig 910. Dürr'sche Buchh. nn — 25

—— dass. — In der zwei- u. dreiklassigen Volksschule. Als Handbuch f. die Schüler der Mittelstufe in 40 Paragraphen bearb. Ausg. B. 2 Hefte. 8. (23; 32 S.) Ebd. 891. à Heft * — 16; * — 32

— dasselbe, in d. einfachen Volksschule 2 Hfte. Als Handbuch f. d. Schüler d. Mittel- u. Oberstufe i. je 40 Paragraphen bearb. Ausg. B. 2., verm. Aufl. 8. (28 u. 36 S.) Ebd. 894. à n. — 16

— dass. in d. einfachen Volkssch. Asg. B. 2 Hfte. 3. Afl. 8° (28 u. 36) Ebd. 99. à — 16

— dasselbe. Ausg. B. 2 Hfte. 4. Aufl. Gedr. in neuer Rechtschreibg. (28 u. 36 S.) 8. Leipzig (903). Dürr'sche Buchh. à n. — 20

— dasselbe in der einfachen Volksschule. Ausg. B. 2 Hefte. 8. Ebd. — 40
1. Als Handbuch f. die Schüler der Mittelstufe, in 40 Paragraphen bearb. 5. Aufl. (28 S.) (910.) — 20
2. Als Handbuch f. die Schüler der Oberstufe in 40 Paragraphen bearb. 5. Aufl. (36 S.) (910.) — 20

Brandes, Karl: Deutsche Sprachlehre in d. einfachen Volkssch. Ausg. B. 2 Hefte. 8° Lpzg, E Peter. d
1. Als Handb. f. d. Schüler d. Mittelst., in 40 Paragraphen bearb. 6. Afl. (28) ('12) — 20 ‖ 2. Als Handb. f. d. Schüler d. Oberst. in 40 Paragraphen bearb. 5. Afl. (36) ('10) — 20

— dasselbe. Neue Ausg. C. 8. (40 S.) Ebd. 896. n. — 20

Brandes, Karl, deutsche Sprachlehre in d. einklassigen Volksschule. Als Handbuch f. Schüler in 40 Paragraphen bearb. Ausg. C. 2. Aufl. Neue Rechtschreibg. (40 S.) 8. Leipzig (903). Dürr'sche Buchh. n. — 20

Brandes, Karl, deutsche Sprachlehre in der einklassigen Volksschule. Als Handbuch f. Schüler in 40 Paragraphen bearb. Ausg. C. 3. Aufl. (40 S.) 8. Leipzig 908. Dürr'sche Buchh. — 20

— Deutsche Sprachlehre in Fortbildungsanstalten u. in Oberklassen mehrklassiger Volksschulen. Als Handbuch f. Schüler in 40 Paragraphen bearb. Ausg. D. gr. 8. (76 S.) Ebd. 902. n. — 60; geb. n. — 70

Brandes, K: Deut. Sprachlehre in Fortbildgsanst. u. in Oberkl. mehrklass. Volkssch. Ausg. D. (76) 8° Lpzg, Dürr'sche Bh. '05. — 60; geb. — 70 d

Brandes, Karl, Die klassischen Studien in ihrem Verhältnis zur christlichen Bildung während der 1. Periode des Humanismus in Italien. Maria-Einsiedeln (Benziger) 1859, 4°, 16 S., Abhandlg im Jahresbericht d. Studienanst.

— Übungen im richtigen Sprechen u. Schreiben im Anschluß an das „Zweite Lesebuch f. Volksschulen" v. Flügge-Dageförde. Als Handbuch f. Schüler bearb. (48 S.) 8. Ebd. 909. — 30

— Ubgn im richt. Sprechen u. Schreiben, im Anschluss an d. „2. Leseb. f. Volkssch." v. Flügge-Dageförde als Handb. f. Schüler bearb. 2. Afl. (48) 8° Ebd. '12. — 35 d

—— Vie de Saint Meinrad. Histoire du pèlerinage d'Einsideln. La sainte chapelle, ses miracles et ses pèlerins depuis mille ans. Édition franç. publiée par les soins de Favrot et Ganeval. gr. 16. (VIII und 182 S. mit 12 Stnt. und eingedr. Holzschn.) Einsiedeln 861, Gebr. Benziger.

Brandes, Karl, Referendar: Wann sind Teilnahmehandlungen straflos? ⟨Unter besonderer Berücks. d. Rechtsprechung d. Reichsgerichts.⟩ Göttingen 1909: Huth. 71 S. 8°
Göttingen, Jur. Diss. v. 20. Sept. 1909, Ref. v. Hippel
[Geb. 4. Aug. 84 Aurich; Wohnort: Aurich; Staatsangeh.: Preußen; Vorbildung: Gymn. Göttingen Reife O. 03; Studium: Freiburg i. B. 1, Berlin 1, Göttingen 4 S.; Rig. 3. Aug. 09.]

Brandes, Carl (II.), über den Werth der Arbeit für den Studirenden. Vortrag an die Zöglinge der Lehranstalt von Einsiedeln bei Anlaß der geistl. Uebungen. gr. 8. (30 S.) Einsiedeln 856, Gebr. Benziger. Thlr.

—— üb. d. Werth d. Arbeit f. d. Studirenden. 8. (30) Ebd. 57. — 3

Brandes, Karl [app. Arzt aus Pansdorf (Schles.)]: Aus d. patholog. Institut zu Kiel. Über Wirkungen verschluckter Gebisse in der Speiseröhre ... Kiel, Druck d. »Nord-Ostsee-Zeitg«, 1894; 20 S. 8.
Kiel, Med. Fak., Inaug.-Diss. v. [13. März] 1894

Brandes, Karl Heinrich

Brandes, Karl, Sir John Franklin, die Unternehmungen für seine Rettung und die nordwestliche Durchfahrt. Nebst 1 Tab. der arktischen Temperaturen von Dr. H. W. Dove (in qu. Fol.) und 1 (lith.) Karte von Henry Lange. Berlin 854. Nicolai'sche Verlhdlg. gr. 8. (VIII, 312 S. u. 1 Tab. in 4.) 1 ₰ 20 ngr

Brandes, Karl Heinrich: Neuseeland in geschichtlichen Umrissen von seiner Entdeckung bis zur Gegenwart. ([S.-A.] v. Raumer's Historisches Taschenbuch für 1852.) (Leipzig 1852.) 201 S. 8°.

Brandes, K.H. (Hrsg.), s. Z e i t u n g , Literarische.

Brandes, Car. Guil. Herm., de chordis linearum et superficierum secundi gradus. Dissertat. 4 maj. (3⅓ B. u. 1 Stnt.) Lipsiae 841. (Klinkhardt.) Thlr. *

Brandes, Carl Wilhelm Hermann (Breslau) u. **Heinrich Richard Baltzer** (Meißen), De chordis linearum et superficierum secundi gradus. Diss. philos. Lpz. (Wilh. Vogel, S.) 30. VI. 1841. 26 S. u. 1 Tfl. Abb. (4.50) 3759

Brandes, Leop., aus Ronneburgs Vergangenheit. Wann u. wie in Ronneburg der Beginn des 19. Jahrh. gefeiert wurde! Nebst chronikal. Anmerkgn. des Hrsg. gr. 8. (8 S.) Ronneburg 901. L. Brandes. n. — 20

— aus Ronneburg's schwerer Vergangenheit. Die großen Brände am 19. V. u. 14. VI. 1829. Zum 70jähr. Gedenktage nach alten Schriften, Tagebüchern u. mündl. Ueberlieferungn. zusammengestellt. gr. 8. (III, 15 S.) Ebd. 899. n. — 40

Brandes, Max, prakt. Arzt in Mühlrädlitz i. Schl.: Amputatio foetus intrauterina. *Leipzig 1901: B. Georgi.* (23 S.) 8°
Leipzig, Med. Diss. v. (9. Dez.) 1901

Brandes, Max, Medizinalpraktikant a. Salzuflen ⟨Lippe⟩: Ueber Gliome des Gehirns jugendlicher Personen. München 1906: C. Wolf & Sohn. (56 S.) 8°
München, Med. Fak., Ref. v. Bollinger, Diss. v. 4. Sept. 1906
[Geb. 27. Sept. 81 Salzuflen; Wohnort: Salzuflen; Staatsangeh.: Lippe; Vorbildung: Gymn. Detmold Reife O. 01; Studium: Tübingen 4, Berlin 3, München 3 S.; Coll. 4. Sept. 06; Approb. 20. Aug. 06.]

Brandes, Moriz, Gedichte. gr. 8. (6½ B.) Mannheim 843. (Bensheimer.)

Brandes, Otto, Anfangsgründe zum Zeichnen. Blumen, 1—3. Heft. (à 8 lithogr. Bl.) qu. gr. 8. Hannover 852, Hornemann'sche Hof-Kunsth. à Heft * 5 Ngr.

Brandes, O, Anfangsgr. s. Zeichnen. Blumen. Landschaften. Köpfe. à 3 Hfte. (à 8 Bl.) qu. 8. Hann. 52, Schrader's Nf. à n. — 5

—— dass. — Köpfe. 1—3. Heft. (à 8 lithogr. Bl.) qu. gr. 8. Ebds. 852. à Heft * 5 Ngr. *

—— dass. — Landschaften. 1—3. Heft. (à 8 lithogr. Bl.) qu. gr. 8. Ebds. 852. à Heft * 5 Ngr. *

Brandes, Otto, s. Eger, Gust., technologisches Wörterbuch.

Brandes, Otto, Königl. preussisch. Kreistierarzt in Walsrode: Über die Schädlichkeit des Einstreuens von Kainit in die Stallstreu der Haustiere. ⟨Aus dem hygienischen Institut der Königlichen Tierärztlichen Hochschule zu Hannover.⟩ Walsrode (Hannover) 1909. 45 S. 8°. [11. XII. 08.]
Bern. Vet.-med. Diss. 1908/09.

Brandes, Paul, Aufgaben f. das Fachzeichnen an Fortbildungs- u. Fachschulen, s.: **Heyer, R.**

Brandes, Paul: Fachzeichnen f. Maschinenbauer, s.: Lehrhefte f. d. Fachzeichnen an gewerbl. Schulen.

Brandes, Paul, das Fachzeichnen der Schlosser, zugleich Elemente der Eisenkonstruktionen. 25 Taf. m. Darstellgn. sowie m. Text u. Berechng. f. Fortbildungs-, Handwerker- u. Schlosserfachschulen, f. Baugewerk- u. Maschinenbauschulen sowie zum Gebrauch in der Praxis. (IV S. Text u. Text auf der Rückseite der Taf.) 23×28 cm. Breslau (907.) Priebatsch. 1. 80

Brandes, Peter *Karl Adolf* [aus Hannover]: Über Pyrazine und Piperazine ... Kiel, Druck v. A. F. Jensen, 1896; 40 S., 2 Bl. 8.
Kiel, Phil. Fak., Inaug.-Diss. v. [8. Aug.] 1896

Brandes, Rudolf

Brandes, R. (Hrsg.), s. A l m a n a c h oder Taschenbuch für Scheidekünstler und Apotheker.

Brandes, Rudolf, s. A n n a l e n d. Pharmacie.

Brandes, Rud., der Apotheker-Verein im nördl. Teutschland, geschild. nach sein. Wirken in d. ersten Decennium sein. Bestehens, in e. Rede, gehalt. in d. Berzeliusschen Versamml. zu Minden am 8. Sept. 1830. 4. (6 B.) Lemgo 831, Meyer.

— Archiv d. Apothekervereins ꝛc., s. Archiv.

—— u. Heinr. Wackenroder, Archiv d. Pharmacie, s. Archiv.

—— Beleuchtung d. Homöopathie vom pharmaceut. Standpunkte. Nebst e. Anh. vom alten Criticus. gr. 8. (7 B.) Lemgo 828, Meyer.

— Bericht vom Felde d. pharmaceutischen Literatur, s. Archiv d. Apothekervereins. 5r u. 9r. 13r u. 18r Bd.

— u. Fr. Krüger, neue physikal.-chem. Beschreib. d. Mineralquellen zu Pyrmont, nebst naturgeschichtl. Darstellung ihrer Umgegend. Mit 1 topographisch-petrograph. Charte, 1 Grundriß u. Durchschnitt d. Erdfälle u. e. Ansicht d. Dunsthöhle. gr. 8. Pyrmont 826. Uslar. 2 Rthlr. 12 gr. Velinpap.

— kritische Blätter f. Chemie, Pharmacie ꝛc., s. Archiv d. Apothekervereins. 9r u. 10r Bd.

Brandes, Rudolph (Hrsg.):

s.: Bucholz, C(hristian) F(riedrich): Katechismus der Apothekerkunst oder Grundzüge des pharmaceutischen Wissens in Fragen und Antworten... Erfurt: 1820

— die deutsche Burschengemeinde auf d. Luthersberge. (Ein Gedicht.) gr. 8. Erf. u. Gotha 818, Hennings. 8 K

— über d. Chlor, seine Verbindungen u. d. Anwendung desselben, besonders bei ansteckenden Krankheiten als luftreinigende u. desinficirende Mittel, so wie auch in d. Oekonomie u. Technik ꝛc. 8. Lemgo 831. Meyersche Hofbuchh. 10 K

Brandes, Rud., die Elemente der Pharmaceutik, s. P. A. Cap.

Brandes, R. u. W., Ueber den stündlichen Gang des Barometers und Thermometers im Jahre 1828 zu Salzuflen im Fürstenthum Lippe-Detmold. (Besond. Abdr. aus dem II. Bde. der Ann. der Pharm. von R. Brandes, Ph. L. Geiger und J. Liebig.) Lemgo und Heidelberg 1832.

Brandes, Rudolph: Üb.d.Gasquellen in Meinberg. s.Piderit

Brandes, (Rudolph): Handbuch der pharmaceutischen Wissenschaft. Erfurt: 1820

s.: Bucholz, (Christian Friedrich)

Brandes, Rudolf, s. Hensmann: Denkschrift.

——, M. L. Petri u. H. Schierenberg, lippisches Magazin, s. Magazin.

—— und K. Tegeler, die Mineralquellen und das Mineralschlammbad zu Tatenhausen in der Grafschaft Ravensberg. 8. (15½ B. u. 1 Ansicht d. Badehauses.) Lemgo 830, Meyer.

Brandes, Rudolph: Die Mineralquellen und Schwefel-schlammbäder zu Meinberg, nebst Beiträgen zur Kenntniss der Vegetation und der klimatischen und mineralogisch-geognostischen Beschaffenheit des Fürstenthums Lippe-Detmold. Lemgo 1832. XIV, 452 S. 8°.

Monographie des Ammoniaks. Hannover, 1820. 4to.

— Monographie d. Ammoniaks, bearb. f. Naturforscher, Aerzte, Apotheker u. Fabrikanten. Mit 2 Kpf. gr. 4. Hannov. 826. Hahn. 1 ß

Brandes, Rud., der Prediger im Hause, s. Prediger.

— Repertorium, s. Repertorium.

BRANDES, RUDOLPH.

Repertorium für die Chemie als Wissenschaft und Kunst, eine möglichst vollständige alphabetisch-systematisch-geordnete Darstellung des Wichtigsten über die bekannten Stoffe der Chemie, über die Bestandtheile der Mineralien, Pflanzen- und Thierkörper, mit besonderer Rücksicht auf die praktische Anwendung für die Pharmacie, Medicin, Agricultur, Fabriken- und Gewerbskunde, so wie nicht minder auf die Entwickelung der Grundzüge der Wissenschaft und der Anwendung ihrer Principien auf die Naturerscheinungen überhaupt und die Physiologie, Kristallologie, Geognosie und Meteorologie insbesondere, mit Zugrundelegung von "Ure's Dictionary of Chemistry on the Basis of Nicholson's." Hannover, 1826–33. 4 vols., 4to.

Extends only to the word Blass, and never completed.

Brandes, Rud., Repertorium f. d. Chemie als Wissenschaft u. Kunst, e. möglichst vollständ., alphabet.-systemat. geordn. Darstell. d. Wichtigsten üb. d. bekannt. Stoffe d. Chemie, üb. d. Bestandtheile d. Mineralien, Pflanzen- u. Thierkörper, mit besond. Rücksicht auf d. prakt. Anwend. f. d. Pharmacie, Fabriken- u. Gewerbskunde, so wie nicht minder auf d. Entwickelung d. Grundzüge d. Wissenschaft u. d. Anwend. ihrer Principien auf d. Naturerscheinungen überh. u. d. Physiologie, Krystallologie, Geognosie u. Meteorologie insbesondere. 2. Bd. 2. Abthl. — 4. Bd. 1. Lfg. Aragane — Blaps. gr. 4. Hannover, Hahn. [2. 2. (30½ B. u. 2 Stnt.) 828. 1 Thlr. 18 Gr., 3. 1. (26¼ B. u. 3 Kpfr.) 829. 1 Thlr. 20 Gr., 3. 2. (26½ B. u. 1 Kpfr.) 831. 2 Thlr., 4. 1. Lfg. (B. 1—10.) 833. 20 Gr.] Thlr. 1. Bd. (3 Abthln.) u. 2. Bd. 1. Abthl. Ebendas. 1826, 27. 5 Thlr. 10 Gr.

Brandes, Rudolf, s. J.J. Schmithal: Glasmalerei.

Brandes, Rud., die Verfassung der Konföderation reformierter Kirchen in Niedersachsen. Eine Lösung des Problems der selbständ. Ordng. u. Verwaltg. ihrer Angelegenheiten durch die Kirche (Artikel 15 der preuss. Verfassg.) (98 S.) gr. 8. Gütersloh 904. C. Bertelsmann. n. 1.60

Brandes, R. (Hrsg.), s. Zeitung, Pharmaceutische, des Apotheker-Vereins im nördlichen Teutschland.

Brandes, Victor, appr. Arzt a. Hildesheim: Aus dem städtischen Krankenhause zu Hildesheim. (Oberarzt: Medizinalrat Dr. E. Becker.) Über die Behandlung der Kompressionsfrakturen des Calcaneus. Berlin (1908): G. Schade. (46 S.) 8°

Berlin, Med. Fak., Ref. Hildebrand, Diss. v. 19. Juni 1908

[Geb. 13. Nov. 75 Hildesheim; Wohnort: Hildesheim; Staatsangeh.: Preußen; Vorbildung: Gymn. Hildesheim Reife O. 00; Studium: Berlin 10 S.; Coll. 16. Juni 08; Approb. 2. Okt. 06.]

Brandes, W., Flora d. Prov. Hannover. Verzeichn. der i. d. Prov. Hannover vorkomm. Gefässpflanzen, nebst Angabe ihrer Standorte. gr. 8. (VII, 542 S.) Hannover 897. Hahn. n. 4. —

Brandes, Wilh., Anno Neun. Ein vaterländ. Festspiel. (24 S.) 8. Braunschweig 909. B. Goeritz. — 50

Brandes, Wilh. Balladen. 8. (87 S.) Wolfenbüttel 891, Zwißler. * 1 20; geb. * 2 —

Aus: Ueberlieferungen zur Litteraturgeschichte u. Kunst, besonders abgedruckt.

Brandes, Wilh., Balladen. 2., verm. Aufl. 12. (VIII, 131 S.) Wolfenbüttel 896. J. Zwißler. n. 1.50; geb. in Leinw. m. Goldschn. n. 2.50

— Balladen. 3., verm. Aufl. (VI, 172 S.) 8. Stuttgart 908. J. G. Cotta Nachf. 2.50; geb. in Leinw. 3.50

— dasselbe, s.: Ueberlieferungen zur Litteratur, Geschichte u. Kunst.

Brandes, Wilhelm Beiträge zu Ausonius. 4 (31 S.).
Progr. Herz. G. *Wolfenbüttel* 1895

I. Vom Christentum des Ausonius, von Reimstrophen und den Versus rhopalici. II. Der iambische Senar des Ausonius, insbesondere im Ludus septem sapientum.

Brandes, Wilhelm, Prof. Dr., Dir.: Beiträge zu Ausonius. 3. Die Periochae Iliadis et Odyssiae. *Wolfenbüttel 1902: Heckner.* (S. 11—32.) 4° ¶ (Forts. d. P-Beil. 1895.)
Wolfenbüttel, herz. G, OP 1902 (779)

Brandes, Wilhelm: Beiträge zu Ausonius. 4. Die Ephemeris — ein Mimus. Wolfenbüttel 1909: Heckner. 19 S. 4° ¶ [Forts. d. P-Beil. 1895. 1902.]
Wolfenbüttel, herz. G OP 1909 (940)

Brandes, Wilhelm [Oberl. Dr.]: Des Rusticius Helpidius Gedicht de Christi Jesu beneficiis. Krit. Text u. Kommentar. Braunschweig, Druck v. J. H. Meyer, 1890; 15 S. 4°
Braunschweig, herz. G Martino-Katharineum, OP 1890 [1891 (681)]

Brandes, Wilhelm, Prof. Dr.: Des Auspicius von Toul rhythmische Epistel an Arbogastes von Trier. Wolfenbüttel 1905: Heckner. (32 S.) 4°
Wolfenbüttel, herz. G OP 1905 (840)

Brandes, W[ilhelm]: [Die Feier des fünfundsiebzigjährigen Bestehens der Gymnasialturngemeinde.] S. 14—17. 4.
Progr. Herz. Gymn. *Wolfenbüttel* 1904

Brandes, Wilh., Gedächtnisrede zum 100. Todestage Friedrich Schillers, den 9. V. 1905, geh. in der Trinitatiskirche zu Wolfenbüttel. (16 S.) 8. Wolfenbüttel 905. J. Zwißler. n. — 30

Brandes, Wilhelm Über das frühchristliche Gedicht „Laudes Domini". Nebst einem Excurse: Die Zerstörung von Autun unter Claudius II. 4 (33 S.).
Progr. G. Martino-Katharineum *Braunschweig* 1887

Brandes, W., Ausonianarum quaestionum specimen I. Diss. 1876. 48 S.

Brandes, Wilh., Wilhelm Raabe. Sieben Kapitel zum Verständnis u. zur Würdigg. des Dichters. Mit den Bildern Raabes, seiner Heimatstadt u. seines Geburtshauses. 8. (VIII, 109 S.) Wolfenbüttel 901. J. Zwißler. n. 2. —

— Wilhelm Raabe. Sieben Kapitel zum Verständnis u. zur Würdigg. des Dichters. 2. durchgeseh. u. erweit. Aufl. m. Bildern Raabes u. seiner Heimstätten u. zahlreichen Federzeichngn. v. seiner Hand. (VIII, 124 S.) 8. Wolfenbüttel 906. J. Zwißler. — Berlin, O. Janke. n. 2. —; geb. in Leinw. n. 3. —

BRANDEWIEDE, Hermann (Lage/Hann.): Das Ulcus corneae serpens und die Reform seiner Behandlung.- München: Wolf 1880, 24 S.
29.11.1880 - Urk (Titel: De ulcere corneae repente eiusque curatione reformata.); Chr 1880/81,14

Diss. Ingolst.-Landsh.-Mchn.

Brandfackel: July 1873 Nov. 1894 New York/NY

Die Brandfackel: 1840?—1842?
Edited & published by Samuel Ludvigh.
Baltimore/MD

Die Brandfackel: Band 1—3, no. 1, July 1893—Jan. 1895?
Anarchist monthly. Sub-title: Anarchistische Monatsschrift. Edited & published by Claus Timmermann. New York/NY

Brandfackeln geworfen ins Lager der Korruption. 1. Heft 1. Brüderliche Briefe eines ehemaligen preussischen Staatsanwalts an seinen durch ihn in das Irrenhaus gebrachten Bruder. 2. Zwei Monate in der Strafanstalt Ploetzensee. Aus dem Tagebuche eines Redakteurs. 3. Zolaprocess, deutsche Presse und deutsches Panama. 4. Irrenärztliche Sittlichkeit in Irrenhäusern. 5. Unverfrorene Gesellschaft. In-8°. 78 S. Goldau, C. O. Knorr's Verlag. 1898 — 80

Brandfackeln, geworfen ins Lager d. Korruption v. K v. R. 1. Hft. 12° (79) Charlttnbg 98. (Zür., C Schmidt.) — 60

Brandflecken an d. Lichtscheibe d. Aufklärung. 8. Straub. 806. Heigl. (Schorner). 5 gr.

Brandgefahr, Die, in d. Zelluloidindustrie. Hrsg. v. deut. Holzarbeiterverband durch dessen Zentralkommission f. d. Stock- u. Kammindustrie. Anh.: Grundsätze f. d. gewerbepolizeil. Ueberwachg d. Betriebe z. Herstellg v. Zelluloidwaren u. d. dazu gehör. Lagerräume (preuss. Ministerialerlass). (20) 8° Berl., Verl.-Anst. d. deut. Holzarbeiterverbandes '11. — 30 d

Königliche generale Brand-Gilde und Assecurance-Casse-Verordnung für die Herrschafft Pinneberg. De dato Rosenburg, d. 29. Aug. 1739. Altona. (1739.) Fol.

Brandhofer, Johann Andreas (Augsburg), De periculosa poena homicidii. Disp. Präs. Sim. Pet. Gasser. Halle (Hendel) April 1739. 40 S., z. gr. Tl. dtsch. (5.—) 3770

(**Brandhoff.**) Reise-Bericht über Betriebs-Einrichtungen und Verkehr einiger Eisenbahnen Englands. Elberfeld 1876. 2°. (Lithogr.)

Brandhuber v. Etschfeld, Heinr., Delict u. Erbrecht. E. civil- u. strafrechtl. Studie n. österr. Rechte. gr. 8. (28 S.) Passau 890. (Wien, M. Breitenstein.) n. — 75

Brandhuber v. Etschfeld, Heinr., über Dispensation und Dispensationsrecht nach katholischem Kirchenrecht. gr. 8. (X, 116 S.) Wien 888, Deuticke. *

Brandi (Hrsg.), s. Anzeigenblatt, Allgemeines pädagogisches.

Brandi: Ueber d. Bodenbeschaffenheit d. Emslandes. 52 S. 8°. Progr. Meppen 1867.

Brandi: Die naturwissenschaftlichen Erscheinungen des Emslandes. I. Einleitung. Meppen. Schul-/Univ.-Schrift. 1865.

Brandi, Fritz, Referendar: Übernahme eines Handelsgeschäfts und ihre Bedeutung für den Übergang von Forderungen und Schulden. Baruth ⟨Mark⟩ [1905]: J. Särchen. (71 S.) 8°
Göttingen, Jur. Fak., Ref. Frensdorff, Diss. v. 17. Apr. 1905
[Geb. 15. Okt. 77 Osnabrück; Wohnort: Berlin; Staatsangeh.: Preußen: Vorbildung: Joachimsthalsches Gymn. Berlin Reife O. 96; Studium: Friburg i. B. 3, Berlin 4 S.; Rig. 10. Nov. 03.]

Brandi, H., die wichtigsten Gesetze und Verfügungen betr. das Volksschulwesen in der Prov. Hannover, mit besond. Berücksicht. des Reg.-Bez. Osnabrück. Für Lehrer, Schulvorsteher und Schulbeamte. 4. (X, 188 S.) Osnabrück 888, Wehberg. cart. **

Brandi, H. (Hrsg.), s. Mittheilungen aus dem Gebiete des Volksschulwesens.

Brandi, H., mathematisches Uebungsbuch m. eingereihten Erklärgn. u. Sätzen f. höhere Lehranstalten. I. Arithmetik u. geometr. Grundbegriffe f. die untern Klassen. gr. 8. (IV, 171 S. m. 2 Steintaf. in qu. Fol.) Münster 873. Russell. n. 1. 75

—— dass. — II. Arithmetik und Algebra für die mittleren Klassen. 1. Aufl. (IV, 135 S.) 1871. *M 1,20., und 2. umgearb. und erheblich verm. Aufl. gr. 8. (VI, 162 S.) Ebendas. 872. *

Brandl, [Herm. Theod.]: Genugt unser Volksschulunterricht den Anforderungen des Lebens? (Aus: Preuss. Jahrbucher Juli 1907.)

Brandl, Karl, s.: Archiv f. Urkundenforschung.

Brandi, Karl, Beiträge z. Reichsgeschichte 1553—1555, s.: Druffel, Aug. v.

Brandi, Karl, die Chronik d. Gallus Öhem, s.: Quellen u. Forschungen zur Geschichte der Abtei Reichenau.

Brandi, Karl, Monumenta Tridentina, s.: Druffel, Aug. v.

— d. Augsburger Religionsfriede vom 25. Sept. 1555. Krit. Ausg. d. Textes. [Aus: „Briefe u. Akten z. Geschichte d. 16. Jahrh." IV.] gr. 8. (36 S.) München 896. M. Rieger n. 1. 20

— die Renaissance in Florenz u. Rom. 8 Vorträge. gr. 8. (VIII, 258 S.) Leipzig 900. B. G. Teubner. n. 5.—; geb. in Leinw. n. 6. —

Brandi, Karl, die Renaissance in Florenz u. Rom. 8 Vorträge. 2. Aufl. (X, 265 S.) gr. 8. Leipzig 903. B. G. Teubner. n. 5. —; geb. in Leinw. n. 6. —

— Die Renaissance in Florenz u. Rom. 8 Vorträge. 3. Aufl. (XIV, 285 S.) 8. Leipzig 909. B. G. Teubner. 5.—; geb. in Leinw. 6. —

— Uns. Schrift. 3 Abhandlgn z. Einführg in d. Gesch. d. Schrift u. d. Buchdrucks. (7, 80 u. 12 m. Abb. u. 3 Beil.) gr8° Gött., Vandenh. & R. '11. 2.60; geb. 3.20 d

Brandi, Karl. Die Reichenauer Urkundenfälschungen, s. Quellen u. Forschungen zur Geschichte der Abtei Reichenau.

Brandi. Karl: Kritisches Verzeichnis der Reichenauer Urkunden des VIII.- XII. Jahrhunderts. . . . Vorarbeit zu: D. Reichenauer Urkundenfälschungen. Heidelb., 1890 — (Quellen u. Forsch. z. Gesch. d. Abtei Reichenau. 1. Bd.) Heidelberg. C. Winter's Universitätsbuchh., 1890; 2 Bl., 42 S. 4°
Strassburg. Phil. Fak., Inaug.-Diss. v. 1890

Brandi, Karl: Das Werden der Renaissance. Göttingen 1908: W. F. Kaestner. (27 S.) 8°
Göttingen, Rede am Geburtstage des Kaisers 1908

— Das Werden d. Renaissance. Rede. (27) Lex 8° Gött., Vandenh. & R. '08. — 40

— **Das Werden der Renaissance.** Rede zur Feier des Geburtstags S. M. des Kaisers u. Königs am 27. I. 1908 im Namen der Georg-August-Universität geh. 2. Abdr. (28 S.) Lex. 8. Göttingen 910. Vandenhoeck & Ruprecht. — 60
1. Aufl. (27 S.) 908. — 40

Brandl, Salvatore, M., die Politik d. Papstes Leo XIII. vertheidigt gegenüber der „Contemporary Review". Uebersetzung aus der Civiltà cattolica. gr. 8. (63 S.) Trier 893. Paulinus-Druckerei. n. — 70

Brandies, Bechtold, absonderl. Geschichten. 8. (III, 228 S.) Leipzig 896. R. Friese, Sep.-Cto. n. 3. 60

Absonderliche Geschichten. Von Bechthold Brandies. 2. Aufl. *Leipzig: R. Frese 1896.* (228 S.) 8° [F.]

— dasselbe, s.: Sammlung mod. Belletristik in- u. ausländ. Autoren.

— Merkwürdige Geschichten. 8. (263 S.) Berlin 898. C. Duncker. n. 3. —

Brandies, Bechtold. Spaßige Geschichten. 8. (III, 219 S.) Berl. 892, Rentzel. * 3 —

—— Aus beiden Hemisphären. Anthropologisch-ethnolog. Novellen. 8. (198 S.) Ebd. 892. * 3 —

Brandileone, Francesco, s.: Festschrift, Emil Friedberg usw. gewidmet.

Brandin, (Friedr. Wilh.,) prakt. Anweis. zum Steindruck. 8. Berlin 821, Trautwein.

Brandin, Louis: Inedita der altfranzösischen Liederhandschrift Pb[5] ⟨Bibl. Nat. 846⟩. *Berlin: W. Gronau 1900.* (43 S.) 8° ¶ (Erscheint vollst. in: Zeitschrift f. französ. Sprache u. Litteratur, Bd 22.)
Greifswald, Phil. Diss. v. 1. Aug. 1900

Brandin, Theodor

Brandin, Th. (Hrsg.), s. Anzeiger, Evangelisch-Kirchlicher, v. Berlin. Jge. 54-57.

Brandin, Th., Gustav Adolf, der heldenmütige Kämpfer f. d. evang. Deutschland, s.: Perlen.

Brandin, Theodor (Red.), s. Kaiser-Zeitung.

Brandin, Theodor (Red.), s. Sonntagsblatt, Berliner evangelisches.

Brandin, Th. (Red.), s. Welt, Aus aller.

Brandis [Schlagwort]

Brandis, s.: Geologische Karten. Spezialkarte. (Sachsen.)

Brandis, s.: Sachsen. Karte. Messtischblätter.

Brandis [Verfasser]

Brandis, s. a. Schütz v. Brandis.

— Brandis, Danuvius. S-A o. J. 16 S.

Brandis, A. Graf von, Die Vogtei der Pfarre Lana, ein mehr als 400jähriger Streit zwischen den deutschen Ritterorden und der Familie Brandis. Innsbruck 1887. S.-A.

Brandis, Bernhard

Brandis, B, s.: Aix-la-Chapelle.

Brandis, Bernh., über die Behandlung des chronischen Gelenkrheumatismus. gr. 8. (39 S. m. 1 Taf.) Berlin 882. Hirschwald. n. 1. 20

Brandis, Bernhard, Referendar, geb. zu Dehra Dun in Britisch Indien: Die rechtliche Behandlung des Zufalls bei der Werkverdingung nach gemeinem Recht und nach dem neuen Bürgerlichen Gesetzbuch. *Köln 1898: R. Pusch & Zörnsch.* (45 S.) 8° [F.]
Erlangen, Jur. Diss. v. 5. März 1898

— u. Carl Schumacher, die Behandlung der Syphilis an den Aachener Schwefelquellen. [Aus: „Aachen als Kurort".] gr. 8. (18 S.) Ebd. 889. n. 1. —

Brandis, B., der chronische Gelenkrheumatismus und seine Behandlung an den Aachener Thermen. [Aus: „Aachen als Kurort".] gr. 8. (12 S.) Aachen 889. C. Mayer's Verl. n. 1. 20

Brandis, Bernh., die Graphologie im Dienste des Kaufmanns. Eine Einführg. in die Grundlehren der Handschriften-Deutungskunde u. ihre Anwendung im kaufmänn. Betrieb, sowie prakt., allgemeinverständl. Anleitg., um aus der Handschrift Charakter, Gemütsstimmg., Verstellg. u. Fälschg. d. Handschrift bestimmen zu können. Mit Schriftproben v. Grosskaufleuten, Grossindustriellen, Nationalökonomen u. a. m. (Dr. Ludw. Huberti's moderne kaufmänn. Bibliothek.) (VIII, 79 S.) gr. 8. Leipzig (905). Verlag der modernen kaufmänn. Bibliothek. Geb. in Leinw. n. 2. 75

Brandis, Bernh., Grundsätze bei Behandlung der Syphilis. gr. 8. (38 S.) Berlin 870, Hirschwald. *

Brandis, Bernh., Grundsätze bei Behandlung der Syphilis. 2. verb. Aufl. gr. 8. (44 S.) Berlin 879, Hirschwald. *

Brandis, Bernh., Grundsätze bei Behandlung der Syphilis. 3. verb. Aufl. gr. 8. (VIII, 55 S.) Berlin 886, Hirschwald. *

— le rhumatisme articulaire chronique. [Aus: „Aix-la-Chapelle".] gr. 8. (15 S.) Aachen 891. R. Barth. n. 1. 20

Brandis, Bernhardus (geb. am 8 Juli 1826 in Bonn): De hypertrophiae cutis specie vulgo elephantiasis Arabum nominatae ... Bonnae, form. C. Georgii 1849. 3 Bl., 27 S., 1 Bl., 1 Taf. 8.
Bonn, Med. Fak., Diss. v. 20 Juli 1849

— et Carl Schumacher, la syphilis. [Aus: „Aix-la-Chapelle".] gr. 8. (22 S.) Ebd. 891. n. 1. —

Brandis, C. v., Stammtafel der Familie Ebert. Göttingen 1881—82. fol.

Brandis, C. G., der preuß. Grenz- u. Steuer-Aufseher. Ein Handb. üb. d. Grenz- u. Steuer-Aufsichtsdienst. Für Grenz- u. Steuer-Aufseher, besond. auch f. d. Unterofficiere, welche bei d. indirekten Steuerpartie eintreten wollen. Nebst d. Erhebungsrolle. — A. u. d. T.: Handbüchlein d. Gesetze u. Verordnn. üb. d. indirekte Steuerwesen in d. k. preuß. Staaten, u. üb. d. Bestraf. d. verschied. Steuer-Defraudationen u. Contraventionen. 8. (15 B.) Quedlinburg 830, Basse.

— der kleine Sorgenvertilger, oder: So ist Hülfe ohne Opfer möglich. Ein Statutenbuch für alle Menschenfreunde, insbes. aber für Freimaurer-Logen rc., denen daran gelegen ist, ihren Mitgliedern u. deren Erben eine sichere Aussicht auf gewisse Vortheile, u. überhaupt allen in ihren Verhältnissen gesunk. Nebenmenschen, in allen Fällen u. zu rechter Zeit, Hülfe zu gewähren rc. 8. Nordhausen 837. (Fürst.) 1/4 Rthlr.

Der kleine Sorgenvertilger oder So ist Hülfe ohne Opfer möglich. Ein Statutenbuch für alle Menschenfreunde, insbesondere aber für Freimaurer-Logen, gesellige Vereine, Communal- und Innungs-Verbände, denen daran gelegen ist, ihren Mitgliedern und deren Erben eine sichere Aussicht auf gewisse Vortheile, und überhaupt allen in ihren Verhältnissen gesunkenen Nebenmenschen, in allen Fällen und zu rechter Zeit, Hülfe zu gewähren, oder ihre etwanige [!] eigene gemeinschaftliche Verschuldung zu beseitigen. Hrsg. von C. G. Brandis. 2. Aufl. Leipzig: Franke 1840. VIII, 69 S. 8°
Statutenentwurf für Vereine zur gegenseitigen Aufhilfe oder für Schuldentilgungs-Vereine.

—— der kleine Sorgenvertilger, od.: So ist Hülfe ohne Opfer möglich. Ein Statutenbuch f. alle Menschenfreunde, insbesond. aber f. Freimaurer-Logen, ꝛc. denen daran gelegen ist, ihren Mitgliedern u. deren Erben e. sichere Aussicht auf gewisse Vortheile, u. überhaupt allen in ihren Verhältnissen gesunk. Nebenmenschen, in allen Fällen u. zu rechter Zeit, Hülfe zu gewähren, ꝛc. 1. Aufl. Nordhausen 837., 2. Ausg. 8. (à 5 B.) Leipzig 810, [Voigt u. Fernau.] à

Brandis, Carl Graf, s. Blumen-Monde, die.

Brandis, Carolus: De febri typhosa. Halis (1866): Orphanotropheum. 31 S. 8°
Halle-Wittenberg, Med. Diss. v. 18. Dez. 1866
Geb. Loitz (Kr. Grimmen; Pomm.) 18. 12. 1842. V.

Brandis, Carolvs Georgivs (geb. 1855 in Kopenhagen): De aspiratione Latina qvaestiones selectae ... Bonnae, typ. C. Georgi 1881. 46 S., 1 Bl. 8.
Bonn, Phil. Fak., Diss. v. 18 März 1881

Brandis, Karl Geo., s.: Weltgeschichte.

Brandis, Chr. Gll., s. Hausfreund, christl.

Brandis, Christian August

— s. Aristotelis et Theophrasti Metaphysica.

Ch. A. Brandis v. d. Begriffe d. Gesch. d. Philos. *Kopenh.*, Bonnier. 815. gr8° 10 *gl*

Ch. A. Brandis: commentatt. Eleatic. P. I. Xenophanis, Parmenidis et Melissi doctrina e propriis philosophor. reliquiis veterumq. auctorum testimoniis exposita. *Altona*, Hammerich. 813. gr8° 1 ß

Brandis, Chrn. Aug., Johann Gottlieb Fichte's 100jähriger Geburtstag, gefeiert in der Aula der Kgl. Pr. Friedrich-Wilhelms-Universität zu Bonn. Rede. gr. 8. (28 S.) Bonn 862, Marcus. *

Brandis, Chrn. Aug., Gedächtnissrede auf Friedr. Wilh. Joseph v. Schelling. gr. 4. (21 S.) Berlin 856. (Dümmler's Verlag.) *
Aus: Abhandlungen der königl. Akademie der Wissenschaften zu Berlin 1855, besonders abgedruckt.

—— Geschichte der Entwickelungen der griechischen Philosophie und ihre Nachwirkungen im römischen Reiche. 2 Hälften. gr. 8. (XVIII und 1018 S.) Berlin 862.64, G. Reimer. [1. Hälfte 2 Thlr. 15 Ngr., 2. Hälfte 1 Thlr. 25 Ngr.]

— Geschichte der Entwickelungen der griechischen Philosophie und ihrer Nachwirkungen im römischen Reiche. Berlin 863. G. Reimer. gr. 8. (XVI, 1013 S.) 4 ß 10 ngr

Brandis, Christ. Aug., Handbuch d. Geschichte d. griech.-röm. Philosophie. 1. Thl. gr. 8. (35 B.) Berlin 835, Reimer. Thlr.

Brandis, Christ. Aug., Handbuch d. Geschichte der griechisch-römischen Philosophie. 2. Thl. 1. Abthl. gr. 8. (30 B.) Berlin 841, G. Reimer.
1. Thl. Ebendas. 1835. 2 Thlr. 17½ Ngr.

—— Handbuch der Geschichte der griechisch-römischen Philosophie. 2. Thl. 2. Abthl. A. u. d. T.: Aristoteles, seine akadem. Zeitgenossen und nächsten Nachfolger. gr. 8. (XXII und 1720 S.) Berlin 853—56, G. Reimer.
1. Thl. und 2. Thl. 1. Abthl. Ebendas. 1835—44. 5 Thlr. 7½ Ngr.

Brandis, Chrn. Aug., Handbuch der Geschichte der griechisch-römischen Philosophie. 3. Thl. 1. Abthl. A. u. d. T.: Uebersicht über das Aristotelische Lehrgebäude und Erörterung der Lehren seiner nächsten Nachfolger, als Uebergang zur dritten Entwickelungsperiode der griech. Philosophie. gr. 8. (XII und 411 S.) Berlin 860, G. Reimer.
1. und 2. Thl. Ebendas. 1835—56. 12 Thlr. 22½ Ngr.

Brandis, Chrn. Aug., Handbuch der Geschichte der griechisch-römischen Philosophie. 3. Thl. 2. Abth. Berlin 866. G. Reimer. gr. 8. (VIII, 652 S.) 2 ß 22½ ngr

—— Die aristotel. Handschriften d. Vatican. Bibliothek m. e. Vorwort v. J. Bekker. Pr. 1881. 40 S. 4°. 1.20

De perditis Aristotelis libris de ideis et de bono sive philosophia diatribe qua orationem ex lege publica d. 1 Febr. . . . a se habendam indicit ad eamque audiendam invitat Christianus Augustus Brandis ... Bonnae, E. Weber 1823. 1 Bl., 69 S. 8.

Brandis, Christian August: Mittheilungen über Griechenland. Th. 1. Reiseskizzen. Th. 2. Zur Geschichte des Befreiungskrieges nach griechischen Quellen. Th. 3 Blicke auf die gegenwärtigen Zustände des Konigreichs. Leipzig 1842. 3 Bde. XII, 377; VIII, 401; 304 S. 8°.

Brandis, Chr. Aug., Mittheilung über Griechenland. 3 Thle. Reiseskizzen. — Zur Geschichte des Befreiungskrieges, nach griech. Quellen. — Blicke auf die gegenwärtigen Zustände des Königreichs. gr. 12. Leipzig 842, Brockhaus. 4½ ß

Brandis, C.A. (Hrsg.), s. Museum, Rheinisches, für Jurisprudenz, Philologie, Geschichte und griechische Philosophie.

Brandis, Ueber die Reihenfolge des aristotelischen Organons und ihre griechischen Ausleger, nebst Beiträgen zur Geschichte des Textes jen. Bücher des Aristoteles und ihrer Ausgaben. Pr. 1883. 43 S. 4°. 1.60

— Scholia graeca in Aristotelis metaphysica. 8maj. Berolini 837. Reimer. 1 7/12 ß (Vgl. Aristoteles.)

Brandis, Clemens Graf zu, die Grundlage der Gesellschaft vom historischen Standpunkte betrachtet. 2. (Titel-)Aufl. 8. (864 S.) Regensburg (855)60, Manz.

Brandis, Clem. Graf zu, offenes Sendschreiben über die Religionsfrage in Tirol an den Hrn. Heinr. Frhrn. v. Andlaw zu Hügstetten. gr. 8. (20 S.) Regensburg 862, Manz.

—— der Staat auf christlicher Grundlage. 8. (XII und 467 S.) Regensburg 860, Manz.

Brandes, Graf Clemens. Tyrol unter Friedrich mit der leeren Tasche. [1406–35] 8. Wien 1821.

Brandis, Clm. W., Graf zu, Tyrol unter Friedrich v. Oesterreich. gr. 8. Wien 823. (Schaumburg). 2 ß 16 gl

Brandis, C. zu, Joh. Nep. Graf v. Welsperg, s. Zeitschrift des Ferdinandeums.

Brandis, Dietr., Combretaceae, s.: Engler, A., u. K. Prantl, die natürlichen Pflanzenfamilien.

Brandis, D., u. E. Gilg, Dipterocarpaceae, s: Engler, A. u. K. Prantl, d. natürl. Pflanzenfamilien.

Brandis, D., Genera aliquot Papilionacearum, s. Genera plantarum florae germanicae.

Brandis, Dietericus (geb. am 31 März 1824 in Bonn): De alcaloidum hydrocyanetis, imprimis duplicibus ... Bonnae, typ. C. et F. Krüger 1848. 2 Bl., 31 S., 2 Bl. 8.
Bonn, Phil. Fak., Diss. v. 10 Aug. 1848

Brandis, die Nadelhölzer Indiens. Ein Vortrag, gehalten am 15. März 1886 auf Veranlassung des Gartenbau-Vereins. Lex.-8. (80 S. mit 8 Abbild.) Bonn 886, Strauß. *

Brandis, D, Papilionaceae, s.: Genera plant. florae german.

BRANDIS, D.: Der Wald in den Vereinigten Staaten von Nordamerika. - Bonn 1891. 44 S.

Brandis, Eberhard [aus Aachen, cand. med.]: Ueber operative Behandlung der Nierenvereiterung .... Aachen, Druck v. C. H. Georgi, 1885; 41 S. 4°.
Strassburg, Med. Fak., Inaug.-Diss. v. 1885

Brandis, Eduard

Brandis, E., Berg- u. Thalnamen im Thüringer Walde. Gesammelt u. sprachlich untersucht. 12. (74 S.) Erfurt 894. H. Neumann. In Leinw. kart. n. 1. —

Brandis, Eduard: Zur Lautlehre der Erfurter Mundart, I. Erfurt, Druck v. F. Bartholomäus, 1892; 18 S. 4.
Erfurt, k. G, OP 1892 (231)

Brandis, Eduard: Zur Lautlehre der Erfurter Mundart, II. (Forts. d. P-Beil. 1892.) Erfurt, Druck v. F. Bartholomäus, 1893; 16 S. 4.
Erfurt, k. G, OP 1893 (234)

Brandis, Ernst, Referendar: Entschädigung für unschuldig erlittene Untersuchungshaft. Eine systematisch-kritische Darstellung des Reichsgesetzes vom 14. Juli 1904. Leipzig: Veit & Co. 1905. (VI, 140 S.) 8°
Leipzig, Jur. Fak., Diss. v. 16. Mai 1905
[Geb. 22. Apr. 80 Magdeburg; Wohnort: Charlottenburg; Staatsangeb.: Preußen; Vorbildung: Wilh. Ernst-Gymn. Weimar Reife O. 99; Studium: Jena 4, Halle 2 S.; Rig. 28. Nov. 02.]

Brandis, Ernst [aus Lübeck]: Ueber einige Condensationsprodukte des α-Naphtalinaldehyds. . . . München, akad. Buchdr. v. F. Straub, 1889; 30 S. 8°
München, Phil. Fak., Inaug.-Diss. v. 1889

Brandis, Ferdinand

Brandis, F, vgl. a.: Brandis, W.

Ueber die Auflösung der numerischen Gleichungen v. [Ferdinand] Brandis. Altona. 1845. 4°. Gymn.-Progr.

Brandis. Über die Auflösung der numerischen Gleichungen. Altona 1854. 4.

— das braunschweigische **Ausführungsgesetz** zum bürgerlichen Gesetzbuche vom 12. VI. 1899. Kurz u. gemeinverständlich erläutert. 12. (IV, 48 S.) Berlin 900. Leipzig, Gesetzverlag Schulze & Co. Kart. n. 1. —

— dasselbe, s.: **Brandis, W.,** u. **F. Brandis,** Bürgerliches Gesetzbuch.

— das sächsische **Ausführungsgesetz** nebst Ausführungsverordnung zum bürgerlichen Gesetzbuche. Nach den amtl. Materialien kurz u. gemeinverständlich erläutert. 12. (IV, 39 S.) Berlin 900. Leipzig, Gesetzverlag Schulze & Co. Kart. n. 1. —

— dasselbe, s.: **Brandis, W.,** u. **F. Brandis,** Bürgerliches Gesetzbuch.

Brandis, F., Bericht über die 2. Versammlung des Vereins norddeutscher Volksschullehrer, s. **Bericht.**

Der Volksschulunterricht der katholischen Kinder in den deutschen Bundesstaaten. Eine Studie von Dr. Ferdinand **Brandis,** Oberamtsrichter. Hamm ⟨Westf.⟩: Breer & Thiemann 1910. 28 S. 8°
(Frankfurter zeitgemässe Broschüren. Bd 29, H. 7.) [10. 5056

Brandis, Ferd., was der **Arbeiter** v. dem bürgerlichen Gesetzbuche u. den einschlägigen Vorschriften der Gewerbeordnung u. der Landesgesetze wissen muß. 2. Aufl. 8. (IV, 149 S.) Braunschweig 902. Oberamtsrichter Dr. F. Brandis. 1. 10
1. Aufl. (IV, 145 S.) Ebd. 901. n. 1. —.

Brandis, F: Was d. Arbeiter v. d. BGB. u. d. einschläg. Vorschriften d. Gewerbeordng u. d. Landesges. wissen muss. (145) 8° Braunschweig (Lachmannstr. 8), Oberamtsricht. Dr. Brandis. 1 — || 2. u. 3. Afl. (149) 02.03. 1.10

Brandis, Ferd., was der **Arbeiter** (einschließlich des Handwerksgesellen, Betriebsbeamten u. Handlungsgehülfen) v. dem bürgerlichen Gesetzbuche u. den einschlägigen Vorschriften der Gewerbeordnung, des Handelsgesetzbuchs u. der Landesgesetze wissen muß. 4. Aufl. (IV, 177 S.) kl. 8. Braunschweig (Lachmannstr. 8) 905. Oberamtsrichter Dr. Brandis. n. 1. 10

Brandis, Ferd.: Was d. Arbeiter, d. Gesell, d. Werkmeister, d. Handlgsgehülfe v. d. BGB. u. d. einschläg. Vorschriften d. Gewerbeordng, d. Handelsgesetzb. u. d. Landesges. wissen muss. 5. Afl. (195) kl8° Braunschw. (Lachmannstr. 8), Ob.-Amtsricht. Dr. Brandis'08. 1.10 d

Brandis, Ferd., was der **Arbeiter** der Gesell, der Werkmeister, der Handlungsgehülfe v. dem bürgerlichen Gesetzbuche u. den einschlägigen Vorschriften der Gewerbeordnung, des Handelsgesetzbuchs u. der Landesgesetze wissen muß. 6. Aufl. (IV, 195 S.) kl. 8. Braunschweig (Lachmannstr. 8) 910. Selbstverlag. 1. 10

Brandis, Ferd., was der **Handwerker** v. dem bürgerl. Gesetzbuche, dem Handelsgesetzbuche u. den einschlägigen Landesgesetzen wissen muß. 8. (VIII, 343 S.) Osterwieck 901. A. W. Zickfeldt. n. 1. 50; geb. in Leinw. n. 1. 75

— was der **Handwerker** v. dem bürgerlichen Gesetzbuche u. den einschlägigen Vorschriften des Handelsgesetzbuchs, der Gewerbeordnung u. der Landesgesetze wissen muß. 2. Aufl. (VII, 279 S.) 8. Ebd. 904. n. 1. 40; geb. n. 1. 70

— **Was d. Handwerker u. d. Hauswirt v. d. BGB u. d. einschläg. Vorschriften d. Handelsgesetzb., d. Gewerbeordng u. d. Landesgesetze wissen muss. 3. Afl. (308) 8° Ebd. '11. 1.80 d**

Was der Landwirt von dem Bürgerlichen Gesetzbuche, d. Grundbuchordnung, d. Handelsgesetzbuche u. d. einschläg. Landesgesetzen wissen muss. Von Dr. jur. Ferdinand **Brandis,** Oberamtsrichter. *Neudamm: J. Neumann 1900.* (VII, 291 S.) 8° [F.]
(J. Neumanns Landwirtschaftl. Büchersammlung.) [00. 9904

— Was der **Landwirt** v. dem bürgerlichen Gesetzbuche, der Grundbuchordnung, dem Handelsgesetzbuche u. den einschlägigen Landesgesetzen wissen muß. 2. Aufl. (J. Neumanns landwirtschaftl. Rechtsbücher.) (VIII, 318 S.) 8. Neudamm 908. J. Neumann. Kart. 2. 50

Brandis, Ferd. Heinr. Thdr., die Strafgesetze des Königr. Hannover auf Grundlage des Criminalgesetzbuchs vom 8. Aug. 1840, zusammengestellt. gr. 8. (XII und 215 S.) Hannover 834, Rümpler. *.

Brandis, Franz, aus Fulda: Ueber den Einfluss der Witterung auf das Auftreten der Magendarmkatarrhe in Göttingen nach einer Statistik der in den Jahren 1887—1896 in der Göttinger Poliklinik beobachteten Erkrankungen an Magendarmkatarrh aus der Stadt Göttingen. *Göttingen 1898: E. A. Huth.* (29 S.) 8°
Göttingen, Med. Diss. v. [26. Sept.] 1898

Brandis, Franz, Referendar in Ahaus i. Westf.: Der Rücktritt vom Versuch in seiner Bedeutung für die Teilnahme. Borna-Leipzig 1907: R. Noske. (VIII, 35 S.) 8°
Heidelberg, Jur. Fak., Ref. v. Lilienthal, Diss. v. 3. Aug. 1907
[Geb. 30. Aug. 81 Ahaus; Wohnort: Ahaus; Staatsangeh.: Preußen; Vorbildung: Gymn. Burgsteinfurt, Coesfeld Reife M. 03; Studium: Bonn 1, München 1, Berlin 1, Münster 3 S.; Rig. 20. Juni 07.]

Brandis, Fridalouise v.: Spreu. (134) kl8° Strassbg, J Singer '11. Pappbd 3 —

Brandis. G. T., s. Gerichtszeitung, hanseatische.

Brandis, Gotthard B: Das Kyrion in d. hamburg. Verfassgsgesch. Beitrag z. Verständn. d. Art. 6, Abs. 1 d. hamburg. Verfassg v. 13. 10. 1879. (7, 43) gr8° Hambg, O Meissner's V. '11. 1.50 d

Brandis, Gli. Karl Fr., Diss. inaug. de thoracis paracentesi. 8. Götting. 791. Dieterich. 5 gr.

Brandis. H.. De solutionis causa adjecto Hab.-Schr. Hilperh. 1835.

Brandis', Henning, Diarium. Hildesheimische Geschichten a. d. J. 1471—1528, hrsg. v. Ludw. Haenselmann. gr. 8. (III, LI, 370 S.) Hildesheim 896. Gerstenberg. n. 13. 50; geb. in Halbfrz. n. 16. –

Brandis, Herm. Friedr., Abhandlungen aus d. Civilproceß. I. — A. u. d. T.: Ueber d. Zeitpunkt, mit welchem d. Nachtheile d. Ungehorsams eintreten. Ein Beitrag z. Lehre v. Ungehorsam überhaupt. gr. 8. (9 B.) Jena 834, Frommann.

—— de eo, quod in litibus sub conditione fieri debet (Eventual-Maxime.) Comment. I. 8. ... Gottingae 830, (Vandenhoeck et Ruprecht.)

Brandis, J. P., Erklär. d. hoh. Liedes Salom. 4. Hanau.

v. Brandis, Jak. Andrä Frhr., Landeshauptmann v. Tirol in den J. 1610—1628, die Geschichte der Landeshauptleute von Tirol. NHfte. Lex. 8. (IV u. 573 S. m. d. lith. Portr. des Verf.) Innsbruck 847—50, Wagner. (à n. 1/2 ℛ) n. 2 1/2 ℛ

Brandis', Joachim, des Jüngeren Diarium, ergänzt aus Tilo Brandis' Annalen 1528—1609. Hrsg. v. M. Buhlers. (XIII, 632 S.) gr. 8. Hildesheim 902. Gerstenberg. n. 21. —

Brandis', J, d. Jüng. Diarium, ergänzt a. T Brandis' Annalen 1528—1609. Hrsg. v. M Buhlers. (632) 8° Hildesh., Gerstenberg '02 (Umschl. '03). 21 —

Brandis, Joachim Dietrich

Brandis, J.D. (Bearb.), s. A b e r n e t h y , John: Chirurgische u. physiologische Versuche.

Brandis, Joach. Dietr., Anleit. zum Gebrauch d. Driburger Bades u. Brunnens. Mit 1 Kpf. 8. Münst. 792. Theissing. 16 gGr

— comment. de oleorum unguinosor. natura. 4maj. Gött. 785. Vandenhöck u. R.; a. Dieterich. 6 gGr

Brandis, Joachim Dietrich, s. C u r r i e : Nachrr.

Brandis, J(oachim) D(ietrich) (Übers.):

s.: Darwin, Erasmus: Zoonomie oder Gesetze des organischen Lebens. (Zoonomia or the laws of arganic life. Dt.) Hannover: 1795 - 1799

Brandis, Joach. Dietr., Erfahrungen üb. d. Anwend. d. Kälte in Krankheiten. gr. 8. (8½ B.) Berlin 833, Reimer.

— Erfahrr. über d. Wirkung d. Eisenmittel im Allgemeinen u. des Driburger Wassers insbesondere. 8. Hannov. 802. Hahn. 16 gGr

Brandis, Joach. Dietr.: E r f a h r u n g e n über die Wirkung der Eisenmittel im allgemeinen und des Driburger Wassers insbesondere. Hannover: Hahn 1803. XIV, 258 S. 8°.

Brandis, Joachim Dietrich, s. H a l l e r , Alb. v.: Bibliotheca medicinae practicae . . . T.4.

— über psychische Heilmittel u. Magnetismus. gr. 8. Kopenh. 817. Gyldendal. 22 gGr Schrbp. 1 Rthlr 4 gGr

Brandis, J. D., über psychische Heilmittel u. Magnetismus. gr. 8. Copenh., Gyldendal, 818, Schrp.

Jo. Dt. **Brandis** üb. humanes Leben. *Schlesw.*, Taubst.-Inst. 825. gr 8° 2 ß 12 gGr

Brandis, J(oach.). D(ietr.)., über Leben u. Polarität. gr. 8. (7½ B. u. 1 Figtaf.) Kopenhagen 830. (Berlin, Reimer.) *

Brandis, Joachim Dietrich, s. M o l i n a : Naturgesch. v. Chili.

Brandis, Joach. Dietr., N o s o l o g i e u. Therapie d. Cachexien. 1r u. 2r Bd. gr. 8. Berlin 834. u. 339. Reimer. 4⅓ Rthlr

Brandis, J(oachim) D(ietrich): Pathologie oder Lehre von den Affekten des lebendigen Organismus. 592 S., gbd.

Hamburg: Perthes 1808

— Pathologie oder Lehre von d. Aff.kten d. lebendigen Organismus. gr. 8. Hamb. 808. Fr. Perthes. 3 Rthlr gr. 8. Kopenh. 813. Brummer. 3 Rthlr

Brandis, J. D. Pathologie od. Lehre v. den Affecten d. lebendigen Organismus. gr. 8. Copenh. Brummer. 815.

Brandis, J. Dietr. (Hrsg.), s. T a s c h e n b u c h , Technologisches, für Künstler, Fabrikanten und Metallurgen auf das Jahr 1786.

— Uebersicht d. allgem. Gesundheitslehre zur Ankünd. acad. Vorlesungen. 8. Götting. 786. Vandenhöck u. R. 2 gGr

Brandis, Joach. Dietr.: U n t e r r i c h t für die Landleute, das sich in den hiesigen Gegenden verbreitende bösartige Fieber betr. (Verf.: Joachim Dietrich Brandis.) Hannover 1802: Lamminger. 12 S. 8°

— über den Unterschied zwischen epidemischen u. ansteckenden Fiebern. Mit 1 Kpf. 8. Kopenh. 831. (Schubothe). 16 gGr

Brandis, Joach. Dietr., über den Unterschied zwischen epidem. u. ansteckenden F i e b e r n. 8. Kopenh. 831. (jetzt bei Reimer in Berlin) nur ⅓ Rthlr

— Versuch über Lebenskraft. gr. 8. Hannov. 795. Hahn. 14 gGr

— Versuch über d. Metastasen. gr. 8. Hannov. 798. Hahn. 15 gGr

Brandis, Johann Friedrich: D a r l e g u n g der Gründe die den Herrn Major Friedr. Wilh. von der Schulenburg auf Betzendorf zu der alleinigen Erbfolge in der Herrschaft Lieberose bei dem jetzigen Succeßionsfall berechtigen. Göttingen 1784.

Brandis, Johann Friedrich

BRANDIS, J. F.: Gesch. der innern Verfass. d. R. K. G.; hauptsächlich in Hins. d. Anordn. d. Senate; als e. histor. Commentar üb. Art. XX u. XXI. d. Reichsschlusses v. 1775. *Wetzl.*, Winkler. 785. 8. (13 Gr.)

Brandis, Jh. Fr., († d. 9. Mai 1790.) Gesch. d. innern Verfassung d. kais. Reichskammergerichts xc. 8. Wetzl. 786. Winkler.

— **Johann Friedr.** (Hildesheim), De vera ordinis succedendi ex majoratu notione ex pactis familiarum illustrium repetenda. Götting. (J. Ch. Dieterich) 19. X. 1784. 44 S. (4.80) 3773

Brandis, Jh. Fr., über d. reichsritterl. Staatsrecht u. dessen Quellen. gr. 8. Götting. 788. Dieterich. 2 gGr

— **Johann Georg,** Principi Carolo Augusto magno duci Vinariae et Isenaci natalia 3. IX. gratul. Inest: Tractatus de crimine incendii. Halle (Ruff) 1823. 50 S. (4.80) 3774

Brandis, Johannes

Natalicia ... Friderici Gvilelmi IIII vniversitatis Fridericiae Gvilelmiae Rhenanae conservatoris ... ab eadem vniversitate d. XV m. Oct. a. 1857 ... concelebranda ... indicit Fridericvs Ritschelivs, eloq. Prof. P. O. — Praecedit Ioannis **Brandisii** commentatio de temporvm Graecorvm antiqvissimorvm rationibvs. Bonnae, litt. C. Georgii (1857). 1 Bl., 39 S. 4. ¶ Erschien zugleich selbständig bei Marcus in Bonn.

Brandis, Johs., über den historischen G e w i n n aus der Entzifferung der assyrischen Inschriften. Nebst einer Uebersicht über die Grundzüge des assyr.-babylon. Keilschriftsystems. Mit 1 (lith.) Taf. Berlin 856. Hertz. gr. 8. (VI, 126 S.) n. 24 ngr

B r a n d i s, J., das Münz-, Mass- und Gewichtswesen in Vorderasien bis auf Alexander den Grossen. gr. 8. (XII und 623 S.) Berlin 866, Hertz. *

Brandis, Ioannes (geb. am 14 Dez. 1830 in Bonn): Assyriarum rerum tempora emendata. Pars prior ... Bonnae, form. C. Georgii 1852. 2 Bl., 27 S. 8. ¶ Erschien vollständig 1853 bei Marcus in Bonn.

Bonn, Phil. Fak., Diss. v. 21 Dez. 1852

—— Rerum Assyriarum tempora emendata. Commentatio. 8maj. (IV und 66 S. mit 1 Tab. in qu. gr. 4.) Bonnae 853, Marcus. *

Brandis, J. Versuch zur Entziff-rung der kyprischen Schrift. S.-A. 1873. 28 S.

B r a n d i s, Johs., Versuch zur Entzifferung der kyprischen Schrift. gr. 8. (80 S.) Berlin 874, (Stargardt.)
Aus: Monatsbericht der k. Akademie der Wissenschaften, besonders abgedruckt.

Brandis, Karl, s. B r a n d i s , Carl

Brandis, Louis von

Brandis, L. v., deutsche Jagd am Viktoria Nyanza. Mit 16 Taf., enth. 26 Bilder u. e. Übersichtskärtchen. (XII, 215 S.) 8. Berlin 907. D. Reimer. Geb. in Leinw. 8. —

Brandis, Ludw., üb. die Beseitigung u. Verwerthung städtischer Auswurfsstoffe m. besond. Hinweis auf das System der Druckluft-Gruben [Deutsches Reichspatent]. gr. 8. (40 S. m. 1 Taf.) Essen 894. H. L. Geck. n. 1. —

Brandis, Mor., Chronik, oder älteste Livländ. Geschichte xc. s. M o n u m e n t a Livoniae antiquae. 3. Bd.

BRANDIS, Otto (Leitz): De operatione exsudatorum pleurae serosorum. (Titel nach der Urkunde) 14.7.1877 - Urk; Chr 1877/78,9
Diss. Ingolst.-Landsh.-München.

Brandis, Otto, die Hamburger Praxis in Civilsachen. Systematisch geordnete Rechtssätze aus den veröffentl. Urtheilen Hamburgischer Gerichte, gesammelt unter Mitwirkung von mehreren jüngeren Juristen. gr. 4. (XI, 435 S.) Hamburg 888, Seippel. **

Brandis, Otto, die Hamburger Praxis in Civilsachen Systemat. geord. Rechtssätze a. d veröffentl. Urtheilen hamburg. Gerichte. 2. Aufl., bearb. v. Paul Abraham. gr. 4. (XXI, 627 S.) Hamburg 895. O. Meissner's Verl. n. 44. —; geb. in Halbldr. n.n. 50. —

Brandis, Otto: Das deut. Seerecht (m. Ausschl. d. Seeversichergs-rechts), s.a. Sammlung Göschen 386.87.

Das deutsche Seerecht (m. Ausschluß d. Seeversicherungsrechts) von Dr. Otto **Brandis**. 1. 2. Leipzig: Göschen 1908. 8°
1. Allgem. Lehren. Personen u. Sachen d. Seerechts. 2. Die einzelnen seerechtl. Schuldverhältnisse, Verträge d. Seerechts u. außervertragliche Haftung.
(Sammlung Göschen. 386. 387.) A11.128,11

BRANDIS, PT., Disp. inaug. jur. de eo, quod justum est circa consensum minoris partis, ut non teneatur stare majori, nec major minori præjudicare valeat, vom Rechte der wenigern Stimmen. Recusa. Rintelii. 1714. 4. P. [Præs. Conr. Ludeking]. [1. Udg. Sm. St. 1703 mglr. i K. B.].

Brandis, R.: De a c t i o n e Pauliana. Diss. Göttg. 1847.

Brandis, Robert, Referendar in Ahaus i. Westf.: **Beginn des** Laufes der Anspruchsverjährung im Gemeinen Recht und im Bürgerlichen Gesetzbuch. *Borna-Leipzig 1903: R. Noske.* (x, 64 S.) 8°
Leipzig, Jur. Diss. v. 1903

Brandis, Werner

Brandis, W., das Erbrecht des bürgerl. Gesetzbuchs. Gesetzes-Text m. gemeinverständl. Erläutergn., Formularen u. Register. 8. (160 S.) Groß-Lichterfelde 901. Leipzig, Gesetzverlag Schulze & Co. Kart. n. 2. —

Brandis, Werner, bürgerl. Gesetzbuch f. d. Deutsche Reich v. 18. Aug. 1896. F. d. prakt. Gebrauch gemeinverständl. erläut. u. m. Sachreg. vers. 1.—3., unveränd. Aufl. gr. 8. (XII, 558 S.) Leipzig 896. E. Stock. 3. 50; geb. in Leinw. n. 4. 20; in Halbfrz. n. 5. —

— u. F. **Brandis,** bürgerliches Gesetzbuch nebst Einführungsgesetz. Text-Ausg. m. gemeinverständl. Erläutergn., Formularen u. Sachregister f. Laien u. z. Einführg. f. Juristen. 4., völlig umgearb. u. verm. Aufl. 8. (XIV, 792 S.) Ebd. 900. n. 4. 50; geb. in Leinw. n. 5. —

— u. F. **Brandis,** Bürgerliches Gesetzbuch vom 18. VIII. 1896 nebst Einführungsgesetz. Text-Ausg. m. gemeinverständl. Erläutergn., Sachregister u. e. Formular-Anh. f. Laien u. zur Einführg. f. Juristen. 6. verb. Aufl. (XVI, 826 u. 88 S.) 8. Gr. Lichterfelde 900. Gesetzverlag Schulze & Co. Geb. in Leinw. 5. 50

— — dasselbe. Ausg. f. Braunschweig. (Nebst Ausführungsgesetz vom 12. VI. 1899. Kurz u. gemeinverständlich erläutert v. Ferd. Brandis.) 8. (XIV, 792 u. IV, 48 S.) Ebd. 900. Geb. in Leinw. n. 6. —

— — dasselbe. Ausg. f. Preußen. (Nebst: Das preuß. Ausführungsgesetz vom 20. IX. 1899. Kurz u. gemeinverständlich erläutert v. Waldow.) 8. (XIV, 792 u. 141 S.) Ebd. 900. Geb. in Leinw. n. 6. 50

— — dasselbe. Ausg. f. Sachsen. (Nebst: Das sächs. Ausführungsgesetz u. Ausführungsverordng. Nach den amtl. Materialien kurz u. gemeinverständlich erläutert v. Ferd. Brandis.) 8. (XIV, 792 u. IV, 39 S.) Ebd. 900. Geb. in Leinw. n. 6. —

— — dasselbe. Ausg. f. Württemberg. (Nebst Ausführungsgesetz vom 28. VII. 1899, m. Erläutergn. zum 3. Abschn. u. den anderen einschläg. Bestimmgn. v. Adam.) 8. (XIV, 792 u. VI, 122 S.) Ebd. 900. Geb. in Leinw. n. 6. 50

— u. G. **Weyer,** Gewerbe-Unfallversicherungsgesetz nebst Gesetz, betr. die Abänderg. der Unfallversicherungsgesetze, Verordng. üb. das Verfahren vor den Schiedsgerichten, Verzeichniß der Schiedsgerichte u. der gewerbl. Berufsgenossenschaften. Mit Erläutergn. 8. (IV, 204 S.) Ebd. 900. Kart. n. 2. 60

[F.] Die Grundzüge des Bürgerlichen Gesetzbuchs nebst Einführgsgesetz. E. Übersicht in 12 Aufsätzen z. Einführg f. Juristen u. Laien v. Dr. jur. Werner **Brandis**, vorm. Amtsrichter ... *Leipzig: E. Stock 1897.* (2 Bl., 59 S.) 1 Bd 8. [9. 830

Brandis, Wern., die Jagdordnung f. die preuß. Monarchie nebst ergänzenden Reichs- u. Landesgesetzen. Mit Erläutergn. (VII, 140 S.) 8. Cöthen 907. P. Schettler's Erben. Kart. 2. —

Miether und Vermiether, Pächter und Verpächter, ihre Rechte u. Pflichten nach d. Bürgerl. Gesetzb. Text-Ausg. mit Erl., Formularen, den ergänz. Bestimm. u. Sachreg. von Dr. jur. W[erner] **Brandis**, Syndikus. *Berlin: Schulze & Co. 1899.* (48 S.) 8° [F.]
= Reichs-Gesetzsammlung. No 2. [illegible]

Miether und Vermiether, Pächter und Verpächter, ihre Rechte u. Pflichten nach d. Bürgerl. Gesetzb. Text-Ausg. mit Erl., Formularen, den ergänz. Bestimmungen u. Sachreg. von Dr. jur. W[erner] **Brandis**, Syndikus. *Berlin: Schulze & Co. 1900.* (48 S.) 8° [F.]
= Reichs-Gesetzsammlung. No 2.
= [Gesetzsammlung, Brandis. No 2.] [03. 6-73

Brandis, Werner [aus Helmstedt]: Das Nutzungsrecht des Pfarrers an den Grundstücken der Pfründe, dogmatisch dargestellt. . . . Mainz. Druck v. Joh. Falk III., 1889. 32 S. 8°
Göttingen, Jur. Fak., Inaug.-Diss. v. 9. Febr. 1889

Brandis, Werner. Das Nutzungsrecht d. Pfarrers an den Grundstücken der Pfründe, dogmatisch dargestellt. gr. 8. (32 S.) Mainz 889, (Gött., Vandenhoeck u. Ruprecht.) * — 80

— das Recht der Ehegatten nach dem bürgerl. Gesetzbuche, den Uebergangsbestimmungen des Reichs u. den Ausführungsvorschr. f. Preußen. Text-Ausg. m. Erläutergn. u. Register. 8. (128 S.) Berlin 900. Leipzig, Gesetzverlag Schulze & Co. Kart. n. 2. —

— das Recht des Grundbesitzes u. der Landwirthschaft im bürgerl. Gesetzbuche. Gesetzestext m. gemeinverständl. Erläutergn., Sachregister u. e. Anh., enth. die Bestimmgn. des Ausführungsgesetzes f. Preußen. 8. (159 S.) Ebd. 900. Kart. n. 2. 40

— das Recht der unehelichen Kinder u. der Annahme an Kindesstatt nach dem bürgerlichen Gesetzbuche. Vollständiger Gesetzestext m. Erläutergn., e. Tab. u. Register. 8. (32 S.) Ebd. 900. n. — 50

Das Recht der Vereine und Stiftungen nach dem Bürgerlichen Gesetzbuche u. den Ausführungsbestimmungen. Gesetzes-Text mit Einl., Erl. u. Sachreg. von Dr. jur. Werner **Brandis**, Syndikus. *Berlin: Schulze & Co. 1899.* (51 S.) 8° [F.]
= Reichs-Gesetzsammlung. No 3. [illegible]

Das Recht der Vereine und Stiftungen nach dem Bürgerlichen Gesetzbuche u. den Ausführungsbestimmungen. Gesetzes-Text mit Einl., Erl. u. Sachreg. von Dr. jur. Werner **Brandis**, Syndikus. *Berlin: Schulze & Co. 1900.* (51 S.) 8° [F.]
= Reichs-Gesetzsammlung. No 3.
= [Gesetzsammlung, Brandis. No 3.] [03. 6.74

— Rechtsschutz d. Zeitungs- u. Büchertitel. E. Beitrag z. ungenüg. Bekämpfg. d. unlaut. Wettbewerbs durch die Gerichte. gr. 8. (88 S.) Berlin 898. F. Lipperheide. n. 1. —

— die Testaments-Errichtung u. die gesetzliche Erbfolge nach dem bürgerlichen Gesetzbuche. Text-Ausg. m. gemeinverständl. Erläutergn., Formularen u. Register. 12. (IV, 28 S.) Berlin 900. Leipzig, Gesetzverlag Schulze & Co. n. — 50

— Unfallversicherungsgesetz f. Land- u. Forstwirthschaft, nebst Gesetz, betr. die Abänderg. der Unfallversicherungsgesetze, u. den Verordngn. üb. das Verfahren vor den Schiedsgerichten u. dem Reichsversicherungsamte. Mit Erläutergn. 8. (IV, 205 S.) Gr. Lichterfelde 901. Leipzig, Gesetzverlag Schulze & Co. Geb. n. 2.60

— das Vormundschaftsrecht des bürgerlichen Gesetzbuchs, nebst dessen Vorschriften üb. Geschäftsfähigkeit Minderjähriger u. den Landesvorschriften üb. die Anlegung v. Mündelgeld in den größeren Bundesstaaten bis Oldenburg einschl. Text-Ausg. m. Erläutergn. 8. (74 S.) Berlin 901. Leipzig, Gesetzverlag Schulze & Co. Kart. 1.20

Brandis, Wern.: Was jedermann v. d. RVO wissen muss. (39) kl8° Berlin-Lichterf., Gesetzverl. Schulze & Co. '11. — 60 (Pp.) d

2. Afl. u. d. T.:

— Was man v. d. Reichsversicherg d. Arbeiter u. Angestellten wissen muss. 2. Afl. (56) 8° Ebd. '12. — 75 (Pp.) d

— Das Zuwachssteuergesetz, übersichtl. dargestellt u. an Beisp. erläutert. (32) kl8° Ebd. '11. — 60 (Pp.) d

Brandis-Zelion, Emma v., in der Christnacht. Märchen. (118 S.) kl. 8. Paderborn 910. Junfermann. 1.50; geb. in Leinw. 2.40

Brandis-Zelion, Emma v., der Erbe von Adlerhorst. Roman. 8. (415 S.) Paderborn 881, Schöningh's Sortiment. *

P Brandis-Zelion, Emma v. [Emma Freiin v. Zelion.] Der Erbe v. Adlerhorst. Roman. 2. Aufl. 8. (407 S.) Paderb. 890, Esser. * 4 20; geb. in Leinw. * 6 —

Brandis-Zelion, Emma v. (Frl. Emma v. Zelion), der Erbe v. Adlershorst. Roman. 3. Aufl. (407 S.) 8. Paderborn (902). J. Esser. n. 4.20; geb. in Leinw. n. 6.—

Brandis-Zelion, Emma v.: Der Erbe v. Adlerhorst. Roman. 4. Afl. (407) 8° Paderb., J Esser ('07). 4.20; geb. 6 — d

Der Erbe von Adlerhorst. Roman von Emma v. Brandis-Zeliou. 5. Aufl. Paderborn: J. Esser [1908]. (407 S.) 8° [F.] 108. 7159

Brandis-Zelion, Emma v., Agnes Erlenau. Novelle. 8. (148 S.) Paderborn 888, F. Schöningh. *M 1.60.; geb. *

Brandis-Zelion, Emma v, Gedichte. 12. (IV, 94 S.) Paderborn 885. Schöningh's Sort. geb. m. Goldschn. n. 3.—

— Gesühnt. Orig.-Roman. 8. (260 S.) Paderborn 885. Junfermann. n. 3. —; geb. n. 4. 50

Brandis-Zelion, E v. (Frl. E v. Zelion): Gesühnt. Roman. 2 Afl. 8° (275) Paderb. 1900, Junfermann. 3 —; geb. 4 —

— Gesühnt. Roman. 4. Afl. (279) kl8° Paderb., Junfermann ('08). 3.50; geb. n 4.50 d

Brandis-Zelion, Emma v., Goldregen. Roman. (III, 281 S.) 8. Paderborn (905). F. Schöningh. n. 3. —; geb. in Leinw. n. 4. —

—— Aus Heimat u. Fremde. Novellen. 12. (286 S.) Paderb. 889, Junfermann. * 2 40; geb. * * 3 25

— Aus Heimat u. Fremde. Novellen. 2. Afl. (301) kl8° Ebd. ('07). 3 —; geb. n 4 — d

— Prinzeßchens Irrfahrten. Ein Märchen f. große u. kleine Kinder. Mit Titel-Zeichng. v. Ernst Monsé. 16. (70 S.) Paderborn 883. Schöningh's Sort. cart. n. 1. 20; geb. n. 2. 25

— Prinzeßchens Irrfahrten. Ein Märchen f. große u. kleine Kinder. Mit Titel-Zeichng. v. Ernst Monsé. 2. Aufl. — Das treue Bachstelzen-Mütterchen. Eine Erzählg. aus dem Vogelleben. 12. (106 S.) Paderborn 901. J. Esser. Kart. n. 1.20

—— Leonie. Familien-Roman mit besond. Rücksicht auf jugendl. Leserinnen. 8. (207 S.) Ebendas. 887. *M 2.—; geb. *

Leonie. Familien-Roman, mit besond. Rücks. auf jugendl. Leserinnen von Emma v. Brandis-Zelion. 2. Aufl. Paderborn: Junfermann 1904. (187 S.) 8° [F.] 105 7437

— Osterhäschen, s.: Erzählungen f. Schulkinder II. 1.

— Drei Schulkameradinnen, s.: Jugendbücherei.

— die Violinspielerin. Roman. 8. (236 S.) Ebend. 884. n. 3. 50; geb. n. 5. —

— Die Violinspielerin. Roman. 2., verb. Aufl. 8. (262 S.) Paderb. 890, Esser. * 3 50; geb. * 5 —

— die Violinspielerin. Roman. 3. u. 4. Aufl. 8. (à 262 S.) Ebd. 901. n. 3.50; geb. n. 5.—

Die Violinspielerin. Roman von Emma v. Brandis-Zelion. 5. Aufl. Paderborn: J. Esser [1903]. (262 S.) 8° [F.] 104. 4790 6

— die Violinspielerin. Roman. 5. Aufl. (262 S.) 8. Paderborn (904). J. Esser. n. 3. 50; geb. n. 5. —

Die Violinspielerin. Roman von Emma v. Brandis-Zelion. 6. Aufl. Paderborn: J. Esser [1907]. (262 S.) 8° [F.] 108. 7160

Brandiß, Fr., s. K. U. Tamplin, über Natur etc. d. Verkrümmungen.

Brandkasse.– s. Brandcasse.

Brandkassenreglement der *Herzogthümer Bremen und Verden* vom 24. Mai 1754 u. 1. Februar 1755.

Brandkassen-Reglement für die Stadt Rostock 1782.

Brandkrankheiten des Getreides, s.: Wandtafeln, pflanzenpathologische.

Brandl, Alois, Anfänge der Autobiographie in England. (S.724—733.) Lex.8. Berlin 908. (G. Reimer). — 50
Sonderabdr. aus „Sitzungsber. d. preuss. Akad. d. Wiss."

Brandl, Alois: Über einige historische Anspielungen in den Chaucer-Dichtungen, s. Studien, Engl. 12. Bd. 2. Heft.

Brandl, Alois, s.: Archiv f. das Studium der neueren Sprachen u. Literaturen.

Brandl Alois: Barthold Heinrich Brockes. Nebst darauf bezüglichen Briefen von J. U. König an J. J. Bodmer. Ein Beitrag zur Geschichte der deutschen Literatur im 18. Jahrhundert. Diss. Wien, Univ.
D: Innsbruck, 1878.
1878 PN 103

Brandl, Alois, Barthold Heinrich Brockes. Nebst darauf bezügl. Briefen von J. U. König an J. J. Bodmer. Ein Beitrag zur Geschichte der deutschen Literatur im 18. Jahrh. gr. 8. (176 S. mit 1 genealog. Tab.) Innsbruck 878, Wagner'sche Universitäts-Buchh. *

Brandl, A., Chaucer-Dichtungen, s.: Studien, englische. 12. Bd.

— The cook in the north. Poetische Weissagg. auf Percy Hotspur (gest. 1403). (S. 1160—1189.) Lex. 8. Berlin 909. G. Reimer. 1.—
Sonderabdr. aus „Sitzungsber. d. preuss. Akad. d. Wiss."

— Geschichte der altenglischen Literatur. I. Tl.: Angelsächsische Periode bis zur Mitte des 12. Jahrh. (X, S. 941—1134 u. 10 S.) Lex. 8. Strassburg 908. K. J. Trübner. 4.80; geb. in Leinw. 5.60
Sonderabdruck aus „Paul's Grundriss d. german. Philol."

— Geschichte der englischen Litteratur, s.: Brink, Bernh. ten.

Brandl, Alois (Hrsg.), s. Jahrbuch der deutschen Shakespeare-Gesellschaft.

Brandl, Alois, Samuel Taylor Koleridge und die englische Romantik. gr. 8. (XV, 437 S.) Berlin 886, Oppenheim. * geb. *

Brandl, Alois. Samuel Taylor Koleridge u. die engl. Romantik. gr. 8. Berl. 886. Straßb., Trübner's Verlag. * 7 —; geb. * 8 50

Brandl, Alois (Hrsg.), s. Palaestra.

Quellen des weltlichen Dramas in England vor Shakespeare. E. Ergänzgsbd zu Dodsley's Old Engl. plays. Hrsg. v. Alois Brandl. *Strassburg: K. J. Trübner 1898.* (CXXVI, 666 S., 1 Bl.) 1 Bd 8.
= Quellen u. Forschungen z. Sprach- u. Culturgeschichte d. german. Völker. H. 80.

Brandl, Alois, s.: Quellen u. Forschungen zur Sprach- u. Culturgeschichte der germanischen Völker.

— Shakespere, s.: Geisteshelden.

Brandl, Alois (Hrsg.), s. Shakespeare, W.: Dramat. Werke.

Erzherzogin Sophie von Österreich und eine tirolische Dichterin, Walpurga Schindl. Von Alois Brandl. *Wien & Leipzig: M. Gerlach & Co. (1902).* (157 S.) 8° [F.]

— Erzherzogin Sophie von Österreich u. eine tirolische Dichterin, Walpurga Schindl. (160 S. m. Abb.) 8. Wien (903). Gerlach & Wiedling. n. 4. —

— Spielmannsverhältnisse in frühmittelenglischer Zeit. (S. 878—892.) Lex. 8. Berlin 910. G. Reimer. 1. —
Sonderabdr. aus „Sitzungsber. d. preuss. Akad. d. Wiss."

— zur Szenenführung bei Shakespeare. (15 S.) Lex.-8. Berlin 906. (G. Reimer.) n. — 50
Sonderabdruck aus: „Sitzungsber. d. preuss. Akad. d. Wiss."

Brandl, Alois, zum ags. Gedichte 'Traumgesicht vom Kreuze Christi'. (8 S.) Lex.-8. Berlin 905. G. Reimer. n. — 50
Sonderabdruck aus: „Sitzungsber. d. preuss. Akad. d. Wiss."

— Universität u. Schule, s.: Klein, Fel.

Brandl, Bened., Lessings Fragmentenstreit. Progr. (45 S.) gr. 8. Pilsen 908. C. Maasch. 1. 20

— Die Überlieferung der „Schutzschrift" des Hermann Samuel Reimarus. (27 S.) Lex. 8. Ebd. 907. — 60

Brandl, Georg [approb. Arzt von München]: Ueber einen Fall von Sarcom der Rippen .... München, Druck v. Fr. Bickel, 1886: 17 S. 8°.
München, Med. Fak., Inaug.-Diss. v. 1886.

Brandl, Georg, über einen Fall von Sarcom der Rippen. Diss. München 1886, A. Buchholz. 8°. 17 S.

Brandl, Jos., krit. Erläuterung unserer Verfassungs-Urkunde in vergleichender Darstellung mit fremden Constitutionen. 8. (40 S.) Wien 849, Gerold, Verlag.

Brandl, Josef. Fibel u. erstes Lesebuch für die Volksschulen Kärntens. Klgft., v. Kleinmayr, 1871. 104 S. — 2. Aufl. (1872). 104 S. — 3. Aufl. 1874. 104 S. — 4. unveränderte Aufl. 1876. 106 S. — 5. unveränderte Aufl. 1879. 45 S. (I. Tl.) — 6. unveränderte Aufl. 1880. 45 S. (I. Tl.) — 7. unveränderte Aufl. 1884. 106 S. — 8. unveränderte Aufl. (1887). 106 S. — 9. unveränderte Aufl. 1890. 106 S.

Brandl, J.: Ueber das deutsche Futurum. 42 S. 8°.
Progr. Troppau OR. 1861.

Brandl, Jos., deutsche Grammatik. Ein Lehrbuch für Mittelschulen u. verwandte Anstalten. 867. (V, 208 S.) 21 ngr. — 2. verm. u. verb. Aufl. Klagenfurt 870. Leon. 8. (V, 224 S.) 24 ngr.

—— deut. Grammatik. 3. Afl. 8. (235) Klagenf. 72, Leon. 2. 40. || 4. Afl. (250) 75. 2. 70

—— deutsche Grammatik. Ein Lesebuch für Mittelschulen und verwandte Anstalten. 4. Aufl. gr. 8. (250 S.) Klagenfurt 876, Leon.

Brandl, Joseph: Laub- und Nadelhölzer um Aschaffenburg. Bestimmungstafeln nebst kurzer Beschreibg. Aschaffenburg, Druck d. Schippner'schen Druckerei, 1897; XX, 46 S. 8.
Aschaffenburg, k. humanist. G, P 1897*

Brandl, Josephus: Qui loci Georgicis a Vergilio post a. 725 sint additi. Wirceburgi, typ. H. Stuertz univ. typogr., *1893;* 22 S. 8.
Aschaffenburg, k. G, P 1893*

Brandl, Josef [Dr. phil., app. Arzt aus Donaustauf]: Ueber Resorption und Secretion im Magen und deren Beeinflussung durch Arzneimittel ... [Sep.-Abdr.] München, Druck v. R. Oldenbourg, 1893; 1 Bl., 277—307 S. 8.
München, Med. Fak., Inaug.-Diss. v. 1893

Brandl, *Josef* [Dr. med. et phil., Assist. am pharmakolog. Inst.]: Chemisch-pharmakologische Untersuchung über die Manaca-Wurzel. '(Aus d. pharmakolog. Institute.)' ... München, Druck v. R. Oldenbourg, 1894; 44 S. 8.
München, Med. Fak., Hab.-Schr. v. 1894

— Verslehre. Ein Anhang zur deutschen Grammatik. 8. (47 S.) Klagenfurt 877. Leon. n. 1. —

Brandl, Josef. Verslehre. Ein Anhang zur deutschen Grammatik. Klgft., Leon, 1878. 47 S.

Brandl, Josef — Verzeichniß der Herren Mitglieder des Kranken-Unterstützungs-Vereines am Hungelbrunn Nr. 2. Zum neuen Jahr 1857 gewidmet von — —. Wien. Gedr. bei A. Pichlers Witwe & Sohn. (8 S. 8.)

—— kein Zweikammersystem für unsere Constitution! Ein Aufruf an die Regierung und die Völker Oesterreichs. 8. (10 S.) Wien 848, Gerold, Verlag. *

Brandl, Karl, aus Deggendorf: Beitrag zur Kenntnis der Ectopia vesicae. *München 1899: Kastner & Lossen.* (28 S.) 8°
München, Med. Diss. v. 1899

Brandl, L., s: Freytag's Schulausg. u. Hilfsbb. f. d. deut. Unterr.

Brandl, Leop., Erasmus Darwins botanic garden, s.: Beiträge, Wiener, zur englischen Philologie. 30. Bd.

Brandl Dr. Leop.: Engels „Herr Lorenz Stark" und Smollets „Humphry Clinker". 20. Wien V, R. 02. Progr.

Erasmus Darwin's temple of nature von Leopold Brandl (Wien). *Wien & Leipzig: W. Braumüller 1902.* (XII, 203 S.) 8°
= Beiträge, Wiener, z. engl. Philologie. 16.

Brandl, Leopold: Erasmus Darwin's Temple of nature. XII, 203 S., 8°. Wien & Leipzig: 1902.
(Wiener Beiträge zur englischen Philologie.) Auch als Diss. Wien.

Brandl, R. M., Paruchus meditans. 8. Salzb. 754. Mayr. 8 gr.

Brandl, Rudolf, a. Cöln am Rhein: Kritische Beiträge zum Freiheitsproblem. Frankfurt a. M. 1907: Gebr. Knauer. (57 S.) 8°
Erlangen, Phil. Fak., Ref. Falckenberg, Diss. v. 23. Okt. 1907
[Geb. 9. Nov. 84 Cöln; Wohnort: Frankfurt a. M.; Staatsangeh.: Preußen; Vorbildung: Lessing-Gymn. Frankfurt a. M. Reife O. 03; Studium: Heidelberg 2, München 1, Erlangen 3 S.; Rig. 25. Okt. 06.]

Brandl, Vinzenz

Brandl, V., s.: Codex diplomat. et epistolaris Moraviae.

Brandl, V.: Einfluss Indiens auf Europa. 24 S. 4°.
Progr. Brünn C. UR. 1858.

Brandl, Vinc., Glossarium illustrans bohemico-moravicae historiae fontes. Enth.: Die Erklärung 1. der in den böhmisch-mähr. Geschichtsquellen gebräuchl. böhm. diplomat. Ausdrücke, 2. jener latein. und 3. jener deutschen Worte, welche in diesen Quellen speciell vorkommen. Lex.-8. (XVIII, 474 S.) Brünn 876, Winiker. *

Brandl, V., Handbuch der mährischen Vaterlandskunde. Nach den neuesten Hilfsquellen bearb. Brünn 860. Nitsch. 12. (XII, 142 S.) n. 16 ngr.

— kniha pro každého Moravana. Ebend. 863. gr. 8. (XIII, 335 S.) nn. 20 ngr.

Brandl, Vinc., Libri citationum et sententiarum seu Knihy půhonné a nálesové. Tom. I. gr. 8. (VIII, 445 S.) Brünn 872, (Nitsch.) **

— libri citationum et sententiarum seu Knihy půhonno a nálezové. Tom. II—V, 1. gr. 8. Brünn, (Winiker). n.n. 23. —

II. Půhony Brněnské [1406—1416]. Půhony Olomúcké [1412—1420]. (659 S.) 873. n.n. 5. —
III. 1. Půhony Brněnské [1417—1448]. (424 S.) 878. n.n. 4. —
III. 2. Půhony Olomucké 1437—1448. (S. 425—731). 880. n.n. 4. —
IV. 1. Brněnské půhony od roku 1459—1466. (261 S.) 881. n.n. 3. —
IV. 2. Olomúcké půhony od roku 1463—1466. (S. 263—500.) 882. n.n. 3. 60
V. 1. Půhony Olomúcké 1475—1494. (262 S.) 888. n.n. 3. 40

Brandl, Vinc. Libri citationum et sententiarum seu Knihy půhonné a nálezové. Tom. V, 2. Půhony a nálezy Brněnské [1480—1494]. gr. 8. (237 S.) Brünn 892, (Winiker). 2 60
Tom. I. Ebd. 1872. 4 —; Tom. II—V. I. Ebd. 1873—88. 23 —.

— libri citationum et sententiarum seu knihy puhonné a nálezové. Tom. VI. Půhony Olomúcké od r. 1483—1493. gr. 8. (366 S.) Brünn 896. (C. Winiker.) n.n. 4. — (I.—VI.: n.n. 33. 60)

Brandl, Vinc.: Libri citationum et sententiarum, Fortsetzg, s: Libri citationum et sententiarum.

Brandl, V., Urkunden-Buch der Familie Teufenbach, s. Urkunden-Buch.

—— Welehrad. Widerlegung der gegen dasselbe von Dr. Dudik im I. Bande seiner mährischen Geschichte erhobenen Zweifel vom Standpunkte historischer Kritik. 8. (32 S.) Brünn 860, Buschak und Irrgang.

Brandl, Wlh., von der Baumwoll-Fabrikation und der Ausübung der gefällsämtlichen Controlle in Absicht auf die, mit der Baumwoll-Manufactur sich beschäft. Gewerbs-Unternehmungen. Ein Versuch. 8. (Mit Tabellen.) Prag 841. (Reichenberg, Pfeiffner.) n. 2/3 ℳ — 2. Ausg. 8. (Mit Tabellen.) Prag 841, Haase Söhne. n. 7/12 ℳ

Brändle, Edgar, appr. Arzt a. Eßlingen: Ueber die Tuberkulose der Brustdrüse und die Dauerresultate ihrer operativen Behandlung. Tübingen 1906: H. Laupp jr. (14 S.) 8° (Aus: Beiträge zur klinischen Chirurgie Bd 50, H. 1.)
Tübingen, Med. Fak., Ref. v. Bruns, Diss. v. 14. Juli 1906
[Geb. 28. April 82 Eßlingen; Wohnort: Tübingen; Staatsangeh.: Württemberg; Vorbildung: Gymn. Eßlingen Reife M. 00; Studium: Tübingen 7, München 2, Berlin 1 S.; Coll. 9. Febr. 06; Approb. 15. Febr. 06.]

Brändle, F. J., die Glaubens- und Sittenlehre der katholischen Kirche, s. Rolfus, H.

Brändle, Florian, Feuer u. Flamme. Musterauswahl v. Reden, Gedichten u. Sprüchen f. Feuerwehrfeste. (2. [Titel-] Aufl.) gr. 16. (IV, 167 S.) Stuttgart (891) 895. C. Dieterich. n. 1. 25

Brändle, Fridr.: Entferngs- u. Höhen-Karten. I—III. Bl. je 42×56 cm. Autogr. Konst., (E Ackermann) (08). Je 1 —
I. Bregenzerwald & Vorarlberg. II. Liechtenstein, Montavon, St Anton & Konstanzer Hütte m. Umgebg. III. Oberstdorf & Umgebg. Lechtal & Königsschlösser.

Braendle, Richard. Referendar in Eßlingen: Die scheinbaren Grundstücksbestandteile. Eine Studie zu § 95 B.G.B. Eßlingen 1906: O. Bechtle. (VI, 64 S.) 8°
Heidelberg, Jur. Fak., Ref. Endemann, Diss. v. 2. Aug. 1906
[Geb. 10. März 81 Eßlingen; Wohnort: Eßlingen; Staatsangeh.: Württemberg; Vorbildung: Gymn. Cannstatt Reife M. 99; Studium: Tübingen 5, Berlin 2, Tübingen 1 S.; Rig. 3. Juli 06.]

Brändle, Werner, med. pract., von Alt St. Johann (St. Gallen): Beitrag zur Differentialdiagnose zwischen Hydronephrose und Ovarialcyste. (Aus der gynäk. Universitätsklinik Zürich.) Zürich 1908. 41 S. 8°. [25. VII. 08.]
Zürich. Med. Diss. 1907/08.

Braendlein, Karl, a. Schweinfurt: Systematisch-anatomische Untersuchung des Blattes der Samydaceen Bentham-Hooker. Amorbach 1907. (69 S.) 8°
Erlangen, Phil. Fak., Ref. Solereder, Diss. v. 25. März 1907
[Geb. 25. April 80 Schweinfurt; Wohnort: Schweinfurt; Staatsangeh.: Bayern; Vorbildung: Gymn. Schweinfurt Reife 98; Studium: T.H. München 3, Univ. Erlangen 2, München 3, T.H. München 1, Univ. Erlangen 3 S.; Rig. 1. Nov. 06.]

Brandler, C[arl] J[oseph] [Pseudon.] s.a. Pracht, Carl.

Brandler, K. J., der Spiritismus, seine wissenschaftliche u. ethische Bedeutung. Im Anh.: Kritische Studie anläßlich des Sensations-Prozesses gegen das Blumenmedium Anna Rothe. (Umschlag: 2. Aufl.) (56 S.) gr. 8. Basel (903). (M. Pohl-Wohnlich.) n. — 50

Brandler-Pracht, Karl, astrologische Aphorismen, s.: Bibliothek, astrologische. 2. Bd.

Brandler-Pracht, Karl: Astrolog. Bibliothek. 1—6. Bd. gr8° Lpzg, Theosoph. Verlagshs. 14.50; geb. 20.50
1. Kleines astrolog. Lehrb. (8, 146 m. Fig.) ('10) 2.50; geb. 3.50 ‖ 2. Astrolog. Aphorismen. (8, 192) ('10) 3 —; geb. 4 — ‖ 3. Häuser-Tabellen v. 40°—56° geograph. Breite. Anh.: Mathemat. Taf. z. Gebr. f. d. Astrol. (5, 96) ('10) 3.50; geb. 4.50 ‖ 4. Das Solarhoroskop. — Jahreshoroskop. (7, 48) ('10); 1.50; geb. 2.50 ‖ 5. Die Lehre v. d. astrolog. Direktionen. (8, 120 m. Fig.) ('11) 2 —; geb. 3 — ‖ 6. Die Stunden-Astrologie. Die Lehre v. d. astrolog. Elektionen. (3, 109 m. Fig. u. Taf.) ('12) 2 —; geb. 3 —

— Häuser-Tabellen von 40°—56° geographische Breite, s. Bibliothek, astrologische.

Brandler-Pracht, Karl: Lehrb. d. Entwickelg d. okkulten Kräfte im Menschen. (220) gr8° Lpzg, M Altmann '07. 4 —; geb. 5 — d

— Lehrb. z. Entwickelg d. okkulten Kräfte im Menschen. 2. Afl. (7, 256) 8° Ebd. '12. 4 —; geb. 5 — d

Brandler-Pracht, Karl, mathemat.-instruktives Lehrbuch der Astrologie (Sterndeutung zur Geburtszeit). (VIII, 220 S. m. 3 Taf.) gr. 8. Leipzig 905. M. Altmann. n. 4. —; geb. n.n. 5. —

— Mathematisch-instrukt. Lehrb. d. Astrologie. (Sterndeutg z. Geburtszeit.) 2. Afl. (8, 295 m. Abb.) 8° Lpzg, M Altmann '12. 5 —; geb. 6 —

— Die Neugedankenlehre. [Aus: „Prana".] (32) 8° Lpzg, Theosoph. Verlagshs. ('12). 1 —

— s.: Prana.

— Die Tatwas u. ihre Bedeutg f. d. prakt. Leben. [Aus: „Prana".] (30) gr8° Lpzg, Theosoph. Verlagshs ('11). 1 —

— Unterr.-Briefe z. Entwickelg d. Willenskraft u. d. okkulten Fähigk. Neu-Psychol. 1—8. Lehrbrief. (Je 16) gr8° Ebd. ('11'12). je 1 —

— s: Warte, Die hohe.

— s.: Zentralblatt f. Okkultismus.

Brändli. Emil. Festschrift zur Erinnerung an die Einweihung der protestantischen Kirche in Ragaz. Herausgeber: E. B'. Pfarrer. [Mit 4 Tafeln.] 8. Ragaz 1890.

Brändli, Fr[ida]. Es Gnusch im Fadechörbli. Lustspiel in Berner Dialekt in einem Akt. II + 19 S. 8. Bern, Ch. Künzi-Locher, 1906. fr. —. 90
(Sammlung schweizerischer Theaterstücke. Nr. 6.)

Brändli, Frieda: E gueti Kur ohni Mixtur, s: Damenbühne, Schweizerische.

Brändli, Hrch., Das Problem des Mydorge durch die Methode der Synthesis und der Coordinaten im Zusammenhang mit der Theorie der Kegelschnitte. Schaffhausen 1860. Progr.-Schr.

Brändli, O., siehe: *Protestantenblatt.*

Brändli, O., Samstag, Sonntag, Montag. Vortrag. gr. 8. (19 S.) Bern 899. (Heidelberg, Ev. Verlag.) n. — 20

Brändli, O., die wahre Sonntagsfreude, s.a. Möller's Bibliothek f. Gesundheitspflege usw. 7. Hft.

Die wahre Sonntagsfreude! Von O. Brändli, Pfarrer. *Berlin: F. Möller [1903].* (14 S.) 8° [F.]
— Bibliothek, Möller's, f. Gesundheitspflege, Erziehung u. Volksaufklärung. H. 7.

Brändli, Osk., Beten u. Leiden. Religiöse Betrachtgn. (55 S.) 8. Zürich (908). (A. Frick). — 40

Brändli, Oscar. Lieder und Sprüche von Oskar B' [†], s. Z. Pfarrer zu ... Basel. Ein Gedenkbuch für Freunde und Bekannte. [Mit 1 Porträt-Tafel.] 176 S. 8. Basel, B. Wepf & Cie., 1907. [geb. fr. 3. 50]

Brändlin, Elisab., & Clara Geiger: Lehrb. d. Zuschneidens. 2. Afl. (24 m. Fig.) 33,5×26,5 cm. Bas., Basler Buch- u. Antiquariatshdlg '11. 2 —

Brändlin, Fritz. Wilhelm Klein, Regierungsrat des Kantons Basel-Stadt und schweiz. Nationalrat (1825—1887). Ein Lebensbild. Nebst zwei Bildnissen [Tafeln]. 104 S. 4. Basel, Emil Birkhäuser, 1907. [fr. 1.50]

Brändlin, Fritz, Wilhelm Klein, Regierungsrat des Kantons Basel-Stadt u. schweiz. Nationalrat. Ein Lebensbild. (104 S. m. 2 Bildnissen.) Lex. 8. Basel 907. (Wepf, Schwabe & Co.) 2.—

Brändlin, Fritz. Die Alte Basler Rheinbrücke. Geschichtliche und kulturhistorische Skizzen. [Umschlag mit Vignette.] 58 S. 8. Basel, Benno Schwabe, 1903. [fr. 1.—]

Brandmal, Das, oder Ugolinos Lebenswanderungen. Jena 1802. V: *Salchow, Johann Christian.* (GGr)

Brandmal, oder Ugolinos Lebenswanderung, von Gustav Stella. 8. Jena, Stahl. 802.

Brandmal, das, oder Ogolinos Lebenswanderungen. 8. Leipz. 802. Schmidt. 1 ₰

Brandmal, Ein, des stürmischen Gewissen ... Hamb. 1715. V: *Edzardi, Sebastian.* (schr)

Brandmalerei, die, m. Stift u. Pinsel in ihren neuesten Phasen u. der Kerb- u. Tiefbrand. (Illustr. Anleitg. zur selbständ. Erlerng. des Holz- u. Lederbrandes u. des Brennens auf Pappe, Sammet, Kunstholz etc. zum Pinsel u. Schwarzbrand, m. der ges. gesch. Neuheit „Kohm's Brennpinsel", zum Kerbbrand u. Kerb-Tiefbrand m. der ges. gesch. Neuheit „Kohm's Prismapunze", zum flachen u. plast. Tiefbrand m. Messer- u. Durchbrennstiften, endlich zum Wachsen, Firnissen, Anpoliren, Beizen, Polychromiren, Bemalen u. s. w. v. Brandmalereien etc. f. Dilettanten, Kunstgewerbetreibende u. Techniker.) (Von M. Mayr.) 8. (IV, 104 S.) München (VII) 902. Verlag der „Kunstmaterialien- u. Luxuspapier-Zeitg." n. 1.—

! Brandmalerei m. Stift u. Pinsel. Jetzt: Münch., (Hans Sachs-Verl.). 01/05

Brandmalerei-Vorlagen, neue. 4—8. Hft. Fol. Halle, GA Noll. (Lpzg, E Volkening.) à 6 —
4—6. Brandmalerei-Vorlagen. (à 6 Taf.) 7, 8. Neue Vorlagen f. Delft-, Porzellan- u. Brandmalerei. (à 4 Taf. u. 4 Pausen.)
Das 1—3. Hft s. u. d. T.: Schurade & Co., II. — Fortsetzg s. u. d. T.: Vorlagen, neue.

Brandmann, P. A. Euripidis Iphigenia in Aulide cum Racini Francogalli ejusdem nominis tragoedia comparata. Diss. Jena 1836. 32 S.

Brandmayer, Aug., Panorama d. Bodensees. Nach d. Natur gez. u. in Stahl radirt. 10 Blätter in gr. Fol. Lindau 846, Stettner. *

Brandmayer, Aug., Panorama des Bodensees. Nach der Natur gezeichnet u. in Stahl radirt. 10 Bl. in Fol. Lindau 847, Stettner. Auf Leinwand gez. in Futt. baar $2^{11}/_{12}$ ₰

Brandmayer, Johann Adam

—— Entwurf zur Einrichtung der theologischen Schulen in den österreichischen Erblanden. Wien, 1781.
Im Geiste der josephinischen Aufklärungstheologie des vorigen Jahrh. gehalten.

Brandmayer, Jh. Adm., († d. 15. Dec. 1796.) schema introductionis in universam theologiam christ. cathol. 4. Manh. 780 Löfller. 9 ₰

Brandmeyer, Joann. Ad., Schema introductionis in universam theologiam christiano-catholicam continens definitiones, axiomata, theoremata consectaria et corollaria unacum discursu praeliminari de origine mutatione ac fatis theologiae christianae. Heidelberg. 1778, 4°.
2. Aufl. Mannheim, 1780. Kluepfel, Nova Biblioth. Frib. IV, 263—68. Später erweitert u. d. T.:
Principia cath. introduct. in univers. theologiam christ. 8. maj. Rastadi 1783, Braun in C. 1⅓ Thlr. — 2 fl. 24 kr.

J. A. Brandmeyer. Principia catholica introductionis in universam theologiam christianam methodo demonstrativa academicis praelectionibus accommodata a Jo. Adamo Brandmeyer, insignis ecclesiae collegiatae Marchio-Badensis custode, eiusque civitatis parocho: Athenaei principalis directore, et Theologiae professore publico.
Rastadii litteris Dornerianis. MDCCLXXXV. 8°. 482 S.

Progr. Rastatt 1785.

— principia catholica introductionis in universam theologiam christ. 8maj. Rastadt 785. (Wolff in Augsb.) 1 ₰ 8 ₰

— s. Theorie von d. Wirkungen d. Teufels.

Joannes Adamus Brandmayer. Theses ex secunda et tertia parte logicae de iudicio et discursu, quas propugnabit ingenuus et eruditus Joannes Adamus Brandmayer, Bruchsaliensis, logices auditor. Oppugnabunt ornatus ac eruditus Josephus Endres, Bruchsaliensis, physices et ethices auditor, et ingenui atque eruditi Antonius Stang, Bruchsaliensis, Aloysius Ruch, Badensis, logices auditores.
Badenae in aula principalis Athenaei anno MDCCLXIV. die . . . Aprilis. Horis ante et post meridiem consuetis.
Rastadii typis C. A. Schell, typogr. aul. 4°. 8 S.

Progr. Rastatt, 1764.

Brandmeiner, Alfr., Leucoderma syphiliticum. (III, 153 S. m. 2 Tab. u. 2 farb. Taf.) Lex. 8. Wien 907. F. Deuticke. 4.—

Brandmüller, Geo., Lehrstoff für den Unterricht in den Realien, s. Düll, G.

Brandmüller, Gg., Lern- u. Wiederholungsbuch f. Realien, s.: Düll, G.

Brandmüller, Gg., und Mart. Prager, Vertheilung des Lehrstoffes in den ungetheilten Schulen nach dem Lehrplane für den Kreis Mittelfranken vom 11. Mai 1877 nach Monaten und Wochen. 2. verb. und verm. Aufl. Mit Stundenplan (Imp.-Fol.) 4. (36 S.) Eichstätt 878, Krüll'sche Buchh. *
1. Aufl. erschien im Selbstverlag des Verfassers.

Brandmüller, Geo., und Mart. Prager, Vertheilung des Lehrstoffes in den ungetheilten Schulen. 2. Aufl. 4. Eichstätt 878, Nürnberg, Korn'sche Buchh. *

Brandmüller, I., Analysis libror. vet. et novi Testam. IV Tom. 4. Basel, Turneysen. 725. Rthlr.

Brandmüller, Jakob: De amore et amoris lege naturali. (Resp.: Franz Holzach). 31 S.–
Basel, Jur.Diss.v. 2.Dez.1727.

Brandmüller, Jakob: De conatibus delictorum atrocissimorum. 30 S.–
Basel, Jur.Diss.v. 27.Okt. 1713.

Brandmüller, Jakob: Observationes juridicae tumultuariae. 7 S.–
Basel, Jur.Diss.v. 14.Febr.1721.

Brandmüller, Jakob: De statu hominum. (Resp.: Emanuel Stupan). 21 S.–
Basel, Jur.Diss.v. 16.April 1731.

[illegible]

Basel, med. Diss. 1737

Brandmüller, Tob., († d. 20. Mai 1812.) Abriß d. röm. Geschichte von Romulus bis zum Untergange d. röm. Kaiserthums. gr. 8. Frankf. a. M. 778. Brönner; a. Herrmannsche Buchh. 8 ₰

Brandmüller, T., Abriß der röm. Gesch. v. Romulus bis zum Unterg. des Abendländ. Kaiserthums. gr. 8. Frankf. Brönner, auch Hermann. 779.

Brandner, Emil, s. a.: Pfau, Karl Fr.

— Das Schaufenster d. Buch-, Papier- u. Schreibwarenhändlers. (29) 8° Lpzg, H Hedewig's Nf. ('03). †1 — d

— das Schaufenster des Buch-, Papier- u. Schreibwarenhändlers. Eine Anleitg. zur geschmackvollen Dekoration d. Schaufenster-Auslagen. 2., verb. u. verm. Aufl. (86 S.) 8. Leipzig (906). G. Uhl. n.n.n. — 75
1. Aufl. (29 S.) 903. n.n.n. — 75.

— praktische Winke f. Neu-Etablierende im Buchhandel. 2., verb. u. verm. Aufl. (47 S.) gr. 8. Leipzig (903). C. Bange. n.n.n. — 75

Brandner, Ernest, Briefe zum neuen Jahre, zu Namens- u. Geburtstagen f. d. Jugend u. wohl auch f. Erwachsene. gr. 12. (2 1/2 B.) Augsburg 840, Kollmann'sche Buchh.

Brandner, Ernest, Briefe zum neuen Jahre, zu Namens- u. Geburtstagen f. d. Jugend u. wohl auch für Erwachsene. 2., verb. u. verm. Aufl. 12. (2 1/2 B.) Augsburg 842, Kollmann'sche Buchh.

Brandner, Ernest, Kopfrechnungs-Beispiele stufenmäßig geordnet für den Schul- und Privat-Unterricht des I. und II. Kursus. 1. und 2. Heft. 8. (47 S.; 46 S.) München 858, Lentner'sche Buchh. à Heft 4 Ngr.

—— dass. — Ausg. für den Lehrer. 1. und 2. Heft. 8. (47 S.; 46 S.) Ebendas. 858. à Heft 4 Ngr.

Brandner, Ernst, Rechnungs-Beispiele z Gebr. in d. Schulen u. bey d. Privatunterr. 2 Athln. u. 1 Hft. Auflösungen. 8. (24 1/2 B.) München 828, Lentner.

Brandner, Ernest, Rechnungs-Beispiele zum Gebrauche in den Schulen u. bei dem Privatunterrichte. 1e Lfrg. 1e u. 2e Hft. 2e veränd., verb. u. verm. Aufl. 8. Münch. 833. Lentner. 1/4 ℛ

Brandner's Rechnungs-Beispiele. Nach dem neuen Maß- und Gewichtssystem umgearb. von Carl Dembschick. 1.—4. Heft. 8. München 870, Stahl. à Heft 40 Pf.
Auflösungen dazu 1.—4. Heft à 20 Pf.

— Stoffe zu Briefen mit vorangehenden Fragen zur Beantwortung u. kleinen Beschreibungen für Schüler. 8. München 844, Lentner'sche Buchh. 1/12 ℛ

— Weihegeschenke zu verschiedenen Anlässen. Oder: Glückwünsche zum neuen Jahre, zu Geburts- u. Namensfesten, Anreden, wenn ein Pfarrer ein- od. abzieht, Anreden bei öffentl. Prüfungen ꝛc., Hochzeitlieder u. Devisen, Denksprüche in Gebetbücher u. zum Andenken an die erste heil. Kommunion, Stammbuch-Aufsätze u. Grabschriften in gebundener Rede. 2e verb. u. verm. Aufl. 12. Augsburg 840. Kollmann'sche Buchh. 1/6 ℛ

Brandner, Ernest, Weihgeschenke zu verschied. Anlässen. Od.: Glückwünsche zum neuen Jahre, zu Geburts- u. Namensfesten, Anreden bei öffentl. Prüfungen, Hochzeitlieder ꝛc. 3. verb. u. verm. Aufl. 12. (VI u. 208 S.) Augsburg 847, Kollmann. 5/12 ℛ

Brandner, Frz. Karl, s. Spedalieri, Rechte d. Menschen.

Brandner, Friedrich August

Brandner, F. A. Stadt u. Festung Königstein. Eine geschichtl. Zusammenstellung. 8. Lauenstein 1842.

—— Lauenstein, seine Vorzeit, frühern Schicksale und jetzige Beschaffenheit. Mit urkundl. Beilagen. 8. (307 S. und 1 ill. Abbild. in 4.) Lauenstein 845. (Dresden, Adler und Dietze.) *

Brandner, F. A. Sachsens Militär vor 50 Jahren. Blätter der Erinnerung an die Vorzeit. 8. Lauenstein 1842

Brandner, Friedr. Aug., die Officialarbeiten bei d. k. sächs. Justizämtern, Stadträthen u. Patrimonialgerichten. gr. 16. (1 1/2 B.) Grimma 841, Verlags-Comptoir. *

Brandner, Fr. Aug., aus dem Tagebuche eines österreichischen Soldaten im J. 1809. 8 Lfgn. 16. (120 S. m. 6 col. Lith.) Löbau 851. 52, Breyer. (à 1 1/2 ngr) 12 ngr

Brandner, FA, a. d. Tageb. e. österr. Soldaten im J. 1809. 16. (120 m. 6 L.) Löbau 52. (Dresd., Tittel.) — 12

Brandner, Otto (Hrsg.), s. Canaria.

Brandner, O., der Gesang des Harzer Hohlrollers. Seine Ausbildung wie die Mißgriffe darin. Mit einer (lithogr. und) color. Abbildung des Wildlings. 8. (VIII, 190 S.) Stettin 876, Brandner. *

Brandner, Otto, der Harzer Kanarienvogel. 2. vollständig umgearb. u. erweit. Aufl. der gekrönten Preisschrift: Der Gesang des Harzer Hohlrollers. 2 Thle. 8. Stettin 881. Brandner. n. 3. 50
1. Gesangeskunde. (208 S.) n. 2. —. — 2. Zucht u. Pflege. (148 S.) n. 1. 50

Brandner, O., der Harzer Canarienvogel. 2. Thl.: Zucht u. Pflege. 3. Aufl. 8. (160 S.) Stettin 888. Brandner. n. 1. 50 (1. u. 2.: n. 3. 50)

Brandner, Otto, wie begründen wir edle Canarienstämme? Winke aus der Praxis. 12. (31 S.) Stettin 880. Brandner. n. — 40

Brandner, Paul, die Liebesprobe. Vers-Lustspiel in 5 Akten. (VIII, 174 S.) 8. Dresden (905). E. Pierson. n. 2. 50

Brandolini, Lippi Aurel., oratio de passione domini, ad Alexandrum VI. Pont. Max. habita. Hrsg. von Heinr. Bone. gr. 16. (VIII, 48 S.) Mainz 869, Kirchheim.

Brandon, Charles, l'Ami de la jeunesse, s. Bibliothèque illustrée, nouvelle.

Brandon, Charles, L'ami de la jeunesse ou livre d'or illustré. II. Tableaux descriptifs et intéressants sur l'astronomie, la météorologie, la géologie, l'histoire naturelle et l'anthropologie, suivis de récits sur la vie des héros de la paix et de la guerre. 3e édit. Avec 170 jolies gravures sur bois insérées dans le texte et un frontispice colorié. gr. 8. (VIII, 300 S.) Leipzig 885, Spamer. *ℳ 4.—; geb. *

Brandon, Charles, die franz. Aussprache d. Endbuchstaben in ihrer Beziehung zu d. Anfangsbuchstaben d. folgenden Wörter. Ein nothwend. Hülfsmittel, das Franz. vollkommen u. elegant zu lesen. 8. (4 B.) Leipzig 844, Brauns. *

Brandon, Charles, les principales découvertes des voyageurs anciens et modernes. Suite de descriptions illustrées pour la jeunesse. Vol. I.: Les découvertes jusqu'à la découverte de l'Amérique et du chemin des Indes par mer. gr. 8. (VIII, 248 S. mit eingedr. Holzschn. nebst schwarzen und color. Holzschntaf.) Leipzig 875, Spamer. geb. *

—— s. France, la, dramatique.

— les inventions merveilleuses — anciennes et modernes — du génie de l'homme. } s.: Bibliothèque, illustré, nouvelle.

Brandon, Charles, le livre des petits enfants, s. Livre.

Brandon, Charles, le livre des petits enfants. Nouvel alphabet etc. Illustré de 114 Vignettes (Holzschn. im Text). Augmenté et arrangé dans un nouvel ordre. 3. édit. revue et corrigée. Leipzig (855.) Teubner. 8. (XIV, 100 S.) 22 1/2 ngr

Brandon, Charles, s. Marryat: Sigismond Rustig.

—— Schlüssel zu Graf's Aufgaben. 1. Abthl. Unter Mitwirkung der Hrsgbr. Ad. Bräutigam und Otto Knauer. 8. (IV, 104 S.) Leipzig 878, Hartknoch. *

Brandon, Charles, le Voleur, s. Voleur.

— Vorschule für die französ. Conversation. Auswahl leichter und unterhaltender Theaterstücke. Zum Uebersetzen aus dem Deutschen ins Französ. 8. Leipzig 846, Teubner. 1/2 ℛ

— Vorschule für die französische Conversation. Auswahl leichter und unterhaltender Theaterstücke. Zum Uebersetzen aus dem Deutschen ins Französische bearbeitet. 2. durchgehends verb. u. umgearb. Aufl. Ebend. 854. 8. (VIII, 184 S.) 15 ngr

—— Vorschule f. d. franz. Conversation. 2. A. 8. (184) Ebd. 55. — 15

Brandon, Charles, Vorschule für die französische Conversation. Auswahl leichter u. unterhaltender Theaterstücke. Zum Uebersetzen aus dem Deutschen ins Französ. bearb. 3. Aufl. Leipzig 868. Teubner. 8. (VII, 184 S.) 15 ngr.

—— Vorschule für die französische Conversation. Auswahl leichter und unterhaltender Theaterstücke. Zum Uebersetzen aus dem Deutschen ins Französische bearb. 4. Aufl. 8. (VI, 194 S.) Leipzig 878, Teubner.

—— zweite Vorschule für die französ. Conversation. Neue Auswahl leichter und unterhaltender Theaterstücke. Zum Uebersetzen aus dem Deutschen ins Franz. bearb. 8. (IV und 202 S.) Leipzig 849, Teubner.
Erste Vorschule. Ebendas. 1846. 15 Ngr.

—— zweite Vorschule für die französische Conversation. Neue Auswahl leichter und unterhaltender Theaterstücke. Zum Uebersetzen aus dem Deutschen ins Französ. bearb. 2. Aufl. 8. (IV, 268 S.) Leipzig 868, Teubner.

Brandopfer auf dem Altare des gesunden Menschenverstandes. O. O. 1808. V: *Giovanelli, Josef von.* (MARGR) (BIBLPORT)

Brandordnung.– Chur-Cölln. verbesserte Brand-Ordnung. (Geben Brüel den 22.6.1730.) Bonn.

Brand-Ordnung der Gusstahlfabrik der Firma F Krupp in Essen. Essen

Brandowski: Das Schachspiel, s. Vanderheid, Christian.

Brandowski, Alfr. (geb. Wilkowyja in Posen 11. 9. 1835): De Stanislai Oxii Orichovii annalibus Polonicis. Berolini (MDXXXLX [vielmehr 1860]). (40 S.) 8°.
Berlin, Phil. Diss. v. 24. März 1860

Brandowski, St. v., Grammatik der Weltsprache Volapük zum Selbstunterrichte und als Hilfsbuch für Lehrer bearbeitet. 16. (220 S.) Wien, Wenedikt. fl. —.96. 1887

— Volapük-Wörterbuch. 16. (112 S.) Ebd. fl. —.48. 1887

Brandraketen

— e. Feuerwerk f. Engländer. 2 Hefte, mit Kpf. gr. 8. Lpz. 808. Voß. 1 Rthlr 8 gr

Brandraketen, oder d. Wissenswürdigste d. Tages. Flugschrift in zwanglosen Heften. 1s u. 2s Heft. 8. Germanien, (Magdeb.) 814. (Leipz., Lauffer). 1 Rthlr 8 gr

Brandraketen, od. d. Wissenswürdigste d. Tages. Flugschrift in zwanglosen Heften. 1s u. 2s Hft. 8. Germanien, (Magdeb. v. Schütz.) 814. (à 16 gr.)

Brandriedel.– Zoff, A.: Panorama v. Brandriedel (1724 m.) bei Schladming. Nach d. Natur aufgenommen u. gezeichnet. Namensbestimmung u. Text v. J. Frischauf. Hrsg. v.d. Section 'Austria' d. deut. u. österr. Alpenvereins. 2 Bl. Lith. Fol. Wien 1882. (Lechner's S.).

[5.] Auf Wronkermühle. Orig.-Roman v. E[dmund] D. H. Brandrup. Guben: D. Schönwandt [1892]. (1 Bl., 262 S.) 1 Bd 8. [96. 608]

Brandrup, Marie, s.: Widdern, M.

Reg.Bez. Köslin. **Entfernungs- und Reise-Karte** des Kreises Lauenburg. (Maßst.: 1:75.000.) Nach amtl. Ermittelungen u. unter Benutz. d. Messtischblätter ... bearb. im Katasterbureau d. Kgl. Regierung unter Leitung d. Katasterinsp. [Wilhelm] Brandrup. Hrsg. 1906. (Glogau: C. Flemming 1906.) (1 Kartenbl. 59×74 cm.) 8° [lith.] [kol.] [Umschlagt.:] Amtliche Entfernungskarte d. Kr. Lauenburg. [06. 1946]

Brandrup s.: Entfernungs- u. Reisekarten d. Kreise d. Reg.-Bez. Köslin.

Brandrupp, A.H.

Brandrupp, H. A., der Brand von Chicago, oder Kämpfe um's Leben. Eine Auswanderergeschichte. 80 Lfgn. 8. (545 S.) Berlin 878, Burmester und Stempell. à Lfg. 30 Pf.

Brandrupp, A. H., die Falschmünzer oder berliner Geheimnisse. Bilder aus dem tägl. Leben. (In ca. 20 Heften.) 1—8. Heft. gr. 8. (S. 1—384.) Berlin 856, Nelte. à Heft 3 Ngr.

Brandrupp, A. H., die Falschmünzer oder berliner Geheimnisse. Bilder aus dem täglichen Leben. 9—30. Heft. (Schluß.) (S. 385—959.) Berlin 856, Nelte. à Heft 3 Ngr.
1—8. Heft. Ebendas. 1856. 24 Ngr.

—— der räthselhafte Gast. Historischer Roman. 2 Bde. 8. (515 S.) Berlin 857, Fernbach jun.

—— der Gefährte des Kaisers. Historischer Roman aus den Feldzügen Napoleons. 2 Bde. 8. (575 S.) Berlin 857, Fernbach jun.

—— das Glockenspiel auf der Garnisonkirche zu Potsdam. Historischer Roman aus der Zeit Friedrichs des Großen. 2 Thle. 8. (400 S.) Berlin 855, Fernbach jun.

—— der Graf von Steinfels und seine Söhne oder die Frauenmörder. Sensations-Roman. 80 Lfgn. 8. (1488 S.) Berlin 878,74, Burmester und Stempell. à Lfg. 30 Pf.

—— der Kanonier, s. Kanonier.

Brandrupp, A. H., der Krieg m. Frankreich 1870—1871. gr. 8. (III, 358 S. m. eingedr. Holzschn. u. 24 Holzschntaf.) Berlin 871. Leipzig, Allg. deutsche Verlags-Anstalt. geb. 2. 25

Brandrupp, A. H., Selbstbiographie des Lueleagh, s. Novellen-Sammlung. (Vgl. Brandrupp, C.)

—— das Volksbuch vom König Wilhelm nach „Wilhelm I. in Wort und Bild." Für Schule und Haus bearb. von A. Eggers. gr. 8. (302 S. mit 1 Portr. in Holzschn.) Berlin 870, Allgemeine deutsche Verlags-Anstalt. *

Brandrupp, A. H., Wilhelm I. König von Preußen in Wort u. Bild. Mit zahlreichen Illustrationen aus dem Leben des Königs (in Holzschn.). 2 Thle. 1. u. 2. Ausg. 868. n. 4 Rthlr — 3. Aufl. Volks-Ausg. 869. n. 3 Rthlr — 4. Aufl. Berlin 870. Allgem. deutsche Verlags-Anstalt. gr. 8. (759, 607 S. u. photogr. Portrait.) geb. n. 4 Rthlr

—— dass. — 4. Aufl. gr. 8. (1431 S. mit 1 Portr. in Photogr.) Ebendas. 870. [Gera, Griesbach's Verlag.] geb. (M 12.) *

—— Wilhelm I. Preußens Heldenkönig in Wort und Bild. Ein Gedenkbuch fürs preuß. Volk. 5. Aufl. 2 Thle. in 31 Lfgn. Mit vielen in den Text gedr. Illustr. (in Holzschn.). gr. 8. (759; 667 S. mit Fortsetzung: Der Krieg mit Frankreich 1870. 396 S.) Ebendas. 871. [Hamburg, L. M. Glogau.] à Lfg. 40 Pf. (M 12,50.) *

Brandrupp, C., Selbstbiographie des Lueleagh, s. Novellen-Sammlung. (Vgl. Brandrupp, A.H.)

Brandrupp, Klara, gesühnte Schuld, s.: Weber's moderne Bibliothek. Nr. 81.

Brands, Bernhard, Gerichts-Assessor in Neuß a. Rhein: Die Lehre von der Strafe bei Thomas von Aquin. Ein Beitrag zur Rechtsphilosophie des Mittelalters. Düsseldorf 1908: L. Schwann. (54 S.) 8°
Berlin, Jur. Fak., Ref. Kohler, Diss. v. 27. Juli 1908
[Geb. 16. Nov. 79 München-Gladbach; Wohnort: Neuß a. Rh.; Staatsangeh.: Preußen; Vorbildung: Gymn. München-Gladbach Reife O. 99; Studium: Bonn 1, Berlin 2, Bonn 1, Berlin 1, Bonn 1 S.; Rig. 21. Jan. 08.]

Brands-Schippers, Adrian Wilhelm (Leyden) [Auctor]
Dissertatio inauguralis medica de deglutitione difficili.
Giessae 7. Juli 1786: Braun. 20 S. 4°
pro gradu doctoris

Brandsch, Friedr.: Ueber die Erziehung des Kindes bis zur Schule. 34 S. 8°.
Progr. Mediasch 1866.

Brandsch, Gottlieb: Kyrieleis (Siebenbürgen). Vortr. In: Kirchl. Bl. 1907/08. S. 452—455.
Als SA: Hermannstadt, Krafft 1907. 7 S. 8°.

Brandsch, G., Liederbuch f. die Volksschulen der ev. Landeskirche A. B. in den siebenb. Landesteilen Ungarns. I. Tl. 1.—4. Schulj. 8. (70 S.) Nagyszeben (Hermannstadt) 902. W. Krafft. Kart. n. — 43

Brandsch, Gttlieb., Liederbuch f. die Volksschulen der ev. Landeskirche A. B. in den siebenb. Landesteilen Ungarns. II. Tl. 5.—8. Schulj. (131 S.) 8. Nagyszeben (Hermannstadt) 903. W. Krafft. Kart. n.n. — 85

Brandsch, Gottlieb: Zur Metrik d. siebenbürgisch-deutschen Volksweisen. Beil. zum Lks.-P. 1904/05. Nagyszeben (Hermannstadt): Krafft in Komm. 1905. 43 S. Gr.-8°.

— über Werden u. Vergehen der Volksweisen. Vortrag. (20 S.) 8. Ebd. (906). n. — 25
Sonderabdruck aus: „Akad. Blätter".

Brandsch, Heinrich

Brandsch: Einige Bemerkungen zum Unterricht in der geometrischen Formenlehre.
Progr. Mediasch 1865.

Brandsch, Heinr. Durch alle Punkte irgend eines Kegelschnittes werden untereinander parallele gerade Linien gezogen. — Die innerhalb des betreffenden Kegelschnittes fallenden Stücke dieser parallelen Geraden werden in dem Verhältnis $p:q$ geteilt, und es sind die wichtigsten Eigenschaften der Teilungslinie aufzusuchen und anzugeben. 21 S. Progr. *Mediasch* 1879.

Brandsch, Karl

Brandsch: Beschreibung einiger grösserer Pilzarten aus der Umgebung von Mediasch. 14 S.
Progr. Mediasch 1854.

Brandsch, K.: Ist ein Unterricht möglich, welcher nicht zugleich erziehend auf den Geist des Schülers wirke? 15 S.
Progr. Mediasch 1855.

Brandsch, Karl: Skizzen aus d. Vergangenheit u. Gegenwart d. Gemeinde Burgberg. Gabe d. Gemeinde an ihre Gustav-Adolf-Zweigvereinsgäste. 29. Juni 1910. Hermannstadt: Krafft 1910. 35 S. 8°.

Brandsch, Karl: Lateinische Wörter in der Sprache unseres rumänischen Bauern, auf Grund von Pușcarius etymologischem Wörterbuch zusammengestellt. S. 3—50. 4.
Progr. Bischof Teutsch-Gymn. *Segesvár* (*Schäßburg*) 1907

Brandsch, Rudolf Kaiser Friedrichs III. (IV.) Beziehungen zu Ungarn in den Jahren 1440—1453. Eine Vorstudie. Aus dem Nachlasse des Verfassers herausgegeben von Karl Werner. 52, 64 SS. Progr. *Mediasch* 1883. 1884.

Brandschaden-Versicherungs-Anstalt,

— über; e. patriot. Vorschlag, (v. J. J. Fezer). 8. Tübing. u. Reutl. 783.

Brandschaden-Versicherungs-Anstalt, d. wechselseitige, aus d. doppelten Gesichtspunkte d. Staats u. d. Religion. gr. 8. Wien 823. v. Mösle. 8 K

Brandschaden-Versicherungs-Ordnung, Kgl. Württemb., für Gebäude vom 17. XII. 1807. Schw. Hall. 2. A.

Brandschatzung, die, Lustsp. v. Brühl. 8. Dresden, Walther. 785.

Brandscheid, Frdr., historische Dramen aus der neueren deutschen Geschichte, zur Belehrg. u. Erbaug. d. deutschen Jugend nebst Anhängen verf. gr. 8. (V u. S. 65—295.) Wiesbaden 899. G. Quiel. n. 2. —

Brandscheid, Frdr., Ethik. Z. Cicero „V. d. Pflichten" u. z. Selbststudium f. jedermann verf. gr. 8. (XIII, 183 S.) [Wiesbaden 895. G. Quiel.] (Freiburg i/B., Herder.) n. 3. 60; ermäß. Pr. n. 3. —

Brandscheid, Friedr., Handbuch der Einleitung ins Neue Testament. Prolegomena zum griechisch-lateinischen Neuen Testament. Für höhere Lehranstalten u. zum Selbststudium herausgegeben. Freiburg, Herder, 1893, 4°, VIII und 196 S., 5 Mk.
Recens. von Krieg, Litt. Rundschau, 1893, S. 858—859.

— Iphigenia i. Taurien. Tragödie v. Euripides, n. ihrer Idee entwickelt u. dargest. Nebst Anhängen. gr. 8. (IV, 64 S.) Wiesbaden 897. Lützenkirchen & Bröcking. n. 1. 20

Brandscheid, Friedr., der „Ödipus Tyrannos" des Sophokles und seine neuesten Kritiker. Nebst einem Anhang: Wider das übertriebene Konjekturenwesen in Aristoteles Poetik. 2. Nachtrag zu seinen Ausgaben obiger Werke. gr. 8. (22 S.) Wiesbaden 883, Rodrian.

Brandscheid, Frideric., s.: Testamentum, Novum, graece et latino.

Brandseph, H., Kostümstudien, s.: Vorlage-Blätter f. Photographen. II. Jahrg. 4. Hft.

Brandstädter, Hermann

Brandstädter, H., Christian steigt. Geschichte e. armen Landjungen. Eine Erzählg. f. die Jugend. Mit 4 doppelfarb. Vollbildern. (IV, 268 S.) 8. Stuttgart (906.) Levy & Müller. Geb. in Leinw. n. 3. —

Brandstädter, Herm.: Christian steigt. Geschichte e. armen Landjungen. Erzählg f. d. Jugend. 2. Afl. (4, 268 m. 4 farb. Vollbild.) 8° Stuttg., Levy & M. ('12). L 3 — d

Brandstädter, H., in der Erkerstube. Dämmerstundenmärchen d. Großmutter. Mit Titelbild v. Fel. Schmidt. gr. 8. (201 S.) Düsseldorf (900). A. Bagel. Geb. in Leinw. 3. —

Brandstaedter, Herm., Erichs Ferien. E. Erzählg. f. d. Jugend, auch f. ält. u. alte Leute ohne Schaden zu lesen, nur müssen d. Herzen jung sein. M. 1 Titelbilde. gr. 8. (IV, 204 S.) Düsseldorf 895. A. Bagel. Geb. in Leinw. 3. —

[F.] Friedel findet eine Heimath, E. Erzähl. f. jung und alt ... Von H. Brandstädter ... M. Titelb. ... *Düsseldorf: A. Bagel [1897].* (2 Bl., 228 S., 1 Taf.) 1 Bd 8. [97. 6546

— Friedel findet e. Heimat. Eine Erzählg. f. jung u. alt, zum Weinen, zum Lachen u. — zum Nachdenken. Mit Titelbild v. Fel. Schmidt. 2. Aufl. gr. 8. (IV, 228 S.) Ebd. (898). 2. 50; geb. in Leinw. 3. —

— Hindurch zum Ziel, s.: Jugendbücherei, farbig ill.

Jugendzeit. 3 Erzählungen f. alle, die jung sind u. jung waren. Von H. Brandstädter. Mit Titelb. von Felix Schmidt. *Düsseldorf: A. Bagel [1899].* (217 S.) 8° [F.] [99. 166]

— das böse Latein. Eine stille Land-, Stadt- u. Schul-Geschichte. Mit Titelbild v. Fel. Schmidt. gr. 8. (IV, 182 S.) Ebd. (901). Geb. in Leinw. 3. —

— Morgendämmerg, s: Volks- u. Jugendschriften-Sammlung, Neue illustr.

[F.] Das Rechte thu' in allen Dingen! E. Erzählg f. d. Jugend u. deren Freunde. Von H. Brandstädter ... M. Titelb. v. F. Schmidt. *Düsseldorf: A. Bagel [1896].* (2 Bl., 211 S., 1 Taf.) 1 Bd 8. [97. 1379

— Das Rechte thu' in allen Dingen! Erzählg f. d. Jugend u. deren Freunde. 2. Afl. 8° (211 m. Titelbild.) Ebd. 99. 2.50; geb. 3 —

In der Schule. Eine lehrhafte Geschichte, die im Sande verläuft. Von H[ermann] Brandstädter. Mit Titelbild von Felix Schmidt. Düsseldorf: A. Bagel [1903]. (224 S.) 8° [F.] [03. 1646

Brandstädter, H., der falsche Waldemar, s.: Alexis, Willib.

Brandstädter, H: Wir fahren z. Grossvater. Eine Winter- u. Weihnachtsgesch. (228 m. 4 Vollbildern.) 8° Stuttg., Levy & M. ('05). Geb. 3 — d

— die Zaubergeige. E. wahre Geschichte v. einem, d. sie gefunden, u. v. einem, d. sie gespielt. D. Jugend u. ihren Freunden erz. M. Titelbild v. Fel. Schmidt. gr. 8. (IV, 196 S.) Ebd. 898. Geb. in Leinwand 3. —

Brandstädter, H[ermann]. Zur rechten Zeit. Den Kindern dargereicht vom Verein für Verbreitung guter Schriften, Basel. 36 S. 8. (Basel, Emil Birkhäuser, Dezember 1902.) [fr. —. 05]

Verein für Verbreitung guter Schriften, Basel. B. 12 [Weihnachtsgabe].

Zur rechten Zeit. 2 Erzählungen aus d. Heimat von H[erm.] Brandstädter. 1. Heimkehr. 2. Der Bote. Gumbinnen: C. Sterzel 1906. (100 S.) 8° [F.]
= Volksbücher, Ostpreußische. Bdch. 3. 10

Brandstaeter, Aug. Die Blindenpflege, s. Zimmer's Handbibliothek der praktischen Theologie.

Brandstaeter, E., Der Altenaer Burgbau. Witten, 1907. 24 S.

Brandstäter, Franz August

Brandstäter, F. A., Abriß der französischen Grammatik in Verbindung mit der lateinischen u. griechischen, für höhere Bildungsanstalten u. Selbststudium, besonders für Gymnasien. 2., sehr verm. u. verb. Aufl. Danzig 857. Homann. gr. 8. (2 Bl., 244 S.) n. 28 ngr

Brandstäter, F. A., Bemerkungen üb. d. Geschichtswerk des Polybius. gr. 4. (1½ B.) Danzig 843. (Kabus.) Progr.

Brandstäter, Franz Aug., Göthe's Faust u. die Compositionen des Fürsten A. Radziwill zu demselben; musikal.-ästhet. Betrachtungen. gr. 8. (18 S.) Danzig 849, Kabus. n. 4 ngr

Brandstäter, Frz. Aug., die Gallicismen in der deutschen Schriftsprache mit besond. Rücksicht auf unsere neuere schönwissenschaftl. Literatur. Eine patriot. Mahnung. gr. 8. (XI, 266 S.) Leipzig 874, Hartknoch.

Brandstäter, F. A., s. Gedanensia.

Brandstäter, Frz., Gedania, poetisches Album von Danzig und seinen herrlichen Umgebungen. Danzig (856.) Homann in Comm. 12. (2 Bl., 92 S.) n. 20 ngr

—— Gedania, poetisches Album von Danzig und seinen herrlichen Umgebungen. 12. (III und 92 S.) Danzig 857, (Homann's Kunst- und Buchh.) * 20 Ngr.; geb. *

Brandstäter, Frz. Aug., Gedania. Poetisches Album von Danzig und seinen herrlichen Umgebungen. 2. Aufl. Berlin 861. Th. Grieben. 12. (2 Bl., 92 S.) n. 15 ngr

— die Geschichten des Aetolischen Landes, Volkes u. Bundes, in drei Büchern nach den Quellen dargestellt, nebst einer historiograph. Abhandl. über Polybius. gr. 8. (Mit 1 Tab.) Berlin 844, Reimer. 2 ℳ

Brandstäter, Franz Aug., Grundlegung d. franz. Grammatik f. höh. Bildungsanstalten u. z. Selbstgebr. Anh.: Grundr. d. franz. poet. National-Litteratur. gr. 8. (11½ B. u. 1 Tab.) Danzig 840, Homann. * 12 Gr., Blnp. *

— Johannes Hevelius, der berühmte Danziger Astronom. Sein Leben u. seine Bedeutsamkeit. Eine Gelegenheitsschrift, im Namen des Comité's zur Gründung des Hevelius Denkmals in Danzig herausg. Danzig 861. Weber in Comm. gr. 8. (64 S.) n. 10 ngr

Brandstäter, F., 50 mehrstimmige Jugend-Lieder. 3. Aufl. Sopran, Alt, gr. 8. (à 40 lithogr. S.) Danzig 863, Ziemssen. à *

— 40 zweistimmige Jugend-Lieder. Sopran. 2. Aufl. Danzig (856.) Kabus. Lex.-8. (32 lith. S.) n. 6 ngr

— — Alt. 2. Aufl. Ebend. (856.) Lex.-8. (32 lith. S.) n. 6 ngr

—— 40 zweistimmige Jugend-Lieder. (2 Hefte.) Sopran. — Alt. 2. Aufl. gr. 8. (à 32 S.) Danzig 857, [Ziemssen.] à Heft * 6 Ngr. *

Brandstäter, Frz. Aug., Land und Leute des Landkreises Danzig. Eine topographisch-historisch-statist. Schilderung; im Auftrage der Kreisstände verf. gr. 8. (XVI, 516 S.) Danzig 878, Bertling. *

Brandstäter, Frz. Aug., Land u. Leute des Landkreises Danzig. Eine topographisch-historisch-statist. Schilderung; im Auftrage der Kreisstände verf. gr. 8. (XVI, 516 S.) Danzig 879. Bertling. n. 5. 50

Brandstäter: Ueber Schillers Lyrik. 39 S. Progr. Danzig 1863.

Brandstaeter, F. A., über Schiller's Lyrik im Verhältnisse zu ihrer musikalischen Behandlung (allgemeine Betrachtung und specielle Aufzählung). gr. 4. (89 S.) Berlin 868, Dümmler's Verlag. *

—— Materialien zum Uebersetzen aus d. Deutschen ins Franz. Zunächst als Hülfsb. z. Grammatik. 8. (12 B.) Danzig 840, Homann's Kunst- u. Buchh. *.

— de paronymis graecis in — ιτης terminantibus. [Programm d. städt. Gymnasiums zu Danzig.] gr. 4. (IV u. 50 S.) Gedani 852. (Weber.) n. 12 ngr

Brandstäter, F. A., Danziger Sagenbuch, s. a. Gedanensia.

Brandstätter, F. A.: Danziger Sagenbuch. Sagen von der Stadt und ihren Umgebungen. In vollständ. Samml. 3. Aufl. — Danzig: Bertling 1886. X, 104 S. mit 5 Ill. (Gedanensia. Beiträge zur Geschichte Danzigs. Bdch 2.) [1. Aufl. 1883.]

Brandstäter, Franc. Aug., Scythica. Dissertatio. 8maj. Königsberg 838. Gebr. Bornträger. n. ⅔ ℳ

— chronologische Uebersicht der Geschichte Danzigs. 2 Hfte. gr. 8. (VIII, 114 S. m. 1 Holzschntaf. in qu. 4.) Ebend. 879. à n. — 75

Brandstäter, F.A.: De vocabulis Graecis maxime paronymis in -ιτης locus alter, qui est de significationibus. 26 S. Progr. Danzig 1858.

—— de vocabulis graecis, maxime paronymis, in — ιτης locus alter, qui est de significationibus. gr. 4. (26 S.) Danzig 858, Weber. *

— die Weichsel, s. a. Weichsel, die.

—— d. Weichsel. Hist., topogr., malerisch. 8. (572 m. 36 K.) Marienw. 55. (Danz., Devrient.) (?) n. 6. —

— der See-Bade-Ort Zoppot bei Danzig in historischer, topographischer, naturwissenschaftlicher, balneologischer und socialer Hinsicht geschildert. Danzig 859. Bertling. 8. (2 Bl., 90 S.) n. 12½ ngr

Brandstäter, Franz Emil

Brandstäter, Frz. Emil de Punicorum carminis epici a Silio Italico conditi cum argumento tum ornatu poetico. XXII S. *Witten* 1877 Progr.

Brandstäter, Frz. Emil. Das Fest d. Prometheus. Epische Dichtg. 8. (XII, 314 S.) Hamb. 890, Verlagsanstalt u. Druckerei, A.-G.

Brandstäter, Fr[anz] E(mil): Märkisch-Westfälische Ortsnamen, aus den Urlauten erklärt, nebst Mitteil. über d. bisher. Standpunkt d. Namenkunde u. d. Etymologie sowie über d. Notwendigkeit e. biolog. Betrachtungsweise in d. Sprachwissenschaft. Witten a. d. Ruhr: Märk. Dr. & Verl.-Anst. 1909. 201 S. 8° ¶ [Ersch. auch als Buch ebd.]

Witten a. R., RG m. R P 1909 (506)

Festchoräle für Pianoforte oder Harmonium leicht gesetzt von Georg **Brandstäter**, Musikdir. *Danzig: Th. Eisenhauer [1902].* (12 S.) quer-8° [F. u. Ant.] 10

Festchoräle für Pianoforte oder Harmonium leicht gesetzt von Georg **Brandstäter**, Organist. Neue, vervollst. Ausg. Danzig: H. Lau [1905]. (16 S.) quer-8° [F.] 10

Brandstaeter, Walter (Danzig), Ein Fall von Vergiftung durch chlorsaures Kali. Diss. med.-chir. Bln. (G. Schade [O. Francke]) 14. VIII. 1880. 36 S. m. Biogr. (4.—) 3775
Oppon.: H. Benzler, K. Zimmermann, C. Duvinage.

Brandstätte, Die, Hamburgs, geschildert von W. F. Bremen 1842. V: *Fricke, Wilhelm.* (EngG)

Brandstätte, die, Hamburgs, geschildert von W. F. gr. 8. Bremen 842, Kaiser. 1/12 ℳ

Balingens | Brandstätten. | Den 30sten Juny 1809. | An alle Menschenfreunde. | Der Erlös ist für die Verunglückten | bestimmt. (Preis 6 kr.) | Gebet: | So wird Euch gegeben! | Christus. | Reutlingen. | In Commißion der J. J. Mäcken'schen Buchhandlung. | (Gedruckt mit C. F. Bofinger'schen Schriften.).
8 S., 190 × 130.
St.-A. Ludwigsburg D 54/42.

Brandstätter Anton: Das Wissen nach Platons Dialog Theaetet. 12. Salzburg Priv. 00. Progr.

Brandstaetter, Carolus *Edvardus* [Obernitzschcensis]: De notionum πολιτικός et σοφιστής usu rhetorico ... (Erschien vollst. in: Leipz. Studien z. class. Philol., xv.) Lipsiae, typ. Hirschfeldianis, 1893; 3 Bl., 131—203 S. 8.
Leipzig, Phil. Fak., Inaug.-Diss. v. [1. Dez.] 1893

Brandstätter, Franz August, s. Brandstäter, Franz August

Brandstätter, Friedrich

— Einfache Apparate und Schulversuche im chemischen Experimentalunterrichte. (29). Wien III. R. 05. Progr.

Brandstätter Friedrich: Die Untersuchung der Mineralfarben in den chemisch-praktischen Übungen an Oberrealschulen. 25. Pilsen R. 00. Progr.

Brandstätter, Fritz. Adressen französisch (dazu Eisenbahn-, Dampfschiff- u. Telegraphenverbindungen, Postämter I., telegraphische Zeichen u. die Bedingungen f. die Postgehilfenprüfung als Einleitung) f. Postgehilfen u. Postanwärter. 16. (92 S.) Bromb. 892, (Mittler). geb. * 1 60

— Postschule. Vollständige Vorbereitg. auf die Postgehilfen- u. Postanwärterprüfg., sowie f. solche Militäranwärter, welche sich zur Eisenbahn etc. zu melden beabsichtigen. gr. 8. (V, 196 S.) Ebd. 895. Geb. n. 2. 50

Brandstätter, Fritz: Timomachos, Werke und Zeitalter. . . .
Leipzig, Druck v. G. Pätz, Naumburg a. S. (1889): 60 S. + 1 Bl. 8°
Leipzig, Phil. Fak., Inaug.-Diss. v. 13. Sept. 1889

Brandstätter, Ign., Ansichten üb. die Grundlagen des Strafrechtes. (88 S. u. 1 Bl.) gr. 8. Jasło 908. (Czernowitz, H. Pardini.) 1. —

— Zu d. Ansichten üb. d. Grundlagen d. Strafrechtes. (41) gr8° Ebd. '09. 1.20

Brandstätter, Kurt, Rechtsprakt.: Begriff des Nebengewerbes nach § 3 des Handelsgesetzbuches vom 10. Mai 1897. Edenkoben 1909: Mietens. 62 S. 8°
Würzburg, Jur. Diss. v. 21. Mai 1909, Ref. Mayer
[Geb. 24. Aug. 83 Steinfeld; Wohnort: Edenkoben; Staatsangeh.: Bayern; Vorbildung: Gymn. Weißenburg i. E. Reife Aug. 03; Studium: Genf 2, Berlin 1, Würzburg 5 S.; Rig. 29. Jan. 09.]

Brandstätter, Leopold (Hrsg.), s. Schreibkalender, Neuer Korneuburger.

Brandstätter, Rob., Rundschau üb. Villach u. dessen Umgebung. Aufnahme vom Stadtpfarrthurm aus [Gallerie d. Thurmwächters]. Nach der Natur gezeichnet u. lith. qu. schmal Fol. Villach 886. (Klagenfurt, Raunecker.) In Carton. n. 1. 40

Brandstetter, Friedrich Rich[ard]: Kurbrandenburgische Unionsbestrebungen 1647/48. Ein Beitrag zur Geschichte d. Westfälischen Friedens. *Leipzig: F. Brandstetter 1898.* (VIII, 66 S.) 8°
Leipzig, Phil. Diss. v. [13. Sept.] 1898

Brandstetter, H. K., der Begleiter auf dem Mönchberge zu Salzburg. 8. Salzb. 818. Mayr. 9 K Schrbp. 10 K

— d. Fürstenbrunnen u. d. Marmorsteinbruch am Untersberge bei Salzburg. 12. Salzb. (818.) Mayr. 5 K

— d. Königssee in Berchtesgaden mit seiner malerischen Umgebung. 16. Salzb. 817. Mayr. 5 K

— die Urbewohner d. Erde, in 6 Gesängen. 8. Salzb. 818. Mayr. 10 K

Brandstetter. J(os[ef]) L(eop[old]). Anleitung zum Verständnisse der Chronologie und Datirung der Alten (*Nachtitel: Kurze A' zum Uebersetzen der Daten, mit besonderer Rücksicht auf schweizerische Urkunden). 〈SA.〉 8. Einsiedeln 1870.

Brandstetter, Josef Leopold (Hrsg.), s. Attenhofer, Heinrich: Die Burg Büron im Kanton Luzern.

Bibliographie der Gesellschaftsschriften, Zeitungen u. Kalender in der Schweiz. Zsgest. v. Jos. Leop. **Brandstetter,** Prof. in Luzern. *Bern: K. J. Wyss 1896.* (XIX, 302 S.) 8.
— Bibliographie d. Schweizer. Landeskunde. Fasc. 1b [97. 98]

Brandstetter. Josef Leopold. Zur Chronologie der Urkunden Conrads von Tegerfelden, Bischofs von Konstanz 1209–1233. [SA.] 8. [Luzern 1899.]

Brandstetter, Josef Leop[old]. Die Dezimalbruchperioden. 8.
Ausg. A: 21 S. — Jahresbericht für die Höhere Lehranstalt zu Luzern für das Schuljahr 1907/08. ... Beilagen: [I]... . Luzern, J. Schills Erben, 1908.
Ausg. B: Separatabdruck aus dem Jahresbericht für die h' L' in L' für das Sch' 1907/08. II + 21 S. Luzern, J. Schills E', 1908.

Brandstetter. Josef Leop[old]. Chronologische Differenzen. SA. 8. Luzern 1909.

[Brandstetter, Josef Leopold.] Dingstätten des Mittelalters. [SA.]. 8. [Stans 1896.]
Beiträge zur schweizerischen Ortsnamenkunde. [Abteilung 2. No] 8.

Brandstetter, Jos. Leop., die Ergänzungsecke. gr. 4. (18 S. mit 2 Stnt.) Luzern 875, Gebr. Räber. *

Brandstetter, Jos[ef] Leop[old]. Etwas aus der Geschichte von Urseren. Erschienen im Feuilleton des Luzerner «Vaterland» vom 21., 22. und 23. März 1907. 14 S. 8. [Luzern, Räber & Cie.]

Brandstetter, Josef Leopold. Funde im Eckstein der abgetragenen Klosterkirche St. Anna im Bruch in Luzern. [Mit 1 Tafel.] Separat-Abdruck aus dem Geschichtsfreund Band 63. II + II + 2 S. 8. Stans, Ad. & P. von Matt, [1908].

Brandstetter, Josef Leop[old]. Die Gemeindenamen der Zentralschweiz in Wort und Schrift. Separatabzug aus der 1. Lieferung der «Zeitschrift für schweizerische Statistik», Jahrg. 39. 1903. II + 24 S. 4. Bern, Stämpfli & Cie., 1902.

Brandstetter, Jos. Leop., die Gemeindenamen der Zentralschweiz in Wort u. Schrift. (24 S.) gr. 4. Bern 903. (A. Francke.) n. 1. —
Sonderabdruck aus: „Ztschr. f. schweiz. Statistik".

Brandstetter, Josef Leopold. Kantons- und Ortsgeschichte 〈Siedelungkunde〉. Zusammengestellt von Dr. J' L' B', Prof. VIII + 330 S. 8. Bern, K. J. Wyss, 1906. [fr. 4.—]
Ausg. A mit deutschen Titeln. — Bibliographie der Schweizerischen Landeskunde... . Fascikel V 3.
Ausg. B mit französ. Titeln: Histoire cantonale et locale 〈Origine et développement〉. Elaboré par le prof. Dr. Joseph-Léopold B'. Berne ... 1906. — Bibliographie nationale suisse... . Fascicule V 3.

Brandstetter, J[osef] L[eopold]. Naturhistorische Litteratur und Naturchronik der fünf Orte für das Jahr 1897, zusammengestellt durch J. L. Br'.... SA. 8. Luzern 1898.

Brandstetter, Jos[ef] Leop[old]. Naturhistorische Litteratur und Naturchronik der fünf Orte für die Jahre 1900 und 1901, zusammengestellt durch Dr. Jos. Leop. B'... in Luzern. Separatabdruck aus den «Mitteilungen» der Naturforschenden Gesellschaft in Luzern, Heft 3 [*d. i.* 4], 1903/04. II + 70 S. 8. Luzern, J. Schill, 1904.

Brandstetter, Josef Leop[old]. Naturhistorische Literatur und Naturchronik der fünf Orte für die Jahre 1902 bis 1905, mit einem Verzeichnis der Naturchronik 1896—1905. Sonderabdruck aus den Mitteilungen der Naturforschenden Gesellschaft in Luzern. Heft 5. II + 105 S. 8. Luzern, J. Schills Erben, 1907.

Brandstetter, Josef Leopold. Litteratur der V Orte von den Jahren 1900 & 1901. ⟨Schriften über die V Orte und aus den V Orten.⟩ Zusammengestellt von Josef Leopold Brandstetter. Sonderabdruck aus dem Geschichtsfreund Bd. 57. 49 S. 8. [Stans, Paul von Matt, 1902.]

Brandstetter, Josef Leopold. Literatur der V Orte von den Jahren 1902 & 1903. Zusammengestellt von Dr. J' L' B'. [Sep.-Abdr. aus dem Geschichtsfreund, Band 59.] II + 53 S. 8. Stans, Ad. & P. von Matt, 1904.

Brandstetter, Josef Leopold. Literatur der V Orte von den Jahren 1904 & 1905. Zusammengestellt von Dr. Joseph L' B'. [Sep.-Abdr. aus dem Geschichtsfreund, Band 61.] II + 51 S. 8. Stans, Ad. & P. von Matt, 1906.

Brandstetter, Josef Leopold. Literatur der V Orte von den Jahren 1906 und 1907. Zusammengestellt von Dr. J' L' B'. Separat-Abdruck aus dem Geschichtsfreund Band 63. II + 47 S. 8. Stans, Ad. & P. von Matt, [1908].

Brandstetter, Josef Leopold. Literatur der V Orte von dem Jahre 1908. Zusammengestellt von Dr. J' L' B'. [SA. aus dem Geschichtsfreund, Band 65.] 23 S. 8. [Stans, Ad. & P. von Matt, 1910.]

— die Namen der Bäume u. Sträuche in Ortsnamen der deutschen Schweiz. Progr. gr. 4. (86 S.) Luzern 902. (Geschw. Doleschal Nachf.) n. 2. 20

Brandstetter, JL: Die Namen d. Bäume u. Sträuche in Ortsnamen d. deut. Schweiz. (86) 4° Luz., (E Haag)'02. 2.20

Brandstetter, Josef Leop[old]. Die Namen der Bäume und Sträucher in Ortsnamen der deutschen Schweiz. Beilage zum Jahresbericht der höheren Lehranstalt in Luzern für das Schuljahr 1901/1902. 86 S. 4. Luzern, J. Schill, 1902.

Brandstetter, Josef Leopold. Ortsnamenstudien auf Menzberg. (Separatabdruck aus Geschichtsfreund Bd. 62.) II + 24 S. 8. [Stans, Ad. & Paul von Matt, 1907.]

Brandstetter, J. L., Register oder Verzeichnisse zu Bd. 1—20 des Geschichtsfreundes, s. Geschichtsfreund, der

Brandstetter, Jos. Leop., Repertorium üb. die in Zeit- u. Sammelschriften der J. 1812—1890 enth. Aufsätze u. Mitteilungen schweizer-geschichtlichen Inhaltes. Hrsg. v. d. allgemeinen geschichtforsch. Gesellschaft der Schweiz. Lex.-8. (IV, 467 S.) Basel 892. A. Geering. n. 7. 20

— Repertorium über usw. Aufsätze u. Mitteilungen schweizergeschichtlichen Inhaltes, Fortsetzg., s.: Barth, Hans.

Brandstetter, Josef Leopold. Die Rigi und der Pilatus, zwei Grenzsteine zwischen Helvetien und Rätien. Separat-Abdruck aus dem Geschichtsfreund Band 63. II + 42 S. 8. Stans, Ad. & P. von Matt, [1908].

Brandstetter, Josef L[eopold]. Die Rödel der Probstei und des Almosneramtes des Gotteshauses im Hof zu Luzern, mit Verzeichnissen. Besorgt durch Josef L. Br'. Professor. SA. 8. Einsiedeln... 1883.

(Brandstetter, Josef Leop[old].) ÷ Franz Josef Schiffmann, Bibliothekar in Luzern. [A.] 4. [Luzern 1898.]

Brandstetter, Josef Leop[old]. Der Name Splügen. 3 S. 8. [Einsiedeln, Eberle & Rickenbach.]

Separat-Abzüge aus «Pädagogische Blätter» [Jahrg. 11, 1904, Nr. 11].

(Brandstetter, Jos[ef] L[eopold].) Unser Frauen tag der erren und Unser Frauen tag zem ernde. [SA.] 8. [Solothurn 1881.]

Brandstetter, Jos[ef] Leop[old]. (Beiträge zur schweizerischen Ortsnamenkunde:) Der Ortsname Tschuggen. Sonderabdruck aus Geschichtsfreund Bd. 59. 12 S. 8. Stans, Ad. & P. von Matt, 1904.

Brandstetter, Jos(eph) Leop[old]. Westerlege und Schlotterten. Separatabdruck aus dem Geschichtsfreund, Bd. 60. II + 9 S. 8. [Stans.] Ad. & P. von Matt. [1905].

— Der Ortsname Zimikon (Kt. Zürich). (14) kl8° Luzern, Dr. Brandstetter. (Nur dir.) † 1.20

Brandstetter, Josef Leop(old). Der Ortsname Zimikon ⟨Kt. Zürich⟩. ([Mit] Beigabe: Verzeichnis meiner literarischen Arbeiten.) 14 S. 8. Luzern, J. Schills Erben, 1910. [fr. —. 60]

Brandstetter, R., das griechische Zeitwort, systematisch dargestellt. gr. 8. Landsh. 817. Thomann. 10 gr

Brandstetter, Renward, drei Abhandlungen üb. d. Lehnwort. 1. Das Lehnwort in der Luzerner Mundart. 2. Das Lehnwort in der bug. Sprache. 3. Die Lehnwörter, welche der Luzerner Mundart u. d. bug. Sprache gemeins. angehören. Progr. 4. (68 S.) Luzern 900. (Räber & Co.) n.n. 1. 20

(Brandstetter, Renward.) Auslaut und Anlaut im Indogermanischen und Malaiopolynesischen. (Separat-Abdruck aus «Album — Kern» =) Mélanges Kern. II S. + S. 349—351. 4. Leide (= Leiden, Dr. vormals E. J. Brill), 1903.

(Brandstetter, Renward.) Blasphemiae accusatae 1381–1420. (SA.) 8. [Berlin 1886.]

Brandstetter, Renward. Charakterisirung der Epik der Malaien. Orig.-Untersuchg. gr. 4. (46 S.) Luzern 892, (Gebr. Räber u. Comp.). * 1 35

Brandstetter, Renward. Renward Cysat, 1545—1614, Der Begründer der schweizerischen Volkskunde. 110 S. 8. Luzern, Haag, 1909. [fr. 2. 50]

R' Brandstetters Monographien zur vollständigen sprachlichen und volkskundlichen Erforschung Alt-Luzerns. [Nr.] 8.

Brandstetter, Renward. Die altschweizerische Dramatik als Quelle für volkskundliche Forschungen. ⟨Vortrag, gehalten an der 8. Generalversammlung der Schweizer. Gesellschaft für Volkskunde ... 7. Juni 1903, in Winterthur.⟩ (Separat-Abdruck [aus:] Schweizerisches Archiv für Volkskunde.... Jahrg. 8. Heft 1.) II S. + S. 24—36. 8. (Zürich, Juchli & Beck, 1904.)

Brandstetter, R. Malaio-polynesische Forschungen. I. Der Natursinn in den älteren Litteraturwerken der Malaien. Gr. in-4°. 21 S. Luzern, Geschw. Doleschal. 1893 1 50

Brandstetter

— R. Malaio-Polynesische Forschungen II. Die Beziehungen des Malagasy z. Malaischen. (Sep.-Abdr.) In-4°. 44 S. Luzern, Gebr. Räber. 1 90
1893

— dasselbe. II. gr. 4. Luzern, Gebr. Räber & Co. n. 1. 50

Die Beziehgn. des Malagasy zum Malaiischen. [Aus: „Festschrift zur Eröffng. des neuen Kantonsschul-Gebäudes in Luzern".] (43 S.)

Brandstetter, R. Malaio-Polynesische Forschungen. III. Die Geschichte von Haug Tuwah. Ein alter malaischer Sittenroman ins deutsche übersetzt. Gr. in-4°. 54 S. Luzern, Geschw. Doleschal.
1894 2 50

Brandstetter, R. Malaco. Polynesische Forschungen: IV. Die Geschichte von König Indjilai. Eine bugische Erzählung ins Deutsche übersetzt. Zugleich ein Hülfsmittel für das Studium der bugischen Sprache. Gr. in-4°. 27 S. Luzern, Doleschals Buchh. 1895 2 50

Brandstetter, R. Malaio-polynesische Forschungen. V: Die Gründung von Wadjo (Paupan-Rikadöng). Eine histor. Sage aus Südwest-Celebes ins Deutsche übertr. Gr. in-4⁰. 18 S. Luzern, Geschw. Doleschal's Buchh. Nachf. 2 50
1896

Brandstetter, R. Malayo-polynesische Forschungen. II. Reihe. I: Die Geschichte von Djajalankara. Ein makassarischer Roman in deutsch. Sprache nacherzählt. Gr. 8⁰. 64 S. Luzern, Geschw. Doleschal's Buchhandl. Nachf. J. Eisenring.
1898 2 50

Brandstetter, Renward. Malayo-Polynesische Forschungen. Zweite Reihe. [Theil] 2: Tagalen und Madagassen. Eine sprachvergleichende Darstellung als Orientierung für Ethnographen und Sprachforscher. 85 S. 8. Luzern, J. Eisenring, 1902. [fr. 3.-]

Brandstetter, R: Malayo-polynes. Forschgn. II. Reihe. 2. Tagalen u. Madagassen. Sprachvergleich. Darstellg. (85) 8° Luz., E Haag '02. 2.50 (I—II, 2.: nn 18.50)

Brandstetter, Renward. Malaio-polynesische Forschungen. Zweite Reihe. [Theil] 3: Ein Prodromus zu einem vergleichenden Wörterbuch der malaio-polynesischen Sprachen für Sprachforscher und Ethnographen. 75 S. 8. Luzern, E. Haag, 1906. [fr. 2. 50]

Brandstetter, Renward. Malaio-polynesische Forschungen. Zweite Reihe. [Theil] 4: Mata-Hari oder Wanderungen eines indonesischen Sprachforschers durch die drei Reiche der Natur. 56 S. 8. Luzern, E. Haag, 1908. [fr. 3. —]

Brandstetter, Renward. Rätoromanische Forschungen. [Heft] 1: Das schweizerdeutsche Lehngut im Romontschen. 84 S. 8. Luzern, J. Eisenring, 1905. [fr. 2. 50]

Brandstetter, Renward, rätoromanische Forschungen. I. Das schweizerdeutsche Lehngut im Romontschen. (82 S.) gr. 8. Luzern 905. E. Haag. n. 2. 50

Brandstetter, Renward. Der Genitiv der Luzerner Mundart in Gegenwart und Vergangenheit. IV + 80 S. 8. Zürich, Zürcher & Furrer, 1904. [fr. 2. 50]
Abhandlungen hrg. von der Gesellschaft für deutsche Sprache in Zürich. (Heft) 10.

Die Geschichte von Djajalankara. E. makassar. Roman in deutscher Sprache nacherzählt (v. Prof. Dr. Renward **Brandstetter**). *Luzern: Geschw. Doleschal 1898.* (64 S.) 1 Bd 8.
= Brandstetter, R.: Malaio-Polynes. Forschungen. Reihe 2. [No] 1. [99. 4880

Die Geschichte von König Indjilai. E. bugische Erzählg ins Deutsche übs. Zugl. e. Hilfsmittel f. d. Studium d. bugischen Sprache (v. Dr Renward **Brandstetter**). *Luzern: Geschw. Doleschal 1895.* (V, 27 S.) 1 Bd 4.
= Brandstetter, R.: Malaio-Polynes. Forschungen. [No] IV. [99. 4887

Die Gründung von Wadjo '(Paupau Rikadong)'. E. histor. Sage aus Südwest-Selebes ins Deutsche übertragen (v. Prof. Renward **Brandstetter**). *Luzern: Geschw. Doleschal 1896.* (2 Bl., 28 S.) 1 Bd 8.
= Brandstetter, R.: Malaio-Polynes. Forschungen. [No] V. [99. 4888

Renward **Brandstetter**. Das schweizerdeutsche Lehngut im Romontschen. Luzern: J. Eisenring 1905. (82 S.) 8°
= **Brandstetter**: Rätoromanische Forschungen. 1. [06. 10678

Mata-Hari oder Wanderungen e. indonesischen Sprachforschers durch d. drei Reiche der Natur (von Prof. Dr. Renward **Brandstetter**). Luzern: E. Haag 1908. (55 S.) 8°
= **Brandstetter**: Malaio-polynes. Forschungen. Reihe 2, 4. [08. 13774

— Monographien zur vollständigen sprachlichen u. volkskundlichen Erforschung Alt-Luzerns. VIII. gr. 8. Ebd. 2. 50
VIII. Renward Cysat 1545—1614, der Begründer der schweizerischen Volkskunde. (107 S.) 909.
V. erschien als 10. Heft d. Abhandlungen d. Ges. f. dtsche. Sprache u. d. T.: Der Genitiv der Luzerner Mundart, I—III, VI u. VII erschienen im „Geschichtsfreund", IV als Progr.

Brandstetter's, Renward, Monogr. z. indones. Sprachforschg. VI—IX. gr8° Luz., E Haag. je 2.50
I u. II sind vergr. — I—V bilden Brandstetter, R, malaio-polynes. Forschgn I—II, 3.
VI. Wurzel u. Wort in d. indones. Sprachen. (52) ('10) ‖ VII. Sprachvergleich. Charakterbild e. indones. Idiomes. (71) ('11) ‖ VIII. Gemeinindonesisch u. Urindonesisch. (Progr.) (45) '11. ‖ IX. Das Verbum. Dargest. auf Grund e. Analyse d. besten Texte in 24 indones. Sprachen. (69) '12.

Prof. Dr. Renward **Brandstetter** .:. Ein Prodromus zu einem vergleichenden Wörterbuch der malaio-polynesischen Sprachen für Sprachforscher u. Ethnographen. Luzern: E. Haag 1906. (74 S.) 8°
— **Brandstetter**: Malaio-polynesische Forschungen. Reihe 2, 3. [07. 7533

Brandstetter, R. Prolegomena zu einer urkundlichen Geschichte der Luzerner Mundart. In-8⁰. 88 S. Einsiedeln, Comm.-Verlag von Benziger & Co. 2 50
*** Sonderdr. aus „Der Geschichtsfreund. 45 Band."
1890

Brandstetter, Renward, die Regenz bei den Luzerner Osterspielen. 4. (38 S.) Luzern 886. (Leipzig, Fock.) *
Aus: Jahresbericht über die Kantonsschule und die Theologie zu Luzern, besonders abgedruckt.

Brandstetter, Renward, die Regenz bei den Luzerner Osterspielen. 4. (38 S.) Luzern 886. (Räber.) n. 1. 35

— die Reception der neuhochdeutschen Schriftsprache in Stadt u. Landschaft Luzern 1600—1830. gr. 8. (90 S.) Einsiedeln 891. (Benziger & Co.) n. 2. —

Tagalen und Madagassen. Eine sprachvergleichende Darstellung als Orientierung f. Ethnographen u. Sprachforscher. Von Prof. Dr. Renward **Brandstetter**. *Luzern: Geschw. Doleschal Nachf. 1902.* (85 S.) 8°
= **Brandstetter**: Malayo-Polynes. Forschungen. Reihe 2, 2. [03. 1130

Brandstetter, Renward. Die Wuotansage im alten Luzern. Separatabdruck aus dem Geschichtsfreund Bd. 62. II + 60 S. 8. Stans, Ad. & P. von Matt, [1907].

Brandstetter, Renward. Wurzel und Wort in den Indonesischen Sprachen. 52 S. 8. Luzern, Haag, 1910. [fr. 2. 50]
R' Brandstetters Monographien zur Indonesischen Sprachforschung. [Nr.] 6.

Brandstiftungen, die, in d. Normandie im J. 1830. Histor.-romant. Scenen a. d. neuesten Zeit. A. d. Franz. übers. v. Fr. Seybold. 8. (8¼ B.) Stuttgart 831, [Balz.]

Brandt; od. Graf v. Hohenburg. Einige Scenen aus einem noch ungedr. Schsp. 8. Dinkelsbühl Schmeißer. 792.

Brandt, Johann Friedrich: Das 50-jährige Doctorjubiläum...
s. Doctorjubiläum .....

Brandt, Paul, z. Gedächtn., gewidmet v. einigen Freunden. (Sein Leben u. Wirken.) (46 m. Bildn.) 8° Zür., Buchh. d. schweiz. Grütlivereins '11. — 60 d

Brandt, v., Abriß d. Geschichte d. 1. Großherzogl. hessischen Infant.-(Leibgarde-)Regts. Nr. 115. 8. (VII, 117 S. m. 1 Bildn.) Frankfurt a/M. 898. Kesselring. Kart. n. 1. 25

Brandt, Auswahl v. Predigten u. Reden, gehalten in Wolfenbüttel. 8. (21½ B.) Wolfenbüttel 812. (Holle'sche Buchh.)*

Brandt, Landwehrmann. Erwiderung auf die „offene Anfrage" wegen der Landwehr-Verschwörung. 1 Bl. Fol.
Flugblatt. Berlin, 2. Juni 1848.

Brandt, das Fachzeichnen, s.: Leitfaden f. Sattler-, Riemer- u. Täschnerfachschulen.

Brandt dit Grieria, Handbuch der französischen Conversation für Kaufleute zur schnellen Erlernung der französ. Sprache im geschäftl. Verkehr. 3. Aufl. 16. (IX und 186 S.) Potsdam 857. [Berlin,] Schlesier. *—

Brandt (Hrsg.), s. Hausfreund, Der Pommersche.

Brandt dit Grierin, Historiettes pour la jeunesse. Dédiées aux instituts de jeunes demoiselles. gr. in-8. Potsdam 844, Riegel. n. 1/2 ₰

Brandt dit **Grierin**, Manuel du marchand, en Français et en Allemand, divisé en deux parties. A. u. d. T.: Handbuch f. Kaufleute, französ. u. deutsch, in 2 Abthlgn. gr. 16. (X u. 166 S.) Potsdam 849, Stechert. n. 7/12 ₰

Brandt dit Grierin, manuel du marchand, en français et en allemand, divisé en deux parties. A. u. d. T.: Handbuch für Kaufleute, französisch u. deutsch, in 2 Abthlgn. 2. édit. (Neue Titel-Ausg.) Potsdam (849.) 853. Stechert. 16. (X, 1 Bl., 186 S.) n. 15 ngr

— s.: Mittheilungen a. d. Rechtspflege i. Gebiete d. vormal. Kurfürstenth. Hessen.

Brandt, (Hrsg.), s. M o n a t s c h r i f t d. Handelskammer zu Düsseldorf.

Brandt dit Grierin, Phraséologie, ou Recueil de Gallicismes etc. — A. u. d. T.: Phraseologie, od. Sammlung von Gallicismen, sprichwörtl. Redensarten, Sentenzen u. Sprichwörtern, u. gebräuchl. Redensarten, die zur Umgangssprache unentbehrlich sind. 8. (17 B.) Berlin 842, Stubr'sche Buchh. Thlr.

—— Phraseologie oder praktisches Handbuch der französischen Umgangssprache. Eine Sammlung von Gallicismen, sprichwörtl. Sätzen, Sentenzen, Sprichwörtern und von gebräuchl. Redensarten, die zur Umgangssprache unentbehrlich sind. — Phraséologie, ou guide pratique de conversation française. — 4., ganz umgearb. Aufl. 8. (VI und 344 S.) Potsdam 861, Riegel'sche Buchh.

—— Phraseologie od. prakt. Handb. d. franz. Umgangssprache. 4. Afl. 8. (344) Potsd. 61, Stein. n. — 25

Brandt, s.: Predigten, 5, bei der 61. Hauptversammlung des evangel. Vereins der Gustav Adolf-Stiftung.

Brandt, s. Reden bei der Begräbnißfeier des Gen.-Superint. Dr. Jaspis.

Das neue Schulhaus (der Städtischen Höheren Mädchenschule in Altona) vom Bauinspektor Brandt. Altona. 1906. 4°
Progr. d. höh. Mädchensch.

— Vocabulaire Argot-Français-Allemand. Französ. und Deutsche Erklärung der Französ. Diebessprache; ein Hülfsbüchelchen für die Leser der Geheimnisse von Paris. 16. Berlin 844, Hayn. 1/6 ₰

Brandt dit Grierin, Vocabulaire militaire etc. — A. u. d. T.: Militair. Wörterbuch, od. Auszug d. nützlichsten französ. u. deutschen Wörter, sowohl f. d. Militair als f. d. Jagd u. was Pferde betrifft, nebst einigen dazu pass. Gesprächen. 2., durchgesch. u. bedeut. verm. Aufl. 16. (13 B.) Berlin, Posen u. Bromberg 841, Mittler.

Brandt, A., outline of English literature. 8. (IV, 49 S.) Bamberg 896. C. Hübscher. Kart. n. — 90

Brandt, A., Outline of English literature. 2. ed. 2., durchgeseh. u. verm. Aufl. gr. 8. (IV, 60 S.) Bamberg 900. C. Hübscher. Kart. n. — 90

Brandt, A., Outline of English literature. 3. ed. 3. Aufl. (III, 60 S.) 8. Bamberg 908. C. Hübscher. Kart. — 90

Die Registersachen in der gerichtlichen Praxis. Von Dr. A. **Brandt**, Amtsrichter. Berlin: O. Häring 1906. (XVI, 502 S.) 8° [J.]
= **Hilfsbücher** f. d. gerichtliche Praxis. 10. 06. 9791 6

Brandt, A. H. W., Anleitung zum Lesen der Offenbarung St. Johannes für Suchende in der Schrift. Amsterdam 860. Seyffardt. gr. 8. (IV, 203 S.) n. 1 ₰ 5 ngr

—— die Gerechtigkeit aus dem Glauben. Gesetz und Glaube. Des Christen Beruf zur Freiheit. Drei protestantische Predigten. gr. 8. (49 S.) Amsterdam 858, Seiffardt'sche Buchh.

Brandt, A.J.H. Wilhelm, s. B r a n d t , Wilhelm

Brandt, Adf, s.a. Stillfried, Fel.

Brandt, Adolf [aus Magdeburg]: Ein Fall von traumatischer Muskellähmung. . . . Strassburg, Strassb. Druckerei u. Verlagsanst., vorm. R. Schultz & C°, 1889; 35 S. 8°
Strassburg, Med. Fak., Inaug.-Diss. v. 1889

Brandt, Adph., Judith. Oratorium. Text v. Leop. Gerlach. Für Solostimmen, Chor u. Orchester v. August Klughardt, op. 85, erläutert v. B. (Umschlag: Thematischer Führer durch Klughardt's Oratorium Judith.) 8. (25 S.) Leipzig (901). Gebr. Hug & Co. n. — 20

August Klughardt, Die Zerstörung Jerusalems. Oratorium. Erl. von Adolf **Brandt**. *Stuttgart: J. Schmitt [1899].* (16 S.) 8°
— **Musikführer**. 155. 00. 9561

Brandt, Adph., Post-Handbuch für die großherzogl. badische Hauptstadt Mannheim. Bearb. nach amtlichen Quellen. gr. 8. (III, 103 S.) Mannheim 877. (Hermann.) n. 1. 20

Brandt, Adolph, Experimentelle Studien über die forensische Chemie der Digitalis und ihrer wirksamen Bestandtheile. Diss. Dorpat. 71 pp. 1869

Brandt, (Julius) Adolph (geb. Magdeburg 15. 12. 1826): De Martialis poetae vita et scriptis ad annorum computationem dispositis. Particula prior. Berolini (1853). (38 S.) 8°
Berlin, Phil. Diss. v. 12. Aug. 1853

Die Wasserstraßen zwischen Oder und Weichsel. Vortrag, geh. in Bromberg 1907 von A[dolf] **Brandt**, Vortr. Rat. Danzig: Verb. Ostd. Industrieller 1907. (23 S.) 8° [J.] 08. 17464 10

Brandt, Aimé Thure-, aus Schweden: Zur manuellen Therapie der Wanderniere. *Berlin (1899): G. Schade.* (28 S.) 8°
Berlin, Med. Diss. v. 19. Dez. 1899

Brandt, Alb.: Sonder-Katalog f. d. Gruppe Ventilation u. Heizg d. internat. Hygiene-Ausstellg Dresden. s: Brabbée.

Brandt, Alexander: * Assur et Israel. 80 S. 4° (2°)
Halle-Wittenberg, Phil. Diss. v. 18. Dez. 1874
Geb. Bombay (Ostindien) 5. 9. 1848. V.
S. 1 6 lateinisch, das übrige deutsch verfasst.

Brandt jun., Alex., Beiträge zur Entwicklungsgeschichte der Libelluliden u. Hemipteren mit besonderer Berücksichtigung der Embryonalhülle derselben. [Mémoires de l'Académie Impériale des Sciences de St. Pétersburg.] Mit 3 Taff. in Stahlst. St. Pétersbourg 869. — Leipzig, Voss. gr. 4. (33 S.) n. 19 ngr

Beiträge zur Geschichte der französischen Handelspolitik von Colbert bis zur Gegenwart. Von Dr. Alexander v. **Brandt**, Referendar. *Leipzig: Duncker & Humblot 1896.* (XIII, 233 S.) 1 Bd 8. 96. 6.00

Brandt, Alex., Bericht üb. Herrigs Luther-Festspiel in Graudenz. gr. 8. (18 S.) Graudenz 893. J. Gaebel. — 15

Brandt, Alex., Disquisitiones de ossificationis processu. Dissertatio inauguralis. 4maj. (68 S. mit 2 Stnt.) Dorpati Liv. 852. (Mitaviae, Reyher.)

Brandt, Alex., über das Ei u. seine Bildungsstätte. Ein vergleichend-morpholog. Versuch m. Zugrundelegung des Insecteneies. Mit 4 lith. Taf. gr. 8. (X, 200 S.) Leipzig 878. Engelmann. n. 7. —

Brandt, Alexander; Üb. die E i r ö h r e n der Blatta [periplaneta] orientalis, s. M é m o i r e s de l'académie impériale de St. Pétersbourg.

Brandt, Alex. v., zur sozialen Entwickelung im Saargebiet. (XII, 162 S.) gr. 8. Leipzig 904. Duncker & Humblot. n. 3. 40

Brandt, Alex., Geschichte der St. Johannisgemeinde zu Eberswalde, s.a. Geschichtsblätter des deutschen Hugenotten-Vereins. XIII, 8.

Geschichte d. St. Johannisgemeinde zu Eberswalde. Von Dr. Alexander **Brandt**. (Magdeburg: Heinrichshofen 1908.) 62 S. 8°
(Geschichtsblätter d. Deutschen Hugenotten-Vereins. Bd 13, H. 8.) A 08. 14063

Brandt, Alex.: Grundr. d. Zool. u. vergleich. Anatomie f. Studierende d. Medizin u. Veterinärmedizin. (Zugl. Repetitorium f. Studierende d. Naturwiss.) (7, 647 m. Abb.) Lex8° Berl.. A Hirschwald '11. 14 —

Brandt, Alexander, Über die H a u t der nordischen Seekuh, s. M é m o i r e s de l'académie impériale de St. Pétersbourg.

Brandt, Alex., Über Hörner und Geweihe. Mit 3 Figuren. [Festschrift R. Leuckart.] gr. 4°. L. 92. Engelmann.

Brandt, A. Unsre Kolonieen u. das Christentum. Ein orientier. Vortrag, geh. im Kolonial-Verein, Abteil. Graudenz. gr. 8. (31 S.) Graudenz 890, Gaebel. * — 40

Brandt, Alexander, Über fossile M e d u s e n , s. M é m o i r e s de l'académie impériale de St. Pétersbourg.

Brandt, Alex. v. (Hrsg.), s. M o d e b r i e f e , Neue Wiener.

Brandt, Alexander, Über R h i z o s t o m a Cuivieri Lin., s. M é m o i r e s de l:académie impériale de St. Pétersbourg.

Brandt, Alex., zur Ebene Saron u. z. saronischen Meerbusen. E. Pilgerfahrt n. Jerusalem u. Athen. gr. 8. (71 S.) Graudenz 896. (A. Kriedte.) n. 1. —

Brandt, Alexander, Anatomisch-histologische U n t e r s u c h u n g e n üb. den Sipunculus nudus, s. M é m o i r e s de l'académie impériale de St.Pétersbourg.

Brandt, A, üb. Variationsrichtgn im Thierreich, s.a.Sammlung gemeinverständl. wissenschaftl. Vorträge.

— — Über Variationsrichtungen im Tierreich. (Sammlung gemeinverst. wissensch. Vortr. H. 228.) 55. S., Hamburg 95. Verlagsanst. M. 1.—

[F.] Vergesellschaftung und gegenseitiger Beistand bei Thieren. Von Prof. Dr. A. **Brandt** ... *Hamburg: Verlagsanst. u. Dr. A.-G. 1897.* (48 S.) 8.
— Sammlung gemeinverständl. wiss. Vorträge. N. F. Ser. 12. H. 279. [97. 771]

Brandt, Alex. v., vom Materialismus zum Spiritualismus. Gemeinverständliche monist. Betrachtgn. üb. Seele, Welt u. Gott. (80 S.) gr. 8. Frankfurt a/M. 908. Neuer Frankfurter Verlag. 1.50

von Brandt gen. **Flender,** Alexander [Referendar aus Frankfurt a. M.]: Das Zeitalter Colberts. E. Beitr. z. Geschichte d. französ. Handelspolitik ... München, Buchdr. Kastner & Lossen, 1896; 35 S. 8.
München, Staatswirtsch. Fak., Inaug.-Diss. v. 1896

Brandt, Alphons von (Warschau), Nonnulla de anatomia membranarum mucosarum. Diss. med. Bln. (Nietack) 28. I. 1835. 40 S. m. Biogr. (M.: M. Spaeth.) (4.—) 3776
Oppon.: Stan. u. H. Kronenberg, A. Duwe.

Brandt, Arthur [app. Arzt]: Ueber die chronische Pneumonie mit Ausgang in Carnification ... München, Druck d. Akad. Buchdr. v. F. Straub, 1893; 22 S. 8.
München, Med. Fak., Inaug.-Diss. v. 1893

Brandt, Asverus v., s.: Berichte u. Briefe, die, des Rats u. Gesandten Herzog Albrechts v. Preußen Asverus v. Brandt.

Die Berichte und Briefe des Rats und Gesandten Herzog Albrechts von Preußen **Asverus** v. **Brandt** nebst den an ihn ergangenen Schreiben in d. Kgl. Staatsarchiv zu Königsberg. Im Auftr. d. Ostpreuß. Provinzialverwalt. hrsg. von Dr. Adalbert **Bezzenberger,** Prof. H. 1. *Königsberg i. Pr.: Gräfe & Unzer in Komm. (1904).* 4° [F.] [04. 8767

Brandt, August, Zur Beleuchtung der Königlich Preußischen Note und Denkschrift vom 25. August 1850. Frankfurt a. M., C. B. Lizius, 1850. 39 S. 8°.

Brandt, Aug., Chor-Gesang-Schule. Enthltd. 165 Uebungen, 62 Choräle u. 205 Lieder u. andere Gesänge. 3 Hefte nebst e. Commentar. Leipzig 869. Merseburger. 8. 18 *ngr.*
1. (IV, 52 S.) 3 *ngr.* — 2. (IV, 88 S.) 6 *ngr.* — 3. (IV, 91 S.) 6 *ngr.* — Commentar (57 S.) 3 *ngr.*

Brandt, Aug., Chor-Gesang-Schule. Enth.: 165 Übungen, 62 Choräle u. 205 Lieder u. andere Gesänge. 3 Hfte. 2. Aufl. 8. Leipzig 881. Merseburger. n. 1. 50
1. (IV. 52 S.) n. — 30. — 2. 3. (IV, 88 u. IV, 91 S.) à n. — 60

—— Friedhofsklänge. Auswahl leicht ausführbarer Männerchöre zum Gebrauch bei Begräbnissen und bei einigen anderen feierlichen Gelegenheiten. Unter Mitwirkung von L. Thieme zusammengestellt und bearb. qu. 16. (48 S.) Leipzig 868, Merseburger.

— Friedhofsklänge. Auswahl leicht ausführbarer Männerchöre zum Gebrauch bei Begräbnissen u. bei einigen anderen feierlichen Gelegenheiten. Unter Mitwirkung von L. Thieme zusammengestellt u. bearb. Ebend. 869. qu. 16. (48 S.) 3 *ngr.*

Brandt, Aug., Friedhofsklänge. Auswahl leicht ausführbarer Männerchöre zum Gebrauch bei Begräbnissen u. bei einigen anderen feierl. Gelegenheiten Unter Mitwirkg. v. L. Thieme zusammengestellt u. bearb. 2. Aufl. qu. 12. (48 S.) Leipzig 894. C. Merseburger. — 25

Brandt, Aug., Friedhofsklänge. Auswahl leicht ausführbarer Männerchöre zum Gebrauch bei Begräbnissen u. bei einigen anderen feierl. Gelegenheiten. Unter Mitwirkg. v. L. Thieme zusammengestellt u. bearb. 3. Aufl. (48 S.) 12×16 cm. Leipzig 910. C. Merseburger. — 25

— Gesang-Uebungen nebst einer Anzahl von Chorälen u. Turnliedern. Zunächst als Anh. zu „H. Kurth's deutschem Liederbuche" hrsg. 16. (IV, 83 S.) Halle 877. Gesenius. n. — 60

— Liederbuch f. Männerstimmen. Deutschlands Kriegervereinen gewidmet. Op. 41. 1. Hft. Neue Aufl. qu. 12. (32 S.) Ebd 893. — 30

Brandt, Aug.: Liederstrauss, s.: Brähmig, Bernh.

— Sängerhalle. Sammlung von Gesängen für Männerstimmen zum Gebrauch in höheren Lehranstalten u. Gesangvereinen. 3 Hefte. Ebend. 870. gr. 8. (à 32 S.) Jedes Heft 4½ *ngr.*

Brandt, A., und A. Lüben, Schulgesänge, s. Lüben, A.

Brandt, Aug. Geo. Jul. v., die Offenbarung Johannis des Sehers erklärt. gr. 8. (16½ B.) Leipzig 845. (Kößling'sche Buchh.) * 1 Thlr. 10 Ngr. Hrbgef. Pr.

Brandt, Aug. Geo. Jul. v., die Offenbarung Johannis des Sehers, erklärt. Neue, wohlf. Ausg. gr. 8. (XVI und 217 S.) Leipzig 847, Kößling'sche Buchh. *

Brandt, *Reinerus Leonardus* Augustinus [subdiac. '(archidioec. Colon.)']: Sancti Augustini Hipponensis episcopi de angelis doctrina. Pars prima, quae est de existentia et natura angelorum ... Paderbornae, ex typogr. Bonifaciana, 1893; VIII, 78 S., 1 Bl. 8.
Münster, Kath.-theol. Fak., Inaug.-Diss. v. 24. Apr. 1893

Brandt, Bertha. Herbst-Blätter. Dichtungen. 12. (191 S.) Berl. 890, Brieger. * 2 25; geb. * 3 —

Brandt, B, Herbst-Blätter. Dichtgn. (In 2 Bdn.) 3. Afl. 12° (237) Adlershof b. Berlin 98. (Lpzg, CF Tiefenbach.) Geb. m. G. 2 — || 4. Afl. 8° (584) 05. Geb. in Lnw. 3 —; in Halb-Celluloid 4 —

Brandt, Bertha, Herbst-Blätter. Dichtgn. 5., durchges. u. verm. Aufl. 8. (VIII, 444 S. m. Bildn.) Berlin 896. (Leipzig, C. F. Tiefenbach.)
Geb. in Leinw. m. Goldschn. n. 3. —

Brandt, C., Abschieds-Predigt üb. Off. Joh. Kap. 3, Vers 11, geh.: Gr.-Schwülper am 2. Sonntag nach Trin. (9. VI.) 1907. (7 S.) 8. Hildesheim (907). H. Helmke. — 20

Brandt, C, Karte d. Kreises Ruppin. 1:100,000. 56,5×69 cm. Farbendr. u. kol. Neu-Rupp. 93, P Howe. 2.75; auf Lnw. in Futteral n.n. 3.50; m. St. n.n. 4 —

Brandt, C: Schwülper. Ein Stück niedersächs. Heimatsgesch. (4, 508 m. Taf.) gr8° Hildesh., (H Helmke) '12. 4 —; L 5 — d

Brandt, C. F. W., der Erlöser oder Leben und Wirken unseres Heilandes Jesu Christi. 2 Bde. Berlin 859. Sacco. gr. 8. (VII, 949 S. u. 2 Stahlst.) 2 ℛ 20 ngr.

—— der Tempel des Herrn. Ein Erbauungsbuch in Stunden christl. Andacht. 15 Lfgn. gr. 8. (1. Bd. 479 S. mit lithogr. Titel und 2. Bd. IV und 476 S.) Berlin 860. 61, Sacco. à Lfg. 5 Ngr.

Brandt, C. L., der Dom zu Magdeburg. Historische, architektonische u. monumentale Beschreibung der Cathedrale. Mit 20 Abbildgn. in Holzschn. Magdeburg 863. E. Baensch. Lex.-8. (XIV, 128 S.) n. 1 ℛ 10 ngr.

Brandt, Carl, s. B r a n d t , Karl

Brandt, Christian Carl August

Brandt, Chrn. Carl Aug., Diarium homileticum zum homiletischen Studium und zur Erbauung. 1. Thl. A. u. d. T.: Bauholz zu Hütten Gottes. Ein Hülfsmittel zur tägl. Erbauung und geistl. Meditation für evangel. Prediger und Laien. 1. Thl. gr. 16. (XIV und 560 S.) Leipzig 863, C. Schäfer. *

—— homiletisches Hülfsbuch, s. Brandt, Chrn. Phil. Heinr.

Brandt, Chrn. Carl Aug., Hirtenstimmen aus den Beichtvespern, s. Hirtenstimmen.

—— Hirtenstimmen a. d. Beichtvespern d. alten rechtgläub. luther. Kirche. 24 Beichtreden a. d. 17. Jahrh. 8. (172) Ebd. 58. n. — 15

—— Stimmen der Kirche am Reformationsfeste. Eine homilet. Festgabe. gr. 8. (IV und 76 S.) Leipzig 863, C. Schäfer. *

Brandt, Chrn. Carl Aug., homiletischer Wegweiser durch die evangelischen und epistolischen Perikopen des ganzen Kirchenjahres. Eine neue Blumenlese der classischen evangel. Predigtliteratur Deutschland's von Luther bis auf die neueste Zeit und ein neues Dispositions-Magazin. 1. Abthl.: Die evangelischen Perikopen. 4 Bde. gr. 8. Halle, Fricke.
geb.

Inhalt:
Bd. 1. Advent bis Sonntag Sexagesimä. 4 Lfgn. (XIII, 631 S.) 870. à Lfg. ℳ 1,50.; complet ℳ 6.
„ 2. Sonntag Estomihi bis Pfingst-Montag. (X, 646 S.) 870. ℳ 6.
„ 3. Trinitatisfest. Erster Sonntag nach Trinitatis bis zum 14. Sonntage nach Trinitatis. (VIII, 547 S.) 871. ℳ 4,50.
„ 4. 15. Sonntag nach Trinitatis bis zum Schluß des Kirchenjahres. Reformationsfest. Bußtag. Erndtefest und Todtenfest. (VIII, 483 S.) 871. ℳ 4,50.

—— s. Wiegner's, Abrah., ausführliche Erklärung der heil. Passion.

Brandt, Christian Philipp Heinrich

(**Brandt, Chr. Ph. H.,**) Altes u. Neues für Wochen-Kirchen, s. Altes u. s. w.

Brandt, Chr., Ph. Hnr., homiletischer Anzeiger, enthalt. Entwürfe der neuesten Predigten. Eine Zugabe zu Brandts Prediger-Magazin. 16 Hft. gr. 8. Sulzbach 837. v. Seidel. 1/8 ℛ

Brandt, Christian Phil. Heinr.: B e t r a c h t u n g e n üb. d. Geschichte Abrahams, s. B e t r a c h t u n g e n .

—— vollständ. evangel. Confirmations-Unterr., s. Confirmations-Unterricht.

Brandt, Christ. Phil. Heinr., homilet.-liturg. Correspondenzblatt, s. Correspondenzblatt.

Brandt, Chr. Phil. Hnr., Epistel-Predigtbuch zur Beförderung der häuslichen Andacht. In Verbindung mit einigen evangel. Geistlichen herausgegeben. gr. 4. Nürnberg 840, Raw'sche Buchh. n. $1^1/_3$ ℛ — Mit Bildniß n. $1^1/_2$ ℛ

Brandt, Christ. Phil. Heinr., vollständ. Handbuch zu d. kleinen luther. Katechismus u. der in den evangel. Kirchen u. Schulen Bayerns eingeführten Spruchsammlung. 1. Bd. 1. u. 2. Hft. — A. u. d. T.: Sonntags-Kinderlehren üb. d. kleinen luther. Katechismus. 1. u. 2. Hft. 8. (29¾ B.) Ansbach 842, Brügel. (Erlangen, Ferd. Enke.) *

Brandt, Chrn. Phil. Heinr., und Chrn. Karl Aug. Brandt, homiletisches Hülfsbuch beim Gebrauche der evangel. und epistol. Perikopen des ganzen Kirchenjahres und der Passionsgeschichte Jesu Christi, enthaltend eine Blumenlese der klassischen evangel. Predigtliteratur Deutschlands von Luther bis auf die neueste Zeit u. ein Dispositions-Magazin. 1—7. Bd. Leipzig 854—58. Götze. Lex.-8. (1 Bd.: XXII, 498 S.; 2. Bd.: XXII, 411 S.; 3. Bd.: 3 Bl., 854 S.; 4. Bd.: X, 608 S.; 5. Bd.: XII, 828 S.; 6. Bd.: VIII, 760 S.; 7. Bd.: VIII, 761 S.) 17 ℛ 12 ngr.

—— u. CKA **Brandt**, homilet. Hülfsb. b. Gebr. d. ev. u. epist. Perikopen u. d. Passionsgesch. 7 Bde. 8. Lpzg, Goetze. 17. 12
1. Bd. (411) 55. n. 2. — ‖ 2. Bd. (852) 56. 3. — ‖ 3. Bd. (498) 54. n. 2. — ‖ 4. Bd. (608) 56. n. 2. — ‖ 5. Bd. (828) 57. 3. — ‖ 6. u. 7. Bd. (1521) 58, à 2. 21
Hülfsbuch s. Passionsgesch. 1. Bd. = 3. Bd. d. obigen; 2. Bd. = 1. Bd.

—— und Chrn. Carl Aug. Brandt, homiletisches Hülfsbuch beim Gebrauche der evangelischen und epistolischen Perikopen des ganzen Kirchenjahres und der Passionsgeschichte Jesu Christi, enth. eine Blumenlese der klassischen evangel. Predigtliteratur Deutschlands von Luther bis auf die neueste Zeit und ein Dispositions-Magazin. 1. Bd. 1. Abthl.: Homiletisches Hülfsbuch zur heiligen Passionsgeschichte Jesu Christi. gr. 8. (XXXIX und 498 S.) Leipzig 854, [Michelsen's Buchh.] *

—— —— dass. — 2. Bd. 1. Abthl. A. u. d. T.: Homiletisches Hülfsbuch zur heiligen Passionsgeschichte Jesu Christi. 2. Bd. gr. 8. (XXII und 411 S.) Ebds. 855. *

—— —— dass. — 2. und 4. Bd. (Sonntag nach Epiphanias bis Palmarum. — Passionsgeschichte, 2. Abthl.) Lex.-8. (VIII und 852; X und 608 S.) Ebds. 856.

—— —— dass. — 5. Bd. (Ostersonntag bis zum Feste Trinitatis.) Lex.-8. (XII und 828 S.) Ebds. 856(57.)
Der frühere 1. Bd. bildet jetzt den 3. Bd.; und 2. Bd. 1. Abthl. jetzt den 1. Bd. Der 1—5. Bd. kostet 12 Thlr.

—— und Chrn. Carl Aug. Brandt, homiletisches Hülfsbuch beim Gebrauche der evangelischen und epistolischen Perikopen des ganzen Kirchenjahres und der Passionsgeschichte Jesu Christi. 6. und 7. Bd. (I—XIV. Sonntag nach Trinitatis und XV—XXVII. Sonntag nach Trinitatis.) Lex.-8. (VIII und 760 S., VIII und 761 S.) Leipzig 858, [Hunger.] à Bd. 2 Thlr. 21 Ngr.
1—5. Bd. Ebendas. 1854—57. 12 Thlr.

Brandt, Ch. Ph. H, s: Luther's, Mart., Hochzeitsgeschenk.

— Dr. Martin Luthers Hochzeitgeschenk, oder Handbüchlein zur Führung eines gottgefälligen und gesegneten Haus- und Ehestandes. Aus Dr. Martin Luthers Schriften zusammengestellt. Mit 1 Stahlstich. breit 12. Nürnberg 842, Raw. n. 5/6 ℛ

Brandt, Ch. Ph. H., Dr. Martin Luther's Hochzeitsgeschenk, oder Handbüchlein zur Führung eines gottgefälligen und gesegneten Haus- u. Ehestandes. Aus Dr. Luther's Schriften zusammengestellt. Aufs Neue herausg. von Adph. Stählin. Mit 1 Stahlst. 3. Aufl. Nürnberg 862. Raw. gr. 8. (XIV, 264 S.) n. 24 ngr.

— zwölf Installations-Reden. gr. 8. Stuttgart 845, J. F. Steinkopf. 1/3 ℛ

—— und Christph. Carl Hornung, Lese-Leichen, s. Lese-Leichen.

Brandt, Chrn. Phil. Heinr., u. Chrph. Karl Hornung, Lese-Leichen. Betrachtungen u. Gebete zum Vorlesen bei Begräbnissen u. zur häuslichen Erbauung gesammelt u. herĝg. 2., verm. Aufl. Nürnberg 867. Raw. gr. 8. (XVI, 432 S.) n. 1 aß 6 ngr

Brandt, Chrn. Phpp. Heinr., und Chrph. Karl Hornung, Lese-Leichen. Betrachtungen und Gebete zum Vorlesen bei Begräbnissen und zur häusl. Erbauung, gesammelt und hrsg. 3. verm. Aufl. gr. 8. (408 S.) Stuttgart 885, J. J. Steinkopf. *

Brandt, Chr. Phil. Heinr. (Hrsg.), s. M o n a t s b l a t t , Homiletisches.

—— apostolisches P a s t o r a l e, s. P a s t o r a l e.

— s. P r e d i g e r, der evangel., bei den Gräbern.—

—— der evangel. P r e d i g e r bei d. Gräbern. Pract. Handb., in Verbind. mit mehr. evangel. Geistlichen hrsg. 1. Hft. gr. 8. (17¾ B.) Ansbach 840, Brügel. (Erlangen, F. Enke.) *

(——) der P r e d i g e r für den Prediger, s. P r e d i g e r.

Brandt, Chr. Ph. Heinr. (Hrsg.), s. P r e d i g e r - M a g a z i n , Evangelisches.

Brandt, Chrn. Phil. Heinr., Predigtbuch, s. P r e d i g t b u c h.

—— P r e d i g t b u c h zur Beförder. d. häusl. Andacht. In Verbindung mit einigen evangel. Geistlichen hrsg. 2. u. 3. Aufl. (à 56 B.) gr. 4. Nürnberg 829, 31, Raw. à 1 Thlr. 8 Gr. weiß Pap. 1 Thlr. 16 Gr., Vlnp.

Brandt, Chr. Ph. H., Predigtbuch zur Beförderung d. häusl. Andacht. In Verbind. mit einigen evangel. Geistlichen herausg. gr. 4. Sulzb. 2e A. 830. 3e A. 831. Raw in Nürnb.) 1 aß 8 gl Weiß P. 1 aß 16 gl Schrbp. 2 aß

— Predigtbuch z. Beförderung der häusl. Andacht. In Verbind. mit einigen evangel. Geistl. herausg. 4e Aufl. gr. 4. Nürnb. 838. Raw. 1⅓ aß Schreibp. 2 aß

—— Predigtb. üb. d. Sonn- u. Festtags-Evangel. 7. Afl. 8. (816) Ebd. 61. n. 1. 10

Brandt, Chrn. Heinr. Phpp., Predigtbuch üb. die Sonn- u. Festtags-Evangelien zur Beförderung der häuslichen Andacht. In Verbindg. m. einigen evangel. Geistlichen hrsg. Nach dessen Tode zum 2. Male hrsg. v. Adf. v. Staehlin. 8. Aufl. Mit dem Bildnis des sel. Hrsg. 26 Lfgn. gr. 8. (XVI, 815 S.) Nürnberg 893. 894. J. Ph. Raw. à n. — 40 (kplt. geb. in Halbfrz.: n. 6. 50)

Brandt, Christian Philipp Heinrich: Die hl. S c h r i f t , s. T e s t a m e n t e.

Brandt, Christian Philipp Heinrich, s. S c h r i f t , die heil., d. alten u. neuen Testaments.

Brandt, Christ. Phil. Heinr., Schullehrer-Bibel, s. S c h r i f t, die heilige.

—— offenes S e n d s c h r e i b e n an die evangelisch-luther. Geistlichkeit in Bayern in der Gesangbuchssache. gr. 8. (15 S.) Nördlingen 851, Beck'sche Buchh.

Brandt u. Götz, homilet. Taschenbuch 2c., s. Taschenbuch.

— Trostbüchlein für bekümmerte Aeltern. 16. Stuttgart 846, Lieschings Verl. 12 ngl

Brandt, Heinr., Trostbüchlein f. bekümmerte Aeltern. Neue Ausg. gr. 16. (VIII, 168 S.) Gotha 871. Schloeßmann. n. — 80

Brandt, Christian Philipp Heinrich, s Wandersmann, Tobias.

— warum sind unsere Kirchen nie leerer, als an d. Geburts- u. Namensfesten. Eine Predigt. Nürnb., Raw. 1½ gl

Brandt, C(onradus) F(erdinandus) Guilielmus: Quaestiones Horatianae. [Nur Tit., Vita u. Sententiae contoroversae.] Halae (1854): Hendel. 2 Bl. 8°

Halle-Wittenberg, Phil. Thesen v. 4. Aug. 1850

Geb. Horn (Lippe) [25. 8.] 1827. V.

Brandt, C[onradus] F[erdinandus] **Guilelmus:** Quaestiones Horatianae Monasterii 1854: Coppenrath. VI, 127 S. 8°

Halle-Wittenberg, Phil. Diss. v. [4. Aug.] 1854

Im KB: Brand. — Da der Kand. nur c. 50 Exemplare abgeliefert hatte, veranstaltete er einen 2. Abdruck der Pars prior (Carm. I, 28) bei demselben Drucker, 42 S. 8° Beide Ex. im UArch.

Brandt, E., der gute Baum u. der arge Baum. Nach Matth 7, 18. Zur Erkenntnis u. Erbaug. dargeboten. 8. (40 S.) Leipzig 892. Dürr'sche Buchh. n. — 75

Der gute Baum und der arge Baum. Nach Matth. 7. 18. Zur Erkenntnis und Erbauung dargeboten v. **E. Brandt.** 2. Aufl. Leipzig. 1893. 8°.

Brandt, E. Inhaltsangabe und theilweise Uebersetzung der Golden Legend by Longfellow. Grünberg, R., 1863. 24 S. 4. Progr.

Brandt, E., Lehrbuch der Eisen-Konstructionen mit besond. Anwendung auf den Hochbau. Ein Leitfaden zum prakt. Gebrauch und zu Vorlesungen an techn. Lehranstalten. Mit einem Vorwort von J. W. Schwedler. 2 Hälften. Lex.-8. (XV und 512 S. mit 1175 eingedr. Holzschn. und 4 Kpfrt. in Fol.) Berlin 865, Ernst und Korn. [1. Hälfte * 2 Thlr. 20 Ngr., 2. Hälfte * 3 Thlr.] *

Brandt, E., Lehrbuch der Eisen-Constructionen mit besond. Anwendung auf den Hochbau. Ein Leitfaden zum pract. Gebrauch und zu Vorlesungen an techn. Lehranstalten. 2. verm. und für Fuss- und Metermaass umgearb. Aufl. Lex.-8. (II, 607 S. mit ca. 1400 eingedr. Holzschn. und 4 Kpfrt.) Berlin 870, Ernst und Korn. *

— — Dasselbe. 2. vermehrte für Fuss u. Metermaass umgearbeitete Aufl. Mit 1357 Holzschn. im Text und 4 Kpfrtfln. Berlin 1871. lex. 8°.

Brandt, E., Lehrbuch der Eisen-Constructionen mit besonderer Anwendung auf den Hochbau. Ein Leitfaden zum prakt. Gebrauch und zu Vorlesungen an techn. Lehranstalten. 2 Abthlgn. 3. verm., für Fuss- und Metermass umgearb. Aufl. Mit ca. 1400 eingedr. Holzschn. und 4 Kpfrt. Lex.-8. Berlin, Ernst und Korn. [1. Abthl. (S. 1—320.) 875. * M 10.; 2. Abthl. (VIII, S. 321—696.) 876. * M 12.] *

Brandt, E: Der Turf-Ratgeber. 1—50. Taus. (116) 8° Berl.-Lichterf., Hippolog. Verl. (Nur dir.) '12. † nn 5.50

Brandt, Ed., wilde Thiere. Nach den Beobachtungen und Erzählungen von Naturforschern und Reisenden beschrieben. Mit 24 color. Abbildgn. (auf 12 lith. Taf.) Stuttgart 860. Ehelins. 8. (198 S.) 1 aß 22½ ngr

Brandt, Eduard. Thom. Car. (geb. Leobschutz 21. 12. 1796): De dysenteria. Berolini (1818). (36 S.) 8°

Berlin, Med. Diss. v. 16. März 1818

Brandt, Elsa, neuester Briefsteller f. Damen. Ein Hülfsbuch f. den schriftl. Verkehr, insbesondere im Liebesleben. 12. (62 S.) Köln (900). J. Wittmann. — 30

Brandt, Emil (Hrsg.), s. B a u e r n f r e u n d , Deutscher.

Brandt, E, d. preuss. Gemeindevorsteher, s.: Otte.

Brandt, Emil: Geschäftsgang u. Buchführgspraxis d. G. m. b. H. v. d. Gründg bis z. Liquidation. (136) 8° Berl. Lpzg, W Schunke. ‖ Neue Ausg. Lpzg '12. je 5 —

Brandt, Emil, das deutsche Militär-Ersatz-Wesen. Gemeinverständlich dargestellt u. erläutert. gr. 8. (VIII, 196 S.) Halle 882. Pfeffer. n. 2 —

Brandt, E., das deutsche Militär-Ersatz-Wesen in seiner neuesten Gestaltung, populär dargestellt m. Beispielen u. ausführl. Sachregister. 3., neu durchgeseh. Aufl. 8. (IV, 156 S.) Langensalza 894 Wendt & Klauwell. n. 1.50; geb. in Leinw. n. 2. —

Brandt, Emil, Organisation der Waren- u. Retouren-Ein- u. Ausgangs-Kontrolle sowie permanente Preisregistratur u. Kalkulation. (48 S.) gr. 8. Berlin 907. H. Th. Hoffmann. 1. —

— der preußische Verwaltungsbeamte. Handlexikon der in der amtl. Praxis u. im öffentl. Leben anzuwend. Gesetze, Verordngn., Entscheidgn. ꝛc. Zum Gebrauch f. Beamte u. Private hrsg. (VII, 311 S.) 8. Leipzig 904. C. E. M. Pfeffer. Geb. in Leinw. n. 4. —

Brandt, Ernst [approb. Arzt aus Hamburg]: Das Alter, die Grössen und Gewichtsbestimmungen der Foetalorgane beim menschlichen Foetus . . . . München. J. Lindauer'sche Buchhandl. (Schöpping), 1886: 30 S. 8°.

München. Med. Fak., Inaug.-Diss. v. 1886.

Brandt, Ernst, e. lyrische Geschichte. 8 (147 S.) Dresden 894. E. Pierson. n. 2. —; geb. in Leinw. m. Goldschn. n. 3. —

Brandt, Em. (Frid. Guil.) (geb. Neustadt-Magdeburg 1. 11. 1821): Nonnulla de parasitis quibusdam phanerogamicis observata. Halae (1840). (51 S.) 8°. * Aus: Linnaea Bd 22 1840.

Berlin, Phil. Diss. v. 5. Apr. 1849

Brandt, Ernst Riklef, kleine Lichter. 80 Fragen der Heilslehre, beantwortet. (VIII, 125 S.) kl. 8. Schleswig 908. R. Beraas Verl. 1.60

Brandt, Ewald (Karl Martin) (geb. Grunberg in Schles. 10. 11. 1856): Geburt bei Carcinoma cervicis. Berlin (1881). (30 S.) 8°.

Berlin, Med. Diss. v. 28. Juli 1881

Album von Schleswig-Holstein Freiherr von Mannteufel [!] gewidmet v. F. Brandt. Flensburg. o. J. 4°.

80 Photographien von Städten, Gegenden etc. Das Werk stammt aus der Freiherrlich Manteuffelschen Bibliothek zu Schloss Topper.

Brüggemann-Album v. F. Brandt in Flensburg. Stereoskop-Ausgabe. o. J. 20 + 2 Bl.

Brandt, F., Büchlein für Brautleute zur Vorbereitung auf das Braut-Examen. Zugleich als Hülfsmittel für Pfarrer bei Vornahme desselben. gr. 16. (32 S.) Aachen 867, (Cremer'sche Buchh.) *

Brandt, F. (II.), Büchlein für Brautleute zur Vorbereitung auf das Braut-Examen. Zugleich als Hülfsmittel für Pfarrer bei Vornahme desselben. 3.—5. unveränd. Aufl. mit Zugabe der betr. Gebete. 16. (36 S.) Aachen 872—79, (Cremer'sche Buchh.) *

Brandt, F., Büchlein für Brautleute zur Vorbereitung auf das Braut-Examen. Zugleich als Hülfsmittel für Pfarrer bei Vornahme desselben. 6. unveränd. Aufl. mit Zugabe der betr. Gebete. 16. (36 S.) Aachen 880. Cremer in Comm. n. — 20

Brandt, F., Büchlein f. Brautleute zur Vorbereitung auf das Brautexamen. Zugleich als Hülfsmittel f Pfarrer bei Vornahme desselben. 7., verb. Aufl. m. Zugabe der betr. Gebete. 12. (32 S.) Aachen 894. Cremer. n. — 20

Professor Dr. Thaulow's Sammlung Schleswig-Holsteinischer Holzschnitzwerke aus dem 15.—18. Jahrhundert photogr. u. hrgg. v. F. Brandt in Flensburg. o. J. (Stereoskop-Ausgabe.) 55 Bl.

Brandt, F. (I.), über Seeversicherung. Eine Ergänzung zum Seerecht. Nach dem norweg. Orig. wiedergegeben von der Redact. der Annalen des gesammten Versicherungswesens. gr. 4. (V, 72 S.) Leipzig 878, A. Fritsch.

Aus: Annalen des ges. Versicherungswesens, besonders abgedruckt.

Brandt, F. H., Singsang zu Drehorgel u. Zupfgeige. Studenten-, Volks-, Soldaten- u. Anstichlieder. 8., erheblich verm. u. m. Singweisen verseh. Aufl. der Lieder zur Drehorgel f. Exkneipe u. Bierdorf. 8.—12. Taus. (IV, 120 S.) kl. 8. Marburg (910). N. G. Elwert's Verl. Geb. 1.20

Brandt, FH: Singsang zu Drehorgel u. Zupfgeige. Studenten-, Volks-, Soldaten- u. Anstichlieder. 3. Afl. d. Lieder z. Drehorgel f. Exkneipe u. Bierdorf. 4. Afl. (4, 145) kl8° Marbg, N G Elwert's V. ('12). geb. 1.20 d

— dass. Beiheft. Gitarrebegleitg u. Anleitg z. Gitarresp. v. José Kauffmann. (9, 90) kl8° Ebd. ('12). L 1 — d

Brandt, Ferdinand

Brandt, Ferd., Botschaft für Alle, welche auswandern wollen. Mittheilungen über Ansiedelung in Russland durch Kauf u. Pachtung von Ländereien, Gütern, Gärtnereien etc. St. Petersburg 865. (Darmstadt, Köhler.) gr. 8. (60 S.) 7⅓ ngr.

Brandt, F, deut. Flotten-Lieder. 16. (63) Hamb. 62, H Grüning. — 9

Brandt, Ferd., deutsche Flotten-Lieder. Hamburg 862. Schultz. 16. (63 S.) 9 ngr.

Geschichte des alten Logenhauses der fünf vereinigten Logen zu Hamburg (von 1800 bis 1890). Nach den Quellen des Archivs der Grossen Loge von Hamburg und der 5 ☐☐ bearb. von Ferd. Brandt. Mit d. Portr. der Grossmeister und anderer verdienter Brr. Hamburg 1891: Rademacher. 256 S. 12 Taf. 8°

[Dasselbe.] [Prachtausg.] Ebendas. 1891. 256 S. 12 Taf. 2°

Recens: Bh. 34 (1891) S. 205—206; FZ. 15 (1891) S. 236—237.

Gesch. des Hauses selbst, sowie der in ihm vorgegangenen erwähnenswerten Begebenheiten, zugleich auch eine Gesch. der Personen, welche auf diese Begebenheiten den bedeutendsten Einfluss ausübten.

Brandt, Ferd. Das Lotteriewesen unserer Zeit. Eine humanistische Studie. gr. 8°. Hamburg, F. W. Rademacher, 1893.

Brandt, Ferd., das Lotteriewesen unserer Zeit. Eine humanist. Studie gr. 8. (100 S.) Hamburg 894. F. W. Rademacher. n. 1. —

[Autogr.] [Nekrolog für Eug. Jul. Theod. Braband.] [Unterz.:] Ferd. Brandt. [Hamburg 1887.] 6 Bl. 2°

Brandt, Fr. W., Chuo cha kuandika. Muster-Schreibhefte f. die Schulen in Deutsch-Ostafrika. 1.—7. Heft. (à 24 S.) 8. Bunzlau (905. 906). G. Kreuschmer. à n.n. — 20

Brandt, Fr. W: Chuo cha kuandika. Muster-Schreibhefte f. d. Schulen in Deutsch-Ostafrika. I. Heft. 2. Afl. (24) 8° Bunzl., G Kreuschmer ('11). nn — 20

Brandt, Fr. W., Mwalimu wa kidachi. Deutsche Sprachlehre f. Eingeborene v. Ostafrika. (VIII, 204 S.) 8. Tanga 909. (Bunzlau, G. Kreuschmer.) Geb. in Halbleinw. nn 4. —

— Fr. Wilh. Ferd. Theod. (Seehaus.), De vomitu gravidarum. Diss. med. Bln. (A. Petsch) 28. IV. 1828. 24. S. m. Biogr. (M.: Adam.) (4.—) 3778
Oppon.: B. Kessler, C. Schiegnitz, J. Sydow. — Gew.: Joh. G. W. Stooff.

Brandt, Franz Anton Ignaz Ludwig ; De partium genitalium foeminearum H a e m o r r h a g i i s . Halae 1804: In officina Batheana. 44 S. 8°.
Halle, Med. Diss. v. 16. Juni 1804.

Brandt, Franz Bernhard [i. V. des Dir.]: *Oberlehrer Friedrich Louis Berthold, gest. am 8. Juni 1893.* Grimma, Druck v. F. Bode, 1894; 3—4 S. 4.
Grimma, R u. PG, P 1894 (568)

Brandt, Franz Bernhard [Dir.]: Realschuldirektor Professor Karl Aug. Jul. Gesell, Ritter d. Kön. Sächs. Albrechtsordens 1. Kl., geb. zu Dresden, d. 1. Mai 1836, gest. zu Lindhardt, d. 18. Mai 1894. Grimma, Druck v. F. Bode, 1895; 23—24 S. 4.
Grimma, R u. PG, P 1895 (578)

Brandt, (Franz Bernhard), Prof., Dir.: [Oberlehrer Karl Max Kümmel, gest. am 2. Juni 1900, u. Direktor em. Prof. Karl Julius Schieck, gest. am 1. Okt. 1900.] *Grimma 1901: F. Bode.* (S. 28—30, 31—32.) 4°
Grimma, R u. PG, P 1901 (616)

Brandt, Franz Bernhard [Dir.]: Zum 2. September 1870. 1895. Grimma, Druck v. F. Bode, 1896; 24—29 S. 4.
Grimma, R u. PG, P 1896 (577)

Brandt, Frz. Bernh. De praepositionum apud Sophoclem usu. (Particul. I.) 13 S. Progr. Rech. *Grimma* 1878.

— Franz. Jos. Hugo (Wetzlar), De capitulis ecclesiarum metropolitanarum et cathedralium Germaniae sede vacante austraegarum beneficio destitutis. Diss. jur. Präs. Joh. Bapt. Aloys Samhaber. Würzburg (F. E. Nitribitt) 6. II. 1793. 80 S. (5.—)

Brandt, Frdr., s.: Illenau in den sechs ersten Jahrzehnten seiner Wirksamkeit.

Brandt, Friedrich, a. Düsseldorf: Ueber Sprachstörungen nach Unfällen. Bonn: J. F. Carthaus 1908. (26 S.) 8°
Bonn, Med. Fak., Ref. Westphal. Diss. v. 20. Mai 1908
[Geb. 1. Sept. 82 Düsseldorf; Wohnort: Merzig; Staatsangeh.: Preußen; Vorbildung: Gymn. Barmen Reife O. 01; Studium: Gießen 1, Bonn 4, Freiburg i. B. 1, Bonn 4 S.; Coll. 20. Mai 08; Approb. 1. April 08.]

Brandt, Friedrich, bacc. jur., Referendar bei der Kgl. Staatsanwaltsch. Magdeburg: Die Wechselbereicherungsklage (Artikel 83 W.O.) Borna-Leipzig 1906: R. Noske. (VIII, 43 S.) 8° [F.]
Leipzig, Jur. Fak., Diss. v. 1. Febr. 1906
[Geb. 24. Jan. 80 Magdeburg; Wohnort: Magdeburg; Staatsangeh.: Preußen; Vorbildung: Domgymn. Magdeburg Reife O. 98; Studium: Freiburg i. B. 3, Berlin 1, Halle 3 S.; Rig. 3. Dez. 02.]

Brandt, Friedrich M., Fürstl. Hohenzollernscher Hofzahnarzt in Düsseldorf: Ueber **Schleimhautlupus** mit besonderer Berücksichtigung der Mundschleimhaut. *Jena 1899: Frommann.* (46 S.) 8°
Jena, Med. Diss. v. (29. Nov.) 1899

Brandt, Friedrich Wilhelm Karl: Über die Äthylen-, Kohlenoxyd- u. Stickoxyd-Verbindungen des Blutfarbstoffes und des Kupferchlorürs. Würzburg 1909: Staudenraus. 48 S. 8°
Würzburg, Phil. Diss. v. 11. Mai 1909, Ref. Manchot
[Geb. 28. Okt. 85 Jugenheim; Wohnort: Würzburg; Staatsangeh.: Hessen; Vorbildung: Oberrealsch. Darmstadt Reife O. 05; Studium: Darmstadt Techn. Hochsch. 3, Würzburg 5 S.; Rig. 5. März 09.]

Brandt, G., Carl Huter's Helioda-, die neuen Lebens-Strahlen. Wie unterscheiden sich diese Strahlen v. den magnet., elektr., mediomen (odischen) Wärme-, Schwer-X-, Y- u. N-Strahlen in der Nah- u. Fernwirkung auf leb. Körper? Die grösste Entdeckg. des 19. Jahrh. Protokollierte u. amtlich beglaubigte Tatsachen üb. Übertragbarkeit der Lebens- u. Gedankenkraft aus e. Experimental-Vortrag v. 17. II. 1906 in Dresden, m. e. erklär. Anh. u. 10 Illustr.-Taf. im Text. 1. Zweitaus. (44 S.) gr. 8. Detmold 907. Leipzig, Arminius-Verlag. 1. 25

Brandt, G., Lehrbuch f. den Eisenbahn-Werkführer- u. Werkmeister-Dienst, s.: Hirt, R.

Brandt, Georg, pract. Arzt aus Hannover: Ueber die **Gastrostomie** im Kindesalter. *Göttingen 1902: Dieterich.* (55 S.) 8°
Göttingen, Med. Diss. v. [13. März] 1902

Brandt, Geo., über die Gastrostomie im Kindesalter. Diss. gr. 8. (55 S.) Göttingen 902. (Vandenhoeck & Ruprecht.) n. 1. 40

Brandt, Gottlieb [de Gübs, près Magdebourg]: Über quantitative Bestimmungen des Chlors im Chlornatrium mittelst Persulfats des aktiven Sauerstoffs im Persulfat und der Halogene in organischen Verbindungen mittelst Persulfats. Lausanne 1899. 124 p. 8°.
Lausanne. Thèse sc. 1898/99.

Brandt, Gustav [aus Konstadt i. Schl.]: Beitraege zur Kenntnis einiger Derivate der Cinchoninsaeure und der Function des Stickstoffs in denselben ... Freiburg i. B., Buchdr. v. Ch. Ströcker, 1893; 60 S., 1 Bl. 8.
Freiburg i. B., Phil. Fak., Inaug.-Diss. v. 1893

Zur Berichtigung! Eine Erwiderung auf den Artikel des Herrn A. Matthaei in der Kieler Zeitung Nr. 17779 v. Gustav **Brandt.** Kiel. 1897. 8°.

Denkschrift über den Erweiterungs- bezw. Neubau des Thaulow-Museums (v. Gustav **Brandt.** Kiel. 1905). 4°

Das schleswig-holsteinische Frontale im germanischen Museum (v. Gustav **Brandt**). Sonderabzüge [!] aus den Mitteilungen des germ. Nationalmuseums. Mit 1 Tafel. (Nürnberg.) 1896. 4°.
Das Frontale stammt aus Quern in Angeln.

Brandt, Gust.: Führer durch d. Sammlgn d. Thaulow Museums in Kiel, d. Kunstgewerbe-Museums d. Prov. Schlesw.-Holstein. (6, 111 m. 16 Taf. u. 1 Pl.) Kiel, (Schleswigholst. Verl.-Anst.) ('11). † 2 — d

Brandt, Gust.: Der Geist d. Unzufriedenh. in Bildern, Löchern u. Versen. (21 farb. Bl.) 23×30 cm. Berl., Buchh. Vorwärts ('11). 2.50 d

Brandt, Gustav [aus Kiel]: Grundlinien der Philosophie von Thomas Hobbes insbes. seine Lehre v. Erkennen ... Kiel, Druck v. Ch. Donath, 1895; VIII, 85 S. 8.
Kiel, Phil. Fak., Inaug.-Diss. v. [2. Okt.] 1895

Brandt, Gust., Grundlinien d. Philosophie v. Thomas Hobbes, insb. s. Lehre v. Erkennen. gr. 8. (VIII, 82 S.) Kiel 895. E. Marquardsen. n. 2. —

Brandt, Gust., Hans Gudewordt. E. Beitrag z. Kunstgeschichte Schleswig-Holsteins. gr. 4. (VIII, 80 S. m. Abb. u. 19 Lichtdr.-Taf.) Leipzig 898. E. A. Seemann. Geb. in Leinw. n. 16. —

Brandt, Gust. (Adolf) (geb. Magdeburg 27. 2. 1859): Die Handgelenksresection. Berlin (1883). (32 S.) 8°
Berlin, Med. Diss. v. 19. Febr. 1883

Niederdeutsche Holzschnitzereien und Möbel (im Hamburgischen Museum v. Gustav **Brandt**). Besonders abgedruckt aus: Das Hamburgische Museum für Kunst und Gewerbe etc. (Festschrift zum 25j. Bestehen des Museums.) Gedruckt v. Hamburgischen Senat. Hamburg. 1902. 8°.

Katalog für die Ausstellung kirchlicher Geräte Schleswig-Holsteins im Thaulow-Museum. Kiel. Juni 1902. (Von Gustav **Brandt.**) Kiel. 1902. 8°.

— Kopf ab! 20 Zeichngn. Mit Versen v. G Brandt u. Max Brinkmann. (20 Taf.) Lex8° Berl., A Hofmann & Co. '12. HL 4 — d

Die Körpergrösse der Wehrpflichtigen des Reichslandes Elsass-Lothringen. Nach amtl. Quellen bearb. von Dr. G[ust.] Brandt, Stabs- u. Abteilungsarzt. M. 3 kolor. Kt. *Strassburg: K. J. Trübner 1898.* (VII, 82 S., 3 Taf.) 1 Bd 4.
= Beiträge z. Anthropologie Elsass-Lothringens. H. 2.

Ueber Kreis- und Ortsmuseen v. Gustav Brandt. (Berlin. 1910.) 4° Separatabdruck aus: Museumskunde. Bd. 9, H. 3.

Der Ahrensboecker Kruzifixus v. Gustav Brandt. [Besonders abgedruckt aus: Zeitschrift für bildende Kunst. Jg. 10, Januar-Nummer 1899. Leipzig.] 4° g.

Brandt, Gust., ein Mangelbrett des Hans Gudewerdt im hamburgischen Museum f. Kunst u. Gewerbe. Lex.-8. (15 S. m. 3 Abbildgn.) Hamburg 899. (L. Gräfe & Sillem.) n. 1. —
Sonderabdruck aus „Jahrb. d. Hambg. wiss. Anstalten".

Brandt, Gust., der Neujahrssänger. Eine Sammlung leichter u. gefälliger 3stimmiger Neujahrs-Arien f. Lehrer u. Schüler. 4. (3 B.) Darmstadt 844, Leske.

Brandt, Gustav Ein Physikkursus in der Sekunda eines Gymnasiums. 26 S. u. 1 Taf. Progr. *Gütersloh* 1879.

Provinzial- und Lokal-Museen v. Gustav Brandt. Separatabdruck aus „Museumskunde" Bd. 2, H. 1. Berlin. [1906.] 4°

Brandt, Gust., Schrumm u. Trumm od. Sänger-Krieg u. -Frieden. Eine einstimm. Sängergeschichte. Mit lust. Bildern. gr. 8. (30 S.) Hamburg 882. O. Meißner. 1.20

— dasselbe. 2. Aufl. gr. 8. (30 S.) Ebend. 883. n. 1. —

Brandt, G, Schulphysik f. d. Gymnasien, nach Jahrgängen geordnet. 2 Tle. 8° Berl., L Simion. Kart. 3 —
1. Obertertia: Mechanik u. Wärmelehre. Untersekunda: Magnetismus, Elektricität, Akustik u. Optik. (80 m. Fig.) 95. 1 —
2. Obersekunda: Wärmelehre, Meteorologie u. Galvanismus. Unterprima: Mechanik u. Akustik. Oberprima: Optik u. astronom. Geographie. Anh.: Geschichtliches, Biographisches, Erklärg physikal. Ausdrücke. (81—301 m. Fig.) 16. 2 —

Brandt, G., Schulphysik f. d. Gymnasien, n. Jahrgängen geordn. 2 Tle. gr. 8. Berlin, L. Simion. Kart. n. 3. 20
1. Obertertia: Mechanik u. Wärmelehre. Untersekunda: Magnetismus, Elektricität, Akustik u. Optik. 2. Aufl. gr. 8. (VI, 93 S. m. Abb.) 896. Kart. n. 1. 20
2. Obersekunda: Wärmelehre, Meteorologie u. Galvanismus. Unterprima: Mechanik u. Akustik. Oberprima: Optik u. astronom. Geographie. Anh.: Geschichtl., Biographisches, Erklärg. physikal. Ausdrücke u. Sachreg. (VIII u. S. 81—301 m. Fig.) 895. n. 2. —

Thaulow-Museum, Kunstgewerbe-Museum d. Prov. Schleswig-Holstein. Bericht über das Jahr vom 1. April 1902 bis 1. April 1903. Erstattet v. Dir. d. Museums Dr. G[ustav] Brandt. Hrsg. als Denkschrift d. fünfundzwanzigjährigen Bestehens d. Museums. (Kiel 1903: L. Handorff.) (29 S.) 4° [8.] 8

Thaulow-Museum. Kunstgewerbe-Museum der Provinz Schleswig-Holstein. Bericht über das Jahr vom 1. April 1902 bis 1. April 1903. Erstattet vom Direktor des Museums Dr. Gustav Brandt. Hrgg. als Denkschrift des fünfundzwanzigjährigen Bestehens des Museums. (Kiel. 1904.) 4°.

An die Thaulow-Museums-Kommissionen (v. Gustav Brandt. Kiel. 1906). 4°

Brandt, Gust., unsere Zeitgenossen. 15 Portrait-Karikaturen aus dem Kladderadatsch, m. Text v. Max Friedlaender. (15 Bl. m. je 1 Bl. u. V S. Text.) hoch 4. Berlin 903. A. Hofmann & Co. n. 1. 50

— dasselbe. 15 Porträt-Karikaturen aus d. Kladderadatsch, m. Text v. Max Friedlaender. (II.) (15 Bl. m. je 1 Bl. u. III S. Text.) hoch 4. Ebd. 904. n. 1. 50
(I u. II in 1 Bd. kart.: n. 4. —)

Brandt, Gust.: Uns. Zeitgenossen. 12 Portr.-Karikaturen a. d. Kladderadatsch, m. Text v. Max Friedlaender. (III.) (12 Bl. m. je 1 Bl. u. III S. Text.) 8° Berl., A Hofmann & Co. '05. 1.50 (I—III: 4.50) d

Brandt, H., mehr Gesundheit! Die natürl. Mittel u. Wege zu neuer, fester Gesundheit, Abhärtg. u. zäher Widerstandskraft gegen Krankheiten. Mit e. Anh.: Kochbuch f. Anhänger d. naturgemäß. Lebensweise. (III, 192 S.) 8. Ilsenburg (910). G. Just. Geb. in Halbleinw. 4. —

Brandt, H.: Die S t ä d t e und Flecken der preuss. Monarchie, s. H a n d b i b l i o t h e k , geographisch-statistische.

Brandt, H.: Die S t ä d t e des Königr. Sachsen, s. H a n d b i b l i o t h e k , geographisch-statistische.

Brandt, H. W., Vertheidigung der luther. Kirche in Preußen gegen einen Angriff in Hrn. Dr. Kniewels Danziger Kirchenboten. gr. 8. Marienwerder 846. (Leipzig, C. L. Fritzsche.) n. 1/6 ℛ

Brandt, H. W., Wort der Warnung über Lehre u. Treiben der Irvingianer. gr. 8. (43 S.) Cöslin 851, Volger in Comm. 3 ℊ

Brandt, Hans: Ernst u. Scherz. Gedichte in plattdeut. Mundart. (42) 8° Hambg '11. (Kiel, Universitäts-Bh.) 1.20 d

Brandt, Hans, Gewinnbeteiligung u. Ertragslohn. Beiträge zur Geschichte u. Kritik der Theorien üb. die Teilnahme der Arbeiter am Reingewinn. (III, 319 S.) Lex. 8. Dresden 907. O. V. Böhmert. 6. —

Brandt, Heinrich von

v. Brandt, Hnr., Ansichten über d. Kriegführung im Geiste d. Zeit, verglichen mit d. besten ältern u. neuern Werken über d. Kriegskunst, u. mit besond. Hinsicht auf Napoleons Memoiren. Mit 1 Kpft. gr. 8. Berl. 824. Schüppel. 1 ℛ 12 ℊ

Brandt, Heinr. v. (I.), Aphorismen über bevorstehende Veränderungen in der Taktik. Aus den hinterlassenen Papieren des Verf., als dessen letzte, bis kurz vor seinem Tode fortgeführte Arbeit. Voranstehend: Nekrolog des Generals der Infanterie v. Brandt, mitgetheilt von der histor. Abthl. des Generalstabs. Lex.-8. (46 S.) Berlin 868, Mittler und Sohn. *
Aus: 2. Beiheft zum Militär-Wochenblatt, besonders abgedruckt.

(Brandt, Dr. Heinrich v., k. preuss. General d. Infanterie.) Zwei militärische Aufsätze über Tagesfragen, von einem alten Soldaten. 1. Ueber dreijährige Dienstzeit. 2. Ueber die Landwehr. 8. Berlin 1862.

Brandt. Heinrich, Tierarzt aus Hannover: Beiträge zur Biologie der Infusorien im Digestionstractus der Herbivoren. Hannover 1909. 38 S. 8°. [19. VI. 08.]
Bern Vet.-med. Diss. 1908/09.

Brandt, Heinrich: Beiträge zur Geschichte der Stadt Ostrowo in südpreussischer Zeit. *Ostrowo, Druck v. Th. Hoffmann, 1895;* 39—51 S. 4.
Ostrowo, k. G. Festschr. 1895 (163)

(Brandt, H. v.) Der Feldzug der Russen und Polen zwischen Bug und Narew im Jahre 1831. Glogau 1832. 8°.

(Universal-Bibliothek 990.)
Im Froschteiche. Aus den höchsten Kreisen. Zwei Thiergeschichten v. Heinrich Brandt. Leipzig. [1877.] 8°.

Brandt, Heinr., Gedichte. (IV, 99 S. m. 1 Taf.) kl. 8. Leipzig 907. E. Avenarius. Geb. in Leinw. 2. —

v. Brandt, H. Geschichte der Entwickelung des Kriegswesens im 17. Jahrhundert. (XIV. 679) 12. Berlin 1838. 6,00.

v. Brandt, Hnr., Geschichte d. Kriegswesens, s. Handbibliothek für Offiziere. 1r Bd. 3e Abthl.

Brandt, Heinr. v., Grundzüge der Taktik, s. Handbibliothek f. Offiziere, VI. Bd. 1. Abthl.

Brandt, H. v., Grundzüge der Taktik der drei Waffen Infanterie, Kavallerie und Artillerie. Nach den neuesten Erfahrungen u. mit besonderer Rücksicht auf die Verbesserung u. Vervollkommnung der Feuerwaffen bearb. 3. ganz umgearb. Aufl. Berlin 859. Herbig. gr. 8. (XVI, 542 S.) n. 3 ₰ 20 ngr.

—— Handbuch f. d. ersten Unterr. in d. höh. Kriegskunst. Zum Gebr. in Militär-Schulen u. f. d. Selbstunterr. M. 2 Plänen. 8. (23½ B.) Berlin 829, Schüppel.

— s. Hunni, N., Epitome Credendorum.

(**Brandt**, [Heinrich], Prof.): **Katalog der Lehrerbibliothek des Königlichen Gymnasiums zu Ostrowo.** *Ostrowo (1901): Th. Hoffmann's Erben.* (63 S.) 8°
Ostrowo, k. G, OP 1901 (175)

Brandt, Heinr. v., der kleine Krieg, s. Handbibliothek f. Offiziere, VI. Bd. 2. Abthl.

v. **Brandt, H.** Der kleine Krieg in seinen verschiedenen Beziehungen. (XVI. 586) 8. Mit 3 Plän. Berlin 1837. 5,50. — 2. Aufl. (XX. 603) 8. Mit 3 Plän. ib. 1850. 5,50.

Brandt. Das Kriegswesen des Alterthumes. Handbibliothek für Officiere. I Bd. 1. Abth. Berlin 1828.

v. **Brandt, H.** Das Kriegswesen des Mittelalters. (XII. 523) 12. Berlin 1830. 4,63.

—— Kriegswesen im Mittelalter, s. Handbibliothek f. Offiziere, I. Bd. 2. Abthl.

(——) Kriegswesen d. neuern Zeit, s. Handbibliothek f. Offiziere, I. Bd. 3. Abthl.

v. **Brandt, H.** Das Kriegswesen von Maximilians I. Zeiten bis zum Beginne des 17. Jahrhunderts. (XII 777) 12. Berlin 1835. 6,75.

Brandt, Heinr. v. (II.), aus dem Leben des Generals der Infanterie z. D. Dr. Heinr. v. Brandt. Aus den Tagebüchern und Aufzeichnungen seines verstorbenen Vaters zusammengestellt. 2 Thle. 1. Aufl. 1869, und 2. Aufl. gr. 8. Berlin 870, Mittler und Sohn. *

Inhalt:
Thl. 1. Die Feldzüge in Spanien und Rußland. 1808—1812. (VI, 505 S.) *ℳ 6.
" 2. Leben in Berlin, Aufstand in Polen, Sendung nach Frankreich 1828—1833. (XII, 235 S.) *ℳ 3.

Brandt, Heinr. v., aus dem Leben des Generals der Infanterie z. D. Dr. Heinr. v. Brandt. 3. Thl.: Wirksamkeit in der Prov. Posen, in Berlin unter den Ministerien Auerswald u. Pfuel; Kommando beim Prinzen Napoleon. 1848. 1857. Aus den Tagebüchern u. Aufzeichnungen seines verstorbenen Vaters zusammengestellt. gr. 8. (XVI, 360 S.) Berlin 882. Mittler & Sohn. n. 6. — (1—3.: n. 15. —)

(**Brandt**, Dr. Heinrich v., k. preuss. Gen. d. Inft.) Russlands Politik und Heer in den letzten Jahren. 8. Berlin 1852.

Brandt, H. v. über Spanien, mit besonderer Hinsicht auf einen etwaigen Krieg. Mit 1 Kpf. Berlin 1823. 158 S.

— über Spanien, mit besond. Rücksicht auf e. etwaigen Krieg. M. 1 Kpf. gr. 8. Berl. 823. Schüppel. 22 gr.

Brandt, Heinrich: T r o s t b ü c h l e i n ...., s. B r a n d t , Christian Philipp Heinrich.

v. **Brandt, (Heinr.,)** üb. d. Wiedereinführung d. Dragoner als Doppelkämpfer; aus d. Kriegsgeschichte hergeleitet. 8. Berlin 823, Schüppel.

Brandt, Hnr. Bhrd. Von den richtigen Anschlägen der Landgüter oder Nachweisung, wie man im Verkauf- und Verpachtfalle etc. den Werth der Güter bestimmen kann. 8°. Neubrandenburg 1794.

Brandt, Hnr. Bhrd., Können ganze Bauerndörfer mit Vortheil gelegt, oder in grosse Güter verwandelt werden? 8°. Neubrandenburg 1795.

Brandt, Heinrich Ed., Referendar: Die Haftung des Rheders in ihrer geschichtlichen Entwicklung und Geltung im heutigen deutschen Recht. Borna-Leipzig 1909: Noske. VI, 90 S. 8°
Erlangen, Jur. Diss. v. 22. April 1909, Ref. Sehling
[Geb. 16. Mai 81 Hamburg; Wohnort: Hamburg; Staatsangeh.: Hamburg; Vorbildung: Gymn. Wandsbek Reife M. 02; Studium: Kiel 6. Freiburg i. B. 4 S.; Rig. 2. Febr. 09.]

Brandt, Hermann

Brandt, Herm.: Die Anfänge d. deut. Landschaftsmalerei im 14. u. 15. Jahrh., s: Studien z. deut. Kunstgesch.

Brandt, Herm. Antrittsrede. S. 39—42. Progr. G. *Bernburg* 1876.

Brandt, H., Collatio codicis Vergiliani Dessaviensis. Acced. de loco Verg. Aen. I., 393 bis 400 disputatio. Pr 1869. 42 S m. 1 Taf 4°. 1.50

Brandt, *Hermann* Zur Erklärung des Sophokles. 4 (48 S.) Progr. Karls-G. *Bernburg* 1888

Brandt, H., zur Erklärung d. Sophokles. gr. 4. (48 S.) Bernburg 888. (Leipzig, Fock.) n. 1. 20

Brandt, H. Zur Erklärung d. Sophokles. gr. 4. Bernburg 888. (Schmelzer). [* 1 20] * — 50

Brandt, Hermann, a. Gübs: Zur Kenntnis der Aminoguanidine. Erlangen 1907: E. Th. Jacob. (61 S.) 8°
Erlangen, Phil. Fak., Ref. Fischer-Paal, Diss. v. 29. Apr. 1907
[Geb. 24. Mai 77 Gübs b. Magdeburg; Wohnort: Hamm Westf.; Staatsangeh.: Preußen; Vorbildung: Realgymn. Magdeburg Reife f. Obersek. 93; Studium: T.H. Braunschweig 5. Univ. Erlangen 4, T.H. Braunschweig 1 S.; Rig. 20. Febr. 07.]

Brandt, Herm. Zur Kritik und Exegese von Vergils Aeneis I—III, mit besonderer Berücksichtigung von Schulausgaben. 38 S. Progr. G. *Bernburg* 1876

Brandt, *Hermann* [Tierarzt in Hamburg]: Aus Dr. Unna's dermatolog. Laboratorium in Hamburg. Das Leistensystem der Oberhaut beim Hunde. M. 10 Abb. ... Hamburg, L. Voss, 1895; 21 S., 1 Doppeltaf. 8.
Rostock, Phil. Fak., Inaug.-Diss. v. [24. Juli] 1895

Brandt, Hermann, a. Stettin: Über Retroperitonealgeschwülste. Greifswald 1906: H. Adler. (33 S.) 8°
Greifswald, Med. Fak., Ref. Grawitz, Diss. v. 8. Okt. 1906
[Geb. 10. Okt. 79 Stettin; Wohnort: Stettin; Staatsangeh.: Preußen; Vorbildung: Stadt-Gymn. Stettin Reife O. 00; Studium: Freiburg i. B. 1, Marburg 1, Leipzig 3, Berlin 1, Jena 3 S.; Coll. 15. Dez. 05; Approb. 1. Sept. 06.]

Brandt, Herm., s: Schul-Kalender d. Reg.-Bez. Magdeburg.

Butter- und Käsebereitung, Neue, nach dem Verfahren von M. Ziemann. Bearb. von J. Brandt und G. W. v. Nawrocki. Berlin 1879

Brandt, J. (Hrsg.), s. P a t e n t - B e r i c h t e , Illustrirte.

Brandt, J. (Hrsg.), s. P a t e n t b l a t t , Illustrirtes.

Brandt, J., und G. W. von Nawrocki, deutsche Patente 1876. Auf Grund amtl. Kundmachungen der deutschen Patentämter hrsg. Nebst einem Anhang, enth. 1) Das Patentgesetz für das Deutsche Reich. 2) Verordnung betr. die Einrichtung, das Verfahren über den Geschäftsgang des kaiserl. Deutschen Patentamtes. 3) Auszug aus den Bestimmungen des kaiserl. Deutschen Patentamtes. gr. 8. (IV, 80 S.) Stuttgart 877, Cotta'sche Buchh. *

Brandt, J. D., Liederconcordanz über d. Ansbachsche Gesangbuch. 8. Ansb. 784. (Gassert). 4 gr.

Brandt, J. Hnr. D. T., Sammlung algebraischer Uebungs-Aufgaben. Für den Unterricht entworfen. gr. 12. Hamburg 843. (Herold.) n. 1 ₰

v. Brandt, J. P., kurze Darstell. d. französ. Strafverfahrens; ein Auszug aus dem Code d'instruction criminelle et. gr. 8. Köthen 811. Aue. 6 gGr

Brandt, J. T., General-Register, s.: Blätter, fliegende, aus dem Rauhen Hause zu Horn bei Hamburg.

Brandt, Joh. Carl, kurzer Entwurf einer Wissenschaft der Verwandtschaften in Natur- u. Menschenleben nach geistig-dynam. chem. Lebensprincipien. 8. (XII u. 76 S.) Jüterbog 851, Colditz in Comm. 1/2 Thlr

Brandt, Joh. Carl, Geschichte d. Kreisstadt Belzig u. d. Belziger Amts von d. ältesten bis auf d. neuesten Zeiten, aus Archiven u. bewährten handschriftl. Quellen geschöpft u. zusammengetragen. 2 Bdchn. 8. (20 1/2 B.) Jüterbog 830, (Colditz.) * Thlr.

Brandt, J. C. Geschichte der Kreisstadt Jüterbogk. 8. Torgau 1826.

Brandt, Johann Carl: Geschichte der Kreisstadt Jüterbogk und ihrer Umgegend, von den ältesten bis auf die neuesten Zeiten. 2 Bde. Torgau 1827. 8.

— kurze Geschichte der Kreisstadt Jüterbogk, von den ältesten bis auf die neuesten Zeiten. 8. Jüterbogk 840. (Colditz.) n. 2/3 Thlr

Brandt jun., Joh. Carl, Grundriß eines Systems d. Harmonie in Natur- u. Menschenleben, d. Sympathie u. Antipathie in d. rationellen Heilkunde, nebst Kritik d. Homöopathie. Nach besond. originellen Ansichten f. denk. Nichtärzte u. Aerzte. 8. (9 B.) Jüterbogk 834. (Berlin, Hirschwald.)

Brandt, Johann Carl: Urkundenbuch der Kreisstadt Jüterbogk vom Jahre 1150 bis 1517. Torgau 1831. 8.

Brandt, Joh. Carl Friedr., die gebräuchlichsten homöopathischen Arzneimittel oder Beschreibung der homöopath. Arzneimittel, welche in des Verf. homöopath. Haus- und Selbstarzt und in J. C. Schäfer's homöopath. Thierheilkunst vorkommen, mit Angabe von deren Bereitungsart, Wirkungsdauer, Gegenmitteln etc. Ein Handbuch für Alle, die sich näher für die Homöopathie interessiren, namentlich für die Besitzer der beiden genannten Bücher. gr. 8. (91 S.) Nordhausen 860, Büchting.

Brandt, Joh. C. Fr., die gebräuchlichsten Arzneimittel od. Beschreibg. der homöopath. Arzneimittel, welche in d. Verf. homöopath. Haus- u. Selbstarzt u. in T. C. Schäfers homöopath. Thierheilkunst vorkommen, m. Angabe v. deren Bereitungsart, Wirkungsdauer, Gegenmitteln u. Anwendg. sowohl in Krankheiten d. Menschen als in der Thierheilkunst. Ein Handbuch f. Alle, die sich näher f. die Homöopathie interessiren, namentlich f. die Besitzer der beiden genannten Bücher. 2. verb. Aufl. gr. 8. (91 S.) Nordhausen 874. Leipzig, Schwabe. 1. 25

Brandt, Joh. Carl Friedr., homöopathischer Haus- und Selbstarzt. Eine faßl. Anweisung, sich mittelst der Homöopathie leicht, schnell und sicher in vorkommenden Krankheiten selbst zu helfen. Nebst einer Einleitung über das Grundprincip und die Vorzüge der Homöopathie, über homöopath. Medicin, deren Wesen, Bezug, Aufbewahrung etc., sowie über Krankenexamen und Diät. Ein unentbehrl., treuer Rathgeber für jede, besonders zahlreiche Familie, namentlich auf dem Lande, die ihr körperl. Wohl sicher und ohne große Opfer erhalten will. gr. 8. (VI und 122 S.) Nordhausen 855(56.) Büchting.

—— homöopathischer Haus- und Selbstarzt. Eine faßl. Anweisung, sich mittelst der Homöopathie leicht, schnell und sicher in vorkommenden Krankheiten selbst zu helfen. Nebst einer Anleitung über das Grundprincip und die Vorzüge der Homöopathie, über homöopath. Medicin, deren Wesen etc. 2., verb. Aufl. gr. 8. (VI und 130 S.) Nordhausen 860, Büchting.

Brandt, Joh. C. Fr., homöopathischer Haus- und Selbstarzt. Eine faßl. Anweisung, sich mittelst der Homöopathie leicht, schnell und sicher in vorkommenden Krankheiten selbst zu helfen etc. Ein unentbehrl., treuer Rathgeber für jede, besonders zahlreiche Familie, namentlich auf dem Lande, die ihr körperl. Wohl sicher und ohne große Opfer erhalten will. 3., verb. und verm. Aufl. gr. 8. (151 S.) Nordhausen 864, Büchting.

Brandt, Joh. C. Fr., homöopathischer Haus- u. Selbstarzt. Eine faßliche Anweisung, sich mittelst der Homöopathie leicht, schnell u. sicher in vorkommenden Krankheiten selbst zu helfen. Nebst einer Einleitung über das Grundprincip u. die Vorzüge der Homöopathie, über homöopath. Medicin, deren Wesen, Bezug, Aufbewahrung etc., so wie über Krankenexamen u. Diät. 4. verb. u. verm. Aufl. Nordhausen 869. Büchting. gr. 8. (151 S.) 20 ngr.

— homöopathischer Haus- u. Selbstarzt. Eine faßl. Anweisg. sich mittelst der Homöopathie leicht, schnell u. sicher in vorkomm. Krankheiten selbst zu helfen. Nebst e. Einleitg. üb. das Grundprincip u. die Vorzüge der Homöopathie, üb. homöopath. Medizin, deren Wesen, Bezug, Aufbewahrg., Wahl, Anwendg. u. Gabengröße, sowie üb. Krankenexamen u. Diät Ein unentbehrl., treuer Rathgeber f. jede besonders zahlreiche Familie, namentlich auf dem Lande, die ihr köperl. Wohl sicher u. ohne große Opfer erhalten will. 5. verb. u. verm. Aufl. gr. 8. (152 S.) Ebend. 874. 2. —

Brandt, Joh. C. Fr., homöopathischer Haus- und Selbstarzt. Eine faßl. Anleitung, sich mittelst der Homöopathie leicht, schnell und sicher in vorkomm. Krankheiten selbst zu helfen. Nebst einer Einleitung über das Grundprincip und die Vorzüge der Homöopathie, über homöopath. Medicin, deren Wesen, Bezug, Aufbewahrung, Wahl, Anwendung und Gabengröße, sowie über Kranken-Examen und Diät. Ein unentbehrl., treuer Rathgeber für jede besonders zahlreiche Familie, namentlich auf dem Lande, die ihr körperl. Wohl sicher und ohne große Opfer erhalten will. 6. verb. und verm. Aufl. gr. 8. (IV, 112 S.) Leipzig 880, Schwabe's Homöopath. Buchh. M 2.; geb.

Brandt, Joh. C. Fr., homöopathischer Haus- u. Selbstarzt. Eine faßl. Anweisg., sich mittelst der Homöopathie, leicht, schnell u. sicher in vorkomm. Krankheiten selbst zu helfen 7., verm. Aufl. gr 8. (IV, 113 S.) Leipzig 892. Dr. W. Schwabe. 2. —; geb. n.n. 2. 60

Brandt, Joh. C. Fr., homöopathischer Haus- u. Selbstarzt. Eine faßl. Anweisg., sich mittelst der Homöopathie leicht, schnell u. sicher in vorkomm. Krankheiten selbst zu helfen. Nebst e. Einleitg. üb. das Grundprinzip u. die Vorzüge der Homöopathie, üb. homöopath. Medizin, deren Wesen, Bezug, Aufbewahrg., Wahl, Anwendg. u. Gabengröße, sowie üb. Krankenexamen u. Diät. 8. rev. Aufl. (IV, 116 S.) 8. Leipzig 906. Dr. W. Schwabe. 2.—; geb. n 2. 50

—— die Kinderkrankheiten und deren Behandlung nach den Grundsätzen der Homöopathie. Nebst einer Einleitung über die leibl. Erziehung der Kinder in den ersten Lebensjahren. 16. (93 S.) Nordhausen 869, Büchting.

Brandt's, Joh. Casimir, Aufzeichnungen üb. Ereignisse u. Hoffestlichkeiten aus der Zeit Herzog Friedrich Casimirs v. Kurland u. den nächstfolgenden Jahren 1689—1701. Hrsg. v. der kurländ. Gesellschaft f. Literatur u. Kunst. Bearb. v. H. Diederichs. gr. 4. (X, 47 S) Mitau 892. (F. Besthorn.) n. 2 40

Johann Casimir Brandts Aufzeichnungen über Ereignisse und Hoffestlichkeiten aus d. Zeit Herzog Friedrich Casimirs v. Kurland u. d. nächstfolg. Jahren 1689—1701. Hrsg. v. d. kurländ. Ges. f. Lit. u. Kunst. Bearb. v. H. Diederichs. *Mitau: Gedr. bei J. F. Steffenhagen & Sohn 1892.* (x S., 1 Bl., 47 S.) 1 Bd 4. [illegible]

— **Johann Christian Carl** (Jüterbog). De malo hypochondriaco rite cognoscendo. Diss. med. Präs. Georg Ernst Kletten. Wittbg. (F. I. Seibt) 29. VI. 1811. 24 S. (4.80) 3779
Gew.: Joh. Wilh. Ehrhardt (Froeden, Markendorf), Carl Gottfried Weber.

Brandt, Johann Ferdinand Wilhelm von

Brandt, Jh. Fd. Wlh. v. Rechtliche Bedenken über die allgemeine Befreiung aller Kammergerichtspersonen in Ansehung der Nachsteuer oder des 10. Pfennigs von Erbschaften. 4°. Wetzlar, Winkler, 1764.

— — Disquisitio de continentia caussae, quatenus praetermissis austraegis fundet jurisdictionem camerae imperii et spec.: utrum actione adversus duo pluresue reos aequali modo austraegis praeditos suscepta ejus ratio habeatur? Ad ill. rec. deput. de anno 1600. Wetzlar (Winckler) 1754. 120 S. (3.50) 3781

— de natura bonor. avitor. vulgo Stammgüter etc. 4. Erf. Gerling. 791.

— **Jo. Ferdin. Wilh.** (Wetzlar), De natura bonorum avitorum vulgo Stammgüter jure Germanico in dominio minus pleno consist. atque inde sumenda interpretatione in fideicommissis familiae. Sept. 1746. Marburg (H. R. Meyer) 1791. 80 S. (5.—) 3780

v. Brandt, Jh. Fd. Wlh., Supplik in Sachen Reinh. Witken, wider den Stadtrath zu Bremen. Mit Anlagen 1—4. 2e Aufl. gr. 4. Altona 794.

— de amicae inter litigantes compositionis tentatione contra Thomasium. 4. Wetzl. 756. Winkler. 6 gl.

— Thematum selectiorum juris cameralis Fasc., I—VI. 4. Wetzl. 758. sq. Winkler.

— s. Würfels Anleitung.

Brandt, Johann Fr.

Brandt, Jh. Fr., sorgfält. Land- u. Bauerndoctor. 2 Thle. 8. ... 776. 2e verm. Ausg. Heilbr. 799. Glaß. 1 Rthl.

Brandt, J. F.: Sorgfältiger L a n d - und Bauern- d o k t o r oder gründliche Anweisung .... alle Krankheiten .... sowohl an Menschen als an Thieren ... selbsten gründlich u. sicher zu heilen, nebst angehängten Kurarten. Abth. (1.) 2. Heilbronn am Nekar 1795-96.

Brandt, Johann Friedrich

—— und J. T. C. Ratzeburg, Abbildung u. Beschreib. d. in Deutschland wildwachs. u. in Gärten im Freien ausdauernden Giftgewächse, nach natürl. Familien erläut. 1. Abthl. Phanerogamen. — A. u. d. T.: Deutschlands phanerogam. Giftgewächse in Abbildn. u. Beschreibn. gr. 4. (47 ill. Kpfrt. u. 21¼ B. Text.) Berlin 834, (Hirschwald.)
Erschien in 10 Heften v. 1828—34. — 1—7. Hft. à 1 Thlr., 8—10. H. 2 Thlr. 12 Gr.

— — u. P. Phöbus, Abbild. u. Beschreib. d. in Deutschland wildwachs., in Gärten u. im Freien ausdauernden Giftgewächse, nach natürl. Familien erläut. 8s—10s (letztes) Hft. Mit 12 ill. Kpfrtaf. gr. 4. Berlin 834. (Schmidt in Stolberg.) 2½ Rthl. (A. u. d. T.: Deutschlands phanerogamische Giftgewächse in Abbildd. u. Beschreibb.) Alle 10 Hfte. mit 49 ill. Kpfrtaf. n. 9½ Rthl. — 2e Abthl. A. u. d. T.: Deutschlands kryptogamische Giftgewächse, von Phöbus. Mit 9 ill. Kpfrtaf. gr. 4. Ebd. 838. n. 3 Rthl.

Brandt, J. Fr, J. T. C. Ratzeburg, u. P. Phöbus, Abbildung u. Beschreibung der in Deutschland wild wachsenden rc. Giftgewächse rc. 1e Abthl. A. u. d. T.: Deutschl. phanerogamische Giftgewächse. Von Brandt u. Ratzeburg. 2e verb. u. verm. Ausg. Mit 48 z. Theil. ill. Kpfrtaf. gr. 4. Berlin 838, 39. Hirschwald. (Schmidt in Stolberg.) Beide Abthl. in 1 Bde. cart. n. 8⅔ Rthl.

—— dass. — Nachträge z. 1. Abthl. gr. 4. (4¼ B. u. 1 ill. Kpfrt.) Ebds. 838. *

Brandt, Jh. Fr., über den Bau der sogenannten Moschus-Drüsen rc., s. Acta nova phys.-med. Acad. Caes. Leopold. Carol. XVIII.

Brandt, Joh. Friedr., Beiträge zur Kenntniss d. Baues d. innern Weichtheile d. Lama (Auchenia Lama). M. 17 Stnt. gr. 4. (10 B.) St. Petersburg 841. (Leipzig, Voss.) *
Aus d. IV. Bde. d.: Mémoires de l'Acad. Imp. des sciences de St. Pétersbourg. VI. Série, besond. abgedruckt.

Brandt, J. F., Beiträge zur nähern Kenntniss der Säugethiere Russlands. Imp.-4. (IV und 365 S. mit 19 Stnt.) St. Petersburg 855. (Leipzig, Voss.) **
Aus: Mémoires math., physiques et naturelles, Tome VII., besonders abgedruckt.

—— Beiträge zur Kenntniss d. Naturgesch. d. Vögel, mit besond. Bezieh. auf Skeletbau u. vergleich. Zoologie. 1. Lfg. Mit 10 lith. Taf. gr. 4. (20 B. u. 1 lith. Tab.) St. Petersburg 839. (Leipzig, Voss.) **
Aus d. V. Bde. d.: Mémoires de l'Acad. Imp. des sciences de St. Pétersbourg VI. Série, besond. abgedruckt.

Brandt, J. F., Beiträge zur Naturgeschichte d. Elens, s.: Mémoires de l'académie impériale des sciences de St. Pétersbourg.

— Bemerkungen üb. die untergegangenen Bartenwale [Balaeoniden], deren Reste bisher im Wiener Becken gefunden worden. [Aus „Sitzungsber. d. k. Akad. d. Wiss."] Lex.-8. (7 S.) Wien 872. (Gerold's Sohn.) n. — 20

Brandt, J. F., Bemerkungen über die Classification der kaltblütigen Rückenmarkthiere, s. Mémoires de l'acad. imp. des sciences de St.-Pétersbourg. 7. Série, Tome IX. Nr. 3.

Brandt, JF, Bemerkgn üb. d. Classificat. d. kaltblüt. Rückenmarkthiere. 4. (30) Petersb. 65, Lpzg, Voss. n. — 10

—— Bemerkungen üb. d. Mundmagen- od. Eingeweidenerven (Nervus Sympathicus seu Nervus reproductorii) der Evertebraten. gr. 4. (6¾ B. u. 3 Kpfr.) Leipzig 835, Voss. *
Aus den: Memoiren d. k. Akad. d. Wissensch., abgedruckt.

— Bemerkungen über die Wirbelthiere des nördlichen europäischen Russlands, s. Ural, der nördliche, etc. 2. Bd.

Brandt, Johann Friedrich: Bemerkungen über die Wirbelthiere des nördlichen europäischen Russlands, besonders des nördlichen Ural's. Ein Beitrag zur näheren zoologisch-geographischen Kenntniss Nordost-Europa's. [St. Petersburg 1855.] 75 S. 4°.

Brandt, Joh. Friedr., Bericht über die Fortschritte, welche die zoologischen Wissenschaften den von der kaiserl. Akademie der Wissenschaften zu St.-Petersburg von 1831 bis 1879 herausgegebenen Schriften verdanken, s. Beiträge zur Kenntniss des russischen Reiches.

— Blicke auf die Verbreitung der in Europa bisher entdeckten Zahnwale der Tertiärzeit in specieller Beziehung auf die d. Wiener Beckens. [Aus: „Sitzungsber. d. k. Akad. d. Wiss."] Lex.-8. (6 S.) Ebend. 873. — 15

Brandt, Joan. Frid., Collectanea palaeontographica Rossiae. Fasc. I.: Observationes ad Rhinocerotis Tichorhini historiam spectantes tabulis XXV (lith. et color. in Fol.) illustratae. [Tiré des mémoires de l'acad. de St. Pétersb. VI. Série. Sc. naturelles. Tom. V.] Imp. 4. (IV u. 256 S.) Petropoli 849. Lipsiae, Voss. n. n. 4⅓ Rthl.

——, J. T. C. Ratzeburg u. F. G. Hayne, Darstellung u. Beschreib. d. Arzneygewächse, s. Hayne, F. G.

—— Descriptiones et icones animalium Rossicorum novor. vel minus rite cognitor. — Aves. Fasc. I. 4maj. (8¼ B. u. 6 ill. Stnt.) Petropoli 836. (Lipsiae, Voss.) **

— Mammalium exoticorum vel minus rite cognitorum Musei Acad. Zoologici descript. et icones, ex Acad. Imper. Scientiarum Commentariorum. VI. Serie. Tom. II. et III. impressae. Acced. tabb. XIX. 4maj. St. Petersburg 835. (Leipzig, Voss.) n. 5⅓ Rthl.

— Ergänzungen zu den fossilen Cetaceen Europa's, } s.: Mémoires de la l'académie impériale des sciences de Pétersbourg.

Brandt, *Johann Friedrich*, Akademiker in Petersburg. * Jüterbogk 25. Mai 1802.
—— Flora Berolinensis seu descriptio plantarum phanerogamarum circa Berolinum sponte crescentium vel in agris cultorum, additis Filicibus et Charis. Berolini, Flittner. 1825. LIV, 372 p. (1 th.)

Brandt, Joan. Frid., Fuligulam (Lampronettam) Fischeri novam avium rossicarum speciem praemissis observat. ad Fuligularum generis sectionum et subgen. quorundam characteres et affinitates spectantibus descripsit. 4maj. (10 S. und 1 ill. Stnt.) Petropoli 847. (Leipzig, Voss.) **

Brandt, Johann Friedrich: De Dinotheriorum genere, s. Mémoires de l'Académie impériale des sciences de St.-Pétersbourg.

— de Dinotheriorum genere Elephantidorum familiae adjungendo nec non de Elephantidorum generum craniologia comparata. [Aus „Mémoires de l'Acad. Impér. des Sciences de St.-Pétersbourg."] St. Pétersbourg 869. (Leipzig, Voss.) gr. 4. (38 S.) n. 12 ngr.

Brandt, J(ohann) F(riedrich): Deutschlands phanerogamische Giftgewächse in Abbildungen und Beschreibungen von J.F.Brandt und J(ulius) T(heodor) C(hristian) Ratzeburg. 2.Ausg. Berlin: 1838

s.: Brandt, J.F.: Abbildung und Beschreibung der in Deutschland...wachsenden...Giftgewächse von J.F.Brandt, P(hilipp) Phoebus und J.T.C.Ratzeburg. Abth.1

Brandt. J. F. Ist der Nabus des Plinius identisch mit seiner Camelopardalis? 1859.

Brandt, Johann Friedrich: Mittheilungen über die Gattung Elasmotherium, besonders der Schädel derselben, s. Mémoires de l'académie impériale des sciences de St.-Pétersbourg.

Brandt. J. F. Mittheilungen über die Naturgeschichte des Mammuth. St. Petersb. 1866.

Brandt, Joan. Frid. (geb. Jüterbog 25. 5. 1802): Observationes anatomicae de mammalium quorundam praesertim quadrumanorum vocis instrumento. Berolini (1816 [!]). (40 S.) 4°
Berlin, Med. Diss. v. 24. Jan. 1826

— Observationes anatomicae de instrumento vocis mammalium in Museo zootomico Berolinensi factae. Acced. tab. aen. 4maj. Berolini 826, Herbig.

—— Observationes de Elasmotherii reliquiis, s. Mémoires de l'académie imp. des sciences de St.-Pétersbourg. 7. Série, Tome VIII. Nr. 4.

Brandt, Johann Friedrich: Observationes de Elasmotherii reliquiis. Petersb. 1864. 4. 34 p. u. 5 Tafeln. Schul-/Univ.Schrift.

— **Johann Friedrich** (Trebbin/Brandenburg), Pathologia haemorrhagiarum in universum spectata. Diss. med. Präs. Salomon Constantin Titius. Wittbg. (Ch. Ph. Meltzer) 6. VI. 1799. 24 S. (4.80) 3784
Widm. v.: Traug. Friedr. Fischer (Catharinenberg), Joh. Sigismund Wittich (Venusberg).

—— Prodromus descriptionis animal. ab H. Mertensio in orbis terrar. circumnavigatione observator. Fasc. I. Polypos, Acalephas Discophoras et Siphonophoras, nec non Echinodermata cont. 4maj. (10 B.) Petropoli 835. (Lipsiae, Voss.) **

Brandt, Joh. Fried., Recueil de mémoires relatifs à l'ordre des insectes Myriapodes, et lus à l'Académie Impér. des Sciences de St.-Pétersbourg. gr. in-8. (12½ B.) St. Pétersbourg 842. (Leipzig, Voss.) **
Extrait du Bulletin scient. de l'Academ. T. V à IX.

Brandt, Joh. Friedr., diluviale Säugethierfauna und ihre Beziehungen zum Menschen, s. Mémoires de l'Académie impériale des sciences de St.-Pétersbourg.

—— Spicilegia ornithologica exot. Fasc. I. 4maj. (5¼ B. u. 4 ill. u. 1 schw. Stnt.) Petropoli 839. (Lipsiae, Voss.) *
Aus d. VI. Bde. d.: Mémoires de l'Acad. Imp. etc. Série sc. nat. T. V. P. II., besond. abgedruckt.

Brandt, Joh. Frid., symbolae ad polypos Hyalochaetides spectantes, tabulis IV (lith.) illustratae. St. Petersburg 859. (Leipzig, Voss.) gr. 8. (24 S.) nn. 1 ₰

Brandt, Johann Friedrich: Symbolae sirenologicae s. Mémoires de l'Académie impériale des sciences de St.-Pétersbourg.

—— Symbolae sirenologicae, quibus praecipue rhytinae historia naturalis illustratur. Accedunt tabulae V. 4maj. (20½ B.) Petropoli 846. (Lipsiae, Voss.) **

— symbolae sirenologicae. Fasciculus II et III. Sireniorum, Pachydermatum, Zeuglodontum et Cetaceorum ordinis osteologia comparata, nec non Sireniorum generum monographiae. [Aus Mém. de l'Acad. Impér. des Sciences de St. Pétersbourg.] Ebend. 868. gr. 4. (384 S. u. 9 lith. Taff. in 4. u. Fol.) n. 4 ₰ 8 ngr.

Brandt, Johann Friedrich: Tentamen synopseos Rhinocerotidum viventium et fossilium, s. Mémoires de l'académie impériale des sciences de St.-Pétersbourg.

—— alphabetische Uebersicht der Gattungen der offizinellen Gewächse, nebst Angabe der Linne'schen Classen u. Ordnungen, u. d. natürl. Familien, wohin sie gehören. — Uebersicht d. in d. Heilkunde in Betracht kommenden Thiere nach d. Linn. System, u. nach d. neuern Arbeiten Cuvier's u. Latreille's. Tab. III—V. auf 1 Roy.-Fol.-Bog. Berlin 830, Hirschwald.

—— Uebersicht d. Charactere d. Familien d. offizin. Gewächse nach R. Brown, De Candolle, Jussieu, Kunth, Link, Mirbel, Richard, Sprengel, Ventenat u. A. Tab. II. Roy.-Fol. Berlin 830, Hirschwald.

Brandt, J. Fr., tabellar. Uebersicht d. offizin. Gewächse nach d. Linn. Sexualsystem u. d. natürl. System. Tab. I. Roy.-Fol. Berlin 829, Hirschwald. Thlr.

—— Tabellarische Uebersicht der officinellen Gewächse. Berlin (Hirschwald.) 1829—30. 3 Tafeln in folio. (½ th.)

Brandt, Johann Friedrich: Untersuchungen über die Gattung der Klippschliefer, s. Mémoires de l'Académie impériale des sciences de St.-Pétersbourg.

— Untersuchungen über die Gattung der Klippschliefer [Hyrax herm.] besonders in anatom. u. verwandtschaftl. Beziehung nebst Bemerkungen über ihre Verbreitung u. Lebensweise. [Aus „Mém. de l'Acad. Impér. des Sciences de St.-Pétersbourg.] Ebend. 867. gr. 4. (VI, 127 S. u. 3 lith. Taff.) n. 1 ₰ 13 ngr.

—— Unters. üb. d. Gattg d. Klippschliefer. 4. (127 m. 3 L.) Ebd. 69. n. 1. 13

—— Untersuchungen über die Verbreitung des Tigers (felis tigris) und seine Beziehungen zur Menschheit. Ein Sendschreiben an den Hrn. Baron A. v. Humboldt. Imp.-4. (95 S.) St. Petersburg 856. (Leipzig, Voss.) **
Aus: Mémoires de l'académie imp. des sciences de St.-Petersbourg, besonders abgedruckt.

Brandt, Johann Friedrich: Versuch einer Monographie der tichorhinen Nashörner, nebst Bemerkungen über Rhinoceros leptorhinus Cuv., s. Mémoires de l'académie impériale des sciences de St. Pétersbourg.

Brandt, Versuch einer kurzen Naturgeschichte des Dodo. gr. 8. (45 S. und 3 eingedr. Holzschn.) St. Petersburg 848. (Leipzig, Voss.) *
Aus: Verhandlungen der kaiserl. mineralogischen Gesellschaft für das J. 1847, besonders abgedruckt.

von **Brandt**, J. F.: Ueber die Vogelfauna der Aleuten, Kurilen und der russisch-amerikanischen Colonien. Nach hinterlassenen Notizen herausgegeben von Herman Schalow. ([S.-A.] Cabanis' Journal für Ornithologie. Jahrg. 1891. Juli-Heft. S. 235–271.) (Cassel 1891.) 37 S. 8°.

—— und J. T. C. Ratzeburg, medizin. Zoologie, od. getreue Darstell. u. Beschreib. d. Thiere, die in d. Arzneimittellehre in Betracht kommen, in systemat. Folge hrsg. 2 Bde. od. 13 Hfte. gr. 4. Berlin, (Hirschwald.) [1. od. 5 Hfte. (26 B. u. 25 grossenthls. ill. Kpfrt.) 827—29., 2. od. 8 Hfte. (46½ B. u. 44 grossenthls. ill. Kpfrt.) 830—34. à Hft. 1 Thlr. 8 Gr.]

Brandt J. F. u. **Ratzeburg J. T. C.**: Medizinische Zoologie od. getreue Darstellung u. Beschreibung d. Thiere, die in der Arzneimittellehre in Betracht kommen, in systemat. Folge herausg. 2 Bd. (1 Vol.) + Tvl. i 1 Vol. Berl. 1829-33. (562) S. 63 Tvl. (39 kol.). 4°.

Brandt, Joh. Geo., Alphabete und Schriftmuster aus Manuscripten und Druckwerken verschiedener Länder vom 12. bis zum 19. Jahrhundert. 8 Lfgn. qu. Fol. (39 theilweise ill. Kpfrt.) Frankfurt a. M. 858. 59, Keller. à Lfg. 1 Thlr. *

Brandt, Johann Gottlieb von

v. *Brandt*, Jh. Gli., Diss. inaug. med. de leprae in membrana faucium, narium, nec non oris mucos. obviae diagnosi. 8. Riga 825.

— **Johann Jacob** (Homberg/Hessen), De praescriptione feudali. Oder: Von der Lehns-Verjährung. Disp. jur. Marburg (J. J. Kürsner) April 1707. 24 S. (2.—) 3785
Gew.: Joh. Caspar Murhardt. — Widm. v.: J. J. Leo (Helvet).

— — Dasselbe. Jena (Heller) 1723. 24 S. (4.80) 3786

BRANDT, JOH. WILH. Ueber die Einwirkung von Phosphorpentachlorid auf Benzoylphenyl-α-naphtylamin, sowie über die Darstellung zweier neuer Acridine des Phenylbenz-β-naphtacridin und des Phenyl-β-naphtacridin. (Freiburg im Breisgau) Freiburg in Baden, 1885.
Diss.

Brandt, Johannes *Ludwig Rudolph* [aus Strausberg in Brandenb.]: Die festen Tumoren des Ovarium ... Greifswald, Druck v. J. Abel, 1893; 1 Bl., 33 S. 8.
Greifswald, Med. Fak., Inaug.-Diss. v. 4. Febr. [früh. Titelbl.: 28. Jan.] 1893

Brandt, Jos., erprobte Mittel, alle in d. Stadt u. auf d. Lande, im Hause, Garten u. Felde schädl. Insecten u. and. Thiere, mit geringen Kosten u. leichter Mühe, abzuhalten od. zu vertilgen. gr. 12. (5 B. u. 2 Abbild. Wien 830, Gollinger.

Brandt, Jos., erprobte Mittel, alle in der Stadt u. auf d. Lande, im Hause, Garten u. Felde schädl. Insecten u. and. Thiere, mit geringen Kosten u. leichter Mühe, abzuhalten od. zu vertilgen. 2. Aufl. gr. 12. (5 B.) Wien 839, Gollinger.

Brandt, K., die mit der Post combinirte Telegraphen-Station. Praktisches Handbuch zum Privatgebrauche für Postbeamte, welche sich zur Erlernung des Telegraphen-Dienstes vorbereiten wollen. gr. 8. (IV, 32 S. mit 1 Stnt.) Metz 875, Deutsche Buchh. *

— u. K. **Stark,** die m. der Post vereinigte Telegraphen-Station. Handbuch f. Postbeamte zur Erlerng. d. Telegraphendienstes. Mit Genehmigg. d. Hrn. Stephan nach amtl. Quellen u. vorhandenen Lehrbüchern bearb. u. zusammengestellt. 2. Aufl. gr. 8. (58 S. m. 1 Steintaf.) Ebend. 876. n. 1. —

Brandt, Karl (Wirkl. Name), s. a. Thiele, Ernst (Pseud.)

Brandt, Karl: Über Actinosphaerium Eichhornii. Halle 1877: (Günther in Berlin). 54 S. 8°
Halle-Wittenberg, Phil. Diss. v. 13. Juli 1877
Geb. Schönebeck bei Magdeburg 23. 5. 1854. V.

Vom Verf. ersch. ferner: Ueber die Fortpflanzung des Actinosphaerium Eichhornii. In: Sitzungsberichte der Gesellschaft naturforschender Freunde zu Berlin. Berlin 1877. S. 73—78.
Verf. erlebte die Diplomerneuerung als Dr. sc. nat. 1927 als Geheimer Regierungsrat und em. ordentlicher Professor der Zoologie in Kiel.

Brandt, K., Dr., Ueber Anpassungserscheinungen und Art der Verbreitung von Hochseethieren. (Sonder-Abdr. aus „Ergebnisse der Plankton-Expedition". Bd. I, A.) Mit 1 Karte. Kiel und Leipzig 1892.

— Haeckel's Ansichten üb. d. Plankton-Expedition. 8° (15) Kiel 91, (H Eckardt). — 40

— Haeckel's Ansichten üb. die Plankton-Expedition. [Aus: „Schriften d. naturw. Ver. f. Schleswig-Holstein".] gr. 8. (15 S.) Kiel 891. (Homann.) n. — 40

— De auctoribus quos in componendis Georgicon libris adumbraverit Vergilius. Pr. 1884. 9 S. 3.—

Brandt, Karl [Prof. Dr.]: Aufftellung eines Kanons der in der Prima zu lefenden Briefe Ciceros. Salzwedel, A. Menzels Buchdr., *1897;* 3—8 S. 4.
Salzwedel, k. G, OP 1897 (256)

Ueber die Bakterien des Lidrandes und Bindehautsackes, sowie über deren Beeinflussung durch verschiedenartige Verbände und Augensalben. Von Dr. med. Karl **Brandt.** (Würzburg: Stahel 1895.) (20 S.) 8°
— **Verhandlungen** d. physikal.-medic. Gesellschaft zu Würzburg. N. F. Bd 29, [No 5.] [95. 6084

Brandt, K., s.: **Bericht,** 6., der Kommission zur wissenschaftlichen Untersuchung der deutschen Meere.

Brandt, Karl, die Bibel, kritisch ausgelegt. (27 S.) 8. Offenbach (908). J. Scherz. 1. —

Brandt, Karl Über eine Erweiterung der alten Epopöe vom Zorne des Achilleus. 4 (S. 3—18).
Progr. Friedrich-Wilhelms-G. *Königsberg Neum.* 1887

Brandt, Karl, Fährten- u. Spurenkunde u. Beschreibung sonstiger Gewohnheiten (Zeichen) des Wildes, die dem Jäger den Standort, Wechsel od. Paß verraten. Mit 108 Textabb. nach Zeichngn. v. Karl Wagner. (VII, 162 S.) 8. Berlin 908. P. Parey. Geb. in Leinw. 6. —

Brandt, Karl, das Gehörn u. die Entstehung monströser Formen. Ein Handbuch f. Jäger u. Naturforscher. gr. 8. (VIII, 212 S. m. 118 Abbildgn.) Berlin 901. P. Parey. Geb. in Leinw. n. 7. 50

Brandt, Karl, homöopathisches Gesundheits-Buch. Eine vollständige u. gründliche Anweisung, um alle in der Familie vorkommenden Krankheiten schnell, billig u. gefahrlos ohne Beistand eines approbirten Arztes selbst zu beseitigen. Meist nach eigenen am Krankenbette gesammelten Erfahrungen bearb. (In ca. 20 Liefgn.) 1—17. Liefg. Berlin 864. Berendt. 8. (S. 1—800.) Jede Liefg. n. 5 ngr.

Brandt, Karl, homöopathisches Gesundheits-Buch. Eine vollständ. u. gründliche Anweisung, um alle in der Familie vorkommenden Krankheiten schnell, billig u. gefahrlos ohne Beistand eines approbirten Arztes selbst zu beseitigen. Meist nach eigenen am Krankenbette gesammelten Erfahrungen bearb. 18—22. (letzte) Liefg. Berlin 865. Berendt. gr. 16. (VIII, S. 801—1024.) Jede Liefg. n. 5 ngr.

Brandt, Karl (II.), homöopathisches Gesundheits-Buch. Eine vollständ. und gründl. Anweisung, um alle in der Famile vorkomm. Krankheiten schnell, billig und gefahrlos ohne Beistand eines approbirten Arztes selbst zu beseitigen. Meist nach eigenen am Krankenbette gesammelten Erfahrungen bearb. Mit einer Vorrede von A. v. Gerhardt. 2. und 3. (Titel-)Aufl. 2 Bde. 8. Berlin 871,83, C. H. Müller. [1. Bd. (XII, S. 1—479.) ℳ 5.; 2. Bd. (VIII, S. 481—1023.) ℳ 6.] geb. *

Brandt, Karl, kurzgefaßte französische Grammatik für die Tertia u. Sekunda eines Gymnasiums. gr. 8. (VII, 51 S.) Salzwedel 881. Klingenstein. n. — 75

Brandt, Karl, Vater Jahn, S. Leben u. Streben, f. Leiden u. Streiten, n. e. Geschichte u. Beschreibung f. Denkmals zu Flatow, m. Abb., Flatow i. Wpr. 1901, 79 S., Gr.-8°.

Brandt, Karl, Inhalt u. Chöre zum Herakles des Euripides. Zusammengestellt u. metrisch übers. Musik v. Hans Chemin-Petit. (Textbuch.) (82 S.) 8. Berlin-Gross-Lichterfelde-W (907). Ch. F. Vieweg. — 20

Brandt, Karl, s.: Plankton, nordisches.

Brandt, Car. (geb. Güstrow 28. 11. 1858): Quaestiones Propertianae. Berolini (1880). (50 S.) 8°
Berlin, Phil. Diss. v. 22. Dez. 1880

Brandt, Karl, quaestiones Propertianae. Dissertatio inauguralis. gr. 8. (50 S.) Berlin 880. (Mayer & Müller.) n. 1. 20

Brandt, K. (I.), die koloniebildenden Radiolarien [Sphaerozoëen], s. Fauna und Flora des Golfes von Neapel und der angrenzenden Meeres-Abschnitte.

Brandt, K., de re metrica qua usus est Vergilius in eclogis, s.: Festschrift zu der Feier der Einweihung d. neuen Gymnasiums zu Salzwedel.

Brandt, Carl. Das schwarze Rehwild. Mit 1 Abbild. gr. 8. (53 S.) Cassel 889. (Lpz., Fr. Förster.) * 1 —

Brandt, C., d. schwarze Rehwild. gr. 8. (53 S.) Cassel 889. F. Scheel. n. 1. —

Brandt, K.: De Sallustio historico. 13 S.
Progr. Salzwedel 1869.

Brandt, Karl, Dr., o. Prof. d. Zool.: **Ueber den Stoffwechsel im Meere.** *Kiel: Univ.-Buchh. 1899.* (36 S.) 8°
Kiel. Rede bei Antritt d. Rektorates 1899

Brandt, C[arolus]: * [Studia Vergiliana.] 134 S. 4° (2°)
Halle-Wittenberg, Phil. Diss. v. 13. Nov. 1863
Geb. [Naumburg 27. 4. 1840]
Es ersch. S. 2—48 des Ms. u. d. T.: De re metrica qua usus est Vergilius in eclogis. In: Festschrift zur Einweihung des Neuen Gymnasiums. Salzwedel 1882: Menzel 8 S. 8° (4°) und S. 48—88 des Ms. u. d. T.: De auctoribus quos in componendis Georgicon libris adumbraverit Vergilius. Salzwedel 1884: Menzel. 9 S. 8° (4°) Gymn.-Progr.

Brandt, K., die Tintinnen d. Dr. v. Drygalski'schen Grönlandexpedition, s.: Bibliotheca zoologica.

Die Tintinnodeen der Plankton-Expedition von Prof. Dr. Karl **Brandt**. Tafelerklärungen nebst kurzer Diagnose d. neuen Arten. Kiel & Leipzig: Lipsius & Tischer 1906. 4°
= **Ergebnisse** d. Plankton-Expedition d. Humboldt-Stiftung. Bd 3, L, a.
[ol. 9890

Brandt, Karl, Rich. Jonas u. Jak. Loeber, Übungsbuch zum Uebersetzen aus dem Deutschen ins Lateinische. Auf Grund der preuss. Lehrpläne von 1901. 4 Tle. gr. 8. Leipzig, G. Freytag. Geb. in Leinw. n. 8. 25
1. Quarta. Von Karl Brandt. (VIII, 120 S.) 903. n. 1. 60
2. Tertia. Von Karl Brandt. (VIII, 250 S.) 903. n. 2. 80
3. Untersekunda. Von Rich. Jonas. (VI, 115 S.) 903. n. 1. 60
4. Obersekunda u. Prima. Bearb. v. Jak. Loeber. (VIII, 176 S.) 904. n. 2. 25

Brandt, Karl, Rich. Jonas u. Jak. Loeber, Übungsbuch zum Übersetzen aus dem Deutschen ins Lateinische. Auf Grund der preuss. Lehrpläne v. 1901 bearb. 3. Tl.: Untersekunda, bearb. v. Rich. Jonas. 2., verb. u. verm. Aufl. (182 S.) 8. Leipzig 906. G. Freytag. Geb. 1. 60

Brandt, Karl Versuch einer möglichst kurzen Zusammenstellung der für die Tertia und Sekunda eines Gymnasiums geeignetsten grammatischen Regeln der französischen Sprache. 28 S. *Salzwedel* 1879. Progr.

Brandt, Karl: Der langhaar. deut. Vorstehhund u. s. Jagdl. Können. (8, 178 m. Abb.) 8° Berl., P Parey '10. L 4 — d

Brandt, Karl, Dr.: Metrische Zeit- und Streitfragen. *Naumburg a. S. 1902: H. Sieling.* (32 S.) 4°
Pforta, k. Landes-S, P 1902 (272)

Brandt, Karl August

Brandt, Car. Augustus (geb. Pritzwalk 31. 10. 1834): De gangraena. Berolini (1860). (31 S.) 8°
Berlin, Med. Diss. v. 29. Nov. 1860

Brandt, Car. Aug. Godofr. (geb. Steimke in d. Altm. 26. 7. 1821): De menstruatione quaedam. Berolini (1847). (34 S.) 8°
Berlin, Med. Diss. v. 2. Okt. 1847

Brandt, Karsten, die Flußpiraten des Mississippi, s.: Gerstäcker, Frdr., Erzählungen.

Brandt, Karsten: Friedrich F r i e s e n , ein Jüngling ohne Furcht und Tadel, s. A l s Deutschland erwachte.

Friedrich Friesen, ein Jüngling ohne Furcht und Tadel. Der deutschen Jugend gewidmet von Karsten **Brandt**. Mit 10 Abb. Hamburg: Schloeßmann 1909. 80 S. 8°
(Als Deutschland erwachte. H. 6.) [09. 1716

Brandt, Karsten, s.: Gerstäcker's, Frdr., Erzählungen.

— Hänschen im Blaubeerenwald, s.: Beskow, E.

Brandt, Karsten: Turnvater J a h n , der Wegweiser zu Deutschlands Einheit, s. A l s Deutschland erwachte.

Turnvater Jahn, der Wegweiser zu Deutschlands Einheit. Den deutschen Turnern u. Vaterlandsfreunden gewidmet von Karsten **Brandt**. Mit 7 Abb. Hamburg: Schloeßmann 1910. 88 S. 8°
(Als Deutschland erwachte. H. 10.) [10. 12875

— Große Kinder-Vorstellung im Zirkus, s.: Klinger, Fed.

Brandt, Karsten: Theodor K ö r n e r , ein Sänger und ein Held, s. A l s Deutschland erwachte.

— aus eigner Kraft. Lebensbilder hervorrag. Männer. Mit 4 Farbdr., 4 Tonbildern u. 16 Portr. 1. u. 2. Aufl. (à VII, 236 S.) 8. Stuttgart (903. 906). Loewe. Geb. in Leinw. n. 4. —

— Aus eigener Kraft. Lebensbilder hervorrag. Männer. Mit 4 Farbdr., 4 Tonbildern u. 16 Portr. 8. Aufl. (VII. 236 S.) 8. Stuttgart (908). Loewe. Geb. in Leinw. 4. —

— Aus eigner Kraft. Lebensbilder hervorrag. Männer. 4. Afl. (7, 236 m. Abb., 16 Bildn. u. 4 Farbdr.) 8° Stuttg., Loewe ('12). L 4 — d

Brandt, K., deutsches Lesebuch. 4 Tle. 8. Hamburg 889. O. Meissner's Verl. n. 4. —; geb. n.n. 5. 15
1. (VIII, 144 S.) n. — 60; geb. n.n. — 75
2. (216 S.) n. — 80; geb. n.n. 1. —
3. (399 S.) n. 1. 20; geb. n.n. 1. 50
4. (559 S.) n. 1. 40; geb. n.n. 1. 90

— dasselbe. (Ausg. in 4 Tln.) 3. Tl. (4. u. 5. Schulj.) 2. Aufl. 8. (388 S.) Ebd. 894. n. 1. 20

Brandt, Karsten, Deutsches Lesebuch. Ausg. i. 4 Tln 4. Tl. (6., 7. [u. 8.] Schulj.) 2. Aufl. gr. 8. (464 S.) Hamburg 896. O. Meißner's Verl. n. 1. 40

Brandt's, Karsten, deutsches Lesebuch. Ausg. in 4 Tln. 2. Tl. (3. Schulj.) 3. Aufl. gr. 8. (208 S.) Hamburg 900. O. Meißner's Verl. n. — 80; Einbd. n.n.n. — 25

— dasselbe. Ausg. in 4 Tln. I. u. III. Tl. gr. 8. Ebd. n. 2. —
I. (2. Schulj.) 4. Aufl. (168 S.) 901. n. — 80
III. (4. u. 5. Schulj.) 3. Aufl. (388 S.) 900. n. 1. 20

— dass. Ausg. in 4 Tln. I—III. Tl. 8° Ebd. 2.80 d
I. (2. Schulj.) 6. Afl. (170) '05. — 80 | II. (3. Schulj.) 4. Afl. (208) '05. — 80 | III. (4. u. 5. Schulj.) 3. Afl. (388) 1900. 1.20.

Brandt, K., deutsches Lesebuch. Ausg. in 2 Tln. gr. 8. Hamburg 891. O. Meißner's Verl. n. 3. —
1. (XVI, 280 S.) n. 1. 20. — 2. (XVI, 480 S.) n. 1. 80.

— deutsches Lesebuch in 2 Tln. Hrsg. von Hamburger Lehrern. I. Tl. 3. Aufl. Mit Zeichngn. v. H. de Bruycker u. C. Schildt. (255 S.) gr. 8. Hamburg 901. O. Meißner's Verl. n. 1. 20

Brandt, K., Lesebuch f. das 2. Schuljahr. Der Gurkeschen Fibel 2. Tl. gr. 8. (VIII, 144 S.) Hamburg 886. O. Meißner's Verl. n. — 60

— Märchen, Lieder u. Geschichten, s.: Reinick, Rob.

— Das Russenjahr 1812, s: Rellstab, Ludw.

— der Schauplatz in Frenssens Dichtungen. Mit 14 Autotyp. nach Orig.-Aufnahmen u. e. Karte v. Süder-Dithmarschen. (64 S.) qu. Lex.-8. Hamburg 908. Herold. Kart. n. 3. —

— Schreib- u. Lesefibel, s.: Gurcke, Gfr.

Brandt, Kurt Gerock, Referendar: Ist in der Eheanfechtungsklage eine Anfechtung durch Willenserklärung enthalten? Nürnberg 1910: Hilz. 38 S. 8°
Erlangen, Jur. Diss. v. 9. Juli 1910, Ref. Binder
[Geb. 29. Aug. 85 Hamburg; Wohnort: Hamburg: Staatsangeb.: Hamburg; Vorbildung: Gymn. Hamburg Reife M. 04; Studium: Freiburg i. B. 3, Kiel 3 S.; Rig. 19. Okt. 09.]

Brandt, L., das Reichsgesetz gegen die gemeingefährlichen Bestrebungen der Sozialdemokratie vom 21. Oktbr. 1878, nebst den auf Grund desselben erlassenen Anordnungen u. einem alphabet. Verzeichniß der verbotenen Druckschriften u. Vereine. Im amtl. Auftrage zusammengestellt. gr. 8. (III, 144 S.) Berlin 882. C. Heymann's Verl. geb. n. 4. —

Brandt, Lampertus Otto: Ferdinand Lassalles sozialökonomische Anschauungen und praktische Vorschläge ... Jena, G. Fischer, 1895; 1 Bl., 93 S., 1 Bl. 8.
Jena, Phil. Fak., Inaug.-Diss. v. [23. Febr.] 1895

— Ferdinand Lassalles sozialökonomische Anschauungen u. prakt. Vorschläge, s. a. Studien, staatswissenschaftl.

Brandt, L. O., D. Ausbau d. Hunte-Ems-Kanales. Denkschrift d. nordwestdeutschen Kanalvereins. gr. 8. (V, 92 S. m. 1 Karte.) Oldenburg 898. G. Stalling's Verl. n. 2. 40

Der Donau-Rheinkanal, e. histor. Erinnerg. Von Dr. L[ampertus] O[tto] Brandt-Oldenburg. *Berlin: Siemenroth & Troschel 1898.* (10 S.) 1 Bd. 8.
= Donau-Main-Kanalprojekt, Das. II. 2.
= Deutsch-Oesterr.-Ungar. Verband f. Binnenschiffahrt. Verbands-Schriften. No 13. [.9. 3764

Brandt, L. O., der Hansabund, seine Ziele u. Gegner. (15 S.) Lex. 8. Leipzig 909. F. W. Grunow. — 25
Sonderabdruck aus „Die Grenzboten".

Brandt, L. O., Der Hausierhandel im Herzogtum Oldenburg. Schriften d. Vereins f. Sozialpolitik, Bd. 80. gr. 8°. Leipzig 1899.

Brandt, Leo, approb. Arzt aus Pleschen: Aus d. Freiburger Universitäts-Augenklinik. Direktor: Prof. Dr. Axenfeld. Beiträge zu den orbitalen Complicationen der Entzündung der Nebenhöhlen und ihrer Operation. *Freiburg i. B.: Speyer & Kaerner 1902.* (60 S.) 8°
Freiburg i. B., Med. Diss. v. 1902

Brandt, Leopold, Assist. an d. agriculturchem. Versuchsstation d. Landwirtschaftskammer: Aus d. chemischen Institut d. Universität Breslau. Versuche zur Umwandlung zweier Alkine in Isomere. Einwirkung von Acetaldehyd auf v-Methyl-Δ_2-tetrahydro-α-picolin. *Breslau 1899: R. Galle.* (40 S.) 8°
Breslau, Phil. Diss. v. 5. Juni 1899

Brandt, Louis, aus Bremen: Über Jodoso-, Jodo- und Jodiniumverbindungen des 1-Methyl-3-aethyl-4-jodbenzols. *Freiburg i. B.: Speyer & Kaerner 1904.* (31 S.) 8°
Freiburg i. B., Phil. Diss. v. 1904

Brandt, Ludw., kurzer Abriss der Zahnheilkunde z. Gebrauch f. Missionare u. ärztliches Hilfspersonal in den Missionsgebieten. Auf Anregung der Berliner Missionsgesellschaft veröffentlicht. (III, 74 S. m. 34 Abb.) 8. Berlin 909. A. Hirschwald. 1. 50

Brandt, Ludwig [prakt. Arzt aus Alsdorf bei Aachen]: Über die partiellen Amputationen am Fusse nebst 27 neuen Fällen aus der Freiburger und Würzburger Klinik .... Würzburg, Paul Scheiner's Buchdr., 1883: 51 S. 8°
Würzburg, Med. Fak., Inaug.-Diss. v. 1883

Brandt, Ludwig, über die partiellen Amputationen am Fusse nebst 27 neuen Fällen aus der Freiburger und Würzburger Klinik. Diss. Würzburg 1883, Stahelsche Univ.-Buchh. 8°. 51 S.

Brandt, Ludwig [Zahnarzt in Köln]: Zur Aetiologie des Lupus vulgaris .... Jena, Frommann'sche Buchdr. (Herm. Pohle), 1887; 2 Bl. + 64 S. 8°.
Jena, Med. Fak., Inaug.-Diss. v. [13. Mai] 1887.

Brandt, Ludw., Beiträge zur Behandlung der Schussverletzungen der Kiefer u. deren benachbarten Weichtheile. gr. 8. (40 S.) Berlin 892. A. Hirschwald. n. 1. —

Chirurgie für Zahnärzte von Prof. Dr. Ludwig **Brandt**, Berlin. Mit 11 Taf. u. 132 Abb. Berlin: A. Hirschwald 1908. (VIII, 458 S.) 4°(8°) 108. 13313

Brandt, Ludw., üb. Entzündung der Zahnpulpa u. die Nachtheile ihrer Behandlung m. Arsenik. gr. 8. (30 S.) Bonn 884. Strauss. n. 1. —

Brandt, L., Klinik d. Krankheiten d. Mundhöhle, Kiefer u. Nase. 1. u. 2. Hft. gr. 8. Berlin 898. A. Hirschwald. n. 2. 80
1. Defecte u. Phosphornekrose. (III, 51 S. m. 14 Abb.) n. 1. 60
2. Empyeme u. Cysten. (III, 37 S. m. 9 Abb.) n. 1. 20

Brandt, L., Klinik der Krankheiten der Mundhöhle, Kiefer u. Nase. 3. Hft. Ein Beitrag zur Rhinitis chronica atrophicans. Gegen die Mundspülung nach Zahnextraktionen. gr. 8. (III, 22 S. m. 3 Abbildgn.) Berlin 900. A. Hirschwald. n. — 60
Hft. 1 u. 2. Ebd. 898. n. 2. 80.

— Lehrbuch der Zahnheilkunde m. besond. Berücksicht. der Medicin u. Chirurgie. gr. 8. (XVI, 708 S. m. 155 Abbildgn.) Berlin 890. Hirschwald. n. 18. —

— zur Uranoplastik, Staphylorrhaphie u. Prothese. Mit 2 Taf. gr. 8. (31 S.) Ebd. 888. n. 1. —

Brandt, Ludw., die Zähne u. ihre Behandlung. Populäre Mittheilungen. 12. (39 S.) Köln 882. Heyn. n. 1. —

Brandt, Ludw., Die Zähne u. ihre Behandlg. Populäre Mitteilgn. 3. Aufl. gr. 16. (39 S.) [Göttingen 897. F. Wunder.] Leipzig, O. Borggold. — 75

Brandt, Ludw. Carl Aug., theoretisch-praktisches Lehrbuch des Rechnens, enth. alle im bürgerl. u. kaufmänn. Verkehr vorkommenden Rechnungen. Mit Anwendg. der Münz-, Maß- u. Gewicht-Verhältnisse aller deutschen Staaten. Zum Gebrauch f. Lehrer u. Lernende. 1. Thl. A. u. d. T.: Theoretisch-praktisches Lehrbuch der gemeinen u. Decimal-Bruchrechnung. gr. 8. (88 S.) Nordhausen 851, Büchting. 9 ngl

— Antworten-Heft zum 1. Thl. gr. 8. (16 S.) Ebd. 851. 3 ngl

Brandt, LCA, theor.-prakt. Lehrb. d. Rechnens. 1. Thl. = Lehrb. d. gem. u. Decim.-Bruchrechng. 8. (88) Nordh. 51. (Lpzg, Willferodt.) — 9 || Antw.-Hft. (16) — 3

Brandt, M. (Resp.): Diss. de differentia elateris, toni...,
s. Krueger, Jo. Gttl. (Praes.)

Brandt, Maria, Mosaik. Lebensbilder u. andere Gedichte. 8. (IV, 172 S.) Königsberg (901). F. Beyer. Geb. in Leinw. m. Goldschn. n. 4. —

Mosaik. Lebensbilder u. andere Ged. von Maria Brandt-Johannisburg. *Königsberg i. Pr.: Thomas & Oppermann [1901].* (172 S.) 8° [J.] [01. 1901] 10

Brandt, Martha: Johann Kasimir und die pfälzische Politik in den Jahren 1588—1592. Berlin 1909: Starcke. VIII, 100 S. 8°
Heidelberg, Phil. Diss. v. 17. Febr. 1910. Ref. Oncken
[Geb. 15. Jan. 84 Kaiserslautern; Wohnort: Berlin; Staatsangeh.: Preußen; Vorbildung: Kaiserin-Augusta-Gymn. Charlottenburg Reife O. 04; Studium: Heidelberg 3, Berlin 1, Bonn 1, Heidelberg 5 S.; Rig. 8. Dez. 08.]

Brandt, Martin Gottlieb Wilhelm

Brandt, M. G. W., Abendstunden. Skizzen für Führer und Freunde der Jugend. gr. 8. (VIII, 335 S. mit phototyp. Bild und Handschrift.) Gütersloh 888, Bertelsmann. *
geb. *

Brandt, M. G. W., Aufgaben zum Kopf- und Zifferrechnen, in method. Ordnung, für den Schul- und Privat-Unterricht. 1. Abth.: die 4 Species in unbenannten u. gleichbenannten Zahlen enthaltend. Nebst Auflösungen. 12. Straßburg 844, Wwe Levrault. 3/8 ₰

Brandt, M. G. W., die erziehliche Bedeutung d. Gesanges. Vortrag, geh. auf der 9. hess. Conferenz d. deutschen evang. Schulvereins zu Frankfurt a/M. am 31. März 1875. [Aus: „Christl. Schulbote."] gr. 8. (20 S.) Hannover 875. Feesche. n. — 40

Brandt, M. G. W., pädagogische Beobachtungen. Den Pflegern u. Freunden der Jugend u. der Schule dargeboten. gr. 8. (X, 472 S.) Gütersloh 877. Bertelsmann. n. 6. —

Brandt, M. G. W., Blicke in die Erziehung. Fremdes und Eigenes, Vätern und Müttern gewidmet. 8. (XXII, 214 S.) Hamburg 875, Nolte. *

Brandt, M. G. W., Blicke in die Erziehung. Fremdes u. Eigenes, Vätern u. Müttern gewidmet 2, wohlf. (Titel-)Ausg. 8. (XXII, 214 S.) Herborn 894. Buchh. des Nass. Colportagevereins. n. — 80; geb. n. 1. 20

Brandt, M. G. W., liturgische Christ-Feier in Schriftworten u. Liedern. Für Schule u. Familie. 7. Aufl. gr. 8. (IV, 75 S.) Barmen 885. Klein geb. n 1. 50

— Ehrenzeugnisse. Ein Buch für's Haus. Mit Orig.-Beiträgen von Freunden u. namhaften Autoren. 8. (XI, 293 S. m. 1 Chromolith.) Barmen 877. Klein. n. 3. —

— Ehrenzeugnisse. Ein Buch fürs christl. Haus. Mit Orig.-Beiträgen v E. Blaul, A. Buhle, W. Canz rc. hrsg. 2. billige Volks-Ausg. 8. (XI, 293 S.) Ebend. 885. n. 2. 50

—— Ehrenzeugnisse. Ein Buch fürs christl. Haus. Mit Orig.-Beiträgen von E. Blaul, A. Buhle, W. Canz rc. hrsg. 2. bill. Volks-(Titel-)Ausg. 8. (XI, 293 S.) Ebendas. (1877) 888. *

— die häusliche Erziehung. Vortrag, bei der Einweihg. d. neuen Kleinkinder-Schulhauses in Elsingen am 30. Septbr. 1888 geh. gr. 8. (13 S.) Nonnenweier 888. (Karlsruhe, Evangel. Schriftenverein.) n. — 10

— die häusliche Erziehung, ihre ersten Anfänge u. letzten Ausgänge. Vortrag, geh. in der Jahreskonferenz des Vereins evang. Lehrer u. Schulfreunde in Rheinland u. Westfalen zu Barmen am 8. Juni 1881. gr. 8. (22 S.) Langenberg 881. Joost. — 30

Brandt, M. G. W., über Erziehung und Unterricht der weiblichen Jugend. Einige Worte an Mütter und Lehrer. gr. 8. (32 S.) Frankfurt a. M. 857, Brönner *

Brandt, M. G. W., Über Erziehung u. Unterricht d. weibl. Jugend. (32 S.) Frankfurt 1857. C. Winter. —.70

—— Mathilde Escher. Ein Lebensbild. 8. (74 S.) Basel 892, [C. F. Spittler.] Jaeger u. Kober. * — 50; geb. in Leinw. * — 80

Brandt, M. G. W., Gedankenlese zum Sinnen und Beginnen. Eine Gabe für einsame Stunden und stille Augenblicke. Karlsruhe 860. Ulrici in Comm. 12. (VIII, 106 S.) n. 10 ngr.

Brandt, M. G. W., Gedankenlese zum Sinnen und Beginnen. Eine Gabe für einsame Stunden und stille Augenblicke. 2., überarb. und verm. Aufl. 16. (170 S.) Frankfurt a. M. 864, Winter. * 10 Ngr.; geb. mit Goldschn. *

Brandt, M. G. W., Gedankenperlen zum Betrachten und Beachten. Eine Gabe für sinnende und sinnige Freunde. 12. (98 S.) Frankfurt a. M. 853, Brönner. *

—— dass. — 2. Aufl. 8. (100 S.) Nonnenweier 856. (Karlsruhe, Holtzmann.) *

—— Gedankenperlen zum Betrachten und Beachten. Eine Gabe für sinnende und sinnige Freunde. 3., verb. Aufl. 16. (148 S.) Frankfurt a. M. 861, Brönner. * 10 Ngr.; cart. *

—— Gedankenperlen zum Betrachten und Beachten. Eine Gabe für sinnige und sinnende Freunde. 4. verb. Aufl. 16. (161 S.) Frankfurt a. M. 869, Winter. *
geb. mit Goldschn. *

Brandt, M. G. W., Gedankenperlen zum Betrachten und Beachten. 6. Aufl. 16. Frankfurt a. M. 869, Schriften-Niederlage des Evangel. Vereins.

—— Gedankenperlen zum Betrachten und Beachten. Eine Gabe für sinnende und sinnige Freunde. 5. erweit. Aufl. 12. (XII, 146 S.) Calw 886, Vereinsbuchhandlung.
geb. mit Goldschn. *

—— Marianne Henriette Georgi, geb. Fischer, Hausmutter zu Düsselthal. Nach Familiennachrichten und Freundesmittheilungen. 8. (IV und 97 S. mit photograph. Bildniß und Facs.) Barmen 868, Buchh. der evangel. Gesellschaft. *

—— Marianne Henr. Georgi, geb. Fischer, Hausmutter zu Düsselthal. 8. (97) Barm. 68, Klein. n. — 18

—— s. Geschichten, unsere.

— s.: Handreichung f. die Pflege u. Erziehung der Kleinen.

—— Handreichung für die Pflege und Erziehung der Kleinen. Zunächst für Kinderpflegerinnen und Mütter. 1. und 2. Heft. 8. (96; VIII, 86 S.) Ebendas. 878,79. à Heft * M 1,20.; *

—— Mutter Jolberg, Gründerin und Vorsteherin des Mutterhauses für Kinderpflege zu Nonnenweier, ihr Leben und Wirken. 2 Hälften. 8. Barmen, Klein. [1. Hälfte. (IV, 197 S. mit photogr. Bilde und Facs.) 871. * M 2,50.; 2. Hälfte. (IV, 404 S. mit lithogr. Ansicht des Mutterhauses für Kinderpflege.) 872. * M 4.] *

—— Insel und Seebad Juist an der ostfriesischen Küste. Kleine Reiseerinnerungen und Studien. Mit 1 Ansicht des Inseldorfes und 1 (chromolithogr.) Situationskarte der ostfries. Inseln. 8. (III, 84 S.) Norden 883, Soltau's Verlag. *

— Insel u. Seebad Juist an der ostfriesischen Küste. Kleine Reiseerinnergn. u. Studien. Mit e. Ansicht d. Inseldorfes u. 1 Situationskarte der ostfries. Inseln. Ausg. f. 1889 m. Anh., enth. Fahrpläne, Fluttabelle u. Taxen. 8. (10 u. III, 184 S.) Norden, Soltau. n. 1. 20

—— Insel u. Seebad Juist an der ostfriesischen Küste. Kleine Reiseerinnergn. u. Studien. Mit e. Ansicht d. Inseldorfes u. e. (lithogr. u. kolor.) Situationskarte der ostfries. Inseln. Ausg. f. 1892. 12. (VIII, III, 84 S.) Norden, Soltau. * 1 20
Erscheint alljährlich.

! Brandt, MGW: Juist. Jetzt: Nordern., H Hoffmann. 91/95

—— unsere Kinder, eine Gabe Gottes, ein Segen des Hauses. Vätern und Müttern in Freud und Leid gewidmet. 8. (VIII und 424 S.) Basel 865, Bahnmaier's Verlag.
geb. mit Goldschn.

—— unsere Kinder, eine Gabe Gottes, ein Segen des Hauses. Vätern und Müttern in Freud und Leid gewidmet. 2. Aufl. 8. (VIII, 422 S.) Basel 881, [Bahnmaier's Verlag.] Detloff's Buchh. geb.

—— die Kleinkinderpflege und ihre Bedeutung für's Leben. Vortrag, gehalten zu Badenweiler am 20. April 1879 zur 25jähr. Jubelfeier der dortigen Kleinkinderschule. 1. und 2. Aufl. gr. 8. (10 S.) Nonnenweier 879. (Barmen, Klein.) *

—— Leben der Luise Reichardt. Nach Quellen dargestellt. gr. 8. (106 S.) Carlsruhe 858, Ulrici. *

—— Leben der Luise Reichardt. Nach Quellen dargestellt. 2., erweit. Aufl. 8. (218 S.) Basel 865, Bahnmaier's Verlag. geb. mit Goldschn.

—— Leben der Luise Reichardt. Nach Quellen dargestellt. 3. (Titel-)Ausg. gr. 8. (218 S.) Basel 883, [Bahnmaier's Verlag.] Detloff's Buchh. 1 50

—— Leben und Wirken des Hausvaters und Inspektors Peter Koch. gr. 8. (131 S. mit Lichtdr.-Bildnis und Handschrift.) Barmen 886, Klein. *

— christliche Lebensbilder für Frauen und Jungfrauen. 1. Cyclus. Eckartsberga 855. Verlag des Eckarthauses. gr. 8. (243 S.) 22½ ngr.

—— christliche Lebensbilder für Frauen und Jungfrauen. 2. Cyclus. gr. 8. (VII und 248 S.) Carlsruhe 858, Holtzmann. *

Brandt, M. G. W., christliche Lebensbilder für Frauen und Jungfrauen. 1. u. 2. Cyclus. 2. verb. Aufl. Karlsruhe 864. Gutsch. 8. (XVI, 305 S.; VII, 352 S.) Jeder Cyclus n. 28 ngr.

Brandt, M. G. W., christliche Lebensbilder für Frauen und Jungfrauen. 2 Cyklen. 3. mit 2 Titelbildern versehene (Titel-)Ausg. 8. (VI, 305; III, 352 S.) Barmen 883, Klein. * 5 20

—— dienende Liebe. Ein Buch für's Haus. 8. (VIII und 312 S.) Berlin 867, (Beck.) cart. *

— dienende Liebe. Ein Buch für's Haus. Hrsg. von dem Haupt-Verein für christliche Erbauungsschriften. 2. durchgeseh. u. verb. Aufl. 8. (338 S.) Berlin 878. Hauptverein für christl. Erbauungsschriften. cart. n. 1. 60

—— Liebesgänge. Ein Buch für Haus und Leben. 2 Thle. 8. (318; 316 S.) Berlin 869, (Beck. — Heinersdorff. — W. Schultze.) cart. à Thl. * M. 1,60. *

—— eine Mutter und ihr Sohn, und ihre Arbeit für das Reich Gottes. 8. (47 S.) Berlin 888, Hauptverein für christl. Erbauungsschriften. *

— Karoline Perthes geb. Claudius. Karlsruhe 858. Ulrici. 8. (1 Bl., 107 S.) n. 12 ngr.

—— Karol. Perthes, geb. Claudius. 2. Afl. 8. (163) Saarbr. 61, Moellinger. n. — 14

— Karoline Perthes, geb. Claudius. 2. Aufl. Saarbrücken 861. Neumann. 8. (163 S.) n. 14 ngr.

—— Caroline Perthes, geb. Claudius. 3. sorgfältig überarb. und verm. Aufl. gr. 8. (IX, 161 S. mit Lichtdr.-Portr. und Facs.) Gotha 882, F. A. Perthes. geb. * 3 —

— Caroline Perthes, geb. Claudius. 4., überarb. Aufl. gr. 8. (VIII, 168 S. m. Portr. u. Facsim. u. 1 Weihnachtsbilde.) Gotha 889. F. A. Perthes. geb. n. 3. —

— das Pflanzenleben, dessen Wachsthum, Sprache u. Deutung in Gedichten u. Aussprüchen. Ein Beitrag zur sinnigen Betrachtung der Natur. Frankfurt a. M. 866. Winter. 8. (XXXVIII, 579 S.) n. 2 ℛ

Brandt, M. G. W., die Pflanzenwelt, deren Leben, Sinn und Sprache in ältern und neuern Dichtungen. Ein Beitrag zur sinnigen Betrachtung der Natur. 8. (XXXIX und 420 S.) Frankfurt a. M. 851, Brönner. *

—— die Pflanzenwelt, deren Leben, Sinn und Sprache in ältern und neuern Dichtungen. Zur sinnigen Betrachtung der Natur. 2. (Titel-)Ausg. 8. (XLIII, 420 S.) Frankfurt a. M. (851)69, Winter. *

— Carl Daniel Justus Rein, Pfarrer zu Nonnenweier. Erinnerungen u. Fragmente. 2. Aufl. Gotha 868. F. A. Perthes. gr. 8. (VI, 139 S.) n. 16 ngr.

—— Schriftgedanken zum Rathen und Thaten. Eine Gabe für Suchende und Gefundene. 16. (261 S.) Frankfurt a. M. 870, Winter. *

— eine Schweizerreise, s.a. Familien-Bibliothek für's deutsche Volk.

Brandt, M. C. W. Eine Schweizerreise. In-16°. Barmen, H. Klein. 1879 — 70

Rosina **Steinauer**. Ein Lebensbild aus d. Zeit d. Toleranzedikts Kaiser Josephs II. Zur ersten 100jähr. Jubelfeier d. Toleranzedikts am 13. Oct. 1881. (Verf.: M[artin] G[ottlieb] W[ilhelm] Br[andt].) *Barmen: H. Klein 1881.* (48 S.) 8° [F.]
= **Dämmerstunde**, Für die. R. 2, [4.] [64. 0310

— Wochensprüche für Schulen und Familien, s. Wochensprüche.

—— Worte des Trostes beim Heimgang unserer Kindlein. 8. (72 S.) Basel 865, Bahnmaier's Verlag. geb. mit Goldschn.
Aus: „Unsere Kinder" von demselben Verf., besonders abgedruckt.

Brandt, Max von

[M.]v. **Brandt**, Wirkl. Geh. Rat . . . China in ethischer, industrieller und politischer Beziehung. Zwei Vorträge . . . *Berlin: D. Reimer 1897.* (51—101 S.) 8.
— **Kolonial-Gesellschaft**, Deutsche, Abt.: Berlin-Charlottenburg. **Verhandlungen** 1896/97. H. 2. [98. 810

Brandt, Max von: China u. seine Handelsbeziehungen . . . , s.a. Schriften der Zentralstelle für Vorbereitungen von Handelsverträgen.

China und seine Handelsbeziehungen zum Auslande, m. bes. Berücks. der deutschen. Von M. v. **Brandt**, Kais. Gesandter a. D. *Berlin: Siemenroth & Troschel 1898.* (4 Bl., 139 S.) 1 Bd 8.
— **Schriften** d. Centralstelle f. Vorbereitg v. Handelsverträgen. H. 5. [99. 3218

Brandt, M v.: Der Chinese in d. Öffentlichk. u. d. Familie, wie er sich selbst sieht u. schildert. In 82 Zeichngn nach chines. Originalen erläutert. (8, 165) 22,5×27 cm. Berl., D Reimer ('11). L 6 --

von **Brandt**, Maximilian: Deutsch-Südwest-Afrika. Zur Geschichte des Schutzgebietes und seiner Entwicklung. ([S.-A.] Deutsche Rundschau. Jahrg 23. Heft 3. S. 457—461.) Berlin 1896. 8 S. 8°.

— D. polit. u. commerc. Entwicklung Ostasiens währ. d jüngsten Zeit. Vortrag, geh. a. 28. IV. 1898, i. d. Abteilg. Leipzig d. deutschen Kolonialgesellsch. 8. (24 S.) Leipzig 898. G. Wigand. n. — 60

— Ostasiatische Fragen. China. Japan. Korea. gr. 8. (VII, 350 S.) Berlin 897. Gebr. Paetel. n. 7. —; geb. in Halbfrz. n. 9. —

Brandt, M. v., fremde Früchte. Sienkiewicz, Hearn, Kipling, Gorki. Essays. (III, 128 S.) gr. 8. Stuttgart 904. Strecker & Schröder. n. 2. 50; geb. n. 3. 20

— Drei Jahre ostasiat. Politik 1894—1897. Beiträge z. Geschichte d. chinesisch-japan. Krieges u. s. Folgen. gr. 8. (VI, 263 S.) Stuttgart 897. Strecker & Moser. n. 3. 50

Brandt, M. v., 33 Jahre in Ostasien. Erinnerungen e. deutschen Diplomaten. 3 Bde. gr. 8. Leipzig 901. G. Wigand. à n. 6. 50; geb. in Leinw. à n. 8. —
1. (XI, 310 S. m. 1 Bildnis.) — 2. (XV, 390 S. m. 1 Bildnis.) — 3. (XVII, 333 S. m. 1 Bildnis.)

Die englische Kolonialpolitik und Kolonialverwaltung. Von M[ax] v. **Brandt**, Gesandter z. D. Halle a. S.: Gebauer-Schwetschke 1906. (48 S.) 8°
= **England** in deutscher Beleuchtung. H. 1. [06. 1105]

Kolonien und Flottenfrage. Vortrag geh. am 25. Nov. 1897 in d. Abth. Frankfurt a. M. d. Deutschen Kolonial-Ges. v. M. v. **Brandt**, Wirkl. Geh. Rath ... *Berlin: D. Reimer 1897.* (23 S.) 1 Bd 8. [98. 4661]

Brandt, M. v., aus dem Lande des Zopfes. Plaudereien e. alten Chinesen. 8. (V, 182 S. m. 1 Heliogr.) Leipzig 894. G. Wigand. n. 3. —; geb. n. 4. —

Brandt, M. v., aus d. Lande d. Zopfes. Plaudereien e. alten Chinesen. 2., verm. Aufl. 8. (VII, 195 S.) Leipzig 898. G. Wigand. n. 2. —; geb. n. 3. —

— Die chinesische Philosophie u. d. Staats-Confucianismus. 8. (121 S.) Stuttgart 896. Strecker & Moser. n. 2. —

[F.] Die chinesische Philosophie und der Staats-Confucianismus v. M. v. **Brandt**, Kais. dtsch. Gesandter a. D. *Stuttgart: Strecker & Moser 1898.* (2 Bl., 121 S.) 1 Bd 8. [98. 10000]

— Sittenbilder a. China. Mädchen u. Frauen. Ein Beitr. z. Kenntnis d. chines. Volkes. 8° (87) Stuttg. 95, Strecker & M. 1.60

— Sittenbilder aus China. Mädchen u. Frauen. Ein Beitrag zur Kenntnis des chines. Volkes. 2., unveränd. Aufl. gr. 8. (87 S.) Stuttgart 900. Strecker & Schröder. n. 1. 60

Brandt, M. v., Sprache u. Schrift der Chinesen, s.: Bücherei, deutsche.

— **Japan, s: Volksbücher, Wissenschaftl., f. Schule u. Haus.**

Industrielle und Eisenbahn-Unternehmungen in China. Mit 1 Kartenskizze d. Besitzverhältnisse u. Interessensphären, sowie d. Konzess. u. projekt. Eisenbahnen in Ostasien. Massst. 1:10,000,000. Vortr. von [M.] v. **Brandt**, Kais. Deutscher Gesandter a. D. *(Berlin: D. Reimer 1899.)* (121-140 S.) 8°
= Deutsche Kolonial-Gesellschaft. Abt. Berlin-Charlottenburg Verhandlungen 1898/99. H. 4. [99. 8726]

— d. Währungs- u. Wahlkampf i. d. Ver. Staaten v. Amerika, s.: Währungs-Bibliothek.

— s.: Weltgeschichte.

Zeitfragen. Die Krisis in Südafrika. China; Commercielles u. Politisches. Kolonial-Fragen. Von M[ax] v. **Brandt**. *Berlin: Gebr. Paetel 1900.* (VI, 394 S.) 8° [F.] [01. 6133]

— die Zukunft Ostasiens. E. Beitrag z. Geschichte u. z. Verständnis d. ostasiat. Frage. gr. 8. (80 S.) Ebd. 895. n. 2. —

— die Zukunft Ostasiens. Ein Beitrag zur Geschichte u. zum Verständnis der ostasiat. Frage. 3., umgearb. u. verm. Aufl. (IV, 118 S.) gr. 8. Stuttgart 903. Strecker & Schröder. n.n. 2. 50

Brandt, Michael: De I c t e r o . Ienae (1796): Fiedler. 2 Bl. 8°, Jena, Med.Diss. v. 4. Juni 1796. (Nur Thesen vh.)

Brandt, O., s.: Bestimmung, die, des Menschen.

Die Bestimmung des Menschen oder das demselben gesetzte Ziel! (Verf.: O. **Brandt**.) *Magdeburg: Ev. Vereinshaus [1901].* (24 S.) 8° [Umschlagt. F.] [02. 6618]

Brandt, O. H., d. prakt. Angler, s.: Hartung, Ed.

Brandt, O.-Marie, Brandmalerei-Arbeiten, s.: Handarbeits-Bücher der „Deutschen Moden-Zeitung". 42.

Brandt, O-Marie: Havanna-Arbeiten sowie Briefmarken- u. Buntpapier-Klebearbeiten. (86 m. Abb. u. 1 Musterbog.) Lex 8° Lpzg, Verl. d. deut. Moden-Zeitg (09). 1.50 d

Brandt, Osc., Novellen. 2 Bde. 8. (266; 237 S.) Jena 873, Costenoble.

Brandt, Oscar [pr. Arzt aus Pommern]: **Aus d. hygien. Institut d. Kgl. Univ. Greifswald. Über den augenblicklichen Stand der Lehre von der Immunität, im Besond. üb. d. Immunisierg v. Meerschweinchen u. weissen Mäusen gegen Milzbrand bzw. Mäusesepticämie durch d. Injection d. Blutes oder Blutserums solcher Tiere, welche sich einer natürl. Immunität gegenüber den Erregern dieser Krankheit erfreuen ... Greifswald, Druck v. J. Abel, 1891; 34 S. 8.**
Greifswald, Med. Fak., Inaug.-Diss. v. 26. Sept. 1891

Dichten und Denken. Ein Stück Leben. Gedichte u. Skizzen von Oskar Ludwig **Brandt**. Berlin: Baumhauer 1910. 101 S. 8° [11. 1979]

Brandt, Osk. Ludw.: Dichten u. Denken. Ein Stück Leben. Gedichte u. Skizzen. (102) 8° Berl. '10. Charlottenbg, Frz Schulze. L 2.50

Brandt, Otto

Brandt, O, d. Eid in d. Reichsprozessordngn. Gutachten. 8° (40) Kass. 95, M Brunnemann. — 80

Brandt, Otto, kritische Erläuterung d. fr. 31 [30] § 4 D. ad Sc. Trebellianum 36, 1. Zugleich e. Beitrag zur Lehre v. der Pegasianisch-Trebellianischen Quart. gr. 8. (VIII, 134 S.) Kassel 879. Kay. n. 2. 50

Brandt, Otto, aus Dessau: **Ueber einige Hydrazide der Ortho-Sulfobenzoësäure.** *Dessau 1901: Weniger & Co.* (38 S.) 8°
Rostock, Phil. Diss. v. [28. Jan.] 1901

Brandt, Otto, Das Indigenat im Wiener Frieden. E. Beitr. z. Optantenfrage. (Berlin 1906.) 8°.
(Festgabe z. 28. Deutschen Juristentage. 6.)

Brandt, kann die Eingemeindung von Vororten in die Stadt Cassel den Bestand ihrer Kirchengemeinden verändern?, s.: Allngender.

Brandt, Otto: Zur L e h r e v. Senatus-cons. Pegas. Diss. Kassel 1878.

Brandt, Dr. Otto, System Raiffeisen. gr. 8°. Neuwied (Leipzig, H. Haessel) 1891.

B r a n d t, O.: Raiffeisen als Wiedererwecker deutschen Gemeinsinns. Neuwied 1895.

[F.] Raiffeisen als Wiedererwecker deutschen Gemeinsinnes. Vortr. geh. auf d. VIII. Verbandstage d. Thüringer ländl. Genossenschaften (Raiffeisenscher Organisation)' zu Coburg am 15. Mai 1895 v. Landgerichtsr. Dr. **Brandt**. *Neuwied a. Rh.: Raiffeisen & Cons. 1896.* (15 S.) 1 Bd 8. (Raiffeisen-Bibliothek.) [96. 6651]

Brandt. Rechtshandbuch d. evangelischen Pfarrers. Darstellung d. im Bereich der evangel. Kirchengemeinde- u. Synodalordng. vom 10. Septbr. 1873 gelt. Kirchenrechts. gr. 8. (XX, 367 S.) Berl. 891, (Heinicke).

Brandt, Otto, appr. Arzt a. Hameln a. d. W.: **Ueber traumatische Rupturen des Trommelfells. Hameln 1906: E. Schmidt. (65 S.) 8°**
Göttingen, Med. Fak., Ref. Bürkner, Diss. v. 12. Febr. 1907
[Geb. 5. März 77 Hameln; Wohnort: Hameln; Staatsangeh.: Preußen; Vorbildung: Gymn. Hameln Reife O. 97; Studium: Marburg 4, München 1, Berlin 2, Göttingen 3 S.; Coll. 23. Febr. 06; Approb. 21. Febr. 03.]

Brandt, Otto, Studien zur Wirtschafts- u. Verwaltungsgeschichte der Stadt Düsseldorf im 19. Jahrh. Im Auftrage der Stadt bearb. gr. 8. (XIII, 486 S.) Düsseldorf 902. A. Bagel. n. 6. —

Brandt, Otto, H[ermann], a. Dresden: **Der Bauer und die bäuerlichen Lasten im Herzogtum Sachsen-Altenburg vom 17. bis zum 19. Jahrhundert. Gotha 1906: F. A. Perthes.** (VIII, 156 S.) 8° ¶ (Erscheint vollst. als Bd 3, H. 4 der „Geschichtlichen Untersuchungen.")
Leipzig, Phil. Fak., Ref. Lamprecht, Bücher, Diss. v. 1. Juni 1906
Geb. 4. April 83 Dresden; Wohnort: Dresden; Staatsangeh.: Sachsen; Vorbildung: Drei-Königsch. Dresden N. Reife O. 02; Studium: Leipzig 7 S.; Rig. 22. Dez. 05.]

Brandt, Otto H., der Bauer u. die bäuerlichen Lasten im Herzogt. Sachsen-Altenburg vom 17. bis zum 19. Jahrh., s.a. Untersuchungen, geschichtliche. III. 4.

Brandt, P., siehe: *Bloc-Notes.*

Brandt, P., Bloc-notes-médical. Notiz-Heft für ärztl. Recepte. 16. (12 S. mit 24 Illustr.) Basel 888, Georg, Verlag. cart. *

Brandt, P., Konkordanz zum evangelischen Gesangbuch f. die Prov. Brandenburg. gr. 8. (IV, 268 S.) Berlin 892. G. Nauck. n. 4. —; geb. n. 5. —

Brandt, P, Konkordanz z. ev. Gesangbuch f. d. Prov. Brandenburg. 8° (268) Berl. 92, F Rühe. 4 —; geb. 5 —

—— Spruchkonkordanz zum evangelischen Gesangbuch der Prov. Brandenburg u. Normallieder f. die sonn- u. festtägl. Evangelien u. Episteln. gr. 8. (29 S.) Sonnenburg. (Ebd.) 891. * — 50

—— dass. — f. die Prov. Sachsen. gr. 8. (28 S.) (Ebd.) 891. * — 50

! Brandt, P: Spruchkonkordanz. Jetzt: Blumberg (Bez. Frankf.O.), Pfr. Brandt. Erh. — 75 91/95

Brandt, Paulus (geb am 30 März 1861 in Saarbrücken): De Batrachomyomachia Homerica recognoscenda ... Bonnae, typ. C. Georgi 1884. 7 S. 8. ¶ Nur Titel- u. Widmungsbl., Vita u. Thesen.
Bonn, Phil. Fak., Thes. v. 5 Aug. 1884

Brandt, Pavlvs (geb. am 30 März 1861 in Saarbrücken): De Batrachomyomachia Homerica recognoscenda ... Bonnae, typ. C. Georgi (1884). 46 S. 8. ¶ In Komm. bei Behrendt in Bonn.
Bonn, Phil. Fak., Diss. v. 5 Aug. 1884

Brandt, Paul, a. Erfurt: Beiträge zur Kenntnis der N-Alkyloxime. Weida i. Th. 1907: Thomas & Hubert. (106 S.) 8°
Leipzig, Phil. Fak., Ref. Beckmann-Hantzsch, Diss. v. 8. Okt. 1907
[Geb. 24. Aug. 80 Erfurt; Wohnort: Leipzig; Staatsangeh.: Preußen; Vorbildung: Realgymn. Erfurt Reife O. 99; Studium: Techn. Hochsch. Berlin 3, Univ. Leipzig 11 S.; Rig. 24. Juli 07.]

Brandt, Paul: Bilder z. Kunst- u. Kulturgesch. d. altchristl. Zeit usw., s: Pfeifer's, Wilh., Lehrb. d. Gesch. f. höh. Lehranst.

Brandt, Paul, Martin Gottlieb Wilhelm Brandt. Erinnerungen von ihm u. an ihn. F. d. Freunde d. Entschlafenen hrsg. gr. 8. (VII, 167 S. m. Bildn.) Gütersloh 895. C. Bertelsmann. n. 1. 80; geb. in Halbleinw. n. 2. —

Brandt, Paul [Dr.]: Zur Entwickelung der Platonischen Lehre von den Seelenteilen. Leipzig, Druck v. B. G. Teubner, 1890; 35 S. 4°
M. Gladbach, G m. Real-Parallel-Klassen, P 1890 (437)

Brandt, Paul. Zur Entwickelung der Platonischen Lehre v. den Seelenteilen. gr. 4. (35 S.) M.-Gladbach. Lpz. 890, Fock. * 1 20

Brandt, Paul, der παίδων ἔρως in der griechischen Dichtung. I. Die lyr. u. bukol. Dichtg. (S. 619—684.) 8. Leipzig 906. M. Spohr. n. 1. 50
Sonderabdruck aus: „Jahrb. f. sex. Zwischenstufen"

Brandt, Paul, e. Fahrt in die neue Welt. Reisebriefe. [Aus: „St. Galler Stadt-Anzeiger".] 8. (159 S.) St. Gallen 894. Buchdr. Wirth A.-G. n. — 80

— dasselbe. 2. Aufl. 12. (IV, 119 S.) Ebd. 894. n. — 80

Brandt, Paul, die Fleischversorgung v. Karlsruhe, Mannheim u. Ludwigshafen a. Rh., s.a. Abhandlungen, volkswirtschaftliche, der badischen Hochschulen. IX, 6.

Brandt, Paul, a. Memel: Die Fleischversorgung von Karlsruhe, Mannheim und Ludwigshafen a. Rh. Karlsruhe 1908: G. Braun. (141 S.) 8°
Heidelberg, Phil. Fak., Ref. Gothein, Diss. v. 11. März 1908
[Geb. 16. Mai 79 Memel; Wohnort: Heidelberg; Staatsangeh.: Preußen; Vorbildung: Realgymn. Mannheim Reife M. 97; Studium: Berlin 5, Heidelberg 3 S.; Rig. 5. Juli 07.]

Brandt, Paul, Dr.: [Gedicht zur Feier der Einweihung der neuen Aula.] *Bonn 1900: C. Georgi.* (S. 13—14.) 4°
Bonn, st. G m. OR, OP 1900 (459)

Brandt, Paul, poetischer Hausschatz f. das deutsche Volk. Ausgewählt v. P. B. Mit 2 Festspielen als Anh. 12. (VIII, 398 S.) Gütersloh 892. C. Bertelsmann. Geb. in Leinw. n. 2. 50

— Lateinische Hausübgn (m. Schlüssel). 1. Sexta. (7, 120 u. 75) 8° Lpzg, Dürr'sche Bh. '12. 3 — d

Brandt, Paul: Die rotierende Kurbelschleife und die Schleppkurbel als Antrieb für Propellerrinnen. Berlin: Dietze 908. 46 S. 8° ¶ Aus: Dinglers Polytechn. Journal. Jg. 89. Bd 323.
Karlsruhe, Dr.-Ing.-Diss. v. 16. 7. 1907

Brandt, Paul, Lehrbuch f. den Geschichtsunterricht, s.: Pfeifer, Wilh.

Brandt, Paul, Reg.-Bauführer: Das rechtstädtische Rathaus zu Danzig. Eine baugeschichtliche Studie. [1910.] 40 S., 3 Taf. 8°
Danzig, Dr.-Ing.-Diss. v. 6. 8. 1909

— Sappho. Ein Lebensbild aus den Frühlingstagen altgriech. Dichtg. (X, 144 S.) kl. 8. Leipzig (905). F. Rothbarth. n. 2. 50

Brandt, Paul, Sehen u. Erkennen. Eine Anleitg. zu vergleich. Kunstbetrachtg. (X, 272 S. m. 414 Abb. u. 1 farb. Taf.) gr. 8. Leipzig (911). F. Hirt & Sohn. Geb. in Leinw. 5. —

Brandt, Paul, Soldaten-Mißhandlungen u. Maulkrattengesetz. Hrsg. v. der sozialdemokrat. Partei des Kantons Zürich. (16 S.) gr. 8. Zürich 903. (Buchh. des schweiz. Grütlivereins.) n. — 15

Brandt, Paul, pharmacognost. Studien üb. einige, bis jetzt noch wenig bekannte Rinden. Diss. gr. 8. (61 S.) Jurjew 894. (E. J. Karow.) n. 1. 20

Brandt, Paul [Dr.]: Zu Schillers „Wilhelm Tell" IV, 1. M.Gladbach, Komm.-V. v. R. Hoster, 1892; 78—81 S. 8.
M.Gladbach, G, Festschr. 1892

Brandt, Paulus: De particularum subiunctivarum apud Pindarum usu. *Lipsiae 1898: B. G. Teubner.* (62 S.) 8°
Leipzig, Phil. Diss. v. [6. Juli] 1898

Brandt, Paul: Das Verblasen von Kupferstein mittels mit Sauerstoff angereicherten Windes. 1905. 20 S. 4° ¶ Aus: Metallurgie. Jg. 2.
Aachen, Dr.-Ing.-Diss. v. 18. 9. 1905

— von Athen z. Tempethal, s.: Gymnasial-Bibliothek.

Brandt, Paul, Dr.: Vorschläge für den Kunstunterricht an Gymnasien. *Bonn 1900: C. Georgi.* (28 S.) 4°
Bonn, st. G m. OR, OP 1900 (459)

Brandt, Philipp Heinrich: De Gangraena. (Altdorf) 1700: H. Meyer. 16 S. 8°. Altdorf, Med. Diss. v. 7. Mai 1700.

[Umschlagt.:] [F.] Die Durchführung der Invaliditäts- und Alters-Versicherung in der Versicherungsanstalt Ostpreussen. Dargest. v. Vorsitzenden d. Anstalts-Vorstandes. [Vf.: R. v. Brandt, Landeshauptmann.] *Königsberg i. Pr.: Ostpreuss. Zeitgs- u. Verl.-Dr. 1897.* (20 S.) 1 Bd 8.
[98. 3244

Brandt, R. (Hrsg.), s. Sonntagsbote, Waldeckschser.

— **Reinhard Hilmar** (Homberg/Hessen), De allodialis investiturae renovatione. Präs. Jo. Philipp Slevogt. Jena (Nis) 27. VI. 1693. 40 S. (5.—) 3788

— — Dasselbe. Jena (Jo. Bernh. Heller) 1742. 52 S. (4.80)

Brandt, Richard, Festsp. z. 25. Stiftungsf. d. Allg. T.V. „Guts Muths" 12. 9. 1905, Dresden-Striesen 1905, 16 S., 8°.

— **Richard Eduard** (Gera), De sociorum jure per omnia aequali. Diss. jur. Lpz. (Staritz) 19. VI. 1848. 36 S. (4.—) 3790
Gew.: Robert Hermann v. Bretschneider, Eduard Gottlob u. Franz Maxim. Friederici.

[Rundschreiben von Robert Brandt u. a.] [Dat.:] December 1887.
Enthält die Aufforderung zum Abonnement auf die Bauhütte.

Brandt, (Car. Henr.) Rob. (geb. Gross-Schwechten in d. Altm. 1812): De opii usu. Berolini (1830). (32 S.) 8°
Berlin, Med. Diss. v. 23. Apr. 1830

Brandt, Rob., Valeska. Drama in 3 Aufzügen. 8. (55 S.) Leipzig 896. W. Friedrich. n. 1. —

Brandt, Rolf: Balladen. (4, 95) 8° Dresd., C. Reissner '12. 2.50; geb. 3.50 d

Brandt, Rolf (Mitarb.), s. Kränze.

— **Stunden, die wir nicht vergessen. Erzählungen. 3. Tausend. (157 S.) 8. Berlin 908. G. Grosskopf. 2. —**

Brandt, Rudolf, approb. Arzt in Cassel: **Complication von Schwangerschaft und Geburt mit Elephantiasis vulvae.** *Marburg 1899: (E. Trewendt Nachf. in Breslau).* **(49 S.) 8°**
Marburg, Med. Diss. v. 6. Juni 1899

Brandt, S., Georg Thilo, geb. 31. Juli 1831, gest. 4. April 1894. S.-A. 18 82 S. 1

Brandt, Samuel: Ad Ciceronis de re publica libros adnotationes. 4 (S. 19—28) **Progr.**
Festschrift zu der 350jähr. Jubelfeier des Grofsh. G. *Heidelberg* 1896.

Brandt, *Samuel* [Prof. Dr.]: Ansprache zur Erinnerung an den verstorbenen Professor D. Dr. Karl Hartfelder geh. am 12. Juni 1893. Heidelberg, Buchdr. v. A. Emmerling & Sohn, 1893; 1—4 S. 4.
Heidelberg, G, MP 1893 (603)

Brandt, Samuel (Hrsg.), s. Boethius, A.M.T.S.: In Isagogen Porphyrii commenta.

Brandt, Samuel (Hrsg.), s. Caecilius, Lucius: Liber ad Donatum conf. de mortibus persecutorum.

Brandt, Sam., s.: **Eclogae poetarum latinorum.**

Eclogae poetarum latinorum. In usum gymnasiorum comp. Samuel **Brandt**. Ed. 3. em. Lipsiae: Teubner 1910. VII, 137 S. 8°
(Bibliotheca scriptorum Graec. et Rom. Teubneriana.) (10. 9348

Brandt, S, üb. d. Entstehungsverhältnisse d. Prosaschriften d. Lactantius u. d. Buches de mortibus persecutorum. 8° (138) Wien 91. (C Gerold's S.). 2.60

Brandt, Samuel, üb. die Entstehungsverhältnisse der Prosaschriften d. Lactantius u. d. Buches de mortibus persecutorum. [Aus: „Sitzungsber. d. k. Akad. d. Wiss."] Lex.-8. (138 S.) Wien 891. (F. Tempsky) n. 2. 60

Brandt, Sam., Eumenius v. Augustodunum u. die ihm zugeschriebenen Reden. Ein Beitrag zur Geschichte der römischen Litteratur in Gallien. gr. 8. (46 S.) Freiburg i/Br. 882. Mohr. n. 2. —

Brandt, S., De varia quae est apud veteres Romanorum poetas scaenicos genetivi singularis pronominum forma ac mensura. Hab. 1877. 71 S. 2.—

Brandt, Sam., de varia quae est apud veteres Romanorum poetas scaenicos genetivi singularis pronominum forma ac mensura. gr. 8. (71 S.) Leipzig 877, (Teubner.) *

Brandt, Samuel [Prof. Dr.]: Über das in dem patristischen Excerptencodex F. 60. sup. der Ambrosiana enthaltene Fragment des Lactantius de motibus animi. Leipzig, Druck v. B. G. Teubner, 1891; 16 S. 4°
Heidelberg, G, MP 1891 (598)

Brandt, Sam., der St. Galler Palimpsest der diuinae institutiones des Lactantius. Lex.-8. (110 S. mit 1 photolithogr. Taf.) Wien 885, (Gerold's Sohn.) *

Brandt, Samuel, Dr. Der St. Galler Palimpsest der Divinæ institutiones des Lactantius. Sitzungsberichte d. K. K. Akad. d. Wissensch. in Wien. Band 108, S. 231—238. 1886

Brandt, S., Ueber die verlorene Partie aus Plautus' Amphitruo. S.-A. 1879. 18 S.

Brandt, S., Ueber den Verfasser des Buches „De mortibus persecutorum". S.-A. 1893. 18 S.

— Verzeichniss der in dem Codex 169 v. Orléans vereinigten Fragmente v. Handschriften lateinischer Kirchenschriftsteller. [Aus: „Sitzungsber. d. k. Akad. d. Wiss."] Lex.-8. (10 S.) Ebend. 885. n.n. – 30

Brandt, Samuel: De Lactantii apud Prudentium vestigiis. Leipzig, Druck v. B. G. Teubner, 1894; 5—14 S. 4.
Heidelberg, grossh. G, Festschr. 1894 (607)

Brandt, Dr. Samuel, Ueber die dualistischen Zusätze und die Kaiseranreden bei Lactantius. Nebst einer Untersuchung über das Leben des Lactantius und die Entstehungsverhältnisse seiner Prosaschriften. I. Die dualistischen Zusätze. 8. (66 S.) —.50
— — II. Die Kaiseranreden. 8. (70 S.) —.55
Wien: Tempsky 1889

Brandt, Dr. Samuel, Ueber die dualistischen Zusätze u. die Kaiseranreden bei Lactantius. Nebst Untersuchungen über das Leben des Lactantius und die Entstehungsverhältnisse seiner Prosaschriften. III. Ueber das Leben des Lactantius. Gr.-8. (42 S.) —.45
Wien: Tempsky 1890

Brandt, Sebastian, Dichter, 1457–1521, s. Brant, Sebastian

Brandt, Sebastian, u. Josef Bienotsch. Denkschrift zum 40jährigen Bestande der Freiw. Feuerwehr Villach. Villach, Gitschthaler, 1905. Quart. 39 S.

Brandt, Steph., († d. 30. Nov. 1813.), s. Geist d. Journale.

Die Anlage von Hausgärten in Haidegegenden Schleswig-Holsteins v. Theodor **Brandt**. Preisschrift 1881. Wilster. (1881.) 8°.

Brandt, Thdr., die Anlage von Hausgärten in Haidegegenden. Mit besond. Berücksicht. Schleswig-Holsteins. Mit dem 1. Preise gekrönte Preisschrift des Haide-Kultur-Vereins für Schleswig-Holstein. 2. verb. Aufl. gr. 8. (58 S. mit eingedr. Holzschn. und 2 eingedr. Gartenplänen.) Flensburg 883, Westphalen.
1. Aufl. war nicht im Handel.

Brandt, Theodor, Kand. d. höh. Schulamtes a. Jülich (Rhld.): Beiträge zur anatomischen Kenntnis der Flechtengattung Ramalina. M. 5 Taf. Dresden 1906: C. Heinrich. (39 S.) 8°
Münster, Phil. Fak., Ref. Zopf, Diss. v. 22. Febr. 1906
[Geb. 23. Aug. 77 Jülich; Wohnort: Münster; Staatsangeh.: Preußen; Vorbildung: Gymn. Arnsberg Reife O. 99; Studium: Bonn 2. Münster 9 S.; Rig. 3. Nov. 05.]

Brandt, Theodor, a. Allendorf: Beiträge zur Kenntnis der Organogenese bei caudaler Regeneration von Lumbriciden. ⟨Aus d. Zoolog. Institut in Marburg.⟩ Marburg 1908 (Leipzig: J. Klinkhardt). (35 S.) 8°
Marburg, Phil. Fak., Ref. Korschelt, Diss. v. 15. Juni 1908
[Geb. 9. Juli 78 Allendorf a. d. Werra; Wohnort: Arolsen; Staatsangeh.: Preußen; Vorbildung: Realgymn. Nordhausen, Cassel Reife O. 99; Studium: Göttingen 1, München 3, Marburg 8 S.; Rig. 22. Febr. 05.]

—— der Obstbau in rauhen Gegenden, mit besond. Berücksicht. Schleswig-Holsteins und der angrenzenden Küstenländer, nebst einem Anhang über die Kultur der Fruchtgesträuche. gr. 8. (IV, 58 S. mit 1 Gartenplan und 20 Abbild. in Holzschn.) Ebendas. 883.

Brandt, Thure, Behandlung weiblicher Geschlechtskrankheiten. gr. 8. (IX, 189 S. m. 37 Textabbildgn.) Berlin 891. Fischer's med. Buchh. n. 6. —

— dasselbe. 2., verm. Aufl. gr. 8. (X, 204 S. m. 55 Abbildgn.) Ebd. 893. n. 6. —

Brandt's, Thure, heilgymnastische Behandlung weiblicher Unterleibskrankheiten. Nach dem schwed. Original übers. von Alfr. Resch. gr. 8. (VIII, 78 S.) Wien 888, Braumüller. *

Brandt, Thure, die Bewegungscur als Heilmittel gegen weibliche sog. Unterleibsleiden und Prolapsen. Anzeichnungen seit dem J. 1861. 2. verm. Aufl. Uebersetzung. gr. 8. (IV, 111 S.) Stockholm 880, Looström und Comp.

Brandt, Thure, Massage bei Frauenleiden (Behandlg. weibl. Geschlechtskrankheiten). 3. Aufl. gr. 8. (X, 204 S. m. 55 Abb.) Berlin 897. Fischer's medicin. Buchh. n. 4. —; geb. n.n. 5. —

Brandt, Vincenz, Heimatkunde f. die evangel. Volksschulen A. B. des Komitates Nagykükülö. (VIII, 50 S. m. Abbildgn. u. 1 Plan.) 8. Brassó (Kronstadt) 908. H. Zeidner. — 60

— Plan v. Segesvár (Schässburg). 1:10,000. [SA] 98,5×83 cm. Lith. Schässbg (09). Kronst., H Zeidner. — 20

Brandt, W., Hercynia od. Harz-Btg. ꝛc., s. Hercynia.

Brandt, Waldemar, z. Zt. Referendar in Essen a. d. Ruhr: Das kaufmännische Zurückbehaltungsrecht im Vergleich mit dem Pfandrecht. Borna-Leipzig 1907: R. Noske. (VIII, 58 S.) 8° [F.]
Heidelberg, Jur. Fak., Ref. Schroeder, Diss. v. 1907
[Geb. 1. Juni 81 Sterkrade; Wohnort: Essen; Staatsangeh.: Preußen; Vorbildung: Gymn. Mühlheim a. d. Ruhr Reife M. 02; Studium: Marburg 2, Heidelberg 2, Münster 2 S.; Rig. 21. Okt. 07.]

Brandt, Walter, a. Gütersloh i. W.: Der Begriff des unmittelbaren Objekts bei Schopenhauer und seine Beziehungen zum Problem der Außenwelt. Gütersloh (1906): L. Flöttmann. (55 S.) 8° [F.]
Münster, Phil. Fak., Ref. Busse, Diss. v. 21. Febr. 1907
[Geb. 16. Febr. 83 Gütersloh; Wohnort: Gütersloh; Staatsangeh.: Preußen; Vorbildung: Gymn. Gütersloh Reife O. 02; Studium: Marburg 2, Berlin 2, Münster 3 S.; Rig. 13. Dez. 06.]

Brandt, Wilhelm

Brandt, Wilh., die jüdischen Baptismen od. das religiöse Waschen u. Baden im Judentum m. Einschluss d. Judenchristentums, s. a. Zeitschrift f. die alttestamentliche Wissenschaft. 18. Beiheft.

Die jüdischen Baptismen oder das religiöse Waschen u. Baden im Judentum mit Einschluß d. Judenchristentums von Wilhelm **Brandt**, (vorm. Prof. an d. Univ. Amsterdam). Gießen: Töpelmann 1910. VI, 148 S. 8°
(Zeitschrift f. d. alttestamentl. Wissenschaft. Beih. 18.) [10. 6029

Brandt, Wilh., seine Beichte. Ein Lebensbild. 1. u. 2. Aufl. (à VII, 247 S.) 8. Gütersloh 906. 907. C. Bertelsmann. n. 2. 50; geb. n. 3. —

Brandt, Wilh., seine Beichte. Ein Lebensbild. 3. Aufl. (VII, 247 S.) 8. Gütersloh 908. C. Bertelsmann. 2.50; geb. 3. —

Brandt, Wilhelm [app. Arzt aus Kiel]: Aus d. Laboratorium d. pharmakognost. Sammlung in Kiel. Beitrag zur Kenntnis der Wirkung des Laudanin ... Kiel, Druck v. C. Böckel. 1894; 34 S., 1 Bl. 8.
Kiel, Med. Fak., Inaug.-Diss. v. [4. Juni] 1894

— Elchasai, e. Relig.-Stifter u. s. Werk. Beiträge z. jüd., christl. u. allg. Relig.-Gesch. (7, 182) 8° Lpzg, JC Hinrichs '12. 7.50; L 8.50

Brandt, W., der Flötemann. Der westfälische Knecht, s.: Tannenzweige.

Brandt, W., die evangelische Geschichte u. der Ursprung des Christenthums auf Grund e. Kritik der Berichte üb. das Leiden u. die Auferstehung Jesu. gr. 8. (XVI, 589 S.) Leipzig 893. O. R. Reisland. n. 11. —

— Zwei Geschichten v. der Rabe, s.: Tannenzweige.

Brandt, Wilh.: Die Kiste des Toten, s: Tannenzweige.

Brandt, Wilhelm: Der Märkische Krieg gegen Sagan und Pommern 1476—1479. *Greifswald 1898: F. W. Kunike.* (IX, 96 S.) 8°
Greifswald, Phil. Diss. v. 27. Mai 1898

Aus dem Leben eines 'Unbekehrten' von Wilhelm **Brandt**, Pfarrer in Reichenbach. (Vorr.: J[ulius] Möller, Pastor, Gütersloh.) *Gütersloh: C. Bertelsmann 1904* (71 S.) 8° [F.]
Aus: Ev. Monatsblatt f. Westf. [Jg. 60] [04. 1525

-- dasselbe. 3.—6. Tausend. (à 76 S.) gr. 8. Ebd. 904—906. n. — 50

— Aus dem Leben eines „Unbekehrten". 7. Taus. (71 S.) 8. Ebd. 907. — 50

Aus dem Leben eines 'Unbekehrten'. Von Wilhelm **Brandt**, Pfarrer in Reichenbach. 8. Taus. Ill. Ausg. Gütersloh: C. Bertelsmann 1908. (94 S.) 8° [F.] [08. 1023

— Jüdische Reinheitslehre u. ihre Beschreibung in den Evangelien, s. a. Zeitschrift f. die alttestamentliche Wissenschaft. 19. Beiheft.

Jüdische Reinheitslehre und ihre Beschreibung in den Evangelien. Von Wilhelm **Brandt**. Gießen: Töpelmann 1910. VII, 64 S. 8°
(Zeitschrift f. d. alttestamentl. Wissenschaft. Beih. 19.) [10. 15813

Brandt, (A. J. H.) Wilh. Die mandäische Religion, ihre Entwickelg. u. geschichtl. Bedeutg., erforscht, dargestellt u. beleuchtet. gr. 8. (XII, 236 S.) Lpz. 889, Hinrichs' Verlag. * 8 —

— mandäische Schriften aus der grossen Sammlung heiliger Bücher genannt Genzâ od. Sidrâ Rabbâ, übers. u. erläutert. gr. 8. (XIX, 232 S.) Göttingen 893. Vandenhoeck & Ruprecht. n. 8. —

Brandt, Willi: Griechische Temporalpartikeln vornehmlich im ionischen und dorischen Dialekt. Göttingen 1908: Kästner. 107 S. 8°
Straßburg, Phil. Diss. v. 6. Juli 1907, Ref. Keil
[Geb. 13. Febr. 85 Ilfeld; Staatsangeh.: Preußen; Vorbildung: Klostersch. Ilfeld Reife O. 03; Studium: Göttingen 4, Straßburg 2, Halle 2 S.]

Der Tod der Muncas. Eine Erzählung f. d. Jugend von Willy **Brandt**. *Berlin: A. Weichert [1901].* (32 S.) 8° [F.]
— Indianer- u. Volksbibliothek. 370. [03. 4000

Brandt, Woldemar, Beiträge zur klinischen Kenntniss des Typhus in Dorpat. Diss. Dorpat. 8°. 91 pp. 1872

Brandt-Caspari, Alfr., Berengar. Ein Lustspiel in 3 Aufzügen. (Nach August Graf Platens einakt. gleichnamiger Komödie.) Musik dazu komponiert v. Alfr. Brandt-Caspari. (112 S.) 8. Elberfeld (907). (Wick & Jannsen.) 2. —

Brandt-Caspari, Alfr.: Lieder e. Musikers. Gedichte. (319) 8° Bonn, C Georgi '11. 3.50 d

Brandt-Hinselmann, Emil JN, s: Hinselmann, Emil JN Brandt.

Brandt v. Lindau, Otto, des deutschen Soldaten Fuß und Fußbekleidung. gr. 8. (III, 224 S. mit Abbild. im Text und 4 Taf. in Steindr.) Berlin 883, Mittler und Sohn.

Brandt-Wyt, Renetta: Hauswirtschaftl. Nahrgsmittelkonsumtion u. Frauenarbeit. (5, 123) gr8° Münch., Duncker & H. '12. 3 — d

Brandtner, Rich. F., s.: Traber-Zuchtbuch, österreichisch-ungarisches.

Brandts, Carl Eugen: Ueber einen seltenen Fall von Lichen ruber acuminatus. München 1904: Kastner & Callwey. (27 S.) 8°

München, Med. Fak., Ref. v. Bollinger, Diss. v. 28. Sept. 1904

[Geb. 7. Jan. 78 München-Gladbach i. Rheinland; Wohnort: München-Gladbach; Staatsangeh.: Preußen; Vorbildung: Gymn. Münstereifel Reife O. 99; Studium: Heidelberg 1, Berlin 1, Kiel 2, Würzburg 1, München 4 S.; Coll. 20. Juli 04; Approb. 9. Juni 04.]

Brandts, Frz., u. Frhr. v. Aufsetz, das deutsche Armenrecht in seiner Bedeutung für die Privatwohlthätigkeits-Vereine u. -Anstalten, s.a. Charitas-Schriften. 1. Hft.

Brandts, Dr., u. **Aufsess,** Frhr. v., Das deutsche Armenrecht in seiner Bedeutung für die Privatwohlthätigkeitsvereine und Anstalten. Mit einem Anhang über die öffentliche Armenpflege in Bayern. 2. verb. Aufl. gr. 8⁰. Freiburg i. Br. 1902. (Charitas-Schriften, Heft 1.)

Brandts, Frz., über die Pflicht communal. Socialpolitik, s.: Trimborn, Karl, die Thätigkeit d. Gemeinden auf soc. Gebiete.

Brandts, Henr. August(inus) Alb. (geb. Erkelenz 21. 8. 1818): De medullae spinalis in secretiones et nutritionem actione. Berolini (1841). (27 S.) 8°

Berlin, Med. Diss. v. 13. Aug. 1841

Brandts, M. J. [Militaerarzt d. kgl. niederl. Marine aus Amsterdam]: Ein Fall von primärem Rundzellensarcom der Halslymphdrüsen mit eigentümliche [!] Metastasen ... M. e. Taf. Freiburg i. B., Buchdr. v. Chr. Ströcker, 1892; 22 S., 1 Bl., 1 Taf. 8.

Freiburg i. B., Med. Fak., Inaug.-Diss. v. 1892

[J.] Die Beteiligung grösserer Verbände an der Armenlast. Zwei Berichte erstattet im Auftr. d. Vereins v. Landesrat [Max] **Brandts** in Düsseldorf u. Finanzrat Dr. F. W. R. Zimmermann in Braunschweig. *Leipzig: Duncker & Humblot 1897.* (2 Bl., 91 S.) 1 Bd 8.
— **Schriften** d. deutschen Vereins f. Armenpflege u. Wohlthätigkeit. H. 32. [97. 5487

Brandts, M., die neuen preußischen Verwaltungsgesetze für die Rheinprovinz, nebst den rhein. Gemeinde-Verfassungsgesetzen in der durch die neuere Gesetzgebung veränderten Fassung. Mit erläut. Anmerkungen hrsg. 8. (XXXI, 486 S.) Aachen 887, Barth. * *M* 3.50.; geb. *

Brandts, M., d. kathol. Wohlthätigkeits-Anstalten u. -Vereine, sow. d. kathol.-sociale Vereinswesen insbes. i. d. Erzdiöcese Köln. [Aus: „Arbeiterwohl".] gr. 8. (XXIV, 247 S.) Köln 890. J. P. Bachem. n. 3. 60

Brandts, Theodor, Referendar a. Cöln ⟨Rhein⟩: Die sog. Diskontinuität der Sitzungsperioden nach preußischem und Reichs-Staatsrecht. Geldern 1905: L. N. Schaffrath. (VIII, 44 S.) 8°

Rostock, Jur. Fak., Ref. Hübner, Diss. v. 20. Juli 1905

[Geb. 27. März 78 M.-Gladbach; Wohnort: Cöln a. Rh.; Staatsangeh.: Preußen; Vorbildung: Gymn. M.-Gladbach; Studium: Berlin 2, Genf 1, München 1, Bonn 2 S.; Rig. 10. Jan. 05.]

Brandtwurm, Ignaz, s. Puff, Erasmus

Brandunglück, das, Krakau's. Ein Noth- und Hilferuf in die Nähe und Ferne. 12. (30 S. und 1 lith. Plan in 4.) Krakau 850, Wildt. *

Brandunglück. Das B'-U' oder die Schreckensnacht in Luzern. Luzern 1833 s. K[opp], J[oseph] E[utych].

Brandus, James [Ger.-Ref. in Magdeburg-Buckau]: Ueber den Niessbrauch an Inhaber-Papieren mit Prämien ... Göttingen, Druck d. Univ.-Buchdr. v. W. F. Kästner, 1891; VII, 53 S. 8.

Göttingen, Jur. Fak., Inaug.-Diss. v. [20. Nov.] 1891

Brandus, James, üb. den Niessbrauch an Inhaber-Papieren m. Prämien. Diss. gr. 8. (VIII, 53 S.) Göttingen 891. (Vandenhoeck & Ruprecht.) n. 1. 20

Brandus, Theodor (Hrsg.), s. Sonntagsblatt für das deutsche Heer.

Brand-Verordnung für die Stadt Oldesloe. Friedrichsberg Schloss, den 16. Julii 1817. Kopenhagen. o. J. 4⁰ k.

Brandversicherungsanstalt, Die Aargauische, 1806—1906. Veröffentlicht mit Ermächtigung des Aufsichtsrates der Brandversicherungsanstalt vom 13. November 1907. Aarau [1907]. V: *Suter, Robert.* (BBullschw 8, 1908)

Brandversicherungs-Anstalt.— Brandversicherungs-Anstalt des Kantons Bern. Festschrift über d. 100jähr. Bestehen d. Anstalt, 1807-1906. Bern 1906.

Brandversicherungs-Anstalt, die, f. Gebäude in den Landestheilen rechts d. Rheines. Gesetz vom 3. April 1875. 8. (24 S.) Würzburg 875. Stahel. — 20

Die Nassauische Brandversicherungsanstalt (zu Wiesbaden). Denkschrift, hrsg. anläßlich des 100jähr. Bestehens der Nass. Brandversich.-Anst. von Landesrat Dr. Propping. — Wiesbaden 1907: Schwab. 89 S. 4°

Brandversicherungsgesellschaft zu *Münster,* erzbischöfliches Edikt vom 15. April 1768.

Markgräflich *Badenbadische* Brand-Versicherungsgesellschaft-Ordnung vom 5. October 1766.

Brandversicherungs-Gesetz für Gebäude in den Landestheilen rechts des Rheines vom 3. April 1875, sammt den hiezu ergangenen Vollzugsbestimmungen. 8. (62 S.) Bamberg 875, Buchner'sche Buchh.

Brandversicherungs-Gesetz v. 3. Apr. 1875. Anh. 8. (53) Bamb. 76, Buchner. — 80 (Gesetz m. Anh.: 1. 80)

Brandversicherungsgesetze, d. kgl. sächs., s.a. Handbibliothek, Leipz. jurist.

Brandversicherungsgesetze, die königl. sächs. Gesetz, die Landes-Brandversicherungsanstalt betr., nach der Bekanntmachung vom 15. Octbr. 1886 und Gesetz, das Mobiliar- und Privat-Feuerversicherungswesen betr., in der Fassung des Gesetzes vom 18. Octbr. 1886. Mit den dazu gehör. Ausführungs-Verordnungen, der Verordnung vom 12. Octbr. 1886 und einem ausführl. Sachregister. 8. (VII, 220 S.) Leipzig 887, Roßberg'sche Buchh. *

Brandversicherungsgesetze, die kgl. sächs. — Gesetz, d. Landes-Brandversicherungsanst. betr., v. 25. Aug. 1876, in d. ihm durch d. Gesetze v. 13. Octbr. 1886 u. 5. Mai 1892 gegeb. Fassg. u. Gesetz, d. Mobiliar- u. Privat-Feuerversicherungswesen betr., v. 28. Aug. 1876, i. d. ihm d. d. Gesetze v. 18. Oct. 1886 u. 5. Mai 1892 gegeb. Fass. M. d. dazu gehör. Ausführgs.-Verordngn. u. e. ausführl. Sachreg. 3. Aufl. 8. (VIII, 237 S.) Leipzig 896. Roßberg. n. 2. —; kart. n. 2. 40

Kur-Badische neue Brandversicherungs-Ordnung vom 7. Sept. 1803. Karlsruhe 1803.

Brandversicherungsordnung, neue, für d. Großherzogthum Baden. 8. Karlsr. 808. Macklot. (Braun). 4 ggr

Brandversicherungswesen, das, in den Sächs. Erblanden nach seiner dermal. Verfassung, durch vollständ. Commentirung des Gesetzes vom 14. Novbr. 1835, in Verbindung mit den einschlagenden bau- und feuerpolizeil. Vorschriften dargestellt. Mit vollständigem Sachregister. gr. 8. Leipzig 843, Tauchnitz jun. 1 1/6 Rthlr

Brandversicherungswesen, das, in den Landestheilen rechts des Rheines, enth. das Gesetz vom 8. April 1875, die Brandversicherungs-Anstalt für Gebäude in den Landestheilen rechts des Rheines betr. und die erlassenen Vollzugsbestimmungen, insbesondere die Bekanntmachung vom 21. April 1875 über Gebäude mit erhöhter Feuergefährlichkeit, die Instruktion vom 30. Juni 1875 zum Vollzuge des Brandversicherungs-Gesetzes und die Instruktion für die kgl. Brandversicherungs-Inspektoren. Mit allerhöchster Genehmigung. 8. (176 S.) München 875, Franz'sche Buchh. *

Brandwehr-Ordnung für die Landgemeinden in Tirol und Vorarlberg. 8. (48 S.) Innsbruck. Verlag und Druck der Wagnerschen Buchhandlung. 1854

Brandwein. – s.a. B r a n n t w e i n .

Brandwein (Wider den). Ein Vortrag in dem Enthaltsamkeitsvereine zu Erfurt. 8°. Erfurt, Hilsenberg, 1839. 2. Aufl. 1840.

Brandweiner, Alfr., die Hautkrankheiten des Kindesalters. (IX, 297 S.) gr. 8. Wien 910. F. Deuticke. 8.—

Aus der K. K. Universitätsklinik f. Syphilid. u. Dermatologie. Leucoderma syphiliticum von Dr. Alfred **Brandweiner**. Mit 2 Taf. u. 2 Tab. Wien, & Leipzig: F. Deuticke 1907. (153 S.) 4°(8°) 07. 14012

Brandweinkameradschaft. – Die Brandweinkameradschaft, s. a. B r a n n t w e i n k a m e r a d s c h a f t .

Brandwein-Kameradschaft, die. Eine Erzählg. in 16 Kapiteln vom Verf. d. „eingesunkenen Grabes." 6. Aufl. 32. (48 S.) Diesdorf 871. (Breslau, Dülfer.) n. – 20

Branger, Erhard. Rechtsgeschichte der freien Walser in der Ostschweiz. 8. Bern, Stämpfli & Cie., 1905.

Ausg. A: Diss. Jur. Bern. VIII + 158 S.
Ausg. B: ([Mit] Urkundenanhang.) VIII + 177 S. [fr. 3.60.] — Abhandlungen zum schweizerischen Recht, hrg. von Dr. Max Gmür, Professor.... Heft 11.

Brangsch, Walth.: Philos. u. Dichtg bei Sully Prudhomme, s: Normannia.

Brangwyn, Frank, St. Nikolauskirche in Dixmuyden. Orig.-Radierung. 55×66 *cm*. Erster Druck auf Pergament • K 250.— no.
Wien: Ges. f. vervielfält. Kunst 1910

Brangwyn, Frank, St. Nikolauskirche in Dixmuyden. Originalradierung, 55 : 66 *cm*, auf holl. Papier K 30.—
Wien: Ges. f.vervielfält. Kunst 1910

— — Druck auf Japanpapier, signiert à K 150.—

— — Drucke von der unverstählten Platte, signiert oder numeriert 1–20 à • K 200.— no.

Branhofer, Ignaz: Ergänzungskatalog der Lehrerbibliothek am k. k. Staatsgymnasium in Iglau (1898--1908). S. 10–23. 8.
Progr. K. k. Staatsgymn. *Iglau* 1908.

Branhofer, Ignaz Über den Gebrauch des Genitivs im Nibelungenliede. 8 (S. 3—31). K. k. G. *Mähr. Weisskirchen* 1886. **Progr**

Branhofer, Ignaz: Die Iglauer Gymnasialbibliothek. (Umschlagtitel: ... Historische Skizze und Katalog der Jesuitenbibliothek.) 8 (40 S.). **Progr.**

--: Katalog der Lehrerbibliothek. (Umschlagtitel: Die Iglauer Gymnasialbibliothek. Fortsetzung (Katalog der Lehrerbibliothek). 8 (S. 41–79). **Progr.**

—: Die Iglauer Gymnasialbibliothek, Fortsetzung und Schluss (Katalog der Lehrerbibliothek). 8 (S. 79—118).
Progr. K. k. Staats-Oberg. *Iglau* 1896. 1897. 1898.

Branhofer, Ignaz: Ein Manuskript Anastasius Grüns: Leben nach dem Tode. S. 14--16. 8.
Progr. K. k. Staatsgymn. *Iglau* 1906.

Branhofer, Ignaz Sätze zur Einübung der lateinischen Syntax in der IV. Classe, entnommen aus Cäsars Commentarien de bello Gallico. 8 (S. 3—29). **Progr.** K. k Staats-Oberg. *Iglau* 1893.

Branhofer, Ignaz Zur Wiedereinführung der mhd. (Umschlagtitel: mittelhochdeutschen) Lectüre. 8 (S. 21—31).
Progr. K. k. Staats-Oberg. *Iglau* 1892.

Braening, H., neuere Untersuchungen über Diabetes insipidus, s.: A b h a n d l u n g e n, Würzburger, aus dem Gesammtgebiet der praktischen Medizin. X, 2.

Branis, Christlieb Julius, s. B r a n i ß , Christlieb Julius.

Braniš, J., Denkwürdigkeiten des ehemaligen Cistercienser-Stiftes Sedlec bei Kuttenberg. 8. (57 S. mit eingedr. Holzschn.) Kuttenberg 886, Šolc.

Braniš, Dr. Josef, F. M. Mayera Zeměpis říše Rakousko-Uherské. Pro čtvrtou třídu středních škol upravil. Prag und Wien 1897. F. Tempský. (Min.-Erl. v. 13. August 1897, Z. 20764.) —.60, geb. —.85

Braniß, Christlieb Julius

Braniß, Chr. J., die wissenschaftl. Aufgabe der Gegenwart als leitende Idee im akadem. Studium. Hodegetische Vorträge. 8 (346 S.) Breslau 848. Gosohorsky. 1 1/3 Rthlr

Braniß, Chr. J., Geschichte d. Philosophie seit Kant. 1. Thl. Einleitung. — A. u. d. T.: Uebersicht des Entwicklungsganges der Philosophie in der alten u. mittleren Zeit. gr. 8. Breslau 842, Max u. Comp. 2 Rthlr

— Geschichte d. Philosophie von Kant bis auf die gegenwärt. Zeit. 2 Bde. gr. 8. Breslau 837. Max u. Comp. ...

— über Schleiermachers Glaubenslehre; ein krit. Versuch. gr. 8. Berl. 824. Duncker u. H. 20 ggr

Braniß, Chrstlb. Jul., Grundriß d. Logik, zum Gebr. bei sein. Vorlesn. gr. 8. (15¼ B.) Breslau 829, J. Fr. Korn.

Chli. Jul. **Braniss**: d. Logik in ihrem Verhältn. zur Philos., geschichtl. betrachtet; eine i. J. 1822 v. d. Akad. d. W. zu Berlin gekr. Preisschr. *Berl.*, Reimer. 823. gr8° 7 ggr

Braniß, Dr. Ch. J., Professor an der Universität Breslau, Die deutsche National-Verfassung und die preußische Constitution. Ein Votum. Breslau, J. Max u. Comp., 1848. 61 S. 8°.

Braniss, C. J., über atomistische und dynamische Naturauffassung. Ein Votum. Aus dem 1. Bde. d. Abhdlgn. d. hist. phil. Gesellsch. in Breslau. Breslau 858. E. Trewendt. gr. Lex.-8. (25 S.) n. 10 ngr

Branis, Christophilus Julius: De notione philosophiae christianae. Vratislaviae (1825). (118 S.) 8° *[Buchausg. 1825 bei Graß, Barth & Ko. in Breslau; ein Exemplar mit Präsentationstitel bisher nur in der Gießener Univ.-Bibliothek nachgewiesen. – – Verf. schrieb sich später: Braniss]*

Breslau, Phil. Fak., Hab.-Schr. v. 20. Okt. 1825

Branis, Christophilus Julius: De numero Platonis. Vratislaviae (1830). (45 S.) 8° *[Verf. schrieb sich später: Braniss]*

Breslau, Phil. Fak., Antr.-Progr. als außerord. Prof. v. 13. Sept. 1830

Braniss, Christlieb Jul., System der Metaphysik. gr 8. Breslau 834. Graß, Barth u. Comp. 2 Rthlr

Branitz, C. J., zur akademischen Trauerfeier für König Friedrich Wilhelm IV. Rede gehalten zu Breslau am 10. Febr. 1861. Breslau, Korn. gr. 8. (16 S.) 3 ngr.

Braniß (Chr. J.), sieben öffentliche Vorlesungen über die Entwicklung der deutschen Nationalbildung, s. Groeger.

— über die Würde der Philosophie und ihr Recht im Leben der Zeit. Rede beim Antritt des Rectorats. Berlin 854. Guttentag. 8. (30 S.) n. 5 ngr.

Braniss, Friedrich (Breslau), De constitutione phthisica. Diss. med. Bln. (Brüschck) 27. I. 1824. 48 S. m. Biogr. (1.—) 3791
Oppon.: C. Sundelin, B. Friedlaender, H. Wirtinsohn. — Gew.: N. W. Fischer, I. M. Neumann, C. I. Braniss.

Branitz, Fr., Ahriman. Aus dem Nachlaß e. Wahnsinnigen. 8. (53 S.) Danzig 891. Hinstorff. n. 1.—

Branitz, Franziska, Schopenhauer im Fegefeuer. Ein Bekehrungsversuch in Briefen. Zu seinem 100. Geburtstage hrsg. 12. (VIII, 69 S.) Leipzig 888, F. Freund. *

Branko, Franz v., Hauptm. des Reg. Geschichte des k. k. Inft.-Reg. Nr. 44, Feldmarschall Erzherzog Albrecht, von seiner Errichtung 1744—1875. Auf Befehl des Reg.-Commandos zusammengestellt und bearbeitet. gr. 8. Wien 1875.

Branko-Blasich, B: Madame de la Mognolle. Lustsp. (91) 8° Frankf.M. '12. (Lpzg, H Dege.) 2 — d

Brankowsky, J. G., Georg Derfflinger, s. Volksbücher, preussische.

Branksmere, Lady, s. Collection of British Authors.

Branky, Franz: Das österreichisch-illyrische Küstengebiet. (Bericht über die mit Schülern des Gymnasiums unternommene Osterreise 1910.) S. 10—25, 1 Taf. 8.
Progr. K. k. deutsches Staatsgymn. *Kremsier* 1910.

Branky, Frz., ein philanthropischer Lehr- u. Lectionsplan a. d. J. 1782, s.: Beiträge z. österreichischen Erziehungs- u. Schulgeschichte. 8. Hft.

Branky, Franz: Dt. Lesebuch f. d. österreich. Lehrer- und Lehrerinnen-Bildungsanstalten, s. Lehmann, Josef.

Branky, Franz: Deutsches Lesebuch für österreichische allgemeine Volksschulen, s. Ullrich, Georg

Branky, Frz., Lesebuch f. österreichische allgemeine Volksschulen, s.a. Kummer, Karl.

Branky, Franz: Lesebuch f. österreich. allg. Volksschulen, s.a. Vogel, J.

Branky, Franz, und Ziegler, Theodor, Lesebuch für österreichische allgemeine Volksschulen. Ausgabe in drei Theilen. I. Theil für das 1. und 2. Schuljahr. Wien. K. k. Schulbücher-Verlag. 1897. (Min.-Erl. v. 10. Juni 1897, Z. 15079.) In Leinwand gebunden —.30

— Methodik des Unterrichtes in der deutschen Sprache, s.a. Lehrbuch der speciellen Methodik. 2. Bd.

BRANKY, Franz
Methodik des Unterrichtes in der deutschen Sprache. Von Franz Branky. 2. vermehrte und verbesserte Auflage. [Lehrbuch der speciellen Methodik für die österreich. Lehrer- und Lehrerinnen-Bildungsanstalten. Redigirt von Dr. Wilh Zenz 2.] Wien. 1899. Hölder. Gr.-8°. 90 S. fl. —.56

Branky, Frz: Der Reichstag d. J. 1530 u. d. Wahl Ferdinands z. deut. Königs. (41) gr8° Wien, (L Steckler) '08. 3 —

Branky, F., Der Reichstag des Jahres 1530 und die Wahl Ferdinands zum deutschen König. [Separatabdruck aus dem 31. Jahresberichte des öffentlichen Untergymnasiums in der Josefstadt, Kirchfeldgasse 4 in Wien.] Gr.-8°. (41 S.) † * K 2.—
Wien: Steckler 1909

Branky, F., Spiele u. Reime der Kinder in Oesterreich. s.: Vernaleken, Th.

—: Unsere Studienreise in das österreichische Küstenland und nach Venedig. S. 34—46. 8. K. k. Staatsgymn. im III. Bezirke *Wien* 1908.
Progr.

Branky Franz: Die Wahl Ferdinands I. zum deutschen König. Diss. Wien, Univ.
D: Selbstverlag.
1906 PN 1988

Branky, Franz: Das K. K. Civil-Mädchen-Pensionat in Wien. E. Denkschrift zur Säkularfeier der i. J. 1786 v. Kaiser Josef II. zur Heranbildung v. Lehrerinnen u. Erzieherinnen gegr. Bildungsstätte. — Wien 1886: Brzezowsky. 159 S. 8°

Branmann, A., s. a. Braumann, A.

Branmann, A, d. Anteilnahme d. deut. Frau an d. Kampfe wider d. Judentum, s.: Weckschriften, deut.

— s.: Berlin e. französ. Stadt. — Grosspreussen.

— d. Juden als Hauptfeinde deut. Sprache u. Schrift, s.: Weckschriften, deut.

(**Brann, Isaac**): * Quo consilio ille liber scriptus sit, qui Ionae tribuitur. 38 S. 8° (4°)
Halle-Wittenberg, Phil. Diss. v. 30. März 1853
Geb. Rawitsch (Posen) [23.] 11. 1823. V.

Brann, Isidor (*geb. Fordon in Posen 5. 11. 1847*): Lyssa bei der Geburt und im Wochenbett. Berlin (1872). (32 S.) 8°
Berlin, Med. Diss. v. 23. März 1872

Braun, Julius (Herrnstadt/Schles.), Über einen Fall von Nierenabscess. Diss. med.-chir. Bln. (M. Niethe) 15. XII. 1870. 31 S. m. Biogr. (3.50) 3792
Oppon.: D. Bischofswerder, S. Grabower, M. Thiede.

Brann, Jul., Tobias u. Schuster, s.: Album f. Liebhaber-Bühnen.

Brann, Leopold (*geb. Rawitsch in Pos. 6. 12. 1845*): Ueber eine myxomatöse Degeneration der Synovialis des Kniegelenks Breslau (1869). (22 S.) 8°
Breslau, Med. Diss. v. 3. [vielmehr 6.] Dez. 1869

Brann, Markus

Brann, M, s: Festschrift zu Israel Lewy's 70. Geburtstag.

Brann, Marcus (*geb. Rawitsch in Pos. 9. 7. 1849*): De Herodis, qui dicitur, Magni filiis patrem in imperio secutis. P. 1. Krotoschini (1873). (34 S.) 8° *[Fortges. unt. d. T.: „Die Söhne des Herodes" 1873 in: Monatsschr. f. Gesch. u. Wiss. d. Judenth., wovon ein Sonderabdr. zugleich bei Skutsch in Breslau erschien.]*
Breslau, Phil. Diss. v. 20. März 1873

Brann, M., Zacharias Frankel. Gedenkblätter zu seinem 100. Geburtstag (24. Tischri 5662/7. X. 1901). Hrsg. v. B. Mit Beiträgen von Eschelbacher, Güdemann, Kisch u. v. Hrsg. gr. 8. (61 S.) Breslau 901. W. Koebner. n. 2. 50
Sonderabdruck aus: „Monatsschr. für Gesch. u. Wiss. des Judentums".

Brann, M., ein kurzer Gang durch die jüdische Geschichte, s. a. Bücherei, kulturgeschichtliche. Nr. 7.

Brann, M., e. kurzer Gang durch d. jüdische Geschichte. Hrsg. v. Verein f. jüd. Geschichte u. Litteratur z. Breslau. gr. 8. (42 S.) Breslau 895. W. Jacobsohn & Co. n. — 60

Ver. f. jüd. Geschichte u. Litt. zu Breslau. Ein kurzer Gang durch die Geschichte der jüdischen Litteratur. Von Dr. M[arkus] Brann. Breslau: W. Jacobsohn & Co. 1896. (53 S.) 8° [F.] [illegible] 2

— s.: Gedenkbuch zur Erinnerung an David Kaufmann.

— Geschichte der Juden, s.: Graetz, H.

Brann, M., Geschichte der Juden u. ihrer Litteratur Für Schule u. Haus bearb. I. Thl.: Von der babylon. Gefangenschaft bis zum Abschluß d. Talmuds. gr. 8. (VII, 259 S.) Breslau 893. W. Jacobsohn & Co. n. 2. —

— Geschichte d. Juden u. ihrer Litteratur. F. Schule u. Haus bearb. 2 Tle. gr. 8. Breslau, W. Jacobson & Co. n. 4. 80; in Schulbd. n. 5. 80; geb. in Leinw. n. 6. 75
1. Vom Auszug aus Ägypten b. z. Abschluß d. Talmuds. 2., durchges. Aufl. (VII, 259 S.) 896. n. 1. 80; in Schulbd. n. 2. —; geb. in Leinw. n. 2. 25
2. Vom Abschluß d. Talmuds b. z. Gegenwart. (VIII, 486 S.) 895. n. 3. —; geb. in Schulbd. n. 3. 30; in Leinw. n. 3. 60

— Geschichte der Juden u. ihrer Litteratur. Für Schule u. Haus bearb. 2. Tl. Vom Abschluß des Talmuds bis auf die Gegenwart. 2., durchgeseh. Aufl. gr. 8. (VIII, 484 S.) Breslau 899. W. Jacobsohn & Co. n. 3. —; in Schulbd. n. 3. 30; geb. in Prachtbd. n. 4. 20

— Gesch. d. Juden u. ihrer Lit. 1. u. 2. Tl. 3. Afl. gr8° Bresl., M u. H Marcus je 2 — d
1. Vom Auszug a. Ägypten b. z. Abschluss d. Talmud. (9, 245) '10.
2. Vom Abschluss d. Talmud bis z. Vertreibg d. Juden a. d. pyrenäischen Halbinsel. (7, 273) '11.

Geschichte der Juden in Schlesien. Von Dr. M[arkus] Brann. [1]–3. *Breslau: W. Jacobson & Co.* (übergeklebt: *W. Koebner in Comm.*) 1896–1901. 8°
[Aus: Jahresbericht d. jüd.-theol. Sem. zu Breslau. 1896. 1897. 1901.] [illegible] 2

— Geschichte d. Juden in Schlesien. I. u. II. gr. 8. (IV u. S. 1—79 u. XXXIV S.) Ebd 896/97. n.n. 3. 10

— Geschichte der Juden in Schlesien. III. gr. 8. (S. 81—104 u. XXXV—LXX.) Breslau 901. W. Koebner. n. 1. —
I. u. II. jetzt Ebd. 896. 897.

— Geschichte der Juden in Schlesien. IV. (S. 105—150 u. LXXI—LXXVI.) gr. 8. Breslau 907. Koebner. 1. —

— Geschichte d. Landrabbinats in Schlesien. Nach gedr. u. ungedr. Quellen. gr. 8. (62 S.) Breslau 887. W. Jacobsohn & Co. n. 3. —
Sonderabdruck aus „Jubelschr. z. 70. Geburtstage d. Prof. H. Graetz".

— Geschichte des jüdisch-theologischen Seminars (Fraenckel'sche Stiftung) in Breslau. Festschrift zum 50jähr. Jubiläum der Anstalt. (210 u. LIV S. m. Abbildgn. u. 1 Bildnis.) gr. 8. Breslau (904). (Koebner.) n. 5. —

Geschichte des jüdisch-theologischen Seminars (Fraenckel'sche Stiftung) in Breslau. Festschrift z. 50j. Jubiläum d. Anstalt. Von Dr. M[arkus] Brann. *Breslau [1904]: Th. Schatzky.* (209, LII S.) 8° [illegible]

— s.: Kaufmann, Dav., ges. Schriften.

Braun, Dr. M., Lehrbuch der jüdischen Geschichte. Für die Oberstufe der österreichischen Mittelschulen bearbeitet. I. Teil: Von der Zerstörung des ersten bis zur Zerstörung des zweiten Tempels. (586 vor bis 70 nach Beginn der christlichen Zeitrechnung) 2, verbesserte Auflage. Wien 1903. R. Löwit. Preis, in Ganzleinwand gebunden 1 K 80 h.

— Lehrbuch der jüdischen Geschichte. Für die Oberstufe der österreich. Mittelschulen bearb. I. Tl.: Von der Zerstörg. des ersten bis zur Zerstörg. des zweiten Tempels (586 v.—70 n. Beg. d. christl. Zeitr.). Nebst e. Übersicht üb. die bibl. Geschichte bis zur Zerstörg. des ersten Tempels. 2. verb. Aufl. (IV, 111 S.) gr. 8. Wien 904. R. Löwit. Geb. n. 1. 60

Braun, Dr. M., Lehrbuch der jüdischen Geschichte für die obere Stufe der österreichischen Mittelschulen bearbeitet. Teil II: Von der Zerstörung des zweiten Tempels bis zum Ende des Gaonats. Wien 1906. Löwit. Geb. K 1.80. (Min.-Erl. vom 3. September 1906, Z. 34174.)

Braun, Dr. M., Lehrbuch der jüdischen Geschichte. Für die Oberstufe der österreichischen Mittelschulen bearbeitet. III. Teil. Vom Ende des Gaonats bis zur Vertreibung der Juden aus der pyrenäischen Halbinsel. Wien 1902. Löwit. Preis, gebunden 1 K 60 h.

— Lehrbuch der jüdischen Geschichte. Für die Oberstufe der österreich. Mittelschulen bearb. III. Tl. Vom Ende des Gaonats bis zur Vertreibg. der Juden aus d. pyrenäischen Halbinsel. 2. verb. Aufl. (III, 111 S.) gr. 8. Wien 908. R. Löwit. Geb. 1. 50

Braun, Dr. M., Lehrbuch der jüdischen Geschichte. Für die Oberstufe der österreichischen Mittelschulen bearbeitet. Teil IV. Von der Vertreibung der Juden aus der pyrenäischen Halbinsel bis zur Wiederherstellung ihrer bürgerlichen und staatsbürgerlichen Rechte in den Kulturstaaten. Wien 1903. Löwit. Preis, gebunden 1 K 60 h.
Dieses Lehrbuch wird, die Zustimmung der kompetenten Kultusvorstände vorausgesetzt, zum Lehrgebrauche in den oberen Klassen der Mittelschulen mit deutscher Unterrichtssprache allgemein zugelassen.
(Min.-Erl. vom 24. Juni 1903, Z. 20316)

— s.: Maimon, Moses ben.

— s.: Monatsschrift f. Geschichte u. Wissenschaft des Judenthums.

— eine Sammlung Fürther Grabschriften. gr. 8. (LXVI S.) Breslau 900. (W. Koebner). n. 2. —
Sonderabdruck aus: „Gedenkbuch zur Erinnerg. an Dav. Kaufmann."

— Verzeichniss d. Schriften u. Abhandlungen David Kaufmann's. gr. 8. (XXXI S.) Ebd. 900. n. 2. —
Sonderabdruck aus: „Gedenkbuch zur Erinnerg. an Dav. Kaufmann."

— s. Volks- u. Hauskalender, jüdischer.

— u. D. Kaufmann, Leopold Zunz u. s. Familie. E. Gedenkblatt a. s. erstes Centenarium. (10. Aug. 1894.) [A.: „Monatsschr. f. Gesch. u. Wiss. d. Judenth."] gr. 8. (32 S. m. 1 Stammtaf.) Breslau 895. (Trier, S. Mayer.) n. 1. 20

(**Brann,** Moritz, k. Kommerzienrat): **Bericht** des Komitees früherer Schüler für die 50jährige Jubelfeier des Gymnasiums zu Rawitsch. *Rawitsch (1903): R. F. Frank.* (12 S.) 4°
Rawitsch, k. G, [zur Festschr.] 1903

Brann, Nathan

Brann, N., die chronischen Beinleiden u. ihre soziale Bedeutung. Nach e. Vortrage zur Erläuterg. der auf dem V. allgem. Kongreß d. Krankenkassen Deutschlands ausgestellten Photographien u. Aquarelle v. chron. Beinleiden. (16 S.) 8. Berlin 909. C. Giebel. — 15

— dass. m. Anh.: Merkbl. f. Beinleidende. Nach e. Vortr. (Umschl.: 28—35. Taus.) (20) 8° Ebd. ('12). — 50 d

Festrede zur Feier des 70. Geburtstages des Begründers der Weltkurzschrift Heinrich Roller, geb. am 10. März 1839, geh. von Dr. med. N[athan] **Brann**, nebst e. Anh.: Ueber sinnbildliche u. buchstäbliche Vokalbezeichnung von Heinrich Roller. Berlin: Stenogr. Inst. von H. Roller (1909). 22 S. 8° [illegible] 18406

Brann, Nathan, aus Dt. Krone ⟨Westpr.⟩: Zur **Casuistik** der Blutungen bei Bright'scher Nierenkrankheit. *Würzburg 1899: P. Scheiner.* (40 S.) 8°
Würzburg, Med. Diss. v. 1899

Brann, N: Zur Theorie 109 chron. Beinleiden. [SA] (4) 8° Lpzg, B Konegen '07. 1 —

Brann, N., d. Trugschlüsse d. Herren v. Kunowski in ihrer Schrift: „Die Kurzschrift als Wissenschaft u. Kunst". gr. 8. (11 S.) Berlin 898. (Leipzig, J. H. Robolsky.) n.n. — 15

[F.] Die Trugschlüsse der Herren v. Kunowski in ihrer Schrift: 'Die Kurzschrift als Wissenschaft und Kunst.' Von N. Brann z. Z. in Würzburg ... *Berlin: H. Roller 1898.* (11 S.) 1 Bd 8.

Die Trugschlüsse der Herren von Kunowski in ihrer Schrift: 'Die Kurzschrift als Wissenschaft und Kunst'. Von Dr. med. N[athan] Brann. Berlin: Roller 1910. 8 S. 8°

Brann, Oskar, appr. **Arzt a. Friedrichsfelde bei Berlin: Aus der Poliklinik für innere Krankheiten von Professor Strauch Berlin. Chronische Albuminurie bei kompensierten Herzfehlern. Leipzig 1906: B. Georgi. (22 S.) 8°**
Leipzig, Med. Fak., Ref. Curschmann, Diss. v. 1. Juni 1906
[Geb. 18. Juli 80 Woldenberg, N.-M.; Wohnort: Friedrichsfelde; Staatsangeh.: Preußen; Vorbildung: Friedrichsgymn. Frankfurt a. O. Reife M. 99; Studium: Berlin 7, München 1, Freiburg i. B. 1 S.; Coll. 1. Juni 06; Approb. 3. Aug. 05.]

Brann, Paul, Andrea del Sarto. Drama in 3 Akten. Nach Alfr. de Musset frei bearb. (120 S. m 1 Taf.) 8. München 905. G. Müller. n. 2. —

Brann, Siegfried

Brann, S. Coupon- und Verloosungs-Kalender. Berlin. Für die Jahre 1885 bis 1887.

Brann, S. Allgemeiner Verloosungs-Kalender der Prämien-Anleihen. Berlin. Für die Jahre 1889, 1890, 1892.

Brann, S., allgemeiner Verloosungs-Kalender der Prämienanleihen f. d. J. 1890, enth. Ziehungspläne, Zusammenstellung der Steuer-Abzüge auf Coupons, Treffer etc., nebst deutschem Wechsel-Stempel-Tarif, Verzeichniss deutscher Notenbanken, den Stichtagen der Ultimo-Liquidation u. den Usancen der Berliner Fonds-Börse. 8. (121 S.) Berlin 890. Mode's Verl. 2. —

Brann, Siegfr. Allgemeiner Verlosungs-Kalender der Prämien-Anleihen f. d. J. 1890—1892. 8. Berl., Mode's Verlag. [1890. (121 S.) * 2 —; 1891. (47 S.) * 1 —; 1892. (128 S.) * 2 —.] 5 —

Brannburg, Wanda v., Deutschlands Meister-Detectivin. 23 Bde. (à 32 S.) Lex. 8. Dresden (907. 08.) Verlag Meteor. à — 20

Brauner, Dr. Frz. (Domherr, Hofkaplan etc.), Benedikt in Dornen, ein Muster der Selbstverläugnung — die Verherrlichung der Kirche in den Jahrhunderten. (2 Reden.) gr. 8. Wien 1830—35. Mechit. B. à 15 kr.

Branntwein. — s. a. Brandwein.

Branntwein, der. Sein großer Nutzen und seine vielen Verdienste um die Menschheit. Ein humoristisches Gedicht allen Branntweintrinkern gewidmet u. den Mäßigkeits-Vereinen empfohlen. Mit 1 color. Titelkpfr. von Th. Hosemann. 8. Leipzig 846, Jackowitz. n. 1/6 ₰

Branntwein, Der, ein Gift.
Von einem alten Doktor. Bern [1883].
V: *Schiferli, C. M. von.* (BSchwLk V, 9 j)

Branntwein, der, und die arbeitenden Klassen. Ein Wort zur Beherzigung für alle Arbeiterfreunde. gr. 8. (56 S.) Köln 883, Bachem. — 50
Aus: Arbeiterwohl, besonders abgedruckt.

Branntwein, der, als Menschenfeind. 4 8. Bremen 1888.

— der, u. die Proletarier. Ein dem Branntwein-Entsagungsvereine im Großherzogthum Posen vorgelegtes Gutachten: „über die Wirkung des nicht-medicin. Branntwein-Genusses u. dessen Entbehrlichkeit." Von Dr. P., prakt. Arzte. gr. 8. Leipzig 843, O. Wigand. 3 ngl

Branntwein, der, ein Verderber der Menschenseelen. M.-Gladbach 1885.

Branntweinaufschlag, der. Gesetz vom 25. Febr. 1880. Mit einem Inhaltsverzeichnisse. 2 Lfgn. 8. Würzburg 880, Stabel'sche Buchh. [1. Lfg. (S. I—V, 1—29.) 40 Pf.; 2. Lfg. (S. VI—XII, 31—177.) *M* 2,20.] 2 60

Branntwein-Befreiungsordnung s.: **Brantweinsteuergesetz v. 15. VII. 1909.**

Branntwein-Besteuerung, die, Besteuerung der Preßhefeerzeugung u. der Zoll v. gebrannten geistigen Flüssigkeiten, nach dem Gesetze vom 20. VI. 1888 u. den Abändergn. laut kaiserl. Verordng. vom 17. VII. 1899, dem ergänzten Vollzugserlaß vom 21. VII. 1899, Berechngn., erklär. Zeichngn. u. sonst. Hilfstabellen. Mit Berücksicht. d. älteren Gesetzgebg. u. e. ausführl. alphabet. Sachregister. (Österr. Gesetze, Sep.-Ausg., Nr. 86.) 8. (417 S.) Prag 899. Höfer & Klouček. u. 5. 20

Branntweinbrenner, der. Populäre Zeitschrift für das gesammte Brennerei-Gewerbe. Organ des Vereins schles. Brennerei-Verwalter. Redact.: G. M. Richter. 1.—4. Jahrg. Juli 1881—Juni 1885. à Jahrg. 24 Nrn. (Bog.) gr. 4. Bunzlau, (Kreuschmer.) à Jahrg. 5 —

Branntweinbrenner, der. Populäre Zeitschrift für das gesammte Brennerei-Gewerbe. Offizielles Organ der Vereine schles., preuß. und märk. Brennerei-Verwalter. Redact.: G. M. Richter. 5.—8. Jahrg. Juli 1885—Juni 1889. [Zugleich 2. Folge des Neuen Brennerei-Fachblattes. 11.—14. Jahrg.] à Jahrg. 24 Nrn. (Bog.) gr. 4. Bunzlau, (Kreuschmer.) à Jahrg. **

Branntweinbrenner, der. Populäre Zeitschrift f. das gesammte **Brennerei-Gewerbe.** Offizielles Organ der Vereine schles., preuß., **märk. u. pomm. Brennerei-Verwalter. Redact.:** G. M. **Richter.** 9. u. 10. Jahrg. Juli 1889—Juni 1891. [Zugleich 2. u. 3. Folge d. Neuen Brennerei-Fachblattes. 15. u. 16. Jahrg.] à Jahrg. 24 Nrn. (Bog.) gr. 4. Bunzl., (Kreuschmer). à Jahrg. ** 5 —

— dasselbe. 11. Jahrg. Juli 1891—Juni 1892. [Zugleich 3. Folge d. Neuen Brennerei-Fachblattes. 17. Jahrg.] 38 Nrn. (3/4 Bog.) gr. 4. Ebd. n.n. 5. —
Erscheint vom 1. Jan. 1892 an wöchentlich.

— dasselbe. 12. Jahrg. Juli 1892—Juni 1893. [Zugleich 4. Folge d. Neuen Brennerei-Fachblattes. 18. Jahrg.] 52 Nrn. (3/4 Bog.) gr. 4. Ebd. n.n. 5. —

— dasselbe. 13. u. 14. Jahrg. Juli 1893—Juni 1895. [Zugleich 5. u. 6. Folge des Neuen Brennerei-Fachblattes. 19. u. 20. Jahrg.] à 52 Nrn. (3/4 Bog.) gr. 4. Ebd. à Jahrg. n.n. 6. —

Branntweinbrenner, der. Populäre Zeitschrift f. d. ges. Brennerei-Gewerbe. Offic. Organ d. schles., allgem. märk. u. pommersch Brennerei-Verwalter-Vereins. Red.: G. M. Richter. 15.—18. Jahrg. Juli 1895 bis Juni 1899. [Zugl. 7. Folge d. Neuen Brennerei-Fachblattes, 21.—24. Jahrg.] à 52 Nrn. (à ca. 1 Bog.) gr. 4. Bunzlau (G. Kreuschmer). à Jahrg. n.n. 6. —

Branntweinbrenner, der. Populäre Zeitschrift f. das gesammte Brennerei-Gewerbe. Offizielles Organ d. schles., allgemeinen, märk., pommerschen, sachsen-anhalt. u. Posener Brennerei-Verwalter-Vereins. Red.: G. M. Richter. 19.—22. Jahrg. Juli 1899—Juni 1903. [Zugleich 11.—14. Folge des Neuen Brennerei-Fachblattes, 25.—28. Jahrg.] à 52 Nrn. gr. 4. (à ca. 12 S.) Bunzlau (G. Kreuschmer). à Jahrg. n.n. 6. —

Branntweinbrenner, der. Populäre Zeitschrift f. das gesamte Brennerei-Gewerbe. Offizielles Organ des Verbandes der deutschen Brennerei-Verwalter-Vereine u. der freien Vereinigg. süddeutscher Brennerei-Besitzer. Red.: G. M. Richter 23.—26. Jahrg. Juli 1903—Juni 1907. à 52 Nrn. (23.—25. Jhrg. 640, 674 u. 482 S.) gr. 4. Bunzlau (G. Kreuschmer.) à Jhrg. n.n. 6. —

Branntweinbrenner, der. Populäre Zeitschrift f. das gesamte Brennerei-Gewerbe. Eigentum des Verbandes der deutschen Brennerei-Verwalter-Vereine. Red.: C. Richter. 27.—29. Jahrg. Juli 1907—Juni 1910. à 52 Nrn. (480, 484 u. 548 S.) 35×25,5 cm. Bunzlau, (G. Kreuschmer). à Jahrg. nn 10. —

Branntweinbrenner, Der. Populäre Zeitschr. f. d. gesamte Brennerei-Gewerbe. Red.: C Richter. 30—32. J. Juli '10—Juni '13 je 52 Nrn. (31. J., Nr 1: 12) 35,5×25 cm. Bunzl., (G Kreuschmer). viertelj. nn 2.50 d

Branntweinbrenner, der wohlerfahrne u. geschickte, u. das im Backen sich übende Frauenzimmer. 8. Leipz. 754. Dyck. 3 gl

Branntweinbrennerei. – s. a. Brantweinbrennerei.

Branntweinbrennerei u. Branntweinbesteuerung, Die, im deut. Branntweinsteuergebiete währ. d. Betriebsjahres '09/10. s: Vierteljahrshefte z. Statistik d. deut. Reiches.

Branntweinbrennerei (Die) und Branntweinbesteuerung im Deutschen Reiche. Statistik des Deutschen Reiches. VIII. 1. Teil. 58.

Branntwein-Brennerei u. Essig-Fabrikation. Mit vielen Abbild. (2 Taf. N. Ausg.) 8. (10½ B.) Ulm 837, Ebner.

Branntweinbrennerei, die, nach theoret. u. prakt. Grundsätzen, (v. K. C. A. Neuenhahn). 8. Erf. 789. 2e verm. u. umgearb. Aufl. 791. Keyser. (3e Aufl., f. Neuenhahn).

— die wohlfeilste u. bequemste, wie sie in jedem beliebigen Theile d. Wohn- u. Wirthschaftsgebäude ohne alle Feuersgefahr betrieben werden kann, mit besond. Rücksicht auf Kartoffelbrennerei. Mit 2 Kpf. 2e Aufl. gr. 8. Leipz. 822. Ind.-Compt. 12 gl

Branntweinbrennereien und ihr Einfluß auf den moralischen und physischen Zustand des Volkes. Hrsg. vom gemeinnützigen und ökonomischen Verein des Amtsbezirkes Burgdorf. 32 S. 8°. Burgdorf. 1881.

Branntweinbrennereien, über die, in Flensburg, u. der verbot. Handel mit russ. Branntwein 2c., (v. F. W. Otte). 8. Flensb. 794.

Branntweinbrennerkunst. – s. a. Brantweinbrennerkunst.

Branntweinbrennerkunst, die, od. Anweis. den Brantwein best. zu bereiten. 2 Bde. gr. 8. Lpz. Sommer. 804.

Branntwein-Fabrikation, die, s. Zierl, L.

Branntwein-Fabrikation, die, in theoret. u. prakt. Beziehung. (Von L. Zierl.) Aus d. Centralblatte d. Landwirthschaftl. Vereins in Baiern 2c. abgedr.) Mit 1 Steindr. gr. 8. München 839. Fleischmann. ¼ rß

Branntweinfabrikation, Kleinverkauf und Untersuchung geistiger Getränke im Kanton Bern in den Jahren 1885 1886 – 1887. 4°. Bern. 1886, 1887, 1888. (Verwaltungsberichte der Direktion des Innern [Abteilung Volkswirtschaft] des Kantons Bern für die Jahre 1885, 1886. 1887.)

Branntwein-Feind, der. 16 Hft. 8. Oldenburg, Mai 1839. (Schulzesche Buchh.) 1/12 rß

Branntwein-Feind, der, e. Zeitschr. f. d. Angelegenheiten d. Mässigkeitsvereine im nordwestl. Deutschland. 1. u. 2. B. 8. (14½ u. 15½ B.) Oldenburg 840, 41, Schulzesche Buchh. à

Branntwein-Feind, der. Eine Zeitschrift für die Angelegenheiten d. Mässigkeitsvereine im nordwestl. Deutschland. 3. Bd. 8. (15½ B.) Oldenburg 843, Schulzesche Buchh.
1. u. 2. Bd. Ebendas. 1840, 41. à 15 Ngr.

Branntwein-Feind, (Neue Folge.) Hrsg. von dem Central-Vorstand d. oldenb. Mäßigkeits-Vereine. 1845—47. à 27 Nrn. (1—3. B.) gr. 8. Oldenburg, Schulzesche Buchh. (à Bd. * 15 Ngr.) Thlr. *

Branntwein-Feind, der. Hrsg. von dem Centralvorstande der oldenburgischen Mäßigkeits-Vereine. 4. und 5. Jahrg. 1848 und 1849. à 24 Nrn. (½ Bog.) gr. 8. Oldenburg, Schulze'sche Buchh. à Jahrg. *
1–3. Jahrg. 1845—47. Ebendas. * 1 Thlr. 15 Ngr.

Zur Branntweinfrage. 1 Bd. 24 S. 8°. Helsingfors. 1889.

Branntweingenuß. – Der Branntweingenuß in Kärnten, s. Schmidt von Zabierów, Franz

Branntweingesetzgebung. 1. Gesetz vom 1. Juli 1846 (erlaubte das Hausbrennen); 2. Gesetz vom 4. August 1845 (verbot die kleinen Haushaltungsbrennereien): 3. Gesetz vom 17. August 1848 (stellte die Produktion unter staatliche Kontrolle); 4. Gesetz vom 28. Juni 1887 (modifiziert die geltenden Bestimmungen die Produktion betreffend: Änderungen: 30. April 1892. 14. Juli 1893. 27. April 1896. 28. Mai 1897).

Branntweinkameradschaft, Die, s. a. Brandweinkameradschaft.

Branntwein-Kameradschaft, die. Eine Erzählung in 16 Capiteln, vom Verf. des Brandes in der Schenke 2c. 12. (36 S.) Schreiberhau 853. (Breslau, Dülfer's Buchh.) *

Branntweinmonopol (Das). Gesetzentwurf vom Febr. 1886 nebst Begründung, Ertragsberechnung und 8 statist. Anlagen. Annalen des Deutsch. Reichs, 1886.

Gegen das Branntweinmonopol. Vorstellung der Handelskammer zu Köln an den Reichstag. Köln 1886. 12 S.

Branntwein-Monopol, das, verdient den Vorzug vor hoher Konsum- und Licenzsteuer. Flugschrift, gerichtet an alle Parteien von einem Liberalen. gr. 8. (20 S.) Berlin 886, Walther und Apolant.

Branntwein-Nachsteuer-Ordnung. Hrsg. im Reichsschatzamte. (20 S.) gr. 8. Berlin 909. R. v. Decker. — 20

— dasselbe, s.: Branntweinsteuergesetz vom 15. VII. 1909.

Branntweinnot, die, ihre Ursachen, ihre Folgen und ihre Bekämpfung. Vom bernischen Verein gegen die Branntweinnot gekrönte Preisschrift. Langenthal 1872. 36 S. 2. Aufl. 1874.

Branntwein-Recepte. – 60 auserles., v. e. prakt. Destillateur erprobte Branntwein-Recepte. Nebst Anweis. den Branntweinen aus ganz unschädl. Stoffen die schönsten Farben zu geben; ordinäre od verdorb. Branntweine... zu klären, zu verb. u. vom Fuselgeschmack zu reinigen. Erfurt: Andreä 1840.

Branntwein-Recepte, 60 auserlesene von einem prakt. Destillateur erfundene, durch vieljähr. Erfahrung erprobte und bis jetzt als Geheimnisse bewahrte. 16. Erfurt 844, Bartholomäus. ¼ rß

Branntwein-Reinigungsordnung. Mit 9 Formularen. [Aus: „Centralbl. f. d. deutsche Reich".] gr. 4. (45 S.) Berlin, C. Heymanns Verl. n. 1. —

— dasselbe. gr. 8. (69 S.) Berlin 893. (C. Drewitz' Verl.) n. 1. —

Branntwein-Schrecknisse, die, des 19. Jahrh. Ausführlich beschrieben in 125 Gutachten deutscher Aerzte. Gesammelt u. hrsg. v. L. A. La Roche. Mit Vorw. v. J. H. Böttcher. Nebst e. Anhange. gr. 8. (20½ B.) Posen. 845. (Berlin J. A. Wohlgemuth.) *

Branntweins-Recepte, f. Destillateurs, Weinschenken u. Aquavit-Fabrikanten, von J. G. D. 12. Hamb. 815. Gundermann. (Aue in Altona). 10 gl

Branntweinsteuer, die. Von einem prakt. Landwirth. 8. (16 S.) Berlin 883, (Heinicke.) — 30

Branntweinsteuer-Ausführungsbestimmungen, s.a. Ausführungsbestimmungen... zu den Branntweinsteuergesetzen...

Branntweinsteuer-Ausführungsbestimmungen. Amtl. Ausg. Th. 1-10. — Berlin: v. Decker (7: Springer) 1900-02.
1. Branntweinsteuer-Grundbestimmungen. 1900.
2. Brennereiordnung. 1900.
3. Meßuhrordnung. 1900.
4. Branntwein-Begleitscheinordnung. 1900.
5. Branntwein-Lagerordnung. 1900.
6. Branntwein-Reinigungsordnung. 1900.
7. Alkoholermittelungsordnung. 1900.
8. Branntweinsteuer-Befreiungsordnung. 1900.
9. Vorschriften über die Branntwein-Statistik. 1900.
10. Kontingentirungsordnung. 1902.
1: Gz 9634-1/10. 10. 11.
8.7874

—— Amtl. Ausg. Neuabdr. Th. 8. Berlin: v. Decker 1902. 116 S.
8. Branntweinsteuer-Befreiungsordnung. 1: Gz 9634-8a. 11.
8.7875

— dasselbe. Deckblätter zum 1., 5. u. 9. u. zum 2. Tl. Ebd. n. — 80
1. 5. 9. (4 Bl.) 12. (902.) n. — 10. — 2. gr. 8. (18 Bl. u. S.) (902.) n. — 20.

Sachregister zu den Branntweinsteuer-Ausführungsbestimmungen. Zsgest. von O[tto] Doenecke, Rechn.R. in Berlin. *Berlin: R. Eisenschmidt 1900.* (80 S.) 8° [F.] [oe. 11348

Branntweinsteuer-Ausführungsbestimmungen. Abdr. der vom königl. preuß. Finanzministerium unter Berücksicht. des Bundesrats-Beschlusses vom 18. IX. 1902 veranstalteten Ausg. 1.—6., 8. u. 9. Tl. 8. Berlin 905. R. Eisenschmidt. n. 5. 70
1. Branntweinsteuer-Grundbestimmungen. (51 S.) n. — 50
2. Brennereiordnung. (278 S. m. 1 Abbildg. u. 1 Taf.) n. 2. —
3. Meßuhrordnung. (51 S. m. 2 Abbildgn. u. 6 Taf.) n. — 80
4. Branntwein-Begleitscheinordnung. (39 S.) n. — 40
5. Branntwein-Lagerordnung. (39 S.) n. — 40
6. Branntwein-Reinigungsordnung. (33 S.) n. — 40
8. Branntweinsteuer Befreiungsordnung. (116 S.) n. — 90
9. Vorschriften üb. die Branntwein-Statistik. (28 S.) n. — 30

— dasselbe, 2. Tl.: Brennereiordnung. 2. Aufl. Neuabdr. unter Berücksicht. der Bundesrats-Beschlüsse v. 18. IX. 1902, 25. VI. 1903 u. 28. VI. 1906. (278 S.) 8. Berlin 907. R. Eisenschmidt. 2. 40.

— dasselbe, 2. Tl.: Brennereiordnung. Neuabdr. der amtl. Text.-Ausg. unter Berücksicht. der Bundesratsbeschlüsse vom 18. IX. 1902, 25. VI. 1903, 28. VI 1906 u. 29. VI. 1907 u. unter Beifügg. e. Sachregisters. (348 S.) gr. 8. Berlin 907. R. v. Decker. 3. 75

[Die Ausführungsbestimmungen vom 10. Juli 1900 zu den Branntweinsteuergesetzen...] Branntweinsteuer-Ausführungsbestimmungen. Hrsg. im Reichsschatzamte. T. 1-3.8.9. — Berlin: v. Decker 1909-10.
1. Branntweinsteuer-Grundbestimmungen. 1909.
2. Brennereiordnung. 1909.
3. Meßuhrordnung. 1909.
8. Branntweinsteuer-Befreiungsordnung. 1909.
9. Bestimmungen über die Branntweinstatistik. 1910.
1-3.8.9 . . . . 1: Gz 9709/31-1/3.8.9.
1-3.8 11,
3.9 . . . . 10.
8.7879

— [Änderungen u. Ergänzungen] Branntweinsteuer-Ausführungsbestimmungen. Änderungen und Ergänzungen der Begleitscheinordnung, Branntwein-Lagerordnung, Branntwein-Reinigungsordnung und Alkoholermittelungsordnung. — Berlin: v. Decker 1909. 8 gez. Bl.
1: Gz 9709/45. 11.
8.7881

— Branntweinsteuer-Ausführungsbestimmungen. Abfindungsordnung nebst den ergänzenden Vorschriften und den Erl. der Großh. Badischen Zoll- und Steuerdirektion. Gültig vom 1. Oktober 1909. [Nebst] Erl. [u.] Nachtr. 1-3 zu den Erl. — Karlsruhe 1910-12: C. F. Müller.
[Hauptwerk.] Erl. Nachtr. 1. 1910.
Nachtr. 2. 1911. Nachtr. 3. 1912. 1: N 13.2057.
8.7882

Branntweinsteuer-Ausführungsbestimmungen. 9. Tl u. Neue Ausg. 1., 2. u. 8. Tl. Hrsg. im Reichsschatzamte. gr8° Berl., R v. Decker. d
1. Branntweinsteuer-Grundbestimmgn. (37) '12. — 30 ‖ 2. Brennereiordng. (206) '12. 1.15 ‖ 8. Branntweinsteuer-Befreigsordng. (108) '12. — 70 ‖ 9. Bestimmgn üb. d. Branntweinstatistik. (42) '10. — 40

Branntweinsteuer-Befreiungsordnung. Giltig vom 1. X. 1900 ab. gr. 8. (24 S.) Berlin 900. Selbstverlag des deutschen Apotheker-Vereins. n. — 80

Branntweinsteuer-Befreiungsordnung, die. (Nach den Beschlüssen des Bundesraths vom 28. VI. 1900, 28. III. 1901 u. 18. IX. 1902. 12. (25 S.) Berlin (902). J. Springer. n. — 40
Sonderabdruck aus: „Pharmazeut. Zeitg."

Branntweinsteuerfrage (Zur). 2. unver. mit einem Vorworte versehene Aufl. von: „Das Branntweinmonopol verdient den Vorzug vor hoher Konsum- und Licenzsteuer. Flugschrift an alle Parteien von einem Liberalen (1886). gr. 8°. Berlin, Walther u. Apolant, 1887.

Branntweinsteuergesetz. (Nach den Beschlüssen des Reichstags in 3. Beratg.) (27 S.) 81×22,5 cm. Berlin (909). C. Heymann. — 40

Branntweinsteuergesetz für Baden nebst Vollzugsverordnung und Dienstanweisung, Separatabdruck aus dem Verordnungsblatt der Großherzogl. Zolldirektion. kl. 4. (220 S. mit 1 Taf.) Karlsruhe 887, Müller'sche Hofbuchh. **
Vgl.: Tafeln zur Berechnung der Branntweinsteuer.

Branntweinsteuergesetz, das, vom 27. Juni 1878, sammt den Vollzugs- und Manipulationsvorschriften vom 8. Juli 1878, m. Formularien u. Zeichnungen einiger Werksvorrichtungen auf einer lith. Taf., u. dem Finanz-Ministerial-Erlaß vom 18. Juni 1878, wegen Zulassung einiger Werthpeffecten als Pfand bei der Sicherstellung, der Borgung der Branntweinsteuer u. dergl., ergänzt durch die einschlägigen Erlasse u. Verordnungen über die Ausfuhr gegen Steuerrückvergütung u. die Reducirung der Maße u. Gewichte. Mit einem ausführlichen alphabet., nach Schlagwörtern abgefaßten Sachregister. 8. (139 S.) Prag 878. Merty. n. 1. 60

— vom 15. VII. 1909. Hrsg. im Reichsschatzamte. (44 S.) gr. 8. Berlin 909. R. v. Decker. — 85

— v. 15. VII. '09, nebst d. Ausf.-Bestimmgn v. 9. IX. '09 (m. Wirkg v. 1. X. d. J. ab). (16, 344) Lex8° Berl., C Heymann '09. 5 — d
Hieraus einzeln:
Ändergn u. Ergänzgn. (339—344) — 20 ‖ Branntweinsteuer-Befreigsordng. (Bfr. O.) (147—228) 1.00 ‖ Branntwein-Nachsteuer-Ordng. (311—334) — 40 ‖ Branntweinsteuerges. v. 15. VII. 09. (210) — 60 ‖ Branntweinsteuer-Grundbestimmgn. (G.B.) (1—28) — 50 ‖ Brennereiordng. (B.O.) (25—140) 2 — ‖ Essigsäure-Nachsteuer-Ordng. (325—338) — 40 ‖ Essigsäure-Ordng. (E.O.) (229—310) 1.00.

Branntweinsteuergesetz. Vom 15. Juli 1909. Unter Berücks. d. f. d. Reich erlassenen Ausführungsbestimmungen. Mit Einl., Kommentar u. Sachreg. von Geh. Reg.R. Johannes Nay. Berlin: Guttentag 1910. 228 S. 8°
(Guttentag'sche Sammlung Deutscher Reichsgesetze. Nr 96.) [10. 7611

Das Branntweinsteuergesetz vom 15. Juli 1909 mit den vom Bundesrat erlassenen Ausführungsbestimmungen. Hrsg. u. z. Gebrauch f. Brennereitreibende erl. von C. Rohle, Zollinsp. Breslau: Kern 1910. VI, 208 S. 8° [og. 18125 2

Branntweinsteuergesetz v. 15. 7. '09 u. Gesetz, betr. Beseitigg d. Branntweinkontingents, v. 14. 6. '12. Hrsg. im Reichsschatzamt. (56) gr8° Berl., R v. Decker ('12). — 40 d

Branntweinsteuergesetz, das neue, vom 9. VII. 1909. (42 S.) 8. Berlin 909. P. Parey. — 60

Branntweinsteuergesetz, das Württembergische, vom 19. Septbr. 1852, mit der Vollziehungs-Instruktion, weiteren Verfügungen d. K. Finanz-Ministeriums, einer Reduktions-Tabelle f. die Stärkegrade des Branntweins, nebst dem Commissions-Berichte an die Abgeordneten-Kammer u. einer Uebersicht üb. die ständischen Beschlüsse. Handausg., m. e. system. Sachverzeichnisse. gr. 4. (IV u. 198 S. m. 3 Tab. in Fol.) Stuttgart 852, Metzler. n. 1 1/2 ℳ

Branntweinsteuer-Grundbestimmungen s.: Branntweinsteuergesetz vom 15. VII. 1909.

Branntweinsteuerreform (Die). Annalen des Deutschen Reichs, 1896₈.

Branntweinverbrauch. – Branntwein- u. Bierverbrauch in Fabriken. Bericht über eine Umfrage des Bremer Vereins g. d. M. g. G. bei Fabrikbesitzern. Bremen 1887.

Branntwein- und Bierverbrauch in den Fabriken Kurhessens. 6 S. Kassel. 1886.

Branntwein- und Bierverbrauch, sowie Schenken und Spirituosen-Kleinhandlungen in kurhessischen Städten. Herausgegeben vom Bezirksverein Kassel. Kassel 1894. 16 S. 8°.

Branntwein-Werths-Tabelle. Zur Erleichterung b. Kauf u. Verkauf. gr. Fol. Marienwerder 832, (Baumann.)

Branow, Feodor, eines Russen Leben. 8. Bresl. 801. Barth. 16 gr

Branowitzer, Gregor A.

Branowitzer, G. A., Abhandl. üb. den Begriff u. die ursprüngl. Erwerbungsarten des Patronatrechtes nach dem Kirchenrechte. gr. 8. Olmütz 840. (Wien, Tendler u. Schäfer.) 2/3 ℳ

Branowitzer, Gr., die Entscheidungen des k. k. obersten Gerichtshofes über Fragen des materiellen und formellen Wechselrechtes, nach dem vollständig aufgenommenen Texte der österreich. Wechselgesetze geordnet, und demselben an den entsprechenden Stellen angereiht. Zum Gebrauche für Richter, Advocaten, Notare und alle Jene, die sich mit Wechselgeschäften befassen. gr. 8. (VIII und 863 S.) Brünn 867, Winiker. *

Branowitzer Gregor A., Dr.: Über das Münzrecht der Fürstbischöfe und Erzbischöfe von Olmütz. Ar. 8. 55 vgr. Separatabdruck

Branscheid, Paul [Dr.]: Ein Lebensbild von Charles Dickens. Meiningen, Druck d. Keyssnerschen Hofbuchdr., *1894;* 1—17 S. 4.
Schleusingen, k. Hennebergisches G, OP 1894 (252)

Branscheid, Paul, e. Lebensbild v. Charles Dickens. Progr. gr. 4. (17 S.) Meiningen 894. (Schleusingen, H. Adler.) n. 1.—

Branscheid, Paul, Dr.: Die „Paschwörter" der französischen Sprache. Meiningen 1905: Keyssner. (S. 1—16.) 4°
Schleusingen, k. Preuß. Hennebergisches G P 1905 (297)

Branscheid, Paul (geb. am 9 Apr. 1860 in Eckenhagen Kr. Waldbröl): Über die Quellen des Morte Arthure. Ein Beitrag zur Geschichte der Artus-Sage ... Halle a. S., Buchdr. v. E. Karras 1885. 3 Bl. 8. ¶ Nur Titel- u. Widmungsbl., Vita u. Thesen.
Bonn, Phil. Fak., Thes. v. 13 Aug. 1885

Branscheid, Paul (geb. am 9 Apr. 1860 in Eckenhagen Kr. Waldbröl): Über die Quellen des Morte Arthure. Ein Beitrag zur Geschichte der Artus-Sage ... Halle a S., Buchdr. v. E. Karras 1885. 47 S., 1 Bl. 8. ¶ Sonderabdr. aus d. Anglia VIII 1885 Anz. S. 179 ff., wo auch die in der Diss. fehlenden Anhänge zu finden sind.
Bonn, Phil. Fak., Diss. v. 13 Aug. 1885

Bransfeld, Margarethe, geb. Engels †. 8. (32 S.) Berlin-Friedenau 891. Buchh. der Goßnerschen Mission. n. —10

Branson, Laura House, Syncytioma malignum. (14 S.) 8. Berlin 906. J. Goldschmidt. n. 1.—
Sonderabdruck aus: „Deut. medizin. Presse."

Branston's, Thom. F., Schatzkammer praktischer Recepte von alltäglichem Gebrauch. Ein Handbuch für Chemiker, Apotheker, Droguisten ɪc. Nach der 2., revid. und verm. Aufl. des engl. Orig. übers. von Chrn. Heinr. Schmidt. 8. (IV und 308 S.) Weimar 858. [Leipzig, Deckmann.]

Branston's, Th. F., Schatzkammer praktischer Recepte von alltäglichem Gebrauch. Ein Handbuch für Chemiker, Apotheker, Droguisten ɪc. Nach der 2. revid. u. verm. Aufl. des engl. Originals übers. von Chrn. Heinr. Schmidt. Weimar 858. Jansen u. Co. gr. 16. (2 Bl., 308 S.) 1 ℳ

Branston's, Thom. F., Schatzkammer praktischer Recepte zum alltäglichen Gebrauch. Ein Handbuch für Chemiker, Techniker ɪc., sowie für Familie und Haus. Aus dem Engl. übers. von Chrn. Heinr. Schmidt. 2. (Titel-)Ausg. 8. (IV und 308 S.) Leipzig (858),62, Deckmann. [Berlin, Mode.]

Branston's, Th. F., Schatzkammer praktischer Recepte oder über 1500 Anweisungen zur Fabrikation der verschiedenartigsten Handelsartikel, wie: Essenzen, Extracte ɪc. Nebst mannigfachen bewährten Rathschlägen u. Verfahrungsarten für Gold- u. Silberarbeiter, Photographen, Droguisten ɪc. Aus dem Engl. übers. von Chr. Heinr. Schmidt. 3. Ausg. Berlin 868. Mode. 16. (IV, 308 S.) 20 ngr

Branston's, Th. F., Schatzkammer praktischer Recepte oder gegen 2000 Anweisungen zur Fabrikation der verschiedenartigsten Handelsartikel, wie: Essenzen, Extrakte, Liqueure, Limonaden ɪc. Nebst mannigfachen bewährten Ratschlägen und Verfahrungsarten für Gold- und Silberarbeiter, Photographen, Droguisten, Apotheker ɪc., sowie für Gewerbetreibende jeder Art und jeden Hausstand. Aus dem Engl. 4. verm. Aufl. 8. (IV, 418 S.) Berlin 887, Mode's Verlag.

Branston's, Th. F., Schatzkammer praktischer Recepte, od. gegen 2000 Anweisgn. zur Fabrikation der verschiedenartigsten Handelsartikel, wie: Essenzen, Extrakte, Liqueure, Limonaden, Biere, Weine, Essig, Äther. Oele, Parfümerie-Artikel, Wichsen, Zahnpulver, Seifen, Eau de Cologne, Farben, Lacke, Firnisse, Fleckenreinigungsmittel, Leim, Tinten, Siegellacke, Zündwaren, verschiedene Heilmittel, wie Pflaster, Salben ɪc. Nebst mannigfachen bewährten Ratschlägen u. Verfahrungsarten f. Gold- u. Silberarbeiter, Photographen, Droguisten, Apotheker, Destillateure, Färber, Mechaniker, Techniker, Gerber u. A., sowie f. Gewerbetreibende jeder Art u. jeden Hausstand. Aus dem Engl. 6. verm. Aufl. (IV, 418 S.) 8. Berlin (903). S. Mode. 3.—

Brant, Seb., s.: Sammlung Göschen.

Brant, Sebast., u. Joh. Fischart. In Auswahl hrsg. v. Ludw. Voigt, s.: Velhagen & Klasing's Sammlung deutscher Schulausgaben.

Brant, Seb. Narrenschiff, s. National-Litteratur, deutsche. — Schip, dat nye, van Narragonien.

Brant's, S., Narrenschiff, s. Universal-Bibliothek Nr. 899 und 900.

— dasselbe, s.: Dichter, deutsche, d. 16. Jahrh.

Brant, Seb., das Narrenschiff; u. Thom. Murners Schelmenzunft. Mit 1 Kpf. 16. Zwickau 822. Schumann. 9 gr

Brant, Seb., das Narrenschiff, mit Anmerkn. v. Adam Walther Strobel, s. Bibliothek d. gesammt. National-Literatur, Abthl. I. Bd. 17.

Das Narrenschiff von Dr. Seb. Brant, nebst dessen Freiheitstafel ... von A. W. Strobel. Quedlinburg, 1839. 8°. (Bibliothek d. ges. deutschen National-Literatur ... Bd. 17.)

Brants, Seb., Narrenschiff herausg. von Friedr. Zarncke. Mit 4 Holzschn. Leipzig 854. G. Wigand. 4. (CXLII, 1 Bl., 496 S.) n. 6 ℳ 20 ngr

Brant's, Sebastian, Narrenschiff in neuhochdeutscher Uebertragung v. Karl Simrock. Mit den Holzschn. der 1. Ausg. u. dem Bildniß Brants aus Reusners Icones. hoch 4. (XXX, 340 S. m. eingedr. Holzschn. u. e. Holzschntaf.) Berlin 872. Lipperheide. n. 12. —; geb. n. 15. —

Sebastian Brant. Das Narrenschiff, herausgegeben von Karl Goedeke. Leipzig 1872. 8°.

Brant, S.: Narrenschiff. Erneut v. H. A. Junghans. Leipzig 1877. 238 S.

Brand, des alten Sebastian, neues Narrenschiff. Entdeckt und hrsg. von F. Ibus. gr. 4. (53 S. mit Illustr.) Düsseldorf 886, F. Bagel. geb. *

Brand, Des alten Sebastian, neues Narrenschiff. gr. 4. Düsseld. 886. Frankf. a. M., Jaeger's Verlag. * 5 —

Brant, Seb., die Prostitution a. d. großen Berliner Kunst-Ausstellung 1895. E. krit. Studie. III. (Umschlag-)Aufl. 8. (61 S.) Berlin (895) 896. Nethwisch & Langewort. n. — 50

Brant, Seb., Schriften, s.: Sachs, Hans, u. Joh. Fischart.

Branth, L., Betrachtt. über d. Einfluß d. allgem. Friedens auf d. britt. Handel rc. 8. Kopenh. 803. (Brummer). 12 ℊ

Branth, L., Betracht. üb. den Einfluß d. allgem. Friedens a. d. britt. Handel. 8. Kopenh. Proft. 803.

Branth, Octavie, Traum und Wirklichkeit. Gedichte. 8. (VIII und 277 S.) Leipzig 867, O. Wigand. *

Branthome, M., Précis de leçons de chimie, données à la faculté des sciences de l'Acad. de Strassbourg. 12. Strassb. 818. Levrault. 1 ₰ 4 ℊ

— Ueberblick d. Chemie nach ihrem gegenwärt. Zustande, in kurzen Sätzen vorgetragen u. als Leitfaden f. Anfänger u. Liebhaber dieser Wissenschaft bestimmt. Aus d. Französ. übers. u. mit Anmerkk. versehen v. J. B. Trommsdorff. 8. Erfurt 818. Keyser. 1 ₰ 6 ℊ

BRANTHOME.
Ueberblick der Chemie nach ihrem gegenwärtigen Zustande. Aus dem französischen mit Anmerkungen von Joh. Bartholomæus Trommsdorff. Strassburg, 1818. 8vo.

Braentigam, Zur Geschichte des Zeitungswesens bei d. Römern. Pr. 1868.

Branting, Agnes: Das goldene Gewand d. Königin Margareta in d. Domkirche zu Uppsala. (27 m. Abb. u. 6 Taf.) 36×27 cm. Stockholm ('12). (Lpzg, N Pohrsson.) nn 22.50

Brantii, Casp., hist. vitae Iac. Arminii c. not. Mosheim. 8. Braunschw. 725.

Brantl, Carl, Panorama der Eisenbahn und Schifffahrt zwischen Prag und Dresden. Stahlst. 9″ breit und 102″ lang. (Mit 64 S. Text in qu. Lex.-8. und 1 lithogr. Orientirungs-Karte der Prag-Dresdener Staats-Eisenbahn in hoch 4.) Prag 857, André. *

Brantl, K., Prag-Dresdner Panorama für Touristen der Eisenbahn- und Dampfschifffahrt. Nach der Natur gez. In Stahl gest. von Jos. Rybička. Prag 858. André. Lang Fol. (Mit 64 S. geschichtl. u. erklär. Text in qu. gr. 8. u. 1 lith. Karte in 4.) n. 2 ₰ 24 ℊ

Brantl, C., die Ruine d. Berges Bößig. Mit e. Vorw. d. J. M. Schottky. M. 3 lith. Ansichten (in qu. Fol. u. gr. 4.) gr. 8. (9 B.) Prag 831, C. W. Enders.

Brantl, Josef: Über die Reduktion der o-Diäthylbenzylamincarbonsäure und der o-Oxymethylbenzoësäure. *München 1898: V. Höfling.* (48 S.) 8°
München, Phil. Diss. v. 1898

Brantl, Max, s. a.: Brand, Max.

Brantl, Max, Meeresstille u. glückliche Fahrt. Gedichte. (67 Bl.) 8. München (Frauenplatz 10), 906. Selbstverlag. n. 1. —

Brantl, Max, die Sanierung v. Aktiengesellschaften. Eine Untersuchg. üb. ihre materiellrechtl. Voraussetzgn. (49 S.) gr. 8. München 908. G. Franz'sche Hofbuchdr. 2 —

Maximilian Brantl. Von einer Toten. Berlin-Wilmersdorf: A. R. Meyer 1908. (8 S.) 8° [F.] [08. 668]

Brantl, Maximilian, Rechtsprakt.: Die materiellen Voraussetzungen gesetzlicher Sanierungsbeschlüsse. München 1908: Franz. 49 S. 8°
Würzburg, Jur. Diss. v. 15. Aug. 1908, Ref. Mayer
[Geb. 19. Nov. 81 München; Wohnort: München; Staatsangeh.: Bayern; Vorbildung: Gymn. München Reife Juli 00; Studium: München 2, Berlin 2, Würzburg 4 S.; Rig. 17. Juni 08.]

BRANTÔME, Boudoir-Geschichten. Frauenlieb und Leben in Frankreich. Von —. Frei nach d. Französ. übertragen. Hamburg, B. S. Berendsohn, o. J. (c. 1860). 8°. Farbiger illustr. Orig.-Cartonbd. (3 Mk. 50 Pfg. M. Edelmann, ca. 1905.)
1 Bl., III—100 S. Vergriffen u. bereits selten!

Brantôme, Boudoir-Geschichten. Frauenlieb und Leben in Frankreich. Frei aus dem Französ. übertragen. 8. (800 S.) Hamburg 874, Berendsohn. [London, Mendelssohn.] cart. *

v. Brantome, ..., Aus dem Leben galanter Frauen. Nach der Ausg. dieses merkwürd. Buches v. 1740, aus dem Franz. übers. v. Ludw. v. Alvensleben. 2 Bde. 8. (232 u. 297 S.) Grimma 850, Verlags-Comptoir. 3 ₰

Brantome, v., aus dem Leben galanter Frauen. Nach der Ausg. dieses merkwürd. Buches von 1740, aus dem Franz. übers. von Ludw. v. Alvensleben. 2 Bde. 8. (529 S.) Grimma 831, Verlags-Comptoir.

— dasselbe. Mit histor. u. krit. Anmerkgn. Deutsch v. Willy Alex. Kastner. (XXI, 448 S.) 8. Leipzig 904. Deutsche Verlagsaktien-Gesellschaft. n. 3. —; geb. n. 4. —

BRANTÔME. Aus dem Leben der galanten Damen. Bibliothek der Sittengemälde. Berlin-Schöneberg, Verlag von Richard Jacobsthal, o. J. (ca. 1905). 8°.
Verb. d. Ldg. Berlin v. 24. 11. 1908.

BRANTOME, Das Leben der galanten Damen. In wortgetreuer und vollständiger deutscher Uebertragung von Georg Harsdoerffer, geschmückt mit neun Portraits nach François Clouet, die Zeichnung der Titelblätter ist von Walter Tiemann. 2 Bde. Erschienen im Insel-Verlag zu Leipzig im Jahre MDCCCCV. (1905.) 8°. Eleg. weisse Orig.-Prgbde. mit Rückenvergoldg. Feines geripptes Papier, unbeschn. Lat. Lett. (In Schuber.) (Mk. 20—.)
Vortit. (roth), Frontisp., Tit. (roth u. schwarz in Bordüre), XLI (Vorst., Biographie u. literargeschichtl. Einleitung) und 352 S. (letzte unbeziff.). II: Vortit. (roth), Frontisp., Tit. (wie bei I). 332 S. (letzte unbeziff.). Auf Rücks. der Vortit. (in Rothdruck): „Dieses Buch wurde gedruckt in der Rossbergschen Buchdruckerei zu Leipzig in einer Auflage von 1200 Exemplaren, davon dieses No. (—)".
Aus d. Einleitg.: Die erste Orig.-Ausgabe (nach Kopien von B's hinterlass. Msptn.) erschien Leyden, bei Jean Sambix, 1665—66. Hiervon machten im XVII. u. XVIII. Jh. spekulative Buchdrucker eine Menge Abdrücke. Erst die vortreffl. kritische Ausg. von 1822 „Oeuvres complètes du seigneur de Brantôme" (Paris, bei Foucault) griff auf die (seit 1904 im Besitze der Nationalbibl. in Paris befindl.) Orig.-Mspte. im Besitz der Familie Bourdeille zurück. Monmerqué gab sie heraus. B. hat ursprünglich die beiden Bücher „Vies des Dames illustres" und „Vies des Dames galantes: „Premier" u. „Second Livre des Dames" genannt. Die neuen Titel waren Verleger-Erfindung. Die beste spätere Ausgabe der „Galanten Damen" ist die bei Abel Ledoux in Paris 1834 ersch. von Philarète Chasles, mit Einleitg. u. Anmerkgn., welche der vorliegenden Uebersetzung zu Grunde liegt. Die Crayonzeichnungen u. Kupferstiche berühmter u. galanter Damen d. XVI. Jh. im Werke Bouchot's „Les femmes de Brantôme" sind sehr gut, der Text selbst ist wesentlich ein erweiterter Abklatsch aus Brantôme selbst und darf auch in seinen kritischen Reflexionen über den Verfasser der „Galanten Damen" nicht überschätzt werden.

Brantôme, Pierre de Bourdeille, aus den Lebenserinnerungen, s.: Bibliothek, galante.

— Aus d. Lebenserinnergn d. Pierre de Bourdeille, Herrn v. Brantôme. Ergänzt v. CF v. Schlichtegroll, s: Liebhaberbibliothek, Kulturhistorische.

— Aus den Memoiren des Pierre de Bourdeille, Herrn v. Brantôme, s.: Liebhaber-Bibliothek, kulturhistorische, 17. Bd.

Brantweinblasen u. Oefen, üb. d. verbessert. Schottländ. m. K. 4. Leipz. Baumgärtner. 802.

Brantweinbrennerei. – s. a. Branntweinbrennerei.

Brantweinbrennerei,

— die, nach d. neuesten chem. Grundsätzen vervollkommnet. Mit Kpf. gr. 4. Leipz. 802. Hinrichs. 12 gl

Brantweinbrennerei, Die, nach den neuesten chemischen Grundsätzen vervollkommnet. Zum Gebrauche für Branntweinbrenner und Destillateurs. Leipzig 1804. V: *Burdach, Carl Friedrich.* (R-N)

Brantweinbrennerkunst. – s. a. Branntweinbrennerkunst.

Brantweinbrennerkunst, Die, oder auf Erfahrung gegründete Anweisung, wie man ... den Branntwein ... bereiten ... kann. Leipzig 1811. V: *Touchy, Fd. Chn.* (Ky)

Brantz, Mayer, Capitain Canot, s. Bibliothek, amerikanische.

Brantzky, Franz

Brantzky, F., Architektur. 60 Taf. in Autotyp., Strichätzg. u. Orig.-Radierg. (2 Bl. Text.) 85×27 cm. Köln (906). K. Geerling. In Mappe 24. —

Brantzky, Frz., Reise-Skizzen. gr. 4. (100 Taf. m. IV S. Text.) Berlin 898. Kantor & Mohr. In Leinw.-Mappe n. 20. —

Brantzky, Frz., Reise-Skizzen. 2. Aufl. gr. 4. (100 Taf. m. VI S. Text.) Berlin (902). Leipzig, Baumgärtner. In Leinw.-Mappe n. 20. —

Branyitska, Leop. Nagy, s. Jus Transsilvanico-Saxonicum.

— Ladisl. Nagy, s. Jus Transsilvanico-Saxonicum.

Branz, Alois

Nekrolog auf Gustav Reinwald, II. Stadtpfarrer und protest. Religionslehrer der Latein- und Realschule. (Beigabe zum Jahresbericht.) — Von Alois Branz, S.-R. — 1899. Lindau i. B., Joh. B. Thoma. — P. 14 – 16.

Branzl: Ueber das Wirken des h. Severin u. den Zustand d. christl. Kirche in Noricum vor und nach ihm. 13 S. Progr. Wien J. 1858.

Branžovský, R. Ueber das bildende Element im Studium der modernen Sprachen. (In böhm. Spr.) Pilgram, G., 1880. 11 S.

Branžovský, R. Die französische Nationalliteratur der neuesten Zeit. (In böhm. Sprache.) Tabor, G., 1881. 30 S.

Brard, C. P., Description historique d'une collection de Mineralogie appliquée aux arts. gr. in 8. Paris et Strasb. 834. Levrault. 2/3 ß

— Elémens pratiques d'exploitation, cont. tout ce qui est relatif à l'art d'explorer la surface des terrains, d'y faire des travaux de rechercher etc. Mit 32 Steint. gr. 8. Paris u. Strassb. 829. Levrault. 4 ß

— Entretiens sur l'art de bâtir à la campagne, s. Maître Pierre. No. 16.

— entretiens sur l'Astronomie. 18. St. Petersb. 830. Briefe. 8 gl

—— Grundriß d. Bergbaukunde. A. d. Franz. übers. u. umgearb. v. C. Fr. Alex. Hartmann. M. 12 Kpfrt. (in qu. Fol.) gr. 8. (27½ B.) Berlin 830, Rücker.

—— Meister Bernhard, od. d. Dorfgelehrte. Leichte u. gemeinn. Unterhaltungen üb. d. Naturlehre. A. d. Franz. 12. (4⅓ B.) Straßburg 828, Levrault.
Vgl. Meister Bernhard.

— Minéralogie appliquée aux arts. 3 Vols. gr. 8, Paris u. Strassb. 821. Levrault. 7 ß 8 gl

Brard, die Natur u. ihre Wunder, s. Meister Peter.

— Maître Pierre, ou le savant de village. Entretiens sur la physique. 12. Paris u. Strassb. 829. Levrault. 4 gl in 18. St. Petersb., Briefe. 8 gl

— Maître Pierre, ou le savant de village. Entretiens sur l'industrie française. 12. Paris u. Strassb. 831. Levrault. 4 gl

Brard, C. P., de Soirées de Maître Pierre, ou Entretiens sur la Physique. Zum Unterr. in d. französ. Sprache nach Hamiltonischen Grundsätzen bearb. v. J. W. J. 8. (13 B.) Lübeck 833, Aschenfeldt.

— Unterhaltt. üb. den franz. Gewerbfleiß, s. Meister, Bernhard

— Unterhaltt. üb. die Natur u. ihre Wunder, s. Meister, Peter.

Braren, B. C., der dritte Artikel unsers christlichen Glaubens, ausgelegt für's christl. Haus. gr. 8. (75 S.) Breklum 899. (Christliche Buchh.) — 75

Festschrift zum 25jährigen Jubiläum des Prediger-Seminars und der Brüder-Anstalt in Breklum. Dargereicht v. B. C. Braren. o. O. [1907.] 8°

[Erschien auch u. d. T.:] Pastor Chr. Jensen in Breklum und die von ihm gegründete Doppel-Anstalt Prediger-Seminar und Brüder-Anstalt in Breklum. [Verf.: B. C. Braren. Breklum. 1907.] 8°

Braren, Wilhelm, aus Hamburg: Über α-Isophenylessigsäure. *Hamburg 1898: Verlagsanst. u. Druckerei.* (24 S.) 8°
Tübingen, Naturw. Diss. v. 1898

Brarens, Heinrich

— Gedanken über die Fr.: Was sind wir Menschen? u. was wissen wir? 8. Altona 818.

BRARENS, H[EINR.], System der praktischen Schifferkunde. Friederichsstadt. 1807.

— System d. prakt. Schifferkunde. Mit 1 Kpft. 4. Magdeb. 807. 2e A. 819. Heinrichshofen. 2 ß (Hamb., Perthes u. B.) 1 ß

Brarens, H., königl. autorisirter Navigationslehrer etc. System der praktischen Steuermannskunde. Mit den nöthigen Tafeln zum Lehr- und Handbuche zweckmässig eingerichtet und geordnet. (2 Bde.) 8. Magdeburg 1800.

Brarens, Hnr., († d. 4. Aug. 1826.) System d. prakt Steuermannskunde, mit Taf. gr. 8. Magdeb., .. 2e A. 807. 3e A. 819. Heinrichshofen. 4 ß 16 gl (Hamb., Perthes u. B.) 3 ß 16 gl

Brarens, J. F., Besteckbuch, enth. die Declination der Sonne von 1852 bis 1864, nebst mehreren zum tägl. Gebrauche dienenden Tabellen auf der See, mit Erklärungen über deren Gebrauch; so wie einer Anzeige der auf den schleswig-holstein. und dän. Küsten errichteten hauptsächlichsten Feuern und sonstigen Veranstaltungen zum Besten der Seefahrt. 4. (20 S.) Hamburg 852, (Th. Niemeyer.) *

Brarens, JF, Besteckbuch, enth. d. Declinat. d. Sonne v. 1852—64. 4. (20) Hamb. 52. (Lpzg. Rein.) — 12

Brarens, J. F., System der praktischen Schifferkunde. Rendsburg 1839. 4°.

—— Syst. d. prakt. Schiffahrtskde. 3. Afl. 4. Ebd. 53. — 27

Brarens, J. F., System der praktischen Steuermannskunde, zweckmäßig eingerichtet und geordnet. 4. Aufl. 4. (Mit 2 Kpfrtaf.) Rendsburg 843. (Hamburg, Perthes-Besser u. Mauke.) n. 3½ ₰

Brasack, Friedrich, Gerichts-Ref. aus Aschersleben: Die Entwendung von Elektrizität. *Naumburg a. S. 1898: A. Rietz & Sohn.* (39 S.) 8° [K.]
Erlangen, Jur. Diss. v. 8. Nov. 1898

Brasack, Fr., Das Luftspectrum. Eine prismatische Untersuchung des zwischen Platina-Elektroden überschlagenden elektrischen Funkens. 4°. *42 S.* 1 lith. und color. Tafel. Halle, Schmidt. 1866. M. 3.—
(Aus den Abhandlungen der naturforschenden Gesellschaft zu Halle.)

Brasack, Frdr., das Luftspectrum. Eine prismatische Untersuchung des zwischen Platina-Electroden überschlagenden electrischen Funkens. Mit 1 (lith. u.) color. Taf. [Aus d. Abhdlgn. der Naturforsch. Gesellsch. zu Halle.] Halle 867. Schmidt. gr. 4. (42 S.) n. 1 ₰

Brasack, Friedr. Über die Mißerfolge der Wasserleitung zu Aschersleben. 22 S. Progr. *Aschersleben* 1880.

Brasack, Friedr. [Prof. Dr.]: Die Praxis im chemischen Schullaboratorium. Aschersleben, Buch- u. Steindr. v. K. Wedel, *1892*; 3–24 S. 4.
Aschersleben, G m. RPG, P 1892 (228)

Brasack, H. F., spectral-analytische Untersuchungen der Metalle. Mit 1 (lith. u.) color. Taf. (in Fol.) (Aus den Abhandlungen der naturforsch. Gesellsch. zu Halle abgedr.) Halle 864. Schmidt's Verlag. gr. 4. (16 S.) n. 20 ngr.

Brasch & Rothenstein's dictionary of Berlin 1883. With map of Berlin and environs. An index and guide to places, institutions, amusements, resorts, and all other things in and about the german capital, in regard to which the foreigner may need or desire trustworthy information. 8. (XXIV, 150 S.) Berlin 883. L. Fischer. geb. n. 2.—

Brasch und Rothenstein's Dictionary of Berlin 1883. With map of Berlin and environs. An index and guide to places, institutions, amusements, resorts, and all other things in and about the German capital, in regard to which the foreigner may need or desire trustworthy information. 8. (XXIV, 150 S.) Berlin 883, Steinitz und Comp. geb. 2 —

—— —— guide of Berlin. An index and guide to institutions, places of amusements, the principal public and business houses in and about the German capital. 12. (X, 143 S. mit 1 Karte.) Ebendas. 887. geb. *

Brasch u. Rothenstein's guide of Berlin 1891/92. With 3 maps of Berlin, Potsdam and environs. New edit. 12. (XII, 178 S.) Berl. 890, (Lazarus). geb. * 2 —

Brasch & Rothenstein, guide à Berlin avec le plan de Berlin. 12. (XII, 131 S.) Berlin 887. (Lazarus.) geb. n. 2.—

Brasch und Rothenstein, guide à Berlin avec le plan de Berlin. Guide pour les institutions, les lieux d'amusement, les établissements publics et les grandes maisons d'affaires de la capitale. 12. (XII. 131 S.) Berlin 887, Steinitz. geb. *

—— Taschen-Kursbuch für Nord- und Mitteldeutschland. Gültig vom 15. Octbr. 1883 bis 31. Mai 1884. 16. (XIV, 146 S. mit 1 Karte.) Ebendas. 883.

—— dass. — Gültig vom 15. Decbr. 1883 bis 31. Mai 1884. Bearb. im Kursbureau des Berliner ABC, alphabet. Eisenbahn-Kursbuch. 16. (XIV, 147 S. mit 1 Eisenbahnkarte.) Berlin 884, Steinitz und Comp.

Brasch und Rothenstein's Taschen-Kursbuch für Nord- und Mitteldeutschland. Gültig vom 15. Octbr. 1884. Bearb. im Kursbureau des Berliner ABC, alphabet. Eisenbahn-Kursbuch. 16. (XIV, 146 S. mit 1 Karte.) Ebendas. 884.

Brasch, A. J., Cyrenen. Deutschlands edlen Frauen u. Jungfrauen zum Frühlingsstrauß gebunden. gr. 8. Hamburg 830. Niemeyer. 1 ₰

— Gedichte. N. Samml. (Schluß f. Poesie.) .. Hamburg 835. Niemeyer. 1 ₰

— Gedichte, vermischt mit plattdeutschen, die sich besond. zum Declamiren in öffentl. Cirkeln eignen. 8. Hamb. ... Niemeyer. 1 ₰

Brasch, B. M. Das abgebrannte und wiederaufgebaute Ruppin. Fol.

Brasch, D.E.G. (Hrsg.), s. Briefmarken-Zeitung, Hamburger.

Brasch, Erich, Tierarzt aus Königsberg in Preussen: Über die papilla renalis der Haussäugetiere. [Wien.] 77 S. und vier Tafeln. 8°. S.-A. aus der Österreichischen Monatsschrift für Tierheilkunde. Jahrg. 1909. [25. X. 07.]
Bern Vet.-med. Diss. 1908 09.

Brasch, F. u. J. Balß. Der Oberhof, s. Liebeskind, Jos.

Brasch, Felix [aus Berlin]: Über die biologischen Bedingungen der Streptokokkenkrankheiten ... Berlin, Buchdr. v. G. Schade, *1893*; 32 S., 1 Bl. 8.
Berlin, Med. Fak., Inaug.-Diss. v. 28. Apr. 1893

Brasch, Friedr., Anleitung zur Kenntniß der wichtigsten Sternbilder. Ein Hülfsbuch für den Schulunterricht und zur Selbstbelehrung. gr. 8. (VII und 215 S.) Schwerin 848, (Rostock, Stiller'sche Hofbuchh.) *

Brasch, Friedr., die bibl. Geschichte f. d. ersten zusammenhangenden Unterricht. 8. (11 B.) Schwerin 840, (Stiller'sche Hofbuchh.) *

Brasch, Friedr., die biblische Geschichte f. d. ersten zusammenhängenden Unterr. 2., umgearb. u. verm. Aufl. f. 2 Lehrstufen. 8. (10 B.) Schwerin 840. (Rostock, Stiller'sche Hofbuchh.) *

Brasch, Frdr., das Grab bei Wöbelin oder Theodor Körner und die Lützower. Schwerin 861. Stiller. gr. 8. (IV, 300 S.) n. 20 ngr.

— Rechenbuch für den ersten Unterricht. In 5 Stufen geordnet, u. sowohl als Schulbuch beim öffentl. u. Privatunterricht, wie auch als Hülfsbuch zur didakt. Selbstbildung angeh. Lehrer u. Lehrerinnen eingerichtet. 8. Schwerin 839. (Berlin, Plahn'sche Buchh.; Nitze.) 5 ₰

Brasch, Friedr., Schulbuch z. prakt. Unterr. in d. teutschen Satz- u. Interpunctionslehre. Für Bürgerschulen u. unt. Gymnasialklassen. gr. 8. (7 B.) Rostock 833, Stiller.

Brasch, *Hermann Wilhelm* George [aus Magdeburg]: '(Aus d. n. medicin. Universitätsklinik zu Berlin.)' Klinische Untersuchungen über die Störungen der Stimme ... Berlin, Buchdr. v. G. Schade, *1894*; 30 S., 1 Bl. 8.
Berlin, Med. Fak., Inaug.-Diss. v. 16. März 1894

Brasch, Hans, Referendar: Das Verhältnis der Gliedstaaten zur Centralgewalt nach der Verfassung des Deutschen Reiches vom 28. März 1849. Leipzig 1909: Leiner. 90 S. 8°
Leipzig, Jur. Diss. v. 1. Juli 1909
[Geb. 11. Dez. 81 Leipzig; Wohnort: Leipzig; Staatsangeh.: Sachsen; Vorbildung: Thomassch. Leipzig Reife O. 01; Studium: Leipzig 7 S.; Rig. 19. Juli 04.]

Brasch, Ludwig, aus Berlin: I. Über die Einwirkung von Phenylhydrazin auf Itadibrombrenzweinsäure. II. Über die Anhydrobase der Isoamylessigsäure. Basel 1905. 39 S. 8°.
Basel. Phil. Diss. 1904/1905.

Brasch, Magn., 24 Abbildd. verschiedener Hunde, nach d. Leben. gr. 4. Nürnb. 789. Bauer u. R. 6 ₰

Brasch, Martin [app. Arzt aus Lobsens]: Beiträge zur Kenntnis der Pathogenese der acuten allgemeinen Miliartuberkulose. Nach Protokollen des Senckenbergischen Instituts zu Frankfurt am Main .... Berlin, Buchdr. v. Gustav Schade (Otto Francke) (1889); 51 S. 8°
Heidelberg, Med. Fak., Inaug.-Diss. v. [10. Aug.] 1889

Brasch, Mart., die Geisteskranken im bürgerl. Gesetzbuch f. das Deutsche Reich. gr. 8. (48 S.) Berlin 899. S. Karger. n. — 80

Brasch, Mart. Wilh., die deutsche Grammatik und ihre Schwierigkeiten. Ein Ergänzungsbuch für alle bisher erschienenen deutschen Grammatiken. gr. 8. (VIII, 196 S.) Stuttgart 874, Maier. *

Brasch, M. W., vollständiges Handbuch der spanischen Sprache. Enth.: Grammatik, Conversations-Uebungen, eine Auswahl interessanter Lesestücke rc. gr. 8. (VIII und 551 S.) Hamburg 860, Perthes-Besser und Mauke. *

Brasch, M. W., el maestro de aleman ó sea gramática teórica y práctica de la lengua alemana. 8. (X, 237 und 4 lithogr. S.) Hamburgo 856, Perthes-Besser und Mauke. *

—— el Maestro de aleman, ó sea gramática teórica y práctica de la léngua alemana. 3a edic. corregida y aumentada. 8. (X, 258 S.) Leipzig 873, Mauke. geb. *

Brasch, M. W., Memorial zu einem Cursus im doppelten italienischen Buchhalten. 8. gänzlich umgearb. Aufl. gr. 8. (27 S.) Hamburg 879, (Kriebel.) *

Brasch, M. W., Portugiesisch, s. Meisterschafts-System.

Vorträge über die Maurerei für denkende Brüder von M. W. Brasch. Hamburg: Schuberth [1864]. 55 S. 8°
cf. Bh. 7 (1864) S. 197—198 (J. G. Findel); L. 23 (1864) S. 252—256.
Tt. 266. Mrei aus der Essener-Sekte hervorgegangen.

—— Vorträge üb. d. Maurerei f. denk. Brüder. 1. Hft. 8. (55) Hamb. 64, Schuberth. n. — 12

Brasch. Wörterbuch d. Handels-u. Geschäftssprache.

s.a. Bibliothek d. gesamten Handelswissenschaften

—— s. Wörterbuch der Handels- und Geschäftssprache.

Brasch, Max [aus Marienaue]: Über einige Derivate des Diamidostilbens ... Erlangen, k. b. Hofbuchdr. v. A. Vollrath, 1894; 17 S. 8.
Erlangen, Phil. Fak., Inaug.-Diss. v. 1894

Brasch, Mor. (Bearb.), s. Aristoteles: Politik.

—— Gesammelte Essays u. Charakterköpfe zur neueren Philosophie u. Literatur. 2 Thle. gr. 8. (V, 240; V, 266 S.) Lpz. 885, Huth. * 10 —

Brasch, Mor., gesammelte Essays u. Charakterköpfe zur neueren Philosophie u. Literatur. 2. (Titel-)Aufl. 2 Thle. in 1 Bd. gr. 8. (V, 240 u. V, 266 S.) Leipzig 887. Th. Huth. n. 10. —
Liefern jetzt Reinfeld & Henius in Berlin.

Brasch, Mor., die Facultäten-Frage u. d. Stellg. d. Philosophie a. d. deutschen Universitäten. E. krit. Erörterg. gr. 8. (27 S.) Leipzig 895. E. Wartig's Verl. n.n. — 75

—— Geschichte d. Universität Leipzig, s. Auf deutschen Hochschulen.

— Rudolf v. Gottschall. Ein litterar. Portrait. gr. 8. (64 S. m. Bild.) Leipzig 892. O. Gottwald. n. 1. —

Brasch, Mor., die Klassiker der Philosophie. Von den frühesten griech. Denkern bis auf die Gegenwart. Eine gemeinfaßl. histor. Darstellung ihrer Weltanschauung, nebst einer Auswahl aus ihren Schriften. 1.—16. Lfg. gr. 8. (1. Bd. S. 1—768 mit eingedr. Holzschn.-Portr.) Leipzig 881, Greßner und Schramm. à Lfg. — 50

Brasch, Mor., die Klassiker der Philosophie. Von den frühesten griech. Denkern bis auf die Gegenwart. Eine gemeinfaßl. histor. Darstellung ihrer Weltanschauung, nebst einer Auswahl aus ihren Schriften. 17.—57. (Schluß-)Lfg. gr. 8. (VIII, S. 769—2720 mit Portr. [eingedr. Holzschn.].) Leipzig 885, Greßner und Schramm. à Lfg. 50 Pf.
1.—16. Lfg. Ebendas. 1884. à 50 Pf.
Das Werk ist in 3 Bde. abgetheilt:
Bd. 1. Das Alterthum. (S. 1—688.) ℳ 7.50.
„ 2. Von der Renaissance bis gegen Ende des 18. Jahrh. (S. 689—1684.) ℳ 10.—.
„ 3. Von Kant bis Schopenhauer. (S. 1685—2720.) ℳ 10.—.

Lehrbuch der Geschichte der Philosophie zugleich als Repetitorium f. Stud., Cand. u. Doctoranden sowie z. Selbstunterr. Von Dr. Moritz Brasch. Leipzig: Roßberg 1893. (XIV, 441 S.) 8° [F.] [07. 4041

Brasch, Mor., Moses Mendelssohn. Lichtstrahlen aus seinen philosoph. Schriften u. Briefen. Nebst Biographie u. Charakteristik Mendelssohn's. 8. (VI, 204 S.) Leipzig 875. Brockhaus. n. 3. —; geb. n. 4. —

—— socialistische Phantasiestaaten. Ein historisch-polit. Essay. gr. 8. (69 S.) Leipzig 885, Huth. * —
Aus: Gesammelte Essays und Charakterköpfe zur neueren Philosophie und Literatur, besonders abgedruckt.

Deutsche Philosophen. Studien aus d. wissensch. Leben d. Gegenwart von Dr. Moritz Brasch. Leipzig: A. Heitz (1893). (XXVIII, 371 S.) 8° [07. 4042

— Leipziger Philosophen. Portraits u. Studien aus dem wissenschaftl. Leben der Gegenwart. Mit e. histor. Einleitg.: Die Philosophie an der Leipziger Universität vom 15.—19. Jahrhundert. gr. 8. (XXVIII, 371 S.) Leipzig 894. A. Weigel. n. 4. —; geb. in Halbfrz. n. 5. 20

—— die Philosophie der Gegenwart. Ihre Richtungen und ihre Hauptvertreter. Für die Gebildeten dargestellt. gr. 8. (XII, 732 S.) Leipzig 888, Greßner und Schramm. *

Brasch, Mor., Philosophie u. Politik. Studien über Ferd. Lassalle u. Joh. Jacoby. gr. 8. (IV, 153 S.) Leipzig 889. Friedrich. n. 3. —

Brasch, Moritz (Hrsg.), s. Presse, Deutsche.

— Wilhelm Roscher u. d. sozialwissenschaftl. Strömungen d. Gegenwart. [Aus: „B., Leipziger Philosophen".] gr. 8. (70 S. Leipzig 895. G. Fock. n.n. — 70

Brasch, M., Der Staatsroman oder der Socialismus im Gewande der Poesie. gr. 8°. Leipzig 1882.

Brasch, Mor., Benedict v. Spinoza's System der Philosophie nach der Ethik und den übrigen Traktaten desselben in genetischer Entwickelung dargestellt und mit einer Biographie Spinoza's versehen. gr. 8. (VIII, 192 S.) Berlin 870, Wruck. *

—— die Welt- und Lebensanschauung Friedrich Ueberwegs in seinen gesammelten philosophisch-kritischen Abhandlungen. 8. (XLVII, 476 S.) Leipzig 888, Engel. *

— die Welt- u. Lebensanschauung Friedrich Ueberweg's in seinen gesammelten philosophisch-kritischen Abhandlungen. Nebst e. biographisch-histor. Einleitg. gr. 8. (XLVI, 476 S.) Leipzig 889. G. Engel. n. 8. —

— das Wesen u. die Formen der dramatischen Dichtung nach den Principien der modernen Aesthetik. Ein Vortrag. gr. 8. (57 S.) Leipzig 892. O. Gottwald. n. 1. —

— wie studirt man Philosophie? Ein Wegweiser für Studirende aller Facultäten. Unter Berücksicht. der neuesten Prüfungsordnungen und mit einem Anhang, enthaltend: Eine Uebersicht über die Bestimmungen zur Erlangung der philosoph. Doctorwürde an den deutschen, österreich. und schweizer. Universitäten. 8. (63 S.) Leipzig 888, Roßberg'sche Buchh. *

— wie studiert man Philosophie? E. Wegweiser f. Studierende all. Fakultäten. Unt. Berücksicht. d. neuesten Prüfungsordngn. u. m. e. Anh., enth.: D. Bestimmgn. z. Erlangg. d. philosoph. Doktorwürde a. d. deutschen Universitäten. 2. Aufl., bearb. v. Hans Zimmer. 8. (61 S.) Leipzig 897. Roßberg. n. 1. —

Brasch, Mor., wie studiert man Philosophie? Ein Wegweiser f. Studierende aller Fakultäten. Unter Berücksicht. der neuesten Prüfungsordngn. u. m. e. Anhang, enth.: Die Bestimmgn. zur Erlangg. der philosoph. Doktorwürde an den deutschen Universitäten. 3., m. Benutzg. amtl. Materials neubearb. u. erweit. Aufl. v. Hans Zimmer. (67 S.) kl. 8. Leipzig (909). Roßberg'sche Verlagsbuchh. 1. 20

Brasch, Mor., die Ziele der ethischen Bewegung. 8. (44 S.) Leipzig 893. R. Claußner. — 60

1. Efterrotninger af Callaborator O. M. Brasch om den gamle og nye Skolebygning med Afbildninger af Bygningsinspecteur Winstrup.
2. Flensborg Latin- og Realskoles Historie: 1. Deel, af Collaborator O. M. Brasch. Flensborg. 1861. 4°. Gymn.-Progr.

Brasch, Paul, am Osmanenhof. Historisches Schauspiel in 4 Aufzügen. (III, 104 S.) 8. Dresden 904. E. Pierson. n. 1. 50

Die Anwendung der physikalischen Chemie auf die Physiologie und Pathologie. Von Dr. Richard Brasch, Bad Kissingen. (In 3 Abt.) Wiesbaden: J. F. Bergmann (1900–)1901. (202 S.) 8°
[Lfg-T.:] Die anorgan. Salze im menschl. Organismus ... von Brasch. [...]

Brasch, Rich., die Anwendung der physikalischen Chemie auf die Physiologie u. Pathologie. (Neue [Titel-]Ausg. v.: Die anorgan. Salze im menschl. Organismus.) gr. 8. (202 S.) Wiesbaden 901. J. F. Bergmann. n. 4. 80

Brasch u. Cornelius, zur therapeutischen Anwendung der Mineralstoffe. (158 S.) 8. Oldenburg 909. Schulze. 8. —

Brasch, R., kritische Betrachtgn. üb. Ernährung, Stoffwechsel u. Kissinger Kuren. 8. (III, 136 S.) Wiesbaden 898. J. F. Bergmann. n. 1. 40

— die anorganischen Salze im menschlichen Organismus. Nach den Grundsätzen der modernen Chemie systematisch dargestellt. 3 Abtlgn. gr. 8. Ebd. n. 4. 80
1. (88 S.) 900. n. 2. 40
2. u. 3. Die Oxydationsprozesse u. die Energetik im menschl. Organismus. (III u. S. 89—202.) 901. n. 2. 40

Brasch, Richard [aus Potsdam]: Nitrirte Toluhydrochinone und Derivate derselben. ... Freiburg i. B., Univ.-Buchdr. v. H. M. Poppen & Sohn, 1889; 32 S. [falsch pag.] + 1 Bl. 8°
Freiburg i. B., Phil. Fak., Inaug.-Diss. v. 1889

Brasch, S. N., Blüten-Knospen. (6 farb. Bl.) gr. 4. Berlin (903). W. Schultz-Engelhard Nachf. n. 3. —

Brasch, Vict. v., die Gemeinde u. ihr Finanzwesen in Frankreich. gr. 8. (148 S.) Leipzig 874. Krüger & Roskoschny. n. 1. 50

Brasch, Walther, approb. Arzt aus Elberfeld: Ueber die Neurosen des Corpus ciliare. München 1902: G. Schuh & Co. (48 S.) 8°
München, Med. Diss. v. 1902

Brasch, Walther, Dr., Assistenzarzt der I. medizinischen Klinik: Über das Verhalten nicht gärungsfähiger Kohlehydrate im tierischen Organismus. Mit besonderer Berücksichtigung des Diabetes. München 1907: R. Oldenbourg. (52 S.) 8° ¶ [Aus: Zeitschrift f. Biologie Bd 50 H. 2.]
München, Med. Fak., Hab.-Schr. v. 1907

Brascha, Anton Daniel (Weißenfels), De patre Judaeo alimenta sumtus studiorum et legitimam filio Christiano denegante. Diss. jur. Präs. Gustav Heinrich Mylius. Lpz. (Joh. Christian Langenheim) 5. IV. 1740. 20 S. (4.—) 3797

Knospenkränzchen vom O. Br Brasche. Nur Ms f. Ordensbrr. Breslau [1860]: Günther. 14 S. 8° [Umschlagtit.]
Tt. 2338. 7 Gedichte.

Brasche, Adf., chemische u. bacteriologische Brunnenwasseruntersuchungen im Hospitalbezirk (II. Stadttheil) zu Jurjew (Dorpat). Diss. gr. 8. (67 S.) Jurjew (Dorpat) 893. (E. J. Karow.) n. 1. 50

Brasche, Constantin, Taschenbuch der Fahrkunst ꝛc. Eine theoretisch-prakt. Belehrung im kunstgerechten Fahren für Jedermann. 12. Nordhausen 841, Fürst. 5/12 ₰

Brasche, Edu(ardus) Frid(ericus) Reinh(ardus): De nonnullis icteri symptomatibus una cum decsriptione [!] casus icteri cum comate coniuncti. Halis Saxonum (1845): Heynemann. 23 S. 8°
Halle-Wittenberg, Med. Diss. v. 15. Apr. 1845 [Im Diplom Druckfehler: 1844]
Geb. Mohrungen (Ostpr.) 16. 10. 1821. V.

Brasche, G., allererste Anleitung zum Gebrauch der lettischen Sprache f. Deutsche. gr. 8. (III, 408 S.) Libau 875. Zimmermann. n. 4. —

Brasche, lettisches Wörterbuch, s. Ulmann.

Brasche, Osc., üb. Verwendbarkeit der Spectroscopie zur Unterscheidung der Farbenreactionen der Gifte im Interesse der forensischen Chemie. Diss. gr. 8. (99 S. m. 4 Taf.) Jurjew (Dorpat) 891. (E. J. Karow.) n. 2. 50

Brasche, Otto, Beitrag zur Methode der Sterblichkeitsberechnung und zur Mortalitätsstatistik Russland's. gr. 8. (IV, 60 S. mit 1 lithogr. Taf.) Würzburg 870, Stuber. *

Braschen, G., Gedanken zur Consolidirung des livländischen Landesstaates. gr. 8. (79 S.) Dorpat 880. (Leipzig, K. F. Köhler.)

Braschke, J., Zoll- u. Steuer-Vorschriften, soweit dieselben f. die Beförderung v. Gütern auf Eisenbahnen in Betracht kommen, s.: Leitfäden f. den Selbstunterricht u. den Unterricht an Eisenbahnschulen.

Braschoss, Jakob: (Aus der Klinik für Hautkrankheiten.) Merkwürdige Fälle von Favuserkrankung .... Bonn, Univ.-Buchdr. v. Carl Georgi, 1887; 31 + 1 S. + 1 Bl. 8°.
Bonn, Med. Fak., Inaug.-Diss. v. 4. März 1887.

Braschoss, Jakob, (aus der Klinik für Hautkrankheiten.) Merkwürdige Fälle von Favuserkrankung. Diss. Bonn 1887, Emil Strauss. 8°. 31 S.

Braschowanoff, Geo.: Von Olympia n. Bayreuth. Eine Geistesstadiodromie. Histor. Darstellg u. kunstkrit. Erläuterg d. beiden Kulturstätten. Mit bes. Berücks. ihrer kunstphilosoph., kulturhistor.-universellen Bedeutg. 1. u. 2. Bd. (16, 334 u. 16, 223) 8° Lpzg, Xenien-Verl. '11'12. je 4 —; HL n 6 —

Braschowanoff, Geo., Richard Wagner u. die Antike. Ein Beitrag zur kunstphilosoph. Weltanschauung Richard Wagners. (224 S. m. Bildnis.) 8. Leipzig 910. Xenien-Verlag. 4.—

Brase, Arth., der Arbeitermangel in der deutschen Landwirtschaft, seine Ursachen u. die Mittel zur Abhilfe. gr. 8. (97 S.) Schöneberg-Berlin 900. Berlin, Deutsche Tageszeitung. n. 2.—

Brase, Arthur, Der Arbeitermangel in der deutschen Landwirtschaft, seine Ursachen u. die Mittel zur Abhilfe. gr. 8°. Schöneberg-Berlin, F. Telge, 1900.

Brase, [Artur]: Die Bodenverhältnisse des preußischen Flachlandes. (Festrede z. Feier d. Geburtstages d. Kaisers 1910.) Mölln i. Lbg.: Bäumer 1910. S. 16—19. 4°
Mölln i. L., LWS P 1910**

Brase, [Artur]: Festrede zur Feier des Geburtstages Sr. Majestät des Kaisers am 27. Januar 1909. Mölln i. Lbg. 1909: Bäumer. S. 17—20. 4°
Mölln i. Lbg, LWS P 1909**

Brase, Arthur: Zur Kenntnis der Rentabilität der früher extensiven Verwaltung und der später intensiven Selbstbewirtschaftung eines mittleren ostelbischen Rittergutes mit vielfach wechselnden, von Natur fehlerhaften und daher im Ertrage unsicheren Böden, unter früher wie später gleichen Verkehrsverhältnissen. M. 1 Kt. *Heidelberg 1897: C. Pfeffer.* (76 S. mit Kt.) 8°
Heidelberg, Naturw.-math. Diss. v. [27. Jan.] 1898

Brase, Johannes: Über die Resultate der Kropfexstirpation. *Halle a. S. 1898: C. A. Kaemmerer & C.* (49 S.) 8°
Halle, Med. Diss. v. 13. Aug. 1898

Brase, Siegfr.: Emile Olliviers Memoiren u. d. Entstehg d. Krieges v. 1870, s: Studien, Historische.

Festschrift zur Einweihungs-Feier des neuen Rathauses zu Lüttringhausen am 19. Sept. 1908. (Verf.: Albert **Braselmann**.) ([Lüttringhausen] 1908.) (70 S.) 8° [F.] 08. 14:7

Braselmann, Alb.: Der Kirchenbau d. Protestantismus d. 17. u. 18. Jahrh. im Bergischen. (17, 94 m. Abb. u. 4 Taf.) Lex8° Düsseld., L Schwann '12. 3—

Braselmann, J. E., Bibel-Atlas für die Hand der Schüler in Privat- u. öffentlichen Schulen aller christlichen Confessionen, sowie zum Selbststudium. 7. verm. Aufl. Düsseldorf 807. Schulte. gr. 4. (16 S. u. 8 lith. u. color. Karten.) n. 10 ngr.

Braselmann, J. E., Bibel-Atlas für die Hand der Schüler in Privat- und öffentl. Schulen aller christl. Confessionen, so wie zum Selbststudium. 11. Aufl. gr. 4. (16 S. und 8 lithogr. und color. Karten.) Düsseldorf 873, Michels. *

Braselmann, J. E., Bibel-Atlas f. die Hand der Schüler in Privat- u. öffentl. Schulen aller christl. Confessionen, sowie zum Selbststudium. 12. unveränd. Aufl. hoch 4. (16 S. m. 8 lith. u. color. Karten.) Düsseldorf 875. Michels. n. 1.—

Braselmann's, J. E., Bibel-Atlas zum Schul- und Privatgebrauche. 13. völlig umgearb. Aufl. Von A. Herkenrath. Mit 8 lithogr. Taf. in Farbendr., gezeichnet von A. Hofacker. 4. (26 S.) Düsseldorf 878, Michels. *

Braselmann's, J. E., Bibel-Atlas zum Schul- und Privatgebrauche. Völlig umgearb. und verm. von A. Herkenrath. Mit 8 (lithogr.) Taf. in Farbendr., gezeichnet von A. Hofacker. 14. Aufl. 4. (24 S.) Düsseldorf 881, Michels. * 1—
geb. * 1 20

Braselmann's, J. E., Bibel-Atlas zum Schul- und Privatgebrauche. Völlig umgearb. und verm. von A. Herkenrath. 15. verb. Aufl. 4. (26 S. mit 8 lithogr. Taf. in Farbendr., gezeichnet von A. Hofacker.) Düsseldorf 886, Michels. *

Braselmann's, J. E., Bibel-Atlas zum Schul- u. Privatgebrauche. Völlig umgearb. u. verm. v. A. Herkenrath. Mit 8 lithogr. Taf. in Farbendr., gezeichnet v. A. Hofacker. 16. verb. Aufl. 4. (26 S. Text.) Düsseld. 892, H. Michels. * 1 20

Braselmann's, J. E., Bibel-Atlas z. Schul- u. Privatgebr. Völlig umgearb. u. verm. v. A. Herkenrath M. 8. lith. Taf. in Farbendr., gezeichn. v. A. Hofacker. 17., verb Aufl. 4. (28 S.) Düsseldorf 896. H. Michel's Verl. n. 1. 20

Braselmann's, J. E., Bibel-Atlas zum Schul- u. Privatgebrauche. Mit Anh., enth. tabell. Übersicht der Könige u. Propheten, der alttest. Münzen u. Erklärg. wicht. bibl. Ausdrücke. Völlig umgearb. u. verm. v. A. Herkenrath. Mit 8 lith. Taf. in Farbendr., gezeichnet v. A. Hofacker. 18. verb. Aufl. 4. (32 S.) Düsseldorf 902. H. Michels' Nachf. n. 1. 20

Braselmann, J. E., Gebete f. Schulen, verbunden mit pass. Bibelsprüchen, Choral- u. sonstigen 2- u. 3stimm. Gesängen, mit besond. Berücksichtig. d. im Kirchenjahr vorkomm. christl. Feste. Nebst e. Anh., enth. d. Kirchenjahr. 16. (11½ B.) Düsseldorf 841, Schreiner. Thlr.

Braselmann, J. E., die biblische Geschichte in Verbindung m. der biblischen Geographie u. Chronologie. Ein Lehr- u. Lesebuch f. Bibelfreunde; zugleich ein Leitfaden f. Lehrer beim Unterrichte in der biblischen Geschichte. Mit 7 (lith. u. color.) Karten, einer durchlaufenden Zeittafel u. einem Vorworte von Krafft. gr. 4. (VIII u. 64 S.) Düsseldorf 848, Buddeus'sche B. [Schulte] in Comm. n. 1 ℔

Braselmann, J. E., die biblische Geschichte in Verbindung mit der biblischen Geographie und Chronologie. Ein Lehr- und Lesebuch für Bibelfreunde; zugleich ein Leitfaden für Lehrer beim Unterrichte in der biblischen Geschichte. Mit einer durchlaufenden Zeittafel und einem Vorworte von Krafft. gr. 4. (VIII und 64 S. mit 7 lith. und ill. Karten.) Düsseldorf 850, (Buddeus'sche Buchh.) *

—— Gott allein die Ehre! Alte und neue Vaterlandsgesänge, chronologisch geordnet und mit einleitenden histor. Bemerkungen versehen. Ein Geschichts- und Liederbüchlein für Preußens Volk, in Schule, Haus und Heer. 1. Heft. 8. (42 S.) Düsseldorf [Wiesbaden] 869, Gestewitz. *

Braselmann, J. E., der messianische Stammbaum in bildlicher Darstellung und erklärendem Text. (Hierzu gehört die lithogr. bildliche Darstellung in gr. Fol.) 2. Aufl. gr. 8. (14 S.) Düsseldorf 855, (Schaubsche Buchh.) *

Braselmann, J. E., neues Uebungsbuch zum Kopf- und Tafelrechnen für die Mittelklasse, so wie für die untere Abtheilung der Oberklasse einer mehrklassigen Elementarschule. Düsseldorf 861. de Haen. 8. (51 S.) n. 4 ngr.

Brasen, Just. Christoph. Ueber den Gebrauch der heutigen Militz zu öffentlichen gemeinnützigen Arbeiten im Frieden, nach der Art der Römer. 4. Braunschweig und Hildesheim 1771.

— über d. Gebrauch d. Miliz im Frieden; e. Preisschrift. gr. 4. Braunschw. 771. Schröder. (W. Nauck in Leipz.) 12 gr.

— einige Gedanken über d. jetzt gesuchte Vereinigung d. Naturlehre mit d. Landwirthschaft. 8. Braunschw. 770.

— Geschichte d. Stifts Wunstorf bis zu dessen 1000jähr. Alter, od. bis an 1800. gr. 8. Hannov. 815. Hahn. 1 ℔

Brasen, Just. Cph., († d. 26. Jan. 1821.) Gründe z. Gebr. d. heil. Abendmahls. 8. Braunschw. 777. Schröder. 4 gr.

— vom Meyerwesen, nach dessen Nutzen od. Schaden für d. Staat. 8. Hannov. 775. Helwing. 6 gr.

— wider d. herrschende Neigung zu borgen. 8. Götting. 783. Kübler. 8 gr.

— vom Nutzen öffentl. Kornmagazine. 8. Braunschw. 773. Schröder. (W. Nauck in Leipz.) 3 gr.

— vom Nutzen öffentl. Kornmagazine. 8. Braunschweig, Schröder. (Sommer, Leipzig) 773.

Braischellen, Fr., index libror. expurgandorum etc. 8. Münch. Lentner. 754.

Bräsicke, Ed. David

Bräsicke, E. D., Aufgabenbuch für den gesammten Rechen-Unterricht. Enthltd.: 2888 Uebungsaufgaben nebst Antworten und Auflösungen. Zum Gebrauch für Lehrer u. Schüler abgedruckt aus der 7. Aufl. des Rechenmeisters. Mit 50 lith. Figuren (auf 3 Taf.). Berlin (857.) C. Heymann. 8. (114, 35 S.) 12 ngℛ

Bräsicke, ED, Aufgabenb. f. d. ges. Rechen-Unterr. 8. (139) Berl. 57, Imme. — 12

Bräsicke, E. D., Aufgaben-Schatz zur Erlangung eines vorzüglichen Gedankenreichthums und eines musterhaften Stils. Zum Gebrauch in den höheren Lehr- und Fortbildungs-Anstalten hrsg. gr. 8. (74 S.) Berlin 853, C. Heymann. *

—— neuester deutscher Correspondent; oder Musterschatz zahlreicher Beispiele zu ausführl. Regeln über die Form und den Inhalt aller im Familien-, Geschäfts- und Beamten-Verkehr vorkommenden Aufsätze. gr. 8. (IV und 216 S.) Berlin 853, C. Heymann. *

Bräsicke, Ed. David, Lehrbuch der reinen u. angewandten Arithmetik für höhere u. niedere Knabenschulen. 1s Hft. Aufgaben zum Zifferrechnen. 8. Berlin 837. Amelang. 1/6 ℛ

Bräsicke, Ed. Dav., Lehrbuch d. reinen u. angewandten Arithmetik f. höh. u. nied. Knabenschulen. 1. Hft. Aufgaben z. Zifferrechnen. 8. (4 B.) Berlin 838, Amelang.

Bräsicke, Ed., Dav., Lehrbuch der reinen u. angew. Arithmetik, für höhere u. niedere Töchterschulen. 8. Ebd. 837. 1/6 ℛ

—— dass. f. höh. u. nied. Töchterschulen. 8. Berlin 838, Amelang.

— methodisches Handbuch f. d. Lehrer hierzu. 1r Thl. 1s Hft. 8. Ebd. 837. 1/3 ℛ

—— method. Handbuch f. d. Lehrer hierzu. 1. Thl. 1. Hft. 8. (10 1/2 B.) Ebds. 838.

Braesicke, E. D., Lernbuch für den Religions-Unterricht in der Volksschule. 8. (18 S.) Strasburg 865. (Anclam, Dietze.) *.

—— Lernbuch f. d. Relig.-Unterr. in d. Volksch. 8. (18) Strasb. 65. (Ancl., Pöttcke.) n. — 1 1/2

Braesicke, E. D., Lernbuch für den Religions-Unterricht in der Volksschule. Strasburg 869. (Anclam, Dietze.) 8. (18 S.) n. 1 1/2 ngℛ

Braesicke, Ed. D., Original-Mährchen. 1. Bd. in 2 Abthlgn. (10 Lfgn.) gr. 16. (574 S. m. 20 Lithogr.) Berlin 848. 49, C. Heymann in Comm. n. 1 ℛ 27 ngℛ — 2. (Titel-) Aufl. 2 Bde. 16. (574 S. m. 12 Lith.) Ebd. 851. 5/6 ℛ; in Engl. Einb. 1 1/6 ℛ

—— Original-Märchen. 2. Afl. 2 Bde. 16. (574) Berl. 51, Imme. — 25: geb. 1. 5

Braesicke, E. D., Das Perpetuum mobile oder eine Maschine, welche allein vermöge der Schwerkraft jede anhaltende Bewegungskraft zu erzeugen im Stande ist.

Braesicke, Ed. D., Pfennig-Schatz od. 96 Stunden Unterricht in der deutschen Sprache f. 1 Thlr. 15 Sgr. In 2 Bdn. 1. Bd. A. u. d. T.: Der ausführl. deutsche Sprachmeister od. die Kunst in viermal 24 Stund. od. in 96 Lect. alle Gesetze, Regeln, Ausnahmen u. Gebräuche der deutschen Sprache kennen u. anwenden u. alle Arten v. freundschaftl., Familien- u. Geschäftsbriefen rc. verfassen zu lernen. Ein Buch f. weiterstrebende Staatsbürger rc. 1 u. 2. Lfg.: Die Wortbildung. gr. 8. (VI, 94 u. 104 S.) Ebd. 852. (à 1/4 ℛ) 1/2 ℛ

— Pfennig-Schatz; oder sechsundneunzig Stunden Unterricht in der deutschen Sprache für 1 ℛ 15 ngℛ. A. u. d. T.: Der ausführliche deutsche Sprachmeister; oder die Kunst: in viermal 24 Stunden oder in 96 Lectionen alle Gesetze, Regeln, Ausnahmen, und Gebräuche der deutschen Sprache kennen u. anwenden u. alle Arten von freundschaftlichen, Familien- und Geschäftsbriefen, Bittschriften u. s. w. ohne Sprachfehler u. in musterhafter Form verfassen zu lernen. Ein Buch für weiterstrebende Staatsbürger rc. Zum Selbstunterrichte und zum Nachschlagen, rc. bearbeitet. 1 Bd. 3 Liefg. u. 2. Bd.: Aufsatzlehre. 1—3. Liefg. Ebend. 853. 8. Jede Liefg. 7 1/2 ngℛ

Inhalt. 1. Bd. 3 Liefg.: Satzlehre und Orthographie. (1 Bl., 96 S.)
2. Bd. 1. Liefg.: Die Kunst: schöne Gedanken zu finden, zu ordnen rc. Mit mehr als 150 Uebungsaufgaben. (1 Bl., 74 S.)
2. u. 3. Liefg.: Form und Inhalt aller vorkommenden Aufsätze nebst Beispielen. (VI, 216 S.)

—— Quadrat-Tabellen für Maurer- und Zimmermeister, Schiff-, Mühlen- und Maschinenbauer u. s. w., so wie für Magistrate, Forstbeamte, Grundstücksbesitzer u. s. w. gr. 4. (VIII und 40 S.) Berlin 847, C. Heymann. *

Bräsicke, Ed. D., der Rechenmeister, oder die Kunst: in 30 Stunden alle arithmet. Aufgaben, welche bei Beamten, Geschäftsleuten u. Gewerbtreibenden vorkommen, schnell u. sicher lösen zu lernen. 3 Thle. in 1 Bde. Mit 6 Figurentaf. 3. Aufl. (2. Abdruck der Stereotyp-Ausg.) gr. 8. Berlin 845, Heymann. 1 1/2 ℛ (NB. Die 1. u. 2. Aufl. sind nicht in den Buchhandel gekommen.)

— der Rechenmeister od. die Kunst in 30 Stunden alle arithmet. Aufgaben, welche bei Beamten, Geschäftsleuten u. Gewerbetreibenden vorkommen, schnell u. sicher lösen zu lernen. Mit 3000 Aufgaben. 4. Aufl. 6 Lfgn. Ebd. 847. — 5. Aufl. (?) — 6. Aufl. 3 Thle. gr. 8. (1 Thl. 192 S. 2. Thl. 114 S. 3. Thl. VI u. 35 S. m. 6 lith. Taf.) Ebd. 849. — 7. (Titel-) Aufl. 6 Lfgn. gr. 8. Ebd. (849) 852. (à 1/4 ℛ) 1 1/2 ℛ

— der Rechenmeister oder die Kunst, in 30 Stunden alle arithmetischen Aufgaben, welche bei Beamten, Geschäftsleuten u. Gewerbtreibenden vorkommen, schnell u. sicher lösen zu lernen. Ein Buch für Beamte, Kauf- u. Geschäftsleute rc. u. für Lehrer u. Freunde der Arithmetik. Nach den vorzüglichsten Quellen bearbeitet, mit ausführlichen Münz-, Maaß- u. Gewichts-Tabellen u. 3600 Aufgaben versehen. 3 Thle. (in 1 Bde.) Mit 6 (lith.) Figurentaf. 7. Aufl. Berlin 854. C. Heymann. gr. 8. (VIII, 351 S.) 1 ℛ 15 ngℛ

—— der Rechenmeister oder die Kunst, in 30 Stunden alle arithmet. Aufgaben, welche bei allen Ständen und in allen Fällen des bürgerl. Lebens und öffentl. Verkehrs vorkommen, schnell und sicher lösen zu lernen. Nach den besten Quellen und mit vorzugsweiser Beachtung des Grenzverkehrs bearb. Mit ausführl. Münz-, Maaß- und Gewichts-Tabellen und über 5000 Aufgaben versehen. 8. und 9., durchgehend neu bearb. Aufl. 8. (XXIII und 579 S. mit 4 Stnt.) Berlin 858. 59. C. Heymann.

Ist auch mit den Separattiteln für: Die anhaltinischen, lippeschen, reußischen, schwarzburgischen und waldeckschen Ländergebiete. — Hamburg, Bremen und Lübeck und die Herzogth. Schleswig, Holstein und Lauenburg. — Hannover, Oldenburg und Braunschweig. — Kurhessen. — Die mecklenburgischen Lande. — Preußen. — Die Rheinlande. — Sachsen — erschienen.

— — (Ausgabe für die Länder mit Guldenwährung.) Ebend. 858. 8. (XXIII, 608 S.) n. 1 ℛ 10 ngℛ

Ist mit 16 verschiedenen Titeln, für die verschiedenen deutschen Staaten eingerichtet, zu haben.

—— der Rechenmeister oder die Kunst: in 30 Stunden alle arithmet. Aufgaben, welche bei allen Ständen und in allen Fällen des bürgerl. Lebens und öffentl. Verkehrs vorkommen, schnell und sicher lösen zu lernen. Ein Buch für Jedermann. Mit ausführl. Tab., (4) Stnt. und über 5000 Aufgaben versehen. 10. Aufl. 1864. und 11., unveränd. Aufl. 8. (VIII und 554 S.) Berlin 866, C. Heymann. *

Bräsicke, Ed. D., der Rechenmeister oder die Kunst: in 30 Stunden alle arithmet. Aufgaben schnell und sicher lösen zu lernen. Nach den besten Quellen und dem neuen metr. Maß und Gewicht bearb., sowie mit übersichtl. Münz-, Maß- und Gewichts-Tabellen und 5000 Aufg. versehen. 12. gänzlich neu bearb. und stark verm. Aufl. 10 Lfgn. 8. (XXVII, 622 S. mit 1 Stnt. in qu. 4.) Berlin 870, Heymann's Verlag.
à Lfg. * 40 Pf. *

— der Bayerische Rechenmeister mit besonderer Berücksichtigung der anderen süddeutschen Staaten, oder die Kunst, in 30 Stunden alle arithmetischen Aufgaben rc. schnell und sicher lösen zu lernen rc. Ebend. 855. gr. 8. (IX, 244, 151, 55 S. u. 4 lith. Taf.) 1 Thlr 15 ngr

A. m. d. T.: Der Oesterreichische Rechenmeister, der Süddeutsche Rechenmeister, der Rechenmeister für Württemberg u. Baden erschienen.

—— der (bayerische) Rechenmeister mit besond. Berücksicht. der anderen süddeutschen Staaten; oder die Kunst in 30 Stunden alle arithmet. Aufgaben, welche bei Beamten, Geschäftsleuten und Gewerbetreibenden vorkommen, schnell und sicher lösen zu lernen. 3 Thle. gr. 8. (IX und 406 S. mit Münz-, Maß- und Gewichtstabellen für Süd-Deutschland 44 S. und 4 Stnt.) Berlin 855(56,) C. Heymann.

—— der Rechenmeister für Bürgerschulen. Uebungsaufgaben. 4 Hfte. 3. Aufl. 8. (8 B. u. 2 Stnt.) Berlin 846. (Heymann.) à Hft. * 2 Ngr. *

—— dass. Antworten. 4 Hfte. 8. (2¼ B.) Ebds. 846. *

—— der Rechenmeister für höhere Bürgerschulen. Uebungsaufg. 5 Hfte. 3. Aufl. 8. (9¾ B. u. 2 Stnt.) Berlin 846. (Heymann.) à * 2 Ngr. *

— ders. Antworten. 5 Hfte. 8. Ebend. 846. ½ Thlr

—— der deutsche Rechenmeister oder die Kunst in 30 Stunden alle arithmet. Aufgaben, welche bei allen Ständen und in allen Fällen des bürgerl. Lebens und öffentl. Verkehrs vorkommen, schnell und sicher lösen zu lernen. Ein Buch für Jedermann. Nach den besten Quellen und dem metr. Maß und Gewicht und den neuen Münzen bearb., sowie mit übersichtl. Münz-, Maß- und Gewichts-Tabellen und 5000 Aufgaben versehen. 13. gänzlich neu bearb. Aufl. 8. (XX, 485 S. mit 1 Stnt. in qu. 4.) Berlin 874, Imme's Verlag. *

Bräsicke, Ed. D., der deutsche Rechenmeister oder die Kunst: in möglichst kurzer Zeit alle arithmet. Aufgaben, welche bei allen Ständen und in allen Fällen des bürgerlichen Lebens und öffentl. Verkehrs vorkommen, schnell und sicher lösen zu lernen. Ein Buch für Jedermann. Nach den besten Quellen und dem metr. Maß und Gewicht und den neuen Münzen bearb., sowie mit übersichtl. Münz-, Maß- und Gewichts-Tabellen und 5000 Aufgaben versehen. 14. gänzlich neu bearb. Aufl. [3 Thle. in 1 Bd.] 8. (452 S. mit 2 lithogr. Fig.-Taf.) Straßburg 882, Schultz und Comp. M 4.; geb. * 4 50

Bräsicke, Ed. D., der deutsche Rechenmeister oder die Kunst: in möglichst kurzer Zeit alle arithmet. Aufgaben, welche bei allen Ständen und in allen Fällen des bürgerl. Lebens und öffentl. Verkehrs vorkommen, schnell und sicher lösen zu lernen. Ein Buch für Jedermann. Nach den besten Quellen und dem metr. Maß und Gewicht und den neuesten Münzen bearb., sowie mit übersichtl. Münz-, Maß- und Gewichts-Tabellen und 5000 Aufgaben versehen. 15. Aufl. [3 Thle. in 1 Bde.] 8. (452 S. mit Fig.-Taf.) Straßburg 888, Straßburger Druckerei und Verlagsanstalt, vormals Schultz und Comp. Verlag. *
geb. *

Bräsicke, Ed. D., der deutsche Rechenmeister od. die Kunst: in möglichst kurzer Zeit alle arithmet. Aufgaben, welche bei allen Ständen u. in allen Fällen d. bürgerl. Lebens u. öffentl. Verkehrs vorkommen, schnell u. sicher lösen zu lernen. 16. Aufl. 16 Lfgn. 8. (452 S. m. 2 Taf.) Straßburg i/E. 891. Straßburger Druckerei u. Verlagsanstalt à — 25

Bräsicke, ED, d. deut. Rechenmeister od. d. Kunst: in möglichst kurzer Zeit alle arithmet. Aufgaben schnell u. sicher lösen zu lernen. 17. Afl. 16 Lfgn. 8° (452 m. 2 Taf.) Strassb. 93.94, Strassb. Druckerei u. Verl.-Anst. à — 25 (kplt geb.: 4.50)

—— der Rechenmeister für Gewerbe-, Sonntags-, Militair- und Schulamtspräparanden-Schulen. 2888 Uebungsaufgaben. Mit 50 Figuren. gr. 8. (114 S. und 6 Stnt.) Berlin 848, C. Heymann.

Aus des Verf. größern Rechenmeister. 5. Aufl., besonders abgedruckt.

—— der Rechenmeister für Gewerbe-, Sonntags-, Militair-, und Schulamtspräparanden-Schulen. 2888 Uebungsaufgaben. Mit 50 lithogr. Fig. gr. 8. (114 S. mit 6 Stnt.) Berlin 852, C. Heymann.

Aus des Verf. größeren Rechenmeister, besonders abgedruckt.

Bräsicke, Ed. D., der Rechenmeister für Hannover, Oldenburg und Braunschweig oder die Kunst: in 30 Stunden alle arithmetischen Aufgaben, welche bei allen Ständen u. in allen Fällen des bürgerlichen Lebens u. öffentlichen Verkehrs vorkommen, schnell u. sicher lösen zu lernen. Ein Buch für Jedermann. Nach den besten Quellen u. mit vorzugsweiser Beachtung der neuen Münz- u. Gewichts-Verhältnisse u. des Grenzverkehrs bearb. Mit ausführlichen Münz-, Maaß- u. Gewichts-Tabellen u. über 5000 Aufgaben versehen. Mit (4) lith. Figurentaf. 9. verb. Aufl. Berlin 860. C. Heymann. 8. (LV, 563 S.) n. 1 Thlr 10 ngr

—— der Rechenmeister für Land- u. Armenschulen. Uebungsaufg. 2 Hfte. 3. Aufl. 8. (5 B. u. 1 Stnt.) Ebds. 846. [1. (2 B.) * 2 Ngr., 2. (3 B. u. 1 Stnt.) * 3 Ngr.] *

— ders. Antworten. 2 Hfte. 3. Aufl. 8. Ebend. 845. 1. Hft. n. 2 ngr 2. Hft. n. 3 ngr

—— der Rechenmeister f. Mädchenschulen. Uebungsaufg. in 3 Hftn. 1. u. 2. Hft. 3. Aufl. 8. (2 B.) Berlin 846. (Heymann.) [1. (2 B.) * 2 Ngr., 2. (3 B. u. 1 Stnt.) * 3 Ngr.] *

— ders. Antworten. 3 Hfte. 1. Hft. 3. Aufl. 8. Ebend. 846. n. 2 ngr 2. Hft. n. 3 ngr

— der oesterreichische Rechenmeister oder die Kunst: in 30 Stunden alle arithmetischen Aufgaben, welche bei allen Ständen u. in allen Fällen des bürgerlichen Lebens u. öffentlichen Verkehrs vorkommen, schnell u. sicher lösen zu lernen. Ein Buch für Jedermann. Nach den besten Quellen u. mit vorzugsweiser Beachtung der neuen Münzwährung [Thaler, Neukreuzer rc.] u. des Grenzverkehrs bearb. Mit ausführlichen Münz-, Maaß- u. Gewichts-Tabellen u. über 5000 Aufgaben versehen. Mit (4) lith. Figurentaf. 9., durchgehend neu bearb. Aufl. Ebend. 859. 8. (LI, 608 S.) n. 1 Thlr 10 ngr

Auch u. d. T.: „Der böhmische Rechenmeister" u. „Der ungarische Rechenmeister" zu gleichem Preise erschienen.

— der Preußische Rechenmeister oder die Kunst: in 30 Stunden alle arithmetischen Aufgaben, welche bei allen Ständen u. in allen Fällen des bürgerlichen Lebens u. öffentlichen Verkehrs vorkommen, schnell u. sicher lösen zu lernen. Mit (4) lith. Figurentaf. 9., durchgehend neu bearb. Aufl. Ebend. 861. 8. (XXV, 557 S.) n. 1 Thlr 10 ngr

— der sächsische Rechenmeister oder die Kunst: in 30 Stunden alle arithmetischen Aufgaben, welche bei allen Ständen u. in allen Fällen des bürgerlichen Lebens u. öffentlichen Verkehrs vorkommen, schnell u. sicher lösen zu lernen. Ein Buch für Jedermann. Nach den besten Quellen u. mit vorzugsweiser Beachtung der neuen Münz- u. Gewichts-Verhältnisse u. des Grenzverkehrs bearb. Mit ausführlichen Münz-, Maaß- u. Gewichts-Tabellen u. über 5000 Aufgaben versehen. Mit (4) lith. Figurentaf. 9., durchgehend neu bearb. Aufl. Berlin 860. Heymann. 8. (XXIII, 579 S.) n. 1 Thlr 10 ngr

—— der süddeutsche Rechenmeister. 8. und 9., durchgehend neu bearb. Aufl. 8. (LI und 608 S. mit 4 Stnt.) Berlin 858. 59, C. Heymann.

Ist auch mit den Separattiteln für: Bayern. — Böhmen. — Mähren und Schlesien. — Oesterreich. — Steiermark und Tirol. — Ungarn. — Würtemberg und Baden — erschienen.

— Rechnen-Fibel; oder auf Anschauung gegründete Vorübungen zu vorsteh. Lehrbuche der Arithmetik. A. u. d. T.: Rechnen-Fibel für Elementar- u. Klein-Kinderschulen. (2 lithogr. B. u. ¼ B. gedruckte Tit.) 8. Berlin 837. Amelang. 1/6 Thlr

— Rechnen-Fibel; od. auf Anschauung gegründ. Vorübungen zu seinem Lehrbuche d. Arithmetik. — A. u. d. T.: Rechnen-Fibel f. Elementar- u. Klein-Kinderschulen. 8. (2 lith. B. u. gedr. Ttl.) Berlin 838, Amelang.

— die Satzlehre und Orthographie. Zum Gebrauch in den höhern Lehr- und Fortbildungs-Anstalten nach den vorzüglichsten Quellen bearb. gr. 8. (96 S.) Berlin 853, C. Heymann. *

— der ausführliche deutsche Sprachmeister oder die Kunst: in 96 Stunden alle Gesetze, Regeln, Ausnahmen und Gebräuche der deutschen Sprache kennen und anwenden, und alle Arten von freundschaftl., Familien- und Geschäftsbriefen, Bittschriften, Vorstellungen ꝛc. ohne Sprachfehler und in musterhafter Form verfassen zu lernen. Zum Selbst-Unterrichte und zum Nachschlagen, insbesond. auch als Leitfaden für den Unterricht in allen Gattungen des deutschen Stils nach den vorzüglichsten Quellen bearb. 2. Aufl. 1859. und 3., verb. und verm. Aufl. 8. (XL und 680 S.) Berlin 860, C. Heymann. *

— d. ausf. deut. Sprachmeister. 3. Afl. 8. (680) Ebd. 61. n. 1. 14

Braesicke, C. D., der ausführliche deutsche Sprachmeister oder die Kunst: in 96 Stunden alle Gesetze, Regeln, Ausnahmen u. Gebräuche der deutschen Sprache kennen u. anwenden, u. alle Arten von freundschaftlichen, Familien- u. Geschäftsbriefen, Bittschriften ꝛc. ohne Sprachfehler u. in musterhafter Form verfassen zu lernen. Zum Selbst-Unterrichte u. zum Nachschlagen, insbesond. auch als Leitfaden für den Unterricht in allen Gattungen des deutschen Stils nach den vorzüglichsten Quellen bearb. 4. verb. u. verm. Aufl. Ebend. 868. 8. (XI, 680 S.) n. 1 ℛ 14 ℳ

— der ausführliche deutsche Sprachmeister od. die Kunst: in 96 Stunden alle Gesetze, Regeln, Ausnahmen u. Gebräuche der deutschen Sprache kennen u. anwenden u. alle Arten von freundschaftl., Familien- u. Geschäftsbriefen, Bittschriften, Vorstellgn. ꝛc. ohne Sprachfehler u. in musterhafter Form verfassen zu lernen. Zum Selbstunterrichte u. zum Nachschlagen, insbesondere auch als Leitfaden f. den Unterricht in allen Gattungen d. deutschen Stils nach den vorzüglichsten Quellen bearb. 4. verb. u. verm. Aufl. 8. (XL, 224 S.) Ebend. 873. 74. n. 1. 60

Bräsicke, Ed., der deutsche Sprachmeister. Ein Buch zum Selbstunterricht für alle, welche in möglichst kurzer Zeit alle Hauptregeln der deutschen Sprache erlernen und die Fertigkeit erlangen wollen, in allen vorkommenden Fällen sich mündlich und schriftlich geläufig auszudrücken. Durchweg neu bearb. 2 Thle. in 1 Bde. [I. Deutsche Sprachlehre. — II. Briefsteller.] 5. Aufl. 8. (440 S.) Berlin 877, Bichteler und Comp. *

— d. deut. Sprachmeister. [In 2 Thln. I.: Deutsche Sprachlehre. II.: Briefsteller.)] 6. Afl. 8. (448) Ebd. 82. 4. —; geb. n. 4. 50

— der deutsche Sprachmeister. Ein Buch zum Selbstunterricht f. Alle. Durchweg neu bearb. [In 2 Thln. I. Thl.: Deutsche Sprachlehre. II. Thl.: Briefsteller.] 7. Aufl. 16 Lfgn. 8. (448 S.) Ebd. 887. à Lfg. — 25; cplt.: n. 4. —; geb. n. 4. 50

— der deutsche Sprachmeister. Ein Buch zum Selbstunterricht. Durchweg neu bearb. 8. Aufl. 16 Lfgn. 8. (448 S.) Ebd. 891. à — 25

Bräsicke, Ed., der deutsche Sprachmeister. Ein Buch zum Selbstunterricht f. alle, welche in möglichst kurzer Zeit alle Hauptregeln der deutschen Sprache erlernen u. die Fertigkeit erlangen wollen, in allen vorkomm. Fällen sich mündlich u. schriftlich geläufig auszudrücken. In 2 Tln. I. Tl.: Deutsche Sprachlehre. II. Tl.: Briefsteller. 12. verb. Aufl. (Neue Orthographie.) (607 S.) kl. 8. Straßburg (904). Straßburger Druckerei u. Verlagsanstalt. n. 4. —; geb. in Leinw. n. 4. 50

— die deutsche Wortbildungslehre. Zum Gebrauch in den höheren Lehr- und Fortbildungs-Anstalten nach den vorzüglichsten Quellen bearb. gr. 8. (104 S.) Berlin 853, C. Heymann. *

Die Eisenbahntarife. Referat, gehalten in der XXII. Haupt-Versammlung des Congresses der Deutschen Landwirthe am 17. Februar 1891 von H. BRAESICKE-Bromberg, Erster Bürgermeister. Berlin 1891. Bureau des Congresses Deutscher Landwirthe. 8°.

Braesicke, H., die Reform der Eisenbahngütertarife m. besond. Rücksicht auf die Hebung der ostdeutschen Landwirthschaft. gr. 8. (III, 147 S.) Berlin 890. Simion. n. 4. —

Bräsicke, W., Gedichte. 8. Berlin 841. (Schröder.) 2 ℛ

Brasidas, oder gebührende Antwort auf die in der Jen. allgem. Lit. Zeit. N. 172. 1816 erschienene Recension der von Prof. Berger griechisch mit deutscher metrischen Uebersetzung herausgeg. ächten Fabeln des Babrius, nebst Vertheidigung und näherer Beleuchtung der angefochtenen Stellen. gr. 4. München, Lindauer. 817.

Yacht-Club Brasileiro: 1906 ? Rio de Janeiro (Guanabara)
Sub-title: Festzeitung zu den Stiftungsfesten.

Brasilia. Hrsg. von F. G. Busch. Petropolis 5.1.1858–1863. Ersch. wöchentlich.

Brasilia — Regnum — in America Australi. S. g. g. C. R. v. Portugal in Europa 1: 16,000,000.

Brasilia-Kalender 1858 1863 Petropolis

Brasilien (Sachl. Ordnungswort)

Brasilien. Skizzen, Briefe und Berichte, s. a. Taschen-Bibliothek der Reise-, Zeit- und Lebensbilder.

Brasilien. Skizzen, Briefe und Berichte. Lfg 1–4. — Rudolstadt: Froebel 1854 (Taschenbibliothek der Reise-, Zeit- und Lebensbilder Abth. 6.)

Brasilien. Die jüngste Großmacht. (O Brazil, suas riquezas naturaes, suas industrias. Ausz., deutsch.) Berlin 1910: H. S. Hermann. 73 S. 8°

Brasilien. Die jüngste Großmacht. Auszug aus dem Werke: „O Brazil, suas riquezas naturals, suas industrias". (73 S.) 8. Berlin 910. (W. Süsserott). — 60

Brasilien: 1910 1911.
Weekly. Sub-title: Wochentliche Rundschau für Handel, Industrie, Verkehr, Landwirtschaft, Bergbau usw. First published by Deutsche Zeitung in Sao Paulo, then by Verlag Albert Lenk u. Co., Rio de Janeiro.

Brasilien, über, nebst Beobachtungen der Gelb-Fieber-Epidemie in den J. 1849—1852. Hrsg. von einem pract. Arzte. Für Aerzte u. Laien. 8. (32 S.) Hamburg 852, Th. Niemeyer in Comm. n. 6 ℳ

Brasilien, in histor., statist. u. naturhist. Hinsicht ꝛc. m. K. Hamburg, Vollmer.
mit illum. K.

Brasilien, das Kaiserreich, bei der Pariser Universal-Ausstellung von 1867. Rio de Janeiro 867. (Hamburg, Kittler. — Leipzig, Brockhaus.) gr. 8. (145 S.) n. 10 ℳ; mit Katalog (IV, 204 S. u. 1 lith. Karte) n. 20 ℳ

— das Kaiserreich, auf der Weltausstellung von 1876 in Philadelphia. gr. 8. (VI, 560 S. mit Tab. und lithogr. Karten.) Rio de Janeiro 876. (Leipzig, Brockhaus' Sortiment und Antiquarium.) *

Brasilien, das Kaiserreich, auf der Wiener Weltausstellung von 1873. gr. 8. (408 S. mit 1 Tab. und 2 lithogr. Karten in gr. 8. und gr. Fol.) Rio de Janeiro 873. Leipzig, Hinrichs' Verlag.
Karte von Brasilien apart *

— dasselbe, auf der Wiener Weltausstellung v. 1873. gr. 8. (408 S. m. 1. Tabelle u. 2 lith. Karten in gr. 8. u. gr. Fol.) Rio de Janeiro 874. Leipzig, Hinrichs' Verl. 3. —

Brasilien, das Kaiserthum, im J. 1873. Ein kurzgefaßter Ueberblick der vorwärtsschreitenden Entwickelung Brasiliens. [Hierzu 1 topograph. (lithogr.) Karte (in Imp.-Fol.).] gr. 8. (73 S.) Rio de Janeiro 874. (Philadelphia, Schäfer und Koradi.) *

Brasilien in Würtemberg. Zwölf Auswanderer-Gespräche von Würtembergern Ein Wort der Noth und Belehrung an Alle. — Stg. 1826: Wolters. 56 S.

Brasilien (Schlagwort)

Brasilien. Carta da Republica dos Estados Unidos do Brazil com a designação das ferro vias, rios navegaveis, colonias, engenhos centraes, linhas telegraphicas e de navegação a vapor. Organisado em 1883 o rectificado por ordem do cidadão ministro da industria, viação e obras publicas Dr. Innocencio Serzedello Corrêa, tenente Coronel do corps de engenheiros, na inspectoria geral de estradas de ferro sub a direcção do ingenheiro civil João Chrockatt de Sá Pereira de Castro, pelo Capmtenente Prof. jubilado da escola naval, Lauriano José Martins Penha, chefe dos trabalhos graphicos. Auxiliado por José R. F. Silvares e José L. M. Penha. 1 : 5,000,000. 2 Bl. à 92×48 cm. Farbendr. Rio de Janeiro 892. (Paris, H. Le Soudier.)

Brasilien. Coelho, Joao, mappa geral dos Estados Unidos do Brazil, segundo os mais recentes trabalhos do Engenheiro. 1 : 500,000. 2 Blatt. Farbendr. 52,5×81 cm. Buenos Aires 891. E. Nolte. (Hamburg, Kittler's Sort.) n. 20. —

Brasilien. Gaebler, Eduard, Schulwandkarte v. Südbrasilien. — Mappa dos estados meridionaes do Brasil 1 : 1,250,000. 4 Blatt à 78,5×90,5 cm. Farbdr. Leipzig (906). G. Lang. n. 16.—; auf Leinw. m. Stäben n. 22.—

Brasilien. Jannasch, R., Karte v. Südbrasilien. Rio Grande do Sul, Santa Catharina, Paraná, nebst den Grenzländern. Nach den neuesten Quellen bearb. Ausg. Frühj. 1902. 1 : 2,000,000. 75×79,5 cm. Lith. Berlin, Verlag d. Export. n.n. 5. —

— Lange, H., Karte v. Süd-Brasilien m. Angabe der Eisenbahnen. 1 : 5,250,000. Lith. u. color. 34×39 cm. Berlin 891. Schropp. n. 1. —

Brasilien. Mappa do Brazil, baseado no mappa da America do Sul de Stieler. 1 : 4,500,000. 2 Bl. Je 53,5×105,5 cm. Farbdr. Hamburg (910). L. Friedrichsen & Co. 10.—; auf Leinw. m. Stäben 15. —

Brasiliens,

— über, u. Portugalls Handel, s. Cunha Continho.

Brass, (Red.) s. Zeitschrift für Naturwissenschaften.

Brass, Arnold, Abriss der Zoologie für Studirende, Aerzte und Lehrer. gr. 8. (X, 370 S. mit 182 eingedr. Holzschn.) Leipzig 882, Engelmann. + 6 —

Braß, Arnold, das Affen-Problem. Prof. E. Haeckel's Darstellungs- u. Kampfesweise, sachlich dargelegt nebst Bemerkgn. üb. Atmungsorgane u. Körperform der Wirbeltier-Embryonen. (42 S. m. 40 Abbildgn. im Text u. auf 4 Taf.) gr. 8. Leipzig 908. Biolog. Verlag. 1. —

— Professor E. Haeckel's Darstellungs- u. Kampfesweise. sachlich dargelegt, nebst Bemerkgn. üb. Atmungsorgane und Körperform der Wirbeltiere-Embryonen. (Umschlag: Das Affen-Problem. Professor E. Haeckel, seine „Fälschgn. der Wissenschaft" u. ihre Verteidigg. durch deutsche Anatomen u. Zoologen!) 2. Aufl. (98 S. m. 48 Abbildgn.) gr. 8. Leipzig 909. Biolog. Verl. 1. —

Brass, Arnold, Atlas d. normalen Gewebelehre d. Menschen, s.: Atlas d. Gewebelehre d. Menschen.

Brass, Arnold, Atlas zur allgemeinen Zoologie u. vergleichenden Anatomie. 1. Tl. 30 Taf. in Lichtdr. m. erläut. Text. 5 Hfte. 4. (30 Taf. m. Text 150 S.) Leipzig 892. 893. [Renger.] Dr. P. Stolte, Verlagsbuchh. n. 16. —

— Beiträge zur Kenntniss des weiblichen Urogenitalsystems der Marsupialen. Inauguraldissertation. Lex.-8. (40 S. m. 6 Steintaf.) Leipzig 880. Halle, Tausch & Grosse in Comm. n. 2. —

—— Beiträge zur Zellphysiologie. gr. 8. (41 S.) Halle 884, Tausch und Grosse. + 1 —

Brass, A., Chromatin, Zellsubstanz und Kern. Zugleich eine vorläufige Antwort auf O. Hertwig's Beleuchtung und Widerlegung meiner biolog. Studien. gr. 8. (42 S.) Marburg 885, Elwert's Verlag. *

Die Entwickelung des Körpers. Mutter und Kind — gesund — krank. v. Dr. Arnold Brass. M. 586 Abb. auf 20 farb. lithogr. Taf. u. 20 Erläutergstaf. *Wernigerode: Riedel & C. 1899.* (1 Bl., 356 S., 20 Taf. mit je 1 Erl.-Bl.) 1 Bd 8.
= Brass, A.: Der Körper d. Menschen. Bd 1. [99. 4618]

—— Erläuterungen zu den Brass-Lehmann'schen zootomischen Wandtafeln für den Schulgebrauch. [Commissions-Verlag von Ernst Heitmann in Leipzig.] Zum Gebrauch für Lehrer bearb. gr. 8. (64 S.) Leipzig 880, Leiner. + 1 —

— Erläutergn. z. d. Brass-Lehmann'schen zootomischen Wandtafeln f. d. Schulgbr. Z. Gebr. f. Lehrer bearb. 2., verb. Aufl. gr. 8. (59 S.) Leipzig 897. O. Leiner. n. 1. 80

Brass, Arnold, Erläuterungen zu den Brass-Lehmannschen zootomischen Wandtafeln f. den Schulgebrauch. Zum Gebrauch f. Lehrer bearb. 3. verb. Aufl. (59 S.) 8. Leipzig 903. O. Leiner. n. 1. 80

Die Freiheit der Lehre und ihre Mißachtung durch deutsche Biologen von Dr. Arnold Braß. Leipzig: Wallmann 1900. 20 S. 8° [02. 8813]

Gemüse und Obst als Nahrungs- und Heilmittel von Dr. Arnold Braß. Vom Ver. hrsg. z. Aufklärung f. weiteste Kreise unseres Volkes. Berlin: Deutsche Land-Buchh. 1907. (14 S.) 8° [F.]
(Schriften d. Volkswirtschaftl. Vereins f. Obst- u. Gemüseverwertung in Deutschland.)

Gemüse und Obst als Nahrungs- und Heilmittel. Von Dr. Arnold Braß. Vom Ver. hrsg. z. Aufklärung f. weiteste Kreise unseres Volkes. 3. Aufl. Berlin: Deutsche Landbuchh. 1908. 14 S. 8°
(Schriften d. Volkswirtschaftl. Vereins f. Obst- u. Gemüseverwertung in Deutschland. H. 3.) [08. 4175]

— dasselbe, s.: Schriften des volkswirtschaftlichen Vereins f. Obst- u. Gemüseverwertung in Deutschland. 8. Hft.

An der Grenze des Lebens von Dr. Arnold Braß. Mit 4 Taf. Hamburg: G. Schloeßmann 1908. (84 S.) 8° [F.]
= Zeitfragen, Naturwissenschaftliche. H. 3. [08. 6176]

—— Grundriss der Anatomie, Physiologie und Entwickelungsgeschichte des Menschen. gr. 8. (VIII, 344 S. mit 66 Abbild.) Leipzig 884, F. C. W. Vogel. + 7 —

Ernst Haeckel als Biologe und die Wahrheit. Von Arnold Braß. Halle a. S.: Mühlmann (1906). 90 S. 8°

Ernst Haeckel als Biologe und die Wahrheit von Dr. Arnold Braß. Stuttgart: M. Kielmann 1906. (96 S.) 8° [F.] [06. 10682]

Brass, Arnold: Ernst Haeckel als Biologe u. d. Wahrh. 2. Taus. [Tit.-Ausg.] gr8° Halle, R Mühlmann's V. ['06]('11). 1.50 d

—— zur Kenntniss der Eibildung und der ersten Entwicklungsstadien bei den viviparen Aphiden. gr. 8. (40 S. mit 1 lithogr. Taf.) Halle 883, Schwetschke'scher Verlag. + 1 —

Brass, Arnold, das Kind gesund u. krank, s.: Bücherschatz, der, des Lehrers. I.

— der Körper d. Menschen. Dem gegenwärt. Stande d. Wissenschaft entsprechend f. alle Kreise leicht fassl. bearb. (In 3 Bdn. à 5 Hfte.) M. e. vollständ. Atlas naturgetreuer Abb. in feinsten Farbendrucken u. Gravuren. 1. Bd. Entwickelungsgeschichte. Enth. d. Darstellgn. üb. d. Bau u. d. Thätigkeit d. Geschlechtswerkzeuge u. d. Ausbildg. d. Körpers v. d. Befruchtg. b. z. Geburt. M. e. Atlas v. 20 Taf. in Gravur u. Farbendr. 1. Hft. gr. 8. (S. 1—64 m. 8 [4 farb.] Taf.) Wernigerode 898. Riedel & Co. n. 1. —

— Der Körper d. Menschen im Entstehen — gesund — krank. (8 Bde.) 1. Bd. Die Entwickelg d. Körpers. Mutter u. Kind — gesund — krank. 5 Lfgn. 8° (356 m. 40 [20 farb.] Taf.) Wernigerode. 98, 99. (Osterw., A W Zickfeldt.) à 1 —
(1. Bd. kplt: Geb. in L. 6.20; in H.-F. 7 —)
Fortsetzg ist nicht erschienen.

Brass, A., die niedrigsten Lebewesen, ihre Bedeutung als Krankheitserreger, ihre Beziehung zum Menschen u. den übrigen Organismen u. ihre Stellung in der Natur. Mit 66 Holzschn. gr. 8. (VIII, 180 S.) Leipzig 888. G. Thieme. n. 5. —

—— s. Lehmann, Ad. Zootomische Wandtafeln.

— kurzes Lehrbuch der normalen Histologie des Menschen u. typischer Thierformen zum Gebrauch f. Aerzte, Studirende der Medicin und Naturwissenschaften etc. Mit 210 Abbildgn. gr. 8. (VIII, 484 S.) Ebd. 888. n. 12. —

Mensch und Tier. Von Dr. Arnold Braß. Gütersloh: C. Bertelsmann 1908. (80 S.) 8° [F.]
— Für Gottes Wort u. Luthers Lehr! Reihe 1. H. 6.

—— die thierischen Parasiten des Menschen. Im Anhang Tabellen, enthaltend die wichtigsten Merkmale der Parasiten, Diagnosen und Angaben über die Therapie der durch die Parasiten hervorgerufenen patholog. Erscheinungen. gr. 8. (VII, 143 S. mit 6 lithogr. Taf.) Kassel 884, Fischer. * 5 —

Brass, A. (Hrsg.), s. Ratgeber für Gesunde und Kranke.

—— biologische Studien. 1. Thl. 1. und 2. Heft: Die Organisation der thier. Zelle. Lex.-8. Halle, Strien Verlag. [1. Heft. (VIII, S. 1—80 mit 4 Stnt.) 883.; 2. Heft. (VIII, S. 81—179 mit 4 Stnt.) 884.] à Heft * ℳ 9. * 18 —

— Tafeln zur Entwickelungsgeschichte u. topographischen Anatomie d. Menschen. Ein Supplement zu dem vom Verf. neu hrsg. anatom. Atlas C. E. Bock's u. zu den sonst gebräuchl. Lehrbüchern u. Tafelwerken der deskriptiven Anatomie. 5 Hfte. hoch 4. (16 Taf. m. Text IV, 68 S.) Leipzig 890. Renger. à n. 2. —
(cplt.: n. 10. —; geb. in Halbfrz. n. 12. —)

— Untersuchungen üb. das Licht u. die Farben. 1. Tl. (VI, 207 S. m. 70 Abbildgn.) gr. 8. Osterwieck 906. A. W. Zickfeldt. n. 4. —

— zootomische Wandtafeln, s.: Lehmann, A.

— die Zelle, das Element der organischen Welt. Mit 75 Abbildgn. in Holzschn. gr. 8. (VIII, 224 S.) Leipzig 889. Thieme. n. 6. —

Braß, August. Berlins Barrikaden. Ihre Entstehung, ihre Vertheidigung und ihre Folgen. Eine Geschichte der Märzrevolution. Mit 6 Zeichnungen von L. Burger. Berlin, A. v. Schröter 1848. 127 S. 8.

Braff, Aug., Bauer u. Edelmann. Eine histor.-romant. Erzähl. 8. (13½ B.) Berlin 845, Lüderitz'sche Vrlsbuchh.

— Borussia, Volksgeschichte des preuß. Staates, nebst einer Reihe von werthvollen Stahlst. 2 Bde. à 6 Hfte. gr. 4. (Mit 60 Stahlst.) Berlin 841, Recht. (à n. ⅓ ₰) n. 4 ₰

— Herr Buffey in der öffentl. Sitzung der Berliner Stadtverordneten-Versammlung. Berliner Genre-Bild. gr. 16. (32 S.) Berlin 848, Cohn & Co. 3 ngr

—— Chronik von Berlin, s. Chronik.

—— Chronik von Berlin, Potsdam u. Charlottenburg, vom Entstehen dies. Städte bis auf d. neuesten Zeiten. Nach d. besten Quellen bearb. Mit Stahlst. in Aqua Tinta v. J. Hausheer, n. Orig.-Zeichn. v. Hennig, Loeillot u. Schroeder. 1. u. 2. Lfg. gr. 4. (4 B. u. 2 Taf. in qu. ⅛ gr. Fol.) Berlin 841, Recht. à *

—— die Dichter des deutschen Volks, s. Dichter.

—— des Vaters Fluch. Erzählung aus dem nordamerikanischen Freiheitskriege. gr. 8. (158 S.) Hamburg 850, Engel.

Brass, d. sociale Frage in d. Geschichte. Berlin 863.

— der Freiheitskampf in Baden u. in der Pfalz im Jahre 1849; seine Ursachen, seine Entwicklung u. sein Ausgang vom polit. wie vom militär. Standpunkte beleuchtet. gr. 8. (IV u. 91 S.) St. Gallen 849, Scheitlin & Zollikofer. ⅓ ₰

— Geschichte der Demokratie und Reaction in Berlin von Beendigung der März-Revolution bis zur Contre-Revolution des Ministeriums Brandenburg und Octroyirung der Verfassung. 8°. Berlin, Lohmann, 1849.

— das Gespenster-Haus. Eine Geister-Geschichte aus Berlin's Gegenwart. Mit 2 Illustrationen. 2 Thle. 8. (169 u. 166 S.) Berlin 847, Quien. (Leipzig, Berger.) 1½ ₰

—— die Glocke auf Sanct Nicolai. Historische Erzählung aus Berlin's Vorzeit. 8. (284 S.) Berlin 849, Simion.

— Herold, der erste Berliner.

—— Herold f. Deutschland, s. Herold.

— Cardinal u. Contrebandier. Histor. Roman. gr. 16. (231 S.) Berlin 848, C. Heymann. 1 ₰

—— dem Könige von Preußen am Tage der Publication des Erkenntnisses im Polenprozesse. (Gedicht.) gr. 8. (8 S.) Leipzig 848, Ph. Reclam jun.

Braß, A. Das neue Lied vom blutigen Kaiser. Nach einer wahren Begebenheit, so sich zugetragen hat in den Landen Oestreich im Jahre des Herrn 1848, nebst einer Hinweisung auf die göttliche Gerechtigkeit. Verlag von L. Lassar. 1 Bl. Fol.
Flugblatt. Berlin 1848/49.

—— das neue Lied vom blutigen Kaiser. Nach einer wahren Begebenheit, so sich zugetragen hat in den Landen Oestreich im Jahre des Herrn 1848 nebst einer Hinweisung auf die göttl. Gerechtigkeit. In schöne Reime gebracht. gr. 8. (8 S.) Berlin 849, Lassar.

—— drei schöne, neue, rothe Lieder, gemacht in diesem Jahr. 8. (8 S.) Berlin 848, Lassar.

BRASS, Aug., Die Mysterien von Berlin. 5 Bde. Mit Holzschnitten. Berlin, Reichardt und Comp., 1844—45. Kl. 8°. (Bd. 1—3: 2 Mk. 50 Pfg. Max Jaeckel, Potsdam.)
— — Dasselbe. 2. verbess. Aufl. Mit 15 Holzschnitten von Böhmer. Ebd. 1844—45. Kl. 8°. (12 Mk., cplt. in 2 eleg. Hfrzbdn., M. Edelmann, Nürnb., 1906.)
Selten u. gesucht, besonders cplt.!

—— die Mysterien von Berlin. 5 Bde. Mit Illustrationen von Böhmer. 8. (57 B. u. 10 Illustrat.) Berlin 844, 45. [Leop. Schlesinger.] à Bd. 15 Ngr.

Braß, Aug., der Prinz Napoleon Bonaparte. Eine biographische Skizze. Berlin 861. J. Abelsdorff. gr. 8. (31 S.) n. 5 ngr.

— Ost und West. Märchen aus dem Morgen- u. Abendlande. Mit 8 illum. Bildern. gr. 16. Berlin 842, Winckelmann u. Söhne. 1 ₰

— die Pest von Venedig. Histor. Roman. gr. 16. (197 S.) Berlin 848, C. Heymann. 1 ₰

— die Polen vor Frankfurt. Histor. Roman aus dem XII. Jahrhundert. gr. 16. (213 S.) Hamburg 850, Engel. ¾ ₰

—— der Proselyt. Roman aus den letzten Regierungsjahren Friedrich Wilhelm III. 4 Thle. 8. Berlin 840, Cohn u. Comp. [1. (13½ B.) 2. (13½ B.) 3. u. 4. (25 B.) à 1 Thlr.]

Braß, August (Hrsg.), s. Republik. – Die Republik.

—— der Scharfrichter von Berlin. Eine histor.-romant. Erzählung aus d. Zeit d. 17. Jahrh. 8. (15½ B.) Berlin 841, Lüderitz'sche Vrlsbuchh.

—— das preuß. Vaterland. Bunte Erzählungen aus Preußens Vergangenheit, Sagen von Städten, Burgen u. Klöstern aus d. Tagen d. Heiden- u. Ritterzeit u. d. neueren Geschichte, nebst e. Gallerie von werthvollen, zum Text gehörigen Stahlstichen (auf 41 Bl.). gr. Lex.-8. (21 B.) Berlin 841, Hübenthal u. Comp.

—— das preuß. Vaterland. Bunte Erzähln. aus Preußens Vergangenheit, Sagen v. Städten, Burgen u. Klöstern aus d. Tagen d. Heiden- u. Ritterzeit u d. neueren Geschichte, nebst e. Gallerie v. werthvollen zum Text gehörigen Stahlst. 1. Hft. Lex -8. (6 halbe B. u. 6 Taf.) Berlin 841, Recht. *

Braß, August. Vive la liberté! Gruß an Frankreich am ersten Tage der freien Presse in Preußen. Berlin, A. Hofmann u. Co. 1848. 4 Bl. 8.
Flugblatt.

—— was Noth ist. Polit. Studie. 8. (31) Genf 60. (Zür., Herzog.) n. — 5

-- Was Noth ist. Eine politische Studie. Genf 860. (Zürich, Kiesling.) gr. 8. (32 S.) n. 5 ngr.

—— das Weib aus dem düstern Keller u. die Todtenschenke. (Nach e. franz. Sujet.) Zwei Novellen. 8. (17½ B.) Berlin 841, Lüderitz'sche Vrlsbuchh.

Brass, Curt [aus Hohenstadt in Mähren]: Kondensationsprodukte des Dioxycumaranons mit Isatin und Aldehyden. Basel 1903. 59 S. 8°.
Basel Phil. Diss. 1902/1903.

Brass, Emil: Aus dem R e i c h e d. Pelze. I: Gesch. d. Rauchwarenhandels. II: Naturgesch. d. Pelztiere. 21,709 S. m. Abb. u.Taf.) Lex. 8° Berl., Verl. d. neuen Pelzwarenzeitg. (1911).

Brass, Emil, Sturm u. Drang in Tientsin u. andere ostasiatische Küstengeschichten. Persönliche Erlebnisse. (IV, 149 S.) gr. 8. Berlin 906. Zeitungsverlag Der Einkäufer. n. 2. —; geb. n. 3. —

Sturm und Drang in Tientsin u. andere Ostasiatische Küstengeschichten. Persönl. Erlebnisse. Erzählt von E[mil] Brass, Consul a. D. Berlin: L. Korach 1906. (149 S.) 8° [06. 389]

— nutzbare Tiere Ostasiens. Pelz- u. Jagdtiere, Haustiere, Seetiere (VIII, 130 S.) gr. 8. Neudamm 904. J. Neumann. n. 5. —; geb. in Leinw. n. 6. —

Braß, Frdr., Goethes Anschauung der Natur, die Grundlage seiner sittlichen u. ästhetischen Anschauungen in Entwicklung u. Wandlung, s. a. Aus dem Goethejahr.

Brass, Friedrich, Dr.: Goethes Anschauung der Natur, die Grundlage seiner sittlichen und ästhetischen Anschauungen in Entwicklung und Wandlung. *Leipzig 1900: B. G. Teubner.* (40 S.) 8° [J.] ¶ [Erschien auch in: Aus dem Goethejahr. Leipzig 1900.]
Cottbus, R, P 1900 (134)

Brass, Friedrich [aus Arolsen]: Verfassung und Verwaltung Würzburgs vom Beginne der Stadt bis zur Mitte des XIII. Jahrhunderts . . Würzburg, Becker's Univ.-Buchdr., 1886; 71 S. 8°.
Würzburg, Phil. Fak., Inaug.-Diss. v. 1886.

Brass, Fr[iedrich]: Wird derjenige, der in der Oeffentlichkeit einen Vertreter für einen Geschäftskreis bestellt, durch dessen Handlungen auch dann berechtigt resp. verpflichtet, wenn der Vertreter zwar innerhalb des Geschäftskreises, aber nicht im Namen des Vertretenen gehandelt hat? Nach römischem, gemeinem und Handelsrecht. *Bonn 1898: A. Henry.* (84 S.) 8°
Erlangen, Jur. Diss. v. März 1896

Brass, J. (Red.), s. O r g a n des Breslauer Stenographen-Vereins.

Brass, Robert, a. Hohenstadt (Mähr.): Condensationen von Oxalester mit Derivaten des Acetessigesters. Tübingen: F. Pietzcker 1904. (42 S.) 8°
Tübingen, Naturw. Fak., Ref. Wislicenus, Diss. v. 18. Dez. 1904
[Geb. 1. Okt. 82 Hohenstadt Mähren; Wohnort: Tübingen; Staatsangeh.: Österreich; Vorbildung: Gymn Brünn Reife M. 00; Studium: Tübingen 8 S.; Rig. 18. Dez. 04.]

Brass, Wilhelm (geb. am 18. Apr. 1861 in M.-Gladbach): Beiträge zur Kenntniss des Oleum seminis Cynae ... Bonn, Univ.-Buchdr. v. C. Georgi 1884. 37 S., 1 Bl. 8.
Bonn, Phil. Fak., Diss. v. 8 Nov. 1884

Bräss, Adf., Geschichte des Freiberger Seminars unter Leitung seines Begründers M. Sam. Gttlob. Frisch von 1798—1822. gr. 8. (20 S.) Döbeln 872, (Schmidt.) *

Bräss, Gerhard, appr. Arzt: Biologisch-bakteriologische Untersuchungsmethoden zur Sicherung der Prognose bei genuiner Pneumonie. Leipzig 1908: Lehmann. 50 S. 8°
Leipzig, Med. Diss. v. 24. Okt. 1908, Ref. Curschmann
[Geb. 25. April 57 Nossen; Wohnort: Berlin-Schöneberg; Staatsangeh.: Sachsen; Vorbildung: Kgl. Gymn. Dresden-N. Reife O. 76; Studium: Leipzig 5, Berlin 10 S.; Coll. 30. Okt. 08; Approb. 28. Juli 05.]

Bräß, Herm. Wern. Dietr., († d. 27. Oct. 1797.), s. 1) Blatt, das, f. Schulen. 2) Dorat, Barnewell. 3) Heinrich, Nachbar. 3) Hinrichtungen. 4) Reise nach d. Brocken. 6) Zeitung f. Städte.

Bräss, Hermann Werner Dietrich (Hrsg.), s. Z e i t u n g, Rothe, für das Landvolk.

Braess, Karl, Referendar in Treuen: Die Auslobung nach dem Bürgerlichen Gesetzbuche. Leipzig 1905: W. Wigand. (74 S.) 8°
Leipzig, Jur. Fak., Diss. v. 29. Juni 1905
[Geb. 15. Okt. 78 Niederschlema; Wohnort: Dresden; Staatsangeh.: Sachsen; Vorbildung: Gymn. Schneeberg Reife O. 98; Studium: Lausanne 1, Leipzig 3, Berlin 2, Leipzig 2 S.; Rig. 14. März 02.]

Braeß, Louis, approb. Arzt aus Odisheim, Kr. Hadeln: Aus d. Kgl. Chirurg. Klinik zu Kiel. Ueber Pfählungsverletzungen. *Kiel 1902: P. Peters.* (20 S.) 8°
Kiel, Med. Diss. v. [0. Sept.] 1902

Bräss, Martin: Beiträge zur Kenntniss der künstlichen Schädelverbildungen . . . . Leipzig, 1887; 50 S. + 1 Bl. 8°.
Leipzig, Phil. Fak., Inaug. Diss. v. 2. Aug. 1887.

Braeß, Mart., unsre gefiederten Freunde. Eine Sammlg. ornitholog. Vorträge. gr. 8. (IV, 175 S. m. Abbildgn.) Leipzig 901. H. Seemann Nachf. n. 3. —; geb. n. 4. —

Braess, Mart., s.: Jahrbuch f. Vogelfreunde.

Braess, Mart.: Aus d. Kinderstube d. Tiere, s: Projektions-Vorträge.

— (Zweibeinige) Kirschdiebe, s: Schatzgräber, Der.

— Schutz den Raubvögeln, s.: Flugschrift, 64., des Dürerbundes.

— Tierbuch, s.: Lebensbücher der Jugend. 4. Bd.

— Tiere unsrer Heimat. Mit zahlreichen Bildern nach der Natur in Zeichngn. u. Photographien. Hrsg. vom Dürerbunde. (VIII, 192 S. m. 9 Taf.) 8. München 907. G. D. W. Callwey. 3. —; geb. 4. —

— das heimische Vogelleben, s.: Tier- u. Pflanzenleben, das heimische, im Kreislauf des Jahres. I.

— Vogelstudien u. Vogelgeschichten. Sammlg ornitholog. Vortr. (181 m. Abb.) 8° Lpzg '02. Dresd., H Schultze. 3 —; geb. 4 — d

— Vogelstudien u. Vogelgeschichten. Eine Sammlg. ornitholog. Vorträge. gr. 8. (IV, 181 S. m. Abbildgn.) Leipzig 902. H. Seemann Nachf. n. 3. —; geb. n. 4. —

(B) — Vogelstudien. 902 Jetzt: Leipzig, C. Köhler.

Brassai, Samuel

Brassai, S. (Hrsg.), s. A c t a comparationis litterarum universarum.

Brassai, S., Aesthetische Kritik als Beitrag zur Theorie der Horaz-Uebersetzungskunst. Gel. 1879. 89 S. 1.50

Brassai, S., Paraleipomena kai diorthoumena a mit nem mondtak sa rossul mondtag a commentatorok Virg. Aenaise II konyvére. Különös tekintettel a magyarokra. 1878. 151 S. 2.—

Brassai, Sam., die Reform des Sprachunterrichts in Europa. Ein Beitrag zur Sprachwissenschaft. 12. (100 S.) Klausenburg 882, (Demjén.) *ℳ 1,20.; geb. ** 1 50

Brassart, Jh. Gerh., Anweisung zum Abbalgen, Ausstopfen u. Conserviren d. Vögel u. Säugethiere. 12. Bonn 827. (Langewiesche in Iserlohn.) 1/4 ₰

Brassart, Jh. Gerh., Anweis. zum Abbalgen, Ausstopfen u. Conserviren d. Vögel u. Säugethiere. 12. Bonn 827. (Weise in Elberfeld). 6 gr

Brassat, A(rno), approb. Arzt aus Königsberg in Pr.: Mutilierende Formen von Lupus. *Leipzig 1903: B. Georgi.* (68 S.) 8°
Leipzig, Med. Diss. v. (21. Dez.) 1903

Brassau, Christian: Die Worte: Des Menschen Hertz schläget seinen Weg an . . . [Trauergedicht auf Margareta Catharina Moldenitten, geb. Schrödern, † 22. Nov. 1721.] — Glückstadt 1722: Kgl. privil. Buchdr. 2 Bl. 2°

Brasse, Bernhard Heinrich (Brüllinghausen/Westf.), De varicibus, praesertim gravidarum. Diss. med.-chir. Bln. (Conr. Feister) 11. XI. 1819. 32 S. m. Biogr. u. 1 Abb. (4.50) 3800
Gew.: El. v. Siebold, Joh. Stoll, Carl Hueser.

Brasse, Ernst, Dr.: Die Familiennamen in M.-Gladbach und Umgegend bis zum Schluss des sechzehnten Jahrhunderts. Leipzig 1907: B. G. Teubner. (58 S.) 8°
M.-Gladbach, G OP 1907 (553)

Festschrift zur Hundertjährigen Jubelfeier der Gesellschaft Erholung in M. Gladbach nach d. vorhandenen Aufzeichnungen bearb. von Ernst Brasse. *M.Gladbach (1903): B. Kühlen.* (33 S.) 4° [illegible]

Brasse, Ernst [aus Potsdam]: Die Geschichte des Speierer Nationalkonzils vom Jahre 1524. . . . Halle a. S., Hofbuchdr. v. C. A. Kaemmerer & Co., 1890; 61 S., 1 Bl. 8°
Halle, Phil. Fak., Inaug.-Diss. v. [26. Nov.] 1890

Brasse, E, Karte d. Wasserstrassen zw. Potsdam u. Spandau, s.: Loist, P.

Brasse, Ernst, Wanderungen durch M. Gladbachs nähere u. weitere Umgebung. Mit e. Übersichtskarte. (169 S.) kl. 8. M. Gladbach 906. L. Boltze. n. 1. 25

Brassel, J., s. Scherr.

Brassel, Joh. Herm., Abschiedspredigt, gehalten zu Salez am Sonnt., den 7. März 1847. gr. 8. (16 S.) St. Gallen 847, Huber und Comp.

Brassel, J[ohann] H[uldreich]. Unglück in den Bergen. Predigt, gehalten in der Kirche zu St. Jakob am 28. Juni 1903 [anlässlich des Unglücks am Piz Blas]. Von befreundeter Seite dem Druck übergeben zu Gunsten der Ferienkolonien. 8 S. 8. Zürich, Füsi & Beer, 1903. [fr. —. 20]

Brassel, Johannes

Brassel, J. (Red.), s. Alphorn, Das.

[Brassel, Johannes.] Zur Erinnerung an [Johann] Heinrich Pestalozzi. [SA.] 8. (Bern [1895].)

Zur Erinnerung an Heinr. Pestalozzi. [Von Joh. **Brassel.** Bern 1896: Michel & Büchler.] 8 S. 8° [Kopftit.]
Aus: Al. 21 (1895) S. 171—173.

Brassel, Johs., Festführer am eidgenössischen Sängerfest in St. Gallen den 10., 11., 12. Juli 1886. 8. (79 S. m. Illustr.) St. Gallen 886. (F. B. Müller.) n. 1. —

Brassel, J[ohannes]. Festspiel zum 500sten Gedächtnistag der Schlacht bei Vögelinsegg (1403—1903). 52 S. 8. Trogen, U. Kübler, 1903. [fr. 1. 20]
Den Bühnen gegenüber als Manuscript gedruckt.

Gedenk-Blatt zur Einweihung des Logengebäudes der □ Concordia Or. St. Gallen 17. Februar 1889. [Von J. **Brassel.**] St. Gallen [1889]: Arlen. 2 Bl. 8°. [Umschlagtit.]

Allen Bauhütten der schweiz. Grossloge „Alpina" zum Jahreswechsel 1896/97. [Gedicht.] Zum neuen Jahr. [Unterz.:] J[oh.] **Brassel.** Bern [1897]: Michel & Büchler. 1 Bl. 4° [Kopftit.]
„Dahin! Ein Lied hat ausgeklungen . . ."

—— ges. Gedichte. 8. (128) St. Gall. 80, (Huber & Co.). n. 2. —; geb. m. G. n. 3. —

Brassel, J. Gesammelte Gedichte. In-8°, 128 S. St. Gallen, in Comm. bei F. B. Müller. 2 80

1886

Brassel, Johs., neue Gedichte. 12. (IV, 188 S.) St. Gallen 898. Fehr. n. 1. 80; geb. in Leinw. m. Goldschn. n. 3. —

Brassert, H. F. W., Bergrechtliche Grundsätze der preußischen und anderer deutscher Bergbehörden und Gerichtshöfe. Bonn, 1880. 104 S. Durchschossen. Mit handschriftlichen Nachträgen des Verfassers.

Brassert, H. F. W.: „Nach gemeinem deutschen Bergrechte ist das Recht des ersten Finders nicht von dem Besitze eines Schürfscheins abhängig", Berlin 1855. — Vorh.: Verein zur Wahrung der bergbaulichen Interessen Essen-Ruhr —

Brassert, Heinrich [app. Arzt aus Polleben (Prov. Sachsen)]: Über einen Fall von Stichverletzung des Thorax mit Zurückbleiben des Fremdkörpers . . . Freiburg i. B., F. Wagner'sche Buchdr., 1892; 30 S., 1 Bl., 1 Taf. 8.
Freiburg i. B., Med. Fak., Inaug.-Diss. v. 1892

Brassert, Hermann

Brassert, H., allgemeines Berggesetz für die preußischen Staaten vom 24. Juni 1865. Mit Einführungs-Gesetzen und Kommentar. 8. (XII, 672 S.) Bonn 888, Marcus. *

Brassert, H., allgemeines Berggesetz f. die Preußischen Staaten vom 24. Juni 1865. Mit Einführungsgesetzen u. Kommentar. Lex.-8. (XII, 672 S.) Bonn 889. Marcus. n. 12. —

Brassert, Herm., Berg-Ordnungen der preuss. Lande, s.a. Berg-Ordnungen.

Brassert, Herm., Berg-Ordnungen der Preussischen Lande. Sammlung der in Preussen gültigen Berg-Ordnungen, nebst Ergänzungen, Erläuterungen und Ober-Tribunals-Entscheidungen. Als Anh.: Titel 16 Thl. II des Allgem. Preuss. Landrechts. Köln 858. Eisen. gr. 8. (XLIV, 1163 S.) n. 6 ₰ 20 ngr.

Brassert, Herm., das Bergrecht des allgemeinen preußischen Landrechts in seinen Materialien nach amtlichen Quellen bearb. u. herausg. Bonn 861. Marcus. gr. 8. (VIII, 392 S.) n. 1 ₰ 25 ngr.

Brassert, H., das Bergrecht der Schweiz. gr. 8. (181 S.) Bonn 871, Marcus. *
Aus: Zeitschrift für Bergrecht, besonders abgedruckt.

Brassert (H.), Ueber die Eintragung in die Handelsregister bei Berg- und Hüttenwerken. (Sep.-Abdr. aus der Zeitschrift für Bergrecht, IV, 4.)

—— Hauptregister zu Jahrg. I—X der Zeitschrift für Bergrecht, s. Zeitschrift für Bergrecht.

Brassert, H., Novelle zum preußischen allgemeinen Berggesetze vom 24. Juni 1892. Mit dem den Bergbau betreff. Gewerberechte u. m. Kommentar. Zugleich Nachtrag zum Berggesetz-Kommentar v. 1888. gr. 8. (VIII, 223 S.) Bonn 894. A. Marcus. n. 4. —

Brassert, H., s.: Zeitschrift f. Bergrecht.

Brassert, W. J. D., Das Recht des Mitbaues zur Hälfte. Berlin, 1854. 29 S.

Brassert, Walther, a. Croydon (England): Über die Fischer-Heppsche Umlagerung. (Berlin 1908: G. Schade.) (67 S.) 8°
Berlin, Phil. Fak., Ref. Fischer, Diss. v. 4. Juli 1908
[Geb. 14. März 84 Croydon; Wohnort: Godesberg a. Rh.; Staatsangeh.: England; Vorbildung: Gymn. Freiburg i. B. Reife Juli 01; Studium: Lausanne 3, Berlin 9 S.; Rig. 21. Mai 08.]

Brassey's, Annie, letzte Fahrt an Bord d. Sunbeam. Nach d. Engl. Mit 188 Holzschn. im Text u. 20 Einzeldrucken, in Lithogr. ausgeführt. gr. 8. (296 S.) Lpz. 889, Hirt u. Sohn. * 6 60
geb. * 8 50

Brassey, Lady Annie, eine Familienreise von 14000 Meilen in die Tropen und durch die Regionen der Passate, ausgeführt und geschildert. Frei übers. durch Anna Helms. Autoris. Ausg. gr. 8. (345 S. mit 290 Illustr. und 7 Karten.) Leipzig 885, Hirt und Sohn. *M 6.60.; geb. *

Brassey, Mrs. A., eine Segelfahrt um die Welt an Bord der Yacht „Sunbeam", in elf Monaten ausgeführt und geschildert. Frei übers. nach der 8. Aufl. des Orig. von A. Helms. Autoris. Ausg. Mit 9 Tonbildern, 104 Textillustr. und 1 (lithogr.) Karte der Reiseroute. 1. und 2. unveränd. Aufl. gr. 8. (VIII, 432 S.) Leipzig 879, Hirt und Sohn. *M 12.; geb. *

Brassey, A, e. Segelfahrt um d. Welt am Bord d. Yacht „Sunbeam", in 11 Monaten ausgeführt u. geschildert. Frei übers. v. A Helms. 2. Afl. 8. (432 m. Il.) Lpzg 80, Hirt u. S. n. 12. —; geb. n. 15. —

Brassey, Mrs. A., eine Segelfahrt um die Welt, in elf Monaten ausgeführt und geschildert. Frei übers. nach der 8. Aufl. des Orig. von A. Helms. 3. Aufl. Billige Ausg. 11 Lfgn. gr. 8. (VIII, 389 S. mit 7 Tonbildern und ca. 100 Textillustr.) Leipzig 880, Hirt und Sohn. à Lfg. * — 60
geb. * 8 50

—— Sonnenschein und Sturm im Osten. Seefahrten und Wanderungen vom Hyde-Park zum Goldenen Horn, mit besond. Berücksicht. Konstantinopels, seines Volkslebens, des Hofes, der Harems u. a. m. geschildert. Für deutsche Leser, vorzüglich Frauen, frei bearb. durch Anna Helms. gr. 8. (VIII, 264 S. mit 111 Holzschn.-Illustr., eingedr. und auf Taf.) Leipzig 880, Hirt und Sohn. *M 6.60.; geb. *

— Sonnenschein u. Sturm im Osten. Seefahrten u. Wanderungen vom Hyde-Park zum Goldenen Horn, m. besonderer Berücksichtigung Konstantinopels, seines Volkslebens, des Hofes, der Harems u. a m. geschildert. Für deutsche Leser, vorzüglich Frauen, frei bearb. durch Anna Helms. Mit 111 (Holzschn.-)Illustr. (eingedr. u. auf Taf.). gr. 8. (VIII, 264 S.) Ebend. 881. n. 6. 60;
geb. n. 8. 50

—— Sunshine and Storm in the East, s. Collection of British Authors.

— in the trades, the tropics, and the roaring forties, s.: Collection of British authors.

—— a Voyage in the „Sunbeam", s. Collection of British Authors.

BRASSEY
Mrs. Brassey. A voyage in the Sunbeam. In gekürzter Fassung für den Schulgebrauch herausgegeben von Augusta Strecker. I. Theil: Einleitung und Text. II. Theil: Anmerkungen und Wörterverzeichnis. Mit 12 Abbildungen. (Freytags Sammlung französischer und englischer Schriftsteller.) Wien und Prag. 1899. Tempsky. 8°. XII, 140 S. mit 2 Tafeln Geb. fl. —.75

de Brassier, M. A. J., de causis alternativis, dissertatio. 4. Heidelb. 822. (Gross). 12 gl

Brassii, J., Gradus ad Parnassum graecus sive Lexicon, quo omnia vocabula graeca, quae apud praestantissimos poetas inde ab antiquissimis temporibus usque ad Ptolemaei Philadelphi aetatem, adjunctis epithetis et synonymis additisque formulis poeticis explicantur, atque omnium syllabar. ratio indicatur. In Germania ed. et emend. Car. Fr. Guil. Siedhof. II Vol. (3 Pts.) 8maj. Gottingae, libr. Dieterich. [I. 1. (21 B.) 838., II. (10¾ B.) 839. à 1 Thlr.; II. (32 B.) 840. 1½ Thlr.]

Brassloff, Steph., zur Kenntniss des Volksrechtes in den romanisirten Ostprovinzen des römischen Kaiserreiches. gr. 8. (IV, 92 S.) Weimar 902. H. Böhlau's Nachf. n. 3. —

Brassloff, Steph., Leitfaden der österreichischen Verfassungskunde f. die Abiturientenkurse der österr. Handelsakademien. (VII, 116 S.) gr. 8. Wien 909. C. Fromme. Kart. 2. 50

Brassmann, ou le père inexorable; par Dampmartin. IV Vo. av. fig. gr. 8. Par. (Sommer, Leipz.) 801.

Brassmann. ou le père inexorable. IV Vol. avec fig. gr. 12. Leips. Sommer. 811.

Brassó, s.: Oesterreich-Ungarn. Spezialkarte.

Brassó, Komitat. Karte des Komitates Brassó. (Von Fr. Reimesch.) 1 : 360,000. 27×19 cm. Farbdr. Kronstadt (905). H. Zeidner. n.n. — 10

Brast, Josephine, Theorie der weiblichen Handarbeiten. Leitfaden zum Selbstunterricht f. Arbeitsschülerinnen u. Erwachsene. Nach dem aargauischen Lehrplan f. Arbeitsschulen bearb. u. zusammengestellt. 1. u. 2. Tl. gr. 8. Aarau 894. H. R. Sauerländer & Co. n. 3. 80
1. (VI, 92 S. m. Abbildgn.) n. 1. 80. — 2. (VI, 106 S. m. 161 Abbildgn.) n. 2. —.

Brast, Josephine, Theorie der weiblichen Handarbeiten. Leitfaden zum Selbstunterricht f. Arbeitsschülerinnen u. Erwachsene. Nach d. aargauischen Lehrplan f. Arbeitsschulen bearb. u. zusammengestellt. I. u. II. Tl. 2. Aufl. gr. 8. Aarau, H. R. Sauerländer & Co. Kart. n. 3.40
I. (VI, 92 S. m. 68 Fig.) 899. n. 1. 60
II. Mit 163 erläuternden Abbildgn. (VI, 108 S.) 899. n. 1. 80

Brastberger, Gebhard Ulrich, s. Briefe, Philosophische.

Brastberger, Gebhard Ulrich, s. Erzählung d. Veränderungen etc.

Brastberger, Gebhrd. Ulr., († d. 28. Juli 1813.) üb. den Grund unsres Glaubens an Gott u. unsere Erkenntniß von ihm. 8. Stuttg. 802. Erhardt. 10 gl

Brastberger, Gebhard Ulrich, s. Ist d. neuere dogmat. Darstellung ...

Gbh. U. **Brastberger's** Untersuchh. üb. *Kant's* Kr. d. prakt. Vern. *Tüb.*, Cotta. 792. 8° 20 gl

Gbh. U. **Brastberger's** Untersuchungen üb. Kant's Kr. d. r. V. *Halle*, Gebauer. 790. 8° 1 ß

— über d. Ursprung u. Werth d. kirchl. Gewohnheit, durch symbol. Bücher den Inhalt d. christl. Religion festzusetzen, herausg. v. C. F. D. (Duttenhofer). 8. Ulm 788. Wohler. 12 gl

Brastberger, Gebhard Ulrich, s. Versuch üb. Religion.

Brastberger, Immanuel Gottlob

– BETRACHTUNGEN ÜBER DIE HEILS-GÜTER DES NEUEN BUNDES, wie solche aus den wichtigsten Zeugnissen heiliger Schrift in vier und dreysig Wochen-Predigten der christlichen Gemeine in Nürtingen vorgelegt worden von M. Immanuel Gottlob Brastberger, Special-Superintendenten und Stadt-Pfarrern daselbst. Nebst dem Anhang einer Predigt über das Evangelium am 27sten Sonntag nach Trinitatis, von dem Zustand derer, die bey nahe selig würden und doch durchfallen. – Stuttgart: Mezler 1765. 528 S.

– CHRISTLICHE GEDÄCHTNISS-PREDIGT der am 12. Dec. 1750 in der Fürstl. Würtemberg. Amts-Stadt Nürtingen entstandenen gewaltigen Feuersbrunst. Wie solche Am 12. Dec. 1756 als an Domin. III. Advent der Christlichen Gemeinde daselbst gehalten worden von M. Immanuel Gottlob Brastberger, Special-Superintendenten und Stadt-Pfarrern, Mit einer kurzen Relation von ersagter leidigen Brunst von einem Freund daselbsten zum Druck befördert. – Stuttgart: Stoll 1756. 23 S.

– GEDÄCHTNISS-PREDIGT der am 12. December 1750 in Nürtingen entstandenen gewaltigen Feuersbrunst. 3. Aufl. – Stuttgart o. J.

– GEDÄCHTNISS-PREDIGT der am 12. December 1750 in Nürtingen entstandenen gewaltigen Feuersbrunst. Aufs neue ... hrsg. von der evang. Gesellschaft in Stuttgart. – Stuttgart: Hasselbrinksche Buchdruckerei 1850. 30 S.

– – Gedächtniss-Predigt ... nach 100 Jahren der werthen Gemeinde Nürtingen aufs neue dargereicht von Theod. Wurm. – Stuttgart: Hasselbrinksche Buchdruckerei 1850. 30 S.

– GEDÄCHTNISS-PREDIGT ... 3. Aufl. – Stuttgart: Verl. der Evang. Gesellschaft [um 1860].

Brastberger, J. G., Heilsgüter des neuen Bundes, od. der 2te Theil d. Heilsordnung. 4. Stuttg. Metzler. 764.

– LEICH-BEGÄNGNIS DER REGINA DOROTHEA SCHERTLIN. – Esslingen 1747.

– DIE ORDNUNG DES HEILS. – Stuttgart: Mäntler (1759). VIII, 573 S.

– Die Ordnung des Heils, oder: die Busse zu GOtt und der Glaube an unsern HErrn JEsum Christum, in fünf und dreysig Wochen-Predigten, der Christlichen Gemeinde in Nürtingen vorgetragen und auf Verlangen dem Druck überlassen von M. Immanuel Gottlob Brastberger. – Esslingen: Mäntler 1760. 604 S.

Brastberger, J. Gtl., († ...) Ordn. d. Heils, in 35 Wochenpredigten. 4. Manh. (Stuttg.) 767. Metzler. 1 ß 8 K 2r Thl. Betrachtt. über d. Heilsgüter, in 34 Wochenpredigten. 4. Frkf. u. Leipz. (Stuttg.) Ebd. 1 ß 8 K

Brastberger, Imman. Glob., die Ordnung des Heils, oder: die Buße zu Gott und der Glaube an unsern Herrn Jesum Christum, in 35 Wochen-Predigten der christl. Gemeinde in Nürtingen vorgetragen. Nebst dem Lebenslauf und (lithogr.) Bildniß des Verf., sowie einer Vorrede hrsg. von Klemm und Köstlin. 1. Lfg. 4. (S. 1—210.) Reutlingen 850, Kurtz'sche Buchh. *

Brastberger, Imman. Glob., die Ordnung des Heils, oder: Die Buße zu Gott und der Glaube an unsern Herrn Jesum Christum, in 35 Wochen-Predigten der christl. Gemeinde in Nürtingen vorgetragen. Nebst dem Lebenslauf und Bildniß des Verf. rc. 2. und 3. (Schluß-) Lfg. 4. (S. 217—692 und 1 Stnt.) Reutlingen 857, Kurtz'sche Buchh. à Lfg. * 10 Ngr. *
1. Lfg. Ebendas. 1856. * 10 Ngr.

— Predigten über d. Sonn-, Fest- u. Feiertags-Evangelien. 4. Stuttg. ..., N. Aufl. ..., Steinkopf. 1 ß 6 K

— Worte d. Heils aus Zeugnissen d. Schrift. 8. Manh. (Stuttg.) 761. Metzler. 1 ß 4 K

– EVANGELISCHE ZEUGNISSE DER WAHRHEIT zur Aufmunterung im wahren Christenthum, theils aus denen gewöhnlichen Sonn- Fest- und Feyertags-Evangelien, theils aus der Paßions-Geschichte unsers Erlösers, in einen vollständigen Predigt-Jahrgang zusammen getragen, und nebst dem Anhang einiger Casual-Predigten, auf Verlangen dem Druck überlassen von Weyland M. Immanuel Gottlob Brastberger (mit 1 Bildnis). – Esslingen: Mäntler 1758. 1088 S.
– – Bremen: Tractathaus (1758).
– – (mit 1 Portrait). – Neu-Ruppin: F. W. Bergemann (1758). XII, 832 S.
– – Reutlingen: Lorenz & Heerbrandt [1758]. 1096 S.
– – (mit 1 Portrait). – Stuttgart: Betulius 1758. 1096 S.
– – Stuttgart: Mäntler 1758. 1096 S.

– EVANGELISCHE ZEUGNISSE. – Esslingen: Mäntler 1760. 1088 S.

– EVANGELISCHE ZEUGNISSE. – Esslingen: Mäntler 1762. 1148 S.
– – Neueste verbesserte Ausgabe. – Reutlingen: Kalbfell & Stahl o. J. [nach 1764]. XXIV, 1096 S.
– – von Weyland M. Immanuel Gottlob Brastberger. – Stuttgart: Mäntler o. J. [nach 1764]. 1088 S.

– EVANGELISCHE ZEUGNISSE. – Mannheim: Löffler 1775.

– – (mit 1 Portrait). – Reutlingen [1775 ?]: Fischer & Lorenz. 1096 S.

– – Stuttgart: Betulius 1778. 1096 S.

– – Stuttgart: Betulius 1781. 1096 S.

– – (mit 1 Portrait). – Stuttgart: Betulius 1785. 1096 S.

– – Stuttgart: Betulius 1791. 1096 S.

– – Stuttgart: Betulius Erben 1795. 1096 S.

– – (mit 1 Portrait). – Stuttgart: Betulius 1803. 1096 S.

– – (mit 1 Portrait). – Reutlingen [1820 ?]: Kalbfell & Stahl. XXIV, 1096 S.

– – Neueste verbesserte Ausgabe. – Reutlingen: Heerbrandt 1830. 944 S.

– – Reutlingen: Heerbrandt 1835. XVI, 1096 S.

– – Reutlingen 1837.

– – Reutlingen 1840.

– –Reutlingen 1842.

– – Reutlingen: Heerbrandt 1844. 1096 S.

– – nach der Ausgabe Stuttgart: Betulius Erben 1795. Neueste durchges. und verb. Aufl. – Reutlingen: Ensslin & Laiblin 1848. 1096 S.
– EVANGELISCHE ZEUGNISSE. – Reutlingen: Enßlin & Laiblin 1855.

– EVANGELISCHE ZEUGNISSE. Neu durchges. von Prälat Dr. Kapff in Stuttgart. – Stuttgart: Steinkopf 1865. 824 S.

– – Nach der vom Verfasser selbst besorgten Ausg. auf's Neue zum Druck befördert von einem Verein evangelischer Männer. Mit Bildnis und Lebensbeschreibung. – Reutlingen: Rupp & Baur 1868. XVI, 1103 S.

– – Reutlingen: Baur 1873. XVI, 1103 S.

– – Stuttgart: Mäntler 1878. XVI, 1103 S.

– – Stereotyp-Ausg. – Reutlingen: Enßlin & Laiblin [1880]. XVI, 1016 S.

– – 85. Aufl. – Reutlingen: Baur 1884. XVI, 864 S.

– – Konstanz: Hirsch [um 1890]. 1022 S.

— evangel. Zeugnisse d. Wahrheit, zur Aufmunterung im Christenthume, theils aus den gewöhnl. Sonn-, Fest- u. Feiertags-Evangelien, theils aus d. Passionsgesch. u. in e. vollst. Predigt-Jahrgange zusammengetragen; nebst e. Anhang v. Casual-Predigten. Mit d. Verf. Bildn. 4. Reutling. 775. (N. A.?) 820. Fischer. 1 ß (Manh., Löffler). 2 ß 8 K

Brastberger, Imm. Gtlo., evangel. Zeugnisse d. Wahrheit zur Aufmunterung im wahren Christenthum, theils aus denen gewöhnl. Sonn-, Fest- u. Feiertags-Evangelien, theils aus d. Passionsgeschichte uns. Erlösers, in ein. vollständ. Predigt-Jahrg. zusammengetragen rc. Neueste verb. Ausg. 4. (140 B. u. Bildn., Holzsch.) Reutlingen 835, Kurtz. *

Brastberger, Imm. Glob., evangelische Zeugnisse der Wahrheit zur Aufmunterung im wahren Christenthum, theils über die Sonn-, Fest- und Feiertags-Evangelien, theils aus der Passions-Geschichte unsers Erlösers, in einem vollständ. Predigt-Jahrg. Neu durchgesehen von Kapff. Mit dem Lebenslauf und einigen Casual-Predigten des Verf. Lex.-8. (LIV und 952 S. mit 1 lith. Portr.) Reutlingen 847, Fischer jun. *

— evangelische Zeugnisse der Wahrheit zur Aufmunterung im wahren Christenthum, theils über die Sonn-, Fest- und Feiertags-Evangelien, theils aus der Passions-Geschichte unseres Erlösers, in einem vollständigen Predigt-Jahrgang. Neu durchgesehen von Kapff. Mit dem Lebenslauf und einigen Casual-Predigten des Verfassers. Stuttgart 857. J. F. Steinkopf. Lex.-8. (824 S. u. 1 Holzschn.) 1 ß

Brastberger, Imman. Glob., evangelische Zeugnisse der Wahrheit zur Aufmunterung im wahren Christenthum rc. Nach der von ihm selbst besorgten Ausg. 4. (XII und 928 S. mit lithogr. Portr.) Neu-Ruppin 859, Bergemann. Thlr. *

Braſtberger, Imm. Glob., evangeliſche Zeugniſſe der Wahrheit zur Aufmunterung im wahren Chriſtenthum theils aus den gewöhnlichen Sonn-, Feſt- und Feiertags-Evangelien, theils aus der Paſſions-Geſchichte unſers Erlöſers in einem vollſtändigen Predigt-Jahrgang zuſammengetragen nebſt dem Anhang einiger Caſual-Predigten. Nach der von ihm ſelbſt beſorgten Ausgabe. Neu-Ruppin 860. Bergemann. 4. (XII, 928 S. u. lith. Portr.) n. 1 ℛ︁ 10 ngr.

— — Stereot.-Ausg. Reutlingen 865. Enßlin & Laiblin. 4. (XVI, 1103 S.) 1 ℛ︁ 6 ngr.

Braſtberger, Imman. Glob., evangeliſche Zeugniſſe zur Aufmunterung im wahren Chriſtenthum. Ster.-Ausg. 4. (XXIII und 1108 S. mit dem lithogr. Bildniß und Lebenslauf des Verf.) Reutlingen 865, Kurtz. * 1 Thlr. 6 Ngr.; geb. * * in Leder geb. * *

— evangeliſche Zeugniſſe der Wahrheit zur Aufmunterung im wahren Chriſtenthum. (80. Aufl.) 10 Lfgn. 4. (XX und 1103 S.) Reutlingen 865, Rupp und Baur. à Lfg. 4 Ngr.

Braſtberger, Imman. Glob., evangeliſche Zeugniſſe der Wahrheit zur Aufmunterung im wahren Chriſtenthum theils aus den gewöhnl. Sonn-, Feſt- und Feiertags-Evangelien, theils aus der Paſſionsgeſchichte unſeres Erlöſers. In einem vollſtänd. Predigt-Jahrgang zuſammengetragen und mit einem Anh. einiger Caſualpredigten verſehen. Nach der vom Verf. ſelbſt beſorgten Ausg. aufs Neue zum Druck befördert von einem Vereine evangel. Männer. Mit dem Bildniſſe des Verf. in Stahlſt. und einer Lebensbeſchreibung. Ster.-Ausg. 83. Aufl. In 10 Lfgn. 4. (XVIII, 1103 S.) Reutlingen 871, Baur. à Lfg. 40 Pf.

Braſtberger, Imman. Glob., evangeliſche Zeugniſſe der Wahrheit zur Aufmunterung im wahren Chriſtenthum theils aus den gewöhnlichen Sonn-, Feſt- und Feiertags-Evangelien, theils aus der Paſſions-Geſchichte unſers Erlöſers. In einen vollſtänd. Predigt-Jahrgang zuſammengetragen und mit einem Anhang einiger Caſual-Predigten verſehen. Nach der von dem Verf. ſelbſt beſorgten Ausg. auf's Neue zum Druck befördert von einem Vereine evangel. Männer. Mit dem (lithogr.) Bildniſſe des Verf. Ster.-Ausg. 4. (XVI, 1016 S.) Reutlingen 880,84, Enßlin und Laiblin's Verlagsb. ℳ 8,60.; geb. *

— daſſ. — Mit dem Bildniß des Verf. in Stahlſt. und einer Lebensbeſchreibung. 85. Aufl. 11 Hefte. 4. (. . . S.) Reutlingen 883, Baur. à Heft 50 Pf.

— daſſ. — Ster.-Ausg. 4. (XVIII, 1108 S.) Ducherow 883. (Leipzig, Buchh. des Vereinshauſes.) geb. *

Brastberger, IG: Ev. Zeugnisse d. Wahrh. z. Aufmunterg im wahren Christentum. Ein vollständ. Jahrg. Predigten. Rev. Ausg. (1026 u. Familienchronik 8 m. Bildnis.) 8° Konst., C Hirsch (05). L. od. HF. 4 —; L. m. G. 5 — d

Braſtberger, Imman. Glob, evangeliſche Zeugniſſe der Wahrheit zur Aufmunterung im wahren Chriſtentum, teils aus den gewöhnl. Sonn-, Feſt- u. Feiertags-Evangelien, teils aus der Paſſionsgeſchichte unſeres Erlöſers. In e. vollſtänd. Predigt-Jahrg. zuſammengetragen u. m. e. Anh. einiger Caſualpredigten verſehen. Ins Poln. überſ. v. O. Gerſs. (XVI, 861 S. m. Bildnis.) gr. 8. Reutlingen (905). Enßlin & Laiblin. Geb. in Halbfrz. n. 6. —

Braſtberger, Imman. Glob., evangel. Zeugniſſe der Wahrheit zur Aufmunterung im wahren Chriſtenthum theils aus den gewöhnl. Sonn-, Feſt- u. Feiertags-Evangelien, theils aus der Paſſions-Geſchichte unſers Erlöſers, in e. vollſt. Predigt-Jahrgang zuſammen getragen u. nebſt dem Anh. einiger Caſual-Predigten auf Verlangen dem Druck überlaſſen. Nach der von ihm ſelbſt beſorgten Ausg. (XV, 695 S. m. Bildnis.) Lex. 8. Neu-Ruppin (907). F. W. Bergemann. Geb. in Ldr. 4. —

– DER ZUSTAND DER SEELEN, DIE BEYNAHE SELIG WERDEN, und doch durchfallen. Eine Predigt. – Königsberg 1766.

Brat, Gustav: Die Reichsbank ein Institut des öffentlichen Rechts. *Greifswald 1898: J. Abel.* (48 S.) 8° [F.]
Greifswald, Jur. Diss. v. 1898

Brat, H., über Erfolge der Sauerstofftherapie unter besond. Berücksicht. der in den Gewerbebetrieben gewonnenen Erfahrungen bei gewerblichen Vergiftungen. (16 S.) gr. 8. Jena 905. G. Fischer. n. — 75
Sonderabdruck aus: „Klin. Jahrbuch".

Bruot, G. M. B., exposé de quelques théories préliminaires à l'étude de la géométrie supérieure. gr. 8. (64 S. mit 1 Steintaf.) Luxemburg 880. Brück. n. 2. —

Brâtâ, Jocdâ, de Râmâ en de Ardjoenâ-Sasrâ. Drie Javaansche Heldendichten in proza verkort, door C. F. Winter Sen. uitgegeven door T. Roorda. gr. 8. Amsterdam 845, Joh. Müller. n. 1 ℛ︁ 27 ngr

Bratunić Stephan: De Luciani „Syria Dea" et „Astrologia".
H. 1897 PN 1045 Diss. Wien, Univ.

BRATANITSCH, Rudolf: Der Einfluß des Akzentes auf den Hexameter bei Homer und Kallimachos. — 1909. 117 Bl. Diss. Graz, Univ.

Bratanowicz, Stanislaw, üb. den Keimgehalt d. Grundwassers in Dorpat u. Brunnendesinfectionsversuche. Diss. gr. 8. (65 S.) Jurjew (Dorpat) 892. (E. J. Karow.) n. 1. 50

Brataſſević, Eduard, Anleitung zum richtigen Gebrauche der neuen Maße und Gewichte und der Umwandlungs- und Preis-Tabellen für Jeden, der nach Maß und Gewicht Arbeiten auszuführen und Ein- und Verkäufe zu machen hat. 1. und 2. Aufl. 8. (46 S.) Wien 872,73, Hartleben's Verlag.

Bratassović, Ed., der metrische Faulenzer od. Preisberechnungs-Tabellen f. das neue Mass u. Gewicht. Ein Hilfsbuch, in dem sämmtl. Preisberechngn. f. das neue Mass u. Gewicht enthalten sind, u. f. Alle, die Preisberechngn. m. den neuen Massgrössen vorzunehmen haben. gr. 8. (VIII, 151 S.) Wien 875. Hartleben. n. 1. 50

Brataſſevič, Ed., Deutſchlands neues Goldſyſtem oder vollſtändiger öſterreich.-deutſcher Münzumrechner. Gemeinfaßliche Darſtellung, die neue Markwährung unter allen Verhältniſſen in oeſterreich. Währung oder umgekehrt die oeſterreich. Währung in Markwährung verwandeln zu können. Praktiſches Hilfsbuch für Jedermann, ſpeciell aber für Geſchäftsleute, welche mit Deutſchland in Verbindung ſtehen. gr. 8. (63 S.) Wien 874, Hartleben's Verlag.

Bratassevic, E, Hilfsbüchlein z. Receptur nach metr. Gewichte. 16. (42) Wien 76, Hartleben. — 60

Brataſſević, Ed., Katechismus d. Gewerbeweſens. Eine kurzgefaßte Darſtellung der öſterreich. Gewerbeordnung, ſowie aller diesbezügl. Beſtimmungen u. Verordnungen. Zugleich ein Handbuch für alle Geſchäftsleute u. Solche, die es werden wollen. 8. (VIII, 180 S.) Wien 880. Hartleben. cart. 2. 25

— Katechismus des Handels. Eine kurzgefaßte Darſtellung der geſammten Handelsintereſſen ſowohl in handelsgeſchichtlicher, ſtatiſtiſcher, wiſſenſchaftlicher und handelsrechtlicher Beziehung. Zugleich ein Handbuch für alle Handelsleute und Solche, die es werden wollen. 8. (VIII, 182 S.) Ebendaſ. 880.

— Katechismus der öſterreichiſch-ungariſchen Monarchie. Eine kurzgefaßte Darſtellung der Verfaſſung, des Staatsrechtes und der wichtigſten Geſetze auf dem Gebiete der Rechtspflege, der Polizei, des Handels, der Finanzen und des Heeres. Mit 1 (lithogr. und color.) Karte der Monarchie. 8. (IV, 239 S.) Ebendaſ. 879.

— Lehrbuch der einfachen und doppelten Buchführung. Mit beſond. Rückſicht auf die Einführung des neuen Maßes und Gewichtes, ſowie der in ganz Deutſchland eingeführten Mark-Währung. Syſtematiſch entworfen für Handel und Gewerbe. gr. 8. (III, 192 S.) Ebendaſ. 876. *

Bratassević, Eduard, Lehrbuch der einfachen u. doppelten Buchführung. Systematisch entworfen f. Handel u. Gewerbe. 2., neu bearb. Aufl. (VIII, 239 S.) gr. 8. Wien 905. A. Hartleben. n. 3. —; geb. n. 3. 60

—— das metrische Maß und Gewicht im bürgerlichen und häuslichen Leben. Eine übersichtl. Darstellung unseres neuen Maßes und Gewichtes, dessen Einführung, der Form und des Gebrauches desselben, der Rechnung mit demselben und der Umrechnung von altem auf neues und von neuem auf altes Maß und Gewicht. Nach amtl. Quellen bearb. und berechnet. Mit erklär. lithogr. Taf. (in qu. gr. 4.). 1.—5. Aufl. gr. 8. (96 S.) Wien 874,75, Hartleben's Verlag. cart. *

Bratassević, Eduard, das metrische Maß und Gewicht im bürgerlichen und häuslichen Leben. Eine übersichtliche Darstellung unseres neuen Maßes und Gewichtes, dessen Einführung, der Form und des Gebrauches desselben, der Rechnung mit demselben und der Umrechnung von altem auf neues und von neuem auf altes Maß und Gewicht. 6. Aufl. Mit einer erklärenden Taf. 8. (96 S.) Wien 875, Hartleben's Verlag. cart.

— unser neues Mass u. Gewicht. Universal-Taschenbuch üb. das Metermass. Ein gemeinfassl. Hilfsbüchlein, enth. geschichtl. Notizen üb. das Metermass, Gesetzesbestimmgn., Mass- u. Preisumwandlungsmethoden u. Tabellen, u. viele gemeinnütz. Hilfsmittel zur schnellen Benützg. d. neuen Masses u. Gewichtes. 2. Aufl. 16. (176 S.) Ebend. 876. geb. 1. 80

—— unser neues Maß u. Gewicht f. Apotheker, Aerzte u. Materialwaarenhändler. Ein prakt. Hilfsbuch f. den tägl. Gebrauch, u. e. sicherer Rathgeber, wie m. dem neuen Handels- u. Medicinalgewichte auszuwiegen ist. 8. (32 S.) Ebend. 875. n. — 40

—— dass. — für Bauleute. Eine übersichtl. Darstellung des neuen Maßes und Gewichtes, seiner Form und seiner Anwendung, und ein sicherer Rathgeber für Zimmerleute, Maurer, Tischler, Schlosser, überhaupt Bauhandwerker, Bauunternehmer, Architekten u. s. w. 8. (48 S.) Wien 875, Hartleben's Verlag.

Bratassević, Eduard, unser neues Maß und Gewicht für den Bergbau. Praktisches Hilfsbuch für Bergbau- und Hüttenleute, Berg- und Hüttenbeamte, Bergakademien und überhaupt solche, die sich mit dem Bergwesen beschäftigen. 8. (48 S.) Ebendas. 875.

—— dass. — für Brauer und Wirthe. Praktisches Hilfsbuch für Brauer und Brauereibesitzer, Bier-, Wein- und Gastwirthe, sowie auch für Weinhändler, Sprit- und Essig-Fabrikanten. 8. (32 S.) Ebendas. 875. *

—— dasselbe f. die Forstwirthschaft. Praktisches Hilfsbuch f. Forstleute, Forstbeamte, Holzhändler, Bauhandwerker u. Oekonomen. 8. (48 S.) Ebend. 875. — 60

—— dass. — für den Getreidehandel. Praktisches Hilfsbuch für Getreide- und Produktenhändler, Mühlen-Etablissements, Landleute, Bäckereien und Oekonomen; mit den besten Preistabellen für Getreide-Sämereien und Hülsenfrüchte. 8. (32 S.) Ebendas. 875. *

—— dass. — für Gold-, Silber- und Juwelen-Arbeiter. Praktisches Hilfsbuch für den tägl. Gebrauch und ein sicherer Rathgeber, wie mit den neuen Gewichten auszuwiegen ist. 8. (32 S.) Ebendas. 875. *

—— dass. — für Handel und Gewerbtreibende. Ein Hilfsbüchlein für den tägl. Gebrauch und ein sicherer Rathgeber für alle Geschäftsleute, welche messen und auswiegen müssen. 8. (32 S.) Ebendas. 875. *

—— dass. — für Hausfrauen. Eine übersichtl. Darstellung des neuen Maßes und Gewichtes, seiner Form und seiner Anwendung für den tägl. Gebrauch in Haushaltungen, mit vielen erklärenden Beispielen. 8. (32 S.) Ebendas. 875. *

—— dass. — für Landwirthe. Eine übersichtl. Darstellung des neuen Maßes und Gewichtes, seiner Form und seiner Anwendung für den tägl. Gebrauch in landwirthschaftl. Angelegenheiten. 8. (32 S.) Ebendas. 875. *

—— unser neues Maß und Gewicht im bürgerlichen und häuslichen Leben. Eine vollständige, nur aus amtlichen Quellen geschöpfte Darstellung des metrischen Maßes und Gewichtes, dessen Einführung in fast allen Ländern der Erde, der Form und des Gebrauches der neuen Maße und Gewichte rc. Für alle Stände und Classen der Bevölkerung bearb. 6 Hefte und Ergänzungsheft. gr. 8. Wien, Hartleben's Verlag. geb.

Inhalt:

Heft 1. Die wissenschaftlichen und gesetzlichen Grundlagen des neuen Maß- und Gewichtssystems. (III, 84 S.) 872. 75 Pf.

„ 2. Die Normal-Aichungs-Commissionen und deren Verordnungen über Material, Form und Eintheilung der neuen Maße und Gewichte. (III, 80 S. mit 1 Stnt. in Imp.-Fol.) 872. 75 Pf.

„ 3. Anleitung zum Rechnen mit dem metrischen Maße und Gewichte und zur Umrechnung desselben. (III, 88 S.) 872. 75 Pf.

„ 4. Umrechnungstabellen der alten Maße und Gewichte auf neue. (III, 82 S.) 872. 75 Pf.

„ 5. Umrechnungstabellen der neuen Maße und Gewichte auf alte. (III, 74 S.) 872. 75 Pf.

„ 6. Preisberechnungen vom alten auf das neue und vom neuen auf das alte Maß und Gewicht. (III, 84 S.) 872. 75 Pf.

Ergänzungsheft. Vorschriften und Instructionen der Normal-Aichungs-Commission. (III, 80 S.) 873. * 80 Pf.

Bratassević, Ed., unser neues Maß und Gewicht im bürgerlichen und häuslichen Leben. Eine vollständige nur aus amtlichen Quellen geschöpfte Darstellung des metrischen Maßes und Gewichtes, dessen Einführung in fast allen Ländern der Erde, der Form und des Gebrauches der neuen Maße und Gewichte rc. Für alle Stände und Classen der Bevölkerung bearb. 2. und 3. Aufl. 8. (VII, 560 S. mit 1 Chromolithogr. in Imp.-Fol. und 1 Metermaß von Metall.) Wien 873, Hartleben's Verlag.

—— dass. — Eine vollständ. nur aus amtl. Quellen geschöpfte Darstellung des metr. Maßes und Gewichtes, der Rechnung mit demselben und der Umrechnung von altem auf's neue und von neuem auf altes Maß und Gewicht. Für alle Stände und Classen der Bevölkerung. 4. Aufl. 6 Abthlgn. in 10 Lfgn. gr. 8. (83; 56 S. mit 1 Stnt. in Fol.; 88; 82; 80; 88 S.) Ebendas. 874. à Lfg. 50 Pf.

—— dass. — im bürgerlichen und häuslichen Leben. Eine vollständige, nur aus amtl. Quellen geschöpfte Darstellung des metr. Maßes und Gewichtes, dessen Einführung in fast allen Ländern der Erde, der Form und des Gebrauches der neuen Maße und Gewichte, der Rechnung mit denselben und der Umrechnung von altem auf neues und von neuem auf altes Maß und Gewicht, mit dem Urtexte aller bezügl. Gesetze und Verordnungen, zahlreichen Umrechnungstabellen und Abbild. Für alle Stände und Classen der Bevölkerung bearb. 5. und 6. Aufl. Mit 1 großen (Holzschn.-)Taf. (in Imp.-Fol.), div. (eingedr.) Holzschn. und 1 metallenen Metermaßstabe. 10 Lfgn. 8. (560 S.) Ebendas. 875,76. à Lfg. 50 Pf.

—— dass. — auf dem Markte. Ein Hülfsbüchlein für den tägl. Gebrauch und ein sicherer Rathgeber beim Kauf und Verkauf sowohl von trockenen als flüss. Nahrungsmitteln. 8. (32 S.) Ebendas. 875. *

—— unser neues Maß und Gewicht als Notizbuch-Einlage. 16. (4 S.) Ebendas. 876.

—— unser neues Maß und Gewicht im Portemonnaie. Nach den amtlichen Verhältnißzahlen bearbeitet. 32. (32 S.) Ebendas. 875.

—— dass. — für die Schifffahrt. Praktisches Hülfsbuch für die Kriegs- und Handelsmarine, für Schiffsbauer, Rheder und Schiffskapitäne. 8. (48 S.) Ebendas. 875.

—— die neuen Maße und Gewichte in ihrer täglichen Anwendung. Prakt. Hilfsbuch für den tägl. Gebrauch in Haushaltungen, in Landwirthschafts-Angelegenheiten, und für den tägl. Verkehr rc. gr. 8. (95 S.) Wien 874, Hartleben's Verlag.

— die neuen Maße u. Gewichte in ihrer täglichen Anwendung. Praktisches Hilfsbuch f. den tägl. Gebrauch in Haushaltgn., in Landwirthschafts-Angelegenheiten u. f. den tägl. Verkehr, f. Kleingewerbe u. Geschäftsleute f. Bau- u. Zimmerleute, Architekten rc. 8. (95 S.) Ebend. 875. n. 1. 20

— die neuen Maße und Gewichte in ihrer täglichen Anwendung. Praktisches Hilfsbuch für den tägl. Gebrauch in Haushaltungen, in Landwirthschafts-Angelegenheiten und für den tägl. Verkehr, für Kleingewerbe und Geschäftsleute, für Bau- und Zimmerleute, Architekten, Wegbauer, Bahnbeamte, Oekonomen rc. 2. Aufl. 8. (95 S.) Ebendas. 875. *

— metrische Maß- und Gewichts-Tafel. 1. und 2. Aufl. 1 Bl. in Fol. Ebendas. 872,75.

— technischer Rathgeber über das neue Mass und Gewicht. Ein Hülfsbuch für Ingenieure, Architekten, Bauleute, Eisenbahn- und techn. Beamten. gr. 16. (VIII, 176 S.) Wien 874, Hartleben's Verlag. geb. *

— technischer Rathgeber üb. das neue Mass u. Gewicht. Ein Hülfsbuch f. Ingenieure, Architekten Bauleute, Eisenbahn- u. techn. Beamten. gr. 16. (VIII, 176 S.) Ebend. 875. geb. n. 2. 25

— allgemeiner Rechenmeister. Universal-Ratgeber des gesamten Rechenwesens. Eine leichtfaßl. Anleitg. f. alle Stände, um schnell u. sicher sowohl Kopf- als Ziffer-rechngn. jeder Art lösen zu lernen. 2. Aufl. (VIII, 214 S.) gr. 8. Ebd. (901). n. 3. —; geb. n. 3. 60

— der metrische Rechenmeister zum Selbstunterrichte und für die Schule. 8. (72 S.) Ebendas. 878.

— neuer oesterreichischer Rechenmeister od. Universal-Rathgeber u. prakt. Lehr- u. Nachschlagebuch d. gesammten Rechenwesens. Eine leichtfaßl. Anleitg. f. alle Stände, um schnell u. sicher sowohl Kopf- als Ziffer-Rechngn. jeder Art lösen lernen zu können. Nach den neuesten Erfahrgn. u. m. Rücksichtnahme auf das metr. Maß u. Gewicht bearb. u. m. vielen Taf. u. m. vielen 1000 Aufgaben nebst ihren Lösgn. versehen. 1. Lfg. gr. 8. (48 S.) Ebend. 875. n. — 50

— oesterreichisch-ungarischer Rechenmeister oder Universal-Rathgeber des gesammten Rechenwesens. Eine leichtfaßl. Anleitung für alle Stände, um schnell und sicher sowohl Kopf- als Ziffer-Rechnungen jeder Art lösen lernen zu können. Mit Rücksichtnahme auf das metr. Maß und Gewicht bearb. und mit vielen 100 Aufgaben nebst ihren Lösungen versehen. gr. 8. (VIII, 184 S.) Ebendas. 877. ℳ 1,80.; cart.

— Reductions-Tabellen zur Vergleichung der österreichischen und metrischen Maße und Gewichte nebst gegenseitiger Bestimmung ihrer Preise. Nach einer neuen, praktischen Methode zusammengestellt. 8. (63 S.) Ebendas. 872. cart.

Bratassevic, Ed., Reductions-Tabellen zur Vergleichung der österreichischen und metrischen Maße und Gewichte, nebst gegenseitiger Bestimmung ihrer Preise. Nach einer neuen prakt. Methode zusammengestellt. 2. verb. Aufl. gr. 8. (64 S.) Wien 887. Hartleben. geb. *

— Umrechnungsschlüssel für das neue Maß und Gewicht. Ein leichtfaßl. Nachschlagebüchlein für Jedermann. 16. (64 S.) Ebendas. 875. *

— Umwandlungs-Tabelle des Wiener und Zoll-Gewichtes in metrisches und umgekehrt. Imp.-Fol. Ebendas. 875. *

— Umwandlungs-Tabelle sämmtlicher alter Hohlmasse in neue u. umgekehrt. Imp.-Fol. Ebend. 875. n. — 30

— Umwandlungs-Tabelle der alten Längen- u. Flächenmasse in metrisches Mass. Imp.-Fol. Ebend. 875. n. — 30

— Umwandlungs-Tabelle der metrischen Längen- u. Flächenmasse in altes Mass. Imp.-Fol. Ebend. 875. n. — 30

Bratassevic, Ed., neue praktische Universal-Preis-Tabellen zur schnellen Preisermittelung der Theile u. der Mehrfachen aller metrischen Masse u. Gewichte. Ein unentbehrl. Handbuch beim Ein- u. Verkauf f. Jedermann. gr. 8. (160 S.) Ebend. 875. n. 1. 80

— Universal-Taschenbuch über das Metermass. Ein gemeinfassl. Hilfsbüchlein, enth. geschichtl. Notizen über das Metermass, Gesetzesbestimmungen, Mass- und Preisumwandlungsmethoden und Tabellen, und viele gemeinnütz. Hilfsmittel zur schnellen Benützung des neuen Masses und Gewichtes. 1. Aufl. (152 S.) 1873; 2. Aufl. 16. (176 S.) Ebendas. 876.

Bratassevic, Ed. Der wirthschaftl. Verkehr d. Gegenwart, s. Scherzer, Carl v.

— Wie soll ich nach den neuen Maßen und Gewichten einkaufen? Eine Frage, praktisch für das tägl. Leben gelöst, und vorzüglich für alle Hausfrauen und solche, die sich mit der Anschaffung der tägl. Lebensmittel befassen müssen, beantwortet. 8. (48 S.) Ebendas. 876.

Liederkranz für Stenotachygraphen. 2. Aufl. (Verf.: Otto Bratengeyer.) Eisleben: L. Rennert 1899. (44 S.) 8° [3.]

Bratengeyer, Otto, das Stenographiesystem der Gebrüder v. Kunowski. Eine Kritik. gr. 8. (III, 80 S.) Halle 901. (E. Anton's Buchh.) n. — 50
Sonderabdruck aus: „Allgem. deutsche Stenotachygraphen-Zeitg."

Bratengeyer, Otto, vereinfachte Stenotachygraphie od. Einigungssystem Stolze-Schrey? Erwiderung auf die Daniel'sche Abhandlg. „August Lehmann's Stenotachygraphie". gr. 8. (19 u. 4 autogr. S.) Halle 898. (E. Anton's Buchh.) n. — 50

— Stolze-Schrey od. Stenotachygraphie? Ein Beitrag zur Lösg. der Frage: „Welches Stenographiesystem ist das beste?" gr. 8. (41 u. 4 S.) Ebd. 900. n. — 60

Brater, Karl, Bemerkungen über den Entwurf einer neuen Gemeindeordnung f. das Königr. Bayern. Lex. 8. (IV u. 39 S.) Nördlingen 850, Beck. 8 ngr

Brater, Karl: Flieg. Blätter a. Bayern 1857/58, s: Vorkämpfer deut. Freih.

Brater, Karl (Hrsg.), s. Blätter für administrative Praxis zunächst in Bayern.

Brater, Karl, Forstgesetz vom 28. März 1852, erläutert. Erlangen 855. Palm u. Enke. gr. 8. (1 Bl., 338 S.) n. 1 ₰ 18 ngr

— dass. — s. Gesetzgebung, die, des Königr. Bayern.

Fortschrittspartei, die, in der bayerischen Abgeordnetenkammer 1863. Geschrieben im Oktober 1863 (von Karl Brater). Nördlingen 1863. 8°.

— die bayrischen Gewerbvereine in den J. 1848—1853, s. Gewerbvereine.

— die neuen bayerischen Jagdgesetze, s. Jagdgesetze.

— d. neuen bayer. Jagdgesetze. Mit Erl. 8. (82) Erl. 53, Palm u. E. n. — 12

Brater, K., Preußen und Bayern in der Sache der Herzogthümer. Nördlingen 864. Beck. gr. 8. (31 S.) 7½ ngr

— die Reform des Erbrechtes zu Gunsten der Nothleidenden. gr. 8. (48 S.) München 848, Kaiser. ⅙ ₰

Brater, Karl (Hrsg.), s. Sammlung von principiellen Erlassen der Staatsbehörden ...

— und J. C. Bluntschli, deutsches Staats-Wörterbuch, s. Staats-Wörterbuch.

— Studien zur Lehre von den Gränzen der civilrichterlichen und der administrativen Zuständigkeit, mit besonderer Rücksicht auf bayerisches Recht. Abdr. aus den Blättern für administrative Praxis. Nördlingen 855. Beck. 8. (87 S.) n. 10 ngr

Brater, K., die Verfassungs-Urkunde d. Königr. Bayern, s.: Blätter f. administrative Praxis.

— die Verfassungsurkunde des Königr. Bayern, s. Verfassungsurkunde.

Brater, K. (Hrsg.), s Z e i t s c h r i f t für Gesetzgebung und Verwaltungsreform.

Bräter, F. E. Der Bau d. neuen Hauses, s.a. Festschrift zur Einweihung d. neuen Gebäudes der Drei-König-Schule.

Bräter, *Franz Edm.* [Stadtbaurat]: Der Bau des neuen Hauses. Dresden, Druck v. C. Heinrich, 1892; 51 56 S., 2 Taf. 4.
Dresden-Neustadt, Drei-König-S '(RG)', Festschr. 1892

Braterstwo (Brüderlichkeit)
① Pismo ludowe (Volksschrift) ⑤ 1864—1865 (5 Hefte) ⑧ Bendlikon-Kilchberg ⑩ Pfarrer Karol Mikoszewski. Mateusz Gralewski ⑪ die Herausgeber ⑬ Zieliński: Bibljografja ⑮ In polnischer Sprache.

Die Entführung der Kursächsischen Prinzen Ernst und Albert durch Kunz von Kaufungen aus dem Residenzschlosse zu Altenburg in der Nacht vom 7. bis 8. Juli 1455. Von Adolph **Bratfisch.** Altenburg. 1843. 8°.

Brathe, P., Theorie des evangelischen Kirchengebäudes. Ein ergänz. Kapitel zur evangel. Liturgik. (VI, 222 S.) gr. 8. Stuttgart 906. J. F. Steinkopf. n. 3. 20; geb. in Leinw. n. 4. —

Brathe, P: Was muss d. relig. Kunst v. d. theolog. Fakultäten erwarten?, s: Flugschriften d. Vereins f. relig. Kunst in d. evang. Kirche.

Brathuhn, A: Die preuss. Kostengesetze f. Justizbehörden usw., s: Pietsch, Th.

— u. E Grassow: Das gerichtl. Stempelwesen. Textausg. d. preuss. Stempelsteuer- u. d. Reichsstempelgesetzes, sowie d. Zuwachssteuer-, d. Erbschaftssteuer- u. d. Wechselstempelgesetzes nebst Ausführgsvorschriften u. Ministerialverfüggn unter Hinweis auf wicht. höchstrichterl. Entscheidgn m. Inhaltsverz. u. ausführl. Sachreg. in d. am 1. 4. '12 gült. Fassg z. Gebr. f. d. Gerichte u. Justizbeamten zusammengestellt. (260) gr8° Berl., A Nauck & Co. '12. 4 —; geb. 5 — d

Brathuhn, Otto

Brathuhn, O. General-Karte von den gesammten Mansfelder Kupfer-Schiefer-Revieren. Leipzig. 1857.

Brathuhn, O., Handbuch der Markscheidekunst, s.a. Weber's illustrierte Handbücher 142. Bd.

Brathuhn, O., Handbuch der Markscheidekunst. 2. Aufl. Leipzig, 1906. 191 S. mit 190 Abb.

Brathuhn, O. Katechismus d. Markscheidekunst, s.a. Weber's, J. J., illustr. Katechismen.

Brathuhn, O., Katechismus der Markscheidekunst. 12. (X, 216 S. m. 174 Abbildgn.) Leipzig 892. J. J. Weber. Geb. in Leinw. n. 3. —

Brathuhn, O., Lehrbuch der praktischen Markscheidekunst. Mit 234 (Holzschn.-)Abbildgn. im Text. gr. 8. (VIII, 288 S.) Leipzig 884. Veit & Co. n. 8. —

— Lehrbuch der praktischen Markscheidekunst unter Berücksicht. der allgemeinen Vermessungskunde. 2., verm. u. vollständig umgearb. Aufl. gr. 8. (X, 370 S. m. 367 Abbildgn.) Leipzig 894. Veit & Co. n. 10 --

Brathuhn, O., Lehrbuch der praktischen Markscheidekunst unter Berücksicht. des Wichtigsten a. d. allgem. Vermessungskunde. 3., verm. u. verb. Aufl. gr. 8. (XII, 408 S. m. 383 Abbildgn.) Leipzig 902. Veit & Co. n. 10. 80; geb. in Leinw. n. 11. 80

Brathuhn, Otto, Lehrbuch der prakt. Markscheidekunst unter Berücksicht. des Wichtigsten aus der allgem. Vermessungskunde. 4., verm. u. verb. Aufl. Mit üb. 400 Fig. (X, 410 S.) gr. 8. Leipzig 908. Veit & Co. 11. —; geb. in Leinw. 12. —

Brathuhn, O., neue Specialkarte von den beiden Mansfelder Kreisen. 1 : 100,000. Lithogr. gr. Fol. Eisleben 882, Mähnert's Verlag. *M 2.; color. *

Brathuhn, O. Neue Specialkarte von den beiden Mansfelder Kreisen. 1 : 100,000. Neue Ausg. 1890. Lithogr. u. color. qu. gr. Fol. Eisleben, Mähnert. * 1 25

Bratiano, D., Lettres sur la circulaire de la Porte du 31 juillet 1856, relative à la réorganisation des principautés. gr. 8. (27 S.) Berlin 857, Asher und Comp. * *

Bratillus, Anton, s. B e a t i l l o , Antonio

Bratimero, Amandus de [Pseud.], s. B e e r , Johann

BRATINA, Johannes: Joannes Baptista a St. Cruce. — 1908. 237 S. Diss. Graz, Univ.

Bratisch, L., Dr. Strousberg und seine Ingenieure Rauschning, Victor, Busse etc. Der Werth ihrer Bauten und die Beschaffenheit des vorhand. Eisenbahnmaterials in Rumänien. 1.—3. Aufl. gr. 8. (21 S.) Berlin 872, Grosser. *

Bratke, Adf., Rechenfibel. Ein Uebungsbüchlein für den Elementarschüler. Nach A. W. Grube's Leitfaden für das Rechnen in der Elementarschule. 1. Heft: Uebungsstoff im Zahlenraume 1—100. gr. 8. (56 S.) Berlin 873, Th. C. F. Enslin. cart. *

Bratke, Eduard: D e n k s c h r i f t über die Nothwendigkeit des Ausbaues der Eisenbahn-Theilstrecke Rücker-Cudowa-Nachod. Cudowa. 1890. 8°.

Epilegomena zur Wiener Ausgabe der altercatio legis inter Simonem Judaeum et Theophilum Christianum von Lic. Dr. Eduard **Bratke**, Prof. (Mit 1 Taf.) Wien: C. Gerold's Sohn in Komm. 1904. (198 S.) 8°
— **Sitzungsberichte** d. Kais. Akademie d. Wiss. in Wien. Philos.-hist. Kl. Bd 148, 1. [05. 1063 9

Bratke, Eduard, Epilegomena zur Wiener Ausgabe der Altercatio legis inter Simonem Judaeum et Theophilum Christianum. (III, 198 S. m. 1 Taf.) gr. 8. Wien 904, (A. Hölder.) n. 4. 50
Sonderabdruck aus: „Sitzungsber. d. k. Akad. d. Wiss."

Bratke, Ed., Justus Gesenius, sein Leben u. sein Einfluß auf die hannoversche Landeskirche. (Gekrönte Preisschrift. gr. 8. (X, 230 S.) Göttingen 883. Vandenhoeck & Ruprecht's Verl. n. 4. —

Bratke, Eduard [Lic. Dr., Prof. d. Theol. an d. Univ. Bonn]: Das Monogramm Christi auf dem Labarum Constantins des Grossen. Jauer, P. Guercke, 1890; S. 73—91; 8°
Jauer, k. G, Festschr. 1890 **

Bratke, E., das Monogramm Christi auf dem Labarum Constantins d. Grossen. [Aus: „Festschr. zur Feier d. 25jähr. Gymnasialjubiläums".] gr. 8. (19 S.) Jauer 891. (P. Guercke.) n. 1. —

Bratke, Ed., das sogenannte Religionsgespräch am Hof der Sasaniden, s.a. Texte u. Untersuchungen zur Geschichte der altchristl. Literatur. N. F. IV. 3.

Das sogenannte Religionsgespräch am Hof der Sasaniden (Ἐξήγησις τῶν πραχθέντων ἐν Περσίδι) hrsg. von Eduard Bratke, Prof. in Bonn. Drei wenig beachtete cyprianische Schriften und die 'Acta Pauli' von D. Adolf Harnack. *Leipzig: J. C. Hinrichs 1899.* (VI, 305, 34 S.) 8°
= Texte u. Untersuchungen z. Geschichte d. altchristl. Literatur. Bd 19, H. 3.
[99. 9367

—— Luther's 95 Thesen und ihre dogmenhistorischen Voraussetzungen. gr. 8. (VIII, 338 S.) Ebendas. 884. *

Bratke, Eduardus *(geb. Neuhaus bei Waldenburg in Schles. 26. 2. 1861)*: Theses ... ad licentiati theologiae gradum rite capessendum. Vratislaviae 1885. (2 Bl.) 4°

Breslau, Ev.-theol. Liz.-Thesen v. 3. März 1885

Bratke, E., Wegweiser zur Quellen- u. Litteraturkunde der Kirchengeschichte. Eine Anleitg. zur planmäss. Auffindg. der litterar. u. monumentalen Quellen der Kirchengeschichte u. ihrer Bearbeitgn. gr. 8. (VI, 282 S.) Gotha 890. F. A. Perthes. n. 6. --

— die **Weisheit des Todes.** Ein Dialog. [Mit einigen Verbessergn. abgedr. aus: „Beweis d. Glaubens".] 8. (43 S.) Gütersloh 902. C. Bertelsmann. n. — 60

Bratke, G.: Ein Rückblick auf die Regier. d. Großherz. Friedr. v. Baden, s. Eltester, H.

Bratkowski, W: Handb. d. Baumwollweberei. (126 m. Abb.) Lex8° Berl., Verl. f. Textil-Industrie '12. Pappbd 5 —

Bratley, Geo. H., die Kunst der Fascination, s.: Talisman-Bibliothek. 7. Bd.

Bratljevo, s.: Serbien.

Bratljevo und Sjenica. Zone 32 col. 22. [Specialkarte von Serbien.] 1 : 75.000. 55 × 39 *cm* K 1.—
Wien: R. Lechner (W. Müller) 1902

Bratranek: Die ursprüngliche Bedeutung Athens. 10 S. Progr. Brünn 1850.

Bratranek, F. Th., Beiträge zu einer Aesthetik der Pflanzenwelt. gr. 8. (VI und 439 S.) Leipzig 853, Brockhaus. *

Bratranek, F. Th., Goethes Egmont und Schillers Wallenstein. Eine Parallele der Dichter. Stuttgart 862. Cotta. gr. 8. (V, 279 S.) 1 Thlr 6 ngr

Bratranek, Th. F., zur Entwickelung des Schönheitsbegriffes. gr. 8. Brünn 841. (Seidel u. Comp.) n. 1/12 Thlr

Bratranek, Th. F., zur Entwickelung d. Schönheitsbegriffes. gr. 8. (5¾ B.) Brünn 341, (Winiker's Buchh.) *

Bratranek, Th. F., Handbuch der deutschen Literaturgeschichte. gr. 12. (IV und 281 S.) Brünn 850, Buschak und Irrgang. *

Bratranek, F. Th., zwei Polen in Weimar [1829]. Ein Beitrag zur Goetheliteratur. Aus poln. Briefen übersetzt und eingeleitet. 8. (IX, 150 S.) Wien 870, Gerold's Sohn.

— ästhetische Studien. Wien 853. Gerold. gr. 8. (IV, 195 S.) n. 1 Thlr 10 ngr

Bratring [Stadtbaurat]: *Mittheilungen über das neue Schulgebäude.* Charlottenburg, Druck v. A. Gertz, 1892; 17—19 S., 1 Taf., 2 Pl. 4.
Charlottenburg, st. HB, P 1892 (116)

Bratring. Verzeichniss eines Theils der von Herrn Grafen von Lepel auf Nassenheide hinterlassenen Bücher, Landkarten, Kupferwerke und Kunstsachen u. s. w. Berlin 1827. 8°.

Bratring, Friedrich Wilhelm August, Addreßhandbuch f. Brandenburg, Pommern u. Preußen etc., gr. 8°. Berl.: Lange 1802. (s.a. Provinzialaddreßbuch).

Bratring, F. W. A., Addreßhandbuch d. preuß. Staaten. gr. 8. Berlin, Lange.

Bratring, Fr. Wlh. Aug., statist.-topograph. Beschreib. d. gesammten Mark Brandenburg. 3 Bde. gr. 4. Berl. 804—9. Maurers B. 13 Thlr

Bratring, Friedrich Wilhelm August, s. F. W. Blumenau.

Bratring, Friedrich Wilhelm August, s. K. v. Bülow: Forsttabellen.

Bratring, Friedrich Wilhelm August, s. Industrie-Addreßbuch.

Bratring, Fr. Wilh. Aug. (Hrsg.), s. Journal für die neuesten Land- und Seereisen.

Bratring, Friedrich Wilhelm August, s. Luftjagd, Die.

Bratring, Fr. Wilh. August (Hrsg.), s. Magazin für die Landes- und Geschichtskunde der Mark Brandenburg.

Bratring, F. W. A., Magazin für d. Landes- und Geschichtskunde d. M. Brandenburg. 1s—4s Stck. gr. 8. Berlin, Mylius. 798.

Bratring, Friedrich Wilhelm August, s. Mein Vaterland Preußen.

Bratring, F.Wilh.Aug. (Hrsg.), s. Miscellen, Preußisch-Brandenburgische.

— Preuß. Brandenb. Miscellen. 1s Quart. gr. 8. Berlin, Schöne. 804.

Bratring, Friedrich Wilhelm August, s. Nicotiana.

Bratring, Friedrich Wilhelm August, s. Reise-Encyklopädie.

Bratring, Friedrich Wilhelm August, s. Reisen in Spanien.

Bratring, Friedrich Wilhelm August: Die Grafschaft Ruppin in histor., statist. und geograph. Hins. Berlin 1799.

— d. Grafsch. Ruppin in histor. statist. u. geograph. Hinsicht. gr. 8. Berlin, Lange. 800.

— die Grafschaft Ruppin in histor.-statist. u. geograph. Hinsicht. gr. 8. Berl. 809. Lange. 2 Thlr

Bratring, Friedrich Wilhelm August, s. Spanien u. d. span. Nation.

Bratring, Friedrich Wilhelm August, s. Welt- u. Menschenkunde.

Bratring, P: Üb. d. Münzwesen d. Stadt Stralsund in neueren Zeiten. [SA] (38 m. Abb. u. 8 Taf.) gr8° Berl. '07. Gr.-Lichterf.-Ost (Schillerstr. 10), Verl. d. Berl. Münzblätter. 2 —

Bratsanos, M. J., *Περὶ τῆς παρὰ Κοιντιλιανῷ Παιδαγωγικῆς.* Diss. 1879. 93 S.

BRATSCH, Eduard (Dillingen): Geschichtliche Entwicklung des Beginnes und Fortgangs der Post in Teutschland und angränzenden Ländern im 18ten Jahrhundert, nebst den ihr vorhergehenden und sie begleitenden meteorologischen, physischen und politischen Ereignissen.- Dillingen: Aulinger 1839. 27 S.
16.8.1837 - Urk; F 63
Diss. Ingolst.-Landsh.-Mchn.

BRATSCH, Eduard (Nymphenburg): De nonnullis exanthematibus chronicis. (Titel nach der Urkunde)
9.8.1850 - Urk; F 67
Diss. Ingolst.-Landsh.-Mchn.

Bratsch, Fr., und F. Ranchner, Zur Anatomie des Rückenmarkes. Beantwortung der Frage: Ob und inwiefern das Rückenmark nichts anderes ist, als die zum Gehirn sich verlängernden Primitivfasern der Spinalnerven. Von der medicin. Fakultät der Universität München gekrönte Preisschrift. Imp.-4. (VIII und 80 S. mit 5 Stnt.) Erlangen 855, Enke's Vrlgsh. *

BRATSCH, Friedrich (Riedenburg): De medulla spinali. (Titel nach der Urkunde)
29.3.1855 - Urk; F 68 Diss. Ingolst.-Landsh.-Mchn.

Bratsch, J. G., Gesänge für Männerchor, s. Sängerbund.

BRATSCH, Moritz (Dillingen): De panno oculi.- Landishuti: Thomann 1819. 32 S.
23.8.1817 - Pe 358; F 57 Diss. Ingolst.-Landsh.-Mchn.

Braetsch, E., Der Brand in dem Steinkohlenbergwerk konsolidierte Kleophas in Oberschlesien am 3. März 1896. Berlin, 1897. 8 S. mit 1 Taf.

Bratt, Andreas

— s. Aufhebung, üb. d. projekt., d. Universität Greifswalde.

Bratt, Andr., († d. 27. Febr. 1811.) de meritis Gustavi I. in religionem et literas. Greifsw. 804.

— problema geometricum triangulum datum a dato puncto in II partes triangulas secandi. Mit Kpf. 8. Greifsw. 807.

— Diss. de satisfactione Christi vicaria. 8. Greifsw. 810.

Bratt, Gustav, De argumento et auctore epistolae ad Hebraeos. Diss. theol. Präs. Theophil Schlegel. Greifswald (J. H. Eckhardt) 8. V. 1806. 20 S. (4.50) 3802

Bratter, C. A., die kutzowalachische Frage. (189 S.) Lex. 8. Hamburg 907. Hermann's Erben. 2. —

— David Jayne Hill u. die amerikanische Diplomatie, s.a. Persönlichkeiten. 22. Heft.

David Jayne Hill und die amerikanische Diplomatie. Von C. A. Bratter. Charlottenburg: Virgil Verl. [1908]. 35 S. 8°
(Persönlichkeiten. H. 22.) (10. 14369)

Brattig, Hans, Referendar in Hannover: Die kumulative Schuldübernahme und ihr Verhältnis zur Bürgschaft. Borna-Leipzig 1907: R. Noske. (VI, 38 S.) 8°
Leipzig, Jur. Fak., Diss. v. 1. Juli 1907
[Geb. 15. Febr. 83 Peine; Wohnort: Hannover; Staatsangeb.: Preußen; Vorbildung: Gymn. Celle Reife O. 02; Studium: Göttingen 1, Marburg 4, Göttingen 2 S.; Rig. 28. Febr. 06.]

Brattler, Wilh., ein Beitrag zur Urologie im kranken Zustande. gr. 8. (VI und 71 S.) München 858, Palm's Hofbuchh. *

BRATTLER, Wilhelm (Augsburg): Ueber den Rheumatismus des Herzmuskels und den intermittirenden Puls.- München: Scharich 1855. 36 S.
15.6.1855 - Urk (Titel: De rheumatismo cordis et de pulsu intermittente.); F 68

Diss. Ingolst.-Landsh.-Mchn.

Bratu, Trajan, a. Resinari in Siebenbürgen: Fouqués Lyrik. (Einl. u. Kap. 1—3.) (Berlin 1907: B. Paul.) (70 S.) 8°
(Die ganze Arbeit wird sobald als möglich erscheinen.)
Berlin, Phil. Fak., Ref. Erich Schmidt, Diss. v. 27. Juli 1907
[Geb. 25. Okt. 75 Resinari (Siebenbürgen); Wohnort: Jassy; Staatsangeh.: Rumänien; Vorbildung: K. K. Staatsgymn. Hermannstadt Reife M. 04; Lizentiaten-Diplom Febr. 99; Studium: Berlin 8 S.; Rig. 13. Juni 07.]

Bratuscheck, Ernst, die Bedeutung der platonischen Philosophie für die religiösen Fragen der Gegenwart. Vortrag gehalten im wissenschaftl. Verein zu Solingen im Januar 1873. gr. 8. (36 S.) Berlin 873, Henschel. [München, Th. Ackermann.] *

— s. Boeckh, Aug., Encyklopädie und Methodologie der philolog. Wissenschaften.

Bratuscheck, Ern. (Car. Ludov.) (geb. Auleben bei Nordhausen 8. 3. 1837): Platonis Phaedri dispositio. Berolini (1865) (30 S.) 8°
Berlin, Phil. Diss. v. 19. Dez. 1865

Bratuscheck, Ernest., Platonis Phaedri dispositio. Dissertatio inauguralis. gr. 8. (32 S.) Berlin 866, (Calvary und Comp.) *

Bratuscheck, Ernst, die Erziehung Friedrichs des Großen. Aus dem Nachlaß von E. B. Mit einem Vorwort von Ed. Mätzner. gr. 8. (VII, 130 S.) Berlin 885. G. Reimer. *

— germanische Göttersage. gr. 8. (VIII, 300 S.) Berlin 869, Loewenstein. * ℳ 3.; geb. *

— dass. — [Neue Ausg.] 8. (VIII, 300 S.) Berlin 873, Staude. [Leipzig, Richter's Verlags-Anstalt.] geb.

Bratuscheck, Ernst, germanische Göttersage. 2. Aufl. 8. (VIII, 330 S.) Leipzig 878. Richter's Verl.-Anst. n. 3. —

— summi in philosophia honores. [Aus: „Philos. Monatshefte".] gr. 8. (78 S.) Leipzig 876. Koschny. n. 1. 50

— die Philosophie als obligatorischer Gegenstand der Schulamtsprüfung. gr. 8. (36 S.) Giessen 874, Ferber'sche Universitäts-Buchh.
Aus: Philosophische Monatshefte, besonders abgedruckt.

Referat des Br. [Ernst] Bratuscheck betr. den Entwurf zu der Bundesverfassung der vereinigten deutschen Grosslogen. o. O. [1879]. 24 S. 8° [Kopftit.]

— Adolf Trendelenburg. gr. 8. (222 S. mit 1 Photogr. Trendelenburg's.) Berlin 873, Henschel. [Th. Ackermann.] *

Bratuscheck, E. Der Unterricht in der französischen Grammatik an der Realschule. Versuch zur Lösung der Realschulfrage. Berlin, Fr.-Werder'sche G. S., 1870. 60 S. 4.

— der Unterricht in der französischen Grammatik an der Realschule. Versuch zur Lösung der Realschul-Frage. gr. 4. (III, 60 S.) Berlin 870, Löwenstein. [Staude.] *

Kaiser Wilhelm's Verdienste um die Einigung der deutschen Freimaurerei. Von Ernst Bratuscheck. Leipzig: Eckstein 1878. 35 S. 8°
cf. DrL. 8 (1878—1879) S. 540 (E. A. F. Rumpelt, gen. Walther).
Tt. 369.

Bratwürste nach der Speckseite geworfen. Eine Samml. ganz neuer Burschenwitze, Anekdoten, fideler Schnurren rc., gestopft u. gebunden v. einigen lust. Brüdern. 1. Wurf. Nebst e. Nachtische auf fliegenden Blätt. f. ganz pikanten Geschmack. 32. (72 S.) (Leipzig) 834, Roschütz u. Comp.

Bratwürste nach d. Speckseite geworfen. Eine Samml. ganz neuer Burschenwitze, Anekdoten rc. 2. Wurf. Nebst ein. Nachtische. 32. (32 Seit.) Aachen 837. [Düsseldorf, Roschütz u. Comp.]
1. Wurf. Ebendas. 1834. 6 Gr.

Bratz, Alfred, approb. Arzt aus Dramburg (Pomm.): Ein Fall von retrobulbärem Sarkom der Orbita. *München 1901: C. Wolf & Sohn.* (23 S.) 8°
München, Med. Diss. v. 1901

Bratz, C. (Red.), s. Kuxen-Zeitung.

Bratz, [Emil]: Führer durch das psychiatrische Berlin für die Teilnehmer des 4. Internationalen Kongresses zur Fürsorge für Geisteskranke zsgest. Berlin 1910. 8°

Bratz, Emil [app. Arzt aus Dramburg i. Pomm.]: Aus d. Laboratorium d. pharmakognost. Sammlung in Kiel. Über Strychnin und Brucin. . . . Kiel, Druck v. A. F. Jensen, 1891; 13 S., 1 Bl. 8°
Kiel, Med. Fak., Inaug.-Diss. v. [14. Febr.] 1891

Bratz, Emil. Ueber Strychnin u. Brucin. Diss. gr. 8. (13 S.) Kiel 891, (Gnevkow u. v. Gellhorn). * — 60

Bratz, Heinrich [app. Arzt aus Dramburg]: Aus d. städt. Krankenhause zu Kiel. Über den Nachweis von Zucker im Urin mittelst o-Nitrophenylpropiolsäure ... Kiel, Druck v. L. Handorff, 1893; 21 S., 1 Bl. 8.
Kiel, Med. Fak., Inaug.-Diss. v. [15. Juli] 1893

Bratz, Heinrich B.

Bratz, die Behandlung der Trunksüchtigen unter dem bürgerl. Gesetzbuch, s. a. Sammlung zwangl. Abhandlungen aus d. Gebiete der Nerven- u. Geisteskrankheiten. II. 5/6.

Bratz, 1. Assist.-Arzt, Dr., Die Behandlung der Trunksüchtigen unter dem Bürgerl. Gesetzbuch. »Samml. zwangl. Abhandl. a. d. Geb. d. Nerven- u. Geisteskrankh.« (69 S.) Halle 1898. C. Marhold.

Braetz, *Karl* Albert [app. Arzt aus Cammer]: Ein Fall von Endotheliom der Portio vaginalis ... (Aus: Arch. f. Gynäkol., Bd. 52 Heft 1.) Halle a. S., Druck v. Wischan & Wettengel, 1896; 2 Bl., 17 S., 2 Bl., 1 Taf. 8.
Halle, Med. Fak., Inaug.-Diss. v. 1. Aug. 1896

Braubach (Schlagwort)

Braubach, s.: Ems.

Braubach, Anna: Märchen. (46) 8° Strassbg, J Singer '06 (Umschl. '05). 1 —

Braubach, Bern. Mich. (geb. Cöln a. Rh. 12. 4. 1820): De cephalotripsia ac mutationibus, quas nonnulli et nuperrime Schoeller in instrumento Baudelocqueano instituerunt, adiecta historia partus cephalotriptore perfecti. Berolini (1843). (18 S.) 4°
Berlin, Med. Diss. v. 25. Aug. 1843

Braubach, Dan., kleine Aufsäze f. Bürger. 8. Oldenb. 798. 2e A. 80.. (ohne s. Namen). 3e A. 8. Brem. 819. Schünemann. 18 gr.

— Beitrr. zur Erweiterung d. Kenntnisse d. Seewissenschaft. 2 Bde, mit 1 Kpf. 8. Bremen 806. Müller. 1 Thlr. 16 gr.

— Beiträge z. Seewissenschaft. 2 Bde. 8. Ebend. 806. 7. (1r 1 Thlr., 2r 16 gr.)

Braubach, Daniel, s. Bellery: Üb. Schiffsmessungen.

— Denkmal großer Mathematiker. 8. Brem. 800. Müller. 4 gr.

— Einrichtung d. Navigationsschule. gr. 8. Brem. 801. Müller. 4 gr.

— Erklärung über meine nie angetast. revolutionären Gesinnungen. 8. Brem... Müller. 6 gr.

— Fragen an Schiffer. 8. Brem... Müller. 6 gr.

— kleine Gedichte, 1e—4e Samml. 8. Brem. 79..—807. (Heyse).

— Glaubensbekenntniß e. Sünders. 4. Brem... Müller. 2 gr.

Braubach, Daniel, s. Grammatik, Engl.

Praktisch-theoretisches Handbuch zur Erlernung des Manövre und der Konstruction der Seeschiffe, von *Daniel Braubach*, öffentlichem Lehrer der Seefahrtskunde in Bremen. Bremen b. Wilmans. gr. 8. III. u. 184 S. m. 15 Kupft. (2 Rthlr. 6 ggl.) 1800
Allg. d. Bibl. 71 B. II. St. S. 418.

— Handbuch zur Erlernung d. Manöver u. d. Construktion d. Seeschiffe, mit 15 Kpf. gr. 8. Brem. 801. Müller. 2 Thlr.

Braubach, Daniel, s. Handwerker, Der gelehrte.

HANDWERKER, Der gelehrte. Eine komische Erzählung (von *Daniel Braubach*) Altona 1797.
Anon.-Lex. II. p. 262 (nach Kayser u. Goedeke).

— — der gelehrte Handwerker, eine komische Erzählung. N. Aufl. 8. Ebendas. 819.

— poet. Kleinigkeiten. 8. Brem... Müller. 2 gr. 2e A. 8. Hamb. 827. Hoffmann u. Campe. 16 gr.

Braubach, Daniel, s. Mann, Der, von Welt.

— Methode, um Länge, Breite, Azimuth ꝛc. ohne Kenntniß d. sphärischen Trigonometer zu finden. Herausg. v. Steengrefe u. Elmken. Mit 1 Kpf. 8. Brem. 808. Heyse. 12 gr.

Braubach, Daniel, s. Miscellaneous collections.

Braubach, D., Erweiterte Seemanns-Tabellen. Bremen 1815. 8°.

— erweiterte Seemanns-Tabellen zur leichtern Bestimmung d. Länge, Breite ꝛc., od. Handb. d. prakt. Steuermannskunst, nebst e. Anhange üb. d. Schiffsmessungen, Stabilität d. Schiffe ꝛc. gr. 8. Brem. 817. (Schünemann). 2 Thlr. 20 gr.

— kurzgefaßtes span.-deutsches u. deutsch-spanisches Taschenwörterbuch. 8. Brem. 807. Heyse. 16 gr.

— Versuch e. mathemat. Unterrichts f. Seefahrer, mit Kpf. 4. Brem. 791. Müller. (Köhler). 1 Thlr. 16 gr.

— Versuch e. theoret.-prakt. Untersuchung üb. d. Windmühlenflügel. Mit Kpf. 8. Brem. 811. Heyse. 3 gr.

— poet. Versuche. 1r Thl. 8. Altona 799. (Central-Compt. 20 gr. Fr. Fleischer in Leipz.) 16 gr. N. Aufl. 2 Thle. 8. Brem. 800. Heyse. 1 Thlr. 8 gr.

— poet. Versuche. 1r Thl. 8. Leipz. Sommer. 799.

— — dasselbe. 2r Thl. 8. Leipz. W. Fleischer. 800.

— mathemat. Vorträge über d. Seewissenschaft in d. hies. Navigationsschule. Bearb. u. herausg. v. H. Lauritz-Ravn. 2 Thle. 8. Hamb. 826. Hoffmann u. Campe. 3 Thlr.

Braubach, Daniel, s. Vorübungen f. Anfänger in d. engl. Sprache.

— Vorübung. zur höhern Geometrie. gr. 8. Altona, Kaven. (Gräff, Leipz.) 798.

— Vorübungen in d. Geometrie u. Mathematik. gr. 8. Altona 798. Kaven. 2e A. gr. 8. Brem. 808. Heyse. 16 gr.

— Vorübungen z. Mechanik f. Seefahrer. Mit 6 Kpft. gr. 8. Bremen 801. Müller. (Altenb., Petersen). 16 gr.

Braubach, Michael (geb. am 13 Febr. 1857 in Köln): Ein Fall von Verschluss des Ductus choledochus mit nachfolgender Gallenstauungscirrhose und Bildung miliarer Leberabscesse ... Bonn, Univ.-Buchdr. v. C. Georgi 1881. 33 S., 1 Bl. 8.
Bonn, Med. Fak., Diss. v. 9 Aug. 1881

Braubach, Wilhelm

Braubach, Wlh., neues Abc als erstes Lese-, Lehr- u. Lernbuch für Schule und Haus. Anweisung, Lesen und Orthographie auf das beste und schnellste sich anzueignen. 2 Hefte. 1. Heft. Lese-Lehrbuch. 2. Heft. Lese-Lernbuch. gr. 8. Gießen 846, Heyer's Verl. n. $6\frac{1}{4}$ ngr. (Einzeln: 1. Hft. n. $\frac{1}{8}$ Thlr. — 2. Hft. $\frac{1}{12}$ Thlr.)

— Abhängigkeit u. Religiosität von sittl. Reinheit; od.: wie wird Religiosität lauter erhalten? 4. Gießen 824.

Braubach, Wilhelm (Butzbach)
Abhängigkeit und Selbständigkeit in einigen Beziehungen und Gegeneinanderstellungen, als Einleitung in einen Theil der allgemeinen Pädagogik.
Giessen 1823.
Diss. phil. 17.2.1823.

Braubach, Wlh., Abhängigkeit u. Selbstständigkeit in einigen Beziehungen u. Gegeneinanderstellungen, als Einleit. in e. Theil d. allgem. Pädagogik. 8. Gießen 824. Heyer. 6 gr.

— Abhängigkeit u. Selbstständigkeit, in zwei Neigungen d. menschl. Natur zu erklären versucht. 4. Gießen 820.

— einige Bemerkk. über Erziehung u. Unterricht. 4. Gießen 817.

Braubach, Wilh., tiefstes Denken u. höchstes Gefühl, od. d. letzten Gründe d. Religiosität u. Sittlichkeit. 8. (7 B.) Gießen 829, Ferber.

— tiefstes Denken u. höchstes Gefühl, od. d. letzten Gründe v. Religiosität u. Sittlichkeit. 8. Gießen 830. Ferber. 12 gr.

Braubach, Wilh., Denk-Reise in das unbekannte Jenseits oder das Leben nach dem Tode u. die Selbstständigkeit der Seele, hergeleitet aus den Wirkungen des Chloroform. Nach einem Vortrag, gehalten in der Gesellschaft für Wissenschaft u. Kunst zu Giessen nebst einem Nachworte über den Ursprung d. Menschengeschlechts. Neuwied 866. Heuser. 12. (2 Bll., 120 S.) n. 10 ngr.

Braubach, Wilh., kleine philosophische Essays. I. gr. 8. (41 S.) Wiesbaden 873, Limbarth. *

— Fundamentallehre der Pädagogik, oder Begründung derselben zu einer strengen Wissenschaft. gr. 8. Gießen 841, Heyer's Verlagsbuchh. n. 5/6 rℬ

Braubach, Wilh., zur Fundamentallehre der Pädagogik als strenger Wissenschaft. A. u. d. T.: Psychologie des Gefühls als Bewegung des geistigen Lebens. Allg. Thl. gr. 8. (X u. 172 S.) Wetzlar 847, Rathgeber. 5/6 rℬ

—— neues Fundamental-Organon der Philosophie und die thatsächl. Einheit von Freiheit und Nothwendigkeit für Jedermann verständlich. gr. 8. (VIII, 130 S.) Neuwied 872, Heuser's Verlag.

Braubach, (W.), Grammatik des Styls und Organismus der Sprache. Für Schule und Wissenschaft. Mit pädagogisch-pract. Zugaben für den Gebrauch des Lehrers. gr. 8. (XVI und 332 S. mit 1 Tab. in qu. Fol.) Gießen 853, Ferber'sche Universitäts-Buchh. Thlr. *

Braubach, (W.), Grammatik des Styls oder der Rede. Für die Hand der Schüler. gr. 8. (XVI und 96 S. mit 1 Tab. in qu. gr. 4.) Gießen 854, Ferber'sche Universitäts-Buchh. *

Braubach, Wilh., das Grundgesetz der Psychiatrie oder Seelenheilkunde für Jedermann auch gegen Hypochondrie, Melancholie und Misanthropie nach den Beispielen aller Keime und Motive zu Selbstmord. gr. 8. (XVI, 55 S.) Neuwied 871, Heuser's Verlag. *

— s. Jacotot, Lehrmethode.

— s. Jacotot's Universal-Unterricht.

—— Köhlerunglaube und Materialismus oder die Wahrheit des geistigen Lebens. gr. 8. (IV und 92 S.) Frankfurt a. M. 850, Auffarth.

—— stylistisches Lern-, Lehr- und Lesebuch für prakt. Bildung in Schule und Haus. (1. Cursus:) Die Erzählung. gr. 8. (XIV und 370 S.) Gießen 853, Ferber'sche Universitäts-Buchh. *

—— stylist. Lern-, Lehr- u. Lesebuch. (1. Curs.:) Die Erzählung. 8. (370) Giess. 53, Roth. n. — 21

—— der Naturwille in seinem Grundgesetze und das Gewissen nach Ursprung, Natur und Verlauf. Leicht verständlich und kurz auseinandergelegt. gr. 8. (VII, 64 S.) Neuwied 870, Heuser's Verlag. *

— Pestalozzi u. d. Geist seiner Bildungsmethode. 4. Gießen 818.

Braubach's Psychologie d. Gefühls als Beweg. d. geist. Lebens. Allgem. Theil. *Wetzl.*, Rathgeber. 847. gr 8° 20*gl* A. unt. d. T.: Zur Fundamentallehre d. Pädag. als strenger Wissensch.

Braubach, Wilh., das Recht der Zeit u. die Pflicht des Staats in Bezug auf die wichtigste Reform in der innern Organisation d. Schule. Nach den vereinigten Principien des Humanismus u. Realismus wissenschaftl. begründet. gr. 8. Gießen im Jan. 833. Ricker. 5/12 rℬ

—— Religion, Moral und Philosophie der Darwin'schen Artlehre nach ihrer Natur und ihrem Charakter als kleine Parallele menschlich geistiger Entwicklung. gr. 8. (80 S.) Neuwied 869, Heuser's Verlag.

Braubach's Seelenl. des Menschen, als Mithülfe z. Erhalt. v. Sittlichk. u. Religion; e. Lehrb. f. höh. Schulclassen. *Giessen*, Heyers Verl. 843. 8° 8*gl*

—— neue praktische Styl-Lehre nach seiner Grammatik des Styls und Organismus der Sprache für alle Schulen. gr. 8. (XV, 48 S.) Neuwied 868, Heuser's Verlag.

— Wahrheitsliebe u. Lügenhaftigkeit, zwei Neigungen d. menschl. Natur. 4. Gießen 821.

—— der Wunderglaube als Heilmittel gegen den Aberglauben. gr. 8. (V, 32 S.) Neuwied 869, Heuser's Verlag. *

Brauburger, Andr., Commentatio juris ecclesiast. de formula reformationis ecclesiae ab Imperatore Carolo V. anno 1548 statibus eccles. oblata etc. 8. Mogunt. 1782. (336 Seiten.) Andreä in Frkfrt. 4 ggr. — 15 kr.

Brauburger, A., de formula reformationis ecclesiast. ab Imper. Carolo V. 1548. statibus eccles. oblata. 8. Mainz, Hermann. 783.

Brauch, A., Militär-Verwaltungs-Dienst. Leitfaden für den Unterricht der Kapitulanten und Einjährig-Freiwilligen und zum Selbstunterricht zusammengestellt auf Grund des Reglements. 2. Aufl. 8. (IV, 79 S.) München 884, Th. Ackermann. *
1. Aufl. erschien im Selbstverlage des Verfassers.

Brauch, August: Aus dem pathologischen Institut zu Giessen. Über die Atresie der fötalen Harnröhre und deren Folgezustände. M. 3 Taf. *Giessen 1897: v. Münchow.* (36 S. mit Taf.) 8°
Giessen, Med. Diss. v. 1897

Brauch, Theodor [pract. Arzt aus Kork in Baden]: Beitrag zur Lehre von den Talusfracturen ... Strassburg, Univ.-Buchdr. v. J. H. Ed. Heitz (Heitz & Mündel), 1887; 47 S. 8°
Strassburg, Med. Fak., Inaug.-Diss. v. 1887

Brauchbar Maximilian: Über die Einwirkung von wässeriger Kalilauge und gesättigter Pottaschelösung auf Isobutyraldehyd. S. 105. IIb. 62 . . . .
Separatabdruck

— und Kohn L.: Über Kondensationsprodukte der Aldehyde. 3. Mitteilung: Oktoglykolisobutyrat aus Isobutyraldehyd. S. 107. IIb. 35 . . . .
Separatabdruck

Brauchbar, Rud., über Unfälle durch hochgespannte elektrische Ströme u. die erste Hilfeleistung bei denselben. gr. 8. (16 S. m. Abbildgn.) Leipzig 901. O. Leiner. n. — 60

Brauchbarkeit, von d., d. alten Schriftsteller. 8. Wittenb. 770. Ahlfeld. 3 *gl*

Brauchen wir Panzerkreuzer? Zeitfrage a. d. deutschen Reichstag, gest. v. e. sachverständ. Patrioten. gr. 8. (24 S.) Berlin 895. H. Peters n. — 50

Brauchitsch, Geo. v., d. panathenäischen Preisamphoren. (VI, 180 S. m. 87 Abbildgn. u. 1 Lichtdr.-Taf.) gr. 8. Berlin 910. B. G. Teubner. 6.—: geb. 7. —

Brauchitsch, Georg von: Die Panathenäischen Preisamphoren. Leipzig 1910: Teubner. 74 S. 8° ¶(Ersch. vollst. als Buch ebd.)
Jena, Phil. Diss. v. 12. Febr. 1910, Ref. Graef
[Geb. 25. März 85 Kleinkatz; Wohnort: Kleinkatz; Staatsangeh.: Preußen; Vorbildung: Gymn. Danzig Reife O. 02; Studium: Berlin 4, München 2, Jena 4 S.; Rig. 30. April 09.]

Brauchitsch, Heinr. v., Geschichte des spanischen Rechts. gr. 8. (VIII und 203 S.) Berlin 852, Allgemeine deutsche Verlags-Anstalt. *

Brauchitsch, Marg. v., Truhen. — Vorlagen f. Brandmalerei, s.: Vorlagen f Brandmalerei.

— moderne Vorlagen f. Brand- u. Gobelin-Malerei, s.: Vorlagen, neue, f. Malerei.

Brauchitsch, Max von

Brauchitsch, M. v., die Gewerbe-Ordnung f. das Deutsche Reich nebst Ausführungsanweisungen. Sonderausg. des 5. Bds. der preuß. Verwaltungsgesetze. Neu bearb. v. F. Hoffmann. gr. 8. (XI, 908 S.) Berlin 900. C. Heymann's Verl. n. 8. —

Brauchitsch, M. v., die neueren Organisationsgesetze der inneren Verwaltung für die Provinzen Preußen, Brandenburg, Pommern, Schlesien und Sachsen. Nebst Anmerkungen und einem Anhange, enth. Tabellen über die Zuständigkeit der Verwaltungsbehörden und der Verwaltungsgerichte, Rechtsmittel und Fristen. Hrsg. im Auftrage des königl. Ministeriums des Innern. 1.—3. berichtigter Abdruck. gr. 8. (XXVI, 877 S.) Berlin 876,77,78, C. Heymann's Verlag. cart. *
geb. in Halbfrzbd. *

Brauchitsch, M. v., die neueren Organisationsgesetze der inneren Verwaltung für die Provinzen Preußen, Brandenburg, Pommern, Schlesien und Sachsen. 2. [Suppl.-]Bd., enth.: die in den Organisationsgesetzen angeführten oder darauf bezügl. Gesetze, Ministerialerlasse 2c., nebst Anmerkungen, sowie einem chronolog. und einem Sachregister für beide Bde. 1.—3. unveränderte Aufl. gr. 8. (XII, 705 S.) Ebendas. 877,78. cart. *
geb. in Halbfrzbd. *

Brauchitsch, M. v., die Organisationsgesetze der inneren Verwaltung in Preußen. Materialien, zusammengestellt und hrsg. 1. Bd.: Die Materialien zur Kreisordnung vom 13. Dezbr. 1872, nebst Sachregister. 11 Lfgn. gr. 8. (2591 S.) Berlin 880—82, C. Heymann's Verlag. à Lfg. *
compl. in 4 Tbln. *

—— die neuen preußischen Verwaltungsgesetze, zusammengestellt und erläutert. 2 Bde. gr. 8. Ebendas. 881. geb. *

Inhalt:

Bd. 1. Organisationsgesetz vom 26. Juli 1880, das Verwaltungsgerichts-Gesetz vom 3. Juli 1875 und 2. Aug. 1880, und das Zuständigkeitsgesetz vom 26. Juli 1876 in seiner jetzigen Gestalt, nebst Anlagen und einer neuen Zuständigkeitstabelle. 1. und 2. Abdr. [4. und 5. Aufl. der „Organisationsgesetze der inneren Verwaltung".] (X, 466 S.) *M 7,50.

» 2. Kreisordnung vom 13. Dezbr. 1872 in der Fassung vom 19. März 1881; die Provinzialordnung vom 29. Juni 1875 in der Fassung vom 22. März 1881; die Dotationsgesetze vom 30. April 1873 und vom 8. Juli 1875, nebst zugehör. Gesetzen, Anlagen und Sachregister. [4. neu bearb. Aufl. der „Organisationsgesetze der inneren Verwaltung".] (VIII, 492 S.) *M 7.

—— dass. — Neue Aufl., vollständig umgearb. und bis auf die Gegenwart fortgeführt von Studt und Braunbehrens. Mit dem Bilde des verewigten Verfassers in Stahlst. 6. und 7. Gesammtaufl. der Organisationsgesetze der inneren Verwaltung. 1. und 2. Bd. 1. und 2. Abdr. gr. 8. (XII, 614; VIII, 467 S.) Ebendas. 884. geb. à Bd. *M 8. *

Brauchitsch, M. v., die neuen preußischen Verwaltungsgesetze. Zusammengestellt und erläutert. Neue Aufl., vollständig umgearb. und bis auf die Gegenwart fortgeführt von Studt und Braunbehrens. Mit dem Bilde des verewigten Verf. in Stahlst. 4 Bde. gr. 8. Berlin, C. Heymanns Verlag. [1. Bd. 8. und 9. Gesammt-Aufl. der Organisationsgesetze der inneren Verwaltung. (XII, 614 S.) 885,86; 10. und 11. wesentlich veränderte und bis auf die Gegenwart fortgeführte Aufl. (XVI, 646 S.) 888,89. — 2. Bd. 8. und 9. Gesammt-Aufl. der Organisationsgesetze der inneren Verwaltung. (VIII, 467 S.) 885,86. — 3. Bd. 4.—8. Gesammt-Aufl. des „Suppl.-Bds." (IX, 453 S.) 885,86. — 4. Bd. 4.—7. Gesammt-Aufl. des „Suppl.-Bds.". (VII, 495 S.) 886; 8. Aufl. (VIII, 496 S.) 889.] geb. à Bd. *M 8.—. *

Brauchitsch, M. v. Die neuen preuß. Verwaltungsgesetze. Nach dem Tode d. Verf. umgearb., fortgeführt u. hrsg. v. Studt u. Braunbehrens. Mit M. v. Brauchitsch's Bildniß in Stahlst. 4 Bde. gr. 8. Berl., C. Heymann. [1. Bd. 12. Aufl. (XVI, 646 S.) 892; 2. Bd. 10. wesentlich veränd. u. bis auf die Gegenwart fortgeführte Aufl. u. 11. Aufl. (VIII, 494 S.) 889,90; 3. Bd. 9. Aufl. (IX, 453 S.) 890; 10. u. 11. Aufl. (IX, 614 S., Nachtrag 2 S.) 892; 4. Bd. 9. Aufl. (VII, 495 S.) 890; 10. wesentlich veränd., bis auf d. Gegenwart fortgeführte Aufl. (VIII, 501 S.) 892.] à Bd. * 8 —; * 32 —

Brauchitsch, M. v., die neuen preußischen Verwaltungsgesetze. Nach dem Tode d. Verf. umgearb., fortgeführt u. hrsg. v. Studt u. Braunbehrens. 1., 3.—5. Bd. gr. 8. Berlin, C. Heymanns Verl. Geb. in Leinw. à n. 8. —

1. 12. Aufl. (XVI, 646 S. m. Bildnis in Stahlst.) 894.
3. 10. Aufl. (IX, 614 S.); 11. Aufl. (IX, 614 S. u. Nachtr. 2 S.) 892.; 12. bis auf die Gegenwart fortgeführte Gesammt-Aufl. 4. Bearbeitg. (XI, 807 S.) 894.
4. 10. u. 11. Aufl. (VIII, 501 S.) 892. 893.
5. 1.—3. Aufl. (VIII, 850 S.) 893. 894.

Brauchitsch, M. v., die neuen preußischen Verwaltungsgesetze. Nach dem Tode d. Verf. umgearb., fortgeführt u. hrsg. v. Studt u. Braunbehrens. 5. Bd. Sonderabdr., s.: Höpker, A., die gewerbe- u. sozialpolitischen Gesetze f. das Deutsche Reich u. den Preußischen Staat.

Brauchitsch, M v., d. neuen preuss. Verwaltgsgesetze. Umgearb., fortgeführt u. hrsg. v. Studt u. Braunbehrens. 5 Bde. 8° Berl., C Heymann's V. Geb. in Lnw. à 8 —
1. 13. Afl. 5. Bearbeitg. (770 m. Bildnis.) 95. | 2. 12. Afl. 5. Bearbeitg. (508) 95. | 3. 12. Afl. 4. Bearbeitg. (807) 94. | 4. 11. Afl. (501) 93. | 5. 3. Afl. (850) 94.

Brauchitsch, M. v., d. neuen preuß. Verwaltungsgesetze. Nach d. Tode d. Verf. umgearb., fortgeführt u. hrsg. v. Studt u. Braunbehrens. 4 Bde. gr. 8. Berlin 896. C. Heymann's Verl. Geb. in Leinw. à n. 8.—

1. 14., m. d. 13. gleichlaut. Gesammtaufl. 5. Bearbeitg. (XVIII, 770 S. m. Bildn.)
2. 13., m. d. 12. gleichlaut. Gesammtaufl. 5. Bearbeitg. (XI, 508 S.)
3. 13., m. d. 12. gleichlaut. Gesammtaufl. 4. Bearbeitg. (XI, 807 S.)
4. 12., m. d. 10. u. 11. gleichlaut. Gesammtaufl. 3. Bearbeitg. (VIII, 510 S.)

— die neuen preußischen Verwaltungsgesetze. Nach dem Tode des Verf. umgearb., fortgeführt u. hrsg. v. Studt u. v. Braunbehrens. Mit M. v. Brauchitsch's Bildniß in Stahlst. 1.—3., 5. u. 6 Bd. gr. 8. Ebd. Geb. in Leinw. à n. 8.—; erhöht. Pr. à n. 10.—

I. 17. bis auf die Gegenwart fortgeführte Gesammtaufl. 6. Bearbeitg. (XX, 800 S.) 901.
II. 15. bis auf die Gegenwart fortgeführte Gesammtaufl. 6. Bearbeitg. (XI, 539 S.) 900.
III. 15. bis auf die Gegenwart fortgeführte Gesammtaufl. 5. Bearbeitg. (XII, 798 S.) 902.
V. 6. bis auf die Gegenwart fortgeführte Gesammtaufl. 2. Bearbeitg. (XII, 938 S.) 900.
5. Aufl. (XI, 908 S.) Ebd. 900.
VI. 3. bis auf die Gegenwart fortgeführte Gesammtaufl. 2. Bearbeitg. (XII, 1139 S.) 902.
1. Aufl. (IX, 880 S.) Ebd. 900.

Die neuen Preussischen Verwaltungsgesetze. Von M(ax) v. Brauchitsch. Nach d. Tode d. Verf. umgearb., fortgef. u. hrsg. von Dr. [Konrad] Studt, Minister, u. [Otto] v. Braunbehrens, Unterstaatssekr. Mit M. v. Brauchitsch's Bildn. 18. mit d. 17. gleichlaut. Gesammtaufl. 6. Bearb. Bd 1. *Berlin: C. Heymann 1901.* 8° [ℨ.] [01. 3c6

Brauchitsch, M. v., die neuen preußischen Verwaltungsgesetze. Nach dem Tode des Verf. umgearb., fortgeführt u. hrsg. v. Studt u. v. Braunbehrens. I.—VI. Bd. gr. 8. Berlin, C. Heymann. Geb. in Leinw. à n. 10.—

I. Mit M. v. Brauchitsch's Bildnis in Stahlst. 20. Aufl. 7. Bearbeitg. (XVI, 862 S.) 906.
19. Aufl. (XX, 800 S.) 903.
II. 18. Aufl. 7. Bearbeitg. (XII, 579 S.) 906.
17. Aufl. (XI, 518 S.) 903.
III. 16. m. der 15. gleichlaut. Gesamtaufl. 5. Bearbeitg. (XII, 798 S.) 903.
IV. 15. bis auf die Gegenwart fortgeführte Gesamtaufl. 6. Bearbeitg. (VIII, 712 S.) 906.
11. Aufl. (X, 620 S.) 903.
V. 7. bis auf die Gegenwart fortgeführte Gesamtaufl. 3. Bearbeitg. (XVI, 1002 S.) 904.
VI. 4. bis auf die Gegenwart fortgeführte Gesamtaufl. 3. Bearbeitg. (XII, 1175 S.) 906.

Brauchitsch, M. v., die neuen preußischen Verwaltungsgesetze. Nach dem Tode des Verf. umgearb., fortgeführt u. hrsg. v. Studt u. v. Braunbehrens. Anh. zum III. Bde. 8. Berlin 907. C. Heymann. Geb. in Leinw. n. 6.—
Die preußischen Kirchensteuergesetze nebst den Ausführungsanweisungen. Hrsg. m. Anmerkgn. u. Formularen. Von R. Crisolli u. M. Schultz. (XXVI, 423 S.)

Brauchitsch, M v.: Die neuen preuss. Verwaltgsges. Fortgeführt von v. Studt u. v. Braunbehrens. I. u. III—VII. Bd. 8° Berl., C Heymann. L. je 10 — d
I. (Allg. Landesverwaltg, Verwaltgsgerichte u. Verwaltgsstreitverfahren, Zuständigk. d. Verwaltgs- u. Verwaltgsgerichtsbehörden.) 20. Afl. 7. Bearbeitg. (802 m. Bildn.) '06.
III. (Städte, Landgemeinden u. Gutsbezirke, Armen- u. Schulsachen, Einquartierg, Sparkassen, Synagogengemeinden.) 17. Gesamtaufl. 6. Bearbeitg. (833) '08.
IV. (Wege- u. Wasserpolizei, Deichangelegenh., Fischerei-, Feld- u. Forstpolizei, Jagdpolizei, Baupolizei, Ansiedlgssachen, Enteigngssachen, Personenstand usw.) 18. Gesamtafl. 5. Bearbeitg. (712) '06.
V. (Gewerbepolizei [Gewerbeordng], Gewerbegericht, Auswandergs- u. Versichergswesen, Handelskammern, Börsen, Landw.-Kammern.) 8. Ges.-Afl. 4. Bearbeitg. (1031) '07.
VI. (Arbeiter-Ver.-Ges.) 4. Afl. 3. Bearbeitg. (1175) '06.
VII. (Die preuss. Volksschulges.) (12, 640) '07. ‖ 2. Afl. 2. Bearbeitg. (12, 773) '08.

Brauchitsch, M. v., die neuen preußischen Verwaltungsgesetze. Nach dem Tode des Verf. umgearb., fortgeführt u. hrsg. von v. Studt u. v. Braunbehrens. III. V. u. VII. Bd. 8. Berlin, C. Heymann. Geb. in Leinw. à 10. —
III. Bearb. v. Frdr. Freund. 18. Aufl. 7. Bearbeitg. (XII, 878 S.) 910.
V. 8. bis auf die Gegenwart fortgeführte Gesamtaufl. 4. Bearbeitg. (Gewerbepolizei [Gewerbeordng.], Gewerbegericht, Auswanderungs- u. Versicherungswesen, Handelskammern. Börsen, Landwirtschaftskammern.) (XVI, 1031 S.) 907.
VII. 2. verm. Aufl. 2. Bearbeitg. (XII, 773 S.) 908.

Brauchitsch, M v.: [Die neuen preuss.] Verwaltgsgesetze. Umgearb., fortgeführt u. hrsg. von Konr. v. Studt u. v. Braunbehrens. NAfl 1—3. u. 5. Bd. 8° Berl., C Heymann. L je 12 — (1—7 u. Anhänge zu 3 u. 7: L 88 —) d
1. 21. Afl. 8. Bearbeitg. (16, 953 m. Bildn.) '11. ‖ 2. Bearbeitet v. W v. Tzschoppe. 19. Afl. 8. Bearbeitg. (12, 675) '12. ‖ 3. Bearbeitet v. Frdr. Freund. 18. Afl. 7. Bearbeitg. (12, 878) '10. ‖ 5. Bearbeitet v. F Hoffmann. 9. Afl. 5. Bearbeitg. (16, 1139) '13.

—— dass. — Ergänzungsbd. f. die Prov. Hannover: Die Gemeindeverfassungsgesetze f. die Prov. Hannover m. den neuen Verwaltungsgesetzen, zusammengestellt u. im amtl. Auftrage hrsg. v. Ernst v. Hoffkowski. gr. 8. (VIII, 495 S.) Ebd. 891. geb. in Leinw. * 8 —

— dasselbe. Ergänzungsband f. d. Prov. Hessen-Nassau. gr. 8. Ebd. 898. Geb. in Leinw. n. 8. —
D. Gemeindeverfassungsgesetze f. d. Prov. Hessen-Nassau m. d. neuen Verwaltungsgesetzen, zusammengest. u. i. amtl. Auftr. hrsg. von A. v. Trott zu Solz. (XII, 609 S.)

— dass. Ergänzgsbd f. d. Prov. Hessen-Nassau. NAfl 8° Ebd. d
Trott zu Solz, A v.: Die Gemeindeverfassgsgesetze f. d. Prov. Hessen-N. m. d. neuen Verwaltgsgesetzen. 2. Afl. v. Carl Mauve. (12, 804) '11. L 12 —

—— dass. — Ergänzungsbd. f. die Prov. Posen: Die Kreis- u. Provinzialverfassung der Prov. Posen. Im amtl. Auftrage hrsg. v. L. Haase. gr. 8. (IX, 239 S.) Ebd. 889. geb. * 5 —

— dasselbe. Ergänzungsbd. f. d. Prov. Posen. gr. 8. Ebd. 897. Geb. in Leinw. n. 5. —
D. Kreis- u. Prov.-Verfassg. d. Prov. Posen. Im. amtl. Auftr. hrsg. v. L. Haase. 2., verm. Aufl. (XII, 260 S.)

—— dass. — Ergänzungsbd. für die Rheinprovinz: Die Gemeindeverfassungsgesetze für die Rheinprovinz mit den neuen Verwaltungsgesetzen, zusammengestellt und im amtl. Auftrage hrsg. von v. Bitter. gr. 8. (VII, 350 S.) Ebendas. 887. geb. *

—— dass. — Ergänzungsbd. f. die Rheinprovinz: Die Gemeindeverfassungsgesetze f. die Rheinprovinz m. den neuen Verwaltungsgesetzen, zusammengestellt u. im amtl. Auftrage hrsg. von v. Bitter. 2. verm. u. verb. Aufl. gr. 8. (X, 372 S.) Ebd. 890. geb. * 5 —

— dasselbe. Ergänzungsbd. f. die Rheinprovinz. gr. 8. Ebd. 905. Geb. in Leinw. n. 5. —
Die Gemeindeverfassungsgesetze f. die Rheinprovinz m. den neuen Verwaltungsgesetzen. Von v. Bitter. 3. Aufl. (XII, 801 S.)

—— dass. — Ergänzungsbd. für die Provinz Schleswig-Holstein: Die Gemeindeverfassungsgesetze für die Provinz Schleswig-Holstein mit den neuen Verwaltungsgesetzen, zusammengestellt und im amtl. Auftrage hrsg. von L. Haase. gr. 8. (VIII, 416 S.) Ebendas. 888. geb. *

— dasselbe. Ergänzungsband f. die Prov. Schleswig-Holstein. gr. 8. Ebd. 893. Geb. in Leinw. n. 6. —
Die Gemeindeverfassungsgesetze f. die Prov. Schleswig-Holstein m. den neuen Verwaltungsgesetzen, zusammengestellt u. im amtl. Auftr. hrsg. v. L. Haase. 2., verm. Aufl. (XI, 472 S.)

—— dass. — Ergänzungsbd. für die Provinz Westfalen: Die Gemeindeverfassungsgesetze für die Provinz Westfalen, mit den neuen Verwaltungsgesetzen zusammengestellt und im amtl. Auftrage hrsg. von O. Braunbehrens. gr. 8. (X, 291 S.) Ebendas. 886. geb. *

—— dass. — Ergänzungsbd. f. die Prov. Westfalen: Die Gemeindeverfassungsgesetze f. die Prov. Westfalen, m. d. neuen Verwaltungsgesetzen zusammengestellt u. im amtl. Auftrage hrsg. v. O. Braunbehrens. 2. verm. u. verb. Aufl. gr. 8. (XII, 348 S.) Ebd. 889. geb. * 5 —

— dass. Ergänzgsbd f. d. Prov. Westfalen. 8° Ebd. 09. Geb. in L. 5 —
Braunbehrens, O: Die Gemeindeverfassgsges. f. d. Prov. Westfalen m. d. neuen Verwaltgsges. 3. Afl. (372) 5 —

Brauchitsch, Siegfried von, Referendar am Amtsgericht Jauer i. Schl.: Die Sonderrechte der deutscher Bundesstaaten und die Vorschriften, die bei ihrer Abänderung oder Beseitigung zu beobachten sind. Borna-Leipzig 1908: R. Noske. (VIII, 60 S.) 8° [F.]
Breslau, Jur. Fak., Ref. Dahn-Brie, Diss. v. 7. Febr. 1908
[Geb. 28. März 86 Breslau; Wohnort: Jauer; Staatsangeh.: Preußen; Vorbildung: Gymn. Karlsruhe i. B. Reife M. 03; Studium: Lausanne 2, Leipzig 2, Breslau 2 S.; Rig. 20. Dez. 06.]

Brauchitsch, Viktor von

Brauchitsch, v, Geschichte d. Grenadier-Regts. König Wilhelm I. (2. westpreuß.) Nr. 7, s.: Lewinski, v.

Brauchitsch, v., Karte der Umgegend von Braunschweig. 1:50,000. Lithogr. Imp.-Fol. Braunschweig 882, (Ramdohr'sche Buchh.) **

Brauchitsch, v., Karte der Umgegend von Braunschweig. 1:50,000. Revid. 1888. Lithogr. Imp.-Fol. Braunschweig, (Ramdohr'sche Buchh.) **

Brauchitsch, v., Karte d. Umgegend v. Braunschweig. 1:50,000. 60,5×63,5 cm. Lith. Brnschw. 93, (Ramdohr). n.n. 4 —; auf Lnw. n.n. 6.50

Karte der Umgegend von Braunschweig. Bearb. v. v. Brauchitsch, Prem.-Lt. im ... Inf. Reg. No 67. Maassst. 1: 50,000. *Braunschweig: Kommr. d. Ramdohr'schen Buchh.: Geogr. lith. Inst. v. W. Greve, Berlin [1895].* 1 Ktnbl. quer-gr. 2. (2) [illegible]

Brauchli, Hermann, prakt. Arzt von Wigoltingen (Thurgau): Aus dem pathologischen Institut der Universität Zürich. Ueber eine Granulations-Geschwulst hervorgerufen durch einen Glassplitter. Zür.-Oberstrass Fischer u. Diggelmann Dr. 1897. 29 S., 1 Bl. 8°.
Zürich, Med. Diss. [v. 26. Juli 1897].

Brauchli, J., siehe: *Taschenbuch.*

Brauchli, Ulr. Ueber die durch Tabak u. Alcohol verursachte Intoxicationsamblyopie. Diss. gr. 8. (57 S. m. 4 Taf.) Zür. 889. (Wiesb., Bergmann.) * 2 40

Brauchlin, Gottlieb, bacc. jur. v. Weerswellen (Thurgau): Die Bilanz der Aktiengesellschaften nach schweizerischem Obligationenrecht mit spezieller Berücksichtigung des neuen deutschen Handelsgesetzbuches. Borna-Leipzig 1905: R. Noske. (IX, 157 S.) 8°
Leipzig, Jur. Fak., Diss. v. 17. Mai 1905
[Geb. 23. Juni 75 Weerswellen, Ktn. Thurgau; Wohnort: Zürich; Staatsangeb.: Schweiz: Vorbildung: Handelsschule. An Stelle des Reifezeugnisses Examen als Rechtsanwalt, Diplom v. 10. Okt. 02; Studium: Bonn 1, Zürich 7 S.; Rig. 31. Mai 04.]

Brauchlin, G[ottlieb]. Die Bilanz der Aktiengesellschaften nach schweizerischem Obligationenrecht, mit spezieller Berücksichtigung des neuen deutschen Handelsgesetzbuches. X + 172 S. 8. Zürich, Caesar Schmidt, 1905. [fr. 3. 75]

Braucht Deutschland eine Flotte? Von einem deutschen Offizier. Bremen 861. Heyse. 8. (20 S.) n. 5 ngr.

Braucht Preußen e. starkes Centrum? Erklärungen f. preuß. Landtagswähler. (82 S.) 16. Berlin (908). Germania. p — 20

Braucht Würtemberg Mönche? Eine deutsche Antwort auf eine römische Frage. Stuttgart 1888. V: *Köstlin, Frdr.* (Kat. d. ständ. Bibl. Stuttg. 1907. S. 102.)

Neue Behandlung der Deutschen Rechtschreibung in vierundzwanzig Lektionen. Ein method. u. e. prakt. Teil bearb. von F. W[ilh.] **Braeucker**, Lehrer in Barmen. *Gütersloh: C. Bertelsmann 1900.* (99 S.) 8° [F.] [00. 11910

Neues Übungsbuch für den Unterricht in der Deutschen Rechtschreibung bearb. von F. W[ilh.] **Braeucker**, Lehrer in Barmen. *Gütersloh: C. Bertelsmann 1900.* (32 S.) 8° [F.] [00. 11911

Braeucker, Th., Deutschlands wilde Rosen, 150 Arten u. Formen. Zum leichteren Erkennen u. Bestimmen angeordnet u. beschrieben. br. 8. (VIII, 78 S.) Berlin 882. Stubenrauch. n. 1. 50

— 292 deutsche, vorzugsweise rheinische Rubus-Arten u. Formen, zum sichern Erkennen analytisch angeordnet u. beschrieben. br. 8. (V, 112 S.) Ebend. 882. n. 1. 50

Brauckmann, Franz, appr. Arzt aus Werl i. Westf.: Zur Casuistik der Behandlung der Kniescheibenbrüche mittelst Naht. *Giessen 1902: r. Münchow.* (50 S.) 8°
Giessen, Med. Diss. v. 1902

Brauckmann, Karl

— Behinderung d. Nasenatmung u. die durch sie gestellt. pädagog. Aufgaben, s.: Beiträge z. pädagog. Pathologie.

Die psychische Entwicklung und pädagogische Behandlung schwerhöriger Kinder von Karl **Brauckmann**. *Berlin: Reuther & Reichard 1901.* (96 S.) 8°
— **Sammlung** von Abhandlungen aus d. Geb. d. pädag. Psychologie u. Physiologie. Bd 4, H. 5. [01. 10497] 2

Die im Kindlichen Alter auftretende Schwerhörigkeit und ihre pädagogische Würdigung. Nebst e. Anh.: Das ertaubte Kind. Von Karl **Brauckmann**, Vorsteher d. Lehr- u. Erziehgsanst. f. Schwerhörige ... zu W.-Jena. *Leipzig: H. Haacke 1896.* (V S., 1 Bl., 103 S.) 1 Bd 8. [96. 393]

Braude, Bernh., die Grundlagen u. die Grenzen des Chamberlainismus, s. a. Studien, Zürcher volkswirtschaftl. 6. Hft.

Braude, Bernhard, aus Grajewo (Russland): Die Grundlagen und die Grenzen des Chamberlainismus. Studien zur Tarifreformbewegung im gegenwärtigen England. Zürich 1905. 144 S. 8°. Zürcher volkswirtschaftl. Studien VI. [14. III. 05.]
Zürich. Jur. Diss. 1904/1905

Braude, Bernh., s.: Zur Agrarbewegg in Russl.

Braude, Isaak, a. Borissoff ⟨Rußland⟩: Elephantiasis der unteren Extremitäten. Berlin (1908): E. Ebering. (46 S.) 8°
Berlin, Med. Fak., Ref. Hildebrand, Diss. v. 17. Juli 1908
[Geb. 19. Febr. 82 Borissoff; Wohnort: Minsk; Staatsangeh.: Rußland; Vorbildung: Gymn. Minsk Reife O. 01; Studium: Wien 8, Berlin 2 S.; Rig. 14. Juli 08.]

Braude, Markus, aus Lemberg: Die **Elemente** der reinen Wahrnehmung. Ein Beitrag zur Erkenntnisstheorie. *Lemberg 1899: F. Bednarski.* (224 S.) 8° ¶ (Soll fortgesetzt werden.)
Freiburg i. B., Phil. Diss. v. 1899

Braue, G. D., landwirthschaftliche Buchführung. Fol. (77 S.) Berne 895. B. Bessin. Geb. n. 2. —

— s: Notiz-Kalender, landwirthschaftlicher.

Braue, Wilh.: Romrausch. Roman. (384) 8° Berl., Adler-Verl. '11. 4 —; geb. 5 — d

Brauel, neue Untersuchungen betr. die pathologische Anatomie der Rinderpest. Dorpat 862. Gläser. gr. 8. (61 S.) n. 15 ngr.

Brauell: Neue Untersuchungen betreffend die pathologische Anatomie d. Rinderpest. Dorpat 1862. 60 S. P.

Brauell, F., de acidi osmici in homines et animalia effectu commentatio physiologica. Lex. 8. (VIII u. 110 S.) Casani 849. (Dorpati Livon., Glaeser.) n. 2/3 ₰

Brauell, J. Fr., Versuch über die seit mehreren Jahren in Deutschland unter den Pferden herrschende Epizootie und über dieselbe Krankheit bei den Schafen und bei dem Rindvieh. Weim. 25. Landes-Ind.-Cont. M. —.75

Brauen, vom, Brennen, Essig- und Potaschsieden, s. Becker (d. schwarze).

Brauen, Werner, a. Interlaken: Über para-substituierte Phtaleine und deren Derivate. (Berlin 1900: G. Schade.) (45 S.) 8°
Berlin, Phil. Fak., Ref. Gabriel, Diss. v. 16. Juni 1906
[Geb. 29. April 83 Interlaken; Wohnort: Charlottenburg; Staatsangeh.: Schweiz; Vorbildung: Oberrealsch. Konstanz Reife Juli 01; Studium: Berlin 3, Charlottenburg T.H. 2. Karlsruhe T.H. 1. Charlottenburg 2, Berlin 3 S.: Rig. 21. Mai 06.]

Brauer [Sachl. Ordnungswort]

Brauer u. Brenner, der. Zeitschrift f. die Interessen d. Brauerei, Brennerei- u. Kellerei-Arbeiter, sowie deren freien Vereiniggn. Organ d. Brauergesellen-Vereins f. Hamburg u. Umgegend v. 1888. Redact.: M. Neule. 1. Jahrg. April—Dezbr. 1890. 9 Nrn. (à Nr. 2 Bog.) Fol. Hamb., [Jensen u. Comp.]. * 3 —
Nicht weiter erschienen.

Brauer und Mälzer, der. Ein Journal, dem Interesse der Brauerei und Malzfabrikation, dem Hopfen- und Gersten-Handel gewidmet. Hrsgbr.: Eugene A. Sittig. 1.—7. Jahrg. 1882—1888. à Jahrg. 12 Hefte. (à Heft ca. 10 Bog. mit Illustr.) gr. 4. Chicago. (Leipzig, M. Schäfer.) à Jahrg. **

Brauer u. Mälzer, der. Ein Journal, dem Interesse der Brauerei u. Malzfabrikation, dem Hopfen- u. Gersten-Handel gewidmet. Hrsg.: E. A. Sittig. 6.—9. Jahrg. 1887—1890. à 12 Hfte. (ca. 10 B. m. Illustr.) gr. 4. Chicago. (Leipzig, M. Schäfer.) à Jahrg. n.n. 23. —

Brauer u. Mälzer, der. The Brewer and Maltster. A journal of the brewing, malt, hop and barley trades. Hrsg.: Eugene A. Sittig & Son. (In deutscher u. engl. Sprache.) 10.—12. Jahrg. 1891—1893. à 12 Hfte. (ca. 10 Bog. m. Illustr.) gr. 4. Chicago. (Leipzig, M. Schäfer.) à Jahrg. n.n. 23. —

Brauer u. Mälzer, der. The Brewer and Maltster. A journal of the brewing, malt, hop and barley trades. Hrsgbr.: Eugene A. Sittig u. Son. (In deutscher u. engl. Sprache.) 11. Jahrg. 12 Hefte. (à Heft ca. 10 Bog. m. Illustr.) gr. 4. Chicago 892. (Lpz., Schäfer.) ** 23 —
Die früheren Jahrge. erschienen nur in deutscher Sprache, ebd. zu demselben Preise.

Brauer, Der, zu Preston. Komische Oper in 3 Akten. Nach dem Französischen von J. Cornet. Musik von A. Adam. München 1839. V: *Brunswick & de Leuven.* (H. Riemann, Opernhandbuch, S. 54) (Hdschr. Mitth. von Friedrich Müller, München.)

Brauer [Verfasser]

Brauer, Cand., s. Bote, der Bergedorfer.

Brauer, Kandidat, s. Monatsblatt der Norddeutschen Missions-Gesellschaft.

Brauer, ..., histor. Nachr. v. d. mähr. Brüdern zu Herrnhag in der Grafschaft Büdingen. 8. Frankf. a. M. 751. Brönner. 12 ߑ

Brauer, wogegen haben wir als evangelisch-lutherische Christen zu protestieren? Vortrag auf der Chemnitzer Konferenz am 14. II. 1905. (30 S.) 8. Leipzig 905. Dörffling & Franke. n. —40
Sonderabdruck aus: „Sächs. Kirchen- u. Schulblatt“.

Brauer, A., mein Austritt aus der mecklenburgischen Landeskirche. [Aus: „Ev.-Luth. Freikirche".] gr. 8. (24 S.) Dresden 889. (H. J. Naumann.) n. — 25

Brauer, A., von der Heilsgewißheit. Heilsbegierigen gläubigen Christen in der Anfechtung durch Irrtum und falsche Lehre zur Stärkung dargereicht. Auch als Antwort auf Prof. Dr. Dieckhoffs Schrift: „Zur Lehre von der Bekehrung und von der Prädestination". 8. (66 S.) Dresden 887, H. J. Naumann. *

—— Von der Heilsgewißheit. Heilsbegierigen gläub. Christen in der Anfechtg. durch falsche Lehre zur Stärkg. dargereicht. 2. Aufl. 12. (71 S.) Dresd. 890, H. J. Naumann. * — 60

Brauer, A., die deutschen Justizgesetze in ihrer Anwendung auf die amtliche Thätigkeit der Konsuln u. diplomatischen Agenten u. die Konsulargerichtsbarkeit. Zum prakt. Gebrauch zusammengestellt. gr. 8. (VI, 195 S.) Berlin 879. C. Heymann's Verl. n. 5. —

Brauer, A., das ewige Leben den „Fremdlingen und Pilgrimmen" dargestellt. 8. (III, 222 S.) Hermannsburg 868. (Leipzig, Naumann.)

Brauer, A. (II.), das ewige Leben den „Fremdlingen und Pilgrimmen" dargestellt. 2. und 3. Aufl. 8. (221 S.) Hermannsburg 871.75, Missionshausdruckerei. *

Brauer, A., Professor Dieckhoffs Lehre v. der Bekehrung u. die Konkordienformel. Eine Erwiderg. auf dessen Schrift: „Der missourische Prädestinatianismus u. die Konkordienformel." gr. 8. (30 S.) Dresden 886. H. J. Naumann. n. — 50

— Predigt üb. Apostelgeschichte 16, 6—33, geh. beim Missionsfeste in Planitz am 5. Sonnt. n. Trin, den 21. Juli 1889, bei Gelegenheit der Synodalversammlg. der „Ev.-luth. Freikirche in Sachsen u. a. St." u. auf Beschluß der Synode mitgeteilt. [Aus: „Ev.-luth. Freikirche".] 12. (15 S.) Ebd. 889. — 10

Brauer, A: Üb. d. Serodiagnose d. Syphilis, s: Sammlung zwangloser Abhandlgn aus usw. Dermatologie.

Brauer, A: Warum muss d. evang. Schule e. Interesse f. d. Mission haben? (16) 8° Berl., Buchh. d. Berliner ev. Miss.-Gesellsch. '12. — 15 d

Brauer, A., wie steht Herr Pastor Ehlers in Hermannsburg zur göttlichen Eingebung der heiligen Schrift? [Aus: „Evang.-luth. Freikirche".] 12. (13 S.) Zwickau i/S. 890. J. Herrmann. — 15

—— Wie steht Herr Pastor Ehlers in Hermannsburg zur göttlichen Eingebung der heil. Schrift? 12. (13 S.) Zwickau i. S. 890. (Dresd., H. J. Naumann.) — 15
aus: Evang.-luth. Freikirche, besonders abgedruckt.

—— d. Wunderglaube als Heilmittel geg. d. Aberglauben. 8. (32) Ebd. 08. n. — 4

Brauer, A., öffentliches Zeugnis gegen die unlutherische neue Lehre der theologischen Fakultät zu Rostock von der Gnadenwahl. gr. 8. (12 S.) Dresden 884, H. J. Naumann.

— öffentliches Zeugnis gegen die unlutherische neue Lehre der theologischen Fakultät zu Rostock v. der Gnadenwahl. 2. Aufl. gr. 8. (14 S.) Ebend. 885. — 30

—— s. Zur rechtlichen Würdigung d. Angelegenheit des Pastor B.

Brauer, Adolf, Gerichtsrefer.: Aufrechnung gegen eine Nichtschuld. Breslau 1909: Schottlaender. 48 S. 8°
Breslau, Jur. Diss. v. 22. Dez. 1909. Ref. Schott, Dahn
[Geb. 1. Aug. 85 Karlsruhe O.-S.; Wohnort: Breslau; Staatsangeh.: Preußen; Vorbildung: Realgymn. am Zwinger Breslau Reife O. 04; Studium: Breslau 3, Berlin 2, Breslau 1 S.; Rig. 23. Juli 07.]

Brauer, Adf., die Heilungskraft des Blutes Jesu. Ein Wort zur Heiligungsbewegg. 8. (12 S.) Gotha 899. [G. Schloeßmann.] Verlagsbureau. n. — 20

Brauer, Agnes, fidele Gesellschaft. Lust. Wandelbilder m. Texten. 4. (16 S. m. Abb. u. 6 farb. Drehbild.) Nürnberg 896. Th. Stroefer. Kart. 2. —

Brauer, Agnes, für's Herzblättchen. Ausgestanzt. 8. (12 S. m. z. Tl. farb. Illustr.) München 892. Nürnberg, Th. Stroefer. n. — 40

— Vöglein's Lied u. Lust. schmal Fol. (16 S. m. z. Tl. farb. Bild.) Ebd. 895. — 75

Brauer, A: 1001 Nacht. 4°. (123 m. Abb. u. 6 Farbdr.) Nürnbg 96, T Stroefer. Geb. 3 —; 8°-Asg. (185 m. Abb. u. 6 Farbdr.) 97. Geb. 2.50

Brauer, Agnes: 1001 Nacht. Ausw. d. schönsten morgenländ. Märchen, f. d. Jugend nacherzählt. (258 m. Abb. u. 8 farb. Taf.) 8° Nürnbg, T Stroefer (09). Geb. 2.80; in 2 Bde geb. (128 u. 134 m. je 4 farb. Taf.) je 1.80 d

Brauer, Agnes, Naseweiß u. Dämelchen, s.: Olfers, Marie v.

Brauer, Agnes, Pflicht u. Liebe. Eine Erzählg. aus dem Burenkriege. Erlebnisse e. f. sein Vaterland kämpf. Burenknaben. gr. 8. (137 S. m. 6 Abbildgn.) München (901). C. Haushalter. Geb. 1. 75

— dasselbe, s.: Jugendbände, Münchener. Nr. 6.

— die Puppen-Gesellschaft. Mit lust. Reimen v. B. (Ausgestanzt.) qu. gr. 4. (14 S. m. z. Tl. farb. Bildern.) Nürnberg 894. Th. Stroefer. n. — 75

— glückliche Reise. (Ausgestanzt.) qu. kl. 4 (14 z. Tl. farb. S. m eingedr. Text.) Ebd. 894. n. — 40

— des Peterle u. Gretle Reisen u. Erlebnisse im Schwabenlande. Eine Geschichte aus e. schwäb. Dorfe. Mit 20 Text-Abbildgn. u. 6 Farbendr. nach Aquarellen v. Thekla Brauer. 1. u. 2. (Titel-)Aufl. gr. 8. (IV, 162 S.) Leipzig 892. 895 O. Spamer. n. 3. 60; kart. n. 4. —

— des Peterle u. Gretle Reisen u. Erlebn. i. Schwabenlande. E. Geschichte a. e. schwäb. Dorfe. M. 20 Text-Abb. u. 6 Farbendr. n. Aquarellen v Thekla Brauer. 3. [Titel-]Aufl. gr. 8. (IV, 162 S) Leipzig (895) 899. O. Spamer. n. 3. 60; geb. in Leinw. n. 4. —

— Des Peterle u. Gretle Reisen u. Erlebnisse im Schwabenlande. Eine Geschichte aus e. schwäb. Dorfe. Mit 20 Textabbildgn. u. 6 Farbendr. nach Aquarellen v. Thekla Brauer. 4. [Titel-]Aufl. (IV,162 S.) 8. Leipzig [895] (910). O. Spamer. Geb. in Lein. 3. —

— lustige Reiter. (Ausgestanzt.) qu. 12. (15 S. m. z. Tl. farb. Bild.) Nürnberg 895. Th. Stroefer. — 40

Brauer, Agnes, Frohe Tage. Lustige Reime u. allerlei Geschichten. kl. 4. (18 S. m. z. Tl. farb. Bildern.) [München. 891.] Nürnb., Stroefer. cart. * 1 50

— was Vöglein singt u. im Wald erklingt! gr. 8. (14 S. m. z. Tl. farb. Abbildgn.) Ebd. 893. Kart. n. — 50

— der Weihnachtsmann. Eine Geschichte f. Kinder m. vielen feinen (z. Tl. farb.) Bildern v. Thekla Brauer. (2. Aufl.) [Ausgestanzt.] 4. (23 S.) Eßlingen 893. J. F. Schreiber. Kart. n. 1. —

Brauer, Agnes, die Welt der Kleinen, m. fröhl. Reimen. kl. 4. (18 S. m. z. Tl. farb. Illustr.) München 888. Stroefer. geb. n. 1. 50

—— s. Zuckerhase, der.

Brauer, Andr., s.: Rebenstecher.

Brauer, Arnold, aus Hannover: Die Übertragung der Namensaktien auf Grund des Handelsgesetzbuchs vom 10. Mai 1897. Borna-Leipzig 1902: R. Noske. (IX, 35 S.) 8°
Leipzig, Jur. Diss. v. 1902

Brauer, August, s. A b s t a m m u n g s l e h r e, Die.

Brauer, Aug., Araneae usw., s.: Dahl, Frdr.

Brauer, Aug., Beiträge zur Kenntniss der Entwicklung u. Anatomie der Gymnophionen. IV. Die Entwicklung der beiden Trigeminus-Ganglien, s: Jahrbücher, zoolog. VII. Suppl-Bd.

Brauer. August [aus Oldenburg i. O.]: Bursaria truncatella unter Berücksichtigung anderer Heterotrichen und der Vorticellinen .... Bonn, Univ.-Buchdr. v. C. Georgi, 1885; 29 S. u. 1 Taf. 8°.
Bonn, Phil. Fak., Inaug.-Diss. v. 30. Okt. 1885.

B r a u e r, A u g u s t, Bursaria truncatella unter Berücksichtigung anderer Heterotrichen und der Vorticellinen. Diss. Bonn 1885, Emil Strauss. 8° 29 S. mit einer Taf.

B r a u e r, Aug. Ueber das Ei v. Branchipus Grubii v. Dyp. von d. Bildung bis zur Ablage. gr. 4. (66 S. m. 3 Taf.) Berl. 892, (G. Reimer). cart. * 4 80
Aus: Abhandlgn. d. k. preuss. Akad. d. Wissensch. zu Berlin, besonders abgedruckt.

— s.: F a u n a arctica.

Brauer, August: Aus d. chir. Klinik zu München. Die Frühoperation der Appendizitis unter Berücksichtigung des Materials der Münchener chirurgischen Klinik von März 1904 bis März 1908. Borna-Leipzig 1908: Noske. 38 S. 8°
München, Med. Diss. v. 23. Sept. 1909, Ref. v. Angerer
[Geb. 15. Okt. 83 Schwerin i. M.; Wohnort: Schwerin; Staatsangeh.: Mecklenburg-Schwerin; Vorbildung: Gymn. Neubrandenburg Reife O. 03; Studium: München 1, Rostock 4, München 6 S.; Coll. 23. Sept. 09; Approb. 31. Juli 09.]

Brauer, August [Dr. phil. aus Oldenburg i. Grossh.]: Zur Kenntniss der Reifung des parthenogenetisch sich entwickelnden Eies von Artemia salina ... (Aus: Arch. f. mikr. Anat., Bd 43.) Bonn, F. Cohen, 1894; 60 S. 8.
Marburg, Phil. Fak., Hab.-Schr. v. 3. Febr. 1894

— s.: S ü s s w a s s e r f a u n a, die, Deutschlands.

Brauer, August: Die T i e f s e e - F i s c h e.
1. 2. Mit Taf. u. Fig. (Jena: Fischer 1906 – 08.) 4°
1. System. Teil. Mit 2 Kt. (1906.) 2. Anatom. Teil. (1908.)
(Wissenschaftliche Ergebnisse d. deutschen Tiefsee-Expedition auf d. Dampfer Valdivia 1898 – 1899. Bd 15, Lfg 1. 2.)

Brauer, August, s. V e r h a n d l u n g e n d. deut. zoolog. Gesellsch.

Brauer, Carl Gottlieb (Görlitz), De vi frigoris praesertim medica. Präs. Christian Gotthold Eschenbach. Lpz. (Carl Tauchnitz) 9. I. 1807. 31 S. (4.80) 3803

Brauer, E. A., Missionspredigt üb. Marci 16, 16, am 16. Sonntag nach Trinitatis in Nord St. Louis geh. 8. (16 S.) St Louis, Mo. 882. (Dresden, H. J. Naumann.) n. — 25

Brauer, Eberhard: Über das elektrische Verhalten des Chroms bei der Auflösung in Säuren. Mit 29 Fig. im Text. *Leipzig: W. Engelmann 1901.* (48 S.) 8° (Aus: Zeitschrift f. physikal. Chemie, Bd 38, H. 4.)
Leipzig, Phil. Diss. v. [11. Okt.] 1901

Brauer, Ed., Gedichte. (1. Samml.) 8. (5 B.) Karlsruhe 835, Müller'sche Hofbuchh.

—— dass. Gedichte. 2. Samml. 16. (5½ B.) Karlsruhe 830, Braun'sche Hofbuchh.

Brauer, Ed., s. S a g e n u. Geschichten der Stadt Baden.

Brauer, Ed., badische Sagenbilder in Lied und Reim. Karlsruhe 858. Braun. 8. (VIII, 208 S.) n. 24 ngl

Brauer, Ed., badische Sagenbilder in Lied und Reim. 2., verm. Aufl. 8. (VIII und 234 S.) Karlsruhe 867, Braun'sche Hofbuchh. * 25 Ngr.; geb. * *

Brauer, Ed., die deutschen Schwurgerichtsgesetze in ihren Hauptbestimmungen übersichtlich zusammengestellt, mit kurzem Hinweis auf fremdes, insbesondere französ. und engl., auch schott. und nordamerikan. Recht. Lex.-8. (VIII und 296 S.) Erlangen 856, Enke's Vrlgsh. *

—— das Verfahren vor dem Amtsrichter in bürgerlichen Streitsachen, nach der neuen badischen Gesetzgebung dargestellt und erläutert. 2., umgearb. Aufl. der Schrift „das mündl. Verfahren vor dem Unterrichter rc." mit Berücksichtigung der Aenderungen im Proceßverfahren überhaupt, und mit einer Ueberschau der neuen Gerichtsverfassung, sowie auch mit Formularien für nicht rechtsgelehrte Personen. gr. 8. (VIII und 216 S.) Karlsruhe 864, Braun'sche Hofbuchh. *

—— das mündliche Verfahren vor dem Unterrichte in bürgerlichen Streitsachen, nach der neuen bad. Gesetzgebung vom J. 1851, dargestellt und erläutert zugleich mit Rücksicht auf nicht sachkundige Personen. gr. 8. (VIII und 167 S.) Karlsruhe 852, Braun'sche Hofbuchh. *

Brauer, Ernst Adolf: B e r e c h n u n g verjüngter Förder-Drahtseile u. deren Spiralkörbe, s. F e s t s c h r i f t zu d. Jubelfeier d. 50jähr. Bestehens d. Grossh. techn. Hochschule zu Darmstadt.

Brauer, E. A. (II.), s. Bericht über die Prüfung von Locomobilen.

Brauer, Ernst A., Betrachtungen üb. die Maschine u. den Maschinenbau. Festrede, bei dem feierl. Akte des Rektorats-Wechsels an der grossh. techn. Hochschule zu Karlsruhe am 25. XI. 1899 geh. v. dem Rektor des J. 1899/1900, B. Lex.-8, (21 S.) Karlsruhe 899. G. Braun'sche Hofbuchdr. n. — 60

Brauer, Ernst A., Festigkeitslehre. Kurz gefasstes Lehrbuch nebst Sammlg. techn. Aufgaben. (XII, 247 S m. 292 Abbildgn.) gr. 8. Leipzig 905. S. Hirzel. n. 8. —; geb. n. 9. —

Brauer, Ernst A., Führer des Maschinisten, s.: Scholl, C. F.

— Grundriss der Turbinen-Theorie. gr. 8. (IV, 124 S. m. 78 Abb.) Leipzig 899. S. Hirzel. Geb. in Leinw. n. 4. —

Brauer, Ernst A., Grundriss der Turbinen-Theorie. 2., verm. Aufl. m. 88 Abbild. im Text. (VII, 161 S.) 8. Leipzig 909. S. Hirzel. Geb. in Leinw. 6. —

Brauer, E., die Konstruktion der Wage nach wissenschaftlichen Grundsätzen, s. a. Schauplatz, neuer, der Künste und Handwerke.

Brauer, Ernst, die Konstruktion der Waage nach wissenschaftlichen Grundsätzen u. nach Massgabe ihres Spezial-Zweckes, zum Gebrauch f. Waagenfabrikanten, sowie für technische Lehranstalten bearb. Mit einem Atlas von 20 (lith.) Foliotaf., enth. 289 Abbildungen (u. 4 S. Text). gr. 8. (XI, 197 S.) Weimar 880. B. F. Voigt. 9. —

Brauer, E., die Konstruktion der Waage nach wissenschaftlichen Grundsätzen u. nach Massgabe ihres Spezial-Zweckes, zum Gebrauch f. Waagenfabrikanten, sowie f. techn. Lehranstalten bearb. 2. Aufl. Mit e. Atlas v. 20 Foliotaf., enth. 289 Abbildgn. gr. 8. (XI, 192 S.) Weimar 887. B. F. Voigt. 5. —

Brauer, E., die Konstruktion der Wage nach wissenschaftlichen Grundsätzen u. nach Massgabe ihres Spezialzweckes. Zum Gebrauch f. Wagenfabrikanten, sowie f. techn. Lehranstalten. 3. vollständig umgearb. Aufl. v. Fr. Lawaczek Mit 246 Textabbildgn. u. Taf. (VIII, 285 S.) gr. 8. Leipzig 906. B. F. Voigt. n. 9. —; geb. n. 10. 50

Springende Logarithmen. Abgekürzte fünfstellige Logarithmentafel mit zunehmenden Grundzahl-Stufen. Zum Gebr. f. techn. Rechnungen bearb. von Ernst A. Brauer, Prof., Karlsruhe. *Karlsruhe: G. Braun 1901.* (8 S.) 4° [Umschlagt.] [01. 9475

Brauer, E., und A. Slaby, Versuche über Leistung und Brennmaterial-Verbrauch von Kleinmotoren. 1. Heft. gr. 8. (VII, 29 S. mit 14 lithogr. Taf.) Berlin 879, Springer. *

Brauer, Fr., praktische Elementar-Pianoforteschule. 16 Hft. qu. gr. 4. Leipzig 839. (Weygand'sche Buchh.) n. 1 ℳ

Brauer, Fr., der Pianoforteschüler. Eine neue Elementarschule für den Unterricht im Klavierspiel. 1. Heft. 2. verb. Aufl. Leipzig 858. Merseburger. 4. (IV, 64 S.) 1 ℳ

—— Vorspiele zu Hentschel's evangelischem Choralbuche oder 180 leichte Vorspiele zu den gangbarsten Choralmelodieen der evangel. Kirche zum Gebrauch beim öffentl. Gottesdienste componirt. 2., verb. Aufl. qu. gr. 4. (VI und 48 S.) Leipzig 858, Merseburger.

Brauer, Fr. Ed.: Ueber Dächer. pg. 3 - 8 . 4°. Mit einer Textabbildung. C. Georges.
Progr. Landau 1846/47.

Brauer, Frau Frieda, s.: **Jung, Frieda.**

Brauer, Friedr., Ansichten über die paläozoischen Insecten und deren Deutung. Lex.-8. (40 S. mit 2 photo-zinkogr. Taf.) Wien 886, Hölder. *
Aus: Annalen des k. k. naturhistor. Hofmuseums, besonders abgedruckt.

— Ansichten üb. die Gattung Pachystylum Mcq. u. Rückblicke auf die in den Denkschriften der kais. Akad. d. Wiss. m.-n. Cl., Bd. LVI. u. LVIII erschienenen „Vorarbeiten zu e. Monographie der Muscaria etc. v. Fr. Brauer u. J. Edl. v. Bergenstamm". [Aus: „Sitzungsber. d. k. Akad. d. Wiss."] Lex.-8. (15 S.) Ebd. 892. n. — 40

Brauer, Frdr., Beiträge z. Kenntniss d. Muscaria schizometopa u. Beschreibung v. zwei Hypoderma-Arten. (Aus: „Sitzungsber. d. k. Akad. d. Wiss."] gr. 8. (54 S. m. 1 Taf.) Wien 897. (C. Gerold's Sohn.) n. 1. 20

— dasselbe. (II.) [Aus: „Sitzungsber. d. k. Akad. d. Wiss."] gr. 8. (54 S) Ebd. 898. n. 1. —
(I. u. II.: n. 2. 20)

Brauer, Frdr., Beiträge zur Kenntniss der Muscaria schizometopa. III. Folge. gr. 8. (85 S.) Wien 899. (C. Gerold's Sohn.) n. — 70
Sonderabdruck aus: „Sitzungsber. d. k. Akad. d. Wiss."
I u. II. Ebd. 897. 898. n. 2. 20.

— Beiträge z. Kenntniss aussereurop. Oestriden u. parasitischer Muscarien. [Aus: „Denkschr. d. k. Akad. d. Wiss."] gr. 4. (26 S. m. 1 Taf.) Ebd. 896. n. 2. 60

Brauer, Friedr., Beiträge zur Kenntniss der Phyllopoden. Lex.-8. (13 S. mit 1 lithogr. Taf.) Wien 872, (Gerold's Sohn.) *
Aus: Sitzungsberichte der k. Akademie der Wissenschaften, besonders abgedruckt.

Brauer, Frdr., Beiträge zur Kenntniss der Phyllopoden. [Mit 8 (lith.) Taf.] [Aus: „Sitzungsber. d. k. Akad. d. Wiss."] Lex.-8. (32 S.) Wien 877. (Gerold's Sohn.) n. 2. 40

Brauer, Friedr., Beleuchtung der Ansichten des Hrn. Oberförsters Fritz A. Wachtl über Hirmoneura obscura Meig. gr. 8. (7 S.) Wien 883, (Hölder.) *

— Bemerkgn. zu ein. neuen Gattungen d. Muscarien u. Deutg. ein. Orig.-Exemplare. [Aus: „Sitzungsber. d. k. Akad. d. Wiss."] Lex.-8. (23 S. m. 1 Taf.) Ebd. 895. n. — 80

— Bemerkungen über die im kaiserl. zoologischen Museum aufgefundenen Original-Exemplare zu Ign. v. Born's Testaceis Musei Caesarei Vindobonensis. [Aus: „Sitzungsber. d. k. Akad. d. Wiss."] Lex.-8. (76 S.) Ebend. 878. n. 1. 20

—— s. Bericht über die wissenschaftlichen Leistungen im Gebiete der Entomologie.

— Beschreibung u. Beobachtung der österreich. Arten der Gatt. Chrysopa, s.: Abhandlungen, naturwissenschaftliche, hrsg. v. W. Haidinger. IV. Bd.

Brauer, F. Vergleichende Beschreibung der Sialis fuliginosa und lutaria. Wien 1856.

Brauer, Friedr., Entwickelungs-Geschichte der Panorpa communis. Linné. gr. 8. (4 S. mit 1 Stnt.) Wien 852, (Gerold's Sohn.) *
Aus: Sitzungsberichte der k. Akad. der Wissensch. Jahrg. 1851, besonders abgedruckt.

— über einige neue Gattungen u. Arten aus der Ordnung der Neuropteren Lin. [Aus: „Sitzungsber. d. k. Akad. d. Wiss."] Lex.-8. (14 S.) Ebend. 878. n.n. — 30

— J. Redtenbacher u. L. Ganglbauer, fossile Insekten aus der Juraformation Ost-Sibiriens, s.: Mémoires de l'académie impériale des sciences de St. Pétersbourg.

—— zur näheren Kenntniss der Odonaten-Gattungen Orchithemis, Lyriothemis und Agrionoptera. Lex.-8. (7 S.) Wien 883, (Gerold's Sohn.) *

— Zur näheren Kenntnis der Odonatengattungen *Orchithemis, Lyriothemis* und *Agrionoptera*. S. 87. I. 83 . . . . —.20
Separatabdruck

Brauer, Friedr. Das organische Leben in periodischen Wassertümpeln, s. Vorträge d. Vereines zur Verbreitung naturwissenschaftl. Kenntnisse in Wien.

—— vorläufige Mittheilungen über die Entwicklung und Lebensweise des Lepidurus productus Bosc. Lex.-8. (12 S. mit 2 lithogr. Taf.) Wien 874, (Gerold's Sohn.) *
Aus: Sitzungsberichte der k. Akademie der Wissenschaften, besonders abgedruckt.

Brauer, Friedr., Monographie der Oestriden. Hrsg. von der k. k. zoolog.-botan. Gesellschaft in Wien. gr. 8. (VI und 292 S. mit 1 Holzschntaf. und 10 Kpfrt., wovon 4 ill.) Wien 863. (Leipzig, Brockhaus' Sortiment und Antiquarium.) *

Brauer, Friedr., unter Mitarbeitung von Frz. Löw, Neuroptera austriaca. Die im Erzherzogthum Oesterreichs bis jetzt aufgefundenen Neuropteren nach der analyt. Methode zusammengestellt, nebst einer kurzen Charakteristik aller europ. Neuropteren-Gattungen. Mit 5 lith. Taf. Wien 857. Gerold. Lex.-8. (XXIII, 80 S.) n. 1 ℳ

BRAUER, Friedrich
Über die von Prof. O. Simony auf den Canaren gefundenen Neuroptera und Pseudoneuroptera (Odonata, Corrodentia et Ephemeridae) von Friedrich Brauer. (Aus den Sitzungsberichten der kaiserl. Akademie der Wissenschaften in Wien. Mathem.-naturw. Classe; Bd. CIX, Abth. I. Juli 1900.) Wien. 1900. In Comm. Gerold's Sohn. Gr.-8°. 14 S. K —.80

Brauer, F., Neuropteren, s. Reise der österreich. Fregatte Novara.

—— die Neuropteren Europas und insbesondere Oesterreichs mit Rücksicht auf ihre geographische Verbreitung. Kritisch zusammengestellt. gr. 4. (88 S.) Wien 876, (Braumüller. — Leipzig, Brockhaus' Sortiment und Antiquarium.) *
Aus: Festschrift der k. k. zoologisch-botanischen Gesellschaft in Wien, besonders abgedruckt.

— üb. d. a. Afrika bekannt geword. Oestriden u. insbes. üb. zwei neue v. Holub a. Südafrika mitgebrachte Larven a. dieser Gruppe. 8° (13 m. 1 Taf.) Wien 92, (C Gerold's S.). — 60

Brauer, Frdr., üb. die aus Afrika bekannt gewordenen Oestriden u. insbesondere üb. zwei neue v. Holub aus Südafrika mitgebrachte Larven aus dieser Gruppe. [Aus: „Sitzungsber. d. k. Akad. d. Wiss."] Lex. 8. (13 S. m. 1 Taf.) Wien 892. (F. Tempsky.) n. — 60

—— zwei **Parasiten** des Rhizotrogus solstitialis aus der Ordnung der Dipteren. Lex.-8. (18 S. mit 2 lithogr. Taf.) (Ebendas.) 883. *

aus: Sitzungsberichte der k. Akademie der Wissenschaften, besonders abgedruckt.

— offenes **Schreiben** als Antwort auf Hrn. Baron Osten-Sacken's „critical review" meiner Arbeit üb. die Notacanthen. gr. 8. (11 S.) Wien 883. (Hölder.) n. — 30

—— über das **Segment** médiaire Latreille's. Lex.-8. (27 S. mit 3 lithogr. Taf.) Wien 882, (Gerold's Sohn.) *

Aus: Sitzungsberichte der k. Akademie der Wissenschaften, besonders abgedruckt.

— Über die Stellung der Gattung *Lobogaster* Phil. im Systeme. S. 87. 1. 91 . . vgr. Separatabdruck

— systematisch-zoologische Studien. Lex.-8. (177 S. mit 1 lithogr. Taf.) Wien 885, (Gerold's Sohn.) *

Aus: Sitzungsberichte der k. Akademie der Wissenschaften, besonders abgedruckt.

— die **Zweiflügler** des kaiserl. Museums zu Wien. I. 1. Die kaiserl., Winthem'sche, Wiedemann'sche u. Egger'sche Sammlung. — 2. Systematische Übersicht. — 3. Die Tabanus-Arten der europ., mediterranen u. sibir. Subregionen. Mit 6 (lith.) Taf. [Aus: „Denkschr. d. k. Akad. d. Wiss."] Imp.-4. (112 S.) Ebend. 880. n. 6. 50

Brauer, Frdr., die **Zweiflügler** des kaiserl. Museums zu Wien. II. 1. Versuch einer Charaktoristik der Gattungen der Notacanthen [Ltr.], mit Rücksicht auf die im kaiserl. Museum befindl. v. J. R. Schiner aufgestellten neuen Gattungen. — 2. Vergleichende Untersuchungen d. Flügelgeäders der Dipteren nach Adolph's Theorie. — 3. Characteristik der mit Sconopinus verwandten Dipteren-Familien. Mit 2 (lith.) Taf. [Aus: „Denkschr. d. k. Akad. d. Wiss."] Imp.-4. (54 S.) Wien 882. (Gerold's Sohn.) n. 4. —

—— dass. — III.: Systematische Studien auf Grundlage der Dipteren-Larven, nebst einer Zusammenstellung von Beispielen aus der Literatur über dieselben und Beschreibung neuer Formen. Imp.-4. (100 S. mit 5 lithogr. Taf.) (Ebendas.) 883. *

aus: Denkschriften der k. Akademie der Wissenschaften, besonders abgedruckt.

Brauer, Frdr., u. J. **Edler v. Bergenstamm**, die Zweiflügler d. kaiserl. Museums in Wien. IV. Vorarbeiten zu e. Monographie der Muscara Schizomotopa [excl. Anthomyidae]. [Aus: „Denkschr. d. k. Akad. d. Wiss."] Imp.-4. (112 S. m. 11 lith. Taf.) Wien 889. (Tempsky.) n. 10. — (I—IV.: n. 27. 50)

Brauer, Frdr., u. J. Edler **v. Bergenstamm**, die Zweiflügler des kaiserl. Museums zu Wien. V. VI. Vorarbeiten zu e. Monographie der Muscaria schizometopa (excl. Anthomyidae). Pars II. III. [Aus: „Denkschr. d. k. Akad. d. Wiss."] Imp.-4. Wien, (F. Tempsky). n. 13. 80 (I—VI.: n. 40. 80)

V. (142 S.) 891. n. 7. 80. — VI. (152 S.) 893. n. 6. —.

— u. J. Edler **v. Bergenstamm**, d. **Zweiflügler** des kaiserl. Museums zu Wien. VII. Vorarbeiten zu e. Monographie d. Muscaria schizometopa (excl. Anthomyidae). Pars IV. [Aus: „Denkschr. d. k. Akad. d. Wiss."] Imp.-4. (88 S.) Ebd. 894. n. 4. 50 (I.—VII.: n. 45. 80)

Brauer, Gottfried Ludwig

Brauer, Gfr. Ludw., Der tolle Hund, nach seinen charakteristischen Kennzeichen dargestellt, nebst den nötigsten und zweckmässigsten Mitteln gegen den tollen Hundebiss. Mit 2 kolor. Kpfrn. gr. 4. Leipzig 12. Hunger. M. 2.—

Brauer, Gf. Ldw., der tolle Hund, nach seinen charakteristischen Kennzeichen. Mit 2 color. Kpft., nebst Mitteln wider den tollen Hundebiß. 4. Leipz. 812. Magazin f. Industrie. 16 gr. Hbg. Pr. 10 gr.

— **Gottfried Ludwig** (Leipzig), Observationes quaedam de gangraena nosocomiali quae anno h. s. XIV. Lipsiae inter milites variarum nationum grassata est. Präs. Johann Carl Friedrich Leun. Lpz. (Staritz) 10. XI. 1820. 28 S. (4.80) 3804

Brauer, Gust., das Turnen im Hause, s.: **Beerwald**, K.

Brauer, Gust. Ad., das **Turnen** an der Schulbank f. Schule u. Haus u. Spiele im Freien f. die unteren Schulklassen. (96 S. m. 95 Abbildgn.) gr. 8. Leipzig 909. Dürr'sche Buchh. 1. 80

— **Turnen u. Spielen** in den untersten Volksschulklassen. Vortrag m. bildl. Darstellgn., geh. zur Hauptkonferenz des Stadtbez. Leipzig I. (14 S. m. Abbildgn.) gr. 8. Ebd. 907. — 50

Brauer, Hedw., s.: **Bibliothek** der Hand- u. Kunst-Arbeiten.

Brauer, Heinrich: Liederbuch f. gehob. Schulen, s. Friedrich, K.

Brauer, Helmut: Rudolf I., Kurfürst von Sachsen-Wittenberg, in seiner Stellung zur Reichspolitik. Halle a. S. 1910: Hohmann. 42 S. 8°

Halle, Phil. Diss. v. 3. März 1910. Ref. Lindner

[Geb. 28. März 87 Romschin; Wohnort: Halle a. S.; Staatsangeh.: Preußen; Vorbildung: Friedrich-Wilhelms-Gymn. Posen Reife O. 06; Studium: Halle 3, Berlin 3, Halle 2 S.; Rig. 15. Dez. 09.]

Brauer, Joh. Ernst: Die Schaumgärgs-Theorie unter neuen Gesichtspunkten n. d. Ergebnissen d. modernen Forschg auf d. Geb. d. Physiol. u. Enzyme. (32) 8° Lpzg, A Hasert & Co. (05). — 50 d

— der **infektiöse Scheidenkatarrh**, dessen Folgen u. die Bacillolbehandlung bei ansteckenden Krankheiten landwirtschaftlicher Nutztiere u. im Haushalt, m. e. Tab. als Anh. Gleichzeitig e. Wink zur Beseitigg. der Fleischnot u. Fleischteuerg. Ein Hilfsbuch auf Grund erschöpf., wissenschaftl. Untersuchgn. u. Folgen in der Praxis f. prakt. Landwirte, Viehbesitzer, Studierende u. sonst. Interessenten. (53 S.) 8. Ebd. (906). n. 1. —

Brauer, Johann Hartwig

Brauer, J. H., Asien, s. **Stein**, C. G. D., u. F. **Hörschelmann**, Handbuch der Geographie.

— offene Bedenken über die von d. Hrn. Dr. Alt u. Schmaltz am 17. Sonnt. nach Trin. gehalt. u. im Druck erschien. Predigten. 8. Hamburg 840. Niemeyer. 1/12 ♂

Brauer, Jh. Hartw., Beiträge zur Geschichte der Heidenbekehrung. 1r Beitrag. A. u. d. T.: Johann Eliot u. die Familie Mayhew, die Apostel d. Indianer. gr. 12. Altona 835. Hammerich. 1/4 ♂ — 2r Beitrag. A. u. d. T.: Die Heidenboten Friedrichs IV. von Dänemark. I. Bartholomäus Ziegenbalg u. seine Mitarbeiter in Trankebar. gr. 12. Ebd. 837. 3/8 ♂ — 3r Beitrag. A. u. d. T.: Die Heidenboten Friedrichs IV. v. Dänemark. II. Thomas von Westen u. Hans Egede. gr. 12. Ebd. 839. 3/8 ♂ (1—3. 1 ♂)

Brauer, Jh. Hartwig, Beiträge zur Geschichte der Heidenbekehrung. 4. Beitrag. — A. u. d. T.: Die Heidenboten Friedrichs IV. von Dänemark. III. Benjamin Schultze in dänischem Missions-Dienste zu Trankebar u. Madras u. seine Mitarbeiter. gr. 12. Hamburg 841. (Perthes-Besser u. Mauke.) n. 1/2 ♂ (1—3, bei Hammerich: 1 ♂)

Brauer, Joh. Hartwig, Beiträge zur Geschichte der Heidenbekehrung. 1. Beitrag. A. u. d. T.: Johann Eliot und die Familie Mayhew, die Apostel der Indianer. 2. Aufl. 12. (XII und 100 S.) Altona 817, Hammerich.

Brauer, Jo. Hartwig, Hinter- und Vorderindien. } s. Stein, Chr. Gottfr. Dan., und Ferd. Hörschelmann, Handbuch der Geographie.

— das Missionswesen der evangel. Kirche in seinem Bestande. Versuch einer Missions-Statistik. 1. Bd. A. u. d. T.: Die Missionsanstalten u. Gesellschaften der evangel. Kirchen des europäischen Westlandes. 2 Hälften. 8. (VI u. 720 S.) Hamburg 847. 51, Agentur des Rauhen Hauses. (1: ⅔ ℛ 2: ⅚ ℛ) 1½ ℛ

Brauer, J.H. (Hrsg.), s. Missions-Zeitung, Allgemeine.

Brauer, J.H. (Hrsg.), s. Mitteilungen aus der norddeutschen Missionsgesellschaft.

Brauer, Johann Niklas Friedrich (Hrsg.), s. Abdruck derer in angemasster Klagsache der Stadt Baden ... bey dem Reichshofrath zu Wien vorgekommenen Schriften.

Brauer, Jh. Nik. Fr., († d. 17. Nov. 1813.) Abhandll. z. Erläuter. des westphäl. Friedens. 3 Thle. 8. Offenb. 782—85. 3 ℛ (2r Thl. Xuch u. d. T.: Abhandl. von d. Normen zu Entscheid. d. Streitigkeiten zwischen Religionsverwandten ꝛc. 1 ℛ 3r Thl. Xuch u. d. T.: Abhandl. von dem Entscheidtag u. dessen Einfluß auf eingezogenes oder stehendes Kirchenguth ꝛc. 1 ℛ 8 ℊ)

— Abhandl. z. Erläut. des westphäl. Friedens. 3 Thle. 8. Offenb. Brede. 782—85. (1r 16 gr., 2r 1 Thlr., 3r 1 Thlr. 8 gr.)

— Abhandl. von d. Normen zur Entscheid. d. Streitigkeiten zwischen Religionsverwandten ꝛc. 8. Offenb. Weiß. 784.

Brauer, J. N. F.: Beytrr. zu e. allgem. Staatsr. d. Rhein. Bundesstaaten in 50 Sätzen. *Karlsr.*, Macklot. 807. gr. 8. (1 Thl.)

Brauer, J. N. F., Beiträge zu ein. allgem. Staatsrecht d. rheinisch. Bundesstaaten in 50 Sätzen. gr. 8. Carlsruh, Müller. (Mohr u. Zimmer in Heidelb.) 807.

— das Christenthum ist Regierungsanstalt. gr. 8. Leipz. 807. Kummer. 20 ℊ

— Erläuter. über d. Code Napoléon u. die Großherzogl. Badenschen bürgerl. Gesetzgebung. 6 Bde. gr. 8. Karlsr. 809. Müller. 15 ℛ Hbg. Pr. 5 ℛ (4r Bd. Xuch u. d. T.: Eigenthümlichkeiten des Napoleon. gegen das Justinian. Recht u. 6r Bd. X. u. d. T.: Rechtsdenkwürdigkeiten für die Anwend. des Code Napoléon etc.)

— Erläuter. üb. den Code Napoleon u. der großherz. Badenschen bürgerlich. Gesetzgebung. 5 Bde. gr. 8. Carlsruhe, Müller. (Hermann, Frankf.) 810

Brauer, J. N. F., Erläuterungen üb. d. Coder Napoleon u. großherzogl. Badenschen bürgerl. Gesetzgebung. 6r Bd. gr. 8. Carlsruhe, Müller. (Frankf. Hermann in Comm.) 812.

Brauer, J. Nic. Fr.: Erläuter. üb. d. bad. Landrecht, od. üb. d. bad. bürgerl. Gesetzgebung. *Carlsruhe*, Müller. 809—12. 6 Bde. gr. 8. (5 Thl.)

— Gedanken üb. ein. Kirchenverein beid. protest. Confessionen. 8. Frankf. Gebhardt. (Macklot, Carlsr.) 803.

— Gedanken über Protestantismus u. dessen Einfluß auf die Kirchengewalt u. die Religionslehre. 8. Karlsr. 802. Macklot. 1 ℛ

Brauer, Joh. Nik. Fr. (Hrsg.), s. Jahrbücher der Gesetzgebung und der Rechtswissenschaft des Grossherzogthums Baden.

Brauer, Johann Niklas Friedrich, s. Inhalt der Bad. Gesetzgebung.

Brauer, Johann Niklas Friedrich, s. Pauleidolonchtoneicon.

Brauer, Jos. Ernst, Edelkorn! Skizze zur Antialkohol-Bewegg. Eine gemeinverständl. Darstellg. nebst erschöpf. Vorschlägen zur vernunftgemäßen Lösg. der Alkohol-Frage. (14 S.) 8. Leipzig (905). A. Hafert & Co. n. —50

Brauer, Karl, Pfarrer zu Grüsen: Geschichte der Unionstätigkeit Duries unter dem Protektorat Cromwells. Marburg 1905: R. Friedrich. (102 S.) 8° ¶ (Die vorliegende Dissertation enthält nur den 1. und 2. Teil. Die vollständige Arbeit wird im Verlage der N. G. Elwert'schen Verlagsbuchhandlung in Marburg erscheinen.)
Marburg, Theol. Fak., Ref. Mirbt, Jülicher, Diss. v. 4. Nov. 1905
[Geb. 15. Nov. 77 Fambach, Kr. Schmalkalden; Wohnort: Grüsen; Staatsangeh.: Preußen; Vorbildung: Gymn. Eisenach Reife O. 96; Studium: Erlangen 3, Greifswald 2, Marburg 4 S.; Rig. 20. Juli 04.]

Brauer, Karl, die Unionstätigkeit John Duries unter dem Protektorat Cromwells. Ein Beitrag zur Kirchengeschichte des 17. Jahrh. (X, 253 S.) gr. 8. Marburg 907. N. G. Elwert's Verl. 4. 80

Brauer, L., Reductions-Tabelle von Hamburger Banco in deutsche Reichsmünze berechnet von $1/32$ ß bis 5000 ℳ Bco. zu dem, laut Gesetz festen Course von 100 ℳ Bco. = 150 ℳ Reichsmünze. 16. (13 S.) Hamburg 873, Seippel und Leopoldt. *

Brauer, L., **Stempelsteuer-Tabelle für Wechsel in deutscher Währung [laut Gesetz vom 4. Juni 1879], gültig vom 1. Juli 1879 ab und für Wechsel in ausserdeutscher Währung nach den vom Bundesrathe festgestellten Mittelwerthen [laut Bekanntmachung vom 12. Novbr. 1879], gültig vom 1. Decbr. 1879 bis auf Weiteres. 16. (11 S.) Hamburg 879, (Kriebel.) In Plakatform. qu. Fol.**

Brauer, L., Stempelsteuer-Tabelle für Wechsel in deutscher Währung [laut Gesetz vom 4. Juni 1879], gültig vom 1. Juli 1879 ab u. für Wechsel in ausserdeutscher Währung nach den vom Bundesrathe festgestellten Mittelwerthen [laut Bekanntmachung vom 12. Novbr. 1879], gültig vom 1. Dezbr. 1879 bis auf Weiteres. 16. (11 S.) Hamburg 880. Kriebel in Comm. —30; in Plakatform qu. Fol. —25

Einladung zur öffentlichen Probe-Vorlesung, welche Dr. med. Ludolph **Brauer** zur Erlangung der Venia legendi bei der medicinischen Facultät der Ruprecht-Carls-Universität zu Heidelberg Samstag, d. 31. Juli 1897 ... abhalten wird. Thema: Ueber die Bedeutung der musculären Störungen des Magens für die Pathologie und Therapie der Magenkrankheiten. *Heidelberg*, Druck v. J. Hörning, *1897*; 1 Bl. 8.

Brauer, Ludolph, s. Beiträge z. Klinik d. Infektionskrankh. u. z. Immunitätsforschg.

Brauer, Ludolph, s.: Beiträge zur Klinik der Tuberkulose.

— s.: Centralblatt, internationales, f. die gesamte Tuberkulose-Literatur.

Brauer, Ludolph [Dr., Assist. an d. Ambulanz d. med. Klinik]: Der Einfluss des Quecksilbers auf das Nervensystem des Kaninchens ... '(M. Taf. I—III.)' (Aus: Deutsche Zeitschr. f. Nervenheilk., Bd XII.) Leipzig, Druck v. A. Pries, 1897; 1 Bl., 64 S., 3 Taf. 8.
Heidelberg, Med. Fak., Hab.-Schr. v. [31. Juli] 1897

Brauer, Ludolph [pr. Arzt aus Bremen]: Ein Fall von Elephantiasis congenita ... München, Druck v. Dr. E. Albert & C., 1892; 31 S., 2 Taf. 8.
Freiburg i. B., Med. Fak., Inaug.-Diss. v. 1892

Brauer, Ludolph, s. Mitteilungen a. d. hamburg. Staatskrankenanst.

— **Ueber Pneumothorax. Mit 12 Röntgen-Photograph. Progr. (40 S.) Lex. 8. Marburg 906. N. G. Elwert's Verl. 2. —**

Brauer, Ludolph, Professor: Ueber Pneumothorax. Marburg 1906: J. A. Koch. (40 S.) 4°
Marburg, Progr. zur Einführung des Rektors 1906

Säuglingsheim und Milchküchenbetrieb der Königl. Mediz. Poliklinik d. Univ. Marburg a. L. (Verf.: L[udolf] **Brauer.**) Marburg a. L. 1905: H. Bauer. (20 S.) 8° [ȝ.] [05. 11976 4

Brauer, Ludolph, s. Tuberkulose-Fortbildungskurs, Der, d. allg. Krankenhauses Hamburg-Eppendorf.

— s.: Zentralblatt, internat., f. die gesamte Tuberkulose-Forschung.

Brauer, M. Beiträge zur Kenntnis des o-p-Dichlor-m-Nitro-o-Toluidins u. seiner Derivate. In-8⁰. 38 S. Basel. These. 1896

Brauer, M., Deutschland in der Hypnose. Vom Zolltarif üb. Südafrika zur Versöhng. m. England. gr. 8. (31 S.) Berlin 902. Verlag „The German Times". — 50

Bräuer, Mart., müßige Landstunden u. biblisches Lusthaus. 4 Thle. m. K. 8. Königsb. 710.

Der Lotse. Oper in 1 Act. Dichtung von Ferdinand Lamey. Musik v. Max Brauer. Klav.Ausz. mit Text. *Leipzig: R. Forberg [1901]*. (74 S.) 4°

Brauer, M[ax], Referendar a. Berlin: Prozeßvollmacht und Vollmacht zu Rechtsgeschäften. Berlin 1905: W. Pilz. (VI, 58 S.) 8°
Rostock, Jur. Fak., Ref. Wachenfeld, Diss. v. 30. Juni 1905
[Geb. 9. Jan. 76 Berlin; Wohnort: Berlin; Staatsangeh.: Preußen; Vorbildung: Gymn. Plön Reife O. 00; Studium: Berlin 7 S.; Rig. 19. Juli 04.]

Brauer, Max, mein Wanderfrühling. Lieder u. Gedichte. 8. (XII, 208 S.) Leipzig 883. Breitkopf & Härtel. n. 4. —; geb. n. 5. —

Brauer, Otto, Seminarlehrer in Annaberg i. Erzgeb.: Die Beziehungen zwischen Kants Ethik und seiner Pädagogik. *Leipzig: E. Wunderlich 1904.* (56 S.) 8°
Leipzig, Phil. Diss. v. 1904

Brauer, Rich.: Die hydrograph. Forschg u. ihre Nutzanwendg in Österr., s: Verbands-Schriften d. deutsch-oesterr.-ungar. Verbandes f. Binnenschiffahrt. Lauda.

Die Grundzüge der praktischen Hydrographie. Von Richard Brauer. Hannover: M. Jänecke 1907. (233 S.) 8°
— Bibliothek d. gesamten Technik. Bd 53.

Brauer, Richard, Referendar a. D.: Das Vermächtniss einer verpfändeten Sache nach gemeinem Recht und dem Recht des Bürgerlichen Gesetzbuches. *Greifswald 1900: J. Abel.* (36 S.) 8° [J.]
Greifswald. Jur. Diss. v. [22. Aug.] 1900

Brauer, Siegfried [aus Pless]: Ueber die hygienische und therapeutische Bedeutung der Seehospize bei der Skrofulose der Kinder.... Berlin. Druck: Th. Haberlandt (1886); 60 + 2 S. 8°.
Berlin, Med. Fak., Inaug.-Diss. v. 14. Aug. 1886.

Brauer, Siegfried, über die hygienische und therapeutische Bedeutung der Seehospize bei der Skrofulose der Kinder. Diss. Berlin 1886, Mayer & Müller. 8°. 60 S.

Brauer, Th.: Gewerksch. u. Volkswirtsch. Gedanken u. Hinweise. (4, 104) gr8° Jena, G Fischer '12. 2.50

Brauer, Thella, s: Wickelkind, das.

Bräuer, Thella, s.: Zuckerhase, der.

Brauer, Walther, Grh. sächs. Akzessist: Die Abzugsfähigkeit der Lebensversicherungsprämien vom steuerpflichtigen Einkommen. *Stuttgart 1903: Union.* (57 S.) 8°
München, Staatswirtsch. Diss. v. 1903

Brauer, Wilhelm

—— und L. v. Jagemann, Beiträge zur Erläuterung der neuen Strafgesetzgebung im Großherzogth. Baden. 1. Bd. 2. und 3. Heft. (Schluß.) gr. 8. (S. 131—464.) Freiburg im Br. 847, Herder'sche Verlgsh.
1. Bd. 1. Heft. Ebendas. 1846. 15 Ngr.

Brauer, Wilh., Handbuch des deutschen Militärstrafrechts. gr. 8. (VII, 197 S.) Erlangen [Stuttgart] 872, Enke's Verlag. *

Brauer, W, Handb. d. deut. Militärstrafrechts. 8. (197) Stuttg. 73, Enke. n. 2. 80

Brauer, W(ilh.), Criminallexikon, s. Jagemann, L. v.

—— das badische Militär-Privatrecht, zum Gebrauche für Offiziere und Kriegsbeamte bearb. gr. 8. (VIII und 104 S.) Karlsruhe 852, Braun'sche Hofbuchh. *

Brauer, Wilh., das badische Militärstrafrecht und Militärstrafverfahren. Zum Gebrauche für Offiziere und Kriegsbeamte, und als Leitfaden zu Vorlesungen an der Kriegsschule bearb. gr. 8. (VIII u. 100 S.) Karlsruhe 851, Braun'sche Hofbuchh. *

— siehe: Wechsel-Ordnung, die allgem. Deutsche.

—— die allgemeine deutsche Wechsel-Ordnung mit den Abweichungen der östreich. Wechsel-Ordnung erläutert. 1. Aufl. (VIII und 175 S.) 849. 28 Ngr. und 2., verm. Aufl., mit den in den einzelnen Staaten erschienenen Einführungs-Gesetzen und mit einem alphabet. Register versehen. Lex.-8. (X und 212 S.) Erlangen 851, Enke's Verlgsh.

Bräuer, s. Lesebuch, deutsches, für Stadt- und Landschulen.

Bräuer, A., Vorlegeblätter für den Zeichenunterricht in Volks-, Mittel-, Real-, Gewerbe-Schulen u. Gymnasien. Imp.-Fol. (40 Steintaf. m. Text.) gr. 8. (28 S. m. eingedr. Holzschn.) Berlin 878. Winckelmann & Söhne. n. 20. —

Bräuer, *Karl Artur* Adolf [aus Malitsch (Schles.)]: Über Darminvagination ... Greifswald, Druck v. J. Abel, 1895; 40 S., 1 Taf. 8.
Greifswald, Med. Fak., Inaug.-Diss. v. 1. Febr. 1895

Bräuer, C. A., Zur Aufklärung. Die Wirren im Allgemeinen Deutschen Arbeiterverein. Hrsg. v. Hamburger Mitgliedern obigen Vereins. 8⁰. Hamburg 1873.

Bräuer, Camillo, Festschrift zum 25jährigen Jubiläum des Turnvereins zu Kirchberg 1886, 19 S., 8°.

Bräuer, Carl, s. Bräuer, Karl

Bräuer, Egon, (dipl. ing. chem.) aus Prag: Zur Kenntnis der Periderivate des Naphtalins. Zürich 1907. 44 S. 8⁰. [25. I. 07.]
Zürich. Phil. Diss. II. S. 1906/1907.

Bräuer, F. R., Erlebnisse aus Kriegs- u. Friedenszeiten. Anlässlich der Feier des 50jähr. Garnison-Jubiläums des 1. Schles. Jäger-Bataillons Nr. 5 am 22. Septbr. 1880 unter Benützung schätzbarer Orig.-Beiträge hrsg. Mit einem (chromolith.) Titelbilde. 8. (VII, 152 S.) Görlitz 880. Köhler in Comm. n.n. 1. 50

Braeuer, G., d. Kochenkunst d. Welt. Unentbehrl., höchst vortheilhaftes Handbuch z. pfeilschnellen leichtfassl. Auffindg. d. Proben aller nur erdenkl. Rechnungsarten in fast sämmtl. Währgn. d. Welt. Zur prakt. Verwerthg. u. v. sehr grossem Nutzen sow. f. jeden Kaufmann als auch jedweden Gewerbtreibenden u. bes. d. Direktoren, Oberlehrern u. Lehrern bestens empfohlen. M. zahlr. Uebers. u. Tabellen. 12. (121 S.) Markersdorf (Boz. Leipzig) 896. Selbstverlag. Geb. n. 2. —

Bräuer, Georg, a. Jauer (Schlesien): Die abdomino-sacrale (-vaginale-perineale) Operationsmethode bei Carcinom des untersten Darmabschnittes. Leipzig 1906: B. Georgi. (43 S.) 8°
Leipzig, Med. Fak., Ref. Trendelenburg, Diss. v. 29. Jan. 1906
[Geb. 6. Dez. 76 Jauer; Wohnort: Heidersdorf, Schl.; Staatsangeh.: Preußen; Vorbildung: Magdalenen-Gymn. Breslau Reife M. 97; Studium: Breslau 2, Berlin 2, Breslau 1, Berlin 2, Greifswald 2 S.; Coll. 29. Jan. 06; Approb. 24. Febr. 03.]

Braeuer, Gust., der Untergang der Welt, seine Möglichkeit und Wahrscheinlichkeit. Astronomisch-geologisch-naturphilosoph. Skizzen. gr. 8. (50 S.) Kempen i. P. 882, Jereslaw. *

—— dass. — 2. Aufl. gr. 8. (VIII, 111 S.) Breslau 883, Maruschke und Berendt. *

Bräuer H.: Kurze Anleitung z. Ausführung photographischer Aufnahmen v. Düngungsversuchen u. deren Vervollständigung bis z. fertigen Bilde. Stassfurt. U. A. 28 S. 1 Tvl. P.

Bräuer, Heinr. Bernh., Reductions-Tabellen der oesterreich. Gulden [1—100] in Reichswährung zum Course von 140—190. Unentbehrliches Hand- und Hülfsbüchlein bei Berechnung der oesterreich. Gulden in Reichswährung für den Kleinverkehr. Ausg. A [in Tafeln]. gr. 16. (17 Bl. in qu. 4.) Wolfenbüttel 878, Zwissler.
Ausg. B. [Taschenausg.] (68 S.)

Bräuer, Joh. Jak., leichtfaßl. Aufgaben aus d. Sprachlehre. Zum Gebr. in d. untern u. mittl. Klassen d. Volksschulen, wie auch beim Privatunterr. gr. 12. (2½ B.) Kempten 840, Dannheimer.

Bräuer, Karl

Bräuer, K., ABC der Anschauung, zugleich Grundriß zu e. allgem. Zeichenschule. Für Schulen wie f. d. Privatunterricht bearb. 1. Thl. A. Das Elementarische. gr. 8. (6 B. u. 13 B. Stnt. in Fol.) Breslau 829, [Hentze.]

Bräuer, K., Auszüge aus d. Zeichen-Unterrichte v. Hippius, als pädagog. Beitrag z. Zeichenunterr. in Volksschulen. 8. (5¼ B. u. 4 Stnt.) Breslau 840, Graß, Barth u. Comp., Verl.

Bräuer, K., Baukasten, oder Anweisung die anschauende Erkenntniß der Kinder in den ersten Lebensjahren zu befördern u. dem Zeichenunterricht eine feste Grundlage zu verschaffen. Enthalt.: 40 Bausteine (in 1 Kasten) u. 10 Steindrucktaf. z. Nachbauen. 8. Breslau 836. Pelz. 1⅓ ℳ Ohne die Steine. ⅓ ℳ

Bräuer, Karl, a. Frankenthal ⟨Rheinpfalz⟩: Die Belastung der Adjacenten mit Trottoirbeiträgen nach pfälzischem Recht und nach dem System einzelner Partikularrechte. Tübingen 1907: H. Laupp jr. (VII, 66 S.) 8° ¶ (Aus: Archiv für öffentliches Recht H. 21 S. 523—587.)

Tübingen, Staatsw. Fak., Ref. Fleiner, Diss. v. 19. Juli 1907

[Geb. 17. Juli 81 Frankenthal (Pfalz); Wohnort: Speyer; Staatsangeh.: Bayern; Vorbildung: Realsch. Landau. Speyer, Einj.-Freiw.-Zeugnis; Studium: Handelshochsch. Leipzig 4, Univ. 2, Tübingen 3 S.; Rig. 28. Febr. 07.]

Bräuer, Carl, die Gestüte des In- u. Auslandes. Eine Beschreibg. der bekanntesten Pferdezuchtanstalten (der Haupt-, Land- u. Privatgestüte), nebst Angabe ihrer Ziele u. Erfolge. Für Thierärzte, Pferdezüchter, Landwirthe u. Freunde des Sports. Nach den zuverlässigsten Quellen u. auf Grund direkt eingezogener Erkundiggn. bearb. Mit vielen Abbildgn. v. Gestüts-Brandzeichen. gr. 8. (VIII, 400 S.) Dresden 901. Leipzig, G. Schönfeld. Geb. in Leinw. n. 10. —

! Bräuer, C: Gestüte d. In- u. Auslds. '01/05;
Jetzt: Hannov., M & H Schaper.

Bräuer, K., Gutachten über das Erheben der schrägen Schrift zur Schulschrift, nebst 8 Tafeln Schulvorschrift. gr. 8. (15 S.) Breslau 847, Graß, Barth u. Comp. Verlag. ¼ ℳ

Bräuer, Carl, die erste Hülfe bei plötzlich eintretenden Krankheiten der größeren Hausthiere bis zur Ankunft eines wissenschaftlich gebildeten Thierarztes für Landwirthe. gr. 8. (15 S.) Annaberg 863, (Graser.) *

— Leitfaden beim ersten Unterricht im Singen nach Noten, für Schulanstalten u. Singvereine bearbeitet. 4. Altenburg 837. Helbig. ¼ ℳ — 2e u. 3e Aufl. 838. ¼ ℳ

Bräuer, Carl, Leitfaden beim ersten Unterricht im Singen nach Noten für Schulanstalten u. Singvereine. 4. verm. u. verb. Aufl. qu. kl. 4. Altenburg 843, Helbig. n. ½ ℳ — Partiepr. 25 Exempl. n. 6 ℳ

Bräuer, Karl, 123 zwei- u. dreistimmige Lieder für Bürger- u. Volksschulen, mit besond. Berücksichtigung aller Arten von Schulfeierlichkeiten u. Schulfesten, theils gesammelt, theils neu in Musik gesetzt. breit gr. 16. Grimma 839. Verl.-C. n. ⅓ ℳ

— Materialien f. d. Zeichnenunterricht. Vorzeichnungen zum Aufzeichnen auf d. Schultafel f. Elementarlehrer. 24 lith. Bl. (in kl. 12.) mit dazu gehör. Erklär. (½ Bog. 8.) Breslau 838, Leuckart.

Bräuer, Carl, Sammlung von Gestüts-Brandzeichen der Staats- u. Privat-Gestüte Europas u. des Orient. 8. (VII, 70 lith. S.) Dresden 877. Schönfeld. n. 8. —

! Jetzt: Hannover: M. & H. Schaper

Bräuer: Der Schulzeichenunterricht auf d. Gymnasium. 16 S. Progr. Breslau Elis. G. 1863.

Bräuer, Karl: Krit. Studien z. Lit. u. Quellenkde d. Wirtschaftsgesch., s: Abhandlungen, Volkswirtschaftl. u. wirtschaftsgeschichtl.

Bräuer: Tafel d. Pferderassen. — Tafel d. Rinderrassen, s: Graser's naturwissenschaftl. u. landwirtschaftl. Tafeln.

— die Theorie d. freien Auffassung. In ein. lith. Uebersichtstaf. (Fol.), enth. d. wesentlichsten Hülfsmittel beim Unterr. im Zeichnen. 8. (2½ B.) Breslau 338, Leuckart.

Bräuer, Karl, die Theorie der freien Auffassung. Enthaltend die wesentlichsten Hilfsmittel beim Unterricht im Zeichnen. 2. Aufl. Mit 14 Holzschn. (im Text) u. 3 lith. Taf. Breslau 854. Kern. Lex.-8. (43 S.) n. 15 ngr

— Vorunterricht im Zeichnen oder die Beschäftigung der Kinder in den ersten Lebensjahren. gr. 8. (14 S. und 1 Stnt. in gr. 4.) Breslau 847, Graß, Barth und Comp., Verlag. *

Bräuer, K., Vorzeichnen, Modellzeichnen u. selbstständiges Unterrichten im freien Handzeichnen. Mit 12 lith. Taff. u. 1 lith. Titel (in Fol.). Breslau 866. Dülfer in Comm. 4. (15 S.) n. 27 ngr

Bräuer, Kurt, die techn. Hilfswissenschaften, s.: Kneip, Karl.

Braeuer, Martin: Prinz Albert von England und die deutsche Einheitsfrage in den Jahren 1845—1851. Borna-Leipzig 1910. 8°
Leipzig, Phil. Diss. v. (1910).

Bräuer, Paul

Aufgaben aus der Chemie und physikalischen Chemie. Nebst Auflösungen. Leipzig, 1899.

Bräuer, P., Aufgaben aus der Chemie u. der physikalischen Chemie. Zum Gebrauch f. die oberen Klassen höherer Schulen sowie zum Selbstunterricht. Nebst Auflösgn. gr. 8. (IV, 69 S.) Leipzig 900. B. G. Teubner. Kart. n. 1.40

Bräuer, P: Aufg. a. d. Physik, s: Fliedner, C.

Bräuer, Paul [Realgymnasiallehrer aus Hannover]: Über die Bewegung des Pendels mit Cardanischer Aufhängung. . . . Hannover, Druck v. Friedrich Culemann (M. Leonhardt), 1888: 27 S. u. 1 Taf. 8°
Erlangen. Phil. Fak. Inaug.-Diss. v. 1888

Bräuer, Paul, Lehrbuch der anorganischen Chemie, nebst e. Einleitung in die organische Chemie. Zum Gebrauch an höheren Lehranstalten. (XIII, 270 S m. 142 Abbildgn. u. 1 Taf.) gr. 8. Leipzig 905. B. G. Teubner. Geb. in Leinw. n. 3. —

Bräuer, Rob., neues Turnbuch für Jedermann. 1) Warum u. wie soll geturnt werden? u. wer soll turnen? 2) Ausführl. Beschreibung d. Uebungen an Barren u. Reck, nach Lagen geordnet. Mit 2 Taf. lith. Abbild. 8. Plauen 840, Schröter. n. ⅔ ℳ

Bräuer, Robert, aus Speyer a. Rh.: Versuche über Anilidbildung und Nitrierung. *Heidelberg 1899: Ph. Wiese.* (64 S.) 8°
Heidelberg, Naturw.-math. Diss. v. 1899

Bräuer, Walt, was muß man v. der anorganischen Chemie wissen? 2. vollständig umgearb. Aufl. (96 S.) gr. 8 Berlin (903). H. Steinitz. n. 1. -
Ursprünglich lautete d. Verf.-Name: W Baringer.

Brauerei, die große, zu Burgfahrenbach. 8. Nürnb. 791. Raw. 2 K

Brauerei-Adressbuch, 1881. Fol. (108 autogr. S.) Berlin, (Klönne und Müller.) In Mappe * 20 —

Brauereien, Malz-Fabriken, Brennereien, Sprit- u. Pressbefen-Fabriken, d. deut., im Besitze v. Aktien-Gesellsch. Jahres-Bericht d. finanziellen Verhältnisse u. Betriebs-Ergebnisse im Geschäftsj. 1899/00. 3. Afl. 8° (22, 820) Lpzg 1900, Verl. f. Börsen- u. Finanzlit. Geb. 5 —

Brauereien, Malz-Fabriken, Brennereien, Sprit- u. Presshefen-Fabriken, die deutschen, im Besitze v. Aktien-Gesellschaften. Jahres-Bericht der finanziellen Verhältnisse u. Betriebs-Ergebn. im Geschäftsj. 1900/1901. 5., vollst. umgearb. u. verm. Aufl. gr. 8. (XII, 366 S.) Leipzig 902. Verlag f. Börsen- u. Finanzliteratur. Geb. in Leinw. n. 5. —

Brauereien, Malz-Fabriken, Brennereien, Sprit- u. Presshefen-Fabriken, d. deut., im Besitze v. Aktien-Gesellsch. Jahres-Bericht d. finanz. Verhältn. u. Betriebs-Ergebnisse im Geschäftsj. 1903/04. 8. Afl. (827) 8° Lpzg '05. Berl., Verl. f. Börsen- u. Finanzlit. Geb. 5 —

Brauereien, Malz-Fabriken, Brennereien, Sprit- u. Presshefen-Fabriken, d. deut., im Besitze v. Aktien-Gesellsch. Jahres-Bericht d. finanziellen Verhältn. u. Betriebs-Ergebnisse im Geschäftsj. '07/8. 12. Afl. (12, 890) Lex 8° Berl., Verl. f. Börsen- u. Finanzlit. '09. L. 6 —

Brauereien, Malz-Fabriken, Brennereien, Sprit- u. Presshefen-Fabriken, die deutschen, im Besitze v. Aktien-Gesellschaften. Jahres-Bericht der finanziellen Verhältnisse u. Betriebs-Ergebnisse im Geschäftsj. 1908/09. 13. vollständig umgearb. u. verm. Aufl. (XII, 398 S.) gr. 8. Berlin 910. Verl. f. Börsen- u. Finanzliteratur. Geb. in Leinw. 6. —

Brauereien, Malz-Fabriken, Brennereien, Sprit- u. Presshefen-Fabriken, Die deut., im Besitze v. Aktien-Gesellsch. Jahres-Bericht d. finanz. Verhältn. u. Betriebs-Ergebn. im Geschäftsj. '10/11 (Einbd: '12). 15. Afl. (12, 408) gr8° Berl., Verl. f. Börsen- u. Finanzlit. '12. L 6 —

Brauerei-Fachblatt, Saazer. Zeitschrift zur Förderung der Brauindustrie und Hopfenkultur. Redig. von Ant. Markl. 1.—6. Jahrg. 1879—1884. à Jahrg. 12 Nrn. (à Nr. 2 Bog.) 4. Saaz, Brüder Butter. Erscheint nicht mehr. à Jahrg. * 7 —

Brauerei-Finanzblatt, deutsches. Centralorg. Deutschlands zur Förderg. der finanzwirtsch. Interessen im Brauereigewerbe. Red.: P. A. Venus u. Bucky. Oktbr. —Dzbr. 1909. 6 Nrn. (à ca. 16 S.) Lex. 8. Charlottenburg (Bismarckstr. 18), Verl. des „Deutschen Brauerei-Finanzblattes" P. Haase. 1. 50

Brauerei-Kalender, der deutsche, für das J. 1877. Eine gedrängte Sammlung der wichtigsten Tabellen, Berechnungen, Hilfsmittel und tägl. Controllisten bei Führung der Brauerei rc. rc. nebst einem Notizbuch zum prakt. Gebrauch. Hrsg. von Alb. Hayn. 1. Jahrg. gr. 16. (VII, 253 S.) Dresden, Pierson. geb. *
Continued under the title:

Deutsche (Der) Brauerei-Kalender für die Brauerei-Campagne 1877. Eine gedrängte Sammlung [etc.]. Herausgegeben von Alb. Hayn unter Mitwirkung von Henry T. Böttinger. 3 vols., 16mo. Dresden [*later*, Frankfurt a. O.], 1877–'80.

—— für die Brauerei-Campagne 1877—1878 [1. Octbr. 1877 bis 30. Septbr. 1878]. Eine gedrängte Sammlung der wichtigsten Tabellen, Berechnungen, Compendien des gesammten Brauwesens, Controllisten und Wochen-Uebersichten bei Führung der Brauerei, nebst einem Notizbuch zum pract. Gebrauch. Hrsg. von Alb. Hayn unter Mitwirkung von Henry T. Böttinger. 2. Jahrg. gr. 16. (VI, 281 S.) (Ebendas.) geb. *

—— dass. — 1878—1879 und 1879—1880 [1. Octbr. 1878 bis 30. Sept. 1880]. Hrsg. von Alb. Hayn. 3. und 4. Jahrg. gr. 16. (à VIII, 280 S.) Frankfurt a. O., Waldmann. à Jahrg. geb. *
Forts. s.: Brauerkalender, Deutscher, u. Mälzerkalender.

Brauerei-Lexikon. Unter Mitwirkung von G. Bode, v. Eckenbrecher, K. Fehrmann u. a. hrsg. v. Max Delbrück. (IV, 867 S. m. Abbildgn.) Lex. 8. Berlin (910). P. Parey. Geb. in Halbfrz. 30.—; auch in 13 Lfgn. à 2. —

Illustriertes Brauerei-Lexikon. Unter Mitw. von ... hrsg. von Dr. Max Delbrück, Prof. (In 13 Lfgen.) Berlin: Parey 1910. IV, 867 S. 8° [10. 11734

Brauer- od. Bier-Gifte, die, hrsg. v. G. F. H. S. gr. 12. (2 B. u. 1 Abbild.) Wiesensteig 836, Schmid. *

BAYERISCHES BRAUER-JOURNAL. Redakteur: Eugen Prior und Chr. Greinel. 4 vols., 4to. Nürnberg, 1891–94.

Brauer-Journal, bayerisches. 1892-98. 4° Nürnberg 1892-98

Brauer-Journal, Bayerisches. 1899-1907. 4° Nürnberg 1899-07

Brauerjournal, bayerisches. 1908-13. 4° Nürnberg 1908-13

DEUTSCHES UND AMERIKANISCHES BRAUER-JOURNAL UND GERSTE-, MALZ- UND HOPFEN-REVUE. A. E. J. Tovey, Redacteur. 5 vols., 4to. New York, 1876–'80 [+?].
Cf. German (The) and American Brewers' Journal.

Brauer-Kalender. Published by Vereinigte Staaten Braumeisterbund. New York, NY. DLC: 1900–1901.

Brauerkalender, deutscher, für das J. 1877. 1. Jahrg. Unter Mitwirkung der ersten Fachmänner hrsg. von Carl Homann. 2 Thle. gr. 16. (IV, 261; 124 S.) Nürnberg, Expedition der Hopfenlaube. geb. *

—— dass. — für das J. 1878. 2. Jahrg. gr. 16. (270 S.) Ebendas. geb.
Nicht weiter erschienen.

Brauer- und Mälzerkalender, Deutscher, von Jg. 13. 1889/90 ab — für Deutschland und Oesterreich. T. 1—3. Jg. 8 u. 25—38. Frankfurt a. O., seit 1901/02 Stuttgart. 1884/85 u. 1901/02—1914/15
T. 3. u. d. Tit.: Betriebsjournale
Von Jg. 25. 1901/1902 ab: Brauereijournale
Von Jg. 28. 1904/1905 ab: Tagebuch, Das, des Braumeisters

Brauer- u. Mälzer-Kalender, deutscher, für das Jahr 1882—1883. [1. Octbr. 1882 bis 31. Decbr. 1883.] Hrsg. unter Mitwirkung von M. L. Niese u. anderen Fachleuten v. M. Krandauer. 2 Thle. 6. Jahrg. gr. 16. (IV, 320 u. IV, 176 S.) Frankfurt a/O., Waldmann. In Leinwand geb. u. geh. n. 4. —; in Ldr. 4. 50

—— —— dass. — für das J. 1883—1884. [1. Octbr. 1883 bis 31. Decbr. 1884.] Hrsg. unter Mitwirkung von M. L. Niese und anderen Fachleuten von M. Krandauer. 3 Thle. 7. Jahrg. gr. 16. (IV, 281; IV, 106; 215 S.) Ebendas. geb. * ℳ 4.; in Ldr. * 4 50

—— —— dass. — für das J. 1884—1885. [1. Octbr. 1884 bis 31. Decbr. 1885.] 3 Thle. 8. Jahrg. gr. 16. (IV, 332; IV, 146; 175 S.) Ebendas. geb. * ℳ 4.; geb. in Ldr. * 4 50
Die früheren Jahrg. u. d. T.: der deutsche Brauerei-Kalender.

Brauer- u. Mälzer-Kalender, deutscher, f. d. J. 1885—1886. [1. Octbr. 1885 bis 31. Decbr. 1886.] Hrsg. v. L. Aubry, C. Lintner u M. Krandauer unter Mitwirkg. angesehener Theoretiker u. Praktiker. Mit e. cerevisiolog. Kalendarium v. Ed. Maria Schranka. 2 Thle. 9. Jahrg. gr. 16. (IV, 332 u. IV, 236 S.) Frankfurt a/O. Waldmann. geb. u. geh. n. 3. —

— dasselbe. Suppl. zu allen Jahrgängen: Brauerei-Journale. Hrsg. v. M. Krandauer. gr. 16. (144 S.) Ebend. 886. geb. n. 1. —

—— —— dass. — für das J. 1886—1887. [1. Octbr. 1886 bis 31. Decbr. 1887.] Hrsg. von L. Aubry, C. Lintner und M. Krandauer unter Mitwirkung angesehener Theoretiker und Praktiker. Mit einem cerevisiolog. Kalendarium von Ed. Maria Schranka. 3 Thle. 10. Jahrg. gr. 16. 344; 438; 80 S.) Ebendas. geb. *

—— —— dass. — für das J. 1887—1888. [1. Octbr. 1887 bis 31. Decbr. 1888.] Hrg. von L. Aubry, C. Lintner und M. Krandauer unter Mitwirkung angesehener Theoretiker und Praktiker. Mit einem cerevisiolog. Kalendarium von Ed. Maria Schranka. 3 Thle. 11. Jahrg. gr. 16. (IV, 362; IV, 244; 144 S.) Stuttgart, Waag. geb. *

—— —— für Deutschland und Oesterreich. Jahrg. 1888—1889. [1. Octbr. 1888 bis 31. Decbr. 1889.] Hrsg. von L. Aubry, C. Lintner, Jul. Thausing und M. Krandauer unter Mitwirkung angesehener Theoretiker und Praktiker. Mit einem cerevisiolog. Kalendarium von Ed. Maria Schranka. 3 Thle. 12. Jahrg. gr. 16. (IV, 366; IV, 184; 184 S.) Ebendas. geb. *

Brauer- u. Mälzer-Kalender f. Deutschland u. Oesterreich. Jahrg. 1889/90—1892/93 [1. Oktbr. 1889 bis 31. Dezbr. 1893]. Hrsg. v. L. Aubry u. A. à Jahrg. 3 Thle. 13.—16. Jahrg. gr. 16. (IV, 366; IV, 196, 184; IV, 366; IV, 200 S. u. Schreibkal.; IV, 366; II, 223 S. u. Schreibkal.; IV, 350; IV, 160 S. u. Schreibkal.) Stuttg., Waag. geb. in Leinw. u. geh. à Jahrg. * 4 —

Brauer- u. Mälzer-Kalender f. Deutschland u. Oesterreich. Jahrg. 1894—1895. [1. Oktbr. 1894 bis 31. Dezbr. 1895.] Unter Mitwirkg. angesehener Theoretiker u. Praktiker hrsg. v. C. Lintner, Jul. Thausing u. M. Krandauer, red. v. L. Aubry. 3 Thle. 18. Jahrg. gr. 16. (IV, IV, 307; 173 S. u. Schreibkalender.) Stuttgart, M. Waag. Geb. in Leinw. u. geh. n.n. 4. —; 3. Thl., enth. Brauerei-Journale, hrsg. v. M. Krandauer, allein, geb. n.n. 1. 20

Brauer- u. Mälzer-Kalender f. Deutschland u. Oesterreich. Jahrg. 1895—1896. [1. Oktbr 1895 bis 31. Dezbr 1896.] Hrsg. v. C Lintner, J Thausing u. M Krandauer, red. v. L Aubry. 3 Thle. 19. Jahrg. 16° (594 u. Schreibkalender.) Stuttg., M Waag. Geb. in Lnw. u. geh. n.n. 4 —; 3. Thl, enth. Brauerei-Journale, hrsg. v. M Krandauer, allein, geb. n.n. 1.20

Brauer- u. Mälzer-Kalender f. Deutschland u. Oesterreich. Jahrg. 1898—1899. [1. X. 1898—31. XII. 1899.] Unt. Mitwirkg. angeseh. Theoretiker u. Prakt. hrsg. v. C. Lintner, Jul. Thausing u M. Krandauer, red. v. L. Aubry. 3 Thle. 22. Jahrg. 12. (IV, 198, 8, 114, 16; IV, 248 S. u. Schreibkal.) Stuttgart, M. Waag. Geb. in Leinw. u. geh. n.n. 4. —; 3. Thl., enth. Brauerei-Journale, hrsg. v. M. Krandauer, allein, geb. n.n. 1. 20

Brauer- u. Mälzer-Kalender f. Deutschl. u. Oesterr. Jahrg. 1900—1901. (1.X.'1900 bis 31.XII.1901.) Hrsg. v. J Thausing u. M Krandauer, red. v. L Aubry. 3 Thle. 24. Jahrg. 12° (198, 10, 150, 16, 239 u. Schreibkalender.) Stuttg., M Waag. Geb. in L. u. geh. nn 4 —; 3. Thl., enth. Brauerei-Journale, hrsg. v. M Krandauer, allein, geb. nn 1.20

Brauer- u. Mälzer-Kalender f. Deutschland u. Oesterreich. Jahrg. 1902—1903. (1. X. 1902 bis 31. XII. 1903.) Unter Mitwirkg. angesehener Theoretiker u. Praktiker hrsg. v. Jul. Thausing u. M. Krandauer, red. v. C. J. Lintner. 3 Thle. 26. Jahrg. 12. (IV, 198, 10, 152, 16; IV, 224 S. u. Schreibkalender.) Stuttgart, M. Waag. Geb. in Leinw. u. geh. n.n. 4. —; 3. Thl., enth. Brauerei-Journale, hrsg. v. M. Krandauer, allein, geb. n.n. 1. 20

Brauer- u. Mälzer-Kalender f. Deutschl. u. Oesterr. Jahrg. 1903—'04. (1.X.'03 bis 31.XII.'04.) Hrsg. v. J Thausing u. M Krandauer, red. v. CJ Lintner. 3 Thle. 27. Jahrg. (125, 152, 16; 256 u. Schreibkalender.) 12° Stuttg., M Waag. L. u. geh. nn 4 —; 3. Thl, enth. Brauerei-Journale, hrsg. v. M Krandauer, allein, geb. nn 1.20

Bis z. 24. Jahrg. red. v. L Aubry.

Brauer- u. Mälzer-Kalender f. Deutschland u. Oesterreich. Jahrg. 1905—1906 (1. X. 1905 bis 31. XII. 1906). Unter Mitwirkg. der wissenschaftl. Station f. Brauerei in München, der kgl. Akademie f. Brauerei in Weihenstephan, sowie v. Jul. Thausing u. anderer angesehener Theoretiker u. Praktiker hrsg. v. C. Bleisch. 3 Tle. 29. Jahrg. (IV, 186, 142, 16; IV, 204 S. u. Schreibkalender.) kl. 8. Stuttgart, M. Waag. Geb. in Leinw. n.n. 4. —; 3. Tl., enth.: Das Tagebuch des Braumeisters. Nach dem Brauereijournal v. Prof. Grandauer umgearb. v. H. Vogel. allein n.n. 1. 40

— — dasselbe. Jahrg. 1906—1907 (1. X. 1906 bis 31. XII. 1907). Unter Mitwirkg. der wissenschaftl. Station f. Brauerei in München, der kgl. Akademie f. Brauerei in Weihenstephan, sowie v. Jul. Thausing u. anderer angesehener Theoretiker u. Praktiker hrsg. v. C. Bleisch. 3 Tle. 30. Jahrg. (IV, VII, 142; IV, 208 u. 168 S. u. Schreibkalender.) kl. 8. Ebd. Geb. in Leinw. n.n. 4. —; 3. Tl., enth.: Brauerei-Journale, hrsg. v. M. Krandauer, allein geb. n.n. 1. 20

Brauer- u. Mälzer-Kalender f. Deutschland u. Oesterreich, Jahrg. 1909—1910 (1. X. 1909—31. XII. 1910). 33. Jahrg. 3 Tle. (IV, 198, 26; IV, 186, LVII u. 152, 16 S. u. Tagebuch.) kl. 8. Stuttgart, M. Waag. Geb. in Leinw. nn 4.—; 3. Tl. enth.: Das Tagebuch des Braumeisters v. M. Krandauer, umgearb. v. H. Vogel allein, geb. 1. 40

Brauer- u. Mälzer-Kalender f. Deutschld u. Oesterr., Jg. '12/13. 36. J. 3 Tle. (1. Tl: 6, 198, 30, 79, 16 u. 3. Tl: Tageb.) kl8° Stuttg., M Waag. L nn 4 —; 3. Tl, enth.: Das Tageb. d. Braumeisters. Nach d. Brauerei-journal v. Krandauer, umgearb. v. H Vogel, allein, geb. 1.40 d

Brauer- und Mälzer-Kalender, österreichisch-ungarischer, für die J. 1878—80. 1.—3. Jahrg. Redig. von Frz. Fasbender. gr. 16. (VIII, 293; 271; VII, 267 S.) Wien, Fromme. à Jahrg. geb. in Leinw. * geb. in Ldr. *

—— —— Fromme's österreichisch-ungarischer, für die J. 1881 und 1882. 4. und 5. Jahrg. Redig. von Frz. Fasbender. gr. 16. (à ca. 260 S.) Wien, Fromme. geb. à Jahrg. * 3 20
Nicht weiter erschienen.

Brauer- und Hopfen-Revue. Erste Allgemeine. (K. k. Finanz-Ministerium, 2. November 1894, Z. 36137/6047.)

[F. u. Ant.] Feldpostbriefe aus dem Kriege von 1870/71. Seinen Kameraden u. Freunden gewidm. v. J(oh.) Gerh. Brauers, z. Z. Landwehrm. ... 2. Aufl. *Aachen: Commv. v. J. Schweitzer [1896].* (54 S.) 1 Bd 8. (97. 1194

Brauer-Zeitung, s. Gambrinus.

Brauer-Zeitung: 1883–? Philadelphia, PA. Ersch. monatlich.

Brauer-Zeitung: vol. 1–49, no. 5, Oct. 2, 1886 – Mar. 3, 1934.

Weekly, 1886–1919; bi-weekly, 1920–34. Established as a journal wholly in German; some material published in English as early as Mar. 1893, increasing and becoming more extensive, until last issue contains only one page in German; with the issue of Mar. 3, 1934, the publishers state that "The German language will be abolished;" continued as THE BREWERY WORKER, in English. Title changes reflect the emotions of American politics through wars and Prohibition: 1) DIE BRAUER ZEITUNG, Oct. 1886 – Oct. 1910; 2) BRAUEREI ARBEITER ZEITUNG, Nov. 1910 – Jan. 4, 1918; 3) BREWERY & SOFT DRINK WORKER'S JOURNAL, Jan. 5, 1918 – Nov. 1918; 4) BREWERY, FLOUR, CEREAL & SOFT DRINK WORKER'S JOURNAL, Dec. 1918 – April 1934 (with this change the German subtitle was dropped, although one or two pages of the paper were printed until March 1934, when it became known as 5) THE BREWERY WORKER, March 1934 to present. Sub-title: 1) Fachblatt des National-Verbandes der Brauer der Vereinigten Staaten; 2) Brauerei Arbeiter Ztg., Brewery Worker Journal; 3) Brauerei- und Mineralwasser-Arbeiter-Zeitung; 4) Brauerei- und Sodawasser-Arbeiter-Zeitung. Place of publication varies: NYC, Oct. 2, 1886 – June? 1892, St. Louis, July 1892 – May 1899; Cincinnati, May 20, 1899 – Mar. 3, 1934. Organ of 1) National Union of Brewers of the U.S., 1886; 2) Brewers National Union, 1887; 3) National Union of the United Brewery Workmen of the U.S., 1887–1903; 4) International Union of the United Brewery Workmen of America, 1903–17; 5) International Union of United Brewery and Soft Drink Workers of America, 1917; 6) International Union of United Brewery, Flour, Cereal, and Soft Drink Workers of America, 1918–34. Size varies slightly: small folio, to large quarto; each issue, 4–8 pages. Edited by Louis Berbrand, Oct. 2, 1886 – Dec. 1886 by F. Kurzenknabe, 1886–96, by Jacob L. Franz, 1897–1901; by William E. Trautmann, 1902 – Apr. 1905; by J. P. Weigel, Apr. 1905 – Sept. 1906; by Gustav Mostler, Sept. 1906 – Mar.? 1917; by Julius Zorn, 1917? – 1927.

BRAUER-ZEITUNG. Hannover-Linden, 1892–94.

Brauer Zeitung: 1894—1902.

Edited by K. Kurzenknabe, 1897—98; Chas. F. Bechtold, 1899—1902.

Weekly. Published in "Officin des Tageblatt" by a union man. Additional needed help brought in from employment office.
St. Louis, Mo.

Brauer- und Hopfen-Zeitung, Allgemeine.
Vor 1862 Allg. Hopfen-Zeitung. . . . .

Brauer- u. Mälzer-Zeitung, allgemeine. Der deutsche Bierbrauer. Spezial-Organ f. Bierbrauerei, Malzfabrikation u. Hopfenbau. Offizielles Organ des württemberg. Brauerbundes u. der Versuchsstation f. Gährungsgewerbe in Hohenheim. Abteilung für Brauerei usw. 21. Jahrg. 1906. 60 Nrn. (IV, 1148 S.) gr. 4. Ebd. n. 10. —
Vergl.: Bierbrauer, der deutsche.

Brauer- u. Mälzer-Zeitung, allgemeine. Der deutsche Bierbrauer. Spezial-Organ f. Bierbrauerei, Malzfabrikation u. Hopfenbau. Offizielles Organ des württemb. Brauerbundes u. der Versuchsstation f. Gärungsgewerbe in Hohenheim, Abteilg. f. Brauerei usw. 22.—25. Jahrg. 1907—1910. 60, 52, 52 u. 52 Nrn. (IV, 1104; IV, 1064; IV, 1064 u. IV, 1060 S.) 37,5×29,5 cm. Stuttgart, M. Waag. à Jhrg. 10. —

Brauer- u. Mälzer-Zeitung, Allgemeine. Der deut. Bierbrauer. 25—27. J. '10—12 je 52 Nrn. ('12, Nr 1: 20) 37×30 cm. Stuttg., M Waag. je 10 — d

Deutsch-Amerikanische Brauer-Zeitung: 1874—1875?

Weekly trade journal. Circulation: 1875, 700. Edited by O. Mega (sic), & published by Hennes & Thomson.
New York, NY.

Brauer-Zeitung, deut. Chef-Red.: A Schulz. 2. u. 3. Jahrg. 1887 u. 1888. à 52 Nrn. (1½ B.) Fol. Berl., Harrwitz' Nf. à Jahrg. n. 8. —
Erscheint nicht mehr.

Brauer-Zeitung, norddeutsche. Organ für die Interessen norddeutscher Bier-Industrie. Redact.: Johannesson. 1. und 2. Jahrg. 1876 und 1877. à Jahrg. 24 Nrn. (Bog.) Lex.-8. Berlin, (Friedländer und Sohn.) à Jahrg. *

Brauer-Zeitung, norddeutsche. Organ für die Interessen norddeutscher Bier-Industrie. Hrsg.: Johannesson. 2–6. Jahrg. 1877—1881. à 24 Nrn. (B.) gr. 8. Berlin, (Friedländer & Sohn). à Jahrg. n. 12. —

—— dass. — 7. und 8. Jahrg. 1882 und 1883. à Jahrg. 36 Nrn. (à Nr. 1—1½ Bog.) gr. 8. Berlin, (Polytechn. Buchhandlung.) à Jahrg. * 12 —

—— dass. — Zeitschrift für Bierbrauerei, Malzfabrikation und Hopfenbau. Hrsgbr. und Redact.: Johannesson. 9. Jahrg. 1884. 36 Nrn. (à Nr. 1—1½ Bog.) gr. 8. (Ebendas.) * 12 —

Brauer-Zeitung, norddeutsche. Zeitschrift für Bierbrauerei, Malzfabrikation und Hopfenbau. Hrsgbr. und Redact.: B. Johannesson. 10.—12. Jahrg. 1885—1887. à Jahrg. 72 Nrn. (à Nr. 1—1½ Bog.) gr. 8. Berlin, (Polytechn. Buchhandlung.) à Jahrg. *
Die Fortsetzung erscheint u. d. T.:
Deutsche Brau-Industrie. Offizielles Organ des deutschen Braumeister-Vereins. Redactor: B. Johannesson. 5 vols., 8vo. Berlin, 1887–'92+

Brauer-Zeitung, schlesische. Freisinniges Fachblatt für den deutschen Brauerstand. Redact.: P. Sitte. 1.—3. Jahrg. 1877—1879. à Jahrg. 24 Nrn. (Bog.) gr. 4. Myslowitz-Kattowitz, Expedition. à Jahrg. *

Westdeutsche Brauer-Zeitung. Redakteur: G. Zöllner. 9 vols., fol. Hattingen, 1886–94 +

Braugewerbe-Adressbuch, erstes deut. Verzeichniss namhafter d. Braufach angehör. Firmen der: Bierbrauereien, Malzfabriken, Hopfenhandlgn, Pechsiedereien, Spund- u. Korkfabriken, Maschinen- u. Utensilien-Handlgn u. -Fabriken aller Spezialitäten, Lehranstalten, Laboratorien u. s. w. Deutschlands. 2. Afl. 4. (62) Lpzg 89, Jackob. geb. 25. —

—— dass. 3. Afl. 4. (69) Dresd. 90, O Damm. geb. n. 16. —

Bräuhäuser, Gustav

Bräuhäuser, G., Präparation zu Caesar, bellum civile. 1. u. 2. Hft. gr. 8. Leipzig, B. G. Teubner. n. — 80
1. Buch I, 1—29; 37 bis Schluß, u. Buch II. (28 S.) 902. n. — 40
2. Buch III, 1—30; 41 bis Schluß. (22 S.) 902. n. — 40

Bräuhäuser, G., Präparation z. Caesar, bellum gallicum. 1. u 2. Hft. gr. 8. (18 S.) B. G. Teubner. — 70
1. Buch I. (18 S.) 897. n — 30.
2. Buch II u. III. (II, 26 S.) 898. n. — 40.

Bräuhäuser, G: Präparation zu Caesar, bellum gallicum. 5 Hfte. 8° Lpzg, BG Teubner. 2 —
1. Buch I. 2. Afl. (19) 1900. — 30 ‖ 2. Buch II u. III. (26) 98. — 40 ‖ 3. Buch IV u. V. (20) 99. — 50 ‖ 4. Buch VI. (15) 99. — 40 ‖ 5. Buch VII. (25) 99. — 40.

— Präparation zu Caesar, bellum gallicum. 1.—5. Hft. gr. 4. Ebd. n. 2. —
1. Buch I. 2. Aufl. (19 S.) 900. n. — 30
2. Buch II u. III. 2. Aufl. (26 S.) 901. n. — 40
3. Buch IV u. V. 2. Aufl. (30 S.) 902. n. — 50
4. Buch VI. (15 S.) 899. n. — 40
5. Buch VII. (25 S.) 899. n. — 40

Präparation zu Caesar, bellum gallicum, von Prof. G[ustav] Bräuhäuser. (Vorr.: [Hermann] Ludwig.) 3. Aufl. H. 1. *Leipzig & Berlin: B. G. Teubner 1901.* 8°
(Schülerpräparationen zu lat. u. griech. Schriftstellern.) [04. 15723]

Bräuhäuser, Gust., Präparation zu Caesar, bellum gallicum. 2. u 5. Heft. 8. Leipzig, B. G. Teubner. à n. — 40
2. Buch II u. III. 3. Aufl. (24 S.) 906.
5. Buch VII. 2. Aufl. (26 S.) 904.

Bräuhäuser, G., Präparation zu Caesars Bellum gallicum. 1. u. 3. Heft. 8. Leipzig, B. G. Teubner. — 90
1. Buch I. 4., stark verm. Aufl., bearb. v. W. Bruckmann. (31 S.) 907. — 40
3. Buch IV u. V. 3. Aufl., bearb. v. W. Bruckmann. (32 S.) 907. — 50

Bräuhäuser, G: Präparation zu Caesars Bellum gallicum. 1., 3. u. 5 Heft. NAfl v. W Bruckmann. 8° Lpzg, BG Teubner. d
1. Buch I. 5. Afl. (44) '11. — 40 ‖ 3. Buch IV u. V. 4. Afl. (30) '11. — 50 ‖ 5. Buch VII. 3. Afl. (32) '11. — 40

— griechisches Übungsbuch, s.: Grunsky, Ferd.

— latein. Übungsbuch f. d. 4. Lateinklasse, s. Herzog, S.

Bräuhäuser, Joseph: Auswahl algebraischer Gleichungen des zweiten Grades mit einer und mit mehreren unbekannten Grössen nebst den Auflösungen derselben und den hiezu gehörigen Erläuterungen. pg. 3-16. 4°. Albr. Volkhart.
Progr. Augsburg 1863/64.

Bräuhäuser, Jos., theoret.-prakt. Lehrbuch d. Arithmetik u. Geometrie f. Gewerbeschulen, nach d. üb. d. letzt. erschien. Allerh. Bestimmungen bearb. M. 5 Stnt. (in qu. Fol.) 8. (19¾ B.) Augsburg 833, v. Jenisch u. Stage'sche Buchh. Thlr.

Bräuhäuser, Joseph: Lotterie und Sparkasse mit einander verbunden im Lotterie-Anlehen mit Loosen von geringem Betrage. pg. 3-8. 4°. Lauter.
Progr. Augsburg 1845/46.

Bräuhäuser, Jos. Lotterie und Sparkasse mit einander verbunden im Lotterie-Anlehen mit Losen von geringem Betrage. 4°. Augsburg, Rieger'sche B., 1846.

—— Tafeln zur approximativen Bestimmung d. Größe e. jeden Winkels in Graden u. Minuten vermittelst d. gewöhnl. Taschenmaaßstabes, zur Berechn. der Kreisbogen vorzugsweise f. Bauhandwerker entworfen. Mit ein. Gebrauchs-Anweis. u. e. Anh. gr. 8. (1 B.) Augsburg 816, Rieger'sche Buchh.

Bräuhäuser, Jos. Vorschläge und Plan zur Aufbringung eines Anlehens zu $3^1/_2$ pCt. für das Königreich Bayern durch eine für die Unterthanen höchst wohlthätig wirkende Verbindung der Sparkassen und Lotterie resp. durch ein Lotterie-Anlehen mit Loosen von geringem Betrage. Den Hohen Kammern der Stände des Reichs gewidmet. gr. 8°. Augsburg, Kollmann, 1847.

Bräuhäuser, Joseph: Würdigung der verschiedenen Gattungen von Wasserleitungsröhren. pg. 3-8. 4°. Lauter.
Progr. Augsburg 1837/38.

Bräuhäuser, Manfred

— Beiträge zur Kenntnis des Rotliegenden an der oberen Kinzig, s.: **Mitteilungen der geologischen Abteilung des kgl. württ. stat. Landesamtes. Nr. 7.**

Bräuhäuser, Manfr., Beiträge zur Stratigraphie des Cannstatter Diluviums, s. **Mitteilungen der geologischen Abteilung des kgl. württ. stat. Landesamtes. Nr. 6.**

Beiträge zur Stratigraphie des Cannstatter Diluviums. Von Manfred **Bräuhäuser.** Mit 4 Profilen, 1 Taf., 1 Situationspl. u. 1 Anh.: Über den altdiluvialen Torf des Stuttgarter Tales von J. Stoller u. D. Geyer. Stuttgart 1909: Grüninger. 92 S. 8° [Umschlagt.]
(Mitteilungen d. Geolog. Abteilung d. Kgl. Württ. Stat. Landesamtes. Nr 6.) [illegible]

— Die Bodenschätze Württembergs. Uebersicht üb. d. in Württemberg vorhandenen Erze, Salzlager, Bausteine, Mergel, Tone, Ziegelerden, Torflager, Quellen usf., ihre Verbreitg, Gewinng u. Verwertg. (15, 331 m. Abb.) gr8° Stuttg., E Schweizerbart '12. 4.80; geb. 5.60 d

Bräuhäuser, Manfred, aus Sindelfingen: **Die Diluvialbildungen der Kirchheimer Gegend (Württemberg).** *Stuttgart: E. Schweizerbart 1904.* (S. 85—151.) 8° (Aus: N. Jahrbuch f. Mineral., Beil-Bd 19.)
Tübingen, Naturw. Diss. v. 1904

Über Vorkommen von Phosphorsäure im Buntsandstein und Wellengebirge des östlichen Schwarzwalds. Von Manfred **Bräuhäuser.** Stuttgart 1907: C. Grüninger. (22 S.) 8° [Umschlagt.]
= **Mitteilungen** d. Geolog. Abteilung d. Kgl. Württ. stat. Landesamtes. No 4. [illegible]

Brau-Industrie, deutsche. Früher: Norddeutsche Brauer-Zeitung. Offizielles Organ des deutschen Braumeister-Vereins ꝛc. Redact.: B. Johannesson. 18. Jahrg. 1888. 72 Nrn. (à Nr. $1^1/_2$ Bog.) gr. 8. Berlin, (Polytechn. Buchhandlung.) *

Brau-Industrie, deutsche. Officielles Organ d. deutschen Braumeister-Vereins ꝛc. Redact.: B. Johannesson. 14.—17. Jahrg. 1889—1892. à Jahrg. 72 Nrn. (à Nr. $1^1/_2$ Bog.) gr. 8. Berl., (Polytechn. Buchh.). à Jahrg. * 12 —

Brau-Industrie, deutsche. Offizielles Organ des Vereins der mittleren u. kleinen Brauereien, der Norddeutschen Brausteuergemeinschaft, des Deutschen Braumeister- u. Malzmeister-Bundes u. s. w. Hrsg. u. Red.: B. Johannesson. 16.—19. Jahrg. 1891—1894. à 72 Nrn. ($1^1/_2$ Bog.) gr. 8. Berlin, (Polytechn. Buchh.). à Jahrg. n. 12. —

Brau-Industrie, deutsche, Berlin. Offic. Organ d. deutschen Braumeister- u. Malzmeister-Bundes, d. Vereins d. mittl. u. kl. Brauereien, der Norddeutschen Brausteuergemeinschaft u. s. w. Red.: B. Johannesson. 20.—23. Jahrg. 1895—1898. à 72 Nrn. (à 12 S. m. Abb.) gr. 8. Berlin (Polytechn. Buchh.) à Jahrg. n. 12. —

Brau-Industrie, deutsche, Berlin. Officielles Organ des Bundes der mittleren u. kleinen Brauereien der norddeutschen Brausteuergemeinschaft u. s. w. Red.: B. Johannesson. 24.—27. Jahrg. 1899—1902. à 72 Nrn. gr. 4. (à ca. 12 S.) Berlin (Polytechn. Buchh. A. Seydel). à Jahrg. n. 12. —

Brau-Industrie, deutsche, Berlin. Alleiniges Organ des Bundes der mittleren u. kleinen Brauereien der norddeutschen Brausteuergemeinschaft u. s. w. Red.: B. Johannesson. 28. u. 29. Jahrg. 1903 u. 1904 à 72 Nrn. (à ca. 12 S.) gr. 4. Berlin (Polytechn. Buchh. A. Seydel). à Jhrg. n. 12. —

— dasselbe. 30. Jahrg. 1. Viertelj. Jan.—März 1905. 18 Nrn. (à ca. 16 S) 4. Ebd. n. 3. —

— dasselbe. 2.—4. Viertelj. April—Dezbr. 1905. 54 Nrn. Mit der Gratisbeilage: Selterswasser- u. Limonaden-Fabrikation. 9 Nrn. (à ca. 8 S.) 4. Ebd. n. 6. —

— dasselbe. Offizielles Organ des Thüringer Brauer-Vereins, des Neutomischler Hopfenbau-Vereins u. der Sektion VI-Berlin der Brauerei- u. Mälzerei-Berufsgenossenschaft. Red.: B. Johannesson. 31. Jahrg. 1906. 52 Nrn. (à ca. 12 S. m. Abbildgn.) 4. Ebd. n. 8. —

Brau-Industrie, deutsche, Berlin. Offizielles Organ des „Verband obergär. Brauereien", des „Thüringer Brauer-Verein", des „Neutomischler Hopfenbau-Verein" u. der Sektion VI-Berlin der Brauerei- u. Mälzerei-Berufsgenossenschaft. Red.: B. Johannesson. 82. Jahrg. 1907. 52 Nrn. (à ca. 8 S.) 82×28,5 cm. Berlin (A. Seydel). 8. —

— dass. Deut. Bier. 34. J. Hrsg.: Rich. Schnürpel. Red.: Johs Olberg. J. '09. 52 Nrn. (Nr 1. 16) 32×23,5 cm. Ebd. Viertelj. 2 — d
32. J. 2. Halbj. u. 33. J. Nr 1—44 u. d. T.: Bier, deut.

— **dasselbe. Deutsches Bier.** 84. u. 85. Jahrg. Generalanzeiger Nord- u. Süddeutschlands. Fachblatt deutscher Brauereibesitzer, -Direktoren, Brau- u. Malzmeister. Offizielles Organ des „Verband obergär. Brauereien", d. „Thüringer Brauer-Bund" usw. Hrsg.: Rich. Schnürpel. Red.: Johs. Olberg. Jahrg. 1909 u. 1910. à 52 Nrn. (à ca. 16 S.) 32×24 cm. Ebd. à Jhrg. 8. —

Brau-Industrie, Deutsche. Deut. Bier. Red. v. Rich. Schnürpel. 35—37. J. '10—12 je 52 Nrn. ('12, Nr 1: 16) 32×24 cm. Berl., (A Seydel). viertelj. 2 — d

Brau-Industrie-Kalender. Hrsg. v. K Michel u. Doemens. 1895. 12° (Schreibkalender u. 122 m. Abbildgn.) Lpzg, Eisenschmidt & Sch. Geb. in Lnw. 1 — ‖ 1896. (Schreibkalender u. 152) Geb. 1.50

Brau-Industrie-Kalender. Hrsg. v. K Michel u. Doemens. 1897. (3. Jahrg.) 12° (Schreibkalender u. 220 m. Abb.) Lpzg, Eisenschmidt & Schulze. Geb. in L. 1.50; in Ldr 2 — ‖ 4. Jahrg. 1898. 2 Tle. (Schreibkalender, 98, 118 u. 97 m. Abb.) Geb. in L. u. geh. 2 —; in Ldr u. geh. 2.50

Brau-Industrie-Kalender 1903. Hrsg. v. Alb. Doemens. 9. Jahrg. 3 Tle. 12. (IX S., Schreibkalender, 146, IV, 124 u. 161 S. m. 2 Bildniss. u. 2 Taf.) Leipzig, Eisenschmidt & Schulze. Geb. in Leinw. u. geh. n. 2. 50; in Ldr. u. geh. n. 3. —

— 1905. Hrsg. v. Alb. Doemens. 11. Jahrg Ausg. f. Österreich-Ungarn. Bearb. v. Alois Schwarz. 3 Tle. (IX S., Schreibkalender, X, 140, IV, 114 u. 159 S. m. Abbildgn.) kl. 8. Ebd.
Geb. in Leinw. u. geh. 2. 50; in Ldr. u. geh. 3. —

Brau-Industrie-Kalender 1906. Hrsg. v. A Doemens. 12. Jahrg. 3 Tle. (Schreibkalender, 140, 103 u. 210 m. Abb.) 8° Lpzg, Eisenschmidt & Sch. L. u. geb. 2.50; Ldr u. geb. 3 — d

Brau-Industrie-Kalender 1907. Hrsg. v. Alb. Doemens. 13. Jahrg. 3 Tle. (IX S., Schreibkalender, XII, 141 IV, 160 u. 212 S. m. Abbildgn.) kl. 8. Leipzig, Eisenschmidt & Schulze. Geb. in Leinw. u. geh. n. 2. 50

Brau-Industrie-Kalender 1910. Hrsg. v. Alb. Doemens u. G. Barth. 16. Jahrg. 3 Tle. (VI S., Schreibkalender, XII, 179; IV, 158 u. 256 S. m. Abbildgn.) kl. 8. Leipzig, Eisenschmidt & Schulze. Geb. in Leinw. u. geh. 2. 50

Braunindustrie-Kalender '13. Hrsg. v. A Doemens, G Barth. 19. J. 3 Tle. (1. Tl: 9, Schreibkaldr, 11, 192 m. Abb. u. Manual 256; 2. Tl: 142 u. 240; 3. Tl: 20, 142, 240) kl8° Lpzg, Eisenschmidt & Sch. f. vollst., L 2.50

Bräuler, L: Vorrichtgn u. Maschinen z. Herstellg v. Tiefbohrlöchern, s.: Köhler, G.

Brauliß, Aug., altägyptische Gewebe. Unter Zugrundelegg. e. reichhalt. Sammlg. sachlich untersucht u. besprochen. Mit 126 Orig.-Abbildgn. im Text. gr. 8. (VII, 93 S.) Stuttgart 900. A. Bergsträßer. n. 4.—

Braum, Carl, Imperator pacis. Ein Huldigungsbuch deutscher Autoren. (331 S. m. 1 eingedr. Bildnis.) 8. Leipzig (910). A. Cavael. Geb. in Leinw. 8.—

Braum, Carl, Sarajevo 1878. (Nach allgemein zugängl. Quellen u. Berichten v. Augenzeugen geschildert.) (III, 98 S. m. 1 Karte.) 8. Leipzig 907. A. Cavael. n. 2.50

Braum, Heinrich

Braum, H., die Abweichungen der unregelmäßigen französischen Verben, in Merksätzen zusammengestellt. (20 S.) gr. 8. Frankfurt a/M. (906). (A. Kullmann.) n. —40

Braum, H[einrich]: Die Abweichungen der unregelmäßigen französischen Verben in Merksätzen zusammengestellt. Frankfurt a. M. 1907: A. Kullmann. (20 S.) 8° [J.]
Frankfurt a. M., Viktoria-S OP 1907 [91]

Braum, Otto, Francofurtensis: De monosyllabis ante caesuras hexametri latini collocatis. Marpurgi Cattorum 1906: H. Bauer. (112 S.) 8°
Marburg, Phil. Fak., Ref. Birt, Diss. v. 20. Aug. 1906
[Geb. 14. Juli 82 Frankfurt-Bockenheim; Wohnort: Frankfurt-Bockenheim; Staatsangeh.: Preußen; Vorbildung: Gymn. Frankfurt a. M. Reife O. 00; Studium: Marburg 2, München 2, Berlin 1, Marburg 6 S.; Rig. 20. Dez. 05.]

Braumann, A., s. a. Branmann, A.

Braumann, A. Die Anteilnahme d. deutschen Frauen an d. Kampfe wider d. Judentum. — Die Juden als Hauptfeinde deutscher Sprache u. Schrift, f. Wechschriften, deutsche.

***Braumann, C. D.,* de variolis vaccinis.** 8 maj. Marb. 803. Krieger. 3 gr.

Braumann, Frdr.: Der Nutzen d. Heerwesens f. d. deut. Volkswirtsch. (32) 8° Magdebg, E Baensch jun. ('11). —20 d

— Die Programme d. Reichstagsparteien. Systemat. im Wortlaut zusammengest. n. Stichwörtern. (22 Taf. m. 10 S. Text.) gr8° Ebd. '11. —75 d

Braumann, *Gustav Geschichte des Gymnasiums.* 4 (S. II—VIII).
Progr. Kgl. G. *Freienwalde a. Oder* 1893

Braumann, Gust. (geb. Putlitz in d. Mark 5. 6. 1841): De leudibus in regno Merowingorum. Berolini (1865). (55 S.) 8°
Berlin, Phil. Diss. v. 20. Febr. 1865

Braumann, Gust., de leudibus in regno Merowingorum. Dissertatio inauguralis. gr. 8. (55 S.) Berlin 865, (Calvary und Comp.) *

Braumann, Gust. Die Principes der Gallier und Germanen bei Cäsar und Tacitus. 44 S. **Progr.** Fr. Wi. G. *Berlin* 1883.

Braumann, Gust., die Principes der Gallier und Germanen bei Cäsar und Tacitus. gr. 4. (44 S.) Berlin 883, (W. Weber.) 1 —

Braumann, *Gustav* [Prof. Dr., Dir.]: *Rückblick auf die Geschichte der Anstalt bei der Feier des 25jährigen Bestehens.* Freienwalde a. O., Buchdr. v. E. Pilger, 1893; II—VIII S. 4.
Freienwalde a. O., k. G, OP 1893 (76 [vielm. 75])

Braumann, *Gustav* [stellv. Dir.]: *Zur Übersiedelung des Gymnasiums in sein neues Heim.* Berlin, Druck v. A. W. Hayns Erben, *1891;* S. 68–71; 4°
Berlin, k. Friedrich-Wilhelms-G u. k. VS, OP 1891 (56)

Braumann, Johann Heinrich (Marburg), De exemtionibus cum onere a fiscali Caesareo haud impugnandis. Diss. jur. publ. Marburg (Müller) 1762. 78 S. (5.20) 3806

Braumann, Max aus München: Ueber die Einwirkung von Dicyan auf Acetessigester und Acetylaceton. *Berlin 1903: A. W. Schade.* (49 S.) 8°
Berlin, Phil. Diss. v. 7. März 1903

Braumann-Honsell, Lily: Prinzessinnenstündle. (72 m. Abb.) 8° Magdebg, K Peters ('11). Pappbd 2 — d

Braumeister, Der. Eine Monatsch d Fortschritte d Braugewerbes gewidmet. 4v. Chi, 1888-91.

Braumeister d VS. Erster Natl Convention, Chi, 20.-22. März, 1887. Gewidmet d Teilnähmern vom Arrangements-Comite. Chi, 1887.

Braumeister, der wohlerfahrne. 8. Jena 761. Gröker. 4 gr.

Braumeisterswittwe, d. elegante. Lustsp. in 3 Aft. 8. Wien, Wallishauser.

Bräumeisters-Witwe, Die elegante. Ein Lustspiel in drey Aufzügen. Von dem Verfasser des Zwirnhändlers. Wien 1808. V: *Kringsteiner (Kringstein), Joseph Ferdinand.* (GGr V/342/Nr. 156/21) (DARP) (bibl Port)

Braumeister Verein von Dayton und Umgegend. Constitution und Nebengesetze. Dayton, 1900.

ALLGEMEINE BRAUMEISTER-ZEITUNG. Redakteur: Walter Horn. — vols., fol. Berlin, 1885–94.

Braumont, Jo., Traktat von Geistern, Erscheinungen, Hexereien u. anderen Zauberhändeln. A. d. Engl. v. *Arnold* mit Vorrede v. *Thomasius.* 360 S. Halle. 4°. (S. 147 Von den Lebensumständen Tasso's.)
1721

Braumüller's Bade-Bibliothek. Nr. 11. 22 [illegible] Wien, Braumüller. [illegible]
Nr. 22. [illegible] Dr. Mathias, Die [illegible] [illegible]
Nr. 23. [illegible]
Nr. 24. [illegible]
Nr. 25. [illegible]
Nr. 26. [illegible] Der Curort Krapina-Töplitz [illegible]
Nr. 27. [illegible] Bad Vöslau. Für Aerzte und Badegäste. [illegible]
Nr. 28. [illegible]
Nr. 29. [illegible]
1868.

Braumüller's Badebibliothek. Nr. 5. Inhalt: Dr. Gustav Pröll, Gastein Unentbehrlicher Rathgeber für Kranke, die Gastein besuchen, sowie für Aerzte, welche Kranke dahin senden wollen. 5. verbesserte Auflage. Mit einem Vollbilde, einem Situationsplane und einem Kärtchen der Reiserouten. 8. (VI, 191 S.) In Lwd. geb. 1.20
— — Nr. 20. Inhalt: Dr. med. W. Henry Gilbert, Der Curort Montecatini und das natürliche Dampfbad Monsummano 8. (VI, 57 S.) In Lwd. geb. —.70
Wien: Braumüller 1893.

Braumüller's Badebibliothek. Nr. 24. Inh.: Dr. Josef Schwarz, Die Heilquellen von Baden bei Wien. Auf Grundlage vieljähriger Erfahrung für Aerzte und Curgäste. 2. verbesserte Auflage. 8. (XI, 111 S.) —.70

— — Nr. 44. Inh.: Dr. E. Bunzel, Wildbad Gastein. Nach den neuesten Hilfsquellen bearbeitet. 6. durchaus verbesserte und vielfach vermehrte Auflage. Mit einer Karte des Gasteiner Thales. 8. (123 S.) 1.—
Wien: Braumüller 1891.

Braumüller's Badebibliothek. Nr. 38. Inhalt: Dr. med. W Henry Gilbert, Baden-Baden und seine Thermen. Mit Abbildungen in Lichtdruck und 1 Plane. 8. (VIII, 169 S.) Cart. 1.50
Wien: Braumüller 1893.

Braumüller's Badebibliothek.

— — Nr. 63. Inhalt: Dr. Coloman von Fodor, Schlammbad Pistyan (Postyén) in Ungarn, mit besonderer Berücksichtigung der „Massage"-Heilmethode. 2. verbesserte Auflage. 8. (IV, 57 S.) —.40

— — Nr. 68. Inhalt: Dr. J. Hoisel, Der landschaftliche Curort Rohitsch-Sauerbrunn in Steiermark. Dritte gänzlich umgearbeitete Auflage. Mit einer Karte. 8. (74 S.) 1.—
Wien: Braumüller 1893.

— — Nr. 103. Inh.: Dr. Kornel Preysz, Bad Siófok am Plattensee. Seine Heilmittel und seine Heilwirkung. Mit Abbildungen. 8. (47 S.) Cart. —.40
Wien: Braumüller 1893.

— — Nr. 104. Inh.: Dr. med. W. Henry Gilbert, Der Curort Ronneburg. 8. (62 S.) Cart. —.70
Wien: Braumüller 1893.

Braumüller's Bade-Bibliothek. Nr. 11. 8. Wien 906. W. Braumüller. n. 1. 80
Bad Ischl. Von E. Wiener. (IV, 189 S.)
Die Bände 1—10 erschienen ohne Sammeltitel.
Bisher unter d. Einzeltiteln aufgenommen.

Braumüller's Bade-Bibliothek. kl. 8. Wien, W. Braumüller. In Leinw. kart.
Höhn, Jos., Bad Radein in Steiermark u. seine Quellen. Mit zahlr. Abbildgn. (VIII, 282 S.) 909. (Nr. 101) In Leinw. kart. 2. —
Prigl, H., Preblau, seine Heilfaktoren u. seine Indikationen. (28 S. m. farb. Titelbild.) 910. (Nr. 118) Geb. in Leinw. 1. —
Wassing, Ant., der Kurort Wildbad Gastein. Mit 2 Titelbildern u. 1 Plane v. Gastein. 3. verm. u. verb. Aufl. (X, 132 S.) 908. In Leinw. kart. 2. —
Wick, Ludw., die warmen Quellen u. Kurorte Gasteins, f. Kurgäste u. Ärzte. 4., verm. Aufl. Mit 1 Lichtdr., 1 Situationsplan u. 1 Routen-Karte. (VI, 167 S.) 907. (Nr. 4) In Leinw. kart. 1. 80
Wickhoff, Max, Stahlbad Johannisbrunn in Österreich.-Schlesien u. seine Heilmittel. Mit 1 Titelbilde. (V, 86 S.) 909. (Nr. 117) In Leinw. kart. — 80

Braumüller's Bade-Bibliothek. Nr 118 u. 119 u. NAfl 4 u. 107. kl8° Wien, W Braumüller.
Gottlieb, Leop.: Radiumbad St Joachimstal. (4, 68 m. Titelbild.) '11 [119] L 1 —
Prigl, H: Preblau, s. Heilfaktoren u. s. Indikationen. (28 m. farb. Titelbild.) '10 [118] L 1 —
Wettendorfer, Alex.: Der Kurort Baden bei Wien. Führer f. Ärzte u. Kurgäste. 2. Afl. (10, 150 m. Bildn.) '12 [107] L 2 —
Wick, Ludw.: Die warmen Quellen u. Kurorte Gasteins f. Kurgäste u. Ärzte. 5. Afl. (8, 183 m. Abb., 1 Lichtdr., 1 Pl. u. 1 Kte.) '12 [4] L 2.50

Braumüller, ..., s. Cholera, die epidemische, in Stettin.

Braumüller's Militärische Taschenbücher. I. Band. Inhalt: Oberstlieutenant Rohr, Taktisches Taschenbuch. 5. Auflage. Mit 3 Beilagen, 5 Skizzentafeln und zahlreichen Figuren im Texte. 8. (X, 310 S.) In Lnwd. geb. 2.—
Wien: Braumüller 1895.

Braumüller's militärische Taschenbücher. Nr. I. Inhalt: Franz Rohr, Taschenbuch zum Gebrauche bei taktischen Ausarbeitungen, Kriegspielen, taktischen Uebungsritten, Manövern und im Felde. 8. neu durchgesehene Auflage. Mit 3 Beilagen, 5 Skizzen-Tafeln und zahlreichen Figuren im Texte. 16. (X, 329 S.) Nur fest 2.—
Wien: Braumüller 1897.

Braumüller's Militärische Taschenbücher. I. Band. Inh.: Franz Rohr, Taschenbuch zum Gebrauche bei taktischen Ausarbeitungen, Kriegsspielen, taktischen Uebungsritten, Manövern und im Felde. 9. neu durchgesehene Auflage. Mit 4 Beilagen, 5 Skizzen-Tafeln und zahlreichen Figuren im Texte. 16. (X, 329 S.) In Lnwd. geb. Nur fest 2.—
Wien: Braumüller 1897.

Braumüller's militär. Taschenbücher. 1.—7. Bd. 12. Wien, W. Braumüller. Geb. in Leinw. n. 19. 30
1. Taschenbuch z. Gebr. bei takt. Ausarbeitgn., Kriegsspielen, takt. Übungsritten, Manövern u. i. Felde von Frz. Rohr. 10., neu durchgeseh. Aufl. M. 4 Beilagen, 5 Skizzen-Taf. u. zahlr. Fig. i. Texte. (X, 329 S.) 898. n. 3. 60
2. Schule d. Patrouillendienstes. Prakt. Leitfaden f. d. Officiere der Fußtruppen d. k. u. k. österr. Heeres. Von M. v. S. (III, 71 S. m. 11 Fig.) 896. n. 2. —
3. Artillerist. Taschenbuch z. Gebr. f. d. k. u. k. Officiere der Feld-, Gebirgs- u. Festungs-Artillerie, sow. jener aller Waffen d. activen wie des Reservestandes. Von Ant. Dolleczek. (VIII, 191 S. m. 8 Fig.) 896. n. 2. 40
4. Schule d. Schwimmkunst. Leitf. f. Einzel- u. Massen-Unterr., bes. an Militär-Schwimmschulen, sow. d. Kunstschwimmens a. Grundl. eig. Methode u. m. Anwendg. d. Schwimmkugel-Apparates (Patent Himmel). F. Lehrende u. Lernende verf. v. Joh. Himmel. (VII, 152 S. m. 109 Fig.) 895. n. 2. 40; geb. n. 2. 50
5. D. Ausbildg. d. Compagnie i. Patrouillendienste. Theoret. u. prakt. Leitf. f. Compagnie-Commandanten u. Subalternofficiere. Von M. v. S. (304 S. m. 61 Fig.) 896. n. 3. —
6. D. militär. Echo. Ca. 2300 Citate a. d. Werken berühmter Militär-Schriftsteller u. Aussprüche bedeut. Feldherren üb. Heerwesen, Krieg u. Kriegführg. Ges. u. zusammengest. von Gust. Wolff. Mit 1 Portr. (VIII, 563 S.) 898. n. 4. 40
7. Das Infanterie-Feuer u. die Feuerleitg. i. Gefechte. In systemat. Form u. m. e. Übungs-Eintheilg. f. d. prakt. Schiess- u. Feuerunterr. f. d. Detail-Ausbildg. bei den Unterabtheilgn. d. k. u. k. Infanterie-Truppen bearb. v. Matthias Boltek. (VI, 95 S. m. 2 Abbildgn.) 898. n. 1. 40

Braumüller's militär. Taschenbücher. 1. u. 5—8. Bd. 12° Wien, W Braumüller. Geb. in L. 14.40
Ausbildg d. Compagnie im Patrouillendienste. Theoret. u. prakt. Leitf. Von M v. S. (304 m. Abb.) 97. [5.] 3 —
Boltek, M: Das Infant.-Feuer u. d. Feuerleitg im Gefecht. (95 m. 2 Abb.) 98. [7.] 1.40
Iwański, A: Applicator. Besprechgn üb. d. Dienst- u. Privatleben d. neuernannten Officiers (Cadetten) d. Fusstruppen. (179) 99. [8.] 2 —
Rohr, F: Taschenb. z. Gebr. bei takt. Ausarbeitgn, Kriegspielen, takt. Übgsritten, Manövern u. im Felde. 12. Afl. (350 m. Abb., 2 Beil. u. 6 Taf.) 1900. [1.] 3.00
Wolff, G: Das militär. Echo. Ca. 2500 Citate a. d. Werken berühmter Militär-Schriftsteller u. Aussprüche bedeut. Feldherren üb. Heerwesen, Krieg u. Kriegführg. (563 m. 1 Bildnis.) 98. [6.] 4.40

Braumüller's militärische Taschenbücher. 1. u. 8.—11. Bd. 12. Wien, W. Braumüller. Geb. in Leinw. n. 15. 80
1. Taschenbuch zum Gebrauche bei taktischen Ausarbeitungen, Kriegspielen, taktischen Übungsritten, Manövern u. im Felde. Von Frz. Rohr. 15. Aufl. Mit 2 Beilagen, 6 Skizzen-Taf., 1 Karte u. zahlreich. Fig. im Texte. (XII, 379 S.) 902. n. 4. —
11.—14. Aufl. (X, 343; X, 359; X, 359 u. X, 359 S.) Ebd. 899—901. à n. 3. 60.
8. Applikatorische Besprechungen üb. das Dienst- u. Privatleben des neuernannten Offiziers (Kadetten) der Fusstruppen. Von Arth. Iwański v. Iwanina. 2. verb. Aufl. (VIII, 182 S.) 903. n. 2. —
1. Aufl. (XI, 179 S.) Ebd. 899. n. 2. —.
9. Die prakt. Lösung v. Feldbefestigungs-Aufgaben. Fünf Beispiele in applikator. Weise auf kriegsgeschichtl. Grundlage dargestellt. Von Geo. Gyujtó v. Sepsi-Mártonos u. Osk. v. Bolberitz. Mit 4 Skizzen-Taf. (IV, 87 S.) 901. n. 2. 40
10. Hand- u. Nachschlagebuch f. den Cavalleristen. Zum Gebrauche der Berufs- u. Reserve-Officiere, Einjährig-Freiwilligen u. betr. Schulen. Von Geo. Bach v. Klarenbach. Mit mehreren Fig. im Texte, 2 Beilagen u. 5 Taf. (XV, 512 S.) 901. n. 5. —
11. Anleitg. f. die Ausbildg. im Aufklärungsdienste der Feld-Artillerie. Von Geo. Sprang. (X, 164 S.) 902. n. 2. 40

— **militärische Taschenbücher.** 1., 8. u. 12.—18. Bd. kl. 8. Ebd. Geb. in Leinw. u. kart. n. 20. 50

Inhalt:
1. Taschenbuch zum Gebrauche bei taktischen Ausarbeitungen, Kriegspielen, taktischen Übungsritten, Manövern u. im Felde. Von Frz. Rohr. 17. Aufl. Mit 2 Beilagen, 6 Skizzentaf., 1 Karte u. zahlreichen Fig. im Texte. (X, 448 S.) 905. Geb. n. 4. —
16. Aufl. (X, 386 S.) 903.
8. Applikatorische Besprechungen üb. das Dienst- u. Privatleben des neuernannten Offiziers (Kadetten) der Fusstruppen. Von Art. Iwański v. Iwanina. 3. verb. Aufl. (X, 184 S.) 905. Geb. n. 2. —
12. Behelf für Stabsoffiziers-Aspiranten etc. zur Verfassung u. Lösung von taktischen u. applikatorischen Aufgaben. Von Max Hauser. Mit 2 Taf., 3 Skizzen u. 8 Oleaten. 2. Aufl. (III, 117 S.) 903. Geb. n. 3. 40
13. Dasselbe. II. Thl. Über Wesen, Anlage u. Durchführg. v. applikator. u. Kriegspiel-Übgn. Erläutert an 6 Beispielen. Mit 2 Skizzen u. 5 Oleaten. 2. Aufl. (V, 124 S.) 903. Geb. n. 3. -
14. Ausbildung, praktische u. theoretische, e. Infanterie-Kompagnie. Bearbeitet von D. K. (VIII, 248 S.) 903. Geb. n. 2. 50
15. 50 Exerzierplatz-Aufgaben f. das geschlossene Exerzieren im Bataillon. Von Max Hauser. (111 S.) 903. Geb. n. 1. 50
16. Einige Gedanken üb. die kriegsmässige Ausbildung der Infanterie im Geiste der modernen Feuertaktik m. Programm f. die Rekrutenausbildung. Von Wilh. Reinöhl. 2. verb. Aufl. (99 S. m. 1 Tab.) 904. Kart. n. 1. 40
17. Dasselbe. II. Thl.: Programm für die Zugs- u. Kompagnieausbildung. (V, 153 S. m. 2 Tab.) 905. Kart. n. 1. 50
18. Aufgabenbeispiele aus dem Patrouillendienste, von M. u. S. Mit 50 Textfig. (89 S.) 905. Kart. n. 1. 20

— militär. Taschenbb. 8. Bd. kl8° Ebd. L. 2.50
Geschenkausg., L. m. G. n 4.20

Iwański v. Iwanina, Art.: Applikator. Besprechgn üb. d. Dienst- u. Privatleben d. neuernannten Offiziers (Kadetten). 4. Afl. (239) '07. [8.] 2.50; Geschenkausg., m. G. n 4.20

Braumüller's militärische Taschenbücher. 8. Bd. kl. 8. Wien, W. Braumüller. Geb. in Leinw. 2.50; Geschenkausg., geb. in Leinw. m. Goldschn. n 4. 20
Iwański v. Iwania, Art., applikator. Besprechungen üb. das Dienst- u. Privatleben des neuernannten Offiziers (Fähnrichs). 5. verb. Aufl. (XII, 240 S.) 910. Geb. in Leinw. 2. 50

Braumüller, Adolph Lud. Wilh. (Stettin), Nonnulla de infantis ad partum regularem positione. Diss. med.-obst. Bln. (Gebr. Unger) 7. IX. 1830. 31 S. m. Biogr. (M.: W. Paulson.) (4.—) 3807
Oppon.: F. Dross, A. Leiner, A. Krüger. — Gew.: Friedr. Wilh. Th. Rostkov, Carl Alex. Ferd. Kluge.

Braumüller, Benedict, geschichtliche Nachrichten über die heil. Hostien in der Grabkirche zu Deggendorf. Mit 6 (lithogr.) Bildern und einem Anhang von Gebeten. 12. (56 S.) Deggendorf 879, Pfeiffer. *

Braumueller, Carl Emil (Stettin), De delirio tremente. Diss. med. Bln. (Nietack) 13. IX. 1836. 40 S. m. Biogr. (M.: W. Paulson.) (4.—) 3808
Oppon.: C. Bisschopinck, W. Adam, J. Wilke. — Gew.: C. Krueger.

Braumüller, Gustav, Nehmt's mi' mit! I. Sammlung. Oesterreichische Dialectdichtungen zum Vortrage in geselligen Kreisen. 3. unveränderte Auflage. 12. (155 S.) In Lwd. geb. 1.—
Wien: Gerold 1893.

— — II. Sammlung. 2. Auflage 12. (120 S.) In Lwd. geb. 1 —
Wien: Gerold 1893.

(F) **Braumüller, G.,** Nehmt's mi' mit! Vierte Sammlung. Österreichische Dialektdichtungen. 2. Aufl. 8°. (IX, 106 S.)
Wien: Gerold 1908. geb. K 2.—

Braumüller, J. Gf., Beweis, dass Gilden, etc. einem Staate nützlich sind. 8°. Berlin, Maurers B., 1795.

Braumüller, J. Gottfried, s. Gilden, Innungen u. Zünfte.

— üb. Gilden, Innungen u. Zünfte. 8. Ebend. 793.

— d. wichtigste Canal in Europa, durch eine Vereinigung d. schwarzen Meeres mit d. Nord- u. Ostsee. Mit 1 Karte. gr. 8. Berl. 815. Maurers B. 1 ₰ 8 gr

— üb. die Veredlung einiger vorzügl. Landesprodukte, veranlaßt durch d. Schrift: der neueste Stellvertreter d. indischen Zuckers. 8. Berl. 799. Maurers B. 6 gr

Braumüller, J. Gottfried, s. Versuch e. Vertheidigung d. Eigennutzes.

Braumüller, J. G., Vers. ein. Vertheid. des Eigennutzes. 8. Berlin, Maurer. 796.

Braumüller, Johann

Braumüller, J, u. JG Rothaug, Kärntner Heimats-Atlas. Stufengang d. 1. geograph. Unterrichts an d. Volksschulen Kärntens. Fol. (8 farb. Kart.) Wien 95, G Freytag & B. Kart. n.n. 1 —

Braumüller, Joh., u. JG **Rothaug**: Karte d. Umgebg v. Klagenfurt. 1:150,000. 32×41 cm. Farbdr. Wien, G Freytag & B. ('08). nn — 20

Braumüller, Julius, approb. Arzt aus Berlin: Über subphrenische Abscesse. *Berlin (1902): G. Schade.* (29 S.) 8°
Berlin, Med. Diss. v. 14. Juli 1902

Braumüller, Maximilian von

Braumüller, Gedenkblätter zur Rangliste d. 4. Garde-Grenadier-Regiments Königin. Zusammengestellt m. Genehmigg. d. Regiments. gr. 8. (208 S. m. e. Portr. in Lichtdr.) Berlin 885. Mittler & Sohn. n. 6. —

Geschichte des Königin Augusta Garde-Grenadier-Regiments Nr. 4. Verf. von (Maximilian) **Braumüller,** Generalmajor. Mit Abb., Pl. u. Karten. *Berlin: E. S. Mittler & Sohn 1901.* (VII, 344, 150 S.) 8° [F.] 1 M. 4139

Offizier-Stammliste des Königin Augusta Garde-Grenadier-Regiments Nr. 4 z. 50jähr. Bestehen d. Regiments neu hrsg. von (Maximilian) v. **Braumüller,** Gen.Lt. z. D. Mit 2 Bildn. Berlin: Mittler 1910. 386 S. 8° 10. 1161

Braumüller, Otto Krankheit und Tod bei Homer. Erster Teil. 25 S. Progr. Wi. G. *Berlin* 1879.

Braumüller, R., De Germaniae Taciteae fide atque auctoritate. Pars I. Prenzlau 1868. 4.
Gymn.-Progr. . . . .

Braumüller, Rich. Über Tropen und Figuren in Vergils Aeneis. 2 Teile. 33, 20 SS. Progr. Wi. G. *Berlin* 1877. 1882.

Braumüller, Richard, „über den Turnbetrieb am kgl. Wilhelms-Gymnasium zu Berlin" (13. Jber. desselb.), Berlin 1873, 25 S., 4°.

Braumüller, Werner von, a. Coblenz a. Rh.: Die Auslobung nach dem Bürgerlichen Gesetzbuch für das deutsche Reich. Gießen 1905: v. Münchow. (72 S.) 8°

Gießen, Jur. Fak., Ref. Biermann, Diss. v. 16. Nov. 1905

[Geb. 1. Okt. 78 Coblenz; Wohnort: Berlin; Staatsangeh.: Preußen; Vorbildung: Gymn. Bromberg Reife O. 00; Studium: Freiburg i. B., Straßburg, München, Kiel, Gießen zus. 11 S.; Rig. 13. Okt. 05.]

Braumüller, Wilh. — Verlags = Bericht des Jahres 1856 von — —. Gedr. bei Josef Stöckholzer v. Hirschfeld in Wien. (4 Bl. 4.)

Verlags = Katalog von Wilhelm Braumüller, k. k. Hof= und akademischer Buchhändler. Wien, 1855. Gedruckt bei Josef Stöckholzer v. Hirschfeld in Wien. (43 S. Verzeichniß der Druckschriften der kaiserl. Akademie der Wissenschaften in Wien. 50 S. 8.)

Braumüller, Wilhelm: Verlagskatalog 1836—1904. Wien und Leipzig 1905

Verzeichnis einer Auswahl medizinischer Werke aus dem Verlage von Wilhelm **Braumüller** in Wien. Hrsg. anläßl. d. Jubiläumsausst. 1898 u. d. 50j. Bestandes d. Firma. (Wien: W. Braumüller 1898.) (70 S.) [illegible]

Braumüller's, Wilh., Biographie, s. Beyer, C., Zillbach.

Braun (Sachl. Ordnungswort)

Braun, Heinr. Von Ludw. Wolfram, s. Abhandlungen, historische, aus d. Münchener Seminar.

Braun, Dr. Jul., Nachruf. s.: Müller, C.

Braun, Margarethe, oder: Vertrauen auf Gott. Aus dem Engl. 2. Aufl. Düsselthal 858. Rettungsanstalt. 8. (129 S.) 6 ngr.

Braun, Margarethe, oder Vertrauen auf Gott. Aus dem Engl. 3. Aufl. 8. (108 S.) Berlin 885, Deutsche evangel. Buch- und Tractat-Gesellschaft. *

Braun, Margarethe, oder Vertrauen auf Gott. Aus dem Engl. 4. Aufl. 8. (103 S.) Berlin 889. Deutsche evang. Buch= u. Tractat=Gesellschaft. n. — 60

Braun (Verfasser)

Braun, Adreß=Kalender f. Stuttgart, s. Adreß=Kalender.

Braun, ..., s. J. Becken, Aufschlüsse.

Braun, (Hrsg.), s. Erde, Die neue.

— Die Externsteine. Pr. 1858. 23 S. u. 1 Taf. 4°.

Braun, Zur Gesch. d. Thebaischen Legion. Pr. 1855. 37 S. 4°.

Braun, häusliches Glück od.: Was e. Mann u. e. Mädchen vor u. n. der Ehe wissen muß. (164 S.) 8. Dresden (907). Leipzig, M. Wendel. 2. —

Braun, ..., die projectirte Hypothekenbank u. der Credit der Grundstückbesitzer. gr. 8. (14 S.) Berlin 848, Hübenthal & Co. 1 1/2 ngr.

Braun, die projectirte Hypothekenbank und der Kredit der Grundstückbesitzer. gr. 8. (14 S.) Berlin 848, (Nelte.)

Braun, Lehrbuch der Staats- und Rechtswissenschaft für Postbeamte. gr. 8. (XX, 383 S.) Marienwerder 868, Nax. *

—— Lehrbuch der Staats- und Rechtswissenschaften für Postbeamte. 2. Aufl. gr. 8. (XVI, 304 S.) Aurich 872. (Leipzig, Werner.) *

— Der Wüstenroder Leopard, ein röm. Cohortenzeichen. Pr. 1857. 35 S. und 1 kol. Taf. 4°. 2.50

[Lied.] Ihrem geliebten Br. Merkel die dankbare Brüderschaft d. □ z. d. 3 Pfeilen [in Nürnberg]. Bei Gelegenheit des 50jährigen Stiftungsfestes den 18. März 5839. [Unterz.:] B[raun?]. [Nürnberg 1839.] 2 Bl. 8° [Umschlagtit.]
Für Solo u. Chor. Ohne Noten: „Beim Mahl, — beim Mahl . . .“

[Lithogr.] Lied bei der Tafel □ am 5ten Juni 1842 geweiht dem [Br.] And. Heinr. Merkel am Tage der Feyer seines 25jaehrigen Jubilaeums von **Braun.** [Nürnberg 1842.] 2 Bl. 8° [Umschlagtit.]
Mit Chor. Ohne Noten: „Lasst, Brüder, jetzt beim festlich frohen Mahle, . . .“

Braun, s.: Mitteilungen a. d. agrikulturchemischen Laboratorium Hamburg-Eimsbüttel.

Braun, von Mühlenmaschinen der ein. Armee. Fol.

Braun's Novellen- u. Roman-Sammlung. 10. u. 24. Bd. 8. Leipzig 897. P. Braun. 3. 60
10. O du falsche Welt! In d. Falle. 2 Erzählungen v. Frz. Hilgen O. SS. R. 2. Aufl. (235 S.) 1. 60
24. In letzter Stunde. Novelle v. Carol. Deutsch. (292 S.) 2. — D. andern Bde. sind bisher unt. d. Einzeltiteln aufgenommen worden.

Braun's Novellen- u. Roman-Sammlung. 1., 2., 4., 5., 7. u. 11.—16. Bd. 8. Leipzig, P. Braun. à 1. 60; geb. à 2. —
1. Almosen ohne Geld. Novelle. Von Marie Delta. 4. Aufl. (196 S.) 901.
2. Eine treue Seele. Erzählg. Von Julie Gouraud. 4. Aufl. (199 S.) (901.)
4. Vornehm u. Gering. Novelle. Von Marie de Bivonnière. 3. Aufl. (217 S.) 898.
5. Der Engel des Bagno. Erzählung. Von Paul de Navery. 3. Aufl. (218 S.) 898.
7. Ein Frauenherz. Criminalroman. Von Paul de Navery. Aus dem Franz. bearb. v. Eduard Stephinsky. 3. Aufl. (238 S.) (902.)
11. Fritz Eimer's Pflegesohn. Was sein muß, muß sein. Caroline. 3 Erzählgn. Von Marie Lenzen di Sebregondi. 2. Aufl. (194 S.) 900.
12. Der schwarze Bettler. Novelle. Von Paul Feval. Frei nach dem Franz. v. Carola Braun. — Der kleine Fuß d. Königin Hedwig. Von Steph. Marcel. 2. Aufl. (205 S.) (901.)
13. Blumen der Haide. 4 Erzählgn. Von Amelie Godin u. Maria Lenzen di Sebregondi. 2. Aufl. (199 S.) (901.)
14. Ein Geheimniß. Roman. Von Zénaïde Fleuriot. Frei nach dem Franz. v. Amelie Godin. 2. Aufl. (215 S.) (902.)
15. Die Tochter meines Feindes. Novelle aus dem Leben. Von Stef. Marcel. 2. Aufl. (132 S.) (901.)
16. Die Sühne e. Königin, Roman. Von Feodora Klotte. Nach dem Engl. aus der Zeit Elisabeths. 2. Aufl. (226 S.) 902.

Braun's Novellen- u. Roman-Sammlung. 6. 8. 9. 22. u. 27.—30. Bd. kl. 8. Regensburg, F. Habbel. à Bd. n. 1. 60; geb. in Leinw. n. 2. —
Archler, Armin, die Gefangenen des Zaren. Historische Novelle. — Habicht, Ludw., ein verfehltes Leben. Novellette. 4. Aufl. (233 S.) (906). (Bd. 8.)
Braun, Edgar, die Tochter des Fischers. Eine Geschichte vom Genfersee. Dem Französ. frei nacherzählt. 2. Aufl. (188 S.) Leipzig (903). (Bd. 22.)
Champol, C., die Rivalin. Roman. Autoris. Übersetzg. aus dem Franz. v. Ludw. Wechsler. (330 S.) (906). (Bd. 29.)
Deutscher, W. M., Kapitola. Roman aus dem amerikan. (431 S.) (906.) (Bd. 28.)
Habicht, Ludw., ein verfehltes Leben, s.: Archler, Armin.
Hoecker, Osk., Stumme Zeugen. New-Yorker Roman. (346 S.) (906.) (Bd. 27.)
Hohenfels, J., unter falscher Flagge. Roman. (683 S.) (906.) (Bd. 30.)
Lenzen, Maria, geb. di Sebregondi, auf einsamen Wegen. Novelle. (Neue Aufl.) (215 S.) (906.) (Bd. 9.)
Navery, Paul de, Bauer u. Advokat. Novelle. Nach dem Französ. frei übers. v. Amelie Godin. 4. Aufl. (263 S.) (906.) (Bd. 6.)
Bd. 25 u. d. T.: Ehrenkron, Benno v., unter himmlischem Schutz, u. Bd. 26 u. d. T.: Braun, Edg., eine mysteriöse Geschichte, sowie die übrigen Bände jetzt Ebd. à n. 1. 60; geb. n. 2 —.

Braun's Novellen- u. Roman-Sammlg. 1—5., 8—11., 13—23. u. 26—30. Bd. kl8° Rgnsbg, J Habbel. Je 1.60; L. je 2 — d
Archler, Armin: Die Gefangenen d. Zaren. — Habicht, Ludw.: Ein verfehltes Leben. 4. Afl. (233) ('06.) [8.]
Bourdon, Julie: Die Ehescheidg. — Marcel, Stef.: Wie 2 schöne Erbinnen alte Jungfern wurden. Frei bearb. v. Eduard Stefinsky. 5. Afl. (200) ('09.)[3.]
Braun, Edg.: Eine mysteriöse Gesch. Roman a. d. amerikan. Leben. Dem Franz. nacherzählt. (Neue Ausg.) (476) ('08.) [20.] Vergr. ‖ Die Tochter d. Fischers. Eine Gesch. v. Genfersee. Dem Franz. frei nacherzählt. 3. Afl. (196) ('09.) [22.]
Champol, C: Die Rivalin. Aus d. Franz. v. Ludw. Wechsler. (330) ('06.) [29.]
Charles, Emmy: Die Herrin v. Ravenstein. Roman, n. d. Franz. frei bearb. (Neue Ausg.) (414) ('08.) [21.]
Delta, Marie: Almosen ohne Geld. Novelle. 5. Afl. (253) ('08.) [1.]
Deutscher, VR: Kapitola. Roman a. d. amerikan. (431) ('06.) [28.]
Fleuriot, Zenaide: Ein Geheimnis. Nach d. Franz. v. Amelie Godin. 3. Afl. (261) ('09.) [14.]
Frankenstein, H: Eine geheime Mission. Kriminal-Roman. (393) ('09.) [26.] Tritt an Stelle d. früheren, jetzt vergriffenen 20. Bds (Braun, Edg., e. mysteriöse Gesch.).
Godin, Amelie: Nicht uns. Sohn. Roman. Frei n. d. Engl. bearb. (Neue Ausg.) (270) ('08.) [17.]
— u. Maria Lenzen di Sebregondi: Blumen d. Heide. 4 Erzählgn. 3. Afl. (234) ('09.) [13.]
Gourand, Julie: Eine treue Seele. Erzählg. 5. Afl. (242) ('08.) [2.]
Habicht, Ludw.: Ein verfehltes Leben, s.: Archler, Armin, d. Gefangenen d. Zaren.
Hisgen, Frz: O du falsche Welt! In d. Falle. 2 Erzählgn. 3. Afl. (246) ('09.) [10.]
Hoecker, Otto: Stumme Zeugen. New-Yorker Roman. (340) ('06.) [27.]
Hohenfeld, J: Unter falscher Flagge. (883) ('06.) [30.]
Lang, Ludw.: Am grünen See. Novelle. (240) Lpzg (o. J.). ‖ (Neue Ausg.) (244) ('08.) [20.]
Lenzen di Sebregondi, Maria: Fritz Elmers Pflegesohn. Was sein muss, muss sein. Karoline. 3 Erzählgn. 3. Afl. (226) ('09.) [11.] ‖ Auf einsamen Wegen. (Neue Afl.) (215) ('06) [9.]
Livonnière, Marie de: Vornehm u. gering. 4. Afl. (280) ('09.) [4.]
Marcel, Stef.: Wie 2 schöne Erbinnen alte Jungfern wurden, s.: Bourdon, Julie, d. Ehescheidg.
— Die Tochter meines Feindes. Novelle a. d. Leben. 3. Afl. (208) ('09.) [15.]
Navery, Paul de: Bauer u. Advokat. Übers. v. Amelie Godin. 4. Afl. (263) ('06.) [6.] ‖ Der Engel d. Bagno. 4. Afl. (295) ('09.) [5.]
Riotte, Feodora: Wie ich zu meiner Frau kam. Novelle. (224) Lpzg (1890); (Neue Ausg.) (234) ('08.) [18.] ‖ Silvia. Novelle, n. d. Engl. frei bearb. (297) Lpzg (1891); (Neue Ausg.) (309) ('08.) [19.] ‖ Die Sühne e. Königin. Roman. Nach d. Engl. a. d. Zeit Elisabeths. 3. Afl. (293) ('08.) [16.]
Silvanus, P: Mein ist d. Rache. Frei nach d. Franz. 3. Afl. (320) ('09.) [23.]
Den 25. Bd bildet: Ehrenkron, B v., unter himml. Schutz

Braun's Novellen- u. Roman-Sammlg. NAfl 7. Bd. kl8° Regensbg, J Habbel. (je) 1.60; L 2 — d
Navery, Paul de: Ein Frauenherz. Kriminal-Roman. Nach d. Franz. v. Eduard Stephinsky. 4. Afl. (292) ('09) [7]

Braun und Heider, zur Orientirung über die Frage der elektrischen Beleuchtung. gr. 8. (12 S.) Wien 883, (O. Frank.) .. — 60

Braun und Heider, zur Orientirung über die Frage der elektrischen Beleuchtung. 2. unveränd. Aufl. gr. 8. (11 S.) Wien 885, O. Frank. *

Braun: Die Propäd. d. Philos. an unsern Gymn. 11 S. 8°.
Progr. Triest 1860.

BRAUN, Eine christliche Quästion, samt der Responsion, warumb die Mütter lieber Söhne als Töchter haben? Ibid. eod. a. 4°. (75 Pfg. Kirchhoff & Wigand; jetzt theurer!)

Braun (Hrsg.), s. Sonntagsfreund, Der ostpreussische.

Braun, de usufructu parent. in bonis liberor. 4. Jena.

Worte am Grabe unseres unvergesslichen Vaters, Schwiegervaters und Grossvaters Heinr. Vogel. Geboren den 18. Dez. 1814. Gestorben den 31. Dez. 1890. Beerdigt den 2. Jan. 1891. Gesprochen von **Braun.** Stuttgart [1891]: Stähle & Friedel. 7 S. 8°
Enth. auch den Nachruf der Loge Wilh. zur aufgehenden Sonne in Stuttgart, gesprochen von A. Milczewsky.

Braun, A. (Red.), s. Blätter, Humoristische.

Braun A.: Ueber zwei am 26. Juli bei Berlin v. Blitz getroffene Eichen. Berl. 1869. 7 S. (Særtr.). P.

Braun, A., Frühlingsblümchen. Gedichte. 8. (4⅓ B.) Berlin 841. (Athenäum.) *

Braun, A. G., Hand-Lexikon der Hunde-Krankheiten u. deren rationelle Behandlung. Für Kynologen, Jäger, Sportsmen, Landwirthe, Hunde-Züchter u. Hunde-Liebhaber bearb. gr. 8. (IV, XXIV, 278 S.) München 901. J. Schön. n. 4. —

Braun, Ad.: Der Hofbesitzer als Landwirt, Vieh-, Obst- u. Bienenzüchter, s: Demme's Sammlg volkswirtschaftl. Schriften.

Braun, Ad., s. Geo. Sand, Letia.

Braun, Adam

Braun, A. (II.), die Ergebnisse der Sprachwissenschaft in populärer Darstellung. gr. 8. (VII, 93 S.) Cassel 872, Scheel. *

Braun, A., glückliche Jugend. Erinnerungen aus der Jugendzeit. (100 S.) 8. Cassel 904. Hess. Schulbuchh. R. Röttger. n. 1. —; kart. n. 1. 25

Braun, A., Raumlehre für Volks- und Fortbildungsschulen. Nach den allgemeinen Bestimmungen vom 15. Octbr. 1862 im Auftrage des hess. Volksschullehrervereins bearb. gr. 8. (VIII, 74 S. mit eingedr. Holzschn.) Kassel 875, (Junemann und Comp.) *

Deutscher Sprachschatz. Beiträge z. Unterr. in d. deutschen Sprache von A. Braun. Rektor. *Cassel 1891: Weber & Weidemeyer.* (87 S.) 8° [F.]

Braun, A., deutscher Sprachschatz. Beiträge zum Unterricht in der deutschen Sprache. gr. 8. (87 S.) Cassel 894. (G. H. Wigand's Sort.) n. 1. —

Braun, A., deutscher Sprachschatz f. Lehrer u. f. Freunde uns. Muttersprache. gr. 8. (VI, 212 S.) Leipzig 898. F. Brandstetter. n. 2. 50

Braun, A. (I.), Übungsbuch für den Unterricht in der deutschen Sprache [Orthographie und Grammatik]. 3 Hefte. 8. Kassel, Keßler. [1. Heft. (32 S.) 882, 2. verm. und verb. Aufl. (39 S.) 883. * 20 Pf.; 2. Heft. 1. und 2. verm. und verb. Aufl. (80 S.) 882,84. * 40 Pf.; 3. Heft. (80 S.) 885. * 40 Pf.] *ℳ 1.; geb. in 1 Bd. * 1 25

— Übungsbuch f. d. Unterricht i. d. deutschen Sprache. 4 Hfte. gr. 8. Cassel 895. (A. Baier & Co.) n. 1. —
I. II. 4. Aufl. (à 32 S.) à n. — 20
III. IV. 3., gänzl. umgearb. Aufl. (à 64 S.) à n. — 30

Übungsbuch für den Unterricht in der deutschen Sprache von A. Braun. Rektor. 6. Aufl. H. 1. *Cassel: Weber & Weidemeyer 1899.* 8°. [F.]

— Übgsb. f. d. Unterr. in d. deut. Sprache. 4. Heft. 6. Afl. (64) 8° Ebd. '05. nn — 85 d

— Übungsbuch f. den Unterricht in der deutschen Sprache. Neu bearb. v. Carl Heßler. I.—IV. Hft. 8. Ebd. n. 1. —
I. Für das 2. u. 3. Schulj. 10. Aufl. (32 S.) 906. n. — 20
II. Für das 4. Schulj. 9. Aufl. (32 S.) 906. n. — 20
III. Für das 5. u. 6. Schulj. 8. Aufl. (64 S.) 906. n. — 30
IV. Für das 7. u. 8. Schulj. 7. Aufl. (66 S.) 907. n. — 30

Braun's, A, Übgsb. f. d. Unterr. in d. deut. Sprache. Neu bearb. v. Carl Hessler. 1—3. Heft. (Nach d. Lehrpl. d. Casseler Bürgersch.) 8° Cassel, Hess. Schulbh. R Röttger. d
1. Für d. 2. u. 3. Schulj. 12. Afl. (36) '10. — 20 ‖ 2. Für d. 4. Schulj. 11. Afl. (36) '10. — 20 ‖ 3. Für d. 5. u. 6. Schulj. 9. Afl. (64) '10. — 30

Braun, Adelbert Ferdinand

Braun, AF, d. Rahmen- od. Damen-Stock. 8. (59) Lpzg 53. (Hann., Cohen u. R.) n. — 12½

Braun, Adelb. Ferd., der Rahmen- oder Damen-Stock. Neuerfundene Bienen-Wohnung mit beliebig theilbarem Brut- und Honigraum. Eine Abhandlung über die Zweckmäßigkeit der Bienen-Wohnungen überhaupt. Mit 18 Abbild. 8. (59 S. mit 2 Stnt. in qu. Fol.) Leipzig 853, Spamer. *-

Braun, Adolf

Braun, Adf., zum Achtstundentag. Historisches u. Agitatorisches üb. Arbeiterschutz u. Achtstundentag. 8. (48 S.) Berlin 901. Buchh. Vorwärts. n. — 20

Braun, Adf: Arbeiterschutz u. Sozialdemokratie, s: Werbeschriften, Sozialdemokratische, z. Wahlkampf.

Braun, Adf. (I.). Die Arbeiterschutzgesetze der europ. Staaten. Mit Exkursen üb. d. Gewerbeverfassg., Industriestatistik, Entwicklg. u. Durchführg. der Arbeiterschutzgesetzgebg. 1. Tl.: Deutsches Reich. gr. 8. (VIII, 156 S.) Tüb. 890, Laupp. * 3 —

Braun, Ad. Ausdehnung der Statistik über die Krankenversicherung im Deutschen Reiche. Berlin 1901.

Bauarbeiterschutz (Der) in Bayern. Taschenausgabe für jeden bayerischen Bauarbeiter. Hrg. von der Bayerischen Landes-Bauarbeiter-Schutzkommission, 1901. (Von Dr. Ad. Braun.) 12⁰. Nürnberg, J. Merkel, s. a.

— Ergebnis der statist. Erhebungen über Lohn- u. Arbeitsverhältnisse in der Metallindustrie in Berlin. Aufgenommen im Herbst 1892 vom Verband aller in der Metallindustrie beschäftigten Arbeiter Berlins u. Umgebung. Mit Anhang: Bericht über die Thätigkeit des Verbandes aller in der Metallindustrie beschäftigten Arbeiter Berlins und Umgegend. 8⁰. Berlin, O Naether, 1893.

Braun, Adolf: Die Gewerkschaften, s.a. Sammlung v. Unterrichtsanleitungen.

Braun, A., Die Gewerkschaften: Wesen, Aufbau, Kampfmittel und Ziele der österreichischen und deutschen Gewerkschaften. Wien, 1910. 52 S.

Goethe in Meiningen. (Verf.: Justizr. Dr. [Adolf] Braun.) *Meiningen 1902: H. Marbach.* (9 S.) 8° [Umschlagt. J.]
Aus: Meininger Tageblatt 1901, No 302 u. 1902, No 12.

Braun, Ad., und E. R. J. Krejcsi, der Hausfleiss in Ungarn im J. 1884. Ein Beitrag zur Lehre von den gewerbl. Betriebssystemen. gr. 8. (32 S.) Leipzig 886, Fock. * .

Braun, A.: Haushaltungsrechnungen Nürnberger Arbeiter. 109 S. Selbstverlag des Arbeitersekretariats Nürnberg 1901

Braun, Adf., die Kartelle, s.a. Arbeiter-Bibliothek, Berliner.

— Die Kartelle. (Berliner Arbeiter-Bibliothek, III. Ser., 5. Heft.) 8⁰. Berlin, Verl. d. „Vorwärts", 1892.

Braun, Adolph (Red.), s. Kaufmann, Der.

Lage (Die) der bayerischen Eisenbahnwerkstätten-Arbeiter auf Grund einer statistischen Erhebung bearb. u. hrsg. vom Verband der bayer. Eisenbahnwerkstätten- u. Betriebsarbeiter. (Verfasser Dr. Adolf Braun.) 12⁰. Schweinfurt, Heinr. Winkler, 1899.

Braun, Adolf (Hrsg.), s. Lichtbildkunst, Die.

Braun, Adf., die Lohn- u. Arbeitsverhältnisse in den Siemens-Schuckertwerken Nürnberg, Berlin, Wien. (32 S.) gr. 8. Berlin 905. Buchh. Vorwärts. n. — 80

— dasselbe. 2. verm. Aufl. (32 S.) gr. 8. Nürnberg 905. (Berlin. Buchh. Vorwärts.) n. — 50

— Die Lohn- und Arbeitsverhältnisse in den Siemens-Schuckertwerken, Nürnberg, Berlin, Wien. 2. rev. Aufl. 8⁰. Nürnberg, Deutscher Metallarbeiterverband, 1905.

— Panorama der Berliner Weltausstellg. 2 Blatt. Autotypie. Fol. Mit erläut. Text. Im Auftrage d. Comités f. das Weltausstellungs-Terrain im Norden Berlins. gr. 8. (23 S.) Berlin 892. (Cassirer & Danziger.) n. — 60

Braun, Adolf: Parachlorphenol in der Therapie der oberen Luftwege, speziell der Larynxtuberkulose. *Würzburg 1897: Memminger.* (35 S.) 8°
Würzburg, Med. Diss. v. 1897

— die Parteien des deutschen Reichstages. Ihre Programme, Entwickelg. u. Stärke. Ein unentbehrl. Handbüchlein f. jeden Reichstagswähler. Fol. (36 S. m. 1 Tab. u. 1 graph. Darstellg.) Stuttgart 893. J. H. W. Dietz. — 40

Braun, Adf: Russl. u. d. Revolution. 3. Afl. (48) 8° Nürnbg, Fränk. Verl.-Anst. u. Buchdr. '06. — 30 d

Schiller und Meiningen. [Verf.: Justizr. Dr. Adolf **Braun**, Berlin.] *Meiningen (1901): H. Marbach.* (14 S.) 8° [Umschlagt. J.]
Aus: Meininger Tageblatt. No 149. [01. 8837

Braun, Adf., der Schriftführer in Übertretungssachen. Ein Handbuch zur Unterstützg. der als Schriftführer bei Bezirksgerichten in Übertretungssachen in Verwendg. steh. Personen. (52 S.) kl. 8. Wien 907. C. Konegen. Kart. 1. —

Braun, Adolf: Statistik, s.: Sammlung v. Unterrichtsanleitgn.

Braun, Adolf [aus Wien]: Zur Statistik der Hausindustrie . . . . Wien, Selbstverl. d. Verf., 1888; IV + 41 S. 8°
Freiburg i. B., Phil. Fak., Inaug.-Diss. v. 1888

Die Tarifverträge und die deutschen Gewerkschaften. Von Adolf **Braun**, (Wien). Stuttgart: J. H. W. Dietz Nachf. 1908. (VI, 100 S.) 8° [J.] [08. 17465

Die Warenhäuser und die Mittelstandspolitik der Zentrumspartei. Von Adolf **Braun**. *Berlin: Vorwärts 1901.* (24 S.) 8° [J.]

— Berliner Wohnungsverhältnisse, s.: Arbeiter-Bibliothek, Berliner.

Braun, Adf., Zeitungs-Fremdwörter u. politische Schlagworte. Verdeutscht u. erläutert. (32 S.) gr. 16. Berlin 903. Buchh. Vorwärts. n. — 25

— Zeitungs-Fremdwörter u. politische Schlagworte. Verdeutscht u. erläutert. 2., vielfach verb. u. wesentlich verm. Aufl. (56 S.) 16. Ebd. 907. — 30

— Zeitgs-Fremdwörter u. polit. Schlagworte. Verdeutscht u. erläutert. 4. Afl. (64) 16° Berl., Buchh. Vorwärts '11. — 30 d

— s.: Ziele u. Wege.

Braun, Adolphe. Photographien nach antiken Sculpturen. Fol.

Braun, Albert, approb. Arzt aus Winnenden: Über Endotheliom der Pleura. *Tübingen: F. Pietzcker 1901.* (10 S.) 8°
Tübingen, Med. Diss. v. 1901

Braun, Albr. Ernst, das Verfassungs- u. Verwaltungsrecht des Großherzogth. Hessen, s.: Küchler, Frdr.

Braun, A[lexander]: De algis unicellularibus nonnullis novis vel minus cognitis, praemissis observationibus de algis unicellularibus in genere. Berolini 1855. (03 S.) 4° * Erweitert ersch. u. d. T.: Algarum unicellularium genera. Lipsiae: Engelmann 1855.
Berlin, Phil. Fak., Antrittsprogr. v. 14. März 1855

Braun, Alex., Anrede an meine Schüler über das rechte Streben nach Wahrheit u. Freiheit. Gehalten an d. großh. polytechn. Schule zu Carlsruhe den 17. Jan. 1846. gr. 8. Carlsruhe 840, Holtzmann. 3 ngl

Ansprache bei der Eröffnung des Semesters am 15. Oct. 1865 in der Aula der Königl. Friedrich-Wilhelms-Universität von dem antretenden Rector Alexander **Braun**. [Über das Wesen der Universität.] Berlin 1865. (14 S.) 4°

[———] App. pl. nov. . . . horto reg. bot. berol. . . . 1857. Berol. [1858?] 4°.

——— App. pl. nov. et minus cogn. . . . 1861. Berol. 1862. 4°.

——— App. Selaginellarum . . . enum. emendata. Berol. 1860. 4°.

Braun, A. (I.), über die Bedeutung der Entwickelung in der Naturgeschichte. Rede gehalten zur Feier des Stiftungstages des medicinisch-chirurg. Friedrich-Wilhelm-Instituts am 2. Aug. 1872. gr. 8. (56 S.) Berlin 872, Hirschwald. *

Braun (A.). Ueber die Bedeutung der Morphologie. Berlin, [1862]. 8°.

Braun, Alex., über die Bedeutung der Pflanzenkunde für die allgemeine Bildung. Rede, gehalten bei Eröffnung des Victoria-Lyceums in Berlin am 5. Jan. 1871, hrsg. von Rob. Caspary. gr. 8. (24 S.) Berlin 877, Hirschwald. *

Braun, Alex., Betrachtungen über die Erscheinung der Verjüngung in der Natur, insbesondere in der Lebens- u. Bildungsgeschichte der Pflanze. Mit 3 (lith. u.) illum. Taf. gr. 4. (XVI u. 364 S.) Leipzig 851, W. Engelmann. n. 3 ß

Braun, A., L. Rabenhorst und E. Stizenberger, Characeae Europeae exsiccatae. Fasc. 2 und 3. Fol. (50 Bl. mit aufgeklebten Pflanzen.) Dresden 859,67, (am Ende.) à Fasc. ** 4 Thlr. 20 Ngr. **

—— Die Characeen Afrikas, zusammengestellt. (Aus dem Monatsbericht der Akademie der Wissenschaften 1867, 783—873.) Berlin 1868. 8.

—— L. Rabenhorst und E. Stizenberger, die Characeen Europa's in getrockneten Exemplaren. Unter Mitwirkung mehrerer Freunde der Botanik gesammelt und hrsg. Fasc. 1. Fol. (24 Bl. mit aufgeklebten Pflanzen und 2 S. Text.) Dresden 857(59,) (am Ende.) **

—— L. Rabenhorst und Stizenberger, die Characeen Europa's in getrockneten Exemplaren. Unter Mitwirkung mehrerer Freunde der Botanik gesammelt und hrsg. Fasc. 2—5 (Schluss). Nr. 25—121. Fol. Dresden 878, Kaufmann's Sortiment. *
1. Fasc. Ebendas. 1857. * ℳ 12.

—— Characeen Schlesiens, s. Kryptogamen-Flora von Schlesien.

Braun, A., über Chytridium, eine Gattung einzelliger Schmarotzergewächse auf Algen und Infusorien. gr. 4. (65 S. mit 5 Stnt.) Berlin 856, (Dümmler's Verlag.) *
Aus: Abhandlungen der k. Akad. der Wissenschaften zu Berlin 1855, besonders abgedruckt.

Braun (A.). Conspectus systematicus Characearum europearum. [Dresden], 1867. 4°.

—— die Eiszeit der Erde, s. a. Sammlung gemeinverständl. wissenschaftl. Vorträge.

Braun, Alexander. Die Eiszeit der Erde. Vortrag, gehalten im Januar 1866 ... zu Berlin. mit späteren Erweiterungen. 8. Berlin 1870.

(Sammlung gemeinverständlicher wissenschaftlicher Vorträge, hrg. von Rud. Virchow und Fr. von Holtzendorff. Serie 4 ... Heft 94.)

Braun, A. (II.), Fragmente einer Monographie der Characeen. Nach den hinterlassenen Manuscripten A. Braun's hrsg. von Otto Nordstedt. gr. 4. (211 S. mit 7 lithogr. Taf) Berlin 882, (Dümmler's Verlagsh.) cart. * 11 50
Aus: Abhandlungen der k. Akademie der Wissenschaften zu Berlin, besonders abgedruckt.

Gedächtnissrede gehalten am 3. Aug. 1866 auf der Königl. Friedrich-Wilhelms-Universität von Alexander **Braun**, d. Z. Rektor. [Über die Förderung der Pflanzenkunde unter Friedrich Wilhelm III.] Berlin 1866. (22 S.) 4°

Braun, Alex., Algarum unicellularium genera nova et minus cognita, praemissis observationibus de Algis unicellularibus in genere. 4maj. (VIII und 111 S. mit 6 Stnt.) Lipsiae 855, Engelmann. *

Braun, Alexander: Über fossile Goniopteris-Arten. 1852.

Braun (A.), & C. Bouché. Ind. sem. . . . 1857. [Berol. 1857?] 4°.

——— & C. Bouché. Ind. sem. . . . 1858. Berol. [1858?] 4°.

——— ——— Ind. sem. . . . 1859. [Berol. 1859?] 4°.

——— C. Koch, P. Ascherson, & C. Bouché. Ind. sem. . . . 1868. Berol. [1869?] 4°.

[———] App. altera ad Ind. sem. . . . 1873. Americani gen. Cupheae. Berol. [1874]. 8°.

—— Das Individuum der Pflanze in seinem Verhältniss zur Species. Generationsfolge, Generationswechsel und Generationsvertheilung der Pflanze. Berlin, Druckerei der Akademie der Wissenschaften. 1853. 4. 106 p., 6 tab.
Abhandlungen der Akademie. 1853.

—— Zwei deutsche Isoëtes-Arten, nebst Winken zur Aufsuchung derselben und ein Anhang über einige ausländische Arten derselben Gattung. Berlin, typ. Müller. 1862. 8. 37 p.
Verh. des bot. Vereins der Mark Brandenburg.

— über einige neue oder weniger bekannte Krankheiten der Pflanzen, welche durch Pilze erzeugt werden. Mit Beiträgen von Rob. Caspary und Ant. de Bary. Mit 2 Steindrucktaf. Berlin 854. Nicolai'sche Verlhdlg. Lex.-8. (31 S.) n. 15 ngl

Braun (A.). Ueber Lepidozamia. [Berlin, 1875]. 8°.

—— Ueber eine Missbildung von Podocarpus chinensis. (Monatsbericht der Berliner Akademie.) Berlin 1869. 8. 7 p.

Braun, Alex., Mittheilungen aus der chirurgischen Klinik der kaiserl. Universität zu Dorpat im J. 1859. Inaugural-Dissertation. gr. 8. (76 S.) Dorpat 861, (Gläser's Verlag.) *

Braun, Alex., über d. Naturgeschichte als Bildungsmittel u. ihr Verhältniss zu d. and. Wissenschaften in dies. Beziehung. Eine Einleitungs-Vorles. Nebst e. Nachschr. üb. d. Verhältn. d. polytechn. zu d. gelehrten Schulen. gr. 8. (2½ B.) Karlsruhe 840, Groos.

Braun, Alex., über d. Nutzen d. Naturwissenschaft. Eine Rede. gr. 8. (1¼ B.) Carlsruhe 833, Marx.

—— Ueber Parthenogenesis bei Pflanzen. Berlin, Druckerei der Akademie der Wissenschaften. (Dümmler.) 1857. 4. p. 311—376, 1 tab.
Abhandlungen der Akademie, 1856.

Braun, A.: Die Pflanzenreste des ägyptischen Museums in Berlin. Vortrag, gehalten in der Sitzung der Berliner Anthropologischen Gesellschaft am 15. April 1871. Aus dem Nachlasse des Verfassers herausgegeben von Paul Ascherson und Paul Magnus. ([S.-A.] Zeitschrift für Ethnologie. Jahrg. 9. 1877. S. 287—310.) Berlin 1877. 24 S. 8°.

Braun, A., über Polyembryonie und Keimung von Caelebogyne. Ein Nachtrag zu der Abhandlung über Parthenogenesis bei Pflanzen. (Aus den Abhandlungen der k. Akad. d. Wissensch. zu Berlin 1859.) Mit 6 (lith.) Taf. Berlin 860. Dümmler's Verlhdlg. in Comm. gr. 4. (157 S.) n. 2 ß

Braun, Alex, das Prinzregenten-Theater in München. Text v. B., Zeichngn. nach Motiven aus dem Theater v. J. Haseneder. Mit zahlreichen Portr. u. Ansichten. hoch 4. (39 S.) München 901. A. Bruckmann, Sep.-Cto. 1.50

Braun, Alex., das Prinzregenten-Theater in München. Zeichnungen nach Motiven aus dem Theater v. J. Haseneder. Mit zahlreichen Porträts u. Ansichten. (36 S.) gr. 4. München (903). A. Bruckmann. n. 1.50

Das Prinzregenten-Theater in München. Eine Denkschrift von Alex Braun Zeichn. nach Motiven aus d. Theater von J. Haseneder. Mit zahlr. Portr. u. Ansichten. 6. neu verm. Aufl. München: Bruckmann [1909]. 39 S. 4°(8°) [09. 11908]

Braun, *Alexander*. Ueber die Richtungsverhältnisse der Saftströme in den Zellen der Characeen. Berlin, Druckerei der Akademie der Wissenschaften. 1852. 8. 50 p.

—— über den Samen, s. Sammlung gemeinverständlicher wissenschaftlicher Vorträge.

Braun, Alexander. Uebersicht der Schweizerischen Characeen. Ein Beitrag zur Flora der Schweiz. [A.] 4. [Neuchâtel 1849.]

BRAUN, Alexander: Vergleichende Untersuchung über die Ordnung der Schuppen an den Tannenzapfen als Einleitung zur Untersuchung der Blattstellen überhaupt. - Breslau 1831. 206 S., 34 Taf.

—— Neuere Untersuchungen über die Gattungen Marsilea und Pilularia. Berlin 1870 8.
Monatsberichte der Akademie 1870, p. 653—753.
Cat. of sc. Papers I, 582—585.

Braun (A.). Neuere Untersuch. . . . Gattungen Marsilia und Pilularia. [Berl.] 1870-2. 8°.

BRAUN, Alexander: Über den schiefen Verlauf der Holzfaser und die dadurch bedingte Drehung der Stämme. - Berlin 1854. 54 S.

— Ueber die Wirkung der Spätfröste auf die Blätter von „Aesculus Hippocastanum". Berlin 1861.

—— Zurückführung der Gattung *Leersia* Sw. zur Gattung Oryza L. Berlin, typ. Müller. 1861. 8. p. 193—208, 1 tab.
Verh. des bot. Vereins in der Mark.

—— über den Zusammenhang der naturwissenschaftlichen Disciplinen unter sich und mit der Wissenschaft im Allgemeinen. Eine Rede, gehalten an der Universität zu Berlin den 14. März 1855. gr. 8. (23 S.) Leipzig 855, Engelmann. *

Braun, Alexander Carl Hermann

Braun, A. C. H., Hauptstücke des öffentlich-mündlichen Straf-Verfahrens mit Staatsanwaltschaft nach franz. u. holländ. Gesetzgebung. Rechenschaftsbericht über meine Reise im Sommer 1844. gr. 8. (23 B.) Leipzig 845, Fr. Fleischer. *

Braun Alfred: Die Aeneide Vergils und der Roman D'Eneas.
II. 1907 PN 2396 Diss. Wien, Univ.

Braun, Alfred [app. Arzt aus Diedendorf]: Beiträge zur Lehre von den fötalen Augenentzündungen ... Heidelberg. Univ.-Buchdr. v. Ph. Wiese, 1895; 2 Bl., 36 S. 8.
Heidelberg, Med. Fak., Inaug.-Diss. v. [30. Apr.] 1895

Braun, Alfred. Ist die Taube als Testobjekt für die Prüfung eines Geflügelcholeraimmunserums tauglich? Diss. Vet.-Med. Bern. Sonder-Abdruck aus Fortschritte der Veterinär-Hygiene, Heft 8, Jahrg. 4. 1906. *Kopftitel:* Aus der medizinischen Klinik der Kgl. Tierärztlichen Hochschule zu Stuttgart. ⟨Vorstand Professor Dr. Klett.⟩ 70 S. 8. Berlin, Louis Marcus, (1906).

Braun, Alfred [pr. Arzt, Creuzburg]: Untersuchungen des Wassers der öffentlichen Brunnen Königsbergs von hygienischen Gesichtspunkten ... Königsberg i. Pr., Druck v. M. Liedtke, 1894; 2 Bl., 21 S., 2 Bl., 1 Tab. 8.
Königsberg, Med. Fak., Inaug.-Diss. v. 19. Juli 1894

Braun, Alfr., Untersuchungen des Wassers der öffentlichen Brunnen Königsbergs v. hygienischen Gesichtspunkten. Diss. gr. 8. (21 S. m. 1 Tab.) Königsberg 894, (Gräfe & Unzer's Sort.) n.n. 1. —

Braun, Alfred Ph(ilipp) [aus Raudnitz a/Elbe, Böhmen]: Über Bildung, Konstitution und Umwandlung der α Oxolactone. Basel 1903. 39 S. 8°.
Basel. Phil. Diss. 1903/1904.

Braun, Alfred Ph . Über Bildung, Konstitution und Umwandlung der α Oxolactone. Diss. Phil. Basel. 39 S. 8. Basel, Kreis, 1903.

Braun, Alois: Versuch über die Tropen mit Beispiel-Sammlung für Gymnasial-Schüler. S. 3 - 31.
Progr. Münnerstadt 1847.

Braun, Alois: Vertragsurkunde des Augustinerklosters zu Münnerstadt mit Markus Ramsauer von Salzburg vom Jahre 1401 als Beitrag zur Charakteristik damaliger Zeiten und Verhältnisse. S. 3 - 12.
Progr. Münnerstadt 1858.

BRAUN, Aloys (München): Ueber Rachitis.- München: Wild (1877). 27 S.
3.8.1877 - Urk (Titel: De rachitide.); Chr 1877/78,10
Diss. Ingolst.-Landsh.-Mchn.

Braun, Anna, leichtfaßliche Anleitung zum Waschen u. Plätten (Fein-, Glanz- u. Kunstplätten) f. Hausfrauen u. gewerbliche Plätterinnen. 12. (32 S. m. Abbildgn.) Frankfurt a/M. (899). Frankfurter Verlagsanstalt A. Schulze & Co. n. — 60

Braun, Anselm, Die eschatologischen Anschauungen der Griechen u. die sepulkralen Inschriften des Corpus inscriptt. Graec. Dillenburg 1871, 4°, 24 S., Progr. des Gymn.

Braun, Ant., Ursachen der periodischen Wagennoth der Eisenbahnen u. Mittel zu ihrer Behebung. Preisgekrönt vom Club österr. Eisenbahn-Beamten. [Aus: „Oesterr. Eisenbahn-Zeitg."] gr. 8. (35 S. m. 1 Tab.) Wien 894. (Lehmann & Wentzel) n. 1. 20

Braun, Anton, aus Leustetten-Salem ⟨Baden⟩: Die Verhandlungen zwischen Maximilian I. und den Reichsständen auf dem Reichstag zu Freiburg i. B. 1498. *Freiburg i. B. 1898: C. A. Wagner.* (115 S.) 8°
Freiburg i. B., Phil. Diss. v. 1898

Braun, Antonie Hedwig, Tabelle der Münzen aller Länder der Erde in alphabet. Reihenfolge der Ländernamen ihrer Heimath, in sächs. Geld umgewandelt. Unter Beihülfe von Osc. Klemich. gr. 8. (35 S.) Dresden 871, Klemich's Verlag.

Braun, **Arn. W.**, die arithmetische Fundgrube ein vollständ. praktisch razionelles Rechenbuch für alle Klassen der Real-, Commerzial- und Volksschulen, mit besond. Rücksicht für Selbstlernende, junge Kaufleute und Comptoiristen rc. gr. 8. (X und 248 S.) Pest 853, (Geibel.) *

Braun, Arnold W. Die arithmetische Fundgrube, ein vollständiges praktisch-rationelles Rechenbuch für alle Klassen der Real-, Kommerzial- und Volksschulen, mit besonderer Rücksicht für Selbstlernende, junge Kaufleute und Komptoiristen... 8. (IV. u. 192 S.) Pesth, L. Lucács 1853.

Braun, **Arn. W.**, Lehrbuch der einfachen und doppelten Buchhaltung, für den Selbstunterricht und für Real- und Commerzialschulen, nach einer neuen, gründl. und faßl. Lehrmethode, theoretisch und praktisch bearb. gr. 8. (160 S.) Pest 851, (Geibel.) Thlr. * -

Braun, Arnold W. — Lehrbuch der einfachen und doppelten Buchhaltung des Handels, der Industrie und Oekonomie, für den Selbstunterricht und für Real- und Commerzialschulen. Nach einer neuen und faßlichen Lehrmethode theoretisch und praktisch bearbeitet von — —. 2te vermehrte Auflage. Pest, 1857. Dr. von Johann Herz. (164 S. 8.)

Braun, Arsène [aus Ensisheim i. Els.]: I. Weitere Untersuchungen über die Bildung von Indazolen. II. Über einige Derivate des Acetophenons. Basel 1899. 109 S. 8°.
Basel. Phil. Diss. 1898/99.

Braun, Arthur [aus Czernowitz in Oesterreich]: Die Entstehung der freien Salzsäure im Magensaft. . . . Würzburg, Druck d. Ferdinand Röhrl'schen Buchdr., 1888; 38 S. 8°
Würzburg, Med. Fak., Inaug.-Diss. v. 1888

Braun, August

Braun, A., die Hussiten vor Naumburg. 8. Jena, Ehdorf. 805.

— der Rothmäntelhauptmann. Mit Kpf. 8. Wien 814. (H. in Leipz. Richter).

Braun, August [aus Bonn]: Ueber die Varietäten des plexus lumbosacralis von Rana .... Bonn, Univ.-Buchdr. v. C. Georgi, 1886: 26 S. 8°.
Bonn, Med. Fak., Inaug.-Diss. v. 13. März 1886.

Braun, August, über die Varietäten des plexus lumbosacralis von Rana. Diss. Bonn 1886, Emil Strauss. 8°. 26 S.

Braun, B., Gesanglehre für Lehrer in Volksschulen. Nebst einer Liedersammlung (in 4 Hftn.) 8. Stuttgart 844, Hallberger. 1½ ₰

— 11 Noten-Wandtabellen zum Gebr. beim Gesangsunterr. in Volksschulen. Nach u. zu seiner Gesangslehre gefertigt. gr. Fol. (44 Bl.) Stuttgart 1844, Hallbergersche Verlsbuchh. *

Braun, B., prakt. Orgelschule. 1. Thl. Enthaltend: eine Beschreibung üb. den Bau, die Erhaltung u. das Spiel d. Orgel. Ferner 282 stufenweis geordnete Beispiele in den gewöhnlichsten Dur- u. Moll-Tonarten rc. qu. gr. 4. (16 S., IV u. 88 lith. S. u. 2 lith. Taf.) Schw. Gmünd 849, Schmid. n. 2 ₰ 8 ngr

Braun's, B., prakt. Orgelschule. Mit Rücksicht auf das Reglement über den Orgelunterricht in den kathol. Lehrerbildungsanstalten Württembergs, sowie mit besond. Bezugnahme auf das neue Rottenburger Diözesangesangbuch vollständig umgearb. und erweitert von J. G. Mayer. qu. 4. (XVI, 90 S.) Schwäb. Gmünd 871, Schmid. *

Braun B. und Kittel H. Untersuchungen über das Pinakolin aus dem Pinakon des Methyläthylketons. S. 115. IIb. '93 ....
Separatabdruck

— — Violinschule für Anfänger und etwas Geübtere. 2. Aufl. gr. 4. (IV und 56 lith. S.) Schw. Gmünd 848, Schmid. *

Braun, Bened.: Moderne Registriersysteme im Dienste d. Magistrate. Beitrag zu e. d. neuzeitl. Verhältn. entsprech. Umgestaltg d. formellen Dienstes bei d. Stadt- u. Marktverwaltgn. (32) gr8° Münch., J Schweitzer V. '12. 1 —

Braun, C., des artigen Kindes Abendunterhaltungen. Eine Sammlung lehrreicher Erzählungen. 24. (144 S. mit 1 Holzschn. in Tondr.) Saarlouis 852, Stein. *

Braun, C., ein verkanntes Herz, s. Kuhl's Miniaturbibliothek.

Braun, C. Gottfried Keller als Maler. Mit 1 Portr. u. 6 Kunstbeil. In-4°. 31 S. Zürich, Füsi & Beer. 3 50
Neujahrsblatt, hrsg. v. d. Stadtbibl. in Zürich auf d. Jahr 1894.

Braun, C: Die deut. Konsumgenossenschaftsbewegg. (39) 8° Mülheim-Rhein, Verbandwestdeut. Konsum-Vereine ('12). (Nur dir.) — 40 d

— des braven Kindes erste Leseversuche. Anleitung zur Buchstabenkenntniß und zum Lesen. gr. 16. (88 S. mit 25 eingedr. Holzschn. und 1 ill. Holzschnt.) Saarlouis 852, Stein.

Braun, C., nette Mieter, s. Bloch's, E., Theater-Korrespondenz.

— Peterchen, oder Ehrlich währt am längsten. 24. (117 S. mit 1 Holzschn. in Tondr.) Saarlouis 852, Stein.

Braun, C: Preisbuch über gesundheitliche Bekleidung. Berlin (1892?)

Braun, C., Schnellrechner f. Löhne u. Verpflegungsgelder. Tabellen zur Ermittelg. v. Besoldgn. u. Arbeitsverdiensten, insbesondere zur Ausrechng. v. Krankengeldern, Unterstützungs- u. Verpflegungsraten f. Kranken- u. Fabrikkassen, sowie f. Krankenhäuser, Irrenanstalten u. sonst. Bewahr- u. Erziehungsanstalten. Zu Tages-, Monats- u. Jahressätzen eingerichtet. (V, 176 S.) gr. 8. Ravensburg (904). O. Maier. n. 3. —; geb. n. 3. 50

— die erhabene Schönheit der christlichen Tugenden. Dargestellt in Charakterzügen aus dem Leben edler Männer. 24. (113 S. mit 1 Holzschn. in Tondr.) Saarlouis 852, Stein.

Braun, C.: De suspensione ex informata conscientia. Diss. Würzb. 1868.

Braun, C., die gesetzlichen Vorschriften üb. die Unterbringung v. Geisteskranken in den württembergischen Staats- u. Privat-Irrenheilanstalten, nebst e. Anh. sonst. einschläg. Bestimmgn. üb. Verpflegungsgeldersätze rc. sowie prakt. Formulare hiezu. (VIII, 154 S.) 8. Stuttgart 907. W. Kohlhammer. 2. 40

Braun, C. A., Anmerk. üb. die Pandecten, darin sowohl d. röm. als deutsch. Rechte abgehandelt werden. 1r Thl. 8. Erlangen. 745.

Braun, C. Alex. Phil., David, ein Mann nach dem Herzen Gottes. Apost. Gesch. 13, 22. Eine biblische Studie. Köln 864. (Gotha, Stollberg.) gr. 8. (36 S.) n. 5 ngr

— nothgedrungene Erklärung auf den Hirtenbrief des Cardinalpriesters Herrn Johannes v. Geissel, Erzbischof von Köln. 1. u. 2. Aufl. Wiesbaden 863. Limbarth. gr. 8. (12 S.) n. 2 ngr

Braun, C. F. W., s. Braun, Karl Friedrich Wilhelm

Braun, Carl, s. Braun, Karl

Braun, Ch., Anleitung zum Denkrechnen f. Schüler reiferen Alters. Landexamensaufgaben aus den J. 1871—1893, systematisch nach dem Inhalt u. methodisch nach der Schwierigkeit geordnet u. mannigfaltig u. gründlich gelöst. 8. (VIII, 171 S.) Stuttgart 894. A. Bonz & Co. n. — 85

Braun, Ch., Muster-Sammlung f. die Sitz-Möbel-Industrie, s.: Reisser, K.

Braun, Charles, Klinik der Geburtshilfe und Gynaekologie, s. Chiari.

— Monographie des eaux minérales de Wiesbaden. 1. et 2. Cahier. gr. 8. Wiesbaden, Kreidel und Niedner. [1. (IX und 105 S. mit 2 lithogr. Karten in gr. 8. und qu. Fol.) 852., 2. (IV und 117 S.) 853. à * 12 Ngr.] *

Braun, Chr. A., s. Kamiensky, poet. Schilderung.

Braun, Chr. Hnr., († d... 1803.) histor.-diplomat. Nachrr. von den Grafen von Osterfeld; nebst zwei bisher noch ungedr. Urkunden. 8. Leipz. 796.

Braun, Christian Friedrich Ferdinand

Braun, Chr. Frdr., Gedanken über Wachsthum u. Vervollkommnung des menschl. Geistes. Aphoristisch einleitende Vorbemerkungen über Erziehung im weiteren Sinne. gr. 8. (VI u. 35 S.) Dresden 847, Kori in Comm. n. 6 ngr

Braun, Chr. Fr. Fd., Leitfaden d. Aesthetik, z. Unterr. u. Selbstbildung. 8. Zeitz 820. Webel. 16 gr

— s. Levesque krit. Geschichte.

— Christian Friedrich Ferdinand (Naumburg), Observationum de hereditatis petitione ejusque recta indole. Lpz. 26. VII. 1810. Zeitz (Wilh. Webel). 48 S. (4.80) 3813
Gew.: Georg Wilh. Grf. v. Hopfgarten (Mühlstedt . .).

Braun, Christoph, unsere Hebel „Johann Peter Hebel" u. „Hans Thoma". (76 S. m. Abbildgn.) kl. 8. Rastatt (910). H. Greiser. 1—; geb. n 1.30

Braun, Chrph., des Kunstmalers u. Professors Hans Thoma's Lebenslauf. 12. (16 S.) Bernau 899. (Waldshut, H. Zimmermann). n. —25

Braun, Christoph: Unser Hans Thoma. Ein Lebensbild d. Künstlers. 2.Afl. (36 m. Abb.) kl8° Rast., H Greiser (09). — 30 d

Braun, Clara

— der Rose Erwachen. Lieder deutscher Dichter. Gesammelt v. C. B. Mit 8 in buntem Lichtdr. ausgeführten Vollbildern v. R. E. Kepler. 8. (162 S. m. farb. Ornamenten.) Ebd. 893. Geb. m. Goldschn. n. 6.50

— der Rose Erwachen. Lieder deutscher Dichter. M. 8 in buntem Lichtdr. ausgef. Vollbild. v. R. E. Kepler. 4. Aufl. 8. (162 S. m. farb. Zierleisten.) Ebd. 895. Geb. in Celluloid m Goldschn. n. 6.50

Braun, Clara, Gedenke mein! Blüten u. Perlen. 2. Aufl. 12. (32 S. m. farb. Abbildgn.) Stuttgart 891. Greiner & Pfeiffer. Mit Goldschn. 1.50

Braun, Clara, ich soll dich grüßen! Lyrische Gedichte, ausgewählt v. K. B. mit 8 Illustr. in Lichtdr. v. R. E. Kepler. 1.—5. Aufl. 16. (XVI, 208 S.) Stuttgart 888. 889. Greiner & Pfeiffer. geb. m. Goldschn. n. 2.20

—— Ich soll Dich grüßen. Lyrische Gedichte, ausgewählt v. C. B. Mit 8 Illustr. in Lichtdr. v. R. E. Kepler. 4.—8. Aufl. 16. (XVI, 208 S.) Ebd. 889—91. geb. m. Goldschn. * 2 20

Braun, Clara, ich soll Dich grüßen! Lyr. Gedichte, ausgew. v. B. M. 8 Ill. in Lichtdr. v. R. E. Kepler. 14. Aufl. 16. (XVI, 208 S.) Stuttgart 895. Greiner & Pfeiffer. Geb. in Leinw. m. Goldschn. n. 2.20

—— Knospen u. Blumen. Lieder der Liebe u. Freundschaft, ausgewählt. Illustr. v. R. E. Kepler u. A. 12. (V, 312 S.) Ebd. 890. geb. m. Goldschn. * 4 —

— Knospen u. Blumen. Lieder der Liebe u. Freundschaft. Ausgewählt v. C. B. Illustr. v. R. E. Kepler u. A. 3. Aufl. 12. (VII, 312 S.) Ebd. 894. Geb. in Leinw. m. Goldschn. n. 4. —
Auch u. d. T.: Der Liebe Lenz.

— der Liebe Lenz. Lieder der Liebe u. Freundschaft, gesammelt v. C. B. Illustrirt v. R. E. Kepler, F. Lipps u. A. 12. (III, 280 S.) Ebd. 886. geb. m. Goldschn. n. 4. —

— dasselbe. 2.—4. Aufl. 12. (V, 312 S.) Ebd. 889. geb. m. Goldschn. n. 4. —

— der Liebe Lenz. Lieder der Liebe u. Freundschaft. Ausgewählt v. C. B. Illustr. v. R. E. Kepler u. A. 9. Aufl. 12. (VII, 312 S.) Ebd. 894. Geb. in Leinw. m. Goldschn. n. 4. —
Auch u. d. T.: Knospen u. Blumen.

— d. Liebe Lenz. Lieder d. Liebe u. Freundschaft. 4. Afl. 12° (312 m. Illustr.) Ebd. 95. Geb. in Lnw. m. G. 4 —
Auch u. d. T.: Knospen u. Blumen.

— d. Lebens Mai in Bild u. Lied. Gedenkbuch. kl. 4. (32 S.) Ebd. 889. n. 2. —

— aus der Rosenzeit. Ein Liederstrauß, gesammelt v. C. B. Mit 12 Photograv. als Vollbilder nach Originalen v. R. E. Kepler. gr. 8. (VII, 160 S.) Ebd. 890. geb. m. Goldschn. n. 5.50

— aus der Rosenzeit. Ein Liederstrauß, gesammelt. Mit 12 Photograv. als Vollbilder nach Originalen v. R. E. Kepler. 2. Aufl. 8. (V, 160 S. m. Randverzierngn.) Ebd. 891. Geb. in Leinw. m. Goldschn. n. 5.50

— der Schönsten die Rose. Lieder deutscher Dichter, gesammelt. Mit 8 in buntem Lichtdr. ausgeführten Vollbildern. 8. (162 S. m. farb. Randeinfassgn.) Ebd. 890. geb. m. Goldschn. u. Riechkissen. n. 6.50

— der Schönsten die Rose. Lieder deutscher Dichter, gesammelt. Mit 8 in buntem Lichtdr. ausgeführten Vollbildern v. R. E. Kepler. 2. Aufl. 8. (162 S. m. farb. Randeinfassgn.) Ebd. 891. Geb. m. Goldschn. u. Riechkissen. n. 6.50

— der Schönsten die Rose. Lieder deutscher Dichter. M. 8 in buntem Lichtdr. ausgef. Vollbild. v. R. E. Kepler. 3. Aufl. 8. (162 S.) Ebd. 895. Geb. in Leinw. m. seidenem Riechkissen n. 6.50

— für alle Tage. Vergißmeinnicht. Gedenk- u. Geburtstagsbuch. 12. (VII, 368 S. m. Zierleisten u. 1 Lichtdr.) Ebd. 890. geb. m. Goldschn. n. 3. —

— f. alle Tage. Vergißmeinnicht. Gedenk- u. Geburtstagsbuch. 3. Aufl. 16. (VIII, 368 S. m. Randeinfassgn. u. 1 Lichtdr.) Ebd. 892. Geb. in Leinw. m. Goldschn. 3. —

— f. alle Tage. Vergißmeinnicht. Gedenk- u. Geburtstagsbuch. 4. Aufl. 16. (VII, 368 S. m. Randeinfassgn. u. 1 Lichtdr.) Ebd. 896. Geb. in Leinw. m. Goldschn. n. 3. —

— klassisches Vergißmeinnicht. Gedenkbuch f. alle Tage d. Jahres. Der Freundschaft, Liebe u. Weisheit gewidmet. 1.—7. Aufl. 16. (VII, 368 S. m. Illustr.) Ebd. 887—889. geb. m. Goldschn. n. 2. —

—— Klassisches Vergißmeinnicht. Gedenkbuch f. alle Tage d. Jahres. Der Freundschaft, Liebe u. Weisheit gewidmet. 4.—10. Aufl. 16. (VIII, 368 S. m. Illustr.) Ebd. 889—91. geb. m. Goldschn. * 2 —

— klassisches Vergißmeinnicht. Gedenkbuch f. alle Tage des Jahres. Der Freundschaft, Liebe u. Weisheit gewidmet. Ausg. I. 19. Aufl. 16. (VIII, 368 S. m. 4 Bildern.) Ebd. 894. Geb. in Leinw. m. Goldschn. n. 2. —

— klass. Vergissmeinnicht. Gedenkbuch f. alle Tage d. Jahres. 21. Afl. 16° (330 m. 4 farb. Bildern.) Ebd. 95. Geb. in Lnw. m. G. 2 — || Asg. II. 5. Afl. (368 m. 4 farb. Bildern.) 95. Geb. m. G. 1.60 || Asg. III. 9. Afl. 24° (366 m. Zierleisten u. 1 Lichtdr.) 95. Geb. m. G. 1 — || Asg. IV. 2. Afl. 24° (366 m. 3 farb. Bildern.) 95. Geb. — 75

— klassisches Vergißmeinnicht. Gedenkbuch f. alle Tage d. Jahres. D. Freundschaft, Liebe u. Weisheit gewidmet. Ausg. I. 23. Aufl. 16. (IX, 366 S. m. 4 farb. Bild.) Ebd. 896. Geb. in Leinw. m. Goldschn. n. 2. —

— dasselbe. Ausg. II. 32. (VIII, 368 S. m. 4 Chromobildern.) Ebd. 893. Geb. in Leinw. m. Goldschn. n. 1.60

— dasselbe. Ausg. II. 8. Aufl. 16. (IX, 368 S. m. Randeinfassgn. u. 4 farb. Bild.) Ebd. 896. Geb. in Leinw. m. Goldschn. n. 1.60

—— dass. — Ausg. III. 32. (X, 366 S. m. Zierleisten u. 1 Lichtdr.) Ebd. 892. geb. m. Goldschn. * 1 —

— dasselbe. Ausg. III. 6. Aufl. 32. (X, 366 S. m. Zierleisten u. 1 Lichtdr.) Ebd. 894. Geb. in Leinw. m. Goldschn. n. 1. —

— dasselbe. Ausg. III. 11. Aufl. 24. (X, 360 S. m. Randeinfassgn. u. 1 Lichtdr.) Ebd. 896. Geb. in Leinw. m. Goldschn. n. 1. —

— dasselbe. Ausg. IV. Mit 8 Chromobildern. 32. (IX, 366 S.) Ebd. 894. Geb. in Leinw. n. — 75

— dasselbe. Ausg. IV. 5. Aufl. 82. (IX, 366 S. m. 8 farb. Bild.) Ebd. 896. Geb. in Leinw. n. — 75

Braun, David

Braun, D.: „Ausführlicher historischer Bericht von dem pohlnisch- und preussischen Müntz-Wesen. Nemlich wie die Müntze nach pohlnisch und preussischen Gesetzen geschlagen werden sollen, und wie denselben nachgekommen sei, auch zu welcher Zeit und was Ursachen die Müntzen verfallen ....", Elbing 1722. Anhang ebenda 1726. — Beide vorh.: Com. Bibl. Hamburg.

— Judicium de scriptor. Polon. et Prussiae virtut. et vitiis. 4. 737.

Braun, Dietr. E., auf u. ab in Süd-Afrika. Erlebnisse eines Deutschen über See. gr. 8. (V, 314 S. m. 12 Illustr.) Berlin 903. F. Fontane & Co. n. 5.—; geb. n. 6.—

Auf und Ab in Süd-Afrika. Erlebnisse eines Deutschen über See von Dietrich E. Braun. Mit 12 Ill. *Berlin: F. Fontane & Co. 1903.* (313 S.) 8° [F.]

Braun, E.

—— die Stadt Altenburg in den J. 1350 bis 1525. Mit dem photolithogr. Portr. der Kurfürstin Margarethe zu Sachsen geb. Erzherzogin zu Oesterreich und urkundl. Beilagen. gr. 8. (409 S.) Altenburg 872, Schnuphase'sche Hofbuchh. *

Braun, E. v., die Errungenschaften des altenburger Landtages seit dem März 1848. Ein Commentar zu den Sitzungsprotocollen und Gesetzgebungs-Werken dieser Neuzeit im Herzogth. S. Altenburg. gr. 8. (84 S.) Jena 849, Bran'sche Buchh.

Braun, E. v., Geschichte der Burggrafen von Altenburg. gr. 8. (VIII, 108 S. mit 1 lithogr. Stammtaf. und 8 photogr. Abbild. in 8. und Fol.) Altenburg 868, (Bonde.) *

Braun, E. v., Geschichte des Rathhauses zu Altenburg. Ein geschichtlicher Beitrag zur 300jähr. Jubelfeier der Erbauung desselben. Altenburg 864. Schnuphase in Comm. 8. (32 S. u. 2 lith. Abbildgn.) nn. 10 ngr.

Braun, E., die deutsche Keramik u. das Strassenpflaster unserer grossen Städte. Eine gewerbe- u. bautechn. Abhandlung. Dazu 1 Taf. in Fardendr. gr. 8. (31 S.) Leipzig 877. Knapp. n. 2. —

Braun, E., die deutsche Keramik u. das Strassenpflaster unserer grossen Städte. Neue (Titel-) Ausg. gr. 8. (31 S. m. 1 farb. Taf.) Fulda 893. J. J. Arnd. n. 2. —

Braun, Edgar, die Ansiedler an den Quellen des Susquehanna, } s. Volks-Bibliothek, neue.

Braun, Edgar. Die Ansiedler an den Quellen d. Susquehannah, s. Volks- u. Jugend-Erzählungen. 29.

Braun, Edg., eine mysteriöse Geschichte, s. a. Braun's Novellen- u. Roman-Sammlung.

Braun, Edg., eine mysteriöse Geschichte. Roman aus dem amerikan. Leben. Dem Französ. nacherzählt. 8. (307 S.) Leipzig (901). P. Braun. 2. 40; geb. 3. —

Braun, E: Eine mysteriöse Geschichte. Roman a. d. amerikan. Leben. Dem Französ. nacherzählt. (307) 8° Lpzg (01). Rgnsbg, J Habbel. (2.40) 1.60; geb. (3 —) 2 — d

Braun, Edgar: Das Schneegrab in der Sierra, s. Volksbibliothek, Neue.

Braun, Edgar, die Tochter des Fischers, s. a. Braun's Novellen- u. Roman-Sammlung. 22. Bd.

Braun, E, d. Tochter d. Fischers. Ein Geschichte v. Genfersee. Dem Franz. frei nacherzählt. 8° (205) Lpzg 94, P Braun. 1.60

Braun, Edm., qu'est-ce que la perfection chrétienne? Petit traité théorique avec des réflexions pratiques. 12. (XIV, 173 S.) Strassburg 900. F. X. Le Roux & Co. n. 1. 40

Braun, Edmund

Braun, E., Beiträge z. Geschichte d. Trierer Buchmalerei i. früheren Mittelalter, s.: Zeitschrift, westdeutsche, f. Geschichte u. Kunst.

Braun, Edmund [aus Epfenbach '(Baden)']: Ein Trierer Sacramentar vom Ende des x. Jahrhunderts. '(Universitätsbibl. Freiburg i. B. MS. 360a.)' ... Trier, F. Lintz'sche Buchdr., 1895; 2 Bl., 49 S. 8.
Heidelberg. Phil. Fak., Inaug.-Diss. v. [21. Juni] 1895

Braun, Edmund Wilhelm

Braun, Edm. Wilh., Auktions-Katalog der Sammlung Emil Grauer, Troppau (hervorrag. Porzellane). Auktion in München in der Galerie Helbing, Wagmüllerstr. 15, Montag den 19. Oktbr. 1908 vormittags 10 Uhr, nachmittags 3 Uhr. Nebst Verzeichnis einig. Porzellane u. Kunstgegenstände aus Wiener Privatbesitz, welche im Anschluss an die am 19. X. 1908 in der Galerie Helbing zu München zur Auktion gelang. Sammlg. Emil Grauer versteigert werden. (VI, 22 u. 4 S. m. Abb. u. 15 Lichtdr.-Taf.) 36,5×27,5 cm. München. H. Helbing. 5.—; m. 8 Lichtdr.-Taf. 1. 50

Braun, Edm. Wilh., Die Bronzen der Sammlung Guido v. Rhò in Wien, s.: Privatsammlungen, österreichische. I.

— Geschichte der k. k. Wiener Porzellan-Manufaktur, s.: Folnesics, J.

— Das Kaiser Franz Josef-Museum f. Kunst u. Gewerbe in Troppau (schlesisches Landesmuseum) u. seine Sammlungen 1883—1908. Im Auftrage des Kuratoriums verf. (80 S. m. 27 Abbild. u. 25 Lichtdr.-Taf.) 41,5×31 cm. Troppau 908. (Leipzig, K. W. Hiersemann.) nn 12. —

Braun, Edmund Wilhelm, s. Kunstgewerbe. – Das Kunstgew. in Barock, Rokoko ... u. neuester Zeit im Geb. des Islams ...

Braun E W, das Tafelsilber des Herzogs Albert von Sachsen-Teschen. (13 S 16 T) 4° Wien 1910

Braun, Edm. Wilh.: Das Tafelsilber d. Herzogs Albert v. Sachsen-Teschen. Beitrag z. Gesch. d. Wiener Goldschmiedekunst in d. Louis Seize-Zeit. (16 Taf. m. 13 S. Text.) 36,5×27 cm. Wien, A Schroll & Co. '11. in HL-M 10 —

Braun, Eduard

Braun, Ed., die dreistufige Arbeit und der deutsche Genossenschafts-Staat. Geschichte ihrer 100jähr. Entwickelung 1880—1980. 1. Thl.: Die Genossenschafts-Arbeit. 1. Buch: 1880—1915. Gewerbe-Genossenschaften, Gemeinde-Genossenschaften, Staats-Genossenschaften. Mit dem Charakter von Innungen. gr. 8. (XXXII, 550 S.) Elberfeld 880, Fassbender's Buchh. * 10 —

Braun, Ed., Berufsgenossenschaften der Gegenwart und Zukunft in Russland und Deutschland. gr. 8°. Berlin, Gergonne u. Co., 1888.

Braun, Eduard [(Dr.) Gerichtsref. aus Trier]: Finden die Grundsätze des Kaufes auf die emtio spei Anwendung? ... Leipzig, P. Braun, 1896; 58 S. 8.
Erlangen, Jur. Fak., Inaug.-Diss. v. 1896

— Kapital-Wirthschaft und genossenschaftliche Gliederung. 2. Sep.-Abdruck aus: „Die dreistufige Arbeit und der deutsche Genossenschafts-Staat. Geschichte ihrer 100-jährigen Entwickelung 1880—1980. gr. 8°. Elberfeld, Fassbender, 1880.

Braun, Eduard [aus Goldap]: (I.) Über das m-Tolyl-α-γ-diketohydrinden und seine Derivate. (II.) Über das Cyan-m-methylbenzylidenphtalid ... Rostock, C. Boldt'sche Hof-Buchdr., 1895; 31 S. 8.
Rostock, Phil. Fak., Inaug.-Diss. v. [12. Dez.] 1894

Braun, Eduard, Reichsgesetz betr. den Verkehr m. Wein, weinhaltigen u. weinähnl. Getränken, s. Taschen-Gesetzsammlung. 8. Bd.

Braun, E. (II.), Repertorium sämmtlicher im Reichsgesetzblatte in den J. 1871—1883 publizirten Gesetze, Verordnungen, Erlasse, Verträge ꝛc. in alphabet. Ordnung. Mit einem Anhang. gr. 4. (III, 52 S.) Kaiserslautern 884, Tascher.

Braun, Eduard [approb. Arzt aus Wehrda, Kreis Hünfeld]: Über Verletzungen der äusseren Genitalien während der Geburt mit Einschluss eines Falles von Spontanruptur der grossen Schamlippe .... Marburg, Univ.-Buchdr. (R. Friedrich), 1886; 27 S. 8°.
Marburg, Med. Fak., Inaug.-Diss. v. 13. Mai 1886.

Braun, Emanuel, Handbuch für die Geschichte der Erziehung und des Unterrichts im Bereiche der Volksschule in Zeit- und Lebensbildern. gr. 8. (VIII, 76 S.) Breslau 872, Aderholz' Buchh. *

—— dass. — 2. verm. und verb. Aufl. gr. 8. (VIII, 96 S.) Ebendas. 873. *

Braun, Eman., römisch-katholische Religionslehre für Schullehrer-Seminare, thematisch behandelt. gr. 8. (VIII, 379 S.) Osnabrück 885, Wehberg. *

Braun, Emil, die Apotheose des Homer in galvanoplast. Nachbildung hrsg. gr. 4. (8 S. Text mit 1 galvanoplast. Relief.) Leipzig 848, G. Wigand. *

Braun, E., Römische Baudenkmäler. S.-A. 1862. 72 S.

Braun's, Emil, Briefwechsel m. den Brüdern Grimm u. Joseph v. Laßberg. Hrsg. v. R. Ehwald. 8. (XII, 169 S. m. Portr.) Gotha 891, F. A. Perthes. cart. * 3 —

—— die Ficoronische Ciste des Collegio Romano in treuen Nachbildungen hrsg. gr. Fol. (9 in Kpfr. gest. Taf. und 1 Bl. Text.) Leipzig 850, G. Wigand. *

Braun, Emil (Hrsg.) s. Correspondenz. – Monatl. Corresp. zw. Rom u. Dtld.

Braun, Emil, Il Giudizio di Paride rappresentato sopra tre inediti monumenti. Edis. II. gr. 4. (1¼ B., 2 Stnt. u. 2 Vign.) Parigi 838. (München, Franz.) *

Braun, Emil, griechische Götterlehre. In 2 Büchern. 2. Buch 2. Hälfte. gr. 8. (XIV und S. 443—732.) Gotha 854, Fr. A. Perthes.
1. und 2. Buch. 1. Hälfte. Ebendas. 1850. 1 Thlr. 24 Ngr.

— Introduction to the study of art-mythology. Translated by John Grant. Gotha 856. J. Perthes. Fol. (56 S. u. 100 Kupfertaf.) n. 6 ℛ

—— Kunstvorstellungen d. geflügelten Dionysos. Hrn. Prof. Welcker zur Beurtheil. vorgelegt. Roy.-Fol. (3 B. u. 5 Kpfrt.) München 839, Franz. *

Braun, Emil, antike Marmorwerke, s. Marmorwerke.

Braun, Emil. Antike Marmorwerke zum ersten Male bekannt gemacht. Erste und zweite Dekade. Leipzig 1843. Fol.

—— griechische Mythologie. In 3 Büchern. 1. Buch und 2. Buch 1 Hälfte. gr. 8. (IV und S. 1—442.) Hamburg und Gotha 850, F. und A. Perthes. à Buch

— die Passion des Duccio Buoninsegna. Nach Zeichnungen Francesco v. Rhoden's gestochen v. Bartolomeo Bartoccini. gr. Fol. (3 Bl. Text u. 27 Kpfrtaf.) Leipzig 850, G. Wigand. n. 20 ℛ

— die Ruinen und Museen Roms. Für Reisende, Künstler und Alterthumsfreunde. Braunschweig 854. Vieweg. 12. (2 Bl., XXXIV, 860 S.) n. 3 ℛ

—— the ruins and museums of Rome. A guide book for travellers, artists and lovers of antiquity. gr. 12. (XLI und 510 S.) Brunswick 854, Vieweg und Sohn. *

Braun, Emil, die Schaale des Kodros. Roy.-Fol. (2 Taf. in Farbendruck u. 2 Blätter Text.) Berlin 843. (Schröder.) n. 1½ ℛ

—— Tages u. d. Hercules u. d. Minerva heil. Hochzeit. Eine Abhandl. rein archaeolog. Inhalts. Roy.-Fol. (3 B. u. 5 Kpfrt.) München 839, Franz. *

—— Vorschule der Kunstmythologie. Fol. (III und 65 S. mit 100 Kpfrt.) Gotha 854, J. Perthes. *

Braun, Emilie, Durchs Leben. Erinnerungen und Winke einer Mutter und Erzieherin. 8. (VIII, 220 S.) Stuttgart 886, Kitzinger. *ℳ 2.40.; geb. *

Braun, Frau Emmy, neues Kochbuch für bürgerliche und feine Küche. 8. (XX, 285 S.) Grünstadt 886, Schäffer. geb.

—— dass. — 2. verb. Aufl. 8. (XXII, 296 S.) Ebendas. 887. geb.

Braun, Frau Emmy. Neues Kochbuch f. bürgerliche u. feine Küche. 4. verb. u. verm. Aufl. 12. (XXIV, 332 S.) Grünstadt 891, Schäffer. geb. in Leinw. 2 20

Braun, Emmy, neues Kochbuch f. bürgerl. u. feine Küche. 6., verb. u. verm. Aufl. 12. (XXVI, 332 S.) Grünstadt (896). J. Schäffer. Geb. in Leinw. 2. 20

Braun, Erich, China-Fahrten u. China-Geschichten. gr. 8. (XI, 221 S. m. Abbildgn.) Königsberg 901. (Ostpreuß. Druckerei u. Verlagsanstalt). n. 2. 50

Braun, Erich, Pfarrer: Die Entstehung der evangelischen Gemeinden im Ermland seit 1772. Heilsberg 1909: Goldau. VIII, 68 S. 8° ¶(Ersch. vollst. u. d. T.: Der Protestantismus im Ermland.)
Rostock, Theol. Diss. v. 8. Mai 1909, Ref. Walther
[Geb. 22. Aug. 76 Loetzen; Wohnort: Mehlsack; Staatsangeh.: Preußen; Vorbildung: Gymn. Lyck Reife M. 94; Studium: Königsberg 5, Erlangen 1, Greifswald 1 S.; Rig. 5. Mai 09.]

Braun, Erich, zur Kenntnis der Sulfurane u. Aldine. Inaug.-Diss. gr. 8. (46 S.) Göttingen 888. Vandenhoeck & Ruprecht's Verl.) n. 1. —

Braun, Erich, approb. Arzt aus Hollenstedt: Die Versorgung der Säuglinge in Kinderkrankenhäusern mit Milch. *Leipzig 1900: B. Georgi.* (36 S.) 8°
Leipzig, Med. Diss. v. (19. Dez.) 1900

Braun, Erich, wie schütze ich mich vor syphilitischer Ansteckung? Darf der Syphilitiker heiraten? Allgemein verständlich beantwortet. (87 S.) 8. Berlin 904. H. Steinitz. n. 2. —

Braun, Ernst

Braun, G., über die Anlagen von Schneißensystemen und ihre Beziehungen zur Waldeintheilung u. Waldvermessung. Mit besonderer Rücksicht auf das südwestliche Deutschland. Darmstadt 855. Jonghaus. gr. 8. (35 S.) 6 ℛ

BRAUN, Ernst: Über die Anlage von Schneisensystemen und ihre Beziehungen zur Waldeintheilung und Waldvermessung. Mit besonderer Rücksicht auf das südwestliche Deutschland. - Darmstadt 1858. 35 S. - 2. Aufl. u. d. T.: Die forstliche Grundeintheilung in der Ebene und im Flachhügelland und ihre Beziehung zur Waldeintheilung, Waldvermessung, Betriebsregulirung und zum Katasterwesen. Leitfaden bei Entwurf, Anlage und Durchführung von Schneisensystemen. ebd. 1871. 40 S.

Braun, Ernst: Druckschwankungen in Rohrleitungen mit Berücksichtigung der Elastizität der Flüssigkeit und des Rohrmaterials. Stuttgart: Wittwer 1909. 48 S. 8⁰
¶ Auch als Buch.
Stuttgart, Dr.-Ing.-Diss. v. 18. 6. 1909

Die wirtschaftspolitische **Gesetzgebung** des Grossherzogthums Hessen im Jahre 1902. Die Gesetze über 1. Die öffentl. Sparkassen, 2. Die Errichtung e. Hypothekenbank, 3. Die Landeskreditkasse, 4. Die Wohnungsfürsorge f. Minderbemittelte. Auf Grund d. amtl. Materialien hrsg. von Ministerialrat [Ernst] **Braun**. *Darmstadt: A. Bergsträsser 1902.* (IV, 214 S.) 8° [F.] 03. 1831

Braun, E., die forstliche Grundeintheilung in der Ebene und im Flachhügellande, und ihre Beziehungen zur Waldeintheilung, Waldvermessung, Betriebsregulirung und zum Katasterwesen. Leitfaden bei Entwurf, Anlage und Durchführung von Schneisensystemen. 2. Aufl. gr. 8. (40 S.) Darmstadt 871, Jonghaus'sche Hofbuchh. *

Braun, Ernst, die Heilsordnung in 33 Betrachtungen. Mit einem Vorwort von Gerh. v. Zezschwitz. gr. 8. (XII, 386 S.) Breslau 887, Dülfer. *ℳ 3.25.; geb. *

BRAUN, Ernst: Hülfstafeln zur Bestimmung des Cubikinhaltes des Bau- und Werkholzes in zehntheiligem Maaß. Zum Dienstgebrauche des Forstpersonals, auch für Holzhändler und Bauhandwerker. - Darmstadt 1855. 52 S. -

—— **Hülfstafeln zur Bestimmung des Cubikinhaltes des Bau- und Werkholzes, zum Dienstgebrauch des Forstpersonals, auch für Holzhändler und Bauhandwerker.** 2., nach dem Metermaaße umgerechnete Aufl. 8. (90 S.) Darmstadt 870, Jonghaus'sche Hofbuchh. *

BRAUN, Ernst: Hülfstafeln zur Verwandlung der concreten Holzmaße in summarische Stecken, zum Dienstgebrauche für die großherzoglich hessischen Forstbeamten. - Darmstadt 1855. 22 Bl.

Braun, E., die Humussäure in ihrer Beziehung zur Entstehung der festen fossilen Brennstoffe u. zur Pflanzenernährung. gr. 8. (83 S.) Darmstadt 884. Jonghaus. n. 1. 60

BRAUN, Ernst: Die Humussäure in ihrer Beziehung zur Entstehung der festen fossilen Brennstoffe und zur Pflanzenernährung. - Darmstadt 1884. 83 S. - 2. umgearb. Aufl. u. d. T.: Die Humussäure in ihrer Beziehung zur Entstehung der festen fossilen Brennstoffe und zur Waldvegetation. - ebd. 1893. 91 S.

Braun, Ernst, Katechismus Lutheri. Kurzer Wegleiter und Begleiter auf dem Wege der Seligkeit. Mit einem Vorwort von Gerh. v. Zezschwitz. 2. und 3. Aufl. gr. 8. (VI, 170 S.) Gotha 876,77, Schloeßmann. *
1. Aufl. war nicht im Handel.

— **Mitgabe für Confirmanden.** Beantwortet durch Gerh. v. Zezschwitz. 2. Aufl. gr. 8. (XIII, 114 S.) Ebend. 877. n. — 60

Braun, Ernst: Natur, Geschichte und wirtschaftliche Bedeutung Senegambiens. Cöln 1907: H. Theissing. (59 S.) 8°
Bonn. Phil. Fak., Ref. Rein. Diss. v. 14. Mai 1907
[Geb. 5. Mai 80 Büllingen (Aachen); Wohnort: Siegburg; Staatsangeh.: Preußen; Vorbildung: Gymn. Münstereifel Reife O. 02; Studium: Bonn 9 S.; Rig. 20. Dez. 06.]

Braun, E. (III.), Staatsforstwirthschaft und Bodenreinertragslehre, s. a. Tagesfragen, forstwissenschaftliche.

BRAUN, Ernst: Staatsforstwirthschaft und Bodenreinertragstheorie. - Bonn 1879. VI, 89 S. - (=H. 2 Forstwiss. Tagesfragen. hrsg. v. B. Borggreve)

BRAUN, Ernst: Die Stellung des Forstschutzpersonals, insbesondere im Großherzogthum Hessen. - Darmstadt 1858. 32 S.

Braun, E., der sogenannte rationelle Waldwirth, insbesond. die Lehre von der Abkürzung des Umtriebes der Wälder, d. h. Versilberung der älteren Holzbestände, beim Lichte der pract. Ausführung, bezüglich ihrer unmittebaren Wirkung auf die Kassen des Staats, der Gemeinden und größeren Waldbesitzer beleuchtet, nebst allgem. Bemerkungen über den pract. Werth der Waldwerthberechnung. gr. 8. (31 S.) Frankfurt a. M. 865, Sauerländer's Verlag. *

Braun, Eug., Jesus von Nazareth. Nach Richard's v. der Alm theolog. Briefen an die Gebildeten der deutschen Nation. 1. Aufl. 1868, und 2. Aufl. 8. (VIII, 151 S.) Leipzig 870, O. Wigand.

Braun, Eug., die Kettenförderung auf horizontaler und geneigter Schienenbahn. Lex.-8. (V, 78 S. mit 18 lithogr. Taf.) Saarbrücken 886. (Freiberg, Craz und Gerlach.) **

Braun, Eug., die **Seilförderung** auf söhliger u. geneigter Schienenbahn. Beschreibg., Berechng. u. Beurteilg. d. i. Bergwerksbetriebe vorwieg. angewend. Fördereinrichtgn. m. off. u. geschloss. Seile. M. 20 lith. Taf. Lex.-8. (VIII, 175 S.) Freiberg 898. Craz & Gerlach. n. 12. —

Braun, F., Prof. an d. Gewerbeschule in Bayreuth, s. Braun, Karl Friedrich Wilhelm

Braun, F., die ersten afrikanischen Diamanten. Eine wahre Geschichte. 8. (32 S.) Berlin 887. Deutsche evang. Buch- u. Tractat-Gesellschaft. n. — 40

Braun, F., die ersten afrikanischen Diamanten. Eine wahre Geschichte. 2. Aufl. 8. (36 S.) Berlin 900. Deutsche ev. Buch- u. Tractatgesellschaft. n. — 30

Braun, F.: Hoffnung, Liebe, Treue und Glaube. o. O. [ca 1904?].
Lied für eine Singstimme.
[Brh. 1 (1904) S. 69.]

Braun, F., der Landwirth als Staatsbürger. Darstellung der Staats- und Rechtswissenschaften für Landwirthe. gr. 8. (XVI, 712 S.) Danzig 870, Kafemann. *

Braun, F. (II.), die Pensionirung der Staatsbeamten und die Fürsorge für die Wittwen und Waisen derselben, mit besond. Rücksicht auf die Verhältnisse der Beamten der Staats-Eisenbahn-Verwaltung [unter Bezeichnung der einschläg. Gesetze, Verordnungen, Ministerial-Erlasse ꝛc.] bearb. 3. Aufl. 8. (114 S.) Saarbrücken 855. (Berlin, Siemenroth und Worms.) *

Braun, F. (II.). Die Pensionirung d. Staatsbeamten u. d. Fürsorge f. die Hinterbliebenen derselben, unter Berücksicht. der neuesten gesetzl. Vorschriften üb. d. Fürsorge f. Beamte in Folge v. Betriebsunfällen. Bearb. in besond. Hinblick auf d. Verhältnisse der Beamten d. Staats-Eisenbahn-Verwaltg. 4. sehr verm. Aufl. gr. 8. (VI, 149 S.) Berl. 889, Siemenroth u. Worms. cart. * 2 —

Braun, F., die Schreibformen der Deutschen. Ein Wort der Verständigung insbesondere an die deutsche Lehrerwelt. gr. 8. 19 S., wovon 3 lithogr.) Biberach 883, (Dorn'sche Buchh.) * — 50

Braun, F. W., der Schiffsarzt für Auswanderer u. Seeleute od. gründl. u. leichtfaßl. Anleitung alle auf Seereisen vorkommende Krankheiten u. Unglücksfälle zu erkennen, zu behandeln, zu lindern u. zu heilen. Nebst Belehrung über den Gebrauch der auf dem Schiffe befindl. Heilmittel. 2. unveränd. Ausg. 8. (VI u. 90 S.) Hamburg 850, Heubel. 1/3 ℛ︀

Braun, F. K., der Eisenbahn-Güter-Abfertigungsdienst. Leitfaden u. Handbuch f. Dienstanfänger der Eisenbahn-Verwaltg., Eisenbahn-Beamte, Spediteure, Geschäftsleute u. sonst. Verkehrsinteressenten. gr. 8. (358 S. m. Fig.) Elberfeld 893. (J. Loewenstein & Co.) Kart. 6. —

Braun, F. W., der kleine Schnellschreiber. Lehrbuch der Steno-Tachygraphie nach dem vorzügl. Systeme von Aug. Lehmann, für den Schul-, Correspondenz- und parlamentar. Gebrauch nach heuristisch-calculir. Methode entwickelt. gr. 8. (IV, 44 S., wovon 12 lithogr.) Kassel 879, (Berlin, Grieben.) *

Braun, F. W., der kleine Schnellschreiber. Ausg. zum Selbstunterricht. Lehrbuch der Steno-Tachygraphie nach dem vorzügl. System von Aug. Lehmann. gr. 8. (II, 44 S., wovon 12 lithogr.) St. Gallen 883, Maeder. * 1 60

Braun, Felix

Braun, Fel., Gedichte. (67 S.) 8. Leipzig 909. Haupt & Hammon. 2.25; geb. in Ldr. 3. 50

Braun Felix: Die Holzschnittillustrationen des Virgil Solis. Diss.Wien, Univ.
D: Erschien unter dem Titel „Virgil Solis" (Die Graph. Künste, 1910).
1908 PN 2496

Braun, Fel.: Till Eulenspiegels Kaisertum. Komödie. (111) 8° Berl., E Reiss ('11). 2.50; geb. 3.50

— Novellen & Legenden. (171) 8° Lpzg ('10). Berl., E Reiss. 3.50; in HLdr kart. n 4.50 d

— Der Schatten des Todes. (Umschlagzeichnung von Paul Telemann.) (293 S.) 8. Berlin (910). S. Schottlaender's schles. Verlags-Anstalt. 4.—; geb. 5.—

Braun, Fel. Aug., deutsches Lesebuch für die unteren und mittleren Klassen der höheren Schulen Belgiens. Köln 860. Du Mont-Schauberg. gr. 8. (X, 276 S.) 24 ngr

Braun, Ferd., der Bienenjäger. Eine Geschichte aus dem amerikanischen Hinterwalde. Nach James Fenimore Cooper der reifern Jugend erzählt. Mit 4 Bildern in Farbendr. nach Aquarellen von Leisten. gr. 8. (320 S.) Leipzig 878, Gebhardt's Verlag. cart.

Braun, Ferd., Conanchet od. die Ansiedler in Connecticut. Nach James Fenimore Cooper der reiferen Jugend erzählt. Mit 4 Illustr. in Farbendr. v. F. Bergen. gr. 8. (235 S.) Leipzig 891. J. M. Gebhardt. Kart. 4. 50

Braun, Ferd., ueber den Einfluss der Steifigkeit, Befestigung und Amplitude auf die Schwingungen von Saiten. Inaugural-Dissertation. gr. 4. (24 S. mit 1 Stnt. in qu. gr. 4.) Berlin 872, (Calvary und Comp.) *

Braun, Ferdinand [prakt. Arzt aus Brandenburg]: Über Enblocreposition mit Beschreibung eines durch Operation geheilten Falles.... Greifswald. Druck v. Julius Abel. 1888: 26 S. 8°
Greifswald, Med. Fak., Inaug.-Diss. v. 31. März 1888

Braun, Ferdinand, Dr., o. Prof. d. Physik: Über physikalische Forschungsart. *Strassburg 1899: J. H. E. Heitz.* (31 S.) 8°
Strassburg. Rede am Geburtstage d. Kaisers 1899

— die Gefahren der Wildnis. Eine Geschichte aus dem amerikan. Hinterwalde. Nach William Bird der reiferen Jugend erzählt. Mit 4 Bildern in Farbendr. v. F. Bergen. gr. 8. (316 S.) Ebd. 891. Kart. 4. 50

Braun, F. (I.), über Gesetz, Theorie und Hypothese in der Physik. Akadem. Antrittsrede, gehalten am 30. Juli 1885. gr. 8. (23 S.) Tübingen 886, Fues. * —

Braun, Ferd., der Hertz'sche Gitterversuch im Gebiete der sichtbaren Strahlung. (14 S.) gr. 8. Berlin 904. (G. Reimer.) n. — 50
Sonderabdruck aus: „Sitzungsber. d. preuss. Akad. d. Wiss."

Braun, Ferd. Die Historiographie des Sallustius im Vergleiche mit der des Thucydides. 10 S. Progr. *Ohrdruf* 1877.

Über elektrische Kraftübertragung insbesondere über Drehstrom. Ein gemeinverständl. Experimentalvortrag von Dr. F[erdinand] Braun. Prof., Tübingen. *Tübingen: H. Laupp 1892.* (38 S.) 8° [64.6420 10

— der junge Mathematiker und Naturforscher. Einführung in die Geheimnisse der Zahl und Wunder der Rechenkunst. Eine Anleitung zu aufmerksamer Naturbetrachtung, begleitet von zahlreichen Aufgaben zur Uebung des Urtheils und der Anschauung. Entwickelung der Zahlengesetze der Natur, Erklärung des innern Grundes alltägl. Erfahrungen, Anregungen im Gebiete der Formenlehre, Benutzung der Mathematik zur Aufstellung, wie Lösung von Karten- und Zahlenkunststücken, Aufgaben geistanregender Spiele u. dergl. gr. 8. (XII, 420 S. mit 250 in den Text gedr. Holzschn.-Abbild. und 1 Titelbild [Holzschntaf.]) Leipzig 876, Spamer. * M. 4.; cart. *

Braun, Ferd., der junge Mathematiker und Naturforscher. Einführung in die Geheimnisse der Zahl und Wunder der Rechenkunst. Eine Anleitung zu aufmerksamer Naturbetrachtung, begleitet von zahlreichen Aufgaben zur Uebung des Urtheils und der Anschauung. Entwicklung der Zahlengesetze der Natur, Erklärung des innern Grundes alltägl. Erfahrungen, Anregungen im Gebiete der Formenlehre, Benutzung der Mathematik zur Aufstellung wie Lösung von Karten- und Zahlenkunststücken, Aufgaben geistanregender Spiele u. dergl. Neue wohlf. (Titel-)Ausg. gr. 8. (XII, 420 S. mit 320 in den Text gedr. Abbild. und 1 Titelbild.) Leipzig 881, Spamer. cart. * 4 50

Braun, F: Notizen über drahtlose Telegraphie. Leipzig 1903

— über drahtlose Telegraphie u. neuere physikalische Forschungen. Rede zum Antritt des Rektorats der Kaiser-Wilhelms-Universität Strassburg. (Rektoratsreden der Universität Strassburg 1905.) (33 S.) gr. 8. Strassburg 905. J. H. E. Heitz. n. 1. 20

Drahtlose Telegraphie durch Wasser und Luft. Nach Vorträgen geh. 1900 von Prof. Dr. Ferdinand Braun, Strassburg. Mit zahlr. Fig. u. Abb. *Leipzig: Veit & Co. 1901.* (68 S.) 8° [64.9280

Braun, Ferdinand Ludwig

Braun, Fd. Edw., († d. 16. Mai 1785.) allgem. evangel. Lieder-Concordanz. gr. 4. Erlang. 769. Palm. 1 rß

Braun, Fortunatus: Disputatio de pristinis Benedictinorum scholis. S. 3 - 52.
Progr. München 1845.

Braun, Fr.

Braun F. Ueber die Berechtigung des Idealen in der Kunst. Rinteln, G., 1865. 42 S.

Braun, Fr., Geschichten zu Nutz & Lehr. Erzählungen f. jung u. alt. Neue Ster.-Ausg. (64 S.) 8. Reutlingen (903). Enßlin & Laiblin. n. — 20; kart. n. — 30

Braun, Fr., vollständiges Rechenbuch für Volksschüler und die entsprechenden Classen der latein., Real- und Töchterschulen. 2. Heft. Stuttgart 856. Fr. Köhler. (Aue.) 8. (2 Bl., 36 S.) 3 ngr

Braun, (Fr. A.,) Erklärung d. Geld- u. Wechsel-Course im 24 Guldenfuß, nebst Handlungs-Wörterb. M. e. Anhange: Königl. Würtemb. Wechsel- u. Wechsel-Gerichts-Ordnung v. 1759, mit allen bis jetzt in Wechselsachen erschienenen u. die Ordnung erläuternden Rescripten. 2 Abtheill. gr. 8. Tübingen 825, Laupp.

Braun, Fr. A., Handlungs-Wörterbuch; nebst Erklärung aller mögl. Abbreviaturen u. Zeichen, worunter auch die sind, deren man sich bei den Correcturen e. Druckbogens bedient, nebst einem Ortsregister. gr. 8. Tübing. 825. Laupp. 21 gr

v. Braun, (Fr. A.) Salzburg u. Berchtesgaden. Ein Taschenbuch für Reisende u. Naturfreunde. Mit 2 Tafeln. gr. 12. Wien 821, Beck. 2 Rthlr. 8 gr. Schrbp. 2 Rthlr. 16 gr. Velin-Papier Rthlr.

Braun, Frank: Neue Albumverse. (15) 16° Lorch, K Rohm ('12). — 05 d

Braun, Franz

Braun, Frz., die Entwicklung der span. Provinzialgrenzen in römisch. Zeit, s.: Quellen u. Forschungen zur alten Geschichte u. Geographie. 17. Hft.

Braun, Franz [aus Frankfurt a. M.]: Über Polarisation ungebeugter, sichtbarer Strahlung durch Metalldrahtgitter... Berlin, Buchdr. v. G. Schade, *1896*; 36 S., 2 Bl., 1 Taf. 8.
Berlin, Phil. Fak., Inaug.-Diss. v. 14. März 1896

Braun, Franz: Die Provinzialeinteilung Spaniens in römischer Zeit. T. 1, § 1—§ 2d. (Wittenberg 1908: Herrosé & Ziemsen.) 30 S. 8° ¶ (Ersch. vollst. als: Quellen u. Forschungen z. alten Geschichte u. Geogr. H. 17. 1909.)
Berlin, Phil. Diss. v. 19. Dez. 1908, Ref. E. Meyer
[Geb. 22. Sept. 84 Warlang; Wohnort: Dramburg; Staatsangeh.: Preußen; Vorbildung: Gymn. Dramburg Reife O. 04; Studium: Jena 2, Berlin 6 S.; Rig. 23. Juli 08.]

Braun, Frz., Sprüche und Weihreden für Dach- und Schieferdecker nach vollendeter Eindeckung von Kirchen, Thürmen, Raths-, Amt- und Schulhäusern rc. wie auch bei Aufsetzung von Thurmknöpfen, Aufstellung von Kreuzen auf Kirchen rc. 12. (IV und 119 S.) Weimar 862, Voigt.

BRAUN, Franz Xaver (Haidhausen): De genesi hepatis abscessuum ex capitis laesionibus.- Monachii: Buschler 1842. 15 S.
17.8.1840 - Urk; F 64 Diss. Ingolst.-Landsh.-Mchn.

Katalog der Gemälde-Sammlungen des (im Alter von 94 J.) † k. b. Oberstabsarztes Dr. *Frz. Xav. Braun* zu Donauwörth, des † Historienmalers *Ulr. Halbreiter* (geb. in Freising 1813) u. A. Versteig. zu München .... 10. Novbr. sq. 1886, unter Leitung des .... *Carl Maurer* .... München, Knorr & Hirth. 8°.
32 S. Enth. über 300 Nrn.

Braun, Frida, Neues aus der Märchenwelt. Märchen u. Erzählgn. Mit (4) feinen Farbdr.-Bildern nach Aquarellen v. Fritz Bergen. (192 S.) 8. Wesel (910). W. Düms. Geb. in Leinw. 2. 25

Braun, Fridolin: Die Tempelschülerinnen, s.a.Esser's, J, Sammlg leicht aufführbarer Theaterstücke.

Braun, Fridolin, die Tempelschülerinnen. Weihnachtsspiel in 2 Akten. (2. Aufl.) [Aus: „Theaterstücke f. kathol. Töchterschulen".] 16. (80 S.) Paderborn 894. J. Esser. n. — 40

[F.] Die Tempelschülerinnen. Weihnachtsspiel in 2 Akten v. Fr. Braun. 2. Aufl. *Paderborn: J. Esser [1894].* (1 Bl., 7—34 S.) 8.
— Sammlung, J. Esser's, leicht aufführb. Theaterstücke. H. 14. [96.974

Braun, Friedrich

Braun, Ausgang u. Eingang. 2 Predigten. 1. Abschiedspredigt i. d. Schloßkapelle a. 16. I. 1898. 2. Antrittspredigt i. d. Hospitalkirche a. 23. I. 1898. 8. (30 S.) Stuttgart 898. J. F. Steinkopf. n. — 30

Braun, die bleibende Bedeutung der Theologie v. Hofmann's, s.: Bericht üb. die 28. allgemeine Pastoralkonferenz evangelisch-lutherischer Geistlicher Bayerns.

Braun, Frdr., Bilder a. d. Morgenland. 8. (39 S. m. Abb.) Stuttgart 899. Buchhandlg. d. evang. Gesellschaft. n. — 25

Braun, Friedr. Philipp Camerarius, s. Für die Feste u. Freunde d. Gustav-Adolf-Vereins.

Braun, Friedr. (I.), Christenthum und Menschenwürde. Vortrag, gehalten im Festsaale der Liederhalle zu Stuttgart am 9. Jan. 1882. gr. 8. (32 S.) Stuttgart 882, Fink. * — 20

Braun, Frdr., s.: Das walte Gott.

— Erinnerungen an Karl Gerok. 8. (63 S. m. Bild.) Leipzig 891. Fr. Richter. n. 1. —

Braun, F., Evangelisation in Pommern. Referat, geh. 1899 auf der pommerschen Ephoren-Konferenz. 8. (30 S.) Stettin 899. J. Burmeister. n. — 40

— Festpredigt, s.: Flugschriften d. Evangelischen Bundes.

Braun, Frdr. Edler v.: Die Genossensch. f. rationelle Schweinezucht im Amtsbez. Neu-Ulm, s: Jahrbuch, Landwirtschaftl., f. Bayern.

— Das bayer. Gesetz üb. d. Güterzertrümmerg v. 13. 8. '10, m. Erläutergn, Vollzugsvorschriften u. d. sonst. einschläg. Vorschriften hrsg. (23, 146) kl8° Münch., J Schweitzer V. '10. L 2 — || 2. Afl. (Schweitzer's Textausg.) (23, 180) '11. L 2.50 d

— Gewissensfreiheit u. kirchliche Ordnung. Vortrag. 8. (20 S.) Stuttgart 893. J. F. Steinkopf. n. — 20

— dasselbe, s.: Vorträge, vier, zur Verantwortung d. christlichen Glaubens.

Braun, Frdr. v., der christliche Glaube. Ein Leitfaden f. den Religionsunterricht an den Mittelschulen. (III, 120 S.) gr. 8. Leipzig 905. A. Deichert Nachf. n. 1. 50

— Der christliche Glaube. Ein Leitfaden f. den Religionsunterricht an den Mittelschulen. 2. Aufl. (IV, 120 S.) 8. Erlangen 910. Leipzig, A. Deichert Nachf. 1.50; geb. n 1. 80

Braun, Friedr. (II.), „deutscher Glaube"? Entgegnung auf eine Schrift von Dr. A. Geigel, Prof. der Medicin an der Universität Würzburg: „Ueber Wissen und Glauben". 8. (III, 64 S.) Mainz 884, Kirchheim. * — 75
Vgl. Braun, Karl.

Braun, Frdr., der Glaube der Kirche in der Krisis der Gegenwart. (48 S.) 8. Leipzig 907. Dörffling & Franke.
Sonderabdruck aus „Allg. ev.-luth. Kirchenzeitg." — 80

— das apostolische Glaubensbekenntnis in Predigten. (120 S.) kl. 8. Stuttgart 905. J. F. Steinkopf. Kart. n. 1. 20; geb. in Leinw. n. 1. 80

Braun, Friedr., Glaubenskämpfe und Friedenswerke. Bilder und Skizzen. 8. (VII, 310 S.) Stuttgart 885, Krabbe. * geb. *

Braun, F: Glaubenskämpfe u. Friedenswerke. Jetzt: Stuttg., JF Steinkopf. 1.50; geb. 2 — 81/85

— das Gleichnis vom Säemann. Predigt am Sonntag Sexagesimä 1891 in der Schloßkapelle zu Stuttgart. Hrsg. vom Sonntagsschutzverein. 8. (16 S.) Stuttgart 891. (J. F. Steinkopf.) n. — 20

—— zum Gottesdienste in der katholischen Kirche. Feine Ausg. Nr. 3. 16. (XVI, 419 S. mit Farbentitel und 2 Stahlst.) Freiburg i. Br. 884, Herder'sche Verlagsh. 2 —
Gewöhnl. Ausg. Nr. 4, mit Farbentitel und 1 Stahlst. 1 50

Braun, Fr., zum Gottesdienste in der katholischen Kirche. Ein Gebetbuch. 2., verb. Aufl. Ausg. Nr. 8. 16. (XXVI, 505 S. m. 1 Stahlst.) Freiburg i/B. 891. Herder. 1. 20; geb. in Leinw. m. Goldschn. n. 1. 90; in Ldr. m. Goldschn. n. 2. 50

Braun, d. ewige Gottheit Christi. Präexistenz u. Menschwerdung. Vortrag. [Aus: „Ev. Kirchenbl. f. Württ."] 8. (48 S.) Stuttgart 897. D. Gundert. n. — 60

— der württembergische Hauptverein der Gustav-Adolf-Stiftung 1843—1893, s.: Für die Feste u. Freunde des Gustav-Adolf-Vereins.

Braun, Fr., „der Herr ist mein Hirte". 4 Bdchn. 16. (à Bdchn. 16 S. mit Bibelsprüchen und zum Teil farb. Illustr.) München 888, Stroefer. à Bdchn. * 40 Pf.; in 1 Etui *
Inhalt:
Bdchn. 1. Er weidet mich auf einer grünen Aue.
" 2. Er führet mich zum frischen Wasser.
" 3. Er erquicket meine Seele.
" 4. Er führet mich auf rechter Straße.

Braun, Friedr., Himmels-Atlas in transparenten Karten. Lithogr. gr. 4. (30 Stnt. in gr. 4. und 1 Stnt. in Imp.-Fol. mit Text: Gemeinfassliche Himmelskunde. VIII und 51 S. in Lex.-8.) Stuttgart 860, Nitzschke. Thlr. *

Braun, Friedr., Himmels-Atlas in transparenten Karten. 30 (lithogr.) Taf. Sternbilder und 1 grosse (chromolithgr.) Himmelskarte (in gr. Fol.). 2. Aufl. gr. 4. (VIII und 51 S. Text in gr. 8. u. d. T.: Gemeinfassliche Himmelskunde.) Stuttgart 864, Nitzschke. In Mappe *

Braun, Friedr., transparente Himmels-Karte. Lithogr. gr. Fol. Mit Textheft. gr. 4. (16 S.) Stuttgart 876, Nitzschke. In Mappe *

— das rechte **Hören** u. das rechte Tun. Predigt, geh. zu Stuttgart am Sonntag Rogate, 8. V. 1904. Letztes Wort an die Gemeinde. (15 S.) 8. Ebd. 904. n. — 20

— Die Landwirtschaft in ihrer Bedeutung f. Volkswirtschaft u. Volkstum, s.: **Jahrbuch**, landwirtschaftliches, f. Bayern.

—— **Lasset** das Wort Christi unter euch reichlich wohnen. Predigt, üb. Col. 3, 16. gr. 8. (11 S.) Nürnb. 890. Raw. * — 20

Braun, F., Martin Luther im deutschen Lied, s.: **Jugend- u. Volksbibliothek**, deutsche.

Braun, Fr., Die innere Mission u. ihr Dienst i. 19. Jahrhundert. Vortrag. »Fliegende Blätter a. d. Rauhen Hause. Herausg. v. Oldenberg, Baur u. Wichern. 57, 188–207.« Hamburg 1900. Agent. d. Rauhen Haus.

— **Predigt** bei der 47. Hauptversammlung des evangel. Vereins der Gustav-Adolf-Stiftung, s.: **Doeblin**.

— Predigt b. d. 49. Hauptversammlung d. evang. Vereins d. Gustav-Adolf-Stiftung, s.: **Reichard**.

Braun, Predigt, geh. auf dem 30. Kongreß f. innere Mission, s.: **Reichard**, Max.

Braun, s.: **Predigten**, 9, b. d. 50. Hauptversammlg. d. evang. Vereins d. Gustav Adolf-Stiftung.

—— **Protestantismus** und Sekten. Vortrag, in der württemberg. Pfarr-Versammlung zu Eßlingen gehalten. gr. 8. (35 S.) Ludwigslust 882, Neubert'sche Buchh. — 30
Aus: Theologische Studien aus Württemberg, besonders abgedruckt.

— aus der lebendigen **Quelle**. Predigten. (278 S.) 8. Ebd. 905. Geb. in Leinw. n. 3. —

Braun, Frdr. Edler v.: Die genossenschaftl. Schweinemästerei f. d. Städte Ulm u. Neu-Ulm, s: Jahrbuch, Landwirtschaftl., f. Bayern.

Braun, Friedr., die Tage von Canossa unter Heinrich IV. 1. und 2. Abthl. 4. Marburg, (Braun.) [1. Abthl. (28 S.) 873. * 90 Pf.; 2. Abthl. (26 S.) 874. * ℳ 1.] *

— das **Trostamt** der Inneren Mission. Predigt üb. Jesaia 40, 1—5, geh. am 3. Jahresfest d. Landesvereins f. innere Mission in der evangel.-luth. Kirche Bayerns in der Kirche zu St. Lorenzen zu Nürnberg den 15. Oktbr. 1889. gr. 8. (12 S.) Nürnberg 889. Raw. n. — 20

Braun, das Wächteramt der Stadtmission. Festpredigt beim 1. Jahresfest der evangel. Stadtmission in Karlsruhe. [15. Apr. 1883.] gr. 8. (15 S.) Karlsruhe 883. (Evangel. Schriftenverein.) n. — 20

Braun, d. Wächteramt d. Stadtmission. Festpredigt. 8. (15) Karlsr. 93, (Ev. Schriftenver.). -.15.

Braun, Fr., S. J., Wegweiser zum Himmel. Ein vollständ. Gebet- u. Erbauungsbuch f. kath. Christen. Neue [Titel-] Ausg. (v. „Zum Gottesdienste in d. kathol. Kirche".) gr. 16. (XXIV, 522 S. m. Titelbild.) Freiburg i/B. [891.] (901). Herder. n. 1. 20; geb. in Leinw. n. 1. 80

— wer den **Sohn Gottes** hat, der hat das Leben. Ansprache am Konfirmationssonntag den 10. IV. 1904. Mit dem Bildnis des Heimgegangenen. (15 S.) kl. 8. Ebd. 904. n. — 20

Braun, Wer ist frei? Vortrag. 8. (22 S.) Stuttgart 886, Buchh. der Evangel. Gesellschaft. * -

—— Joh. Hinrich Wichern und Gust. Werner, zwei christl. Volksfreunde. Vortrag. gr. 8. (24 S.) Stuttgart 888. (Reutlingen, Kocher.) * .

—— Aus der **Zeit** d. Interims, s. **Für** die Feste u. Freunde d. Gustav-Adolf-Vereins.

— **Friedrich Carl Wilhelm** (Ansbach), Institutionum jurisprudentiae publicae S. R. G. Imperii lib. I tit. I—IV. Präs. Carl Otto Rechenberg. Lpz. (Imm. Titius) 14. I. 1718. 24 S. (4.80) 3815

Braun, Friedrich Eberhard

— gerichtl. medicin. Abhandl. über die am häufigsten vorkomm. gewaltsamen Todesarten. 8. Ulm 818. Ebner. 4 gr

Braun, Fr. Ebhrd., Abhandl. über d. Hautkultur u. d. Schonung d. Lunge u. des Magens ꝛc. 8. Hall am Kocher (812). (Eßlingen, Fixdorf. Leipz., Central-Cpt.) 8 gr

— medicinisch-prakt. Ansicht der J. 1813 u. 14, nebst Bemerkk. üb. Nervenfieber, Masern, Ruhr u. Keichhusten. gr. 8. Stuttgart 815. Metzler. 7 gr

— Antibrowniana, oder Siegeszeichen rationeller Heilkunde. 8. Gmünden 818. Ritter. 2 gr

— Beitrr. zur Erweiterung u. Vervollkommnung d. medicin. Polizei ꝛc. 8. Hall am Kocher 812. (Fixdorf. Leipz., Centr.-Cpt.) 12 gr

— Beschreib. d. vorzügl. Eigenschaften aller berühmten Heilbäder u. Sauerbrunnen Würtembergs, nebst Anweis., wie solche sowohl, als alles Baden überhaupt, zum wahren Vortheil für die Gesundheit zu benutzen seyen. gr. 8. Stuttg. 816. (Metzler). 2 gr

— das **Biergetränk**, als das Edelste, in Hinsicht d. Gesundheit. 8. Heilbr. Claß. 814.

— Conspectus materiae medicae ad normam Pharmacopoeae Würtembergicae directus in gratiam et usum philiatrorum in II Ptes, tam ratione materiae, quam affectuum quorundam divisus. 4. Stuttg. 817. Löflund. 6 gr

— Darstell. der theoret. u. prakt. wichtigen Lehrsätze u. Gesichtspunkte aus allen Fächern d. Arzneiwissenschaft. gr. 8. Gmünd. 817. Ritter. 8 gr

— Diätetik f. Biertrinker, oder deutl. Anweis., wie man solches mit Nutzen genießen ꝛc. soll. 8. Heilbr. 815. Claß. 3 gr

— Erinnerungen an die Gefahr d. rothen Flecken, mit Vorschlägen sie auszurotten. 8. Stuttg. 805. (Leipz., Andrä). 4 gr

— über die wahrscheinlichen Folgen der bisherigen feuchten Witterung. 8. Stuttg. 816. Sattler. (Hoffmann). 3 gr

Braun, medicinischer **Rathgeber** üb. d. besond. unter d. Landvolk ꝛc. 8. Ulm, Stettin. 806.

— medicin. Rathgeber, über die, besonders bei d. Landvolk herrschenden, schädl. Gebräuche u. Vorurtheile. 8. Ulm 816. Stettin. 4 gr

— selecta gravioris momenti locorum ex veterum medicorum scriptis. 8. Leipz. 818. (Lehnhold). 6 gr

— Sendschreiben über mehr. wicht. Gegenstände d. Arzneiwissenschaft. 8. Heilbr. 808. Rausche. (Lpz., Centr.-Cpt.) 8 gr

— Sieg der Vernunft üb. die Vorurtheile d. Menschen bei Behandl. u. Pflege d. blatternden Kinder. 8. Heilbr. 803. (W. Nauck in Leipz.) 6 gr

Braun, F., Sieg der Vernunft üb. d. Vorurtheile d. Menschen bey Behandl. u. Pfleg. d. blatternd. Kinder. 8. Heilbr. Welsert. (Sommer, Leipz.) 803.

— über Spitaleinrichtungen, als Unterr. f. Krankenwärter. 8. Heilbr. 808. Rausche. (Leipz., Centr.-Cpt.) 4 gr

— Trost- u. Beruhigungsgründe f. Alle, besonders aber f. denjenigen Theil d. weibl. Geschlechts, welcher üb. die Landes- u. Gaumes-Verweisung des Kaffee's rc. bittere Thränen weint; nebst wohlfeiler Angabe inländ. Surrogate. 8. Hall am Kocher. (Eßlingen, Fixdorf. Leipz., Cent.-Cpt.) 812. 6 gr

Braun, Fr. Ebhrd., Ueber den Unterschied der Dürftigen und Bedürftigen etc. 8°. Gmünd, Ritter, 1817.

F. **Braun's** medicinisch-psycholog. Untersuchungen d. verschiednen Arten, Ursachen u. Verhütungsmittel d. Selbstmordes, durch Beyspiele erläutert. *Lpz.*, Bruder. 811. 8° 8 gr

— medicin. Untersuch. der verschied. Arten, Ursachen u. der Verhütungs-Mittel d. Selbstmordes; durch Beispiele erläutert. 8. Hall am Kocher (812). (Fixdorf. Leipz., Centr.-Cpt.) 5 gr

Braun, Fr(iedrich) Eberh(ard): Medizinisch-chirurgisches Vade mecum oder Auswahl der in sehr vielen Krankheiten bewährt gefundenen Arzneiformeln. Den jüngern Aerzten und Wundärzten zur Beihülfe mitgetheilt. 87 S., gbd.

Heidelberg: Oswald 1818

— Versuch eines auf die Grundsätze der Psychologie, Diätetik u. Therapie gegründ. Heilverfahrens d. Melancholie u. d. Wahnsinnes rc. 8. Gmünd. 818. Ritter. 6 gr

— Versuch e. medicin. psycholog. Stufenleiter in Absicht auf das Zuviel u. Zuwenig bei d. verschied. Lehrmethoden, f. Lehrer u. Erzieher. 8. Hall am Kocher, (Fixdorf, Leipz., Centr.-Compt.) 3 gr

— Versuch ein. mediz.-psychologischen Stufenleiter in Absicht auf das Zuviel u. Zuwenig bei den verschiedenen Lehr-Methoden, f. Lehrer u. Erzieher. 8. Ebend. 812.

— Was ist nach den neuesten Erfahrungen von der Schutzblatternimpfung zu halten? 8. Ulm 818. Ebner. 2 gr

Braun, Fritz, Rechtspraktikant a. Speyer a. Rh.: Die zivilrechtlichen Ansprüche der nach den Unfallversicherungsgesetzen versicherten Arbeiter gegenüber dem Betriebsunternehmer aus Unfällen. Speyer a. Rh. 1908: J. Kranzbühler & Co. (54 S.) 8° [F.]
Würzburg, Jur. Fak., Ref. Mayer, Diss. v. 17. Juli 1908
[Geb. 15. Aug. 83 Kusel; Wohnort: Speyer; Staatsangeh.: Bayern; Vorbildung: Gymn. Speyer Reife Juli 03; Studium: München 5, Würzburg 3 S.; Rig. 26. Juni 08.]

Braun, Fritz, Beiträge z. Landeskunde d. nordöstlichen Deutschlands. 1. Hft. a) d. Weichsellauf zw. Graudenz u. Culm; b) d. Nordostabhang Pommerellens. gr. 8. (68 S. m. 8 S. Skizzen.) Danzig 898. (R. Barth.) n.n. 1.25

[F.] Beiträge zur Landeskunde des nordöstlichen Deutschlands v. Fritz Braun. H. 1. . . . *Danzig: F. Baczkiewicz 1898.* 8. [98. 9000 ku

Braun, Fritz: Tiergeographische Fragen, das propontische Gebiet betreffend. T. 1. Beiträge zur Ornis der rumelischen und bithynischen Halbinseln. Marienburg 1908: Großnick. 44 S. 8°
Marienburg, k. G OP 1908 (41)

Braun, Fritz: Tiergeographische Fragen, das propontische Gebiet betreffend. 1. Beiträge zur Ornis der rumelischen und bithynischen Halbinseln. ⟨Forts. 1.⟩ Graudenz 1909: 'Der Gesellige'. 24 S. 8° ¶ [Forts. d. P-Beil. 1908.]
Graudenz, k. G OP 1909 (38)

Braun, Fritz: Führer durch die Danziger Umgegend. M. 1 Specialkt. Danzig: F. Baczkiewicz 1899. (48 S., 1 Kt.) 8.

— Zur Kenntnis der Konstantinopeler Vogelwelt, s. Bosporus.

Zur Kenntnis der Konstantinopeler Vogelwelt. Von Fritz **Braun**. Konstantinopel: Keil 1909. 34 S. 8°
(Bosporus. N. F. H. 5.) [10. 8121

Braun, Fritz, die Konstitutionskrankheiten d. Kindesalters m. besond. Berücksicht. der englischen Krankheit. (Schumanns medizin. Volksbücher.) 8. (115 S.) Leipzig 902. J. F. W. Schumann. Geb. in Leinw. n. 1.50
Jetzt: Ulm: J. Ebner.

Braun, Fritz: Landeskde d. Prov. Westpreussen, s: Sammlung Göschen 570.

Braun, Fritz, orientalische Landschaften, s.: Bosporus.

Braun, Fritz: Zur Siedelungskunde der Bosporusufer. Graudenz 1910: 'Der Gesellige'. 13 S. 4°
Graudenz, k. G OP 1910 (39)

— Skrofulose u. Tuberkulose d. Kindesalters. (Schumanns medizin. Volksbücher.) 8. (119 S.) Ebd. 902. Geb. in Leinw. n. 1.50
Jetzt: Ulm: J. Ebner.

Die Unterwerfung des deutschen Ordenslandes durch die Polen im 15. Jahrhundert. Zum 500. Gedenktage d. Schlacht bei Tannenberg ⟨15. Juli 1410⟩ von Fritz **Braun**. Berlin: Deutscher Ostmarken-Verein 1910. 32 S. 8° [11. 3308 10

Die deutschen Weichselufer. Landschaftl. Schilderungen von Fritz **Braun**. Danzig: L. Saunier 1905. (71 S.) 8° [F.]
— **Braun**: Beiträge z. Landeskunde d. nordöstl. Deutschlands. H. 2. [05. 1454

— das Wichtigste üb. die „Neubildung" m. besond. Berücksicht. des Krebses (Carcinoms). (Schumanns medizin. Volksbücher.) 8. (112 S.) Ebd. 902. Geb. in Leinw. n. 1.50
Jetzt: Ulm: J. Ebner.

Braun, G.

— Bericht über e. zweiten Versuch mit d. Anbau des **Astragalus** balticus od. Neu-Kaffee's, als besten Stellvertreter d. indischen Kaffee's. 8. Nürnb. 822. 2e Aufl. 824. Riegel u. W. 2 gr

— Bibelkunde, im Anschluß an die Sprüche des bayerischen Landeskatechismus verf. 8. (82 S.) Rothenburg o/T. 900. J. P. Peter. n.n. — 15

Braun, G: Kaninchen-Krankh. u. deren rationelle Behandlg. 8° (103) Lpzg 99, Dr. F Poppe. Geb. in L. 1.20

Braun, G., Kaninchen-Krankheiten u. deren rationelle Behandlung. Für prakt. Kaninchenzüchter, Kaninchen-Besitzer u. -Liebhaber. gr. 8. (IV, 103 S.) Leipzig (900). Dr. F. Poppe. Geb. in Leinw. n. 1.20

Braun, G: Kaninchen-Krankh. u. deren rationelle Behandlg. 2. Afl. (114) 8° Lpzg, Dr. F Poppe ('06). L. 1.50 d

Braun, G: Kaninchen-Krankh. u. deren rationelle Behandlg. Für prakt. Kaninchenzüchter, Kaninchen-Besitzer u. Liebhaber bearb. 3. Afl. (144 m. Abb. u. 1 Taf.) 8° Lpzg, Dr. F Poppe ('11). L 2 — d

— die Krankheiten unseres Hausgeflügels einschließlich der Krankheiten der Tauben u. unserer einheimischen u. ausländischen Sing- u. Zier-Vögel, u. deren rationelle Behandlung. 2. Aufl. 8. (131 S.) Leipzig (901). Expedition der allgem. deutschen Geflügel-Zeitung. Geb. in Leinw. n. 1.30

— Krankh. uns. Hausgeflügels. Chemn., Verl. d. Geflügel-Welt. '01/05

Braun, G., Taschen-Lexikon d. Geflügelkrankheiten, s. a. Wahl's Taschenlexica.

Braun, G., Taschenlexikon der Geflügelkrankheiten. (IV, 228 S.) Leipz. 96. Exp. d. Gefl.-Ztg. (Wahl.) Geb. M. 2.—

Braun, G. S. A. von: „Gründliche Nachricht von dem Münzwesen insgemein . . . . .", Göttingen 1739. Neue Auflage Leipzig 1784.

Braun, Georg

Braun, G., d. angehende Förster u. Jäger, oder Beantw. d. Fragen d. Hrn. G. L. Hartig's, über d. Forst- u. Jagdwesen. gr. 8. Ulm 821. Stettin. 1 Thlr 16 Gr

Braun, Geo., der angehende Förster und Jäger, oder Beantwortung der Fragen des Königl. Preuß. Staatsraths rc. rc. Herrn Ge. Ldw. Hartig, über das Forst- u. Jagdwesen. Ein nützl. Handbuch für Forst- u. Jagdcandidaten, auch alle Liebhaber dieser Wissenschaft. 2. Aufl. gr. Lex.-8. Ulm 842, Stettin'sche Verlags-Buchh. 1⅓ Thlr

Braun, Geo., der angehende Förster u. Jäger, oder Beantwortung der Fragen des königl. preuß. Staatsraths rc Herrn G. L. Hartig über das Forst- u. Jagdwesen. Ein nützliches Handbuch für Forst- u. Jagdkandidaten, auch alle Liebhaber dieser Wissenschaft. 3. Aufl. Ulm 865. Ebam. 8 (496 S.) 1 Thlr 15 ngr

Braun, Geo., Märchenkranz. Eine Auswahl der beliebtesten und volkstümlichsten Märchen in Bearbeitungen für die Jugend von und nach den besten Erzählern. Mit 8 Farbendr.-Bildern nach Originalen von M. Block. [7 Textbilder und 1 Umschlagsbild.] gr. 8. (292 S.) Leipzig 884, Oehmigke's Verlag. geb. * 2 50

Braun, Geo., Märchenkranz. Eine Auswahl der beliebtesten und volkstümlichsten Märchen in Bearbeitungen für die Jugend von und nach den besten Erzählern. 2. und 3. Aufl. gr. 8. (300 S. mit 8 Farbendr.-Bildern und zahlreichen Holzschn. nach Originalen von M. Block.) Leipzig 885,87, Oehmigke. geb. *

Braun, Geo. Märchenkranz. Eine Auswahl der beliebtesten u. volkstümlichsten Märchen in Bearbeitgn. f. die Jugend v. u. nach den besten Erzählern. Mit 8 Farbendr.-Bildern u. zahlreichen Holzschn. nach Originalen v. M. Block. 4. Aufl. gr. 8. (300 S.) Leipzig 893. A. Oehmigke. Geb. n. 3.—

Braun, Geo, Märchenkranz E. Ausw. d. beliebt. u. volkstüml. Märchen in Bearbeitgn. f. d. Jugend von u. u. d. besten Erzählern. M. 8 Farbendr.-Bildern u. zahlr. Holzschn. n. Originalen v. M. Block. 5. Aufl. 8. (300 S.) Leipzig 898. A. Oehmigke. Geb. in Leinw. n. 3.—

Braun, Geo., Märchenkranz. Eine Auswahl der beliebtesten u. volkstümlichsten Märchen in Bearbeitgn. f. die Jugend von u. nach den besten Erzählern. Mit 8 Farbendr.-Bildern u. zahlr. Holzschn. nach Originalen v. M. Block. 6. Aufl. (343 S.) 8. Einbeck (910). A. Oehmigke. Geb. in Leinw. 3.—

Braun, Georg, appr. Arzt: Aus d. chir. Universitätsklinik zu Königsberg i. P. Über das Vorkommen von Echinokokken im Netz. Königsberg i. P. 1909: Leupold. 21 S. 8°
Königsberg, Med. Diss. v. 30. März 1909, Ref. Lexer
[Geb. 6. Mai 76 Woymanns; Wohnort: Königsberg i. P.; Staatsangeh.: Preußen; Vorbildung: Wilhelms-Gymn. Königsberg Reife M. 95; Studium: Jura, dann Med. Königsberg 17, Med. Kiel 2, Königsberg 5 S.; Coll. 13. Mai 09; Approb. 11. Sept. 08.]

Braun, Georg Christian

Braun, (G. Chr.) Aristodemus; Trauerspiel in 5 Aufz. 8. Leipz. 823, Leich in Commiss

Braun, Geo. Chr., das alte Athen u. seine Umgebungen, mit Berücksichtigung s. jetzigen Zustandes, erläutert durch eine Karte von Attika, 3 Pläne, so wie durch Inschriften u. Abbildd. merkwürdiger Alterthümer. 8. Mainz 823. 2e Aufl. 827. Müller. 1 Thlr 4 Gr

Braun, Geo. Chr., das alte Athen u. seine Umgebungen, mit Berücksichtig. sein. jetz. Zustandes, erläut. durch 1 Karte v. Attika, 3 Pläne, so wie durch Inschrift. u. Abbildn. merkwürd. Alterthümer. 2., verb. Aufl. 8. ... Mainz 827, [Kirchheim, Schott u. Thielmann.]

— Bilder der Natur u. des Menschenlebens im Spiegel der Phantasie, mit 6 Steindruckt. u. 6 Umrissen in Kupfer. gr. 8. Wiesbaden (821). Schellenberg. 2 Thlr 8 Gr

Braun's, G C., Blumen Griechischer Lyrik und Elegie. Übersetzt mit Anmerkungen. Mainz 820. 8.

— Herrmann der Cherusker. Ein Heldengedicht in 12 Gesängen. gr. 8. Mainz 819. 2e Aufl. Ebd. 821. Kupferberg. 1 Thlr 16 Gr Velinp. 2 Thlr 4 Gr

Braun, G. C., Die unsichtbare Kirche Jesu Christi als Vereinigungsband aller sichtbaren Kirchen. Ein Vorschlag zur Vereinigung aller christlichen Religionsverwandten. Mainz, Kupferberg, 1821, 8°, 50 Pf.

— des Leonardo da Vinci Leben u. Kunst, nebst e. Lebensbeschreib. J. G. Prestels u. einigen prakt. Versuchen über die Malerei. gr. 8. Halle 819. Hendel. 1 Thlr

— Raphael's Leben u. Wirken. gr. 8. Wiesbaden 815. 2e Aufl. Ebd. 819. Schellenberg. 1 Thlr 8 Gr

— das große Opfer; zwölf Lieder für die Abendmahlsfeier. Mit 6 Umrissen. gr. 4. Mainz 819. Kupferberg. 12 Gr

Braun, Georg Chr., Die Religion der alten Deutschen. In einer kurzen Darstellung, besonders für höhere Schulen bearbeitet. Mainz, Kupferberg, 1819, 8°, 90 Pf.

Braun, (G. Chr.) d. Rheinfahrt, ein Natur- u. Sittengemählde in 3 Gesängen. Mit 1 Kpfr. u. 1 Vign. 8. Mainz 824, Stenz.

—— das Rheinthal, eine Reiseidylle in 6 Gesängen. Auch als Forts. d. Rheinfahrt anzusehen. 8. (18½ B.) Mainz 828, Stenz.
„Dess. die Rheinfahrt rc., in 3 Gesängen." Ebendas. 1824. 1 Thlr. 12 Gr.

Braun, Georg Christian, s. Sammlung d. neuesten Übersetz. der griech. prof. Schriftsteller.

— der Schmied von Antwerpen. Ein Künstlerdrama in 2 Akt. 8. Nürnb. 824, Campe.

Braun, Georg Christian, s. Seneca: Troerinnen.

— der Sieg des Glaubens, ein romant. Schausp. in 5 A. 8. Mainz 823, Stenz.

—— christl. Siloah. (Gedichte.) 8. (5¼ B.) Wiesbaden 833, Ritter.

Erwin von Steinbach. Novelle von Georg Christian Braun. Mainz: Kupferberg 1834.
TB. 265.

Braun, G. Chr. Wanderung durch das alte Athen u. seine Umgebungen, mit Berücksichtigung seines jetzigen Zustandes, seiner Mythen, Alterthumer u. Kunstgeschichte. Mainz 1823. 8.

— Wanderung durch das alte Athen u. seinen Umgebungen, mit Berücksichtigung seines jetzigen Zustandes rc. Mit 1 Charte, 3 Plänen u. Kpfrn. 2e Aufl. 8. Mainz 827, Müller.

— die Weisen von Hellas, als Sänger, s. Weisen.

Braun, (G. Chr.) dramat. Werke. 1r Bd. enthält: Laokoon, Tragoedie in 5 Akten. Nebst 2 Abhandlungen üb. Sophokles. (12 gr.) — Nero, dram. Charaktergemälde in 5 Akt. (16 gr.) — Die Troerinnen des Seneca. Uebers. u. erläut. in 5 Akt. (8 gr.) Mainz 824, Müller. Rthlr.

Braun Giacomo: Il volgarizzamento meridionale della Mascalcia dio Lorenzo Rusio.
1900 PN 1312 Diss Wien, Univ.

Braun, Godehard, Etwas üb. d. Werth d. Fastens, zur Berichtigung irr. Ansichten v. dems. gr. 8. (5 B.) Trier 830, Troschel.

— – Kritik der Ansichten der neueren christl. Moralisten üb. d. sittl. Nathe. 8. Ebend., Linz. ⅔ Thlr. — 36 kr.

Braun, G[odehard] *[geb. Vallendar 30. 12. 1798]*: De sacra scriptura praescientiam et praedestinationem divinam atque libertatem humanam sine repugnantia docente. Moguntiae: Kupferberg 1826. 8° *[Titel nach Akten und Heinsius' Bücherlexikon; ein Exemplar nicht nachweisbar.]*
[Breslau, Kath.-theol. Dr.-Diss. v. 6. Dez. 1825]

—— System d. christkathol. Moral. 1. Thl. Religionslehre. gr. 8. (29 B.) Trier 834, Gall. 2 Thlr. 8 Gr., Blnp.

Braun, Godehard, System d. christ-kathol. Moral. 2. Thl. Lehre v. d. sittl. Verhalten geg. die Menschen. 1. u. 2. Abthl. gr. 8. Trier, Gall. [1. (22⅓ B.) 838. 1⅙ Thlr., 2. (24⅓ B.) 840. 2⅓ Thlr.]
1. Thl. Ebendas. 1834. 2 Thlr.

Braun, Gottfried

Braun, Gfried., Betrachtungen über die Festevangelien des zweiten württembergischen Jahrgangs. Für den Gebrauch in Betstunden geschrieben. Brandenburg 865. Wiesike. 8. (VIII, 168 S.) n. 12⅓ ngr.

Braun, G., 430 Fragen f. den Konfirmanden-Unterricht. 8. (63 S.) Dinkelsbühl 885. (Rothenburg o/T., Peter.) n.n. — 25

Braun, Gfr., 450 Fragen f. den Konfirmanden-Unterricht. 2., verb. Aufl. 12. (68 S.) Rothenburg o/T. 887. J. P. Peter. n.n. — 25

Braun, Gfr., 450 Fragen f. den Konfirmanden-Unterricht. 3., verb. Aufl. 12. (70 S.) Rothenburg o. T. 893. J. P. Peter. n.n. — 25

Braun, Gottfr., 450 Fragen f. den Konfirmanden-Unterricht. 5., verb. Aufl. (71 S.) kl. 8. Rothenburg o/T. 907. J. P. Peter. — 25

Hofpianist Georg Liebling. Biographie v. Gottfried Braun ... *Berlin: F. Barschall [1896].* (17 S.) 1 Bd 8.

Braun, Gfr., unsere Symbole, ihre Geschichte und ihr Recht. Eine Synodalarbeit. gr. 8. (66 S.) Erlangen 875, Deichert. *

Braun, Gfr., Synodalreden. Aus dessen Nachlaß hrsg. und mit einem biograph. Vorworte versehen von A. v. Stählin. 8. (137 S.) Nördlingen 887, Beck'sche Buchh. *

Braun, Gottfried H.: Der Anthracitkohlen-Strike in Pennsylvanien 1887/88 im Vergleich mit den Bergarbeiter-Bewegungen in Grossbritannien und Deutschland ... Freiburg i. B., Buchdr. v. J. Dilger, 1893: VIII, 174 S., 1 Bl. 8.
Freiburg i. B., Phil. Fak., Inaug.-Diss. v. 1893

Braun, Gfr. H., zur Lösung der socialen Frage. I. Sociale Fragen des Columbischen Katholiken-Congresses. (Septbr. 1893). II. Der Anthracitkohlen-Strike in Pennsylvanien 1887/88 im Vergleich m. den Bergarbeiter-Bewegungen in Grossbritannien u. Deutschland. Diss. gr. 8. (88 u. VIII, 174 S.) St. Louis, Mo. 893. (Freiburg i/B., Herder.) n. 4. —

Braun, Gustav

Braun, Gust. (Mart. Böhm), Anna, zu Dir ist mein liebster Gang! Gesangsposse in 3 Akten u. 5 Bildern. Musik v. Frz. Brandt. gr. 8. (56 S.) Berlin (886). M. Böhm. 3 —

— Im Atelier od.: Der Maler u. sein Modell. Genrebild m. Gesang in 1 Akt. gr. 8. (13 S.) Ebd. 887. 1.50

— Auf nach Kamerun! od.: Berliner in Afrika. Große heroisch-humorist. Colonial- u. Reise-Posse m. Gesängen u. Tänzen, Aufzügen u. Evolutionen, in 8 Monaten, 4 Wochen u. 1 Nachmittage. Musik v. Felix Jäger. gr. 8. (38 S.) Ebd. (884). 3. —

Über elektrische Bahnanlagen. Von Reg.-Baumeister [Gustav] Braun in Berlin. Mit Ill. *Berlin: H. Paetel 1898.* (13 S.) 8°
— Sammlung populärer Schriften hrsg. v. d. Urania. No 51.

Braun, Gust., Markt Bechhofen in Mittelfranken. Ein lokalgeschichtl. Versuch. (81 S.) gr. 8. Ansbach 905. C. Brügel & Sohn. n. — 80

Beiträge zur Morphologie des nördlichen Appennin. Von Dr. Gustav Braun, Privatd., Greifswald. Mit 3 Taf. u. 16 Abb. (Berlin: [E. S. Mittler & Sohn] 1907.) (62 S.) 4°(8°)
Aus: Zeitschrift d. Gesellschaft f. Erdkunde zu Berlin. Jg. 1907, No 7. 8.

— u. Emil Hildebrandt, das lachende Berlin. Lust. Revue in 3 Akten u. 1 Vorspiel. Musik componirt u. arrang. v. L. Storch. gr. 8. (63 S.) Ebd. (894) 2. —

Braun, Gust. Besoldungs-Status der Beamten u. statusmässigen Bediensteten bei den königl. bayer. Verkehrsanstalten, nebst den wichtigsten auf d. Personal- u. Dienstesverhältnisse bezügl. Bestimmgn. 5. rev. u. verm. Aufl. 12. (260, IV S.) Münch. 888, (L. Finsterlin). * 1 —

— u. H. Busse, der Bettelstudent v. Berlin. Große Posse m. Gesang in 3 Akten u. 5 Bildern. Musik v. Th. Franke. gr. 8. (60 S.) Ebd. (887). n. 3. —

Der Bettelstudent von Berlin. Grosse Posse mit Gesang in 3 Akten u. 5 Bild. von G(ustav) Braun u. H(ugo) Busse. Musik von Theodor Franke. *Berlin: M. Böhm [1899].* (60 S.) 8° [F.]

Über Bodenbewegungen. Von Dr. Gustav Braun. Greifswald: Geogr. Gesellsch. 1908. (21 S.) 8° [Umschlagt.]
Aus: Jahresbericht d. Geogr. Gesellsch. zu Greifswald. 11.

Braun, Gust., das Buch d. Propheten Hosea als Spiegel uns. Zeit. E. Versuch prakt. Auslegg., f. Brüdern i. Amte u. sonst. Freunden d. göttl. Wortes dargeboten. gr. 8. (116 S.) Rothenburg o/T. 896. J. P. Peter. n. 1.50

— Carmen. Romantisches Schauspiel m. Gesang in 4 Acten. Musik v. E. Liste gr. 8. (36 S.) Ebd. (888). 3.—

Braun, G: Die Erforschg d. Pole. (89 m. Abb. u. Ktnskizzen.) 8° Lpzg, Th. Thomas V. ('12). 1 —; geb. 1.60; f. Mitgl. d. deut. naturwissenschaftl. Gesellsch. — 75; geb. 1.20 d

Braun, Gust.: Der Fährverkehr z. See im europ. Norden, s: Meereskunde.

Braun, G., der sicherste Führer auf den bayerischen Eisenbahnen. Winterfahrten für 1867 nebst Uebersicht der Nachbarbahn-, Post- und Dampfschiff-Verbindungen. Nach officiellen Materialien bearb. Fol. München 867, L. Finsterlin
In Carton

Braun, G., der sicherste Führer auf den bayerischen Eisenbahnen. Sommerfahrplan für 1868 nebst Uebersicht der Nachbarbahn-, Post- und Dampfschiff-Verbindungen. Sammt 1 Karte in Holzschn. Fol. München 868, L. Finsterlin.

Braun, Gust.: Die Gesch. d. alten Pfarrsprengels Beyerberg (d. jetz. Pfarreien Beyerberg, Bechhofen, Burk, Königshofen u. Wieseth in Mittelfranken). (4, 160) gr8° Ansb., F Seybold '12. 2 — d

Braun, Gust., aus der Geschichte unseres Kalenders, s. Sammlung von Vorträgen.

Braun, Gust., Grundlinien der Geologie u. Morphologie v. Mitteleuropa. Zugleich e. Erläuterg. zu der geolog. Wandkarte v. Mittel-Europa v. Fr. Bamberg. 1:750,000. (29 S.) 8. Berlin (908). C. Chun. — 25

— Grundz. d. Physiogeogr., s: Davis, WM.

Braun, Gust., Kamerad Guste od.: Zwischen 2 Feldwebeln, s.: Theater-Bibliothek f. Vereine.

— Hans im Glücke. Weihnachts-Märchen m. Gesang in 5 Bildern m. 1 Vorspiel. gr. 8. (32 S.) Ebd. (889). 1.50

— silberne Hochzeit. Familien-Gemälde in 1 Aufzuge. 8. (16 S.) Berlin 894. M. Böhm. 1. 50

Braun, Gust., s. Liederbuch für Studenten.

Braun Gustav: Eine Notiz zur Anatomie und Bedeutung der Stäbchenschicht der Netzhaut. S. 42. 15 . . . .
Separatabdruck

— Das Ostseegebiet, s: Aus Natur u. Geisteswelt 367.

— Fürst Pückler. Schwank in 1 Act. 8. (20 S.) Ebd. 894. 1. 50

— der Rattenfänger v. Hameln. Phantastisches Volksstück m. Gesang in 8 Bildern. Nach Sprengers Geschichte u. Ehrich's Chronik der Stadt Hameln, Mieritz' Märchen u. Jul. Wolff's Aventiure frei bearb. gr. 8. (89 S.) Ebd. (888). 8. —

— Saint Privat. Kriegskameradschaftliches Genrebild m. Gesang in 1 Act. 12. (20 S.) Ebd. (895). 1. 50

Braun, Gustav: Ostpreußens Seen. Geogr. Studien. *Königsberg i. Pr. 1903: R. Leupold.* (93 S.) 4° ¶(Aus: Schriften d. Physikal.-Ökon. Gesellsch., Bd 42 [vielm. 44].)
Königsberg, Phil. Diss. v. 1. Juli 1903

Braun, G., u. E. Hildebrand, unsere Soldaten, s.: Bloch's, E., Volks-Theater.

— der Struwwelpeter. Märchen-Posse m. Gesang in 4 Bildern. gr. 8. (30 S.) Ebd. (889). 1. 50

Braun, Gust. (Mart. Böhm), ein bettelnder Student. Komisches Genrebild m. Gesang in 1 Akt. gr. 8. (15 S.) Berlin (887). M. Böhm. 1. 50

Ein bettelnder Student. Kom. Genrebild mit Gesang in 1 Akt von Dr Gustav Braun. Musik von Ludwig Storch. *Berlin: M. Böhm [1899].* (15 S.) 8° [F. u. Ant.] [... 9709

— Entwicklgsgeschichtl. Studien an europ. Flachlandsküsten u. ihren Dünen, s: Veröffentlichungen d. Instit. f. Meereskde u. d. geograph. Instit. an d. Univ. Berlin.

Braun, G (M Böhm): Theater-Lotte. Posse m. Gesang. Musik v. F Jäger. 8° (50) Berl. 88, M Böhm. 3 —

Braun, G., bayerischer Verkehrs-Anzeiger. Fahrten-Pläne für die Anschlüsse und directen Verbindungen der bayer. Eisenbahnen nebst Uebersicht der Post- und Dampfschiff-Verbindungen vom 1. Juni 1870 ab. fl. 4. (20 S. mit Eisenbahnkarte in Holzschn.) München 870, L. Finsterlin.

—— dass. — vom 1. Dezbr. 1870 ab. Nach offiziellen Materialien bearb. gr. 8. (20 S.) München 870, Th. Ackermann. *

Braun, Gust., der Waffenrock, od.: Blut will ich sehen! Militär. Schwank in 1 Akt. 12. (15 S.) Berlin (895). M. Böhm. 1. 50

Braun, G., Markt Weiltingen an der Wörnitz. Eine lokalgeschichtl. Studie. (110 S.) gr. 8. Ansbach 909. F. Seybold. 1. 50

Braun, Gustav (Red.), s. Woche. – Verkehrstechn. Woche.

Braun, Gustav August

Braun, Gust. Aug., Compendium der Frauenkrankheiten. gr. 8. (XII und 318 S.) Wien 863, Braumüller. *

Braun, Gust. Aug., Compendium der Frauenkrankheiten. 2. verb. Aufl. gr. 8. (X, 489 S.) Wien 872, Braumüller. *

—— Compendium der Geburtshilfe. gr. 8. (XIV und 437 S.) Wien 864, Braumüller. *

—— Compendium der Geburtshülfe. 2. verb. Aufl. gr. 8. (XV, 528 S.) Wien 875, Braumüller. *

— Compendium der operativen Gynäkologie und Geburtshilfe. Ebend. 860. gr. 8. (XII, 284 S.) 2 ℛ

—— Compendium der Kinderheilkunde. gr. 8. (X und 150 S.) Wien 862, Braumüller. *

—— Compendium der Kinderheilkunde. 2. Aufl. gr. 8. (VIII, 438 S.) Wien 871, Braumüller. *

Braun, Gust. (II.), Lehrbuch der Geburtshilfe für Hebammen. gr. 8. (XIX, 480 S. mit 75 Holzschn.) Wien 888, Braumüller. *

Braun, Gust., Lehrbuch der Geburtshilfe f. Hebammen. 2., verb. Aufl. gr. 8. (XIX, 490 S. m. 76 Holzschn.) Wien 894. W. Braumüller. n. 9. —

Braun, H. Die Behandlung außereuropäischer (insbes. von Tropen-) Risiken in der deutschen Lebensversicherung. Gött. D.

[J.] Bruderliebe. Von H. Braun. *Berlin: Christl. Zeitschriftenver. 1896.* (23 S.) 1 Bd 8
= Jugend-Bibliothek [d. Christl. Zeitschriftenvereins]. [No 10.] [98. 9370

— dasselbe, s.: Haycraft. M. S., Weihnachtslicht.

Braun, H. (II.), über einen eigenthümlichen Fall von combinirter systematischer Erkrankung des Rückenmarks und der peripheren Nerven, s. Beiträge zur pathologischen Anatomie und klinischen Medicin.

Braun, H: Katalog über Herrengarderobe und echt bayerische Spezial-Loden-Erzeugnisse. München (1905?)

[J.] Alexander Mentschikoff der Günstling Peters des Grossen. Von H. Braun. *Berlin: Christl. Zeitschriftenver. 1896.* (24 S.) 1 Bd 8.
= Jugend-Bibliothek [d. Christl. Zeitschriftenvereins]. [No 13.] [98. 9373

— dasselbe, s.: Siegmund, A, das Forsthaus.

Braun, H., Nachträge zur Flora von Nieder-Oesterreich, s. Haláczy, Eng. v.

[J.] Treue Obhut. Von H. Braun. *Berlin: Christl. Zeitschriftenver. 1896.* (15 S.) 1 Bd 8.
= Jugend-Bibliothek [d. Christl. Zeitschriftenvereins]. [No] 3. [98. 9364

—— christlicher Wegweiser zur Freudigkeit und Gewißheit im rechten einigen Glauben. 1.—8. Heft. gr. 8. Königberg 886, (Gräfe und Unzer.) à Heft ** 25 Pf. ** —

Inhalt:
Heft 1. Die heilige Taufe. (S. 1—24.)
" 2. Der Sonntag, der Tag des Herrn. S. 25—40.)
" 3. Der christliche Wandel, des Glaubens Frucht. (S. 41—61.)

Braun, HF: Der Bergmannssohn od. Haus u. Schule. (141) 8° Herborn, Buchh. d. nassauischen Colportagevereins '12. — 80; geb. n 1.40 d

Braun, H. F., verschlungene Pfade. (112 S. m. 1 Vollbild.) kl. 8. Gütersloh (910). C. Bertelsmann. —60; geb. —70; in Bibliotheksbd. —80; in Leinw. — 90

Braun, HF: Die treuen Westfalen v. 1813. (119 m. Titelbild.) kl8° Gütersl., C Bertelsmann, Sep.-Kto'09. — 60; kart. — 70; geb. — 80; L. — 90 d

Braun, Hanns: Der Lauf als Leibesübg u. Wettkampf, s: Seybold, Eug.

Braun, Hans: Beitrag zur Chirurgie des Zungencarcinoms. *Berlin (1898): E. Ebering.* (28 S.) 8°
Berlin, Med. Diss. v. 4. Mai 1898

Braun, Hans, Beiträge zur Milchfrage, m. besond. Berücksicht. der Erlanger Markt-Milch. Diss. gr. 8. (37 S.) Berlin 898. (Erlangen, M. Mencke.) n. — 60

Braun, Hans, aus Cassel: Beiträge zur Milchfrage mit besonderer Berücksichtigung der Erlanger Markt-Milch. *Berlin 1898: Ch. Wiegler Nachf.* (39 S.) 8°
Erlangen, Phil. Diss. v. 24. Mai 1898

Braun, Dr. Hans, das Buch der Frau und Mutter. 8°. (VIII, 163 S.) Wien, Anger. fl. 1.50. 1886.

Braun, Hans, das Buch der Frau u. Mutter. 5. Aufl. 8. (X, 163 S. m. 1 Bild.) Wien 891. Helios. 1. 80

— dasselbe. Aerztlicher Rathgeber üb. Schwangerschaft, Geburt, Wochenbett u. Kindespflege. 6, (Titel-)Aufl. 8. (X, 163 S. m. Titelbild.) Wien 894. G. Anger. n. 1. 50

Braun, H[ans]: Ein Fall von Peritonitis infolge Pyelonephritis. *München 1898: Kastner & Lossen.* (22 S.) 8°
München, Med. Diss. v. 1898

Braun, Hans, erste Hilfe bei Kinderkrankheiten. Die wichtigsten Kinderkrankheiten u. deren Behandlung. (in alphabet. Reihenfolge). (131 S.) 8. Pilsen (905). Volksschriften-Verlag. n. 1. 25; geb. n. 1. 70

Braun, [Hans]. La mitrailleuse Maxim et son emploi. avec 59 gravures dans le texte et 19 planches y compris 2 cartes en lithographie. 3e éd. 146 p. 8. Berlin, R. Eisenschmidt, 1905. [M. 6. —]

Das Maxim-Maschinengewehr und seine Verwendung. [Verf.: Hauptm. Braun.] Mit 23 Abb. u. 2 Taf. *Berlin: R. Eisenschmidt 1901.* (46 S.) 8° [illegible]

Braun, [Hans]. Das Maxim-Maschinengewehr und seine Verwendung. Von Hauptmann Braun. Mit 48 Abbildungen im Text und 4 Tafeln. 2. erweiterte Aufl. 98 S. 8. Berlin, R. Eisenschmidt, 1903. [M. 2. 40]

Braun, das Maxim-Maschinengewehr u. seine Verwendg. Mit 59 Bildern im Text u. 19 Taf., einschliesslich 2 Karten in Steindr. 3. Aufl. (144 S.) gr. 8. Berlin 905. R. Eisenschmidt. n. 4. –

Braun, Hans, prakt. Arzt aus Neuhof i. Westpr.: **Aus d. Privat-Klinik d. Hrn Dr. Karewski zu Berlin. Ueber Speichelsteine.** *Leipzig 1903: B. Georgi.* (41 S.) 8°
Leipzig, Med. Diss. v. (17. Febr.) 1903

Braun, Hans, s: Warneyer's, Otto, Jahrb. d. Entscheidgn.

Braun, Hans Julius, aus Stettin: **Untersuchungen über das Molybdän.** *(Berlin 1904: A. W. Schade.)* (39 S.) 8°
Berlin, Phil. Diss. v. 6. Aug. 1904

Braun, Hedwig. Der Blumenhansel, s. Trewendt's Jugendbibliothek.

Braun, Hedw., Christamaria, s.a. Trewendt's Jugendbibliothek.

Christamaria. Eine Erzählung f. d. Jugend u. d. Volk von Hedwig Braun. Mit Titelbild. *Berlin: E. Trewendt [1903].* (140 S.) 8° [F.]
(Trewendt's Jugendbibliothek. 129 [= N. F. 60].) [04. 1472]

Braun, Hedwig, im Feenreiche. Schöne Märchen u. Sagen f. liebe Kinder. 2 Tle. in 1 Bde. 12. (à 80 S. m. farb. Titel.) Mülheim a/d. R. 890. J. Bagel. Kart. 1. —
1. Unterm Weihnachtsbaum. Hübsche Märchen u. Sagen.
2. Der Wundergarten. Neue, schöne Märchen u. Geschichten.

Braun, Hedwig: Heideblume, s.: Trewendt's Jugendbibliothek.

Braun, Hedw., ein goldenes Herz, s.a. Trewendt's Jugendbibliothek. 53. Bd.

Ein goldenes Herz. Eine Erzählung f. d. Jugend u. d. Volk von Hedwig Braun. Mit Titelb. *Breslau: E. Trewendt [1893].* (141 S.) 8° [F.]
= Jugendbibliothek, Trewendt's. N. F. No 53. [illegible]

—— für junge Herzen. Märchen und Lebensbilder. 8. (236 S. mit 6 Chromolithogr.) Mülheim 887, Bagel. geb.

Braun, Hedw.: Walter Horst, s.a. Trewendt's Jugend-Bibliothek.

Walter Horst. Erzählung f. d. reifere Jugend v. Hedwig Braun [d. i. Hermine Henrion]. Mit Titelbild. Berlin: E. Trewendt [1906.] (129 S.) 8° [F.]
(Trewendt's Jugendbibliothek. [N. F. 63.] 132.) [07. 3441]

Braun, Hedw., auf Irrwegen, s.a. Trewendt's Jugendbibliothek.

[F.] Auf Irrwegen. E. Erzählg f. d. Jugend v. Hedwig Braun. M. Titelbild. *Breslau: E. Trewendt [1896].* (139 S., 1 Taf.) 1 Bd 8.
= Jugendbibliothek, Trewendt's. N. F. Bd 46. [97. 7132]

—— neue Kinder-Märchen. Ein schönes Märchenbuch für brave Kinder. 12. (96 S. mit 1 Chromolithogr.) Ebendas. 886. cart. -

Braun, Hedwig: Aus dem Leben, s.: Trewendt's Jugendbibliothek.

Braun, Hedw., der Kinder Lieblings-Märchen. Märchen und Geschichten. 8. (96 S. mit 1 Chromolithogr.) Mülheim 884, Bagel's Verlagsh. cart.

—— hübsche Märchen und Sagen für Knaben und Mädchen. 12. (95 S. mit 1 Chromolithogr.) Ebendas. 886. cart. -

— wunderschöne Märchen. Märchen u. Geschichten. 8. (96 S. m. 1 Chromolith.) Ebend. 884. cart. — 60

Braun, Hedw., des kleinen Däumlings Märchenbuch und Geschichten. 8. (96 S. mit 1 Chromolithogr.) Mülheim 884, Bagel's Verlagsh. cart. — 60

— Hänsel u. Gretel's Märchenbuch f. kleine u. große Kinder. Märchen u. Geschichten. 12. (80 S. m. 1 Farbendr.) Ebd. 889. geb. n. — 50

—— Märchenpracht. Allerliebste Märchen für die liebe Jugend. 12. (96 S. mit 1 Chromolithogr.) Ebendas. 886. cart. -

—— die Märchentante. Ganz neue, schöne Märchen für die Kinderwelt. 12. (96 S. mit 1 Chromolithogr.) Ebendas. 886. cart. -

—— Vera, s.a. Trewendt's Jugendbibliothek.

Braun, Hedw.: Vera. Erzählg f. d. Jugend. (111) 8° Berl., Neufeld & H. ('12). geb. — 90 d

— Rosenkäfers Wanderlust, s.: Kinder-Bibliothek, kolorierte.

—— was Erdmännchen erzählt. Märchen und Geschichten. 8. (95 S. mit 1 Chromolithogr.) Ebendas. 884. cart. — 60

— unterm Weihnachtsbaum. Hübsche Märchen u. Sagen f. liebe Kinder. 12. (80 S. m. 1 Farbendr.) Mülheim a/R. 889. Bagel. geb. n. — 50

— die Weihnachtsfee u. andere Märchen f. brave Kinder. 12. (80 S. m. 1 Farbendr.) Ebd. 889. geb. n. — 50

— der Wundergarten. Neue, schöne Märchen u. Geschichten f. liebe Kinder. 12. (80 S. m. 1 Farbendr.) Ebd. 889. geb. n. — 50

Braun, Heinr.: Versichergs-mathemat. Abhandlgn, s: Altenburger, Jul.

—— **L. Fehrenbach und Karl Fröhlich, Allerlei. 20 Schwarzbilder. Mit Versen von Heinr. Seidel. hoch 4. (23 Bl.) Ebendas. 884.** geb.

Braun, Heinrich: Anfangsgründe der lateinischen Sprache. München 786. 8.

Braun, Hnr., (✝ d. 10. Nov. 1792.) Anleit. z. geistl. Beredtsamkeit. gr. 8. München 776. Lentner. 1 ℔

— Anleit. z. deutschen Briefkunst. 8. München. (Augsb.) 771. Stage. 6 kr

— Anleit. z. deutschen Dicht- u. Verskunst. 8. München 765. 2e verb. Aufl. Ebd. 775. 3e Aufl. 778. Lentner. 9 kr

— Anleit. z. deutschen Redekunst. 8. München 765. N. Aufl. 775. Lentner. 6 kr

— Anleit. z. gut. deutsch. Schreibart in freundschaftl. Briefen ꝛc. 8. München. (Hasling, Linz) 787.

— Anleit. z. guten deutsch. Schreibart, in freundschaftl. Briefen ꝛc. 8. München 787. 9te Aufl. 8. 791. (J. Lindauer). 14 kr

— Anleit. z. latein. Sprache. 8. Landsh. 786. Storno. 6 kr

— Anleit. z. deutschen Sprachkunst. 8. Salzb. 765. Neu umgearb. Aufl. (München) 775. Lentner. 1 ℔

— — dasselbe. 8. Augsburg, Wolf. 790.

— Anleit. z. deutschen Sprachkunst in's kurze gezogen. 8. Münch. 768. 2e verb. Aufl. 770. 3e, mit e. kl. orthogr. Lexicon verm. Aufl. 8. Ebd. 775. N. Aufl. 788. (Landsh., Storno). 6 kr

— Anleit. zur deutschen Sprachkunst, ins Kurze gezog. 8. München, Lentner. 785.

— Dass. zum Gebr. kathol. Schüler. 8. Augsb. 811. (Doll). 8 kr

Braun, Heinrich: Anleitung zur lateinischen Sprachkunst. München 778. 8. (404 S.)

— Anleit. z. deutsch. Sprachlehre z. Gebr. d. Schulen, neue verbess. Aufl. 8 Luzern, Anich. 812. (Schmidt in Leipz. 8 gr.)

— Anleit. z. deutschen Sprachlehre. Zum Gebrauch f. Schulen. 8. Luzern ... N. Aufl. 812 u. 822. Anich. 16 kr

— Anleitung z. poet. Tonmessung in d. latein. Sprache. 8. Landsh. Kopp.

— Anleit. z. poet. Tonmessung in d. latein. Sprache. 8. Landsh. 771. Storno. 6 kr

Braun, Heinr., s: Annalen f. soz. Politik u. Gesetzgebg.

Braun, Heinr., s.: Archiv f. soz. Gesetzgebung u. Statistik.

Braun, Heinr., s.: Archiv f. Sozialwissenschaft u. Sozialpolitik.

Braun, Heinrich, a. Plochingen: Aus d. Tübinger Univ.-Augenklinik. Die Augenverletzungen in der Tübinger Klinik in den Jahren 1903 u. 1904. Tübingen 1907: G. Schnürlen. (31 S.) 8°
Tübingen, Med. Fak., Ref. Schleich, Diss. v. 24. Jan. 1908
[Geb. 10. Juli 83 Plochingen; Wohnort: Kannstatt; Staatsangeh.: Württemberg; Vorbildung: Sem. Maulbronn, Blaubeuren Reife M. 01; Studium: Tübingen 5, München 1, Berlin 2, Tübingen 2 S.; Coll. 9. März 07; Approb. 8. Jan. 07.]

Braun, Heinrich: Bedenken u. Untersuchungen, ob man d. Ordensgeistlichen d. Pfarreien u. Seelsorge abnehmen soll oder nicht? München: Lentner 1769. 4°.

Braun, Heinrich, s. Beicht- u. Communion büchlein.

Braun, Heinrich, s. Biblia.

Braun, Heinr., landschaftliches Bild der Höhenverhältnisse Württembergs, nach den neuesten amtl. Messungen entworfen und hrsg. Lithogr. Imp.-Fol. Biberach 885, (Dorn'sche Buchh.) *

— Briefe nach Gellerts Geschmacke. 8. Augsb. 771. v. Jenisch u. Stage. 6 kr

Braun, Heinrich (Hrsg.), s. Centralblatt, Sozialpolitisches.

Cocain und Adrenalin (Suprarenin). Von Dr. H[einrich] Braun, Privatd. in Leipzig. *Berlin: Fischer [1901].* (23 S.) 8°
= Klinik, Berliner. H. 87. [04. 1663]

Braun, Heinrich (Hrsg.), s. Correspondenzblatt, Sozialpolitisches.

Braun's, Heinr., Dorfschule. Neu hrsg. u. m. Einleitg. u. Anmerkgn. versehen v. Joh. Böhm. gr. 8. (54 S.) Nürnberg 884. Korn. n. — 80

— Ehrenrettung gegen die Beitrr. zur Schul- u. Erziehungsgeschichte in Baiern. 8. München 778. J. Lindauer. 2 kr

— Encomia Sanctorum O. S. P. Benedicti digesta per singulos anni dies. 8. Augsb. 762. Wagner. 9 kr

— Entwurf d. Einrichtung d. kurfürstl. Lyceen in Baiern. gr. 4. München 777. J. Lindauer. 4 kr

— Entw. d. Einricht. d. Lyceen in Bayern. gr. 4. Münch. Lindauer. 778.

— Entwurf e. systemat. Lehrart in d. kathol. Theologie. gr. 4. München 777. J. Lindauer. 3 kr

— Entw. f. Predigt. auf alle Sonn- u. Festtage des Jahres, nebst Anl. z. geistl. Beredsamk. gr. 8. München, Lentner. 776.

— — dav. die geistl. Beredsamkeit besond.

— Entw. d. theol. Studien in Bayern. gr. 4. München, Lindauer. 778.

Braun, Heinr. (II.), Ernst und Scherz. 20 Schwarzbilder. Mit Versen von Heinr. Seidel. hoch 4. (23 Bl.) Berlin 884, Lipperheide. geb.

Braun, Heinrich, s. Evangelien u. Episteln.

— die H. Evangelien u. Episteln a. alle Sonn- u. Festtage des Jahrs. 8. München, Lentner. 790.

Braun, H., die heiligen Evangelien u. d. Episteln, auf alle Sonn- und Festtage des Jahrs. Sechste Auflage. 8. Ist jetzt Verlag von Schmitz in Cölln. 816.

Braun, Henr. (Frid.) (geb. Berlin 2. 7. 1837): Experimenta nonnulla ad illustrandum effectum atropini aliorumque quorundam mydriaticorum. Berolini (1859). (38 S.) 8°
Berlin, Med. Diss. v. 4. Juli 1859

— bibl. Gebet- u. Handbuch z. Anbetung Gottes. 8. Münch. 789. J. Lindauer. 12 kr

— kathol. Gebet- u. Erbauungsbuch. 8. Augsb. 783. N. Aufl. 787. Kranzfelder. 20 kr Hbg. Pr. 8 kr

— kathol. Gebet- u. Erbauungsbuch. 8. Augsburg, Veith. 787.

— erbaul. Gedanken u. Gebete f. Kranke u. Sterbende. 8. Augsb. 783. 2e Aufl. Ebd. 791. Kranzfelder. 8 kr

— Gedanken üb. die Erziehung u. d. öffentl. Unterricht in Schulen. 8. Ulm 774. Wohler. 9 kr

Braun, Heinrich, Die Geschichte u. vorzüglich die Predigten Jesu nebst der Apostelgeschichte. Augsburg, Veith, 1787, gr. 8°, 5,50 Mk.

— s.: Gesellschaft, die neue.

Braun, Heinr., Gewichtstabellen üb. Flach-, Rund- u. Profil-Eisen f. alle techn. Bureaux u. Gewerbetreibende. 8. (VI, 60 S. m. 1 Fig.) Leipzig 898. O. Leiner. n. 2. —

Braun, (H.,) Grundlehren d. deutschen Sprache. Neu umgearb., nebst e. Anleit. z. Briefschreiben u. s. w., von X. Brandenberg. 8. Luzern 826, Anich. (Leipz., Schmidt.)

Braun, H., Handb. z. d. Anfangsgr. d. latein. Sprache. Landshut, Kopp.

— Handbuch zu d. Anfangsgründen d. Latein. Sprache. 8. Landsh. 780. Storno. 5 kr

Braun, Heinr.: Heimatklänge. Sammlg auserw. geistl., liebl. Lieder. 6. Afl. (152) kl8° Neu-Halbst. '05. Halbst., Verl.-Gesellsch. Radu[illegible] '05. [illegible]

HIRTENMADCHEN, Das, ein Singspiel in neun komischen Idyllen (von *Heinrich Braun*). München 1784.
Anon.-Lex. II. p. 287 (nach Meusel). — Sehr rar!

Braun, Heinrich, s. Horatius: Carmina.

Über Infiltrationsanästhesie und regionäre Anästhesie v. H[einrich] Braun, (Privatdoc. in Leipzig). *Leipzig: Breitkopf & Härtel 1898.* (16 S.) 8.
= Sammlung klinischer Vorträge. N.F. No 228. [98. 11637]

Braun, Heinrich, s. Kempis, Th. v.: Vier Bücher.

Braun, Hnr., kurzgefaßte Kirchengesch. d. A. u. N. T., in Tabellen, zum Gebrauch d. niedern Schulen. 8. Leipz. u. Baußen 777.

Braun, Heinrich, Katholisches Kirchenjahr zur Heiligung der Sonn- und Festtage oder Auslegung der Evangelien und Episteln. Augsburg, Veith, 1785, gr. 8°. 2 Teile, 6 Mk.
Ein Auszug aus vorstehendem Werke scheint zu sein: Evangelien und Episteln mit Erklärung v. H. Braun. München, Lentner, 1816, 8°, 6. Aufl.

Braun, Heinr., Compendium der Schafzucht und Wollkunde. Für Landwirthe und Gutsverwalter. gr. 8. (VIII und 66 S.) Wien 863, Braumüller. *

Braun, H., s.: Krankheiten, die, des Blutes etc.

Braun, Heinrich: Fr. Albert Lange als Sozialökonom nach seinem Leben und seinen Schriften. Abschnitt 1. Halle a. S. 1881: (Frommann in Jena). 23 S. 8°
Halle-Wittenberg. Phil. Diss. v. 3. Aug. 1881
Geb. Budapest (Ungarn) 24. 11. 1854. V.
Das angekündigte Ersch. der vollst. Arbeit in Jena bei Fischer erfolgte nicht.

— Leben u. Leiden Jesu Christi u. die 4 Evangelisten in chronolog. Ordnung. gr. 8. Augsb. 789. 2e A. Ebd. 791. Wagner. 22 kr

— geistl. Lesebuch z. heil. Beschäftigung an d. Sonn- u. Festtagen. (Auch u. d. T.: Entwürfe f. Predigten auf alle Sonn- u. Festtage d. Jahres.) 8. München 776. Lentner. 1 Rthlr. 8 gr.

Braun, Heinr., Heine'sche Lieder im Bilde. Silhouetten. gr. Fol. (24 Steintaf.) Berlin 876. A. Duncker. 28. 50; geb. n. 36. —

Braun, Heinr., s: Liederperlen.

Braun, Heinr., die Lokalanästhesie, ihre wissenschaftlichen Grundlagen u. praktische Anwendung. Ein Hand- u. Lehrbuch. (IX, 436 S. m. 127 Abbildgn.) Lex.-8. Leipzig 905. J. A. Barth. n. 10. —; geb. in Leinw. n. 11. —

Braun, Heinr., die Lokalanästhesie, ihre wissenschaftlichen Grundlagen u. praktische Anwendung. Ein Hand- u. Lehrbuch. 2., teilweise umgearb. Aufl. (IX, 452 S. m. 128 Abbildgn.) Lex. 8. Leipzig 907. J. A. Barth. 10.—; geb. in Leinw. 11. —

— von d. Macht d. Römischen Stuhls. 4. Ulm 774. 2e verm. A. Ebd. 775. Wohler. 4 gr.

Braun, Heinrich
Ueber den Modus der Magensaftsecretion.
Giessen 1873. 40 S.
Habil. med. 3. Mai 1873.

— Muster d. christl. Beredtsamkeit auf alle Sonn- u. Festtage des ganzen Jahres. 4. München 767. Neue Aufl., mit e. Zusätzen u. Anleit. zur deutschen Beredtsamkeit, u. d. T.: Entwürfe für Predigten. 4. Ebd. 775. (Lentner). 2 Rthlr. 8 gr.

Braun, Heinr., Kurze Mythologie. Augsb. 761. 8. Ebend. 776. 8.

— kurze Mythologie. 8. Augsb. 762. 2e verb. u. verm. A. Ebd. 776. Lotter. 12 gr.

Braun, Heinrich (Hrsg.), s. Nachrichten, Münchnerische gelehrte, von dem Neuesten aus dem Reiche der Wissenschaften.

Braun, Heinr., s: Operationslehre, Chirurgische.

Braun, Heinrich: Aus d. Ohren- u. Kehlkopfklin. in Heidelberg. Otitis media als Frühsymptom und Teilerscheinung von Allgemeininfekten. Wiesbaden: Bergmann 1909. 28 S. 8° ¶ (Aus: Zeitschr. f. Ohrenheilk. Bd 59.)
Heidelberg, Med. Diss. v. 1908, Ref. Kümmel
[Geb. 29. Febr. 84 Wolfstein; Wohnort: Mainz; Staatsangeh.: Bayern; Vorbildung: Gymn. Kaiserslautern Reife M. 02; Studium: München 6, Heidelberg 4 S.; Coll. 10. Juli 08; Approb. 4. Jan. 09.]

Braun, Heinrich, s. Ovidius: Epistolae.

Braun, Heinrich, s. Ovidius: Tristia.

Braun, Heinrich, s. Patriot, Der, in Baiern.

Braun, Heinrich, s. Pichler, Jh. Modest.

Braun, Heinrich, s. Potestas summi pontif.

— 6 Reden, (1) auf d. Geburt Jesu. 4. 763. 2 gr. 2) auf d. heil. Johannes v. Nep. 4. 769. 2 gr. 3) von d. Kunst zu denken. 4. 2 gr. 4) von d. Vortheilen des Staats aus d. deutschen Sprachkunst. 4. 765. 2 gr. 5) von d. Wichtigkeit e. guten Einrichtung im deutschen Schulwesen. 4. 778. 2 gr. 6) von d. Wichtigkeit d. priesterl. Würde. Fol. 775. 3 gr.) München, Lentner.

— Sammlung von guten Mustern in der deutschen Dicht-, Sprach- u. Redekunst. 2 Thle. 8. Münch. Lindauer. 769.

Braun, Heinrich (Hrsg.), s. Sammlungen, Baierische, und Auszüge zum Unterricht und zum Vergnügen.

— heil. Schrift, s. Bibel.

Braun, Heinr. (1732—92), die göttl. Heil. Schrift d. alten u. neuen Testamentes in latein. u. deutscher Sprache, durchaus m. Erklärgn. nach d. Sinne d. heil. römisch-kathol. Kirche etc. Bd. 1—5 (reicht bis zum Buche Hiob). Mit 1 Kpf. u. 1 Vign. Augsburg (Rieger) 1789—91. Gr. 8°. Hübsche Klbldrbde. m. Rückenvergoldung.
1: XXXII—653 S. 2: XXIV—726 S. 3: XXXII—801 S. 4: XXXII—739 S. 5: XVI—726 S. — Nach d. Tode d. Vf. (1792) erschienen bis 1805 die noch übrigen 8 Bände.

— — Handausgabe: die heil. Schrift nach d. uralten kirchl. Uebersetzung mit Anmerk. 2 Bde. Neue Ausg. 1803. Nürnberg

Braun, Henricus (geb. am 28 Dez. 1802 in Halberstadt): De syphilide antiphlogistica curatione tractanda ... Bonnae, typ. H. Knirenschildi (1828). VI, 21 S. 4.
Bonn, Med. Fak., Diss. v. 2 Sept. 1828

— Thatenleben u. Schriften, s. J. Burgholzer.

(— —) Biblisches Universallexicon. 2 Bde. (Ausgabe mit neuem Titel.) gr. 8. Augsburg 1806 (36), Rieger. 4⅓ Thlr. — 7 fl.

Braun, Hnr., biblisches Universal-Lexicon üb. die nützl. u. wicht. Gegenstände der heil. Schrift. Oder Erläuter. über die in der Bibel interess. Personen — morgenländ. Gebräuche — Erdbeschreib. u. Chronologie; auch Gewicht, Münzen, Mäßerei, nebst d. polit.-ökonom. Verfassung, Natur- od. Religions-Geschichte des Volkes Gottes etc. Worin vorzügl. auf dogmat.-moral. Gegenstände Rücksicht genommen wird. 2 Bde. Mit 2 Landkarten u. 8 Kpfr. 2e Ausg. gr. 8. Augsburg 836. M. Riegers Buchh. (Himmer.) 4½ Rthlr.

— Untersuchung, ob man beten solle: Ich glaube in oder an Gott. 8. München 780. J. Lindauer. 3 gr.

Braun, Heinrich [Dr., in Leipzig]: Untersuchungen über den Bau der Synovialmembranen und Gelenkknorpel, sowie über die Resorption flüssiger und fester Körper aus den Gelenkhöhlen ... (Aus: Deutsche Zeitschr. f. Chir., Bd 39.) Leipzig, Druck v. J. B. Hirschfeld, 1894; 54 S., 7 Taf. 8.
Leipzig, Med. Fak., Hab.-Schr. v. [28. Febr.] 1894

— Versuch in pros. Fabeln u. Erzählungen. 8. München 772. Lentner. 6 gr.

— Versuche üb. die richtige Bestimmung ähnlich bedeutender Wörter in d. latein. Sprache. 1r Thl. 8. Augsb. 790. Rieger. 16 gr.

Braun, Heinr.: Vertheidigung des Churbaierischen Amortizationsgesetzes, der Veremund Guflischen Vertheidigung der klösterlichen Rechte in zeitlichen Dingen entgegen gesetzt von einem Gottesgelehrten. Nachdr. der Münchener Aufl. o. O. 1768.

—— Wißt ihr, was ich meine? Kinderbilder nach Texten von Hoffmann von Fallersleben, aus Simrock's Kinderbuch etc. hoch 4. (28 Bl. mit eingedr. Text.) Ebendas. 884. geb.

— wißt ihr, was ich meine? Kinderbilder nach Texten v. Hoffmann v. Fallersleben, aus Simrock's Kinderbuch etc. hoch 4. (28 Bl. m. eingedr. Text.) Ebend. 885. geb. 4. —

— deutsches orthograph.-grammat. Wörterbuch nach Adelung. 4. München 767. 2e verm. Aufl. 771. 3e A. 778. N. Aufl. Ebd. 784. N. A., verb. mit krit. u. etymolog. Anmerkk. versehen von B. v. Pallhausen. 4. Ebd. 793. (Lentner). 1 Rthlr. 4 gr.

Braun, Heinrich Christoph

Braun, Hnr. Cph., († d. 23. Jan. 1818,) s. Vorschläge z. Verbess. d. Gemeindehuten.

Braun, Hermann [app. Arzt aus Heidelberg]: Beitrag zur konservativen Behandlung der Knochenenchondrome. ... Heidelberg, Univ.-Buchdr. v. J. Hörning, 1891: 28 S., 1 Bl. 8°
Heidelberg, Med. Fak., Inaug.-Diss. v. 7. Febr. 1891

Braun, H, alte u. neue Bilder a. Masuren. Eine Geschichte d. Stadt u. d. Kreises Angerburg in Erzählgn, Schildergn u. zahlreichen Abbildgn. 8 Hfte. 8. (192) Angerb. 86—88. (Lyck, Wiebe.) à n. — 60

Braun, Hermann, Assist. am Zool. Inst. d. Univ.: Die spezifischen Chromosomenzahlen der einheimischen Arten der Gattung Cyclops. Mit 2 Textfig. u. 2 Taf. Leipzig: W. Engelmann 1909. S. 449—482. 8° ¶ (Aus: Archiv f. Zellforschung. Bd 3.)
Tübingen, Naturwiss. Diss. v. 1. März 1909, Ref. Blochmann
[Geb. 23. Febr. 85 Stuttgart; Wohnort: Tübingen; Staatsangeh.: Württemberg; Vorbildung: Realsch. Stuttgart Reife M. 02; Studium: Stuttgart Techn. Hochsch. 6, Tübingen 3 S.; Coll. 1. März 09.]

Braun, Herm., Epilepsie u. Eklampsie (Fallsucht u. Krämpfe), deren Entstehg., Verhütg., Behandlg. u. Heilg. gemeinverständlich dargestellt. (53 S.) 8. Berlin (903). Deutscher Verlag. n. — 90

Braun, Herm., Ostpreußische Erzählungen. Aus dem Volk f. das Volk. 1. u. 2. Bd. 8. (VII, 126 u. V, 120 S. m. Abbildgn.) Berlin (900). Buchh. der Berliner Stadtmission. Geb. à n. 1.—

Braun, Hermann (geb. am 12 Juni 1858 in Bonn): '(Aus d. physiol. Institut zu Bonn.)' — Ueber die Fehlerquellen bei Titration des Harnstoffs mit Mercurinitrat ... Bonn, Univ.-Buchdr. v. C. Georgi 1884. 22 S., 1 Bl. 8. ¶ Sonderabdr. aus Pflügers Arch. f. d. ges. Physiol. XXXV 1885 S. 277 ff.
Bonn, Med. Fak., Diss. v. 28 Juni 1884

Frauenkrankheiten, ihre Entstehung, Behandlung, Verhütung u. Heilung. Gemeinverständl. dargest. von Dr. H. Braun, pr. Arzt. *Berlin: Deutscher Verl. [1904].* (58 S.) 8° [F.]

Braun, Herm., Glaubenstrost. Postille üb. die neuen Episteln, (m. bibl. Bildern von Schnorr v. Karolsfeld). (742 S.) gr. 8. Angerburg 908. (Berlin, G. Nauck.) Geb. in Halbleinw. nn 6.50

Braun, H: Herzensfreude. Postille üb. d. alten Evangelien (m. bibl. Bildern v. Schnorr v. Karolsfeld). (744 m. Bildn.) Lex8° Angerburg '11. (Berl., G Nauck.) L nn 6.50 d

Jubiläums-Bericht über die Siechen- und Feierabendhäuser zu Angerburg in d. 25 Jahren 1880–1905 nebst Rechnungs-Anh. von Superint. [Hermann Adalbert] Braun in Angerburg. (Königsberg i. Pr. 1905: Ostpr. Dr.) (48 S.) 8° [F.] 10

— Unser Kinderkrüppelheim. Geschichten u. Bilder aus dem Kinderkrüppelheim zu Angerburg Michael 1906 bis Michael 1907. (100 S. m. Abbildgn.) 8. Königsberg 907. (Berlin, G. Nauck.) 1.—

Braun, Herm., Krampfadern, Venenentzündung u. Unterschenkelgeschwüre, deren Entstehung, Verhütung, Behandlung u. Heilung gemeinverständlich dargestellt. 8. (74 S.) Berlin (902). Deutscher Verlag. 1.25

Krampfadern, Venenentzündung und Unterschenkelgeschwüre, deren Entstehung, Verhütung, Behandlung u. Heilung, gemeinverständl. dargest. von Dr. Herm. Braun, pr. Arzt. *Berlin: Deutscher Verl. [1903].* (74 S.) 8° [F.]

Braun, Herm. (I.). Lehrbuch der Materialienkunde, s. Hanausek, T. F.

Braun, Herm., u. T. F. Hanausek, Lehrbuch d. Materialienkunde des Thier- u. Mineralreiches auf naturgeschichtl. Grundlage. Ein Leitfaden f. den Unterricht in der Rohstofflehre m. besond. Berücksicht. der in Gewerben hauptsächl. verwend. Naturproducte. gr. 8. (XII, 316 S. m. eingedr. Abbildgn.) Wien 886. Hölder. n. 2.50

Braun, Herm., und T. F. Hanausek, Lehrbuch der Materialienkunde des Thier- und Mineralreiches auf naturgeschichtlicher Grundlage. Ein Leitfaden für den Unterricht in der Rohstofflehre mit besond. Berücksicht. der in Gewerben hauptsächlich verwendeten Naturproducte. Zum Gebrauche für Handwerker-, Gewerbe- und Handelsschulen und verwandte Lehranstalten. gr. 8. (XII, 316 S. mit eingedr. Abbild.) Wien 887, Hölder. *

Die Magenkrankheiten, deren Entstehung, Verhütung, Behandlung u. Heilung, gemeinverständl. dargest. von Dr. Herm. Braun, Arzt. Berlin: Deutscher Verl. [1905]. (60 S.) 8° [F.]

— Masern, Scharlach, Diphtherie, ihre Entstehung, Behandlung u. Heilung gemeinverständlich dargestellt. 8. (63 S.) Ebd. (902). 1.—

Masern, Scharlach, Diphtherie, ihre Entstehung, Behandlung u. Heilung gemeinverständl. dargest. von Dr. Herm. Braun, pr. Arzt. *Berlin: Deutscher Verl. [1903].* (63 S.) 8° [F.]

— Aus Masuren, s. a. Volksbücher, ostpreußische. 5.—7. Bdchn.

Aus Masuren. Erzählungen u. Schilderungen von H[ermann Adalbert] Braun, Superint. Folge 1. Gumbinnen: C. Sterzel 1907. 8° [F.]
— Volksbücher, Ostpreußische. Bdch. 5. 10

Braun, Herm., die wichtigsten Mineralien und Felsarten. Ihre Krystallisation, Härte, specif. Gewichte, chem. Zusammensetzung, sowie techn. Verwendung. Mit Berücksicht. der Fundorte. Für Unterricht und Selbstbelehrung zusammengestellt und hrsg. gr. 8. (34 S.) Leipzig 883, Leipziger Lehrmittel-Anstalt.

Braun, Hermann [Dr.]: Die Nachahmung Herodots durch Prokop. Nürnberg. k. bayer. Hof- u. Univ.-Buchdr. F. Junge, 1894; 47 S. 8.
Nürnberg, k. Altes G, P 1894*

Braun, Hermannus, Procopius Caesariensis quatenus imitatus sit Thucydidem. Diss. Erlangen 1885, Th. Blaesing. 8°. 61 S.

Braun, Hermannus: Procopius Caesariensis quatenus imitatus sit Thucydidem .... Erlangae. typis Jungii et filii, 1885; 61 S. 8°.
Erlangen, Phil. Fak., Inaug.-Diss. v. 1885.

Braun, Hermann *Franz Friedrich* [app. Arzt aus Stettin]: Ueber die traubenförmigen Sarkome der Vagina und des Uterus ... Greifswald, Druck v. J. Abel, 1896; 37 S. 8.
Greifswald, Med. Fak., Inaug.-Diss. v. 12. Mai 1896

Braun, Hermann, approb. Arzt aus Winnenden: Ueber die experimentell durch chronische Alkoholintoxikation hervorgerufenen Veränderungen im zentralen und peripheren Nervensystem. Mit 2 farb. Taf. u. 1 Curventaf. *Tübingen: F. Pietzcker 1899.* (101 S.) 8°
Tübingen, Med. Diss. v. 1899

Braun, Hermann Adalbert, s. Braun, Hermann

Des Hieronymus Braun Prospekt der Stadt Nürnberg v. J. 1608. Nach d. im Kgl. Kreisarchive zu Nürnberg befindl. Origin. in ⁴/₄ Grösse auf 16 Bl., m. Titelbl. u. Übersichtspl. sowie m. erl. Text v. Dr. Karl Schäfer hrsg. v. Ver. f. Gesch. d. Stadt Nürnberg. *Nürnberg: J. L. Schrag 1896.* 1 Bd gr. 2. 1 Bd 8.
Prospekt. (1 Bl., 16 Taf.) Text. (84 S.)
— Mitteilungen d. Vereins f. Geschichte d. Stadt Nürnberg. H. 12, Abt. 1.

Braun, H., deutsche Städtebilder, nach Originalen v. B. (12 Bl. m. Titelbl. u. 1 Bl. Text.) 41,5×30,5 cm. Leipzig (908). J. J. Weber. 2.—

Braun, Hugo [aus Ratibor]: Beitrag zur Casuistik der Bronchiectasien im Kindesalter .... Berlin, Buchdr. v. Gustav Schade (Otto Francke) (1886); 28 + 3 S. 8°.
Berlin, Med. Fak., Inaug.-Diss. v. 14. Aug. 1886.

Braun, Hugo, Beitrag zur Casuistik der Bronchiectasien im Kindesalter. Diss. Berlin 1886, Mayer & Müller. 8°. 28 S.

Braun, Hugo, das lebendige Christenthum. Predigt beim Antritt d. Archidiakonats an der St. Michaeliskirche in Ohrdruf geh. den 27. April 1873. gr. 8. (15 S.) Ohrdruf 873. Stabermann. n. — 30

—— das Eine, das uns heute noththut. Kriegs-Predigt gehalten am 31. Juli 1870. gr. 8. (13 S.) Ohrdruf 870, Stabermann. *

Braun, Hugo, das christliche Elternhaus und die Arbeit der Schule. Ein schlichtes Wort an Elternherzen. Predigt gehalten am 1. Sonntag nach der 5. thüring. Lehrerversammlung dem VIII p. Tr. 1878, in der St. Michaeliskirche zu Ohrdruf. gr. 8. (15 S.) Ohrdruf 878, A. Stabermann jun. *

Braun, Hugo, u. Ernst Teichmann: Versuche zur Immunisierg gegen Trypanosomen. (5, 108) Lex8° Jena, G Fischer '12. 3.50

— Worte am Grabe des Restaurateurs Hugo Sänger, gespr. am 12. Juli 1877. gr. 8. (6 S.) Ebend. 877. n. — 25

Braun, J. v., s.: Berzelius, J., u. F. Wöhler, Briefwechsel.

Braun, J.: De hyperbato Platonico. 28 S.
Progr. Culm 1847.

Braun, J. De hyperbato Platonico sive de traiectione verborum apud Platonem. 2 Tle. Pr. 1847. 52.

Braun, J.: Katalog der in den Jahren 1820–1891 in deutscher Sprache erschienenen Bücher, Schriften etc. über Fischerei, Fischzucht, Fischerei-Recht usw. Nürnberg 1892.

Braun, J, u. H Braun: Kinder-Harfe. Zum Gebr. in d. Kindergottesdiensten d. Deutschen in Russl. (80 u. 4) 16° Halbpt., Verl.-Gesellsch. Raduga '09. — 50; m. Ziffernoten. (178) 8° '02. L. 2 — d

Braun, J., Leben, Marter u. Tod d. heil. Apostel u. Evangelisten. 4. Ingolstadt, Krüll. 703.

Braun, J. (Red.), s. Postkarten-Zeitung, Internationale.

Braun, J., Wiederehescheschließung nach e. gegen Gottes Wort erfolgten Scheidung, Eheschließung m. solchen, deren Scheidung gegen Gottes Wort erfolgt ist, auch e. Sünde gegen das 6. Gebot! — Wie haben ernste Christen sich dazu zu stellen? Vortrag, geh. in geschlossener Versammlg. des Vereins evang.-luth. Glaubensgenossen. gr. 8. (19 S.) Dresden (900). (J. Naumann.) n. — 25

— Im Zauber der Dichtung. Auserlesene Dichtgn. f. Herz u. Gemüt. 12. (96 S. m. Abbildgn. u. farb. Titelbild.) Ebd. (901). Geb. in Leinw. m. Goldschn. 1.50

Braun, J. A., Abschiedsrede, am Festtage d. heil. Joseph gehalten. gr. 8. (1 B.) Rottenburg 836, Bäuerle.

Braun, J. A. Lanze u. Feder. Ernst u. Scherz aus großer Zeit. Jubiläumsgabe zum 5. Novbr. 1891. 8. (VI, 80 S. m. 1 Bildnis.) Berl. 891, Stankiewicz. geb. in Leinw. 1 50

Braun, J. B., der Feldpater, s. Lesekranz.

Braun, J. C: Jll. Preisverzeichniß der Maschinen- und Metallgußwaaren-Fabrik. Nürnberg (1891?)

Braun, J. C.: Von dem Weinbaue, s. Braun, Johann Ludwig

Braun's, J. C. W., „Deutscher Kaffee- u. Cichorien-Verdränger", nun „J. C. W. Braun's Kaffee" resp. „Kaffeepulver." 8. (32 S.) Quedlinburg 851, Basse in Comm. 1/6 Thlr.

Braun, J. C. W., Muskulatur der Zunge bei Leporinen .. Myrmecophagen. Marburg.
Schul-/Univ.-Schrift 1864

Braun, J. Ch. Heimatkunde v. Stuttgart. gr. 8. (16 S.) Stuttg. 891, Metzler's Verlag. * — 12

Braun, J E . Herzog Ernst von Schwaben. Der Treue Ausgang, von J. E. Braun. 8.
(A. aus: Der Volksbote für das Jahr 1846. Stuttgart 1845.)

Braun, J. E., Gallerie der Herrscherinnen, s. Gallerie.

Braun, J. E., Goethe u. Gretchen. Sonette. gr. 16. (1½ B.) Siegen 843, Friedrich'sche Vrlsh.

Braun, J. E., Goethe und Gretchen. Sonette. (2. Titel-Ausg.) gr. 16. (24 S.) Wiesbaden 854, Friedrich's Vrlgsh. *

Braun, JE, Goethe u. Gretchen. [2. Asg.] 16. (24) Wiesb. 54. (Lpzg, Herbig.) n. — 4

Braun, J. E., Friedrich Rückert als Lyriker. 8. Siegen u. Wiesbaden 844, Friedrich's Buchh. ½ Thlr.

Braun, J. E., Friedrich Rückert als Lyriker. 2. (Titel-)Ausg. 8. (XII und 116 S.) Wiesbaden 854, Friedrich's Vrlgsh. Thlr.

Braun, J. F., die Bedeutung der latein. Schule, mit besond. Beziehung auf die Gegenwart u. ihre Bedürfnisse. Ein Wort an Väter, Lehrer u. Schulbehörden. gr. 8. (2¾ B.) Stuttgart 846, Schmidt u. Spring. Thlr.

Braun, J. G., auch ein Wort üb. d. wechselseit. Schuleinrichtung, u. zwar in Verbind. mit landwirthschaftl. u. industr. Beschäftigungs-Anstalten. 8. (2 B.) Pirna 838. (Leipzig, Friese.)

Braun, J. G., Lehrbuch der spanischen Sprache, s. a. Fesenmair, J.

Braun, J. G., Lehrbuch der spanischen Sprache. gr. 8. (VIII, 207 S.) München 871, Lindauer'sche Buchh. *

Braun, J. G., Methodik d. Kalligraphie in deutsch., engl. u. Kanzley-Schriftzügen z. Schul- u. Selbstunterr., m. 8 systemat. lith. Bl. (in gr. Fol.), die Vorschreiben, Vorschriften u. a. Hilfsmittel entbehrlich machen u. schnell z. Ziele führen. kl. Fol. (3 lith. B.) Dresden 824, (Arnold.)

Braun, J. G., Reisebericht üb. pädagog.-didakt. u. landwirthschaftl. Zustände in Süd- u. Westdeutschland, d. Schweiz u. s. w. 12. (4½ B.) Dresden u. Leipzig 845, Arnoldische Buchh.

Braun, J. J.

Braun, Geschichte des K. Gymnasiums zu Braunsberg während seines 300jährigen Bestehens. Braunsberg. 4. 252 S.
Schul-/Univ.-Schrift 1865

Braun, J. J., nueva gramática alemana. Curso teórico-práctico. gr. 8. (VIII und 225 S.) Leipzig 864, (Brockhaus' Sortiment und Antiquarium.) *

—— nueva gramática inglesa. Curso teórico-práctico. gr. 8. (XII und 259 S.) Leipzig 865, (Brockhaus' Sortiment und Antiquarium.) *

Braun, J. J., nuova gramatica inglesa. Curso teorico-practico. 2. ed. 8. (VIII, 248 S.) Leipzig 884. Brockhaus. n. 4. —

Braun: De collocatione verborum apud Thucydidem observationes 21 S.
Progr. Braunsberg 1861.

Braun, J. M., Anthologie zur Charakterisirung der Pflanzen Deutschlands, s. Bibliothek des Frohsinns. Neue Folge. IV. Sect.

Braun, J. M., Bibliothek d. Frohsinns, s. Bibliothek.

—— Jugendbibliothek, s. Jugendbibliothek.

Braun, J. M., 6000 deutsche Sprüchwörter und Redensarten. Stuttgart 1840. 8.
A. u. d. T.: Bibl. d. Frohsinns. Sect. 5. Bdch. 4—5.

—— Taschenbibliothek f. Reisende, s. Taschenbibliothek.

— s. Taschenbuch der Blumensprache.

Braun, J. M., Taschenbuch d. Blumensprache, s. a. Bibliothek des Frohsinns.

Braun, J. M., Taschenbuch der Blumensprache oder deutscher Selam. Mit einer Anthologie aus den besten Dichtern zur Charakterisirung der Pflanzen Deutschlands. Mit 4 color. Kpfrn. 2. (Titel-) Ausg. Stuttgart 853. H. Köhler. 16. (XVI, 430 S.) 1 Thlr.

TRAVESTIEEN un (sic!) Parodieen (von *J. M. Braun*). Stuttgart 1837. 8°. 3 Bll. u. 116 S. (4 Mk. 50 Pfg. E. Frensdorff, Berlin, 1907.)
Originell u. selten! Enth. u. a. Parodien auf: Schiller's Lied v. d. Glocke; Goethe's Kennst du das Land; Schiller's Lied an die Freude, Würde der Frauen, Hectors Abschied etc., Blumauer, Matthisson, Stolberg. — Fehlt im Anon.-Lex.

—— histor. u. malerische Wanderungen in Griechenland, s. Wanderungen.

Braun, J. R., Erörterungen üb. d. bestrittensten Materien d. Röm. Rechts, in Zusätzen zu Thibauts Pandecten-System. 7. Aufl. 2 Thle. gr. 8. (58¼ B.) Stuttgart 831, [Balz.]

Braun, I. V., introductio in jus publ. per axiomata. 8. 706.

Braun, (J. W.,) d. Pfarr- u. Communalschule, beide in Beziehung auf d. Kirche u. d. Staat betrachtet. gr. 8. Heidelberg 824, Mohr.

BRAUN, Jacob (Schwarzenfeld): De perforatione cranii, foetu adhuc vivo, in partu ancipite retinenda an rejicienda?- Landishuti: Thomann 1815. 72 S.
2.5.1815 - Pe 347; F 57
Diss. Ingolst.-Landsh.-Mchn.

Braun, Jak., die Nürnberger Lebkuchen. Praktische Anleitg. zur Herstellg. aller Sorten Lebkuchen nach Nürnberger Art. gr. 8. (99 S. m. Abbildgn.) Nürnberg 898. (M. Edelmann.) Kart. n. 3.20

Braun, Ign. (geb. Glogau 1806): De malignitatis in morbis notione. Berolini (1829). (48 S.) 8°
Berlin, Med. Diss. v. 26. Aug. 1829

Braun, Jo. Fr. (Resp.): Unionis animae cum corpore systemata tria..., s. Camerarius, El. (Praes.)

Braun, Jo. Hieronymus

— — **De butigulariis praecipue iis qui Norimbergae olim floruerunt. Exercit. acad. ex antiqu. Germanicis et Francicis. Präs. Christian Gottlieb Schwarz. Altdorf (J. W. Kohles) 9. XII. 1723. 100 S. tlws. dtsch. u. 2 Kpf. (Zeidler darst. u. Landkarte). (8.—)**
Gew.: Leonh. Grundherr v. Altenthann, Joh. Chph. Tezel v. Kirchensittenbach, Joh. Sigism. Pfinzing v. u. z. Henfenfeld, Joh. Joach. Nuzel v. Sundersbuhl, Hieron. Wilh. Ebner v. Eschenbach, Ulr. Sebast. Fürer v. Haymendorf, Laz. Imhoff, Joh. Sebast. Haller v. Hallerstein.

— — Dasselbe. Altdorf (Stephan Grebner) 1743. 103 S. o. Widm. (7.50)

— **Jo. Hieronymus** (Nürnberg) Imperatores primi perpetui ac soli academiarum in Germania autores. Disput. acad. Präs. Eucharius Gottlieb Rink, Altdorf (Kohles) Juni 1723. 46 S. (6.—)

Braun, Johann, s. B r a u n , Johannes

Braun, Johann Adam

Braun, Jh. Adam, der Arzt in d. Noth, od. Anleit., welche Hülfsmittel bei plötzlich zustoßenden u. gefährl. Krankheitsfällen bis z. Ankunft des Arztes angewendet werden müssen. 8. Gotha 818. Becker. 6 gr.

BRAUN, J. A.: Beschreibung eines bequemen Dendrometers oder Baummessers, - nebst dem nöthigen Unterrichte zum Gebrauche desselben und einer kurzen Anleitung zu Holzberechnungen für Forstmänner und Werkmeister. - Celle 1805. 111 S., 3 Kupf.

— Beschr. ein. bequem. Dendrometers od. Baummessers. m. K. 4. Celle, Schulze. 805.

Braun, Johann Adam, s. Heinrich v. E i s e n b e r g .

EISENBERG, H e n r i c h v o n , u n d L u i s e v o n T r a u t m a n n s f e l d oder d i e m a s k i r t e R a c h e. Eine Heldengeschichte in Briefen (von *Joh. Adam Braun*). Frankfurt u. Leipzig (Nürnberg), bey Joh. Eberh. Zeh. 1787. 8°.
135 S. (incl. 7 Bll. Vorst.; Dedic. unterz.: *Braun*). Zahm.

— Erfahr. über die Schutzkraft d. Kuhpocken gegen die Menschenblattern. 8. Schnepfenthal 816. Erzieh.-Anstalt. 3 gr.

Braun, Johann Adam, s. G e s c h . des Ritters v. Charleville.

Braun, Johann Adam, s. G e s p e n s t , od. d. Fanatismus.

Braun, Johann Adam, s. G r a b , das, der Freude.

— **Johann Adam** (Aschav/Vogtl.), De jure principis circa connubia ministrorum et vasallorum. Diss. jur. publ. Präs. Caspar Achatius Beck. Jena (Fickelscherr) 2. IX. 1724. 56 S. (5.50)
Gew.: Friedr. Gotthilf Marschall gen. Greiff (Elnoed, Erlebach).

BRAUN, Joh. Adam (geb. zu Augsburg 24. Dezbr. 1753, lebte noch 1818), D i e L e i d e n d e r j u n g e n K u n i g u n d e. Augsburg 1778. 8°. (2 Mk. Scheible.)
Zahme Wertherlade. Selten!

Braun, Johann Adam, s. O e s t e r r e i c h e r i n , die schöne.

Braun, Johann Adam, s. P r o c e ß , d., auf d. Lande.

PROZESS, D e r , a u f d e m L a n d e , o d e r d a s g l ü c k l i c h e B a u e r m ä d c h e n , eine Geschichte (von *Joh. Adam Braun*). Frankfurt (Nürnberg, Zeh) 1781. 8°. Zahm.
Gradmann, gelehrtes Schwaben, S. 60.

Braun, Johann Adam, s. S p i e l e , die.

KOCHEMS (d. i. *Joh. Adam Braun*) h y p o c h o n d r i s c h e S t u n d e n i m R e i c h e d e r T o d t e n. O. O. 1782. 8°. Rarl

— über den Werth u. die Wichtigkeit d. weibl. Brüste. (Auch u. d. T.: Ueber d. Sorge f. die weibl. Brüste ꝛc.) 2 Bde. Mit 5 Kpf. 8. Erf. u. Gotha 803. 2e Aufl. 811. Hennings. 3 ₰

Braun, J. Üb. d. Wert u. d. Wichtigkeit d. weibl. Brüste f. d. Wohl d. Menschheit. Erfurt 1805. 2 Bde.

Braun, Joh. Bapt., **die Lehre vom Domicilwechsel. Nach dem Stande der heutigen Theorie u. Praxis des deutschen Wechselrechts kurz dargestellt.** gr. 8. (VI, 127 S.) Wien 880. **Manz. n. 2. —**

B r a u n , J. B., die Lehre vom Wechsel nach der allgemeinen deutschen Wechselordnung mit besond. Rücksicht auf die Einführungs-Gesetze in den einzelnen deutschen Staaten, sowie mit Beifügung der Entscheidungen der oberen und obersten Gerichtshöfe Deutschlands und Oesterreichs. 2 Lfgn. gr. 8. (XV, 567 S.) Leipzig 868,69, J. A. Barth.
à Lfg. *M.* 3,75.

B r a u n , Joh. Bapt., das kirchliche Vermögen von der ältesten Zeit bis auf Justinian I. mit besond. Rücksicht auf die Verwaltung desselben gegenüber dem Staate. gr. 8. (VIII und 80 S.) **Giessen 860, Ferber'sche Universitäts-Buchh.** *

Braun, Johann Baptist (Heldenbergen)
Das kirchliche Vermögen von der ältesten Zeit bis auf Justinian I. mit besonderer Rücksicht auf die Verwaltung desselben gegenüber dem Staate.
Giessen: E. Roth 1860. 80 S.
Habil. jur. 23.4.1861.

— **Johann Conrad** (Amoenoburgensis), De jure consuetudinum, praesertim aliquarum in satrapia Amoenoburgensi vigentium. Diss. jur. Marburg (Ph. Cas. Müller) 11. V. 1717. 24 Seiten. (5.—)

Braun, Johann Fr. von

— ökonom.-chem. Abhandl. von wohlfeiler Bereitung e. künstl. Düngers. 4. Langensalza 770.

— monatl. Auszüge aus d. Geschichte der Kur- u. fürstl. Häuser zu Sachsen. 6 Bde. 4. Langensalza 786—97. Zolling. 11 ₰ 22 gr.

v. Braun, Jh. Fr., († d. 28. Juli 1799.) Geschichte der Kur- u. fürstl. Häuser zu Sachsen, Thüring.-Meißnischen Stammes. 3 Bde. 4. Langensalza 778—81.

— s. S a n c a s s a n i,

(Braun, Joh. Gfried.) — Blätter der Erinnerung von Johann Gottfried Braun, Director der Königl. Sächs. Soldatenknaben-Erziehungsanstalt zu Kleinstruppen. Seinen Schülern u. Freunden gewidmet. Für den Druck bearb. von Aug. L a n s k y. Im Auftrage der Hinterlassenen hrsg. von G u s t. S e i d e m a n n. Leipzig 868. Klinkhardt. gr. 8. (VII, 143 S.) n. 15 ngr.

Braun, Joh.Heinrich: De a l i e n a t i o n e fundi collectabilis. 67 S. – Basel, Jur.Diss.v.13.Mai 1701.

— **Johann Justus** (Frankfurt-M.), De protectorio imperii, Von Kayserlichen Schutz-Brieffen. Sept. 1700. Halle (Hendel) 1736. 46 S. (1.50)

Braun, Johann Ludwig

— s.: Gotthard, Joh. Chr.

Braun, Johann Ludwig: Von dem W e i n b a u e und dessen Verbesserung für Liebhaber, welche alte Weinberge ausbessern, oder neue anlegen wollen. Erfurt 1795. 61 S. (Bibliotheca oenologica: Braun, J. C.)

Braun, Johann Philipp

B r a u n , zwei unfehlbare Mittel, den gegenwärtigen Wucher u. der durch ihn herbeigeführten Theurung u. Noth ein Ende zu machen u. deren Wiederkehr f. die Zukunft zu verhüten. Lex.-8. (1½ B.) Frankfurt a. M. 846, Streng.

Braun, (J o h. P h. H o f f m a n n), zwei unfehlbare Mittel, dem gegenwärt. Wucher u. d. durch ihn herbeigeführten Theuerung u. Noth ein Ende zu machen. gr. 8. (24 S.) Frankfurt a. M. 847, Streng. 3 ngr

Braun, Johann Philipp Fr.

Braun, Jh. Ph. Fr., systemat. Beschreib. einiger Egelarten, sowohl nach ihren äußern Kennzeichen, als n. ihrem innern Baue. Mit 7 ill. Kpft. 4. Berl. 805. Müller. (Petsch); auch Stuhr. 1 Rthlr 16 gGr

Braun, Johann Wilhelm

Braun, Jh. Wlh., nützl. Bemerkk. in der Landwirthschaft. Mit 4 Kpf. gr. 8. Leipz. 786. Weihmann. 16 gGr

Braun, Joh. Guil., Lucretii de atomis doctrina. Dissert. philosoph. Monasterii 857. (Cazin.) gr. 8. (2 Bl., 67 S.) 15 Ngr

Braun, Johann Wilhelm Joseph: A c h i l l e s auf Skyros, oder die antike Bronzestatue von Lüttingen. Bonn 1858. Bei Adolph Marcus. Gedruckt auf Kosten des Vereins. VI, 23 S. 8°.

Braun, Johann Wilhelm Joseph (Hrsg.), s. A c t a Romana.

Braun, Johann Wilhelm Joseph, s. B i b l i o t h e c a regularum fidei.

Braun, J. W. J., B l ü t h e n aus dem cherubinischen Wandersmann des Angelus Silesius, s. B l ü t h e n.

Braun, JWJ, Blüthen a. d. cherub. Wandersmann d. Ang. Silesius. 16. (80) Trier 55, Braun. cart. n. — 20; m. Goldschn. n. — 24; geb. n. 1. —

—— berliner B r i e f e über die orientalische Frage. gr. 8. (IV und 70 S.) Bonn 854, Weber.

Ad audiendam publicam orationem de rationis in religionis negotio usu quam ... theol. cath. ordinis auctoritate ad profess. theol. ord. in univers. litt. Bonnensi rite suscipiendam d. XXV Aug. a. 1834 ... habebit, ... invitat Iohannes Wilhelmus Iosephus Braun ... — Inest de Tiberii Christum in deorum numerum referendi consilio commentatio. [o. O.], (1834). 1 Bl., 31 S. 8. ¶ Erschien zugleich selbständig bei Habicht in Bonn.

Solemnia natalitia ... Friderici Gulielmi IV d. XV m. Oct. ab universitate Fridericia Guilelmia Rhenana ... celebranda ... indicit Ioannes Guilelmus Iosephus Braun, ord. theol. cath. h. a. decanus. — Inest de Culdeis commentatio. Bonnae, typ. C. Georgii 1840. 1 Bl., 37 S. 4. ¶ Erschien gleichzeitig selbständig bei Henry & Cohen in Bonn.

Enth. zugleich d. Ergebnisse d. Preisbewerbung d. J. 1839—40 und d. Preisaufgaben f. d. J. 1840—41

Braun, Joh. Wilh. Jos., Deutschland u. die deutsche Nationalversammlung. gr. 8. (X u. 173 S.) Aachen 849, Hensen & Co. 12 Ngr — 2. (Titel-)Abdr. gr. 8. Ebd. 849. 1/2 Rthlr

Braun, Prof. J. W. J., Abgeordneter des rheinpreußischen Wahlkreises Düren und Jülich, Doctor der Philosophie, der Theologie und beider Rechte, Deutschland und die deutsche Nationalversammlung. Aachen, J. Hensen u. Co., 1850. X, 173 S. 8°.

Zweiter Abdruck.

— Raffaels Disputa. Düsseldorf 859. Buddeus. gr. 8. (V, 169 S. u. 1 Kpfrtaf. in 4.) n. 1 Rthlr

Braun, Johann Wilhelm Joseph, s. Clem. Aug. v. D r o s t e - H ü l s h o f f : Grundsätze.

Braun, J. W., Ehrenrettung L. A. Muratori's durch Benedikt XIV., in neue Erinnerung gebracht, u. zur Rechtfertigung geg. d. Verdächtign. d. Lütticher Journal histor. et litt. hrsg. gr. 8. (1 1/4 B.) Trier 838, Gall.

—— E r k l ä r u n g eines antiken Sarkophags zu Trier, s. E r k l ä r u n g.

Braun, Johann Wilhelm Joseph, s. H o l d e n , Heinr.: Divinae fidei analysis.

Braun, J. J. W., Jupiter Dolichenus. Erklär. einer zu Remagen gefundenen Steinschrift u. der Hauptfigur auf der Heddernheimer Bronze-Pyramide. Pr. 1852. 16 S. u. 1 Tfl. 2.—

—— die K a m m e r n und das Land. gr. 8. (VI und 98 S.) Elberfeld 855, Friderichs.

—— die K a p i t o l e , s. K a p i t o l e , die.

—— die gebornen K a r d i n ä l e der kölnischen und trier'schen Kirche. gr. 8. (IV und 40 S.) Bonn 831, Marcus.
Aus: Zeitschrift für Philosophie und kathol. Theologie, besond. abgedruckt.

Braun, Jh. Wlh. Jos., die Lehren des sogenannten Hermesianismus über das Verhältniß der Vernunft zur Offenbarung gutgeheißen, und die entgegenstehenden Ansichten als falsch u. gefährlich verworfen von d. Bischofe von Straßburg, Herrn Le Pappe de Trevern, nebst e. Breve Papst Gregors XVI. gr. 8. Bonn 835. Habicht. 5/12 Rthlr

Braun, J. W. J., über d. schriftsteller. Leistungen d. Hrn. Prof. Dr. Anton Theiner. Ein Beitr. z. richt. Beurtheil. d. Begebenheiten in d. kathol. Kirche Schlesiens. Nebst Angabe d. Gründe für u. wider d. kathol. Priester-Coelibat. gr. 8. (5 B.) Bonn 829, Habicht.

—— —— Meletemata theolog., s. M e l e t e m a t a.

Braun, J. W. J., das Minoritenkloster und das neue Museum zu Köln. Eine historische Denkschrift. Köln 862. Heberle. gr. 8. (V, 176 S., 1 Stahlst. u. 1 lith. Taf. in 4.) 1 Rthlr

—— biographische Mittheilungen üb. Clemens August v. Droste-Hülshoff, gewes. D. d. Philos. u. beider Rechte, ord. Prof. d. Rechte an d. Juristen-Facultät d. Rhein. Friedrich-Wilhelms-Universität u. Beisitzer d. das. Spruch-Collegii. gr. 8. (3 B.) Köln 833, DuMont-Schauberg.

Braun, Jo. Wilh. Jos., Oratio de rationis in religionis negotio usu. Bonn, Habicht, 1834, 31 S., 8°. (Zugleich mit der commentatio de Tiberii Christum in deorum numerum referendi consilio.)

Braun, Johann Wilhelm Joseph, s. A. A. P e l l i c c i a : De Christianae Ecclesiae primae. . .

—— von d. Pflichten d. Geistlichen in Hinsicht auf Lehre u. auf Beispiel. Eine Primiz-Rede. gr. 8. (2 B.) Bonn 831, Habicht.

Braun, Johann Wilhelm Joseph: Das P o r t a l zu Remagen. Programm zu F. G. Welcker's fünfzigjährigem Jubelfeste am 16. October 1859. Herausgegeben vom Vorstande des Vereins von Alterthumsfreunden in den Rheinlanden. (Mit 2 Tafeln.) Bonn 1859. Bei Adolph Marcus. 4°.

—— die S a g e von den geborenen Kardinälen der kölnischen, trier'schen und magdeburgischen Kirche. Beleuchtung der Nachschrift zu der Broschüre: Die Bulle Leo IX. für den Erzbischof Herrmann II. von Hrn. Dr. Binterim. gr. 8. (IV und 90 S.) Bonn 852, Marcus.

Braun, Die Trojaner am Rhein. Fest-Programm zu Winckelmann's Geburtstage ... 1856. Herausg. vom Vorstande des Vereins von Alterthumsfreunden im Rheinlande. Bonn 1856. 4. . . . .

Braun (Hrsg.), s. Z e i t s c h r i f t für Philosophie und katholische Theologie.

B r a u n , Johannes, Anleitung zur Bibliotheksverwaltung, 3. Aufl. (Umschlag, unt. besonderer Berücksichtigung d. Borromäusvereins), Berlin u. Bonn, 76 S., Gr.-8°.

Braun, Johannes [aus Stettin]: Beiträge zur Kenntnis der Uranverbindungen ... Berlin, C. Vogts Buchdr., *1896;* 47 S., 1 Bl., 1 Tab. 8.
Berlin, Phil. Fak., Inaug.-Diss. v. 25. März 1896

— Der Amtsbez. Bonndorf. Den Schülern d. Volkssch. beschrieben. (25) 8° Ebd. 1898. nn — 25 d

— Johann (Kiel), De domiciliis pauperum, von Hospitälern. Positiones jurid. Präs. Wolfg.-Adam Lauterbach. Tübing. (Joach. Hein) Aug. 1676. 28 S., tlws. dtsch. (5.—)

— — Dasselbe. (Joh. Chn. Hendel) 1719. 32 Seiten. (4.80)

— — Fastenpredigten (7) über Parabeln des Evangeliums. gr. 8. Ebend. 1829, Wimmer u. Sch. 14 ggr. — 1 fl. 3 kr.

— — Früchte der Erlösung. (Gebetbuch.) gr. 12. Ebend. 1839, Fr. Fleischer. 3/4 Thlr. — 1 fl. 21 kr.

Braun, Joh., Gesundheitslehre. Zum Gebrauche in Volksschulen u. zur Selbstbelehrg. gr. 8. (IV, 51 S.) Bonndorf 899. Spachholz & Ehrath. n.n. — 25

Braun, Joh., Gesundheitslehre. Zum Gebrauche in Volksschulen u. zur Selbstbelehrg. 2. Aufl. (IV, 47 S.) Bonndorf 901. Spachholz & Ehrath. n.n. — 25

– Gesundh.-Lehre f. Volks-, Bürger- u. Töchtersch. 3. Afl. (72 m. Abb.) 8° Ebd. ('06). nn — 25 d

– Die reichsgesetzl. Inv.-Versicherg als freiwill. Rentenvers. f. Kleingewerbebetrieb u. Landwirte. (28) 8° Ebd. ('04). nn — 25 d

— — Maria, die Morgenröthe uns. Heils. (Andachtsbuch.) 16. Ebd. 2 Thlr.

Braun, J: Ratgeber f. d. schriftl. Verkehr. (8, 119) 8° Bühl, Konkordia '11. HL 1.60 d

– Das Rechnen in d. allg. Fortbildgssch., s.: Zobel, FX.

Braun, Johannes, appr. Tierarzt: Aus d. vet.-pathol.-anat. Inst. d. Universität Giessen. Das Schmarotzertum des Strongylus paradoxus, eine histologische Studie. Homberg a. d. Ohm 1910: Spamer. 38 S. 8°

Gießen, Veterinär-Med. Diss. v. 26. Juli 1910, Ref. Olt

[Geb. 20. Sept. 87 Horchheim b. Worms; Wohnort: Gießen; Staatsangeh.: Hessen; Vorbildung: Oberrealsch. Worms Reife O. 06; Studium: Gießen 2, Berlin Tierärztl. Hochsch. 2, Gießen 3 S.; Rig. 13. Juni 10.]

— — Stimmen an Prediger. Für Neugeweihte. 8. Ebd. 1842, Pichler. ⅓ Thlr.

Braun, Joh.: Wie erhebe u. verfolge ich meine Ansprüche an d. Kranken-, Unfall- u. Inv.-Versicherg? Mit Berücks. d. im Grossh. Baden u. in d. übr. deut. Bundesstaaten erlass. Vollzugs- u. Ausf.-Bestimmgn. (10, 109) 8° Bonndf, Spachholz & Ehrath ('05). — 80 d

Braun, Johannes, a. Cöln-Longerich: Die photoelektrischen Wirkungen der Alkalimetalle in homogenem Licht. Bonn 1906: C. Georgi. (36 S.) 8°

Bonn, Phil. Fak., Ref. Kayser, Diss. v. 1[illegible]. Aug. 1906

[Geb. 9. Sept. 81 Cöln-Longerich; Wohnort: Cöln-Longerich; Staatsangeh.: Preußen; Vorbildung: Gymn. Düren Reife O. 01; Studium: Bonn 10 S.; Rig. 25. Juli 06.]

Braun, (Brown) Johannes: Circular Schreiben an die Deutschen Einwohner von Rockingham und Augusta, und den benachbarten Counties. *Harrisonburg, Va.: Laurentz Wartmann 1818. 419 S.*
[Die erste Flugschrift über Sklaverei veröffentlicht von einem Mitglied der Deutschen Reformierten Kirche der Vereinigten Staaten.]

Braun, Jonathan, Encyklopädie d. gesammt. Thier-Heilkunde, s. Encyklopädie.

Braun, Jonathan, s. Hofmann, Jul.: Encyclopädie d. Diätetik.

Braun, Jonathan, die Krankheiten des männlichen und weiblichen Geschlechtssystems und deren Heilung auf allopath. und homöopath. Wege. A. u. d. T.: Ueber Onanie, Beischlaf, männl. und weibl. Unvermögen, vener. Krankheit, regelwidrige Monatsreinigung und weißen Fluß ꝛc.; nebst einer gedrängten Einleitung über die Natur und Verrichtungen des gesunden menschl. Körpers. 6. Aufl. 1853. und 7. Aufl. Mit Hinzufügung des homöopath. Heilverfahrens bearb. von W. Meyer. gr. 8. (XII und 292 S.) Leipzig 854(55,) Baumgärtners Buchh. Thlr.

Braun, Jonath., die Krankheiten des männlichen und weiblichen Geschlechtssystems und deren Heilung auf allopathischem und homöopathischem Wege. A. u. d. T.: Ueber Onanie, Beischlaf, männl. und weibl. Unvermögen, vener. Krankheit, regelwidr. Monatsreinigung und weißen Fluß. Nebst einer gedrängten Einleitung über die Natur und die Verrichtungen des gesunden menschl. Körpers. 8. Aufl. 1863. und 9., verb. Aufl. gr. 8. (XII und 278 S.) Leipzig 865, Baumgärtner's Buchh.

Braun, Jonathan, die Krankheiten des männlichen und weiblichen Geschlechtssystems und deren Heilung auf allopathischem und homöopathischem Wege. 10. Aufl. gr. 8. (XII, 266 S.) Leipzig 879, Baumgärtner's Buchh.

Braun, Jon., die Krankheiten des männlichen u. weiblichen Geschlechtssystems u. deren Heilung auf allopathischem u. homöopathischem Wege. 10. Aufl. gr. 8. (XII, 266 S.) Leipzig (1879) 880. Baumgärtner. 3. —

Braun, J., die Krankheiten u. Schwächezustände d. männlichen u. weiblichen Geschlechtssystems, deren Verhütg. u. Heilg. auf allopath. u. homöopath. Wege, nebst kurzer Beschreibg. der gesunden Verrichtgn. d. menschl. Körpers. 12., umgearb. Aufl. Von H. Goullon. 8. (XVI, 327 S.) Leipzig 889. G. Engel. n. 2.40

Braun, Jonath., die Medicin d. 19. Jahrh. wie sie ist u. seyn sollte; od. d. Forderungen uns. Zeit an d. Heilkunde in ihrer wissenschaftl. sowohl als techn. Gestaltung. Mit vorzügl. Berücksichtig. d. gegenwärt. Zustandes d. teutschen Medicin entworfen, u. Teutschlands Aerzten u. Staatsmännern, als ein Wort d. Wahrheit, zur Prüfung u. Beherzigung empfohlen. gr. 8. (8½ B.) Leipzig 832, Baumgärtner.

—— die Medicin uns. Tage in ihr. Vollkommnung durch d. homöopath. Heilsystem; od. nöth. Wissen f. allopathische Aerzte sowohl als gebild. Nichtärzte, in Absicht auf eben so glückl. als segensr. Ausübung d. homöopath. Heilmeth.; mit e. vollkomm. Anweis. z. zweckmäß. u. besten Bereitungsweise homöopath. Arzneien. Ein Wort d. Friedens u. d. Versöhn. an Teutschlands Aerzte u. ihre Kranken gerichtet. gr. 8. (17½ B.) Leipzig 834, Baumgärtner.

—— über Onanie, Beischlaf, männl. u. weibl. Unvermögen, vener. Krankheit, u. regelwidr. Monatsreinigung; mit Angabe d. zweckmäß. Mittel u. Vorschriften ꝛc.; nebst e. Anh. üb. d. Natur u. Heilung d. weißen Flusses, u. e. gedrängt. Einleit. üb. d. Natur u. Verrichtungen d. gesunden menschl. Körpers. 1. u. 2. Aufl. (à 17 B.) gr. 8. Leipzig 830, 33, (Baumgärtner.) à

Braun, Jonathan, üb. Onanie, Beischlaf, männl. u. weibl. Unvermögen, vener. Krankheit, u. regelwidr. Monatsreinigung ꝛc. 3., verm. Aufl. gr. 8. (18½ B.) Leipzig 836, Baumgärtners Bh.

—— über Onanie, Beischlaf, männliches u. weibl. Unvermögen, venerische Krankheit u. regelwidrige Monatsreinigung; nebst e. Anh. üb. die Natur u. Heilung d. weißen Flußes ꝛc. 4., verm. Aufl. gr. 8. (20 B.) Leipzig 843, Baumgärtners Buchh.

Braun, Jonathan, über Onanie, Beischlaf, männl. und weibl. Unvermögen, venerische Krankheit, regelwidrige Monatsreinigung und weißen Fluß; mit Angabe der zweckmäßigsten Mittel und Vorschriften, wie man die durch Onanie verlorne Gesundheit wieder erhalten und stärken, den Beischlaf ohne Nachtheil für dieselbe vollziehen könne ꝛc.; nebst einer gedrängten Einleitung über die Natur und Verrichtungen des gesunden menschl. Körpers. 5., verm. und verb. Aufl. Mit Hinzufügung des homöopath. Heilverfahrens bearb. von W. Meyer. gr. 8. (XII und 308 S.) Leipzig 850, Baumgärtners Buchh.

Braun, Jonathan, über Onanie, Beischlaf, männliches u. weibliches Unvermögen, venerische Krankheit, regelwidrige Monatsreinigung und weißen Fluß; mit Angabe der zweckmäßigsten Mittel und Vorschriften, wie man die durch Onanie verlorne Gesundheit wieder erhalten und stärken könne u. s. w. 6. verm. u. verb. Aufl. Mit Hinzufügung des homöopathischen Heilverfahrens bearb. von W. Meyer. A. u. d. T.: Die Krankheiten des männlichen und weiblichen Geschlechtssystems und deren Heilung auf allopathischem und homöopathischem Wege. 853. (XII, 299 S.) — 7. Aufl. Leipzig 855. Baumgärtner. gr. 8. (XII, 292 S.) 1 ℔ 10 ngr.

—— über Onanie, Beischlaf, männliches und weibliches Unvermögen, venerische Krankheit, regelwidrige Monatsreinigung und weißen Fluß; mit Angabe der zweckmäßigsten allopath. und homöopath. Mittel und Vorschriften ꝛc. Nebst einer gedrängten Einleitung über die Natur und Verrichtungen des gesunden menschl. Körpers. 10. verb. Aufl. gr. 8. (XII, 266 S.) Ebendas. 876. (ℳ 4.)

Braun, Josef

Braun, Jos. Anwendung der Summenformel von Mac-Laurin auf harmonische Reihen. 32 S. 8 Progr. Pr. G. Sem. Vinc. *Brixen* 1881.

Braun, Jos., algebraische Aufgaben für Gymnasien, Real- und höhere Bürgerschulen. gr. 8. (IV und 92 S.) Coblenz 854 Hölscher's Verlag.

— algebraische Aufgaben für Schulen und zum Selbstunterrichte mit vollständ. Aufsätzen, Auflösungen und Proben. 1—3. Abthl. gr. 8. Coblenz, Hölscher's Verlag. à Abthl * 20 Ngr.

Auch unter den Titeln:

Abthl. 1. Einfache Gleichungen mit einer unbekannten Größe für Schulen und zum Selbstunterrichte. (VII und 188 S.) 852.
" 2. Einfache Gleichungen mit mehrern unbekannten Größen für Schulen und zum Selbstunterrichte. (IV und 160 S.) 853.
" 3. Quadratische Gleichungen für Schulen und zum Selbstunterrichte (IV und 160 S.) 854.

Braun, Jos., deutsche Balladen, Romanzen u. Erzählungen. Mit histor., literar.-histor. u. ästhet. Anmerkn. (Schulausg.) gr. 12. (25½ B.) Frankf. a. M. 840, Sauerländer. 1 Thlr., Blnp.

BRAUN, J. — Deutsche Balladen, Romanzen u. Erzählungen. Mit Anmerkungen hrsg. von —. Hamburg 1857. 8⁰. (1 Mk. 20 Pfg. G. Fritzsche, Hamburg, 1892.)

Braun, Joseph [aus Sindorf bei Köln a. Rh.]: Beitrag zur Lehre von den Eiterungen im subumbilicalen Raume ... Würzburg, Druck d. Köhl & Hecker'schen Buchdr., 1894; 31 S. 8.
Würzburg, Med. Fak., Inaug.-Diss. v. 1894

Braun, Josef (Red.), s. Die Biene.

Braun, Jos. [II.]. Flotte Bursche, s. Theater, Neues Wiener.

Braun, J, flotte Bursche, s.: Theater-Report., Wiener.

Braun, Josef (Hrsg.), s. Caricaturen-Bibliothek, Wiener.

Braun, Josef, Drei Wochen verheirathet: s.: Theater-Repertoir, Wiener.

Braun, Jos., die Elemente der Algebra, für Schulen und zum Selbstunterrichte kurz und faßlich dargestellt. gr. 8. (VII und 148 S.) Koblenz 851, Hölscher. *

Braun, Jos., allgemeine Erdkunde. Ein Lehr- u. Lesebuch f. Volksschullehrer, besond. im Herzogth. Nassau. 1. Bdchn. — A. u. d. T.: Mathematische Erdkunde. 8. (8½ B.) Weilburg 832, Lanz.

Braun, Joseph: Erdkunde von Europa für den Unterricht, besonders in gelehrten Schulen, und andere Freunde dieser Wissenschaft. Th. 1. Vorbereitende Blicke auf unsern Erdtheil. — Portugal, Spanien, Frankreich, Italien und Helvetien. Th. 2. I. Die österreichisch-deutschen Länder. II. Die preussisch-deutschen Länder. III. Die preussisch-nichtdeutschen Länder. Köln am Rhein 1827 u. 1833. 2 Bde. 103, XII, 447; 614 S.
= Braun: Handbuch der Erdkunde. Bd. 1. 2. 8⁰.

Braun, Jos., S. J., D. pontificalen Gewänder d. Abendlandes u. ihrer geschichtl. Entwicklung, s. a. Stimmen aus Maria-Laach.

[F.] Die pontificalen Gewänder des Abendlandes nach ihrer geschichtlichen Entwicklung. Von Joseph Braun S. J. M. 27 in d. Text gedr. Abb. u. 1 Taf. *Freiburg i. B.: Herder 1895.* (VI S., 1 Bl., 191 S., 1 Taf.) 8.
= Ergänzungshefte zu d. 'Stimmen aus Maria-Laach'. [II.] 73. (96. 1197

— D. priesterl. Gewänder d. Abendlandes u. ihrer geschichtl. Entwicklung, s. a. Stimmen aus Maria-Laach.

[F.] Die priesterlichen Gewänder des Abendlandes nach ihrer geschichtlichen Entwicklung. Von Joseph Braun S. J. M. 30 in d. Text gedr. Abb. *Freiburg i. B.: Herder 1897.* (VI, 180 S.) 8.
= Ergänzungshefte zu d. 'Stimmen aus Maria-Laach.' [No] 71. (98. 3711

— Die liturgische Gewandung im Occident u. Orient nach Ursprung u. Entwicklung, Verwendung u. Symbolik. (XXIV, 797 S. m. 316 Abbildgn.) Lex. 8. Ebd. 907. 30.—; geb. in Halbfrz. 33.50

— Handbuch d. Erdkunde f. d. Unterr., besond. in Gelehrten-Schulen, u. and. Freunde dies. Wissensch. 2. Bd. — A. u. d. T.: Erdkunde v. Europa. 2. Thl. I. Die österr.-deutsch. Länder, II. Die preuß.-deutsch. Länder, III. Die preuß.-nichtdeutsch. Länder. gr. 8. (41 B.) Köln 833, Bachem.
1. Bd. 2 Abthln.: Allgem. Erdkunde. — Europa. 1. Thl. Ebendas. 1824, 27. 1 Thlr. 16 Gr.

Braun, Jos.: Handb. d. Paramentik. (12, 292 m. Abb.) gr8° FreiburgB., Herder '12. 6.50; L 7.60

BRAUN, Josef (Weitersburg): Ueber die Heilwirkung der Sclerotomie.- München: Franz 1883. 20 S. 23.7.1883 - Urk (Titel: De sclerotomia.); Chr 1883/84,12
Diss. Ingolst.-Landsh.-Mchn.

Braun, Jos., in der Heimath. Lieder. 3. sehr verm. Aufl. [der Lieder vom Leben im irdischen Eden]. 8. (VII, 402 S.) Köln 882, Theissing. geb. mit Goldschn. *

Die belgischen Jesuitenkirchen. Ein Beitrag z. Geschichte d. Kampfes zwischen Gotik u. Renaissance von Joseph Braun S. J. Mit 73 Abb. Freiburg im Br.: Herder 1907. (XII, 208 S.) 8°
= Stimmen aus Maria-Laach. Erg.H. 95. (07. 4430

Braun, Jos., Kaiser Julian. Ep. Lieder. 16. (158 S.) Aachen 896. R. Barth, Verl.
Geb. in Leinw. m. Goldschn. n. 3. —

Die Kirchenbauten der deutschen Jesuiten. Ein Beitrag z. Kultur- u. Kunstgeschichte d. 17. u. 18. Jhs von Joseph Braun S. J. Mit Taf. u. Abb. T. 1. 2. Freiburg im Br.: Herder 1908–10. 8°
1. Die Kirchen d. ungeteilten rhein. u. d. niederrhein. Ordensprovinz. 1908.
2. Die Kirchen d. oberdeutschen u. d. oberrhein. Ordensprovinz. 1910.
(Stimmen aus Maria-Laach. Erg.H. 99/100 u. 103/104.) (10. 441

Braun, Josef: Lehrbuch d. Erdkunde f. d. Unterricht ..., s. Braun: Handbuch d. Erdkunde ...

— Lehrbuch d. Geographie f. Pädagogien, Gymnasien, Real- u. höh. Bürgerschulen. 1. u. 2. Kurs. 1. Thl. gr. 8. Weilburg, Lanz.
1. od. Elementar-Kurs. (10 B. u. 1 Tab.) 835. 12 Gr.
2. od. höherer Kurs. 1. Thl. (26 B.) 838. 1 Thlr.

Braun, Jos., deutsches Lesebuch f. Pädagogien u. unt. Gymnasialklassen. Mit erläut. Anmerkn. 1. od. poetischer Thl. 8. (14 B.) Frankfurt a. M. 839, Andreäische Buchh. Thlr.

— Lieder vom Leben im irdischen Eden. Festgabe zum 50jähr. Bischofsjubiläum d. heil. Vaters Papst Pius IX. 8. (III, 181 S. m. Farbendr.-Titel.) Bonn 877. Henry. n. 2. —

— dasselbe. 2., sehr verm. Aufl. 16. (303 S.) Köln 879. Theissing. n. 3. —; geb. n. 4. 20

BRAUN, Joseph (Fürth): De homoeopathiae medicaminibus. (Titel nach der Urkunde) 22.8.1835 - Urk; F 62
Diss. Ingolst.-Landsh.-Mchn.

Braun, *Josef* Mathematische Miscellen. 8 (14 S.). Progr.
Fürstbischöfl. Privat-G. am Seminarium Vincentinum *Brixen* 1892.
I. Notiz, die Formel von Boole betreffend. II. Zur Auswertung von $\int_0^\infty e^{-kx^2} \cos kx\, dx$. III. Zur Herleitung der Gleichung der Kreistangente.

— s. L. A. Muratori, über den rechten Gebrauch d. Vernunft.

— unter Palmen. Geistliche Lieder und Weisen kathol. Dichter Deutschlands. Nach des Herrn Gebet geordnet und hrsg. 8. (XVIII, 495 S.) Köln 884, DuMont-Schauberg'sche Buchh. geb. mit Goldschn. *

Unter Palmen. Geistl. Lieder u. Weisen kathol. Dichter Deutschlands. Nach des Herrn Gebet geordnet u. hrsg. von Joseph Braun. 2. Aufl. Köln: M. DuMont-Schauberg [1907]. (XVIII, 495 S.) 8° [F.] (08. 13249 b

Braun, J., während der Quadrille, s. Theater-Repertoir.

[F.] Karls des Grossen Sänger. Epische Lieder v. Joseph Braun, Vf. d. Lieder: Vier Tage ... *Aachen: R. Barth 1896.* (101 S., 1 Bl.) 1 Bd 8. (96. 8339

Braun J.: Mac-Laurin's Summenformel u. einige Anwendungen derselben. 26. Brixen Priv. 79. Progr.

Braun, Jos., vier Tage. Der Himmelstag. Der Erdentag. Der Gerichtstag. Der ewige Tag. Lieder und Weisen. 12. (XII, 528 S.) Paderborn 888, F. Schöningh. *
geb. mit Goldschn. *

Braun, Jos., vier Tage. Buch der Lieder. 2. Aufl. m. vielen neuen Liedern u. 9 Melodieen vom Verf. 12. (VIII, 444 u. Musikbeilage 6 S.) Paderborn 893. F. Schöningh. n. 4. —; geb. in Leinw. m. Goldschn. n. 6. —

Braun, Jos., S. J., Domine dilexi decorem domus tuae. 160 Vorlagen f. Paramentenstickereien, entworfen nach Motiven mittelalterl. Kunst. (24 Taf.) gr. Fol. Nebst Text. gr. 8. (28 S.) Freiburg i/B. 902. Herder. In Mappe n. 16. —

Braun, Jos., S. J, Domine, dilexi decorem domus tuae. 200 Vorlagen für Paramentenstickereien, entworfen nach Motiven mittelalterl. Kunst. 2., verm. Aufl. (28 Taf.) gr. Fol. Nebst Text. (VI, 26 S.) gr. 8. Freiburg i/B. 904. Herder. In Mappe n. 18. —; engl. u. französ. Ausg. à n. 18. —

Braun, Jos., S. J., Domine, dilexi decorem domus tuae. 200 Vorlagen f. Paramentenstickereien, entworfen nach Motiven mittelalterl. Kunst. 3., durchgeseh. Aufl. (28 Taf.) 58×36 cm. Nebst Text. (VIII, 26 S.) Lex. 8. Freiburg i/B. 907. Herder. In Mappe 18.—

Braun, Jos. (I.). Was der Herr den Deutschen gab. Ein Büchlein f. Weihnachten u. f. alle Zeit. 16. (32 S.) Berl. 889, Germania. — 50

Braun, J., S. J., Weg zur Beharrlichkeit, s.: Münzenberger, E. F. A.

— Winke f. die Anfertigung u. Verzierung der Paramente. Ergänzung zu der Sammlg. v. „Vorlagen f. Paramentenstickereien". (XII, 187 S. m. 74 Abbildgn. u. 2 Taf.) Lex.-8. Ebd. 904. n. 6.40; geb. in Leinw. n. 8.—

Braun, Joseph Adam

— de admirando frigore artificiali etc. 4. St. Petersb. 758. Acad. 12 gr.

Braun, ..., de metamorphosib. aquae. 4. Petersb. 756. Academie. 6 gr.

Braun, de metamorphosib. aquae. 4. Petersb. (Hartknoch, Leipz.) 756.

— de atmosphaerae mutationibus etc. 4. Petersb. 759. Acad. 12 gr.

— Josephus Adamus, De insignioribus telluris mutationibus. 1756.

Braun, Joseph Adam (Präs.): De natura humana non erubescenda sed veneranda, s. Bielcke, Achat. Felix (Resp.)

Braun, Josephine, Verhandlungen der nassauischen Abgeordneten-Versammlung. gr. 8°. Frankfurt a. M., Sauerländer's Verl., 1860.

Braun, Irene, Batik. Anleitung zur Wachsfärbekunst. (32 u. 8 S. m. Abbildgn.) gr. 8. Stuttgart (909.) (Hamburg, F. W. Thaden.) 1.80

Braun, Irene, neue Bilder zum Ausmalen. 2 Sorten. (Je 4 farb. u. 4 schwarze Bl. m. Text auf dem Umschlag.) qu. kl. 8. Mainz (906). J. Scholz. à — 50; in 1 Bd. kart. 1. —

Braun, I., G. Kampmann u. O. Fikentscher, Blumen u. Ornamente, s.: Vorlagen u. Motive z. Porzellan-, Majolika- u. Fayence-Malerei.

Braun, Irene: Blumen-Malb. I u. II (Schluss). [Aus d. Sammlg: „Das deut. Malb."] (Je 8 [4 farb.] Bl.) Lex8° Mainz, J Scholz ('10). je — 50 d

— allerlei Buntes zum Ausmalen. I u. II. (Das deutsche Malbuch.) (Je 4 farb. u. 4 schwarze Bl.) qu. Lex.-8. Ebd. (904). à — 40; erh. Pr. à — 50

Braun, I, O Fikentscher, F Hein, u. G Kampmann, Majolika-, Fayence-, Porzellan-Malerei. Vorlagen u. Motive. 20 Taf. in Farbendr. m. (4) erläut. Conturblättern u. e. prakt. Anl. 4 Lfgn. Fol. (4 Bl. Text.) Münch. 93, F Bassermann. à 4 — (kplt in Lnw.-Mappe: 16 —)
Vgl.: Vorlagen u. Motive z. Porzellan-, Majolika- u. Fayence-Malerei.

Braun, Isabella, Allerlei. Erzählungen für die Jugend. Mit 1 (lith.) Titelbild. Schaffhausen 864. Hurter. 8. (VI, 314 S.) 27 ngr.

Braun, Isabella, Allerlei. Ein Buch für die Jugend. 3., verm. Abdr. br. 8. (VII, 374 S. mit 2 Chromolithogr.) Schaffhausen 871, Hurter'sche Buchh. [Stuttgart, Nisch.] geb.

Braun, Isabella, Allerlei. Ein Buch f. die Jugend. 3., verm. Abdr. br. 8. (VII, 374 S. m. 2 Chromolith.) Schaffhausen 871. Regensburg, Manz. geb. 3. —

— die alten Bekannten. Ein Büchlein für kleine Knaben und Mädchen. Mit 8 (lith. u.) kolor. Bildern von Frz. Pocci. Ebend. 863. 8. (32 S.) 12 ngr.

Braun, Isabella, Bilder aus der deutschen Geschichte. Für die reifere Jugend bearb. 12. (150 S.) Augsburg 851, Kollmann'sche Buchh.

—— Bilder aus der Natur. Der Jugend gewidmet. Mit einer Vorrede von Chrph. v. Schmid. 8. (VI und 108 S.) Augsburg 849, Kollmann'sche Buchh.

—— Erwin's Bilderbuch. Der lieben Jugend gewidmet. Gezeichnet von Ferd. Rothbart. qu. 4. (III und 52 S. mit 7 ill. Stnt.) Stuttgart 854, Gebr. Scheitlin.

— Erwins Bilderbuch. Der lieben Jugend gewidmet. Bilder v. Ferd. Rothbart. 2. Aufl. qu. 4. (52 S. m. 7 Chromolith.) Stuttgart 871. Hoffmann & Hohl geb. 2. 70

—— Erwins Bilderbuch. Der lieben Jugend gewidmet. Bilder von Ferd. Rothbart. 2. Aufl. qu. 4. (52 S. mit 7 Chromolithogr.) Stuttgart 871, Nisch. geb.

—— das liebe Brod. Mit Bildern gez. von Ferd. Rothbart qu. 4. (44 S. mit 12 ill. Stnt.) Stuttgart 854, Gebr. Scheitlin.

—— d. liebe Brod. N. Ausg. 4. (45 m. 12 L.) Stuttg. 63, Risch. — 27

—— das liebe Brod. Neue Ausg. qu. 4. (45 S. mit 12 lithogr. und ill. Bildern gez. von Ferd. Rothbart.) Stuttgart 863, Gebr. Scheitlin. cart.

—— der Mädchen liebstes Buch. Erzählungen. Mit 8 Chromolithogr. nach Orig.-Gemälden von Petronella Peters. gr. 4. (98 S.) München 877, Stroefer. geb. *

—— der Mädchen liebstes Buch. 8 Chromolithogr. nach Orig.-Gemälden von Pietronella Peters. Mit Erzählungen. 2. Aufl. gr. 4. (98 S.) München 880, Stroefer. geb. *

Braun, Isabella, der Christbaum. Ein Weihnachtsbuch für gute Kinder. qu. 4. (III und 95 S. mit 6 ill. Stnt.) Stuttgart 860, Gebr. Scheitlin.

Braun, Isabella, Charles Dickens, s.: Universal-Bibliothek f. die Jugend.

—— Dorfgeschichten für kleine Knaben und Mädchen. qu. gr. 8. (109 S. mit 6 ill. Stnt.) Stuttgart 857, Gebr. Scheitlin.

—— Dorfgeschichten für kleine Knaben und Mädchen. Neue Ausg. qu. 4. (109 S. mit 6 lithogr. und ill. Bildern.) Stuttgart 863, Gebr. Scheitlin. cart.

—— durch Leid zu Freud, s. Bibliothek kathol. Volksschriften. 5. Bd.

Braun, Isabella, Durch Leid zu Freud. Erzählungen. Stuttgart 860. Gebr. Scheitlin. gr. 16. (IV, 163 S.) 15 ngr.

—— das Elternhaus. Ein Bilderbuch mit Versen für kleine Kinder. qu. gr. 4. (16 S. mit 8 lithogr. und ill. Bildern.) Stuttgart 863, Gebr. Scheitlin. cart.

Braun, Isabella, gesammelte Erzählungen. 12 Bde. 12. Eßlingen 871—84. Donauwörth, Auer. à Bd. * geb. à Bd. *

Braun, Isabella, gesammelte Erzählungen. 1. und 2. Bd. Mit je 2 color. Lithogr. gr. 16. Stuttgart 879, Hofmann und Hohl. à Bd. geb. * ℳ 2. *

Inhalt:
Bd. 1. Aus Dorf und Stadt. Drei Erzählungen für die Jugend. (197 S.)
2. Guten Abend! Vier Erzählungen für die Jugend. (139 S.)

Braun, Isabella, gesammelte Erzählungen. 8.—12. Bd. Mit je 2 color. Lithogr. 12. Eßlingen, Schreiber. geb. à Bd. *ℳ 2. *

Inhalt:

Bd. 3. Mancherlei. Vier Erzählungen für die Jugend. 2. Aufl. (184 S.) 880.
" 4. Reich und Arm. Vier Erzählungen für die Jugend. (191 S.) 880.
" 5. Dorfgeschichten. Heitere Erzählungen für die Jugend. (192 S.) 881.
" 6. Aus neuer und alter Zeit. Erzählungen für die Jugend. (157 S.) 881.
" 7. Heimatlos. Erzählungen für die Jugend. (190 S.) 882.
" 8. Jung-Erlebtes. Erzählungen für die Jugend. (151 S.) 882.
" 9. Vier Wochen lang. Aus der fröhlichen, seligen Weihnachtszeit. (168 S.) 883.
" 10. Aus meiner Jugendzeit. Erzählungen für die Jugend. 1. Abtl. (170 S.) 883.
" 11. —— dass. — 2. Abtl. (162 S.) 884.
" 12. Regenbogen. Erzählungen für die Jugend. (192 S.) 884.

1. und 2. Bd. [Stuttgart 1871, Hofmann und Hohl.] Eßlingen, Schreiber. à *ℳ 2.

Braun, I, gesammelte Erzählgn. 5—12. Bd, 12. Essl., Schreiber. geb. à ℛ. 2. —
5. Dorfgeschichten. (192 m. 2 col. L.) 81.
6. Aus neuer u. alter Zeit. (157 m. 2 col. L.) 81.
7. Heimatlos. (190 m. 2 col. L.) 82.
8. Jung-Erlebtes. (151 m. 2 col. L.) 82.
9. Vier Wochen lang. Aus der fröhl., sel. Weihnachtszeit. (168 m. 2 col. L.) 83.
10. Aus meiner Jugendzeit. (170 m. 2 col. L.) 83.
11. Dass. 2. Abtlg. (162 m. 2 col. L.) 85.
12. Regenbogen. (192 m. 2 col. L.) 85.

Braun, I, ges. Erzählgn. 3—12. Bd. 12° (Mit je 2 Farbendr.) Donauw., L Auer. à 1.20; geb. à 1.50
3. Mancherlei. 4 Erzählgn f. d. Jugend. 3. Afl. (180) 90.
4. Reich u. Arm. 4 Erzählgn f. d. Jugend. 2. Afl. (187) 90.
5. Heimatlos. 3 Erzählgn f. d. Jugend. 2. Afl. (181) 90.
6. Aus neuer u. alter Zeit. 3 Erzählgn f. d. Jugend. (160) 91.
7. Dorfgeschichten. Heitere Erzählgn f. d. Jugend. 2. Afl. (192) 90.
8. Jung-Erlebtes. 5 Erzählgn f. d. Jugend. 2. Afl. (149) 91.
9. Vier Wochen lang. Aus d. fröhl., sel. Weihnachtszeit. Erzählgn f. d. Jugend. (168) 83.
10. 11. Aus meiner Jugendzeit. 2 Abtlgn à 8 Erzählgn f. d. Jugend. (167 u. 162) 91.
12. Regenbogen. 5 Erzählgn f. d. Jugend. (195) 91.

Braun, Isabella. Gesammelte Erzählungen. Volksausg. 12 Bde. 12. Donauwörth, Auer. à Bd. 1 20; geb. 1 50
1. Aus Dorf u. Stadt. Drei Erzählgn. f. d. Jugend. Mit 2 Farbendr.-Bildern. 2. Aufl. (215 S.) 890.
2. Guten Abend. Vier Erzählgn. f. d. Jugend. Mit 2 Farbendr.-Bildern. 2. Aufl. (205 S.) 890.
3. Mancherlei. Vier Erzählgn. f. d. Jugend. 3. Aufl. (180 S. m. 2 Farbendr.) 891.
4. Reich u. Arm. Vier Erzählgn. f. d. Jugend. 2. Aufl. (187 S. m. 2 Farbendr.) 891.
5. Heimatlos. Drei Erzählgn. f. d. Jugend. 2. Aufl. (181 S. m. 2 Farbendr.) 891.
6. Aus neuer u. alter Zeit. Drei Erzählgn. f. d. Jugend. 2. Aufl. (160 S.) 892.
7. Dorfgeschichten. Heitere Erzählgn. f. d. Jugend. 2. Aufl. (192 S. m. 2 Farbendr.) 891.
8. Jungerlebtes. (148 S. m. Farbendr.) 891.
9. Vier Wochen lang. Aus d. fröhlichen seligen Weihnachtszeit. (168 S. m. Farbendr.) 892.
10. Aus meiner Jugendzeit. [I. Abthl.] Acht Erzählungen f. d. Jugend. 2. Aufl. (167 S.) 892.
11. --- dass. — II. Abthl. (164 S. m. Farbendr.) 892.
12. Regenbogen. 5 Erzählgn. f. d. Jugend. 2. Aufl. (195 S.) 892.
Auch in 36 Lfgn. à — 30 erschienen.

Braun, Isabella, gesammelte Erzählungen. 3.—10. u. 12. Bd. 12. (Mit je 2 Farbendr.) Donauwörth, L. Auer. à 1. 20; geb. à 1. 50
3. Mancherlei. Vier Erzählgn. für die Jugend. 3. Aufl. (180 S.) 890.
4. Reich u. Arm. Vier Erzählgn. f. die Jugend. 2. Aufl. (187 S.) 890.
5. Heimatlos. Drei Erzählgn. f. die Jugend. 2. Aufl. (181 S.) 890.
6. Aus neuer u. alter Zeit. Drei Erzählgn. f. die Jugend. (160 S.) 891.
7. Dorfgeschichten. Heitere Erzählgn. f. die Jugend. 2. Aufl. (192 S.) 890.
8. Jung-Erlebtes. Fünf Erzählgn. f. die Jugend. 2. Aufl. (149 S m. 2 Farbendr.) 894.
9. Vier Wochen lang. Aus der fröhl., sel. Weihnachtszeit. Erzählungen f. die Jugend. (168 S. m. 2 Farbendr.) 894.
10. Aus meiner Jugendzeit. Acht Erzählgn. f. die Jugend. (167 S.) 891.
12. Regenbogen. 5 Erzählgn. f. die Jugend. (195 S.) 891.

Braun, Isabella, gesammelte Erzählungen. 12 Bde. 12. Donauwörth 902. L. Auer. Geb. n. 9.—; einz. Bde. n. 1.—
1. Aus Dorf u. Stadt. 3 Erzählgn. f. die Jugend. 3. Aufl. (215 S.)
2. Guten Abend. 4 Erzählgn. f. die Jugend. 3. Aufl. (205 S.)
3. Mancherlei. 4 Erzählgn. f. die Jugend. 4. Aufl. (180 S.)
4. Reich u. Arm. 4 Erzählgn. f. die Jugend. 3. Aufl. (187 S.)
5. Dorfgeschichten. Heitere Erzählgn. f. d. Jug. 3. Aufl. (192 S.)
6. Aus neuer u. alter Zeit. 3 Erzählgn. f. d. Jugend. 2. Aufl. (160 S.)
7. Heimatlos. 3 Erzählgn. f. die Jugend. 3. Aufl. (189 S.)
8. Jung-Erlebtes. 5 Erzählgn. f. d. Jug. Volksausg. (149 S.)
9. Vier Wochen lang. Aus der fröhl., sel. Weihnachtszeit. Erzählgn. f. die Jugend. Volksausg. (168 S.)
10. 11. Aus meiner Jugendzeit. 2 Abtlgn. Je 8 Erzählgn. 1. u. 2. Aufl. (à 167 u. 162 S.)
12. Regenbogen. 5 Erzählgn. f. die Jugend. 1. u. 2. Aufl. (à 195 S.)

Braun, Isabella, gesammelte Erzählungen. 1.—5. 7. 8. u. 12. Bd. kl. 8. Donauwörth, L. Auer. à 1. —
1. Aus Dorf u. Stadt. 3 Erzählgn. f. die Jugend. 4. Aufl. (215 S.) (909.)
2. Guten Abend. 4 Erzählgn. f. die Jugend. 4. Aufl. (205 S.) (908.)
3. Mancherlei. 4 Erzählgn. f. die Jugend. 5. Aufl. (180 S.) (909.)
4. Reich u. Arm. 4 Erzählgn. f. die Jugend. 4. Aufl. (187 S.) (908.)
5. Dorfgeschichten. Heitere Erzählgn. f. die Jugend. 4. Aufl. (192 S.) (908.)
7. Heimatlos. 3 Erzählgn. f. die Jugend. 4. Aufl. (189 S.) (907.)
8. Jung-Erlebtes. 5 Erzählgn. f. die Jugend. 4. Aufl. (149 S.) (910.)
12. Regenbogen. 5 Erzählgn. f. die Jugend. 3. Aufl. (195 S.) (908.)

Braun, Isabella: Gesammelte Erzählgn. 6., 8., 9. u. 11. Bd. kl8° Donauw., L Auer. geb., je 1 — d
6. Aus neuer u. alter Zeit. 3 Erzählgn f. d. Jugend. 4. Afl. (160) ('10) ‖ 8. Jung-Erlebtes. 5 Erzählgn f. d. Jugend. 4. Afl. (149) ('10) ‖ 9. 4 Wochen lang. Aus d. fröhl., sel. Weihnachtszeit. Erzählgn f. d. Jugend. 4. Afl. (168) ('10) ‖ 11. Aus meiner Jugendzeit. 2. Abtlg. 8 Erzählgn f. d. Jugend. 4. Afl. (162) ('10)

—— gesammelte Erzählungen für die Jugend. 2 Bdchn. 8. (VIII und 152 S., III und 152 S.) Stuttgart 858. 59, Gebr. Scheitlin, à Bdchn. 12 Ngr.
Vgl.: Braun, Isabella, aus der Jugendzeit. — Scherz und Ernst.

Braun, J. *Des Großvaters Erzählungen.* Für kleine Knaben und Mädchen von Isabella Braun. Mit vier kolorirten Bildern [= sehr schöne handkolor. getönte Lithogr.]. Stuttgart, Gebr. Scheitlin [c. 1856]. 2 Bl. 89 S. 1 B. 4°. Schöner blaugrauer m. hellbraun verz. lith. Or.Karton. 35.—
Rolfus 45: „Die Geschichten sind sehr einfach." Schönes, besonders gut illustr. Buch. —

—— d. Grossvaters Erzählgn. 4. (89) Stuttg. 58, Risch. — 22½

—— des Großvaters Erzählungen. Für kleine Knaben und Mädchen. 4. (89 S. mit 4 ill. Stnt. in Tondr.) Stuttgart 858, Gebr. Scheitlin. —

Braun, Isabella, des Großvaters Erzählungen. Für kleine Knaben u. Mädchen. Mit 4 (lith. u.) color. Bildern. Neue Ausg. Stuttgart 867. Gebr. Scheitlin. (Risch.) 4. (89 S.) 15 ngr

—— Großvaters Erzählungen. Ein Buch für kleine Knaben und Mädchen. 2. umgearb. und verm. Aufl. gr. 16. (160 S. mit 4 fein color. Bildern nach Originalzeichn. von Ferd. Rothbart.) Stuttgart 874, Risch. geb.

—— Festbüchlein. 8. (192 S. mit 1 lithogr. und ill. Titelbild.) Stuttgart 861, Gebr. Scheitlin.

— Heinrich Findelkind. Eine Erzählung. Mit 1 kolor. (lith.) Titelbild. Ebend. 860. gr. 8. (VIII, 160 S.) 21 ngr

—— Heinrich Findelkind. Eine Erzählung. 2. Aufl. gr. 16. (VIII, 239 S. mit color. Titelbild.) Stuttgart 871, Risch.

Braun, Isabella, Heinrich Findelkind oder die Gründung des Hospizes auf dem Arlberg. Eine Erzählung. 4. Aufl. 8. (XIV, 191 S. mit 1 Titelbilde.) Eßlingen 886, Schreiber. * geb. *

Braun, Isabella, Heinrich Findelkind, od.: D. Gründg. d. Hospizes auf d. Arlberg. E. Erzählg. 5. Aufl. 8. (208 S. m. 1 Titelbild u. 1 Abb.) Donauwörth 895. L. Auer. Geb. in Leinw. 3. —

Braun, Isabella, das Fleißzeichen. Das rosafarbene Kleid. Nepomuk, s. a. Bachem's Jugend-Erzählungen. 12.

Das Fleisszeichen. Das rosafarbene Kleid. Nepomuk. Erzählungen f. d. Jugend. Von Isabella Braun. Mit 4 Bild. von F. Schuhwerk. *Köln: J. P. Bachem [1900].* (115 S.) 8° [F.]
— Jugenderzählungen, Bachems. Bd 12. [illegible] 5

—— Freuden und Leiden aus dem Kinder-Leben. Ein Preisbüchlein für gute, fleißige Kinder. gr. 16. (175 S. mit 1 Holzschnt.) München 857, (Finsterlin. Regensburg, Manz.) * 9⅓ Ngr.; geb. *

—— Freudenbüchlein. Illustrirt von Jul. Beeckmann. qu. gr. 8. (155 S.) München 887, Stroefer. geb. *

—— Frühlings-Bilder für liebe Kinder. Gezeichnet von Ferd. Rothbart. qu. 4. (20 S. mit 7 ill. Stnt.) Stuttgart 854, Gebr. Scheitlin.

— Frühlingsblüten. Eine Sammlg. v. Dichtgn. f. Herz u. Gemüt. Gesammelt v. B. 8. (96 S. m. Abbildgn. u. 1 Farbdr.) Reutlingen (900). Enßlin & Laiblin. Geb. in Leinw. m. Goldschn. 1. 80

—— Frühlings-Spiele. Ein Büchlein für kleine Knaben und Mädchen. Illustrirt von F. X. Kolb. 8. (81 S. mit 8 lithogr. und ill. Bildern.) Stuttgart 862, Gebr. Scheitlin. cart. *

Braun, J., gedenke mein! Ausgewählte Dichtgn. (64 S. m. 1 Abbildg. u. 1. Farbdr.) 12. Reutlingen (908). Enßlin & Laiblin. Geb. in Leinw. m. Goldschn. 1. —

Braun, J: Gedenke mein! Ausgew. Dichtgn. (64 m. 2 [1 farb.] Abb.) kl8° Reutl., Enßlin & L. ('12). L m. G 1 — d

— treu Gedenken. Lieder v. Liebeslust u. Frühlingsfreud. Gesammelt u. dargeboten. (96 S. m. Abbildgn. u. farb. Titelbild.) 8. Ebd. (905). Geb. in Leinw. m. Goldschn. 1. 80

— das Geheimnis des Schreibtischs, s.: Universal-Bibliothek f. die Jugend.

—— Geschichten f. Kinder v. 9—14 Jahren. 8. (124) Stuttg. 55, Risch. — 15

— Geschichten für liebe Kinder von 9—14 Jahren. Mit (lith. u.) color. Titelbild. Stuttgart (855). Gebr. Scheitlin. br. 8. (2 Bl., 124 S.) 15 ngr

—— kleine Geschichten den Kindern erzählt. 12. (III und 115 S.) Augsburg 851, Kollmann'sche Buchh.

— wahre Geschichten. Für die erwachsene Jugend erzählt. München 857. (Lentner.) 8. (320 S. u. 1 Holzschn.) nn. 12½ ngr

—— Glückwunschbüchlein. 2. verm. Aufl. gr. 16. (VII, 240 S. mit lithogr. und kolor. Titelbild.) Ebendas. 876. cart.

— Glückwunschbüchlein. 2. verm. Aufl. Mit (lith. u.) kolor. Titelbild. gr. 16. (VII, 240 S.) Eßlingen 877. Schreiber. cart. 2. —

—— Glückwunschbüchlein. 2. verm. Aufl. 12. (VII, 240 S.) Eßlingen 884, Schreiber. geb. *

—— Glückwunschbüchlein. 3. Aufl. 12. (246 S.) Ebd. 890. cart. 1 50

— Glückwunschbüchlein. 4. Aufl. (246 S.) kl. 8. Donauwörth (906). L. Auer. Kart. n. 1. 50

Braun, J., Heideblumen. Eine Sammlg. ausgewählter Dichtgn. 12. (96 S. m. Abbildgn. u. farb. Titelbild.) Reutlingen (901). Enßlin & Laiblin. Geb. in Leinw. m. Goldschn. 1. 50

—— Helden des Christenthums. 1. Aufl. 1852. und 2. Aufl. gr. 16. (XVI und 168 S. mit 1 Stahlst.) Augsburg 855, Schmid's Verlag.

—— e. Jahr a. d. Kinderleben. 8. (226 m. 4 L.) Schaffh. 65, Hurter. — 27

—— d. Jahrmarkt. 8. (32 m. 8 L.) Stuttg. 62, Risch. n. — 10

—— der Jahrmarkt. Ein Büchlein für kleine Knaben und Mädchen. Illustrirt von Frz. Xav. Kolb. 8. (82 S. mit 8 lithogr. und ill. Bildern.) Stuttgart 862, Gebr. Scheitlin. cart. *

Braun, Isabella (Hrsg.), s. J u g e n d b l ä t t e r für christliche Unterhaltung und Belehrung.

— Aus der Jugendzeit. Mit 1 (lith. u.) kolor. Titelkpfr. [Neue Ausg. der gesammten Erzählungen 1. Bdch.] Stuttgart 861. Gebr. Scheitlin. 16. (VIII, 152 S.) 15 ngr

—— aus meiner Jugendzeit. 3. stark verm. Aufl. gr. 16. (III, 316 S. mit color. Titelbilde.) Stuttgart 872, Risch. geb.

Braun, Isabella, die guten Kinder. Ein Bilderbüchlein für kleine Knaben und Mädchen. 8. (55 S. mit 8 lithogr. und ill. Bildern.) Stuttgart 863, Gebr. Scheitlin. cart.

—— Für die lieben Kinder. gr. 16. (IV und 138 S. mit 3 ill. Stnt.) Stuttgart 853, Gebr. Scheitlin.

—— für die lieben Kinder. 2., umgearb. und verm. Aufl. 16. (IV und 196 S. mit 4 ill. Stnt.) Stuttgart 859, Gebr. Scheitlin.

—— Kinderbeschäftigungen. Ein Büchlein für kleine Knaben und Mädchen. Illustrirt von F. X. Kolb. 8. (32 S. mit 8 lithogr. und ill. Bildern.) Stuttgart 862, Gebr. Scheitlin. cart. *

—— ein lustiges Kinderbüchlein. qu. 8. (40 S. mit 6 ill. Stnt.) Stuttgart 857, Gebr. Scheitlin.

—— ein lustiges Kinderbüchlein. Neue Ausg. qu. 8. (40 S. mit 6 lithogr. und ill. Bildern.) Stuttgart 863, Gebr. Scheitlin. cart.

—— Im Kinderkreise. Erzählungen und Gedichte. Für Kinder von 10—14 Jahren. br. 8. (III und 116 S. mit 1 lithogr. und ill. Titlbde.) Stuttgart 855, Gebr. Scheitlin.

—— Kinderleben. Ein Liederbuch für kleine Knaben und Mädchen. qu. 4. (19 S. mit 6 lithogr. und ill. Bildern.) Stuttgart 862, Gebr. Scheitlin. cart.

—— aus dem Kinderleben. 2., umgearb. und verm. Aufl. 16. (206 S. mit 4 ill. Stnt.) Stuttgart 859, Gebr. Scheitlin.

BRAUN, ISABELLA. *Aus dem Kinderleben* und der Sommerzeit. Von Isabella Braun. Mit vier Kupfern. Stuttgart, Scheitlin [c. 1850]. VIII, 144 S. und 5(!) handkolorierten Lithographien (a. d. Titel: vier). 12°. Einfacher Hlwd. 25.—

„Oberraschend natürlich und frisch" nennt Dyrenfurth die Geschichten der Isabella Braun, sie „hat Kinder beobachtet und mit ihnen gelebt". ★ Erstausg. des reizend illustr. Büchleins.

Braun, Isabella, Aus dem Kinderleben und der Sommerzeit. gr. 16. (VIII und 144 S. mit 4 ill. Stnt.) Stuttgart 853, Gebr. Scheitlin.

—— die Kinder-Stube im Elternhause. Mit 9 lithogr. und ill. Zeichnungen von C. Offterdinger. qu. Fol. (16 S.) Stuttgart 854, Gebr. Scheitlin.

—— die Kinder-Stube im Elternhause. Neue Ausg. qu. Fol. (16 S. mit 9 lithogr. und ill. Zeichnungen von C. Offterdinger.) Stuttgart 863, Gebr. Scheitlin. cart.

— neues Kindertheater. Eine Sammlung beliebter Theaterstücke zum Selbstaufführen f. die Jugend. Nr. 1—8. 12. Ebend. 881. cart. à n. — 30

1. Der Zombi. Drama in 2 Aufzügen. Nach einer Erzählung der Eugenie Foa. (34 S.)
2. Nach der neuesten Mode. Lustspiel in 1 Aufzuge. (S. 35—62.)
3. Das Hutzelmännchen. Ein Weihnachtsspiel. (S. 63—88.)
4. Der Mutter Geburtstag. Festspiel in 2 Aufzügen. (S. 89—126.)
5. Die Heimkehr. Ein Festspiel zur Begrüßung nach einer Badereise. — Zur Genesungsfeier. Ein Festspiel in 2 Aufzügen. (S. 127—150.)

Braun, Isabella, neues Kindertheater.

Nr. 6. Ein Waldmärchen. Dramatisches Singspiel in 3 Aufzügen, componirt von Hoch u. d. T.: „Kindertreue und Elfenhilfe". (S. 1—54.)
„ 7. Der St. Nikolaus-Abend. Singspiel in 1 Aufzuge. (S. 55—89.)
„ 8. Das Namenstagsgeschenk. Ein Festspiel in 2 Aufzügen. (S. 91—130.)

—— Neues Kindertheater. Eine Sammlg. beliebter Theaterstücke zum Selbstaufführen f. die Jugend. Nr. 1 8. (3. Aufl.) 12. Ebd. 890. à Nr. — 30

1. Der Zombi. Drama in 2 Aufzügen. Nach e. Erzählg. der Eugenie Foa. (S. 1—36.)
2. Nach der neuesten Mode. Lustspiel in 1 Aufzuge. (S. 37—64).
3. Das Hutzelmännchen. Ein Weihnachtsspiel. (S. 65—90).
4. Der Mutter Geburtstag. Festspiel in 2 Aufzügen. (S. 91—128).
5. Die Heimkehr. Ein Festspiel zur Begrüßg. nach e. Badereise. (S. 129—152).
6. Ein Waldmärchen. Dramatisches Singspiel in 3 Aufzügen, komponiert v. Hoch u. d. T.: „Kindestreue u. Elfenhilfe". (S. 1—55.)
7. Der St. Nikolausabend. Singspiel in 1 Aufzuge. (S. 56—92).
8. Das Namenstagsgeschenk. Ein Festspiel in 2 Aufzügen. (S. 93—132).

— Das rosafarbene Kleid. Nepomuk, s: Bachem's Volks- u. Jugend-Erzählgn.

—— unsere Kleinen. 16. (IV, 99 S. mit 1 lithogr. und color. Titelbilde von Heinemann.) Freiburg i. Br. 870, Herder'sche Verlagsh. geb.

—— dass. — 2. Ausg. 16. (IV, 99 S. mit 1 lithogr. und color. Titelbilde von Heinemann.) Stuttgart 874, Risch.

— unsere Kleinen. Mit 1 (farb.) Titelbild v. Heinemann. 3. Aufl. (104 S.) kl. 8. Donauwörth (906). L. Auer. Kart. n. — 75

—— das Kreuz. 16. (VIII, 52 S.) Schaffhausen 869, Hurter'sche Buchh. [Stuttgart, Risch.] cart. (* ℳ 1,20.)

—— Lebensbilder. gr. 8. (IV und 202 S.) Stuttgart 855(56,) Gebr. Scheitlin.

—— Lieb und Treu. Novellen-Büchlein. 8. (VIII, 224 S.) Stuttgart 884, Bonz und Comp. * ℳ 3.; geb. *

— Liebesgrüße. Lieder u. Gedichte v. der Liebe Freud' u. Sehnen. Gesammelt u. dargeboten. 8. (96 S. m. Abbildgn. u. 1 Farbdr.) Reutlingen (900). Enßlin & Laiblin. Geb. in Leinw. m. Goldschn. 1. 80

Braun, J. *Ein Liedergruß* für gute Kinder. Von Isabella Braun. Stuttgart, Gebrüder Scheitlin [1854]. IV, 72 S. mit 6 hervorragenden, handkolor. lithographischen Tafeln. Größeres Querformat. Reich verzierter Or.Pappbd. in Dunkelbraun und Hellgrau, Leinenrücken. 45.—
Merget 142. Rolfus 49: „30 Gedichte, und zwar recht anmuthige . . ." ★ Erstausgabe. Die ganz entzückenden Bilder (vielleicht von FERD. ROTHBART?) zeigen Kinder-Genreszenen. —

— Das Mädchen f. alles, s: Jugendbücherei d. Vereins kath. deut. Lehrerinnen.

—— Mancherlei. gr. 16. (IV und 476 S. mit 1 lithogr. und ill. Titelbilde.) Freiburg im Br. 867, Herder'sche Verlagsbuchh. geb.

— Mancherlei. Mit 1 (lith. u. color.) Titelbilde. Freiburg i. B. 868. Herder. 16. (IV, 476 S.) 1 ₰ 6 ngr.

— die 12 Monate des Jahres, s. Offterdinger, C.

— e. Mutter. Erzählung. 3. Aufl. 12. (208 S. m. farb. Bild.) Ebd. 892. Kart n. 1. —

—— Mutterliebe u. Muttertreue. 8. (19 m. 7 K.) Stuttg. 54, Risch. — 25

—— Mutterliebe und Muttertreue. Gezeichnet von Ferd. Rothbart. 8. (10 S. mit 7 ill. Stnt.) Stuttgart 854, Gebr. Scheitlin.

— Namenbüchlein. 2 Bdchn. München 861, 63. Fleischmann. 8. (4 Bl., 100 S.; 4 Bl., 100 S.) Jedes Bdchn. 12 ngr.; in 1 Bd. cart. 21 ngr.

—— Namenbüchlein. 2 Bdchn. 8. (à Bdchn. VII und 100 S.) München 861,63, [Merhoff's Verlag.] cart. à Bdchn. 12 Ngr.
Zusammen in 1 Bd. cart.

Pocci, Franz Graf, als Kinderfreund u. Jugendschriftsteller. Gedenkblätter von *Isabella Braun.* (S.-A. aus den „Jugendblättern".) München 1876. Kgl. Hof- u. Univers.-Buchdr. von Dr. Wolf u. Sohn. 8°. Cart.*)
20 S. m. vielen Holzschnitten (nach Pocci'schen Zeichnungen). Starkes Papier.

—— Scherz und Ernst. Erzählungen für die Jugend. (Neue Ausg. der gesammelten Erzählungen. 2. Bdchn.) gr. 16. (III und 152 S. mit 1 ill. Stnt.) Stuttgart 861, Gebr. Scheitlin.

—— Scherz und Ernst. Erzählungen für die Jugend. 2. verm. Aufl. gr. 16. (III, 185 S. mit 2 color. Bildern nach Originalzeichn. von Ferd. Rothbart.) Stuttgart 871, Risch. geb.

— für stille Stunden. Ein Gedenkbuch. qu. gr. 8. (155 S. m. z. Tl. farb. Abbildgn.) Nürnberg 893. Th. Stroefer. Geb. in Leinw. n. 3. 50

—— allerneuestes Theaterbilderbuch. Ein plast. Bilderbuch mit bewegl. Figuren in 4 theatral. Aufzügen. Nebst einleitenden Versen und 4 Lustspielen für die liebe kleine Jugend. Imp.-4. (9 S.) Eßlingen 883, Schreiber. geb. *

—— kleine Theaterstücke für die Jugend. 1. Bd. 16. (III und 132 S. mit 1 lithogr. und ill. Titelbilde.) Schaffhausen 865, Hurter'sche Buchh. cart.

— kleine Theaterstücke f. die Jugend. 2. verm. Aufl. 2 Bdchn. Mit je 1 (lith. u.) color. Titelbild. gr. 16. (150 u. 141 S.) Eßlingen 877. Schreiber. cart. à 1. 25

—— Theaterstücke für die Jugend. 2. verm. Aufl. 2 Bdchn. Mit je 1 (lithogr. und color.) Titelbild. gr. 16. (150; 141 S.) Stuttgart 877, Hofmann und Hohl. cart. à Bdchn. ℳ 1,25.

— kleine Theaterstücke f. d. Jugend. 2 Bdchen. 3. Afl. 12° (152 u. 144 m. je 1 Farbendr.) Donauw. 90, L Auer. à 1 —

Braun, I, d. Uhr. 4. (96 m. 8 L.) Stuttg. 62, Risch. — 27

—— die Uhr. Ein Bilderbuch mit Geschichten und Versen für Knaben und Mädchen. qu. 4. (96 S. mit 8 lithogr. und ill. Bildern nach Orig.-Zeichnungen von Emil Döpler.) Stuttgart 862, Gebr. Scheitlin. cart.

—— das Vater Unser in Erzählungen für Jung und Alt. Mit Bildern von Ferd. Rothbart. 4. (III und 118 S. mit 8 ill. Stnt.) Stuttgart 854, Gebr. Scheitlin.

—— das Vater Unser in Erzählungen für Jung und Alt. 2., umgearb. Aufl. gr. 8. (III und 131 S. mit 8 lithogr. und ill. Bildern von Ferd. Rothbart.) Stuttgart 863, Gebr. Scheitlin. cart.

—— das Vater Unser in Erzählungen für Jung und Alt. Mit 8 (lithogr. und) color. Bildern von Ferd. Rothbart. 3. umgearb. Aufl. 8. (153 S.) Ebendas. 878. cart. *

— das Vaterunser in Erzählungen f. jung u. alt. Mit 8 kolor. Bildern v. Ferd. Rothbart. 4. Aufl. (157 S.) 8. Ebd. (906). Kart. n. 2. —

— Das Vaterunser in Erzählungen f. jung u. alt. 5. Aufl. (153 S.) kl. 8. Donauwörth (908.) L. Auer. Geb. 1. —

—— Im grünen Wald. Bilder aus der Natur. Mit Zeichnungen von Ferd. Rothbart. 4. (VII und 191 S. mit 7 ill. Stnt.) Stuttgart 856, Gebr. Scheitlin.

—— im grünen Wald. Bilder aus der Natur. 2. gänzlich umgearb. und verm. Aufl. 4. (412 S. mit lithogr. und color. Originalzeichnungen von Ferd. Rothbart.) Stuttgart 874, Risch. geb.

—— im grünen Wald. Bilder aus der Natur. Mit Orig.-Zeichnungen von Alb. Richter. 3. verb. Aufl. Lex.-8. (VII, 152 S.) Leipzig 889, Spamer. * ℳ 3.50.; geb. *

— im grünen Wald. Bilder aus der Natur. Mit Orig.-Zeichngn. v. Alb. Richter. 4., verb. (Titel-)Aufl. gr. 8. (III, 132 S. m. 1 farb. Titelbild.) Leipzig 893. O. Spamer. n. 3. 50; kart. n. 5. —

— im grünen Wald. Bilder a. d. Natur. M. Orig.-Zeichngn. v. Alb. Richter. 5., verb. Aufl. gr. 8. (V, 152 S. m. 1 Farbdr.) Leipzig 897. O. Spamer n. 2. 50; geb. in Leinw. n. 3. 50

— der Kinder Zeitvertreib. Ein Büchlein für kleine Knaben und Mädchen. Illustrirt von F. X. Kolb. Mit 8 (lith. u.) kolor. Bildern. Ebend. 861. 8. (31 S.) n. 10 ngr.

—— der Kinder Zeitvertreib. Ein Büchlein für kleine Knaben und Mädchen. Illustrirt von F. X. Kolb. 8. (31 S. mit 8 lithogr. und ill. Bildern.) Stuttgart 862, Gebr. Scheitlin. cart. *

Braun, Julius

Braun, Jul. (I.), Bad Oeynhausen-Rehme und die Grundzüge der allgemeinen Balneologie. 8. (IV und 180 S.) Berlin 865, Th. Enslin.

Braun, Jul., klinische und anatomische Beiträge zur Kenntniss der Spondylitis deformans als eine der häufigsten Ursachen mannigfacher Neurosen, namentlich der Spiralirritation. gr. 8. (69 S. mit 4 eingedr. Holzschn.) Hannover 875, Rümpler. *

Braun, Julius (Hrsg.), s. Blätter für Geflügelzucht.

Braun, J(ulius): Das Fortschreitungsgesetz der Primzahlen, durch eine transcendente Gleichung exakt dargestellt. *Trier 1899: J. P. Hegner.* (90 S.) 8°
Trier, k. Friedrich-Wilhelms-G, P 1899 (496)

Braun, Jul.: Ausgew. Gebete d. Israeliten. Hebr. Text m. deut. Übersetzg u. sprachl. Erklärgn f. d. 1. Kl. d. Mittelsch. u. verw. Lehranst. (32) 8° Wien, R Löwitz '12. — 50 d

Braun, Jul., Gemälde der mohammedanischen Welt. Leipzig 870. Brockhaus. gr. 8. (VII, 483 S.) n. 2 ₰ 15 ngr.

Braun, Jul., Geschichte der Kunst in ihrem Entwicklungsgang durch alle Völker der alten Welt hindurch auf dem Boden der Ortskunde nachgewiesen. 1. Bd.: Das Nilthal und Mesopotamien (Babylon und Niniveh) mit den Nebenländern Armenien, Medien, Persien, Syrien, Palästina, Arabien und die phönik. Küsten mit Cypern und Karthago. gr. 8. (XXIII und 570 S.) Wiesbaden 856, Kreidel und Niedner. *

— — 2. Bd. Kleinasien und die hellenische Welt. Ebend. 858. gr. 8. (XVIII, 748 S.) n. 3 ₰ 15 ngr

—— Geschichte der Kunst in ihrem Entwicklungsgang durch alle Völker der alten Welt hindurch auf dem Boden der Ortskunde nachgewiesen. 2. Ausg. Mit einem Vorwort von Frz. Reber. 2 Bde. gr. 8. Wiesbaden 878, Kreidel's Verlag. à Bd. * M 6. *

Inhalt:
Bd. 1. Das Nilthal und Mesopotamien (Babylon und Ninive) mit den Nebenländern Armenien, Medien, Persien, Syrien, Palästina, Arabien und die phönik. Küsten mit Cypern und Karthago. (CLVII, 576 S.)
" 2. Kleinasien und die hellenische Welt. (XVIII, 748 S.)

—— historische Landschaften. gr. 8. (IV und 410 S. mit 8 Stnt. bildl. Beilagen in qu. Fol.) Stuttgart 867, Cotta'sche Buchh.

Braun, Jul. (II.), systematisches Lehrbuch der Balneotherapie mit Berücksicht. der klimat. Therapie der Lungenphthise. gr. 8. (VIII, 536 S.) Berlin 868, Th. C. F. Enslin. *

—— dass. — 2., umgearb. Aufl. verm. um die Abhandlung des Dr. Rohden: Balneotherapie und Klimatotherapie der Lungenschwindsucht. gr. 8. (VIII, 671 S.) Ebendas. 869. *

—— dass. — Mit Einschluss der Balneotherapie und Klimatotherapie der Lungenschwindsucht von L. Rohden. 3. umgearb. Aufl. gr. 8. (XI, 714 S.) Ebendas. 873. *

Braun, J., systematisches Lehrbuch der Balneotherapie einschliesslich der Klimatotherapie der Phthisis. 4. Aufl. Lex.-8. Berlin 880. Braunschweig, Bruhn. *

Braun, Jul., systematisches Lehrbuch der Balneotherapie einschliesslich der Klimatotherapie der Phthisis. 4. umgearb. Aufl., hrsg. von B. Fromm. Lex.-8. (VIII, 667 S.) Berlin 880, Enslin. *

Braun, Jul., systematisches Lehrbuch der Balneotherapie einschliesslich der Klimatotherapie der Phthisis. 5. Aufl., hrsg. von B. Fromm. Nebst einer Anleitung zu klimatolog. Untersuchungen von W. Köppen. 1. und 2. Hälfte. gr. 8. (XVI, 706 S.) Braunschweig 886,87, H. Bruhn. à * M 7.—. *
Vgl.: Köppen, W.

Braun, Jul. (II.), Naturgeschichte der Sage. Rückführung aller religiösen Ideen, Sagen, Systeme auf ihren gemeinsamen Stammbaum und ihre letzte Wurzel. 2 Bde. gr. 8. München 864,65, Bruckmann. [1. Bd. (IV und 444 S.) * 2 Thlr. 10 Ngr., 2. Bd. (VII und 476 S. mit 1 Holzschn.) * 3 Thlr.] *

—— Naturgesch. d. Sage. 1. Bd. 8. (444) Münch. 64. (Berl., Dans.) n. 2. 10 || 2. Bd. (476) 65. n. 3. —

Braun, Julius v.: Ueber die isomeren Pulegone. *Göttingen 1898: W. F. Kaestner.* (88 S.) 8°
Göttingen, Phil. Diss. v. [29. Juni] 1898

Braun, Jul. v., üb. d. isomeren Pulegone. Diss. gr. 8. (88 S.) Göttingen 898. (Vandenhoeck & Ruprecht.) n. 2. 40

Braun, J., Rehme. Bad Oeynhausen und die chronischen Krankheiten der höheren Stände. Zur Orientirung für den Arzt und als Handbuch für den Kurgast. Mit 1 Ansicht des neuen Badehauses. 8. (VII und 149 S. und 1 Stnt.) Berlin 857, Th. Chr. Fr. Enslin. *

Braun, J., Herr Hofrath Dr. Spengler zu Ems und die deutsche Gesellschaft für Hydrologie. Ein Beitrag zur Sittengeschichte des heutigen Tages. gr. 8. (40 S.) Minden 855, (Körber und Freytag.) *

—— Studien und Skizzen aus den Ländern der alten Kultur. Vierzehn Vorlesungen. 8. (III und 415 S.) Mannheim 854, [Bassermann'sche Vrlgsh.] *

Braun, Julius W.

Braun (Frau Jul. W.), Christophine, Schillers Lieblingsschwester. Ein Lebensbild. 8. (XII, 192 S.) Berlin 901. F. Stahn. n. 2. —

Braun, Jul. W. In Fesseln. Ein Seelengemälde. 8. (III, 250 S.) Berl. 889, Fontane u. Comp. [* 4 50; geb. * 5 50]; * 3 —; geb. * 4 —

Braun, Jul. W., Wilhelm v. Grumbach. Historisches Drama in 5 Aufzügen. gr. 8. (III, 66 S.) Leipzig 881, Mutze.

[J.] Lessing im Urtheile seiner Zeitgenossen. Zeitgskritiken, Berichte u. Notizen, Lessing u. s. Werke betr. a. d. J. 1747—1781 gesamm. u. hrsg. v. Julius W. Braun. E. Ergänzg zu allen Ausgaben v. Lessings Werken. Bd 1—(3). *Berlin: F. Stahn 1884—97.* 3 Bde 8.
1. 1747—1772. 1884. (XIV, 452 S.)
2. 1773—1781. 1893. (XVI, 415 S.)
(3.) (Hrsg.: Frau Julius W. Braun.) 1897. (XI, 178 S., 1 Bl.) [97. 4394

Braun, Jul. W., Luise, Königin von Preußen, in ihren Briefen. 8. (X, 194 S.) Berlin 888, O. Hentze. geb. mit Goldschn. *

—— Johann Christoph Moldenhauer und Söhne. Bürgerliches Schauspiel in 5 Aufzügen. gr. 8. (III, 117 S.) Ebendas. 883. *

—— Schiller u. Goethe im Urtheile ihrer Zeitgenossen. Zeitungskritiken, Berichte u. Notizen, Schiller u. Goethe u. deren Werke betr., a. d. J. 1773—1812. 1. Abth.: Schiller. 1. u. 2. Bd. 1781—1800. 8. (825) Lpzg 82, Elischer. n. 15. —; geb. in Leinw. n. 18. —; Asg. auf holländ. Büttenpap. in Liebhaber-Einbd. n. 24. — || 3. (Schl.-)Bd. 1801—1806. (444) Berl. 83, F Luckhardt. n. 7. 50

— Schiller u. Goethe im Urtheile ihrer Zeitgenossen. Zeitungskritiken, Berichte u. Notizen, Schiller u. Goethe u. deren Werke betr., aus den Jahren 1778—1812, gesammelt u. hrsg. Eine Ergänzung zu allen Ausgaben der Werke dieser Dichter. 1. Abth.: Schiller. 1. u. 2. Bd. 1781—1800. gr. 8. (XIII, 415 u. 410 S.) Leipzig 882. Schlicke. n. 15. —; geb. in Leinw. n. 18. —; Ausg. auf holländ. Büttenpapier in Liebhaber-Einbd. n. 24. —

—— dass. — 1. Abthl.: Schiller. 3. (Schluß-)Bd. 1801—1805. gr. 8. (VIII, 444 S.) Berlin 882, F. Luckhardt. *

—— dass. — 2. Abthl.: Goethe. 1. Bd. 1778—1786 und 2. Bd. 1787—1801. gr. 8. (XIX, 427; XV, 399 S.) Ebendas. 883,84. à Bd. * M 7,50. * geb. à Bd. * M 9. *

—— Schiller und Göthe im Urtheile ihrer Zeitgenossen. Zeitungskritiken, Berichte und Notizen, Schiller und Göthe und deren Werke betr. aus den J. 1773—1812, gesammelt und hrsg. Eine Ergänzung zu allen Ausgaben der Werke dieser Dichter. 2. Abthl.: Göthe. 3. (Schluß-)Bd. 1802—1812. gr. 8. (XX, 311 S.) Berlin 885, Luckhardt. * geb. *
1. Abthl.: Schiller. 3 Bde. 2. Abthl.: Göthe. 1. und 2. Bd. Ebendas. 1882—84. * M 37.50.

— der Schullehrer von Closewitz. Drama in 5 Aufzügen. gr. 8. (59 S.) Berlin 880. Ißleib. n. 1. 50

— ein Traum. Schauspiel in 5 Aufzügen. 8. (73 S.) Kassel 878. Holstein. n. 1. 50

— umsonst gelebt! Roman. 8° (482) Berl. 94, F Fontane & Co. 5 —; geb. 6 —

Braun, Jul. W., ein politischer Verbrecher. Lustspiel in 4 Aufzügen. [Den Bühnen gegenüber Mscr.] 16. (153 S.) Cassel 869, Luckhardt'sche Verlagsh. *

— ein politischer Verbrecher. Lustspiel in 3 Aufzügen. gr. 8. (66 S.) Berlin 880. Ißleib. n. 1. 50

Braun, K., die Kupfervitriolkalkbrühe (Bordeauxbrühe) u. ihre Verwendung, s.: Flugblatt, 4., der k. w. Anstalt f. Pflanzenschutz in Hohenheim.

Braun, K.: Präparation zu C. Sallusti Crispi bellum Catilinae, s. Präparationen für die Schullektüre.

Braun, K.: Präparation zu C. Sallusti Crispi Bellum Jugurthinum, s. Präparationen für die Schullektüre.

— Präparation zu Xenophons Hellenika, s.: Krafft u. Ranke's Präparationen f. die Schullektüre.

Braun, K.: Präparation zu Xenophons Hellenika, s. Präparationen für die Schullektüre.

Braun, K., Präparation zu Sallust's Jugurtha, bezw. Katilina, s.: Krafft u. Ranke's Präparationen f. die Schullektüre.

Braun, K. W., s. Tiefen, die, des menschl. Herzens.

Braun, Karl [app. Arzt aus Giessen]: Aus d. patholog. Institut zu Giessen. Ueber die Abschnürung der Ovarien ... M. e. Taf. Giessen, grossh. Hof- u. Univ.-Dr. C. v. Münchow, 1896; 43 S., 1 Taf. 8.
Giessen, Med. Fak., Inaug.-Diss. v. 1896

Braun, Carl, Amerikanismus, Fortschritt, Reform. Ihr Zusammenhang, Zweck u. Verlauf in Amerika, Frankreich, England u. Deutschland. (III, 80 S.) gr. 8. Würzburg 904. Göbel & Scherer. n. 1.—

Braun, C., Stadtpfarrer Michael Beckert zu St. Peter in Würzburg. Sein Antheil an der Entwickelg. des religiösen Lebens in Stadt u. Diözese Würzburg erzählt zur Erinnerg. u. Erbaug. gr. 8. (IV, 63 S. m. Bildnis.) Würzburg 894. A. Göbel. n. — 80

Braun, Karl, Bedenken üb. Dr. Ehrhards Vorschläge zur Versöhnung der modernen Cultur u. des Protestantismus m. der katholischen Kirche. gr. 8. (III, 156 S.) Linz-Urfahr 902. Verlag d. kathol Preßvereines. n. 2.50

Bedenken über Dr. Ehrhards Vorschläge zur Versöhnung der modernen Cultur und des Protestantismus mit der katholischen Kirche. Von Dr. Karl Braun, Dompfarrer in Würzburg. 2. u. 3. verm. Aufl. *Linz-Urfahr: Kath. Pressverein 1902.* (163 S.) 8° [J.] [03. 1005] 10

— Zusätze u. Erläuterungen zu meinen Bedenken üb. Ehrhards Buch „Der Katholicismus u. das 20. Jahrh." Entgegnung auf dessen Angriffe in „Liberaler Katholicismus?" gr. 8. (54 S.) Linz-Urfahr 902. Verlag des kathol. Preßvereines. n. — 70

Braun, Carl [Apotheker aus Biebrich am Rhein]: Beiträge zur Anatomie der Adansonia digitata L. Basel 1900. 56 S. 8°.
Basel. Phil. Diss. 1899/1900.

Braun, Beiträge zu einer Monographie der Gicht. 1. Heft. gr. 8. (VI und 180 S.) Wiesbaden 860, (Jurany und Hensel.) *

Braun, Carl, Beiträge zu einer Monographie der Gicht. 1. Heft. Wiesbaden 860. (Kreidel.) gr. 8. (VI, 130 S.) n. 20 ngr.

Braun, Carl, Berichte v. dem erzbischöflichen Haynald'schen Observatorium zu Kalocsa in Ungarn üb. die daselbst in den ersten 5 Jahren ausgeführten Arbeiten. gr. 4. (VIII, 178 S. m. Illustr. u. 19 Taf.) Münster 886. Aschendorff. n. 10.—

Braun, C, Berichte v. d. erzbischöfl. Haynald'schen Observatorium zu Kalocsa in Ungarn üb. d. daselbst in d. ersten 5 Jahren ausgeführten Arbeiten. 4. (178 m. Illustr. u. 19 Taf.) Münst. 87, Aschendorff. n. 10. —

Braun [-Wiesbaden], Carl, Bilder aus der deutschen Kleinstaaterei. 2 Bde. gr. 8. (VII, 414; VII, 419 S.) Leipzig 869, O. Wigand. *

Braun [-Wiesbaden], Carl, Bilder aus der deutschen Kleinstaaterei. Neue Folge. 2 Bde. gr. 8. (VI, 335; VI, 338 S.) Berlin 870, Kortkampf. *
geb. *

Braun [-Wiesbaden], Karl, Bilder aus der deutschen Kleinstaaterei. 2. genau durchgeseh. und stark verm. Aufl. 5 Bde. gr. 8. Hannover 876, Rümpler. (* ℳ 30.)

Inhalt:

Bd. 1. Die Vorhalle. (XV, 374 S.) (* ℳ 6.) ℳ 3.
" 2. Der Geschichtsbilder-Saal. (389 S.) (* ℳ 6.) ℳ 3.
" 3. 4. Der Kleinstaatsbilder-Saal. 2 Thle. (335; 339 S.) (* ℳ 12.) ℳ 6.
" 5. Das Cabinet für kleine Kulturbilder. — Die Ruhmeshalle. (352 S.) (* ℳ 6.) ℳ 3.

—— Bilder aus der deutschen Kleinstaaterei. 5 Bde. 3. Aufl. 8. [Hannover 881, Rümpler.] Braunschweig, Sattler. à Bd. ℳ 3.

Inhalt:

Bd. 1. Bilder aus vier Jahrhunderten. 1570—1870. (XVI, 375 S.)
" 2. Kriegs- und Parlaments-Bilder. 1866—1870. (389 S.)
" 3. Bilder aus Nassau, Würtemberg und Hessen-Darmstadt. 1860—1871. (335 S.)
" 4. Bilder aus Kurhessen, Hannover und Bayern. (339 S.)
" 5. Kleine Kultur- und große Ruhmesbilder. 1864—1874. (352 S.)

—— blutige Blätter. Erzählungen. 8. (285 S.) Breslau 883, Schottländer. * ℳ 3.; geb. *

— der Ehrenwache Blumenstrauß. Uebgn. verschied. Tugenden u. Andachten f. d. Mitglieder d. Erzbruderschaft d. Ehrenwache d. göttl. Herzens Jesu. gr. 16. (IV, 66 S.) Würzburg 897. Burkardus-Druckerei. — 50

Braun, Carl (II.), 4 Briefe eines Süddeutschen an den Verf. der „4 Fragen eines Ostpreußen." 1. und 2. Abdr. 8. (XXII und 70 S.) Leipzig 867, Hirzel. *

—— Champagner. Ein Kapitel aus meinem Wein-Brevier. 8. (83 S.) Leipzig 881, Reißner. * ℳ 1,50.; cart. *

Braun, Karl, Prof.: Vergleichende Darstellung der Mundarten in der Umgebung von Heilbronn a. N. ⟨Schwäbisch-fränkisches Grenzgebiet.⟩ Heilbronn 1906: C. Rembold. (46 S., 2 Karten.) 8°
Heilbronn, OR u. RG P 1906 (748)

Braun, Carl [aus Cöln a. Rh.]: Über die Diagnose der Blasenruptur. ... Berlin. Buchdr. v. Gustav Schade (Otto Francke) (1890); 30 S. + 1 Bl. 8°
Berlin, Med. Fak., Inaug.-Diss. v. 4. Jul. 1890

—— der Diamanten-Herzog. Ein deutscher Prinzenspiegel. gr. 8. (193 S.) Berlin 881, Hofmann und Comp. *

Braun, Karl, der Diamanten-Herzog. gr. 8. Berlin 881. Hamburg, Verlagsanstalt und Druckerei, A.-G. *

Braun, Karl, Distinguo. Mängel und Übelstände im heutigen Katholicismus, nach Prof. Dr. Schell in Würzburg und dessen Vorschläge zu ihrer Heilung. Ein Wort zur Verständigung. Mainz, Kirchheim, 1897, gr. 8°, 88 S., 1,20 Mk.

[Ant. u. J.] Distinguo. Mängel u. Übelstände im heutigen Katholizismus nach Prof. Dr. Schell in Würzburg und dessen Vorschläge zu ihrer Heilung. E. Wort z. Verständigg v. Dr. C[arl] Braun, Dompfarrer in Würzburg ... 3. Aufl. *Mainz: F. Kirchheim 1897.* (1 Bl., 87 S.) 1 Bd 8. [97. 4793]

—— Dasselbe. 4. Aufl. Unter Berücksichtigung der 6. Aufl. von Schell: „Der Katholicismus als Princip des Fortschritts". Ebendas. 1897, gr. 8°, 126 S., 1,50 Mk.

—— Iterum distinguo. Nachtrag zu den 3 ersten Aufl. und Auszug aus der 4. Aufl. des Distinguo. Daselbst 1897, gr. 8°, 46 S., 2. Aufl., 50 Pf.

[Ant. u. J.] Iterum distinguo. Nachtrag zu d. drei ersten Auflagen u. Auszug aus d. 4. Aufl. des 'Distinguo' v. Dr. C. Braun, Dompfarrer in Würzburg ... *Mainz: F. Kirchheim 1897.* (46 S.) 1 Bd 8. [97. 6347]

Braun, Karl, d. Doppelgänger, s.: Volkserzählungen, neue.

Braun, Carl, über zwei neue geographische Entwurfsarten. [Aus „Wochenschrift für Astronomie etc."] Halle 867. (Schmidt.) gr. 8. (8 S. u. 1 lith. Taf.) n. 5 ngr.

—— Zur Erinnerung an Joh. Bapt. Renninger ss. Theol. Dr. Sein Leben u. Wirken, dargestellt. gr. 8. (76 S. m. Bildnis.) Würzb. 892, Göbel. * 1 —

Braun, Karl, Arzt a. Düsseldorf: Über 50 Fälle von Leberzirrhose, welche während der letzten 8 Jahre in der medizinischen Universitäts-Klinik zu Halle a. S. zur Beobachtung gelangten. Halle a. S. 1908: C. A. Kaemmerer & Co. (69 S.) 8°
Halle, Med. Fak., Ref. v. Mering, Diss. v. 12. März 1908
[Geb. 13. Okt. 75 Düsseldorf; Wohnort: Dresden; Staatsangeh.: Preußen; Vorbildung: Gymn. Düsseldorf Reife O. 95; Studium: Göttingen 1, München 1, Kiel 2, Straßburg 2, Würzburg 2, Straßburg 1, Bonn 3 S.; Coll. 21. Febr. 08; Approb. 22. Dez. 01.]

Braun, Karl: Die Fette u. Öle sowie d. Seifen- u. Kerzenfabrikation u. d. Harze, Lacke, Firnisse, s. a. Sammlung Göschen 335—37.

Die Fette und Öle sowie die Seifen- und Kerzenfabrikation und die Harze, Lacke, Firnisse mit ihren wichtigsten Hilfsstoffen. Von Dr. Karl **Braun**. 1–3. Leipzig: Göschen 1907. 8°
1. Einführung in d. Chemie, Besprechung einiger Salze u. d. Fette u. Öle. 2. Die Seifenfabrikation, d. Seifenanalyse u. d. Kerzenfabrikation. Mit 25 Abb. 3. Harze, Lacke, Firnisse.
(Sammlung Göschen. 335–37.) A12.1235 II

—— s. Gerhard's, Wilh., Gesänge der Serben,

—— gegen G. G. Gervinus. gr. 8. (III, 78 S.) Leipzig 871, Duncker und Humblot. *

Geschichte der Heranbildung des Klerus in der Diöcese Wirzburg seit ihrer Gründung bis zur Gegenwart. Von Dr. C[arl] **Braun**. (T. 1.) Bd 2. Wirzburg: Stürmer (2: Mainz: Kirchheim) 1889–97. 8°
(1. 742–1632.) Festschrift z. 3. Säkularfeier d. bischöfl. Klerikalseminars ad Pastorem bonum (Mit 1 Taf.) 1889. (11. 3138

— Gesch. d. Heranbildg d. Klerus in d. Diöc. Wirzburg seit ihrer Gründg bis z. Gegenwart. 2 Bde. 8° Mainz 97, F Kirchheim. à 6 —
1. (Neue [Tit.-]Ausg.) (428 m. 1 Grundriss.) [80.] — 2. (432)

Braun, Karl: Gesch. v. Königshofen bei Strassburg. Festschrift '11. (8. 104 m. Abb., 3 Taf. u. 1 Kte.) 8° Strassbg., KJ Trübner '11. 1.50 d

Braun, Geschichte des Ulanen-Regiments Großherzog Friedrich von Baden (rheinisches) Nr. 7, s.: Epner.

Braun, Karl, Für Gewerbefreiheit und Freizügigkeit durch ganz Deutschland. Aus den Verhandlungen der nassauischen Abgeordneten-Versammlung. Frankfurt a. M. 860. Sauerländer's Verlag. gr. 8. (VII, 68 S.) 10 ngr.

Braun, Karl, „Deutscher Glaube“? Entgegnung auf eine Schrift von A. Geigel, Prof. der Medizin an der Universität Würzburg: „Über Wissen und Glauben“. Mainz, Kirchheim, 1884, 8°, III, 64 S., 75 Pf.
Vgl. Braun, Friedrich.

Braun, Carl, S. J., üb. d. Gravitations-Konstante, d. Masse u. mittl. Dichte d Erde n. neueren experiment. Bestimmgn [Aus: „Natur u. Offenbarg.“] gr. 8. (44 S.) Münster 897. Aschendorff. n. — 80

— dasselbe. [Aus: „Denkschr. d. k. Akad. d. Wiss.“] gr. 4. (74 u. 3 S. m. 8 Fig. u. 3 Taf.) Wien 896. (C. Gerold's Sohn.) n. 5. 60

—— für den deutsch-französischen Handelsvertrag. Rede, gehalten in der öffentl. Sitzung der 2. Kammer der nassauischen Ständeversammlung vom 9. Juli. gr. 8. (22 S.) Wiesbaden 862, Limbarth. *

Braun, das aufgelöste Haus der Abgeordneten. Vortrag gehalten in der Versammlung der drei Bau-Vereine der Stadt Bonn. 1. u. 2. Aufl. Bonn 862. Henry. gr. 8. (23 S.) 3 ngr.

Braun, Carl, appr. Arzt a. München: Hernia parajejunalis. ⟨Mit 1 Taf.⟩ München 1907: C. Wolf & Sohn. (30 S.) 8°
München, Med. Fak., Ref. v. Bollinger, Diss. v. 30. Dez. 1907
[Geb. 9. Nov. 82 München; Wohnort: München; Staatsangeh.: Bayern; Vorbildung: Maximilians-Gymn. München Reife Juli 01; Studium: München 5, Freiburg i. B. 1, München 4 S.; Coll. 30. Dez. 07; Approb. 14. Dez. 07.]

—— Die ersten fünfundzwanzig Jahre d. Seminars f. junge Adelige, gegründet v. Jul. Echter, Fürstbischof v. Wirzburg [1607–1632]. 8. (21 S.) Würzb. 889, Stürmer. * — 40

Braun K, über die Industrie Amerikas. (Sig wiss. u krit. Schriften 10) Berlin 1878

Braun, Karl: Iterum distinguo, s. Braun: Distinguo.

Braun-Wiesbaden, Karl, der Kadettenmord in Weilburg. Ein Kriminalfall aus der Kaserne. — Der Waldbauer. — Zehn Minuten Aufenthalt. Kriminal-Novellen. (96 S.) 8. Neuweißensee (905). E. Bartels. n. 1. —

Braun, C., die Kirchenpolitik der deutschen Katholiken seit dem J. 1848 in ihren Zielen u. Regeln. Zur Gedenkfeier an die Versammlung des deutschen Episcopats in Würzburg vom 22. X. bis 16. XI. 1848. gr. 8. (56 S.) Mainz. 899. F. Kirchheim. n. — 80

Braun [Wiesbaden], Karl, die Kolonisations-Bestrebungen der modernen europäischen Völker und Staaten, s. Zeitfragen. volkswirthschaftliche.

Braun, K, üb. Kosmogonie v. Standpunkt christl. Wissenschaft, m. e. Theorie d. Sonne u. einigen darauf bezügl. philosoph. Betrachtgn. 8. (815) Münst. 88, Aschendorff. n. 4. 50

Braun, Karl. Über Kosmogonie vom Standpunkt christlicher Wissenschaft, m. e. Theorie der Sonne u. einigen darauf bezügl. philosoph. Betrachtgn. gr. 8. (XII, 315 S.) Münster 889, Aschendorff. * 4 50
Aus: Natur u. Offenbarung, besonders abgedruckt.

Ueber Kosmogonie vom Standpunkt christlicher Wissenschaft nebst e. Theorie d. Sonne u. einigen darauf bezügl. Philosophischen Betrachtgn v. Carl **Braun**, S. J. . . ., em. Dir. d. Sternwarte in Kalocsa. 2. verm. u. verb. Aufl. *Münster: Aschendorff 1895.* (XXIV, 405 S.) 1 Bd 8. 96. 1815

Braun, Carl, S. J., über Kosmogonie vom Standpunkt christlicher Wissenschaft, nebst e. Theorie der Sonne u. einigen darauf bezügl. philosoph. Betrachtungen. 3. verm. u. verb. Aufl. (XXIII, 491 S.) gr. 8. Münster 905. Aschendorff. n. 7. 50

—— Während des Krieges. Erzählungen, Skizzen und Studien. gr. 8. (VI, 481 S.) Leipzig 871, Duncker und Humblot. [Moderne Antiquariatsh.] (*M 8.) *
geb. *

Braun, K. Der Krieg und die Eisenbahnen. (Berlin 1871.) 8°. (Aus: Vierteljahrsschrift f. Volkswirtschaft u. Kulturgeschichte.)

Braun, Carl [J'Burracian], s. Kunst, die, beliebt zu sein.

Braun[-Wiesbaden], Karl, Landschafts- und Städtebilder. 8. (XV, 442 S.) Glogau 880, Flemming. geb. * 7 —

— die Männer des Zollvereins, s.: Zeitfragen, volkswirthschaftliche.

—— aus der Mappe eines deutschen Reichsbürgers. Kulturbilder und Studien. 3 Bde. gr. 8. (XVI, 387; VIII, 380; IV, 351 S.) Hannover 874, Rümpler.

—— Mordgeschichten. 2 Bde. gr. 8. (357; 303 S.) Hannover 874, Rümpler. *

Braun, Carl, der kleinstaatliche Muster-Beamte aus „Bilder aus der deutschen Kleinstaaterei“. Ein Kabinetsstück. Hrsg. in Stolzescher Stenographie m. Genehmigg. d. Autors v. H. Paul. gr. 16. (15 S.) Lübeck 893. (Lübcke & Hartmann.) n. — 50

— kulturgeschichtliche Novellen. [Der Archimandrit. — Generalbeichte eines westfäl. Edelmanns.] 8. (XIII, 171 S.) Leipzig 881. Reißner. n. 1. 50; geb. n. 2. —

Braun, Karl (Dompfr.), Organisation oder Schablone? Vorfragen über gemeinschaftliche Selbsthilfe erwerbstätiger Frauen und Mädchen mit Rücksicht auf die allgemeine Frauenfrage. gr. 8⁰. Würzburg, V. Bauch, 1906.

— Pandämonium. Kriminal- u. Sittengeschichten aus drei Jahrhunderten. 2 Bde. gr. 8. (VII, 259 u. 227 S.) Hamburg 887. J. F. Richter. n. 9. —

—— Parlaments-Briefe. 1. Abthl.: Friedliche Briefe über den socialen Krieg. gr. 8. (VII, 103 S.) Berlin 869, Herbig. *

Braun, Carl (I.), das Passagen-Mikrometer. Apparat zur genaueren Bestimmung der Zeit von Sterndurchgängen, der Rectascensionen der Gestirne und der geograph. Länge. Das Nephoskop. Instrument zur Bestimmung der Richtung und der Geschwindigkeit des Windes in höheren Regionen nebst einem Anh. über einige militär. Erfindungen. gr. 8. (VIII und 40 S. mit 2 Stnt. in 4.) Leipzig 865, O. Wigand. *

Braun, C., der Begriff „Person" in seiner Anwendung auf die Lehre von der Trinität u. Incarnation, auf dogmengeschichtlicher Grundlage dargestellt. Von der theol. Facultät zu Würzburg gekrönte Preisschrift. gr. 8. (XI, 62 S.) Mainz 876. Kirchheim. n. 2. 40

Braun, Carl, Preciosa. Schauspiel in 4 Aufzügen. Göttingen 862. (Deuerlich.) 8. (108 S.) n. 15 ngr.

— die katholische Predigt während der J. 1450—1650 üb. Ehe u. Familie, Erziehung, Unterricht u. Berufswahl. Nebenarbeit aus den Vorstudien f. den 2. u. geschichtl. Bd. des Werkes „Volentibus et Valentibus, zeitgemäße Bildg., vermittelt durch die Volksschule u. ihre Lehrer". Nach handschriftl. u. gedruckten Quellen. (III, 109 S.) gr. 8. Würzburg 904. Göbel & Scherer. n. 1. 60

Braun, Karl (Hrsg.), s. Prince-Smith, J.: Gesammelte Schriften. Bd. 2 u. 3.

Braun, C. Über ein verbessertes Prisma à vision directe (1883).

Braun-Wiesbaden, Karl. Eine türkische Reise. I. Bd. Die Donau, Serbien, Rumänien. II. Bd. Fragmente aus der Türkei: Constantinopel, Adrianopel, Saloniki; Türken, Bulgaren, Arnauten, Albanesen, griechische Griechen und türkische Griechen, Serben, Juden, Sephardim; bei einem zerbrochenen Wagen. Anhang: Eine böhmische Woche. III. Bd. Fragmente aus der Türkei. Die Consulargerichtsbarkeit. Türkische und ägyptische Justiz. Das internationale Recht und dessen Reform. Postalische Zustände in der Türkei. Türkisch-serbische Unterhaltungen in den Herculesbädern bei Mehadia (1876). Die türkischen Frauen. (3 Bde.) 8. Stuttgart 1876—1877.

— eine türkische Reise. 2 Bde. gr. 8. Stuttgart 876. Auerbach. à n. 5. —
1. Die Donau. — Serbien. — Rumänien. (VIII, 495 S.)
2. Fragmente aus der Türkei. (XV, 450 S.)

— eine türkische Reise. 3. Bd. Fragmente aus der Türkei. gr. 8. (XIII, 397 S.) Berlin 877. Auerbach. n. 5. — (1—3.: n. 15. —)

Braun[-Wiesbaden], K., eine türkische Reise. 3 Bde. gr. 8. Stuttgart 876,77. Leipzig, Unflad.

— Reisebilder. gr. 8. (XXVI, 392 S.) Ebend. 875. n. 5. —

— Reise-Eindrücke aus dem Südosten. Ungarn, Italien, Dalmatien, Montenegro, Griechenland, Türkei. 3 Bde. gr. 8. (IX, 211, VIII, 246 u. X, 272 S.) Ebend. 878. à n. 3. —

— Reisestudien. gr. 8. (VIII, 400 S.) Ebend. 875. n. 5. —

—— Doctor Sackauer. Neue Bilder aus der deutschen Kleinstaaterei. 8. (234 S.) Ebendas. 881. ℳ 1,50.; geb. * 2 —

—— Frankfurt's Schmerzensschrei und Verwandtes. 1. Aufl. (IV, 110 S.) 1868, und 2. Aufl. gr. 8. (95 S.) Leipzig 869, O. Wigand.

Braun-Wiesbaden, Karl, der Staat u. die Volkswirthschaft, s.: Zeitfragen, volkswirthschaftliche.

—— Tokay und Jókai. 8. Berlin 873, Freund und Jeckel. *

—— Tokay und Jókai. Bilder aus Ungarn. 8. (V, 436 S. mit 1 lithogr. Illustr.) Berlin 873, Stilke. *

Braun, Karl: Das Trigonometer. 1883.

— Das rheinische Ulanen-Regiment Nr. 7 im deutsch-französ. Kriege 1870/71. Auf Befehl des Regimentskommandeurs zusammengestellt. Mit Illustr. v. Ernst Zimmer u. 2 Karten. (VIII, 191 S.) Lex. 8. Berlin 909. G. Stilke. Geb. 2. —

—— die Vagabundenfrage, s. Zeitfragen, volkswirthschaftliche.

Braun, Karl aus Kassel in Hessen: Ueber Veränderungen im Gewebe entlaubter Stengel und Zweige. *(Erlangen 1899.)* (16 S.) 8°
Erlangen, Phil. Diss. v. 17. Mai 1899

—— für die Verfassung des norddeutschen Bundes. Rechenschafts-Bericht, den Wählern des 2. nassauischen Wahlbezirks am 29. April 1867 erstattet. gr. 8. (82 S.) Wiesbaden 867, Limbarth. *

Bisheriges und künftiges Verhalten der deutschen Katholiken in der Arbeiterfrage. Dr. Carl Braun, Dompfarrer. Würzburg: V. Bauch in Komm. 1906. (136 S.) 8° [Umschlagt. J.] [06. 7871

—— die wirthschaftlichen Verhältnisse des Herzogth. Nassau. Rede in der Adreß-Debatte der 2. Kammer gehalten. gr. 8. (19 S. mit 4 finanz-statist. Tab.) Wiesbaden 865, Limbarth. *

Braun, Karl (Hrsg.), s. Vierteljahrsschrift f. Volkswirthschaft ...

— „Volentibus et valentibus". Zeitgemäße Bildg., vermittelt durch die Volksschule u. ihre Lehrer. Beiträge zu e. Apologie des christl. Jugendunterrichts. 1. Tl. Philosophische u. pädagog. Grundfragen. gr. 8. (V, 706 S.) Mainz 902. F. Kirchheim. n. 12. —

Braun[-Wiesbaden], Karl, von Berlin nach Leipzig. Reichs-, rechts-, wirthschafts- und kulturgeschichtl. Plaudereien. 8. (XVI, 336 S.) Leipzig 880, Reißner. *

—— von Friedrich dem Großen bis zum Fürsten Bismarck. Fünf Bücher Parallelen zur Geschichte der preußisch-deutschen Wirthschaftspolitik. gr. 8. (VI, 334 S.) Berlin 882, Simion. *

—— der Weinbau im Rheingau, s. Sammlung gemeinverständlicher wissenschaftlicher Vorträge.

—— die Wisbyfahrt. Reisebriefe von den deutschen, dän. und schwed. Ostseegestaden. 8. (V, 327 S.) Leipzig 882, Brockhaus. ℳ 6.; geb. * 7 —

— Zeitgenossen. Erzählungen, Charakteristiken u. Kritiken. Gesammelte Feuilletons. 2 Bde. gr. 8. (IX, 382 u. V, 313 S.) Braunschweig 877. Vieweg & Sohn. n. 12. —

Braun, Karl (Wiesbaden)
Die Zins-Wucher-Gesetze, vom Standpunkte der Volkswirthschaft, der Rechtswissenschaft und der legislativen Politik beleuchtet von Karl Braun und Max Wirth.
Mainz: V.v. Zabern 1856.
[An Stelle einer Dissertation eingereicht.]
Dr. Jur. Giessen 28.6.1856.

Braun, Karl, Das Zwangs-Zölibat für Mittellose in Deutschland. (Berlin 1867.) 8.

— Carl Adolph (Jena), De juribus episcopi catholici in Germania. Diss. jur. Präs. Jo. Georg Estor. Jena (Ritter) 24. IX. 1740. 54 S. (5.—)

Dissertatio mathematica de Reductione Polygonorum irregularium ad Polygona regularia, quam Rectore Magnificentissimo Seren. Principe ac Domino Guilielmo Henrico Duce Saxoniae reliqua Praeside *Jo. Christ. Stockio* Philosoph. et Medicin. Doctore illius Professore publico et Acad. Nat. Curios. Collega Patrono et Praeceptore omni honoris cultu prosequendo die V. Martii 1740 publicae Eruditorum Disquisitioni subjiciet auctor *Carolus Adolphus Braun*, L. L. C. Jenensis. Loco horisque consuetis. Jenae Litteris Jo. Christ. Croeckeri. 4. 37 S.

Braun, Karl Aug., rechtl. Aeußerungen in Hinsicht auf Location ärztlicher, wundärztl. u. Apothekerforderungen bei vorkomm. Concursen. 8. Stuttg. 807.

Braun, Carl Dan., Untersuchungen über ammoniakalische Cobalt-Verbindungen. Inaugural-Dissertation. gr. 8. (53 S.) Göttingen 862. (Darmstadt, Köhler's Verlag.) *-

Braun, Karl Ferdinand, Physiker, s. Braun, Ferdinand

Braun, *Karl Friedrich Wilhelm*, Professor an der Gewerbeschule in Bayreuth, † Bayreuth 21. Juni 1864.
—— Beiträge zur Urgeschichte der Pflanzen. Programm der Gewerbschule zu Bayreuth. Bayreuth, typ. Birner. 1843. 4. 23 p., 2 tab.
Cat. of sc. Papers I. 585.

Braun (C. F. W.). Beiträge zur Urgeschichte der Pflanzen. Weltrichia, eine neue Gattung fossiler Rhizantheen. (No. 6, als Programm z. Jahresber. d. Kgl. Kreis-Landwirthschafts- und Gewerbeschule zu Bayreuth. 1848/49.) 4.

Braun, C. Fr. Wilh.: Beitraege zur Urgeschichte der Pflanzen. Num. VII. pg. 3-15. 4°. Mit 3 Tafeln. Theodor Burger.
Progr. Bayreuth 1853/54.

—— Bemerkungen über einige Cycadeen. (Sep.-Abdr. a. Sitzungsber. d. Gesellsch. naturf. Freunde. 1876.) Berlin 1876. 8.

Braun, Carl Fr. Wilhelm: Zur Geschichte des Vorkommens von fossilem Brennstoff. pg. 13-20. 4°. F.C. Birner.
Progr. Bayreuth 1838/39.

Braun, Karl Friedrich Wilhelm: Ueber das Bayreuther versteinte Holz. pg. 3-8. 4°. Heinrich Höreth.
Progr. Bayreuth 1858/59.

Braun (C. F.). Versteinten Holz in die Pflanzenschichte bei Bayreuth. Bayreuth, 1860. 4°.

Braun, C. Fr. W.: Ueber Placodus gigas. Agassiz. und Placodus Andriani. Münster. pg. 3-16. 4°. Theod. Burger.
Progr. Bayreuth 1861/62.

Braun, C. Fr. W.: Ueber Placodus quinimolaris. pg. 3-10. 4°. Heinr. Höreth.
Progr. Bayreuth 1862/63.

Braun, C.F.W.: Die giftigen Thiere. Ein Versuch. pg. 3-20. 4°. F.C. Birner.
Progr. Bayreuth 1840/41.

Braun, Carl Friedrich Wilhelm: Die Thiere in den Pflanzenschiefern der Gegend von Bayreuth. pg. 3-11. 4°. Mit einer Tafel. Theod. Burger.
Progr. Bayreuth 1859/60.

Braun, F. Verzeichniss der in der Kreis-Naturalien-Sammlung zu Bayreuth befindlichen Petrefacten. Mit einer geognostisch-petrefactologischen Karte von Ober-Franken. Leipzig. 1840. 4.

Braun, Car. Henr. Julius (geb. Magdeburg 17. 3. 1822): Theoria de chinino ejusque ad pyaemiam sanandam cum aliis commendatio. Berolini (1845). (27 S.) 8°
Berlin, Med. Diss. v. 16. Juli 1845

Braun, Karl Edw., versuchte Beantwortung der von d. Herzogl. Oldenburg. Regierung im J. 1822 aufgestellten Preisfrage üb. das gelbe Fieber. gr. 8. Cassel 827. Krieger. 16 gr

Braun, Carl Ludwig (Giessen)
Thesen aus der gesammten Heilkunde, welche den 2.12.1819 zur Erlangung der Doctorwürde in der Medicin, Chirurgie und Geburtshülfe öffentlich vertheidigen wird Carl Ludwig Braun, aus Giessen.
Giessen: Schröder 1819. 6 S.
Dr. med. 2.12.1819.

Braun, Dr. Karl R. — Lehrbuch der Geburtshülfe mit Einschluß der operativen Therapeutik, der übrigen Fortpflanzungs-Funktionen der Frauen und der Puerperalprozeße. Von — —. Mit 141 Holzschnitten. Wien, 1857. Druck von Hirschfeld. Wilhelm Braumüller. (528 S. 8.)

Braun, Carl R., Lehrbuch der Geburtshülfe mit Einschluss der operativen Therapeutik, der übrigen Fortpflanzungs-Functionen der Frauen und der Puerperalprocesse. Lex.-8. (XXIV und 1014 S. mit 150 eingedr. Holzschn.) Wien 857, [Braumüller's Verlags-Conto.] Subscr.-Pr. *
Vgl. Braun von Fernwald, Carl Ritter **Ladenpr. ***

Braun, Kaspar (Hrsg.), s. Blätter. – Fliegende Blätter.

Braun, Kasp., s.: Braun-Bilderbogen.

Braun, Kaspar (Hrsg.), s. Haus-Chronik.

Braun, Kasp., das Landwehr-Zeughaus in München. 8. (115 S. mit eingedr. Holzschn.) München 866, Braun und Schneider. cart. *

Braun, Kätchen, Gretchen's Erbschaft. Zwei Erzählgn. f. die liebe Jugend. gr. 16. (24 S.) Mülheim a/R. 887. Buchhandlg. d. evang. Vereinshauses. n. —10

Braun, Katharine, neues bewährtes Kochbuch für Fleisch- u. Festtage; nach dem jetzigen Geschmack eingerichtet. 8. Wien 798. Ant. Doll. 14 gr

Braun, [Konrad]: †Direktor Professor Dr. Thomas Achelis geboren am 17. Juni 1850 gestorben am 17. Juni 1909. S. 3. 4.
Progr. Neues Gymn. *Bremen* 1910

Braun, Konr., Quaestiones Terentianae. Dissertatio inauguralis. gr. 8. (40 S.) Gottingae 877. (Jena, Deistung's Buchh.) *

Braun, Konst. v., taktische Eindrücke während des südafrikanischen Krieges in Natal 1899—1900, ergänzt während der Kriegsgefangenschaft in St. Helena 1901—1902. (III, 48 S.) gr. 8. Berlin 908. R. Eisenschmidt. n. 1. —

Braun, K. v., Reit-Erinnerungen, s.: Whyte-Melville, G. J.

Braun, Kurt, vermischte Gedichte. (VIII, 72 S.) kl. 8. Dresden 906. E. Pierson. n. 1. 50; geb. n. 2. 50

Braun, Kurt, Rechtsanwalt: Das Handelsgeschäft der Ehefrau im gesetzlichen Güterstande des bürgerlichen Gesetzbuches. (Angerburg [1910]: Dr. d. Kinderkrüppelheims.) 47 S. 8°
Heidelberg, Jur. Diss. v. 11. Juni 1910, Ref. Schröder
[Geb. 12. Dez. 77 Lötzen; Wohnort: Schwedt a. O.; Staatsangeh.: Preußen; Vorbildung: Wilhelms-Gymn. Königsberg i. P. Reife O. 96; Studium: Königsberg 2, Straßburg 1, Berlin 4 S.; Rig. 5. März 10.]

Braun, L. v., Erinnerungsblätter aus der Geschichte Altenburgs in den Jahren 1525—1826, als Festgabe zur Feier des Einzugs unserer erhabenen Fürsten-Familie in Dero neue Residenzstadt Altenburg vor 50 Jahren, den 23. Novbr. 1826, unter Ihrem damaligen ehrwürd. Familienhaupt, dem höchstsel. Herzog Friedrich zu Sachsen-Hildburghausen. Mit einer Ansicht der Stadt Altenburg vom Jahre 1650, der ältesten noch existirenden, in Lichtdruck, sowie mit urkundlichen Beilagen. gr. 8. (IV, 636 S.) Altenburg 876. Bücher. n. 8. —; cart. n. 9—; geb. m. Goldschn. n. 10. 50

v. Braun, L., über d. Erkenntniß u. Behandl. d. Pemphigus. 8. Freiburg 824. Herder. 16 gr

Braun, L. Der Kampf um Weißenburg am 4. Aug. 1870. Photographien mit Beschreibung. München 1887. 10 Taf. 4°

Braun, L., experimenteller Spiritualismus u. Spiritismus oder wie steht es mit dem Leben nach dem Tode? gr. 8. (VIII, 139 S.) Leipzig 879. Mutze. n. 2. —

Braun, Leonhard, aus Frankfurt a. M.: Über die Beeinflussung der Absorptionskoeffizienten von Stickstoff und von Wasserstoff in wässrigen Lösungen durch Stoffe verschiedenen Dissoziationsgrades. *Berlin (1900): G. Schade.* (46 S.) 8°
Berlin, Phil. Diss. v. 17. Febr. 1900

Braun, Leopold (Hrsg.), s. Der Sammler, ein Unterhaltungsblatt.

Braun, Lily, s.a. Gizycki, Lily (Ps)

Braun, Lily. — Zur Beurteilung der Frauenbewegung in England und Deutschland. Von Lily v. Giżycki [d. i. Lily Braun]. — Berlin: Heymann 1896. 47 S. 8°
Aus: Archiv f. soziale Gesetzgebung u. Statistik.

Gizycki, Lily von [d. i. Lily Braun]: Die Bürgerpflicht der Frau. Vortrag. Berlin: Dümmler 1895. 24 S. 8°

Braun, Lily: Die Emanzipation d. Kinder. Rede an d. Schuljugend. (26) 8° Münch., A Langen ('11). — 50 d

[Braun, Lily.] — Die neue Frau in der Dichtung. Von Lily v. Gizycki. — Stuttgart: Dietz [1896]. 40 S. 8°

Braun, Lily: Die Frauen und die Politik. — Berlin: Vorwärts 1903. 47 S. 8°

Braun, Lily, Frauenarbeit u. Hauswirthschaft. 8. (31 S.) Berlin 901. Buchh. Vorwärts. n. — 50

Braun, Lily: Die Frauenfrage, ihre geschichtliche Entwicklung und wirtschaftliche Seite. Leipzig: Hirzel 1901. XII, 557 S. 8°

Inhalt: 1. Die Entwicklung der Frauenfrage bis zum XIX. Jhd. — 2. Die wirtschaftl. Seite d. Frauenfrage.

1. Der Kampf um Arbeit in d. bürgerl. Frauenwelt.
2. Die treibenden Kräfte d. bürgerl. Frauenbewegung.
3. Die bürgerl. Berufstätigkeit von prinzipiellen Gesichtspunkten.
4. Die Entwicklung der proletar. Frauenarbeit.
5. Die Statistik der proletar. Frauenarbeit nach den letzten Zählungen.
6. Die Lage der Arbeiterinnen in der Gegenwart.
7. Die Arbeiterinnenbewegung.
8. Die bürgerl. Frauenbewegung und ihre Stellung zur Arbeiterinnenfrage.
9. Die sozialpolit. Gesetzgebung und ihre Aufgaben.

Kritiken von H. Herkner in: Die Zukunft. 1902; von Robert Wilbrandt in: Die Frau. Jg. 9. 1901/02. S. 480–490 von Minna Cauer in: „Die Frauenbewegung", 8, 1902. S. 114 ff.

Braun-Gizycki, Lily, Frauenfrage u. Sozialdemokratie. Reden anläßl. d. internat. Frauenkongresses zu Berlin. 8. (20 S.) Berlin 896. Buchh. Vorwärts. n. — 20

Braun-Gizycki, L. v., Deutsche Fürstinnen. (285 S.) Berlin 1893. Gebr. Paetel. 4.—

Braun, Lily, s.: Gesellschaft, neue.

— s.: Kretschman, Hans v., Kriegsbriefe aus den J. 1870/71.

— Die Liebesbriefe d. Marquise. (12, 460) 8° Ebd. ('12). 5 —; geb. 6.50

— Memoiren e. Sozialistin. Lehrjahre. Roman. (657 S.) 8. München (909.) A. Langen. 6. —; geb. in Leinw. 7.50; in Halbfrz. 9. —

— Memoiren e. Sozialistin. (II.) Kampfjahre. Roman. 1—20. Taus. (657) 8° Ebd. ('11'12). (Je) 6 —; L (Je) 7.50; HF (Je) 9 — d

— die Mutterschaftsversicherung. Ein Beitrag zur Frage der Fürsorge f. Schwangere u. Wöchnerinnen. (28 S.) 8. Berlin 906. Buchh. Vorwärts. n. — 50

— Mutterschaftsversicherung und Krankencassen. — Berlin: Socialist. Monatshefte 1903. 15 S. 8°

Aus: Socialist. Monatshefte. 1903. H. 4.

Im Schatten der Titanen. Ein Erinnerungsbuch an Baronin Jenny v. Gustedt von Lily Braun. Braunschweig: G. Westermann (1908). (412 S.) 8° [F.] 108. 8433

Im Schatten der Titanen. Ein Erinnerungsbuch an Baronin Jenny v. Gustedt von Lily Braun. 4. verb. Aufl. Braunschweig: Westermann (1909). 419 S. 8° 10. 15355 2

— Im Schatten der Titanen. Ein Erinnerungsbuch an Baronin Jenny v. Gustedt. 18. Taus. (431 S. m. 4 Bildnissen u. 2 Fksms.) 8. Stuttgart 910. Deutsche Verlags-Anstalt. Geb. 6. 50 u. 7. 50
1.—10. Taus. (III, 412, bzw. III, 410 S.). Braunschweig 908. 09.

— Im Schatten d. Titanen. Erinnergn an Baronin Jenny v. Gustedt. 46. Taus. (431 m. 4 Bildn. u. 2 Fksms.) 8° Stuttg., Deut. Verl.-Anst. '12. Pappbd 6.50; geb. 7.50 d

[Braun, Lily] Lily v. Gizycki: Die Stellung der Frau in der Gegenwart. Vortrag, gehalten in d. Abt. Berlin d. dt. Ges. f. eth. Kultur, in d. Arbeiterbildungsschule z. Berlin u. in d. Leipziger Ges. f. eth. Kultur. — Berlin: Dümmler 1895. 24 S. 8°

— Wahrheit od. Legende? Ein Wort zu den Kriegsbriefen des Generals v. Kretschman. (82 S.) gr. 8. Stuttgart 904. Greiner & Pfeiffer. n. — 20

Braun, Laur., Apparatus Virgilii poeticus. Colon. Agr. 730. 2 Vol. 8. 20 gr. lb. 768. 8. 1 rthlr.

Braun, Lorenz, über das Cavum pharyngo-orale et laryngeum als Schluck- und Athmungsapparat. Inaugural-Dissertation. 8. (26 S. mit 4 Taf.) München 887, (Ernst.) *

Braun, Louis, die Bekleidung, Ausrüstung u. Bewaffnung der königl. bayer. Armee, s.: Müller, Karl.

Braun, Louis, die Organisation usw. der königl. bayerischen Armee, s.: Müller, Karl.

Braun, Louis: Skizzen a. d. Leben Sr kgl. Hoh. d. Prinzregenten Luitpold v. Bayern. (7 Bl. m. 3 S. Text.) 41,5 × 35 cm. Rosenheim '11. (Münch., C Andelfinger & Co.) 5 —

Braun, Louis, Vorlagen f. Pferde-Konstruktions-Zeichnen. Für Maler, Bildhauer, Kunstschulen etc. (In 6 Lfgn.) 1. u. 2. Lfg. gr. 4. (16 [1 farb.] Taf.) Zürich 894. Art. Institut Orell Füssli, Verl. n. 5. —

— Vorlagen f. Pferde-Konstruktions-Zeichnen. F. Maler, Bildhauer, Kunstschulen etc. 3.—6. (Schluss-) Lfg. gr. 4. (32 [3 farb.] Taf.) Zürich 895. Art. Institut Orell Füssli, Verl. n. 13. — (kplt.: n. 23. —)

Braun, Louise, kindliche Erzählungen für Mädchen von 8 bis 12 Jahren. Mit (3 lith. u.) color. Bildern von Th. Rothbart, nach Orig.-Zeichngn. von F. C. Klimsch. Gießen 864. Heinemann. 8. (100 S.) n. 10 ngr.

Braun, Louise, neueſtes allgemein verſtändl. Kochbuch, od. 1540 gründl. Anweiſungen zum Kochen, Braten, Backen u. Einmachen ꝛc. 3e Ausg. Mit 1 Steintaf. 8. Quedlinb. 839. Ernſt'ſche Buchh. 1¼ ℔

Braun, Ludw., über Adrenalinarteriosklerose. (22 S. m. 2 Taf.) gr. 8. Wien 907. (A. Hölder.) 1.45
Sonderabdruck aus „Sitzungsber. d. k. Akad. d. Wiss".

Braun, Ludw.: Anmerkungen zu dem vierzehnten Buche der Odyssee. Zweite Abth. 24 S.
Progr. Cottbus 1855.

[F.] Chronik des Evangel. Kirchspiels Strümpfelbrunn, der Pfarr uff dem Winterraw. Gesch. e. ausgefallenen Gemeinde. Von Pfarrer Ludwig Braun. *Karlsruhe: J. J. Reiff 1897.* (VII, 164 S. einschl. 1 Tab.) 1 Bd 8. [97. 180

Braun Ludwig: Über die Einwirkung von Isobutyraldehyd auf Malon- und Cyanessigsäure. S. 105. Hb. 164 . . . . vgr.
Separatabdruck

Braun, Ludw., u. Sigm. Rabe, Haupt-Regiſter, ſ. a. Finanz-Miniſterialblatt f. das Königr. Bayern.

Braun, Ludw., Sigm. Rabe u. Max Oberle: Haupt-Reg. zu d. Jahrg. 1865—1910 d. Finanz-Ministerialbl. f. d. Kgr. Bayern, seit '01 fortgesetzt v. Ulr. Bichler. (286) gr8° Münch., G Franz' V. '11. 3.80 d

Über Herzbewegung und Herzstoss v. Dr. Ludwig Braun, emer. Assist. ... d. k. k. Allgem. Krankenhauses in Wien. M. 2 Taf. u. 3 Abb. im Text. *Jena: G. Fischer 1898.* (3 Bl., 123 S., 2 Taf.) 1 Bd 4.(8.) [98.
Braun, Ludw., Graf Wolf v. Hohenlohe-Neuenſtein als Kriegsheld und als Chriſt. Eine Volksſchrift. Mit ſeinem Bildniß (in Holzſchn.). Stuttgart 860. Belſer. 8. (112 S.) 6 ngr.

— Experimentelle Studien üb. Arteriosklerose. I. Das Bild der Kompressionsarteriosklerose, s.: Biedl, Arth.

Braun, Ludw., Therapie der Herzkrankheiten. (VI, 246 S.) gr. 8. Wien 908. Urban & Schwarzenberg. n. 6. —; geb. in Leinw. n. 6. 50

Ueber die Wirkung der Digitaliskörper auf das isolirte Säugethierherz (Langendorff'sches Präparat) von Dr. Ludwig Braun und Dr. Wilhelm Mager. (Mit 4 Tafeln.) (Aus den Sitzungsberichten der kaiserl. Akademie der Wissenschaften in Wien. Mathem.-naturw. Classe: Bd. CVIII. Abth. III. November 1899.) Wien. 1899 In Comm. Gerold's Sohn. Gr.-8°. 88 S. K 2.60

Ueber die Wirkung der Galle und der gallensauren Salze auf das isolirte Säugethierherz (Langendorff'sches Präparat) von Dr. Ludwig Braun und Dr. Wilhelm Mager. (Mit 2 Tafeln.) (Aus den Sitzungsberichten der kaiserl. Akademie der Wissenschaften in Wien. Mathem.-naturw. Classe; Bd. CVIII. Abth. III. November 1899. Wien. 1899. In Comm. Gerold's Sohn. Gr.-8°. 28 S. K 1.—

Braun, Luiſe, die Verkäuferin, ſ.: Frauen-Berufe. Nr. 16.

Braun, M., die willkürliche Beschränkung der Kinderzahl. Ein Mittel zur Vorbeugg. der Empfängniss. gr. 8. (75 S.) Budapest 895. J. E. Gerö. n. 2. —

Braun, M., Über die Galmeilagerstätte des Altenbergs im Zusammenhang mit den Erzlagerstätten des Altenberger Grubenfeldes und der Umgegend. Berlin, 1867. 19 S.

Braun, M. L., etwas in ein. Nuß, od. Beſchr. d. Belagrt. einer Veſtung. 8. Arnſt. Beumelburg, 763.

Braun, Markus, jüd. Historiker, s. Brann, Markus

— **Matthias Nicolaus** (Thüring.), De Romani imperatoris majestate praecipue reali et personali. Diss. jur. publ. Präs. Wilhelm Hieronym. Brukkner. Jena (Müller) 10. II. 1706. 23 S. (5.—)

— — Dasselbe. Jena (Heller) 1757. 24 S. (3.—)

Braun, Max, s.: Annalen, zoologische.

Braun, M. Auf welche Weiſe infizirt ſich der Menſch m. Paraſiten, ſ. a. Sammlung gemeinverſtändlicher wiſſenſchaftlicher Vorträge.

Braun M. auf welche Weise infiziert sich der Mensch mit Parasiten? (Sammlung gemeinverständlicher wissenschaftlicher Vorträge NF 145) Hamburg 1892

Braun, Max, Beiträge zur Kenntniss der Fauna baltica. I. und II. gr. 8. Dorpat. (Leipzig, K. F. Köhler.) à *ℳ 2. * 4 —

Inhalt:
I. Ueber Dorpater Brunnenplanarien. (57 S. mit 1 lithogr. Taf.) 881.
II. Die Land- und Süsswassermollusken der Ostseeprovinzen. (IV, 102 S.) 884.
Aus: Archiv für die Naturkunde Liv-, Ehst- und Kurlands, besonders abgedruckt.

Braun, M. (Hrsg.), s. Bericht über die wissenschaftlichen Leistungen der Naturgeschichte der niederen Tiere.

Braun, Max, e. Beſuch i. Hauptquartier d. Berliner Stadtmiſſion, ſ. a. Für Feſte u. Freunde d. inn. Miſſion.

[F.] Ein Besuch im Hauptquartier der Berliner Stadtmission. (Von P. Max Braun-Berlin.) *Berlin: Buchh. d. Ostdeutschen Jünglingsbundes [1897].* (16 S.) 8.

Braun M.: Ein proliferierender *Cysticercus* u. die zugehörige Tänie. 1896. [Krabbes Saml.].
(Vorläufige Mittheilung üb. ...).

Braun, Max, die Entwicklung des Wellenpapagei's [Melopsittacus undulatus Sh.] mit Berücksichtigung der Entwicklung andrer Vögel. 1. Hälfte. Mit 7 lith. Taf. [Aus: „Arbeiten des zoolog.-zootom. Instituts in Würzburg".] gr. 8. (183 S.) Würzburg 879—81. Staudinger. n. 16. 80

—— zur Entwicklungsgeschichte des breiten Bandwurmes [Bothriocephalus latus Brehms]. gr. 8. (56 S. mit 3 lithogr. Taf. Abbild.) Würzburg 883, Stuber's Verlag. * 5 —

Braun, Max: Geschichte der Königlichen Oberrealschule zu St. Johann-Saarbrücken. Anlässlich des 50jährigen Bestehens der Anstalt. St. Johann a. d. Saar 1907: Pecheur. (59 S.) 4°
St. Johann-Saarbrücken, k. OR OP 1907 (641)

Braun, Max. Das Hauptquartier der Berliner Stadtmiſſion, ſ. Bilder aus der Stadtmiſſion.

Braun, Max, die JEſuskirche in Berlin. Ein Feſtbericht üb. 40 Jahre im Stillen gewirkte freie Miſſions- u. Gemeinde-Tätigkeit. (160 S. m. Abb. u. 5 Taf.) gr. 8. Berlin 907. (Vaterländ. Verlags- u. Kunſtanſt.) Geb. in Leinw. 8. —

Braun, Max: Die Berliner Kurrendeknaben, s: Bilder a. d. Stadtmission.

Leitfaden zur Untersuchung der tierischen Parasiten des Menschen und der Haustiere für Studierende, Ärzte und Tierärzte. Von Prof. Dr. M[ax] Braun, Königsberg, u. Dr. M[ax] Lühe, Privatd. Mit 100 Abb. Würzburg: C. Kabitzsch 1909. (VII, 186 S.) 8° [08.

Braun, Max, die thier. Parasiten d. Menschen, nebst e. Anleitg. zur prakt. Beschäftgg. m. der Helminthologie f. Studirende u. Aerzte. Mit 72 (eingedr.) Holzschn. gr. 8. (VIII, 233 S.) Ebend. 883. n. 6. —; geb. n.n. 7. —

— **die thierischen Parasiten des Menschen. Ein Handbuch f. Studirende u. Aerzte. 2., völlig umgearb. Aufl.** gr. 8. (283 S. m. 147 Abbildgn.) Würzburg 895. A. Stuber's Verl. n. 6. —; geb. in Leinw. n.n. 7. —

Braun, Max, die thierischen Parasiten d. Menschen. Ein Handbuch f. Studirende u. Aerzte. 3., verm. u. verb. Aufl. gr. 8. (XII, 360 S. m. 272 Abbildgn.) Würzburg 903. A. Stuber's Verl. n. 8. —; geb. n. 9. —

— **Die tierischen Parasiten des Menschen. Ein Handbuch f. Studierende u. Ärzte.** 4., verm. u. verb. Aufl. Mit e. klinisch-therapeut. Anh., bearb. v. Otto Seifert. (IX, 623 S. m. 325 Abbildgn.) gr. 8. Würzburg 908. C. Kabitzsch. 15.—; geb. in Halbfrz. 17. —

BRAUN, Max (München): Ueber Placenta praevia.- München: Weiss 1857. 28 S.
7.8.1854 - Urk (Titel: De placenta praevia.); F 68
Diss. Ingolst.-Landsh.-Mchn.

Braun, M., das zootomische Practicum. Eine Anleitung zur Ausführung zoolog. Untersuchungen für Studirende der Naturwissenschaften, Mediciner, Aerzte und Lehrer. gr. 8. (XI, 248 S. mit 122 in den Text gedr. Holzschn.) Stuttgart 886, Enke. *

Die Puppengräfin. Roman v. Maximilian Braun ... *Berlin: H. Steinitz [1898].* (114 S.) 1 Bd 8.
— Bibliothek, Naturalistische. Bd 27.

[F.] Die Puppengräfin. Roman v. Maximilian Braun ... *Berlin: H. Steinitz (1899).* (144 S.) 1 Bd 8. [98. 9487

— Ehrlose Scham! Moderner Sittenroman. 2. [Tit.-]Afl. 8° (261) Berl. [95]97, H Steinitz. 3 —
Die 1. Afl. erschien anonym.

Braun, Max, Referendar: Der Schatzerwerb. *Greifswald 1898: J. Abel.* (59 S.) 8°
Greifswald, Jur. Diss. v. 1898

Braun, M: Adolf Stöcker, s. Für Feste u. Freunde d. inneren Mission.

Braun, Max, Adolf Stoecker, s. Volksabende 21. Heft.

Braun, M., D. Adolf Stöcker. Zu seinem 70. Geburtstage. 1. u. 2. Aufl. (Je 24 S. m. Abbildgn.) 8. Berlin (905). Buchh. des ostdeutschen Jünglingsbundes. n. — 20

— Adolf Stoecker. (7, 286 m. 1 Bildn.) 8° Berl., Vaterländ. Verl.- u. Kunstanst. '12. Pappbd 3 — d

Hamburger Magalhaensische Sammelreise. Trematoden bearb. v. Prof. Dr. M[axim.] Braun (Königsberg i. Pr.). M. 1 Taf. *Hamburg: L. Friedrichsen & C. 1896.* (7 S.) 4.(8.)
— Ergebnisse d. Hamburger Magalhaensischen Sammelreise. Lfg 1. [No] 6. [96. 8341

Trematoden der Chelonier. Von Prof. Dr. M[ax] Braun, Königsberg i. Pr. (Mit 2 Taf. u. 2 Fig. im Text.) *Berlin: R. Friedländer & Sohn in Komm. 1901.* (56 S.) 4°(8°)
— Mitteilungen aus d. Zoolog. Museum in Berlin. Bd 2, H. 1, [1.] [01. 3716

— Trematoden der Chiroptera. (S. 217—236 m. 1 Taf.) Wien 900. A. Hölder. n. 2. —
Sonderabdruck aus: „Annalen d. k. k. naturhist. Hofmuseums."

—— die rhabdocoeliden Turbellarien Livlands. Ein Beitrag zur Anatomie, Systematik und geograph. Verbreitung dieser Thiere. gr. 8. (125 S. mit 4 lithogr. Taf.) Dorpat 885. (Leipzig, K. F. Köhler.) *

[F.] Die Umformung der Gliedmassen bei den höheren Thieren. Von Prof. Dr. M[axim.] Braun in Königsberg i. Pr. M. 18 Abb. *Hamburg: Verlagsanst. u. Dr. A.-G. 1896.* (23 S.) 8.
— Sammlung gemeinverständl. wiss. Vorträge. N. F. Ser. 11. H. 258.

Braun, Max. Unfug der Fuge. Newark, 1877.

—— faunistische Untersuchungen in der Bucht von Wismar. gr. 8. (28 S.) Güstrow 888, (Opitz und Comp.) *
Aus: Archiv der Freunde für Naturgeschichte in Mecklenburg, besonders abgedruckt.

— physikalische u. biologische Untersuchungen im westlichen Theile d. finnischen Meerbusens. [Mit 1 Karte.] [Aus: „Archiv f. d. Naturkde. Liv-, Ehst- u. Kurlands".] gr. 8. (132 S.) Ebend. 884. n. 3. —

— Würmer (Vermes), s.: Bronn's, H. G., Klassen u. Ordnungen des Thier-Reichs. IV.

— s.: Zentralblatt f. Bakteriologie, Parasitenkunde u. Infektionskrankheiten.

Braun, *Max* [Prof. Dr.]: Zoologie, vergleichende Anatomie und die entsprechenden Sammlungen bei den Universitäten Bützow und Rostock seit 1775. . . . Als Manuscript gedruckt. Rostock, Univ.-Buchdr. v. Adler's Erben. 1891: 64 S. 8°

—— über den Zwischenwirth des breiten Bandwurms [Bothriocephalus latus Brems]. Eine Entgegnung auf die Schrift des Herrn Med.-R. Dr. Fr. Küchenmeister: Die Finne des Bothriocephalus und ihre Uebertragung auf den Menschen. gr. 8. (32 S.) Leipzig 886. Würzburg, Stuber's Verlag. *

Braun, Maximilian, s. Braun, Max

BRAUN, Michael (Judenseidenfeld): De dentitione prima.- Monachii: Roesl 1833. 23 S.
21.5.1833 - Urk; F 60
Diss. Ingolst.-Landsh.-Mchn.

Braun, Mich., Vortrag über Vibrationsmassage der Schleimhaut d. ob. Luftwege mittelst Sonden. Geh. i. d. 69. Versammlg. deutscher Naturforscher u. Ärzte i. Braunschweig i. Septbr. 1897. gr. 8. (8 S.) Wien 897. (Triest, F. H. Schimpff.) n. — 40

Braun, Moses, Die russische Rübenzuckerindustrie seit ihrer Entstehung bis zur Gegenwart. (Riga 1908: G. Budberg.) (V, 117 S., Anlage 1 u. 2 je III S.) 8°
Tübingen, Staatsw. Fak., Ref. v. Schönberg, Diss. v. 4. Mai 1908
(Nur in beschränkter Anzahl für den Austausch)
[Geb. 1.(15.) Sept. 82 Riga (Livland); Wohnort: Riga; Staatsangeh.: Rußland; Vorbildung: Oberrealsch. Riga Reife 00; Studium: Polytechn. Riga 2, Univ. Leipzig 3, München 3, Tübingen 4 S.; Rig. 1. Aug. 07.]

Braun, Nora: Das Buch vom Glück, s. Braun, Otto

Braun, Nora: Vom Schauen. Balladen u. Gedichte. (128) 8° Lpzg, F Eckardt '11. 2 —; geb. 3 — d

Braun, Olf: Der deut. Radfahrer. Prakt. Winke nebst hygien. Regeln. (29) kl8° Weim., KPG Lilie '06. (Komm.: Schneider.) — 20 d

Braun, Onef., Anleit. zu e. christl. Wandel in Predigten z. Fastenzeit. 8. Koburg 795. Riemann. 8 *K*

Braun, P. O., Anleit. z. christl. Wandel in Fastenpred. 8. Coburg, Ahl. 796.

— s. Brz. Arias, Abhandl.

Braun, Oskar

Braun, Osc., s.: Buch, das, der Synhados.

Braun, O., Die Eschatologie in den syrischen Kirchen. [A. aus der Zeitschrift für kath. Theologie XVI. Jahrg. 1892 p. 273—312.] [1892.]

Braun, Oskar [Dr.]: Moses Bar Kepha und sein Buch von der Seele ... Freiburg i. Br., Herder, 1891; VIII, 166 S. 8.
München, Theol. Fak., Inaug.-Diss. v. 1894

Braun, Osc., De sancta Nicaena synodo. Syrische Texte d. Maruta v. Maipherkat übers., s.: Studien, kirchengeschichtl.

Braun, Oskar, aus Barmen, Kammergerichtsref.: I. Vorsätzliche und fahrlässige Verletzungen Unbeteiligter bei Notwehrhandlungen. II. Die Putativnotwehr. Ein Beitrag zur Lehre von d. Notwehr. *Berlin: H. Winkler 1900.* (44 S.) 8°
Erlangen, Jur. Diss. v. 28. Febr. 1899

Braun, Otto, mein Beten. Gebete. (IV, 143 S.) 8. Lorch 906. K. Rohm. Geb. n. 1. 20

Braun, Otto: Zum Bildgsproblem. 2 Vorträge. (Philosophie u. Schule. Kunst u. Schule.) (7, 49) gr8° Lpzg, F Meiner '11. nn — 75 d

— u. Nora Braun, das Buch vom Glück. (XII, 282 S.) 11. 8. Leipzig 909. Veit & Co. 3.50; geb. in Leinw. 4. —

Braun, Otto, vom religiösen Charakter, s. a. Wertung.

Vom religiösen Charakter. Von Otto Braun. Bjoernstjerne Bjoernson. Von Michael Georg Conrad. Leipzig: Eckardt 1910. 18 S. 8° [Umschlagt.]
(Wertung. 1910, H. 4.) [10. 16390

— Evangelische Gemeinde-Idee. (54 S.) 8. Lorch 907. K. Rohm. — 50

— Geschichtsphilos., s: Grundriss d. Geschichtswissensch.

— Der populäre Glaube an den Erhöhten. Seine Wahrheit, Brauchbarkeit u. Vertiefg. Mit Vorwort. (16 S.) 8. Ebd. 907. — 25

— Grundr. e. Philos. d. Schaffens als Kulturphilos. (262) 8° Lpzg '12. Berl., GJ Göschen. 4.50; geb. 5 — d

Braun, Otto, „habt Glauben an Gott". Gedanken üb. Religion u. Kunst. 1. u. 2. Aufl. (Je 8 S) gr. 8. Königsberg (906). Gräfe & Unzer, Buchh. n. — 30

— Eduard v. Hartmann, s.: Frommann's Klassiker der Philosophie. XX.

— Hinauf zum Idealismus! Schelling-Studien. (X, 154 S). Lex. 8. Leipzig 908. F. Eckardt. 2.50; geb. 3.50

! — Hinauf z. Idealismus. Jetzt: Lpzg. F Meiner. 06/09

Braun, Otto (Hrsg.), s. Landbote.

— Deut. Leben u. deut. Weltanschaug. s: Flugschriften d. vaterländ. Schriftenverbandes.

Braun, Otto, aus Eschwege: Ueber condensierte Milch und über Dauerpräparate von Milch im Allgemeinen. *Berlin 1902: G. Vollner.* (48 S.) 8°
Erlangen, Phil. Diss. v. 27. Juli 1899

Braun, Otto, s.: Musen-Almanach, Cotta'scher.

— Rudolf Euckens Philosophie u. d. Bildungsproblem. 2 Vorträge, geh. im Lehrerverein zu Harburg. (54 S.) gr. 8. Leipzig 909. F. Eckardt. — 60

! — Euckens Philosophie. Jetzt: Lpzg. F Meiner. 06/09

Braun, Otto, Referendar in Angerburg: Scheinkaufleute. Berlin: Vaterländ. Verlags- und Kunstanstalt 1908. (VIII, 64 S.) 8°
Heidelberg, Jur. Fak., Ref. Schroeder, Diss. v. 1908
[Geb. 1. Mai 82 Angerburg; Wohnort: Angerburg; Staatsangeh.: Preußen; Vorbildung: Gymn. Königsberg i. Pr. Reife M. 02; Studium: Königsberg 2, Berlin 2, Königsberg 5 S; Rig. 22. Mai 08.]

— s.: Schelling als Persönlichkeit.

— s.: Schleiermacher, Fr. D. E., Werke.

Braun, Otto: Studien über Acetonaphtole. 1910. 72 S. 8°
Berlin, Dr.-Ing.-Diss. v. 16. 12. 1910

— Studien z. Bedeutgsforschg. Beiträge z. Kulturphilos. als Weltanschauungslehre. 1. Heft. Allg. Übersicht. Philos. als Weltanschauungslehre; Hauptrichtgn d. gegenwärt. Kulturbewegg. (5, 43) gr8° Paderb., F Schöningh '11. 1.40

Braun, O: Symbole od. Das Christlich-Religiöse in ar Reinh. u. Tiefe. (67) 8° Lorch. K Rohm '05. — 60 d

Braun, Otto, aus Putzig (W.-Pr.): Aus d. Kgl. chirurg. Universitätsklinik zu Berlin. (Wirkl. Geh.-Rath Exc. von Bergmann.) Zur unblutigen Therapie der Luxatio coxae congenita. *Berlin 1904: L. Schumacher.* (30 S.) 8°
Berlin, Med. Diss. v. 30. Juli 1904

— aus allerlei Tonarten. Verdeutschte span. u. eigene Lyrik. gr. 16. (120 S.) Stuttgart 893. J. G. Cotta Nachf. n. 2. —; geb. n. 3. —

— Aus allerlei Tonarten. 2., verm. Aufl. 12. (148 S.) Stuttgart 898. J. G. Cotta Nachf. n. 2. —; geb. n. 3. —

Braun, Otto, a. Königsberg i. Pr.: Schellings geistige Wandlungen in den Jahren 1800—1810. Leipzig 1906: J. Klinkhardt. (76 S.) 8°
Jena, Phil. Fak., Ref. Eucken, Diss. v. 23. Okt. 1906
[Geb. 1. Apr. 85 Dorpat (Rußland); Wohnort: Königsberg i. Pr.; Staatsangeh.: Preußen; Vorbildung: Gymn. Königsberg Reife O. 00; Studium: Königsberg 3, Breslau 3, Jena 3 S.; Rig. 18. Juli 06.]

— Schellings geistige Wandlungen in den J. 1800 bis 1810. (VII, 76 S.) 8. Leipzig 906. Quelle & Meyer. n. 1. 60

Braun, Otto, welche Rechte u. Pflichten haben Herrschaft u. Gesinde? Unter Berücksicht. des neuen bürgerl. Gesetzbuches gemeinverständl. dargestellt. gr. 8. (77 S.) Berlin (900). H. Steinitz. n. 1. —

— welche Rechte u. Pflichten haben Mieter u. Vermieter? Nach dem bürgerl. Gesetzbuch gemeinverständl. dargestellt. gr. 8. (77 S.) Ebd. 900. n. 1. —

Braun, Otto, das Zeichnen im naturgeschichtlichen Unterrichte, s.: Sammlung naturwissenschaftlich-pädagogischer Abhandlungen. III, 2.

Braun, P., s. a.: Parsival.

Braun, P., Die Alters- und Invaliden-Versicherung, oder was muss ein Jeder schon jetzt thun, um seine Ansprüche auf Invaliden- u. Altersrente zu sichern? 1. und 2. Aufl. 12°. Trier, Paulinus Druckerei, 1890.

Braun, P., die Alters- u. Invaliditäts-Versicherung, s. a. Dasbach's Volksbibliothek.

— Die Alters- und Invaliditätsversicherung. Für den Arbeiter und Unternehmer dargestellt. (Dasbach's Volksbibliothek, II. Folge 11. und 12. Heft.) 8°. Trier 1891.

— dasselbe, s.: Kell's Rechtsbibliothek.

Braun, P., persönliche Anziehungskraft. Ein Lehrgang, wie man durch die Macht der Persönlichkeit u. des Charakters auf seine Umgebg. einwirkt. Mit Anh.: Der Sieger im Lebenskampf. (152 S.) 8. Bitterfeld (905). Schmiedeberg, F. E. Baumann. n. 1. 50

— Die preußisch-deutsche Armengesetzgebung, systematisch dargestellt. gr. 8. (57 S.) Trier 889, Paulinus-Druckerei. * — 70

Braun, P., Die preussisch-deutsche Armengesetzgebung. (57 S.) Trier 1890. Paulinus-Druckerei. —.70

Braun, P., die Bemeisterung des Schicksals. 1. u. 2. Bd. 8. (184 u. 149 S.) Bitterfeld (899. 900). F. E. Baumann. à 1. 50

— die Bemeisterung des Schicksals. 2. verb. Aufl. (154 S.) 8. Ebd. (904). n. 3. —

Braun, P: Die Bemeisterg d. Schicksals. 3. Afl. (304) 8° Schmiedebg, FE Baumann ('11). 3 —; geb. 4 — d

Braun, P., unser Engel im Himmel od.: unsere Liebe gehöre dem Allerhöchsten. (Umschlag: Weiße u. schwarze Magie. Unser Engel im Himmel od.: Die Liebe ist das Höchste im Weltall.) 8. (280 S.) Bitterfeld (902). F. E. Baumann. 2. 25; geb. n. 3. —

Die Entwickelung eines Meisters. Eine Reihe von Lehrbriefen in 3 Abteilungen. Von P. Braun. II. Grad. Die Entwicklung der psychischen Gaben und Kräfte. [Schmiedeberg: Baumann?] o. J. 248 S. 8°.
[Umschlagtit.]: Meisterbriefe der Gral-Brüderschaft II. Grad.
Sind als Grad-Lehrbriefe im Gral-Orden eingeführt. P. Braun ist der Gründer des Ordens.

[A.] Die Erweckung und Entwickelung der höheren Geistes-Kräfte im Menschen. Fünf Lehrgänge üb. Geistige Heilung. — Hypnotismus. — Psychometrie. — Hellsehen. — Fernwirken v. Dr. ph. P. Braun. *Bitterfeld: F. E. Baumann [1898].* (2 Bl., 160 S.) 1 Bd 8. [illegible] 3

— die Erweckung u. Entwickelung der höheren Geistes-Kräfte im Menschen. Fünf Lehrgänge üb. geist. Heilg. — Hypnotismus. — Psychometrie. — Hellsehen. — Fernwirken. 8. (III, 160 S.) Ebd. 899. 2. 25

— die Erweckung u. Entwickelung der höheren Geistes-Kräfte im Menschen. 5 Lehrgänge üb. geist. Heilg. — Hypnotismus. — Psychometrie. — Hellsehen. — Fernwirken. 2. verb. Aufl. (159 S.) 8. Ebd. (904). n. 2. 25

Okkulte Fallen und Fallensteller. Von Dr. phil. P. **Braun.** Bad Schmiedeberg & Leipzig: F. E. Baumann [1907]. (78 S.) 8° [F.] (07. 13793

— das Geheimnis des Erfolgs. Wie man zu Wohlhabenheit gelangt. (Eine belehr. Erzählg. u. e. Reihe v. Betrachtgn. üb. die Entwickelg. solcher Kräfte im Menschen, welche ihn befähigen, Erfolge im Leben zu erzielen u. Reichtum zu erlangen.) (158 S.) 8. Ebd. (904.) n. 1. 50; geb. n. 2. 25

— die Heilkraft des Lebens-Magnetismus, s.a. Baumann, F. E.

Die Heilkraft des Lebens-Magnetismus. Dr. P. **Brauns** neue magnet. Heil-Methode, rationell, wissenschaftl. u. erfolgreich. Deutsch hrsg. von F. E. Baumann. Bad Schmiedeberg & Leipzig: F. E. Baumann [1906]. (80 S.) 8° [F.]
[Umschlagt.:] Braun: Lebens-Magnetismus ... Zum ersten Male im J. 1898 (engl.) veröffentlicht. (06. 8433 S

— die metaphysische Heilmethode. (1. Tl. der „Erweckg. u. Entwickelg. höherer Geisteskräfte".) (61 S.) 8. Bitterfeld (902). Schmiedeberg, F. E. Baumann. n. — 75

Die Metaphysische Heilmethode. Von Dr. phil. P. **Braun.** Bitterfeld: F. E. Baumann [1905]. (61 S.) 8° [F.]
— **Braun**: Erweckung u. Entwickelung höh. Geisteskräfte. T. 1. (07. 14374

—— Die Konsolidation der Grundstücke im Geltungsbereich d. rheinischen Rechts. 8. (39 S.) Ebd. 890. — 30

— die Kreistagswahl u. die Wahl d. Kreisausschusses in der Rheinprovinz. Mit Mustern zu Eingaben, namentlich zu den Schriftsätzen des Verwaltungsstreitverfahrens. 8. (36 S.) Ebd. 890. — 30

Die Kunst und Wissenschaft der Selbst-Heilung ohne Medizin und ohne Operation im eigenen Hause. Von Dr. phil. P. **Braun.** Bad Schmiedeberg & Leipzig: F. E. Baumann [1907]. (71 S.) 8° [F.] (08. 1306 S

Braun, P., die neue metaphys. Lehre in ihrer prakt. Anwendg., s.: Studien, metaphysische.

Alte und neue Magie. Von Dr. Parzival (auf d. Umschl.: Dr. phil. P. Braun). Bad Schmiedeberg & Leipzig: Baumann [1908]. 407 S. 8° (09. 11132

Braun, P., Tabelle zur Berechnung der Zinsen von 1 Silbergroschen bis 100 Thaler auf Tage, Monate und Jahre zu 4, 5 und 6 pro Cent. Nebst einer Tabelle zur Berechnung des Aufgeldes bei Verkäufen zu 15 Pfg., 2 Sgr. und 4 Sgr. pro Thaler, von 1 Sgr. bis 6000 ₰. 1. Aufl. 1853., 4. Aufl. 1855. 4 Ngr. und 6. Aufl. 16. (20 S.) Trier 856, Braun'sche Buchh.

Braun, P., Tabelle zur Berechnung der Zinsen von 1 Sgr. bis 100 Thlr., auf Tage, Monate u. Jahre zu 4, 5 und 6 pro Cent. Nebst einer Tabelle zur Berechnung des Aufgeldes bei Verkäufen zu 15 Pfg., 2 Sgr. u. 4 Sgr. pro Thlr., von 1 Sgr. bis 6000 Thlr. 2. Aufl. 854. (1 Bl., 16 S.) 5 ngr — 4. Aufl. 855. (20 S.) 4 ngr — 6. Aufl. Trier (856). Braun. 16. (20 S.) 3 ngr

— s.: Theosophie, christliche.

—— s.: Trier u. s. Alterthümer.

— Trier und seine Alterthümer. Mit 1 Ansicht der Porta nigra (in Holzschn.) Trier 854. Braun. 16. (2 Bl., 132 S.) n. 12 ngr

— Die Wahl der Stadtverordneten in der Rheinprovinz. Gemeinverständliche Darstellg. der gelt. Bestimmgn., m. Mustern zu Einsprüchen u. Beschwerden, sowie zu den Schriftsätzen d. Verwaltungsstreitverfahrens. 8. (20 S.) Ebd. 889. * — 20

Des Meisters Weg. Eine Darlegung d. esoterischen oder geheimen Sinnes e. Anzahl Taten u. Worte Christi, dessen Kenntnis uns befähigt, Ihm gleich zu werden ... Von Dr. phil. P. **Braun.** Bitterfeld & Leipzig: F. E. Baumann [1905]. (101 S.) 8° [F.] (07. 13[illegible]

Wie kann ich ein Meister werden? Wesen und Ziele des Gralordens. Von P. **Braun.** Schmiedeberg u. Leipzig: Baumann o. J. 29 S. 8°.

— Wie kann ich e. Meister werden? Wesen u. Ziele d. Gralordens. (29) 8° Ebd. ('11). — 50 d

— die Wissenschaft des Lebens. 5 Lehrgänge. 1. u. 2. Lehrgang. 8. Bitterfeld, F. E. Baumann. à — 75
1. Geistige Heilung. (61 S.) 899.
2. Hypnotismus. (63—103 S.) 899.

— Die Wiss. d. Lebens. 5 Lehrgänge. 8° (100) Bitterf. 99, FE Baumann. à — 75
Neue Asg. s.: B., Erweckg etc.

Braun, Paul: Der Beichtvater der heiligen Elisabeth und deutsche Inquisitor Konrad von Marburg ⟨† 1233⟩. (Kap. 1. 2.) Weimar 1909: Hof-Buchdr. 59 S. 8° ¶(Ersch. später vollst. in Buchform oder in e. fachwiss. Zeitschrift.)
Jena, Phil. Diss. v. 6. Aug. 1909, Ref. Cartellieri
[Geb. 9. März 82 Meckfeld; Wohnort: Oberweimar; Staatsangeh.: Sachsen-Weimar; Vorbildung: Gymn. Weimar Reife O. 02; Studium: Tübingen 1, Halle 2, Jena 9 S.; Rig. 30. April 09.]

Braun, Petrus Bernard. (geb. Horrem bei Cöln a. Rh. 25. 9. 1827): De effectibus gonorrhoeae localibus. Berolini (1853). (32 S.) 8°
Berlin, Med. Diss. v. 16. Aug. 1853

Braun, Phil. Beiträge zur Lehre vom griechischen Pronomen. Ὅδε und οὗτος bei Aeschylus. 36 S. Progr. G. *Marburg H.* 1879.

Braun, Phpp., Beiträge zur Lehre vom griechischen Pronomen. *Ὅδε* u. οὗτος bei Aeschylus. 4. (36 S.) Marburg 880. Elwert's Verl. n. 2. —

Braun, Ph(ilipp): Bericht über die Dreihundertjahrfeier des Gymnasiums am 26., 27. und 28. September 1907. Hanau 1908: Waisenhaus-Buchdr. 22 S. 4°
Hanau, k. G P 1908 (514)

Braun, Ph[ilipp], Dir. Dr.: Über die **Beziehungen** einiger Zugehöriger der Familie Pedro Jung zu der hohen Landesschule. *Hanau (1900): Waisenhaus-Buchdr.* (S. 19—22.) 4°
Hanau, k. G, vordem Hohe Landes-S, P 1900 (421)

Braun, Phil., der pfälzer Bienenfreund. Leichtfaßl. Unterricht über die Natur und Behandlung der Bienen. 8. (VIII und 82 S. mit 1 Stnt. in qu. 4.) Speyer 857, (Neidhard's Buchh.) *

Braun, Phpp., der Gebrauch v. οὗτος in der Ilias. Ein Beitrag zur histor. Grammatik der griech. Sprache. gr. 8. (37 S.) Marburg 883. Elwert's Verl. — 75

Braun, Philipp: Zur Geschichte des Hanauer Gymnasiums. Mitteilungen über d. Matricula Illustris Paedagogii Hanoviensis von 1648—1748. Hanau 1907: Waisenhaus-Buchdr. 33 S. 4°
Hanau, k. G P 1908 (514)

Braun, Ph*ilipp* [Dir. Dr.]: Illustris Scholae Hanoviensis leges et album civium academicorum inde ab anno 1665 usque ad annum 1812. Partic. I. 1665—1724. Veröffentl. Hanau, Druck v. Lechleder & Stroh, *1895*; 24 S. 4.
Hanau, k. G, OP 1895 (397)

Braun, Ph*ilipp* [Dir. Dr.]: Illustris Scholae Hanoviensis leges et album civium academicorum inde ab anno 1665 usque ad annum 1812. Partic. II. 1724—1812. [Forts. d. P-Beil. 1895.] Hanau, Druck v. Lechleder & Stroh, *1896*; 1 Bl., 25—47 S. 4.
Hanau, k. G, OP 1896 (399)

Braun, Phil., Observationes criticae et exegeticae in C. Valerii Flacci Argonautica. Dissertatio inauguralis. gr. 8. (47 S.) Marburg 870. Fulda, (Nehrkorn.) *

Braun, Ph[ilipp], Dir. Dr.: Der Marbacher **Schillerverein** und die Hanauer Gymnasiasten. *Hanau (1899): Waisenhaus-Buchdr.* (S. 19—22.) 4°
Hanau, k. G, vordem die Hohe Landes-S, P 1899 (410)

Braun, Ph., s.: Zeitschrift des Vereins f. hessische Geschichte u. Landeskunde.

Braun, Pinchus: Aus d. Chir. Universitätsklinik zu Königsberg i. P. Experimentelle Beiträge zur Sterilisation der Operationshandschuhe. Tübingen 1909: Laupp. 21 S. 8° ¶(Aus: Beiträge z. klin. Chirurgie. Bd 64.)
Königsberg, Med. Diss. v. 11. Aug. 1909, Ref. Lexer
[Geb. 1. Mai 84 Suwalki; Wohnort: Suwalki; Staatsangeh.: Rußland; Vorbildung: Gymn. Suwalki Reife Juni 04; Studium: Königsberg 9 S.; Rig. 9. Juni 09.]

Braun, Placidus

— Plac. (Ord. S. Bened. † 1836), histor.-topograph. Beschreibung d. Diözese Augsb. in 3 Perioden. 2 Bde. 8. Augsb. 1823. Bolling. 2⅔ Thlr. — 3 fl. 20 kr.

Braun, Plac., Jgn., die Domkirche in Augsburg u. d. hohe u. niedere Clerus an derselben. In 2 Theilen. Mit 6 Kpf. gr. 12. Augsb. 829. Schlosser. 1 ℔ vt. Aufl. 831. Hbg. Pr. 12 gl.

— — Geschichte der Bischofe von Augsburg. 4 Bde. gr. 8. Ebd. 1813–14. Mov. 6 Thlr. — 9 fl. Schreibpapier: 8 Thlr. — 12 fl.

— Geschichte d. Bischöfe v. Augsburg, chronolog. u. diplomat. verfaßt, u. mit histor. Bemerkk. beleuchtet. 4 Bde. gr. 8. Augsb. 814, 15.

— Geschichte d. Grafen v. Dillingen u. Kiburg. gr. 4. München 823. (G. Franz). 20 gl.

Braun, Placidus (ehemal. Stifts-Archivar u. Bibliothekar, o. Mitgl. d. k. b. Akad. d. Wiss.), *Geschichte der Kirche u. des Stiftes der Heil. Ulrich u. Afra in Augsburg*, aus ächten Quellen zusammengetragen. Mit (4) Kpfrn. Augsburg, in der Moy'schen Buchhdlg. 1817. 8°. Hfrzb. XVI–474 S. (incl. Reg.). 1 Bl. Err.

Braun, (Plac.) Gesch. des Collegiums d. Jesuiten in Augsburg. gr. 8. München 822, Giel.

— Geschichte v. d. Leben, Wunderwerken rc. d. Augsburg. Bischofs Ulrich. 8. Augsb. 790. Veith. 9 gl.

— — von dem Leben u. Wunderwerken des Augsb. Bischofs, des heil. Ulrichs. 8. Augsburg 1796. Mov.

— hist. lit. de libris ab artis typograph. inventione usq. ad 1479. impr., c. XI tabb. aen. II Tom. 4 maj. Augsb. 788, 90 Veith. 3 ℔ 16 gl.

— Lebensgeschichten aller Heiligen u. Seligen welche in Augsburg geboren wurden, gelebt haben oder gestorben sind. 8. Augsburg 825, Doll. (Landshut, Krüll.)

— Nachricht von der Erhebung u. Uebersetzung d. heil. Afra. 8. Augsb. 805.

Braun, P. P., Notitia, v. Notitia.

Braun, P., Notitia historicoliteraria de codicibus mss. in bibl. Benedictin. Aug. Vind. 791. 95. 6 Vol. 4. 7 rthl. 2 gr.

— notitia histor.-litt. de codicibus Msptis in bibl. Lib. ord. Benedicti ac Imp. ad SS. Udalricum et Afram August. extantibus. VI Voll. 4 maj. Augsburg 791—96. Veith. 6 ℔

Braun, Plac., Notitia historicoliteraria de libris ab artis typogr. origine ad ann. 1500 impressis in bibl. monast. ad Udalricum et Afraem Augustae. Aug. Vind. 788, 89. 2 Part. 4. 3 rthl. 16 gr.

Braun, R., allzeit im Herrn! Eine Sammlg. christl. Gedichte zur Erbaug. in Freud u. Leid. Gesammelt v. B. 8. (96 S. m. Abbildgn. u. 1 Farbdr.) Reutlingen (900). Enßlin & Laiblin. Geb. in Leinw. m. Goldschn. 1.80

Braun, R., Gott m. dir! Eine Sammlg. christl. Gedichte f. den Lebensweg. (64 S. m. 1 Abbildg. u. 1 Farbdr.) 12. Reutlingen (903). Enßlin & Laiblin. Geb. in Leinw. m. Goldschn. 1.—

Braun, R., Gott m. dir! Eine Sammlg. christl. Gedichte f. den Lebensweg. 12.—15. Tauf. (64 S. m. 1 Abbildg. u. farb. Titelbild.) kl. 8. Reutlingen (909). Enßlin & Laiblin. Geb. m. Goldschn. 1.—

Braun, R: Gott m. dir! Samınlg christl. Gedichte f. d. Lebensweg. 15—20. Taus. (64 m. farb. Titelbild.) kl8° Reutl., Enßlin & L. ('12). geb. m. G 1 — d

— Lobe den Herrn! Eine Sammlg. christl. Gedichte. 12. (96 S. m. Abbildgn. u. farb. Titelbild.) Ebd. (901). Geb. in Leinw. m. Goldschn. 1.50

Braun, R., und R. Hennig, Maiglöckchen. (Gedichte.) Bromberg (850). Aronsohn. 16. (IV, 147 S.) n. 20 ngl

Braun, R., De duabus adversus Aristogitonem orationibus quas D. scripsisse fertur. Diss. 1878. 50 S. 1.25

Braun, R. (Hrsg.), s. Schulzeitung der Provinz Posen.

— vertrau auf Gott! Eine Sammlg. christl. Gedichte. (64 S. m. 1 Abbildg. u. 1 Farbdr.) 12. Ebd. (903). Geb. in Leinw. m. Goldschn. 1.—

— Vertrau auf Gott. Eine Sammlg. christl. Gedichte. 12.—17. Tauf. (64 S. m. 2 [1 farb.] Taf.) kl. 8. Ebd. (910). Geb. in Leinw. m. Goldschn. 1.—

Braun, Reinhold Beiträge zur Statistik des Sprachgebrauchs Sallusts im Catilina und Jugurtha. 68 S. 8. Rg. *Düsseldorf* 1885. Progr.

Braun, Rhold., Beiträge zur Statistik des Sprachgebrauchs Sallusts im Catilina und Jugurtha. gr. 8. (68 S.) Düsseldorf 885, Selbstverlag des Verf. *

Braun, Rhold., Beiträge zur Statistik d. Sprachgebrauchs Sallusts im Catilina u. Jugurtha. gr. 8. (68 S.) Düsseldorf 885. (Berlin, Weidmann.) n. 1.—

Braun, Reinhold: Heinrich v. Kleist, s: Volksabende.

Braun, Reinhold: Sommertage in Griechenland. Reise-Erinnerungen. Hagen i. W.: Decker 1908. 92 S. 8°
Hagen i. W., RG u. G OP 1908 (454)

Braun, Rhold., Verse. (108 S.) 8. Leipzig 910. Modernes Verlagsbureau. 1.50; geb. 2.50

Verse von Reinhold **Braun**. Berlin-Leipzig: C. Wigand 1910. 108 S. 8° [10. 13361

Braun, Richard [Oberl.]: Beitrag zur Reform des lateinischen Unterrichts. Nakel, Druck v. R. Giroud (1889); S. 1–25; 4°
Nakel, k. G, OP 1889 (149)

Braun, *Otto Adolph* Richard [Assist. am chem.-pharm. Inst. d. Univ. Breslau]: Aus d. chem.-pharmaceut. Institut d. Univ. Breslau. Beiträge zur Kenntniss des Liebstockoels ... Breslau, Druck v. Dr. R. Galle's Buchdr., 1896; 33 S., 1 Bl. 8.
Breslau, Phil. Fak., Inaug.-Diss. v. 31. Juli 1896

Braun, Rich., Beiträge z. Kenntniss d. Liebstockoels. Diss. gr. 8. (33 S.) Breslau 896. (Schletter.) n. — 60

Braun, [Richard], Dir. Prof.: [Bericht über den Umbau und Erweiterungsbau des Gymnasialgebäudes.] *Schneidemühl 1901: G. Eichstädt.* (S. 21—23.) 4°
Schneidemühl, k. G, OP 1901 (178 [vielm. 181])

Braun, Richard, Referendar in Hamburg: Über die Rechtsverhältnisse der Post zu dem Absender und zu dem Adressaten beim einfachen Vertrage über die Beförderung von Briefen und Paketen. Göttingen 1907: Dieterich. (83 S.) 8° [F. u. Ant.]
Göttingen, Jur. Fak., Ref. Regelsberger, Diss. v. 18. Mai 1907
[Geb. 3. Dez. 80 Königsberg in Franken; Wohnort: Hamburg; Staatsangeh.: Sachsen-Coburg; Vorbildung: Gymn. Coburg Reife O. 00; Studium: Heidelberg 1, Berlin 3, Freiburg i. B. 1, Göttingen 4 S.; Rig. 6. Dez. 06.]

Braun, Rich.: Rechtswege, Fristen u. Formen d. ZPO in alphabet. Übersicht. (4, 55) 8° Berl., A Nauck & Co. '12. 1 — d

Braun, Robert, aus München: Beiträge zur Entwicklungsgeschichte der Cornea der Wirbeltiere. *München 1902: H. Kutzner.* (43 S.) 8°
Erlangen, Phil. Diss. v. 21. Nov. 1901

Braun, Rob., u. Jos. Winterberg, kritische Bemerkgn. über die verschiedenen antikonzeptionellen Massnahmen. (18 S.) gr. 8. Leipzig 907. Verlag der Monatsschrift f. Harnkrankh. — 80
Sonderabdruck aus: „Monatsschr. f. Harnkrankh. usw."

†— Rob. (Dissidentenprediger), 34 Predigten vor der deutsch-kathol. Gemeinde zu Berlin. gr. 8. Daselbst 1846. Springer. (1 Thlr.)

Braun, Rob., heimische Strandvögel. Gelegenheitsgedichte. gr. 8. (VIII, 299 S.) Bromberg 902. (Mittler.) Geb. in Leinw. n.n. 3.—

Braun, Rudolf [aus Weissenburg a. S.]: Ueber einen Fall von Embolie der Arteria brachialis sinistra. . . . Erlangen, k. b. Hof- u. Univ.-Buchdr. v. Fr. Junge (Junge & Sohn), 1889; 30 S. 8°
Erlangen, Med. Fak., Inaug.-Diss. v. Jul. 1889

Braun, Rud., Rechenbuch f. höh. Mädchenschulen, s.: Meyer, Eduard.

Braun Rudolf. Oesterreichisches Wappen-Album. 1. Liefg. 6 Wappen-Photographien enthltd. Prag. F. Ehrlich. 1867. à 50 kr.

Braun, S., Welche Aufgaben stellt der Inn. Mission die Eigentümlichkeit der gegenwärtigen Zeitlage? Vortrag. (61 S.) Leipzig 1890. Buchhandlung des Evang. Vereinshauses. —.30

Braun, Superint. a. D. Welche Aufgaben stellt der inneren Mission die Eigentümlichkeit der gegenwärt. Zeitlage? s. Sammlung theolog. u. sozialer Reden u. Abhandlungen.

Braun, Siegfr., Berufsflecke. E. naturalist. Predigt i. Novellenform. 8. (88 S.) Leipzig 895. W. Friedrich. n. 1. —

Braun, Sixtus, Naumburger Annalen vom J. 799 bis 1613. Nach seiner im städt. Archiv befindl. Handschrift hrsg. v. Köster. 8. (537 S.) Naumburg a/S. 893. H. Sieling. n. 8. 50

Braun, Stephan., Cantica sacra catholica polyphonis virorum choris accomodata. gr. 4. (IV und 46 S.) Freiburg im Br. 859, Herder'sche Verlagsh. *

Braun, (Stephanus, Carolo Magno regnante quae inter ecclesiam et imperium ratio intercesserit potissimum ex magni illius imperatoris capitularibus demonstrare studuit. 8. (IV und 160 S.) Wien 864, Sartori. *

Braun, Steph., Christianam de ss. Trinitate doctrinam ex ss. utriusque Testamenti testimoniis demonstrare studuit. Freiburg, Dilger, 1863. 172 S.

—— Christianam de sanctissima Trinitate doctrinam ex sacris utriusque testamenti testimoniis demonstrare studuit. 8. (IV und 172 S.) Wien 864, Sartori. *

Braun, St., Jerusalem. Bilder aus dem Orient u. Erläuterungen der hl. Geschichte. Mit einer Ansicht der hl. Grabkirche. Freiburg, 1865.

—— Jerusalem. Bilder aus dem Orient und Erläuterungen der heiligen Geschichte. 2., verm. und verb. Aufl. 8. (278 S. mit 1 Ansicht der heil. Grabkirche.) Wien 866, Sartori. *

—— Klänge kirchlicher Tonkunst in vierstimmigen Liedern für Sopran, Alt, Tenor und Bass. Bearb. und mit latein. und deutschem Texte versehen. gr. 4. (IV und 32 lithogr. S.) Freiburg im Br. 860, (Herder'sche Verlagsh.) *

Braun, Steph., Marienchöre. Zur Verehrung der heil. Jungfrau, insbesond. zum Gebrauch bei Maiandachten. gr. 4. (IV, 90 S.) Freiburg i. Br. 871, Herder'sche Verlagsh. *

Braun, Steph., Memoiren d. letzten Abtes v. St. Peter. Ein Beitrag zur vaterländ. Geschichte. gr. 8. (XIV, 316 S.) Freiburg i/B. 870. Herder. Kart. n. 2. —

Braun, Steph., Passio domini nostri Jesu Christi secundum Matthaeum. Die Leidensgeschichte des Herrn nach dem Evangelium des heil. Matthäus in latein. und deutscher Sprache für 3 Soli und vierstimm. Chor in Musik gesetzt. gr. 4. (IV und 57 S.) Paderborn 862, Schöningh. *

BRAUN, T. S. (d. i. *Antonie Simon*, geb. *Stöckel*), Aus der Ehewelt. 3 Bde. Leipzig 1868. 8°. (4½ Rthl.) (4 Mk., wie neu, A. Bielefeld.)

—— aus der Ehewelt. Roman. 3 Bde. 8. (247; 279; 318 S.) Leipzig 868, Grunow.

—— das Erbe Toska's. Erzählung. 2 Bde. 8. (208; 216 S.) Leipzig 870, Grunow.

—— Erna oder „ich habe gelebt und geliebet." Ein Seelengemälde. 3 Bde. 8. (237; 243; 240 S.) Leipzig 872, Grunow.

—— ein starkes Herz. Erzählung. 2 Bde. 8. (255; 240 S.) Leipzig 871, Grunow.

Braun, T. S., eine gelungene Cur. 8. Leipzig 870. Gera, Griesbach's Verlag.

Braun, T. S., eine gelungene Cur. Erzählung. 8. (280 S.) Leipzig 870, Grunow.

—— verschmähte Liebe. Roman. 2 Bde. 8. (176; 179 S.) Leipzig 872, Grunow.

—— ein häßliches Mädchen. Roman. 3 Bde. 8. (227; 208; 251 S.) Leipzig 869, Grunow.

Braun, T. S., ohne Stern. Roman. 2 Bde. 8. (250; 192 S.) Brieg 883, (Bänder.) 8 —

Braun, T. S., ohne Stern. Roman. 2. Ausg. 2 Bde. 8. (250; 192 S.) Brieg 885, (Bänder.) *

Braun, T. S., Unkraut im Weizen. Erzählungen in 3 Bdn. 8. (244; 242; 259 S.) Leipzig 876, Grunow.

—— Wiesenblumenstrauß. Novellen und kleinere Schriften. 3 Bde. 8. (240; 253; 243 S.) Leipzig 874, Grunow.

Braun, Th., das Anerbenrecht. Ein Beitrag zur Abwehr von Angriffen gegen die Grundlagen der bäuerl. Hofverfassung in der Prov. Hannover. gr. 8. (30 S.) Hannover 872, Hahn'sche Hofbuchh. *

Braun, Th., Hausbuch, s.: Schmalenbach, Th.

Die religiöse Wahnbildung. Eine Untersuchung von Th. Braun, Stadtpfarrer in Leutkirch. Tübingen: J. C. B. Mohr 1906. (IV, 74 S.) 8° [05. 1377]

Braun, Th., wie finde ich e. Stelle? Anleitg. f. männl. u. weibl. Stellensuchende, um in kaufmänn. Geschäften, gewerbl., landwirtschaftl., staatl. u. privaten Betrieben e. Anstellg. zu finden. Mit zahlreichen Formularen zu schriftl. Bewerbgn. u. e. Anh., enth. die Anstellungsbedinggn. der Militäranwärter. (56 S.) 8. Berlin (905). S. Mode. n. 1. —

Braun, Th., die Ziffernmethode. Kurze Darlegung ihrer Geschichte, ihres Wesens und ihrer Anwendung mit besond. Berücksicht. der Methode Galin-Paris-Chevé. Ein Beitrag zu einer historisch-krit. Beleuchtung der Frage: ob Noten oder Ziffern für die Volksschule. gr. 8. (VI, 65 S.) Essen 883, Bädeker. * — 80

Braun, Theodor

Braun, Thdr: Abschiedpredigt. (9) 8° Königsbg, Ev. Bh. '12. — 25 d

Braun, s.: Baxter, Rich, D Grundbedingg. e. erfolgr. Amtsthätigkeit.

Braun, Th., die Bekehrung der Pastoren und deren Bedeutung für die Amtswirksamkeit. 1.—3. Aufl. 8. (32 S.) Berlin 885,86, Wiegandt und Grieben. *

Braun, Thdr. Die Bekehrung der Pastoren u. deren Bedeutung f. die Amtswirksamkeit. 4. unveränd. Aufl. 8. (32 S.) Berl. 892, Wiegandt u. Grieben. * — 40

Braun, Th., die Bekehrung der Pastoren u. deren Bedeutung f. die Amtswirksamkeit. 6. um e. Nachwort „Zur Verständigg." verm. Aufl. (46 S.) 8. Leipzig 910. Krüger & Co. — 60

— s.: Bewahrung, die, d. ersten Jünglingsalters v. der Sünde d. Unkeuschheit.

Braun, Theodor (geb. am 29 Dez. 1854 in Wipperfürth): Das amerikanische Pfeilgift Curare als Heilmittel. (Nebst einem Anhang über das Coniin.) ... Bonn, Univ.-Buchdr. v. C. Georgi 1880. 52 S., 1 Bl. 8.

Bonn, Med. Fak., Diss. v. 7 Juli [nach d. Akten v. 7 Aug.] 1880

Braun, Festpredigt, s.: Gott will es.

Zur Frage der engeren Vereinigung der deutschen evangelischen Landeskirchen. Von D. Th[eodor] Braun, Wirkl. Ober-Konsist. R. in Berlin. *Berlin: E. S. Mittler & Sohn 1902.* (68 S.) 8° [J.] [03. 1344]

— Bleib. Frucht. Predigten, Ansprachen u. Abhandlgn. Hrsg. v. alten Schülern. (4, 455 m. Titelbild.) 8° Gütersl., C Bertelsmann '11. 4 —; geb. 5 — d

— u. Fischer. Zum Gedächtniß D. Büchsels. Leichenreden, geh. am 17. Aug. 1889. gr. 8. (14 u. 19 S.) Berl. 890, Wiegandt u. Grieben. * — 40

— Aus d. Jugendleben v. B. 12 Gedichte a. sr Studentenzeit 1853—55. (24) kl8° Ebd. ('11). L m. G 1.20 d

— s. Katechismus, der kleine, D. Martini Lutheri.

Braun, Th., Confirmationspredigt, geh. am Sonntag Oculi den 16. März 1879. [Nachgeschrieben.] gr. 8. (15 S.) Gütersloh 879. Bertelsmann. n. — 40

— s.: **Luther, Mart.**, der kleine Katechismus.

Predigt, gehalten zur Eröffnung des Kongresses der Vereine des Weissen Kreuzes am 17. Sept. 1899 in Bielefeld durch D. [Theodor] Braun, Gen.Superint. *Berlin: Bund v. Weissen Kreuz (1899).* (11 S.) 8° [...]

— Die Schönheit, auf d. wir warten. Ein Zeugnis. Veröffentlicht v. Hellmuth Zander. 3.u.4.Taus. (16) 8° Ebd. '12. — 30 d

— welche **Handhaben** bietet das bürgerliche Gesetzbuch den deutschen evangelischen Landeskirchen zum Schutz der evangelischen Interessen in den gemischten Ehen? Ein der deutschen evangel. Kirchenkonferenz zu Eisenach im Juni 1902 erstattetes Referat. gr. 8. (23 S.) Stuttgart 902. C. Grüninger. n. — 40

Braun, Thom., Altkatholiken u. Vatikaner vor dem Staatsrecht. Eine unverschämte Vorlesung an den bayerischen Lutz u. Genossen. gr. 8. (26 S.) Lahr 877. (Kempten, Dannheimer.) n. — 30

Braun, Thom., katholische Antwort auf die päpstliche Bulle über die Empfängniß Mariä. Ortenburg 856. (Leipzig, O. Wigand.) gr. 8. (VI, 240 S.) 1 ℳ

Braun, T, kath. Antw. auf d. päpstl. Bulle üb. d. Empfängn. Mariä. 8. (240) Ortenb. 57, Selbstverl. 1. —

—— d. unbefl. Empfängniss Mariä. 2. Afl. 8. (16) Stuttg. 63, E Müller. — 8

Braun, Thom., die unbefleckte Empfängniß Mariä. Als Glaubenssatz beleuchtet. (Abdr. aus dessen Schrift: „Der Fall des Papstthums und die unbefleckte Empfängniß.") 2. Aufl. Stuttgart 863. Schiller in Comm. gr. 8. (16 S.) 3 ngr.

Braun, Thom., Ende d. Papstthums, e. Antwort zur Kircheneinigg. gr. 8. (16 S.) Kempten 875. Dannheimer in Comm. n. — 36

—— über das Gebet. Vorträge zu Holzkirchen gehalten. 18. (150 S.) Passau 852, Elsässer und Waldbauer.

Braun, Thom., das heilige Herz Mariä und die Jünglings- und Jungfrauen-Bündnisse. Zwei Vorträge gehalten zu Holzkirchen. 8. (15 S.) Passau 850, Elsässer und Waldbauer.

— katholische Kirche ohne Papst. gr. 8. (48 S.) München 871. (Renner.) n. — 50

— gegen Kirchen-Mißbräuche. Vorschläge an die Altkatholiken. gr. 8. (19 S.) Kempten 875. Dannheimer. n. — 40

Braun, Thom. (Priester des Bisthums Passau), das *österreichische Konkordat* (vom 18. Aug. 1855). Ortenburg, Selbstverlag d. Verf., o. J. 8°. Cart.
46 S., 1 Bl. Err. — Freisinniger Standpunkt.

— das österreichische Konkordat. Ortenburg 862. (Passau, Pleuger.) gr. 8. (46 S.) n. 8 ngr.

Braun, Tobias (Oxovio-Francus)
Disputatio inauguralis juridica de restitutionibus in integrum.
Gissae Okt. 1702: Joh. Reinh. Vulpius. 37, (3) S. 4°
pro licentia summos in utroque jure honores et privilegia doctoralia adipiscendi.

Braun, Ulrich

Braun s.: Rede, 4., 5. u. 6., u. Reden, 8, geh. in gr. relig. Volksversammlgn.

3 Reden gehalten in grossen religiösen Volksversammlungen. (Verf.: Prediger [Ulrich] Braun.) [1.] Königsberg i. Pr. 1905: E. Rautenberg. 8° [F.] [...] 10

Braun, Valent., werdendes Leben. Juristisch-medizin. Novellen. (62 S.) gr. 8. Stuttgart 908. Zeller & Schmidt. 1. 50

Braun, Valentin, Martyrium, s. a. Eckstein's 60 Pfennig-Bibliothek.

[F.] Martyrium. Novelle v. Valentin Braun. 1.–4. Taus. *Berlin: E. Eckstein Nf. [1898].* (60 S., 1 Bl.) 1 Bd 8.
= 50 Pfennig-Bibliothek, Ecksteins. No 32.

Braun, Val., Narkose. Erzählung aus dem Leben e. Frau. 8. (102 S.) Dresden 899. E. Pierson. n. 1. 50; geb. n. 2. 50

Braun Viktor: Josef II. und der Reichshofrat.
II. 1909 PN 2812 Diss. Wien, Univ.

Braun, W., Eisenbahn- und Strassen-Atlas von Kurhessen nach den neuesten und besten Quellen bearb. Maassstab 1 : 150000 d. w. G. 9 chromolithogr. Bl. gr. Fol. Cassel 859, Fischer. *

Braun, W., Führer durch Pyrmont u. seine Umgebung. 16. (42 S.) Pyrmont 879. Uslar. n. — 60

Braun, W. Der Häuptling der Moiari. Eine Erzählg. aus Neupommern. 8. (63 S.) Hamb. 889, Kramer. — 25

—— Unter den Kannibalen e. Südsee-Insel. Eine Erzählg. 8. (64 S.) Ebd. 890. — 25

Braun, W., Skizzen a. d. alten Braunauer Rathstube. 2., verm. Aufl. 8. (32 S.) Braunau 896. J. Bocksch. — 60

Braun, W., und **E. Richter**, die Wollengarn-Färberei in ihrem ganzen Umfange, s. **Richter, E.**

Braun, Walter, a. Bremen: Beiträge zur Behandlung der tuberkulösen Schultergelenks-Entzündung aus der Kgl. chirurgischen Universitätsklinik in Göttingen. Göttingen 1905: L. Hofer. (52 S.) 8°
Göttingen, Med. Fak., Ref. Braun, Diss. v. 16. Sept. 1905
[Geb. 7. Juli 80 Bremen; Wohnort: Göttingen; Staatsangeh.: Bremen; Vorbildung: Gymn. Bremen Reife M. 99; Studium: Greifswald 4, Göttingen 6 S.; Coll. 31 Juli 05; Approb. 16. Sept. 05.]

Braun, Walther, Referendar: Das Eigentümerpfandrecht bei der Höchstbetragshypothek. Breslau 1908: Korn. 47 S. 8°
Breslau, Jur. Diss. v. 16. Nov. 1908, Ref. Fischer-Leonhard
[Geb. 2. Juni 84 Ratibor; Wohnort: Wohlau; Staatsangeh.: Preußen; Vorbildung: Fürstensch. Pleß Reife O. 04; Studium: Breslau 7 S.; Rig. 7. Mai 08.]

Braun, Walther, approb. Arzt aus Penig: Ueber Thomsen'sche Krankheit ⟨Myotonia congenita⟩. *Leipzig 1902: B. Georgi.* (40 S.) 8°
Leipzig, Med. Diss. v. (5. Mai) 1902

Braun, Wanda: Bestimmung der Körperdiskriminante in einem kubischen Zahlkörper. Strassburg i. E. 1909: Müh. 54 S. 8°
Straßburg, Math.-naturwiss. Diss. v. 25. Okt. 1909, Ref. Weber
[Geb. 22. Juni 83 Straßburg; Wohnort: Straßburg; Staatsangeh.: Elsaß-Lothringen; Vorbildung: Realgymn. Aachen Reife 05; Studium: Straßburg 8 S.]

Die Bedeutung der Concupiscenz in Luthers Leben und Lehre von Wilhelm **Braun**, Lic. (in Treschklingen). Berlin: Trowitzsch & Sohn 1908. (VI, 312 S.) 8° [08. 7162]

Braun, Wilhelm [Assist. am anatom. Inst. in Marburg]: Die operative Behandlung der Steine im Ductus choledochus ... Göttingen, Druck d. Dieterich'schen Univ.-Buchdr., 1896; 199 S. 8.
Göttingen, Med. Fak., Inaug.-Diss. v. [20. Apr.] 1896

Braun, Wilhelm, aus Melsungen: Beiträge zur Kenntnis der Bromsilbergelatine. *Marburg 1902: Köster & Schell.* (48 S.) 8°
Marburg, Phil. Diss. v. [15. Jan.] 1903

Braun, Wilhelm: Schwingende Bewegung einer kreisförmigen Scheibe im widerstehenden Mittel. pg. 3-24. 8°. J.P. Himmer'sche Buchdr.
Progr. Augsburg 1882/83.

Braun, Wilh., Kardinal Gasparo Contarini od. der „Reformkatholizismus" unserer Tage im Lichte der Geschichte. (89 S.) 8. Leipzig 903. A. Deichert Nachf. n. 1. 20

Braun, W: Denkschrift z. Feier d. 50jähr. Bestehens d. internat. Schule protestant. Familien in Mailand, Via Carlo Porta 9. ('11.) (51 m. Bildnissen.) gr8° Mailand, (Sperling & K.) '11. nn 2.25

BRAUN, W. v., Zweiundsiebzig Schwedische Gedichte. Metrisch frei übersetzt v. Albano (ps.). Berlin. In Kommiss. der Nicolai'schen Buchhandlg. 1854. Gr. 8°. Eleg. Orig.-Sarsenetbd. m. Goldpr. u. Goldschn. (2 Rthl.) (5 frcs. Hanke, Zürich, 1894; 3 Mk. Wilh. Scholz, Braunschw., 1890.)
Tit., 1 Bl. Vorw. d. Uebers., 1 Bl. Inh., 213 S., 1 S. Druckanz.: Gedr. bei A. W. Schade in Berlin, Grünstr. 18.

— — Dasselbe. Zweite (Titel)-Auflage. Ebd. Nicolaische Verlags-Buchhandlung (Stricker). 8°. Eleg. roth. Orig.-Srsbd. m. Goldpressg. (3 Mk. 50 Pfg. Adolf Weigel, 1905.)
Theilweise ziemlich frei. In der angesehenen Nicolaischen Buchhandlung erschienen, erregten sie z. Zeit grosses Aufsehen.

Braun, W. v., schwedische Gedichte. Metrisch frei übers. 2. Aufl. 8. (VI, 213 S.) Berlin 876. Nicolai's Verl. geb. 6. —

Braun, Wilh. Die Handschriften und alten Drucke der Gymnasialbibliothek. S. 50—63. Progr. Wesel 1876.

Die Inzidentfeststellungsklage des § 280 der Reichszivilprozessordnung. Von Wilhelm v. Braun. Borna-Leipzig 1909: Noske; [Berlin: Bahr]. VI, 140 S. 8° [10. 11679

Braun, Wilhelm von: Die Inzidentfeststellungsklage des § 280 der Reichszivilprozessordnung. Heidelberg 1910: Hörning. VI, 116 S. 8°
Heidelberg, Jur. Diss. v. 1. Aug. 1910, Ref. v. Lilienthal
[Geb. 13. Nov. 83 Frankfurt a. O.; Wohnort: Kirchberg, Hunsrück; Staatsangeh.: Preußen; Vorbildung: Gymn. Königsberg i. N. Reife M. 02; Studium: Grenoble 1, München 3, Greifswald 1, Jena 2 S.; Rig. 19. Juli 10.]

Braun, Wilhelm, Lic. theol.: Luthers Klostererlebnis. Berlin 1908: Trowitzsch & Sohn. (71 S.) 8° [Erscheint vollst. u. d. T.: „Die Bedeutung der Concupiscenz in Luthers Leben und Lehre" im gleichen Verlage.]
Straßburg, Ev.-theol. Fak., Ref. Ficker, Diss. v. 8. Febr. 1908
[Geb. 29. Juli 73 Aglasterhausen, Amt Mosbach (Baden); Wohnort: Treschklingen, Post Babstadt (Baden); Staatsangeh.: Baden; Vorbildung: Realsch. Weinheim, Gymn. Konstanz, Karlsruhe Reife M. 93; Studium: Heidelberg 2, Halle 2, Erlangen 2, Heidelberg 3 S.]

Braun, Wilh. v., schwedische Lebensbilder. Drei Novelletten. 16. (V und 229 S.) Hadersleben 860, Griem. *

Braun, Wilh., Lehr- u. Übungsbuch d. Handelsarithmetik f. d. ob. Klassen v. Realschulen. 2., verm. u. verb. Aufl. gr. 8. (IV, 160 S.) Bamberg 897. (H. Uhlenhuth.) Kart. n. 1. 50

Braun, Wilh., die Tragödie Octavia und die Zeit ihrer Entstehung. gr. 8. (66 S.) Kiel 863, Schröder und Comp. *

Braun, Wilh., Rätsel-Büchlein für große und kleine Leute. 16. (62 S.) Köln 888, Püttmann.

Braun, Wilh., Rätsel-Büchlein f. große u. kleine Leute. 3. Aufl. (62 S.) 16. Leipzig (906). J. Püttmann. — 30

Braun, W., Rechenbuch f. die oberen Klassen v. Real- u. Handelsschulen. 8. (IV, 129 S.) Augsburg 888. Rieger. cart. n. 1. 50

Braun, Wilh., Rechenbuch f. die unteren Klassen v. Mittelschulen. 1—3. Tl. 8. Augsburg. (Rieger.) à n. — 90
1. Das Rechnen m. ganzen Zahlen. (IV, 89 S.) 885.
2. Das Rechnen m. gemeinen Brüchen. (90 S.) 886.
3. Das Rechnen m. Dezimalbrüchen u. unbenannten Zahlen. Bürgerliche Rechnungsarten. (IV, 143 S.) 886.

Braun, Wilh. Rechenbuch f. die unteren Klassen v. Mittelschulen. 1. Tl. Das Rechnen m. ganzen Zahlen. 3., verm. u. verb. Aufl. 8. (VII, 92 S.) Bamb. 892, (Uhlenhuth). cart. * 1 20

Braun, Wilh., Rechenbuch f. die unteren Klassen v. Mittelschulen. 3 Tle. gr. 8. Bamberg 894. (H. Uhlenhuth.) Kart. n. 3. 70
1. 4., verm. u. verb. Aufl. (V, 111 S.) n. 1. 20. — 2. 3., umgearb. Aufl. (IV, 78 S.) n. 1. 10. — 3. 3., verm. u. verb. Aufl. (IV, 156 S.) n. 1. 40.

— Rechenbuch f. d. unt. Klassen v. Mittelschulen. 1. u. 3. Tl. gr. 8. Ebd. 897. Kart. n. 2. 60
1. D. Rechnen m. ganzen Zahlen. 5. u. 6., verb. Aufl. (V, 111 S.) n. 1. 20
3. D. Rechnen m. Dezimalbrüchen u. ungenauen Zahlen. Bürgerl. Rechnungsarten. Proportionen. 4. u. 5., verb. Aufl. (IV, 156 S.) n. 1. 40

Braun, Wilh., der Thyestes des Euripides. gr. 8. (21 S.) Wesel 882, (Kühler.) * — 50

Braun, Wilh. (II.), Trauerklänge zur Erinnerung an Kaiser Wilhelm I., s. Roebel, Benno.

Braun, W.: De Senecae fabula, quae inscribitur Troades. 12 S. Progr. Wesel 1870.

— Was wir Kirchlich-Positive wollen, s.: Flugschriften der kirchlich-positiven Vereinigung. 1. Heft.

Braun, Willy Oswald, pract. Arzt: Aus d. Kgl. anat. Universitäts-Institut zu Königsberg. No 32. Untersuchungen über das Tegument der Analöffnung. Mit 1 Taf. Abbildungen. *Königsberg i. Pr. 1901: R. Leupold.* (50 S.) 8°
Königsberg, Med. Diss. v. 1. Juli 1901

Braun, Wolfram: Ueber Katarakt durch Blitzschlag und elektrische Entladung. Rostock 1909. 21 S. 8°
Rostock, Med. Diss. v. 15. Juli 1910, Ref. Peters
[Geb. 11. Nov. 86 Gnadenfeld; Wohnort: Rostock; Staatsangeh.: Preußen; Vorbildung: Gymn. Glogau Reife O. 04; Studium: Rostock 1, Berlin K. W. A. 9 S.; Coll. 21. Sept. 09; Approb. 18. Juni 10.]

Braun, Xaver Franz [aus Würzburg]: Ein Fall von Struma sarcomatosa. . . . Würzburg, Druck v. J. B. Fleischmann, 1889; 31 + 1 S. 8°
Würzburg, Med. Fak., Inaug.-Diss. v 1889

Braun-Artaria, Rosalie, s.a. Artaria, R.

Braun-Artaria, Rosalie: Anna von Helmholtz. Ein Erinnerungsblatt. — (Berlin 1899.) 7 Bl. 8°
Aus: Münchner Allg. Zeitung. Wiss. Beil. 14. Dez. 1899.

[Braun-]Artaria: Das erste Jahr im neuen Haushalt. E. Geschichte in Briefen. — Stuttgart: Union 1888. 285 S. 8°
— — 2. Aufl. — Leipzig: Keil [1890]. 287 S. 8°

Braun v. Braunthal, Ernst: Elektrotechnik, s: Wogrinz, Alfr.

Braun von Braunthal, Karl Johann (Wirkl. Name), s.a. Charles, Jean, u. Jean Charles (Pseud.)

Braun von Braunthal, Karl Johann

Braun v. Braunthal, J. K., Antithesen; od. Herrn Humors Wanderungen durch Wien u. Berlin. Eine Sammlung Skizzen a. d. Wiener u. Berliner Volksleben, n. d. Natur gezeichnet. 12. (5½ B.) Wien 834, Gerold.

Braun v. Braunthal, J. K., die ästhetisch gebildete Dame, oder das für Frauen Wissenswertheste, aus d. Gebiete d. Aesthetik. In 2 Büchern. gr. 8. Wien 830. Gerold. 16 ggr.

Braun von Braunthal, Karl Johann
Dichterleben aus unserer Zeit. Novelle von Jean Charles.
Leipzig: Bösenberg 1842. 284 S. 8°

— Don Juan. Drama in 5 Abtheil. gr. 12. Leipzig 842, Fr. Fleischer. n. ⅔ ℞

— dass. Neue Ausg. 12. Dresden 844, Sillig. n. ⅔ ℞

Braun v. Braunthal, das Elixir des Teufels. Histor. Roman. gr. 8. (236 S.) Wien 861, Typographisch-literarisch-artistische Anstalt. *

Braun v. Braunthal, d. Ende d. Welt. 8. (184) Wien 51, lit.-art. Anst. n. — 20

Braun v. Braunthal, (J. C.), das Ende der Welt. (In 6 Gesängen.) 8. (184 S.) Wien 851, Sollinger's Wwe. n. $^{2}/_{3}$ ℛ

—— die Erbsünde. 2 Thle., s. Jean Charles.

(——) Faust, s. Faust.

Braun v. Braunthal, Faust, s.: National-Bibliothek, allgemeine.

—— Fragmente a. d. Tagebuche e. jungen Ehmann's. gr. 12. (8 B.) Wien 833, Tendler.

— Gedichte. N. F. 16. Nürnb. 839. Bauer u. R. (Merz.) $1^{1}/_{3}$ ℛ

—— die Geopferten. Trauersp. in 4 Aufz. 8. ($8^{1}/_{2}$ B.) Wien 835, [Rohrmann.]

Braun v. Braunthal, C. J., Geschmakslehre oder Wissenschaft des Schönen. Zum Selbstunterricht für alle nach Bildung Strebenden. 8. (178 S.) Wien 865, Gorischek's Universitäts-Buchh.

Braun v. Braunthal, C. J., Geschmackslehre oder Wissenschaft des Schönen. Zum Selbstunterrichte für alle nach Bildunq Strebenden. Wien 866. Gorischek. 8. (178 S.) 26 ngr.

K. J. **Braun v. Braunthal**: d. Glückliche, od. Gedanken üb. d. Ehe u. üb. weibl. Erzieh.; e. Bildungsschr. f. erwachs. Mädchen u. junge Frauen, in Briefen an d. Fräul. C. v. St. *Berl.*, Stuhr. B. 829. gr 12° 16 gl

Braun, K[arl] J[ohann], Ritter v. Braunthal: Die Glückliche, oder Gedanken über die Ehe und weibliche Erziehung. Eine Bildungsschrift f. erwachsene Mädchen u. junge Frauen. In Briefen an das Fräulein C. v. St. 2., verb. Aufl. — Berlin: Stuhr 1829. 119 S. 8°

Braun v. Braunthal, (K. J.,) d. Himmelsharfe. Geistl. Dichtungen als Andachtsb. f. gebildete Christen. Sammt d. vorgeschrieb. Kirchenliedern u. Litaneyen. (M. 1 Kpfr. u. 1 Mus.) gr. 8. Wien 826. (Leipzig, Fr. Fleischer.) 12 gr. Schreib-Pap.

—— der Jesuit im Frack. Culturgeschichtlicher Roman aus den Zeiten der Kaiserin Maria Theresia. 3 Bde. 8. (210, 211 und 196 S.) Wien 862, Typographisch-literarisch-artistische Anstalt.
—— Dasselbe, s.: Roman-Bibliothek. 13.—22. Heft.

—— Graf Julian. Trauerspiel in 5 Aufz. gr. 8. (12 B.) Berlin 831, Krause.

—— Graf Julian. Trauersp. in 5 Aufz. 2., unveränd. Ausg. gr. 8. (13 B.) Berlin 838, Stackebrandt. (Leipzig, Wienbrack.)

Braun, J. K., Ritter v. Braunthal, Graf Julian. Trauerspiel in 5 Aufz. 2. unveränd. Aufl. gr. 8. Halle 838, Coldiß'sche Verlagsbuchh. 1 ℛ

Braun von Braunthal. Graf Lauzun. Historisches Drama in fünf Akten, von — —. (Als Manuskript gedruckt.) 8. Wien. Druck von K. Ueberreuter. 1853.

—— Lebensbilder u. Lebensfragen. 8. (7 B.) München 840, Jaquet.

—— Lieder eines Eremiten. gr. 16. ($2^{3}/_{4}$ B.) Stuttgart 840, [Griesinger'sche Buchh.]

Braun von Braunthal, (K. K.,) Loda. Trauerspiel in 3 Akten. Nach Ossian's Gedichte gleichen Namens. 8. Wien 826, Gerold.

—— stehende Masken im Lustsp. d. Lebens. In zwölf Frescobildern. gr. 12. ($6^{1}/_{2}$ B.) Wien 837, Pichler sel. Wwe. (Leipzig, Liebeskind.)

— Mission. Ein Wort zur Zeit. Gerichtet an Dr. Strauß (Verfasser der Schrift: „Das Leben Jesu"). gr. 8. Canstatt 841, Vereins-Buchh. $^{1}/_{4}$ ℛ

— Morgen, Tag u. Nacht aus d. Leben e. Dichters. (Gedichte.) In 3 Abthll. gr. 12. Leipz. 834. Reimann, jetzt Melzer. $1^{1}/_{2}$ ℛ

— Morgen, Tag u. Nacht aus dem Leben eines Dichters. Gedichte in 3 Abtheil. 2. verm. Aufl. 12. Dresden 843, Sillig. $^{2}/_{3}$ ℛ

—— oesterr. Musenalmanach, s. Musenalmanach.

Braun Ritter v. Braunthal, Karl Joh., D. Nachtlager v. Granada, s.: Kreutzer, Konradin.

Braun, K. v., das Nachtlager v. Granada, s.: Mode's Opern-Text-Bibliothek.

—— Napoleon I. in Wien. Histor. Roman. 2 Bde. gr. 8. (467 S.) Wien 860, Typograph.-literar.-artistische Anstalt. *
Vgl.: Roman-Bibliothek, wiener.

— Napoleon II., s. Jean Charles.

—— Neuhof. Historischer Roman. 3 Bde. 8. (723 S.) Wien 864, Typographisch-literarisch-artistische Anstalt.

—— dass. — s. Roman-Bibliothek, deutsche.

—— Novellen. gr. 12. ($9^{1}/_{2}$ B.) Wien 834, Haas.

—— Phantasie- u. Thierstücke. (Gedichte.) gr. 12. (7 B.) Wien 830, [Tendler u. Schäfer.]

Braun von Braunthal, Karl Johann

Realisten und Idealisten. Socialer Roman von Jean Charles. Bd. 1 - 3.
Leipzig: Günther 1867. 8°

—— die Ritter vom Gelde. Roman. 3 Bde. gr. 8. (768 S.) Wien 860, Typographisch-literarisch-artistische Anstalt. *
Vgl.: Roman-Bibliothek, wiener.

—— d. Seherin v. Venedig, s.: Inland, d. belletr.

—— Shakspeare. Drama in 3 Acten. Nach Ludw. Tieck's Novelle „Dichterleben." gr. 8. ($16^{1}/_{2}$ B.) Wien 830, Pichler sel. Wwe.

Braun v. Fernwald, Carl Ritter, Lehrbuch der gesammten Gynäkologie. 2. gänzlich umgearb. und wesentlich vervollständ. Aufl. gr. 8. (VIII, 1024 S.) Wien 881, Braumüller.

Vgl. Braun, Karl R.

Braun v. Fernwald, C., über die Salubritätsverhältnisse an der Wiener I. geburtshilflichen Klinik für Studierende in ihren Beziehungen zur Antisepsis während 29 Jahren. gr. 4. (8 S.) Wien 886, Braumüller. *
Aus: Wiener medizinische Wochenschrift, besonders abgedruckt.

Braun von Fernwald, Egon

—— u. F. Kreissel. Klinische Beiträge zur manuellen Behandlung der Frauenkrankheiten. gr. 8. (40 S. m. 7 Holzschn.) Wien 889, Breitenstein. * 1 50

Braun v. Fernwald, Egon. Beiträge zur Lehre der Laparotomien, m. besond. Berücksicht. der conservativen Methoden. gr. 8. (III, 77 S.) Wien 890, Deuticke. * 2 —

Braun v. Fernwald, Egon, und Karl A. Herzfeld, der Kaiserschnitt und seine Stellung zur künstlichen Frühgeburt, Wendung, atypischen Zangenoperation, Craniotomie und zu den spontanen Geburten bei engem Becken. In 6 Beiträgen aus der k. k. Wiener Universitäts-Klinik für Geburtshilfe und Gynaekologie des Hofr. Prof. Carl Braun v. Fernwald. gr. 8. (III, 156 S.) Wien 888, Hölder. *

Braun v. Fernwald, Raoul, R., s.: Städtebuch, Österreich.

Braun v. Fernwald, Rich., üb. Asepsis u. Antisepsis i. d. Geburtshilfe m. spec. Berücksicht. d. Verhältnisse u. Erfolge a. d. geburtshilfl. Klinik von Gustav Braun i. Wien. gr. 8. (158 S.) Wien 895. J. Šafář. n. 3. 60

Braun v. Fernwald, Rich., der Kaiserschnitt bei engem Becken. gr. 8. (104 S.) Wien 894. J. Šafář. n. 3. —

— üb. Uterusruptur. gr. 8. (88 S.) Ebd. 894. n. 2. 20

Braun-Gizycki, Lily von, s. Braun, Lily

[F.] Natur und Leben. Gedichte v. Hedwig Braun-Steinmann. *Berlin: R. Taendler 1895.* (VII, 131 S.) 1 Bd 8.

Braun-Steinmann, Hedw., Schutzengel. Bilderbuch (bis jetzt noch ohne Bilder). gr. 8. (22 S.) Hamburg 899. (Dortmund, Köppen.) Kart. n. 1. 80

— zur Wende des Jahrhunderts 1899—1900. gr. 8. (31 S.) Ebd. 899. Geb. n. 2. —

Braun und Weber's Reisekarten. Nr. I, II, IV, V, enthaltend sämmtl. Postanstalten, nebst allen Post- und Eisenbahn-Verbindungen, sowie Angabe der Entfernungen zwischen den einzelnen Stationen in Kilometern. Nach amtl. Quellen. Lithogr. gr. Fol. Königsberg 886, Braun und Weber. à Nr.

Inhalt:

I. Provinzen Ost- und Westpreussen. 17. Aufl. — II. Provinz Pommern. — IV. Provinz Posen. — V. Provinz Schlesien.

Braunagel, Emil: Zwei Dörfer der badischen Rheinebene. Eine wirtschaftswissenschaftliche und -politische Studie. *Leipzig: Duncker & Humblot 1898.* (VI, 48 S.) 8° [Erschien vollständig als H. 1 des 16. Bds von: Staats- und socialwissenschaftliche Forschungen.]
Würzburg, Jur. Diss. v. 1898

Zwei Dörfer der badischen Rheinebene unt. bes. Berücks. ihrer Allmendverhältnisse. E. wirtschaftswiss. u. -polit. Studie v. Dr. jur. et rer. polit. E[mil] Braunagel, Rechtspraktikant in Baden-Baden. *Leipzig: Duncker & Humblot 1898.* (VIII S., 1 Bl., 86 S.) 8.
= Forschungen, Staats- u. socialwissenschaftliche. Bd 16. H. 1.

Braunau (Schlagwort)

Braunau. Stelzig, Heinr., Karte der Bez.-Hauptmannsch. Braunau. [Beilage zur Braunauer Heimatkunde.] 1 : 75,000. 39×44 cm. Farbdr. Trautenau (899). G. Lorenz. n. — 20

Braunau. Stelzig's, Heinr., Karten-Ausgabe. Reise-Karte der Bez.-Hauptmannsch. Braunau. Umfassend die Städte: Braunau, Politz, Starkstadt, Eipel, Schönberg, Friedland, Wünschelburg. 1:75,000. 39×44 cm. Farbdr. Braunau (909). H. Bocksch. — 40

Braunau (Verfasser)

Braunau, Adf., die Ansiedler am Canadianflusse. Eine Indianergeschichte. Frei nach Aimard und Reid. 8. (61 S.) [Elberfeld.] Köln 878, Püttmann.

Braunau, Adf., der Coras-Indianer oder die Steppenräuber. Eine Indianergeschichte nach Aimard. 8. (64 S.) Hamburg 883, Kramer. — 25

—— Fürst und Edelmann oder der Abenteurer. Eine Erzählung nach einem französ. Stoffe. 8. (63 S.) Ebendas. 882. — 25

Braunau, Adf., Genovefa, Pfalzgräfin am Rhein. Eine Geschichte aus der Vorzeit, aufs Neue erzählt. 8. (64 S.) Elberfeld 876. Püttmann. — 30

— der Glöckner v. Notre-Dame. Eine Erzählung. 8. (64 S.) Ebend. 876. — 30

—— die feindlichen Häuptlinge, oder: Die Ansiedlung von Guetzalli. Eine Indianergeschichte. 8. (64 S.) Ebendas. 883. — 25

— die Helden der Prairie. Eine Erzählung. Frei nach Aimard. 8. (64 S.) Ebend. 876. — 30

Braunau, Adf., Hermann der Befreier Deutschlands. Eine Erzählung. 8. (64 S.) Elberfeld 876. Püttmann. — 30

— der schwarze Hirsch oder Comanchen u. Apachen. Eine Erzählung aus dem fernen Westen. Frei nach Aimard. 8. (64 S.) Köln 878. Püttmann. n. — 25

— Johanna, Königin von England oder vom Throne zum Schaffot. Eine historische Erzählung. Frei nach Ainsworth. 8. (62 S.) Ebend. 878. n. — 25

— der Letzte der Mohikaner. Eine histor. Erzählg. frei nach Cooper. 8. (77 S.) Ebend. 876. — 30

— die Lichtensteiner oder aus schwerer Zeit. Eine Erzählung aus den Zeiten des 30jährigen Krieges. Frei nach v. d. Velde. 8. (60 S.) Ebend. 878. n. — 25

— Meuterei an Bord oder des Schiffsjungen erste Fahrt. Nach Smidt. 8. (60 S.) Ebend. 878. n. — 25

— die Pawnie-Indianer. Eine Erzählg. aus Texas. Frei bearb. nach Ferry. 8. (64 S.) Ebend. 876. 30

—— die Prairie-Indianer. Eine Erzählung aus Texas. Frei bearb. nach Ferry. 8. (64 S.) Ebendas. 876.

— die Sage v. dem gehörnten Siegfried. Wiedererzählt. 8. (64 S.) Ebend. 876. — 30

— das unschätzbare Schloß in der afrikanischen Höhle Xa Xa. Neu erzählt. 8. (64 S.) Ebend. 876. — 30

— Jack Sheppard, der Straßenräuber v. London. Eine Erzählg. Frei nach Ainsworth. 8. (64 S.) Ebend. 876. — 30

— Tigerherz, der mexikanische Bandit. Eine Erzählung aus dem Prairieleben. Frei nach Aimard. 8. (60 S.) Ebend. 878. n. — 25

Braunau, Wilh., Es hat so sollen sein. Schwank in 2 Aufzügen. gr. 8. (64 S.) Stuttgart 880, Greiner und Pfeiffer. * — 50

Braunbart, C., Landes-Obstsortiment f. das Königr. Sachsen. Lex.-8. (47 S.) Dresden 902. C. Heinrich. n. — 75

Braunbart, C., Landes-Obstsortiment f. das Königr. Sachsen. 2. Aufl. (52 S.) Lex.-8. Dresden 904. C. Heinrich. n. — 75

Braunbeck's illustrirter Volks- und Familien-Kalender für das J. 1889. 4. (48 S. mit Illustr. und 1 Farbendr.) Stuttgart 888, Braunbeck.

Braunbeck's illustr. Volks- u. Familien-Kalender f. 1890. 4. (50) Stuttg., Braunbeck. n. — 20

Offizieller Führer zum Gordon Bennett Rennen 17. Juni 1904 u. den damit verbundenen offiz. Festlichkeiten. Hrsg. von Gustav Braunbeck. (München 1904: Ver.-Dr.- u. Kunstanst.) 258 S. 8°

Braunbeck's, Gust., Sport-Lexikon. Automobilismus. Motorbootwesen. Luftschiffahrt. (968, 8, XXIV; 236, XVI; 868 u. 40 S. m. z. Tl. farb. Abbildgn., eingedr. Kurven u. Kartenskizzen u. 10 [6 farb., davon 2 Doppel-] Taf.) Lex. 8. Berlin (910). Braunbeck's Sport-Lexikon. Geb. in Leinw. 20.—; Prachtausg. geb. in Ldr. m. Goldschn. 40.—; erm. Pr. 30. —

Braunbeck's, Gust., Sport-Lexikon. Ausg. '12—13. Automobilismus. Motorbootwesen. Luftschiffahrt. (10, 1224 m. Abb.) Lex8° Berl., G Braunbeck's Sportlexikon. L 15 —

Braunbehrens, Otto

Braunbehrens, O., Betrachtungen über die Verwaltungsrechtspflege in Preussen. gr. 8. (IV, 70 S.) Danzig 878. Kafemann. 1. 50

Braunbehrens, O. Die Gemeindeverfassungsgesetze f. die Provinz Westfalen, s. Brauchitsch, M v., die neuen preuß. Verwaltungsgesetze.

Braunbehrens, O., die Landgemeindeordnung f. die Prov. Westfalen vom 19. März 1856 in der durch die neuen Verwaltungsgesetze abgeänderten Gestalt. Im amtl. Auftrage hrsg. [Aus: „Brauchitsch, neue preuß. Verwaltungsgesetze, Ergänzungsbd."] gr. 8. (44 S.) Berlin 887. C. Heymann's Verl. n. — 80

—— Prov. Westfalen, s. Brauchitsch, M. v., die neuen preußischen Verwaltungsgesetze.

Braunbek, Karl: Ueber ein myelogenes Fibrosarkom des Femur. *Würzburg 1898: P. Scheiner.* (30 S.) 8°
Würzburg, Med. Diss. v. 1898

Braunberger, Eugen [aus Hagenau]: Über die Exostosen des äusseren Gehörganges ... Strassburg i. E., Buchdr. Ch. Müh & C., 1896; 42 S., 1 Taf. 8.
Strassburg, Med. Fak., Inaug.-Diss. v. 1896

Kaspar **Braun-Bilderbogen.** (16 farb. Bl.) 44×34 cm. Münch., Braun & Schn. (07). Geb. in 34×23 cm 2 — d

Braune, (Prediger zu Ebersleben, M.) Amts-Jubelpredigt am Tage seiner 50jähr. Amts-Jubelfeier, d. Sonnt. Septuagesimä 1835. 2e unveränd. Aufl. 8. Sangerhausen 837. Dittmar. (jetzt Rohland.) n. 1/6 ℬ

Braune, Amts-Jubelpredigt am Tage seiner 50jähr. Amts-Jubelfeier, d. Sonntag Septuagesimä 1835. 2., unveränd. Aufl. 8. (1¼ B.) Sangerhausen 837, (Rohland.) *

Braune: Anmerkungen zu dem 14. Buche d. Odysee. 24 S.
Progr. Cottbus 1855.

Braune: Die Aufgaben des Sanitätsdienstes ..., s. Beihefte zum Marineverordnungsblatt.

Braune, Instruktionen der Med. Abt. d. engl. Kriegsministerium. s. Beihefte zum Marineverordnungsblatt.

Braune (Hrsg.), s. Monatsblätter für innere Mission.

Braune: Ueber die hypothetischen Satzgefüge der griechischen Sprache. 24 S.
Progr. Cottbus 1862.

Braune, technologische Wandtafeln nach den besten und zuverlässigsten Quellen bearb. 8 Tab. in Imp.-Fol. Strassburg 881, Heinrich und Schmittner. *

Braune, Zeitschrift ... s. Achterfeld

Braune, A., Marc Aurel's Meditationen in ihrer Einheit u. Bedeutung. Diss. 1878. 84 S. 2.50

Braune, A.: Raumlehre ..., s. Braune, August

Braune, A. F., kleines Choral-Melodienbuch f. Schulen. 2. Aufl. In Noten od. in Ziffern. 8. (1½ B.) Berlin 833. (Neu-Ruppin, Oehmigke u. Riemschneider.) *

—— dass. — Ausg. in Ziffern. 4. verm. und verb. Aufl. gr. 16. (24 lithogr. S.) Ebendas. 871. *

Braune, A. F., kleines Choral-Melodienbuch für Schulen. Ausg. in Noten. 5. Aufl. 1871, und 6. verm. und verb. Aufl. gr. 16. (24 lithogr. S.) Leipzig 873, Oehmigke's Verlag. *

Braune, A. F., kleines Choral-Melodienbuch f. Schulen. 9. Aufl. 8. (24 S.) Leipzig 887. Oehmigke's Verlag. n. — 20

Braune, *Gustav* Adolf [app. Arzt aus Leipzig]: Febris herpetica ... Leipzig, Druck v. A. Edelmann Univ.-Buchdr., *1897;* 31 S. 8.
Leipzig, Med. Fak., Inaug.-Diss. v. 24. Mai 1897

Braune, Albert
Braune, Alb., praktische Anleitung zur einfachen und doppelten Buchhaltung für Handelsschulen, sowie f. angehende Geschäftsleute. Gotha 863. Opetz. gr. 8. (X, 306 S.) 22½ ngr.

Braune, A, prakt. Anl. z. einf. u. dopp. Buchhaltg f. Handelssch. 8. (306) Gotha 63. Windaus. — 22½

Braune, Alb., praktische Anleitung zur einfachen u. doppelten Buchhaltung f. Handelsschulen, sowie zum Selbstunterrichte f. angeh. Geschäftsleute. 2. m. Rücksicht auf die Reichsmarkwährg, gänzlich umgearb. Aufl. gr. 8. (VIII, 284 S.) Leipzig 876. Hirt & Sohn. n. 3. —

Braune, Alb., praktische Anleitung zur einfachen u. doppelten Buchhaltung f. Handelsschulen, sowie zum Selbstunterrichte f. angeh. Geschäftsleute. 3. Aufl. gr. 8. (304 S.) Leipzig 885. Hirt & Sohn. n. 2. 50

Braune, Alb. Praktische Anleitung zur einfachen u. doppelten Buchhaltung f. Handelsschulen, sowie zum Selbstunterrichte f. angehende Geschäftsleute. 4., verm. u. verb. Aufl. gr. 8. (VIII, 319 S.) Lpz. 892, Hirt u. Sohn. geb. in Leinw. * 3 —

Braune, Alb., Prakt. Anleitg. z. einfachen u. dopp. Buchhaltung f. Handelsschulen, sowie z. Selbstunterr. f. angeh. Geschäftsleute. 5., verb. Aufl. gr. 8. (VIII, 319 S.) Leipzig 898. F. Hirt & Sohn. Geb. in Leinw. n. 3. —

Braune, Alb., praktische Anleitung zur einfachen u. doppelten Buchhaltung f. Handelsschulen u. zum Selbstunterrichte. 6. Aufl. (VIII, 311 S.) gr. 8. Leipzig 903. F. Hirt & Sohn. Geb. in Leinw. n. 3. —

Braune, Alb., praktische Anleitung zur einfachen u. doppelten Buchhaltung f. Handelsschulen u. zum Selbstunterrichte. 7. Aufl. (319 S.) gr. 8. Leipzig 909. F. Hirt & Sohn. Geb. 3. —

—— vollständige kaufmännische Arithmetik für Handels-, Real- und Gewerbe-Schulen, sowie zum Selbstunterrichte für angehende Geschäftsleute. gr. 8. (X und 382 S.) Gotha 864, Opetz' Verlag.

Braune, Alb., vollständige kaufmännische Arithmetik für Handels-, Real- und Gewerbeschulen, sowie zum Selbstunterrichte für angeh. Geschäftsleute. 4. mit Rücksicht auf die bevorsteh. Einführung der Reichsmarkwährung umgearb. Aufl. gr. 8. (X, 349 S.) Leipzig 874, Hirt und Sohn. *

Braune, Alb., vollständige kaufmännische Arithmetik für Handels-, Real- und Gewerbeschulen, sowie zum Selbstunterrichte für angehende Geschäftsleute. 5. verm. und verb. Aufl. gr. 8. (VIII, 328 S.) Leipzig 882, Hirt und Sohn. *

Braune, Alb., vollständ. kaufmännische Arithmetik für Handels-, Real- u. Gewerbeschulen, sowie zum Selbstunterrichte für angeh. Geschäftsleute. 6., verb. Aufl. gr. 8. (336 S.) Leipzig 887. Hirt & Sohn. n. 3. 50; geb. n. 4. —

Braune, Alb., vollständige kaufmännische Arithmetik f. Handels-, Real- u. Gewerbeschulen, sowie zum Selbstunterrichte f. angeh. Geschäftsleute. 7., verb. Aufl. gr. 8. (336 S.) Leipzig 895. F. Hirt & Sohn. Geb. in Leinw. n. 4. —

Braune, Alb., vollständige kaufmännische Arithmetik f. Handels-, Real- u. Gewerbeschulen, sowie zum Selbstunterrichte f. angeh. Geschäftsleute. 8., verb. Aufl. gr. 8. (VIII, 336 S.) Leipzig 900. F. Hirt & Sohn. Geb. in Leinw. n. 4. —

— vollständige kaufmännische Arithmetik f. Handelsschulen u. zum Selbstunterrichte. 9., verb. Aufl., durchgesehen v. Joh. Madson. (336 S.) gr. 8. Ebd. 905. Geb. in Leinw. n. 4. —

— Vollständige kaufmänn. Arithmetik f. Handelsschulen u. zum Selbstunterrichte. 10., verb. Aufl., durchgesehen v. Joh. Madsen. (326 S.) gr. 8. Ebd. 909. Geb. in Leinw. 4. —

Braune, Albert (Leipzig), De certitudine in exercenda arte medica pars I. Quaest. cont.: de artium exercendarum certitudine in universum. Diss. med. Lpz. (Hirschfeld) 14. IV. 1826. 26 S. (4.80) 3843
Gew.: Carl Fried. Gust. Klug, Gotthilf Wilh. Schwartze.

Braune, Alb., de Formine ovali apud adultos aperto morborum inflammatoriorum nonnunquam moderatore. Dissert. patholog. 4mai. Leipz. 833. W. Vogel. 1/3 ℞

(Braune, Alb.): Handelssachen. Programm der Handelsschule zu Plauen i. V. Plauen 1883.

Braune, Alb., Commentar zur deutschen Wechselordnung für Kaufleute, Gewerbtreibende u. Geschäftsleute aller Art zum Selbstunterricht, wie zum Gebrauche in Handelsschulen. Leipzig 865. Gumprecht. 8. (VIII, 204 S.) 20 ngr.

Braune, A, Comm. z. deut. Wechselordng. 8. (204) Lpzg 65, Haessel. — 20

Braune, Albert: Lehrbuch der Handelswissenschaft für Handelsschulen . . ., s. Braune: Lehrbuch der Handelswissenschaft für Schulen . . .

— Lehrbuch der Handelswissenschaft für Schulen u. zum Selbstunterrichte. Leipzig 866. O. Wigand. gr. 8. (XI, 204 S. u. 1 Tab. in 4.) 27 ngr.

—— Lehrbuch der Handelswissenschaft für Schulen und zum Selbstunterrichte. 2. verm. Aufl. gr. 8. (XII, 327 S.) Leipzig 873, O. Wigand. *

—— Lehrbuch der Handelswissenschaft für Schulen und zum Selbstunterrichte. 3. umgearb. und verm. Aufl. gr. 8. (X, 334 S.) Leipzig 881, O. Wigand. *

Braune, Alb., Lehrbuch der Handelswissenschaft für Schulen und zum Selbstunterrichte. 4. umgearb. und verm. Aufl. gr. 8. (X, 325 S.) Leipzig 885, O. Wigand. *

— Lehrbuch der Handelswissenschaft f. Schulen u. zum Selbstunterrichte. 5., verb. Aufl. gr. 8. (X, 327 S.) Leipzig 890. O. Wigand. n. 3. —

— Lehrbuch der Handelswissenschaft f. Schulen u. zum Selbstunterrichte. 6., verb. Aufl. gr. 8. (X, 346 S.) Leipzig 894. O. Wigand. n. 3. —

— Lehrbuch der Handelswissenschaft f. Schulen u. zum Selbstunterrichte. 7., verb. Aufl. gr. 8. (XII, 348 S.) Leipzig 899. O. Wigand. n. 3. —

— Lehrbuch der Handelswissenschaft f. Schulen u. zum Selbstunterrichte. 8., verb. Aufl., bearb. v. Rhard. Richter. (XII, 355 S.) gr. 8. Leipzig 903. O. Wigand. n. 3. —

— Lehrbuch der Handelswissenschaft f. Handelsschulen u. zum Selbstunterrichte. 9., verb. Aufl., bearb. v. Jos. Winzen. (287 S.) gr. 8. Ebd. 909. Geb. 3. 50

— Lehrb. d. Handelswiss. Jetzt: Lpzg, Dr. M Gohlen.

(Braune, Alb.): Die Mängel unserer Gesetzgebung über die kaufmännische Buchhaltung. Jahresbericht der Handelsschule zu Plauen i. V. auf das Schuljahr 1891/92. (Plauen 1891.)

— — De nisu in morbis salutari therapiae generalis fundamento. Diss. med. Lpz. (W. Vogel S.) 12. VIII. 1842. 90 S. (4.50) 3845

—— Silberwährung oder Goldwährung? Für Jedermann verständl. Erläuterung der Reform des deutschen Münzwesens. 8. (28 S.) Plauen 872, Neupert.

Braune, A(lbert) (Übers.u.Hrsg.):

s.: Thomson, A(nthony) T(odd): Vereinigte Pharmacopoeen der Londoner, Edinburgher und Dubliner Medicinal-Collegien. (A Conspectus of the pharmacopoeias of the London, Edinburgh and Dublin Colleges of Physicians. 5th edition. Dt.) Leipzig: 1827

JB 1.654

Braune, Arnold, die Briefe St. Pauli an die Epheser, Kolosser, Philipper, s.: Braune, Karl.

Braune, Arnold, die Korinther-Briefe, s.: Kling, Christian Frdr.

Luther und Calvin. Eine Skizze. Vortrag geh. von Dr. A[rnold] Braune, Generalsuperint. Rudolstadt: Müller in Komm. 1910. 37 S. 8° A 12.703

Braune, Arnold, die sieben Worte am Kreuz. Zur Erbauung ausgelegt. 8. (85 S.) Altenburg 887, Dietz. *
geb. *

Braune, August

Braune, A., methodische Erörterungen, ausgeführte Lektionen u. Auflösungen zu den Aufgaben der Raumlehre f. Volks-, Bürger- u. Fortbildungsschulen, sowie f. Präparanden-Anstalten. 2. Aufl. gr. 8. (11 S. m. 2 Fig.) Halle 894. H. Schroedel. n. — 80

Methodische Erörterungen, ausgeführte Lektionen und Auflösungen zu den Aufgaben in d. Raumlehre f. Volks-, Bürger- u. Fortbildungsschulen, sowie f. Präparanden-Anstalten von A[ugust] Braune. Kreisschulinsp. 3. Aufl. *Halle a. S.: H. Schroedel [1900].* (11 S.) 8° [Umschlagt. F.] 00. 11609

Braune, A. Raumlehre f. Volks-, Bürger- u. Fortbildungsschulen, sowie f. Präparanden-Anstalten. Mit 96 in den Text gedr. Fig. 1. u. 2. unveränd. Aufl. (64 S.); 3. verm. Aufl. gr. 8. (IV, 72 S. m. 96 Fig.) Halle 889—92, Schroedel. * — 65

—— dass. — Methodische Erörterungen, ausgeführte Lektionen u. Auflösungen zu den Aufgaben. gr. 8. (8 S.) Ebd. 889. * — 30

— Raumlehre f. Volks-, Bürger- u. Fortbildungsschulen, sowie f. Präparanden-Anstalten. Nach method. Grundsätzen bearb. 3., verm. Aufl. gr. 8. (IV, 72 S. m. 96 Fig.) Ebd. 893. n.n. — 65

[F.] Raumlehre für Volks-, Bürger- und Fortbildungsschulen sowie f. Präparanden-Anstalten. Nach method. Grundsätzen bearb. v. A[ugust] Braune, Kgl. Kreisschulinsp. in Preuss.-Friedland. M. 96 in d. Text gedr. Fig. 5. Aufl. . . . *Halle a. S.: H. Schroedel 1898.* (2 Bl., 72 S.) 1 Bd 8. 98. 10347

Raumlehre für Volks-, Bürger- und Fortbildungsschulen sowie für Präparanden-Anstalten. Nach method. Grundsätzen bearb. von A[ugust] Braune, Kreisschulinsp. Bearb. von F. Skorczyk, Seminarl. in Hohenstein, O.-P. [Nebst] Method. Erörterungen . . . Bearb. von F. Skorczyk. *Halle a. d. S.: H. Schroedel 1903.* 2 Bde 8° [F.]
Raumlehre. 7. Aufl. Mit 122 Fig. Erörterungen. 3. Aufl. 04. 1600

Raumlehre für Volks-, Bürger- und Fortbildungsschulen sowie für Präparanden-Anstalten. Nach method. Grundsätzen bearb. von A[ugust] Braune, Kreisschulinsp. 8. verb. Aufl. Bearb. von F. Skorczyk, Sem.Lehrer. Mit 143 Fig. [Nebst] Method. Erörterungen, ausgeführte Lektionen . . . Halle a. d. S.: H. Schroedel 1906. 2 Bde 8° [F.] 07. 4431 3

Braune, A., Raumlehre f. Volks-, Bürger- u. Fortbildgs.-schulen sowie f. Präparanden-Anstalten. Nach method. Grundsätzen. Bearb. v. F. Skorczyk. 9. u. 10. verb. Aufl. (IV, 104 S. m. 147 Fig.) 8. Halle 908. H. Schroedel. Kart. nn — 90

Braune, A., Rechenbuch als Grundlage f. das Kopfrechnen in Seminarien. 3 Tle. gr. 8. (VI, 152 S.) Breslau 886. Dülfer. n. 2. —

— Rechenbuch als Grundlage f. das Kopfrechnen in Seminarien. 3 Tle. in 1 Bde. 2., durchgeseh. Aufl. gr. 8. (VI, 144 S.) Ebd. 893. n. 2. —; geb. n. 2. 20

— Rechenb. als Grundl. f. d. Kopfrechnen in Seminarien. 3 Tle in 1 Bde. 3. Afl. 8° (152) Ebd. 97. 2 —; geb. nn 2.25

(A[ugust]) Braunes Rechenbuch als Grundlage f. d. Kopfrechnen in Seminarien hrsg. von H. Neuschäfer, Seminarl. in Gütersloh. 5. umgearb. Aufl. 3 Teile. *Halle a. d. S.: H. Schroedel 1901.* (VI, 160 S.) 8° [F.] [01. 12033]

—— Rechenbuch für die Oberstufe von Bürgerschulen. [Als Ergänzung zu dem Rechenbuche für einfache Schulverhältnisse.] Unter gleichmäß. Berücksicht. des Kopf- und Tafelrechnens bearb. 4. Heft. 8. (56 S.) Ebendas. 887. *

—— Rechenbuch f. die Oberstufe v. Mädchenschulen. Unter Berücksicht. der Bedürfnisse d. praktischen Lebens bearb. 8. (64 S.) Ebd. 891. * — 50

— Rechenbuch f. die Oberstufe v. Mädchenschulen. Unter Berücksicht. der Bedürfnisse des prakt. Lebens bearb. 2. durchgeseh. u. verm. Aufl. v. C. Lawin. 8. (70 S.) Ebd. 901. n. — 50

—— Rechenbuch für einfache Schulverhältnisse in 3 Heften. Unter gleichmäß. Berücksicht. des Kopf- und Tafelrechnens bearb. 8. Eisleben 887, Mähnert. [1. Heft. (32 S.) * 20 Pf.; 2. und 3. Heft. (52; 35 S.) à Heft * 25 Pf.] *
4. Heft u. d. T.:

— dass. B. Für Stadtschulen in 7 Hftn. Mit gleichmäss. Berücks. d. Kopf- u. Tafelrechnens. 8° Ebd. 95. 2.15
1. 2. Afl. (32) — 20 | 2. 2. Afl. (42) — 25 | 3. 3. Afl. (68) — 35 | 4. 2. Afl. (56) — 30 | 5. 2. Afl. (53 m. Fig.) — 30 | 6. 2. Afl. (66) — 35 | 7. (71) — 40.

— dass. Auflösgn. 3—7. Hft. Für d. Hand d. Lehrers. 8° Ebd. 2.60
3. (40) 94. — 60 | 4. (30) 94. — 50 | 5—7. (27, 23 u. 26) 95. à — 50.

— dasselbe. B. F. Stadtschulen in 7 Hftn. M. gleichmäß. Berücksicht. d. Kopf- u. Tafelrechnens. 8. Ebd. n. 2. 15
1. 3., unveränd. Aufl. (32 S.) 896. n. — 20
2. 3., unveränd. Aufl. (42 S.) 896. n. — 25
3. 5., unveränd. Aufl. (68 S.) 897. n. — 35
4. 3., unveränd. Aufl. (56 S.) 896. n. — 30
5. 3., unveränd. Aufl. (53 S. m. Fig.) 896. n. — 30
6. 3., unveränd. Aufl. (66 S.) 896. n. — 35
7. 2., unveränd. Aufl. (71 S.) 896. n. — 40

— dasselbe. Auflösungen. Für d. Hand d. Lehrers. 5.—7. Hft. 8. (27, 23 u. 26 S.) Ebd. 895. à n. — 50

Rechenbuch für Stadtschulen in 7 bezw. 8 Heften von A[ugust] Braune. Neubearb. Ausg. C.B. H. 1. *Halle a. S.: H. Schroedel (1899).* 8° [F.] [99. 1146 3]

Rechenbuch für Stadtschulen in 7 Heften. Unter gleichmäß. Berücks. d. Kopf- u. Tafelrechnens bearb. von A[ugust] Braune. B. H. 1. 8. Aufl. *Halle a. S.: H. Schroedel [1903].* 8° [F.] [04. 1314 3]

— dasselbe f. Stadtschulen in 7 Heften. (Ausg. B.) Unter gleichmäß. Berücksicht. des Kopf- u. Tafelrechnens bearb. (Rechtschreibung nach der minist. Verfügg. v. 1902.) kl. 8. Ebd. 909. 2. 15
I. (Zahlenraum 1—5, 1—10, 1—20.) 10., unveränd. Aufl. (32 S.) — 20
II. (Zahlenraum von 1—100.) 18. Aufl. (42 S.) — 25
III. (Zahlenraum von 1—1000 u. unbegrenzter Zahlenraum. Fortgesetzte Übgn. in der Bruchrechnung.) 10., unveränd. Aufl. (68 S.) — 35
IV. (Benannte Zahlen, Durchschnittsrechng., Regeldetri, Fortsetzg. in der Bruchrechng.) 15., unveränd. Aufl. (55 S.) — 30
V. (Abschluß der Bruchrechng., Regeldetri u. Berechng. geradlin. Figuren.) 15., unveränd. Aufl. (53 S.) — 30
VI. (Bürgerliche Rechnungsarten, Wohlfahrtsgesetze, Raumberechngn., Quadrat- u. Kubikwurzel.) 14. unveränd. Aufl. (66 S.) — 35
VII. 6. Aufl. (72 S.) — 40

— dasselbe in 8 Heften. Neue Ausg. (M). I.—VI. Heft. 8. Ebd. 1. 90
I. Die Zahlenreihen 1—10 u. 1—20. (32 S. m. Abb.) 909. — 20
II. Die Zahlenreihe 1—100. (56 S. m. Abbildgn.) 909. — 30
III. Zahlenreihe von 1—1000 u. unbegrenzte Zahlenreihe. (64 S. m. Abbildgn.) 908. — 35
IV. Die mehrfach benannten Zahlen. (64 S. m. Abb.) 908. — 35
V. Gemeine Brüche, Dezimalbrüche, leichte Aufgaben aus den bürgerl. Rechnungsarten. (68 S. m. Abbildgn.) 909. — 35
VI. Schlußrechnungen. Prozentrechnungen. Volkswirtschaftliches Rechnen. (72 S. m. Abbildgn.) (909.) — 35
Neubearbeitung, s.: Hanft, H.

— Rechenbuch f. Volks- u. Bürgerschulen in 4 Heften. [Hft. 1—3 f. einfache Schulverhältnisse; Hft. 4 für die Oberstufe v. Bürgerschulen.] Unter gleichmäß. Berücksicht. des Kopf- u. Tafelrechnens bearb. 8. Ebd. 889. n. 1. —
1. 4. Aufl. (32 S.) n. — 20
2. 6. Aufl. (52 S.) n. — 25
3. 3. Aufl. (42 S.) n. — 25
4. 2., verm. Aufl. (64 S.) n. — 30

— dasselbe. Für die Hand des Lehrers. 2.—4. Hft. 8. Ebd. 889. n. 2. 60
2. 3. (68 u. 54 S.) à n. — 80. — 4. (82 S.) n. 1. —.

—— Rechenbuch f. Volks- u. Bürgerschulen in 4 Heften. [Heft 1—3 f. einfache Schulverhältnisse; Heft 4 f. die Oberstufe v. Bürgerschulen.] Unter gleichmäß. Berücksicht. d. Kopf- u. Tafelrechnens bearb. 2. u. 3. Heft. 8. Ebd. * — 75
2. 7. Aufl. (56 S.) 891. * — 30. — 3. 5. Aufl. (42 S.) 890. * — 25.

—— Rechenbuch f. Volks- u. Bürgerschulen in 4 Heften. [Heft 1—3 f. einfache Schulverhältnisse; Heft 4 f. d. Oberstufe v. Bürgerschulen.] Unter gleichmäß. Berücksicht. d. Kopf- u. Tafelrechnens bearb. 12. Ebd. 892. [1. Heft. 12. Aufl. (32 S.) * — 20; 2. Heft. 12. Aufl. (56 S.) * — 30; 3. Heft. 7. Aufl. (42 S.) * — 25; 4. Heft. 4. Aufl. (64 S.) * — 40.] * 1 15

—— dass. — Für d. Hand d. Lehrers. 2.—4. Heft. 2. Aufl. 8. Ebd. 891. [2. Heft. (68 S.) * — 80; 3. Heft. (54 S.) * — 80; 4. Heft. (82 S.) * 1 —.] * 2 60

—— dass. — Ergänzungsheft. Kranken-, Unfall-, Invaliditäts- u. Altersversicherung. 12. (12 S.) Ebd. 892. * — 10
Für die Hand d. Lehrers (15 S.) * — 40

— Rechenbuch. A. Für Volks- u. Bürgerschulen in 4 Hftn. (Hft. I—III f. einfache Schulverhältnisse; Hft. IV f. die Oberstufe v. Bürgerschulen.) Unter gleichmäß. Berücksicht. des Kopf- u. Tafelrechnens bearb. 8. Ebd. 894. n. 1. 25
1. 22. Aufl. (32 S.) n. — 20. — 2. 21. Aufl. (56 S.) n. — 30. — 3. 14. Aufl. (51 S.) n. — 30. — 4. 5. Aufl., verm. um die Aufgaben üb. die Wohlfahrtsgesetze. (76 S.) n. — 45

— dasselbe. Für die Hand d. Lehrers. 2.—4. Hft. Neue [2.] Aufl. 12. Ebd. 891. n. 2. 60
2. (68 S.) n. — 80. — 3. (54 S.) n. — 80. — 4. (82 S.) n. 1. —.

— dasselbe. Ergänzungshft. Kranken-, Unfall-, Invaliditäts- u. Altersversicherung. 3. Aufl. 8. (12 S.) Ebd. 894. n. — 10; für die Hand des Lehrers. (15 S.) 892. n. — 15

— Rechenbuch. A. Für Volks- u. Bürgerschulen in 4 Hftn. (Hft I—III f. einfache Schulverhältnisse; Hft IV f. d. Oberstufe v. Bürgerschulen.) Unter gleichmäss. Berücks. d. Kopf- u. Tafelrechnens bearb. 8° Ebd. 95. 1.25
1. 28. Afl. (32) — 20 | 2. 28. Afl. (56) — 30 | 3. 19. Afl. (51) — 30 | 4. 11. Afl. m. d. Aufgaben üb. d. Wohlfahrtsgesetze. (76) — 45.

— Rechenbuch. A. Für Volks- u. Bürgerschulen. 4 Hfte. (Heft I—III f. einf. Schulverhältnisse; Heft IV f. d. Oberstufe v. Bürgerschulen.) Unt. gleichmäß. Berücksicht. d. Kopf- u. Tafelrechnens bearb. 8. Ebd. n. 1. 25
1. 30. Aufl. (32 S.) 897. n. — 20
2. 29. Aufl. (56 S.) 896. n. — 30
3. 20. Aufl. (51 S.) 897. n. — 30
4. 12. Aufl. (76 S.) 896. n. — 45

— dasselbe. F. d. Hand d. Lehrers. 2. u. 3. Hft. 8. (66 u. 64 S.) Ebd. 895. à n. — 80

— dasselbe. Ergänzungsheft. Kranken-, Unfall-, Invaliditäts- u. Altersversicherg. 4. Aufl. 8. (12 S.) Ebd. 894. n.n. — 10

Braune, A., Rechenbuch. A. Für Volks- u. Bürgerschulen in 4 Hftn. (Hft. I—III f. einfache Schulverhältnisse; Hft. IV f. die Oberstufe v. Bürgerschulen.) Unter gleichmäß. Berücksicht. des Kopf- u. Tafelrechnens bearb. 8. Halle, H. Schroedel. n. 1. 25
1. (Zahlenraum 1—10, 1—20, 1—100.) 32. Aufl. (32 S.) 899. n. — 20
2. (Zahlenraum von 1—1000, unbegrenzter Zahlenraum in unbenannten u. benannten Zahlen, Regeldetri.) 32. Aufl. (56 S.) 899. n. — 30
3. (Bruchrechnung, bürgerliche Rechnungsarten, Raumberechnungen, vermehrt um die Aufgaben aus den Wohlfahrtsgesetzen.) 23. Aufl. (51 S.) 899. n. — 30
4. 13. Aufl. (76 S.) 899. n. — 45

— Rechenbuch f. Volks- u. Bürgerschulen in 4 Hftn. Hft. I—III f. einfache Schulverhältnisse; Hft. IV f. die Oberstufe v. Bürgerschulen. Unter gleichmäß. Berücksicht. des Kopf- u. Tafelrechnens bearb. (Ausg. A.) 1.—3. Hft. (Rechtschreibung nach der minist. Verfügg. v. 1902.) kl. 8. Halle, H. Schroedel. n. — 80
1. (Zahlenraum 1—10, 1—20, 1—100.) 39. Aufl. (32 S.) (903.) n. — 20
2. (Zahlenraum von 1—1000, unbegrenzter Zahlenraum in unbenannten u. benannten Zahlen, Regeldetri.) 39. Aufl. (56 S.) (904.) n. — 30
3. (Bruchrechnung, bürgerliche Rechnungsarten, Raumberechnungen, vermehrt um die Aufgaben aus den Wohlfahrtsgesetzen.) 27. Aufl. (51 S.) (903.) n. — 30

— dasselbe. Neubearbeitung v. H. Hanft. Ausg. A. 4 Hfte. gr. 8. Ebd. n. 1.80
1. (40 S.) 904. n. —25. — 2. (62 S.) 903. n. —30.
3. (63 S.) 903. n. —30. — 4. (66 S.) 904. n. —45.

Rechenbuch für Volks- und Bürgerschulen in 4 H. ... bearb. von A[ugust] Braune. (Ausg.) A. 41. Aufl. H. 1. Halle: H. Schroedel [1904]. 8° [F.] [05. 6661 3

— Rechenbuch f. Volks- u. Bürgerschulen in 4 Heften. (Ausg. A.) Heft I—III f. einfache Schulverhältnisse; Heft IV f. die Oberstufe v. Bürgerschulen. Unter gleichmäß. Berücksicht. des Kopf- u. Tafelrechnens bearb. I—III. Heft. (Rechtschreibung nach der minist. Verfügg. v. 1902.) kl. 8. Ebd. — 85
I. (Zahlenraum von 1—10, 1—20, 1—100.) 45. Aufl. (38 S.) (909.) — 20
II. (Zahlenraum 1—1000, unbegrenzter Zahlenraum in unbenannten u. benannten Zahlen, Regeldetri.) 43. erweit. Aufl. (58 S.) 909. — 30
III. (Bruchrechnung, bürgerl. Rechnungsarten, Raumberechngn., vermehrt um die Aufgaben aus den Wohlfahrtsgesetzen.) 32. erweit. Aufl. (56 S.) 909. — 35

— dasselbe. Neubearbeitung v. H. Hanft. Ausg. A. 4 Hefte. 8. Ebd. 1.35
I. Die Zahlenreihen 1 bis 10; 1 bis 20; 1 bis 100. 4. Aufl. (52 S. m. Abbildgn.) 908. — 25
II. Die Zahlenreihe 1 bis 1000: unbegrenzte Zahlenreihe; mehrfach benannte Zahlen. 4. Aufl. (64 S. m. Abb.) 908. — 30
III. Die Bruchzahlen. — Schlußrechnungen. — Prozentrechnungen. — Haus- u. volkswirtschaftl. Rechnen. (72 S. m. Abbildgn.) 908. — 35
IV. Schlußrechnungen. Prozentrechnungen. Haus- u. volkswirtschaftliches Rechnen. (72 S.) 910. — 45

— dasselbe. Neubearbeitung v. H. Hanft. Auflösungen u. method. Bemerkgn. Für die Hand des Lehrers. II.—IV. Heft. kl. 8. Ebd. 2.60
II. (73 S.) 909. — 80. — III. (85 S.) 909. 1.—. — IV. (54 S.) 910. — 80.

— Der Rechenunterricht in der Volksschule. Ein method. Handbuch f. Seminaristen u. Lehrer. gr. 8. (VIII, 185 S.) Ebd. 892. * 2 50

— der Rechenunterricht in der Volksschule. Ein method. Handbuch f. Seminaristen u. Lehrer. 2. Aufl. gr. 8. (VII, 193 S.) Ebd. 894. n. 2.50

[F.] Der Rechenunterricht in der Volksschule. E. method. Handb. f. Seminaristen u. Lehrer v. A. Braune, Kgl. Kreisschulinsp. in Pr. Friedland. 4. Aufl. *Halle a. d. S.: H. Schroedel 1898.* (VII, 193 S.) 1 Bd 8.

Der Rechenunterricht in der Volksschule. Ein method. Handbuch f. Seminaristen u. Lehrer von A[ugust] Braune, weil. Seminaroberl. in Halberstadt. Neubearb. von A[dolf] Grossmann, Präpar.-Anst.-Vorst. in Laasphe. 5., auf Grund d. neuen minist. Bestimmungen v. 1. Juli 1901 neubearb. u. verm. Aufl. *Halle a. S.: H. Schroedel 1902.* (VIII, 197 S.) 8° [F.]

Der Rechenunterricht in der Volksschule. Ein method. Handbuch f. Seminaristen u. Lehrer von A[ugust] Braune, weil. Sem. Oberl. in Halberstadt. Neubearb. von A[dolf] Großmann, Präpar. Anstalts-Vorst. 6. Aufl. Halle a. S.: H. Schroedel 1906. (IX, 213 S.) 8° [F.]

— Der Rechenunterricht in der Volksschule. Ein method. Handbuch f. Seminaristen u. Lehrer. Neubearb. v. A. Großmann. 7. neubearb. Aufl. (VIII, 214 S.) gr. 8. Ebd. 909. nn 2.70

— Der Rechenunterr. in d. Volkssch. Handb. f. Seminaristen u. Lehrer. 8. Afl. v. A Grossmann. (8, 212) gr8° Ebd. '11. nn 2.70; geb. nn 3.20 d

Braune, C: Lora Handrika, s: Weicherts Wochen-Bibliothek.

Braune, C., s. Perlen aus dem evangelischen Liederschatze.

Braune, C., welches ist f. den industriellen Grossbetrieb die beste Methode der Conservirung v. Zuckerrüben u. Kartoffeln? [Aus: „Zeitschr. f. Zuckerindustrie u. Landwirthschaft".] (Internationaler land- u. forstwirthschaftl. Congress zu Wien 1890, Hft. 82.) gr. 8. (7 S. m. 1 Taf.) Wien 890. (W. Frick.) n. 1.20

Braune, C. A. Rudolf, s. Braune, Rudolf

Braune, C.E. (Hrsg.), s. Berichterstatter, Berliner

Braune, Charles, Johann Bückler genannt Schinderhannes, s.: Sammlung interess. Briganten-Romane. 2.

Braune, Christian Gottfried Karl

— s. Hippokrates, v. d. Kopfwunden.

— s. Lugol, Heilmethode d. Scrophelsucht.

Braune, C. G. C., üb. Pemphigus u. Blasenfieber. gr. 8. Leipzig, Baumgärtner. 809.

— **Christ. Gottfr. Carl,** Viris Jo. Christian Gottlob Baumgarten et Carl Weigel summos in arte medica honores nomine societatis disput. quae floret sub ausp. Benjam. Gottl. Hebenstreit gratul. — Quaedam de carcinomatis semiotice. Lpz. 1791. 16 S. (4.80) 3847

– s. Rees, G. O.: Anleitung zur Untersuchung des Bluts.

— — (Nebra), Topographiae medicae urbis Lipsiae specimen. Präs. Ernst Platner. Lpz. (Breitkopf & Härtel) 15. VI. 1798. 40 S. (5.50) 3848

Braune, C(hristian) G(ottfried) K(arl): Versuch über den Pemphigus und das Blasenfieber. 79 S., gbd., Abb.

Leipzig: Reinike 1795

JB 6.653

Braun(e), Christian Heinrich (Naumburg), De Julio Pflugio scientissimo litterarum patrono oratio in splend. consessu soc. latinae Jenensis. Jena (Strauß) 6. X. 1764. 16 S. (4.80) 3840
Gew.: Friedr. Abrah. v. Hopfgarten (Mulverstad..).

— **Christian Wilhelm** (Leipzig), De cutis facultate jodum resorbendi. Diss. phys.-chem. Lpz. (A. Edelmann) 19. VII. 1856. 20 S. m. Biogr. (M.: L. Vogel.) (4.—) 3849
Gew.: Ernst Heinr. Weber.

Braune, E. E., Ueber die Ernährungsverhältnisse der ostpreussischen Gutstagelöhner. Dissert. 8°. Königsberg 1883.

Braune, Edmund

Braune, Edm., ein fideler Abend oo.: Das Versuchs-Karnickel, s.: Album f. Liebhaber-Bühnen. Nr. 410.

Braune, Edmund

Der schöne Adolar. Dramat. Scherz f. 3 Damen. Von Edmund Braune. *Mühlhausen i. Th.: G. Danner [1902].* (20 S.) 8° [F.]
— Damen-Bühne, G. Danner's. No 18.

— Als Verlobte empfehlen sich, s: Szenen, Kurze, f. 2 od. mehr Personen.

[F.] Der Andere. Lustsp. in 1 Aufz. '(nach e. vorhandenen Idee)' v. Edmund Braune. *Berlin: Kühling & Güttner [1894?].* (16 S.) 1 Bd 8.
— Album f. Liebhaber-Bühnen. No 297.

Annektiert! Militär. Kinderschwank in 1 Aufzug für 3 Knaben von Edmund **Braune**. *Mühlhausen: G. Danner [1900].* (12 S.) 8° [F.]
— **Jugend-Bühne**, G. Danner's Deutsche. No 13. [00. 8007

Ansichts-Karten. Zwiegespräch f. 1 Herrn u. 1 Dame von Edmund **Braune**. *Mühlhausen i. Th.: G. Danner [1901].* (15 S.) 8° [F.]
— **Scenen**, Kurze, f. 2 oder mehr Personen. No 2. [01. [illegible] 3

Ein fideler Arrest. Schwank in 1 Aufz. von Edmund **Braune**. *Mühlhausen i. Th.: G. Danner [1902].* (40 S.) 8° [F.]
— **Herren-Bühne**, G. Danner's. No 30. [03. 697

Braune, Edm., unser Baby, s.: Danner's, G., Damen-Bühne.

— **Die Huldigg Badenias, s.: Festspiele.**

— **Ein famoser Barbier od. Eingeseift, s.: Album f. Liebhaber-Bühnen.**

Mutter Barthel oder Die Maikäfer. (Unsere Füsiliere.) Militär. Genrebild mit Gesang in 1 Akt von Edmund **Braune**. *Berlin: Kühling & Güttner [1896].* (34 S.) 8° [F.]
— **Album** f. Liebhaber-Bühnen. No 307. [96. 1367

Braune, Edm. Der Bau d. Hauses, s. Polterabend-Salon.

Ein patenter Bengel. Schwank in 1 Akt von Edmund **Braune**. *Mühlhausen i. Th.: G. Danner [1904].* (52 S.) 8°
— **Vereinstheater**. 134. [04. [illegible] 3

Bergmanns-Los. Lebensbild in 2 Akten (3 Bildern) von Edmund Braune. Mühlhausen i. Th.: Danner [1909]. 52 S. 8°
(Mehrakter. Nr 43.) [09. 14217

Braune, Edm.: Der schönste Beruf, s: Danner's, G, Damen-Scenen.

— **Detektiv Bumsel od. „Zur Hopfenblüte", s.: Album f. Liebhaber-Bühnen.**

Braune, Edm., der Bürgermeister von Tippelskirchen, s. Kühling's, A., Album für Liebhaberbühnen.

Ein schneidiger Bursche. Schwank in 1 Aufz. von Edmund **Braune**. *Berlin: Kühling & Güttner [1895].* (27 S.) 8° [F.]
— **Album** f. Liebhaber-Bühnen. No 300. [95. 1364

[F.] Charaden, Rebuse, Sprüchwörter z. Darstellg f. Kinder v. 7—15 Jahren v. Edmund **Braune**. Reihe I. II. . . . *Berlin: Kühling & Güttner [1895].* 2 Bde 8.
I. (10 S.) II. (11 S.)
— **Kindertheater**, Neues. H. 4. 6. [96. 5550

Unterm Christbaum. Lebensbild in 2 Akten von Edmund **Braune**. *Mühlhausen i. Th.: G. Danner [1899].* (76 S.) 8° [F.]
— **Mehrakter**. No 4. [00. 8036

Christkindlein im Schusterkeller. Weihnachtsscherz f. Kinder in 1 Akt von Edmund **Braune**. *Mühlhausen i. Th.: G. Danner [1900].* (16 S.) 8° [F.]
— **Jugendbühne**, G. Danner's Deutsche. No 17. [01. [illegible] 3

Christ-Rosen. Lebensbild in 2 Akten von Edmund **Braune**. Mühlhausen i. Th.: G. Danner [1906]. (45 S.) 8° [F.]
— **Mehrakter**. No 22. [07. 6673 3

Braune, Edm., die erste Damen-Gesellschaft, s. Kühling's, A., Theater-Specialität.

Braune, Edm., s.: Declamations-Halle.

—— **Dichterstimmen.** Ein Sentenzen-ABC. Anthologie aus den bedeutendsten Werken hervorragender Schriftsteller des In- und Auslandes in alphabet. Reihenfolge. 12. (XVI, 302 S.) Berlin 887, Klemann. *ℳ 2.—.; cart. * geb. mit Goldschn. *

'Mein süsses Dickerchen!' Posse in 1 Aufz. von Edmund **Braune**. *Berlin: Kühling & Güttner [1901].* (30 S.) 8° [F.]
— **Album** f. Liebhaber-Bühnen. No 354. [01. 1239

[F.] Der Herr Doctor. Schwank in 1 Aufz. v. Edmund **Braune**. *Berlin: Kühling & Güttner [1892?].* (17 S.) 1 Bd 8.
— **Album** f. Liebhaber-Bühnen. No 280. [94. 2033

— Die lustige **Ehefrau**, s. **Album** für Liebhaber-Bühnen.

—— **Ehestandsproben, s. Kühling's, A., Album für Solo-Scenen.**

— **der Ehrentag des Glücks, s.: Stein, O. Th.**

— **Einer v. der alten Garde, s.: Festspiele zu Kaisers Geburtstag.**

— **Einer v. der Post, s.: Bolger's Vereins-Bühne. 18.**

Er hält um sie an! Zwiegespräch f. 1 Herrn u. 1 Dame von Edmund **Braune**. *Mühlhausen i. Th.: G. Danner [1901].* (16 S.) 8° [F.]
— **Scenen**, Kurze, f. 2 oder mehr Personen. No 6. [01. [illegible] 3

— **Er kommt!, s: Damen-Prosa-Vorträge u. Duo-Szenen.**

Es lebe der Kaiser! Patriot. Festspiel in 1 Akt von Edmund **Braune**. *Mühlhausen i. Th.: G. Danner [1900].* (40 S.) 8° [F.]
— **Festspiele** zu Kaisers Geburtstag. No 3. [01. 6203 3

Nach dem Examen. Ein Zwiegespräch f. 1 Herrn u. 1 Dame von Edmund **Braune**. *Berlin: E. Bloch (1901).* (16 S.) 8° [F.]
— **Sammlung**, Ludwig Blochs, von Zwie- u. Dreigesprächen. H. 21. [01 [illegible]

— **Fest-Ansprache z. Geburtstag d. Kaisers, s.: Geburtstag, 37., Sr. Majestät.**

Fest-Prolog zur Feier des Allerhöchsten Geburtstages S. M. d. deutschen Kaisers Wilhelm II. von Edmund **Braune**. *Mühlhausen i. Th.: G. Danner [1901].* (2 Bl.) 8° [01. [illegible] 3

Festrede zur Feier des Allerhöchsten Geburtstages Sr. M. des deutschen Kaisers Wilhelm II. von Edmund **Braune**. *Mühlhausen i. Th.: G. Danner [1901].* (4 S.) 8° [01. 6134 3

Festrede zur 200jährigen Preussen-Feier am 18. Januar 1901 von Edmund **Braune**. *(Mühlhausen i. Th.: G. Danner [1901].)* (4 S.) 8° [Kopft.] [01. 6133 3

— **Feuer bei Cohns! s.: Danner's, G, Theater-Abend.**

Feuer – Gartenstrasse 9! Ernster Vortrag von Edmund **Braune**. *Mühlhausen i. Th.: G. Danner [1901].* (6 S.) 8° [F.]
— **Sammlung** von Soloscenen. No 35. [01. 8140

Unsere Feuerwehr. Lebende Bilder mit erl. Text aus d. Leben d. Feuerwehr von Edmund **Braune**. *Mühlhausen i. Th.: G. Danner [1901].* (14 S.) 8° [F.]
— **Sammlung** lebender Bilder. No 19. [01. 8703

Unsere Feuerwehr. Lebensbild in 1 Aufz. von Edmund **Braune**. *Mühlhausen i. Th.: G. Danner [1902].* (36 S.) 8° [F.]
— **Theater-Abend**, G. Danner's. No 23. [03. 590

— **Gefreiter Zippau od. An Kaisers Geburtstag, s.: Vereinstheater.**

Ein flotter Turner muß er sein! Schwank in 1 Akt von Edmund **Braune**. *Mühlhausen i. Th.: G. Danner [1904].* (30 S.) 8° [F.]
— **Theater-Abend**, G. Danner's. No 26. [04. [illegible] 3

Der Fußball-König. Schwank in 1 Akt von Edmund **Braune**. *Mühlhausen i. Th.: G. Danner [1904]* (40 S.) 8° [F.]
— **Theater-Abend**, G. Danner's. No 24. [04. [illegible] 3

Suschens Gardinenpredigt. Zwiegespräch f. 1 Dame u. 1 Herrn von Edmund **Braune**. *Berlin: E. Bloch (1901).* (18 S.) 8° [F.]
— **Sammlung**, Ludwig Blochs, von Zwie- u. Dreigesprächen. H. 22. [01 [illegible]

Die 10 Gebote der Ehe oder Flitterwochen. Zwiegespräch f. 1 Herrn u. 1 Dame von Edmund **Braune**. *Mühlhausen i. Th.: G. Danner [1901].* (15 S.) 8° [F.]
— **Scenen**, Kurze, f. 2 oder mehr Personen. No 5. [01. 11433 3

[F.] 'Geburtstag'. Schwank f. Kinder in 1 Akt v. Edmund **Braune** . . . *Berlin: Kühling & Güttner [1895].* (12 S.) 1 Bd 8.
— **Kindertheater**, Neues. H. 9. [96. 5550

— **zu Kaisers Geburtstag**, s.a. **Festspiel-Sammlung.**

An Kaisers Geburtstag oder Im bunten Rock. Kaiser-Geburtstag-Schwank in 1 Aufz. von Edmund **Braune**. *Mühlhausen i. Th.: G. Danner [1900].* (54 S.) 8° [F.]
— **Festspiele** zu Kaisers Geburtstag. No 2. [01. 6202 3

— **Backfischchen's Geheimniß, s.a. Kindertheater, neues. 11. Hft.**

Pusemann's Geheimnis. Posse in 1 Akt von Edmund **Braune**. *Mühlhausen i. Th.: G. Danner [1903].* (48 S.) 8° [F.]
— **Vereinstheater**. 122. [04. [illegible]

Theklas Geheimnis. Zwiegespräch für zwei junge Damen von Edmund Braune. *Berlin: E. Bloch (1898).* (11 S.) 8° [F.]
— Sammlung, Ludwig Blochs, von Zwie- u. Dreigesprächen. H. 11.

— Trudes Geheimnis, s: Danner's, G, Damen-Scenen.

—— Gold und Liebe, s. Kühling's Volks-Schaubühne.

— Gotthilf turnt! od. Im D. T. B., s.: Bolger's Vereins-Bühne.

— Die faule Grete, s.: Kindertheater, neues.

Hahnemann & Kahnemann. Schwank in 1 Akt von Edmund Braune. *Berlin: Kühling & Güttner [1897].* (30 S.) 8° [F.]
— Album f. Liebhaber-Bühnen. No 323.

[F.] Herzblättchen. Lustsp. in 1 Akt v. Edmund Braune. *Berlin: Kühling & Güttner [1896].* (16 S.) 1 Bd 8.
— Theater-Specialität, A. Kühling's. No 59. [97. 5303

Braune, E., Herzensangelegenheiten, s. Theater-Mappe.

Hoch die Buren! oder Im goldenen Löwen. Zeitbild in 1 Aufzug von Edmund Braune. *Mühlhausen i. Th.: G. Danner [1901].* (48 S.) 8° [F.]
— Theater-Abend, G. Danner's. No 22. 3

— Miles Hochzeitsreise. — Nuckel, d. Musterbursche, s: Vereinstheater.

Hopla, — Vater sieht's ja nicht! oder: Die Dame von Halensee. Burleske mit Gesang in 1 Aufz. von Edmund Braune. Musik von Richard Thiele. *Berlin: Kühling & Güttner [1901].* (34 S.) 8° [F.]
— Album f. Liebhaber-Bühnen. No 357.

— Ein fideles Huhn, od. Tipp-Lies'chen, s: Album f. Liebhaber-Bühnen.

Husar und Marketenderin. Kinderscherz in 1 Aufz. von Edmund Braune. *Mühlhausen i. Th.: G. Danner [1902].* (11 S.) 8° [F.]
— Jugendbühne, G. Danner's, Deutsche. No 19.

—— das Jahr und die Jahreszeiten, s. Polterabend-Salon.

Braune, Edm.: Vor 100 Jahren. Anno 1813, s: Festspiele, Patriotische.

'Ich bin ein Preusse!' oder Suum cuique. Patriot. Festspiel in 1 Aufz. zur 200jähr. Preussenfeier am 18. Jan. 1901 von Edmund Braune. *Mühlhausen i. Th.: G. Danner [1900].* (30 S.) 8° [F.]
— Festspiele. No 5.

Unteroffizier Brösickes Instruktionsstunde. Komische Scene von Edmund Braune. *Mühlhausen i. Th.: G. Danner [1901].* (24 S.) 8° [F.]
— Herrenbühne, G. Danner's. No 33.

Der schöne Jochen oder Der einzige junge Mann im Dorfe. Genrebild in 1 Aufz. nach e. vorhandenen Stoffe von Edmund Braune. *Berlin: Kühling & Güttner [1896].* (19 S.) 8° [F.]
— Album f. Liebhaber-Bühnen. No 310.

Irene. Zwiegespräch für einen Herrn u. eine Dame von Edmund Braune. *Berlin: E. Bloch (1898).* (12 S.) 8° [F.]
— Sammlung, Ludwig Blochs, von Zwie- u. Dreigesprächen. H. 5.

— Onkel Don Juan, s.a. Hahn, R.

Onkel Don Juan oder Lustige Putzmacherinnen. Posse mit Gesang in 1 Akt von R. Hahn u. Edmund Braune. Musik von W. Grimm. *Berlin: Kühling & Güttner [1898].* (31 S.) 8° [F.]
— Album f. Liebhaber-Bühnen. No 331.

Julklapp oder Tannenbäumchen's Weihnachtsfest[!]. Weihnachts-Märchen ... in 2 Bild. von Edmund Braune. Mühlhausen i. Th.: G. Danner [1907]. (32 S.) 8° [F.]
— Jugendbühne, G. Danner's Deutsche. No 38. 3

Unser Junge oder Hunderttausend Mark. Posse mit Gesang in 1 Aufzug von Edmund Braune. Couplets von Joh[annes] Eissner. Musik von Rich. Thiele. *Berlin: Kühling & Güttner [1898].* (43 S.) 8° [F.]
— Album f. Liebhaber-Bühnen. No 333.

Junggesellen-Weihnacht oder: Künstlerblut. Weihnachtsschwank in 1 Aufzug von Edmund Braune. *Mühlhausen i. Th.: G. Danner [1902].* (40 S.) 8° [F.]
— Aufführungen f. Weihnachten u. Neujahr. No 10.

— Der tolle Kadett od. Schwester Klärchen, s.: Theater-Album, militärisches.

Unser Kadett. Kaisergeburtstags-Scherz für 5 Knaben von Edmund Braune. *Mühlhausen: G. Danner [1900].* (16 S.) 8° [F.]
— Jugend-Bühne, G. Danner's Deutsche. No 15.

Vom Kadett zum General. 8 lebende Bild. mit erl. Text von Edmund Braune. *Mühlhausen i. Th.: G. Danner [1898].* (15 S.) 8° [F.]
— Sammlung lebender Bilder. No 16.

[F.] Ein Kaffeeklatsch. E. Kinderschwank in 1 Akt v. Edmund Braune ... *Berlin: Kühling & Güttner [1895].* (10 S.) 1 Bd 8.
— Kindertheater, Neues. H. 7.

— Erna's Kaffee-Kränzchen, s.: Bolger's Damen-Bühne. 7.

— Die Kaiserfeier od.: „Baireuther Dragoner", s: Festspiele zu Kaisers Geburtstag.

— Der Kaiserjunge od.: Wo ist das Kind?, s.: Theater-Album, militärisches.

— Riele's Kaiser-Kuß, s.: Theater-Album, militärisches.

Dem Kaiserpaar im Silberreis! Festspiel in 1 Akt von Edmund Braune. Zur Silberhochzeitsfeier d. Deutschen Kaiserpaares ... am 27. Febr. 1906. Mühlhausen i. Th.: G. Danner [1905]. (16 S.) 8° [F.]
— Festspiele. No 7. 3

— Ein fideler Kaisertag. Soldaten-Schwank. 8° (53) Mühlh. i/Th. 99, G Danner. 1.50

Ein fideler Kaisertag. Soldaten-Schwank in 1 Akt von Edmund Braune. 2. Aufl. *Mühlhausen i. Th.: G. Danner [1899].* (54 S.) 8° [F.]
— Festspiele zu Kaisers Geburtstag. No 1.

Kaisertreu. Patriot. Lebensbild in 2 Akten (3 Bild.) von Edmund Braune. Mühlhausen i. Th.: Danner [1909]. 64 S. 8°
(Mehrakter. 44.) 3

[F.] Ihr Kakadu. Schwank in 1 Akt v. Edmund Braune. *Berlin: Kühling & Güttner [1894?].* (24 S.) 1 Bd 8.
— Album f. Liebhaber-Bühnen. No 294.

Der Kandidat. Posse in 1 Aufzug von Edmund Braune *Berlin: Kühling & Güttner [1895].* (30 S.) 8° [F.]
— Album f. Liebhaber-Bühnen. No 299.

Karnickel hat angefangen! Genrebild in 1 Akt von Edmund Braune. *Mühlhausen i. Th.: G. Danner [1902].* (32 S.) 8° [F.]
— Vereinstheater. 114.

— Tante Kiekebusch, s: Gespräche, Kleine theatral., u. dramat. Szenen.

— dramatisierte Kinder-Charaden, } s. Bloch's, Ludw., Kinder-Theater.

Kinder-Träume. 6 lebende Bilder zur Darstellung f. Kinder mit erl. Text von Edmund Braune. *Mühlhausen i. Th.: G. Danner [1902].* (12 S.) 8° [F.]
— Jugendbühne, G. Danner's Deutsche. No 21.

Kinder-Weihnacht oder Knecht Ruprecht auf der Strasse. Weihnachtsscherz für Kinder in 1 Akt von Edmund Braune. *Mühlhausen i. Th.: G. Danner [1900].* (16 S.) 8° [F.]
— Jugend-Bühne, G. Danner's Deutsche. No 11.

Eine fidele Kiste oder Die Generalprobe. Schwank mit Gesang in 1 Aufz. von Edmund Braune. Couplets von Joh. Eissner. *Berlin: Kühling & Güttner [1901].* (48 S.) 8° [F.]
— Album f. Liebhaber-Bühnen. No 359.

— Kleider machen Leute!, s: Damen-Prosa-Vorträge u. Duo-Szenen.

— Lehmanns Kleinod, s: Album f. Liebhaber-Bühnen.

Monsieur 'Koch'. Schwank in 1 Akt von Edmund Braune. *Berlin: Kühling & Güttner [1897].* (23 S.) 8° [F.]
— Theater-Specialität, A. Kühling's. No 66.

— d. Kochen, s. Bloch, L.: Kinder-Theater.

[F.] Die kleinen Komödianten. Schwank in 1 Aufz. v. Edmund Braune. *Berlin: Kühling & Güttner [1893].* (20 S.) 1 Bd 8.
— Theater-Specialität, A. Kühling's. No 55.

—— Tantchen's Kränzchen, s. Kühling's, A., Theater-Specialität. Nr. 51.

— s.: Kühling's, A., Declamations-Halle.

Um einen Kuss. Zwiegespräch f. 1 Herrn u. 1 Dame von Edmund Braune. *Berlin: E. Bloch (1901).* (12 S.) 8° [F.]
— Sammlung, Ludwig Blochs, von Zwie- u. Dreigesprächen. H. 19.

Die Landpomeranze oder Cousin Harlekin. Schwank in 1 Akt von Edmund Braune. *Mühlhausen i. Th.: G. Danner [1902].* (48 S.) 8° [F.]
— Vereinstheater. 113.

—— Leiden einer Soubrette, s. Kühling's, A., Album für Solo-Scenen.

— Der Herr Leutnant, s.: Album f. Liebhaberbühnen.

—— heimliche Liebe, s.a. Album für Liebhaber-Bühnen.

Heimliche Liebe. Ein Zwiegespräch f. 2 junge Damen von Edmund Braune. *Berlin: E. Bloch (1901).* (16 S.) 8° [F.]
— Sammlung, Ludwig Blochs, von Zwie- u. Dreigesprächen. H. 20.

Eine Liebeserklärung. Zwiegespräch für 1 Dame u. 1 Herrn von Edmund Braune. *Berlin: E. Bloch (1898).* (16 S.) 8° [F.]
— Sammlung, Ludwig Blochs, von Zwie- u. Dreigesprächen. H. 7.

— Lotte's Liebster, s.: Album f. Liebhaberbühnen.

Lieschen von der Feuerwehr. Schwank mit Gesang in 1 Akt von Edmund Braune. *Mühlhausen i. Th.: G. Danner [1899].* (40 S.) 8° [F.]
— Theater-Abend, G. Danner's. No 17.

— die Lindenwirthin, s.a. Richter, O.

Die Lindenwirthin. Liederspiel in 1 Aufz. von O. Richter u. Edm[und] Braune. Musik von Richard Thiele. *Berlin: Kühling & Güttner [1899].* (38 S.) 8° [F.]
— Album f. Liebhaber-Bühnen. No 330.

— Lora, s: Gespräche, Kleine theatral., u. dramat. Szenen.

— Lottchen amüsirt sich od.: Kiebitzeier, s.: Album f. Liebhaber-Bühnen.

—— Der Lottospieler. Volks-Schauspiel in 5 Aufzügen. 8. (92 S.) Berl. 889, Kühling u. Güttner. * 2 50

— Löwenmut od.: Er ist verrückt, s.: Album f. Liebhaber-Bühnen. Nr. 397.

[F.] Ein Mädchen-Kaffee oder Unsere Dienstboten. Schwank in 1 Aufz. v. Edmund Braune. *Berlin: Kühling & Güttner [1893].* (19 S.) 1 Bd 8.
— Theater-Specialität, A. Kühling's. No 54.

— Schneidiges Mädel!, s: Gespräche, Kleine theatral., u. dramat. Szenen.

— Maler Maier, s.: Album f. Liebhaber-Bühnen.

Tante Maier oder Einquartierung im Spreewald. Soldatenschwank in 1 Akt von Edmund Braune. *Mühlhausen i. Th.: G. Danner [1901].* (37 S.) 8° [F.]
— Vereinstheater. 102.

— unsere Mamsell od.: Ein Allerwelts-Mädel, s.: Album f. Liebhaber-Bühnen. Nr. 412.

Der rechte Mann an der Spritze. Schwank in 1 Akt von Edmund Braune. *Mühlhausen i. Th.: G. Danner [1904].* (36 S.) 8° [F.]
— Theater-Abend, G. Danner's. No 27.

—— der Marder im Taubenschlag, s. Kühling's, A., Theater-Specialität.

— der erste März od. Knospe u. Stengel, s.: Album f. Liebhaber-Bühnen.

Braune, Edmund: Zum Maskenball, s. Album für Liebhaber-Bühnen.

— das Mäuschen, s.a. Kindertheater, neues. 17. Hft.

Mäuschen. Zwiegespräch f. 2 Damen von Edmund Braune. *Mühlhausen i. Th.: G. Danner [1901].* (13 S.) 8° [F.]
— Damen-Scenen, G. Danner's. No 15.

—— Max u. Moritz, } s.a. Album f. Liebhaber-Bühnen.

Max und Moritz. Posse in 1 Akt von Edmund Braune. *Mühlhausen i. Th.: G. Danner [1900].* (32 S.) 8° [F.]
— Vereinstheater. 88.

Meyer in Zivil. Soldatenschwank in 1 Akt von Edmund Braune. Mühlhausen i. Th.: G. Danner [1907]. (40 S.) 8° [F.]
— Festspiele zu Kaisers Geburtstag. 18.

— die Mieze v. der Plättanstalt, s.: Album f. Liebhaber-Bühnen. 390.

Tante Mieze. Genrebild in 1 Akt von Edmund Braune. *Mühlhausen i. Th.: G. Danner [1903].* (32 S.) 8° [F.]
— Vereinstheater. 120.

Aus unserer Militärzeit. Lebende Bilder aus d. Soldatenleben mit erl. Text von Edmund Braune. *Mühlhausen i. Th.: G. Danner [1901].* (13 S.) 8° [F.]
— Sammlung lebender Bilder. No 20.

Die falsche Miss. Schwank in 1 Aufz. von Edmund Braune. *Berlin: Kühling & Güttner [1899].* (23 S.) 8° [F.]
— Theater-Spezialität, A. Kühling's. No 69.

Die neue Miss. Schwank in 1 Aufz. von Edmund Braune. *Berlin: E. Bloch (1901).* (14 S.) 8° [F.]
— Mädchen-Bühne. H. 58.

—— der kleine Moltke, s.a. Theater-Mappe.

Der kleine Moltke. Lustspiel in 1 Aufz. (nach e. vorhandenen Stoffe) von Edmund Braune. *Berlin: E. Bloch (1902).* (48 S.) 8° [F.]
— Theater-Korrespondenz, Eduard Blochs. No 318.

Onkel Moritz oder Schwiegermamachen. Schwank in 1 Aufz. von Edmund Braune. *Berlin: Kühling & Güttner [1899].* (36 S.) 8° [F.]
— Album f. Liebhaber-Bühnen. No 315.

Mutter Mulack oder im Turn-Verein von Kiautschau. Turnerschwank mit Gesang in 1 Akt von Edmund Braune. Musik von Max Schmidt. *Mühlhausen i. Th.: G. Danner [1899].* (44 S.) 8° [F.]
— Theater-Abend, G. Danner's. No 18.

Othello Müller. Zwiegespräch für 1 Dame u. 1 Herrn von Edmund Braune. *Berlin: E. Bloch (1898).* (14 S.) 8° [F.]
— Sammlung, Ludwig Blochs, von Zwie- u. Dreigesprächen. H. 10.

— Müller u. Schulze, s.: Recht, L.

Eine Muster-Riege. Turner-Schwank mit Gesang in 1 Akt von Edmund Braune. *Mühlhausen i. Thür.: G. Danner [1899].* (35 S.) 8° [F.]
— Herrenbühne, G. Danners. No 25.

— „Mutter u. Kind"-Spiel, } s.: Bloch's, Ludw., Kinder-Theater.

— Das Nesthäkchen, s.: Album f. Liebhaber-Bühnen.

Bestrafte Neugier. Kinderspiel in 1 Akt von Edmund Braune. *Mühlhausen: G. Danner [1900].* (14 S.) 8° [F.]
— Jugend-Bühne, G. Danner's Deutsche. No 12.

Mamsell Neugier. Zwiegespräch für 2 junge Damen von Edmund Braune. *Berlin: E. Bloch (1898).* (18 S.) 8° [F.]
— Sammlung, Ludwig Blochs, von Zwie- u. Dreigesprächen. H. 8.

— auf der Parade, s. Bloch, L.: Kinder-Theater.

Fidele Patienten. Original-Schwank in 1 Aufz. von Edmund Braune. *Landsberg a. W.: Volger & Klein [1901].* (23 S.) 8° [F.]
— Liebhaber-Bühne, Neue. No 72.

Mit Pauken und Trompeten. Soldaten-Schwank in 1 Akt von Edmund Braune. *Mühlhausen i. Th.: G. Danner [1901].* (56 S.) 8° [F.]
— Festspiele zu Kaisers Geburtstag. No 5.

Die kleine Pepita. Lustspiel in 2 Akten von Edmund Braune. Mühlhausen i. Th.: G. Danner [1905]. (52 S.) 8° [F.]
— Mehrakter. No. 19.

[F.] Lottchen Pfeiffer. Schwank in 1 Akt v. Edmund Braune. *Berlin: Kühling & Güttner [1896].* (19 S.) 1 Bd 8.
— Theater-Specialität, A. Kühling's. No 62.

— Unser Pieske od. Ein Kaisergeburtstagsspaß, s.: Theater-Album, militärisches.

— Fräulein Pieper, s.: Kindertheater, neues. 15. Hft.

Der höchste Preis oder Gut Heil! Turner-Festspiel mit Gesang in 1 Akt von Edmund Braune. *Mühlhausen i. Th.: G. Danner [1899].* (26 S.) 8° [F.]
— Theater-Abend, G. Danner's. No 16.

— Pudelmützchen, s.: Album f. Liebhaber-Bühnen.

Puffschnutchen. Posse mit Gesang in 1 Akt von Edmund Braune. *Berlin: Kühling & Güttner [1899].* (14 S.) 8° [F.]
— Album f. Liebhaber-Bühnen. No 347.

[F.] Püppchen krank. Scherzspiel f. 2 Mädchen u. 1 Knaben v. Edmund Braune ... *Berlin: Kühling & Güttner [1895].* (13 S.) 1 Bd 8.
— Kindertheater, Neues. H. 5.

— Puppen-Fete, s.: Kindertheater, neues. 13. Hft.

– Die Quitzows, s. Album für Liebhaber-Bühnen.

Mit 'Rad' und That. Zwiegespräch für einen Herrn u. eine Dame von Edmund Braune. *Berlin: E. Bloch (1898).* (16 S.) 8° [F.]
— Sammlung, Ludwig Blochs, von Zwie- u. Dreigesprächen. H. 6.

— Mein Freund Radecke, s.: Album f. Liebhaber-Bühnen.

— Mein Freund Radecke, s: Volger's Vereins-Bühne.

Braune, Edmund: Radel-Lottchen, s. Album für Liebhaber-Bühnen.

Der erste Rausch in der Ehe. Zwiegespräch für 1 Dame u. 1 Herrn von Edmund Braune. *Berlin: E. Bloch (1902).* (10 S.) 8° [F.]
— Sammlung, Ludw. Bloch's, v. Zwie- u. Dreigesprächen. H. 23.

Braune, Edmund: Ein fideler Rechtsanwalt, s. Album für Liebhaber-Bühnen.

Die Regiments-Trude. Kaisergeburtstags-Schwank in 1 Akt von Edmund Braune. Mühlhausen i. Th.: G. Danner [1905]. (30 S.) 8° [F.]
— Festspiele zu Kaisers Geburtstag. No 15.

Fidele Rekruten. Schwank in 1 Aufzug von Edmund Braune. *Berlin: Kühling & Güttner [1898].* (22 S.) 8° [F.]
— Theater-Specialität, A. Kühling's. No 67.

Fidele Rekruten. Schwank in 1 Aufz. von Edmund Braune. *Mühlhausen i. Th.: G. Danner [1902].* (40 S.) 8° [F.]
— Herren-Bühne. G. Danner's. No 34.

— Rekruten-Abschied, s.: Album f. Liebhaber-Bühnen.

— Lorchens Rendezvous, s.: Szenen, kurze.

Braune, Edmund: Papa Richter, s. Album für Liebhaber-Bühnen.

— Rotkäppchen, s.: Kindertheater, neues. 19. Hft.

Die Rückkehr am Weihnachtsabend. Weihnachts-Dramolet in 1 Akt f. d. Jugend von Edmund Braune. *Mühlhausen i. Th.: G. Danner [1903].* (32 S.) 8° [F.]
— Jugendbühne, G. Danner's Deutsche. No 23.

Fidele Sangesbrüder oder 'Die Aeolsharfe'. Liederspiel in 1 Aufz. von Edmund Braune. *Berlin: Kühling & Güttner [1897].* (27 S.) 8° [F.]
— Theater-Specialität, A. Kühling's. No 65.

— Sein Schäferstündchen od. Der schöne Harry, s.: Album f. Liebhaberbühnen.

Jette's Schatz oder Unsere blauen Jungen. Soldatenschwank mit Gesang in 1 Aufz. von Edmund Braune. *Berlin: Kühling & Güttner [1901].* (26 S.) 8° [F.]
— Album f. Liebhaber-Bühnen. No 351.

Trudchen's Schatz. Schwank in 1 Aufzug von Edmund Braune. *Mühlhausen i. Th.: G. Danner [1903].* (48 S.) 8° [F.]
— Vereinstheater. 124.

— Onkel Schlaumeier od.: „Nu aber 'raus!" s.: Album f. Liebhaber-Bühnen.

— Auf Schleichpatrouille, s: Theater-Album, Militärisches.

— Schön-Jettchen od.: Wo ist die Katz'?, s.: Album f. Liebhaber-Bühnen. Nr. 409.

[F.] Schule spielen. Schwank in 1 Akt v. Edmund Braune ... *Berlin: Kühling & Güttner [1895].* (8 S.) 1 Bd 8.
— Kindertheater, Neues. H. 3.

Im Schwalbennest. Schwank in 1 Aufz. von Edmund Braune. *Berlin: Kühling & Güttner [1901].* (21 S.) 8° [F.]
— Theater-Spezialität, A. Kühling's. No 70.

— ein kleiner Schwerenöter, s.: Album f. Liebhaber-Bühnen. Nr. 404.

Schwiegerpapachen. Schwank in 1 Akt von Edmund Braune. Mühlhausen i. Th.: G. Danner [1905]. (40 S.) 8° [F.]
— Thalia. 121.

Seine Majestät Hurra! Soldatenschwank in 1 Akt von Edmund Braune. Mühlhausen i. Th.: G. Danner [1905]. (40 S.) 8° [F.]
— Festspiele zu Kaisers Geburtstag. No 13.

[F.] Ein fideler Skat. Schwank in 1 Akt nach e. vorhandenen Idee v. Edmund Braune. *Berlin: Kühling & Güttner [1894].* (14 S.) 1 Bd 8.
— Theater-Specialität, A. Kühling's. No 58.

Soldaten-Freud' und -Leid. Eine Serie lebender Bilder aus d. Soldatenleben mit Verwandlungen u. erl. Text von Edmund Braune. *Mühlhausen i. Th.: G. Danner [1901].* (20 S.) 8° [F.]
— Sammlung lebender Bilder. No 18.

— Soldaten-Kinder od.: Der Kaiser-Jubiläums-Marsch, s: Festspiele zu Kaisers Geburtstag.

— Soldaten-Riekchen od. Civil u. Militär, s.: Album f. Liebhaber-Bühnen.

Soldatenspässe. 6 humor. lebende Bild. mit erl. Text von Edmund Braune. *Mühlhausen i. Th.: G. Danner [1898].* (13 S.) 8° [F.]
— Sammlung lebender Bilder. No 15.

— Soldatenspiel, s.: Kindertheater, neues. 18. Hft.

Der Sport-Bräutigam. Schwank in 1 Akt von Edmund Braune. Mühlhausen i. Th.: G. Danner [1906]. (32 S.) 8° [F.]
— Theater-Abend, G. Danner's. 35.

Stiefmütterchen. Lustspiel in 1 Akt von Edmund Braune. *Berlin: Kühling & Güttner [1898].* (18 S.) 8° [F.]
— Theater-Specialität, A. Kühling's. No 68.

Ein lustiger Streich oder Der rasende Roland. Posse in 1 Aufzug von Edmund Braune. *Berlin: Kühling & Güttner [1898].* (27 S.) 8° [F.]
— Album. f. Liebhaber-Bühnen. No 328.

Unser Suschen. Schwank in 1 Akt von Edmund Braune. *Mühlhausen i. Th.: G. Danner [1902].* (36 S.) 8° [F.]
— Vereinstheater. 111.

Das beste System oder Die Herzens-Stenographie. Lustspiel in 1 Akt von Edmund Braune. Mühlhausen i. Th.: G. Danner [1907]. (40 S.) 8° [F.]
— Theater-Abend, G. Danners. No 44.

Prinz Tannenzapfen oder Rotkäppchens Weihnacht. Weihnachtsmärchen in 2 Bild. von Edmund Braune. Mühlhausen i. Th.: G. Danner [1905]. (31 S.) 8° [F.]
— Jugendbühne, G. Danner's Deutsche. No. 28.

— Der Theaterteufel, s: Damen-Prosa-Vorträge u. Duo-Szenen.

— Goldschmieds Töchterlein, s.: Album f. Liebhaber-Bühnen. Nr. 426.

—— und H. Kläger, Else's Traum, s. Theater-Mappe.

[F.] Puppe Wunderhold's Traum. Lebende Bilder darzustellen v. Kindern im Alter v. 7—15 Jahren m. verbindendem Text v. Edmund Braune ... *Berlin: Kühling & Güttner [1895].* (10 S.) 1 Bd 8.
— Kindertheater, Neues. H. 8.

— der Trauring, s.: Album f. Liebhaber-Bühnen.

— Fidele Turner od. „Die knorrige Eiche", s.: Vereinstheater.

Turner zieh'n froh dahin. Turner-Schwank in 1 Aufz. von Edmund Braune. *Mühlhausen i. Th.: G. Danner [1902].* (48 S.) 8° [F.]
— Herren-Bühne, G. Danner's. No 37.

Die Unentbehrliche. Schwank in 1 Aufz. von Edmund Braune. *Berlin: Kühling & Güttner [1897].* (28 S.) 8° [F.]
— Album f. Liebhaber-Bühnen. No 327.

—— Vergißmeinnicht, s. Theater-Mappe.

— Verlobg m. Hindernissen, s: Liebhaber-Bühne, Neue.

Vielliebchen oder J'y pense! Zwiegespräch für 1 Dame u. 1 Herrn von Edmund Braune. *Berlin: E. Bloch (1902).* (11 S.) 8° [F. u. Ant.]
— Sammlung, Ludw. Blochs, v. Zwie- u. Dreigesprächen. H. 24. [02. 1481

4 Uhr Bahnhof! Dreigespräch f. 1 Dame u. 2 Herren von Edmund Braune. *Mühlhausen i. Th.: G. Danner [1901].* (16 S.) 8° [F.]
— Scenen, Kurze, f. 2 oder mehr Personen. No 4. [01. 11432 3

—— Ein Wachsfigurenkabinet, s. Polterabend-Salon.

— Die Wacht d. Vater Rhein, s: Mehrakter, Patriotische.

Rieke's Wachtparade. Kaiser-Geburtstags-Schwank in 1 Aufzug von Edmund Braune. *Mühlhausen i. Th.: G. Danner [1902].* (33 S.) 8° [F.]
— Festspiele zu Kaisers Geburtstag. No 7. [02. 1814 3

— Waldhexchen, s.: Kühling's, A., Theater-Specialität. Nr. 72.

—— Wallenstein in Mottenburg, s. Album für Liebhaber-Bühnen.

— Weihnacht im Dachstübchen, s.: Kindertheater, neues. 12. Hft.

Weihnachten in Wort und Bild. 7 lebende Bilder mit erl. Text von Edmund Braune. *Mühlhausen i. Th.: G. Danner [1901].* (15 S.) 8° [F.]
— Sammlung lebender Bilder. No 17. [01. 8300

— Des alten Kriegers Weihnachtsabend, s: Aufführungen f. Weihnachten u. Neujahr.

Tante Jettchen's Weihnachtsfreude. Lebensbild in 1 Akt von Edmund Braune. Mühlhausen i. Th.: G. Danner [1905]. (40 S.) 8° [F.]
— Aufführungen f. Weihnachten u. Neujahr. No 19. [06. 1688 3

[F.] Die schönste Weihnachtsfreude. E. Weihnachtsscherz f. d. Jugend v. Edmund Braune. *Berlin: Kühling & Güttner [1895].* (22 S.) 1 Bd 8.
— Kindertheater, Neues. II. 2. [96. 3550

Weihnachtsfrieden. Weihnachts-Komödie in 2 Akten von Edmund Braune. *Mühlhausen i. Th.: G. Danner [1904].* (52 S.) 8°
— Mehrakter. No 14. [04. 16137 3

Weihnachtsglocken. Genrebild in 1 Aufz. von Edmund Braune. *Mühlhausen i. Th.: G. Danner [1901].* (32 S.) 8° [F.]
— Aufführungen f. Weihnachten u. Neujahr. No 3. [01. 8106

Das rechte Weihnachtsglück. Lebensbild in 2 Akten von Edmund Braune. Mühlhausen i. Th.: Danner [1900]. 61 S. 8°
(Mehrakter. Nr 38.) [02. 14212

— Tantchens Weihnachtskiste od. Perle Meier, s.: Weihnachtsbühne.

— das schönste Weihnachtslied, s.: Kindertheater, neues. 16. Hft.

Der Kinder Weihnachtstraum. Weihnachtsmärchen f. Kinder in 1 Aufz. von Edmund Braune. *Mühlhausen i. Th.: G. Danner [1903].* (32 S.) 8° [F.]
— Jugendbühne, G. Danner's Deutsche. No 24. [04. 8889

— Lebrechts Werbung, s.: Szenen, kurze.

— Backfischchens Wette, s.: Szenen, kurze, Nr. 2.

Tante Wiedehopf. Zwiegespräch f. 1 Herrn u. 1 Dame von Edmund Braune. *Mühlhausen i. Th.: G. Danner [1901].* (16 S.) 8° [F.]
— Scenen, Kurze, f. 2 oder mehr Personen. No 3. [01. 11431 3

— Der große Wohltäter od. Eine fidele Feuerwehr, s.: Bolger's Vereins-Bühne.

[F.] Das blaue Wunder. Schwank in 1 Aufz. v. Edmund Braune. *Berlin: Kühling & Güttner [1896].* (19 S.) 1 Bd 8.
— Theater-Specialität, A. Kühling's. No 61. [97. 3305

— Ihr sehnlichster Wunsch, od.: Die neue Mode, s: Album f. Liebhaber-Bühnen.

—— Papa's Zahnschmerzen, s. Kühling's, A., Album für Liebhaber-Bühnen.

— Sein Zeppelin od.: Hinter Mutters Rücken, s.: Album f. Liebhaber-Bühnen.

—— Zigeunerlager, s. Polterabend-Salon.

Circus-Witze oder Signora Maccaroni. Schwank mit Gesang in 1 Akt nach e. vorhand. Stoffe von Edmund Braune. *Berlin: Kühling & Güttner [1895].* (28 S.) 8° [F.]
— Album f. Liebhaber-Bühnen. No 335. [00. 13014

Bräune, F. W. F., die Wasserheilmethode des Vincenz Prießnitz in Gräfenberg nach eigenen Beobachtungen u. Erfahrungen. Nebst e. Anhang über die vorzügl. Kaltwasserheilanstalten Deutschlands v. Bruno Hermann. 2. verm. Abdr. Nebst 1 Steintaf. 12. Dresden 843. (Leipzig, R. Hartmann.) 1/3 ₰

Braune, Fel.: Nein, Frau Nachbarn, denken Sie doch nur!, s: Zwie- u. Dreigespräche.

Braune, Franz Anton

—— 7 Fastenpredigten üb. eben so viele Parabeln d. heil. Evangel., nach d. Entwürfen Salmerons, vorgetr. in d. Kirche d. Wohlehrwürd. Klosterfrauen d. heil. Ursula zu Wien. gr. 8. (10 B.) Wien 828, Wimmer.

—— die relig. Feier d. Christen am 64. Geburtsfeste u. 40. Regierungsjahre seines Regenten. Predigt. gr. 8. (1½ B.) Wien 832, Mechitaristen-Congregat.-Buchh.

Braune, *Franz Anton* von (Braunea Willd.), * Zell im Pinzgau 16. März 1766, † Salzburg 24. Sept. 1853.
—— Salzburgische Flora oder Beschreibung der in dem Erzstifte Salzburg wildwachsenden Pflanzen. Salzburg, Mayr. 1797. III voll. 8. — I: LXXVI, 426 p., 3 tab. — II: XL, 838 p., 8 tab. — III: XL, 380 p., ind. (3⅓ *th.*)

—— Salzburg und Berchtesgaden. Ein Taschenbuch für Reisende und Naturfreunde. Wien, Beck. 1821. 8. 503 p. 2 (pflanzengeographische) Tabellen. (2⅓ *th.*)
Cat. of sc. Papers I, 565—566.

Braune, Frz. Ant. v., Salzburg u. Berchtesgaden. Ein Taschenbuch für Reisende u. Naturfreunde. Neue Ausg. M. 1 Ansicht v. Salzburg u. 2 Taf. gr. 12. (21⅓ B.) Wien 829, Beck. 1 Thlr. 12 Gr., Vlnp.

—— die Verherrlichung d. Kirche in die Jahrhunderte. Eine Pred. bei Gelegenh. e. dreif. Jubelfeier in d. k. k. Hofkirche z. heil. Augustin. gr. 8. (1¼ B.) Wien 830, Mechitaristen-Congregat.-Buchh.

—— das hohe segenr. Wirken e. eifr. in seiner Gemeinde lange lebenden u. thät. Pfarrers. Eine Predigt. gr. 8. (1½ B.) Wien 829, (Wimmer.)

Braune, Frz. Ant. Alex. v., d. Fremde in Salzburg, s. Fremde, d.

—— d. kleine Fremden-Führ. nach Ischl. u. in dessen Umgebungen. Taschenb. f. Reisende u. Badegäste. Mit 1 Ansicht von Ischl (in 8.). 12. (7 B.) Salzburg 843, Mayr'sche Buchh.

Braune, Franz Anton Alex. v. —. Ischl und dessen Umgebungen. Seine Badeanstalten, Lustanlagen, Land-, See-, Berg- und Alpen-Partien, nebst Angabe mehrerer Reise-Touren nach Ischl. Verfaßt von — —. Zweite vermehrte und verbesserte Auflage. Salzburg. 1855. Zaunrith'sche Buchdruckerei. Mayr'sche Buchhandlung. (X, 152 S. 16.)

—— das große u. berühmte Untersberg-Torfmoor-Gefild bei Salzburg; dessen Natur- u. Cultur-Geschichte, Bestandtheile, Benützung d. Torflager u. d. Torfwasser- u. Schlamm-Heilbäder, mit besond. Darstell. d. Bade-Anstalt-Beschaffenheit zu Mittermoos rc. 12. (13⅓ B. u. 1 Stnt.) Salzburg 815, Mayr'sche Buchh.

Braune, Friedrich [approb. Arzt aus Mkt. Einersheim]: Ein Beitrag zur Anatomie der Kieferspalte .... München. Druck v. M. Ernst (vorm. G. Pollner), 1895: 16 S. u. 1 Taf. 8°.
München. Med. Fak. Inaug.-Diss. v. 1895.

— **Friedrich Wilhelm** (Halle-S.), De eo quod justum est circa torturam valetudinariorum. Diss. jur. Präs. Jo. Samuel Friedrich Böhmer. Halle/Cattorum (Ww. Lehmann) 47 S. (4.—) 3850

— — Dasselbe. Halle/Cattorum (Joh. Heinr. Grunert) 1740. (4.—) 3851

Braune, Fritz (geb. Spandau 4. 3. 1859): De Anaemia perniciosa. Berlin (1882). (31 S.) 8°
Berlin, Med. Diss. v. 17. Apr. 1882

Braune, G., Schutzvorrichtungen an Holzbearbeitungsmaschinen, s.: Dominicus, J. D., u. Söhne, illustrirtes Handbuch üb. Sägen u. Werkzeuge f. die Holzindustrie.

Braune, Geo., Anlage, Einrichtung u. Betrieb der Sägewerke. Unter Mitarbeit v. G. Spatz. gr. 4. (VII, 276 S. m. 376 Abbildgn. u. 1 Taf.) Jena u. Berlin 901. H. Costenoble. n. 18.—

Braune, Gustav Adolf, s. Braune, Adolf

Braune, H., der evangelische Bund in der Ostmark. Vortrag, geh. auf der XIX. Generalversammlg. des Evangel. Bundes in Graudenz am 8. X. 1906. (26 S.) 8. Leipzig 906 (C. Braun.) n. —30

Braune, H: Der Ev. Bund in d. Ostmark. Vortr. (25) 8° Lpzg'06. Halle, Verl. d. Ev. Bundes. — 30 d

Rechnungs-Ergebnisse der deutschen Feuerversicherungs-Aktien-Gesellschaften im Jahre 1899. Von H. **Braune.** *Merseburg 1901: R. Heine.* (29 S.) 8° [F.]
Aus: Mitteilungen f. d. öff. Feuerversicherungs-Anst. Jg. 1901, No 5. (... 1963 11

Braune, H., der Rettungsanker. Eine Volksschrift, aus der Arbeit wider die Trunksucht in zahlreichen Abbildungen dargeboten. gr. 8. (88 S.) Neumünster 891. (Buchh. d. Schleswig-Holstein. Schriftenvereins.) n. —50

Der Rettungsanker. Eine Volksschrift für Jung und Alt zum Schutz deutschen Familienlebens gegen die Gefahren der Trunksucht mit vielen Bildern dargeboten v. **H. Braune.** 2. Aufl. Neumünster. 1892. 8°.

Braune, H. Der Rettungsanker. Illustr. Volksschrift. Neumünster 1891. 88 S. 8°. Mk. —.50. 3. Aufl. Königsberg NM. 1900. 90 S. 8°. Mk. .50.

Die Rückversicherungs-Abteilung des Verbandes öffentlicher Feuerversicherungs-Anstalten in Deutschland. Von H. **Braune,** Verbands-Insp. in Merseburg. Merseburg 1900: R. Heine. (45 S.) 8° [F.]
Aus: Mitteilungen f. d. öff. Feuerversich.-Anstalten, Jg. 1900, No 21. (... 2

Braune, H., d. Versicherg. gewerblicher Anlagen gegen Feuersgefahr. E. Handbuch f. Feuerversicherungs-Beamte. 12. (VIII, 230 S.) Münster 896. (Coppenrath.) Geb. in Leinw. n. 4.—

Braune, Heinz, Katalog der Gemälde des bayer. Nationalmuseums, s.: Voll, Karl.

Braune, Heinz: Die kirchliche Wandmalerei Bozens um 1400. Eine Untersuchung ihrer Grundlagen und ihres Entwicklungsganges. ⟨Bruchstück.⟩ Innsbruck: Wagner 1906. (54 S.) 8° ¶(Soll vollst. in: Zeitschrift des Ferdinandeums für Tirol und Vorarlberg III. Folge, H. 50 erscheinen.)
München, Phil. Fak., Ref. Riehl, Diss. v. 9. Dez. 1905
[Geb. 26. Dez. 80 Dobroslawitz, Schlesien; Wohnort: Krichau; Staatsangeh.: Preußen; Vorbildung: Thomassch. Leipzig Reife O. 99; Studium: Lausanne 1, Leipzig 2, München 10 S.; Rig. 9. Dez. 05.]

Braune, Herm. Ein Kapitel der französischen Schulgrammatik: das Fürwort. 22 S. Progr. *Harburg* 1882.

Braune, Herm., Eldena's frühere Verhältnisse. Mit besond. Berücksichtig. d. Studiums der Landwirthschaft u. dessen Einfluß auf d. pract. Leben. Auf Veranlass. e. von Hrn. J. Schwarzlose hrsg. Schrift „Mein Leben in Eldena" geschrieben u. mit ein. Critik derselben versehen. gr. 8. (2 B.) Magdeburg 843. (Heinrichshofen.)

Braune, Hjalmar, Schweden: Über eine schnelle Methode für die Bestimmung des Stickstoffgehaltes in Eisen und Stahl und eine Untersuchung von prähistorischem Eisen aus Castaneda (Süd-Graubünden). Basel 1905. 75. S. 8°.
Basel. Phil. Diss. 1904/1905.

Braune, Hugo

Ev. Marienkirche und Gemeinde zu Königsberg N./M. Festschrift z. Erinnerung an d. Erinnerungsbau unserer Kirche vor 500 Jahren. Im Auftr. d. kirchl. Gemeindeorgane H[ugo] **Braune,** Superint. Königsberg Nm.: Selbstverl. d. Gemeindeorgane 1907. 79 S. 8°
(... ...

Braune, Hugo L.

— Richard Wagner's Bühnenwerke, in Bildern dargestellt. (Je 10 Bl. u. Titelblatt.) gr. 4. Leipzig 906. C. F. W. Siegel. à n. 8.—
Das Rheingold. Vorabend zu dem Bühnenfestspiel: Der Ring des Nibelungen. — Siegfried. 2. Tag des Bühnenfestspiels: Der Ring des Nibelungen. — Die Walküre. 1. Tag des Bühnenfestspiels: Der Ring des Nibelungen. — Tannhäuser u. der Sängerkrieg auf Wartburg. Handlung in 3 Aufzügen. — Tristan u. Isolde. Handlung in 3 Aufzügen.

— Richard Wagner's Bühnenwerke, in Bildern dargestellt. Götterdämmerung. 3. Tag des Bühnenfestspiels: Der Ring des Nibelungen. (10 Bl. u. 1 Titelblatt.) 36×30 cm. Ebd. (907). 8.—

— dasselbe. Lohengrin. Romantische Oper in 3 Akten. (10 Bl. u. Titelbl.) 36,5×30 cm. Ebd. (908). 8.—

— dasselbe. Parsifal. Ein Bühnenweihfestspiel. (10 Bl. n. Titelbl.) 36.5×30 cm. Ebd. (908). 8.—

— dasselbe. Der flieg. Holländer. Romantische Oper in 3 Akten. (10 Bl. n. Titelbl.) 36×30 cm. Ebd. (909). 8.—

— dasselbe. (Schluss.) Die Meistersinger v. Nürnberg. (10 Bl. u. Titelbl.) 36×30 cm. Ebd. (909). 8.—

— u. Hesse, Luther, wie er lebte u. wirkte, f. das deutsche Volk dargest. in Bildern v. B. m. begleit. Text v. H. (103 S. m. 20 Vollbild.) 31×24 cm. Leipzig (907). M. Heinsius Nachf. Geb. in Leinw. 8.—

Luther, wie er lebte und wirkte für das deutsche Volk. Dargest. in Bildern von Hugo L. **Braune,** mit begleitendem Text von Kirchenrat [Friedrich] Hesse. Leipzig: Heinsius [1909]. 103 S. 4° (... ...

Braune, Hugo L., 4 Orig.-Steinzeichnungen, s.: Steinzeichnungen deutscher Maler.

Braune, Hugo L., der Ring des Nibelungen. Ein Bühnenfestspiel v. Richard Wagner. In Bildern dargestellt. (40 Bl. m. 4 Bl. Text.) 36×30,5 cm. Leipzig (907). C. F. W. Siegel. Geb. in Leinw. 15.—

Braune, J., Nonnos und Ovid. Diss. 1935. 41 S.

— **Jeremias** (Basel), De peccato. Disp. theol. Präs. Johann Zuinger. Basel (Jacob Bertsch) 1670. 14 Bl. (5.20) 3841
Gew.: Eman. Socin, Lucas Hagenbach, Joh. Conr. Harder, Bonav. v. Brunn, Chph. Fesch, Jerem. Braun(e), Joh. Jac. Merian.

— **Joh. Christoph** (Tennstedt/Th.), De apostolis eorumque usu in foro. Diss. jur. Präs. Abraham Kaestner. Lpz. (A. Zeidler) März 1724. 32 Seiten. (5.—) 3842

Braune, Johannes: Ueber Arthritis deformans und die Fangobehandlung. *München 1898: Kastner & Lossen.* (54 S.) 8°
München, Med. Diss. v. 1898

Braune, Johannes: Ueber hereditäre multiple Exostosenbildung. Halle a. S. 1882: Heynemann. 43 S. 8°
Halle-Wittenberg, Med. Diss. v. 9. Aug. 1882
Geb. Anklam (Pommern) 4. 6. 1858. V.

Braune, Dr. K., Geheimer Consistorialrath, Generalsuperintendent, Mitglied der historisch-theologischen Gesellschaft in Leipzig. Die Reformation und die drei Reformatoren. 8. Gotha 1873.

Braune, K. H.

— Gallerie d. interessantesten Erscheinungen in d. Naturkunde. Für Freunde d. Natur u. Naturgesch. 1. u. 2. Lfg. gr. 8. (à 2 B.) Naumburg 837, 38, Zimmermann. à *

Braune, K. H., Gallerie d. interessantesten Nachrichten üb. Amerika. Ein Handb. z. Kunde dies. Welttheiles, vorzügl. f. Auswanderer. 1. u. 2. Lfg. gr. 8. (à 2 B.) Naumburg 837, 38, Zimmermann. à *

Braune, Karl, Arbeit u. Lohn. Gastpredigt Dom. Septuagesimä den 4. Febr. 1849 zu Leipzig gehalten. gr. 8. (16 S.) Leipzig 849, Vogel. 3 ngr

Braune, Karl, die Bergpredigt unsers Herrn Jesu Christi. In Bibelstunden ausgelegt. Altenburg 855. Pierer. 8. (4 Bl., 176 S.) 15 ngr

— die Briefe des Jakobus und Judas, der Brüder des Herrn. Zur Erbauung ausgelegt. gr. 8. (72 S.) Grimma 847, Gebhardt. *

Braune, Karl, die drei Briefe des Apostels Johannes, s. a. Bibelwerk, theologisch-homiletisches.

— des Johannes drei Briefe. Mit einer Nachlese zur Charakteristik der 7 kleineren kathol. Briefe und ihrer Verfasser. gr. 8. (XV und 141 S.) Grimma 848, Gebhardt. *

— des Petrus zwei Briefe. Zur Erbauung ausgelegt. gr. 8. (114 S.) Grimma 847, Gebhardt. *
Letztere drei Schriften a. u. d. T.: Die sieben kleineren kathol. Briefe des neuen Testaments.

Die Briefe St. Pauli an die Epheser, Kolosser, Philipper. Theol.-homil. bearb. von Karl Braune. Geh. Konsist.R. in Altenburg. 3. Aufl. bes. von Arnold Braune, Generalsup., Rudolstadt. *Bielefeld & Leipzig: Velhagen & Klasing 1899.* (299 S.) 8° [F.]
= Bibelwork. Theologisch-homiletisches. N. Test. T. 9.

— die sieben kleineren kathol. Briefe des neuen Testaments. Zur Erbauung ausgelegt. 1. Hft. Die Briefe des Jakobus u. Judas, der Brüder des Herrn. Zur Erbauung ausgelegt. gr. 8. (72 S.) Grimma 847, Gebhardt. n. 8 ngr — 2. Hft. Des Petrus zwei Briefe. Zur Erbauung ausgelegt. gr. 8. (114 S.) Ebd. 847. n. 10 ngr — 3. Hft. Des Johannes drei Briefe. Mit einer Nachlese zur Charakteristik der 7 kleineren kathol. Briefe u. ihrer Verfasser. gr. 8. (XVI u. 144 S.) Ebd. 848. n. 2/3 rß (1—3: n. 1 rß 14 ngr)

Braune, Karl, appr. Arzt a. Miltitz (Königreich Sachsen), Unterarzt b. Großh. Mecklenb. Feldart.-Reg. Nr. 60: Protrahierte Delirien bei fieberhaften Erkrankungen. Berlin (1907): G. Schade. (42 S.) 8°
Berlin, Med. Fak., Ref. Ziehen, Diss. v. 27. Mai 1907
[Geb. 24. Mai 80 Miltitz bei Meißen; Wohnort: Miltitz; Staatsangeh.: Schwarzburg-Rudolstadt; Vorbildung: Gymn. Rudolstadt Reife O. 00; Studium: Jena 1, Berlin K. W. A. 9 S.; Coll. 22. Mai 07; Approb. 17. Mai 07.]

— Es ist vollbracht! Joh. 19, 30. Abschiedspredigt am Sonnt. Judika den 28. März 1852 zu Merseburg gehalten. gr. 8. (14 S.) Altenburg 852, Schnuphase. n. n. 1/12 rß

Braune, Karl, das Evangelium v. Jesus Christus. Synoptisch zusammengestellt u. zur Erbauung erklärt. 1—4. Lfg. 4. (59¾ B.) Grimma 846, Gebhardt. à Lfg. 15 Ngr.

— die heiligen zehn Gebote. In Bibelstunden ausgelegt. Altenburg 866. Pierer. 8. (VIII, 255 S.) n. 25 ngr

Braune, Karl, Gegebenes und Gefundenes aus dem Worte des Lebens für das Leben des Wortes. Beiträge zum Schriftverständniß. 1. und 2. Bd. in 5 Heften. 8. Altenburg, H. A. Pierer. à Heft * M 1. *
Inhalt:
Bd. 1. Heft 1. 2. Die Bergpredigt unsres Herrn Jesu Christi. In Bibelstunden ausgelegt. 2. Aufl. (202 S.) 873, und Neuer Abdr. 875. * M 2.
„ 2. „ 3—5. Die heiligen zehn Gebote. (VIII, 255 S.) 874. * M 3.

Braune, Karl, Gegebenes u. Gefundenes aus dem Worte des Lebens für das Leben des Wortes. Beiträge zum Schriftverständniß. 3. Bd. A. u. d. T.: Zwölf Charakterbilder aus dem neuen Testamente. Für die Gemeinde bearb. 8. (VII, 100 S.) Altenburg 878. Pierer. n. 1. — (1—3.: n. 6. —)

— Halte, was du hast, daß niemand deine Krone nehme. Offenb. 3, 11. Predigt bei der allgem. Versammlung des altenburger Hauptvereins für die Gustav-Adolf-Stiftung gehalten am 16. Aug. 1852. gr. 8. (15 S.) Altenburg 852, Schnuphase'sche Buchh. **

— zum Konfirmandenunterricht. gr. 8. (IV, 39 S.) Altenburg 868, Bonde. *

— zum Konfirmandenunterricht. 2. umgeänd. Aufl. 8. (IV, 39 S.) Altenburg 887, Dietz. *

Braune, Karl, die Korinther-Briefe, s.: Kling, Christian Frdr.

Braune, Karl, Leben und Wirken, s. Hermann, Geo. Thdr.

— Monnika u. Augustinus. Ein biograph. Versuch zur rechten Würdigung d. Macht d. Christenthums. 8. (20¼ B.) Grimma 846, Gebhardt.

Braune, Karl, Perlen aus dem evangelischen Liederschatze. Gesammelt u. geordnet. Altenburg 857. Pierer. 8. (X, 46 S.) n. 2½ ngr

— Predigt zum Gedächtniß des vollendeten Herzogs u. Herrn Georg Herzogs zu Sachsen-Altenburg, gehalten ꝛc. am 4. September 1853. Nebst einem Anhange: die letzten Tage des Herzogs Georg ꝛc. Altenburg 853. Schnuphase. gr. 8. (16 S.) 3 ngr

— — Predigten und Reden, gehalten zu Altenburg. 2. Sammlung. Altenburg 856. Schnuphase. gr. 8. (VIII, 206 S.) n. 1 rß 4 ngr

— die Reformation und die drei Reformatoren. 8. (XVI, 331 S.) Gotha 873, F. A. Perthes. *

— sittlich ist die Missionsthätigkeit u. die Theilnahme daran. Missionsfestpredigt am Mittw. d. 17. Juni 1846 geh. gr. 8. (1 B.) Grimma, Gebhardt.

— Sonntagsblätter aus dem Evangelium von Christus. Sonn- und Festtagspredigten, gehalten zu Altenburg. gr. 8. (VIII und 200 S.) Altenburg 853, Schnuphase'sche Buchh. *

— dass. — 2. Sammlung. gr. 8. (VIII und 206 S.) Ebds. 856. *

— d. Weibes Stellung u. Bedeutung. 8. (3½ B.) Grimma 846, Gebhardt. *

— Weib, siehe, das ist dein Sohn! Siehe, das ist deine Mutter. Joh. 19, 25—27. Antrittspredigt am Charfreitag den 9. April 1852 gehalten. gr. 8. (16 S.) Altenburg 852, Schnuphase'sche Buchh. **

— unsre Zeit u. die innre Mission. Fünf Vorträge. gr. 8. (X u. 250 S.) Leipzig 850, Vogel. 24 ngr

— das Zeitalter der Reformation. Ein Vortrag am 27. Novbr. 1867 gehalten. 16. (47 S.) Altenburg 867, Bonde. *

Braune, Karl August: Ueber die am untern Ende des Kreuzbeins vorkommenden angeborenen Tumoren mit Beschreibung eines speciellen Falles von Myxosarcom. Halle (1868): Plötz. 28 S., 1 Taf. 8°
Halle-Wittenberg, Med. Diss. v. 18. Aug. 1868
Geb. Mücheln (Kr. Querfurt) 11. 11. 1843. V.

— **Carl Gustav** (Berlin), De somno sani hominis. Diss. med. Bln. (J. F. Starck) 20. X. 1825. 31 S. m. Biogr. (M.: Regis.) (4.50) 3846
Oppon.: R. Kayser, C. Bahn, R. Klatten. — Gew.: Adolph v. Arnim.

Braune, Clara, Heinr. Hollmeyer, Geo. Frerichs u. Duge: Spezial-Seefisch-Kochb. f. d. feine u. bürgerl. Küche. (99 m. 8 farb. Taf.) gr8° Geestem., Nordsee-Verl. '10. L 3 — d

Braune, L., Dietrich v. Bern, s.: Teuerdank. zz.

Braune, L., attische Syntax für den Schulgebrauch. gr. 8. (IV, 130 S.) Berlin 870, Weidmann'sche Buchh. *

Braune, L., attische Syntax für den Schulgebrauch. 2. verb. und verm. Aufl. gr. 8. (VII, 150 S.) Berlin 878, Weidmann'sche Buchh. *

Braune, Ludw. Zur Geschichte und Statistik der Gymnasialbibliothek. S. 11—28. Progr. Cottbus 1877

Braune, Ludw.: De Ovidii Metamorphoseon locis quibusdam disputatio critica. 10 S. [13, 286. 7, 185. 1,545-547. 6, 280-283. 8, 602. 6,185. 200. 13, 622.]
Progr. Cottbus 1849.

Braune, Ludw.: Odyssee 14, 1-60. Als Probe einer Erklärung des Homer. 18 S.
Progr. Cottbus 1845.

Braune, M., Signaturen-Musterblätter mit Berücksichtigung des Metermaßes nach den neuesten Bestimmungen des königl. preuß. Generalstabes für den Maaßstab 1 : 25,000, enth.: Erläuterungen der Signaturen, Angabe und Gebrauchs-Anweisung der Karten, welche zum topograph. Colorit, sowie zur Illuminirung von Plänen behufs photogr. Vervielfältigung vorgeschrieben sind, nebst Schriftmuster und Schrifttabelle. 8. (17 S. mit 1 Taf. in Buntdr. in qu. gr. Fol.) Berlin 875, Mittler und Sohn. *

Braune, Max (geb. Frankfurt a. O. 26. 3. 1853): Die Geschichte der Trepanation. Berlin (1875). (32 S.) 8°
Berlin, Med. Diss. v. 13. Febr. 1875

Braune, Otto

[Gesänge.] Zur Feier des Stiftungsfestes der Loge zum goldnen Pflug. Am 9. Nov. 1856. [Unterz.:] C. Frick und O[tto] **Braune** [Komp.]. Berlin [1856]: Mittler & S. 2 Bl. 4⁰ [Umschlagtit.]
Motette u. Kantate ohne Noten: „Dir dreimal grosser Weltenmeister, . . .“

Cantate zur Feier des Stiftungsfestes der Loge zum goldnen Pflug. Am 8. Nov. 1857. [Unterz.:] C. Frick und O[tto] **Braune** [Komp.]. Berlin [1857]: Mittler & S. 2 Bl. 4⁰ [Umschlagtit.]
Ohne Noten: „Dir dreimal grosser Weltenmeister, . . .“

Braune, Paul und Wilh., s. Beiträge zur Geschichte der deutschen Sprache und Literatur.

Die Deportation der Gefangenen von R. **Braune,** Strafanstaltsgeistl. Heidelberg 1896; Berlin: G. Ahrens. (29 S.) 8°
Aus: Blätter f. Gefängniskunde. 63. 8087 2

Braune, R., die Deportation d. Gefangenen. [Aus: „Blätter f. Gefängnisskde."] gr. 8. (29 S.) Heidelberg 896. (Görlitz, P. W. Sattig.) n.n. — 50

Braune u. Kreyher, die Fürsorge f. Gefangene u. Entlassene. Zwei Synodal-Referate. Nebst e. Flugblatt. Hrsg. vom ev. Preßverein in Schlesien. gr. 8. (26 S.) Liegnitz 881. (Buchh. d. schles. Prov.-Ver. f. inn. Mission.) n. — 10

— u. **Kreyher: Die Fürsorge f. Gefangene u. Entlassene.** Zwei Synodal-Referate. 8° (26) Liegn. 81, (Christl. Schriften-Niederl.). — 10

Braune, R., sieben Monate unter dem rothen Kreuze. Kriegsbilder für's Volk erzählt. gr. 16. (110 S.) Görlitz 872, Wollmann. *

Braune, Rudolf

Braune, Rudolph

Braune-Roßla, Rud., Arbeitsteufel. Neue Thüringer Dorfgeschichten. 8. (199 S.) Leipzig (901). H. Seemann Nachf. n. 3. —; geb. n. 4. —

Braune-Roßla, Rud., Bräunchen. Humoresken. (III, 109 S.) 8. Hamburg 907. C. Stöcklicht. n. 1. —

— **Kollege Pfannstiels Bräute. Eine Kleinstadtgeschichte.** (240) 8° Berl. (-Friedenau), Dr. F Ledermann '11. 3 —; geb. 4 — d

Braune, Rud., Thüringer Dorfgeschichten. Novellen. 8. (175 S.) Leipzig 893. F. Schneider. n. 1. 50

— **Thüringer Dorfgeschichten.** 8. (III, 250 S.) Altenburg (900). St. Geibel. n. 2. —; geb. n. 3. —

Braune-Roßla, Rud., die goldene Freiheit. Roman a. d. thüring. Bauernkriege. 8. (215 S.) Roßla a. Harz 895. (Leipzig, F. Schneider.) n. 3. —

— **die goldene Freiheit.** Roman. 2. Aufl. 8. (142 S.) Frankenhausen 898. F. Schröder. n. 1. —

Braune, Rud.: **Die gold. Freiheit.** Roman a. d. thüring. Bauernkriege. 3. Afl. (123) 8° Frankenh., F Schröder ('11). — 50 d

— **Gesundh. u. Lebensdauer in d. versohied. Berufsarten, s.: Beruf, mein künft.**

Braune, C. A. Rud., Comödiant?! Einakter. 8. (88 S.) Roßla a/H. 896. R. Braune. n. — 75

Braune-Roßla, Rud., Krimskrams. Humoresken. (Neuer Umschlag: Ach, ich Esel! u. anderer humorist. Krimskrams.) (223 S.) 8. Breslau 904 (908). Berlin, S. Schottlaender's schles. Verlags-Anstalt. 2. —

Künstlergeschichten. Humoresken von Rudolph **Braune**-Rossla. Mit Ill. von Wilhelm Stumpf. *Berlin, Eisenach, Leipzig: H. Hillger [1902].* (126 S.) 8° [F.]
— Bücherschatz, Kürschners. No 312.

[F.] Rudolph **Braune.** Künstlerseele. Drama in 3 Aufzügen. *Rossla (Harz): R. Braune 1898.* (86 [vielm. 68] S.) 1 Bd 8.

— **Künstlerseele.** Drama in 3 Aufzügen. 3. Aufl. (67 S.) 8. Leipzig-Reudnitz 904. Sude bei Itzehoe, R. Braune-Roßla. n. 1. 50

— **Lindenblüthen.** Gedichte. gr. 16. (100 S.) Leipzig 892. B. Ottmann. n. 2. 50

— **Lindenblüthen. Gedichte.** 16° (100) Lpzg 92. Rossla a/H., Selbstverl. 2.50; erm. Pr. 1 —

— ledige Leute. 8 Thüringer Erzählungen. 8. (62 S.) Leipzig 902. Sächs. Volksschriften-Verlag. n. — 60; geb. n. — 90

Seine Muse. Humorist. Roman von Rudolph Braune. Mit 3 Vollbild. *Berlin: A. Weichert [1902].* (96 S.) 8° [F.]
= Wochen-Bibliothek. Weichert's. Bd 121. [02. 3670

Peterchen und andere Künstlergeschichten von Rudolph Braune-Roßla. *Berlin: C. M. A. Müller & Co. [1902].* (88 S.) 8°
— Eros, Bibliothek. Bd 2. [03. 2932

— der Primaner Pichel u. andere Pennäler. Humoresken. (109 S.) 8. Leipzig 906. Verlag „Der Barde". n. 1. —

— Der Primaner Pichel u. and. Pennäler. Humoresken. (109) 8° Lpzg'06. Sude b/Itzehoe, Selbstverl. 1 — d

Braune, Rudolphus: De gangraena quaedam. Halis 1848: Ploetz. 21 S. 8°
Halle-Wittenberg, Med. Diss. v. 19. Apr. 1848
Geb. Radegast (Anhalt) 14. 8. 1823. V.

Zum Regiment. Drama in 4 Aufz. von Rudolph Braune-Rossla. Leipzig: Selbstverl. 1904 [übergekl.: Leipzig-R.: 'Der Barde' 1905]. (82 S.) 8° [F.] [07. 6450

Rudolph Braune. Reinheit? Einakter. Roßla (Harz): R. Braune 1895. (28 S.) 8° [F.] [06. 11460

Der Schäker und andere Künstlergeschichten von Rudolph Braune-Roßla. *Berlin: C. M. A. Müller & Co. [1902].* (87 S.) 8°
— Eros, Bibliothek. Bd 4. [03. 2933

[F.] Seine Schwiegermutter. Schwank in 1 Aufz. v. C. A. Rudolph Braune. *Rossla '(Harz)': R. Braune 1896.* (32 S.) 1 Bd 8. [96. 1581

[F.] Rudolph Braune. Spinnenmund. Lustsp. in 4 Aufz. '(Unter teilweiser Benutzg e. alten Idee.)' *Rossla '(Harz)': R. Braune 1898.* (81 S.) 1 Bd 8. [98. 4077

Braune, Rudolf *(geb. Dessau 19. 8. 1845)*: Ueber das Tarnier'sche Verfahren zur Einleitung der Frühgeburt. Breslau (1868). (46 S., 1 Taf.) 8°
Breslau, Med. Diss. v. 25. Apr. 1868

— Wie d. Färbers Gaul, s.: Unterhaltungsbibliothek, moderne.

Braune, Theodor [Dr.]: Beiträge zur germanischen und romanischen Etymologie. Berlin, Druck v. W. Pormetter, 1894; 32 S. 4.
Berlin, k. Luisen-G, OP 1894 (63)

Braune, T., Observationes grammaticae et criticae ad usum ita, sic, tam (tamen), adeo particularum Plautinum ac Terentianum spectantes. Diss. 1881. 63 S. 1.60

Braune, Thdr., Observationes grammaticae et criticae ad usum ita, sic, tam [tamen], adeo particularum Plautinum ac Terentianum spectantes. gr. 8. (63 S.) Berlin 882, Calvary und Comp. *

Braune, Theodor [Dr.]: Über einige schallnachahmende Stämme in den germanischen Sprachen. Berlin, Druck v. W. Pormetter, 1896; 18 S. 4.
Berlin, k. Luisen-G, OP 1896 (62)

Braune, Wilh. [I.]. Abriss der althochdeutschen Grammatik. Nebst mittelhochdeutschen, altsächs. u. got. Paradigmen. gr. 8. (55 S.) Halle a. S. 891, Niemeyer. * 1 20

Braune, Wilh., Abriss der althochdeutschen Grammatik mit Berücksichtigung des Altsächsischen. Halle 1895. 8.
(s.: Samml. kurzer Gramm. german. Dialekte. C. Abrisse Nr. 1.

Abriss der althochdeutschen Grammatik. Mit Berücks. d. Altsächsischen von Wilhelm Braune. 3. Aufl. *Halle a. S.: M. Niemeyer 1900.* (64 S.) 8°
= Sammlung kurzer Grammatiken german. Dialekte. C, No 1. [00. 7553

Abriss der althochdeutschen Grammatik. Mit Berücks. des Altsächs. von Wilhelm Braune. 4. Aufl. Halle a. S.: M. Niemeyer 1906. (64 S.) 8°
= Sammlung kurzer Grammatiken german. Dialekte. C. No 1. [07. 5743

—— und O. Fischer, über den Antheil, den die einzelnen Gelenke des Schultergürtels an der Beweglichkeit des menschlichen Humerus haben. Lex.-8. (18 S. mit 3 Taf.) Leipzig 888, Hirzel. *

Braune, W., topographisch-anatomischer Atlas. Nach Durchschnitten an gefrornen Cadavern. Nach der Natur gez. u. lith. von C. Schmiedel. 1—4. Lfg. (à 5 lith. Taff. u. 10 S. Text.) Leipzig 867—69. Veit & Co. n. 19 ℳ

Braune, Wilh., topographisch-anatomischer Atlas. Nach Durchschnitten an gefrornen Cadavern. Nach der Natur gezeichnet und lithogr. von C. Schmiedel, color. von F. A. Hauptvogel. Mit 50 Holzschn. im Text. 3.—7. Lfg. gr. Fol. Leipzig, Veit und Comp. [3. Lfg. (5 color. Stnt. und 10 S. Text mit eingedr. Holzschn.) 868. *ℳ 15,60.; 4. Lfg. (5 color. Stnt. und 12 S. Text mit eingedr. Holzschn.) 869. *ℳ 18.; 5. Lfg. (5 color. Stnt. und 20 S. Text mit 9 eingedr. Holzschn.) 871. *ℳ 18.; 6. Lfg. (4 color. Stnt. und 8 S. Text mit 1 eingedr. Holzschn.) 871. *ℳ 13,50.; 7. Lfg. (4 color. Stnt. und 8 S. Text mit 2 eingedr. Holzschn.) 871. *ℳ 16,50.] *ℳ 81,80.; complet geb. * 1
1. und 2. Lfg. Ebendas. 1867. *ℳ 23,40.

—— dass. — hoch 4. (VIII, 218 S. mit 50 Holzschn. im Text und 34 Taf. in photogr. Lichtdr.) Ebendas. 875. *

Braune, Wilh. (I.), topographisch-anatomischer Atlas. Nach Durchschnitten an gefrorenen Cadavern hrsg. 3. Aufl. 33 farb. Taf., nach der Natur gezeichnet und lithogr. von C. Schmiedel, mit erläut., durch Holzschn. illustr. Text. 8 Lfgn. gr. Fol. (69 S. Text.) Leipzig 886—88, Veit und Comp. In Mappe à Lfg. *ℳ 15.—. *

Braune, Wilhelm, approb. Arzt: Ein kasuistischer Beitrag zur operativen Behandlung vorderer Synechien. *München 1903: M. Ernst.* (24 S.) 8°
München, Med. Diss. v. 1903

Braune, Wilhelm (Hrsg.), s. Beiträge zur Geschichte der deutschen Sprache und Litteratur.

Braune, Wilhelm: Aus der Chirurg. Universitäts-Klinik zu Marburg. Beiträge zur Casuistik über den Echinococcus der Bauchhöhle und ihrer Organe. *Marburg (1897): J. M. Beck.* (72 S.) 8°
Marburg, Med. Diss. v. 23. Sept. 1897

Braune, Wilh. [II.] u. O. Fischer. Bestimmung der Trägheitsmomente d. menschlichen Körpers u. seiner Glieder. Lex.-8. (87 S. m. 5 Taf. u. 7 Fig.) Lpz. 892, Hirzel. * 4 —

— — die Bewegungen d. Kniegelenks, nach e. neuen Methode am lebenden Menschen gemessen. [Aus: „Abhandlgn. d. k. sächs. Gesellsch. d. Wiss."] Lex.-8. (76 S. m. 19 Taf. u. 6 Fig.) Ebd. 891. n. 5. —

Braune, Wilh., Bruchstücke der altsächsischen Bibeldichtung aus der Bibliotheca Palatina, s.: Zangemeister, Karl.

Braune, W., die Doppelbildungen und angebornen Geschwülste der Kreuzbeingegend in anatomischer und klinischer Beziehung. gr. 4. (VIII und 156 S. mit 20 Stnt.) Leipzig 862, Engelmann. *

Braune, Wilhelm, d. Z. Prorektor, Großh. Bad. Hofrat, Prof. Dr.: Ueber die Einigung der deutschen Aussprache. Heidelberg 1904: J. Hörning. (S. 1—32.) 4° ¶ (Enthält außerdem: Chronik der Universität für 1903/04 u. Preis-Verteilung.)
Heidelberg, Rede am Geburtsfest des höchstseligen Großherzogs Karl Friedrich 1904

— über die Einigung der deutschen Aussprache. Akademische Festrede, geh. zum Jahresfeste der Universität Heidelberg am 22. XI. 1904. (32 S.) Lex.-8. Halle 905. M. Niemeyer. n. 1. 20

Der Gang des Menschen von Wilhelm Braune † u. Otto Fischer. Th. 1. 2. *Leipzig: S. Hirzel; (2: B. G. Teubner) 1895–99.* 4° (8°)
1. Versuche am unbelasteten u. belasteten Menschen. Mit 14 Taf. u. 26 Textfig. 1895.
2. Die Bewegung d. Gesamtschwerpunktes u. d. äusseren Kräfte. Mit 12 Taf. u. 5 Textfig. 1899.
= Abhandlungen d. K. Sächsischen Gesellschaft d. Wissenschaften. Math.-phys. Cl. Bd 21, No 4. Bd 25, No 1. [99. 7068

— u. P. **Zweifel**, Gefrierdurchschnitte, in systematischer Anordnung durch den Körper e. Hochschwangeren geführt. 12 Taf. in natürl. Grösse in Mappe. gr. Fol. Mit erläut. Text. gr. 8. (56 S. m. 1 Abbildg.) Leipzig 890. Veit & Co. n. 40. —

– und O. Fischer:

—— —— das Gesetz der Bewegungen in den Gelenken an der Basis der mittleren Finger und im Handgelenk des Menschen. Lex.-8. (27 S. mit 2 Holzschn.) Ebendas. 887. *

Braune, Wilh., Althochdeutsche Grammatik. Halle 1886. 8. . . . . (D.)
——, —— 2. Aufl. Ebda 1891. 8.
Ist: Sammlung kurzer Grammat. Bd. 5.

— gotische Grammatik, sa. Sammlung kurzer Grammatiken germanischer Dialekte. I.

Braune, Wilh., Gotische Grammatik. Halle 1880. 8. . . . . (D.)
——, —— 2. Aufl. Ebda 1882. 8.
——, —— 3. Aufl. Ebda 1887. 8.

Gotische Grammatik. M. einigen Lesestücken u. Wortverzeichniss v. Wilhelm Braune. 4. Aufl. *Halle: M. Niemeyer 1895.* (VII, 140 S.) 1 Bd 8.
= Sammlung kurzer Grammatiken german. Dialekte. [No] I. [96. 2877

Gotische Grammatik. Mit einigen Lesestücken u. Wortverzeichnis von Wilhelm Braune. 5. Aufl. *Halle: M. Niemeyer 1900.* (VII, 162 S.) 8°
= Sammlung kurzer Grammatiken german. Dialekte. 1. [00. 11013

Gotische Grammatik. Mit einigen Lesestücken u. Wortverzeichnis. Von Wilhelm Braune. 6. Aufl. Halle: M. Niemeyer 1905. (VII, 168 S.) 8°
= Sammlung kurzer Grammatiken german. Dialekte. 1. [05. 10840 4

Gotische Grammatik. Mit einigen Lesestücken u. Wortverzeichnis von Wilhelm Braune. 7. Aufl. Halle a. S.: Niemeyer 1909. VII, 177 S. 8°
(Sammlung kurzer Grammatiken germanischer Dialekte. 1.) [09. 15405 3

— die Handschriftenverhältnisse des Nibelungenliedes. gr. 8. (222 S.) Halle 900. M. Niemeyer. n. 6. —
Sonderabdruck aus: „Beitr. z. Gesch. d. deutsch. Sprache u. Litteratur".

—— der männliche und weibliche Körper im Sagittalschnitte. Mit 10 Holzschn. im Texte. Fol. (31 S. mit 2 lithogr. Taf. in Imp.-Fol. mit Text in hoch 4.) Leipzig 872, Veit und Comp. In Mappe *
Aus: Topograph.-anatom. Atlas, besonders abgedruckt.

—— die Lage des Uterus und Foetus am Ende der Schwangerschaft. Nach Durchschnitten an gefrornen Cadavern illustr. Nach der Natur gezeichnet und lithogr. von C. Schmiedel. Color. von F. A. Hauptvogel. Mit 1 Holzschn. im Text. Supplement zu dem „Topograph.-anatom. Atlas" des Verf. Imp.-Fol. (7 color. Stnt. mit 4 S. Text und 1 eingedr. Holzschn.) Leipzig 873, Veit und Comp. In Mappe *

— u. W. **His**, Leitfaden f. die Präparanten der anatomischen Anstalt in Leipzig. gr. 8. (48 S.) Leipzig 883. Veit & Co. n. 1. 20

— althochdeutsches Lesebuch, zusammengestellt u. m. Glossar versehen. gr. 8. (VIII, 225 S.) Halle 875. Lippert'sche Buchh. n. 4. —

Braune, Wilh., althochdeutsches Lesebuch, zusammengestellt und mit Glossar versehen. gr. 8. (VIII, 225 S.) Halle 875, Niemeyer. *

—— althochdeutsches Lesebuch, zusammengestellt und mit Glossar versehen. 2. Aufl. gr. 8. (VIII, 228 S.) Halle 881, Niemeyer. *

—— althochdeutsches Lesebuch, zusammengestellt und mit Glossar versehen. 3. Aufl. gr. 8. (VIII, 241 S.) Halle 888, Niemeyer. *

— Althochdeutsches Lesebuch, zusammengest. u. m. Glossar versehen. 4. Aufl. gr. 8. (VIII, 249 S.) Halle 897. M. Niemeyer. n. 4. 50

— althochdeutsches Lesebuch. Zusammengestellt u. m. Glossar versehen. 5. Aufl. gr. 8. (VIII, 258 S.) Ebd. 902. n. 5. —

Althochdeutsches Lesebuch. Zsgest. u. mit Glossar vers. von Wilhelm Braune. 6. Aufl. Halle a. S.: Niemeyer 1907. VIII, 267 S. 8°
[11. 17810 3

— Althochdeut. Leseb. Zusammengest. u. m. Glossar versehen. 7. Afl. (8, 272) gr8° Halle, M Niemeyer '11. 5 —; geb. 6 —

— u. Otto **Fischer**, die bei der Untersuchung v. Gelenkbewegungen anzuwendende Methode, erläutert am Gelenkmechanismus d. Vorderarmes beim Menschen. Mit 4 (graph. Stein-) Taf. [Aus: „Abhandlgn. d. mathemat.-phys. Classe d. k. sächs. Gesellschaft d. Wissensch."] Lex.-8. (24 S.) Leipzig 885. Hirzel. n. 2. —

—— die Oberschenkelvene des Menschen in anatomischer und klinischer Beziehung. Fol. (VII, 28 S. mit 6 Taf. in Farbendr.) Leipzig 871, Veit und Comp. cart. *

—— the position of the uterus and foetus at the end of pregnancy. Illustrated by sections through frozen bodies. Drawn after nature and lithographed by C. Schmiedel, colored by F. A. Hauptvogel. Supplement to the author's Topogr.-anatom. Atlas. Imp.-Fol. (10 color. Stnt. mit 4 S. Text und 1 eingedr. Holzschn.) Leipzig 878, Veit und Comp. In Mappe *

– und O. Fischer:

— — die Rotationsmomente der Beugemuskeln am Ellbogengelenk d. Menschen. [Aus: „Abhandlgn. der k. sächs. Gesellsch. der Wiss."] Lex.-8. (68 S. mit 6 Holzschn. u. 5 Taf.) Ebd. 889. n. 3. —

— s.: Sammlung kurzer Grammatiken german. Dialekte.

– und O. Fischer:

— — über den Schwerpunkt des menschl. Körpers mit Rücksicht auf die Ausrüstung d. deutschen Infanteristen. [Aus: „Abhandlgn. d. mathem.-phys. Classe d. k. sächs. Gesellsch. d. Wiss."] Lex.-8. (114 S. m. 18 Textfig. u. 17 Taf.) Ebd. 889. n. 8. —

—— de uteri gravidi situ. 4. (15 S.) Leipzig 872, Dürr'sche Buchh.

– und O. Fischer:

— — Untersuchungen über die Gelenke d. menschlichen Armes. I. Thl.: Das Ellenbogengelenk v. O. Fischer. II. Thl.: Das Handgelenk v. W. Braune u. O. Fischer. Mit 12 Holzschn. u. 15 Taf. [Aus: „Abhandlgn. d. k. sächs. Gesellsch. d. Wiss."] Lex.-8. (72 S.) Ebd. 887. n. 5. —

— Venen der menschlichen Hand, s.: Venensystem des menschlichen Körpers.

Braune, Wilh. (I.), das Venensystem des menschlichen Körpers. 1. Lfg.: Die Venen der vorderen Rumpfwand des Menschen, bearb. unter Mitwirkung von E. Hurry Fenwick. qu. gr. Fol. (4 Chromolithogr.) Nebst erläut. Text. Mit Unterstützung der königl. sächs. Gesellschaft der Wissenschaften. gr. 8. (VIII, 72 S. mit 13 Holzschn. im Text.) Leipzig 884, Veit und Comp. *

—— das Venensystem des menschlichen Körpers. 2. Lfg.: Die Venen des Fusses und Unterschenkels. Fol. (4 color. Taf.) Mit Text. (24 S.) Ebendas. 888. *
1. Lfg. Ebendas. 1884. * ℳ 45. —.

Braune, von der häutigen. Bericht an den Minister des Innern über die eingesandten Preisschriften, abgestattet von der z. Prüfung u. Beurtheilung derselben aufgestellten Commission. Aus d. Französ. 8. Wien 812. N. Ausg. 824. Mörschner u. Jasper. 12 K

Von der häutigen Bräune. Bericht. Aus dem Französischen. 305 S., gbd.

Wien: Dogen 1813

JB 4,091

Bräune, von der heutigen. 8. 813. Hat jetzt Armbruster auch v. Mösle in Wien.

Brauneck, F. On the practical character of the English language. Lübben, R., 1866. 7 S. 4.

Brauneck, F. Das Englische als Bildungsmittel. Lübben, R., 1872. 12 S. 4.

Brauneck, Fr. Die Untersuchung versenkter Telegraphenkabel. 20 S. Progr. Rg. Cöln 1881.

Brauneck, Hans v.: Versuch e. Gesch. d. usw. Familie v. Brauneck, s.: Flauss, R v.

Brauneck, Hermann [approb. Arzt aus St. Wendel]: Ueber einen Fall von multipler Lymphombildung (Hodgkin'scher Krankheit), welcher unter hohem Fieber, Icterus und Nephritis zum Tode führte.... Freiburg i. B., Univ.-Buchdr. v. H. M. Poppen & Sohn, 1886: 31 S. 8°.
Freiburg i. B. Med. Fak. Inaug.-Diss. v. 1886.

Brauneck, Hermann, über einen Fall von multipler Lymphombildung (Hodgkin'scher Krankheit), welcher unter hohem Fieber, Icterus und Nephritis zum Tode führte. Diss. Freiburg i. B. 1886, Fr. Wagnersche Univ.-Buchh. 8°. 31 S.

Brauneck, Joan. Car. (geb. Wetzlar 18. 4. 1830): De myopia et presbyopia. Berolini (1853). (29 S.) 8°
Berlin, Med. Diss. v. 26. März 1853

Braunecker, Otto, das Consulat, das Kaiserreich und die Hundert Tage. Historisches Drama in IV Acten und XVI Tableaux. Mit Benützung eines französ. Sujets. (Den Bühnen gegenüber als Manuscript gedr.) Prag 854. (Tempsky.) 8. (126 S.) n. 20 ngr; Velinp. n. 1 ₰ 10 ngr

Brauneis, Jos., aus engen Schranken in die weite Welt! Reise-Erinnergn. (150 u. II S.) 8. Linz a/D. 902. O.-ö. Buchdruckerei- u. Verlagsgesellschaft. n. 1.70; geb. n. 2.60

Brauneiser, Chr. Aug.

— Einige Bemerkungen über den Maaszstab für die nothwendigen Kenntnisze bei der Aufnahme und Entlassung so wie bei der Versetzung in die höheren Klassen der Gelehrtenschulen. Hadersleben. 1834. 4. P. (Skoleprogr.).

— Bemerkungen über die Verrinischen Reden des Cicero überhaupt und über einige Stellen der ersten Verhandlung insbesondere. Hadersleben. 1840. 4. P. (Skoleprogr.).

BRAUNEISER, C[HR.] A[UG.], Ueber die Bestimmung und den wahren Geist der Gelehrtenschulen. Hadersleben. 1832. 4. P. (Skoleprogr.).

— De impedimentis qvibusdam, quae obstant scholis nostris literariis, Hadersleben. 1833. 4. P. (Skoleprogr.).

— Ueber die Interpretation der Alten in Rücksicht auf die Zwecke derselben in Gelehrtenschulen. Hadersleben. 1837. 4. P. (Skoleprogr.).

— Ist die Beschäftigung mit dem Schulunterricht dem künftigen Religionslehrer zu empfehlen? Hadersleben. 1835. 4. P. (Skoleprogr.).

— Ueber die Lecture des Horaz in Gelehrtenschulen. Hadersleben. 1836. 4. P. (Skoleprogr.).

Braunek, R. (Red.), s. Radfahr-Humor.

Braunens, Joh. Jacob, erörterte Curiositäten, oder entlarvte teufelische Aberglauben von Wechsel-Bä'zen rc. Frkf. 737. 8.

Brauner, der erste Jünglingsverein am Hofe Nebucadnezars oder: Treu bis in den Tod. Reim-Gespräch nach Daniel Cap. 1. — Die h. drei (Weisen) Könige aus dem Morgenland. In Reimgesprächen nach einem alten Festspiele. (Heft 5 der Vorträge für Jünglingsvereine.) kl. 8. (16 S.) Halle a. S. 886, Petersen. *

Brauner, der erste Jünglingsverein am Hofe Nebucadnezars od.: Treu bis in den Tod. Reimgespräch nach Daniel Kap. 1. — Die hl. drei (Weisen) Könige aus dem Morgenland. In Reimgesprächen nach e. alt. Festspiele. 2 Vorträge u. e. Anzahl Gedichte f. Jünglingsvereine. 8. (15 S.) Halle (902). Christl. Volksschrift.-Verein. n. — 20

Brauner, A., dritte vorläufige Mitteilung üb. Reptilien u. Amphibien der Suwalk-, Minsk-, Podolsk-, Tschernigow-, Cherson-, Ekaterinoslaw-Gouvernements, Bessarabien u. des Dnjepr-Kreises des Taurischen Gouvernements. (Deutsch u. russisch.) (17 S.) gr. 8. Odessa 906. (M. Stadelmeyer.) n. 1. —

Brauner, A., Säugetiere Südrusslands. I. fam. Muridae. Ratten, die man in Odessa findet. (In russ. u. deut. Sprache.) (II, 50 S. m. 2 Taf.) gr. 8. Odessa 906. (M. Stadelmeyer.) 2. —
Sonderabdruck aus „Schriften d. neuruss. Gesellsch. d. Naturforscher".

Brauner, A., Schule der Geschichte, s.: Schillmann, Rich.

Brauner, Alex., s.: Novellen, russische.

Brauner, Alfr., die Färberei à Ressort, das Färben der Schmuckfedern und die Bearbeitung der Haare. Leichtfaßliche Anleitung, gewebte Stoffe und Leder aller Art zu färben und umzufärben, ferner Schmuckfedern und Haare zu appretiren und zu färben. 8. (VII, 163 S. mit 13 Abbild.) Wien 887, Hartleben. *M 3.—; geb. *

Brauner, Alois (geb. Rothhaus bei Neiße (11. 12. 1846)): Die Schlacht bei Nikopolis 1396. Breslau 1876. (62 S.) 8°
Breslau, Phil. Diss. v. 2. Aug. 1876

Brauner, Bohuslav

— Beitrag zur Chemie der Ceritmetalle. 1 Teil (mit 1 Taf.). S. 84. II. 105 . . . . vgr.
— — 2. Teil. S. 86. II. 108 . . . . vgr.
— — 3. Teil. S. 92. II. 814 . . . . vgr.
Separatabdruck

— Volumetrische Bestimmung des Tellurs, eine maßanalytische Studie. 1. Teil. S. 99. IIb. 559 . . . . vgr.
— — 2 Teil (mit 1 Textfigur). S 100. IIb 37 . . . . vgr.
Separatabdruck

— Experimental-Untersuchungen über das periodische Gesetz. 1. Teil (mit 1 Taf.). S. 98. IIb. 456 . . . . vgr.
Separatabdruck

Das periodische System der Elemente von Mendelejew. Erklärende Einl. f. d. Gebrauch d. Wandtafel hrsg. von Prof. Dr. B[ohuslav] Brauner. Leipzig: S. Hirzel 1908. (14 S.) 8° 108. 17046 7

Brauner, Dr. Bohuslav, Das periodische System der Elemente von Mendelejew. Leipzig. S. Hirzel. Ausgabe *A.* Tafel, auf Leinwand aufgezogen, mit Ösen, nebst erläuternder Broschüre. Größe 183 : 135 *cm.* M. 16.75. Ausgabe *B.* Tafel, mit zwei mattschwarzen Vollstäben; Messingringen und Schnur, nebst Broschüre. Größe 183 : 134 *cm.* M. 18.75. Ausgabe *C.* Verkleinerte Reproduktion in lithographischem Schwarzdruck, auf Pappe gezogen, nebst Broschüre. Größe 51 : 87 *cm.* M. 4.—. Ausgabe *D.* Verkleinerung in Buchdruck, zum Handgebrauch für die Studierenden. Gr.-8°, auf Druckpapier. 10 Stück M. —.50. Broschüre zu der Tafel M. 1.—. (Min.-Erl. vom 20. März 1909, Z. 9280.)

Brauner, B., über die directe Umwandlung der Isobutyljodürs in Trimethylcarbinolamin, s.a. Aus dem Universitätslaboratorium zu Prag.

Brauner Bohuslav: Über die direkte Umwandlung des Isobutyljodürs in Trimethylcarbinolamin. S. 77. II. 79. (Siehe Linnemann Eduard.)
Separatabdruck

BRAUNER, EVERMUNDUS: Der aus einem wüsten Land ... gepflanzte ... Lust-Garten Oder die zu Ehre Gottes ... aufgerichte Bruderschafft unter dem Schutz der Heiligen Mutter Annae. Caschau 1754: Druck. Academ. (9 f.) - 300 mm

BRAUNER, EVERMUNDUS: Der auf der Spitze des Bergs mit unvergleichlichen Seegen entblöste Morgen-Gang in der Marianischen Fund-Gruben, woraus alle getreue Verehrer Mariae als beglückte Wald-Bürger und Gewercke, zu ihren besondern Trost, reiche Ausbaeute haben können, wenn sie mit Vertrauen befahren, und bauen die Gruben, welche am Fest der Gnadenreichen Heimsuchung Mariae der Gebährerin Gottes, nicht war nach denen Lachtern, sondern nach sittlichen Gedanken auf diesen Blättern als einer Mappe abgestochen, und sambt allen in sich befindlichen Metallen vorgewisen. Caschau 1753. Gedr. in der academ. Buchdruck. (10 f.) - kl. 4°

Brauner, Franz — Maria, die makellose Jungfrau. Eine Predigt, vorgetragen am achten Sonntage nach Pfingsten den 22. Juli 1855 in der Metropolitankirche zu St. Stephan, von — —. Zum Gedächtniß der feierlichen Verkündigung der katholischen Lehre von der unbefleckten Empfängniß der allerseligsten Jungfrau am 8. Dezember 1854 in Rom. Wien. 1855. Druck und Verlag von Leop Grund. (24 S. 8.)

Brauner, Franz, Stimmen an kathol. Prediger. Eine Prediger-Pastoral ohne System, in nuce, für neugeweihte Priester. 8. (11½ B.) Wien 842, Pichler's sel. Witwe.

Brauner, Frz. Aug., Böhmische Bauernzustände im Interesse der Landeskultur u. des Nationalwohlstandes besprochen. gr. 8. (IV u. 266 S.) Wien 847, Schmidt & Leo. n. 1 ₰ 18 ngr

— von der Robot u. deren Ablösung für den böhm. u. mähr. Landmann. 8. (94 S. u. 1 Tab.) Prag 848, Kronberger (& Rziwnatz) ½ ₰

Brauner, F(rz.) A(ug.), o robotě a wykaupení roboty. Pro rolníka Českého a Morawského. 8. (86 S. und 1 Tab.) Prag 848, [Kronberger'sche Buchh.] Thlr. *

Brauner, Frz. Xav., Benedict in Dornen, ein Muster d. Selbstverleugnung. Predigt. gr. 8. (1 B.) Wien 834, Mechitaristen-Congregat.-Buchh.

— bibl. Charakter-Gemälde aus der Leidensgeschichte Jesu. Dargestellt u. in Fasten-Predigten vorgetragen. gr. 8. Wien 838. Mausberger. (Leipzig, P. Baumgärtner.) ⅓ ₰

Brauner, Franz Xav., bibl. Character-Gemälde aus d. Leidensgesch. Jesu. Dargest. u. in Fasten-Predigten vorgetr. gr. 8. (7 B.) Wien 838, Mausberger. (Leipzig, Hunger.)

Brauner, Frz. Xav., 7 Fastenpredigten über eben so viele Parabeln des heil. Evangeliums, nach den Entwürfen Salmerons vorgetragen ꝛc. gr. 8. Wien 828. Wimmer. 14 Kr

— die religiöse Feier des Christen am 64sten Geburtsfeste u. 40sten Regierungsjahre seines Regenten. Predigt. gr. 8. Wien 832. Mechitaristen-Congr.-Buchh. 3 Kr

Brauner, Franz Xav., Früchte d. Erlösung. Gebeth- u. Erbauungsb. f. kathol. Christen. (Mit Titlkpfr.) gr. 12. (15 B.) Wien 840. (Leipzig, Fr. Fleischer.) * Thlr.

— Maria, die Morgenröthe unseres Heilandes. Marianisches Gebet- u. Betrachtungsbuch. Mit 3 Kpfr. 16. Wien 839. Pichler's sel. Witwe. (Leipzig, Liebeskind.) 2 ₰

— die Verherrlichung der Kirche in die Jahrhunderte. Eine Predigt bei Gelegenheit einer dreifachen Jubelfeier in der k. k. Hofkirche zum heil. Augustin. gr. 8. Wien 830. Mechitar.-Congr.-Buchh. 3 Kr

— das hohe segensreiche Wirken eines eifrigen in seiner Gemeinde lange lebenden u. thätigen Pfarrers. Eine Predigt auf Verlangen in Druck gegeben. gr. 8. Wien 829. (Wimmer). 3 Kr

Brauner, Gustav [app. Arzt aus Neisse]: **Ein Fall von Septumdefect und Stenose der Pulmonalarterie ... München,** Buchdr. v. M. Ernst, 1892; 27 S. 8.
München, Med. Fak., Inaug.-Diss. v. [3. März] 1892

Brauner, Hugo, vom breiten Weg. Gedichte. (VII, 88 S.) kl. 8. Dresden (906). E. Pierson. n. 1. 50; geb. n. 2. 50

Brauner, J. Samml. histor. Notizen üb. d. ehemal. Minoritten-Kloster, jetzige allgem. Garnisonlazarett z. Glatz. 1840. (Handschr.) 4.

Brauner, J. Medizin.-topograph.-statist. Skizze über d. Garnisonort Glatz u. s. Besatzung. 1840. (Handschr.) Fol.

Brauner, J. Mich., Brüxer Gedenkbuch. Zeittafel geschichtl. Ereignisse u. Denkwürdigkeiten d. königl. Stadt Brüx aus alter u. neuer Zeit. In 2. Aufl. erweitert u. ergänzt. 2 Bde. gr. 8. Brüx (906). (A. Kunz.) à n. 1. 70
1. Aus alter Zeit. (VI, 58 S. m. 8 Abbildgn.)
2. Brüx im 11. Jahrh. (Aus dem Nachlaß hrsg. v. den Hinterbliebenen.) (106 S. m. 6 Abbildgn.)

BRAUNER, Julius 663
Geschichte und Entwicklungsgang des Brauwesens in Mähren 1848 bis 1898. Von Julius Brauner. Separatabdruck aus dem zur Feier des Regierungs-Jubiläums Sr. Majestät des Kaisers Franz Joseph I. herausgegebenen Werke „Geschichte der österreichischen Land- und Forstwirtschaft und ihrer Industrien 1848 bis 1898". Wien. 1900. In Comm. Perles, Lex.-8°. 11 S.
K —.40

Brauner, Karl

Brauner, Carl, aus Varel (Oldenburg): **Ein Fall einer congenitalen teratoiden Mischgeschwulst in der Kreuz-Steissbeingegend.** *Würzburg 1898: P. Scheiner.* (34 S.) 8°
Würzburg, Med. Diss. v. 1898

Brauner, Rob., daß die Liebe z. Menschengeschlechte es dringend heische das gegenwärtige Kirchenbestreben willig u. beharrlich zu fördern. Rede, gehalt. zu Hamburg, am 13. Dezbr. 1846. gr. 8. (16 S.) Hamburg 847, Niemeyer. n. 2 ngr

— Nicht der alte Glaube, sondern das menschliche Wesen ist der feste Grund der Sittlichkeit. Rede, gehalt. am 3. Aug. 1851 zu Berlin. gr. 8. (16 S.) Berlin 851, Geelhaar in Comm. n. 2 ngr

—— über die Persönlichkeit Jesu. Zwei Predigten. gr. 8. (35 S.) Berlin 847, Springer. *

Brauner, Rob., drei Predigten am 5. u. 6. Sonnt. nach Ostern u. am Himmelfahrtstage vor d. deutsch-kathol. Gemeinde zu Berlin geh. gr. 8. (3 B.) Berlin 846. (Hermes.) *

—— 34 Predigten vor d. deutsch-kathol. Gemeinde zu Berlin geh. gr. 8. (21 B.) Berlin 846, Springer. *

—— die politische Reaktion und das alte Kirchenthum. Rede. gr. 8. (16 S.) Berlin 851, (Geelhaar.) *

—— Religionslehre für Freie, in katechet. Form. gr. 8. (VI und 114 S.) Berlin 851, (Geelhaar.) *

—— Todtenfeier für die am 18. und 19. März 1848 Gefallenen. Rede. 8. (16 S.) Berlin 849, [Stargardt.]

—— von wannen kommt uns Kunde von Gott? Rede, gehalten zu Hamburg den 17. Januar 1847. gr. 8. (16 S.) Hamburg 847, G. W. Niemeyer. *

— Was wir wünschen. Rede, gehalten am Neujahrstage 1851. gr. 8. (15 S.) Berlin 851, Stargardt in Comm. n. 1/12 ℛ — 2. Aufl. gr. 8. (15 S.) Berlin 851, Geelhaar in Comm. n. 2 ngr

— — wozu und weshalb baute man Kirchen, und warum ist der Bau einer Halle für unsere Gemeinde zu unternehmen und zu unterstützen? Rede, gehalten am 31. Aug. 1851 zu Berlin. gr. 8. (16 S.) Berlin 851, (Geelhaar.) *

Bräuner, Gerh., s: Prosaroman, Der altfranzös., v. Lancelot dol Lac.

Bräuner, Johann Jacob

Bräuner, J. Jac., unschätzbar. Arzneibüchl. zur Zeit d. Noth. 8. Augsb. Weith.

Braeuner, Johann Jakob: Tractatus de f o r m u l i s medicamentorum conscribendis, seu Experimenta medica et chirurgica. Oder Eine sichere Fundamental-Anleitung, wie ein neu-angehender Practicus medicinae . . . Medicamenta anordnen und verschreiben kan. Alles aus bewehrtester neuester Medicorum Schrifften . . . angemercket . . . von Johann Jacob Bräuner. Franckfurt a.M.: Andreä 1717. 480 S. 8°

— medicin. Handbüchlein. 4 Thle. 8. Ebend. 717.

— physical. u. hist. erört. Curiositäten, od. Aberglaub. v. Wechselbalgen ꝛc. 8. Frankf. Fleischer. 737.

BRÄUNER, JOH. JACOB. Physicalisch- und Historisch-Erörterte Curiositaeten; Oder: Entlarvter Teufflischer Aberglaube von Wechselbälgen, Wehr-Wölffen, Fliegenden Drachen, Galgen-Männlein, Diebs-Daumen, Hexen-Tantz, Holung auf dem Bock, Irrwischen Spiritu Familiari, Festmachung, Wütenden Heer, Lösel-Nächten, Alpdrücken, Nessel-Knüpffen, Hexen-Buhlschafft mit dem Teuffel, Crystallen-Schauern, Wahrsagungen und andern dergleichen . . . Bey jedem Capitel einige rare u. recht wunderwürdige Historien, . . . Frankfurt a. M., Joh. David Jung. 1737. Kl. 8°. *Titelkupfer (Porträt)*, 15 Bl. 809 & 21 S. Register. Gleichzeitiger HPgtbd. 280.—
H.-C. III. 187.

* BRAUNER, D. Joh. Jac., PHYSICALISCH- u. Historisch-erörterte CURIOSITÆTEN; oder: E n t l a r v t e r T e u f f l i s c h e r A b e r g l a u b e von Wechselbälgen, Wehr-Wölffen, Fliegenden Drachen, Galgen-Männlein, Diebs-Daumen, Hexen-Tantz, Holung auf dem Bock, Irrwischen, Spiritu Familiari, Festmachung, Wütenden Heer, Lösel-Nächten, Alpdrücken, N e s s e l (!) - K n ü p f e n , H e x e n - B u h l s c h a f f t m i t d e m T e u f f e l , Christallen-Schauern, Wahrsagungen u. andern dergleichen. Durch welche der leidige Satan einfältige u. unwissende Leute zum Aberglauben reitzet, u. in seine Stricke zu verleiten suchet . . . . Mit Titelkupfer (Verfasser an seinem Schreibpult sitzend, am Boden ein Hund liegend). Franckfurth am Mayn, verlegt von Joh. Dav. Jung. Im Jahr MDCCXXXVII. (1737.) 8°. (In Berlin: N 1221; auch in Carlsruhe: Zb 11.) (18 Mk. J. Halle, München, 1900; 8 Mk. E. Kantorowicz, Berlin, 1904.)
16 Bll. Vorst. (incl. roth u. schwarz gedr. Titel), 809 S., 21 unbez. S. Reg. Eine wahre Fundgrube f. d. Geschichte des Aberglaubens. — Das ganze 47. Cap. (S. 752—775) handelt „von D. F a u s t u. seinem Famulo W a g n e r."

Bräuner, Johann Jakob: Pestbüchlein oder kurtzer, doch gründlicher Unterricht von der jetztmalen über Teutschland schwebenden gefährlichen Seuche der Pestilentz... 400 S., gbd.

Franckfurt am Mayn: Hocker 1714

— Pestbüchlein. 8. Ebend. 724.

— Thesaurus sanitatis, od. Anweis. alle Krankh. zu erkennen u. zu kuriren, nebst Kräuterb. mit Fig. ꝛc. 4 Thle. 8. Frankf. (Fleischer, Leipz.) 725—38. (1r 16 gr., 2r 20 gr., 3r 1 Thlr. 8 gr., 4r 16 gr.)

Bräuner, Johann Jakob: Thesaurus sanitatis, oder neu-eröffneter Schatz menschlicher Gesundheit, in welchem enthalten, wie man nach der... bewährtesten Methode, die meist täglich fürfallende operationes et experimenta chirurgica oder aeusserliche Leibes-Gebrästen...tractiren und heilen...kann. Theil 1-2, 4, gbd.

Frankfurt am Mayn: Fleischer 1725
Theil 4: Apotnek u. Material-Kammer

— treumeinender Weiber- u. Kinder-Arzt. 8. Frankf. Andreä. 713.

Bräuner, Max, a. Göttingen: Aus der Medizinischen Klinik zu Göttingen ⟨Direktor: Prof. Dr. W. His⟩. Versuche über die täglichen Variationen der Nierenleistung bei konstanter Kost. Berlin 1908: L. Schumacher. (15 S.) 8° ¶[Aus: Zeitschrift f. klin. Medizin.]
Göttingen, Med. Fak., Ref. His, Diss. v. 8. Juli 1908
[Geb. 6. Sept. 82 Karlsruhe (Baden); Wohnort: Göttingen; Staatsangeh.: Preußen; Vorbildung: Gymn. Göttingen Reife O. 02; Studium: München 1, Göttingen 9 S.; Coll. 20. Febr. 08; Approb. 8. Juli 08.]

(Bräuner, R.) Militairische Betrachtungen über unsere Armee. Berlin 1862. 8°.

Braeuner, R., Geschichte der preußischen Landwehr. Historische Darstellung u. Beleuchtung ihrer Vorgeschichte, Errichtung und späteren Organisation. Berlin 863. Mittler & Sohn. gr. 8. (XII, 564 S.) 3 ℛ

—— der militairische Richter bei Ausübung seines Amtes. Als Rathgeber für die Mitglieder der Kriegs- und Stand-Gerichte auf Grundlage der gesetzl. Vorschriften zusammengestellt. 12. (VIII und 124 S.) Berlin 868, Mittler und Sohn. cart.

Braunersreuther: D. „Geometrische Z e i c h n e n" als Unterrichtsgegenstand in Realschulen. Chemnitz 1865.
Schul-/Univ.-Schrift

Braunert, Maximilian, appr. Arzt a. Waldenburg ⟨Schles.⟩: Über die Pubiotomie als entbindende Operation. Berlin (1906): G. Schade. (31 S.) 8°
Berlin, Med. Fak., Ref. Olshausen, Diss. v. 11. Juli 1906
[Geb. 2. Jan. 80 Waldenburg i. Schl.; Wohnort: Waldenburg; Staatsangeh.: Preußen; Vorbildung: Gymn. Glatz Reife O. 00; Studium: Breslau 2, Kiel 3, Berlin 4 S.; Coll. 10. Juli 06; Approb. 1. Sept. 05.]

Braeunert, F. A., u. Cons., im J. 2120. Dramatisches Orig.-Zukunftsbild in 1 Akt. (III, 81 S.) 8. Dresden 906. E. Pierson. n. 1.—

Bräunert, Karl Samuel

Car. Sam. B r ä u n e r t (praes. Jo. Chr. Reil) historia machinarum ad gibbositatem sanandam. Hal. 1798. 8. *Cum tab. aen.*

Braunes, Karl

Braunes, Carl, Betrachtungen üb. Reformen im Theater-Bauwesen. Studie. (41 S.) kl. 8. Oppeln (905). (J. Rosinski.) n. — 75

Betrachtungen über Reformen im Theater-Bauwesen. Studie von Carl Braunes, Major z. D. Oppeln: F. Weilshäuser [1905]. (41 S.) 8° [F.] 05.9730

v. Braunfeld, geb. v. Gler, Geschenk f. gute Kinder. Neue Gedichte, Erzählungen, Mährchen, Fabeln u. Räthsel für die Jugend v. 7—12 Jahren. gr. 16. (145 S.) Posen 848, Gebr. Scherk. n. 1/2 ℛ

Braunfels, E., zur 50jährigen Jubelfeier der Leipziger Völkerschlacht. [Aus dem größeren histor. Gedichte „Deutschlands Nacht u. Morgen."] Hannover 863. Krüger in Comm. gr. 8. (16 S.) n. 2½ ngr

Braunfels, Ed., Hofgeschichten. Neue Folge. 12. (122 S.) Dresden 887. [Steffens.] Davos, Hugo Richter. n. 1.20 (1 u. 2: n. 4.20)

— dasselbe. 2. u. 3. Aufl. 12. (122 S.) Ebd. 887. n. 1.50

Braunfels, Ed., Hofgeschichten aus drei Jahrhunderten. Historische Novellen. 8. (180 S.) Dresden 884, Steffens. * 4 50

P Braunfels, Ed. [Salomon Ludwig]. Neue Hofgeschichten. 4. Aufl. 12. (III, 114 S.) Davos 890, Richter. — 80

Braunfels, Ed., Aus eigener Kraft. Gold. Buch f. Meister, Gesellen u. Lehrlinge. 9 ill. Novellen aus d. Handwerkerleben. gr. 8. (III, 178 S.) Stuttgart 897. U. Beckert. Geb. in Leinw. n.n. 4.50

Braunfels, Ed., aus dem Künstlerleben der Rococozeit. 8. (III, 168 S.) Davos 892. H. Richter. n. 2.—

Braunfels, Eduard
Heilige Rechte. Hist. Erzählung. Stuttgart 1877.
In: Bibliothek der Unterhaltung und des Wissens. Bd 6.

Braunfels, Eduard v., die Rechte des Herzens, s.: Gabelsberger-Bibliothek. 2. Bd.

Braunfels, L. v., Dramen nach und aus dem Spanischen, s.a. Dramen.

Braunfels, L., Dramen aus u. nach d. Span. 2 Thle. 16. (528) Frankf. 56, Sauerländer. 1. 15

Braunfels, Edw., s. Bulwer, sämmtl. Werke. 36r Bd.

Braunfels, Ludwig. Gedichte (1810—1888). Den Freunden als Erinnerungsgabe zur Wiederkehr seines 100. Geburtstages dargereicht. Frankfurt a. M. 1910. H: *Braunfels, Otto*. (Berl 1910, S. 518)

Braunfels, Ludwig, die Generalversammlung des Frankfurter-Hauptvereins der Gustav-Adolf-Stiftung am 4. Novbr. 1846. 2. Ausg. gr.8. (30 S.) Frankfurt a.M. 847. (Oehler.) n. 4 ngr

Braunfels, Ludw., Gerichtshalle, s. Gerichtshalle.

Braunfels, Ldw., die Mainufer u. ihre nächsten Umgebungen. Mit 54 Stahlst., nach Originalzeichn. von Fritz Bamberger. Nebst einer Stromkarte vom Main. XVIII. Hefte. Lex.-8. (Mit 48 Stahlst. u. 1 Karte.) Würzburg 844—47, Stilinger'sche Verlagsbuchh. à n. $^3/_8$ ₰ — Prachtausg. in 4. auf Chines. Pap. à n. $^7/_{12}$ ₰

Braunfels, Ludwig, s. Moliere: Sämmtliche Werke.

Braunfels, Ludwig, s. Der Nibelunge Not.

Braunfels, Ludwig, s. Nibelungenlied.

Braunfels, Ludwig, s. Schiller, Fr. v.: Wilh. Tell.

Braunfels, Ludw., kritischer Versuch über den Roman Amadis von Gallien. 8. (VII, 190 S.) Leipzig 876, O. Wigand.

Braungard, H. A., Erinnerung an die Roßtrappe. Eine Beschreib. ihrer erhab. Naturschönheiten, nebst Erzähl. d. daran sich knüpfenden Volkssagen. 8. (1 ½ B.) Quedlinburg 840, Basse.

Braungard, H. A., Grundzüge eines Systems der physikalischen Astronomie, basirt auf die Analyse der magnetischen (mathematischen) Kraft. Enthaltend neue Ansichten über die Entstehung und Ausbildung der leuchtenden und dunkelen Weltkörper, sowie über die Bildung des organischen Lebens und über das in dem Menschen wirkende geistige Princip, über die Nebelflecke, Sonnenflecke, das Flimmern der Fixsterne u. s. w. Quedlinburg 853. Basse. gr. 8. (84 S.) 20 ngr

—— Suderode u. seine Umgebungen. M. (4) Abbild. 8. (1 B.) Quedlinburg 840, Basse.

Braungard, H. A., Theorie der Bewegung der Himmelskörper, so wie der im Weltalle wirkenden Kräfte, basirt auf eine Analyse der magnet. Kraft. gr. 8. (48 S.) Quedlinburg 850, Basse. $^1/_3$ ₰

Braungardt, Fr. W.

Braungardt, (FW,) d. Augenkrankh. d. Pferde sowie and. Hausthiere. 8. (76) Erf. 56, Bartholomaeus. — 9

Braungardt, F. W., der Bauer als Vieharzt, s.a. Bauer, der.

— der Bauer als Vieharzt bei Krankheiten der Pferde, des Rindviehes, der Schweine, Schafe, Ziegen, Hunde, des Federviehes und der Stubenvögel. Nebst den erprobtesten Mitteln und Recepten berühmter practischer Thierärzte ꝛc. Mit Zugrundelegung der 3. vom Landthierarzt Lentin in Weimar revid. Aufl. nun in 4. ganz neu bearb. u. sehr verm. Aufl. herausg. Weimar 857. Voigt. gr. 8. (XVI, 453 S.) 1 ₰

—— neues Thierarzneibuch oder die innern Krankheiten der Pferde, Rinder, Schweine, Schafe und Hunde und deren Heilung. gr. 8. (X und 318 S.) Leipzig 855, Fr. Fleischer.

Braungardt, [Fr. W.]: Neue Thierarzneischule oder die innern Krankheiten der Pferde, Rinder, Schweine, Schafe und Hunde und deren Heilung. Leipzig 1855. X, 318 S.

— Neues Tierarzneibuch, oder die inneren Krankheiten der Pferde, Rinder, Schweine, Schafe und Hunde. Ebd. 85.

Braungardt, W., Regeln f. Bewegungsspiele. 8., geänd. u. verm. Aufl. (IV, 55 S.) kl. 8. Oldenburg (908). E. Bültmann. — 80

Braungardt, W., Regeln f. Bewegungsspiele f. Turner, Vereine u. kleine Gesellschaften. 2. Taus. (24 S.) kl. 8. Oldenburg (906). E. Bültmann. n. — 40

Braungardt, W.: Richtlinien für Spieltage. Bremen. 11 S.

Braungart: Beobachtungen über die Entwicklung des Laichs der Salmarten. Weihenstephan 1869. Weihenstephaner Jahrb.

Braungart, J., 26 biblische Geschichten für die Elementarklasse, planmäßig ausgewählt, erzählt und mit Belehrungen, Sprüchen und Gebeten begleitet. 8. (XI und 66 S.) Frankfurt a. M. 854, Auffarth. *

Braungart, J., allgemeiner oder confessioneller Religionsunterricht in der Volksschule? Rede, vorgetragen auf der am 21. Juli abgehalt. Schulsynode des Kreises Hanau. gr. 8. (14 S.) Frankfurt a. M. 849, Zimmer'sche Sortimentsb. *

Braungart, Richard

Braungart, Rich., die Ackerbaugeräthe in ihren praktischen Beziehungen wie nach ihrer urgeschichtlichen und ethnographischen Bedeutung. Mit 1 Atlas von 48 (lithogr. und Holzschn.-)Taf. (in qu. Fol.) und XIII S. Text. gr. 8. (X, 603 S.) Heidelberg 881, C. Winter's Universitäts-Buchh. *

Braungart, Rich., die internationale landwirthschaftliche Ausstellung zu Bremen 1874. Ein Zeitbild moderner Landwirthschaft. Lex.-8. (VIII, 243 S.) München 875, (R. Ackermann.) *

Braungart, R: Erlebtes u. Erträumtes. Gedichte. (137 u. 4) 8° Linz (02). Wien, J Deubler. 2 —; geb. 3 — d

Braungart, Rich., Erlebtes u. Erträumtes. Gedichte. 8. (137 S. u. IV S.) Linz (902). Österreich. Verlagsanstalt. n. 2.—

Braungart, Rich., Ex-Libris, s.: Peter, Alfr.

— Moderne deutsche Exlibris. (S. 37—60 m. Abb. u. 6 Vollbildern.) 36,5×27 cm. München (908). F. Hanfstaengl. 4.—
Sonderabdruck aus „Die Kunst uns. Zeit".

Braungart, R.: Moderne deutsche Exlibris. München (1909) (24 S 6 T) fol.

Braungart, Rich., der Futtermaisbau als das wirksamste u. wohlfeilste Mittel gegen jede Futternoth gr. 8. (VIII, 136 S. m. 9 Fig.) München 894. Th. Ackermann. n. 2. 40

— Handbuch der rationell. Wiesen u. Weiden-Kultur u. Futterverwendung, entwickelt u. ausgestaltet auf den Grundlagen der modern. Fütterungslehre. gr. 8. (VII, 664 S.) München 899. Th. Ackermann. n. 10.—

Der Hopfen aller hopfenbauenden Länder der Erde als Baumaterial nach seinen geschichtl., botan., chem., bautechn., physiol.-med. u. landw.-techn. Beziehungen, wie nach s. Konservierung u. Packung. Zum Selbststudium u. Nachschlagen. Von Dr. Richard Braungart, Prof. Mit zahlr. Ill. *München & Leipzig: R. Oldenbourg 1901.* (XVI, 898 S.) 4° (01.034)

Braungart R.: Die Landbaustatik, namentlich der Werth v. Brache u. Fruchtwechsel, u. die bodenstatischen Versuchsfelder zu Rothamsted (England) u. Weihenstephan (Bayern). U. St. [1883]. (56 S.). 1 Tab. (Særtr.). 4°.

Braungart, R., die herzogliche Musterfarm zu Kallenberg bei Coburg. Eine Reiseskizze. gr. 8. (80 S.) Freising 865, (Datterer.) *

Braungart, Rich., s: Papperitz, Georg, d. Künstlers Schaffen.

Braungart, R., üb. d. fehlerhaften Pflanzenbestand d. Heu- u. Grummetwiesen in Deutschland u. Oesterreich. [Aus: „Fühling's landwirtschaftl. Zeitg."] gr. 8. (81 S) Leipzig 896. H. Voigt. n. 1, 80

Braungart, Richard: Rückblick auf die Bayerische Landes-Hopfenausstellung im Münchener Glaspalast 1885. München 1885.

Braungart, Rich. Der gegenwärtige Standpunkt der Städte-Reinigungs-Frage u. die Einführung d. Schwemmkanalisations-Systems in München. gr. 8. (54 S.) Freising 890, Datterer. 1 —

— Ubergänge. Junge Lieder. 8. (VI, 95 S.) Dresden 900. E. Pierson. n. 1, 50; geb. n. 2, 50

Braungart, Rich.: Die Urheimat d. Landwirtsch. aller indogerman. Völker, an d. Gesch. d. Kulturpflanzen u. Ackerbaugeräte in Mittel- u. Nordeuropa nachgewiesen. (8, 470 m. Abb. u. 1 Taf.) Lex8° Heidelbg, Carl Winter '12. 30 —; L 33 —

Braungart, Richard: Die Varietäten des Hopfens. Mit 26 phot. Tafeln. Ergänzungsband mit weiteren 12 Tafeln 1882. Freising 1881.

Braungart, Richard: Über die Verbesserung des Pflanzenbestandes der Wiesen und Weiden. München 1897.

BRAUNGART, R. Die Wissenschaft in der Bodenkunde. (Jena) Berlin, 1875. Diss. G. S.

— die Wissenschaft in der Bodenkunde. Ein Leitfaden f. geobotanisch-ökonom. Studien, f. Geologen, Botaniker, Land- u. Forstwirthe, Cultur-Ingenieure etc. wie zum Gebrauche an höheren Lehranstalten. gr. 8. (XV, 338 S.) Leipzig 876. H. Voigt. n. 12. —

Braungarten, Ferd. Die sittliche Anschauung und die Charakterzeichnung nach ihren Motiven und Tendenzen in Sophokles' Elektra. 31 S. 8. Progr. *Mies* 1884

Braungarten, F., Ein Beitrag zur Formen- u. Wortfügungslehre Caesars in den Comment. de bello Gallico. I. Formenlehre. Pr. 1897. 34 S. 1.50
— — II. Wortfügungslehre (Accusativ). Hierzu die „varietas" Caesars in der militärischen Terminologie und Phraseologie. Pr. 1898. 19 S. 1.20

Braungarten Ferd.: Zur Reform der Jugendlektüre. 6. 4 5. Smichow 02—04. Progr.

Braungarten, Ferd. Untersuchung über die Tracht der Athener auf Grundlage einer Zusammenstellung aller einschlägigen Ausdrücke, welche sich in den Komoedien und Fragmenten des Aristophanes finden. 34 S. 8. Progr. *Mies* 1876.

Braungarten, F.: Ein Wort zur ethischen Beleuchtung der sophokleischen Electra. 19 S.
Progr. Smichow 1887.

Braunger, Uebersicht üb. d. Ortsentfernungen im Oberamtsbez. Riedlingen m. Anschl. a. d. Nachbarorte d. angrenz. Bezirke. 12. (III, 108 S. m. 1 Tab. u. 1 farb. Karte.) Riedlingen 895. Ulrich. Geb. in Halbleinw. n. 3. —

Braunhard, Heinrich Wilhelm

Braunhard, extrait d'un commentaire sur „Avant, Pendant et Après", esquisses historiques, par Scribe, précédé de quelques notices sur la manière d'enseigner la langue française aux commençants. Progr. des Gymn. Arnstadt 1845.

Braunhard. Fragments du Fauste de Goethe, traduits en vers par le Prince de Polignac, et en prose par —. Arnstadt, G., 1860.

Braunhard, Heinr. Wilh., Handbuch der französischen Sprache und Literatur für alle Classen des deutschen Gymnasiums, Beiträge von Florian, Scribe, F. Pyat, Racine, Ségur etc. enth., und mit sprachlich und sachlich erklärenden, den verschiedenen Bildungsstufen der Gymnasialschüler methodisch entsprechenden Noten versehen, in Verbindung mit mehreren Gelehrten hrsg. gr. 8. (XVI und 960 S.) Erfurt 850—51, Körner. *

—— dass. 2., unveränd. Aufl. A. u. d. T.: Chrestomathie française ou choix de morceaux tirés des meilleurs écrivains français. Ouvrage destiné à servir d'application méthodique et progressive en 7 sections. 2. Édition. gr. 8. (XVI und 960 S.) Ebds. 852. *

Einzeln unter den Titeln:
Sect. 1. Études élémentaires. * 6 Ngr.
- 2. Théâtre français. * 18 Ngr.
- 3. Éloquence. * 6 Ngr.
- 4. Histoire et biographies. * 20 Ngr.
- 5. Contes et nouvelles, voyages et fables. * 16 Ngr.
- 6. Poésie. * 16 Ngr.
- 7. Précis de l'histoire de la littérature française. * 20 Ngr.

Braunhard, HW, Handb. d. franz. Sprache u. Liter. f. alle Cl. d. Gymn. = Chrestomathie franç. 2. Afl. 8. (960) Lpzg 52, GW Körner. n. 2. —
Etudes élém. n. – 6 Théâtre franç. n. – 18
Eloquence. n. – 6 Histoire et biographies. n. – 20
Contes et nouvelles. n. – 16 Poésies. n. – 16
Précis de l'hist. de la littér. franç. n. – 20
Vergriffen.

Braunhard, Heinr. Wilh., Lucrèce, tragédie en 5 actes, par F. Ponsard. Dramatische Abhandlung für höhere Bildungsanstalten. gr. 8. (24 S.) Erfurt 857, Villaret. *

Braunhard, Wilhelm

— s. Horatius Opera omnia.

Braunhardt. Alain René Lesage. Otterndorf, Pg., 1858. 26 S. 4. Progr.

—— in P. Virgilii Maronis Opera omnia Lexicon scholar. usui inprimis adcommodatum edid. — A. u. d. T.: Virgil. Handlexikon f. d. Schulgebr. I. Folge. I. Lfg. 8. (23¼ B.) Coburg 834, Sinner.

Braunhard, Guil., Annotationum de Quinto Horatio Flacco crit. et exeget. spec. I. (Ad finem thesis posita est.) 8 maj. (1½ B.) Lipsiae 829, Nauck.

Braunhardt, Michael Gottlob (Altenburg), De disputatione Pauli cum Epicureis et Stoicis. Diss. philos. Präs. Christian Friedrich Boerner. Jena (Schill) Nov. 1751. 32 S. (5.—) 3853

Braunherr, Johann Heinrich

Braunherr JH, Buchhaltung für Handwerker. 12° Heilbronn 1846

Braunherr, Joh. Heinr., Buchhaltung für Handwerker oder kurze Anleitung mit wenig Mühe ꝛc. eine genaue Uebersicht üb. seine Geschäfte zu erlangen. 16. (50 S.) Heilbronn 847, Landherr in Comm. n. 8 ngr

Braunhof, Friedrich, Metropolitan: Festrede über Philipp den Großmütigen. Rinteln 1905: A. Wehling. (S. 1—8.) 4° Rinteln, k. G P 1905 (476)

Braunhof, Friedrich: Zum vierhundertjährigen Geburtstage Philipps des Großmütigen. Rede, gehalten im Königlichen Gymnasium zu Rinteln am 12. November 1904. (Umschlagtitel: Festrede über Philipp den Großmütigen.) S. 1 bis 8. 4. Progr. Kgl. Gymn. *Rinteln* 1905

Braunhofer, Anton G.

Braunhofer, (A.,) Lehrbuch d. Naturgeschichte. gr. 8. Wien 827, Beck.

— Lehrbuch d. Naturgeschichte. Zum Gebr. öffentl. Vorles. gr. 8. Wien 830, Beck. (So weit es fertig) 2 fl 12 kr

Braunhofer, Ant. G., naturwissenschaftl. Vorbegriffe für Naturgeschichte; nebst dem präparativen Theil der oryktognost. Mineralogie. Als Einleit. für Studir. der Heilkunde, Pharmacie rc. Mit 1 Kpf. gr. 8. Wien 816. Gerold. 1 ℛ︎ 12 gℊ

Braunhofer, J., und W. Lynker, Herkules, s. Lynker, W.

Braunhofer, Lor. Jos., s. Versuch üb. e. Pfennig.

Braunholtz, Armin, Bibliographie der roman. Philologie 1897 u. 98, s.: Zeitschrift f. roman. Philologie.

Braunholtz, Armin, Romanische Bibliographie, s.: Mentz, Ferd.

Braunholtz, Armin [aus Goslar]: Das deutsche Reichszollwesen während der Regierung der Hohenstaufen und des Interregnums. ... Berlin, Buchdr. v. G. Schade, *1890;* 57 S. 8°
Berlin, Phil. Fak.. Inaug.-Diss. v. 23. Dez. 1890

Braunholtz, Elisabeth

Erinnerungen aus dem indischen Aufstand 1857/58 von Lady [Julia Selina] Inglis und Sergeant (William) Forbes-Mitchell. Bearb. von Elisabeth Braunholtz. Mit Bild. u. Pl. (Ausg. A.) Hamburg: Gutenberg-Verl. 1908. 375 S. 8°
(Bibliothek wertvoller Memoiren. Bd 6.) 11. 13:18

Erinnerungen aus dem Indischen Aufstand 1857/58 von Lady [Julia Selina] Inglis (The Siege of Lucknow: a Diary) u. Sergeant (William) Forbes-Mitchell (Reminiscences of the Great Mutiny 1857–59). Bearb. von Elisabeth Braunholtz. Mit Bild. u. Plänen. 1.–3. Taus. Hamburg: E. Schultze 1908. (375 S.) 8°
— **Bibliothek** wertvoller Memoiren. Ausg. A. Bd 6. 08. 470 7

Braunholtz, Eugen (Gust. Wilh.) (geb. Goslar 21. 1. 1859): Die erste nichtchristliche Parabel des Barlaam und Josaphat, ihre Herkunft und Verbreitung. Halle a.S. 1883. (33 S.) 8° *Vollst. ersch. Halle: Niemeyer 1884.
Berlin, Phil. Diss. v. 11. Dez. 1883

Braunhorst, Bertl v.: Es werde Licht! Schauspiel. (6, 71) 8° Dresd., E Pierson '11. 2 — d

Braunhorst, Bertl v., aus dem Kinderleben. Gedichte f. Jung u. Alt. (VII, 78 S.) 8. Dresden (906). E. Pierson. n. 1. 50; geb. n. 2. 50

— Vom Leben u. vom Sterben. Federumrisse. (VII, 155 S.) 8. Ebd. (906). n. 2. 50; geb. n. 3. 50

Braunhuber, S., kindliches Lob Gottes, oder: Weise, wie ein junger Christ Gott täglich ehren u. loben soll in dienlichen Morgen-, Meß-, Beicht- u. Kommunion- rc. Gebeten. 12. Salzb. 819. 2e A. 823. Mayr. 4 gℊ Schrbp. 5 gℊ

Braunhuber, (S.,) kindl. Lob. Gottes, oder Weise wie ein junger Christ Gott tägl. ehren u. loben soll. 2e Aufl. gr. 12. Salzburg 824, Mayr.

Braunhuber, S., kindliches Lob Gottes, od.: Weise, wie ein junger Christ Gott tägl. ehren u. loben soll in dienlichen Morgen-, Meß-, Beicht-, Kommunion- u. Abendgebethen, dann in anderen Fest-Andachten u. im h. Kreuzwege. 3. Aufl. 18. (148 Seit.) Salzburg 837, Mayr'sche Buchh.

— der Tag des jungen Christen, od. Anleit. zu e. gottsel. Leben in der Jugend. gr. 12. Salzb. 823. 2e A. 826. Mayr. 1 gℊ

Bräunicke, F. W., allgem. pract. Lehrb. d. Blumen-Baues rc. 8. Wien, Binz. (Liebeskind, Lpz.) 809.

Bräunicke, F. W., allgem. prakt. Lehrb. d. Blumenbaues f. angehende Blumengärtner. 8. Wien, 1809. Binz. (Klang.) — 25

Bräunig und Eichelsdörfer, Leitfaden für Arbeitgeber und Arbeitnehmer in ihrer Stellung zum Reichsgesetze vom 15. Juni 1883 betr. die Krankenversicherung der Arbeiter mit besond. Rücksicht auf die Einführung des Gesetzes in der Stadt Mannheim. gr. 8. (48 S.) Mannheim 884, (Bensheimer's Verlag.) *

Braeunig, August Friedrich Karl, aus Berlin: Beitrag zur Kenntniss des Glutinpeptons. *(Dresden [1899]: Kunath & Thost.)* (22 S.) 8°
Erlangen, Phil. Diss. v. 14. Juli 1898

Bräunig, B, s.: Festschrift d. Stadtgymnasiums zu Halle a. S. z. Begrüssg d. 47. Versammlg deut. Philologen.

Bräunig, F., Lobet den Herrn! Taschen-Choralbuch zu dem Gesangbuche f. Rheinland u. Westfalen. Bearb. f. Klavier, Harmonium u. Posaunenchor. 8. (104 S.) Elberfeld 901. Westdeutsch. Jünglingsbd. Geb. in Leinw. n. 1.—

Bräunig's, Geo., Hotel-Coupon- und Fahrplanbuch nebst Verzeichniss der Eisenbahn-Stationen Deutschlands und der wichtigsten Anschluss-Stationen. Sommerfahrplan 1887. gr. 8. (XXIII, 238 S. mit Eisenbahnkarte.) Leipzig 887, Werther's Sep.-Cto. *

Bräunig, K. G., s. Predigten von Berliner Kanzel-Rednern.

Braeunig, Karl, Mechanismus u. Vitalismus in der Biologie des 19. Jahrh. Ein geschichtl. Versuch. (III, 111 S.) gr. 8. Leipzig 907. W. Engelmann. 2.40

Braeunig, Karl, aus Charlottenburg. Unterarzt im Grh. Meckl. Füs.-Reg. No 90: Über musculöse Verbindungen zwischen Vorkammer und Kammer bei verschiedenen Wirbelthierherzen. *Leipzig: Veit & Co. 1904.* (26 S.) 8° ¶ (Aus: Archiv für Anat. u. Physiol., 1904, Physiol. Abt., Suppl.)
Berlin, Med. Diss. v. 26. Juli 1904

Bräunig, Karl Ferd., Altarrede vor vier Raubgenossen am Vorabende ihrer Hinrichtung d. 11. Novbr. 1835 zu Oschatz gehalten u. mit Bemerkn. hrsg. gr. 8. (1 B.) Oschatz 835. (Leipzig, Kollmann.) *

Bräunig, Karl Ferd., ein frommer Fürst ein gesegneter Fürst. Predigt bei der Gedächtnissfeier für S. Maj. König Friedrich August von Sachsen am 2. September 1854 gehalten. Zwickau, Gebr. Thost. gr. 8. (15 S.) $2^1/_2$ ngℊ

Bräunig, Karl Fd., über constitutionelles Leben in der Kirche. Ein Sendschreiben an Hrn. Hofrath, Ritter, Prof. Karl Hnr. Ldw. Pölitz. Ein Beitrag z. beabsicht. Einführung von Presbyterien u. Synoden im Königreiche Sachsen u. a. deutschen Staaten. gr. 8. Leipz. 833. (832). Teubner u. Claudius. 18 gℊ

— s. J. A. C. Löhr, wohlfeiles ABC- u. Lesеb. u. dess. Gesch. d. Bibel.

Braeunig, Carl Ferdinand (Zwickau), De arcta religionis cum rebus publicis necessitudine. Diss. theol. Zwickau (R. Zueccler) 1846. 33 S. (4.50) 3736

— Predigt über die Emancipation der Juden, am 10. Sonntage n. Trin. 1833 gehalten. Peine 852. Heuer. gr. 8. (16 S.) n. $2^1/_2$ ngℊ

Bräunig, Karl Ferd., das Recht der Ehescheidung auf Grund der Schrift und Geschichte. Eine Stimme aus der Kirche. Zwickau 861. Buchhdlg. d. Volksschriftenvereins. gr. 8. (2 Bl. 82 S.) n. 12 ngr.

—— d. Recht d. Ehescheidg. 8. (82) Zwick. 61, Döhner. n. — 12

— Religio nach Ursprung u. Bedeutung erörtert. Ein grammat.-hist. Beitr. zur Einleit. in d. Dogmatik. gr. 8. (3 B.) Leipzig 837, Barth.

Bräunig, Karl Glob., Die Heimkehr aus dem Gotteshause. Die Wasserkrüge zu Kana. Der vom Berge herabfließende Gnadenstrom. Drei Predigten am 1., 2. u. 3. Epiph.-Sonnt. gehalten. gr. 8. (48 S.) Berlin 851, Wohlgemuth's B. (W. Schultze) in Comm. n. $^1/_6$ ℛ︎

Bräunike, F. W., allgem. prakt. Lehrb. d. Blumen-Baues rc. 8. Wien 809. Linz. (Liebeskind in Leipz.) 20 gℊ

Braunin, Kath., neuestes Kochbuch f. Fleisch- u. Fasttage. 8. Wien, Ant. Doll. (a. Pazowsky in Wien, Liebeskind, Lpz.) 803.

Bräuning. Ueber Aristophanes Frieden. Pr. 1874. 27 S. 4°. 1.50

Bräuning: Mittheilungen über die Freiburger Hüttenprozesse, s. Kast

Bräuning, Veränderungen in d. Lage u. Form des Eisenbahngestänges. [Aus: „Zeitschr. f. Bauwesen".] gr. 4. (14 S. m. 8 Kpfrtaf.) Berlin 897. W. Ernst & Sohn. n. 8. —

Bräuning, Bernh., s.: Festschrift des Stadtgymnasiums zu Halle a. S. zur Begrüssung der 47. Versammlung deutscher Philologen.

Bräuning, B[ernhard]: Über das Gebiet der aristotelischen Poetik. S. 29—58. 8.
In: Festschrift zur Begrüßung der 47. Versammlung deutscher Philologen u. Schulmänner in Halle. Stadtgymn. *Halle a. S.* 1903.
Progr.

Bräuning, Gotthold

Bräuning, Kurzer Abriß d. Satzlehre. gr. 8. (20 S.) Meldorf 898. M. Hansen. n. — 40

Bräuning, G., Leitfaden durch die deutsche Grammatik. Für den Unterricht in höheren Schulen. (VIII, 73 S.) gr. 8. Leipzig 904. R. Voigtländer. Kart. n. — 60

Bräuning, Gotthold, Dir., (Prof).: Die Schwankungen und Schwierigkeiten in der deutschen Grammatik zusammengest. für d. Unterr. in den mittl. Klassen h. Schulen. *Meldorf 1903: P. Bundies.* (28 S.) 8°
Meldorf, k. G, OP 1903 (347)

— Die Schwankgn u. Schwierigk. in d. deut. Grammatik, zusammengest. f. d. Unterr. in d. mittl. Kl. höh. Schulen. (28) 8° Meldf, F Hohbaum '03. — 60

— die Schwankungen u. Schwierigkeiten in der deutschen Grammatik, zusammengestellt f. den Unterricht in den mittleren Klassen höherer Schulen. Progr. (28 S.) 8. Meldorf 903 K. Rose. n. — 60

Braeuning, Hermann, approb. Arzt aus Halle a. d. S., Assist. am physiol. Inst. zu Kiel: Aus d. physiol. Institut zu Kiel. Zur Kenntniß der Wirkung chemischer Reize. *Kiel 1904: (Pierer, Altenburg.)* (26 S.) 8°
Kiel, Med. Diss. v. [2. Apr.] 1904

Bräuning, J., Vorkommen und Gewinnung der Rammelsberger Erze und die Unterharzer Hüttenprocesse, s. Wimmer, F. W.

Bräuning, Theodor Friedrich Gotthold

De adiectivis compositis apud Pindarum. Pars 1—2. Von Theodor Friedrich Gotthold Bräuning. Altona. 1880—81. 4°. Gymn.-Progr.

Bräuning, Th. F. G., de adjectivis compositis apud Pindarum. 4. (66 S.) Berlin 881, Calvary und Comp. *

Bräuning-Oktavio, Herm.: Beiträge z. Gesch. u. Frage nach d. Mitarbeitern d. „Frankfurter gelehrten Anzeigen" v. J. 1772. Auch e. Kapitel z. Goethe-Philol. (10, 118) gr8° Darmst., L Vogelsberger '12. 3.50

— s: Chronik, Hessische.

Bräuninger. Hans [pract. Arzt aus Schwetzingen bei Heidelberg]: Ueber die Resertion des narbig verengten Pylorus .... Freiburg i. B., Druck d. Fr. Wagner'schen Buchdr., 1888; 35 S. 8°
Freiburg i. B., Med. Fak.. Inaug.-Diss. v. 1888

Bräuninger, Jul., Grundlagen der deutschen Sprachlehre nebst Stillehre, Versmaßlehre, Dichtungslehre u. den nötigsten Behelfen der Denklehre. (101 S.) 8. München 906. R. Oldenbourg. Geb. n.n. 1.20

Bräuninger, Jul., Übungs- u. Prüfungs-Aufgaben zur deutschen Sprachlehre. 8. (60 S.) München (894). R. Oldenbourg, Abtelg. f. Schulbücher. n. — 40

— Übungs- u. Prüfungs-Aufgaben zur deutschen Sprachlehre. 8. Aufl. (68 S.) 8. Ebd. (905). n.n. — 40

Braunisch, K: Grüss Gott! Oberschles. Volksliederb. Sammlg d. in Oberschlesien beliebtesten u. meistgesungenen Lieder. 1.u.2.Afl. (5, 134 bezw. 7, 138) kl8° Kattow., Gebr. Böhm '11'12. — 30 d

Braunkärsch, Arforter (neue Erfurter Schnozeln). Gesammelte Anekdoten aus dem alten Gera-Athen in Erfurter Mundart von ***. 6 Hefte. kl. 8. (à Heft 16 S.) Erfurt 884, Köhler. à Heft 10 Pf.; compl.

Braunkohle. Zeitschrift f. Gewinng. u. Verwertg. der Braunkohle. Hrsg. vom deutschen Braunkohlen-Industrie-Verein (Verband d. Braunkohlen-Industriellen Deutschlands). Red. v. A. Scheele. 1. Jahrg. April 1902—März 1903. 52 Nrn. hoch 4. (à ca. 16 S. m. Abbildgn.) Halle, W. Knapp. n. 16. —

Braunkohle. Zeitschrift f. Gewinng. u. Verwertg. der Braunkohle. Hrsg. v. deutschen Braunkohlen-Industrie-Verein (Verband d. Braunkohlen-Industriellen Deutschlands) mit den Bez.-Vereinen: Verein der niederlausitzer Braunkohlenwerke, Hallescher Bergwerksverein, Weissenfels-Zeitzer Bergwerksverein usw. Red. v. A. Scheele. 2.—5. Jahrg. April 1903—März 1907. à 52 Nrn. (à ca. 16 S. m. Abbildgn.) Lex.-8. Halle, W. Knapp. à Jhrg. n. 16. —

Braunkohle. Zeitschrift f. Gewinng. u. Verwertg. d. Braunkohle. Hrsg. vom deutschen Braunkohlen-Industrie-Verein (Verband d. Braunkohlen-Industriellen Deutschlands) m. den Bez.-Vereinen: Verein d. niederlausitzer Braunkohlenwerke, Hallescher Bergwerksverein, Weissenfels-Zeitzer Bergwerksverein usw. Schriftleitung: G. Klein u. S. Beisert. 6.—9. Jhrg. April 1907—März 1911 à 52 Nrn. (à ca. 16 S. m. Abb.) Lex. 8. Halle, W. Knapp. à Jhrg. 16. —

Braunkohle. Zeitschr. f. Gewinng u. Verwertg d. Braunkohle. Schriftleitg: G Klein u. S Beisert. 9—11. J. Apr. '10—März '13 je 52 Nrn. (10. J.: 836) Lex8° Halle, W Knapp. viertelj. 4 —

Braunkohlenbecken Aussig-Komotau, s.a. Bergbau, Uebersichtskarte.

Das Braunkohlenbecken von Außig bei Komotau. Teplitz, 1878. 24 S.

Braunkohlenbecken, das, von Aussig bis Komotau-Priesen. Eine Skizze. Lex.-8. (31 S.) Prag 874, Dominicus.

Uebersichtskarte d. nordwestböhm. Braunkohlebeckens Aussig-Komotau. Chromol. Fol. Tepl. 83. (Prag, Dominicus.) n. 1. —

Braunkohlen-Becken, nordwestböhmisches, s.: Bergbau.

Über den Braunkohlenbergbau in Böhmen. Denkschrift an den K. K. Ackerbauminister von der Handels- und Gewerbekammer in Prag. Prag, 1876. 30 S.

Braunkohlen-Bergreviere v. Elbogen-Karlsbad, s.: Bergbau. Schardinger, J.

Über Braunkohlen-Brikettfeuerung und ihre wirtschaftliche Bedeutung. Hrsg. vom Deutschen Braunkohlen-Industrieverein zu Halle a. S. 3. Aufl. Halle a. S., 1899. 35 S.

Ueber Braunkohlen-Brikett-Feuerung und ihre wirtschaftliche Bedeutung. [Halle]: Selbstverl. d. Deutsch. Braunkohlen-Industrie-Ver. 1906. (19 S.) 8° 07. 14375 3

Braunkohlengebiete, s.: Bergbau.

Braunkohlen-Industrie. Offizielles Organ des Verbandes der Braunkohlen-Industrie-Beamten Deutschlands. Spezialfachblatt für die gesamte Braunkohlen-Industrie und Brikettfabrikation. Hrsg. von H. Lang. 1. u. 2. Jg. (1902 u. 1903). Leipzig, 1902—1903 u. ff.

Braunkohlen-Industrie. Offizielles Organ des Verbandes der Braunkohlen-Industrie-Beamten Deutschlands. Spezial-Fachblatt f. die gesamte Braunkohlen-Industrie- u. Brikett-Fabrikation. Red.: W. Wackor. 4. Jahrg. 1905. 24 Nrn. (288 S. m. Abbildgn.) gr. 4. Berlin (W. 50, Würzburgerstr. 16), H. Lang. n. 8.—

— dasselbe. Unabhängige Fachzeitschrift f. die gesamte Braunkohlen-Industrie u. Brikett-Fabrikation, sowie f. die zugehör. Maschinen-Industrie. Red.: H. Wiesenthal. 5. Jahrg. 1906. 24 Nrn. (288 S. m. Abbildgn.) gr. 4. Ebd. n. 8.—

Braunkohlen-Industrie. Unabhängige Fachzeitschr. f. die gesamte Braunkohlen-Industrie u. Brikett-Fabrikation, sowie f. d. zugehör. Maschinen-Industr. 7. Jhrg. 1908. 26 Nrn. (à ca. 12 S.) 34×24 cm. Berlin (W. 50, Schaperstr. 1), H. Lang. 6.—

Braunkohlenindustrie, Die deutsche. Festschrift zum 10. Allgemeinen Deutschen Bergmannstag, Eisenach 1907. 2 T. in 1 Bd. Halle a. S., 1907.
T. 1. Klein, G., u. a., Handbuch für den deutschen Braunkohlenbergbau. 470 S. mit 204 Abb., 13 Taf. u. 1 Karte.
T. 2. Richter, K., Die mechanische Aufbereitung der Braunkohle. — Erdmann, E. Die Chemie der Braunkohle. 1?8 S. mit 4 Taf.

x. Allgem. Deutscher Bergmannstag. Die deutsche **Braunkohlen-industrie.** (Hauptteil 1. 2. Halle a. S.: W. Knapp 1907.) (Getr. Pag.) 4°(8°) [Sondert.:] Handbuch f. d. Deutschen Braunkohlenbergbau hrsg. von G[eorg] Klein. (o8. 1317 9

Braunkohlenindustrie, Die deutsche. Halle a. S.
Bd 1. Handbuch für den deutschen Braunkohlenbergbau. Hrsg. von G. Klein. 1907
Bd 2. Richter, C., und P. Horn: Die mechanische Aufbereitung der Kohle. 1910

Braunkohlenindustrie, Die deut. I. Bd, 1—5. Lfg u. II. Bd. Lex8° Halle, W Knapp.
I. Handb. f. d. deut. Braunkohlenbergbau, hrsg. v. G Klein. 2. Afl. 1—5. Lfg. (1—272 m. Abb., 1 farb. Kte u. 6 Taf.) '11'12. d. Lfg 2 —
II. Richter, C, u. P Horn: Die mechan. Aufbereitg d. Braunkohle. Separation, Nasspresssteinfabrikation, Brikettfabrikation. (9, 249 m. Abb. u. 11 Taf.) '10. 14—; L n 15.25

Braunkohlen-Kraftgas-Generatoranlagen. Unter Berücks. sämtl. Neuergn erläutert f. d. Praxis u. d. Selbststudium. [Aus: „Braunkohle".] (4. 108 m. Abb. u. Taf.) 8° Halle, W. Knapp. '11

Braunkohlen-Statistik, Deutsche, einschließlich des böhmischen Braunkohlenverkehrs. Hrsg. vom Deutschen Braunkohlenindustrieverein. Jg. 1886/87—1891/92 u. 1893/94—1898/99 [Schluß]. Halle, 1887—1900.
[Forts. enthalten in „Jahrbuch der Deutschen Braunkohlen- und Steinkohlenindustrie. Jg. 1908 u. ff."]

Braunkohlen-Statistik, deutsche, umfassend den Verkehr der Stationen in den Bezirken der königl. preuß. Eisenbahn-Directionen zu Altona, Berlin, Breslau, Bromberg, Cassel, Cöln, Danzig, Elberfeld, Erfurt, Essen a. d. Ruhr, Frankfurt a. M., Halle a. Saale, Hannover, Kattowitz, Königsberg i. Pr., Magdeburg, Münster in Westfalen, Posen, St. Johann-Saarbrücken, Stettin, der königl. sächs. Staatseisenbahn., sowie folg. Privatbahn.: Braunschweig. Landes-Eisenbahn, Crefelder Eisenbahn, Dahme-Uckroer Eisenbahn rc., einschließlich d. böhm. Braunkohlenverkehrs i. J. 1897/98. Hrsg. v. deutsch. Braunkohlen-Industrie-Verein (Verb. d. Braunkohlen-Industriellen Deutschlands). gr. 8. (62 S.) Halle (900). (A. Neubert). n.n. 2.50

Braunkohlen-Werke zwischen Eger u. Karlsbad, s.: **Bergbau, Uebersichtskarte.**

Bräunl Josef: Beitrag zu einer Parallelgrammatik des Deutschen, Griechischen und Lateinischen. 80. Arnau 96. Progr.

Bräunl Josef: Geschichte des k. k. St. O. G. in Arnau von 1872 bis 1897. 88. Arnau 97. Progr.

Bräunl J.: Die deutsche Lectüre an österr. Gymnasien s. dem Jahre 1849. 39 Arnau 87. Progr.

Braunlechner, J. C., der Hausschatz. Eine Sammlung der neuesten u. wichtigsten Rezepte u. Mittheilungen aus d. Gebiete der Industrie, Haus- u. Landwirthschaft. gr. 8. (VI u. 190 S. m. 3 lith. Taf. in Fol.) Augsburg 850, Rieger. 1/3 ℛ

Braunlechner, Joh. Chrstph., gründl. Anleitung zur Zimmerfeuerung, nebst ein. leicht. faßl. Anweis. zur Herstell. d. bewährt gefund. Glöter'schen u. des von d. k. bayer. Regierung v. Oberfranken als preiswürdig anerkannten Dirr'schen u. Purucker'schen Kochofens. gr. 8. (2 B. u. 3 Stnt.) Augsburg 830, Rieger'sche Buchh.

Bräunlich, Anton (M.)

Bräunlich, Ant., protestantische Charakterbilder aus Thüringen. Der protestant. Jugend gewidmet. 8. (III und 158 S. mit 3 in Holz geschn. und lithogr. Bildern.) Weimar 850(57,) Böhlau. *

Bräunlich, Ant. (M.), vaterländisches Lesebuch, s. Lesebuch, vaterländisches.

— H. Franke, K. Hercher, K. Schmidt, das Lesebuch in der Volksschule. Ein Wegweiser für Lehrer. Weimar 863. Böhlau. gr. 8. (VIII, 248 S.) n. 24 ngr.

Bräunlich, Ant., neues vaterländisches Liederbuch, s. Müller-Hartung, C.

—— und W. Gottschalg, vaterländisches Liederbuch im Auftrag der allgem. weimar. Lehrerversammlung unter Mitwirkung von Hoffmann von Fallersleben und Friedr. Kühmstedt hrsg. 3 Abthlgn. 8. Weimar 850, Böhlau. **
Inhalt:
Abthl. 1. Lieder für die Elementarklasse. (23 S.) ** 1½ Ngr.
" 2. Lieder für die Mittelklasse. (44 S.) ** 2½ Ngr.
" 3. Lieder für die Oberklasse. (88 S.) ** 5 Ngr.

— u. W. Gottschalg, vaterländisches Liederbuch im Auftrage der allgemeinen Weimarischen Lehrerversammlung unter Mitwirkung von Hoffmann von Fallersleben und Frdr. Kühmstedt herausg. 3 Abtheilgn. Ebend. 858—63. 8. n. 9 ngr.
Inhalt: 1. Abth.: Lieder f. die Elementarklasse. 2—7. Aufl. (23 S.) n. 1½ ngr. — 2. Abth.: Lieder f. die Mittelklasse. 2—7. Aufl. (44 S.) n. 2½ ngr. — 3. Abth. Lieder f. die Oberklasse. 2—6. Aufl. (88 S.) n. 5 ngr.

— u. W. Gottschalg, vaterländisches Liederbuch im Auftrag der allgem. Weimarischen Lehrerversammlung unter Mitwirkung von Hoffmann von Fallersleben u. Frdr. Kühmstedt hersg. 2. Abth. Lieder für die Mittelklasse. [15. Tausend.] Weimar 869. Böhlau. 8. (44 S.) n. 2½ ngr.

— — 3. Abth. Lieder für die Oberklasse. [12. Tausend.] Ebend. 869. 8. (88 S.) n. 5 ngr.

—— und W. Gottschalg, vaterländisches Liederbuch im Auftrage der allgemeinen weimar. Lehrerversammlung unter Mitwirkung von Hoffmann v. Fallersleben und Friedr. Kühmstedt hrsg. 3 Abthlgn. 7. Aufl. 8. Weimar, Böhlau. *
Inhalt:
Abthl. 1. 31 Lieder für die Elementarklasse. (23 S.) 871. * 15 Pf.
" 2. 55 Lieder für die Mittelklasse. (44 S.) 869. * 25 Pf.
" 3. 91 Lieder für die Oberklasse. (28 S.) 871. * 50 Pf.

Bräunlich, Ant., u. W. Gottschalg, Mädchenlieder. Unter Mitwirkung von Hoffmann von Fallersleben u. Frz. Liszt herausg. 1—3. Aufl. Weimar 859—61. Böhlau. 8. (32 S.) n. 2 ngr.

Bräunlich, Ant. (M.), und W. Gottschalg, volksthümliches Rechenbuch für Elementarschulen. 1. und 2. Heft und 3. Heft. 1. und 2. Abthl. 8. Weimar 857, Böhlau. Thlr. *
Inhalt:
Heft 1. Für Oberklassen. (34 S.) * 1½ Ngr.
" 2. Für Mittelklassen. (38 S.) * 1⅓ Ngr.
" 3. Abthl. 1. Für Oberklassen. (48 S.) * 2½ Ngr.
" 3. " 2. Für Oberklassen der Elementar-, sowie für Sonntags-, Gewerb- und Ackerbauschulen. (84 S.) * 4 Ngr.

—— —— Resultate hierzu. 1. und 2. Heft und 3. Heft. 1. und 2. Abthl. 8. (8; 8; 16 und 24 S.) Ebendas. [1. Heft und 3. Heft. 1. Abthl. à * 2 Ngr.; 2 Heft. * 1⅓ Ngr.; 3. Heft. 2. Abthl. 3 Ngr.] *

— — volksthümliches Rechenbuch für Elementarschulen. 1. Heft für Unterklassen. 2. verb. u. verm. Aufl. Ebend. 863. 8. (48 S.) n. 2 ngr.

— volksthümliches Rechenbuch für Elementarschulen bearb. 3 Hefte. Ebend. 864—69. 8. n. 8 ngr.
1. Heft: [Für Unterklassen.] 8., verb. u. verm. Aufl. (48 S. m. Holzschn.) n. 2 ngr.
2. Heft: [Für Mittelklassen.] 1—4., nach der neuen Maß- u. Gewichtsordnung bearb. u. verm. Aufl. (56 S.) n. $2\frac{1}{2}$ ngr.
3. Heft: [Für Oberklassen.] 1—3., nach der neuen Maß- u. Gewichtsordnung bearb. u. verm. Aufl. (72 S.) n. $3\frac{1}{2}$ ngr.

— Resultate dazu. 2. u. 3. Heft. Ebend. 8. n. $9\frac{3}{4}$ ngr.
2. Heft: 2. Aufl. 864. (18 S.) — 3. Aufl. 869. (31 S.) n. $3\frac{3}{4}$ ngr.
3. Heft: 2. Aufl. 865. (36 S.) — 3. Aufl. 869. (42 S.) n. 6 ngr.

— — volksthümliches Rechenbuch f. Elementarschulen bearb. 1. Hft. Für Unterklassen. [Den Zahlenraum 1—100 enth.] 1. verb. u. verm. Aufl. [Unter Berücksicht. d. neuen Maß-, Münz- u. Gewichtssystems.] 8. (48 S.) Ebend. 873. n. — 25

— dasselbe. 2. Hft. 1. u. 2. Abth. 7., nach der neuen Maß-, Münz- u. Gewichtsordng. bearb. u. verm. Aufl. 8. Ebend. 873. n. — 50
1. Einfach benannte Zahlen. Für Mittelklassen. (52 S.) n. — 30
2. Mehrfach benannte Zahlen. Für Mittelklassen. (36 S.) n. — 20

— dasselbe. 3. Hft. Für Unterklassen. 5. nach der neuen Maß-, Münz-, u. Gewichtsordng. vollständig umgearb. Aufl. 8. (88 S.) Ebend. 874. n. — 45. Resultate (46 S.) n. — 70

— u. W. Gottschalg, volksthümliches Rechenbuch für Elementarschulen. 3. Hft. Für Oberklassen. 8. verm. Aufl. 8. (100 S.) Weimar 880. Böhlau. n. — 50

— dasselbe. 9., verb. u. verm. Aufl. 8. (112 S. m. eingedr. Holzschn.) Ebend. 882. n. — 55

— u. W. Gottschalg, volkstümliches Rechenbuch f. Elementarschulen. 2. Hft. 1. Abtlg.: Einfach benannte Zahlen. Für Mittelklassen. 11. Aufl. 8. (52 S.) Weimar 883. Böhlau. n. — 30

— — und A. Pickel, volksthümliches Rechenbuch für die oberen Klassen der Elementar-, sowie für Ackerbau-, Gewerbe- und Fortbildungs-Schulen. Nach der neuen Maß- und Gewichts-Ordnung umgearb. 2., verm. und verb. Aufl. 8. (128 S.) Weimar 870, Böhlau. *
Bildet das 4. Heft von „Volksthüml. Rechenbuch für Elementarschulen".

— K. Hercher u. K. Kirsten, das volksthümliche Rechnen. Eine Anweisung zum prakt. Rechnen für Lehrer an Volksschulen. Bearb. u. mit mehr als 10,000 prakt. Aufgaben versehen. Langensalza 864. Greßler. gr. 8. (VIII, 499 S.) 1 ℛ 24 ngr.

— K. Hercher u. G. Kirsten, das volksthümliche Rechnen. Eine Anweisung zum prakt. Rechnen für Lehrer an Volksschulen. Bearbeitet u. mit mehr als 10,000 prakt. Aufgaben versehen. 2., verm. u. verb. Aufl. Langensalza 867. Greßler. gr. 8. (VIII, 543 S.) 1 ℛ 24 ngr.

— K. Hercher, G. Kirsten, das volksthümliche Rechnen. Eine Anweisung zum praktischen Rechnen für Lehrer an Volks- u. Fortbildungsschulen. Bearb. u. m. mehr als 10,000 prakt. Aufgaben versehen. 8., nach dem neuen Münz-, Maß- u. Gewichts-System gänzlich umgearb. u. verm. Aufl. gr. 8. (VIII, 558 S.) Langensalza 878. Schulbuchhandlung. n. 5. —

— Schulchoralbuch, s. Gottschalg, W.

Bräunlich, Ant., der Unterricht im Briefschreiben für höhere und niedere Volksschulen, sowie für die unteren Klassen der Realschulen und Fortbildungsschulen. Nach richtigen Grundsätzen theoretisch u. praktisch dargestellt u. mit einer bedeutenden Anzahl ausgeführter Beispiele versehen. Weimar 860. Voigt. 8. (VIII, 155 S.) 15 ngr.

— — das Wissenswertheste aus der Naturkunde, Geographie und Geschichte. Ein Leitfaden für Volksschulen. 2., verm. Aufl. 8. (95 S.) Weimar 854, Böhlau. **

— das Wissenswertheste aus der Naturkunde, Geographie und Geschichte. Ein Leitfaden für Volksschulen. 2. verm. Aufl. 854. (95 S.) — 3. verm. Aufl. Weimar 857. Böhlau. 8. (96 S.) nn. $2\frac{1}{2}$ ngr.

— das Wissenswertheste aus der Naturkunde, Geographie u. Geschichte. Ein Leitfaden für Volksschulen. 4., verm. u. verb. Aufl. Weimar 860. Böhlau. 8. (84 S.) nn. $2\frac{1}{2}$ ngr.

— das Wissenswertheste aus der Naturkunde, Geographie u. Geschichte. Ein Leitfaden für Volksschulen. 5. Aufl. 865. — 6. verb. Aufl. Weimar 867. Böhlau. 8. (84 S.) n. 3 ngr.

— — das Wissenswertheste aus der Naturkunde, Geographie und Geschichte. Ein Leitfaden für Volksschulen. 7. Aufl. gr. 8. (72 S.) Weimar 870, Böhlau. *

Braeunlich, Friedrich Gustav (Rauslitz), De hysteria. Diss. pathol.-therap. Präs. Wilhelm Andreas Haase. Lpz. (Staritz) 15. IV. 1825. 28 S. (4.80) 3737
Gew.: Christian August Fürchtegott Hayner.

Bräunlich, Fritz [aus Politschka (Böhmen). Assistent am chem. Universitäts-Laboratorium in Zürich]: Über Dirhodanatokobaltiake und Strukturisomerie bei anorganischen Verbindungen. Brünn 1899. 75 S. 8°.
Zürich. Phil. Diss. II. S. 1899/1900.

Bräunlich, Gust., Cholera asiatica. Deren Wesen u. Behandl. 8. (4 B.) Freyberg 831, Graz u. Gerlach.

— — über körperl. Erziehung d. Menschen, v. d. Geburt bis zu d. Geschlechtsreife, geschrieben f. alle die, denen d. Wohl ihrer Kinder am Herzen liegt. 8. (8 B.) Freyberg 829, Graz u. Gerlach.

Bräunlich, Gust., das Gemüth rücksichtl. seines wicht. Einflusses auf d. körperl. Befinden d. Menschen dargest. 8. (5 B.) Ilmenau 833, Voigt. Thlr.

Bräunlich, (Gust.,) psychische Heilmittellehre f. Aerzte u. Psychologen. gr. 8. ($15\frac{1}{2}$ B.) Meißen 839, Goedsche.

— — über die Irren u. deren psych. Behandl. Für Aerzte u. Gebildete aus allen Ständen, insbesond. f. die, in deren Umgebungen sich solche Unglückliche befinden. 8. (11 B.) Meißen 837, Goedsche.

— — die wiedererwachten Menschenblattern, mit besond. Bezieh. auf deren Wiedererscheinung bei früher Geimpften in neuester Zeit, od. Beantwort. d. Frage: Schützt d. Kuhpockenimpf. geg. d. Menschenblatter? 8. (5 B.) Ilmenau 833, Voigt.

Braeunlich, J. F., s.: Führer durch die Ostseebäder.

— **Johann David** (Weida/Vogtl.), Quaestio juris controv. an transactio magistratus cum curatore mente capti de hereditate illius valeat in detrimentum cognatorum non consentientium. Präs. Christian Heinr. Breuning. Lpz. (Langenheim) 13. I. 1776. 8 S. (3.—) 3738

Bräunlich, Otto, leichtfassliche Anleitung z. Selbstunterricht in Arithmetik u. Algebra. 1. Tl. 1. Die Buchstabenrechnung innerhalb der 4 Species u. die Potenzlehre. 2 Gleichungen des 1. Grades. gr. 8. (76 S.) Ilmenau (901). H. Reinmann. Kart. n. 1. 50

Bräunlich, Otto, s.: Aus aller Herren Ländern.

Bräunlich, Otto, Bilder aus Deutschland, s. XVI. Bd. 2. Abthl., Schmidt, Karl.

Bräunlich, Otto, geographische und geschichtliche Bilder aus Thüringen für Volksschulen. Nach unterrichtl. Grundsätzen bearb. 8. (IV, 164 S.) [Jena 876, Deistung's Buchh.] Leipzig, Abel. cart. *

— Europa in Übersichten u. in Skizzen zu Charakterbildern. Ein Hilfsbuch für geograph. Vorbereitungen u. Wiederholgn. gr. 8. (VIII, 96 S.) Jena 881. Mauke. — 75

Bräunlich, Otto, Hilfsbüchl. f. d. Studium d. englischen Litteraturgeschichte. 12. (88 S.) Leipzig 898. Freund & Wittig. n. — 75

— Hilfsbüchl. f. d. Studium d. französ. Litteraturgeschichte. 12. (30 S.) Ebd 898. n. — 60

Bräunlich, Otto, Kinderspiele und Liederreigen für Mädchen, f. Schul-, Familien- u. Volksfeste, Jena 1878, 22 S., 8°.

Bräunlich, Otto, und Karl Schmidt, Methodik in Bildern aus der Praxis des Volksschulunterrichts. 2 Lfgn. gr. 8. Jena 878, Mauke's Verlag. [1. Lfg. (IV, S. 1—224.) ℳ 3.; 2. Lfg. (S. 225—400.) ℳ 2.]

—— und Karl Schmidt, Methodik in Bildern aus der Praxis des Volksschulunterrichts. 2. Aufl. gr. 8. (IV, 400 S.) Jena 881, Mauke's Verlag. cart. *

—— und Karl Schmidt, Methodik in Bildern aus der Praxis des Volksschulunterrichtes. Neue (Titel-)Ausg. gr. 8. (IV, 400 S.) Leipzig (881)888, Fock. cart.

—— die deutschen Mundarten in Dichtungen und Sprachproben. Zur Verwendung beim geograph. und deutschen Unterrichte, sowie für Schul- und Volksbibliotheken. gr. 8. (139 S.) Ebendas. 879.

— Perlen deutscher Dichtung. Z. Belebg. d. litteraturkundl. Unterr. u. z. Selbststudium. D. Schule u. d. Hause gewidm. gr. 8. (XV, 452 S.) Leipzig 898. E. Wunderlich. n. 3. —; geb. n. 3. 60; Prachtausg., geb. in Leinw., n. 4. —

Bräunlich, Otto. Perlen deutscher Dichtung. Der deutschen Jugend gewidmet. Neue Ausg. XVI + 452 S. 8. Leipzig, Ernst Wunderlich, 1901. [geb. M. 4. —]
Darin S. 29 f. 83—85. 62. 77—80. 149—151. 154—159. 198—200. 209—211. 279 f. 286—288. 308—311. 409 f. aus Schweizer Dichtungen.

Bräunlich, Otto, Räthselnüsse zum Aufknacken für brave Kinder vom 7. bis 14. Jahre. 16. (IV, 88 S.) Jena 870. Mauke. — 75

— u. Carl Leonhardt, das Turnen m. dem Holz- u. Eisenstabe. Für Schulanstalten, Turnvereine u. Zimmerturner bearb. Mit 73 (eingedr.) Holzschn. 8. (VIII, 64 S.) Ebend. 876. n. 1. —

—— und Carl Leonhardt, das Turnen mit dem Holz- und Eisenstabe. Für Schulanstalten, Turnvereine und Zimmerturner bearb. 8. (VIII, 64 S. mit 73 eingedr. Holzschn.) [Jena 877, Deistung's Buchh.] Leipzig, Abel. *

Bräunlich O, praktische Unterweisung in der Buchführung und im Briefwechsel der Handwerker und kleinen Geschäftsleute. Frankenberg i. S. 1883

—— praktische Unterweisung in der Buchführung und im Briefwechsel der Handwerker und kleinen Geschäftsleute. Unter Mitwirkung eines prakt. Geschäftsmannes bearb. Unterweisungsbuch mit 4 Probebüchern. 8. (40, 5, 5, 15, 4 S.) Frankenberg i. S. 884, Roßberg. *

Bräunlich, Otto, Wandtafeln für den Unterricht in der mathematischen Geographie. 9 Stnt. Imp.-Fol. Nebst Text. gr. 8. (34 S. mit 4 Stnt.) Weimar 886, Hemmleb. *
Auf Leinw., doppelseitig, ohne Stäbe *
Auf Leinw., einseitig, mit Stäben *

— wie ein Kind sein soll. Freundliche Gabe an das Elternhaus. 8. (VII, 80 S.) Ebend. 880. — 60

Bräunlich, Paul

Meine Ausweisung aus Österreich. Bilder aus d. Tagen d. Zentrumsherrschaft in Deutschland u. Österreich von Lic. P. P(aul) Braeunlich. 2. Aufl. München: J. F. Lehmann 1900. (35 S.) 8° [F.] [o4. 1094

Braeunlich, P., meine Ausweisung aus Österreich. Bilder aus den Tagen der Zentrumsherrschaft in Deutschland u. Österreich. 2. u. 3. Aufl. (à 35 S.) gr. 8. München 906. 907. J. F. Lehmann's Verl. n. — 60

Meine Ausweisung aus Österreich. Bilder aus d. Tagen d. Zentrumsherrschaft in Deutschland u. Österreich. Von P[aul] Braeunlich. 5. Aufl. München: Lehmann 1910. 38 S. 8° [10. 17077

Die Bemühungen der deutschen Katholikentage um die Bekehrung der Nichtkatholiken. Auf Grund amtl. Quellen von P[aul] Braeunlich. Halle (Saale): Ev. Bund 1909. 83 S. 8° [Umschlagt.]
Sonderausg. von: Die deutschen Katholikentage. T. 2, Abschn. 2.
(Flugschriften d. Evang. Bundes. 280/282.) [09. 16696

Bräunlich, P., s.: Berichte üb. den Fortgang der „Los v. Rom-Bewegung".

Die neueste katholische Bewegung zur Befreiung vom Papsttum von Pfarrer P. Braeunlich, Wetzdorf b. Dornburg a. S. *Mühlhausen i. Th.: Th. Pecena 1898.* (47 S.) 8° [F.] [oo. 193

[F.] Die neueste katholische Bewegung zur Befreiung vom Papstthum. E. thüringer Gruss an die deutsche Ostmark v. Pfarrer P[aul] Bräunlich, Lic. theol., Wetzdorf b. Dornburg a. S. 2. verm. Aufl. *München: J. F. Lehmann 1899.* (2 Bl., 55 S.) 1 Bd 8.
= Berichte üb. d. Fortgang d. 'Los von Rom Bewegung'. H. 1. 190 108.

— Bilder a. d. Heiligen Lande. E. Gabe z. Kaiserreise. gr. 8. (61 S. m. Abb.) Berlin 898. Wiegandt & Grieben. n. — 20

Bräunlich, P[aul]: Das Fortschreiten der Los von Rom-Bewegung in Oesterreich. 1. Böhmen. Mchn '00. (Berichte über d. Fortgang d. 'Los von Rom-Bewegung'. 5.)

— Der Kampf der deutschen Katholikentage gegen andere Konfessionen. I. [Aus „Die deutschen Katholikentage".] Auf Grund amtl. Quellen. (78 S.) 8. Halle 909. Verlag des ev. Bundes. — 75

Der Kampf der deutschen Katholikentage gegen die moderne Kultur. Auf Grund amtl. Quellen von P[aul] Braeunlich. Halle: Ev. Bund 1910. 54 S. 8° [Umschlagt.]
Sonderausg. d. 3. Teils, Abschn. 1 des Werkes 'Die deutschen Katholikentage.'
(Flugschriften d. Evang. Bundes. 294/95.) [10. 13422

Katholiken und Toleranz. Auf Grund amtl. Quellen von P[aul] Braeunlich. Halle (Saale): Ev. Bund 1909. 22 S. 8°
Sonderausg. von: Die deutschen Katholikentage. T. 2, Abschn. 3.
(Flugschriften d. Evang. Bundes. 283.) [09. 16697

Die deutschen Katholikentage als ultramontane Kampforganisation. Auf Grund amtl. Quellen von P[aul] Braeunlich. Halle (Saale): Evang. Bund 1910. 110 S. 8° [Umschlagt.]
Sonderausg. von Braeunlich: Die deutschen Katholikentage. T. 1.
(Flugschriften d. Evang. Bundes 284/88.) [10. 1612

Braeunlich, P[aul]: Die deutschen Katholikentage. Auf Grund d. amtl. Berichte dargest. Bd 1. 2. Halle (Saale) 1910. 1911. 8°

— dasselbe, als ultramontane Kampforganisation, s. a Flugschriften d. Evangelischen Bundes.

Katholikentage und Schule. Auf Grund amtl. Quellen von P[aul] Braeunlich. Halle (Saale): Evang. Bund 1910. 54 S. 8° [Umschlagt.]
Sonderausg. d. 3. Teils, Abschn. 2 d. Werkes 'Die deutschen Katholikentage'.
(Flugschriften d. Evang. Bundes. 297/98.) [10. 18134

Katholikentage und Toleranz. Auf Grund amtl. Quellen von P[aul] Braeunlich. Halle (Saale): Ev. Bund 1909. 22 S. 8°
Sonderausg. von: Die deutschen Katholikentage. T. 2, Abschn. 3
(Flugschriften d. Evang. Bundes. 283.) [09. 18210

Die Katholikentage und die Universitäten. Auf Grund d. amtl. Berichte von P[aul] Braeunlich. Halle (Saale): Ev. Bund 1910. 47 S. 8° [Umschlagt.]
Sonderausg. d. 3. T., Abschn. 3 d. Werkes 'Die deutschen Katholikentage'.
(Flugschriften d. Evang. Bundes. 299/300.) [11. 1000 3

Die österreichische Los von Rom-Bewegung. Von Pfarrer P[aul] Bräunlich, Wetzdorf bei Dornburg a. S. *München: J. F. Lehmann 1899.* (68 S.) 8° [F.]
= Berichte üb. d. Fortgang d. 'Los von Rom Bewegung'. H. 2. [illegible]

Die Los von Rom-Bewegung in Steiermark. Von Pfarrer P[aul] Bräunlich. *München: J. F. Lehmann 1901.* (52 S.) 8° [F.]
— Berichte über d. Fortgang d. 'Los von Rom-Bewegung'. H. 7.

Los von Rom-Kämpfe im Böhmerland. Von Pfarrer Lic. P[aul] Bräunlich. 1. *München: J. F. Lehmann 1903.* 8° [F.]
— Berichte über d. Fortgang d. 'Los von Rom Bewegung'. R. 2. H. 1.

Bräunlich, P[aul]: Los von Rom-Kämpfe im Böhmerland. 1—3. Mchn '03—04. (Berichte über d. Fortgang d. 'Los von Rom-Bewegung'. 2, 1—3.)

Die Nebenregierung der Zentrumsherrn im Kolonialamt und die Auflösung des Reichstags im Jahre 1906. Von P[aul] Bräunlich. München: Lehmann 1907. 35 S. 8°
(Brennende Zeitfragen. Nr 1.)

Bräunlich, Paul: Das Staatsideal und die Kirchenpolitik der Katholikentage, s. Flugschriften des ev. Bundes.

— der gegenwärtige Stand der evangelischen Bewegung in Oesterreich. Vortrag, geh. auf der 8. Generalversammlung des brandenburg. Hauptvereins des evangel. Bundes am 7. IV. 1902 zu Neu-Ruppin. 8. (39 S.) Berlin 902, Buchh. d. Berliner Stadtmission. n. — 20

— Der gegenwärt. Stand d. ev. Bewegg in Oesterr. Vortr. (39) 8° Berl., Vaterländ. Verl.- u. Kunstanst.'02. — 20 d

Bräunlich, P.: Die Stellg d. Katholikentage zu Staat, Volk, Vaterland, Papsttum u. Kirchenstaat, s.: Flugschriften d. evang. Bundes.

Der klerikale Sturm in Österreich, Fall Wahrmund und die Los von Rom-Bewegung von P[aul] Braeunlich. München: J. F. Lehmann 1908. (40 S.) 8° [F.]
— Berichte über d. Fortgang d. 'Los von Rom-Bewegung'. Reihe 2, H. 10.

Leo Taxil. Ein Miniaturbild aus dem grossen Verzweiflungskampfe der römischen Priesterherrschaft um ihren Bestand. Den Ostmarksdeutschen zur Lehre gezeichnet von [Paul] Bräunlich. München: Lehmann 1899. 16 S. 8° (Gottesgerichte über Rom. Flugschr. aus der Zeit f. d. Zeit. 1.)
Abgedr. in: Z. 32 (1901—1902) S. 307—309, 314—321.
Dem Wiener Tageblatt „Ostdeutsche Rundschau“ entnommen. Darstellung von Taxils Frmr-Schwindel.

Der neueste Teufelsschwindel in der römisch-katholischen Kirche von P[aul] Braeunlich. Leipzig: Evangel. Bund 1897. VI, 149 S. 1 Bildn. 8°
Recens: FZ. 51 (1897) S. 264 (K. Pilz); R. 24 (1897) S. 80.
cf. Bbl. 11 (1897) S. 417; S. 4 (1897) S. 81 (J. G. Findel); S. 104 (M. Richter); Kölnische Volks-Ztg. 1897 Nr 517.
Betr. die Taxil-Angelegenheit.

— Vortrag, s.: Protestversammlungen, die Aixdorfer, u. die evangelische Bewegung in Österreich.

— was die Los von Rom-Bewegung in Böhmen erlitt u. erkämpfte, s. a. Berichte üb. den Fortgang der „Los von Rom-Bewegung“.

Was die Los von Rom-Bewegung in Böhmen erlitt und erkämpfte. Von Lic. Pfarrer P[aul] Braeunlich, Generalsekr. 1. München: J. F. Lehmann 1906. 8° [F.]
— Berichte über d. Fortgang d. 'Los von Rom-Bewegung'. II. 8.

Bräunlich, P[aul]: Wie Böhmen protestantisch wurde. 2. Aufl. — Mchn: Lehmann 1904. 32 S. (Los von Rom-Kämpfe im Böhmerland. 1.) (Berichte über den Fortgang der „Los von Rom-Bewegung“. Reihe 2, H. 1.)
Aus: Stenographisches Protokoll. Haus der Abgeordneten. 17. Session, 243. Sitzung. Wien, 17. November 1903. [1. Aufl. 1903.]

Wie die heutigen romfreien Kirchen in Böhmen entstanden. Von P[aul] Bräunlich, Generalsekr. d. Ev. Bundes. *München: J. F. Lehmann 1904.* (72 S.) 8° [F.]
— Los von Rom-Kämpfe im Böhmerland. 3.
— Berichte über d. Fortgang der 'Los von Rom-Bewegung'. T. 2. H. 3/4.

Bräunlich, Paul (Hrsg.), s. Zeitfragen, Brennende...

Zeitgeschichtliches zur Reichstagswahl 1907. Auf Veranlassung d. Hauptgeschäftsstelle d. Evang. Bundes bearb. von Lic. P[aul] Braeunlich. H. 1. 2. Leipzig: C. Braun in Komm. 1907. 2 Bde 8° [F.]
1 — Zentrum u. Regierung im Kampf.
2 — Zentrum u. Sozialdemokratie im Bund.

Zentrum und Regierung im Kampf. Auf Veranlassung d. Hauptgeschäftsstelle d. Evang. Bundes bearb. von Lic. P[aul] Braeunlich. Leipzig: C. Braun in Komm. 1907. (52 S.) 8° [F.]
— Braeunlich: Zeitgeschichtliches z. Reichstagswahl 1907. H. 1.

Zentrum und Sozialdemokratie im Bund. Auf Veranlassung d. Hauptgeschäftsstelle d. Evang. Bundes bearb. von Lic. Paul Braeunlich. Leipzig: C. Braun in Komm. 1907. (61 S.) 8° [F.]
— Braeunlich: Zeitgeschichtliches z. Reichstagswahl 1907. H. 2.

— die Zustände in der deutsch-evangel. Kirche Österreichs vor drei Jahren u. heute. gr. 8. (16 S.) München 902, J. F. Lehmann's Verl. — 30

Braunmühl v, Galileo Galilei. (Sammlung der Urania 22) Berlin 1893

v. Braunmühl, A., d. altdeutschen Grabhügel im Högelberge u. d. Umgegend v. Landshut. Entdeckt im Jahre 1823 von C. Forcheer. Mit 2 Steint. gr. 4. Landsh. 826. Thomann.

— über d. Zweykampf im Allgemeinen, u. über d. desfallsige Strafgesetzgebung in Bayern, mit besond. Bezieh. auf d. Studierenden u. auf d. Militair-Ehren-Gerichte. Abgehandelt nach prakt. Ansichten. 8. Landshut 826, Thomann.

Braunmühl, Anton von

Beiträge zur Geschichte der Trigonometrie v. A[nton] v. Braunmühl. M. 1 Taf. ... *Halle: Dr. v. E. Karras; In Comm. bei W. Engelmann in Leipzig 1897.* (30 S., 1 Taf.) 4.
= Acta, Nova, Academiae Caes. Leopoldino-Carolinae Germ. naturae curiosorum. T. 71. No 1.

Nassir Eddin Tûsi und Regiomontan v. A[nton] v. Braunmühl. M. 2 Taf. ... *Halle: Dr. v. E. Karras; In Comm. bei W. Engelmann in Leipzig 1897.* (37 S., 2 Taf.) 4.
= Acta, Nova, Academiae Caes. Leopoldino-Carolinae Germ. naturae curiosorum. T. 71. No 2.

Braunmühl, Ant. v.: Gesch. d. Mathematik, s: Sammlung Schubert. Wieleitner.

Braunmühl, A. v., über die reducirte Länge eines geodätischen Bogens und die Bildung jener Flächen, deren Normalen eine gegebene Fläche berühren. gr. 4. (20 S.) München 883, (Franz'sche Buchh.) **
Aus: Abhandlungen der k. bayerischen Akademie der Wissenschaften, besonders abgedruckt.

Braunmühl A. Ueber geodätische Linien auf Rotationsflächen und jene Enhüllenden derselben welche von allen durch einen Punkt gehenden kürzesten Linien gebildet werden. 1878. 8 Math. Diss. München

Braunmühl, Anton von, Christoph Scheiner als Mathematiker, Physiker und Astronom. Bamberg 1891.

Braunmühl, A. v., Trigonometrie, Polygonometrie, s.: Vorlesungen üb. Geschichte der Mathematik. III.

Braunmühl, A. v., Untersuchungen über p-reihige Charakteristiken, die aus Dritteln ganzer Zahlen gebildet sind, und die Additionstheoreme der zugehörigen Thetafunktionen. gr. 4. (44 S.) München 887, (Franz' Verlag.) **
Aus: Abhandlungen der k. bayer. Akademie der Wissenschaften, besonders abgedruckt.

Vorlesungen über Geschichte der Trigonometrie von Dr. A[nton] v. Braunmühl, Prof. zu München. Mit Fig. T. 1. 2. *Leipzig: B. G. Teubner 1900–03.* 2 Bde 8°
1. Von d. ältesten Zeiten bis z. Erfindung d. Logarithmen. 1900.
2. Von d. Erfindung d. Logarithmen bis auf d. Gegenwart. 1903.

Braunmühl, C. von

— Besprechung d. Referates ü. d. Medizinstudium d. Frauen a. d. 26. deutschen Ärztetag zu Wiesbaden am 28. u. 29. Juni 1898. Vortrag. Ebd. 1899.

Braunmühl, C. v., Besprechung des Referates über das Medizinstudium der Frauen auf dem 26. deutschen Aerztetag zu Wiesbaden. 8°. München 1899.

v. **Braunmühl**, C. (Red.), s.a. Das Kunstgewerbe in Frauenhand.

Braunmühl C v, das Kunstgewerbe in Frauenhand. (48 T m Text) 4° Leipzig 1881

Braunmühl, C. v., d. achtjähr. Mädchengymnasium. Vortrag, geh. i. Verein z. Gründg. e. Mädchengymnasiums in München. 8. (14 S.) München 897. H. Hugendubel. n. — 25

Braunmühl C v, Sammlung von Original-Mustern. (2 Bl) fol In Mappe 4° München

Braunmüller, Benedikt

Namhafte Bayern im Kleide des hl. Benedikt. Erste Reihe. — Von P. Benedikt Braunmüller, Stdl. — 1880. Landshut, ibid. — S. 3—71[8].

—— Dasselbe. Zweite Reihe. — Von demselben. — 1881, Landshut, ibid. — S. 3—54[8].

Braunmüller, Bened. Namhafte Bayern im Kleide des heiligen Benedikt. I. II. 70, 54 SS. Progr. *Metten* 1880. 1881.

Braunmüller, Benedikt: Beiträge zur Geschichte der Bildung in den drei ersten Jahrhunderten des Christenthums. S. 3 - 44. Progr. Metten 1855.

Braunmüller, Benedict: Beiträge zur Geschichte des östlichen Donaugaues und der Grafen von Bogen. (Ratternberg II.) S. 3-36. Progr. Metten 1873.

Braunmüller, Benedikt: Über den Bildungszustand der Klöster des vierten und fünften Jahrhunderts. S. 3 - 44. Progr. Metten 1856.

Die bescholtenen Grafen von Bogen. (Natternberg IV.) — Von P. Benedikt Braunmüller, Ass. — 1875. Landshut, ibid. S. 3—39[4].

Die lobsamen Grafen von Bogen. (Natternberg III.) — Von P. Benedikt Braunmüller, G. Ass. — 1874. Landshut, Jos. Thomann. — S. 3—36[4].

Hermann, Abt von Niederaltach. — Von P. Benedict Braunmüller, Stdl. — 1876. Landshut, ibid. — S. 3—84[8].

Braunmüller, Bened. Hermann, Abt v. Niederaltach. 84 S. 8. *Metten* 1876. Progr.

Braunmüller, Benedict, geschichtliche Nachrichten über die heil. Hostien in der Grabkirche zu Deggendorf. Mit 6 (lith.) Bildern u. einem Anhang von Gebeten. 12. (56 S.) Deggendorf 879. Pfeiffer. n. — 20

Braunmüller, Ben.: Der Natternberg. I. Abth. 34 S. u. 2 Taf. Progr. Metten 1872.

Braunmüller, P., Der Natternberg. Beiträge des östlichen Donaugaues und der Grafen von Bogen. 4 Thle. Landshut 1872 -75. 4. III. Die lobsamen Grafen von Bogen. IV. Die bescholtenen Grafen von Bogen. — Programme.

Braunmüller, Eugen, aus Schwenningen (Württemberg): Ueber Synthesen in der Pyrazinreihe. *Kiel 1899: P. Peters.* (61 S.) 8°
Kiel. Phil. Diss. v. [20. Mai] 1899

Braunmüller, Gust., Nehmt's mi' mit! Oesterreichische Dialektdichtungen zum Vortrag in gesell. Kreisen. 1. und 2. verb. Aufl. 12. (VIII, 155 S.) Wien 888, Gerold's Sohn. geb. *

—— dass. — 2. Sammlung. Oesterreichische Dialektdichtungen zum Vortrag in gesell. Kreisen. 12. (XIV, 120 S.) Ebendas. 888. geb. *

— dasselbe. 2. Sammlg. 12. (XIV, 120 S.) Ebd. 889. geb. n. 2. —

Braunmüller, Gust., nehmt's mi' mit! Oesterreichische Dialektdichtgn. zum Vortrag in gesell. Kreisen. 1.—3. Sammlg. 12. Wien 893. C. Gerold's Sohn. Geb. in Leinw. à n. 2. —
1. 3., unveränd. Aufl. (XII, 155 S.) — 2. 2., durchgeseh. Aufl. (XIV, 120 S.) — 3. (X, 147 S.)

Braunmüller, Gust., nehmt's mi' mit! 3. u. 4. Sammlg. Oesterreich. Dialektdichtgn. z. Vortrag in gesell. Kreisen. 2., durchgeseh. Aufl. 12. (VIII, 150 u. XII, 106 S.) Wien 895 u. 897. C. Gerold's Sohn. Geb. in Leinw. à n. 2. —

BRAUNMÜLLER, Gustav
(F) Nehmt's mi' mit! 3. Sammlung. Oesterreichische Dialectdichtungen zum Vortrag in geselligen Kreisen von Gustav Braunmüller. 3., durchgesehene Auflage. Wien. 1900. Gerold's Sohn. 8°. VII, 147 S. Geb. K 2. —

BRAUNMÜLLER, Gustav
(F) Nehmt's mi mit. I. Bd. Oesterreichische Dialektdichtungen zum Vortrag in geselligen Kreisen von Gustav Braunmüller. 4. Auflage. (4. und 5. Tausend.) Wien. 1901. Gerold's Sohn. 8°. 155 S. mit 1 Tafel. Geb. K 2.—

BRAUNMÜLLER, Gustav
(F) Nehmt's mi' mit! V. Bd. Oesterreichische Dialektdichtungen zum Vortrag in geselligen Kreisen von Gustav Braunmüller. Wien. 1901. Gerold's Sohn. 8°. 122 S. mit 1 Tafel. Geb. K 2.—

(F) **Braunmüller, G.,** Nehmt's mi' mit! 2. Bd. Oesterr. Dialektdichtungen zum Vortrag in geselligen Kreisen. 3. Aufl. 8°. (9, XIV, 118 S. mit 1 Tafel) Wien: Gerold 1902. geb. K 2.—

Braunmüller, Gust., nehmt's mi' mit! 6. Bd. Österreichische Dialektdichtgn. zum Vortrag in geselligen Kreisen. (IX, 120 S.) 12. Wien 904. C. Gerold's Sohn. Geb. in Leinw. n. 2. —

Braunmüller, Gust., nehmt's mi' mit! 4. Sammlg. Österreichische Dialektsdichtgn. zum Vortrag in gesell. Kreisen. 2. Aufl. (XII, 106 S.) kl. 8. Wien 908. C. Gerold's Sohn. Geb. in Leinw. 2. —

Braunmüller, Gust., a Wild'rerstuck! Ein Drama aus dem Hochgebirge. 12. (VII, 53 S.) Wien 893. C. Gerold's Sohn. Geb. in Leinw. n. 2. —

Braunmüller, Mor. Frz. Xav., Hinblick auf d. Kriegsschauplatz in Rußland. 8. Brünn 812.

Braunmüller, Xav. Mineral-System. (Als Manuscript gedruckt.) Brünn. 1836. 4. 1 Bogen.

Braunreuter, Kilian [app. Arzt aus Wonfurt]: Primäres Sarkom der Bronchialdrüsen und der Lungen. . . . München, k. Hof- u. Univ.-Buchdr. v. Dr. C. Wolf & Sohn, 1891; 27 S. 8°
München, Med. Fak., Inaug.-Diss. v. 1891

Braunroth, Ferd., Harmonielehre. (104 S.) 8. Leipzig (905). F. Hofmeister. n. 2. —

Braunroth, Ferd., eine auf einfacher, sicherer Grundlage stehende neue Modulationslehre. Deren Stützpunkt: Die ton. Terz, beziehentlich der ton. Dreiklang, als die Mitte des Tonartsystems (F a C e G h D), verb. m. zuverläss. Regeln. Dazu e. Anh.: Über harmon. Bestimmgn. (40 S.) 8. Leipzig (907). F. Hofmeister. 2. —

Braun's, Alex., Leben, s. Mettenius, C.

Brauns: Amoenitates subterraneae. Goslar 1726. 4°.

Brauns, Geschichte des Culmerlandes bis zum Thorner Frieden. 2. Aufl. Lex.-8. (226 S.) Thorn 881, E. Lambeck. *
1. Aufl. erschien im Selbstverlag des Verfassers.

— u. Aug. Theobald, statist. Handbuch der deutschen Gymnasien. 1r Bd. Für das Jahr 1836. Mit 1 B. Tabellen. gr. 8. Cassel 837. Kriegers Verlagsbuchh. n. 2½ ℛ — 2r Bd., von Theobald allein; für die Jahre 1837, 1838 u. Anfang 1839. (2 Abthll.) Mit Tabellen. gr. 8. Ebd. 839. Fischer. n. 2⅔ ℛ

Brauns, die Ophionoiden. [Aus: „Archiv d. Freunde d. Naturg. in Mecklenb."] gr. 8. (28 S.) Güstrow 890. (Opitz & Co.) n. — 50

Brauns, neue Schlupfwespen a. Mecklenburg. [Aus: „Archiv d. Vereins d. Freunde d. Naturgesch. in Mecklenb."] gr. 8. (15 S.) Güstrow (897). (Opitz & Co.) n. — 40

Brauns u. (Aug.) Theobald, Statistik d. deutschen Gymnasien f. d. J. 1835. gr. 8. (13¼ B.) Cassel 835, Kriegersche Bh. *

Brauns, Prof. Dr., Wandkarte von Europa, zum Gebrauche f. Stadt- u. Landschulen. 18 lithogr. u. color. Bl. Fol. Königsberg 838. (Gebr. Bornträger.) n. 3⅓ ℛ

Brauns, ..., (Lehrer), Wandkarte von Europa, zum Gebrauche für Stadt- u. Landschulen. 16 color. Bl. kl. Fol. Königsberg 841. (Theile.) n. 2½ ℛ

Brauns, C. Erscheinungen des Zeitgeistes und deren Wirksamkeit für Deutschlands Interessen frei beurtheilt. Braunschweig 1842. 118 S. 8.

Brauns, C. Dasselbe. Ebenda 1843.

Brauns, C., Erscheinungen des Zeitgeistes u. deren Wirksamkeit für Deutschlands Interessen frei beurtheilt. gr. 8. Braunschweig 843, Vieweg u. Sohn. n. ½ ℛ — 2. Aufl. gr. 8. Leipzig 845. (Thomas.) n. ½ ℛ

Brauns, C: Kurhess. Gewerbepolitik im 17. u. 18. Jahrh., s: Forschungen. Staats- u. sozialwissenschaftl.

Brauns, C. W. E.

-- Die Schröder'sche Bearbeitung d. „Hamlet" u. e. vermuthlich in ihr enthaltenes Fragment Lessings. 8. (35 S.) [Bresl., 890. Freund.] Lpz., Paul. * 1 —

Brauns, C. W. E., auf deutschem Boden. Novellen aus dem sozialen Leben unserer Tage. 8. (224 S.) Halle 888, Tausch und Grosse. * ℳ 2.40.; geb. *

Brauns, C. W. E. Auf deutschem Boden. Novellen aus dem sozialen Leben unserer Tage. 2. (Titel-)Aufl. 8. (III, 224 S.) Halle a. S. 891, Tausch u. Grosse. * 2 40; geb. * 3 —

Brauns, C. W. E., Christiane v. Goethe, geb. Vulpius. (63 S.) Leipzig 1888. Friedrich. 1.—

—— Christiane v. Goethe, geb. Vulpius. Eine biograph. Skizze. 2. Aufl. 8. (63 S.) Leipzig 888, Friedrich. *

—— Freifrau Sibylle v. Kirchheim. Roman. 2 Bde. 8. (264; 284 S.) Berlin 886, Janke. *

— japanische Märchen, gesammelt u. der Kinderwelt erzählt. Mit 6 Farbendr. v. O. Försterling. gr. 8. (V, 124 S.) Glogau 889. Flemming. geb. 3. —

Brauns, japanische Märchen und Sagen. Gesammelt und hrsg. gr. 8. (XXIV, 439 S.) Leipzig 885, Friedrich. *

Brauns, C. W. E., die alte Mühle. Roman. 2 Bde. 8. (225; 260 S.) Leipzig 884, Friedrich. *

—— die Nadel der Benten. Japanischer Roman aus der Jetztzeit. 2 Bde. 8. (267; 232 S.) Berlin 884, Janke.

Brauns, D., praktisches Taschenbuch für Ingenieure und Techniker. Nach Haslett and Hackley's book of reference and engineer's field book deutsch bearb. Mit 157 in den Text eingedr. Holzschn. Braunschweig 858. Schulbuchhandlung. 16. (XII, 476 S.) n. 1 ℛ 20 ngl

Brauns, D., praktisches Taschenbuch für Ingenieure und Techniker. Nach Haslett and Hackley's Book of reference and engineer's field book deutsch bearb. 2., durchgeseh. und verb. Aufl. 16. (XI und 476 S. mit 157 in den Text eingedr. Holzschn.) Braunschweig 865, Schulbuchh. *

Brauns, David

Brauns, Dav. (II.), Einleitung in das Studium der Geologie. gr. 8. (VII, 216 S. mit 12 Fig. im Text.) Stuttgart 887, Enke. *

Brauns, D., die technische Geologie oder die Geologie in Anwendung auf Technik, Gewerbe und Landbau. gr. 8. (XII, 400 S. mit 80 eingedr. Holzschn.-Abbild.) Halle 878, Schwetschke'scher Verlag. *

Brauns, D., der mittlere Jura im nordwestlichen Deutschland, von den Posidonienschiefern bis zu den Ornatenschichten, mit besond. Berücksicht. seiner Molluskenfauna. gr. 8. (V, 314 S. mit 2 lithogr. Taf. Abbild.) Cassel 869, Fischer. *

—— der obere Jura im nordwestlichen Deutschland von der oberen Grenze der Ornatenschichten bis zur Wealdbildung, mit besond. Berücksicht. seiner Molluskenfauna. Nebst Nachträgen zum unteren und mittleren Jura. gr. 8. (X, 434 S. mit 3 lithogr. Taf. Abbild.) Braunschweig 874, Vieweg und Sohn. *

—— der untere Jura im nordwestlichen Deutschland von der Grenze der Trias bis zu den Amaltheenthonen, mit besond. Berücksicht. seiner Molluskenfauna. Nebst Nachträgen zum mittleren Jura. gr. 8. (X, 494 S. mit 2 lithogr. Taf. Abbild.) Braunschweig 871, Vieweg und Sohn. *

—— die obere Kreide von Ilsede bei Peine und ihr Verhältniss zu den übrigen subhercynischen Kreideablagerungen. 8. (23 S.) Bonn 874. (Berlin, Friedländer und Sohn.) *
Aus: Verhandlungen des naturforschenden Vereins der preuss. Rheinlande und Westphalens, besonders abgedruckt.

—— die senonen Mergel des Salzberges bei Quedlinburg und ihre organischen Einschlüsse. gr. 8. (97 S. mit 4 lithogr. Taf. Abbild.) Halle 876. (Berlin, Friedländer und Sohn.) *
Aus: Zeitschrift für die gesammten Naturwissenschaften, besonders abgedruckt.

BRAUNS, David (Braunschweig): De natura specifica inflammationum membranae conjunctivae oculi. (Titel nach der Urkunde) Diss. Ingolst.-Landsh.-Mchn.
11.7.1849 - Urk; F 67

Brauns, D., das Problem des Serapeums von Pozzuoli. gr. 4. (15 S.) Halle 888. (Leipzig, Engelmann.) *
Aus: Leopoldina, besonders abgedruckt.

Brauns, D., der Sandstein bei Seinstedt unweit des Fallsteins und die in ihm vorkommenden Pflanzenreste, nebst Bemerkungen über die Sandsteine gleichen Niveaus anderer Oertlichkeiten Norddeutschlands. gr. 4. (12 S. mit 1 Stnt. in qu. Fol.) Cassel 866, Fischer. *

Brauns, D: Sandstein b. Seinstedt. 66/70 || Stratigr. u. Paläontogr. d. südöstl. Theiles d. Hilsmulde. Jetzt: Stuttg., E Schweizerbart. 6 — 61/70

—— die Stratigraphie und Paläontographie des südöstlichen Theiles der Hilsmulde auf Grund neuer, bei den Eisenbahnbauten in den J. 1861—1864 angestellter Beobachtungen dargestellt. gr. 4. (72 S. mit Karte und Profilen auf 3 chromolithogr. Blatt und 2 Stnt. Abbild. in gr. 4. und qu. Fol.) Cassel 864, Fischer. *

—— dass. — Nachtrag. gr. 4. (19 S. mit 1 Stnt. Abbild.) Ebendas. 866. *

Brauns, David August, Dr. med.: Die chemische Constitution und natürliche Gruppirung der Thonerde-Silicate. Halle 1874: Gebauer-Schwetschke. 41 S. 8°
Halle-Wittenberg, Phil. Hab.-Schr. v. 2. [vielmehr: 3.] Febr. 1874
Aus: Zeitschrift f. d. ges. Naturwissenschaften. Bd. 42. Berlin 1873. S. 377—417.

Brauns, Dirk Hendrik, Apotheker, aus Haarlem (Holland): Ueber Quercitrin, Sophorin und Cappern-Rutin. Ein Beitrag zur Kenntnis der in d. Natur vorkommenden Flavonderivate. *Marburg 1904: R. Friedrich.* (73 S.) 8°
Marburg, Phil. Diss. v. [7. Apr.] 1904

Brauns, Eberh., s. Byron, Mazeppa.

Brauns, Ed. Aug., Lehrbuch f. den auf die Heimathskunde folgenden Unterricht in der Geographie. gr. 8. (IV u. 96 S.) Leipzig 852, Klinkhardt. 6 ngl

Brauns, Emma, wild Röschen. Idylle. 8. (108 S.) Halle 876, Pfeffer. *

Brauns, Ernest Ludwig: A m e r i k a u. d. mod. Völkerwanderung, nebst einer Darstellung d. gegenw. zu Oekonomie (Economy) am Ohio angesiedelten Harmonie-Gesell. Potsdam, 1853. (Vgl. Brauns: Das liberale System . . .)

Amerika und die moderne Völkerwanderung. Nebst einer Darstellung der gegenwärtig zu Ökonomie — Economy — am Ohio angesiedelten Harmonie-Gesellschaft, von E. L. Brauns. Potsdam: H. Voglersche Buchhandlung 1833.

Brauns, Ernst Ludw., prakt. Belehrungen u. Rathschläge f. Reisende u. Auswanderer nach Amerika. — A. u. d. T.: Mittheilungen aus Nordamerika, die höh. Lehranstalten u. d. Englisirung d. dort. Deutschen betreff. gr. 8. (31¼ B.) Braunschweig 829. (Potsdam, Vogler.)

Brauns, E.: Practische Belehrungen und Rathschläge für Reisende und Auswanderer nach Amerika. *Braunschweig: Herzogl. Waisenhaus Buchdruckerei 1829 IV, 5—492 S.*

Brauns, Ernst Ludw., Europa u. Nordamerika im Lichte der Gegenwa t. (VIII u. 148 S.) Grimma 851, Verlags-Compt. 12 ngr.

Brauns, Er. Ldw., Ideen über die Auswanderung nach Amerika, nebst Beitrag zur genaueren Kenntniss seiner Bewohner und seines gegenwärtigen Zustandes. Mit 1 Kpf. gr. 8⁰. Göttingen, Vandenhoeck u. R., 1827.

— Neudeutschland in Westamerika. Oder: Welches ist die zur Ansiedelung f. auswandernde Deutsche geeignetste Weltgegend? (Für Auswanderer u. Freunde d. Erd-, Völker- u. Länderkunde.) gr. 8. (XIV u. 90 S.) Lemgo 847, Meyer. ⅓ ₰

—— Skizzen von Amerika. Zu e. belehr. Unterhalt. f. gebild. Leser, mit besond. Rücksicht auf Reisende u. Auswanderer nach Amerika. gr. 8. (26 B.) Halberstadt 830. [Potsdam,] Vogler.

—— das liberale System, od. d. freie Bürgerthum in seiner höchsten Entfaltung; in e. Gemälde d. Bundesstaates v. Nordamerika prakt. dargest. 2 Thle. — (2. Thl. a. u. d. T.: Amerika u. d. moderne Völkerwanderung. Nebst e. Darstellung d. gegenwärt. zu Oekonomie — Economy — am Ohio angesiedelten Harmonie-Gesellschaft. Mit G. Rapp's Bildn.) 8. Potsdam, Vogler. [1. (23¼ B.) 831. 1 Thlr. 12 Gr., 2. (26 B.) 833. 1 Thlr. 18 Gr.]

Brauns, Er. Ldw., s. Taylor, Mstr., des Christen Erdenwallen.

Brauns, Ferdinand. Beiträge zur Kenntniss des β-Naphtochinons. Freiburg, 1883. **Diss.**

Brauns, Ferdinand (Hrsg.), s. H o r e n , Pariser.

Brauns, Fd., Leben Chr. Scriver's s. a. Sonntags-Bibliothek. 2. Bd.

Brauns, Ferd., Leben Chrn. Scriver's, Oberhofpredigers u. Consistorialraths in Quedlinburg. 3. Aufl. 8. (VIII, 136 S.) Bielefeld 872. Velhagen & Klasing. n. 1. —

Brauns, Frdr.: Die Entstehg d. Nährzelle u. d. Bedeutg derselben f. d. wachs. Ei bei Forficula auricularia L. [Aus: „Sitzgsber. u. Abhandlgn d. naturforsch. Gesellsch. zu Rostock".] (43 m. 4 Taf.) gr8° Rost., H Warkentien '12. 3 —

Brauns, H . Ueber die Existenz des Jodes in der Heilquelle von Saxon (Canton Wallis, in der Schweiz). Vorgetragen in der Gesellschaft der walliser Naturforscher zu Sion, am 3. Februar und 7. April 1853. 8. Sitten 1853.

Brauns, Hans

Ein neuer termitophiler Aphodier aus dem Oranje-Freistaat. Von Dr. Hans Brauns. Mit Bemerkungen und 1 Tafel von E. Wasmann. S. J. (Annalen des k. k. naturhistorischen Hofmuseums. Separatabdruck aus Bd. XV. Heft 2.) Wien. 1900. [In Comm.] Hölder. Lex.-8°. Paginirt: S. 164—168. K —.40

Brauns, Hans: Die hannov. Bürgerwehren, s: Veröffentlichungen z. niedersächs. Gesch.

Brauns, H., Cossyphodites Brauns nov. gen. Cossyphodidarum Wasm. (Annalen des k. k. naturhist. Hofmuseums. Separatabdruck aus Bd. 16. Heft 1—2. (Lex.-8°. (Pag. S. 92—96) † K —.40 Wien: A. Hölder 1901.

Brauns, Hans [aus Schwerin i. M. Assistenzarzt an d. Frauenklinik zu Rostock]: Intrauterine Gliederablösung und Zerreissung des Amnion durch amniotische Fäden ... Rostock, C. Boldt'sche Hof-Buchdr., 1894; 62 S., 1 Taf. 8.
Rostock, Med. Fak., Inaug.-Diss. v. [22. Febr.] 1894

BRAUNS, Hans

Zur Kenntnis der südafrikanischen Hymenopteren. Von Dr. Hans Brauns. (Mit 1 Tafel.) (Annalen des k. k. naturhistorischen Hofmuseums. Separatabdruck aus Bd. XIII, Heft 4.) Wien. 1899. [In Comm.] Hölder. Lex.-8°. Paginirt S. 383—423. fl. 1.50

Brauns, Heinr., Die Achtstundenschicht im deutschen Steinkohlenbergbau. 8⁰. Berlin, Johanniterstr. 6, 1910.

Brauns, Heinr.: Die Gewerkschaftsfrage. — Soziale Reformarbeit, s: Studien, Soziale.

Brauns, Heinr., der Übergang von der Handweberei zum Fabrikbetrieb in der niederrheinischen Samt- u. Seiden-Industrie u. die Lage der Arbeiter in dieser Periode, s. a. Forschungen, staats- u. sozialwissenschaftliche. XXV. 4.

Brauns, Heinrich: Der Übergang von der Handweberei zum Fabrikbetrieb in der Niederrheinischen Samt- u. Seiden-Industrie und die Lage der Arbeiter in dieser Periode. Leipzig: Duncker & Humblot. (XII, 256 S.) 8° ¶ (Aus: „Staats- und sozialwissenschaftliche Forschungen" Bd 25.)
Freiburg i. B., rechts- u. staatsw. Fak., Ref. Fuchs, Diss. v. 1906
(Nicht für den Austausch.)
[Geb. 3. Jan. 68 Cöln; Wohnort: M.-Gladbach, Rheinl.; Staatsangeh.: Preußen: Vorbildung: Apostel-Gymn. Cöln Reife O. 86; Studium: Bonn, kathol. Theol. 6, ebenda Staatsw. 1, Staatsw. Freiburg i. B. 3 S.; Rig. 27. Juli 05.]

Brauns, Hermann *Louis Wilhelm Julius* [pr. Arzt aus Zellerfeld in Hannover]: Über vorzeitige Lösung d. Placenta vom normalen Sitz in den letzten Monaten der Schwangerschaft ... Marburg, Druck v. E. Schneider in Eisleben, 1893; 2 Bl., 31 S. 8.
Marburg, Med. Fak., Inaug.-Diss. v. 21. Dez. 1893

Brauns, J. F., letzte Confirmation u. Predigt in d. baufälligen St. Nicolai-Kirche zu Oesselse. gr. 8. (4¾ B.) Hildesheim 836. (Hannover, Helwingsche Hofbuchh.) *

Brauns, J. F., Leben des Grafen v. Zinzendorf, s.: Sonntags-Bibliothek, 3. Bd.

Brauns, J. F., zur Verständigung üb. den Anabaptismus od. gemeinfaßl. Widerlegung d. Wiedertäufer. Mit Vorw. v. Bauer. gr. 8. (5¼ B.) Hildesheim 841. (Gerstenbergsche Buchh.) *

Brauns, J. F., Zur Verständigung üb. d. Anabaptismus oder gemeinfaßl. Widerlegung der Wiedertäufer. gr. 8. Hildesheim 1845, Gerstenberg. 10 Ngr. — 36 kr.

—— Wahl- u. Antrittspredigt, nebst e. Predigt üb. Luc. 7, 11—17. gr. 8. (4 B.) Hildesheim 835. (Hannover, Helwingsche Hofbuchh.) *

—— Zuruf an d. vaterländ. Jugend bei ihrer Entlassung vom Chore. Allen Aeltern, denen d. Heil ihr. Kinder theuer ist, dargeboten. 8. (6¼ B.) Hannover 837, (Helwingsche Hofbuchh.) *

Brauns, Johann Adam, s. Braun, Johann Adam

Brauns, Johann August Christian (Greussen), Naturam febris et apoplexiae unam eandemque esse evincere conatur. Diss. med. Erfurt (J. C. Goerling) 14. X. 1791. 24 S. (3.—) 3854

Brauns, Julius: Über den präpositionalen Accusativ im Spanischen mit gelegentl. Berücks. anderer Sprachen. Hälfte 1. Hamburg 1908: Lütcke & Wulff. VIII, 32 S. 8°
Hamburg, OR in Eimsbüttel OP 1908 (956)

Brauns, Julius: Über den präpositionalen Accusativ im Spanischen mit gelegentl. Berücks. anderer Sprachen. Hälfte 2. Hamburg 1909: Lütcke & Wulff. S. 33—69. 8° ¶ [Forts. d. P-Beil. 1908.]
Hamburg, OR in Eimsbüttel OP 1909 (985)

Brauns, Jul., kurze Belehrung üb. Stenographie m. besond. Berücksicht. u. übersichtlicher Darstellung der Kurz- u. Schnellschrift v. J. B. gr. 8. (12 S.) Hamburg-Eilbeck 890. (Leipzig, J. H. Robolsky.) n. — 20

— Entwurf u. Begründung e. neuen Schulkurzschriftsystems u. e. auf der Auslaut-Symbolik beruhenden Schnellschrift, nebst e. kurzgefassten method. Lehrgange der Schul- und der Verkehrskurzschrift. Als Mskr. gedr. gr. 8. (XVI, 90 S.) Ebd. 888. n. 2. —

Brauns, Jul.: Kurzgefasster method. Lehrg. d. Schul- u. Verkehrs-Kurzschrift (Stenogr. n. eig. System), s: Unterrichts-Bibliothek, Stenographische.

— kurzschriftliches Lesebuch. Nach eigenem System autographiert. 12. (16 S.) Ebd. 889. n. — 40

Brauns, Julius (Red.), s. Mitteilungen, Kurzschriftliche.

Brauns, J. Ueber Quelle und Entwicklung der altfranzösischen Cançun de Saint Alexis, verglichen mit der provenzalischen Vida sowie den altenglischen und mittelhochdeutschen Darstellungen. Diss. Kiel 1884. 56 S.

Brauns, Jul., üb. Quelle u. Entwicklung der altfranzösischen Cançun de saint Alexis, verglichen m. der provenzal. Vida sowie den altengl. u. mittelhochdeutschen Darstellgn. gr. 8. (X, 56 S.) Kiel 884. Lipsius & Tischer. n. 1. 80

— stenographische Studien, s.: Mitteilungen, kurzschriftliche.

— stenographische Unterrichts-Bibliothek. 1.—3. Bdchn. 12. Hamburg 893. (Leipzig, J. H. Robolsky.) n. 1. 80

1. Lehrbuch der Stenographie nach eigenem System (f. Schul- u. Selbstunterricht). I. u. II. Stufe: Schul- u. Verkehrs-Kurzschrift. (IX, 16 S. m. 16 Taf.) 893. n. — 80
2. Kurzschriftliches Übungsbuch. Im Anschluss an das Lehrbuch der Stenographie nach eigenem System (I. u. II. Stufe: Schul- u. Verkehrs-Kurzschrift). (32 S.) 893. n. — 60
3. Kurzschriftliches Lesebuch nach eigenem System. 1. Lfg. 2., umgeänd. u. verm. Aufl. Gedichte v. Goethe u. Schiller. (IV, 16 S.) 894. n. — 40

— stenograph. Unterrichts-Bibliothek. 1. Bdchn. Ausg. A u. B u. Nachtrag zu B. 12. Hamburg-Uhlenhorst 896. Leipzig 896. (J. H. Robolsky.) n. 1. 65

Lehrb. d. Stenographie nach eig. System (f. Schul- u. Selbstunterr.). Unter- u. Mittel-Stufe: Schul- u. Verkehrs-Kurzschrift. 2., verb. Aufl. Ausg. A (f. d. Selbstunterr.). Vollst. m. „Schreibbestimmgn. u. Erläutergn." (IX, 23 S. m. 12 Taf.) n — 80. — Ausg. B (f. d. Kursus-Unterr.) Ohne d. ausführl. „Schreibbestimmungen u. Erläutergn." (III, 13 S. m. 12 Taf.) n. — 60; Nachtrag: Schreibbestimmungen u. Erläutergn. (VIII u. S. 13—23.) n. — 25.

— dasselbe. 2. Bdch., 3. Bdchn, 2. Lfg. u. 4. Bdchn. 12. Ebd. n. 2. 50

2. Kurzschriftl. Übungsbuch. (Lese- u. Schreib-Übgn.) Im Anschl. an d. Lehrbuch d. Stenographie n. eig. System (Unter- u. Mittelstufe: Schul- u. Verkehrs-Kurzschrift) hrsg. 2., verb. Aufl. (32 S.) 896. n. — 60
3. Kurzschriftl. Lesebuch n. eig. System. 2. Lfg. Humoristisches. (IV, 24 S.) 897. n. — 40
4. Lehrbuch d. Rede-Schnellschrift (Debattenschrift) a. Gr. d. Konsonanten-Symbolik. Neue Bearbeitg. (VIII, 32 S.) 897. n. 1. 60

Brauns, Jul., stenographische Unterrichts-Bibliothek. V. Bdchn. gr. 8. Leipzig, J. H. Robolsky. n. — 80
Schnellschriftliches Übungsbuch (Lese- u. Schreibübungen) im Anschluss an das Lehrbuch der Rede-Schnellschrift (Debattenschrift) auf Grund der Konsonanten-Symbolik. A. Leseübgn. — B. Schreibübgn. (IV, 10 u. 16 S.) 901.

Brauns, Jul. Welche Anforderungen sind an eine Schulkurzschrift zu stellen etc. gr. 8. Hamb. 888. Lpz., Robolsky. [* 4 —] * 3 —

Brauns, Jul., welche Anforderungen sind an eine Schulkurzschrift zu stellen, und genügen denselben die bisherigen Systeme? Zehn Thesen, nebst darauf gegründeter Darstellung und Beurteilung der stenograph. Systeme Gabelsberger, Stolze, Arends, Roller, Lehmann, Faulmann, Velten, Simon, Merkes, Lenze, Hasemann, Hesse u. A. m. gr. 8. (XI, 112 S.) Hamburg 888, (Verlagsanstalt und Druckerei, A.-G.) *

Brauns, Carl Eduard, lyrische Gedichte. 8. (9 B.) Cassel 829, Bohné.

Brauns, Karl Ed., d. Kynomachie. Ein humoristisches Volksgedicht in 3 Gesängen. 8. Cassel 824. Bohné. 12 gr.

Brauns, Otto, Beiträge zur hannoverschen Missionsgeschichte. Hannover 869. Meyer. gr. 8. (136 S., 2 Holzschntaff. u. 1 Karte in Holzschn.) n. 15 ngr.

Brauns, Otto, die Diphtherie, ihre Geschichte, ihr Wesen und ihre Bedeutung. Ein warnendes Wort an die Gebildeten. gr. 8. (52 S.) Hannover 878, Rümpler.

Brauns, Otto, Leben, Wirken und Ende des auf Borneo ermordeten hannöverschen Missionars Ferd. Rott. 1. und 2. Aufl. gr. 8. (VI und 74 S. mit 1 lithogr. Portr.) Hermansburg 861. (Leipzig und Dresden, Naumann. — Celle, Schulze'sche Buchh.) *

Brauns, Otto [Referendar]: Die Lehre von den Pertinenzen nach römischem, germanischem und gemeinem deutschen Recht unter Vergleichung der wichtigsten Partikulargesetzgebungen .... Rostock. Univ.-Buchdr. v. Adler's Erben, 1886; IV + 52 S. 8°.
Rostock. Jur. Fak. Inaug.-Diss. v. 4. März 1886.

Brauns, Paul: Ueber Lagerung der Kreissenden. Halle (1869): Plötz. 31 S. 8°
Halle-Wittenberg, Med. Diss. v. 13. Aug. 1869
Geb. Gr. Wanzleben bei Magdeburg 3. 4. 1843. V.

Brauns, Paul, die Kuranstalt Lindenhof u. ihre Heilmittel. gr. 8. (23 S.) Wiesbaden 891. Bechtold & Co. n. — 50

— die Neurasthenie, ihr Wesen, ihre Ursachen, Behandlung u. Verhütung. Gemeinverständlich dargestellt. 8. (VII, 77 S.) Wiesbaden 891. J. F. Bergmann. n. 1. 60

Brauns, Reinhard

Brauns, Rhard., Anleitung zum Bestimmen d. Mineralien, s.: Fuchs, C. W. C.

Brauns, R., die optischen Anomalien der Krystalle, s. a. Preisschriften, gekrönt u. hrsg. v. der fürstlich Jablonowski'schen Gesellschaft zu Leipzig.

Brauns, R. Die optischen Anomalien der Krystalle. Gekrönte Preisschrift. Leipzig. 1891.

Brauns, Reinhard, Dr., Prof. d. Mineral. u. Geol.: Entwicklung des mineralogischen Unterrichts an der Universität Gießen. (Enthält außerdem: Chronik d. Universität für 1903/04 sowie: Verkündigung des Ergebnisses d. letzten Preisarbeiten u. d. für 1904/05 gestellten Preisaufgaben.) *Gießen 1904: v. Münchow.* (S. 1—32.) 4°
Gießen, Rede zur Feier d. Jahresfestes 1904

Brauns, Rhard., die zur Diabasgruppe gehörenden Gesteine d. rheinischen Schiefergebirges. (9 S.) Lex.-8. Berlin 905. (G. Reimer.) n. — 50
Sonderabdruck aus: „Sitzungsber. d. preuss. Akad. d. Wiss."

Brauns, Rhard., Mineralogie, s. a. Sammlung Göschen.

Brauns R.: Mineralogie. 2. verm. Aufl. 1897. 128 S. Fig. (Sammlung Göschen. 29).

Mineralogie. Von Dr. R[einhard] **Brauns**, Prof. Mit 132 Abb. 3., verb. Aufl. Neudr. Leipzig: Göschen 1910. 134 S. 8°
(Sammlung Göschen. 29.) [11. 14295 II

Chemische Mineralogie v. Dr. Reinhard Brauns, o. Prof. . . . a. d. Univ. Giessen. M. 32 Abb. im Text. *Leipzig: Ch. H. Tauchnitz 1896.* (XIII S., 1 Bl., 460 S.) 1 Bd 8. [96. 7668

— das Mineralreich. Mit viel. Textillustr., 78 Farbentaf., 14 Lichtdr.-Taf. u. 4 Kunstdr.-Taf. 29 Lfgn. (II, 440 u. 2 S. m. 87 Bl. Erklärgn.) 4. Stuttgart 903. 904. F. Lehmann. à n. 1. 50; Geb. in 1 Bd. n. 50. —; in 2 Bde. n. 52. —

— Das Mineralreich. Neudr. (4, 440 m. Abb.) Lex8° Essl., JF Schreiber '12. L 36 —; HF 50 —; in 2 HF-Bdn 52 —

— Die kristallinen Schiefer d. Laacher Seegebietes u. ihre Umbildg zu Sanidinit. (61 m. 18 Lichtdr.-Taf.) 32×24,5 cm. Stuttg., E Schweizerbart '11. in HL-M 24 —

Brauns, Reinhard [Dr. phil.]: Studien über den **Palaeopikrit** von Amelose bei Biedenkopf und dessen **Umwandlungsprodukte** . . . . (Sep.-Abdr. aus: N. Jahrbuch f. **Mineralogie** etc. **Beilageband V.**) **Marburg**, 1887; 1 Bl. + S. 275–329. 8°.
Marburg, Phil. Fak., Hab.-Schr. v. 30. Apr. 1887.

Brauns, *Friedrich Moritz* **Theodor [app. Arzt]: Aus d. hygien. Institute d. Univ. Leipzig. Über die bakteriologische** Untersuchung von 43 Brunnenwässern Leipzigs und die **Beziehungen** zum chemischen Befund . . . Sorau N.-L., **Druck v. J. D. Rauert,** 1894; 29 S., 1 Bl. 8.
Leipzig, Med. Fak., Inaug.-Diss. v. 30. Nov. 1894

Brauns, (Rappe) Thilo (Hartig) (geb. Ilberstedt in Anh. 1. 3. 1831): De diphtheritide. Berolini (1862). (31 S.) 8°
Berlin, Med. Diss. v. 8. Dez. 1862

Braunsberg, Kreis, s.: Königsberg, Reg.-Bez.

— s. a.: **Kreiskarten.**

Braunsberg, Kreis. Karte des Kreises Braunsberg im Reg.-Bez. Königsberg. Hrsg. v. der kartogr. Abteilg. der königl. preuss. Landesaufnahme 1877. Aufgenommen vom königl. preuss. Generalstab 1864—1868. Einzelne Nachträge 1896. 1 : 100,000. 46×58 cm. Farbdr. Berlin, (R. Eisenschmidt). n.n. 2. —; ermäss. Preis n.n. 1. 50

BRAUNSBERGER, Otto (München): Der Apostel Barnabas. Sein Leben und der ihm beigelegte Brief wissenschaftlich gewürdigt.- Mainz: Kupferberg 1876. VIII,278 S.
12.3.1877 - Urk (Titel: De vita S. Barnabae apostoli deque epistola ei adscripta.);
Chr 1876/77,9
Diss. Ingolst.-Landsh.-Mchn.

Braunsberger, Otto, der Apostel Barnabas. Sein Leben und der ihm beigelegte Brief wissenschaftlich gewürdigt. Gekrönte Preisschrift. gr. 8. (VIII, 278 S.) Mainz 876, Kupferberg.

Braunsberger, Otto, S. J., s.: Canisii, Petri, epistulae et acta.

Braunsberger, Otto, Entstehung u. erste Entwicklung der Katechismen d. seligen Petrus Canisius aus der Gesellschaft Jesu, s.: Stimmen aus Maria-Laach.

Braunsberger, Otto: Pius V. u. d. deut. Katholiken, s: Stimmen a. Maria-Laach.

Rückblick auf das katholische Ordenswesen im 19. Jahrhundert. Von Otto **Braunsberger** S. J. *Freiburg i. B.: Herder 1901.* (VIII, 228 S.) 8° [F.]
= Stimmen aus Maria-Laach. Erg.H. 79. [01. 8140

Braunschiedel, Wendelin (Bingen), Vindiciae libertatis a jure detractus territorialis, quod ad bona mobilia nobilis imperii immediati, vinculo servitii vel muneris aulici domino territoriali quondam obstricti. Mainz (J. J. Alef / Haeffner Erb.) Nov. 1786. 108 S. (6.50) . 3856
Gew.: Georg Carl Franz Frh. v. Fechenbach (Lautenbach).

Braunschild. J. [aus Nieheim (Westfalen)]: Die Exstirpation des carcinomatösen Uterus per vaginam . . . . Würzburg, Paul Scheiner's Buchdr., 1886: 35 + 1 S. 8°
Würzburg. Med. Fak.. Inaug.-Diss. v. 1886

Braunschild, J., die Exstirpation des carcinomatösen Uterus per vaginam. Diss. Würzburg 1886, Stabelsche Univ.-Buch. 8°. 33 S.

Braunschmidt, Albert: Zwei Fälle von Tabes dorsalis combiniert mit spätsyphilitischen Krankheitserscheinungen. *Berlin (1898): G. Schade.* (31 S.) 8°
Berlin, Med. Diss. v. 22. Juli 1898

Braunschweig [Sachl. OW]

Braunschweig, s. a. Brounswik.

Braunschweig. Plan der Stadt nebst einem Führer für Fremde, s. Brockhaus' Reise-Atlas.

Braunschweig. Neuer Führer durch die Stadt und die nächste Umgebung. 16. (22 S. mit 1 lithogr. Plane der Stadt in 4.) Braunschweig [Wolfenbüttel] 872, Zwissler. *

[F.] Festgabe. **Braunschweig** 'Einst und Jetzt' dargestellt in Wort und Bild. (Den deutschen Naturforschern u. Aerzten . . . bei Gelegenht ihrer 69. Versammlg gewidm. v. Bürgern u. Bürgerinnen d. Stadt u. dem Vereine v. Freunden d. Photographie zu Braunschweig.) *(Braunschweig: Albert Limbach 1897.)* (100 S., 28 Taf.) 1 Bd 8. [97. 7133

Braunschweig i. J. MDCCCXCVII. **Festschrift,** d. Theilnehmern a. d. LXIX. Versammlg. deutscher Naturforscher u. Aerzte gewidmet v. d. Stadt Braunschweig. I. Auftr. d. geschäftsführ. u. litterar. Ausschusses u. unt. Mitwirkg. d. städt. u. Staats-Behörden, sow. d. Vereins f. Naturwissenschaft, d. ärztl. Kreisvereins u. d. Vereins f. öffentl. Gesundheitspflege z Braunschweig hrsg. v. Rud. **Blasius.** M. 71 Abb. u. Plänen u. 1 Karte. Lex.-8. (XIII, 634 S.) Braunschweig 897. J. H. Meyer. n. 10. —; geb. in Leinw. n. 11. 50

Braunschweig im Jahre 1897. Festschrift den Theilnehmern an der 69. Versammlung Deutscher Naturforscher und Aerzte gewidmet von der Stadt Braunschweig. Hrgg. v. Rudolf Blasius. Braunschweig. 1897. 2. unveränd. Ausg. Den Theilnehmern an der 29. Versammlung der Deutschen Anthropologischen Gesellschaft zu Braunschweig im August 1898 gewidmet von der Lokalgeschäftsführung. Braunschweig. 1898. 8° m.

Braunschweig in den Jahren 1806—1815. Wolfenb. 1890—91. V: *Zimmermann, Paul & P. Walter.* (Dn)

— in den J. 1806 bis 1815. 1. Hft. gr. 8. Wolfenbüttel 890. (J. Zwißler.) n. 1. —
Ein Schriftenverzeichniß, zusammengetragen f. die im Juni 1890 zu Braunschweig veranstaltete Ausstellg. vaterländ. Erinnergn. aus der Zeit v. 1806 bis 1815. (X, 117 S.)

— dasselbe. 2. Hft. gr. 8. Braunschweig 890. (F. Vieweg & Sohn.) Nicht im Handel.
Bilder-Verzeichniss, zusammengetragen für die im Juni 1890 zu Braunschweig veranstaltete Ausstellg. vaterländ. Erinnergn. aus der Zeit v. 1806 bis 1815. (X, 150 S.)

— dasselbe. 3. u. 4. Hft. gr. 8. Wolfenbüttel 890. (J. Zwißler.) à n. 1. —
3. Verzeichnis militärischer Erinnerungsstücke, zusammengetragen f. die im Juni 1890 zu Braunschweig veranstaltete Ausstellg. vaterländ. Erinnergn. aus der Zeit v. 1806 bis 1815. 3. Abdr. m. Nachtrag. (52 S.)
4. Ein Verzeichnis der zusammengetragenen Erinnerungsgegenstände, Büsten u. Reliefs, Münzen u. Medaillen u. Siegel zu der im Juni zu Braunschweig veranstalteten vaterländ. Ausstellg. (22 S.)

Braunschweig, die Stadt, ein historisch-topographisches Handbuch für Einheimische u. Fremde. Herausgeg. von H. Schröder u. W. Aßmann. (2 Abtheil.) gr. 12. (Mit lith. Plan. Braunschweig 841, Vieweg u. Sohn. n. 1 ₰

Braunschweig. – Die Stadt Braunschweig in hygienischer Beziehung. Festschrift für die Theilnehmer der XVI. Versammlung des Deutschen Vereins für öffentliche Gesundheitspflege. . . . herausgegeben von R. Blasius, Wilhelm Clauss, J. Landauer. (Mit 1 Tafel.) Braunschweig 1890. Joh. Heinr. Meyer. 8°.

Braunschweig und Umgebung. Histor.-topographisches Handbuch mit einem Plane Braunschweigs. Braunschweig 1877. V: *Knoll*, *Fr.* (Löwe, Bibliogr. d. Hann. u. Braunschw. Gesch. Hann. 1900. S. 237.)

Braunschweig und Umgebung. Historisch-topographisches Handbuch mit 1 (lithogr.) Plane der Stadt Braunschweig. Hrsg. auf Veranlassung des Verlegers. gr. 8. (XVI, 207 S.) Braunschweig 877, Haering und Comp. *

Braunschweig u. dessen Umgebung. Ein Hülfsbuch f. Fremde, welche d. Stadt besuchen ꝛc. wollen. 8. Braunschw., Lucius. 8½

—— seine nächsten Umgebungen u. Sehenswürdigkeiten. Ein kurzer histor.-topograph. Abriß f. Fremde u. Einheimische. (M. 3 Abbild.) gr. 8. (2 B.) Braunschweig 838, (G. C. E. Meyer sen.) *

Braunschweig. Herzogtum (Schlagwort)

– s.a. Eisenbahnkarten.

– s.a. Generalkarten.

– s.a. Hand- und Reisekarten. 18.

– s.a. Hannover.

– s.a. Heimatskärtchen. 16.

– s.a. Radfahrerkarten. Junghans. Ravenstein. Universal-Automobilkarten. Wunder.

– s.a. Regenkarten.

Braunschweig — top. milit. Atlas von dem Königreiche Hannover, dem Grossherzogthum Oldenburg, Herzogthum — etc. Weimar. 1816. S. top. G. K. von Hannover. 1 : 190,000.

Braunschweig, Herzogt. Diercke, C., Schulwandkarte v. Herzogt. Braunschweig. 1 : 100,000. 131×174 cm. Farbdr. Braunschweig (908). G. Westermann. Auf Leinw. m. Stäben 20. —

Braunschweig, Herzogt. Diercke, C., Schulwandkarten. Herzogtum Braunschweig. 1 : 100,000. 4 Blatt à 67,5×87 cm. Farbdr. Braunschweig (904). G. Westermann. Auf Leinw. m. Stäben n. 20. —

— Karte vom Herzogt. Braunschweig, nebst Umgebungs-Karte u. Plänen der Stadt Braunschweig. Zum Unterricht in der Heimatskunde. (4 farb. Karten m. 1 S. Text auf dem Umschlag.) 4. Ebd. n. — 40

Braunschweig (Herzogth.). – Karte v. Herzogt. Braunschweig (1–500.000), nebst Plan(1:12,000) u. Uebersichts-Karte d. Umgebg. d. Stadt Braunschweig (1:100,000). Zum Unterricht in d. Heimatskunde. 3 Bl. Chromol. 4 Brnschw: 1882, Westermann.

Braunschweig, Herzogt. Karte vom Herzogt. Braunschweig 1 : 500,000, nebst Plan 1 : 12,000 u. Uebersichts-Karte der Umgebung der Stadt Braunschweig 1 : 50,000. Zum Unterr. in d. Heimatskunde. 31.—35. Taus. 8 Blatt. Farbendr. gr. 4. Braunschweig 894. G. Westermann. — 30

— Landeskarte, topographische, des Herzogt. Braunschweig. Hrsg. v. der herzogl. Landesaufnahme. 1 : 10,000. 8 Blatt. Kpfrstr. u. Farbdr. Braunschweig (G. C. E. Meyer sen.) à n. 1. —
Bündheim. 69,5×89 cm. 903. — Gross-Denkte. 55,5×56 cm. 902. — Gross-Vahlberg. 55,5×56 cm. 902. — Bad Harzburg. 79,5×90 cm. 903. — Oker. 69,5×79 cm. 903. — Romkerhalle. 79,5×80 cm. 903. — Thiede. 56×56 cm. 903. Wolfenbüttel. 55,5×55,5 cm. 903.

— Landeskarte, topographische, d. Herzogt. Braunschweig. Hrsg. v. der herzogl. Landesaufnahme. 1 : 10,000. 18 Bl. Kpfrst. u. Farbdr. Braunschweig, (G. C. E. Meyer sen.) à 1. —
Ahlum. 55,5×56 cm. 907. — Badenhausen. 56,5×81,5 cm. 906. — Bodenburg. 56,5×66,5 cm. 906. — Cramme. 55,5×55,5 cm. 907. — Dettum. 55,5×55,5 cm. 907. — Gittelde. 56,5×96,5 cm. 906. — Hahausen. 56,5×66,5 cm. 906. — Halchter. 55,5×55,5 cm. 907. — Ildehausen. 56,5×66,5 cm. 906. — Kl. Rhüden. 56,5×81,5 cm. 906. — Langelsheim. 56,5×81,5 cm. 906. — Lutter a. B. 56,5×96,5 cm. 906. — Mahlum. 56,5×91,5 cm. 906. — Münchehof. 56,5×61,5 cm. 906. — Schlewecke. 56,5×71,5 cm. 906. — Seesen. 56,5×91,5 cm. 906. — Seesener Forst. 56,5×66,5 cm. 906. — Wolfshagen. 56,5×81,5 cm. 906.

Braunschweig, Herzogth. Liebenow's, W., Specialkarte vom Herzogth. Braunschweig, Reg.-Bez. Hildesheim u. d. Harz, f. Reise, Bureau u. Verkehr. 1 : 300,000. 52×59,5 cm. Farbdr. Frankfurt a/M. (902). L. Ravenstein. In Decke n. 2. —; auf Leinw. in Decke n. 3. —

— Liebenow's, W., Specialkarte v. Herzogt. Braunschweig, Reg.-Bez. Hildesheim u. dem Harz, f. Reise, Bureau u. Verkehr. 1 : 300,000. (Volksausg.) 52×59,5 cm. Farbdr. Frankfurt a/M. (904). L. Ravenstein. n. 1. 20

Braunschweig — Hydro-Oro-Chorographische General-Post- und Wegekarte des Königreichs Hannover etc. von Müller. Hannover. 1821. Siehe Administrativ-K. von Hannover. 1 : 400,000.

Braunschweig — Geogr. Karte des Königreichs Hannover, Grossherzogthums Oldenburg, des Herzogthums — etc. von Müller. Hannover 1818. S. top. G. K. von Hannover. 1 : 152,400.

Braunschweig, Herzogt. Schulwandkarte des Herzogt. Braunschweig. 1 : 100,000. 6 Blatt. Chromolith. Imp.-Fol. Braunschweig 887. Westermann. Auf Leinw. m. Stäben. n.n. 20. —

Braunschweig — Topographische Charte vom Herzogthume — Mit Benützung aller vorhandenen Hülfsmittel und eigenen Vermessungen nach der neuen Eintheilung in Districte und Kriegsgerichte entworfen und gezeichnet von Fried. Wilh. Spehr. Braunschweig bey Joh. Pet. Spehr. 1820. 1 : 300,000. 1 Bl.

— Specialkarte vom Herzogth. Braunschweig, nach officiellen Quellen bearb. Neue Aufl. Chromolith. Imp.-Fol. Wolfenbüttel 887. Zwissler. 2. —; auf Leinw. 4. —

— Wunder, Rob., Special-Karte vom Herzogt. Braunschweig. 1 : 200,000. 61×85 cm. Farbdr. Braunschweig 898. A. Limbach. 2. —

— Wunder, Rob., Special-Karte vom Herzogt. Braunschweig. 1 : 200,000. 2., verb. Aufl. 60,5×86 cm. Farbdr. Braunschweig (906). A. Limbach. n. 1. —; auf Kartenleinw. n. 1. 50

Braunschweig. Stadt (Schlagwort)

— s. a.: Deutschland. Karte. (Abt. Preussen.)

Braunschweig (Führer), s.a. Miniatur-Bibliothek.

— s. a.: Preussen. Messtischblätter.

– s.a. Radfahrerkarten. Franke.

– s.a. Radfahrerkarten. Mittelbach.

Braunschweig, s.a. Woerl's Reisehandbücher.

Braunschweig (Stadt). – Brauchitsch, v.: Karte d. Umgegend v. Braunschweig. 1:50,000. Lith. Fol. Brnschw. 1882, Ramdohr.

Braunschweig, Stadt. Brauchitsch, v., Karte der Umgegend von Braunschweig. 1 : 50,000. Revid. 1888. Lithogr. Imp.-Fol. Braunschweig, (Ramdohr). n.n. 4. —

Braunschweig, Stadt. Brauchitsch, v., Karte der Umgegend v. Braunschweig. 1 : 50,000. 60,5 × 63,5 cm. Lith. Braunschweig 893. (Ramdohr.) n.n. 4. —; auf Leinw. n.n. 5. 50

— Führer u. Plan v. Braunschweig. 16., verb. Aufl. 12. (8 S. m. Plan, 1 : 10,000, 51 × 45 cm. Farbendr., nebst Strassenverzeichnis am Fusse.) Braunschweig 895. J. H. Meyer. — 60

Braunschwweig mit der Promenade und den daran stossenden Gärten, von E. v. Heinemann, gest. v. C. Marc. Sr. Hochf. D. dem Herrn Carl Fried. Aug. Wilh. reg. H. z. Braunschw.-Füneb. allerunterth. zugeeignet v. Carl W. Schenk. Braunschweig bey C. W. Schenk 1828. 1 : 2,850. 1 Bl.

Braunschweig nebst Umgegend, aufgenommen von E. v. Heinemann, gestochen v. C. Marc. Sr. H. F. D. dem Herrn Carl Friedrich August Wilhelm H. zu B. L. zugeeignet. Braunschweig ;von C. W. Schenk et Comp. (1822 erschienen). 1 : 16,000. 1 Bl.

Braunschweig (Stadt). – K n o l l , Fr.: Plan d. Stadt Braunschweig, nebst Angabe d. Aufstllgn. d. Corporationen u. Gewerbe z. Feier d. 50-jähr. Regierungsjubiläums Sr. Hoh. d. Herzogs Wilhelm am 25. Apr. 1881. 1:4000. Lith. u. col. Fol. Brnschw. 1881, Wollermann.

Braunschweig, Stadt. Liebenow, W., Wander-, Rad- u. Automobilkarte der weiteren Umgebung v. Braunschweig. 1 : 300,000. 38,5×29,5 cm. Farbdr. Braunschweig (909). H. Wollermann. — 75; auf Lw. 1. 10

Braunschweig (Stadt). – P l a n d. herzogl. Residenz-Stadt Braunschweig. 4. Afl. Chromol. Fol. Mit kleinem Führer. 12. (4) Brnschw. 1884, Meyer

— Plan der herzogl. Residenz-Stadt Braunschweig. 9. Aufl. Chromolith. Imp.-Fol. Mit kleinem Führer. 12. (4 S.) Braunschweig 889. Meyer. n. — 75

— Plan der herzogl. Residenz-Stadt Braunschweig. Bearb. v. Fr. Knoll. 1 : 10,000. 19., verb. Aufl. 51,5 × 45,5 cm. Farbdr. Mit Strassenverzeichniss etc. am Fusse. Ebd. 898. — 50

Braunschweig, Stadt. Plan der herzogl. Residenz-Stadt Braunschweig. Bearb. von der Vermessungs-Abtheilg. der städt. Bauverwaltg. 1 : 10,000. 23. verb. Aufl. 54,5 × 49,5 cm. Farbdr. Mit Strassenverzeichniss etc. am Fusse. Braunschweig 902. J. H. Meyer. — 50

Braunschweig, Stadt. Plan der herzogl. Residenz-Stadt Braunschweig. Bearb. v. der Vermessungs-Abteilg. der städt. Bauverwaltg. 1 : 10,000. 27., verb. Aufl. 54,5×49 cm. Farbdr. Mit Strassenverzeichniss usw. am Fusse. Braunschweig 906. J. H. Meyer. — 50

— Plan der herzogl. Residenz-Stadt Braunschweig. Bearb. v. der Vermessungs-Abteilg. der städt. Bauverwaltg. 1 : 10,000. 31. verb. Aufl. 54,5×49 cm. Farbdr. Mit Strassenverzeichnis usw. am Fusse u. Text auf dem Umschlage. Braunschweig 910. J. H. Meyer. — 50

Braunschweig, Stadt. Plan, neuester v. Braunschweig. 1 : 10,000. 15., verb. Aufl. 51 × 45 cm. Farbendr. Mit Strassenverzeichniss am Fusse des Planes. Braunschweig 894. J. H. Meyer. — 50

— Wanderkarte v. Braunschweig u. Umgebung. 1 : 75,000. 3. Aufl. Bearb. v. Rich. Reiss. 54 × 72,5 cm. Farbdr. Braunschweig 901. A. Graff. n. 1. —; auf Leinw. n. 1. 50

— Wunder, Rob., Karte der Umgebung v. Braunschweig. (Verkehrskarte.) 1 : 100,000. 39 × 55 cm. Lith. Braunschweig (Cellerstr. 29), (902). R. Wunder. n. — 50

Braunschweig (Verfasser)

Braunschweig, J.: Bericht des Centralvorstandes üb. die Tätigkeit des evangelischen Vereins der Gustav Adolf-Stiftung.

Braunschweig, A, & A Lueger: Mi Tante. Volksstück. 8° (111) Mülh. i/E 99. (C Ehrmann). 1.20

Braunschweig, A. u. A. Lueger, Mi Tante. Volksstück in 4 Acto. gr. 8. (111 S.) Mülhausen i/E. (900). (C. Ehrmann). n. 1. 20

Braunschweig, A., u. W. Paprzycki, „Mi Unkel". Milhüser Revue in fünf Bilder. (64 S.) gr. 8. Mühlhausen i/E. 908. Ch. Bahy. — 80

Braunschweig, E. Über das Einwirkungsprodukt von Alkali auf substituirte Hydrazine der aromat. Reihe; über die Bildung von Diphenylderivaten bei Einwirkung von Kupferchlorür auf o-Nitrodiazobenzolparasulfosäure. In-8°. 30 S. Basel. These. **1895**

Braunschweig, Prinz Ferdinand von. Réflexions et anecdotes vraies, mais hardies sur la campagne de 1756. Dressé par quelqu' un qui était fort à même de le savoir et qui le puisait de source. Le tout composé en style d'une lettre d'un ami à un autre. (Aus:) „Urkundliche Beiträge etc. zur Geschichte des preuss. Heeres." 4. Heft. 8. Berlin 1902.

Braunschweig, Fr., Katechisationen üb. d. christliche Religionslehre 2c. gr. 8. Danzig 801. Brückner. 12 gr.

Braunschweig, Friedr., Marfa, letzte Fürstin Boretzki u. Bürgermeisterin zu Nowogrod, od. d. belagerte Nowogrod. Trauersp. in 5 Akten. Nach Karamsins russ. Annalen bearb. 8. (7¾ B.) Elbing 830, Neumann-Hartmann.

Braunschweig, Fr., die Marmorbraut, od. des Zaubers schwere Lösung. Ein oriental.-humorist. Gedicht in 6 Gesängen. 2 Thle. in 6 Gesängen. 16. Zerbst 834, 35. Kummer. 2/3 Thlr.

— die Zulässigkeit zur bürgerl. Gleichstellung d. Bekenner d. Mosaismus in christl. Staaten. Aus d. wahr. Standpunkte positiv bestehender Verhältnisse betrachtet, u. mit bisher zu wenig gewürdigten Gründen zu ein. Resultate geführt. 8. (2 B.) Danzig 835, Gerhard.

Braunschweig, Herzog Heinrich von, Schauspiele. Nach alten Drucken und Handschriften hrsg. von Wilh. Ludw. Holland, s. Bibliothek des litterarischen Vereins in Stuttgart. Bd. 36.

Braunschweig, J. D., pädagogisch-linguistische Aufsätze. 1r Thl. 8. Riga, Deubner u. Treuy. 811.

Braunschweig, Joh. Dan. v., über d. Alt-Amerikanischen Denkmäler. Mit e. Vorw. v. Carl Ritter. gr. 8. (13 B.) Berlin 840, Reimer.

— Progr. Ueb. rein hellenisches Element in d. griech. Mythologie. 8. Mitau 818.

Braunschweig, Joh. Dan. v., der Flachsbau Russlands in seinen mehrfachen staatswirthschaftl. Beziehungen. 8. (7 B. u. 1 Tab.) Riga 813. (Deubner.)

— die allgem. Geschichte, f. Realschulen in Tabellen dargestellt. 1s Hft. Alte Geschichte. qu. Fol. Mitau 828.

— Geschichte des Gymnasium illustre zu Mitau während d. ersten 50 Jahre seines Wirkens. 4. Mitau 805.

Braunschweig, Joh. Dan. v., Geschichte d. allgem. polit. Lebens d. Völker im Alterthume. Für Staats- u. Geschäftsmänner in Grundzügen entworfen. 1. Thl. Die äthiopische Völkerfamilie. Meroe. Aegypten. 1—3. Abschn. M. 2 ill. Abbild. gr. 8. (22 B.) Hamburg 830, Fr. Perthes.

— unsere Holz-Frage. Aus staatswirthschaftl. Standpunkte betrachtet. 8. (4⅞ B.) Riga 813. (Deubner.)

— Umrisse e. allgem. Geschichte d. Völker. Für Staats- u. Geschäftsmänner in Grundzügen entworfen. gr. 8. (47½ B.) Leipzig 833, Lehnhold.

— Rußland's Weinbau. Ein staatswirthschaftl. Versuch. 8. (4¼ B.) Riga 812, Deubner.

Braunschweig, Joh. Daniel (Hrsg.), s. Zeitschrift, Schulmännische.

v. Braunschweig, Karl, vereinfachte Campagne-Reiterei, od. d. Soldaten-Reiterei. Mit Kpf. gr. 4. Berl. 823, Mittler. 1 ℛ︁ 14 gr.

Braunschweig, (Carl,) vereinfachte Campagne-Reiterei od. d. Soldaten-Reiterei. Mit Kpfrn. gr. 4. Berlin 825, Mittler.

Braunschweig, L., Anleitung für die telegraphische Correspondenz. Nach dem Dienst- und Betriebs-Reglement des norddeutschen Bundes pro 1869 ausgearb. und zusammengestellt. Nebst einer nach amtl. Quellen bearb. (lithogr. und color.) Telegraphen-Karte (in qu. gr. Fol.) von Deutschland. Lex.-8. (24 S. mit eingedr. Holzschn.) Berlin 869, D. Reimer. *

Karte allein *

Braunschweig, L., Telegraphen-Karte von Deutschland. Nach den Plänen der General-Direction zu Berlin vervollständigt und gezeichnet. 1 : 2,000,000. Fol. Berlin 869, D. Reimer. -

Braunschweig, Leopold, Referendar in Düsseldorf: Begriff und Schutz des Kredits nach dem Bürgerlichen Gesetzbuch. *Rostock 1903: C. Hinstorff.* (70 S.) 8° [F.]
Rostock, Jur. Diss. v. [20. März] 1903

Braunschweig, M. v., Calendula. E. Brevier f. Frauen u. Jungfrauen. 12. (370 S. m. Abb. u. 12 [6 farb.] Taf.) Nürnberg 896. Th. Stroefer.
Geb. in Leinw. m. Goldschn. 8. 50

Braunschweig, M., das dritte Geschlecht (gleichgeschlechtliche Liebe). Beiträge zum homosexuellen Problem. gr. 8. (58 S.) Halle 902. C. Marhold. n. 1.—

Braunschweig, M., das dritte Geschlecht (gleichgeschlechtliche Liebe). Beiträge zum homosexuellen Problem. 2. verm. Aufl. (63 S.) gr. 8. Halle 903. C. Marhold. n. 1.—

Braunschweig, M., das dritte Geschlecht (Gleichgeschlechtliche Liebe.) Beiträge zum homosexuellen Problem. 3. erweit. (Umschlag: verm.) Aufl. (72 S. m. 4 Abb.) gr. 8. Halle 910. C. Marhold. 1.—

Braunschweig, Max

Braunschweig, M., vom Deutschtum in Ungarn. Politisches u. Unpolitisches. (59 S.) gr. 8. Wien 905. K. Mitschke. n. 1. 50

Braunschweig, M., am 27. Januar oder: Die Extrahose, s.: Theater-Album, militärisches.

— Schelme. Skizzen. (143 S.) 8. Wien 910. M. Braunschweig. 3.—

Braunschweig, Otto, Herbstblumen. Gedichte. Halle 870. Herrmann. 16. (124 S.) n. 10 ngr.

Braunschweig, Paul: Ueber hereditär-syphilitische Epiphysenerkrankung. Aus dem histologischen Institute der Universität Halle. Halle 1883: Karras. 23 S. 8°
Halle-Wittenberg, Med. Diss. v. 30. Mai 1883
Geb. Insterburg (Ostpr.) 6. 10. 1859. V.

Braunschweig, Paul [Dr.]: Die primären Geschwülste des Sehnerven ... (Aus: v. Graefe's Arch. f. Ophthalmol., Bd. XXXIX Abth. 4.) Leipzig, W. Engelmann, 1893; 1 Bl., 93 S. 8.
Halle, Med. Fak., Hab.-Schr. v. [13. Dez.] 1893

Braunschweig, s.: Neisser, A., stereoscop. medicin. Atlas.

Braunschweig, R., s.: Bahmann, R.

Braunschweig, R., Kaiser Josef II., e. deutscher Fürst, — Augustus v. Leubelfing, der Edelknabe Gustav Adolfs, } s.: Köhler's illustr. Jugendbibliothek.

Braunschweig, Rich. v., experimentelle Untersuchungen üb. das Verhalten der Thymus bei der Regeneration der Blutkörperchen. Diss. gr. 8. (56 S.) Jurjew (Dorpat) 891. (E. J. Karow.) n. 1. 20

Braunschweig, Rob., was muß man vom Vegetarismus wissen? Eine gemeinverständl. Abhandlg. f. Freunde u. Gegner. gr. 8. (72 S.) Berlin (902). H. Steinitz. n. 1.—

— Theophil Ed. (Conec/Westpr.), De oculi semiotice. Diss. med. Bln. (A.Petsch) 27. III. 1830. 47 Seiten m. Literatur u. Biogr. (M.: Rotzoll.) (4.80) 3859
Oppon.: F. Rust, R. Knapp, L. Winckel. — Gew.: Fried. Rotzoll, W. Walbrach, F. Rotzoll.

v. Braunschweiger, ..., s. Promenade durch d. Schweiz.

[Braunschweiger, .] Promenade durch die Schweiz. [Mit Titelvignette.] 8. Hamburg 1793.

Braunschweiger, David, aus Würzburg: Die Lehre von der Aufmerksamkeit in der Psychologie des 18. Jahrhunderts. *Leipzig: H. Haacke 1899.* (VIII, 163 S.) 8°
Würzburg, Phil. Diss. v. 1899

Kurze Bemerkungen über das Wasser im Allgemeinen und über einige Trinkwasser in Passau. — Von J. N. Braunschweiger, L. P. — 1882, Passau, ibid. — S. 3—20.

Braunschweiger, Joh. Nep.: Ueber den Einfluss und die Anwendung der Chemie in Beziehung zur Industrie, zu den Gewerben und zum Leben im Allgemeinen. pg. 3 - 19. 4°. (Forts. v.J. 1861/62). Stadtamhof, Jos. Mayr.
Progr. Regensburg 1862/63.

Braunschweiger, Joh. Nep.: Über das Verhältnis der Naturwissenschaften zur Landwirthschaft. Stadtamhof 1871.

Braunschweiger, Joh. Nep.: Ueber das Verhältniss und den Nutzen der neueren Chemie in Beziehung zu den Facultätswissenschaften. pg. 3 - 12. 4°. Stadtamhof, Joseph Mayr.
Progr. Regensburg 1861/62.

Braunschweiger, M., Geschichte der Juden u. ihrer Literatur in den romanischen Staaten zur Zeit d. Mittelalters von 700—1200. Nach den Quellen dargestellt. Würzburg 865. Stuber. gr. 8. (X. 198 S.) n. 27 ngr.

Braunschweiger, M., die Lehrer der Mischnah. Ihr Leben u. Wirken, f. Schule u. Haus nach den Quellen bearb. gr. 8. (VIII, 284 S.) Frankfurt a/M. 890. Kauffmann. n. 3. —

Braunschweiger, M., die Lehrer der Mischnah. Ihr Leben u. Wirken, f. Schule u. Haus nach den Quellen bearb. 2., durchgesch., verb. u. verm. Aufl. gr. 8. (IX, 319 S.) Frankfurt a/M. 908. J. Kauffmann. n. 4.—; geb. n. 5.—

Braunschweiger, Meyer [aus Hamburg]: Flexion des Verbums in Alfrics Grammatik. . . . Marburg, Univ.-Buchdr. (R. Friedrich) 1890: 62 S. + 1 Bl. 8°
Marburg, Phil. Fak., Inaug.-Diss. v. 5. Jun. 1890

Braunschweiger, Th., der Jubelpapst. Plauderei. (72 S. m. 1 Bildnis.) 8. Brixen 903. Preßverein. n. — 40
Vergriffen.

Braunschweig-Lüneburg, Chur-. 1r Thl. 8. Göttingen, Canzler. 796.

Braunschweigs Anschluß an Preußen. Berlin 861. J. Springer. gr. 8. (32 S.) 6 ngr.

Braunschweig's Bau-Denkmäler. Hrsg. vom Verein v. Freunden der Photographie in Braunschweig. Nebst kurzen Erläutergn. v. Const. Uhde. 4. (40 Lichtdr.-Taf. m. 11 S. Text in gr. 8.) Braunschweig 892. B. Goeritz. — Bock & Co. In Leinw.-Mappe. n. 8. —

— dasselbe. 2 Aufl. gr. 8. (40 Lichtdr.-Taf. m. 15 S. Text.) Ebd. 893. In Leinw.-Mappe. 10. —

Braunschweigs Baudenkmäler. Hrsg. vom Verein v. Freunden d. Photographie i. Braunschweig. I. Serie. 3. Aufl. 4. (40 Lichtdr.-Taf.) Braunschweig 895. B. Goeritz. — Book & Co. In Leinw.-Mappe n. 10.—

— dasselbe. 2. Serie. Kurze Erläutergn. zu den photograph. Aufnahmen v. Conft. Uhde. gr. 8. (40 Lichtdr.-Taf. m. 11 S. Text.) Ebd. 894. In Leinw.-Mappe. n. 10.—

— dasselbe. III. Serie: Architektur- u. Landschaftsbilder a d. Herzogth. Braunschweig. Hrsg. v. Verein v. Freunden d. Photographie. 66 Bl. in Lichtdr., erläut. v. Const. Uhde. gr. 8. (16 S.) Braunschweig 896. B. Goeritz. In Leinw.-Mappe n. 13. — (I—III.: n. 33. —)

Braunschweig's Feier bei dem Einzuge seines durchlaucht. Fürsten u. Landesherrn Friedrich Wilhelm am 22. Dec. 1813. gr. 8. Braunschw. 814. Lucius. 21 ℊ

Braunschweiler, J. C., analyt.-method. Grundübungen d. latein. Sprache. qu. gr. 8. Basel 821. Neukirch. 10 ℊ

— Tableaux élémentaires et analytiques de la langue latine. gr. 8. Basel 824, Neukirch.

Braunsdorf's, ges. Nachrichten z. geograph. Beschreibg. d. Herrsch. Jever, s. a. **Aufsätze,** kleine, z. Geschichte d. Jeverlandes.

Magister **Braunsdorfs**, Predigers zu Waddewarden, Gesammelte Nachrichten zur geographischen Beschreibung der Herrschaft Jever. Hrsg. von F[riedrich] W[ilhelm] Riemann. *(Jever: C. L. Mettcker & Söhne 1896.)* (176 S.) 8° [F.]
— **Riemann**: Kleine Aufsätze z. Gesch. Jeverlands. H. 3. (o. n99)

Braunsdorf, K. J., Abbildung und Beschreibung eines Instruments zum Markscheiden mit dem Compasse in der Nähe von magnet. Massen und Eisen. 4. (7 S. mit 14 Abbild. auf 1 Taf. in Fol.) Freiberg 840, Engelhardt. *

Braunsdorf, F. W., für heitere Gesellschaften! Eine Sammlung der besten und gediegensten humorist. Schwänke und Possen, kleinerer Lustspiele, Soloscenen, Couplets, Pantomimen, Vorträge rc. zur Aufführung in Vereinen und Gesellschaften. Neue Ster.-Ausg. 8. (64 S.) Reutlingen 886, Enßlin und Laiblin. *

Braunsdorf, F. W., f. heitere Gesellschaften! Eine Sammlg. der besten u. gediegensten humorist. Schwänke u. Possen, kleinerer Lustspiele, Soloscenen, Couplets, Pantomimen, Vorträge rc. zur Aufführg. in Vereinen u. Gesellschaften. 2. Bdchn. Neue Ster.-Ausg. 8. (64 S.) Reutlingen 888. Enßlin & Laiblin. —20

Braunsdorf, F. W., für heitere Gesellschaften. E. Samml. der besten u. gediegensten Vorträge, Couplets, Pantominen, Soloszenen, humorist. Schwänke u. Possen, kleiner. Lustspiele usw. Zur Aufführg. in Vereinen u. Gesellschaften. (128 S.) kl. 8. Reutlingen (908). Enßlin & Laiblin. —40

Braunsdorf, Johann Gottlieb (Rötha), Ex morum doctrina voluptatem honestam. Präs. Adam Friedrich Langguth (Heubach/Franken). Wittbg. (Joh. Hake) 10. XII. 1701. 8 Bl. (4.80) 3860

Braunsdorf, W., die Blumenbinderei in ihrem ganzen Umfange. Die Herstellg. sämmtl. Bindereiartikel u. Decorationen, wie Kränze, Bouquets, Guirlanden rc. Mit 61 Abbildgn. 8. (XII, 287 S.) Wien 889. Hartleben. n. 4.—; geb. n. 4. 80

Braunsdorf, W., die Herstellung künstlicher Blumen aus Blech, Wolle, Band, Wachs, Leder, Federn, Chenille, Haaren, Perlen, Fischschuppen, Muscheln, Moos u. anderen Stoffen. Praktisches Lehr- u. Handbuch f. Modistinnen, Blumenarbeiterinnen u. Fabrikanten. Mit Benützg. der neuesten bewährtesten techn. Hilfsmittel u. unter Berücksicht. aller Anfordergn. der Gegenwart geschildert. 8. (VIII, 187 S. m. 30 Abbildgn.) Wien 892. A. Hartleben. n. 3.—; geb. n. 3. 80

—— Die Herstellung künstlicher Blumen u. Pflanzen aus Stoff u. Papier. 2 Bde. 8. Ebd. 890. à Bd. * 4 —; * 8 — geb. à Bd. * 4 80; * 9 60
1. Die Herstellung der einzelnen Pflanzentheile. (VIII, 269 S. m. 110 Abbildgn.)
2. Die Herstellung der künstlichen Blumen, Gräser, Palmen, Farrenkräuter, Blattpflanzen u. Früchte. (VIII, 270 S. m. 50 Abbildgn.).

Braunsdorf, W., die **Herstellung** künstlicher Blumen u. Pflanzen aus Stoff u. Papier. Ein Handbuch f. Blumenarbeiterinnen, Modistinnen, Blumen- und Bouquetfabrikanten. Unter Berücksicht. der neuesten Fortschritte auf diesem Gebiete bearb. 2 Bde. 8. Wien. 891. Hartleben. à n. 4. —; geb. à n. 4. 80
1. Die Herstellg. der einzelnen Pflanzentheile, wie Laub-, Blumen- u. Kelchblätter, Staubfäden u. Pistille. (VIII, 269 S. m. 110 Abbildgn.)
2. Die Herstellung der künstlichen Blumen, Gräser, Palmen, Farrenkräuter, Blattpflanzen u. Früchte. (VIII, 270 S. m. 50 Abbildgn.)

Braunsdorf W. das Trocknen natürlicher Blumen und Gräser.
(Bibliothek, Chemisch-technische 157) Wien 1888

Braunsdorf, W., das Trocknen, Bleichen, Färben, Bronziren und Vergolden natürlicher Blumen und Gräser, sowie sonstiger Pflanzentheile und ihre Verwendung zu Bouquets, Kränzen und Decorationen. Ein Handbuch für prakt. Gärtner, Industrielle, Blumen- und Bouquetsfabrikanten. Auf Grund langjähr. prakt. Erfahrungen zusammengestellt. 8. (VIII, 159 S. mit 4 Abbild.) Wien 888, Hartleben. *ℳ 3.—; geb. *

Spreewaldfahrten. Reise- u. Stimmungsbilder. Den Freunden u. Besuchern d. Spreewaldes gewidmet von Wilhelm **Braunsdorf**. Als Anh.: Kleiner Reiseführer durch d. Spreewald. *Vetschau: A. Gönnel (aufgestemp.: Lübbenau: E. Bruchmann) 1901.* (128 S.) 8° [F.] (o. n99)

Braunsdorf, W., die schöne Sünderin. Lustsp. i. 1 Akt. 12. (32 S.) Berlin (894). M. Böhm. 1. 50

Braunstein, Ch., und J. Priem, die Besetzung Nürnbergs durch die Preußen, s. **Priem, J.**

Braunstein, E. P., zur Lehre v. der Innervation der Pupillenbewegung. Aus dem physiolog. Laboratorium der Universität zu Charkow. gr. 8. (III, 142 S. m. 27 Fig.) Wiesbaden 894. J. F. Bergmann. n. 4.—

Braunstein, F. M., Sammlung der wichtigsten Geheimnisse zum Färben, Schwärzen, Wasserdichtmachen rc. des Leders, nebst den besten Lederlacken, Appreturen, Klebmitteln, Stiefelwichsen und vielen anderen Rezepten. Wichtig und unentbehrlich für Schuhmacher, Sattler, Riemer rc. Neue Ster.-Ausg. 8. (32 S.) Reutlingen 885, Enßlin und Laiblin.

Braunstein, Ignaz, aus Warschau: Ueber die Sulfophenylpropionsäuren und die Hydrometacumarsäure. Mit einer Figurentafel. München Th. Ackermann 1876. 43 S., 1 Taf. 8°.
Zürich. Phil. Diss. [v. 26. Jan. 1877].

Braunstein, Joach., der von sein. Glauben beschämte Christ, in sieben Fastenpredigten. 8. Augsb. 784. Rieger. 6 ℊ

Braunstein, Joach., Ehrenreden a. d. heil. Thebäisch. Märtyr. Ursus u. Victor rc. 8. Augsb. Rieger. 783.

— die Gebote Gottes in bibl. Bildern betrachtet. Mit Kpf. 8. Augsb. 785. Rieger. 19 ℊ

— drei Gelegenheitsreden. 8. Augsb. 783. Rieger. 3 ℊ

— **verschied. Gelegenheitsreden.** 8. Ebend. 793.

— die wohleingerichtete Haushaltung in bibl. Bildern geschildert. 8. Augsb. 788. Rieger. 6 ℊ

Braunstein, Joach., nemo potest servire duobus dominis, oder der Klostergeist für und wider die Welt. 8. Augsburg 784. Rieger. 1 ℊ

— wahre Quelle d. falschen Eybelschen Urkunden von d. Ohrenbeichte. 8. Augsb. 785. Rieger. 3 ℊ

— Timotheus, od. d. wider die Gefahren d. Eigenliebe bewaffnete Christ, in 6 Fastenpredigten. 8. Kostanz 786. Doll in Augsb. 9 ℊ

— **Timotheus** od. bewaffnet. Christ in 6 Fastenpredigt. 8. Cöln, Fabricius. 787.

Braunstein. Iwan [aus Wipperfurth]: Aus d. chirurg. Klinik zu Bonn. Ueber Beckengeschwülste.... Bonn, Buchdr. Jos. Bach Wwe., 1888; 1 Bl. + 172 S. + 1 Bl. 8°
Bonn, Med. Fak., Inaug.-Diss. v. 11. Jul. 1888

Braunstein, Iwan, über Beckengeschwülste. Inaugural-Dissertation. gr. 8. (170 S.) Bonn 888. (Leipzig, Fock.) *

Braunstein, K., Wegweiser durch die religiösen Wirren unserer Tage für Katholiken, die nach einem solchen sich umsehen (gegen Ronge rc.). Breslau, Aderholz. 1845, gr. 8°, 75 Pf.

Braunstein, Karl, Geschichte der Turnerei und des Deutschen Turnvereins in Georgswalde, Georgswalde 1901, 22 S., 4°.

Braunstein, Maria, Anschauungsübungen, Besprechungen u. Plaudereien f. den Kindergarten. Ein Hilfsbüchlein f. Kindergärtnerinnen. (IV, 152 S.) 8. Wien 906. A. Pichler's Wwe. & Sohn. Geb. n. 2. —

BRAUNSTEIN, Marie
(F) Schützet die Thiere! Jugendschrift von Marie Braunstein, preisgekrönt und herausgegeben vom Wiener Thierschutz-Vereine. Wien, 1901. Verlag des Wiener Thierschutz-Vereines. [In Comm. Hölder.] 8°. 160 S. K --.50

— Weihnachts-Gedichte f. Kindergarten u. Haus. Mit e. Begleitworte v. Jos. Ambros. gr. 8. (VIII, 85 S.) Wien 902. A. Pichler's Wwe. & Sohn. n. —80

Braunstein, Maria: Weihnachts-Gedichte f. Kindergarten u. Haus. 2.Afl. Nebst e. Anh. v. 18 Weihnachtsliedern f. e. Singstimme m. Harmoniumbegleitg v. Karl Pfleger. Worte v. Maria Braunstein. (8, 64) 8° Wien, A Pichler's Wwe & S. '11. 1.20 d

Braunstein, Samuel (geb. Krakau 1813): De hydrophobia. Berolini (1839). (26 S.) 8°
Berlin, Med. Diss. v. 17. Sept. 1839

Braunthal, s. Braun v. Braunthal.

Braun- u. Fleckvieh, d. schweizerische. N. Orig.-Gemälden v. Jos. Clem. Kaufmann. Text v. Frz. Müller im Rost. gr. 4. (III, 71 S. m. 2 Abb. u. 4 Farbendr.) Bern 896. K. J. Wyß. Kart. n. 4. —; französ. Ausg. (u. d. T.: le Bétail Suisse des races tachetée et brune.) (III, 45 S.) n. 4. —
Tritt an Stelle des vergriffenen Werkes von Benno Adam, Abbildgn. d. Rindviehrassen u. Schläge d. Schweiz.

Braunwald, J. W., Wohnhaus des Herrn Frdr. Kolb, s.: Bauwerke, neue, in Stuttgart u. Umgebung.

Braunwald, R., aus der Kunststeinpraxis. Ein Vortr. f. Fachleute aus der Generalversammlg. d. Zentralverbandes deutscher Zementwaren- u. Kunststeinfabrikanten — E. V. — in Dresden 1908. (6 S.) 8. Leipzig (908). Baumaterialien-Markt. —50
Sonderabdruck aus „Baumaterialien-Markt".

Braunwart, Carl Andreas (Hardheim), Meditationes de judicio parium vulgo Manngericht in genere et usu hujus judicii curia feudali Hohenlohica in specie. Diss. jur. feud. Präs. Joseph Maria Schneidt. Würzburg (F. E. Nitribitt) 4. IX. 1792. 90 S., z. gr. Tl. dtsch. (7.—) 3861
U. A. Sebast. v. Crailsheim zu Morstein (S. 43 f.), Frhr. v. Holz (S. 46 f.).

Braunwart, Lorenz: Die ländlichen Lese- und Unterhaltungsvereine im Regierungsbezirk Würzburg. Würzburg 1862.

Braunwart, Lor., die neue Vollzugs-Instruction zum Gewerbsgesetze vom 17. Decbr. 1853, dargestellt in ihrem Einflusse auf die bis dahin bestandenen gewerbspolizeil. Vorschriften. 12. (40 S.) Würzburg 854, Stahel'sche Buchh. *

Braunwart, L., über Zusammenlegung der Grundstücke. Geschrieben für die ländl. Lese- und Unterhaltungs-Vereine, sowie die Zöglinge der Wiesen- und Weinbauschule zu Würzburg. 2., verb. und verm. Aufl. Lex.-8. (48 S. mit 1 eingedr. Holzschn. und 5 lithogr. Bildern, sowie dem Abdr. des Arrondirungs-Gesetzes vom 10. Novbr. 1861.) Würzburg 862, (Stuber.) *

Braunwart, Lor., Theod. v. Zwehl. Mit dem (phototyp.) Bildnisse des Verlebten aus dem J. 1854. gr. 8. (24 S.) München 876, Kaiser. *

Braunwart, W[ilhelm], cand. med. aus Würzburg: Ueber die Löslichkeit des metallischen Quecksilbers in verschiedenen Flüssigkeiten des menschlichen Organismus. *Würzburg 1898: A. Borgler.* (21 S.) 8°
Würzburg, Med. Diss. v. 1898

Braunwarth, Karl, appr. Arzt a. Worms: Aus dem pathologischen Institut des städtischen Krankenhauses in Wiesbaden. ⟨Prosektor Dr. Herxheimer.⟩ Ueber Nierencysten. Berlin 1906: G. Reimer. (81 S.) 8° ¶[Aus: Virchow's Archiv für pathologische Anatomie Bd 186 H. 3.]
Gießen, Med. Fak., Ref. Bostroem, Diss. v. 20. Dez. 1906
[Geb. 24. Juli 81 Worms; Wohnort: Wiesbaden; Staatsangeh.: Hessen; Vorbildung: Gymn. Worms Reife O. 00; Studium: Heidelberg 4, Straßburg 1, München 1, Heidelberg 1, Gießen 2 S.; Coll. 11. Juli 06; Approb. 1. Mai 06.]

Braureglement. – Königl. Preußisches Brau-Reglement der Stadt Halle. Allergnädigst ertheilet und publiciret Anno 1719. Samt Beyl. Halle 1742.

Braus, Henriette, Gedichte. gr. 12. (9¼ B.) Barmen 842, Langewiesche.

Braus, Herm., s.: Beiträge, experimentelle, zur Morphologie.

Braus, Herm.: Die Entstehg d. Nervenbahnen, s: Sammlung wissenschaftl. Vorträge aus usw. d. Naturwissensch. u. d. Medizin.

— Zur Entwicklungsgeschichte niederer Haie. Notizen üb. Vorkommen im Mittelmeer, Taxonomie, Eier u. Eihüllen dieser Fische. (26 S. m. 7 Fig.) Lex. 8. Berlin 906. (G. Reimer.) 1. —
Sonderabdr. aus „Sitzungsber. d. preuss. Akad. d. Wiss."

Über neuere Funde versteinerter Gliedmassenknorpel und -Muskeln von Selachiern. Von Hermann Braus. Mit 8 Fig. *Würzburg: A. Stuber 1901.* (16 S.) 8°
— Verhandlungen d. physikal.-medic. Gesellschaft zu Würzburg. N. F. Bd 34, No 6. [04. 3799

— die Muskeln u. Nerven der Ceratodusflosse, s.: Denkschriften der medic.-naturwiss. Gesellschaft zu Jena. IV. I. 3.

Braus, Hermann [aus Burtscheid-Aachen]: Ueber die Rami ventrales der vorderen Spinalnerven einiger Selachier ... Jena, Frommannsche Hof-Buchdr., 1892; 35 S. 8.
Jena, Med. Fak., Inaug.-Diss. v. [23. Sept.] 1892

Braus, Herm. Über die Rami ventrales der vorderen Spinalnerven einiger Selachier. Diss. gr. 8. (35 S.) Jena 892, (Pohle). * — 80

— Tatsächliches a. d. Entwickelg d. Extremitätenskelettes bei d. niedersten Formen. Zugl. e. Beitr. z. Entwickelgsgesch. d. Skelettes d. Pinnae u. d. Visceralbögen, s.: Denkschriften d. mediz.-naturwiss. Gesellsch. zu Jena.

Braus, Herm., Untersuchungen z. vergleich. Histologie d. Leber d. Wirbelthiere, s.a. Denkschriften d. medicin.-naturwissenschaftl. Gesellschaft z. Jena.

Braus, Hermann [Dr., Assist. an d. Anatom. Anst. zu Jena]: Untersuchungen zur vergleichenden Histologie der Leber der Wirbelthiere ... M. 1 Taf. u. 11 Textfig. Jena, G. Fischer, 1896; 66 S., 1 Bl., 1 Taf. 4.
Jena, Med. Fak., Hab.-Schr. v. 1896

Braus, Otto, die Diphtherie, ihre Geschichte, ihr Wesen u. ihre Bedeutung. Ein warnendes Wort an die Gebildeten. gr. 8. (52 S.) Hannover 878. Rümpler? -- 75

Braus, Otto, die Diphtherie, ihre Geschichte, ihr Wesen und ihre Bedeutung. Ein warnendes Wort an die Gebildeten. (52 S.) 1878. * 75 Pf.; 2. Aufl. gr. 8. (52 S.) Essen, 884, Erdmann. *

Braus, Otto, akademische Erinnerungen e. alten Arztes an Berlins klinische Größen. 8. (III, 204 S.) Leipzig 901. F. C. W. Vogel. n. 3. —

Braus, Otto, die Hirnsyphilis. Monographisch bearb. für pract. Aerzte. gr. 8. (164 S.) Berlin 878, Hirschwald. *

— zur Prognose der Gehirnsyphilis f. practische Aerzte. gr. 8. (40 S.) Berlin 886. Hirschwald. n. — 80

— die Syphilis und ihre steigende soziale Gefahr. gr. 8. (47 S.) Düsseldorf 887, F. Bagel. †

Braus. Die Syphilis u. ihre steigende soziale Gefahr. 2. Aufl. gr. 8. (47 S.) Düsseld. 890. F. Bagel. — 75

Braus. Die Syphilis u. ihre steigende soziale Gefahr. 2. Aufl. gr. 8. Düsseld. 890. Frankf. a. M. Jaeger's Verlag. * — 75

Braus, Otto Alexand. Berthold. (geb. Burtscheid 13. 1. 1835): De ulceribus ventriculi simplicibus. Berolini (1859). (32 S.) 8°
Berlin, Med. Diss. v. 14. Okt. 1859

Brause, du Freiheitssang! Liederb. f. Liberale. 1—5. Taus. (138) kl8° Berl.-Schönebg, Fortschritt '11. — 50; geb. — 70 d

Brause, Adolf v. Die Kaiserwahl Karls V. 16 S. Rsch. *Leipzig* 1880 **Progr.**

Brause, Albert [Dr.]: Johann Gottfried Stallbaum. E. Beitr. z. Geschichte d. Thomasschule in d. ersten Hälfte d. 19. Jhs. 1. Tl. Leipzig, Druck v. A. Edelmann, Univ.-Buchdr., 1897; 1 Bl., 40 S. 4.
Leipzig, Thomas-S (st. G), OP 1897 (562)

Brause, Albert: Johann Gottfried **Stallbaum.** Ein Beitrag **zur Geschichte der Thomasschule in der ersten Hälfte des 19. Jahrhunderts. II. T.** *Leipzig 1898: A. Edelmann.* (40 S.) 4° ¶ [Fortsetzung d. P-Beilage 1897.]
Leipzig, Thomas-S (st. G), OP 1898 (566)

Brause, Albert, Prof. Dr.: Johann Gottfried **Stallbaum.** Ein Beitrag zur Geschichte d. Thomasschule in d. ersten Hälfte d. 19. Jahrhunderts. T. 3 (Schluss). *Leipzig 1899: A. Edelmann.* (42 S.) 4° ¶ [Schluss d. P-Beil. 1897. 98.]
Leipzig, Thomas-S (st. G), OP 1899 (572)

Brause, Alb., Johann Gottfried Stallbaum. E. Beitrag z. Geschichte d. Thomasschule i. d. ersten Hälfte d. 19. Jahrh. 1. u. 2. Tl. Progr. 4. (40 u. 40 S.) Leipzig 897. 898. (J. C. Hinrichs' Sort.) n. 3.—

Brause, Alb., Johann Gottfried Stallbaum. Ein Beitrag zur Geschichte der Thomasschule in der ersten Hälfte des 19. Jahrh. 3. (Schluss-)Tl. Progr. 4. (42 S.) Leipzig 899. (J. C. Hinrich's Sort.) n. 1.20
I u. II. Ebd. 897. 898. n. 3.—.

Feld-, Noth- und Belagerungsmünzen ... von Hauptm. August **Brause-Mansfeld.** (Bd 1. 2.) Mit Münzabb. vom Verf. u. 1 Titelzeichn. von Joseph Sattler. Berlin: J. A. Stargardt 1897–1903 (Bildert.: 1896–1902). 2 Bde 2°
(1.) Deutschl., Österr.-Ungarn, Siebenbürgen, Moldau, Dänemark, Schweden, Norwegen, Rußland, Polen u. s. w. 18(96–)97.
(2.) England, Frankreich, Holland, Italien, Spanien. 19(02–)03. 33. 2376

Brause-Mansfeld, Aug., Feld-, Noth- u. Belagerungsmünzen v. Deutschland, Österreich-Ungarn, Siebenbürgen, Moldau, Dänemark, Schweden, Norwegen, Russland, Polen u. s. w. M. 55 Taf. Münzabb. v. Verf. u. e. Titelzeichg. v. Jos. Sattler. Fol. (XI, 118 S.) Berlin 897. J. A. Stargardt. 100.—

Brause-Mansfeld, Aug., Feld-, Noth- u. Belagerungsmünzen von England, Frankreich, Holland, Italien, Spanien. Mit 38 Taf. Münzabbildgn. vom Verf. u. e. Titelzeichng. von Jos. Sattler. (2. Bd.) (VIII, 81 S.) Fol. Berlin 904. J. A. Stargardt. n. 80.—
Bd. I. Ebd. 897. n. 100.—.

Brause, B., u. F. Schneider, alphabetisch geordneter Fracht-Tarif zwischen Dresden u. Stationen deutscher u. österreichisch-ungarischer Bahnen. Gültig vom 15. Aug. 1882. gr. 8. (XLIX, 68 S.) Dresden 882. Köhler in Comm. n.n. 4.—

Brause, F. A., Librorum de disciplina augurali ante Augusti mortem scriptorum reliquiae. Diss. 1875. 52 S. 1.20

Brause, Hans Adolf von, Prof., Dir.: [1.] Die **Entwickelung** der **Schule.** [2.] **Biographische Mitteilungen** über die während **der verflossenen 25 Jahre an der** Schule beschäftigten Lehrer, **aufgeführt nach der Zeit ihres** Eintrittes. (Umschlagt.: **Biographien der seit** Begründung der Anstalt an ihr wirkenden **Lehrer.**) *Leipzig (1901): B. Zechel.* (S. 37—53.) 4°
Leipzig, Zweite st. R, OP 1901 (619)

Brause, H. Ad[olf] v., Prof., Dir.: **Feier** des 25 jährigen Bestehens der II. Realschule zu Leipzig-Reudnitz nach d. Berichten d. „Leipziger Tageblattes“ Jg. 95. No 240 u. 244 ... *Leipzig 1903: B. Zechel.* (S. 29—34.) 4°
Leipzig, Zweite st. R, OP 1903 (652)

Brause, Hans Adolf von, Prof., Dir.: **Verzeichnis** der **Abiturienten** von 1880—1900. *Leipzig (1901): B. Zechel.* (S. 54—65.) 4°
Leipzig, Zweite st. R, OP 1901 (619)

Brause, Hermann, Referendar aus Schlesien: **Der Begriff der Selbstverwaltung in Deutschland.** *Erlangen 1900: F. Junge.* (VII, 51 S.) 8°
Erlangen, Jur. Diss. v. 7. Juni 1899

v. Brause, Jh. Fr. Glo., († d. 1. Jan. 1820.) **epistolae ephorales ad doctores religion. christianae. 8. Freiberg 808.** Craz u. G. 12 gr.

— Johann Friedrich von, Viris .. archidiacono, protomystis, adjunctis, pastoribus, diaconis, dioecesi Freybergensi ministris saeculi decimi noni auspicia gratulatur. Freiberg (Gerlach) 1801. 25 S. (4.—) 3864

Vortrag, in der g. u. v. St. Johannis-Loge zu den drey Bergen i. Or. v. Freyberg gehalten am Johannisfest 1817. [Von J. F. v. **Brause.**] Ms. f. Brr. [Freiberg 1817: Gerlach.] 31 S. 8°
Kl. 1201. Selten. Verteidigung des Fesslerschen Rituals gegen Vorwürfe.

Vortrag in der L. zu den drei Bergen im Or. von Freiberg, am Jahresfeste 1817, von J. F. v. **Brause.** Freiberg: Craz & Gerlach 1817. 31 S. 8°
Kl. 1201.

Brause, Johann Carl von (Liebenwerda), De juribus singularibus militibus qui honestam vel causariam impetrarunt missionem praesertim in Saxonia competentibus. Comment. jur. Präs. Christian Gottlieb Hommel. Wittbg. (C. Chn. Dürr) 6. VIII. 1790. 18 S. (4.—) 3862
Gew.: Wolf Christoph Friedrich v. Felgenhauer (Boehla).

Brause, Johann Karl Friedrich von

— Antrittspredigt. gr. 8. Freiberg 800. Craz u. G. 2 gr.

v. Brause, Jh. Karl Fr., Beicht- u. Kommunionbüchlein f. junge Leute. 8. Leipz. 784. (W. Nauck). 4 gr.

Brause, J. K. F. v., Beicht- u. Communionbüchl. für junge Leute. 8. Leipzig, Sommer. 781.

— Jo. Carl Friedrich von (Oschatz), De reditu in juventutem, ad Jobi cap. XXXIII. v. 25. Viro Johann Gottfried Hermann jubil. ministeriale 16. XII. 1781 gratulat. Dresden (J. S. Gerlach) 1782. 20 S. (4.50) 3863

Brause, Johannes: Lautlehre der kretischen Dialekte. Abschn. 1. Halle a. S. 1908: (Waisenhaus). 66 S. 8°
¶ (Erscheint vollst. b. Niemeyer, Halle.)
Halle, Phil. Diss. v. 12. Dez. 1908, Ref. Bechtel
[Geb. 30. Okt. 84 Stettin; Wohnort: Halle a. S.; Staatsangeh.: Preußen; Vorbildung: Staatsgymn. im 19. Bez. Wien Reife Juli 02; Studium: Wien 2, Halle 4, Berlin 1, Halle 3 S.; Rig. 31. Juli 08.]

Brause, Johs., Lautlehre d. kretischen Dialekte. (220 S.) gr. 8. Halle 909. M. Niemeyer. 5. —

v. Brause, K. B., allgemein. Briefsteller u. Geschäftsführer nebst Sprachlehre, Titulaturen, Fremdwörterbuche u. Wegweiser durch die deutsche Literatur. 8. (XVI u. 370 S.) Freiberg 847, Reimmann. 1/2 ℛ

v. Brause, K. B., der glückliche Mensch od. die Kunst klug, anständig u. fröhlich zu leben. Deutschlands Jungfrauen u. Jünglingen gewidmet. 8. (190 S.) Freiberg 847, Reimmann. — 2. Aufl. 8. (VIII u. 180 S.) Freiberg 851. (Aarau, Verlags-Comt.) 12 ngr

Brause, B v., d. glückl. Mensch. 2. Afl. 8. (180) Freib. 51. (Zür., Meyer u. Z.) — 12

Brause, B. v., der glückliche Mensch od. die Kunst klug, anständig u. fröhlich zu leben. 3. vielfach umgearb. u. verb. Aufl. 8. (XII, 228 S.) Bern 872. Heuberger. 2. —

Brause, R. Th., Commentationes criticae de quibusdam locis Pausaniae Periegetae. Pr. 1851. 20 S. 4°. 1.20

Brause, R. Th., De aliquot locis Isocratis. Pr. 1843. 22 S. 4°.

Brause, Thdr. Gf., Auswahl einiger Predigten zur Beförderung christl. Weisheit ꝛc. gr. 8. Freiberg 799. Craz u. G. 4 ℊ

Brause, Volkm., s: Emailliermeister. Der.

Brause, Wilh., Julianus Apostata, röm. Kaiser. Ein dramat. Gedicht. gr. 12. (10 B.) Freiberg 838, Engelhardt. Thlr. *

—— die Socinianer. Ein Trauersp. in 5 Aufz. 8. (11¾ B.) Dresden u. Leipzig 835, (Arnoldische Buchh.)

Brausepulver für Hypochondristen. Eine Sammlung Berliner Witze u. Anekdoten. 1e u. 2e Dosis 5e, 3e Dosis 4e u. 4e u. 5e Dosis 2e Aufl. 16. Berl. 832. Cosmar u. Kr. (à 4 ℊ) 20 ℊ

Brausepulver f. Hypochondristen. Eine Samml. Berliner Witze u. Anekdoten. 1. u. 2. Dosis. 1—5. Aufl. — 3. D., 1—4. A. — 4. u. 5. D., 1. u. 2. A. — 6. D., 1—3. A. 7. D. kl. 16. (à ca. 3¼ B.) Berlin 832—35, [Zesch.] verkl. à ·

BRAUSEPULVER für Hypochondristen. Sammlung Berliner Witze, Redensarten u. Anekdoten. Dosis 1—7 (soviel ersch.?). 6. Aufl. Berlin, Verlags-Exped. des Berliner Modenspiegels. 1833—34. 24°. (2 Mk. 50 Pfg. Jos. Jolowicz, Posen, 1908.)
Zuerst 1832 erschienen.

Brausepulver für Hypochondristen. Eine Samml. berliner Witze u. Anekdoten. 7 Dosen. — 1. Dosis 8.; 2., 6.; 3. u. 4., 5.; 5., 3.; 6., 4.; 7., 2. Aufl. 32. Berlin 840, 41, Klemann. Verklebt à

Brauser, ein Fall von Croup durch den Luftröhrenschnitt geheilt. 8. (20 S.) Regensburg 867, Pustet. *

Brauser, ein Wort über öffentliche Gesundheitspflege. An die Bewohner Regensburgs gerichtet. 1. und 2. Aufl. gr. 8. (24 S.) Regensburg 876, Coppenrath. *

Brauser, Ch. Th. (Resp.): De lege consuetudinis conciliancda cum legibus medicis disserit, s. Richter, Ge.G. (Praes.)

Brauser, Eph. Glo., († d. 9. Nov. 1785.) s. G. A. Agricola, Verm. d. Bäume.

Brauser, C. R., Versuch ein. Erläuter. d. Grundwahrh. d. Philosophie ꝛc. 8. Regensb. Montag u. W. 808.

Brauser, H., die Cholera-Epidemie des J. 1852 in Preussen. Statistische Zusammenstellung aus den Acten des königl. Ministeriums der Geistlichen, Unterrichts- und Medicinal-Angelegenheiten mit hoher Genehmigung des königl. geh. Staats-Ministers, Hrn. v. Raumer Exc. Mit einem Vorwort von Barez. gr. 8. (IV und 60 S. mit 1 lithochrom. Karte in Imp.-4. und 2 Tab. in qu. gr. 4.) Berlin 854, A. Hirschwald. *

Brauser, H., statistische Mittheilungen über den Verlauf der Cholera-Epidemieen in Preussen aus den Acten des königl. Ministeriums der geistl., Unterrichts- und Medicinal-Angelegenheiten zusammengestellt. Mit einem Vorwort von Houselle. gr. 8. (IV und 115 S. mit 8 Tab. in gr. 4. und qu. Fol.) Berlin 862, A. Hirschwald. *

Brauser, Heinrich [app. Arzt aus Regensburg]: **Beitrag zur Casuistik der Dystrophia muscularis progressiva** ... München, Buch- u. Kunstdr. A. Fröhlich, 1895; 30 S. 8.
München, Med. Fak., Inaug.-Diss. v. 1895

Brauser, Johann (Riga), De funiculi umbilicalis prolapsu. Diss. obstet. Bln. (Gust. Schade) 19. VIII. 1846. 46 S. m. Biogr. (M.: A. C. Huebbenet.) (4.50) 3865
Oppon.: C. Rueckert, A. Werther, W. Brachmann.

Brauser, Joh. Carl, die Schule in der constitutionellen Monarchie oder Vorschläge zu ihrer gegenwärt. Umgestaltung, dem Volke und den Kammern überreicht. gr. 8. (30 S.) Danzig 849, Homann's Buchh. *

BRAUSER (geb. Exter), Mathilde (Sandersleben): Eklampsie bei Blasenmole.- München: Müller & Steinicke 1910. 15 S.
29.8.1910 - Chr 1910/11,23; U 11.3601 Diss. Ingolst.-Landsh.-Mchn.

Brauser, Paul, Betriebs-Controllbuch. Anleitg. f. Dampfkesselbesitzer, Heizer u. Maschinisten z. Ergänzg. d. Dampfkessel-Revisionsbuches. gr. 4. (12 S.) Aachen 896. C. Mayer. n. — 60

Brauser, Paul, und Jos. Spennrath, der praktische Heizer und Kesselwärter. Anleitung für Heizer und Maschinisten, sowie zum Unterricht in techn. Schulen. 1. Aufl. (V, 112 S. mit Fig.); 2. Aufl. 8. (IV, 187 S. mit Illustr.) Aachen 887, Mayer. cart. *

— — dasselbe. 2., verm. Aufl. Mit 40 Holzschnitten. 8. (VI, 187 S.) Ebd. 889. cart. n. 1.50

Brauser, Paul, u. Jos. Spennrath, der praktische Heizer u. Kesselwärter. Anleitung f. Heizer u. Maschinisten, sowie zum Unterricht in techn. Schulen. 3., verm. Aufl. 8. (VIII, 164 S.) Aachen 891. C. Mayer's Verl. Kart. n. 1.80

— — dasselbe. 3., verm. Aufl. Anh. A. u. B. 8. Ebd. 892. à n. — 60
A. Anweisung betr. die Genehmigung u. Untersuchung der Dampfkessel vom 16. März 1892. (35 S.)
B. Gesetzliche Bestimmungen betr. den Dampfkesselbetrieb f. die im Reichsrathe vertretenen Königreiche u. Länder der österr.-ungarischen Monarchie. (36 S.)

[F.] Der praktische Heizer und Kesselwärter. Anleitg f. Heizer u. Maschinisten sowie z. Unterr. in techn. Schulen v. **Paul Brauser**, Oberingenieur ..., u. Joseph Spennrath, Dir. ... Aachen. 4., verb. u. verm. Aufl. M. 60 Holzschn. *Aachen: C. Mayer 1896.* (VIII, 170 S.) 1 Bd 8.
[97. 6010

Brauser, Paul, u. Jos. Spennrath, der praktische Heizer u. Kesselwärter. Anleitung f. Heizer u. Maschinisten, sowie zum Unterricht in techn. Schulen. 5., verb. Aufl. 8. (VIII, 159 S. m. 60 Holzschn.) Aachen 899. C. Mayer. Kart. n. 1.80

— u. Jos. Spennrath, der praktische Heizer u. Kesselwärter. Anleitung f. Heizer u. Maschinisten, sowie zum Unterricht in techn. Schulen. 6., verm. u. verb. Aufl. (VI, 153 S. m. 55 Holzschn.) 8. Aachen 903 [C. Mayer.] Berlin, M. Krayn. Kart. n. 1.80

Brauser, Paul, der praktische Heizer u. Kesselwärter. Anleitung f. Heizer u. Maschinisten, sowie zum Unterricht in techn. Schulen. 7., verm. u. verb. Aufl. (VI, 168 S. m. 72 Abbildgn.) 8. Berlin 905. M. Krayn. Kart. n. 1. 80

Brauser, Paul, u. Jos. Spennrath, der praktische Heizer u. Kesselwärter. Anleitung f. Heizer u. Maschinisten sowie zum Unterricht in techn. Schulen. 8. verm. u. verb. Aufl. (VII, 185 S. m. 74 Abb.) 8. Berlin 907. M. Krayn. Kart. 1. 80

Brauser, Paul, u. Jos. Spennrath: Der prakt. Heizer u. Kesselwärter. 9.Afl. (160 m. Abb.) 8° Berl.. M Krayn '11. HL1.80d

— — der praktische Maschinenwärter. Anleitung f. Maschinisten u. Heizer, sowie zum Unterricht in techn. Schulen. 8. (V, 99 S. m. 42 Holzschn.) Ebd. 891. n. 1. 50

— — der praktische Maschinenwärter. Anleitung für Maschinisten u. Heizer, sowie zum Unterricht in techn. Schulen. 3., verb. u. verm. Aufl. 8. (VII, 108 S. m. 42 Holzschn.) Ebd. 900. Kart. n. 1. 50
2. Aufl. (V, 100 S. m. 42 Holzschn.) Ebd. 895. n. 1, 50.

Der praktische Maschinenwärter. Anleitung f. Maschinisten u. Heizer, sowie z. Unterr. in techn. Schulen von Paul Brauser u. Joseph Spennrath. 4., verb. u. verm. Aufl. Mit 42 Holzschn. Berlin: M. Krayn 1905. (VI, 108 S.) 8° [F.] (06. 399)

Der praktische Maschinenwärter. Anleitung f. Maschinisten u. Heizer, sowie z. Unterr. in techn. Schulen von Paul Brauser, Oberingen., u. Joseph Spennrath. 5., verb. u. verm. Aufl. Mit 38 Abb. Berlin: M. Krayn 1906. (IV, 114 S.) 8° [F.] (07. 1160)

— — Der praktische Maschinenwärter. Anleitung f. Maschinisten u. Heizer, sowie zum Unterricht in techn. Schulen. 6. Aufl. (V, 117 S. m. 88 Abb.) 8. Ebd. 909. Kart. 1. 50

— Roman (Regensburg), Disquis. jur. paroemiac: Unter dem krummen Stabe ist gut wohnen. Präs. Jo. Paul Kresse. Jena (Gollner) 26. IX. 1712. 48 S. (5.—) 3866

— — Dasselbe. Oder: Von dem Bischoffs-Stabe / Bischöfflichen Regierung / Dom-Capitel u. andern hierzu gehörigen Rechten. Jena (J. B. Heller) 1720. (5.—) 3867

— — Dasselbe. 1747. 64 S. (5.—) 3868

Brausewetter, die neuen preußischen Gemeinde-Ordnungen, nach den beiden darüber vorliegenden Entwürfen. Eine Vergleichung der besteh. mit den zukünftigen Zuständen. gr. 8. (29 S.) Potsdam 848, Riegel's Verlag.

Brausewetter, de necyia Homer. Regmt. Schul-/Univ.-Schrift 1863
1863

—— über die Reform der preuß. Staats-Verwaltung, und über die Stellung der sogenannten Büreaukratie zu diesen Reformplänen. gr. 8. (15 S.) Potsdam 849, Riegel's Verlag.

Brausewetter, AFL, s.: Sewett, A.

Brausewetter, Arth., s. a.: Sewett, Arth.

Brausewetter, Arthur, Das Bauformenbuch. Die Bauformen des bürgerlichen Wohnhauses. I. Theil: Einhundertfünfzig Tafeln mit erklärendem Text. II. Theil: Fünfzig Uebersichtsblätter für Thüren und Fenster. Leipzig 1895. E. A. Seemann. (Min.-Erl. vom 22. Juni 1895, Z. 10853.) Beide Theile 13.20

Brausewetter, A., Das Bauformenbuch. Die Bauformen d. bürgerl. Wohnhauses. 2 Tle. 2., verm. Aufl. gr. 4 u. Fol. (VIII, 23 S. m. 152 Taf. in gr. 4 u. 50 Taf. in Fol.) Leipzig 898. E. A. Seemann.
Geh., Fol.-Taf. in Mappe n. 22. —;
geb. in Leinw., Fol.-Taf. in Mappe n. 24. —;
1. Tl. allein, geb. in Leinw. n. 18. —

Der Herr von Borkenhagen. Roman von Artur Brausewetter. (A. Sewett.) Berlin: Janke 1910. 412 S. 8° (10. 14306)

— Die neue Göttin. Roman. 2 Tle. in 1 Bde. (392 S.) 8. Ebd. 908. 4. —

Die Halbseele. Roman in 2 Büchern von Arthur Sewett [d. i. Brausewetter, Diakonus in Danzig]. T. 1. 2 [in 1 Bde]. *Berlin: O. Janke 1903.* (227, 207 S.) 8° [F.] (04. 4760)

— Die Halbseele. Roman. 3. u. 4. Taus. (385 S.) 8. Ebd. 908. 4. —

Die Kirche siegt! Roman von Arthur Sewett [d. i. Brausewetter]. Berlin: O. Janke (1904). (296 S.) 8° [F.] (05. 11978)

— Die Kirche siegt! Roman. (Neue [Titel-]Ausg.) (296 S.) Ebd. [904] 908. 3. —

Arthur Sewett [d. i. Brausewetter]. Königin Lear. Roman. T. 1. 2 (in 1 Bd). Berlin: O. Janke 1905. (238, 152 S.) 8° [F.] (06. 13796)

— Königin Lear. Roman. (Neue [Titel-]Ausg.) (238 u. 152 S.) 8. Ebd. [905] 908. 4. —

Brausewetter, Arth., die evangelische Oberpfarrkirche zu St. Marien in Danzig. gr. 8. (40 S. m. 39 Abbildgn.) Bielefeld 890. Velhagen & Klasing. n. 1. —

— Stirb u. werde! Roman. (493) 8° Ebd. ('12). 4 — d

Brausewetter, E.: Erfurt und seine Umgebung, s. Städte-Bilder und Landschaften aus aller Welt.

Brausewetter, Ernst, üb. Abhärtung. Eine Anweisg. zur Erziehg. gesunder Kinder. Für Eltern u. Erzieher, sowie f. alle Freunde e. naturgemäßen Lebensweise u. die Sportsleute. gr. 8. (III, 76 S.) Wiesbaden 892. H. Sadowsky. n. 1. 50

Brausewetter, Ernst, Eifersucht. E. Liebesnovelle. 8. (224 S.) Berlin 897. Schuster & Loeffler. 2. 50; geb. 4. —

— Finnland im Bilde s. Dichtg u. s. Dichter. Novellen, Gedichte, Schildergn, Charakteristiken. 8° (456 m. 14 Portr.) Ebd. 98. 6 —; geb. 7.50

Brausewetter, Ernst, Finnland im Bilde seiner Dichtung u. seine Dichter. Novellen, Gedichte, Schildergn., Charakteristiken u. 14 Portr. 8. (VIII, 456 S.) Berlin 899. Schuster & Loeffler. n. 6. —; geb. 7. 50

Brausewetter, Ernst: Finnland im Bilde sr. Dichtg. Jetzt: Lpzg.; G. Fock.

[F.] Fürst Bismarcks 81. Geburtstag. Vollendg d. 80. Lebensjahres. Berichte üb. d. Ereignisse vor u. an dems. Reden — Pressstimmen — Gedichte d. In- u. Auslandes zsgest. v. E[rnst] Brausewetter. *Ziegenhals & Leipzig: C. Thamm 1895.* (271 S.) 1 Bd 4.(8.) (96. 136)

[F.] Meisternovellen deutscher Frauen. M. Charakteristiken d. Verfasserinnen u. ihren Portraits hrsg. v. Ernst Brausewetter. *Berlin: Schuster & Loeffler 1897.* (XV, 361 S., 16 Portr.) 1 Bd 8. (98. 380)

— dasselbe. 2. Reihe. M. Charakteristiken d. Verfasserinnen u. ihren (16) Porträts hrsg. 1. u. 2. Aufl. 8. (à XV, 446 S.) Ebd. 898. 6. —; geb. 7. 50

Brausewetter, Ernst: Meisternovellen deut. FRauen. Jetzt: Lpzg.; G. Fock.

Meisternovellen nordischer Frauen. Selma Lagerlöf. M. Thoresen. Sophie Elkan. Helena Nyblom. Yvar Ring. Autor. Übers. von Ernst **Brausewetter**. Kevelaer: Thum [1909]. 305 S. 8°
[Umschlagt.:] Meister-Novellen nordischer Frauen von Selma Lagerlöf. (Die Bücherhalle. Bd 5.) [10. 5748 5

[F.] Nordische **Meisternovellen.** M. Charakteristiken der Vf. u. ihren Portr. hrsg. v. **Ernst Brausewetter.** *Berlin: Schuster & Loeffler 1896.* (XV, 507 S., 22 Portr.) 1 Bd 8. [96. 9267

— Nordische Meisternovellen. M. Charakteristiken der Verfasser u. ihren Porträts hrsg. 2. Aufl. 8. (XV, 507 S.) Ebd. 898. 6. —; geb. 7. 50

Nordische Meisternovellen. Mit Charakteristiken der Verfasser u. ihren Portr. hrsg. von Ernst **Brausewetter**. 3. Aufl. Berlin & Leipzig: Schuster & Loeffler 1903. (XV, 507 S.) 8° [F.] [03. 1,61 4

Brausewetter, Ernst: Nordische Meisternovellen. Jetzt: Lpzg.; G. Fock.

— s.: **Rundschau, finnländische.**

— Knecht Ruprecht. Kinder-Weihnachtsblatt. 1. u. 2. Aufl. gr. 4. (à 50 S. m. z. Tl. farb. Abbildgn.) Köln (899. 900.) Schaffstein & Co. Kart. n. 2. —

— dasselbe. Illustriertes Jahrbuch f. Knaben u. Mädchen. 3. Aufl. gr. 4. (II, 50 S. m. z. Tl. farb. Abbildgn.) Ebd. (900). Kart. n. 2. —

— dasselbe. 2. Bd. gr. 4. (64 S. m. z. Tl. farb. Abbildgn.) Ebd. (900). Geb. n. 3. —

— dasselbe. 3. Bd. gr. 4. (68 S. m. farb. Abbildgn.) Ebd. (901). Geb. n. 3. —

Brausewetter, Ernst. Knecht Ruprecht. Illustriertes Jahrbuch für Knaben und Mädchen, hrg. von E'B'. Band 3. (*Umschlag:* 13. bis 15. Tausend.) 64 S. 4. Köln a/Rh., Schafstein & Co. [1901 *resp.* 1906]. (geb. M. 3. —)

Brausewetter, E., siehe: *Städte-Bilder.*

Brausewetter, E. (Red.), s. Wochenrundschau, Illustrierte, über das Berliner Leben.

Brausewetter, Curt [Referendar]: Bemerkungen zu § *27* No. 3 des Postgesetzes und zu den §§ *263, 276, 364* und *47—49* R. St. G. B. in Anknüpfg an e. Rechtsfall ... Berlin, W. Moeser Hofbuchdr., *1893;* 39 S. 8.
Rostock, Jur. Fak., Inaug.-Diss. v. [7. Sept.] 1893

Brausewetter, Max [aus Stettin]: Über das Malum perforans und den Pes varus bei Spina bifida.... Berlin, Buchdr. v. G. Schade, *1891;* 30 S., 1 Bl. 8°
Berlin, Med. Fak., Inaug.-Diss. v. 25. Febr. 1891

Brausewetter, V., practische Anleitung zur Projectirung und Bauausführung von Beton-Abzugscanälen, s. **Pittel,** A. B.

Brauss, Ed., Handbuch zur Berechnung der Feuerungen, Dampfkessel, Vorwärmer, Ueberhitzer, Warmwasser-Erzeuger, Kalorifere, Reservoire usw. (VII, 84 S. m. Fig.) kl. 8. Hannover 904. Dr. M. Jänecke. Geb. in Leinw. n. 2. —

Brauss, Ed., Handbuch der Feuerungen, Warmwasser-Erzeuger u. Dampfkessel, speciell f. Heizungs-Ingenieure. 2. Aufl. 12. (86 S. m. 1 Tab.) Linden 901. (Hannover, O. Borgmeyer.) n. 1. —

Brauss, Rich. (Lud.) (geb. Düren 11. 6. 1818): De caloris in organismum actione observationes et experimenta nonnulla. Berolini (1841). (33 S.) 8°
Berlin, Med. Diss. v. 13. Aug. 1841

Braust, J., oratio montana cum paulina sententia concinn. Jenae 1875. 8.

Brausteuergesetz vom 3. VI. 1906 (Reichsgesetzblatt S. 622) mit den Ausführungsbestimmungen vom 16. VI. 1906. (185 S.) Lex.-8. Berlin 906. C. Heymann. n. 1. —

Brausteuergesetz vom 3. Juni 1906 nebst Ausführungsbestimmungen. Hrsg. im Reichsschatzamte. Berlin: P. Parey 1906. (183 S.) 8° [F.] [06. 3396

Brausteuergesetz vom 3. Juni 1906 nebst Ausführungsbestimmungen. Hrsg. im Reichsschatzamte. Berlin 1906: Reichsdr. (183 S.) 8° [F.] [07. 14376 3

Das **Brausteuergesetz** vom 3. Juni 1906 mit d. Ausführungsbestimmungen, unter Berücks. d. bisherigen Rechtsprechung hrsg. u. z. Gebr. f. Brauereitreibende erl. von Gustav Lehmann, Ober-Steuerkontrolleur. Breslau: J. U. Kern 1906. (103 S.) 8° [F.] [07. 990

Brausteuergesetz vom 3. Juni 1906. Mit Ausführungsbestimmungen, Anm. u. Sachreg. bearb. von A[ugust] Düffe. Berlin: J. Guttentag 1907. (352 S.) 8° [F.]
— Sammlung, Guttentag'sche, Deutscher Reichsgesetze. No 25. [07. 7446

Brausteuergesetz vom 15. VII. 1909 nebst Ausführungsbestimmungen. Hrsg. im Reichsschatzamte. (216 S. m. Fig.) gr. 8. Berlin 909. P. Parey. 1.40; geb. 2. 40

— dasselbe. (RGBl. S. 778) m. d. Ausführungsbestimmungen v. 24. VII. 1909. (XII u. S. 3—147.) Lex. 8. Berlin 909. C. Heymann. 2. 50

Brausteuergesetz vom 15. Juli 1909 nebst dem Gesetz, betr. d. zollwidrige Verwendung von Gerste vom 3. Aug. 1909 u. Ausführungsbestimmungen. Mit Einl., Anm. u. Sachreg. bearb. von A. Düffe. 2. Aufl. Berlin: Guttentag 1910. 357 S. 8°
(Guttentag'sche Sammlung Deutscher Reichsgesetze. Nr 25.) [10. 3012

— das neue, vom 3. VI. 1906. Giltig vom 1. VII. 1906. Neueste Ausg. Authentische Fassg. (60 S.) 16. Berlin 906. L. Schwarz & Co. n. 1. 20

Bräustübel, P. S., 's, und die Wissenschaft. Salzburg [1891]. V: *Surer, Pius.* (Hr) (wagner)

Plattdütsche Gedichtkes ut Pöllau on Omgegend vertellt von C. R. **Brauswetter.** Selbstverl. d. Verf. *Königsberg i. Pr. [1899]: H. Hermann.* (31 S.) 8° [Umschlagt.] [99. 11778 10

Braut. —

BRAUT, Die. Eine Wochenschrift. 24 Stücke. Dresden 1742. 4°. Rar!
Ehestands-Almanach II. p. 283.

— die, eine Wochenschrift. 8. Dresd. Walther. 742.

BRAUT, Die. Wöchentlich an das Licht gestellt. In Dresden. Nebst vollständ. Register. 27 Stücke. Dresden 1743. 4°. (10 Mk. Alfred Lorentz, Lpz., 1897; 7 Mk. 50 Pfg. G. Priewe, Heringsdorf, 1895, mit der Jahrz. „1742".)
Diese Zeitschrift bespricht in moralisierender, belehrender Weise den Brautstand. Ausserdem ein seltenes Dresdense.
27 Stücke, ebd. 1740. 4°, waren als Beiband erwähnt in Jos. Baer's & Co., Frft. a/M., Cat. 51. no. 1179.

— die, Trsp. v. Beaumont. 8. Copenh. Proft. 765.

Braut, die, Trauersp. v. Beaumont u. Fletcher. 8. Berlin, Braunes. 808.

Braut, die, ein romant. Gemälde nach dem Engl. des Walter Scott von W. A. Lindau. 3 Thle. 8. Dresden, Arnold. 820.

Braut, die, e. romant.-histor. Gemälde d. genuesischen Küstenlandes u. d. Sitten u. Gewohnheiten seiner Bewohner in d. neuest. Zeiten. A. d. Ital. übers. v. C. G. Hennig. 3 Thle. 8. (38½ B.) Leipzig 830, Lauffer.

— die, von Abydos, eine türkische Erzählung, im Versmaaße des Originals von Lord Byron, übers. von Adrian. 8. Frankfurt a. M., Sauerländer. 819.

BRAUT, Der altdeutschen, erste, zwote Partikel. Wittenberg, o. J. 8°. (In Dresden.)
— — Dasselbe. Ebd. 1762. 8°. (Ebd.)
P. E. Richter, Bibl. geogr. Germaniae. Lpz. 1896. S. 481.

Braut, Die alte Teutsche. Partic. 1—2. Wittenberg 1762. V: *Messerschmid, Johann Christian.* (ML)

BRAUT, Die, bis ins Alter, in der nachdenklichen Geschichte Jungfer Julchens aus L** Von ihr selbst in vertraulichen Briefen an eine Muhme beschrieben. In zwey Theilen verfasset. Mit 8 Kupfern. — Citat aus Machiavelli. — O. O. 1764. — Theil. 3: O. O. 1765. 8°. (10 Mk. Jos. Baer & Co., Frankf. a. M., 1894.)
I—II: 344 fortl. gez. S. (incl. Titkpf. u. 4 Bll. Vorst.).
III: S. 345—528 (incl. Titel).
Das Buch ist einer Mademoiselle (Doris) Sm*** in Danzig gewidmet. In 24 Briefen. Einiges in Versen.

Die begrabene | und lebend wieder auferstandene | Braut, | oder | Der Ring, | das Pfand der unverbrüchlichen Treue | und | reinen Liebe. | Motto: Mag die Erdenhülle auch zerstäuben, | Treue wird bestehn und Liebe bleiben. | Druck von Büttner & Winter in Oldenburg.
o. J., 4 Bl. n. n., 187 × 99 (180 × 110).
LBO Jahrmarktslit. R. c. 3, 74 und Bänkelsängerlit. III, 114.

Die | begrabene und auferweckte Braut, | oder: | Die Macht des Feuerkusses der Liebe. | (Text).
Kol.: Druck von C. L. Mettcker u. Söhne in Jever.
o. J., 4 Bl. n. n., 170 × 115.
LBO Bänkelsängerlit. III, 112.
Ebenda III/113 ein anderer Druck von Büttner & Winter in Oldenburg.

BRAUT, Die berühmte, weil dieselbe Einem Adelichen Officier eine Vermählung abgeschlagen, so haben viele Offiziers verschaft (!), dass diese einen Tambour bekommen. Nebst Nachricht Christian Andreas Käsebiers. O. O. (1749.) 4°. (In Frkft. a. M.) Rar!

BRAUT und Bräutigam, oder das 29. Kapitel vor dem Ende. Ein züchtiger (etwas freier) Roman voller Laune u. Witz für Alt u. Jung zum Trost u. Erbauung geschrieb. von ****e*, Leipzig (Kühn), im 19. Jahrh. (1803). 253 SS. (2 Mk. Bielefeld.)

— u. Bräutigam, od. d. 29e Kapitel vor dem Ende, e. züchtiger Roman voller Laune u. Witz rc. 8. Leipzig, Schäfer (Kühn). 803.

.**Braut** und Bräutigam in der Klemme. Eine Posse in einem Akt . . . nach dem Franz. frey bearb. Coburg 1802. V: *Bornschein, Johann Ernst Daniel.* (Ky) (MGT) (NN)

Braut Christl. die edle, liebe u. reiche, oder Jesus u. die Jungfrau. Ein kathol. Gebet- u. Erbauungsbuch. Aus den Schriften der großen heil. Jungfrauen Gertraud u. Mechtildis, der wunderreichen Katharina v. Siena u. des sel. Petrus Forerius rc. mit sorgfält. Auswahl zusammengetragen u. vers. von e. kathol. Geistlichen. Passau 865. (Elsässer &) Waldbauer. 16. (XII, 308 S. u. 1 Stahlst.) 10 ngr.

BRAUT, Die erwartete, oder der verliebte Witwer (!), eine wahre komische (ziemlich zahme) Geschichte. Frankfurt und Leipzig (München) 1806. 8°.
32 S. Vieles in Versen. Rar!

Die **Braut** des Freimaurers. Enthüllungen aus dem Leben und Wirken der Freimaurer. Aus den hinterlassenen Papieren eines verstorbenen Freimaurers. Hamburg: Richter 1874. 757 S. 8°
TB. 374.

Die **Braut** ohne Gebetbuch. Eine Geschichte für das Volk erzählt von Onkel Wilhelm in Immenthal. 12. Bern, Mann & Büschlin. —. 50
1873

— die, ohne Gebetbuch. Eine Geschichte für das Volk erzählt von Onkel Wilhelm in Immenthal. gr. 16. (64 S.) Barmen 874, Janssen. *

Braut, die, ohne Gebetbuch. Eine Geschichte für das Volk erzählt von Onkel Wilhelm in Immenthal. 3. Aufl. 16. (63 S.) Hamburg 878, Koch. *

Braut, die, ohne Gebetbuch. E. Geschichte, f. d. Volk erz. v. Onkel Wilhelm in Immenthal. 8. Aufl. 12. (64 S. m. 2 Abb.) Hamburg 895. J. G. Oncken Nachf. —20

— d. geistliche; od. d. weltliche Hochzeiterin. Lstsp. 8. München, Strobl. (Fleischmann.) 784.

BRAUT, Die geiſtliche, als weltliche Hochzeiterinn. Ein Luſtſpiel in 5 Aufzügen von dem Verfaſſer der Schweden in Baiern. München, J. B. Strobel, 1784. 8°. 169 S.
Verf. Maximilian Blaimhofer.

Braut, Die geistliche, als weltliche Hochzeiterinn. Ein Lustspiel in 5 Aufzügen. München 1803. V: *Blaimhofer, Maxim.* B: *Lambrecht, Mathias Georg.* (Biblrort)

Braut, die, im Grabe; Schauspiel in 5 Aufzügen vom Freyh. v. Bibra. 8. Nürnberg, Campe. 816. Rthlr.

Braut, die, des Herrn, od.: Die christl. Jungfrau vor u. nach dem Ordenseintritte. Von e. alten Missionar, m. e. Empfehlungsschreiben v. Aug. Lehmkuhl, S. J. (528 S. m. 1 Stahlst.) 16. Kevelaer (908). Butzon & Bercker. Geb. in Leinw. 1.65

Braut, Die, in der Klemme. Posse mit Gesang in 1 A. Wien 1807. V: *Kringsteiner (Kriegsteiner? Kriegstein?).* (GGr)

— in d. Klemme. Posse in 1 Akt. 8. Wien, Wallishausser. 807.

— die, v. vier Männern. Eine Posse in 4 Aufz. v. Sebastian Ungenannt. (Fr. Laun.) 8. Freyberg Craz u. G. 802.

— e. männliche. Aufzeichnungen eines Homosexuellen. 2. Aufl. (96 S.) 8. Berlin (910). B. Blaurock. 1.—

— die, v. Messina; od. d. feindlichen Brüder. Trauersp. m. Chören v. Fr. Schiller. gr. 8. Tübing. Cotta. 802.

— die, von Messina, Trauerspiel von Fr. v. Schiller. Neue Aufl. 8. Tübingen. Cotta. 818.

Braut, die, ohne Mitgabe oder Träumereien e. Philosophen. 8. Königsb. 791. (Leipz., Michelsen, 12 gr u. Ebd. bei L. Schumann). Hbg. Pr. 9 gr

BRAUT, Die, ohne Mitgabe oder Träumerei eines Pariſer Philoſophen, die ſich v. d. franzöſ. Nationalverſammlung leicht realiſieren ließ. A. d. Franzöſ. Königsberg, Verleger Friedrich Nicolovius, 1791. XIV, 208 S. [Idealiſierte Brautſchau. Über Buhlſchweſtern.]

Braut, die, ohne Mitgabe, oder Träumereien eines Pariser Philosophen, die sich von der franz. Nationalversamml. leicht realisiren ließen. Aus d. Franz. 8. (Leip. 791. W. A. Künzel.) 3/8 Rthl.

Braut, die des Rebellen. Moderner Roman. (Neue [Umschlag-]Ausg. v.: „Manuela, das Heldenmädchen od. die Schreckenstage v. Cuba".) 100 Hfte. od. 8 Bde. gr. 8. (800, 770 u. 826 S. m. 100 Vollbild.) Neusalza [898. 899]. (901). H. Oeser. à Hft. — 10

Braut, Die, im Schleier. Eine Posse in einem Akt. Frankfurt a. M. 1789. V: *Schreiber, Alois Wilhelm.* (BrMin) (EF) (Kn) (Ky) (Mn) (NN)

— die, im Schleyer. Posse. 8. Frkft. Eichenberg. 789.

Braut, Die, des Schmugglers. A. d. Engl. Zürich 1848. Ü: *Cobbold, Rich.* (Cat. d. Stadtbibl. Zürich. Zürich 1864—97.)

Braut, die, des Schmugglers. Eine engl. Dorfgeschichte. Aus dem Engl. übers. von J. Mayers. gr. 8. (253 S.) Zürich 848, Schultheß.

Braut, Die steinerne; Posse in 2 Aufzügen. O. O. 178? V: *Kaffka, Johann Christoph.* (Ky)

[F.] Die Braut des Stierkämpfers oder: Durch Nacht zum Licht. E. Erzählg. *Hamburg: J. G. Oncken Nachf. [1896?].* (1 Bl., 136 S.) 1 Bd 8.

Braut, die, von Tarent, oder die unsichtbaren Wächter. Eine Erzählung für die reifere Jugend. Von dem Verf. der Glocke der Andacht. Mit 1 Stahlst. gr. 12. Reutlingen 842, Enßlin u. Laiblin. 1/6 ß

— die, in Trauer. Trsp. v. Epugreve. 8, Danzig, Wedel. 777.

Braut, Die traurende, oder Folge verkappter Freundschaft. Ein Schauspiel in fünf Aufüzgen. Wien 1791. V: *Weyrother, Joh. Leop. Reichsritter von.* (biblPort)

Die verhandelte Braut. Ein Lstsp. in 1 A. Berlin, Stettin und Leipzig, bey J. H. Rüdiger. 1760. 8°.

Braut, Die verschriebene, aus Paris. Lustspiel. Leipzig 1783. V: *Dyk, Johann Gottfried.* (Ky)

BRAUT, Die durch Meuchelmord verunglückte. Oder: Geschichte Adelheid's von Pommerain, nunmehr Lady Collville, in einer Reihe trauriger Begebenheiten. Von ihr selbst geschrieben. Grätz 1799. 8°. (3 Mk. J. Taussig, 1904; 5 Mk. Max Perl, 1904.)
166 S. Abentheuer auf St. Domingo. — Taussig hat „1779". (?) Kayser hat: „Grätz, Tusch, 1799". (8 ggr.)

—— die wahre, Jesu Christi, oder Lebensregeln und Andachtsübungen für Jungfrauen. Ein Gebet- und Tugendbuch. Von einem Priester der Erzdiöcese München-Freising. 16. (496 S. mit Illustr. in eingedr. Holzschn. und 1 Stahlst.) Regensburg 869, Manz.

Braut, Die, aus Wien, oder der Bräutigam in Verlegenheit; ein Lustspiel. Prag 1789. V: *Ilegrad, Frdr.* (Ky)

Braut (Verfasser)

Braut, Aemil Armin (geb. Ronneburg 28. 1. 1828): Euripides mulierum osor num recte dicatur. Berolini (1850). (38 S.) 8°.
Berlin, Phil. Diss. v. 28. Juli 1850

Braut: Euripides mulierum osor num recte dicatur. – Euripides de matrimonio quid senserit. 16 S.
Progr. Marienburg 1862.

Braut, F.W.: Zwei Entlassungsreden der Abiturienten zu Ostern 1850 und Michaelis 1852 gehalten. 11 S.
Progr. Brandenburg G. 1853.

Braut, F.W.: Festrede bei der Säcular-Feier der Augsburger Confession 26 Juni. 18 S.
Progr. Brandenburg G. 1830.

Braut, F. W., die Frage: kann Preußen Republik werden? besprochen und hrsg. vom patriot. Verein zu Brandenburg. 8. (9 S.) Brandenburg 848, (Müller.) •

Braut, F.W.: Ueber die Platonische Lehre vom Lernen, als einer Wiedererinnerung. 18 S.
Progr. Brandenburg G. 1832.

Braut, F.W.: Ueber einige vermeintl. und wirkl. Mängel der jetzigen Schuleinrichtung. (In Bezug auf Lorinsers Schrift: Zum Schutz der Gesundheit in Schulen.) 27 S.
Progr. Brandenburg G. 1836.

Braut, F.W.: Lat. Oration, geh. am 9. Jan., bei Wiedereröffnung der Lektionen in auditorio primae classis. (Ueber den sittlichen Zweck der Schulbildung.) 8 S.
Progr. Brandenburg G. 1826.

Braut, F.W.: Rede bei der Entlassung der Abiturienten vom Gymn., zu Mich. 1836. (Enth. allg. pädag. Betracht. u. Ermahnungen.) 9 S.
Progr. Brandenburg G. 1837.

Braut, F.W.: Rede zur Feier des 3. Aug. 1840. 16 S.
Progr. Brandenburg G. 1840.

Braut, F.W.: Rede zur 3. Säcular-Feier der Einführung der Reformation in d. Mark Brandenburg, geh. 1. Nov. 1839. 13 S.
Progr. Brandenburg G. 1840.

Braut, Gustav, Für meine Kinder. Märchen. kl. 8. (87 S. mit 4 Illustr.) Wien, *Carl Teufen. Cart. 60 kr. N. b.
1884

Braut, Gust., das Kürzungsverfahren der Fonografie. Anleitung zum wörtl. Nachschreiben der schnellsten Reden, ohne Anwendung willkürl. Kürzungen. Hrsg. von dem Fonografen-Zentral-Verein. gr. 8. (II, 44 lithogr. S.) Wien 880. (Graeser.) *

Braut, Gust., Lehrbuch der Fonografie. 8. (36 S.) Wien 875, Bermann und Altmann. *

Braut, Gust., Lehrbuch der Fonografie. Für Schul-, Privat- u. Selbst-Unterricht. 2. verb. Aufl. 8. (36 S., wovon 16 lith.) Wien 876. Bermann & Altmann. n. 1. 20

— Lehrbuch der Fonografie. Für Schul-, Privat- u. Selbstunterricht. 3., verb. u. verm. Aufl. 8. (40 S., wovon 16 autogr.) Wien 879. Bermann & Altmann. n. 1. 20

— deutsche Mythen- u. Sagenmährchen f. die reifere Jugend. 2. Aufl. Mit 4 Illustr. (Holzschntaf.) gr. 16. (98 S.) Wien 874. Verles in Comm. n. 1. 80

Braut, Gustav, Novellen für Oesterreichs Jugend. 8. (86 S.) Geb. —.60
Wien: Ungár & Cie. 1889.

Braut, Hermann

Braut: Aufgaben zum Uebersetzen in des Lat. behufs Einübung der gebräuchlichsten Periodenformen. 21 S.
Progr. Cöslin 1871.

Braut. Aufgaben z. Uebersetzen in das Latein. behufs Einübg der gebräuchlichsten Periodenformen. Pr. 1872. 2. S. 4°.

Braut, Aufgaben zum Uebersetzen in das Lateinische behufs Einübung der gebräuchlichsten Periodenformen. gr. 8. (VII, 119 S.) Berlin 876, Weidmann'sche Buchh. *

Braut, Aufgaben zum Übersetzen in das Lateinische für obere Klassen der Gymnasien, mit Hinweisungen auf die Ellendt-Seyffertsche Grammatik. 1. Tl. gr. 8. (V, 248 S.) Berlin 881, Weidmann'sche Buchh. *

Braut, Herm. Übungen zum Übersetzen ins Latein im Anschluſs an die Klassenlektüre. I. Zweites Buch der Aeneis des Vergil. II. Camillus und der gallische Krieg nach Livius Buch V. 16 S. Progr. *Cöslin* 1885.

Braut-Almanach 1909. (64 S.) kl. 8. Loschwitz-Dresden, Loschwitzer Verlag. 1.—; geb. 1. 60

Braut-Almanach, Jllustrierter. Hamburg (1905?)

Brautbett, das, in Palästina, s. Geistergesch; e. Pend z. Schillers Geisterseher. 2r Th.

BRAUTBETTE, Das. Erotisches Gedicht nach dem Original von 1755. (1785 ist Druckf.) (23 zehnzeil. Strophen.) O. O. u. J. (Köln, Franz Teubner, 1890; Druck von Elias Neuwald in Budapest.) Kl. 8°.
15 S. (incl. Tit. mit Bordüre), nebst Teubner'schen Verlagsanzeigen auf Rücks. d. Titels u. der letzten unbes. S. Vergriffen! — Vgl. Band, Ein kleiner, von Allerhand. Von E. (d. i. Frdr. Wilh. Eichholz). Frankf. u. Lpz. (Halberstadt, Groß) 1755. 8°. Sehr rar!

Braut-Buch. 4. (48 S. ohne Text m. farb. Abbildgn.) Nürnberg (902). Th. Stroefer. Geb. in Leinw. m. Goldschn. n. 4.—

Bräute, die beyden, Roman v. Lafontaine. 5 Thle. 8. Berlin; Sander. 809. Velinpap.

— zwey, f. einen Mann, von Fr. Laun. (Fr. A. Schulz). 8 Dresden, Arnold. 807.

Bräutetausch, Der, oder die Entdeckungen auf der Leipziger Messe. Andernach bei Lassaulx u. Heckmann. J. 12 d. R. 1804. 8°. Sehr selten!
Gestoch. Titel, 288 S., 1 Bl. Druckf. — „Von großem kulturgeschichtlichen Interesse." (Max Perl's Berliner Febr.-Auct. 1907.)

BRAUT-EXAMEN. Eine Gabe für Braut- u. Eheleute. Nürnberg 1842. 8°.

Brautfahrt, die, nach China, od.: Wenn's nur chinesisch ist! Satyr. Zeitspiegel, im humorist. Rahmen, mit e. Räthsel-Devise. Von Freimund Ohnesorgen. 8. (18½ B.) Berlin 831, Krause.

BRAUTFAHRT, Eine, mit Hindernissen. Von *Ch. A.* Mit (freiem) TKpf. (Der moderne Boccaccio. X.) Budapest. M. DCCC. LXXXIV. (1884.) Kl. 8°. Mit bunt. illustr. Umschl. (Mk. 1—.)
58 S. u. 1 Bl. m. freier Vign. Rücks. d. Tit.: Druck v. Sam. Markus, Budapest.

HUGDIETRICH'S Brautfahrt und Hochzeit. Aus der Oehringer Handschrift zum ersten Male herausgegeben vom Präceptor Ferd. Friedr. Oechsle. Oehringen; Stuttgart, Neff in Commission. 1834. Gr. 8°. 3 Bog. (9 ggr.)
Vergriffen und selten!

Brautfahrt, König Jacobs. [Berlin 1830.] V: *Bernstein, Caroline.* (GGr)

Brautfahrt, die, nach dem Ideal, s. Roman- und Novellen-Zeitung.

Brautfahrt, die, in Spanien. Ein kom. Roman. Nach Lantier, von P. J. Rehfues. 2 Thle. 8. Berlin, Dümmler. 811.

Brautfest, jährliches, z. Gebr. d. Klosterfrauen. 8. Würzb. 770. Stahel. 4 gl.

Brautgeschenk, das. Von Emilie *. 16. (X und 151 S.) Leipzig 861, Geibel. geb. *

Brautgeschenk, das, von Emilie *. 2. verm. Aufl. 16. (X, 182 S.) Leipzig 868, Geibel. geb. mit Goldschn.

Brautgeschenk, das. Von Emilie *. 6. Aufl. 12. (XI, 180 S.) Leipzig 887, Reichardt Verlag. geb. mit Goldschn. *
Die 4. und 5. Aufl. erschienen u. d. T.: Moscheles, Charlotte, das Brautgeschenk.

BRAUTGESCHENK, Ein finnreiches. O. O. u. J. (um 1900). 8°. Verb. d. Ldg. I Plauen I. A. 180/03.

BRAUTHEMD, Das gestickte. O. O. u. J. (um 1900). 8°. Verb. d. Ldg. Plauen I. A. 180/03.

BRAUTHEMD, Das, der Pfarrerstochter. (c. 1876). (ca. ½ Rthl.)

Brauthut, die, nach d. Engl. 8. Brandenb., Wiesike. 821.

Bräutigam. –

BRÄUTIGAM, Der, ohne Braut oder die Geschichte des Paters Chezills. (Nebst andern Erzählungen.) O. O. 1765. 8°. 7½ Bog. (⅓ Rthl. Lippert, Halle; ½ Rthl. Scheible, c. 1870.)

Bräutigam, der, ohne Braut, von Langbein, m. Kupf. 8 Berlin, Schüppel. 810.

Bräutigam, der gefoppte. Ein kom. Singspiel in 2 Auf 8. Nürnberg, (Stein.) 821.

Bräutigam, Der gereiste, Schauspiel a. d. Franz. Frankf. a. M. 1791. V: *Reitzenstein, Sophie von, geb. Marianne S. Weickard.* (GGr)

Bräutigam, Der lizitirte, oder Großmama wider Willen. Posse in 1 Aufz. nach d. Franz. frey bearb. Wien 1791. 1799. V: *Perinet, Joachim.* (GGr)

Bräutigam, der Lizitirte; od. Großmama wider Willen. Posse in 1 Aufz. 8. Wien, Wallishäusser. 791.

— d. unglückliche, Schausp. v. Stephani. gr. 8. Lpz. Rein. 795.

BRÄUTIGAM, Ein unglücklicher, oder die schauerliche Hochzeitsnacht. Eine unglaubliche aber wahre Thatsache. (c. 1895.) (25 Pfg. Demuth, Straßburg i. Els.)

Bräutigam, ein unglücklicher, od. Die schauerl. Hochzeitsnacht. Eine unglaubl. aber wahre Thatsache. (32 S.) 8. Neuweissensee (905). E. Bartels. n. — 25

Bräutigam, Der verschriebene, aus Paris. Ein Lustspiel in einem Aufzug ... Leipzig 1785. V: *Dyk, Joh. Gottfried.* (Mn) (GGr)

— d. verschriebene, aus Paris. Lustsp. 8. Lpz. Dyk. 785.

Bräutigam u. Braut, d. wohlinformirte, in Hochzeitpred. 4. Copenhagen. 729.

Bräutigam (Verfasser)

Bräutigam, A.: Bewegung der Getreidepreise auf den Märkten in Schweinfurt von 1851–1860. Schweinfurt 1860.

Bräutigam, Adf., Abriß der deutschen Sprachlehre. gr. 8. (X und 86 S.) Leipzig 860, Fries.

Bräutigam, Adf. Abriß der deutschen Sprachlehre. 4., umgearb. Aufl. Besorgt v. Paul Knauth. 8. (VIII, 115 S.) Nauen 890, [H. u. B. Harschan]. cart. * 1 —

Bräutigam, A., s. France, la, dramatique.

—— Geschichtstafeln mit massgebender Hervorhebung der Bildungs- und Sittengeschichte für Gymnasien, Realschulen und höhere Lehranstalten bearb. Mit einem Vorworte von (Mor.) Zille. gr. 8. (138 S.) Leipzig 859, Fries.

—— Geschichtstafeln m. massgebender Hervorhebung der Bildungs- u. Sittengeschichte. Neu bearb. v. W. J. O. Schmidt. 8. (278 S.) [Ebd.] 890. * 2 —; geb. * 2 50

—— Ratschläge u. Anweisungen f. die Schule. 2. Ausg. 8. (30 S.) Borna 889 Harschan. — Brandenb., Haeckert. * — 40

Bräutigam, Anton, appr. Arzt a. Langenbrücken: Über reflektorische Pupillenstarre nach Contusio bulbi und nach Kopfverletzungen. Freiburg i. B.: Speyer & Kaerner 1906. (39 S.) 8°
Freiburg i. B., Med. Fak., Ref. Axenfeld, Diss. v. 1906
[Geb. 30. Jan. 79 Langenbrücken; Wohnort: Freiburg i. B.; Staatsangeh. Baden: Vorbildung: Gymn. Bruchsal Reife Juli 98; Studium: Würzburg 3. München 1, Freiburg i. B. 7 S.; Coll. 23. Febr. 06.]

Bräutigam, E., Zur Erinnerung an Robert Brauner. Zwei Trauerreden. gr. 8. (16 S.) Berlin 854, (Hoevel.)

Bräutigam, E., Zur Erinnerung an Robert Brauer. Zwei Trauerreden. Berlin 854. Nelte. gr. 8. (16 S.) n. 1½ ngr

Bräutigam, E., und Lindes, Handbuch der Saffian-Fabrikation, s. Lindes.

Bräutigam, Edwin [aus Baupeln in Russl.]: Zur Wirkung thermischer Eingriffe auf das Blut ... München, Buchdr. Kastner & Lossen, 1896; 15 S. 8.
München, Med. Fak., Inaug.-Diss. v. 1896

Braeutigam, Friedr. (geb. Berlin 12. 6. 1848): Einige zoologisch-zootomische Beiträge zur Walthierkunde. Berlin (1874). (34 S.) 8°
Berlin, Med. Diss. v. 29. Juli 1874

Bräutigam, Georg [aus Nürnberg]: Ein Fall von multiplen Missbildungen an einer unteren Extremität ... Erlangen, k. b. Hofbuchdr. v. A. Vollrath, 1895; 75 S. 8.
Erlangen, Med. Fak., Inaug.-Diss. v. [13.] Juli 1895

Bräutigam, H., deutsche doppelte Buchführung in neuer, zeitsparender Form unter Anwendung zum Theil neuer Geschäftsbücher. 8. (40 S.) Hannover 893. A. Westen. n. — 50

Bräutigam, Heinrich, appr. Arzt a. Nürnberg: Ueber traumatische Pachymeningitis haemorrhagica interna. München 1904: C. Wolf & Sohn. (67 S.) 8°
München, Med. Fak., Ref. v. Bollinger, Diss. v. 14. Sept. 1904
[Geb. 19. Apr. 77 Nürnberg; Wohnort: Nürnberg; Staatsangeh.: Bayern; Vorbildung: Altes Gymn. Nürnberg Reife Juli 96; Studium: Erlangen 4. Berlin 2, München 3 S.; Coll. 1. Juli 04; Approb. 4. Juli 01.]

Braeutigam, Heinr. Vergleichend-anatomische Untersuchungen d. Conus medullaris. [Aus dem Laboratorium d. Prof. Obersteiner in Wien.] Diss. gr. 8. (100 S. m. 1 Taf.) Dorpat 892, (Karow). * 2 —

Didaktik und spezielle Methodik des evangelischen Religionsunterrichts in Volks- und Bürgerschulen von Hermann **Braeutigam**. Mit e. Vorw. von Dr. Theodor Haase. Langensalza: F. G. L. Gressler 1907. (VI, 75 S.) 8° [F.] [07. 14910 3

Braeutigam, Herm. Der Elementarkurs im Lesen, Schreiben u. Rechnen. Eine theoretisch-prakt. Darstellg. der speciellen Methodik dieser Unterrichtsgegenstände im ersten Schuljahre. gr. 8. (IV, 98 S.) Würzburg 11. 890, K. W. Krüger. * 1 50

Braeutigam, Herm., Methodik des Rechen-Unterrichts auf den ersten Stufen mit Hilfe von Tillichs Rechenkasten. gr. 8. (IV, 79 S.) Wien 878, Pichler's Wwe. und Sohn.

Braeutigam, Herm., Methodik d. Rechen-Unterrichts a. d. Stufe d. Kopfrechnens m. Hilfe v. Tillichs Rechenkasten. 2., umgearb. u. verm. Aufl. gr. 8. (VIII, 136 S.) Wien 895. A. Pichler's Wwe. & Sohn. n. 2. —

Bräutigam, H., Tillichs Rechenkasten. Veranschaulichungsmittel für den elementaren Rechenunterricht. gr. 8. (31 S.) Bielitz 872, (Zamarski und Fröhlich.) *

Bräutigam, Herm., der Vorbereitungskurs im ersten Schuljahre. Eine theoretisch-prakt. Darstellung des Ganges, in welchem der erste Unterricht ohne Lesen, Rechnen und Schreiben zu betreiben ist. gr. 8. (VI, 208 S. mit Fig.) Weimar 887, A. Krüger. * M 3.—; geb. *

Bräutigam, Justus: Beiträge zur anatomischen Charakteristik der Rosaceen-Bastarde. *Dresden 1897: C. C. Meinhold & Söhne.* (56 S. mit Taf.) 8°
Erlangen, Phil. Diss. v. 16. Dez. 1896

Bräutigam, Ludwig

Bräutigam, L., d. Marschendichter Herm. Allmers. Sein Leben u. s. Schriften. 8° (45 m. Bildnis.) Oldenb. 91. Schulze. — 75

Bräutigam, Ludw., s.: Allmers-Buch.

Das französische Bayreuth von Ludwig **Bräutigam**. Mit 3 Ansichten v. 'Théâtre antique' in Orange u. d. Bildn. von Frédéric Mistral u. Paul Mariéton. *Goslar: F. A. Lattmann [1900].* (36 S.) 8°. [04. 3386 7

Die Erlösung von der Geldgier von Ludwig **Bräutigam**. (Hrsg.: P. S.) Berlin: E. Fleischel & Co. 1907. (74 S.) 8° [F.] [07. 6914

— Aus Heimat u. Wahlland, s. a. Bücherei, deutsche.

Aus Heimat und Wahlland. Bilder u. Studien von Ludwig **Bräutigam**. Bd. 1. 2. Berlin: Deutsche Bücherei [1909]. 8°
1. (Sachsen. Elsaß.) Mit e. biogr. Geleitwort von Dr. Armin Tille.
2. (Worpswede. Bremen. Soziales. Musikalisches.)
(Deutsche Bücherei. Bd 102. 105.) [09. 816

Bräutigam, Ludw., mein Heimatbuch. (V, 293 S.) 8. Ohlau 905. F. Leichter. n. 3. —; geb. in Leinw. n. 4. —

— Auf dem Heimwege. Geschichten u. Skizzen. 8. (V, 228 S.) Berlin 902. F. Fontane & Co. n. 3. —; geb. n. 4. —

Bräutigam, Ludw., Auf dem Heimwege. Jetzt: Verlag v. Eg. Fleischel & Co. in Berlin.

— die neue Kunstkritik. Anh.: Ein Beispiel aus der heut. Kritik. (52 S.) 8. Kassel 904. [G. Weiß.] Ohlau, F. Leichter. n. — 60

Bräutigam, Ludw., Leibniz u. Herbart über die Freiheit des menschlichen Willens. gr. 8. (57 S.) Heidelberg 882. Weiss' Verl n. 1. 20

! Bräutigam, L.: Leibniz u. Herbart. Jetzt: Lpzg, F. Meiner. 81/85

Meinungen von Prof. Dr. Ludwig **Bräutigam**. (Hrsg.: Heinrich Schulz, Steglitz-Berlin.) Leipzig: Teutonia-Verl. 1907. (XXX, 205 S.) 8° [F.] [07. 10474

— die deutsche National-Literatur des 19. Jahrh., s.: Kirchner, Frdr.

Bräutigam, Ludwig, Prof. Dr.: Schiller in den Zeugnissen deutscher Dichter. Rede, gehalten bei der Schillerfeier am 9. Mai 1905. Bremen 1905: A. Guthe. (S. 3—6.) 4°
Bremen, R beim Doventor P 1905 (869)

Bräutigam, Ludw., Stenographie und Schule in Nordwestdeutschland. Vortrag, gehalten auf der XI. Wanderversammlung nordwestdeutscher Stenographen [System Gabelsberger]. [Angefügt ist ein Verzeichnis der sämtl. Schriften aus dem Gabelsberger'schen System, welche ausschliesslich von der Einführung der Stenographie in die Schulen handeln.] gr. 8. (24 S.) Leipzig 887, Kufss. *

— Übersicht üb. die neuere deutsche Literatur 1880—1900. gr. 8. (78 S.) Kassel 903. G. Weiß. n. 1. —
Sonderabdruck aus: „F. Kirchner, d. deutsche Nationallit. d. 19. Jahrh."

Übersicht über die neuere deutsche Literatur 1880–1902. Von Prof. Dr. Ludwig Bräutigam. 2. Aufl. *Kassel: G. Weiß 1903.* (77 S.) 8° [F.]
Aus: Kirchner, Friedr.: Die deutsche Nationalliteratur d. 19. Jhs. 2. Aufl.

— Aus Wahlland u. Wanderg (Umschl.: Aus Heimat u. Wahlland), s.: Bücherei, deut.

Bräutigam, M., der musikalische Theil des protestantischen Gottesdienstes, wie er sein und wie er nicht sein soll. Nach eigenen Erfahrungen und fremden Bemerkungen dargestellt. gr. 8. (VI und 114 S.) Borna 854. (Leipzig, Kahnt.) *

Bräutigam, Max: Studien über die Kohlenwasserstoffe, welche bei der Behandlung kohlenstoff- und manganhaltigen Eisens mit verdünnten Säuren entwickelt werden, und über die Beziehungen dieser Kohlenwasserstoffe zu den Kohlenstoffformen im Eisen. 1905. 52 S. 8°
Berlin, Dr.-Ing.-Diss. v. 15. 12. 1905

Bräutigam, Paul: Zur Kenntnis der α-β- ungesättigten, stereoisomeren Säuren und deren Umlagerungen in einander. Rostock 1910: Hinstorff. 60 S. 8°
Rostock, Phil. Diss. v. 1. Febr. 1910, Ref. Stoermer
[Geb. 12. Okt. 83 Koesfeld; Wohnort: Rostock; Staatsangeh.: Preußen; Vorbildung: Gymn. Koesfeld bis O. 00, pharm. Staatspr. 06; Studium: München 1, Leipzig 1, Rostock 8 S.; Rig. 26. Jan. 10.]

Bräutigam, W.D.: Praktisches Hand- und Hilfsbüchlein der niedern Chirurgie für Lehrlinge und Gehilfen oder deutliche Anweisung im Aderlassen, Schröpfen, Blutegelsetzen, Klystiergeben, Blasenpflasterlegen, zu Fontanellen und Eiterbändern... 323 S., gbd., 1 Taf.

Ilmonau: Voigt 1833

Bräutigam, W. D., practisches Hand- und Hülfsbüchlein der niederen Chirurgie für Lehrlinge und Gehülfen oder deutliche Anweisung im Aderlassen, Schröpfen, Blutegelsetzen rc. Nebst einer ausführl. Abhandlung über Güte, Einkauf, Abziehen der Rasirmesser, Wetzsteine, Streichriemen und über das Rasiren, auch bewährten, den Haarwuchs befördernden rc. Mitteln, wie auch Färbemitteln derselben rc. 2., verb. Aufl., bearb. von Frz. Wilh. Otto Händel. 12. (VI und 231 S. mit 1 Stnt.) Weimar 850, Voigt.

Bräutigam, W. D., practisches Hand- und Hülfsbüchlein der niederen Chirurgie für Lehrlinge und Gehülfen oder deutliche Anweisung im Aderlassen, Schröpfen, Blutegelsetzen rc. Nebst einer ausführlichen Abhandlung üb. Güte, Einkauf, Abziehen der Rasirmesser, Wetzsteine, Streichriemen rc. 3. verb. Aufl., bearb. von Gust. Dittmar. Mit 6 (lith.) Taf. Weimar 859. Voigt. 12. (VIII, 241 S.) 20 *ngr.*

Braeutigam, Gualtarius, Sensburgiensis: De Hippocratis Epidemiarum libri sexti commentatoribus. Regimonti 1908: Hartung. (92 S.) 8°
Königsberg, Phil. Fak., Ref. Ludwich, Diss. v. 3. Juli 1908
[Geb. 26. Juni 83 Sensburg; Wohnort: Königsberg i. Pr.; Staatsangeh.: Preußen; Vorbildung: Gymn. Rastenburg Reife O. 03; Studium: Göttingen 2, München 1, Königsberg 7 S.; Rig. 20. Dez. 07.]

Bräutigam, Walther, Untersuchungen über die Mikroorganismen in Schlämpe und Bierträbern. Inaugural-Dissertation. gr. 8. (32 S. mit 2 Taf.) Leipzig 886, (K. F. Koehler's Antiq.) *

Bräutigam, Walter [aus Leipzig]: Untersuchungen über die Mikroorganismen in Schlämpe und Bierträbern .... Leipzig, Druck v. C. G. Naumann, 1886; 31 + 1 S. u. 2 Taf. 8°.
Leipzig, Phil. Fak., Inaug.-Diss. v. 10. Mai 1886.

—— kurze Zusammenstellung der hauptsächlichsten und für Apotheker leicht ausführbaren Methoden der Bacterienforschung, nebst Beschreibung einiger auf Nahrungsmitteln häufig vorkommender Spaltpilze. gr. 8. (36 S. mit 1 lithogr. Taf.) Borna 888, Harschan. *

—— kurze Zusammenstellg d. hauptsächlichsten u. f. Apotheker leicht ausführbaren Methoden d. Bacterienforschg, nebst Beschreibg einiger auf Nahrungsmitteln häufig vorkomm. Spaltpilze. 8. (36 m. 1 Taf.) Borna 88, Jahnke. *n.* 1. 50

Bräutigamsbriefe eines österreichischen Militärarztes. Wien 1906. V: *Deutsch, Rosa.* (EB)

Bräutigamsbriefe e. österreichischen Militärarztes aus d. J. 1866. (155 S.) kl. 8. Wien 906. C. Konegen. n. 2. 50; geb. n. 3. 50

BRAUTIGAMSWAHL, Die, oder die unschuldige Verurtheilung. (Schausp. in 1 Akt.) Mit einem Anhange. Für Männer und unerfahrene Jungfrauen. Haarburg. Gedruckt bei A. R. Schloch & Fickdusian (Stuttgart), o. J. (c. 1868). 8°.
In Versen. 24 SS.
— — Dasselbe. Ebd., o. J. (187*). Kl. 8°. 32 S.
— — Dasselbe. Mit 4 Illustrationen. Ebd., o. J. (c. 188*). Kl. 8°. 40 S.
— — Dasselbe. Gedruckt — was gehts euch an, bei — (wie oben). Haarburg (c. 1870). 8°. 171 S. u. 1 Bl. Index. Handschrift. (In Wien, Stadtbibl.: Secr. J. 507.)
S. 1—42 das obige Stück; S. 43—54: Das Bordel. Ein Dialog in 2 Aufzügen; S. 55—75: Der unglückliche Liebhaber oder der von Wanzen gefressene Bösewicht Baumschabl. Dialogisirte Pantomime. In einem Aufzuge von *Ramstmasschern* (so!); S. 77—92: Die büßenden Schwestern. Lustspiel in IV Akten; S. 93—134: Die Brautnacht in einem Winkel. Ein Lustspiel in Versen und einem Aufzuge; S. 135—171: Saturnus, priapischer Schwank in 3 Aufzügen. Von einem Saumagen.

— Die, oder »Die unſchuldige Verurteilung«. Mit einem Anhange. Schauſpiel in 1 Akt. Für Männer und unerfahrene Jungfrauen. O. O. u. J. (um 1885). 8°.
Verb. d. Ldg. Chemnitz A. II. 145/86.

BRÄUTIGAMSWAHL, Die, oder die unſchuldige Verurteilung. Schauſpiel in einem Akt von K. Utte. Mit einem Anhang. Für Männer und unerfahrene Jungfrauen. Haarburg. 8°. (wohl um 1910!). Gedruckt bei A. R. Schloch & Fickduſian. 8°. 28 S.
Die Bräutigamswahl geht bis S. 24. Der Anhang: Preisgekröntes Gedicht betitelt, von S. 25—28. (Das Gedicht beginnt: Wenn der Papſt mit ſeiner N..., aus dem Theetopf ohne Tülle, Peccothee genießen will uſw.)
Verb. d. SchG. Charlottenburg v. 30. 1. 25; 17 J. 698/24.

Braut-Kleider. (18 S. m. Abbildgn.) Lex. 8. Leipzig (910). Verlag der Deutschen Moden-Zeitg. —50

Brautkranz, der, Trauerspiel in 5 Aufz. von A. Weissenbach. 8. Wien, Wallishauser.

BRAUTKRANZ, Der, eine Familiengeschichte (von *Friedr. Sam. Mursinna*). 2 Thle. Braunschweig 1835. 8°.
Anon.-Lex. I. p. 257 (nach Kayser).

Brautkranz, der, eine Familiengesch. v. Verf. d. Wahlleiche, Aug Walther rc. rc. 2 Thle. 8. (30 B.) Braunschweig 835, Leibrock

Brautkranz-Gedichte u. Polterabend-Scherze. 16. (24 S.) Stolp i. P. 892, Hildebrandt. — 25

Brautkrone, die. Ein romant. Gemälde d. Vorzeit, in 5 Akt. v. H. Cuno. (Leipz. Joachim.) 1811. 8°.

Brautkrone, die. Eine Erzählung für Landleute aller Stände. (Zu einem besondern Zwecke der inneren Mission hrsg.) 8. (IV und 174 S.) Halle 852, Mühlmann. Thlr. *

Brautkuss, Der, auf dem Grabe, oder die Trauung um Mitternacht in der Kirche zu Mariengarten. ... Rudolstadt und Arnstadt 1801. V: *Arnold, Theodor Ferd. Cajetan.* (BGE) (MGT) »1804« (Ky)

Brautkuß, der, auf d. Grabe, od. die Trauung um Mitternacht, (von Th. F. K. Arnold). 8. Rudolst. 804. (Fr. Fleischer in Leipz.) 1 ∱

Brautkuß, der, auf d. Grabe, od. d. Trauung um Mitternacht. 8. Rudolstadt, Klüger. 804.

Brautlecht, Georg F. [aus Bremen]: Aus d. gynäkolog. Klinik zu Freiburg i. B. Zur Ventrofixatio uteri ... Freiburg i. B., F. Wagner'sche Buchdr., 1895; 01 S., 2 Tab. 8.
Freiburg i. B., Med. Fak., Inaug.-Diss. v. 1895

Brautleute, die, ein unterhalt. Gesellschaftsspiel mit 12 ill. Kpf. u. deutsch., franz. u. ital. Erklär. In Etui. Wien, Müller. 2 ꝛc.

Brautleute, die, oder Schuld und Edelmuth. Roman von Regina Frohberg. 8. Wien, Pichler, 814.

[F.] Die ungleichen Brautleute. — E. Geschichte aus d. Leben. *Hamburg: J. G. Oncken Nachf.* [1897]. (48 S.) 1 Bd 8. 99-5787 4

Brautlied, Badisches, und des friedliebenden Bären Unschuld. O. O. [1712]. V: *Kuhn, Joh. Jos.* (Cat. d. Stadtbibl. Zürich. Zürich 1864—97.)

Brautlied, Ein, auf die Klettische und Mannerische Verbindung ... zu Geisslingen den 27. Sept. 1768. [Ulm.] V: *Schubart, Christian Friedrich Daniel* [?] (GGr)

Brautnacht, die. Ein Gedicht. In sieben Himmeln. Berlin 865. Lassar. 8. (62 S.) 15 ngr.

Brautnacht, Die. Neudruck des bereits (1751) erschienenen Gedichtes »Die schöne Nacht«. O. O. [ca. 1870]. V: *Rost Johann Christoph.* (Zeitschr. f. Büch. 1923, S. 81)

BRAUTNACHT, Die. Brief einer jungen Frau an ihre Freundin ihr die Gefühle u. Eindrücke der Brautnacht beschreibend. O. O. u. J. (c. 1875). 16°. 15 SS.
Daran: Venetianische Nächte. Aus d. Tagebuch eines österreich. Offiziers. Als Mspt. gedruckt. O. O. u. J. 16°. 16 SS. Beides sotadisch. (Antiqu.-Pr. 2—3 Mk.)
Es gibt auch Exemplare ohne den Anhang, mit der Adresse: Boston, Chiavututti & Co., 1877". 15 S.
— — Dasselbe, mit Anhang. Zürich, o. J.
Beides verboten vom L.-G. Wien, 28. April 1895. § 516.

BRAUTNACHT, Die. Brief einer jungen Frau an ihre Freundin, ihr die Gefühle und Eindrücke der Brautnacht beschreibend. Zürich (fingiert!), Pornographische Union, o. J. (vor 1895). 24°. 32 S. Lateinische Lettern. Seltene Ausgabe!

BRAUTNACHT, Die. Enthüllungen über Brautfahrt und Ereignisse im Brautgemach. Seinem theuren Clärchen nach dem Hochzeitstag gewidmet von Baron von W**. Berlin (ca. 1875). 12°. (50 Pfg. G. Priewe; 1 Mk. Scheible.)

BRAUTNACHT, Die. Enthüllungen über Brautfahrt und Ereignisse im Brautgemach. Seinem theuren Klärchen nach dem Hochzeitstage gewidmet von Baron von W—. Berlin, Kommissions-Verlag von Max Marcus, o. J. (um 1890). 8°. 24 S.
Nur galant.
Verb. 27. 10. 24 d. Ldg. III Berlin 17 J. 699/24.

BRAUTNACHT, Die. Enthüllungen über Brautfahrt und Ereignisse im Brautgemach. Seiner teuren Agnes nach dem Hochzeitstage gewidmet. Von Arthur v. H. O. O. 1892. 8°.
Verb. d. Ldg. Zwickau IV. 37/92.

BRAUTNACHT, Die. Eine abenteuerliche Episode aus dem Leben des Rittmeisters a. D. Freiherrn Edler v. Rauhenhorst. Von ihm selbst erzählt. Hainichen, G. L. Hoffmann (um 1900). 8°.
Verb. d. Ldg. Freiburg I 1081/04.

BRAUTNACHT, Die. Borneologischer Verlag, Zürich (um 1900). 8°.
Verb. d. Ldg. Leipzig 3 A. 84/06.

BRAUTNACHT, Die angstvolle. Nebst einer Zugabe heitern Inhalts. (2. Der Herzlose. — 3. Der Zweykampf. — 4. Das Geheimniss. — 5. Die Damenschuhe. — 6. Der Welt-Lauf.) Mit Titelkpfr. Wien 1810. 8°. 179 S.
Kürschner's Bibl. Lpz. 1904. Nr. 670.
— Dasselbe. Mit Titelkpfr. Ebd. 1816. 8°. (2 Mk. 50 Pfg. O. Richter, Lpz.)
— — Dasselbe. (Ohne das Kpfr.) Leipzig, bei J. F. Hartknopf, 1815. 8°. (4 Mk. Max Perl, 1904; 7 Mk. 50 Pfg. Süddeutsches Antiqu., München, 1907.)
Titel, 1 Bl. Inh., 242 S.

Brautnacht, die, ohne Braut, Roman von C. Nicolai. 8. Quedlinburg, Basse. 818.

BRAUTNACHT, Die, der Comtesse von C. und des Rittmeisters von S. Ereignisse derselben mitgetheilt von Letzterem im Kreise seiner Kameraden. Magdeburg 1876. 12°. (2½ Mk. Albert Unflad, München, c. 1882.)

Brautnacht, die letzte interessante, oder: der fidele Polterabend. Komische Vorträge, Toaste, Spiele, Witze, Gedichte u. Belustigungen bei Hochzeiten. gr. 16. (72 S.) Leipzig 887. Vieweg. n — 60

BRAUTNACHT, Die, zweier glücklich Liebenden. Enthüllt von Ringel. Dresden, Oskar Kahl (um 1890). 8°.
Verb. d. Ldg. Leipzig A. III 63/92.

MEINE Brautnacht. Erzählt von einer jungen Wittwe. („Preis 10 Pfg." — „Nachdruck wird gerichtlich verfolgt".) Verlag von Th. Thaller, München, Thal No. 1. O. J. (1897). 8°. („12. & 13. Tausend".)

BRAUTNACHT, Die, der Comtesse Melanie und des Grafen Halblinski. Ereignisse derselben, mitgetheilt von Letzterem im Kreise seiner Bekannten (c. 1900?). (50 Pfg. M. Luck, Berlin, c. 1905.)

BRAUTNACHT, Die, und venetianische Nächte. Zürich (um 1890). 8°.
Verb. d. Ldg. Köln II Ul. 48/95.

BRAUTNACHT, Die, der Gräfin X. (c. 1890?). (Mk. 0,50.)

Brautpaar, das, Trauerspiel in 5 Akten, von Fr. Piper. 8. Berlin, Fr. Maurer. 821.

Brautpaar, das feindliche, Roman von Jul. v. Voß. 8. Berlin, Schüppel. 820.

Brautproben, ein Roman von Fr. Laun. 8. Ebend. 819.

Brautraub, Der, vom Verfasser der Paulowna. Quedlinburg 1819. V: *Müller, Heinrich August.* (Ky) (MGT)

Brautraub, der, vom Verf. der Paulowna. 2 Theile. 8. Quedlinburg, Basse. 819.

Brautschau

—od. d. Kuß d. Schreckens auf Burg Rothweiler. 8. Wien ... K. Haas. ...

Brautschau oder der Kuss des Schreckens auf der Burg Rothweiler. Frankf. u. Leipzig 1796. V: *Spiess, Chn. Hch.* (wrztg 1796, S. 3281) (BIBLPORT)

Brautschau, die, oder der Kuß des Schreckens auf der Burg Rothweiler, ein Mährlein aus den Vogesischen Gebirgen, von C. F. M. mit 1 Kupf. 8. Magdeburg, 796. Creutz. 20 sgl.

Brautschau, Die, vom Verfasser des Weibes wie es ist. Dresden 1809. V: *Schilling, Friedrich Gustav.* (MGT) (NN)

— die, von Gustav Schilling. 2 Thle. 8. Dresd. Arnold 809.

BRAUTSCHAU, Die, oder der Kuss des Schreckens auf der Burg Rothweiler. Mit Titelkpfr. Magdeburg 1811. 8°. (2 Mk. Franz Teubner, c. 1895.)

Brautschau, die, eine Sage der Vorzeit. 8. Magdeburg Creutz. 811.

Brautschau, Die. Komischer Roman ... Quedlinburg 1825. V: *Schöpfel, Wolfgang Andreas* (pseud. *Jean Pierre*). (Rassm., Pseud.-Lex., S. 90) (Zeitschr. f. Büch. 1923, S. 81)

Brautschau, Die. Komischer Roman vom Verfasser der Mitternachtsglocke, Pips des Kleidermachers Sohn, Abentheuer u. a. m. Quedlinburg 1825. V: *Schilling, Friedrich Gustav.* (Oskar Rauthe-Berlin. Nr. 19. S. 44.)

Brautschau, die, komischer Roman vom Verfasser d.: Mitternachtsglocke ɪc. 8. Quedl. 825. Basse.

Brautschmuck. Originalschauspiel in 5 Aufz. v. Franz v. Holbein. Fortsetzung des Fridolin. gr. 8°. Rudolst. Hofbuchh. 1811.

Brautschmuck, geistl., der Freundin des Lammes in Liedern ɪc. 2 Thle. Mit Kpf. gr. 8. Kobl. 762. Ahl. 1 ℛ 4 g

Brautschmuck, köstlicher, einer gläubigen Seele, welcher zu sehen u. aus ihren u. ihres holden Bräutigams süßen Namen, in dessen Gemeinschaft sie lebet, liebet, leidet u. lobet. 9e Aufl. 16. Halle 840. Waisenhaus-Buchh. 1/12 ℛ

Brautschmuck einer gläubigen Seele. Achte Aufl. 16. Halle 824, Waisenhausbuchhdl. Rthlr.

Brautsee, Der, und andere Erzählungen. Quedlinburg 1827. V: *Ahlefeld, Charlotte von.* (GGr VI, 429) (Zeitschr. f. Büch. 1923, S. 81)

Brautsee, der, u. andere Erzählungen. 8. Quedlinburg 827, Basse.

Brautstand, der, od. die Weinachtsfeyer, s. Schauspiele, neue, v. Fr. Ludw. Schmidt. 2.Bd.

Brauttag, Ludmillens zu Bogen, mit Herzog Ludwig in Bayern, ein vaterländisches Originallustspiel. München 1782. V: *Einzinger von Einzing, Johann Martin Maximilian.* (Ky) (MGT) (ML)

Brauttanz, der, Lustspiel von H. Clauren. 8. Dresden, Arnold. 817.

Braut-Unterricht, kurzer praktischer, s.: Handbibliothek, katechetische.

Brautwagen, der, u. Anderes, s. a. Nagel's Bibliothek illustr. Humoresken. II.

Brautwagen, Der, und Anderes. Berlin [1902]. V (Brautwagen): *Hirschfeld, Max.* (Berl)

Brautwahl, die, Lustspiel in 3 Aufz. nach Picart, v. Lembert. 8. Wien, Tendler u. v. Manstein. 821.

Brautwerben. Humoristische Briefe v. Isegrimm. Nur f. Junge. Aber auch f. solche, die jung bleiben od. wieder jung werden möchten. (87 S.) 8. Leipzig-Gohlis 908. B. Volger. 1.50

Brautwerber, der, eine Geschichte in Briefen, 8. Wien, 785. Gerold. 10 gl.

Brautwerber, die, neues gesellschaftl. Spiel. Leipz. B. Fleischer (in Comm.) 813.

BRAUTWERBER, Der kluge und vorsichtige. Ein Rathgeber für heirathslustige Jünglinge und Jungfrauen. Berlin 1809. 8°. (1 Mk. Paul Neubner, 1892.)

Brautwerber, der kluge u. vorsichtige ɪc. 8. Berlin, Hayn. 809.

Brau- und Brantweinurbar, Der, nach ökonomischen Grundsätzen und Erfahrungen ... Leipzig 1787. V: *Düchänie* (= *Ferd. Chn Touchy*). (MGT)

Brau- u. Branntwein-Urbar, n. ökonom. Grunds. u. Erfahrungen ɪc. 2 Bde. gr. 8. Leipzig, Hertel. 795. (à 1 Thlr. 4 gr.)

Brau-Urbar, über den, in Schlesien, (v. ... Uber). 8. Bresl. 807. (Gosohorsky). 12 g

Brau-Urbar, üb. d., in Schlesien. 8. Bresl. Meyer. 807.

Brauverfahren, neues, durch Anwendung von Roggen und Süßholz. Nebst der vortheilhaftesten Anweisung, Bier zu klären. Von einem bayerischen Bierbrauer. gr. 8. (16 S.) Halberstadt 850, (Franz.) *

FSC
www.fsc.org
MIX
Papier | Fördert gute Waldnutzung
FSC® C083411

Kolibri 360 GmbH
Ferdinand-Jühlke-Straße 7
99095 Erfurt, Deutschland
produktsicherheit@kolibri360.de